Dr. Michael Dzieia, Heinrich Hübscher, Dieter Jagla, Jürgen Klaue, Michael Krehbiel, Roland Stolzenburg, Ludwig Wenzl, Harald Wickert

Herausgeber: Heinrich Hübscher

Elektrotechnik Gesamtband

- Energie- und Gebäudetechnik
- Betriebstechnik
- Automatisierungstechnik

4. Auflage

Bestellnummer 231045

westermann

Druck: westermann druck GmbH, Braunschweig

service@westermann-berufsbildung.de
www.westermann-berufsbildung.de

Bildungshaus Schulbuchverlage Westermann Schroedel Diesterweg Schöningh Winklers GmbH, Postfach 33 20, 38023 Braunschweig

ISBN 978-3-14-**231045**-9

westermann GRUPPE

Hinweise zum Buch

Das fachsystematisch aufgebaute Buch der Elektrotechnik ist in einem handlungsorientierten und an Lernsituationen ausgerichteten Unterricht der Berufsschule in allen Ausbildungsjahren der Fachrichtungen Energie- und Gebäudetechnik, Betriebstechnik sowie Automatisierungstechnik einsetzbar. Da im Buch die wesentlichen Inhalte der Elektrotechnik übersichtlich und lernwirksam aufbereitet worden sind, kann das Buch auch in Berufsfachschulen, Fachschulen, Fachoberschulen und Fachgymnasien benutzt werden.

Lernfelder

Auf der Grundlage der Rahmenlehrpläne sind im Inhaltsverzeichnis (S. 4 bis 7) die Lerninhalte der Hauptkapitel den Lernfeldern zugeordnet worden (Ziffern). Je nach Lernsituation im Unterricht werden sich ggf. andere Zuordnungen ergeben.

Lernfelder Energie- und Gebäudetechnik | Lernfelder Betriebstechnik | Lernfelder Automatisierungstechnik

Merksätze

Am Ende von Lernsequenzen befinden sich Merksätze. Sie enthalten in kurzer Form die wesentlichen Lerninhalte und dienen der Festigung des Lehrstoffs.

- Mit dem elektrischen Leitwert *G* kennzeichnet man die elektrische Leitfähigkeit bzw. Leitwert.

Aufgaben

Am Ende von bestimmten Lernsequenzen befinden sich Aufgaben. Sie sollen helfen, den Lehrstoff zu vertiefen und zu wiederholen.

AUFGABEN

1. Ermitteln Sie aus dem Diagramm der Abb. 2 die Leistung bei $R = 200\ \Omega$ und den Widerstand bei $P = 1$ kW.

Einschübe

Zur Auflockerung des Textes und als Zusammenfassung begrenzter Lerninhalte sind besonders hervorgehobene Einschübe eingefügt worden.

Messfehler [measuring error]

Messungen sind stets mit Fehlern behaftet. Die Genauigkeit, mit der ein Messgerät misst, wird als

Text und Abbildungen

- Durch blaue Kreise mit Zahlen wird der Zusammenhang zwischen dem Text und der dazugehörige Abbildung hergestellt (Verknüpfung zwischen Text und Abbildung).
- Die Texte sind in der Regel so verfasst, dass übersichtliche Lernsequenzen entstehen, in vielen Fällen auf einer Doppelseite.
- Eine klare Gliederung (Gliederungspunkte, Spiegelstriche) und Zwischenüberschriften erleichtern die Orientierung.
- Die Kapitelangaben in der Kolumnenzeile sind für die Orientierung im Buch förderlich.

– Abbildung

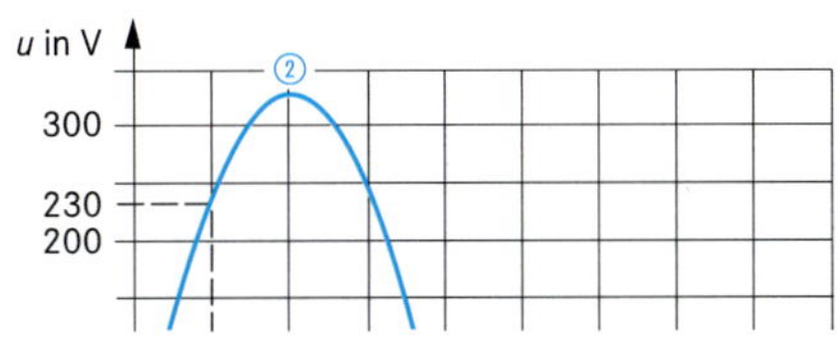

– Text

Maximalwert (**Amplitude** [amplitude]) $\hat{u}$ ②

Fachbegriffe Deutsch/Englisch

Wichtige Fachbegriffe sind im Text durch Fettdruck hervorgehoben worden. Englische Fachbegriffe befinden sich dahinter in eckigen Klammern. Sie sind auch im Sachwortverzeichnis aufgeführt.

– Text

Energien (**regenerative Energie** [renewable energy])

– Sachwortverzeichnis

Regenerative Energie / renewable energy 263

Hervorhebungen von Formeln

Formeln sind in roter Schrift gesetzt und treten deutlich aus dem umgebenden Text hervor.

$$\Delta u = \frac{\Delta U}{U_N} \cdot 100\ \%$$

Δu: Prozentualer Spannungsfall
U_N: Bemessungsspannung

Größen und Einheiten

Im Kapitel 1 „Grundlagen der Elektrotechnik“ werden neue Größen und ihre Einheiten in besonderer Weise herausgestellt.

Elektrische Leistung	Formelzeichen	Einheit
	P	W (Watt)

Veranschaulichungen

- Durch Kapitelverweise (s. Kap....) werden Zusammenhänge hergestellt (Vorwärts- und Rückwärtsverweis).
- Modellvorstellungen werden klar herausgearbeitet.
- Flussdiagramme verdeutlichen Zusammenhänge und Abhängigkeiten.
- Der Bezug zu beruflichen Praxis wird durch Installationshinweise, zahlreiche Beispiele und entsprechende Abbildungen hergestellt.

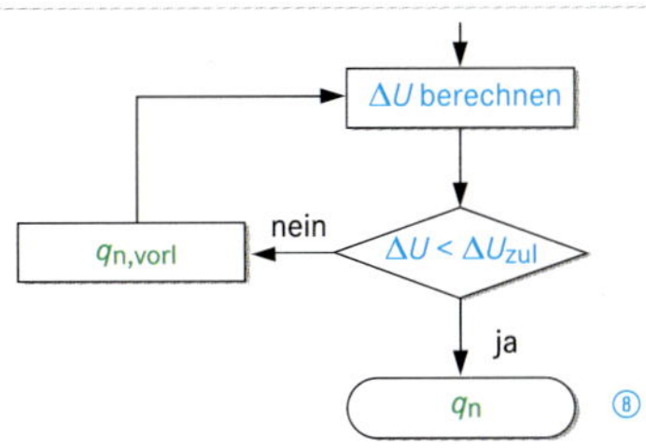

Wirkungsketten

Wirkungsketten stellen Abhängigkeiten heraus (Ursache und Wirkung, Wenn-Dann-Beziehung).

$$\vartheta \downarrow \Rightarrow R_{PTC} \uparrow \Rightarrow U \downarrow$$

Lernfelder Energie- und Gebäudetechnik | Lernfelder Betriebstechnik | Lernfelder Automatisierungstechnik

Lernfelder Energie- und Gebäudetechnik | Lernfelder Betriebstechnik | Lernfelder Automatisierungstechnik

Lernfelder Energie- und Gebäudetechnik | Lernfelder Betriebstechnik | Lernfelder Automatisierungstechnik

* Übergreifende Themen für unterschiedliche Lernfelder

Lernfelder Energie- und Gebäudetechnik | Lernfelder Betriebstechnik | Lernfelder Automatisierungstechnik

1 Grundlagen der Elektrotechnik

1.1 Elektrizität in Natur und Technik

Natürliche elektrische Erscheinungen wie z. B. Blitze üben auf Menschen immer noch eine faszinierende Wirkung aus (Abb. 2). Blitze sind aber auch aufgrund ihrer zerstörenden Wirkung bedrohlich. Wir sprechen dabei von elektrischen **Entladungen** [discharges]. Künstliche elektrische Erscheinungen sind seit langem bekannt. Bereits die Griechen des Altertums wussten, dass durch einen mit einem Tuch geriebenen Bernstein leichte Stoffe, wie z. B. Haare, Federn oder Fasern, angezogen werden können. Bis zum Ende des 18. Jahrhunderts erstreckten sich diese Versuche mit der **Reibungselektrizität** [triboelectricity] allerdings nur auf schaustellerische Darstellungen - häufig in den Salons der „feinen“ Gesellschaft.

Daneben kam es aber auch zu ernsthaften Untersuchungen elektrischer Phänomene, die der Mensch zwar nicht direkt wahrnehmen, aber seine Auswirkungen erkennen konnte. Ende des 18. Jahrhunderts entdeckte z. B. der italienische Physiker **Alessandro Volta** (1745 - 1827, Abb. 1), dass man elektrische Vorgänge nicht nur durch Reibungselektrizität hervorrufen kann. Es war die „Geburtsstunde“ der heute weit verbreiteten elektrochemischen Elektrizitätsquellen, ohne die unsere mobilen Geräte, wie Handy oder Laptop, nicht einsatzfähig wären.

In einem Brief an die Londoner Royal Society beschrieb Volta am 20. März 1800 seine Erfindung. Sie bestand aus einer Säule, in der sich wechselweise übereinander geschichtete Kupfer- und Zinkplatten befanden. Sie waren durch in Säure getränkte Tuchscheiben getrennt (Voltaische Säule, Abb. 1). Es handelte sich hierbei um eine erste brauchbare Elektrizitätsquelle, die einen stetig fließenden Strom abgeben konnte. Ihm zu Ehren wird heute die Einheit der elektrischen Spannung in **Volt** [volt] angegeben.

Zahlreiche Wissenschaftler haben die Kenntnisse über elektrische Vorgänge weiter entwickelt, sodass heute die elektrische Energie entscheidend für unser durch Technik geprägtes Leben geworden ist.

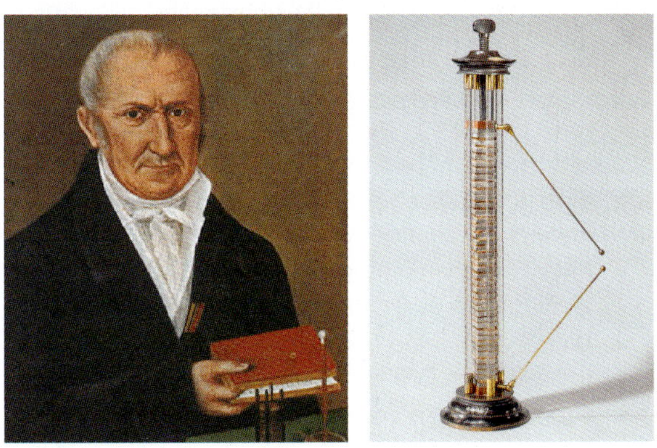

1: Alessandro Volta und Voltaische Säule

2: Elektrische Erscheinungen

In Elektrizitätswerken entstehen durch Umwandlungen große Energiemengen, die über Hochspannungsleitungen (Abb. 2) verteilt werden. Diese Energie wird benutzt, um Kräfte, Licht und Wärme zu erzeugen (genauer durch Umwandlung). Sie wird aber auch eingesetzt, um mit ihr über weite Strecken zu kommunizieren und Informationen zu verarbeiten. Die Größenordnung der dabei eingesetzten elektrischen Energie erstreckt sich beispielsweise über einen Zahlenbereich von 10^6 Watt (Kraftwerk) bis 10^{-6} Watt (Mikrocomputer).

Um die mit der Elektrizität verbunden Techniken und Gefahren beherrschen zu können, sind zahlreiche Berufe entstanden. Sie mussten sich immer der jeweiligen technischem Entwicklung anpassen (Abb. 3). Berufsbezeichnungen entstanden wie z. B. Elektriker, Elektroinstallateur, Elektroniker. Viele Aufgabenbereiche sind im Laufe der Zeit verschwunden, andere hinzugekommen. Im beruflichen Alltag setzen diese Fachleute ihr fundiertes Wissen zur Beratung, Installation und Reparatur gezielt ein (**Handlungskompetenz**). Erlangt haben sie dieses Wissen während der betrieblichen und schulischen Ausbildung. Wichtiges Hilfsmittel war dabei immer ein gutes Fachbuch.

3: Berufe im Wandel

1.2 Größen der Elektrotechnik

1.2.1 Grundgrößen

In der Elektrotechnik werden **physikalische Größen** [physical quantities] zur Beschreibung von Objekten, Zuständen und Vorgängen verwendet. Beispiele hierfür sind die Länge, Temperatur oder elektrische Spannung. Physikalische Größen sind über Messverfahren eindeutig definiert und werden durch Formelzeichen in kursiver (schräger) Schrift abgekürzt. Wenn man den Wert einer Größe angeben will, muss man den **Zahlenwert** [numerical value] und die dazugehörige **Einheit** [unit] nennen, in der diese Größe gemessen wird. Die Zeichen für den Zahlenwert und die dazugehörige Einheit werden im gedruckten Text in senkrechter Schrift gesetzt. Der Zusammenhang kann dann in Form einer **Größengleichung** [quantity equation] ausgedrückt werden.

Beispiel: Länge

Größenwert	=	**Zahlenwert**	·	**Einheit**
l	=	$\{l\}$	·	$[l]$
l	=	3	·	m
Länge	=	Zahlenwert der Länge	·	Einheit der Länge

Das physikalisch-technische Größensystem basiert auf wenigen voneinander unabhängigen Größen, den **Basisgrößen** [basic quantities]. International sind aus den verschiedenen Bereichen der Physik sieben Basisgrößen mit ihren entsprechenden Einheiten festgelegt worden (Abb. 1). Sie sind die Grundlage für das **SI-Einheitensystem** (Système International d'Unités, Internationales Einheitensystem).

Für Deutschland ist das SI-Einheitensystem seit dem 2. Juli 1969 durch das „Gesetz über Einheiten im Messwesen" verbindlich.

Größe und Formelzeichen	Einheitenname und Einheitenzeichen
Länge l	Meter, 1 m
Masse m	Kilogramm, 1 kg
Zeit t	Sekunde, 1 s
Temperatur T	Kelvin, 1 K
Elektrische Stromstärke I	Ampere, 1 A
Stoffmenge n	Mol, 1 mol
Lichtstärke I_v	Candela, 1 cd

1: Basisgrößen und Einheiten

Die physikalischen Größen lassen sich in zwei Gruppen einteilen:

- **Größen ohne Richtungssinn (Skalare)**

Zur eindeutigen Festlegung sind erforderlich:
- Zahlenwert
- Einheit

Beispiele: Masse m (Abb. 2), Zeit t, Arbeit W

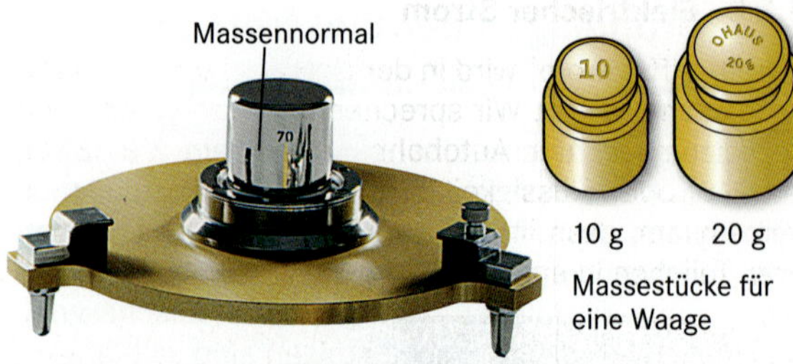

2: Massennormal (Skalar)

- **Größen mit Richtungssinn (Vektor)**

Zur eindeutigen Festlegung sind erforderlich (Abb. 3):
- Zahlenwert
- Einheit
- Richtung im Raum oder in der Ebene
- Richtungssinn (Drehsinn, wenn vorhanden)

Beispiele:
Kraft F, Geschwindigkeit v, elektrische Feldstärke E

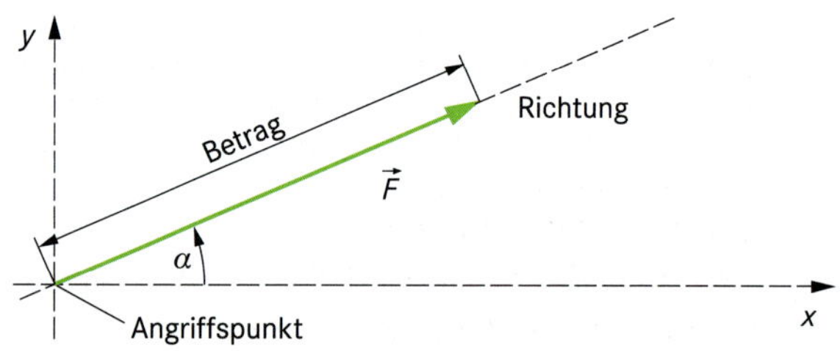

3: Kraft (Vektor)

Die in der Physik und Technik vorkommenden Zahlenwerte können groß, aber auch sehr klein sein. Aus Gründen der Vereinfachung verwendet man **Vorsätze** [prefixes] ① (Abb. 4) mit entsprechenden **Vorsatzzeichen** [prefix symbols] ②, die einem bestimmten **Faktor** [factor] entsprechen ③.

①	②	③	①	②	③
Pico	**p**	10^{-12}	Deka	**da**	10^{1}
Nano	**n**	10^{-9}	Hekto	**h**	10^{2}
Mikro	μ	10^{-6}	Kilo	**k**	10^{3}
Milli	**m**	10^{-3}	Mega	**M**	10^{6}
Zenti	**c**	10^{-2}	Giga	**G**	10^{9}
Dezi	**d**	10^{-1}	Tera	**T**	10^{12}

4: Vorsätze, Vorsatzzeichen und Faktoren

- Eine physikalische Größe besteht aus dem Zahlenwert und der dazugehörigen Einheit.
- Physikalische Größen werden durch Größengleichungen dargestellt.
- Im Internationalen Einheitensystem sind als Basis sieben Größen und Einheiten festgelegt.
- Größen können gerichtet (Vektor) oder ungerichtet sein (Skalar).

1.2.2 Elektrischer Strom

Der Begriff „Strom" wird in der Umgangssprache unterschiedlich benutzt. Wir sprechen z. B. von einem Fahrzeugstrom auf der Autobahn, von einem Menschen- (Abb. 5) oder Flüssigkeitsstrom. Diesen Beispielen ist gemeinsam, dass immer eine Bewegung von Körpern bzw. Teilchen in eine bestimmte Richtung stattfindet.

5: Menschenstrom

Der elektrische Strom [electric current] - verkürzt oft nur als Strom bezeichnet - wird umgangssprachlich verschiedenartig benutzt. Beispiele:

- Strom wird verbraucht.
- Strom muss gespart werden.
- Strom wird „verkauft oder gehandelt" (Börse).

Diese verschiedenen Aussagen über den elektrischen Strom sind aus technischer Sicht wenig präzise und unscharf. Deshalb soll geklärt werden:

Was versteht man in der Elektrotechnik unter dem elektrischen Strom?

Wenn wir ein elektrisches Gerät oder eine Anlage einschalten, sagen wir häufig: „es fließt Strom". Voraussetzung hierfür waren drei Bedingungen (Abb. 6):

- Eine Quelle elektrischer Energie ist vorhanden (Batterie, Netzanschluss).
- Ein Gerät oder eine Anlage (häufig als „Verbraucher" bezeichnet) ist über eine Leitung und einen Schalter mit der Quelle verbunden.
- Der Schalter ist geschlossen.

Es handelt sich hierbei um eine elektrotechnische Schaltung, bei der eine Lampe eingeschaltet wird (**Schaltplan** [circuit diagram], Abb. 6). Technisch betrachtet wird hierbei die in der Energiequelle vorhandene elektrische Energie benutzt, um in der Lampe Licht und Wärme zu erzeugen. Es findet dabei eine Energieumwandlung statt, wobei der Transport der Energie über die Leitungen erfolgt. Wir bezeichnen diese Schaltung als **Stromkreis** [electric circuit].

Für die Darstellung in Schaltplänen werden **Schaltzeichen** [graphical symbols] verwendet. Sie sind genormt (DIN EN 60617) und geben nicht das Aussehen der Gegenstände wieder, sondern verdeutlichen nur die Funktion. Eine zusätzliche Kennzeichnung kann durch Buchstaben erfolgen (DIN EN 61346).

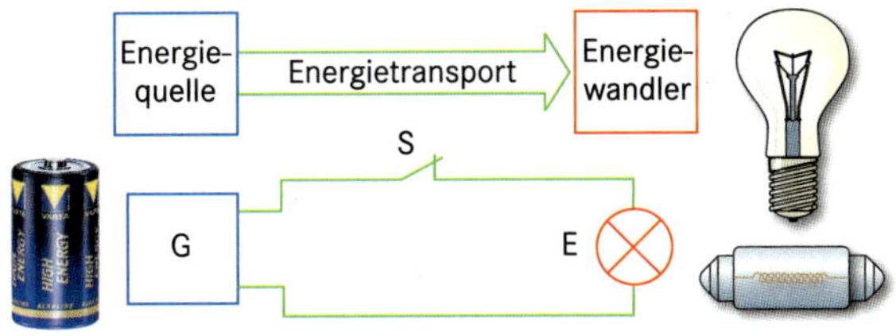

6: Elektrischer Stromkreis

Noch wurde nicht geklärt, was sich beim Energietransport im Leiter abspielt. Dieser Frage wollen wir jetzt nachgehen. Da mit menschlichen Sinnen die Vorgänge nicht wahrnehmbar sind, hat man in der Physik und Technik **Modelle** [models] entwickelt, mit denen man die Vorgänge anschaulich beschreiben kann. Eine vereinfachte Modellvorstellung ist in Abb. 7 zu sehen.

Als Energiequelle ist eine elektrochemische Quelle mit zwei Polen vorhanden, die durch Minus- und Pluszeichen gekennzeichnet sind. Durch einen chemischen Prozess im Innern der Quelle werden die ursprünglich neutralen Substanzen auf atomarer Ebene getrennt. Es entsteht am Minuspol ein Überschuss von kleinsten und beweglichen Teilchen. Sie werden als **Elektronen** [electrons] bezeichnet. Diese können sich im metallischen Leiter ausbreiten. Da der Stromkreis geschlossen ist, gelangen sie über die Lampe wieder zurück zum Pluspol, an dem Elektronenmangel herrscht.

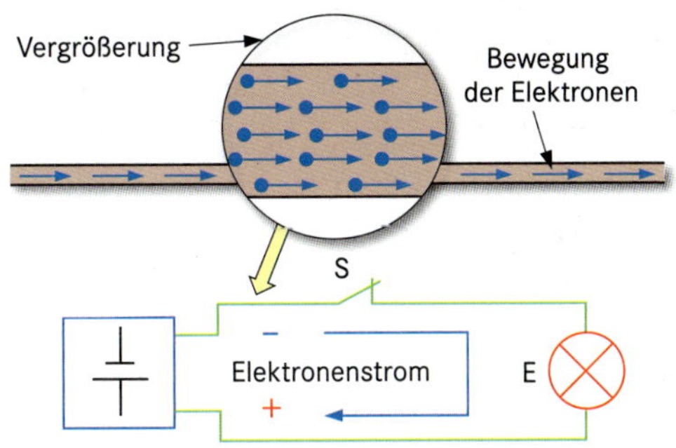

7: Stromfluss als Elektronenbewegung

- Ein elektrischer Stromkreis besteht aus einer elektrischen Energiequelle, Verbindungsleitungen und einem Objekt, Gerät oder einer Anlage, in der die Umwandlung der elektrischen Energie stattfindet.
- Für die Darstellung in Schaltplänen werden Schaltzeichen verwendet, die durch Kennbuchstaben ergänzt werden können.
- Elektrischen Strom, der aus einer elektrochemischen Energiequelle durch einen metallischen Leiter fließt, stellt man sich als Bewegung von Elektronen vom Minuspol zum Pluspol der Quelle vor.

1.2.3 Elektrische Ladung

Es soll nun als Nächstes geklärt werden, wo die Elektronen herkommen. Eine Erklärung liefert das **Bohrsche Atommodell** [atomic model] (Niels Bohr, dänischer Physiker 1885-1962). Danach bestehen Atome aus einem Kern und einer Hülle (Abb. 1). Im Kern sind **Protonen** [protons] und **Neutronen** [neutrons] vorhanden. Um den Kern bewegen sich die Elektronen in Schalen auf unterschiedlichen Bahnen. Man hat festgestellt, dass Protonen und Elektronen unterschiedliche elektrische Eigenschaften besitzen. Protonen sind positiv und Elektronen sind negativ geladen. Die unterschiedlichen Eigenschaften der Stoffe hängen allein von der Anzahl der positiven und negativen Teilchen ab. So besitzt z. B. das Gas Sauerstoff 8 Protonen und 8 Elektronen, das Metall Kupfer dagegen 29 Protonen und 29 Elektronen.

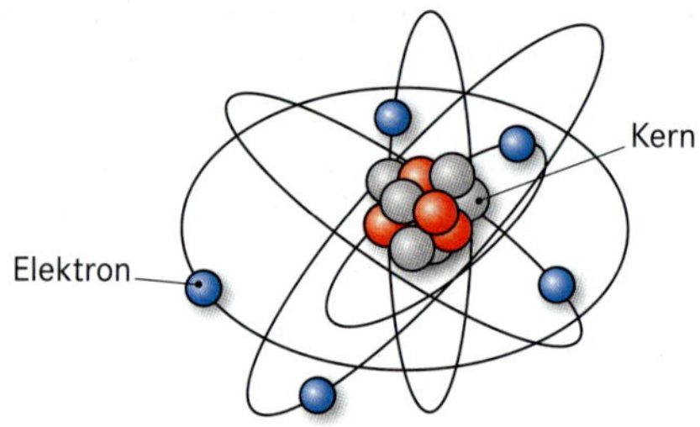

1: Bohrsches Atommodell

Wenn ein Atom gleich viele positive und negative Teilchen besitzt, wirkt es nach außen hin neutral. Es handelt sich um den Normalzustand der Materie. Durch mechanische Einwirkungen (z. B. Reibung) lässt sich dieses Gleichgewicht jedoch stören. Wenn man wie in Abb. 2 einen Kunststoffstab ② mit einem Wolltuch ① reibt, wandern vom Tuch die beweglichen Elektronen zum Kunststoffstab (**Reibungselektrizität**). Dies ist kein beständiger Zustand. Nähern sich beide wieder, kommt es zu einer Anziehung und bei Berührung zu einem Ausgleich.

Diese Anziehungskräfte wirken auch im Atom zwischen den negativen Elektronen und den positiven Protonen. Auf diese Weise werden die Elektronen auf ihren Bahnen gehalten. Eine Abstoßung ist dagegen bei gleichartigen Ladungen feststellbar (Kraftpfeile und Formelzeichen F in Abb. 3)

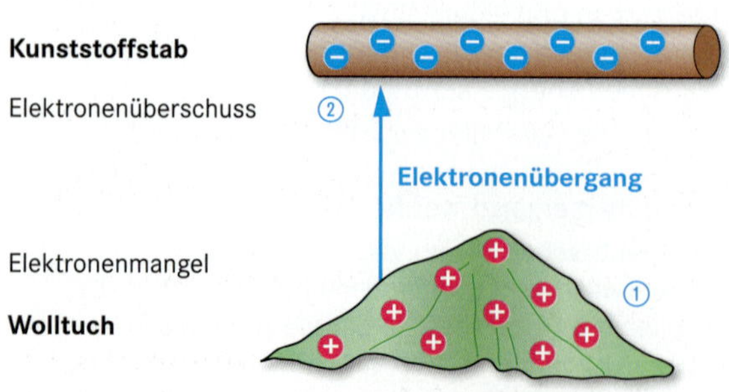

2: Ladungstrennung durch Reibungselektrizität

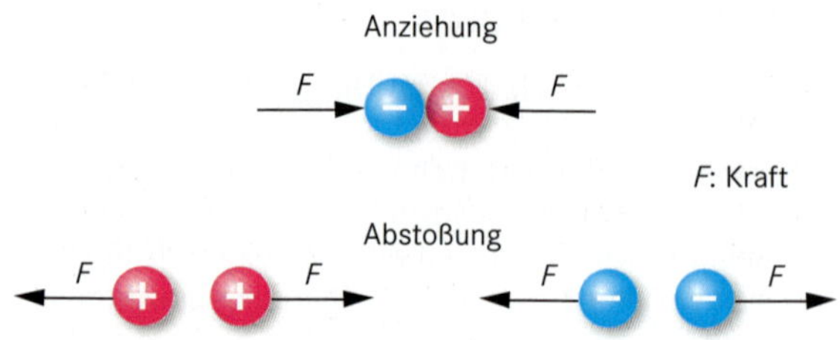

3: Anziehung und Abstoßung

Die **Ladung** [charge] ist eine elektrische Eigenschaft der atomaren Bausteine. Man kennzeichnet sie durch die Größe **Coulomb** (Charles Augustin de Coulomb, franz. Physiker, 1736 – 1806). Man hat festgestellt, dass die Ladung eines Elektrons bzw. Protons sehr klein ist. Sie beträgt $e = 1{,}6 \cdot 10^{-19}$ C.

	Formelzeichen	Einheit
Ladung	Q	C (Coulomb)

Die Eigenschaft, dass positive und negative Ladungen sich anziehen und damit ausgleichen wollen, nutzt man bei elektrischen Elektrizitätsquellen aus. Dort werden auf chemischem Wege oder durch magnetische Einwirkungen Ladungen voneinander getrennt (Abb. 4). Ermöglicht man jetzt durch einen elektrischen Stromkreis wieder einen Ausgleich, dann fließt ein elektrischer Strom vom **Elektronenüberschuss** [excess of electrons] zum **Elektronenmangel** [shortage of electrons].

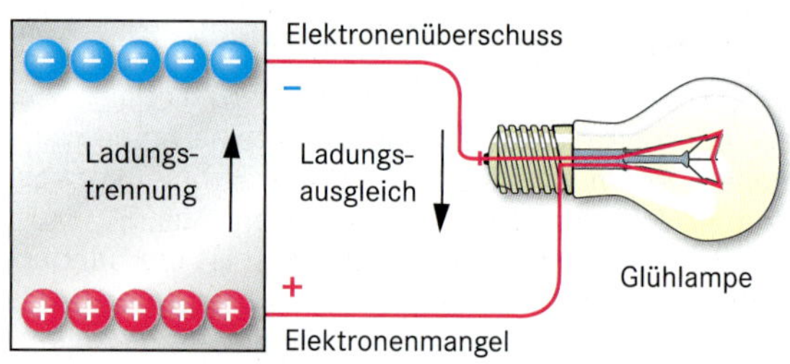

4: Ladungsausgleich

- Bei einem positiv geladenen Körper sind mehr positive als negative Ladungen vorhanden (Elektronenmangel).
- Bei einem negativ geladenen Körper sind mehr negative als positive Ladungen vorhanden (Elektronenüberschuss).
- Ein neutraler Körper hat gleich viele positive und negative Ladungen.
- Ungleichartige Ladungen ziehen sich an. Gleichartige Ladungen stoßen sich ab.
- Ungleichartige Ladungen sind bestrebt, sich auszugleichen.
- Beim elektrischen Stromfluss kommt es zu einem Ladungsausgleich.

1.2.4 Elektrische Stromstärke

Der elektrische Strom ist eine Bewegung von Ladungen in einem Leiter. Dieser Strom kann unterschiedlich groß sein. Deshalb hat man zur Kennzeichnung die **elektrische Stromstärke** [electric current intensity] mit dem Formelzeichen I (von Intensität) eingeführt. Da sich innerhalb des Stromkreises die Ladungszahl nicht ändert - es gehen keine Elektronen „verloren" oder kommen welche hinzu - ist die Stromstärke überall gleich. Sie wird um so größer, je größer die Zahl der Ladungen Q und je geringer die Zeit t ist, in der sich die Elektronen durch den Leiterquerschnitt bewegen.

Fasst man diese Abhängigkeiten zusammen, ergibt sich für die elektrische Stromstärke die folgende Formel:

$$I = \frac{Q}{t} \qquad 1\,\text{A} = 1\,\frac{\text{C}}{\text{s}}$$

Als Einheit wurde das **Ampere** gewählt (Andrè-Marie Ampere, franz. Physiker 1775-1836). Da bereits die Einheit für die Ladung mit Coulomb festgelegt worden ist, beträgt die Einheit von 1 Ampere = 1 Coulomb durch 1 Sekunde.

	Formelzeichen	Einheit
Elektrische Stromstärke	I	A (Ampere)

Stromrichtung

In technischen Unterlagen ist es mitunter sinnvoll, die Richtung des Stromes anzugeben. Dies geschieht durch einen Pfeil innerhalb oder außerhalb der Leitung bzw. über dem jeweiligen Objekt (Abb. 5). Wenn die Quelle über einen Plus- und Minuspol verfügt, geht der Pfeil definitionsgemäß vom Pluspol zum Minuspol (Richtungspfeil). Die Pfeilrichtung sagt nichts über die tatsächliche Elektronenbewegung aus.

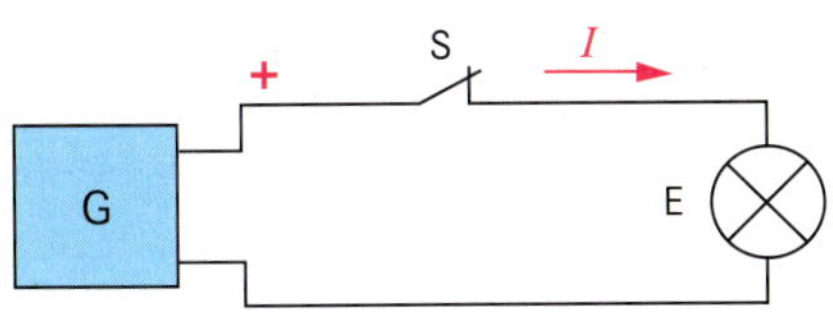

5: Stromrichtung

Stromarten

Wenn in einem Stromkreis wie in Abb. 5 der Schalter geschlossen ist, fließt solange ein Strom bestimmter Stärke, bis der Schalter wieder geöffnet wird. Diesen Vorgang kann man in Form eines Diagramms (**Liniendiagramm** [line diagram]) darstellen (Abb. 6). Die gleich bleibende Stromstärke wird durch eine waagerechte Linie in Abhängigkeit von der Zeit dargestellt. Die Achsen werden durch Pfeile mit den jeweiligen Größen und ihren Einheiten gekennzeichnet.

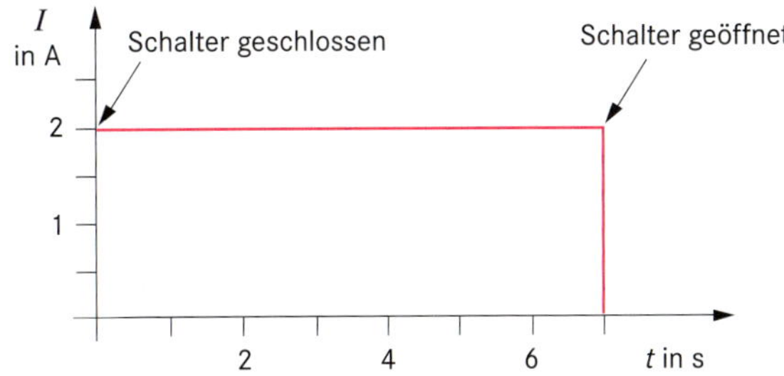

6: Stromverlauf

Diese Stromart wird als **Gleichstrom** [**DC**: **D**irect **C**urrent] bezeichnet. Gleichstromquellen sind Batterien, Akkumulatoren und Energieversorgungen für elektronische Geräte. Zeichen: – oder ⎓

Das Energienetz für die Industrie und Haushalte versorgt uns dagegen mit **Wechselstrom** [**AC**: **A**lternating **C**urrent]. Die Stromrichtung ändert sich dabei ständig und es entstehen gleichgroße positive und negative Anteile (Abb. 7). Zeichen: ∼

Wenn der elektrische Strom Gleich- und Wechselstromanteile enthält, nennt man ihn **Mischstrom** [**UC**: **U**niversal **C**urrent] (Abb. 8). Zeichen: ≃

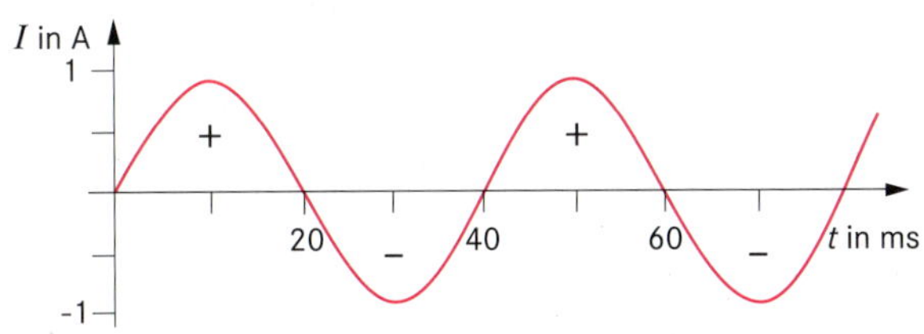

7: Wechselstrom

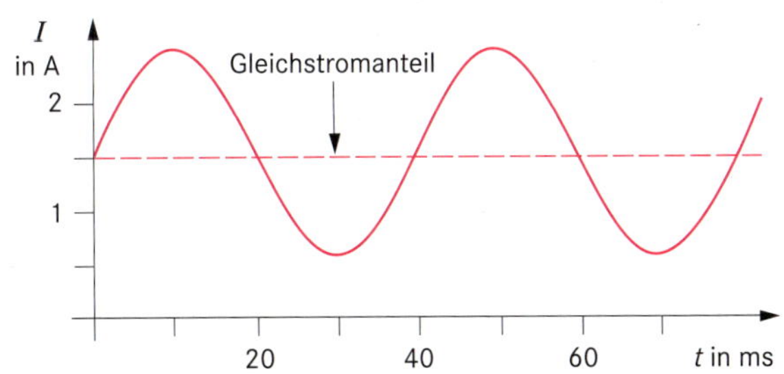

8: Mischstrom

AUFGABEN

1. Erklären Sie den Unterschied zwischen Strom und Stromstärke.
2. Welche Komponenten gehören zu einem Stromkreis?
3. Wie groß sind die maximalen Stromstärken in Abb. 6, 7 und 8?
4. Wie lange fließt der Strom im Liniendiagramm der Abb. 6?
5. Zu welchen Zeitpunkten geht der Wechselstrom in Abb. 7 durch Null?

Stromdichte

In einem Stromkreis fließt der Strom häufig durch Leiter mit unterschiedlich großen Querschnitten. Bei einer Glühlampe ist beispielsweise der Querschnitt des Glühfadens erheblich kleiner als der Querschnitt der Zuleitungen aus Kupfer. Es kommt deshalb zur Erwärmung des Glühfadens, während bei der Kupferleitung keine nennenswerte Erwärmung feststellbar ist. Ursache hierfür ist die gleich bleibende Stromstärke im Stromkreis, denn in gleichen Zeitabständen fließen gleich viele Elektronen durch unterschiedlich große Querschnitte (Abb. 1). Im Leiterquerschnitt A_2 ist die **Stromdichte *J*** [current density] größer als im Leiterquerschnitt A_1. Diese Beziehung, dass die Stromdichte bei gleich bleibender Stromstärke mit abnehmendem Querschnitt steigt, drückt man durch folgende Formel aus:

$$J = \frac{I}{A}$$ *A*: Querschnitt, Fläche

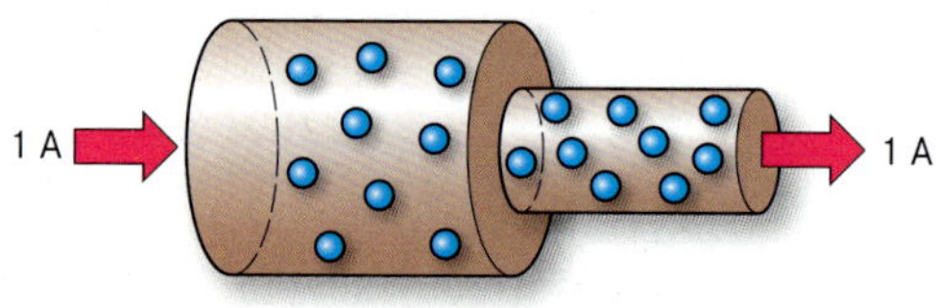

1: Stromdichte

Stromdichte	Formelzeichen	Einheit
	J	A/mm²

Wie kann man sich 1 Ampere vorstellen?

Die Ladung eines einzelnen Elektrons beträgt $e = 1{,}6 \cdot 10^{-19}$ C. Bei einer Stromstärke von 1 A fließen dann in einer Sekunde $n \cdot e$ Elektronen durch den Leiterquerschnitt.

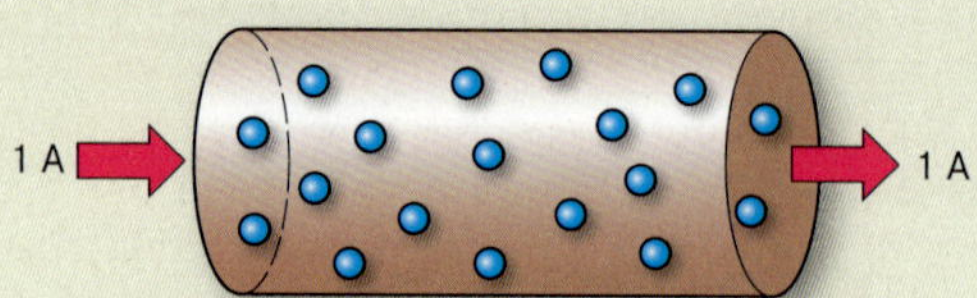

$$I = \frac{n \cdot e}{t} \qquad n = \frac{I \cdot t}{e} \qquad n = \frac{1\text{A} \cdot 1\text{s}}{1{,}6 \cdot 10^{-19}\,\text{As}}$$

$n = 0{,}625 \cdot 10^{19}$ Elektronen
$n = 6.250.000.000.000.000.000$ Elektronen
Das ist eine unvorstellbar große Zahl.

1.2.5 Stromleitung in Metallen, Flüssigkeiten und Gasen

Stromleitung in Metallen

Metalle sind Elemente, bei denen sich die Atome an bestimmten Plätzen eines Raumes befinden (**Kristallgitter** [crystal lattice]). In Abb. 2 sind beispielsweise an den Ecken eines Würfels und im Zentrum Atome platziert.

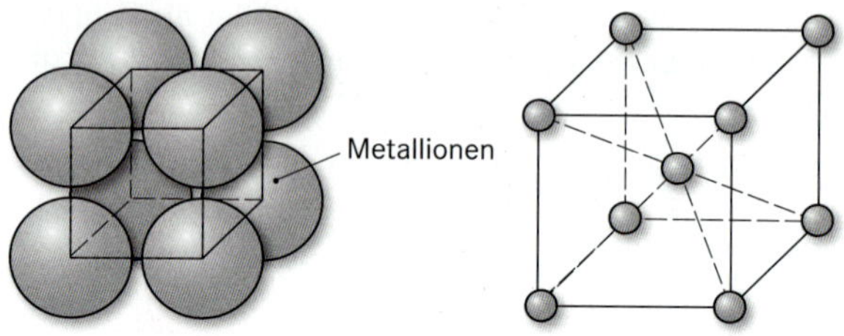

2: Kristallgitter

Auf der äußeren Schale dieser Atome befinden sich nur wenige Elektronen, Kupfer besitzt z. B. ein Außenelektron. Dieses ist schwach an den Kern gebunden und kann sich bei Raumtemperatur auf ungeordneten Bahnen frei zwischen den Atomrümpfen bewegen. Da diesen Atomrümpfen ein Elektron fehlt, sind sie positiv geladen. Modellhaft ergibt sich dann der Kristallaufbau von Abb. 3.

Wie lässt sich aus dieser ungeordneten eine geordnete Elektronenbewegung erzeugen?

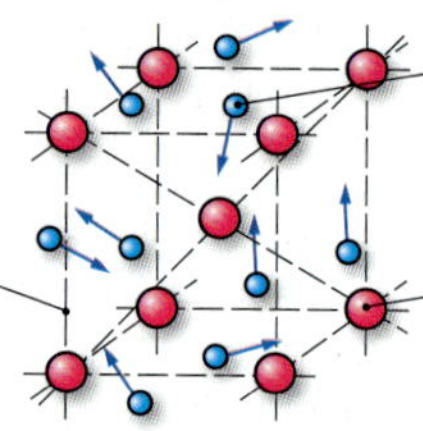

3: Kristallgitter mit frei beweglichen Elektronen

- Die elektrische Stromstärke gibt an, wie groß die bewegte Ladung innerhalb einer bestimmten Zeit ist.
- Die Richtung des Stromes (der Stromstärke) kann durch einen Pfeil vom Plus- zum Minuspol gekennzeichnet werden.
- Die Abhängigkeit der Stromstärke von der Zeit lässt sich in einem Liniendiagramm darstellen.
- Wenn in einem Liniendiagramm an den Achsen Einheiten und Zahlenwerte angegeben sind, können die dazugehörigen Größen ermittelt werden.
- Stromarten sind Gleichstrom, Wechselstrom und Mischstrom.
- Die Stromdichte ist das Verhältnis aus Stromstärke und Fläche.

Eine geordnete Bewegung im Sinne eines Stromflusses lässt sich erreichen, wenn man die positiven und negativen Pole einer Elektrizitätsquelle mit einem Leiter verbindet (Abb. 4). Am Pluspol herrscht ein Elektronenmangel und am Minuspol ein Elektronenüberschuss, sodass es zu einer Abstoßung bzw. Anziehung auf die im Kristallgitter frei beweglichen Elektronen kommt.

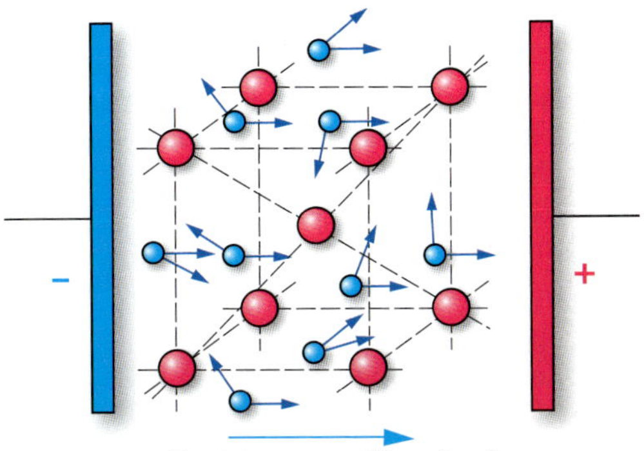

4: Modell des Stromflusses

Stromleitung in Flüssigkeiten

Flüssigkeiten können nur dann den elektrischen Strom leiten, wenn wie bei Metallen bewegliche Ladungsträger vorhanden sind. Dies ist z. B. der Fall bei Salzlösungen, Säuren und Laugen. Sie spalten sich in einer wässrigen Lösung in positiv und negativ geladene Atome auf (dissoziieren), die als **Ionen** [ions] bezeichnet werden. Modellhaft besteht eine Flüssigkeit dann aus gleich vielen positiven und negativen Ionen (Abb. 5).

Flüssigkeiten mit Ionen werden als **Elektrolyte** [electrolytes] bezeichnet. Bei einem Stromfluss (Abb. 6) wandern diese Ionen zu den Elektroden, die positiven Ionen zum Minuspol (**Katode** [cathode]) und die negativen Ionen zum Pluspol (**Anode** [anode]). Dort findet dann ein Ladungsausgleich statt. Die Ionen werden wieder zu neutralen Atomen, die sich an den Elektroden abscheiden (fest oder gasförmig). Diesen Vorgang nennt man **Elektrolyse** [electrolysis]. Die abgeschiedene Masse ist abhängig von der Stromstärke und der Dauer des Stromflusses. Angewendet wird dieses Verfahren bei der Beschichtung von Oberflächen (Galvanisieren) und bei der Materialtrennung.

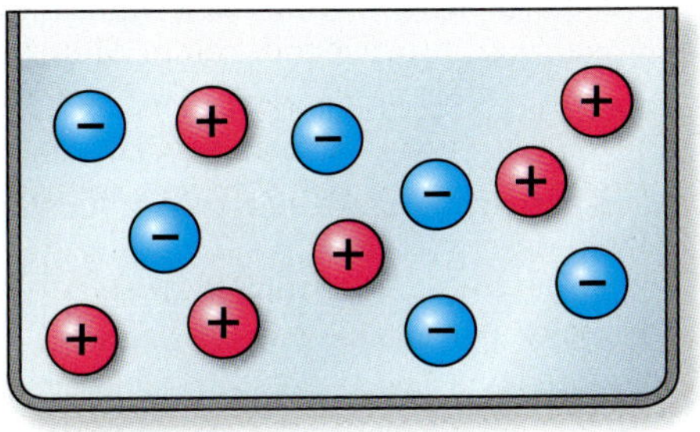

5: Flüssigkeit als Lösung mit Ionen

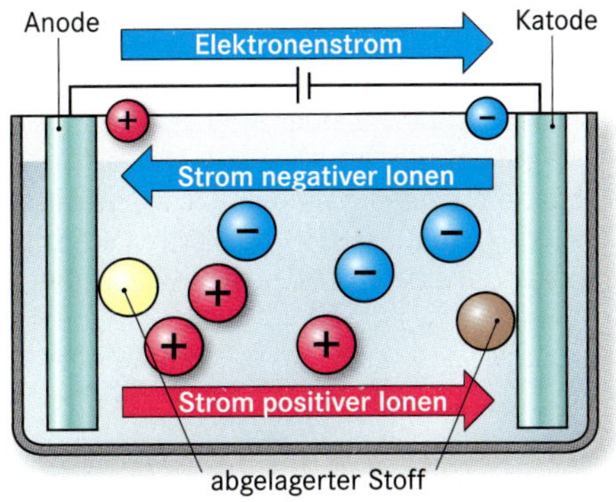

6: Elektrolyse

Stromleitung in Gasen

Weil Gase unter normalen Bedingungen keine beweglichen Ladungsträger besitzen, sind sie elektrisch nicht leitend. Alle Elektronen der Atome bzw. Moleküle sind fest an den Atomkern gebunden. Trotzdem gelingt es z. B., wie in Abb. 7 modellhaft dargestellt, dass Gase den elektrischen Strom leiten. Erreicht wird dies, indem man mit Hilfe von glühenden Metalldrähten (Glühfäden) freie Elektronen ① im Gas erzeugt. Diese werden durch die Elektrizitätsquelle beschleunigt, treffen auf neutrale Gasatome bzw. Gasmoleküle ②, schlagen weitere Elektronen heraus, diese werden ebenfalls beschleunigt, sodass lawinenartig die Zahl der Ladungsträger ansteigt (**Stoßionisation** [impulse ionization] ③). Elektrischer Strom kann jetzt fließen.

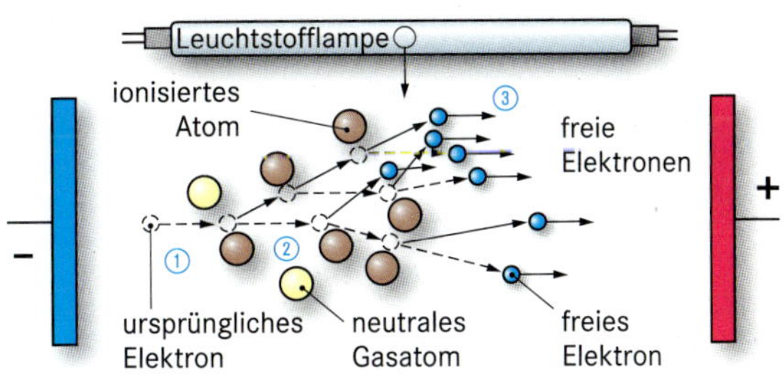

7: Stromleitung in Gasen

- Metalle bestehen aus positiven Atomrümpfen, zwischen denen sich die freien Elektronen auf ungeordneten Bahnen bewegen.
- Ein Stromfluss in einem metallischen Leiter entsteht, wenn auf die frei beweglichen Elektronen Anziehungs- bzw. Abstoßungskräfte wirken (Plus- und Minuspole von Elektrizitätsquellen).
- Bei der Elektrolyse wandern positive Ionen zur Katode und negative Ionen zur Anode. Es kommt an den Elektroden zu Stoffabscheidungen.
- Gase können den elektrischen Strom nur dann leiten, wenn z. B. durch Stoßionisation Ladungsträger erzeugt werden.

1.2.6 Elektrische Spannung

Die elektrische Spannung ist neben den bisher behandelten Größen „Ladung“ und „Stromstärke“ eine weitere wichtige Größe der Elektrotechnik. Aber auch umgangssprachlich verwenden wir den Begriff „Spannung“. So kann z. B. eine Feder gespannt sein oder man ist selbst gespannt, wie ein Fußballspiel enden wird. In allen Fällen handelt es sich um einen besonderen Zustand, der nach „Entspannung“ (Ausgleich) strebt.

Mit dem Begriff „elektrische Spannung“ kennzeichnet und unterscheidet man elektrische Energiequellen. In ihnen wird durch Ladungstrennung (s. Kap. 1.2.3) eine Spannung hervorgerufen und an den Anschlüssen abgegeben. Sie werden deshalb auch als **Spannungsquellen** [voltage sources] bezeichnet.

Eine Spannungsquelle besitzt zwei Anschlüsse (Pole). Bei den elektrochemischen Spannungsquellen (Akkumulatoren, Batterien) werden sie durch Plus (+) und Minus (–) gekennzeichnet. Verbindet man diese beiden Pole z. B. mit einer Glühlampe, dann gleichen sich die Ladungen aus. Die Elektronen wandern außerhalb der Quelle vom **Minuspol** [negative pole] zum **Pluspol** [positive pole]. Es fließt ein elektrischer Strom mit einer bestimmten Stärke (s. Kap. 1.2.2). Dies geschieht in elektrochemischen Spannungsquellen so lange, bis die chemischen Substanzen in der Quelle „erschöpft“ sind. Die Spannung ist also die **Ursache** für den elektrischen Stromfluss.

Die elektrische Spannung kürzt man durch das Formelzeichen *U* ab. Als Einheit wird Volt verwendet.

Elektrische Spannung	Formelzeichen	Einheit
	U	V (Volt)

Der Zahlenwert der elektrischen Spannung sagt etwas über die Wirksamkeit der Quelle aus. So ist z. B. die Netzspannung von 230 V erheblich wirkungsvoller als die Spannung von 1,5 V einer elektrochemischen Zelle.

In Schaltplänen können Spannungen durch Pfeile gekennzeichnet werden (Abb. 1). Sie geben die Polarität zwischen zwei Punkten der Schaltung (Leitungen, Klemmen, Anschlüsse usw.) an. Sie gehen definitionsgemäß vom Pluspol (Elektronenmangel) zum Minuspol (Elektronenüberschuss).

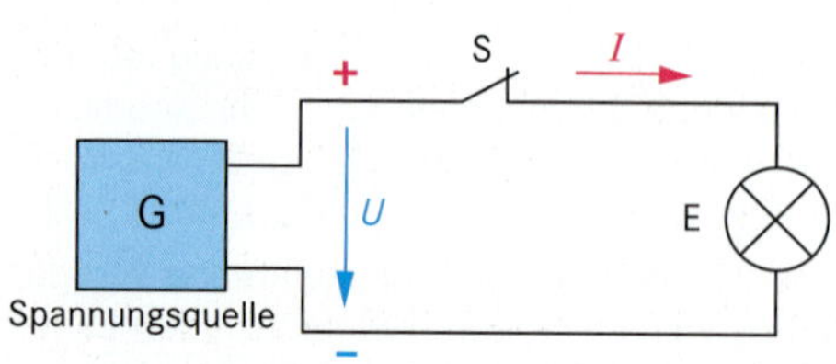

1: Spannungs- und Stromrichtung

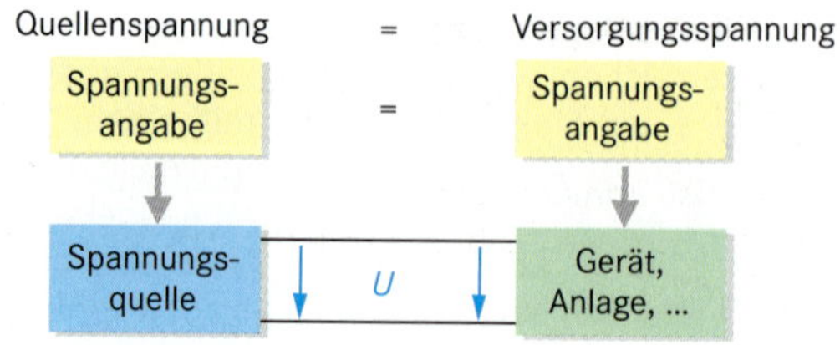

2: Spannungsquelle und Gerät

Damit ein elektrisches Geräte einwandfrei funktionieren kann, muss eine Quelle die Spannung abgeben können, die das Geräte innerhalb der Toleranzgrenze benötigt (z. B. 230 V ± 10 %). Die Quellenspannung muss also mit der Versorgungsspannung (Betriebsspannung) für das Gerät übereinstimmen (Abb. 2).

Modell zur Spannungserzeugung

Das Prinzip der Spannungserzeugung soll mit einem vereinfachten Modell erklärt werden.

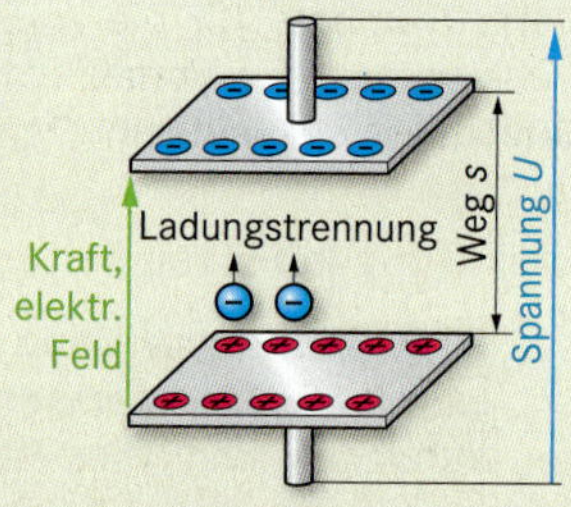

Das Modell besteht aus zwei unterschiedlich aufgeladenen Platten.

Um weitere Ladungen zu trennen, ist Arbeit erforderlich. Abstoßungskräfte müssen überwunden werden. Bei einer Verdopplung der Ladung *Q* würde man auch eine doppelt so große Trennungsarbeit (*W*) aufbringen müssen. Trennungsarbeit und Ladung steigen im gleichen Verhältnis (sie sind proportional). Bildet man aus *W* und *Q* das Verhältnis *W*/*Q*, ergibt sich eine Konstante. Dieses ist die elektrische Spannung.

AUFGABE

1. Ermitteln Sie die Größenwerte für die Versorgungsspannungen folgender Geräte bzw. Anlagen: Fernbedienung für TV-Gerät, Spannungsversorgung im Automobil, Fön, Elektrorasierer, Mobiler Datenspeicher (Smart Media Card).

- In Spannungsquellen werden Ladungen voneinander getrennt.
- Die elektrische Spannung ist die Ursache für den Stromfluss.
- Damit elektrische Geräte einwandfrei funktionieren können, muss die Spannungsangabe auf der Quelle mit der Versorgungsspannung des Gerätes bzw. der Anlage übereinstimmen.
- Spannungspfeile geben die Richtung von Spannungen an und gehen vom Plus- zum Minuspol.

1.2.7 Wechselspannung

Die bisher behandelten Spannungen wurden auf elektrochemischem Wege erzeugt. Die Polarität an den Klemmen ist immer gleich (Plus- und Minuspol). Die Spannung wird deshalb als **Gleichspannung** [direct voltage] bezeichnet.

Die Spannung, die von Kraftwerken erzeugt und über Hochspannungsleitungen bis in unsere Wohnungen für die häusliche Energieversorgung transportiert wird, ist eine **Wechselspannung** [alternating voltage] (Abb. 4). An den Anschlüssen der Quellen ändert sich die Polarität ständig. Sie steigt an, erreicht einen Höchstwert (z. B. positiver Höchstwert), sinkt bis auf Null, erreicht einen negativen Höchstwert. Würde diese Änderung langsam geschehen, müsste sich bei einem Messinstrument mit einem Zeiger dieser ständig hin- und herbewegen. Bei unserer Netzwechselspannung geschieht dies jedoch 50-mal in der Sekunde, sodass Zeigerinstrumente für die Anzeige zu träge sind. Für die Darstellung des Verlaufs von Wechselspannungen benutzt man deshalb ein **Oszilloskop** [oscilloscope] (Abb. 3).

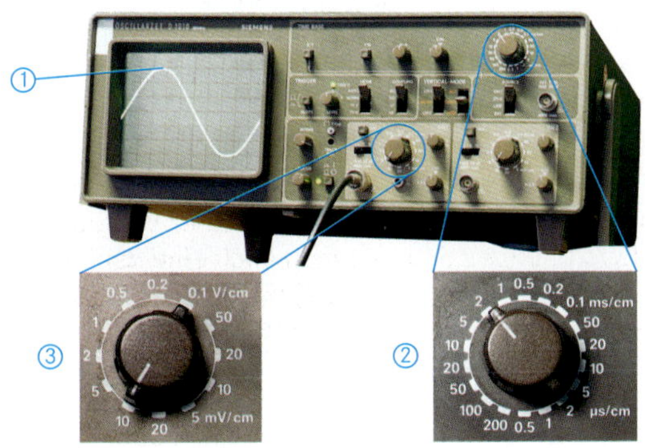

3: Oszilloskop und Einsteller

Beim Oszilloskop wird auf dem Display jeder augenblickliche Wert der Spannung (**Augenblickswert** [instantaneous value]) in vertikaler Richtung (senkrecht) abgebildet. Die Einstellung des Maßstabes geschieht mit einem Steller, z. B. in Abb. 3 ③ mit 10 V/cm (oder auch 10 V/Div). Der Höchstwert ① der Spannung lässt sich dann wie folgt berechnen:
3 cm · 10 V/cm = 30 V

Zusätzlich zu dieser vertikalen Darstellung wird die horizontale (waagerechte) Position der Spannung ermittelt und abgebildet, sodass der zeitliche Verlauf (**Zeitablenkung** [time deflection]) der Spannung erkennbar wird. Es entsteht ein ruhendes Bild. Mit einem Steller (Timebase-Steller) kann diese Zeitablenkung eingestellt werden. In Abb. 3 beträgt sie z. B. 2 ms/cm ② (oder auch 2 ms/Div). Je nach Einstellung ergeben sich eine oder mehrere Schwingungen.

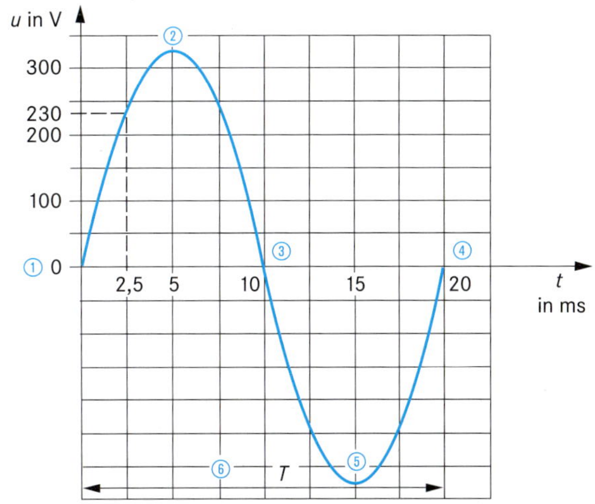

4: Liniendiagramm einer Wechselspannung

Der Kurvenverlauf wird als **Sinuskurve** [sine curve] bezeichnet. Sie ist in Abb. 4 als Linienverlauf (Liniendiagramm) dargestellt und besitzt folgende Merkmale:
- Nulldurchgänge ①, ③, ④
- Positiver Maximalwert (**Amplitude** [amplitude]) $\hat{u}$ ② (sprich: u-Dach)
- Negativer Maximalwert ⑤
- **Periodendauer *T*** [period time] ⑥
  Sie ist die Zeit, die für eine vollständige Schwingung benötigt wird.

Neben der Periodendauer wird auch die **Frequenz *f*** [frequency] zur Kennzeichnung von Wechselspannungen verwendet. Sie gibt an, wie viele Schwingungen in einer Sekunde ablaufen.
Folgender Zusammenhang ergibt sich dann:

$$f = \frac{1}{T} \qquad 1\ \text{Hz} = \frac{1}{\text{s}} = \text{s}^{-1}$$

Frequenz	Formelzeichen	Einheit
	f	Hz (Hertz)

AUFGABE

1. Lesen Sie aus dem Diagramm (Abb. 4) die Spannung bei 7,5 ms und bei 17,5 ms ab. Erklären Sie Gemeinsamkeiten bzw. Unterschiede.

- Mit einem Oszilloskop lassen sich die zeitlichen Verläufe von Spannungen darstellen.
- Eine sinusförmige Wechselspannung ändert im Gegensatz zur Gleichspannung ständig Größe und Richtung.
- Eine sinusförmige Wechselspannung wird durch Amplitude und Frequenz gekennzeichnet.

1.2.8 Messen von Spannung und Stromstärke

Messen der Spannung

Als Spannungsquelle wird in Abb. 1 eine elektrochemische Quelle verwendet, an der eine Glühlampe angeschlossen ist. Die Spannung besteht zwischen Plus- und Minuspol. Die beiden Anschlüsse des Messgerätes müssen deshalb direkt mit diesen Polen verbunden werden. Das Messgerät liegt also **parallel** zur Spannungsquelle. Wenn im Messgerät keine Umschaltung der Polarität erfolgt, müssen beim Geräteanschluss Plus- und Minuspol beachtet werden.

Folgende Vorgehensweise ist dabei sinnvoll:

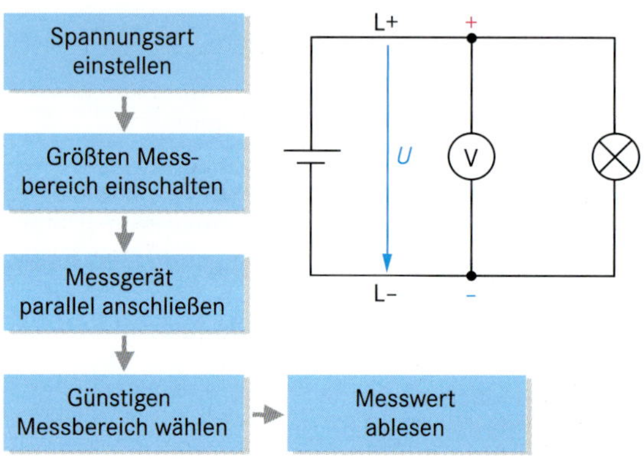

1: Spannungsmessung

Messen der Stromstärke

Da die Stromstärke direkt im Stromkreis gemessen wird, muss dieser unterbrochen und das Messgerät eingefügt werden. Der Strom des Kreises fließt jetzt durch das Messgerät und kann gemessen werden.

Folgende Vorgehensweise ist dabei sinnvoll:

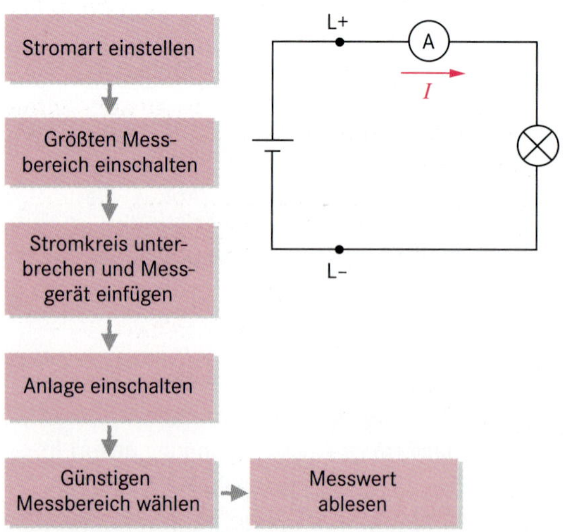

2: Messen der Stromstärke

Netzteil für Gleichspannung

Als praktisches Beispiel soll die Ausgangspannung an einem **Netzteil** [power supply unit] gemessen werden, das für die Versorgung eines elektronischen Gerätes verwendet wird. Als Belastung dient eine Glühlampe. Es stehen ein Vielfachinstrument P1 mit Zeigerausschlag und ein Oszilloskop P2 zur Verfügung. Die **Messschaltung** [measuring circuit] von Abb. 3 zeigt, dass beide Spannungsmessgeräte parallel angeschlossen werden.

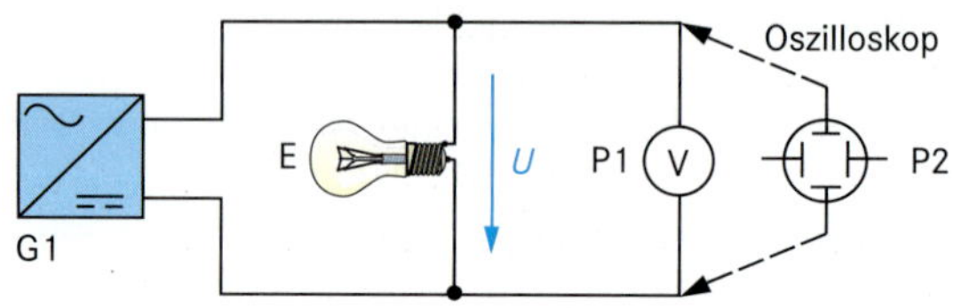

3: Messschaltung für ein Gleichspannungsnetzteil

Die Messungen mit dem Vielfachmessinstrument liefern folgende Ergebnisse:

- DC (Gleichspannung) im 10 V-Bereich: 8 V
- AC (Wechselspannung) im 10 V-Bereich: 0 V

Die Messergebnisse mit dem Oszilloskop sind in Abb. 4 dargestellt. Wie erwartet, zeigen beide Messgeräte in Stellung AC einen Wert von 0 V an.

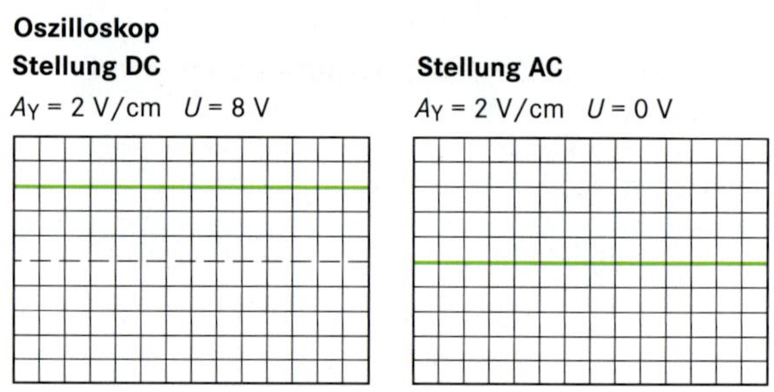

4: Gleichspannungsmessergebnisse

Netzteil für Wechselspannung

Mit den gleichen Messgeräten soll die Ausgangsspannung eines Netzteils gemessen werden, an dem die Netzspannung von 230 V auf einen geringeren Wert herabgesetzt wurde. Die Messschaltung ist in Abb. 5 zu sehen.

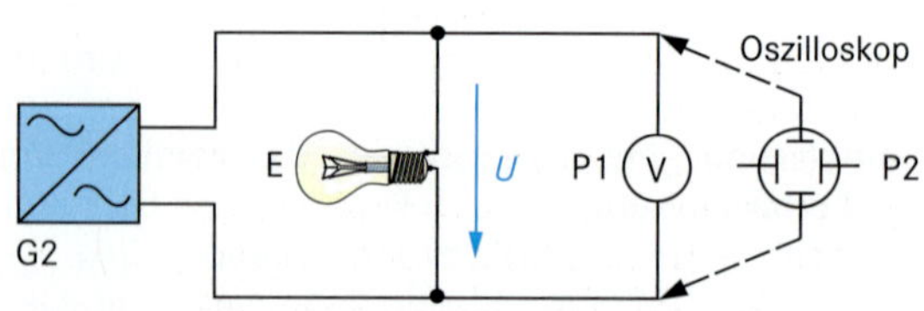

5: Messschaltung für ein Wechselspannungsnetzteil

Die Messungen mit dem Vielfachmessinstrument liefern folgende Ergebnisse:
- DC (Gleichspannung) im 10 V-Bereich: 0 V
- AC (Wechselspannung) im 10 V-Bereich: 5,7 V

Mit dem Oszilloskop messen wir keinen der Werte, sondern den Spitzenwert von 8 V (Abb. 6).

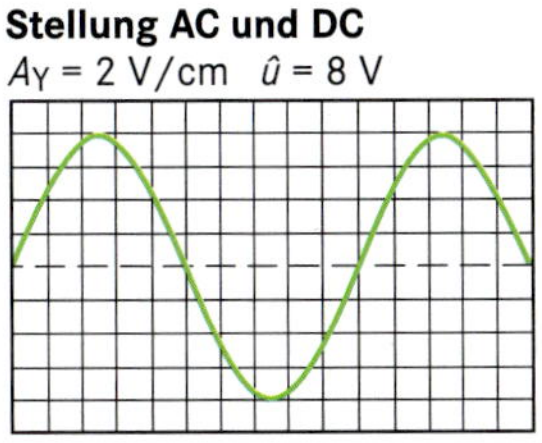

6: Ergebnis der Wechselspannungsmessung

Mit dem Vielfachmessgerät messen wir nicht den Spitzenwert von 8 V, sondern einen kleineren Wert. Er wird als **Effektivwert** [root mean square value] bezeichnet und gibt an, wie groß eine Gleichspannung mit gleicher Wirkung wäre (s. Kap. 1.6.3).

Messfehler [measuring error]

Messungen sind stets mit Fehlern behaftet. Die Genauigkeit, mit der ein Messgerät misst, wird als **Güteklasse** bezeichnet. Sie wird in Prozent des Skalenendwertes angegeben. Betriebsmessgeräte besitzen Güteklassen von 1; 1,5; 2,5; und 5.

Bei den Fehlerarten wird zwischen dem relativen und dem absoluten Fehler unterschieden. Der **absolute Fehler *F*** [absolute error] ist die Abweichung des angezeigten Messwertes (Ist-Wert) vom tatsächlichen Wert (Soll-Wert). Er ist für die gesamte Skala gleich groß.

Der **relative Fehler *f*** [relative error] ist der absolute Fehler, bezogen auf den jeweiligen Messwert. Er wird in Prozent angegeben und ist für die gesamte Skala unterschiedlich. Da er am Ende der Skala am geringsten ist, sollte möglichst bei großen Zeigerausschlägen gemessen werden.

AUFGABE

1. Schauen Sie auf ein Ihnen zur Verfügung stehendes Vielfach-Zeigerinstrument und listen Sie in einer Tabelle auf, welche Messungen damit durchgeführt werden können.

- Spannungsmessgeräte werden parallel an die zu messende Spannung angeschlossen. Der Stromkreis wird nicht unterbrochen.
- Stromstärkenmessgeräte werden direkt in den Stromweg geschaltet. Dazu muss der Stromkreis unterbrochen werden.

1.2.9 Anzeige bei Messgeräten

Analoge Anzeige

Die in der Elektrotechnik vorkommenden Größen sind in der Regel stetige Größen, d. h., sie können innerhalb gewisser Grenzen beliebige Zwischenwerte annehmen. Bei **analog** [analog] arbeitenden Messgeräten wird dazu jede Signalgröße in eine stetige Messgröße mit einem entsprechenden Zeigerausschlag abgebildet (Abb. 7b). Der Ablesende vollzieht jetzt die Umwandlung des analogen Zeigerausschlags in einen Zahlenwert mit der dazugehörigen Einheit. Die Messgenauigkeit hängt dabei vom Gerät und der Ablesegenauigkeit ab. Sinnvoll ist ein Ablesen im letzten Drittel der Skala (Abb. 7a).

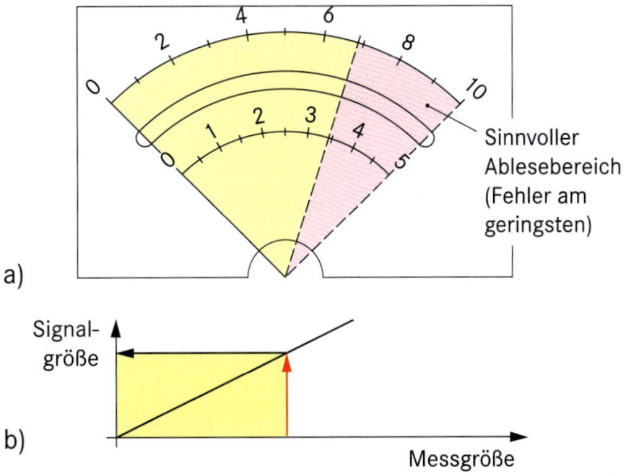

7: Analoge Anzeige

Digitale Anzeige

Bei der digitalen Anzeige wird die Messgröße direkt als Zahl angezeigt (Abb. 8a). Für bestimmte Messgrößenbereiche (z. B. 1,98 V bis 1,99 V) ist aber nur eine gestufte Anzeige möglich (Quantisierung, Abb. 8b). Die Messgenauigkeit hängt dabei von der Höhe der Stufen (Quantisierungsstufen) ab.

Um eine analoge Messgröße digital anzeigen zu können, muss diese mit Hilfe eines **Analog-Digital-Umsetzers** (AD-Umsetzer) [analog to digital converter] umgewandelt werden.

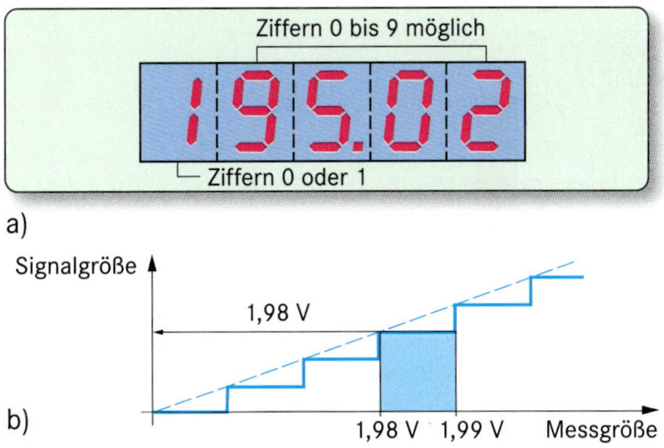

8: Digitale Anzeige

1: Sieben-Segment-Element

Die zahlenmäßige Darstellung erfolgt z. B. mit **Sieben-Segment-Elementen** [seven segment displays elements] (Abb. 1). Die Zahlen 0 bis 9 können durch eine entsprechende Ansteuerung der einzelnen Segmente dargestellt werden. Man unterscheidet LED- und LCD-Anzeigeeinheiten.

- **LED**: Lichtaussendende Diode (Leuchtdiode) [**L**ight **E**mitting **D**iode], z. B. 1,5 V; 30 mA
- **LCD**: Flüssigkristall-Anzeigeelement [**L**iquid **C**ristal **D**isplay], z. B. 1,8 V ... 8 V; 4,5 μA

LED-Anzeigeeinheiten bestehen aus sieben Leuchtdioden. Sie leuchten dann, wenn durch sie ein elektrischer Strom fließt. Verschiedene Farben sind möglich.

LCD-Anzeigeeinheiten bestehen aus **Flüssigkristallen** [liquid crystals elements]. Im spannungslosen Zustand sind die Moleküle zwischen den Glasplatten noch ungeordnet. Licht kann durch sie hindurch treten und an der Rückwand reflektiert werden. Das gesamte Feld erscheint somit gleichmäßig hell. Legt man jetzt zwischen die rückwärtige Platte (gemeinsame Elektrode für alle Segmente) und die einzelnen Elemente eine Spannung, dann richten sich die dazwischen befindlichen Moleküle aus. Die optischen Eigenschaften verändern sich, d. h. bestimmte Kristalle bleiben nicht mehr durchsichtig. Auftretendes Licht wird jetzt bereits an der Oberfläche reflektiert und das einzelne Segment wird sichtbar. Nachteilig ist, dass LCD-Anzeigeeinheiten nur bei Beleuchtung anzeigen.

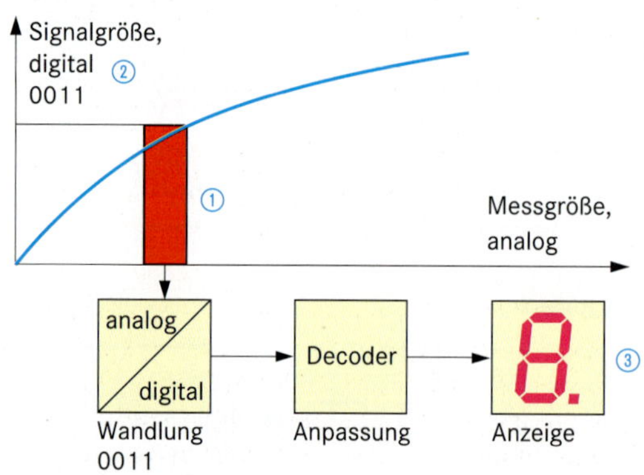

2: Digitales Messprinzip

Digitales Messprinzip

Zur Erklärung des digital arbeitenden Messprinzips wollen wir die vereinfachte Darstellung von Abb. 2 benutzen. Die analoge Messgröße ① wird zunächst im Analog-Digital-Umsetzer in eine binäre Signalfolge umgewandelt (z. B. 0011) ②. Diese gelangt dann in einen Decoder. Er passt die Signalfolge so an, dass sie von der nachfolgenden Anzeigeeinheit als Ziffer ③ abgebildet werden kann. Bei der digitalen Aufbereitung wird der Gesamtbereich der stetigen Messgröße in eine endliche Anzahl von Teilen (**Quanten** [quanta]) eingeteilt. Je feiner die Einteilung, desto genauer ist die Anzeige.

Zur Veranschaulichung wollen wir ein Spannungsmessgerät mit einer 4 ½-stelligen Anzeige verwenden (S. 19, Abb. 8). An den letzten vier Stellen können die Ziffern 0 bis 9 erscheinen. Dagegen bedeutet die Angabe „1/2-Stelle", dass die höchstwertige Dezimalstelle nur als 0 oder 1 angezeigt werden kann.

Im 200 V-Bereich wäre demnach die größtmögliche Anzeige 199,99 V. Man spricht in diesem Zusammenhang auch von einem Anzeigeumfang, der in diesem Fall 19.999 **Digits** beträgt. Die Zahl der Messschritte beträgt dabei 20.000 und jeder Schritt entspricht einer Spannungsänderung von 10 mV. Dies ist bereits eine sehr feine Unterteilung.

Bei einer 3 ½-stelligen Anzeige wäre die Zahl der Messschritte um den Faktor 10 kleiner. Das Gerät verfügt dann nur über 1.999 Digits.

Messfehler bei digitalen Messgeräten

Digital anzeigende Messgeräte vermitteln durch die eindeutige Anzeige oft den Eindruck, dass sie den Messwert „genau" anzeigen. Dieses ist jedoch nicht der Fall. Auch diese Messgeräte besitzen einen Fehler, der häufig geringer ist als bei vergleichbaren analog anzeigenden Messgeräten. Die Angaben dazu findet man in der Regel nicht auf dem Messgerät, sondern in der Bedienungsanleitung. Wodurch entstehen diese Fehler?

Auch elektronische Bauteile arbeiten im digitalen Messgerät nicht fehlerfrei. Sie verfügen von Natur aus über einen Toleranzbereich. Außerdem kann sich durch verschiedene Einflüsse, z. B. durch die Temperatur, der Anzeigewert verändern. Die elektronischen Bauteile, die Messwiderstände usw., sind also für einen Teil des Fehlers verantwortlich.

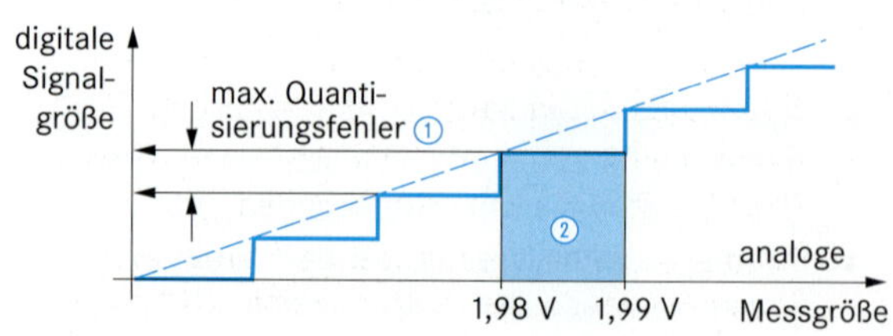

3: Quantisierungsfehler

Ein weiterer Fehler wird durch das Messverfahren an sich hervorgerufen. Man nennt ihn den Quantisierungsfehler [quantization error]. In Abb. 3 beträgt er 0,01 V. Aufgrund der Stufigkeit wird ein einzelner digitaler Wert ① erzeugt, der innerhalb eines analogen Bereichs ② liegt.
Beispiel: 1,98 $V_{Digital}$ = 1,98 V_{Analog} bis 1,99 V_{Analog}

Eine Verringerung des Quantisierungsfehlers lässt sich durch eine kleinere Schrittfolge (z. B. 1 mV) und eine Vergrößerung der Stellenzahl in der Anzeige erreichen.

Eine vollständige Fehlerangabe eines digital anzeigenden Messgerätes enthält demnach eine Fehlerangabe in Prozent vom Messwert und zusätzlich die mögliche Zahl der fehlerhaften Digits.
Beispiel: 0,2 % + 2 Digits.

Digital anzeigende Messgeräte lassen sich kostengünstiger als analoge Messgeräte herstellen. Wenn es um hohe Genauigkeiten geht, sind digital anzeigende Messgeräte vorzuziehen.

LCD Anzeige	**3½-stellig**
DC V	200 mV/2/20/200/1000 V, ±0,5 % 10 MΩ Eingangswiderstand
AC V (Effektivspannung) 40Hz bis 600Hz	200 mV/2/20/200/750 V, ±1 % 10 MΩ Eingangswiderstand
DC A	200 µA/2/20/200 mA/2/10 A, ± 0,5 %
AC A (Effektivstrom) 40Hz bis 600Hz	200 µA/2/20/200 mA/2/10 A, ± 1 %
Widerstand	200 Ω/2/20/200 kΩ/2/20 MΩ, ± 0,5 %, 20 MΩ, ± 0,75 % max. 250 V DC/eff Überlast

4: Daten eines digitalen Vielfachmessgerätes

AUFGABE

1. Ermitteln Sie anhand der Betriebsanleitung eines digital anzeigenden Vielfachmessgerätes die jeweiligen Fehler im Gleichspannungsbereich.

- Bei der analogen Anzeige wird zu jeder Signalgröße eine entsprechende Messgröße, in der Regel als Zeigerausschlag, abgebildet.
- Bei digital anzeigenden Messgeräten wird die Messgröße direkt zahlenmäßig angezeigt. Die analoge Messgröße wird dazu in eine Signalfolge (Folge von 0/1-Signalen) umgewandelt.
- Bei digital anzeigenden Messgeräten ist der Anzeigefehler am geringsten, wenn er im Endbereich der Anzeige liegt.

Digitalisierung

- Das abgebildete analoge Signal U_a soll in ein digitales Signal umgewandelt werden. Der Vorgang vollzieht sich in mehreren Schritten.

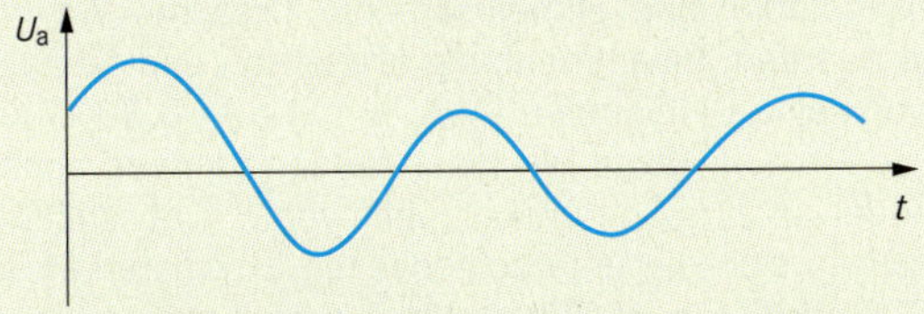

- **Abtasten und Halten**
  Zu genau festgelegten Zeitpunkten wird der Wert des analogen Signals U_b ermittelt. Damit der Wert weiter verarbeitet werden kann, muss er begradigt und über die Abtastzeitspanne konstant gehalten werden.

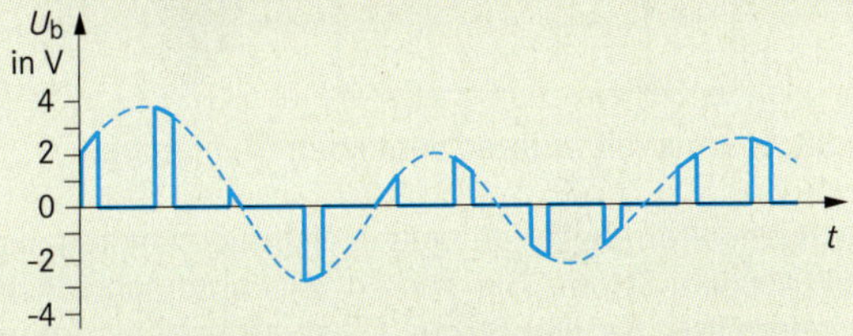

- **Quantisieren und Codieren**
  Jeder abgetastete Analogwert wird in eine Stufe (z. B. 000, 100, 101, 110, ...) bestimmter Höhe (Quantisierungsstufe U_c) eingeordnet.
  Wenn der Abtastwert zwischen den Stufen liegt, ergeben sich Fehler. Sie sind um so kleiner, je größer die Zahl der Quantisierungsstufen ist.

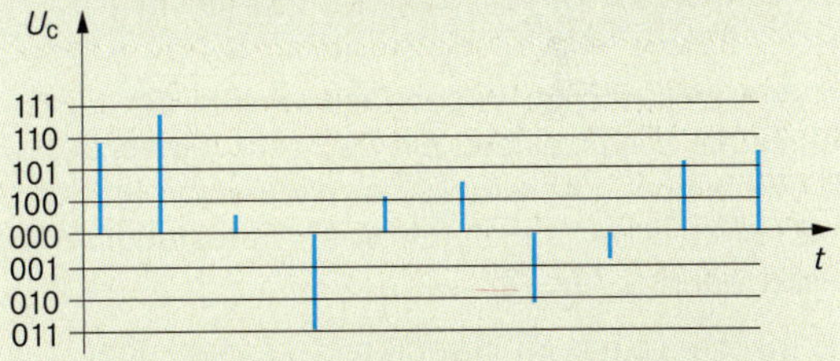

Jedem Wert in der Stufe wird eine bestimmte 0/1-Folge (Bitfolge) zugeordnet U_d (Codierung durch ein Codewort). In diesem Fall sind es 3 Bit.

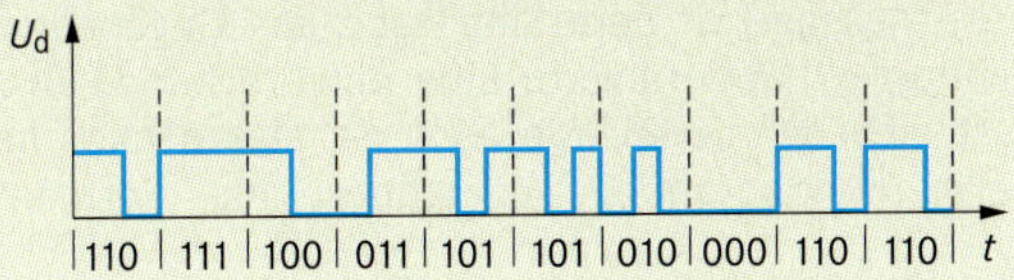

- Bei der Digitalisierung analoger Signale wird das Signal zu bestimmten Zeiten abgetastet, der Wert wird gespeichert und in eine Quantisierungsstufe eingeordnet. Abschließend wird jedem Wert eine Dualzahl zugeordnet (Codierung).

1.2.10 Elektrischer Widerstand

Spannung und Stromstärke werden benutzt, um elektrische Objekte wie z. B. Glühlampen zu kennzeichnen. Sie sind Energiewandler, in denen elektrische Energie in Licht und Wärme umgewandelt wird. Spannung und Stromstärke sind gemeinsam die Ursache. Wir wollen nun den Zusammenhang erarbeiten und benutzen zwei kleine Glühlampen (Abb. 1) mit 6 V/0,3 A ① und 6 V/0,1 A ②. Wenn wir diese beiden Lampen nacheinander an eine Spannungsquelle von 6 V anschließen, ergeben sich die unterschiedlichen Stromstärken von 0,3 A und 0,1 A. Wie lässt sich das erklären?

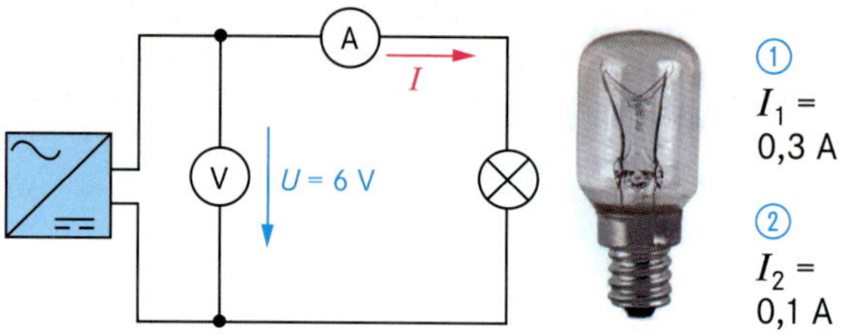

1: Stromkreis mit unterschiedlichen Glühlampen

Die wendelförmig aufgebauten Glühfäden leiten den elektrischen Strom. Sie wirken wie unterschiedliche „Hindernisse" für den Strom. Diese strombehindernde Eigenschaft von elektrischen Leitern wird durch die physikalische Größe **Widerstand *R*** [resistance] ausgedrückt. Als Einheit wurde Ohm (Einheitenzeichen Omega,) festgelegt (Georg Simon Ohm, deutscher Physiker 1789–1854).

Widerstand	Formelzeichen	Einheit
	R	Ω (Ohm)

Für den elektrischen Widerstand wird in der Elektrotechnik als Schaltzeichen ein Rechteck verwendet. Da die Glühlampe in Abb. 1 wie ein Widerstand im Stromkreis wirkt, kann sie durch das Widerstandssymbol ersetzt werden (Abb. 2).

Elektrische Leiter im Stromkreis können aber nicht nur als Hindernisse aufgefasst werden. So ruft z. B. Lampe ① bei gleicher Spannung einen größeren Strom als Lampe ② hervor. Die Lampe ① leitet also „besser". Diese Aussage ist dem Sinn nach das Gegenteil von „Hindernis" (Widerstand). Eine entsprechende Größe lässt sich definieren. Sie wird als elektrischer **Leitwert** [conductance] bezeichnet. Als Formelzeichen wird *G* verwendet. Als Einheit wurde **Siemens** [siemens] festgelegt (Werner v. Siemens, deutscher Erfinder, 1816–1892).

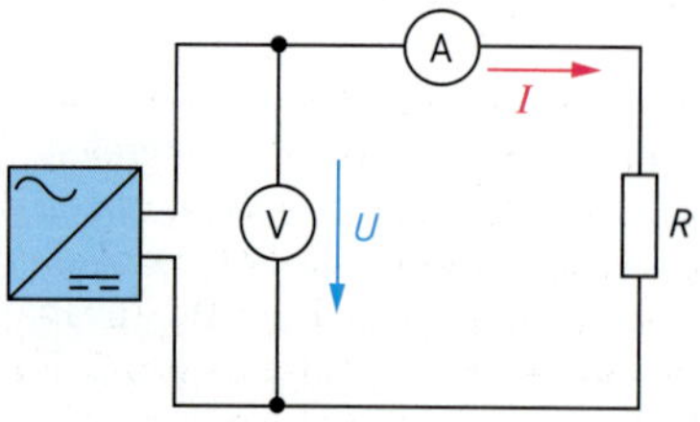

2: Stromkreis mit Widerstand

Leitwert	Formelzeichen	Einheit
	G	S (Siemens)

Drückt man beide Größen durch eine Gleichung aus, ergibt sich folgende Formel:

$$G = \frac{1}{R} \qquad 1\,\text{S} = \frac{1}{\Omega} \qquad \text{S: Siemens}$$

Das Wort Widerstand wird nicht nur für die Eigenschaft von Leitern verwendet, sondern auch für das elektrische Bauteil selbst. In Schaltplänen wird ebenfalls der Buchstabe R verwendet, allerdings in gerader Schrift. Folgende Aussage ist deshalb möglich:

Der Widerstand (Bauteil) R1 = 4,7 Ω hat den Widerstand (Eigenschaft) von R_1 = 4,7 Ω.

Widerstand und Wärme

Die Entstehung der Wärme in einem Widerstand lässt sich erklären, wenn man den Leiteraufbau betrachtet. Zwischen den positiven Atomrümpfen können sich die quasifreien Elektronen bewegen. Legt man jetzt eine Spannung an, so führen die Elektronen eine zusätzliche gerichtete Bewegung zum Pluspol aus. Es fließt elektrischer Strom. Die Elektronen werden in ihrer Bewegung im Leiter durch Zusammenstöße mit den Atomrümpfen behindert (Widerstand). Sie geben einen Teil ihrer Bewegungsenergie an die Atomrümpfe ab, sodass diese in stärkere Schwingungen versetzt werden. Es entsteht Wärme.

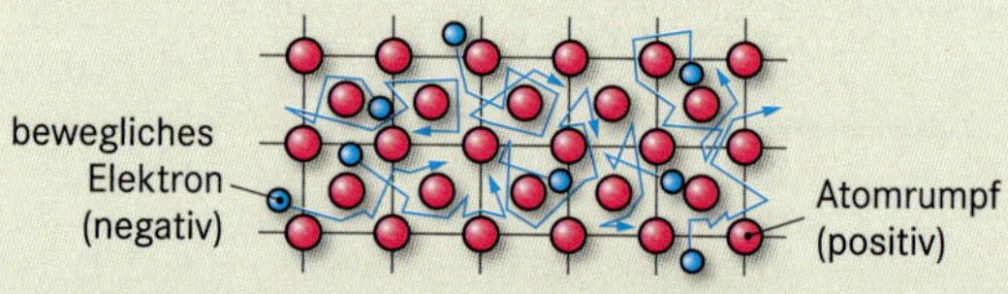

AUFGABE

1. Wandeln Sie die Größen in Ohm bzw. Siemens um: 200 mΩ; 1 kΩ; 4,7 MΩ; 100 µS; 25 mS; 8,3 S; 1 kS

- Die Eigenschaft der Behinderung des Stromflusses durch elektrische Leiter wird als Widerstand *R* bezeichnet.
- Mit dem elektrischen Leitwert *G* kennzeichnet man die Fähigkeit der Stromleitung von elektrischen Leitern.
- Widerstand und Leitwert stehen in einem umgekehrten Verhältnis zueinander (umgekehrt proportional).

Widerstand als Bauteil

Je nach Anwendungsbereich werden verschiedenartige Widerstände hergestellt. Sie können wie in Abb. 3 aus einem Metalldraht bestehen, der auf einem Keramikkörper aufgewickelt ist. Die Oberfläche kann lackiert, glasiert oder zementiert sein. **Drahtwiderstände** [wire wound resistors] werden in der Regel für hohe Belastungen eingesetzt. Die Oberflächentemperatur kann bei glasierten Drahtwiderständen bis zu 450 °C betragen.

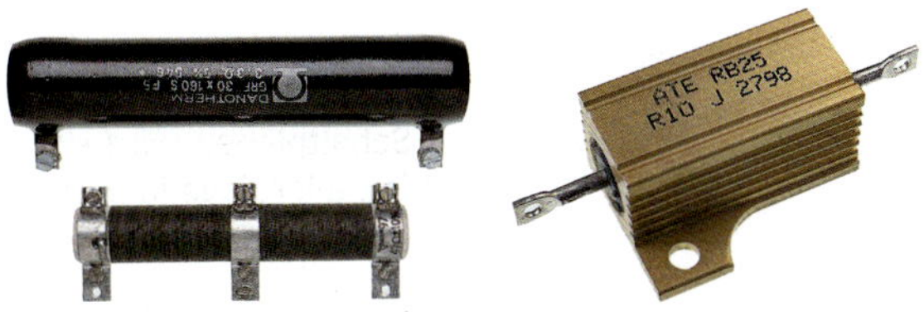

3: Drahtwiderstände

Bei **Kohleschicht-Widerständen** [carbon film resistors] (Abb. 4) befindet sich auf einem Keramikkörper eine Kohleschicht von 0,001 µm bis 10 µm Dicke. Durch Einschleifen einer Wendel wird der gewünschte Bemessungswert (Baugrößen bis 10 MΩ) hergestellt. Die Kohleschicht ist mit einem Kunstharz überzogen. Der Widerstand von Kohleschicht-Widerständen verringert sich mit zunehmender Temperatur. Kohleschicht-Widerstände können bis ca. 150 °C eingesetzt werden.

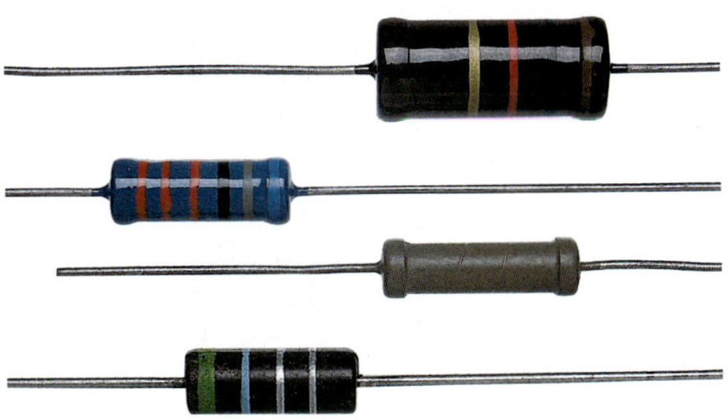

4: Kohleschicht-Widerstände

Bei **Metallschicht-Widerständen** [metal film resistors] werden auf einem Keramikkörper Metallschichten oder Metallpasten aufgetragen. Diese werden bei erhöhter Temperatur eingebrannt und dann mit einer Kunstharzschicht überzogen. Sie können bis zu einer Temperatur von etwa 250 °C eingesetzt werden. Im Gegensatz zum Kohleschicht-Widerstand vergrößert sich der Wert mit zunehmender Temperatur.

Neben Festwiderständen werden einstellbare Widerstände (**Potenziometer** [potentiometer]) verwendet (Abb. 5). Ein Schleifer bewegt sich über die Drahtwicklung oder über die Kohleschicht. Die Einstellung kann kontinuierlich oder in Stufen erfolgen. Der Kurvenverlauf ist linear oder logarithmisch.

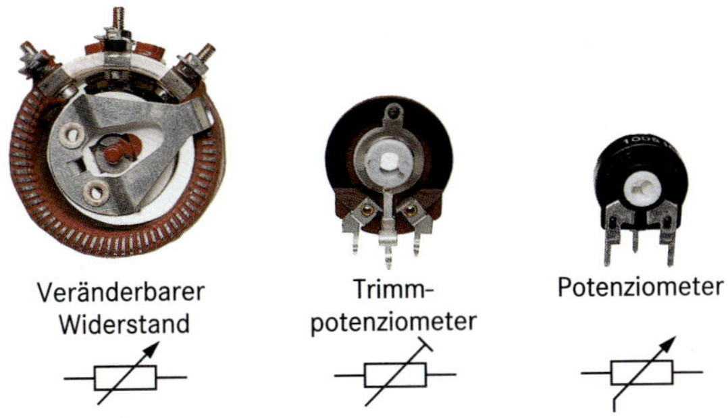

5: Einstellwiderstände

Widerstände unterscheiden sich nicht nur in ihrem Aussehen, sondern auch durch ihre **Kenngrößen** [parameters]. Kenngrößen sind u. a. Bemessungswert, Toleranz und Belastbarkeit.

Der **Bemessungswert** [rated value] kann angegeben werden durch:
- direkt aufgedruckte Werte, z. B. 820 Ω,
- Zahlen und Buchstaben, z. B. 3R3 (= 3,3 kΩ); R33 (= 0,33 Ω), oder einen
- Farbcode (Farbringe), Abb. 6.

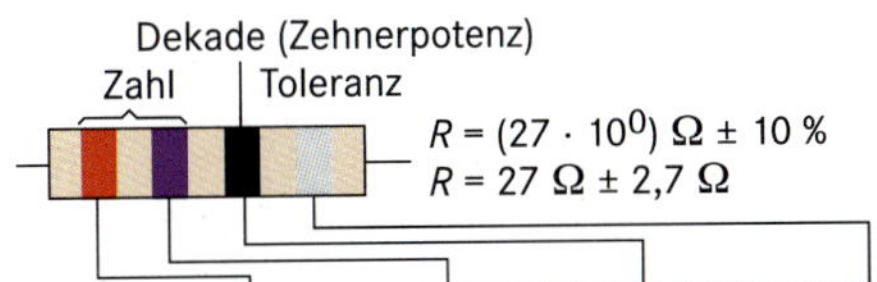

Kennfarbe	Widerstandswert in Ω 1. Kennziffer	2. Kennziffer	3. Kennziffer	Toleranz
keine	–	–	–	± 20 %
silber	–	–	10^{-2}	± 10 %
gold	–	–	10^{-1}	± 5 %
schwarz	–	0	$10^0 = 1$	–
braun	1	1	10^1	± 1 %
rot	2	2	10^2	± 2 %
orange	3	3	10^3	–
gelb	4	4	10^4	–
grün	5	5	10^5	± 0,5 %
blau	6	6	10^6	–
violett	7	7	10^7	–
grau	8	8	10^8	–
weiß	9	9	10^9	–

6: Farbcode von Widerständen

Aus wirtschaftlichen Gründen ist es nicht sinnvoll, Widerstände mit jedem Wert herzustellen. Es werden deshalb Abstufungen entsprechend der **IEC-Normenreihe** (E6, E12,..., Abb. 2, S. 24) vorgenommen. Eine Dekade umfasst Werte von 1 bis 10, 10 bis 100 usw.
- **E6**: 6 Teile = 6 Widerstände pro Dekade
- **E12**: 12 Teile = 12 Widerstände pro Dekade
- **E24**: 24 Teile = 24 Widerstände pro Dekade

Die **Toleranzen** [tolerances] für die Werte in den Normreihen sind so ausgewählt worden, dass sich eine Überlappung benachbarter Werte ergibt (Toleranzfelder, Abb. 1).

Beispiele für Widerstände der E6-Reihe:
- Ein Bemessungswert von R = 1,0 Ω bedeutet: Der Wert kann zwischen 0,8 Ω und 1,2 Ω ① liegen.
- Ein Bemessungswert von R = 4,7 Ω bedeutet: Der Wert liegt zwischen 3,76 Ω und 5,64 Ω ②.

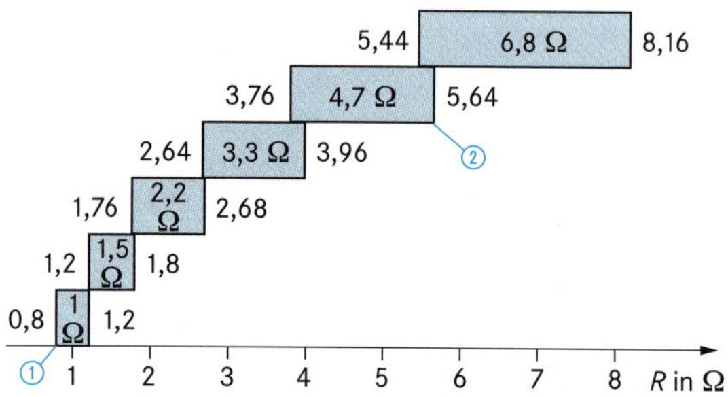

1: Toleranzfelder der E6-Reihe

IEC-Reihe							
E6 +/- 20%	Beispiel	E12 +/- 10%		E24 +/- 5%			
1,0	1,0 kΩ	1,0	1,2	1,0	1,1	1,2	1,3
1,5	1,5 kΩ	1,5	1,8	1,5	1,6	1,8	2,0
2,2	2,2 kΩ	2,2	2,7	2,2	2,4	2,7	3,0
3,3	3,3 kΩ	3,3	3,9	3,3	3,6	3,9	4,3
4,7	4,7 kΩ	4,7	5,6	4,7	5,1	5,6	6,2
6,8	6,8 kΩ	6,8	8,2	6,8	7,5	8,2	9,1

2: IEC-Reihen

Die **Belastbarkeit** [rated load] von Widerständen wird in Watt (s. Kap. 1.2.13) angegeben und hängt im Wesentlichen von deren Aufbau ab (Beispiele: 0,1 W; 0,25 W; 1 W). Wird die Belastbarkeit überschritten, kann die Erwärmung zu einer Veränderung des Wertes führen. Das Bauteil kann aber auch zerstört werden.

AUFGABEN

1. Welche Farbring-Reihenfolge trägt ein Schichtwiderstand von 68 Ω (E6, E12 und E24)?
2. Zwischen welchen Grenzwerten kann ein Widerstand mit folgender Farbkennzeichnung liegen:
   a) grau, rot, orange, silber
   b) gelb, violett, rot, braun
   c) rot, rot, schwarz

- Widerstände sind durch Bemessungswert, Toleranz und Belastbarkeit gekennzeichnet.
- Festwiderstände werden als Draht- oder Schichtwiderstände hergestellt.

1.2.11 Zusammenhang zwischen Spannung und Stromstärke

Bisher haben wir Spannung und Stromstärke einzeln behandelt. In elektrischen Systemen stehen sie jedoch in einem engen Zusammenhang. Wir wollen diesen Zusammenhang jetzt durch Beschreibung einer experimentellen Untersuchung erschließen.

Damit gefahrlos experimentiert werden kann, benutzen wir als Spannungsquelle ein Netzteil (Abb. 4) ①, das maximal 24 V abgeben kann. Anstelle eines elektrischen Gerätes verwenden wir einen einzelnen steckbaren Widerstand (Bauteil) von 20 Ω ②.

Damit die messtechnischen Untersuchungen erfolgreich verlaufen, sollte in der Regel wie folgt vorgegangen werden (Abb. 3):

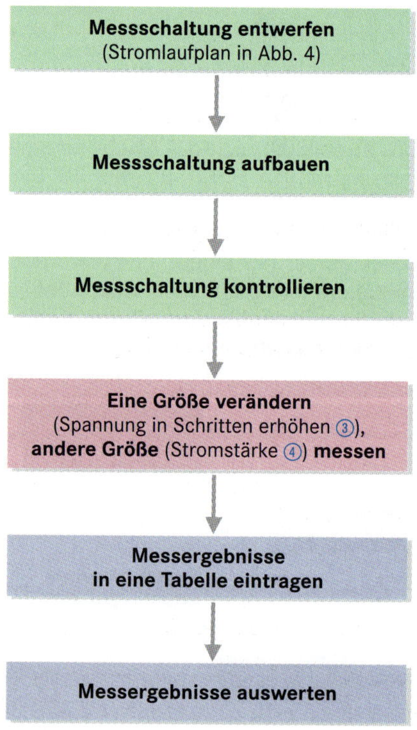

3: Reihenfolge einer experimentellen Untersuchung

Wie werden Messergebnisse ausgewertet?

Es gibt verschiedene Möglichkeiten, Messergebnisse auszuwerten:
- in Textform (Merksatz)
- zeichnerisch (Diagramm)
- mathematisch (Formel)

Wir wollen uns zunächst mit den vorliegenden Messwerten befassen (Abb. 4 ⑤). Sie verdeutlichen bereits, dass mit zunehmender Spannung U und dem konstant bleibenden Widerstand R die Stromstärke I ansteigt. Weiter kann festgestellt werden, dass der Anstieg der Stromstärke gleichmäßig ist. Sie steigt immer um 0,1 A an, wenn die Spannung um 2 V erhöht wird.

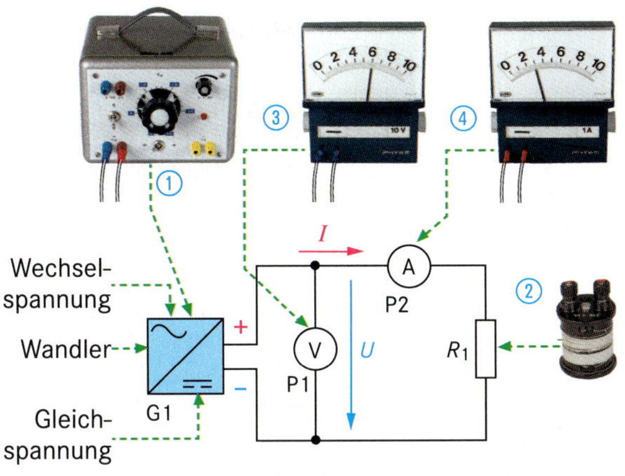

Messergebnisse bei R = 20 Ω ⑤

U in V	I in A	U in V	I in A
0	0	6	0,3
2	0,1	8	0,4
4	0,2	10	0,5

Angezeigte Werte

4: Messschaltung und Versuchsaufbau

Neben dieser sprachlichen Beschreibung der Ergebnisse ist es sinnvoll, die Messwerte grafisch darzustellen (Diagramm [diagram], Abb. 5).

Wie wird ein Diagramm gezeichnet?

- Zuerst zeichnen wir ein Achsenkreuz mit einem geeigneten Maßstab (Beispiel: Der Spannung von 1 V entsprechen 1 cm; der Stromstärke von 0,1 A entsprechen 2 cm).
- Die Spannung U wird an der waagerechten Achse aufgetragen ① (**Abszisse** [abscissa]).
- Danach stellen wir die Stromstärke I als abhängige Größe an der senkrechten Achse (**Ordinate** [ordinate]) dar ②.
- Zuletzt werden die eingestellten und gemessenen Werte eingezeichnet. Es ergeben sich sechs Kreuzungspunkte ③. Sie verdeutlichen den Anstieg der Stromstärke, wenn die Spannung erhöht wird.
- Die Kreuzungspunkte liegen in einer Reihe. Wir verbinden sie durch eine Gerade. Dadurch wird es möglich, auch Zwischenwerte abzulesen.

Auswertung der Messung

- Die Stromstärke I hängt von der eingestellten Spannung ab.
- Durch Verbinden der Messpunkte entsteht eine Gerade.
- Die Stromstärke I erhöht sich in gleichem Verhältnis wie die Spannung U (bei gleich bleibendem Widerstand R). Wir sagen dann: Stromstärke und Spannung sind zueinander proportional (Zeichen: ~).

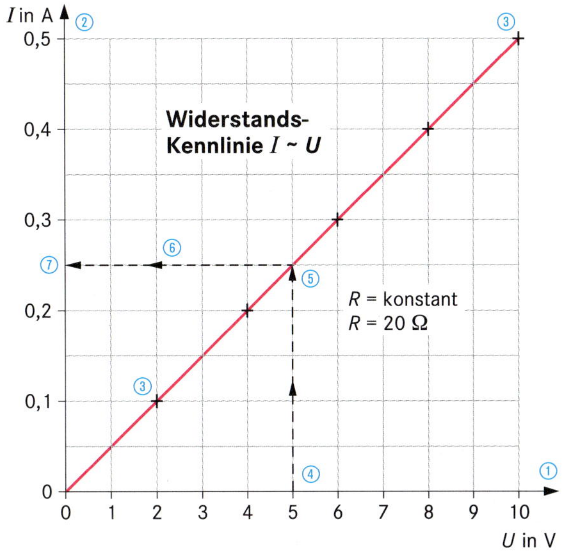

5: Stromstärke I in Abhängigkeit von der Spannung U bei konstantem Widerstand R

Wie werden Werte aus Kennlinien abgelesen?

Beispiel: Spannung U = 5 V

Vorgehensweise:

1. Zahlenwert auf der Spannungs-Achse markieren ④.
2. Senkrechte Linie bis zur Widerstandskennlinie ziehen ⑤.
3. Von diesem Schnittpunkt eine waagerechte Linie bis zur Achse der Stromstärke zeichnen ⑥.
4. Stromstärke von 0,25 A ablesen ⑦.

Ergebnis:
Liegt am Widerstand R = 20 Ω eine Spannung von U = 5 V, dann ergibt sich eine Stromstärke von I = 0,25 A.

Welches mathematische Ergebnis erhält man?

Aufgrund des einfachen Zusammenhangs lässt sich das Messergebnis auch mathematisch ausdrücken. Dazu wird für jeden Messpunkt das Verhältnis U durch I gebildet. Es ergeben sich immer gleich bleibende Werte.

$$I \sim U \quad (I \text{ proportional } U) \text{ oder}$$

$$\frac{U}{I} = \frac{2\ \text{V}}{0{,}1\ \text{A}} = \frac{4\ \text{V}}{0{,}2\ \text{A}} = \ldots \qquad \frac{U}{I} = 20\ \Omega$$

Das Verhältnis U/I bezeichnet man als elektrischen Widerstand R. Das Verhältnis lässt sich dann durch folgende mathematische Gleichung ausdrücken:

$$\frac{U}{I} = \text{konstant} \qquad R = \frac{U}{I} \qquad 1\ \Omega = \frac{1\ \text{V}}{1\ \text{A}}$$

Wenn das Verhältnis zwischen U und I konstant ist, wird dies als **Ohmsches Gesetz** bezeichnet.

Umgang mit Kennlinien

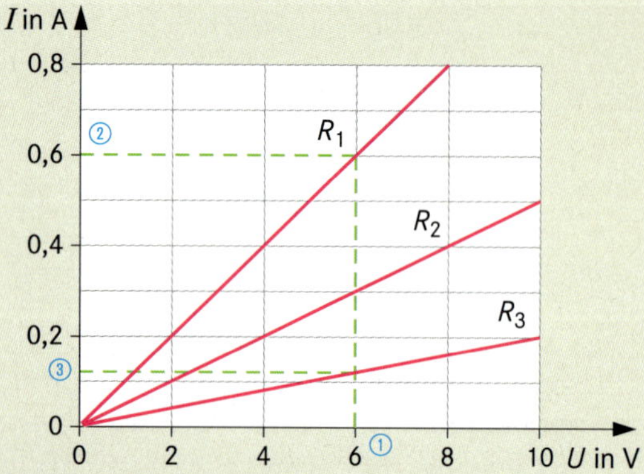

Welcher Widerstand hat den kleinsten und welcher hat den größten Wert?

Lösung:

1. Beliebige Spannungen annehmen (z. B. 6 V). ①
2. Stromstärke ablesen (z. B. bei R_1 ist $I_1 = 0{,}6$ A ② und bei R_3 ist $I_3 = 0{,}12$ A). ③
3. $R_1 = 10\ \Omega$; $R_3 = 50\ \Omega$

Ergebnis: R_1 ist kleiner als R_3.

Bei gleich bleibender Spannung fließt durch den größten Widerstand der kleinste und durch den kleinsten Widerstand der größte Strom.

AUFGABEN

1. Ermitteln Sie aus dem oberen Kennlinienfeld:
   a) Größenwert von R_2
   b) Stromstärke durch R_1 bei 5 V
   c) Spannungen an R_1 bis R_3 bei $I = 0{,}2$ A

2. Wie groß sind die Stromstärken durch die Widerstände R_1, R_2 und R_3 bei einer Spannung von 8 V?

- Messwerte lassen sich in Textform, zeichnerisch und mathematisch auswerten.
- In Diagrammen werden Abhängigkeiten zwischen Größen dargestellt.
- Die unabhängige Größe wird an der waagerechten Achse (Abszisse) und die abhängige Größe an der senkrechten Achse (Ordinate) aufgetragen.
- Die Messpunkte werden miteinander verbunden (Kennlinie). Dabei wird der wahrscheinlichste Kurvenverlauf eingezeichnet. Mess- und Ablesefehler können dadurch in Grenzen korrigiert werden.
- Wenn in einem Stromkreis die Stromstärke im gleichen Verhältnis wie die Spannung steigt (proportional ist), bezeichnet man dieses Verhalten als Ohmsches Gesetz.

1.2.12 Zusammenhang zwischen Widerstand und Stromstärke

Nachdem wir den Zusammenhang zwischen Spannung und Stromstärke in einem elektrischen Stromkreis erarbeitet haben, wollen wir jetzt klären, wie sich die Stromstärke verändert, wenn bei konstanter Spannung der Widerstand verändert wird.
Bei dieser **Problemlösung** wird in folgenden Schritten vorgegangen:
Zielsetzung, Planung, Durchführung und Auswertung

Zielsetzung
Der Zusammenhang zwischen Widerstand und Stromstärke bei konstanter Spannung soll geklärt werden.

Planung
Zur Untersuchung wird eine Laborschaltung verwendet (Messschaltung in Abb. 1). Am Netzteil wird eine konstant bleibende Spannung von $U = 10$ V eingestellt. Der Widerstand R_1 kann in Stufen verändert werden.

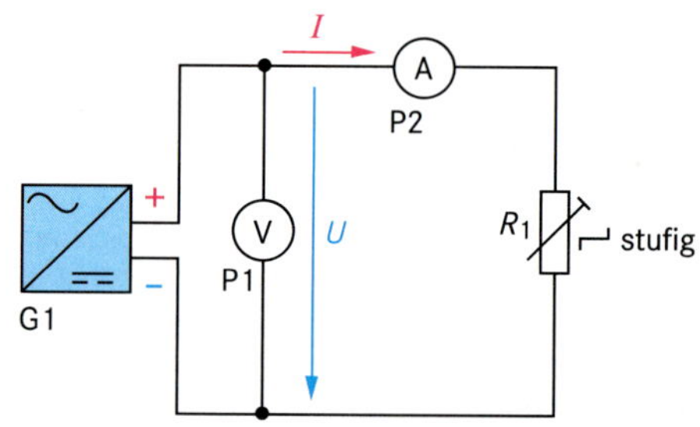

1: Stromstärke in Abhängigkeit vom Widerstand

Durchführung

1. Geeignete Messgeräte auswählen.
2. Messschaltung aufbauen und kontrollieren.
3. Bei konstanter Spannung (gewählt $U = 10$ V) den Widerstand von $R = 10\ \Omega$ ① bis $40\ \Omega$ ② in Stufen verändern und die Stromstärke I messen ③.
4. Messergebnisse in eine Tabelle (Abb. 2) und in ein Diagramm (Abb. 3) eintragen.

$U = 10$ V konstant	
R in Ω	I in A ③
10 ①	1,0
20	0,5
30	0,33
40 ②	0,25

2: Messergebnisse

Auswertung
Die Kurve im Diagramm (Abb. 3) zeigt einen abfallenden Verlauf (**Hyperbel** [hyperbola]). Dies bedeutet:

- Je größer der Widerstand in einem Stromkreis mit konstanter Spannung ist, desto kleiner ist die Stromstärke (umgekehrtes Verhalten).

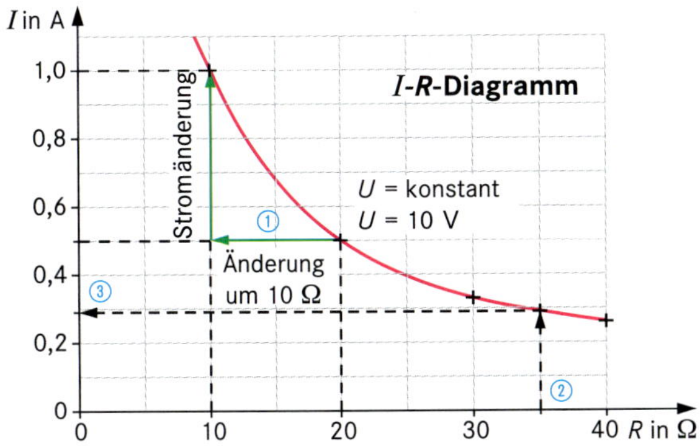

3: Stromstärke I in Abhängigkeit vom Widerstand R bei konstanter Spannung U

- Je kleiner der Widerstand in einem Stromkreis mit konstanter Spannung ist, desto größer ist die Stromstärke. Wir sagen dann dazu, die Stromstärke und der Widerstand sind umgekehrt proportional (antiproportional).
- Mathematisch lässt sich das wie folgt ausdrücken:

$$I \sim \frac{1}{R} \qquad I = \frac{U}{R}$$

Obwohl nur vier Messungen durchgeführt wurden, kann mit Hilfe der Kurve das Verhalten der Schaltung auch bei anderen Werten ermittelt werden.

Ablesen von Größen aus einem Diagramm

Beispiel 1:

Der Widerstand von R = 20 Ω wird auf R = 10 Ω verringert. Wie groß ist die Änderung der Stromstärke?

1. Widerstandswert von R = 20 Ω auf der Widerstandsachse (Abb. 3) suchen und markieren.
2. Änderung des Widerstandes von R = 10 Ω ① eintragen.
3. Änderung der Stromstärke an der Achse der Stromstärke ablesen.

Ergebnis:
Wenn sich der Widerstand von R = 20 Ω auf R = 10 Ω verringert, vergrößert sich die Stromstärke von I = 0,5 A auf I = 1,0 A.

Beispiel 2:

Es ist ein Widerstand von R = 35 Ω eingestellt. Wie groß ist die Stromstärke?

1. Widerstand von R = 35 Ω auf der Widerstandsachse (Abb. 3) suchen und markieren ②.
2. Senkrechte Linie bis zur Kennlinie ziehen.
3. Waagerechte Linie bis zur Achse der Stromstärke zeichnen ③.
4. Stromstärke von 0,29 A ablesen.

Ergebnis:
Liegt an einem Widerstand R = 35 Ω eine Spannung von U = 10 V, dann ergibt sich eine Stromstärke von I = 0,29 A.

Berechnungen zum Ohmschen Gesetz

1. An einer Kochplatte (U = 230 V) wird bei eingeschalteter Stufe 4 eine Stromstärke von 2,05 A gemessen.
   Wie groß ist der Widerstand R der Kochplatte?
   Geg.: U = 230 V; I = 2,05 A; Ges.: R

   $$R = \frac{U}{I} \qquad R = \frac{230\ \text{V}}{2{,}05\ \text{A}} \qquad \underline{\underline{R = 112\ \Omega}}$$

2. Ein Netzteil für die Energieversorgung einer elektronischen Schaltung liefert eine Ausgangsspannung von 10 V. Der Widerstand der elektrischen Schaltung beträgt 250 Ω.
   Wie groß ist die Stromstärke I?
   Geg.: U = 10 V; R = 250 Ω; Ges.: I

   $$R = \frac{U}{I} \qquad I \cdot R = \frac{U \cdot I}{I} \qquad \frac{I \cdot R}{R} = \frac{U}{R}$$

   $$I = \frac{U}{R} \qquad I = \frac{10\ \text{V}}{250\ \Omega} \qquad I = 0{,}04\ \text{A} \quad \underline{\underline{I = 40\ \text{mA}}}$$

3. In einer Hochspannungsanlage wird eine Stromstärke von 2 A ermittelt. Die Belastung der Anlage beträgt 0,5 kΩ.
   Für welche Spannung ist die Anlage ausgelegt?
   Geg.: I = 2 A; R = 0,5 kΩ; Ges.: U

   $$\frac{U}{I} = R \qquad \frac{U \cdot I}{I} = I \cdot R \qquad U = I \cdot R$$

   U = 2 A · 0,5 kΩ; U = 1000 V

   $\underline{\underline{U = 1\ \text{kV}}}$

AUFGABEN

1. Wie groß sind die Stromstärken (Abb. 3) bei 15 Ω, 22 Ω und 31 Ω?

2. Wie groß ist die Änderung der Stromstärke (Abb. 3), wenn sich der Widerstand von 30 Ω auf 10 Ω verringert?

- Probleme lassen sich schrittweise wie folgt lösen:
  Zielsetzung, Planung, Durchführung und Auswertung.
- Wenn ein Widerstand in einer Schaltung bei konstant bleibender Spannung verkleinert wird, steigt die Stromstärke. Sie sinkt, wenn der Widerstand vergrößert wird.
- Bei konstanter Spannung in einem Stromkreis verhalten sich die Stromstärke und der Widerstand umgekehrt proportional.

1.2.13 Elektrische Leistung

Kenndaten über elektrische Geräte und Anlagen findet man in der Regel auf einem Schild, dem **Leistungsschild** [rating plate] (z. B. das Motorleistungsschild in Abb. 1). Neben der Betriebsspannung ① und der Stromstärke ② befindet sich dort auch die Angabe der elektrischen **Leistung** [power] ③.

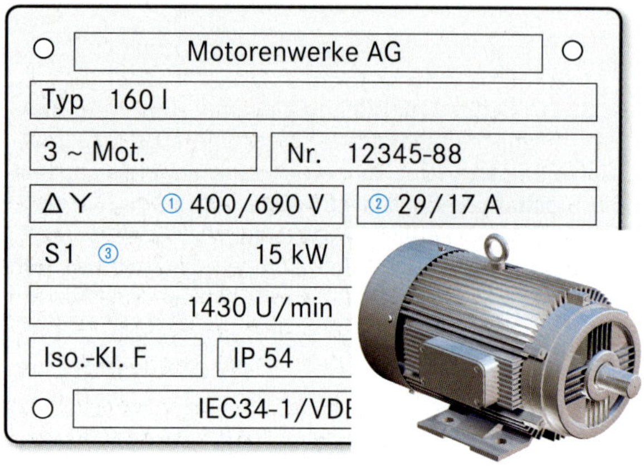

1: Leistungsschild für einen Motor

Mit der Leistung kennzeichnet man die Wirksamkeit der elektrischen Energieumwandlung. Als Formelzeichen für die Leistung wird P (Power) verwendet. Sie wird in **Watt** [watt] (Einheitenzeichen W) gemessen (James Watt, engl. Universitätsmechaniker, 1736–1819).

Elektrische Leistung	Formelzeichen	Einheit
	P	W (Watt)

Von welchen Größen hängt die elektrische Leistung ab?

Zur Klärung der Zusammenhänge verwenden wir Glühlampen. Es ist nahe liegend, dass Spannung und Stromstärke eine Rolle spielen. Zunächst benutzen wir eine einzelne Glühlampe für 24 V mit einer Leistung von 40 W, schließen sie an eine entsprechende Spannungsquelle von 24 V an und messen die Stromstärke (Abb. 2). Sie beträgt 1,67 A ①.

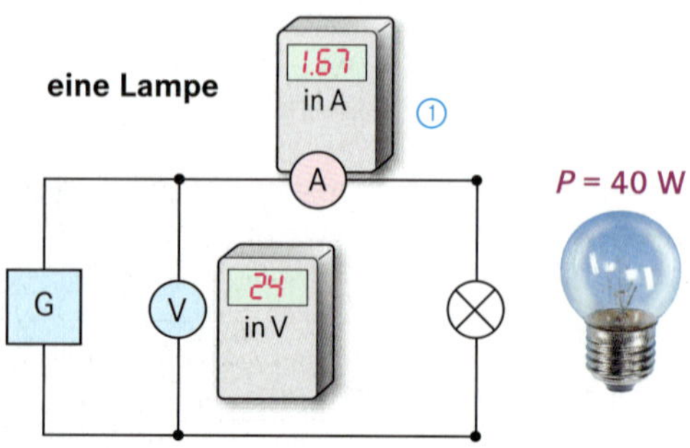

2: Stromstärke und Spannung einer Glühlampe

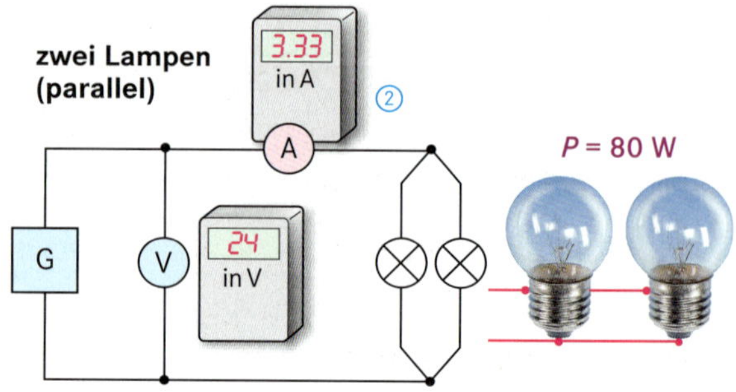

3: Parallelschaltung

Wenn wir jetzt zwei Glühlampen wie in Abb. 3 mit gleicher Leistung parallel schalten, werden insgesamt 80 W elektrische Leistung umgesetzt. Das Netzgerät muss dementsprechend eine doppelt so große Stromstärke von 3,33 A ② liefern. Wir halten fest:

- Wenn die Spannung gleich bleibt und eine doppelt so große Leistung gewünscht wird, muss die Stromstärke verdoppelt werden.

Wir schließen jetzt wie in Abb. 4 die Lampen in Reihe an die Spannungsquelle. Damit jede Lampe eine Leistung von 40 W liefert, muss ein Strom der Stärke von 1,67 A ③ fließen. Dies erreicht man nur, wenn die Spannung auf 48 V verdoppelt wird. Wir halten fest:

- Wenn die Stromstärke gleich bleibt und eine doppelt so große Leistung gewünscht wird, muss die Spannung verdoppelt werden.

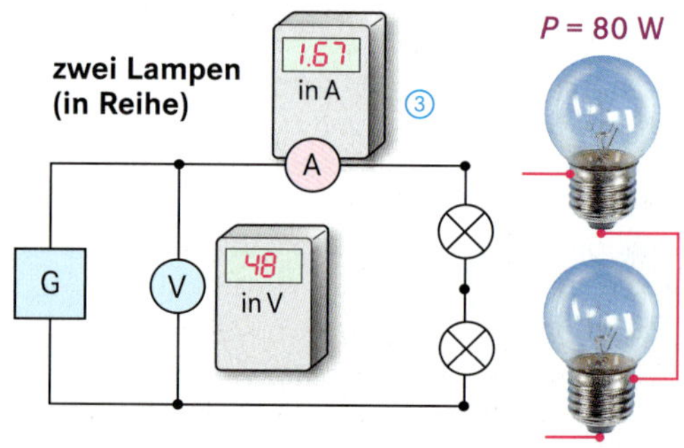

4: Reihenschaltung

Diese Abhängigkeit der Leistung von Spannung und Stromstärke lässt sich als Gleichung darstellen.

U = konstant (Abb. 3) → $P \sim I$

I = konstant (Abb. 4) → $P \sim U$

$$P = U \cdot I$$

1 W = 1 V · 1 A

Leistungsmessung

Die Leistungsmessung kann indirekt erfolgen (indirekte Leistungsmessung [indirect power measurement]), indem man Stromstärke und Spannung misst (Abb. 5) und dann die Leistung als Produkt berechnet. Die Messschaltungen sind mit Fehlern behaftet. In Abb. 5a ist die gemessene Stromstärke größer, da durch das Stromstärkenmessgerät auch der Strom fließt, der durch das Spannungsmessgerät hervorgerufen wird (**Stromfehlerschaltung** [current error circuit], s. Kap. 1.3.1.3).

Auch die zweite Schaltung (in Abb. 5b) ist fehlerbehaftet, da die gemessene Spannung U größer als die Spannung an der Lampe ist. Sie enthält auch die Spannung, die am Stromstärkenmessgerät abfällt (**Spannungsfehlerschaltung** [voltage error circuit]).

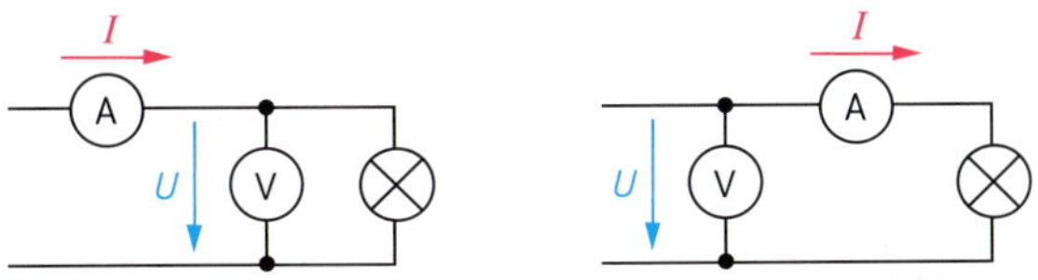

a) mit Stromfehler b) mit Spannungsfehler

5: Indirekte Leistungsmessung

In speziellen Leistungsmessern wird im Gerät selbst das Produkt gebildet und die Leistung in Watt angezeigt (direkte Leistungsmessung, Abb. 6). Auch hierbei werden Strom- und Spannungsfehlerschaltungen unterschieden.

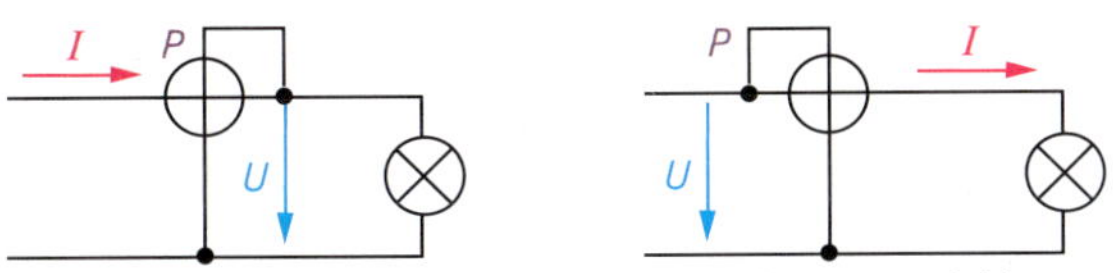

a) mit Stromfehler b) mit Spannungsfehler

6: Direkte Leistungsmessung

AUFGABEN

1. Die Werbung für einen Staubsauger lautet: Doppelt so große Leistung! Was lässt sich über Spannung und Stromstärke aussagen?
2. Berechnen Sie die Stromstärke einer 60 W-Lampe, die an einer Spannung von 230 V liegt.

- Mit der elektrischen Leistung kennzeichnet man die Wirksamkeit der elektrischen Energieumwandlung von Bauteilen, Geräten und Anlagen.
- Die elektrische Leistung P ist das Produkt aus Spannung U und Stromstärke I.
- Die Leistung kann indirekt durch Messung von U und I und dessen Produktbildung ermittelt werden.
- Bei einem Leistungsmessgerät wird das Produkt aus U und I im Messgerät gebildet.

1.2.14 Leistung und Widerstand

Bei der Klärung des Zusammenhangs zwischen Leistung und Widerstand greifen wir auf eine elektrische **Kochplatte** [hot plate] (Abb. 7) zurück. Sie arbeitet als **Energieumwandlungssystem** [energy converting system], bei dem elektrische Energie genutzt wird, um Wärme zu erzeugen. Wir wollen zunächst die Funktion analysieren und dann Gesetzmäßigkeiten messtechnisch untersuchen.

Die Steuerung des Energieflusses geschieht mit Hilfe eines Schalters, der in diesem Fall sieben Stellungen besitzt (7-Takt-Schalter). Im Innern der Kochplatte befinden sich Heizdrähte (Widerstände), die die Bezeichnungen R_1, R_2 und R_3 besitzen. Damit die Kochplatte unterschiedliche Wärmemengen abgeben kann, werden diese Widerstände mit dem Schalter einzeln oder in Gruppen an die Netzwechselspannung von U = 230 V angeschlossen. Dadurch ändert sich die Stromstärke I und damit auch die elektrische Leistung P.

Aufgrund der bisherigen Erörterungen lassen sich bereits erste Aussagen über Zusammenhänge und Abhängigkeiten festhalten:

- Die Betriebsspannung bleibt für alle Messungen konstant und beträgt U = 230 V.
- Über die Schalterstellungen werden unterschiedliche Widerstände an die Spannung angeschlossen.
- Jeder Widerstand verursacht eine bestimmte Stromstärke I.
- Jede Schalterstellung entspricht einer bestimmten elektrischen Leistung P.

Diese Aufstellung führt nun zu folgender Frage:
Welche Abhängigkeiten bestehen zwischen den Größen U, I, R und P?

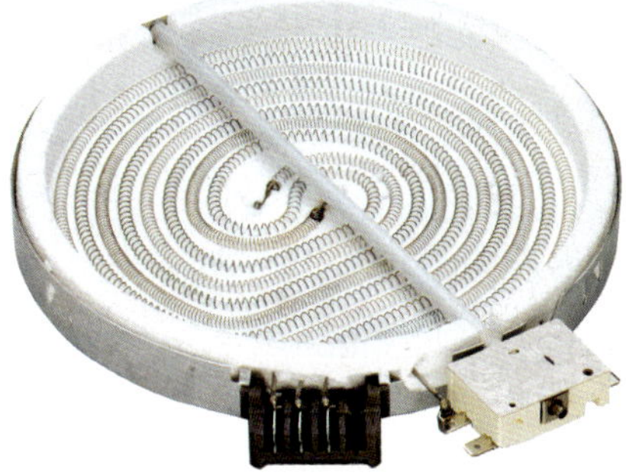

Kochplatte und Schalter mit 7 Stellungen

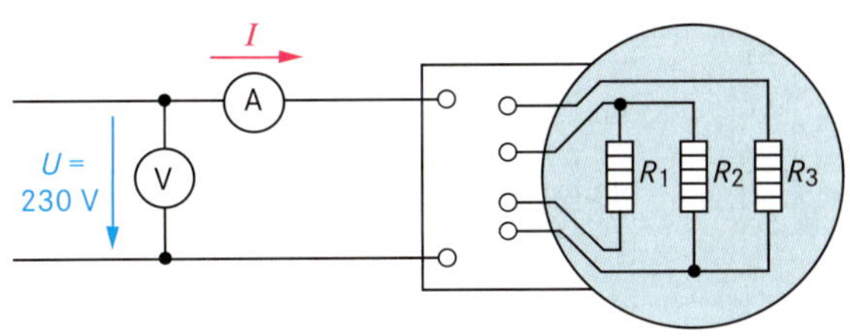

7: Messschaltung mit Kochplatte

Durchführung

Die Messschaltung wird entsprechend Abb. 7 auf S. 29 aufgebaut. Mit dem Schalter werden die Schaltstufen 0 bis 6 eingestellt (Abb. 1 ①). Dadurch wird die Leistung der Kochplatte verändert ②. Die Stromstärke wird gemessen ③ und alle Werte werden in die Tabelle eingetragen.

Auswertung

Da die Größen der Widerstände der Kochplatte nicht bekannt sind, werden sie mit der für alle Messungen gleich gebliebenen Spannung von 230 V und den jeweils gemessenen Stromstärken berechnet ④.

$$R = \frac{U}{I}$$

Aus den Tabellenwerten lassen sich bereits folgende allgemeine Abhängigkeiten in Form von Wirkungsketten aufstellen:

$R\uparrow \Rightarrow I\downarrow \Rightarrow P\downarrow$ und $R\downarrow \Rightarrow I\uparrow \Rightarrow P\uparrow$

Beispiel:
Wenn die Schaltstufe von 2 nach 1 geändert wird, vergrößert sich der Widerstand von 173 Ω nach 265 Ω.
Daraus folgt:
- Die Stromstärke I sinkt von 1,33 A auf 0,87 A.
- Die Leistung P verringert sich von 305 W auf 200 W.

	U = 230 V	U = konstant	
Schalt stufe ①	eingestellt P in W ②	gemessen I in A ③	berechnet R in Ω ④
0	0	0	∞
1	200	0,87	265
2	305	1,33	173
3	450	1,96	118
4	950	4,13	55,7
5	1400	6,09	37,8
6	2000	8,70	26,5

Herstellerangaben

1: Einstell- und Messwerte

Diagramm

Die Kurve im Diagramm (Abb. 2) zeigt einen abfallenden Verlauf.
- Je kleiner der Widerstand bei konstanter Spannung ist, desto größer ist die Leistung.
- Je größer der Widerstand bei konstanter Spannung ist, desto kleiner ist die Leistung.
- Leistung und Widerstand sind also umgekehrt proportional. Diese Kurve ist eine **Hyperbel** (s. Kap. 1.2.12).

$$P \sim \frac{1}{R}$$

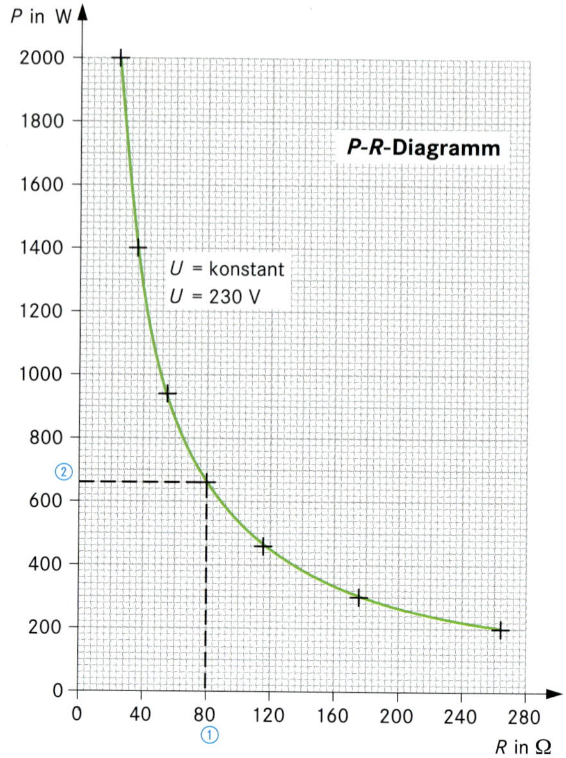

2: Leistung in Abhängigkeit vom Widerstand bei konstanter Spannung

Diese gewonnene proportionale Beziehung lässt sich in eine Gleichung umwandeln, wenn weitere Größen hinzugefügt werden. Wir vermuten, dass dies die Spannung oder die Stromstärke sein werden, da beide Größen für die Leistung bestimmend sind.

Der Zahlenwert und die Einheit für diese Größe lassen sich ermitteln, indem man die Proportionalität wie eine Gleichung behandelt und das Produkt aus $P \cdot R$ bildet.

Für jeden Messpunkt ergibt sich dann ein konstanter Wert. Wir erhalten z. B. mit dem letzten Messwert:
$P \cdot R = 2000\ \text{W} \cdot 26{,}5\ \Omega$
$P \cdot R = 5300\ \text{W} \cdot \Omega$

Diese etwas ungewöhnliche Einheit W · Ω kann ersetzt werden, denn es gilt:
1 W = 1 V · A und 1 Ω = 1V/1A

Durch Einsetzen und Kürzen bleibt das Quadrat der Spannung übrig:

$P \cdot R = 5300\ \text{V}^2$ oder $P \cdot R = (230\ \text{V})^2$

Für die Leistung ergibt sich dann die folgende Formel:

$$P = \frac{U^2}{R}$$

Diese Formel macht deutlich, dass z. B. bei konstant bleibendem Widerstand und Verdopplung der Spannung die Leistung auf den vierfachen Wert ansteigt.

In der Formel kann aber auch die Spannung durch die Stromstärke ersetzt werden. Wir setzen $U = I \cdot R$ ein und erhalten:

$$P = \frac{(I \cdot R) \cdot (I \cdot R)}{R} \qquad P = \frac{I^2 \cdot R^2}{R}$$

Der Widerstand R lässt sich kürzen. Damit ergibt sich dann:

$$P = I^2 \cdot R$$

Diese letzte Beziehung macht deutlich, dass die Leistung vom Quadrat der Stromstärke abhängig ist. Eine Verdopplung der Stromstärke sorgt also für eine Vervierfachung der Leistung.

Leistungsberechnung

Der elektrische Widerstand eines Heizlüfters wird mit 100 Ω angegeben. Er ist an die Spannung von 230 V angeschlossen.
Wie groß sind Leistung und Stromstärke?

Geg.: $U = 230$ V; $R = 100\ \Omega$; Ges.: P und I

$$P = \frac{U^2}{R} \qquad P = \frac{230\ \text{V} \cdot 230\ \text{V}}{100\ \Omega} \qquad P = \frac{52900\ \text{V}^2}{100\ \Omega}$$

$$\underline{\underline{P = 529\ \text{W}}}$$

$$I = \frac{U}{R} \qquad I = \frac{230\ \text{V}}{100\ \Omega} \qquad \underline{\underline{I = 2{,}3\ \text{A}}}$$

AUFGABEN

1. Ermitteln Sie aus dem Diagramm der Abb. 2 die Leistung bei $R = 200\ \Omega$ und den Widerstand bei $P = 1$ kW.
2. Wie verändert sich die Leistung in einem Stromkreis mit konstanter Spannung, wenn der Widerstand verdoppelt bzw. auf die Hälfte verringert wird?
3. Wie groß ist die Leistung, wenn bei der Kochplatte ein Widerstand von 80 Ω eingeschaltet werden könnte (Diagramm in Abb. 2)?

- Wenn der Widerstand bei konstant bleibender Spannung in einem Stromkreis verringert wird, steigt die Leistung.
- Wenn der Widerstand bei konstant bleibender Spannung in einem Stromkreis vergrößert wird, sinkt die Leistung.
- Wenn der Widerstand konstant bleibt, gibt es zwischen Leistung und Spannung (bzw. der Stromstärke) einen quadratischen Zusammenhang.

1.2.15 Elektrische Arbeit und Energie

Mit **elektrischer Energie** [electrical energy] und entsprechenden Geräten (Energiewandler) erleichtern wir unser tägliches Leben (Abb. 3). Beispiele:

- Motoren helfen Lasten zu heben.
- Heizgeräte erwärmen Wasser.
- Glühlampen beleuchten unsere Wohnungen.

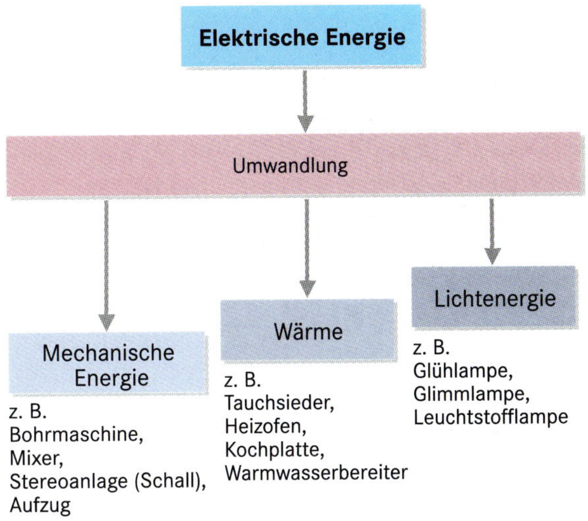

3: Umwandlungsbeispiele für elektrische Energie

Diese „Dienstleistungen" erhalten wir nicht umsonst. In den Elektrizitätswerken wird Arbeit verrichtet, um Ladungen zu trennen. Das Ergebnis stellen sie uns als Energie über das Energieverteilungssystem (Leitungsnetz) zur Verfügung. Wir nutzen sie, indem wir mit der elektrischen Energie wieder Arbeit verrichten lassen. Gemessen wird sie in einem „**Elektrizitätszähler**" ([electricity meter] Abb. 4). Er müsste eigentlich „Arbeits- oder Energiezähler" heißen, da mit ihm nicht die „Elektrizität" gezählt wird.

4: Elektrizitätszähler

Was misst der Elektrizitätszähler?

Der Elektrizitätszähler befindet sich in der Regel in einem Verteilerkasten und ist als Messgerät zwischen der Energiezuführung (Hausanschlusskasten) und der Energieverteilung (Leitungen für einzelne Stromkreise bzw. Geräte) im Haus fest eingebaut. Das Messergebnis wird als Zahl mit der Einheit Kilowattstunde (Abb. 4, S. 31 ①), kWh) angezeigt. In dieser Angabe ist die Einheit der Leistung (Watt) und die Zeit (Stunde, h) enthalten.

Der Elektrizitätszähler misst also die Leistung P der eingeschalteten Geräte und multipliziert diese mit der Einschaltdauer (Zeit t). Dieses ist dann die **elektrische Arbeit** [electrical work] (Formelzeichen W).

	Formelzeichen	Einheit
Elektrische Arbeit	W	Ws (Wattsekunde) kWh (Kilowattstunde)

$$W = U \cdot I \cdot t \qquad W = P \cdot t$$

Wattsekunde	1 Ws = 1 W · 1 s 1 Ws = 1 J (Joule)
Kilowattstunde	1 kWh = 1000 W · 3600 s 1 kWh = 3,6 · 10^6 Ws

In der Einheit kWh sind das Vielfache der Einheit Watt (kilo = 1000) und Stunde als Vielfaches der Sekunde (1 Stunde = 3600 Sekunden) enthalten. Der Zusammenhang ist in den oben aufgeführten Einheitengleichungen dargestellt.

Im Elektrizitätszähler wird die Leistung über die Stromstärke und die Spannung gemessen. In der häuslichen Energieversorgung ist sie konstant 230 V. Die Zeit wird über eine rotierende Scheibe (Abb. 4, S. 31 ②) und mit einer verbundenen Ziffernanzeige gemessen und angezeigt. Es handelt sich also um eine **direkte Arbeitsmessung** [direct work measurement] (Abb. 1). Bei der indirekten Arbeitsmessung werden Spannung, Stromstärke und die Zeit gemessen und daraus das Produkt gebildet.

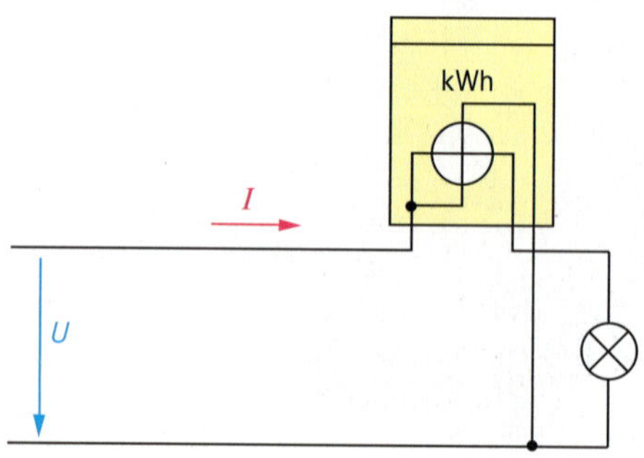

1: Direkte Arbeitsmessung

Wirkungsgrad

Die Wirksamkeit der Umwandlung der elektrischen Energie in andere Energieformen kann unterschiedlich sein. Zur Kennzeichnung verwendet man den **Wirkungsgrad** [efficiency]. Er wird durch das Formelzeichen η (Eta) abgekürzt. Zur Verdeutlichung ist in Abb. 2 eine elektrische Maschine gezeichnet. Ihr wird Arbeit (W_{zu}) bzw. Leistung (P_{zu}) zugeführt. Durch Verluste (W_V bzw. P_V) in der Maschine sind die abgeführten Größen (W_{ab} bzw. P_{ab}) nicht so groß wie die Eingangsgrößen.

Setzt man die abgegebenen zur aufgenommenen Größen ins Verhältnis, ergibt sich eine Zahl, die stets kleiner als 1 ist. Dieses ist der Wirkungsgrad. Multipliziert man die Zahl mit 100, erhält man den Wirkungsgrad in Prozent.

$$\eta = \frac{W_{ab}}{W_{zu}} \qquad W_V = W_{zu} - W_{ab}$$

$$\eta = \frac{P_{ab}}{P_{zu}} \qquad P_V = P_{zu} - P_{ab}$$

Wirkungsgrad	Formelzeichen	Einheit
	η	1 (Eins), %

2: Elektrische Maschine mit Verlusten

AUFGABEN

1. Erklären Sie den Unterschied zwischen elektrischer Arbeit und Leistung.
2. Ermitteln Sie die technischen Angaben auf dem Elektrizitätszähler für Ihre Wohnung.

- Mit Hilfe elektrischer Energie wird Arbeit verrichtet.
- Die elektrische Arbeit W ist das Produkt aus Leistung P und Zeit t.
- Mit dem Elektrizitätszähler wird die verrichtete Arbeit in Kilowattstunden (kWh) gemessen.
- Die von einer Maschine abgegebene Arbeit (Energie) ist stets kleiner als die aufgenommene Arbeit (Energie). Deshalb ist der Wirkungsgrad jeder Maschine stets kleiner als 1 bzw. kleiner als 100 %.

1.2.16 Elektrische Energie und Wärme

Elektrische Energie (Arbeit) kann zur Erzeugung einer bestimmten **Wärmemenge** [heat quantity] (Formelzeichen *Q*) verwendet werden. Wegen der Verluste kann die elektrische Energie jedoch nie vollständig umgesetzt werden (Abb. 3).
Verschiedene Energiewandler sind dabei im Einsatz.
Beispiele:
Elektroheizung, Warmwasserbereiter (s. Kap. 10.1.6)

Als Einheit für die Wärmemenge wird das **Joule** [joule] bzw. **Kilojoule** verwendet (James Prescott Joule, englischer Physiker, 1818 - 1889).

	Formelzeichen	Einheit
Wärmemenge	*Q*	J (Joule) kJ (Kilojoule)

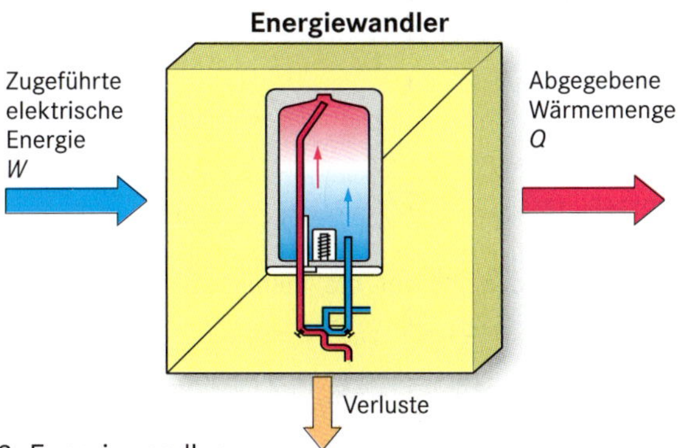

3: Energiewandlung

Was versteht man unter der Wärmemenge?

Wenn einem Körper mit der Masse *m* und der Ausgangstemperatur ϑ_1 eine bestimmte Wärmemenge *Q* zugeführt wird, hat er diese Wärmemenge aufgenommen und dabei seine Temperatur um $\Delta\vartheta$ auf ϑ_2 erhöht (Abb. 4). Wovon hängt diese aufgenommene Wärmenge ab?

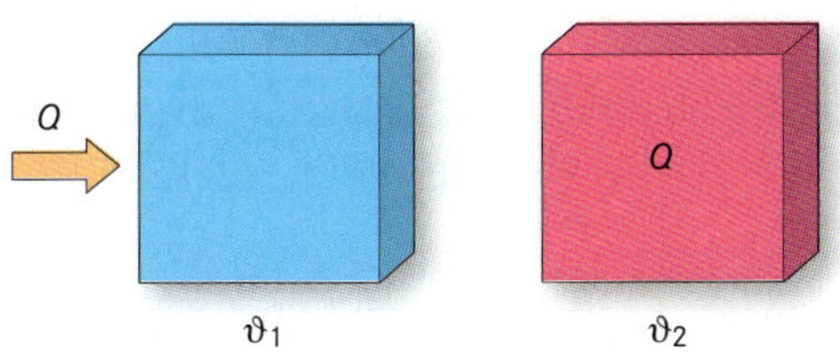

4: Wärmeübergang

Die aufgenommene bzw. abgegebene Wärmemenge hängt ab von der
- Masse *m* des Stoffes,
- Art des Stoffes (spezifische Wärmekapazität *c*) und
- erreichten Temperaturdifferenz $\Delta\vartheta$.

Zwischen diesen aufgeführten Größen und der Wärmemenge besteht ein proportionaler Zusammenhang, sodass sich folgende Formel ergibt:

$$Q = m \cdot c \cdot \Delta\vartheta$$

Mit der **Temperatur** [temperature] wird der Wärmezustand eines Stoffes angegeben. Man verwendet Celsius- und Kelvin-Skalen (Abb. 5). Bei der **Celsius-Skala** (Anders Celsius, schwedischer Physiker, 1701 - 1744) gibt es positive und negative Werte. Beim Nullpunkt (0 °C) schmilzt Eis und bei 100 °C siedet Wasser. Bei der **Kelvin-Skala** (Lord Kelvin of Largs, englischer Physiker, 1824 - 1907) gibt es nur positive Werte. Ausgangspunkt ist die Temperatur, bei der sich die Teilchen nicht mehr bewegen:
Absoluter Nullpunkt = 0 K = -273 °C

Temperatur	Formelzeichen	Einheit	Temperaturdifferenz
in Celsius	ϑ, *t*	1 °C (Grad Celsius)	1 K
in Kelvin	*T*	1 K (Kelvin)	1 K

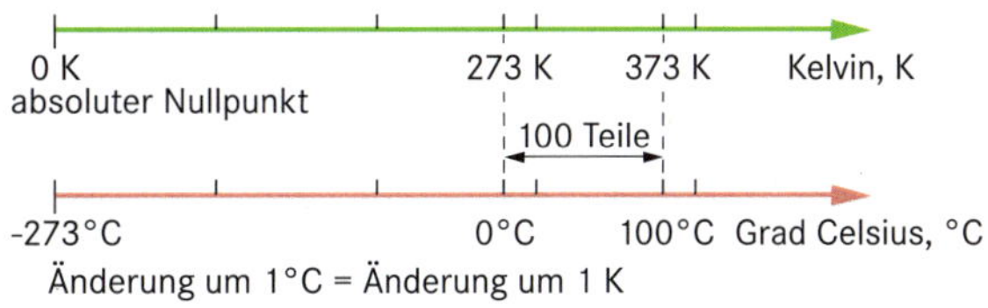

5: Temperaturskalen

Die **spezifische Wärmekapazität** [specific heat capacity] ist eine Materialeigenschaft. Wasser besitzt einen sehr großen Wert und wird deshalb für den Transport von Wärmemengen (z. B. Warmwasserheizung) verwendet. Beispiele:
- Wasser: c = 4,2 kJ/kg · K
- Kupfer: c = 0,39 kJ/kg · K

Mit der Wärmemenge von 1 kJ können beispielsweise 239 g Wasser um 1 K erwärmt werden. Wie groß wäre dazu die erforderliche elektrische Energie?

Wenn Verluste nicht berücksichtigt werden (Abb. 3), können beide Energieformen gleichgesetzt werden (Energieerhaltung). Es gilt dann:

$$W = Q$$

$$U \cdot I \cdot t = m \cdot c \cdot \Delta\vartheta$$

Da das Produkt aus der Spannung und der Stromstärke die Leistung ist, kann diese Formel benutzt werden, um z. B. den Leistungsbedarf für eine Warmwasserbereitung in einer bestimmten Zeit zu ermitteln.

- Die Wärmemenge ist abhängig von der Masse, der Materialeigenschaft (spezifische Wärmekapazität) und der Temperaturänderung.
- Die Temperatur kann in Grad Celsius oder Kelvin angegeben werden.
- Bei der Umwandlung von elektrischer Energie (Arbeit) in eine bestimmte Wärmemenge gilt ohne Berücksichtigung des Wirkungsgrades *W* = *Q* (Energieerhaltung).

1.2.17 Leiterwiderstand

Elektrische Energie kann über Leitungen nicht ohne Verluste transportiert werden. Da die Leiter aus Metallen (Kupfer, Aluminium) bestehen, wird der Stromfluss durch die Atomrümpfe im Kristallgitter behindert (s. Kap. 1.2.10). Der elektrische Leiter wirkt somit wie ein elektrischer Widerstand. Es soll nun untersucht werden, wie der Widerstand von der Leiterlänge, vom Leiterquerschnitt und vom Material abhängt.

- **Leiterlänge** l [conductor length]

Wenn man elektrische Leiter aus gleichen Materialien, gleichen Querschnitten aber unterschiedlichen Längen betrachtet, leuchtet ein, dass bei größer werdender Länge die Behinderung des Stromes und somit der Widerstand zunimmt. Bei einer Verdoppelung der Länge (Abb. 1) verdoppelt sich auch der Widerstand. Es ergibt sich ein proportionaler Zusammenhang. Die Werte steigen im gleichen Verhältnis.
Es gilt: $R \sim l$

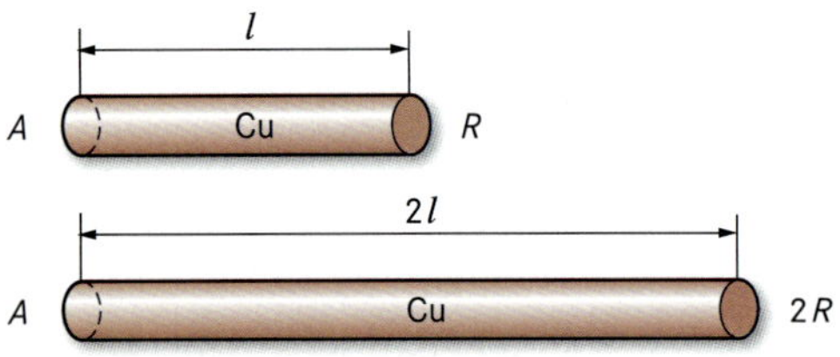

1: Widerstand in Abhängigkeit von der Leiterlänge

- **Leiterquerschnitt** q [conductor crossection]

In Abb. 2 ist der Querschnitt beim zweiten Leiter gegenüber dem ersten verdoppelt worden. Material und Leiterlänge sind gleich geblieben. Es stehen somit für den Stromfluss bei dieser Querschnittsvergrößerung mehr Ladungsträger zur Verfügung und der Widerstand wird geringer. Zwischen den beiden Größen besteht eine umgekehrte Proportionalität.
Es gilt: $R \sim 1/q$

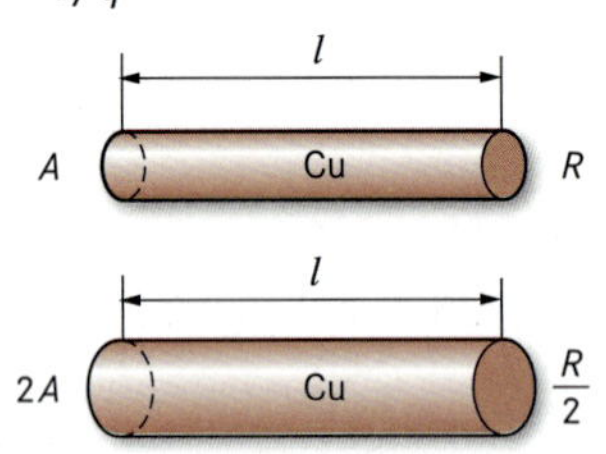

2: Widerstand in Abhängigkeit vom Leiterquerschnitt

- **Material** ϱ (Rho) bzw. $\varkappa$ (Kappa)

Wenn ein Kupferleiter mit einem Aluminiumleiter gleicher Länge und gleichem Querschnitt verglichen wird, dann besitzt der Kupferleiter einen geringeren Widerstand. Die Materialeigenschaft wird durch den spezifischen elektrischen Widerstand ϱ (Rho) [resistivity] ausgedrückt. Zwischen dieser Größe und dem Leitungswiderstand besteht ebenfalls ein proportionaler Zusammenhang.
Es gilt: $R \sim \varrho$

Bei der Berücksichtigung der Materialeigenschaft wird auch der Kehrwert des spezifischen elektrischen Widerstandes verwendet. Er ist die **elektrische Leitfähigkeit** $\varkappa$ (Kappa) [conductivity]. Somit ergeben sich die folgenden Beziehungen:

$$\varrho = \frac{1}{\varkappa} \qquad R \sim \frac{1}{\varkappa}$$

Fasst man diese Abhängigkeiten zu einer Gleichung für den Leitungswiderstand zusammen, so erhält man:

$$R_{Ltg} = \frac{\varrho \cdot l}{q} \qquad R_{Ltg} = \frac{l}{\varkappa \cdot q}$$

Welche Einheiten besitzen ϱ und $\varkappa$?

Für den praktischen Umgang mit Leitungen ist es sinnvoll, wenn die Leitungslängen in Metern und die Querschnitte in mm^2 angeben werden. Für den spezifischen elektrischen Widerstand ϱ ergibt sich dann die folgende Einheit:

$$R_{Ltg} = \frac{\varrho \cdot l}{q}$$

Umstellung: $\varrho = \frac{R_{Ltg} \cdot q}{l}$ $\qquad [\varrho] = \frac{\Omega \cdot mm^2}{m}$

Entsprechendes gilt für die Einheit der elektrischen Leitfähigkeit $\varkappa$:

$$R_{Ltg} = \frac{l}{\varkappa \cdot q}$$

Umstellung: $\varkappa = \frac{l}{R_{Ltg} \cdot q}$ $\qquad [\varkappa] = \frac{m}{\Omega \cdot mm^2}$

Spezifischer elektrischer Widerstand	Formelzeichen	Einheit
	ϱ	$\frac{\Omega \cdot mm^2}{m}$

Elektrische Leitfähigkeit	Formelzeichen	Einheit
	$\varkappa$	$\frac{m}{\Omega \cdot mm^2}$

Spezifische elektrische Widerstände und elektrische Leitfähigkeiten von Werkstoffen bei 20 °C		
Werkstoffe	ϱ in $\mu\Omega \cdot m$ bzw. $\frac{\Omega \cdot mm^2}{m}$	$\varkappa$ in $\frac{MS}{m}$ bzw. $\frac{m}{\Omega \cdot mm^2}$
Silber	0,016	62,5
Kupfer	0,018	56
Aluminium	0,028	36
Messing	0,07	14,3
Eisen	0,1	10
Blei	0,208	4,8
Kohle	66,667	0,015

3: Materialkenngrößen

1.2.18 Widerstand und Temperatur

Aus Erfahrung wissen wir, dass der metallische Leiter einer Glühlampe (Wolframfaden) häufig im Einschaltmoment durchbrennt. Demnach zeigt der Metallfaden im „kalten" und „warmen" Zustand ein unterschiedliches elektrisches Verhalten. Da in beiden Situationen die gleiche Spannung von 230 V anliegt, müssen aufgrund unterschiedlicher Lampenwiderstände unterschiedlich große Ströme geflossen sein.

Diese Temperaturabhängigkeit metallischer Leiter lässt sich mit dem Kristallaufbau erklären. Bei Temperaturerhöhung ($\Delta T \uparrow$) schwingen die Atomrümpfe des Leiters stärker um ihre Ruhelage und behindern den Stromfluss. Der Widerstand wird größer ($\Delta R \uparrow$).

- $\Delta T \uparrow \Rightarrow \Delta R \uparrow$

Die Widerstandsänderung hängt aber auch vom Material ab. Die Materialkonstante wird als **Temperaturkoeffizient α** [temperature coefficient] (oder Temperaturbeiwert) bezeichnet (Abb. 4).

- $\alpha \uparrow \Rightarrow \Delta R \uparrow$

Für die Widerstandsänderung spielt aber auch der Anfangswert des Widerstandes eine Rolle. Wenn der Wert groß ist, wird auch die Änderung entsprechend groß ausfallen. Als Anfangswert wird der Widerstand bei 20 °C verwendet (R_{20}).

- $R_{20} \uparrow \Rightarrow \Delta R \uparrow$

Fasst man diese Abhängigkeiten zusammen, ergibt sich folgende Formel:

$$\Delta R = R_{20} \cdot \Delta T \cdot \alpha$$

AUFGABEN

1. Für eine elektrische Anlage wird eine neue Leitung gleichen Materials verlegt. Gegenüber der ursprünglichen Leitung von 1,5 mm² musste eine Leitung mit doppelter Länge und einem Querschnitt von 2,5 mm² gewählt werden. Welche Auswirkungen hat diese Maßnahme auf den Leitungswiderstand (Begründung angeben)?
2. Für die Zuleitung einer Anlage wird anstelle der vorgeschriebenen Leitung eine Leitung mit einem halb so großen Leiterdurchmesser verwendet. Welche Auswirkungen hat diese fehlerhafte Installation auf den Leitungswiderstand?

- Der spezifische elektrische Widerstand ϱ ist der Widerstand eines Leiters von 1 m Länge und 1 mm² Querschnitt.
- Der Leitungswiderstand R_{Ltg} hängt ab von der Leiterlänge l, dem Leiterquerschnitt q und dem Leitermaterial (ϱ bzw. $\varkappa$).
- Der Widerstand eines Leiters wird größer, wenn die Leiterlänge größer, der Leiterquerschnitt kleiner oder der spezifische elektrische Widerstand größer werden.

Auf der rechten Seite der Gleichung befinden sich drei Größen. Bekannt sind folgende Einheiten:
R_{20} in Ω und ΔT in K (Kelvin-Skala, s. Kap. 1.2.16).

Damit ΔR die Einheit Ω erhält, muss der Temperaturkoeffizient α die Einheit 1/K besitzen (Abb. 4).

Welcher Widerstand ergibt sich nach der Erwärmung?

Der Widerstand nach Erwärmung R_T setzt sich zusammen aus dem Anfangswert und der Widerstandsänderung:

$$R_T = R_{20} + \Delta R$$

Setzt man jetzt die Formel für die Widerstandsänderung ein und klammert R_{20} aus, ergibt sich:

$$R_T = R_{20} \cdot (1 + \Delta T \cdot \alpha)$$

Temperaturkoeffizienten (Anfangstemperatur 20 °C)			
Werkstoff	**α in 1/K**	**Werkstoff**	**α in 1/K**
Eisen	0,005	Silber	0,004
Blei	0,0042	Kupfer	0,0039
Zink	0,0042	Aluminium	0,0036

4: Temperaturkoeffizienten

Widerstand und Temperatur

Ein Widerstand von 1 kΩ aus Konstantendraht wird von 20 °C auf 200 °C erwärmt.
Wie groß sind die Widerstandsänderung und der Widerstand bei 200 °C?

Geg.: $R_{20} = 1\ \text{k}\Omega$; $\vartheta_1 = 20\ °\text{C}$; $\vartheta_2 = 200\ °\text{C}$

$\alpha = \frac{0{,}00004}{\text{K}}$

Ges.: ΔR und R_T

$\Delta R = R_{20} \cdot \Delta T \cdot \alpha$

$\Delta R = 1000\ \Omega \cdot 180\ \text{K} \cdot \frac{0{,}00004}{\text{K}}$

$\underline{\underline{\Delta R = 7{,}2\ \Omega}}$

$R_T = R_{20} + \Delta R$

$R_T = 1000\ \Omega + 7{,}2\ \Omega$

$\underline{\underline{R_T = 1007{,}2\ \Omega}}$

AUFGABEN

1. Ermitteln Sie die Widerstandsänderung einer 100 m langen zweiadrigen Kupferleitung von 1,5 mm², wenn sie sich von 20 °C auf 80 °C erwärmt.
2. Wenn die Temperatur eines Widerstandes von 20 °C bis 65 °C steigt, ändert sich sein Wert von 150 Ω auf 151,2 Ω. Berechnen Sie den Temperaturkoeffizienten.

- Die Widerstandsänderung durch Temperatureinfluss hängt ab vom Anfangswert, von der Temperaturänderung und vom Temperaturkoeffizienten.

1.3 Schaltungen

1.3.1 Schaltungen mit Widerständen

1.3.1.1 Parallelschaltung

Alle Geräte, die über Steckdosen mit elektrischer Energie versorgt werden, liegen schaltungstechnisch nebeneinander (**parallel** [parallel]) und an der gleichen Spannung. Für die Herleitung der Gesetzmäßigkeiten sind in Abb. 1 beispielsweise zwei Geräte durch Widerstände dargestellt worden.

Unabhängig von der Anzahl der parallel geschalteten Widerstände gibt es für die Schaltung zwei Verbindungspunkte, in denen sich der Strom I_g aufteilt ① bzw. wieder vereinigt ② (**Stromverzweigung** [current branching]). Bei zwei Widerständen entstehen zwei Teilströme I_1 und I_2. Wenn weitere Widerstände hinzugeschaltet werden, ändert sich die Spannung nicht, aber durch den zusätzlichen Strom erhöht sich die Gesamtstromstärke. Die Leitfähigkeit vergrößert sich. Wenn ein Widerstand entfernt wird, verringert sich die Gesamtstromstärke.

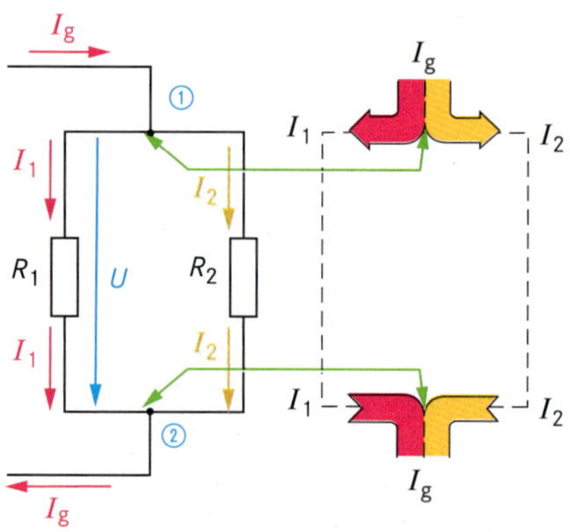

1: Stromverzweigung

Verallgemeinert man die Parallelschaltung von zwei Widerständen auf beliebig viele Widerstände (Abb. 2), lassen sich folgende Formeln aufstellen:

Stromstärken

1. Kirchhoffsches Gesetz [Kirchhoff's law]

$$I_g = I_1 + I_2 + ... + I_n$$

$$I_g = \frac{U}{R_g} \qquad I_1 = \frac{U}{R_1} \qquad I_2 = \frac{U}{R_2} \qquad ... \qquad I_n = \frac{U}{R_n}$$

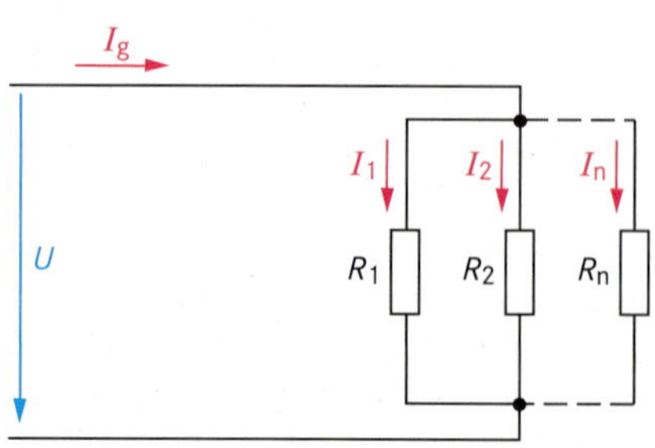

2: Parallelschaltung

Messschaltung zur Parallelschaltung

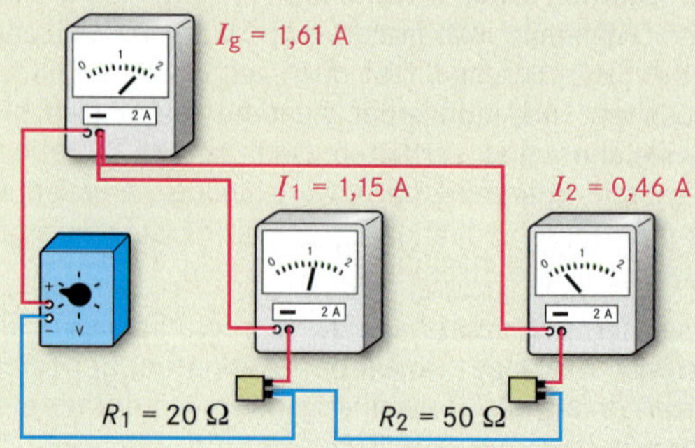

Leitwerte

In die Formel für die Stromverzweigung werden die Formeln für die einzelnen Stromstärken eingesetzt.

$$\frac{U}{R_g} = \frac{U}{R_1} + \frac{U}{R_2} + ... + \frac{U}{R_n}$$

Als **gemeinsame Größe** kommt die **Spannung *U*** vor. Sie wird gekürzt und man erhält eine Gleichung mit den Leitwerten:

$$\frac{1}{R_g} = \frac{1}{R_1} + \frac{1}{R_2} + ... + \frac{1}{R_n} \qquad R_g = \frac{1}{G_g}$$

$$G_g = G_1 + G_2 + ... + G_n$$

Leistungen

Die Leistung ist das Produkt aus Spannung und Stromstärke. Da an jedem Widerstand Spannung liegt und ein entsprechender Strom fließt, ist die Gesamtleistung gleich der Summe der Einzelleistungen.

$$P_g = P_1 + P_2 + ... + P_n$$

AUFGABE

1. Zwei parallel geschaltete Widerstände liegen an einer Spannung. Ein Widerstand wird verkleinert. Welche Größen verändern sich in welcher Weise und welche ändern sich nicht?

- Bei der Parallelschaltung ist die Gesamtstromstärke I_g gleich der Summe der Einzelstromstärken.
- Die Einzelstromstärken lassen sich aus der anliegenden Spannung und dem jeweiligen Widerstand berechnen ($I = U/R$).
- Durch den größten Widerstand fließt der kleinste und durch den kleinsten Widerstand der größte Strom.
- Den Gesamtleitwert erhält man, indem man die Einzelleitwerte addiert. Der Gesamtwiderstand ist kleiner als der kleinste Einzelwiderstand.
- Die Gesamtleistung ist gleich der Summe der Einzelleistungen.

1.3.1.2 Reihenschaltung

Die Geräte, Widerstände oder Bauelemente liegen schaltungstechnisch hintereinander (**in Reihe**, in Serie [in series]) und sind mit dem nachfolgenden Objekt elektrisch verbunden. Für die Herleitung der Gesetzmäßigkeiten sind in Abb. 3 zwei Geräte durch Widerstände dargestellt worden.

Die insgesamt zur Verfügung stehende Spannung U_g teilt sich auf die zwei Widerstände mit den Teilspannungen U_1 ① und U_2 ② auf (**Spannungsaufteilung** [voltage dividing]). Durch alle Widerstände fließt derselbe Strom, die Stromstärke ist also überall gleich. Wenn Widerstände zusätzlich in Reihe geschaltet werden, verringert sich die ursprüngliche Stromstärke. Wenn durch Entfernen eines Widerstandes die Reihenschaltung unterbrochen wird, fließt kein Strom mehr.

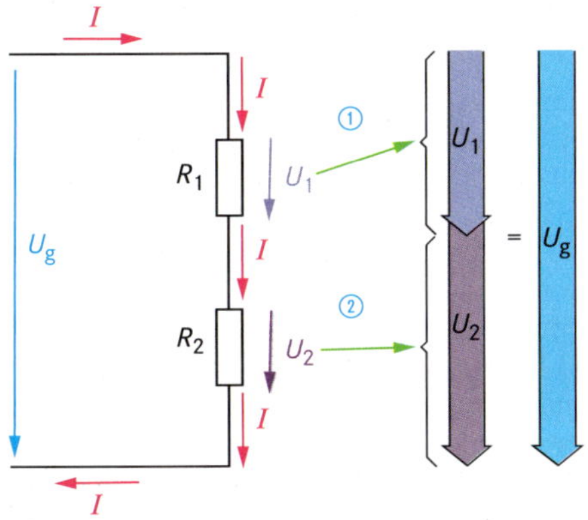

3: Spannungsaufteilung

Verallgemeinert man die Reihenschaltung von zwei Widerständen auf beliebig viele Widerstände (Abb. 4), lassen sich folgende Formeln aufstellen:

Spannungen

2. Kirchhoffsches Gesetz [Kirchhoff's law]

$$U_g = U_1 + U_2 + \ldots + U_n$$

$$U_g = I \cdot R_g \qquad U_1 = I \cdot R_1 \qquad U_2 = I \cdot R_2 \quad \ldots \quad U_n = I \cdot R_n$$

Widerstände

In der Formel für die Spannungsaufteilung werden die einzelnen Spannungen durch $I \cdot R$ ausgedrückt.

$$I \cdot R_g = I \cdot R_1 + I \cdot R_2 + \ldots + I \cdot R_n$$

Als **gemeinsame Größe** kommt die **Stromstärke** I vor. Sie wird gekürzt und man erhält eine Gleichung mit den Widerständen:

$$R_g = R_1 + R_2 + \ldots + R_n$$

Leistungen

Die Leistung ist das Produkt aus Spannung und Stromstärke. Da an jedem Widerstand eine Spannung liegt und ein Strom fließt, ist die Gesamtleistung gleich der Summe der Einzelleistungen.

$$P_g = P_1 + P_2 + \ldots + P_n$$

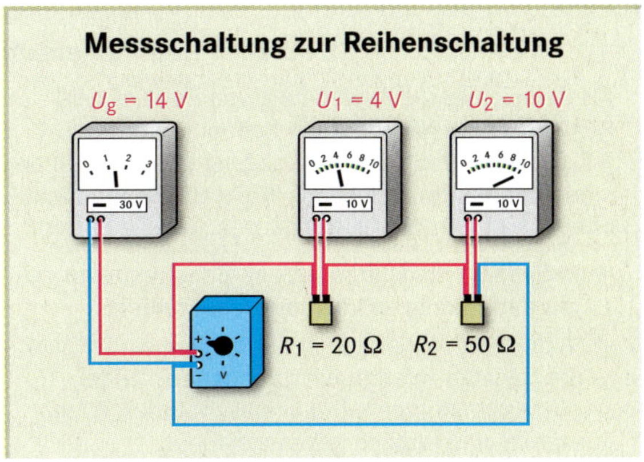

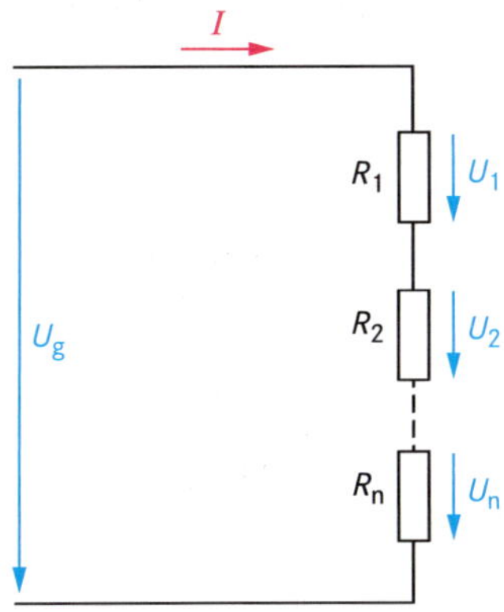

4: Reihenschaltung

AUFGABEN

1. Eine Reihenschaltung aus zwei Widerständen ist an eine Spannungsquelle angeschlossen. Ein Widerstand wird vergrößert. Welche Größen verändern sich in welcher Weise und welche ändern sich nicht?
2. In einer Reihenschaltung von drei Widerständen wird ein Widerstand entfernt. Geben Sie an, welche Änderungen eintreten.

- Bei der Reihenschaltung ist die Gesamtspannung gleich der Summe der Einzelspannungen. Die Gesamtspannung teilt sich auf die einzelnen Widerstände auf.
- Die Einzelspannungen lassen sich aus der Stromstärke und dem jeweiligen Widerstand berechnen ($U = I \cdot R$).
- Am größten Widerstand liegt die größte und am kleinsten die kleinste Spannung.
- Der Gesamtwiderstand ist gleich der Summe der Einzelwiderstände. Der Gesamtwiderstand ist größer als der größte Einzelwiderstand.
- Die Gesamtleistung ist gleich der Summe der Einzelleistungen.

Parallel- und Reihenschaltungen bei der Kochplatte

Als Beispiel für die Anwendung von Parallel- und Reihenschaltungen dient die Kochplatte (s. Kap. 1.2.14). Die verschiedenen Leistungen erreicht man, indem man unterschiedliche Widerstandskombinationen in den Stromkreis schaltet (s. Tabelle unten).

- In Spalte 1 sind verschiedene Schalterstellungen mit den jeweiligen Leistungen aufgeführt.
- In der Mitte (Spalte 2) befinden sich vereinfacht die Schalter mit den entsprechenden Widerstandsschaltungen. Die eingeschalteten Widerstände sind farblich gekennzeichnet.
- In der rechten Spalte 3 ist der jeweilige Stromlaufplan für die Widerstandsschaltung zu sehen.

1	2	3
450 W 	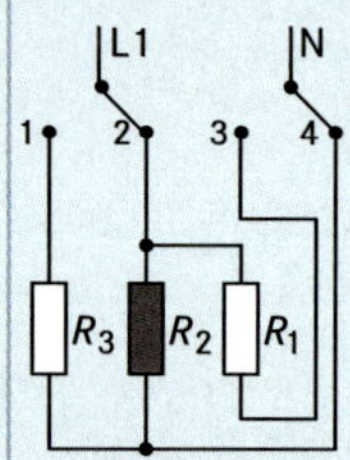	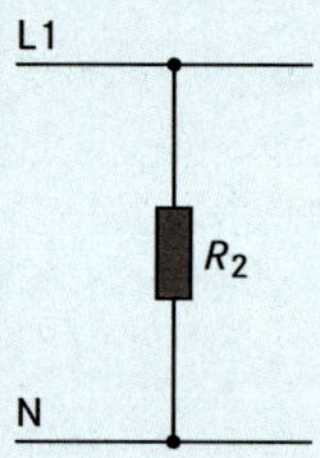
950 W 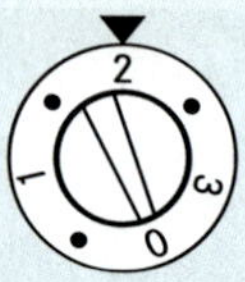	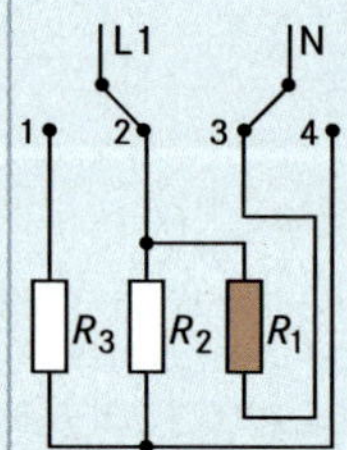	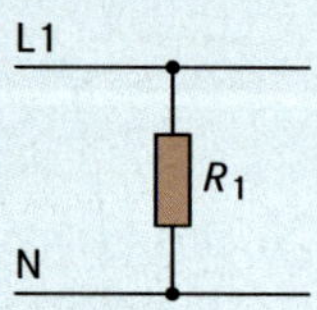
305 W 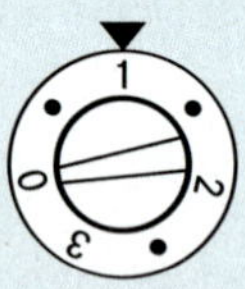	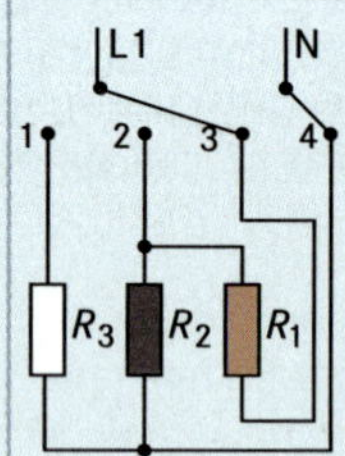	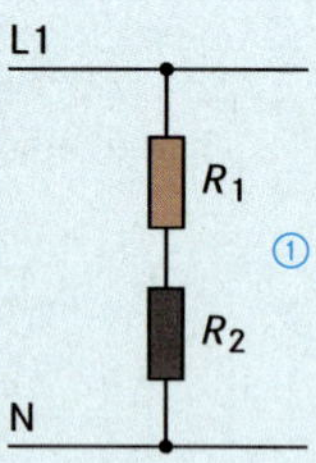
1400 W 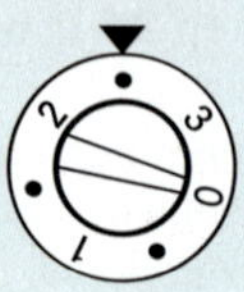	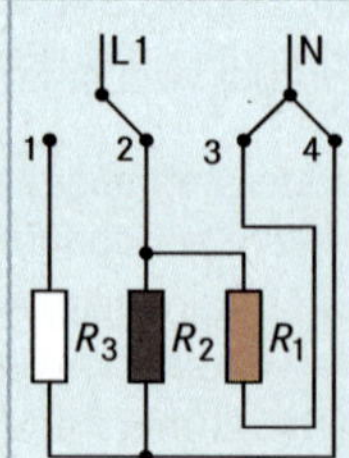	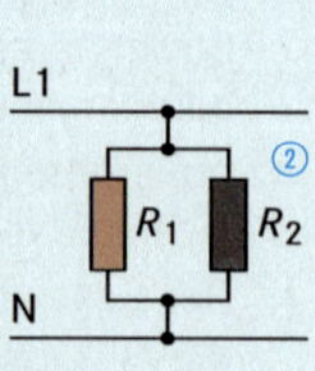

Der Zusammenhang zwischen den Größen soll nun ermittelt werden. Die Einstell- und Messwerte sind im Kap. 1.2.14 aufgeführt.

450 W

- Es ist nur der Widerstand R_2 eingeschaltet. An ihm liegt die Netzspannung von 230 V.
- Der Widerstand R_2 = 118 Ω verursacht eine Stromstärke von I_2 = 1,96 A.

950 W

- Es ist nur der Widerstand R_1 eingeschaltet. An ihm liegt die Netzspannung von 230 V.
- Der Widerstand R_1 = 55,7 Ω verursacht eine Stromstärke von I_1 = 4,13 A.
- Im Vergleich zu 450 W: $I_1 > I_2$, da $R_1 < R_2$

305 W

- Die Widerstände R_1 und R_2 sind in Reihe geschaltet ①.
- Die Netzspannung von 230 V ist die insgesamt anliegende Spannung. Sie kann nicht vollständig für jeden Widerstand „wirksam“ werden. Das „Hindernis“ dieser in Reihe geschalteten Widerstände ist größer, als wenn ein einzelner Widerstand an der Netzspannung liegen würde.
- Die Einzelwiderstände lassen sich zu einem Gesamtwiderstand addieren.
  $R_1 + R_2$ = 55,7 Ω + 118 Ω
  $R_1 + R_2$ = 173,7 Ω R_g = 173,7 Ω
- Der Gesamtwiderstand ist also immer größer als jeder einzelne Widerstand.
- Dieser Sachverhalt drückt sich auch in der geringeren Stromstärke ($I_{1,2}$ = 1,33 A) und in der geringeren Gesamtleistung ($P_{1,2}$ = 305 W) aus (s. Kap. 1.2.14).

1400 W

- Die Widerstände R_1 und R_2 sind parallel geschaltet ②.
- An jedem Widerstand liegt wie bei den Schalterstellungen für 450 W und 950 W die Netzspannung von 230 V.
- Die einzelnen Stromstärken können zu einer Gesamtstromstärke und die Einzelleistungen zu einer Gesamtleistung addiert werden.
  $I_1 + I_2$ = 4,13 A + 1,96 A
  $I_1 + I_2$ = 6,09 A I_g = 6,09 A
  $P_1 + P_2$ = 950 W + 450 W
  $P_1 + P_2$ = 1400 W P_g = 1400 W
- Die einzelnen Widerstände dürfen dagegen nicht addiert werden. Der Gesamtwiderstand von 37,8 Ω (Berechnung s. unten) ist kleiner als jeder Einzelwiderstand (55,7 Ω und 118 Ω).

$$R_g = \frac{230\ \text{V}}{6{,}09\ \text{A}} \qquad R_g = 37{,}8\ \Omega$$

1.3.1.3 Gruppenschaltungen

In Widerstandsnetzwerken können Parallel- und Reihenschaltungen gemeinsam vorkommen. Um den **Gesamtwiderstand** [total resistance] zu ermitteln, müssen in der Ausgangsschaltung schrittweise Vereinfachungen vorgenommen werden, bis am Ende ein einzelner Widerstand R_g übrig bleibt.

Beispiel 1: $R_1 = 55{,}7\ \Omega$; $R_2 = 118\ \Omega$; $R_3 = 91{,}3\ \Omega$

- Zum Widerstand R_1 liegt in Reihe die Parallelschaltung aus den zwei Widerständen R_2 und R_3.
- Die Schaltung muss so verändert werden, dass eine Grundschaltung entsteht.

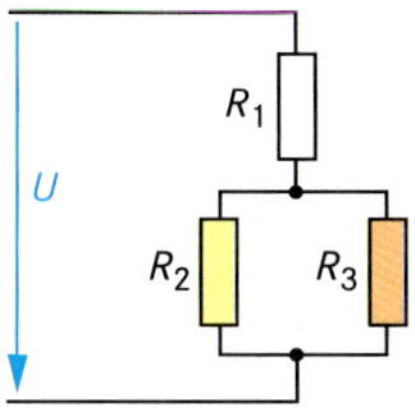

1. Lösungsschritt
- Die Parallelschaltung aus R_2 und R_3 kann zu einem Widerstand R_{23} ($R_2 \,||\, R_3$) zusammengefasst werden.
- $R_{23} = (R_2 \cdot R_3) : (R_2 + R_3)$
  $R_{23} = 51{,}5\ \Omega$
- Ergebnis: Es ist nur noch eine Reihenschaltung aus den zwei Widerständen R_1 und R_{23} vorhanden.

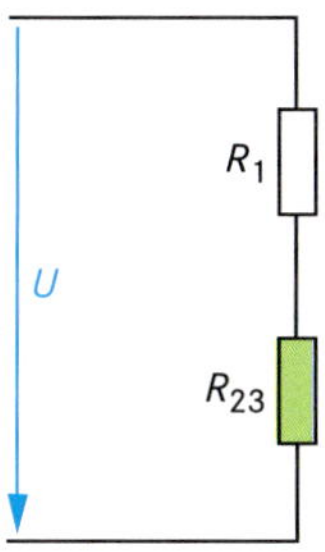

2. Lösungsschritt
- Der Gesamtwiderstand lässt sich jetzt durch Addition ermitteln.
- $R_g = R_1 + R_{23}$
  $R_g = 55{,}7\ \Omega + 51{,}5\ \Omega$
  $R_g = 107{,}2\ \Omega$

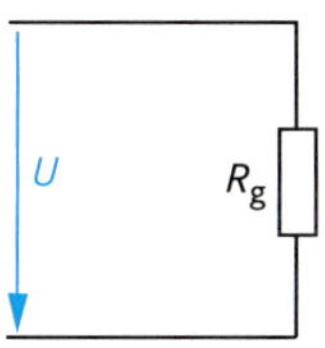

Gesamtwiderstand von zwei parallel geschalteten Widerständen

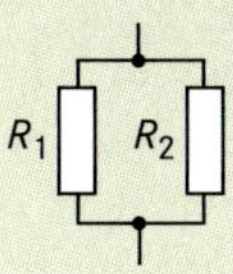

$$\frac{1}{R_g} = \frac{1}{R_1} + \frac{1}{R_2} \Rightarrow \frac{1}{R_g} = \frac{R_2}{R_1 \cdot R_2} + \frac{R_1}{R_1 \cdot R_2}$$

$$\frac{1}{R_g} = \frac{R_1 + R_2}{R_1 \cdot R_2} \Rightarrow R_g = \frac{R_1 \cdot R_2}{R_1 + R_2}$$

- Gesamtwiderstand einer Gruppenschaltung:
  1. Eine Parallel- oder Reihenschaltung aus zwei oder mehreren Widerständen suchen und zu einem Widerstand zusammenfassen.
  2. Schaltplan der Gruppenschaltung mit dem zusammengefassten Widerstand zeichnen.
  3. Im Plan eine weitere neu entstandene Grundschaltung suchen, diese zu einem einzelnen Widerstand zusammenfassen usw., bis am Ende nur der Gesamtwiderstand vorhanden ist.

Beispiel 2: $R_1 = 55{,}7\ \Omega$; $R_2 = 118\ \Omega$; $R_3 = 91{,}3\ \Omega$

- Zum Widerstand R_1 liegt parallel die Reihenschaltung aus den zwei Widerständen R_2 und R_3.
- Die Schaltung muss so verändert werden, dass eine Grundschaltung entsteht.

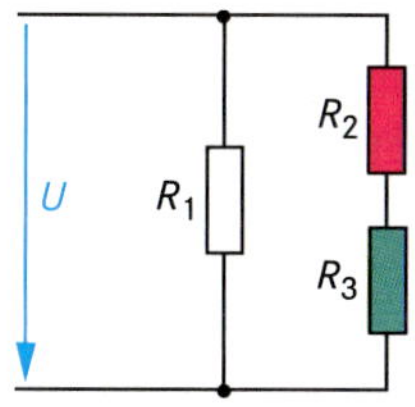

1. Lösungsschritt
- Die Reihenschaltung aus R_2 und R_3 kann zu einem Widerstand R_{23} zusammengefasst werden.
- $R_{23} = R_2 + R_3$
  $R_{23} = 118\ \Omega + 91{,}3\ \Omega$
  $R_{23} = 209{,}3\ \Omega$
- Ergebnis: Es ist nur noch eine Parallelschaltung aus den zwei Widerständen R_1 und R_{23} vorhanden.

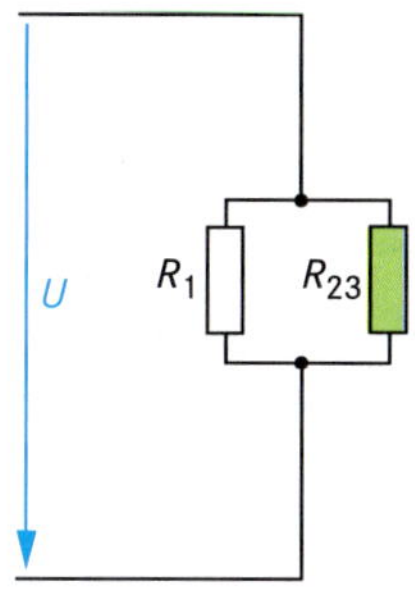

2. Lösungsschritt
- Der Gesamtwiderstand lässt sich jetzt ermitteln.
- $R_g = R_1 \,||\, R_{23}$
  $R_g = (R_1 \cdot R_{23}) : (R_1 + R_{23})$
  $R_g = 44\ \Omega$

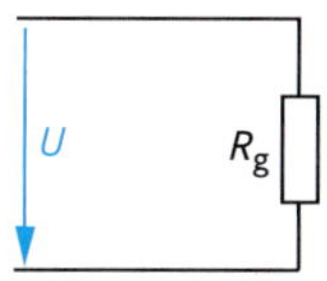

AUFGABEN

1. Übernehmen Sie aus Beispiel 1 die Gruppenschaltung und kennzeichnen Sie durch Pfeile:
- U (Gesamtspannung)
- U_1 (Spannung an R_1)
- U_{23} (Spannung an R_2 und R_3)
- I_1 (Stromstärke durch R_1)
- I_2 (Stromstärke durch R_2)
- I_3 (Stromstärke durch R_3) und I_g

Die Schaltung liegt weiterhin an 230 V. Der Widerstand R_3 wird jetzt verkleinert. Wie wirkt sich diese Änderung auf folgende Größen aus (größer, kleiner oder konstant angeben)?
a) R_{23}, R_g c) U_1, U_2, U_3
b) I_1, I_2, I_3, I_g d) P_1, P_2, P_3, P_g

2. Übernehmen Sie aus dem Beispiel 2 die Gruppenschaltung und kennzeichnen Sie die Größen durch Strom- und Spannungspfeile (s. Aufg. 1). Die Schaltung liegt weiterhin an 230 V. Der Widerstand R_3 wird jetzt vergrößert. Wie wirkt sich diese Änderung auf folgende Größen aus (größer, kleiner oder konstant angeben)?
a) R_{23}, R_g c) U_2, U_3
b) I_1, I_{23}, I_g d) P_1, P_2, P_3, P_g

3. Berechnen Sie für die Gruppenschaltungen der Beispiele 1 und 2 die folgenden Größen:
a) Spannungen an den Widerständen
b) Stromstärken durch die Widerstände
c) Leistungen der einzelnen Widerstände

Messschaltung als Gruppenschaltungen

In Kap. 1.2.13 mussten für die Ermittlung der Leistung die Spannung und die Stromstärke gemessen werden. Neben dem Widerstand befanden sich die zwei Messgeräte in der Schaltung, sodass sich eine Gruppenschaltung aus drei Widerständen ergab. Die zwei möglichen Schaltungen waren fehlerbehaftet, da durch die Widerstände der Messgeräte das Ergebnis verfälscht wurde (Spannungs- und Stromfehlerschaltung). Welche Auswirkungen die Messgeräte auf das Messergebnis haben, soll am Beispiel der **Widerstandsmessung** [resistance measurement] erarbeitet werden (Abb. 1). Verwendet werden neben dem Widerstand R_X ein Spannungsmessgerät P1 und ein Stromstärkenmessgerät P2. In beiden Schaltungen werden Spannung und Stromstärke gemessen und der Widerstand berechnet. Die Ergebnisse sind unterschiedlich. Woran liegt das?

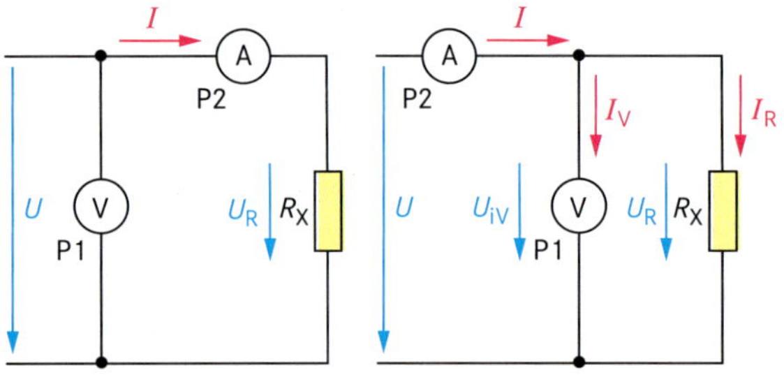

$$R_X = \frac{U}{I} \qquad R_X = \frac{U_{iV}}{I}$$

$$R_X = \frac{8{,}5\ \text{V}}{9{,}5\ \text{mA}} \qquad R_X = \frac{8{,}5\ \text{V}}{9{,}9\ \text{mA}}$$

$$\underline{\underline{R_X = 895\ \Omega}} \qquad \underline{\underline{R_X = 859\ \Omega}}$$

1: Messschaltung zur Widerstandsbestimmung

Durch die Messgeräte fließen Ströme. Dadurch liegt an jedem Messgerät eine Spannung. Die Messgeräte können deshalb auch als Widerstände aufgefasst werden (**Innenwiderstand** [internal resistance]):
- Stromstärkenmessgerät mit $R_{iA} = 30\ \Omega$
- Spannungsmessgerät mit $R_{iV} = 100\ \text{k}\Omega$

Somit ergeben sich für die Messschaltungen aus Abb. 1 die Ersatzschaltungen der Abb. 2.

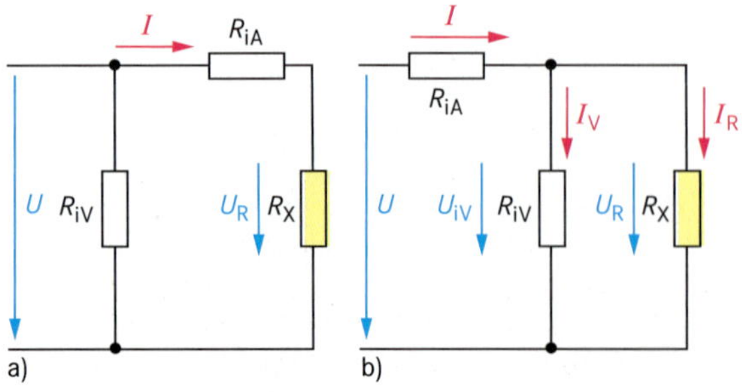

2: Ersatzschaltungen der Messschaltungen in Abb. 1

In beiden Schaltungen wird also jeweils eine Größe falsch gemessen. In Abb. 2a wird nicht die am Widerstand liegende Spannung U_R zur Berechnung verwendet, sondern die Gesamtspannung. Sie ist größer. Diese Schaltung bezeichnet man deshalb als **Spannungsfehlerschaltung** [voltage error circuit].

Zur Berechnung mit den Werten aus Abb. 2b wird dagegen eine zu große Stromstärke verwendet, weil auch durch das Spannungsmessgerät ein Strom (I_V) fließt. Die Schaltung wird deshalb als **Stromfehlerschaltung** [current error circuit] bezeichnet. Mit den Werten dieser Stromfehlerschaltung soll jetzt der „richtige“ Wert für den Widerstand R_X berechnet werden:

$$I_V = \frac{U_{iV}}{R_{iV}}; \quad I_V = \frac{8{,}5\ \text{V}}{100\ \text{k}\Omega}; \quad I_V = 0{,}085\ \text{mA}$$

$$I_R = I - I_V; \quad I_R = 9{,}9\ \text{mA} - 0{,}085\ \text{mA}; \quad I_R = 9{,}815\ \text{mA}$$

$$R_X = \frac{U_{iV}}{I_R}; \quad R_X = \frac{8{,}5\ \text{V}}{9{,}815\ \text{mA}}; \quad \underline{\underline{R_X = 866\ \Omega}}$$

Es kann auf eine Korrektur unter Umständen verzichtet werden, wenn folgendes beachtet wird:
- Stromfehlerschaltung für $R_X << R_{iV}$
- Spannungsfehlerschaltung für $R_X >> R_{iA}$

Messung nach dem Strommessprinzip

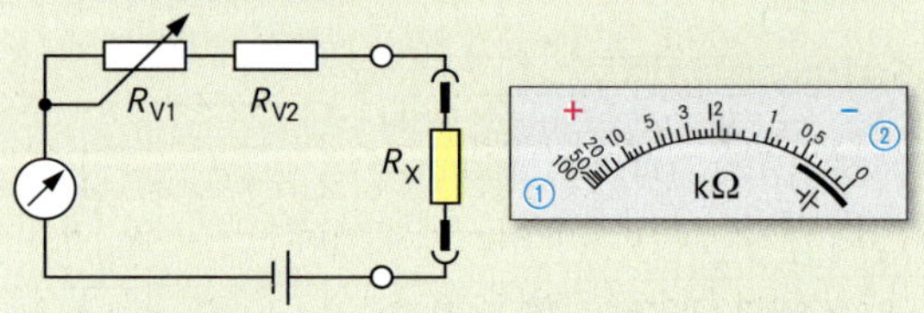

Die Stromstärke wird durch den Widerstand gemessen und der Wert in Ohm auf einer nichtlinearen Skala direkt abgelesen.

AUFGABEN

1. Ermitteln Sie für die Spannungsfehlerschaltung (Abb. 1) die Spannung am Strommessgerät und die Stromstärke durch das Spannungsmessgerät.
2. Wie groß ist in der Stromfehlerschaltung (Abb. 1) die Spannung am Strommessgerät ($R_{iA} = 30\ \Omega$)?

- Bei der indirekten Bestimmung von Widerständen mit Strom- und Spannungsmessgeräten müssen die berechneten Werte ggf. korrigiert werden.
- Bei der Spannungsfehlerschaltung ist die angezeigte Messspannung zu groß.
- Bei der Stromfehlerschaltung ist die angezeigte Stromstärke zu groß.

1.3.1.4 Brückenschaltung

Eine weitere Möglichkeit zum Messen von Widerständen ist die Brückenschaltung [bridge circuit]. Der grundsätzliche Aufbau ist in Abb. 3 zu sehen. Jeweils zwei in Reihe geschaltete Widerstände liegen parallel. Der Widerstand R_x ist der unbekannte Widerstand. Das Anzeigeinstrument befindet sich wie eine „Brücke" (Zweig C–D) zwischen den Widerständen. Wenn kein Strom durch das Instrument fließt (Nullstellung), steht der Zeiger in der Mitte der Skala. Dieser Zustand kann mit R_2 eingestellt werden. Die Schaltung wird mit einer Spannungsquelle betrieben.

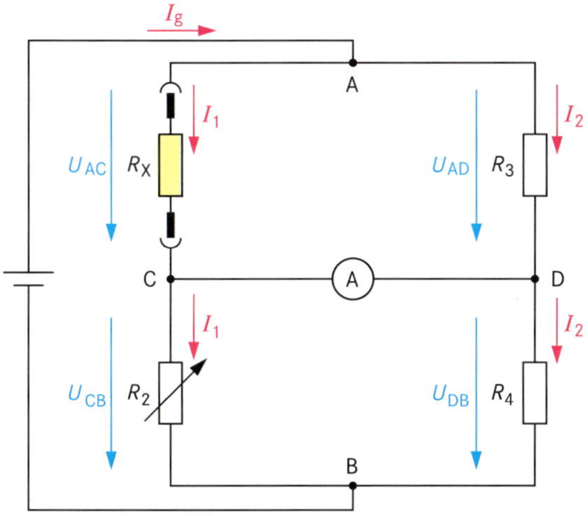

3: Messbrücke (abgeglichen)

Messen mit der Brückenschaltung

1. Den unbekannten Widerstand R_x anschließen. Der in der Mitte befindliche Zeiger des Strommessgerätes schlägt nach einer Seite aus.
2. Den einstellbaren Widerstand R_2 so lange verändern, bis sich der Zeiger wieder in der Nullstellung (Mittelstellung) befindet. Es fließt dann durch das Anzeigeinstrument kein Strom. Wir nennen diesen Zustand **„abgeglichene Brücke"**. Der Wert des unbekannten Widerstandes kann jetzt an einer Skala abgelesen werden.

Die hier beschriebene Brückenschaltung wird auch nach Sir Charles Wheatstone (engl. Physiker, 1802–1875) als **Wheatstone-Brücke** [Wheatstone bridge] (Abb. 4) bezeichnet.

4: Wheatstone-Brücke

Warum fließt im abgeglichenen Zustand kein Strom im Brückenzweig C–D?

Diese Frage lässt sich beantworten, wenn wir die Gesetzmäßigkeiten des elektrischen Stromkreises auf diese Schaltung anwenden.

- Die Spannungsquelle verursacht durch jede Reihenschaltung einen Strom.
- I_1 fließt durch R_x und R_2 (Einstellwiderstand).
- I_2 fließt durch R_3 und R_4 (Festwiderstände).
- Die Spannung teilt sich in jedem Zweig entsprechend den Widerständen auf.

Das Instrument liegt zwischen den Anschlüssen C und D (Brückenzweig). Da im abgeglichenen Zustand zwischen diesen Punkten kein Strom fließt, muss die Spannung U_{CD} Null Volt sein.

Brückenabgleich

Für die Spannungen an den vier Widerständen gilt:

$$U_{AC} = I_1 \cdot R_x \qquad U_{CB} = I_1 \cdot R_2$$
$$U_{AD} = I_2 \cdot R_3 \qquad U_{DB} = I_2 \cdot R_4$$

Die Bedingung $U_{CD} = 0$ V (**Abgleichbedingung**) wird erreicht, wenn die Spannungsaufteilung im linken Brückenzweig gleich der Spannungsaufteilung im rechten Brückenzweig ist.

Es gilt dann: $U_{AC} = U_{AD} \qquad U_{CB} = U_{DB}$

Als Verhältnis ausgedrückt: $\frac{U_{AC}}{U_{AD}} = 1 \qquad \frac{U_{CB}}{U_{DB}} = 1$

Diese beiden Gleichungen lassen sich zusammenfassen:

$$\frac{U_{AC}}{U_{AD}} = \frac{U_{CB}}{U_{DB}}$$

Die Spannungen können durch Ströme und Widerstände ausgedrückt werden:

$$\frac{I_1 \cdot R_x}{I_1 \cdot R_2} = \frac{I_2 \cdot R_3}{I_2 \cdot R_4}$$

Die Stromstärken lassen sich kürzen und die Gleichung nach R_x umstellen:

$$R_x = \frac{R_2 \cdot R_3}{R_4}$$

Da in dieser Gleichung R_3 und R_4 konstante Größen sind, hängt R_x vom einstellbaren Widerstand R_2 ab. Seine Größe wird dann im entsprechenden Verhältnis auf der Skala angezeigt.

- In der Brückenschaltung wird ein unbekannter Widerstand mit einem bekannten Widerstand verglichen (Vergleichsmessung).
- Bei der Widerstandsmessung mit Hilfe einer Brückenschaltung muss die Einstellung solange verändert werden, bis der Brückenstrom Null geworden ist (Brückenabgleich).

1.3.1.5 Vorwiderstand, Spannungsteiler

In elektrotechnischen Schaltungen ist es mitunter erforderlich, Objekte wie z. B. Glühlampen oder Leuchtdioden (LED) an einer Spannung zu betreiben, die größer als die Betriebsspannung der Objekte ist (Abb. 1). Das Herabsetzen der Gesamtspannung U_g erfolgt durch einen Widerstand, der vor das Objekt geschaltet wird (**Vorwiderstand** [series resistor]). Es entsteht so eine Reihenschaltung aus zwei Widerständen.

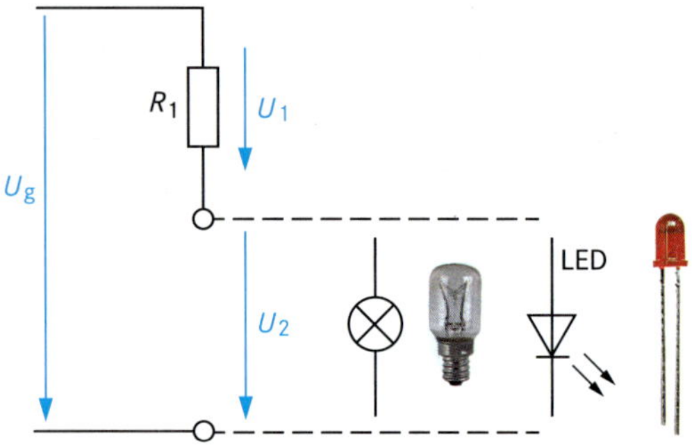

1: Objekte mit Vorwiderstand

Da mit dem Vorwiderstand die Gesamtspannung aufgeteilt wird, bezeichnet man diese Schaltung auch als **Spannungsteiler** [voltage divider]. Stellt man die angeschlossenen Objekte dann durch Widerstände dar, ergibt sich die allgemeine Form eines Spannungsteilers von Abb. 2. Zur Berechnung können die Formeln für die Reihenschaltung von Widerständen (s. Kap. 1.3.1.2) verwendet werden.

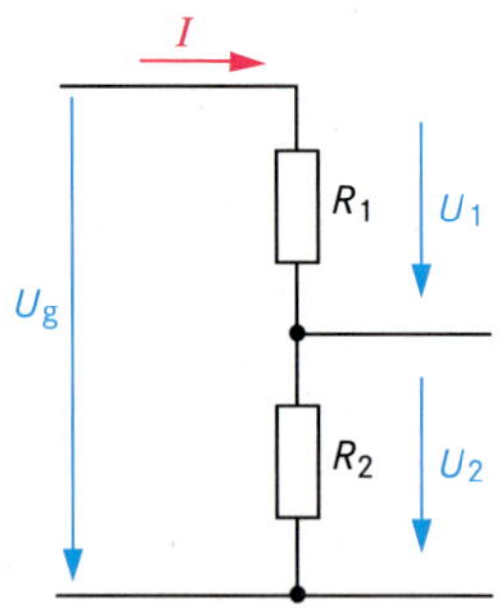

$$U_g = U_1 + U_2$$
$$R_g = R_1 + R_2$$
$$I = \frac{U_g}{R_g}$$

2: Spannungsteiler

Die Spannung U_2 erhält man, indem man die Stromstärke ($I = U_g/(R_1 + R_2)$ mit R_2 multipliziert. Man erkennt in der Formel, das sich die Spannungen wie die Widerstände verhalten.

$$U_2 = U_g \cdot \frac{R_2}{R_1 + R_2} \qquad \frac{U_2}{U_g} = \frac{R_2}{R_1 + R_2}$$

Der aus zwei Widerständen bestehende Spannungsteiler kann auch durch ein Potenziometer ersetzt werden (Abb. 3). Die gesamte Widerstandsbahn wird über den Schleifkontakt in die Widerstände R_1 und R_2 aufgeteilt. Je nach Schleiferstellung kann man die Spannung U_2 von 0 V bis U_g einstellen.

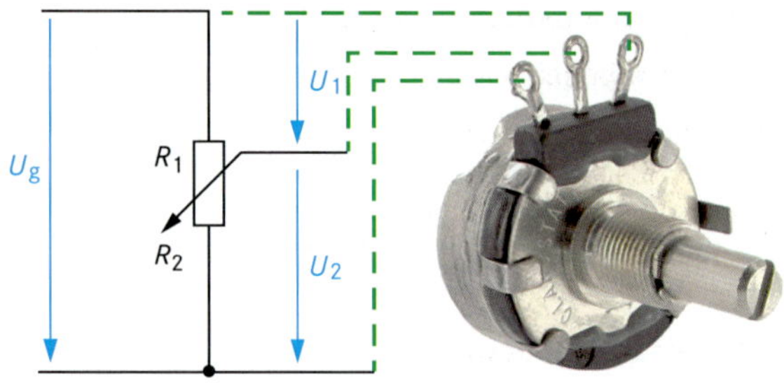

3: Potenziometer als Spannungsteiler

Der bisher behandelte Spannungsteiler wird als **unbelasteter Spannungsteiler** [voltage divider with no load] bezeichnet, weil parallel zu R_2 kein weiterer Widerstand angeschlossen ist. Dieser Zustand wird als Leerlauf bezeichnet. Wenn wie in Abb. 4 ein Belastungswiderstand R_L angeschlossen wird, erhält man einen **belasteten Spannungsteiler** [voltage divider with load]. Es fließt der Belastungsstrom I_L.

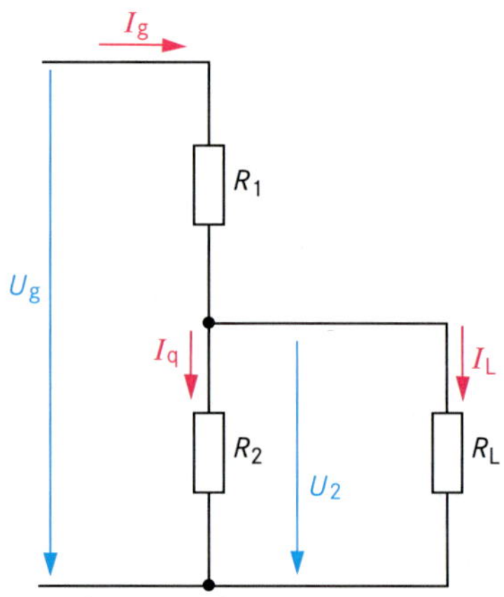

m: Querstromfaktor

$$I_g = I_q + I_L$$
$$m = \frac{I_q}{I_L} \qquad m = \frac{R_L}{R_2}$$
$$R_g = R_1 + \frac{R_2 \cdot R_L}{R_2 + R_L}$$
$$U_2 = I_q \cdot R_2$$
$$U_2 = I_L \cdot R_L$$
$$I_g = \frac{U_g}{R_1 + \frac{R_2 \cdot R_L}{R_2 + R_L}}$$

4: Belasteter Spannungsteiler

Leuchtdiode mit Vorwiderstand

Eine rot leuchtende LED soll mit einem Vorwiderstand an 6 V mit 14,7 mA betrieben werden. Die Betriebsspannung der LED beträgt 1,6 V.

Geg.: $U_g = 6$ V Ges.: R_V

$$R_V = \frac{U_g - U_{LED}}{I_F} \qquad R_V = \frac{6\ \text{V} - 1{,}6\ \text{V}}{14{,}7\ \text{mA}}$$

$R_V = 299\ \Omega$

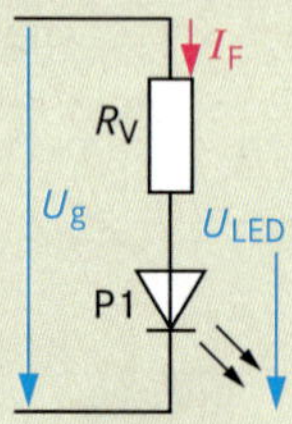

- Mit einem Vorwiderstand, Spannungsteiler oder Potenziometer kann man eine höhere Betriebsspannung auf eine kleinere Bemessungsspannung der Objekte anpassen.

1.3.1.6 Spannungsfall auf Leitungen

Situationsbeschreibung

Auf einer Baustelle wurde eine Leuchte mit 3 kW aus einer mobilen Energieverteilung (230 V) heraus mit Energie versorgt. Die Entfernung zwischen Spannungsquelle und Leuchte betrug 15 m. Die Anlage funktionierte einwandfrei.

Nach einem Monat wurde die Leuchte abgebaut und in 150 m Entfernung vom Verteiler mit einer gleichartigen Leitung neu installiert (Abb.5).
Ergebnis: Die Lampe leuchtet deutlich schwächer als vorher. Was ist die Ursache?

Die messtechnische Untersuchung führte zu folgenden Ergebnissen (Abb. 5):
- Spannung an der Verteilung: $U_1 = 230$ V ①
- Spannung am Ende der Leitung:
  - ohne Leuchte: $U_2 = 230$ V
  - mit Leuchte: $U_2 = 183{,}4$ V ②

Erklärung
Durch den Stromfluss in der Leitung geht ein Teil der Spannung (46,6 V) „verloren“, sodass an der Lampe nicht mehr die erforderliche Betriebsspannung von 230 V liegt. Die ursprüngliche Leistung von 3 kW wird deshalb nicht mehr erreicht. Ursache hierfür ist die geänderte Leitungslänge von 15 m auf 150 m.

Da die Lampe zwischen dem L1- und N-Leiter der Baustellenverteilung angeschlossen ist, wirkt jeder Leiter wie ein zusätzlicher Widerstand im Stromkreis (Abb. 6, R_{L1} und R_N). Die Zuleitung zur Baustellenbeleuchtung besteht also aus einer Reihenschaltung mit Widerständen (Gesetzmäßigkeiten s. Kap. 1.3.1.2).

Die beiden Leiterwiderstände lassen sich zu einem Leitungswiderstand ($R_{L1} + R_N = R_{Ltg}$) zusammenfassen, sodass sich der Stromlaufplan in Abb. 7 ergibt.

Die Verringerung der Spannung für angeschlossene Betriebsmittel bezeichnet man als **Spannungsfall U_V** [voltage drop] auf Leitungen. Da es sich um eine Spannungsdifferenz handelt, wird sie auch als ΔU angegeben.

Setzt man in die Formel für den Spannungsfall aus Abb. 7 die Formel für den Leitungswiderstand (s. Kap. 1.2.17) ein, erhält man eine Berechnungsformel, in der die Stromstärke und die Leiterkenngrößen vorkommen.

$$U_V = \Delta U = \frac{I \cdot 2 \cdot l}{\varkappa \cdot q}$$

l: Leitungslänge
$\varkappa$: Elektrische Leitfähigkeit
q: Leiterquerschnitt

Zu große Spannungsfälle auf Leitungen beeinträchtigen die einwandfreie Funktion von Betriebsmitteln. Deshalb müssen Grenzwerte der Energieversorger und technische Anschlussbedingungen (TAB) eingehalten werden. Die Angabe erfolgt in Prozent von der Bemessungsspannung (z. B. $\Delta u = 3$ %).

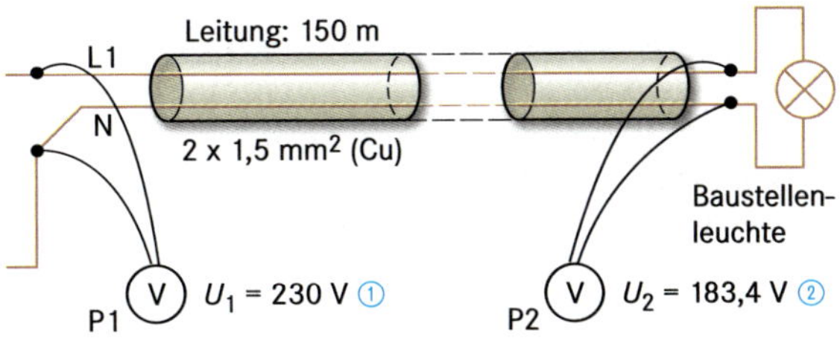

5: Beleuchtung bei einer Baustelle

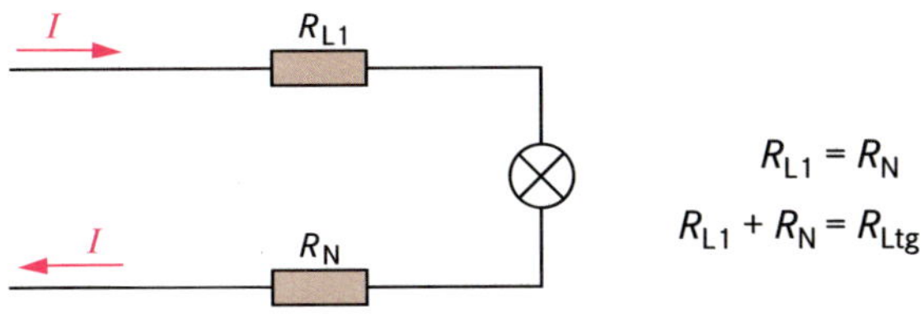

6: Leitung als Widerstände

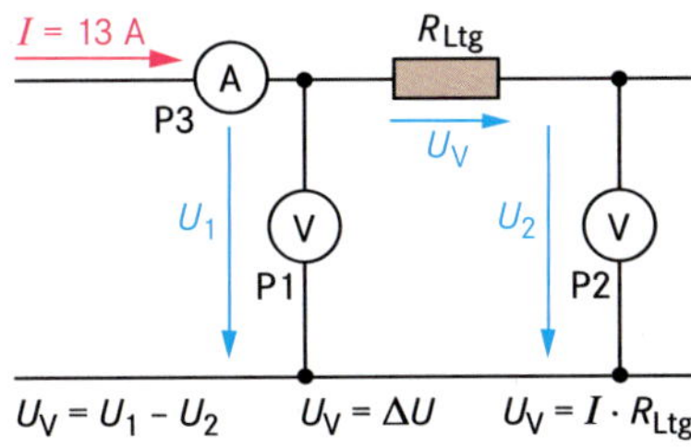

7: Spannungsfall auf Leitungen

$$\Delta u = \frac{\Delta U}{U_N} \cdot 100\ \%$$

Δu: Prozentualer Spannungsfall
U_N: Bemessungsspannung

AUFGABEN

1. Berechnen Sie für das Beispiel in Abb. 5 den Leitungswiderstand und den Spannungsfall, wenn anstelle einer Kupferleitung eine Aluminiumleitung mit gleichem Querschnitt verlegt wird.
2. Der Spannungsfall in Abb. 5 darf nach TAB 3 % von 230 V betragen. Wie groß müsste der Querschnitt der Kupferleitung gewählt werden?
3. Berechnen Sie für Abb. 5 den Spannungsfall in Prozent.

- Der Spannungsfall wird durch den Leitungswiderstand verursacht. Er tritt auf, wenn durch einen elektrischen Leiter ein Strom fließt.
- Durch den Spannungsfall auf Leitungen verringert sich die Spannung am angeschlossenen Betriebsmittel. Es treten Verluste auf.
- Für Stromkreise in der häuslichen Energieversorgung vom Zähler bis zum Verbraucher sind Spannungsfälle bis 3 % zugelassen.

1.3.2 Schaltungen mit Spannungsquellen

1.3.2.1 Innenwiderstand

Jeder hat sicher die Erfahrung gemacht, dass die Armaturenbeleuchtung eines Autos dunkler wird, wenn der Starter betätigt wird. Woher kommt das?

Der Starter (Energieversorgung) und die Beleuchtung sind parallel geschaltet. Wenn die Beleuchtung aber dunkler wird, muss der Strom kleiner geworden sein. Dafür gibt es zwei Ursachen. Zum einen kann der Widerstand größer geworden sein. Das ist aber sicher nicht der Fall, weil die Glühlampen unverändert geblieben sind. Also kann nur an den Anschlüssen der Batterie die Spannung geringer geworden sein.

Zur Untersuchung dieser Abhängigkeit wird eine Monozelle (elektrochemische Spannungsquelle) mit unterschiedlichen Widerständen belastet (Abb. 1). Dabei wird die Stromstärke I in Abhängigkeit von der Spannung an den Klemmen der Quelle (**Klemmenspannung U_{Kl}** [terminal voltage]) gemessen.

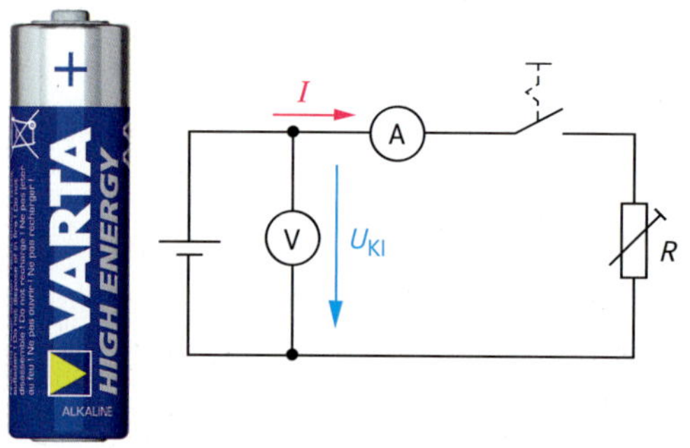

I in A	0	0,2	0,4	0,6	0,8	1,0	1,5	2,0
U_{Kl} in V	1,5	1,4	1,3	1,2	1,1	1,0	0,75	0,5

1: Messschaltung und Messergebnisse

Die Messwerte zeigen das erwartete Ergebnis. Die an den Klemmen zur Verfügung stehende Spannung wird bei zunehmender Belastung (steigender Stromstärke) geringer. Den genauen Verlauf verdeutlicht das Diagramm in Abb. 2.

Diese Kennlinie zeigt im Rahmen der Messpunkte ein nahezu lineares Verhalten. Die Gerade lässt sich über den letzten Messpunkt hinaus bis zur Stromstärkenachse verlängern. Wir erhalten einen Punkt, bei dem die Klemmenspannung 0 V und die Stromstärke maximal wird. Die Spannungsquelle ist bei diesem Punkt kurzgeschlossen, weil der Belastungswiderstand Null geworden ist. Diese Stromstärke wird deshalb als **Kurzschlussstromstärke I_K** [short circuit current] bezeichnet. Wie lässt sich dieses Ergebnis erklären, denn es fließt ein Strom, ohne dass an den Klemmen eine Spannung vorhanden ist?

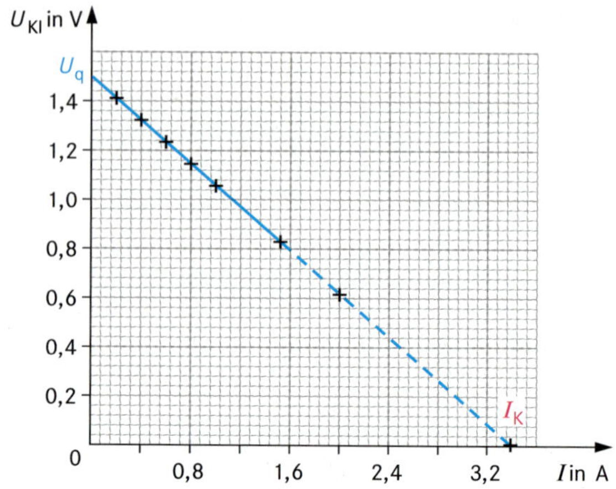

2: Klemmenspannung in Abhängigkeit von der Belastungsstromstärke

Da aber ohne Spannung kein Strom fließen kann, muss im Innern der Quelle noch die ursprüngliche Spannung (**Quellenspannung U_q** [source voltage]) existieren, denn dort werden auch weiterhin auf chemischem Wege Ladungen getrennt. Den „Spannungsverlust" kann man sich nur als einen Spannungsfall an einem inneren Widerstand (**Innenwiderstand** R_i [internal resistance]) innerhalb der Quelle vorstellen.

Als Ergebnis dieser Überlegungen lässt sich somit ein Ersatzschaltbild der Spannungsquelle ① zeichnen (Abb. 3). In ihm sind die Quellenspannung U_q ② und ein in Reihe zur Quelle liegender Innenwiderstand R_i ③ vorhanden.

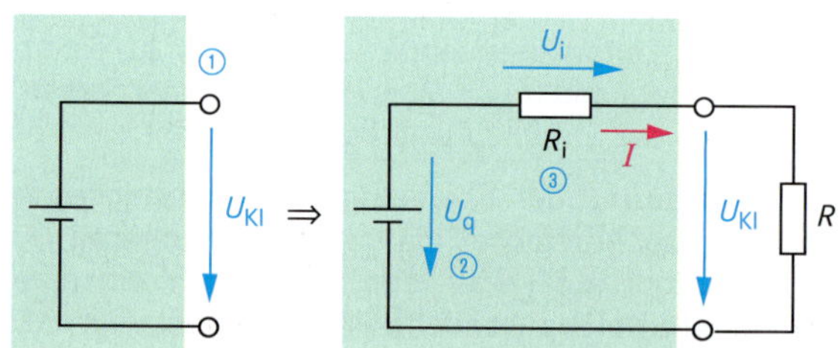

3: Ersatzschaltbild der Spannungsquelle

In einem letzten Schritt wollen wir diese Erkenntnisse durch Formeln festhalten und somit verallgemeinern.

Bei einer belasteten Spannungsquelle liegen der Innenwiderstand der Quelle und der Belastungswiderstand in Reihe. Die Quellenspannung teilt sich also auf die beiden Widerstände auf: $U_q = U_i + U_{Kl}$

Der Spannungsfall am Innenwiderstand lässt sich durch die Stromstärke und den Innenwiderstand ausdrücken: $U_i = I \cdot R_i$

Somit ergibt sich für die Klemmenspannung folgende Formel:

$$U_{Kl} = U_q - I \cdot R_i$$

Wir wollen jetzt dieses mathematische Ergebnis benutzen, um zwei Belastungsfälle zu untersuchen.

- **Leerlauf** [no-load operation]

Es ist kein Belastungswiderstand R angeschlossen. Weil die Klemmen offen sind, ist er unendlich groß. Die Stromstärke beträgt dann 0 A. Der zweite Teil des rechten Terms der Gleichung wird somit Null.
$\Rightarrow U_{Kl} = U_q$

Mit einem Messgerät, dessen Innenwiderstand sehr groß gegenüber dem Innenwiderstand der Spannungsquelle sein muss, kann die Quellenspannung direkt gemessen werden.

- **Kurzschluss** [short circuit]

Die Klemmen der Quelle werden kurzgeschlossen. Der Belastungswiderstand R ist 0 Ω. Die Stromstärke ist maximal und die Klemmenspannung 0 V. Der erste Teil des rechten Terms der Gleichung wird somit Null und wir erhalten eine Formel zur Berechnung des Innenwiderstandes (Vorzeichen bleibt unberücksichtigt).

$$R_i = \frac{U_q}{I_K}$$

Wenn man den Innenwiderstand bestimmen will, sind somit die leicht messbare Leerlaufspannung U_q und die Kurzschlussstromstärke I_K erforderlich. Es ist aber nicht sinnvoll, die Kurzschlussstromstärke direkt zu messen, da dabei die gesamte Quellenenergie über den Innenwiderstand in Wärme umgesetzt wird. Dies kann zur Zerstörung der Quelle führen. Deshalb werden bei verschiedenen Belastungsfällen die Klemmenspannungen und die dazugehörigen Stromstärken gemessen und der Innenwiderstand über die Differenz wie folgt berechnet:

$$R_i = \frac{U_{Kl1} - U_{Kl2}}{I_2 - I_1} \qquad R_i = \frac{\Delta U_{Kl}}{\Delta I}$$

AUFGABEN

1. Berechnen Sie den Innenwiderstand mit Hilfe der Kennlinie (Abb. 2) bzw. der Messwerte aus der Messschaltung (Abb. 1).
2. Bei Belastung einer Spannungsquelle mit 1 Ω sinkt die Klemmenspannung auf die Hälfte. Wie groß ist der Innenwiderstand?

- Eine reale Spannungsquelle besteht aus einer inneren idealen Spannungsquelle und einem Innenwiderstand.
- Wenn eine Spannungsquelle belastet wird, verringert sich die Klemmenspannung.
- Wenn der Innenwiderstand der Spannungsquelle klein gegenüber dem Belastungswiderstand ist, bleibt die Klemmenspannung nahezu konstant.

1.3.2.2 Ideale Spannungs- und Stromquellen

Die Untersuchungen an der elektrochemischen Spannungsquelle im vorangegangenen Kapitel haben gezeigt, dass diese aus einer inneren Spannungsquelle mit einem Innenwiderstand besteht. An Stelle des einen Schaltzeichens (kurzer und längerer Strich) müsste der Innenwiderstand eigentlich immer mitgezeichnet werden. Dies erfolgt aber in der Regel nicht. Der Widerstand wird nur bei Bedarf berücksichtigt. Anstatt der beiden Symbole kann man aber auch das genormte Schaltzeichen für eine ideale Spannungsquelle (Abb. 4) verwenden. Der Strich durch den Kreis verdeutlicht den Innenwiderstand von 0 Ω.

Die Quellen für unsere elektrische Energieversorgung wirken in Grenzen wie ideale Spannungsquellen. Die Innenwiderstände sind klein im Vergleich zu den Belastungswiderständen, sodass die abgegebene Spannung etwa konstant bleibt.

Auch die Netzteile für elektronische Geräte arbeiten wie ideale Spannungsquellen. Über interne Regelschaltungen wird die Ausgangsspannung stabilisiert. Der Innenwiderstand bleibt dadurch immer klein gegenüber dem Belastungswiderstand.

Ein weiterer Idealfall ergibt sich, wenn der Innenwiderstand R_i unendlich groß ist (Abb. 5). In diesem Fall fließt unabhängig von der Belastung ein konstanter Strom. Im Symbol wird dies durch den Querstrich im Kreis verdeutlicht.

Ideale Stromquellen können mit elektronischen Schaltungen aufgebaut werden. Sie kommen beispielsweise bei bestimmten Sensoren vor. Unabhängig von der Belastung wird z. B. ein konstanter Strom von 4 mA bis 20 mA abgegeben (s. Kap. 3.1.4).

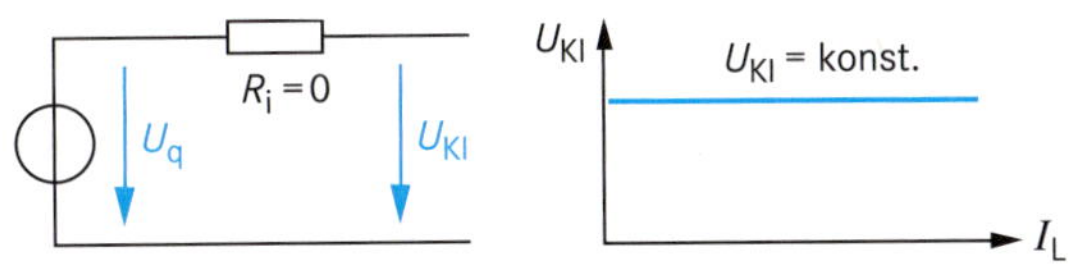

4: Ideale Spannungsquelle

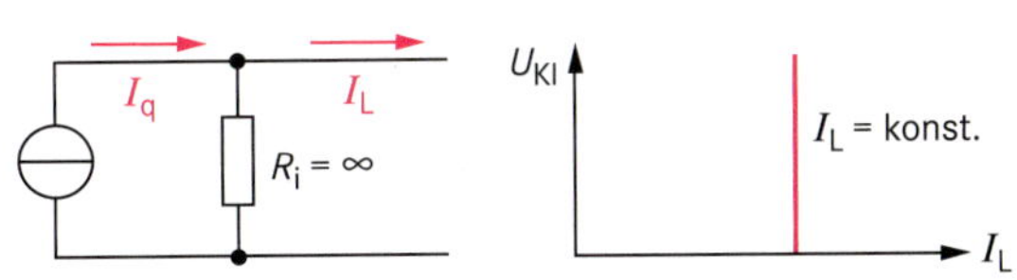

5: Ideale Stromquelle

- Eine ideale Spannungsquelle liefert unabhängig von der Belastung eine konstante Spannung. Der Innenwiderstand beträgt dann $R_i = 0$ Ω.
- Eine ideale Stromquelle liefert unabhängig von der Belastung einen Strom konstanter Stärke. Der Innenwiderstand beträgt dann $R_i = \infty$ Ω.

1.3.2.3 Anpassung

Spannungsquellen können je nach Belastung (R_L in Abb. 1) unterschiedlich viel elektrische Energie bzw. Leistung abgeben. Wie groß diese ist, hängt auch vom Innenwiderstand R_i der Quelle ab. Dabei werden drei Fälle unterschieden:

• $\boldsymbol{R_L >> R_i}$
Spannungsanpassung [voltage matching]
An den Klemmen steht die höchstmögliche Spannung zur Verfügung (Leerlaufspannung der Quelle U_q).

• $\boldsymbol{R_L << R_i}$
Stromanpassung [current matching]
An den Klemmen steht die höchstmögliche Stromstärke zur Verfügung (Kurzschlussstromstärke I_k).

• $\boldsymbol{R_L = R_i}$
Leistungsanpassung [power matching]
Am Belastungswiderstand steht die maximal mögliche Leistung zur Verfügung (s. Formeln in Abb. 1).

In Abb. 2 sind die Belastungsgrößen in Abhängigkeit vom Widerstandsverhältnis R_L/R_i dargestellt.

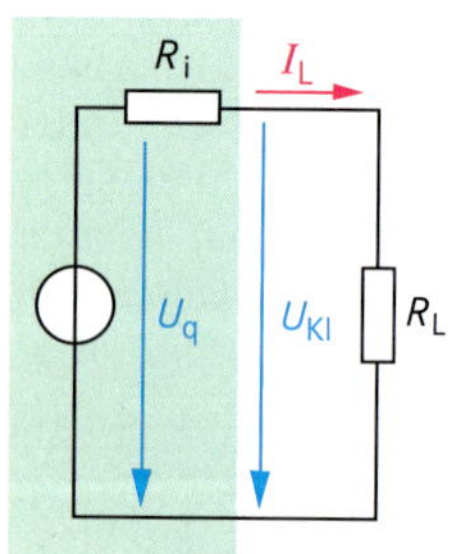

η: Wirkungsgrad

Leistungsanpassung bei

$R_i = R_L$

$U_{Kl} = \frac{U_q}{2}$ $I_L = \frac{U_q}{2\,R_i}$

$P_L = \frac{U_q^2}{4\,R_i}$

$\eta = \frac{R_L}{R_i + R_L} = 0{,}5$

1: Anpassung

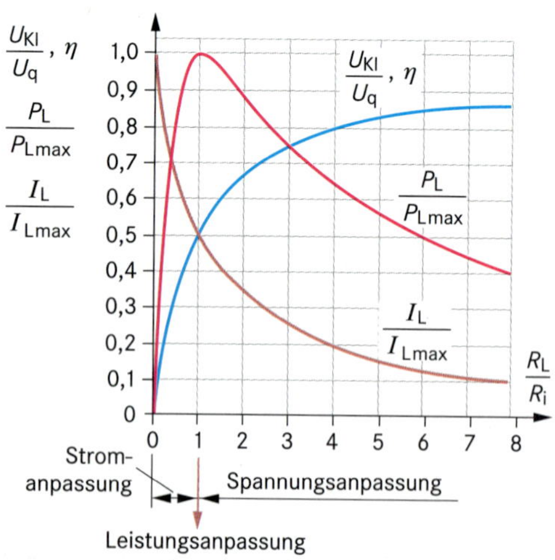

2: Kennlinien bei Anpassung

▪ Wenn bei einer Spannungsquelle $R_L = R_i$ wird, ist die Leistungsabgabe maximal.

1.3.2.4 Reihenschaltung

Aufgrund der Besonderheiten chemischer bzw. physikalischer Prozesse geben Spannungsquellen nur geringe Spannungen ab. Beispiele:
- Elektrochemische Spannungsquellen: 1,2 V; 1,5 V
- Solarzellen: 0,5 V
- Akkumulatoren: 2 V

Zur Erhöhung der Wirksamkeit werden deshalb einzelnen Zellen in Reihe geschaltet (Abb. 3). Aus dem Schaltplan (Abb. 4) wird deutlich, dass sich die einzelnen Quellenspannungen sowie die einzelnen Innenwiderstände addieren. Der Strom fließt durch alle Zellen und alle Innenwiderstände.

$U_{qg} = U_{q1} + ... + U_{qn}$ $R_{ig} = R_{i1} + ... + R_{in}$

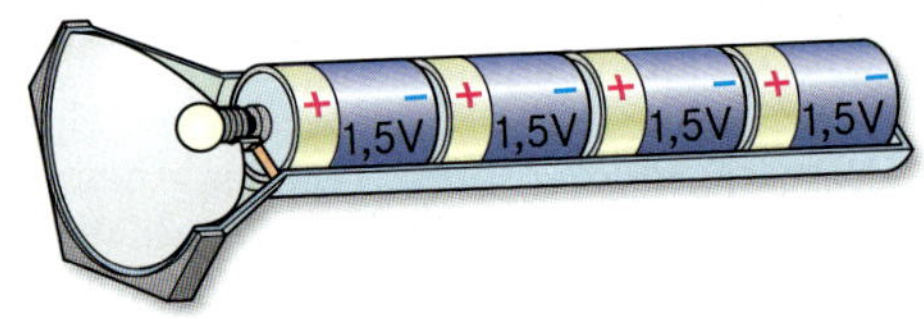

3: Reihenschaltung in der Taschenlampe

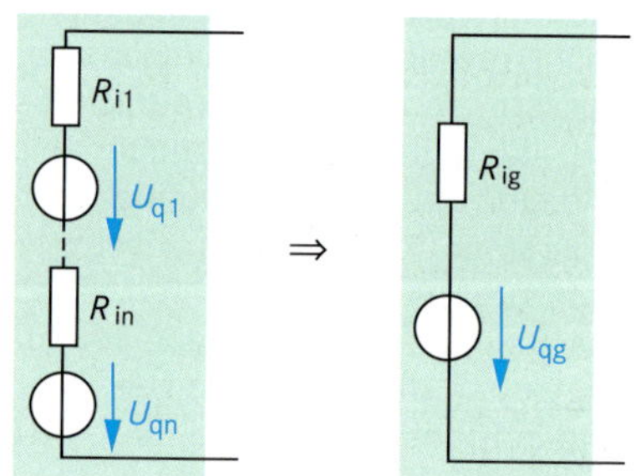

4: Reihenschaltung von Spannungsquellen

AUFGABE

1. Drei gleiche Spannungsquellen mit folgenden Daten werden in Reihe geschaltet und mit einem Widerstand von 48 Ω belastet:
$U_q = 13{,}5$ V; $R_i = 2$ Ω
a) Berechnen Sie Stromstärke und Spannung am Belastungswiderstand.
b) Beschreiben Sie, wie sich die oben angegebenen Werte ändern, wenn eine Spannungsquelle den doppelt so hohen Innenwiderstand und eine um 30 % niedrigere Quellenspannung hat.

▪ Zur Erhöhung der verfügbaren Spannung werden Spannungsquellen in Reihe geschaltet.
▪ Bei der Reihenschaltung von Spannungsquellen addieren sich die Quellenspannungen und die Innenwiderstände.

1.3.2.5 Parallelschaltung

Spannungsquellen werden parallel geschaltet, wenn man die abzugebende Stromstärke erhöhen will. Jede Quelle verursacht dann im Belastungswiderstand einen Strom. Die Klemmenspannung bleibt dabei nahezu unverändert.

Probleme können auftreten, wenn die Innenwiderstände unterschiedlich groß sind und die Quellenspannungen geringfügig voneinander abweichen (Abb. 5). Es fließt dann im Beispiel ein Ausgleichsstrom von 21 A zwischen den Quellen, der zu ihrer Entladung der Quellen führt. Wie kommt dieser Ausgleichsstrom zustande?

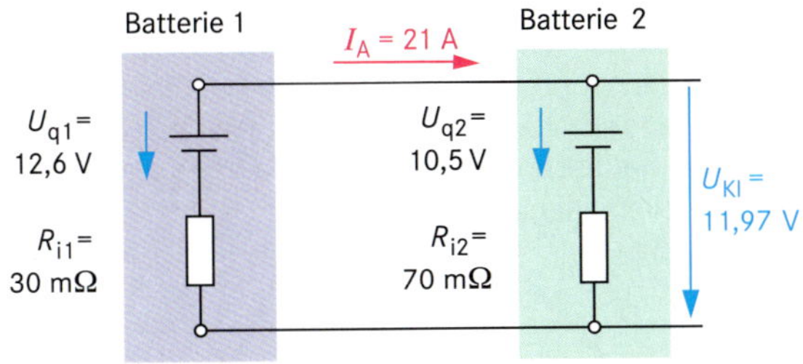

5: Ausgleichsstrom bei einer Parallelschaltung

Die beiden Quellenspannungen U_{q1} und U_{q2} sind zwar aus der „Sicht" der Klemmen parallel geschaltet, intern liegen sie aber in Reihe, sodass ein Stromkreis mit zwei gegeneinander geschalteten Spannungsquellen entstanden ist. In diesem Stromkreis ist die Differenz der Quellenspannung ΔU die wirksame Spannung für den Ausgleichsstrom. Der wirksame Widerstand ist die Summe der einzelnen Innenwiderstände. Somit ergibt sich folgende Stromstärke:

$$I_A = \frac{U_{q2} - U_{q1}}{R_{i1} + R_{i2}}$$

$$I_A = \frac{12{,}6\ \text{V} - 10{,}5\ \text{V}}{30\ \text{m}\Omega + 70\ \text{m}\Omega} \qquad I_A = \frac{2{,}1\ \text{V}}{100\ \text{m}\Omega} \qquad \underline{\underline{I_A = 21\ \text{A}}}$$

$$I_A = \frac{\Delta U}{R_{i1} + R_{i2}} \qquad \Delta U = U_{q1} - U_{q2}$$

Um den Ausgleichsstrom möglichst gering zu halten, sollten bei einer dauerhaften Parallelschaltung von Spannungsquellen folgende Bedingungen erfüllt sein:
- Gleichgroße Quellenspannungen (gleicher Ladezustand),
- gleichen Batterietyp (Innenwiderstände gleich) verwenden.

Das Ersatzschaltbild für die Parallelschaltung ist in Abb. 6 zu sehen. Wenn beispielsweise U_{q1} größer als U_{q2} ist, muss der Spannungsfall an R_{i2} für die Ersatzquellenspannung $U_q{}^*$ berücksichtigt werden. Der Ersatzinnenwiderstand $R_i{}^*$ ergibt sich dann aus der Parallelschaltung der Innenwiderstände.

$$\frac{1}{R_i{}^*} = \frac{1}{R_{i1}} + \frac{1}{R_{i2}}$$

bei $U_{q1} > U_{q2}$ gilt: $U_q{}^* = U_{q2} + I_A \cdot R_{i2}$

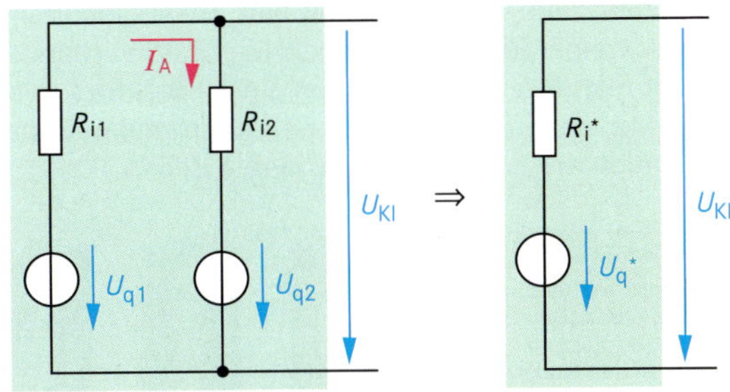

6: Parallelschaltung von Spannungsquellen

Starthilfe

Beim Starten eines Autos dreht sich der Anlasser nur kurzzeitig und langsam. Die Spannung der Batterie wird vor dem Starten mit 12 V gemessen. Beim Starten beträgt die Spannung nur 10,5 V und sinkt weiter ab.

Folgende Größen wurden bei der Parallelschaltung von zwei Starterbatterien festgestellt:

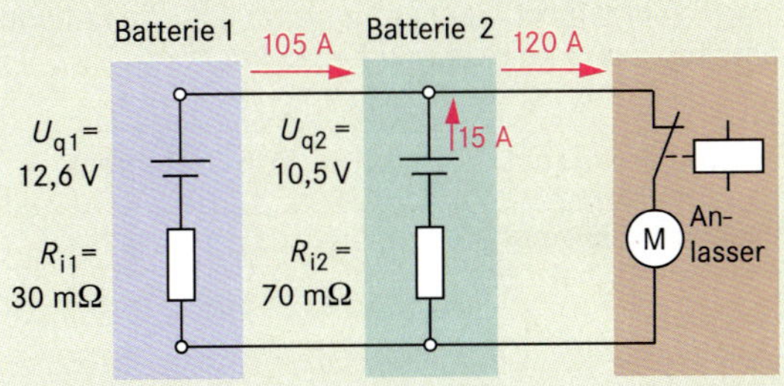

- Parallel zu schaltende Spannungsquellen sollten in ihren Kenndaten übereinstimmen.
- Durch Parallelschaltung von Spannungsquellen erhöht sich die abgebbare Stromstärke und verringert sich der Innenwiderstand.

1.3.2.6 Elektrochemische Spannungsquellen

Für die Energieversorgung ortsveränderlicher Geräte werden unterschiedliche Batterien eingesetzt (Abb. 1). Durch chemische Prozesse kommt es in ihnen zu einer Ladungstrennung und es entsteht zwischen den zwei Elektroden (Plus- und Minuspol) eine Gleichspannung. Wenn nur eine Zelle (z. B. Monozelle 1,5 V) vorhanden ist, darf man eigentlich nicht von einer „Batterie“ sprechen. Mit dem Begriff „Batterie“ kennzeichnet man immer mehrere zusammengeschaltete Zellen.

1: Elektrochemische Spannungsquellen

Elektrochemische Spannungsquellen lassen sich in Primär- und Sekundärelemente einteilen. **Primärelemente** [primary cells] sind z. B. Zink-Braunstein-Elemente oder alkalische Elemente. Sie können nicht aufgeladen werden (Abb. 2).

Akkumulatoren werden auch als **Sekundärelemente** [secondary cells] bezeichnet, weil ihnen zunächst elektrische Energie ① zugeführt werden muss – sie werden geladen. Dabei wird die elektrische Energie benutzt, um die Elektroden chemisch zu verändern.

Elektrochemische Spannungsquellen unterscheiden sich in Aufbau und Form. In Abb. 3 und 4 sind einige Batterien aufgeführt. Kenngrößen sind u. a. die Entladespannung, Energiedichte und Kapazität.

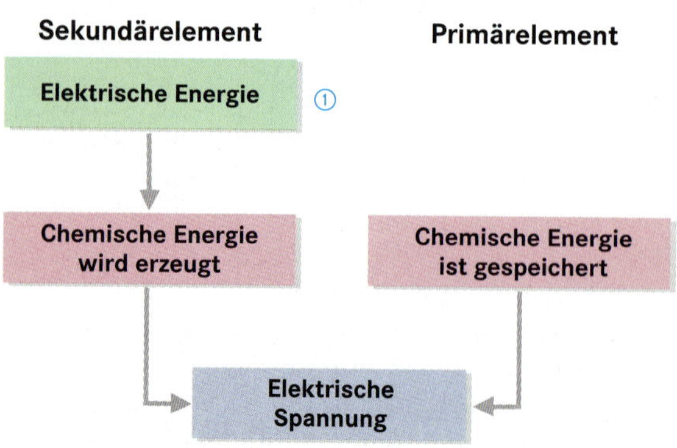

2: Primär- und Sekundärelemente

Spannungsentstehung

Eine elektrochemische Spannungsquelle besteht im Prinzip aus zwei unterschiedlichen Elektroden, die sich in einer elektrisch leitenden Flüssigkeit (**Elektrolyt** [electrolyte]) befinden. In einem Elektrolyten sind positiv und negativ geladene Atome (**Ionen** [ions]) vorhanden. Je nach Art der Elektroden können diese an den Elektrolyten Elektronen bzw. Ionen abgeben bzw. Ladungen aufnehmen. Sie laden sich dadurch positiv bzw. negativ auf. Eine Spannungsquelle ist somit entstanden. Verbindet man jetzt z. B. die beiden Elektroden mit einer Glühlampe, dann gleichen sich die Ladungen aus.

Positive Ionen sind Atome, denen auf der Außenschale Elektronen fehlen. Da sie in den Elektrolyten wandern, löst sich eine Elektrode auf. Eine elektrochemische Spannungsquelle kann also nicht beliebig lange Spannung liefern.

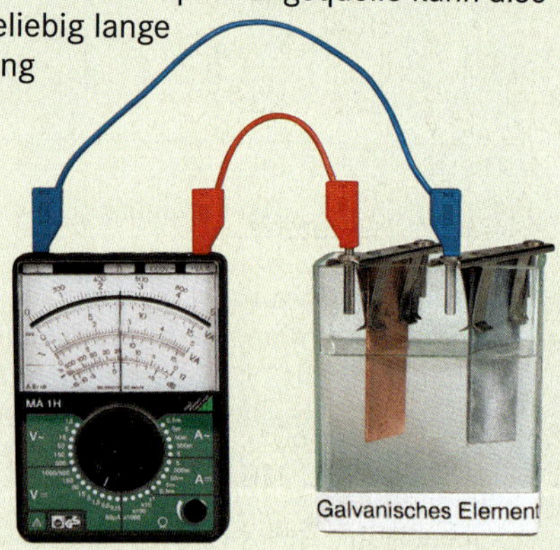

Experimentell hat man Elektroden aus verschiedenen Werkstoffen untersucht und eine **elektrochemische Spannungsreihe** der Elemente erstellt. Zwischen Zink und Kupfer ergibt sich beispielsweise die abgebildete Spannung von 1,1 V.

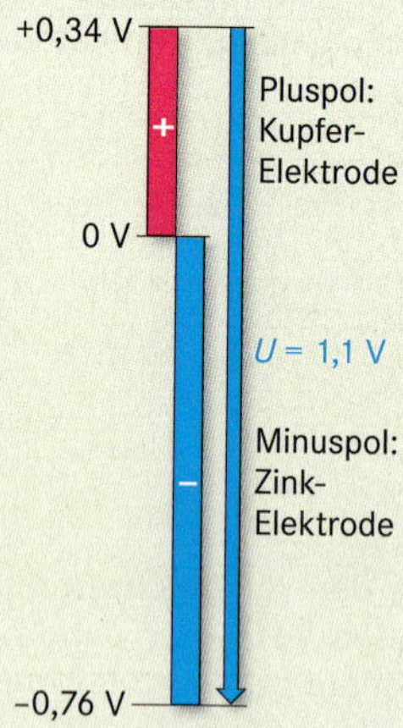

Entladespannung

Die Kurven in Abb. 5 zeigen die Klemmenspannungen für verschiedene Batterien in Abhängigkeit von der Belastungszeit. Die gespeicherte Energie wird dabei in Arbeit umgesetzt, d. h. die Zelle wird „entladen“.

Bei Silberoxid- und Luft-Zink-Zellen ① ist die Klemmenspannung über eine bestimmte Zeit nahezu konstant, fällt dann aber stark ab ②.

Batteriegrößen				
Internationale Bezeichnung	Handelsübliche Bezeichnung	Technologische Bezeichnungen		Bemessungsspannung
		für Alkaline	für Zink-Kohle	
AA	Mignon	LR 6	R 6	1,5 V
AAA	Micro	LR 03	R 03	1,5 V
C	Baby	LR 14	R 14	1,5 V
D	Mono	LR 20	R 20	1,5 V
9V	E-Block	6 LR 61	6 F 22	6x1,5V=9,0V
4,5V	Normal/ Flach	3 LR 12	3 R 12	3x1,5V=4,5V

3: Batteriegrößen

	NiCd [1)]	NiMH [2)]	Li-Ion [3)]
Leerlaufspannung in V	1,28 ... 1,35	1,28 ... 1,35	3,7
Umweltverträglichkeit	nein (Giftstoffe)	ja	ja
Arbeitsbereich bis ... V	1,0	1,0	2,7
Energiedichte in Wh/kg in Wh/l	40 ... 60 105 ... 110	50 175	100 260

1) NiCd: Nickel-Cadmium 2) NiMH: Nickel-Metallhydrid
3) Li-Ion: Lithium-Ionen

4: Batterietypen

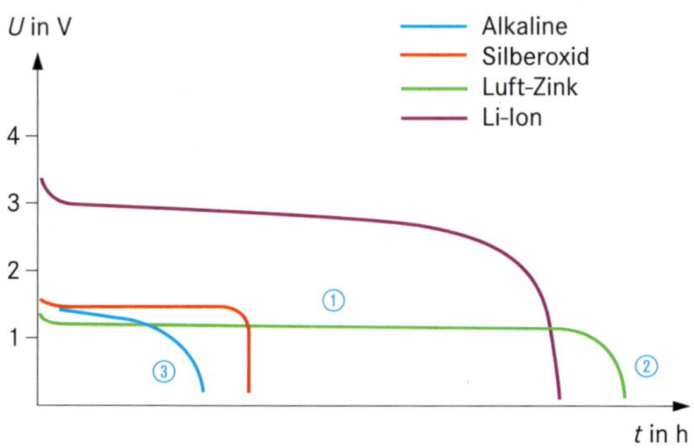

5: Entladespannungen

Bei Alkaline-Zellen ③ tritt die Spannungsabsenkung schon früher auf.

Energiedichte

Batteriebetriebene Geräte werden immer kleiner, deshalb schrumpft auch der Platz für die Spannungsversorgung. Es werden also immer kleinere Batterien benötigt, die aber die gleiche Kapazität haben sollen. Die gespeicherte Energie bezogen auf das Volumen (oder die Masse) wird also immer größer. Dieses Verhältnis wird **Energiedichte** [energy density] genannt.
Beispiele:
LR14: 300 mWh/cm³ MR14: 500 mWh/cm³

Kapazität

Die Fähigkeit, Energie zu speichern, drückt man durch die Kapazität *C* [capacity] der Batterie aus. Sie wird in Amperestunden (Ah) bzw. Milliamperestunden (mAh) angegeben. Die Größe gibt an, welche Stromstärke in welcher Zeit möglich ist, bis ein bestimmter Entladezustand erreicht worden ist.

Einsatzbereiche

Damit die richtige Batterie für das betreffende Gerät verwendet wird, gibt es mitunter Anwendungssymbole (Abb. 6). Sie sind auf den Verpackungen der Batterien abgebildet.

6: Beispiele für Einsatzbereiche

Umgang mit Batterien

- Nicht kurzschließen!
  Der hohe Strom kann die Batterie zerstören.
- Nicht zerlegen!
  Der Elektrolyt kann Verätzungen verursachen.
- Nicht ins Feuer werfen!
  Die Batterie kann explodieren.
- Kühl lagern!
  Hohe Temperaturen fördern die Selbstentladung.
- Batterien aus ungenutzten Geräten entfernen!
  Die Batterien können auslaufen oder sich selbst entladen.

Entsorgen von Batterien

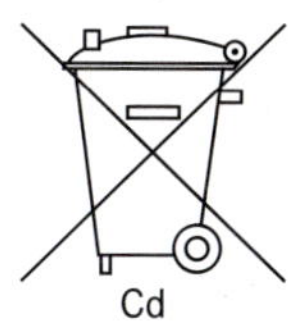

Schadstoffhaltige und gekennzeichnete Batterien mit Schwermetallen (Cadmium, Blei oder Quecksilber) dürfen nicht in den Hausmüll, sondern müssen an Verkäufer bzw. an Sammelstellen abgegeben werden. Beim Händler werden die Batterien nach Inhaltsstoffen getrennt gesammelt und an konzessionierte Wiederaufbereitungs-Unternehmen geschickt (Batterieverordnung vom 01. Januar 2009).

- Die Energiedichte gibt die gespeicherte Energie pro Volumen oder Masse an.
- Die gespeicherten Energie einer Batterie wird durch die Kapazität ausgedrückt.
- Batterien müssen vom Verkäufer bzw. an den Sammelstellen kostenlos zurückgenommen werden.

1.4 Elektrisches Feld

1.4.1 Elektrische Feldeigenschaften

Jeder hat bereits Auswirkungen elektrischer Felder wahrgenommen:
- Entladungen in der Atmosphäre
- abstehende Haare
- knisternde Funken beim Ausziehen von Kleidungsstücken

Bei allen diesen Erscheinungen gibt es einen Raumbereich, in dem Ladungen ungleich verteilt sind. Es herrscht eine elektrische Spannung und es kommt zu einer Kraftwirkung auf Ladungen. Diesen besonderen Raum bezeichnet man als **elektrisches Feld** [electric field].

Die Skizze in Abb. 1 verdeutlicht dazu die wesentlichen Zusammenhänge. Die Spannung zwischen den zwei Platten verursacht das elektrische Feld, sodass im Feld auf die eingefügte positive Ladung eine Kraft ausgeübt wird. Die Stärke des Feldes wird als **elektrische Feldstärke *E*** [electric field intensity] bezeichnet. Sie hängt dabei von der Kraft ab, die auf die Ladung *Q* ausgeübt wird.

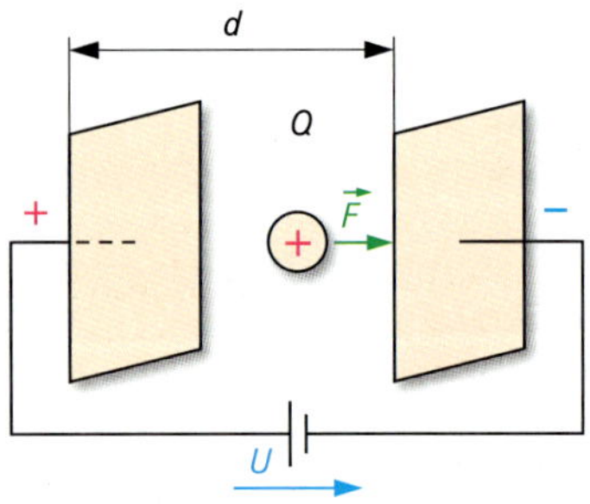

$$E = \frac{F}{Q}$$

$$E = \frac{U}{d}$$

E: Elektrische Feldstärke
F: Kraft auf die Ladung im Feld
d: Abstand der Platten
Q: Ladung im Feld
U: Spannung zwischen den Platten

1: Elektrisches Feld zwischen zwei Platten

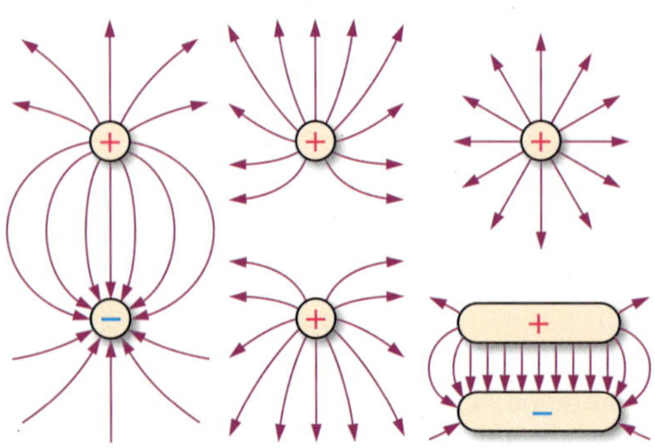

2: Feldlinienbilder

	Formelzeichen	Einheit
Elektrische Feldstärke	*E*	N/C (Newton/Coulomb) V/m (Volt/Meter)

Elektrische Felder lassen sich durch gedachte Linien (**Feldlinien** [field line]) darstellen. Sie gehen definitionsgemäß von positiven zu negativen Ladungen (Abb. 2). Wenn Feldlinien parallel verlaufen, nennt man das Feld **homogen**. Wenn Feldlinien nicht parallel verlaufen, bezeichnet man das Feld als **inhomogen**.

Weil sich durch elektrische Felder die Ladungsverteilung in Metallen verändert, können z. B. in elektrischen Leitungen Störungen auftreten. Man bezeichnet diese Ladungsbeeinflussung als **Influenz** [influence] (Abb. 3). Durch Abschirmungen mit Metallen (z. B. Kupfer, Aluminium, Eisen) kann diese Beeinflussung verhindert werden. Bei abgeschirmten Leitungen verwendet man Folien und/oder Metallgeflechte. Der so abgeschirmte Innenleiter ist dann feldfrei (Abb. 4).

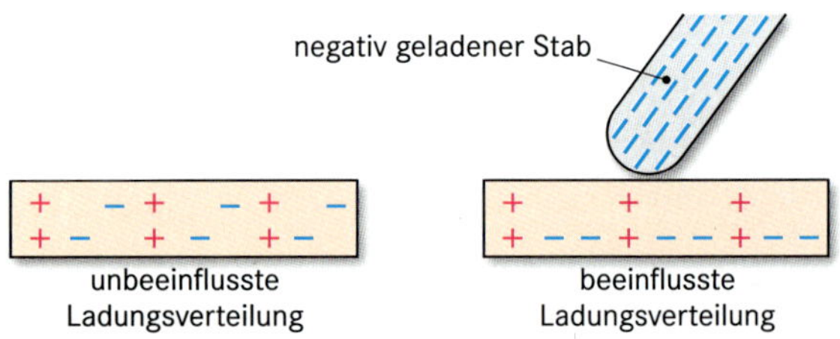

3: Influenz

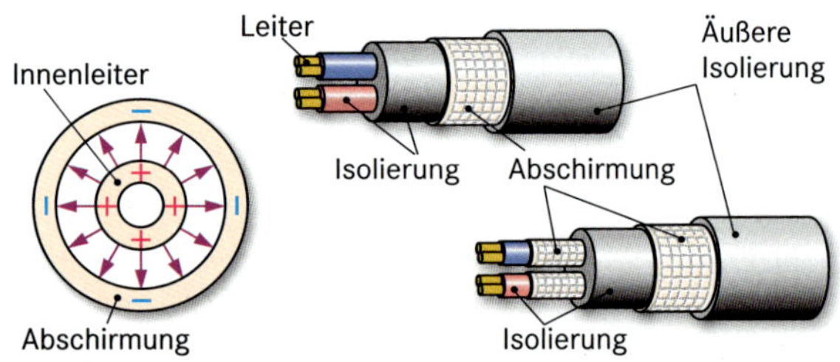

4: Abgeschirmte Leitungen

AUFGABE

1. Was würde sich in Abb. 2 verändern, wenn die Querschnitte der Leiter jeweils anders geladen wären?

- Ein elektrisches Feld ist ein Raumbereich, in dem auf Ladungen Kräfte ausgeübt werden.
- Bei einem homogenen Feld verlaufen die Feldlinien parallel.
- Influenz ist die Beeinflussung der Ladungsverteilung durch die Einwirkung elektrischer Felder.

1.4.2 Kondensatoren

Kondensatoren [capacitors] findet man in vielen Schaltungen der Elektrotechnik. Sie erfüllen unterschiedliche Aufgaben, wie z. B.

- Trennung von Gleich- und Wechselspannungen in elektronischen Schaltungen (s. Kap. 6.4.2) und
- Spannungsglättung in Netzteilen (s. Kap. 6.5).

Wie arbeitet ein Kondensator?

Kondensatoren bestehen aus zwei voneinander isolierten Platten bzw. Folien (Abb. 5), die durch einen Isolator (**Dielektrikum** [dielectric]) voneinander getrennt sind. Dieser Aufbau wird im Schaltzeichen durch zwei parallele Striche ausgedrückt.

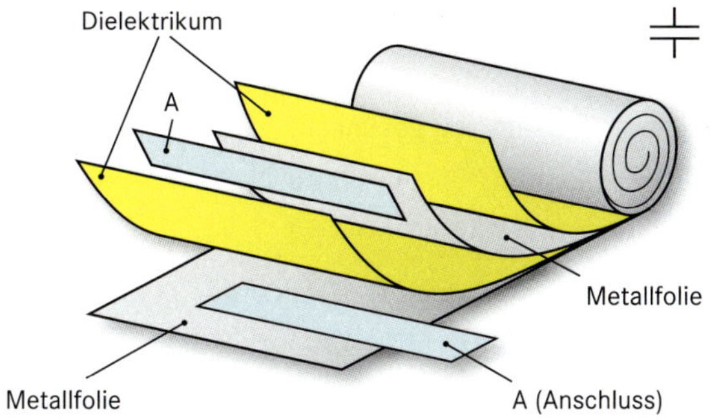

5: Aufbau eines Folienkondensators

Zur Untersuchung der Arbeitsweise wird ein Kondensator (Abb. 6a) über einen Schalter und einen Widerstand an eine Gleichspannungsquelle angeschlossen. Folgende vier Situationen werden unterschieden:

- **Ungeladener Kondensator** (Abb. 6a)

Auf jeder Platte sind gleich viele positive und negative Ladungen vorhanden. Die Platten sind neutral.

- **Aufladevorgang** [charging process] (Abb. 6b)

Der Schalter wird geschlossen. Die Gleichspannung U liegt zwischen den Platten 1 und 2. Sie sorgt dafür, dass bewegliche negative Ladungen (Elektronen) von der Platte 1 abgezogen und gleichzeitig negative Ladungen von der Quelle zur Platte 2 transportiert werden. Es fließt kurzzeitig Strom. Die Spannung an den Platten steigt solange an, bis $U = U_c$ geworden ist.

- **Geladener Kondensator** (Abb. 6c)

In den Zuleitungen zum Kondensator fließt kein Strom mehr. Die Platte 1 ist positiv und die Platte 2 negativ geladen. Zwischen beiden Platten besteht ein elektrisches Feld, das modellhaft durch Feldlinien von positiven zu negativen Ladungen gekennzeichnet ist. Der Ladungsunterschied zwischen den Platten bleibt auch dann bestehen, wenn der Kondensator von der Spannungsquelle getrennt wird. Es können keine Ladungen abfließen. Die Ladungen sind gespeichert. Der Kondensator kann deshalb als **Ladungsspeicher** [charge storage] verwendet werden (z. B. in Netzteilen).

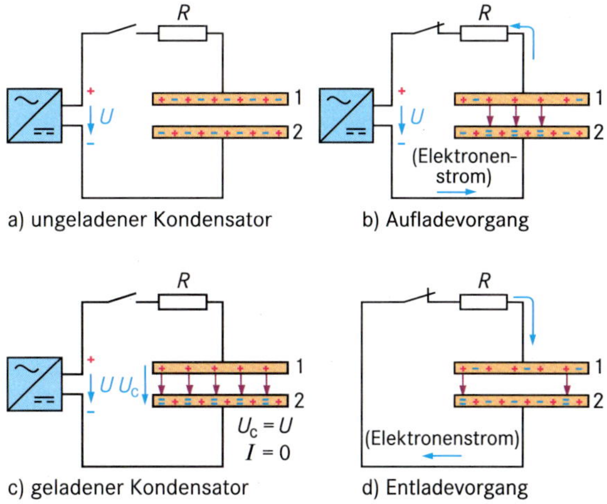

6: Auf- und Entladung von Kondensatoren

- **Entladevorgang** [discharging process] (Abb. 6d)

Der Kondensator wird von der Spannungsquelle getrennt. Damit die Stromstärke nicht zu groß wird und der Vorgang langsamer abläuft, wird der Kondensator über einen Widerstand R entladen. Es kommt zu einem Ausgleich der Ladungen zwischen den Platten. Die frei beweglichen Ladungen (Elektronen) fließen solange von der Platte 2 zur Platte 1, bis beide Platten wieder elektrisch neutral sind. Das elektrische Feld baut sich ab.

Der vollständige Spannungs- und Stromverlauf ist in Abb. 7 dargestellt. Wie lässt sich die negative Stromrichtung bei der Entladung erklären?

Wir betrachten zunächst die Platte 2 (Abb. 6b). Beim Aufladen sind Elektronen auf die Platte geflossen, beim Entladen fließen sie wieder herunter. Entsprechendes gilt für die Platte 1. Die Stromrichtung kehrt sich um, die Kurve im Stromdiagramm der Abb. 7 verläuft also bei der Entladung im negativen Bereich.

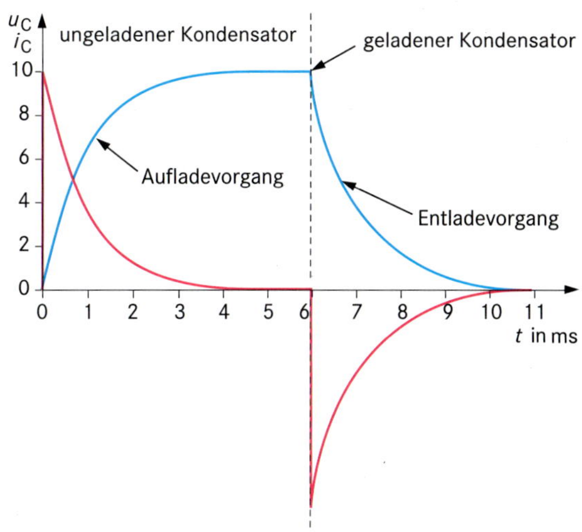

7: Strom- und Spannungsverlauf beim Kondensator

Kapazität des Kondensators

Die Speicherfähigkeit (Fassungsvermögen) des Kondensators von Ladungen drückt man durch die **Kapazität *C*** [capacity] aus. Als Einheit ist das **Farad F** [farad] (Michael Faraday, engl. Physiker, 1791–1867) festgelegt worden. Da 1 Farad eine sehr große Einheit ist, unterteilt man sie in folgende kleinere Bereiche:
- Mikro: 1 µF = 10^{-6} F
- Nano: 1 nF = 10^{-9} F
- Piko: 1 pF = 10^{-12} F

Kapazität	Formelzeichen	Einheit
	C	F (Farad)

Kondensatoren können mit unterschiedlichen Kapazitäten hergestellt werden, indem man die drei Baugrößen verändert: Plattenfläche A, Abstand der Platten d und Material des Dielektrikums (Abb. 1). Die Kapazität von Kondensatoren lässt sich erheblich vergrößern, wenn an Stelle von Luft besondere Materialien zwischen die Platten eingefügt werden. Diese Materialeigenschaften werden in der **Permittivität ε** [absolute permittivity] zusammengefasst.

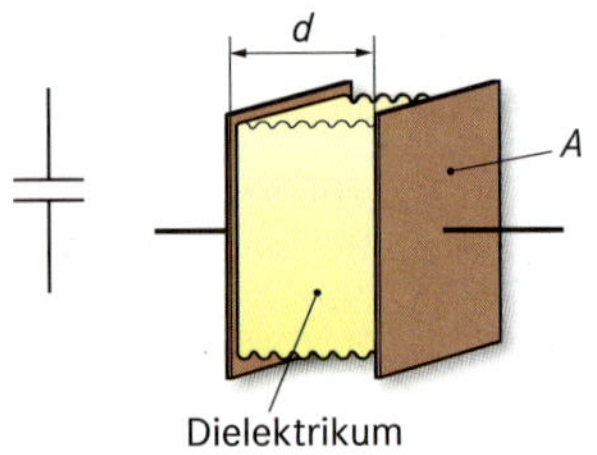

A: Fläche
d: Abstand
ε_r: Permittivität

1: Größen einer Kapazität

- **Fläche *A***
Je größer die Plattenfläche, desto mehr Ladungen lassen sich unterbringen (Proportionalität). Es gilt:

$A\uparrow \Rightarrow C\uparrow \qquad C \sim A$

- **Plattenabstand *d***
Wenn man den Plattenabstand vergrößert, verringert sich die Wirkung auf die Ladungen. Beide Größen sind deshalb umgekehrt proportional.

$d\uparrow \Rightarrow C\downarrow \qquad C \sim \frac{1}{d}$

- **Dielektrikum (Permittivität ε)**
Wenn die Permittivität größer wird, steigt auch die Kapazität. Es besteht zwischen beiden Größen ein proportionaler Zusammenhang.

$\varepsilon\uparrow \Rightarrow C\uparrow \qquad C \sim \varepsilon$

Zusammenfassend ergibt sich folgende Formel:

$$C = \frac{\varepsilon \cdot A}{d} \qquad \varepsilon = \varepsilon_0 \cdot \varepsilon_r$$

ε_0: Elektrische Feldkonstante
$\varepsilon_0 = 8{,}86 \cdot 10^{-12}\ \frac{\text{As}}{\text{Vm}}$
ε_r: Permittivitätszahl

Die Permittivität setzt sich zusammen aus der elektrischen **Feldkonstante ε_0** [electric constant] und der **Permittivitätszahl ε_r** [relative permittivity]. Die einzelnen Dielektrika besitzen unterschiedliche Permittivitätszahlen. Beispiele:
- Tantaldioxid: 26
- Keramik: 10 bis 50 000

Zeitkonstante

Die Zeit für das Auf- und Entladen eines Kondensators hängt von der Kapazität und dem Ladewiderstand R ab. Bei größeren Kapazitäten und Widerständen wird sich der Vorgang verlängern. Diese beiden Größen hat man deshalb in der **Zeitkonstante τ** [time constant] (griech. Buchstabe Tau) zusammengefasst. Sie sagt etwas über die Zeit von Lade- bzw. Entladevorgängen aus. Bei einer Zeit von $t = 1\tau$ ist der Kondensator auf 63 % seiner Endspannung aufgeladen (Abb. 2). Beim Entladen ist seine Spannung nach $t = 1\tau$ auf 37 % der angelegten Spannung gesunken.

$$\tau = R \cdot C \qquad 1\,\frac{\text{V}}{\text{A}} \cdot \frac{\text{As}}{\text{V}} = 1\ \text{s}$$

Zeitkonstante	Formelzeichen	Einheit
	τ	s (Sekunde)

Der genaue Verlauf ist in Abb. 2 dargestellt. An der Abszisse ist die Zeit als Vielfaches der τ-Werte aufgetragen. An der Ordinate sind die Momentanwerte der Spannungen und Stromstärke bezogen auf den Maximalwert (U_q und I_{max}) eingetragen, sodass der jeweilige Wert in Prozent abgelesen werden kann (normierte Darstellung).

Der Verlauf in Abb. 2 verdeutlicht auch, dass sich die Kurven ihren Endwerten allmählich nähern. Man hat festgelegt, dass nach einer Zeit von $t = 5\tau$ der Kondensator vollständig geladen bzw. entladen ist.

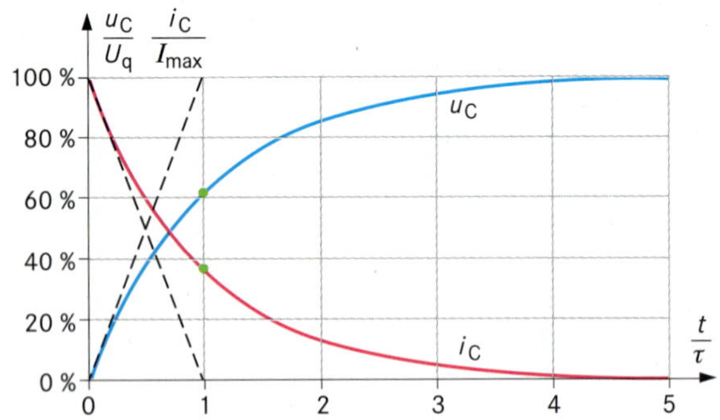

2: Kondensatoraufladung und Zeitkonstante

- Die Zeitkonstante bestimmt die Auf- bzw. Entladezeit des Kondensators.
- Nach einer Zeit von $t = 5\tau$ gilt ein Kondensator als voll aufgeladen bzw. vollständig entladen.

Welche Beziehung besteht zwischen Spannung, Ladung und Kapazität?

Durch die Spannung am Kondensator verändern wir seine Ladung Q. Sie steigt also mit größer werdender Spannung U. Zwischen beiden Größen besteht ein proportionaler Zusammenhang:

$U\uparrow \Rightarrow Q\uparrow \qquad Q \sim U$

Die Ladung lässt sich auch vergrößern, wenn wir einen Kondensator mit einer größeren Kapazität verwenden. Der proportionale Zusammenhang lautet dann:

$C\uparrow \Rightarrow Q\uparrow \qquad Q \sim C$

Beide Proportionalitäten lassen sich zu einer Gleichung zusammenfassen:

$Q \sim U \qquad Q \sim C$

$$Q = C \cdot U$$

Stellt man die Gleichung nach der Kapazität um, erhält man die Definitionsgleichung für die Kapazität:

$$C = \frac{Q}{U} \qquad 1\,\mathrm{F} = \frac{1\,\mathrm{C}}{1\,\mathrm{V}} \quad 1\,\mathrm{F} = \frac{1\,\mathrm{As}}{1\,\mathrm{V}}$$

Kenngrößen

Die Bemessungskapazität kann angegeben sein als
- Zahlenwert mit vollständiger Einheit,
- Zahlenwert mit verkürzter Einheit (z. B. 6n8 bedeutet 6,8 nF; 47µ bedeutet 47 µF),
- Zahlenwert ohne Einheit (Wert in pF oder µF),
- Farbmarkierung (Punkte, Ringe).

Die Stufung erfolgt wie bei Widerständen nach der IEC-Reihe (s. Kap. 1.2.10).

Die Toleranz ist direkt aufgedruckt oder in Form von Farbmarkierungen oder Großbuchstaben angegeben.

Die **Bemessungsspannung** [rated voltage] von Kondensatoren darf nicht überschritten werden, da sonst die Gefahr des Durchschlags besteht. Die Angaben erfolgen direkt, verkürzt oder verschlüsselt. Unterschiede zwischen Gleich- (Polung + und –) und Wechselspannungen müssen beachtet werden.

Da das Dielektrikum kein idealer Isolator ist, speichern Kondensatoren nicht beliebig lange ihre Ladungen. Das Dielektrikum wirkt dabei wie ein parallel geschalteter Wirkwiderstand (**Isolationswiderstand** [insulation resistance]).

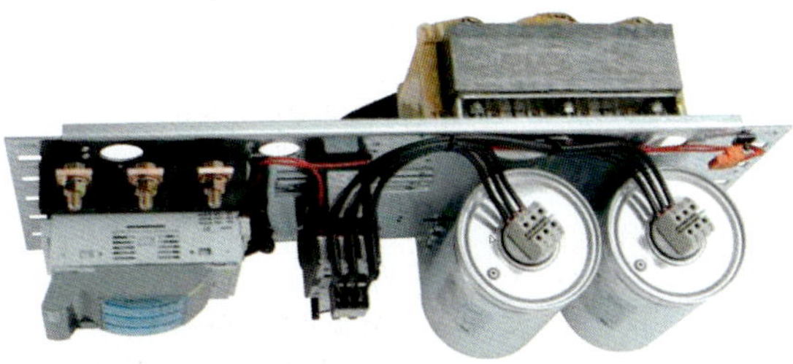

3: MP-Kondensatoren zur Kompensation

Metallpapier-Kondensatoren (MP-Kondensatoren)

Als Dielektrikum wird Papier verwendet (Abb. 3), worauf eine dünne Aluminiumschicht aufgedampft ist. Kommt es zu einem Überschlag zwischen den Platten, verdampft die dünne Metallschicht in der Umgebung der Durchschlagsstelle. Dadurch ist die Isolation durch das Dielektrikum wieder sichergestellt. Der Kondensator ist „selbstheilend". Die wirksame Fläche des Kondensators wird durch die **Selbstheilung** [self-healing] praktisch nicht verringert. Jeder Kondensator ist außerdem mit einer Überdruckabschaltsicherung (Abb. 4) ausgestattet, die bei elektrischer oder thermischer Überlastung anspricht (Anschlüsse reißen innen ab).

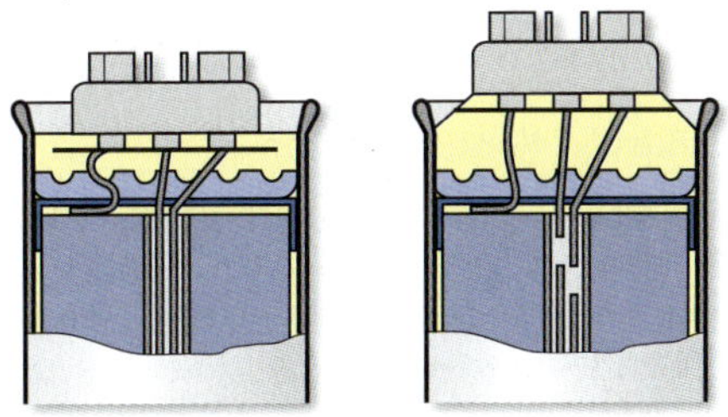

4: Überdruckabschaltsicherung

Kunststoff-Folien-Kondensatoren

Bei ihnen besteht das Dielektrikum aus einer Kunststoff-Folie (Polyester, Propylen). Verschiedene Formen sind möglich (Abb. 5). Die Elektroden können aus Metallfolien (Abb. 6a) oder aus aufgedampftem Aluminium bestehen (Abb. 6b).

5: Folienkondensatoren

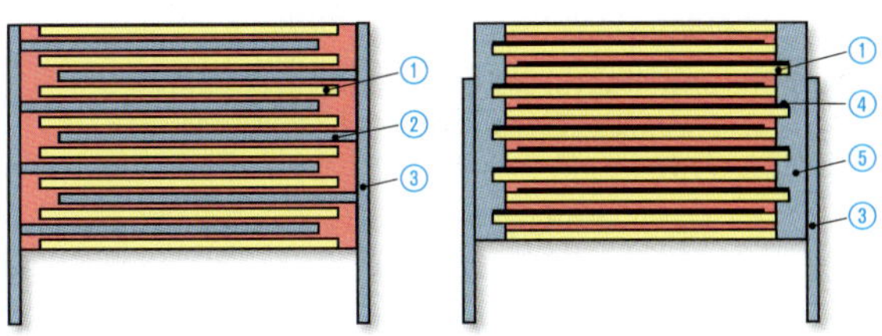

a) Folie
① Kunststoff-Folie
② Metallfolien-Belag
③ Anschlussdraht

b) Metallisiert
④ Aufmetallisierte Elektrode
⑤ Kontaktschicht

6: Bauformen von Kunststoff-Folien-Kondensatoren

Aluminium-Elektrolyt-Kondensatoren

Eine Elektrode besteht hierbei aus Aluminium, die andere aus einem Elektrolyten (Abb. 1). Durch einen Stromfluss entsteht als Dielektrikum eine sehr dünne Oxidschicht. Beim Einbau in Schaltungen muss auf die Polung geachtet werden. Durch den geringen Plattenabstand lassen sich Kondensatoren mit großen Kapazitäten herstellen.

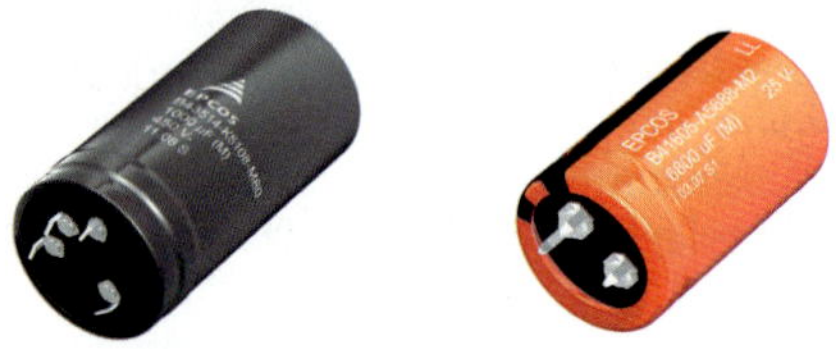

1: Aluminium-Elektrolyt-Kondensatoren

Tantal-Elektrolyt-Kondensatoren

Die Anode dieser Kondensatoren besteht aus Tantal. Das Dielektrikum ist eine Oxidschicht. Dadurch lassen sich Kondensatoren mit kleinen Abmessungen und großen Kapazitäten herstellen (Abb. 2).

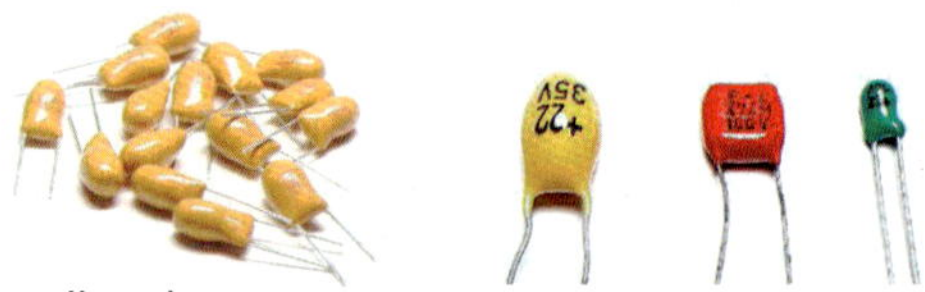

2: Tantalkondensatoren

Keramik-Kondensatoren

Als Bauformen kommen z. B. Scheiben-, Rohr- oder Perlkondensatoren vor. Das keramische Dielektrikum besitzt eine hohe Permittivitätszahl, sodass bei kleinen Abmessungen Kondensatoren mit großen Kapazitäten hergestellt werden können.

AUFGABE

1. Bei einem Plattenkondensator werden die Fläche und gleichzeitig der Plattenabstand verdoppelt. Wie verändert sich die Kapazität?

- Ein Kondensator besteht aus zwei elektrischen Leitern (Folien, Platten), zwischen denen sich ein Isolator (Dielektrikum) befindet.
- Ein Kondensator ist ein Ladungsspeicher. Sein Fassungsvermögen wird als Kapazität C bezeichnet.
- Die Ladung eines Kondensators steigt mit der Spannung und der Kapazität.
- Beim Laden eines Kondensators steigt die Spannung an, beim Entladen sinkt sie bis auf Null.
- Beim Entladen des Kondensators ist die Richtung des Stromes im Vergleich zum Aufladen umgekehrt.

1.4.3 Schaltungen mit Kondensatoren

Parallelschaltung

Bei parallel geschalteten Kondensatoren (Abb. 3) liegt an jedem Kondensator dieselbe Spannung (gemeinsame Größe). Die gesamte Fläche und damit die Ladung vergrößert sich entsprechend ($A\uparrow \Rightarrow C\uparrow$). Die Gesamtkapazität C_g setzt sich aus der Summe der Einzelkapazitäten zusammen.

$$C_g = C_1 + C_2 + \ldots + C_n$$

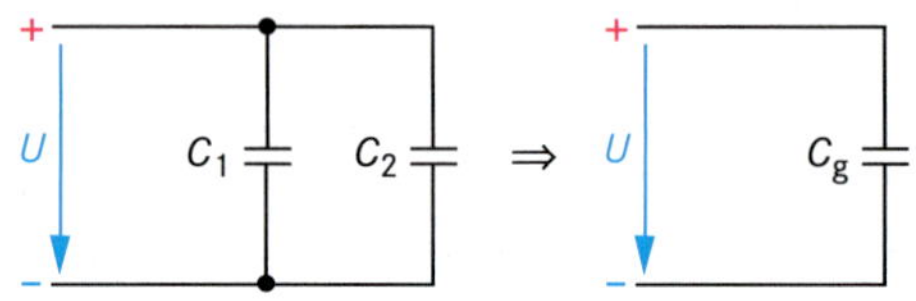

3: Parallelschaltung von Kondensatoren

Reihenschaltung

Da in einer Reihenschaltung mit Kondensatoren nur ein Strom (gemeinsame Größe) fließt, besitzt jeder Kondensator trotz unterschiedlicher Baugrößen die gleiche Ladung Q. Die Spannung teilt sich auf (Abb. 4).

$$U = U_1 + U_2 \qquad \frac{Q}{C_g} = \frac{Q}{C_1} + \frac{Q}{C_2}$$

Für die Gesamtkapazität vergrößert sich auch der gemeinsame „Plattenabstand". Die Gesamtkapazität ist deshalb immer kleiner als die kleinste Einzelkapazität.

$$\frac{1}{C_g} = \frac{1}{C_1} + \frac{1}{C_2} + \ldots + \frac{1}{C_n}$$

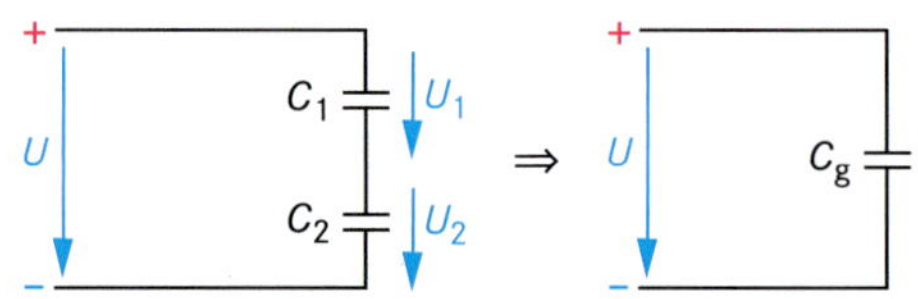

4: Reihenschaltung von Kondensatoren

AUFGABEN

1. Berechnen Sie die Gesamtkapazität von drei Kondensatoren mit jeweils 4,7 µF, die
   a) parallel und b) in Reihe geschaltet sind.
2. Begründen Sie, warum ein aufgeladener Kondensator seine Ladung „verliert", wenn er von der Spannungsquelle getrennt wird.

- Bei der Parallelschaltung von Kondensatoren ist die Gesamtkapazität gleich der Summe der Einzelkapazitäten.
- Bei der Reihenschaltung von Kondensatoren ist die Gesamtkapazität kleiner als die kleinste Einzelkapazität.

1.5 Magnetisches Feld

1.5.1 Magnetische Feldeigenschaften

Wenn man auf eine Glasplatte über einem Dauermagneten Eisenfeilspäne streut (Abb. 5), werden Kräfte auf die Späne ausgeübt. Der Dauermagnet hat also den umgebenden Raum verändert. Er wird als **magnetisches Feld** [magnetic field] bezeichnet. In diesem Feld werden Kräfte nicht nur auf ferromagnetische Stoffe (Eisen, Nickel, Kobalt), andere Magnete (Magnetnadeln), sondern auch auf Ladungen im stromdurchflossenen Leiter ausgeübt (s. Kap. 1.5.2).

Magnetische Felder lassen sich durch **Feldlinien** veranschaulichen (Abb. 5). Sie gehen außerhalb des Magneten definitionsgemäß vom Nord- zum Südpol. Im Innern setzen sie sich fort.

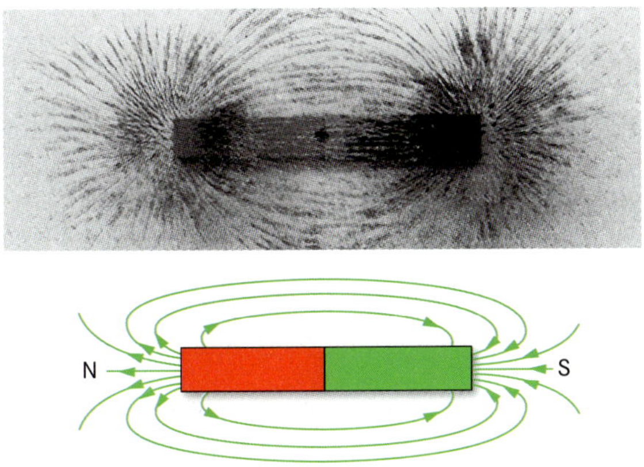

5: Dauermagnet und Feldlinien

Die magnetische Wirkung kennzeichnet man durch den **magnetischen Fluss** Φ [magnetic flux]. Er ist ein Maß für die gesamte Wirkung des magnetischen Feldes. Als Einheit wird Weber verwendet (Wilhelm Eduard Weber, deutscher Physiker, 1804–1891).

	Formelzeichen	Einheit
Magnetischer Fluss	Φ	Wb (Weber)

Der magnetische Fluss Φ kann unterschiedlich stark sein. In Abbildungen kann man dies durch eine unterschiedliche Anzahl von Feldlinien verdeutlichen (z. B. Abb. 6). Für technische Vorgänge und Geräte ist es sinnvoll, nur den Fluss zu betrachten, der durch eine bestimmte Fläche A hindurch tritt (z. B. bei Spulen). Er wird dann als **magnetische Flussdichte *B*** [magnetic flux density] bezeichnet und in Tesla gemessen (Nicola Tesla, serbischer Physiker, 1856–1943).

$$B = \frac{\Phi}{A} \qquad 1\,\frac{\text{Vs}}{\text{m}^2} = 1\,\text{T}$$

	Formelzeichen	Einheit
Magnetische Flussdichte	B	T (Tesla) Wb/m²; Vs/m²

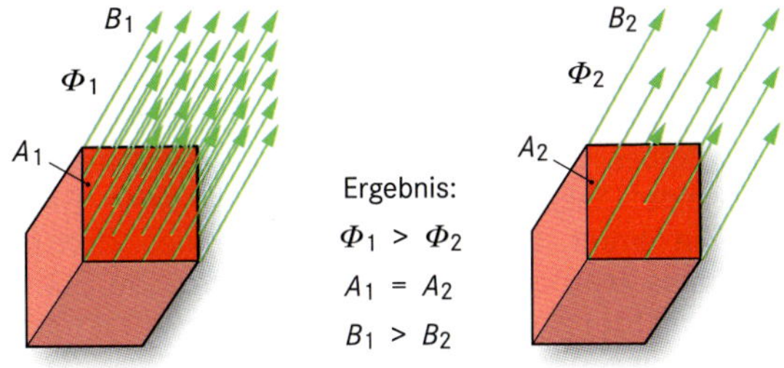

6: Unterschiedlich große magnetische Flüsse und Flussdichten

Vergleicht man das elektrische Feld mit dem magnetischen Feld, gibt es folgende Gemeinsamkeiten und Unterschiede:

Elektrisches Feld	Magnetisches Feld
Kraftwirkung auf einzelne Ladungen	Kraftwirkung auf ferromagnetische Materialien und zwischen Dauermagneten
Abstoßung zwischen gleichartigen Ladungen, Anziehung zwischen ungleichartigen Ladungen	Abstoßung zwischen gleichartigen Polen, Anziehung zwischen ungleichartigen Polen (Abb. 7)
Feldlinien haben einen Anfang und ein Ende.	Feldlinien sind geschlossen.
Ladungen (positive und negative) können einzeln auftreten.	Nord- und Südpol treten immer gemeinsam auf (Dipole).

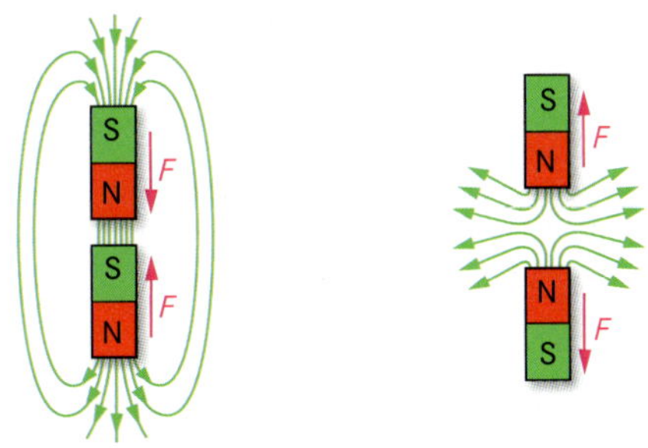

7: Anziehung und Abstoßung

- Magnetische Felder lassen sich durch Feldlinien darstellen. Sie gehen außerhalb des Magneten definitionsgemäß vom Nord- zum Südpol und sind in sich geschlossen.
- In magnetischen Feldern kommt es zur Kraftwirkung auf ferromagnetische Materialen. Kräfte treten auch zwischen den Polen einzelner Magnete auf (Anziehung bzw. Abstoßung).
- Mit der magnetischen Flussdichte B bezeichnet man den magnetischen Fluss Φ, der eine bestimmte Fläche A senkrecht durchsetzt.

1.5.2 Stromdurchflossene Leiter im Magnetfeld

Magnetische Felder entstehen immer dann, wenn ein elektrischer Strom fließt. Nachweisen lassen sich diese Magnetfelder, wenn man wie in Abb. 1a einen Leiter durch eine Glasplatte führt und darauf dann Eisenfeilspäne streut. Die Eisenfeilspäne ordnen sich bei Stromfluss kreisförmig um den Leiter an. Die Stärke der Ausrichtung verringert sich mit zunehmendem Abstand vom Leiter.

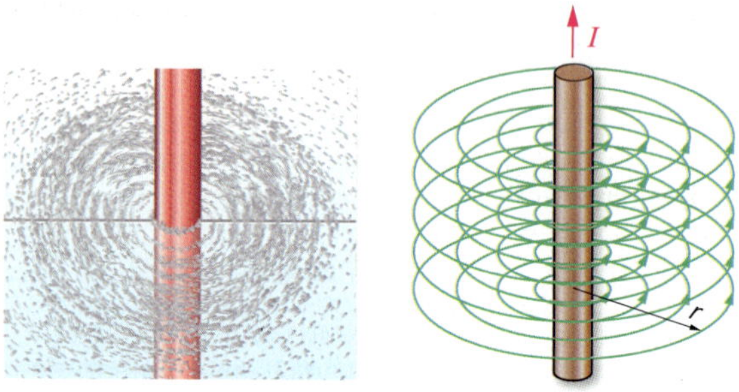

a) Versuchsergebnis b) Feldlinienbild

1: Magnetfeld eines geraden Leiters

Stellt man das Feld durch Feldlinien dar, ergeben sich kreisförmige und in sich geschlossene Linien (Abb. 1b). Die Richtung kann man festlegen, indem man anstatt der Eisenfeilspäne Magnetnadeln verwendet (Abb. 2). Die Richtung des Stromes im Leiter wird durch einen Pfeil gekennzeichnet. Er geht vom Pluspol zum Minuspol der Spannungsquelle.

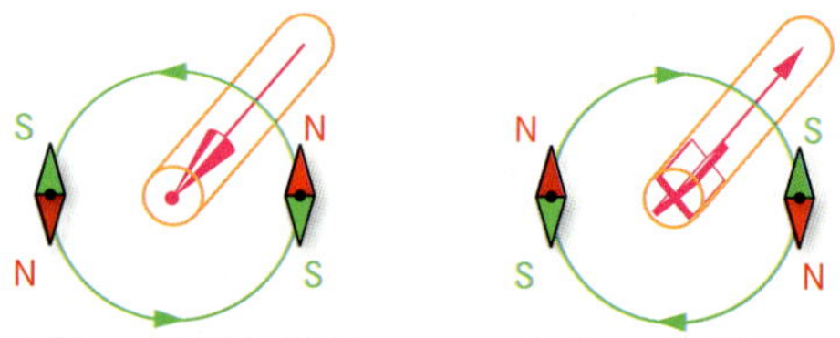

a) Strom fließt in Richtung des Betrachters (Punkt) b) Strom fließt weg vom Betrachter (Kreuz)

2: Festgelegte Feldlinienrichtungen

Für die Bestimmung der Feldlinienrichtung ist folgende **Merkregel** sinnvoll (Abb. 3a):
Umfasst man einen Leiter mit der rechten Hand und zeigt der abgespreizte Daumen in Stromrichtung, dann zeigen die gekrümmten Finger in Richtung der Magnetfeldlinien (**Rechte-Hand-Regel** [right-hand-rule]).

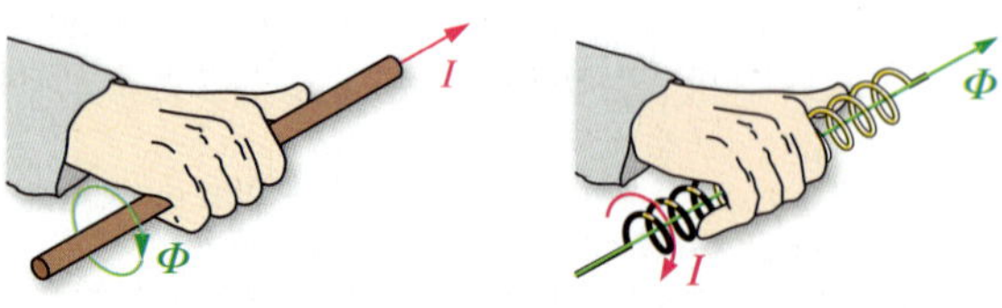

a) Leiter b) Spule

3: Rechte-Hand-Regel

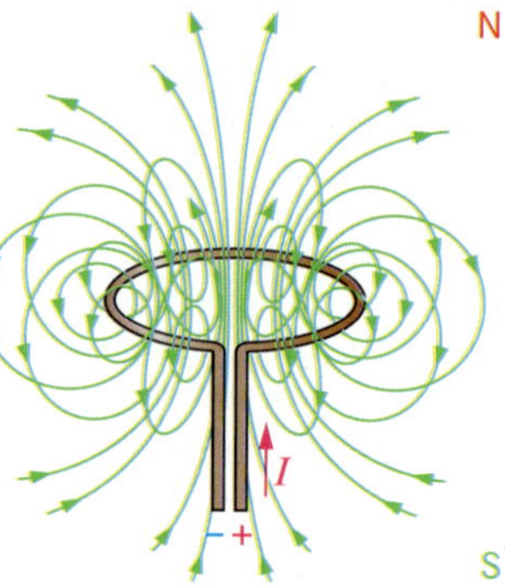

4: Feldlinienbild einer Leiterschleife

Spule im Magnetfeld

In vielen elektrischen Geräten sind die elektrischen Leiter in Form einer **Spule** [coil] ringförmig angeordnet. Das Feld eines einzelnen ringförmigen Leiters (**Leiterschleife** [conductor loop]) ist in Abb. 4 dargestellt. Da sich um den Leiter kreisförmige Feldlinien bilden, liegen im Innern der Schleife die Feldlinien dichter beieinander. Es kommt dort zu einer Feldverstärkung. Die Feldlinien treten an der einen Seite der durch die Leiterschleife gebildeten Kreisfläche ein und an der anderen Seite wieder aus. Es entstehen Nord- und Südpol.

Bei einer Spule liegen viele Leiterschleifen dicht nebeneinander (Abb. 5), sodass es zu einer weiteren Verstärkung des Feldes im Innern der Spule kommt. Es entstehen wie bei einem Dauermagneten ausgeprägte Nord- und Südpole. Für die Bestimmung dieser Pole ist folgende **Merkregel** geeignet (Abb. 3b):

Legt man die rechte Hand so um eine Spule, dass die Finger in Stromrichtung zeigen, dann zeigt der abgespreizte Daumen die Feldlinienrichtung vom Nordpol aus an.

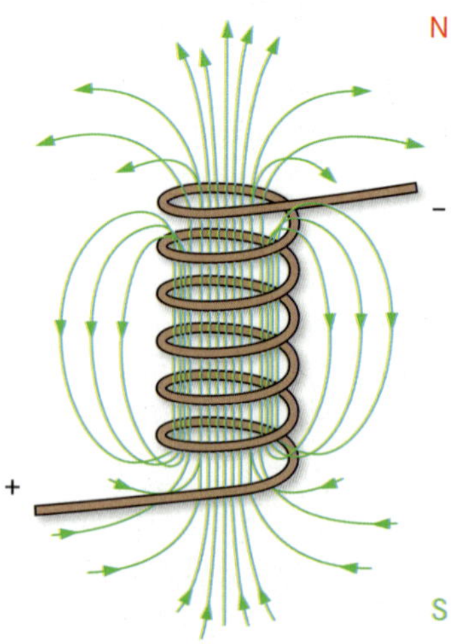

5: Feldlinienbild einer Spule

Eisen im Magnetfeld

Die magnetische Wirkung lässt sich vergrößern, wenn im Innern der Spule ein Eisenkern (Abb. 6) eingefügt wird. Zur Erklärung der größeren Kraftwirkung greifen wir auf die Vorstellung zurück, dass es im Eisen kleine magnetisierte Bereiche (**Elementarmagnete** [elementary magnets]) gibt. Diese Bereiche sind zunächst ungeordnet (Abb. 7a). Durch das Magnetfeld der stromdurchflossenen Spule findet eine Ausrichtung statt (Abb. 7b). Das Magnetfeld der Spule wird verstärkt. Wenn der Strom durch die Spule abgeschaltet wird, fallen mit geringen Ausnahmen die Elementarmagnete wieder in einen ungeordneten Zustand zurück (Restmagnetismus, **Remanenz** [remanence]). Die verstärkende Wirkung wird in Kennlinien (Magnetisierungskennlinien) dargestellt oder über die **Permeabilitätszahl μ_r** [relative permeability] angegeben.

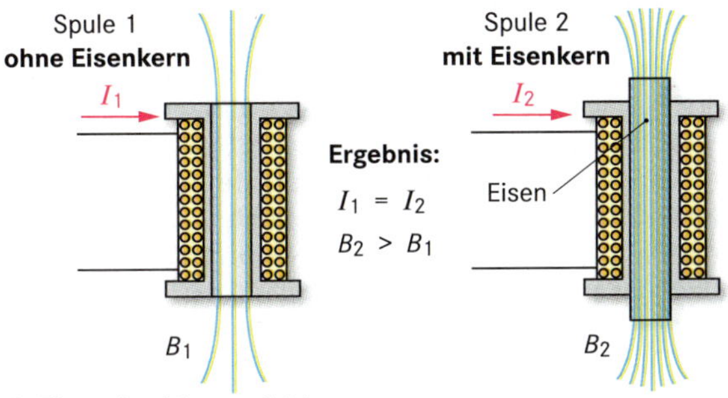

6: Eisen im Magnetfeld

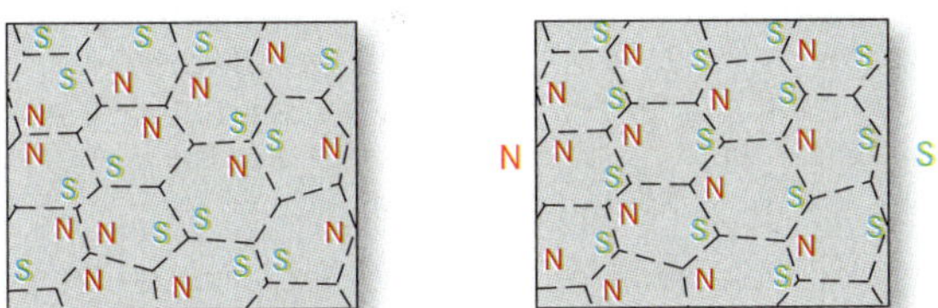

a) ungeordnet a) geordnet

7: Elementarmagnete im Eisen

Einfluss der Windungszahl

Auch mit der Windungszahl kann die magnetische Wirkung von Spulen beeinflusst werden. Da sich in Spulen die Felder der einzelnen Windungen überlagern, vergrößert sich die Wirkung, wenn die Windungszahl N vergrößert wird. Das Produkt aus Windungszahl und Stromstärke ist dabei die Ursache für die magnetische Wirkung und wird als **elektrische Durchflutung Θ** [current linkage] bezeichnet.

AUFGABEN

1. Zeichnen Sie einen stromdurchflossenen Leiter und legen Sie die Stromrichtung fest. Zeichnen Sie dann um diesen Leiter Feldlinien ein und kennzeichnen Sie die Richtung durch Pfeile.

2. Was verändert sich, wenn in Abb. 5 die Stromrichtung umgekehrt wird?

Ursache und Wirkung des Magnetfeldes

Die elektrische Durchflutung ist das Produkt aus Stromstärke und Windungszahl. Sie ist die Ursache für einen magnetischen Fluss in einem magnetischen Kreis mit der Feldlinienlänge l_m. Je länger die Feldlinien, desto geringer ist die magnetische Wirkung. Alle drei Größen bilden zusammen die **magnetische Feldstärke H** [magnetic field intensity]. Sie wird in Ampere durch Meter gemessen.

$$H = \frac{\Theta}{l_m} \qquad H = \frac{I \cdot N}{l_m} \qquad H \text{ in } \frac{A}{m}$$

Die magnetische Flussdichte B in einem bestimmten Querschnitt des Eisenkerns ist die Wirkung der magnetischen Feldstärke. Ursache und Wirkung stehen in einem direkten Zusammenhang. Da unterschiedliche Größen vorkommen, werden sie durch die Proportionalitätskonstante μ_0 (**magnetische Feldkonstante** [magnetic field constant]) verknüpft. Den Werkstoffeinfluss ferromagnetischer Materialien berücksichtigt man durch eine weitere Proportionalitätskonstante, die Permeabilitätszahl μ_r. Das Produkt aus magnetischer Feldkonstante und Permeabilitätszahl ergibt die **Permeabilität** μ [permeability].

$B = \mu_0 \cdot H$ $\qquad \mu_0 = 1{,}257 \cdot 10^{-6}$ Vs/Am

$B = \mu_0 \cdot \mu_r \cdot H$ $\qquad \mu = \mu_0 \cdot \mu_r$

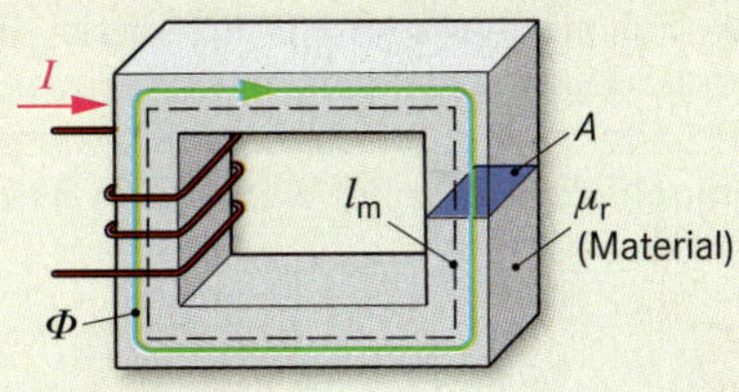

- Um stromdurchflossene Leiter herum entsteht ein magnetisches Feld.
- Das Feld eines geraden stromdurchflossenen Leiters lässt sich durch kreisförmige Feldlinien darstellen.
- Zeigt bei einem Leiter der Daumen der rechten Hand in die Stromrichtung vom Plus- zum Minuspol, dann geben die gekrümmten Finger die Richtung der Feldlinien an.
- Die Feldlinien einer stromdurchflossenen Spule sind geschlossen. Sie treten an einem Ende der Spule aus und an dem anderen Ende wieder ein. Im Innern der Spule verlaufen die Feldlinien annähernd parallel (homogenes Feld).
- Die magnetische Wirkung einer Spule kann durch eine höhere Stromstärke, eine größere Windungszahl und einen Eisenkern vergrößert werden.

1.5.3 Kräfte im Magnetfeld

Elektrische Motoren sind Energiewandler. In ihnen wird elektrische Energie in Bewegungsenergie umgewandelt. Diese Bewegung und die damit verbundenen Kräfte werden mit Hilfe stromdurchflossener Leiter in Magnetfeldern erzeugt. An einem einfachen Modellversuch soll das Prinzip erläutert werden (Abb. 1).

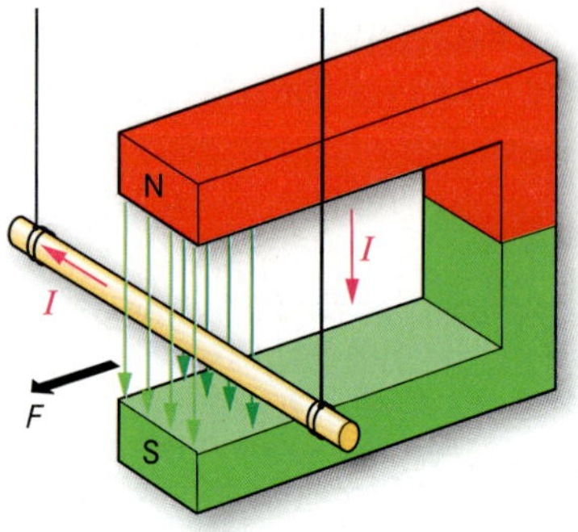

1: Kraft auf Leiter im Magnetfeld

Versuchsergebnis: Wenn sich wie in Abb. 1 ein stromdurchflossener elektrischer Leiter im Magnetfeld eines Dauermagneten befindet, bewegt er sich nach außen. Ursache dafür ist eine Kraft. Wie lässt sich dies erklären?

Zusätzlich zum eingezeichneten Magnetfeld des Permanentmagneten entsteht durch den Stromfluss um den Leiter ein Magnetfeld mit kreisförmigen Feldlinien. Beide Felder überlagern sich, sodass Bereiche der Feldverstärkung und Feldschwächung entstehen (Abb. 2, die Leiter sind durch Querschnitte dargestellt). Der stromdurchflossene Leiter wird in den Bereich der Feldschwächung gedrängt.

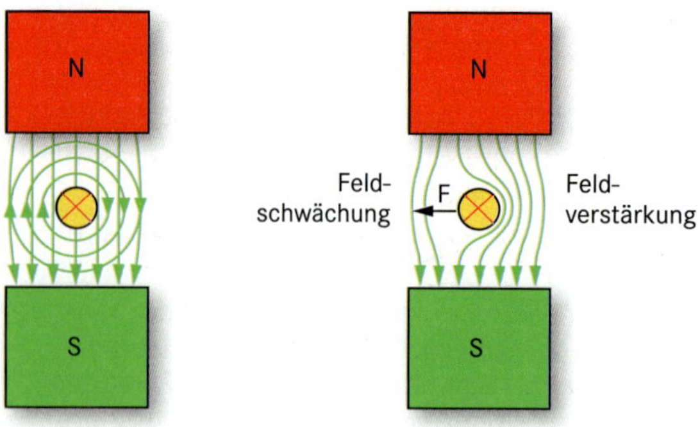

2: Kraftentstehung durch Feldüberlagerung

Der Modellversuch hat gezeigt, dass drei Größen zusammenwirken:
- Stromstärke (Ursache)
- Kraft (Wirkung)
- Magnetfeld(richtung)
  (Vermittlung zwischen Ursache und Wirkung)

Mit Hilfe einer Merkregel (**Dreifingerregel der rechten Hand**) kann die Richtung der Kraft bestimmt werden (Abb. 3):

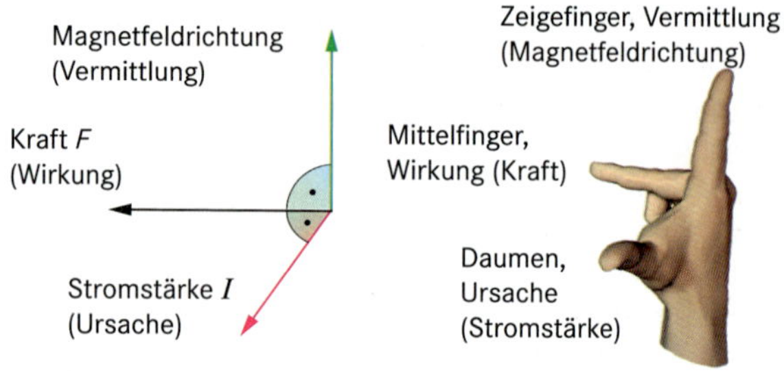

3: Bestimmung der Kraftrichtung

Wenn der Daumen in die Stromrichtung (vom Pluspol zum Minuspol) und der Zeigefinger in die Richtung des Magnetfeldes zeigen (vom Nord- zum Südpol), dann gibt der senkrecht abgespreizte Mittelfinger die Bewegungsrichtung an (Ursache - Vermittlung - Wirkung, **UVW-Regel**).

Die Elektronenbewegung im Leiter wurde also in eine Kraftwirkung auf den Leiter umgewandelt. Die Kraft wird als **Lorentzkraft** bezeichnet (Hendrik A. Lorentz, niederländischer Physiker, 1853–1928). Sie ist abhängig von der Stärke des Magnetfeldes (magnetische Flussdichte B), von der Stromstärke I und von der Leiterlänge l innerhalb des Magnetfeldes. Es besteht folgender proportionaler Zusammenhang:

$$F = B \cdot l \cdot I$$

Kraft	Formelzeichen	Einheit
	F	N (Newton)

Damit eine Drehbewegung wie beim Motor entsteht, wird der einzelne Leiter zu einer **Leiterschleife** [conductor loop] gebogen, auf eine Welle montiert und mit einem Lager versehen (Prinzipdarstellung in Abb. 4). Die Anschlüsse werden über Kohlebürsten und Ringe (Schleifringe ①), nach außen geführt. Die Schleife kann sich frei drehen. Sie wird an eine Spannung angeschlossen, sodass Strom durch die Schleife fließt. Die Leiterschleife bildet eine Fläche, die vom Magnetfeld des Dauermagneten durchdrungen wird. Wenn Strom durch die Leiterschleife fließt, wirkt auf jedes Leiterstück eine entsprechende Kraft.

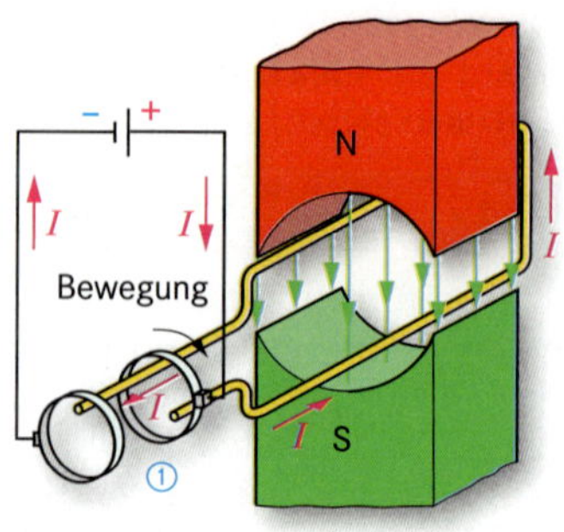

4: Motorprinzip

Um die Entstehung der Drehbewegung (Motorprinzip) zu erklären, werden die Stellungen der Leiterschleife bei 90°, 135° und 180° genauer untersucht (Abb. 5a bis 5c).

- **90°-Stellung**
  - Die Stromrichtung in der Leiterschleife ist durch einen Punkt und ein Kreuz im Leiterquerschnitt gekennzeichnet.
  - Die Leiterschleife ist in der Achsenmitte gelagert.
  - Die Kräfte F_1 und F_2 sind entgegengesetzt gerichtet.
  - Es entsteht ein Drehmoment.

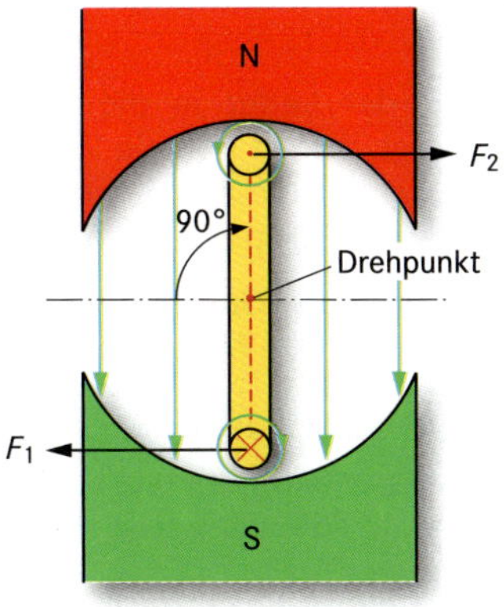

a)

- **135°-Stellung**
  - Die Kräfte F_1 und F_2 sind weiterhin entgegengesetzt gerichtet. Sie wirken in Richtung der Feldschwächung.
  - Ein Drehmoment ist noch vorhanden, allerdings sind im Vergleich zur 90°-Stellung die Hebelarme kleiner geworden.

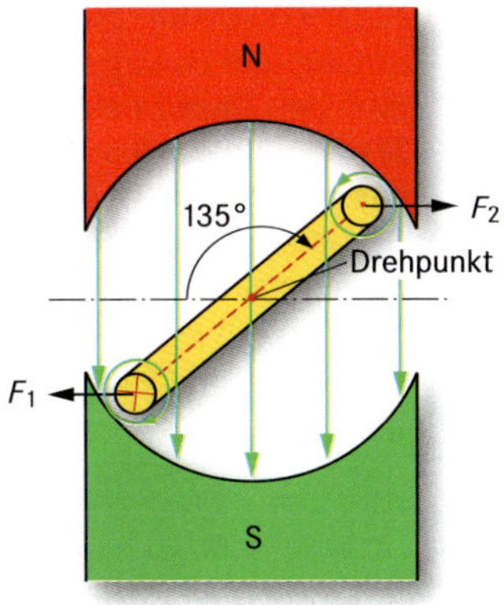

b)

- **180°-Stellung**
  - Die Kräfte F_1 und F_2 sind weiterhin entgegengesetzt gerichtet. Sie wirken in Richtung der Feldschwächung.
  - Ein Drehmoment ist nicht mehr vorhanden, da die Hebelarme zu Null geworden sind.

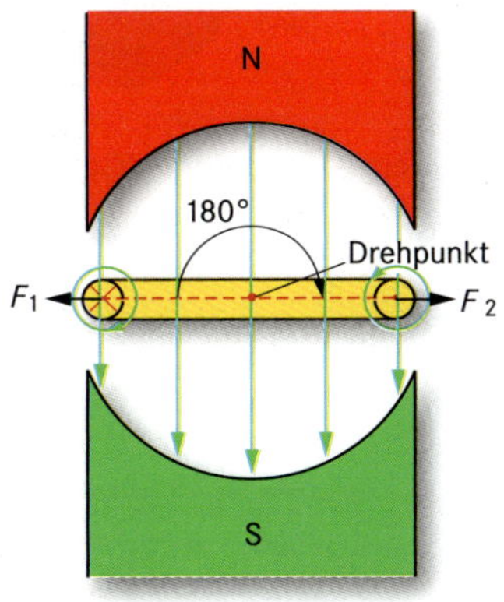

c)

5: Motorprinzip

Damit die Kräfte die Leiterschleife weiterdrehen können, muss ab 180° das Magnetfeld der Leiterschleife umgepolt (**kommutiert** [commutated]) werden. Dazu kehrt man die Stromrichtung in der Leiterschleife um (Abb. 6). Die Umkehrung erfolgt immer dann, wenn sich die Leiterschleife in der Position 180° befindet (neutrale Zone). Erreicht wird dies durch einen **Stromwender** (**Kommutator**) [commutator] (Abb. 6 ①). Im einfachsten Fall besteht er aus zwei voneinander isolierten Halbringen, an die die Enden der Leiterschleife angelötet sind. Die Stromzuführung erfolgt über Schleifkontakte (**Bürsten** [brushes], Abb. 6).

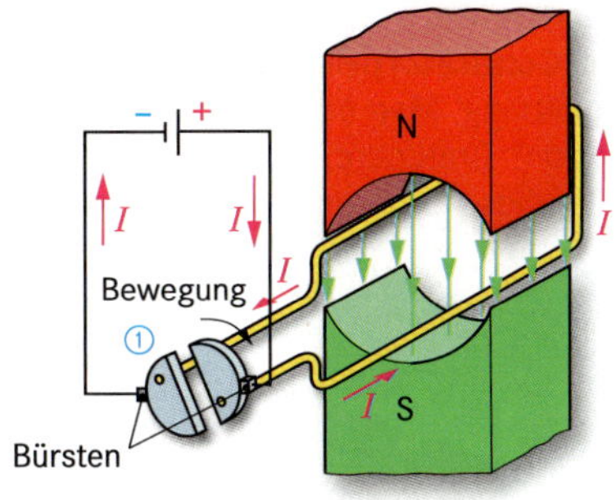

6: Motorprinzip mit Stromwender

AUFGABEN

1. Ermitteln Sie mit den Größen der Gleichung für die Kraftwirkung auf einen stromdurchflossenen Leiter die Einheit für die Kraft.
2. Was ändert sich in Abb. 4, wenn die Stromrichtung geändert wird?
3. Wovon ist die Größe eines Drehmoments abhängig?

- Wenn Feldlinien gegeneinander laufen, wird das Feld geschwächt. Laufen die Feldlinien in die gleiche Richtung, kommt es zu einer Feldverstärkung. Die Kraft auf einen stromdurchflossenen Leiter im Magnetfeld geht in Richtung der Feldschwächung.
- Auf einen von elektrischem Strom durchflossenen Leiter wirkt im Magnetfeld die Kraft F. Sie ist umso größer, je größer die Stromstärke I, die Stärke des Magnetfeldes (magnetische Flussdichte B) und die Leiterlänge l sind. Es besteht ein proportionaler Zusammenhang.
- Auf eine von elektrischem Strom durchflossene und drehbar gelagerte Leiterschleife wirken in einem Magnetfeld Kräftepaare (Drehmomente). Die Abstände vom Drehpunkt (Hebelarme) ändern sich mit der Stellung der Leiterschleife.
- Eine stromdurchflossene Leiterschleife in einem Magnetfeld dreht sich maximal um 180°. Damit sie sich weiter dreht, muss der Ankerstrom mit Hilfe eines Kommutators (Stromwender) nach jeder halben Umdrehung umgepolt werden.

1.5.4 Spannung durch Magnetfelder

1.5.4.1 Induktion der Bewegung

Bei dem in Kap. 1.5.3 beschriebenen Motorprinzip wurde durch einen stromdurchflossenen Leiter im Magnetfeld eine Bewegung erzeugt. Dieses Prinzip lässt sich umkehren. Bewegt man wie in Abb. 1 einen Leiter in einem Magnetfeld (Magnetfeld ändert sich), werden auf die im Leiter frei beweglichen Elektronen Kräfte ausgeübt. An einem Ende des Leiters entsteht ein Elektronenmangel und am anderen ein Elektronenüberschuss (**Generatorprinzip** [generator principle]), also eine Spannung. Man nennt diesen Vorgang **Induktion** [induction] (inducere, lateinisch: hineinführen). Wie lässt sich diese Ladungstrennung erklären?

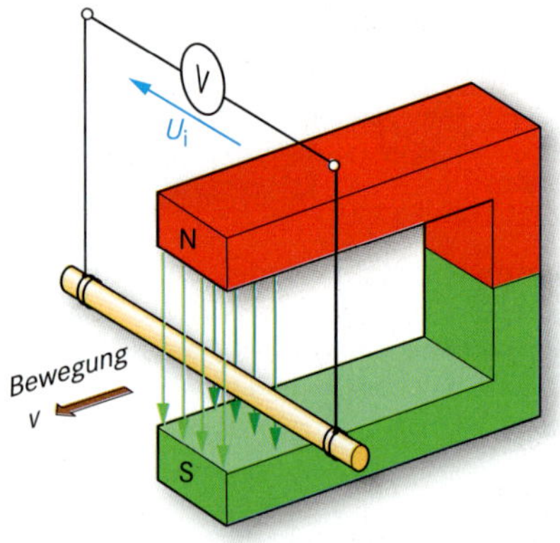

1: Spannungserzeugung durch Induktion

Bewegt man den Leiter, so bewegen sich in ihm zwangsläufig auch die freien Elektronen. Bewegte Ladungen sind aber immer ein Stromfluss, sodass um die Elektronen kreisförmige Magnetfelder entstehen (Abb. 2a). Aufgrund des äußeren Magnetfeldes entsteht dann durch Überlagerung der Magnetfelder eine Kraft und es kommt zu einer Verschiebung der Elektronen.

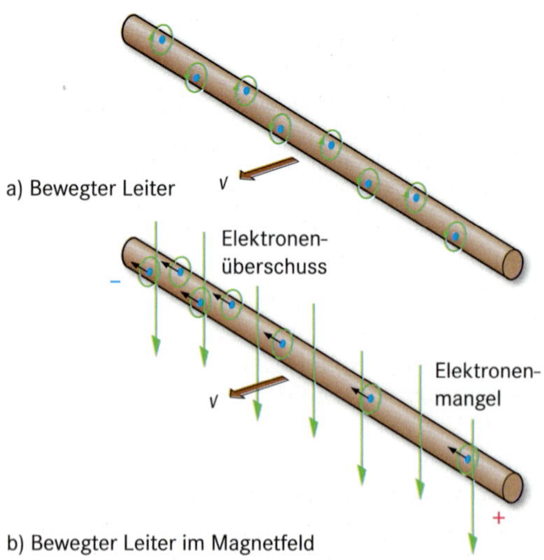

2: Ladungstrennung durch Leiterbewegung im Magnetfeld

Die beweglichen Elektronen sammeln sich deshalb an dem einen Ende des Leiters, während die positiv geladenen Atomrümpfe fest im Atomgitter verankert bleiben. Es werden also Ladungen getrennt und damit entsteht zwischen den Enden des Leiters eine Spannung.

Wird der Leiter in die entgegengesetzte Richtung bewegt, ändert sich die Richtung der Spannung. Wenn der Leiter ständig hin- und herbewegt wird, entsteht eine Wechselspannung.

Die induzierte Spannung U_i hängt ab von der
- Stärke des Magnetfeldes (magnetische Flussdichte B),
- Leiterlänge l,
- Geschwindigkeit des Leiters v und
- Anzahl der bewegten Leiter (Leiterzahl) z.

Es besteht eine direkte Proportionalität, sodass sich folgende Formel ergibt:

$$U_i = B \cdot l \cdot v \cdot z$$

Der Zusammenhang zwischen Spannungsrichtung, Feldrichtung und Bewegungsrichtung des Leiters kann mit Hilfe der **Rechte-Hand-Regel** (**Generatorregel**, Abb. 3) ermittelt werden:
Hält man die rechte Hand so, dass die Feldlinien senkrecht auf die innere Handfläche auftreffen und zeigt der abgespreizte Daumen in Richtung der Bewegung des Leiters, dann geben die ausgestreckten Finger die Richtung des Stromes im Leiter an.

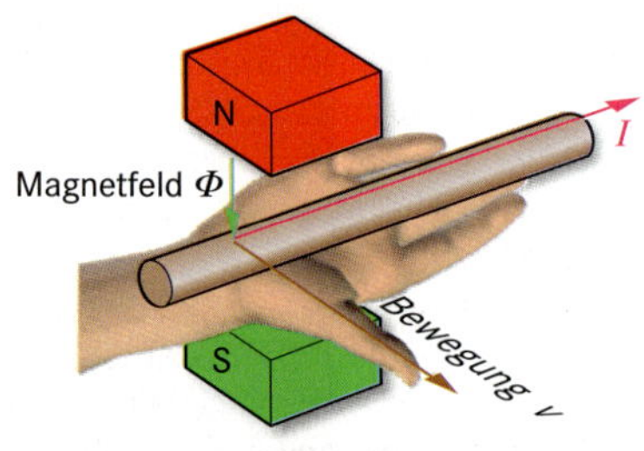

3: Rechte-Hand-Regel (Generatorregel)

AUFGABEN

1. Weisen Sie nach, dass sich bei der Gleichung für die Kraft mit den Einheiten der rechten Seite für U_i eine Spannung ergibt.
2. Was ändert sich in Abb. 1, wenn der Magnet um 180° gedreht wird?

- Die Induktionsspannung eines bewegten Leiters ergibt sich als Produkt aus magnetischer Flussdichte, Leiterlänge, Geschwindigkeit des Leiters und der Leiterzahl.

1.5.4.2 Induktion der Ruhe

Spannungen lassen sich auch in Spulen erzeugen, wenn keine Bewegung des Leiters stattfindet (Induktion der Ruhe [stationary induction]). In Abb. 4 ist dazu ein grundlegender Versuch dargestellt.

Die Spule 1 liegt über einem Einstellwiderstand an einer Gleichspannungsquelle. Weil Gleichstrom durch die Spule 1 fließt (**Primärspule** [primary coil]), entsteht ein konstantes Magnetfeld. Dieses durchsetzt auch die Spule 2 (**Sekundärspule** [secundary coil]). Das Spannungsmessgerät würde in diesem Fall noch keine Induktionsspannung anzeigen. Wenn mit dem Einstellwiderstand die Stromstärke in der Spule 1 jedoch verändert wird, ändert sich das Magnetfeld und in Spule 2 wird eine Spannung induziert (**Transformatorprinzip** [transformer principle], transformare, lateinisch: verwandeln).

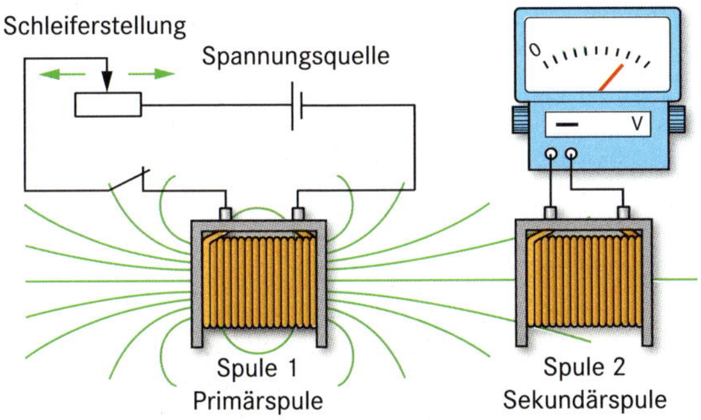

4: Induktion der Ruhe

Verwendet man für die Beschreibung des Ergebnisses physikalische Größen, dann hat sich in der Spule 2 der magnetische Fluss geändert ($\Delta\Phi$). Diese Änderung erfolgte in einer bestimmten Zeit (Zeitänderung Δt). Wenn die Zeitänderung geringer ist, entsteht eine größere Spannung, wenn sie dagegen größer ist (langsame Schleiferbewegung), dann ist die induzierte Spannung geringer. Das Verhältnis dieser beiden Größen kann man als Flussänderungsgeschwindigkeit bezeichnen.

Eine höhere Induktionsspannung in der Sekundärspule erzielt man auch, indem man die Windungszahl N vergrößert. Führt man diese Abhängigkeiten in einer Gleichung zusammen, ergibt sich eine allgemeine Formel für die **Induktionsspannung** u_i [induced voltage] (ohne Berücksichtigung des Vorzeichens).

$$u_i = \frac{N \cdot \Delta\Phi}{\Delta t}$$

- Eine Induktionsspannung entsteht immer dann, wenn sich in einer Spule der magnetische Fluss ändert.
- Die Induktionsspannung ist abhängig von der Flussänderungsgeschwindigkeit und der Windungszahl.

Richtung des Induktionsstromes

Die Richtung des induzierten Stromes lässt sich mit den nachfolgend beschriebenen Versuchen erklären.

Versuch 1
Ein metallener Ring ist beweglich aufgehängt. Er ist als eine einzelne Windung aufzufassen, die kurzgeschlossen ist. Der Dauermagnet wird in Richtung Ring bewegt.

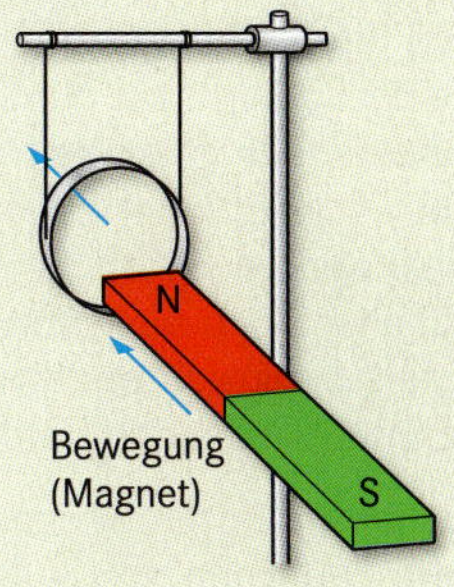

Ergebnis
Der Ring wird abgestoßen.

Erklärung
Durch die Änderung des Magnetfeldes (bewegter Dauermagnet) wird in dem Ring eine Spannung induziert. Diese Spannung erzeugt über den Stromfluss ein Magnetfeld, das dem erzeugenden Magnetfeld entgegen wirkt (Kräfte).

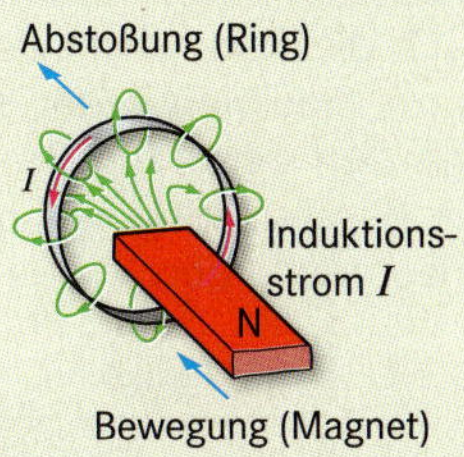

Versuch 2
Der Dauermagnet befindet sich im Innern des Ringes und wird vom Ring wegbewegt.

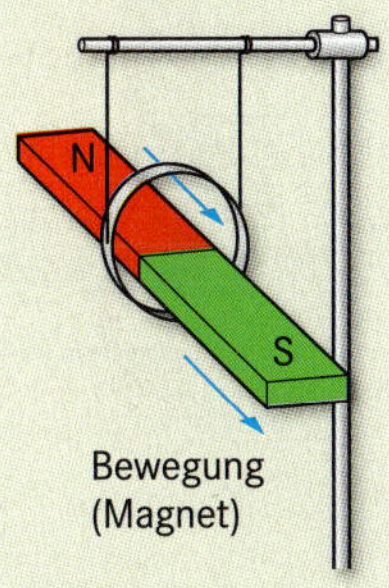

Ergebnis
Der Ring wird angezogen und bewegt sich in Richtung Dauermagnet.

Erklärung
Durch die Änderung des Magnetfeldes (bewegter Dauermagnet) wird in den Ring wieder eine Spannung induziert. Das induzierte Magnetfeld des Ringes ist so gerichtet, dass Anziehung stattfindet. Die Stromrichtung ist also im Vergleich zu Versuch 1 umgekehrt.

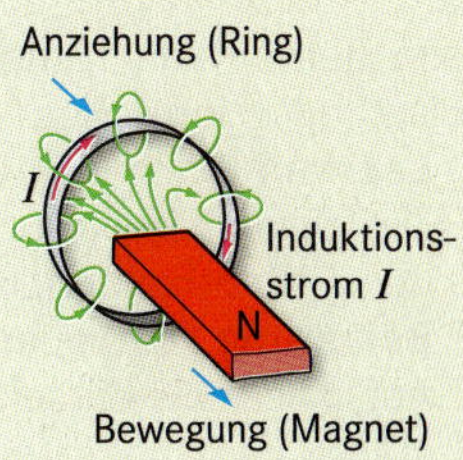

Lenz'sches Gesetz (Heinrich F. E. Lenz, russischer Physiker, 1804-1865)

- Der Induktionsstrom ist stets so gerichtet, dass sein Magnetfeld dem erzeugenden Magnetfeld entgegen wirkt. Die Energie im System bleibt konstant (Energieerhaltung).

Transformator, Aufbau und Funktion

Beim Transformator wird die Induktion der Ruhe angewendet. Ein Transformator besteht dabei mindestens aus zwei Spulen, zwischen denen keine leitende Verbindung besteht (**galvanische Trennung** [galvanic isolation]). Die Eingangsspule wird als Primärspule und die Ausgangsspule als Sekundärspule bezeichnet. Beide Spulen sind durch das Magnetfeld im Eisenkern miteinander gekoppelt. Die Spulen können wie in der Abb. 1 gegenüber liegen. Sie können aber auch übereinander gewickelt sein. Der Aufbau drückt sich im Schaltzeichen aus (Abb. 2). Der Eisenkern kann durch einen senkrechten Strich zwischen den Wicklungen kenntlich gemacht werden.

Transformatoren werden mit Wechselspannung betrieben. Legt man an die Primärspule eine Wechselspannung, dann fließt Strom. Dieser erzeugt einen sich ändernden magnetischen Fluss $\Delta\Phi$ im Eisenkern, der auch die Sekundärspule durchsetzt. Es entsteht also durch Induktion in der Sekundärspule eine Spannung. Wie sich der Transformator dabei verhält, soll durch die Beschreibung von zwei nachfolgenden Versuchen erläutert werden.

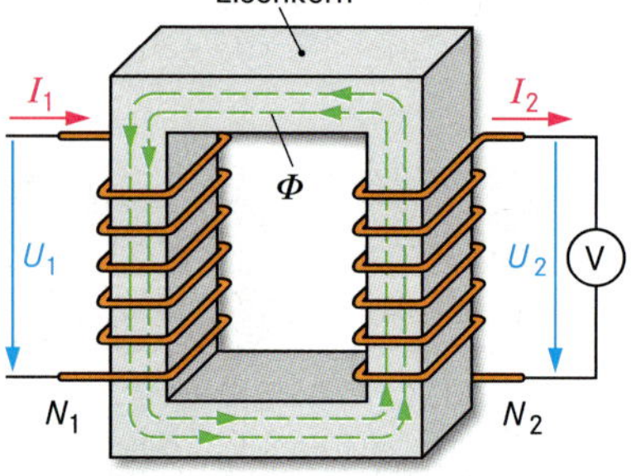

a) Prinzip

b) Klingeltransformator

1: Transformator

Belastungsfälle beim Transformator

Beim Betrieb von Transformatoren kommen folgende Belastungsarten vor:

- **Leerlauf** [no-load operation]
  Die Sekundärwicklung ist unbelastet, eine Spannung ist vorhanden, es fließt aber kein Strom.
- **Belastung** [load operation]
  Auf der Sekundärseite sind Spannung und Stromstärke vorhanden, eine Leistung kann abgegeben werden.
- **Kurzschluss** [short circuit]
  Die Sekundärwicklung ist kurzgeschlossen, die Spannung ist Null und die Stromstärke maximal (z. B. beim Schweißtransformator).

Leerlaufversuch

Die Eingangsspannung wird verändert, die Ausgangsspannung wird jeweils gemessen (Abb. 2). Die Messergebnisse sind in einer Tabelle dargestellt.

Ergebnis:
Die Spannungen und die Windungszahlen sind verhältnisgleich. Das Verhältnis der Spannungen wird als **Übersetzungsverhältnis *ü*** [transmission ratio] bezeichnet.

$$\frac{U_1}{U_2} = \frac{N_1}{N_2} \qquad ü = \frac{U_1}{U_2} \qquad ü = \frac{N_1}{N_2}$$

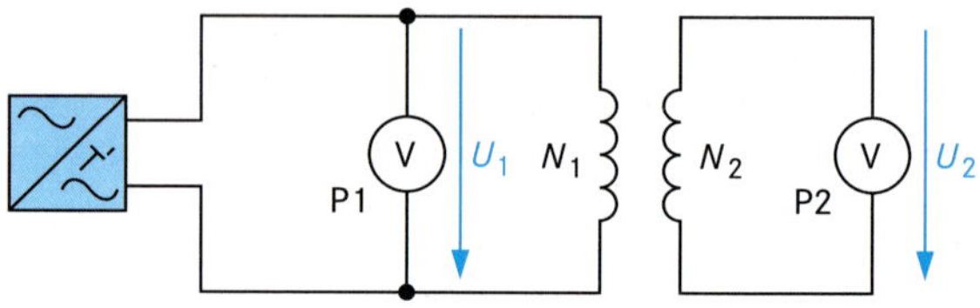

Messergebnisse

N_1	N_2	$\frac{N_1}{N_2}$	U_1 in V	U_2 in V	$\frac{U_1}{U_2}$
4100	262	15,6	50	3,2	15,6
4100	262	15,6	100	6,4	15,6
4100	262	15,6	230	14,7	15,6

2: Transformator im Leerlauf

Belastungsversuch

Der Belastungswiderstand im Sekundärkreis (Abb. 3) wird verändert. Die Eingangs- und Ausgangsstromstärken werden gemessen.

Ergebnis:
Die Stromstärken verhalten sich umgekehrt wie die Windungszahlen. Die Verluste sind dabei vernachlässigbar klein.

$$\frac{I_2}{I_1} = \frac{N_1}{N_2} \qquad ü = \frac{I_2}{I_1}$$

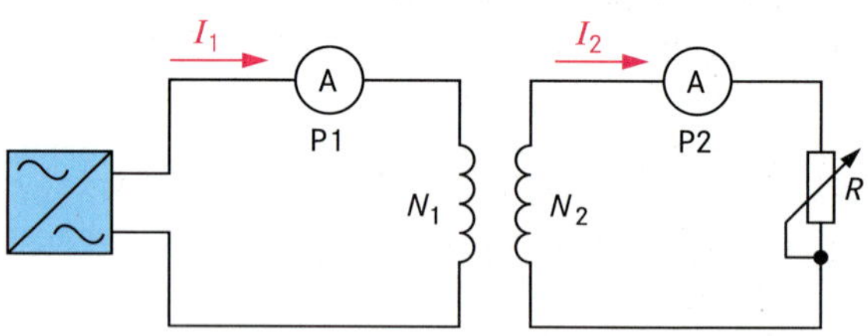

Messergebnisse

N_1	N_2	$\frac{N_1}{N_2}$	I_1 in V	I_2 in V	$\frac{I_2}{I_1}$
4100	262	15,6	0,016	0,25	15,6
4100	262	15,6	0,032	0,5	15,6
4100	262	15,6	0,064	1,0	15,6

3: Transformator bei Belastung

Verluste beim Transformator

Aufgrund der Erwärmung entstehen bei der Übertragung geringe Verluste (Abb. 4). Der Wirkungsgrad des Transformators ist sehr hoch (> 95 %). Unterschieden werden dabei die Verluste durch die Erwärmung der Kupferwicklungen (**Kupferverluste** [copper losses] P_{vCu}) und durch den Eisenkern (**Eisenverluste** [iron losses] P_{vFe}).

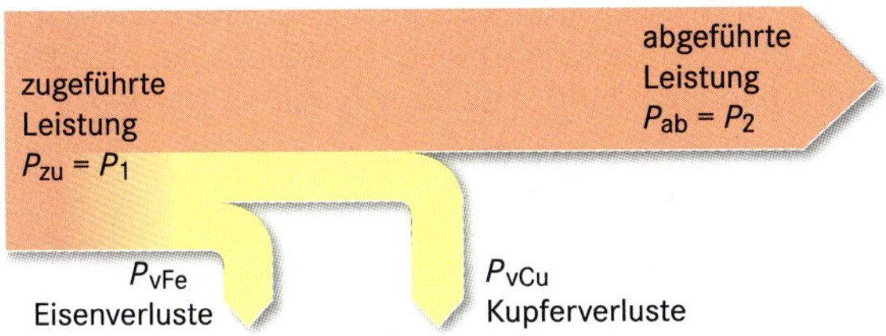

4: Verluste beim Transformator

Die Kupferverluste P_{vCu} entstehen durch den Wirkwiderstand der Kupferwicklungen. Er kann nur durch Kühlung und Querschnittvergrößerung verringert werden.

Die Eisenverluste entstehen durch die Magnetflussänderung $\Delta\Phi$ im Eisen. Da der Eisenkern (Abb. 5 ③) auch ein elektrischer Leiter ist, erzeugt die Flussänderung ① auch im Eisenkern eine Spannung. Diese verursacht die Stromstärke I_{Fe} ohne eine bestimmte Richtung ②. Der Strom wird als **Wirbelstrom** [eddy current] bezeichnet. Dieser erwärmt den Eisenkern und verursacht die Verluste (**Wirbelstromverluste P_{vFe}** [eddy current losses]). Da sich aufgrund des Wechselstromes der magnetische Fluss ständig ändert, kommt es fortwährend zu Ummagnetisierungen. Diese Eisenverluste werden deshalb auch als **Ummagnetisierungsverluste** [total loss mass density] bezeichnet.

Verringern lassen sich die Eisenverluste, wenn man an Stelle eines massiven Eisenkerns gegeneinander isolierte Bleche (**Lamellen** [lamellas]) verwendet (Abb. 5b). Es entstehen zwar auch in den einzelnen Blechen Induktionsströme ②, die sich jedoch auf Grund der gegenseitigen Isolation ④ nicht wie in Abb. 5a zu einem großen Strom vereinigen können.

AUFGABEN

1. Wie ist das Übersetzungsverhältnis des Transformators definiert?
2. Wie verändert sich die Ausgangsspannung beim Transformator, wenn die Windungszahl N_2 verdoppelt wird? U_1 und N_1 sind konstant.
3. Die Netzspannung 230 V soll auf 24 V herunter transformiert werden. Die Eingangswicklung hat 750 Windungen. Berechnen Sie $ü$ und N_2.
4. Zu einem Transformator sind folgende Angaben bekannt:
   U_1 = 230 V bzw. 110 V, N_1 = 1500, N_2 = 600.
   Wie groß sind jeweils $ü$ und U_2?

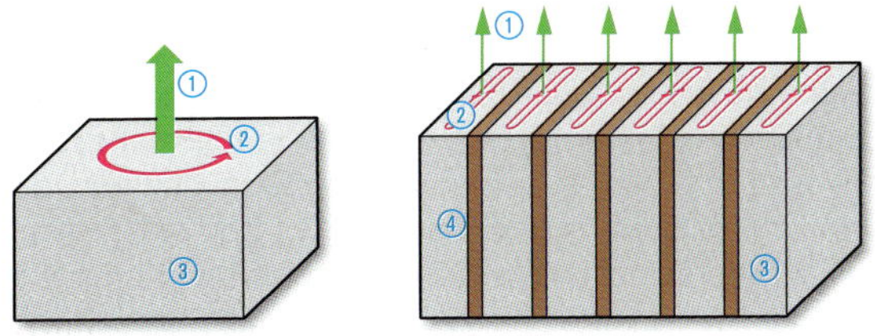

a) Massiver Kern b) Lamellierter Kern

5: Wirbelströme im Eisenkern

Eine weitere Verringerung der Eisenverluste erreicht man, indem man die elektrische Leitfähigkeit des Eisens durch Legierungsbestandteile (z. B. Silizium) verringert (R_{Fe} wird größer). Die Stromstärke in den Lamellen verringert sich.

Transformatoren mit lamellierten Eisenkernen werden im Wesentlichen bei der Netz-Frequenz von 50 Hz eingesetzt. Will man bei höheren Frequenzen, z. B. in Schaltnetzteilen, auch Transformatoren bzw. Spulen einsetzen, sind Eisenbleche ungeeignet, da die Verluste mit der Frequenz zunehmen. Geeignet sind dagegen **Ferrite** [ferrites] (Abb. 6). Es handelt sich bei ihnen um gesinterte Werkstoffe, bei denen Eisenoxide in die gewünschte Form gepresst worden sind. Durch die fein verteilten Eisenatome können sich die induzierten Ströme nicht vereinigen und die Erwärmung fällt geringer aus.

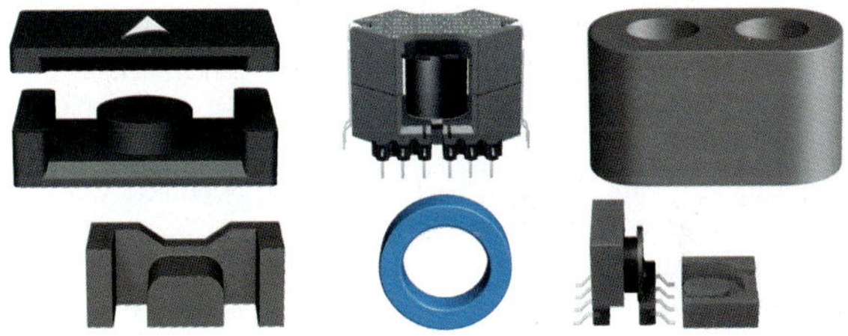

6: Ferrite als Kernmaterial

- Transformatoren bestehen aus Wicklungen und einem Eisenkern. Sie transformieren Wechselspannungen.
- Beim Transformator wird eine Spannung von der Primärspule durch Induktion auf die Sekundärspule übertragen.
- Das Verhältnis der Windungszahlen N_1/N_2 wird als Übersetzungsverhältnis $ü$ bezeichnet.
- Beim Transformator verhalten sich die Spannungen U_1 und U_2 wie die Windungszahlen N_1 und N_2.
- Beim Transformator verhalten sich die Stromstärken umgekehrt wie die Windungszahlen (Verluste nicht berücksichtigt).
- Um die Eisenverluste beim Transformator zu verringern, verwendet man als Kernmaterial gegeneinander isolierte Eisenbleche. Bei höheren Frequenzen werden Ferrite eingesetzt.

1.5.5 Spulen

Spulen bestehen aus einer Kupferwicklung und einem Kern (Abb. 1), auf dem der Leiter aufgewickelt ist. Je nach Anwendungsgebiet ist der Kern massiv oder aus Eisenblechlamellen aufgebaut. Spulen werden z. B. als Vorschaltgeräte für Leuchtstofflampen und in Schaltnetzteilen zur Energiespeicherung eingesetzt. Nun soll das Verhalten von Spulen im Gleichstromkreis erarbeitet werden:

1: Spulen

Spulenverhalten beim Einschalten

Um den Unterschied zwischen einem Stromkreis mit und ohne Spule zu verdeutlichen, verwenden wir die Parallelschaltung in Abb. 2. Zur Anzeige des Stromflusses sind zwei gleiche Glühlampen E1 und E2 verwendet worden. Der Einstellwiderstand *R* wurde vorher bei geschlossenem Schalter so verändert, dass beide Lampen gleich hell leuchten (gleiche Widerstände in beiden Zweigen). Der Schalter wird nun geschlossen und das Verhalten der Lampen beobachtet.

Ergebnis:
Nach dem Schließen des Schalters leuchtet die Lampe E2 sofort auf, die Lampe E1 im Spulenstromkreis leuchtet dagegen verzögert. Sie erreicht erst allmählich ihre maximale Helligkeit.

Erklären lässt sich die ansteigende Helligkeit der Lampe E1 im Stromkreis mit der Spule durch ein langsames Ansteigen der Stromstärke. Da die Betriebsspannung aber sofort anlag, muss ihre Wirkung durch eine Gegenspannung (Selbstinduktionsspannung) behindert worden sein. Die Behinderung war am Anfang groß und am Ende Null. Die Selbstinduktionsspannung beim Einschalten ist demnach so gerichtet, dass sie der angelegten Spannung entgegen wirkt (Lenz'sches Gesetz, s. Kap. 1.5.4.2).

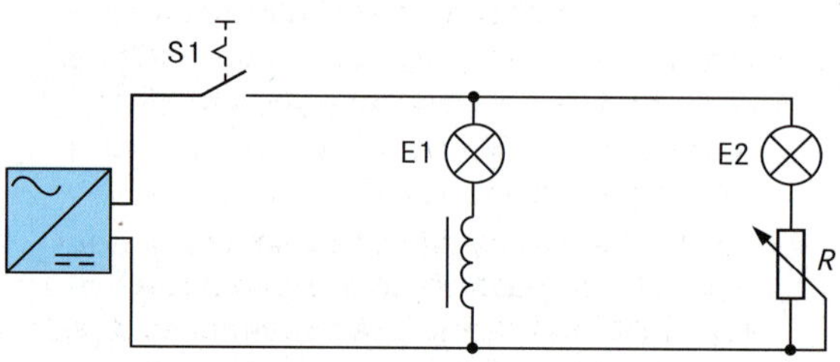

2: Einschaltverhalten bei einer Spule

Spulenverhalten beim Ausschalten

Für die Untersuchung des Verhaltens beim Ausschalten wurde parallel zur Spule eine Glimmlampe geschaltet. Im Glaskörper befinden sich zwei Elektroden, die durch ein Edelgas isoliert sind. Das Gas kann aber bei einer Spannung >100 V elektrisch leitend werden.

Der Schalter wird nun geschlossen (Abb. 3) und anschließend wieder geöffnet.

Ergebnis:
Beim Öffnen des Schalters leuchtet die Glimmlampe kurzzeitig auf.

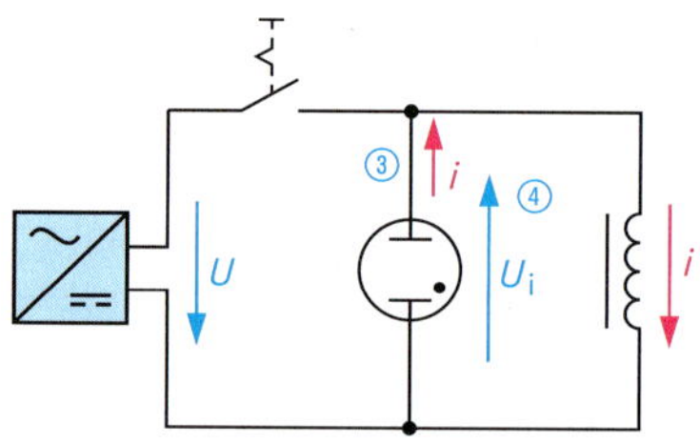

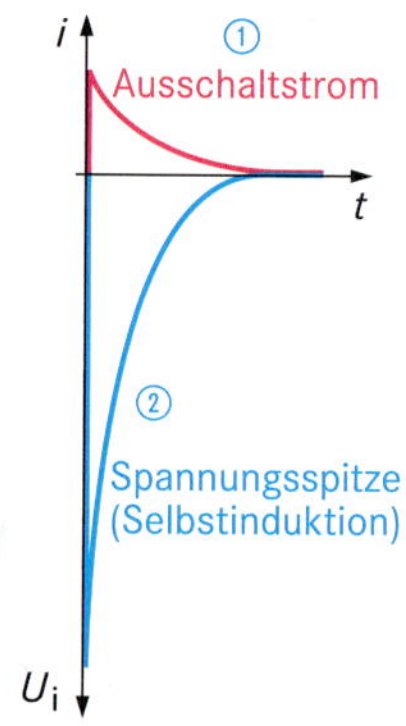

3: Ausschalten der Spule

Auch dieses Ergebnis lässt sich mit Hilfe der Induktionsspannung erklären. Beim Ausschalten ändert sich die Stromstärke i ① in einer kurzen Zeitspanne. Das Magnetfeld „bricht" rasch zusammen (Δt ist klein). An der Spule entsteht eine hohe Induktionsspannung U_i ② (**Selbstinduktionsspannung** [self-induction voltage]).

Da die Glimmlampe kurzzeitig nach dem Abschalten der Spannungsquelle noch leuchtete, ist durch sie weiterhin Strom geflossen, obwohl der Schalter zur Spannungsquelle geöffnet war. Die Spule arbeitete also wie eine Spannungsquelle mit der Induktionsspannung U_i. Der Strom nimmt zwar ab, er fließt aber immer noch durch die Lampe ③ in dieselbe Richtung.

Wenn wir jetzt die Richtung der Induktionsspannung U_i mit der Richtung der angelegten Gleichspannung U vergleichen, stellen wir für U_i eine umgekehrte Richtung fest ④.
Wovon ist die Induktionsspannung abhängig?

Induktionsspannung

Die Spannung hängt von der Stromänderung und den Baugrößen der Spule ab (Abb. 4). Baugrößen sind:
- Windungszahl N
- Kernquerschnitt A
- Feldlinienlänge l
- Kernmaterial mit μ_0, μ_r

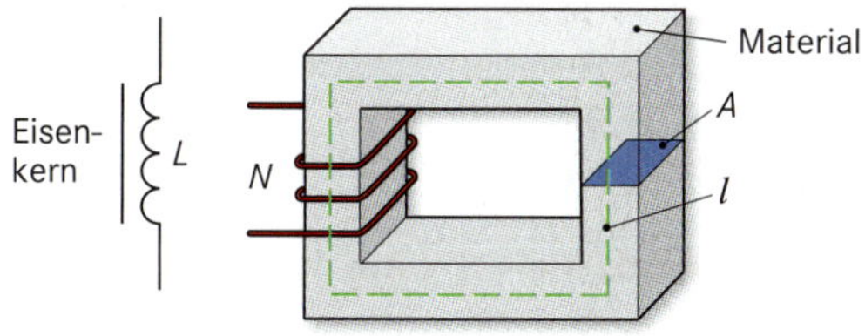

4: Baugrößen einer Spule

Die Abhängigkeiten zwischen den einzelnen Größen lassen sich erklären, wenn der magnetische Fluss und die Induktionsspannung berücksichtigt werden.

- **Windungszahl *N***
Je größer die Windungszahl, desto größer ist der magnetische Fluss: $N\uparrow \Rightarrow \Phi\uparrow \Rightarrow U_i\uparrow$
Genaue Untersuchungen zeigen einen quadratischen Zusammenhang: $U_i \sim N^2$

- **Querschnitt *A***
Je größer der Querschnitt der Spule, durch den der magnetische Fluss hindurch tritt, desto größer ist die Induktionsspannung: $A\uparrow \Rightarrow \Phi\uparrow \Rightarrow U_i\uparrow$

- **Feldlinienlänge *l***
Je länger die Feldlinien, desto geringer ist der magnetische Fluss (größere Behinderung): $l\uparrow \Rightarrow \Phi\downarrow \Rightarrow U_i\downarrow$

- **Kernmaterial**
Die magnetischen Eigenschaften des Kernmaterials werden durch zwei Größen bestimmt.
μ_0: Magnetische Feldkonstante (Luft bzw. Vakuum)
$\mu_0 = 1{,}257 \cdot 10^{-6}$ V·s/(A·m)
μ_r: Permeabilitätszahl (Materie: Eisen, Ferrit, Luft, ...)
Beide lassen sich zur Permeabilität μ zusammenfassen: $\mu = \mu_0 \cdot \mu_r$ $\mu\uparrow \Rightarrow \Phi\uparrow \Rightarrow U_i\uparrow$

Fügt man alle Abhängigkeiten zusammen, ergibt sich eine Formel, mit der man die Eigenschaft der Spule kennzeichnet. Sie wird als **Induktivität *L*** [inductance] bezeichnet. Als Einheit ist **Henry** [henry] (Formelzeichen H) festgelegt worden (Joseph Henry, amerikanischer Physiker, 1797–1878).

$$L = \frac{\mu_0 \cdot \mu_r \cdot N^2 \cdot A}{l} \qquad 1\,\text{H} = \frac{1\,\text{Vs}}{1\,\text{A}}$$

	Formelzeichen	Einheit
Induktivität	*L*	H (Henry)

Einfluss des Kernmaterials

Zur Erhöhung der magnetischen Wirkung in Spulen werden als Kerne Eisenbleche, Eisenlegierungen oder Ferrite (Eisenoxide) verwendet. Den Zusammenhang zwischen dem magnetischen Fluss und der Stromstärke verdeutlicht Abb. 5. Bei geringen Stromstärken steigt der magnetische Fluss zunächst steil an ①. Danach verläuft die Kurve geradlinig ②. Trotz Erhöhung der Stromstärke kommt es nur zu geringen Vergrößerungen des Flusses (**Sättigung** [saturation]). Woran liegt das?

Im Eisen sind Elementarmagnete vorhandenen (s. Kap. 1.5.2). Im Normalzustand sind sie ungeordnet und heben sich gegenseitig in ihrer Wirkung auf. Durch das Magnetfeld (Φ) der stromdurchflossenen Spule (I) werden sie ausgerichtet und erhöhen dadurch die Wirksamkeit der Spule. Im Bereich der Sättigung sind dann alle Elementarmagnete ausgerichtet ③. Der Verlauf ist insgesamt nichtlinear.

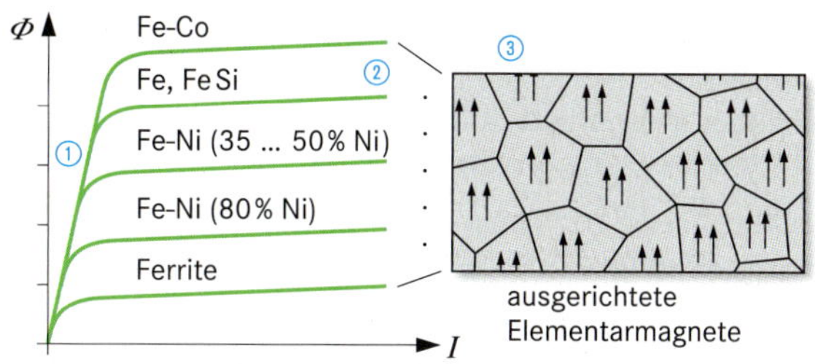

5: Magnetisierungskennlinien

Mathematische Herleitung der Induktivität

- Ausgangsgleichung: Induktionsspannung $u_i = N \dfrac{\Delta\Phi}{\Delta t}$ (Kap. 1.5.4.2)
- Formeln für das magnetische Feld einsetzen. $\Phi = B \cdot A$ $B = \mu_0 \cdot \mu_r \cdot \text{H}$ $H = \dfrac{I \cdot N}{l}$ (Kap. 1.5.2)
- Änderbare Größen zusammenfassen (Δ ...). $u_i = \dfrac{N \cdot \Delta \left(\dfrac{\mu_0 \cdot \mu_r \cdot N \cdot I \cdot A}{l} \right)}{\Delta t}$

Der Faktor vor $\Delta I/\Delta t$ ist die Induktivität. $u_i = \dfrac{\mu_0 \cdot \mu_r \cdot N^2 \cdot A}{l} \cdot \dfrac{\Delta I}{\Delta t}$

AUFGABEN

1. Ein Relais wird in einem Gleichstromkreis betrieben. Gegen welche Gefahren muss das Relais geschützt werden?
2. Beschreiben Sie das Widerstandsverhalten einer Spule nach dem Einschalten im Gleichstromkreis.

- Wenn bei einer Spule im Gleichstromkreis der Strom unterbrochen wird, entsteht eine hohe Spannungsspitze. Sie hat im Vergleich zur ursprünglich angelegten Spannung eine umgekehrte Richtung.
- Beim Einschalten einer Spule im Gleichstromkreis steigt durch die Selbstinduktionsspannung die Stromstärke allmählich an.
- Die Induktivität *L* der Spule beeinflusst die Größe der Selbstinduktionsspannung. Sie hängt von den Baugrößen der Spule ab.

1.6 Wechselspannung

1.6.1 Wechselspannungserzeugung

Wechselspannungen werden in industriellen Generatoren erzeugt (s. Kap. 8.3.1). Angewendet wird dabei das Induktionsgesetz (s. Kap. 1.5.4.1). In einen elektrischen Leiter wird eine Spannung induziert, wenn sich der magnetische Fluss ändert.

In Abb. 1 sind die wesentlichen Komponenten eines Wechselspannungsgenerators dargestellt. Die Leiterschleife rotiert in einem homogenen (gleich bleibenden) Magnetfeld. An diesem Modell soll die Spannungsentstehung erläutert werden.

In Abb. 2 sind dazu vier verschiedene Leiterpositionen dargestellt. Aus Gründen der Übersicht sind nur die Leiterschleife im Schnitt und das sie durchdringende Magnetfeld eingezeichnet worden.

Abb. 2a zeigt die Anfangsstellung. Darunter befinden sich die Stellungen jeweils um 30° weiter gedreht. An den verschiedenen Fällen erkennt man, dass sich die Fläche, durch die der magnetische Fluss hindurch tritt, kontinuierlich verkleinert. Die wirksame Fläche ist in der Zeichnung als rote Linie dargestellt worden.

Der magnetische Fluss lässt sich mit der Formel $\Phi = B \cdot A$ (s. Kap. 1.5.1) ermitteln. Da sich die Leiterschleife in einem homogenen Feld bewegt, bleibt die magnetische Flussdichte B konstant. Es ändert sich aber die Fläche entsprechend der Kosinusfunktion:

$A = l_1 \cdot l_2 \cdot \cos \alpha$

Entsprechend ändert sich auch der magnetische Fluss Φ. Bei 0° ist er maximal ($\cos 0° = 1$), danach nimmt er entsprechend der Kosinusfunktion ab.

Für die induzierte Spannung ist aber nicht der magnetische Fluss, sondern die Flussänderung verantwortlich:

$u_i = N \cdot (\Delta\Phi / \Delta t)$

Die Änderungen sind in den Liniendiagrammen der Abb. 2 durch rote Pfeile dargestellt ①. Die Änderung ist bei 0° am kleinsten und bei 90° am größten ②. Trägt man jetzt wie in Abb. 3 die Änderungen in Abhängigkeit vom Drehwinkel α in ein Diagramm ein, ergibt sich eine sinusförmige Spannung. Sie beginnt bei 0°

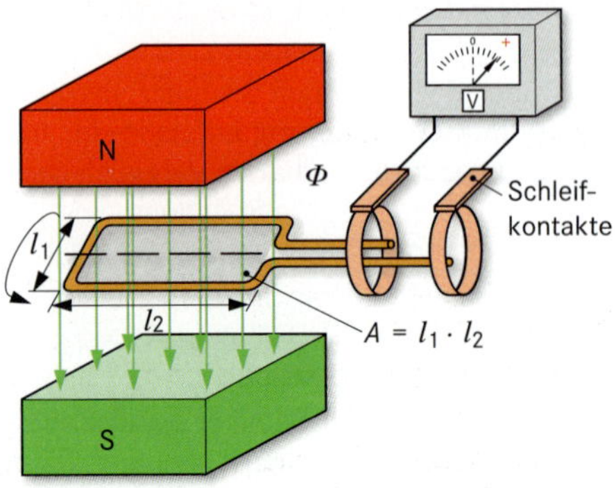

1: Generatormodell

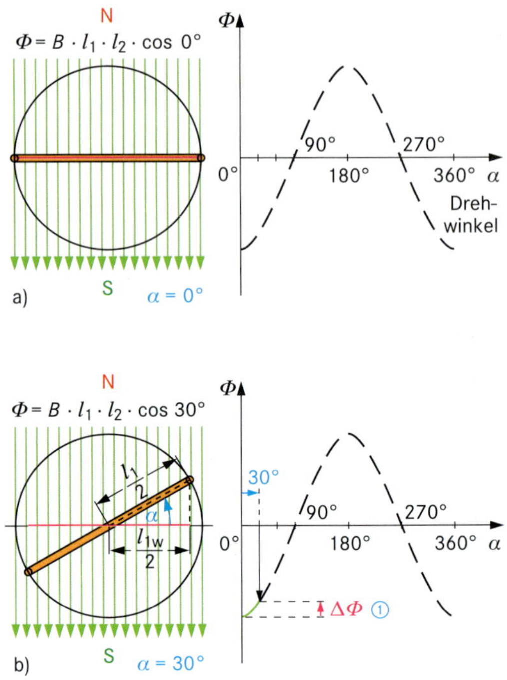

$$\cos\alpha = \frac{\frac{l_{1w}}{2}}{\frac{l_1}{2}}$$

$$l_{1w} = l_1 \cdot \cos\alpha$$

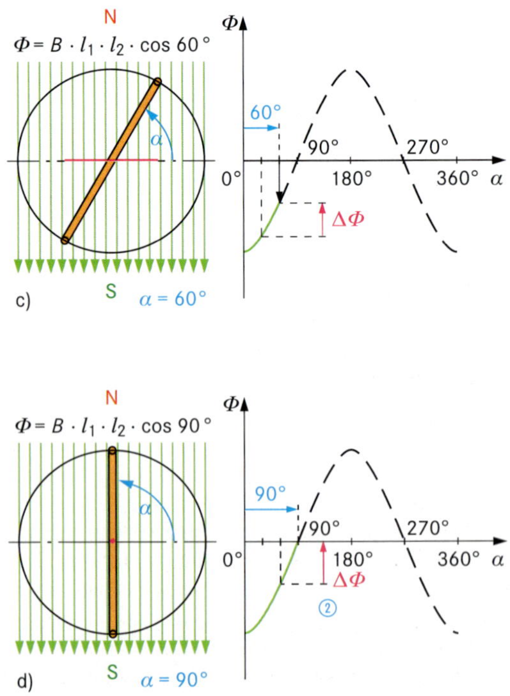

2: Spannungsentstehung

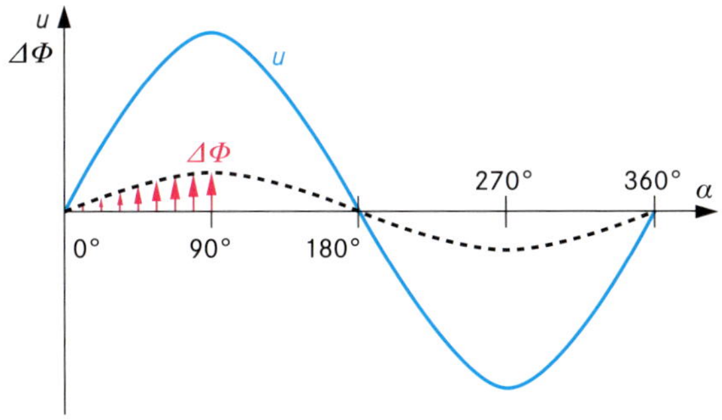

3: Spannung durch Flussänderung

und besitzt bei 90° ihren Maximalwert. Der Beginn des magnetischen Flusses ist in Abb. 2a maximal und negativ dargestellt worden. Während einer Umdrehung (0° bis 360°) ändert sich damit die Richtung des Flusses und somit auch die Spannungsrichtung (Abb. 3). Es entsteht eine Wechselspannung mit positiven und negativen Anteilen.

Winkelfunktionen

Winkelfunktionen (trigonometrische Funktionen [trigonometric functions]) sind Seitenverhältnisse in einem rechtwinkligen Dreieck.

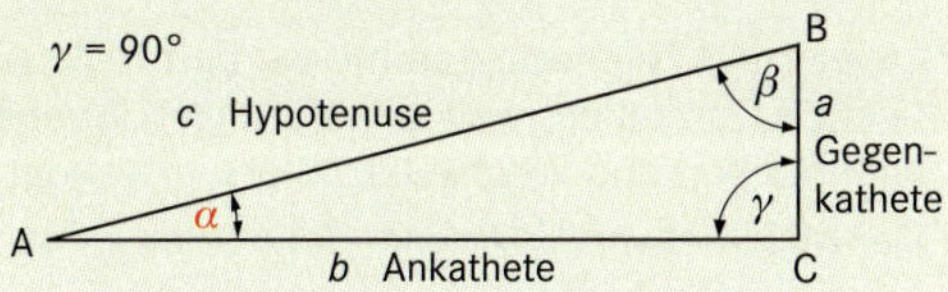

Bezeichnung	**Winkel α**
Sinus = $\frac{\text{Gegenkathete}}{\text{Hypotenuse}}$	$\sin\alpha = \frac{a}{c}$
Kosinus = $\frac{\text{Ankathete}}{\text{Hypotenuse}}$	$\cos\alpha = \frac{b}{c}$
Tangens = $\frac{\text{Gegenkathete}}{\text{Ankathete}}$	$\tan\alpha = \frac{a}{b}$

AUFGABE

1. In einer Leiterschleife mit $N = 1$ ändert sich der magnetische Fluss in 5 ms von $\Phi_1 = 15$ Vs auf $\Phi_2 = 19$ Vs gleichmäßig. Wie groß ist die induzierte Spannung?

- Bewegt man eine Leiterschleife in einem homogenen Magnetfeld auf einer Kreisbahn, dann entsteht eine sinusförmige Spannung.
- Wenn sich eine rotierende Leiterschleife in einem homogenen Magnetfeld um 360° dreht, ändert sich die Richtung des magnetischen Feldes. Dementsprechend besitzt die induzierte Wechselspannung positive und negative Anteile.

1.6.2 Darstellung und Kenngrößen

Bei der Darstellung der Wechselspannung wurden die Winkel bisher im **Gradmaß** [degree measure] angegeben (Abb. 3). Der Kreisumfang wird dabei in 360 gleichgroße Teile eingeteilt. Ein einzelnes Teil ist dann 1 Grad. In der Elektrotechnik ist neben dem Gradmaß auch die Winkelangabe im Bogenmaß üblich. Ein Winkel im **Bogenmaß** [radian measure] ist dann das Verhältnis des Bogenstücks zum Radius (Abb. 4). Da im Zähler und im Nenner die Einheiten Meter stehen, ist die Einheit des Winkels eine Zahl (bzw. 1). Es ist aber auch üblich, die Einheit rad (**Radiant** [radian]) zu verwenden. Zwischen den Winkeln im Gradmaß und Bogenmaß gibt es die in Abb. 4 dargestellten Beziehungen.

Winkel im Bogenmaß	Formelzeichen	Einheit
	α_B	1, rad (Radiant)

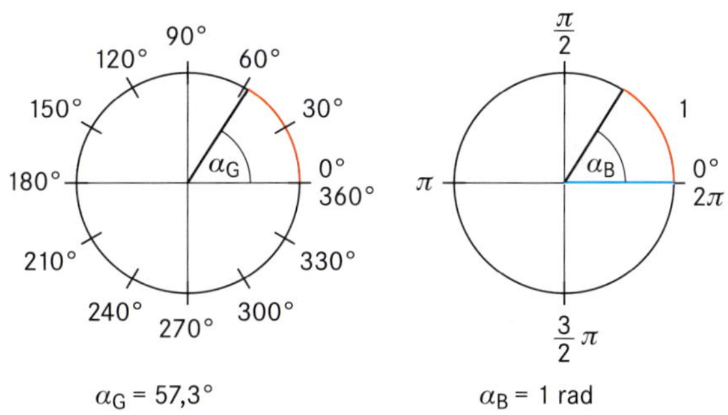

$$\frac{\alpha_G}{\alpha_B} = \frac{360°}{2 \cdot \pi} \qquad \frac{\alpha_G}{\alpha_B} = \frac{57{,}3°}{1\ \text{rad}}$$

$$\frac{\alpha_B}{\alpha_G} = \frac{2 \cdot \pi}{360°} \qquad \frac{\alpha_B}{\alpha_G} = 0{,}01745\ \frac{1\ \text{rad}}{1°}$$

4: Winkelangaben

Die in Abb. 3 dargestellte sinusförmige Wechselspannung ist eine Schwingung. Bei 360° beginnt die Kurve aufs Neue. Diesen Vorgang nennt man periodisch. Die Zeit für einen Durchlauf nennt man deshalb **Periodendauer *T*** [period duration].

Der Drehwinkel α ist eine zeitabhängige Größe. Wenn ein Vollwinkel von 360° durchlaufen wurde, ist die Zeit für eine Periode verstrichen. Es gilt deshalb:

$$360° \mathrel{\hat{=}} 1\,T \qquad 2\pi \mathrel{\hat{=}} 1\,T$$

Periodendauer	Formelzeichen	Einheit
	T	s (Sekunde)

- Winkelangaben können im Grad- oder Bogenmaß angegeben werden.
- Beim Bogenmaß wird der Kreisumfang in Teile von 2π eingeteilt.
- Die Periodendauer T einer Wechselspannung gibt die Zeitdauer für eine Schwingung an.

Diagramme für Wechselspannungen und Wechselströme

Für die Darstellung von Wechselspannungen und Wechselströmen werden verschiedene Diagramme verwendet. Bei einem **Zeigerdiagramm** [vector diagram] (Abb. 1) für eine Spannung wird diese durch einen Zeiger dargestellt, den man sich rotierend ① vorstellen kann (Einheitskreis). Die Länge des Zeigers entspricht dem Maximalwert (**Amplitude** [amplitude]) $\hat{u}$ ② der Spannung (sprich: *u*-Dach).

Den **Momentanwert** [instantaneous value] (augenblicklicher Wert) erhält man durch Projektion des Zeigers auf die Ordinatenachse (z. B. u_3 ③). Für Momentanwerte werden Kleinbuchstaben verwendet.

Eine vollständige Umdrehung des Zeigers entspricht dem Winkel von 360° im Gradmaß oder $2 \cdot \pi$ im Bogenmaß bzw. einer Zeit für eine Periode *T*.

Bei einem **Liniendiagramm** [line diagram] werden die Spannungen bzw. Stromstärken in Abhängigkeit vom Winkel oder der Zeit dargestellt. Es entsteht eine winkel- bzw. zeitabhängige Linie (Sinus- oder Kosinuskurve), die dem genauen Verlauf der Wechselgröße entspricht:

- Ordinate (y-Achse) mit Spannung bzw. Stromstärke
- Abszisse (x-Achse) mit Winkel oder Zeit

Die Maximalwerte (positive und negative Amplituden) $\hat{u}$ ④ bzw. $\hat{i}$ sowie die Momentanwerte erhält man durch eine Projektion des jeweiligen Kurvenwertes auf die Ordinatenachse ⑤.

Die Zeit für einen vollständigen Kurvenverlauf ist auch hier die Periodendauer *T* ⑥. Diese Zeit entspricht dem Winkel von 360° im Zeigerdiagramm.

Neben der Periodendauer wird auch die **Frequenz *f*** [frequency] zur Kennzeichnung von Wechselspannungen verwendet. Ihre Einheit ist **Hertz** [hertz] (Heinrich Hertz, deutscher Physiker, 1857–1894). Sie gibt die Anzahl der Perioden an, die in einer Sekunde ablaufen. Bei unserer Netzwechselspannung geschieht dies 50mal. Zwischen der Periodendauer und der Frequenz gibt es somit folgenden Zusammenhang:

$$\text{Frequenz} = \frac{\text{Anzahl der Perioden}}{\text{Zeit für diese Perioden}}$$

	Formelzeichen	Einheit
Frequenz	*f*	Hz (Hertz)

Legt man eine Periode zugrunde, erhält man für die Frequenz folgende Gleichung:

$$f = \frac{1}{T} \qquad 1\ \text{Hz} = \frac{1}{\text{s}} = \text{s}^{-1}$$

Anstelle der Perioden pro Zeit kann auch der überstrichene Winkel zu der jeweiligen Zeit in Beziehung gesetzt werden. Da die Frequenz aus der Kreisbewegung abgeleitet wird, bezeichnet man sie als **Kreisfrequenz ω** [angular frequency].

- Linien- und Zeigerdiagramme werden zur grafischen Darstellung von sinusförmigen Wechselspannungen und Wechselströmen verwendet.
- Der Maximalwert $\hat{u}$ (Amplitude) ist der größtmögliche Wert einer Wechselspannung.
- Der Augenblickswert *u* (Momentanwert) ist der Wert, der im betrachteten Zeitpunkt vorhanden ist.
- Die Frequenz gibt an, wie viele Perioden in einer Sekunde ablaufen.

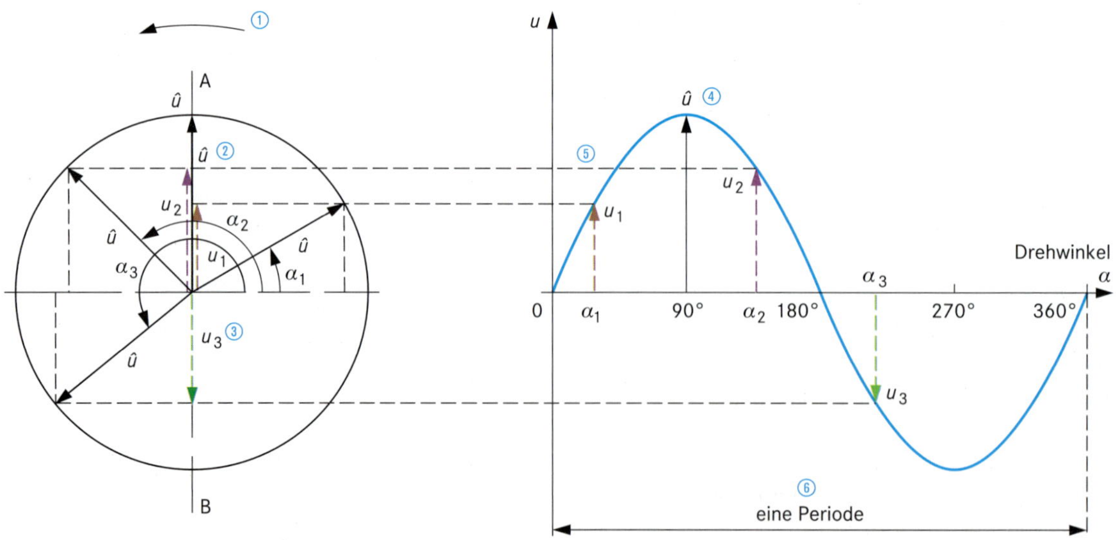

1: Linien- und Zeigerdiagramm

Legt man für die überstrichenen Winkel einen Vollwinkel von 360° bzw. $2 \cdot \pi$ zugrunde, muss für die Zeit die Periodendauer T verwendet werden. Wenn man als Winkel das Bogenmaß einsetzt, erhält man:

$$\omega = \frac{2\pi}{T} \qquad \omega = 2\pi \cdot f$$

	Formelzeichen	Einheit
Kreisfrequenz	ω	1/s (1 durch Sekunde)

Gleichung der sinusförmigen Wechselspannung

Der Kurvenverlauf der Augenblickswerte der Wechselspannung in Abb. 1 lässt sich mathematisch ausdrücken. Da es sich um eine Sinusfunktion handelt, gilt:

$$u = \hat{u} \cdot \sin \alpha$$

Der Winkel α ist von der Zeit abhängig. Aus diesem Grunde ist es erforderlich, die Zeit mit einzubeziehen. Außerdem ist es bei der mathematischen Darstellung üblich, das Bogenmaß zu verwenden.

$$\frac{\alpha}{t} = \frac{2\pi}{T} \qquad \frac{\text{Vollwinkel im Bogenmaß}}{\text{Periodendauer}}$$

$$\alpha = \frac{2\pi \cdot t}{T} \qquad \frac{1}{T} = f$$

$$\alpha = 2\pi \cdot f \cdot t \qquad 2\pi \cdot f = \omega$$

$$\alpha = \omega \cdot t$$

Mit der letzten Beziehung erhält man dann folgende allgemeine Gleichung für die sinusförmige Spannung:

$$u = \hat{u} \cdot \sin \omega \cdot t$$

- Mit der Kreisfrequenz gibt man den Winkel im Bogenmaß an, den ein Zeiger pro Sekunde überstrichen hat.

Addition sinusförmiger Spannungen

In Abb. 2 sind beispielsweise zwei Spannungsquellen gleicher Frequenz mit $\hat{u}_1$ = 25 V und $\hat{u}_2$ = 15 V in Reihe geschaltet. Sie sind um 90° gegeneinander verschoben (**Phasenverschiebung** [phase shift]). Es soll nun die Gesamtspannung u_g ermittelt werden.

- **Lösung mit dem Liniendiagramm**

Die Spannungsverläufe für u_1 und u_2 sind in Abb. 2 einzeln dargestellt. Im Nullpunkt ① sind u_1 = 0 V und u_2 = 15 V. Die Gesamtspannung erhält man durch Addition dieser Momentanwerte, sie beträgt u_g = 15 V. Bei der Winkelstellung von α = 45° ② sind u_1 = 17,7 V und u_2= 10,6 V. Es ergibt sich daraus eine Gesamtspannung von u_g = 28,3 V ③.

Dieses Verfahren lässt sich fortführen, bis genügend Punkte zum Zeichnen der neuen Kurve zur Verfügung stehen. Das Verfahren ist zeitaufwändig.

- **Lösung mit dem Zeigerdiagramm**

Die Amplituden der einzelnen Spannungen werden in ein rechtwinkliges Diagramm als Zeiger mit ihren Phasenverschiebungen eingezeichnet. Man verschiebt dann u_2 an die Spitze von u_1 ④, sodass sich ein rechtwinkliges Dreieck ergibt. Die Hypotenuse ist dann die Amplitude der Gesamtspannung u_g ⑤. Auch diesen neuen Zeiger muss man sich rotierend vorstellen. Will man jetzt bei einer bestimmten Winkelstellung den Momentanwert von u_g ermitteln, liest man den Projektionswert an der Ordinate ab.

- Ein Zeigerdiagramm ist ein rechtwinkliges Koordinatensystem, in dem Spannungen bzw. Stromstärken mit ihren jeweiligen Phasenlagen als Zeiger dargestellt werden.
- In einem Zeigerdiagramm lassen sich Wechselspannungen addieren, indem man die Zeiger entsprechend ihren Phasenlagen zusammenfügt. Die neue Seite des Dreiecks ist dann die Gesamtspannung.

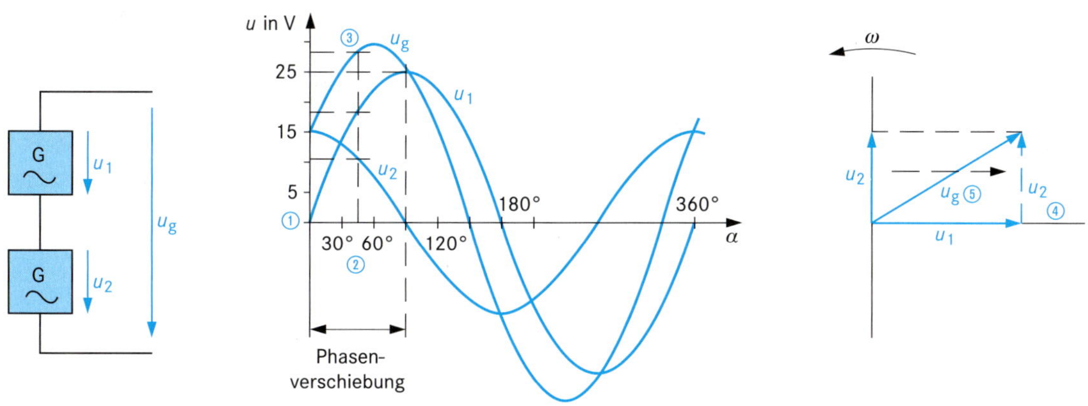

2: Addition phasenverschobener Spannungen

1.6.3 Effektivwerte

Obwohl sich die Größen und die Richtungen von Wechselspannungen und Wechselströmen ständig ändern, werden oft feste Werte verwendet. Sie werden als **Effektivwerte** [root mean square value] bezeichnet und sind kleiner als die Maximalwerte. Effektivwerte werden wie Gleichstromwerte durch Großbuchstaben gekennzeichnet. Möglich ist auch die Kennzeichnung durch die Indizes eff (U_{eff}) oder rms, (U_{rms}, englischer Sprachraum).

Die für die Haushalte zur Verfügung gestellte Wechselspannung von 230 V ist ein Effektivwert. Der Maximalwert der Spannung beträgt 325 V. Den Unterschiedsfaktor erhält man, wenn man den Maximalwert durch den Effektivwert dividiert: 325 V/ 230 V = 1,413

Der genaue Wert ist die irrationale Zahl $\sqrt{2}$ =1,414. Somit lässt sich der Zusammenhang zwischen Maximalwert und Effektivwert durch folgende allgemeine Formeln ausdrücken:

$$\hat{u} = \sqrt{2} \cdot U \qquad \hat{\imath} = \sqrt{2} \cdot I$$

$$\frac{1}{\sqrt{2}} = 0{,}707$$

$$U = 0{,}707 \cdot \hat{u} \qquad I = 0{,}707 \cdot \hat{\imath}$$

Der Effektivwert lässt sich mit Hilfe der Leistung im Wechselstromkreis herleiten (Abb. 1). Die Leistung ist zu jedem Zeitpunkt das Produkt aus Spannung und Stromstärke. Da diese Werte aber nicht konstant sind, ändert sich die Leistung ständig. Die Abb. 1 zeigt dazu die grafisch ermittelte Leistung an einem Widerstand im Wechselstromkreis. Für jeden Zeitpunkt ist die Leistung mit der Formel $p = u \cdot i$ ermittelt und in Abhängigkeit von der Zeit dargestellt worden.

Die Leistung ist am Widerstand R immer dann maximal, wenn Stromstärke und Spannung ebenfalls maximal sind. Dies ist bei $T/4$, $(3/4) \cdot T$ usw. der Fall. Die Leistung ist Null, wenn Stromstärke und Spannung ebenfalls Null sind (bei $0T$, $T/2$, $1T$ usw.). Sie pendelt also zwischen den Werten 0 W und 500 W hin und her.

Wenn die Spannung negativ wird (Abb. 1 ①), dann bedeutet dies lediglich, dass die Polarität gewechselt hat. Die Spannung verursacht nun einen Strom in umgekehrter Richtung. Beide Größen sind negativ. Die Leistung ist jedoch positiv ②, da auch in diesem Bereich Energie in Form von Wärme abgegeben wird. Außerdem werden zwei negative Werte miteinander multipliziert, sodass auch im mathematischen Sinne ein positiver Wert entsteht.

Für die insgesamt in Wärme umgesetzte elektrische Energie ist nicht die Spitzenleistung entscheidend,

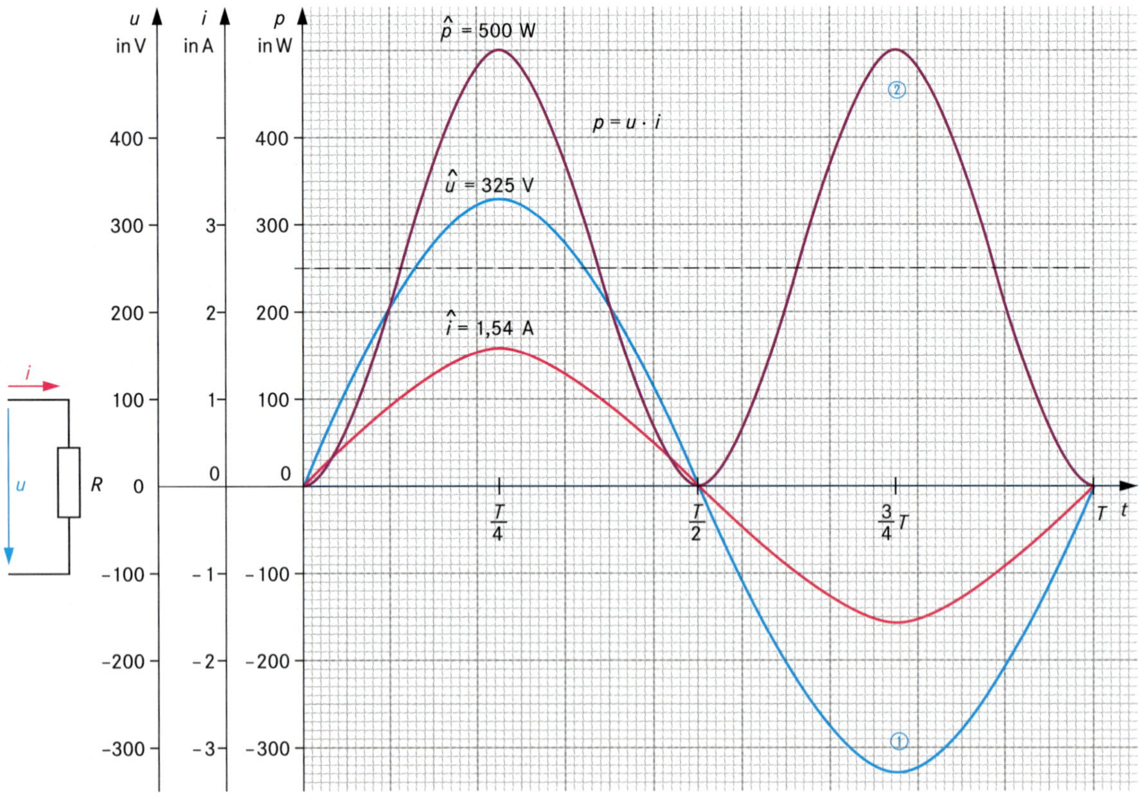

1: Leistung im Wechselstromkreis

sondern die mittlere Leistung während einer Periode. Dieser Wert lässt sich bestimmen, indem man grafisch die Spitzen der Leistung in die Minima klappt (Abb. 2 ③). Eine Wechselspannung und eine Stromstärke mit den Scheitelwerten von 325 V und 1,54 A erzeugen somit eine mittlere Leistung (effektive Leistung) von 250 W. Will man diese berechnen, dann muss man anstelle der Maximalwerte die kleineren Effektivwerte einsetzen: 230 V · 1,087 A = 250 W

Diese Leistung von 250 W könnte auch mit einer Gleichspannung und einem Gleichstrom erreicht werden (Abb. 2 ④). Die Werte müssten dann ebenfalls 230 V und 1,087 A betragen. Effektivwerte entsprechen also Gleichspannungen oder Gleichstromstärken, die den gleichen Effekt erzielen.

Mit diesen Beziehungen lässt sich folgende Berechnungsformel für die Wechselstromleistung herleiten:

$$P = \frac{\hat{p}}{2} \qquad \hat{p} = \hat{u} \cdot \hat{\imath} \qquad \hat{u} = \sqrt{2} \cdot U \qquad \hat{\imath} = \sqrt{2} \cdot I$$

$$2 = \sqrt{2} \cdot \sqrt{2}$$

$$P = \frac{\hat{u} \cdot \hat{\imath}}{2} \Rightarrow P = \frac{\sqrt{2} \cdot U \cdot \sqrt{2} \cdot I}{\sqrt{2} \cdot \sqrt{2}}$$

$$P = U \cdot I$$

AUFGABE

1. Der Effektivwert der Spannung zwischen den Außenleitern (z. B. L1 und L2) beträgt 400 V. Ermitteln Sie den Spitzenwert der Spannung.

- Effektivwerte von Wechselspannungen und Wechselströmen entsprechen den Gleichspannungen und Gleichströmen, die die gleiche Leistung erzeugen. Sie haben denselben Effekt.

1.6.4 Nichtsinusförmige Wechselspannungen

Bei den bisherigen Betrachtungen sind wir bei Wechselspannungen von reinen Sinusformen ausgegangen. In der Realität ist es jedoch so, dass durch zahlreiche Geräte, wie z. B. Schaltnetzteile und elektronische Vorschaltgeräte (vgl. Kap. 5.8.3), Störungen in das Energieversorgungsnetz eingespeist werden. Dabei kann es wie in Abb. 3 zu Verformungen der Spannungskurve kommen.

Der Effektivwert der Netzwechselspannung auf dem Bildschirm des Oszilloskops wird direkt angezeigt und beträgt 222,1 V. Die Kurve ist aber stark abgeflacht und durch kleine Störungen insgesamt „ausgefranst". Der Spitzenwert kann über den angegebenen Maßstab (100 V/d) abgelesen werden. Er beträgt danach etwa 300 V.

Die in das Netz eingespeisten Störungen kann man sich als zusätzliche Wechselspannungen vorstellen, deren Frequenzen ein Vielfaches der Netzfrequenz von 50 Hz sind. Der Gesamtverlauf ist dann **nichtsinusförmig** [non-sinusoidal].

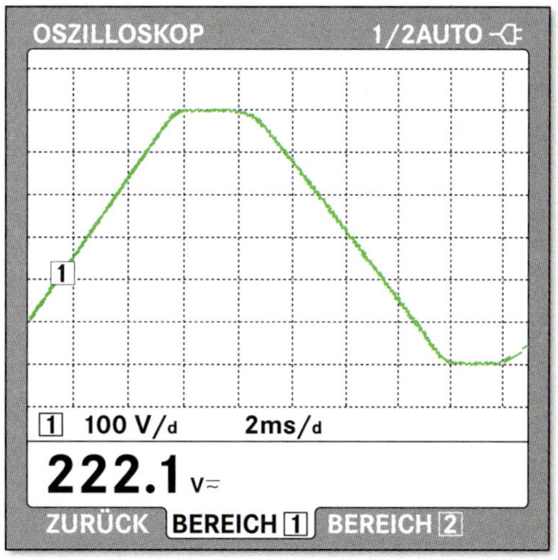

3: Spannungsverlauf einer Netzwechselspannung

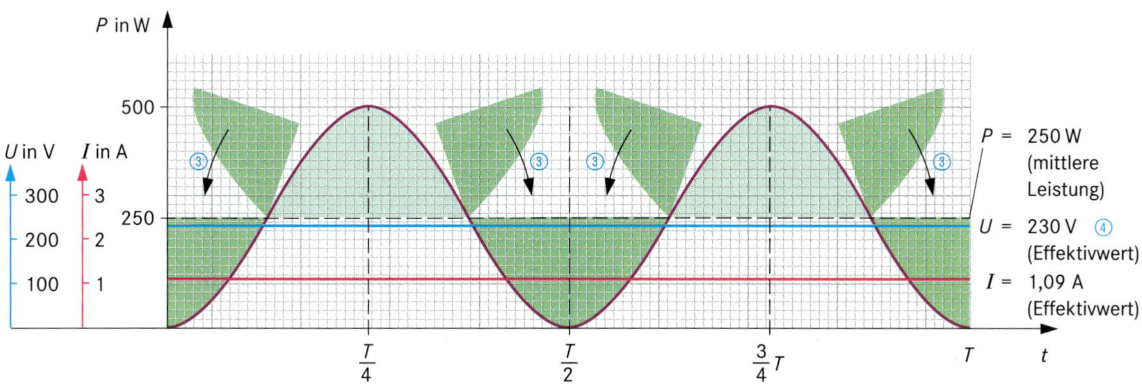

2: Ermittlung der mittleren Leistung und der Effektivwerte im Wechselstromkreis

Als Beispiel für eine nichtsinusförmige Spannung dient der Kurvenverlauf in Abb. 1. Die Spitzen sind wellenförmig verzerrt. Wie sind sie entstanden?

Die Gesamtspannung kann man sich als Addition aus drei einzelnen sinusförmigen Spannungen mit unterschiedlichen Amplituden und Frequenzen vorstellen (Abb. 2). Als Frequenzen kommen 50 Hz (Grundschwingung der Netzfrequenz) und zwei Frequenzen vor, die ein Vielfaches der Grundschwingung sind. Man bezeichnet sie deshalb als **Oberschwingungen** [harmonics] der Grundschwingung oder auch kurz als **Harmonische**. Sie werden mit fortlaufenden Ziffern versehen.

Im Einzelnen besteht die nichtsinusförmige Spannung in Abb. 1 aus folgenden Schwingungen:
- Grundschwingung 50 Hz, $\hat{u}$ = 300 V
- 3. Oberschwingung 150 Hz, $\hat{u}$ = 98 V
- 5. Oberschwingung 250 Hz, $\hat{u}$ = 60 V

Die hier vorgenommene Analyse der nichtsinusförmigen Spannung bezeichnet man als **Fourier-Analyse** [Fourier analysis] (Joseph Fourier, französischer Mathematiker, 1768–1830). Sie lässt sich auf alle nichtsinusförmigen Größen anwenden.

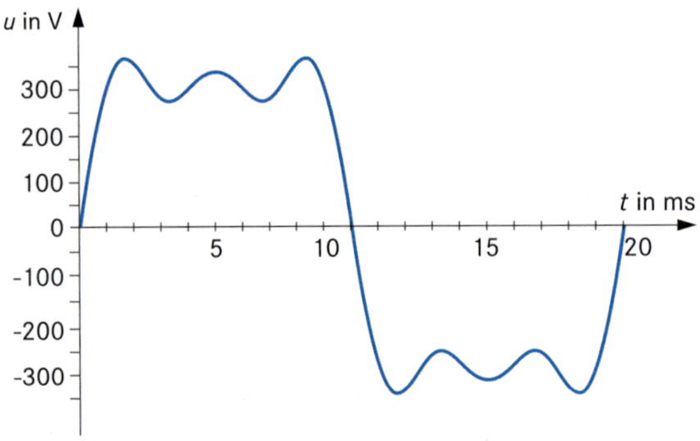

1: Beispiel einer nichtsinusförmigen Wechselspannung

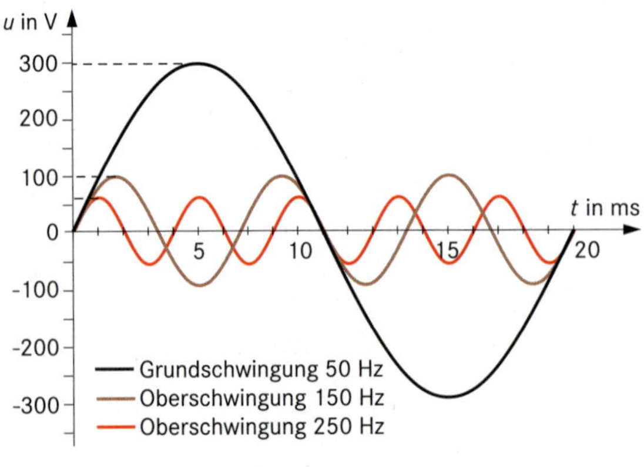

2: Analyse-Ergebnis der Wechselspannung aus Abb. 1

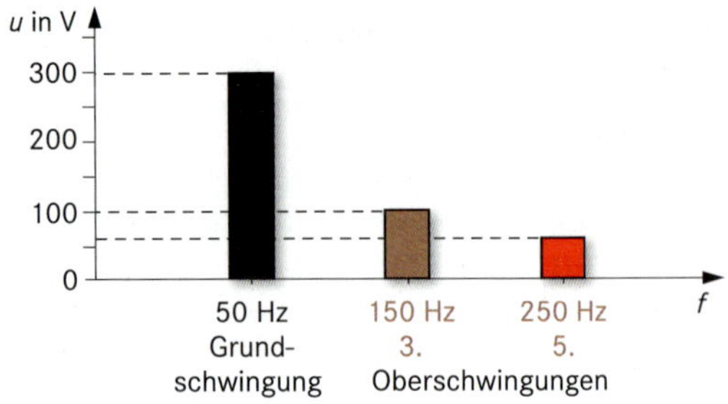

3: Frequenzspektrum der Wechselspannungen aus Abb. 2

An dem Ergebnis der Analyse sind von besonderem Interesse die Amplituden und die Frequenzen der Schwingungen. Man verwendet deshalb zur Darstellung in der Regel nicht Liniendiagramme, sondern Diagramme, bei denen nur diese beiden Größen vorkommen. Ein Diagramm dieser Art bezeichnet man als **Frequenzspektrum** [frequency spectrum]. In Abb. 3 sind die drei Schwingungen aus Abb. 2 als Frequenzspektrum dargestellt.

Mit Messgeräten können diese Frequenzspektren abgebildet werden. In Abb. 4 ist beispielsweise das Frequenzspektrum eines nichtsinusförmigen Stromes dargestellt. Was kann man aus der Darstellung ablesen?

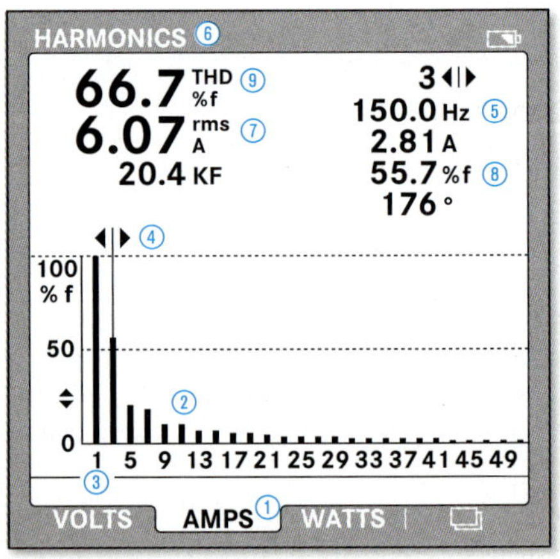

4: Frequenzspektrum eines nichtsinusförmigen Stromes

- Durch die Fourier-Analyse werden nichtsinusförmige Wechselspannungen in sinusförmige Spannungen zerlegt.
- In einem Frequenzspektrum werden die Amplituden der einzelnen Schwingungen als Balken in Abhängigkeit von der Frequenz dargestellt.

Auswertung eines Frequenzspektrums ⑥

Angezeigt wird die Stromstärke (AMPS ①) in Form eines Frequenzspektrums ②. Die Amplituden der Oberschwingungen werden mit zunehmender Frequenz kleiner. Der gemessene Strom besteht also aus einer Grundschwingung 50 Hz (Ziffer 1 ③) und den Oberschwingungen 150 Hz (Ziffer 3), 250 Hz (Ziffer 5) usw.

Das abgebildete Frequenzspektrum verdeutlicht auch, dass bei der analysierten Signalform nur ungeradzahlige Oberschwingungen (3., 5. usw.) auftreten. Bei anderen Kurvenformen kommen auch geradzahlige Oberschwingungen vor. Besonders hervorgehoben ist in der Analyse die 3. Oberschwingung ④ mit 150 Hz ⑤.

Aus dem Messergebnis kann die effektive Stromstärke (**rms** [root mean square]) abgelesen werden. Sie beträgt 6,07 A ⑦. In diesem Wert sind alle Schwingungen, also die Grundschwingung mit 50 Hz und alle anderen Oberschwingungen enthalten.

Aber auch die Effektivwerte der einzelnen Oberschwingungen lassen sich ablesen. Die 3. Oberschwingung von 150 Hz hat z. B. einen Wert von 2,81 A. Dieser Wert ist beträchtlich, denn er entspricht 55,7 % ⑧ der Grundschwingung von 50 Hz.

Der gesamte Verzerrungsgehalt wird als **THD** [Total Harmonic Distortion] bezeichnet (auch **Gesamtklirrfaktor**). Er wird auf dem Display des verwendeten Analyse-Messgerätes (Abb. 4) angezeigt. Der Wert beträgt 66,7 % ⑨.

THD-Berechnung

Der Wert ist eine Verhältniszahl und wird in % angegeben.

$$\frac{\text{Effektivwert der Oberschwingungen}}{\text{Effektivwert der Gesamtschwingung}}$$

Mathematisch ausgedrückt:

$$THD_r = \frac{\sqrt{I_2^2 + I_3^2 + I_4^2 + ...}}{I}$$

Der Index „r“ kommt von **rms** (**r**oot **m**ean **s**quare, quadratischer Mittelwert, Gesamteffektivwert). Der THD-Wert kann aber auch für eine einzelne Schwingung angegeben werden (THD_f).

AUFGABEN

1. Stellen Sie fest, welche Schwingungen mit welchen Ordnungszahlen in Abb. 4 auftreten.
2. Ermitteln Sie aus Abb. 4 die Amplitude der 5. Oberschwingung.

- Der gesamte Verzerrungsgehalt einer nichtsinusförmigen Spannung bzw. Stromstärke wird in Prozent als THD-Wert angegeben.

Rechtecksignale

Neben den sinusförmigen Spannungen und Stromstärken bei der Energieversorgung spielen in der Elektrotechnik auch Rechtecksignale – besonders bei der Informationsübertragung – eine wichtige Rolle.

Als Beispiel dient der in Abb. 5 dargestellte Spannungsverlauf. Er befindet sich nur im positiven Bereich. Während der **Impulsdauer** t_i [pulse duration] ist eine gleich bleibende Spannung vorhanden. Danach beträgt die Spannung 0 V bis zum Ende der **Pausendauer** t_p [off-period]. Beide Zeiten zusammen ergeben die Periodendauer T.

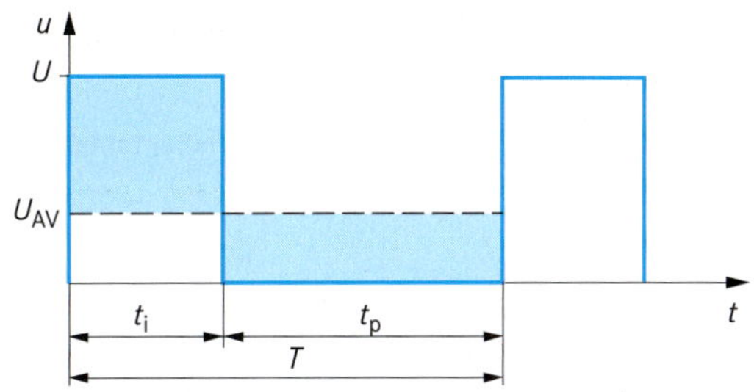

5: Kenngrößen eines Rechtecksignals

Während einer Periode ist also nicht ständig Spannung vorhanden. Es lässt sich aber ein Mittelwert angeben, wenn man die Fläche unter der Spannungskurve während der Impulsdauer auf die gesamte Periode verteilt. Diese Größe wird als **arithmetischer Mittelwert** $\boldsymbol{U_{AV}}$ [arithmetic mean value] oder linearer Mittelwert bezeichnet. Drehspulmesswerke zeigen diesen Wert direkt an. Er lässt sich wie folgt berechnen:

$$U_{AV} = \frac{U \cdot t_i}{T} \qquad g = \frac{t_i}{T} \qquad V = \frac{1}{g}$$

Die Impulsdauer kann unterschiedlich lang sein. Zur Kennzeichnung verwendet man den **Tastgrad *g*** [duty factor] und das **Tastverhältnis *V*** [pulse duty factor].

Bei reinen Wechselspannungen ist der arithmetische Mittelwert immer Null, da positive und negative Anteile gleichgroß sind und sich somit aufheben.

AUFGABE

1. Ermitteln Sie den arithmetischen Mittelwert sowie den Tastgrad der dargestellten Spannung.

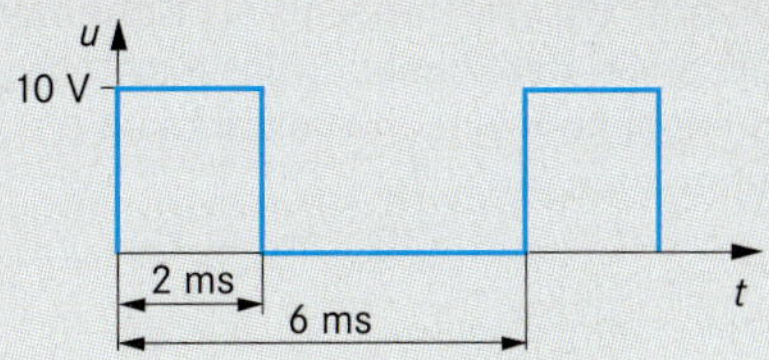

- Der arithmetische Mittelwert einer Spannung ist der Durchschnittswert, den dieser während einer Periode besitzt.

1.7 Spulen im Wechselstromkreis

1.7.1 Widerstand der Spule

Das Widerstandsverhalten einer Spule soll nun untersucht werden. Es ist zu vermuten, dass sich die Spule im Wechselstromkreis auf Grund der Selbstinduktion (s. Kap. 1.5.5) anders verhalten wird als im Gleichstromkreis.

In Abb. 1 sind dazu zwei Versuche mit den Messergebnissen dargestellt. Eine Spule mit N = 1000 Windungen wird zunächst an einer Gleichspannung von 20 V ① und danach an einer Wechselspannung von ebenfalls 20 V ② betrieben. Der Widerstand wird mit Hilfe der gemessenen Stromstärke und der Spannung berechnet (U/I).

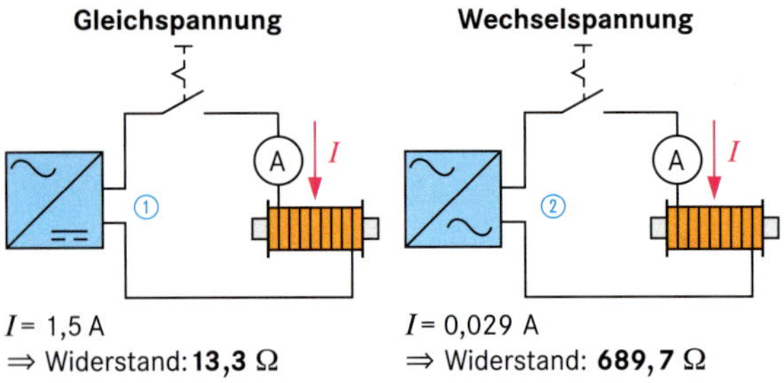

1: Spule an Gleich- und Wechselspannung

Da die Spule aus einer Kupferwicklung besteht, ist bei Gleichstrom der Widerstand von R = 13,3 Ω der Widerstand des Kupferleiters (Gleichstromwiderstand). In ihm wird die elektrische Energie in Wärme umgewandelt. Er wird deshalb auch als **Wirkwiderstand *R*** [active resistor] bezeichnet.

Im Wechselstromkreis ist der Wirkwiderstand R ebenfalls vorhanden. Die Spule erwärmt sich auch. Da der gemessene Wert von 689,7 Ω aber erheblich größer als der Wirkwiderstand von 13,3 Ω ist, muss durch die Selbstinduktion ein weiterer Widerstand hinzugekommen sein (induzierte Spannung wirkt der angelegten Spannung entgegen). Da er nur bei Wechselspannung auftritt, wird er als **Blindwiderstand** X_L (induktiver Blindwiderstand) [reactance] bezeichnet.

Der Widerstand von 689,7 Ω besteht also aus zwei Anteilen (Abb. 2). Dieser insgesamt vorhandene Widerstand (scheinbarer Widerstand) wird als **Scheinwiderstand *Z*** [impedance] bezeichnet. Er lässt sich aus dem Verhältnis von Spannung und Stromstärke im Wechselstromkreis berechnen (Abb. 2).

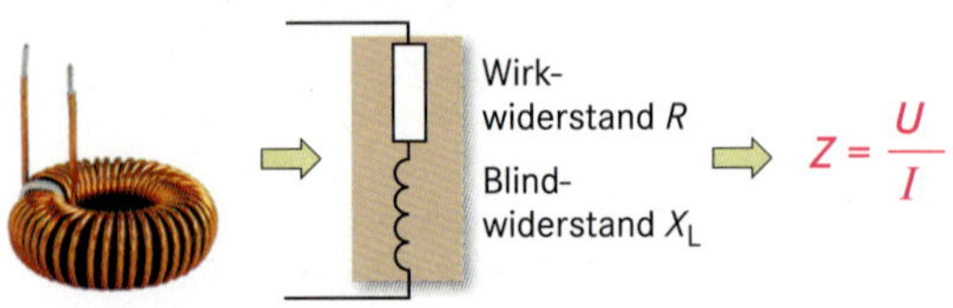

2: Spule als Scheinwiderstand

Wovon hängt der Blindwiderstand X_L ab?

Um diese Frage beantworten zu können, stellen wir folgende Überlegungen an:
Der Blindwiderstand wird durch die sich ständig ändernde Spannung (Wechselspannung) hervorgerufen. Je häufiger diese Änderungen erfolgen, desto größer wird der Einfluss sein. Wir folgern daraus:

- Je größer die Frequenz f der Wechselspannung, desto größer wird der Blindwiderstand X_L sein.

Die Baugrößen der Spule (Eisenkern, Windungszahl, usw.) beeinflussen den Blindwiderstand X_L ebenfalls. Sie sind in der Induktivität L zusammengefasst (s. Kap. 1.5.5). Wir vermuten deshalb:

- Je größer die Induktivität L, desto größer wird der Blindwiderstand X_L sein.

Die Vermutungen lassen sich durch die nachfolgenden Versuche bestätigen.

Blindwiderstand der Spule

Durchführung

1. Eine Spule wird an eine konstant bleibende Wechselspannung mit unterschiedlichen Frequenzen gelegt. Die Stromstärke wird gemessen (Abb. 3).
2. Mehrere Spulen mit verschiedenen Induktivitäten werden an eine Wechselspannung mit gleich bleibender Frequenz gelegt. Die Stromstärke wird gemessen.

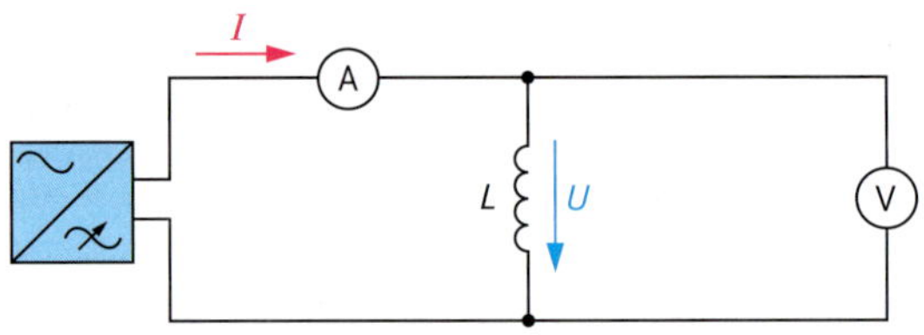

3: Messschaltung zum Blindwiderstand

Für jeden Messpunkt der beiden Messreihen werden die Verhältnisse U/I gebildet und dann die Werte in Diagrammen grafisch dargestellt (Abb. 4 und 5).

Auswertung

Mit den Abhängigkeiten lassen sich zwei Proportionalitäten aufstellen:

$$X_L \sim f \qquad X_L \sim L \qquad \Rightarrow X_L \sim f \cdot L$$

Damit aus der Proportionalität eine Gleichung entsteht, muss noch eine Konstante hinzugefügt werden. Sie kann mit Hilfe der Mess- und Einstellwerte aus den Diagrammen berechnet werden ($X_L/(f \cdot L)$). Sie besitzt den Wert 6,3. Dies entspricht dem Wert $2 \cdot \pi$. Die Größe $2 \cdot \pi \cdot f$ ist aber die **Kreisfrequenz ω** (s. Kap. 1.6.2, $\omega = 2 \cdot \pi \cdot f$)

Die Formel für den Blindwiderstand der Spule lautet dann:

$$X_L = 2 \cdot \pi \cdot f \cdot L \qquad X_L = \omega \cdot L$$

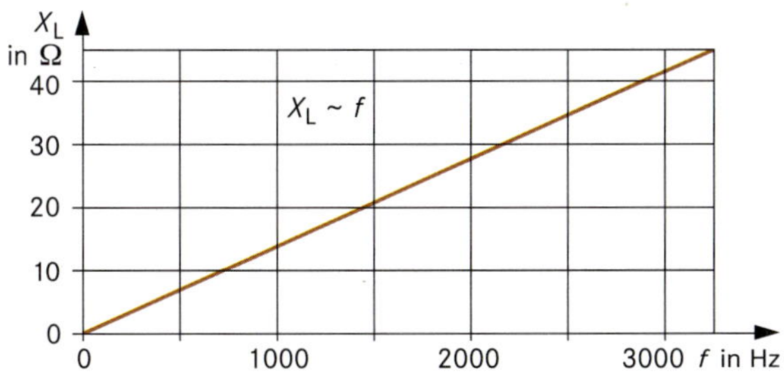

4: X_L in Abhängigkeit von f

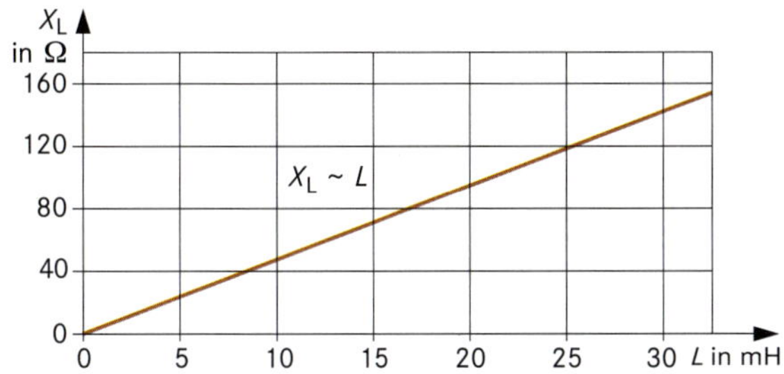

5: X_L in Abhängigkeit von L

Induktivität

Die Induktivität der Spule im Diagramm (Abb. 4) soll berechnet werden.

Geg.: Diagramm — Ges.: L

$X_L = 2 \cdot \pi \cdot f \cdot L$

$$L = \frac{X_L}{2 \cdot \pi \cdot f}$$

Aus dem Diagramm: $f = 2{,}5\ \text{kHz} \Rightarrow X_L = 34\ \Omega$

$$L = \frac{34\ \Omega}{2 \cdot \pi \cdot 2{,}5\ \text{kHz}} \qquad \underline{\underline{L = 2{,}2\ \text{mH}}}$$

AUFGABEN

1. Erklären Sie den Unterschied zwischen einem Wirk- und einem Blindwiderstand.
2. In eine Spule wird ein Eisenkern eingefügt. Was ändert sich am Widerstandsverhalten und was bleibt konstant?
3. Eine Spule hat eine Induktivität von 10 H (Wirkwiderstand vernachlässigbar klein). Wie groß ist die Stromstärke, wenn an der Spule eine Spannung von 230 V mit 50 Hz liegt?
4. An einer Spule liegt eine Wechselspannung von 24 V. Die Stromstärke beträgt 0,4 A. Berechnen Sie den Scheinwiderstand.

- Der Scheinwiderstand Z der Spule setzt sich aus dem Wirkwiderstand R (Wirkanteil) und dem Blindwiderstand X_L (Blindanteil) zusammen.
- Der Blindwiderstand X_L der Spule steigt proportional mit der Frequenz f und der Induktivität L.

1.7.2 Reihenschaltung aus R und X_L

Ältere Leuchtstofflampen werden in Reihe mit einer Spule (**Drossel** [choke]) betrieben (Abb. 6). Da der Wirkwiderstand der Spule klein gegenüber dem Blindwiderstand ist, kann die Spule als idealer Blindwiderstand aufgefasst werden. Es liegen somit das leitende Gas in der Leuchtstoffröhre als Wirkwiderstand R mit dem Blindwiderstand X_L (Spule) in Reihe. Wenn wir an diesen beiden Betriebsmitteln die Spannungen messen, ergeben sich folgende Werte:
$U_L = 220$ V und $U_R = 68$ V

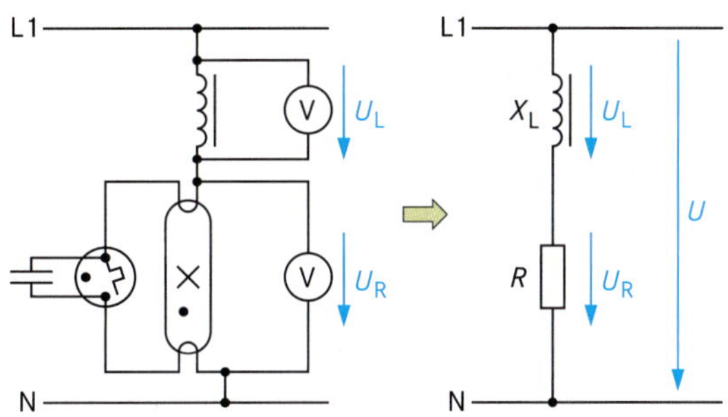

6: Schaltung mit Leuchtstofflampe und Spule

Das Ergebnis ist erstaunlich. Wenn wir die beiden Spannungen einfach addieren, ergibt sich ein Wert, der größer als die Betriebsspannung von 230 V ist. Das kann aber nicht sein! Wir müssen uns deshalb etwas genauer mit den beiden gemessenen Wechselspannungen befassen.

Die verwendeten Drehspulmessgeräte messen die jeweiligen Effektivwerte. Sie können nicht den Verlauf der einzelnen Wechselspannungen wiedergeben. Dies können nur Oszilloskope. Deshalb sind u_L und u_R gemeinsam auf einem Bildschirm (Abb. 7) abgebildet worden.

Ergebnisse

- Die Spannungen u_L und u_R gehen nicht mehr an derselben Stelle durch Null. Sie sind nicht in Phase. Es hat eine Phasenverschiebung stattgefunden.
- Die Spannung u_L an der Induktivität erreicht eher ihr Maximum. Sie eilt also der Spannung u_R voraus.

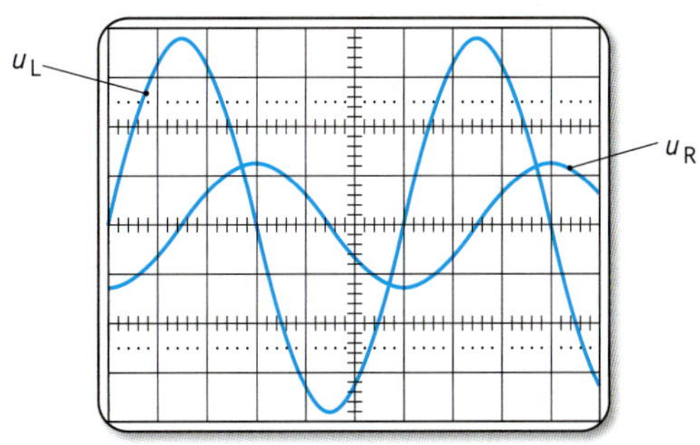

7: Spannungsverlauf an X_L und R

Es soll nun mit Linien- und Zeigerdiagrammen (Abb. 2) geklärt werden, welche Phasenbeziehungen bestehen.

- Die Stromstärke ist die gemeinsame Größe ① (Abb. 2a). Sie verursacht am Widerstand R eine Spannung u_R, die in Phase mit der Stromstärke i ist (Abb. 2b). Wirkspannung: $u_R = i \cdot R$
- Die Stromstärke i und die Spannung u_L (Blindspannung) am Blindwiderstand X_L sind nicht in Phase (Abb. 2c). Dieses Ergebnis wurde bereits beim Ein- und Ausschalten von Spulen im Gleichstromkreis deutlich (s. Kap. 1.5.5). Wenn die Änderung der Stromstärke groß ist, wird auch die Spannung groß sein und umgekehrt. Bei einem induktiven Blindwiderstand ist somit zwischen Spannung u_L und Stromstärke i eine Phasenverschiebung mit dem Winkel von $\varphi = 90°$ vorhanden.
  Blindspannung: $u_L = i \cdot X_L$
- Die Gesamtspannung u ist die anliegende Spannung. Sie ergibt sich durch Addition der jeweiligen Momentanwerte der Teilspannungen u_R und u_L (Abb. 2d).

Die einzelnen Größen lassen sich auch durch Zeiger (s. Kap. 1.6.2) darstellen. Sie sind in Abb. 2 neben den Liniendiagrammen zu sehen ①. Der Phasenverschiebungswinkel φ in Abb. 2d ② macht deutlich, dass zwischen der Stromstärke i und der anliegenden Spannung u eine Phasenverschiebung von weniger als 90° besteht.

Spannungsberechnungen

Hierzu wird das Zeigerdiagramm in Abb. 2d in ein Dreieck umgezeichnet (Abb. 1, Effektivwerte, Großbuchstaben), indem man die Blindspannung U_L parallel verschiebt ③. Es entsteht ein rechtwinkliges Dreieck mit den Katheten als Teilspannungen U_L und U_R sowie der Gesamtspannung U als Hypotenuse.

Zur Berechnung rechtwinkliger Dreiecke verwendet man den Lehrsatz des Pythagoras (s. S. 77). Es ergibt sich folgende Grundformel mit den entsprechenden Umstellungen:

$$U^2 = U_R^2 + U_L^2$$

$$U = \sqrt{U_R^2 + U_L^2}$$

$$U_R = \sqrt{U^2 - U_L^2}$$

$$U_L = \sqrt{U^2 - U_R^2}$$

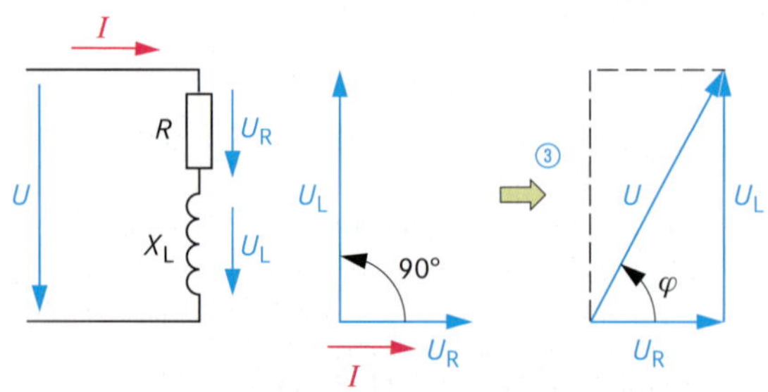

1: Zeigerdiagramm und Spannungsdreieck

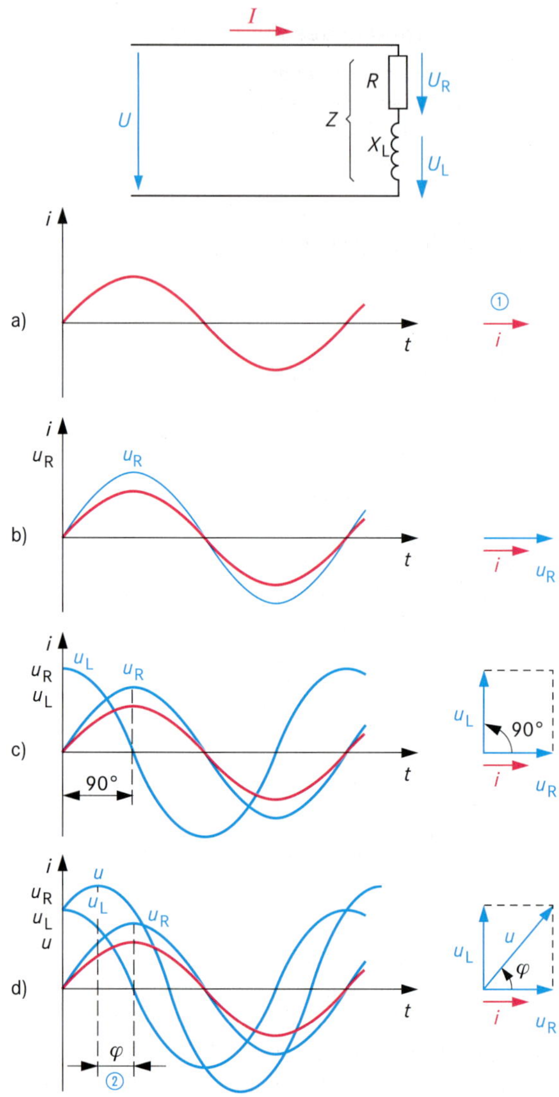

2: Linien und- Zeigerdiagramme der Reihenschaltung aus R und X_L

Mit Hilfe von Winkelfunktionen (s. Kap. 1.6.1) kann der Phasenverschiebungswinkel φ ermittelt werden.

$$\cos \varphi = \frac{U_R}{U} \qquad \sin \varphi = \frac{U_L}{U} \qquad \tan \varphi = \frac{U_L}{U_R}$$

- In der Reihenschaltung aus R und X_L besteht zwischen U_R und U_L eine Phasenverschiebung von $\varphi = 90°$.
- In einer Reihenschaltung aus R und X_L ergibt sich zwischen Stromstärke und Gesamtspannung ein Phasenverschiebungswinkel von $\varphi < 90°$.

Lehrsatz des Pythagoras

Dieser Lehrsatz wird bei der Berechnung rechtwinkliger Dreiecke verwendet. Folgende Seiten werden unterschieden:

- **Katheten *a, b*** [legs]
  Sie sind die Seiten, die den rechten Winkel bilden.
- **Hypotenuse *c*** [hypotenuse]
  Sie ist die längste Seite und liegt dem rechten Winkel gegenüber.

Es gilt folgender Lehrsatz:
Das Quadrat über der Hypotenuse ist gleich der Summe der Kathetenquadrate.

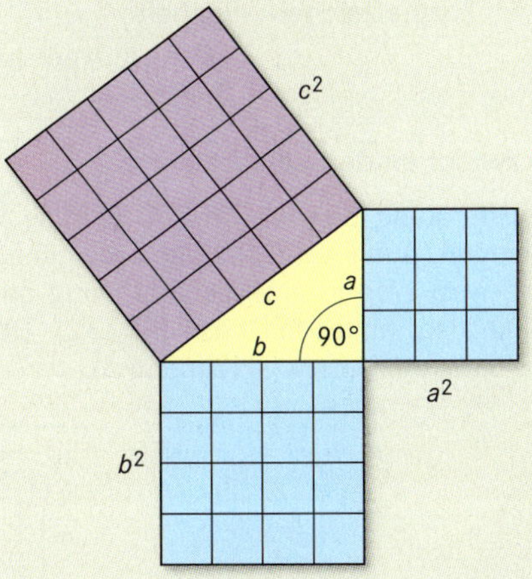

$$c^2 = a^2 + b^2$$

$$a^2 = c^2 - b^2$$
$$b^2 = c^2 - a^2$$
$$c = \sqrt{a^2 + b^2}$$
$$a = \sqrt{c^2 - b^2}$$
$$b = \sqrt{c^2 - a^2}$$

Spannungen und Phasenverschiebung

Eine Spule mit vernachlässigbar kleinem Wirkwiderstand besitzt einen Blindwiderstand von 40 Ω. In Reihe liegt ein Wirkwiderstand von 20 Ω. Bei einer angelegten Spannung von 230 V beträgt die Stromstärke 5,15 A. Wie groß sind der Scheinwiderstand, die Einzelspannungen und der Phasenverschiebungswinkel?

Geg.: $X_L = 40\ \Omega$; $R = 20\ \Omega$; $U = 230$ V; $I = 5{,}15$ A

Ges.: Z, U_R, U_L und φ

$Z = \frac{U}{I}$ $\quad Z = \frac{230\ \text{V}}{5{,}15\ \text{A}}$ $\quad \underline{\underline{Z = 44{,}7\ \Omega}}$

$U_R = I \cdot R$ $\quad U_R = 5{,}15\ \text{A} \cdot 20\ \Omega$ $\quad \underline{\underline{U_R = 103\ \text{V}}}$

$U_L = I \cdot X_L$ $\quad U_L = 5{,}15\ \text{A} \cdot 40\ \Omega$ $\quad \underline{\underline{U_L = 206\ \text{V}}}$

$\cos\varphi = \frac{U_R}{U}$ $\quad \cos\varphi = \frac{103\ \text{V}}{230\ \text{V}}$ $\quad \cos\varphi = 0{,}448$

$\underline{\underline{\varphi = 63{,}4°}}$

Widerstandsberechnungen

Das Beispiel zur Berechnung der Spannungen (s. linke Spalte unten) zeigt, dass die Widerstände mit der gleich bleibenden Stromstärke I multipliziert werden müssen. Bestimmend für die Länge der Pfeile im Spannungsdreieck war also die konstante Größe I und der jeweilige Widerstand R, X_L oder Z. Die Spannungen und die dazugehörigen Widerstände sind deshalb proportional (Widerstandsdreieck, Abb. 3).

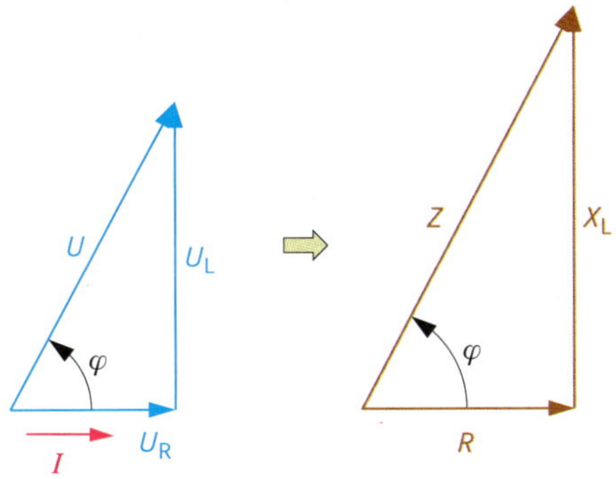

3: Widerstandsdreieck mit R und X_L

Wenn man den Lehrsatz des Pythagoras und die Winkelfunktionen auf das Widerstandsdreieck anwendet, ergeben sich folgende Formeln:

$$Z^2 = R^2 + X_L^2$$

$$Z = \sqrt{R^2 + X_L^2}$$
$$R = \sqrt{Z^2 - X_L^2}$$
$$X_L = \sqrt{Z^2 - R^2}$$

$$\cos\varphi = \frac{R}{Z} \qquad \sin\varphi = \frac{X_L}{Z} \qquad \tan\varphi = \frac{X_L}{R}$$

AUFGABEN

1. In einer Reihenschaltung aus R und X_L werden folgende Spannungen gemessen:
   $U_R = 4$ V; $U_L = 3$ V
   a) Zeichnen Sie das Liniendiagramm für zwei Perioden.
   b) Zeichnen Sie in a) den Verlauf der Gesamtspannung ein und ermitteln Sie $\hat{u}$.
2. Ermitteln Sie mit Hilfe eines Zeigerdiagramms den Phasenverschiebungswinkel zwischen der angelegten Spannung und der Stromstärke bei einer Reihenschaltung aus R und X_L.
   Folgende Spannungen wurden gemessen:
   $U_R = 140$ V; $U_L = 170$ V
3. Eine Reihenschaltung aus R und X_L besitzt bei $f = 1$ kHz einen Scheinwiderstand von 1,7 kΩ. Der Wirkwiderstand hat einen Wert von 1,2 kΩ. Die Gesamtspannung beträgt 5,8 V. Berechnen Sie X_L, L, U_L, U_R und φ.

Scheinwiderstand und Phasenverschiebung

Gesucht sind der Scheinwiderstand und der Phasenverschiebungswinkel bei einer Reihenschaltung aus einem Blindwiderstand von 40 Ω mit einem Wirkwiderstand von 20 Ω.

Geg.: $X_L = 40\ \Omega$; $R = 20\ \Omega$ Ges.: Z und φ

$Z = \sqrt{R^2 + X_L^2}$ $Z = \sqrt{400\ \Omega^2 + 1600\ \Omega^2}$

$\underline{\underline{Z = 44{,}7\ \Omega}}$

$\tan \varphi = \frac{X_L}{R}$ $\tan \varphi = \frac{40\ \Omega}{20\ \Omega} = 2$ $\underline{\underline{\varphi = 63{,}4°}}$

Leistungsberechnungen

Leistung ist das Produkt aus Spannung und Stromstärke. In der Leuchtstofflampen-Schaltung, die als Ausgangsschaltung für die Reihenschaltung von R und X_L diente, kamen drei Spannungen und als gemeinsame Größe die Stromstärke vor. Sie wurde mit I = 0,147 A ermittelt (Abb.1a).

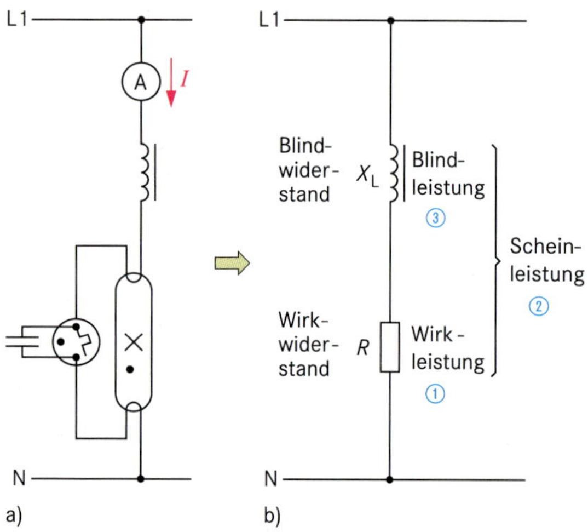

1: Leistungen bei einer Reihenschaltung

In der Leuchtstofflampe wird elektrische Energie in Licht und Wärme umgewandelt. Der Widerstand wird deshalb auch als Wirkwiderstand R bezeichnet. Die dazugehörige Leistung ist dann die **Wirkleistung *P*** [active power] (Abb. 1b ①). Sie wird in Watt (W) angegeben (Werte auf S. 75).

$P = U_R \cdot I$ $P = 68\ \text{V} \cdot 0{,}147\ \text{A}$ $\underline{\underline{P = 10\ \text{W}}}$

Auch mit der insgesamt am Scheinwiderstand Z anliegenden Spannung U und der Stromstärke I kann eine Leistung angegeben werden. Sie wird als **Scheinleistung *S*** [complex power] ② bezeichnet. Die Einheit ist VA (**V**olt **A**mpere).

$S = U \cdot I$ $S = 230\ \text{V} \cdot 0{,}147\ \text{A}$ $\underline{\underline{S = 33{,}8\ \text{VA}}}$

Scheinleistung	Formelzeichen	Einheit
	S	VA (Voltampere)

Die Spule in der Leuchtstofflampen-Schaltung haben wir als reinen Blindwiderstand X_L betrachtet. An ihm liegt die Spannung U_L. Auch hier kann die Leistung als Produkt von Spannung und Stromstärke angegeben werden. Sie wird als **Blindleistung *Q*** [reactive power] (Abb. 1b ③) bezeichnet. Als Einheitenzeichen wird **var** [volt ampere reactive] verwendet.

$Q_L = U_L \cdot I$ $Q_L = 220\ \text{V} \cdot 0{,}147\ \text{A}$ $\underline{\underline{Q_L = 32{,}3\ \text{var}}}$

Blindleistung	Formelzeichen	Einheit
	Q	var (Volt Ampere reaktiv)

Unterschiede zwischen den Leistungen

In einem Wirkwiderstand wird elektrische Energie in Wärme umgewandelt. Auch wenn sich die Spannungsrichtung ändert, wird Wärme erzeugt. Spannung und Stromstärke sind also immer in Phase (Abb. 2). Der Leistungsverlauf ist stets positiv (s. Kap. 1.6.3).

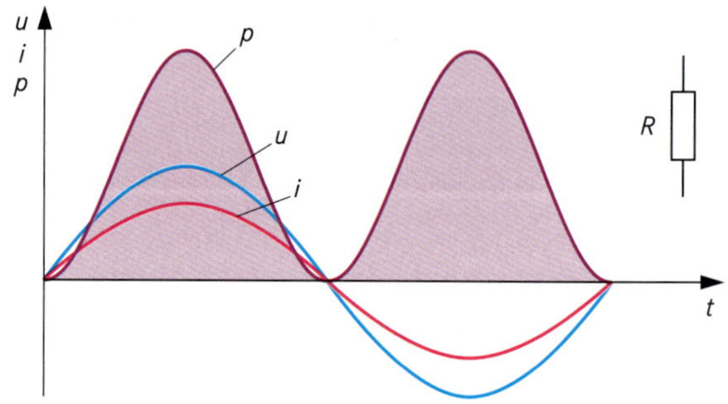

2: Wirkleistungskurve

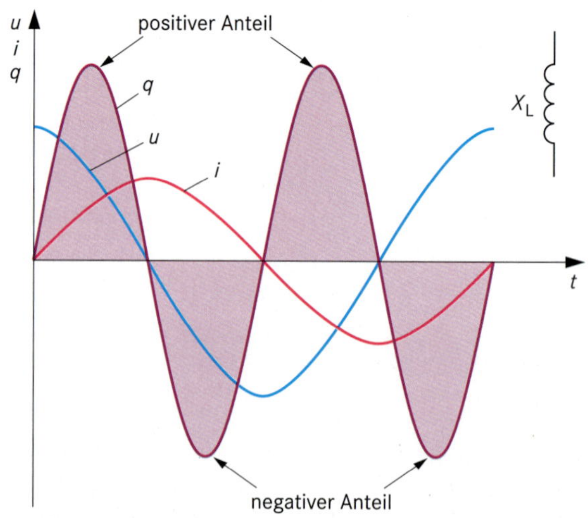

3: Blindleistungskurve

Anders sind die Verhältnisse bei einem Blindwiderstand. Bei ihm besteht zwischen Spannung und Stromstärke eine Phasenverschiebung von 90°. Wenn wir für jeden Augenblick die Leistung ermitteln (Abb. 3), entsteht eine Kurve mit gleich vielen positiven und negativen Anteilen. Was bedeutet dies?

Die elektrische Energie wird zunächst zum Aufbau des magnetischen Feldes in der Spule verwendet. Beim Abbau wird diese Energie wieder zurückgegeben, sodass insgesamt keine Energie in Wärme umgewandelt wird (Blindleistung).

Leistungsdreieck

Wie bei Spannungen und Widerständen darf auch bei der Leistung nicht die Gesamtleistung (Scheinleistung) durch Addition der Einzelleistungen ermittelt werden. Die Phasenverschiebung zwischen Stromstärke und Spannung muss beachtet werden.

Man geht vom Spannungsdreieck aus (Abb. 4), in dem die Phasenverschiebung zwischen den Größen bereits berücksichtigt worden ist. Die Leistungen unterscheiden sich von den jeweiligen Spannungen nur durch die Stromstärke als konstante Größe. Für die Leistungen kann deshalb ein Leistungsdreieck gezeichnet werden, das dem Spannungsdreieck ähnlich ist.

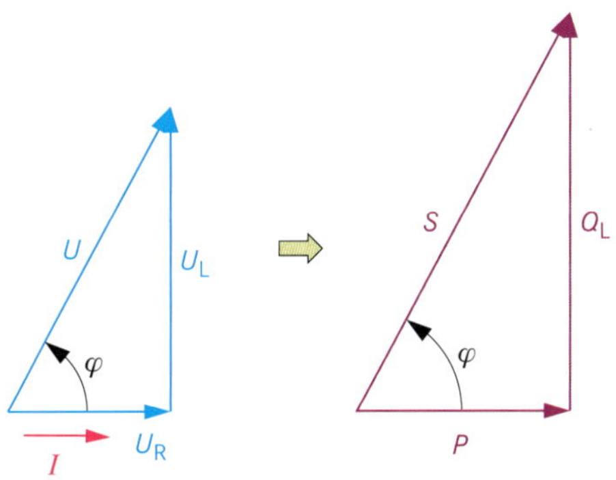

4: Leistungsdreieck

Mit dem Leistungsdreieck lassen sich folgende Berechnungsformeln aufstellen:

$$S^2 = P^2 + Q_L^2$$

$$S = \sqrt{P^2 + Q_L^2}$$

$$P = \sqrt{S^2 - Q_L^2}$$

$$Q_L = \sqrt{S^2 - P^2}$$

$$\cos\varphi = \frac{P}{S} \qquad \sin\varphi = \frac{Q_L}{S} \qquad \tan\varphi = \frac{Q_L}{P}$$

Der $\cos\varphi$ (auch Formelzeichen λ) hat in der Energietechnik eine besondere Bedeutung. Er ist das Verhältnis von Wirkleistung zu Scheinleistung und gibt an, wie viel von der Scheinleistung in Wirkleistung umgesetzt wird. Er heißt deshalb auch **Leistungsfaktor cos *φ*** [power factor] oder **Wirkleistungsfaktor**. Er kann Werte zwischen 0 und 1 annehmen.

Leistungsfaktor	Formelzeichen	Einheit
	$\cos\varphi$, λ	1

Daneben gibt es den **Blindleistungsfaktor sin *φ*** [reactive power factor]. Er ist das Verhältnis von Blindleistung zu Scheinleistung.

AUFGABEN

1. Eine Spule besitzt einen Scheinwiderstand von 1,2 kΩ und einen Wirkwiderstand von 820 Ω.
a) Wie groß ist der Leistungsfaktor?
b) Wie groß ist die Wirkleistung bei einer Stromstärke von 0,3 A?

2. Durch eine Leuchtstofflampen-Schaltung fließt bei 230 V Netzwechselspannung ein Strom von 0,7 A. Die insgesamt gemessene Wirkleistung beträgt 80 W. Wie groß sind:
a) Scheinleistung
b) Blindleistung
c) Leistungsfaktor

3. Bei einer Reihenschaltung aus R und X_L beträgt der Phasenverschiebungswinkel 45°.
a) Wie groß ist der Leistungsfaktor?
b) Welche Beziehung besteht bei diesen Werten zwischen den einzelnen Widerständen?

4. Eine Reihenschaltung aus R und X_L liegt an einer konstanten Spannung.
a) Der Wirkwiderstand wird vergrößert.
b) Der Blindwiderstand wird vergrößert.
Wie verändern sich die Stromstärke, die Teilspannungen, die Leistungen und φ (größer bzw. kleiner angeben)?

5. Die Abbildung zeigt eine Messschaltung mit einer verlustbehafteten Spule. Berechnen Sie aus den Messwerten die Induktivität der Spule.

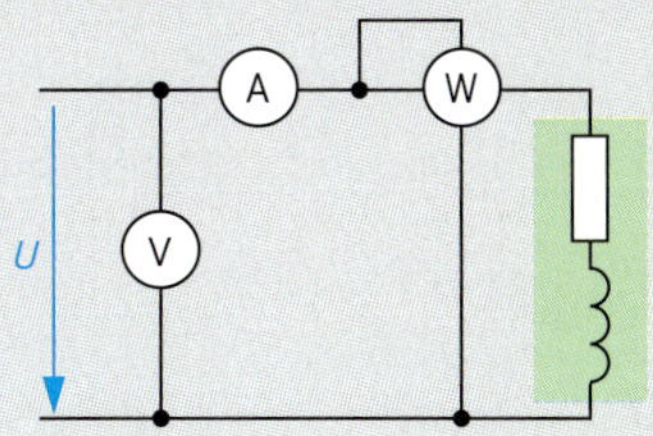

U = 230 V; 50 Hz
I = 0,42 A
P = 55 W

- Die Scheinleistung setzt sich aus Wirk- und Blindleistung zusammen.
- In einem Blindwiderstand wird keine elektrische Energie in Wärme umgewandelt.
- Die Spannungs-, Widerstands- und Leistungsdreiecke der Reihenschaltung aus R und X_L sind ähnlich. Der Phasenverschiebungswinkel φ ist deshalb überall gleich groß.
- Der Leistungsfaktor $\cos\varphi$ gibt an, welcher Anteil der Scheinleistung in Wirkleistung umgesetzt wird. Sein Wert liegt zwischen 0 und 1.

1.7.3 Parallelschaltung aus R und X_L

An beiden Bauteilen liegt die Spannung U. Die Ströme teilen sich auf. Mit Hilfe von Linien- und Zeigerdiagrammen (Abb. 2 ①) sollen die Beziehungen zwischen diesen Größen erarbeitet werden.

- Die gemeinsame Größe ist die Spannung u (Bezugsgröße, Abb. 2a).
- Die Stromstärke i_R durch den Wirkwiderstand R ist in Phase mit der Spannung u (Abb. 2b).
- Die Stromstärke i_L durch den Blindwiderstand X_L eilt der anliegenden Spannung u um 90° nach (φ = 90°, Abb. 2c).
- Die Gesamtstromstärke i ergibt sich aus der Addition der Momentanwerte i_R und i_L (Abb. 2d). Der Phasenverschiebungswinkel φ ist kleiner als 90° ②.

In dieser Parallelschaltung gibt es drei Stromstärken. Es lässt sich deshalb das rechtwinklige Dreieck in Abb. 1 mit den Effektivwerten (Großbuchstaben) zeichnen.

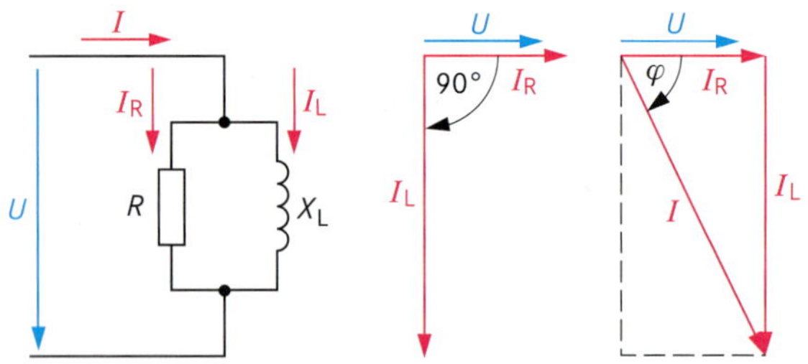

1: Zeigerdiagramm mit Stromstärken

Unter Verwendung des Lehrsatzes des Pythagoras und der Winkelfunktionen ergeben sich folgende Berechnungsformeln:

$$I^2 = I_R^2 + I_L^2$$

$$I = \sqrt{I_R^2 + I_L^2}$$

$$I_R = \sqrt{I^2 - I_L^2}$$

$$I_L = \sqrt{I^2 - I_R^2}$$

$$\cos\varphi = \frac{I_R}{I} \qquad \sin\varphi = \frac{I_L}{I} \qquad \tan\varphi = \frac{I_L}{I_R}$$

AUFGABEN

1. Zeichnen Sie ein Stromstärken- und Leitwertdreieck der Parallelschaltung aus R = 50 Ω und X_L = 30 Ω, wenn die Schaltung an der Netzwechselspannung von 230 V liegt (10 ms ≙ 1 cm). Ermitteln Sie den Scheinwiderstand Z und den Phasenverschiebungswinkel φ.
2. Der Wirkwiderstand einer Parallelschaltung aus R und X_L wird bei konstant bleibender Spannung vergrößert. Welche Auswirkungen hat diese Änderung auf die Größen Z, I, I_R, I_L, φ, S, P und Q_L?

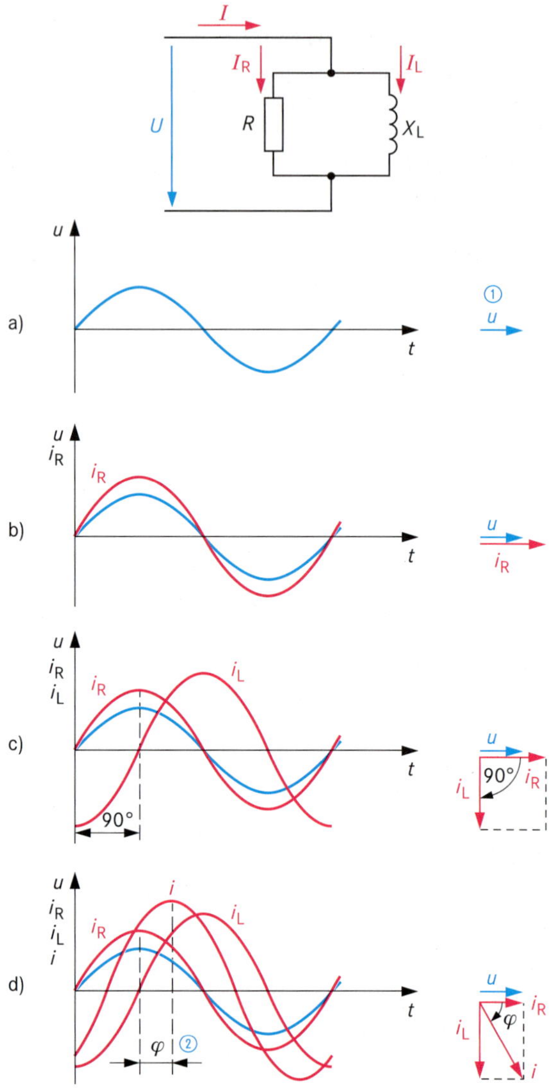

2: Linien- und Zeigerdiagramme

- In der Parallelschaltung aus X_L und R ist die Spannung U die gemeinsame Größe (Bezugsgröße).
- In der Parallelschaltung aus X_L und R entsteht zwischen der anliegenden Spannung U und der Gesamtstromstärke I eine Phasenverschiebung von weniger als 90°.
- Zur Berechnung von Größen in der Parallelschaltung aus X_L und R wird ein rechtwinkliges Dreieck aus den Stromstärken bzw. Leitwerten verwendet.
- Der Scheinwiderstand der Parallelschaltung aus X_L und R ist kleiner als der kleinste Einzelwiderstand.
- Die Scheinleistung S setzt sich zusammen aus der Wirkleistung P und der Blindleistung Q_L.

Ersatzschaltbild

Ein elektrisches Gerät wird mit 24 V betrieben. Die Stromstärke beträgt I = 68 mA. Stromstärke und Spannung sind nicht in Phase. Die Spannung eilt der Stromstärke um φ= 36,7° voraus (Messung mit dem Oszilloskop).
Es sollen der Scheinwiderstand für ein Ersatzschaltbild (Parallelschaltung) sowie die Stromstärken berechnet werden.

Geg.: U = 24 V, I = 68 mA, φ= 36,7°

Ges.: Z, I_R, I_L

$$Z = \frac{U}{I} \qquad Z = \frac{24\ \text{V}}{68\ \text{mA}}$$

$$Z = 353\ \Omega$$

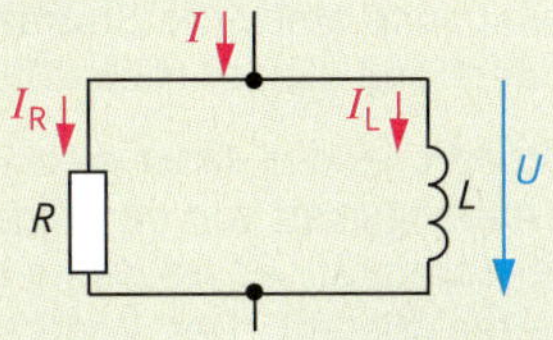

$$I_R = I \cdot \cos\varphi \quad I_R = 68\ \text{mA} \cdot \cos 36{,}7° \quad I_R = 54{,}5\ \text{mA}$$

$$I_L = I \cdot \sin\varphi \quad I_L = 68\ \text{mA} \cdot \sin 36{,}7° \quad I_L = 40{,}6\ \text{mA}$$

Widerstands- und Leitwertberechnungen

In der Parallelschaltung (Abb.1) kommen drei Stromstärken vor. Zur Herleitung gehen wir von dem Stromdreieck aus und drücken die einzelnen Stromstärken durch die gemeinsame Spannung und den dazugehörigen Widerstand aus.

$$I = \frac{U}{Z} \qquad I_R = \frac{U}{R} \qquad I_L = \frac{U}{X_L}$$

Die einzelnen Widerstände sind im Nenner der jeweiligen Formeln vorhanden (Kehrwerte). Es können deshalb in die Formeln auch die Leitwerte G, B_L und Y (Einheit Siemens, 1 S = 1/Ω) eingesetzt werden:

$$I = U\left(\frac{1}{Z}\right) \qquad I_R = U\left(\frac{1}{R}\right) \qquad I_L = U\left(\frac{1}{X_L}\right)$$

$$Y = \frac{1}{Z} \qquad G = \frac{1}{R} \qquad B_L = \frac{1}{X_L}$$

Y: Scheinleitwert G: Wirkleitwert B: Blindleitwert

$$I = U \cdot Y \qquad I_R = U \cdot G \qquad I_L = U \cdot B_L$$

In jeder Formel ist die Spannung U als gemeinsame Größe vorhanden. Die Leitwerte sind also zu den jeweiligen Stromstärken proportional. Aus dem Stromstärkendreieck ergibt sich dann das ähnliche Leitwertdreieck (Abb. 3).

Scheinleitwert	Formelzeichen	Einheit
	Y	S (Siemens)

Blindleitwert	Formelzeichen	Einheit
	B	S (Siemens)

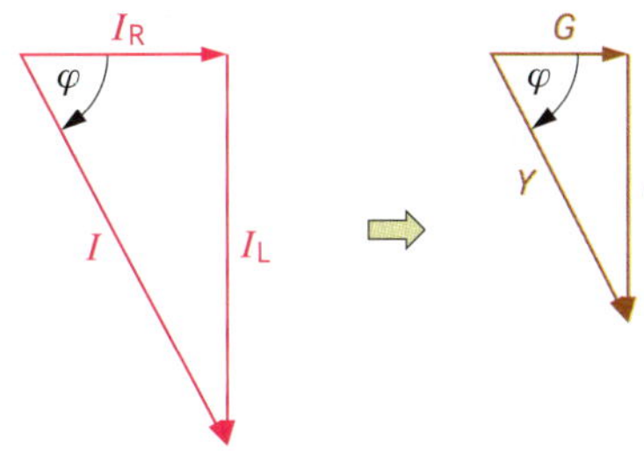

3: Stromstärken- und Leitwertdreieck

Mit Hilfe des Leitwertdreiecks lassen sich die folgenden Formeln zur Berechnung aufstellen:

$$\left(\frac{1}{Z}\right)^2 = \left(\frac{1}{R}\right)^2 + \left(\frac{1}{X_L}\right)^2 \qquad Y^2 = G^2 + B_L^2$$

$$\cos\varphi = \frac{Z}{R} \qquad \sin\varphi = \frac{Z}{X_L} \qquad \tan\varphi = \frac{R}{X_L}$$

Leistungsberechnung

Leistungen und Stromstärken sind proportional. Aus dem Stromdreieck kann deshalb ein ähnliches Leistungsdreieck gezeichnet werden (Abb. 4):

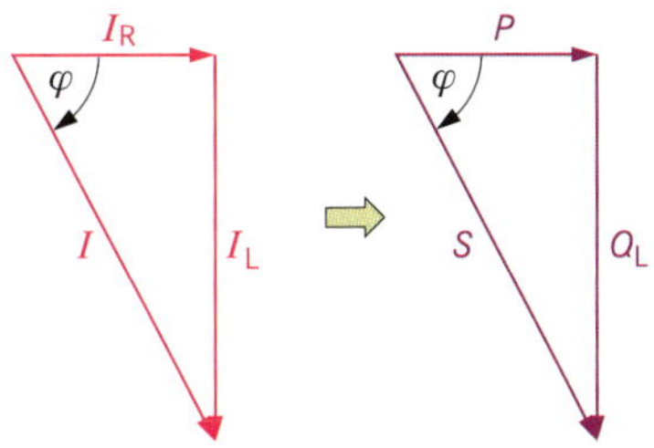

$$S = U \cdot I$$

$$P = U \cdot I_R$$

$$Q_L = U \cdot I_L$$

4: Stromstärken- und Leistungsdreieck

Aus dem Leistungsdreieck ergeben sich folgende Berechnungsformeln:

$$S^2 = P^2 + Q_L^2$$

$$S = \sqrt{P^2 + Q_L^2}$$

$$P = \sqrt{S^2 - Q_L^2}$$

$$Q_L = \sqrt{S^2 - P^2}$$

$$\cos\varphi = \frac{P}{S} \qquad \sin\varphi = \frac{Q_L}{S} \qquad \tan\varphi = \frac{Q_L}{P}$$

AUFGABE

1. Zu einer Induktivität von 2 H liegt parallel ein Wirkwiderstand von 390 Ω. Die Gesamtspannung beträgt 230 V (50 Hz).
   a) Ermitteln Sie den Scheinwiderstand.
   b) Zeichnen Sie das Leitwert- und Leistungsdreieck.

1.8 Kondensatoren im Wechselstromkreis

1.8.1 Widerstand des Kondensators

Kondensatoren bestehen im Prinzip aus zwei Platten, die durch ein Dielektrikum voneinander isoliert sind (Abb. 1). Das Dielektrikum ist kein idealer Isolator, sodass Ausgleichsströme fließen. Man kann sich diese Verluste wie einen parallel liegenden Widerstand vorstellen. Er ist sehr groß und liegt im MΩ-Bereich.

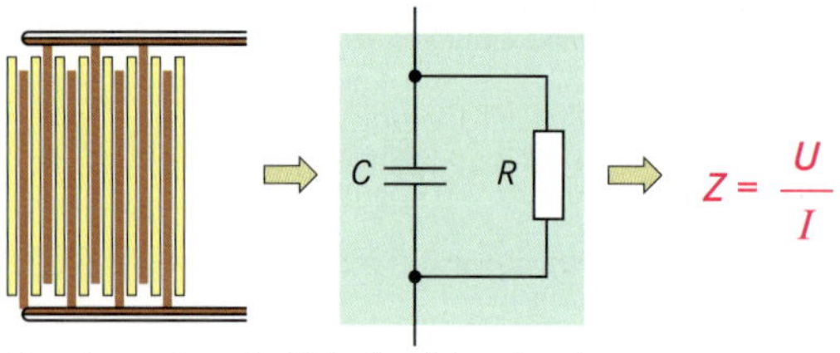

1: Kondensator als Scheinwiderstand

Zur Klärung des Verhaltens von Kondensatoren im Wechselstromkreis greifen wir auf sein Verhalten bei Gleichstrom zurück (s. Kap. 1.4.2). Ein Ergebnis war, dass bei einer Spannungsänderung kurzzeitig ein Strom floss. Der Kondensator wurde über einen Widerstand an eine Gleichspannungsquelle angeschaltet.

Bei Wechselspannung ändert sich die Spannung aber ständig, sodass fortwährend Strom fließen muss. Der Kondensator wird gewissermaßen kontinuierlich aufgeladen und entladen. Deshalb kann man mit der Stromstärke und der anliegenden Spannung wie bei der Spule einen Scheinwiderstand Z angegeben (Abb. 1). Da der große Isolationswiderstand in der Parallelschaltung vernachlässigbar ist, entspricht dieser dem **Blindwiderstand X_C** [reactance].

Der in Abb. 2 abgebildete Versuch und die Auswertekennlinie bestätigen diese Annahme. Zwischen Spannung und Stromstärke besteht ein proportionaler Zusammenhang ①: $U_C\uparrow \Rightarrow I_C\uparrow$ $\quad I_C \sim U_C$

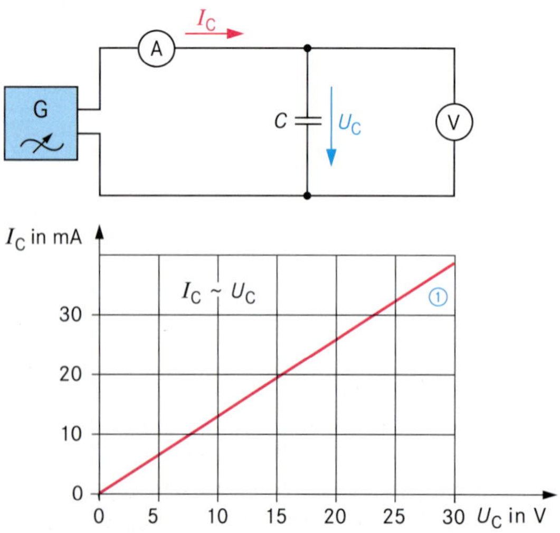

2: Zusammenhang zwischen Spannung und Stromstärke beim Kondensator

Wie bei der Spule ist das Verhältnis von U_C zu I_C dann der Blindwiderstand X_C.

$$\frac{U_C}{I_C} = \frac{25\ \text{V}}{32\ \text{mA}}\ ① \qquad \frac{U_C}{I_C} = 781\ \Omega \qquad X_C = \frac{U_C}{I_C}$$

Weiterhin kann man vermuten, dass der Blindwiderstand des Kondensators auch von der Frequenz f und der Kapazität C abhängig sein wird.

Je größer die Frequenz der Wechselspannung, desto mehr Änderungen finden innerhalb einer bestimmten Zeitspanne statt. Die Stromstärke wird größer und der Widerstand kleiner (Abb. 3): $f\uparrow \Rightarrow X_C\downarrow$

Entsprechendes lässt sich über den Blindwiderstand in Abhängigkeit von der Kapazität festhalten. Je größer die Kapazität, desto mehr Ladungen können auf die Platten fließen. Der Widerstand wird also auch mit zunehmender Kapazität kleiner (Abb. 4): $C\uparrow \Rightarrow X_C\downarrow$

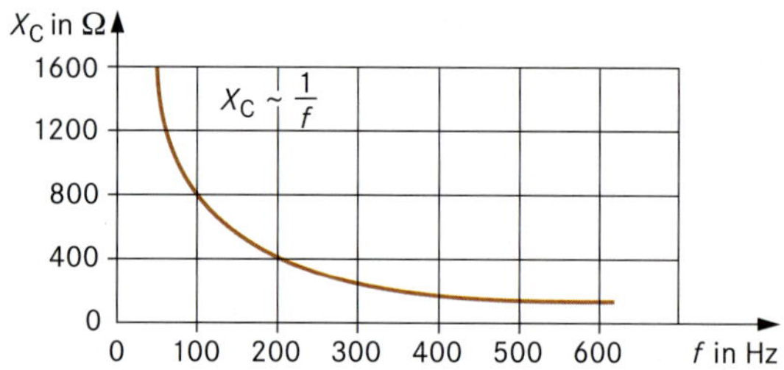

3: X_C in Abhängigkeit von der Frequenz f

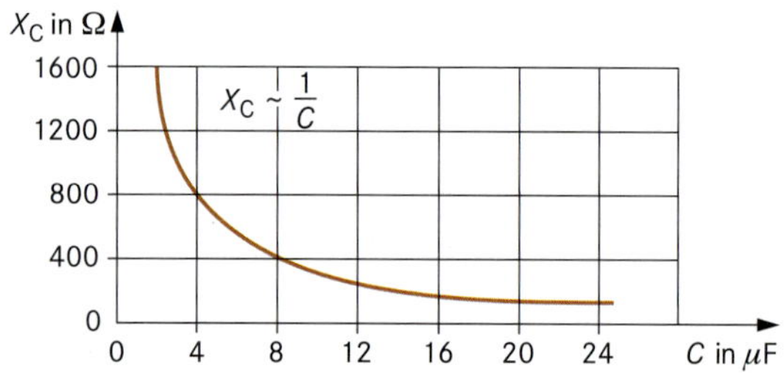

4: X_C in Abhängigkeit von der Kapazität C

Damit aus der Proportionalität eine Gleichung für den Blindwiderstand des Kondensators entsteht, muss wie bei der Spule die Konstante $2 \cdot \pi$ eingefügt werden.

$$X_C = \frac{1}{2 \cdot \pi \cdot f \cdot C} \qquad X_C = \frac{1}{\omega \cdot C}$$

- Der Kondensator verhält sich im Wechselstromkreis wie ein Blindwiderstand X_C. Durch seinen großen Wert ist der parallele Wirkwiderstand in der Regel vernachlässigbar.
- Der Blindwiderstand X_C des Kondensators verringert sich mit zunehmender Frequenz f und zunehmender Kapazität C.

Verlauf von Stromstärke und Spannung

Mit einem Oszilloskop (Abb. 5) können nur Spannungen auf dem Bildschirm abgebildet werden. Wenn die Stromstärke dargestellt werden soll, muss sie indirekt als Spannung u_R an einem Wirkwiderstand gemessen werden ($u_R \sim i$, Reihenschaltung aus R und X_C).

Ergebnis (Abb.5): Wie bei der Spule entsteht eine Phasenverschiebung von 90°. Die Stromstärke eilt der Spannung aber voraus.

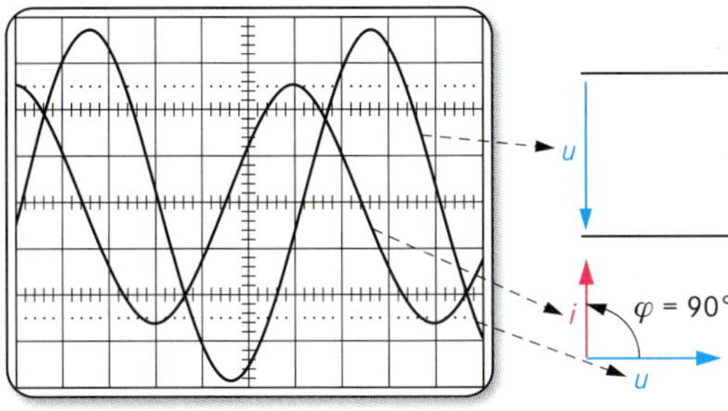

5: Stromstärke und Spannung

Leistungsberechnung

Wenn man für jeden Zeitaugenblick bei einem Kondensator die Leistung ermittelt, erhält man gleich viele positive und negative Anteile (Abb. 6). Wie bei der Spule kann deshalb eine Blindleistung Q_C angegeben werden. Sie ist das Produkt aus Spannung und Stromstärke und wird in var gemessen (s. Kap. 1.7.2).

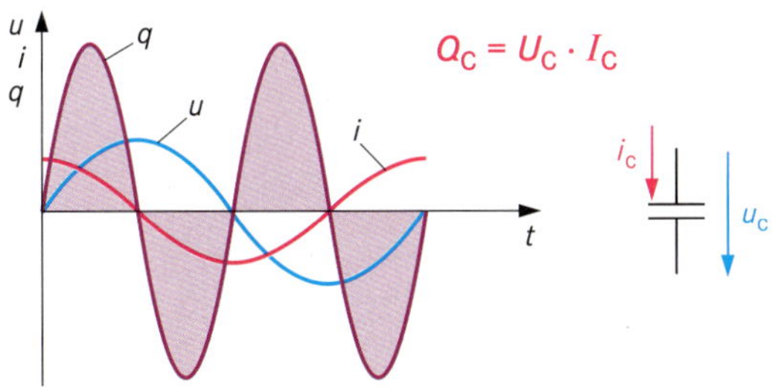

6: Spannung, Stromstärke und Leistung

AUFGABEN

1. Vergleichen Sie induktive und kapazitive Blindwiderstände. Welche Gemeinsamkeiten gibt es, welche Unterschiede bestehen?
2. Ein Kondensator mit 4,7 µF liegt an der Netzwechselspannung von 230 V. Wie groß sind X_C, I_C und Q_C?

- Bei einem idealen Kondensator eilt die Stromstärke der Spannung um 90° voraus.
- In einem idealen Kondensator wird keine Wirkleistung in Wärme umgesetzt, es entsteht Blindleistung.

1.8.2 Reihenschaltung aus R und X_C

Bei der Reihenschaltung teilt sich die Gesamtspannung u auf die Widerstände in u_R und u_C auf. Bei der Entwicklung des Linien- und Zeigerdiagramms von Abb. 7 geht man wie folgt vor:

- Die Stromstärke i ist für alle Größen die Bezugsgröße.
- Die Spannung u_R am Wirkwiderstand ist in Phase mit der Stromstärke i.
- Die Spannung u_C am Blindwiderstand eilt der Stromstärke um 90° nach.
- Die Gesamtspannung u ergibt sich durch Addition der Momentanwerte u_R und u_C.

Der Phasenverschiebungswinkel φ zwischen u und i ist kleiner als 90°.

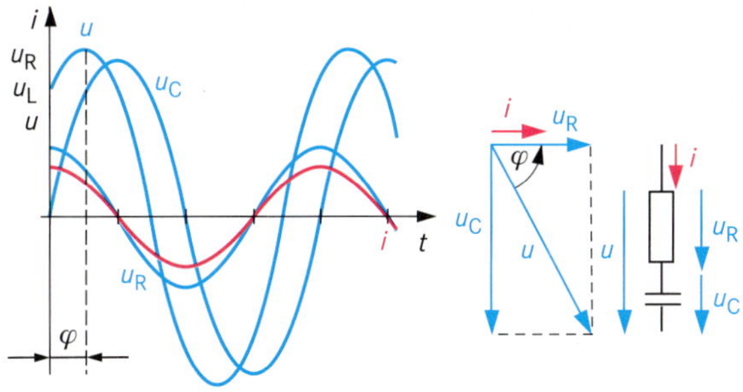

7: Diagramme der Reihenschaltung aus R mit X_C

Das Spannungsdreieck wird benutzt, um Formeln für die Berechnungen aufzustellen (Abb. 8).

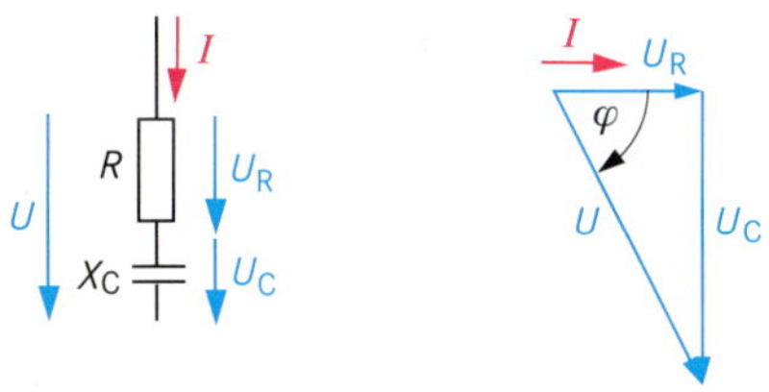

$$\cos\varphi = \frac{U_R}{U}$$

$$\sin\varphi = \frac{U_C}{U} \qquad U^2 = U_R{}^2 + U_C{}^2$$

$$\tan\varphi = \frac{U_C}{U_R}$$

8: Spannungsdreieck und Formeln bei der Reihenschaltung aus R und X_C

Mit dem Spannungsdreieck lässt sich wie bei der Reihenschaltung aus R und X_L (s. Kap. 1.7.2) ein Widerstandsdreieck entwickeln (S. 84, Abb. 1).

Aus dem Spannungsdreieck ergibt sich das Leistungsdreieck (Abb. 2, S. 84). Alle Dreiecke sind ähnlich, weil die jeweiligen Phasenverschiebungswinkel φ gleich sind.

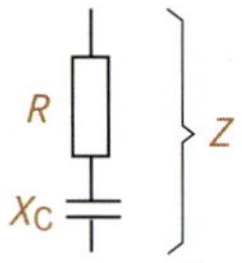

$\cos\varphi = \frac{R}{Z}$

$\sin\varphi = \frac{X_C}{Z}$

$\tan\varphi = \frac{X_C}{R}$

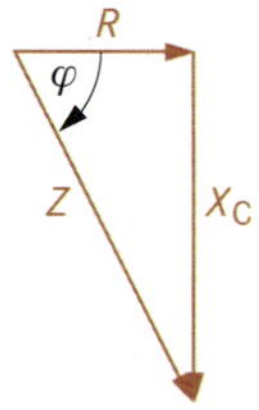

$Z^2 = R^2 + X_C{}^2$

1: Widerstände bei der Reihenschaltung aus R und X_C

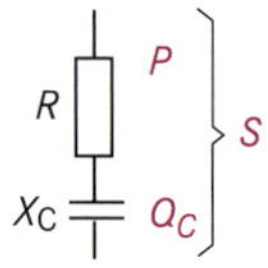

$\cos\varphi = \frac{P}{S}$

$\sin\varphi = \frac{Q_C}{S}$

$\tan\varphi = \frac{Q_C}{P}$

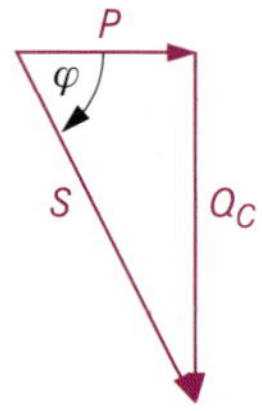

$S^2 = P^2 + Q_C{}^2$

2: Leistungen bei der Reihenschaltung aus R und X_C

AUFGABEN

1. Eine Reihenschaltung aus R und X_C liegt an einer konstanten Wechselspannung.
   Wie verändern sich X_{Cg}, I, U_R, U_{Cg} und φ, wenn ein Kondensator mit gleicher Kapazität zusätzlich in Reihe geschaltet wird?
2. Eine Reihenschaltung aus einem Wirkwiderstand und einem Kondensator liegt an 230 V (50 Hz). Die Schaltung wird messtechnisch untersucht und eine Stromstärke von 3,5 A bei einem $\cos\varphi$ von 0,6 gemessen.
   a) Wie groß sind die Widerstände?
   b) Welche Kapazität besitzt der Kondensator?
   c) Wie groß sind die Leistungen?

- In der Reihenschaltung aus R und X_C besteht zwischen U_R und U_C eine Phasenverschiebung von $\varphi = 90°$.
- In einer Reihenschaltung aus R und X_C ergibt sich zwischen Stromstärke und Gesamtspannung ein Phasenverschiebungswinkel $\varphi < 90°$.
- Die Spannungs-, Widerstands- und Leistungsdreiecke der Reihenschaltung aus R und X_C sind ähnlich. Der Phasenverschiebungswinkel φ ist deshalb gleich groß.

1.8.3 Parallelschaltung aus *R* und X_C

Bei der Parallelschaltung teilt sich die Gesamtstromstärke i auf die Widerstände in i_R und i_C auf. Bei der Entwicklung des Linien- und Zeigerdiagramms von Abb. 3 wird wie folgt vorgegangen:

- Bei der Parallelschaltung ist die Spannung u die gemeinsame Bezugsgröße.
- Die Stromstärke i_R durch den Wirkwiderstand ist in Phase mit der Spannung u.
- Die Stromstärke i_C durch den Blindwiderstand eilt der Spannung u um 90° voraus.
- Die Gesamtstromstärke i erhält man durch die Addition der Momentanwerte von i_R und i_C.

Der Phasenverschiebungswinkel φ zwischen u und i ist kleiner als 90°.

Das Stromdreieck wird benutzt, um Berechnungsformeln aufzustellen (Abb. 4).

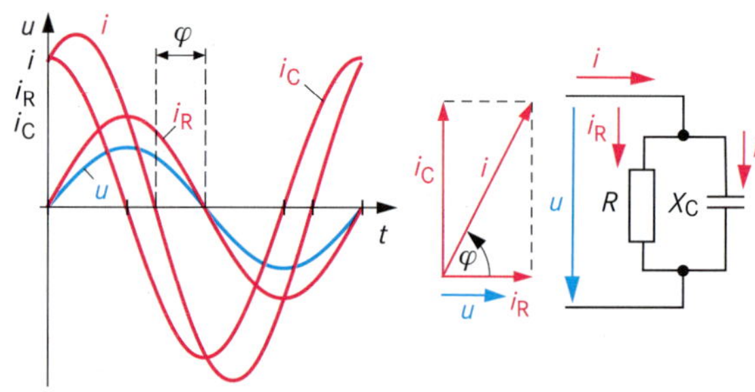

3: Diagramme der Parallelschaltung aus R und X_C

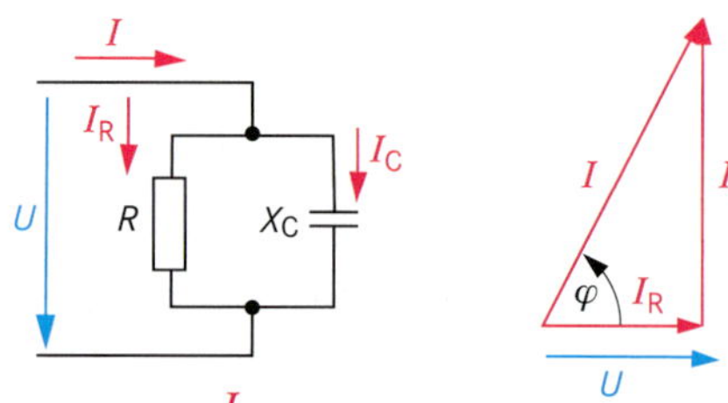

$\cos\varphi = \frac{I_R}{I}$

$\sin\varphi = \frac{I_C}{I}$

$I^2 = I_R{}^2 + I_C{}^2$

$\tan\varphi = \frac{I_C}{I_R}$

4: Stromdreieck bei der Parallelschaltung aus R und X_C

Aus dem Stromdreieck lässt sich wie bei der Parallelschaltung aus R und X_L (s. Kap. 1.7.3) ein Leitwertdreieck entwickeln (Abb. 5).

Aus dem Leitwertdreieck ergibt sich das Leistungsdreieck (Abb. 6). Alle Dreiecke sind ähnlich, weil die jeweiligen Phasenverschiebungswinkel φ gleich sind.

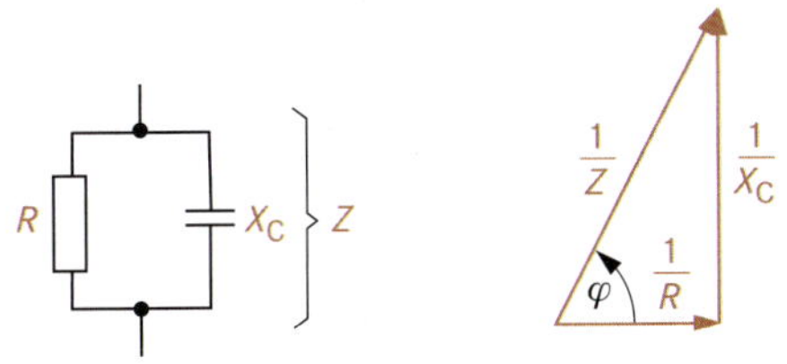

$$\cos\varphi = \frac{Z}{R} \qquad I = \frac{U}{Z} \quad I_R = \frac{U}{R} \quad I_C = \frac{U}{X_C}$$

$$\sin\varphi = \frac{Z}{X_C} \qquad \left(\frac{1}{Z}\right)^2 = \left(\frac{1}{R}\right)^2 + \left(\frac{1}{X_C}\right)^2$$

$$\tan\varphi = \frac{R}{X_C} \qquad Y^2 = G^2 + B_C{}^2$$

5: Widerstände und Leitwerte der Parallelschaltung aus R und X_C

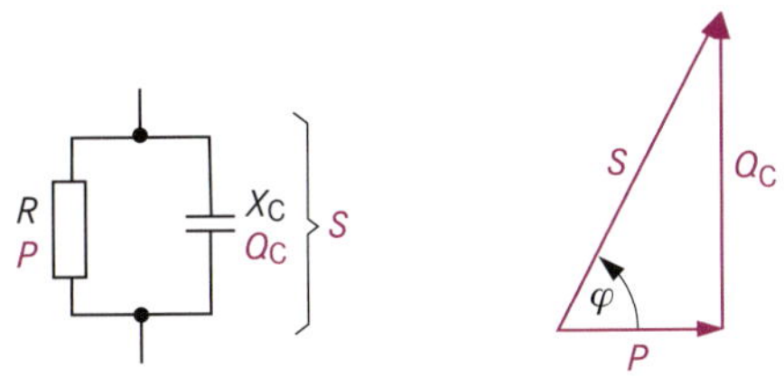

$$\cos\varphi = \frac{P}{S}$$

$$\sin\varphi = \frac{Q_C}{S} \qquad S^2 = P^2 + Q_C{}^2$$

$$\tan\varphi = \frac{Q_C}{P}$$

6: Leistungen der Parallelschaltung aus R und X_C

- In einer Parallelschaltung aus R und X_C besteht zwischen I_R und I_C eine Phasenverschiebung von $\varphi = 90°$.
- In einer Parallelschaltung aus R und X_C ergibt sich zwischen Stromstärke und Gesamtspannung ein Phasenverschiebungswinkel von $\varphi < 90°$.
- Die Spannungs-, Leitwerts- und Leistungsdreiecke der Parallelschaltung aus R und X_C sind ähnlich. Der Phasenverschiebungswinkel φ ist deshalb überall gleich groß.
- Bei der Parallelschaltung aus R und X_C kann man den Gesamtwiderstand aus den Einzelwiderständen berechnen, indem man zunächst für jeden Widerstand den Leitwert bestimmt. Den Gesamtleitwert berechnet man dann mit dem Lehrsatz des Pythagoras.

Größen in der Parallelschaltung

In einer Schaltung liegen ein Kondensator und ein Wirkwiderstand parallel. Es treten Wechselspannungen mit 50 Hz und 15 kHz auf. Zwischen welchen Werten ändern sich Z und φ?

Geg.: $R = 1\ \text{k}\Omega$, $C = 33\ \text{nF}$, $f_1 = 50\ \text{Hz}$, $f_2 = 15\ \text{kHz}$

Ges.: $Z_1, Z_2, \varphi_1, \varphi_2$

$$X_{C1} = \frac{1}{2\pi \cdot f_1 \cdot C} \qquad X_{C1} = \frac{1}{2\pi \cdot \frac{50}{\text{s}} \cdot 33 \cdot 10^{-9}\,\frac{\text{As}}{\text{V}}}$$

$$X_{C1} = 96{,}5\ \text{k}\Omega \Rightarrow X_{C1} >> R \qquad \underline{\underline{Z_1 = R = 1\ \text{k}\Omega}}$$

$$\tan\varphi_1 = \frac{R}{X_{C1}} \qquad \tan\varphi_1 = \frac{1\ \text{k}\Omega}{96{,}5\ \text{k}\Omega} \qquad \underline{\underline{\varphi_1 = 0{,}594°}}$$

$$X_{C2} = \frac{1}{2\pi \cdot \frac{15 \cdot 10^3}{\text{s}} \cdot 33 \cdot 10^{-9}\,\frac{\text{As}}{\text{V}}} \qquad X_{C2} = 322\ \Omega$$

$$\left(\frac{1}{Z_2}\right)^2 = \left(\frac{1}{322\ \Omega}\right)^2 + \left(\frac{1}{1000\ \Omega}\right)^2 \qquad \underline{\underline{Z_2 = 307\ \Omega}}$$

$$\tan\varphi_2 = \frac{R}{X_{C2}} \qquad \tan\varphi_2 = \frac{1\ \text{k}\Omega}{0{,}307\ \text{k}\Omega} \qquad \underline{\underline{\varphi_2 = 72{,}2°}}$$

AUFGABEN

1. Zur Parallelschaltung aus R und X_C wird ein weiterer Kondensator parallel geschaltet. Wie verändern sich X_{Cg}, Z, I, I_{Cg}, I_R, φ, S, Q_{Cg} und P, wenn die Spannung konstant bleibt?

2. Zu einem Wirkwiderstand von 100 Ω soll ein Kondensator parallel geschaltet werden, damit sich an 230 V (50 Hz) eine Scheinleistung von 620 VA ergibt. Berechnen Sie die
a) Stromstärke,
b) Wirk- und Blindleistung sowie
c) Kapazität des Kondensators.

3. Erklären Sie Unterschiede bzw. Gemeinsamkeiten zwischen den Leistungsdreiecken der Reihen- und Parallelschaltung aus R und X_C.

4. Durch Zuschalten von C_2 soll eine Phasenverschiebung zwischen Spannung und Stromstärke von 35° erreicht werden. Wie groß ist die Kapazität des Kondensators C_2?

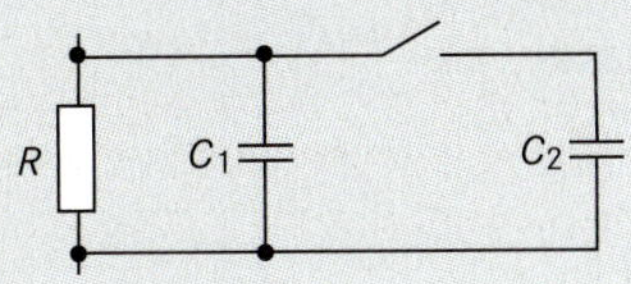

$R = 1\ \text{k}\Omega$
$f = 50\ \text{Hz}$
$C_1 = 1{,}0\ \mu\text{F}$

1.9 Spulen, Kondensatoren und Wirkwiderstände im Wechselstromkreis

1.9.1 Reihenschaltung aus R, X_C und X_L

Als Anwendungsbeispiel wird der Zweig einer Leuchtstofflampen-Schaltung (Abb. 1) verwendet, in dem sich neben der Drosselspule zusätzlich ein Kondensator befindet. In der Schaltung wurden die Spannungen und die Stromstärke gemessen.

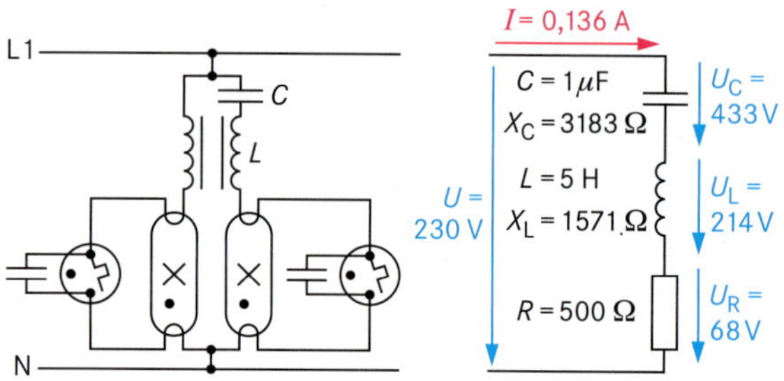

1: Duo-Schaltung

Wie lässt sich erklären, dass am Kondensator eine Spannung von 433 V liegt, die fast doppelt so groß ist wie die Betriebsspannung von 230 V?

Hilfreich ist, wenn die phasenmäßigen Beziehungen zwischen den einzelnen Größen betrachtet und diese in einem Zeigerdiagramm dargestellt werden (Abb. 2).

- Am Wirkwiderstand R sind Stromstärke und Spannung in Phase ①.
- In der Reihenschaltung verursacht die Stromstärke I an X_C eine um 90° **nacheilende** Spannung U_C ②.
- Dieselbe Stromstärke I verursacht an X_L ebenfalls eine um 90° phasenverschobene Spannung U_L, allerdings **voreilend**. Zwischen U_C und U_L besteht somit eine Phasenverschiebung von 180°③.
- Die beiden Spannungen U_C und U_L sind entgegengesetzt gerichtet (180° Phasenverschiebung). Sie heben sich also in ihrer Wirkung teilweise auf. Insgesamt wirkt damit an den Blindwiderständen die Differenzspannung U_X ④:

$U_X = U_C - U_L$
$U_X = 433\ \text{V} - 214\ \text{V}$
$U_X = 219\ \text{V}$

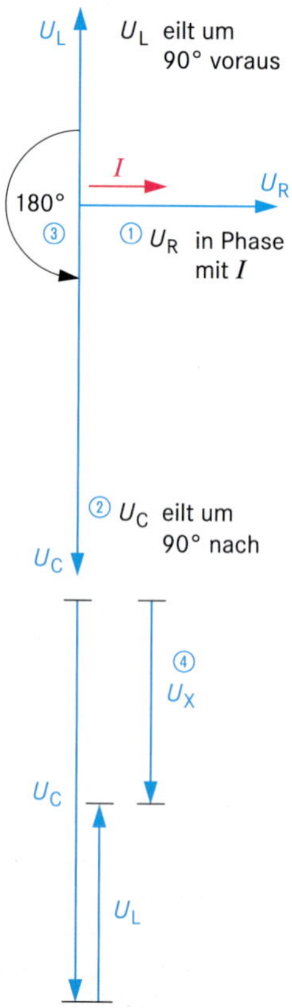

2: Spannungen

Mit den drei Spannungen lässt sich das Spannungsdreieck zeichnen (Abb. 3). U_C und U_L sind um 180° phasenverschoben (Pfeile entgegengesetzt gerichtet).

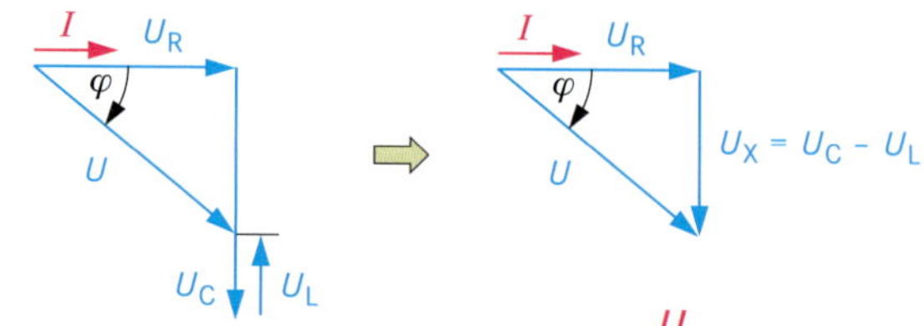

$U^2 = U_R^2 + (U_C - U_L)^2$ $\qquad \cos\varphi = \frac{U_R}{U}$

3: Spannungsdreieck

Wie die Spannungen, so zeigen auch die beiden Blindwiderstände X_C und X_L ein gegensätzliches Verhalten (Abb. 4). Die Blindwiderstände heben sich in ihren Wirkungen teilweise auf (**Kompensation** [compensation], s. Kap. 5.8.2). Wirksam für die Schaltung ist die Differenz aus den Einzelwiderständen. Da in diesem Fall der kapazitive Blindwiderstand größer als der induktive angenommen wurde, bezeichnen wir den verbleibenden Widerstand mit $X_C{}^*$ (kapazitive Wirkung).

$X_C{}^* = X_C - X_L$
$X_C{}^* = 3183\ \Omega - 1571\ \Omega \qquad X_C{}^* = 1612\ \Omega$

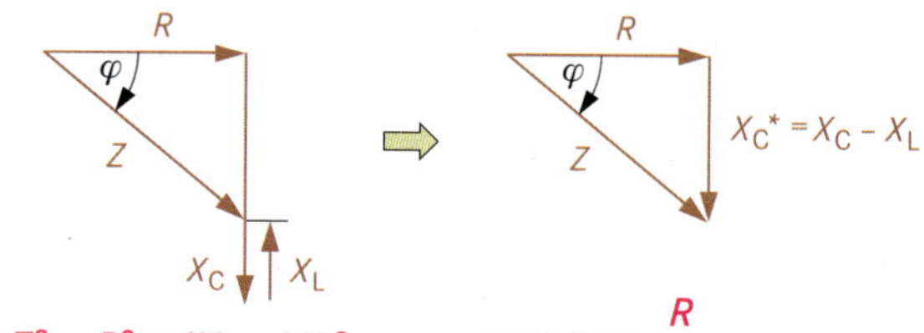

$Z^2 = R^2 + (X_C - X_L)^2$ $\qquad \cos\varphi = \frac{R}{Z}$

4: Widerstandsdreieck

Bei dieser Reihenschaltung gibt es den Sonderfall, bei dem $X_L = X_C$ wird. Er wird als **Resonanz** [resonance] bezeichnet. Da sich die beiden Blindwiderstände in ihren Wirkungen aufheben, ist in der Schaltung nur noch der in der Regel kleine Widerstand R wirksam. Er bestimmt die Stromstärke, die sehr groß werden kann. Da die Stromstärke an jedem Widerstand einen Spannungsfall verursacht ($U \sim I$), sind die Spannungen an großen Blindwiderständen ebenfalls groß. Sie können die anliegende Spannung erheblich übersteigen (**Spannungsüberhöhung** [voltage rise]).

- Bei Reihenschaltungen aus X_L und X_C sind die Spannungen an den Blindwiderständen um 180° phasenverschoben.
- Bei Reihenschaltungen aus X_L und X_C können die Spannungen an den Blindwiderständen erheblich größer als die Gesamtspannung werden (Spannungsüberhöhung).
- Bei $X_L = X_C$ heben sich die Blindwiderstände in ihren Wirkungen auf (Resonanz). Die Schaltung verhält sich wie ein reiner Wirkwiderstand.

Resonanzfall bei $X_L = X_C$

Dieser Sonderfall tritt nur bei einer bestimmten Frequenz auf, der **Resonanzfrequenz f_0** [resonant frequency]. Sie ist von der gewählten Kapazität und Induktivität abhängig.

Für die Herleitung einer allgemeinen Formel geht man von der Resonanzbedingung $X_L = X_C$ aus:

$$2\pi \cdot f_0 \cdot L = \frac{1}{2\pi \cdot f_0 \cdot C} \qquad f_0^2 = \frac{1}{4\pi^2 \cdot L \cdot C}$$

Zieht man aus der letzten Formel die Wurzel, ergibt sich die Formel für die Resonanzfrequenz, in der nur noch die Kapazität und die Induktivität vorkommen.

$$f_0 = \frac{1}{2\pi \cdot \sqrt{L \cdot C}}$$

In einem weiteren Schritt soll jetzt die elektrische Energie im Resonanzfall betrachtet werden. Da der Strom durch alle drei Bauteile fließt (Abb. 5a), verursacht er entsprechende Spannungsfälle. Die Blindspannungen u_L und u_C besitzen zueinander eine Phasenverschiebung von 180° (Abb. 5b und 5c). Da die elektrische Energie das Produkt aus Leistung und Zeit ist, bedeutet das für die Leistungskurven, dass in dem einen Bauteil positive und in dem anderen gleichzeitig negative Anteile entstehen (Abb. 5d und 5e ①). Im Mittel heben sich diese Blindleistungen auf. Die Energie pendelt gewissermaßen zwischen den Bauteilen hin und her (Schwingung). Die Schaltung wird deshalb auch als **Schwingkreis** [resonant circuit] bezeichnet. Da Resonanz nur bei einer bestimmten Frequenz auftritt, werden diese **Serienschwingkreise** [series resonant circuit] auch als Filter z. B. für Oberschwingungen eingesetzt (vgl. Kap. 5.8.3).

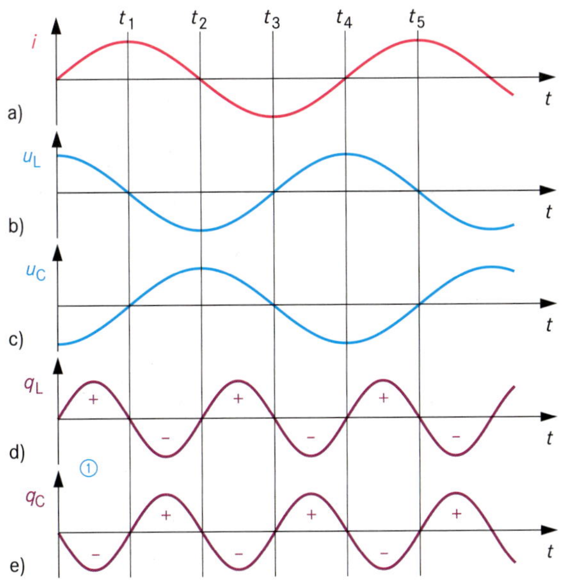

5: Stromstärke, Blindspannungen und Blindleistungen im Resonanzfall

Wie sich der Serienschwingkreis in Abhängigkeit von der Frequenz verhält, ist in Abb. 6 dargestellt.

- Im Resonanzfall ist nur der kleine Serienwiderstand R der Spule wirksam ①.
- Unterhalb der Resonanzfrequenz wirkt die Schaltung wie eine Serienschaltung aus R und X_C (kapazitives Verhalten) ②.
- Oberhalb der Resonanzfrequenz wirkt die Schaltung wie eine Serienschaltung aus R und X_L (induktives Verhalten) ③.
- Die Stromstärke ist im Resonanzfall maximal ④.
- Durch die große Stromstärke bei Resonanz entstehen an den Blindwiderständen hohe Spannungen ⑤ (Spannungsüberhöhung).

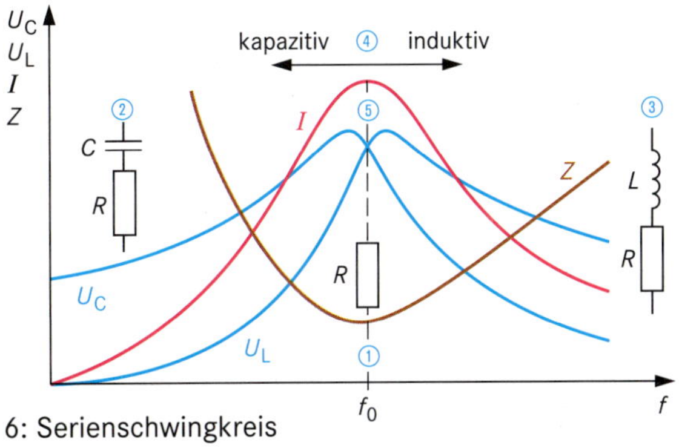

6: Serienschwingkreis

$X_L \approx X_C$

Geg.: Reihenschaltung mit $R = 500\ \Omega$, $C = 1\ \mu F$, $L = 10$ H, $U = 230$ V, $f = 50$ Hz

Ges.: I, U_C, U_L und U_R

$X_C = \frac{1}{2\pi \cdot f \cdot C}$	$X_C = 3183\ \Omega$
$X_L = 2\pi \cdot f \cdot C$	$X_L = 3142\ \Omega$
$Z = \sqrt{R^2 + (X_C - X_L)^2}$	$Z = 502\ \Omega$
$I = \frac{U}{Z}$	$\underline{\underline{I = 0{,}46\ A}}$
$U_C = I \cdot X_C$	$\underline{\underline{U_C = 1464\ V}}$
$U_L = I \cdot X_L$	$\underline{\underline{U_L = 1445\ V}}$

- Ein Serienschwingkreis verhält sich bei Resonanz wie ein Wirkwiderstand (in der Regel klein).
- Bei Serienresonanz wird die Stromstärke maximal und an den Blindwiderständen können große Spannungen entstehen (Gefährdung von Personen und Bauelementen).

1.9.2 Parallelschaltung aus R, X_C und X_L

Bei der Parallelschaltung ist die gemeinsame Bezugsgröße die Spannung. Für die Zeigerdiagramme in Abb. 1 wurden wieder Effektivwerte (Großbuchstaben) verwendet. Angenommen wird, dass $X_L > X_C$ ist.

- Die Stromstärke I_R ist in Phase mit der anliegenden Spannung U ①.
- Die Stromstärke I_C eilt der Spannung um 90° voraus ②.
- Die Stromstärke I_L eilt der Spannung um 90° nach ③.
- Zwischen I_C und I_L besteht eine Phasenverschiebung von 180°. Beide Stromstärken können voneinander subtrahiert werden. Da $X_L > X_C$ gewählt wurde, ist $I_L < I_C$ ④. Der induktive Blindstrom wird durch den kapazitiven Blindstrom aufgehoben (**Kompensation** [compensation], s. Kap. 5.8.2). Die sich ergebende Stromstärke I ist dann die Differenz der beiden Stromstärken ($I_C - I_L$).

Die Schaltung wirkt aufgrund der gewählten Werte kapazitiv. Das bedeutet, dass sie bei dieser Frequenz das Verhalten eines Kondensators mit einem parallel liegenden Wirkwiderstand zeigt. Der induktive Blindwiderstand „verschwindet" also durch den Kondensator.

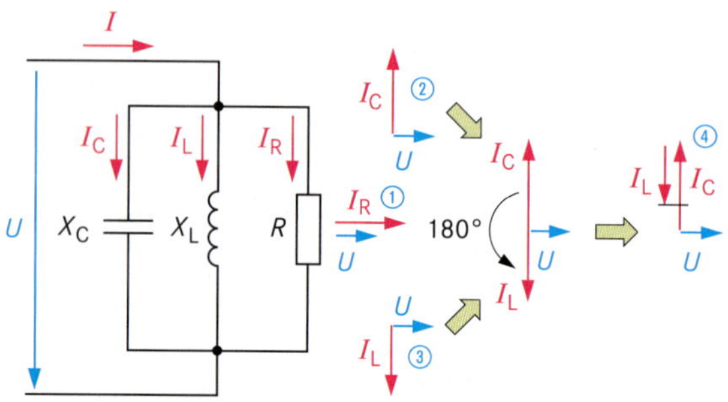

1: Parallelschaltung aus R, X_L und X_C

Aus den phasenmäßigen Beziehungen lassen sich ein Dreieck mit den Stromstärken zeichnen und entsprechende Formeln aufstellen (Abb. 2).

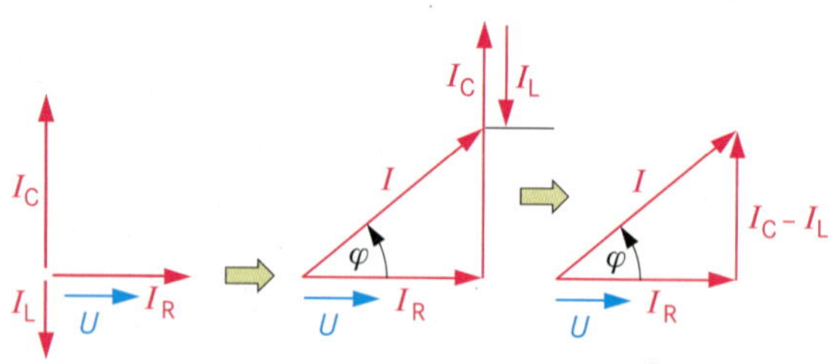

$$I^2 = I_R^2 + (I_C - I_L)^2 \qquad \cos\varphi = \frac{I_R}{I}$$

2: Stromstärken

Stromstärken und Leitwerte sind proportional. Es lässt sich ein Leitwertdreieck zeichnen (Abb. 3), das dem Stromstärkendreieck ähnlich ist. Da $X_L > X_C$ ist, gelten zwischen den Kehrwerten folgende Beziehungen:

$$\frac{1}{X_L} < \frac{1}{X_C} \text{ oder } B_L < B_C$$

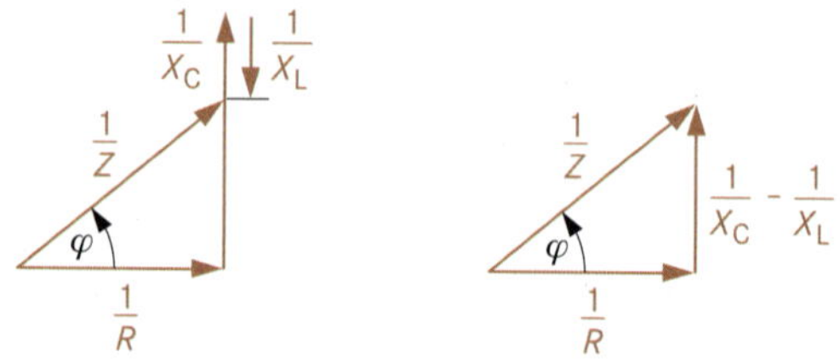

$$\cos\varphi = \frac{\frac{1}{R}}{\frac{1}{Z}} \qquad \cos\varphi = \frac{G}{Y} \qquad \cos\varphi = \frac{Z}{R}$$

$$\left(\frac{1}{Z}\right)^2 = \left(\frac{1}{R}\right)^2 + \left(\frac{1}{X_C} - \frac{1}{X_L}\right)^2$$

$$Y^2 = G^2 + (B_C - B_L)^2$$

3: Leitwerte und Widerstände

Bei der Parallelschaltung aus X_L und X_C können sich die Wirkungen dieser Blindwiderstände auch vollständig aufheben. Das folgende Berechnungsbeispiel verdeutlicht diesen Sachverhalt.

$X_L \approx X_C$

Geg.: Parallelschaltung mit R = 500 Ω, C = 10 μF, L = 1 H, U = 230 V, f = 50 Hz

Ges.: I, I_C, I_L und I_R

X_C = 318,8 Ω $\qquad \frac{1}{X_C}$ = 3,14 mS

X_L = 314,2 Ω $\qquad \frac{1}{X_L}$ = 3,18 mS

$$\frac{1}{Z} = \sqrt{\left(\frac{1}{R}\right)^2 + \left(\frac{1}{X_L} - \frac{1}{X_C}\right)^2} \qquad Z = 500\ \Omega$$

$I = \frac{U}{Z}$ $\qquad \underline{\underline{I = 460\text{ mA}}}$ $\qquad I_C = \frac{U}{X_C}$ ② $\underline{\underline{I_C = 723\text{ mA}}}$

$I_L = \frac{U}{X_L}$ ① $\underline{\underline{I_L = 732\text{ mA}}}$ $\qquad I_R = \frac{U}{R}$ $\qquad \underline{\underline{I_R = 460\text{ mA}}}$

Die Blindstromstärken I_L ① und I_C ② im Berechnungsbeispiel heben sich in ihren Wirkungen nahezu auf, sodass in der Schaltung allein der Widerstand R wirksam ist. Er bestimmt die Gesamtstromstärke der Schaltung. Die Stromstärken in den Blindwiderständen können größer als die Gesamtstromstärke werden (**Stromüberhöhung** [current rise]). Es handelt sich wie bei der Serienschaltung um den Resonanzfall.

Resonanzfall bei $X_L = X_C$

Wie bei der Serienschaltung lässt sich die Resonanzfrequenz f_0 über die Bedingung $X_L = X_C$ berechnen. Es ergibt sich die gleiche Formel.

$$f_0 = \frac{1}{2\pi \cdot \sqrt{L \cdot C}}$$

Wie bei der Serienschaltung pendeln die Energien zwischen den induktiven und kapazitiven Blindwiderständen hin und her. Es handelt sich wieder um einen Schwingkreis, allerdings um einen **Parallelschwingkreis** [parallel resonant circuit], der auch als Filter eingesetzt werden kann (s. Kap. 5.8.5).

Wie sich der Parallelschwingkreis in Abhängigkeit von der Frequenz verhält, ist in Abb. 4 dargestellt.

- Die Stromstärke I_L ($I_L = U/X_L$) nimmt mit steigender Frequenz ab ①.
- Die Stromstärke I_C steigt dagegen mit zunehmender Frequenz ②.
- Im Resonanzfall ($f = f_0$) sind die beiden Stromstärken gleich groß, sie heben sich auf ③.
- Im Resonanzfall ist nur noch der Wirkwiderstand R vorhanden ④.
- Unterhalb der Resonanzfrequenz verhält sich die Schaltung wie die Parallelschaltung aus X_L und R, also induktiv ⑤.
- Oberhalb der Resonanzfrequenz verhält sich die Schaltung wie die Parallelschaltung aus X_C und R, also kapazitiv ⑥.

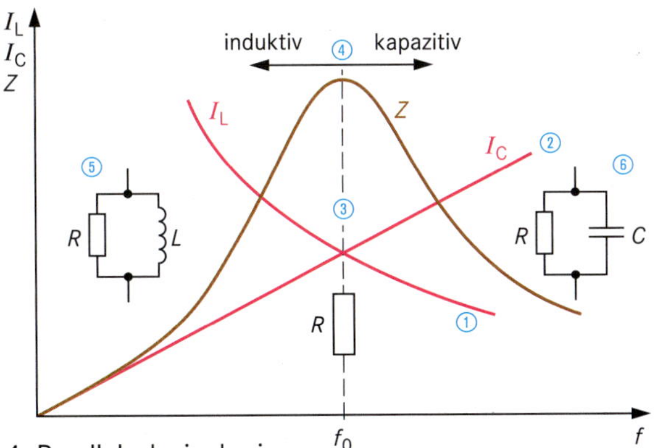

4: Parallelschwingkreis

AUFGABE

1. Skizzieren Sie zu Abb. 4 die Gesamtstromstärke in Abhängigkeit von der Frequenz.

- Ein Parallelschwingkreis verhält sich bei seiner Resonanzfrequenz wie ein Wirkwiderstand. Es kommt zu einer Stromüberhöhung.
- Ein Parallelschwingkreis verhält sich bei Frequenzen $f < f_0$ induktiv und bei Frequenzen $f > f_0$ kapazitiv.

Das unterschiedliche Verhalten von Parallel- und Reihenschaltungen mit Wirk- und Blindwiderständen in Abhängigkeit von der Frequenz ist in der nachfolgenden Übersicht zusammenfassend dargestellt. Es werden drei Fälle bzw. Bereiche unterschieden.

Reihenschaltung aus R, X_L und X_C		
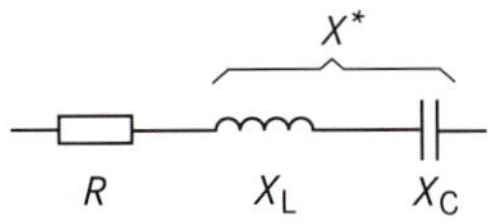		
$X_L > X_C$	$X_L = X_C$	$X_L < X_C$
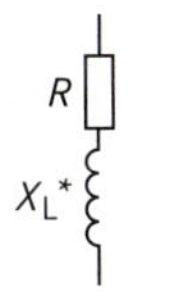	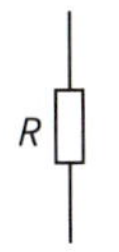	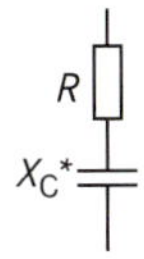
Gesamtspannung eilt der Stromstärke um weniger als 90° voraus	Gesamtspannung und Stromstärke sind in Phase	Gesamtspannung eilt der Stromstärke um weniger als 90° nach
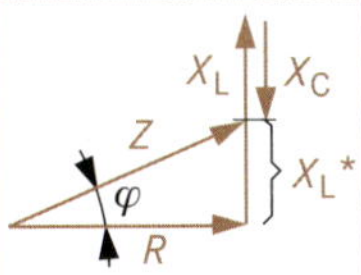	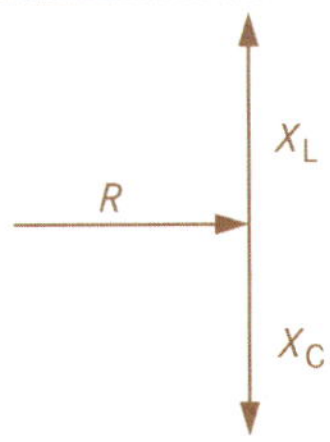	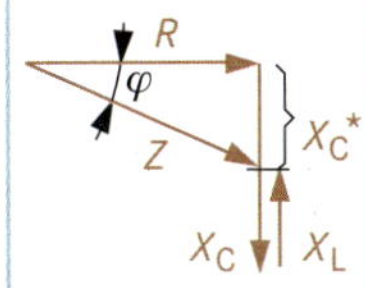
Parallelschaltung aus R, X_L und X_C		
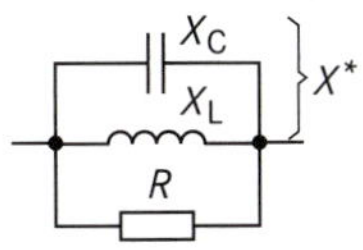		
$X_L > X_C$	$X_L = X_C$	$X_L < X_C$
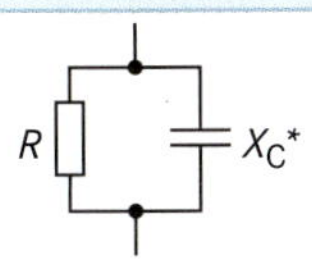	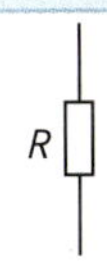	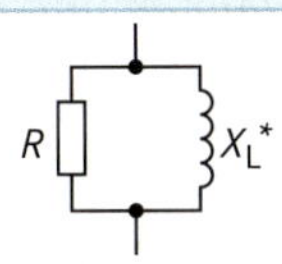
Gesamtstromstärke eilt der Spannung um weniger als 90° voraus	Gesamtstromstärke ist mit der Spannung in Phase	Gesamtstromstärke eilt der Spannung um weniger als 90° nach
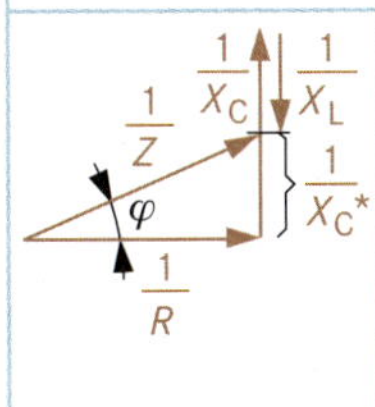	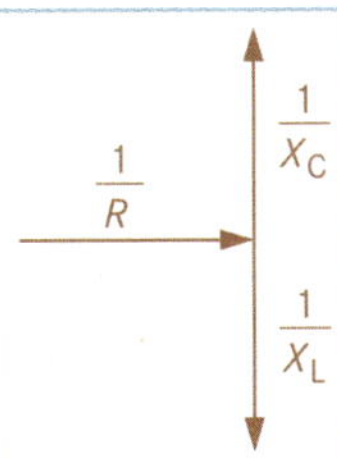	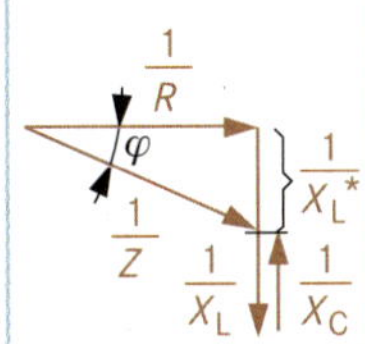

1.10 Drei-Phasen-Wechselspannung

1.10.1 Spannungserzeugung

Die Versorgung mit elektrischer Energie erfolgt mit **Drei-Phasen-Wechselspannung** [three phase alternating voltage]. Dem Verbraucher stehen dadurch mehrere Spannungen zur Verfügung. In Kurzform wird der Strom auch als Drehstrom [three phase current] bezeichnet. Dieser Name deutet auf die Entstehung der Spannung im Generator hin. Im Innern wird ein umlaufendes magnetisches Feld erzeugt (Drehfeld). An der Schnittzeichnung eines **Drehstromgenerators** [three phase generator] soll nun geklärt werden, wie die Spannungen entstehen (Abb. 1).

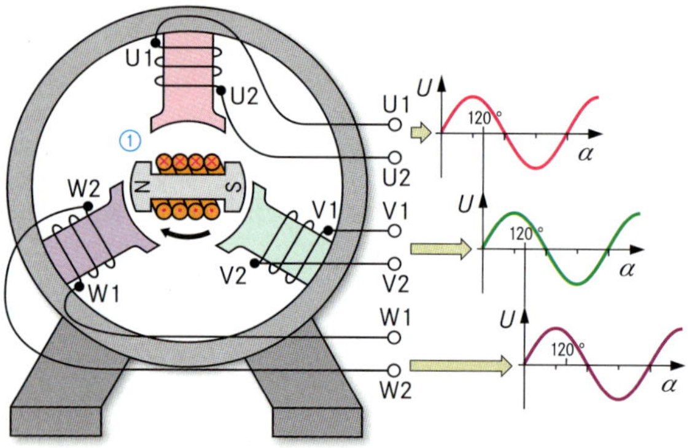

1: Generator für Drei-Phasen-Wechselspannung

Der Generator besitzt im Innern einen rotierenden Elektromagneten (Läufer ①), der in die um 120° räumlich versetzt angeordneten Wicklungen mit den Klemmenbezeichnungen U, V und W sinusförmige Wechselspannungen gleicher Größe und Frequenz induziert. Diese Spannungen entstehen nacheinander. Wenn sich der Magnet 50mal in der Sekunde dreht (f = 50 Hz), werden für einen Umlauf 20 ms benötigt. Für ein Drittel des Umlaufs sind also 6,67 ms notwendig. Die Spannungen sind deshalb um 6,67 ms verschoben (Abb. 2 ②). Dies entspricht dem Winkel von 120° ③.

Wenn die Spannungen des Generators aus Abb. 1 zu den Abnehmern transportiert werden sollen, müsste

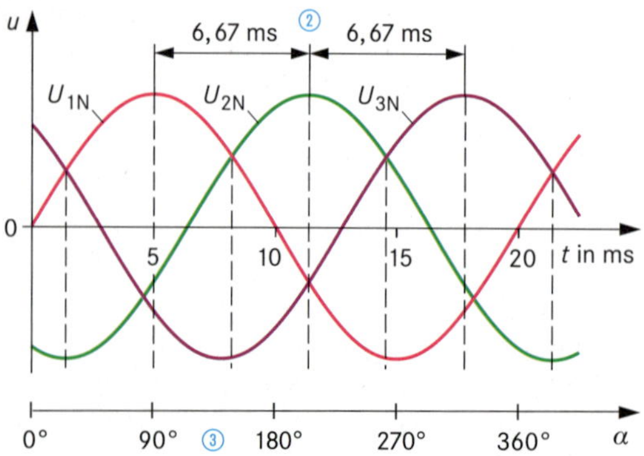

2: Drei-Phasen-Wechselspannung

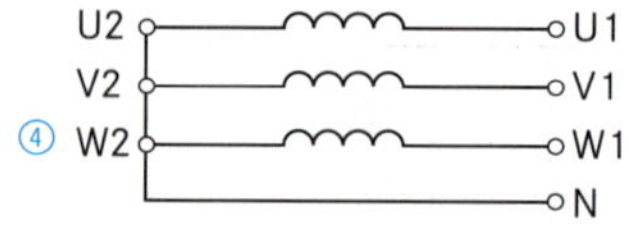

3: Verkettung

man sechs Leiter verwenden. Es reichen aber bereits vier, wenn die Spulenenden wie in Abb. 3 zusammen geschaltet werden (**Verkettung** [linkage]). Diese Schaltung bezeichnet man dann als **Sternschaltung** [star connection]. Die Spulenenden sind im Sternpunkt zusammengeschaltet. Der Leiter wird als **Neutralleiter** (N-Leiter) [neutral conductor] bezeichnet. Das Zusammenschalten ist ohne Kurzschlussgefahr möglich, da in den Spulen drei voneinander unabhängige Spannungen entstehen. Zwischen den Anschlüssen U2, V2 und W2 (Abb. 3 ④) besteht kein Spannungsunterschied, es kann somit auch kein Strom fließen.

Die elektrische Energie gelangt über einen Transformator (Abb. 4 ⑤) und dem aus vier Leitern bestehenden **Drehstromnetz** [three phase system] zum Verbraucher (Hausanschlusskasten ⑥). Das Netz besteht dann aus

- **Außenleitern** [phase conductors], Bezeichnungen L1, L2, L3 und dem
- **PEN-Leiter** [protective earth neutral conductor].

Der PEN-Leiter hat die Funktionen eines aktiven Leiters (Neutralleiter N) und eines **Schutzleiters** [protective earth conductor] (PE).

Durch die Verkettung stehen dem Anwender nun folgende Spannungen zur Verfügung (Abb. 5):

- **230 V** (Spannung an einer Spule, **Strangspannungen** [phase voltages] U_{1N}, U_{2N}, U_{3N})
- **400 V** (Spannung zweier in Reihe liegender Spulen, **Außenleiterspannungen** [line to line voltages] U_{12}, U_{23}, U_{31})

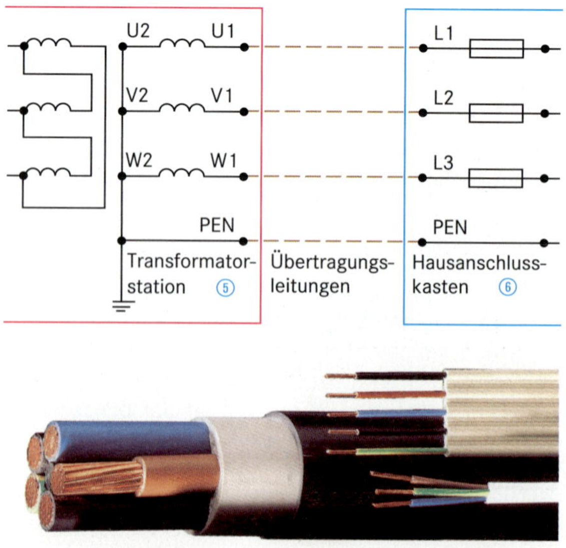

4: Spannungsversorgung für Industrie und Haushalte

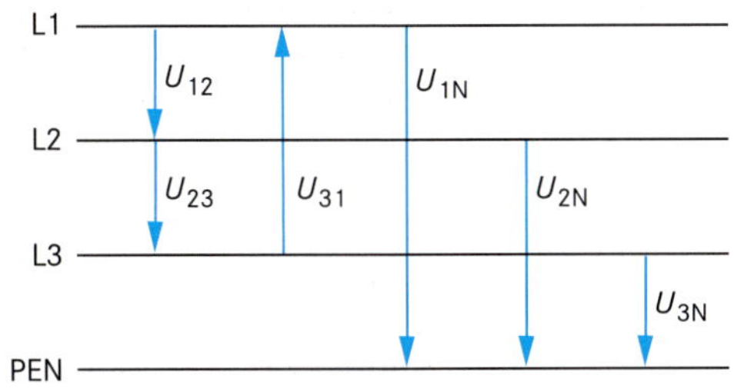

Außenleiterspannungen **Strangspannungen**

$U_{12} = U_{23} = U_{31} = 400\ \text{V}$ $U_{1N} = U_{2N} = U_{3N} = 230\ \text{V}$

5: Spannungen im Drehstromnetz

Wie die Spannung von 400 V beispielsweise aus der Reihenschaltung U_{1N} = 230 V mit U_{2N} = 230 V entsteht, lässt sich mit den Liniendiagrammen in Abb. 6 erklären. An sieben Punkten der Zeitachse sind die Spannungen entsprechend ihren Vorzeichen addiert und die Werte in das untere Liniendiagramm eingezeichnet worden. Es entsteht die Außenleiterspannung U_{12}. Dividiert man die Effektivwerte der Leiterspannung U_{12} durch die Strangspannung U_{1N}, so erhält man den Faktor $\sqrt{3}$ (**Verkettungsfakor** [linkage factor]), der das Verhältnis von Außenleiterspannung zur Strangspannung ist.

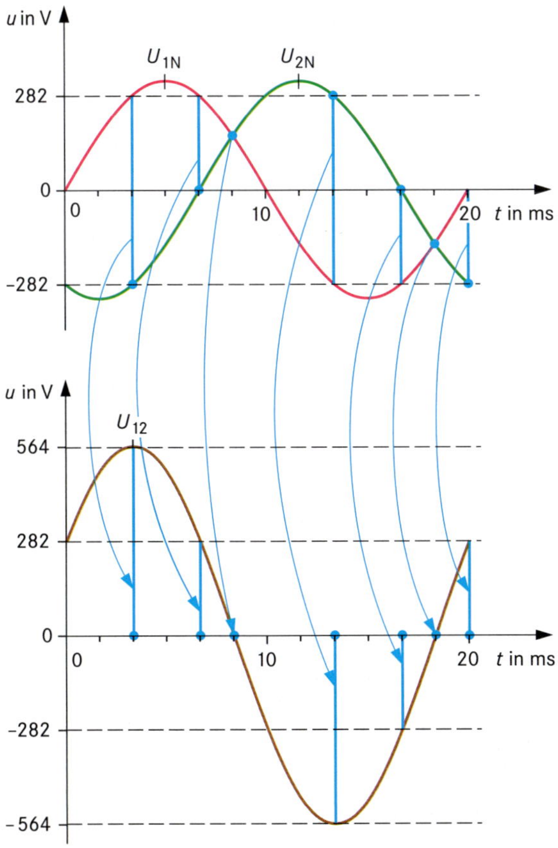

6: Entstehung der Außenleiterspannung

$U_{12} = \frac{\hat{u}_{12}}{\sqrt{2}}$ $U_{12} = \frac{564\ \text{V}}{\sqrt{2}}$ $U_{12} = 400\ \text{V}$

$\frac{400\ \text{V}}{230\ \text{V}} = 1{,}74$ $1{,}74 = \sqrt{3}$ $U_{12} = \sqrt{3} \cdot U_{1N}$

Berechnung einer Außenleiterspannung

Zur Berechnung wird ein Zeigerdiagramm verwendet, in das die Effektivwerte von zwei Strangspannungen U_{1N} und U_{2N} eingezeichnet sind. Zwischen beiden Spannungen besteht eine Phasenverschiebung von 120° ①. Die Außenleiterspannung U_{12} erhält man, indem man die Differenz bildet (- U_{2N} ②).

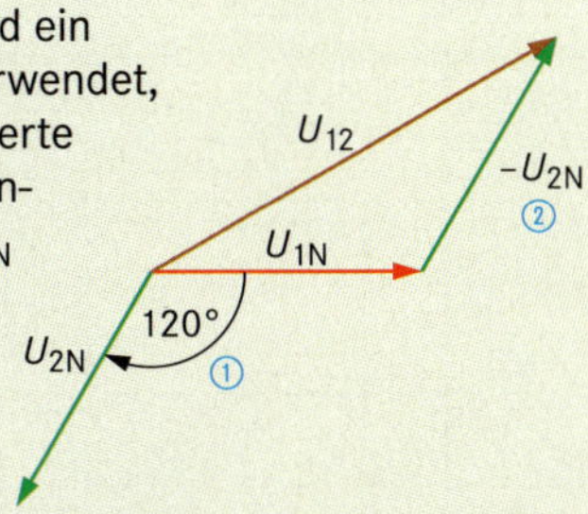

Die Länge des Zeigers U_{12} lässt sich auch mit Hilfe von Winkelfunktionen wie folgt berechnen:

$$\frac{\frac{U_{12}}{2}}{U_{1N}} = \sin 60°$$

$$\frac{U_{12}}{2} = \sin 60° \cdot U_{1N}$$

$$U_{12} = 2 \cdot \sin 60° \cdot U_{1N}$$

$$U_{12} = \underbrace{2 \cdot 0{,}866}_{\sqrt{3}} \cdot 230\ \text{V}$$

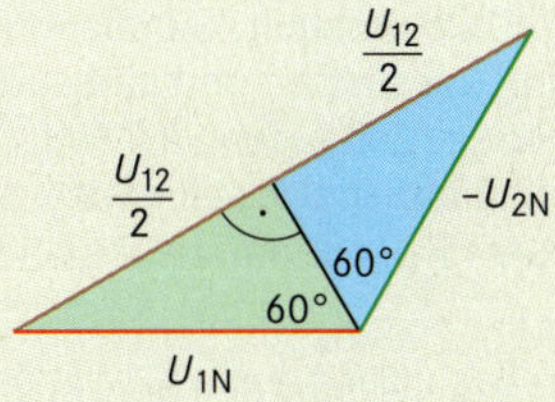

AUFGABE

1. Zeichnen Sie das Liniendiagramm eines Drehstrom-Systems mit den Strangspannungen U_{1N} = 10 V und U_{2N} = 10 V.

- Die drei Wechselspannungen des Drehstrom-Systems werden in drei um 120° (räumlich) versetzten Spulen eines Generators erzeugt. Es entstehen drei um 120° verschobene sinusförmige Strangspannungen.
- Im Drehstromsystem wird jeweils eine Klemme der Spulen zum Sternpunkt zusammengeschaltet.
- Das Zusammenschalten der drei Wechselspannungen wird als Verkettung bezeichnet.
- Die Leiterspannung ergibt sich aus der Strangspannung multipliziert mit dem Verkettungsfaktor $\sqrt{3}$.

1.10.2 Belastetes Drehstromnetz

1.10.2.1 Sternschaltung

In Abb. 1 ist das Drehstromnetz mit drei gleichgroßen Wirkwiderständen (z. B. Heizofen) sternförmig (Sternschaltung [star connection]) belastet (**symmetrische Belastung** [symmetrical load]). Die Leiterströme I_1, I_2 und I_3 sind gleich den Strangströmen I_{Str}.

$$U_{12} = U_{23} = U_{31} = \sqrt{3} \cdot U_{Str}$$

$$I = I_{Str}$$

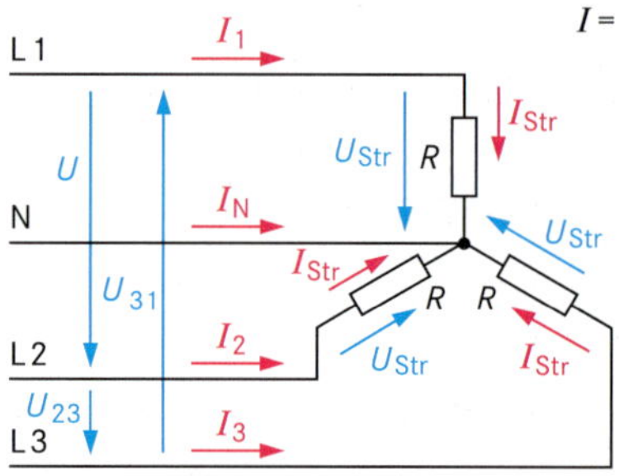

1: Spannungen und Ströme bei der Sternschaltung

Der Verlauf der drei Ströme ist im Liniendiagramm der Abb. 2 dargestellt. Sie fließen im **Sternpunkt** [neutral point] zusammen und bilden den Summenstrom. Da er in jedem Zeitaugenblick Null ist, fließt im Neutralleiter (deshalb diese Bezeichnung) kein Strom. Man kann in diesem Fall auf den Leiter verzichten.

In Abb. 2 ist neben dem Liniendiagramm zusätzlich das Zeigerdiagramm der drei Ströme dargestellt. Alle drei Ströme bilden zusammen ein gleichseitiges Dreieck, sie heben sich dadurch im Sternpunkt auf.

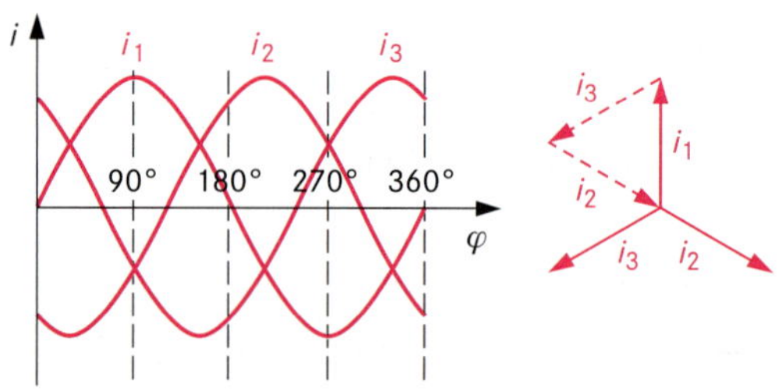

2: Linien- und Zeigerdiagramm einer Sternschaltung mit symmetrischer Belastung

Aus der Grundschaltung von Abb. 1 ergeben sich die folgenden Beziehungen zwischen den Spannungen und Stromstärken:

Leiterstromstärken	**Leiterspannungen**
$I_1 = I_2 = I_3 = I_{Str}$	$U_{12} = U_{23} = U_{31} = \sqrt{3} \cdot U_{Str}$

Auch die Spannungen lassen sich in Form eines Zeigerdiagramms darstellen (Abb. 3). In dem gleichseitigen Dreieck sind die Leiter- und Strangspannungen eingezeichnet.

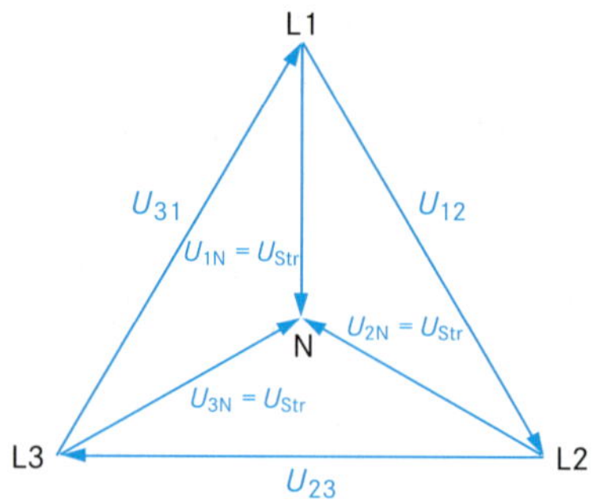

3: Zeigerdiagramm der Leiter- und Strangspannungen bei der Sternschaltung

Leistung

Die Belastung in Abb. 1 erfolgt durch drei Wirkwiderstände. Deshalb ist die Gesamtleistung dreimal so groß wie jede Einzelleistung.

Einzelscheinleistung: $S = U_{Str} \cdot I_{Str}$
Gesamtscheinleistung: $S = 3 \cdot U_{Str} \cdot I_{Str}$

Da die Werte der Leitergrößen gleich sind, wird auf die Indizes in den weiteren Formeln verzichtet. Es gilt dann:

$I_1 = I_2 = I_3 = I$
$U_{12} = U_{23} = U_{31} = U$

Setzt man für die Strangwerte die Leiterwerte ein, ergeben sich folgende Leistungsformeln:

$$S = \frac{3 \cdot U \cdot I}{\sqrt{3}} \qquad S = \frac{\sqrt{3} \cdot \sqrt{3} \cdot U \cdot I}{\sqrt{3}}$$

Gesamtscheinleistung $S = \sqrt{3} \cdot U \cdot I$
Gesamtwirkleistung $P = \sqrt{3} \cdot U \cdot I \cdot \cos\varphi$
Gesamtblindleistung $Q = \sqrt{3} \cdot U \cdot I \cdot \sin\varphi$

AUFGABE

1. In den Zuleitungen zu einem Heizgerät, das in Sternschaltung an das 400/230 V-Netz angeschlossen ist, wird eine Leiterstromstärke von 15,8 A gemessen. Berechnen Sie die Strangwiderstände und die Gesamtleistung des Gerätes.

- Der Neutralleiter (N-Leiter) ist bei symmetrischer Belastung in Sternschaltung stromlos.
- Bei der Sternschaltung sind die Leiterstromstärken gleich den Strangstromstärken.
- Bei der Sternschaltung ist die Leiterspannung um den Faktor $\sqrt{3}$ größer als die Strangspannung.

1.10.2.2 Dreieckschaltung △

In Abb. 4 sind drei gleichgroße Widerstände in Form eines Dreiecks (**Dreieckschaltung** [delta connection]) verbunden und an die drei Außenleiter des Drehstromnetzes angeschlossen. Die Leiterspannungen U_{12}, U_{23} und U_{31} sind gleich den Strangspannungen U_{Str}. Die Leiterstromstärken I_1, I_2 und I_3 teilen sich in den Anschlusspunkten auf, sodass sie größer als die Strangstromstärken I_{Str} sind.

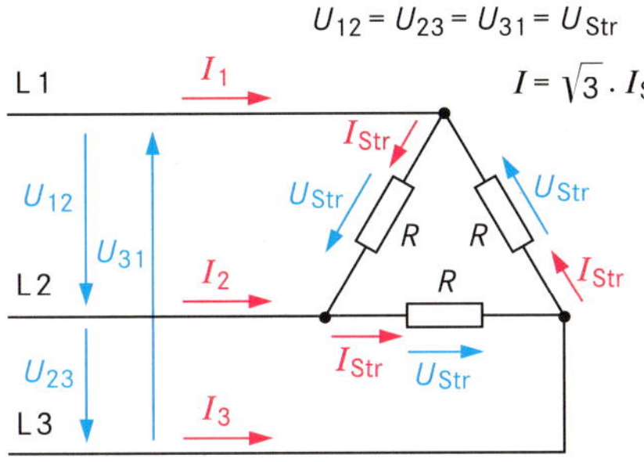

4: Spannungen und Ströme bei der Dreieckschaltung

Die Herleitung für die Stromstärken erfolgt mit dem Zeigerdiagramm (Abb. 5). Verwendet wird dazu ein Dreieck ①, in dem Strang- und Leiterstromstärken vorkommen. Für die Berechnung wird das rechtwinklige Dreieck mit den Winkeln 30° und 60° sowie die Winkelfunktion verwendet.

$$\cos 30° = \frac{\frac{I_1}{2}}{I_{31}} \qquad I_{31} = \frac{I_1}{2 \cdot \cos 30°}$$

$$\cos 30° = 0{,}866$$

$$I_{31} = \frac{I_1}{2 \cdot 0{,}866} = \frac{I_1}{1{,}73} = \frac{I_1}{\sqrt{3}}$$

$$I_{31} = \frac{I_1}{\sqrt{3}} \qquad I_1 = \sqrt{3} \cdot I_{31}$$

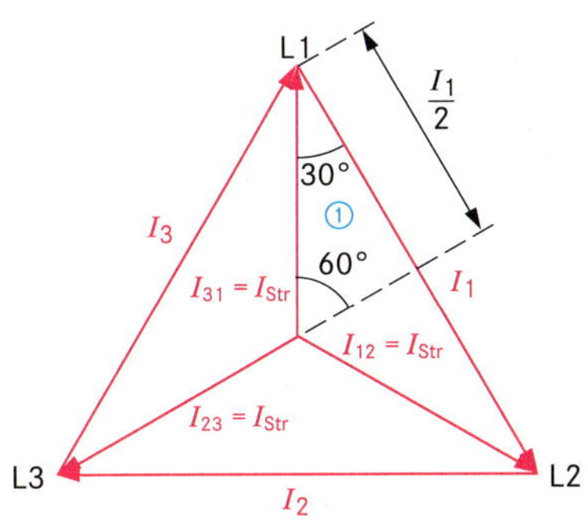

5: Zeigerdiagramm der Stromstärken bei der Dreieckschaltung

Zwischen den Stromstärken und Spannungen ergeben sich für die Dreieckschaltung somit folgende Beziehungen:

Leiterstromstärken $I_1 = I_2 = I_3 = \sqrt{3} \cdot I_{Str}$

Leiterspannungen $U_{12} = U_{23} = U_{31} = U_{Str}$

Da auch die Leiterwerte gleich sind, kann auf die Indizes für die weiteren Formeln verzichtet werden. Es gilt:

$I_1 = I_2 = I_3 = I$

$U_{12} = U_{23} = U_{31} = U$

Wie bei der Sternschaltung ergeben sich die folgenden Leistungen:

Gesamtscheinleistung $S = \sqrt{3} \cdot U \cdot I$

Gesamtwirkleistung $P = \sqrt{3} \cdot U \cdot I \cdot \cos\varphi$

Gesamtblindleistung $Q = \sqrt{3} \cdot U \cdot I \cdot \sin\varphi$

Vergleich zwischen Stern- und Dreieckschaltung

Bestimmte Verbraucher können vom Stern in das Dreieck und umgekehrt geschaltet werden. Da sich dabei die Stromstärken und Spannungen ändern, werden auch die Leistungen unterschiedlich sein. In der Übersicht der Abb. 6 sind die Größen gegenüber gestellt.

Sternschaltung	Dreieckschaltung
$U_{Str} = \frac{U}{\sqrt{3}}$	$U_{Str} = U$
$P_{Str} = \frac{U^2_{Str}}{R}$	$P_{Str} = \frac{U^2_{Str}}{R}$
$P_{Str} = \frac{U^2}{3 \cdot R}$	$P_{Str} = \frac{U^2}{R}$

6: Gegenüberstellung

Wenn die Widerstände gleich bleiben, ist die Leistung der Dreieckschaltung dreimal größer als die Leistung der Sternschaltung.

$$P_{\triangle} = 3 \cdot P_{Y}$$

AUFGABE

1. In einer Dreieckschaltung eines Drehstrommotors sind folgende Größen bekannt: $U_{Str} = 400$ V; $P_{ab} = 5{,}5$ kW; $I = 12{,}1$ A; $\cos\varphi = 0{,}86$.
Berechnen Sie a) I_{Str}, b) P_{Str}, c) P und d) η.

- Bei der Dreieckschaltung sind die Leiterspannungen gleich den Strangspannungen.
- Bei der Dreieckschaltung ist die Leiterstromstärke um den Faktor $\sqrt{3}$ größer als die Strangstromstärke.
- Wenn ein Verbraucher vom Stern in ein Dreieck umgeschaltet wird, steigt die Leistung auf den dreifachen Wert.

Sicherheitsregeln

Beim Arbeiten in elektrischen Anlagen mit Bemessungsspannungen bis 1000 V AC sind die in der Abb. 2 dargestellten **Sicherheitsregeln** [safety rules] einzuhalten. Darüber hinaus sind Unfallverhütungsvorschriften der jeweiligen Berufsgenossenschaft (**BG**), das Arbeitsschutzgesetz (**ArbSchG**) sowie die technischen Vorschriften (**DIN VDE**) zu beachten.

BG
Elektro Textil
Feinmechanik

Grundregeln für Erste Hilfe am Arbeitsplatz

Es gilt: Verletzte müssen sofort ärztliche Hilfe erhalten. Da die Erste Hilfe [first aid] in der Regel eine Hilfe von Laien ist, muss durch die ergriffenen Maßnahmen verhindert werden, dass sich der Zustand des Verletzten bis zum Eintreffen ausgebildeter Helfer oder des Arztes verschlechtert. Bei Benachrichtigung des Rettungsdienstes sind folgende Informationen wichtig:

Wo ist der Unfall passiert?

Was für Verletzungen liegen vor?

Wie viele Personen sind betroffen?

1: Informationen für Rettungsdienste

Bei der Ersten Hilfe sind die in Abb. 3 aufgeführten Maßnahmen nacheinander oder je nach Lage auch nebeneinander zu ergreifen.

Absichern der Unfallstelle
↓
Verletzten in Sicherheit bringen
↓
Gefährliche Symptome beim Verletzten erkennen
↓
Erste Hilfe leisten

3: Maßnahmen bei Erster Hilfe

AUFGABE

1. Beschreiben Sie die Wirkungen auf den menschlichen Körper, die bei den Stromstärken von 0,4 mA; 1,2 mA und 55 mA auftreten können.

- Eine Wechselstromstärke (50 Hz) von 50 mA kann bei einer Einwirkungszeit von 1 s bereits zum Tod durch Herzstillstand führen.
- Die Reihenfolge der „5 Sicherheitsregeln“ muss eingehalten werden.

5 Sicherheitsregeln

Regel **1**
Freischalten!

Beispiele:
Schmelzsicherung entfernen, Leitungsschutz-Schalter ausschalten.

Regel **2**
Gegen Wiedereinschalten sichern!

Beispiele:
Schraubkappen und Sicherungseinsätze mitnehmen, Schloss an Leitungsschutz-Schalter anbringen.

Regel **3**
Spannungsfreiheit feststellen!

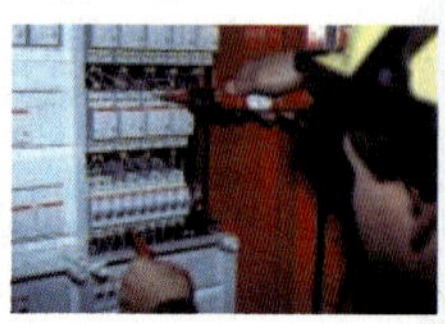

Beispiel:
Messen mit Messgerät oder zweipoligem Spannungsprüfer.

Regel **4**
Erden und kurzschließen!

Beispiel:
Mit Erdungsbesteck Außenleiter erden, Außenleiter verbinden.

Regel **5**
Benachbarte unter Spannung stehende Teile abdecken oder abschranken!

Beispiel:
Mit isolierenden Materialien unter Spannung stehende Teile abdecken.

2: Die fünf Sicherheitsregeln

2.2 Arbeitsschutz und Sicherheit

Elektroniker müssen bei ihrer Arbeit darauf achten, dass weder sie noch andere Personen zu Schaden kommen. Um dies zu gewährleisten, sind eine Reihe von Bestimmungen einzuhalten. In Abb. 6 sind Bereiche und ausgewählte Vorschriften aufgeführt.

Das **Arbeitsschutzgesetz** [occupational health and safety act] und das **Jugendarbeitsschutzgesetz** [young persons employment act] umfassen allgemeine Schutzbestimmungen für die betreffenden Arbeiter und Angestellten. Zusätzlich sind die Vorschriften für Auszubildende und Menschen mit Handicaps zu beachten.

Zur Verhütung von Arbeitsunfällen und Berufskrankheiten haben die Berufsgenossenschaften **Unfallverhütungsvorschriften** (UVV, s. Kap. 12.1.1) [industrial accidents prevention regulations] erlassen. Alle Arbeitnehmer, Unternehmer und auch Behörden sind verpflichtet, sich an diese Vorschriften zu halten. Dazu hat die für den Elektrobereich zuständige „Berufgenossenschaft Elektro Textil Feinmechanik" in Köln folgende Vorschriften erlassen:

- Allgemeine Vorschriften **BGV A1** (DGUV (Deutsche Gesetzliche Unfallversicherung) Vorschrift 1)
- Elektrische Anlagen und Betriebsmittel **BGV A3** (DGUV (Deutsche Gesetzliche Unfallversicherung) Vorschrift 3)

Allgemeine Vorschriften

Die **BGV A1** enthält u. a. Vorschriften über die persönliche Schutzausrüstung.

- **Kopfschutz** (Abb. 4) [headgear] ist zu benutzen, wenn die Gefahr von Kopfverletzungen durch herabfallende, wegfliegende oder umfallende Gegenstände besteht. So ist z. B. auf Baustellen das Helmtragen vorgeschrieben.
- **Fußschutz** (Abb. 5) [foot guard] wird verwendet, wenn eine Gefahr von Fußverletzungen durch herabfallende, umfallende oder spitze Gegenstände besteht. Sicherheitsschuhe mit Stahlkappen haben sich im gesamten Arbeitsbereich bewährt.
- **Augen-** und **Gesichtsschutz** (Abb. 7) [eye and face protection] werden benutzt, wenn Gefahren für die Augen bzw. das gesamte Gesicht durch Splitter, Späne oder Flüssigkeiten bestehen. Hier kommen z. B. eine Schutzbrille beim Schleifen oder ein Gesamtgesichtsschutz am Helm beim Entfernen von von NH-Sicherungen in Frage.

4: Schutzhelm

5: Arbeitsschuhe

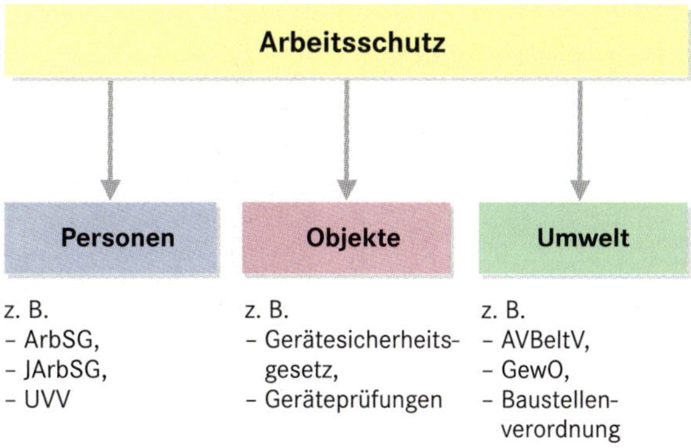

6: Arbeitsschutz

- **Atem-**, **Körper-** und **Schallschutz** [breathing, body and noise protection] (Abb. 8) werden dann notwendig, wenn spezielle Gefahren bestehen, wie z. B. bei giftigen Dämpfen, bei sehr kalter Luft oder beim Arbeiten mit Presslufthämmern.

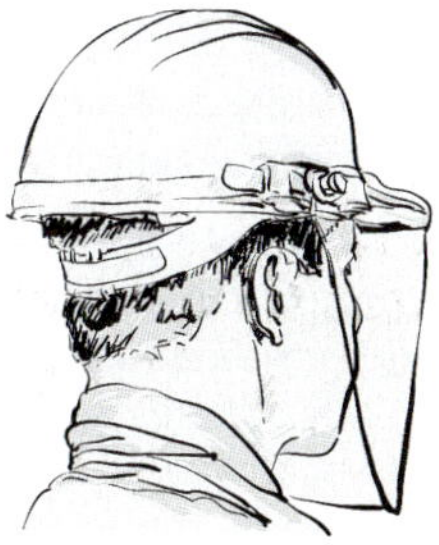

7: Gesichtsschutz

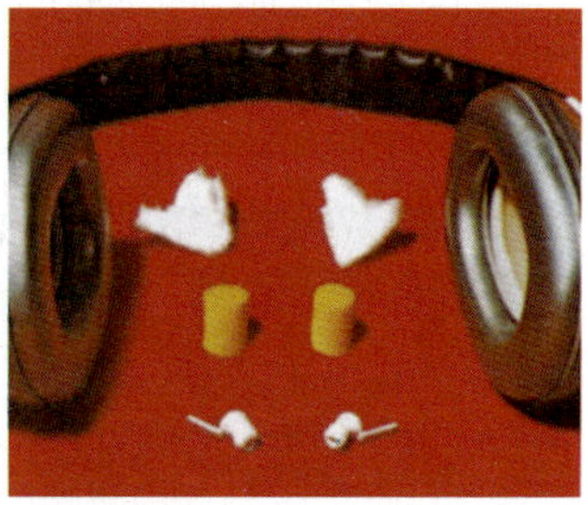

8: Gehörschutz

Elektrische Anlagen und Betriebsmittel

Die DGUV Vorschrift 3 regelt umfassend das Arbeiten in und mit elektrischen Anlagen und ihren Betriebsmitteln (Objekte). Sie ist die technische Realisierung der DGUV Vorschrift 3 für die Elektrotechnik und gilt auch für nichtelektrotechnische Arbeiten in der Nähe von elektrischen Anlagen. Aus Platzgründen kann hier nicht auf Einzelheiten der Vorschrift eingegangen werden. Wesentlich sind aber die in Kap. 2.1 bereits aufgeführten **„Fünf Sicherheitsregeln"** [five safety rules] beim Arbeiten an elektrischen Anlagen. Dazu werden nachfolgend Hinweise für die Beachtung dieser Regeln gegeben.

Hinweise zu den fünf Sicherheitsregeln

Beim **Freischalten** [safety disconnection] müssen alle Leiter in beiden Richtungen unterbrochen werden (allpolig [all-pole]). Damit nur die in der Anlage Beschäftigten die Anlage wieder einschalten können, muss diese Zuständigkeit eindeutig geregelt sein. Damit kein Unbefugter einschalten kann, müssen die Schaltgeräte gesichert werden, z. B. Sicherungseinsätze entfernen und in die Tasche stecken. Zusätzliche Aufkleber erhöhen die Sicherheit (Abb. 1, S. 98).

1: LS-Schalter mit Klebestreifen

2: Abdeckung am Verteiler

Die **Spannungsfreiheit** [isolation from supply] muss zwischen allen Leitern gegenüber Erde festgestellt werden. Es darf dafür kein einpoliger „Spannungsprüfer“ benutzt werden, weil dieser fälschlicherweise bei einem isolierten Standort bereits Spannungsfreiheit anzeigt. Es muss deshalb stets ein zweipoliges Messgerät verwendet werden.

In Hochspannungsanlagen werden mit speziellen Verbindungsleitungen die Außenleiter mit der Erde verbunden (**Kurzschließen** [short circuiting]). Im Niederspannungsnetz (bis zu 1 kV) kann auf die Einhaltung dieser Regel verzichtet werden, wenn die Regeln 1 bis 3 einwandfrei eingehalten wurden.

Eine **Abdeckung** benachbarter, unter Spannung stehender Teile, ist vorzunehmen. Hierfür werden Kunststoffmatten mit Klammern (Abb. 2) oder Klebestreifen verwendet. Diese Maßnahme sollte auch bei Niederspannungsanlagen vorgenommen werden, da sonst beim Abrutschen Gefährdungen entstehen können.

Nach Beendigung der Arbeiten müssen die Maßnahmen wie beim Beginn in umgekehrter Reihenfolge aufgehoben werden (Einhalten der Sicherheitsregeln).

AUFGABEN

1. In Ihrem Betrieb liegen Bestimmungen für den Arbeitsschutz aus. Stellen Sie fest, wo sie sich befinden.
2. Beschreiben Sie anhand von zwei Beispielen, welche Maßnahmen zur Einhaltung der Sicherheitsregel „Gegen Wiedereinschalten sichern“ vorgenommen werden sollten.
3. Erklären Sie, warum mit einem einpoligen Spannungsprüfer nicht in jedem Fall Spannungsfreiheit festgestellt werden kann.

- Zur Verhütung von Arbeitsunfällen haben die Berufsgenossenschaften Unfallverhütungsvorschriften erlassen.
- Die DGUV Vorschrift 3 (Elektrische Anlagen und Betriebsmittel) beinhaltet die Vorschriften zum Arbeiten an und in elektrischen Anlagen.

Regeln zur Brandlöschung

Besondere Gefahren für Menschen und Anlagen entstehen bei Bränden. Beim Löschen ist das Einhalten der in Abb. 3 aufgeführten Regeln zur Brandlöschung [fire extinguishing] sinnvoll.

Löschmittel in Windrichtung, von vorne und von unten in die Flammen sprühen.

↓

Die sich bildende Wolke des Löschmittels über die Flammen ziehen.

↓

Das Löschmittel sparsam dosieren, eventuell Reserve für Wiederentflammen bereithalten.

↓

In Brand geratene Kleidung nur mit Löschdecken oder Wasser löschen.

3: Regeln zur Brandlöschung

Zur Veranschaulichung dient folgendes Beispiel:
Durch einen Lichtbogen ist es in einer elektrischen Anlage zu einem Brand mit einem Unfall gekommen. Man sollte sich dann wie folgt verhalten:

- Das betroffene Anlageteil abschalten.
- Wenn erforderlich, Verunglückte bergen.
- Den Brand mit Decken ersticken bzw. löschen.
- Die Elektrofachkraft genehmigt danach die Freigabe oder das Wiedereinschalten der Anlage.

Je nach Einteilung der Stoffe in **Brandklassen** [fire classes] sind für das Löschen die in Abb. 4 zugelassenen Löschmittel zu verwenden.

Klasse	Brennbares Material	Löschmittel
	organische Stoffe, z. B. Holz, Kohle, Textilien	W, S, PG
	flüssige Stoffe, z. B. Benzin, Öle, Fette, Lacke	S, PG, P, K, HA
	Gase, z. B. Propangas, Erdgas, Wasserstoff	PG, P, HA

Bedeutung der Löschmittel:
W: Wasser; S: Schaum; PG: Glutbrandpulver;
P: Pulver; K: Kohlenstoff; HA: Halon

4: Brandklassen und Löschmittel

2.3 Hausverteilung

2.3.1 Hausanschlussraum

In Abb. 6 ist in einer Schnittdarstellung für ein Wohnhaus die elektrische Hausinstallation mit wichtigen Komponenten dargestellt. Die elektrische Energie gelangt über das Spannungsnetz des **VNB** (**Verteilnetzbetreiber** [distribution network operator], s. Kap. 1.10.1) in das Wohnhaus. Die Einspeisung kann über einen Freileitungsanschluss oder einen unterirdischen Kabelanschluss erfolgen. In neuen Wohngebieten ist in der Regel ein Kabelanschluss vorhanden.

Im **Hausanschlussraum** [service entrance room] (Abb. 6 ①) des Wohnhauses sind folgende Einrichtungen zur Verteilung der elektrischen Energie installiert:

- Hausanschlusskasten (HAK)
- Haupterdungsschiene
- Hauptverteiler mit Arbeitszähler

Anforderungen an den Hausanschlussraum

In jedem Wohngebäude mit mehr als zwei Wohnungen ist ein gesonderter Hausanschlussraum (Abb. 4) erforderlich. In Ein- und Zweifamilienhäusern ist dieser zentrale Versorgungsraum zwar nicht vorgeschrieben, jedoch durchaus sinnvoll. In ihm sind alle zur Versorgung notwendigen Anschlussleitungen (elektrische Energie, Wasser, Gas, Telekommunikation, ...) und deren Verteileinrichtungen untergebracht.

Bei der Planung und Auswahl des Hausanschlussraums sind nach DIN 18012 folgende Vorgaben einzuhalten:

- Der Raum muss im Untergeschoss an einer Außenwand liegen.

6: Elektroinstallation in einem Wohnhaus

- Der Raum muss leicht und jederzeit begehbar sein und darf nicht als Durchgang zu weiteren Räumen dienen.
- Der Raum darf nicht für andere Zwecke genutzt werden.

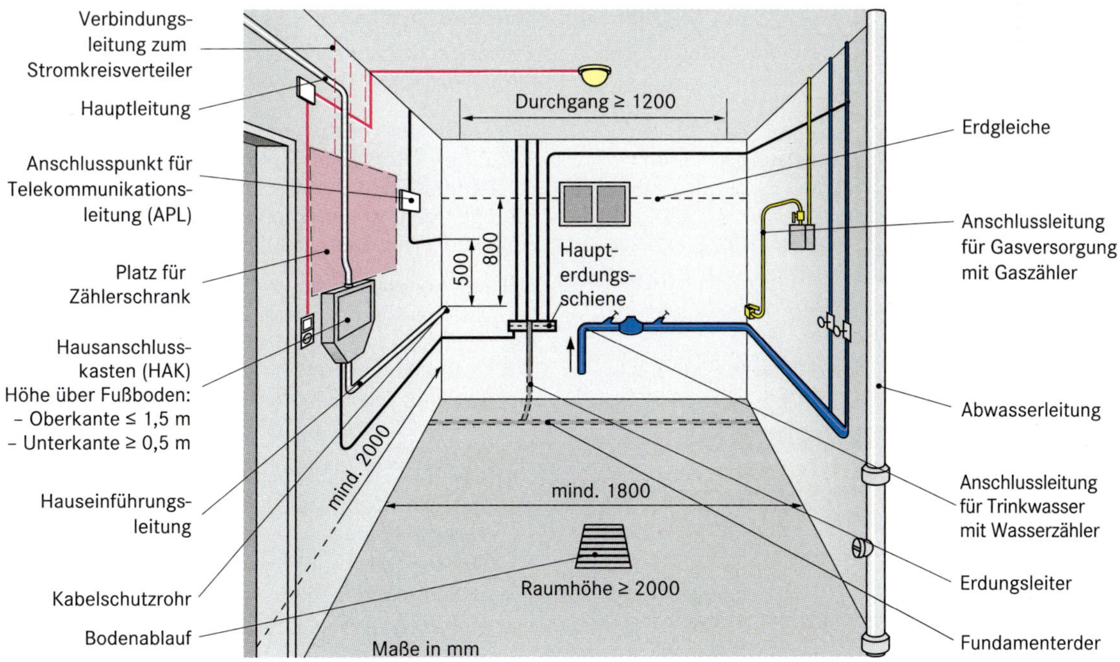

5: Hausanschlussraum

Hausanschlusskasten (HAK)

Im Hausanschlussraum befindet sich der Hausanschlusskasten [service entrance box] (Abb. 1 u. 3 ①). Der HAK gehört zur Anlage des VNB. Er ist der Übergabepunkt zur Anlage des Kunden. Damit keine elektrische Energie „ungezählt" entnommen werden kann, ist der HAK verplombt.

Im Hausanschlusskasten befinden sich die Sicherungen (Abb. 3 ②). Die Bemessungsstromstärke der Sicherungen wird vom VNB festgelegt. In Neuanlagen werden Sicherungen vom Typ **NH** (**Niederspannungs-Hochleistungssicherungen**, s. Kap. 2.4.2.1) verwendet. Mit ihnen kann die nachfolgende Anlage auch unter Belastung freigeschaltet werden. Vom HAK führt die Hauptleitung über den dreipoligen **selektiven Hauptleitungs-Schutzschalter** ③ [circuit breaker] zum Hauptverteiler und zu den Messeinrichtungen (Zähler ④).

Die Einspeisung der Energie erfolgt in der Regel über die Außenleiter L1, L2 und L3 und den PEN-Leiter des Drehstromnetzes (s. Kap. 1.10.1). Der PEN vereinigt die Funktionen des Schutzleiters [protective earth conductor] und des Neutralleiters. Es stehen zwei unterschiedliche Spannungen zur Verfügung (Abb. 2):

- Leiterspannungen $U_{12} = U_{23} = U_{31} = 400$ V und
- Strangspannungen $U_{1N} = U_{2N} = U_{3N} = 230$ V

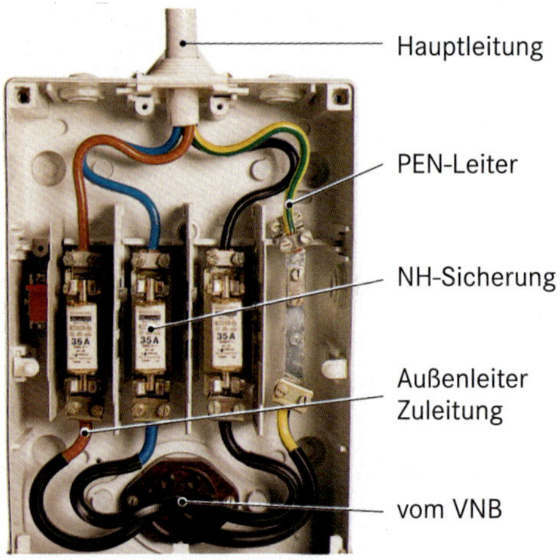

1: Hausanschlusskasten

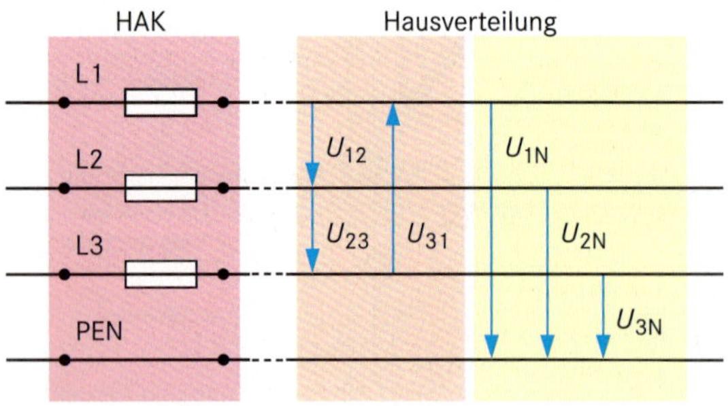

2: Spannungen am HAK

Hauptleitung

Die Hauptleitung [main line] (Abb. 3) verbindet den Hausanschlusskasten mit der Zähleinrichtung. Sie soll die Energie mit geringen Verlusten zur Zähleinrichtung transportieren. Auch der Zählerkasten ist verplombt.

Welche Leitungsart [cable type] verwendet werden darf, hängt u. a. von dem benötigten Querschnitt und damit von der maximalen Strombelastung ab (Abb. 4).

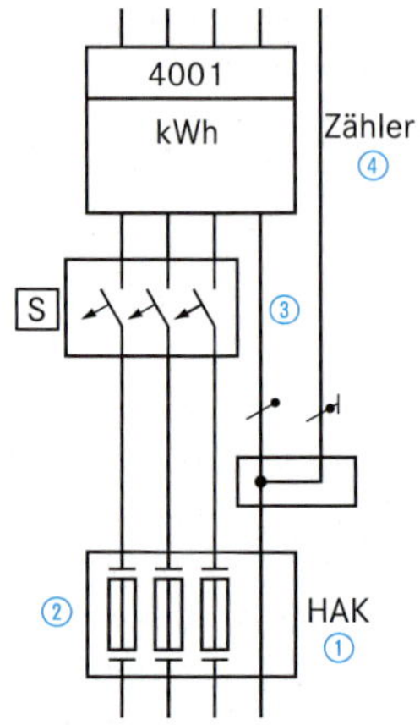

3: Hauptleitung

Hauptleitung	
Leitungsart	**Querschnitt**
mehradrige Mantelleitung	< 35 mm²
mehradrige Kabel	< 185 mm²
einadrige Kabel	< 150 mm²
Leitungen in Rohren	< 70 mm²

4: Hauptleitung

Mindestabsicherung der Hauptleitung			
Warmwasserbereitung	**Einfamilienhaus**	**Zwei Wohnungen**	**Drei Wohnungen**
mit	63 A	80 A	100 A
ohne	63 A	63 A	63 A

5: Mindestabsicherung der Hauptleitung

Hauptleitungen dürfen unter Putz, auf Putz oder in Schächten, Rohren und Kanälen verlegt werden. In Schächten dürfen sie nicht mit anderen Versorgungsleitungen geführt werden. Für die Anschlusswerte von Wohnhäusern gelten die Mindestwerte der Abb. 5.

Welcher Leiterquerschnitt zu verlegen ist, hängt von der Absicherung der Hauptleitung und von dem maximal zulässigen Spannungsfall auf der Leitung ab (0,5 %). Die Bestimmung des Querschnitts erfolgt durch Tabellen und/oder Berechnungen (s. Kap. 2.4.3.2).

- Der HAK ist der Übergabepunkt (Schnittstelle) zwischen dem VNB-Versorgungsnetz und der Hausverteilung.
- Der HAK wird vom zuständigen VNB installiert und verplombt.
- Die Hauptleitung ist die Verbindung zwischen HAK und Hauptverteiler bzw. Zähler.

Schutzpotenzialausgleich

Durch den Schutzpotenzialausgleich [protective equipotential bonding] (S. 99, Abb. 5) werden elektrisch leitende

- Körper der Objekte (z. B. Gehäuse) und die
- fremden und leitfähigen Teile (z. B. Wasser-, Gas- und Heizungsrohre)

elektrisch niederohmig miteinander verbunden und an einem zentralen Punkt geerdet. **Erden** [earthing] bedeutet, dass eine leitende Verbindung zum elektrisch gut leitenden Erdreich hergestellt wird.

Mit dieser Maßnahme erreicht man, dass im Fehlerfall alle Metallteile das gleiche Potenzial besitzen. Gleiches Potenzial bedeutet, dass zwischen räumlich getrennten Körpern keine Spannung auftritt. Es fließt kein Strom. Die Verbindung erfolgt mit einem grün-gelben Leiter.

Haupterdungsschiene

Der Schutzpotenzialausgleich wird an der Haupterdungsschiene (Abb. 6) [main earthing bar] vorgenommen. Über sie werden die einzelnen Objekte mit dem Erdreich verbunden. Bei der Planung der Installation ist folgendes zu beachten:

- Der Schutzleiter wird der Haupterdungsschiene entweder vom HAK oder vom Hauptverteiler zugeführt.
- Der zu verwendende Querschnitt richtet sich nach dem größten Schutzleiterquerschnitt der Anlage (mindestens 10 mm^2).
- Die Farbkennzeichnung ist grün-gelb.
- Metallrohre dürfen nicht als Erder verwendet werden.
- Sollen mehrere Rohre miteinander verbunden werden, darf der verbindende Leiter nur unterbrechungsfrei verlegt werden.

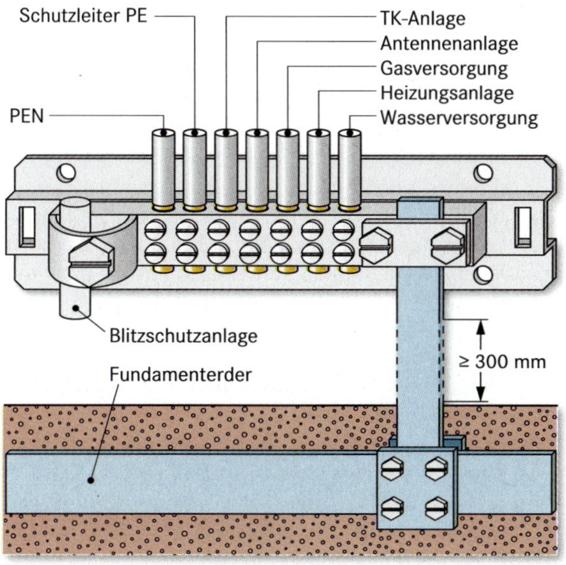

6: Haupterdungsschiene

- Da die Rohrverbindung der Verbrauchszähler in Gas- und Wasserleitungen isolierend aufgebaut sein können, müssen die Rohre hinter dem jeweiligen Zähler geerdet werden.

Der **Fundamenterder** [foundation earth] hat die Funktion, das Erdreich niederohmig mit der Haupterdungsschiene zu verbinden. Er darf nur von einer Elektrofachkraft oder unter deren Aufsicht verlegt werden. An die verwendeten Materialien und Objekte werden hinsichtlich des Korrosionsschutzes besondere Anforderungen gestellt. Eine Möglichkeit der Verlegung eines **Banderders** [earthing strip] in der Armierung des Fundaments ist in Abb. 7 dargestellt.

7: Banderder in der Armierung des Betons

AUFGABEN

1. Sie sollen eine Leitung vom HAK im Keller zum Hauptverteiler im 1. Obergeschoß eines Wohnhauses verlegen. Was müssen Sie bei der Verlegung der Leitung beachten?
2. Wie groß muss der Querschnitt einer 12 m langen Hauptleitung aus Kupfer sein, wenn die Bemessungsstromstärke der vorgeschalteten Sicherungen 63 A beträgt?
3. Mit welcher Stromstärke kann die Hauptleitung eines Gebäudes mit drei Wohnungen belastet werden, wenn die Warmwasserversorgung elektrisch betrieben wird?
4. Die Hauptleitung in einem Wohngebäude ist mit einer Bemessungsstromstärke von 50 A abgesichert. Der Leiterquerschnitt beträgt 10 mm^2. Wie groß darf die Leitungslänge maximal sein?

- Der Schutzpotenzialausgleich verbindet alle leitenden Gehäuse der Objekte und alle Metallrohre miteinander.
- Der Schutzpotenzialausgleich verhindert, dass im Fehlerfall zwischen den Gehäusen elektrischer Objekte und anderen Metallteilen gefährliche Spannungen auftreten.
- Alle den Schutzpotenzialausgleich betreffenden elektrischen Verbindungen müssen besonders niederohmig sein.
- Die Elektrofachkraft ist verantwortlich für die fachgerechte Ausführung aller Arbeiten an den Objekten des Schutzpotenzialausgleichs.

Wirkung des Schutzpotenzialausgleichs

Die Wirkung des Schutzpotenzialausgleichs soll an einem Beispiel verdeutlicht werden. In Abb. 1 ist dazu ein Fehler an einem Heizkessel dargestellt. Zwei Fälle werden unterschieden.

- **Fehlerstrom ohne Schutzpotenzialausgleich**

Durch den Fehler liegt L1 am Rohrleitungssystem ①, ohne dass eine leitende Verbindung zur Erde besteht. Dadurch liegt zwischen dem Heizungsrohr und der Erde eine Spannung von 230 V. Wird das Heizungsrohr jetzt von einer Person berührt, wird der Stromkreis geschlossen und es fließt ein Strom von L1 → Heizungsrohr → Mensch → N (Erde). Die Abb. 2 zeigt dazu den um die Sicherung erweiterten Stromlaufplan. Es handelt sich um eine Reihenschaltung aus den beiden Widerständen R_H und R_M.

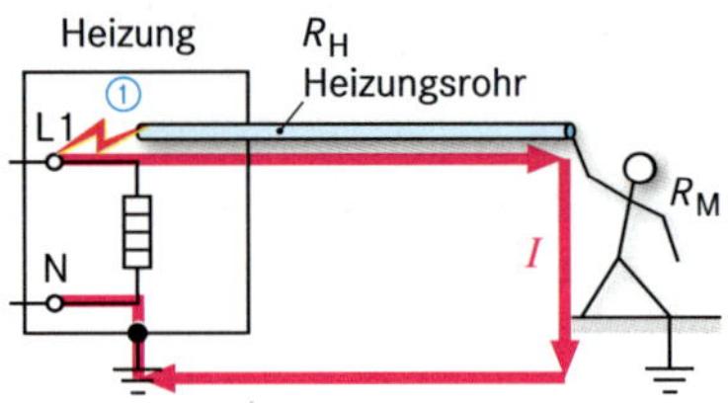

a) Stromverlauf ohne Schutzpotenzialausgleich

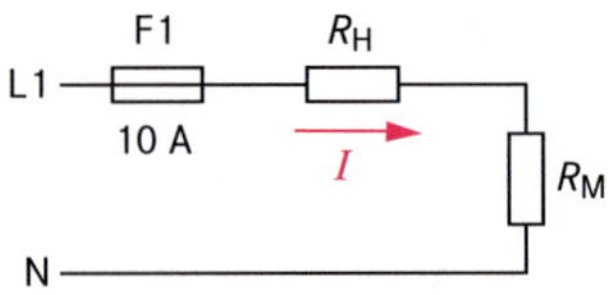

R_M: Widerstand des Menschen — R_H: Widerstand des Heizungsrohres — $R_H << R_M$

b) Schaltung

1: Fehlerstrom ohne Schutzpotenzialausgleich

Da der Mensch einen verhältnismäßig großen Widerstand besitzt (R_M ist ca. 1350 Ω groß), fließt ein kleiner Strom von 0,170 A (s. Berechnung, unten). Er ist für den Menschen lebensgefährlich und kann zum Herzstillstand führen (s. Kap 2.1). Bei dieser Stromstärke löst die Sicherung F1 mit 10 A nicht aus (10 A >> 0,170 A).

Stromstärke im Fehlerfall

Der elektrische Widerstand des Körpers bildet mit dem Heizungsrohr eine Reihenschaltung.

Geg.: $R_H = 0{,}3\ \Omega$, $R_M = 1350\ \Omega$, $U = 230\ \text{V}$ — Ges.: I

$$I = \frac{U}{R} \qquad I = \frac{230\ \text{V}}{1350\ \Omega + 0{,}3\ \Omega} \qquad \underline{\underline{I = 0{,}170\ \text{A}}}$$

- **Fehlerstrom mit Schutzpotenzialausgleich**

Das Heizungsrohr ist über einen Leiter (Abb. 2a ②) niederohmig mit der Erde verbunden. Mensch und Haupterdungsschiene (Abb. 3b) bilden eine Parallelschaltung. Der Strom teilt sich auf.

Der aus der Skizze von Abb. 2a entwickelte Stromlaufplan ergibt eine Gruppenschaltung (Abb. 2b). Der Widerstand des Menschen kann vernachlässigt werden und es fließt ein Strom von 575 A (s. Berechnung, unten). Die Sicherung F1 löst aus und die Spannung besteht nicht mehr.

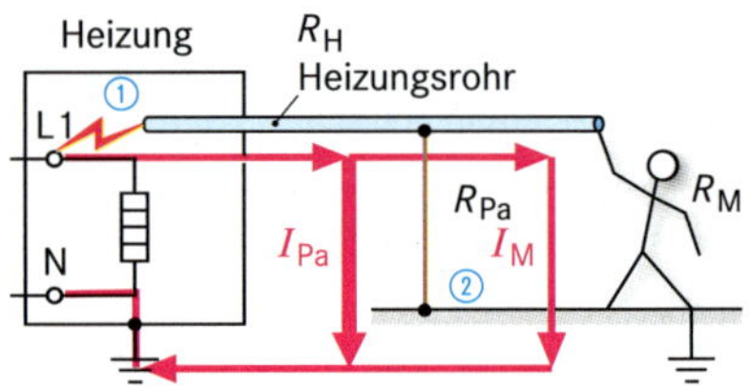

a) Stromverlauf mit Schutzpotenzialausgleich

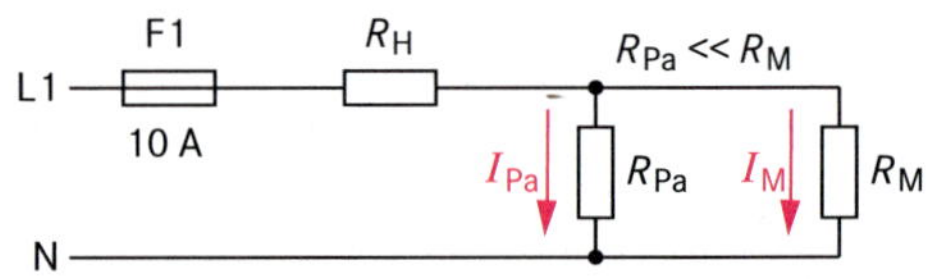

b) Schaltung

2: Fehlerstrom mit Schutzpotenzialausgleich

Stromstärke im Fehlerfall

Der Widerstand des Heizungsrohres sei 0,3 Ω, der des Schutzpotenzialausgleichs 0,1 Ω.

Geg.: $R_H = 0{,}3\ \Omega$, $R_{Pa} = 0{,}1\ \Omega$, $U = 230\ \text{V}$ — Ges.: I

$$I = \frac{U}{R_H + R_{Pa}} \qquad I = \frac{230\ \text{V}}{0{,}3\ \Omega + 0{,}1\ \Omega} \qquad \underline{\underline{I = 575\ \text{A}}}$$

AUFGABEN

1. In einem Holzhaus ist das Rohrsystem der Gastherme in den Schutzpotenzialausgleich einbezogen worden. Der Erdungswiderstand beträgt 0,2 Ω, der Widerstand der Rohre 0,3 Ω. Durch einen Fehler liegt L1 an dem Kupferrohr der Heizung.
   a) Skizzieren Sie den Stromkreis.
   b) Berechnen Sie die Stromstärke.
   c) Nennen Sie die Konsequenzen beim Auftreten dieses Fehlers.
2. Bei der gleichen Anlage ist durch eine nicht fachgerechte Installation der Widerstand zwischen Haupterdungsschiene und den Heizungsrohren auf 100 Ω angestiegen. Beantworten Sie b) und c) entsprechend Aufgabe 1.

2.3.2 Zähler

Die vom VNB gelieferte elektrische Energie entspricht einer Ware und muss bezahlt werden. Die Messung der gelieferten Energie erfolgt durch einen **Zähler** [meter] (Abb. 3). Dem Zähler ist der SH-Schalter (Selektiver Hauptleitungs-Schutzschalter) zugeordnet. Er dient dazu, den Zähler problemlos vom Netz zu trennen. Das Zeichen „3~“ gibt an, dass es sich um einen Dreiphasenwechselstrom-Zähler handelt. Eine Schmelzsicherung schützt den Zähler vor Kurzschluss. Die Registrierung der gelieferten Energie erfolgt über ein Zählwerk, das über ein Sichtfenster abgelesen werden kann (Abb. 4).

Arbeitsweise

Zwei Spulen (Spannungs- und Stromspule) verursachen, dass sich die **Zählerscheibe** ② [meter disk] dreht. Sie ist Teil des sichtbaren Antriebs des Zählwerks. Die Drehzahl ist abhängig von der dem Netz entnommenen Energie. Je mehr Energie entnommen wird, desto schneller dreht sich die Zählerscheibe.

Das **Zählwerk** ① [register] erfasst die umgewandelte Arbeit in kWh. Die **Fabriknummer** ③ [serial number] dient der Identifikation des Zählers. Die **Bemessungsfrequenz** ④ [rated frequency] gibt an, für welche Frequenz der Zähler ausgelegt ist.

Die **Zählerkonstante** ⑤ [meter constant] gibt an, wie groß bei einer Umdrehung der Zählerscheibe die elektrische Arbeit ist.

$$c_Z = \frac{n}{W}$$

n: Anzahl der Umdrehungen

Die aus vier Ziffern bestehende **Schaltungsnummer** (Abb. 6) [pattern number] gibt Aufschluss über den Aufbau und die Verwendung des Zählers.

Beschaltung des Zählers

Die Abb. 5 zeigt mit Hilfe eines Anschlussplans, wie der Einphasen-Wechselstromzähler angeschlossen werden muss. Die Erfassung der Stromstärke und Spannung erfolgt über zwei Stromkreise (Pfade).

3: Zähler

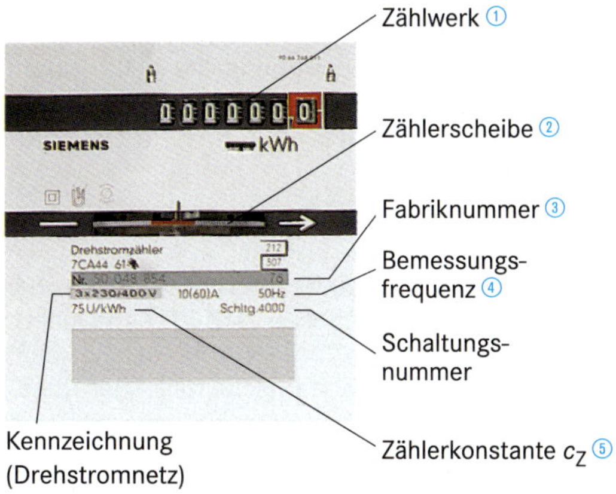

4: Sichtfenster eines Drehstromzählers

- **Strompfad** ⑥:
L1 → X1 → Stromspule → X3 → „Verbraucher“ → X6 → X4 → N

- **Spannungspfad** ⑦:
L1 → X1 → X2 → Spannungsspule → X4 → N

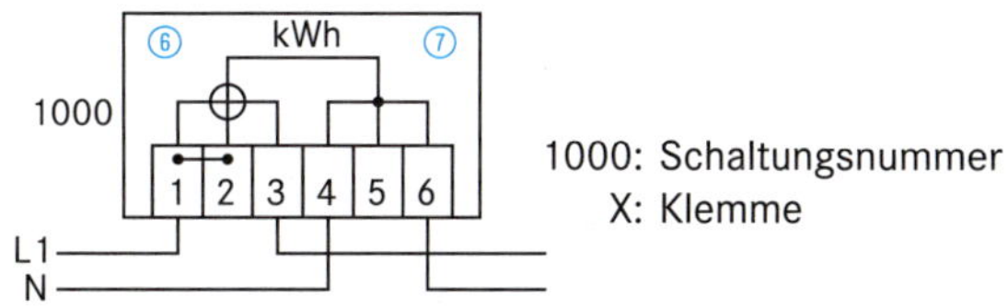

5: Zähler für Einphasenwechselstrom

4 1 0 1

Ziffer	Grundart	Zusatzeinrichtung	Anschluss	Schaltung der Zusatzeinrichtung
0	-	keine	direkt	kein Anschluss
1	einphasig (L/N)	Zweitarif	Stromwandler	einpoliger innerer Anschluss (Klemme 13,14)
2	zweiphasig (L1/L2)	Maximum	Strom- und Spannungswandler	äußerer Anschluss (Klemme 13, 15 oder 14, 16)
3	dreiphasig (L1/L2/L3)	Zweitarif und Maximum	-	Maximalauslöser in Öffnerschaltung
4	dreiphasig (L1/L2/L3/N)	Maximum mit elektr. Rückstellung	-	Maximalauslöser in Schließerstellung

6: Schaltungsnummern

Zusätzliche Messeinrichtungen

In der Praxis können zur Ermittlung der elektrischen Arbeit in einer Anlage weitere Zähler- und Zusatzeinrichtungen eingesetzt werden:

- Zweitarifzähler
- Tarifschaltuhr
- Rundsteuerempfänger

Der **Zweitarifzähler** [two-tariff meter] besteht aus zwei Zählwerken, einem für den hohen Tarif (HT) und einem weiteren für den niedrigen Tarif (NT). Über ein Signal von einer Zusatzeinrichtung (Tarifschaltuhr oder Rundsteuerempfänger) erfolgt die Umschaltung zwischen den Zählwerken. Zum Anschluss der Zusatzeinrichtung besitzt der Zweitarifzähler die Klemmen 13 oder 14. Dieser Zähler wird z. B. bei Elektrospeicherheizungen verwendet, da die Zeit für die Ladung der Heizkörper in der Nacht zu einem günstigeren Tarif abgerechnet wird. Die Schaltungsnummer eines Zweitarif-Wirkverbrauchzählers mit einpoligem inneren Anschluss lautet beispielsweise 4101 (s. S. 103, Abb. 6).

Die **Tarifschaltuhr** [tariff switching clock] schaltet über einen Schließer den Zweitarifzähler um. Sie kann als Tages- oder Wochenschaltuhr aufgebaut sein. Mit einem Rundsteuerempfänger wird vom VNB die Umschaltung des Zweitarifzählers zentral gesteuert.

Elektronische Zähler

Neben den elektromechanischen Zählern werden auch elektronische Zähler eingesetzt. Dabei werden die zu messenden Größen

- Stromstärke,
- Spannung und
- Zeit

elektronisch erfasst und ausgewertet.

Die Zähler haben ein elektronisches Display, das sich umschalten lässt. So können z. B. auch durchschnittliche und aktuelle Verbrauchswerte angezeigt werden.

Zusätzlich sind die Zähler mit einer IR-Schnittstelle (infrarot) ausgerüstet, über die Daten ausgetauscht werden können.

Vorteile:

- höhere Messgenauigkeit
- Messwerte können digital erfasst und weiterverarbeitet werden.
- Für Tarifsteuerungen ist nur ein Zählwerk erforderlich.

Dazu werden vom VNB über die Hauptleitung hochfrequente Schaltsignale ausgesendet. Das Rundsteuergerät empfängt diese Signale und schaltet dann den Zweitarifzähler um.

Zusatzeinrichtungen haben eigene Kennnummern, z. B. 01 für Tarifschaltuhr mit Tagesschalter und 11 für Rundsteuerempfänger mit einem Umschalter.

Hinweise zur Arbeit an Messeinrichtungen

- Alle Zähler und die zugehörigen zusätzlichen Messeinrichtungen des VNB müssen plombiert sein, da hier „ungezählter" Strom fließt.
- Die Plomben dürfen nur mit Zustimmung des VNB entfernt werden. Eigenmächtiges Öffnen der Plombenverschlüsse ist nur erlaubt, wenn dadurch eine Gefahrensituation beseitigt wird.
- Eichplomben an der Messeinrichtung selbst dürfen niemals entfernt werden.

Zählerverdrahtung

Der Zähler wird mit Hilfe flexibler Einzeladern H07V-K (Bezeichnung s. Kap. 2.4.1) 10 mm² angeschlossen. Die Enden der Adern müssen mit Hülsen und einer Kennzeichnung versehen werden.

Die Abb. 1 zeigt für ein TN-C-System (s. Kap. 2.7.6.5) eine entsprechende Verdrahtung vom unteren Anschlussraum über den Zähler bis hin zum oberen Anschlussraum. An den Montageort für Zähler werden bestimmte Anforderungen gestellt.

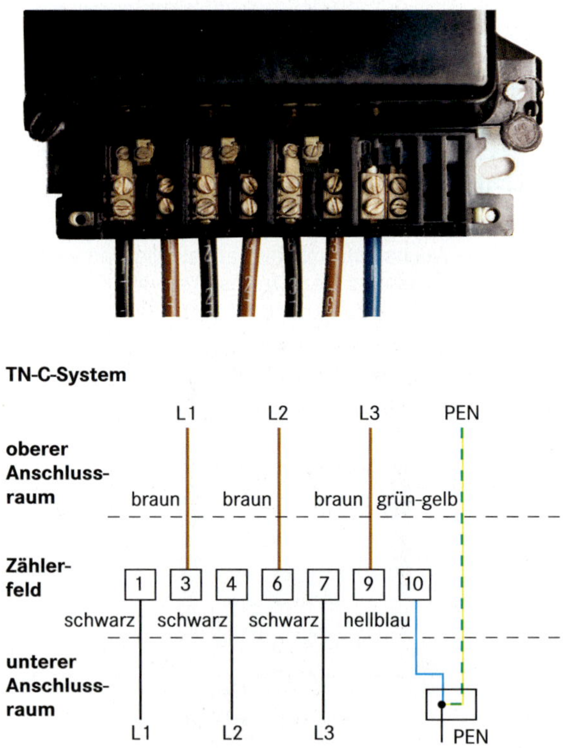

1: Verdrahtung des Zählerfeldes

Anforderungen bei der Montage für Zählerplätze

- Der Zähler muss an einem leicht zugänglichen Ort (nicht über Treppenstufen) angebracht werden.
- In Mehrfamilienhäusern ist es ratsam, alle Zähler zentral **an einem Ort** zu montieren.
- Die **Zugehörigkeit des Zählers** zu einer Wohnung muss eindeutig gekennzeichnet sein.
- Bei der Auswahl des **Montageortes** ist auf die bauordnungsrechtlichen Anforderungen zu achten.
- Die **Standfläche** vor der Zählertafel muss waagerecht und ausreichend beleuchtet sein. Zur gegenüberliegenden Wand ist ein Mindestabstand von 1,20 m einzuhalten.
- Die Zählereinrichtung ist vor Staub, Feuchtigkeit und mechanischen Beschädigungen zu schützen. Dies wird durch den Einbau der Zählertafel in einen **Zählerschrank** [meter cabinet] erreicht.
- Der Zählerschrank darf weder die Standfestigkeit der Wand noch bestehende Brand-, Schall- und Wärmeschutzverordnungen beeinträchtigen.

Aufbau der Zählertafel

- **Oberer Anschlussraum**

In diesem Raum (Abb. 2 ①) befinden sich die Überstrom-Schutzorgane für die Zuleitung zum Stromkreisverteiler. Der obere Anschlussraum dient jedoch nicht als Stromkreisverteiler. Eine Ausnahme bildet der obere Anschlussraum des Tarifschaltgeräte-Feldes. Er darf als Installationsverteiler verwendet werden. Ausnahmen sind:

- Ausschalter oder Überstrom-Schutzorgane 3 x 63 A, sofern sie nicht im unteren Anschlussraum vorhanden sind
- Leitungsschutz-Schalter für einen Mietkeller

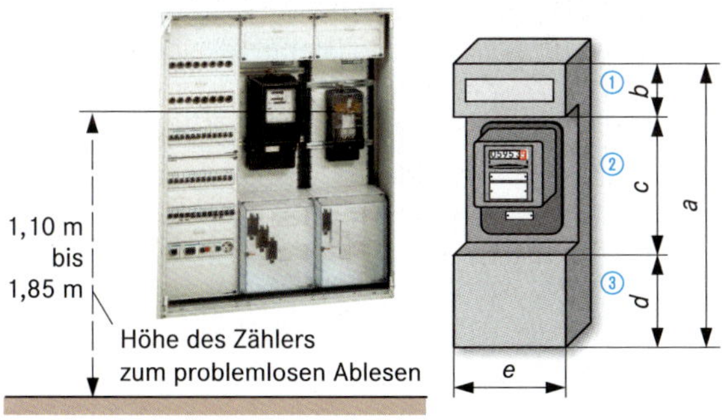

	1 Zähler[1] pro Feld	2 Zähler[1] pro Feld	Felder für elektr. Zähler eHZ
a	1050	1350	1050
b	300	300	300
c	450	750	450
d	300	300	300
e	250	250	250
Maße in mm	[1] Zähler mit Dreipunktbefestigung		

2: Maße des Zählerplatzes und Funktionsflächen (DIN 43870-1)

- Treppenhausautomaten
- Klingeltransformatoren
- Abzweigklemmen

- **Zählerfeld**

Der Zähler wird vom VNB im Zählerfeld [meter panel] ② mit speziellen Schrauben montiert. Bei Mehrfamilienhäusern können durch eine doppelstöckige Anordnung zwei Zähler auf einem Feld montiert werden. Zur Verdrahtung werden flexible Einzeladern mit einem Querschnitt von 10 mm² verwendet.

Die Höhe des Zählerfeldes beim Einsatz von elektronischen Zählern eHZ beträgt 450 mm (Abb. 2, Tabelle). Im unteren 300 mm hohen Bereich werden die Messeinrichtungen montiert. Im 150 mm großen Raum für Zusatzanwendungen (RfZ) werden die Betriebsmittel des Netzbetreibers für das Messsystem (Gateways, Steuergeräte, usw.) untergebracht. Der RfZ darf nicht als Stromkreisverteiler oder zur Unterbringung von kundeneigenen Schaltgeräten verwendet werden.

- **Unterer Anschlussraum**

In diesem Raum ③ sind Klemmeinrichtungen der Hauptleitung sowie der SH-Schalter (Selektiver Hauptleitungs-Schutzschalter) untergebracht. Der SH-Schalter dient als Trennvorrichtung sowie als Überstrom-Schutzorgan für die Kundenanlage und die Messeinrichtungen. Für die Beschaltung gelten die Vorschriften des örtlichen VNB. Die Abdeckung zum Anschlussraum ist verplombt, da der Strom an dieser Stelle noch nicht gezählt ist. Mögliche Betriebsmittel sind:
SH-Schalter, Sammelschienen

AUFGABEN

1. Stellen Sie für einen Kunden mit einem Jahresverbrauch von ca. 6700 kWh für seinen Privathaushalt eine Tabelle mit den verschiedenen Energieanbietern zusammen und berechnen Sie für zwei Anbieter den Grenzverbrauch.
2. Bestimmen Sie die Schaltungsnummer eines einphasigen, direkt angeschlossenen Wechselstromzählers ohne Zusatzeinrichtung.

- Der Zähler ermittelt die genutzte elektrische Arbeit in der Wohneinheit.
- Die Zählerkonstante c_Z gibt die Umdrehung der Zählerscheibe pro Kilowattstunde an.
- Die Schaltungsnummer kennzeichnet die innere und äußere Schaltung des Zählers.
- Mit dem Zweitarifzähler kann nach zwei verschiedenen Tarifen abgerechnet werden. Die Umschaltung erfolgt über eine Tarifschaltuhr oder einen Rundsteuerempfänger.
- Alle Zähler sowie die zusätzlichen Messeinrichtungen müssen verplombt sein.

2.3.3 Stromkreisverteiler

Funktion und Aufbau

Im Haus gibt es eine zentrale Stelle, von der aus sich die Stromkreise verteilen. Dieser Stromkreisverteiler (Abb. 1) und die dazu gehörigen Leitungen haben die Funktion, die elektrische Energie **sicher** und **komfortabel** an die einzelnen Objekte zu transportieren. Liegen die zu versorgenden Bereiche weit auseinander oder sind sie funktionell voneinander getrennt, werden mehrere Stromkreisverteiler eingesetzt.

Zum Stromkreisverteiler gehören folgende Schutzmaßnahmen:
- **RCD-Schutzeinrichtungen** [residual current protective devices] sorgen für einen optimalen Personenschutz (s. S. 109).
- **Überstrom-Schutzorgane** [overcurrent protection devices] schützen Leitungen vor zu hohen Strömen und den damit verbundenen Gefahren.

Anzahl der Stromkreise

Wichtig bei der Planung eines Stromkreisverteilers ist die Festlegung der Anzahl der zu installierenden Stromkreise. Eine ausreichende Anzahl erleichtert den Umgang mit der elektrischen Energie. So ist es vorteilhaft, wenn sich beim Ausfall eines Stromkreises die Grundversorgung für Licht und Steckdosen über einen anderen Stromkreis durchführen lässt.

Die Anzahl der benötigten Stromkreise hängt ab von
- den zu installierenden elektrischen Objekten und deren Leistungen,
- der Größe der Wohneinheit und
- dem gewünschten Ausstattungswert.

Die **Hauptberatungsstelle für Elektrizitätsanwendung (HEA)** unterscheidet drei Ausstattungswerte. In Abb. 2 sind diese durch Sterne gekennzeichnet. In Abhängigkeit von der Wohnfläche und der gewünschten Ausstattung kann die Anzahl der benötigten Licht- und Steckdosenstromkreise festgelegt werden.

1: Stromkreisverteiler

Ausstattungswert	*	**	***
Wohnfläche in m^2	Anzahl der Stromkreise		
bis 50	2	3	4
51 - 75	3	4	5
76 - 100	4	6	7
101 - 125	5	7	8
125 und mehr	6	8	9

2: Beleuchtungs- und Steckdosenstromkreise

Unabhängig von den Steckdosen- und Beleuchtungsstromkreisen sind für Objekte mit Anschlussleistungen ab 2 kW eigene Stromkreise erforderlich, wie z. B. Wäschetrockner, Waschmaschine oder Geschirrspüler.

Für Geräte mit einer Anschlussleistung von mehr als 4,6 kW ist ein eigener Drehstromanschluss notwendig. Abb. 3 zeigt Beispiele für eine komplette Ausstattung in den drei Ausstattungswerten nach Abb. 2. Die Stromkreise sind nicht vollständig, sondern in Form eines Übersichtsschaltplans [block diagram] dargestellt (s. Kap. 2.3.4). Es sind darin die zu installierenden Leitungen ② durch eine Linie (einpolige Darstellung) dargestellt. Die anzuschließenden Objekte (③ z. B. Steckdose, Leuchte, Herd) sind deutlich zu erkennen.

Installation Stromkreisverteiler

Bei Einfamilienhäusern wird der Stromkreisverteiler häufig aus Platz- und Kostengründen neben dem Zählerschrank installiert. Bei Mehrfamilienhäusern muss jedoch jeder Wohnung ein Zähler und ein Stromkreisverteiler zugeordnet sein.

Sind Zähler und Stromkreisverteiler räumlich getrennt, muss bei Einfamilienhäusern der Querschnitt der Zuleitung für eine Belastung von 63 A ausgelegt sein.

Meist erfolgt die Installation des Stromkreisverteilers im **Lastschwerpunkt** der Wohnung. Dadurch kann die Leitungslänge zu den einzelnen Objekten kurz gehalten werden und der Stromkreisverteiler ist für die Bewohner gut erreichbar.

Aufbau und Ausrüstung

Die Größe richtet sich nach der
- Anzahl der Stromkreise und
- Art der verwendeten Geräte.

Um Erweiterungen zu ermöglichen sind immer Reserveplätze vorzusehen. Verteiler sind in Reihen untergliedert ①. Jede Reihe hat Platz für zwölf Teilungseinheiten von je 17,5 mm. Die zu montierenden Objekte haben die Breite einer Teilungseinheit oder Vielfache davon.

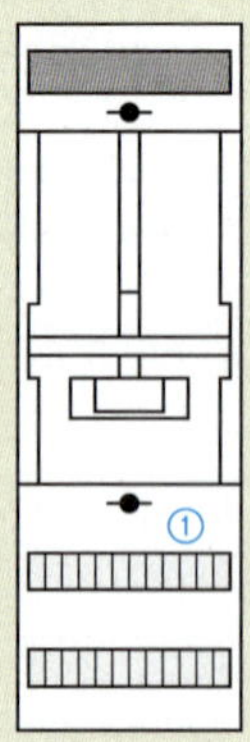

Trennvorrichtung

Damit am Stromkreisverteiler gefahrlos gearbeitet werden kann, ist dieser über eine Trennvorrichtung abschaltbar. Als Trennvorrichtung kann ein eigener Trennschalter vorgesehen sein. Die Trennung kann aber auch durch Entfernen der Sicherungen erfolgen.

Die Leitungen sollen so angeschlossen werden, dass Aufbau, Erweiterung und Reparatur leicht möglich sind.

Hinweise:
- Bei der Einführung der Leitungen möglichst schon auf die Reihenfolge achten (Abb. 4 ④).
- Zugentlastung befestigen ⑤.
- Schutzleiter und Neutralleiter geordnet an die Klemmleisten anschließen ⑥.
- Außenleiter an die Leitungsschutz-Schalter anschließen.

Bei allen Klemmstellen ist darauf zu achten, dass
- PE- und N-Leiter auf der gleichen Klemmennummer der Klemmleiste liegen und
- die Schrauben der Anschlüsse fest angezogen werden, damit die Übergangswiderstände gering sind und bei Stromfluss keine zusätzliche Wärme entstehen kann („schmorende" Anschlüsse).

- Der Stromkreisverteiler verteilt die elektrische Energie auf die einzelnen Stromkreise.
- Die Anzahl der Stromkreise ist abhängig von der Größe und dem Ausstattungswert der Wohnung.
- Objekte mit einer Anschlussleistung von mehr als 2 kW besitzen einen eigenen Stromkreis.
- Objekte mit einer Anschlussleistung von mehr als 4,6 kW werden über eine Drehstromleitung versorgt.

4: Anschlüsse im Stromkreisverteiler

Basisschutz (s. Kap. 2.7.5)

Die äußere Abdeckung des Stromkreisverteilers ist in der Regel eine Tür. Sie bietet allein noch keinen Schutz gegen direktes Berühren. Dies wird durch eine zusätzliche innere Abdeckung erreicht.

Dokumentation

Damit die einzelnen Stromkreise sicher und schnell abgeschaltet werden können, sind alle Objekte des Verteilers eindeutig zu kennzeichnen. Die Beschriftung erfolgt
- auf der Berührungsschutzabdeckung und
- einer Liste, z. B. in der Tür.

Dabei ist auf eine eindeutige und klare Zuordnung zu achten. Die Befestigung soll sicher, stabil und dauerhaft sein.

- Der Stromkreisverteiler enthält Objekte zum Schutz gegen elektrischen Schlag und Überstrom.
- Über eine Liste müssen die Stromkreise eindeutig den Räumen zugeordnet werden können.

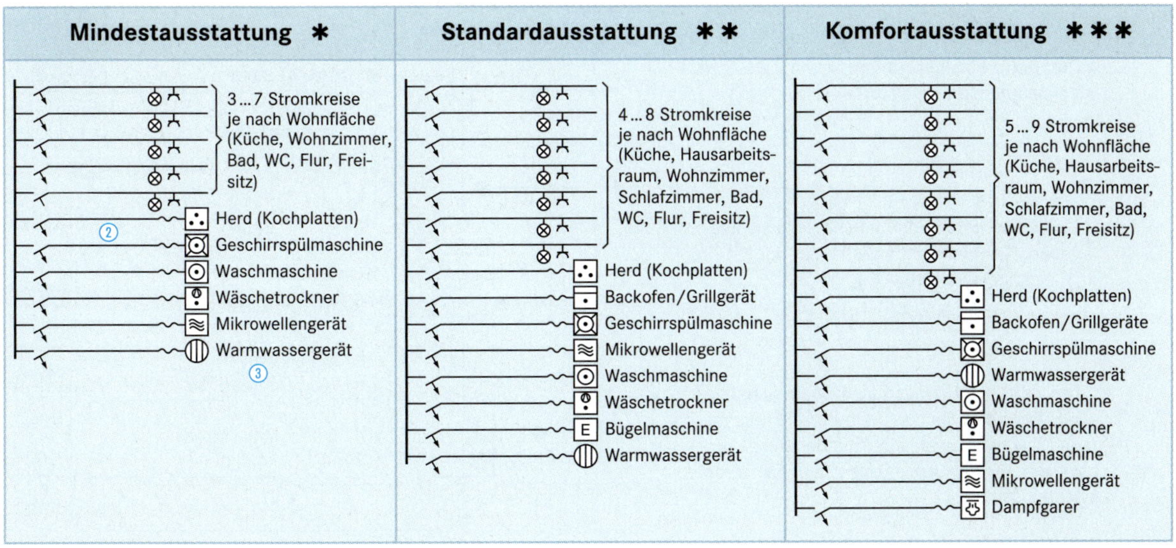

3: Ausstattungswerte für Hausinstallationen

Schaltpläne

Eine wichtige Dokumentation im Rahmen der Hausinstallation ist der Schaltplan [circuit diagram]. Es werden **einpolige** [single-line] (Abb. 1) und **mehrpolige** [multi-line] (auch als allpolig bezeichnet [all-pole], Abb. 2) Stromlaufpläne unterschieden.

In Abb. 1 ist in Form eines Übersichtsschaltplans die Verteilung eines Wohnhauses einpolig dargestellt. Die Stromkreise sind einzelne Leitungslinien.

Die Gesamtverteilung in Abb. 1 ist in zwei Unterverteilungen A1 ① und A2 ② aufgeteilt.
Der Stromkreisverteiler A1 befindet sich im Hausanschlussraum, A2 ist beispielsweise im Erdgeschoss untergebracht.
Die einzelnen Stromkreise werden durch Leitungsschutz-Schalter abgesichert ③ (s. Kap. 2.4.2.2).

Einpoliger **LS-Schalter** als Leitungsschutz (Charakteristik B für kleine Anlaufstromstärken)

Vierpolige **RCD** als Schutz gegen elektrischen Schlag eingesetzt. RCD schaltet auch den N-Leiter

Dreipoliger **LS-Schalter** für den Drehstromkreis des Herdes als Leitungsschutz

Einpoliger **LS-Schalter** wird als Leitungsschutz eingesetzt. Hier wird Charakteristik C genommen, weil im Hobbyraum mit großen Anlaufströmen (Maschinen) gerechnet wird.

Drei **Schmelzsicherungen** sind mit 35 A als Vorsicherungen installiert.

Die **Leiter** werden durch Schrägstriche angegeben. Hier sind es 3 Außenleiter, der N-Leiter (/) und der PE-Leiter (/̅).

Drei selektive Hauptleitungsschutz-Schalter (**SH-Schalter**) sind als zentraler Überstromschutz und Trennvorrichtung der Kundenanlage eingebaut. SH-Schalter müssen sperr- und plombierbar sein.

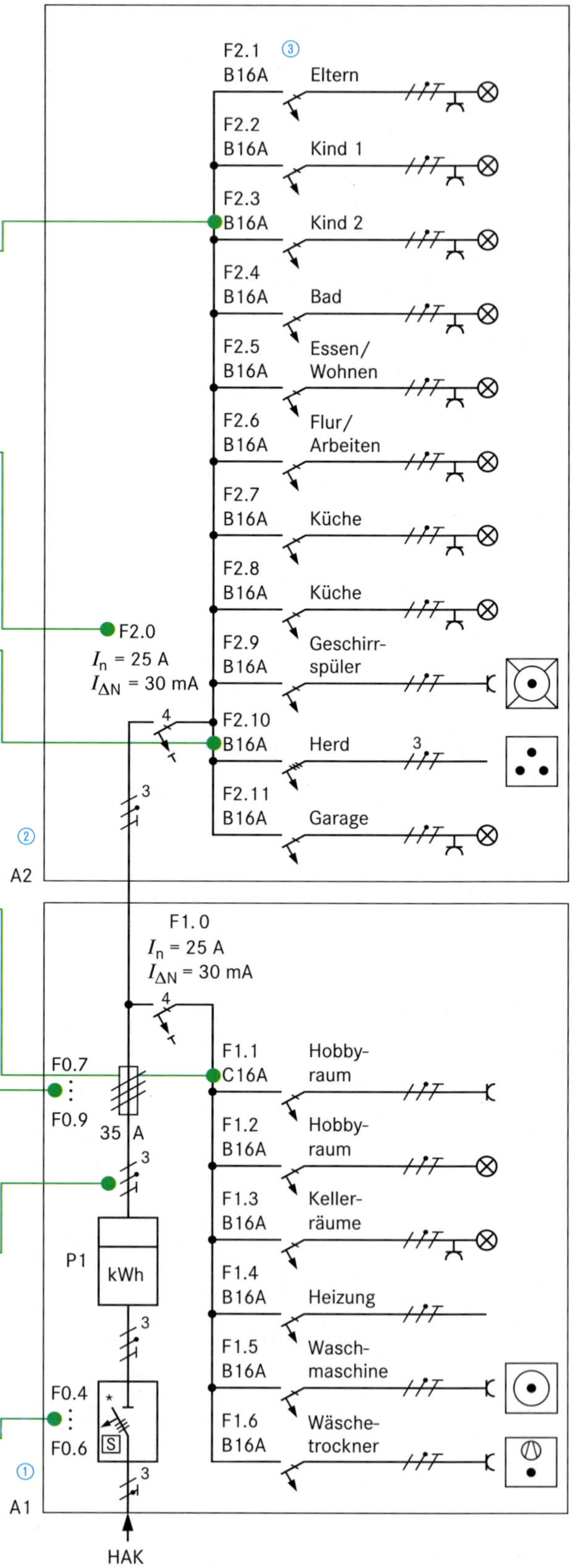

1: Übersichtsschaltplan einer Verteilung eines Wohnhauses

Allpolige Darstellung

Der Übersichtsschaltplan in Abb. 1 verdeutlicht die gesamte Elektroinstallation eines Wohnhauses. Die Leitungen mit den angeschlossenen Objekten treten deutlich hervor. Die zahlreich vorhandenen Stromkreise sind jedoch nicht sofort erkennbar. Deshalb ist beispielhaft in Abb. 2 der vollständige Stromweg von der Umspannstation bis zu einer Leuchte in einem Wohnraum dargestellt. Folgende Reihenfolge ergibt sich:

- Die Umspannstation ① mit dem Transformator ist die Spannungsquelle für den Stromkreis.
- Das Niederspannungsnetz ② versorgt die Haushalte mit elektrischer Energie.
- Der Hausanschlusskasten ③ sorgt für die Zuführung und Übergabe der elektrischen Energie.
- Der Zähler ④ misst die genutzte elektrische Energie als elektrische Arbeit. Die Haupterdungsschiene ⑤ ist das zentrale Objekt des Schutzpotenzialausgleichs.
- Vorsicherungen ⑥ schützen den Zähler vor Überlast und Kurzschluss.
- Die Fehlerstrom-Schutzeinrichtung **RCD** ⑦ [**R**esidual **C**urrent protective **D**evice] ist ein Schutz gegen elektrischen Schlag und ein Objekt des Personenschutzes.
- Die Verteilung ⑧ sorgt für die Weiterleitung der Energie auf einzelne Räume und/oder Objekte.
- Der Leitungsschutz-Schalter ⑨ für den Raum ist eine Schutzmaßnahme.
- Die Leuchte ⑩ bildet den Abschluss der Energieversorgung.

- Die Zuleitung zum Stromkreisverteiler ist für eine Belastung von 63 A auszulegen.
- Ein Stromkreisverteiler soll Reserveplätze in genügender Zahl für spätere Anlagenerweiterungen enthalten.

RCD

Wenn Fehlerströme über den Schutzleiter fließen, trennen RCDs den nachfolgenden Stromkreis ab.

Funktionsprinzip

Ist die Anlage fehlerfrei, so sind Hin- und Rückstrom gleich groß. Innerhalb der Spule herrscht magnetisches Gleichgewicht. Tritt ein Fehler auf, so fließt ein Fehlerstrom über den PE an der RCD vorbei. Dieser Differenzstrom hebt das magnetische Gleichgewicht auf und es entsteht eine Kraft. Die wird genutzt, um alle Leiter der nachfolgenden Stromkreise zu trennen.

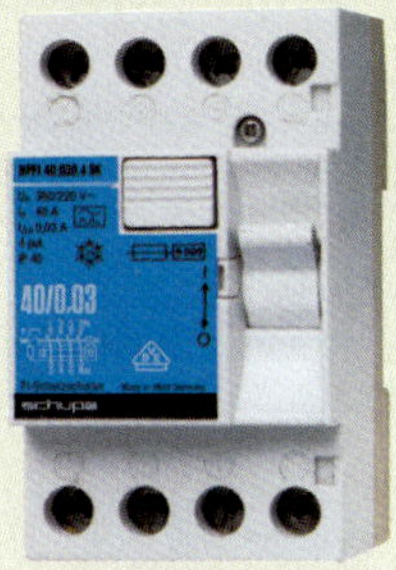

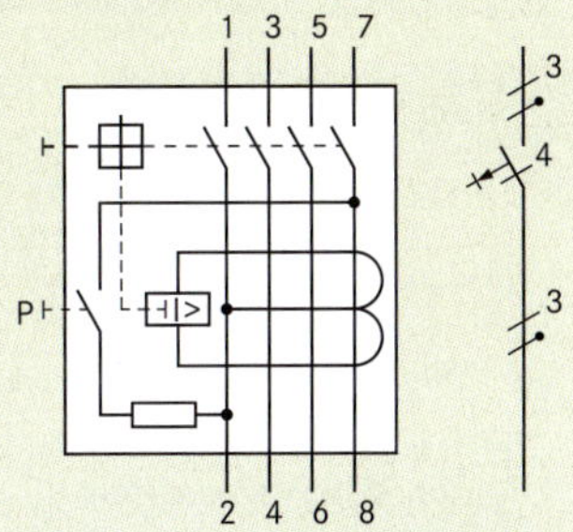

AUFGABEN

1. Nennen Sie die Funktionen der einzelnen Objekte des Stromlaufplans in Abb. 2.
2. Beschreiben Sie den Stromweg für den Fall, dass die Leuchte in Abb. 2 eingeschaltet wird. Verwenden Sie folgende Form: Der Strom fließt von L1 → F0 → ... → N → PEN
3. Wie viele Stromkreise sollte eine Wohnung mit einer Fläche von 80 m² mindestens besitzen?
4. Für welche Stromstärke muss die Verbindungsleitung vom Zählerplatz zum Stromkreisverteiler ausgelegt sein?

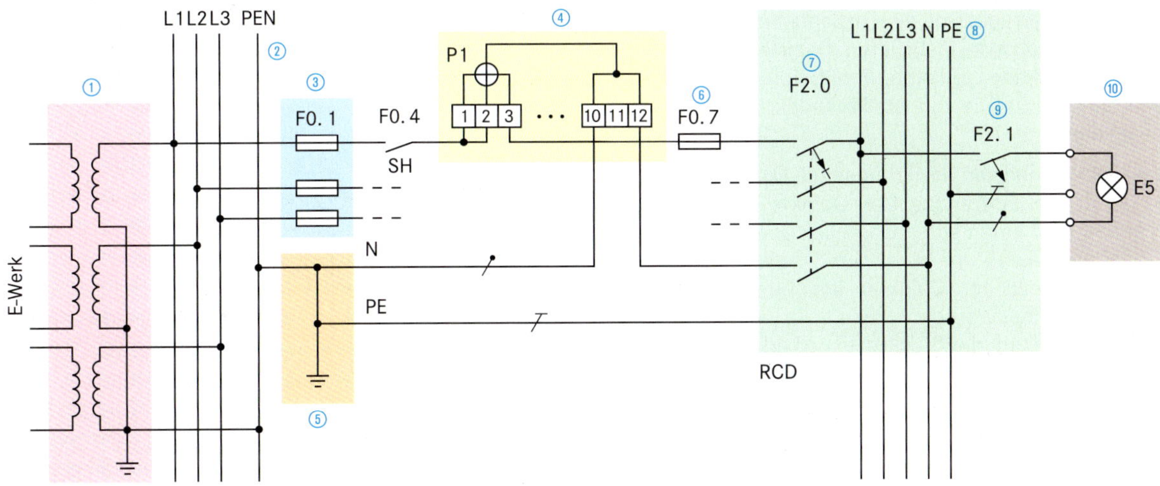

2: Stromlaufplan

2.3.4 Schaltpläne

In der Elektrotechnik sind Schaltpläne [circuit diagrams] wichtige Hilfsmittel zur Dokumentation (Abb. 1). Je nach Funktion bzw. Aufgabe werden verschiedenartige Pläne und Schaltzeichen [graphical symbols] verwendet.

Beispiele:
- Ein **Installationsplan** [installation drawing] ist vor Ort bei der Installation sehr hilfreich.
- Mit dem **Übersichtsschaltplan** [block diagram] verschafft man sich einen schnellen Überblick z. B. über ein Gerät oder eine Anlage.
- In einem **Stromlaufplan** [circuit diagram] können Stromkreise nachvollzogen werden (Fehlersuche).

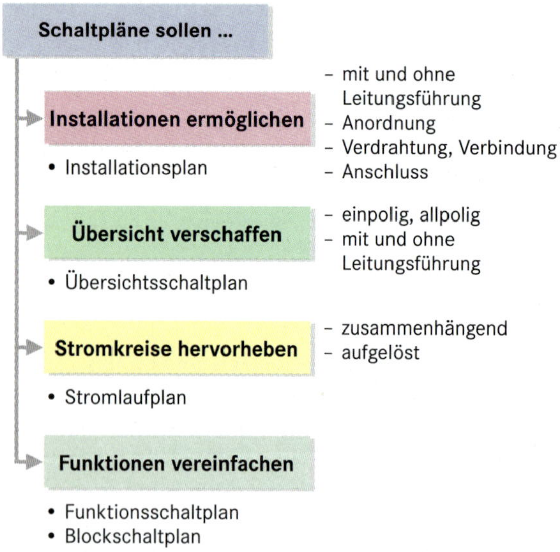

1: Aufgaben einzelner Schaltpläne

An einem Beispiel sollen Zusammenhänge und Unterschiede zwischen den einzelnen Schaltplänen verdeutlicht werden.

In einem Kellerraum sind eine Leuchte und eine Schutzkontaktsteckdose zu installieren. Dazu ist zunächst der **Installationsplan** von Abb. 2 hilfreich. Im Grundriss sind die Orte für die zu installierenden Objekte genau angegeben.

Der Installationsplan besitzt folgende Merkmale:
- Durch die Eintragung der Objekte im Grundriss erhält man einen guten Überblick über die gesamte Installation.
- Zusätzlich zu den Objekten können die Leitungen eingezeichnet werden.
- Eine Erstellung der Stückliste wird erleichtert.
- Ergänzungen und Änderungen können gut dokumentiert werden.

Im **Übersichtsschaltplan** der Abb. 3 sind die Objekte aus Abb. 2 ebenfalls aufgeführt, allerdings nicht ortsbezogen. Zusätzlich sind die für die Installation wichtige Abzweigdose X1 ② und jede Leitung durch eine Linie (einpolig) eingezeichnet worden. Dieser Plan enthält also in vereinfachter Form Hinweise für die Leitungsführung, die Leitungsart ④ und die Verlegeart ⑤ (hier unter Putz). Die Anzahl der Adern wird entweder durch die entsprechende Anzahl von Schrägstrichen durch die Leitung ⑥ oder durch einen Schrägstrich mit einer Zahl ① angegeben.

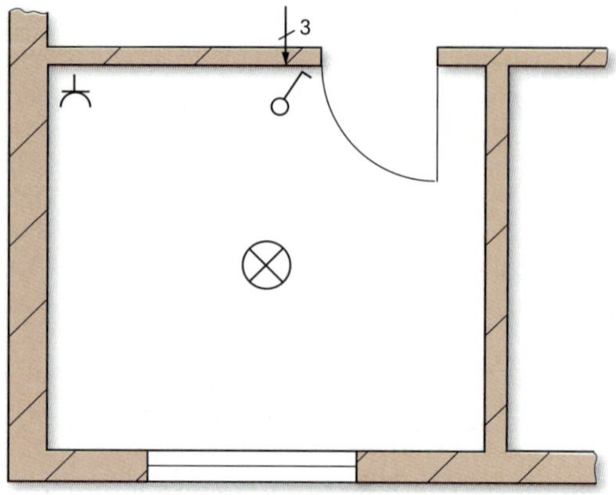

2: Installationsplan ohne Leitungsführung

In Installationsplänen und Übersichtsschaltplänen werden die gleichen Symbole verwendet. Sie werden deshalb in Anlehnung an die Darstellungsart der Pläne als **Schaltzeichen** für **einpolige Darstellungen** bezeichnet (Beispiele in Abb. 5).

Der Pfeil an der Abzweigdose X1 (Abb. 3 ②) bedeutet, dass sich dort die Energieeinspeisung befindet. Die Kennzeichnungen L1/N/PE ③ sind Bezeichnungen für die ankommenden Leiter.

Der Übersichtsschaltplan besitzt folgende Merkmale:
- In der einpoligen Darstellung treten die Objekte mit den Leitungsverbindungen besonders hervor.
- Die Objekte mit ihren Kennbuchstaben (Abb. 6) sind gut erkennbar.
- Die Stromkreise werden nicht deutlich.

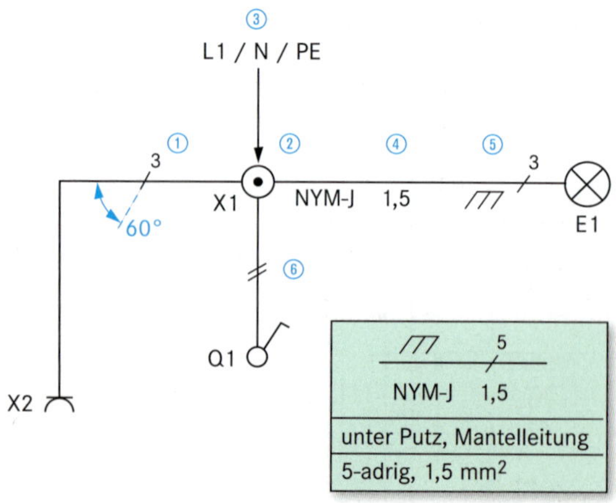

3: Übersichtsschaltplan

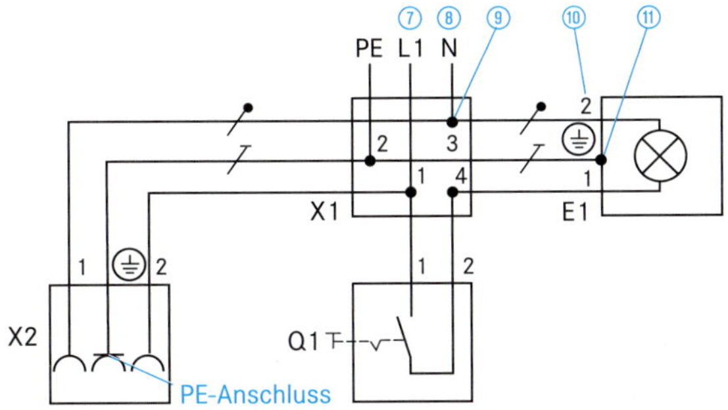

4: Stromlaufplan in zusammenhängender Darstellung

Installations- und Übersichtsschaltpläne verdeutlichen nicht die Wirkungsweise der Schaltung. Geeignet dafür ist aber der **Stromlaufplan in zusammenhängender Darstellung** (Abb. 4). In ihm sind alle Einzelheiten der Schaltung erkennbar. Der Weg des Stromes ist nachvollziehbar. Er fließt vom Außenleiter L1 ⑦ des Einspeisepunktes über die verschiedenen Objekte zurück zum Neutralleiter N ⑧. Damit der Stromweg gut beschrieben werden kann, sind die Anschlüsse der Objekte mit Anschluss-Bezeichnungen (Klemmenbezeichnungen ⑨ ⑩) versehen. Die Leiter N und PE sind durch zusätzliche Symbole gekennzeichnet.

Die Schaltzeichen werden mehrpolig dargestellt. An ihnen lässt sich die Funktion des jeweiligen Objekts gut erkennen (Abb. 5).

Im Stromlaufplan in zusammenhängender Darstellung wird auch die verwendete Schutzmaßname deutlich. Die PE-Klemme der Leuchte ⑪ ist mit dem PE-Anschluss in der Abzweigdose X1 verbunden.

Der Stromlaufplan in zusammenhängender Darstellung besitzt folgende Merkmale:
- Die Schaltzeichen werden mehrpolig als Einheit dargestellt.
- Die Anschlüsse der Objekte mit den Verbindungen sind gut erkennbar.
- Die Stromkreise können gut verfolgt werden.
- Die Funktion der Objekte wird durch ihre Kennbuchstaben deutlich gemacht.
- Durch die vielen Leiter wird das Erkennen der Funktion der Anlage erschwert.
- Die Leitungsführung ist nicht erkennbar.

Schaltzeichen		Name
mehrpolig	einpolig	
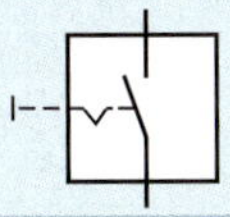		Ausschalter
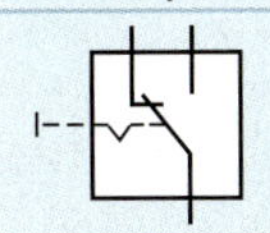		Wechselschalter

5: Schaltzeichen

Für die Kennzeichnung der Objekte in Schaltplänen werden die bereits erwähnten **Kennbuchstaben** [code letters] (Auswahl in Abb. 6) verwendet. Mit ihnen wird nicht die Wirkung oder der Aufbau, sondern nur die Hauptaufgabe verdeutlicht.

Kenn-buch-stabe	Hauptaufgabe/ -zweck	Beispiele
E	Kühlen, Heizen, Beleuchten, Strahlen	Heizung, Lampe, Laser, Leuchte, Mikrowellengerät, Boiler
F	Direktes Schützen von Personen oder Einrichtungen	Leitungsschutz-Schalter, Überspannungsableiter, Sicherung, SH-Schalter
G	Erzeugen von Energie, Materialfluss oder Signalen	Batterie, Dynamo, Generator, Lüfter, Solarzelle
K	Verarbeiten von Signalen oder Informationen	Hilfsschütz, Regler, Schaltrelais, Binärbaustein, Transistor
M	Bereitstellen von mechanischer Energie zu Antriebszwecken	Elektromotor, Stellantrieb
Q	Schalten und Variieren von Energie, Signal- und Materialfluss	Leistungsschalter, Motoranlasser, Leistungstransistor, Schütz, Stromstoßschalter, Thyristor
R	Begrenzen oder Stabilisieren von Energie-, Informations- oder Materialfluss	Begrenzer, Diode, Drosselspule, Widerstand
S	Umwandeln manueller Betätigung in Signale	Steuerschalter, Tastschalter, Tastatur, Wahlschalter

6: Kennzeichnungen von Objekten (Betriebsmittel)

- Der Installationsplan ist besonders geeignet für die Festlegung und Dokumentation der örtlichen Lage von Objekten.
- Mit einem Übersichtsschaltplan wird die Struktur von komplexen Installationen (Objekte, Stromkreise, Leitungen und ihre Verbindungen) deutlich.
- Beim Stromlaufplan in zusammenhängender Darstellung treten die Verbindungen zwischen den einzelnen Objekten besonders gut hervor.
- Die Hauptaufgabe von Objekten wird durch Kennbuchstaben verdeutlicht.

Schaltungen mit Installationsschaltern

Schalten von einer Stelle

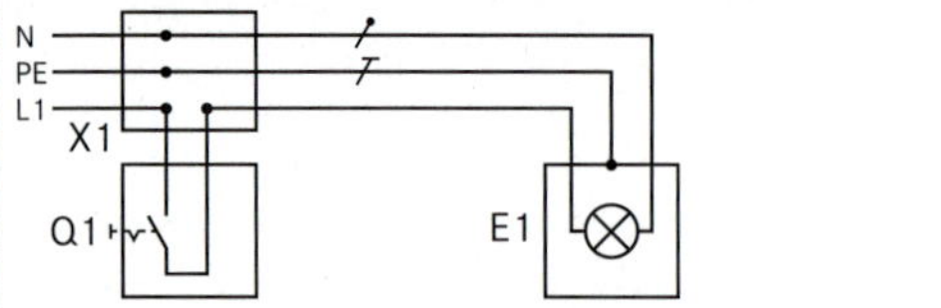

Ausschaltung
[on-off circuit]
Q1 schaltet den Außenleiter L1 und damit E1.

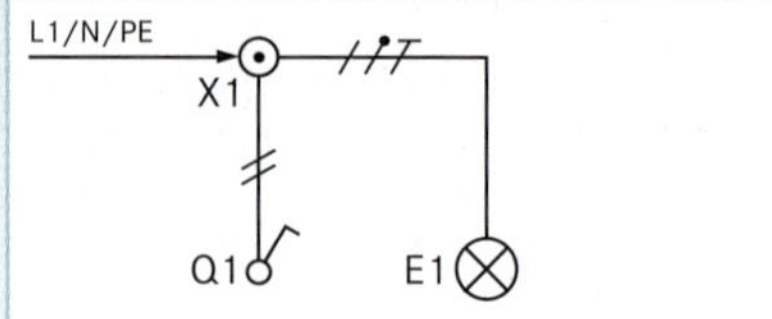

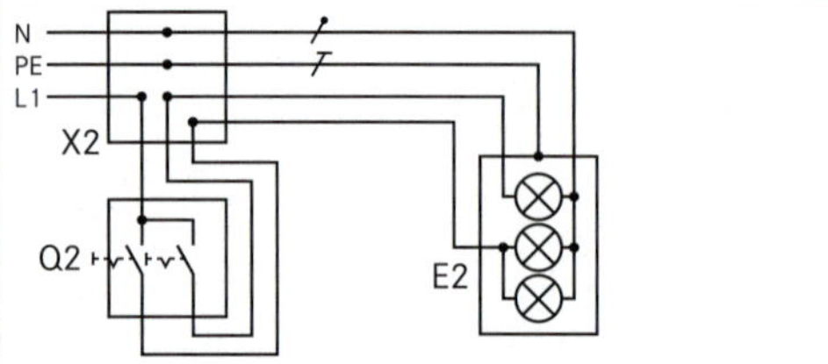

Serienschaltung
[series circuit]
Q2 besteht aus zwei Ausschaltern, die jeweils einen Stromkreis von E2 schalten.

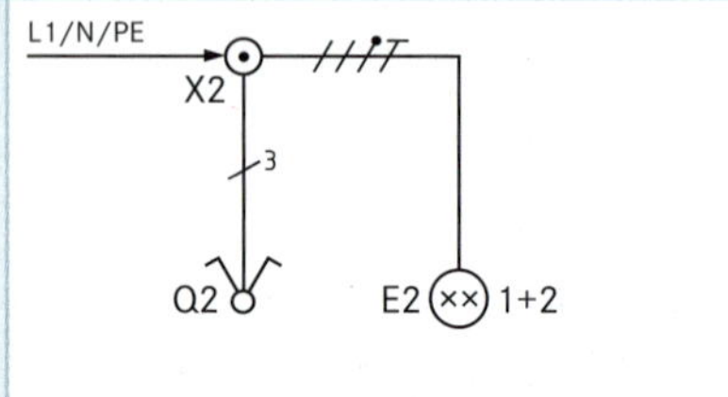

Schalten von zwei Stellen

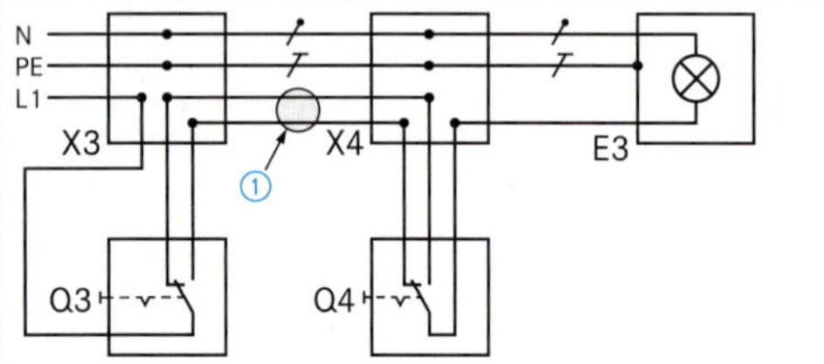

Wechselschaltung
[two-way circuit]
Q3 und Q4 wechseln den Spannungszustand über die Korrespondierenden ① und schalten damit E3.

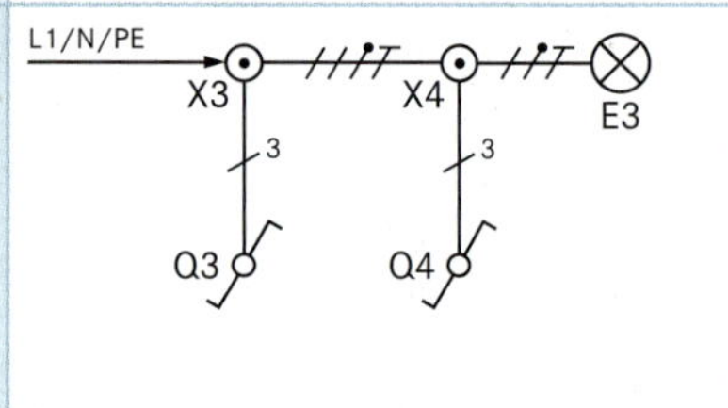

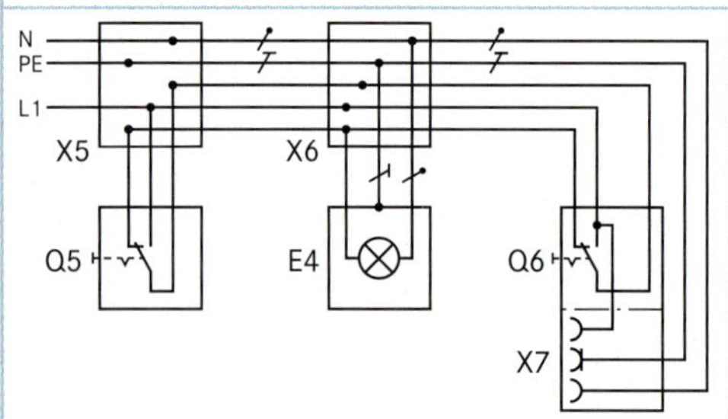

Spar-Wechselschaltung mit Steckdose
[economic two-way circuit with socket-outlet]
L1 wird bis zur Steckdose X7 durchgeführt und an jeden Wechselschalter angeschlossen. Arbeitsweise wie Wechselschaltung.

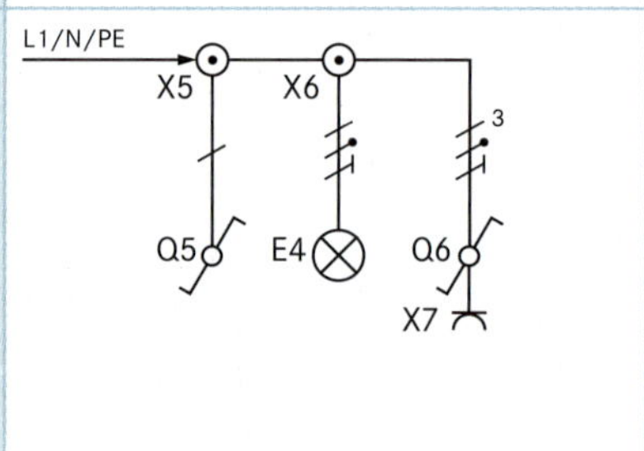

Schalten von mehr als zwei Stellen

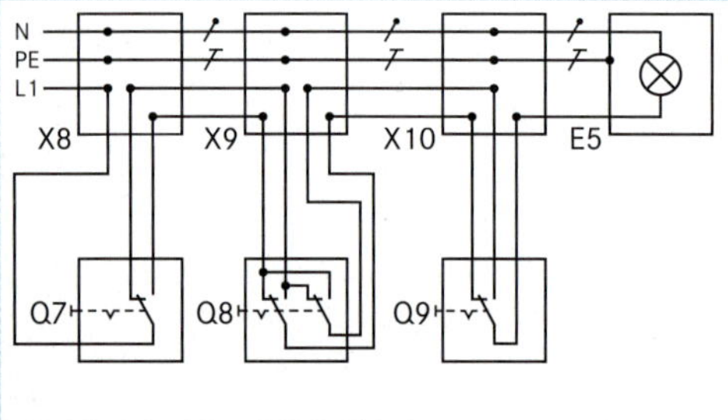

Kreuzschaltung
[intermediate switch circuit]
Q7 und Q9 sind Wechselschalter. Q8 ist ein Kreuzschalter. Die Schalter wechseln jeweils den Spannungszustand der Korrespondierenden und schalten damit E5.

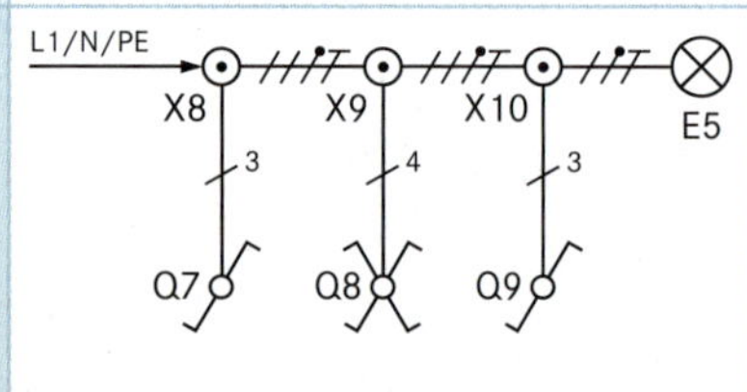

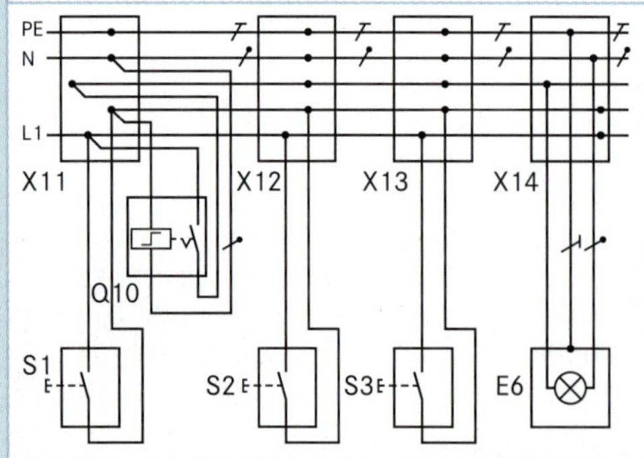

Stromstoßschaltung
[remote control circuit]
S1, S2 oder S3 legen kurzzeitig Spannung an die Spule von Q10. Q10 rastet ein und schaltet E6 ein. Beim nächsten Tasten wird Q10 entrastet und E6 ist ausgeschaltet.

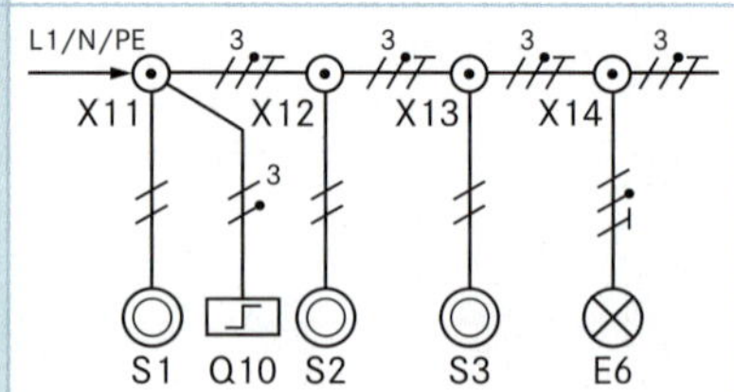

In jedes Installationsgerät der Schutzklasse II muss der Schutzleiter PE geführt werden (DIN VDE 0100-410). Da dieser Leiter für die Funktion der Schaltung nicht erforderlich ist, wurde er hier aus Übersichtsgründen nicht in die Stromlaufpläne eingezeichnet.

2.4 Leitungsverlegung

2.4.1 Leitungsarten

Um die richtige **Leitungsart** [cable type] für eine Installation auszusuchen, sind Kenntnisse über den Aufbau der Leitungen, die Materialien der Isolierung sowie die Bezeichnungen der Leitungen notwendig.

Leiter sind mit einer einzelnen Isolation umhüllt. Sie heißen dann **Adern** [cores]. Eine oder mehrere Adern in einer Umhüllung (Mantel) werden als Leitung bezeichnet. Leitungen mit besonderem mechanischem Schutz werden **Kabel** [cable] genannt, z. B. Erdkabel.

Kennzeichnung der Adern

Zur Herstellung von Verbindungen werden farblich gekennzeichnete Adern verwendet (Abb. 1). Dies ist besonders wichtig für die Adern, denen eine Schutzfunktion zugeordnet ist. Die Farbkennzeichnung grün-gelb darf nur für den Schutzleiter (PE) oder Neutralleiter mit Schutzfunktion (PEN) verwendet werden. Der Neutralleiter muss blau gekennzeichnet sein. Alle anderen Farben sind zwar einzelnen Leiterarten zugeordnet, dürfen aber auch für andere Funktionen benutzt werden.

Ab dem 01.04.2006 müssen die Aderkennzeichnungen nach DIN VDE 0293-308 (Abb. 2) benutzt werden.

Leiter	Farbe
L1, L2, L3	braun schwarz grau *)
N	blau
PE	grün-gelb
PEN	grün-gelb
*) ZVEH empfiehlt: L1: braun; L2: schwarz; L3: grau	

1: Leiterfarben

Ader-zahl	DIN VDE 0293 bis 31.12.2002		DIN VDE 0293-308 ab 01.01.2003	
	mit gnge	ohne gnge	mit gnge	ohne gn-ge
2				
3				
4		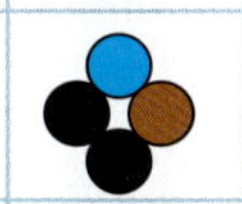		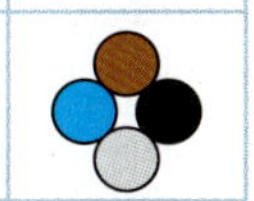
5		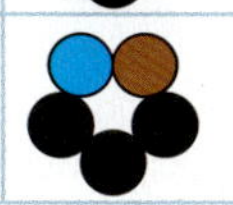	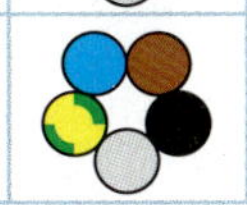	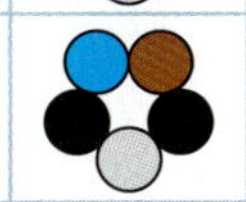

2: Aderkennzeichnung nach DIN VDE 0293

Kennzeichnung der Leitungen

Innerhalb der EU sind die Leitungen genormt und mit harmonisierten Kurzzeichen versehen. Die Buchstaben und Ziffern der Bezeichnung geben Bauart, Isolierung und Aderart der betreffenden Leitung an (Abb. 3). Darüber hinaus gibt es in den einzelnen Ländern nationale Bezeichnungen, z. B. in Deutschland NYM (Abb. 4 und 5).

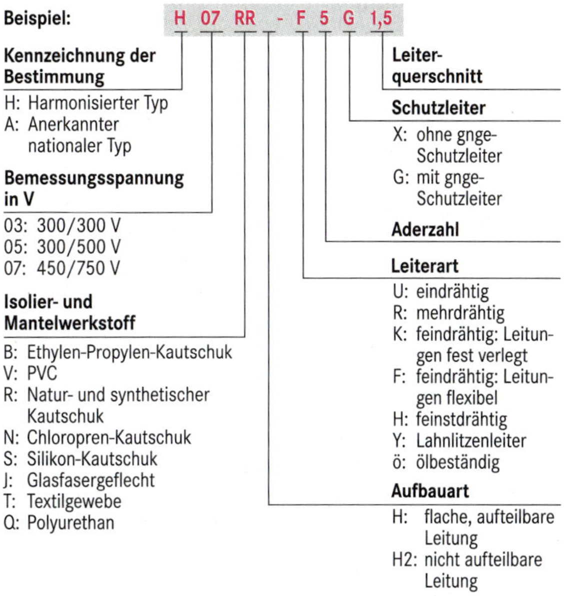

3: Harmonisierte Typenkurzzeichen von Leitungen

Kenn-buchstabe	Bedeu-tung	Kenn-buchstabe	Bedeu-tung
A	Ader	M	Mantel
B	Bleimantel	N	genormte Leitung
F	feindrähtig	O	ohne grün-gelbe Leitung
G	Gummi	R	Rohrdraht
I	Stegleitung	Y	Kunststoff
J	mit grün-gelber Ader		

4: Kurzzeichen nach DIN VDE 0250

Mantelleitung NYM-J	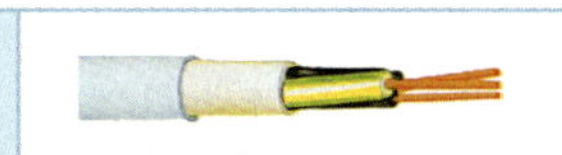
Kunststoffkabel NYY	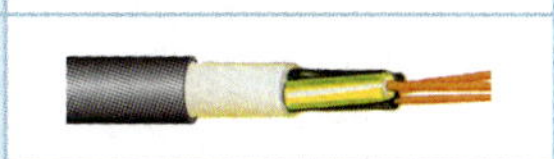
Stegleitung NYIF	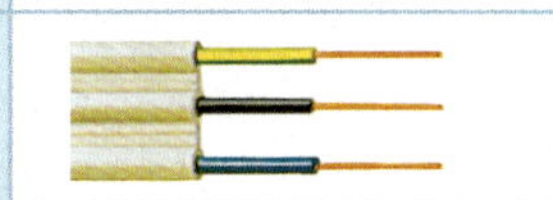

5: Leitungsarten

Leiterarten

Es wird zwischen flexiblen und massiven Leitern unterschieden. **Flexible Leiter** [flexible conductors] bestehen aus miteinander verflochtenen blanken Kupferdrähten. Sie eignen sich besonders für den Anschluss von beweglichen Objekten, z. B. Stehlampe, Waschmaschine, Bohrmaschine.

Zur Verdrahtung der Objekte in Stromkreisverteilern werden Adern des Typs H07V-K verwendet. Auch Verlängerungsleitungen und Leitungen auf Kabeltrommeln bestehen aus flexiblen Leitern.

Für die Querschnitte sind **Mindestwerte** [minimum values] (Abb. 1) genormt.

Für die feste Verlegung von Leitungen sind **massive Leiter** [solid conductors] vorgeschrieben. Heute sind sie fast ausschließlich aus Kupfer. Bis zu einem Querschnitt von 16 mm² besteht der Leiter aus einem Draht, darüber hinaus sind es mehrere, die miteinander verdrillt sind. Sie sind entweder kreisförmig oder segmentförmig angeordnet (Abb. 2).

Isoliermaterial

Man unterscheidet zwischen der Isolierung der Leiter (Aderisolierung) und der Leitung (Mantelwerkstoff). Diese Materialien unterliegen vielfältigen äußeren Einflüssen. Es treten thermische, mechanische, chemische und hygroskopische (Feuchtigkeit) Einflüsse auf.

Mindestleiterquerschnitt von Kupferleitern	
Anwendung	**q in mm²**
fest, geschützte Verlegung	1,5
Leitungen in Schaltanlagen und Verteilern - bis 2,5 A - über 2,5 A bis 16 A - über 16 A	 0,5 0,75 1,0
Bewegliche Anschlussleitungen - leichte Handgeräte bis I_n = 1 A und l = 2 m - Geräte bis I_n = 2,5 A und l = 2 m - Geräte bis I_n = 10 A - Geräte über I_n = 10 A	 0,1 0,5 0,75 1,0

1: Mindestquerschnitte von Leitern

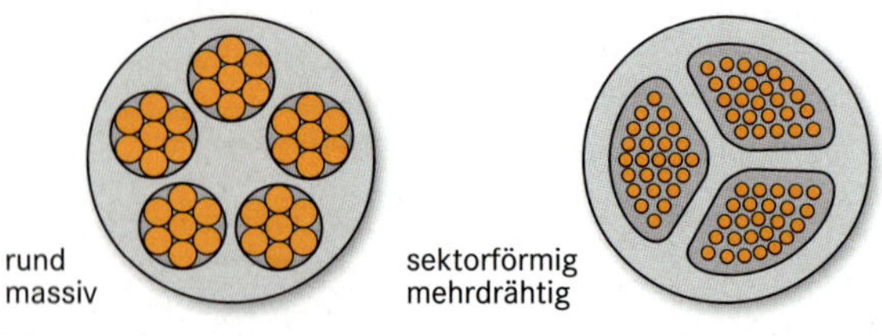

2: Anordnungen mehrdrähtiger Leiter

Die Einflüsse hängen von der Nutzungs- und Verlegeart der Leitung ab. Die wesentlichste Einflussgröße ist die Temperatur. Hierbei ist wichtig,

- welchen Wert die Stromstärke im Leiter besitzt,
- welche Umgebungstemperatur herrscht und
- wie die Leitung verlegt ist (s. Kap. 2.4.2).

Die Isolierwerkstoffe behalten ihre mechanischen Eigenschaften nur bis zu einer bestimmten Temperatur (Grenztemperatur). Damit diese nicht überschritten wird, sind für Leiter **höchstzulässige Betriebstemperaturen** [maximum allowable working temperatures] vorgeschrieben (DIN VDE 0298-4: 2013-06, Abb. 3).

Besonderen mechanischen Beanspruchungen sind z. B. Leitungen ausgesetzt, die in Aufzügen feste Anschlüsse verbinden. In Tankstellen und Kfz-Werkstätten werden Leitungen besonders durch Benzin und Öl (chemisch) beansprucht. Die Feuchtigkeit beeinträchtigt insbesondere Leitungen und Kabel (Erdkabel bei Bauvorhaben), die der Witterung ausgesetzt oder in der Erde verlegt sind. Heute werden in erster Linie Kunststoffe zur Isolierung (und zum Schutz) verwendet.

Leitung	Kurzzeichen	Betriebstemperatur
PVC-Aderleitung	H07V-U	70 °C
PVC-Installationsleitung	NYM	70 °C
Wärmebeständige PVC-Aderleitung	H07V2-U	90 °C
Wärmebeständige Gummi-Verdrahtungsleitung	H07G-4	110 °C

3: Höchstzulässige Betriebstemperaturen

AUFGABEN

1. Welche Beanspruchungen müssen bei der Auswahl von Leitungen berücksichtigt werden?
2. Was bedeutet die Bezeichnung H07V-K1,5 auf der Verpackung einer Leitung?
3. Ist die Verwendung des grün-gelben Leiters als Schaltdraht in einer Wechselschaltung zulässig? Begründung angeben.

- Leiter mit Isolierung werden Adern genannt.
- Adern mit einem gemeinsamen Isoliermantel sind Leitungen.
- Flexible Leitungen haben mehrdrähtige Leiter.
- Für eine feste Verlegung müssen massive Leiter verwendet werden.
- Für Leitungen sind höchstzulässige Betriebstemperaturen vorgeschrieben.
- Die grün-gelbe Kennzeichnung darf ausschließlich für den Leiter mit Schutzfunktion (PE, PEN) verwendet werden.

2.4.2 Überstrom-Schutzorgane

2.4.2.1 Leitungsschutz-Sicherung

Bei der Behandlung des Stromkreisverteilers (Kap. 2.3.3) wurden bereits Überstrom-Schutzorgane [overcurrent protective devices] angesprochen, ohne dass auf ihre genaue Funktion eingegangen wurde. Dies soll jetzt geschehen.

Überstrom-Schutzorgane haben im Allgemeinen die Aufgabe, Leitungen gegen eine zu hohe Strombelastung zu schützen. Diese Überlastungen können durch zu hohe Verbraucherleistungen oder durch einen **Kurzschluss** [short circuit] hervorgerufen werden. Die Überstrom-Schutzorgane müssen also die zu schützende Leitung beim Auftreten von zu hohen Stromstärken innerhalb vorgeschriebener Zeiten abschalten, bevor sich die Leiterisolierung oder die Umgebung zu stark erwärmt haben. Unterschieden werden Leitungsschutz-Schalter und Schmelzsicherungen (Abb. 4).

Schmelzsicherungen [fuses] sind mit ihrem Schmelzdraht bzw. -streifen Bestandteile der Stromkreise. Fließt ein zu hoher Strom, schmilzt der Draht in der Sicherung und unterbricht dadurch den Stromkreis. Sie werden nach ihrer **Bauart** und der **Betriebsklasse** unterschieden. Die Betriebsklasse dient zur Beschreibung des Auslöseverhaltens.

Bauarten von Schmelzsicherungen

Verwendet werden Schraub- und Stecksysteme. Zu den Schraubsicherungssystemen zählen das

- ältere D-System (**DIAZED**-System, **Dia**metral abgestufter **z**weiteiliger **Ed**ison-Schraubstöpsel) und das
- neuere DO-System (**NEOZED**-System, neos von griechisch: neu).

Leitungsschutz-Schalter

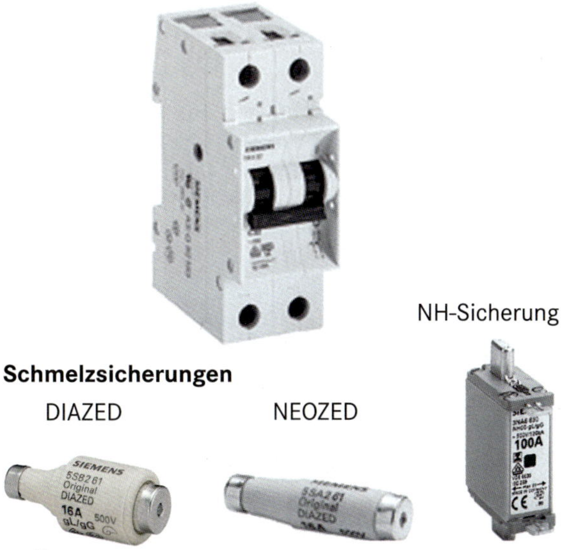

4: Überstrom-Schutzorgane

Die **DIAZED-Sicherung** [DIAZED fuse] besteht aus einem Porzellan-Hohlkörper (Abb. 5), in dem sich der Schmelzdraht befindet. Schmilzt er, wird auch der Haltedraht ① unterbrochen. Dadurch drückt eine Feder das farbige Meldeplättchen ② (**Kennmelder** [indicator]) heraus. Das ist das Zeichen, dass die Sicherung ausgelöst hat.

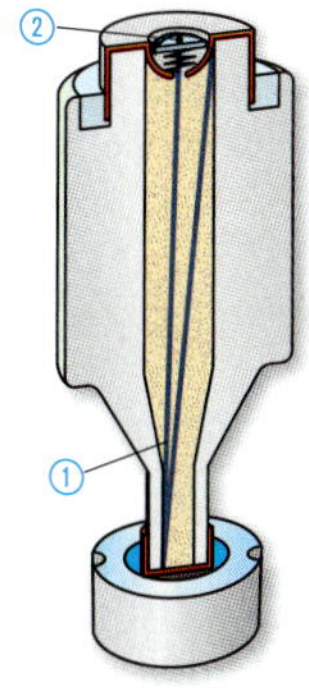

5: DIAZED-Sicherung

Schraubsicherungen bis 63 A können von jeder Person unter Last gewechselt werden. Schmelzsicherungen dürfen nicht repariert oder überbrückt werden.

Die **NEOZED-Sicherung** [NEOZED fuse] ist ähnlich wie die DIAZED-Sicherung aufgebaut. Ihre Bauform ist kleiner und damit Platz sparender. Unterschiede bestehen in der Gewindegröße der Schraubkappe.

Baugrößen sind:

- DO-System: DO1, DO2 und DO3
- D-System: ND, D II, D III und D IV

Die **Bemessungsspannung** beträgt beim

- NEOZED-System 400 V AC (250 V DC) bzw.
- DIAZED-System 500 V AC (500 V DC).

Die **Bemessungsstromstärke** für beide Bauarten reicht von I_n = 2 A bis I_n = 200 A. Das Bemessungsschaltvermögen muss bei Wechselstrom mindestens 50 kA betragen.

NEOZED-Sicherungen bestehen aus folgenden Teilen:

- Sicherungssockel (Abb. 6) ③ mit **Passeinsatz** [gauge ring] ⑥ (NEOZED: Passhülse, DIAZED: Passschraube),
- Sicherungseinsatz [fuse link] ④ und
- Schraubkappe ⑤ mit Sichtfenster ⑦.

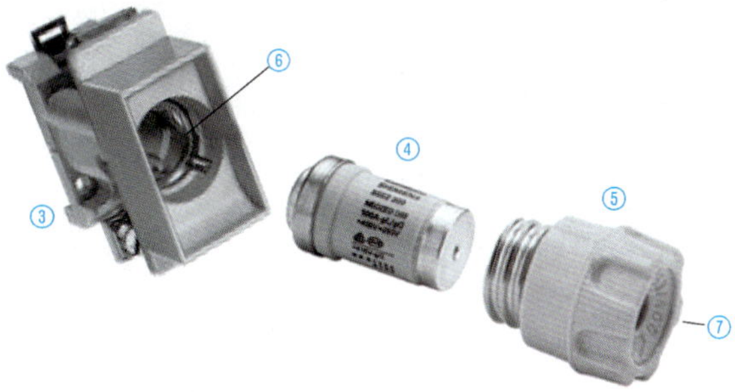

6: Teile einer Schmelzsicherung

Die Fußkontakte der Sicherungseinsätze haben je nach Bemessungsstromstärke unterschiedlich große Durchmesser. Je größer die Bemessungsstromstärke ist, umso größer ist der Durchmesser. Dadurch können in die Passschraube bzw. -hülse nur die richtigen oder kleinere Einsätze eingesetzt werden. Der betreffende Stromkreis kann also nicht höher abgesichert werden.

Die Farben der Kennmelder sind den Bemessungsstromstärken der Schmelzsicherung zugeordnet. Mit der gleichen Farbe ist auch der Passeinsatz markiert. In Abb. 1 sind die wesentlichen Farben aufgelistet.

I_n in A	Farbe	I_n (Sockel)	Gewinde NEOZED	Gewinde DIAZED
2	rosa	25 A	DO1 (E 14)	D II (E 27)
4	braun			
6	grün			
10	rot			
16	grau			
20	blau		DO2 (E 18)	
25	gelb			
32/35/40	schwarz	63 A		D III (E 33)
50	weiß			
63	kupfer			

1: Farben der Kennmelder

NH-Sicherungen

In den Hausanschlusskästen werden **Niederspannungs-Hochleistungs-Sicherungen** (NH-Sicherungen) [low-voltage high-breaking-capacity fuses] als Stecksysteme eingesetzt. Es gibt sie in sechs Baugrößen mit Bemessungsstromstärken von 2 A bis 1,25 kA. Der Sicherungseinsatz wird dabei mit den Messerkontakten in das Sicherungsunterteil eingesteckt (Abb. 2). Die Sicherungseinsätze dürfen nur von Elektrofachkräften mit besonderen Werkzeugen ① bzw. Schutzbekleidung unter Last gewechselt werden.

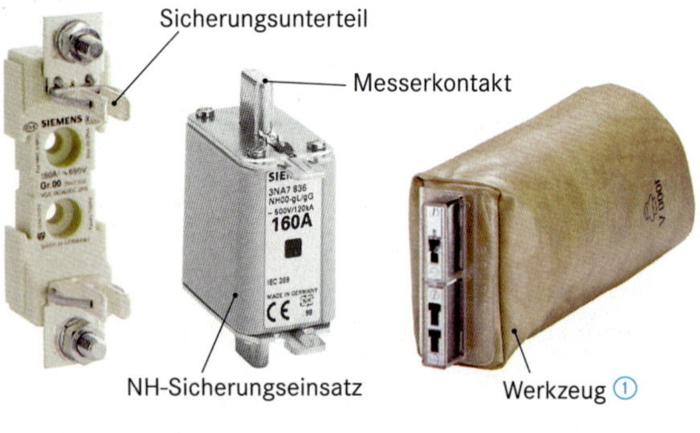

2: NH-Sicherungen

Betriebsklassen

Als Beispiel für diese Kennzeichnung dient folgender Aufdruck auf einem NEOZED-Sicherungseinsatz:

NEOZED D03
100A-gG ← Betriebsklasse
~400V=250V

Die Kennzeichnung setzt sich hier aus den zwei Buchstaben „gG“ zusammen. Sie haben folgende Bedeutung:

gG

Der erste Buchstabe gibt die **Funktionsklasse** (Ausschaltbereich) der Sicherung an. Der Buchstabe **g** steht für Ganzbereichsschutz.

Der zweite Buchstabe bezeichnet den **Einsatzbereich** des zu schützenden Objektes.

Die Buchstaben gG bezeichnen dieselbe Betriebsklasse wie die bisherige Kennzeichnung gL, jedoch nach DIN EN 60269-1.

Funktionsklassen

Sicherungseinsätze der **Funktionsklasse g** (Abb. 3) können mindestens Ströme bis zur angegebenen Bemessungsstromstärke dauernd führen. Sie schalten Ströme vom niedrigsten Schmelzstrom bis zum Bemessungsausschaltstrom und sind für Überlast und Kurzschlussschutz geeignet.

Sicherungen der **Funktionsklasse a** (Abb. 3) können Ströme oberhalb eines bestimmten Vielfachen der Bemessungsstromstärke bis zum Bemessungsausschaltstrom schalten. Sie schützen nur gegen Kurzschluss.

Übersicht der Betriebsklassen		
Betriebsklasse	**Funktionsklasse**	**Einsatzbereich**
gG	g: Ganzbereichsschutz	Allgemeine Anwendung, z. B. Kabel und Leitungen
gM		Motorstromkreise
gD		Verzögerung
gN		unverzögert
aM	a: Teilbereichsschutz	Schaltgeräteschutz/Motorschutz
aR		Halbleiterschutz

3: Betriebsklassen

Bei den DIAZED-Sicherungen unterscheidet man „träge“ und „flink“. Eine Sicherung mit der Charakteristik „flink“ schaltet im Kurzschlussbereich schneller ab als eine „träge“ Sicherung. Sie wird dort eingesetzt, wo Gleichströme mit einer großen Induktivität ausgeschaltet werden (z. B. Gleichstrom-Bahnanlagen).

Wie schnell der Schmelzdraht der Sicherung schmilzt, zeigt das Diagramm der Zeit-Stromstärke-Bereiche in Abb.4. Die **Auslösezeit** [tripping time] ist für die Betriebsklassen unterschiedlich.

Für jede Bemessungsstromstärke ist ein Toleranzband angegeben, innerhalb dem die Schmelzsicherung auslösen muss. Bei einer Auslösedauer von beispielsweise 5 s (Abb. 4) und einer Schmelzsicherung von 16 A bedeutet dies, dass zum Auslösen eine Stromstärke von mindestens 40 A ① und maximal 70 A ②

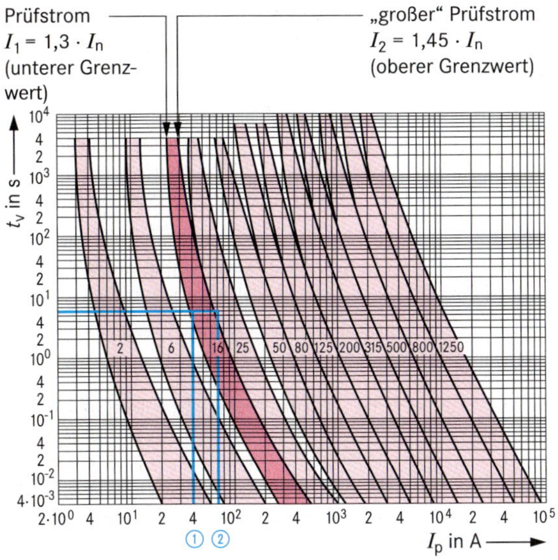

4: Zeit-Stromstärken-Bereiche der Betriebsklasse gG

erforderlich ist. Schmelzsicherungen bis 63 A, die vom Prüfstrom I_1 durchflossen werden, dürfen nach einer Stunde noch nicht auslösen. Erst wenn der „große" Prüfstrom I_2 fließt, darf die Sicherung auslösen. Dieser Prüfstrom wird benötigt, wenn bei der zu installierenden Leitung eine Zuordnung der Überstrom-Schutzorgane zum Leiterquerschnitt erfolgt.

AUFGABEN

1. Worin unterscheiden sich NEOZED- von DIAZED-Sicherungen? Skizzen!
2. Der Kennmelder einer Sicherung ist nicht abgetrennt. Damit ist nicht sichergestellt, dass die Sicherung intakt ist. Wie verschaffen Sie sich Gewissheit?
3. Was besagt der Aufdruck gM auf einer Schmelzsicherung?
4. Worin besteht der Unterschied zwischen den Funktionsklassen g und a in Bezug auf das Schaltvermögen?

- Überstrom-Schutzorgane schützen Leitungen gegen Überlast und Kurzschluss.
- Bauarten von Schmelzsicherungen sind DIAZED, NEOZED und NH-Sicherungen.
- Passeinsätze lassen nur die richtigen (oder kleineren) Sicherungseinsätze zu.
- Die Betriebsklasse gibt das Einsatzgebiet der Schmelzsicherung an.
- Das Toleranzband der Zeit-Strom-Bereiche gibt an, innerhalb welcher Grenzen eine Schmelzsicherung schalten muss.

2.4.2.2 Leitungsschutz-Schalter

Ein Vorteil des **Leitungsschutz-Schalters** (kurz: LS-Schalter) [circuit breaker] gegenüber einer Schmelzsicherung liegt darin, dass er nach dem Auslösen wieder eingeschaltet werden kann. LS-Schalter schützen die Anlage vor Überlastung und Kurzschluss (Abb. 5). Sie werden in Beleuchtungs- und Steckdosenstromkreisen eingesetzt (DIN 18015-1).

Die Auslöseeinrichtung besteht aus einem
- thermischen Auslöser ③ (Schutz gegen Überlast) und einem
- unverzögerten elektromagnetischen Auslöser ④ (Schutz gegen Kurzschluss).

Beide Öffnerkontakte liegen in Reihe, sodass entweder eine Überlastung oder ein Kurzschluss im nachfolgenden Anlagenteil zur Abschaltung ausreicht. Für spezielle Eigenschaften von Betriebsmitteln werden unterschiedliche **Auslösecharakteristiken** (B, C, K und Z) [tripping characteristics] benötigt. Das Auslöseverhalten jeder Charakteristik zeigt die Auslösekennlinie in Abb. 1, nächste Seite. In Abb. 6 sind Kenngrößen eines LS-Schalters dargestellt.

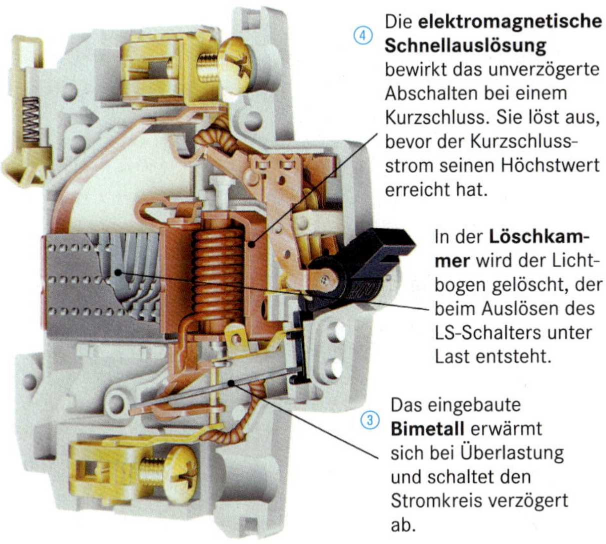

5: Aufbau eines Leitungsschutz-Schalters

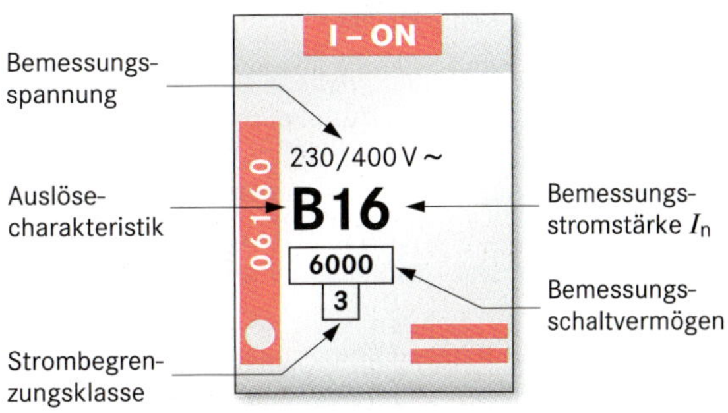

6: Kenngrößen eines LS-Schalters

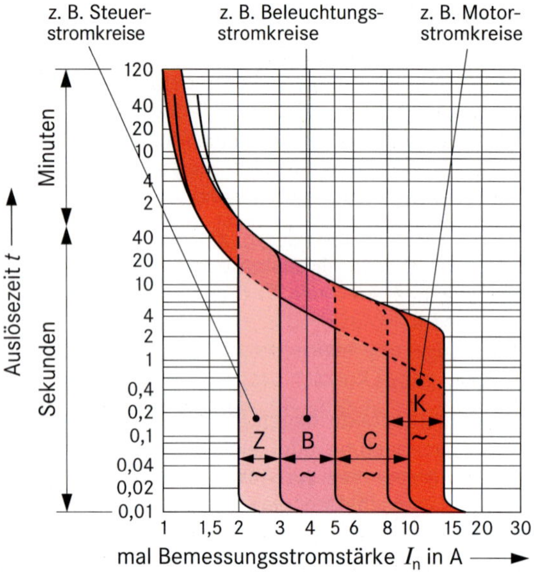

Auslöseverhalten von LS-Schaltern			
Charakteristik	Auslösung		I_n [1] in A
	unverzögert	verzögert	
B	3 bis 5 x I_n	1,13 bis 1,45 x I_n	6 A bis 63 A
C	5 bis 10 x I_n	1,13 bis 1,45 x I_n	0,5 A bis 63 A
D	10 bis 20 x I_n	1,13 bis 1,45 x I_n	0,5 A bis 63 A
K	8 bis 14 x I_n	1,05 bis 1,2 x I_n	0,2 A bis 63 A
Z	2 bis 3 x I_n	1,05 bis 1,2 x I_n	0,5 A bis 63 A

1) Stufen in A: 0,5; 1; 1,6; 2; 3; 4; 6; 8; 10; 13; 16; 20; 25; 32; 40; 50,63

1: Auslösekennlinien und Auslöseverhalten

Das **Bemessungsschaltvermögen** [rated switching capacity] bei Leitungsschutz-Schaltern muss mindestens so groß sein wie der maximale auftretende Kurzschlussstrom, z. B. 3000 A, 4500 A, 6000 A, 10 000 A. Für LS-Schalter im Stromkreisverteiler wird ein Schaltvermögen von 6000 A gefordert.

In vielen Fällen ist der maximal zu erwartende Kurzschlussstrom unbekannt. Um den LS-Schalter wirksam zu schützen, übernimmt eine vorgeschaltete Schmelzsicherung (Betriebsklasse gG) mit $I_n \leq 100$ A den Rückschutz („Back-up-Schutz“).

- LS-Schalter schützen durch einen thermischen Auslöser gegen Überlast und durch einen elektromagnetischen Auslöser gegen Kurzschluss.
- Unterschiedliche Auslösecharakteristiken bestimmen das Auslöseverhalten von LS-Schaltern.
- Das Bemessungsschaltvermögen bei Leitungsschutz-Schaltern in Stromkreisverteilern muss 6000 A betragen.

Strombegrenzungsklasse

Die Strombegrenzungsklasse wird auch als **Selektivitätsklasse** [selectivity class] bezeichnet. Es gibt die Selektivitätsklassen 1, 2 und 3. Der Begriff **Selektivität** [selectivity] besagt, dass nur das der Fehlerquelle unmittelbar vorgeschaltete Überstrom-Schutzorgan auslösen darf (Abb. 2). Die übrigen Stromkreise dürfen bei einem Fehler nicht abgeschaltet werden.

In der Praxis ist Selektivität bei zwei hintereinander geschalteten Schmelzsicherungen gewährleistet, wenn sich die Bemessungsstromstärken um den Faktor 1,6 unterscheiden: $I_{n,vor} = I_{n,nach} \cdot 1{,}6$

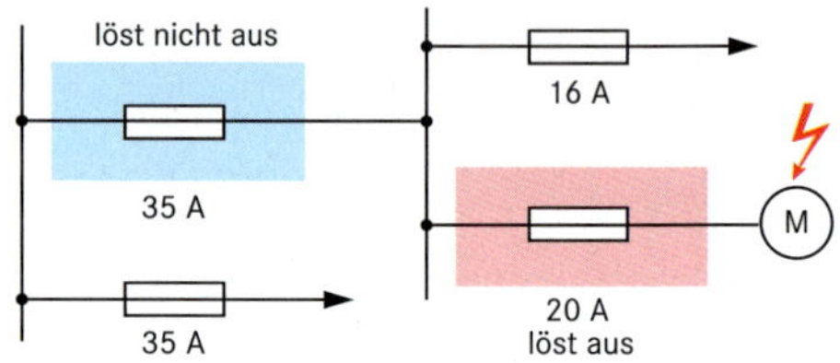

2: Beispiel für Selektivität

Zwischen zwei LS-Schaltern ist die Selektivität nicht durch einfache Bedingungen zu erfüllen. Der Grund liegt in der elektromagnetischen Schnellauslösung, die nahezu unverzögert beide Schalter gleichzeitig auslöst. Daher wird in Herstellertabellen angegeben, bis zu welchem Kurzschlussstrom zwei aufeinander folgende LS-Schalter selektiv arbeiten.

In der Praxis werden häufig LS-Schalter mit einer vorgeschalteten Schmelzsicherung eingesetzt (z. B. Hausverteilung). Dort sollen LS-Schalter mit der höchsten Selektivitätsklasse 3 verwendet werden, auch wenn in bestimmten Fällen eine geringere Strombegrenzung ausreichend ist.

AUFGABEN

1. Was besagt die Angabe 4500 auf einem LS-Schalter?
2. Worin besteht der Unterschied zwischen einem Leitungsschutz-Schalter der Charakteristik B und K?
3. In einer Anlage befindet sich eine Schmelzsicherung $I_n = 25$ A.
   Welche Bemessungsstromstärke muss die unmittelbar vorgeschaltete Schmelzsicherung haben, damit Selektivität gegeben ist?

- Selektivität ist dann erfüllt, wenn im Fehlerfall nur das der Fehlerquelle unmittelbar vorgeschaltete Überstrom-Schutzorgan auslöst.
- Zwischen zwei Schmelzsicherungen ist Selektivität gegeben, wenn sich die Streubänder der Ausschaltzeitkennlinien nicht schneiden oder berühren.

2.4.2.3 Bemessung und Anordnung von Überstrom-Schutzorganen

Damit der Schutz bei Überlastung durch das entsprechende Überstrom-Schutzorgan gewährleistet ist, müssen die folgenden Bedingungen beachtet werden.

1. Bemessungsstromregel: $I_b \leq I_n \leq I_Z$

Die **Betriebsstromstärke** I_b darf höchstens so groß werden wie die Bemessungsstromstärke I_n des Überstrom-Schutzorgans. Außerdem muss I_n kleiner als die zulässige **Strombelastbarkeit** I_Z [current carrying capacity] der **Leitung** (s. Kap. 2.4.3.2) bzw. gleich sein.

In der praktischen Anwendung darf bei einer ermittelten Strombelastbarkeit einer Leitung mit 19 A die Bemessungsstromstärke der vorgeschalteten Überstrom-Schutzeinrichtung maximal genauso groß sein. Da eine Schutzeinrichtung mit diesem Wert jedoch nicht gefertigt wird, wählt man eine 16 A-Sicherung aus. Diese verhindert, dass die Betriebsstromstärke den Grenzwert überschreitet.

2. Auslösestromregel: $I_2 \leq 1{,}45 \cdot I_Z$

Ein Überstrom-Schutzorgan muss erst nach einer Prüfdauer von einer Stunde auslösen, wenn der große Prüfstrom I_2 fließt (Abb. 3). Die Zeitdauer von einer Stunde gilt für Bemessungsstromstärken $I_n < 63$ A. Die Bedingung besagt, dass die große Prüfstromstärke I_2 kleiner sein muss, als das 1,45fache der Strombelastbarkeit. Der Faktor 1,45 ist ein international anerkannter Kompromiss zwischen Schutz und Nutzen einer Leitung.

Werden beide Bedingungen von einem Überstrom-Schutzorgan erfüllt, gilt folgende vereinfachte Beziehung zur Festlegung der Bemessungsstromstärke I_n.

$$I_n \leq I_Z$$

I_n: Bemessungsstromstärke des Überstrom-Schutzorgans

I_Z: Strombelastbarkeit der Leitung

Schmelzsicherungen der Betriebsklasse gG und Leitungsschutz-Schalter mit den Charakteristiken B, C, K und Z erfüllen beide Bedingungen. Bei diesen Überstrom-Schutzeinrichtungen darf die Bemessungsstromstärke maximal so groß sein wie die zulässige Strombelastbarkeit.

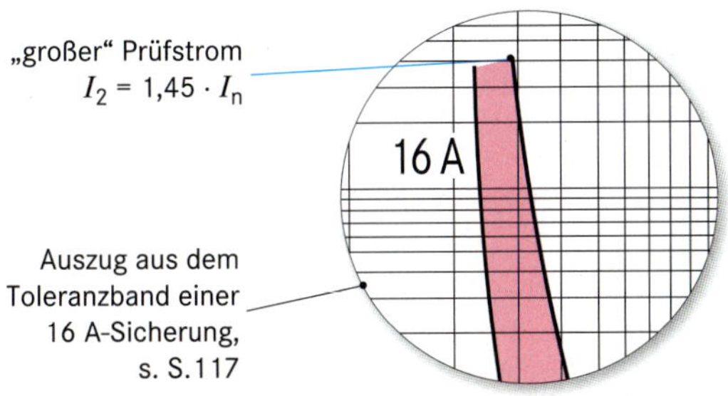

3: Auszug aus Toleranzband

Anordnung

Wenn in einer Anlage die Strombelastbarkeit verringert wird, müssen Überstrom-Schutzorgane eingebaut werden. Dies ist der Fall bei
- Verkleinerung des Leiterquerschnitts,
- Wechsel der Verlegeart und
- Änderung des Isolierwerkstoffes.

Einrichtungen zum Schutz gegen Kurzschluss müssen am **Leitungsanfang** eingebaut werden. Überlast-Schutzorgane hingegen dürfen im Verlauf einer Leitung versetzt werden, wenn die Leitung keine Abzweigung enthält. Da in der Praxis der Kurzschlussschutz sowie der Überlastschutz von einem Betriebsmittel erfüllt wird, werden Überstrom-Schutzorgane am Leitungsanfang angeordnet.

In besonderen Fällen, in denen das Auslösen schwerwiegende Folgen hat (Stromkreise für Alarm-/Brandmeldeanlagen oder Hubmagnete), muss auf den Überlast- und Kurzschlussschutz verzichtet werden.

Zuordnung bei LS-Schaltern Leiterquerschnitt q und Bemessungsstromstärke I_n (Verlegeart C, $\vartheta = 25\,°C$)		
q in mm²	zwei Leiter	drei Leiter
	I_n in A	
1,5	20	16
2,5	25	25
4	32	32
6	40	40
10	50	50
16	63	63

4: Zuordnung bei LS-Schalter

AUFGABEN

1. Welche Voraussetzungen müssen erfüllt sein, damit bei der Zuordnung der Überstrom-Schutzorgane zu der Leitung die vereinfachte Bedingung $I_n \leq I_Z$ angewendet werden darf?
2. In welchen Fällen wird die Strombelastbarkeit in einer Anlage verringert?

- Bei der Zuordnung des Überstrom-Schutzorgans zur Leitung müssen die Bemessungs- und die Auslösestromregel erfüllt sein.
- Bei Schmelzsicherungen der Betriebsklasse gG und Leitungsschutz-Schaltern der Charakteristik B, C, K und Z muss die Bemessungsstromstärke der Sicherung kleiner als die Strombelastbarkeit der Leitung sein.
- Überstrom-Schutzorgane werden dort eingebaut, wo die Strombelastbarkeit der Leitung verringert wird.

2.4.3 Auswahl von Leitungen

2.4.3.1 Einflüsse

Zu Beginn einer Installation in einem Gebäude muss geklärt werden, welche Leitung mit welchem Leiterquerschnitt verlegt wird. Die Übersicht in Abb. 1 zeigt, nach welchen Gesichtspunkten Leitungen ausgewählt werden können.

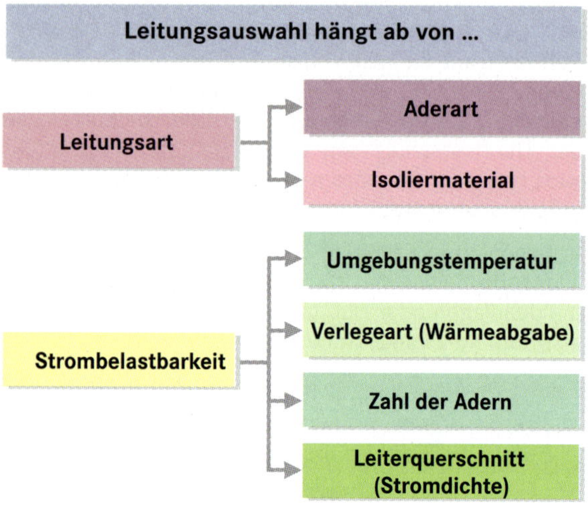

1: Gesichtspunkte bei der Leitungsauswahl

Aderart

Die Art des Leiteraufbaus (s. Kap. 2.4.1) ist abhängig vom Anwendungszweck der Leitung. In der Wohngebäudeinstallation werden ausschließlich massive Leiter aus Kupfer eingesetzt. Ab einem Leiterquerschnitt von q = 16 mm^2 bestehen die Kupferleiter aus einem Geflecht von mehrdrähtigen massiven Einzelleitern. Dies erleichtert die Verarbeitung, da sich die Leitung leichter biegen lässt.

Bei der internen **Verdrahtung des Zählerplatzes** sowie der Stromkreisverteiler werden Einzeladern verwendet, die nicht massiv sind. Die Verdrahtung des Zählers erfolgt mit feindrähtigen Leitern vom Typ H07V-K. Diese Leiter sind speziell für die feste Verlegung in Verteilern vorgesehen.

Anschlussleitungen zu ortsveränderlichen Geräten (z. B. Haushaltsgeräte, Elektrowerkzeuge) müssen flexibel sein. Daher bestehen diese Leitungen aus fein- bzw. feinstdrähtigen Einzelleitern.

Isoliermaterial

Bei der Kennzeichnung der Leitungen in Kap. 2.4.1 wurde festgehalten, dass zwischen dem Isolier- und Mantelwerkstoff einer Leitung unterschieden wird. Das Material der jeweiligen Isolierung bestimmt die thermische und mechanische Beanspruchung der Leitung sowie den Einsatz in trockenen, feuchten bzw. nassen Bereichen.

Innerhalb der Kurzbezeichnung werden zwei Buchstaben für den verwendeten Werkstoff der Isolierung und

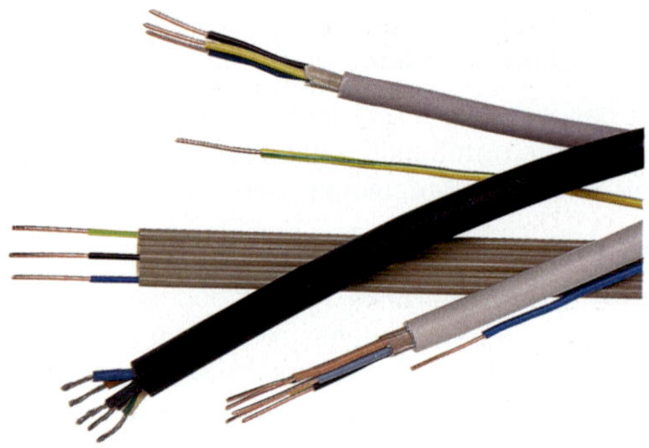

2: Leitungsarten

des Mantels verwendet. Eine wichtige Einflussgröße für die Verwendung der unterschiedlichen Werkstoffe sind die äußeren Verlegebedingungen.

In der Tabelle der Abb. 3 sind die wichtigsten Leitungen in einer Gebäudeinstallation mit den Verlegebedingungen aufgeführt.

Bei der Installation ist darauf zu achten, dass die Grenzwerte für die Verlegetemperatur eingehalten werden, da z. B. der Isolier- und Mantelwerkstoff unterhalb einer Temperatur von 5 °C hart und brüchig wird.

Verwendungsbereiche von Leitungen	
Leitungsbauart	**Verlegebedingungen**
Mantelleitung (NYM)	- im, unter oder auf Putz in trockenen, feuchten oder nassen Bereichen - im Freien (nicht bei direkter Sonneneinstrahlung) - im Beton (ausgenommen bei Rüttel- oder Stampfbeton) - Verlegetemperatur: +5 °C ... +70 °C
Stegleitung (NYIF)	- im oder unter Putz - in trockenen Räumen - Verlegetemperatur: +5 °C ... +60 °C
leichte Kunststoffschlauchleitung (H03VV-F)	- in trockenen Bereichen - bei geringer mechanischer Beanspruchung
leichte Gummischlauchleitung (H05RR-F)	- in trockenen Bereichen - bei geringer mechanischer Beanspruchung für Hand- und Wärmegeräte
schwere Gummischlauchleitung (H07RN-F)	- in trockenen, feuchten oder nassen Bereichen - bei mittlerer mechanischer Beanspruchung - im Freien und in feuergefährdeten Betriebsstätten sowie in Nutzwasser

3: Verwendungsbereiche von Leitungen

Kleinste zulässige Biegeradien			
	Außendurchmesser *d*		
starre Leitung	bis 10 mm	10 bis 25 mm	über 25 mm
feste Verlegung	4 · *d*	4 · *d*	4 · *d*
flexible Leitung	bis 8 mm	8 bis 12 mm	12 bis 20 mm
feste Verlegung	3 · *d*	3 · *d*	4 · *d*
bei Einführungen	3 · *d*	4 · *d*	5 · *d*

4: Biegeradien

Bei der Verlegung einer Leitung, z. B. um eine Mauerkante herum, müssen die maximalen Biegeradien beachtet werden. Der kleinste zulässige Biegeradius ist von den äußeren Abmessungen abhängig. Die Tabelle in Abb. 4 zeigt den Zusammenhang.

Strombelastbarkeit

Jeder elektrische Leiter stellt einen Widerstand dar, sodass Leitungsverluste $W_V = I^2 \cdot R_{Ltg}$ entstehen. Diese elektrischen Verluste werden in Wärme Q (Wärmemenge, s. Kap. 1.2.16) umgewandelt. Die erzeugte Wärme führt zu einer Temperaturerhöhung der Leitung und zu einer Erhöhung der Umgebungstemperatur. Zwischen der Temperatur und der Stromstärke besteht somit ein quadratischer Zusammenhang. Deshalb muss bei der Leitungsauswahl darauf geachtet werden, dass die maximal zulässige Stromstärke und damit die **Grenztemperaturen** am Leiter und an der Oberfläche des Leiters (Abb. 5) nicht überschritten werden.

Grenztemperaturen in °C			
	am Leiter		an der Oberfläche
Leitungs-bauart	im Betrieb	im Kurzschluss	fest verlegt
NYM	+70	+160	-40 ... +70
H07RN-F	+70	+200	-40 ... +60

5: Grenztemperaturen

Zwischen der im Leiter entstehenden Wärme und der Umgebung kommt es zu einem Austausch. Die Leitungswärme wird als Temperaturerhöhung an die Umgebung abgegeben (Abb. 6). Wenn die Leitung in einer Umgebung mit erhöhter Temperatur eingesetzt (z.B. in einer Sauna) oder in einer wärmeisolierten Wand verlegt wird, verschlechtert sich die Wärmeabfuhr nach außen. Die Strombelastung der Leitung verringert sich. Neben der **Umgebungstemperatur** hat deshalb auch die **Verlegeart** [wiring method] einen Einfluss auf die Strombelastbarkeit der Leitung.

Elektroleitungen werden auf verschiedene Weise verlegt. Die Verlegearten werden in die Klassen A1, A2, B1, B2, C, E, F und G eingeordnet (s. Kap. 2.4.3.2).

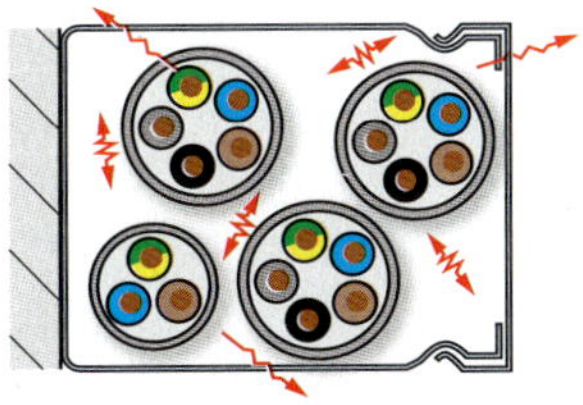
a) Verlegeart B1, B2

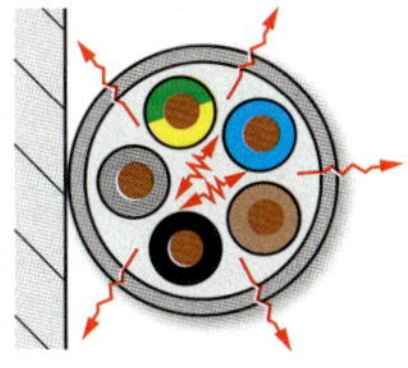
b) Verlegeart C

6: Wärmeabgabe bei verschiedenen Verlegearten

Leitungsverlegung (Beispiele):
- in wärmegedämmten Wänden (A1, A2)
- in Elektro-Installationsrohren oder Kanälen (B1, B2, Abb. 6a)
- auf Wänden (C, Abb. 6b)
- in Luft (E, F, G)

Bei einer Leitung werden in der Regel nicht nur eine, sondern mehrere Adern von Strom durchflossen. Dies bedeutet aber, dass mehr Wärme in der Leitung entsteht. Die Strombelastbarkeit der Leitung sinkt, sie hängt also von der **Zahl der belasteten Adern** ab.

Die Strombelastung einer Leitung steigt, wenn ein größerer **Querschnitt** für die Leiter gewählt wird. Ursache dafür ist der Widerstand der Leitung, der sich mit zunehmendem Querschnitt verringert ($R_{Ltg} \sim 1/q$, s. Kap. 1.2.17). Die Leitungsverluste werden geringer und es kann ein größerer Strom fließen bis die Betriebstemperatur erreicht wird. Mit der Querschnittsvergrößerung verringert sich auch die Stromdichte [current density] ($J = I/q$, s. Kap. 1.2.4). Welcher Querschnitt gewählt werden muss, wird nachfolgend behandelt.

AUFGABEN

1. Warum darf der Zähler nicht mit einer massiven Leitung angeschlossen werden?
2. Sie müssen in einer Garage eine Aufputz-Installation ausführen. Welche Leitung wählen Sie aus? (Begründung)
3. Wo darf eine Leitung mit der Bezeichnung H07RN-F verlegt werden?
4. Wie groß ist der maximale Biegeradius der Mantelleitung NYM 3 x 1,5 mm²?
5. Die Stromdichte einer Leitung (q = 4 mm²) darf nicht größer als 6,75 A/mm² sein. Wie groß ist die maximale Stromstärke?

- Die Strombelastbarkeit einer Leitung steigt, wenn die Umgebungstemperatur geringer und durch die Verlegeart die Wärmeableitung verbessert wird.
- Die Strombelastbarkeit hängt von der Zahl der belasteten Adern ab.
- Die Strombelastbarkeit steigt, wenn der Leiterquerschnitt vergrößert wird.

2.4.3.2 Ermittlung des Leiterquerschnitts

Zur Ermittlung des Leiterquerschnitts werden Tabellen aus der DIN VDE 0298-4 verwendet. In Abb. 3 sind Belastbarkeiten von Kabeln und Leitungen mit unterschiedlichen Aderzahlen für verschiedene Verlegearten und einer Umgebungstemperatur von 25 °C ⑨ sowie der Betriebstemperatur von 70 °C aufgelistet ⑩. Die Tabelle dient als Grundlage für die Ermittlung des Leiterquerschnitts (Abb. 1) und die Auswahl des Überstrom-Schutzorgans.

1. Betriebsstromstärke I_b (Abb. 1 ①)

Sie wird über die zu erwartende Gesamtleistung ermittelt (anschließbare Geräte, Anlagen ...).

Wechselstrom	$I_b = \dfrac{P}{U \cdot \cos\varphi}$
Drehstrom	$I_b = \dfrac{P}{\sqrt{3} \cdot U \cdot \cos\varphi}$

2. Strombelastbarkeit

Mit Hilfe der Tabelle in Abb. 3 wird je nach baulichen Bedingungen (Verlegung in der Wand, im Kanal, ...) eine geeignete Verlegeart mit einem bestimmten Leitungstyp ausgewählt und die Aderzahl festgelegt.

In der Spalte I_r wird die passende bzw. nächst größere Stromstärke gewählt. Dadurch sind die in der Tabelle aufgeführten Einflussfaktoren berücksichtigt worden.

3. Normquerschnitt

Je nach Stromstärke ergibt sich ein Querschnitt von 1,5; 2,5; 4; 6 ... mm². Dies ist ein vorläufiger Wert (deshalb die Bezeichnung $q_{n,vorl}$ ③), da ggf. weitere Einflussgrößen die Strombelastbarkeit verändern können. Im Kap. 2.4.3.3 werden diese Einflussgrößen ausführlich dargestellt.

4. Geänderte Strombelastbarkeit

Entsprechend den Einflussfaktoren ergibt sich ein neuer Wert für die Stromstärke ④. Bei diesem Wert sind alle Einflussfaktoren berücksichtigt worden. Diese Stromstärke ist der zulässige Maximalwert, der nicht überschritten werden darf und wird mit I_Z gekennzeichnet. Verkürzt wird diese Größe auch als **Strombelastbarkeit** [current carrying capacity] bezeichnet. Diese Strombelastbarkeit muss größer als die Betriebsstromstärke I_b sein ⑤. Ist das der Fall, ergibt sich ein weiterer vorläufiger Querschnitt $q_{n,vorl}$ ⑥. Ist die Bedingung $I_Z > I_b$ nicht erreicht, muss q_n vergrößert werden ⑦.

5. Spannungsfall ΔU

Der vorläufig ermittelte Querschnitt der Leitung muss so groß sein, dass der Spannungsfall (Abb. 2) eingehalten wird (s. Kap. 1.3.1.6). In Abb. 4 sind die Werte innerhalb der Hausverteilung dargestellt. Es muss deshalb überprüft werden, ob mit dem ermittelten Querschnitt der zulässige Spannungsfall eingehalten wird. Wenn nicht, muss ein größerer Normquerschnitt gewählt werden. Wird $\Delta U < \Delta U_{zul}$ eingehalten, erhält man q_n ⑧.

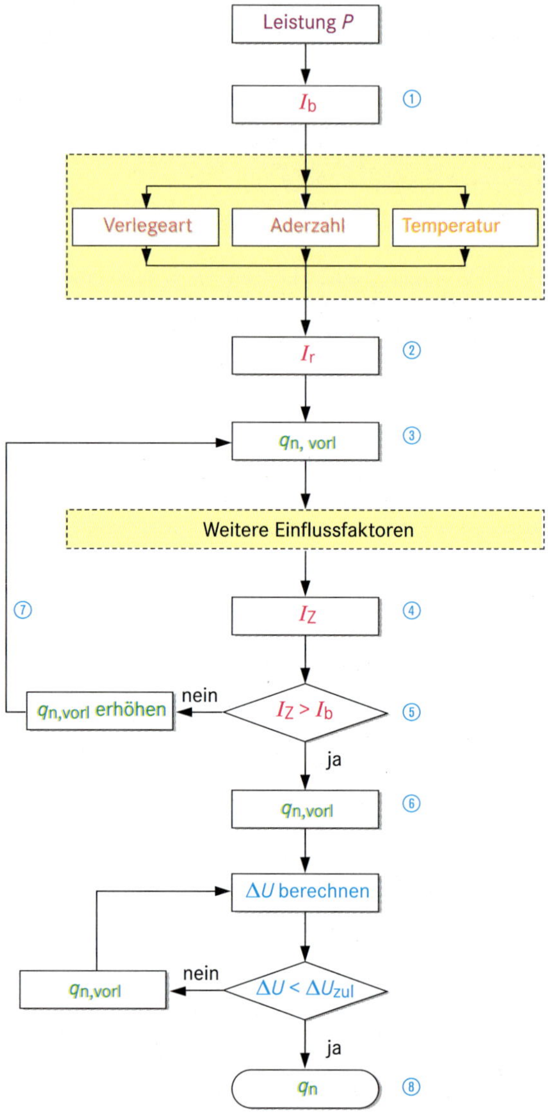

1: Querschnittsermittlung

Wechselstrom	$\Delta U = \dfrac{I \cdot 2 \cdot l}{\varkappa \cdot q}$
Drehstrom	$\Delta U = \dfrac{\sqrt{3} \cdot I \cdot l}{\varkappa \cdot q}$
Prozentualer Spannungsfall	$\Delta u = \dfrac{\Delta U}{U_N} \cdot 100\ \%$

l: Leitungslänge
$\varkappa$: Elektrische Leitfähigkeit
U_N: Bemessungsspannung
q: Leiterquerschnitt
ΔU: Spannungsfall
Δu: Prozentualer Spannungsfall

2: Spannungsfall

Belastbarkeit von Kabeln und Leitungen mit Isolierwerkstoff PVC für feste Verlegung in Gebäuden (zulässige Betriebstemperatur 70 °C ②) und Zuordnung von Überstrom-Schutzorganen für Dauerbetrieb bei der Umgebungstemperatur von 25 °C ① (Auszug aus DIN VDE 0298-4, Tab. A.1 und A.2)

Leitungsbeisp.	H07V-U/-R/-K, H07V3-U/-R/-K	NYM, NYY, N05VV-U/-R	H07V-U/-R/-K, H07V3-U/-R/-K	NYM, NYY, N05VV-U/-R	NYM, NYY, N05VV-U/-R	NYY blanke Leiter
Referenz Verlegeart	**A1** in wärmegedämmten Wänden im Elektro-Installationsrohr Aderleitungen	**A2** in wärmegedämmten Wänden im Elektro-Installationsrohr Mehradrige Kabel und Mantelleitung	**B1** im Elektro-Installationsrohr auf Wand Aderleitungen	**B2** im Elektro-Installationsrohr auf Wand Mehradrige Kabel und Mantelleitung	**C** Verlegung auf und in Wand Kabel und Mantelleitung Abstand zur Wand: ≤ 0,3 · *d*	**G** Einadrige Kabel und Mantelleitung Abstand zur Wand: ≥ 1 · *d*
Verlegung	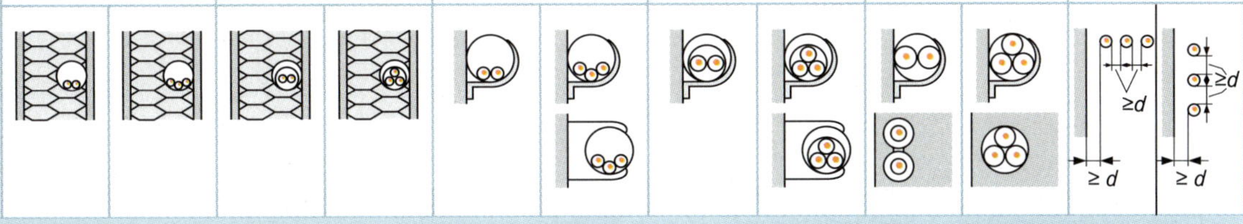					

I_r: Maximale Stromstärke in A (Bemessungswert [rated value]), bei der unter den hier aufgeführten Bedingungen an keiner Stelle und zu keinem Zeitpunkt der Leiter über die zulässige Betriebstemperatur erwärmt wird (**Strombelastbarkeit**).
I_n: Bemessungsstromstärke des zugehörigen Überstrom-Schutzorgans in A.

q_n in mm² (Cu)	**A1** Aderzahl 2 I_r	2 I_n	3 I_r	3 I_n	**A2** Aderzahl 2 I_r	2 I_n	3 I_r	3 I_n	**B1** Aderzahl 2 I_r	2 I_n	3 I_r	3 I_n	**B2** Aderzahl 2 I_r	2 I_n	3 I_r	3 I_n	**C** Aderzahl 2 I_r	2 I_n	3 I_r	3 I_n	**G** Aderzahl 3 I_r	3 I_n	3 I_r	3 I_n
1,5	16,5	16	14,5	13	16,5	16	14,0	13	18,5	16	16,5	16	17,5	16	16	16	21	20	18,5	16	-	-	-	-
2,5	21	20	19,0	16	19,5	16	18,5	16	25	25	22	20	24	20	21	20	29	25	25	25	-	-	-	-
4	28	25	25	25	27	25	24	20	34	32	30	25	32	32	29	25	38	32	34	32	-	-	-	-
4	-	-	-	-	-	-	-	-	-	-	-	-	-	-	-	-	-	-	35	35	-	-	-	-
6	36	35	33	32	34	32	31	25	43	40	38	35	40	40	36	35	49	40	43	40	-	-	-	-
10	49	40	45	40	46	40	41	40	60	50	53	50	55	50	49	40	67	63	60	50	-	-	-	-
10	-	-	-	-	-	-	-	-	-	-	-	-	-	-	50	50	-	-	63	63	-	-	-	-
16	65	63	59	50	60	50	55	50	81	80	72	63	73	63	66	63	90	80	81	80	-	-	-	-
25	85	80	77	63	80	80	72	63	107	100	94	80	95	80	85	80	119	100	102	100	155	125	138	125
35	105	100	94	80	98	80	88	80	133	125	117	100	118	100	105	100	146	125	126	125	192	160	172	160
50	126	125	114	100	117	100	105	100	160	160	142	125	141	125	125	125	178	160	153	125	232	200	209	200
70	160	160	144	125	147	125	133	125	204	200	181	160	178	160	158	125	226	200	195	160	298	250	269	250

3: Strombelastbarkeit von Leitungen

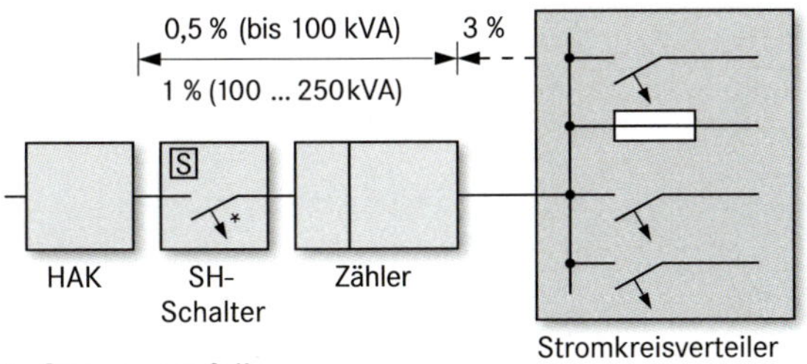

4: Spannungsfall

- Die Strombelastbarkeit I_Z muss größer als die Betriebsstromstärke I_b sein.
- Die Strombelastbarkeit muss bei veränderten Umgebungsbedingungen korrigiert werden.
- Der Leiterquerschnitt muss so groß gewählt werden, dass die Strombelastbarkeit und der zulässige Spannungsfall eingehalten werden.

AUFGABEN

1. Mit welcher Stromstärke darf eine unter Putz verlegte NYM-Leitung mit drei belasteten Adern und einem Querschnitt von 2,5 mm² belastet werden?
2. Die Hauptleitung (NYM) muss mit 63 A belastbar sein. Sie wird in einem Elektro-Installationsrohr auf der Wand verlegt. Welchen Mindestquerschnitt muss die Leitung besitzen?
3. Eine NYM-Leitung soll als Zuleitung für eine Waschmaschine (U = 230 V/5 kW) unter Putz verlegt werden. Welchen Querschnitt muss die Leitung haben?
4. Ordnen Sie jeder Verlegeart ein Beispiel aus der Praxis zu.
5. Eine Leitung wird in einem Rohr im Mauerwerk installiert. Welcher Verlegeart ist diese Leitung zuzuordnen?

Überstrom-Schutzorgan

Nachdem der Querschnitt der Leiter ermittelt wurde, muss noch das Überstrom-Schutzorgan mit Hilfe der Tabelle in Abb. 3 auf S. 123 festgelegt werden. Die Bemessungsstromstärke I_n muss bei Leitungsschutz-Schaltern gleich oder kleiner dem ermittelten Wert von I_Z sein. Sie kann aus der Tabelle entnommen werden.

$I_n \leq I_Z$ I_n: Bemessungsstromstärke des Überstrom-Schutzorgans

Führt man die Bedingungen zusammen, dann muss bei der Leitungsauswahl Folgendes gewährleistet sein:

$$I_b \leq I_n \leq I_Z$$

- Die Bemessungsstromstärke der vorgeschalteten Schutzeinrichtung muss kleiner oder gleich der ermittelten Strombelastbarkeit sein.
- Der Wert der Strombelastbarkeit muss bei veränderten Umgebungsbedingungen korrigiert werden.

2.4.3.3 Korrektur der Strombelastbarkeit

Bei dem abgelesenen Leiterquerschnitt im unten aufgeführten Beispiel handelt es sich um einen Wert unter „Idealbedingungen". Dieser Wert gilt nur, wenn keine weiteren Einflüsse hinzukommen. In der Norm DIN VDE 0298-4 sind weitere Einflussfaktoren mit den Bezeichnungen f_1, f_2, f_3 und f_4 aufgeführt (Abb. 1), durch die sich die Strombelastbarkeit verändert.

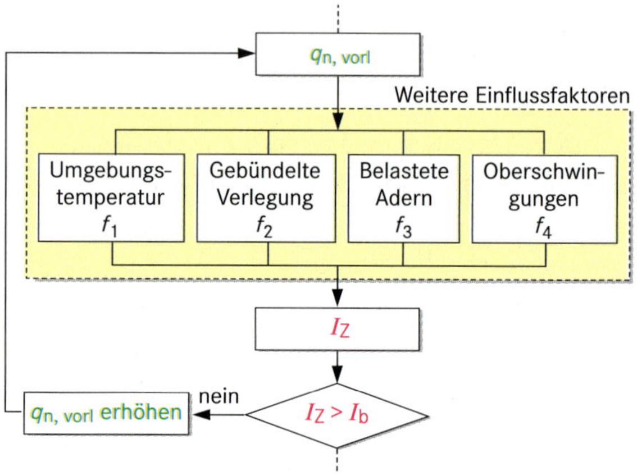

1: Weitere Einflussfaktoren auf die Strombelastbarkeit

Beispiel zur Ermittlung des Leiterquerschnitts für eine Heizungsanlage

Die Leistung der Heizungsanlage beträgt 38 kW. Da sie auf drei Außenleiter (U_n = 400 V) verteilt ist, ergibt sich folgende Stromstärke I_b:

$$P = \sqrt{3} \cdot U_n \cdot I_b$$

$$I_b = \frac{P}{\sqrt{3} \cdot U_n} \qquad I_b = \frac{38\,000\ \text{W}}{\sqrt{3} \cdot 400\ \text{V}} \qquad \underline{\underline{I_b = 54{,}85\ \text{A}}}$$

Bei der Leitung handelt es sich um eine mehradrige Mantelleitung, die auf einer gelochten **Kabelwanne** [cable tray] verlegt ist. Dies entspricht laut DIN VDE 0298-4 der Verlegeart E (mehradrige Mantelleitung, verlegt in Luft bzw. in gelochter Kabelwanne). Die Werte für diese Verlegeart sind in einer Spalte der rechts dargestellten Tabelle (Ausschnitt) aufgeführt. Da drei Adern belastet werden, muss die entsprechende Spalte in der Verlegeart E gewählt werden ①. Anschließend wird in der Spalte die Stromstärke gesucht, deren Wert größer ist als die errechnete Belastungsstromstärke I_b = 54,85 A. Die Stromstärke beträgt danach 64 A ②.
Der erforderliche Mindestquerschnitt kann nun mit q = 10 mm² ③ abgelesen werden. Wenn keine weiteren Einflussfaktoren berücksichtigt werden müssen, ist $I_r = I_Z$.

	Verlegearten					
	C		E		F	
Leitertemperatur 70 °C (PVC) Umgebungstemperatur 25 °C						
Erklärung	Verlegung von ein- oder mehradrigem Kabel/Mantelleitung auf einer Wand		Verlegung von ein- oder mehradrigem Kabel/Mantelleitung in Luft oder Kabelwannen		Verlegung von ein- oder mehradrigem Kabel/Mantelleitung in Luft	
Beispiel	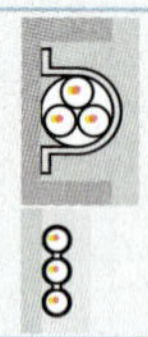		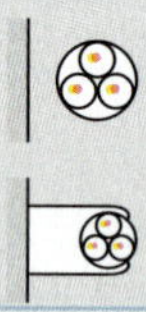			
q in mm²	Belastete Adern					
	2	3	2	3 ①	2	3
	I_r in A					
1,5	21	18,5	23	19,5	–	–
2,5	29	25	32	27	–	–
4	38	34	42	36	–	–
6	49	43	54	46	–	–
10 ③	67	60	74	64 ②	–	–
16	90	81	100	85	–	–
25	119	102	126	107	139	121
35	146	126	157	134	172	152
50	178	153	191	162	208	184
70	226	195	246	208	266	239

Zur Ermittlung der einzelnen Faktoren werden Tabellenwerte verwendet, die aus Messreihen entstanden sind.

Erhöhte Umgebungstemperatur (Faktor f_1)

Wird eine Leitung in der Umgebung mit einer höheren Temperatur als 30 °C installiert, wirkt sich dieser Einfluss negativ auf die Strombelastbarkeit aus. Dies wird durch den Faktor f_1 berücksichtigt. Da im Bereich der Heizungsanlage eine höhere Umgebungstemperatur [ambient temperature] von 35 °C angenommen wird, ergibt sich aus Abb. 2 für den Faktor f_1 ein Wert von 0,94 ④.

Erhöhte Umgebungstemperatur (Faktor f_1)						
ϑ in °C	10	15	20	25	30	35
f_1	1,22	1,17	1,12	1,06	1,0	0,94 ④
ϑ in °C	40	45	50	55	60	65
f_1	0,87	0,79	0,71	0,61	0,50	0,35

2: Tabelle zur Ermittlung des Faktors f_1 (Auszug)

Gehäufte Leitungsverlegung (Faktor f_2)

Die Angaben in der Tabelle (Abb. 3) berücksichtigen nicht die gebündelte Leitungsverlegung. Jede weitere parallel geführte Leitung/Kabel wirkt sich ebenfalls negativ auf die Belastbarkeit der Leiter aus. Die Zuleitung zur Heizungsverteilung soll in einer Kabelwanne mit insgesamt vier parallel geführten Leitungen verlegt werden. Aus der Abb. 3 wird somit ein Wert von f_2 = 0,79 abgelesen ⑤.

Gehäufte Leitungsverlegung (Faktor f_2)						
Verlegung	Anzahl der mehradrigen Leitungen mit zwei oder drei belasteten Leitern					
	1	2	3	4	6	9
Gebündelt in Elektroinstallationsrohr/-kanal oder direkt auf oder in der Wand 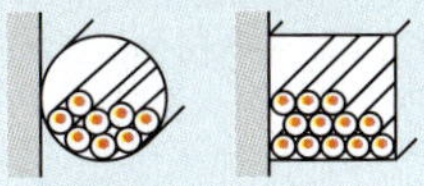	1,0	0,8	0,7	0,65	0,57	0,5
Einlagig auf die Wand oder dem Fußboden mit Berührung 	1,0	0,85	0,79	0,75	0,72	0,7
In gelochter Kabelwanne mit Berührung 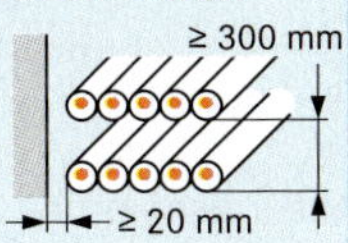	1,0	0,88	0,82	⑤ 0,79	0,76	0,73

3: Tabelle zur Ermittlung des Faktors f_2 (Auszug)

Anzahl der belasteten Adern (Faktor f_3)

Da der Wert in der Tabelle (vgl. Tabelle im Beispiel zur Ermittlung des Leiterquerschnitts) nur für 2 bzw. 3 belastete Adern gilt, wird der negative Einfluss jeder weiteren (belasteten) Ader durch den Faktor f_3 berücksichtigt. Die Zuleitung aus dem Beispiel verfügt allerdings nur über drei belastete Adern. Der Wert für f_3 ist daher 1 (Abb. 4).

Mehr als drei belastete Adern (Faktor f_3)				
Belastete Adern	3	5	7	10
Umrechnungsfaktor f_3	1,00	0,75	0,65	0,55

4: Tabelle zur Ermittlung des Faktors f_3 (Auszug)

Auswirkung von Oberschwingungen (Faktor f_4)

Durch den Einsatz nichtlinearer Verbraucher (z. B. elektronische Netzteile, Computer, elektrische Vorschaltgeräte) treten zusätzlich Oberschwingungen (s. Kap. 1.6.4) auf. Dadurch kann es im N-Leiter zu einer höheren Stromstärke als in den drei Außenleitern kommen. Aus diesen Gründen muss man von vier anstatt von drei belasteten Adern ausgehen.

Da in der Heizungsverteilung keine Verbraucher mit einem Oberschwingungsanteil zu erwarten sind, beträgt f_4 = 1 (Abb. 5).

Auswirkung von Oberschwingungen (Faktor f_4)		
Leistungsanteil der Verbraucher, die 3./6./9. Oberschwingungen erzeugen (P_{VOs}), an der Gesamtleistung (P_{ges})		Umrechnungsfaktor f_4
Leistung in VA	Leistung in W	
0 % ... 15 %	0 % ... 10 %	1,00
16 % ... 33 %	11% ... 22 %	0,86
34 % ... 45 %	23 % ... 30 %	0,70
46 % ... 50 %	31 % ... 34 %	0,67
51 % ... 55 %	35 % ... 38 %	0,61
56 % ... 60 %	39 % ... 41 %	0,56

5: Tabelle zur Ermittlung des Faktors f_4 (Auszug)

Die im Beispiel von S. 124 ermittelte Stromstärke von 64 A muss nun korrigiert werden.

$I_Z = I_r \cdot f_1 \cdot f_2 \cdot f_3 \cdot f_4$

$I_Z = 64\ \text{A} \cdot 0{,}94 \cdot 0{,}79 \cdot 1 \cdot 1$; $\underline{\underline{I_Z = 47{,}52\ \text{A}}}$

Da I_Z kleiner ist als die Belastungsstromstärke I_b, reicht der gewählte Querschnitt von q_n = 10 mm² nicht aus. Es muss ein größerer Querschnitt gewählt werden. Wir wählen 16 mm² mit der Strombelastbarkeit von 85 A. Daraus ergibt sich die endgültige Strombelastbarkeit.

$I_Z = I_r \cdot f_1 \cdot f_2 \cdot f_3 \cdot f_4$

$I_Z = 85\ \text{A} \cdot 0{,}94 \cdot 0{,}79 \cdot 1 \cdot 1$ $\underline{\underline{I_Z = 63{,}12\ \text{A}}}$

Ermittlung der Bemessungsstromstärke I_n für das Überstrom-Schutzorgan

Folgende Bedingungen müssen zum Schutz bei Überlast gemäß DIN VDE 0100-430 zur Prüfung der sicheren Abschaltung des vorgeschalteten Überstrom-Schutzorgans erfüllt sein:

1. $I_b \leq I_n \leq I_Z$ und
2. $I_2 \leq 1{,}45 \cdot I_Z$

Die Stromstärke I_2 wird als „Großer Prüfstrom“ [big test current] bezeichnet. Bei ihm wird unter definierten Bedingungen innerhalb einer Stunde abgeschaltet.

Wie groß muss I_n gewählt werden?

Die erste Bedingung stellt folgende Forderung an I_n:
$54{,}84 \text{ A} \leq I_n \leq 63{,}12 \text{ A}$

Es zeigt sich, dass diese Bedingung nicht erfüllt werden kann, da es keine Bemessungsstromstärke für ein Überstrom-Schutzorgan gibt, die zwischen diesen Werten liegt. Der nächstgrößere Wert für I_n beträgt 63 A. Dies hat zur Folge, dass die tatsächliche Strombelastbarkeit I_Z nicht groß genug ist und ein weiteres Mal erhöht werden muss. Der nächste größere abgelesene Wert aus der Tabelle für die Strombelastbarkeit (vgl. Tabelle im Berechnungsbeispiel auf S. 124) beträgt 107 A bei einem Querschnitt q = 25 mm². Daraus ergibt sich ein neuer Wert I_Z = 75,23 A. Die erste Bedingung ist somit erfüllt:
$54{,}84 \text{ A} \leq I_n \leq 75{,}23 \text{ A}$

Die zweite Bedingung ($I_2 \leq 1{,}45 \cdot I_Z$) wird bei Verwendung handelsüblicher Sicherungen bzw. LS-Schalter durch die Hersteller erfüllt.

Die Berechnungen ergeben, dass der Leiterquerschnitt der Zuleitung zur Heizungsverteilung mit q = 25 mm² gewählt werden muss. Somit betragen die Strombelastbarkeit I_Z = 75,23 A und die Bemessungsstromstärke der vorgeschalteten NH-Sicherung 63 A.

Überprüfen des Spannungsfalls

Die Leitungslänge wird durch den maximal zulässigen Spannungsfall ΔU begrenzt. Der zulässige Spannungsfall zwischen Haupt- und Unterverteiler darf maximal 3 % betragen. Die folgende Berechnung dient der Überprüfung, ob die Obergrenze eingehalten wird.
Gegebene Werte: l = 15 m; I_b = 54,85 A (s. S. 124)

$$\Delta U = \frac{\sqrt{3} \cdot l \cdot I_b}{\varkappa \cdot q} = \frac{\sqrt{3} \cdot 15\text{ m} \cdot 54{,}85\text{ A}}{56 \frac{\text{MS}}{\text{m}} \cdot 25\text{ mm}^2} \qquad \underline{\underline{\Delta U = 1{,}02\text{ V}}}$$

$$\Delta U_{Zul} = \frac{3\,\% \cdot 400\text{ V}}{100\,\%} \qquad \underline{\underline{\Delta U_{Zul} = 12\text{ V}}}$$

Der tatsächliche Spannungsfall ΔU = 1,02 V ist geringer als der maximal zulässige Wert. Der Leiterquerschnitt mit q = 25 mm² ist somit richtig dimensioniert.

Bislang wurden bei der Leitungsdimensionierung nur die Bedingungen zum Schutz bei Überlast berücksichtigt. Darüber hinaus muss jedes Kabel- und Leitungsnetz auch vor den Wirkungen eines Überstroms durch einen Kurzschluss geschützt werden.

Die Strombelastbarkeit der Isolierwerkstoffe [insulating material] und Verbindungselemente ist gefährdet, wenn eine kleine Stromstärke eine lange Zeit oder eine große Stromstärke nur kurze Zeit fließt. Hieraus ergeben sich zwei Grenzfälle.

Die Überstrom-Schutzeinrichtungen müssen deshalb so gewählt werden, dass der
- kleinste Kurzschlussstrom in $t_a \leq 5$ s und der
- größte Kurzschlussstrom in $t_a \leq 0{,}1$ s

abgeschaltet werden.

Die Größe der Kurzschlussstromstärke muss durch das jeweils vorgeschaltete Überstrom-Schutzorgan so begrenzt werden, dass keine Beschädigungen am Leitungssystem auftreten. Die Kurzschlussströme wirken sich somit auf die Leitungsdimensionierung und die Auswahl der Schutzorgane aus. Es gilt folgende Regel:

Wenn sich in einer Anlage oder einem Anlagenteil eine Schmelzsicherung mit einer Bemessungsstromstärke von $I_n \leq 63$ A als vorgeschaltete Sicherung befindet, ist der Kurzschlussschutz erfüllt.

AUFGABEN

1. Welcher Mindestquerschnitt muss für eine dreiadrige Leitung (I_b = 20 A) bei der Verlegeart C gewählt werden?
2. Wie groß ist die Strombelastbarkeit der Leitung aus Aufgabe 1 für den gewählten Leiterquerschnitt?
3. Wie groß ist I_Z, wenn die Leitung aus Aufgabe 1 zusammen mit drei weiteren Leitungen in einem Kabelkanal geführt wird?
4. Bestimmen Sie den Spannungsfall für die Leitung aus Aufgabe 1 bei einer Leitungslänge von 20 m.

- Die Strombelastbarkeit einer Leitung wird durch eine erhöhte Umgebungstemperatur, eine gehäufte Verlegung, mehrere belastete Adern und eventuell vorhandene Oberschwingungen verringert.
- Die Bemessungsstromstärke einer Leitung muss so gewählt werden, dass die Bedingung $I_b \leq I_n \leq I_Z$ erfüllt ist.
- Der maximal zulässige Spannungsfall darf im Niederspannungsnetz maximal 3 % und in Endstromkreisen 4 % der Bemessungsspannung betragen.

2.5 Kalkulation und Angebot

Bevor mit einer Elektroinstallation begonnen werden kann, müssen zunächst die Kundenwünsche ermittelt, eine Planung durchgeführt und abschließend ein Angebot erstellt werden (Abb. 1). Entsprechend den Kundenwünschen entsteht ein **Lastenheft** [requirement specification], in dem alle Forderungen des Auftraggebers aufgeführt sind. Auf der Grundlage des Lastenheftes wird dann im Rahmen der Planung das **Pflichtenheft** [system specification] entwickelt. Darin wird beschrieben, wie und womit der Auftrag durchgeführt werden soll (s. Kap. 12.3.4).

Mit Hilfe des Lastenheftes können die Materialliste erstellt und die Arbeitszeit ermittelt werden. Darüber hinaus sind die voraussichtlichen Kosten festzuhalten. Alles mündet dann in einer alles umfassenden **Kalkulation** [calculation], aus der dann für den Kunden ein schriftliches **Angebot** [offer] erstellt wird. Das Angebot ist für den Anbieter verbindlich und kann befristet sein. Es enthält oft in tabellarischer Form die Kosten für einzelne Produkte (Materialkosten) und Tätigkeiten (Lohnkosten).

Bei der Ermittlung der **Materialkosten** [material costs] geht man von Einkaufspreisen aus. Dazu addiert man die Kosten für die Materialbeschaffung (z. B. Kfz-Kosten, Lagerkosten). Man nennt diese dann **Materialgemeinkosten** [material burden costs]. Aus beiden Werten wird ermittelt, welchen Prozentsatz die Materialgemeinkosten bezogen auf die Materialkosten ausmachen (Abb. 2). Daraus ergibt sich der Materialgemeinkostenzuschlag. Die **Materialselbstkosten** ergeben sich aus den Materialkosten und dem Materialgemeinkostenzuschlag. Im Bereich des Elektrohandwerks sind Zuschläge von 15 % bis 40 % üblich. Für die Industrie kann wegen der sehr unterschiedlichen Betriebsarten keine Aussage gemacht werden.

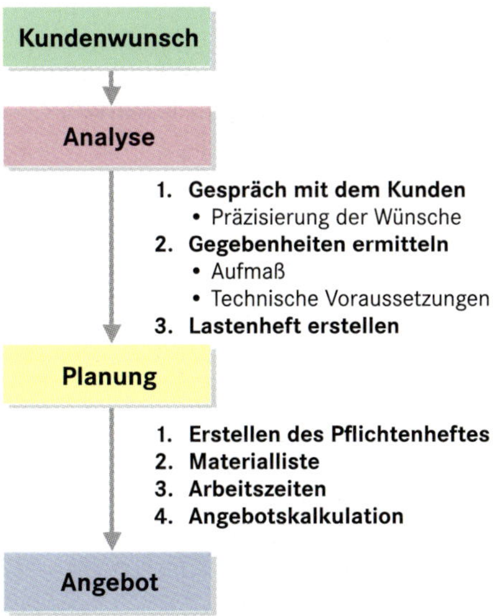

1: Schritte bis zum Angebot

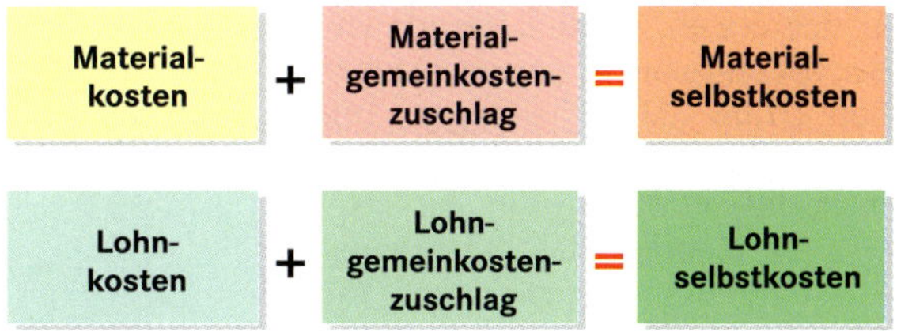

2: Kosten

Für die **Lohnkosten** [labour costs] werden alle Kosten ermittelt, die nichts mit der Materialbeschaffung zu tun haben. Ein großer Anteil davon (etwa 90 %) wird in erster Linie von den personalabhängigen Kosten verursacht, wie z. B. Krankheitslöhne und Sozialversicherungsbeiträge. Weitere Kosten verursachen auch der Maschinen- und Energieeinsatz sowie die Verwaltung. Alle zusammen ergeben den **Lohngemeinkostenzuschlag** (Abb. 2).

Die hier beschriebenen Berechnungen sind zeitaufwändig und mitunter sehr umständlich. Aus diesem Grund gibt der Zentralverband der Deutschen Elektro- und Informationstechnischen Handwerke (ZVEH) eine **Kalkulationshilfe** [tool for cost estimating] als Auflistung unverbindlicher Kalkulationsbeispiele heraus. Diese Kalkulationshilfe (**KfE**) gibt es als Printausgabe und auf einer CD.

In der Kalkulationshilfe sind alle üblichen Materialien und Leistungspositionen aufgeführt. Die Artikel sind mit bundesdurchschnittlichen Preisen versehen und mit verschiedenen Zuschlägen kalkuliert. Bei den Leistungspositionen sind durchschnittliche Arbeitszeiten in Minuten angegeben, die dann mit verschiedenen Lohnsätzen multipliziert wurden. Diese enthalten den durchschnittlichen Arbeitslohn mit unterschiedlichen Lohngemeinkostenzuschlägen. Außerdem ist zur Erleichterung der Betriebe jeweils ein 8-stelliger Strich-Code (EAN) angegeben.

An dem Beispiel „Liefern und Verlegen von NYM 3 x 1,5 mm^2 in Kunststoffrohr" wird auf der nachfolgenden Seite erklärt, wie mit der KfE der betreffende Angebotspreis ermittelt wird. Es handelt sich dabei um die Position 01.04.

- Im Lastenheft wird beschrieben, was für eine Aufgabe (Auftrag) vorliegt und wofür diese zu lösen ist.
- Im Pflichtenheft wird dargestellt, wie und womit die Aufgabe bzw. der Auftrag zu realisieren ist.
- Verkaufspreise ergeben sich aus den Einkaufspreisen und Zuschlägen für Gemeinkosten.
- Gemeinkosten sind die Kosten, die einem Einkaufspreis nicht direkt zugeordnet werden können.
- Zu den Selbstkosten wird noch der Gewinnzuschlag addiert.

In der ersten Spalte (Abb. 1) ist aus der Beschreibung der Leistungsposition **01.04** „Mantelleitung in offener Rohrverlegung verlegen" ① zu entnehmen, dass in den Preisen die Lieferung und die Montage des entsprechenden Kunststoff-Steckstangenrohres enthalten sind.

In derselben Spalte ist unter der Position 12 die gewählte Leitung **NYM 3 x 1,5 qmm** aufgeführt ②.

Der Block „unverbindliche Kalkulationsbeispiele" enthält die kalkulierte **Montagezeit** [installation time] in Minuten ③. Danach folgen zwei Spalten mit Löhnen für diese Arbeitszeit. Es werden zwei Grundlöhne vorgeschlagen. Für beide sind in den Spaltenköpfen ④ bereits die Zuschläge enthalten.

Die Kosten für das **Material** sind in den nächsten Spalten zu finden, wobei zwischen 15 % ⑤ bzw. 30 % Zuschlag unterschieden wird.

Die 3. Gruppe enthält den **Gesamtpreis** ⑥ für Lieferung und Montage von 1 m NYM 3 x 1,5 mm² in Kunststoffrohr. Weil die KfE von zwei Löhnen und zwei Materialzuschlägen ausgeht, ergeben sich hier vier unterschiedliche Preise.

Bevor der Unternehmer mit der Kalkulationshilfe arbeitet, muss er entscheiden, welche der Grundlohnsätze und welche der Materialzuschläge für seine Firma zutreffen oder ob er eigene Werte ansetzt. Im Beispiel werden ein Lohnsatz von 32,88 €/h und ein Materialgemeinkostenzuschlag von 15 % angesetzt. Somit ergeben sich für den Kalkulationssatz 3,86 €/m. Der Gewinnzuschlag mit 8 % ist darin bereits enthalten.

Lindenstraße 3
29553 Bienenbüttel
Telefon (0 58 23) 98 17-0
Telefax (0 58 23) 98 17-20

KRUSKOP ELEKTROTECHNIK

• Licht-, Kraft-, Schwachstromanlagen • Beleuchtung • EDV-Verkabelung • Planung und Beratung • Verkauf von Elektro-Material und -Geräten • Kundendienst

Kruskop Elektrotechnik, Lindenstr. 3, 29553 Bienenbüttel

Ehepaar
Kathrin und Peter Carsten
Riesler Str. 1
29553 Bienenbüttel

10. März 20..

Angebot über „Installation Ihres Gartenhauses"

Sehr geehrtes Ehepaar Carsten,
hiermit übersende ich Ihnen das gewünschte Angebot.

Lfd. Nr.	Anzahl Länge	Bezeichnung	Einzel-Preis	Gesamt-Preis
01	52 m	NYM-J 3x1,5 mm² liefern und in Kunststoffrohr verlegen	3,86 €	200,72 €
02	34 m	NYM-J 5x1,5 mm² liefern und in Kunststoffrohr verlegen	4,05 €	137,70 €
03	5 m	NYM-O 5x1,5 mm² liefern und in Kunststoffrohr verlegen	4,05 €	20,25 €
04	41 m	NYY 5x1,5 mm² liefern und in vorhandenen Graben legen, abdecken mit Andeckhauben und Warnband	4,47 €	183,27 €
05	3 Stück	Abzweigkästen, auf Putz liefern und montieren	4,56 €	13,68 €
06	1 Stück	Wechselschalter, auf Putz liefern und montieren	11,46 €	11,46 €
07	1 Stück	Kombination: 2 Ausschalter + 1 Wechselschalter, auf Putz liefern und montieren	43,10 €	43,10 €
08	1 Stück	Kombination: 1 Schukosteckdose + 1 Wechselschalter, auf Putz liefern und montieren	21,01 €	21,01 €
09	6 Stück	Schukosteckdosen, 1fach, auf Putz liefern und montieren	11,38 €	68,28 €
10	1 Stück	Bauseitig gestellte Leuchtstoffleuchte montieren	14,90 €	14,90 €
11	2 Stück	Bauseitig gestellte Deckenleuchten montieren	10,81 €	21,62 €
12	1 Stück	Herdanschlussdose, auf Putz liefern und montieren	12,41 €	12,41 €
13	1 Stück	Verteiler, auf Putz, 12 TE, IP 30 liefern und montieren	46,72 €	46,72 €
14	1 Stück	RCD, 4polig, als REG, $I_{\Delta n}$ = 30 mA, I_n = 16 A	47,11 €	47,11 €
15	1 Stück	LS-Schalter, B 10A als REG, 1polig liefern, in Kleinverteiler montieren und anschließen	9,12 €	9,12 €
16	1 Stück	LS-Schalter, C 10A als REG, 1polig liefern, in Kleinverteiler montieren und anschließen	11,23 €	11,23 €
17	2 Stück	LS-Schalter, B 16A als REG, 1polig liefern, in Wohnhausverteiler montieren und anschließen	5,05 €	10,10 €
18	1 Stück	LS-Schalter, C 16A als REG, 1polig liefern, in Wohnhausverteiler montieren und anschließen	7,52 €	7,52 €
19	1 Stück	LS-Schalter, B 10A als REG, 3polig liefern, in Kleinverteiler montieren und anschließen	34,59 €	34,59 €
20	1 Stück	Digitale Zeitschaltuhr als REG liefern, in Kleinverteiler montieren und anschließen	58,31 €	58,31 €
21	6 Stück	NYM-Leitungen absetzen, in Verteiler einführen und anschließen	12,09 €	72,54 €
22	1 Stück	Abnahmemessungen und Überprüfung der Schutzmaßnahmen	150,00 €	150,00 €
			Nettopreis o. MWSt	1.195,64 €
			+ MWSt (19 %)	227,17 €
			Angebotspreis	1.422,81 €

Bei Bezahlung innerhalb von 14 Tagen gewähren wir Ihnen 3 % Skonto.

Dieses Angebot ist auf der Grundlage Ihrer Wünsche und des verabredeten Installationsplanes erstellt worden. Wenn Sie es wünschen, erläutere ich Ihnen gern noch einzelne Positionen. Natürlich würde ich mich sehr freuen, wenn Ihnen mein Angebot zusagt und Sie mir den entsprechenden Auftrag erteilen. Dieses Angebot ist bis zum 10. 05. 20.. verbindlich.

Mit freundlichem Gruß

M. Kruskop

Steuer-Nr. 47/124/01469

info@kruskop-elektro.de www.kruskop-elektro.de | Inhaber: Matthias Kruskop | Sparkasse Uelzen (BLZ 258 501 10) Kto. 21 36 448 | Volksbank Uelzen (BLZ 258 622 92) Kto. 20 30 90 000 | Fachbetrieb im Vertrauenskreis Elektro VKE

2: Beispiel für ein Angebot

Leistungspositionen für die elektro- und informationstechnischen Handwerke

① 01.04 Mantelleitung in offener Rohrverlegung verlegen	unverbindliche Kalkulationsbeispiele Cu Stand: 150 Seite 12												
	Zeit	Lohn/Montage (€/Stunde)			Material (€/Meter bzw. €/Stück)				Kalkulationssatz für Lohn und Material (€)				
	Minuten	28,81 € ④	32,88 €	eigen	netto	15 % ⑤	30 %	eigen	28,81/15 %	28,81/30 %	32,88/15 %	32,88/30 %	eigen
PVC-Mantelleitung nach DIN VDE 0250 in Teillängen liefern und in Rohrverlegung ohne Bogen mit Lieferung und Montage eines Kunststoff-Steckstangenrohres als:													
01.04.01 NYM Gr. 1x2,5 qmm EN 20 Cu 24	5,0	2,40	2,74		0,75	0,86	0,98		3,26	3,38	3,60	3,72	
② 01.04.12 NYM Gr. 3x1,5 qmm EN 20 Cu 43	③ 5,6	2,69	3,07		0,69	0,79	0,90		3,48	3,59	⑥ 3,86	3,97	
01.04.13 NYM Gr. 3x2,5 qmm EN 20 Cu 72	6,1	2,93	3,34		0,88	1,01	1,14		3,94	4,07	4,35	4,48	

1: Ausschnitt aus Kalkulationshilfe, Ausgabe 2002/03

2.6 Installationsdurchführung

2.6.1 Installationsformen

Bevor mit der Installation begonnen wird, muss zunächst der Verlauf der Leitungswege festgelegt werden. Diese Entscheidung beeinflusst die Ausführung von Gerätedosen sowie die Länge der zu verlegenden Leitungen. Grundsätzlich lassen sich dabei verschiedene Formen, Arten und Zonen (Abb. 3) unterscheiden. Welche Installationsformen möglich sind, verdeutlicht Abb. 4.

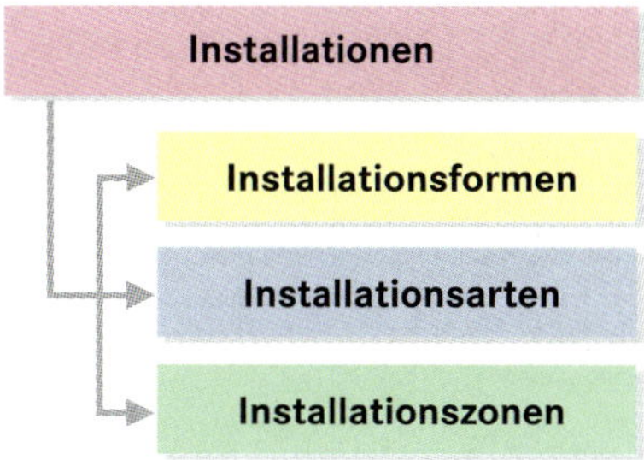

3: Installationen

AUFGABEN

1. Stellen Sie in einer Übersicht die drei Installationsformen mit Vor- bzw. Nachteilen und dem Materialaufwand zusammen.
2. Worauf ist bei der Installation einer Geräte-Verbindungsdose zu achten?

- Die Verbindungen der Leitungen werden entweder in Abzweigdosen, in Geräte-Verbindungsdosen oder im Verteilerkasten hergestellt.
- Je nach der Installationsform müssen unterschiedliche Dosen verwendet werden, in denen die Leitungen verklemmt werden.

Installationsformen		
mit Verbindungsdosen	**mit Geräte-Verbindungsdosen**	**mit zentralen Verteilerkästen**
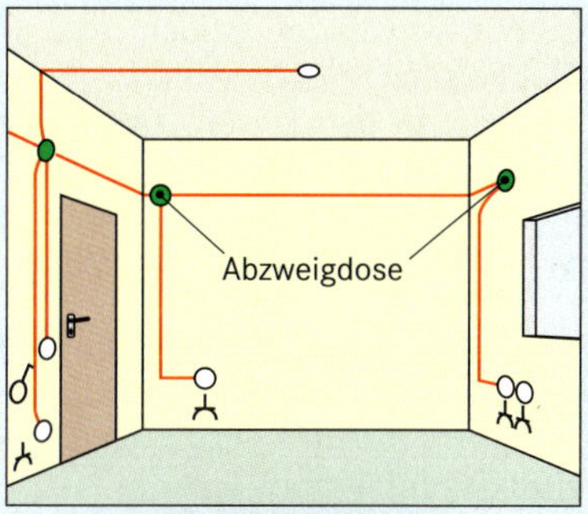	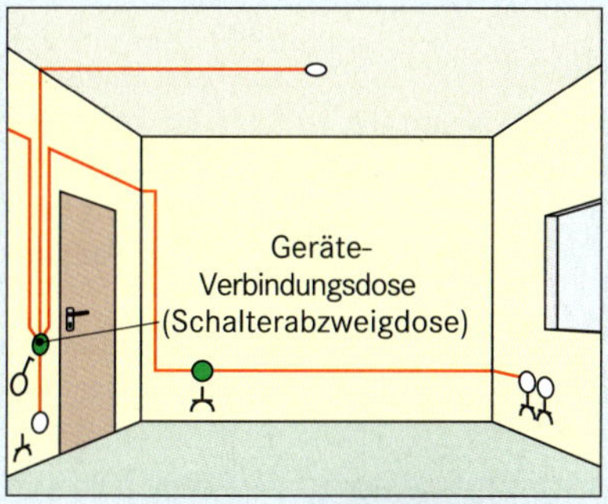	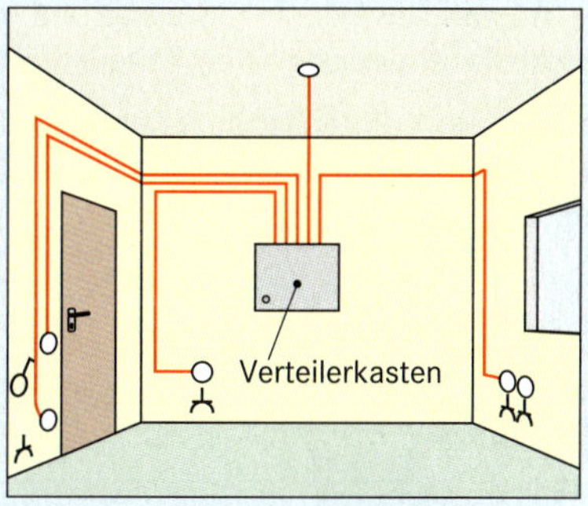
		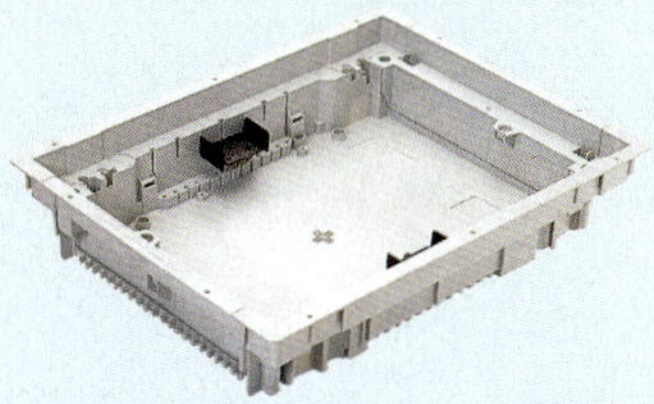
• Die **Abzweigdosen** (Verbindungsdosen) befinden sich in der oberen Installationszone der Wände in den Kreuzungspunkten der Leitungen. • Bei Wartungs- bzw. Prüfarbeiten muss häufig die Tapete beschädigt werden, um den Dosendeckel zu entfernen.	• Die Verbindung der Leitungen erfolgt in den **Geräte-Verbindungsdosen**. Diese Dosen besitzen zusätzlichen Platz für die Unterbringung der Verbindungsklemmen. • Bei der Leitungseinführung in die Dose ist aus Platzgründen sorgfältig und platzsparend zu arbeiten. • Bei späteren Wartungsarbeiten sind die Verbindungsklemmen durch Herausnehmen der Geräte leicht zugänglich. Die Tapete wird nicht beschädigt.	• Alle Leitungen werden sternförmig in einen zentralen Verteilerkasten verlegt. • Durch Raumänderungen (z. B. Zwischenwände) sind Veränderungen in den Schaltungen problemlos möglich. Diese Installationsform bietet sich bei Verwaltungsgebäuden, Krankenhäusern und ähnlichen Gebäuden an. • Nachteilig sind die längeren Leitungswege.

4: Installationsformen

2.6.2 Installationsarten

Die Begriffe „Installationsart“ und „Verlegeart“ werden oft gleichsinnig verwendet. Sie bezeichnen aber nicht das Gleiche. Unter der **Installationsart** [kind of installation] werden die Begriffe Aufputz-, Unterputz-, Imputz-Installation und ähnliches verstanden (Abb. 3), während **Verlegearten** [wiring methods] die genormte Bezeichnung nach DIN VDE 0100-520 (Tabelle 52H) ist. Es gibt etwa 50 verschiedene Möglichkeiten der Verlegung von Leitungen, z. B. „Ein- oder mehradrige Kabel“ oder „Mantelleitungen in Installationsrohren auf Wänden“.

Aufputz-Installation

Die Aufputz-Installation [surface wiring] wird dort verwendet, wo der Anblick der Leitungen nicht stört, z. B. in Kellerräumen oder in Garagen. Aus optischen Gründen werden die Mantelleitungen NYM in Kunststoffrohre eingezogen. Damit insgesamt ein gefälliges Bild entsteht, sollen die Leitungen waagerecht (horizontal) und senkrecht dazu (vertikal) verlegt werden.

Für die Aufputz-Installation sind in Abb. 1 folgende Maße eingetragen:

- Abstand zwischen Objekt und Rohrende 5 cm
- Abstand zwischen 1. Schelle und Rohrende 10 cm
- Abstand zwischen den Schellen 50 cm

An den Rohrenden ist ausreichender Platz vorzusehen, damit die Mantelleitungen in weiten Bögen ① geführt werden können.

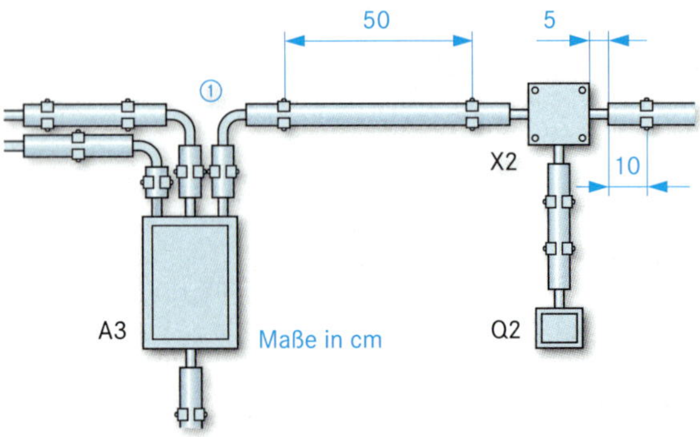

1: Maße einer Aufputz-Installation

2: Hohlwand-Installation

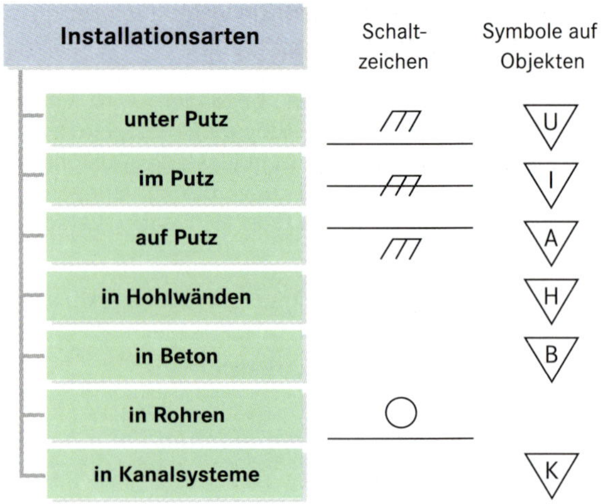

3: Installationsarten

Hohlwand-Installation

Bei einer Hohlwand-Installation [installation in hollow walls], z. B. in einer Rahmenkonstruktion aus Holz oder Metall, die mit Gipskarton oder ähnlichem Material abgedeckt ist, dürfen nur Geräte- bzw. Verbindungsdosen nach DIN VDE 0606 verwendet werden (Abb. 2). Bei der Installation ist Folgendes zu beachten:

- Die Leitungen müssen an den Dosen zugentlastet sein ①.
- Der Durchmesser des Dosenbohrers muss mit dem Durchmesser der Hohlwanddose exakt übereinstimmen.
- Zur Befestigung der Steckdosen und Schalter dürfen keine Krallen verwendet werden.

Unter-/Imputz-Installation

In Wohngebäuden, Büros u. ä. werden die Leitungen **unter Putz** verlegt. Dazu werden Schlitze in die Wände gefräst, in denen dann die Leitungen installiert werden. Verwendet werden heute **Mantelleitungen** (z. B. NYM, H05VV-U) oder füher auch Stegleitungen (NYIF). Bei den Stegleitungen liegen die Adern nebeneinander. Sie wurden vor dem Verputzen auf dem Mauerwerk verlegt (Abb. 4).

4: Unterputz-Installation

Für die Befestigung der Stegleitung wurden besondere Nägel mit Isolierschaft benutzt (Abb. 4). Die Stegleitung konnte aber auch geklebt oder mit Gipsbrücken befestigt werden. Wenn der Putz aufgebracht wurde, ist die Leitung vom Putz umhüllt, sodass man auch von einer Imputz-Installation sprach [wiring under the surface].

Bei der Verlegung von Stegleitungen musste man darauf achten, dass
- die Putzabdeckung mindestens 4 mm beträgt,
- die Leitung nicht auf Holz verlegt werden darf und
- kein Drahtgewebe (Streckmetall) auf oder unter der Leitung verlegt sein darf.

Beton-Installation

Bei der Beton-Installation [installation in concrete] werden die Leitungen in Decken bzw. Wänden aus Beton verlegt. Dazu werden Rohre mit Zugdrähten in der Schalung verlegt, die anschließend mit Beton vergossen werden. Durch spezielle Gerätedosen und Verbindungselemente lassen sich Schalter, Steckdosen, Verteiler und Leitungsauslässe bereits vor dem Vergießen mit Beton in der Schalung installieren (Abb. 5). Diese Methode erfordert allerdings exaktes Arbeiten, da die Lage der Dosen und Rohrverbindungen später nicht mehr korrigiert werden kann.

Außerdem darf der Beton während des Gießens nicht durch undichte Stellen z. B. in die Gerätedosen eindringen. Als Rohrverbindungen in Stampf- oder Schüttbeton sind Elektroinstallationsrohre der Bauart „AS“ (für schwere Druckbeanspruchung) vorgeschrieben.

5: Schalungsquerschnitt einer Installation im Beton

Rohr-Installation

Bei der Rohr-Installation [installation in conduits] werden zunächst Installationsrohre in gefräste Schlitze verlegt. Nach dem Verputzen werden dann einadrige bzw. mehradrige Leitungen (H07V-U) oder Mantelleitungen (NYM) eingezogen. Das Einziehen der Leitungen wird erleichtert, wenn die Rohre vorher mit Zugdrähten versehen werden und die Biegungen der Rohre weiträumig sind. Somit lassen sich nachträglich zusätzliche Leitungen einziehen, z. B. bei Antennenleitungen (Abb. 6) oder Leitungen für die Telekommunikation.

6: Rohr-Installation für eine Antennenleitung

Kanalsystem-Installation

In Bürogebäuden hat sich die Kanalsystem-Installation [installation in cable throughs] sehr bewährt. Dabei wird das Kanalsystem (Abb. 7) direkt auf der Rohdecke befestigt. Später lassen sich durch die Kanäle die erforderlichen Leitungen ziehen. In den Bodendosen befinden sich die Betriebsmittel (z. B. Steckdosen usw.).

Bei der Installation ist zu beachten, dass die Zug- und Bodendosen so ausgerichtet werden, dass die Deckel mit dem späteren Fußboden abschließen.

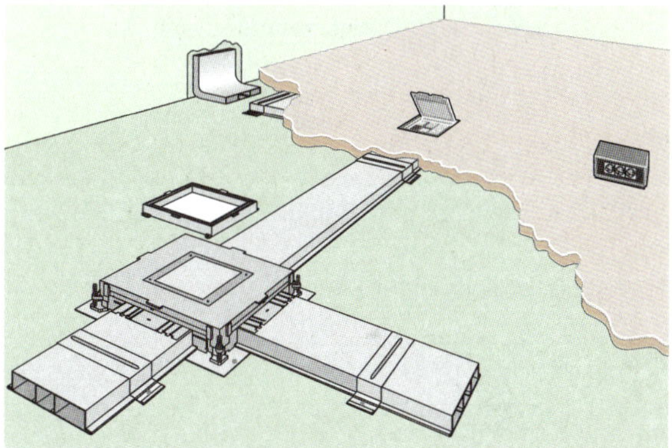

7: Kanalsystem einer Fußbodeninstallation

AUFGABEN

1. Was musste man bei der Verlegung einer Stegleitung beachten?
2. Welche Vorteile hat die Kanalinstallation gegenüber den übrigen Installationsarten? Was ist bei der Montage der Kanäle zu beachten?

- Stegleitungen durften nicht auf Holz verlegt werden und mussten überall mit einer mindestens 4 mm starken Putzschicht bedeckt sein.
- Für die Installation dürfen nur Dosen und Leitungen verwendet werden, die für die Installationsart zugelassen sind.
- Bei der Installation müssen die Betriebsmittel exakt ausgerichtet werden, da spätere Korrekturen nur schwer möglich sind.

2.6.3 Installationszonen

Alle unsichtbar verlegten Leitungen müssen in Räumen so geführt werden, dass sie durch später angebrachte Nägel oder Schrauben nicht beschädigt werden. Zu den unsichtbaren Leitungsinstallationen zählen Leitungen in bzw. unter Putz, in der Wand oder hinter einer Wandverkleidung.

Aus diesem Grunde werden diese Leitungen nur in vorgegebenen **waagerechten** und **senkrechten Zonen** installiert (DIN 18015-3, Abb. 2). Die Leitungsführung an Decken und Fußböden ist nicht fest vorgeschrieben. Jedoch sollte auch hier davon abgesehen werden, die Leitungen auf dem kürzesten Weg zu führen. Aufputz-Installationen sind auch außerhalb der beschriebenen Zonen möglich.

Die Installationszonen [installation zones] in Wohngebäuden sind abhängig von der Nutzung des Raumes (Abb. 1).

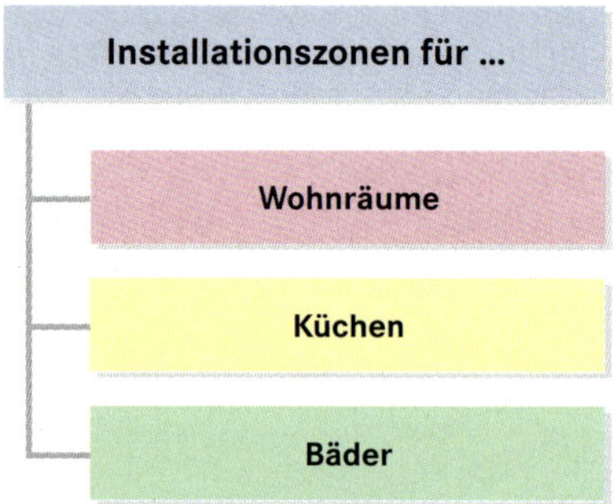

1: Installationszonen für Räume

Installationshinweise

- Alle angegebenen Maße gelten ab der **Oberkante** des fertigen **Fußbodens** (OKF). Im Rohbau gilt als Anhaltspunkt für die OKF der eingezeichnete „Meterriss". Er gibt die Höhe eines Meters über dem OKF an.
- Beim Einführen der Leitungen in die Gerätedosen ist darauf zu achten, dass die Krallen der Steckdosen beim Montieren die Leitungen nicht beschädigen.
- Zwischen Energie- und Telekommunikationsleitungen ist ein Schutzabstand von 10 mm einzuhalten.
- Die Verlegung von Leitungen an Schornsteinen ist wegen erhöhter Umgebungstemperaturen zu vermeiden.

- Die Montagehöhe von Schaltern beträgt 105 cm von der Mitte des oberen Schalters bis zur Oberkante des fertigen Fußbodens (OKF).
- Die Betriebsmittel müssen exakt ausgerichtet werden, da spätere Korrekturen nur schwer möglich sind.
- Die Schalter an einer Tür werden an der Seite installiert, an der der Türgriff montiert ist.
- Die Steckdosen sind in der unteren waagerechten Installationszone in 30 cm Höhe anzuordnen.
- Zuleitungen zu Wandleuchten werden senkrecht aus einer waagerechten Installationszone geführt.

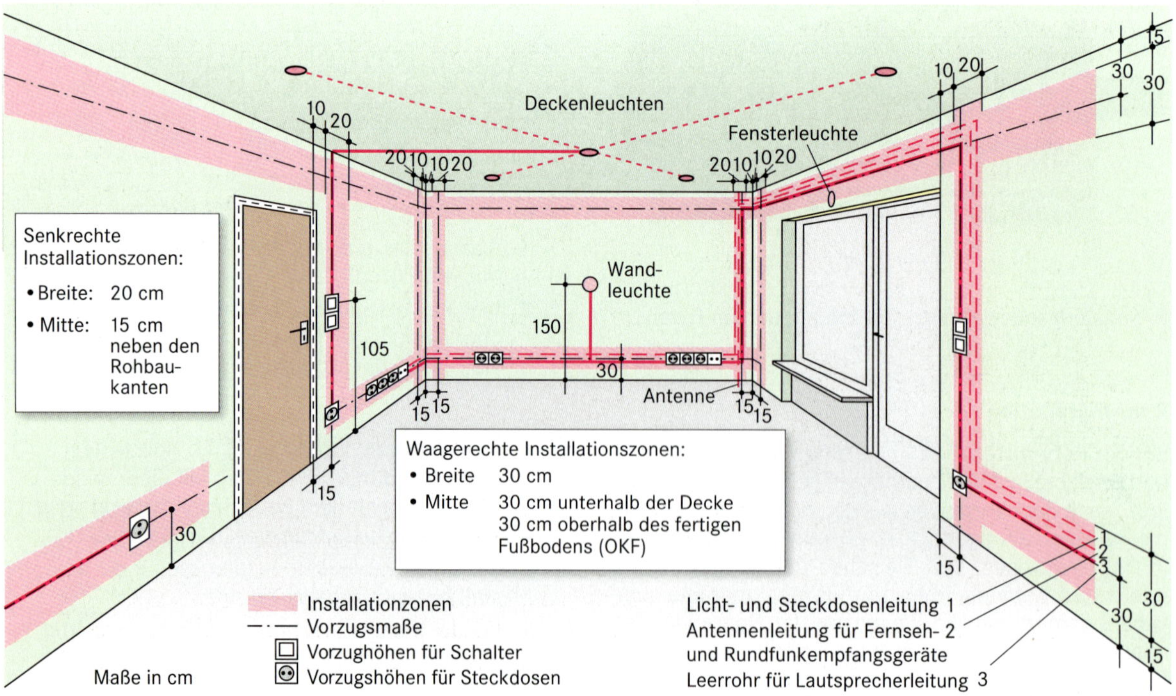

2: Installationszonen in Wohnräumen

2.6.4 Elektroinstallation in der Küche

Bei der Planung der Elektroinstallation in einer Küche (Abb. 3) gelten folgende Regeln:

- Die vorhandenen Installationspläne des Küchenplaners sind zu beachten. In diesem Plan befinden sich alle erforderlichen Maße zum Einbau der Elektrogeräte.
- Elektroanschlüsse sind nicht hinter fest montierte Küchenmöbel zu legen. Sie sollten jederzeit frei zugänglich sein. Dies erleichtert den Geräteeinbau oder eine Fehlersuche.

In Küchen sind neben den fest installierten Anschlüssen der Elektrogeräte (z. B. Herd) zusätzliche Arbeitssteckdosen über der Arbeitsfläche erforderlich (Abb. 4). Damit diese Steckdosen in der Höhe nicht mit der Küchenarbeitsfläche kollidieren, werden sie in einer Installationszone mit einer Vorzugshöhe von 115 cm angebracht. Bei der Installation an Wänden, die mit Fliesen versehen werden, ist auf eine exakte Übereinstimmung der Montagehöhen zu achten. Jede Ungenauigkeit lässt sich bei gefliesten Wänden mit bloßem Auge am Verlauf der waagerechten Fugen erkennen.

In einer Küche lässt es sich oftmals nicht vermeiden, dass Steckdosen (z. B. für Wandleuchten und Kühl-/Gefrierkombinationen) außerhalb der festgelegten Installationshöhen zu montieren sind. In solchen Fällen sind die senkrecht geführten Stichleitungen aus der nächstgelegenen Installationszone zu verlegen.

Nach DIN 18015-2 sind in einer Küche getrennte Stromkreise für folgende Betriebsmittel einzuplanen:

- Beleuchtung, Arbeitssteckdosen und Dunstabzug
- Geschirrspülmaschine
- Warmwassergerät (falls erforderlich)
- Elektroherd

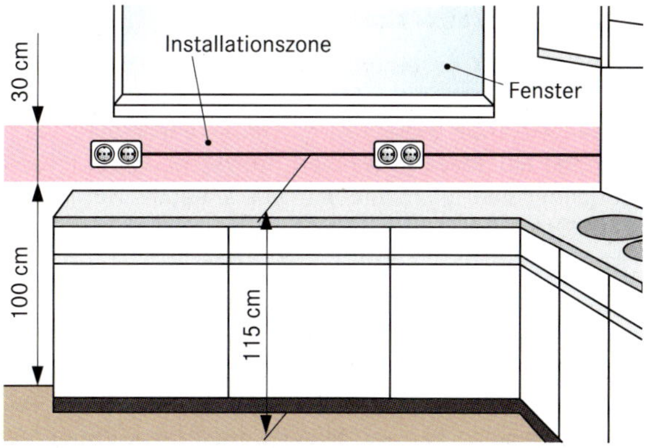

4: Steckdosen für Arbeitsflächen

Die Anzahl der Steckdosenanschlüsse ist je nach Ausstattungswert der Wohnung unterschiedlich.

Geräte mit einer Anschlussleistung von mehr als 2 kW werden über getrennte Stromkreise versorgt.

Zur Beleuchtung einer Küche sind neben der Allgemeinbeleuchtung weitere Arbeitsplatzleuchten erforderlich. Diese Leuchten werden meist unterhalb der Hängeschränke angebracht und sollten getrennt schaltbar sein. Durch die Vielzahl der Elektrogeräte in einer Küche empfiehlt es sich, für die Beleuchtung einen eigenen Stromkreis vorzusehen.

- Die Arbeitssteckdosen sind in einer Höhe von 115 cm über der fertigen Fußbodenfläche anzuordnen.
- Für Elektrogeräte mit einer Anschlussleistung ab 2 kW sind getrennte Stromkreise erforderlich.

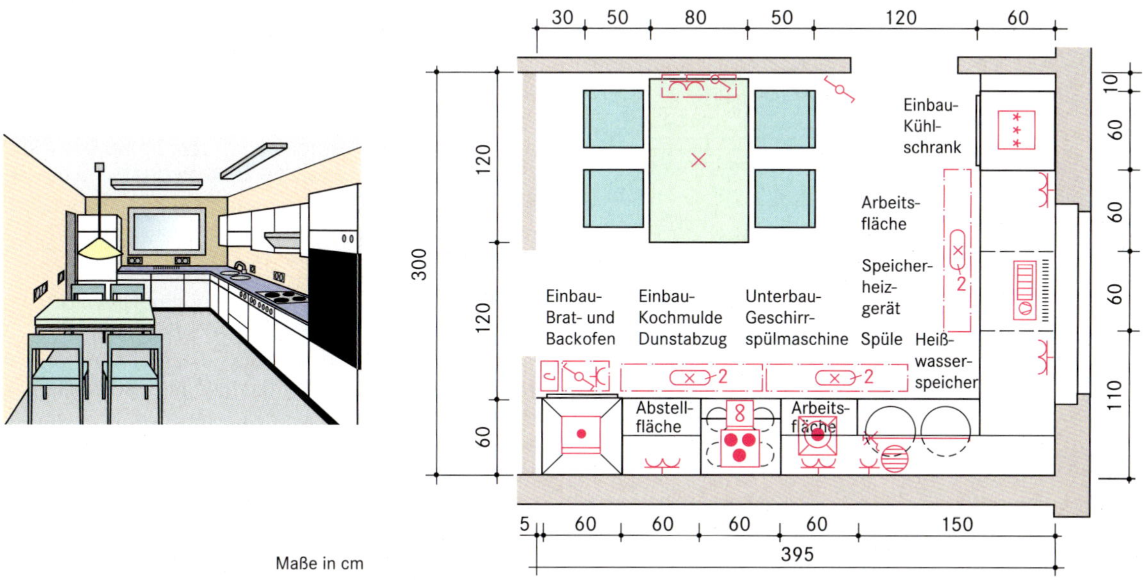

3: Beispiel für eine Kücheninstallation

2.6.5 Elektroinstallation im Bad

In einem Bad bestehen im Bereich der Badewanne bzw. der Dusche besondere Gefahrenzonen. Durch die Feuchtigkeit der Haut und die gute Verbindung zum Erdpotenzial über das Wasserrohrsystem ist der Widerstand im Fehlerfall (Fehlerschleife, s. Kap. 2.7.6.5) sehr klein. So können bereits kleine Berührungsspannungen einen gefährlichen Körperstrom auslösen.

In Bädern mit Bade- oder Duschwannen gibt es die drei **Schutzbereiche** [protection zones] 0, 1 und 2 (DIN VDE 0100-701, Abb. 1 und 2). Für Duschecken mit ebenerdiger, flacher Duschwanne gelten die Schutzbereiche 1 und 2. Je nach Schutzbereich werden unterschiedliche Anforderungen an die Elektroinstallation gestellt.

Schutzbereich 0

Es dürfen nur solche Betriebsmittel installiert werden, die für den Einsatz in einer Badewanne vorgesehen sind, z. B. Beleuchtungen mit einer Kleinspannung von $U \leq 12$ V (s. Kap. 2.7.4).

Schutzbereich 1

In diesem Bereich dürfen neben ortsfesten Wassererwärmern, Whirlpool-Einrichtungen auch Verbrauchsmittel installiert werden, die über einen Schutz durch Kleinspannung mit geerdeten oder ungeerdeten Stromkreisen (SELV oder PELV, s. Kap. 2.7.4) abgesichert sind. Die Zuführung der Leitungen erfolgt senkrecht zum Betriebsmittel.

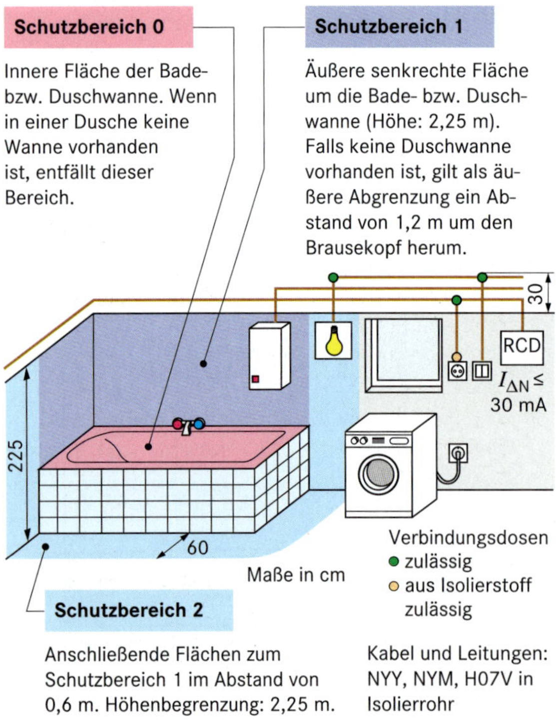

1: Schutzbereiche im Bad

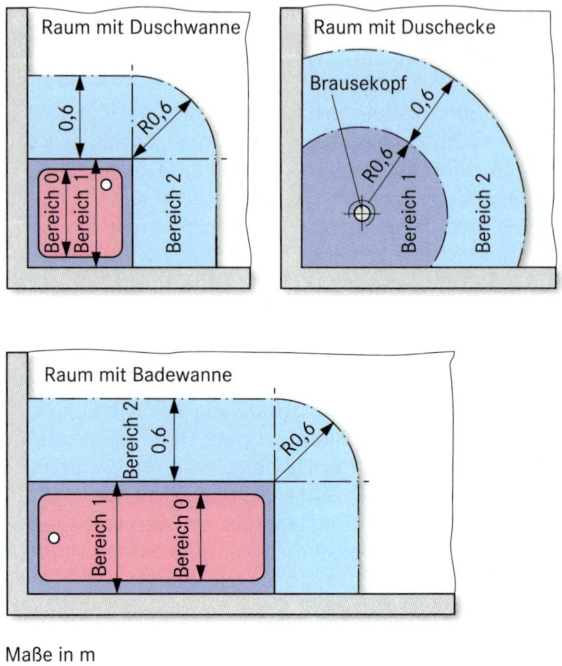

2: Übersicht zu den Bereichen

Schutzbereich 2

Hier werden lediglich ortsfeste Leuchten montiert. Schalter, Steckdosen und Verbindungsdosen sind in den Bereichen 0, 1 und 2 nicht zulässig. Ausnahme: Rasiersteckdose, die über eine RCD abgesichert ist.

Installationshinweise

Bei der Verlegung von Leitungen auf der Rückseite der angrenzenden Wände zu den Schutzbereichen 1 und 2 soll nach der Installation der Betriebsmittel (z. B. Steckdosen) im Nachbarraum eine Restwandstärke von 6 cm erhalten bleiben.

Die Energieversorgung der Stromkreise in Bade- und Duschräumen muss grundsätzlich über Fehlerstrom-Schutzeinrichtungen (RCDs, $I_{\Delta N} \leq 30$ mA) erfolgen. Steckdosen in den Bereichen 1 und 2 sind über SELV- oder PELV-Stromkreise (25 V AC, 60 V DC) zu installieren (s. Kap. 2.7.4). Rasiersteckdosen im Bereich 2 müssen über einen Trenntransformator nach DIN EN 61558-2-5 angeschlossen sein.

Bei einem Ausstattungswert 2 nach HEA/RAL sind folgende elektrische Anschlüsse notwendig:

- ein Deckenauslass für Allgemeinbeleuchtung
- zwei Wandauslässe für die Spiegelbeleuchtung
- vier Steckdosen
- Waschmaschinen- und Trockneranschluss (falls erforderlich)

- Steckdosen und Schalter dürfen nicht in den Schutzbereichen 0, 1 und 2 installiert werden.

Zusätzlicher Schutz vor gefährlichen Körperströmen

Innerhalb und außerhalb der Schutzbereiche müssen alle fremden leitfähigen Teile in den zusätzlichen örtlichen Schutzpotenzialausgleich einbezogen werden (s. Kap. 2.7.7). Dadurch wird verhindert, dass sich aus anderen Gebäudeteilen eine Spannung über das metallische Rohrsystem einschleppt, die einen gefährlichen Körperstrom zur Folge haben kann. Diese Spannungsverschleppung ist auch dann möglich, wenn in Räumen mit einer Badewanne bzw. Dusche keine elektrischen Einrichtungen vorhanden sind.

In den örtlichen Schutzpotenzialausgleich im Bad werden folgende Teile einbezogen:
- Abflussrohre aus Metall
- Kalt- und Warmwasserleitung
- Vor- und Rücklauf der Heizung
- Gas und Klima

Ausnahmen:

- metallene Türzargen
- Fensterrahmen aus Metall
- Handtuchhalter aus Metall
- Abflussabdeckungen aus Metall im Boden

Wie wird der örtliche Schutzpotenzialausgleich hergestellt?

In der Praxis werden leitfähige Teile und Rohrsysteme im Bad mit dem Schutzleiter ohne Unterbrechung (d. h. durchgeschleift) verbunden (Abb. 3).

Die Verbindung zwischen dem örtlichen Schutzpotenzialausgleichsleiter und dem Schutzleiter kann auf unterschiedliche Weise erfolgen, und zwar durch
- einen Verteiler (z. B. Stromkreisverteiler),
- die Haupterdungsschiene oder
- eine Wasserverbrauchsleitung, die eine durchgehend leitende Verbindung mit der Haupterdungsschiene hat.

Von der letzten Möglichkeit sollte jedoch kein Gebrauch gemacht werden, da eine dauerhaft leitende Verbindung durch eine Wasserleitung nicht gewährleistet ist.

Querschnitt des Schutzpotenzialausgleichsleiters

Der Leiterquerschnitt beträgt
- 2,5 mm² bei mechanisch, geschützter Verlegung (z. B. in Rohr, Kanal) und
- 4 mm² bei ungeschützter Verlegung.

Der zusätzliche Schutzpotenzialausgleich ist dann nicht erforderlich, wenn in der Verbraucheranlage der Schutzpotenzialausgleich über die Haupterdungsschiene vorhanden ist.

- Die Restwandstärke der abgrenzenden Wände zum Schutzbereich 1 und 2 und der auf der Rückseite installierten Betriebsmittel sollte 6 cm betragen.

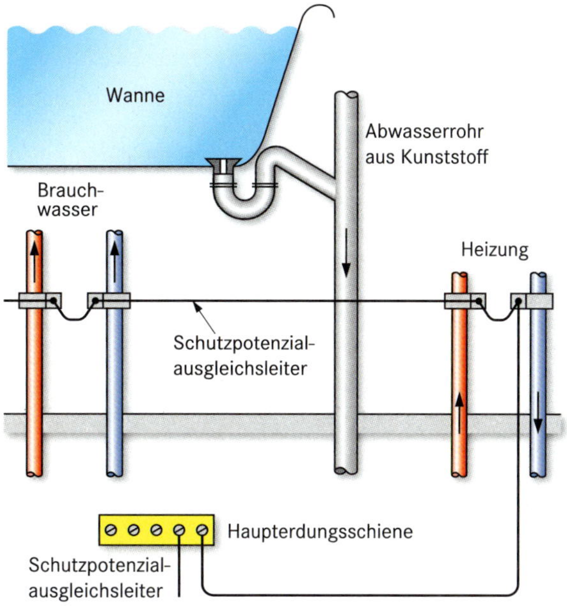

3: Örtlicher Schutzpotenzialausgleich

AUFGABEN

1. Durch welche Maße sind in einem Wohnraum die senkrechten und waagerechten Installationszonen festgelegt?
2. Erstellen Sie eine Übersichtstabelle, die die Größe der Schutzbereiche im Bad, sowie die darin erlaubten Elektroinstallationen zeigt.
3. In einer Dusche ist keine Duschwanne vorhanden. Welche äußere Abgrenzung gilt dann für den Schutzbereich 2?
4. Was müssen Sie beachten, wenn Sie an der rückwärtigen Wand zum Schutzbereich 1 eine Steckdose installieren sollen?
5. Dürfen Sie die Zuleitung zu der Steckdose aus Aufgabe 4 durch den Schutzbereich 1 verlegen?
6. Welche Aufgabe hat der zusätzliche örtliche Schutzpotenzialausgleich in einem Badezimmer mit Badewanne bzw. Dusche?
7. Welche Teile müssen in den örtlichen Schutzpotenzialausgleich im Bad mit einbezogen werden?
8. Warum wird die leitfähige Verbindung der Rohrsysteme mit einem ungeschnittenen Schutzleiter durchgeführt?

- Die Stromkreise innerhalb des Bades werden über eine RCD ($I_{\Delta N} \leq 30$ mA) angeschlossen.
- Der Schutzpotenzialausgleichsleiter wird mit dem Schutzleiter verbunden.
- Der Leiterquerschnitt beträgt bei ungeschützter Verlegung mindestens 4 mm² Kupfer.

2.7 Schutzmaßnahmen

2.7.1 Fehlerstromkreis

Wie der Strom in einem Fehlerfall verläuft, soll durch folgenden Fehler verdeutlicht werden:
An einem Elektrogerät (Abb. 1) entsteht durch einen Isolationsfehler eine leitende Verbindung zwischen dem Spannung führenden Leiter und dem Gehäuse (**Körperschluss** [fault to frame]). Die Netzspannung des Außenleiters L1 liegt an dem Metallgehäuse. Die Sicherung löst nicht aus, weil der Schutzleiter unterbrochen oder nicht angeschlossen ist. Wie fließt jetzt der Strom, wenn eine Person das Gehäuse berührt?

Zwischen dem Gehäuse und Erde (Bezugserde) besteht eine Fehlerspannung U_F (Abb. 1). Über den Standort des fehlerhaften Elektrogerätes fließt als Folge der Fehlerspannung ein Fehlerstrom I_F über die Standorterde R_{St} zur Betriebserde R_A der Anlage.

Der Fehlerstrom entsteht durch einen Isolationsfehler. Dabei fließt I_F durch eine Reihenschaltung von Widerständen.
Im Fehlerstromkreis werden folgende Größen verwendet:

- Die **Fehlerspannung** U_F [fault voltage] ist die Spannung, die bei einem Isolationsfehler auftritt, z. B. bei einem Körperschluss zwischen Gehäuse und Erde.
- Die **Berührungsspannung** U_B [touch voltage] ist die von einer Person überbrückte Fehlerspannung.
- Der **Fehlerstrom** [residual current] entsteht durch einen Isolationsfehler. Die Ursache für die Stromstärke I_F ist die Fehlerspannung U_F.
- Wenn mit dem menschlichen Körper das Gehäuse berührt wird, entsteht ein Übergangswiderstand $R_Ü$. Die Berührungsspannung U_B liegt am Körper. Es fließt der **Körperstrom** [shock current] I_K.

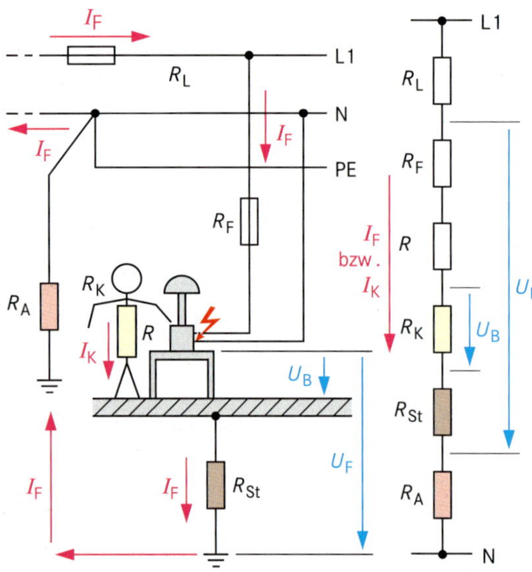

1: Fehlerstromkreis

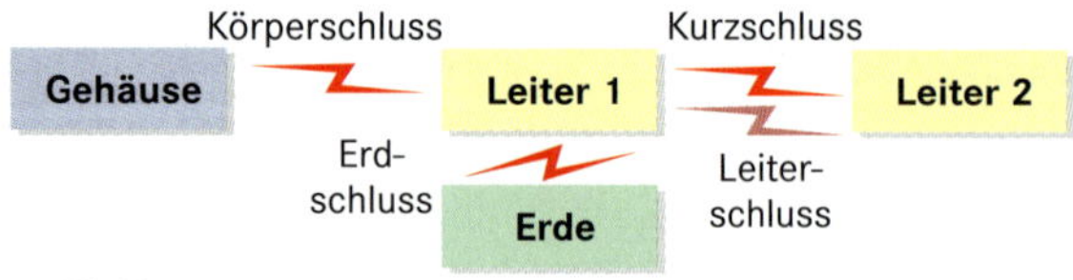

2: Fehlerarten

Mögliche Fehler in einer Anlage

Außer dem Körperschluss als direkte Verbindung zwischen Gehäuse und Leiter können andere Fehler in einer Anlage dazu führen, dass ein Fehlerstromkreis entsteht und ein Fehlerstrom fließt. In Abb. 2 sind verschiedene Fehlerarten schematisch dargestellt. Die fehlerhafte Verbindung ist durch den Pfeil gekennzeichnet worden.

Der **Kurzschluss** [short circuit] ist ein Fehler, bei dem sich zwei unter Spannung stehende Leiter berühren, z. B. die Außenleiter L1 und L2. Bei dieser Verbindung fließt ein sehr großer Strom, der als Kurzschlussstrom bezeichnet wird.
Beispiel:
Überbrückung von zwei Stromschienen in einer Verteilung

Ein **Erdschluss** [earth fault] entsteht, wenn zwischen einem Spannung führenden Leiter und dem geerdeten Anlageteil eine leitende Verbindung besteht.
Beispiel:
Freileitung (L1) reißt und fällt zu Boden.

Bei einem **Leiterschluss** [conductor fault] wird ein Teil des Nutzwiderstandes (Widerstand des Verbrauchers) überbrückt.
Beispiel:
Ein Teil des Heizwiderstandes, z. B. in einem Toaster, wird durch Beschädigung der Isolierung überbrückt.

AUFGABEN

1. Beschreiben Sie die Fehlersuche an einer Tischleuchte mit Metallfuß, bei der beim Einschalten die Sicherung auslöst.
2. Erklären Sie den Unterschied zwischen Kurzschluss und Erdschluss.
3. Zeichnen Sie den Fehlerstromkreis mit den Widerständen bei Kurzschluss. Tragen Sie die Pfeile für U_F und I_F in die Schaltung ein.
4. Warum fließt beim Fehler „Kurzschluss“ im Vergleich zu den anderen Fehlerarten der größte Strom?

- Wenn durch einen Fehler elektrischer Strom über vorher elektrisch isolierte Metallteile fließt, spricht man von einem Fehlerstrom.
- Der Fehlerstrom wird zum Körperstrom, wenn er auf Grund der Berührungsspannung durch den menschlichen Körper fließt.

2.7.2 Spannungsbereiche, Schutzklassen und Schutzarten

Das Arbeiten in elektrischen Anlagen und der Umgang mit elektrischen Objekten schafft Situationen, in denen Personen gefährdet sein können. Eine Größe, die eine Gefährdung von Menschen und Nutztieren darstellt, ist die Spannung. Sie wird in die zwei **Spannungsbereiche** I und II [voltage ranges] unterteilt (Abb. 3). Unterschieden wird dabei, ob Anlagen mit Wechselspannung oder Gleichspannung betrieben werden.

Besondere Vorsicht ist geboten, wenn die **Berührungsspannung** [touch voltage] größer als 50 V AC bzw. 120 V DC wird. Dann müssen vor Beginn der Arbeiten die fünf Sicherheitsregeln (s. Kap. 2.1) unbedingt beachtet werden.

Leitungsverlegung bei verschiedenen Spannungen

Eine Möglichkeit besteht, Leiter oder Kabel von Stromkreisen mit verschiedenen Spannungen, wie z.B. 24 V (Busleitung) und 400/230 V, durch eine geerdete Metallumhüllung zu trennen. Bei Isolationsfehlern kann es dann zu keiner gefährlichen Berührung unter den Leitern kommen. Eine andere Möglichkeit besteht darin, Leitungen in getrennten Bereichen des Elektroinstallationskanals oder in einzelnen Elektroinstallationsrohren zu verlegen.

Wechselspannung	Gleichspannung
Spannungsbereich I Signal-, Klingel- und Telekommunikationsanlagen Meldestromkreise	
AC: $U \leq 50$ V Leiter gegen Erde; zwischen zwei Leitern	DC: $U \leq 120$ V Leiter gegen Erde; zwischen zwei Leitern
Spannungsbereich II Anlagen der Hausinstallation, des Gewerbes und der Industrie	
AC: 50 V < $U \leq$ 600 V Außenleiter gegen Erde AC: 50 V < $U \leq$ 1 kV zwischen den Außenleitern	DC: 120 V < $U \leq$ 900 V Leiter gegen Erde DC: 120 V < $U \leq$ 1,5 kV zwischen beiden Leitern

3: Spannungsbereiche

Für den Personenschutz werden in elektrischen Anlagen verschiedene Schutzmaßnahmen eingesetzt. Sie sollen Menschen vor einem **elektrischen Schlag** [electric shock] schützen. Der Personenschutz bei Geräten wird durch die **Schutzklassen I, II** oder **III** [protection classes] des jeweiligen Gerätes ausgewiesen (Abb. 4).

Nach VDE 0140-1 müssen alle elektrischen Betriebsmittel eine Schutzklasse besitzen. Diese wird durch ein entsprechendes Symbol auf dem Gerät kenntlich gemacht (Abb. 4).

Schutzklasse I Schutzmaßnahme mit Schutzleiter 	Betriebsmittel mit Metallgehäuse, z. B. Elektromotoren
Schutzklasse II Doppelte oder verstärkte Isolierung (Schutzisolierung) 	Betriebsmittel mit Kunststoffgehäuse, z. B. elektrische Handbohrmaschinen
Schutzklasse III Kleinspannung 	Betriebsmittel mit Bemessungsspannungen bis 50 V AC und 120 V DC, z. B. elektrische Handleuchten, elektrische Geräte in landwirtschaftlichen Betrieben

4: Schutzklassen

Schutzklasse I

Bei elektrischen Geräten der Schutzklasse I wird der Schutz gegen elektrischen Schlag dadurch gewährleistet, dass alle berührbaren Metallteile über den Schutzleiter und die Haupterdungsschiene mit dem Erder der Anlage verbunden sind.

Zur Schutzklasse I gehören z. B. auch leitfähige Gehäuseteile von Operationsleuchten im Krankenhaus (Abb. 5, ①). Diese müssen über den Schutzleiter mit der Haupterdungsschiene verbunden werden. In den medizinisch genutzten Bereichen 1 und 2 (z. B. Therapie-, Massage- und Operationsräume, s. Kap. 2.8) müssen durch den zusätzlichen Schutzpotenzialausgleich auftretende Potenzialunterschiede zwischen leitfähigen Teilen ausgeglichen werden.

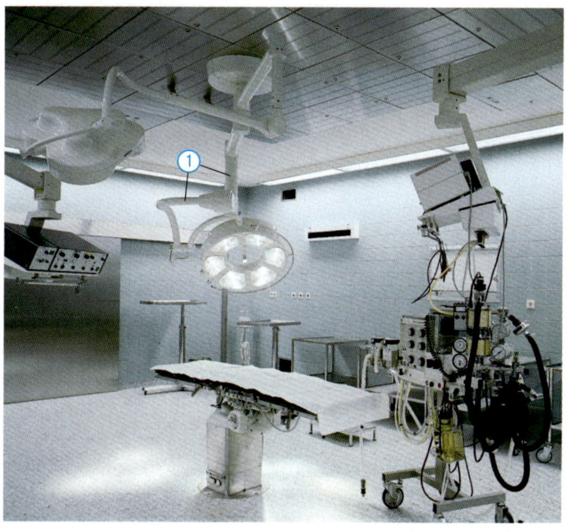

5: OP-Raum mit Operationsleuchte

Schutzklasse II

Bei dieser Schutzklasse ist der Schutz gegen elektrischen Schlag durch die besondere Bauweise des Gerätes gewährleistet. Zusätzlich zur Basisisolierung besitzt das Gerät eine weitere Isolierung. Diese bietet insbesondere bei medizinischen Geräten einen sicheren Schutz vor Gefährdung.

Schutzklasse III

Geräte mit der Schutzklasse III werden mit Kleinspannung betrieben. Die maximale Bemessungsspannung der Geräte, z. B. $U \leq 50$ V AC, ist nach DIN VDE 0100-410 festgelegt. Durch die niedrigen Spannungswerte wird gewährleistet, dass im Fehlerfall (s. Kap. 2.7.4) z. B. beim Berühren von zwei aktiven Leitern auf der Kleinspannungsseite kein gefährlich hoher Strom fließt.

- Die Wechselspannung wird je nach Betriebsspannung dem Spannungsbereich I mit $U \leq 50$ V und dem Spannungsbereich II mit $U > 50$ V zugeordnet.
- Der Personenschutz bei Geräten wird durch eine entsprechende Schutzklasse gewährleistet.
- In medizinisch genutzten Bereichen 1 und 2 (Therapie-, Operationsräume, s. Kap. 2.8) ist ein zusätzlicher Schutzpotenzialausgleich erforderlich.
- An die Haupterdungsschiene müssen Schutzleiter, Metallteile von Geräten und metallene Gebäudekonstruktionen angeschlossen werden.

AUFGABEN

1. Auf welche Anlagen müssen die Spannungsbereiche I und II angewendet werden? Nennen Sie jeweils drei Beispiele.
2. Auf welchen Wert ist die höchstzulässige Berührungsspannung bei Wechselstrom festgelegt? Erklären Sie, warum bei Einhaltung dieses Wertes eine Gefährdung vermindert wird.
3. Eine Busleitung (12 V DC) und eine Energieleitung sollen in einem Elektroinstallationskanal verlegt werden. Unter welchen Bedingungen ist dies möglich?
4. Beschreiben Sie, wie der Personenschutz an Geräten gewährleistet wird.

- Die höchstzulässigen Berührungsspannungen betragen bei Menschen und Tieren 50 V AC, 120 V DC.
- Der Personenschutz bei Geräten wird durch die Schutzklasse für das einzelne Gerät ausgewiesen. Schutzklassen werden durch besondere Symbole gekennzeichnet.
- Um die Schutzart durch Gehäuse zu kennzeichnen, werden Ziffern der IP-Schutzarten und Bildzeichen verwendet.

Schutzarten

Elektrische Geräte besitzen in vielen Fällen Öffnungen für den Ein- und Austritt von Luft. Es muss verhindert werden, dass spannungsführende Leiter berührt werden können. Außerdem soll verhindert werden, dass Fremdkörper (z. B. Wasser) eindringen können. Zur Kennzeichnung der Schutzart [kind of protection] werden **Schutzzeichen** [protection symbols] verwendet, die aus den Buchstaben **IP** [**I**nternational **P**rotection] und zwei nachfolgenden Kennziffern (**Schutzgrade** [degrees of IP]) bestehen sowie **Bildzeichen** verwendet (VDE 0470).

Nach den beiden Kennziffern können weitere Buchstaben (A, B, C, und D) Hinweise zum Berührungsschutz und zusätzliche Buchstaben (H, M, S und W) Informationen über den Einsatz im Hochspannungsbereich und Wasser-/Wetterschutz liefern.

1. Ziffer: Berührungs- und Fremdkörperschutz		
IP**0**X		Kein Schutz
IP**1**X		Schutz gegen Eindringen großer Fremdkörper ($d < 50$ mm)
IP**2**X		Schutz gegen Eindringen mittelgroßer Fremdkörper ($d > 12$ mm)
IP**3**X		Schutz gegen Eindringen kleiner Fremdkörper ($d > 2{,}5$ mm)
IP**4**X		Schutz gegen Eindringen kornförmiger Fremdkörper ($d > 1$ mm)
IP**5**X		Staubgeschützt, vollständiger Berührungsschutz
IP**6**X		Staubdicht, vollständiger Berührungsschutz
2. Ziffer: Wasserschutz		
IPX**0**		Kein Schutz
IPX**1**		Schutz gegen senkrecht fallendes Wasser (Tropfwasser)
IPX**2**		Schutz gegen schräg fallendes Wasser (Tropfwasser) bis zu 15° Neigung
IPX**3**		Schutz gegen Sprühwasser mit maximal 60° zur Senkrechten
IPX**4**		Schutz gegen Spritzwasser aus allen Richtungen
IPX**5**		Schutz gegen Wasserstrahl aus allen Richtungen
IPX**6**		Schutz gegen starken Wasserstrahl aus allen Richtungen
IPX**7**		Schutz bei zeitweiligem Untertauchen
IPX**8**		Schutz bei dauerndem Untertauchen
... m		Schutz gegen Eindringen von Wasser unter Druck (druckwasserdicht)

2.7.3 Schutzmaßnahmen - Überblick

Elektrische Ströme durch den Körper können lebensgefährliche Auswirkungen auf Menschen und Tiere haben. Durch Schutzmaßnahmen wird deshalb versucht, Körperströme in einem Fehlerfall zu verhindern.

Die verschiedenen Schutzmaßnahmen sind in der DIN VDE 0100 beschrieben:
- Teil 410, Schutz gegen elektrischen Schlag
- Teil 710, Anforderungen für Betriebsstätten, Räume und Anlagen besonderer Art

Die in Abb. 1 dargestellten Schutzmaßnahmen gewährleisten **Personenschutz** [personal protection]. Sie schützen im Fehlerfall vor einem elektrischen Schlag. Dabei wird zwischen dem direkten und indirekten Berühren unterschieden.

Beim **direkten Berühren** [direct contact] (Abb. 2, vereinfachte Darstellung) kommt es zu einem direkten Kontakt zwischen dem menschlichen Körper (z. B. Hand) und einem Leiter, an dem eine elektrische Spannung liegt. Verhindern lässt sich dies z. B. durch Isolierungen und Abdeckungen.

Wenn durch einen Isolationsfehler elektrische Spannung an Teilen liegt (z. B. Gehäuse einer Heizung, Körperschluss), die unter normalen Betriebsbedingungen spannungsfrei sind, kann es beim **indirekten Berühren** [indirect contact] zu einem Stromschlag kommen (Abb. 3, vereinfachte Darstellung).

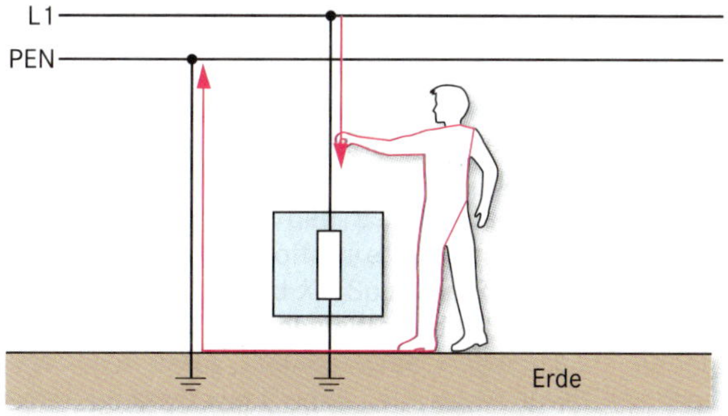

2: Direktes Berühren

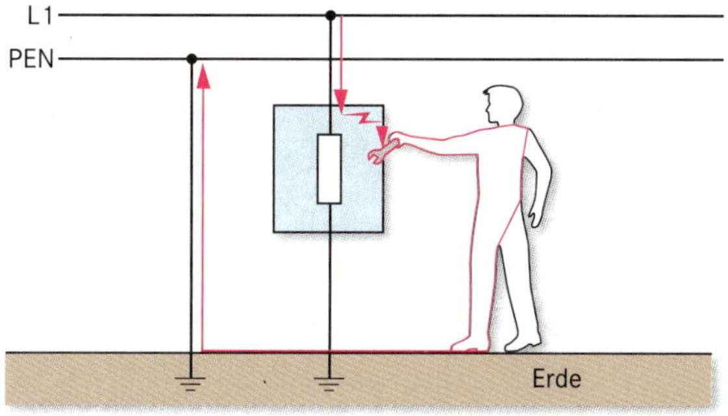

3: Indirektes Berühren

Schutzmaßnahmen nach DIN VDE 0100, Teil 410

- **Basisschutz und Fehlerschutz**
  - Schutz bei Kleinspannung SELV PELV
  - Funktionskleinspannung FELV
  - Ladungsbegrenzung
- **Basisschutz (Schutz gegen direktes Berühren)**
  - Isolierung
  - Abdeckung
  - Hindernisse
  - Abstände
  - Zusätzlicher Schutz durch Fehlerstrom-Schutzeinrichtung RCD
- **Fehlerschutz (Schutz bei indirektem Berühren)**
  - Doppelte oder verstärkte Isolierung
  - Schutztrennung
  - Nicht leitende Umgebung
  - Erdfreier örtlicher Schutzpotenzialausgleich
  - Automatische Abschaltung
    - TN-System
    - TT-System
    - IT-System

1: Schutzmaßnahmen

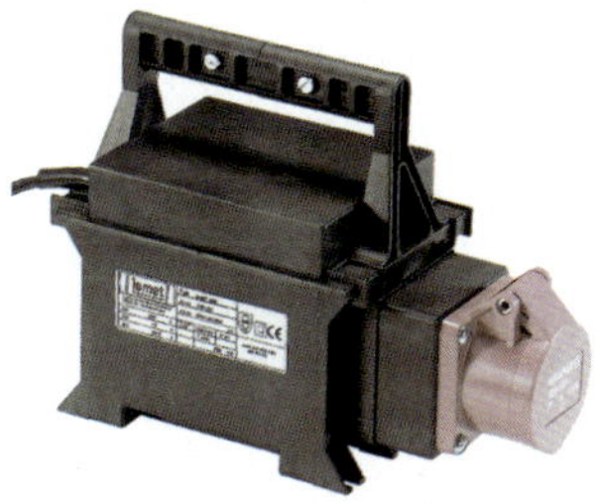

2.7.4 Basisschutz und Fehlerschutz

Der Basisschutz wird z. B. durch die Isolierung, Abdeckung und Umhüllung der Spannung führenden Leiter gewährleistet. Somit ist keine direkte Berührung eines aktiven Leiters möglich.

Der Fehlerschutz liegt vor, wenn bei einem Isolationsfehler ein Schutz gegen elektrischen Schlag z. B. durch Begrenzung der Spannung erreicht wird (s. Kap. 2.7.2).

Die Kleinspannungen **SELV** [**S**afety **E**xtra **L**ow **V**oltage] und **PELV** [**P**rotective **E**xtra **L**ow **V**oltage] erfüllen beide die oben genannten Schutzfunktionen, weil durch Isolierung und der Betriebsspannung von $U \leq 50$ V größte Sicherheit gewährleistet ist (Abb. 2).

Weiterhin sind die Wicklungen des Sicherheitstransformators (Abb. 1a ① ②) voneinander isoliert, sodass auf der Ausgangsseite keine gefährliche Spannung auftreten kann. Auch bei direkter Berührung eines aktiven Leiters auf der Ausgangsseite fließt kein Strom ($I_K = 0$ A ③).

Bei SELV werden Stromkreise ungeerdet betrieben, weil sonst bei einem Fehler auf der Eingangsseite des Sicherheitstransformators höhere Spannungen über den Schutzleiter in den SELV-Stromkreis übertragen werden können (Abb. 1a).

Im PELV-Stromkreis dürfen aktive Teile des Stromkreises auf der Kleinspannungsseite mit dem geerdeten Schutzleiter und den Gehäusen der Betriebsmittel verbunden werden (Abb. 1b).

Eine weitere Kleinspannung ist **FELV** [**F**unctional **E**xtra **L**ow **V**oltage]. Sie wird als Funktionskleinspannung bezeichnet. FELV bietet **keinen Schutz** gegen elektrischen Schlag im Fehlerfall, weil keine sichere Trennung zur Eingangsseite des Transformators vorliegt.

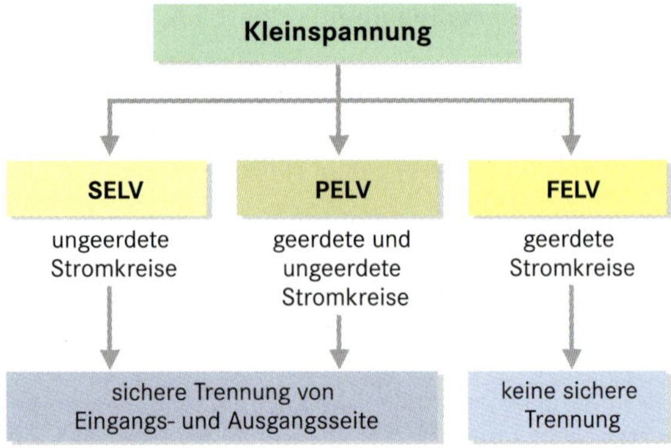

2: Kleinspannung

FELV-Stromkreise sind deshalb z. B. in medizinisch genutzten Räumen (Therapie- und Massageräume, Operationsräume usw.) verboten.

FELV-Stromkreise werden z. B. zur Energieversorgung von
- Fernschaltern,
- Relais und Schützen verwendet.

In diesen Stromkreisen ist eine sichere Trennung nicht erforderlich. Für die metallenen Gehäuse auf der Kleinspannungsseite gelten folgende Festlegungen:

SELV	Verbindung mit Erde oder Schutzleiter verboten.
PELV	Erdung oder Verbindung mit Schutzleiter möglich.
FELV	Verbindung mit Schutzleiter auf der Eingangsseite des Transformators erforderlich.

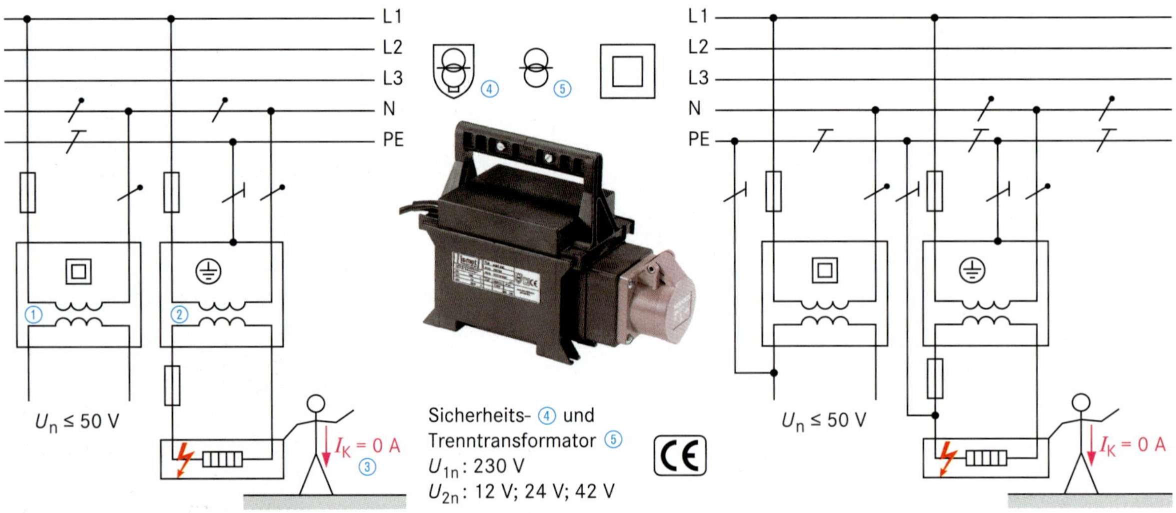

a) SELV

b) PELV

1: Stromkreise mit Schutzmaßnahmen

Wie wird Kleinspannung erzeugt?

Folgende Spannungsquellen werden für die Erzeugung von Kleinspannung verwendet (Abb. 3):

- Elektrochemische Spannungsquellen wie z. B. Akkumulatoren und Batterien
- Sicherheitstransformatoren mit getrennten Wicklungen ①
- Elektronische Geräte zur Erzeugung von Gleich- und Wechselspannung ②
- Motorgeneratoren (Umformer) mit getrennten Wicklungen ③

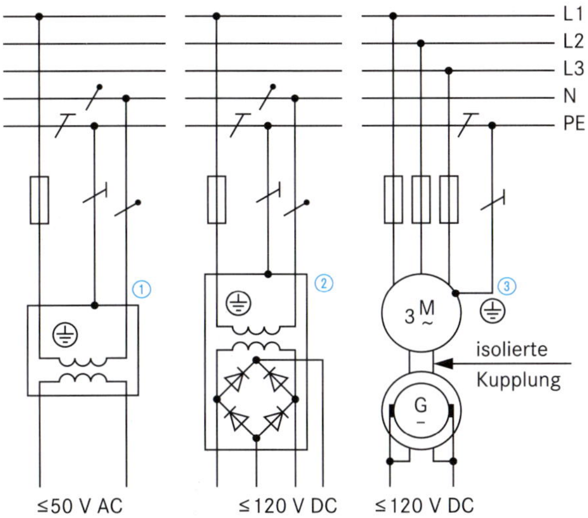

3: Erzeugung von Kleinspannung

Steckvorrichtungen bei Kleinspannungen

Für Kleinspannungen sind **CEE-Steckvorrichtungen** vorgeschrieben. Sie unterscheiden sich durch **Kennfarbe**, **Polzahl** und **Lage der Hilfsnase**:

- 20 V–25 V/50/60 Hz, violett, ohne Hilfsnase
- 40 V–50 V/50/60 Hz, weiß, Hilfsnase (12 h)
- 20 V–25 V/100/200 Hz, grün, Hilfsnase (4 h)
- 20 V–25 V/DC, grau, Hilfsnase (10 h)

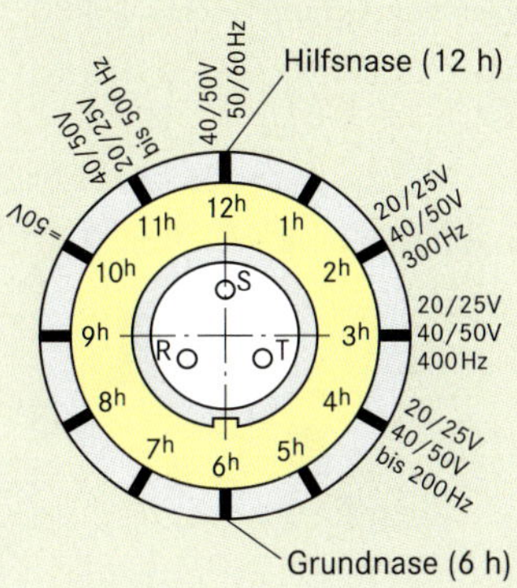

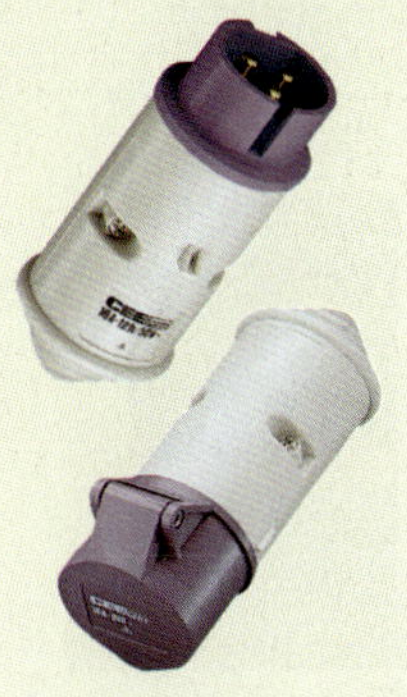

Stecker und Kupplungsdosen

Die Steckverbindungen sind für verschiedene Kleinspannungen aufeinander abgestimmt, sodass keine Verwechslungen vorkommen können.

Für Kleinspannungsstromkreise gelten folgende Bestimmungen:

- Stecker sind für die jeweiligen Kleinspannungen genormt. Sie passen nicht in Steckdosen oder Kupplungsdosen anderer Spannungssysteme.
- Stecker und Steckdosen dürfen **keine Schutzkontakte** [earthing pins] haben.
- Bei gemeinsamer Verlegung der Leiter von SELV- und PELV-Stromkreisen müssen diese zusätzlich zur Basisisolierung gegeneinander isoliert sein.
- Eine **gemeinsame Verlegung** von Leitungen verschiedener Spannungen und Stromkreise ist möglich, wenn die Isolierung der Leiter für die höchste Spannung bemessen ist.

Welche Kleinspannungen sind vorgeschrieben?

Für Geräte, die wegen ihrer Bauart nicht gegen zufällige direkte oder indirekte Berührung von Spannung führenden Teilen gesichert sind, ist die Betriebsspannung bis auf 25 V begrenzt. Kleinere Spannungen werden für folgende Geräte vorgeschrieben:

- $U_n \leq 6$ V: Medizinische Geräte, z. B. für die Untersuchung mit stromführenden Teilen im Körper
- $U_n \leq 12$ V: Geräte, z. B. in Badewannen
- $U_n \leq 24$ V: Spielzeug, z. B. Eisenbahn
- $U_n \leq 24$ V: Geräte in landwirtschaftlichen Betrieben, z. B. ortsveränderliche Scher- und Melkmaschinen.

AUFGABEN

1. Worin besteht der besondere Schutz durch Anwendung von Kleinspannung?
2. Beschreiben Sie den Anschluss von Geräten mit Kleinspannung über Steckvorrichtungen.
3. Zeichnen Sie einen Fehlerstromkreis zu der Schutzmaßnahme SELV, wenn ein Leiter auf der Kleinspannungsseite Körperschluss und der andere Leiter Erdschluss hat.
   Warum besteht bei Berührung des Gehäuses keine Gefahr?

- Kleinspannungen bieten Basisschutz und Fehlerschutz.
- Bei den Kleinspannungen SELV und PELV liegt eine sichere Trennung zwischen Eingangs- und Ausgangsseite des Transformators vor.
- SELV-Stromkreise sind ungeerdet. PELV-Stromkreise werden geerdet betrieben.
- Für Kleinspannungen sind bestimmte CEE-Steckvorrichtungen vorgeschrieben.

2.7.5 Basisschutz

Schutz gegen direktes Berühren sind Maßnahmen zum Schutz von Menschen und Nutztieren vor Gefahren, die sich beim direkten Berühren Spannung führender Teile ergeben können. Diese Maßnahmen werden auch als **Basisschutz** [basic protection] bezeichnet. Sie schützen sicher gegen elektrischen Schlag nur in Verbindung mit einer automatischen Abschaltung. In Abb. 1 sind diese Maßnahmen dargestellt.

Isolierung aktiver Teile

Ein vollständiger Schutz gegen direktes Berühren wird erreicht, wenn die unter Spannung stehenden Teile mit einer Ader- und Basisisolierung ausgestattet sind. Die direkte Isolierung des Leiters (**Aderisolierung** [core insulation]) soll einen Leiter- bzw. Windungsschluss verhindern (Abb. 1 ①).

Die **Basisisolierung** [basic isolation], die ebenfalls aus Kunststoff bestehen kann, schützt gegen gefährliche Körperströme, wenn die Aderisolierung beschädigt sein sollte. Die Isolierung eines Leiters durch Lack als Aderisolierung bietet keinen ausreichenden Schutz gegen gefährliche Berührungsspannung.
Beispiele:
Isolation von Kabeln, Leitungen oder aktiven Teilen von Motoren

- Die Schutzmaßnahme zum Basisschutz schützt Menschen und Nutztiere vor Gefahren, die sich beim Berühren unter Spannung stehender Leiter ergeben.

Abdeckung und Umhüllung

Die Spannung führenden Teile werden durch Isoliermaterialien sicher und fest abgedeckt (Abb. 1 ②). Der Schutzgrad muss mindestens IP2X betragen (s. Kap. 2.7.2). Die Ziffer 2 dieser Bezeichnung bedeutet, dass Berührungsschutz gewährleistet ist, wie z. B. das Fernhalten von Fingern und anderen Gegenständen. Zu den Ausnahmen gehören Geräte bzw. Betriebsmittel mit größeren Öffnungen.
Beispiele:
- Heizgeräte mit Glühdrähten
- Lampenfassungen
- Schraubsicherungen

Die verwendeten Abdeckungen oder Umhüllungen dürfen nur mit geeignetem Werkzeug von Elektrofachkräften oder elektrotechnisch unterwiesenen Personen entfernt werden.
Beispiele:
Abdeckung bei Stromkreisverteilern, Installationsschaltern und Schützen (Abb. 2)

2: Schutz durch Abdeckung

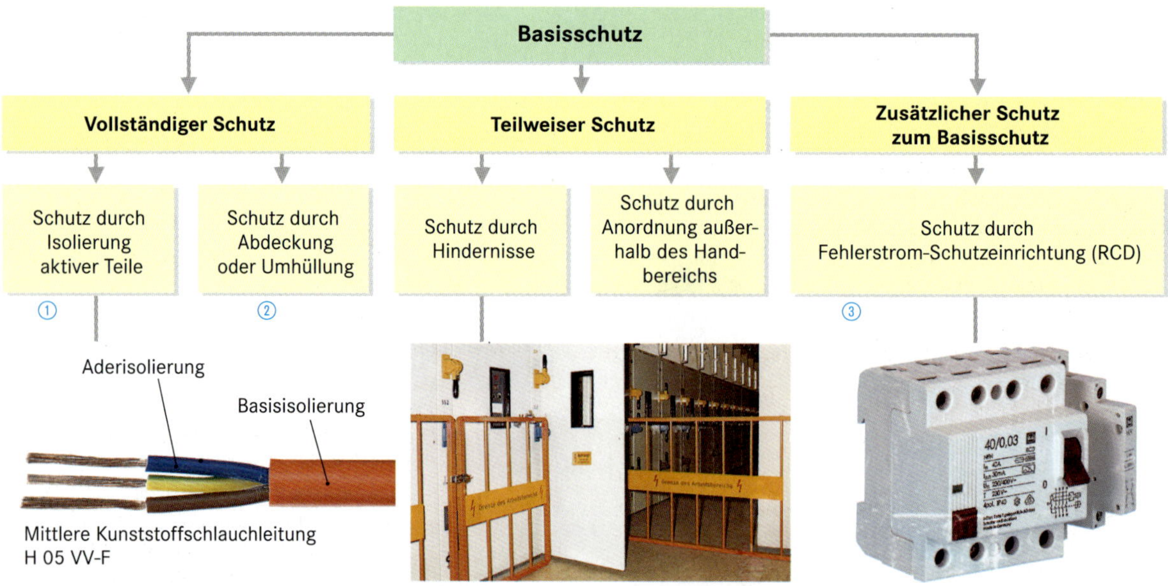

1: Schutzmaßnahmen zum Basisschutz

Hindernisse

Durch Hindernisse erreicht man, dass sich Personen nicht zufällig aktiven Teilen nähern können. Die Hindernisse bieten nur einen teilweisen Schutz, weil sie ohne besonderes Werkzeug entfernt werden können. Verwendete Geländer, Ketten oder Seile sollten durch farbliche Kennzeichnung in gelb/schwarz oder rot/weiß auf Gefahrenbereiche aufmerksam machen.
Beispiele:
Geländer, Schranken und Gitter in Schaltanlagen

Anordnung außerhalb des Handbereichs

Auch hier liegt nur ein teilweiser Schutz vor. Die aktiven Teile, d. h. auch elektrische Geräte, müssen außerhalb des Handbereichs liegen. Die Mindestabstände von 2,50 m nach oben und 1,25 m zur Seite und nach unten grenzen den **Handbereich** [arm's reach] (Abb. 3) ein.

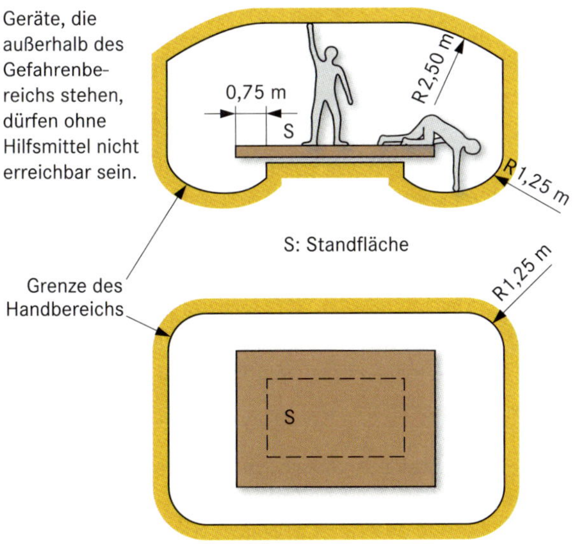

3: Handbereich

Zusätzlicher Schutz durch RCD

Die RCDs (Fehlerstrom-Schutzschalter, s. Kap. 2.3.3) bieten einen zusätzlichen Schutz zum Basisschutz, wenn andere Schutzmaßnahmen versagen, wie z. B. die automatische Abschaltung des Fehlerstromkreises durch Sicherungen oder Leitungsschutz-Schalter.

RCDs sind durch die Bemessungsstromstärke I_n und Bemessungsdifferenzstromstärke $I_{\Delta N}$ gekennzeichnet:

- I_n in A: 16; 25; 40; 63
- $I_{\Delta N}$ in mA: 10; 30; 100; 300; 500

RCDs mit $I_{\Delta N}$ von 10 mA und 30 mA bieten den größtmöglichen Schutz für den Menschen, da auch beim Basisschutz eine sofortige Abschaltung erfolgt. Sie dürfen jedoch nicht als einziger Schutz beim Basisschutz eingesetzt werden, sondern nur als zusätzlicher Schutz.

Abschaltung durch RCD

In Abb. 4b ist ein Körperschluss dargestellt. Beim Berühren des Gehäuses durch einen Menschen und einer leitenden Verbindung zum Erdreich (z. B. beim Rasenmähen) kann der Fehlerstrom über den Menschen fließen und mit einem tödlichen Stromschlag enden. Mit der RCD wird jedoch der Differenzstrom ΔI gemessen und bei Überschreitung der Bemessungsdifferenzstromstärke $I_{\Delta N}$ erfolgt eine Abschaltung.

Der zusätzliche Schutz durch eine RCD mit $I_{\Delta N} \leq 30$ mA ist gewährleistet, wenn das fehlerhafte Gerät beim Berühren innerhalb von $t_a \leq 200$ ms (Gerätenorm für RCDs) abschaltet. In der Praxis erfolgt die Abschaltung durch die RCD wesentlich schneller, und zwar in 40 bis 50 ms. Der hohe Fehlerstrom ($I_F = \Delta I$) fließt daher nur kurzzeitig durch den menschlichen Körper und verursacht keine bleibenden organischen Schäden (s. Kap. 2.1).

In Bereichen, wo eine besondere Gefährdung für Menschen vorliegt, werden Schutzeinrichtungen mit $I_{\Delta N} \leq 30$ mA (DIN VDE 0100-739) gefordert, z. B. in

- Räumen mit Bädern und Duschen,
- Schwimmhallen und Schwimmbädern im Freien innerhalb der Schutzbereiche,
- Unterrichtsräumen mit Experimentierständen,
- Anlagen im Freien für Steckdosen bis 32 A und
- in Wohnungen bzw. für bestehende Anlagen als zusätzlicher Schutz.

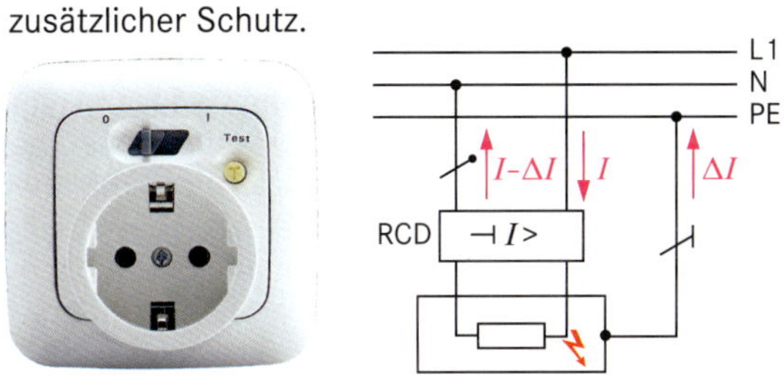

a) Steckdose mit RCD b) Stromkreis mit RCD

4: RCD

AUFGABEN

1. Erklären Sie die Basis- und Aderisolierung bei der Mantelleitung NYM.
2. Beschreiben Sie die Abstände des Handbereichs an einem Beispiel.
3. In welchen Räumen bzw. Einrichtungen müssen RCDs mit $I_{\Delta N} \leq 30$ mA eingesetzt werden?

- Vollständiger Basisschutz wird durch Abdeckung, Umhüllung und Isolierung aktiver Teile erreicht.
- Der Handbereich ist der Bereich, in dem eine Person die Abgrenzung mit der Hand ohne besondere Hilfsmittel von der Standfläche nicht erreichen kann.

2.7.6 Fehlerschutz

2.7.6.1 Doppelte oder verstärkte Isolierung

Durch Schutzmaßnahmen bei indirektem Berühren wird erreicht, dass eine gefährliche Berührungsspannung nicht entsteht bzw. nicht bestehen bleibt.

Bei der **doppelten oder verstärkten Isolierung (Schutzisolierung)** [double or increased isolation] wird verhindert, dass bei schadhafter Basisisolierung unter Spannung stehende Teile des Gerätes berührt werden können. Eine gefährliche Berührungsspannung kann dann nicht mehr entstehen.

Die Basis- und Aderisolierung wird bei der doppelten Isolierung durch eine zusätzliche Isolierung verstärkt, z. B. aus Kunststoff. Überzüge aus Farbe, Lack oder Eloxal sind nicht ausreichend. Geräte mit der zusätzlichen bzw. verstärkten Isolierung tragen dann das Symbol für die Schutzklasse II (Abb. 1).

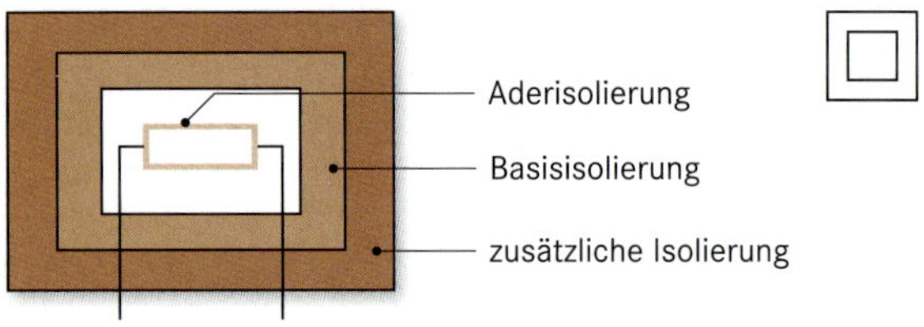

1: Aufbau einer doppelten Isolierung

Das unter Spannung stehende Teil ist nach außen mehrfach durch Isolierschichten abgeschirmt (Abb. 1). Es gibt Geräte, wie z. B. die Bohrmaschine [drilling maschine] in Abb. 3, bei denen die mechanische Festigkeit durch ein zusätzliches Metallgehäuse erhöht wird. Diese Metallteile dürfen keinesfalls mit dem Schutzleiter verbunden werden, weil eine Fehlerspannung nach außen „verschleppt" werden kann und dann die Schutzmaßnahme unwirksam wird. In Abb. 2 sind vier mögliche Arten der verstärkten Isolierung aufgeführt.

Isolierungsarten

- **Vollisolierung**
  Das Gehäuse besteht aus nicht leitendem Material.
  Beispiel: Kaffeeautomat
- **Isolierumkleidung**
  Metallgehäuse ist außen mit Kunststoff beschichtet.
  Beispiel: Bohrmaschine
- **Isolierumkleidung**
  Metallgehäuse ist innen mit Kunststoff beschichtet.
  Beispiel: Zählerschrank
- **Zwischenisolierung**
  Metallteile, die nach außen reichen, sind durch Isolierstücke unterbrochen.
  Beispiel: Antriebswelle, Getriebe

2: Verstärkte Isolierung

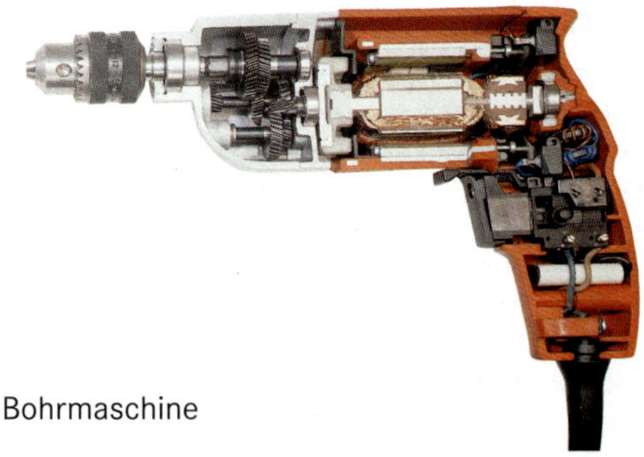

3: Bohrmaschine

Anschlussleitungen [connecting leads] zu Geräten mit verstärkter Isolierung sind zwei- oder dreiadrige Leitungen **ohne Schutzleiter** und drei- oder vieradrige Leitungen **mit Schutzleiter**.

Ein vorhandener Schutzleiter in der Anschlussleitung von Geräten mit verstärkter Isolierung muss am Stecker angeschlossen sein. Der Anschluss des Schutzleiters an Metallteilen des Gerätes ist verboten. Diese Schutzmaßnahme würde dann in die Schutzmaßnahme mit Schutzleiter umgewandelt werden.

Anschluss von Geräten mit zusätzlicher Isolierung

Innerhalb solcher Geräte, wie z. B. in Schaltern, Schaltgerätekombinationen und Verteilerschränken, können **Metallklemmen** [metal terminals] mit dem Schutzleiterzeichen vorhanden sein. Sie dienen zum Anschluss oder Durchschleifen des Schutzleiters. Damit im Fehlerfall keine Fehlerspannung zwischen Metallgehäuse und Erde entstehen kann, müssen diese Klemmen zu allen Metallteilen des Gerätes isoliert sein.

Bei der Installation von Verteilerschränken mit verstärkter Isolierung gilt:

- **Keine Metallschrauben** [metal screws] von außen in das Gehäuse hinein drehen.
- Für Leitungsdurchführungen in zusätzlich isolierten Gehäusen müssen **Verschraubungen aus Kunststoff** oder Würgenippel verwendet werden.

AUFGABE

1. An einem Elektrogerät der Schutzklasse II soll die schadhafte Anschlussleitung ausgewechselt werden. Beschreiben Sie Auswahl und Anschluss der Leitung.

- Die doppelte Isolierung besteht aus einer zusätzlichen Isolierung zur Ader- und Basisisolierung.
- Geräte mit doppelter Isolierung sind durch zwei ineinander gefügte Quadrate gekennzeichnet.
- Ein vorhandener Schutzleiter in der Zuleitung zu einem Gerät mit doppelter Isolierung muss am Stecker, aber nicht am Gerät angeschlossen werden.

2.7.6.2 Schutztrennung

Bei der Schutztrennung werden Verbraucherstromkreise durch Trenntransformatoren (Abb. 4) nach DIN EN 61551-2-4 oder Motorgeneratoren mit getrennten Wicklungen versorgt. Daher sind Netzstromkreis und Verbraucherstromkreis galvanisch voneinander getrennt. Weil zum Versorgungsnetz keine leitende Verbindung vorliegt (Abb. 5), entsteht kein Fehlerstromkreis. Personen werden bei Anwendung der Schutztrennung nicht gefährdet, wenn

- bei einem Körperschluss das Metallgehäuse des Gerätes oder
- einer der beiden aktiven Leiter berührt werden.

Erst beim Berühren der beiden aktiven Leiter wird die lebensgefährliche Spannung von 230 V überbrückt.

Welche Leitungen dürfen verwendet werden?

Um die Gefahr des Erdschlusses bei **ortsveränderlichen Verbrauchern** [portable equipment] auszuschließen, muss auf ausreichende Isolierung der Leitungen geachtet werden. Für die Leitungsauswahl und Leitungsverlegung gilt deshalb:

- Gummischlauchleitungen vom Typ H07RN-F oder gleichwertige Leitungen verwenden
- Leitungen von Stromkreisen mit Schutztrennung getrennt verlegen
- Mehraderleitungen in Installationsrohre oder Installationskanäle einziehen

Nach DIN VDE 0100-410 können auf der Sekundärseite des Trenntransformators mehrere Verbraucher angeschlossen werden (Abb. 6). Die **Metallgehäuse** [metal cases] der Geräte müssen jedoch durch einen isolierten Schutzpotenzialausgleichsleiter bzw. PE-Leiter ① miteinander verbunden sein. Damit wird verhindert, dass bei zwei Fehlern ② und ③ zwischen den Gehäusen eine gefährliche Spannung entsteht. Bei einem zweifachen Körperschluss muss die Abschaltung der Stromversorgung innerhalb folgender Zeiten erfolgen:

- U_{2n} = 230 V innerhalb von $t_a \leq 0{,}4$ s
- U_{2n} = 400 V innerhalb von $t_a \leq 0{,}2$ s

4: Drehstrom-Trenntransformator

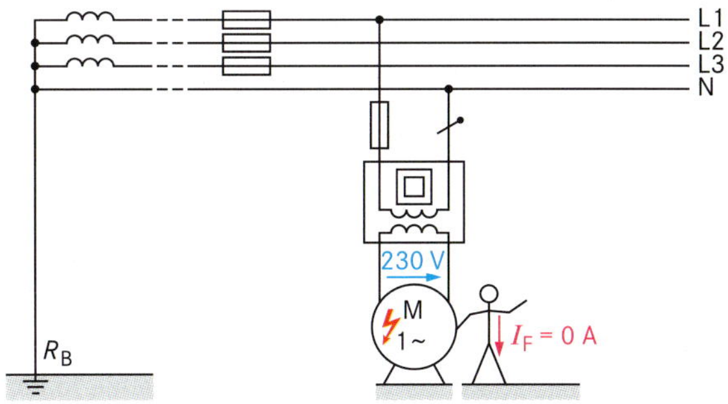

5: Berühren eines Spannung führenden Gehäuses

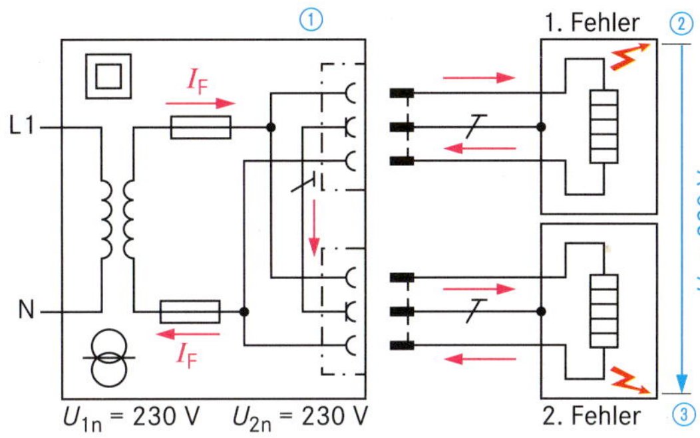

6: Schutztrennung mit mehreren Verbrauchern

Beim Anschluss mehrerer Verbraucher gelten nach DIN VDE folgende Festlegungen:

- Keine Erdung der Metallteile und aktiven Teile des Stromkreises mit Schutztrennung
- Bemessungsspannungen:
  Oberspannung $U_1 \leq 1000$ V,
  Unterspannung $U_2 \leq 500$ V
- Leitungslänge zum Verbraucher: $l \leq 500$ m
- Produkt aus Betriebsspannung und Leitungslänge: $U \cdot l \leq 100.000$ Vm

Anwendungsbeispiele

- Elektrische Werkzeuge und Lampen bei Arbeiten in Metallbehältern
- Schütz- und Relaisstromkreise
- Rasiersteckdosen in Baderäumen

AUFGABEN

1. Erklären Sie, was man unter galvanischer Trennung versteht.
2. Begründen Sie, warum flexible Zuleitungen zu Geräten mit Schutztrennung einen Schutzleiter enthalten müssen.
3. Worauf ist beim Anschluss mehrerer Geräte bei Schutztrennung zu achten?

- Bei der Schutztrennung sind die Verbraucher durch galvanische Trennung vom Versorgungsnetz getrennt.

2.7.6.3 Nicht leitende Umgebung

Sehr schlecht leitende Räume werden als nicht leitende Umgebung [non-conducting area] bezeichnet. Tritt an einem Betriebsmittel (z. B. Elektromotor) ein Körperschluss auf, dann fließt beim Berühren ein kleiner Fehlerstrom über den Körperwiderstand der Person und den hochohmigen Widerstand des Fußbodens (Abb. 1). Dieser Strom wird kaum wahrgenommen.

Haben wir es jedoch mit zwei fehlerhaften Motoren zu tun, die jeweils einen Körperschluss mit verschiedenen Außenleitern haben, dann liegt zwischen den Metallgehäusen der Motoren (Abb. 1 rechts) die gefährliche Leiterspannung 400 V. Zum Schutz von Personen muss deshalb zwischen den Motoren und anderen leitfähigen Teilen der Mindestabstand für den Handbereich eingehalten werden ① ②.

In nicht leitender Umgebung müssen Wände und Fußböden isoliert sein. Für den **Isolationswiderstand R_{iso}** [insulation resistance] (s. Kap. 2.9.5) gelten folgende Mindestwerte für Anlagen mit Wechselspannung:

- $U_n \leq 500$ V AC mit Prüfspannung
  $U_n \geq 500$ V DC
- $U_n > 500$ V AC mit Prüfspannung
  $U_n \geq 1000$ V DC
  $R_{iso} \geq 1$ MΩ

AUFGABEN

1. Beschreiben Sie, durch welche Maßnahmen der Schutz in nicht leitender Umgebung gewährleistet wird.
2. Warum ist die Stromstärke ungefähr Null, wenn in Abb. 1 der Fehlerfall ① vorliegt? Begründen Sie Ihre Antwort.

- In nicht leitender Umgebung müssen die Mindestwerte für den Isolationswiderstand eingehalten werden.
- Durch Anordnung der Geräte (Handbereich) in nicht leitender Umgebung kann es zu keiner gefährlichen Berührungsspannung kommen.

2.7.6.4 Erdfreier örtlicher Schutzpotenzialausgleich

In nicht leitender Umgebung darf an fest eingebauten Geräten der Schutzklasse I und an Steckdosen kein Schutzleiter angeschlossen werden. Es ist jedoch erlaubt, über einen Schutzleiter die metallenen Gehäuse aller Geräte miteinander zu verbinden (Abb. 2). Damit wird erreicht, dass alle leitfähigen Teile dasselbe Potenzial haben. Diese Maßnahme wird als **erdfreier örtlicher Schutzpotenzialausgleich** [protective equipotential bonding] bezeichnet. Ein Mindestabstand zwischen den Geräten ist in solchen Räumen nicht erforderlich. Weil zwischen den Geräten kein Potenzialunterschied entstehen kann, entwickelt sich auch keine gefährliche Berührungsspannung.

Installationsbedingungen

- Der örtliche Schutzpotenzialausgleich darf nicht mit der Erde verbunden sein.
- An den Geräten darf kein Schutzleiter angeschlossen werden.

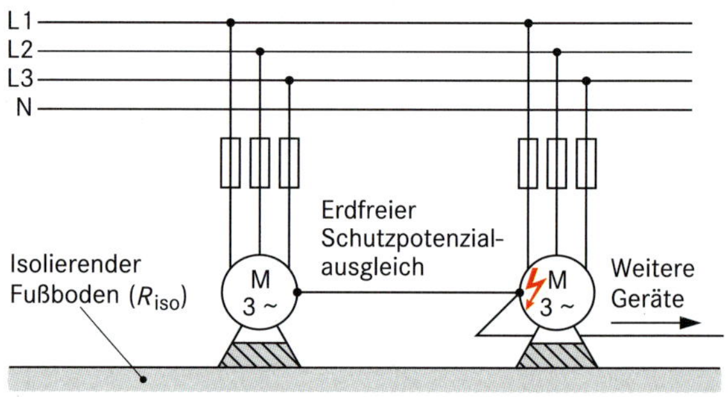

2: Erdfreier örtlicher Schutzpotenzialausgleich

AUFGABEN

1. Nennen Sie zwei Installationsbedingungen beim örtlichen erdfreien Schutzpotenzialausgleich.
2. Wann ist kein Mindestabstand zwischen einzelnen Geräten erforderlich?

- Der örtliche erdfreie Schutzpotenzialausgleich verhindert das Entstehen einer Potenzialdifferenz zwischen zwei nicht geerdeten Geräten.

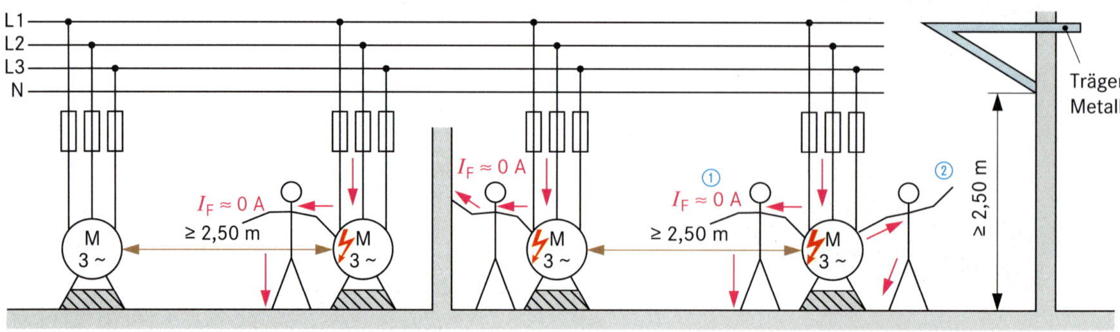

1: Fehlerstrom in nicht leitender Umgebung

2.7.6.5 Abschaltung im TN-System

Die Energieversorgung elektrischer Verbraucher erfolgt über verschiedene Verteilungssysteme. In Abb. 3 sind die verschiedenen Systeme dargestellt. Das TN-System wird in drei verschiedenen Ausführungen (TN-C, TN-S und TN-C-S) betrieben. In Abb. 4 sind die Bedeutungen der Buchstaben für die Systeme aufgeführt. Trotz des unterschiedlichen Aufbaus werden die einzelnen Sicherheitsaspekte wie

- **Personenschutz** im Fehlerfall,
- **Überlastschutz** und
- **Kurzschlussschutz** gewährleistet.

Die **automatische Abschaltung** von Stromkreisen kann dabei durch folgende Schutzorgane geschehen:

- Schmelzsicherungen,
- Leitungsschutz-Schalter (LS-Schalter) oder
- RCD.

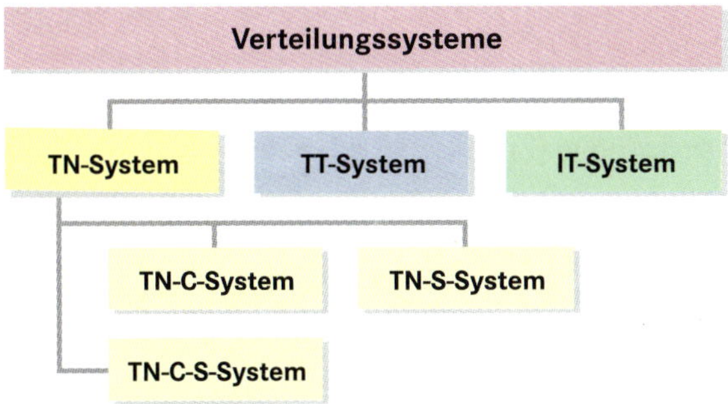

3: Verteilungssysteme

1. Buchstabe	Beschreibung der Erdung beim VNB
2. Buchstabe	Beschreibung der Erdung in der Anlage des Verbrauchers
3. und 4. Buchstabe	Beschreibung der N- und PE-Leiter-Verlegung in der Anlage des Verbrauchers
T:	Der Sternpunkt ist direkt geerdet. Die Körper sind mit dem Sternpunkt verbunden. (T: Terre, Erde)
I:	Alle aktiven Teile sind von der Erde getrennt. Der Sternpunkt ist isoliert (oder) über eine Impedanz mit der Erde verbunden. (I: Isolated)
N:	Die Körper sind direkt mit dem Sternpunkt des Systems verbunden.
C:	Der PEN-Leiter hat Neutralleiter(N)- und Schutzleiter(PE)-Funktion. (C: Combined, kombiniert)
S:	Der PE-Leiter ist vom N-Leiter getrennt. (S: Separated)

4: Bezeichnung von Verteilungssystemen

Im **TN-C-System** [TN-C system] ist der PEN-Leiter gleichzeitig Neutral- und Schutzleiter (Abb. 5 ①). Er muss grün-gelb gekennzeichnet sein. Da die Schutz- und Rückleitungsfunktionen der beiden Leiter hier kombiniert sind, darf der PEN-Leiter an keiner Stelle des TN-C-Systems unterbrochen werden. Der Einbau von Sicherungen und Schaltern im PEN-Leiter ist nicht erlaubt.

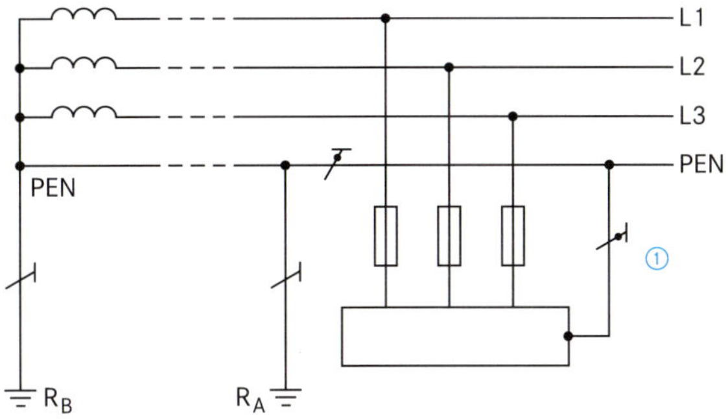

R_B: Betriebserder R_A: Anlagenerder

5: TN-C-System

Im **TN-S-System** [TN-S system] (Abb. 6) sind in der Verteilung der N-Leiter und der PE-Leiter mit dem Erder der Anlage noch verbunden ②. Danach werden der N- und PE-Leiter im gesamten System getrennt geführt ③. Die Sicherheitsfunktion wird besonders durch die getrennte Verlegung des Schutzleiters erfüllt.

Wegen seiner großen Funktionssicherheit wird das TN-S-System z. B. in Verbraucheranlagen von privaten Haushalten und in Krankenhäusern installiert.

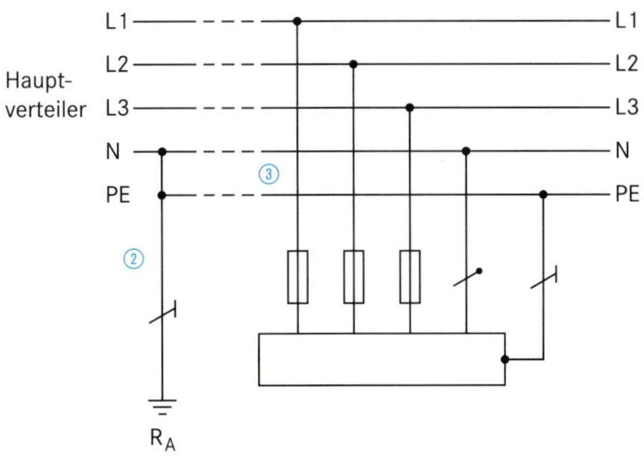

6: TN-S-System

Erdung in TN-Systemen

Beim möglichen Erdschluss eines Außenleiters können andere Leiter wie PEN- und PE-Leiter eine Spannung gegen Erde annehmen, welche die zulässige Berührungsspannung von 50 V übersteigt. Um diese Spannungsüberhöhung zu verhindern, wird durch mehrere Erder der Gesamtwiderstand verkleinert.

Alle Erder bilden zusammen eine Parallelschaltung:

- **Betriebserder** (R_B) [functional earth electrode] am Transformator
- **Anlagenerder** (R_A) [installation earth electrode], z. B. Fundamenterder oder Staberder, in der Verbraucheranlage
- **weitere Erder** ($R_{A1,2}$...), falls erforderlich

Installation von PEN-, N- und PE-Leiter

Im TN-C-System befinden sich der PEN-Leiter zusammen mit den Außenleitern in einer gemeinsamen Umhüllung (z. B. Hausanschlusskabel).

In Abb. 1 ist der Aufbau eines **TN-C-S-Systems** dargestellt. Es handelt sich hierbei im Prinzip um zwei Systeme. Die Einspeisung vom VNB erfolgt über ein TN-C-System ①, bei dem der Sternpunkt geerdet ist. Im nachfolgenden System wird der PEN-Leiter in den N- und PE-Leiter aufgeteilt. Danach wirkt das System wie ein TN-S-System ②.

AUFGABEN

1. Welche Bedeutung haben die einzelnen Buchstaben in der Bezeichnung TN-C-S-System?
2. Beschreiben Sie den Unterschied zwischen einem TN-C-System und einem TN-S-System.

- Im TN-System ist ein Punkt, der Sternpunkt des Transformators, direkt geerdet. Mit diesem Punkt sind die Körper der angeschlossenen Verbraucher direkt verbunden.
- TN-C-System: Der PEN-Leiter ist gleichzeitig Neutralleiter und Schutzleiter.
- TN-S-System: Der Schutzleiter und Neutralleiter sind getrennt.
- Im TN-C-S-System werden in einem Teilsystem die Neutral- und Schutzleiterfunktion über den PEN-Leiter realisiert, in dem anderen Teilsystem werden N- und PE-Leiter getrennt geführt.

Fehlerschleife

Der Schutzleiter PE übernimmt z. B. bei einem Kurzschluss die Schutzfunktion, da er den Fehlerstromkreis zum Sternpunkt des Netztransformators schließt. Am Beispiel einer Fehlerschleife wird in Abb. 2 die Auslösestromstärke I_K (Kurzschlussstromstärke) bei einem Körperschluss dargestellt. Der Teilstrom über die Erder R_A und R_B ist dabei vernachlässigbar klein. Der Fehlerstrom I_K fließt zum größten Teil über das **Gehäuse** des Gerätes, den **PE-Leiter** und den **PEN-Leiter** zum Sternpunkt des Leistungstransformators. Der Gesamtwiderstand der Fehlerschleife muss klein sein, damit die Kurzschlussstromstärke groß wird.

Die **Schleifenimpedanz Z_S** [loop impedance] (s. Kap. 2.9.7) setzt sich zusammen aus

- Z_T der Transformatorwicklung,
- R_L des Außenleiters und der Sicherung,
- R_{Kl} der Anschlussklemmen am Objekt,
- R_{PE} des Schutzleiters und
- R_{PEN} des PEN-Leiters.

Das Ersatzschaltbild der Schleifenimpedanz Z_S des Stromkreises von Abb. 2 ist in Abb. 3 dargestellt.

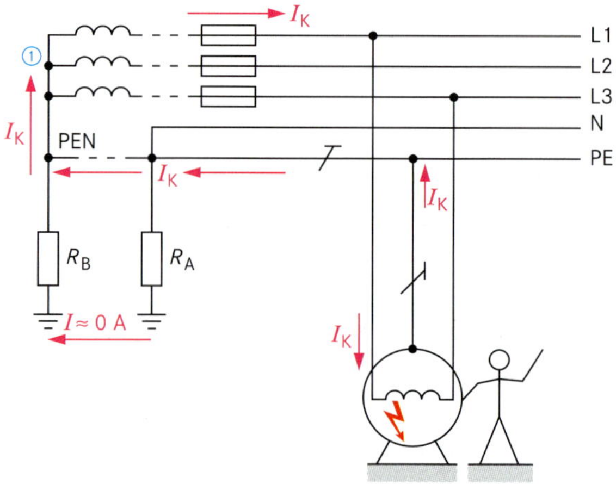

2: Fehlerschleife (Z_S) bei Körperschluss

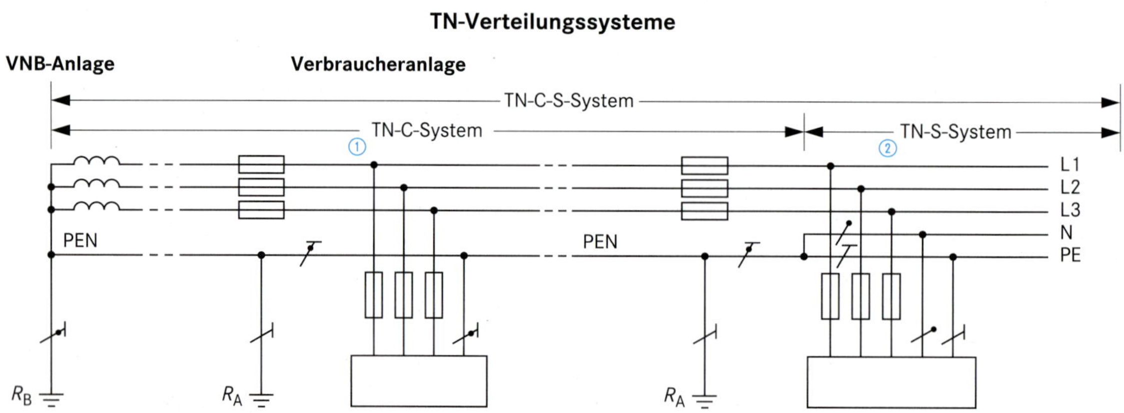

1: TN-C-S-System

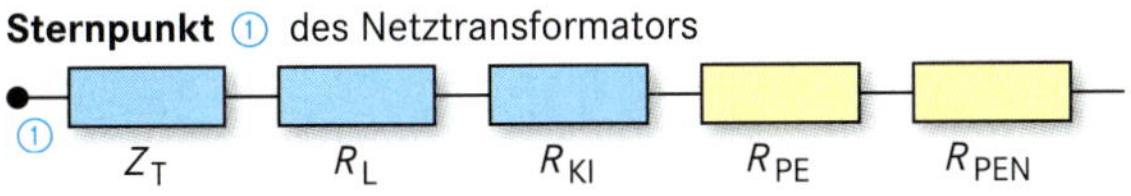

3: Ersatzschaltbild der Schleifenimpedanz

Nach der Auslösecharakteristik der Sicherung oder des LS-Schalters verringert sich die Auslösezeit bei einem größeren Kurzschlussstrom. Zur Abschaltzeit t_a des Überstrom-Schutzorgans lässt sich deshalb folgende Wirkungskette aufstellen:

$Z_S \downarrow \Rightarrow I_K \uparrow \Rightarrow t_a \downarrow$

Damit ein ausreichend großer Abschaltstrom fließen kann, muss folgende Bedingung für Z_s erfüllt sein:

$$Z_S \leq \frac{U_0}{I_a}$$

I_a: Abschaltstromstärke des Überstrom-Schutzorgans

U_0: Spannung gegen Erde

Anwendung	Spannung gegen Erde	Abschaltzeit
Steckdosenstromkreise und ortsveränderliche Betriebsmittel	$U_0 \leq 230$ V ($U_0 > 120$ V)	$t_a \leq 0{,}4$ s
	$U_0 \leq 400$ V ($U_0 > 230$ V)	$t_a \leq 0{,}2$ s
Endstromkreise mit festem Anschluss von Handgeräten oder ortsveränderlichen Geräten der Schutzklasse I	$U_0 > 400$ V	$t_a \leq 0{,}1$ s
Verteilungsstromkreise in Gebäuden, die z. B. zu einem Schaltschrank führen und Endstromkreise mit ortsfesten Geräten	$U_0 \leq 400$ V	$t_a \leq 5$ s

4: Abschaltzeiten

Für die einzelnen Stromkreise gelten maximale Abschaltzeiten (Abb. 4). Die Hersteller von Überstrom-Schutzorganen geben Näherungswerte für die **Abschaltstromstärke** I_a (= I_K) an (Abb. 6).

Kleinere Abschaltzeiten werden z. B. in TN-Systemen durch einen **zusätzlichen Schutzpotenzialausgleich** erreicht. Aufgrund der Parallelschaltung zum PE-Leiter lässt sich folgende Wirkungskette aufstellen:

$R_{ZPA} \,||\, R_{PE} \Rightarrow R_G \downarrow \Rightarrow I_a \uparrow \Rightarrow t_a \downarrow$

In Abb. 5 ist in einem Beispiel die Abschaltung in einem TN-System 3/N ~ 400/230 V 50 Hz dargestellt.

Überstrom-Schutzorgan	Auslösung
Schmelzsicherung Typ gG	$I_a \approx 8 \cdot I_n \Rightarrow t_a \leq 0{,}4$ s $I_a \approx 6 \cdot I_n \Rightarrow t_a \leq 5$ s
Leitungsschutz-Schalter, Typ B	Halten bei $3 \cdot I_n \Rightarrow t_a > 0{,}1$ s Auslösen bei $5 \cdot I_n \Rightarrow t_a < 0{,}1$ s
Leitungsschutz-Schalter, Typ C	Halten bei $5 \cdot I_n \Rightarrow t_a > 0{,}1$ s Auslösen bei $10 \cdot I_n \Rightarrow t_a < 0{,}1$ s

6: Auslösung von Überstrom-Schutzorganen

AUFGABE

1. Wie groß darf die Schleifenimpedanz maximal sein, wenn ein Stromkreis (U_0 = 230 V) mit einer Schmelzsicherung (Typ gG) und I_n = 20 A abgesichert ist?

- Die Schleifenimpedanz Z_S ist der Gesamtwiderstand des Fehlerstromkreises (Außenleiter, geerdeter Schutzleiter PE zwischen Netztransformator und Verbraucher).
- Der Schutz im TN-System besteht darin, dass im Fehlerfall ein großer Strom in der Fehlerschleife die Schutzeinrichtung auslöst.

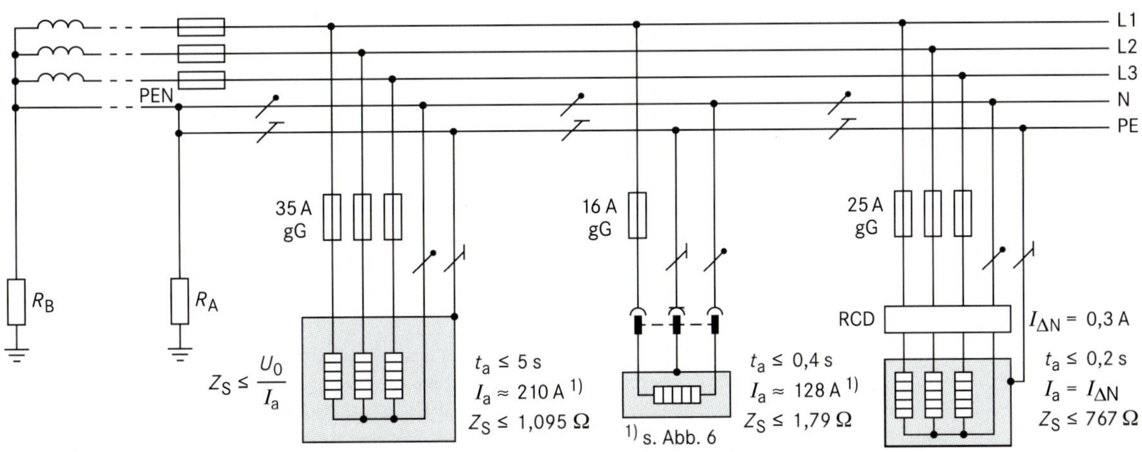

5: Beispiel zur Abschaltung in einem TN-System

2.7.6.6 Abschaltung im TT-System

Im TT-System (Abb. 1) ist der Sternpunkt des Netztransformators geerdet ③. Die Gehäuse der Geräte sind direkt geerdet ① bzw. mit dem gemeinsamen Erder der Anlage (R_A) verbunden ②.

Im Unterschied zum TN-System besteht im TT-System zwischen den Widerständen der Betriebserder R_B und dem Anlagenerder R_A keine Verbindung. Beide Erder sind lediglich über das Erdreich miteinander verbunden. In Abb. 2 ist beispielsweise der Fehlerstromkreis eingezeichnet.

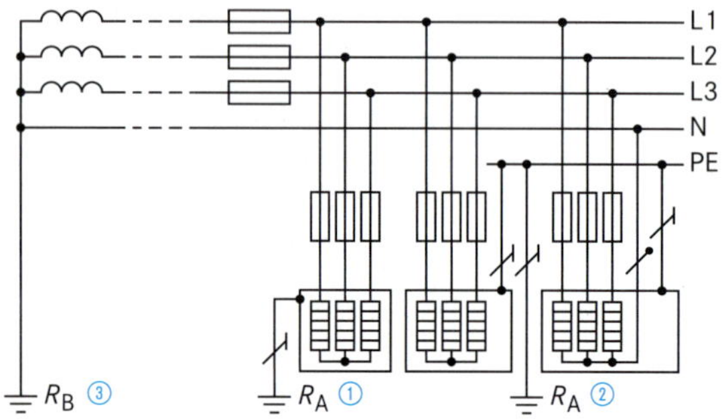

1: TT-System

Fehlerstromkreis bei Körperschluss

Der Fehlerstrom I_F fließt vom Netztransformator über die Leitung (R_L), die Fehlerstelle ($R_Ü$) und den Erdungswiderstand R_A der Verbraucheranlage durch das Erdreich zum Netztransformator (R_B). Die Fehlerstromstärke I_F muss mindestens so groß sein wie die Auslösestromstärke I_a der Schutzeinrichtung. Aus dieser Bedingung folgt die Berechnung des maximal zulässigen Anlagen-Erdungswiderstandes R_A:

$$R_A \leq \frac{U_L}{I_a}$$

I_a: Abschaltstromstärke des Überstrom-Schutzorgans

U_L: Höchstzulässige Berührungsspannung

Die Spannung U_L (Abb. 2) ist die höchstzulässige Berührungsspannung für Menschen bzw. Tiere, die überbrückt werden kann. Sie ist eine Teilspannung von U_0.

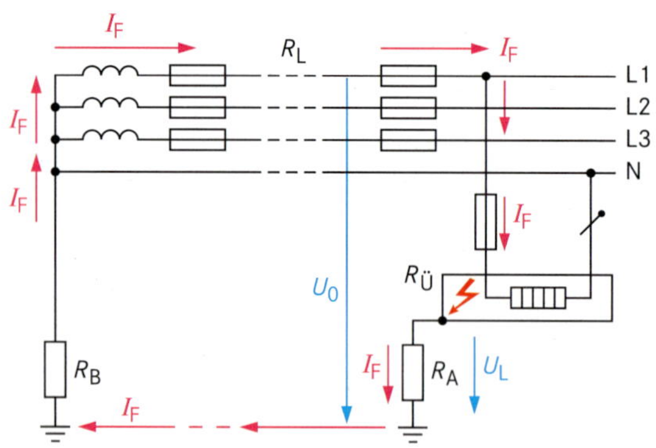

2: Fehlerstromkreis im TT-System

Ist der PE-Leiter nicht ordnungsgemäß angeschlossen oder unterbrochen, baut sich bei Körperschluss eine gefährliche Fehlerspannung zwischen Gehäuse und Erde auf. Ein Fehlerstromkreis mit einer genügend hohen Fehlerstromstärke kann sich dann nicht aufbauen. Es kommt zu keiner Abschaltung durch das Überstrom-Schutzorgan.

Verkleinerung des Erdungswiderstandes R_A

Im TT-System (Abb. 3) sind niedrige Erdungswiderstände oft nicht erreichbar. Deshalb verwendet man RCDs, die bei kleiner Bemessungsfehlerstromstärke $I_{\Delta N}$ und hohem R_A noch abschalten (Abb. 4). Für R_A gilt folgende Bedingung:

$$R_A \leq \frac{U_B}{I_{\Delta N}}$$

$I_{\Delta N}$: Bemessungsfehlerstromstärke

U_B: Höchstzulässige Berührungsspannung

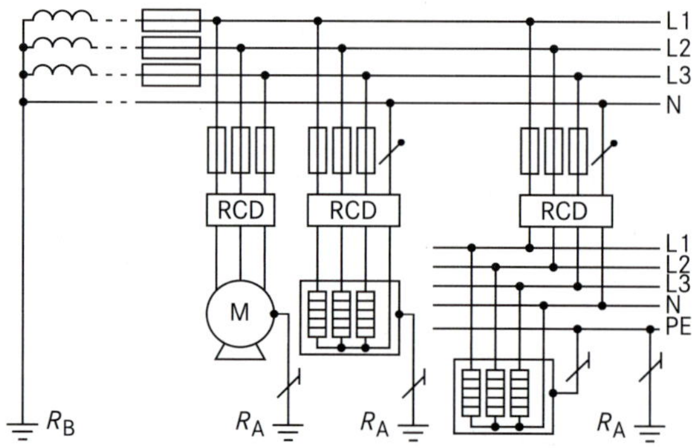

3: Anschlüsse über RCDs im TT-System

Erdungswiderstände R_A bei RCDs		
$I_{\Delta N}$	$R_A \leq \frac{50\ V}{I_{\Delta N}}$	$R_A \leq \frac{25\ V}{I_{\Delta N}}$
0,01 A	5000 Ω	2500 Ω
0,03 A	1667 Ω	833 Ω
0,10 A	500 Ω	250 Ω
0,30 A	167 Ω	83 Ω
0,50 A	100 Ω	50 Ω
1,00 A	50 Ω	25 Ω

4: Erdungswiderstände

Die RCDs müssen bei den höchstzulässigen Fehlerspannungen 50 V bzw. 25 V abschalten. Andere Überstrom-Schutzorgane können im TT-System für den Fehlerschutz nur dann angewendet werden, wenn R_A sehr klein ist. Erst dann fließt im Fehlerfall ein ausreichend großer Abschaltstrom.

- Um die Abschaltung im Fehlerfall zu erreichen, müssen im TT-System die Werte für die Erdungswiderstände der Anlagenerder eingehalten oder $I_{\Delta N}$ der RCDs kleiner gewählt werden.

2.7.6.7 Abschaltung im IT-System

Alle aktiven Leiter sind im IT-System [IT system] gegen Erde isoliert. Zwischen den Außenleitern und dem geerdeten Punkt (Anlagen-Erdungswiderstand R_A) liegt eine **Isolations-Überwachungseinrichtung** (Abb. 5a, ①) [insulation monitoring device]. Sie überwacht den Isolationswiderstand der Anlage gegen Erde.

Funktion der Isolations-Überwachungseinrichtung

Das Gerät kontrolliert ständig den Isolationswiderstand der Anlage (Abb. 6). Wird der Ansprechwert unterschritten (einstellbar z. B. von 2 kΩ bis 60 kΩ), erfolgt eine optische und/oder akustische Anzeige (Schutz durch Meldung).

Erdung

In Abb. 5 sind zwei unterschiedliche Anlagen dargestellt. Ihre besonderen Merkmale sind:

- Gemeinsam geerdete Geräte und metallene Anlagenteile ②
- einzeln geerdete Geräte ③ ⑤ ⑦
- RCD-Schutz ④

Für den Anlagen-Erdungswiderstand R_A gilt:

$$R_A \leq \frac{U_L}{I_a}$$

I_a: Abschaltstromstärke des Überstrom-Schutzorgans

U_L: Höchstzulässige Berührungsspannung

Der Anlagen-Erdungswiderstand R_A setzt sich aus den Widerständen der Schutzpotenzialausgleichsleiter, des PE-Leiters und des Erders zusammen.

Fehlerfall

Zum Verhalten der Anlage im Fehlerfall wird zunächst ein Fehler (1. Fehler, Körperschluss) an einem Motor in Abb. 5b ⑥ angenommen (I_d). Es ist keine Abschaltung erforderlich. Eine optische bzw. akustische Anzeige erfolgt an der Isolations-Überwachungseinrichtung. Die Anlage kann trotz des Fehlers weiter betrieben werden. Es entsteht keine Berührungsspannung, weil der Sternpunkt des Netztransformators nicht geerdet ist ⑧.

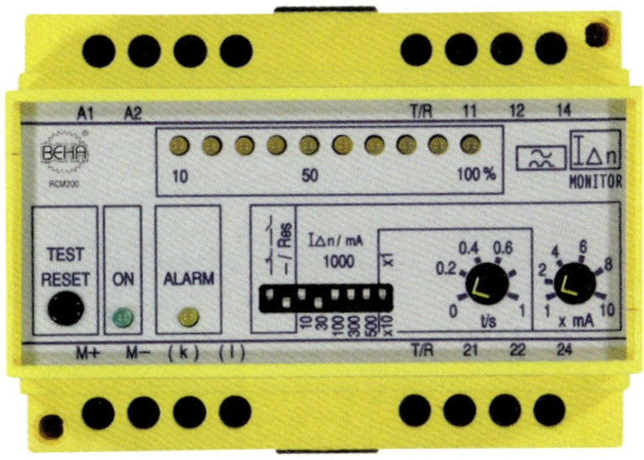

6: Isolations-Überwachungseinrichtung

Tritt ein weiterer Fehler (2. Fehler) z. B. am zweiten Motor ⑦ auf, muss die Anlage sofort abgeschaltet werden. Über die Erder bildet sich ein Fehlerstromkreis mit I_a zwischen den Außenleitern L1 und L3. Das IT-System arbeitet jetzt wie ein TT-System (s. Kap. 2.7.6.6). D. h., es muss ein großer Strom I_a fließen, der zur Abschaltung durch das Schutzorgan führt.

Einen besseren Schutz im IT-System erreicht man durch RCDs, die den Fehlerstrom überwachen und bei $I_F = I_{\Delta N}$ sofort abschalten.

- Im IT-System können die Körper der Geräte einzeln oder gemeinsam geerdet werden.
- Im IT-System kontrolliert eine Isolations-Überwachungseinrichtung den Isolationszustand zwischen dem Netz und dem Schutzpotenzialausgleich bzw. der Erde.
- Im IT-System bildet sich bei einem 1. Fehler kein Fehlerstromkreis, da der Sternpunkt des Netztransformators nicht geerdet ist.
- Bei einem 2. Fehler liegt die Leiterspannung gegen Erde, sodass eine automatische Abschaltung der Stromversorgung erfolgen muss.

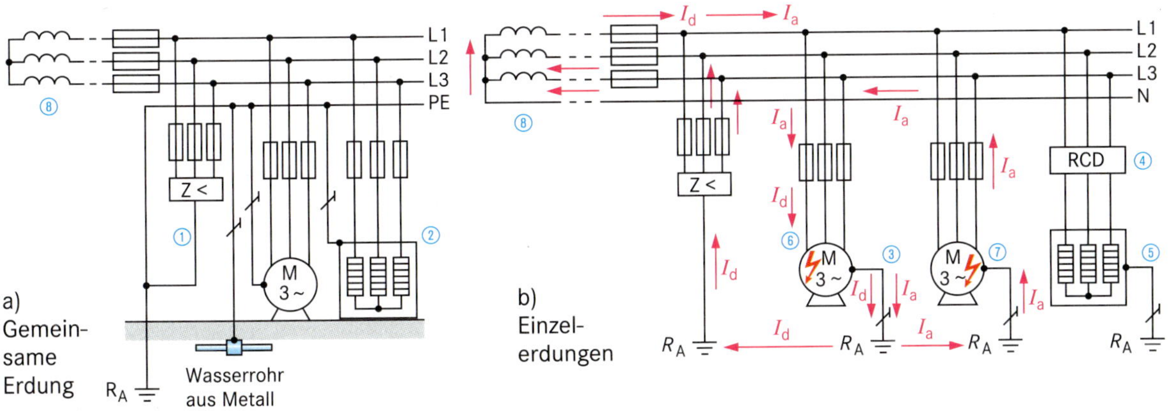

5: Erdungen im IT-System

2.7.6.8 Übersicht: Verteilungssysteme

TN-S-System	TT-System	TT-System
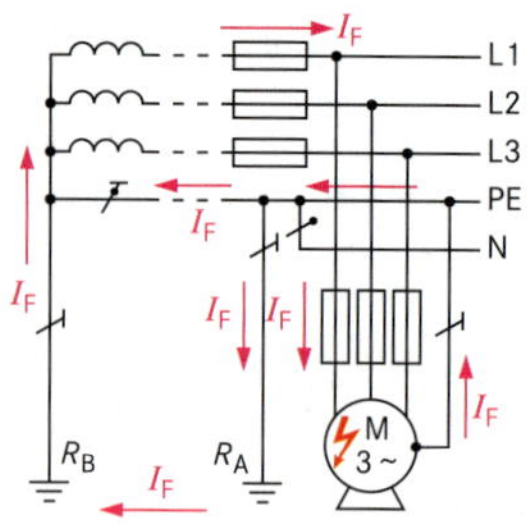	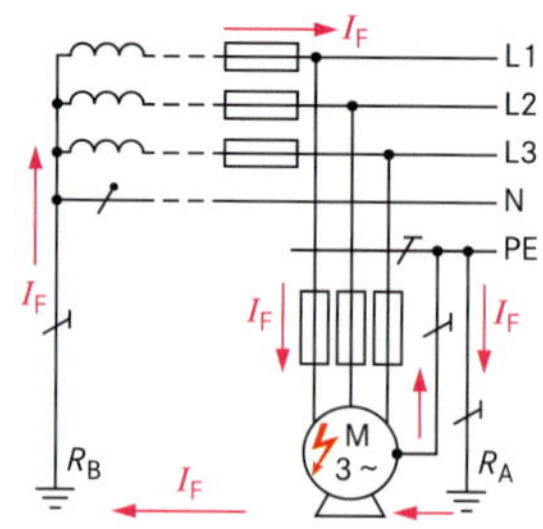	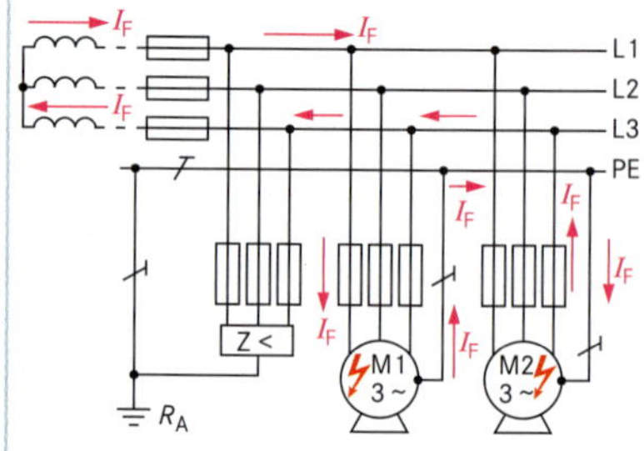
Fehlerstromkreise		
L1 → Motor → PE ↗ $R_A \to R_B$ ↘ Y → L1 L1 → Motor → PE ↘ PEN ↗ Y → L1	L1 → Motor → PE → R_A → R_B → Y → L1	L1 → Motor 1 → PE → Motor 2 → L3 → Y → L1
Einflussgrößen auf die Fehlerstromstärke I_F		
• $q_{PE} \uparrow \Rightarrow R_{PE} \downarrow \Rightarrow I_F \uparrow$ • R_A und $R_B \downarrow \Rightarrow I_F \uparrow$ • Übergangswiderstand ($R_Ü$) zwischen Gehäuse und PE-Leiter sowie PEN-Leiter und Haupterdungschiene	• $q_{PE} \uparrow \Rightarrow R_{PE} \downarrow \Rightarrow I_F \uparrow$ • R_A und $R_B \downarrow \Rightarrow I_F \uparrow$ • Übergangswiderstand ($R_Ü$) zwischen Gehäuse und PE-Leiter und zu R_A	• $q_{PE} \uparrow \Rightarrow R_{PE} \downarrow \Rightarrow I_F \uparrow$ • Übergangswiderstand ($R_Ü$) zwischen Gehäuse und PE-Leiter und zu R_A
Folgerungen		
• Leiterquerschnitt und Erderwiderstände beeinflussen den Fehlerstrom nur gering. • Je kleiner die Widerstände sind, desto größer wird der Fehlerstrom I_F. • Der Fehlerstrom wird zum Kurzschlussstrom I_K. ⇒ Abschaltstrom I_a für das Überstrom-Schutzorgan	• Leiterquerschnitt und Erderwiderstände beeinflussen den Fehlerstrom I_F. • Je kleiner die Widerstände sind, desto größer wird der Fehlerstrom I_F. • Der Fehlerstrom wird zum Kurzschlussstrom I_K. ⇒ Abschaltstrom I_a für das Überstrom-Schutzorgan	• Leiterquerschnitt beeinflusst den Fehlerstrom I_F. • Je kleiner die Widerstände sind, desto größer wird der Fehlerstrom I_F. • Widerstand zwischen Außenleiter und Erde verkleinert sich. ⇒ Isolations-Überwachungseinrichtung zeigt den ersten Fehler an.
Schutz gegen elektrischen Schlag		
• Schleifenimpedanz $Z_S \downarrow \Rightarrow$ Abschaltstrom $I_a \uparrow \Rightarrow$ Abschaltzeit $t_a \Rightarrow \downarrow$ • Metallgehäuse sind über den Schutzleiter mit dem Sternpunkt verbunden. Zusätzlich sind der PE-Leiter und der Transformator-Sternpunkt geerdet. Bei Körperschluss wird automatisch abgeschaltet.	• Summe der Widerstände des Erders und des PE-Leiters bis Gehäuse $R_A \downarrow \Rightarrow I_a \uparrow \Rightarrow$ Abschaltzeit $t_a \downarrow$ • Metallgehäuse sind über den Schutzleiter, die Erder und die Erde mit dem Sternpunkt verbunden. Bei Körperschluss wird automatisch abgeschaltet.	• Meldung des 1. Fehlers • Auftreten eines 2. Fehlers ⇒ Abschaltstrom $I_a \uparrow \Rightarrow$ Abschaltzeit $t_a \downarrow$ • Metallgehäuse sind über den PE-Leiter mit dem Erder verbunden. Ein Körperschluss wird von der Schutzeinrichtung gemeldet. Bei einem zweiten Körperschluss wird abgeschaltet.

2.7.7 Schutzpotenzialausgleich und Erdung

In Kap. 2.3.1 wurde im Rahmen der Beschreibung des Hausanschlussraumes der Schutzpotenzialausgleich bereits behandelt. Diese Schutzmaßnahme soll jetzt unter besonderer Berücksichtigung der Erdung vertieft werden.

In Abb. 1 ist beispielhaft der Schutzpotenzialausgleich in einem Wohnhaus dargestellt. Die erforderlichen Leiterquerschnitte sind in den Tabellen der Abb. 2 und 3 aufgeführt.

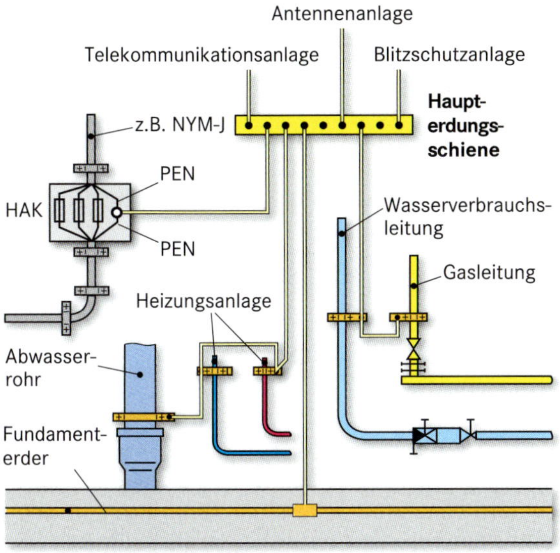

1: Schutzpotenzialausgleich in einem Wohnhaus

q für Schutzpotenzialausgleichsleiter	
Werte	**Leiterquerschnitt *q***
Mindest-wert	6 mm²
Normal-wert	0,5 x q_{max}, dies ist der Schutzleiter zwischen HAK und Zählerschrank
Maximal-wert	25 mm² (Cu oder gleichwertiger Leitwert)

2: Querschnitte für Schutzpotenzialausgleichsleiter

q für zusätzliche Schutzpotenzialausgleichsleiter	
Werte	**Leiterquerschnitt *q***
Mindest-wert	2,5 mm² (Cu) oder 4 mm² (Al) bei mechanischem Schutz, 4 mm² (Cu) ohne mechanischen Schutz
Normal-wert	1 x q_{PE} zwischen zwei Gehäusen, 0,5 x q_{PE} zwischen Gehäuse und fremdem, leitfähigem Anlageteil

3: Querschnitte für zusätzliche Schutzpotenzialausgleichsleiter

Erdung

Bei bestimmten Verteilungssystemen (TN- und TT-System) wird der Sternpunkt des Netztransformators geerdet ($R_B \approx 2\ \Omega$). Der Schutz gegen elektrischen Schlag ist gewährleistet, wenn in der Verbraucheranlage eine Erdung, z. B. über den Fundamenterder, installiert ist ($R_A \approx 10\ \Omega$). Durch die Art der Verlegung im Erdreich wird die Schutzwirkung maßgeblich beeinflusst (Abb. 4).

Als Erder werden verwendet:

- **Feuerverzinkte Bänder**, **Stäbe** oder **Platten**, die in ausreichender Tiefe in den frostfreien Bereich des Erdbodens gelegt werden
- **Banderder** [strip earth conductor], die strahlen-, ring- oder maschenförmig verlegt werden
- **Fundamenterder** [foundation earth]

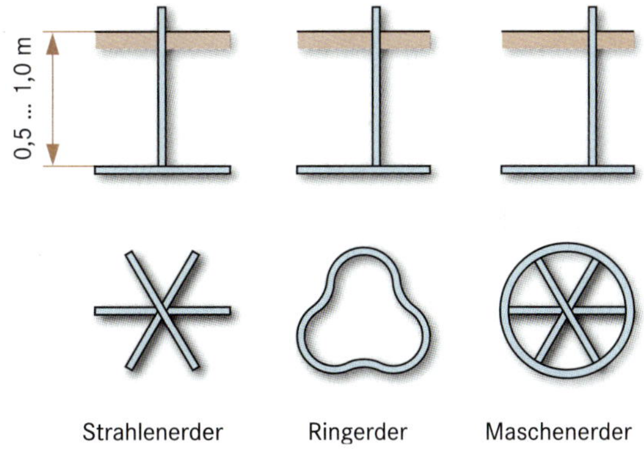

4: Erder

Welche Auswirkung hat ein Isolationsfehler im näheren Bereich des Erders?

Wenn ein Außenleiter Berührung mit der Erde hat, tritt im Bereich des Erders eine Erderspannung U_E auf (Abb. 5). Nahe des Erders kann U_E die Größe der Netzspannung U_0 annehmen. Wegen ihres Verlaufs spricht man von einem **Spannungstrichter** [cone of voltage drop].

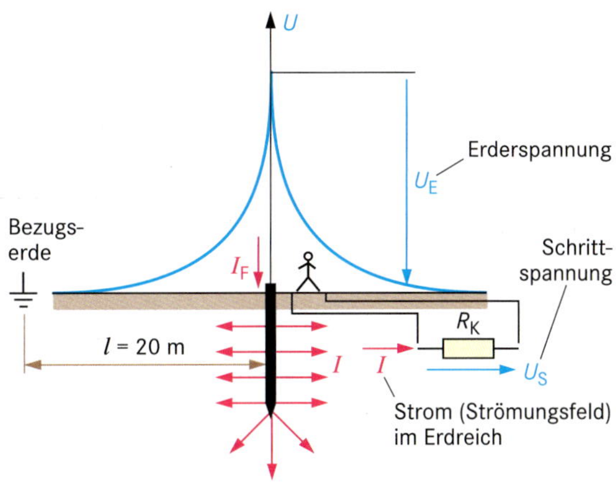

5: Spannungstrichter eines Staberders

Wirkungen am Erder bei einem Erdschluss

Am Erder breitet sich der Fehlerstrom strahlenförmig nach allen Richtungen aus. Es gilt dabei folgendes:

Austrittsfläche $A \downarrow \Rightarrow$
Widerstand $R_E \uparrow \Rightarrow$
Spannung $U \uparrow$

Der Spannungsfall ist in der Nähe des Erders am größten. Die **Schrittspannung** U_S [step voltage] ist die durch einen Schritt überbrückte Spannung. Sie kann beim Betreten dieses Bereichs zum Unfall führen.

Wenn ein Außenleiter zu Boden fällt, gilt in diesem Fehlerfall folgende Verhaltensregel: Mit schleifenden Schritten aus dem Spannungstrichter bewegen. Eine gefährliche Schrittspannung kann dabei nicht auftreten.

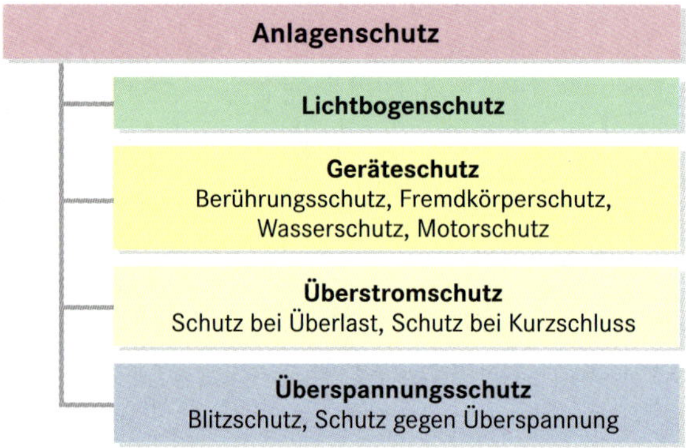

1: Anlagenschutz

AUFGABEN

1. Welcher Schutz wird durch den Schutzpotenzialausgleich sichergestellt?
2. Legen Sie bei einem 4-Leiter-System ($4 \cdot 70\ mm^2$) den Querschnitt des Schutzpotenzialausgleichsleiters fest.
3. Beschreiben Sie den Unterschied zwischen dem Schutzpotenzialausgleich und einem zusätzlichen Schutzpotenzialausgleich.
4. Nennen Sie vier Betriebsstätten, wo ein zusätzlicher Schutzpotenzialausgleich installiert werden muss.

- Ein Schutzpotenzialausgleich wird durch leitende Verbindungen der metallenen Gehäuse erreicht.
- Der Schutzpotenzialausgleich stellt sicher, dass alle gleichzeitig erreichbaren Metallteile dasselbe Potenzial besitzen.
- Durch den Schutzpotenzialausgleich kann keine Berührungsspannung zwischen den Metallteilen auftreten.
- Die Schrittspannung ist die Spannung, die ein Mensch bei einem Erdschluss in der Nähe des Erders mit einem Schritt überbrücken kann.

2.7.8 Anlagenschutz

Der Schutz von Anlagen besteht aus der Anwendung bestimmter Schutzmaßnahmen (Abb. 1) und deren ständiger Überwachung. Der **Anlagenschutz** [installation protection] gehört damit auch in den Bereich der Instandhaltung (Wartung). Trotzdem kann es in Anlagen zu Störungen kommen, bei denen z. B. ein **Lichtbogen** [electric arc] auftritt.

Lichtbögen können entstehen, wenn z. B. Handhabungsfehler bei der Montage oder Wartung von Niederspannungs-Schaltanlagen vorliegen.
Weitere **Fehlerquellen** sind:
- Fehlerhafte Kontaktstellen (Abb. 2)
- Schäden an der Isolation von Geräten und Leitungen, z. B. durch Alterung
- Bedienfehler, z. B. beim Auswechseln von Betriebsmitteln in Geräte- und Anschlussräumen
- überlastete Leitungen und Sammelschienen
- falsch dimensionierte Geräte
- Beschädigung der Isolation durch Tiere, die über Kabelkanäle in die Anlage gelangen
- Verunreinigung durch Staubablagerungen

Wie entstehen Störlichtbögen?

Durch die **Ionisation** [ionization] von Gasen entstehen zwischen den Leiterbahnen leitende Verbindungen in Form von Lichtbögen. Auch leitende Fremdkörper, z. B. Werkzeuge, die zwischen die Leiterbahnen fallen, erzeugen einen Kurzschluss und lösen dadurch einen Lichtbogen aus. Lichtbögen, die nicht betriebsmäßig an Anlagen oder Betriebsmitteln auftreten, heißen **Störlichtbögen** [accidental arcs]. Bei Niederspannung entstehen sie durch einen Kurzschluss, bei Hochspannung durch Verkürzung des Luftabstandes zwischen den unter Spannung stehenden Anlageteilen.

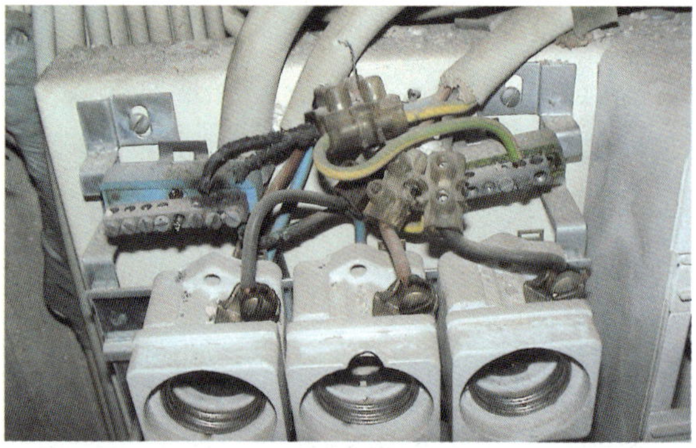

2: Zerstörte Klemmverbindung nach Störlichtbogen

Auswirkungen von Störlichtbögen

Die Auswirkungen von Störlichtbögen hängen von **Stärke** und **Brennzeit** der Lichtbögen ab. Es können Temperaturen bis zu 10.000 °C entstehen, an der Stelle des Entstehens von Lichtbögen sogar weit über diesen Wert hinaus. Es baut sich dabei die Wirkungskette entsprechend Abb. 3 auf.

3: Auswirkungen von Störlichtbögen

Das explosionsartige Ausdehnen des Metalldampfes verursacht einen hohen Druckanstieg und eine **Druckwelle** [pressure wave]. Durch die Druckwelle und Wärmeentwicklung können Schaltanlagen vollständig zerstört werden. Auch an Gebäuden können Folgeschäden durch Brand entstehen. Die Anlagen müssen daraufhin still gelegt werden, z. B. die Energieversorgung eines Krankenhauses. In Industriebetrieben kommt es zum Produktionsstillstand. Um den Ausfall der Energieversorgung zu vermeiden, sind vorbeugende Maßnahmen unbedingt erforderlich.

Maßnahmen zur Verhinderung von Störlichtbögen

Die technische Entwicklung zielt darauf ab, den Schutz bei Störlichtbögen weiter zu vervollständigen. Zunächst wird ein passiver Schutz vorgesehen. Er verhindert die Ausbreitung von Störlichtbögen in Anlagen und damit das Entstehen von Bränden. Als Maßnahme wird Abschottung der Objekte eingesetzt. Der **aktive Schutz** soll dagegen die Auswirkungen durch Lichtbogenlöschung unterbinden. Beide Schutzarten können parallel angewendet werden.

Einen wirksamen Schutz erreicht man bei einer inneren Unterteilung von Schaltgerätekombinationen. Eine mögliche Teilung ist in Abb. 4 dargestellt. Hier ist der Raum mit den Sammelschienen ① vom Geräteraum ② und Anschlussraum ③ getrennt.

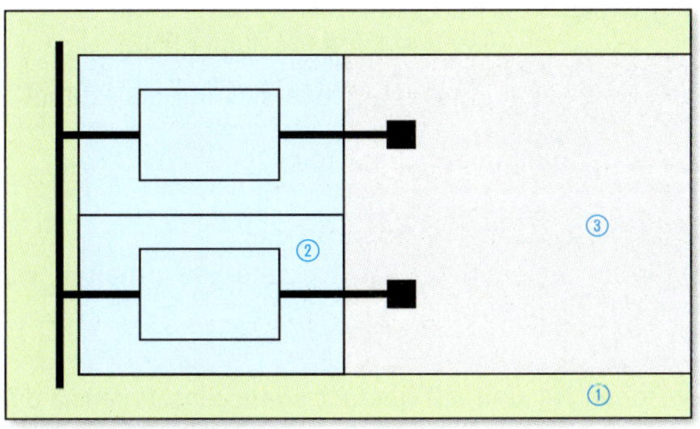

4: Raumunterteilung

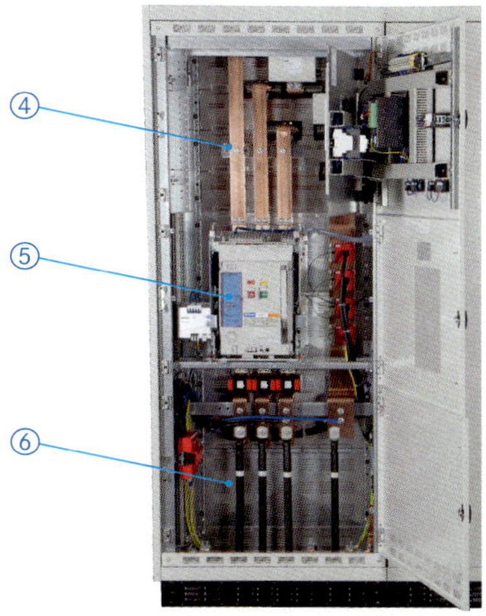

5: Störlichtbogen-Schutzsystem im Einspeisefeld

Durch die **räumliche Trennung** der drei Bereiche wird erreicht, dass ein Störlichtbogen auf den abgegrenzten Bereich beschränkt bleibt und sich nicht auf andere Bereiche ausdehnen und Schäden verursachen kann. Wegen der Trennung der einzelnen Funktionseinheiten ist außerdem **Personenschutz** gewährleistet.

Prinzip von Schutzsystemen

Durch Schutzsysteme (Abb. 5) wird das Licht eines Störlichtbogens bereits während des Entstehens im Einspeisefeld ④ von **Sensoren** erfasst. Das Signal wird an die **Auslöseeinheit** (Mastereinheit) ⑤ weitergeleitet. Von dort erfolgt der Löschbefehl an das **Löschgerät** ⑥ [bulk eraser]. Dieses erzeugt parallel zur Fehlerstelle einen dreipoligen Kurzschluss. Das Schutzsystem schaltet den Stromkreis ab. Der Lichtbogen erlischt z. B. in t_a < 2 ms (Herstellerangabe).

AUFGABEN

1. Nennen Sie vier Fehlerquellen, durch die Lichtbögen in Schaltanlagen entstehen können.
2. Beschreiben Sie die Entstehung von Störlichtbögen.

- Störlichtbögen entstehen durch Ionisation von Gasen und durch leitende Fremdkörper.
- Raumunterteilungen bei Schaltgerätekombinationen grenzen Störlichtbögen ein.
- Störlichtbögen verursachen durch die Druckwellen Zerstörungen und sind durch Rauchentwicklung gesundheitsschädlich.
- Mit Schutzsystemen wird ein Störlichtbogen über Sensoren erfasst und durch Löschgeräte gelöscht.

2.7.9 Schutz vor Ausgleichsströmen

2.7.9.1 Problemdarstellung

EDV-Anlagen (PCs, Drucker, usw.) sind in vielen Fällen durch abgeschirmte Datenleitungen miteinander vernetzt. Die Abschirmung ist über die Steckverbindungen mit den Gehäusen und den Schutzkontakten der Steckdose verbunden. Dabei kann es in einem TN-C-System (s. Kap. 2.7.6.5) vorkommen, dass die in Abb. 1 dargestellten Verbindungen vorhanden sind.

Der für beide Etagen verwendete **PEN-Leiter** ist in jeder Etage in einen **PE-** und **N-Leiter** aufgeteilt (Punkte N1 und N2 in Abb. 1, TN-C-S-System). Alle metallenen Gehäuseteile der Anlage (hier durch zwei Geräte dargestellt) sind mit dem PE-Leiter verbunden. Zusätzlich gibt es eine **abgeschirmte Datenleitung** ①. Sie ist eine leitende Verbindung zwischen den Gehäusen der Geräte auf beiden Etagen.

Wie die Ströme bei diesen Verbindungen verlaufen, wird aus Abb. 1 noch nicht deutlich. Deshalb sind in der Abb. 2 die Geräte als Widerstände R_{G1} und R_{G2} eingezeichnet worden. Die angenommenen Stromrichtungen sind durch Pfeile gekennzeichnet. Die Stromstärke I_{G2} wurde größer als I_{G1} angenommen. Dabei ergeben sich folgende Stromkreise:

- L → R_{G1} → N1 (PEN wird in N und PE aufgeteilt) → PEN1 → PEN2 → Erde
- L → R_{G2} → N2 (PEN wird in N und PE aufgeteilt) → PEN2 → Erde

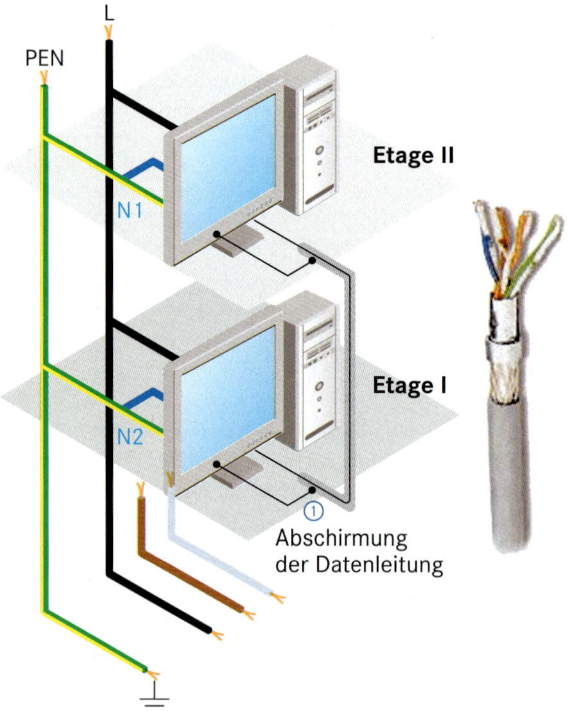

1: Energieversorgung für vernetzte EDV-Geräte über zwei Etagen

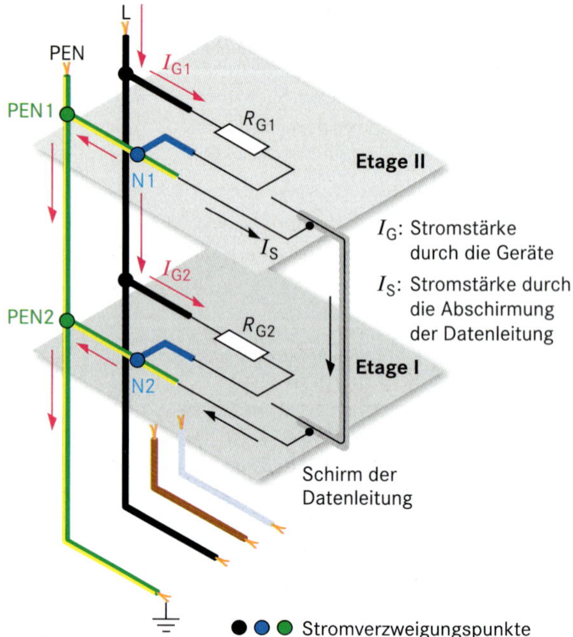

2: Stromkreise

Neben den Strömen durch die Geräte (I_{G1} und I_{G2}) kann auch ein **Ausgleichsstrom I_S** [equalizing current] über die Abschirmung der Datenleitung fließen. Wie ist das möglich?

Die Lösung erfolgt mit Hilfe der Stromlaufpläne in Abb. 3. Zunächst sind in Abb. 3a die Leitungen als widerstandslose Verbindungen dargestellt. Für die Lösung der Frage ist es nun hilfreich, dass auch die Leitungen als Widerstände eingezeichnet werden (Abb. 3b). Sie sind im Vergleich zu den Gerätewiderständen sehr klein. Da sie verschieden groß sind, entstehen auch unterschiedliche Spannungsfälle. Als Besonderheit wurde in Abb. 3b der Widerstand der Abschirmung der Datenleitung noch nicht eingezeichnet. Dies wäre beispielsweise dann der Fall, wenn die EDV-Geräte nicht vernetzt sind.

Um Vorstellungen über die Größenordnungen dieser Brückenschaltung (s. Kap. 1.3.1.4) zu erhalten, sind für die Anlage folgende Werte angenommen worden:

Stromstärken: I_{G1} = 10 A; I_{G2} = 1 A
Leiterlängen: l_1 = 10 m (von N1 nach PEN2)
l_2 = 5 m (von N2 nach PEN2)

Aus diesen Leiterlängen ergeben sich mit der Formel $R = \frac{l}{\varkappa \cdot q}$ und q = 1,5 mm² folgende Widerstände:

$R_{N1} + R_{PEN} = 0{,}12\ \Omega$ $\qquad R_{N2} = 0{,}06\ \Omega$

Mit den angenommenen Stromstärken erhalten wir folgende Spannungen ($U = I \cdot R$):

$U_{N1} = 1{,}2$ V $\qquad U_{N2} = 0{,}06$ V

Zwischen N1 und N2 besteht somit eine Potenzialdifferenz von:

$U_{12} = U_{N1} - U_{N2}$ $\qquad U_{12} = 1{,}14$ V

Wenn jetzt wie in Abb. 3c dargestellt, die Punkte N 1 und N2 durch die Abschirmung der Datenleitung verbunden werden (Widerstand R_S), fließt aufgrund des Potenzialunterschiedes ein Ausgleichsstrom I_S. Dieser Strom kann zu folgenden **Beeinträchtigungen** und **Gefahren** führen:

- **Datenverlust**
Ströme durch die Abschirmung der Datenleitung verursachen magnetische Wechselfelder. Durch Induktion können Störspannungen in der Datenleitung entstehen.

- **Zerstörung elektronischer Bauteile**
Elektronische Schaltungen werden mit geringen Spannungen betrieben. Sie sind in der Regel nicht gegen höhere Spannungen isoliert. Wenn jetzt die Stromstärke über die Abschirmung zu groß wird, entsteht zwischen den metallenen Leitern der EDV (z. B. Gehäuse) und den im Innern befindlichen Schaltungen eine Spannung, die zu Überschlägen führen kann.

- **Brandgefahr**
Die Abschirmungen der Datenleitungen bestehen in der Regel aus dünnen Folien und/oder einem Drahtgeflecht. Wenn die Stromstärke zu groß wird, kann es zu einer erheblichen Wärmeentwicklung kommen.

Die aufgeführten Beeinträchtigungen und Gefahren können verhindert werden, wenn das Energieversorgungssystem als TN-S-System aufgebaut wird.

- Durch Ausgleichsströme über die Abschirmungen von Datenleitungen kann es zu Datenverlust, zur Zerstörung elektronischer Bauteile und zu einer Brandgefahr kommen.
- Die Energieversorgung für vernetzte EDV-Geräte muss so konzipiert sein, dass über die Abschirmung kein Strom fließt.

2.7.9.2 Netzumrüstung

Die räumliche Skizze in Abb. 4 verdeutlicht die beschriebene Problematik des TN-C-Systems für vernetzte EDV-Geräte. Zwischen dem Hausanschlusskasten und der Unterverteilung befindet sich der PEN-Leiter, der die Rolle des N-Leiters (Leiter für die Rückströme der Betriebsmittel) und PE-Leiters (Schutzleiter) **gemeinsam** [common] übernimmt. Wenn z. B. aufgrund hoher Ströme im PEN-Leiter zwischen den Verzweigungspunkten ① und ② ein Spannungsunterschied besteht, fließen Ausgleichsströme über die Abschirmungen der vernetzten EDV-Geräte. Es muss deshalb die 4-adrige

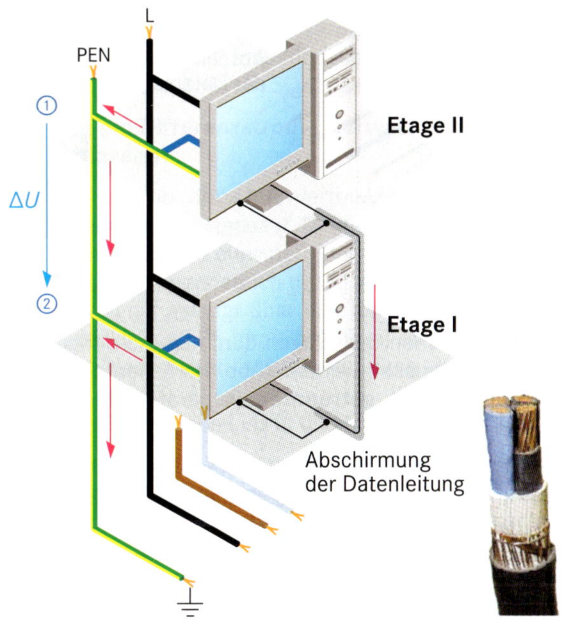

4: TN-C-System

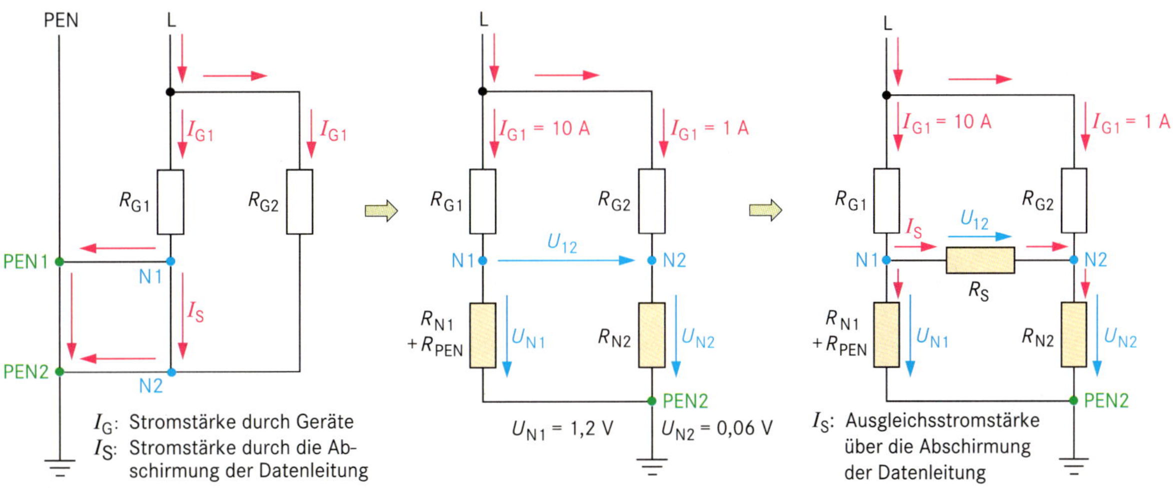

a) Leitungen verlustlos angenommen

b) Leitungen als Widerstände ohne abgeschirmte Datenleitung

c) Ausgleichsstrom durch die Abschirmung der Datenleitung

3: Stromverzweigungen durch Vernetzung

2.7.10 Schutz vor Oberschwingungen

2.7.10.1 Belastungsfälle in Energieverteilungssystemen

In Energieverteilungssystemen werden unterschiedliche elektrische Geräte eingesetzt. Es sind z. B herkömmliche Glühlampen (Wirkwiderstände) vorhanden, die keine Veränderung der Sinusform hervorrufen, wie z. B. drei Glühlampen in Abb. 1 ①. Diese Belastung wird als **lineare** Belastung [linear load] bezeichnet.

Allerdings werden die Außenleiter nicht immer gleichmäßig (**symmetrisch** [symmetrical]) belastet, sodass im N-Leiter Ausgleichsströme fließen (**unsymmetrische** Belastung [asymmetric load], s. Kap. 1.10.2.3).

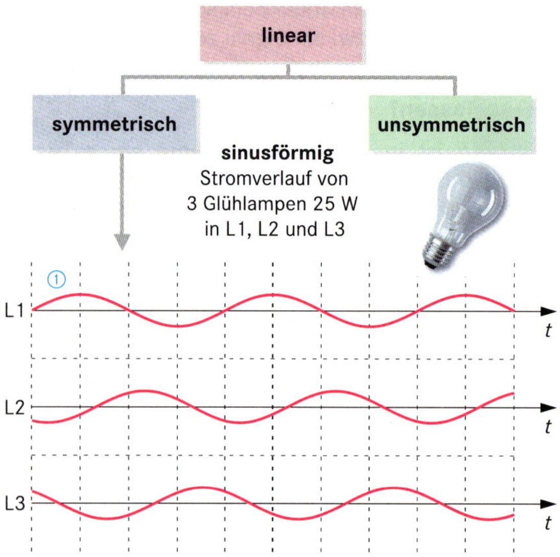

1: Sinusförmige Belastung

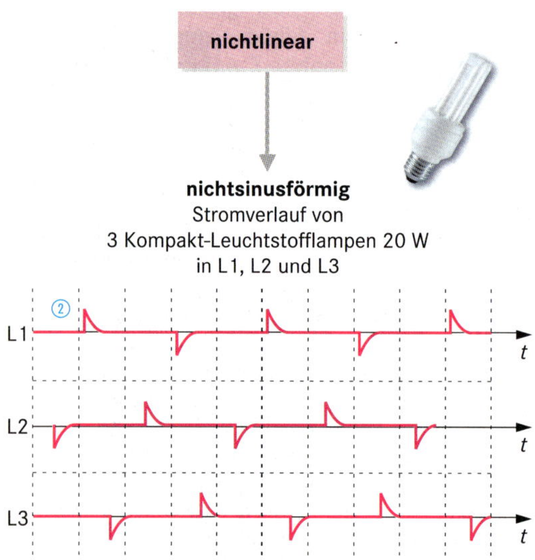

2: Nichtsinusförmige Belastung

Daneben gibt es aber zahlreiche Geräte (Leuchtstofflampen mit EVGs, PCs, Drucker, ...) die nicht gleichmäßig, sondern impulsartig Energie aus dem Netz beziehen, z. B. wie die drei Kompaktleuchtstofflampen in Abb. 2 ②. Diese Belastung wird als **nichtlinear** [nonlinear] bezeichnet. Bei nichtlinearen Belastungen treten besondere Probleme auf, die nun dargestellt werden sollen.

Nichtlineare Belastung der Außenleiter

Um die Zusammenhänge bei einer nichtlinearen Belastung besser verstehen zu können, ist in Abb. 3 eine symmetrische Belastung mit drei Kompaktleuchtstofflampen und ihren EVGs dargestellt. In jedem Außenleiter L1 ①, L2 ② und L3 ③ fließen impulsartige Ströme, die sich im N-Leiter jedoch nicht mehr aufheben. Sie addieren sich (Abb. 3 ④) und sorgen dadurch für eine erheblich höhere Belastung des N-Leiters. Der Mittelwert der Stromstärke im N-Leiter ist etwa dreimal so groß wie in jedem Außenleiter.

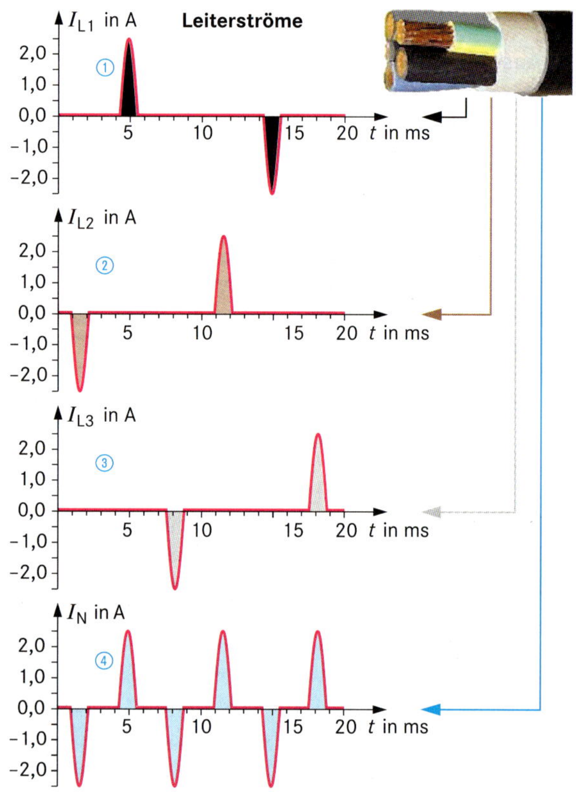

3: Nichtlineare Belastung durch drei Leuchtstofflampen mit EVGs

Zusätzlich kommt es bei starken nichtlinearen Belastungen zu einer Verformung der sinusförmigen Spannung (Abb. 4). Die Spannungskurve flacht sich ab und die Qualität des Netzes sinkt. Wenn außerdem N- und PE-Leiter gemeinsam als PEN-Leiter geführt werden, können erhebliche Störungen durch Ausgleichsströme und Magnetfelder auftreten.

Wenn jetzt wie in Abb. 3c dargestellt, die Punkte N1 und N2 durch die Abschirmung der Datenleitung verbunden werden (Widerstand R_S), fließt aufgrund des Potenzialunterschiedes ein Ausgleichsstrom I_S. Dieser Strom kann zu folgenden **Beeinträchtigungen** und **Gefahren** führen:

- **Datenverlust**
Ströme durch die Abschirmung der Datenleitung verursachen magnetische Wechselfelder. Durch Induktion können Störspannungen in der Datenleitung entstehen.
- **Zerstörung elektronischer Bauteile**
Elektronische Schaltungen werden mit geringen Spannungen betrieben. Sie sind in der Regel nicht gegen höhere Spannungen isoliert. Wenn jetzt die Stromstärke über die Abschirmung zu groß wird, entsteht zwischen den metallenen Leitern der EDV (z. B. Gehäuse) und den im Innern befindlichen Schaltungen eine Spannung, die zu Überschlägen führen kann.
- **Brandgefahr**
Die Abschirmungen der Datenleitungen bestehen in der Regel aus dünnen Folien und/oder einem Drahtgeflecht. Wenn die Stromstärke zu groß wird, kann es zu einer erheblichen Wärmeentwicklung kommen.

Die aufgeführten Beeinträchtigungen und Gefahren können verhindert werden, wenn das Energieversorgungssystem als TN-S-System aufgebaut wird.

- Durch Ausgleichsströme über die Abschirmungen von Datenleitungen kann es zu Datenverlust, zur Zerstörung elektronischer Bauteile und zu einer Brandgefahr kommen.
- Die Energieversorgung für vernetzte EDV-Geräte muss so konzipiert sein, dass über die Abschirmung kein Strom fließt.

2.7.9.2 Netzumrüstung

Die räumliche Skizze in Abb. 4 verdeutlicht die beschriebene Problematik des TN-C-Systems für vernetzte EDV-Geräte. Zwischen dem Hausanschlusskasten und der Unterverteilung befindet sich der PEN-Leiter, der die Rolle des N-Leiters (Leiter für die Rückströme der Betriebsmittel) und PE-Leiters (Schutzleiter) **gemeinsam** [common] übernimmt. Wenn z. B. aufgrund hoher Ströme im PEN-Leiter zwischen den Verzweigungspunkten ① und ② ein Spannungsunterschied besteht, fließen Ausgleichsströme über die Abschirmungen der vernetzten EDV-Geräte. Es muss deshalb die 4-adrige

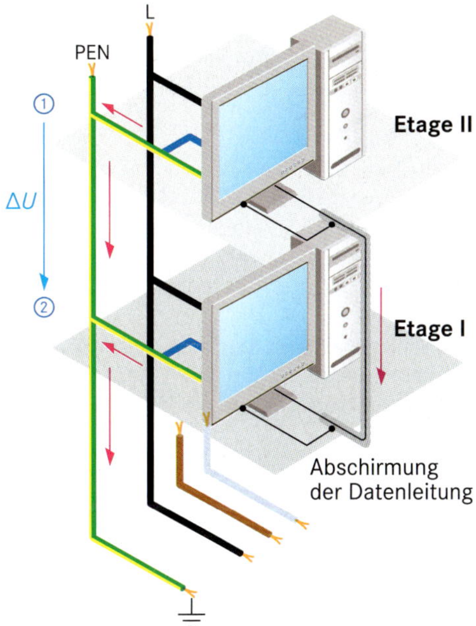

4: TN-C-System

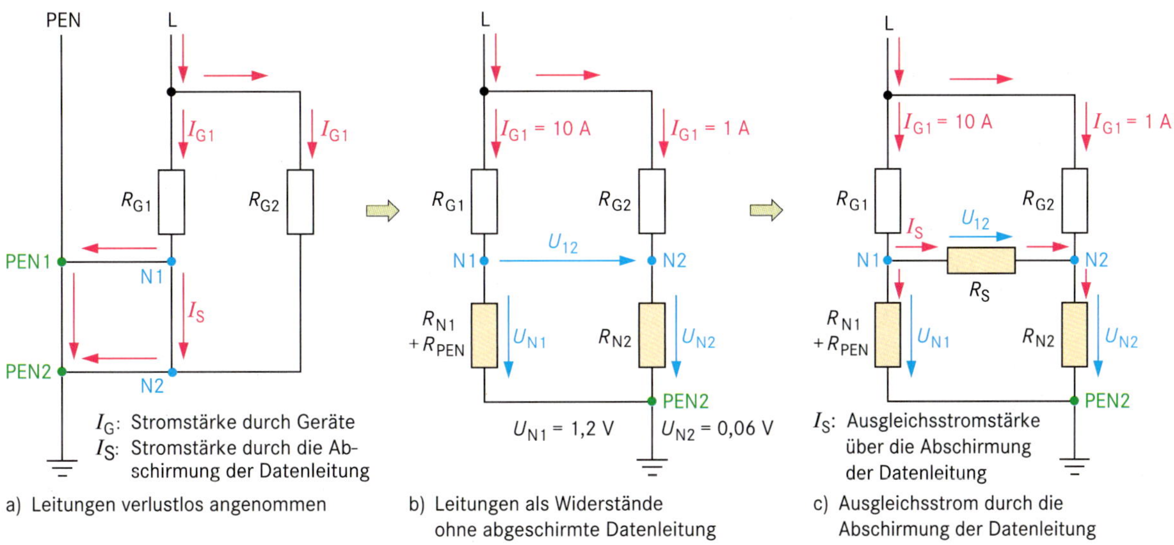

3: Stromverzweigungen durch Vernetzung

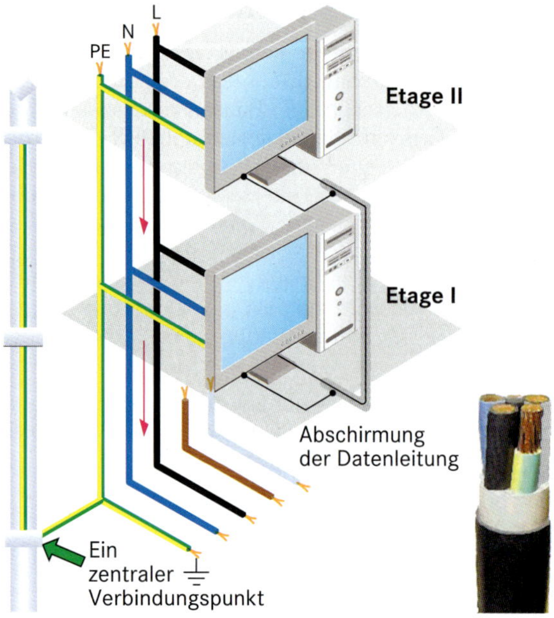

1: TN-S-System

Leitung zwischen den Etagen durch eine 5-adrige Leitung ausgetauscht werden (Abb. 1). Es entsteht ein TN-S-System mit **getrennten** (separaten [separate]) Leitern für N und PE.

Wenn ein vorhandenes TN-C-System in ein TN-S-System umgewandelt werden soll, müssen alle Steckdosen der Anlage überprüft werden, ob sie nicht entsprechend Abb. 2 verdrahtet sind (**klassische Nullung**). Um Leitungskosten zu sparen, wurden früher gelegentlich Leitungen mit zwei Leitern (L und N) verwendet. Als Schutzmaßnahme wurde dann der N-Leiter mit dem Schutzkontakt verbunden. Diese Maßnahme ist heute nicht zulässig. Damit die Schutzfunktion im TN-S-System bestehen bleibt, müssen die 2-adrigen Zuleitungen durch eine 3-adrige Leitung ersetzt werden. Wenn dies nicht möglich ist, muss die Steckdose stillgelegt werden. Weiterhin muss gewährleistet sein, dass kein angeschlossenes Gerät eine Verbindung zwischen N und PE herstellt. Es darf also in der Hausinstallation nur einen **einzigen Verbindungspunkt zwischen N und PE** geben.

2: Nicht zulässige Schutzmaßnahme

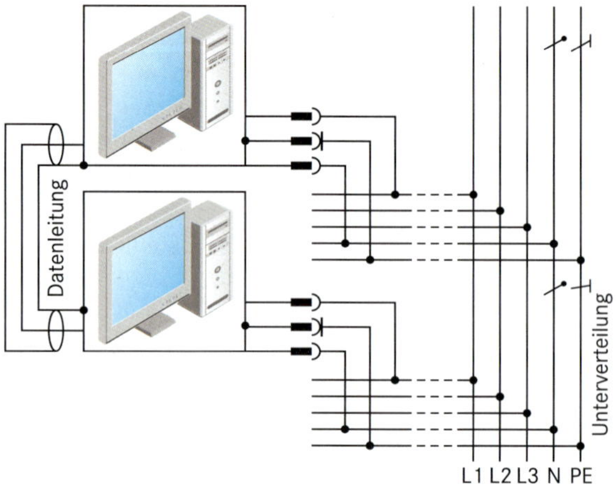

3: Energieversorgung für EDV-Geräte

Für die einzelnen Steckdosen der EDV-Geräte ergibt sich somit der Schaltplan von Abb. 3. Alle metallenen Teile der Geräte (Gehäuse, Abschirmungen der Datenleitungen usw.) sind mit dem PE-Leiter verbunden. Es besteht keine leitende Verbindung mit dem N-Leiter.

Ausgleichsströme über fremde leitfähige Teile

Bei der Umrüstung von TN-C-Systemen in TN-S-Systeme muss auch beachtet werden, dass Heizungsrohre und Wasserleitungen mit dem PEN-Leiter wie in Abb. 4 verbunden sein können. Ausgleichsströme fließen dann über diese metallenen Leiter. Diese Ströme verursachen zusätzlich Magnetfelder, die mit Störungen verbunden sind. Um diese Störungen zu verhindern, müssen alle Verbindungen gelöst (Abb. 4 ①) und das Rohrsystem nur an einem zentralen Verbindungspunkt verbunden werden, wie in Abb. 1 mit dem PE-Leiter.

Wenn Ströme über fremde metallene Leiter eines Gebäudes fließen, kann es an verschiedenen Stellen zur Korrosion kommen. Eine Ursache ist dabei, dass der Strom auch über die benetzten Oberflächen fließt. Es kommt zu Zersetzungen (Elektrolyse) von Metallen in Form von „Ausblühungen" und farbigen Ablagerungen.

- Durch die getrennte Führung von N- und PE-Leitern im TN-S-System können keine Ausgleichsströme über die Abschirmungen fließen.
- Im TN-S-System werden N- und PE-Leiter separat geführt. Die getrennte Führung von PE- und N-Leiter muss für jede Steckdose und jedes Betriebsmittel der Schutzklasse I eingehalten werden.
- Bei einer EDV-gerechten Elektroinstallation soll die Aufteilung des PEN-Leiters in die N- und PE-Leiter frühzeitig erfolgen, möglichst bei der Einspeisung in die Hausinstallation. Der N-Leiter ist nur an einer zentralen Stelle mit dem PE-Leiter zu verbinden.

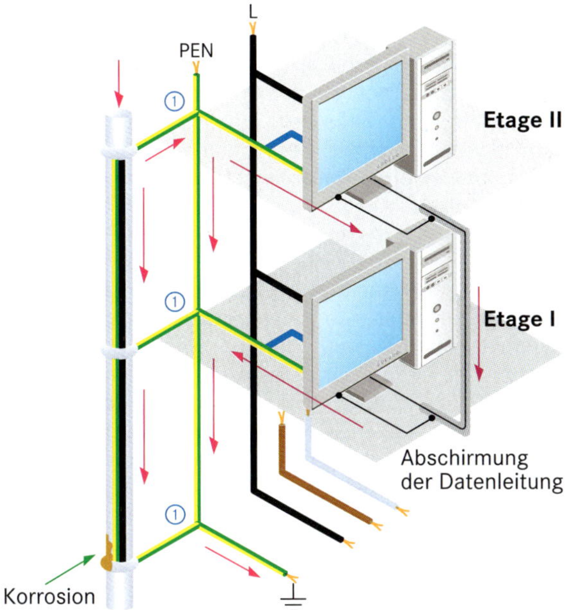

4: Ausgleichsströme über leitfähige Teile

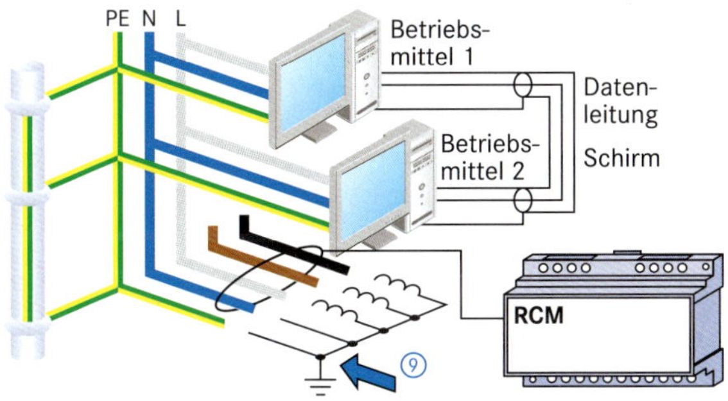

5: Grundsätzlicher RCM-Einsatz im TN-S-System (Herstellerunterlage)

AUFGABEN

1. Stellen Sie fest, mit welchem System die Energieversorgung Ihres Hauses erfolgt und schätzen Sie die EDV-Tauglichkeit ein.
2. Folgende Aussage wird getroffen:
   Wenn in einem Büro alle EDV-Geräte von einer zentralen Energieversorgung gespeist werden würden (z. B. eine Mehrfachsteckdose), fließen über die Abschirmungen der Datenleitungen keine Ausgleichsströme.
   Begründen bzw. widerlegen Sie diese Aussage.

- RCMs sind Anzeige- bzw. Meldeeinrichtungen für Differenzströme. Sie werden zur rechtzeitigen Fehlererkennung eingesetzt.
- Als Stromsensor für ein RCM wird ein Stromwandler verwendet.

2.7.9.3 Differenzstromüberwachung

Eine zusätzliche Sicherheit bieten Differenzstrom-Überwachungsgeräte (**RCM** [Residual Current Monitor]). In Abb. 5 ist der grundsätzliche Einbau und in Abb. 6 eine mögliche Installation dargestellt.

Der Messaufnehmer (Sensor) ist ein Stromwandler. Er arbeitet im Prinzip wie ein Transformator, bei dem durch den Innenbereich eines Eisenkerns (Abb. 6 ②) die zu überprüfenden Leiter geführt werden. In fehlerfreien Systemen ist die Summe aller Ströme gleich Null, sodass in der auf dem Eisenkern befindlichen Spule keine Spannung induziert wird. Fließt allerdings ein Fehlerstrom über die Erde oder über einen anderen Weg vorher ab, verursacht diese **Stromdifferenz** [current difference] eine Induktionsspannung. Sie kann angezeigt werden bzw. ein Signal auslösen.

Wie wird ein Differenzstrom-Überwachungsgerät angeschlossen?

In Abb. 6 ist in der Unterverteilung ein **externer Stromwandler** ① eingebaut. Die drei Außenleiter L1, L2, L3 sowie der N-Leiter der Energieversorgung werden durch den Innenbereich des Eisenkerns geführt ②. Das Messsignal gelangt über eine Zweidrahtleitung ③ (z. B. verdrillt 2 x 0,75 mm², bis 10 m) an die Auswerteeinheit. Diese bietet folgende Anzeigen und Einstellmöglichkeiten:
Test-Taste ④, Betriebs-LED ⑤ und Melde-LED ⑥

Die Melde-LED leuchtet, wenn der Differenzstrom einen eingestellten Ansprechwert überschreitet bzw. eine Unterbrechung im Wandler vorliegt. Einstellbar sind die Ansprechverzögerung (0 ... 1 s) ⑦ und der Ansprechwert (30 ... 300 mA) ⑧.

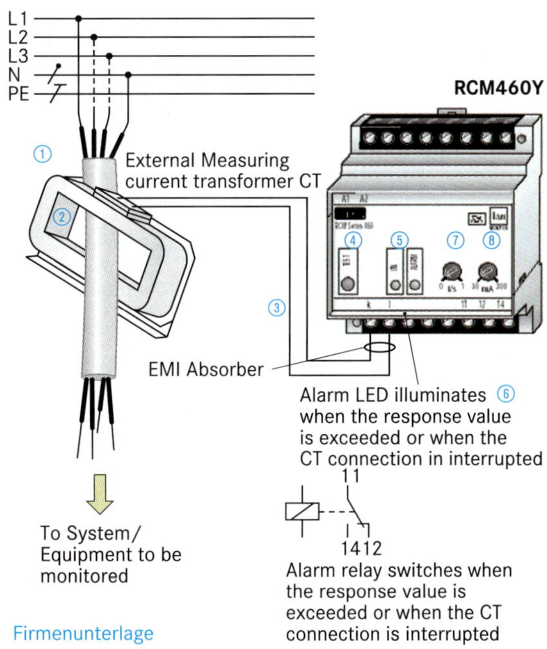

6: Anschlussschema RCM

2.7.10 Schutz vor Oberschwingungen

2.7.10.1 Belastungsfälle in Energieverteilungssystemen

In Energieverteilungssystemen werden unterschiedliche elektrische Geräte eingesetzt. Es sind z. B herkömmliche Glühlampen (Wirkwiderstände) vorhanden, die keine Veränderung der Sinusform hervorrufen, wie z. B. drei Glühlampen in Abb. 1 ①. Diese Belastung wird als **lineare** Belastung [linear load] bezeichnet.

Allerdings werden die Außenleiter nicht immer gleichmäßig (**symmetrisch** [symmetrical]) belastet, sodass im N-Leiter Ausgleichsströme fließen (**unsymmetrische** Belastung [asymmetric load], s. Kap. 1.10.2.3).

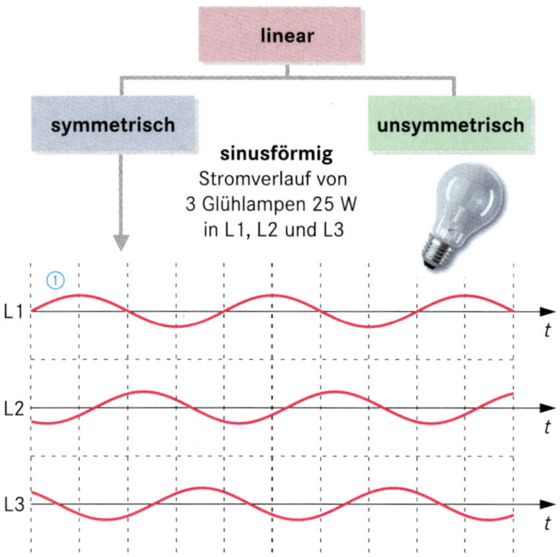

1: Sinusförmige Belastung

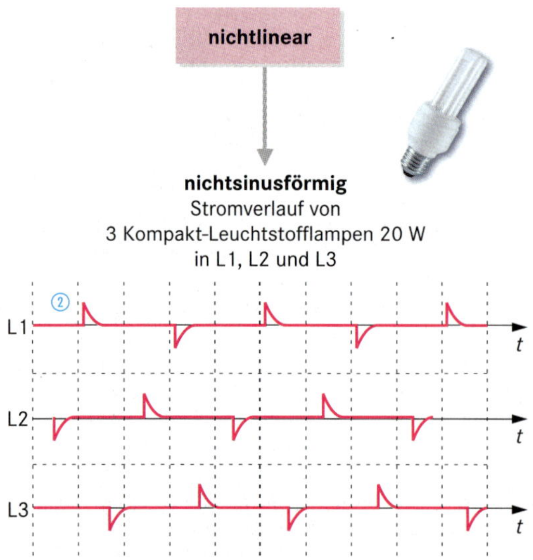

2: Nichtsinusförmige Belastung

Daneben gibt es aber zahlreiche Geräte (Leuchstofflampen mit EVGs, PCs, Drucker, ...) die nicht gleichmäßig, sondern impulsartig Energie aus dem Netz beziehen, z. B. wie die drei Kompaktleuchtstofflampen in Abb. 2 ②. Diese Belastung wird als **nichtlinear** [nonlinear] bezeichnet. Bei nichtlinearen Belastungen treten besondere Probleme auf, die nun dargestellt werden sollen.

Nichtlineare Belastung der Außenleiter

Um die Zusammenhänge bei einer nichtlinearen Belastung besser verstehen zu können, ist in Abb. 3 eine symmetrische Belastung mit drei Kompaktleuchtstofflampen und ihren EVGs dargestellt. In jedem Außenleiter L1 ①, L2 ② und L3 ③ fließen impulsartige Ströme, die sich im N-Leiter jedoch nicht mehr aufheben. Sie addieren sich (Abb. 3 ④) und sorgen dadurch für eine erheblich höhere Belastung des N-Leiters. Der Mittelwert der Stromstärke im N-Leiter ist etwa dreimal so groß wie in jedem Außenleiter.

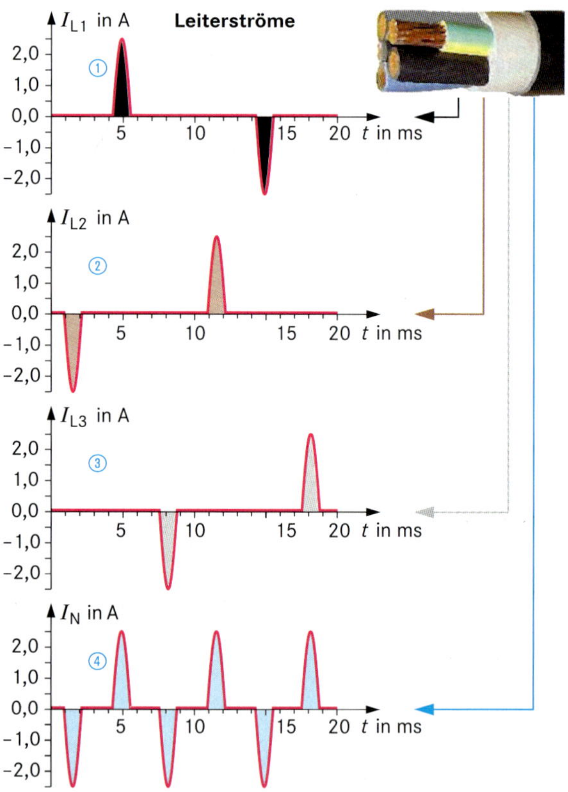

3: Nichtlineare Belastung durch drei Leuchtstofflampen mit EVGs

Zusätzlich kommt es bei starken nichtlinearen Belastungen zu einer Verformung der sinusförmigen Spannung (Abb. 4). Die Spannungskurve flacht sich ab und die Qualität des Netzes sinkt. Wenn außerdem N- und PE-Leiter gemeinsam als PEN-Leiter geführt werden, können erhebliche Störungen durch Ausgleichsströme und Magnetfelder auftreten.

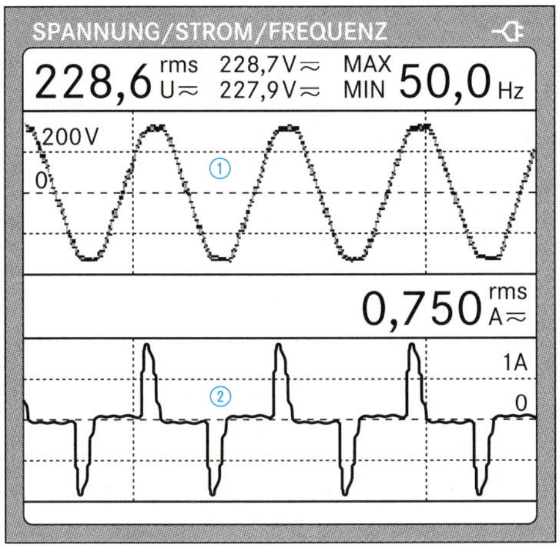

4: Strom und Spannung bei nichtlinearer Belastung

Störungen durch nichtlineare Belastungen beeinflussen nicht nur das eigene Energieversorgungssystem, sondern breiten sich über das Verbundnetz in andere Systeme aus. Sie müssen deshalb durch entsprechende Maßnahmen verringert werden. Hilfreich für die Beseitigung der Störungen ist es, wenn die impulsartigen Leiterströme in sinusförmige Einzelschwingungen aufgelöst werden (**Oberschwingungen** [harmonics], s. Kap. 1.6.4).

5: Messen mit Stromzange und Universalmessgerät

- Bei nichtlinearen Belastungen entstehen impulsartige Ströme in L1, L2 und L3. Die Spannungskurve verformt sich und wird flacher.
- Bei nichtlinearer Belastung heben sich die Ströme im N-Leiter nicht auf. Die Belastung des N-Leiters ist größer als die Belastung der einzelnen Außenleiter.

2.7.10.2 Messen von Oberschwingungen

Die Messung von Stromoberschwingungen mit einer **Stromzange** [current clip-on] ist in Abb. 5 dargestellt. Ein Auftrennen der Stromkreise ist nicht erforderlich. Es erfolgt eine indirekte und berührungslose Messung. Die Zange wird dazu um den Leiter gelegt. Danach werden beide Zangenhälften geschlossen (magnetischer Kreis geschlossen). Da um den stromdurchflossenen Leiter ein magnetisches Wechselfeld entsteht, kann über die Stärke des Magnetfeldes die Stromstärke indirekt gemessen werden. Die Messung findet unter Betriebsbedingungen statt. Deshalb müssen Vorschriften für das Arbeiten an den unter Spannung stehenden Teilen gewissenhaft beachtet werden (s. Abb. 5, Handschuhe usw.).

Stromzangen

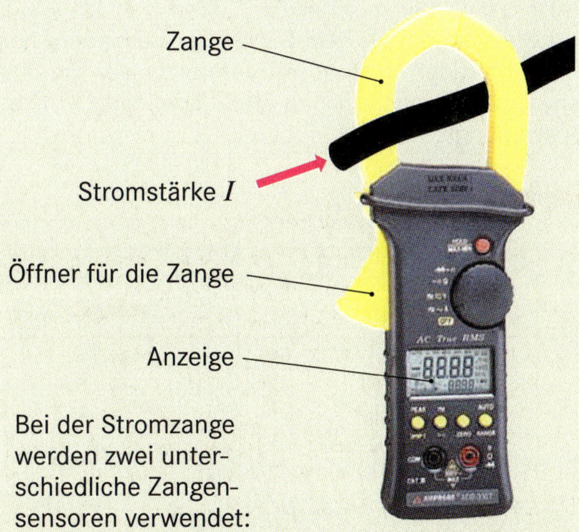

Bei der Stromzange werden zwei unterschiedliche Zangensensoren verwendet:

- **Transformatorprinzip:** Die Zange ist der Eisenkern eines Transformators (Stromwandler). Der stromdurchflossene Leiter ist die Primärwicklung. Im Innern befindet sich die Sekundärwicklung mit der Anzeigeauswertung. Es können nur sinusförmige Ströme gemessen werden.
- **Magnetfeldsensor:** Eine Hallsonde im Eisenkern der Zange wandelt die Änderungen des magnetischen Flusses in Spannungsänderungen um. Diese werden elektronisch aufbereitet und angezeigt. Gemessen werden können beliebige Effektivwerte von Gleich- und Wechselströmen, inklusive Oberschwingungen (TrueRMS: echte Effektivwerte, inklusive Oberschwingungen).

- Mit Hilfe von Stromzangen und entsprechenden Auswertungsgeräten lassen sich Stromstärken berührungslos und indirekt messen. Dabei sind besondere Sicherheitsmaßnahmen zu beachten.

Wodurch entstehen Oberschwingungen?

Die in einer Hausinstallation auftretenden Oberschwingungen werden durch eingeschaltete Geräte hervorgerufen, die im Prinzip wie Spannungsquellen unkontrolliert Störsignale abgeben. Folgende Geräte können Oberschwingungen verursachen:
- Fernsehgeräte
- Energiesparlampen, Vorschaltgeräte
- EDV-Anlagen: PCs, Drucker, Monitore usw.
- Netzteile
- Umrichter

Allen diesen Geräten ist gemeinsam, dass sie nicht kontinuierlich, sondern nur in kurzen Zeitabschnitten Energie aus dem Netz beziehen.

Wohin breiten sich Oberschwingungen aus?

Die Ausbreitungsrichtung geht vom Gerät in das angeschlossene Leitungsnetz (Abb. 1 ①). Die Oberschwingungsströme kommen in den Leitern L1, L2, L3 vor und erreichen im N- bzw. PEN-Leiter besonders hohe Werte. Über den Netztransformator gelangen die Oberschwingungen auch in das öffentliche Netz ② (Netzrückwirkung).

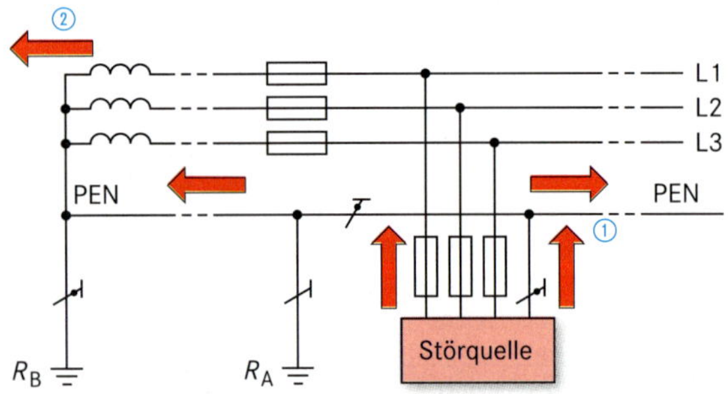

1: Ausbreitung von Oberschwingungen

Welche Auswirkungen durch Oberschwingungen gibt es?

- Minderung der Leistungsfähigkeit des Netzes sowie der Qualität der Netzspannung, z. B. Abflachung der Sinuskurve
- Erhöhte Verluste durch Schein- und Blindleistung (Verzerrungsblindleistung)
- Erhöhte Wirbelstromverluste in Transformatoren und Asynchronmotoren ($f > 50$ Hz)
- Fehlfunktionen, z. B. Lichtschwankungen, Bildstörungen, Datenverlust
- Funktionsausfall, Beschädigung, z. B. Überhitzung von Leitungen und Kondensatoren
- Verkürzte Lebensdauer bis zur Zerstörung von Geräten bzw. Anlagen, z. B. zerstörte PC-Komponenten, Schnittstellen

- Nichtsinusförmige Ströme (impulsartige, rechteckförmige usw.) bestehen aus einer Vielzahl von sinusförmigen Schwingungen (Oberschwingungen, Harmonische).

Besondere Belastungen des N-Leiters

Durch Oberschwingungen kann die Stromstärke im N-Leiter größer werden als die Stromstärke in den Außenleitern. Am Beispiel der 3. Oberschwingung soll dies verdeutlicht werden.

In Abb. 2 sind dazu die Liniendiagramme für die Leiterströme dargestellt. Es sind jeweils die Stromstärken (I_{L1}, I_{L2}, I_{L3}) der Grundschwingung (50 Hz) und die 3. Oberschwingung (150 Hz) eingezeichnet (I_{L13}, I_{L23}, I_{L33}). Erkennbar ist, dass die Grundschwingung und die Oberschwingung gemeinsame Nulldurchgänge haben. Dieses ist bei allen Oberschwingungen der Fall, deren Ordnungszahl durch 3 teilbar ist (6., 9., ...). Da die Ströme der Grundschwingung jeweils um 120° phasenverschoben sind, heben sie sich im N-Leiter auf. Durch sie wird der N-Leiter also nicht belastet.

Problematisch wird es jedoch mit den Strömen der Oberschwingungen im N-Leiter. Sie liegen alle in Phase, sodass sie sich addieren. Die Stromstärke der 3. Oberschwingung I_{N3} übersteigt deshalb die Werte der Stromstärken der Grundschwingung in den Außenleitern (I_{L1}, I_{L2} und I_{L3}).

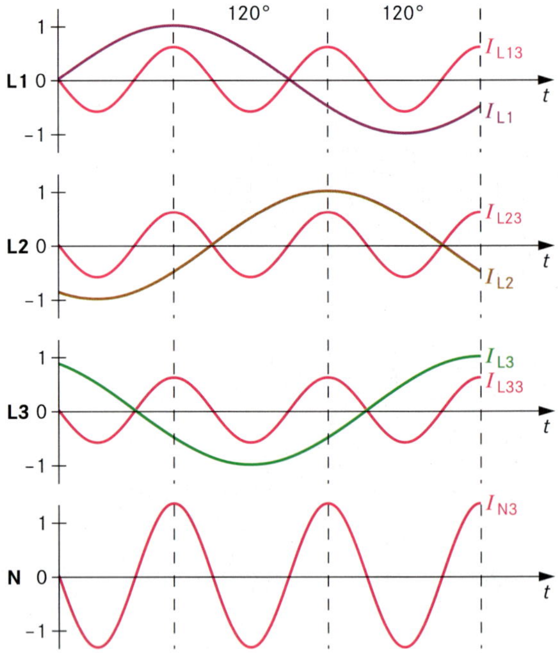

2: Stromaddition von Oberschwingungen im N-Leiter

- Der Frequenzabstand zwischen den Oberschwingungen und der Grundschwingung ist ein Vielfaches der Grundschwingung.
- Zur vollständigen Darstellung einer nichtsinusförmigen Spannung oder Stromstärke sind unendlich viele Oberschwingungen erforderlich.
- Ströme von Oberschwingungen im N-Leiter können sich addieren und zu einer erheblichen Überlastung des N-Leiters beitragen.

Vorschriften für Netze

In den Vorschriften der DIN EN 61000-2-2, 2-4 sowie in der DIN EN 50160 sind einzuhaltende Grenzwerte für Oberschwingungen in öffentlichen und industriellen Netzen festgelegt. Folgende Klassen werden unterschieden:

- **Klasse 1**: Netze mit sensiblen Geräten (Laborgeräte, ...)
- **Klasse 2**: Öffentliche Netze
- **Klasse 3**: Industrienetze

Grenzwerte von Oberschwingungen in Netzen

Ordnungszahl n			Frequenz in Hz	Klasse 1	Klasse 2	Klasse 3
				in % der Netzspannung		
5	ungeradzahlig	nicht durch 3 teilbar	250	3	6	8
7	ungeradzahlig	nicht durch 3 teilbar	350	3	5	7
11	ungeradzahlig	nicht durch 3 teilbar	550	3	3,5	5
13	ungeradzahlig	nicht durch 3 teilbar	650	3	3	4,5
17	ungeradzahlig	nicht durch 3 teilbar	750	2	2	4
19	ungeradzahlig	nicht durch 3 teilbar	850	1,5	1,5	4
23	ungeradzahlig	nicht durch 3 teilbar	1150	1,5	1,5	3,5
25	ungeradzahlig	nicht durch 3 teilbar	1250	1,5	1,5	3,5
3	ungeradzahlig	durch 3 teilbar	150	3	5	6
9	ungeradzahlig	durch 3 teilbar	450	1,5	1,5	2,5
15	ungeradzahlig	durch 3 teilbar	750	0,3	0,3	2
21	ungeradzahlig	durch 3 teilbar	1050	0,2	0,2	1,75
2	geradzahlig		100	2	2	3
4	geradzahlig		200	1	1	1,5
6	geradzahlig		300	0,5	0,5	1
8	geradzahlig		400	0,5	0,5	1
10	geradzahlig		500	0,5	0,5	1

Beispiel:
Für einen Monitor mit 230 V und 1,2 A soll der **maximale Grenzwert** [limit value] für die Stromstärke der 3. Oberschwingung ermittelt werden.

$$I_{3max} = \frac{3{,}4\ \text{mA}\ ① \cdot 230\ \text{V} \cdot 1{,}2\ \text{A}}{\text{W}} \qquad \underline{\underline{I_{3max} = 0{,}938\ \text{A}}}$$

Vorschriften für Geräte

Oberschwingungsgrenzwerte sind in DIN EN 61000-3-2 festgelegt. Sie müssen von Herstellern durch schaltungstechnische Maßnahmen eingehalten werden. Die Geräte werden in Klassen eingeteilt.

Geräteklassen

Klasse	Geräte
A	- Symmetrische dreiphasige Geräte - Haushaltsgeräte (ausgenommen Geräte der Klasse D) - Elektrowerkzeuge (ausgenommen Geräte der Klasse B) - Beleuchtungseinsteller (Dimmer) für Glühlampen bis 1000 W - Audio-Einrichtungen - Geräte, die nicht in eine der drei Klassen fallen
B	- Tragbare Elektrowerkzeuge
C	- Beleuchtungseinrichtungen einschließlich Beleuchtungsreglern - ausgenommen Dimmer bis 1000 W
D	- PCs und Monitore - Fernsehgeräte mit einer Eingangsleistung von 75 W bis 600 W

Für Geräte der Klasse D sind die einzuhaltenden Grenzwerte in nachfolgender Tabelle aufgeführt.

Grenzwerte von Oberschwingungen für Geräte der Klasse D

Ordnungszahl der Oberschwingung n	Maximal zulässige Stromstärke der Oberschwingung pro Leistung in mA/W	Maximal zulässige Stromstärke der Oberschwingung in A
3	3,4 ①	2,30
5	1,9	1,14
7	1,0	0,77
9	0,5	0,40
11	0,35	0,33
11 ≤ n ≤ 39	3,86/n	s. Klasse A

Welche Geräte sind durch Oberschwingungen betroffen?

In der Regel sind es Geräte, die sich in der eigenen Hausinstallation befinden. Darüber hinaus werden Oberschwingungen auch in das angeschlossene Energienetz abgegeben, sodass benachbarte Geräte bzw. Anlagen beeinträchtigt werden. Letztendlich ist somit auch das EVU betroffen, das für eine einwandfreie Qualität der Netzspannung zu sorgen hat. Um die Störungen in Netzen zu verringern, sind die oben aufgeführten Vorschriften für Geräte und Netze erlassen worden.

AUFGABE

1. Ermitteln Sie, wie groß die Spannungen der 3., 5. und 7. Oberschwingung im öffentlichen Netz bei 230 V höchstens sein dürfen.

- Oberschwingungen können sich von der Quelle unkontrolliert im Netz ausbreiten.
- Oberschwingungen stören die Qualität der Energieversorgung in einem Netz und müssen deshalb gering gehalten werden (z. B. Filter).

2.7.10.3 Netzfilter

Die Störungen durch Oberschwingungen können durch Filter verringert werden, indem man wie in Abb. 1 einen **Sperrkreis** [blocking filter] ① (s. Kap. 1.9.2) für die störenden Oberschwingungen verwendet. Er wird über einen Transformator in den PEN-Leiter eingekoppelt. Die Sperrung erfolgt in beide Richtungen. Die Schaltung ist mit einem großen Widerstand vergleichbar (Abb. 2 ②), der nur bei einer bestimmten Frequenz oder in einem kleinen Frequenzbereich auftritt (frequenzabhängiger Widerstand, Abb. 2).

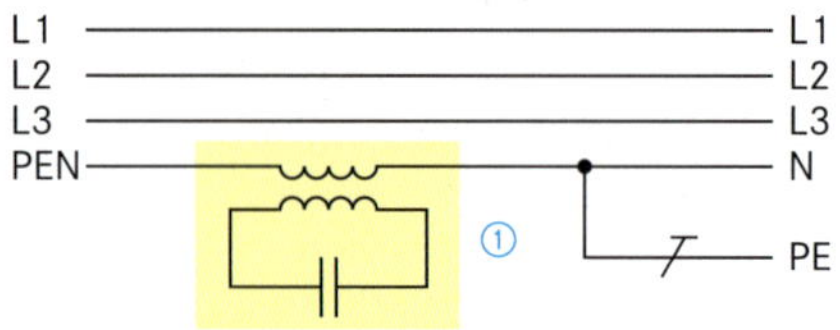

1: Sperrkreis im PEN-Leiter

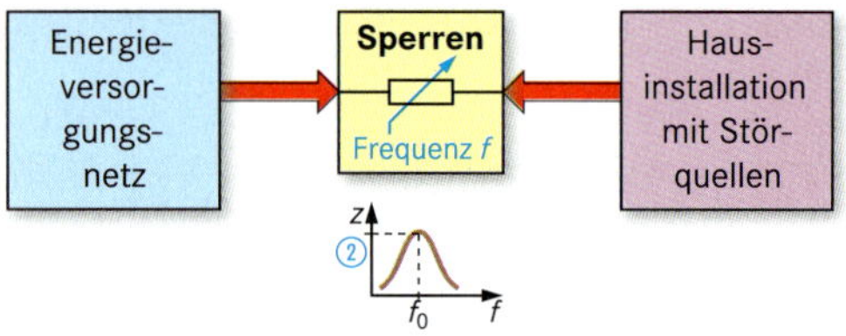

2: Arbeitsweise eines Sperrkreises

Grundsätzlich kann zur Filterung auch ein **Saugkreis** [harmonics absorber] eingesetzt werden (s. Kap. 1.9.1). Diese Filter wirken in einem engen Frequenzbereich wie ein kleiner Widerstand (Abb. 3 ③). Für die selbst verursachten Störungen wäre zwar der Schutz gewährleistet, aber auch Störungen aus dem Verbundnetz würden durch dieses Filter wie nach dem Staubsaugerprinzip „angezogen" werden. Eine Überlastung wäre möglich, da die Stromstärke ansteigt. Zusätzliche Energiekosten wären die Folge.

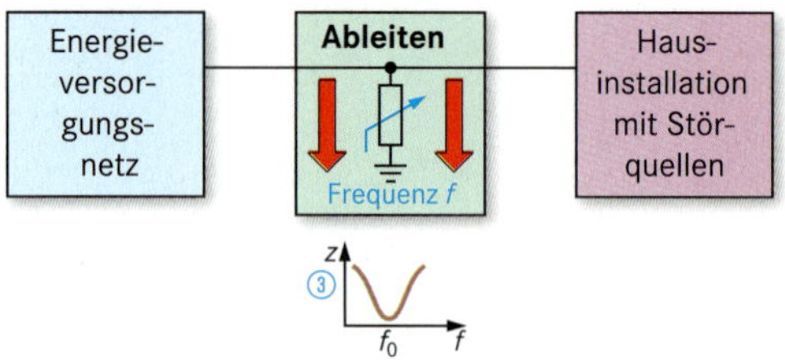

3: Arbeitsweise eines Saugkreises

- Passive Filter bestehen aus Spulen und Kondensatoren. Sie sind frequenzabhängige Widerstände.
- Mit Filtern können Ströme bestimmter Frequenzen gesperrt (Sperrkreis) oder abgeleitet (Saugkreis) werden.

Ein Beispiel für ein passives Filter mit technischen Informationen befindet sich in den nachfolgenden Herstellerangaben:

Netzfilter THX

Das **THX 150 Hz-Filter** reduziert die dritte Harmonische des Stromes. Es beseitigt die durch die dritte Oberschwingung verursachten Probleme. Es reduziert bei richtiger Dimensionierung ca. 90 % des im N-Leiter fließenden 150 Hz-Stromes. Es verkleinert deutlich die Magnetfelder und den Leistungsverbrauch. Durch die Verringerung der Verlustleistung können Einsparungen beim Energieverbrauch von 4 bis 9 % erzielt werden.

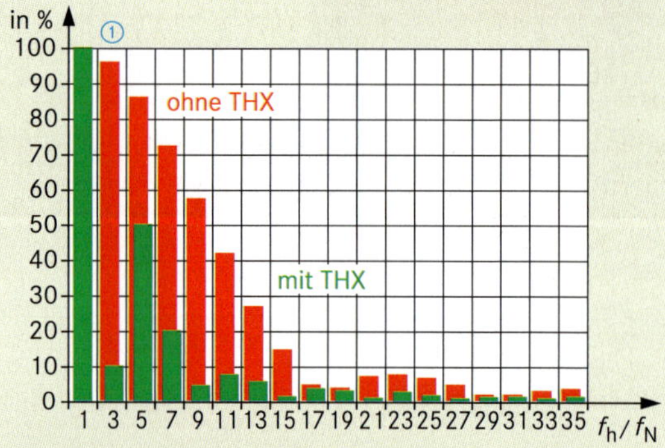

Beispiel: Reduzierung der Oberschwingungsströme in einem Netz durch Einsatz des THX-Filters

Die Beseitigung von Oberschwingungen bringt folgende Vorteile:

- Verringerung der 3. Harmonischen
- Geringere Temperatur der Leiter
- Reduzierung der Leitungsverluste
- Reduzierung von Magnetfeldern
- Verbesserung der Versorgungsqualität
- Einsparungen bei der Instandhaltung

Tipp:
Prüfen Sie doch einfach einmal die N-Leiter in Ihren Anlagen mit einem Echt-Effektivwert-Messgerät. Ist der N-Leiterstrom deutlich größer als der größte Unterschied zwischen den Phasenströmen, liegt wahrscheinlich ein 150 Hz-Problem vor. Dann sollte eine genauere Untersuchung der erste Schritt zur Problemlösung sein.

Wie entsteht der hohe Widerstand bei einem Sperrkreis?

Ausgegangen wird dabei von einem Filter für die 3. Oberschwingung von 150 Hz. Der grundsätzliche Aufbau des Filters ist in Abb. 4 zu sehen. Für die Spule ist das Ersatzschaltbild mit R_{ser} und X_{Lser} eingezeichnet worden.

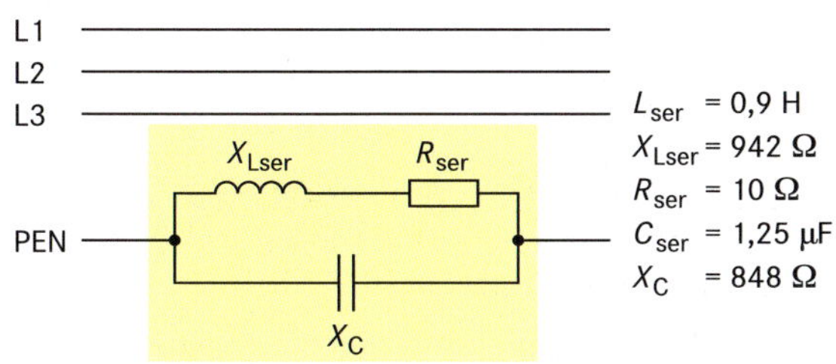

4: Filter im PEN-Leiter

Zunächst wird durch die nachfolgende Berechnung überprüft, ob die Resonanzfrequenz bei 150 Hz liegt. Wir können bei diesen Werten annehmen, dass die Serieninduktivität gleich der Parallelinduktivität ist.

Resonanzfrequenz [resonance frequency]

$$f_0 = \frac{1}{2\pi \cdot \sqrt{L \cdot C}} \qquad f_0 = \frac{1}{2\pi \cdot \sqrt{0{,}9\ \text{H} \cdot 1{,}25\ \mu\text{F}}}$$

$$\underline{\underline{f_0 = 150{,}1\ \text{Hz}}}$$

Der Wert für die Resonanzfrequenz beträgt wie erwartet 150 Hz. Nun muss noch geklärt werden, wie groß der Widerstand der Schaltung bei dieser Frequenz ist.

Wir verwenden dazu die Messschaltung in Abb. 5 und gehen wie folgt vor:

- Spannung von 100 V einstellen
- Stromstärken bei verschiedenen Frequenzen messen
- Scheinwiderstand mit $Z = U/I$ berechnen

Die Messwerte sind in einer Tabelle der Abb. 5 festgehalten. Die Kurve, die den Scheinwiderstand Z in Abhängigkeit von der Frequenz wiedergibt, verdeutlicht die Filterwirkung. Für einen Strom im N-Leiter mit 150 Hz ist ein sehr großer Widerstand wirksam ①. Ströme mit der Frequenz von 150 Hz werden erheblich gedämpft.

Ein Strom, dessen Frequenz kleiner bzw. größer als 150 Hz ist, wird nicht gedämpft. Auffällig ist dabei, dass bei der Resonanzfrequenz von 150 Hz der Scheinwiderstand der Schaltung 71,4 kΩ beträgt ②. Dies ist der große **Ersatzwirkwiderstand** für die gesamte Schaltung (R_{par}, Abb. 6) und nicht der kleine Serienwiderstand der Spule. Die Induktivität und die Kapazität haben sich bei diesem Resonanzfall kompensiert (s. Kap. 1.9.1).

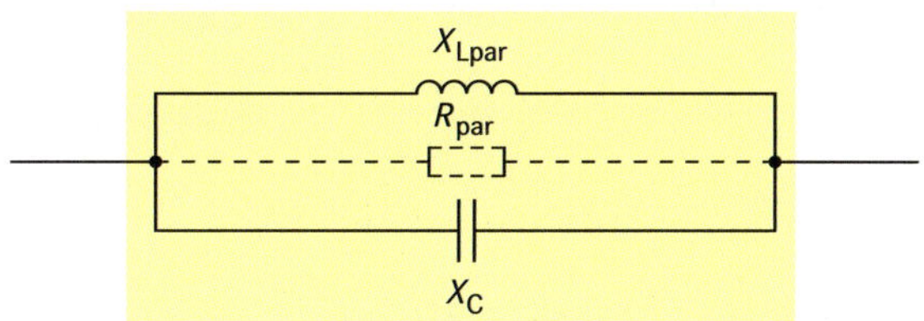

6: Ersatzschaltbild der Filterschaltung

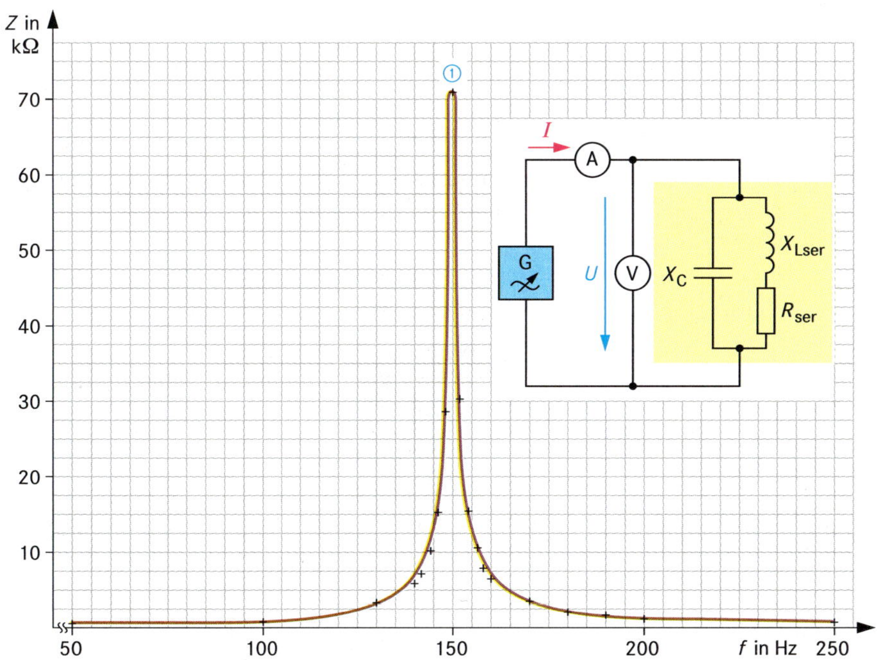

f in Hz	I in mA	Z in Ω
50	353	283
100	177	565
130	34	2941
140	16,4	6100
142	13,1	7634
144	9,8	10204
146	6,6	15152
148	3,5	28571
150	1,4	71429 ②
152	3,3	30303
154	6,3	15873
156	9,3	10753
158	12,3	8130
160	15,2	6579
170	29,1	3559
180	43,3	2309
190	56,2	1779
200	68,6	1458
250	125,6	796

5: Filterwirkung eines Sperrkreises

2.8 Besondere Bereiche und Anlagen

In der Übersicht von Abb. 1 sind Bereiche und Anlagen aufgeführt, in denen besondere Schutzmaßnahmen und Betriebsmittel eingesetzt werden, weil die Gefährdung des Menschen hier höher ist als in trockenen Räumen.

Bei der Installation sollten folgende Fragen beantwortet werden:

- Welches sind die charakteristischen **Merkmale** für die besonderen Bereiche bzw. Anlagen?
- Welche Besonderheiten sind bei der Wahl der **Betriebsmittel** zu beachten?
- Wie wird der **Schutz** gegen elektrischen Schlag eingehalten?

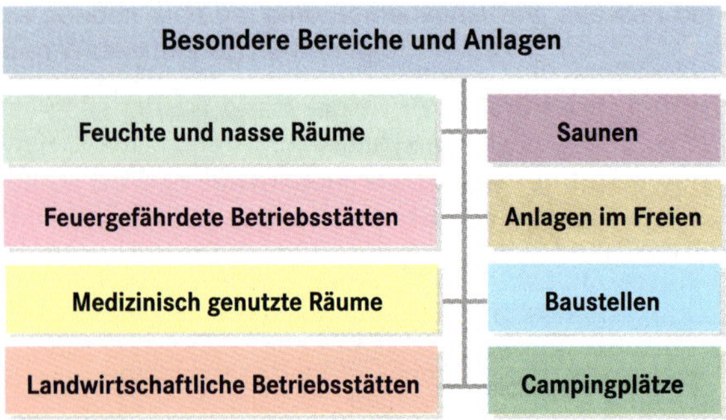

1: Übersicht

Feuchte und nasse Bereiche

Hierzu zählen die Bereiche und Orte, an denen die Sicherheit der elektrischen Anlage durch **Feuchtigkeit**, Kondenswasser und **chemische Einflüsse** beeinträchtigt wird. Beispiele hierfür sind

- Kellerräume (ungeheizt oder unbelüftet),
- Waschküchen,
- Kühlräume,
- Großküchen und
- Räume, die zur Reinigung abgespritzt werden.

Küchen in Wohnungen zählen nicht zu den feuchten Bereichen, da beim Kochen nur zeitweise Feuchtigkeit entsteht.

Räume mit einer Badewanne oder Dusche zählen ebenfalls nicht zu den feuchten Bereichen, da hierfür besondere Normen gelten (s. Kap. 2.6.5).

Für die elektrischen Betriebsmittel in feuchten und nassen Bereichen gelten bestimmte Mindestanforderungen an den Schutz vor Wasser (s. Kap. 2.7.2).

Bei der Reinigung mit Hochdruckgeräten ist besondere Vorsicht geboten, da die Betriebsmittel trotz einer IP-Schutzart nicht den Drücken und den Temperaturen standhalten.

In der DIN VDE 0100-737 werden für feuchte und nasse Bereiche keine besonderen Schutzmaßnahmen gegen elektrischen Schlag gefordert.

Saunen

Eine Sauna [sauna] kann als Heißluft- oder Dampfsauna gebaut sein.

- Bei einer **Heißluftsauna** wird die Luft im Saunabetrieb mit einem Heizgerät auf hohe Temperaturen erwärmt. Die Luftfeuchtigkeit steigt nur dann kurz an, wenn Wasser auf den Ofen gegossen wird. Daher zählt die Heißluftsauna zu den trockenen Räumen (DIN VDE 0100-703).
- Eine **Dampfsauna** hingegen gilt als feuchter und nasser Raum.

Für die Betriebsmittel in einer Heißluftsauna wird als Schutzart IPX4 gefordert. Steckdosen sind in Heißluftsaunaräumen nicht zulässig.

Obwohl eine Dampfsauna zu den feuchten und nassen Bereichen zählt und demzufolge nur IPX1 als Schutzart erforderlich ist, sollte aus Sicherheitsgründen ebenfalls die Schutzart IPX4 gewählt werden. Zusätzlich müssen die Betriebsmittel für die hohe Luftfeuchtigkeit in einer Dampfsauna geeignet sein.

In einer Heißluftsauna kann als Schutzmaßnahme SELV (s. Kap. 2.7.4) angewendet werden, wenn ein Schutz gegen direktes Berühren durch Abdeckung bzw. Isolierung vorliegt. In einer Dampfsauna sollte für Steckdosen eine RCD mit einem $I_{\Delta N} \leq 30$ mA vorgesehen werden. Ein Schutz bei indirektem Berühren durch nichtleitende Räume und örtlichen Schutzpotenzialausgleich ist nicht zulässig.

In allen Saunen muss bei der Wahl der elektrischen Betriebsmittel die höchste zu erwartende Temperatur berücksichtigt werden. Die Leitungen dürfen keinen Metallmantel aufweisen und nicht in metallenen Schutzrohren verlegt werden (Abb. 2).

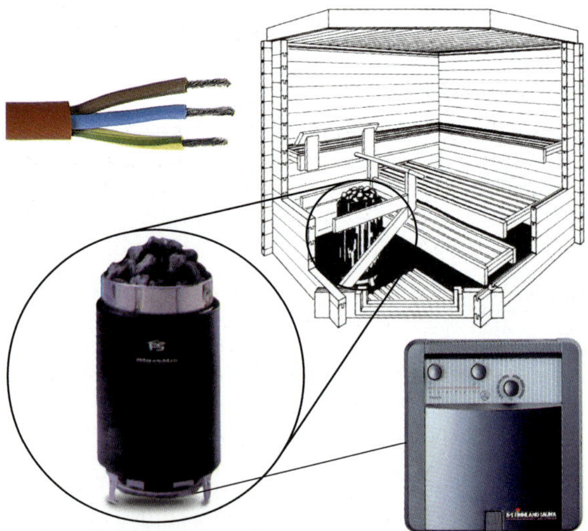

2: Installation in einer Sauna

- In einer Heißluftsauna dürfen keine Steckdosen installiert werden.

Feuergefährdete Betriebsstätten

Überall dort, wo durch die Lagerung und Verarbeitung von leicht entzündlichen Stoffen eine erhebliche Brandgefahr ausgeht, müssen die elektrischen Anlagen in einer besonderen Weise ausgeführt werden (DIN VDE 0100-420). Dazu gehören Werkstätten zur Holzverarbeitung, Öllagerräume, Lagerorte für Heu oder Stroh und Räume mit Lackiereinrichtungen.

Die Betriebsmittel in diesen Räumen müssen mindestens die Schutzart **IP5X** bzw. **IP4X** bei Feuergefährdung durch Staub aufweisen. Die Leuchten bestehen aus schwer entflammbaren Materialien. Jeder Motor muss gegen zu hohe Temperaturen geschützt werden.

Die ortsfesten Leitungen werden als PVC-Mantelleitung NYM oder NYY ausgeführt. Brände durch Funkenbildung infolge eines Isolationsfehlers lassen sich durch folgende Maßnahmen vermeiden:

- RCD-Schutzeinrichtung mit $I_{\Delta N} \leq 0{,}3$ A
- getrennte Verlegung (einadrige Mantelleitungen)
- Abschaltung des Überstrom-Schutzorgans bei einem vollkommenen Kurzschluss innerhalb von 5 s.

Anlagen im Freien

Dieser Anlagentyp liegt nach DIN VDE 0100-737 vor, wenn eine Elektroinstallation vollständig oder teilweise als Verbraucheranlage außerhalb eines Gebäudes errichtet ist. Zu diesen Anlagen gehören z. B. Gebäudeaußenwände, Straßen, Gärten, Bauplätze, Dächer, Kräne und Tankstellen.

Beim erforderlichen Wasserschutz ist zu prüfen, ob die Anlage geschützt oder ungeschützt ist. Bei **geschützten Anlagen** (z. B. überdachte Tankstellen oder Bahnsteige) müssen die Betriebsmittel mindestens die Schutzart IPX1 aufweisen. In **ungeschützten Anlagen** (z. B. Gärten) muss die Schutzart IPX3 als Mindestforderung eingehalten werden.

Beim Anbringen der Betriebsmittel sollte darauf geachtet werden, dass sie vor Hochwasser und starken Regengüssen geschützt sind. Die Montagehöhe von Steckdosen im Freien sollte mindestens 0,8 m über dem Boden betragen.

Steckdosen mit einer Bemessungsstromstärke von $I_n \leq 20$ A müssen über eine RCD mit einem Bemessungsdifferenzstrom $I_{\Delta N} \leq 30$ mA geschützt werden. Dies gilt sowohl für Steckdosen im Freien als auch für die Steckdosen innerhalb eines Gebäudes, die zur Versorgung elektrischer Betriebsmittel im Freien dienen.

- In geschützten Anlagen im Freien gilt für den Wasserschutz mindestens IPX1, in ungeschützten Anlagen mindestens IPX3.
- Alle Steckdosen zur Versorgung elektrischer Betriebsmittel im Freien müssen mit einer RCD ($I_{\Delta N} \leq 30$ mA) geschützt werden.

Medizinisch genutzte Bereiche

In diesen Bereichen werden Patienten mit elektromedizinischen Geräten untersucht und behandelt. Deshalb gelten hier besonders hohe Anforderungen nach DIN VDE 0100-710.

Das Risiko für den Patienten ist bei einem Fehler sehr groß, da die elektromedizinischen Geräte oft direkt mit dem Körper des Patienten in Verbindung kommen, eine lebenswichtige Funktion übernehmen oder direkt mit elektrischen Impulsen therapiert wird.

Als Fehlerschutz dürfen in Bereichen der Anwendungsgruppe 2 (Abb. 3) nur

- Kleinspannung (25 V AC bzw. 60 V DC),
- Schutz durch automatische Abschaltung im IT-System,
- Schutzisolierung oder
- Schutztrennung (nur ein angeschlossenes Gerät)

angewendet werden.

Für Operationsleuchten mit einer höheren Bemessungsspannung als 25 V AC bzw. 60 V DC sowie Stromkreise zur Versorgung elektromedizinischer Geräte für Operationen ist der Schutz durch automatische Abschaltung im IT-System notwendig.

Um die Stromversorgung auch im Falle eines Netzausfalls aufrecht zu erhalten, sind Ersatzstromversorgungen erforderlich. Sinkt die Netzspannung um mehr als 10 % ab, werden

- Geräte zur Erhaltung lebenswichtiger Funktionen innerhalb von 0,5 s und
- alle übrigen Verbraucher innerhalb von 15 s auf die Ersatzstromversorgung umgeschaltet.

Anwendungsgruppe	Nutzung	Beispiele
0	Anwendung medizinischer Geräte, die auch außerhalb der medizinischen Bereiche zulässig sind.	Praxisraum Bettenraum
1	Elektromedizinische Geräte dürfen nur am oder im Körper über natürliche Körperöffnungen verwendet werden.	Therapieraum Massageraum Bettenraum
2	Operationen und lebenserhaltende Funktionen	Operationssaal Intensivstation

3: Anwendungsgruppen medizinischer Bereiche

- Medizinisch genutzte Bereiche sind gemäß der Nutzung in die Anwendungsgruppen 0, 1, 2 unterteilt.
- Im Anwendungsbereich 2 ist für Operationsbeleuchtungen und elektromedizinische Geräte für Operationen eine automatische Abschaltung im IT-System vorzusehen.

Landwirtschaftliche Betriebsstätten

In landwirtschaftlichen Betrieben und Gartenbaubetrieben wird nach Wohn- und Wirtschaftsgebäuden unterschieden. Für die Wohngebäude gelten die Normen für die Hausinstallation. Zu den Wirtschaftsgebäuden zählen Innenräume und Anlagen im Freien.

Besondere Einwirkungen auf die elektrischen Betriebsmittel entstehen durch Feuchtigkeit, Staub, chemische Dämpfe und Säuren. Diese können für Menschen und Tiere ein hohes Risiko darstellen. Daher sollten die Betriebsmittel so angeordnet werden, dass sie für Tiere nicht zugänglich sowie vor äußeren Einflüssen geschützt sind.

In landwirtschaftlichen Betriebsstätten dürfen elektrische Betriebsmittel nur in den Bereichen verwendet werden, wo sie auch erforderlich sind. Leitungen sind so zu verlegen, dass sie für die Nutztiere nicht erreichbar sind.

Die **zulässige Berührungsspannung** in Bereichen der Tierhaltung beträgt 50 V AC. Im Bereich der Stallungen ist ein zusätzlicher örtlicher Schutzpotenzialausgleich gefordert, der alle fremden, elektrisch leitfähigen Teile (Metallgitter im Boden, Melkanlagen) miteinander sowie mit dem Schutzleiter verbindet. Stromkreise zur Versorgung von Steckdosen müssen über eine RCD ($I_{\Delta N} \leq 30$ mA) geschützt werden. Für Endstromkreise wird der Schutz mittels RCD mit $I_{\Delta N} \leq 30$ mA empfohlen.

AUFGABEN

1. In der Lackierhalle einer Schreinerei sollen die Leuchten ausgetauscht werden. Welche Schutzart müssen die neuen Leuchten besitzen?
2. Worauf ist bei der Auswahl der Betriebsmittel in einer Dampfsauna zu achten?
3. Wie ist der Unterschied zwischen einer ungeschützten und einer geschützten Anlage im Freien.
4. Im Bereich einer Außenterrasse soll eine Steckdose 30 cm über dem Boden installiert werden. Ist diese Installation vorschriftsmäßig?
5. Nennen Sie die Schutzmaßnahmen zum Fehlerschutz in einem Operationssaal.
6. In welchen Fällen ist in medizinisch genutzten Räumen des Anwendungsbereiches 2 ein Schutz durch automatische Abschaltung im IT-System notwendig?

- In landwirtschaftlichen Betriebsstätten und Gartenbaubetrieben sind die elektrischen Betriebsmittel vor äußeren Einflüssen (Feuchtigkeit, Staub usw.) zu schützen.
- Für den Bereich der Nutztierhaltung gilt als höchstzulässige Berührungsspannung 50 V AC.

Baustellen

Auf einer Baustelle werden für alle elektrischen Betriebsmittel hohe Anforderungen an die
- mechanische Belastbarkeit,
- die Witterungsbeständigkeit sowie
- den Schutz gegen elektrischen Schlag gestellt.

Die Anforderungen sind in DIN VDE 0100-704 geregelt.

Anlagen auf Baustellen sind alle elektrischen Einrichtungen für die Neuerrichtung oder zur Durchführung von Reparaturarbeiten an
- Hoch- und Tiefbaustellen sowie
- Baustellen mit Metallbaumontagen.

Die Versorgung der elektrischen Betriebsmittel erfolgt über einen **Baustromverteiler** [electric current distribution board for building sites] (Abb. 1). Er wird ohne eine lösbare Verbindung direkt an das VNB-Netz angeschlossen und muss den Bestimmungen der TAB des jeweiligen VNB entsprechen (Mindest-Schutzart IP43). Als Zuleitung wird eine flexible Leitung H07RN-F verwendet, die nicht länger als 30 m sein soll. Der Leiterquerschnitt beträgt 10 mm².

Orte, an denen mit einzelnen Geräten gearbeitet wird, z.B. bei Bohr- und Schweißarbeiten, zählen nicht zu den Baustellen. Sind hier Arbeiten mit mehreren gleichzeitig benutzten elektrischen Betriebsmitteln erforderlich, muss die Stromversorgung ebenfalls über einen zentralen Baustromverteiler erfolgen.

Die Energieversorgung wird bei Baustellen als TN-S- oder TT-System ausgeführt. Der Baustromverteiler muss jederzeit zugänglich sein. Über einen Hauptschalter muss der Verteiler spannungsfrei zu schalten sein. Alle Steckverbindungen sind über eine RCD abzusichern. Sie muss bis zu einer Temperatur von −25 °C geeignet sein.
- $I_{\Delta N} \leq 30$ mA, $I_n \leq 32$ A bei Einphasenwechselstrom
- $I_{\Delta N} \leq 0{,}5$ A bei sonstigen Steckdosen

Die Verlängerungsleitungen bestehen aus Gummischlauchleitungen (H07RN-F) oder gleichwertigen gummiaderisolierten Leitungen. Leitungen mit einer PVC-Aderisolierung sind nicht erlaubt.

1: Baustromverteiler

Campingplätze

Camping

Für die Installation und Versorgung von elektrischen Anlagen in bewohnbaren Fahrzeugen (Caravan) und Zelten gelten die Vorschriften nach DIN VDE 0100-708. Die **verschärften Schutzmaßnahmen** sind notwendig, da auf Campingplätzen [camping sites] die Stromversorgung oftmals ungeschützt erfolgt und die Zuleitungen so einem rauen Betrieb (Witterungseinflüsse usw.) ausgesetzt sind. Außerdem würde der häufige Wechsel der Fahrzeuge zu einer ungeordneten Verlegung der Leitungen im Bereich der Stromverteiler führen.

Bezüglich des Wasserschutzes gelten an den Speisepunkten von Caravans die Anforderungen von Anlagen im Freien. Bei ungeschützten Anlagen im Freien gilt als **Mindest-Schutzart IPX3**. Der Schutz sollte auch bei eingesteckten Steckern gewährleistet sein. Die Steckverbindung am Stromverteiler muss zusätzlich durch eine Tür geschützt werden.

Die **Montagehöhe der Steckdosen** muss 0,8 m bis 1,5 m über dem Boden betragen. Die Anschlussleitung wird als H07V-K bzw. H07V-R ausgeführt und hat einen Mindestquerschnitt von 2,5 mm². Die maximale Länge der Anschlussleitung beträgt 25 m.

Da die Leitungsverlegung und -verzweigung auf Campingplätzen zumeist „fliegend" ist und die Anlage außerhalb des Wirkungsbereiches eines Hauptpotenzialausgleiches liegt, wird als Schutz bei direktem Berühren eine RCD ($I_{\Delta N}$ ≤ 30 mA) gefordert. An die RCD dürfen jedoch nicht mehr als drei Steckdosen angeschlossen werden.

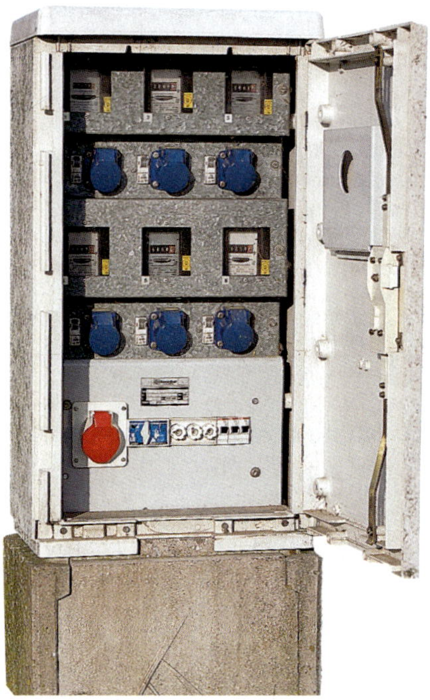

2: Verteilung auf dem Campingplatz

3: CEE-Stecker

Als Steckverbinder zwischen dem Stromkreisverteiler und dem Wohnwagen oder Wohnmobil dürfen keine herkömmlichen Schutzkontaktsteckvorrichtungen verwendet werden. Vorgeschrieben sind CEE-Stecksysteme [CEE-connector systems] (Abb. 2) mit drei Kontaktstiften.

AUFGABEN

1. Worauf sollte bei der Anbringung von elektrischen Betriebsmitteln in landwirtschaftlichen Stallungen geachtet werden?

2. Sie haben die Aufgabe, eine Baustelle mit elektrischer Energie als TT-System zu versorgen.
   a) Was ist bei der Wahl des Baustromverteilers zu beachten?
   b) Mit welcher Leitung schließen Sie den Baustromverteiler an die Spannungsversorgung an?

3. Eine Leuchte hat als Angabe zur Schutzart den Aufdruck IP23.

   Ist diese Leuchte für den Einsatz als Handlampe auf einer Baustelle geeignet (Begründung)?

4. Sie erhalten den Auftrag, das Wohnmobil eines Kunden für den Anschluss an die Energieversorgung auf Campingplätzen auszurüsten.
   a) Welche Anforderungen muss die Anschlussleitung erfüllen?
   b) Muss eine zusätzliche RCD einbaut werden?

- Der Baustromverteiler dient zur Versorgung elektrischer Betriebsmittel auf einer Baustelle und hat als Mindest-Schutzart IP43.
- Auf einer Baustelle wird das TN-S- oder TT-System eingesetzt.
- Die Steckdosen in einem Baustromverteiler sind über eine RCD abzusichern.
- Die Stromkreisverteiler auf einem Campingplatz müssen als Mindestanforderung für den Wasserschutz IPX3 aufweisen.
- Die Anschlussleitung auf Campingplätzen besteht aus einer flexiblen Gummischlauchleitung mit einem Mindestquerschnitt von 2,5 mm². Die Länge darf maximal 25 m betragen.
- Als Steckverbinder auf Campingplätzen sind ausschließlich CEE-Stecksysteme mit drei Kontaktstiften erlaubt.

2.9 Prüfen und Messen

2.9.1 Übersicht

Vor der Inbetriebnahme einer elektrischen Anlage bzw. bei wesentlichen Änderungen oder Instandsetzungen müssen Prüfungen durchgeführt werden. Als Grundsatz gilt, dass die Prüfungen abgeschlossen sein müssen, bevor die Anlage in Betrieb geht. In der Abb. 1 sind wesentliche Merkmale aufgeführt, die bei der **Prüfung** [test] von elektrischen Anlagen bedacht werden müssen.

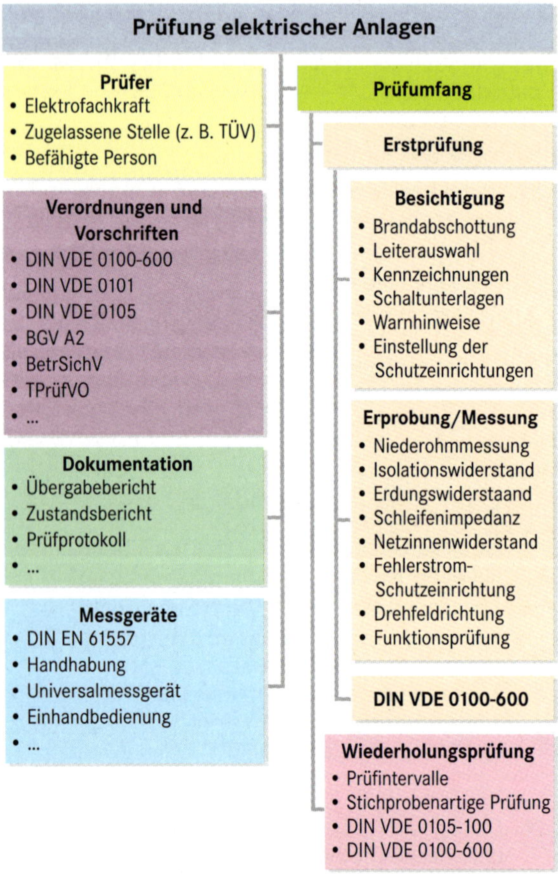

1: Übersicht – Prüfen einer elektrischen Anlage

Sanierung von Elektroanlagen

Bei einer **Änderung** oder **Erweiterung** einer bestehenden elektrischen Anlage muss die Einhaltung der Normen aus der Reihe DIN VDE 0100 geprüft werden. Die Sicherheit der bestehenden Anlage darf keinesfalls beeinträchtigt werden.

Eine Anpassung der bestehenden Anlage an neue oder überarbeitete Normen ist nur dann erforderlich, wenn eine Nachrüstpflicht besteht. In jedem Fall muss die gesamte Anlage auf eine bestehende Unfall- bzw. Brandgefahr überprüft und gegebenenfalls saniert werden.

2.9.2 Erstprüfung

Die Erstprüfung [original inspection] einer elektrischen Anlage setzt sich zusammen aus der Besichtigung und der nachfolgenden Kontrolle der elektrischen Eigenschaften durch entsprechende Erprobungen und Messungen (Abb. 1). Bevor aber mit der Erstprüfung begonnen wird, sollten folgende Fragen geklärt werden:

- **Wer darf prüfen?**

Für die Durchführung der erforderlichen Prüfungen sind bestimmte Qualifikationen der Prüfer notwendig. Die Prüfungen nach DIN VDE 0100-600 müssen von einer **Elektrofachkraft** mit Erfahrung beim Prüfen durchgeführt werden. Eine Elektrofachkraft besitzt eine fachliche Ausbildung, kann Gefahren beurteilen und ist mit den einschlägigen Vorschriften vertraut.

Nach der Betriebssicherheitsverordnung muss der Betrieb einer überwachungsbedürftigen Anlage von einer zugelassenen Stelle (z. B. Staatlich anerkannter Sachverständiger, TÜV) oder einer befähigten Person überprüft werden. Befähigte Personen zeichnen sich durch ihre Berufsausbildung und ihre zeitnahe berufliche Tätigkeit bei der Durchführung von Prüfungen aus.

- **Welche Prüfungen müssen durchgeführt werden?**

In der Übersicht der Abb. 1 sind wesentliche Prüfungen in dem Block „Erprobung und Messung" aufgeführt. Je nach Anlage sind weitere Prüfungen erforderlich.

- **Welche Messgeräte sollen verwendet werden?**

Bei der Wahl der **Messgeräte** [measuring instruments] (DIN EN 61557) gelten wegen der häufigen Verwendung folgende Grundsätze für die **Handhabung** [handling] in der Praxis:

- einfache Handhabung und Bedienung
- sicher gegen Überlastung und Kurzschluss
- klein und leicht
- alle Messungen mit einem Gerät durchführbar (Universalmessgerät)
- Möglichkeit der Einhandbedienung des Prüfsteckers bei den Messungen
- direkte Anzeige von gefährlichen Spannungen (z. B. spannungsführender Schutzleiter)

AUFGABE

1. Finden Sie für jede der geforderten Besichtigungen im Rahmen der Erstprüfung Beispiele aus der Praxis und listen Sie diese auf.

- Prüfungen nach DIN VDE 0100-600 müssen von einer Elektrofachkraft durchgeführt werden.
- Die Erstprüfung setzt sich aus Besichtigung, Erprobung und Messung zusammen.
- Vor dem Betrieb einer elektrischen Anlage muss eine Erstprüfung deren Sicherheit gewährleisten.

2.9.3 Besichtigung

Die **Besichtigung** [visual inspection] wird grundsätzlich vor dem anschließenden Erproben und Messen durchgeführt.

Bei der Besichtigung wird festgestellt, ob die elektrische Anlage normgerecht errichtet wurde, die eingebauten Betriebsmittel richtig ausgewählt sind und sie keine sichtbaren Sicherheitsmängel aufweisen.

Umfang der Besichtigungen

- **Schutzart gegen elektrischen Schlag** überprüfen (z. B. Abstandsmaße in der Trafostation).
- **Brandabschottungen** (Abb. 2) sowie andere Vorsorgemaßnahmen gegen die Ausbreitung von Feuer kontrollieren.
- **Leiterauswahl** hinsichtlich Spannungsbelastbarkeit und Spannungsfall prüfen.
- Auswahl und Einstellung von **Überwachungs-** und **Schutzeinrichtungen** prüfen (z. B. Isolationsüberwachung).
- Eignung und Einstellung der **Schalt- und Trenneinrichtungen** prüfen.
- Auswahl der **Betriebsmittel und Schutzmaßnahmen** im Hinblick auf äußere Einflüsse kontrollieren (z. B. Einhaltung der Schutzart für Außenleuchten).
- Kennzeichnung von **N-** und **PE-Leiter** kontrollieren (z. B. bei Stromschienen innerhalb der Verteilung).
- Dauerhafte **Kennzeichnung** der Stromkreise (Abb. 3), Schalter, Klemmen und Sicherungen kontrollieren.
- **Leiterverbindungen** auf Festigkeit prüfen.
- Vollständigkeit der **Schaltungsunterlagen** kontrollieren.
- **Warnhinweise** und zusätzliche Beschilderungen kontrollieren.
- **Zugänglichkeit** der Betriebsmittel im Hinblick auf die Bedienung, Wartung und Identifizierung prüfen.

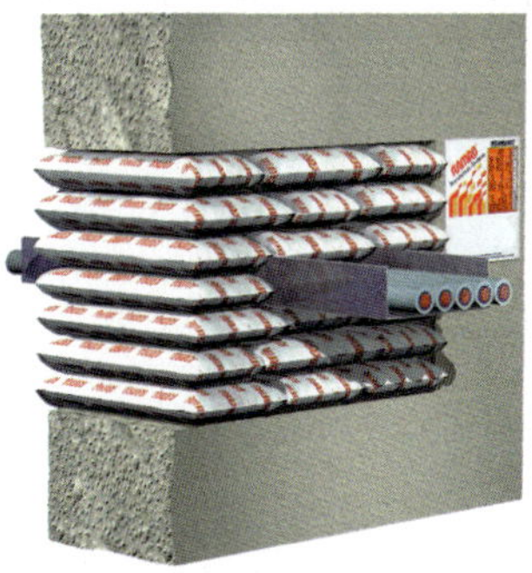

2: Brandabschottung

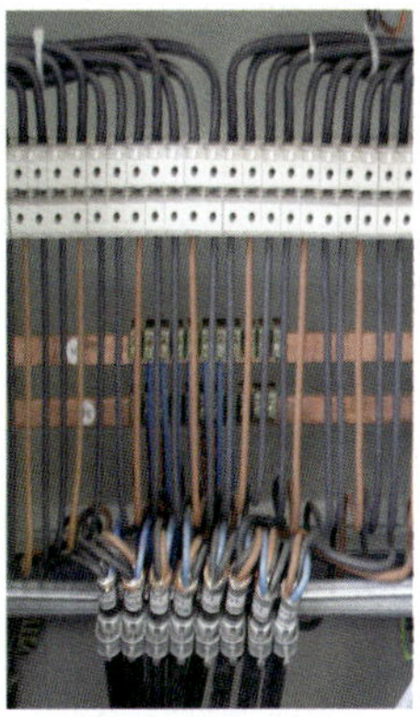

3: Kennzeichnung

- Die Besichtigung erfolgt vor der Erprobung und Messung.

2.9.4 Niederohmmessung

Bei dieser Messung müssen die Schutzleiter, Schutzpotenzialausgleichsleiter sowie Erdungsleiter im kompletten Verlauf auf einen **niederohmigen Durchgang** [low resistance continuity] überprüft werden.

Da eine teilweise unterbrochene Verbindung bei einer Messung nicht lokalisiert werden kann, müssen bei der Besichtigung auf
- die festen Verbindungen der Anschlussstellen,
- die normgerechte Verlegung,
- den ausreichenden Querschnitt und
- die richtige Kennzeichnung geachtet werden.

Es ist sinnvoll, die Besichtigung bereits während der Bauphase schrittweise durchzuführen, da eine spätere Besichtigung erheblich zeitaufwändiger ist.

Messpunkte

Der niederohmige Durchgang ist in folgenden **Messkreisen** zu prüfen:
- zwischen PE-Schiene der Verteiler und den Verbrauchern (z. B. Steckdosen)
- zwischen fremden leitfähigen Teilen (Rohrsysteme) und Haupterdungsschiene (Abb. 4)
- zwischen den Anlagenerdern R_A und dem Schutzpotenzialausgleich (z. B. Telekommunikationsanlage)

Die Messwerte in Stromkreisen mit geringen Leiterquerschnitten ($q \leq 2{,}5\ mm^2$) liegen zwischen 0,3 Ω und 1 Ω und bei Leitern mit größeren Querschnitten nur im Bereich weniger Zehntel Ω.

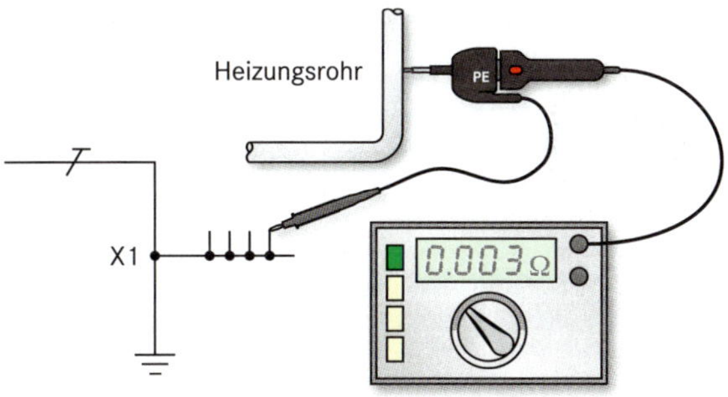

4: Beispiel einer Niederohmmessung

AUFGABEN

1. Zwischen welchen Messpunkten muss eine Niederohmmessung durchgeführt werden?
2. Welche Besichtigungen müssen im Rahmen der Niederohmmessung unbedingt erfolgen? Begründen Sie die Notwendigkeit dieser Besichtigungen.

- Bei der Niederohmmessung werden der niederohmige Durchgang aller Schutzleiter, Schutzpotenzialausgleichsleiter sowie der Erder überprüft.

UNITEST

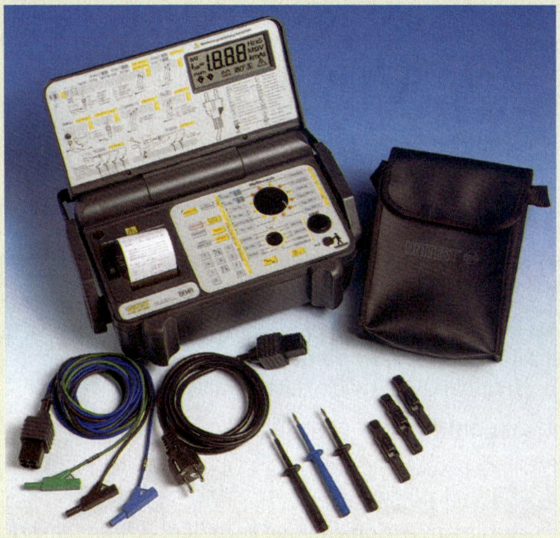

9020

Mess- und Prüfgerät

UNITEST-Software ermöglicht die Auswertung und normgerechte Ausgestaltung der Messprotokolle.

Datenlogger erfassen automatisch Messwerte, die aufgezeichnet werden. So kann z. B. die Netzspannung überwacht werden.

Messwertspeicher kann Daten der durchgeführten Messungen speichern.

Die eingebaute RS-232-Schnittstelle dient zur Übertragung der Messwerte zum PC.

Serienmäßig eingebauter Drucker ermöglicht sofortigen Ausdruck der Messwerte.

Textausdruck

UNITEST EXPERT-EEHA GmbH
9020D No. U16 0441 96
Fa. Mustermann
Musterstr. 123
12345 Musterstadt
Tel.: 07601/0009-29
Fax.: 07601/0009-19
DATUM:
PRUEFER:
ORT:
BEMERKUNG:
S: 001 P: 001
Ri = .69 Ohm
Lk = 333 A

Funktionen

- Messung der Schleifenimpedanz und Kurzschlussstromstärke
- Messung des Netzinnenwiderstandes
- Drehfeldmessung
- RCD/FI-Messungen (Berührungsspannung, Auslösezeit, Auslösestromstärke
- RCD/FI-Analyse zur Prüfung aller Parameter eines RCD/FI
- Niederohmmessung
- Isolationsmessung bis 1000 V, auch für 690 V-Industrienetze geeignet
- Erdungsmessung
- Spannungs- und Frequenzmessung

Geräteinformationen

- Speicher für ca. 800 Messungen mit Zuordnung zu Stromkreis und Platz in zwei Ebenen
- Serienmäßig eingebaute RS-232-Schnittstelle zur Übertragung der Messwerte zum PC
- Software zur Protokollierung (optional) erhältlich, Protokollgestaltung gemäß ZVEH-Protokoll
- Integrierter Steckdosentest mit Berührungselektrode zur Ermittlung falsch angeschlossener Steckdosen bzw. fehlendem Schutzleiter
- Übersichtliche und einfache Funktionswahl mit einem Drehschalter
- Netzunabhängig durch Batterieversorgung

Technische Daten	
Anzeige	LCD, 3½-stellig; 1999 Digits
Messbereiche	
Niederohmmessung	0 ... 19,99 Ω
Prüfstrom	> 200 mA DC
Isolationswiderstand	0 ... 1,999/19,99/199,9 MΩ
Prüfspannung	250/500/1000 V DC
Erdungswiderstand/Spezifischer Erdungswiderst.	0 ... 19,99/199,9/1999 Ω
Prüfspannung	ca. 40 V/125 Hz
Messprinzip	2-, 3-, 4-polig mit Sonden
Schleifenimpedanz	0,08 ... 19,99/199,9/1999 Ω
Netzinnenwiderstand	0,08 ... 19,99/199,9/1999 Ω
Kurzschlussstrom	0,1 ... 2,875 kA
Prüfstrom	ca. 23 A (bei 230 V)
RCD/FI-Bemessungsfehlerströme	10/30/100/300/500/1000 mA
RCD/FI-Typen/Ströme	Standard, AC, DC
Erdungswiderstand	
($R_E = U_B/I_{\Delta N}$)	0,08 ... 19,99/199,9/1999 Ω
RCD/FI-Auslösezeit	0 ... 500 ms
RCD/FI-Auslösestrom	40 ... 140 % von $I_{\Delta N}$ (in 10 %-Schritten)

2.9.5 Isolationswiderstand

Die Messung des Isolationswiderstandes [insulation resistance] $\boldsymbol{R_{iso}}$ (Abb. 2) muss in jeder elektrischen Anlage durchgeführt werden, und zwar unabhängig von der verwendeten Schutzmaßnahme. Sie dient als einzige Messung auch dem Brandschutz, da Isolationsfehler zwischen zwei Leitern leicht zu einer Erwärmung bzw. einem Brand führen können.

Wie wird der Isolationswiderstand gemessen?

Die Messung erfolgt mit Gleichspannung im freigeschalteten Zustand. Die Messung kann daher bereits während der Bauphase durchgeführt werden. An Schaltleitungen zu den Betriebsmitteln muss ebenso gemessen werden (z. B. in Lichtstromkreisen).

Der Isolationswiderstand muss z. B. an den Abgängen der Verteiler wie folgt gemessen werden (DIN VDE 0100-600):
- jeder Außenleiter gegen Erde
- jeder Außenleiter gegen N-Leiter
- N-Leiter gegen Erde
- Außenleiter gegeneinander

Die unteren Grenzwerte für R_{iso} in unterschiedlichen Stromkreisen sind in Abb. 1 aufgelistet.

Abb. 2 zeigt als Beispiel die Messung des Isolationswiderstandes an einem Verteilerschrank der Niederspannungshauptverteilung. Das Display zeigt bei der Messung folgende Werte an: R_{iso} = 15,8 MΩ, U = 516 V DC. Der gemessene Widerstand liegt somit weit über dem geforderten Mindestwert von 1 MΩ für Stromkreise mit einer Spannung U_0 ≤ 500 V. Die Messspannung ist mit 516 V DC ausreichend groß.

Der Messwert wird durch den Einfluss von Feuchtigkeit (z. B. Anlagen im Freien, große Temperaturunterschiede) stark beeinflusst. Er kann dabei unter den geforderten Grenzwert sinken.

Durch eine vereinfachte Messung (Abb. 3) lässt sich die Anzahl der Messvorgänge erheblich reduzieren. Über einen **Messadapter** [measuring adapter] werden mehrere Leiter miteinander verbunden und somit R_{iso} gleichzeitig gemessen.

Art des Stromkreises	Messgleichspannung DC	R_{iso}
SELV und PELV	U = 250 V	≥ 0,5 MΩ
Netzspannung U_0 ≤ 500 V, z. B. in elektrischen Anlagen mit trockenen und feuchten Bereichen	U = 500 V	≥ 1 MΩ
Netzspannung U_0 > 500 V, z. B. in Anlagen mit elektrischen Maschinen	U = 1000 V	≥ 1 MΩ

1: Grenzwerte für den Isolationswiderstand

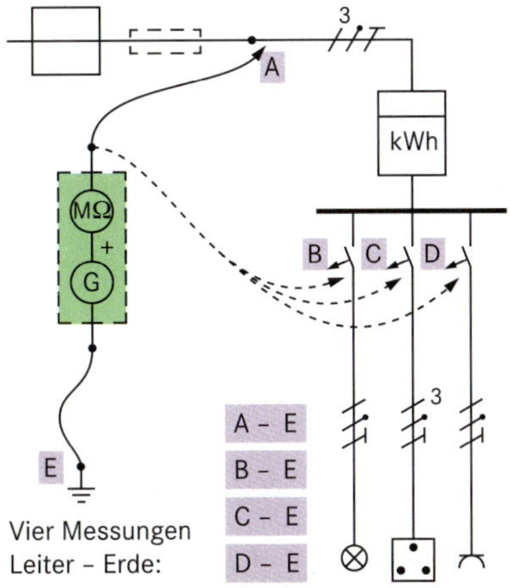

2: Messung des Isolationswiderstandes in der NSHV

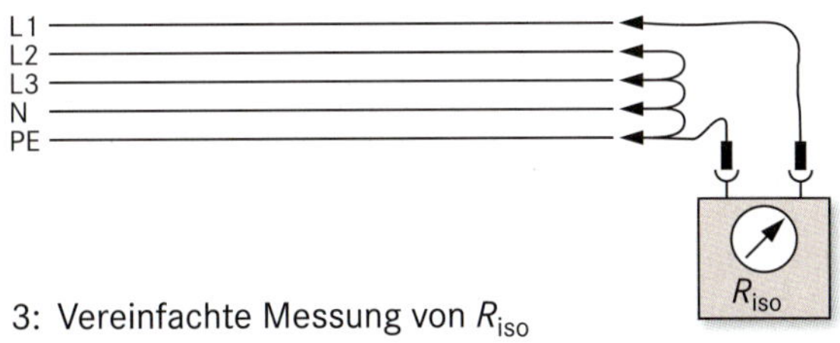

3: Vereinfachte Messung von R_{iso}

AUFGABE

1. Beschreiben Sie die Schritte zur Messung des Isolationswiderstandes an den Verbrauchern in einer Unterverteilung.

- Der Isolationswiderstand wird in jeder Anlage unabhängig von der Schutzmaßnahme gemessen.
- Der Isolationswiderstand wird bei abgeschalteter Anlage zwischen allen aktiven Leitern und der Erde gemessen.

2.9.6 Erdungswiderstand

Die Erdung ist ein wesentlicher Bestandteil zur sicheren elektrischen Energieversorgung. Durch sie wird das gemeinsame Bezugspotenzial gebildet. Sie ist eine Schutzmaßnahme gegen **Überspannungen** [overvoltages].

Der **Erdungswiderstand** [eathing resistance] besteht aus den in Abb. 1 dargestellten Komponenten. Er ist somit in erster Linie von der Beschaffenheit des umgebenden Erdreiches und vom Erder abhängig (Abb. 2).

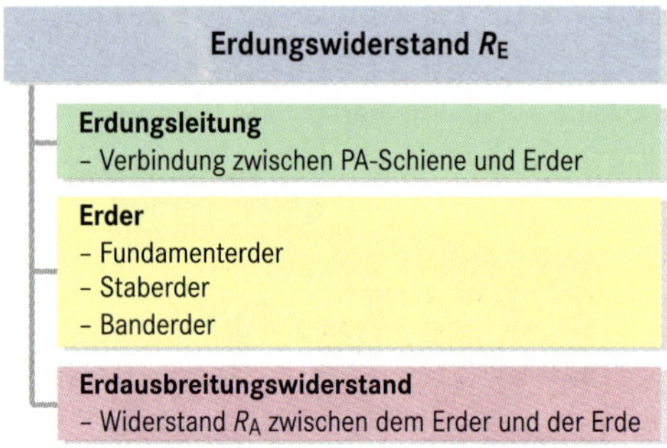

1: Erdungswiderstand

Bodenart	Erdungswiderstand R_E in Ω			
	Staberder in einer Tiefe von		Banderder der Länge	
	3 m	6 m	10 m	20 m
Lehm, Ton	33	17	20	10
Sand	330	165	200	100
Steiniger Boden	1000	500	600	300

2: Abhängigkeit des Erdungswiderstandes

In Abb. 3 ist das **Strom-Spannungs-Messverfahren** dargestellt. Der Erdungswiderstand wird indirekt gemessen. Der Erder wird abgetrennt und eine Sonde im Abstand von $l \leq 20$ m verwendet. Der Erdungswiderstand R_E ergibt sich aus der Messspannung und der Stromstärke. Beim **Kompensations-Messverfahren** werden dagegen ein Hilfserder und eine Sonde verwendet.

In dicht bebauten Gebieten, in denen keine Sonde eingesetzt werden kann, ist die **Erder-Schleifenwiderstandsmessung** sinnvoll. Sie wird mit einem Schleifenwiderstandsmessgerät durchgeführt.

Die gemessene **Erder-Schleifenimpedanz** [earthing loop impedance] (Abb. 5) besteht aus dem zu messenden Erder R_E, dem Betriebserder R_B, der Transformatorwicklung und dem Außenleiter. Zur Bestimmung des R_E müssen vom abgelesenen Wert a die Widerstände des Betriebserders und des Transformators abgezogen werden. Somit liegt der Wert stets auf der „sicheren Seite" (Formel s. Abb. 5).

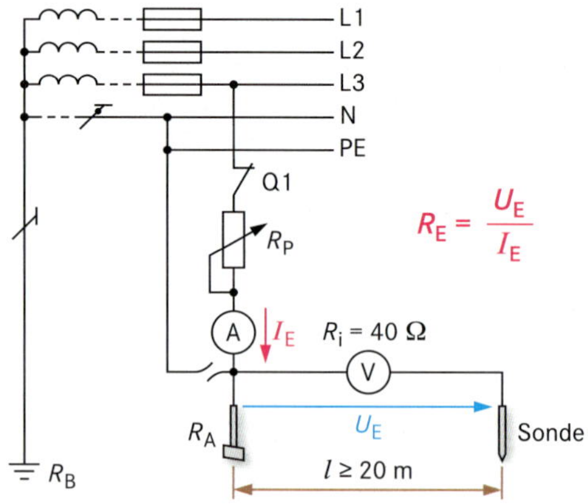

Sonde + Netz + Strommesser + Spannungsmesser + abgetrennter Erder R_A

3: Strom-Spannungs-Messverfahren

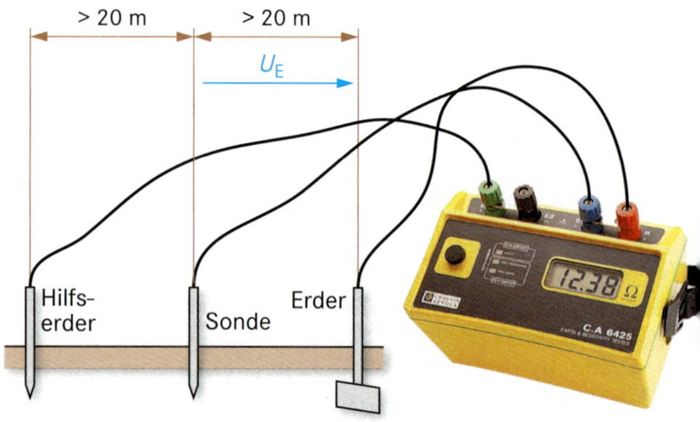

Erdungsmessgerät + Sonde + Hilfserder + abgetrennter Erder R_A

4: Kompensations-Messverfahren

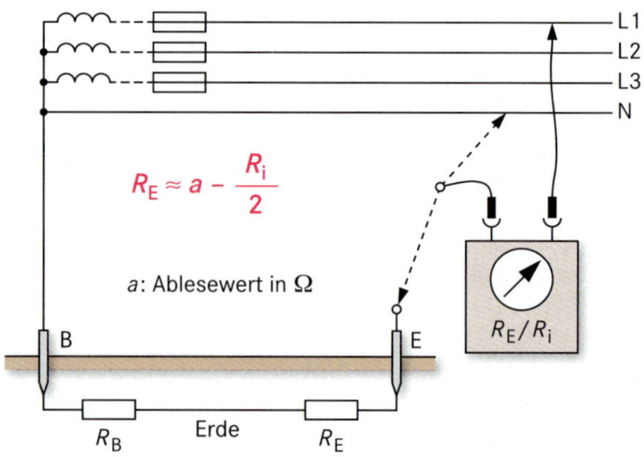

5: Erder-Schleifenwiderstandsmessung

2.9.7 Schleifenimpedanz

Die Messung der **Schleifenimpedanz Z_S** [loop impedance] ist zur Ermittlung der Kurzschlussstromstärke wichtig. Gemessen wird der Widerstand zwischen

- Außenleiter und Schutzleiter bzw.
- Außenleiter und PEN-Leiter

an einer möglichst weit von der Verteilung entfernten Stelle (z. B. Steckdose). Moderne Messgeräte zeigen neben der Schleifenimpedanz auch die Kurzschlussstromstärke direkt als Messwert an (Abb. 6).

Damit im Fehlerfall der Anlagenteil durch einen hohen Abschaltstrom möglichst schnell abgeschaltet werden kann, muss der Wert für Z_S gering sein.

Die gemessene Schleifenimpedanz muss dabei folgende Bedingung erfüllen:

$$Z_S \leq \frac{U_0}{I_a}$$

Z_S: Schleifenimpedanz
I_a: Abschaltstromstärke
U_0: Netzspannung (230 V)

Der Wert der Abschaltstromstärke ist von dem eingesetzten Überstrom-Schutzorgan abhängig.

6: Messung der Schleifenimpedanz

Überstrom-Schutzorgan	Abschaltstromstärke
Schmelzsicherung, Typ gG	$I_a = 8 \times I_n$
Leitungsschutz-Schalter, Typ B	$I_a = 5 \times I_n$
Leitungsschutz-Schalter, Typ C	$I_a = 10 \times I_n$
Leitungsschutz-Schalter, Typ D	$I_a = 20 \times I_n$
Leitungsschutz-Schalter, Typ Z	$I_a = 3 \times I_n$
Leitungsschutz-Schalter, Typ K	$I_a = 12 \times I_n$
I_n: Bemessungsstromstärke des Überstrom-Schutzorgans	

7: Abschaltstromstärken

Maßnahmen bei zu hoher Schleifenimpedanz

Wenn die Schleifenimpedanz zu groß sein sollte, können folgende Maßnahmen ergriffen werden:

- Austausch des Überstrom-Schutzorgans gegen Leitungsschutz-Schalter mit geringerer Abschaltstromsstärke I_a
- Einbau einer RCD
- Verlegung einer Leitung mit größerem Leiterquerschnitt zur Verringerung des Leiterwiderstandes

Wie wird die Abschaltstromstärke ermittelt?

Der Grenzwert für die Abschaltstromstärke kann direkt aus der Strom-Zeit-Kennlinie des eingesetzten Überstrom-Schutzorgans abgelesen werden.

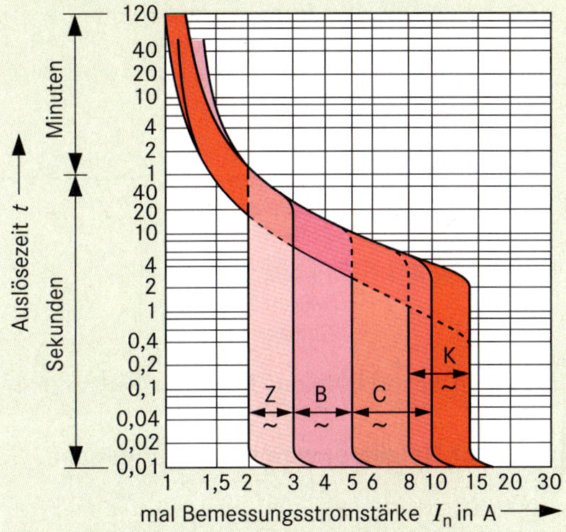

Die Kennlinie zeigt den Bereich, in dem der Leitungsschutz-Schalter sicher auslöst.

Leitungsschutz-Schalter der Charakteristik B:

$$I_a = 3 \dots 5 \times I_n$$

Damit ein sicheres Auslösen garantiert ist, wird der obere Grenzwert zur Bestimmung der Abschaltstromstärke verwendet ($I_a = 5 \times I_n$).

AUFGABEN

1. Welche Bedeutung hat die Messung der Schleifenimpedanz für die Sicherheit der Anlage?
2. Wie groß darf die Schleifenimpedanz in einem Stromkreis bei einer Spannung von 230 V und einem LS-Schalter I_n = 16 A (Typ C) maximal sein?

- Die Schleifenimpedanz dient zur Ermittlung der Kurzschlussstromstärke und somit zur Prüfung der Wirksamkeit der verwendeten Schutzmaßnahme.
- Die Schleifenimpedanz wird an der entferntesten Stelle zwischen Außenleiter und PE-Leiter in jedem Stromkreis bestimmt.

2.9.8 Netzinnenwiderstand

Die Messung des **Netzinnenwiderstandes** [mains internal resistance], auch kurz **R_i-Messung** genannt, ist zur Prüfung der Wirksamkeit von Schutzmaßnahmen nicht zwingend vorgeschrieben. Sie stellt jedoch für den Prüfer einen wichtigen Vergleichswert bei der Fehlersuche dar (Abb. 1).

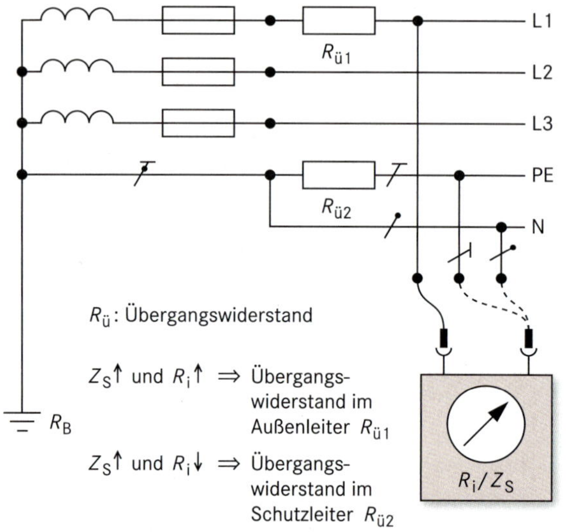

1: Fehleranalyse mit Hilfe des Netzinnenwiderstandes

Wie wird der Netzinnenwiderstand gemessen?

Die Messung ist vergleichbar mit der Messung der Schleifenimpedanz (s. Kap. 2.9.7). Es wird im Gegensatz dazu zwischen Außenleiter und N-Leiter gemessen (Abb. 2).

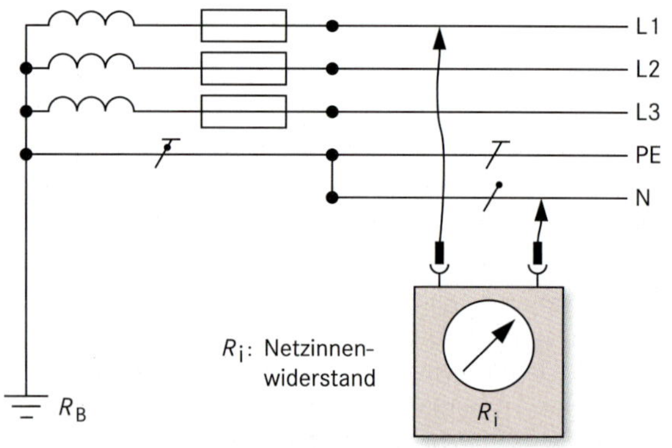

2: Messung des Netzinnenwiderstandes

AUFGABE

1. Berechnen Sie den maximal zulässigen Wert für R_i in einem Steckdosenstromkreis (I_n = 16 A, U_0 = 230 V) bei einem zulässigen Spannungsfall von 4 %.

Bedeutung des Messwertes für R_i

1. Für die Prüfung des zulässigen Spannungsfalls

Laut DIN VDE 0100-520 darf der maximale Spannungsfall zwischen Hausanschlusskasten und Verbraucher maximal 4 % betragen. Mit dem Messwert für R_i lässt sich diese Forderung leicht überprüfen.

2. Für die Schleifenimpedanzmessung

Liegt der Wert für Z_S zu hoch, so liefert die Messung des Innenwiderstandes an gleicher Stelle einen Vergleichswert zur Analyse der möglichen Fehlerursache.

- Bei großem R_i kann die Ursache in einem großen Übergangswiderstand im Außenleiter liegen.
- Bei deutlich geringerem R_i liegt der Fehler im Schutzleiter.

3. Für die Fehlerstrom-Schutzeinrichtung

Sind N- und PE-Leiter vertauscht, so führt die Messung von R_i zum sofortigen Auslösen der RCD, da nun ein Strom über den PE-Leiter fließt. Die Summe der zufließenden Ströme ist somit ungleich der Summe der abfließenden Ströme. Diese Differenz führt letztlich zum Auslösen der RCD.

Prüfung des Spannungsfalls bei der R_i-Messung

Bei der Messung des Netzinnenwiderstandes ergibt sich ein Messwert von $R_i = 0{,}28\ \Omega$.

Geg.: $R_i = 0{,}28\ \Omega$; $I_n = 16$ A; $U = 230$ V Ges.: Δu

max. Spannungsfall:

$$\Delta u = \frac{U \cdot 4\ \%}{100\ \%}$$

$$\Delta u = \frac{230\ \text{V} \cdot 4\ \%}{100\ \%}$$

$$\underline{\underline{\Delta u = 9{,}2\ \text{V}}}$$

tatsächlicher Spannungsfall:

$$\Delta u = R_i \cdot I_n$$

$$\Delta u = 0{,}28\ \Omega \cdot 16\ \text{A}$$

$$\underline{\underline{\Delta u = 4{,}48\ \text{V}}}$$

⇒ Der Spannungsfall liegt mit 4,48 V unterhalb des geforderten Wertes von 9,2 V.

- Der Netzinnenwiderstand wird zwischen dem Außenleiter und dem N-Leiter gemessen.
- Der Netzinnenwiderstand dient zur Überprüfung des maximal zulässigen Spannungsfalls.

2.9.9 Fehlerstrom-Schutzeinrichtung

Für die Prüfung der RCD sind drei Messgrößen von Bedeutung:

- maximal **zulässige Berührungsspannung** U_L
- **Fehlerstromstärke** $I_{\Delta N}$ (früher I_F)
- **Erdungswiderstand** R_A

Es wird geprüft, ob die RCD innerhalb von 0,2 s (TN-System) bzw. 5 s (TT-System) allpolig abschaltet, wenn die **Berührungsspannung** [touch voltage] den Grenzwert von 50 V AC überschreitet.

Zunächst müssen durch eine Besichtigung die Kriterien nach Abb. 3 in Abhängigkeit vom jeweiligen Verteilungssystem überprüft werden.

Bei der anschließenden **Erprobung** wird durch Betätigung der **Prüftaste** [test button] die Funktion der RCD getestet. Diese Prüfung gibt jedoch keinen Aufschluss über die ordnungsgemäße Funktion der Schutzmaßnahme, da lediglich ein geräteinterner Prüfstrom die RCD auslöst.

Neben der Niederohmmessung (s. Kap. 2.9.4) und der Isolationsmessung (s. Kap. 2.9.5) müssen zusätzlich die Berührungsspannung $U_{L\Delta N}$ bezogen auf die Bemessungs-Differenzstromstärke $I_{\Delta N}$ der RCD sowie die Auslösezeit gemessen werden.

Durch die Messung des Isolationswiderstandes wird zusätzlich festgestellt, ob nach der RCD keine Verbindung zwischen dem N-Leiter und dem PE-Leiter besteht. Die Messung der Berührungsspannung kann wahlweise nach der Methode

- mit ansteigendem Prüfstrom (RCD löst aus) oder
- der Impulsmessung (RCD löst nicht aus)

durchgeführt werden.

Bei beiden Verfahren wird ein Fehlerstrom erzeugt. Die Messwerte für $U_{L\Delta N}$ und $I_{\Delta N}$ werden angezeigt bzw. errechnet.

Verteilungs-system	Prüfkriterien bei der Besichtigung
TN-System	$R_A \leq \frac{U_0}{I_{\Delta N}}$ R_A: Erdungswiderstand U_0: Bemessungsspannung $I_{\Delta N}$: Bemessungs-Differenzstromstärke
TT-System	$R_A \cdot I_a \leq 50$ V I_a: Abschaltstromstärke
IT-System	$R_A \cdot I_d \leq 50$ V I_d: Fehlerstromstärke beim ersten Fehler

3: Prüfkriterien bei Besichtigung

Auswahl der Bemessungs-Differenzstromstärke

Maximalwert für $I_{\Delta N}$	
Anwendung	$I_{\Delta N}$
- Beleuchtungsanlagen - Räume mit Badewanne oder Dusche - Experimentierräume - Feuchte und nasse Bereiche - Zusätzlicher Schutz bei direktem Berühren in Wohnungen	≤ 30 mA
- Feuergefährdete Betriebsstätten - Ersatzstrom-Versorgungsanlagen - Baustromverteiler	≤ 500 mA
Medizinisch genutzte ≤ 30 mA Bereiche: - Anwendungsgruppe 0 und 1 - Anwendungsgruppe 2 (nur für unkritische Verbraucher, z. B. OP-Tisch)	 ≤ 30 mA ≤ 30 mA
Mögliche Bemessungs-Differenzstromstärken: $I_{\Delta N}$ = 10 mA; 30 mA; 100 mA; 300 mA; 500 mA	

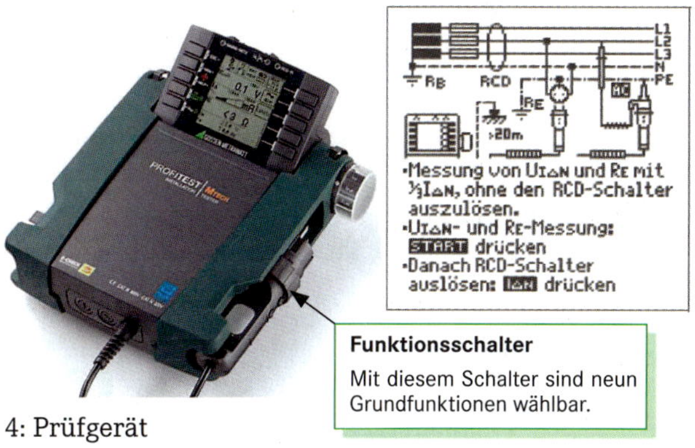

4: Prüfgerät

Die Anzeige des Prüfgerätes in Abb. 4 gibt an, dass die RCD bei einer Fehlerspannung von $U_{I\Delta N}$ innerhalb der Auslösezeit t_a auslöst. Die Anlage unterschreitet den vorgegebenen **Sollwert** [specified value](U_L = 50 V) und entspricht somit den DIN VDE-Vorschriften.

AUFGABE

1. Die N- und PE-Leiter sind hinter einer RCD versehentlich verbunden worden. Welche Probleme ergeben sich daraus für die Wirksamkeit der Schutzmaßnahme und den fehlerfreien Betrieb?

- Die Prüfung der zulässigen Berührungsspannung kann mit Hilfe der Methode des ansteigenden Prüfstromes oder der Impulsmessung erfolgen.
- Bei der Prüfung der Fehlerstrom-Schutzeinrichtung wird durch ein Prüfgerät ein Fehlerstrom simuliert und die Berührungsspannung sowie die Auslösezeit bestimmt.

2.9.10 Drehrichtung

In bestimmten Produktionsanlagen werden Drehstromverbraucher eingesetzt, die über eine definierte Drehrichtung verfügen müssen. Daher muss an diesen Verbrauchern eine Prüfung der **Drehrichtung** [direction of rotating] durchgeführt werden. Ein Rechtsdrehfeld ist für andere Betriebsmittel (z. B. Hausanschlüsse, Verteilungen) nach DIN VDE 0100 nicht zwingend vorgeschrieben. Es kann jedoch vom Betreiber einer Anlage aus Betriebsgründen gefordert werden.

1: Messgerät zur Drehrichtungsprüfung

2.9.11 Funktionsprüfung

Durch diese Prüfung wird sichergestellt, dass
- Schalt- und Steuergeräte,
- Antrieb,
- Steuerungen und
- Verriegelungen

entsprechend den Anforderungen richtig montiert, eingestellt und errichtet sind.

Beispiele für Funktionsprüfungen:

- Prüfung der Wirksamkeit von **Sicherheitseinrichtungen** [safety device], wie z. B. Druckwächter, Verriegelungen, Not-Aus-Einrichtungen
- **Funktionsprüfung** [operating test] von RCDs, Isolations-Überwachungseinrichtungen durch Betätigung der Prüftaste
- Funktionsprüfung von Melde- und Anzeigeeinrichtungen, wie z. B. von ferngesteuerten Antrieben, Meldeleuchten nicht einsehbarer Schranken

- An jeder Drehstrom-Steckdose muss ein Rechtsdrehfeld vorhanden sein.
- An sicherheitstechnischen Einrichtungen wie z. B. Not-Aus-Schaltungen, RCDs, Isolationswächtern oder Meldeleuchten muss eine getrennte Funktionsprüfung durchgeführt werden.
- In medizinisch genutzten Bereichen müssen zusätzliche Prüfungen nach DIN VDE 0100-710 erfolgen.

Zusätzliche Prüfungen in medizinisch genutzten Bereichen

An die medizinisch genutzten Bereiche im Krankenhaus werden hohe Anforderungen an die Sicherheit, Verfügbarkeit und Leistungsfähigkeit der elektrischen Betriebsmittel und Sicherheitsmaßnahmen gestellt. Daher sind ergänzend zu den Kriterien bei der Erstprüfung aus der DIN VDE 0100-600 zusätzliche Prüfungen gemäß DIN VDE 0100-710 erforderlich.

Diese Prüfungen müssen sowohl vor der ersten Inbetriebnahme als auch nach jeder Erweiterung oder Reparatur vor einer **Wiederinbetriebnahme** [recommissioning] erfüllt werden.

Prüfumfang durch Besichtigung

- Getrennte Raumanforderungen für
  - Netztransformatoren,
  - Schaltanlagen mit Bemessungsspannungen über 1 kV,
  - Hauptverteiler für AV und SV,
  - ortsfeste Stromerzeugungsaggregate und
  - Batterieräume

  einschließlich der erforderlichen Be- und Entlüftung.
- Getrennte Führung von AV- und SV-Netzen
- Einhaltung der Brandschutzbestimmungen und des Funktionserhaltes der Kabel und Leitungen

  AV: Allgemeine Stromversorgung
  SV: Sicherheitsstromversorgung

Prüfumfang durch Erproben und Messen

- Funktionstest der Isolations-Überwachungseinrichtungen in den IT-Systemen sowie der optischen und akustischen Alarmsysteme
- In den medizinischen Bereichen der Gruppe 1 und 2 muss ein zusätzlicher Schutzpotenzialausgleich installiert sein.
- Messung des Ableitstromes in medizinischen IT-Transformatoren in unbelastetem Zustand
- In medizinisch genutzten Gebäuden muss eine Sicherheitsstromversorgung innerhalb von 15 s für die Dauer von 24 Stunden den sicheren Betrieb aufrecht erhalten. Für medizinische Bereiche mit Patientengefährdung muss eine unterbrechungsfreie Stromversorgung mit einer Umschaltzeit von 0,5 s installiert sein.
- Übereinstimmung der Schutzmaßnahmen in den Anwendungsgruppen 1 und 2 gemäß den Anforderungen
- Einhaltung der Selektivität der Sicherheitsstromversorgung
- Gleichmäßige Belastung der Netze kontrollieren.
- Leuchten im Gebäude müssen auf das AV- und SV-Netz aufgeteilt sein. In medizinisch genutzten Bereichen muss mindestens eine Leuchte an das SV-Netz angeschlossen sein.

2.9.12 Prüfplan

In Abb. 2 sind in einem Ausschnitt einzelne Schritte eines Projektes dargestellt, bei dem eine bestehende **Niederspannungshauptverteilung NSHV** [low voltage main distribution centre] ersetzt wird. Da in diesem Fall die Energieversorgung zu keinem Zeitpunkt gefährdet sein darf (z. B. in einem Krankenhaus), erfolgen entsprechende Umschaltungen der allgemeinen Stromversorgung (**AV**) auf die einzelnen Unterverteilungen (**UV**). Im Plan sind links die Teilaufgaben und rechts die Termin- und Zeitplanungen aufgeführt. Die grün eingetragenen Prüfungen erfolgen in **Absprache** mit dem **Anlagenverantwortlichen** [nominated person in control of an electrical installation].

Die Abb. 2 zeigt, dass die Isolationsmessungen unmittelbar im Anschluss an die Umschaltung der Verteiler erfolgen. Dadurch wird eine erneute unnötige Abschaltung vermieden. Durch diese zeitlich präzise Abfolge wird eine fristgerechte Fertigstellung des Projektes garantiert.

Alle Teilprüfungen, die im spannungsfreien Zustand erfolgen können (z. B. Isolationswiderstand), wurden bereits bei der Montage durchgeführt. Auch die notwendigen Prüfschritte zur Besichtigung und Erprobung in jedem einzelnen Verteiler wurden vor dem Anschluss der einzelnen Verbraucher durchgeführt.

Bei dieser Vorgehensweise lässt sich die Abschaltzeit der einzelnen Abschnitte (Verteilungen) minimieren. Ein Abschalten im Zuge der Messung kann entfallen. Wenn bei einer Teilprüfung ein Fehler festgestellt wird, muss nach der Beseitigung des Mangels diese Prüfung wiederholt werden.

Welche Zwischenprüfungen sind möglich?

Am Beispiel eines Verteilers soll der Prüfablauf verdeutlicht werden:

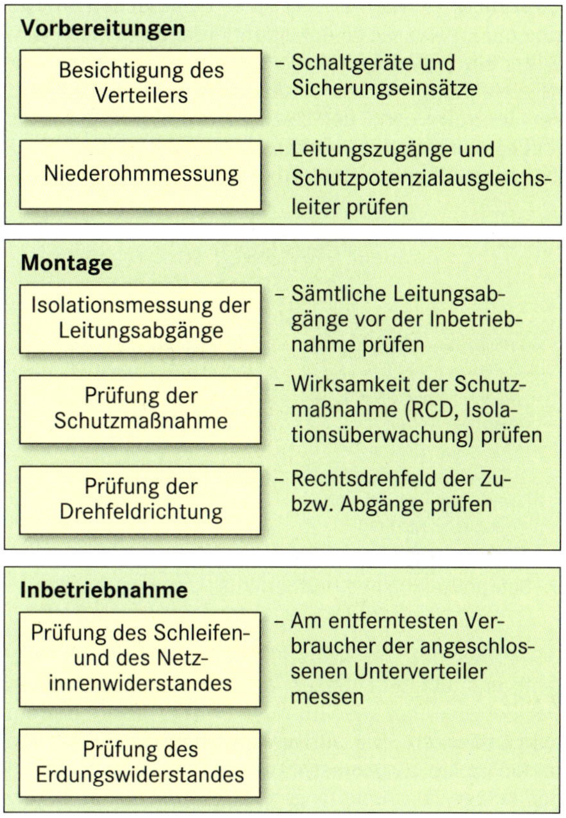

3: Beispiele für Zwischenprüfungen

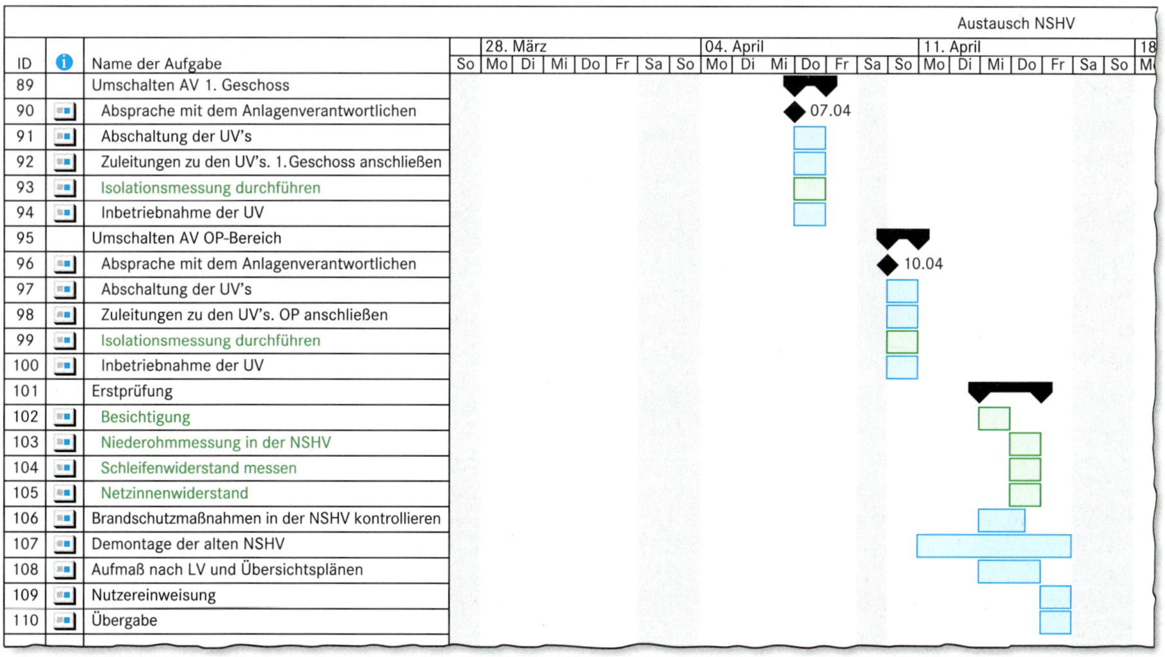

2: Schritte zur Erstprüfung einer Anlage (Ausschnitt)

2.9.13 Dokumentation

Sowohl bei der **Erstprüfung** [original inspection] als auch bei der **Wiederholungsprüfung** [periodic inspection] (s. Kap. 2.9.14) einer elektrischen Anlage sind die Ergebnisse zu dokumentieren. Dazu muss vom Prüfer ein Prüfbericht (Abb. 1) angefertigt werden. Zur Vereinfachung und Standardisierung der Prüfungen hat der Zentralverband der Deutschen Elektrohandwerke (ZVEH) vorgefertigte Prüfprotokolle und Übergabe-/Zustandsberichte erstellt (Abb. 2).

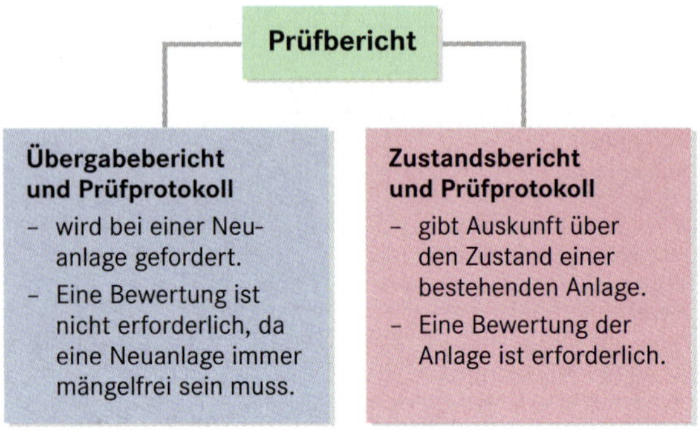

1: Bestandteile eines Prüfberichts

Der Prüfer bzw. Sachverständige erstellt den Prüfbericht und übergibt diesen an den Anlagenbetreiber. Der Betreiber hat wiederum die Pflicht, diesen Bericht aufzubewahren. Die **Aufbewahrungsfrist** [retention period] sollte so bemessen werden, dass der Zustand der Anlage über eine längere Zeitdauer dokumentiert ist. Sind die Ergebnisse der Erstprüfung nicht mehr vorhanden, so ist jede Wiederholungsprüfung wie eine Erstprüfung zu behandeln.

Welche Informationen enthält der Prüfbericht?

- **Bestandsdaten** (Abb. 2) der elektrischen Anlage (Auftraggeber/-nummer ①, Standort ②, Prüfzeitpunkt ③, Namen der Prüfer ④, usw.)
- **Prüfbestimmungen** ⑤
- **Art der Prüfung** ⑥ (z. B. Erst- oder Wiederholungsprüfung)
- Die vorgegebene **Checkliste** dient als Prüfgrundlage für Besichtigung und Erprobung.
- **Messwerte** übersichtlich in Tabellen dokumentieren
- Spätere **Analyse und Fehlersuche** ist einfach möglich
- **Mängel und Abweichungen** von den Bestimmungen bei der Wiederholungsprüfung unter Angabe des Anlagenteils sind festgehalten.
- Durch den Vergleich der Prüfergebnisse über eine längere Zeitdauer werden **Tendenzen und Schwachstellen** innerhalb der Anlage leichter sichtbar.

Moderne Prüfgeräte verfügen über umfangreiche Funktionen zur Datenspeicherung. Somit lassen sich die Messergebnisse direkt auf einen PC übertragen und mit einer geeigneten Software auswerten (**Prüfdaten-Management**). Hierzu müssen die Messstellen zur Identifizierung eindeutig bezeichnet werden.

- Die Ergebnisse jeder Erst- und Wiederholungsprüfung müssen in einem Prüfbericht dokumentiert werden.
- Die Ergebnisse der Besichtigung, Erprobung und Messung werden in vorgegebenen Vordrucken festgehalten.

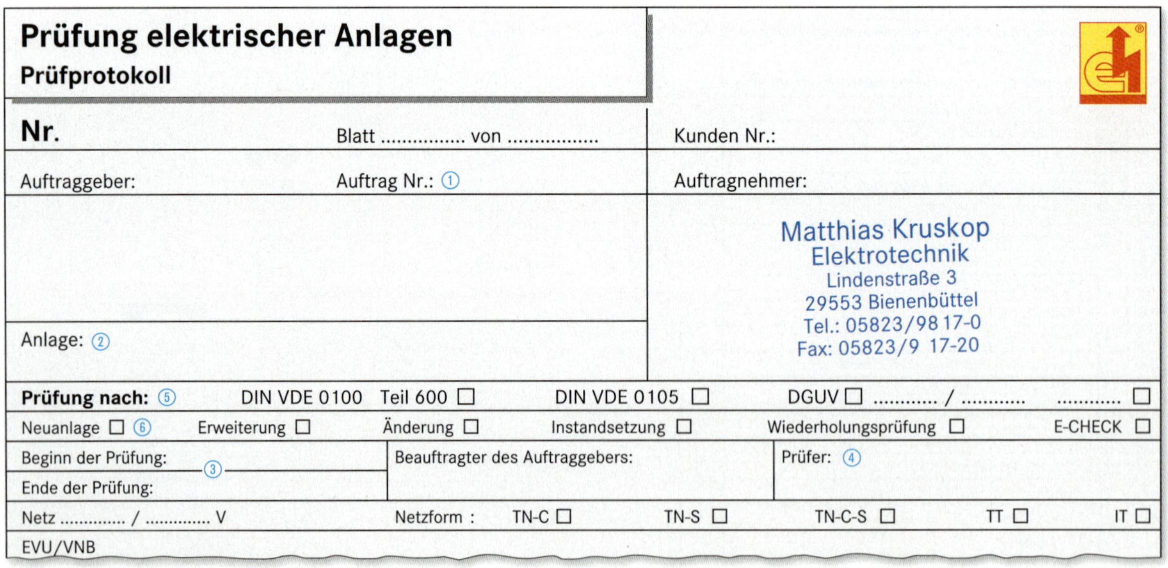

Prüfung elektrischer Anlagen
Prüfprotokoll

Nr. Blatt .... von .... | Kunden Nr.:

Auftraggeber: Auftrag Nr.: ① | Auftragnehmer:

Matthias Kruskop
Elektrotechnik
Lindenstraße 3
29553 Bienenbüttel
Tel.: 05823/98 17-0
Fax: 05823/9 17-20

Anlage: ②

Prüfung nach: ⑤ DIN VDE 0100 Teil 600 ☐ DIN VDE 0105 ☐ DGUV ☐ .... / .... ☐

Neuanlage ☐ ⑥ Erweiterung ☐ Änderung ☐ Instandsetzung ☐ Wiederholungsprüfung ☐ E-CHECK ☐

Beginn der Prüfung: ③ | Beauftragter des Auftraggebers: | Prüfer: ④
Ende der Prüfung:

Netz .... / .... V Netzform : TN-C ☐ TN-S ☐ TN-C-S ☐ TT ☐ IT ☐

EVU/VNB

2: Vorgefertigtes Prüfprotokoll

Wie wird das Prüfprotokoll ausgefüllt?

Nachdem die Bestandsdaten im ersten Teil des Prüfprotokolls [inspection protocol] vollständig ausgefüllt sind, werden die Ergebnisse der anschließenden Prüfschritte im zweiten Teil des Protokolls eingetragen (Abb. 3).

Die Ergebnisse der **Besichtigung und Erprobung** in Form einer Checkliste bearbeiten.

- Bei einer Wiederholungsprüfung die fehlerhaften Bestandteile kennzeichnen.
- Bei der Erstprüfung muss jeder Fehler umgehend beseitigt werden und durch erneute Kontrolle der fehlerfreie Zustand der Anlage bestätigt werden.

Besichtigen	i.O.	n.i.O.		i.O.	n.i.O.		i.O.	n.i.O.
Auswahl der Betriebmittel	☐	☐	Kennzeichnung Stromkreis, Betriebsmittel	☐	☐	Zugänglichkeit	☐	☐
Trenn- und Schaltgeräte	☐	☐	Kennzeichnung N- und PE-Leiter	☐	☐	Schutzpotenzialausgleich	☐	☐
Brandabschottungen	☐	☐	Leiterverbindungen	☐	☐	Zus. örtl. Schutzp.-ausgleich	☐	☐
Gebäudesystemtechnik	☐	☐	Schutz- und Überwachungseinrichtungen	☐	☐	Dokumentation	☐	☐
Kabel, Leitungen, Stromschienen	☐	☐	Basisschutz	☐	☐	siehe Ergänzungsblätter ☐		
Erproben			Funktion der Schutz-, Sicherheits- und			Rechtsdrehfeld der		
Funktionsprüfung der Anlage	☐	☐	Überwachungseinrichtungen	☐	☐	Drehstromsteckdose	☐	☐
FI-Schutzschalter (RCD)	☐	☐	Drehrichtung der Motoren	☐	☐	Gebäudesystemtechnik	☐	☐

Messen Stromkreisverteiler Nr.:

Stromkreis Nr.	Stromkreis Zielbezeichnung	Leitung/Kabel Typ	Leitung/Kabel Leiter Anzahl Quers. (mm²)	Überstrom-Schutzeinrichtung Art Charakteristik	I_n [A]	Z_s [Ω] ☐ I_k [A] ☐	R_{iso} (MΩ) ohne ☐ mit ☐ Verbraucher	Fehlerstrom-Schutzeinrichtung (RCD) I_n/Art [A]	$I_{\Delta N}$ [mA]	I_Δ [mA]	Ausl.-Zeit t_a [ms]	U_L = ... V U_{mess} (V)	Fehlercode
			X										
			X										
			X										
			X										
			X										
			X										
			X										
			X										
			X										
			X										
			X										
			X										

In der vorgegebenen Tabelle werden die technischen Daten für jeden Stromkreis erfasst und die zugehörigen **Messergebnisse** eingetragen. Bei einer Wiederholungsprüfung werden die Fehler in Form eines Fehlercodes (s. S. 184) dokumentiert.

Der Messwert des Erdungswiderstandes sowie das Ergebnis der Niederohmmessung werden nur auf dem ersten Blatt des Prüfprotokolls eingetragen.

Durchgängigkeit Schutzpotenzialausgleich (≤ 1 Ω nachgewiesen) Erdungswiderstand: R_E .... Ω

Fundamenterder ☐	Hauptwasserleitung ☐	Heizungsanlage ☐	EDV-Anlage ☐	Antennenanlage BK ☐
Haupterdungsschiene ☐	Hauptschutzleiter ☐	Klimaanlage ☐	Telefonanlage ☐	Gebäudekonstruktion ☐
Wasserzwischenzähler ☐	Gasinnenleitung ☐	Aufzugsanlage ☐	Blitzschutzanlage ☐	☐

verwendete Messgeräte nach DIN VDE	Fabrikat: Typ:	Fabrikat: Typ:	Fabrikat: Typ:

Prüfergebnis:	keine Mängel festgestellt ☐ Mängel festgestellt ☐	Prüf-Plakette angebracht: ja ☐ nein ☐	Nächster Prüftermin:

Auftraggeber:	**Prüfer:**
Gemäß Übergabebericht elektrische Anlage vollständig übernommen ☐	Die elektrische Anlage entspricht den anerkannten Regeln der Elektrotechnik ☐
Zustandsbericht erhalten ☐	Die elektrische Anlage entspricht nicht den anerkannten Regeln der Elektrotechnik ☐
Ort Datum .... Unterschrift	Ort Datum .... Unterschrift ....

Das Prüfprotokoll enthält weiterhin nur auf dem ersten Blatt die genaue **Typenbezeichnung** der verwendeten **Messgeräte**.

Abschließend werden das **Gesamtergebnis der Prüfung** sowie der nächste **Prüftermin** eingetragen.

- Der Prüfer bestätigt durch die **Unterschrift** gegenüber dem Auftraggeber und seinen Unternehmen, dass die Prüfung vorschriftsmäßig durchgeführt wurde.
- Der Auftraggeber bzw. der Beauftragte unterschreibt bei der Erstprüfung, dass er die Anlage vollständig funktionsfähig übernimmt.
- Diese Unterschriften sind auf jedem weiteren Blatt des Protokolls zu leisten.

3: Prüfprotokoll (Ausschnitt)

AUFGABEN

1. Welche Pflichten haben Prüfer und Anlagenbetreiber im Hinblick auf den Umgang mit dem Prüfbericht?
2. Nennen Sie die Bestandteile, die ein Prüfbericht mindestens enthalten muss.
3. Erklären Sie den Unterschied zwischen einem Übergabebericht und einem Zustandsbericht.

2.9.14 Wiederkehrende Prüfung

Um den ordnungsgemäßen Zustand der elektrischen Anlagen und der zugehörigen Objekte sicherzustellen, müssen z. B. aufgrund von Alterung oder Veränderungen in regelmäßigen Abständen wiederkehrende Prüfungen (Abb. 1) durchgeführt werden. Hierauf muss der Betreiber der Anlage vom Hersteller/Errichter in den Betriebsanleitungen ausdrücklich hingewiesen werden.

Wozu dienen die wiederkehrenden Prüfungen?

- **Minderung von Ausfällen in der elektrischen Anlage**
- **Sicherheitsprüfung der Schutzeinrichtungen**
- **Kontrolle der eingesetzten Schutzmaßnahmen**
- **Einhaltung der Normen nach einer Nutzungsänderung**
- **Minderung der Brandgefahr**

1: Wiederkehrende Prüfung

Der **Umfang der Prüfungen** ist in DIN VDE 0105-100 und DIN VDE 0100-600 festgelegt. Im Krankenhaus gelten zusätzlich die technische Prüfordnung und eventuelle Zusatzbedingungen der Sachversicherer. Die **Prüfintervalle** [inspection intervals] werden durch die DIN VDE 0701-702 sowie die DGUV Vorschrift 3 geregelt.

Bei der wiederkehrenden Prüfung wird vorausgesetzt, dass bei Inbetriebnahme oder Instandsetzung der Anlage eine Erstprüfung nach DIN VDE 0100-600 stattgefunden hat. Je nach Bedarf kann die Prüfung **stichprobenartig** durchgeführt werden. Dies ist jedoch nur dann möglich, wenn der ordnungsgemäße Zustand der Anlage durch die Stichproben sichergestellt werden kann.

Wer darf prüfen?

Die Wiederholungsprüfungen müssen von einer **Elektrofachkraft** durchgeführt werden. Der Prüfer muss Erfahrung bei der Prüfung vergleichbarer Anlagen besitzen.

Wird stichprobenartig geprüft, muss der Prüfer darüber hinaus gute Kenntnisse der betreffenden Anlage besitzen.

Die Elektrofachkraft ist verantwortlich für die Durchführung aller notwendigen Tätigkeiten im Rahmen der Prüfung. Den Auftrag zur Prüfung erhält sie vom Anlagenverantwortlichen (Betreiber bzw. Eigentümer). Über die Art und den Umfang der Prüfungen wird eigenverantwortlich entschieden.

Die Wiederholungsprüfung gliedert sich wie die Erstprüfung in die **Besichtigung**, **Erprobung** und **Messung**.

Welche Prüffristen sind einzuhalten?

Grundsätzlich müssen die **Prüffristen** [inspection time limits] so bemessen sein, dass die vorhersehbar entstehenden Mängel rechtzeitig festgestellt werden. Die Länge der Prüfintervalle kann mehrere Jahre betragen. In Anlagen mit einem erhöhten Sicherheitsrisiko werden kurze Fristen gefordert.

Beispielanlagen mit erhöhtem Sicherheitsrisiko:

- Anlagen mit Explosions- oder Brandgefahr (Chemische Industrie)
- Arbeits- und Betriebsstätten mit Hoch- und Niederspannungsanlagen (Trafostation)
- Öffentliche Einrichtungen (Theater)
- Baustellen
- Krankenhäuser
- Betriebsstätten, in denen ortsveränderliche Betriebsmittel eingesetzt werden

Wenn keine Prüffristen durch Gesetze und Verordnungen festgelegt sind, sollten von einer Elektrofachkraft unter Berücksichtigung der Anlagenkriterien Fristen vorgeschlagen werden.

Anlage	Prüffrist	Prüfung
Elektrische Anlage und ortsfeste Betriebsmittel	4 Jahre	Ordnungsgemäßer Zustand (VDE 0105-100)
Schutzmaßnahme mit Fehlerstrom-Schutzeinrichtungen in nichtstationären Anlagen (z. B. Baustellen)	1 Monat	Wirksamkeit
RCD	6 Monate	Funktion
Krankenhaus	1 Monat	Funktionstest Sicherheitsstromquellen bis 100 % Leistung
	6 Monate	Funktionstest Umschalteinrichtung und Isolationsüberwachung
	1 Jahr	Einstellwert der Schutzgeräte
	3 Jahre	Zusätzlicher Potenzialausgleich

2: Prüffristen

- Der Umfang der Wiederholungsprüfungen ist in DIN VDE 0105-100 und DIN VDE 0100-600 festgelegt.
- Die Prüfung muss von einer Elektrofachkraft durchgeführt werden.

Bestandteile der Wiederholungsprüfung

Besichtigung

Erprobung und Messung

Die Besichtigung spielt bei der Beurteilung des ordnungsgemäßen Sicherheitszustandes der Anlage eine wesentliche Rolle.

Prüfumfang durch Besichtigung

☑ Elektrische Anlage und Betriebsmittel auf äußere Schäden bzw. Mängel prüfen.

☑ Schutz gegen direktes Berühren aktiver Teile prüfen.

☑ Fehlerschutz prüfen.
a) Schutzmaßnahme mit Schutzleiter: Mindestquerschnitte der Schutzleiter normgerecht; Schutzleiter und -anschlüsse gekennzeichnet; PE- und N-Leiter nicht verwechselt; Schutzkontakte an den Steckvorrichtungen ordnungsgemäß
b) Schutzmaßnahme ohne Schutzleiter: Trennung der aktiven Teile der Sekundärstromkreise bei Schutztrennung; bei vorgeschriebener Schutztrennung nur ein Verbraucher angeschlossen (z. B. OP-Bereich); Anordnung der Körper bei nichtleitenden Räumen; bei Verwendung von Schutzkleinspannung (SELV) keine Verbindung zwischen aktiven Teilen und Erde, Schutzleitern sowie aktiven Teilen anderer Stromkreise

☑ Einrichtungen zum Brandschutz und zur Unfallverhütung prüfen

☑ Einstellung und Anordnung der Überstrom-Schutzeinrichtungen sowie der zugehörigen Leiterquerschnitte prüfen.

☑ Komponenten des Schutzpotenzialausgleichs (z. B. Fundamenterder, Blitzschutz, Rohrsysteme, metallene Gebäudekonstruktionen usw.) auf zuverlässige Verbindung mit dem Haupterder prüfen.

☑ Bestandteile des zusätzlichen Schutzpotenzialausgleichs (Schutzleiteranschlüsse, gleichzeitig berührbare Körper und fremde leitfähige Teile) prüfen.

Zunächst werden die unterschiedlichen Sicherheitseinrichtungen auf ihre Funktionsfähigkeit überprüft.

- RCDs und Isolations-Überwachungseinrichtung durch Betätigen der Prüftaste
- Stromkreise und Betriebsmittel mit besonderen Sicherheitseinrichtungen (Not-Aus-Schalter, Verriegelungen usw.)
- Rechtsdrehfeld der Drehstrom-Steckvorrichtungen
- Anzeigeeinrichtungen von ferngesteuerten Anlagenteilen (ferngesteuerte Betriebsmittel)

Eine Messung wird immer dann erforderlich, wenn der sichere Zustand der Anlage durch die Besichtigung und Erprobung nicht garantiert werden kann (z. B. Beschaffenheit des Kabel- und Leitungssystems). In der Tabelle sind die Messaufgaben und die entsprechenden Grenzwerte aufgelistet.

Messungen zur Wiederholungsprüfung

Messaufgabe	Messung	Grenzwert
Isolationswiderstand des PE-Leiters zum N- und Außenleiter	Isolationswiderstandsmessung	≥ 300 Ω/V (ohne Verbraucher) ≥ 1000 Ω/V (mit Verbraucher) ≥ 50 Ω/V (im IT-System)
Durchgängigkeit Schutzpotenzialausgleichsleiter und PE-Leiter	Niederohmmessung	≤ 1 Ω
Verwechslung von N- und PE-Leiter	Niederohmmessung	≤ 1 Ω
Fehlerstrom-Schutzeinrichtung	Berührungsspannung	TN- und IT-System: $U_{LAN} \leq 50$ V
	Erdungswiderstand	TT-System: $R_A \cdot I_a \leq 50$ V

Bei jeder Wiederholungsprüfung muss außerdem festgestellt werden, ob die vorhandenen Betriebsmittel der Beanspruchung bzw. Belastung (Strombelastung oder äußere thermische Einflüsse) noch genügen und ob eine Anpassung an veränderte VDE-Vorschriften notwendig ist.

Arbeitssicherheit beim Prüfen!
(z. B. bei Prüfungen unter Spannung)

- **Absprache mit dem Arbeits- oder Anlagenverantwortlichen**
- **Sicherheitsregeln beachten**
- **Genaue Terminabsprache**
- **Sicherheitshinweise anbringen**

Es wird gearbeitet!
Ort:
Entfernen des Schildes nur durch:

Dokumentation der Mängel

Die bei der Wiederholungsprüfung festgestellten **Mängel** werden im Zustandsbericht (Abb. 3) dokumentiert. Dieser Bericht kann bei einer umfangreichen elektrischen Anlage aus mehreren Blättern bestehen. Im Fall einer Erstprüfung werden in diesem Formular die Anzahl der installierten Betriebsmittel aufgeführt.

Im ersten Teil des Berichtes werden wiederum die Bestandsdaten (s. S. 180) erfasst. Die Mängel können in Form eines **Fehlercodes** [codes of defects] (Abb. 2) eingetragen werden. Dieser Code besteht aus einer zweistelligen Ziffer und einem Buchstaben.

83 A

1. Ziffer
Mangelart
z. B. 83:
Leitungseinführung nicht vorschriftsmäßig

2. Ziffer
Mangelbewertung
z. B. A:
Geringe (leichte) Gefährdung

Die **Mängelarten** [type of defects] sind in einer Liste zusammengefasst. Diese Liste enthält vordefinierte Mängel (Abb. 2) sowie freie Ziffern. Darin kann der Prüfer alle anlagenspezifischen Fehler beschreiben.

Mangelbewertung	
O	Ohne Gefährdung: Kein Handlungsbedarf
A	Geringe (leichte) Gefährdung: Anlage kann weiterbetrieben werden; Mangel muss bei nächster Gelegenheit behoben werden.
B	Erhöhte (mittlere) Gefährdung: Anlage kann weiterbetrieben werden; Mangel muss umgehend beseitigt werden.
C	Hohe (akute) Gefährdung: Anlage ist sofort außer Betrieb zu setzen.

1: Ziffern zur Mangelbewertung

Ort/Anlagenteil Anzahl Betriebsmittel ☐ Fehlercodes ☒	UV01.III	UV01.III	UV01.III	UV01.III	Haupteingang
Stromkreisverteiler	83 A	25 O	60 A	85 B	
Aus-/Wechselschalter					
Serienschalter					
Taster					
Dimmer					
Jalousietaster/-schalter					
Schlüsseltaster/-schalter					
Not-Aus-Taster/-schalter					68 B

3: Auszug aus dem Zustandsbericht

Der Zustandsbericht in Abb. 3 zeigt z. B. für den **Stromkreisverteiler** UV 0.1 III folgende Mängel:

- 83 A: Leitungseinführung nicht vorschriftsmäßig
- 25 O: Dokumentation unvollständig
- 60 A: Zielbezeichnung fehlt
- 85 B: Adernendhülsen fehlen

Der **Not-Aus-Taster/-schalter** [emergency stop switcher] am Haupteingang besitzt folgenden Mangel:

- 68 B: Abdeckung fehlt

- Die Mängel können in Form eines Fehlercodes im Zustandsbericht festgehalten werden.
- Der Fehlercode besteht aus der Mangelart (zweistellige Ziffer) und der Mangelbewertung (Buchstabe).

Beispiele für Fehlercodes

1. Ziffer

1 und 2 Allgemeines

10 Abdeckung schadhaft
11 Abdeckung fehlt
14 Gehäuse defekt
20 Wärmeschaden
25 Dokumentation unvollständig
26 Dokumentation nicht aktualisiert
27 N-Leiter fehlt

4 und 5 Schutzmaßnahmen

40 PE-Leiter nicht wirksam
42 PE-Leiter fehlt
43 Berührungsschutz fehlt
49 Fehlerstrom-Schutzeinrichtung fehlt

6 Verteiler

60 Zielbezeichnung fehlt
61 Passeinsätze falsch
62 Verdrahtung mangelhaft

8 Kabel, Leitungen und Verlegesysteme

80 Leitungsverlegung unsachgemäß
81 Leitung beschädigt
82 Leitung unzulässig
83 Leitungsführung nicht vorschriftsmäßig

9 Installationsgeräte

90 Leuchtmittel falsch
91 Leuchtmittel defekt
92 Leuchtenabdeckung fehlt

2: Fehlercodes (Auszug)

2.10 Nutzereinweisung

Die Einweisung des Nutzers in die Bedienung und Wartung einer elektrischen Anlage dient dem sicheren Betrieb und trägt zu einem hohen Maß zur Verhütung von Unfällen bei. Der **Betrieb einer Anlage** umfasst nach DIN VDE 0105-100 folgende beispielhafte Tätigkeiten:

- In- bzw. Außerbetriebnahme
- Überwachung
- Schalten, Steuern, Regeln
- Instandhaltung (Inspektion, Warten, Instandsetzen, Verbessern)
- Störungsbehebung
- Wiederinbetriebnahme

Wer ist der Nutzer der elektrischen Anlage?

Nicht immer ist der Nutzer einer Anlage auch gleichzeitig der Auftraggeber. Daher muss bei der Einweisung darauf geachtet werden, dass der Personenkreis angesprochen wird, der die Anlage betreibt. In größeren Betrieben, z. B. im Krankenhaus, erfolgt die Nutzereinweisung unter Beteiligung einer Elektrofachkraft oder des Anlagenverantwortlichen. Dieser kann dann das wechselnde Personal in die spezifischen Gegebenheiten vor Ort einführen (z. B. zentrale Bedienung und Kontrolle der elektrischen Einrichtungen in der Gebäude- bzw. Anlagenleitstelle).

In der Abb. 4 sind beispielhaft Anlagen und Anlagenbereiche sowie der Personenkreis aufgeführt, an die sich eine Nutzereinweisung richtet.

Für große Projekte ist es vorteilhaft, den späteren technischen Betreuer der Anlagen bereits in der Errichtungsphase mit den spezifischen Gegebenheiten vor Ort vertraut zu machen. Dies erleichtert den sicheren Betrieb und die Wartung der Betriebsmittel.

Eine Wiederholung der Einweisung ist erforderlich bei
- jeder Veränderung der Anlage sowie
- allen sicherheitsrelevanten Einrichtungen in regelmäßigen Abständen durch den Sicherheitsbeauftragten.

Anlage	Personenkreis
Wohnhaus	Nutzer der Wohnung (Eigentümer, Mieter), Hausmeister
Anlagen zur elektrischen Spannungsversorgung in Betrieben (Verteiler usw.)	Anlagenverantwortlicher, beauftragte Elektrofachkraft, Sicherheitsbeauftragter
Sicherheitstechnische Einrichtungen	Anlagenverantwortlicher, Sicherheitsbeauftragter
Frei zugängliche Einrichtungen zum Steuern, Schalten usw.	Bedienpersonal unter Aufsicht des Anlagenverantwortlichen

4: Zielgruppen einer Nutzereinweisung

Was muss bei der Nutzereinweisung beachtet werden?

Der Umfang der Einweisung hängt in erster Linie von der Größe der Anlage ab. Der Betrieb und die Bedienung der elektrischen Energieversorgung eines Wohnhauses ist weitaus einfacher als eine komplexe Anlage mit zusätzlicher Sicherheitsstromversorgung (ZSV) und weiteren sicherheitstechnischen Einrichtungen, wie z. B. in einem Krankenhaus.

Bei der Einweisung sollte der Elektroniker grundsätzlich darauf achten, dass
- **genügend Zeit** zur Verfügung steht,
- eine **kundenorientierte Sprache** verwendet wird,
- ausführlich alle **Anlagendetails** besprochen werden,
- dem Kunden Gelegenheit zu Rückfragen gegeben wird und
- eine **Begehung** vor Ort stattfindet.

Pflichten des Anlagenbetreibers

Nach dem Arbeitsschutzgesetz (ArbSchG) und der DGUV Vorschrift 1 ist der Betreiber einer elektr. Anlage dazu verpflichtet, alle Mitarbeiter mindestens einmal jährlich über mögliche auftretende Gefahren bei der Arbeit und die **Unfallverhütungsvorschriften** [accident prevention regulation] einzuweisen.
Jährliche elektrotechnische Unterweisungen:
- Schaltberechtigte Personen auf sicheres Schalten belehren (5 Sicherheitsregeln)
- Verhalten bei der Feststellung von gravierenden Mängeln (Informationsweg zur Instandsetzung)
- Erste-Hilfe-Maßnahmen bei elektrischen Unfällen auffrischen (z. B. Wiederbelebungsmaßnahmen).
- Verhalten beim Betreten elektrischer Betriebsstätten (z. B. Niederspannungshauptverteilung)
- Benutzung der Schutzeinrichtungen und Schutzkleidung (z. B. Augen- und Kopfschutz)
- Verwendung von speziellen Werkzeugen mit intakter Isolierung (z. B. Wechseln von NH-Sicherungseinsätzen)

AUFGABEN

1. Was müssen Sie bei der Einweisung eines Kunden in eine neu installierte Anlage berücksichtigen? Erstellen Sie eine Liste.
2. In welchen Fällen ist eine Nutzereinweisung erforderlich?

- Die Nutzereinweisung ist Bestandteil der Übergabe und trägt zum sicheren Betrieb einer elektrischen Anlage bei.
- Die Nutzereinweisung ist ausführlich, kundenorientiert, vor Ort und ohne Zeitdruck durchzuführen.

Für die Nutzereinweisung ist der Einsatz von Checklisten sinnvoll. In Abb. 1 ist dazu beispielhaft eine Liste dargestellt, die bei der Installation einer elektrischen Energieversorgung verwendet werden kann. Die Checkliste kann auch firmenintern zur Kontrolle und Dokumentation der durchgeführten Schritte eingesetzt werden.

Checkliste zur Nutzereinweisung

KRUSKOP ELEKTROTECHNIK
Lindenstraße 3 Telefon (0 58 23) 98 17-0
29553 Bienenbüttel Telefax (0 58 23) 98 17-20

Blatt ..... von .....

Projekt:

Ansprechpartner:

Teilnehmer/eingewiesene Personen:

Arbeiten an elektrischen Anlagen (VDE 0105-100)
- Hinweis auf Anlagenverantwortlichen ☑
- Hinweis auf Arbeitsverantwortlichen ☑

Hauptverteilung
- Einweisung in die Schalthandlungen ☑
  (5 Sicherheitsregeln, Schaltberechtigungen, Arbeitsschutz) ☑
- Einweisung in die Messeinrichtungen ☑
- Einweisung in die Schaltpläne/Dokumentation
  - Betriebsanleitungen ☑
  - Checklisten ☑
  - Kennzeichnung der Objekte ☑
  - Lage der Sicherungen in der Verteilung ☑
  - Größe und Bemessungsstrom von Sicherungen ☑
  - Einstellwerte der Schutzeinrichtungen ☑
  - Zielbezeichnung von Kabel und Leitungen ☑
  - Kabel- und Leitungstyp mit Angabe von Querschnitt und Adernzahl ☑
- Kontrolle der Beschilderung ☑
- Handlampe als Notbeleuchtung ☑
- Ersatzsicherungen ☑

Unterverteilungen(........ Verteiler)
- Einweisung in die Schaltpläne/Dokumentation
  - Betriebsanleitungen ☑
  - Checklisten ☑
  - Kennzeichnung der Betriebsmittel ☑
  - Lage der Sicherungen in der Verteilung ☑
  - Größe und Bemessungsstrom von Sicherungen ☑
  - Einstellwerte der Schutzeinrichtungen ☑
  - Zielbezeichnung von Kabel und Leitungen ☑
  - Kabel- und Leitungstyp mit Angabe von Querschnitt und Adernzahl ☑
- Ersatzsicherungen ☑

Trafostation
- Sicherheitsbestimmungen (Basisschutz) ☑
- Sicherheitsabstände ☑
- Zutrittsberechtigungen ☑
- Verschlusspflicht der Räume ☑
- Schlüsselmanagement ☑
- Einweisung in den Arbeitsschutz ☑

Notstromaggregat
- Startvorgang erläutern ☑
- Einweisung in die Messeinrichtungen ☑
- Kraftstoffvorrat ☑
- Fehlermeldungen und Fehlerbehebung ☑
- Wartungsintervalle ☑

Batterieräume
- Einweisung in die Messeinrichtungen ☑
- Fehlermeldungen und Fehlerbehebung ☑
- Wartungsintervalle ☑

Sicherheitsrelevante Einrichtungen
- .... ☐
- .... ☐

Ersatzteilbestand kontrollieren ☐

Wiederholungsprüfungen
- Hinweis auf Prüfintervalle ☐
- zu prüfende Betriebsmittel ☐

Prüfbericht übergeben ☑

Mit der Unterschrift wird die Übergabe der nach den geltenden Vorschriften und Normen installierten Elektroanlage bestätigt. Die Ergebnisse der Prüfungen sind in einem separaten Prüfbericht dokumentiert.

.... Ort, Datum .... Unterschrift Einweisender

Original verbleibt beim Auftragnehmer.
Kopie verbleibt beim Auftraggeber.

.... Ort, Datum .... Unterschrift Eingewiesener

1: Checkliste zur Nutzereinweisung

2.11 Schritte einer Elektroinstallation

Abschließend wird in der Übersicht von Abb. 2 dargestellt, welche Schritte z.B. bei der Installation einer Niederspannungshauptverteilung durchlaufen werden. Je nach Komplexität der Aufgabe können Schritte entfallen bzw. ausgeweitet werden.

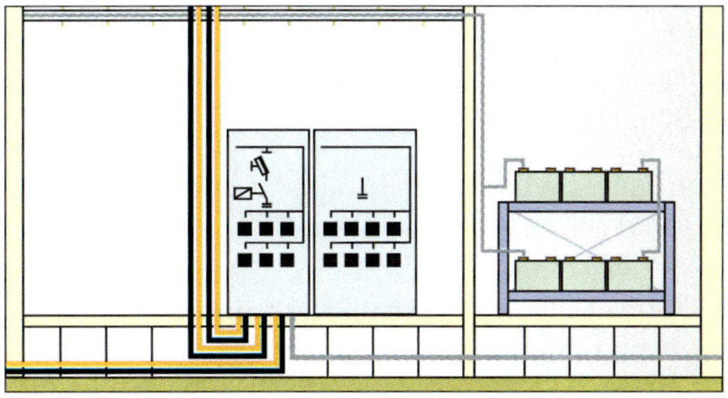

Schritt	Erläuterung
Bauvorhaben: Erneuerung der Niederspannungshauptverteilung	
Auftragsvergabe auf der Basis des Leistungsverzeichnisses	Auftraggeber erstellt das Leistungsverzeichnis (LV) und Auftragnehmer verfasst ein Angebot auf der Basis des Leistungsverzeichnisses.
Planung der **Projektschritte**	Auftragnehmer erstellt einen Projektplan zur Planung der Teilaufgaben und Termine.
Analyse des bestehenden Energieversorgungsnetzes	Netzsysteme (TN, TT bzw. IT) festlegen; Welche Vorschriften und Richtlinien müssen angewendet werden?
Leitungsschutz festlegen: • Leiterquerschnitt und • Schutzeinrichtung dimensionieren	• Schmelzsicherungen, LS-Schalter und Lasttrennschalter dimensionieren • Leiterquerschnitt der Leitungsverbindungen dimensionieren (Spannungsfall, Einflussfaktoren f_1, f_2, f_3, f_4)
Vergabe externer Aufträge (z.B. Bau der Verteilungsmodule der Niederspannungshauptverteilung) bzw. Absprache mit Lieferanten	• Art und Umfang der Arbeit definieren • Ausschreibung der erforderlichen Arbeiten • Auftragsvergabe und Terminierung
Auftrag durchführen	• Lieferung der Verteilungsmodule • Verteilung aufbauen • Leitungssystem installieren und anschließen • Funktionsprüfung
Einhaltung der Bestimmungen zum **Personenschutz** prüfen	Die sicherheitsrelevanten Anlagenbestandteile sind auf die Einhaltung der DIN-Vorschriften und Sicherheitsbestimmungen zu prüfen.
Erstprüfung der elektrischen Anlagen	Besichtigung, Erprobung und Messung, Dokumentation und Prüfbericht erstellen
Nutzereinweisung und Übergabe der Anlage	Dokumentation übergeben, Begehung der Anlage mit einer Einweisung in die Bedienung, Wartung und Instandhaltung

2: Schritte bei der Installation einer Niederspannungshauptverteilung

2.12 Rechnung

Nach Beendigung aller Arbeiten wird über die geleisteten Sachwerte und Dienstleistungen eine Rechnung erstellt. Falls die Rechnung in entscheidenden Punkten von dem Angebot abweicht, muss dies vorher mit dem Kunden abgesprochen sein.

Nach EU-Richtlinien muss eine rechtskräftige Rechnung folgende Angaben enthalten (Abb. 1):

- **Name** und Anschrift des leistenden Unternehmens
- Name und Anschrift des **Leistungsempfängers** [recipient of services]
- **Steuernummer** [tax payer's account number] oder Umsatzsteueridentifikationsnummer (Ust.-IdNr.)

Weiterhin werden aufgeführt (Beispiel in Abb. 1):

- Ausstellungsdatum ①
- Rechnungsnummer ②
  Die Rechnungen sind grundsätzlich fortlaufend zu nummerieren. Jede Rechnung muss einmalig sein.
- Menge und handelsübliche Bezeichnung der Lieferung oder den Umfang und die Art der sonstigen Leistungen ③
- Zeitpunkt der Lieferung oder der sonstigen Leistung. Bei Anzahlungen ist der Zeitpunkt der Zahlung anzugeben ④
- Kosten für die Lieferung oder der sonstigen Leistung ⑤
- Anzuwendender Steuersatz ⑥
- Auf die Gesamtkosten entfallender Steuerbetrag ⑦

Alle Rechnungen müssen zehn Jahre aufbewahrt werden. Das gilt für ausgestellte und auch für erhaltene Rechnungen.

Für Kleinbetragsrechnungen (< 100 Euro) gelten vereinfachte Bedingungen. Außer Name und Anschrift des Unternehmens sind nur die Angaben ① ③ ⑤ und ⑥ vorgeschrieben. Weitere Angaben sind möglich (Abb. 2).

Kruskop Elektrotechnik 08.09.20..
Lindenstraße 3
29553 Bienenbüttel
05823-9817-0

540352	Schukosteckdose up	4,35
	Total EUR	4,35
	incl. 19 % Mwst.	0,83
	Netto-Warenwert	5,18

Vielen Dank für Ihren Einkauf

VST-ID: DE 123456789 St_UST: 1234/123/000

2: Kassenzettel

Lindenstraße 3
29553 Bienenbüttel
Telefon (0 58 23) 98 17-0
Telefax (0 58 23) 98 17-20

KRUSKOP
ELEKTROTECHNIK

• Licht-, Kraft-, Schwachstromanlagen
• Beleuchtung • EDV-Verkabelung
• Planung und Beratung
• Verkauf von Elektro-Material und -Geräten
• Kundendienst

Kruskop Elektrotechnik, Lindenstr. 3, 29553 Bienenbüttel

Ehepaar
Kathrin und Peter Carsten
Riesler Str. 1
29553 Bienenbüttel

Rechnungs-Nr.: 123 ②

Betr.: „Installation Ihres Gartenhauses“ vom 27. 08. 20.. bis 02. 09. 20.. ④

Datum: 01. 06. 20.. ①
Kunden-Nr.: 156080
Auftrags-Nr.: 1987
Seite: 1

Sehr geehrtes Ehepaar Carsten,
hiermit übersende ich Ihnen die Rechnung gemäß Angebot:

Lfd. Nr.	Anzahl Länge	Bezeichnung ③	Einzel-Preis	Gesamt-Preis ⑤
01	52 m	NYM-J 3x1,5 mm² liefern und in Kunststoffrohr verlegen	3,86 €	200,72 €
02	34 m	NYM-J 5x1,5 mm² liefern und in Kunststoffrohr verlegen	4,05 €	137,70 €
22	1 Stück	Abnahmemessungen und Überprüfung der Schutzmaßnahmen	150,00 €	150,00 €
			Nettopreis o. MWSt	1.195,64 €
			⑥ + MWSt (19 %)	227,16 € ⑦
			Gesamtsumme inkl. MWSt.	1.422,81 €

Zahlbar bis zum 01.07.20..

Bei Bezahlung innerhalb von 14 Tagen gewähren wir Ihnen 3 % Skonto.

Steuer-Nr. 47/124/01469

info@kruskop-elektro.de
www.kruskop-elektro.de
Inhaber: Matthias Kruskop
Sparkasse Uelzen (BLZ258 501 10) Kto. 21 36 448
Volksbank Uelzen (BLZ 258 622 92) Kto. 20 30 90 000
Fachbetrieb im Vertrauenskreis Elektro VKE

1: Rechnungsauszug

3 Steuerungstechnik

3.1 Steuerungsprinzip

3.1.1 Steuern

Durch Steuern [open loop control] wird der Ablauf eines Prozesses bzw. der Arbeitsablauf eines Gerätes verändert. Mit Hilfe der Eingangsgröße wird eine Ausgangsgröße beeinflusst. Als Einführungsbeispiel dient die vereinfachte Steuerung einer Ampel für Fußgänger (Abb. 3). Mit ihr sollen grundlegende Merkmale von Steuerungen sowie Fachbegriffe erarbeitet werden.

Wenn ein Fußgänger die Straße gefahrlos überqueren will, betätigt er einen Taster (Handbetätigung ①). Das ausgelöste Signal führt dazu, dass in einer zeitlichen Reihenfolge bestimmte Lampen ein- bzw. ausgeschaltet werden (**zeitgeführte Ablaufsteuerung** [time-controlled sequence control system]).

Die zeitlichen Abläufe der Schaltzustände (EIN und AUS) der einzelnen Lampen lassen sich in Zeitablaufdiagrammen (Abb. 3) darstellen. Damit die Zusammenhänge und gegenseitigen Abhängigkeiten deutlich werden, sind die Diagramme untereinander gezeichnet und in Zeitabschnitte unterteilt worden.

Die Steuerung wird durch die mechanische Betätigung ① eines Tasters ausgelöst, sie wird „geführt“. Das dabei erzeugte Signal (Steuersignal) wird deshalb als **Führungsgröße *w*** [reference variable] bezeichnet. Das Signal bleibt bis zum Ende des Steuerungsvorgangs gespeichert ②.

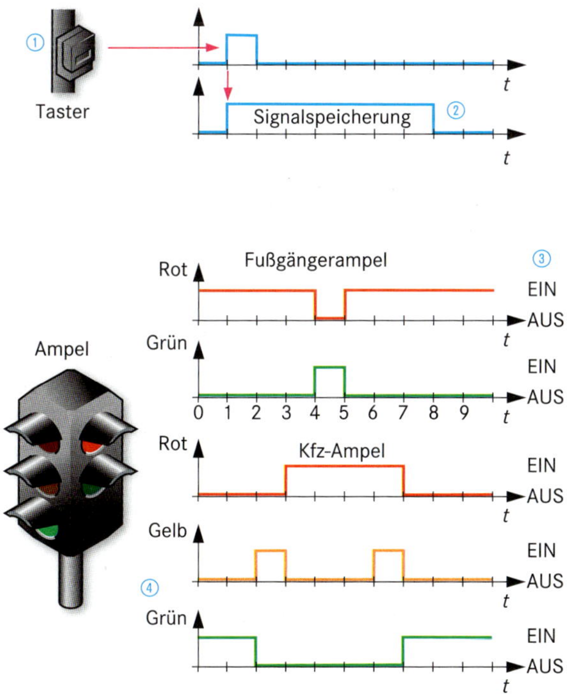

3: Ampelsteuerung

Bei der Ampelanlage wird elektrische Energie über elektrische Schaltungen (**Stellglieder** [final controlling elements]) den einzelnen Lampen zugeführt. Die Energie wird dabei geschaltet. Die Zustände der Lampen werden auf diese Weise gesteuert und man kann die Lampen als **Steuerstrecken** [controlled systems] bezeichnen. Da nur die zwei Zustände EIN oder AUS möglich sind ③, können mechanische Schalter (Schütze, Relais) oder elektronische Schalter (z. B. Thyristor, Triac) zur Steuerung verwendet werden.

Die Ampelanlage erzeugt fünf unterschiedliche Lichtsignale (fünf Lampen) ④. Sie sind die Ausgangsgrößen der Steuerung. Die elektrische Energie ist dabei die Eingangsgröße für die Steuerung. Es kommt zu einer Umwandlung der elektrischen Energie in Lichtsignale.

Das am Beispiel der Ampelsteuerung verdeutlichte Steuerungsprinzip ist in Abb. 4 in allgemeiner Form als **Steuerkette** [open control loop] dargestellt. An ihr sind folgende allgemeine Prinzipien einer Steuerung erkennbar:

- Die Ausgangsgröße ⑤ der Steuerstrecke wird durch eine Eingangsgröße ⑥ beeinflusst.
- Die Beeinflussung erfolgt durch ein Stellglied.
- Wie die Beeinflussung erfolgen soll, wird durch die Führungsgröße *w* ⑦ festgelegt.
- Die Führungsgröße *w* wird durch eine **Steuereinrichtung** [controlling system] so verändert, dass sie als **Stellgröße *y*** [manipulated variable] auf das Stellglied einwirken kann ⑧.
- Bei der Steuerung gibt es keine Rückwirkung der Ausgangsgröße auf die Eingangsgröße. Es handelt sich um einen **offenen Wirkungsweg** [open action path].

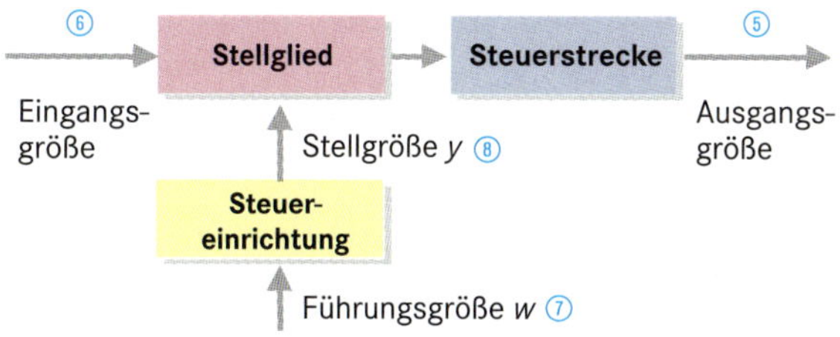

4: Steuerungsprinzip

- Eine Steuerkette besteht aus einer Steuereinrichtung, einem Stellglied und einer Steuerstrecke.
- In der Steuereinrichtung wird die Führungsgröße *w* verarbeitet und am Ausgang eine Stellgröße *y* zur Beeinflussung des Stellgliedes abgegeben.
- Mit dem Stellglied wird der Zustand der Steuerstrecke beeinflusst.
- Steuerungen sind offene Wirkungsketten (keine Rückwirkung).

Verarbeitung

Die wesentlichen Merkmale einer Steuerung sind **Eingabe** [input], **Verarbeitung** [process] und **Ausgabe** [output] (Abb. 1). Dieses Prinzip wird auch als **EVA**-Prinzip bezeichnet (EVA: Anfangsbuchstaben der Begriffe). Als Eingabeobjekte eignen sich wie bei der Ampelsteuerung Taster oder Schalter. Wenn die Eingabe durch eine physikalische Größe wie z. B. der Temperatur bei einer Heizungssteuerung erfolgt, muss diese so umgewandelt werden, dass sie nachfolgend verarbeitet werden kann. In der Regel verwendet man dazu **Sensoren** [sensors] (s. Kap. 3.2), in denen die physikalische Größe in eine elektrische Größe umgewandelt wird (Abb. 2).

1: EVA-Prinzip

Auch auf der Ausgabeseite befinden sich in der Regel Wandler. So wandelt z. B. ein Elektromotor elektrische Energie in Bewegungsenergie oder in eine Kraftwirkung um. Weil damit eine gewünschte Aktion oder ein bestimmter Effekt hervorgerufen wird, bezeichnet man diese Objekte auch als **Aktoren** [actuators] (s. Kap. 3.3). Auf Grund der englischen Bezeichnung ist auch der Begriff **Aktuator** üblich.

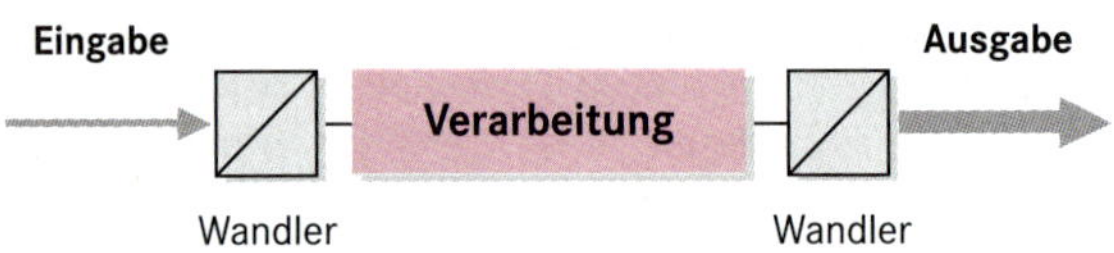

2: Wandler in einer Steuerung

AUFGABEN

1. Beschreiben Sie die grundsätzliche Aufgabe einer Steuereinrichtung.
2. Welche grundsätzliche Aufgabe hat ein Stellglied zu erfüllen?

- Eine Steuerung ist durch Eingabe, Verarbeitung und Ausgabe gekennzeichnet.
- Für die Erfassung physikalischer Eingangsgrößen in Steuerungen werden Sensoren als Wandler verwendet.
- Die Ausgabe einer Steuerung erfolgt über Aktoren. Sie wandeln eine Eingangsgröße in eine andersartige Ausgangsgröße um.

Logikzustände

Für die Lampen in der Ampelsteuerung sind nur die **zwei** Zustände (lat.: **bi**) EIN bzw. AUS möglich. Sie werden als binäre Logikzustände [logic states] bezeichnet, durch 0 und 1 gekennzeichnet und können auf verschiedene Weise realisiert werden (Abb. 3).
Bedeutung:
- EIN: 1-Zustand (logisch 1)
- AUS: 0-Zustand (logisch 0)

Bauelemente, Betriebsmittel bzw. Größen mit binärem Verhalten	
1	0
Schalter geschlossen (betätigt)	Schalter offen (nicht betätigt)
Lampe leuchtet	Lampe leuchtet nicht
Diode leitet	Diode leitet nicht
Thyristor durchgeschaltet	Thyristor gesperrt
Spannung vorhanden (z. B. 5 V)	Spannung nicht vorhanden
Strom fließt	Strom fließt nicht

3: Realisierung von Logikzuständen

Logikzustände in der Ampelsteuerung

Gewählter Zeitpunkt t_1 (s. Abb. 3, Seite vorher):
- Taster an der Fußgängerampel geschlossen (1)
- „grüne" Fußgänger-Lampe nicht eingeschaltet (0)
- „rote" Fußgänger-Lampe eingeschaltet (1)
- „grüne" Kfz-Lampe eingeschaltet (1)
- „gelbe" Kfz-Lampe nicht eingeschaltet (0)
- „rote" Kfz-Lampe nicht eingeschaltet (0)

Logische Verknüpfungen in der Ampelsteuerung

In der Ampelsteuerung ist der logische Zustand jeder Lampe vom logischen Zustand der anderen Lampen abhängig. Sie sind miteinander verknüpft. Als Beispiel dient die Zeitspanne von t_4 bis t_5, (s. Abb. 3, Seite vorher). Gewählt wird die „grüne" Lampe der Fußgängerampel. Sie leuchtet (1), wenn die
- „rote" Fußgänger-Lampe nicht eingeschaltet (0),
- „grüne" Kfz-Lampe nicht eingeschaltet (0),
- „gelbe" Kfz-Lampe nicht eingeschaltet (0) und
- die „rote" Kfz-Lampe eingeschaltet ist (1).

Logische Schaltungen können mit Schaltern, Relais, Schützen (s. Kap. 3.6) oder integrierten Schaltungen (elektronische Schaltungen, s. Kap. 3.4) aufgebaut werden. Sie werden in unterschiedlichen Anlagen und Geräten der Steuerungs- und Regelungstechnik eingesetzt.

- In der Steuerungstechnik kommen binäre Signale vor. Dementsprechend werden Bausteine mit binärem Verhalten eingesetzt.
- Zur Kennzeichnung von Logikzuständen werden die binären Ziffern 0 und 1 verwendet.

3.1.2 Steuerungsarten

Steuerungen lassen sich entsprechend Abb. 4 einteilen. Je nach Art der Informationsdarstellung unterscheidet man analoge, binäre oder digitale Steuerungen.

Bei der **analogen Steuerung** gibt es zu jeder Eingangsgröße eine entsprechende Ausgangsgröße (s. Kap. 1.2.9). So lässt sich z. B bei einem bipolaren Transistor mit der Basis-Emitter-Spannung (Eingangsgröße) die Kollektorstromstärke (Ausgangsgröße) kontinuierlich verändern (s. Kap. 6.4).

Bei der **binären Steuerung** sind nur zwei Zustände zugelassen, z. B. EIN und AUS oder 0 und 1. Diese Zustände lassen sich mit Schaltern, Tastern, Relais und Schützen (s. Kap. 3.6) sowie mit bestimmten elektronischen Bauelementen (s. Kap. 6.3) herstellen.

Bei der **digitalen Steuerung** werden die analogen Größen in digitale Ziffern umgewandelt (s. Kap. 1.2.9), codiert, verarbeitet und am Ende der Übertragungskette wieder in eine analoge Ausgangsgröße umgewandelt.

Wenn man Steuerungen entsprechend ihrer Signalverarbeitung unterscheidet, gibt es Verknüpfungs- und Ablaufsteuerungen.

In Abb. 5 ist an einem einfachen Beispiel eine **Verknüpfungssteuerung** [logic control] dargestellt. Das Schütz K1 zieht an, wenn
- S0 nicht betätigt ist und
- S1 betätigt wird oder K1 angezogen hat.

Die logische Verknüpfung kann auch als Gleichung geschrieben werden, in der die Variablen S0, S1 und K1 vorkommen (s. Kap. 3.4). Die Lampe E1 ist hier die Steuerstrecke und die Kontakte bilden die Steuereinrichtung. Das Schütz fungiert als Stellglied.

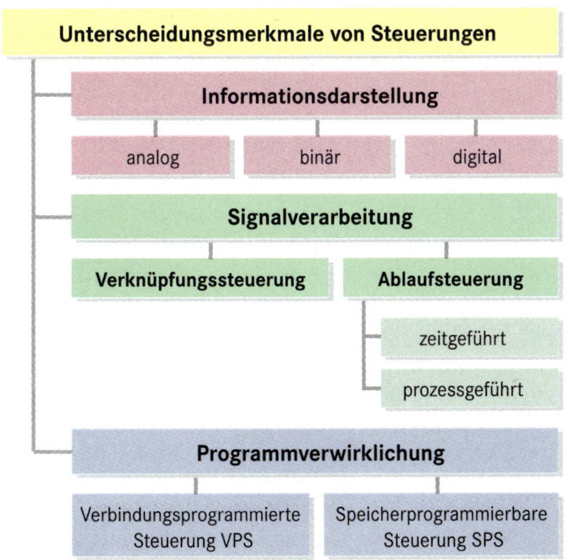

4: Steuerungsarten

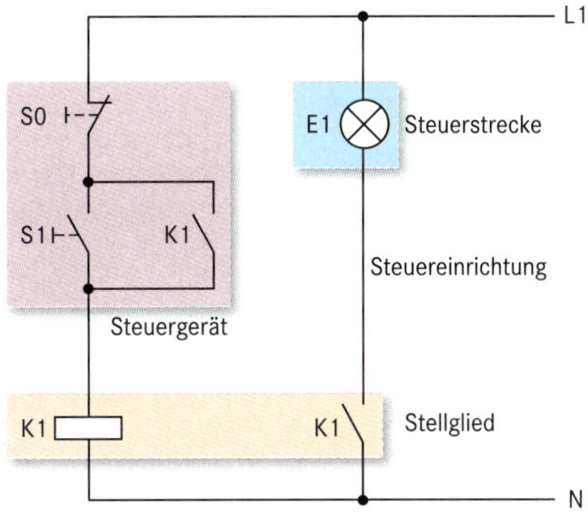

5: Verknüpfungssteuerung

Bei einer **Ablaufsteuerung** (sequenzielle Steuerung) [sequence control system] erfolgen einzelne Schritte auf Grund logischer Entscheidungen (s. Kap. 3.4.1).

Bei der **zeitgeführten** Ablaufsteuerung werden die Weiterschaltbedingungen von Zeitgliedern, Zeitzählern, Schaltwalzen oder Programmen erzeugt.

Bei der **prozessgeführten** Ablaufsteuerung sind die Weiterschaltbedingungen davon abhängig, ob z. B. eine bestimmte Temperatur erreicht, ein geforderter Druck vorhanden ist oder ein vorgegebener Weg zurückgelegt wurde.

Die Steuerung eines Geschirrspülers stellt z. B. die Kombination aus einer zeit- und prozessgeführten Ablaufsteuerung dar. Über ein Programmschaltwerk, dass durch einen Synchronmotor angetrieben wird, werden bestimmte Kontakte jeweils nach Ablauf einer vorgegebenen Zeit geschlossen oder geöffnet (zeitgeführt). Der prozessabhängige Ablauf der Steuerung wird durch Temperatur- und Drucksensoren (Wasserstand) bestimmt.

Die aufgeführten Steuerungen können als verbindungsprogrammierte oder speicherprogrammierbare Steuerungen aufgebaut werden.

Bei der **Verbindungsprogrammierten Steuerung VPS** [hard-wired programmed controller] wird die Funktion der Steuerschaltung durch die Verdrahtung der einzelnen Objekte festgelegt. Eine Änderung ist nur durch Verändern der Verdrahtung möglich (Abb. 5).

Bei der **Speicherprogrammierbaren Steuerung SPS** [programmable logic controller] (s. Kap. 7.1) wird die Steuerung durch ein Programm bestimmt, das geändert werden kann.

- Bei einer Ablaufsteuerung erfolgt der Ablauf zwangsläufig und schrittweise. Eine Weiterschaltung von einem Schritt zum nächsten hängt von Weiterschaltbedingungen ab.

3.1.3 GRAFCET

GRAFCET [**Gra**phe **F**onctionnel de **C**ommande **E**tapes/**T**ransitions] ist eine technologieunabhängige Visualisierungsmethode und wird verwendet, um Entwürfe für Ablaufsteuerungen in der Automatisierungs- und Verfahrenstechnik zu erstellen (DIN EN 60848). Die Abläufe sind hierarchisch strukturiert. Die DIN 40719-6 (Funktionspläne) für Ablaufsteuerungen ist nicht mehr gültig.

Bei Ablaufsteuerungen sind die Abfolgen der Schritte zwangsläufig. Das Weiterschalten von einem Schritt zum anderen erfolgt durch eine Weiterschaltbedingung (Transition). Die einzelnen Schritte können linear, alternativ, parallel oder in Schleifen verlaufen.

Merkmale von GRAFCET:

- Die Abläufe werden in **Schritte** [steps] und **Transitionen** [transitions] unterteilt. Schritte und Transitionen wechseln sich immer ab (Abb. 1, 2 u. 3).
- Die Ablaufsteuerung beginnt mit einem **Startschritt** (doppelter Rahmen, Abb. 1 ①). Er kennzeichnet die Ausgangsstellung der Steuerung.
- Die **Schrittkennzeichnung** erfolgt im Schriftfeld durch alphanumerische Zeichen (z. B. 1, 2A, 2B).
- **Kommentare** werden in Anführungszeichen gesetzt und können beliebig hinzugefügt werden ②.
- Die **Transition** wird durch eine kurze waagerechte Linie zwischen zwei Schritten gekennzeichnet ③.
- Auf der rechten Seite der Transition steht die **Bedingung** für die Transition ④. Sie kann durch einen Namen in Klammern auf der linken Seite der Transition ergänzt werden ⑤.
- Die Weiterschaltbedingung wird durch eine **Boolesche Gleichung** (s. Kap. 3.4.1) ausgedrückt:
  - UND-Verknüpfung: Stern bzw. Punkt ⑥
  - ODER-Verknüpfung: Pluszeichen
  - Negation: Strich über der Variablen ⑦
  - Zeitliche Ereignisse: Die Zeitangabe befindet sich neben der Transition ⑧.

Kennzeichnung der Schritte

Die den Schritt auslösende Aktion wird rechts neben der Schrittkennzeichnung in einem zusätzlichen Rechteck festgehalten ⑨. Im Beispiel handelt es sich um

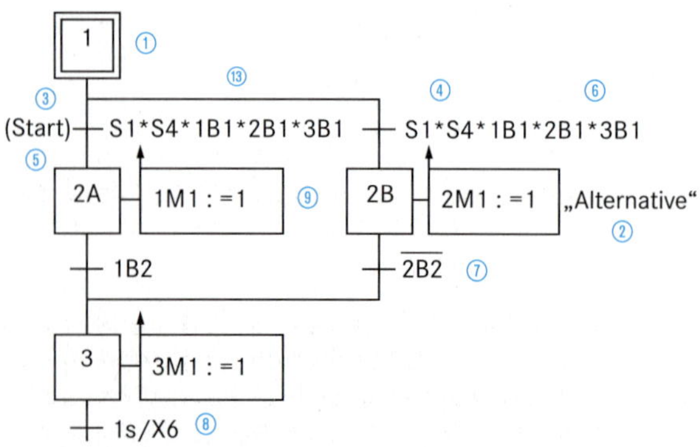

1: Alternativverzweigung

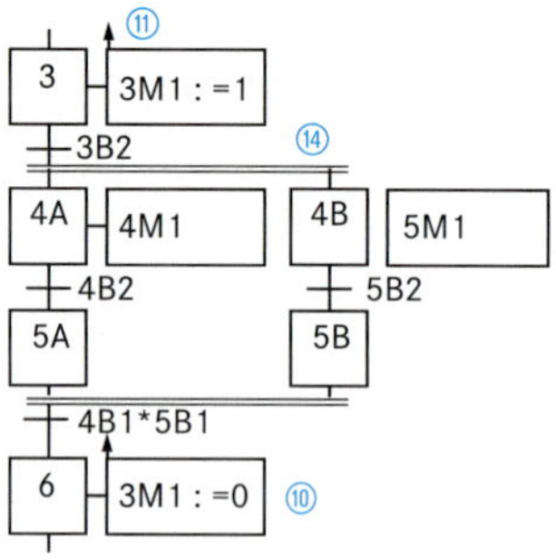

2: Simultanverzweigung

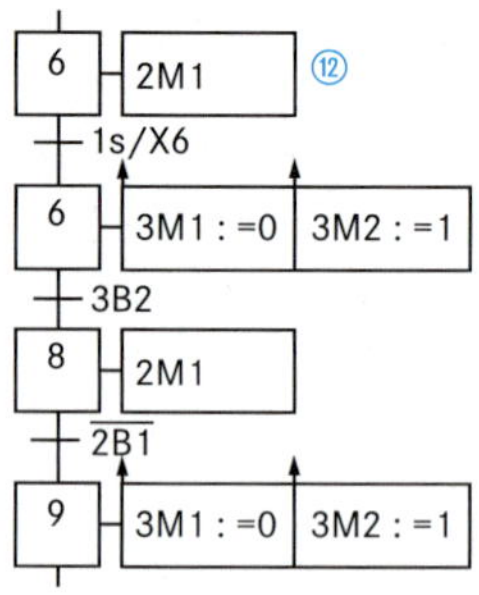

3: Linearer Ablauf

den Motor 1M1. Nach dem Doppelpunkt ist ihm die Variable „1" zugeordnet (eingeschaltet). Wenn die Variable den Wert „0" besitzt, erfolgt eine Rücksetzung (Abb. 2 ⑩).

Der oberhalb des Rechtecks aufwärts weisende Pfeil ⑪ verdeutlicht, dass die Aktion ausgeführt wird, wenn der Schritt aktiviert wurde. Wenn der Pfeil nach unten zeigt, erfolgt die Aktion bei einer Deaktivierung.

Wenn die Aktion nur so lange ausgeführt wird, wie der zugehörige Schritt aktiv ist, werden keine Werte aufgeführt (Abb. 3 ⑫).

Abläufe

Bei einer **linearen** Ablaufsteuerung werden die Schritte nacheinander abgearbeitet (Abb. 3). Es ist nicht möglich, dass zwei Schritte gleichzeitig ausgeführt werden.

Bei der **verzweigten** Ablaufsteuerung unterscheidet man zwei Arten:
Bei der **Alternativverzweigung** [alternatively branching] liegen die Schritte mit den jeweiligen Transitionen parallel (Abb. 1 ⑬). Wenn die Transition z. B. für Schritt 2A erfüllt ist, erfolgt die Bearbeitung. Entsprechendes gilt für den Schritt 2B. Sind beide Transitionen erfüllt, wird eine vorhandene Vorrangregelung wirksam.

Bei der **Simultanverzweigung** [simultaneous branching] (Abb. 2, parallele Ablaufsteuerung) sind gleichzeitig Aktivitäten in mehreren Schritten möglich. Gekennzeichnet wird dies durch zwei parallele Linien ⑭. Am Ende der Bearbeitung müssen die Ergebnisse zusammengeführt werden.

Wenn in einer Ablaufkette eine **Rückführung** [feedback loop] stattfindet, wird dies durch eine Linie mit einem Pfeil gekennzeichnet. Es entsteht eine Bearbeitungsschleife.

- Mit GRAFCET lassen sich Ablaufsteuerungen in Form von Ablaufketten graphisch darstellen.
- Während lineare und alternativ verzweigte Ablaufsteuerungen jeweils nur einen Schritt zulassen, können bei parallel verzweigten Ablaufsteuerungen mehrere Schritte zeitgleich ausgeführt werden.

3.1.4 Signale

In der Steuerungstechnik werden Informationen in Form von Signalen weitergegeben. Häufig handelt es sich dabei um elektrische Signale.

Analoge Signale

Analoge Signale können in einem definierten Bereich beliebige Werte annehmen (s. Kap. 1.2.9). Zur Eingrenzung der Vielfalt und für eine optimale Anpassung zwischen den Objekten (analoge Schnittstellen) sind folgende Bereiche festgelegt (s. Kap. 3.2.1):
- **Spannung**: 0 V bis 10 V; 2 V bis 10 V
- **Stromstärke**: 0 mA bis 20 mA; 4 mA bis 20 mA

Binäre Signale

Bei binären Signalen [binary signals] gibt es nur **zwei Zustände** (**bi**: lat. zwei). Dieses Verhalten zeigen Schalter, Relais, Schütze und elektronische Bauelemente unter bestimmten Bedingungen (s. Kap. 6.3.2). Sie werden als 1-Zustand (z. B. Schalter geschlossen) und als 0-Zustand (Schalter offen) bezeichnet.

Bei elektronischen Schaltungen werden dagegen Spannungsbereiche angegeben, denen die Zustände 1 und 0 zugeordnet werden. Sie werden auch als **Pegel** [level] bezeichnet.
- **H**: Hoher Pegel [high level]
- **L**: Niedriger Pegel [low level]

Digitale Signale

Digitale Signale [digital signals] sind in der Regel eine Folge von binären Signalen. Verwendet wird dabei das duale Zahlensystem, in dem der Zeichenvorrat aus den zwei Zeichen 0 und 1 besteht. In Abb. 4 ist der Zusammenhang zwischen dem Dualzahlen- [binary numbers] und dem Dezimalzahlen-System dargestellt.

Beispiele:

Die Dezimalzahl 523 bedeutet: $5 \cdot 10^2 + 2 \cdot 10^1 + 3 \cdot 10^0$
Die Dualzahl 110 bedeutet: $1 \cdot 2^2 + 1 \cdot 2^1 + 0 \cdot 2^0$

	Dezimalzahlen-System	Dualzahlen-System
Zeichenvorrat	0, 1, 2, 3, 4, 5, 6, 7, 8, 9	0, 1
Basis	10	2
Wertigkeit	$10^0, 10^1, 10^2, \ldots$	$2^0, 2^1, 2^2, \ldots$

Zahlen im Dezimal- und Dualzahlen-System			
dezimal	dual	dezimal	dual
0	0	5	101
1	1	6	110
2	10	7	111
3	11	8	1000
4	100	9	1001

4: Dezimal- und Dualzahlen-System

Logikzustand, Spannung und Pegel

- **Zusammenhang zwischen Logikzustand und Spannung**
  Beispiel:
  - Logikzustand 0 ≙ 0 V
  - Logikzustand 1 ≙ 5 V
- **Toleranzen**

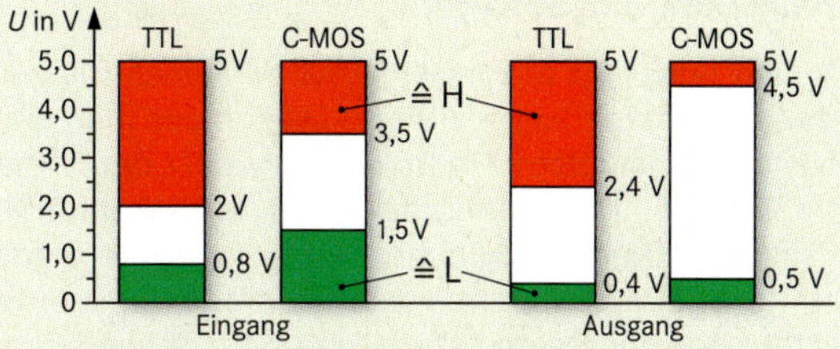

TTL: Transistor-Transistor-Logik (bipolare Transistoren)
CMOS: **C**omplementary Symmetry-**M**etal **O**xide **S**emiconductor (Feldeffekttransistoren)

- **Pegel**
  Spannungsangaben können auch mit **Pegeln** gleichgesetzt werden.

Höhere Spannung	Niedrigere Spannung
Höherer Pegel	Niedrigerer Pegel
H = hoher Pegel, „**H**" (engl. **H**igh)	L = niedriger Pegel, „**L**" (engl. **L**ow)

In der Digitaltechnik wird das **Bit** [bit, **bi**nary digi**t**] als kleinste Informationseinheit verwendet. Das Bit kann den Zustand 1 bzw. 0 besitzen und entspricht somit dem Zeichenvorrat im Dualzahlen-System.

Fasst man 8 Bit zusammen, bezeichnet man diese als ein **Byte** [byte]. Demzufolge ergeben sich die folgenden Kombinationen:

$2^8 = 256$
1 B (Byte) = 8 Bit
1 KB (Kilobit) = 1024 Byte
1 MB (Megabyte) = 1024 KB (etwa 1 Million Bytes)
1 GB (Gigabyte) = 1024 MB (etwa 1 Milliarde Bytes)

AUFGABEN

1. Stellen Sie die Dezimalzahl 16 als Dualzahl dar.
2. Welcher Dezimalzahl entspricht die Dualzahl 111000?

- Analoge Signale in Steuerungen befinden sich in definierten Strom- bzw. Spannungsbereichen.
- Binäre Signale besitzen die Zustände 0 und 1.
- In elektronischen Schaltungen werden bestimmte Spannungsbereiche den Logikzuständen 0 und 1 bzw. den Pegeln L und H zugeordnet.
- Digitale Signale bestehen aus einer Bitfolge.

3.1.5 Bedienelemente

Zur Befehlseingabe von Hand werden Drucktaster [pushbuttons], Schalter und Touch-Panel als Bedienelemente [control devices] eingesetzt. Sie stellen die Verbindung zwischen dem Mensch und der Steuerung her. Oft werden sie auch zur Umschaltung zwischen Hand- und Automatikbetrieb verwendet.

Drucktaster und Schalter

Oft sind Taster (Abb. 2) sowohl mit Schließer- als auch Öffner-Kontakten ausgestattet. Dies muss bei einer Betätigung beachtet werden, weil zunächst der Öffnerkontakt (Abb. 1) ① öffnet, bevor der Schließerkontakt ② schließt. Dieser Zusammenhang ist in dem Signal-Betätigungsweg-Diagramm verdeutlicht. In diesem Fall besteht zwischen dem Öffner- und dem Schließerkontakt ein Hubunterschied von 3 mm.

Die Farbe des Tasters weist auf die Funktion hin. Entsprechend der Abb. 3 werden den unterschiedlichen Informationen bestimmte Farben zugeordnet. Die Farbe Gelb wird z. B. zur Beseitigung einer anormalen Bedingung oder unerwünschten Änderung verwendet. Die Farbe Grün wird benutzt, wenn es sich um einen normalen Schaltvorgang handelt. Weitere festgelegte Farbkennzeichnungen gelten in ähnlicher Form auch für Leuchtmelder und **Leuchtdrucktaster** [illuminated pushbuttons]. In ihnen ist ein Leuchtmelder integriert.

Touch-Panel

Alternativ zu den klassischen Bedienelementen, Taster und Schalter, werden zunehmend Touch-Panel eingesetzt (häufig als **H**uman-**M**achine-**I**nterface, **HMI**, bezeichnet). Dabei handelt es sich um „intelligente" Bildschirme, auf denen Schaltflächen, Leuchtmelder, Ein-Ausgabe-Felder, frei skalierbare Festtexte, Grafiken und dynamische Balken zur Darstellung von Prozessgrößen angezeigt werden können. Durch Antippen der berührungssensitiven Bildschirmoberfläche können die Bedienfunktionen aktiviert werden. Die Informationen von und zum Touch-Panel werden direkt über ein Buskabel oder eine Parallelverdrahtung mit der Steuerung ausgetauscht. Die Anzeige kann mit einer Software beliebig konfiguriert werden.

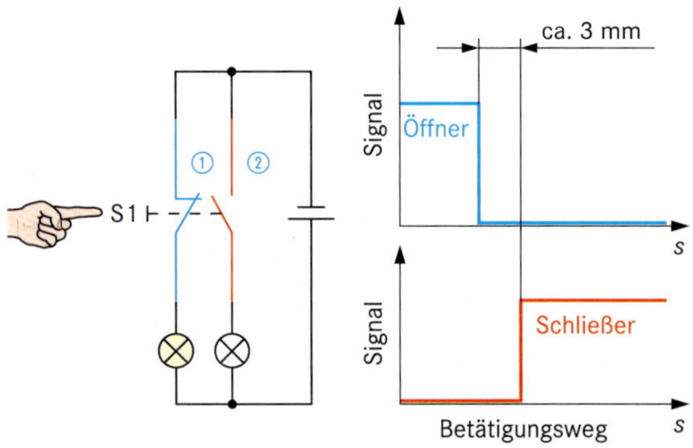

1: Verhalten der Taster-Kontakte bei Betätigung

2: Drucktaster (1Ö, 1S)

Drucktaster		Farbe	Leuchtmelder	
Bedeutung	**Anwendung**		**Bedeutung**	**Anwendung**
Notfall	NOT-AUS	rot	Notfall	Gefahrenbringender Zustand
Anormal	Beseitigung anormaler oder unerwünschter Zustände	gelb	Anormal	Kontrolle, ob die physikalische Größe den normalen Bereich überschritten hat
Normal	Vorbereiten, Bestätigen, Start/Ein erlaubt, Stopp verboten	grün	Normal	Physikalische Größe liegt im normalen Bereich
Zwingend	Rückstellfunktion	blau	Zwingend	Handlung erforderlich
	START/EIN STOPP/AUS	weiß/grau/schwarz		kontrollieren, ob Umschaltung erforderlich

3: Farbkennzeichen für Drucktaster, Leuchtmelder und Leuchtdrucktaster

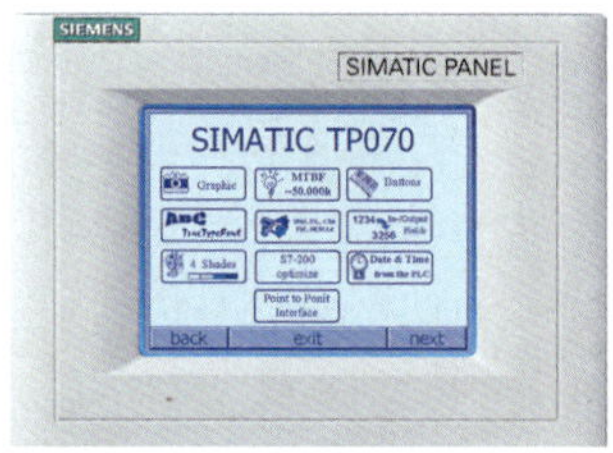

4: Touch-Panel

- Taster, Schalter und Touch-Panel werden als Bedienelemente bezeichnet.
- Taster und andere mechanische Schaltelemente, die mit Öffner- und Schließer-Kontakten ausgestattet sind, betätigen immer den Öffner-Kontakt, bevor der Schließer schließt.
- Taster, Schalter und Leuchtelemente werden entsprechend ihrer Aufgabe farblich gekennzeichnet.
- Anzeigeinstrumente wie Leuchtmelder oder Touch-Panel zeigen den aktuellen Zustand der Steuerung an.

3.2 Sensoren

3.2.1 Übersicht

Sensoren erfassen physikalische Größen in Systemen der Automatisierungstechnik (Abb. 6) und wandeln sie in elektrische Signale um. Diese Signale werden in analogen bzw. digitalen Systemen verarbeitet und zur Steuerung bzw. Regelung verwendet. Mit der Ausgangsgröße des Verarbeitungssystems werden über Stellglieder **Aktoren** [actuators] angesteuert, um dann z. B. Bewegungen oder Kräfte zu erzeugen.

Sensoren besitzen unterschiedliche Merkmale. Einige dieser Merkmale sind in Abb. 5 dargestellt.

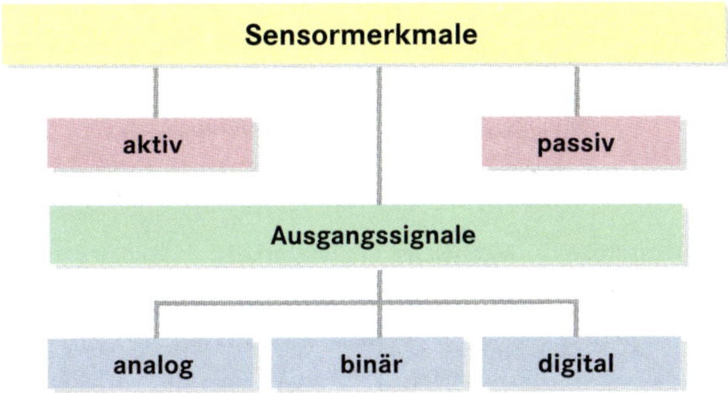

5: Sensormerkmale

Aktive Sensoren wandeln die zu messende Größe **direkt** in eine elektrische Größe um, bevorzugt in eine elektrische Spannung.
Beispiele:
- Temperatur ⇒ Spannung (Thermoelement)
- Magnetische Flussdichte ⇒ Spannung (Hallsonde)
- Kraft ⇒ Ladung (Piezokristall)
- Beleuchtungsstärke ⇒ Stromstärke (Fotodiode)

Passive Sensoren benötigen zur Umwandlung der zu messenden Größe elektrische Energie (indirekte Umwandlung). Die elektrische Energie (Stromstärke, Spannung) wird durch die Sensorgröße beeinflusst.

Ausgangssignale von Sensoren

- **Analogausgang**

Das Messsignal wird in ein stetiges Ausgangssignal umgewandelt.

Beispiele für genormte Bereiche:
- Spannung 0 V ... 10 V; 2 V ... 10 V
- Stromstärke 0 mA ... 20 mA; 4 mA ... 20 mA

- **Binärausgang (schaltende Sensoren)**

Am Ausgang sind nur zwei Zustände möglich, zwischen denen bei Über- bzw. Unterschreitung eines Schwellwertes gewechselt wird. Wenn die beiden Schwellwerte verschieden sind, ergibt sich im Schaltverhalten eine **Hysterese** [hysteresis].
Beispiele:
- Näherungsschalter durch kapazitive, induktive oder optische Beeinflussung (Lichtschranken)
- Ultraschall-Näherungsschalter

- **Digitalausgang**

Das Ausgangssignal ist ein digital codiertes Signal, das über eine Schnittstelle direkt in Bus-Systeme eingekoppelt werden kann.

In Abb. 7 ist eine andere Einteilungsmöglichkeit dargestellt. Die Unterscheidung erfolgt nach der zu messenden Größe bei unterschiedlichen Messprinzipien (s. nachfolgende Kapitel über Sensoren), dem Umwandlungsprinzip und dem Einsatzgebiet.

7: Sensoreinteilung

- Sensoren sind Messwertaufnehmer. Sie ermitteln den Ist-Wert von Steuerungen bzw. Regelungen.
- Sensoren können in aktive und passive Sensoren eingeteilt sowie nach der Art ihres Ausgangssignals unterschieden werden.
- Eine Sensoreinteilung kann nach der Messgröße, dem Umwandlungsprinzip oder dem Einsatzgebiet erfolgen.

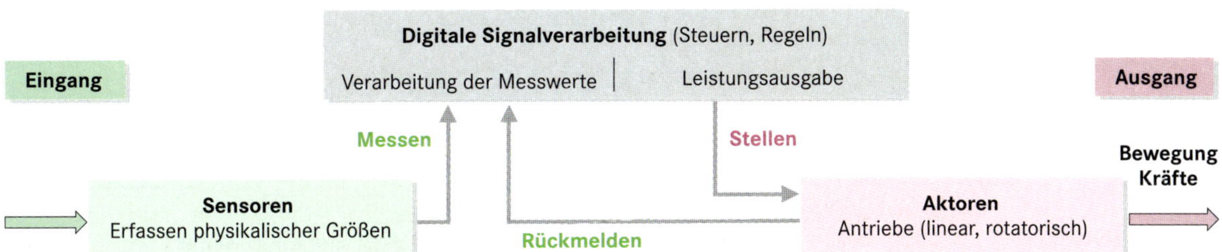

6: Zusammenwirken von Sensoren und Aktoren

3.2.2 Temperatursensoren

Als **passive Sensoren** werden in der Regel temperaturabhängige Widerstände aus **Platin** (Pt) oder **Nickel** (Ni) verwendet (**Widerstandsthermometer**). Der Messbereich geht von -200 °C bis +850 °C. Die Bemessungswerte werden bei 0 °C angegeben. Die Bezeichnungen lauten dann z. B. PT 100 (100 Ω bei 0 °C) oder Ni 100.

In DIN 43764 bis DIN 43769 sind verschiedene Schutzrohr-Bauformen für unterschiedliche Aufgabenstellungen festgelegt. In Abb. 1 ist die Form B (Rohr mit angeschweißtem Gewinde G 1/2 A) dargestellt.

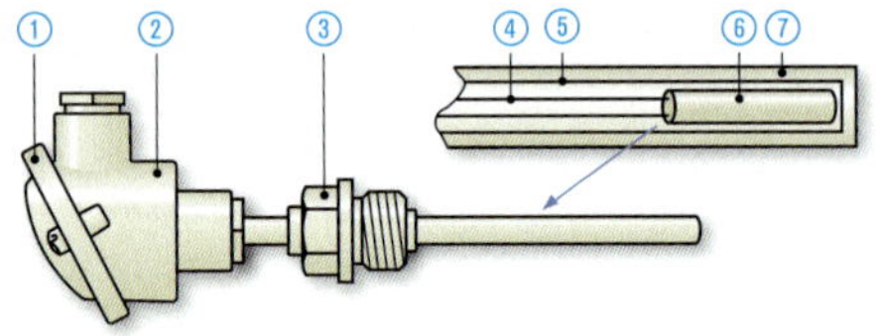

① Anschlusskopf ② Anschlusssockel ③ Verschraubung
④ Anschlussdrähte ⑤ Einsatzrohr ⑥ Temperatursensor
⑦ Schutzrohr

1: PT 100, Form B

Passive Temperatursensoren werden in einer Brückenschaltung in Zwei-, Drei- oder Vierleitertechnik betrieben.

Bei der **Zweileitertechnik** [two-wire technique] (Abb. 2a) sind der Sensor R_M und die Auswerteschaltung gemeinsam mit einer zweiadrigen Leitung (2 x R_L) verbunden. Da der Leiterwiderstand und der Sensor in Reihe liegen, kommt es zu einer Messwertverfälschung.

Bei der **Dreileitertechnik** [three-wire technique] (Abb. 2b) wird ein zusätzlicher Leiter zum Sensor geführt, sodass zwei Messkreise entstehen. Der Leiterwiderstand sowie seine Temperaturabhängigkeit lassen sich kompensieren.

Bei der **Vierleitertechnik** [four-wire technique] (Abb. 2c) fließt durch den Sensor ein konstanter Strom. Der Spannungsfall am Sensor wird abgegriffen und an den Eingang einer hochohmigen Auswerteschaltung geführt. Leiterwiderstände und deren Temperaturabhängigkeit sind weitgehend ohne Einfluss.

Als aktive Sensoren werden **Thermoelemente** [thermocouples] eingesetzt. Sie sind für große Temperaturbereiche -200 °C bis 2800 °C geeignet und bestehen im Prinzip aus zwei unterschiedlichen miteinander verschweißten Metalldrähten wie z. B. Kupfer und Kupfer-Nickel, Eisen und Kupfer-Nickel oder Platin und Rhodium-Platin. Die Verbindungsstelle wird als Thermopaar bezeichnet.

Ein Sensor besteht aus zwei gleichartigen Thermopaaren. Besteht zwischen beiden ein Temperaturunterschied, entsteht an den Anschlussstellen ein Ladungsunterschied. Diese Spannung (**Thermospannung** [thermoelectric force]) liegt je nach Thermoelement zwischen 7 µV/°C und 75 µV/°C.

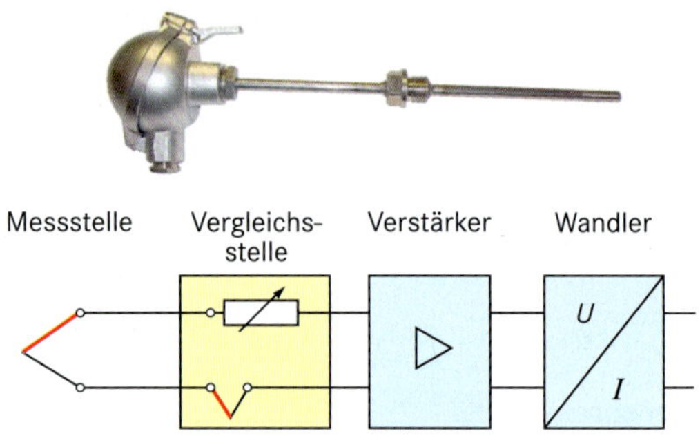

3: Thermoelement mit Prinzipschaltung

Den grundsätzlichen Aufbau eines Thermoelements zeigt Abb. 3. Ein Thermopaar befindet sich an der Messstelle. Die Verbindungsleitungen bestehen aus dem gleichen Material. Danach folgt die Vergleichsstelle, in der das zweite Thermopaar auf einer konstanten Temperatur gehalten wird. Anschließend erfolgen eine Signalverstärkung und eine Wandlung der Spannung in die gewünschte Ausgangsgröße.

- Zur Temperaturmessung werden temperaturabhängige Widerstände und Thermoelemente eingesetzt.
- Thermoelemente besitzen eine Messstelle und eine Temperaturvergleichsstelle, die eine konstante Temperatur haben muss.

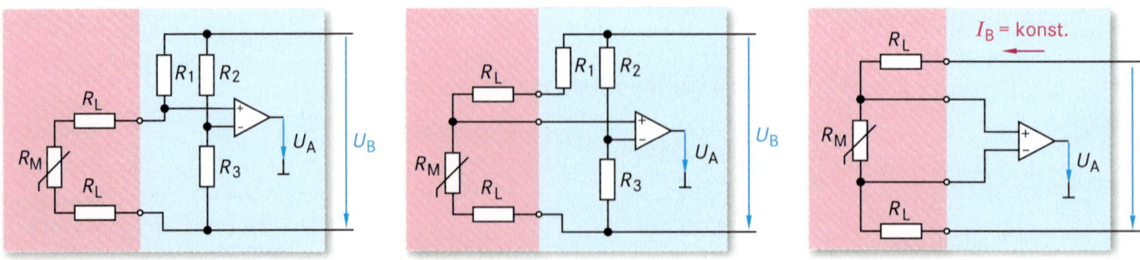

a) Zweileitertechnik b) Dreileitertechnik c) Vierleitertechnik

2: Anschlusstechnik für Sensoren

3.2.3 Druck- und Kraftsensoren

Bei der Druckmessung wird die Kraft, bezogen auf eine bestimmte Fläche, gemessen. Als Einheit dient das bar (1 bar entspricht einem Druck von 10^5 N/m^2).

Als Druck- bzw. Kraftsensoren werden metallene **Dehnmessstreifen** (**DMS**) eingesetzt. Sie bestehen aus einem dünnen Draht, der in einer Kunststofffolie eingebettet ist (Abb. 4). Durch die Dehnung des Drahtes treten Längen- und Querschnittsänderungen auf. Der Widerstand ändert sich dadurch. Die Widerstandsänderung ist proportional zur Dehnung.

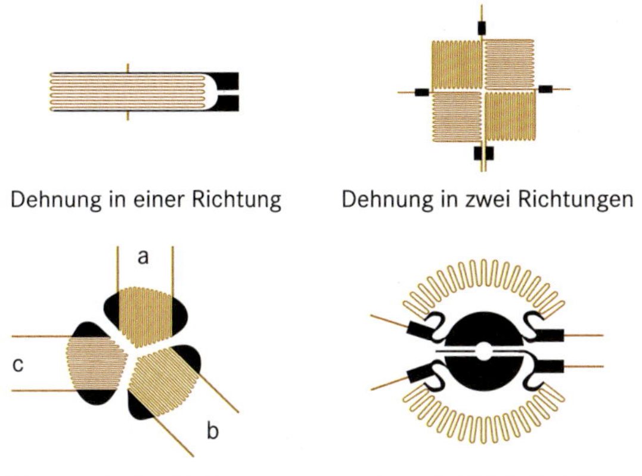

4: Bauformen von Dehnmessstreifen

Neben metallenen Dehnmessstreifen werden **Halbleiter-Dehnmessstreifen** eingesetzt. Bei **Silizium-Drucksensoren** (Abb. 5) sind auf der Vorderseite eines Si-Plättchens genau definierte Widerstandsbahnen hergestellt worden. Die vier Widerstände (R_1, R_2, R_3, R_4) sind in einer Brückenschaltung angeordnet. Wenn sich jetzt die Membran aufgrund des Drucks durchbiegt, werden zwei Widerstände gedehnt und zwei gestaucht. Es kommt zu einer Widerstandsänderung in den Halbleitermaterialien. Man spricht hierbei von dem **piezoresistiven** Effekt (piezo: griechisch pressen, drücken). Er ist bei Halbleitern größer als bei Metallen: Beispiele: NiCr 2,2; Si 10...200

Drucksensoren dieser Art erfordern mindestens vier Anschlüsse. Zwei Anschlüsse dienen der Spannungszuführung, an den anderen wird die Messspannung in Abhängigkeit vom Druck abgenommen. Je nach Druck und Betriebsspannung erhält man eine Ausgangsspannung im mV-Bereich. Durch entsprechend nachgeschaltete Verstärker kann die Spannung vergrößert werden.

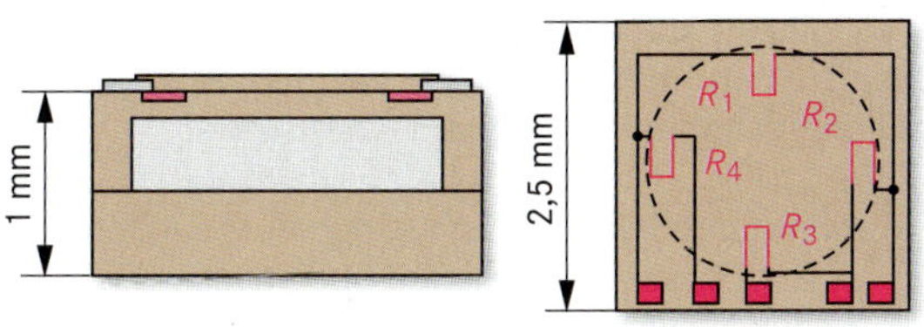

5: Aufbau eines Si-Drucksensors

Anwendung

Zur Messung werden Dehnmessstreifen auf Werkstücke geklebt. Durch eine entsprechende Belastung (Druck, Kraft, Drehmoment) kommt es im Dehnmessstreifen zu einer Widerstandsänderung, die man dann über eine Auswerteschaltung messen und zur Steuerschaltung eines Prozesses verwenden kann. Oft werden mehrere Dehnmessstreifen zur Erhöhung der Widerstandsänderung zusammengeschaltet (Abb. 6).

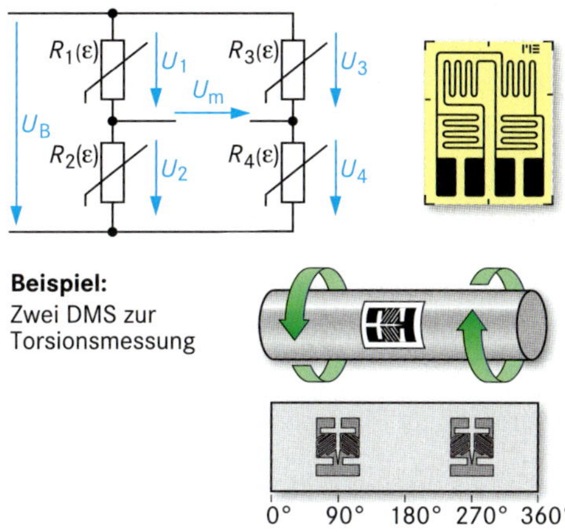

6: Anwendung von Dehnmessstreifen

Besonders bei der spanabhebenden Bearbeitung von Metallen werden präzise Kraftmessgeräte mit einem großen Messbereich benötigt. **Piezoelektrische Kraft- und Drucksensoren** (Piezosensoren) [piezo-electric force and pressure sensors] sind hierfür geeignet. Ein einzelner Sensor kann z. B. den Bereich von 20 000 N bis zu Bruchteilen von 1 N erfassen. Ausgenutzt wird dabei der bei Quarzen auftretende piezo-elektrische Effekt. Bei Krafteinwirkungen verschieben sich die im Kristallverband eingelagerten Ladungen derart, dass zwischen den Elektroden an der Oberfläche Ladungsunterschiede auftreten (Abb. 7a). Die geringe Spannung muss verstärkt werden.

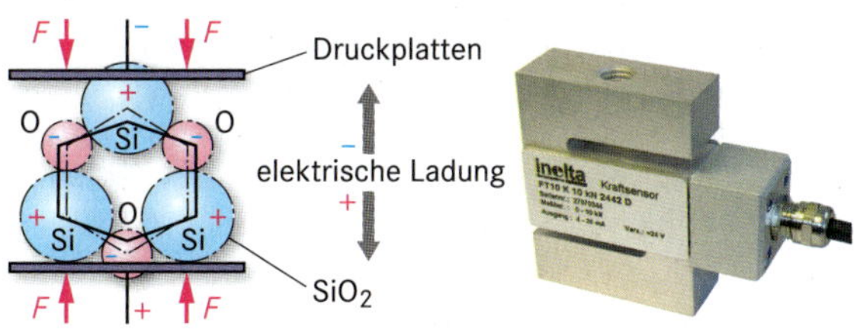

a) Prinzip b) Sensor

7: Piezosensor

- Bei Dehnmessstreifen wird die Widerstandsänderung von Metallen oder Halbleitermaterialien zum Messen von Druck, Kraft oder Drehmoment verwendet.
- Bei Piezosensoren entstehen durch Kräfte Ladungen an den Kristalloberflächen.

3.2.4 Durchflusssensoren

Diese Sensoren werden verwendet, um den Durchfluss von Flüssigkeiten oder Gasen zu messen. Aus den gewonnenen Daten kann man die Geschwindigkeit und den Materialtransport (Menge) innerhalb einer bestimmten Zeit ermitteln. Die Messungen können **direkt** durch mechanische Sensoren oder **indirekt** über die Änderung physikalischer Größen erfolgen. Bei den indirekten Verfahren gibt es keine beweglichen Teile, die einem Verschleiß unterliegen und gewartet werden müssen. Außerdem erzielt man eine höhere Genauigkeit als bei der direkten Messung.

Magnetisch-induktive Durchflussmessung

Voraussetzung ist eine elektrisch leitende Flüssigkeit. Sie strömt durch ein elektrisch isoliertes Rohr (Abb. 1). Durch zwei Feldspulen ① wird ein konstantes Magnetfeld erzeugt, das die Flüssigkeit durchdringt. Die im fließenden Stoff enthaltenen Ladungen werden abgelenkt, sodass an zwei außen liegenden Elektroden ② eine elektrische Spannung entsteht. Diese Spannung ist proportional zur Fließgeschwindigkeit.

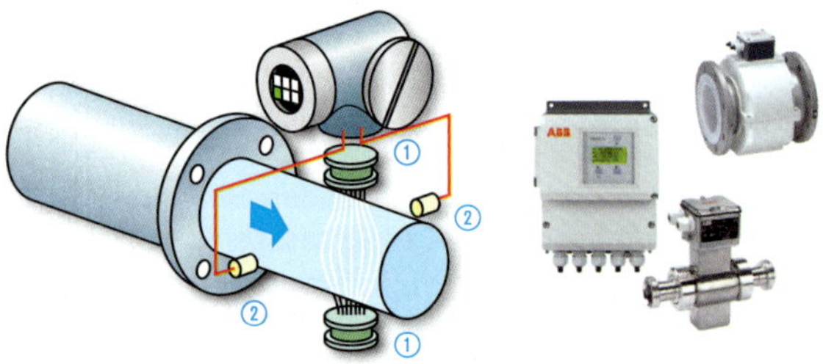

a) Prinzip b) Bauformen

1: Induktive Durchflussmessung

Coriolis-Massendurchflussmessung

Wenn eine in Bewegung befindliche Masse einer Schwingung quer zur Bewegungsrichtung ausgesetzt wird, treten Kräfte auf (Corioliskräfte). Im Sensor werden deshalb zwei Messrohre (Abb. 2 ③) in Schwingung versetzt, sodass diese Corioliskräfte entstehen. Die durch die Kräfte veränderte Rohrschwingungsgeometrie wird erfasst und ausgewertet. Verwendbar ist das Verfahren für elektrisch leitfähige und nicht leitfähige Flüssigkeiten.

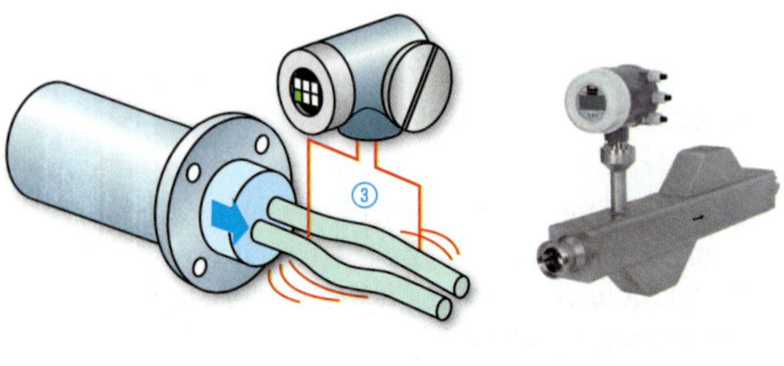

a) Prinzip b) Bauform

2: Coriolis-Massendurchflussmessung

Wirbelzähler-Durchflussmessung

In strömenden Flüssigkeiten und Gasen treten nach Hindernissen (Abb. 3 ④, z. B. Staukörper) Wirbel auf. Durch die abgelösten Wirbel entsteht dabei abwechselnd ein lokaler Unterdruck, der durch einen kapazitiven Sensor ⑤ erfasst wird. Die Frequenz der Wirbelablösung ist proportional zur mittleren Fließgeschwindigkeit. Auch dieses Verfahren ist für elektrisch leitfähige und nicht leitfähige Flüssigkeiten geeignet.

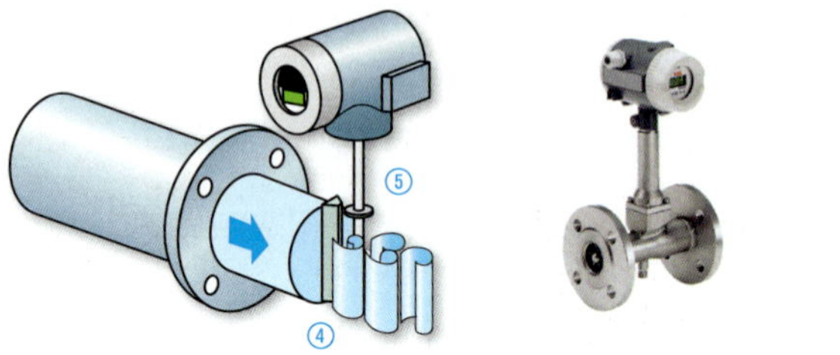

a) Prinzip b) Bauform

3: Wirbelzähler-Durchflussmessung

Ultraschall-Durchflussmessung

Bei dem in Abb. 4a dargestellten Messverfahren werden die Schallwellen von den in einer Flüssigkeit befindlichen Teilchen reflektiert. Wenn sich die Teilchen nun in der strömenden Flüssigkeit bewegen, kommt es zu einer **Frequenzverschiebung** (Doppler-Effekt). Je größer die Geschwindigkeit ist, desto größer ist auch die Verschiebung zwischen den abgestrahlten und reflektierten Wellen.

In Abb. 4b sind zwei Wandler versetzt zur Strömungsrichtung positioniert. Sie senden und empfangen pulsförmige Wellenpakete in Strömungsrichtung und gegen die Strömungsrichtung. Es kommt zu auswertbaren Schwingungsüberlagerungen (**Laufzeitdifferenzen**).

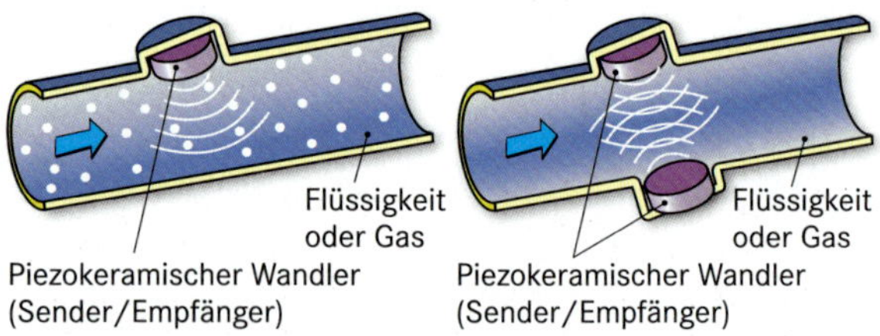

a) Frequenzverschiebung b) Laufzeitunterschiede

4: Ultraschall-Durchflussmessung

Ebenfalls berührungslos arbeiten **optoelektronische Durchflusssensoren**. Mit einem Laser wird Licht durch das Medium geschickt. Je nach Strömungsgeschwindigkeit kommt es an den Teilen zu unterschiedlichen Lichtstreuungen. Die Signale werden dann durch optische Sensoren erfasst und ausgewertet.

- Licht- und Schallwellen werden durch Teilchen in Gasen und Flüssigkeiten beeinflusst. Die Änderung wird von Sensoren erfasst.

3.2.5 Füllstandssensoren

In vielen Bereichen der Automatisierungstechnik ist es erforderlich, Behälter bis zu einer gewissen Höhe mit Flüssigkeiten (z. B. Öl, Wasser) oder Schüttgut zu füllen. Verwendet werden unterschiedliche Füllstandssensoren (Abb. 5). Sie arbeiten mechanisch, kapazitiv, mit Wellen (Schall, Ultraschall, Radar) oder optisch.

Ohne mechanisch bewegte Teile arbeitet der **kapazitive Füllstandssensor**. Zwischen der Sonde und der Tankwandung (Abb. 6) bildet sich eine Kondensatorkapazität. Durch die Flüssigkeit (isolierte Flüssigkeit) ändert sich die Kapazität. Bei Erreichen einer bestimmten Endkapazität wird der Zufluss unterbrochen. Die Genauigkeit dieses Verfahrens wird u. a. durch die Zusammensetzung der Flüssigkeit, Umgebungstemperatur und Luftfeuchtigkeit bestimmt.

Anders arbeitet der **Reflexions-Füllstandssensor** [reflexion level sensor]. Der Sender (Abb. 7) ① strahlt über einen elektro-akustischen Wandler Schallwellen ab, die sich mit einer bestimmten Geschwindigkeit *c* ausbreiten. An der Flüssigkeitsoberfläche werden die Wellen dann reflektiert und im Empfänger registriert (Abb. 7). Sender und Empfänger bilden dabei eine Einheit. Die **Laufzeit** [propagation time] (Weg/Geschwindigkeit) der Signale zwischen Sender und Empfänger ist ein Maß für die Füllstandshöhe.

Der Füllstand kann aber auch mit den in Kap. 3.2.3 beschriebenen **Drucksensoren** ermittelt werden. Am Boden des Behälters befindet sich der Drucksensor (Abb. 8a), der nach dem piezoresistiven Verfahren arbeitet. Da der Druck in der Flüssigkeit nur von der Höhe der über ihm befindlichen Flüssigkeitssäule abhängig ist, kann beim Erreichen eines vorgegebenen Endwertes ein Abschalten der Flüssigkeitszufuhr erfolgen.

Auch mit Hilfe von Lichtleitern, Lichtsendern und Lichtempfängern lassen sich Füllstandssensoren aufbauen. Das Licht in Abb. 8b tritt in den Lichtleiter ein, gelangt an die Sensorspitze, wird von dort an einem Prisma reflektiert und gelangt zum Empfänger. Wenn die Flüssigkeit die Spitze erreicht hat, wird das Licht am Prisma weniger reflektiert und gelangt somit auch nicht mehr vollständig zum Empfänger. Ein Schaltimpuls stoppt dann die Flüssigkeitszufuhr.

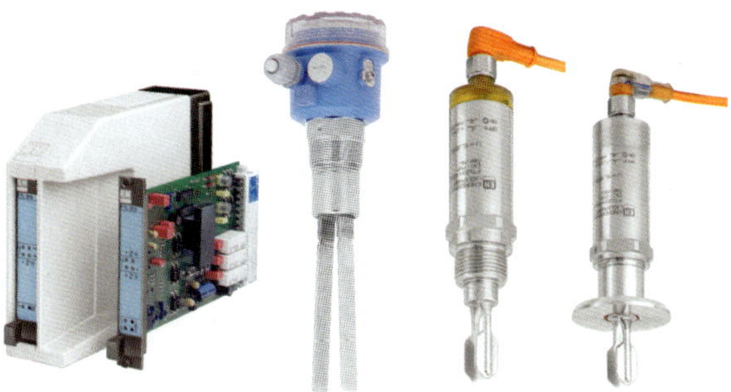

5: Füllstandssensoren

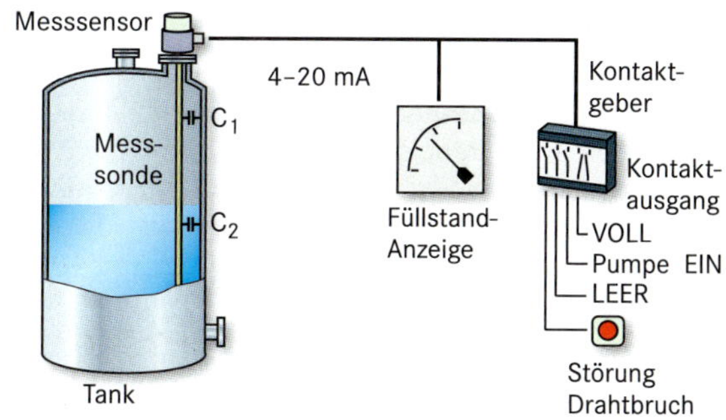

6: Kapazitiver Füllstandssensor

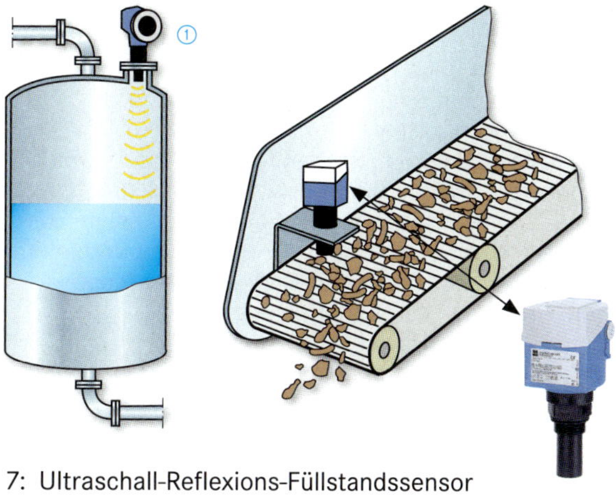

7: Ultraschall-Reflexions-Füllstandssensor

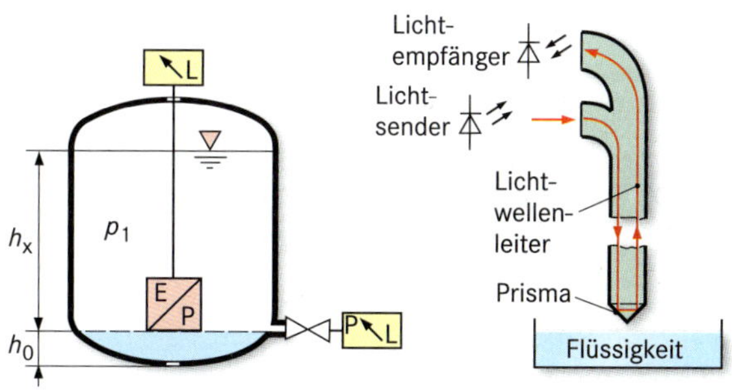

a) Druckmessung

b) Optische Messung

8: Füllstandsmessung

- Bei einem kapazitiven Füllstandssensor ändert sich die Kapazität in Abhängigkeit vom Flüssigkeitsstand.
- Bei der Füllstandsmessung werden Wellenreflexionen (Schall, Ultraschall, Radar, Licht) an der Oberfläche von Flüssigkeiten oder Schüttgut ausgewertet.
- Der Druck einer Flüssigkeitssäule kann zur Messung des Füllstandes verwendet werden.

3.2.6 Positionssensoren

Positionssensoren werden zur Erfassung von **Wegen**, **Winkeln** und **Richtungen** eingesetzt. Je nach Einsatzgebiet werden photoelektrische oder magnetische Sensoren sowie Schleifkontakte verwendet. Man unterscheidet inkrementale und absolute Messverfahren.

Eine Messung ist dann inkremental, wenn sie schrittweise ausgeführt wird. Als Beispiel dient der **Inkremental-Drehgeber** [incremental encoder] in Abb. 2, der zur Winkel- bzw. Wegmessung verwendet werden kann. Auf einer Scheibe sind eine bestimmte Anzahl Hell-/Dunkelzonen aufgebracht (Abb. 1a), die mit einem Lichtstrahl abgetastet werden. Die Messung erfolgt über die Impulszählung und Auswertung zweier um 90° verschobener Signale. Mit ihnen lässt sich die Drehrichtung ermitteln. Einmal pro Umdrehung wird ein zusätzliches Signal zur Nullpunktbestimmung ausgewertet.

Bei einem **Absolut-Drehgeber** [absolute position encoder] ist jeder Winkelposition ein eindeutig codierter Positionswert zugeordnet. Der absolute Wert steht unmittelbar nach dem Einschalten zur Verfügung. Verwendet wird dazu eine **Codescheibe** [code disk] (Abb. 1b). Die Hell-Dunkel-Markierungen werden vom Licht einer Infrarot-Leuchtdiode durchstrahlt und entsprechen einem bestimmten Code. Bei jeder Umdrehung steht somit eine bestimmte Bitfolge für die Auswertung zur Verfügung.

Beispiele:
- Drehzahl- und Positionserfassung von Motoren
- Steuerung und Regelung von Förderanlagen
- Überwachung von Transportbändern

a) Inkremental b) Absolut

1: Impulsscheiben bei Drehgebern

2: Inkremental-Drehgeber

3.2.7 Näherungssensoren

Wenn Gegenstände (z. B. ein Werkstück auf einer Hobelmaschine) oder Personen (z. B. beim Betreten einer Rolltreppe) eine bestimmte Position einnehmen, ist es in der Steuerungstechnik oft erforderlich, dass ein Schaltvorgang ausgelöst wird. Dieser kann direkt mechanisch durch **Grenztaster** [position switch] sowie End-, Mikro- oder Positionsschalter (s. Kap. 3.6.3) erfolgen. Näherungssensoren [proximity sensors] arbeiten dagegen berührungslos. Sie gehören zur Gruppe der Positionssensoren. Es gibt sie in unterschiedlichen Bauformen (Abb. 3) und sie arbeiten nach unterschiedlichen physikalischen Prinzipien (Abb. 4).

3: Bauformen von Näherungssensoren

Näherungssensoren
- **Magnetisch** (Dauermagnet, Reed-Kontakt)
- **Induktiv** (Magnetfeld stromdurchflossener Spulen)
- **Kapazitiv** (Elektrisches Feld, Ladung auf einem Kondensator)
- **Optisch** (Lichtsender und Lichtempfänger, z. B. Infrarotlicht)
- **Akustisch** (Schallwellen, z. B. Ultraschall)

4: Näherungssensoren

Magnetische Näherungssensoren

Sie werden auch als Reedschalter [Reed switch] bezeichnet. Der eigentliche Kontakt (Abb. 5a) besteht aus zwei ferromagnetischen Kontaktzungen, die in ein Glasröhrchen eingeschmolzen sind. Nähert man einen Dauermagneten oder eine stromdurchflossene Spule, dann verursacht das magnetische Feld eine Magnetisierung der Kontaktzungen. Es entstehen Nord- und Südpole und es kommt zur Anziehung.

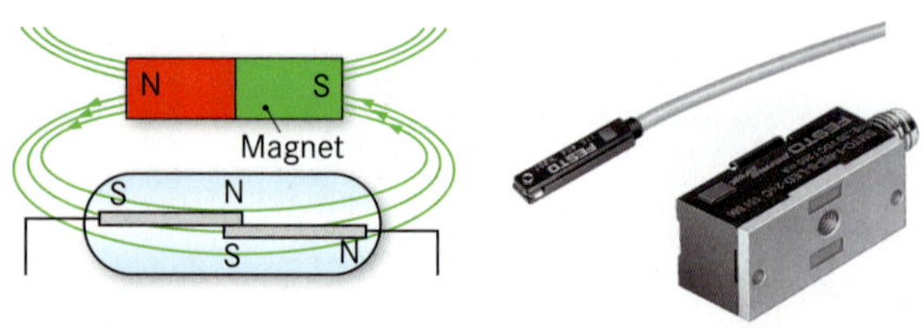

a) Aufbau b) Funktion

5: Magnetischer Näherungssensor

Durch den einfachen Aufbau sind magnetische Näherungssensoren sehr robust. Vorteilhaft sind die hohe Schaltfähigkeit (bis 10 kV und 5 A), der große Isolationswiderstand, die geringe Empfindlichkeit gegen Verschmutzung und die kurzen Schaltzeiten. Nachteilig ist die Empfindlichkeit gegenüber mechanischen Belastungen (Glaskörper).

Angewendet werden diese Sensoren z.B. zur Füllstandsüberwachung, Schließkontrolle, Durchfluss- und Druckmessung (Abb. 6).

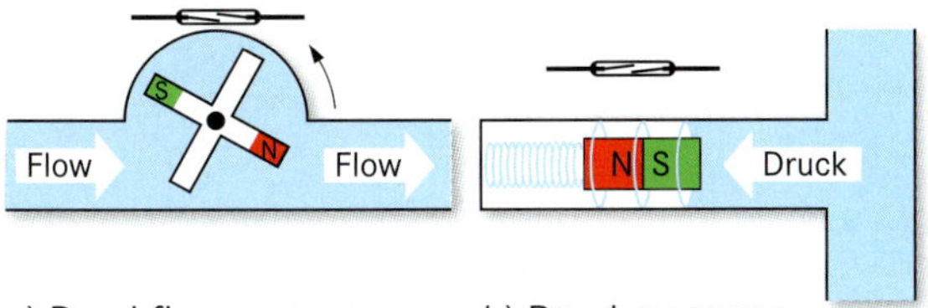

a) Durchflussmessung b) Druckmessung

6: Anwendungen von Reedschaltern

Induktive Näherungssensoren

Ein induktiver Näherungssensor [inductive proximity sensor] besteht aus einem LC-Schwingkreis (s. Kap. 1.9.2, Abb. 7). Die Erkennung erfolgt mittels Dämpfung des elektromagnetischen Wechselfeldes einer Spule (① offener Schalenkern) durch metallische Leiter. Es werden in den metallischen Leiter Wirbelströme induziert (s. Kap. 1.5.4.2), die dem Feld Energie entziehen. Die Schwingungsamplitude des Oszillators ② verringert sich. Das Signal wird demoduliert ③, in ein Schaltsignal umgeformt ④ und entsprechend verstärkt ⑤.

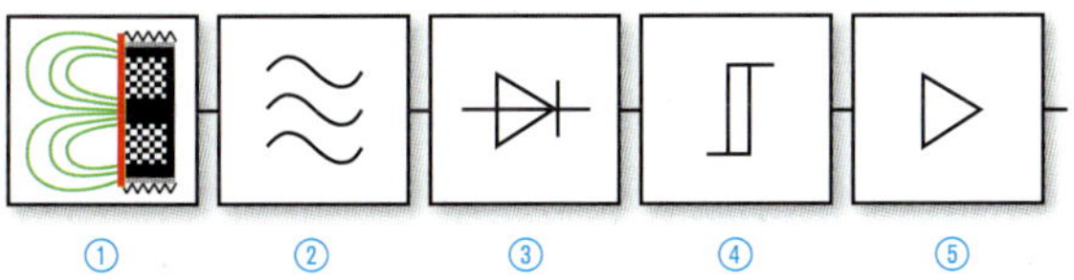

7: Messprinzip eines induktiven Näherungssensors

Angewendet werden induktive Näherungssensoren z. B. zur Positionskontrolle an Stellantrieben, Werkzeugmaschinen und Hydraulikaggregaten. Vorteile sind u. a. die Unempfindlichkeit gegenüber Verschmutzung, die Temperaturfestigkeit und große Schaltabstände.

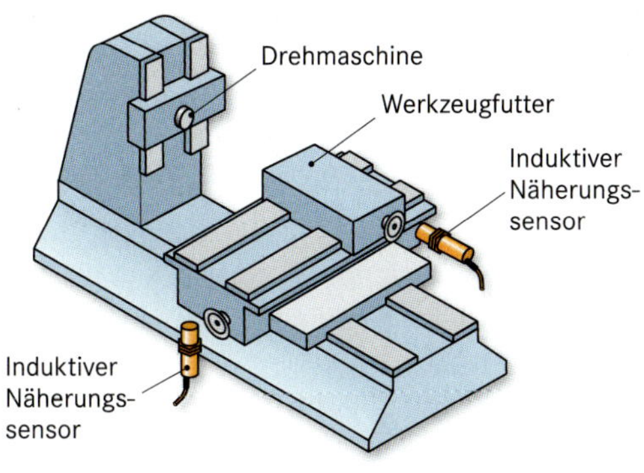

8: Einsatz induktiver Näherungssensoren

Kapazitive Nährungssensoren

Die Erkennung erfolgt durch Änderung des elektrischen Feldes (Abb. 9) eines Kondensators ① durch metallische und nichtmetallische Objekte (fest oder flüssig). Durch das externe Material ändert sich die Dielektrizitätskonstante ε_r bzw. die Kapazität (s. Kap. 1.4.2). Durch die Kapazitätsänderung verändert sich die Schwingkreisfrequenz des Oszillators ②. Sie wird durch nachgeschaltete Stufen ③ ausgewertet.

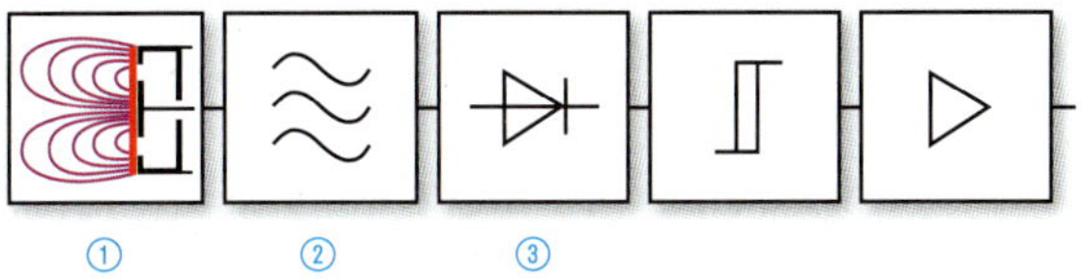

9: Messprinzip eines kapazitiven Näherungssensors

Angewendet werden kapazitive Näherungssensoren [capacitive proximity sensors] z. B. zur Füllstandsüberwachung, Anwesenheitskontrolle, Niveaukontrolle und Endkontrolle bei Verpackungsvorgängen. Ein mögliches Beispiel für eine Füllstandsüberwachung ist in Abb.10 dargestellt. Die Erfassung erfolgt durch die Verpackung hindurch und der Sensor liefert ein Signal, wenn ein Karton nicht gefüllt ist.

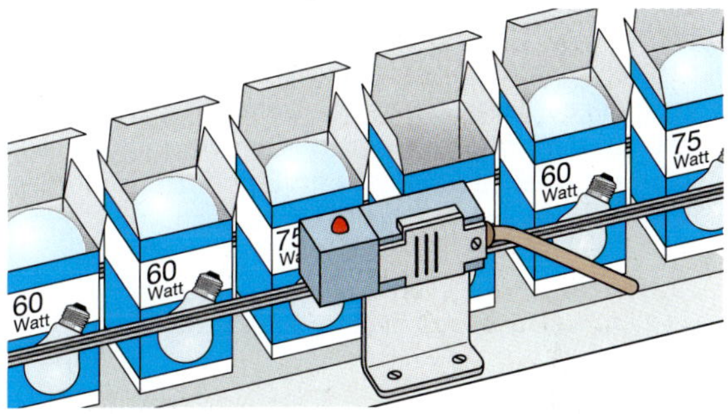

10: Füllstandserkennung

AUFGABE

1. Beschreiben Sie Gemeinsamkeiten und Unterschiede zwischen induktiven und kapazitiven Näherungssensoren.

- Ein Winkelcodierer besteht aus einer bestimmten Abfolge von Hell-Dunkel-Zonen.
- Grenztaster werden durch direkte Berührung aktiviert.
- Mit Näherungssensoren können berührungslos Schaltvorgänge ausgelöst werden.
- Bei induktiven Näherungssensoren wird das Magnetfeld einer Spule (Induktivität) durch ferromagnetische oder andere Metalle verändert.
- Bei kapazitiven Näherungssensoren wird durch verschiedene Materialien (Glas, Wasser, Kunststoff) die Kapazität eines Schwingkreises geändert und damit ein Schaltvorgang ausgelöst.

Optische Näherungssensoren

Optische Näherungssensoren [optical proximity sensors] bestehen aus einem Licht-Sender und einem Lichtempfänger (Abb. 1). Als **Sender** [transmitter] werden Leuchtdioden (LEDs, s. Kap. 6.2.2) verwendet, die farbiges bzw. infrarotes Licht abstrahlen. Das Licht wird mit Hilfe einer Linse in die gewünschte Richtung gebündelt. Als Empfänger [receiver] werden Fotodioden oder Fototransistoren verwendet, die das Licht in elektrischen Strom umwandeln.

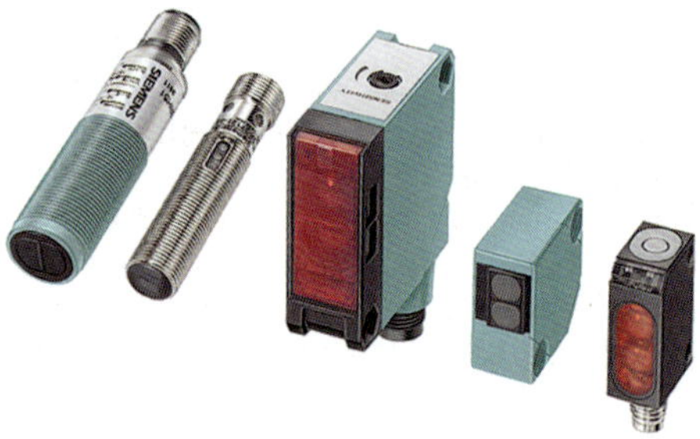

1: Optische Näherungssensoren

Bei **Einweg-Lichtschranken** [one-way light barriers] befinden sich Lichtsender und -empfänger in jeweils separaten Gehäusen (Abb. 2). Sie werden gegenüberliegend angeordnet, sodass das Licht des Lichtsenders direkt auf den Empfänger trifft. Objekte müssen den Lichtstrahl zwischen Sender und Empfänger unterbrechen, um einen Schaltvorgang auszulösen.

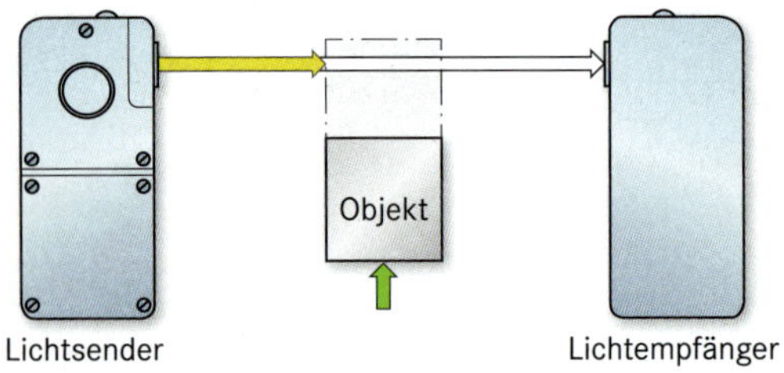

2: Einweg-Lichtschranke

Reflexions-Lichtschranken [reflexion light barrier] sind weit verbreitet. Sender und Empfänger sind in einem Gehäuse untergebracht. Das vom Sender ausgesendete Licht wird von einer speziell beschichteten Oberfläche reflektiert und vom Empfänger erfasst. Das Objekt wird durch die von ihm verursachte Unterbrechung des Lichtstrahls erkannt. Wenn Objekte mit spiegelnden Oberflächen erfasst werden sollen, müssen Lichtschranken mit **Polarisationsfiltern** [polarisation filter] verwendet werden. Sie lassen Licht nur in einer Schwingungsrichtung passieren.

In manchen Fällen ist es schwierig oder gar unmöglich, Lichtsender und Lichtempfänger auf beiden Seiten des zu erkennenden Objekts anzubringen. Man verwendet dann **Lichttaster** [reflexion light scanner] (Abb. 4). Das

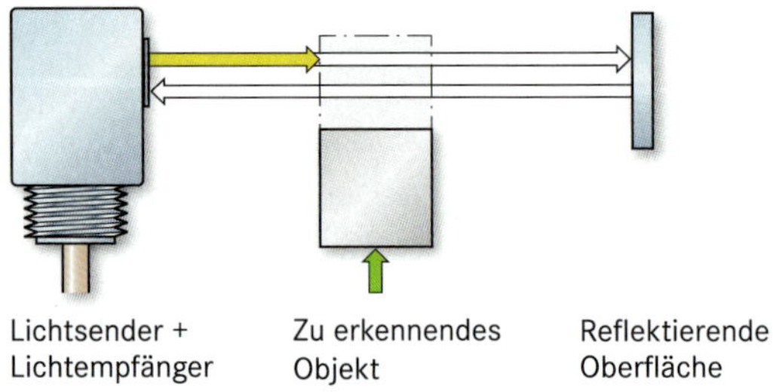

3: Reflexions-Lichtschranke

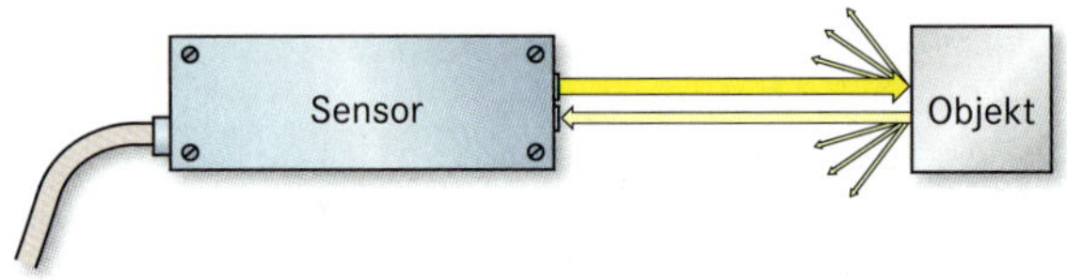

4: Lichttaster

Licht wird an der Oberfläche des Objekts in alle Richtungen gestreut und ein kleiner Teil wird zum Sensor zurückreflektiert, um dort von dem im selben Gehäuse untergebrachten Empfänger erfasst zu werden.

Ultraschall-Näherungssensoren

Ultraschall-Näherungssensoren [ultrasonic proximity sensors] arbeiten im Prinzip wie optische Näherungssensoren. Sie verwenden hochfrequente Schallwellen von etwa 200 kHz, die für menschliche Ohren nicht wahrnehmbar sind. Üblich sind Anordnungen, bei denen Sender und Empfänger gegenüber liegen. Beim Echobetrieb (Abb. 5) arbeitet der Sensor im Prinzip wie ein Lichttaster.

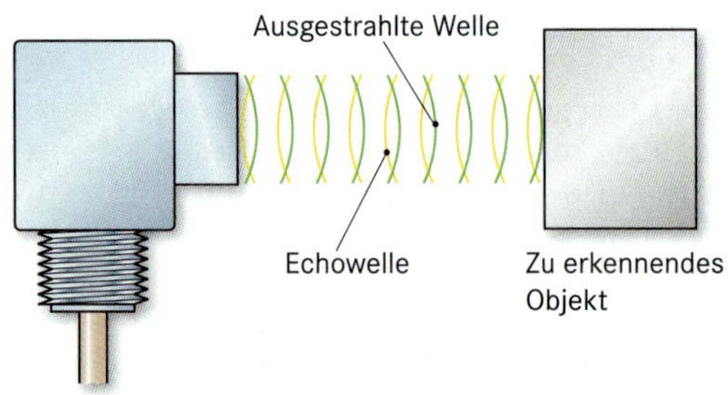

5: Echobetrieb beim Ultraschall-Näherungssensor

- Bei optischen Näherungssensoren (Lichtschranken) verwendet man Sender und Empfänger.
- Bei Einweg-Lichtschranken sind Sender und Empfänger getrennt untergebracht.
- Bei Reflexions-Lichtschranken befinden sich Sender und Empfänger in einem Gehäuse.
- Beim Lichttaster wird das Licht vom Objekt diffus gestreut.
- Ultraschall-Näherungssensoren verwenden hochfrequente Schallwellen. Die Arbeitsweise entspricht optischen Näherungssensoren.

3.3 Aktoren

3.3.1 Übersicht

Ein Aktor ist das Ausgabeglied einer Steuerung bzw. Regelung (Abb. 6). Er wird mit einer Hilfsenergie betrieben und stellt an seinem Ausgang die gewünschte Energieform zur Verfügung. Sehr häufig werden Aktoren dazu benutzt, um mechanische Energie mit z. B. folgenden Auswirkungen abzugeben:
- Halten einer Position
- Geradlinige Bewegung
- Bewegung in vorgegebenen Bahnen
- Änderung der Geschwindigkeit (Beschleunigung)
- Drehbewegung (Rotation)
- Pendelbewegung, Schwingung
- Transport von Massen
- Erzeugung eines Drehmoments
- Kraftwirkung auf andere Körper

Aktoren werden aber auch benutzt, um mit Geräten zu heizen oder zu kühlen bzw. Räume zu beschallen. Auch Lichtquellen kann man als Aktoren bezeichnen, da sie angesteuert werden und elektrische Energie in Licht umwandeln. Ein weiteres Anwendungsgebiet umfasst das Fördern von Gasen, Flüssigkeiten oder Körpern.

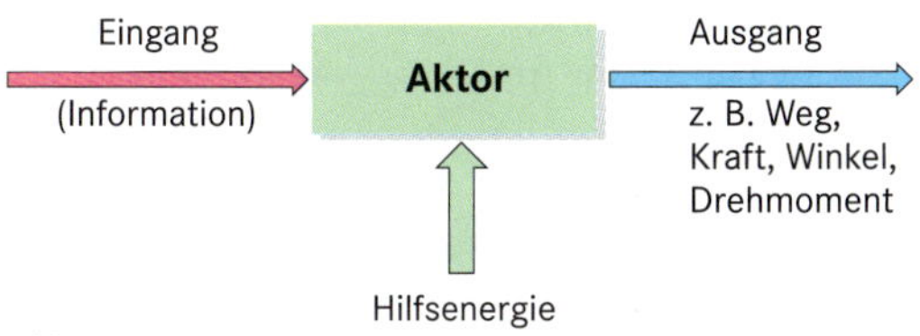

6: Aktor

Aktoren können entsprechend ihrer Hilfsenergie eingeteilt werden. Die wichtigste Hilfsenergie ist die elektrische Energie (Abb. 7). Sie wird bei Elektromotoren und Elektromagneten verwendet. Beim **Elektromotor** entsteht eine Kraftwirkung auf stromdurchflossene Leiter im Magnetfeld (elektrodynamisches Prinzip). Dabei unterscheidet man **fremdgeführte** (z. B. Schrittmotoren, s. Kap. 8.4.4) und **selbstgeführte** Motoren (z. B. Gleichstrommotor, s. Kap. 8.3.2).

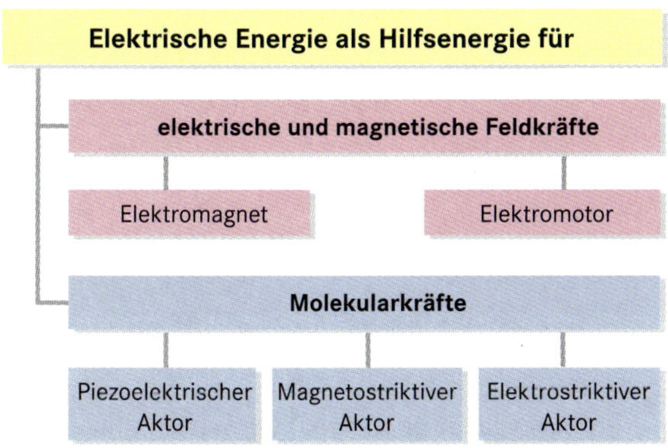

7: Elektrisch betriebene Aktoren

Beim **Elektromagneten** treten Anziehungskräfte zwischen ungleichnamigen und Abstoßungskräfte zwischen gleichnamigen Magnetpolen auf (elektromagnetisches Prinzip, s. Kap. 1.5.3).

Verschiedene physikalische Effekte (piezoelektrisch, **magnetostriktiv** [magnetostrictive] und **elektrostriktiv** [electrostrictive]) lassen sich einsetzen, um mit **Molekularkräften** Aktoren mit kleinen Abmessungen herzustellen. Durch Ausnutzung elektrischer Energie können sehr präzise, schnelle und kurze Auslenkungen und Schwingungen erzeugt sowie Kräfte ausgeübt werden.

Auch Strömungsenergie wird als Hilfsenergie bei Aktoren verwenden (Abb. 8). In der **Pneumatik** [pneumatics] (pneuma: griechisch Wind, Atem) wird Druckluft als Energiequelle eingesetzt. In der **Hydraulik** [hydraulics] (Hydraulike: griechisch Wasserkunst) werden dagegen Flüssigkeiten als strömende Medien eingesetzt, in der Regel Öl. Mit beiden Techniken lassen sich verschiedene Stelleinrichtungen (Zylinder, Motoren, s. Kap. 3.3.4) betreiben. Aktoren in der Hydraulik werden auch als fluidische Aktoren bezeichnet (Fluid: lateinisch Flüssigkeit).

Auch mit thermischer Energie lassen sich Kräfte und Bewegungen über die Ausdehnung von Körpern und Flüssigkeiten bei Wärmezufuhr (Thermo-Bimetall) oder über Molekularkräfte erzeugen (s. Kap. 3.3.3). Die Veränderungen laufen erheblich langsamer ab als bei elektrisch arbeitenden Aktoren.

Zur Ansteuerung von Aktoren werden entsprechende Wandler benötigt, die über analoge, binäre oder digitale Signale angesteuert werden. Die Ausgangsgröße des Aktors ist in der Regel eine analoge Größe.

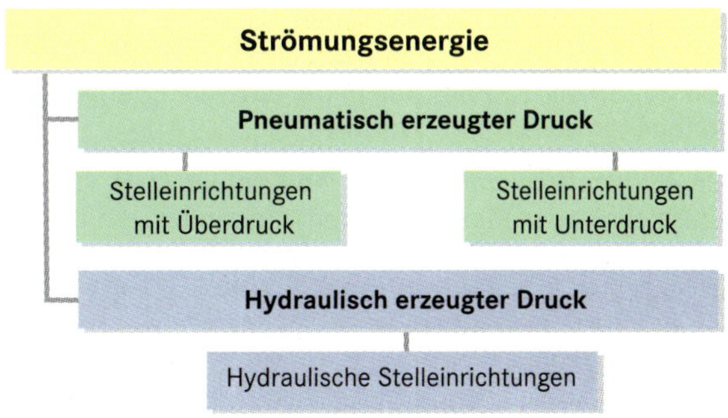

8: Aktoren mit Strömungsenergie

- Ein Aktor erzeugt mit einer Hilfsenergie eine bestimmte Aktion bzw. einen Effekt. Dabei wird die Eingangsgröße in eine andersartige Ausgangsgröße umgeformt.
- Als Hilfsenergien für Aktoren werden elektrische Energie, Strömungsenergie oder thermische Energie eingesetzt.

3.3.2 Aktoren mit elektrischer Hilfsenergie

Aktoren, bei denen elektrische und magnetische Feldkräfte verwendet werden (Elektromagnet und Elektromotor), werden in Kapitel 8 ausführlich behandelt. An dieser Stelle sollen deshalb nur Aktoren angesprochen werden, bei denen Molekularkräfte wirken.

Piezoelektrische Aktoren

Bei bestimmten Kristallen und Keramiken entstehen durch Krafteinwirkung an der Oberfläche Ladungsunterschiede. Sie entstehen deshalb, weil sich im Innern die geladenen Teilchen (Ionen) verschieben (**piezoelektrischer Effekt**, Piezo: griechisch Druck) [piezoelectric effect]. Dieser Effekt wird bei Sensoren zur Kraftmessung genutzt (s. Kap. 3.2.3).

Der Effekt lässt sich umkehren (inverser Piezoeffekt), wenn man an den Körper eine Spannung legt. Die Ladungen auf der Oberfläche mit dem elektrischen Feld sorgen nun für eine Deformation des Körpers (Abb. 1). Wenn man jetzt die Verformung behindert (eingespannter Körper), treten Kräfte auf. Legt man eine Wechselspannung an, beginnt das Material zu schwingen (Anwendung als Schwingquarz).

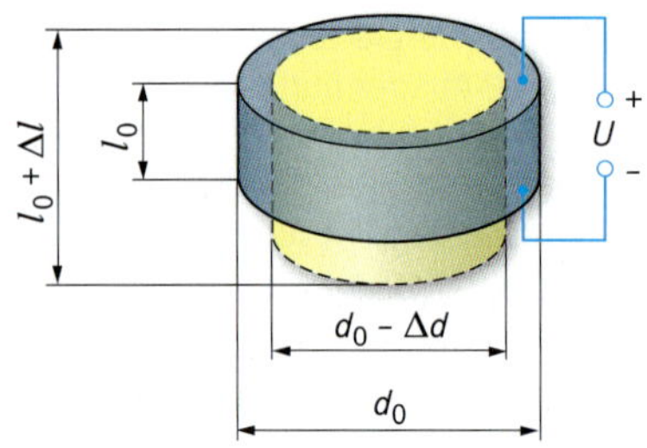

1: Piezoscheibe

Zur Vergrößerung des Effektes bildet man wie in Abb. 3 Stapel aus Einzelelementen. Bei einer Spannung von etwa 1 kV erzielt man dann eine Längenänderung von 20 µm bis 200 µm. Die dabei entstehenden Kräfte können bis etwa 30 kN betragen.

Als Werkstoffe werden natürliche Kristalle (z. B. Quarz, Thurmalin) oder Piezokeramiken verwendet, die durch Formpressen und Sintern hergestellt werden (**PZT**: Blei-Zirkonat-Titanat).

Anwendungen

Aufgrund der geringen Masse, des kleinen Volumens und nicht vorhandener magnetischer Felder lassen sich Schalter für Mikro- und Nanopositionierungen herstellen. Eine Hebelübersetzung zeigt Abb. 2.

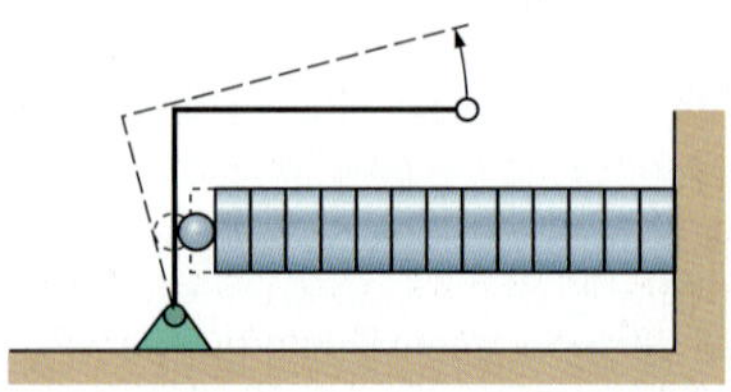

2: Hebelübersetzung

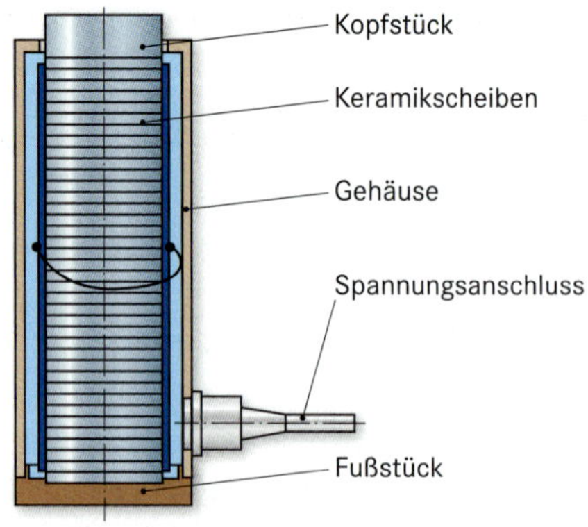

3: Aktor in Stapelform

Mit Piezokeramiken lassen sich Biegeelemente, Mikropumpen, Ventile und Antriebe (Rotation, Linearmotor, Abb. 4) aufbauen.

4: Piezo-Wellen-Motor (Piezo Wave Motor)

Magnetostriktive Aktoren

Aufgrund eines äußeren Magnetfeldes verändern sich auch die Abmessungen ferromagnetischer Materialien (Abb. 5). Die Ursache dafür ist die Ausrichtung der **Elementarmagnete** im Innern des Materials. Die relative Längenänderung beträgt etwa 0,15 % bis 0,2 %.

Mit diesen Aktoren lassen sich große Kräfte erzeugen (z. B. 500 N). Die Stellwege sind bei hoher Positionsgenauigkeit klein. Die Reaktionszeit ist sehr gering und liegt im µs-Bereich. Der Effekt kann bis etwa 400 °C ausgenutzt werden. Nachteilig sind die großen magnetischen Feldstärken und die Nichtlinearität der Materialien. Die Anwendungsgebiete entsprechen denen von piezoelektrischen Aktoren.

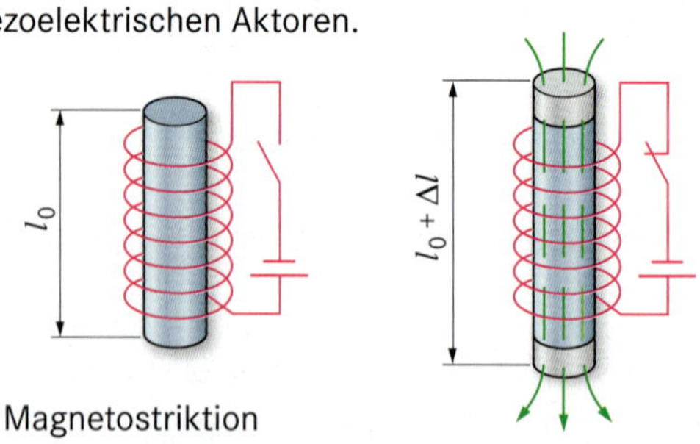

5: Magnetostriktion

- Beim piezoelektrischen bzw. magnetostriktiven Effekt kommt es zu einer Materialverformung in Abhängigkeit von der elektrischen bzw. magnetischen Feldstärke und umgekehrt.

Elektro- und magnetorheologische Aktoren

Die **Rheologie** [rheology] ist ein Teilgebiet der Physik, in dem man sich mit dem Fließverhalten insbesondere von Flüssigkeiten befasst. Elektrorheologische bzw. magnetorheologische Flüssigkeiten sind Flüssigkeiten, deren Fließverhalten durch äußere elektrische bzw. magnetische Felder beeinflussbar ist. Der Fließwiderstand steigt mit der elektrischen bzw. magnetischen Feldstärke. Der Effekt tritt bei Gleich- und Wechselfeldern auf.

Nach Abschalten der Felder wird der ursprüngliche Zustand wieder eingenommen. Die Reaktionszeiten betragen wenige Millisekunden (2 ms bis 3 ms).

Die Flüssigkeit setzt sich aus isolierendem Silikonöl und synthetischen Ölen (Suspensionen), Stabilisatoren und polarisierten bzw. ferromagnetischen Partikeln zusammen (20 % bis 60 %, Durchmesser 1 bis 10 µm).

Anwendung: Kupplung

Die Flüssigkeit befindet sich zwischen zwei entgegengesetzt gepolten Platten. Der Strömungswiderstand zwischen den Flüssigkeitsschichten ist durch die Spannung veränderbar, sodass das übertragene Drehmoment steuerbar wird (Abb. 6).

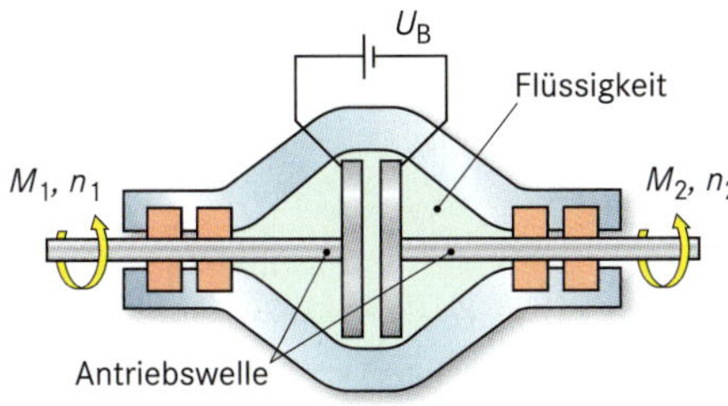

6: Steuerbare Kupplung

Anwendung: Schwingungsdämpfer

Ein Kolben befindet sich in einer magnetorheologischen Flüssigkeit. Das durch Spulen und einen Stromfluss erzeugte magnetische Feld beeinflusst über eine Steuerungs- bzw. Regelungsschaltung die Fließeigenschaft der Flüssigkeit. Weitere Anwendungsbereiche sind Ventile und hydraulisch gedämpfte elastische Lager (Hydrolager).

AUFGABEN

1. Beschreiben Sie wesentliche Merkmale eines Aktors.
2. Erklären Sie den Unterschied zwischen einer elektrorheologischen und einer magnetorheologischen Flüssigkeit.

- Elektrische Felder beeinflussen die Fließeigenschaften von elektrorheologischen Flüssigkeiten.
- Magnetische Felder beeinflussen die Fließeigenschaften magnetorheologischer Flüssigkeiten.

3.3.3 Thermische Aktoren

Thermobimetalle [thermostatic bimetals] sind das Ausgangsmaterial für thermische Aktoren. Sie sind Verbundstoffe, die aus mindestens zwei Metallen mit unterschiedlichen Wärmeausdehnungskoeffizienten bestehen. Bei Temperaturänderung kommt es zu einer Krümmung, die je nach Aufbau zu einer Hub- oder Drehbewegung führen kann (Abb. 7). Die Materialien sind häufig Nickel-Eisen-Legierungen.

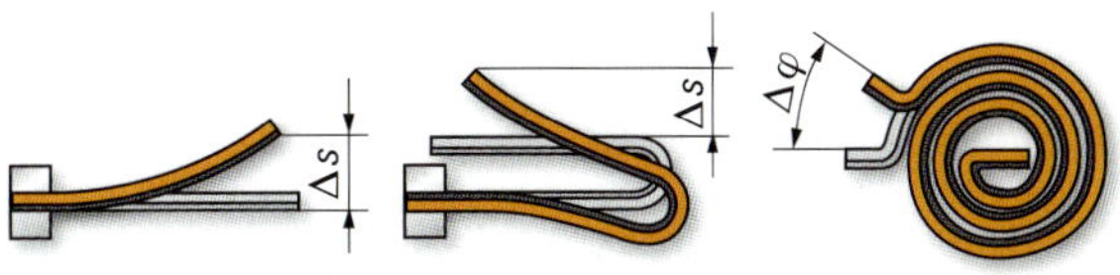

7: Ausführungsformen bei Thermobimetallen

Anwendungen

Mit Thermobimetallen lassen sich einfache Schalter aufbauen (s. Kap. 11.1.9), die auf Temperaturänderungen reagieren. Sie sind robust, ihr Preis ist gering, die Stellkräfte sind gering, die Reaktionszeit ist groß.
Beispiele:
- Thermoschalter im Motorschutzrelais (s. Kap. 8.2.1)
- Bimetallschalter in Thermostaten

Bei einem **Dehnstoffaktor** [elastic material actuator] ist ein Druckbehälter mit einem Stoff gefüllt, der einen großen Volumenausdehnungskoeffizienten besitzt (z. B. Wachs, Paraffin, Silikonöl). Beim Erwärmen (z. B. Schmelzen) nimmt das Volumen zu. Es wirkt eine Kraft auf den Kolben (Abb. 8) die zu einer Hubbewegung führt. Bei Abkühlung wird der Kolben durch eine Rückholfeder in die Ausgangslage zurückbefördert.

Der Dehnstoffaktor ist mechanisch sehr robust, die Stellkräfte und der Hub sind groß. Die Anordnung ist träge und nur in einem begrenzten Temperaturbereich einsetzbar.

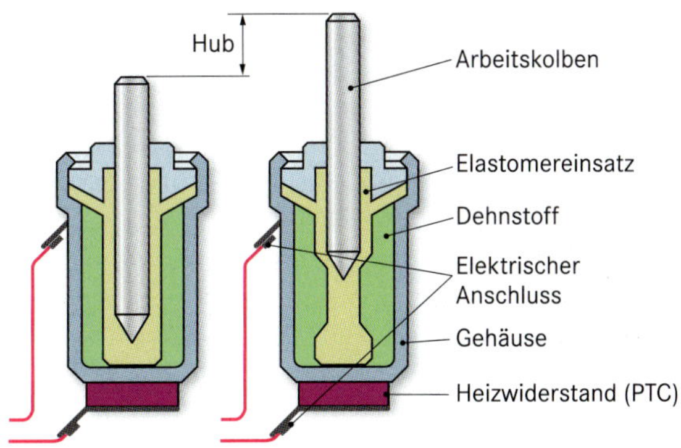

8: Dehnstoffaktor

- Bei thermischen Aktoren werden durch Temperaturänderungen bei bestimmten Materialen Volumenänderungen hervorgerufen. Diese führen dann zu einer gewünschten Aktion.

3.3.4 Aktoren für Strömungen

In Abb. 1 sind Aktoren aufgeführt, bei denen Strömungsenergie als Hilfsenergie eingesetzt wird. Zylinder werden in einfach- und doppeltwirkende Zylinder unterschieden.

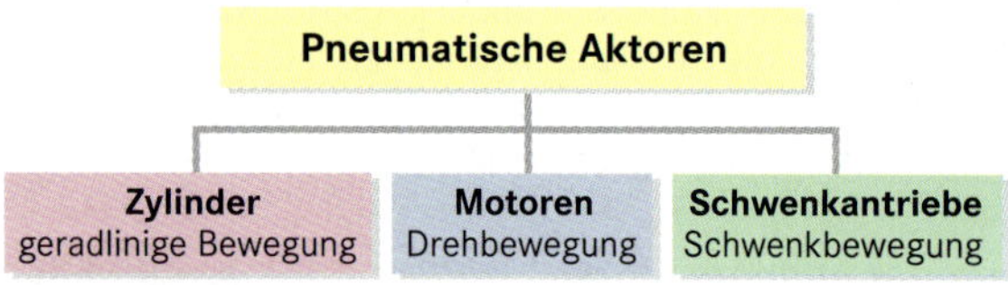

1: Pneumatische Aktoren

Bei einem **einfachwirkenden Zylinder** [single acting cylinder] (Abb. 2) wird der Kolben von der Druckluft nur in eine Richtung gedrückt. Dabei wird eine Feder zusammengedrückt. Die verdrängte Luft entweicht über die Entlüftungsbohrung. Wenn der Zylinder wieder in die Grundstellung gefahren werden soll, muss die Druckluftleitung entlüftet (drucklos) werden. Dabei drückt die Feder den Kolben in seine Grundposition zurück (Rückhub). Dieser Zylindertyp übt somit nur beim „Ausfahren" eine Kraft aus, da der Rückhub durch die Feder erfolgt - er wirkt nur in eine Richtung.

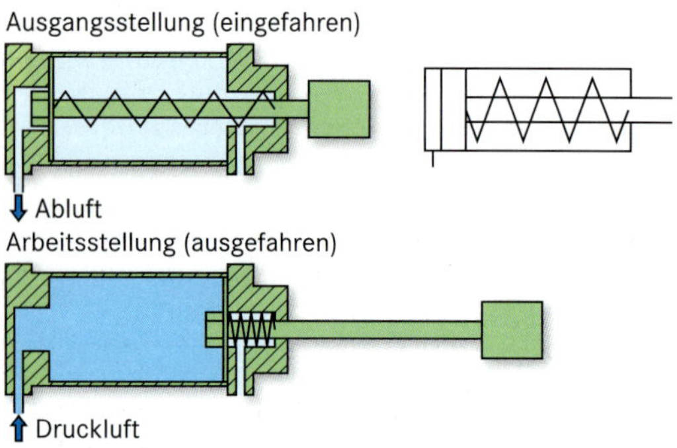

2: Einfachwirkender Zylinder

Bei einem **doppeltwirkenden Zylinder** [double acting cylinder] (Abb. 3) wird auch der Rückhub mit der Kraft der Druckluft ausgeführt, wodurch ein zweiter Luftanschluss notwendig ist. Mit doppeltwirkenden Zylindern ist auch ein deutlich größerer Hub umsetzbar, weil keine Rückstellfeder verwendet wird.

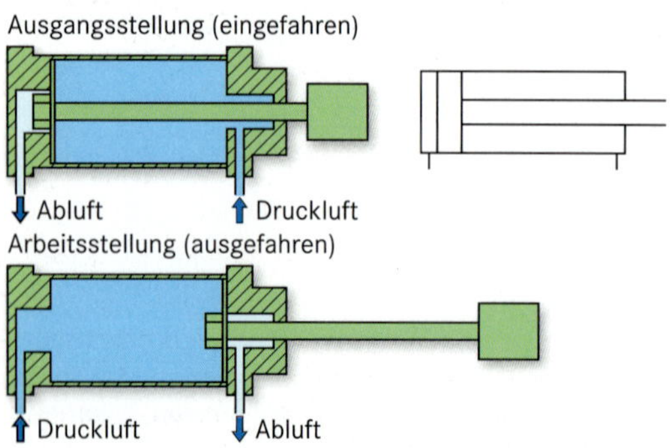

3: Doppeltwirkender Zylinder

Bei beiden Zylindertypen muss die Luft je nach Bewegungsrichtung durch die gleiche Zuleitung zugeführt werden oder entweichen können. Man spricht je nach Richtung von Druckluft und Abluft. Die Umsteuerung der Richtung geschieht mit Ventilen (s. Kap. 3.7).

Bei den **Druckluftmotoren** [compressed air motors] ist der **Lamellenmotor** [vane motor] am weitesten verbreitet (Abb. 4). Sein Aufbau ist einfach und dadurch wartungsarm. Er ist bis zum Stillstand belastbar und kleiner als ein entsprechender Elektromotor. Im Motorzylinder ① befindet sich der Rotor ②, an dem mehrere Lamellen ③ befestigt sind.

Durch den mit einem Lager versehenen Enddeckel wird dem Motor Druckluft zugeführt ④. Der Luftaustritt erfolgt über Öffnungen im Motorzylinder. Für ein sicheres Anlaufen wird die Zuluft zunächst unter die Lamellen geleitet, damit diese gegen den Motorzylinder gedrückt werden.

Während des Betriebs drücken die Lamellen aufgrund der Fliehkräfte gegen den Motorzylinder. Wenn sich die Rotorkammer an der tiefsten Stelle befindet, tritt die Abluft durch den Motorzylinder aus ⑤.

Im weiteren Verlauf der Rotation wird die restliche Luft verdichtet und dann über die Restaustritts-Öffnung abgegeben ⑥.

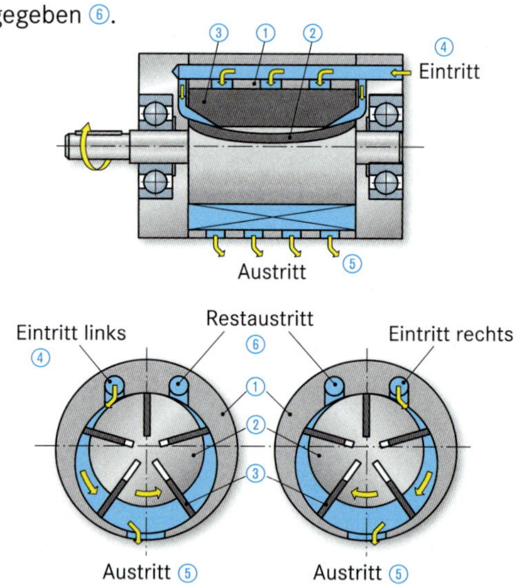

4: Druckluftmotor

AUFGABE

1. Erklären Sie mit Hilfe der Symbole die Unterschiede zwischen einem einfach- und doppeltwirkenden Zylinder.

- Mit Druckluft lassen sich in Zylindern geradlinige Bewegungen ausführen.
- Bei einem Lamellenmotor erfolgt die Rotation, wenn die Druckluft auf die an einem Rotor befestigten Lamellen einwirkt.

3.4 Digitaltechnik

3.4.1 Logische Grundschaltungen

Logische Verknüpfungen für Steuerungen können mit elektronischen Bausteinen realisiert werden. Die entsprechende Schaltungstechnik wird dann als **Digitaltechnik** [digital technology] bezeichnet (lateinisch digitus: Finger, der beim Zählen benutzt wird).

Digitale Bausteine besitzen einen bzw. mehrere Eingänge und entsprechende Ausgänge. Sie benötigen eine Betriebsspannung (z. B. 5 V). Da Spannungsquellen immer vorhanden sein müssen, werden sie in Stromlaufplänen oft nicht mitgezeichnet.

Das Verhalten der Bausteine wird gekennzeichnet, indem man die Ausgangsgröße in Beziehung zu den Eingangsgrößen setzt. Dies kann z. B. durch eine „**Wenn-Dann-Beziehung**" geschehen.
Beispiel:
Wenn alle Eingänge im Zustand 1 sind, **dann** befindet sich der Ausgang ebenfalls im Zustand 1.

In Steuerungsschaltungen werden vielfältige Signale miteinander verknüpft. Als Beispiel dient die „grüne Fußgängerampel" im Kap. 3.1.1. Sie darf nur dann leuchten, wenn der Taster betätigt und die „rote" Lampe der Kfz-Ampel eingeschaltet ist. Es besteht also eine **logische UND-Verknüpfung** [AND operation] zwischen den beiden
- **Eingangsgrößen** (gespeichertes Tastersignal und „rote" Lampe der Kfz-Ampel) sowie der
- **Ausgangsgröße** („grüne" Lampe der Fußgängerampel).

UND-Verknüpfung (Konjunktion)

Das Beispiel lässt sich verallgemeinern:
- Für die Ausgangsgröße (Symbol x) gibt es die zwei möglichen Zustände x = 0 und x = 1.
- Für die zwei Eingangsgrößen (Symbole a und b) gibt es dagegen insgesamt vier mögliche Zustände (Kombinationen).
  a = 0 b = 0
  a = 1 b = 0
  a = 0 b = 1
  a = 1 b = 1

Es gilt also: $2^2 = 4$. Der Exponent in der Gleichung gibt die Anzahl der Eingänge an.

Aus dem Beispiel für die UND-Verknüpfung können weitere Aussagen gewonnen werden.
- Die Ausgangsgröße befindet sich immer dann im 1-Zustand, wenn sich die eine Eingangsgröße **und** die andere Eingangsgröße im 1-Zustand befinden.
- Die Ausgangsgröße befindet sich im 0-Zustand, wenn sich eine oder beide Eingangsgrößen im 0-Zustand befinden.

Diese in Textform beschriebenen technischen Bedingungen lassen sich vereinfacht in Tabellenform darstellen. Das Verhalten des entsprechenden Logik-Bau-

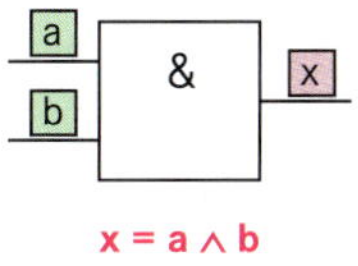

Eingänge		Ausgang
a	b	x
0	0	0
0	1	0
1	0	0
1	1	1

5: UND-Gatter

steins wird durch das &-Zeichen im Baustein gekennzeichnet. Außerdem kann die logische Verknüpfung in Form einer Gleichung (Boolesche Gleichung) geschrieben werden (Abb. 5). Die Eingangsgrößen a und b werden dabei durch das logische UND-Zeichen ∧ miteinander verknüpft.

$x = a \wedge b$ (sprich: x ist gleich a und b)

Die UND-Verknüpfung soll am **Beispiel** einer **Stanze** weiter verdeutlicht werden (Abb. 6). Dort müssen folgende Sicherheitsbedingungen erfüllt sein:
- Die Stanze darf nur dann arbeiten, wenn mit der einen Hand der Taster S1 **und** mit der anderen Hand der Taster S2 gleichzeitig betätigt werden.
- Die Taster S1 und S2 sind dazu in Reihe geschaltet.

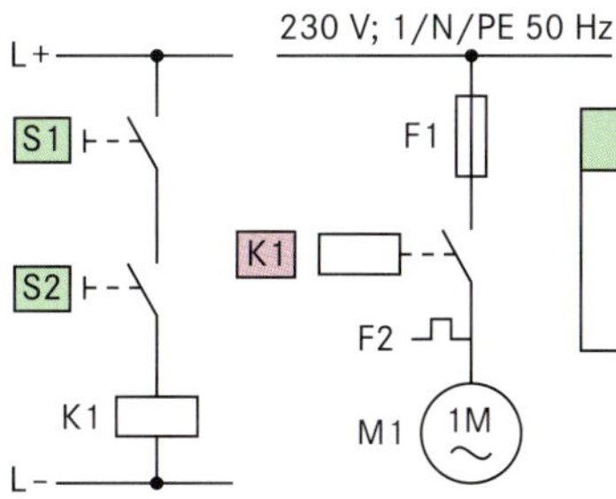

S1	S2	K1
0	0	0
0	1	0
1	0	0
1	1	1

6: UND-Verknüpfung mit Schaltern bei einer Stanze

Logische Grundschaltungen gibt es in integrierter Form als elektronische Schaltungen. Oft sind mehrere UND-Verknüpfungen (**UND-Gatter**) in einem Gehäuse untergebracht (Abb. 7). Da der abgebildete Baustein mit 5 V betrieben wird, stellt sich am Ausgang nur dann eine Spannung von ebenfalls etwa 5 V ein (1-Signal), wenn am Eingang a und am Eingang b ebenfalls etwa 5 V im Rahmen der Toleranz (s. Kap. 3.1.4) anliegen.

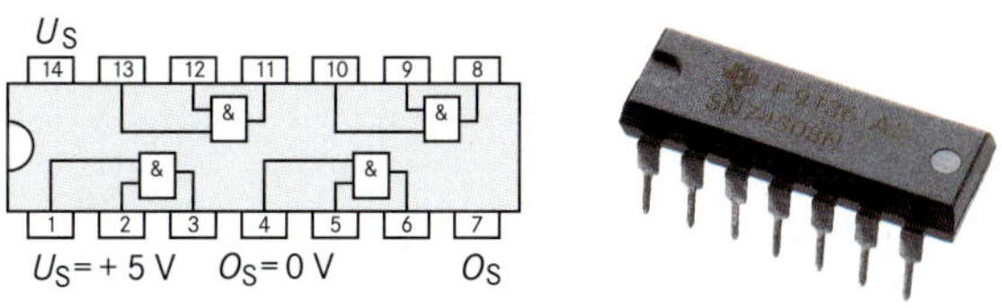

7: UND-Baustein in einer integrierten Schaltung

- Eine logische Verknüpfung kann mit Worten, in Tabellenform (Wertetabelle) oder in Form einer Gleichung beschrieben werden.
- Am Ausgang eines UND-Gatters liegt nur dann ein 1-Signal, wenn sich alle Eingänge im 1-Zustand befinden.

ODER-Verknüpfung (Disjunktion)

Die ODER-Verknüpfung [OR operation] soll am Beispiel eines elektrischen **Türöffners** B1 (Abb. 1) verdeutlicht werden. Die Verriegelung der Tür soll nur dann freigegeben werden, wenn durch die Bewohner des Hauses die Taster S1 oder S2 einzeln oder gleichzeitig betätigt werden. Die ODER-Verknüpfung besteht also aus einer Parallelschaltung mit zwei Tastern.

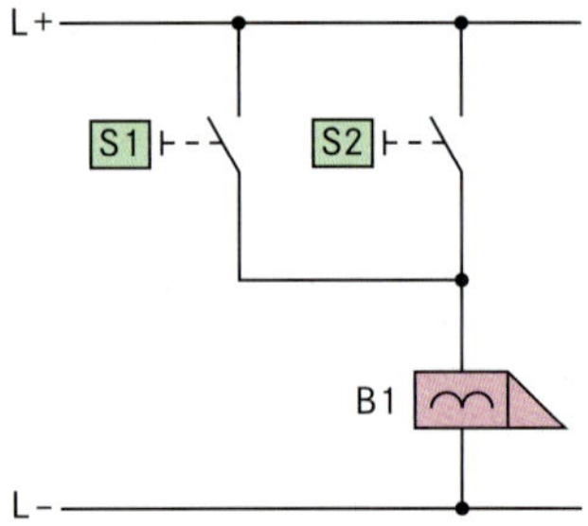

S1	S2	B1
0	0	0
0	1	1
1	0	1
1	1	1

1: ODER Verknüpfung

Die Wertetabelle in Abb. 1 verdeutlicht die Zusammenhänge auf folgende Weise:

- Zeile 1: S1 und S2 geöffnet (S1 = 0, S2 = 0)
  ⇒ B1 stromlos (B1 = 0)
- Zeile 2: S1 geöffnet, S2 geschlossen
  (S1 = 0, S2 = 1)
  ⇒ B1 wird vom Strom durchflossen (B1 = 1).
- Zeile 3: S1 geschlossen, S2 geöffnet
  (S1 = 1, S2 = 0)
  ⇒ B1 wird vom Strom durchflossen (B1 = 1).
- Zeile 4: S1 und S2 geschlossen
  (S1 = 1, S2 = 1)
  ⇒ B1 wird vom Strom durchflossen (B1 = 1).

Das allgemeine Schaltzeichen für einen ODER-Baustein (**ODER-Gatter**) ist in Abb. 2 zu sehen. Die beiden möglichen Eingangsgrößen sind wieder mit a und b und die Ausgangsgröße mit x gekennzeichnet. In der Formelschreibweise werden die Eingangsgrößen durch das ODER-Zeichen ∨ miteinander verknüpft.

$x = a \vee b$ (sprich: x gleich a oder b)

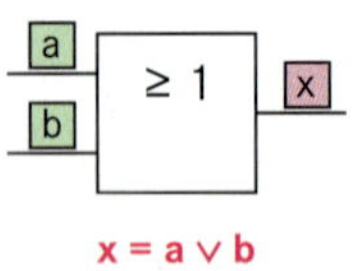

Eingänge		Ausgang
a	b	x
0	0	0
0	1	1
1	0	1
1	1	1

2: ODER-Gatter

Auch ODER-Gatter gibt es als integrierte Schaltungen. Es sind dann oft mehrere Gatter in einem Gehäuse untergebracht.

- Am Ausgang eines ODER-Gatters entsteht immer dann ein 1-Signal, wenn sich ein oder mehrere Eingänge im 1-Zustand befinden.

NICHT-Verknüpfung

Die NICHT-Verknüpfung [NOT operation] soll an folgenden Beispielen verdeutlicht werden:

- Die Tür eines Zuges soll sich nicht öffnen lassen, wenn der Zug fährt.
- Die Innenbeleuchtung eines Kühlschranks soll nicht leuchten, wenn die Tür geschlossen ist.

In Abb. 3 ist die NICHT-Verknüpfung schaltungstechnisch realisiert. Die Lampe E1 leuchtet nicht, wenn der Schalter S1 geschlossen ist.

Das Verhalten lässt sich auch mit den Logik-Werten 1 und 0 ausdrücken. Das Ausgangssignal befindet sich im 1-Zustand, wenn sich das Eingangssignal im 0-Zustand, also nicht im 1-Zustand befindet.

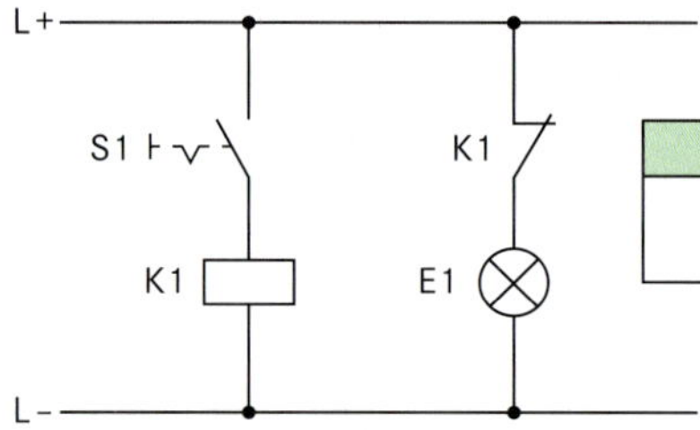

S1	H1
0	1
1	0

3: NICHT-Verknüpfung mit einem Relais

In der Verknüpfungsgleichung wird das Umkehrverhalten durch einen Querstrich über der Eingangsgröße gekennzeichnet.

$x = \overline{a}$ (sprich: x ist gleich nicht a)

In Schaltzeichen wird die Negation durch einen Kreis am Ausgang gekennzeichnet (Abb. 4).

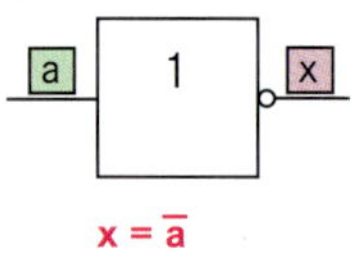

Eingang	Ausgang
a	x
0	1
1	0

4: NICHT-Gatter

AUFGABEN

1. Beschreiben Sie an zwei Beispielen UND-Verknüpfungen aus der Schaltungstechnik.
2. Beschreiben Sie an zwei Beispielen ODER-Verknüpfungen aus der Schaltungstechnik.
3. Zeichnen Sie das Logik-Symbol und die Wertetabelle für ein ODER-Glied mit drei Eingängen.
4. Ein Logik-Baustein besitzt vier Eingänge. Wie groß ist die Anzahl der möglichen Ausgangskombinationen?

- Negationen werden durch einen Querstrich über der Größe gekennzeichnet.
- Am Ausgang eines NICHT-Gatters liegt stets der entgegengesetzte Zustand wie am Eingang.

3.4.2 Schaltnetze

Mit den drei beschriebenen Grundbausteinen (UND, ODER, NICHT) lassen sich Steuerungsaufgaben aus der Schaltungstechnik lösen. Die Schaltungen werden als Schaltnetze bezeichnet.

Beispiel: Warmwasserbereiter

Die schaltungstechnische Aufgabe wird zunächst mit Worten beschrieben:
Die Heizung soll sich nur dann einschalten lassen, wenn
- der Behälter gefüllt ist und
- die vorgewählte Temperatur noch nicht erreicht wurde.

Somit sind folgende Größen vorhanden (Abb. 5):
- Eingangsgrößen
  - Sensor der Niveaumessstelle (Eingangsgröße a) sowie
  - Sensor der Temperaturmessstelle (Eingangsgröße b).
- Ausgangsgröße
  - Heizung (Ausgangsgröße x)

Im nächsten Schritt wird das gewünschte Verhalten in Form einer Tabelle aufgelistet und es werden den Eingangsgrößen die Logikzustände 0 und 1 zugeordnet (Abb. 6). Diese Logikzuordnung wird anschließend benutzt, um die Schaltung mit den grundlegenden Gattern zu entwerfen.

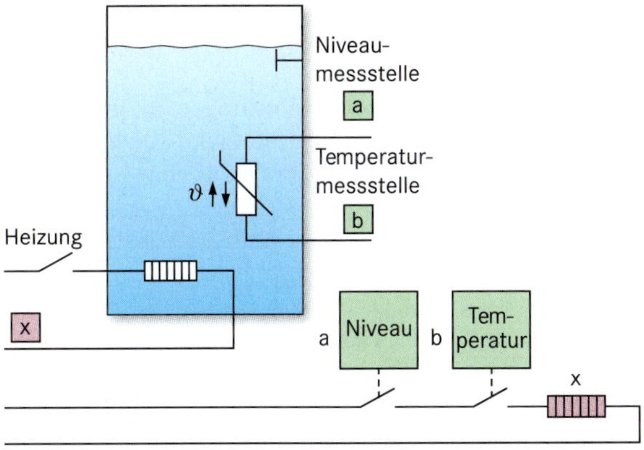

5: Heizungssteuerung bei einem Warmwasserbereiter

Eingänge				Ausgang	
Niveau	**a**	**Temperatur**	**b**	**Heizung**	**x**
nicht erreicht	0	erreicht	1	nicht eingeschaltet	0
nicht erreicht	0	nicht erreicht	0	nicht eingeschaltet	0
erreicht	1	erreicht	1	nicht eingeschaltet	0
erreicht	1	nicht erreicht	0	eingeschaltet	1

6: Logikzustände des Warmwasserbereiters

Weil in der letzten Zeile die Ausgangsgröße den Wert 1 besitzt (Abb. 6, Heizung eingeschaltet), ist es sinnvoll, diese Zeile für die Entwicklung der Schaltung zu verwenden. Zunächst muss geprüft werden, ob in der Schaltung UND- bzw. ODER-Verknüpfungen vorkommen. Die Abhängigkeit der Ausgangsgröße x von den Eingangsgrößen weist darauf hin, dass es sich um eine UND-Verknüpfung handeln könnte. Allerdings gilt dies nur dann, wenn die Temperatur als Eingangsgröße ein umgekehrtes Verhalten zeigen würde (**Negation** [negation]). An Stelle des Logikzustandes 1 müsste der Logikzustand 0 und umgekehrt stehen.

Formelmäßig kann dieser Zusammenhang wie folgt ausgedrückt werden: $x = a \wedge \overline{b}$
In der Logikgleichung kennzeichnet der Querstrich über b die Negation. Man spricht diesen Zusammenhang wie folgt aus: x gleich a und nicht b.

Schaltungstechnisch kann das Problem gelöst werden, indem man zwischen dem „Temperatur-Eingang" b und dem Eingang d der UND-Verknüpfung ein NICHT-Gatter schaltet (Abb. 7).

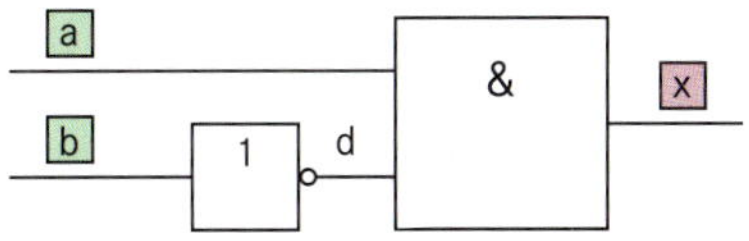

7: UND-Gatter mit Negation am Eingang

Will man jetzt die Schaltung auf ihre Richtigkeit überprüfen, muss man für die Ausgänge d und x das Logikverhalten in Abhängigkeit von den Eingangsgrößen a und b ermitteln. Das Ergebnis befindet sich in Abb. 8. Aus Vereinfachungsgründen wird das NICHT-Gatter (Inverter) oft nicht vollständig gezeichnet. Man kennzeichnet es durch einen Kreis.

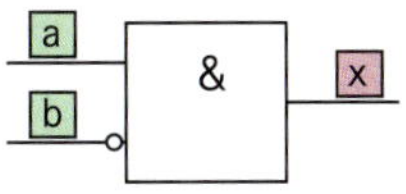

$x = a \wedge \overline{b}$

a	b	d	x
0	1	0	0
0	0	1	0
1	1	0	0
1	0	1	1

$d = \overline{b}$
$x = a \wedge d$
$x = a \wedge \overline{b}$

8: UND-Gatter mit negiertem Eingang

AUFGABE

1. Zeichnen Sie die Schaltzeichen für folgende Verknüpfungsgleichungen:

$x = \overline{a} \wedge \overline{b}$ $x = \overline{\overline{a} \wedge \overline{b}}$ $x = \overline{\overline{a} \vee \overline{b}}$

- Invertierungen (Negationen) werden durch einen Kreis gekennzeichnet.
- Schaltnetze enthalten die logischen Grundbausteine UND, ODER und NICHT.

Negationen am Ausgang

Negationen können auch an Ausgängen von Logik-Gattern vorkommen. Sie müssten dann im Prinzip UND-NICHT-Gatter bzw. ODER-NICHT-Gatter heißen. Man kürzt aber diese umständliche Ausdrucksweise ab durch
- NAND [NOT-AND] bzw.
- NOR [NOT-OR].

Den grundsätzlichen Aufbau eines NAND-Gatters aus Einzelbausteinen sowie die Wertetabelle zeigt Abb. 1.

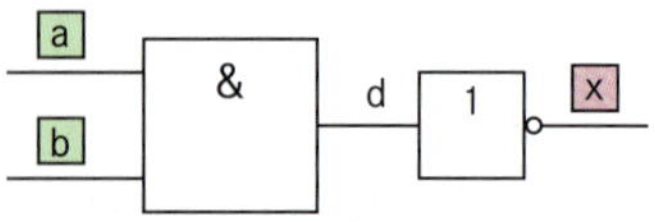

$d = a \wedge b$ $x = \overline{d}$

a	b	d	x
0	0	0	1
0	1	0	1
1	0	0	1
1	1	1	0

1: NAND-Verknüpfung aus Einzelbausteinen

Vereinfacht wird die Negation am Ausgang durch einen Kreis dargestellt (Abb. 2). Da es sich hierbei um eine negierte UND-Verknüpfung handelt, wird in der Funktionsgleichung ein Negationsstrich über dem rechten Teil der Gleichung eingefügt:

$x = \overline{a \wedge b}$ (sprich: x ist gleich a und b nicht)
Entsprechendes gilt für das NOR-Gatter (Abb. 3).

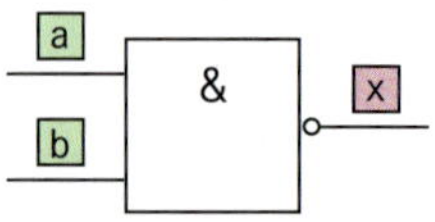

$x = \overline{a \wedge b}$

a	b	x
0	0	1
0	1	1
1	0	1
1	1	0

2: NAND-Gatter

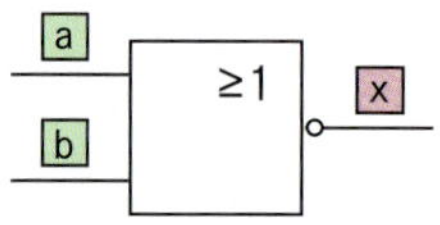

$x = \overline{a \vee b}$

a	b	x
0	0	1
0	1	0
1	0	0
1	1	0

3: NOR-Gatter

Logik-Schaltungen mit nur einem Bausteintyp

Der innere Aufbau von Logik-Bausteinen ist recht unterschiedlich. Sehr einfach ist das NAND-Gatter aufgebaut und kann deshalb kostengünstig hergestellt werden. Sinnvoll ist es deshalb, Logik-Schaltungen mit nur diesem einen Bausteintyp aufzubauen.

AUFGABE

1. Kennzeichnen Sie mit Worten das logische Verhalten von NAND- und NOR-Gattern.

- Am Ausgang eines NAND-Gatters entsteht nur dann ein 0-Signal, wenn an allen Eingängen 1- Signale liegen.
- Am Ausgang eines NOR-Gatters entsteht nur dann ein 1-Signal, wenn an allen Eingängen 0-Signale liegen.

NICHT aus NAND

NAND-Gatter besitzen zwei oder mehrere Eingänge. Diese können parallel geschaltet werden (Abb. 4). Es entsteht dann ein Baustein mit nur einem wirksamen Eingang. Das Eingangssignal erscheint dann am Ausgang negiert.

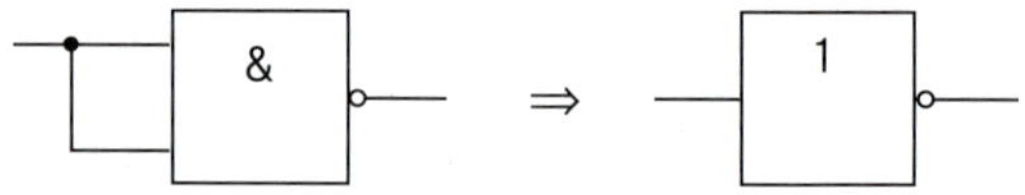

4: NICHT aus NAND

UND aus NAND

Bei dieser Schaltung ist es lediglich erforderlich, das Ausgangssignal eines NAND-Gatters zu negieren (Abb. 5). Eine doppelte Negation bedeutet dabei eine Aufhebung der einzelnen Negationen.

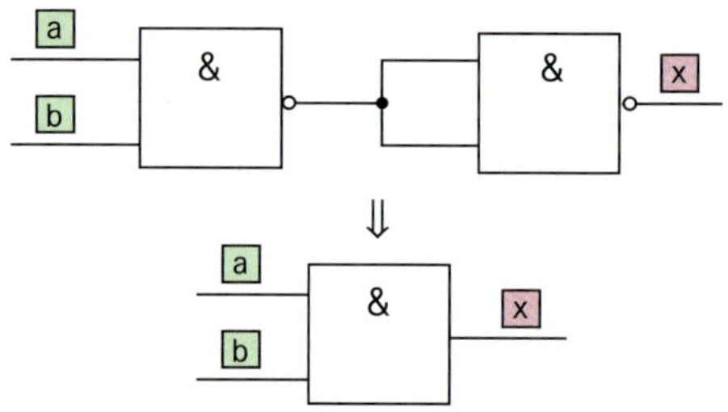

5: UND aus NAND

ODER aus NAND

Dieses Problem ist etwas schwieriger zu lösen. Wir betrachten zunächst die Wertetabellen eines ODER-Gatters und eines NAND-Gatters (Abb. 6).

a	b	x
0	0	0
0	1	1
1	0	1
1	1	1

ODER

a	b	x
0	0	1
0	1	1
1	0	1
1	1	0

NAND

6: Wertetabellen

Ein ODER-Gatter erhält man, wenn man die Eingangssignale des NAND-Gatters negieren würde. Dies kann ebenfalls durch ein NAND-Gatter (Abb. 7) geschehen.

Doppelte Negation (De Morgansche Regel)

$a \vee b = \overline{\overline{a \vee b}} = \overline{\overline{a} \wedge \overline{b}}$

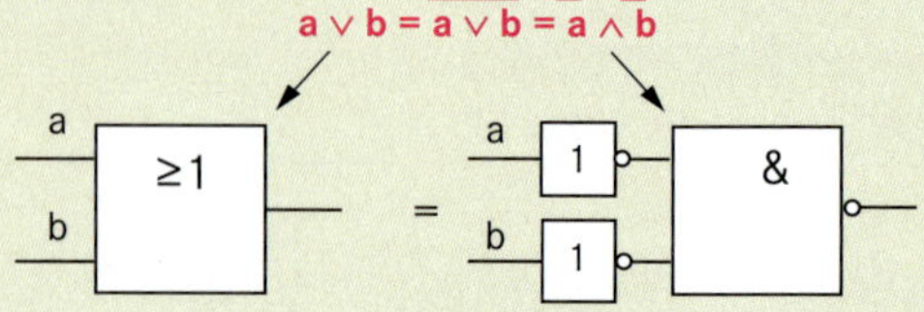

Doppelte Negation verändert die Funktion nicht.

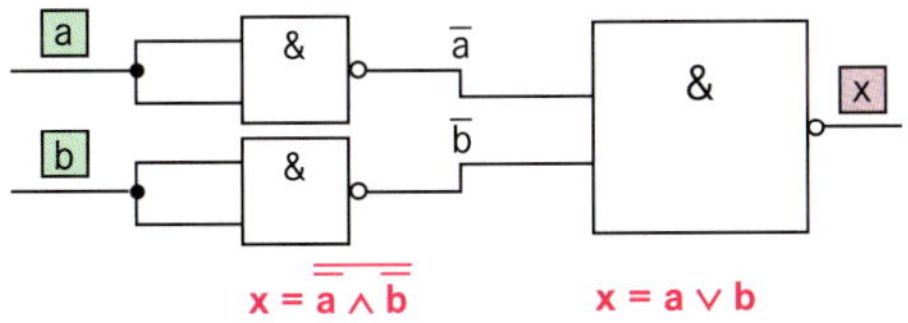

a	b	$\overline{a}$	$\overline{b}$	$\overline{a} \wedge \overline{b}$	$x = \overline{\overline{a} \wedge \overline{b}}$
0	0	1	1	1	0
0	1	1	0	0	1
1	0	0	1	0	1
1	1	0	0	0	1

7: ODER aus NAND

Grundschaltungen durch NOR ersetzt

NICHT

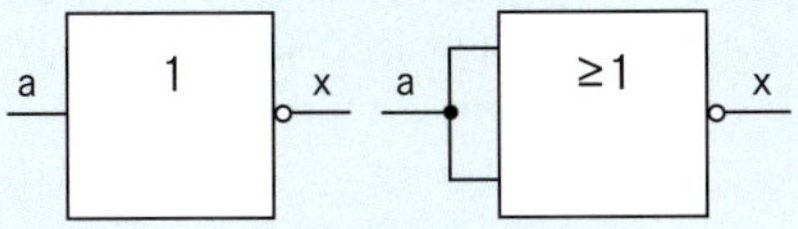

UND

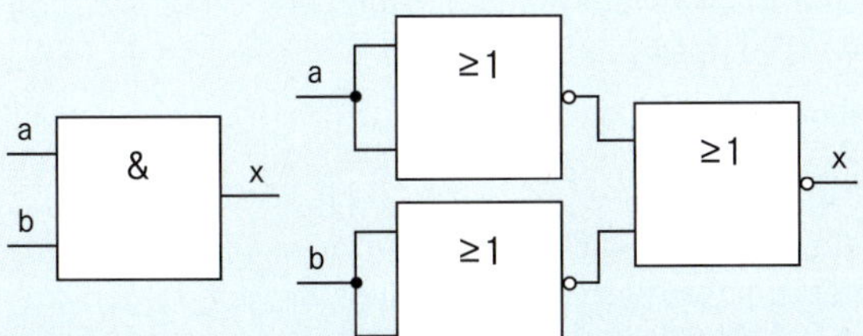

ODER

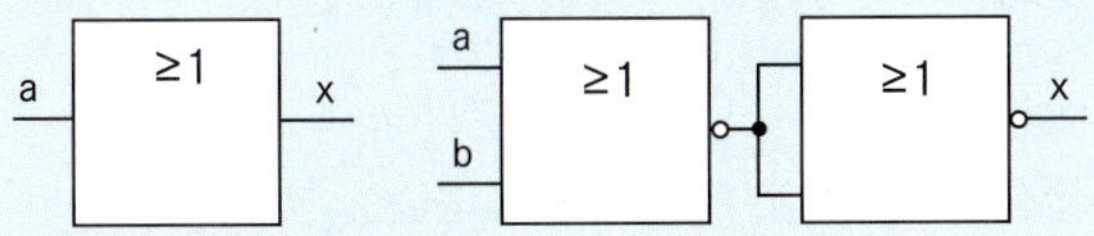

AUFGABE

1. Analysieren Sie die Schaltung.
a) Stellen Sie die Wertetabelle auf.
b) Entwickeln Sie die Funktionsgleichung.
c) Beschreiben Sie das Ergebnis mit Worten.

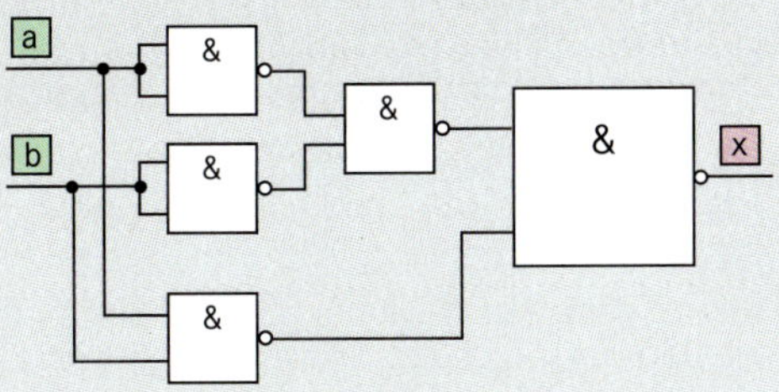

- Mit NAND- und NOR-Gattern können die logischen Grundschaltungen UND, ODER und NICHT aufgebaut werden.

3.4.3 Speicherschaltungen

In der Schaltungstechnik ist es mitunter erforderlich, dass Signalzustände (logische Zustände) auch dann noch über einen längeren Zeitbereich unverändert bleiben, wenn das auslösende Signal bereits nicht mehr vorhanden ist (z. B. Signalspeicherung bei einer Tasterbetätigung). Diese Signalspeicherung lässt sich mit Relais bzw. Schützen oder integrierten Schaltungen erreichen.

Schaltung mit Relais bzw. Schütz

Wenn in Abb. 8 der Taster S2 betätigt wird (Zeitpunkt t_1), fließt Strom durch die Spule. Der parallel zum Taster liegende Kontakt K1 schließt, sodass das Relais auch dann noch angezogen bleibt, wenn der Taster S2 nicht mehr geschlossen ist (t_2). Die Schaltung hält sich selbst (**Selbsthalteschaltung** [self-holding circuit]).

Die Schaltung kann durch Betätigung des Tasters S1 wieder in den ursprünglichen Zustand zurückgesetzt werden (t_3).

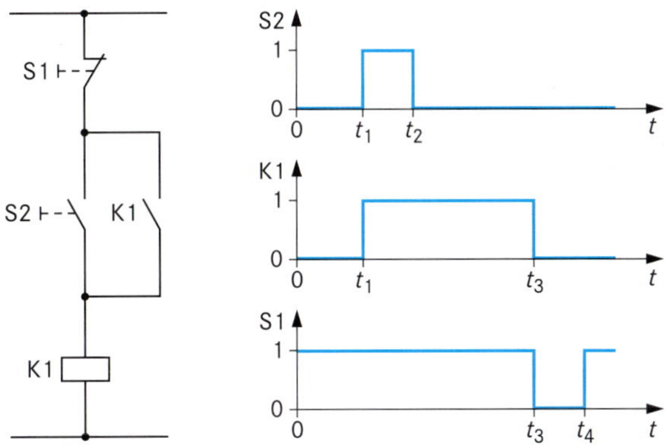

8: Selbsthalteschaltung mit Relais

Die beschriebenen Schaltungen besitzen **zwei** (lat.: bi) stabile Zustände. Sie können durch entsprechende Signale von einem in den anderen Zustand geschaltet werden.

Integrierte Schaltung

Eine elektronische Schaltung mit diesem Verhalten wird auch als **bistabile Kippstufe** [bistable circuit] oder **Flipflop** [flip-flop] bezeichnet. Das grundlegende Schaltzeichen ist in Abb. 9 zu sehen. Die beiden Eingänge werden mit R und S (RS-Flipflop) bezeichnet.

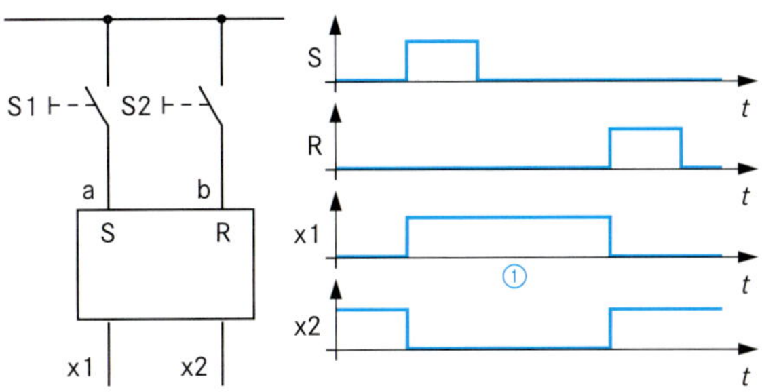

9: RS-Flipflop

Die so gekennzeichneten Eingänge haben für das Verhalten folgende Bedeutung:

S: Setzeingang Set: engl. setzen	Das 1-Signal am S-Eingang setzt dauerhaft den Ausgang x1 in den 1-Zustand und x2 in den 0-Zustand (**Speichern**).
R: Rücksetzeingang Reset: engl. zurücksetzen	Das 1-Signal am R-Eingang setzt dauerhaft den Ausgang x1 in den 0-Zustand und x2 in den 1-Zustand (**Löschen**).

Flipflops besitzen in der Regel zwei Ausgänge (Abb. 8, s. Seite vorher). Die beiden Liniendiagramme ① machen deutlich, dass das eine Signal die Umkehrung des anderen ist (Negation). Im Schaltzeichen wird dies dann durch einen Kreis gekennzeichnet.

Gleiche Signale am Eingang

Bisher wurde beim RS-Flipflop die **Signalgleichheit** S = 0 und R = 0 bzw. S = 1 und R = 1 nicht besprochen. Dies soll jetzt untersucht werden.

Wenn sich beide Eingänge im 1-Zustand befinden, entsteht für die Ausgänge eine unbestimmte Situation. Es ist nicht vorhersehbar, in welchem Zustand sich welcher Ausgang befinden wird. Diese Situation muss deshalb schaltungstechnisch vermieden werden.

Wenn sich dagegen beide Eingänge im 0-Zustand befinden, tritt für die Ausgänge keine Änderung ein. Der ursprüngliche Zustand bleibt erhalten.

Das Gesamtverhalten eines RS-Flipflops kann somit durch die Wertetabelle in Abb. 1 ausgedrückt werden.

S	R	x1	x2	Verhalten
0	0	keine Änderung		
1	0	1	0	Setzen
0	1	0	1	Rücksetzen
1	1	unbestimmter Zustand		

1: Verhalten eines RS-Flipflops

Mit einfachen Logikschaltungen vor den Eingängen der RS-Flipflops kann ein Auftreten eines unbestimmten Zustandes verhindert werden. Mit der Schaltung von Abb. 2 wird **vorrangiges Setzen** [dominant set] erreicht.

Wenn an beiden Eingängen 1-Signale liegen, entsteht am Ausgang x1 ein 1-Signal.

Mit der Schaltung von Abb. 3 wird dagegen ein **vorrangiges Rücksetzen** [dominant reset] erreicht.

Wenn an beiden Eingängen 1-Signale liegen, entsteht am Ausgang x1 ein 0-Signal.

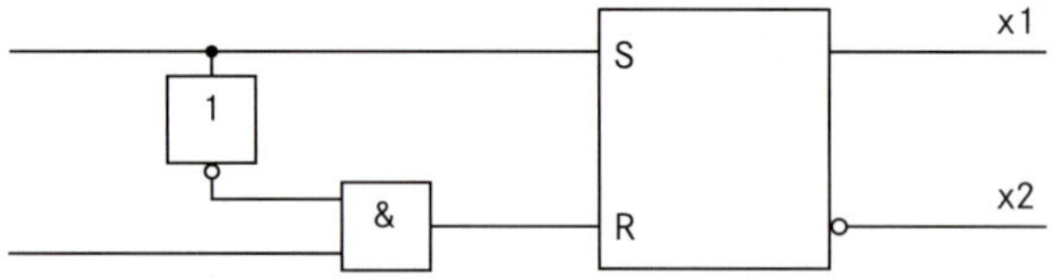

2: Vorrangiges Setzen beim RS-Flipflop

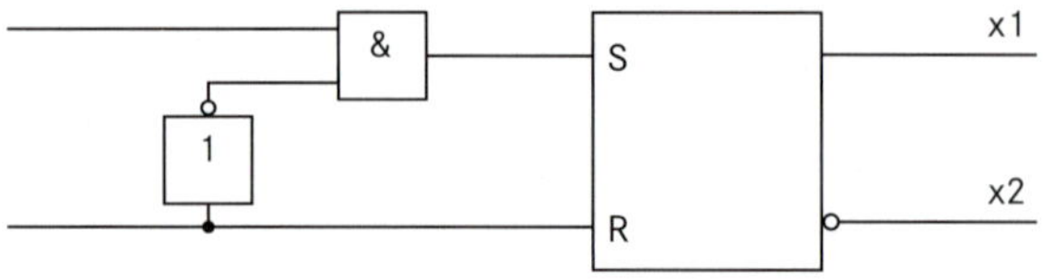

3: Vorrangiges Rücksetzen beim RS-Flipflop

Das beschriebene RS-Flipflop wird auch als **statisches Flipflop** [static flip-flop] bezeichnet, weil die Eingangssignale eine bestimmte Zeit anliegen müssen, bevor am Ausgang eine Änderung eintritt.

Dynamische Flipflops reagieren dagegen mit einem Wechsel am Ausgang, wenn Impulsflanken am Eingang auftreten. Es können die vordere, die hintere oder beide Flanken des Rechteckimpulses verwendet werden (**JK-Flipflop** mit Ein- oder Zweiflankensteuerung).

Weiterhin ist es in Schaltungen mitunter sinnvoll, dass die Änderungen am Ausgang eines Flipflops nur in einem engen und genau vorgegebenen Zeitbereich eintreten. Die Flipflops werden dann mit einem Taktimpuls angesteuert (**Taktsteuerung** [clock control]). Die Taktimpulse werden in einem separaten Generator erzeugt.

AUFGABEN

1. Erklären Sie die Begriffe „Setzen" und „Rücksetzen" bei einem Flipflop.
2. Stellen Sie für die Schaltungen der Abb. 2 und 3 jeweils eine Wertetabelle auf, in der alle Kombinationen sowie alle Ein- und Ausgänge vorkommen.

- In einer Selbsthalteschaltung wird durch kurzzeitige Betätigung eine Speicherung des Signalzustandes erreicht.
- Eine bistabile Kippstufe (Flipflop) kann zwei stabile Zustände einnehmen (Signalspeicherung).
- Bei S = 1 (R = 0) an einem RS-Flipflop wird das Flipflop gesetzt. Der andere Ausgang x1 nimmt den 1-Zustand ein.
- Bei R = 1 (S = 0) an einem RS-Flipflop wird das Flipflop zurückgesetzt. Der Ausgang x1 wird in den 0-Zustand zurückgesetzt.
- Wenn sich bei einem RS-Flipflop beide Eingänge im 1-Zustand befinden, sind die Ausgangszustände unbestimmt. Dies muss schaltungstechnisch vermieden werden.

3.4.4 Monostabile Kippstufen

Neben den bistabilen Kippstufen werden in der Schaltungstechnik auch Kippstufen verwendet, die nach einer bestimmten einstellbaren Zeit wieder ihren Ausgangszustand einnehmen. Sie werden als monostabile Kippstufen (kurz **Monoflop**) bezeichnet.

Eine mögliche Anwendung für eine monostabile Kippstufe wurde bei der zeitgeführten Ampelsteuerung (s. Kap. 3.1.1) bereits angesprochen. Dort wurde nach Betätigung des Tasters dieses Signal durch ein Monoflop (Abb. 4 ①) eine gewisse Zeit lang gespeichert.

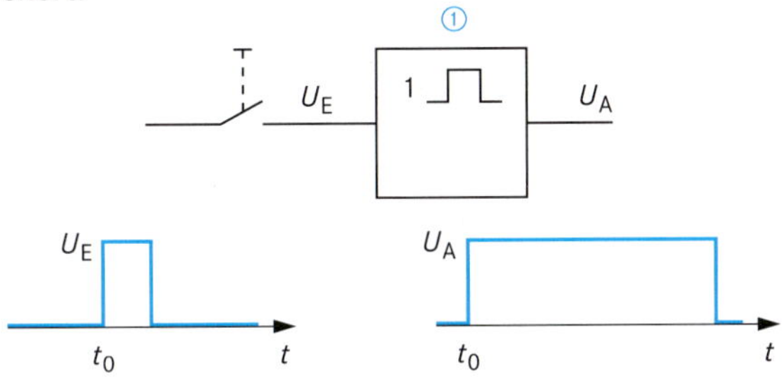

4: Monoflop bei der Ampelsteuerung

Änderung des monostabilen Verhaltens

Ein Bauteil mit Speicherverhalten ist der Kondensator. Bei monostabilen Kippstufen wird ein aufgeladener Kondensator verwendet, der sich nach dem Eintreffen des Eingangsimpulses (Taster wird betätigt) über einen Widerstand entlädt. Die Entladezeit hängt vom Widerstand und der Kapazität ab.

Das Schaltzeichen für eine integrierte Schaltung einer monostabilen Kippstufe ist in Abb. 5 zu sehen. Die Anschlüsse und Symbole haben folgende Bedeutung:

- Betriebsspannung ②
- *RC*-Glied zur Einstellung der Zeit ③
- Ausgänge, negiert und nicht negiert ④
- Eingang zum Zurücksetzen der Schaltung in den Anfangszustand ⑤
- Eingänge, negiert und nicht negiert ⑥
- UND-Verknüpfung am Eingang ⑦
- Impulszeichen zur Kennzeichnung des Bausteins ⑧

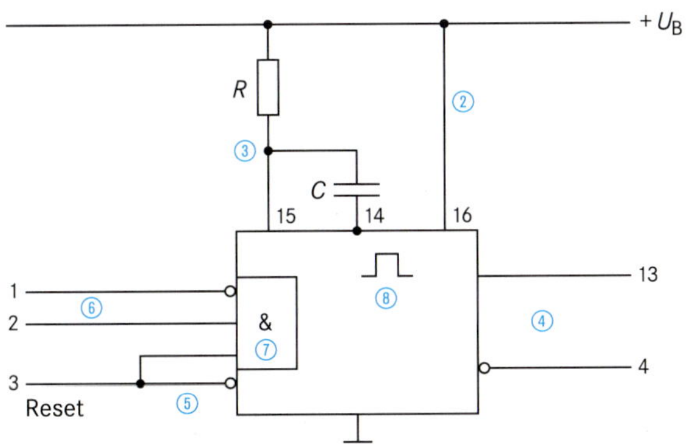

5: Monostabile Kippstufe als integrierte Schaltung

Die bisher verwendeten Schaltzeichen für monostabile Kippstufen unterscheiden sich. In Abb. 4 befindet sich die Ziffer 1 vor dem Impuls, in Abb. 5 fehlt diese Ziffer.

Bedeutung der Kennzeichnung

- 

Das Monoflop reagiert auf den Eingangsimpuls und lässt sich nicht durch weitere Eingangsimpulse beeinflussen (nicht nachtriggerbar).

- 

Das Monoflop reagiert auch nach dem ersten Impuls auf weitere Eingangsimpulse (nachtriggerbar). Die Einschaltzeit kann somit verlängert werden.

Neben dem Einsatz in einer zeitgeführten Ablaufsteuerung werden Monoflops auch zur Ein- und Ausschaltverzögerung eingesetzt.

Einschaltverzögerung [on-delay]

Das Dreieck am Eingang des Monoflops (Abb. 6) bedeutet, dass die Kippstufe bereits auf die ansteigende Flanke eines Impulses reagiert. Da das Ausgangssignal am Monoflop negiert auftritt, liegt am Ausgang des UND-Gatters ein 0-Signal. Erst wenn nach der Zeit t_p ⑨ das Monoflop wieder in den Ausgangszustand kippt, entsteht ein Ausgangsimpuls.

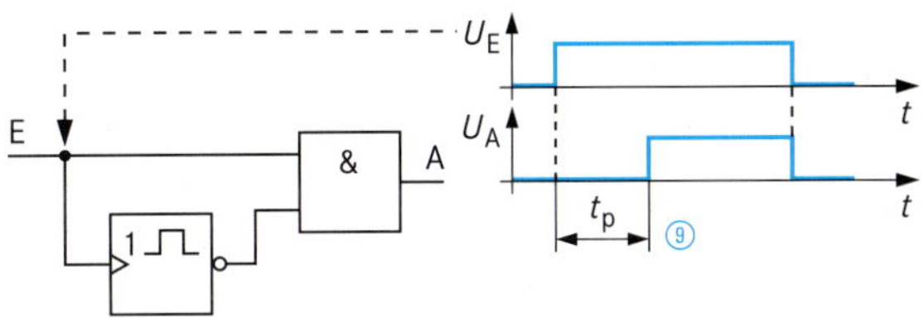

6: Einschaltverzögerung

Ausschaltverzögerung [off-delay]

Wenn bei der Ausschaltverzögerung das Eingangssignal von 1 nach 0 springt (Abb. 7 ⑩) speichert das Monoflop kurzzeitig dieses Signal. Am Ausgang des ODER-Gatters ist also in der Zeitspanne von t_v noch ein 1-Signal vorhanden.

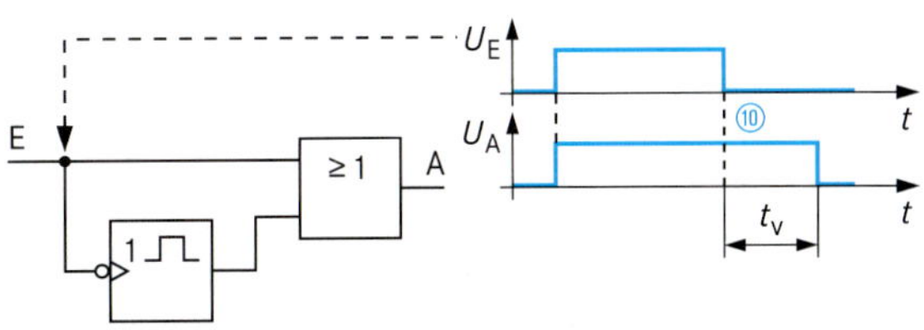

7: Ausschaltverzögerung

- Eine monostabile Kippstufe kippt nach einer einstellbaren Zeit von selbst in die Ausgangslage (Ruhelage) zurück.
- Das Zeitverhalten einer monostabilen Kippstufe lässt sich durch *RC*-Glieder einstellen.

3.4.5 Zähler

Zur Überwachung von automatisierten Produktionsprozessen werden an verschiedenen Stellen Zähler benötigt. So sollen z. B. in Abb. 1 die durch die Lichtschranke transportierten Dosen gezählt werden. Mit integrierten digitalen Grundbausteinen und Flipflops lassen sich komplexe Schaltungen aufbauen, die diese Aufgaben erfüllen.

Mit den in Kapitel 3.4.3 beschriebenen Flipflops kann bereits elektronisch „gezählt" werden. Allerdings ist eine Stufe nur in der Lage, die beiden binären Zeichen 0 und 1 am Ausgang für eine Stelle im Dualzahlensystem wiederzugeben (s. Kap. 3.1.4).

Wenn über eine Stelle hinaus „gezählt" werden soll, müssen mehrere Stufen hintereinander geschaltet werden (Abb. 1). Das Zählergebnis am Ausgang jeder Stufe wird dann an den Eingang der nachfolgenden Stufe gegeben.

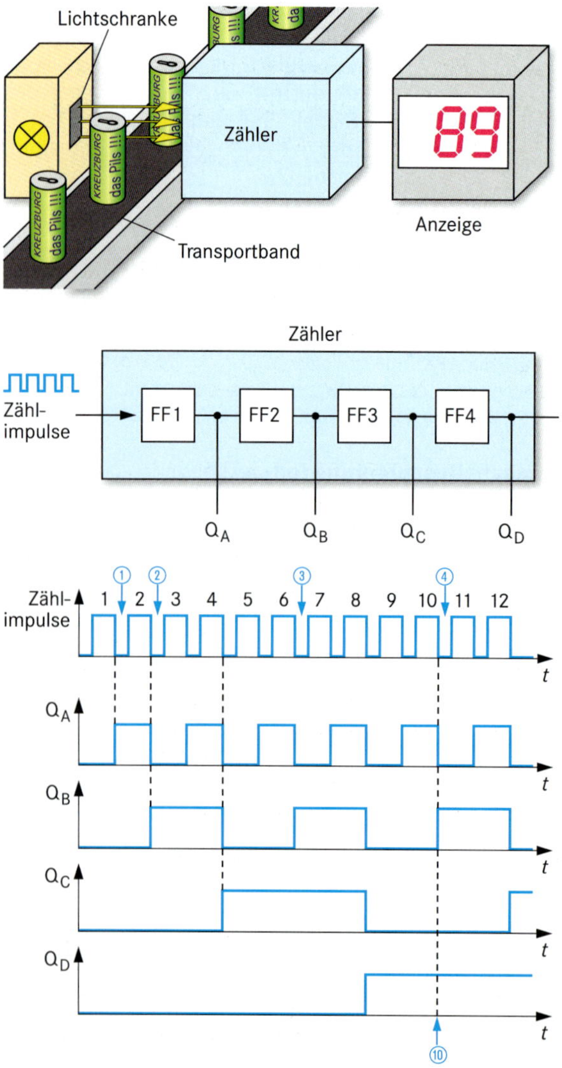

1: Prinzip eines Zählers

In Abb. 1 sind vier Flipflops hintereinander geschaltet worden. Die durch die Lichtschranke erzeugten Zählimpulse sind durch Rechtecksignale verdeutlicht. Diese Signale gelangen an den Eingang der ersten Stufe. Es wird angenommen, dass sich zu Beginn des Zählvorgangs alle Ausgänge (Q_A bis Q_D) im 0-Zustand befinden.

Das Ergebnis des Zählvorganges ist durch Liniendiagramme dargestellt (Abb. 1). In Abb. 2 sind die entsprechenden Anzeigeergebnisse dargestellt. Wir erläutern jetzt an einigen Beispielen den Zählvorgang.

Die Flipflops sind so aufgebaut, dass sie erst mit der abfallenden Flanke (am „Ende" des Impulses) das Signal speichern. Am Ausgang von FF1 entsteht die erste Stelle, am Ausgang von FF2 die zweite Stelle, usw.

Das Ergebnis an den Ausgängen ist eine Dualzahl. Mit Hilfe eines Wandlers lässt sich eine Dezimalzahl anzeigen. Es ist auch möglich, einen Dualzähler nur bis 10 zählen zu lassen. Dazu bricht man z. B. den Zählvorgang nach dem 10. Impuls ab ⑩ und setzt die Zähler auf Null zurück.

Nach dem 1. Impuls ①

Q_A	Q_B	Q_C	Q_D
1	0	0	0

dual ⇒ Anzeige $1_{dezimal}$

Nach dem 2. Impuls ②

Q_A	Q_B	Q_C	Q_D
0	1	0	0

dual ⇒ Anzeige $2_{dezimal}$

Nach dem 6. Impuls ③

Q_A	Q_B	Q_C	Q_D
0	1	1	0

dual ⇒ Anzeige $6_{dezimal}$

Nach dem 10. Impuls ④

Q_A	Q_B	Q_C	Q_D
0	1	0	1

dual ⇒ Anzeige $10_{dezimal}$

2: Anzeigeergebnisse beim Zähler

AUFGABEN

1. Erklären Sie die Arbeitsweise der Ausschaltverzögerung von Abb. 7 in Kap. 3.4.4.
2. Ermitteln Sie mit den Liniendiagrammen aus Abb. 1 die „angezeigte" Dualzahl des Zählers.
3. Bis zu welcher maximalen Dezimalzahl kann mit dem Dualzähler von Abb. 1 gezählt werden?

- Mit einer Reihenschaltung aus Flipflops können Zählschaltungen aufgebaut werden.

3.5 Steuerrelais

Für kleine Steuerungsaufgaben werden kompakte und programmierbare **Kleinsteuergeräte** [small controllers] eingesetzt. Andere Bezeichnungen oder Firmennamen sind Logikmodule, Steuerrelais, **Easy** (Moeller) oder **LOGO!** (Siemens).

In Abb. 3 ist als Beispiel die Beschaltung für die Steuerung eines Windenergie-Generators zu sehen. Folgende Funktion soll LOGO! dabei übernehmen:

- Die Windgeschwindigkeit soll mit einem Sensor (**Windwächter** B1) überwacht werden. Sturm (Windgeschwindigkeit > 20 m/s) soll durch einen Leuchtmelder P1 signalisiert werden.
- Nach Ablauf einer bestimmten Zeit oder nach Betätigung eines **Quittiertasters** S3 soll man die Anlage wieder in Betrieb nehmen können.
- Damit der Akkumulator nicht überladen wird, soll dies mit einem **Ladestrom-Wächter** B2 ebenfalls durch den Leuchtmelder P1 signalisiert werden.

Steuerrelais verfügen über sechs bis zwölf Ein- und vier Ausgänge (Abb. 3). Diese Zahlen sind abhängig vom Entwicklungsstand und Typ des Gerätes. Entsprechend des EVA-Prinzips werden die Signalgeber (Eingabe) an den Eingängen mit den Bezeichnungen I1, I2,... [**Input**] angeschlossen. Es sind die beiden Sensoren B1 und B2 mit ihren Öffnern und S3 als Schließer angeschlossen. Wenn der jeweilige Kontakt geschlossen ist, liegt am Eingang ein 1-Signal.

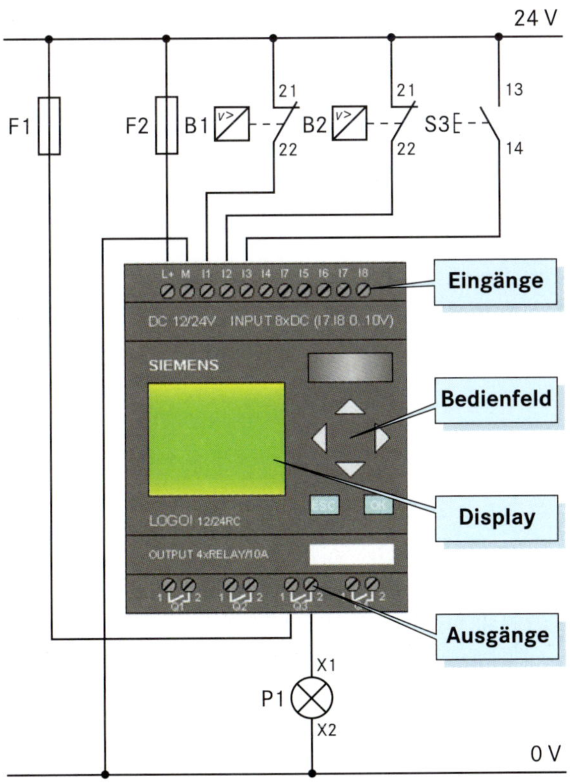

3: Steuerschaltung mit LOGO!

Der Leuchtmelder P1 ist am Ausgang Q3 [**Quit**] angeschlossen. Wird dieser Melder angesteuert, so wird der Stromkreis für P1 geschlossen.

Das Steuerrelais benötigt eine **Versorgungsspannung**. Da die Ausgänge bei diesem Gerät mit Relais-Kontakten versehen sind, muss jeweils ein Kontakt eines Ausgangs mit einer Versorgungsspannung verbunden sein. Durch die Ausführung mit Relaisschaltkontakten kann so eine galvanische Trennung der Ausgangsobjekte vorgenommen werden und jedes Objekt mit einer eigenen von der Modulversorgungsspannung unabhängigen Spannung versehen werden.

An den Ausgängen können Gleich- und Wechselspannungen angeschlossen werden und mit maximal 2 A (induktive Belastung, z. B. Motoren) bzw. 10 A (Wirkbelastung, z. B. Leuchten) belastet werden. Alternativ werden Steuerrelais auch mit Transistorausgängen versehen (s. Kap. 6.3.2). Dabei wird der Stromfluss mit elektronischen Schaltern (Transistoren) gesteuert. Diese können nur kleine Gleichströme bis 0,5 A schalten. Sie zeichnen sich jedoch durch eine hohe Schaltgeschwindigkeit und Kurzschlussfestigkeit aus.

Die Montage des Steuerrelais ist in einem Stromkreisverteiler auf Hutschienen vorgesehen und passt sich durch seine Bauform in die Verteilerabdeckung ein.

Die **Verarbeitung** der Informationen erfolgt in dem Steuerrelais mit einem veränderbaren Programm. **Logische Verknüpfungen, Zeitsteuerungen, Zählfunktionen** und vieles mehr können realisiert werden.

Steuerrelais arbeiten intern mit den Anschlussbezeichnungen der Ein- und Ausgänge, die als absolute oder **Hardware-Adressen** bezeichnet werden.

Adressen

Die Ein- und Ausgänge sind von links nach rechts durchnummeriert. Diese Festlegung ist wichtig, da innerhalb der Verarbeitung lediglich mit diesen Anschlussbezeichnungen (Hardware-Adressen) gearbeitet wird. Zur Übersicht wird daher eine **Zuordnungsliste** [allocation list] angelegt (Abb. 4). In ihr wird festgelegt, welches Objekt welcher Adresse zugeordnet ist. Sie ist durch ihre Tabellenform übersichtlicher als der Anschlussplan, dem die gleichen Informationen (Objekt, Anschlussklemme/Adresse, Kommentar und Schaltfunktion) entnommen werden können.

Zuordnungsliste			
Objekt	Adresse	Kommentar	Funktion
B1	I1	Windwächter	Öffner
B2	I2	Ladestromwächter	Öffner
S3	I3	Quittier-Taster	Schließer
P1	Q3	Leuchtmelder	

4: Zuordnungsliste

Programmierung

Die Programmierung eines Logikmoduls kann auf zwei Wegen geschehen,
- über das eingebaute Sechstasten-Bedienfeld und dem Display oder
- mit Hilfe einer Software am PC (Abb. 1).

Die Handprogrammierung am Gerät ist sehr aufwändig und unübersichtlich. Die Programmentwicklung am PC bietet dagegen folgende Vorteile:
- Die Entwicklung kann ortsunabhängig, z. B. im Betrieb erfolgen und muss nicht langwierig am Gerät direkt durchgeführt werden.
- Das Programm kann mit Hilfe der Software simuliert werden.
- Mit dem Programm wird automatisch auch ein Teil der Dokumentation erstellt. Diese kann sofort ausgedruckt werden.
- Das Programm kann über ein Verbindungskabel an beliebig viele Schaltrelais übertragen werden, z. B. bei der Serienprogrammierung.

Die nachfolgenden Ausführungen beschränken sich deshalb auf die Programmierung des Logikplans mit der Software LOGO!SoftComfort. Gegebenenfalls werden Hinweise auf Unterschiede zur Handprogrammierung gegeben.

Logikplan

Die Software vergibt Blocknummern (Abb. 1 ①) in der Reihenfolge der Programmierung der Verknüpfungen. Mit ihrer Hilfe ist eine Orientierung und Beschreibung einfach. Bei der Analyse der Schaltung wird entsprechend des EVA-Prinzips vorgegangen. Zunächst werden die bereits bekannten Blöcke des Logikplans (Abb.1) untersucht.

Eingänge I1, I2 und I3

Da in der Software die Anschlussnamen entsprechend der Zuordnungstabelle eingegeben wurden, erfolgt deren Anzeige nun im Plan in Klammern. Diese Vereinfachung wird auch als **symbolische Adressierung** bezeichnet.

Ausgang Q3

An Q3 ist der Leuchtmelder P1 angeschlossen (s. Anschlussplan, Abb. 3, Seite vorher). Der Ausgang besitzt dabei solange den 1-Zustand, wie die zuführende Verbindung sich im 1-Zustand befindet.

Verarbeitung

Da sowohl ein Signal am Windwächter B1 als auch am Ladestrom-Wächter B2 die Anzeige auslösen soll, werden die Eingangssignale von I1 und I2 im **Block 001** miteinander **ODER-verknüpft**. Beide Sensoren besitzen die Öffner-Funktion (Ruhezustand = 1). Ein ODER-Glied besitzt am Ausgang den 1-Zustand, wenn sich mindestens einer der Eingänge im 1-Zustand befindet. Da die Sensoren im Schaltfall 0-Zustand besitzen, müssen ihre Signale umgekehrt (negiert) werden.

Der **Block B005** stellt ein **NOT-Glied** (NICHT-Glied, Negation) dar, welches das anliegende Eingangssignal umkehrt: Wenn der Eingang den 1-Zustand besitzt, dann liegt am Ausgang ein 0-Signal und umgekehrt. In Logikplänen werden Negationen vereinfacht als Kreis dargestellt, wie dies am zweiten Eingang des ODER-Gliedes B001 ② verdeutlicht ist.

- Die Eingänge werden fortlaufend mit I1, I2, I3 ... und die Ausgänge mit Q1, Q2, Q3 ... bezeichnet.

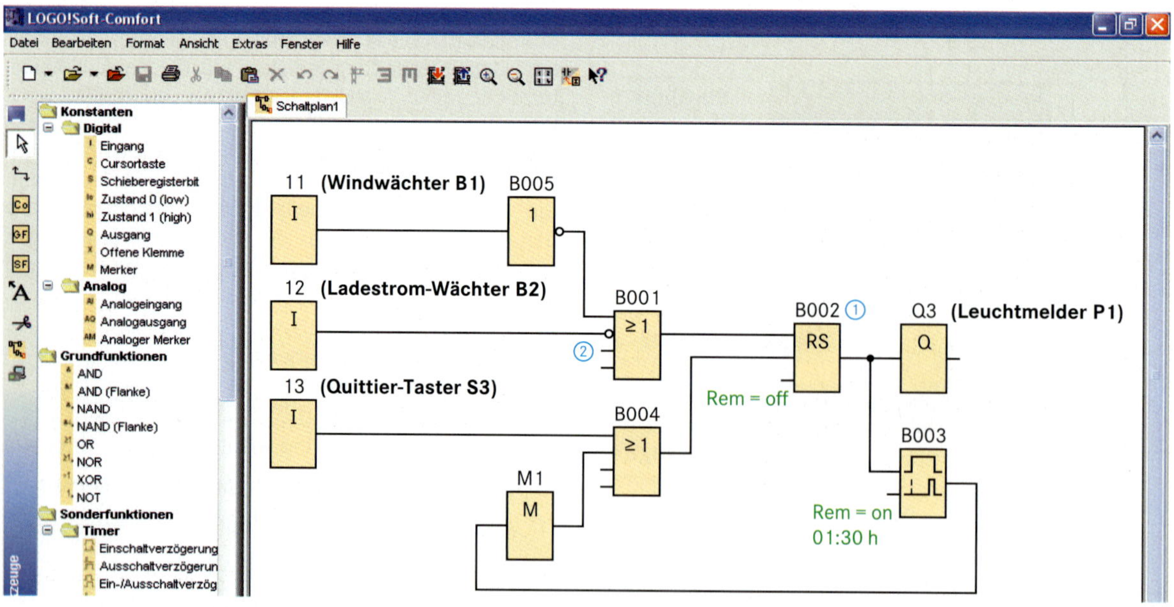

1: Logikplan

Signalspeicherung

Wenn der Windwächter B1 „Sturm" erkennt, soll der Ausgang Q3 in den 1-Zustand wechseln. Der Zustand bleibt so lange erhalten, bis der Quittier-Taster S3 betätigt wird oder die Sturmschutz-Zeit (1,5 Stunden) abgelaufen ist. Ein solches Speicherverhalten besitzt das **RS-Glied Block B002**. Es handelt sich um eine bistabile Kippstufe (s. Kap. 3.4.3), die in der LOGO!-Software als **Selbsthalterelais** [latching relay] bezeichnet wird. Die Eingänge werden mit **R** und **S** gekennzeichnet.

Die Eingänge haben wie bei der bistabilen Kippstufe folgende Bedeutung:

- Ein 1-Signal am Setz-Eingang **S** setzt [set] den Ausgang dauerhaft in den 1-Zustand. Das RS-Glied ist dadurch **gesetzt**.
- Ein 1-Signal am Rücksetzeingang **R** setzt den Ausgang dauerhaft in den 0-Zustand. Das RS-Glied ist dadurch **zurückgesetzt** [reset].
- Liegt an beiden Eingängen zugleich ein 0-Signal, bleibt der jeweils vorhandene Zustand (gesetzt/zurückgesetzt) erhalten (gespeichert).
- Liegt an beiden Eingängen ein 1-Signal, besitzt das Rücksetzsignal Vorrangigkeit und das Kippglied wird zurückgesetzt.

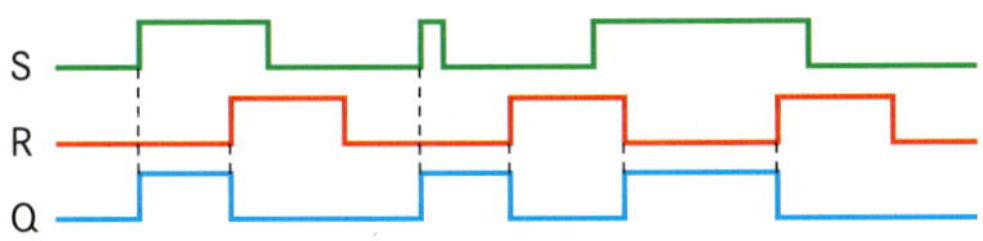

S	R	Q	Bemerkung
0	0	-	Zustand bleibt gleich
0	1	0	Rücksetzen
1	0	1	Setzen
1	1	0	Rücksetzen

2: RS-Kippstufe (Selbsthalterelais)

Rücksetzung des Selbsthalterelais

Der **Block B003** erzeugt eine **Einschaltverzögerung** [on-delay]. Wenn am Trg-Eingang (Trigger) einen Zustandswechsel vom 0-Signal zum 1-Signal auftritt (positive Flanke, Abb. 3), startet die Zeit *T*, nach deren Ablauf der Ausgang Q ein 1-Signal führt. Der Ausgang wird also gegenüber dem Eingang verzögert geschaltet. Fällt das Signal am Eingang vor Ablauf der eingestellten Zeit auf 0 zurück, geht der Ausgang nicht in den 1-Zustand und die Zeit wird wieder zurückgesetzt. Dies tritt ein, wenn das Selbsthalteglied durch den Quittier-Taster zurückgesetzt wurde.

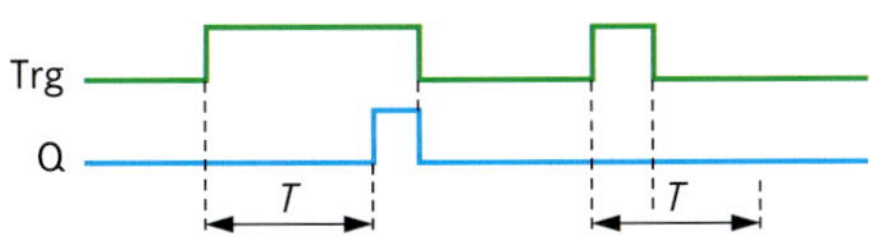

3: Einschaltverzögerung

Merker

In dem Logikplan der Abb. 1 soll das Ausgangssignal des Selbsthalterelais B002 über die Einschaltverzögerung B003 und das ODER-Glied B004 wieder einem Eingang des Selbsthalterelais zugeführt werden. Derartige „Informationskreise", bei denen der Ausgang eines Blocks wieder mit seinem Eingang verbunden ist, werden **Rekursionen** [recursions] genannt.

In der LOGO! dürfen Rekursionen nur programmiert werden, wenn sie über einen Ausgang oder einen **Merker** [flag] geführt werden. Merker besitzen am Ausgang immer das gleiche Signal, das auch am Eingang anliegt und stellen virtuelle Ausgänge dar. Sie verhalten sich also wie Ausgänge ohne Anschlussklemme.

Analyse des Logikplans

Die negierten Eingangssignale von I1 (Windwächter B1) und I2 (Ladestrom-Wächter B2) werden im Block B001 ODER-verknüpft. Besitzt Block B001 am Ausgang ein 1-Signal, wird das Selbsthalterelais B002 gesetzt. Dadurch besitzt der Ausgang Q1 (Leuchtmelder P1) das 1-Signal und die Einschaltverzögerung B003 startet die eingestellte Verzögerungszeit.

Nach Ablauf der Verzögerung (z. B. 1:30 h) nimmt der Ausgang von B003 den 1-Zustand an. Dieses Signal wird dem ODER-Glied B004 über den Merker M1 zugeführt, das mit dem Rücksetzeingang des Selbsthalterelais B001 verknüpft ist (Rekursion).

Das Selbsthalterelais wird zurückgesetzt, wenn der Eingang I3 (Quittiertaster S3) oder die Einschaltverzögerung B003 über den Merker M1 1-Signale besitzen. Dadurch wird der Leuchtmelder am Ausgang Q3 abgeschaltet.

AUFGABEN

1. Beschreiben Sie den Zweck von Zuordnungslisten.
2. Nennen Sie Vorteile für die Programmentwicklung am PC.
3. In welcher Reihenfolge werden die Blocknummern in der Software vergeben?

- Bei Logikmodulen werden die Sensoren und Bedienelemente einzeln an den Eingängen, die Aktoren und Signalgeber einzeln an den Ausgängen angeschlossen.
- Zuordnungstabellen dienen der übersichtlichen Darstellung der Zugehörigkeit eines Objektes zu einem bestimmten Ein- oder Ausgang.
- Eine Signalspeicherung erfolgt mit RS-Gliedern, die gesetzt und rückgesetzt werden können (entsprechend einem Flipflop).
- Rekursionen können nur über einen Merker oder einen Ausgang programmiert werden.

Sonderfunktionen der LOGO!

	Symbol	Signal-Zeit-Diagramm	Erläuterungen
Zeitbausteine (Timer)	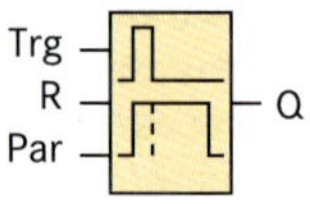	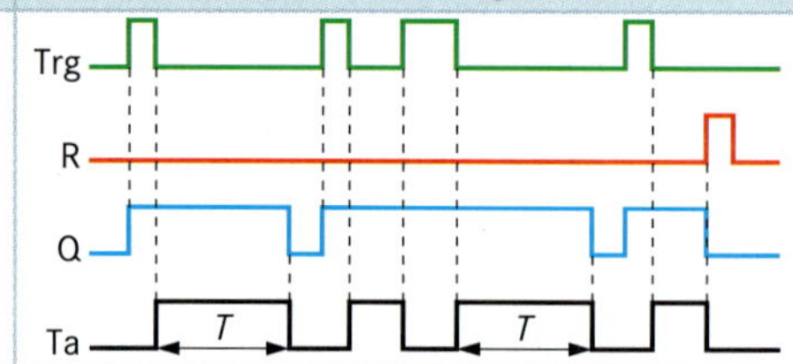	**Ausschaltverzögerung** [tripping delay] Der Ausgang Q nimmt den 1-Zustand an, sobald der Eingang ein Trg 1-Signal hat. Fällt das Eingangssignal ab, führt der Ausgang für eine parametrierte Zeit (*T*) weiterhin das 1-Signal.
Zeitbausteine (Timer)	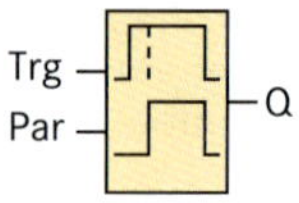	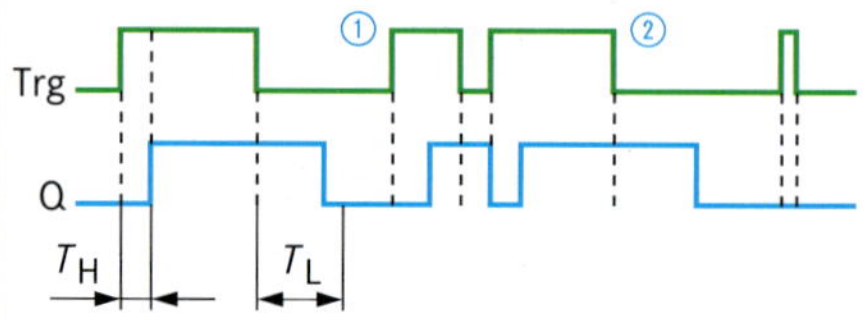	**Ein-/Ausschaltverzögerung** [closing/tripping delay] Das Eingangssignal Trg wird nach der positiven Flanke (Signalwechsel vom 0- zum 1-Zustand ①) verzögert an den Ausgang Q weitergegeben und nach der negativen Flanke (Signalwechsel vom 1- zum 0-Zustand ②) am Ausgang um die parametrierte Zeit verlängert.
Zeitbausteine (Timer)	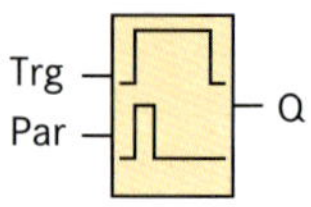	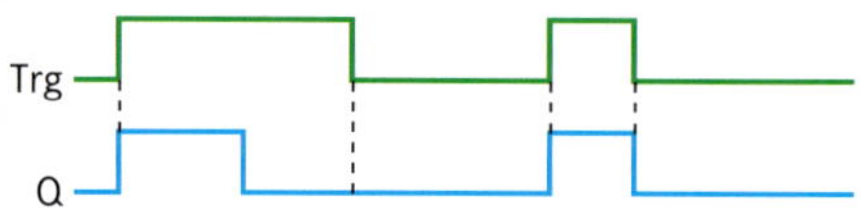	**Wischrelais (Impulsausgabe)** [interval time delay] Wischrelais liefern am Ausgang Q ein Signal von definierter Länge. Wenn der Eingang Trg den Zustand 1 annimmt, dann geht der Ausgang für eine parametrierte Zeit in den 1-Zustand und danach wieder in den 0-Zustand zurück.
Zeitbausteine (Timer)	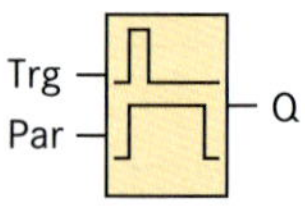	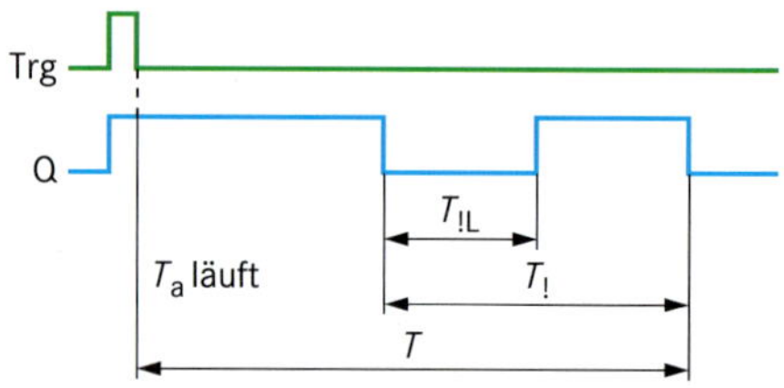	**Treppenlichtschalter** [staircase lighting timer] Mit einer positiven Flanke an Trg wird der Ausgang Q für eine parametrierte Zeit auf den 1-Zustand gesetzt. Mit der negativen Eingangsflanke wird die Haltezeit gestartet. Wird während der Ausschaltverzögerung erneut eingetastet, wird die Verweilzeit zurückgesetzt (Nach- oder Retriggern).
Zeitbausteine (Timer)	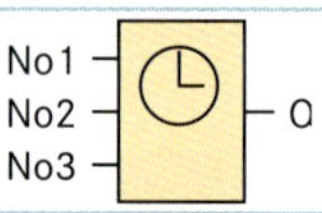		**Wochenzeitschaltuhr** [seven-day timer] Sie wird für wochentag- und tageszeitgenaues Ein- und Ausschalten verwendet.
Zeitbausteine (Timer)	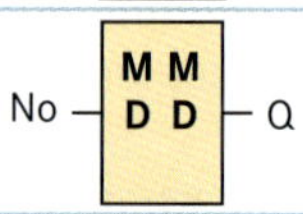		**Jahresschaltuhr** [year time switch] Sie schaltet nur auf den Tag genau.
Zähler	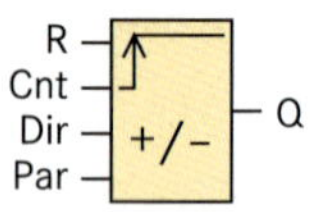	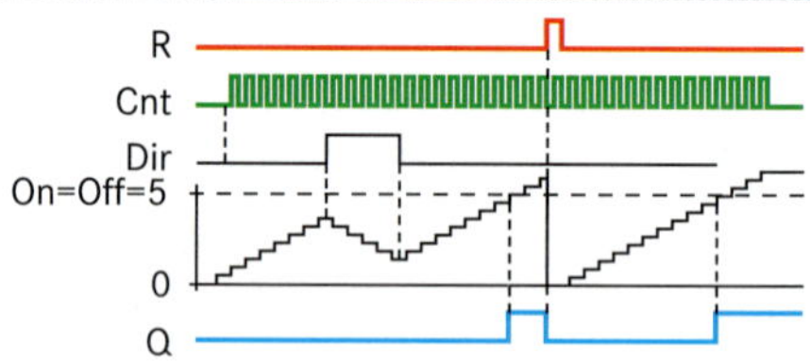	**Vor-/Rückwärtszähler** [up-/down-counter] Er zählt die positiven Eingangsflanken am Cnt-Eingang in Abhängigkeit des Dir-Eingangs (Dir = 0 ⟶ Zähler zählt vorwärts). Die Ein- und die Ausschaltschwelle können parametriert werden, der Ausgang Q besitzt entsprechend das 1- oder 0-Signal.
Sonstige	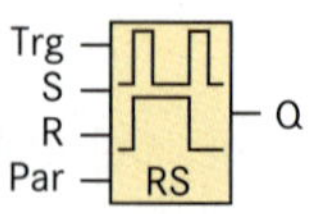	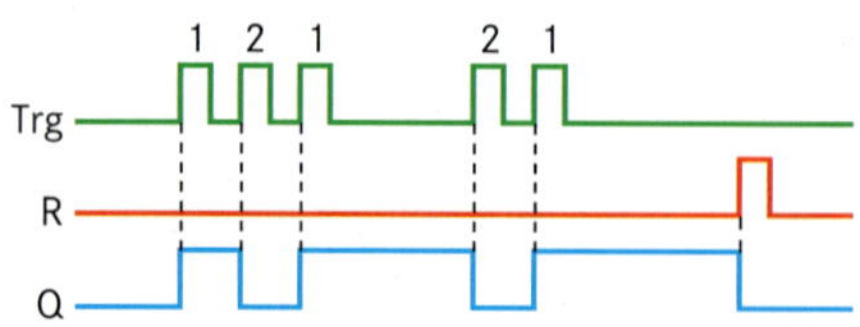	**Stromstoßrelais** [remote control switch] Mit der ersten Flanke am Trg-Eingang wird das Relais gesetzt, mit der zweiten Flanke zurückgesetzt. Über die S- und R-Eingänge kann es zustandsunabhängig gesetzt/zurückgesetzt werden.
Sonstige	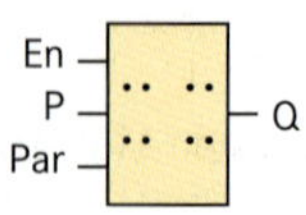		**Meldetext** [message text] Er dient z. B. der Mitteilung von Betriebsarten oder Aktualwerten. **Hinweis:** Dem Meldetext muss ein Ausgang (Q), Merker (M) oder x-Connector (x) folgen.

3.6 Relais und Schütze

3.6.1 Relais

Wenn Strom durch die Spule (Kupferwicklung) eines Relais fließt (Abb. 1 ①), entsteht ein Magnetfeld im Eisenkern ②. Der magnetische Kreis ist durch das Joch ③ geschlossen. Der bewegliche Anker ⑦ wird angezogen, und der Hebel überträgt die Bewegung auf die Schaltkontakte ④. Über diese Kontakte können Stromkreise unterbrochen bzw. geschlossen werden (Leitungsanschlüsse ⑤). Wenn der Strom durch die Spule unterbrochen wird, werden durch die Rückstellfeder ⑥ die Schaltkontakte wieder in die Ausgangsstellung bewegt. Da das Relais nur einen stabilen Zustand besitzt, ist sein Verhalten monostabil.

Die Spule und die Schaltkontakte sind mechanisch verbunden, aber voneinander isoliert. Es besteht somit eine Potenzialtrennung [galvanic isolation] zwischen der Spule und den Schaltkontakten.

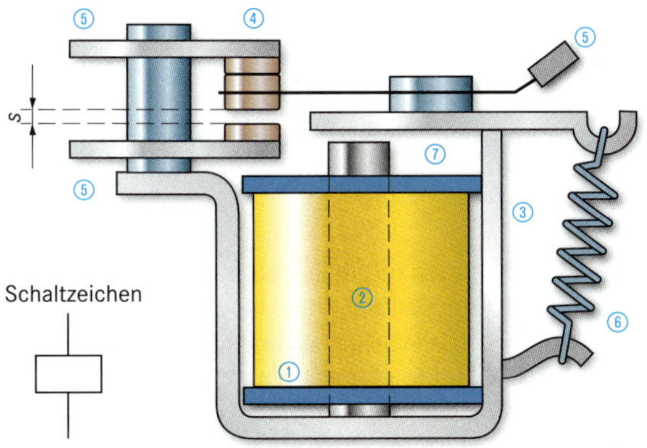

1: Relais

Die Kupferwicklung der Spule besteht aus dem Wirkwiderstand R und dem Blindwiderstand X_L. Das Relais verhält sich deshalb bei Anschluss an Gleichspannung anders als an Wechselspannung.

Wechselspannungsbetrieb

Bei Betrieb an Wechselspannung wirken die Induktivität und der Wirkwiderstand gemeinsam strombegrenzend. Das Relais kann daher ohne weitere Beschaltung an Wechselspannung angeschlossen werden (Abb. 2). Zur Anzeige des Betriebszustandes wird häufig eine Leuchtdiode P1 eingebaut (s. Kap. 6.2.2), die mit einem Vorwiderstand parallel zur Spule geschaltet ist.

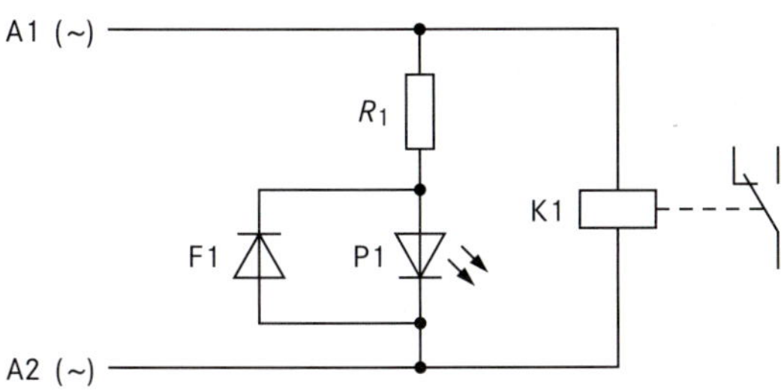

2: Relais an Wechselspannung

Gleichspannungsbetrieb

Beim Einschalten der Gleichspannung (Abb. 3) wirkt zunächst der Blindwiderstand X_L. Die Stromstärke steigt langsam an, bis sie nur noch vom Wirkwiderstand R begrenzt wird. Beim Abschalten des Relais entsteht eine hohe **Induktionsspannung** (s. Kap. 1.5.5), deren Polarität im Vergleich zur Betriebsspannung umgekehrt ist. Dadurch können andere Bauelemente zerstört werden. Mit der Diode F1 (s. Kap. 6.2.1) wird dies verhindert. Sie arbeitet in diesem Fall wie ein polaritätsabhängiger Schalter und wird nur durch die Induktionsspannung leitend (**Freilaufdiode** [free-wheeling diode]).

Wenn die Anschlüsse vertauscht werden, kann die Freilaufdiode zerstört werden. Sie muss daher durch eine Verpolungsschutzdiode F2 geschützt werden.

Relais, die sowohl mit Gleich- als auch mit Wechselspannung betrieben werden können, besitzen im Eingangskreis einen Brückengleichrichter (s. Kap. 6.2.3). Dieser ermöglicht bei Wechselspannungsbetrieb den Stromfluss bei positiven und negativen Halbschwingungen (Abb. 4).

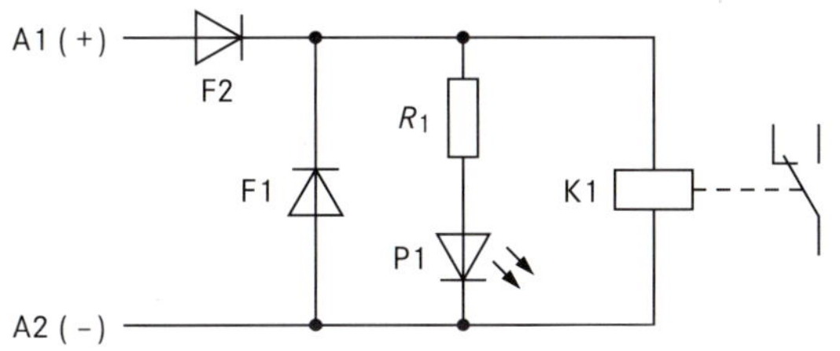

3: Relais an Gleichspannung

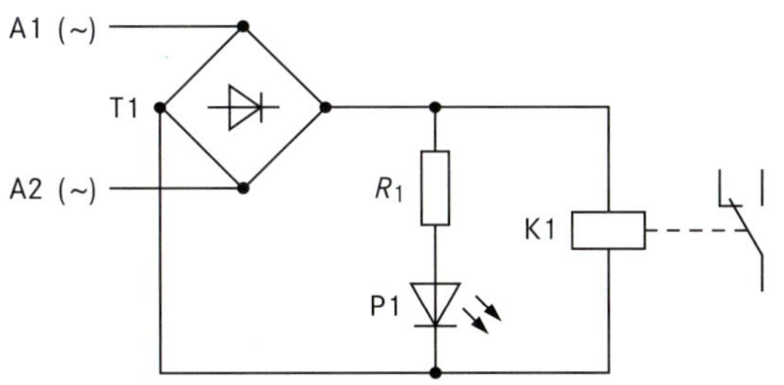

4: Relais im Universalbetrieb (AC und DC)

AUFGABEN

1. Wodurch erfolgt die Kraftübertragung beim Relais von der Spule zu den Schaltkontakten?
2. Erklären Sie die Potenzialtrennung im Relais.
3. Wozu werden bei der Gleichstrombeschaltung von Relaisspulen zwei Dioden benötigt?

- Relais sind Objekte zum elektromechanischen Schalten.
- Relais müssen je nach Spannungsart (AC, DC) unterschiedlich beschaltet werden.

Kennzeichnung der Schaltkontakte

Relais unterscheiden sich in der Art und Anzahl ihrer Schaltkontakte (Abb. 1). Die Bezeichnung der Anschlüsse erfolgt wie bei Schützen durch **Funktionsziffern** [function numbers]. Haben Relais mehrere Schaltglieder, so wird der Funktionsziffer noch eine fortlaufende und durchnummerierte **Ordnungsziffer** [identification number] vorangestellt.

einpolig			zweipolig
Öffner nc-contact normally closed	**Schließer** no-contact normally open	**Wechsler** co-contact close open	

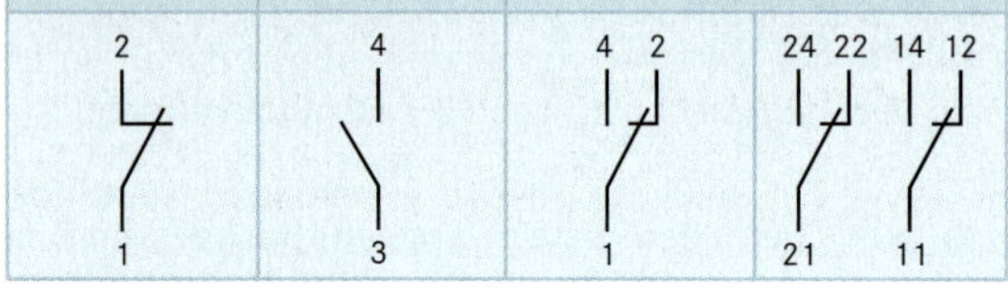

1: Schaltkontakte

Kontaktbelastung

Die Schaltkontakte werden bei Stromfluss und bei jedem Ein- und Ausschalten belastet. Diese Belastung ist abhängig von den geschalteten Spannungen und Strömen und kann zu einer Schädigung der Kontakte führen.

Beim **Einschalten** werden die Schaltkontakte zusammengeführt. Bis der Kontakt vollständig hergestellt ist, kann es jedoch zu mehrfachen kurzen Kontaktunterbrechungen kommen. Diesen Vorgang nennt man **Prellen** [bouncing]. Bei jeder kurzen Kontaktöffnung kommt es bei Stromfluss zu einem kleinen Funken. Je höher die Stromstärke in diesem Moment ist, desto größer ist die Wärmeentwicklung und Schädigung der Kontakte.

Kapazitive Belastungen und Glühlampen verursachen besonders im Einschaltmoment die größte Stromstärke. Sie kann die Dauerstromstärke um ein Vielfaches übersteigen.

Die sich berührenden Kontakte bilden im geschlossenen Zustand einen **Übergangswiderstand** [contact resistance]. Fließt hierüber ein Laststrom, entwickelt sich an der Kontaktstelle Wärme. Die angegebene maximale Laststromstärke darf nicht überschritten werden, da es sonst zu einem Verschmelzen der Kontakte kommen kann.

Bei jedem **Ausschalten** der stromführenden Relaiskontakte kommt es zu einem kleinen Lichtbogen. Der Strom fließt dann kurzzeitig durch die Luftstrecke zwischen den Schaltkontakten weiter. Die elektrische Energie wird im **Lichtbogen** [electric arc] in Wärme umgesetzt Der Lichtbogen verlöscht, wenn der Strom durch den Nullpunkt geht. Wechselströme besitzen einen natürlichen Stromnulldurchgang und können daher einfacher als Gleichströme abgeschaltet werden.

- Beim Schalten mit Relais entstehen Lichtbögen, die zu einer Kontaktabnutzung führen.
- Schalten von Wechselströmen belastet die Schaltkontakte geringer als das Schalten von Gleichströmen.

Relaisverhalten und Kenngrößen

- **Arbeitsbereich** (Betriebsspannungsbereich) Zulässige Toleranz der Betriebsspannung (abhängig von der Temperatur).
- **Ansprechspannung** Kleinster Wert an der Wicklung, bei dem ein Relais sicher anspricht.
- **Zeitverhalten**

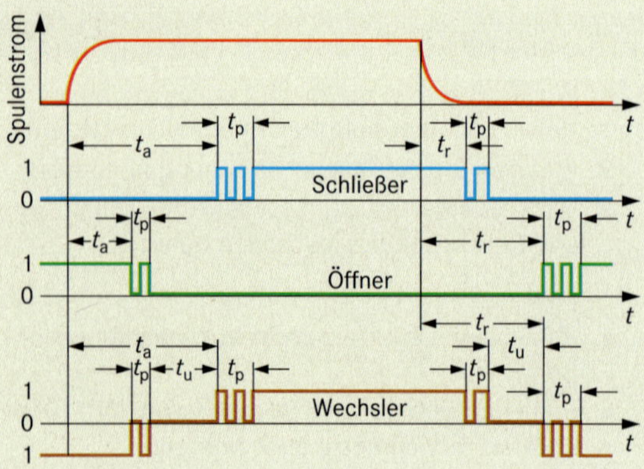

- **Haltespannung** Spannung an der Relaisspule, bei der ein Relais noch im Arbeitszustand verbleibt.
- **Rückfallspannung** Größte zulässige Spannung an der Wicklung, bei der ein Relais sicher zurückfällt.
- **Ansprechzeit t_a** Zeit vom Einschalten der Spule bis zum ersten Öffnen/Schließen des Kontaktes.
- **Prellzeit t_p** Zeit von der ersten Zustandsänderung bis zum Eintritt des stationären Zustands.
- **Rückfallzeit t_r** Zeit vom Ausschalten der Spule bis zur ersten Änderung des Kontaktzustands.
- **Umschaltzeit t_u** Beim Wechselkontakt ist es die Zeit zwischen dem Ende des Prellens (Öffner) bis zum ersten Schließen des Schließers.

3.6.2 Schütze

Mit dem Begriff Schütz [contactor] werden elektromagnetische Schalter bezeichnet, die vorwiegend zum Schalten von elektrischer Energie eingesetzt werden. Schütze arbeiten im Prinzip wie Relais, sind jedoch in der Regel für höhere Schaltleistungen ausgelegt.

Durch eine Spule wird ein Eisenanker (Abb. 2 ①) angezogen. Dadurch werden die Schaltglieder [contacts] geschlossen bzw. geöffnet.

Öffner: Kontakte 51 und 52
Schließer: Kontakte 13 und 14

Schütze werden in Gleich- oder Wechselstromkreisen eingesetzt (Anschlüsse A1 und A2).

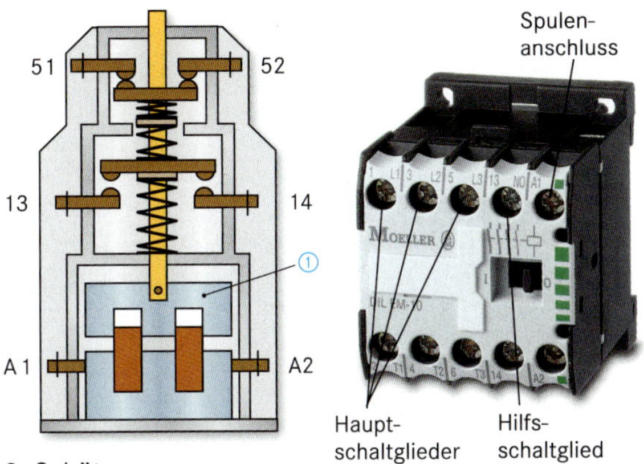

2: Schütz

Schütze besitzen zahlreiche Schaltglieder. Im Beispiel der Abb. 3 sind fünf Schließer und zwei Öffner vorhanden. Es werden Haupt- und Hilfsschaltglieder unterschieden.

Hauptschaltglieder [main contact elements] werden z. B. zum direkten Schalten von Motoren verwendet. Sie werden mit einer Ziffer gekennzeichnet (Abb. 3). Die ungeraden Zahlen (1, 3, 5) stellen die Netzanschlüsse dar und die geraden Zahlen (2, 4, 6) die Verbraucheranschlüsse.

Hilfsschaltglieder [auxiliary contact elements] benutzt man häufig für Steuerungsaufgaben. Mit ihnen können Stromstärken bis etwa 16 A geschaltet werden. Sie werden mit zwei Ziffern gekennzeichnet (Abb. 3).
- 1. Ziffer: Ordnungsziffer
- 2. Ziffer: Funktionsziffer

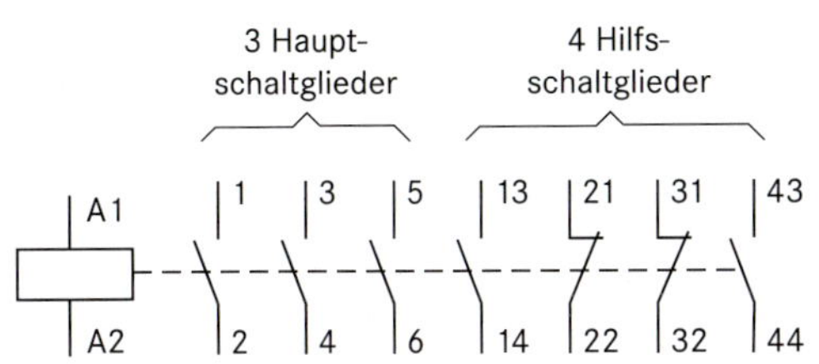

3: Schaltglieder eines Schützes

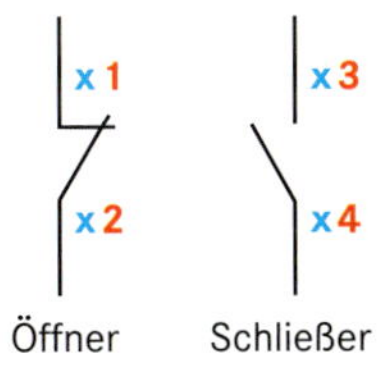

1/2: Öffner
3/4: Schließer
5/6: Öffner mit besonderer Funktion
7/8: Schließer mit besonderer Funktion

4: Kennzeichnung von Hilfsschaltgliedern

Die **Funktionsziffer** gibt Auskunft über die Schließer- oder Öffnerfunktion (Abb. 4). Bei Hilfsschützen ist die Zahl der Schaltglieder unterschiedlich. Meist werden Hilfsschütze mit vier oder acht Schaltgliedern verwendet. Bei Hilfsschützen mit Öffnern und Schließern öffnen zuerst die Öffner, bevor die Schließer schließen.

Die **Ordnungsziffer** wird auch als Platzziffer bezeichnet. Sie kennzeichnet den Platz eines Schaltgliedes und damit auch die zusammengehörigen Anschlüsse.

Die Ordnungsziffern werden nach ihrer Anordnung am Schütz fortlaufend von links nach rechts gezählt. Sind die Schaltglieder in mehreren Etagen angeordnet, beginnt die Zählfolge mit der unteren Etage.

Schütze mit Zeitverhalten (Zeitrelais)

Ein Zeitrelais mit **Ansprechverzögerung** (Einschaltverzögerung) schaltet erst nach Ablauf der voreingestellten Zeit t (Abb. 5). Die Umschaltung bleibt bis zum Abschalten des Spulenstroms bestehen.

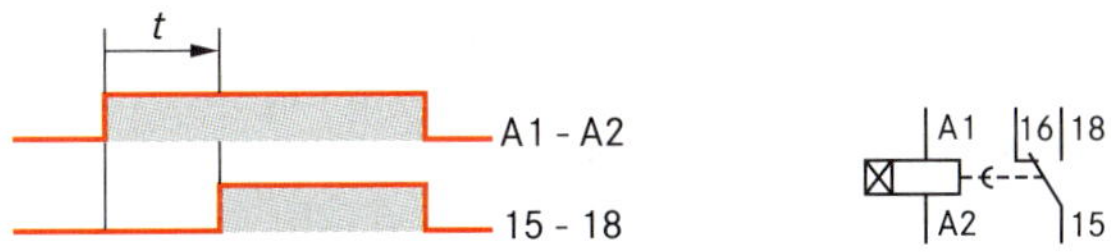

5: Ansprechverzögerung

Bei einer **Abfallverzögerung** wird das Zeitrelais ständig mit Spannung versorgt. Durch den potenzialfreien Schließer erfolgt die Umschaltung, die bis zum Ablauf der Zeit t bestehen bleibt (Abb. 6).

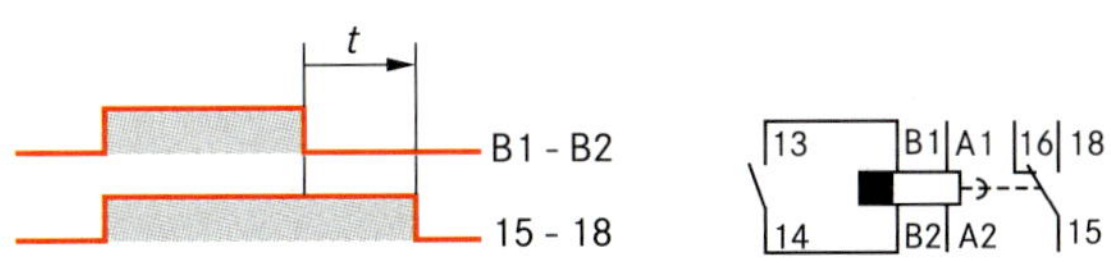

6: Abfallverzögerung

- Hauptschaltglieder bei Schützen werden durch einziffrige Anschlussbezeichnungen gekennzeichnet.
- Hilfsschaltglieder werden mit einer Ordnungs- und einer Funktionsziffer gekennzeichnet.
- Hilfsschütze dienen der Informationsverarbeitung und sind für kleine Ströme ausgelegt.

3.6.3 Anwendungen

Zeitversetztes Einschalten

Zwei Motoren werden zur Vermeidung eines unzulässig hohen Spannungsfalls und als Folge der hohen Anlaufströme so an das speisende Netz geschaltet, dass beide nur nacheinander im Abstand von mindestens 20 Sekunden gestartet werden können.

- **Schaltungsaufbau**

Der Hilfsstromkreis (Abb. 1) besteht aus der Ansteuerung der beiden Hauptschütze Q1 und Q2 mit einer **Selbsthaltung** [self-holding]. Die Betätigung erfolgt durch Drucktaster. Der zwangsweise verzögerte Start des zweiten Motors wird durch ein auf 20 s eingestelltes **einschaltverzögertes Zeitrelais** [pick-up delayed time relay] ① erreicht.

Beim Zeitrelais (Abb. 2) schalten die Schaltglieder erst, wenn nach dem Einschalten der Spule ③ die eingestellte Zeit abgelaufen ist ④.

Die zeitverzögerten Hilfsschaltglieder werden durch die Funktionsziffern □5/□6 für Öffner und mit □7/□8 für Schließer gekennzeichnet. Zusätzlich wird durch einen Halbkreis (Abb. 2 ②) die Verzögerungsrichtung gekennzeichnet.

- **Funktionsanalyse**

Die Ansteuerungen von Q1 und Q2 sind gleichartig aufgebaut, sodass die Einschaltreihenfolge beliebig gewählt werden kann.

Annahme: Q1 wird zuerst eingeschaltet.

- S2:13/14 schließt den Strompfad 1 und schaltet Q1:A1/A2 ein.
- Q1:13/14 schließt die Selbsthaltung.
  Q1:21/22 verriegelt Q2 und verhindert zunächst dessen Einschaltung.
  Q1:33/34 schaltet das Zeitrelais K3:A1/A/2 ein.
- Nach 20 Sekunden schließen K3:15/18 und K3:25/28 und überbrücken die Verriegelungen Q2:21/22 und Q1:21/22. Damit wird die Einschaltung von Q2 freigegeben.
- Q2 wird entsprechend Q1 eingeschaltet.
- Beide Motoren können unabhängig voneinander abgeschaltet werden, entweder über die Motorschutzrelais B1:95/96 bzw. B2:95/96 oder über die Drucktaster S1:21/22 bzw. S3:21/22.
- Mit der Abschaltung von Q1 UND Q2 wird das Zeitrelais K3 ausgeschaltet.

Nicht alle Zeitrelais sind für Dauerbetrieb ausgelegt. Zeitrelais mit begrenzter Einschaltdauer müssen deshalb durch entsprechende Schaltungsmaßnahmen nach Ablauf des Schaltvorgangs abgeschaltet werden.

Zeitrelais sind meistens mit einem oder mit zwei Wechslern ausgestattet. Je nach Verzögerungssystem gibt es pneumatische, thermische, motorgesteuerte oder elektronische Zeitrelais.

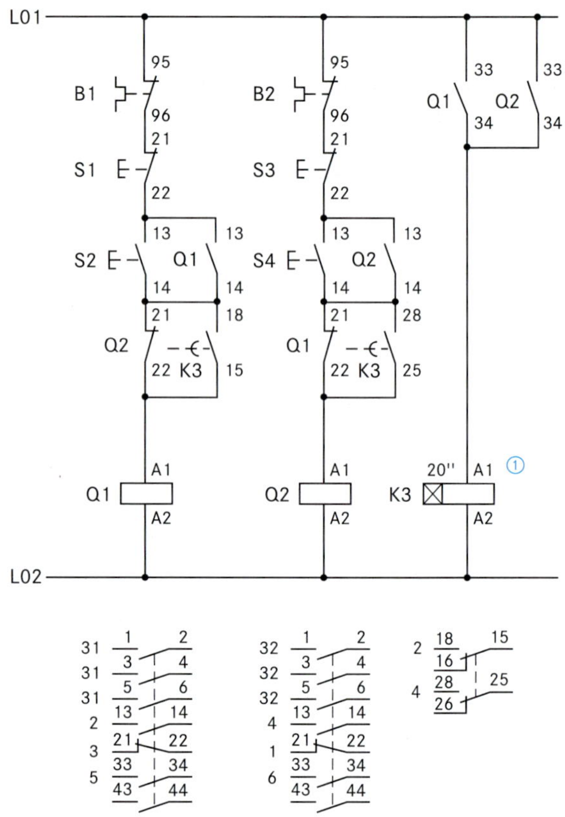

1: Zeitversetztes Einschalten

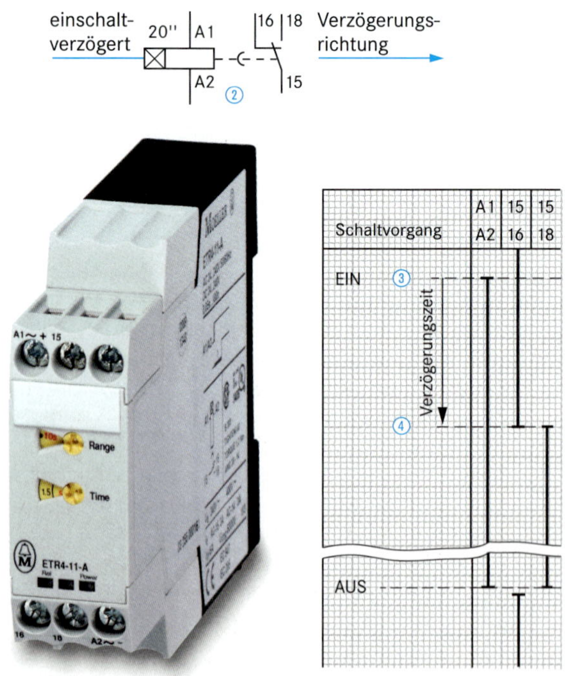

2: Zeitrelais mit Schaltfolgediagramm

Prozessgesteuerte Schaltung

Ein Fabriktor soll durch einen elektrischen Antrieb geöffnet und geschlossen werden (Abb. 3). Die Bedienung erfolgt durch den Pförtner mit einem Drucktaster. Die Steuerung gewährleistet, dass der Antrieb automatisch abgeschaltet wird, wenn das Tor geschlossen bzw. voll geöffnet ist.

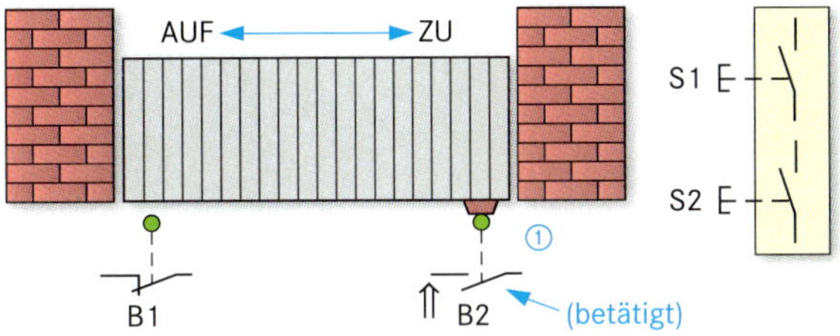

Abb. 3: Fabriktor mit Positionsschaltern

- **Schaltungsaufbau**

Hauptstromkreis [main circuit] (Abb. 4):

Als Antrieb wird ein Drehstrommotor verwendet, der über das Hauptschütz Q1 für Linkslauf und über das Hauptschütz Q2 für Rechtslauf angesteuert wird. Die Energieeinspeisung erfolgt über ein 50 Hz-Drehstromnetz mit 400 V. Als Leitungsschutz werden drei Schmelzsicherungen F3 und als Motorschutz ein Motorschutzrelais B3 verwendet.

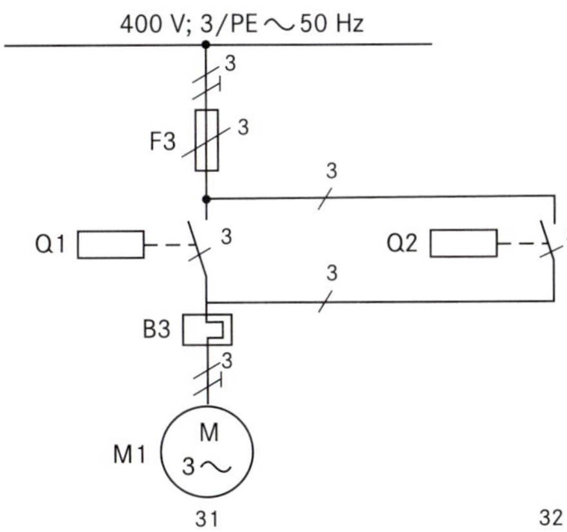

4: Übersichtsschaltplan für den Torantrieb

Hilfsstromkreis

Der Hilfsstromkreis (Abb. 6) wird mit 230 V, 50 Hz betrieben und mit einer Schmelzsicherung F1 abgesichert. Die automatische Abschaltung des Tores wird dadurch erreicht, dass sich in den beiden Endstellungen mechanisch betätigte Positionsschalter befinden, die durch eine am Tor befestigte Nocke betätigt werden (Abb. 3 ①).

Positionsschalter [position switches] sind Befehlsgeber, die durch bewegliche Anlagenteile betätigt werden. Abb. 5 zeigt einen mechanisch betätigten Positionsschalter mit zwei Sprungschaltgliedern (1 Schließer, 1 Öffner).

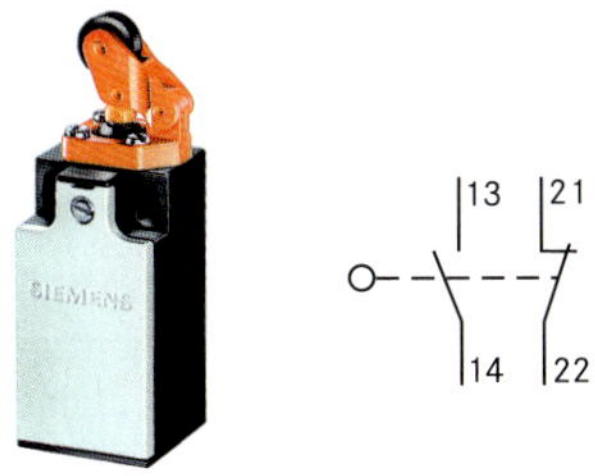

5: Mechanisch betätigter Positionsschalter

- **Funktionsanalyse**

- Aus Sicherheitsgründen wird die Schaltung ohne Selbsthaltung (Tippbetrieb) betrieben (Abb. 6).
- Bei Betätigung von S1 muss das Tor öffnen. Das Hauptschütz Q1 schaltet den Motor auf Linkslauf.
- Bei Erreichen der Grenzlage „AUF“ muss der Positionsschalter B1 das Hauptschütz Q1 abschalten.
- Bei Betätigung von S2 muss das Tor schließen. Das Hauptschütz Q2 schaltet den Motor auf Rechtslauf.
- Bei Erreichen der Grenzlage „ZU“ muss der Positionsschalter B2 das Hauptschütz Q2 abschalten.

Die geforderten Funktionen werden für jede Drehrichtung des Motors durch Reihenschaltung (UND-Verknüpfung) der Schaltelemente Drucktaster, Positionsschalter und Schützverriegelung erreicht (Abb. 6). Damit schalten die Positionsschalter bei Erreichen der Grenzlagen die Hauptschütze Q1 bzw. Q2 unabhängig vom Schaltzustand der Drucktaster ab. Die Schützverriegelungen Q1:21/22 und Q2:21/22 verhindern eine Fehlbedienung der Anlage.

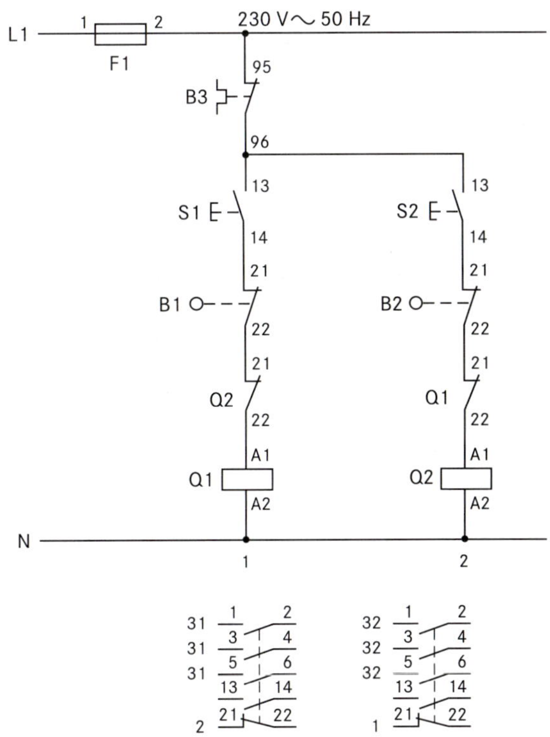

6: Steuerung eines Fabriktors

3.7 Pneumatik

Um Zylinder oder andere Aktoren zu betreiben, wird in automatisierten Prozessen **Druckluft** [compressed air] (Pneuma: griechisch Luft) eingesetzt. Mit Druckluft können auf einfache Weise Kräfte eingesetzt und Bewegungen erzeugt werden. Wichtigste Objekte in pneumatischen Steuerungen sind Zylinder und Ventile [valves]. Zylinder wurden bereits im Kap. 3.3.4 im Rahmen der Aktoren behandelt, sodass sich die folgenden Ausführungen im Wesentlichen auf Ventile beschränken.

Ventilarten

- **Wegeventile** [way valves]
  In Steuerungen werden sie als Stell-, Verarbeitungs- und Eingabeglieder verwendet.
- **Sperrventile** [shut-off valves]
  Sie dienen zur Beeinflussung der Druckluftrichtung (z. B. als Rückschlagventil, Wechselventil, Zweidruckventil).
- **Stromventile** [flow control valves]
  Sie werden benutzt, um die Durchflussmenge zu beeinflussen (z. B. Drosselventil, häufig auch als Kombination aus Sperr- und Stromventil).
- **Druckventile** [pressure valves]
  Ihr Einsatzgebiet ist die Einstellung und Regelung eines bestimmten Drucks im Druckluftsystem.

3/2 Wegeventil

Aus der Bezeichnung 3/2 kann man die Anzahl der Anschlüsse (3) und die Anzahl der Schaltstellungen (2) entnehmen. Beide Zahlen werden durch einen Querstrich getrennt (Sprechweise: Drei-Strich-Zwei Wegeventil). In Abb. 1 ist dazu das entsprechende Symbol dargestellt. Die großen Pfeile außerhalb des Ventils geben den Strömungsweg der Druckluft an. Im linken Block des Schaltzeichens ist die Ruhestellung (unbetätigt) und im rechten die Schaltstellung (betätigt) dargestellt. Der Strömungsweg der Druckluft wird durch Pfeile angegeben. Die Anschlüsse werden durch Ziffern und Buchstaben gekennzeichnet (Abb. 2).

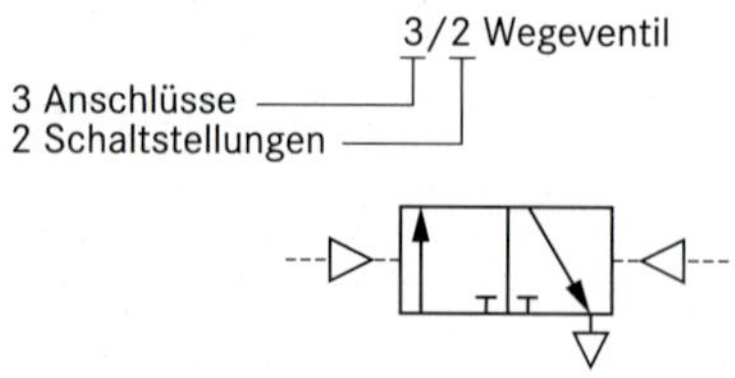

1: 3/2 Wegeventil

Das in Abb. 1 dargestellte 3/2 Wegeventil besitzt eine Sperr-Ruhestellung und eine Durchfluss-Ruhestellung (Abb. 2). Mit Druckluft (Signale) kann es gesetzt und rückgesetzt werden. Über den Anschluss 3 erfolgt die Entlüftung. Weiterhin werden in der Steuerungstechnik 2/2, 4/2 und 5/2 Wegeventile verwendet.

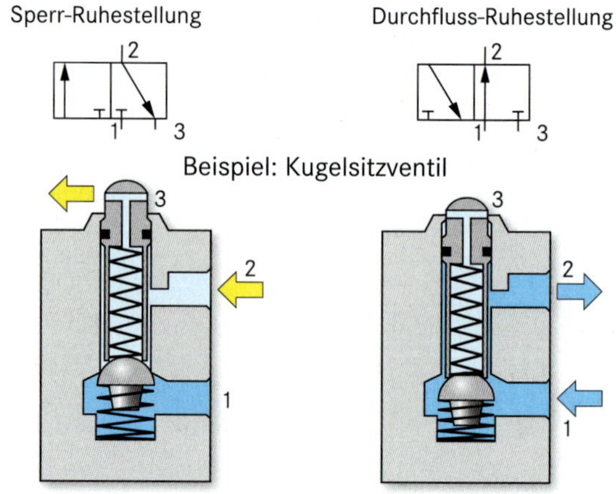

2: Stellungen beim 3/2 Wegeventil

Drosselventil (Stromventil)

Es gibt fest- und einstellbare Drosselventile (Abb. 3). Mit ihnen kann der Druckluftstrom beeinflusst werden. Drosselventile sollen nicht vollständig geschlossen werden. Sie werden zur Zuluft- und Abluftdrosselung von Zylindern eingesetzt.

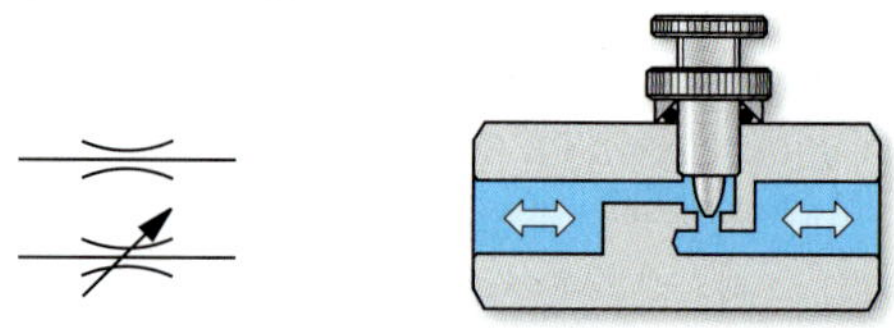

3: Drosselventil

Rückschlagventil (Sperrventil)

Bei einem Rückschlagventil (Abb. 4) ist der Durchfluss nur in eine Richtung möglich, die andere Richtung ist gesperrt. Die Sperrung wird unwirksam, wenn die Kraft der Druckluft größer als die Vorspannkraft der Feder ist. Diese Ventile sorgen bei Druckausfall an Spannzylindern dafür, dass der Druck im Zylinder bestehen bleibt.

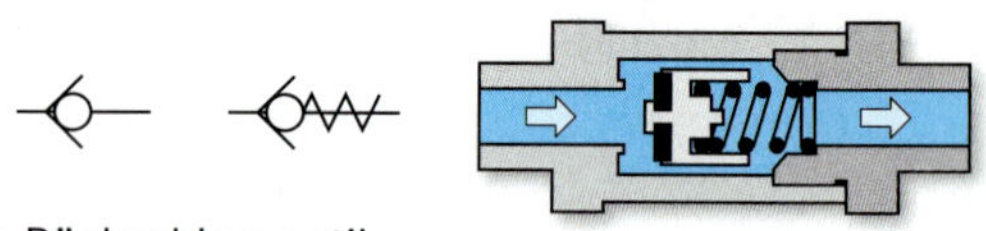

4: Rückschlagventil

AUFGABEN

1. Zeichnen Sie das Symbol eines 4/2 Wegeventils.
2. Worin unterscheiden sich die beiden Symbole des Rückschlagventils in Abb. 4?

- In der Pneumatik werden Wegeventile zu Steuerungszwecken eingesetzt.
- Sperr-, Strom- und Druckventile dienen der Beeinflussung des Luftstroms.

Elektropneumatik

In der Elektropneumatik werden elektrische und pneumatische Bauglieder, Komponenten, Bauteile usw. gemeinsam eingesetzt. Es kommt dabei zu einer sinnvollen Arbeitsteilung (Abb. 5).

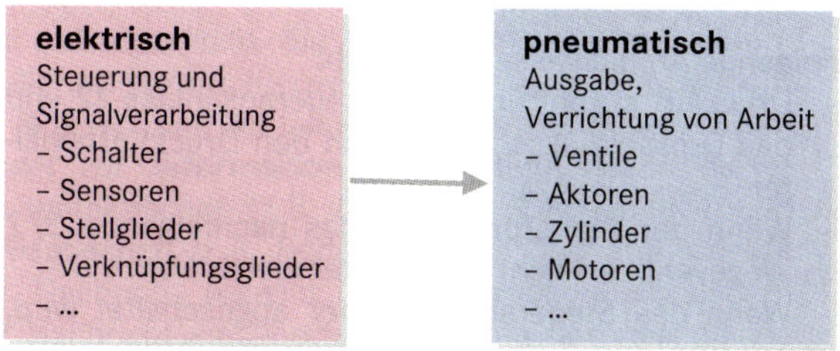

5: Aufgabenteilung

Signalumwandlung

In elektropneumatischen Steuerungen ist es erforderlich, dass Signale umgewandelt werden, elektrische Signale in pneumatische und umgekehrt. Eine Möglichkeit ist in Abb. 6 dargestellt.

Die Druckluft des pneumatischen Steuersignals am Anschluss 14 drückt gegen die Membran ①. Bei genügend großem Druck wird die Federkraft überwunden und es kommt zu einer Umschaltung ②. Die elektrischen Kontakte arbeiten als Wechsler.

Die Ausgabe des elektrischen Signals kann z. B. auch indirekt über Reed-Kontakte (s. Kap. 3.2.7) oder andere magnetische Schaltglieder erfolgen.

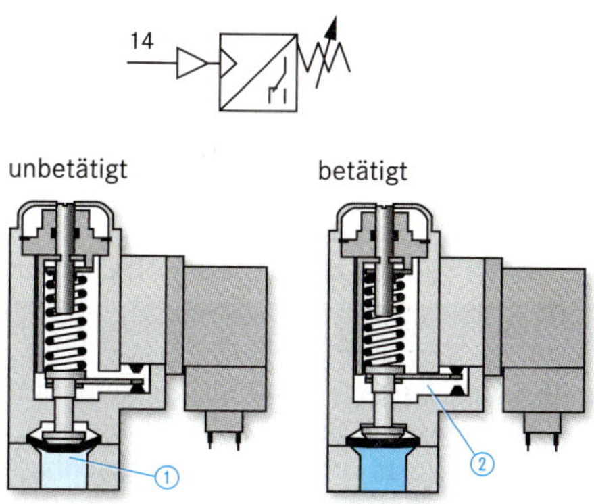

6: Signalumwandlung

3/2 Magnetwegeventil

Das in Abb. 7 dargestellte Ventil besitzt drei Anschlüsse und zwei Schaltstellungen. Die Betätigungsmöglichkeiten sind links am Ventilsymbol eingezeichnet. Der im Rechteck befindliche Schrägstrich kennzeichnet die elektromagnetische Betätigungsart. Das Rechteck mit dem Dreieck danach kennzeichnet die Vorsteuerung des Ventils. Das linke obere Symbol verdeutlicht, dass auch eine Handhilfsbetätigung des Ventils möglich ist. An der rechten Seite befindet sich das Symbol einer Feder zur Rückstellung des Ventils.

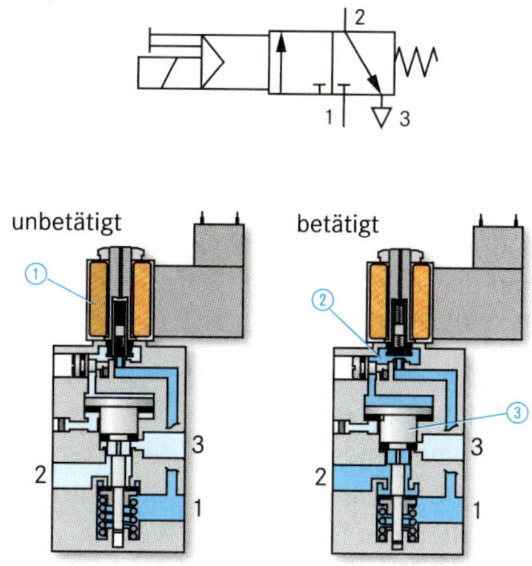

7: 3/2 Magnetventil

In der unbetätigten Ausgangsstellung (Abb. 7) fließt durch die Spule ① kein Strom. Das Ventil befindet sich in der Ruhestellung (Anschluss 2 ist nach 3 entlüftet). Wenn Strom durch die Spule fließt, wird das Vorsteuerventil ② betätigt. Der Vorsteuerkanal wird frei. Das Vorsteuerventil betätigt danach das Hauptventil ③ und Druckluft strömt von 1 nach 2.

Der Vorteil der Vorsteuerung besteht darin, dass der Verbrauch an elektrischer Energie geringer ist.

5/2 Magnetventil

Das 5/2 Magnetventil in Abb. 8 ist vorgesteuert, besitzt eine Handhilfsbetätigung und verfügt über zwei Magnetspulen. Folgende Situation ist dargestellt:
- Durch die Magnetspule 1 fließt Strom. Die Magnetspule 2 ist stromlos.
- Der Anschluss 3 ist gesperrt, 4 wird nach 5 entlüftet. Die Druckluft gelangt von 1 nach 2.

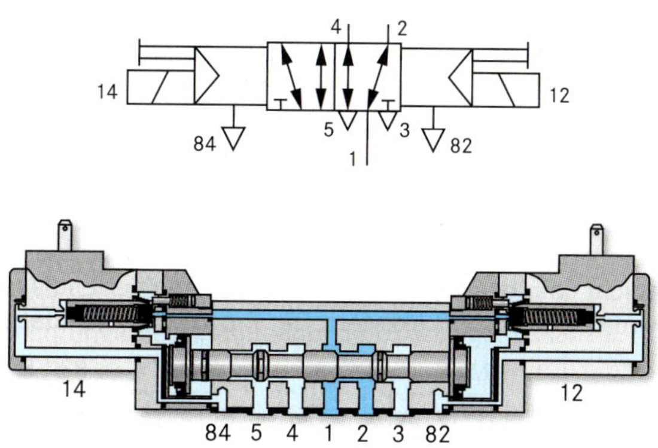

8: 5/2 Magnetventil

AUFGABE

1. Skizzieren Sie das Symbol des 5/2 Magnetventils entsprechend der Abb. 8, wenn eine Umschaltung erfolgt ist.

Die Datenübertragungseinrichtung hat die Aufgabe, die Datenendeinrichtung an den Übertragungskanal anzupassen (Abb. 6 ③, Seite vorher), der z. B. aus einer Leitung oder Funkstrecke besteht. Neben den Informationsdaten werden über den Kanal auch die Steuerbefehle der DEE für den Auf- und Abbau der Verbindung sowie andere Meldungen weitergegeben.

Die elektrischen Eigenschaften der Signale sowie deren Bedeutung und die physikalischen Eigenschaften des Kanals zwischen der DEE und der DÜE (z. B. die Form des Steckers) sind in der Regel national oder international durch Empfehlungen oder Normen festgelegt. Diese wichtige Stelle zwischen DEE und DÜE bezeichnet man als **Schnittstelle** [interface] (Abb. 6 ④, Seite vorher).

Eine Schnittstelle ist festgelegt durch die
- physikalischen Eigenschaften (physikalische Schnittstelle),
- über die an der Schnittstelle austauschbaren Signale (logische Schnittstelle) und
- Bedeutung der Signale.

Die Kommunikation über eine Datenstation läuft nach Regeln ab. Das Regelwerk ist in Form eines **Übertragungsprotokolls** [transmission protocol] festgelegt. Es enthält syntaktische (z. B. Datenformat) und semantische (z. B. Anzahl der Kommandos, Rückmeldungen) Regeln sowie Zeitvorgaben für die Dauer bestimmter Abläufe. Damit die Übertragung erfolgreich ablaufen kann, müssen die an der Übertragung beteiligten Partner gleiche Protokolle verwenden.

Der Computer (Abb. 2) spielt bei der Dateneingabe, -übertragung und -ausgabe eine wesentliche Rolle. Er wird deshalb mit seinen Peripheriegeräten in den nachfolgenden Kapiteln ausführlich behandelt.

AUFGABEN

1. Erklären Sie Unterschiede zwischen Nachricht, Informationen und Daten.
2. Beschreiben Sie wesentliche Merkmale einer Schnittstelle.
3. Welche Aufgabe hat das Übertragungsprotokoll?
4. Welche Funktionen haben die Datenendeinrichtungen und Datenübertragungseinrichtungen?

- Informationen werden mit Hilfe von Kommunikationssystemen transportiert. Ohne Kommunikation gibt es keine Information.
- Eine Kommunikation kann bidirektional simultan, bidirektional alternierend oder unidirektional erfolgen.
- Daten sind vereinbarte und für die Verarbeitung aufbereitete Zeichen.
- Durch das Übertragungsprotokoll wird der Ablauf einer Datenübertragung festgelegt.

4.2 Computertechnik

4.2.1 Aufbau und Arbeitsweise eines PCs

In Abb. 1 ist vereinfacht die Arbeitsweise eines Computers dargestellt. Das Konzept wurde 1946 von dem ungarisch-amerikanischen Mathematikers John von Neumann (1903 - 1957) entwickelt und verfügt über folgende wesentlichen Einheiten:
- Ein- und Ausgabeeinheit für Daten [**I/O Unit**: **I**nput/**O**utput Unit]
- Speicher für Daten und Befehle [**Memory**]
- Zentrale Verarbeitungseinheit [**CPU**: **C**entral **P**rocessing **U**nit]

Die CPU (auch als **Prozessor** bezeichnet) besteht vereinfacht aus folgenden Einheiten:
- Rechenwerk [**ALU**: **A**rithmetical **L**ogical **U**nit]
  Es handelt sich um eine arithmetisch logische Einheit, die zur Durchführung arithmetischer und logischer Verknüpfungen verwendet wird.
- Steuerwerk, Leitwerk [**CU**: **C**ontrol **U**nit]
  Damit erfolgt eine Steuerung von Prozessen und Abläufen im Innern und die Kommunikation mit der „Außenwelt".

In diesem System werden nacheinander (sequenziell) die aus dem Speicher stammenden Befehle und Daten innerhalb einer bestimmten Zeit (Taktzyklus) verarbeitet. Der Datenaustausch zwischen den Komponenten erfolgt über Bussysteme (**BUS**: **B**idirectional **U**niversal **S**witch, Leitungen zwischen den einzelnen Komponenten).

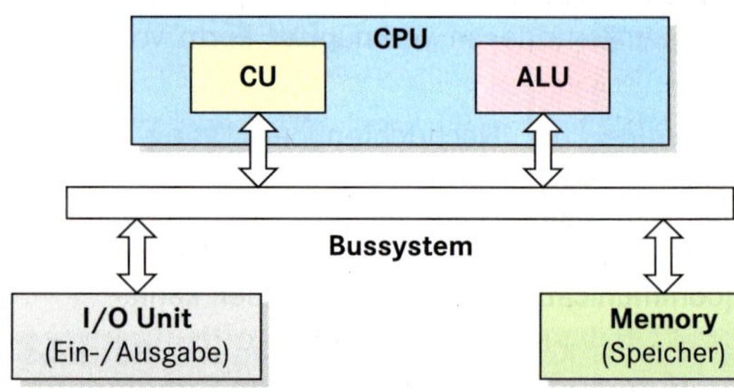

1: Grundsätzlicher PC-Aufbau

2: PC mit Peripheriegeräten

Elektropneumatik

In der Elektropneumatik werden elektrische und pneumatische Bauglieder, Komponenten, Bauteile usw. gemeinsam eingesetzt. Es kommt dabei zu einer sinnvollen Arbeitsteilung (Abb. 5).

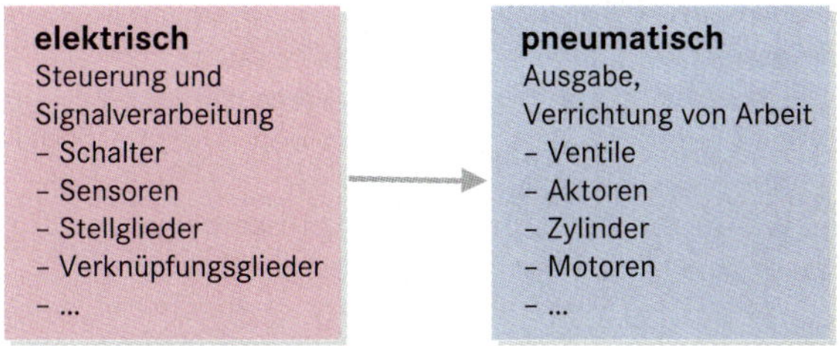

5: Aufgabenteilung

Signalumwandlung

In elektropneumatischen Steuerungen ist es erforderlich, dass Signale umgewandelt werden, elektrische Signale in pneumatische und umgekehrt. Eine Möglichkeit ist in Abb. 6 dargestellt.

Die Druckluft des pneumatischen Steuersignals am Anschluss 14 drückt gegen die Membran ①. Bei genügend großem Druck wird die Federkraft überwunden und es kommt zu einer Umschaltung ②. Die elektrischen Kontakte arbeiten als Wechsler.

Die Ausgabe des elektrischen Signals kann z. B. auch indirekt über Reed-Kontakte (s. Kap. 3.2.7) oder andere magnetische Schaltglieder erfolgen.

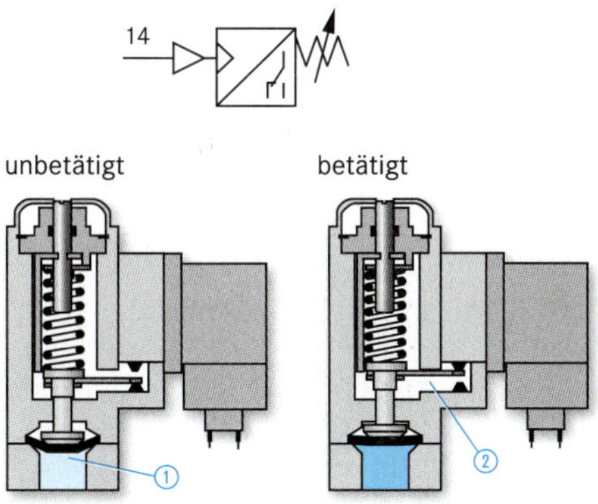

6: Signalumwandlung

3/2 Magnetwegeventil

Das in Abb. 7 dargestellte Ventil besitzt drei Anschlüsse und zwei Schaltstellungen. Die Betätigungsmöglichkeiten sind links am Ventilsymbol eingezeichnet. Der im Rechteck befindliche Schrägstrich kennzeichnet die elektromagnetische Betätigungsart. Das Rechteck mit dem Dreieck danach kennzeichnet die Vorsteuerung des Ventils. Das linke obere Symbol verdeutlicht, dass auch eine Handhilfsbetätigung des Ventils möglich ist. An der rechten Seite befindet sich das Symbol einer Feder zur Rückstellung des Ventils.

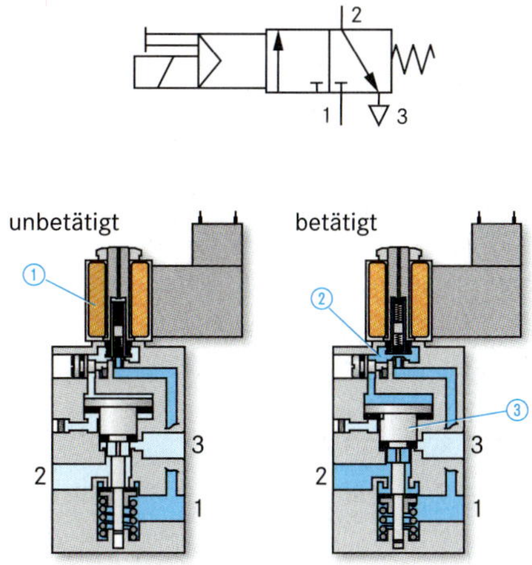

7: 3/2 Magnetventil

In der unbetätigten Ausgangsstellung (Abb. 7) fließt durch die Spule ① kein Strom. Das Ventil befindet sich in der Ruhestellung (Anschluss 2 ist nach 3 entlüftet). Wenn Strom durch die Spule fließt, wird das Vorsteuerventil ② betätigt. Der Vorsteuerkanal wird frei. Das Vorsteuerventil betätigt danach das Hauptventil ③ und Druckluft strömt von 1 nach 2.

Der Vorteil der Vorsteuerung besteht darin, dass der Verbrauch an elektrischer Energie geringer ist.

5/2 Magnetventil

Das 5/2 Magnetventil in Abb. 8 ist vorgesteuert, besitzt eine Handhilfsbetätigung und verfügt über zwei Magnetspulen. Folgende Situation ist dargestellt:

- Durch die Magnetspule 1 fließt Strom. Die Magnetspule 2 ist stromlos.
- Der Anschluss 3 ist gesperrt, 4 wird nach 5 entlüftet. Die Druckluft gelangt von 1 nach 2.

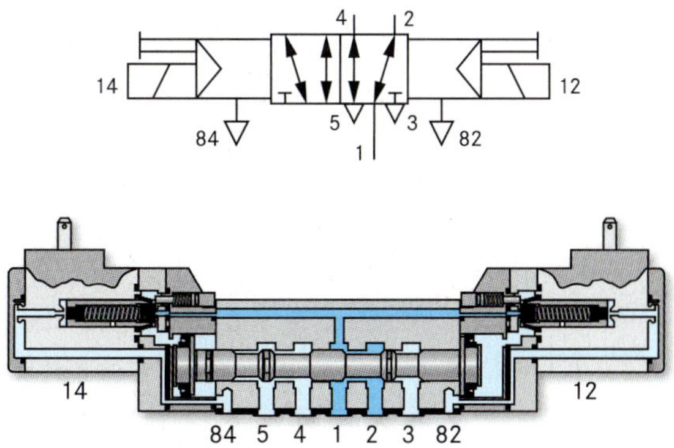

8: 5/2 Magnetventil

AUFGABE

1. Skizzieren Sie das Symbol des 5/2 Magnetventils entsprechend der Abb. 8, wenn eine Umschaltung erfolgt ist.

Steuerung von Zylindern

Zur Identifikation von Betriebsmitteln (Objekten) in pneumatischen und elektrischen Schaltplänen werden Referenzkennzeichen verwendet, die in ISO 1219-2 und DIN EN 81346-2 festgelegt sind. Nach ISO 1219-2 werden lediglich Ziffern verwendet. Nach DIN EN 81346-2 sind die Objekte mit Kennbuchstaben zu versehen, aus denen man den Zweck bzw. die Aufgabe des Objektes erkennen kann (Abb. 1).

	Zweck, Aufgabe	Beispiele
B	Signalumwandlung	Sensor
MB	Antreiben, magnetisch	Elektromagnet
MM	Antreiben, pneumatisch	Stellantrieb
QM	Schalten von Durchfluss	Ventil
QN	Verändern von Durchfluss	Rückschlagventil

1: Beispiele für Kennbuchstaben nach DIN EN 81346-2

Der Pneumatikplan in Abb. 2 enthält zwei Schaltkreise. Die Objekte sind dementsprechend mit den Ziffern 1 und 2 versehen. Aus Übersichtsgründen ist der Produktaspekt (-) weggelassen worden. Die Kennzeichnung erfolgt nach DIN EN 81346-2.

Wird das Ventil QM1 durch die Magnetspule MB1 geschaltet, strömt Druckluft über das betätigte Ventil in den doppeltwirkenden Zylinder MM1. Dieser fährt aus und betätigt in der Endlage den Sensor B2. Wird der Stromfluss durch MB1 unterbrochen, wird das Ventil QM1 durch die Federkraft in die Grundstellung zurückgeführt und durch die Zuleitung entlüftet. Der Zylinder MM1 fährt daher durch die Kraft der Rückstellfeder wieder in seine Grundposition zurück. Die Abluft entweicht über das Ventil QM1. Hat der Zylinder MM1 seine Endlage erreicht, wird der Sensor B1 betätigt.

Fließt durch die Magnetspule MB2 Strom, wird das Ventil QM2 betätigt. Die Druckluft wird dem Zylinder MM1 über das betätigte Ventil zugeführt. Die Abluft des Zylinders wird durch das Drosselrückschlagventil QN2 reduziert, sodass der Zylinder MM2 ausfährt. Die Abluft des Zylinders wird über das Ventil QM2 entlüftet. Mit Erreichen der Endlage wird der Sensor B4 betätigt. Wird die Spule MB2 abgeschaltet, geht das Ventil QM2 in Grundstellung zurück und die Zuluft drückt den Kolben des Zylinders MM2 in die Grundposition. Die Abluft entweicht über das Ventil QM2. Mit Erreichen der Endlage wird der Sensor B3 aktiviert. Der Prozess ist beendet.

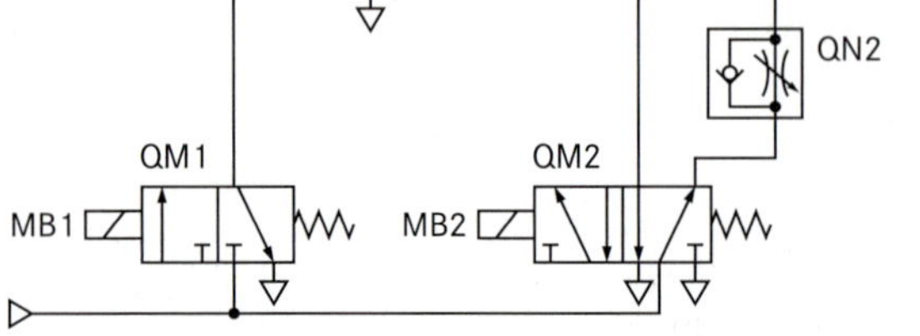

2: Pneumatikplan

Pneumatische Zeitverzögerung

In pneumatischen Steuerungen müssen bestimmte Prozesse zeitverzögert ablaufen. Einen möglichen Aufbau dazu zeigt Abb. 3. Es handelt sich um eine Kombination aus Drosselrückschlagventil, Druckluftbehälter und 3/2 Wegeventil.

Folgende Arbeitsweise ergibt sich:

- Druckluft strömt über den Steueranschluss 12 und das Drosselrückschlagventil in den Druckluftbehälter ①.
- Wenn der Steuerdruck für das nachfolgende 3/2 Wegeventil erreicht ist, schaltet dieses Ventil ②.
- Wenn das Steuersignal wieder abgeschaltet wird, schaltet das 3/2 Wegeventil in die Ruhestellung zurück.

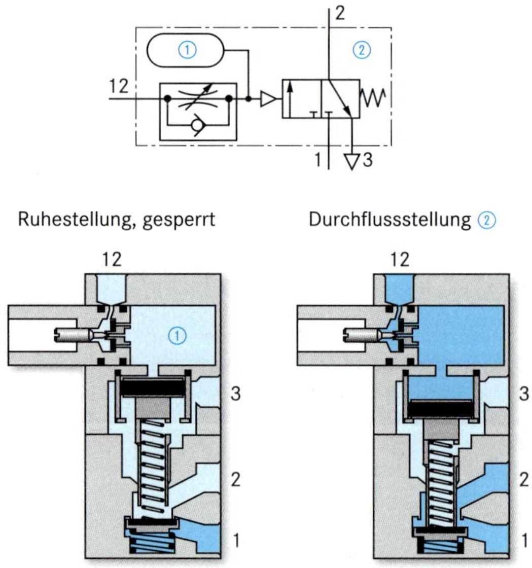

3: Zeitverzögerung

AUFGABE

1. In den Abb. 2 und 3 werden Drosselrückschlagventile eingesetzt. Es handelt sich um eine Kombination aus Drossel- und Rückschlagventil. Erklären Sie die grundsätzliche Arbeitsweise.

- In der Elektropneumatik werden elektrische und pneumatische Komponenten gemeinsam eingesetzt.
- Elektromagnete werden zur Betätigung von Ventilen verwendet.
- Mit Hilfe von Drosselrückschlagventilen kann der Durchfluss der Luft und somit die Geschwindigkeit eines Zylinders verändert werden.
- Mit Hilfe von Druckluftspeichern können zeitverzögerte Steuerungen aufgebaut werden.

4 Informationstechnik

4.1 Nachricht, Information und Kommunikation

In allen Bereichen der Gesellschaft und Technik werden Nachrichten [messages] empfangen, verarbeitet und weitergegeben. Sie fließen von der Nachrichtenquelle zur Nachrichtensenke (Abb. 4). Eine Nachricht ist jede Art von Mitteilung. Sie wird erst beim Empfänger zur **Information** [information], wenn dieser die syntaktischen (z. B. Zeichenart, Zeichenfolge) und semantischen (z. B. Bedeutung der Zeichen) Aspekte der Nachricht erkennt. Die Information ist also in der Nachricht eingebettet und somit der wesentliche Bestandteil der Nachricht. Umgangssprachlich werden diese Begriffe häufig nicht unterschieden.

4: Modell einer Nachrichtenübertragung

Zur Bewältigung verschiedenartiger Aufgaben im Bereich der Nachrichtenübertragung werden unterschiedliche Systeme eingesetzt. Sie werden benutzt, um Informationen aufzunehmen und auszugeben. Informationen werden aber auch bearbeitet, gespeichert, gesichert und systematisiert. Sie liegen dabei in sprachlicher Form, als Texte, in Form von Bildern, als Videosequenzen oder in verknüpfter Form vor (Multimedia).

Die Systeme zur Nachrichtenübertragung können durch Menschen bedient werden oder sie arbeiten vollautomatisch. Dabei kommt es zwischen den Systemen zu einem Informationsaustausch, der als **Kommunikation** [communication] bezeichnet werden kann.

Im Bereich der Kommunikation werden drei **Betriebsarten** unterschieden. Beim **Gegenbetrieb** (**Vollduplex-Betrieb** [full-duplex operation], Abb. 5a) sind die Partner bezogen auf den Kommunikationsprozess gleichwertig. Jede Endeinrichtung muss über eine entsprechende Sende- und Empfangseinrichtung verfügen. Außerdem muss die Übertragungsstrecke für diese **bidirektionale** [bidirectional] und simultane Kommunikation geeignet sein (z. B. beim Telefongespräch).

Beim **Wechselbetrieb** (**Halbduplex-Betrieb** [half-duplex operation]) können die Kommunikationspartner abwechselnd (**alternierend** [alternating]) die Rolle des Senders oder Empfängers übernehmen (Abb. 5b), sodass ein Dialogverkehr zwischen zwei Partnern (z. B. Mensch-Mensch, Mensch-Maschine) möglich wird. Jede Endeinrichtung muss in diesem Fall über Sende- und Empfangseinrichtungen verfügen. Die Übertragungsstrecke muss **bidirektional** [bidirectional] betreibbar sein (z. B. Kommunikation im Internet).

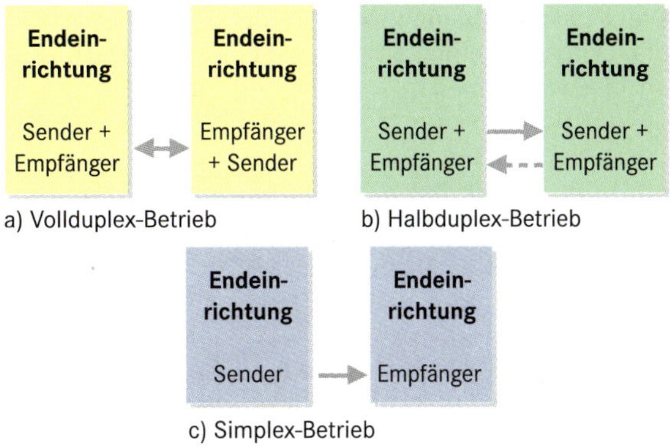

5: Betriebsarten der Kommunikation

Beim **Richtungsbetrieb** (**Simplex-Betrieb** [simplex operation]) erfolgt die Übertragung nur in eine Richtung (**unidirektional** [unidirectional]). Es gibt keine Möglichkeit, die Informationen vom Empfänger zum Sender zu transportieren (Abb. 5c, z. B. Verteilkommunikation von Rundfunk- und Fernsehsendungen).

In technischen Systemen werden Informationen verarbeitet. Sie werden dazu in Form von Zeichen oder kontinuierlichen Funktionen dargestellt. Man nennt diese Informationen dann **Daten** [data]. Mit ihnen lassen sich mathematische, umformende, übertragende oder speichernde Operationen durchführen.

Der Austausch von Daten zwischen einzelnen Systemen spielt eine wichtige Rolle. Die dabei verwendeten Geräte und Anlagen können sehr unterschiedlich sein. Als Datenquelle kann z. B. das Mikrofon im Telefon, das Faxgerät oder die Eingabetastatur eines Rechners dienen. Ebenso verschiedenartig können die Geräte auf der Empfängerseite (Datensenke) ausfallen. Verwendet werden als Ausgabegeräte z. B. Drucker, Kopiergeräte oder Monitore.

Verallgemeinert man die Funktionen der verschiedenartigen Geräte und Anlagen, dann handelt es sich immer um **Datenstationen** [data stations] (Abb. 6). Diese bestehen aus einer **Datenendeinrichtung** (**DEE** ①) [data terminal equipment, DTE] in Form einer Quelle oder Senke sowie einer **Datenübertragungseinrichtung** (**DÜE** ②) [data communication equipment DCE]. Die Kommunikation erfolgt von Endeinrichtung zu Endeinrichtung über entsprechende Übertragungskanäle.

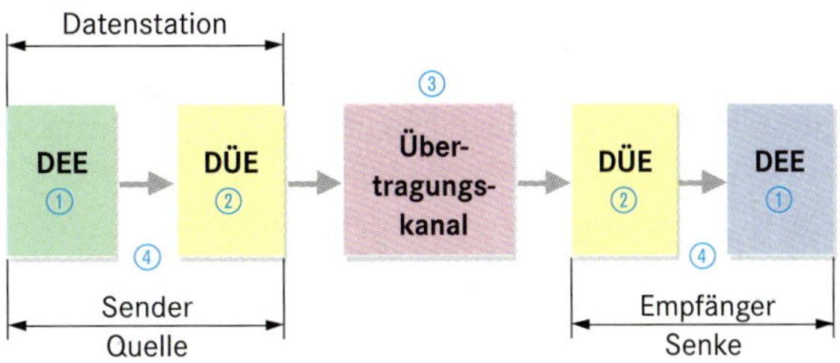

6: Datenstationen

Die Datenübertragungseinrichtung hat die Aufgabe, die Datenendeinrichtung an den Übertragungskanal anzupassen (Abb. 6 ③, Seite vorher), der z. B. aus einer Leitung oder Funkstrecke besteht. Neben den Informationsdaten werden über den Kanal auch die Steuerbefehle der DEE für den Auf- und Abbau der Verbindung sowie andere Meldungen weitergegeben.

Die elektrischen Eigenschaften der Signale sowie deren Bedeutung und die physikalischen Eigenschaften des Kanals zwischen der DEE und der DÜE (z. B. die Form des Steckers) sind in der Regel national oder international durch Empfehlungen oder Normen festgelegt. Diese wichtige Stelle zwischen DEE und DÜE bezeichnet man als **Schnittstelle** [interface] (Abb. 6 ④, Seite vorher).

Eine Schnittstelle ist festgelegt durch die
- physikalischen Eigenschaften (physikalische Schnittstelle),
- über die an der Schnittstelle austauschbaren Signale (logische Schnittstelle) und
- Bedeutung der Signale.

Die Kommunikation über eine Datenstation läuft nach Regeln ab. Das Regelwerk ist in Form eines **Übertragungsprotokolls** [transmission protocol] festgelegt. Es enthält syntaktische (z. B. Datenformat) und semantische (z. B. Anzahl der Kommandos, Rückmeldungen) Regeln sowie Zeitvorgaben für die Dauer bestimmter Abläufe. Damit die Übertragung erfolgreich ablaufen kann, müssen die an der Übertragung beteiligten Partner gleiche Protokolle verwenden.

Der Computer (Abb. 2) spielt bei der Dateneingabe, -übertragung und -ausgabe eine wesentliche Rolle. Er wird deshalb mit seinen Peripheriegeräten in den nachfolgenden Kapiteln ausführlich behandelt.

AUFGABEN

1. Erklären Sie Unterschiede zwischen Nachricht, Informationen und Daten.
2. Beschreiben Sie wesentliche Merkmale einer Schnittstelle.
3. Welche Aufgabe hat das Übertragungsprotokoll?
4. Welche Funktionen haben die Datenendeinrichtungen und Datenübertragungseinrichtungen?

- Informationen werden mit Hilfe von Kommunikationssystemen transportiert. Ohne Kommunikation gibt es keine Information.
- Eine Kommunikation kann bidirektional simultan, bidirektional alternierend oder unidirektional erfolgen.
- Daten sind vereinbarte und für die Verarbeitung aufbereitete Zeichen.
- Durch das Übertragungsprotokoll wird der Ablauf einer Datenübertragung festgelegt.

4.2 Computertechnik

4.2.1 Aufbau und Arbeitsweise eines PCs

In Abb. 1 ist vereinfacht die Arbeitsweise eines Computers dargestellt. Das Konzept wurde 1946 von dem ungarisch-amerikanischen Mathematikers John von Neumann (1903 – 1957) entwickelt und verfügt über folgende wesentlichen Einheiten:
- Ein- und Ausgabeeinheit für Daten [**I/O Unit**: **I**nput/**O**utput Unit]
- Speicher für Daten und Befehle [**Memory**]
- Zentrale Verarbeitungseinheit [**CPU**: **C**entral **P**rocessing **U**nit]

Die CPU (auch als **Prozessor** bezeichnet) besteht vereinfacht aus folgenden Einheiten:
- Rechenwerk [**ALU**: **A**rithmetical **L**ogical **U**nit]
  Es handelt sich um eine arithmetisch logische Einheit, die zur Durchführung arithmetischer und logischer Verknüpfungen verwendet wird.
- Steuerwerk, Leitwerk [**CU**: **C**ontrol **U**nit]
  Damit erfolgt eine Steuerung von Prozessen und Abläufen im Innern und die Kommunikation mit der „Außenwelt".

In diesem System werden nacheinander (sequenziell) die aus dem Speicher stammenden Befehle und Daten innerhalb einer bestimmten Zeit (Taktzyklus) verarbeitet. Der Datenaustausch zwischen den Komponenten erfolgt über Bussysteme (**BUS**: **B**idirectional **U**niversal **S**witch, Leitungen zwischen den einzelnen Komponenten).

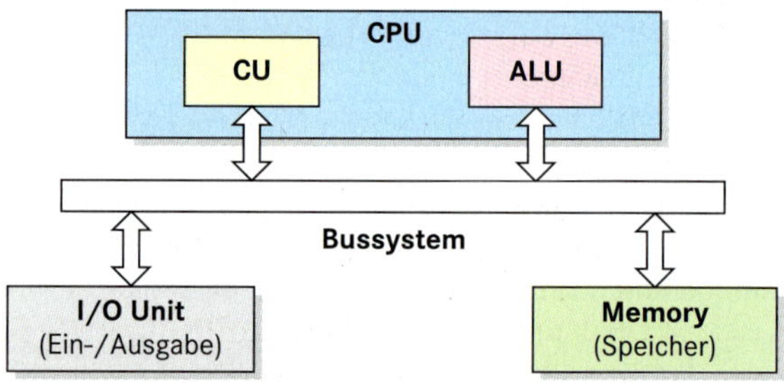

1: Grundsätzlicher PC-Aufbau

2: PC mit Peripheriegeräten

Bei Datenverarbeitungsgeräten wird der Begriff **Hardware** als Oberbegriff für die maschinentechnische Ausrüstung von Computeranlagen verwendet. Er umfasst alle physischen Bestandteile eines informationstechnischen Systems. Hardware lässt sich also immer „anfassen". Beispiele: Grafikkarte, Gehäuse, Prozessor, Druckerkabel, Tintenpatrone.

Zur Unterscheidung von Hardwarekomponenten werden die an den Computer angeschlossenen Geräte als **Peripheriegeräte** [peripheral devices] bezeichnet. Sie dienen der Dateneingabe und der Datenausgabe.

Die Grundsteuerung der Komponenten übernimmt ein Programm, das **BIOS** (**B**asic **I**nput **O**utput **S**ystem). Es befindet sich in einem auf der Hauptplatine untergebrachten Festwertspeicher.

Der Prozessor verarbeitet die Daten mit einer bestimmten Geschwindigkeit. Diese wird durch die **Taktfrequenz** gekennzeichnet (z. B. 2 GHz). Da sie nicht beliebig gesteigert werden kann, arbeiten CPUs oft mit zwei oder mehreren Rechnerkernen (**Multi-Core** Prozessoren, Mehrkernprozessoren). Zwischen den Einheiten erfolgt dann eine Arbeitsaufteilung (z. B. parallele Bearbeitung).

Wenn z. B. ein Prozessor mit 2 GHz arbeitet, werden pro Sekunde 2 Milliarden Bearbeitungszyklen durchlaufen.

Bei der Lauffähigkeit eines programms spielen immer der **Prozessor** und der Hauptspeicher (auch Arbeitsspeicher genannt) eine entscheidende Rolle. Da wiederum der Prozessor und der Hauptspeicher mit dem Mainboard eng aufeinander abgestimmt sein müssen, muss die Planung des Mainboards, der CPU und des Arbeitsspeichers als eine Einheit gesehen werden.

Die Gründe sind:

- Eine CPU passt nur auf einen bestimmten Sockel (Abb. 3), der sich auf dem Mainboard befindet.
- Eine CPU sendet die von ihr erzeugten Daten mit einer bestimmten Geschwindigkeit über den **BUS** (Leitungen zwischen den einzelnen Komponenten auf dem Mainboard mit zugehörigen Steuerkomponenten).

3: CPU-Sockel Typ 775 auf dem Mainboard

Damit der Hauptspeicher diese Daten mit einer gleich hohen Geschwindigkeit aufnehmen kann, müssen CPU und Hauptspeicher aufeinander abgestimmt sein.

Alle Prozessoren erwarten eine bestimmte Arbeitsumgebung. Die unterschiedlichen Hauptplatinen stellen dies durch den entsprechenden CPU-Sockel sicher. Hinsichtlich des Platinenlayouts werden **ATX-Formate** [**A**dvanced **T**echnology E**x**tended] verwendet (ATX: 305 x 244 mm; 12" x 9,6"). In Anlehnung an dieses Format gibt es Platinen mit größeren und kleineren Abmessungen. Ein Vorteil dieser Normung ist, dass die Ein- und Ausgabeeinheiten auf der Hauptplatine integriert sind.

Neben der Geschwindigkeit ist auch die Breite der Bussysteme für die Leistungsfähigkeit eines Computers von Bedeutung. Man unterscheidet Daten- und Adressbusse.

Ein **Datenbus** [data bus] transportiert Daten zwischen den einzelnen Komponenten hin und her. Je nach Anzahl der Leitungen (8, 16, 32, 64) können 8, 16, 32 oder 64 Bits transportiert werden. Die Breite des Busses gibt also an, wie viele Bits der Prozessor gleichzeitig an angeschlossene Komponenten schicken kann (z. B. an die Grafikkarte). Ein breiterer Datenbus bedeutet immer eine entsprechend höhere Arbeitsgeschwindigkeit.

Der **Adressbus** [address bus] verfügt entsprechend dazu über die Anzahl von 8, 16, 32, 64 ... Leitungen, die an jeder Speicherzelle anliegen. Je breiter der Adressbus ist, umso mehr Speicherzellen lassen sich unterscheiden. Dies bedeutet eine größere Anzahl gleichzeitig zu speichernder Informationen.

Die wichtigsten Komponenten eines Computers sind in Abb. 1 (nächste Seite) beispielhaft dargestellt.

- Ein PC besteht aus der CPU (Prozessor), der Ein- und Ausgabeeinheit sowie einem Speicher.
- Die CPU besteht aus Rechen- und Steuerwerk.
- Die PC-Komponenten kommunizieren über Bussysteme miteinander.
- Mit Hardware bezeichnet man die physikalischen Bestandteile eines Systems.
- Peripheriegeräte sind außerhalb des PCs untergebracht.
- Multi-Core Prozessoren verfügen über zwei oder mehrere Rechnerkerne.

In einem PC-Gehäuse befinden sich mindestens (Abb. 1):

- **Netzteil** [power supply unit] ① für die Energieversorgung aller Komponenten,
- **Hauptplatine** [mainboard, motherboard] ② als Grundleiterplatte, an der alle anderen Komponenten angeschlossen sind,
- **Prozessor** ③ als zentrale Verarbeitungseinheit zum Auszuführen der Programme,
- **Hauptspeicher** [main memory] ④, der die laufenden Programme und die gerade verarbeiteten Daten vorübergehend abgespeichert,
- **Festplatte** [hard disc drive] ⑤ zum dauerhaften Speichern von Daten und Programmen,
- **Grafikkarte** [graphics card] ⑥ zum Steuern der Bildschirmanzeige,
- **CD-, DVD- oder Blu Ray-Brenner** ⑦ als optische Speicher zum Abspielen und Brennen sowie
- **Kartenleser** [card reader] zum Auslesen von Speicherkarten.

Um das Gerät bedienen zu können, kommen mindestens noch folgende externe Peripheriegeräte hinzu:

- **Tastatur** [keyboard] zur Eingabe von Buchstaben, Zahlen, Symbolen und Tastenkombinationen als Befehle,
- **Maus** [mouse] als Zeigegerät, um grafische Benutzeroberflächen zu bedienen und
- **Monitor** [monitor] ⑪ als Anzeigegerät zur Darstellung von Texten, Bildern oder Videos.

4.2.2 Hardware

4.2.2.1 Hauptplatine

Auf dieser Leiterplatte sind die einzelnen Bauteile montiert und durch entsprechende Leitungen in mehreren Lagen miteinander verbunden.

Die wesentlichen Elemente einer Hauptplatine sind in Abb. 2 gekennzeichnet.

- Die Buchsen über die von außen Geräte an den Rechner angeschlossen werden können, sind **grün** markiert.
- Die Steckplätze [slots] für Erweiterungskarten (PCI-Express) sind **gelb** markiert, ebenso die Speicherbänke [memory banks] zum Einstecken von Hauptspeicher und der CPU-Sockel zum Einstecken der CPU.
- Mit **rot** markiert sind fest verlötete elektronische Chips, die neben der CPU zur Steuerung des Rechners beitragen.
- Mit **blau** markiert sind Anschlüsse, über die weitere Baugruppen des Rechners innerhalb des Gehäuses an das Mainboard angeschlossen sind.
- Mit **grau** markiert ist die Batterie für den Baustein, der die Rechnerkonfiguration speichert sowie Uhrzeit und Datum weiter berechnet, auch wenn der Rechner ausgeschaltet ist.

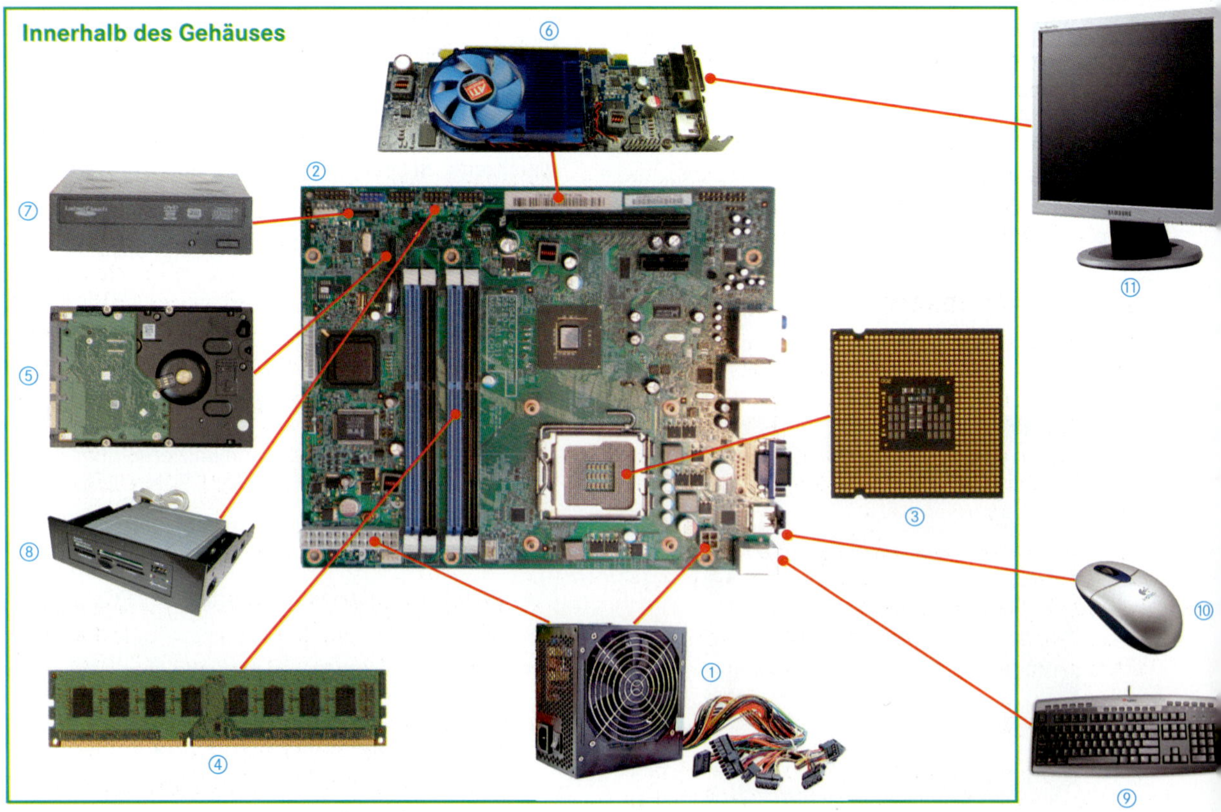

1: PC-Komponenten

2: Beispiel einer Hauptplatine

4.2.2.2 Interne Speicher

Die im Computer anfallenden Daten werden in Speichern abgelegt bzw. zwischengespeichert. Sie werden als **RAM** [**R**andom **A**ccess **M**emory] bezeichnet. Es handelt sich um Speicher mit wahlfreiem Zugriff, deren Daten also beliebig gelesen und beschrieben werden können. Wahlfrei bedeutet, dass jede einzelne Speicherzelle über ihre Adresse direkt angesprochen werden kann. Unterschieden werden dynamische und statische RAMs.

Dynamisches RAM (DRAM)

Bei diesem Speichertyp wird die Information in Form von elektrischer Ladung in einem Kondensator (s. Kap. 1.4.2) abgelegt. Da diese Ladung allmählich „verloren" geht (Kondensator entlädt sich), muss in bestimmten Abständen eine Auffrischung erfolgen (Refresh-Zyklus). Dynamische RAMs werden vorwiegend als **Arbeitsspeicher** verwendet.

Die einzelnen DRAMs werden auf Platinen in Form von **Speichermodulen** in Speicherbänken zusammengefasst (Abb. 3). Sie werden durch die
- Speicherkapazität (z. B. 256 MB, 512 MB, 1GB),
- Taktfrequenz (z. B. 133 MHz, 400 MHz) und
- maximale Datentransferrate (z. B. 1,6 MB/s)

gekennzeichnet.

Die Leistungsfähigkeit eines Computers hängt auch davon ab, wie schnell auf die gespeicherten Daten zugegriffen werden kann.

Die Datenübertragung erfolgt dabei während der Flanken eines Taktimpulses. Wenn sie während einer der beiden Flanken erfolgt, bezeichnet man den Speicher als **SDR-RAM** [**S**ingle **D**ata **R**ate RAM]. Wenn beide Flanken genutzt werde, handelt es sich um ein **DDR-RAM** [**D**ouble **D**ata **R**ate RAM].

Statisches RAM (SRAM)

Beim **SRAM** [**S**tatic **R**andom **A**ccess **M**emory] werden die Informationen als Zustand eines Flipflops (s. Kap. 3.4.3) gespeichert. Eine Auffrischung ist nicht erforderlich. Die Zugriffszeit ist deshalb kürzer als bei einem DRAM. Statische RAMs werden vorwiegend als **Zwischenspeicher** (Cache) des Prozessors eingesetzt.

3: Arbeitsspeichermodul

- Arbeitsspeicher (RAM) dienen zur Aufnahme der Befehle und Daten. Der Prozessor fordert vom Arbeitsspeicher die auszuführenden Befehle und zu bearbeitenden Daten an.
- Bei Stromunterbrechung geht der Inhalt des Arbeitsspeichers verloren.
- RAMs sind dynamische (DRAM) bzw. statische (SRAM) Speicher.

Bei den bisher angesprochenen Speichern handelte es sich um flüchtige Speicher, da ihre Daten beim Ausschalten des PCs gelöscht werden. Nach dem Einschalten des Computers werden aber sofort bestimmte Funktionen im **Bootvorgang** [boot process] aufgerufen (s. Kap. 4.2.4.2). Die Daten dazu liefert das **BIOS** [**B**asic **I**nput **O**utput **S**ystem]. Es handelt sich um ein abzuarbeitendes Programm, das in einem nichtflüchtigen Systemspeicher (**ROM** [**R**ead **O**nly **M**emory]) auf der Hauptplatine abgelegt ist. Es ist speziell auf den jeweiligen Computer abgestimmt und enthält u. a. auch die Einstellungen für die Hardwarekomponenten, mit denen die Hauptplatine zusammenarbeiten muss (Festplatte, CPU, Arbeitsspeicher, usw.).

Bei diesem Nur-Lese-Speicher kann es sich um ein **EPROM** [**E**raseble **P**rogrammable **ROM**] handeln. Die Daten werden durch ein spezielles Programmiergerät übertragen. Löschen und danach neu programmieren lässt sich das EPROM durch UV-Licht über ein Fenster an der Oberseite des Chips. Weiterentwicklungen sind das elektrisch löschbare **EEPROM** [**E**lectrically EPROM] und **Flash-PROM** (Flash-Speicherung s. Kap. 4.2.5.1).

Im BIOS befinden sich aber auch die Konfigurationsdaten, die bei der Herstellung des PCs anfallen. Sie müssen beim Einschalten des PCs zur Verfügung stehen und sind deshalb permanent in einem **CMOS-RAM** [**C**omplementary **M**etal **O**xide **S**emiconductor RAM] verfügbar (Abb. 1 ④), weil dieser Speicher ständig durch eine Batterie oder einen Akku ⑤ mit Spannung versorgt wird. Die Einstellungen können über das **BIOS-Setup** verändert werden (s. Kap. 4.2.4.2).

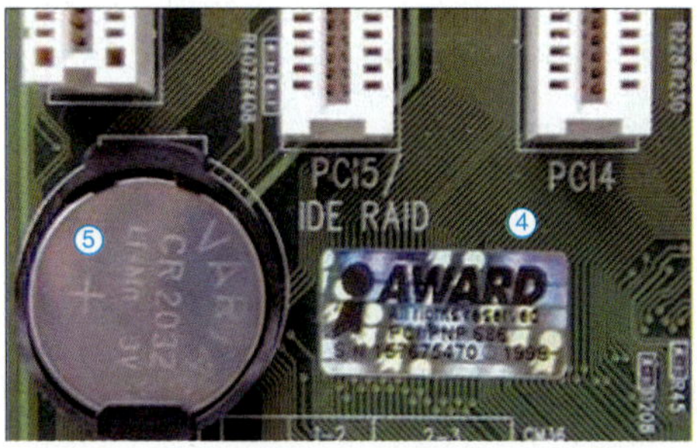

1: CMOS-RAM mit Spannungsquelle

- Für das BIOS werden die Speicherbausteinarten ROM und RAM verwendet.
- Die für das BIOS notwenigen Informationen (angeschlossene Festplatten, BIOS-Passwort usw.) werden in einem batteriegepufferten Speicher (CMOS-RAM) abgelegt.
- Die für das BIOS wichtigen Herstellerdaten des PCs sind in einem EPROM oder EEPROM gespeichert.
- Ein EPROM bzw. EEPROM ist ein nichtflüchtiger, löschbarer und programmierbarer Nur-Lese-Speicher.

4.2.2.3 Festplatten

Festplatten [hard disks] (auch **HDD**: **H**ard **D**isk **D**rive) sind Magnetplattenspeicher (Abb. 2). Träger der Speicherschicht sind runde, sehr dünne Aluminiumplatten ①, auf die beidseitig jeweils eine dünne Eisenoxid-Schicht aufgedampft ist. Die Scheiben sind als Stapel konzentrisch übereinander gelagert und starr miteinander verbunden.

Zum Lesen oder Schreiben der Daten greifen seitlich pro Scheibe zwei Schreib-Lese-Köpfe ② ein. Alle Schreib-Lese-Einheiten sitzen auf einem Kamm ③, sodass sie stets synchron über die Oberflächen bewegt werden. Die Bewegung des Kamms erfolgt über einen Linearmotor ④.

2: Festplatte

Die in Abb. 2 dargestellte Festplatte wird über eine 40-polige Datenleitung (EIDE-Bus: [**E**nhanced **I**ntegrated **D**evice **E**lectronic-Bus]) mit der Hauptplatine verbunden. Auf der Festplatte befinden sich entsprechende Buchsen und in der Regel zwei **EIDE-Controller**. Als Controller (Mikrocontroller) bezeichnet man eine integrierte elektronische Schaltung, mit der bestimmte Vorgänge gesteuert oder geregelt werden. An jeden EIDE-Bus lassen sich maximal zwei Laufwerke anschließen. Die Laufwerke werden dabei als Master (Herr) oder Slave (Sklave) mit Hilfe einer Steckbrücke (Jumper) eingestellt (Abb. 3) ⑤.

Mit dem **Master-Slave-Prinzip** [master-slave principle] kennzeichnet man eine hierarchische Verwaltung. Der Master hat den Vorrang, alle anderen sind nachrangig (Slaves).

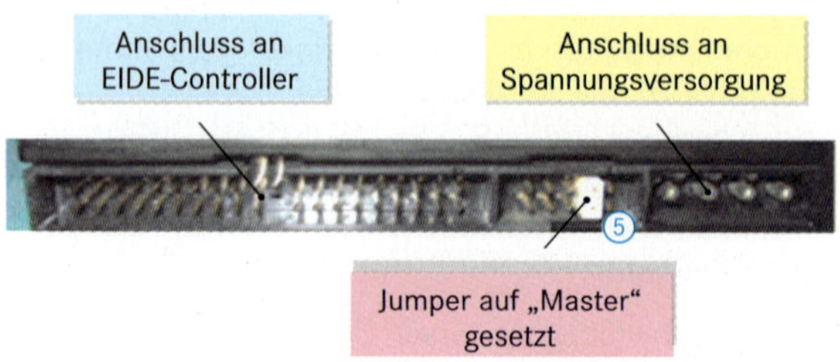

3: Anschlussleiste einer EIDE-Festplatte

Datenträgerorganisation

Die Organisation der Daten erfolgt in Spuren, Sektoren und Zylindern (Abb. 4). **Spuren** [tracks] sind konzentrische Kreispfade auf jeder Scheibenseite. Jede Spur erhält eine Nummer. Die Spur 0 liegt am äußeren Rand. Der Spurensatz, der auf allen Seiten der Platten im gleichen Abstand von der Mitte angelegt wird, bildet einen **Zylinder** [cylinders]. Hardware und Software arbeiten häufig mit diesen Zylindern. Die Ausschnitte der Spuren werden als **Sektoren** [sectors] bezeichnet. In ihnen kann eine bestimmte Datenmenge gespeichert werden.

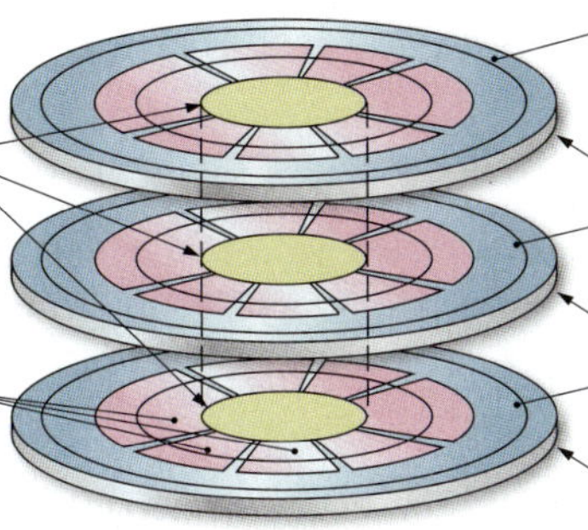

4: Datenträgerorganisation einer Festplatte

Werden EIDE-Festplatten verwendet, ergibt sich eine Begrenzung auf vier Laufwerke. Da CD- und DVD-Laufwerke auch die EIDE-Schnittstellen verwenden, reduziert sich beim Einsatz von CD- bzw. DVD-ROM-Laufwerken und einem Brenner die Anzahl der freien Plätze auf zwei.

Bei der EIDE-Schnittstelle erfolgt die Datenübertragung mit Hilfe paralleler Leiter (Bus). Bei neueren Computern werden dagegen serielle Schnittstellen (Serial ATA, s. Kap. 4.2.3.2) eingesetzt, bei denen diese Begrenzung nicht vorhanden ist.

Festplatten können zur Erweiterung auch extern angeschlossen werden. Verwendet werden dann die USB- oder FireWire-Schnittstelle (s. Kap. 4.2.3.3).

Festplatten können sehr große Datenmengen speichern. Die Kapazitätsangabe erfolgt im GB (Gigabyte). Gegenwärtig sind Festplatten mit 1000 GB und größer im Angebot.

AUFGABEN

1. Ermitteln Sie, wie viele Festplatten ihr Computer besitzt und wie groß die Kapazitäten sind.
2. Stellen Sie fest, in welche Partitionen die Festplatte Ihres Computers aufgeteilt ist.

- Eine Festplatte ist ein Datenspeicher, der aus rotierenden ferromagnetischen Scheiben besteht. Die binären Daten werden in Spuren, Sektoren und Zylindern organisiert.

Partitionen

Eine Festplatte kann in einzelne in sich zusammenhängende Bereiche (Partitionen [partitions]) aufgeteilt werden (Abb. 5). Sie wirken wie separate Laufwerke und werden deshalb von Windows-Betriebssystemen durch fortlaufende Buchstaben gekennzeichnet. Eine Partitionierung besitzt folgende Vorteile:

- Organisation der Dateien ist übersichtlicher
- Datenzugriff ist schneller
- Datensicherung durch Verlagerung von Daten
- Festplattenkapazität wird effizienter genutzt.

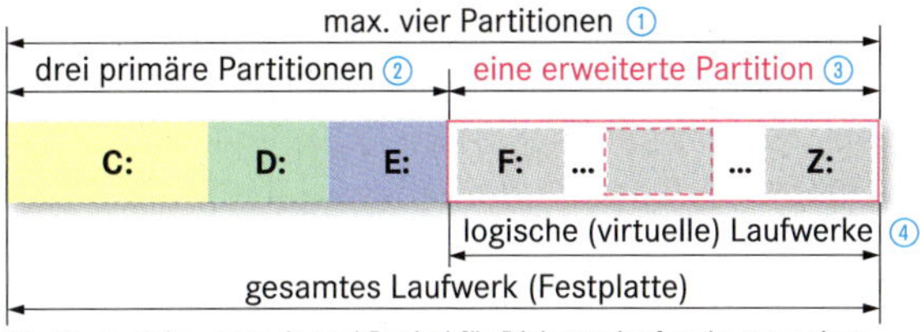

Die Kennzeichnungen A: und B: sind für Diskettenlaufwerke reserviert.

5: Partitionierung einer Festplatte

Die einzelnen Partitionen werden vom Betriebssystem des Computers wie **logische Laufwerke** behandelt. Ein Betriebssystem (Microsoft Windows) kann bis zu vier Partitionen verwalten ①, drei bootfähige Partitionen ② und eine **erweiterte Partition** ③. Die erweiterte Partition kann in nicht bootfähige logische Laufwerke ④ aufgeteilt werden. Jede Partition erhält zur Kennzeichnung einen Buchstaben mit Doppelpunkt (C: bis Z:).

Ungünstig bei Festplatten ist, dass mechanische Teile beim Schreiben und Lesen der Daten bewegt werden. Deshalb werden zunehmend **SSDs** [**S**olid **S**tate **D**isks] eingesetzt (Abb. 6). Es handelt sich um Speichermedien aus Halbleiterchips, die sich wie Festplatten verwenden lassen. Die Kapazitäten sind noch kleiner als die Kapazitäten herkömmlicher Festplatten. Außerdem sind die Preise höher.

6: Solid State Disk

- Partitionieren ist das Aufteilen eines Datenträgers (Festplatte) in einzelne, voneinander unabhängige Speicherbereiche.
- Separate Partitionen können für die Speicherung bestimmter Daten (Texte, Bilder, ...) verwendet oder für Mitbenutzer reserviert werden.

4.2.2.4 Optische Speicher

Die **CD** [**C**ompact **D**isk] ist ein Permanentspeicher, bei dem die Informationen optisch ausgelesen werden. Es gibt CDs, die nur gelesen werden können und solche, die einmal (**CD-R**) oder mehrfach (**CD-RW**) beschrieben werden können.

Gemeinsam ist allen CDs der spiralförmige Verlauf der **Datenspur** [data track] (Abb. 1). Innen beginnt der **Einlaufspurbereich** [lead-in] ①, der die Basisdaten (Inhaltsverzeichnis, Gesamtlänge, Tracks usw.) aufnimmt. Die Datenspur ② endet im Außenbereich mit dem **Spurauslauf** [lead-out] ③.

Die Datenspur wird von einem Laser mit der Wellenlänge 780 nm abgetastet. Die Reflexionen des Laserstrahls werden durch die **Lands** ④ am Übergang zu den **Pits** ⑤ gestört. Jeder Übergang zwischen Land und Pit und umgekehrt entspricht der logischen 1. Die Speicherkapazität beträgt 680 MB bis 800 MB.

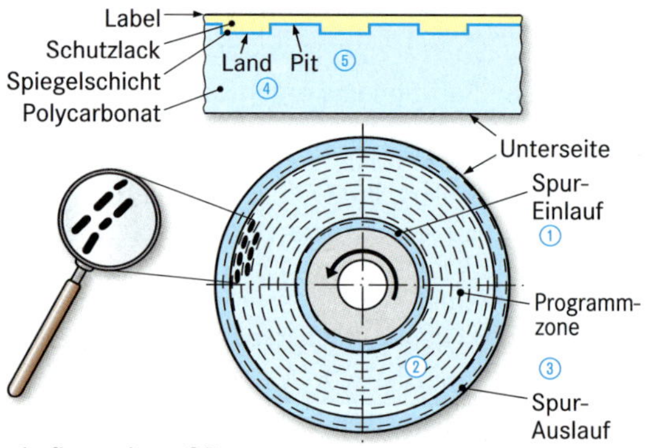

1: Aufbau einer CD

Bei den CDs werden unterschiedliche Leseverfahren angewendet. Bei älteren Laufwerken bis zur Klasse 10fach wird das **CLV**-Verfahren [**C**onstant **L**inear **V**elocity] eingesetzt. Die Geschwindigkeit der CD wird dabei angepasst, um die unterschiedlichen Spurlängen (innen-außen) auszugleichen. Die Datenübertragungsrate ist konstant.

Dagegen ist beim **CAV**-Verfahren (**C**onstant **A**ngular **V**elocity) die Drehzahl der CD konstant, die Datenübertragungsrate wird angepasst. Moderne Laufwerke arbeiten mit einer Kombination aus beiden Verfahren, um kürzere Zugriffszeiten und höhere Übertragungsraten zu erreichen.

Laufwerksklassen

CD-Laufwerke werden durch Relationsangaben (z.B. 52x = 52fach) in Klassen eingeteilt. Damit wird zum Ausdruck gebracht, dass dieses Laufwerk die 52fache Übertragungsrate gegenüber einem Single-Speed-Laufwerk besitzt.

Single-Speed (1x)
Übertragungsrate: 150 kB/s; Zugriffszeit: 600 ms

DVD

Die DVD [**D**igital **V**ersatile **D**isc] ist wie die CD ein optischer Permanentspeicher (Abb. 2). Unterschiede zur Compact Disk bestehen in den geometrischen Abmessungen der Datenspuren und der Anordnung der Informationsschichten. Während alle CDs nur eine Informationsschicht pro Scheibe haben, gibt es DVDs in vier verschiedenen Ausführungen. Bei DVDs können bis zu vier Informationsschichten (2 Schichten und 2 Seiten) genutzt werden (s. Abb. 3).

DVDs gibt es ähnlich den CDs als

- DVD-ROM (Audio-, Video- und Computerdaten),
- DVD-R (einmal beschreibbar) und
- DVD-RW (wiederbeschreibbar).

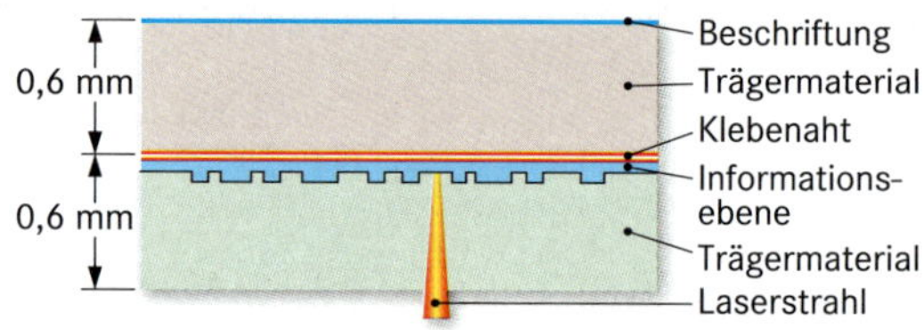

- Single Sided, Single Layer (eine Seite, eine Schicht)
- Videospielzeit ca. 2,2 Stunden

2: DVD 5 (4,7 GB)

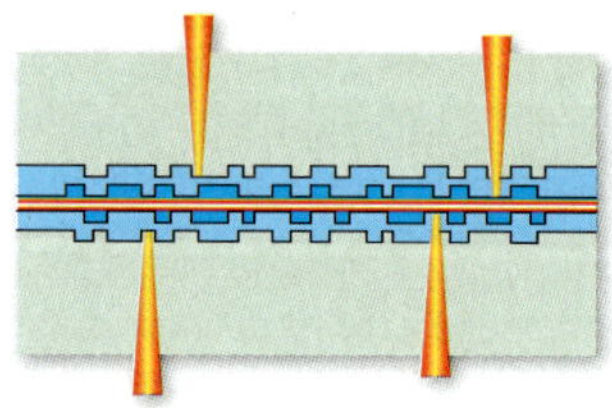

- Double Sided, Dual Layer (2 Seiten, 2 Schichten)
- Videospielzeit ca. 8 Stunden

3: DVD 18 (17 GB)

Die Speicherkapazität einer DVD ist erheblich größer als die einer CD. Die DVD kann deshalb auch für die Speicherung von Video-Signalen verwendet werden. Die Signale werden dazu digital codiert, reduziert und komprimiert, damit sie auf den Datenträger passen. Für DVDs wird das **MPEG-2** Verfahren [**M**oving **P**ictures **E**xpert **G**roup] verwendet, mit dem man einen Kompressionsfaktor von 1 : 50 erreicht. Das Verfahren wird auch als **Codec** (zusammengesetzt aus **Co**der und **Dec**oder) bezeichnet.

- CDs sind optische Permanentspeicher. Die zu speichernden Informationen werden durch Lands und Pits repräsentiert.
- CDs werden beim Herstellungsprozess gebrannt und können nur gelesen werden. Eine CD-R kann vom Nutzer nur einmal beschrieben werden.

Blu-ray Disc

Die Speicherkapazität von DVDs reicht nicht aus, um Spielfilme komplett und ohne Qualitätsverlust zu speichern. Aus diesem Grund und weil der Speicherbedarf gestiegen ist, wurde die Blu-ray Disc (**BD**) entwickelt. Die Bezeichnung bedeutet verkürzt „blauer Lichtstrahl" (blue ray). In Abb. 4 sind die Daten von CD, DVD und BD gegenüber gestellt.

Verwendet wird ein blau-violetter Laserstrahl. Der Durchmesser der Scheibe beträgt 12 cm wie bei der CD und DVD. Im Vergleich zur DVD sind der Abstand des Lasers zum Datenträger und die Schutzschicht verkleinert worden (0,1 mm). Die BD ist außerdem empfindlich gegen Schmutz.

Mit einer BD können z. B. Videos im HDTV-Format (hochauflösendes Fernsehen) oder 13 Stunden in DVD-Auflösung von 720 x 576 Pixel (PAL, VHS-Qualität) gespeichert werden. Wie bei der DVD werden folgende Varianten unterschieden:
- BD-ROM, nur lesbar
- BD-R, nur beschreibbar
- BD-RW, wiederbeschreibbar

Es gibt einseitige bzw. doppelseitige, ein- und zweischichtige Discs mit folgenden Kapazitäten:
- Eine Lage bis 27 GB
- Zwei Lagen bis 54 GB

CD	DVD	Blu-ray Disc
Abstände der Pits in µm		
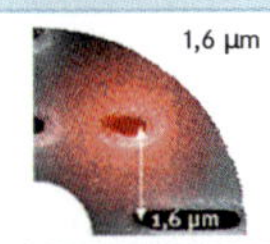	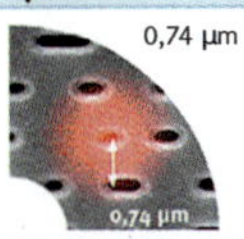	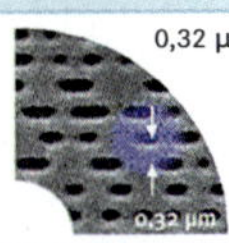
Speicherkapazität in GB, SL: Single Layer, DL: Double Layer		
0,68–0,8	SL: 4,7; DL: 8,5	SL: 25; DL: 50
Wellenlänge des Lasers, Laserspot-Durchmesser		
780 nm, Infrarot 2,1 µm	650 nm, Rot 1,3 µm	405 nm, Violett 0,6 µm
Datentransferrate in Mbit/s		
Mode 1: 1,2288 Mode 2: 0,6112	11,08	36–54
Video-Codec		
MPEG-1 (VCD) MPEG-2 (SVCD)	MPEG-1 (VCD) MPEG-2 (SVCD)	MPEG-1 (VCD) MPEG-2 (SVCD) VC-1, H.264
Spurweite in µm		
1,6	0,74	0,32

4: Optische Speicher im Überblick

- Mit einer Blu-ray Disc können komplette Spielfilme mit sehr guter Qualität gespeichert werden.

4.2.2.5 Akustikeinheit

Diese Einheit des Computers übernimmt die Ein- und Ausgabe, Bearbeitung und Erzeugung von akustischen Signalen. Die Aufgaben werden von einer **Soundkarte** [sound card] (Abb. 5) oder einem Soundchip übernommen, der direkt auf der Hauptplatine untergebracht ist. Diese letztere Lösung ist kostengünstig, aber verbunden mit einer geringeren Tonqualität.

Ein- und Ausgabe, Bearbeitung

Die analogen Signale (Sprache, Musik oder Geräusche aus verschiedenen Quellen) werden durch eine Puls-Code-Modulation (PCM) in digitale Signale umgesetzt. Mit einer entsprechenden Software können z. B. folgende Veränderungen vorgenommen werden:
- Teile löschen bzw. kopieren
- Klangdateien zusammenfügen/hinzufügen, mischen, speichern

Bei Soundkarten sind folgende Qualitätsmerkmale zu beachten:
- **Auflösung beim Digitalisieren** (s. Kap. 1.2.9): 8, 16, 24 Bit
- **Abtastrate (Samplingrate)**: 22; 44 (CD-Qualität); 96 oder 192 kHz
- **Weitere Qualitätsmerkmale**: Anzahl der Kanäle, Rauschverhalten, Frequenzgang, Abschirmung gegen Störsignale

Das Umformen der digitalen Signale in analoge Signale erfolgt in einem Digital-Analog-Umsetzer und die Wiedergabe durch einen Lautsprecher.

Signalerzeugung (Synthese)

Elektronische Musik lässt sich mit Hilfe interner Tongeneratoren erzeugen (Frequenzmodulation FM, **FM-Synthese**).

Es können aber auch gespeicherte Proben von Originalklängen einzelner Instrumente verwendet werden (**Wavetable-Synthese**). Die Erzeugung erfolgt mit Software-Synthesizern. Hierfür sind eine größere Rechenleistung und entsprechende Speicher erforderlich.

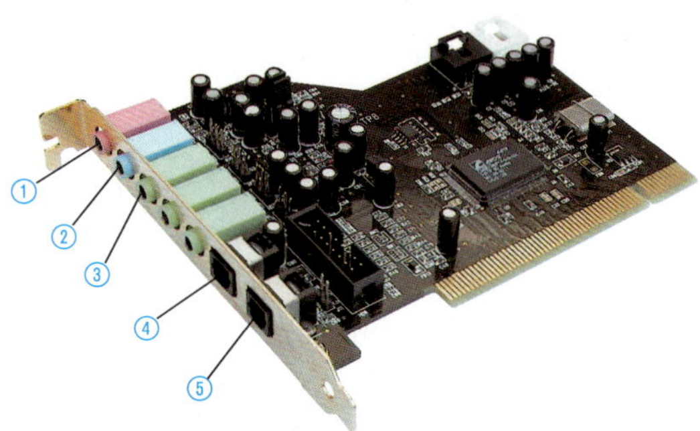

① Mic-in (Mikrofoneingang); ② Line-in (Aufnahme)
③ Line-out (Front, Rear, Center) / Headphone out;
④ Digital in; ⑤ Digital out

5: Soundkarte

Anschlüsse

Für die **analoge Übertragung** (Stecker/Buchse) werden Klinken- oder Cinch-Steckverbinder (Abb. 1) verwendet. In Abb. 2 sind die Buchsenfarben mit ihren Anschlüssen aufgeführt.

1: Cinch-Steckverbinder

Blau	Line-in für Aufnahmen (Stereo)
Rosa	Mic-in, Mikrofoneingang (Mono)
Orange	Center speaker, Subwoofer, Center- und Tiefbass-Lautsprecherausgang
Grün	Line-out, Kopfhörer- oder (Front-)-Lautsprecher-Ausgang (Stereo)
Schwarz	Rear speakers, Rücklautsprecherausgang (Stereo)
Silber	Side speakers, Seitenlautsprecherausgang (Stereo)

2: Kennfarben und Anschlüsse (Klinkenstecker)

Für die **digitale Übertragung** wird das **S/P-DIF**-Format (**S**ony/**P**hilips **D**igital **I**nterface) verwendet (verkürzt: SPDIF-Format). Folgende Typen werden unterschieden:

- Typ I: Professional mode, für professionellen Einsatz
- Typ II: Consumer mode, für heimische Endverbraucher

Als Leitungen werden Kaxialkabel mit Cinch-Steckverbindern und bei Lichtwellenleitern optische Steckverbinder (TOSLINK-Anschluss: TOShiba-LINK) verwendet (Abb. 3). Die optische Datenübertragung hat den Vorteil, dass keine elektromagnetischen Störungen auftreten können. Die Leitungen sind aber teurer als Kupferleitungen und der Biegeradius ist geringer.

3: Optischer Steckverbinder

- Über die Akustikeinheit (Soundkarte) des PCs lassen sich Tonsignale ein- bzw. ausgeben, bearbeiten und erzeugen (Synthesizer).
- Audiodaten werden mit Kupfer- oder Lichtwellenleitern übertragen.

4.2.2.6 Grafikkarte

Die Grafikkarte [graphics card] ist das Bindeglied zwischen dem Prozessor (CPU) und der Bildschirmanzeige. Sie kann als Erweiterungskarte (Abb. 4) eingesteckt sein, oder sich in Form integrierter Schaltungen auf der Hauptplatine befinden.

4: Grafikkarte

Die CPU legt das Bild im Video-RAM (**VRAM**: **V**ideo-**RAM**) ab, der kürzere Zugriffszeiten als normale RAMs besitzt. Ein Grafik-Chip (Video-Chipsatz) überprüft die Daten und erzeugt ein digitales Bildsignal.

Grafikkarten besitzen in der Regel einen eigenen Arbeitsspeicher (z. B. 512 MB), in dem die Grafikdaten vom Grafikprozessor abgelegt werden. Seine Größe bestimmt im Wesentlichen die Abbildungseigenschaften der Grafikkarte (Farbtiefe, Bildauflösung).

Das ausgegebene Bild besteht aus einzelnen Bildpunkten (Pixeln) die in Zeilen und Spalten angeordnet sind (s. Kap. 4.2.5.2). In Abb. 5 sind einige Standards für die Auflösung aufgeführt.

Standard		Auflösung 1)
VGA	[Video Graphics Array]	640 x 480
SVGA	[Super VGA]	800 x 600
XGA	[Extended Graphics Array]	1024 x 768
SXGA	[Super XGA]	1280 x 1024
UXGA	[Ultra XGA]	1600 x 1200
HDTV	[High Definition Television]	1920 x 1080
QXGA	[Quad XGA]	2048 x 1536
1) Pixel horizontal x vertikal		

5: Standards der Bildauflösung

Die Ausgangssignale der Grafikkarte können analog oder digital sein. Monitore mit einer Bildröhre (s. Kap. 4.2.5.2) verarbeiten analoge Signale und verfügen über einen VGA-Anschluss mit 15 Polen (VGA-SubD-Anschluss, Abb. 6).

AUFGABE

1. Ermitteln Sie die Pinbelegung einer VGA-Buchse.

- Die Grafikkarte steuert die Anzeige auf dem Bildschirm und bestimmt im Wesentlichen die Qualität der Bildschirmanzeige.

DVI

Die DVI-Schnittstelle [**D**igital **V**isual **I**nterface] (Abb. 1a) dient der Übertragung digitaler Daten von der Grafikkarte z. B. an einen TFT-Monitor (s. Kap. 4.2.5.2). Die Anschlüsse sind wie folgt belegt:

- **DVI-I** (DVI-Integrated)
  Digitale und analoge Übertragung
- **DVI-D**
  Rein digitale Übertragung (nur Pin 1 bis 24 sind verfügbar, ohne C1 bis C5)
- **DVI-A**
  Rein analoge Übertragung (C1 bis C5)

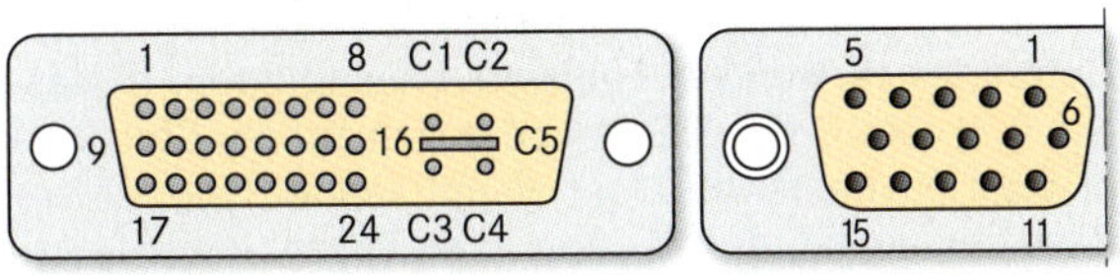

a) DVI b) VGA

6: Ausgänge von Grafikkarten

> **Merkmale von 3D-Grafikkarten**
>
> **Texturmapping/Multitexturing**
> Das ist ein Verfahren, bei dem ein Bitmap auf ein 2D- oder 3D-Objekt aufgebracht wird, um eine realitätsnahe Szene zu erzeugen. Das Objekt besteht aus vielen Polygonen (Drahtgeflechte). Beim Multitexturing werden mehrere Texturen übereinander gelegt, um den Einfluss von Licht zu simulieren.
>
> **Texturkompression**
> Texturkompression ist ein Verfahren, um den Speicherbedarf von Texturen zu verkleinern.
>
> **Anti-Aliasing**
> Die Grafikhardware kann wegen der digitalen Signale eine Linie immer nur durch Sampling angenähert darstellen. Unter Sampling versteht man die Erfassung eines analogen Signals in bestimmten Zeitabständen. Da die Erfassung nicht unendlich klein sein kann, entstehen Treppenstufen. Anti-Aliasing wird zur Kantenglättung eingesetzt.
>
> **Dithering**
> Dem Betrachter werden mehr Farben vorgegaukelt, als tatsächlich zu sehen sind. Der Effekt wird durch eine bestimmte Anordnung von Farbpunkten erreicht. Dabei helfen die Eigenschaften des menschlichen Auges, diese Punkte durch Unschärfe zu einem Bild zusammenzufassen.
>
> **Fillrate/Memory Bandwidth**
> Die Füllrate gibt an, wie viele Pixel eine Grafikkarte pro Sekunde tatsächlich in den Bildspeicher transportieren kann.
>
> **Perspective Correction**
> Ohne Perspective Correction können Texturen auf Objekten verzerrt oder verbogen erscheinen oder sie verlaufen nicht korrekt in der Tiefe der Szene.

4.2.3 Schnittstellen

4.2.3.1 Serielle und parallele Schnittstellen

In Abb. 7 sind unterschiedliche Anschlüsse für Schnittstellen eines PCs abgebildet. Je nach Schnittstelle können die Daten nacheinander (seriell) über eine Leitung oder nebeneinander und gleichzeitig über mehrere Leitungen (parallel) übertragen werden.

Die Eingabegeräte Tastatur und Maus können z. B. an der **seriellen Schnittstelle** [serial interfaces] mit der Bezeichnung **PS/2** angeschlossen werden (Personal System/2 ① ⑯).

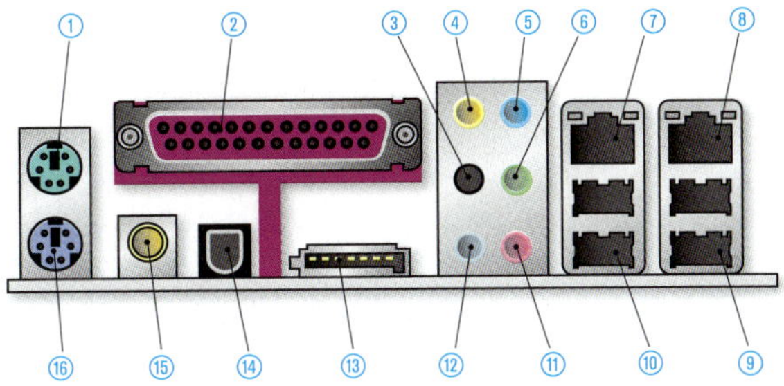

① PS/2 Maus	⑨ USB (s. Kap. 4.2.3.3)
② Paralleler Anschluss	⑩ USB
③ Seitenlautsprecher	⑪ Mic-in
④ Lautsprecher Mitte/ Subwoofer	⑫ Lautsprecher hinten
⑤ Line-in	⑬ SATA (s. Kap. 4.2.3.2)
⑥ Line-out	⑭ Optisch S/P-DIF (s. Kap. 4.2.2.5)
⑦ LAN 1 (s. Kap. 4.2.2.5)	⑮ Koaxial S/P-DIF
⑧ LAN 2	⑯ PS/2 Tastatur

7: PC-Anschlüsse

PCs verfügen mitunter noch über zwei Schnittstellen RS 232 (V.24), COM 1 und COM 2 (**COM**: **Comm**unication, in Abb. 7 nicht dargestellt). Es handelt sich um eine serielle Schnittstelle, deren Arbeitsweise kurz erläutert werden soll (Abb. 8). Die einzelnen Bits des Datenwortes werden nacheinander über eine Leitung von der Datenendeinrichtung gesendet. Das in Abb. 8 dargestellte 8-Bit-Datenwort 01010011 beginnt noch mit dem Startbit (0) und endet mit einem oder zwei Stoppbits (1). Das Datenwort beginnt mit dem niederwertigsten Bit [**LSB**: **L**east **S**ignificant **B**it]. Das Ende wird durch das höchstwertigste Bit [**MSB**: **M**ost **S**ignificant **B**it] gekennzeichnet. Über das Startbit erfolgt eine Synchronisation zwischen Sender und Empfänger.

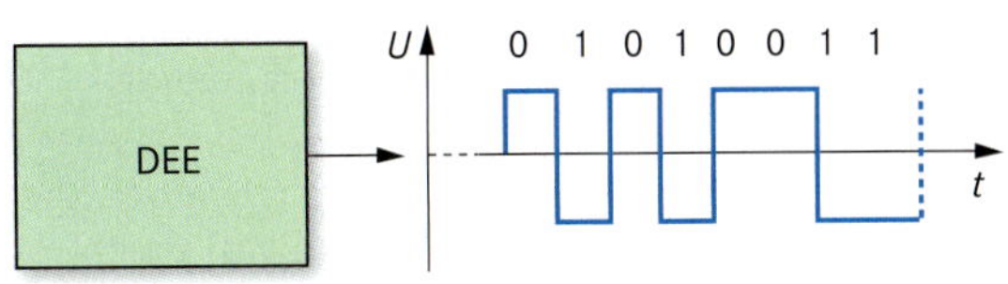

8: Serieller Datenstrom

Die Steckverbinder der COM-Schnittstelle sind 9- bzw. 25-polig (Abb. 1). Für den bidirektionalen Betrieb sind mindestens drei Adern erforderlich (Sendedaten, Empfangsdaten, GND).

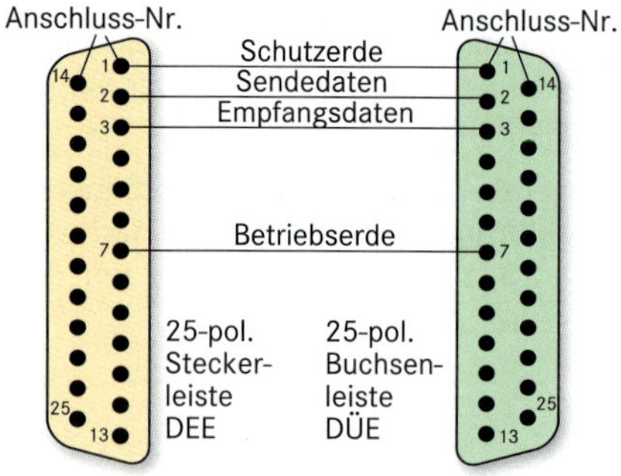

1: Stecker- und Buchsenleiste RS 232

Das Prinzip einer **parallelen Schnittstelle** [parallel interface] ist in Abb. 2 dargestellt. Am Ausgang der Datenendeinrichtung befinden sich 8 Datenleitungen (Bus-Leitungen), über die gleichzeitig Daten übertragen werden.

Drucker besitzen mitunter noch eine parallele Schnittstelle (Abb. 7, S. 237 ②). Sie wird auch als **Centronics-Schnittstelle** (Herstellername) bezeichnet. Aufgrund der parallelen Übertragung kann im Vergleich zur seriellen Übertragung über eine RS-232-Schnittstelle eine 8fache Übertragungsgeschwindigkeit (bei 8 Bit = 1 Byte) erreicht werden. Beim Windows-Betriebssystem wird die zur Verfügung stehende parallele Schnittstelle als **LPT** [**L**ine **P**rinter] bezeichnet.

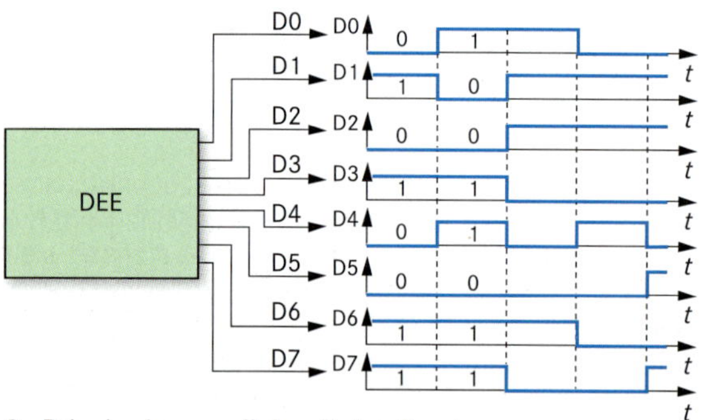

2: Prinzip der parallelen Datenübertragung

AUFGABE

1. Ermitteln Sie mit Abb. 2 die übertragenen Datenwörter für die ersten vier Zeitabschnitte.

- Bei der seriellen Datenübertragung werden die Bits einzeln nacheinander über eine Leitung übertragen.
- Bei der parallelen Datenübertragung werden alle Bits eines Datenelements (z. B. 1 Byte) gleichzeitig über eine Leitung übertragen.

4.2.3.2 Interne PC-Schnittstellen

In Kap. 4.2.2.1 ist beispielhaft die Hauptplatine eines PCs abgebildet (Abb. 2, S. 231). Erkennbar sind die **Serial ATA** und **PCI-Express** Steckplätze für Erweiterungsbaugruppen mit ihren entsprechenden Schnittstellen. In älteren PCs sind dagegen folgende Steckplätze vorhanden:

- **IDE** [**I**ntegrated **D**evice **E**lectronics]
- **ISA** [**I**ndustrial **S**tandard **A**rchitecture]
- **PCI** [**P**eripheral **C**omponent **I**nterconnect]

IDE

Diese parallele Schnittstelle (Abb. 3) wird für Geräte mit Controller verwendet (Laufwerke, Festplatten, s. Kap. 4.2.2.3). Der Controller befindet sich auf der Steckkarte oder ist Bestandteil der Hauptplatine. Eine andere Bezeichnung lautet **ATA** [**A**dvanced **T**echnology **A**ttachment]. Die Datenleitung zwischen Gerät und Hauptplatine ist 40-polig bei einem 16 Bit breiten Datenbus. Die theoretische Datenübertragungsrate beträgt 13,3 MB/s. Eine Erweiterung ist die **EIDE-Schnittstelle** [**E**nhanced **IDE**] mit einer höheren Übertragungsrate.

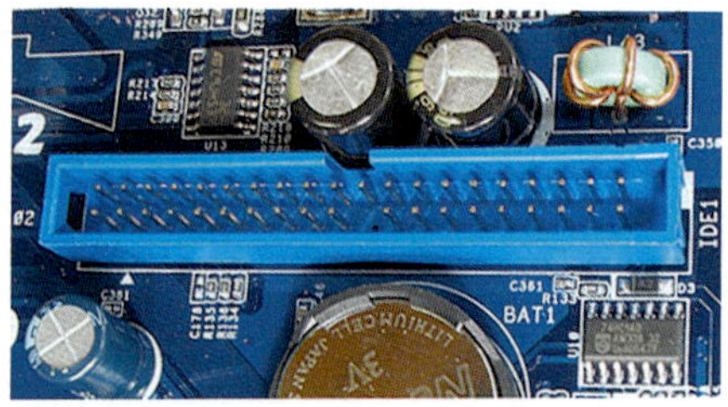

3: IDE

Serial-ATA (SATA)

Die Datenübertragungsrate von EIDE-Schnittstellen reicht nicht aus, um z. B. Videos und große Grafiken in einer vertretbaren Zeitspanne zu übertragen. Deshalb werden seit dem Jahr 2000 zunehmend Festplatten und Laufwerke mit Serial-ATA-Schnittstellen (SATA) [**S**erial **A**dvanced **T**echnology **A**ttachment] eingesetzt. Es handelt sich hierbei um eine serielle Schnittstelle, die gegenüber EIDE (ATA) folgende Vorteile besitzt:

- Die Leitungsführung ist durch eine vergleichsweise dünne Anschlussleitung vereinfacht.
- Die Steckplätze sind kleiner (Abb. 4).
- Die Luftströmung im PC zur Kühlung wird durch die dünnen Leitungen weniger behindert.
- Die Datenübertragungsrate ist höher.
- Ein Austausch von Datenträgern im laufenden Betrieb (Hot-Plug) ist möglich.

4: Serial-ATA

Die **Datenleitung** ist 8 mm breit (1/4"), flexibel, und besitzt 7 Adern. Die maximale Länge wird mit 6 m angegeben. Die Signalspannung beträgt ± 250 mV (**LVDS**: **L**ow **V**oltage **D**ifferential **S**ignalling).

Serial ATA gibt es in den Versionen I, II und III. Sie unterscheiden sich in der Datenübertragungsrate. Bei Serial ATA III beträgt sie z. B. 600 MB/s.

Die Spannungsversorgung für 3,3 V; 5 V oder 12 V erfolgt über einen Stecker mit 15 Pins (2½-Zoll-Notebook und für 3½-Zoll-Festplatten, Abb. 5).

5: Serial-ATA

PCI

Die ISA-Schnittstelle wird seit etwa 1980 in PCs für Erweiterungsbaugruppen verwendet. Sie ist durch die PCI-Schnittstelle abgelöst worden (Abb. 6). Bei PCI werden die Adressen und Daten parallel mit 32 oder 64 Bit übertragen. Es gibt die unterschiedlichen Versionengruppen **PCI Conventional** und **PCI-X**. Sie unterscheiden sich in der Datenübertragungsrate, Spannung und in der mechanischen Baugruppencodierung (Abb. 6a). Beispiele:
- PCI 33: 266 MB/s, 64 Bit
- PCI-X 533: 4266 MB/s, 64 Bit

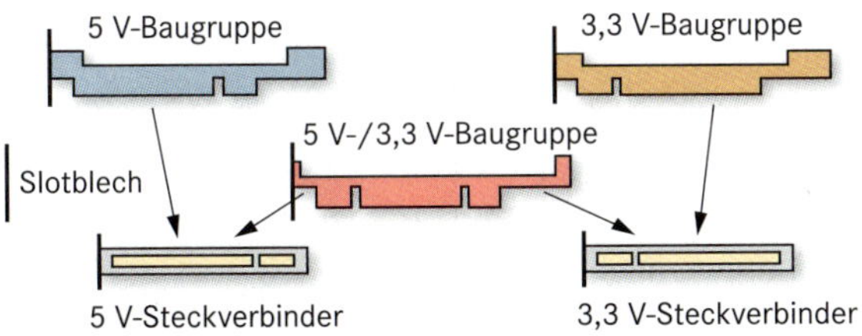

a) Baugruppen-Codierung

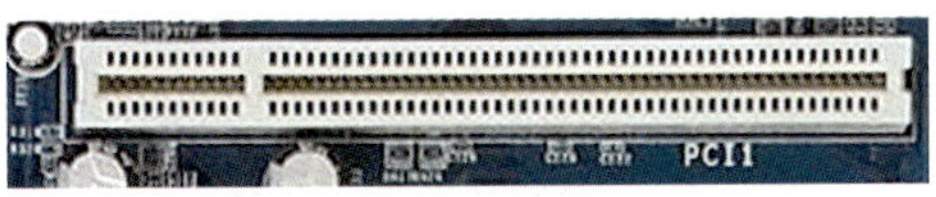

b) Slot (5 V)

6: PCI

- IDE- und EIDE-Schnittstellen werden für den Anschluss von Festplatten und Laufwerken verwendet.
- Die Schnittstelle Serial ATA arbeitet seriell und wird vorwiegend für Festplatten und Laufwerke verwendet.

PCI-Express (PCIe)

Die PCI-Schnittstelle wird zunehmend durch die **PCI-Express-Schnittstelle** [**P**eripheral **C**omponent **I**nterconnect **E**xpress] ersetzt. Die Datenübertragungsrate ist größer als bei PCI und erfolgt im Gegensatz dazu in serieller Form über Leitungspaare [Lanes] und in Paketen. Ein Leitungspaar dient zum Senden, das andere zum Empfangen. In Abb. 7 ist die Datenübertragung bei PCIe x1 vereinfacht dargestellt. Folgende Daten-übertragungsraten werden erreicht:
- PCI-Express x1: 400 Mbit/s
- PCI-Express x4: 1,6 Gbit/s
- PCI-Express x8: 3,2 Gbit/s
- PCI-Express x16: 6,4 Gbit/s

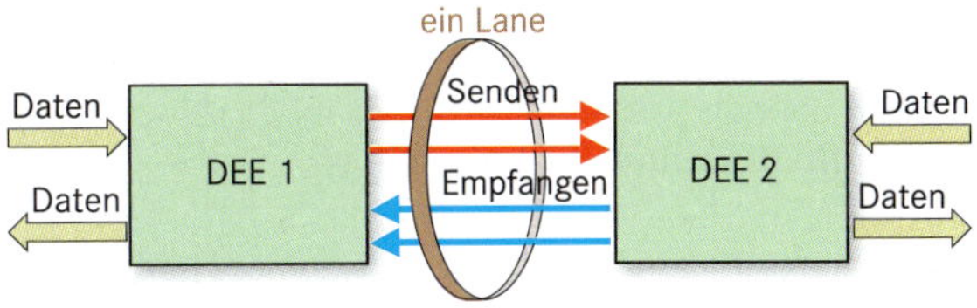

7: PCI-Express x1

Die Anzahl der Lanes ist skalierbar (x1, x4, x8, x16). Dementsprechend ergeben sich unterschiedlich große Steckplätze. In dem Ausschnitt der Hauptplatine von Abb. 8 sind drei PCI-Express-Schnittstellen (x1, x4 und x16) zu erkennen.

8: Hauptplatine mit PCI-Express-Steckleisten

AUFGABE

1. Stellen Sie an Ihrem Computer fest, welche internen Schnittstellen sich auf der Hauptplatine befinden.

- PCI- und PCI-Express-Schnittstellen werden für den Anschluss von Erweiterungsbaugruppen verwendet.
- PCI-Express ist eine serielle Schnittstelle.

4.2.3.3 Externe PC-Schnittstellen

Externe PC-Schnittstellen sind dazu da, Peripheriegeräte mit dem Computer zu verbinden. Wichtige Schnittstellen sind USB und IEEE 1394 (FireWire).

USB

Mit USB [**U**niversal **S**erial **B**us] wird ein universeller serieller Bus bezeichnet, über den sich Peripheriegeräte (z. B. Tastatur, Monitor, Drucker, Modem, Telefon) vereinfacht an den PC anschließen lassen. Die Versionen 1.1 (seit 1996) und 2.0 (seit 2000) arbeiten nach dem gleichen Prinzip und können deshalb gemischt betrieben werden.

Das USB-System ist sternförmig aufgebaut (**Sterntopologie**) und kann bis zu 127 Geräte verwalten. Erreicht wird dies über einen **Hub** (Verteiler, Abb. 1). Geräte können während des Betriebes hinzugefügt bzw. entfernt werden [**hot plugging**].

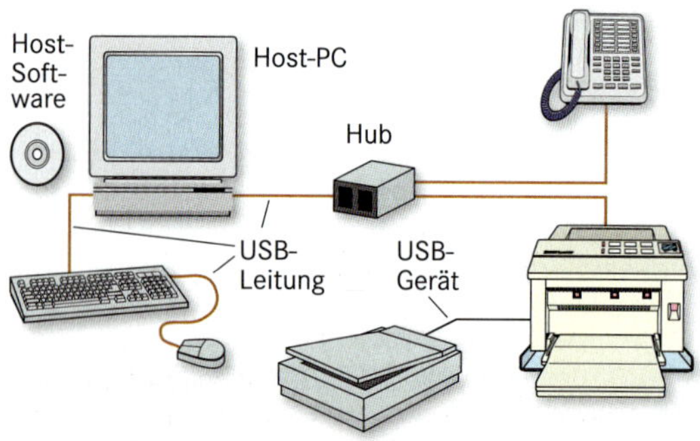

1: USB-Anschlussbeispiele

Das System wird vom **USB-Host**-Controller im PC verwaltet und gesteuert (Abb. 1). Jede Verbindung, z. B. Host-Hub oder Hub-Hub, stellt eine Punkt-zu-Punkt-Verbindung dar.

Die Datenübertragungsrate beträgt bei **USB 1.1** 1,5 Mbit/s (low speed) und 12 Mbit/s (full speed). Mit **USB 2.0** werden 480 Mbit/s erzielt (high speed).

Über die **Anschlussleitung** lässt sich auch eine Energieversorgung der Geräte vom PC aus realisieren (Energiebedarf bis insgesamt 2,5 W, Abb. 2). Insgesamt sind dann 4 Leiter erforderlich, zwei Adern für die Spannungsversorgung und zwei Adern für die Signalübertragung. Verwendet werden

- Unshielded Twisted Pair (UTP) für 1,5 Mbit/s bei max. 3 m Kabellänge und
- Shielded Twisted Pair (STP) für 12 Mbit/s bei max. 5 m Kabellänge.

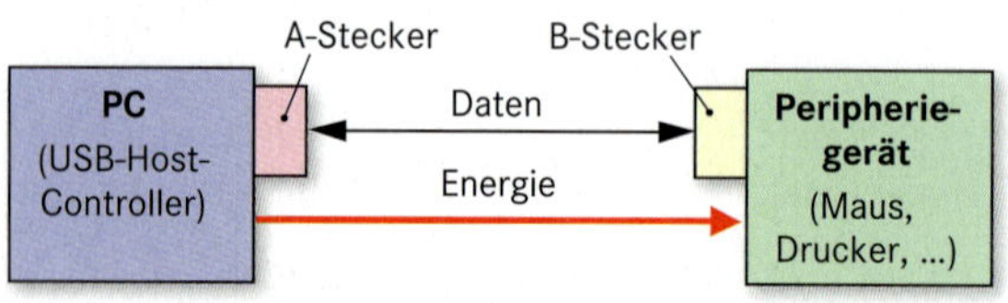

2: USB-Schnittstelle

Die verpolungs- und vertauschungssicheren Stecker werden nach Typ A und B unterschieden (Abb. 3). Typ A wird für den Anschluss am PC verwendet, Typ B für die angeschlossenen Geräte. Für Geräte mit geringem Platzangebot sind Mini- und Mikro-Steckverbinder im Einsatz. Für die industrielle Anwendung gibt es noch quadratische Stecker mit der Möglichkeit, 12 V bzw. 24 V zu übertragen. Die Stecker-Pins und Aderfarben sind in Abb. 4 aufgeführt.

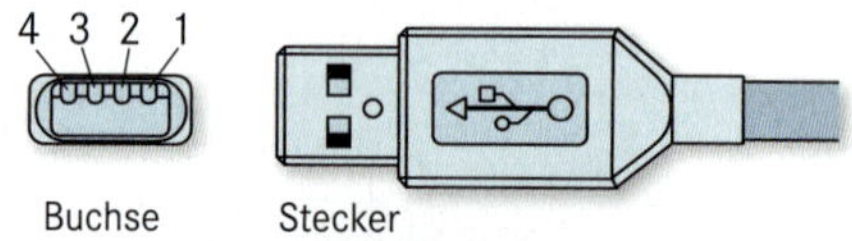

a) Typ A (upstream)

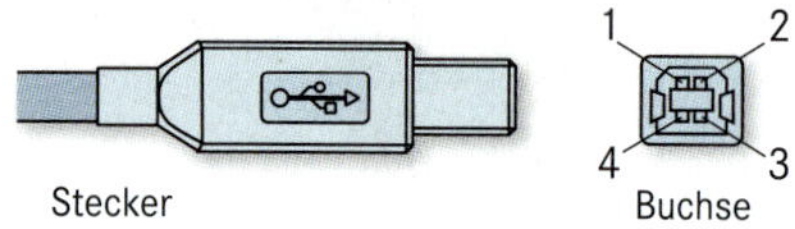

b) Typ B (downstream)

3: USB-Stecker

PIN-Nummer	Farbe	Name	Bedeutung
1	Rot	VCC	+5 V
2	Weiß	D–	Daten –
3	Grün	D+	Daten +
4	Schwarz	GND	Masse

4: Kennzeichnung USB-Steckverbinder

Für Geräte mit kleinen Abmessungen wurden Mini- und Micro-USB-Stecker bzw. -Buchsen entwickelt (Abb. 5 und 6).

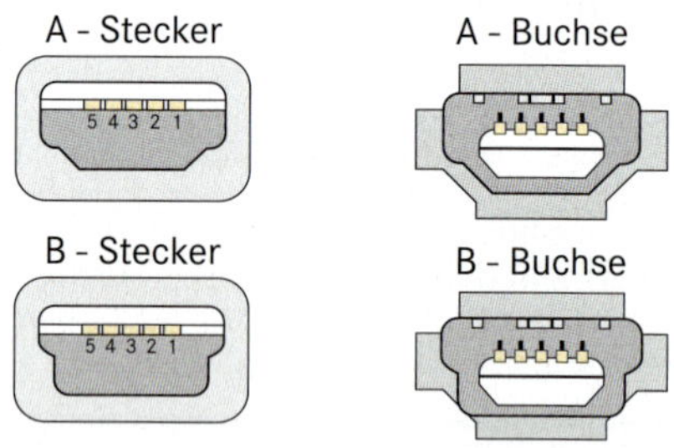

5: Mini-Steckverbindung

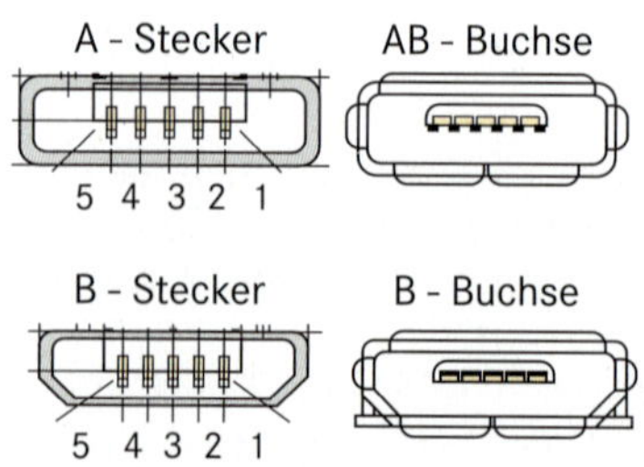

PIN-Belegung (Mini und Micro)		
Pin	Typ A	Typ B
1	VCC	
2	D–	
3	D+	
4	GND	n.c.
5	GND	

6: Micro-Steckverbindung

USB 3.0 ist eine Erweiterung von USB 2.0 und realisiert eine höhere Datenübertragungsrate. Im Verbindungskabel sind zusätzlich zu den USB 2.0 Datenleitungen zwei weitere Datenleitungspaare vorhanden. Die Übertragung erfolgt im Vollduplexverfahren. Die Steckverbinder enthalten 9 Kontaktanschlüsse. Die Gerätebuchsen Typ A und Typ B von USB 3.0 sind kompatibel zu den Steckern von USB 2.0 (Abb. 7). Somit können USB 2.0 Geräte auch an USB 3.0 betrieben werden.

	Typ A	Typ B
Kabelstecker		
Gerätebuchse		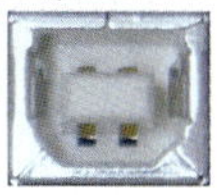

7: USB 3.0 Steckverbinder

USB 3.0 Hubs bestehen aus einem USB 2.0- und einem zusätzlichen USB 3.0-Anteil.

Die maximale Datenübertragungsrate (Superspeed Mode) ist festgelegt auf 4000 Mbit/s bzw. 500 MB/s (Bruttodatenrate) bei maximal 5 m Kabellänge (mit Repeater 16 m). Bei optischen Übertragungssystemen sind bis zu 100 m realisierbar (Die Signalwandlung erfolgt im Stecker).

FireWire

Für diese Schnittstelle („Feuerdraht“, ursprünglich von Apple entwickelt) werden auch die Bezeichnungen **IEEE 1394** und **i.Link** (Sony) verwendet. Diese serielle Schnittstelle kann zur Kopplung von
- Peripheriegeräten untereinander und
- Peripheriegeräten mit einem Computer verwendet werden (Abb. 8).

Auch bei dieser Schnittstelle können Geräte während des Betriebs angeschlossen und entfernt werden. Die Geräte werden automatisch erkannt und entsprechend konfiguriert. Die Anschlussleitung (6 Leiter, Abb. 9) besteht aus
- zwei verdrillten und abgeschirmten Leitern für Daten und Takt sowie
- zwei Leitern für die Energieversorgung der Geräte.

Die Geräte sind in Form von Peer-to-Peer-Verbindungen (gleich-zu-gleich) miteinander vernetzt, d. h. sie sind in Serie geschaltet. Hubs sind nicht erforderlich. An ein Gerät kann ein weiteres Gerät angeschlossen werden usw. bis zu 63 Geräten. Es entsteht eine **Baumstruktur** entsprechend Abb. 8. Die Kommunikation kann dabei direkt zwischen zwei einzelnen Geräten erfolgen, ohne dass der PC eingebunden ist. Jedes Gerät kann die Verstärkung der Signale übernehmen.

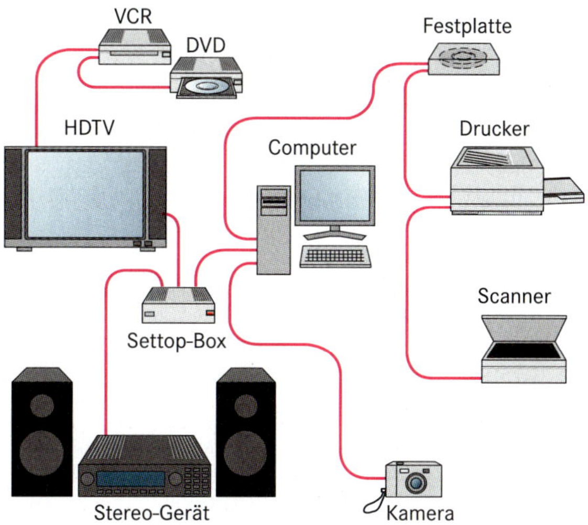

8: Anschlussbeispiele für Geräte mit FireWire

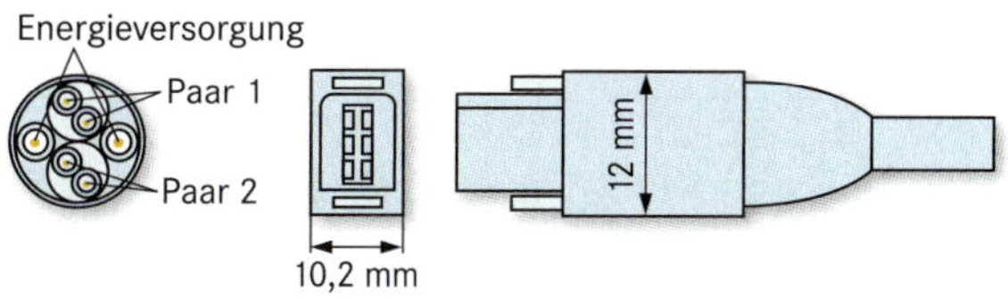

9: FireWire-Steckverbinder

Die Datenübertragungsraten betragen bei IEEE 1394a 100, 200 und 400 Mbit/s. Die Daten können **asynchron** übertragen werden. Dazu werden zu Beginn einer Übertragung Pakete gesendet, die die Adresse des Senders und Empfängers beinhalten. Wenn beim Empfänger ein Paket angekommen ist, sendet dieser eine Bestätigung, usw. Bei der **isochronen** Übertragung wird zu Beginn der Übertragung zwischen Sender und Empfänger ein Kanal mit einer Kennung (ID-Kennung) und der erforderlichen Bandbreite eingerichtet. Danach folgt der kontinuierliche Datenstrom.

- Die USB-Schnittstelle arbeitet seriell und sternförmig. Die Steuerung übernimmt der Host im PC.
- Über die USB-Anschlussleitung (4 Leiter) wird eine Spannung von 5 V übertragen, sodass Geräte bis 2,5 W betrieben werden können.
- Über USB-Schnittstellen lassen sich mit einem PC bis zu 127 Peripheriegeräte während des Betriebes verbinden.
- Die serielle FireWire-Schnittstelle wird zum Anschluss von Peripheriegeräten an einen Computer und zur Kopplung von Peripheriegeräten untereinander verwendet (Baumstruktur).
- Geräte mit IEEE 1394-Schnittstellen kommunizieren bidirektional, asynchron (Datenpakete) oder isochron (konstanter Datenstrom) und sind hotplug-fähig.

4.2.4 Software

4.2.4.1 Übersicht

Software ist ein Sammelbegriff für ausführbare Anweisungen in Form von Daten und deren Dokumentationen, die für den Betrieb von Computern erforderlich sind. Mit Software wird die Hardware gesteuert (Abb. 1). Sie wirkt im Computer in Form elektrischer Signale (Bits und Bytes). Je nach Verwendung kann man die Software in Anwendungs- und Systemsoftware unterscheiden.

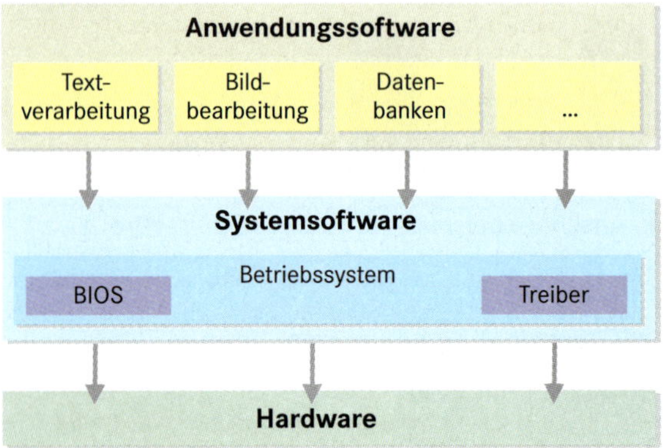

1: Softwareeinteilung

Anwendungssoftware

Die Anwendungssoftware [application software] bezeichnet man oft auch als Anwendungsprogramme. Sie dienen dem Anwender zur Lösung konkreter Aufgabenstellungen, wie z. B. Schreiben von Texten, Bild- oder Videobearbeitung. Die Anwendungssoftware wirkt über die Systemsoftware auf die Hardware ein.

Systemsoftware

Die Systemsoftware [system software] ist für die ordnungsgemäße Funktion des Computers verantwortlich. Sie wirkt direkt auf die Hardware ein. Das Betriebssystem [operating system] ist die oberste Ebene der Systemsoftware. Auf der unteren Ebene arbeiten die Gerätetreiber (kurz: Treiber). Das BIOS ist das grundlegende Systemprogramm im PC (s. Kap. 4.2.2.2), das nach dem Einschalten zur Verfügung steht. Es ist im Festwertspeicher (ROM) vom Hersteller abgelegt und dem Betriebssystem vorgelagert.

Betriebssystem

Das Betriebssystem [operating system] bewältigt folgende wichtige Einzelaufgaben (Abb. 2):
- Starten und Beenden des Computers
- Organisieren und Verwalten der Arbeitsspeicher
- Verwalten der Dateien in den Katalogen (Verzeichnissen)
- Steuern der Hardwarekomponenten (Soundkarte, Drucker, usw.)
- Organisieren und Verwalten der mobilen Speicher (z. B. Festplatten, CD-ROM)
- Laden und Kontrollieren der Anwendungsprogramme (z. B. Weitergabe von Benutzereingaben, Verwalten von Benutzerrechten)
- Verwalten und Bedienen mehrerer Nutzer (z. B. Zugriffsrechte, Nutzungsprofile)

Treiber

Bei Treibern handelt es sich um Software (kleine Programme), die zur Integration der Hardware in das Betriebssystem verwendet wird. Wenn Hardwarekomponenten geändert werden, müssen die entsprechenden Treiber in der Regel auch geändert werden. Treiber werden meist von den Hardwareherstellern selbst oder von den Herstellern der Betriebssysteme in Kooperation mit den Hardwareherstellern entwickelt.

Systemtools

Zusätzlich werden kleine Systemprogramme eingesetzt, die auch als Systemtools [system tools] bezeichnet werden. Sie fungieren als Dienstprogramme oder Werkzeuge für die Systemverwaltung, Systemeinstellung, Verwaltung von Geräten oder zur Optimierung des Computers.
Beispiele für die Verwaltung von Festplatten:
- **FDISK** ist ein Partitionierungstool, mit dem eine Festplatte in Partitionen aufgeteilt werden kann.
- **CHCKDISK** ist ein Programm für die Fehlersuche auf der Festplatte.

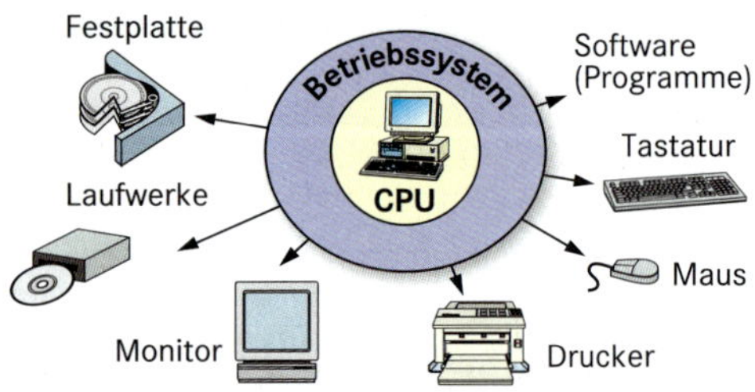

2: Wirkung des Betriebssystems

AUFGABE

1. Listen Sie die auf Ihrem Computer installierte Anwendungs- und Systemsoftware auf.

- Unter Software versteht man Programme, die als Anweisungen in Form von Daten vorliegen und den Computer zur Ausführung von Aktionen veranlassen.
- Software lässt sich in Anwendungssoftware (Benutzersoftware) und Systemsoftware (erforderlich für den PC-Betrieb) unterscheiden.
- Durch Treiber erfolgt eine Anpassung der Hardware an das Betriebssystem.
- Tools sind Dienstprogramme, mit denen spezielle Aufgaben im Computer übernommen werden.

4.2.4.2 Betriebssysteme

Bei Personalcomputern werden hauptsächlich die Betriebssysteme **Windows** (Microsoft), **Mac OS** (Apple Macintosh) und **Linux** (SuSE; Red Hat) eingesetzt (Abb. 3). Windows ist das am meisten genutzte Betriebssystem. Es basierte anfangs vollständig auf dem zeilenorientierten Betriebssystem **MS-DOS** (**Micro**soft **D**isk **O**perating **S**ystem).

Die heute im Einsatz befindlichen Systeme besitzen **grafische Benutzeroberflächen** [graphical user interfaces].

3: Betriebssystem-Logos

Beim Einschalten des PCs wird das Betriebssystem in besonderer Weise „aktiv". Wir sprechen davon, dass der PC „hochfährt". In dieser Phase finden vielfältige Kontrollen und Überprüfungen statt. Diese Funktionen werden dem Betriebssystem aber erst nach dem Start durch ein **Urladeprogramm** [bootstrap loader] übergeben. Der Vorgang wird auch als **Booten** [booting] des Rechners bezeichnet. Die Anmeldung der angeschlossenen Komponenten übernimmt das BIOS. Somit können die grundlegenden Komponenten (CPU, Arbeitsspeicher, Festplatten usw.) nach dem ersten Start vom Betriebssystem eingebunden und damit angesprochen werden. Die Vermittlung zwischen dem Betriebssystem und den angeschlossenen Peripheriegeräten übernehmen die Treiber.

Booten eines PCs

Das Booten wird durch das Anschalten des Rechners oder durch einen **Reset** ausgelöst und umfasst acht Schritte (Abb. 4).

1. Initialisieren des Prozessors und der Speicher ①
Die Komponenten werden in ihren jeweiligen Grundzustand versetzt. Alle Informationen im RAM werden gelöscht.

2. Laden des BIOS vom BIOS-ROM ②
Das **Urladeprogramm** [bootstrap loader] wird in den Arbeitsspeicher geladen und ausgeführt.

3. POST (Power On Self Test) ③
Das BIOS veranlasst einen Selbsttest. Alle wichtigen Komponenten werden getestet und initialisiert.

4. CMOS-Informationen laden ④
Die im CMOS abgelegten Informationen zu den angeschlossenen Geräten und deren Konfiguration werden gelesen. Diese Informationen werden mit den aufgefundenen Hardwarekomponenten verglichen.

5. Suche nach bootfähigem Medium ⑤
Das BIOS veranlasst die Suche nach dem **MBR** (**M**aster **B**oot **R**ecord) auf einem der Laufwerke. Der MBR ist der zweite physikalische Sektor der Systempartition. In diesen 512 Byte ist der Boot-Loader und die Partitionstabelle untergebracht. Die Suchreihenfolge der Laufwerke wurde im CMOS hinterlegt.

6. Einlesen des MBR ⑥
Aus dem MBR wird die Partitionstabelle eingelesen, um die Systempartition finden zu können. Auf dieser befindet sich im ersten Sektor der Boot-Sektor, der den Startcode für das Betriebssystem enthält.

7. Einlesen des Startcodes des Betriebssystems ⑦
Der Startcode ist die Anfangsadresse des Betriebssystems, die sich auf einem der Laufwerke des Rechners befindet. Ist dieser bekannt, wird das Starten des Betriebssystems ausgelöst.

8. Das Betriebssystem übernimmt die Kontrolle ⑧
Ab diesem Zeitpunkt werden alle Systemzugriffe ausschließlich vom Betriebssystem verwaltet. Dies gilt auch für das Einbinden zusätzlicher Hardware. Peripheriegeräte (z. B. Drucker) werden über Treiber an das Betriebssystem gebunden. Sie funktionieren dann auch nur unter diesem Betriebssystem.

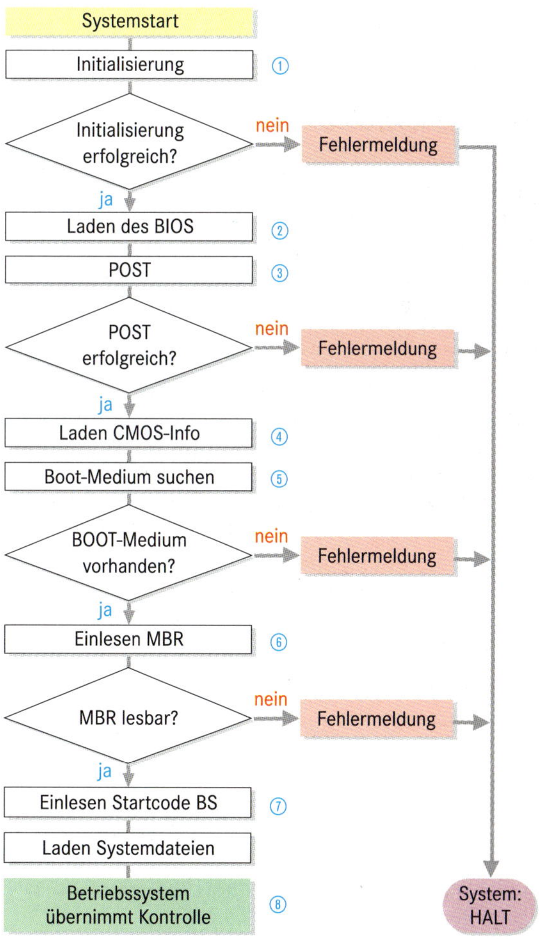

4: Starten (Booten) eines PCs

BIOS-Konfiguration

Unter der Konfiguration des BIOS wird das Abspeichern der individuell anzupassenden Vorgaben im CMOS-RAM bezeichnet. Hierzu steht ein herstellerspezifisches Programm zur Verfügung (**BIOS-Setup** oder **CMOS-Setup-Utility**). Beim Starten des PCs wird die herstellerabhängige Tastenkombination für das BIOS-Setup angezeigt. Das BIOS selbst befindet sich auf der Hauptplatine z. B. in einem EPROM (s. Kap. 4.2.2.2).

BIOS-Setup

In Abb. 1 ist beispielhaft das Hauptmenü für ein BIOS-Setup dargestellt (Hersteller AMI). Der Aufbau und das Erscheinungsbild sind abhängig vom Hersteller, Typ und Alter des Motherboards. Prinzipielle Übereinstimmung gibt es in den wichtigsten Menüpunkten und in der Struktur.

- Informationen zum Hersteller und zur Programmversion ①
- Anzuwählende Menüpunkte ② ③
- Informationen zur Navigation im Menü ④
- Informationen zu den Einstellmöglichkeiten des angewählten Menüpunktes ⑤ (hier: Standard CMOS Setup).

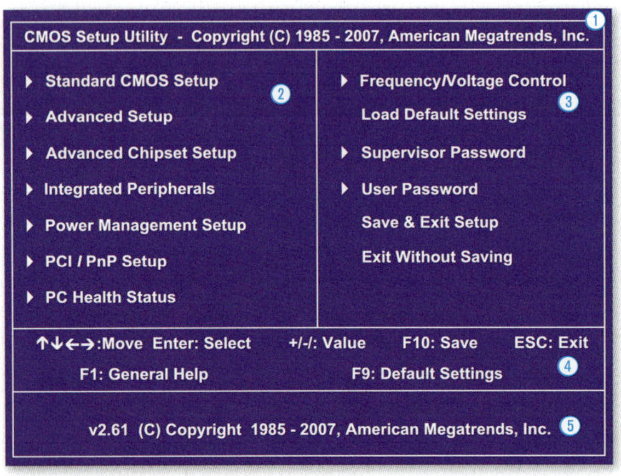

1: BIOS-Setup Hauptmenü (AMI)

Einige wichtige Einstellmöglichkeiten in den einzelnen Menüpunkten sind unabhängig vom Hersteller. Wenn Einstellungen vorgenommen werden, muss unbedingt beachtet werden, dass

- falsche Einstellungen zu Problemen mit dem PC führen können,
- alle Einstellungen sorgfältig dokumentiert werden (aufschreiben oder ausdrucken) und
- unbedingt das Handbuch des Herstellers für die Hauptplatine zu beachten ist.

UEFI

Bei **UEFI** (**U**nified **E**xtensible **F**irmware **I**nterface) handelt es sich um eine „Vereinheitlichte erweiterbare Firmware Schnittstelle". Sie liegt zwischen der Firmware, den einzelnen PC-Komponenten und dem Betriebssystem (Abb. 2) und ersetzt das bisherige BIOS (ab Windows 8, Linux, diversen Unix-Versionen, 64-Bit-Systeme).

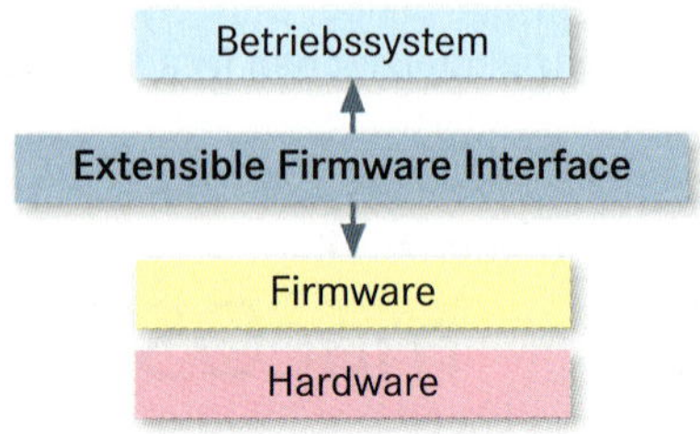

2: UEFI

Allgemeine Merkmale sind u. a.:

- Einfache Veränder- und Erweiterbarkeit.
- Geringere Zeit zum Booten (< 8 s) im Vergleich zum herkömmlichen BIOS.
- Mit dem integrierten Netzwerkbetreiber lässt sich der Netzwerkanschluss nutzen (z. B. Fernwartung).
- Da beim PC-Start Grundfunktionen der Grafikkarte bereits zur Verfügung stehen, sind höhere Startauflösungen möglich.
- Es besteht durch Emulation Kompatibilität zu einem vorhandenen BIOS.
- Treiber können integriert sein, sodass sie nicht vom Betriebssystem geladen werden müssen.
- Installierte Betriebssysteme können problemlos ausgewählt werden (Boot-Loader nicht erforderlich).

Grafische Bedienoberfläche

Je nach Hersteller sind die grafischen Bedienoberflächen (Kommandozeile) unterschiedlich gestaltet (Abb. 3). Mit ihr können auf einfache Weise beispielsweise die Sprache gewählt, BIOS-Einstellungen ① vorgenommen, ein Restart ② (PC startet neu) eingeleitet, Systeminfos und Systemleistungen abgerufen sowie eine Boot-Priorität festgelegt werden.

3: Beispiel einer grafischen Bedienoberfläche

4.2.4.3 Anwendungssoftware

Zum Umgang mit dem PC gehören grundlegende Softwarekenntnisse. Die Anwendungssoftware lässt sich unterscheiden in
- **Standardsoftware** [standard software] und
- **branchenspezifische Software** [sectoral specific software].

Die Standardsoftware umfasst Programme zur
- Handhabung des Systems,
- Textverarbeitung, Präsentation, Tabellenkalkulation und Datenbankbearbeitung,
- Internetnutzung und
- Grafik- und Bildbearbeitung.

Der Bereich von der Textverarbeitung bis zur Datenbankerstellung wird hierbei von Office-Softwarepaketen (z. B. Microsoft Office, Staroffice, Open Office, Apple Works) abgedeckt.

Dateiorganisation

Die mit Hilfe von Anwendungsprogrammen gewonnenen digitalen Informationen werden in Form von Dateien erstellt und ggf. auf der Festplatte abgelegt. Der Dateityp wird durch eine aus mindestens drei Zeichen bestehende **Dateiendung** [extension] (Dateierweiterung) gekennzeichnet (Abb. 4). Dateien lassen sich unterscheiden in
- **Systemdateien** [system files] und
- **Anwendungsdateien** [application files].

Während die Systemdateien Befehle für das System enthalten (direkt ausführbar oder nach Umsetzung durch einen Interpreter), sind Anwendungsdateien vereinfacht Dokumente, die durch die Verwendung von Anwendungsprogrammen entstanden sind (Grafiken, Texte, Simulationen usw.).

Endung	Erläuterung
.exe	Direkt ausführbares Programm
.com	
.bat	Stapelverarbeitung (z. B. Programmaufrufe)
.sys	Systemdatei
.dll	Programmbibliothek
.ini	Konfigurationseinstellungen
.tmp	Temporäre Datei
.doc	Textdokument (Textverarbeitung MS Office)
.dot	Word-Vorlage
.txt	ASCII-Text
.log	Protokolldatei (Text)
.xls	Excel (Tabellenkalkulation MS Office)
.htm	Webseite
.bmp	Bitmap (Bildpunktgrafik 16 Mio. Farben)
.jpg	JPEG (komprimierte Grafik)
.gif	GIF (Grafik 256 Farben/auch animiert)

4: Beispiele für Dateiendungen

Grafikbearbeitung [graphics processing]

Grafikprogramme [graphics software] dienen der Erstellung, Veränderung und Verwaltung von digitalen Bildern. Der Begriff Bilder umfasst hierbei den gesamten Bereich von einfachen Strichzeichnungen bis zur digitalen Fotografie. Zu unterscheiden sind
- pixelorientierte und
- vektororientierte Grafiken.

Bei der **Pixelorientierung** [pixel-orientation] werden die Grafiken aus einzelnen Bildpunkten zusammengesetzt. Die Auflösung **ppi** (**p**ixel **p**er **i**nch) bestimmt hierbei die Güte des Bildes. Eine Vergrößerung einer Pixelgrafik führt zu einer Reduzierung der Bildpunktdichte und damit zur Bildung von Treppenstufen (Abb. 5).

5: Pixelorientierte Grafik

Eine **vektororientierte** Grafik [vector-orientated graphics] besteht nicht aus einzelnen Punkten, sondern wird durch mathematische Beschreibungen von allen im Bild vorkommenden geometrischen Figuren bestimmt. Bei einer Vergrößerung werden die Figuren neu berechnet. Es kommt dabei zu keinem Qualitätsverlust.

Format	Endung	Erläuterung
Bitmap	**.bmp**	Rastergrafik, jeder Bildpunkt wird auf der Basis von Bits gespeichert. Hoher Speicherbedarf, keine Kompression. Bis 16,7 Mio. Farben möglich
Graphics **I**nter-change **F**ormat	**.gif**	Kompression durch Reduktion auf 256 Farben. Transparenz und Animation möglich. Lizenz bei CompuServe
Joint **P**hoto-grafic **E**xperts **G**roup	**.jpg** **.jpeg**	Kompression bei 16,7 Mio. Farben durch selektives Löschen von Bildinformationen. Keine Animation, keine Transparenz, lizenzfrei
Portable **N**etwork **G**raphic Format	**.png**	Kompression bei 16,7 Mio. Farben ähnlich JPEG. Transparenz möglich. Soll GIF ablösen, lizenzfrei

6: Grafikformate

- Grafikprogramme dienen der Erstellung, Bearbeitung und Verwaltung von digitalen Bildern.
- Beim Vergrößern von Vektorgrafiken entstehen keine sichtbaren Pixel.

4.2.5 Peripheriegeräte

4.2.5.1 Eingabegeräte

Daten können in verschiedenster Form vorliegen und benötigen deshalb entsprechend unterschiedliche Eingabegeräte (Abb. 1). Einzelne Befehle sowie einfache Daten (z. B. Buchstaben, Symbole) lassen sich z. B. mit der Tastatur und der Maus eingeben. Umfangreichere und gespeichert vorliegende Daten dagegen (Texte, Bilder), sind oft in magnetischer oder optischer Form auf Scheiben oder Platten gespeichert und benötigen für die Eingabe entsprechende Lesegeräte. Aber auch akustische und optische Signale können direkt eingegeben und nach der Digitalisierung gespeichert und weiterverarbeitet werden.

Eingabegeräte für

Befehle und Zeichen
- Tastatur
- Maus
- Trackball
- Touchpad
- Touchscreen
- Joystick
- Lichtgriffel
- Grafiktablett

gespeicherte Daten
- magnetisch
  - Chipspeicher
  - Magnetkarte
- optisch
  - CD, DVD, BD

akustische Signale
- Mikrofon
- Midi-Keyboard

optische Signale
- Grafiktablett
- Scanner
- Barcodescanner

Videosignale
- Videorecorder
- Webcam

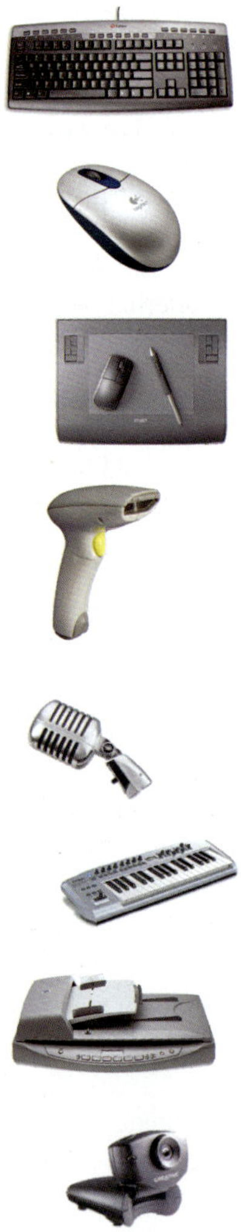

1: Eingabegeräte

Tastatur

Die **Tastatur** [keyboard] ist eine Anordnung von Tasten, die weitgehend von der Schreibmaschine übernommen wurde. Die Anordnung der Tasten ist länderspezifisch:

Der Anschluss der Tastatur erfolgt über Kabel (PS/2; DIN; USB) oder kabellos (Infrarot/Funk).

2: Aufteilung des Tastaturfeldes in Blöcke

Beim Betätigen einer **Taste** [key] wird der Tastenkopf auf die darunter befindliche Isolierfolie gedrückt (Abb. 3). Durch eine Metallfläche an der Unterseite des Tastenkopfes wird die der Taste zugeordnete Kapazität verändert. Es entsteht ein Signal. Damit die CPU nicht permanent mit der Beobachtung des Tastaturstatus beschäftigt ist, wird mit einem Unterbrechungssignal [Interrupt] gearbeitet. Jedes Betätigen der Tastatur sendet neben dem Tastaturcode diesen Interrupt. Ein gerade abzuarbeitendes Programm wird unterbrochen, der tatsächliche Status der Tastatur wird abgefragt und ausgewertet und danach das laufende Programm fortgesetzt. Für die Tastaturansteuerung und Auswertung ist ein eigener Mikroprozessor zuständig.

Die Unterscheidung der Tasten erfolgt über die Ansteuerung der Kreuzungspunkte eines Leitungsgitternetzes (Matrix) aus Zeilen und Spalten, die durch Dioden miteinander verbunden sind. Die Auslösung erzeugt jeweils eine eindeutige Signalfolge.

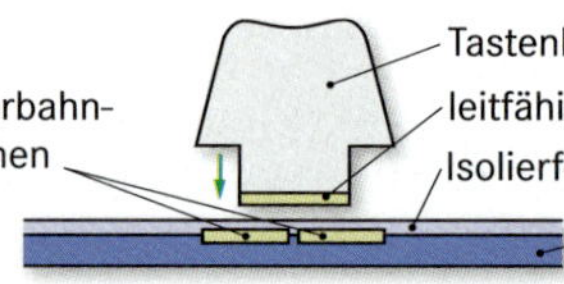

3: Signalerzeugung durch Tasten

AUFGABE

1. Geben Sie an, welche Eingabegeräte in Abb. 4 dargestellt sind.

- Die Tastatur dient der Eingabe von alphanummerischen Zeichen und Steuerbefehlen.
- Bei Standardtastaturen erfolgt die Auslösung der Signale kapazitiv.

Maus

Die Maus [mouse] dient der schnellen Bewegung des Bildschirmzeigers [cursor] und verfügt über zusätzliche Tasten und ggf. ein Scrollrad. Sie wird über eine serielle Schnittstelle angeschlossen (COM; PS/2; USB).

Die Maus wird analog zur gewünschten Steuerung des Cursors auf einer Arbeitsfläche bewegt. Diese zweidimensionalen Bewegungen werden dann digital umgesetzt. Die Umsetzung erfolgt bei der **optomechanischen Maus** über eine Kugel, die zwei um 90° gegeneinander versetzte Walzen antreibt. Die eine Walze ist für die x-Richtung, die andere für die y-Richtung zuständig. Die Walzenbewegungen werden über Segmentscheiben (Lochscheiben) durch eine Lichtschranke registriert und einem Controller zugeführt. Dieser Chip ist auch für die serielle Übertragung der Daten an den Computer zuständig.

Eine **optische Maus** (Abb. 4) ist ein Zeigegerät, das Bewegung optisch erfasst. In ihr ist ein Sensorchip eingebaut, der ständig Bilder mit einer Bildwiederholrate von mehr als 1500 Bildern pro Sekunde aufnimmt. Die Mausunterlage wird von einer **Leuchtdiode** beleuchtet. Das von der Unterlage reflektierte Licht wird mit einer Linse gebündelt und gelangt in den Sensorchip. Das aufgenommene Bild wird dann in Bewegungsdaten umgerechnet, die den Mauszeiger auf der Bedienoberfläche bewegen lassen.

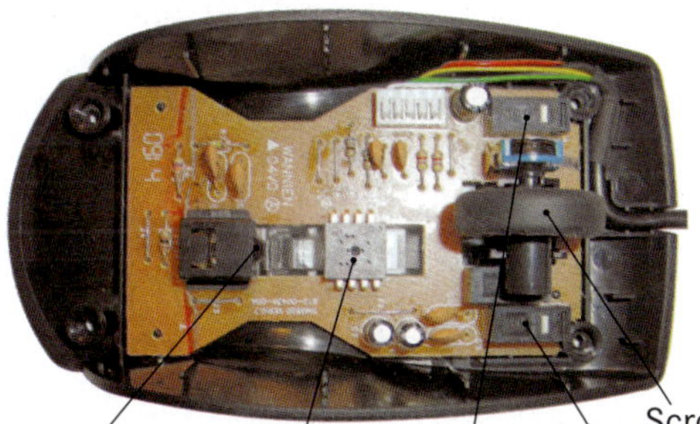

4: Optische Maus

Eine **Lasermaus** arbeitet auch mit Licht, löst aber die Strukturen der Mausunterlage genauer auf. Deshalb kann die Lasermaus noch bei Oberflächen verwendet werden, die für die LED-Mäuse ungeeignet sind, wie z. B. glänzende Oberflächen.

Die **Bluetrack-Technologie** beleuchtet den Untergrund mit blauem Licht und hat einen hochauflösenden Sensor. Mäuse mit dieser Technik können auch auf Teppich oder Holz benutzt werden.

AUFGABE

1. Eine mechanische Maus weist nach längerem Gebrauch die Eigenart auf, dass der Bildschirmcursor „hakt und ruckelt".
   a) Wie lässt sich das Verhalten erklären?
   b) Wie lässt sich das Verhalten beseitigen?

Touchpad

Da Notebooks sehr häufig unter Bedingungen verwendet werden, bei denen eine ebene Arbeitsfläche nicht zur Verfügung steht, besitzen sie implementierte Geräte zur schnellen Steuerung des Cursors. Gegenüber dem Trackball und Gummistick hat sich das Touchpad [touchpad] etabliert (Abb. 5). Es besteht aus einer berührungsempfindlichen, rechteckigen Fläche, auf der mit dem Finger die Bewegung des Cursors vollzogen wird.

Touchscreen

Bei diesem Eingabegerät [input device] (Abb. 6) besitzt das Sichtgerät (z. B. der Monitor) eine berührungsempfindliche Oberfläche. Über das Matrixfeld dieser Oberfläche werden die zugeordneten Funktionen durch Berühren aktiviert. Ein Touchscreen [touchscreen] eignet sich nur bei klar zugewiesener Ausgabedarstellung und erfordert eine programmtechnische Zuordnung zwischen Matrixfeld und Ausgabefeld (z. B. Fahrkartenautomat, Gebäudeführer).

5: Touchpad

6: Touchscreen

Grafiktablett

Das Grafiktablett [graphics tablet] besitzt ebenfalls berührungsempfindliche Flächen, die allerdings nicht direkt mit dem Finger, sondern mit einem besonderen Stift berührt werden müssen (Abb. 7). Die Flächen eignen sich auch zur Positionierung des Bildschirmcursors, haben aber ihre besondere Bedeutung in der Übernahme der Stiftbewegung als Handzeichnung in einer entsprechenden Grafiksoftware. In der Regel wird die Änderung eines elektromagnetischen Feldes ermittelt, die durch das „Zeichnen" bei der Bewegung des stromführenden Stiftes entsteht. Dieses Signal wird an den Computer über eine serielle Schnittstelle übertragen.

7: Grafiktablett

- Mit der Maus werden zweidimensionale Bewegungen der Hand in zweidimensionale Positionen auf dem Bildschirm übertragen.

Scanner

Scanner [scanner] wandeln eine Text- oder Bildvorlage zeilenweise in eine Pixel-Grafik um. Die für jedes **Pixel** (Bildpunkt) vorliegenden digitalen Daten können gespeichert und bearbeitet werden. Grundsätzlich lassen sich Scanner in drei Gruppen einteilen (Abb. 1).

Flachbettscanner [flatbed scanner] sind am häufigsten anzutreffen. Daneben gibt es Scanner für spezielle Aufgaben, z. B. Folien- und Diascanner. Für den professionellen Bereich werden die sehr zuverlässigen und qualitativ hochwertigen **Trommelscanner** [drum scanner] eingesetzt. Die Vorlage wird innerhalb einer rotierenden Trommel von einer Lichtquelle abgetastet. Anstelle von Halbleitersensoren werden Fotomultiplier (Sekundärelektronenvervielfacher) eingesetzt.

Hand-scanner	Einzug-scanner	Flachbett-scanner
Die Vorlage wird manuell abgefahren. Es entstehen Streifen von einigen cm Breite	Die Vorlage wird an den fest platzierten Sensoren bewegt.	Die Sensoren werden an der Vorlage entlang geführt.
Problem: Passgenaues Zusammenfügen der Streifen (Software).	Problem: Vorlagen dürfen eine bestimmte Dicke nicht überschreiten.	Problem: Die Qualität hängt u. a. von der genauen Führung der Sensoren ab.

1: Scanner und Scanverfahren

In Abb. 2 ist vereinfacht die zeilenweise Abtastung bei einem Flachbettscanner dargestellt. Die Vorlage wird von einer Lichtquelle ① in voller Breite beleuchtet. Das reflektierte Licht wird über einen Spiegel und eine Verkleinerungsoptik ② auf zeilenmäßig angeordnete und lichtempfindliche Halbleiterelemente ③ (**CCD** [**C**harge **C**oupled **D**evices] gelenkt. Die Qualität des Scannners hängt im Wesentlichen von diesen CCD-Elementen ab. Sie wandeln die Helligkeitsinformation in unterschiedlich große elektrische Ladungen um. Mit einer elektronischen Schaltung werden anschließend diese Informationen gelesen und mit Hilfe eines Analog-Digital-Umsetzers ein Datenstrom erzeugt.

Ein Pixel ist die kleinste Einheit der Bildinformation. Es besitzt vier grundlegende Eigenschaften: Größe (Ausdehnung), Position, Farbe und Helligkeit (Intensität). CCD-Elemente können lediglich die Beleuchtungsstärke in Ladungsunterschiede umwandeln. Deshalb ist eine Aufspaltung des Lichts in Rot-, Grün- und Blauanteile erforderlich. Zwei Verfahren sind üblich:

- Filter vor den Sensoren sorgen dafür, das nur Licht mit einer bestimmten Farbe auftrifft.
- Die Vorlage wird nicht mit weißem, sondern mit farbigem Licht beleuchtet.

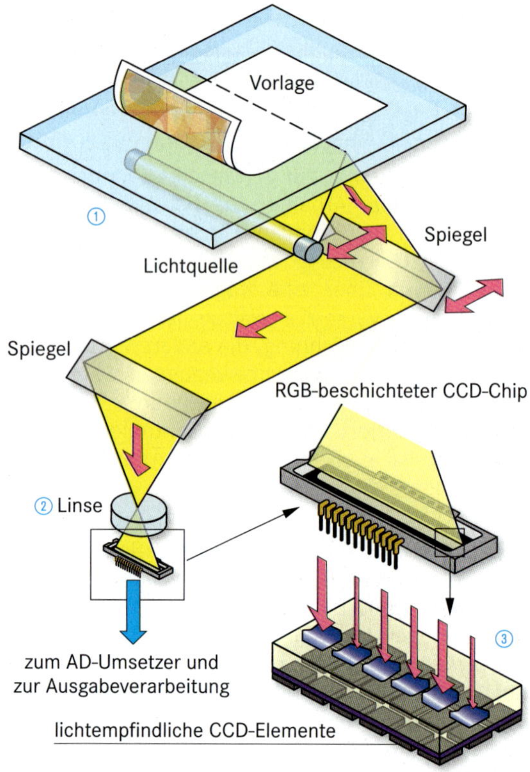

2: Abtastvorgang beim Flachbettscanner

Wenn eine farbige Vorlage nach dem ersten Verfahren gescannt werden soll, wären drei Durchläufe erforderlich. Verwendet man allerdings drei Reihen von Zeilensensoren und Farbfilter, kommt man mit einem Durchlauf aus.

Die **optische Auflösung** der Vorlage in einzelne Pixel hängt von der Anzahl der CCD-Elemente ab. Als Einheiten werden ppi und dpi verwendet:

- ppi: pixel per inch (Pixel pro Zoll)
- dpi: dots per inch (Punkte pro Zoll)

Eine Abtastrate von 600 ppi bedeutet dann z. B., dass für eine horizontale Längenausdehnung von 1 Zoll (2,54 cm) 600 Pixel erfasst werden. Jedes Pixel besitzt somit eine Breite von 0,04 mm (2,54 cm/600).

Zur Kennzeichnung der optischen Auflösung wird anstelle von ppi oft die Einheit dpi synonym verwendet. Dies ist eigentlich nicht korrekt, da mit dpi die Ausgabeauflösung (z. B. beim Drucker) gekennzeichnet wird.

AUFGABE

1. Warum ist es nicht sinnvoll, einen Scanner über eine COM-Schnittstelle anzuschließen?

- Scanner wandeln visuell vorliegende Informationen pixelweise in digitale Informationen um.

Zur Kennzeichnung von Scannern wird oft auch die **interpolierte Auflösung** angegeben. Dieser Wert ist erheblich höher als der Wert der optischen Auflösung. Mit Hilfe von Software werden zwischen den physikalisch erfassten Pixeln weitere Pixel berechnet. Dabei wird davon ausgegangen, dass die Übergänge zwischen den Pixeln linear verlaufen. Wenn jedoch, wie in Abb. 3 dargestellt, die Übergänge sprungartig verlaufen, ist das Ergebnis ein unscharfer Übergang.

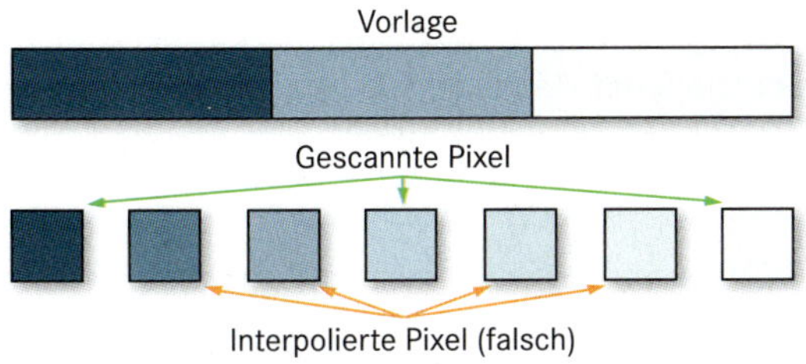

3: Fehler durch interpolierte Pixel

Jedes Pixel kann in unterschiedlichen Farbabstufungen vorkommen. Dies wird als **Farbtiefe** [colour depth] bezeichnet und die Zahl verdeutlicht, wie viele unterschiedliche Farbabstufungen möglich sind.

Beispiele:

- **Schwarz-Weiß**
  Codierung mit 1 Bit $\Rightarrow 2^1 = 2$ Stufen
- **Graustufen**
  Codierung mit 8 Bit $\Rightarrow 2^8 = 256$ Stufen

Für die Primärfarben RGB (Rot, Grün, Blau) ergeben sich die in Abb. 4 aufgeführten möglichen Abstufungen sowie die theoretisch darstellbaren Farben.

Beispiel:

- **Farbe**

Wenn ein Scanner über eine Farbtiefe von 24 Bit verfügt, wird jede Farbe mit 8 Bit codiert. Daraus ergeben sich pro Primärfarbe 256 mögliche Abstufungen und insgesamt etwa 17 Millionen darstellbare Farben (256 x 256 x 256).

Scanner werden als zusätzliche Hardware vom Betriebssystem erkannt und unter Windows im Geräte-Manager aufgeführt. Sie können je nach Ausführung am PC über Schnittstellen (USB, FireWire) oder über separate Steckplätze angeschlossen werden.

Farbtiefe in Bit	Bit pro Primärfarbe	Abstufungen pro Primärfarbe	Anzahl der Farben
24	8	$2^8 = 256$	16 777 216
30	10	$2^{10} = 1024$	1 073 741 824
36	12	$2^{12} = 4096$	68 719 476 736

4: Farbtiefe und Anzahl der Farben

- Mit der Farbtiefe wird beim Scanner angegeben, wie viele Farbabstufungen möglich sind.

Chipbasierte und mobile Speicher

Für die Dateneingabe, Datenspeicherung und den Datentransport werden neben den aufgeführten rotierenden Medien zunehmend mobile Speicher mit kleinen Abmessungen eingesetzt, bei denen keine mechanisch beweglichen Teile vorhanden sind. Sie werden z. B. in Digitalkameras, Mobiltelefonen, Tablet-PCs und Embedded Controllern eingesetzt. Diese **Speicherkarten** (Bezeichnung auch: Flash Cards, Memory Cards) unterscheiden sich in den mechanischen Abmessungen, der Speicherkapazität und der Schreib-/Lesegeschwindigkeit. In der Regel ist in der Speicherkarte ein Controller integriert.

Die Speicherung wird als **Flash-Speicherung** (flash: Blitz) [flash storage] bezeichnet. Beim Programmieren werden die Daten (Bits) in Form von Ladungen (Elektronen) auf ein „schwebendes" Gate [floating gate] eines Feldeffekttransistors (s. Kap. 6.3.2.2) transportiert.

Vorwiegend werden eingesetzt:

- **C**ompact **F**lash (**CF**, Abb. 5)
- **M**emory **S**tick (**MS**)
- **M**ulti**M**edia**C**ard (**MMC**)
- **S**ecure **D**igital Card (**SD**, Abb. 6)

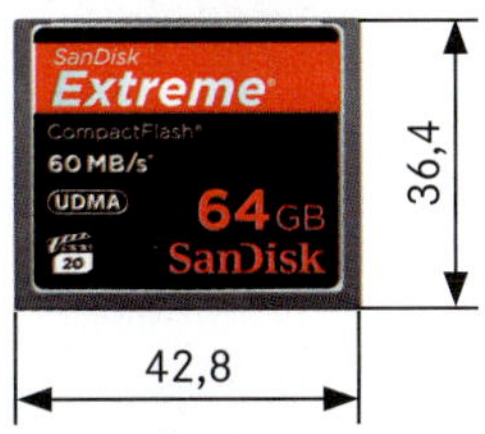

Speicherkapazität: 64 GB

Schreib-/Lesegeschwindigkeit: 60 MB/s

Schnittstelle: PATA

Maße in mm

5: CF-Karte

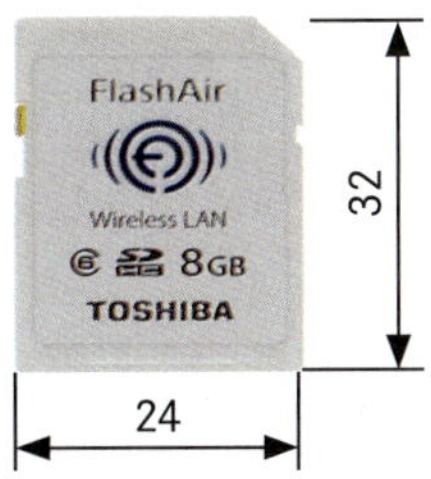

Neben der normalen Speicherfunktion kann dieser Kartentyp die Speicherinhalte über WLAN direkt aus der Kamera auf einen PC, ein Smartphone oder einen Drucker drahtlos übertragen.

Maße in mm

6: SDHC-Karte (SD High Capacity)

Bei der SD-Karte wird die Datenübertragungsrate (**Leistungsklasse**) in Form einer Zahl in einem rechts offenen Kreis (Speed-Klasse) gekennzeichnet.

Beispiele:

CLASS 6 48 Mbit/s (6 MB/s)

CLASS 10 80 Mbit/s (10 MB/s)

Durch einen Schieber an der Kartenseite kann der **Schreibschutz** eingestellt werden. Diese Einstellung wird von der Gerätesoftware ausgewertet.

4.2.5.2 Ausgabegeräte

Die im PC bearbeiteten Daten können je nach Art mit verschiedenen Ausgabegeräten [output devices] wiedergegeben werden. Die Übersicht in Abb. 1 zeigt Gruppen von Datenausgabegeräten für den PC.

Ausgabe für/als

Bilder und Grafiken
- Röhrenmonitor
- LCD-Monitor
- Plasma-Display

gespeicherte Daten
- magnetisch
  - Chipspeicher
  - Magnetkarte
- optisch
  - CD, DVD, BD

akustische Signale
- Lautsprecher
- Kopfhörer

Druckausgabe
- Plotter
- Drucker
  - Nadeldrucker
  - Laserdrucker
  - Tintenstrahldrucker

1: Ausgabegeräte

Die Ausgabe von Bildern und Grafiken erfolgt beim PC mit der Grafikkarte auf dem **Bildschirm** [screen] eines Monitors. Unterschieden werden dabei Röhrenmonitore (**CTR** [**C**athode **R**ay **T**ube]) und Flachbildschirme (**LCD** [**L**iquid **C**rystal **D**isplay].

Röhrenmonitor

Beim Röhrenmonitor [tube monitor] erfolgt die Bildwiedergabe mit Hilfe einer Elektronenstrahlröhre. Aus einer geheizten Katode treten Elektronen aus. Diese werden durch verschiedene Elektroden fokussiert und durch die Magnetfelder stromdurchflossener Spulen horizontal und vertikal abgelenkt. Die Elektronen treffen im Inneren der Röhre auf die Leuchtschichten Rot, Blau und Grün. Aus der Bewegungsenergie der Elektronen entsteht somit sichtbares Licht.

- Beim Röhrenmonitor treffen im Innern die Elektronen auf eine Leuchtschicht. Dadurch entsteht rotes, blaues und grünes Licht.

Flachbildschirm, LCD-Monitor

Ein LCD-Monitor benötigt im Gegensatz zum Röhrenmotor zur Anzeige Fremdlicht. Je nach Aufbau und Funktionsprinzip handelt es sich dabei um Umgebungslicht (Reflexionsverfahren), eine Hintergrundbeleuchtung (Durchlichtverfahren) oder um eine Kombination aus beiden Verfahren (Durchlicht-Reflexionsverfahren).

Jedes Pixel auf dem Bildschirm wird durch eine Zelle gebildet, in der sich ein **Flüssigkristall** [Liquid-Crystal] befindet. Je nach äußerer Einwirkung kann der Kristall wie ein fester Körper oder wie eine Flüssigkeit wirken.

Die LCD-Zellen befinden sich zwischen zwei Glasplatten mit rillenförmigen Oberflächen (Abb. 6), die senkrecht zueinander angeordnet sind. Zwischen der Eingangs- ① und Ausgangsplatte ② richten sich die Molekülstäbchen an der Oberfläche entsprechend der Rillenrichtung aus. Im Flüssigkristall zwischen den Glasplatten passen sie sich dann an und verdrehen sich schraubenförmig.

Vor der Eingangs-Glasplatte ist ein optischer Polarisator angebracht (Polarisationsfilter, Abb. 2 ③). Seine Polarisationsrichtung ist so gewählt, dass er das Licht nur in der Rillenrichtung der Eingangsglasplatte durchlässt. Am Ausgang ist ein zweiter Polarisator ④ angebracht mit einer Polarisationsrichtung, die um 90° zum Eingang versetzt ist. Die Polarisation des Lichtes wird dadurch im Flüssigkristall beim Durchlaufen der schraubenförmig angeordneten Molekülstäbchen um 90° gedreht. Der Ausgangspolarisator lässt somit das Licht ungehindert passieren (Abb. 2a).

Anders verhält es sich, wenn längs der Zelle ein elektrisches Feld anliegt (Abb. 2b). Unter dem Einfluss des elektrischen Feldes kippen die Molekülstäbchen in Feldrichtung. Das Licht durchläuft die Zelle nun geradlinig und wird vom Ausgangspolarisator gesperrt. Das Licht wird gewissermaßen „ausgeschaltet".

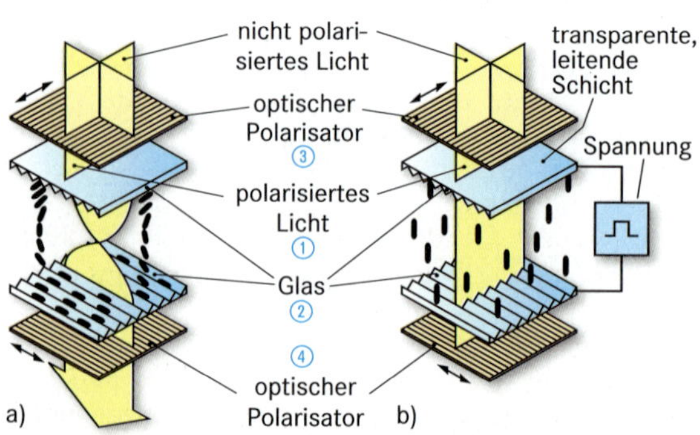

2: LCD-Zelle

Begriffe und Merkmale von Monitoren

TCO: Es handelt sich um ein Siegel der **T**jänstemännens **C**entral-**O**rganisation (schwedischer Gewerkschaftsbund) mit Mindestanforderungen an Helligkeit, Kontrast, Bildwiederholfrequenz usw.

Bilddiagonale: Sie gibt die Entfernung von einer Monitorecke zur anderen an. Wegen der Krümmung bei Röhrenmonitoren ist ihre nutzbare Fläche kleiner.

Auflösung [resolution]: Damit bezeichnet man die Anzahl der Bildpunkte (horizontal x vertikal) aus denen sich das dargestellte Bild zusammensetzt. Während Röhrenmonitore jede gewählte Auflösung scharf darstellen, können dies LCD-Schirme wegen der festen Anordnung der Bildpunkte nicht realisieren.

Horizontalfrequenz [horizontal frequency]: Sie gibt an, wie viele Zeilen pro Sekunde geschrieben werden können und bestimmt zusammen mit der Auflösung die Bildwiederholfrequenz.

Bildwiederholfrequenz [image refresh rate]: Sie gibt die Anzahl der darstellbaren Bilder in einer Sekunde an. Bei Röhrenmonitoren wirken sich alle Frequenzen unter 75 Hz als Flimmern aus. Für LCD-Monitore ist sie ab 60 Hz ohne Bedeutung.

Schaltzeit [switching time]: Dieses ist die Zeit, die die Flüssigkristallmoleküle (LCD-Monitor) benötigen, um auf Spannungsänderungen zu reagieren.

Blickwinkel: Er gibt bei LCD-Monitoren den Winkel an, ab dem Farbveränderungen, Kontrastverluste und Helligkeitseinbußen wahrgenommen werden.

Punktabstand: Er ist der Abstand der einzelnen Bildpunkte auf dem Bildschirm. Je kleiner der Abstand, desto höher ist die Abbildungsqualität.

Helligkeit [brightness]: Nach TCO 03 wird eine Mindesthelligkeit von 150 cd/m^2 (Lichtstärke: Candela pro m^2) gefordert (TCO 09: mindestens 100 cd/m^2). Die Helligkeit eines Monitors muss immer mit den Umgebungslichtverhältnissen konkurrieren.

Kontrast [contrast]: Dies ist das Verhältnis zwischen der Helligkeit eines schwarzen und weißen Bildpunktes. Ein höherer Kontrast führt in der Regel auch zu einer höheren Farbsättigung. Bei LCD-Monitoren kann allerdings ein zu hoher Kontrast zu einer höheren Blickwinkelabhängigkeit führen.

Kenngröße 23" LCD-Monitor	Beispiel
Bildschirmdiagonale (Angabe in Zoll bzw. Zentimetern; 1 Zoll = 2,54 cm)	23" bzw. 58,42 cm
Auflösung (Anzahl der Bildpunkte horizontal und vertikal)	1920 x 1080
Seitenformat (Verhältnis Breite zu Höhe)	16 : 9
Reaktionszeit (grau - grau) in ms	3
Kontrast (Helligkeitsunterschied hellster zu dunkelstem Bildpunkt)	5000 : 1
Helligkeit (Lichtstrom pro m^2) in cd/m^2	244
Blickwinkel (horizontal u. vertikal) in Grad	176
Bildpunktabstand in mm	0,27

Tintenstrahldrucker

Drucker [printer] werden vorwiegend zum Ausdrucken digitalisiert vorliegender Informationen (Text, Bild) eingesetzt. Die Drucker lassen sich nach ihrer Drucktechnik unterscheiden in Tintenstrahldrucker, Laserdrucker, Thermotransferdrucker und Nadeldrucker.

Beim Tintenstrahlfarbdrucker [ink jet colour printer] werden mindestens die drei Grundfarben **Cyan** (C), **Magenta** (M) und **Gelb** (Y: Yellow) sowie in der Regel **Schwarz** (K) als weitere Farbe eingesetzt (CMY-K). Mit den drei Grundfarben lassen sich durch Mischen alle anderen Farben erzeugen (Mischfarben), auch Schwarz. Diese Technik nennt man **subtraktive Farbmischung** [subtractive colour mixing] (Abb. 3).

3: Subtraktive Farbmischung

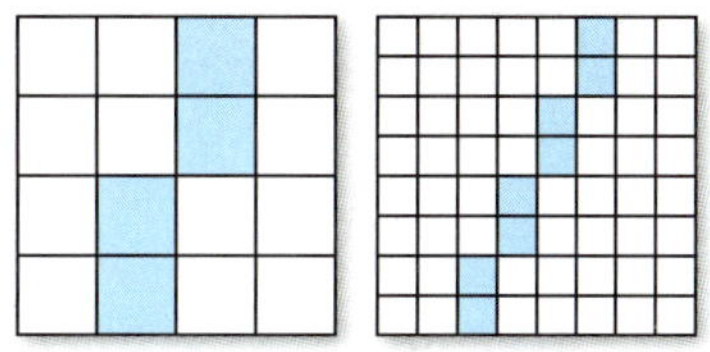

4: Beispiele für Auflösungen

Zur Darstellung von Mischfarben gibt es zwei Verfahren:

- Die einzelnen Punkte werden so nahe nebeneinander platziert, dass das Auge diese Farbpunkte dann als eine Farbe wahrnimmt.
- Die Farbpunkte werden übereinander gedruckt und vermischen sich dadurch.

Neben dem Papier spielt die **Druckauflösung** [print resolution] für die Qualität des Ausdrucks eine wesentliche Rolle. Sie wird in Druckpunkten pro Zoll (**dpi** [dots per inch]) angegeben. Ein Zoll entspricht einer Länge von 2,54 cm.

Druckpunkte sind die kleinsten Einheiten, die ein Drucker ausgeben kann. Mehrere Druckpunkte werden zu einem **Rasterpunkt** [dot] zusammengefasst, der den Bildpunkt eines digitalen Bildes wiedergibt. Ein grüner Bildpunkt wird z. B. durch mehrere dicht nebeneinander oder übereinander gedruckte gelb- und cyanfarbige Druckpunkte erzeugt.

Die **Auflösung** [resolution] wird für die horizontale und vertikale Richtung angegeben. Der Wert für die vertikale Auflösung ist oft der kleinere Wert. Der Grund dafür ist die Vorschubgeschwindigkeit des Papiers in vertikaler Richtung. Sie kann weniger genau eingehalten werden als die horizontale Positionierung des Druckkopfes. Beispiele für eine Auflösung sind in Abb. 4 zu sehen.

Die Tinte befindet sich in Tintentanks. Aus diesen Tanks gelangt Tinte durch einen feinen Kanal in die Düsen des Druckkopfs, die einzeln über elektronische Schaltungen angesteuert werden. Es werden zwei Druckverfahren unterschieden.

Thermoverfahren

Beim Thermoverfahren ist jede der Druckdüsen mit einem elektrischen Heizelement versehen (Abb. 1). Dieses wird beim Betrieb etwa 300 °C heiß, sodass sich die Tinte im Röhrchen extrem schnell erwärmt und dadurch verdampft. Es entsteht ein Überdruck in einer Dampfblase, sodass die Tinte durch die Düse auf das Papier mit einer Geschwindigkeit von etwa 15 m/s auftrifft. Der Vorgang dauert etwa 80 ms. Das Tintenvolumen beträgt dabei etwa 5 Picoliter (10^{-12} l).

Die Frequenz (**Schussfrequenz** [shot frequency]), mit der die Tinte auf das Papier gespritzt wird, beträgt bis zu 18 kHz. Bei drei Druckfarben können pro Sekunde bis zu 7 Millionen Tintentropfen aufgetragen werden.

Durch die extrem häufigen Temperaturwechsel verschleißen die Druckköpfe im Laufe der Zeit. Bei einigen Druckern sind die Druckköpfe in der Tintenkartusche integriert, sodass sie automatisch ausgewechselt werden.

1: Thermoverfahren

Piezoelektrisches Verfahren

Bei diesem Verfahren wird die Tinte mechanisch aus den Düsen herausgepresst. Erreicht wird dieses durch ein **Piezo-Element** (piezoelektrischer Aktor), das an den Düsen angebracht ist. Das Element lässt sich durch eine elektrische Spannung verformen, sodass die notwendige Kraft entsteht. In Abb. 2 ist zunächst keine Spannung angelegt. Es tritt keine Tinte aus. Bei negativer Polarität verformt sich das Piezo-Element und die Tinte wird geringfügig in das Röhrchen hineingezogen (Sogwirkung). Es entsteht an der Tintenoberfläche ein Meniskus. Ändert man jetzt die Polarität (ca. 5 µs), dann wird aufgrund der Kraftwirkung die Tinte in Tropfenform herausgepresst. Damit sich keine kleinen und nachfolgenden „Satellitentröpfchen" entwickeln können, ändert man wieder die Spannungspolarität am Piezo-Element. Die Tinte wird wieder in das Röhrchen hineingezogen.

Bei der Piezo-Technik lassen sich die **Tropfengrößen** durch unterschiedlich große Spannungen steuern (z. B. zwischen 40 und 4 Picolitern). Die Druckköpfe sind nicht wie beim Thermoverfahren einem großen Verschleiß ausgesetzt. Sie bleiben deshalb für die Lebensdauer des Druckers im Gerät.

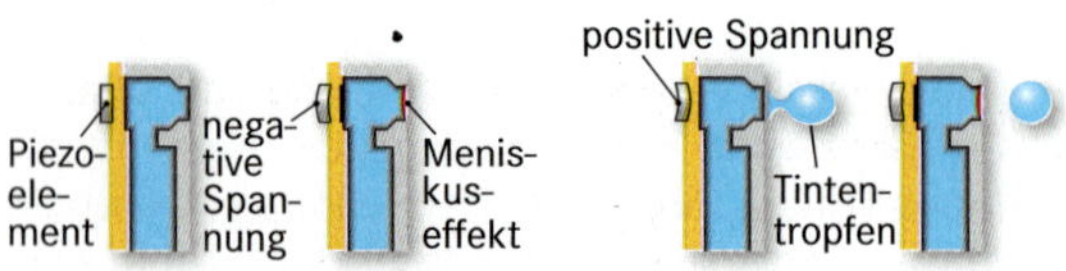

2: Piezoelektrisches Verfahren

Laserdrucker

Im Gegensatz zu Tintenstrahldruckern werden beim Laserdrucker [laser printer] die Seiten nicht zeilenweise ausgedruckt, sondern sie werden vor dem Druck komplett aufbereitet, gewissermaßen wie ein Bild (Elektrofotografie, Xerografie-Verfahren). Deshalb benötigen Laserdrucker größere Datenspeicher als Tintenstrahldrucker. In Abb. 3 ist das Druckprinzip dargestellt.

Unbedrucktes Papier wird schrittweise zugeführt. Das Licht gelangt aus dem Laser ① über einen rotierenden Spiegel ② auf die lichtempfindliche Trommel (**Belichtungstrommel**) ③. Diese ist elektrostatisch aufgeladen und dreht sich an der Tonerkartusche ④ vorbei.

Der Toner gelangt durch elektrostatische Anziehungskräfte auf das Papier ⑤ und wird anschließend durch Wärmebehandlung bei etwa 180 °C und unter Druck durch zwei Walzen auf das Papier geprägt. Im letzten Schritt werden die auf der Bildtrommel verbliebenen Tonerreste entfernt. Die Papiertrommel ⑥ läuft an der Belichtungstrommel vorbei. Für den Vierfarbendruck sind vier Durchläufe erforderlich. Am Ende wird das fertig bedruckte Papier ausgegeben ⑦.

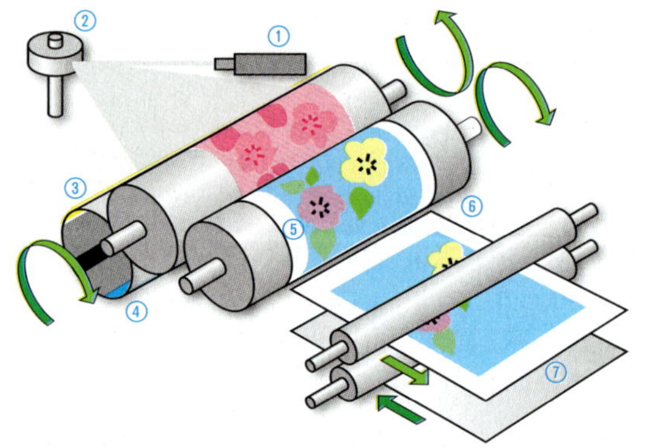

3: Laserdruckprinzip

- Mit der subtraktiven Farbmischung lassen sich aus den drei Grundfarben Cyan, Magenta und Gelb je nach Mischungsverhältnis alle anderen Farben erzeugen.
- Die Auflösung dpi gibt an, wie viele Druckpunkte in einer Druckzeile auf einer Länge von 2,54 cm positioniert werden können.
- Beim Thermoverfahren wird die Tinte erhitzt und durch die entstehende Dampfblase der Tropfen auf das Papier gespritzt.
- Beim piezoelektrischen Verfahren werden durch elektrische Spannungen Piezo-Elemente mechanisch verformt und mit der entstehenden Kraftwirkung wird die Tinte aus den Düsen gepresst.
- Laserdrucker sind Seitendrucker. Sie bauen die Seite erst vollständig auf, bevor diese dann ausgegeben wird.

4.3 Netzwerke

4.3.1 Arten

Mit Hilfe von Netzwerken können Datenbestände, Peripheriegeräte und Programme von mehreren Anwendern gemeinsam genutzt werden. Der **gemeinsame Datenzugriff** ermöglicht beispielsweise die Bearbeitung einer Datei von mehreren Personen, die räumlich voneinander getrennt sind. Datenbestände können zentral gespeichert und verwaltet werden. Durch die gemeinsame Nutzung der Peripheriegeräte und Programme sinken die Betriebskosten. Teuere Geräte müssen nicht für jeden Computer angeschafft werden.

Netzwerke haben unterschiedliche Funktionen und besitzen unterschiedliche Ausdehnungen. Sie werden deshalb mit bestimmten Begriffen gekennzeichnet.

Wenn zur Kommunikation nur Kleingeräte über wenige Meter miteinander vernetzt sind, bezeichnet man dieses Netz als **PAN** [**P**ersonal **A**rea **N**etwork].

Lokale Netze (**LAN** [**L**ocal **A**rea **N**etwork] dienen z. B. der Vernetzung von Büros oder Gebäuden. Weit verbreitet ist das Ethernet (s. Kap. 4.3.4).

Ein **MAN** [**M**etropolitan **A**rea **N**etwork] ist ein auf ein Stadtgebiet oder auf eine Region begrenztes Netz für Hochgeschwindigkeitsübertragungen (z. B. Kabelfernsehen, Verbindung von Großrechnern in einer Region).

Ein **WAN** [**W**ide **A**rea **N**etwork] hat eine noch größere Ausdehnung. Es verbindet Stadtnetze oder lokale Netze. Die Datenübertragungsraten liegen im mittleren bis höheren Bereich (z. B. analoges TK-Netz, ISDN).

Globale Netze (**GAN** [**G**lobal **A**rea **N**etwork]) haben kontinentale oder weltweite Ausdehnungen und werden von privaten oder öffentlichen Einrichtungen betrieben (z. B. Internet). Die Datenübertragungsraten sind in der Regel niedriger als in Netzen kleinerer Ausdehnung.

Netzwerkaufbau

Die Beschreibung des physikalischen Aufbaus von Netzwerken bezeichnet man als **Netzwerktopologie** [network topology]. Die einzelnen Kommunikationsgeräte im Netz werden vereinfacht auch als **Knoten** [nodes] bezeichnet. Darunter fallen nicht nur Geräte, die Daten senden und empfangen, sondern auch Geräte, die Daten vermitteln (z. B. Router).

Jedes Gerät kann **Verbindungen** [connections] zu anderen Geräten besitzen. Diese Verbindungen können über Kabel oder drahtlos realisiert sein. Je nach Aufbau dieser Verbindungen ergeben sich unterschiedliche Grundtopologien.

- Computernetze ermöglichen die gemeinsame Nutzung von Daten, Programmen und Geräten.
- Je nach Ausdehnung spricht man bei vernetzten Systemen von PAN, LAN, MAN, WAN oder GAN.

Bustopologie [bus topology]

Alle Computer und im Netz installierte Komponenten sind mit einer Busleitung (Koaxialkabel) verbunden (Abb. 4). Der Anschluss an eine Netzwerkkarte erfolgt über ein T-Stück. Das Buskabel wird jeweils über **BNC**-Stecker [**B**ayonet **N**eil **C**oncelmann connector] am T-Stück angeschlossen und somit durchgeschleift. Der Bus muss an jeder Seite mit einem Widerstand von 50 Ω abgeschlossen werden. Die Datenübertragungsrate beträgt 10 Mbit/s. Die Bustopologie verliert immer mehr an Bedeutung.

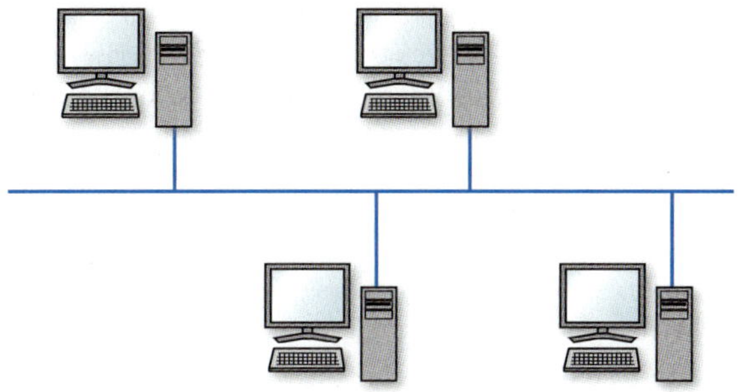

4: Bustopologie

Sterntopologie [star topology]

Hierbei sind alle Computer zentral über einen **Sternverteiler** [hub] miteinander verbunden (Abb. 5). Obwohl ein zusätzliches Gerät notwendig ist, werden wegen der hohen Übertragungsgeschwindigkeit neu entstehende Netzwerke fast durchgängig als Stern ausgelegt. Die Verkabelung erfolgt über **verdrillte Adernpaare** [twisted pairs] und mit Western-Steckverbindern RJ45. Twisted-Pair-Leitungen gibt es ungeschirmt (**UTP** [**U**n-shielded **T**wisted **P**air]) und geschirmt (**STP** [**S**hielded **T**wisted **P**air]). Je nach Anforderung an die Störsicherheit kann zwischen den Kategorien Cat 3 (bis 10 Mbit/s) bis Cat 6 (bis 250 Mbit/s) gewählt werden. Abb. 1 (S. 254) zeigt Kabel und Stecker in Cat 5 für eine Sterntopologie mit RJ45.

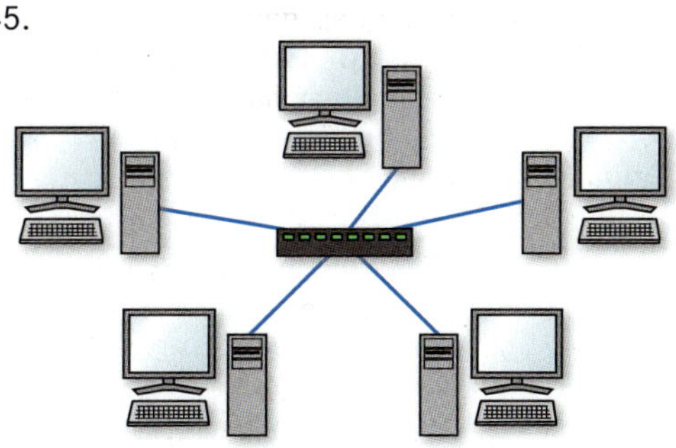

5: Sterntopologie

- Netzwerktopologien beschreiben den physikalischen Aufbau von Netzwerken.
- Bei Netzwerken sind Ring-, Stern- und Bustopologien die wichtigsten Netzformen.

1: RJ45-Stecker und Leitung

Ringtopologie [ring topology]

Die Ringtopologie ist ein geschlossenes Bussystem (Abb. 2). Die Vernetzung kann wie in der Abbildung geschehen oder über einen **Ringleitungsverteiler** (**MAU** [**M**edia **A**ttachment **U**nit]) erfolgen. Bei der Vernetzung von PCs werden die Ringleitungsverteiler durch einen besonderen Hub ersetzt, der intern eine physikalische Ringstruktur aufweist.

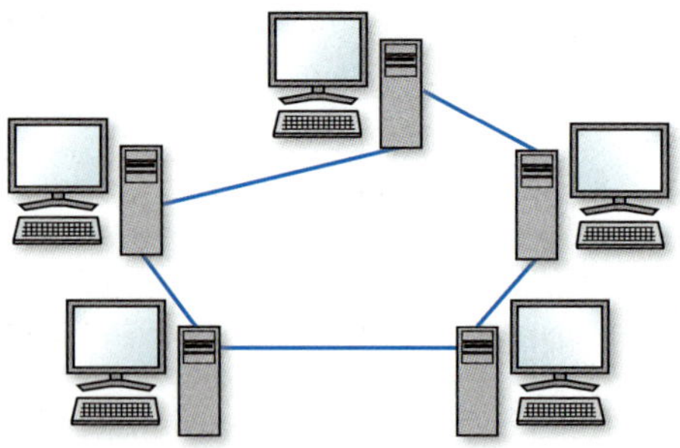

2: Ringtopologie

Mischtopologie [mixed topology]

Mischtopologien entstehen, wenn mehrere Netze mit verschiedenen Topologien physikalisch miteinander verbunden sind. Sie entstehen auch, wenn ein bestehendes Netz erweitert, dabei aber eine andere Verbindungsart aufgebaut werden soll.

Topologie	Merkmale
Bus	+ einfacher Aufbau + keine Verteiler erforderlich + schnelle und einfache Erweiterung - bei Leitungsfehler Ausfall des Systems - schwierige Fehlersuche - max. Länge: 185 m - max. Datenrate 10 MBit/s
Stern	+ hohe Ausfallsicherheit + schnell und einfach zu erweitern + einfache Fehlersuche + Datenrate 100 MBit/s - hoher Installationsaufwand - Verteiler (Hub/Switch) erforderlich
Ring	+ hohe Ausfallsicherheit + Vermeidung von Übertragungsfehlern + schnelle und einfache Erweiterung - relativ hoher Installationsaufwand

3: Vergleich der Topologien

4.3.2 Netzwerkkomponenten

In Netzwerken gibt es verschiedene Komponenten für eine reibungslose Datenübertragung (z. B. Switch in Abb. 4). In der nachfolgenden Übersicht sind sie aufgeführt und Merkmale dargestellt.

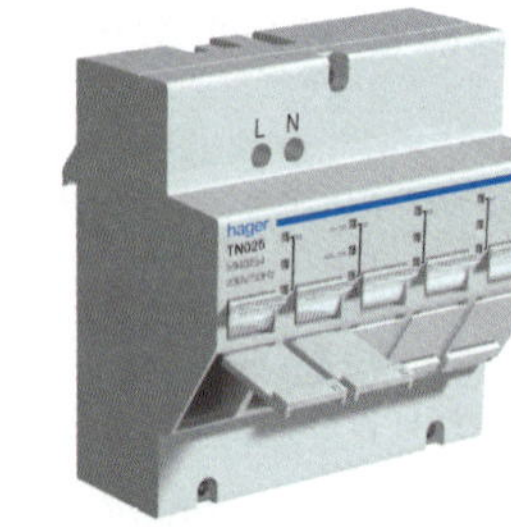

4: Switch

Switch (Schalter, Weiche)
- Mit ihm werden mehrere PCs bzw. Netzsegmente zu einem lokalen Netz (LAN) über Ports verbunden (Sterntopologie).
- Zwischen Sender und Empfänger wird eine direkte Verbindung **geschaltet**.
- Die einzelnen Ports können unabhängig voneinander Daten empfangen und senden.
- Den Teilnehmern steht die gesamte Bandbreite des Netzwerks für die Sendezeit zur Verfügung.

Hub (Nabe, Knotenpunkt)
- Mit ihm werden wie beim Switch mehrere PCs bzw. Netzsegmente zu einem lokalen Netz (LAN) über Ports verbunden (Sterntopologie).
- Das eintreffende Signal wird **an alle** anderen Netzteilnehmer weitergeleitet.
- Erweiterungen sind durch Uplink-Ports möglich.

Repeater (Verstärker)
- Er dient der **Signalaufbereitung**, regeneriert und verstärkt das Signal.
- Datenpakete werden ohne Zwischenspeicherung weitergeleitet.
- Netzsegmente gleicher oder verschiedener Medien (z. B. Twisted Pair, Koaxialkabel, LWL) werden miteinander gekoppelt.
- Es findet keine Überprüfung der Datenpakete auf Fehler und keine Protokollerkennung statt.

Bridge (Brücke)
- Sie ist ein Verbindungsglied zwischen gleichartigen lokalen Netzwerken. Die Netze können auch über unterschiedliche Datenraten verfügen.
- Sie wird verwendet, um große Netze in kleinere Segmente zu unterteilen.

Gateway (Einfahrt, Eingang, Übergang)
- Ein Gateway ist ein Verbindungsglied zwischen Netzwerken, die mit unterschiedlichen Protokollen arbeiten (**Protokollumsetzer**).
- Eine auf unterschiedlichen Protokollen basierende Kommunikation wird ermöglicht.

4.3.3 Netzwerkprotokolle

Ein Netzwerkprotokoll [network protocol] enthält exakte Vereinbarungen (Regeln, Formate), mit denen Computer (Datenendgeräte) Daten austauschen. Dabei sind folgende wesentliche Einzelaufgaben zu erfüllen:

- Verbindungsaufbau sicher und zuverlässig herstellen
- Datenpakete dem Empfänger zustellen
- Bei unvollständigen Sendungen Datenpakete wiederholen
- Überprüfbarkeit der gesendeten Daten sicherstellen (Prüfsummenverfahren)
- Daten beim Empfänger in die korrekte Reihenfolge bringen
- Daten eventuell verschlüsseln

Das Netzwerkprotokoll legt auch fest, in welcher Form die Daten aufbereitet werden. Diese **Datenpakete** [data packets] (Datagramme) bestehen im Prinzip aus Steuer- und Nutzdaten [Header, Data].

Header	Data

Im Header sind im Wesentlichen folgende Informationen enthalten:
- Adresse des Empfängers und des Absenders
- Pakettyp (Verbindungsaufbau bzw. -abbau)
- Länge des Paketes
- Prüfsumme

TCP/IP

TCP/IP [**T**ransmission **C**ontrol **P**rotocol/**I**nternet **P**rotocol] ist eine Familie von Netzwerkprotokollen. Es ist das wichtigste Protokoll für den Datenaustausch im Internet und wird deshalb auch verkürzt nur als Internetprotokoll bezeichnet. Der Aufbau ist schichtförmig (Abb. 5). Die Anwendungs- und Transportschicht werden nachfolgend kurz erläutert.

TCP/IP-Schicht	TCP/IP-Protokolle
Anwendungs-schicht	HTTP, FTP, TELNET, SMTP, DNS, RIP, ...
Transportschicht	TCP, UDP
Internetschicht	IP, ...
Netzwerkschicht	Ethernet, Token Ring, X.25, ...

5: TCP/IP-Schichten

Anwendungsschicht

Die Anwendungsschicht [application layer] ist für die Kommunikation zwischen den Anwendungen und den Diensten der Transportschicht zuständig. Wichtige Protokolle der Anwendungsschicht sind in Abb. 6 aufgeführt.

Um der Anwendungsschicht des Kommunikationspartners mitzuteilen, was sie mit den Daten machen soll, werden die Daten mit einem Header versehen. Sie werden dann der Transportschicht mit der Anweisung übergeben, sie an die Anwendungsschicht des Kommunikationspartners zu senden.

Protokoll	Verwendung
HTTP [**H**ypertext **T**ransport **P**rotocol]	Regelt die Kommunikation zwischen einem Web-Client und einem Webserver
FTP [**F**ile **T**ransfer **P**rotocol]	Dient der Übertragung von Dateien zwischen zwei Computern
SMTP [**S**imple **M**ail **T**ransfer]	Dient der Übertragung von E-Mails
DNS [**D**omain **N**ame **S**ystem]	Steuert die Abläufe bei der Umsetzung der Computernamen in IP-Adressen

6: Protokolle der Anwendungsschicht

Transportschicht

Die Transportschicht [transport layer] hat die Aufgabe, die von der Anwendungsschicht übernommene Nachricht in Datenpakete (Segmente) aufzuteilen, deren richtige Zusammensetzung beim Empfänger zu gewährleisten ist. Deshalb versieht die Transportschicht die Datenpakete mit einem weiteren Header.

In der Transportschicht werden zwei Protokolle eingesetzt:
- **TCP** [**T**ransmission **C**ontrol **P**rotocol]
- **UDP** [**U**ser **D**atagram **P**rotocol]

UDP ist ein **verbindungsloses Protokoll**. Die Daten können zu einem oder mehreren Computern übertragen werden, ohne dass eine direkte Verbindung hergestellt werden muss. Es handelt sich deshalb um ein **unzuverlässiges Protokoll**, weil keine Rückmeldung über den Empfang der Daten erfolgt.

Da UDP kaum Zusatzinformationen besitzt, eignet es sich zum schnellen Senden geringer Datenmengen. Es wird beispielsweise zur Übertragung von Informationen genutzt, die sich laufend ändern (z. B. Live-Videoübertragungen).

TCP ist **verbindungsorientiert** und daher ein **zuverlässiges Protokoll**. Die Zuverlässigkeit wird durch Fehlererkennung, Fehlerkorrektur und Flusskontrolle erreicht. Diese Mechanismen sind erforderlich, weil die Daten durch das Übertragungsmedium oder durch Software verfälscht werden können. Die Flusskontrolle verhindert ein „Überlaufen" der Daten beim Empfänger.

- TCP/IP stellt in der Transportschicht wahlweise das unzuverlässige Protokoll UDP oder das verbindungsorientierte und sichere Protokoll TCP zur Verfügung.

4.3.4 Ethernet

Mit Ethernet bezeichnet man eine Datennetztechnik, die in lokalen Netzen (LAN) eingesetzt wird. Diese Netzwerktechnologie wird heute vorwiegend verwendet. Der englische Begriff stammt aus der Anfangszeit der Netzwerktechnik und bedeutet soviel wie „Äther". Damit kennzeichnete man damals das Ausbreitungsmedium für Funkwellen.

Ethernet ist in der Norm IEEE 802.3 standardisiert und umfasst Paketformate und Protokolle sowie auch die Festlegung für Kabel und Stecker. Der Datenaustausch erfolgt seriell zwischen den angeschlossenen Geräten (Computer, Drucker, usw.). In Abb. 1 sind Ethernet-Varianten mit ihren Merkmalen aufgeführt. Der Name kennzeichnet die jeweils verwendete Technologie.
Beispiel: 10Base2

- 10: 10 Mbit/s Datenübertragungsrate
- Base: Basisbandübertragung, es erfolgt keine Datenübertragung in einem anderen Frequenzbereich.
- 2: Max. Segmentlänge als Vielfaches von 100 m

	10Base2	100BaseT	100BaseFX
Topologie	Bus	Stern	Stern
Kabeltyp	RG58 Thinnet Koaxial	Twisted Pair	Lichtwellenleiter
Verbindung	BNC T-Stecker	RJ 45	ST-Stecker
Abschluss	50 Ω	-	-
Entfernung zum PC	min. 0,5 m zu PCs	max. 100 m PC-Hub	max. 1 km PC-Fiber-Hub
Max. Kabellänge	200 m	100 m	1 km
Max. Segmente	5 über Repeater	5 Kaskaden	16 Kaskaden
Höchstzahl der PCs	30 pro Segment	24 pro Hub	384 pro Fiber-Hub
Datenrate	≤10 Mbit/s	≤100 Mbit/s	>100 Mbit/s

1: Ethernet-Technologien

Bei 10Base2 wird die Verkabelung mit dünnem Koaxialkabel in Bustechnik vorgenommen (s. Kap. 4.3.1). 100BaseT wird auch als Fast-Ethernet bezeichnet und ermöglicht eine Datenübertragungsrate von 100 Mbit/s über Kupferleiter. Bei 100BaseFX erfolgt die Datenübertragung mit Glasfasern. Bei 1000BaseT überträgt man die Daten mit 1 Gbit/s über Kupferleitungen. Dieses Netz wird deshalb auch als Gigabit-Ethernet bezeichnet.

Zum Ethernet-Standard gehört auch **„Power over Ethernet"** (**PoE**). Bei diesem Verfahren werden Ethernet-Geräte über das Twisted-Pair-Kabel mit elektrischer Energie versorgt (Abb. 2). Dabei werden ungenutzte Adern der Leitung für die Speisung mit 48 V verwendet. Die Leistung kann etwa 15 W betragen.

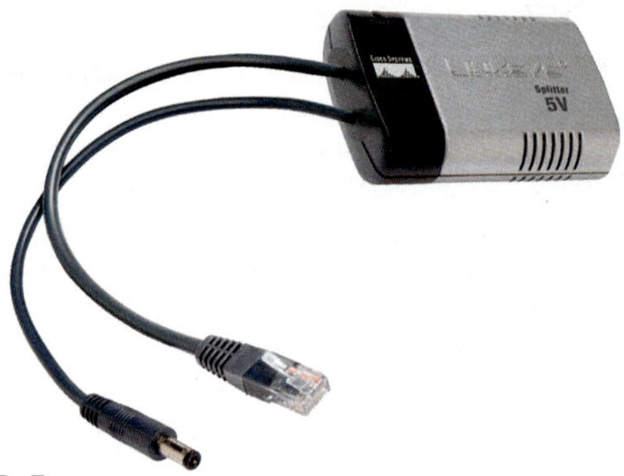

2: PoE

Wie wird der Zugriff im Netzwerk organisiert?

Diese Frage stellt sich bei allen Systemen, bei denen nur eine Leitung mit einer gemeinsam genutzten Frequenz zur Verfügung steht. Man spricht hier von der **Basisbandübertragung** [baseband transmission] (kurz: **base**).

Bei der Basisbandübertragung gibt es 3 Verfahren:

1. **CSMA/CD** (**C**arrier **S**ense **M**ultiple **A**ccess/ **C**ollision **D**etection): Alle Computer sind zur Datenübertragung gleichberechtigt. Der Computer, der senden will, wartet, bis das Netz inaktiv ist und sendet dann seine Daten. Wenn zufällig ein anderer Computer zeitgleich mit dem Senden begonnen hat, kommt es zur Datenkollision. Diese wird registriert und die Computer senden zeitversetzt ihre Daten erneut.
2. **CSMA/CA** (**C**arrier **S**ense **M**ultiple **A**ccess/ **C**ollision **A**voidance): Alle Computer sind zur Datenübertragung gleichberechtigt. Der Computer, der senden will, wartet, bis das Netz inaktiv ist und sendet dann ein Signal, das die Sendeabsicht bekannt gibt. Das Netz bleibt daraufhin inaktiv und der Computer sendet seine Daten. Eine Datenkollision wird immer verhindert.
3. **Token Ring**: Eine Sendeberechtigung (das Token) wird kontinuierlich im Kreis von Rechner zu Rechner weitergegeben. Nur der Rechner, der das Token momentan hat, sendet seine Daten. Eine Datenkollision wird immer verhindert. Token Ring setzt eine Ringtopologie voraus.

- Ethernet ist das am meisten verwendete Datennetz im LAN-Bereich.
- Mit den Varianten Fast-Ethernet und Gigabit-Ethernet können Datenübertragungsraten von 100 Mbit/s und 1 Gbit/s erreicht werden.

4.3.5 Netzwerk-Hardware

Daten lassen sich auf verschiedene Weise übertragen. In Abb. 3 sind wesentliche Übertragungsmöglichkeiten aufgeführt. Die leitungsgebundene Übertragung erfolgt mit Kupfer- oder Lichtwellenleitern (LWL).

Mit Kupferleitern werden die Daten elektrisch übertragen. Der Vorteil von Kupferleitern gegenüber Lichtwellenleitern ist, dass sie kostengünstiger und der Installationsaufwand geringer sind. Nachteile:

- Der Leiterwiderstand und hohe Frequenzen verringern die Nutzsignalamplitude (**Dämpfung**).
- Das Frequenzband (**Bandbreite**), das vom Medium mit akzeptabler Dämpfung übertragen werden kann, ist nach oben **begrenzt**.
- Die von benachbarten Adern in einer Leitung abgestrahlten Signale überlagern das Nutzsignal (**Nebensprechen**).
- Da die Adern der Leitungen Signale abstrahlen, können diese Signale abgehört werden (**Abhörbarkeit**).

Als Kupferleiter werden vorwiegend Zweidrahtkupferleitungen (**Twisted Pair-Kabel**, TP-Kabel) verwendet. Koaxialkabel sind nur noch selten im Einsatz.

Bei Twisted Pair-Kabeln sind jeweils die Adernpaare des Hin- und Rückleiters miteinander zu einer Doppelader verseilt (Abb. 4). Die Verseilung ist ein einfacher Schutz gegen das Nebensprechen. Da die Ströme im Hin- und Rückleiter gleich, aber entgegengesetzt sind, heben sich störende elektrische Felder nahezu auf.

Weiterhin wird durch sorgfältiges Verseilen der Widerstand der Leitung gesenkt. Damit wird die Bandbreite erhöht und die Dämpfung gesenkt.

Bei hochwertigen Twisted Pair-Kabeln sind jede Doppelader und alle Doppeladern mit Aluminiumfolien/Drahtgeflechten umwickelt (Abb. 4). Damit wird erreicht, dass die Doppeladern gegeneinander und das gesamt Kabel gegen äußere elektrische Felder abgeschirmt ist.

Nach ISO/IEC-11801 werden Twisted Pair-Kabel bezüglich ihrer Schirmung nach dem Schema X/YTZ unterschieden (Abb. 5).

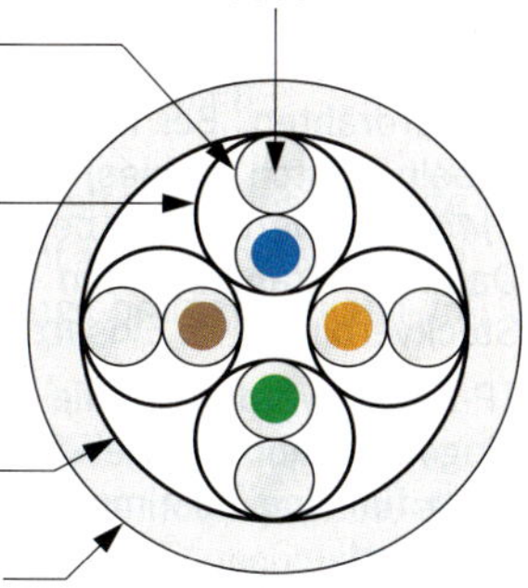

- blanker Kupferleiter 0,6 mm Durchmesser
- foam-skin-PE-Isolierung (02YS), je 2 Adern zu Paaren verseilt
- Schirm (PiMF) aus kunststoffkaschierter AL-Folie
- vier geschirmte Paare zur Seele verseilt (4 x 2)
- Schirmgeflecht aus verzinnten Cu-Drähten
- Mantel aus PVC (Y) oder halogenfreiem Material, flammwidrig, petrolfarben

4: TP-Installationsleitung (S/FTP, J-02YSCY 4 x 2 x 0,6 PiMF) mit vier verseilten Doppeladern

X Gesamt-schirmung	**Y** Ader-schirmung	**T** Twisted	**Z** Verseilte Aderzahl
U Unshielded (ungeschirmt)	**S** Screened shielded	**T**	**P** (pair: 2)
X Screened shielded (Schirm aus Draht-geflecht)	**F** Foiled shielded		**Q** (quad: 4)
X Foiled shielded (Folienschirm)			

5: TP-Kabelbezeichnung

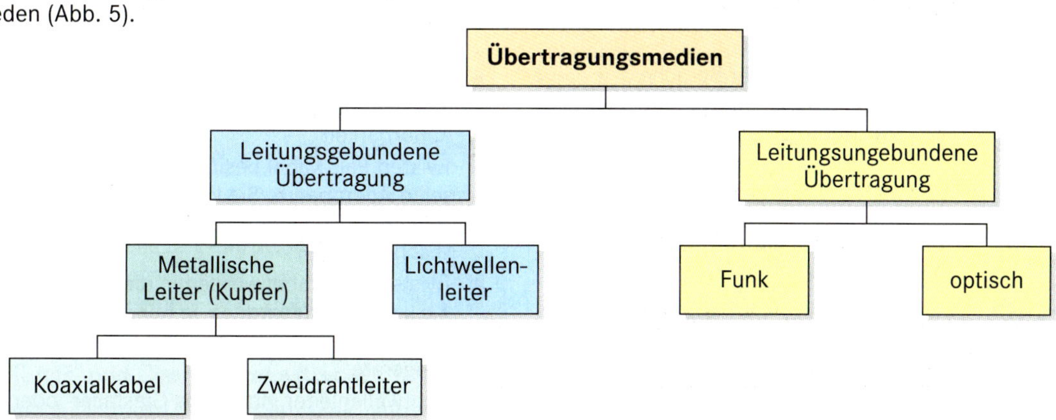

3: Übertragungsmedien und Verfahren

4.4.2 Adressen (IP-Adressen)

Jeder Computer, der am Datenverkehr im Internet teilnimmt, besitzt eine eindeutige numerische Adresse. Diese **IP**-Adresse [**I**nternet **P**rotocol Address] besteht in der Version 4 (IPv4) aus 32 Bits (4 Byte). Jeweils acht Bits einer Adresse werden in eine Dezimalzahl (0 bis 255) umgewandelt, die durch Punkte getrennt sind. Beispiel:

10110011 11000001 10011010 00001011

⇒ 179.193.154.11

Damit lassen sich 2^{32} = 4.294.967.296 mögliche Adressen realisieren.

Die 32 Bit-IP-Adresse hat zwei Bestandteile:
- **Netzwerkadresse** [network address]
- **Hostadresse** (Computeradresse) [host address]

Um unterschiedlich große Netze mit Adressen versorgen zu können, wurden verschiedene **Netzklassen** [network classes] eingeführt (Abb. 1).

Netz-klasse	Netzwerk-adresse	Host-adresse
A 0-Netz	0.x.x.x – 127.x.x.x (126 Netze)	x.0.0.0 – x.255.255.255 (16 Mio. Computer)
B 10-Netz	128.0.x.x – 191.255.x.x (16.382 Netze)	x.x.0.0 – x.x.0.0 (65.534 Computer)
C 110-Netz	192.0.0.x –223.255.255.x (2.097.150 Netze)	x.x.x.0 – x.x.x.255 (254 Computer)

1: Netzklassen bei der IP-Adressierung

Da der Adressenumfang mit 32 Bit heute nicht ausreicht, ist IPv6 mit 128 Bit eingeführt worden.

DNS [**D**omain **N**ame **S**ystem]

IP-Adressen haben für den Benutzer den Nachteil, dass sie nicht aussagekräftig sind. Außerdem kann man ihnen keinerlei geographische oder organisatorische Information entnehmen (Standort und Betreiber).

Ein weiteres Problem von IP-Adressen besteht darin, dass sie dem jeweiligen Netz zugeordnet sind. Zieht z. B. eine Firma um, müsste die Änderung der IP-Adresse durch großen Aufwand bekannt gemacht werden. Durch das „Domain Name System" entfällt die örtliche Bindung. Es ordnet den einzelnen Computern Organisationseinheiten [**Domains**] zu. Die Domainnamen gibt man von links nach rechts in aufsteigender Folge an, die durch Punkte getrennt werden. Beispiel: www.abt-web.fb-medien.tu-berlin.de

Der Name der **Top-Level-Domäne** steht ganz rechts. Er gibt die oberste geografische oder organisatorische Einheit an. Die Abkürzung **.de** sagt aus, dass sich der Computer in Deutschland befindet (Abb. 2).

Top-Level-Domain	Bedeutung	Hinweis
DE	Deutschland	geografisch
NL	Niederlande	
AT	Österreich	
UK	Großbritannien (United Kingdom)	
US	USA	
FR	Frankreich	
COM	Firmen [commercial]	organisatorisch
ORG	Organisationen [organization]	
GOV	Regierungsstellen [government]	
NET	Netzorganisationen [net]	

2: Top-Level-Domänen (Auszug)

Die zweite Ebene des Namens wird als **Second-Level-Domäne** bezeichnet. Damit kennzeichnet man die untergeordnete Organisationseinheit.

Zusätzliche Ebenen des Namens bezeichnet man als **Subdomänen**. Sie dienen der weiteren Strukturierung innerhalb des Netzes. Ganz links folgt der Name des Computers.

Der Name **WWW** [**W**orld **W**ide **W**eb] hat sich weltweit für die Computer durchgesetzt, die Seiten im WWW anbieten. Dieser Name ist aber nicht vorgeschrieben.

Die notwendige Umsetzung der Namen in IP-Adressen erfolgt mit Hilfe von **Servern** (**DNS-Servern**). Sie verfügen über eine Datenbank mit den Namen sämtlicher Computer im Netzwerk. Zu diesem Zweck existiert in jedem Netzwerk ein Primary DNS und für den Störungsfall ein Secondary DNS.

AUFGABEN

1. Worin unterscheiden sich Netzklassen?
2. Kostenlose Webadressen weisen häufig die Top-Level-Domain „VU" auf. Was bedeutet das?

- Top-Level-Domänen-Namen können geografische oder organisatorische Bedeutung haben.
- Die Adressierung im Internet erfolgt bei IPv4 mit 32 Bit und bei IPv6 mit 128 Bit. IPv4 kann im Prinzip in vier Dezimalzahlen übertragen werden, die durch Punkte getrennt werden.
- Netzklassen sorgen für ein ausgewogenes Verhältnis zwischen der Netzgröße und der Anzahl der verfügbaren Computeradressen.
- Durch DNS werden den IP-Adressen (Zahlen) aussagekräftige Dienstadressen zugewiesen.
- Computernamen im Internet sind hierarchisch aufgebaut. DNS-Server dienen der Umsetzung von Computernamen in IP-Adressen.

Private Adressen

Mit dem Wachsen des Internets wird die begrenzte Anzahl von IP-Adressen zu einem Problem. In vielen lokalen Netzen (LAN) existieren Computer, die nicht direkt mit dem Internet verbunden sind. Ihnen können private IP-Adressen zugewiesen werden. Diese werden im Internet für den Datenaustausch nicht genutzt (Abb. 3).

Netzklasse	Netzwerkadresse	Subnetzmaske
A	10.0.0.0 - 10.255.255.255	255.0.0.0
B	172.16.0.0 - 172.31.255.255	255.240.0.0
C	192.168.0.0 - 192.168.255.255	255.255.0.0

3: Private IP-Adressen

Dynamische Vergabe von Adressen

Alle privaten IP-Adressen werden im öffentlichen Internet nicht zu einer Weiterleitung von Daten [routing] genutzt. Viele lokale Netze können also die gleichen IP-Adressen nutzen, ohne dass es zu einem Adressenkonflikt kommt (Abb. 4 ①). Als Beispiel werden zwei Situationen beschrieben:

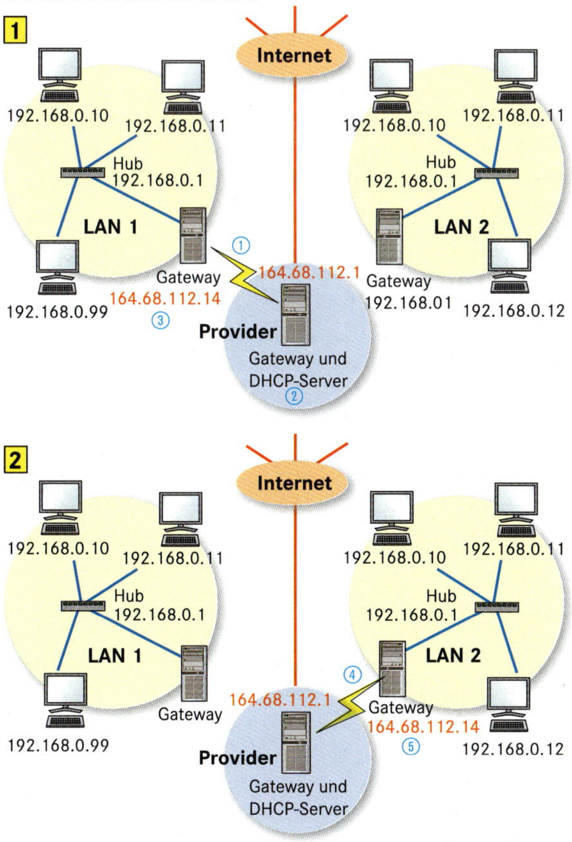

4: Dynamische IP-Vergabe und private IP-Adressen

Situation 1

Das lokale Netz LAN 1 stellt über einen **Verbindungsrechner** [gateway] eine Verbindung zu einem Diensteanbieter des Internets (ISP) her ①. Intern hat das Gateway eine private IP-Adresse. Um Daten mit dem Internet austauschen zu können, wird von einem speziell dafür eingerichteten Computer (**DHCP**-Server [**D**ynamic **H**ost **C**ontrol **P**rotocol]) ② eine IP-Adresse für die Zeit der Verbindungsdauer zugewiesen ③.

Situation 2

Nach dem Ende der Verbindung steht die gleiche IP-Adresse anderen Verbindungsrechnern zur Verfügung. LAN 2 hat jetzt die Verbindung zum ISP ④ hergestellt. Dessen Gateway bekommt nun die „alte" IP-Adresse des Gateways vom LAN 1 ⑤.

Weiterleitung

Geräte, die die Weiterleitung [routing] veranlassen, werden als **Router** [router] bezeichnet. Die Abb. 5 zeigt das prinzipielle Verfahren zur Weiterleitung von Daten. Computer A möchte Computer B ansprechen. Router 1 erkennt anhand der Adresse, dass sich der gesuchte Rechner nicht in den beiden angeschlossenen LANs befindet und reicht die Daten weiter an Router 2. Dieser Vorgang wird fortgesetzt, bis ein Router einen direkt bekannten Computer ermittelt hat.

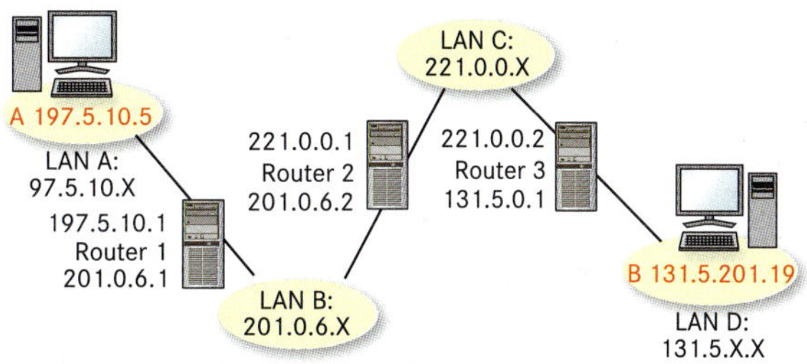

5: Weiterleiten von Daten (Routing)

Bei diesem Verfahren wird das TCP/IP-Protokoll eingesetzt. Die Vereinbarungen beziehen sich insgesamt auf folgende Bereiche:
- Adressierung und Ansprache von Computern
- Datenaustausch der Anwendungen
- Art der Verbindung und Datentransport
- Weiterleitung von Daten
- Zugriff auf Netzwerkkarten

AUFGABE

1. Der DHCP-Server in Abb. 4 hat die IP-Adresse 164.68.112.1. Erläutern Sie, ob dies eine dynamische IP-Adresse ist.

- Für TCP/IP im LAN werden private IP-Adressen verwendet.
- Für den zeitlich begrenzten Zugang zum Internet werden IP-Adressen dynamisch vergeben.

4.4.3 Informationsbeschaffung im Internet

Wenn vom Internet gesprochen wird, meint man meistens das WWW. Dieser Dienst stellt Webseiten nach dem Client-Server-Prinzip bereit, die vielfältige Multimedia-Funktionen enthalten können. Der Ablauf ist in Abb. 1 dargestellt. Im Einzelnen ergibt sich der folgende Ablauf:

1. Der User stellt eine Internetverbindung über seinen Internet Service Provider her ①.

2. Danach startet der User den **Browser**, ein Programm zum Darstellen der Webseiten. Der Browser kann die Befehle [tags] der Beschreibungssprache **HTML** [**H**yper**t**ext **M**arkup **L**anguage] der Webseite umsetzen ② (s. Kap. 4.4.4).

3. Der User gibt in der Adresszeile des Browsers die Adresse **URL** [**U**niform **R**esource **L**ocator] des Anbieters der Webseite an, die er sich anschauen möchte. Er wird damit zum **Kunden** [client], der Anbieter zum **Server** ③.

4. Der Browser startet über das Protokoll **HTTP** [**H**yper**t**ext **T**ransfer **P**rotocol] die Suche nach dem Server, der die Webseiten anbietet. Wenn der Provider einen **Proxyserver** bereit hält, wird zuerst nachgeschaut, ob die gewünschten Informationen hier möglicherweise vorliegen. Proxyserver haben die Aufgabe, einmal aufgerufene Seiten lokal zu speichern und diese bei einer Anfrage erneut zur Verfügung zu stellen. Das Verfahren der Spiegelung von Webseiten reduziert den Datenverkehr im Internet ④.

5. Liegen die gewünschten Seiten auf dem Proxyserver nicht vor, wird die IP-Adresse im Netz über **DNS**-Server ⑤ gesucht. Router übernehmen die Weiterleitung der Anfrage bis zum Server des Webseitenanbieters. Der Computer, der die Webseite bereithält, wird auch als **Webhost** bezeichnet.

6. Der Webhost erkennt eine Anfrage nach einer Webseite und stellt fest, ob er das angeforderte Dokument bereit hält ⑥.

7. Ist dies der Fall, sendet der Webhost nun die angeforderte Webseite als HTML-Code zurück an den User. Der Router übernimmt die Weiterleitung über den Provider zum User ⑦.

8. Der Browser des Users stellt über die Interpretation der Tags die Webseite auf dem Bildschirm dar und veranlasst gegebenenfalls die Darstellung oder Wiedergabe der eingebundenen Multimedia-Elemente (Grafik, Animation, Sound, Video usw.) ⑧.

9. Die Besonderheit von Webseiten bilden die Verweise auf andere Seiten oder **Elemente** [links]. Das Anklicken dieser Verweise löst in der Regel eine erneute Anfrage nach einer Webseite aus. Es entspricht damit dem Eintragen einer neuen Adresse. Der ab dem 3. Punkt beschriebene Vorgang wiederholt sich. Dabei können auch Webseiten anderer Anbieter angefordert werden.

Suchen im WWW

Ist die URL eines Anbieters von Informationen nicht bekannt, so kann man diese URL über spezielle Webseiten (**Suchmaschinen** [search engines]) suchen lassen. Wichtige Suchmaschinen sind z. B.:
www.google.de; www.bing.com; www.yahoo.de und Metasuchmaschinen wie www.metager.de

Grundlage dieser Suchmaschinen sind kleine **Programme** [crawlers] oder [spiders], die das Web nach Dokumenten „durchstöbern" und gefundene Informationen zu den Suchmaschinenanbietern zurücksenden. Dort werden riesige Datenbanken mit den Informationen „gefüttert" und den Nutzern auf Anfrage bereitgestellt.

- Eine vollständige Adresse im Internet bzw. in einem Netzwerk wird als URL bezeichnet.

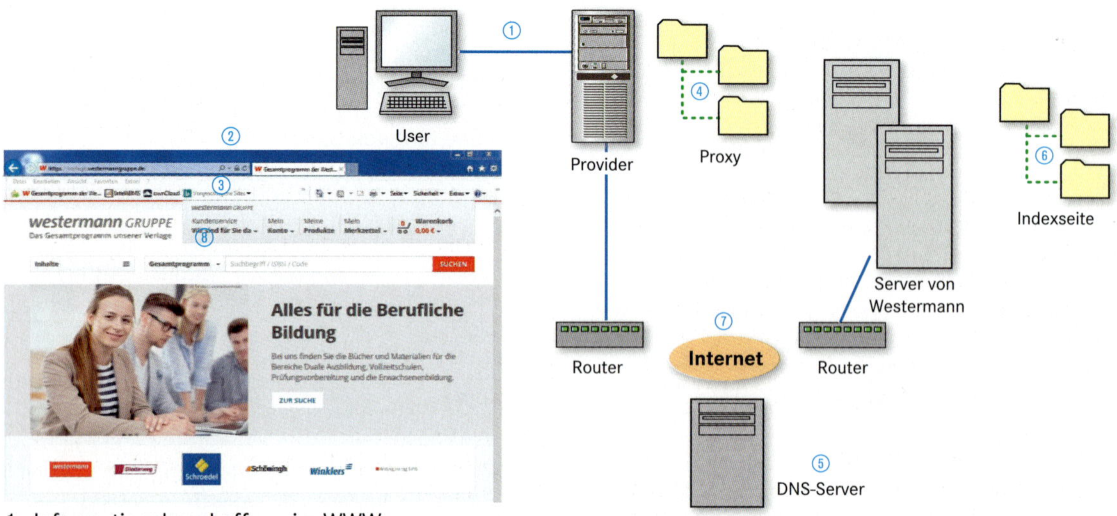

1: Informationsbeschaffung im WWW

4.4.4 Internetnutzung

Die Nutzung des Internets umfasst die verschiedenen **Internetdienste** (s. Kap. 4.4.1) Am häufigsten werden **E-Mail** und **WWW** genutzt.

Der Abruf und die Betrachtung von Webseiten erfordert beim Benutzer einen Webbrowser. Dieses Programm interpretiert plattformunabhängig den übertragenen Code der Beschreibungssprache **HTML** [**H**yper-**T**ext **M**arkup **L**anguage] und stellt alle übertragenen multimedialen Elemente (Grafik, Musik usw.) entsprechend dar. Die Abb. 2 zeigt einen übertragenen HTML-Text und die vom Browser dargestellte Webseite in einer Gegenüberstellung.

```
<HTML>
<HEAD>
  <TITLE> Schulen im Netz</TITLE> ❶
  ...
</HEAD>                ❷                        ❸
<BODY BACKGROUND="karo.jpg" TEXT="BLACK" LINK="BLUE" VLINK="RED">
  <IMG SRC="lempel.gif"> Schulen im Netz ❹
❺ <HR size=5><BR>
  <FONT size=+2> ❻
      <IMG SRC="pfeil.gif"><STRONG>Bildungsserver</STRONG>
  <FONT><BR>
    <IMG SRC="punkt.gif"><A HREF="http://www.schule.de"> ❼
     Deutscher Bildungsserver</A><BR>
    <IMG SRC="punkt.gif"><A HREF="http://www.be.schule.de">
     Offenes Deutsches Schulnetz<A><BR>
  ...
</BODY>
</HTML>
```

❶ Kopf mit Titel
❷ Körper mit Hintergrundgrafik karo.jpg
❸ Körperfarben: Text: schwarz, Link: blau, besuchter Link: rot
❹ Bild und Text
❺ Horizontale Linie, Zeilensprung
❻ vergrößerte Schrift
❼ Grafik und Link

2: HTML-Code und Browserdarstellung

Über eingebundene Programme [plug-ins] und die Verwendung von Skriptsprachen (z. B. Javascript, Visual Basicscript) lassen sich die Darstellungsmöglichkeiten des Browsers und die Interaktivität von Webseiten erweitern.

Weit verbreitet ist der Einsatz von **Cookies** (deutsch: Kekse, Krümel). Es handelt sich dabei um kleine Textdateien, die auf der Festplatte des Nutzers gespeichert werden und damit Spuren hinterlassen. Sie enthalten z. B. Informationen über das Surfverhalten. Beim nächsten Aufruf der Seite, worauf Cookies gesetzt sind, werden diese Cookies wieder an den Server des Anbieters zurückgeschickt und dort ausgewertet.

Datensicherheit [data security]

Diese Maßnahmen werden notwendig, da digitale Daten durch Einflüsse außerhalb des IT-Systems, z. B. durch **Hardwaredefekte**, **Softwarefehler** oder Einwirkung von **Computerviren** [computer viruses], vernichtet werden können.

Als Computerviren werden kleine Programme bezeichnet, die über verschiedene Verfahren (Programmteile, Dateianhänge, E-Mail-Anhänge) auf ein IT-System eingeschleust werden und dort bestimmte Wirkungen erzielen. Dabei können unterschiedliche Schäden auftreten, die von der Veränderung von Programmen und des Betriebssystems, dem unbeabsichtigten Versenden von E-Mails bis zur Löschung ganzer Festplatten reichen.

Maßnahmen zur Datensicherheit:

- **Bautechnik** (Brand-, Hochwasser- und Blitzschutz)
- **Datensicherung** (manuelle Datenkopien, Backup-Systeme, RAID-Systeme)
- **Virenschutzprogramme**

Die Datensicherheit ist nur gewährleistet, wenn die Sicherung der Daten regelmäßig durchgeführt wird und die **Virenschutzprogramme** [virus protection software] ständig aktualisiert werden.

Datenschutz [data protection]

Diese Maßnahmen werden notwendig, da Daten sowohl personenbezogene als auch sachbezogene Informationen beinhalten können, bei deren Fremdnutzung, Weitergabe oder Veröffentlichung erhebliche ideelle und wirtschaftliche Schäden verursacht werden können. Der Missbrauch von Daten kann bis zur Existenzvernichtung führen (Persönlichkeitsschutz, Wirtschaftsschutz). Der Datenschutz ist durch das Bundesdatenschutzgesetz (**BDSG**) rechtlich geregelt.

Maßnahmen zum Datenschutz sind:

- **Zugangsschutz** (z. B. bauliche Maßnahmen)
- **Zugriffsschutz** (z. B. Firewall)
- **Übertragungsschutz** (z. B. Verschlüsselung)
- **Benutzerkontrolle** (z. B. Kennwörter)

3: Datensicherheit und Datenschutz

- Maßnahmen zur Datensicherung dienen dem Erhalt und dem Schutz gegen Veränderung von Daten.
- Maßnahmen zum Datenschutz sollen den unberechtigten Zugriff und den Datenmissbrauch verhindern.

Firewall

Eine Firewall (Brandmauer) ist eine Schutzeinrichtung, die für die Anbindung eines Rechners oder eines privaten Netzwerks an ein öffentliches Netz eingesetzt wird (Abb. 1). Sie besteht aus Hardware- und Softwarekomponenten und kann u. a. den unberechtigten Zugriff aus dem Netz auf den angeschlossenen Rechner bzw. das Netzwerk verhindern. Die detaillierten Überwachungsfunktionen können über ein Regelwerk eingestellt werden.

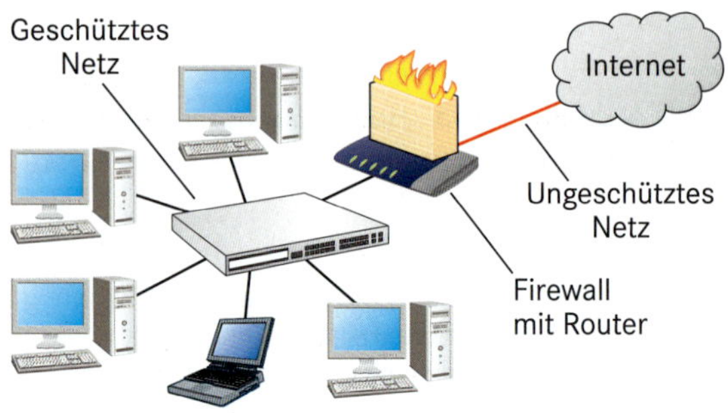

1: Einfache Firewall in Kombination mit Router

Grundsätzlich gibt es zwei **Firewall-Arten**:

- Personal Firewall (Desktop Firewall) und
- External Firewall (Netzwerk Firewall).

Die **Personal Firewall** ist eine Software, die auf dem Desktop installiert ist und den Internetzugriff und gegebenenfalls auch den internen Netzwerkverkehr überwacht.

Bei der **External Firewall** wird der Netzwerkverkehr zum Internet überwacht. In der Regel wird dafür ein eigener Rechner oder ein Router eingesetzt, auf dem die Firewall Software abläuft.

Verschlüsselungsverfahren

Verschlüsselungsverfahren sind ein Teilgebiet der **Kryptografie** (von altgr. Kryptos: verborgen, geheim). Mit dem Begriff Verschlüsselung wird ein Vorgang bezeichnet, der z. B. einen Klartext (lesbaren Text), Audio- oder Videodaten in einen unleserlichen Geheimtext bzw. nicht abspielbare Audio- oder Videodaten umwandelt.

Mit der Verschlüsselung sollen die folgenden Schutzziele erreicht werden:

- **Vertraulichkeit**
  Nur Berechtigte dürfen Informationen über den Inhalt eines Dokuments erlangen (Zugriffsschutz).
- **Änderungsschutz**
  Die Daten dürfen nachträglich nicht änderbar sein und müssen nachweislich vollständig sein (Integrität).
- **Fälschungsschutz**
  Der Urheber von Daten bzw. der Absender einer Nachricht muss zweifelsfrei identifizierbar und der Nachricht bzw. den Daten zugeordnet werden können (Authentizität).
- **Abstreitbarkeit**
  Der Urheber von Daten sollte seine Urheberschaft nicht abstreiten können.

Symmetrische Verschlüsselung

Es gibt einen geheimen Schlüssel ① (Abb. 2), der den Kommunikationsteilnehmern A und B bekannt sein muss. Der Schlüsselaustausch ② zwischen den Teilnehmern kann dabei in einem persönlichen Treffen, per Briefpost oder per Telefon erfolgen, soweit der Partner an der Stimme identifiziert werden kann. Die Verteilung über ein Netzwerk kann mittels Schlüsselaustauschprotokollen oder unter Anwendung asymmetrischer Verschlüsselungsverfahren realisiert werden.

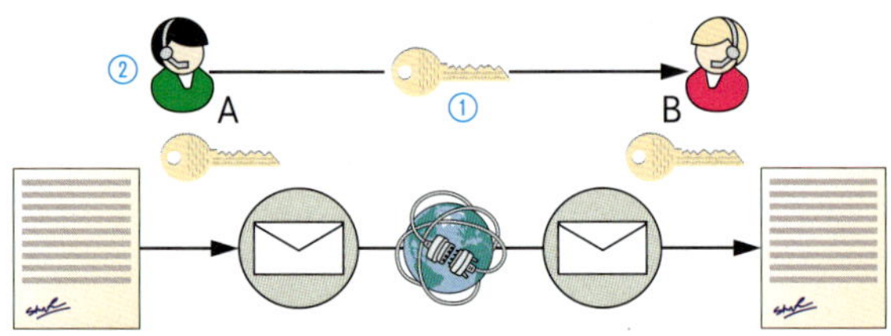

2: Symmetrische Verschlüsselung

Asymmetrische Verschlüsselung

Bei diesem Verfahren (Abb. 3) besitzt jeder Teilnehmer ein Schlüsselpaar. Der öffentliche Schlüssel von B ③ wird öffentlich bekanntgegeben (Public-Key). Jeder Sender kann somit Nachrichten an einen bestimmten Empfänger mit dessen öffentlichem Schlüssel verschlüsseln. Der Empfänger B kann mit seinem privaten Schlüssel ④ die Daten entschlüsseln.

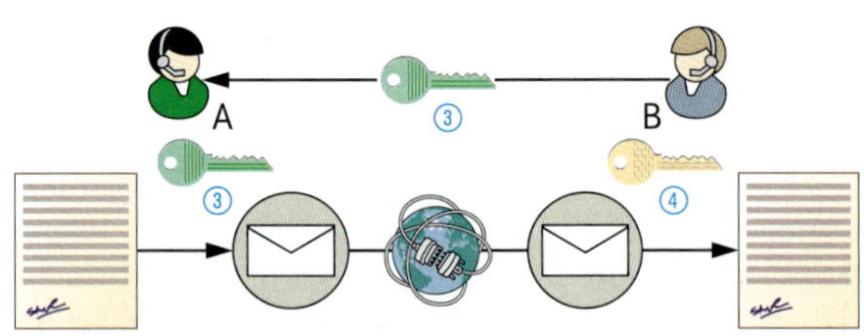

3: Asymmetrische Verschlüsselung

Die öffentlichen Schlüssel werden z. B. auf öffentlichen Schlüsselservern hinterlegt.

Vorteil: Es ist nur ein privater Schlüssel für alle Kommunikationsverbindungen vorhanden.

Nachteil: Aufwändige Schlüsselerzeugung

Bei **hybriden Verfahren** erfolgt die Verschlüsselung der Daten mit einem symmetrischen Verfahren (vermeidet Rechenaufwand). Dazu generiert der Sender für sich einen Schlüssel. der auf einem zufälligen Ereignis (z. B. Mausbewegung) beruht.

5 Elektroenergieversorgung

5.1 Kraftwerke

Der größte Anteil der in Deutschland gewonnenen elektrischen Energie wird durch Energieumwandlung in Generatoren von **Kraftwerken** [electric power plants] erzeugt. Verwendet werden dabei die in der Natur vorkommenden **Energieträger** [source of energy]:

- Braunkohle, Steinkohle
- Erdgas, Erdöl
- Uran
- Wasser, Wind, Sonne und Biomasse

In Abb. 5 ist dargestellt, wie sich die Energiegewinnung auf die einzelnen Energieträger verteilt. In Zukunft sollen sich die Anteile von den in der Natur erneuerbaren Energien (**regenerative Energie** [renewable energy]) an der Gesamtenergieerzeugung erhöhen (Abb. 6). Da in Deutschland ein großer Teil der elektrischen Energie aus Wärmekraftwerken [thermal power plants] gewonnen wird, sollen diese genauer behandelt werden.

Die Energieumwandlungskette ist in Abb. 4a dargestellt. Um beispielsweise aus der chemischen Energie der Kohle die elektrische Energie zu erzeugen, sind drei Energieumwandler erforderlich.

In Abb. 4b ist vereinfacht der Funktionsablauf in einem Wärmekraftwerk dargestellt.

- Im Dampferzeuger ① wird die chemische Energie der Kohle in Wärme bzw. Wasserdampf umgewandelt.
- Die Turbine ② wandelt die Energie des Wasserdampfes (Dampfdruck) in Bewegungsenergie um.
- Im Generator ③ wird durch die Bewegungsenergie (Rotationsenergie) elektrische Energie erzeugt.

Bei allen Energieumwandlungsprozessen entstehen Verluste (Wirkungsgrad s. Kap. 1.2.15). Der größte Teil dieser Verluste entsteht im Wärmekraftwerk bei der Umwandlung von Dampfenergie in Bewegungsenergie, also zwischen dem Prozessablauf im Kessel und in der Turbine ④. Der Dampf aus der Turbine wird nicht ins Freie abgegeben. Er wird im **Kondensator** ⑤ abgekühlt und als erwärmtes Wasser für den Dampferzeuger wieder verwendet. Dadurch wird der **Gesamtwirkungsgrad** [total efficiency] η_{ges} des Kraftwerks verbessert. Er ist das Produkt aus den Einzelwirkungsgraden:

$$\eta_{ges} = \eta_K \cdot \eta_T \cdot \eta_G \cdot \ldots \cdot \eta_n$$

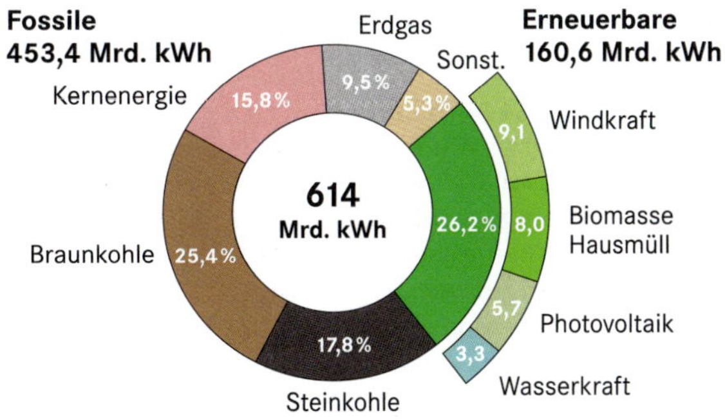

5: Energiegewinnung in Deutschland (2014)

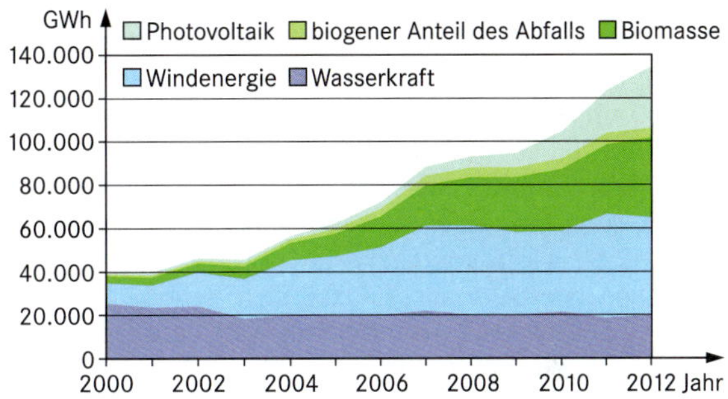

6: Regenerative Energien zur Stromerzeugung

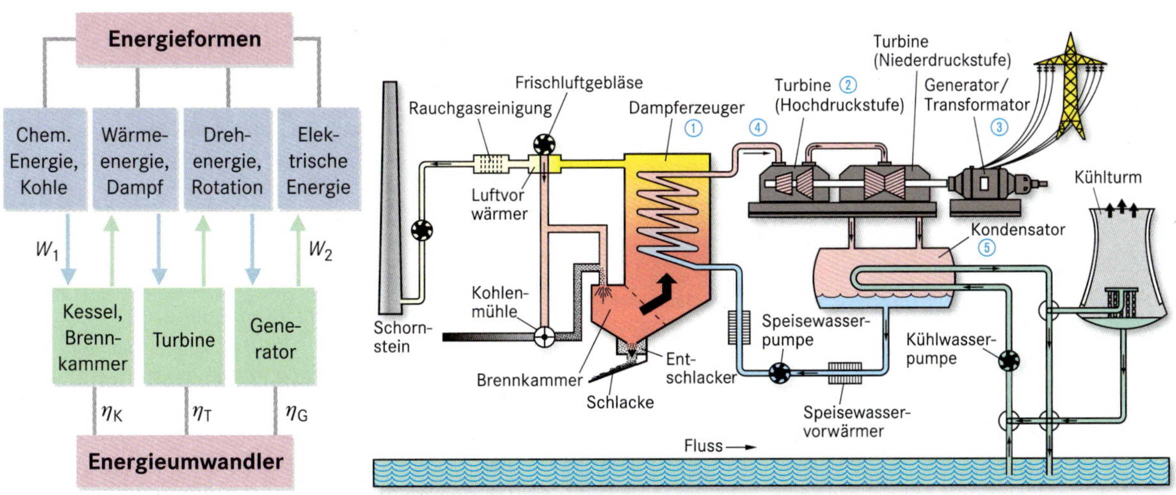

a) Energieumwandlungskette b) Funktion

4: Wärmekraftwerk

Wirkungsgrad und Prozesstemperatur

In Abb. 1 sind verschiedene Wirkungsgrade in Abhängigkeit von der Prozesstemperatur dargestellt, bei der die Umwandlung von z. B. chemischer Energie der Kohle in Dampfenergie abläuft. An den einzelnen Kurvenstrecken erkennt man, dass der Wirkungsgrad mit steigender Temperatur größer wird. Andere Wärmekraftwerke werden mit Erdgas, Heizöl, Müll und Biomasse (z. B. Holz und Stroh) beheizt. Solarkraftwerke und geothermische Kraftwerke wandeln zunächst die Wärme der Sonne oder der Erdschichten größerer Tiefe in Dampfenergie und dann in elektrische Energie um.

Dampfkreislauf [steam cycle]

Bei jedem Kraftwerksprozess muss die Temperatur für die Dampferzeugung erhöht werden.

1. Im **Dampferzeuger** wird Wasser erwärmt und dabei Dampf von ca. 500 °C erzeugt.
2. Im **Kondensator** wird dem Dampf Wärme entzogen, sodass er zu Wasser mit Temperaturen von ca. 30 °C bis 40 °C kondensiert.
3. Dieses warme Wasser lässt sich erneut für den Dampfkreislauf verwenden und wird dem Dampferzeuger wieder zugeführt.

Umweltbelastungen

Wärmekraftwerke, die mit Braun- oder Steinkohle betrieben werden, belasten die Umwelt, z. B. durch

- Gase (Kohlenmonoxid, Stickstoffoxide und Schwefeldioxid),
- Staub,
- Abwasser, Abwärme, Lärm u. a.

Für Kohle-, Öl- und Gaskraftwerke gelten deshalb gesetzliche Regelungen.

Kombikraftwerke [combined power plants] sind kombinierte Gas- und Dampfturbinenkraftwerke. Sie besitzen einen hohen Wirkungsgrad (Abb. 1) und verursachen geringere Umweltbelastungen. Die Gasturbine benötigt als Brennstoff Erdgas, Kohlegas oder Heizöl. Die Abgase werden in einem Kessel zur Dampferzeugung für die Dampfturbine weiter verwendet.

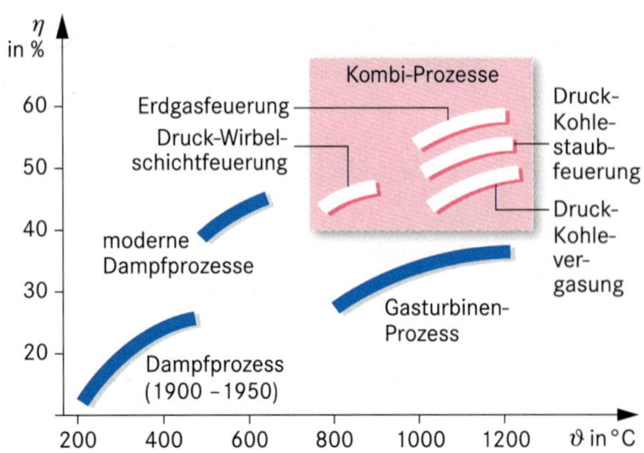

1: Wirkungsgrade von Wärmekraftwerken

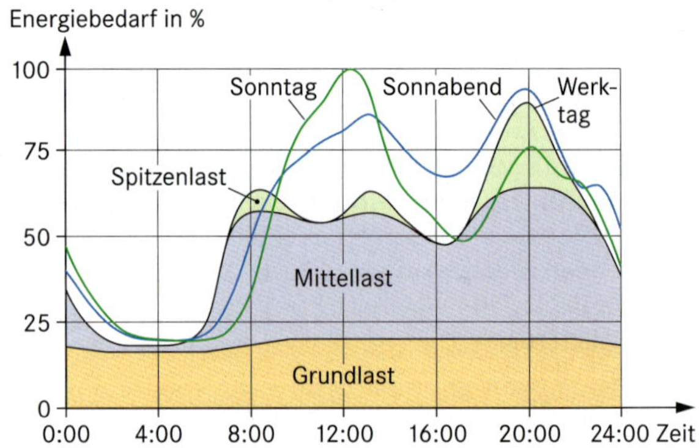

2: Tageslastdiagramm (Frühjahr 2014)

Wie verteilt sich der Energiebedarf auf einen Tag?

Der Energiebedarf eines Tages lässt sich in einem **Tagesbelastungsdiagramm** [daily load diagram] (Abb. 2) darstellen. Es zeigt die Lastverteilung in der Zeit von 0 bis 24 Uhr. Die Fläche unter der Kurve entspricht der Elektroenergie, die von den Kraftwerken im Verlauf eines Tages geliefert wird.

Die Kraftwerke werden danach benannt, welchen Teil der Tagesbelastung sie abdecken:

- **Grundlastkraftwerke** [base-load power plants] sind vor allem Laufwasser-, Kernkraft- und Braunkohlekraftwerke.
- **Mittellastkraftwerke** [medium-load power plants] sind Steinkohle- und Erdgaskraftwerke.
- **Spitzenlastkraftwerke** [peak-load power plants] werden bei höherem Energiebedarf, z. B. mittags, eingesetzt. Es sind Gasturbinen- und Pumpspeicherkraftwerke, die schnell hochfahren.

AUFGABEN

1. Nennen Sie fünf regenerative Energiequellen.

2. Zeichnen Sie die Energieumwandlungskette eines Braunkohlekraftwerks.

3. Beschreiben Sie den Verlauf der Tageslastkurve. Erklären Sie die drei Lastarten.

4. Ein Wärmekraftwerk hat die Leistung von 770 MW bei einem Wirkungsgrad von η = 0,38. Berechnen Sie die zugeführte Leistung und die Verlustleistung.

- Die Energieumwandler in einem Wärmekraftwerk sind Dampferzeuger, Turbine und Generator.
- Der Wirkungsgrad η gibt das Verhältnis von abgegebener zu aufgenommener Energie bzw. Leistung an.
- Der Gesamtwirkungsgrad eines Kraftwerks ist das Produkt aus den Einzelwirkungsgraden.
- Die Tageslastkurve gibt den Verlauf des Energiebedarfs im Laufe eines Tages an. Die Lastbereiche sind Grundlast, Mittellast und Spitzenlast.

5.2 Brennstoffzellen

Wasserstoff wird zunehmend ein wichtiger Energieträger. Er lässt sich durch folgende Verfahren herstellen:

- **Elektrolyse**
  Dabei wird Wasser mit Hilfe des elektrischen Stromes (z. B. aus Sonnen- und Windenergie) zersetzt.
- **Thermische Zersetzung**
  In einem chemotechnischen Gerät (Reformer) wird Wasserstoff aus wasserstoffreichen Energieträgern (z. B. Erdgas, Biomasse) freigesetzt.

In **Brennstoffzellen** [fuel cells] wird chemische Energie des Wasserstoffs (H) und Sauerstoffs (O) direkt in elektrische Energie umgewandelt. Um unkontrollierte Reaktionen der beiden Gase zu verhindern, werden sie durch einen Elektrolyten voneinander getrennt. Mit Brennstoffzellen ist neben elektrischer Energie auch die Erzeugung von Wärmeenergie möglich, z. B. in Blockheizkraftwerken (BHKW, s. Kap. 5.3).

Arten von Brennstoffzellen

Brennstoffzellen (Abb. 3) werden mit verschiedenen **Arbeitstemperaturen** [working temperatures] betrieben. Die Materialen der Elektrolytmembranen sind unterschiedlich. Es gibt

- Niedertemperaturzellen (≤ 200 °C) und
- Hochtemperaturzellen (650 °C bis 1000 °C).

Zum Betrieb von **Niedertemperaturzellen** [low temperature fuel cells] wird als Brennstoff u. a. Wasserstoff verwendet. Bei den Hochtemperaturzellen mit Elektrolyten aus festen Materialien (z. B. Schmelzkarbonat) werden neben Wasserstoff auch kohlenstoffhaltige Brenngase (z. B. Erdgas) eingesetzt.

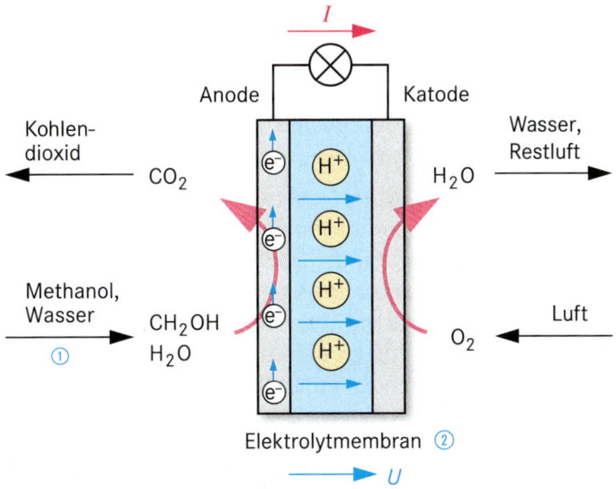

4: Prinzip einer DMFC-Brennstoffzelle

In Abb. 4 ist die Funktion einer Brennstoffzelle mit Methanol (Kohlenwasserstoff-Verbindung) dargestellt. Die Energieumwandlung geschieht dabei wie folgt:

- Beim Zusammentreffen vom Sauerstoff der Luft mit flüssigem Methanol wandern die positiv geladenen Wasserstoff-Ionen zur Katode.
- Es ist eine Ladungstrennung entstanden mit einer elektrischen Spannung von ca. 1 V/Zelle.

Das flüssige Methanol, z. B. aus der Tankpatrone eines Laptops, ist hier der Energiespeicher ①. Der Elektrolyt ② liegt als Trennschicht zwischen Anode und Katode. Er bewirkt eine kontrollierte elektrochemische Reaktion von Sauerstoff und Wasserstoff, bei der Wasser und Kohlendioxid (CO_2) entstehen.

Niedertemperaturzellen			
Bezeichnung	**Energieerzeugung**	**Anwendungen**	**Leistung *P***
AFC (**A**lkaline **F**uel **C**ell)	Elektrische Energie aus Wasserstoff u. Sauerstoff	Raumfahrt und U-Boote	1 kW bis 100 kW
PAFC (**P**hosphoric **A**cid **F**uel **C**ell)	Elektrische Energie und Wärme aus Wasserstoff, Erdgas und Methanol	Blockheizkraftwerke (BHKW) für Wohnblocks und Fabrikanlagen	50 kW bis 500 kW
PEMFC (**P**olymer **E**lectrolyt **M**embrane **F**uel **C**ell)	Elektrische Energie und Wärme aus Wasserstoff, Erdgas und Benzin	Autos und kleine BHKWs, Batterien in Laptops und Beleuchtungsanlagen	wenige Watt bis 100 kW
DMFC (**D**irect **M**ethanol **F**uel **C**ell)	Elektrische Energie aus flüssigem Methanol	Mobile Kleingeräte, Laptops	wenige Watt bzw. Kilowatt
Hochtemperaturzellen			
MCFC (**M**olton **C**arbonate **F**uel **C**ell)	Elektrische Energie, Wärme und Dampf aus Erdgas	BHKWs	300 kW bis mehrere Megawatt
SOFC (**S**olid **O**xide **F**uel **C**ell)	Wärme und Dampf aus Erdgas	Kleinere Kraftwerke in Einfamilienhäusern	1 kW bis mehrere Kilowatt

3: Brennstoffzellen

5.3 Kraft-Wärme-Kopplung

Die zunehmende Klimaerwärmung und die Kostenexplosion auf dem Energiemarkt haben dazu geführt, dass nach umweltfreundlichen Technologien geforscht wird. Dazu gehört die Kraft-Wärme-Kopplung.

In herkömmlichen Wärmekraftwerken entstehen beim Verbrennungsprozess große Wärmeverluste, sodass nur Wirkungsgrade von ca. 35 % erreicht werden. Der Rest der eingesetzten Brennstoffenergie geht überwiegend als **Abwärme** verloren. Die Kraft-Wärme-Kopplung liefert dagegen eine höhere Ausnutzung von Brennstoffenergien, weil auch die beim Umwandlungsprozess entstehende Wärmeenergie genutzt wird.

Mit der gleichzeitigen Erzeugung von elektrischer Energie und Wärmeenergie erzielt man folgende Vorteile:
- Verbesserung des Wirkungsgrades auf über 95 % beim Vergleich von Nutzenergie zum Energiegehalt des Brennstoffes
- Einsparung nicht erneuerbarer Energiequellen
- Verringerung der CO_2-Emission

Die Kraft-Wärme-Kopplung erfolgt z. B. in **Blockheizkraftwerken** (BHKWs). Diese werden dezentral zur Energieerzeugung eingesetzt und bedienen z. B. gleichzeitig Heizungssysteme von Verwaltungsgebäuden und Schulen. Als Energieträger können in diesen Kraftwerken Kohle, Öl, Gas, Biomasse und Müll eingesetzt werden.

Bei der Kraft-Wärme-Kopplung (Abb. 1) ergeben sich folgende Zielenergien, die bei der Energieumwandlung entstehen und für bestimmte Zwecke genutzt werden können.

- **Mechanische Energie**
  ⇒ elektrische Energie ① und Kühlung ② sowie
- **Wärmeenergie**
  ⇒ Dampf für Industrieanlagen ③ und Warmwasser für Fernheizungen ④

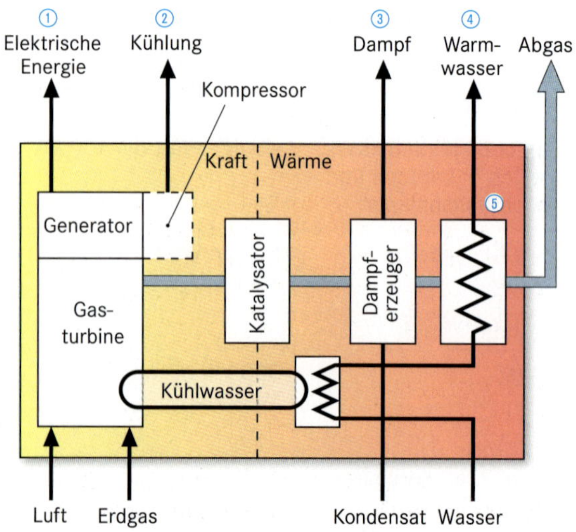

1: Kraft-Wärme-Kopplung in einer Gasturbine

Im Blockheizkraftwerk treibt eine Verbrennungskraftmaschine (z. B. Gas- oder Dampfturbine) den Generator zur Erzeugung elektrischer Energie an. Die Abwärme wird durch einen **Wärmetauscher** [heat exchanger] ⑤ zum Aufheizen von Wasser genutzt. Je nach Kraftwerksgröße kann die im Abgas enthaltene Energie auch zur Wasserdampferzeugung oder über einen Wärmetauscher zur Erwärmung von Brauchwasser, z. B. für eine Fernheizung, verwendet werden.

Die Leistungsregelung erfolgt entweder nach dem Strom- oder Wärmebedarf. Meistens werden die BHKWs wärmegeführt, indem das Kraftwerk nur eingeschaltet wird, wenn Wärmeenergie benötigt wird. Die gleichzeitig erzeugte elektrische Energie wird über spezielle Rückspeisezähler ins Netz eingespeist.

Beispiel: Mini-BHKW

Neben der Wärmeerzeugung können Mini-BHKWs parallel zum Netz betrieben werden. Über einen Wechselrichter wird die erforderliche Wechselspannung erzeugt. Diese Insellösungen (netzunabhängige Energieerzeuger) können in Ein- und Mehrfamilienhäusern sowie Gewerbebetrieben realisiert werden und gewährleisten eine Stromversorgung auch bei Netzausfall.

Die Kompaktbauweise ermöglicht eine einfache Installation. Die Energienutzung (Wirkungsgrad) ist wegen der gleichzeitigen Strom- und Wärmenutzung höher als bei Großkraftwerken. In Abb. 3 sind einige Kenngrößen eines Mini-Blockheizkraftwerks aufgelistet.

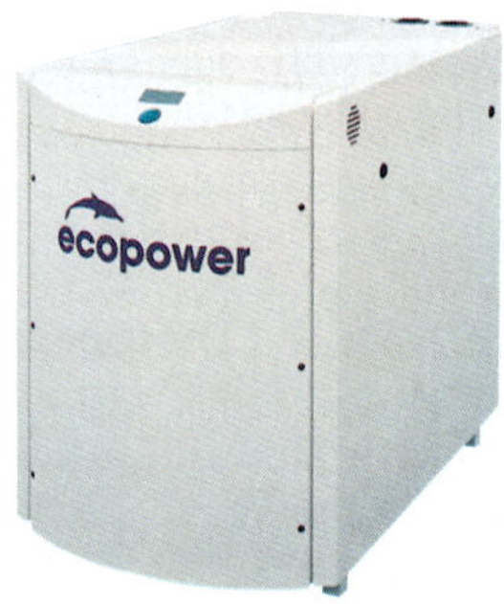

2: Mini-BHKW

Kenngrößen eines wärmegeführten Mini-BHKWs	
Elektrische Leistung	1,3 bis 4,7 kW
Thermische Leistung	4,0 bis 12,5 kW
Gesamt-wirkungsgrad	90 % bis 96 %
Brennstoff	Erdgas, Flüssiggas (Propan)
Netzparallelbetrieb	3 x 400 V, 50 Hz, cos φ = 1
Abmessungen	H x B x T: 108 cm x 74 cm x 137 cm
Masse	395 kg

3: Kenngrößen

BHKW bei größerem Energiebedarf

Größere Blockheizkraftwerke, die z. B. zur Energieversorgung eines Schulzentrums eingesetzt werden, besitzen große Wärmeleistungen. Sie sind meistens mit zwei Gas-/Öl-Kesseln und drei Gasmotoren ausgestattet.

Je nach Kraftwerkstyp werden z. B. folgende Leistungen erzielt:
- Elektrische Leistung 990 kW
- Thermische Leistung 1242 kW

Diese Kraftwerke werden je nach Größe und verwendeten Energieträgern (z. B. auch Pflanzenöle) mit Oxydations-Katalysatoren zur **Schadstoffreduzierung** [pollutants reduction] und Geruchsminderung ausgestattet.

Einsatz von Blockheizkraftwerken

Die Auswahl und Dimensionierung von Blockheizkraftwerken richtet sich nach Einsatzort und Energiebedarf.

Es werden folgende Leistungsklassen unterschieden:
- P = 30 kW für Ein- und Zweifamilienhäuser
- P = 50 kW, 75 kW und 100 kW für Hotels und Gewerbebetriebe
- P > 250 kW für Großanlagen in der Industrie

BHKW mit Absorptionskälteanlage

Um auch im Sommer Blockheizkraftwerke wirtschaftlich nutzen zu können, wird von der Industrie z. B. ein mit Erdgas betriebenes BHKW-Modul gebaut, das mit einer Absorptionskälteanlage [absorption cooling system] kombiniert ist. Diese Anlage besitzt einen Niedertemperaturabsorber, der auf die Systemtemperatur des BHKW angepasst ist. Das BHKW-Modul erzeugt im Winter Heiz- und Prozesswärme, im Sommer Energie für die Absorptionskälteanlage. Damit ist eine ganzjährige Nutzung des BHKWs bei Volllast möglich. In Abb. 4 ist der Energiefluss einer Absorptionskälteanlage dargestellt, die mit Warmwasser im Temperaturbereich von 80 °C bis 90 °C (Systemtemperatur) betrieben wird.

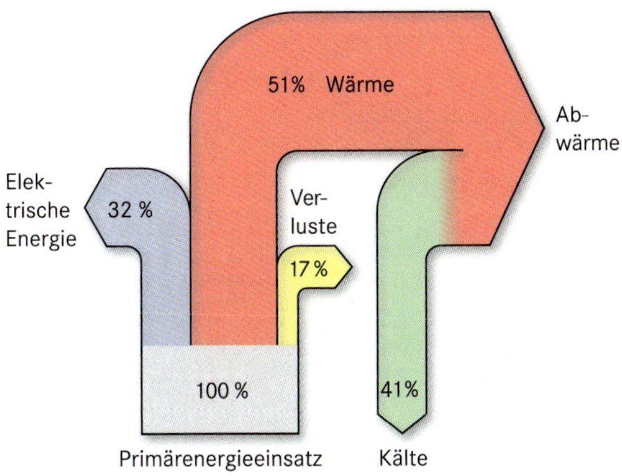

4: BHKW mit Absorptionskälteanlage

5: Hausbrennstoffzelle

Anwendungen in Verbindung mit Brennstoffzellen

Kraft-Wärme-Kopplungsanlagen können auch mit Brennstoffzellen betrieben werden. Besonders eignet sich dafür die PEMFC (s. Kap. 5.2), die speziell für die Energieversorgung verschiedener Anlagen weiterentwickelt wird. Einsatzgebiete sind:
- Betrieb von Fahrzeugen
- Mobile Notstromversorgungen
- Kraft-Wärme-Kopplung, z. B. für Ein- und Mehrfamilienhäuser (Abb. 5) sowie für größere Anlagen in Hochhäusern und Krankenhäusern

Zur Zeit werden Systeme mit PEMFC-Brennstoffzellen zur Kraft-Wärme-Kopplung entwickelt, bei denen Wasserstoff in Reformern aus Erdgas oder Flüssiggas erzeugt wird.

AUFGABEN

1. Nennen Sie jeweils zwei Beispiele für Nieder- und Hochtemperatur-Brennstoffzellen. Geben Sie die verwendeten Elektrolyte und die Anwendungsbereiche an.
2. Beschreiben Sie stichwortartig den Funktionsablauf bei der Kraft-Wärme-Kopplung.
3. Wodurch wird in Blockheizkraftwerken ein hoher Wirkungsgrad erreicht?

- In Brennstoffzellen werden durch die elektrochemische Reaktion von Sauerstoff und Wasserstoff elektrische Energie und Wärme erzeugt.
- Bei der Kraft-Wärme-Kopplung werden in wärmegeführten Blockheizkraftwerken Wärmeenergie und elektrische Energie erzeugt.
- Blockheizkraftwerke haben wegen der großen Brennstoffausnutzung einen hohen Wirkungsgrad.
- Wegen der geringen CO_2-Emission sind Blockheizkraftwerke bei der Energieumwandlung umweltfreundlich.

5.4 Energieverteilung

5.4.1 Verbundnetz

Die Energieverteilung erfolgt über ein weit verzweigtes Spannungsnetz, in das von den einzelnen Unternehmen Energie eingespeist wird (**Verbundnetz**). Dabei werden folgende Ebenen (DIN VDE 0105-100) unterschieden:

- **Hochspannungsebene** [high voltage level]
  400 kV bzw. 230 kV der Kraftwerke,
  20 kV bzw. 10 kV in den Verbraucherzentren
- **Niederspannungsebene** [low voltage level]
  400/230 V für die Energieversorgung von Kleinbetrieben und Haushalten

Die Netze mit den verschiedenen Spannungen (Abb. 2, schematische Darstellung) sind über Transformatoren in den Umspannanlagen ① miteinander verbunden. Die Einspeisung in die jeweiligen Spannungsebenen geschieht an mehreren Orten, sodass bei Ausfall eines Kraftwerks andere Kraftwerke mit verstärkter Leistung die Energieversorgung übernehmen.

1: Schaltanlage - 110 kV/20 kV

In das Hochspannungsnetz wird Energie von verschiedenen Orten ② eingespeist. Die Umspannanlagen sind bei Hochspannung als **Freiluftanlage** (Abb. 1) und in dicht besiedelten Gebieten als **Innenraumanlage** ausgeführt.

Die Energieübertragung erfolgt mit hohen Spannungen, weil dabei die Verluste auf den Leitungen am geringsten sind (siehe folgende Berechnung):

Leiterquerschnitt

Eine elektrische Leistung von 3 MW soll vom Kraftwerk über die Entfernung von 100 km zu Verbrauchern übertragen werden.

- Bei U = 230 V beträgt die Stromstärke I = 13 kA.
- Wenn wir einen Spannungsfall von Δu = 10 % am Leiterwiderstand (Hin- und Rückleitung) annehmen, dann ist beim Leitermaterial Kupfer der Leiterquerschnitt:

$$q = \frac{2 \cdot l \cdot I}{\Delta U \cdot \varkappa} \qquad q = \frac{2 \cdot 100\,000\ \text{m} \cdot 13\,000\ \text{A}}{23\ \text{V} \cdot 56\ \frac{\text{m}}{\Omega\,\text{mm}^2}}$$

$\underline{\underline{q = 2{,}02\ \text{m}^2}}$ Ein solcher Querschnitt ist technisch nicht möglich.

Bei einer höheren Spannung von 230 kV benötigen wir bei gleichen Bedingungen für I = 13,04 A nur einen Querschnitt von q = 2,02 mm².

- Der Vorteil des Verbundnetzes besteht darin, dass alle Kraftwerke über ein Leitungssystem miteinander verbunden sind.
- Zur Übertragung der elektrischen Energie über große Entfernungen wird Hochspannung gewählt, damit der Leiterquerschnitt klein sein kann.

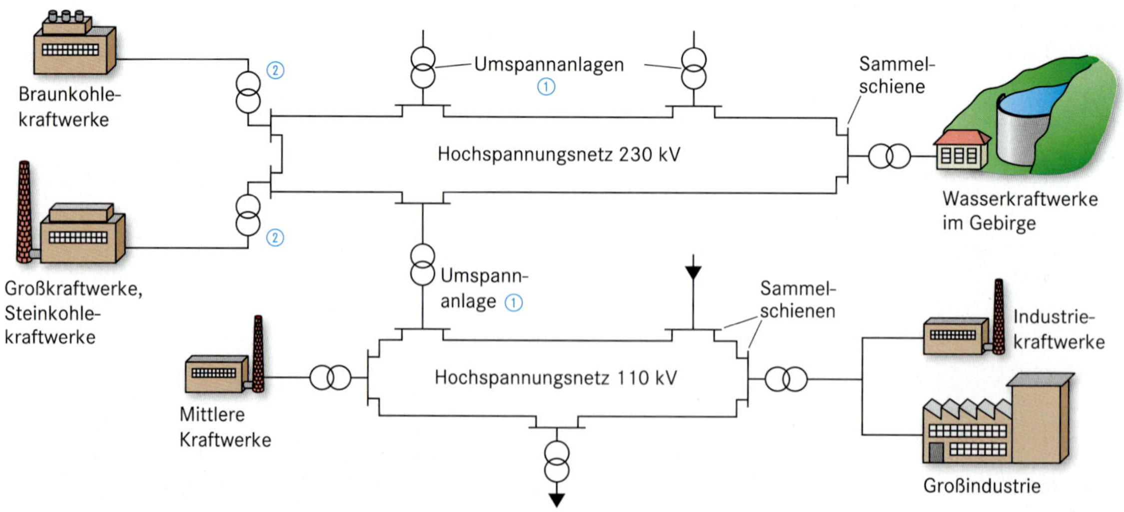

2: Energieeinspeisung in verschiedene Netze

a) eingeschaltet b) ausgeschaltet

3: Trennschalter

4: Leistungsschalter

Die Umspannanlagen enthalten eine Vielzahl elektrischer Einrichtungen, wie z. B. **Trennschalter** (Abb. 3). Sie werden nur im stromlosen Zustand betätigt, d. h. ohne Last. Leistungsschalter dagegen schalten Betriebsmittel unter Last und bei Kurzschluss (Abb. 4).

Die Energieverteilung kann je nach Bedingungen grundsätzlich durch folgende Netzarten erfolgen:

- **Maschennetze** [mashed networks] in dicht besiedelten Gebieten wie z. B. Städten
- **Ringnetze** [ring networks] in weniger dicht besiedelten Regionen
- **Strahlennetze** [radial networks] für weit voneinander entfernt liegende Verbraucher

AUFGABEN

1. Skizzieren Sie den Energietransport vom Kraftwerk zum Verbraucher über drei Spannungsebenen.
2. Wie groß wird der Leiterquerschnitt nach der Beispielrechnung, wenn die angegebene Leistung mit 380 kV übertragen wird?

- Trennschalter schalten im stromlosen Zustand.
- Leistungsschalter können Kurzschlussströme schalten.

5.4.2 Niederspannungsnetz

An dicht besiedelte Regionen, wie z. B. Städte mit einem Energiebedarf bis zu 100 MW, wird Hochspannung von 110 kV herangeführt. Vor Ort wird diese Hochspannung in einer Schaltanlage mit einem Hochspannungstransformator auf z. B. 20 kV transformiert (Abb. 5).

Abnehmer mit einem großen Energieverbrauch, z. B. Krankenhäuser, können über ein 10 kV- oder 20 kV-Kabel direkt an das Versorgungsnetz angeschlossen sein (Abb. 5 ①).

Einzelne Stadtbezirke werden zunächst über Erdkabel mit Hochspannung versorgt. Diese wird dann in **Transformatorstationen** (Abb. 5 ②) [transformer substations] in **Niederspannung** [low voltage] von 400/230 V umgewandelt und über Kabelverteilerschränke (Trennstellen ③) weitergeleitet. Zwecks Reparaturarbeiten können über diese Trennstellen bestimmte Verbrauchergruppen vom Netz abgetrennt werden.

Ländliche Gebiete mit größeren Entfernungen zu den einzelnen Verbrauchern werden über die Hochspannungsebene von z. B. 10 kV oder 20 kV versorgt. In den **Ortsnetzstationen** [secondary substations] wird die Hochspannung auf Niederspannung transformiert. Die Weiterleitung der elektrischen Energie erfolgt dann über Erdkabel, Freileitungskabel oder bei älteren Anlagen noch über Freileitungen.

Netzstationen, in denen die Hochspannung in Niederspannung transformiert wird, befinden sich

- in Gebäuden oder Gebäudeteilen,
- auf Freileitungsmasten (Maststation) und
- in wetterfesten Schränken in der Nähe von Verbrauchern.

5: Beispiel für ein Maschennetz

Maschennetze

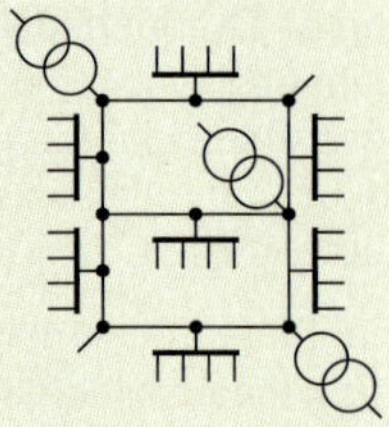

Maschennetze sind geschlossene Netze. Die Energieversorgung erfolgt durch mehrere Transformatorstationen.
Ein Netzende gibt es nicht.

Vorteile:

- Die Vielzahl von Leitungsverbindungen ermöglicht auch bei einer Störung eine zuverlässige Energieversorgung.
- Ein beschädigtes Leitungsstück kann an den Trennstellen zwecks Reparatur herausgetrennt werden, ohne dass die Energieversorgung gefährdet ist.

Nachteile:

- Weil viele Netzstationen eingerichtet werden müssen, sind die Kosten des Netzaufbaus hoch.
- Aufwändiger Schutz durch Betriebsführung ist erforderlich.

Ringnetze

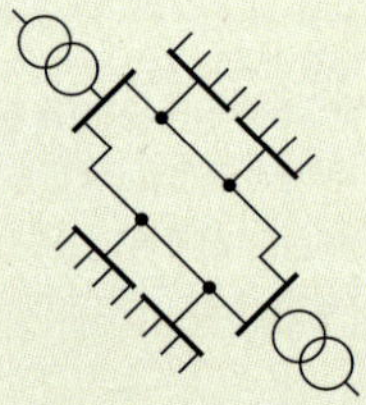

Die Energieversorgung erfolgt wie beim Maschennetz von zwei Seiten.

Vorteile:

- Einfache Struktur im Aufbau.
- Fehlerhafte Netzteile können über Schaltstellen herausgetrennt werden.

Nachteil:

- Die Energieeinspeisung ist bei einer Störung nur noch von einer Seite möglich.
  Bei Ringnetzen, die als „offene Ringe" betrieben werden, ist die ringförmige Energieversorgung unterbrochen. Die Verbraucher sind einseitig mit dem Netztransformator verbunden.

Strahlennetze

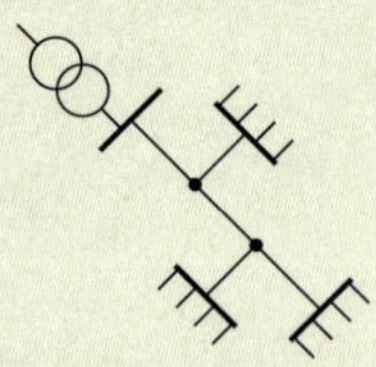

Die Energieversorgung erfolgt von einer Seite. Weil das Netz jeweils beim entferntesten Verbraucher endet, sind Strahlennetze offene Netze. Die Niederspannungsleitungen bzw. -kabel sind strahlenförmig zu den Verbrauchern verlegt.

Vorteil:

- Das Netz ist sehr einfach aufgebaut und deshalb kostengünstig.

Nachteil:

- Bei Unterbrechung, z. B. durch Leitungsbruch oder Kurzschluss, sind alle hinter dem Fehler liegenden Verbraucher vom Netz abgeschnitten.

Ortsnetzstationen

Ortsnetzstationen [secondary substations] sind die Verbindungen zwischen der Hochspannungs- und Niederspannungsebene. Sie stellen für die in der Nähe liegenden Verbrauchergruppen die Niederspannung bereit und versorgen z. B. die Haushalte einer Straße oder eines Siedlungsgebietes. Im Übersichtsschaltplan der Abb. 3 ist eine Station mit den erforderlichen Schalt- und Messeinrichtungen abgebildet.

Die Energieversorgung erfolgt von der Ortsnetzstation aus über Freileitungen oder Kabel, die im Erdreich oder auf Masten verlegt sind. In dicht besiedelten Gebieten und in Neubaugebieten wird die Energie auf der Niederspannungsebene durch **Erdkabel** [underground cable] übertragen (Abb. 1).

Mehradriges PVC-isoliertes Kabel mit PVC-Mantel		
 NYY-J		Innenräume; Kabelkanäle; im Erdreich, wenn keine mechanischen Beschädigungen auftreten
Mehradriges VPE-isoliertes Kabel mit Al-Leiter		
 NA2XY-J		Ortsnetze mit hohen Lastspitzen; extreme Umgebungsbedingungen, z. B. Häufung von Kabeln
Bedeutung der Buchstaben NA2XY-J:		
Ader	N:	Genormte Ausführung
	A:	Leiter aus Al
	2X:	Isolierhülle aus vernetztem Polyethylen
	Y:	Schutzhülle aus PVC
Mantel	Y:	Mantel aus PVC
	J:	Schutzleiter

1: Niederspannungskabel

Mehradrige, halogenfreie Mantelleitung	
 NHXMH-J	Flammwidrig im Brandfall; Installation wie bei NYM; nicht geeignet für direkte Einbettung in Beton
Mehradrige, halogenfreie Sicherheitskabel	
 JE-H(St)H	Flammwidrige Installation; für feste Verlegung; statische Abschirmung für Telekommunikationseinrichtung
 NHXCH-FE180/E30	Schwer brenn- und entflammbar; selbstlöschend und feuerhemmend; Verlegung wie bei NYM

2: Mantelleitungen und Sicherheitskabel

Ortsnetzstation mit Verteileranlage Containerstation

Lasttrennschalter Q1, Q2
können Leitungen unter Last von Verbrauchern abtrennen, d. h. schalten, jedoch nicht bei Kurzschluss.

Sicherungs-Lasttrennschalter Q5 bis Q8
schalten in Niederspannungsanlagen einzelne Verbraucherstromkreise auch bei Belastung.

Übersichtsschaltplan

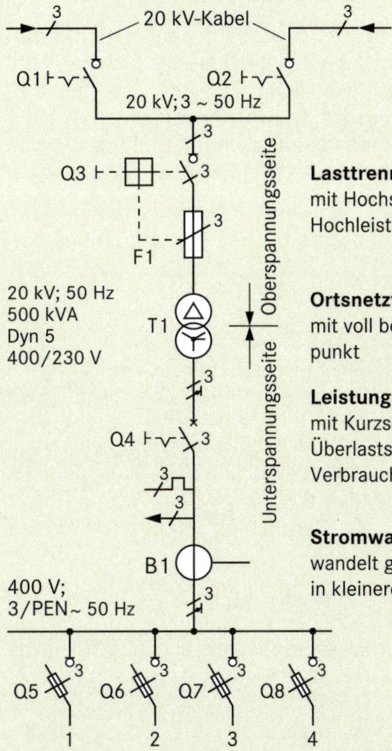

Lasttrennschalter Q3
mit Hochspannungs- und Hochleistungssicherung

Ortsnetztransformator T1
mit voll belastbarem Sternpunkt

Leistungsschalter Q4
mit Kurzschluss- und Überlastschutz schaltet Verbraucher unter Last.

Stromwandler B1
wandelt größere Ströme in kleinere Messströme um.

3: Ortsnetzstation mit Verteilanlage

Im Niederspannungsnetz mit einer **Freileitung** [overhead lines] werden z. B. vier Leiter verlegt. Sie sind mit Isolatoren an Masten befestigt. Die Niederspannungsisolatoren sind glockenförmig und auf U-förmige Schraubhaken aufgesetzt. Es gibt Leitungen als

- **blanke Leiter** (ohne Isolation) aus Kupfer und
- **VPE-isolierte Leitungen** (**VPE**: Vernetztes Polyethylen) aus Aluminium.

Aus Sicherheitsgründen sind für Gebäude mit Menschenansammlungen, z. B. für Krankenhäuser, Hochhäuser und Hotels, bestimmte Kabel vorgeschrieben (Sicherheitskabel). Es werden PVC-Mantelleitungen, halogenfreie Mantelleitungen und halogenfreie Sicherheitskabel verlegt (Abb. 2). **Halogenfreie Sicherheitskabel** werden dort eingesetzt, wo bei Bränden Schäden an Menschen und Material auftreten können. Sie haben gegenüber anderen Kabeln folgende Vorteile:

- schwer entflammbar, keine Brandfortleitung
- selbstlöschend und feuerhemmend
- im Brandfall besteht Funktionserhalt

- Ortsnetzstationen sind Übergangsstellen von der Hoch- zur Niederspannung.
- Halogenfreie Mantelleitungen und halogenfreie Sicherheitskabel werden in Anlagen mit Menschenansammlungen eingesetzt.

Energieeinspeisung zum Verbraucher

Beim Freileitungsnetz über

- Dachständer von Haus zu Haus oder
- vom Abspannmast neben dem Haus zum Hausanschluss, z. B. über eine selbsttragende 4-adrige PVC-Mantelleitung (Typ: NYMT-J) mit verzinkten Stahldrähten als Tragseil.

Hauseinführung der Freileitung

- Ausreichende Festigkeit der Wand oder des Daches mit dem Dachständer beachten.
- Leerrohr (36 mm) je Hauptleitung für Umstellung auf Kabelanschluss bis Keller verlegen.

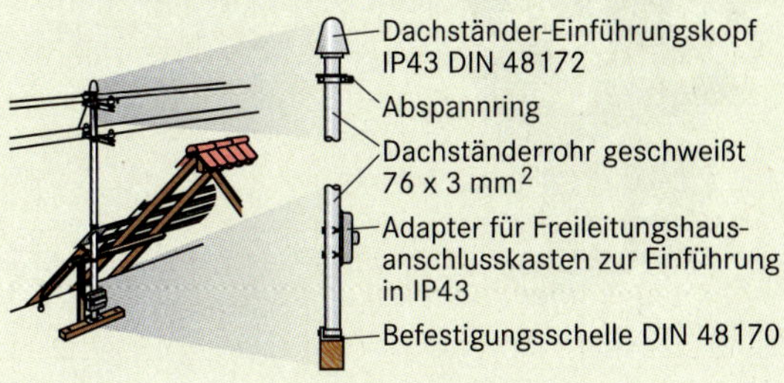

5.5 Transformatoren

5.5.1 Einphasentransformator

Transformatoren gibt es in verschiedenen Ausführungen und für verschiedene Anwendungsbereiche (Abb. 2 und 3). Die grundsätzliche Arbeitsweise des **Einphasentransformators** wurde bereits in Kap. 1.5.4 behandelt. Über eine magnetische Kopplung werden Wechselspannungen auf einen größeren oder kleineren Wert transformiert.

Der Einphasentransformator besteht aus folgenden Teilen (Abb. 1):

- Primär- oder Eingangswicklung (PRI) ①
- Sekundär- oder Ausgangswicklung (SEC) ②
- geschlossener Eisenkern ③

Das Bildzeichen (Abb.1) gibt durch die getrennten Ringe an, dass Eingangs- und Ausgangswicklung voneinander getrennt sind. Sie gehören zu zwei galvanisch getrennten Stromkreisen. Auch im Anschlussplan ist die Trennung der beiden Wicklungen zu erkennen. Jede Wicklung befindet sich bei diesem Transformator auf einem anderen Schenkel.

Die Transformation von Spannung und Stromstärke wurde in Kap. 1.5.4 behandelt. Wenn beide Größen vorhanden sind, kommt es auch zu einer Transformation der Eingangs- und Ausgangsscheinwiderstände Z_1 und Z_2.

$$Z_1 = \frac{U_1}{I_1} \qquad Z_2 = \frac{U_2}{I_2}$$

$$\frac{Z_1}{Z_2} = \frac{\frac{U_1}{I_1}}{\frac{U_2}{I_2}} \Rightarrow \frac{Z_1}{Z_2} = \frac{U_1 \cdot I_2}{U_2 \cdot I_1} \Rightarrow \frac{Z_1}{Z_2} = ü \cdot ü \Rightarrow$$

$$ü^2 = \frac{Z_1}{Z_2}$$

Bisher wurde der Transformator als ideales Bauteil betrachtet, bei dem im Leerlauf keine Verluste auftreten. Dies ist unter realen Betriebsbedingungen aber nicht der Fall. Deshalb werden in den nachfolgenden Ausführungen bei einem Klingeltransformator die Leistung, der Wirkungsgrad und die Verluste genauer behandelt.

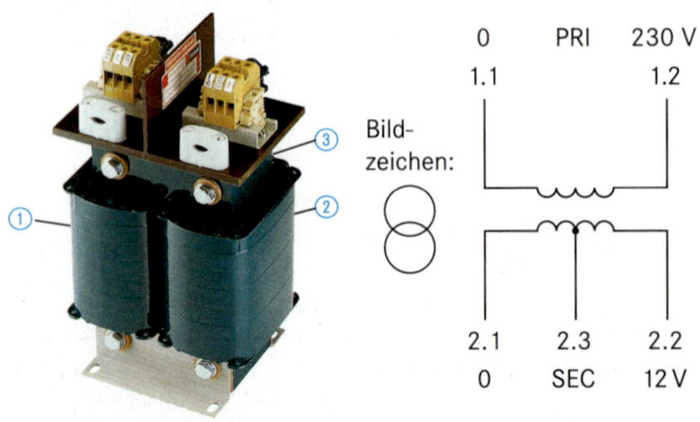

1: Einphasentransformator mit Mittelanzapfung

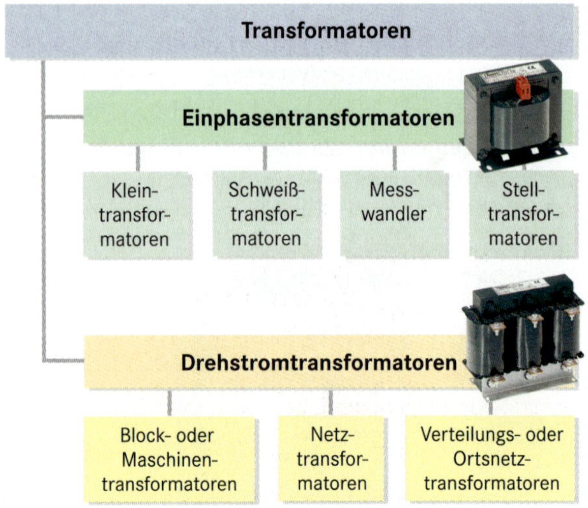

2: Arten von Transformatoren

Sicherheitstransformatoren	
• Trenntransformatoren • Steuertransformatoren • Spielzeugtransformatoren	• Klingeltransformatoren • Handleuchtentransformatoren • Transformatoren für medizinische Geräte (med)
Netzanschlusstransformatoren	**Zündtransformatoren**
Verwendung: Verstärkeranlagen, Gleichrichteranlagen, Elektrozäune	Verwendung: Zünden von Gas- und Ölfeuerungsanlagen

3: Kleintransformatoren

Leistung und Wirkungsgrad

Entsprechend der Messschaltung von Abb. 4 werden bei einem Transformator ohne Belastung (**Leerlauf** [no load operation]) die Eingangsgrößen Stromstärke I_1, Spannung U_1 und Leistung P_1 gemessen.

Messergebnisse:
U_1 = 230 V
I_1 = 3,3 mA (Leerlaufstromstärke I_0)
P_1 = 0,74 W (Leerlaufleistung P_0)

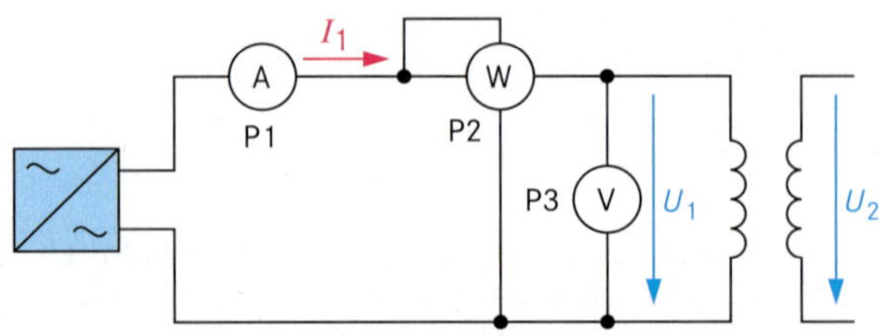

4: Messschaltung für Eingangsgrößen

Das Messergebnis führt zu folgenden Aussagen:
- Bei Leerlauf ist die Eingangsstromstärke sehr klein.
- Die Eingangsleistung ist ebenfalls klein.

Die Eingangsstromstärke wird als **Leerlaufstromstärke I_0** bezeichnet und besteht aus dem Wirk- und Blindanteil, zwischen denen eine Phasenverschiebung von 90° besteht (Abb. 5, Zeigerdiagramm nicht maßstäblich).

Der **Wirkstrom I_w** verursacht die Wirbelströme im Eisenkern (Eisenverluste).

Der **Blindstrom I_m** verursacht die Ummagnetisierung des Eisenkerns (Magnetisierungsstrom).

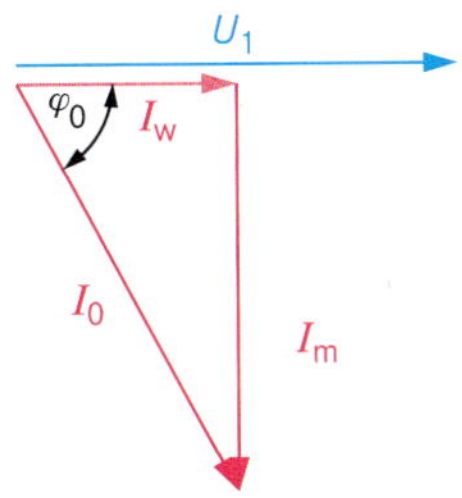

5: Transformator bei Leerlauf

Weitere Verluste entstehen beim Transformator, wenn ein größerer Strom durch die Eingangswicklung mit dem Widerstand R_{Cu} fließt. Diese Verluste werden als **Kupferverluste** P_{vCu} [copper losses] bezeichnet. Sie errechnen sich wie folgt:

$$P_{vCu} = R_{Cu} \cdot I_1^2$$

Für die **Eisenverluste** P_{vFe} gilt: $P_{vFe} \approx P_0$

Wirkungsgrad des Transformators

Die Wirkleistung hängt von der Belastung und vom Leistungsfaktor ab. Für die Wirkleistung P_2 gilt:

$$P_2 = U_2 \cdot I_2 \cdot \cos\varphi_2 \qquad P_2 = S_2 \cdot \cos\varphi_2$$

Bei der Transformation entstehen außerdem Verluste durch Erwärmung und Ummagnetisierung (s. Kap. 1.5.4). Der Wirkungsgrad ist das Verhältnis von Ausgangsleistung zu Eingangsleistung. Damit ergibt sich:

$$\eta = \frac{P_2}{P_1} \qquad \eta = \frac{P_2}{P_2 + P_{vFe} + P_{vCu}}$$

AUFGABEN

1. Ein Trenntransformator (U_1 = 230 V; U_2 = 42 V) hat die Bemessungsleistung 160 VA. Berechnen Sie bei Nennlast die Stromstärken I_2 und I_1 sowie die Leistung P_2 bei $\cos\varphi_2 = 0{,}8$ und $\eta = 0{,}9$.
2. Bei einem Transformator mit der Bemessungsleistung 250 kVA betragen die Eisenverluste 2,5 kW, die Kupferverluste 7,9 kW. Während eines Jahres (t_E = 8760 h) wird der Transformator bei einem $\cos\varphi_2 = 0{,}75$ nur 700 h voll belastet. Wie groß ist der Jahreswirkungsgrad?

- Der Jahreswirkungsgrad η_a gibt das Verhältnis der genutzten Wirkarbeit zu der insgesamt aufgewendeten Wirkarbeit bezogen auf ein Jahr an.

Betriebszustände

Bei Transformatoren gibt es die folgenden Betriebszustände:
- **Betriebsbereitschaft** [readiness for operation]:
  Der Transformator liegt eingeschaltet am Netz. Er ist aber nicht belastet.
  Es gilt dafür die Einschaltzeit t_E in Stunden.
- **Belastung** [load]:
  Am Transformator sind Verbraucher angeschlossen.
  Es gilt dafür die Betriebszeit t_B in Stunden.

Arbeit und Energieverluste

Der Zusammenhang am Transformator lässt sich mit Hilfe des Diagramms in Abb. 6 verdeutlichen:

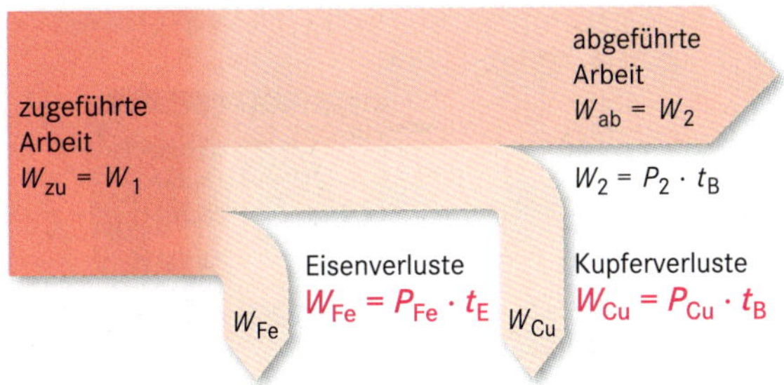

6: Verluste beim Transformator

- Die Eisenverluste [core losses] sind während der gesamten Einschaltzeit (t_E) vorhanden.
- Die Kupferverluste sind im Wesentlichen nur während der Belastung (t_B) vorhanden. Während des Leerlaufs sind sie vernachlässigbar klein.

Jahreswirkungsgrad η_a [yearly efficiency]

Berücksichtigen wir diese beiden Aussagen, dann ergibt sich folgender Zusammenhang:

$$W_{zu} = W_{ab} + W_{Fe} + W_{Cu} \qquad \eta_a = \frac{W_{ab}}{W_{ab} + W_{Fe} + W_{Cu}}$$

Jahreswirkungsgrad

Ein Transformator mit der Bemessungsleistung 160 VA ist während des ganzen Jahres (8760 h) eingeschaltet. Er wird jedoch nur 1200 h voll belastet. Der Jahreswirkungsgrad η_a ist zu berechnen.

Geg.: S_2 = 160 VA; $\cos\varphi_2 = 0{,}86$; P_{vFe} = 1,5 W; P_{vCu} = 5 W; t_E = 8760 h; t_B = 1200 h.

Ges.: η_a

$$\eta_a = \frac{W_{ab}}{W_{ab} + W_{Fe} + W_{Cu}}$$

$$\eta_a = \frac{S_2 \cdot \cos\varphi_2 \cdot t_B}{S_2 \cdot \cos\varphi_2 \cdot t_B + P_{vFe} \cdot t_E + P_{vCu} \cdot t_B}$$

$$\eta_a = \frac{160\ \text{VA} \cdot 0{,}86 \cdot 1200\ \text{h}}{160\ \text{VA} \cdot 0{,}86 \cdot 1200\ \text{h} + 1{,}5\ \text{W} \cdot 8760\ \text{h} + 5\ \text{W} \cdot 1200\ \text{h}}$$

$$\eta_a = 0{,}896 \qquad \underline{\underline{\eta_a = 89{,}6\ \%}}$$

Einphasentransformator bei Kurzschluss

Die **Kurzschlussfestigkeit** [short circuit strenght] ist ein wesentliches Merkmal von Transformatoren. Am Beispiel des Klingeltransformators soll dies verdeutlicht werden. Ein entsprechender Versuch ist in Abb. 1 dargestellt. Bei kurzgeschlossenem Ausgang werden am Eingang die Spannung und Stromstärke gemessen. Die Eingangsspannung wird dazu bis zum Erreichen der Bemessungsstromstärke erhöht. In diesem Fall wird bei einer Eingangsspannung von U_1 = 125 V eine Stromstärke I_1 = 52 mA gemessen. Diese Spannung, bei der bei kurzgeschlossener Ausgangswicklung der Bemessungsstrom fließt, heißt **Kurzschlussspannung** U_k [short circuit voltage].

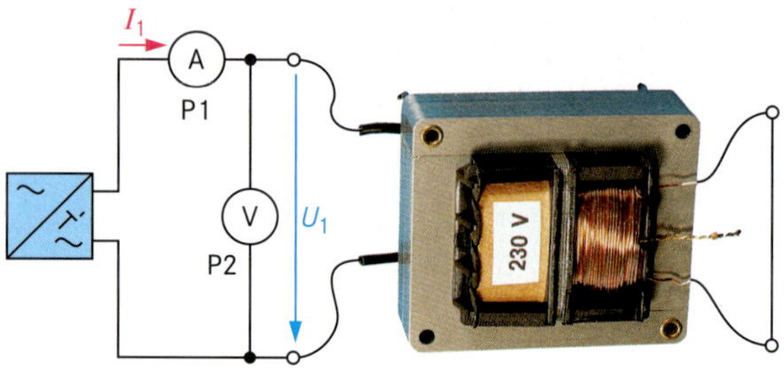

1: Messung bei Kurzschluss

In der Praxis wird in der Regel die **relative Kurzschlussspannung** u_k [relative short circuit voltage] verwendet (Abb. 2). Sie ergibt sich wie folgt:

$$u_k = \frac{U_k \cdot 100\ \%}{U_1}$$

$$u_k = \frac{125\ \text{V} \cdot 100\ \%}{230\ \text{V}} \qquad \underline{\underline{u_k = 54{,}3\ \%}}$$

Transformatoren mit einer großen Kurzschlussspannung sind kurzschlussfest. Sie haben bei Kurzschluss einen hohen inneren Spannungsfall. Eine Kurzschlussfestigkeit besteht ab etwa u_k = 20 %.

Diese wichtige Eigenschaft ist auf dem Leistungsschild des Klingeltransformators durch das Bildzeichen für Kurzschlussfestigkeit angegeben (Abb. 3).

Es gibt weitere Transformatoren, die kurzschlussfest sein müssen:

- **Spielzeugtransformatoren** [toy transformers] werden zwar nicht im Betrieb „Kurzschluss" betrieben, müssen aber aus Sicherheitsgründen kurzschlussfest sein.
- **Zündtransformatoren** [ignition transformers]
- **Schweißtransformatoren** [welding transformers] werden fast im Kurzschluss betrieben, da auf der Ausgangsseite eine große Stromstärke benötigt wird.

Die relative Kurzschlussspannung u_k wird bei größeren Transformatoren auf dem Leistungsschild angegeben. Wie sich Kleintransformatoren bei Kurzschluss verhalten, ist in Abb. 3 dargestellt.

Relative Kurzschlussspannungen	
Transformator	u_k in %
Trenntransformatoren	≈ 10
Spielzeugtransformatoren	≈ 20
Klingeltransformatoren	≈ 40
Zündtransformatoren	100

2: Beispiele für relative Kurzschlussspannungen

Kurzschlussspannung

Bei einem Netzanschlusstransformator (U_1 = 230 V) wird im Kurzschlussversuch die Kurzschlussspannung U_k gemessen.

Geg.: U_1 = 230 V; U_k = 21 V
Ges.: Relative Kurzschlussspannung u_k in %

$$u_k = \frac{U_k \cdot 100\ \%}{U_1} \qquad u_k = \frac{21\ \text{V} \cdot 100\ \%}{230\ \text{V}} \qquad \underline{\underline{u_k = 9{,}13\ \%}}$$

Kurzschlussfest [short circuit proof]: Es treten nur kleine Kurzschlussströme auf, die keine unzulässig hohe Erwärmung bewirken.	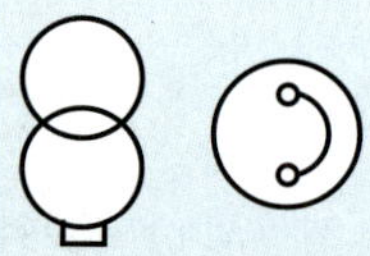
Bedingt kurzschlussfest: Es wird durch eingebaute Sicherungen oder Überstromschalter bei Kurzschluss abgeschaltet.	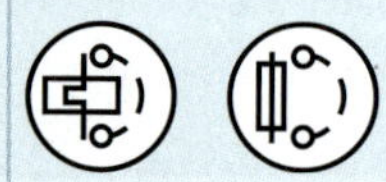
Nicht kurzschlussfest: Es müssen vorgeschaltete Überstrom-Schutzorgane vorhanden sein.	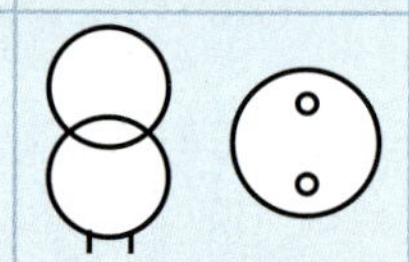

3: Kurzschlussverhalten bei Kleintransformatoren

AUFGABEN

1. Beschreiben Sie die Bestimmung der Kurzschlussspannung u_k an einem Trenntransformator.
2. Zündtransformatoren (U_1 = 230 V) besitzen eine Kurzschlussspannung von u_k ≈ 100 %. Wie groß ist U_k und welche Bedeutung hat dieses Ergebnis für den Betriebszustand?

- Die Kurzschlussspannung ist die Eingangsspannung, die bei kurzgeschlossener Ausgangswicklung den Bemessungsstrom I_1 fließen lässt.
- Bei Transformatoren mit großer Kurzschlussspannung fließt ein kleiner Kurzschlussstrom.
- Transformatoren mit kleiner Kurzschlussspannung müssen gegen Überlastung gesichert werden.

5.5.2 Sondertransformatoren

Von den verschiedenen Sondertransformatoren sollen zwei wichtige Transformatoren, der Spartransformator sowie die Spannungs- und Stromwandler, besprochen werden.

Spartransformator

Um Kupfer zu sparen, hat der Spartransformator [autotransformer] nur eine Wicklung (Abb. 4). Er besitzt eine oder mehrere Anzapfungen. Ausgangs- und Eingangsstromkreise sind dadurch nicht galvanisch getrennt. Die Ausgangsspannung kann bei diesem Spartransformator mit Hilfe der Anzapfungen auf verschiedene Werte eingestellt werden.
Beispiel: Spannung U_2 < 230 V bzw. > 230 V

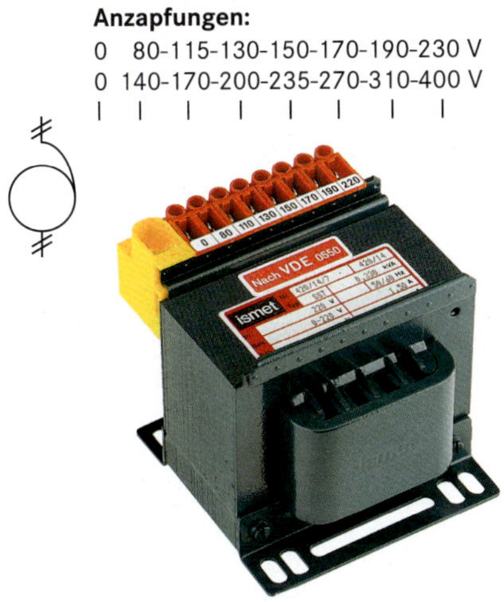

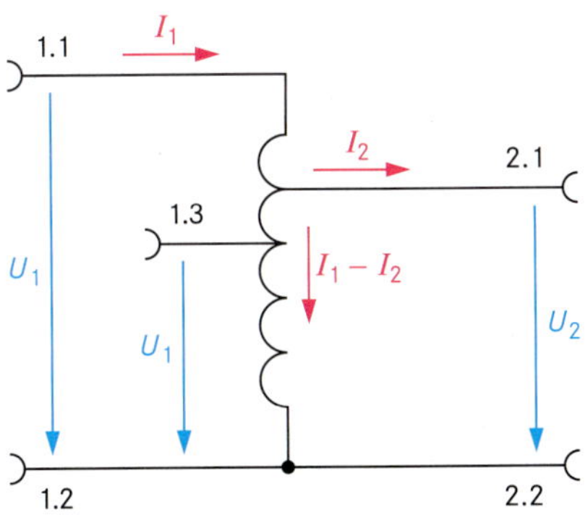

Fall 1:
U_1 = 230 V
an 1.1 und 1.2
⇒ U_2 < 230 V

Fall 2:
U_1 = 230 V
an 1.3 und 1.2
⇒ U_2 > 230 V

4: Spartransformator

Spannungswandler

Spannungswandler [voltage transformer] transformieren hohe in kleine Wechselspannungen. Sie haben ein großes Übersetzungsverhältnis. Folgende Bemessungsspannungen werden angeschlossen:

- Eingangsseite: U_1 = 500 V; 6 kV; 20 kV; u. a.
- Ausgangsseite: U_2 = 100 V

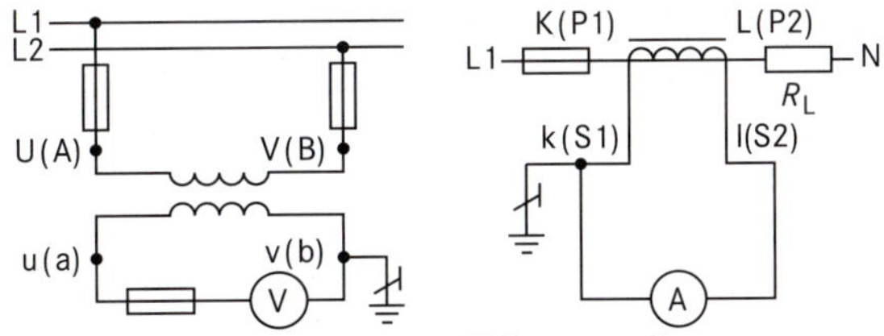

a) Spannungswandler b) Stromwandler
Bezeichnungen in Klammern laut DIN EN 60044-2; -1

5: Anschluss von Wandlern

Um einen großen Strom auf der Ausgangsseite zu vermeiden, dürfen Spannungswandler nur mit einem großen Widerstand, also einem Spannungsmesser mit hohem Innenwiderstand, belastet werden. Dieser Betriebszustand entspricht fast dem Leerlauf.

Beim **Betrieb von Spannungswandlern** gibt es den

- **einpoligen** Betrieb, d. h. Anschluss zwischen Außenleiter und geerdetem Leiter und
- **zweipoligen** Betrieb, d. h. Anschluss zwischen zwei isolierten Außenleitern (Abb. 5a).

Stromwandler

Stromwandler [curent transformer] transformieren hohe in kleine Ströme. Ihr Übersetzungsverhältnis liegt unter 1. Die Stromstärke in der Ausgangswicklung ist demzufolge klein. Die Spannung U_2 kann beim Entfernen des Messgerätes sehr große Werte annehmen, weil die Eingangswicklung nur aus einer oder wenigen Windungen besteht (Abb. 5b). Die Klemmen k und l müssen deshalb kurzgeschlossen werden, bevor das Messgerät entfernt wird.

Als Beispiel soll ein Stromwandler die Stromstärke von 500 A auf 5 A transformieren. Dabei muss Folgendes berücksichtigt werden:

- Ausgangswicklung mit kleinem Widerstand belasten, keine Absicherung
- Erdung, dadurch Schutz bei Durchschlag

AUFGABEN

1. Über einen Spartransformator sind folgende Angaben bekannt: U_1 = 230 V; U_2 = 0 V bis 260 V; S = 820 VA. Berechnen Sie bei Nennlast I_2 und I_1.
2. Warum dürfen Stromwandler auf der Ausgangsseite nicht abgesichert werden?

- Spannungswandler müssen auf der Ausgangsseite abgesichert werden.
- Stromwandler dürfen auf der Ausgangsseite nicht abgesichert werden.
- Werden Messgeräte von Stromwandlern entfernt, müssen die Klemmen k und l vorher kurzgeschlossen werden.

5.5.3 Drehstromtransformatoren

Zur Energieübertragung wird in Kraftwerken Dreiphasen-Wechselspannung erzeugt. Zum Energietransport muss diese Spannung mehrmals transformiert werden. Dies geschieht mit Hilfe von Drehstromtransformatoren.

Man kann sich Drehstromtransformatoren vereinfacht wie drei zusammengeschaltete Einphasentransformatoren vorstellen (Abb. 1), deren Ober- ① und Unterspannungswicklungen ② verkettet sind. Sie befinden sich jeweils auf einem von drei Schenkeln ③, die durch ein Joch ④ verbunden sind.

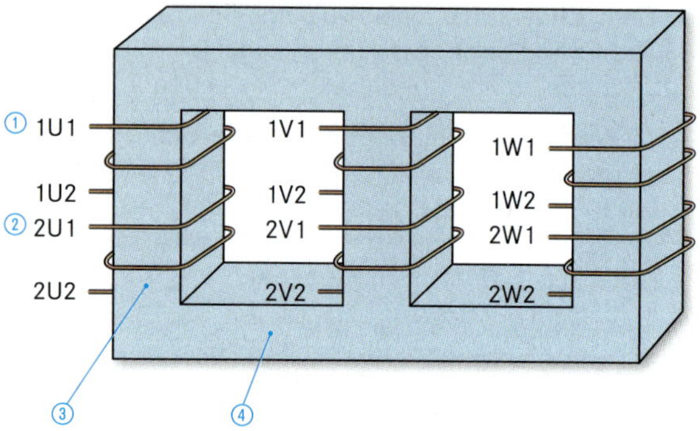

1: Aufbau eines Drehstromtransformators

Schaltungen des Drehstromtransformators

Die Schaltungen für die **Oberspannungsseite** werden durch große Buchstaben (**D** und **Y**) und für die **Unterspannungsseite** durch kleine Buchstaben (**d**, **y** und **z**) gekennzeichnet. Die Schaltung des Drehstromtransformators kann dem **Leistungsschild** [rating plate] entnommen werden.

Das Leistungsschild in Abb. 2 enthält außer der Schaltgruppe folgende Angaben:
- Bemessungsspannungen von Ober- und Unterspannungsseite 10 kV/400 V
- Bemessungsscheinleistung 250 kVA
- Bemessungsstromstärken 13,1 A/361 A
- relative Kurzschlussspannung 4,0 %

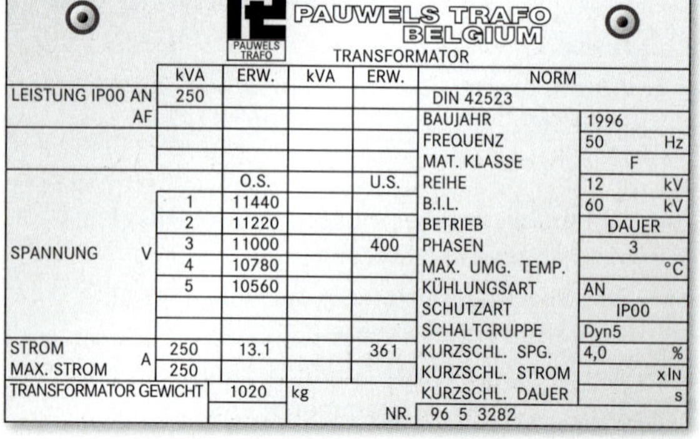
PAUWELS TRAFO BELGIUM
PAUWELS TRAFO
TRANSFORMATOR

	kVA	ERW.	kVA	ERW.	NORM	
LEISTUNG IP00 AN	250				DIN 42523	
AF					BAUJAHR	1996
					FREQUENZ	50 Hz
					MAT. KLASSE	F
		O.S.		U.S.	REIHE	12 kV
SPANNUNG V	1	11440			B.I.L.	60 kV
	2	11220			BETRIEB	DAUER
	3	11000		400	PHASEN	3
	4	10780			MAX. UMG. TEMP.	°C
	5	10560			KÜHLUNGSART	AN
					SCHUTZART	IP00
					SCHALTGRUPPE	Dyn5
STROM A	250	13.1		361	KURZSCHL. SPG.	4,0 %
MAX. STROM	250				KURZSCHL. STROM	x IN
TRANSFORMATOR GEWICHT	1020	kg			KURZSCHL. DAUER	s
				NR.	96 5 3282	

2: Leistungsschild eines Drehstromtransformators

Dyn 5

Die Kurzbezeichnung der Schaltgruppe Dyn 5 hat folgende Bedeutung:

- **D**: Die Oberspannungsseite (OS) ist in „**Dreieck**" geschaltet. Die drei Wicklungseingänge sind jeweils mit einem Außenleiter und dem nächsten Wicklungsende verbunden.

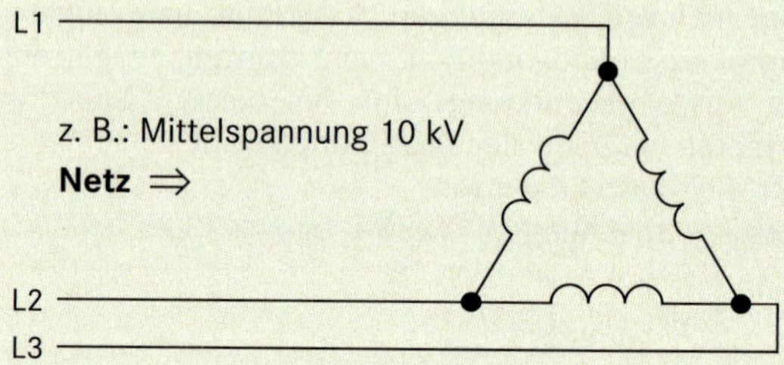

- **y**: Die Unterspannungsseite (US) ist in „**Stern**" geschaltet. Die drei Wicklungseingänge liegen an den drei Außenleitern. Die Wicklungsausgänge sind untereinander zum Sternpunkt ① verbunden.

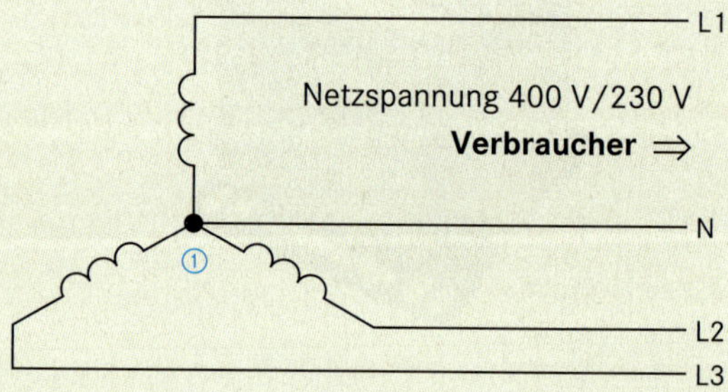

- **n**: Der Sternpunkt wird aus dem Transformator als Neutralleiter (N-Leiter) herausgeführt und ist **voll belastbar**. Das heißt, das entstehende 4-Leiter-System eignet sich für die **unsymmetrische Belastung** [unbalanced load].
- **5**: Diese Zahl heißt Kennzahl und gibt an, um das **Wievielfache von 30°** die Strangspannung der Unterspannungsseite der Strangspannung der Oberspannungsseite nacheilt. In folgender Abbildung ist dies verdeutlicht.

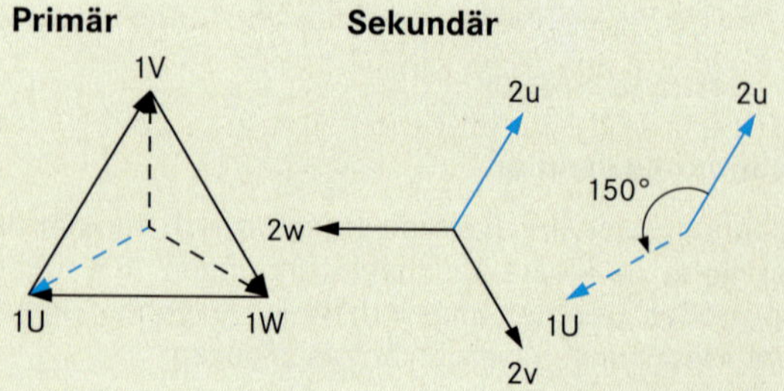

Bevorzugte Schaltgruppen für Drehstromtransformatoren bei unsymmetrischer Belastung						
Schaltgruppe	Zeigerbild		Schaltungsbild		Übersetzung $ü = \frac{U_1}{U_2}$	Einsatz
	Primär	Sekundär	Primär	Sekundär		
Yyn 0	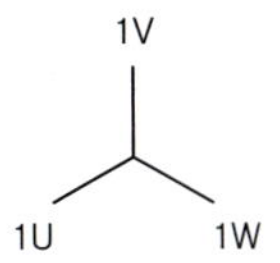	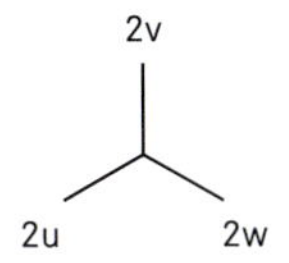	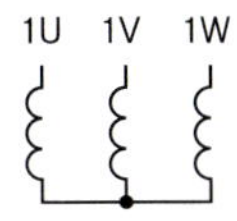	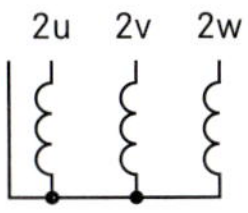	$\frac{N_1}{N_2}$	Verteilungstransformator mit kleiner Leistung, Sternpunkt bis 10 % belastbar
Dyn 5	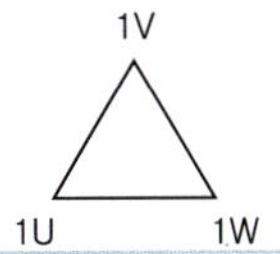	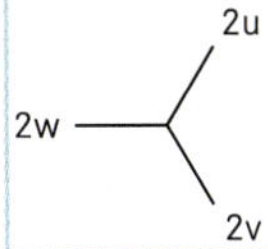	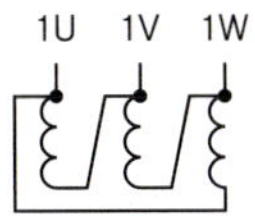	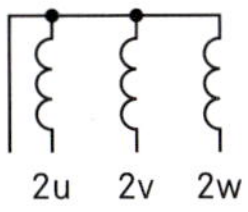	$\frac{N_1}{\sqrt{3} \cdot N_2}$	Verteilungstransformator mit voll belastbarem Sternpunkt
Yzn 5	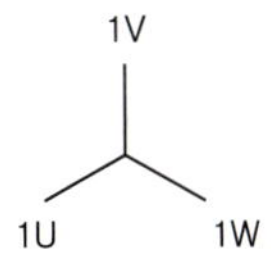	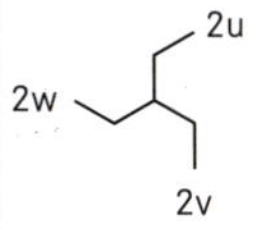	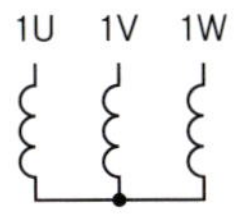	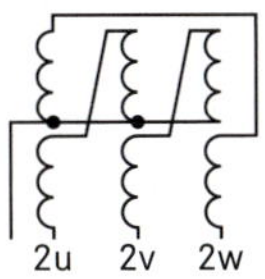	$\frac{2 \cdot N_1}{\sqrt{3} \cdot N_2}$	Verteilungstransformator mit kleiner Leistung und voll belastbarem Sternpunkt

3: Schaltgruppen

Schaltungsart z

Diese Schaltungsart der Sekundärseite eines Drehstromtransformators ist an der Bezeichnung **Yzn 5** zu erkennen. Es handelt sich dabei um eine **Zick-Zack-Schaltung**. Hier wird jeweils eine der drei Wicklungen der Sekundärseite zur Hälfte auf zwei Schenkel verteilt. Dadurch teilt sich auch der magnetische Fluss jeder stromdurchflossenen Wicklung auf zwei Schenkel auf. Das magnetische „Gleichgewicht“ zwischen den belasteten Schenkeln wird damit hergestellt. Dadurch ist es möglich, den Sternpunkt voll zu belasten.

Schutz von Leistungstransformatoren

Als Schutz werden folgende Maßnahmen eingesetzt:

- **Kurzschlussschutz** [short circuit protection] auf der Hochspannungsseite durch HH-Sicherungen
- **Überlastschutz** [overload protection] auf der Niederspannungsseite durch NH-Sicherungseinsätze oder thermische Überstromauslöser. Die Auslöser werden nach der Bemessungsstromstärke des Transformators eingestellt.
- **Temperaturüberwachung** durch Thermoelemente in der Transformatorwicklung

Wie kann auf einen höheren Leistungsbedarf reagiert werden?

Verteilungstransformatoren, die z. B. einen Industriebetrieb versorgen und an derselben Hochspannung liegen, lassen sich zur Leistungsvergrößerung parallel schalten.
Dabei sind nach DIN VDE 0532 folgende Bedingungen einzuhalten:

- **Gleiche Kennzahlen** [same classification figures] der Schaltgruppen, damit keine Ausgleichsströme zwischen den einzelnen Transformatoren fließen
- Möglichst **gleiche Übersetzung** [same transformation]
- Annähernd **gleiche relative Kurzschlussspannungen**, damit ungleichmäßige Belastungen der Transformatoren vermieden werden
- Verhältnis der Bemessungsleistungen < 3:1, damit keine Ausgleichsströme fließen

AUFGABEN

1. Beschreiben Sie, wie die Wicklungsenden beim Drehstromtransformator in der Dreieckschaltung verbunden werden.
2. Welche Bedeutung hat der Buchstabe „n“ in der Bezeichnung der Schaltgruppe?
3. Geben Sie die Bedeutung der Buchstaben und der Kennzahlen bei den Schaltgruppen Dyn 5 und Yzn 5 an.

- Drehstromtransformatoren bestehen aus einem Dreischenkelkern mit Joch sowie Schenkeln aus je einer Oberspannungs- und einer Unterspannungswicklung.
- Die OS-Wicklungen werden in Dreieck oder Stern, die US-Wicklungen in Dreieck, Stern oder Zick-Zack geschaltet.
- Die Schaltgruppe gibt die Schaltungsart von OS und US an.
- Beim Parallelschalten von Drehstromtransformatoren sind Kennzahl, Übersetzung, relative Kurzschlussspannung und Bemessungsleistung zu beachten.

5.6 Photovoltaik

5.6.1 Solarmodule

Eine Möglichkeit, die Sonnenenergie nutzbar zu machen, bietet die Photovoltaik [photovoltaic]. Mit Hilfe von Solarzellen [solar cells] wird die Lichtenergie direkt in elektrische Energie umgewandelt (Abb.1).

Da die Leistung einer einzelnen Solarzelle gering ist, werden **Solarmodule** [solar modules] aus vielen Solarzellen zusammengeschaltet. Module gibt es in unterschiedlichen Größen und für unterschiedliche Leistungen. Spitzenleistungen von 50 W bis 250 W werden erreicht. Module ab ca. 100 W werden vor allem in netzgekoppelten Anlagen verwendet.

Wie werden Solarzellen hergestellt?

Als Grundstoff für die Herstellung klassischer Solarzellen wird z. B. das Halbleitermaterial Silizium verwendet. Es ist eines der häufigsten Elemente der Erdkruste und deshalb in sehr großen Mengen verfügbar. Das in einem aufwändigen Prozess gereinigte Silizium wird eingeschmolzen und erstarrt je nach Verfahren als **Einkristall** (monokristallin) oder mit Bereichen **verschiedener Kristallorientierung** (polykristallin). Es wird anschließend in quadratische Scheiben mit einer Dicke von ca. 0,2 mm geschnitten (Wafer).

Mit einer neuen Technologie werden **Dünnschichtsolarzellen** [thin-film solar cells] hergestellt. Hierbei werden Siliziumschichten aufgedampft, die je nach Material und Verfahren eine Dicke von nur wenigen µm haben. Nach dem Aufdampfen werden sie mittels eines Lasers strukturiert und kontaktiert.

- In Solarmodulen sind Solarzellen zur Erhöhung der Spannung in Reihe und zur Erhöhung der Stromstärke parallel geschaltet.

1: Photovoltaikanlage

Wie funktioniert eine Solarzelle?

Eine **Solarzelle** [solar cell] besteht aus zwei Siliziumschichten, in die Fremdatome eingelagert sind (**Dotierung**). Die eine Schicht ist so dotiert, dass negative bewegliche Ladungen (Elektronen) entstehen (N-Dotierung ①). In der anderen Schicht befinden sich Fremdatome mit beweglichen positiven Ladungen (positive Atomrümpfe, P-Dotierung ②).

An der Berührungsstelle wandern nun die jeweils beweglichen Ladungen in die andere Zone. Es entsteht ein sehr schmaler Bereich, in dem keine beweglichen Ladungen mehr vorkommen, aber die fest im Kristallgitter verankerten Ladungen noch vorhanden sind. Diese Zone wirkt jetzt auf die beweglichen Ladungen abstoßend und es entsteht eine für bewegliche Ladungen gesperrte Zone (Sperrschicht ③).

Dringt jetzt Licht (Photonen ④) in die Sperrschicht ein, werden durch die im Licht vorhandene Energie Elektronen von den Atomen gelöst. Es entstehen also wieder bewegliche negative und positive Ladungen in der Sperrschicht, die auf Grund der vorhandenen Anziehungskräfte getrennt bleiben.

Durch diese Ladungstrennung ist eine Gleichspannung entstanden ⑤. Verbindet man jetzt mit einem elektrischen Leiter die beiden Schichten, dann fließt ein elektrischer Strom. Die getrennten Ladungen können sich wieder ausgleichen.

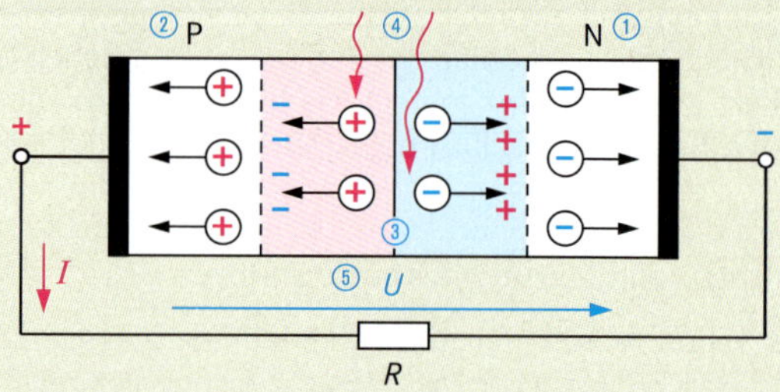

Kenndaten von Solarzellen

Die Leistung und die elektrischen Eigenschaften der Solarzelle lassen sich an der **Strom-Spannungs-Kennlinie** ablesen (Abb. 2). Der Punkt **MPP** [**M**aximum **P**ower **P**oint] gibt an, wo die elektrische Leistung P der Solarzelle am größten ist. Sie ergibt sich aus dem Produkt von Solarzellenspannung U_{MPP} und Solarzellenstromstärke I_{MPP} ($U_{MPP} \cdot I_{MPP} = P_{MPP}$).

Wirkungsgrad η

Der Wirkungsgrad einer Solarzelle (Abb. 4 ①) ist das Verhältnis der nutzbaren elektrischen Leistung P_{MPP} zum Produkt der Solarzellenfläche A und der pro m² einfallenden Sonnenenergie E.

$$\eta = \frac{P_{MPP}}{A \cdot E} \qquad P_{MPP} = U_{MPP} \cdot I_{MPP}$$

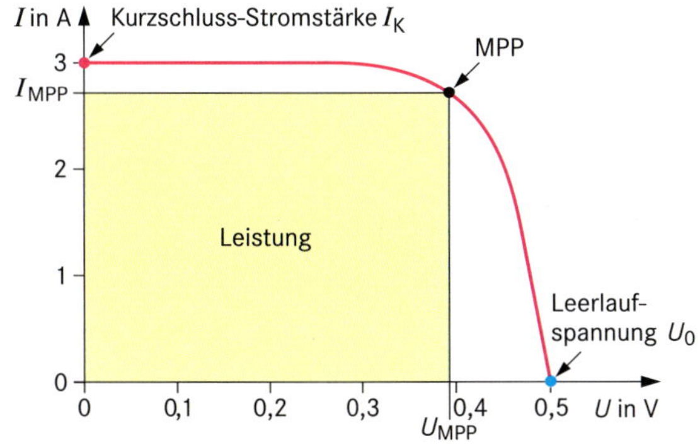

2: Strom-Spannungs-Kennlinie einer Solarzelle

Technische Daten	
Bemessungsleistung in W	150
Wirkungsgrad in % ①	11,7
MPP-Spannung in V	23,1
MPP-Stromstärke in A	6,5
Leerlaufspannung in V	30,4
Kurzschluss-Stromstärke in A	7
Abmessungen (L x B) in mm	1600 x 800
Füllfaktor f ②	0,70

4: Datenblattauszug eines Solarmoduls

Füllfaktor *f*

Um Solarzellen beurteilen zu können, wird der Füllfaktor f [filling factor] (Abb. 4 ②) verwendet. Er setzt die nutzbare elektrische Leistung P_{MPP} ins Verhältnis zu einer fiktiven Leistung aus Leerlaufspannung U_0 und Kurzschluss-Stromstärke I_K. Typische Werte des Füllfaktors liegen zwischen 70 % und 85 %.

$$f = \frac{P_{MPP}}{U_0 \cdot I_K}$$

Modulschaltungen

Da Solarmodule Gleichspannung abgeben, muss diese durch **Wechselrichter** [inverter] (s. Kap. 8.2.2.6) in Wechselspannung umgewandelt werden. In Abb. 3 sind grundsätzliche Anlagenkonzepte dargestellt. Solarmodule können in Reihe, parallel oder in einer Kombination aus beiden Typen verschaltet werden. Wenn die Sonneneinstrahlung auf die Module nicht durch Schatten beeinträchtigt wird, versucht man möglichst viele Module in Reihe zu schalten und die Anlage mit einem zentralen Wechselrichter zu versehen.

Zentralwechselrichter	Mehrere Stringwechselrichter	Integrierter Modulwechselrichter
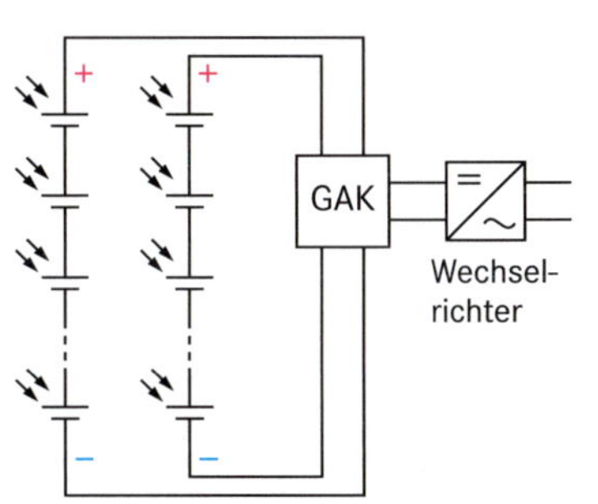	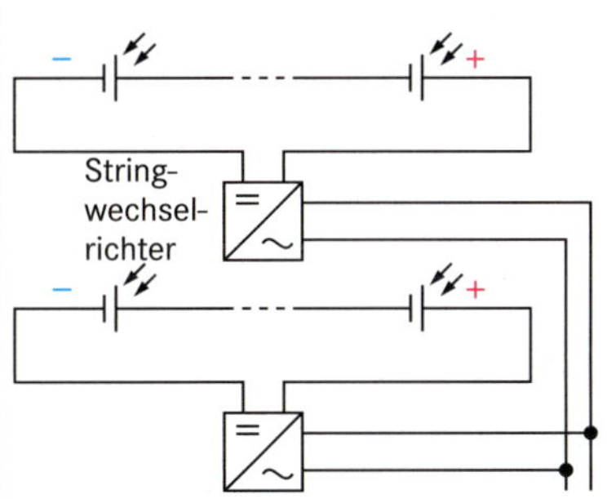	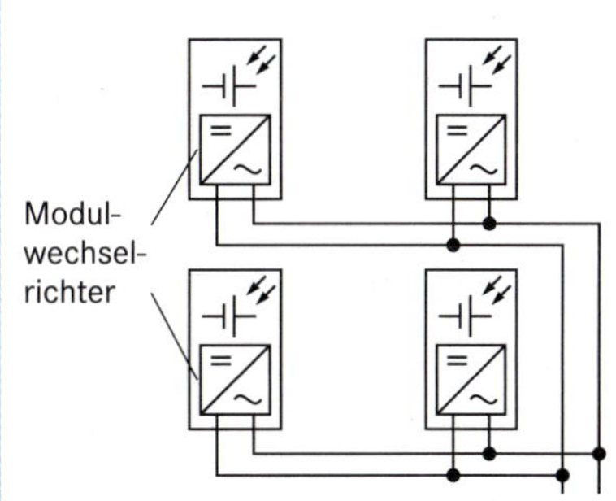
• Die gesamte PV-Anlage wird von einem zentralen Wechselrichter betrieben. • Die Anlage besteht in der Regel aus mehreren Strängen (Strings) mit vielen in Reihe geschalteten Modulen. • In einem Generatoranschlusskasten (GAK) werden die Stränge zusammengefasst. • Der Wechselrichter kann die Besonderheiten (z. B. Verschattung) der einzelnen Stränge nicht berücksichtigen. • Sehr hohe Erträge bei optimalen Umgebungsbedingungen	• Die Solarmodule werden in Reihe zu mehreren Strängen geschaltet. Jeder Strang erhält einen eigenen Stringwechselrichter. • Es entstehen mehrere unabhängig voneinander arbeitende Anlagen, die parallel in das Versorgungsnetz einspeisen. • Der höhere Verschaltungsaufwand AC-seitig gleicht sich durch die einfachere DC-seitige Installation wieder aus. • Kein Generatoranschlusskasten • Hohe Erträge durch das Ausnutzen der optimalen Leistung von jedem Strang	• Jedes Solarmodul hat einen optimal abgestimmten integrierten Modulwechselrichter. • Alle Module haben einen Wechselspannungsausgang. • Ein Vorteil ist die Vorfertigung der PV-Anlage und der Einsatz bei starken Teilverschattungen. • Da sich der Wechselrichter nur zusammen mit dem Modul austauschen lässt, steigen die Reparaturkosten. • In der Regel ist der Ertrag geringer als bei anderen Anlagentypen, da sich die Verluste der Wechselrichter summieren.

3: Photovoltaik-Anlagenkonzepte

5.6.2 Komponenten einer PV-Anlage

Die wesentlichen Komponenten einer Photovoltaik-Anlage (PV-Anlage) sind:
- Solarmodule
- Leitungen
- Generatoranschlusskasten (GAK)
- Wechselrichter

Leitungen

Die Verschaltung der Solarmodule muss besondere Anforderungen erfüllen. Die verwendbaren Leitungen sind häufig mit dem Aufdruck „Solarkabel" versehen und bereits kundenspezifisch vorkonfektioniert (Abb. 1). Durch verpolungs- und berührungssichere Steckverbinder ist die Verschaltung einfach.

Die Leitungen müssen folgende besondere Eigenschaften besitzen:
- Kurz- und erdschlusssicher
- UV- und witterungsbeständig mit erhöhtem Temperaturbereich von −40 °C bis 120 °C
- Spannungsfestigkeit bis 2 kV
- Flammwidrig und halogenfrei

Wichtig ist, dass der Leiterquerschnitt ausreichend dimensioniert wird. Er wird so ausgelegt, dass die Leitungsverluste kleiner als 1 % der installierten Leistung sind.

Leiterquerschnittsberechnung

Eine 2,1 kW-Anlage besteht aus 14 Modulen mit je 150 W Leistung. Die Module werden in 2 Strängen mit je 7 Modulen verschaltet und haben folgende Daten:
- Kurzschlussstromstärke eines Moduls: $I_K = 4{,}5\ \text{A}$
- Entfernung vom Generatoranschlusskasten zum Wechselrichter: 20 m
- I_K beider Stränge: $2 \cdot 4{,}5\ \text{A}$; $I_K = 9\ \text{A}$
- Max. Verlustleistung: 1 % von 2,1 kW; $P_V = 21\ \text{W}$

$$R_L = \frac{P_V}{I_K^2} \qquad R_L = \frac{21\ \text{W}}{(9\ \text{A})^2} \qquad R_L = 0{,}259\ \Omega$$

$$q = \frac{2 \cdot l}{\varkappa \cdot R_L} \qquad q = \frac{2 \cdot 20\ \text{m}}{56\ \frac{\text{m}}{\Omega \cdot \text{mm}^2} \cdot 0{,}259\ \Omega}$$

$$q = 2{,}76\ \text{mm}^2$$

Gewählter Querschnitt: $\underline{\underline{4\ \text{mm}^2}}$

1: Vorkonfektionierte Solarleitungen

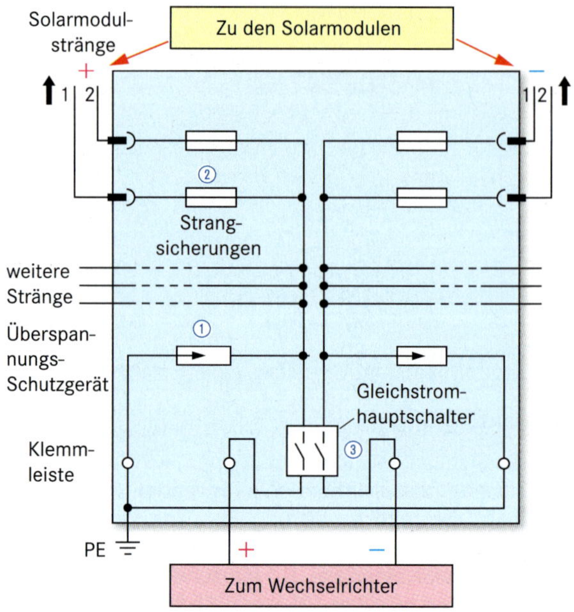

2: Generatoranschlusskasten (GAK)

Generatoranschlusskasten

Der Generatoranschlusskasten [generator connection box] (Abb. 2) wird dann benötigt, wenn mehrere Solarmodulstränge vor dem Wechselrichter parallel zusammengeführt werden. Er ist nicht nur für die Zusammenführung der Stränge zuständig, sondern erfüllt noch weitere Funktionen:
- **Überspannungsschutz** [overvoltage protection] ① für die Solarmodule und den Wechselrichter
- **Prüfmöglichkeiten** für die einzelnen Solarmodulstränge
- **Strangsicherungen** ② schützen die Solarleitungen und Module vor Überlastung.
- **Gleichstromhauptschalter** [DC mainswitch] ③ dient zur Spannungsfreischaltung des Wechselrichters.

Es ist möglich, kleinere Anlagen auch ohne einen Generatoranschlusskasten zu installieren. Dabei sollten auf jeden Fall Überspannungs-Schutzgeräte (s. Kap. 10.4) und Strangsicherungen zum Schutz der Strangleitungen berücksichtigt werden.

Für die Installation und anfallende Wartungsarbeiten muss man den Wechselrichter spannungsfrei schalten können. Um die DC-Bemessungsstromstärke aller Solarmodule unter Last schalten zu können, wird ein Gleichstromhauptschalter verwendet.

- Um den Wechselrichter für anfallende Wartungsarbeiten spannungsfrei schalten zu können, sind Gleichstromhauptschalter vorgeschrieben.
- Überspannungs-Schutzgeräte verhindern an Modulen und Wechselrichtern Schäden durch Überspannung.

Wechselrichter

Die von den Solarmodulen gelieferte Gleichspannung wird vom Wechselrichter (Abb. 4) in einphasige Wechselspannung mit 230 V oder Dreiphasen-Wechselspannung mit 400 V umgewandelt. Hinsichtlich der Energieeffizienz und Zuverlässigkeit einer PV-Anlage übernimmt der Wechselrichter noch weitere Funktionen (Abb. 3):

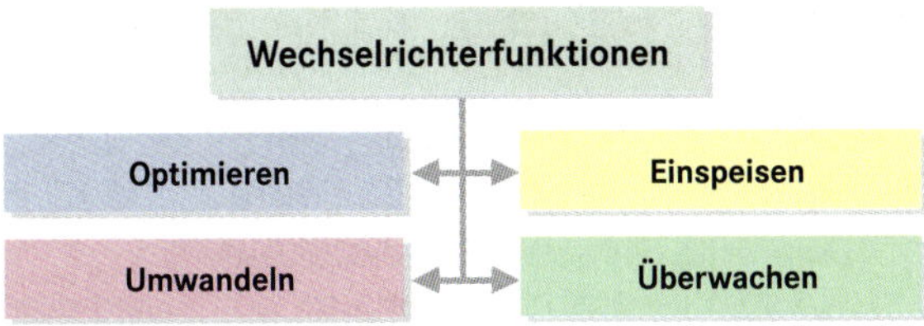

3: Wechselrichterfunktionen einer PV-Anlage

4: Wechselrichter einer PV-Anlage

Optimieren

Je nach Sonneneinstrahlung verändert sich der MPP in der Strom-Spannungs-Kennlinie eines Solarmoduls. Der Wechselrichter hat die Aufgabe, den maximalen Leistungspunkt ständig zu ermitteln und diesen Arbeitspunkt nachzuführen. Die Suche und Nachführung wird als **MPP-Tracking** bezeichnet. Dabei wird die Eingangsspannung an die optimale Spannung (MPP-Spannung) der angeschlossenen Solarmodule angepasst.

Umwandeln

Das Umwandeln der Gleichspannung in eine Wechselspannung für den Netzanschluss ist die Hauptaufgabe des Wechselrichters.

Einspeisen

Um die erzeugte Spannung auf Netzspannungsniveau zu bringen, gibt es folgende Möglichkeiten:

- **PV-Anlagen mit galvanischer Trennung**
Die erzeugte Wechselspannung wird durch einen Transformator an die Netzspannung angepasst. Damit wird eine **galvanische Trennung** [galvanic separation] erreicht.

Dünnschichtsolarmodule sind besonders anfällig für störende Einflüsse eines elektrischen Feldes. Die dadurch bedingte **Ertragsminderung** [decrease in output] lässt sich durch Erdung der negativen oder positiven Modulausgänge minimieren. Sie sind jedoch nur bei galvanisch trennenden Wechselrichtern zulässig.

- **PV-Anlagen ohne galvanische Trennung**
Die Wechselspannung bei transformatorlosen Wechselrichtern entspricht der Netzspannung. Der Wirkungsgrad ist höher, da keine Transformatorverluste entstehen. Hochfrequente Störspitzen werden mit einem Filter gesperrt. Sie gelangen nicht in das Netz. Der Personenschutz ist durch eine redundante Fehlerstromüberwachung gewährleistet (Abb. 5 ①).

Überwachen

Wechselrichter müssen jederzeit vom Netz getrennt werden können, z. B. bei Störungen im VNB-Netz. Als Sicherheitsschnittstelle zwischen der PV-Anlage und dem Niederspannungsnetz wird die Einrichtung zur Netzüberwachung mit zugeordneten allpoligen Schaltorganen ENS verwendet (Abb. 5 ②). Durch die ständige Überwachung von Frequenz, Spannung und Netzimpedanz werden Fehler umgehend erkannt und die PV-Anlage wird vom Netz genommen.

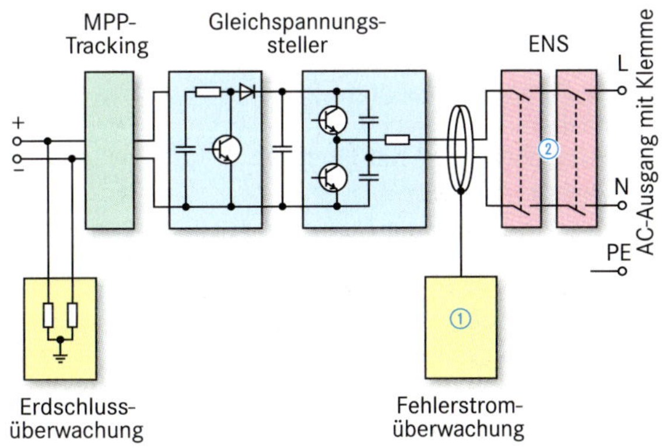

5: Wechselrichter ohne Transformator

AUFGABEN

1. Welche Vor- und Nachteile hat die Verwendung eines Zentralwechselrichters?
2. Nennen Sie drei wichtige Kenndaten zur Bestimmung der Leistungsfähigkeit einer Solarzelle.
3. Welche Eigenschaften müssen die Leitungen zur Verschaltung der Solarmodule erfüllen?
4. Welche Aufgabe hat die ENS?

- Der Wechselrichter ist wesentlich für die Energieeffizienz einer PV-Anlage verantwortlich.
- Der Wirkungsgrad eines Wechselrichters ohne galvanische Trennung ist größer als der eines Wechselrichters mit Transformator.

5.6.3 Installation einer PV-Anlage

Um eine PV-Anlage elektrisch betriebssicher zu errichten, sind folgende Normen zu beachten:

- **DIN VDE 0100-712**
  Errichtung von Niederspannungsanlagen: Anforderungen für Betriebsstätten, Räume und Anlagen besonderer Art, Solar-Photovoltaik-Stromversorgungssysteme
- **DIN VDE V 0126-1-1**
  Netzanschluss mit selbsttätig wirkender Freischaltstelle
- **DIN VDE 0298-4**
  Strombelastbarkeit von Leitungen
- **DIN EN 62305-3 Bbl. 5**
  Blitz- und Überspannungsschutz

Für die in Abb. 1 abgebildete PV-Aufdach-Anlage ist in der Regel keine Baugenehmigung erforderlich. Es müssen allerdings die öffentlich-rechtlichen Vorschriften beachtet werden. Die Anlage muss statisch in Ordnung sein und darf keine Mängel aufweisen, die die Öffentlichkeit gefährden könnten. PV-Freiflächenanlagen unterliegen baurechtlich einer Genehmigung.

Montage der Solarmodule

Die Installation einer PV-Anlage beginnt in der Regel mit der Montage der Solarmodule. Hierbei sind folgende Punkte zu beachten:

- nutzbare Dachfläche
- gewünschte Lage der Module
- Lage der Sparren

Wenn die Solarmodule mit Dachhaken befestigt werden sollen, ist folgender Montageablauf einzuhalten:

1. **Position** der PV-Anlage und Befestigungspunkte festlegen
   - Lage der Module auf dem Dach kennzeichnen
   - Dachhaken und Stützpunkte anzeichnen
2. **Befestigungspunkte** montieren
   - Dachziegel herausnehmen und Dachhaken befestigen (Abb. 2)
   - Dachziegel anpassen
   - Dach wieder sorgfältig schließen

1: Aufdach-PV-Anlage

2: Dachhakenbefestigung

3: Tragprofile

3. **Tragprofile** der Solarmodule montieren
   - Tragprofile ausrichten und an den Dachhaken befestigen (Abb. 3)
   - Verbinder zwischen den Tragprofilen montieren
4. **Montage** der Module
   - Module auf den Tragprofilen montieren
   - Distanzhalter am Rand der Module einsetzen
5. **Verschalten** der Module
   - Anschließen der Module gemäß dem Verschaltungsplan
   - Verlegen der Strangleitung zum Generatoranschlusskasten und weiter zum Wechselrichter

Wer darf PV-Anlagen installieren?

Die folgenden Aufgaben müssen von einem eingetragenen Elektroniker durchgeführt werden:

- **Anmeldung** beim VNB
- **Kopplung** der Anlage an das Niederspannungsnetz
- **Abnahme** der Anlage
- **Inbetriebnahme**

Der Elektroniker haftet für die komplette Elektroinstallation der PV-Anlage, auch wenn er die gleichstromseitige Montage nicht durchgeführt hat. Diese Montage kann von jeder unterwiesenen Person durchgeführt werden.

Bei der Montage von Solarmodulen können für den Monteur gefährliche Situationen entstehen. Es sind deshalb die Sicherheitshinweise in Abb. 4 zu beachten.

Wechselrichter installieren

Um Ertragsverluste zu vermeiden, dürfen Wechselrichter nicht zu warm werden. Bei maximaler Auslastung werden bis zu 10 % der Bemessungsleistung eines Wechselrichters in Wärme umgewandelt. Folgende Hinweise helfen, den optimalen Montageort für den Wechselrichter zu finden.

- **Warme Montageorte**, wie unausgebaute Dachräume (im Sommer), Schornsteinwände und Orte mit direkter Sonneneinstrahlung sind zu vermeiden.
- Um **lange Wege** der Gleichstromverkabelung einzusparen, sollten Wechselrichter möglichst nah an den Solarmodulen montiert werden.

- **Staubige Montageorte** verschmutzen die Lüftungsschlitze und beeinträchtigen die Kühlung des Wechselrichters.
- Wechselrichter sollten so montiert werden, dass eine gute **Luftzirkulation** gegeben ist.
- Das **Montieren in Schränken** und das Anordnen mehrerer Wechselrichter übereinander ist zu vermeiden.

Sicherheitshinweise

- Solarmodule lassen sich **nicht spannungsfrei** schalten, denn sie erzeugen bei Lichteinfall immer eine Gleichspannung.
- Die **Kurzschluss-Stromstärke** liegt nur ca. 20 % über der **Bemessungsstromstärke**, da der Innenwiderstand von Solarmodulen sehr groß ist. Bei Sicherungen oder RCDs ist auf die **Gleichstromtauglichkeit** [suitable for d.c.] für PV-Anlagen zu achten.
- Werden Kontakte unter Last getrennt, können **Lichtbögen** entstehen. Sie verlöschen bei Gleichstrom nicht selbsttätig. Verbrennung und Verblitzung können die Folge sein.
- Da der Stromfluss durch keine Sicherung unterbrochen wird, kann die Einwirkzeit bei einem elektrischen Schlag durch Berühren von frei liegenden Kontakten lang sein.

Das Befolgen einer Checkliste dient der passiven Sicherheit bei der Montage von Solarmodulen.

- Schalten Sie die PV-Anlage bei allen DC-seitigen Arbeiten mit dem Gleichstromhauptschalter lastfrei.
- Führen Sie keine elektrisch leitenden Teile in Stecker und Buchsen ein.
- Montieren Sie die Solarmodule nicht mit nassen Werkzeugen, Steckern und Buchsen.
- Verwenden Sie nur einadrige und doppelt isolierte Kabel zum Verschalten der Module.
- Führen Sie alle Arbeiten an den Kabeln mit äußerster Vorsicht durch und verwenden Sie isolierte Werkzeuge und Handschuhe.
- Überprüfen Sie vor Inbetriebnahme der Anlage noch einmal sorgfältig die Verschaltung der Solarmodule.

4: Sicherheitshinweise bei der PV-Installation

AUFGABE

1. Welche Arbeiten müssen bei der Montage einer PV-Anlage von einem eingetragenen Elektroniker durchgeführt werden?

- Zur Planung einer Photovoltaikanlage werden die nutzbare Dachfläche, die gewünschte Lage der Module und der Sparrenabstand benötigt.

Die elektrische Installation muss von einer Elektrofachkraft durchgeführt werden. Folgende Hinweise sollten beachtet werden:

- Zur Vermeidung von Kurz- und Erdschluss Isolationswiderstand messen.
- Leiterquerschnitt der Gleichstromleitung durch Widerstandsmessung prüfen.
- Richtige Polung der Gleichstromhauptleitung überprüfen.
  - Verpolung führt zur Zerstörung des Wechselrichters.
- Verschaltung der Module untersuchen.
  - Stromstärke- und Spannungskennwerte der PV-Anlage messen und mit geplanten Bemessungswerten vergleichen.
  - Stromstärkenmessung berührungslos mit einem Zangenstrommesser durchführen, um einen Lichtbogen zu vermeiden.
- Stromstärke nicht während des Betriebs zwischen Plus- und Minuspol am Wechselrichter messen.
  - Der eingangsseitige Kondensator im Wechselrichter würde sich dabei über das Messgerät entladen und es überlasten.
- An den Eingangsklemmen des Wechselrichters liegt nach Abschaltung der Module noch einige Minuten eine Spannung. Hervorgerufen wird sie durch einen Kondensator, der bei normalem Betrieb der Anlage aufgeladen wird.

Leistungsdaten visualisieren

Schon ein einzelnes Blatt von einem Baum kann den Ertrag eines ganzen Moduls mindern (Abb. 5 ①). Um dies möglichst schnell erkennen und beseitigen zu können, ist eine Visualisierung der Leistungsdaten einer PV-Anlage sehr hilfreich. Mit Hilfe einer Analysesoftware ist eine plötzliche Leistungsminderung der Anlage gut erkennbar.

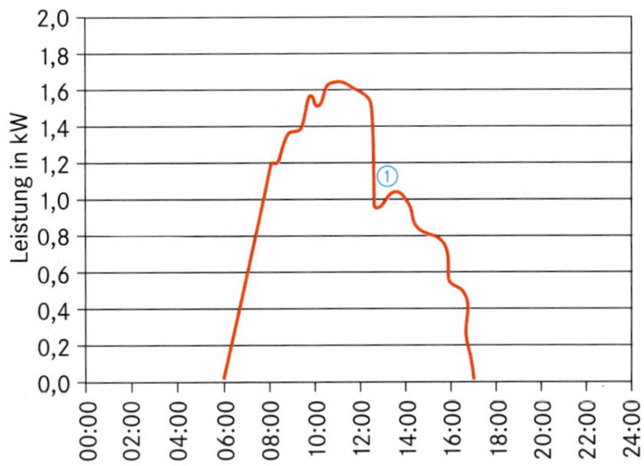

5: Leistungsverlauf

Einspeisezähler

Für eine netzgekoppelte PV-Anlage wird ein separater Einspeisezähler benötigt (Abb. 1) und nach Abstimmung mit dem VNB wird ein geeichter Zähler ohne Rücklaufsperre verwendet. Montiert und angeschlossen wird der Zähler von einem Mitarbeiter des VNB. Der Einspeisezähler wird in der Regel neben dem Bezugszähler im Zähleranschlusskasten angebracht.

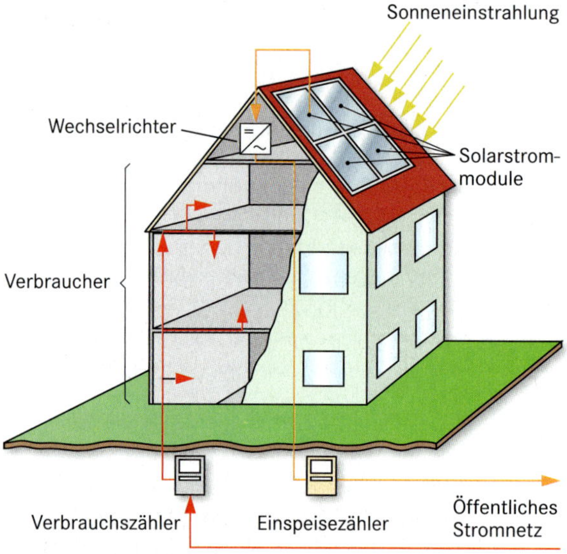

1: Netzanschluss einer PV-Anlage

Überspannungsschutz

In der Abb. 2 ist dargestellt, wie der Überspannungsschutz einer PV-Anlage aussehen kann, wenn die Energie in ein TT- oder TN-System eingespeist wird.
Verwendet werden:
- Mehrpoliges Überspannungs-Schutzgerät für PV-Anlagen ①
- Zweipoliges, teilbares Überspannungs-Schutzgerät ② ③
- Mehrpoliges Überspannungs-Schutzgerät zum Einsatz im Stromversorgungssystem ④

Blitz- und Überspannungsschutz

Da PV-Anlagen eine direkte Verbindung zur Elektroinstallation des Gebäudes herstellen, sollte ein aufeinander abgestimmter Blitz- und Überspannungsschutz installiert werden. Für Anlagen ab einer Größe von 10 kW ist dieser Schutz vorgeschrieben. Die Überspannungs-Schutzgeräte werden nach der maximalen Leerlaufspannung der PV-Anlage ausgewählt. Die erforderlichen Maßnahmen für den **Schutzpotenzialausgleich**, wenn sich die PV-Anlage im Schutzbereich einer Fangeinrichtung befindet, zeigt Abb. 3 (s. Kap. 10.4.2).

Schutzpotenzialausgleich Anlage im Schutzbereich einer Fangeinrichtung		
Trennungsabstand eingehalten		Trennungsabstand **nicht** eingehalten
PV-Modul **mit** Schutzklasse II	PV-Modul **ohne** Schutzklasse II	
- Schutzpotenzialausgleich des PV-Gestells empfohlen - Überspannungs-Schutzgeräte empfohlen	- Schutzpotenzialausgleich des PV-Gestells notwendig - Querschnitt des Potenzialausgleichsleiters = Querschnitt der DC-Hauptleitung - Überspannungs-Schutzgeräte empfohlen	- Elektrisch leitende Verbindung zwischen äußerem Blitzschutz und PV-Modulrahmen notwendig - Überspannungs-Schutzgeräte notwendig

3: Auswahl des Schutzpotenzialausgleichs

- Die Erwärmung eines Solarmoduls wirkt sich negativ auf den Wirkungsgrad aus.
- Solarmodule lassen sich bei Lichteinfall nicht spannungsfrei schalten.
- Bei allen DC-seitigen Arbeiten ist die PV-Anlage mit dem Gleichstromhauptschalter lastfrei zu schalten.

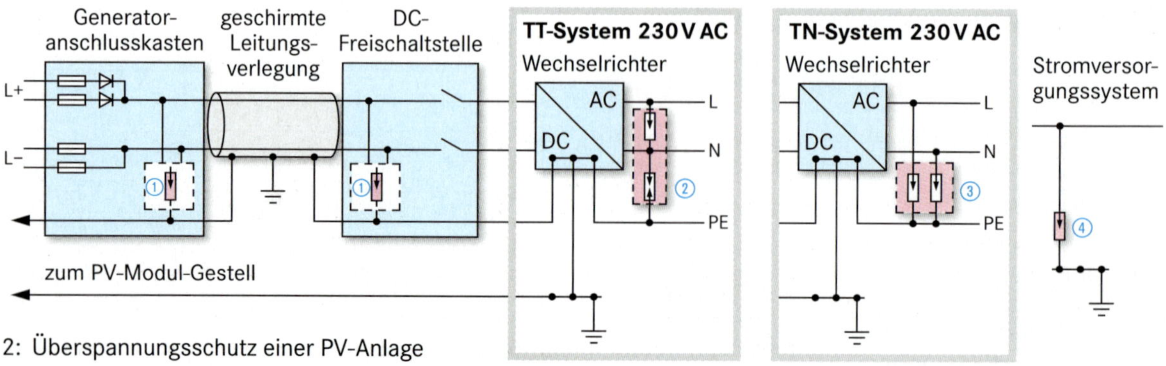

2: Überspannungsschutz einer PV-Anlage

5.7 Unterbrechungsfreie Stromversorgung

5.7.1 Einsatz und Klassifizierung

Die unterbrechungsfreie Stromversorgung **USV** [uninterruptible power supply, UPS] wird überall dort eingesetzt, wo eine hohe **Systemverfügbarkeit** [system availability] gefordert wird. Dies ist dann notwendig, wenn ein System nach einem Ausfall nur mit hohen Kosten wiederhergestellt werden kann (z. B. verlorene Daten eines Datenbankservers erneut eingeben) oder Gefahr für den Menschen besteht (z. B. Geräte der Intensivmedizin).

Die USV stellt somit eine Art „Lebensversicherung" für ein Unternehmen dar. Sie wird zwischen dem Versorgungsnetz und den angeschlossenen Verbrauchern installiert und erfüllt die in Abb. 4 aufgeführten Aufgaben.

4: Aufgaben der USV

Die **Spannungsqualität** [voltage quality] wird durch Störungen (Abb. 5) beeinträchtigt, die entweder von außen über das Versorgungsnetz „eingeschleppt" oder durch angeschlossene Verbraucher verursacht werden (z. B. Oberschwingungen durch Schaltnetzteile der Computer, s. Kap. 2.7.10). Statistische Untersuchungen haben ergeben, dass lediglich 3 % der Ausfälle auf einen Totalausfall des Versorgungsnetzes zurückzuführen sind, während 97 % durch leitungsgebundene Störungen verursacht wurden.

Klassifizierung

Eine USV wird entsprechend ihrer Spannungsqualität am Ausgang in unterschiedliche Klassen eingeteilt (DIN VDE 0558-530, Abb. 6). Diese Klassifizierung [classification] ist in drei Stufen gegliedert und orientiert sich am Ausgangsverhalten der USV.

Kennzeichnung VFI

Die Buchstaben **VFI** innerhalb der Klassifizierung aus dem Beispiel der Abb. 6 bedeuten **V**oltage and **F**requency **I**ndependent. Die Ausgangsspannung der USV ist dabei unabhängig von netzseitigen Schwankungen der Spannung und der Frequenz. In Abb. 3 auf der nachfolgenden Seite sind in einer Übersicht weitere Bezeichnungen der Stufe 1 der Klassifizierung aufgeführt.

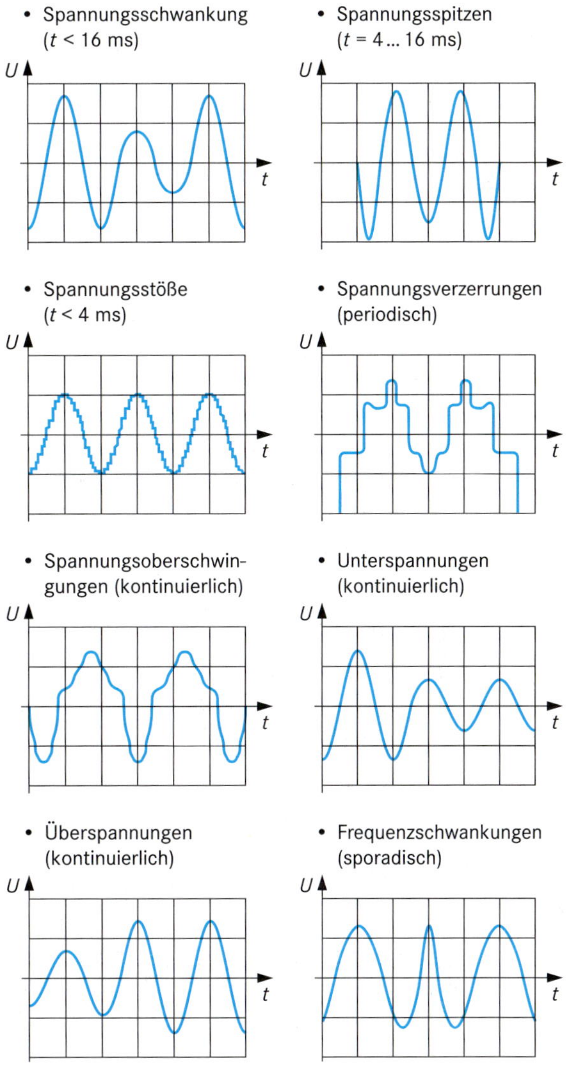

5: Einflüsse auf die Spannungsqualität

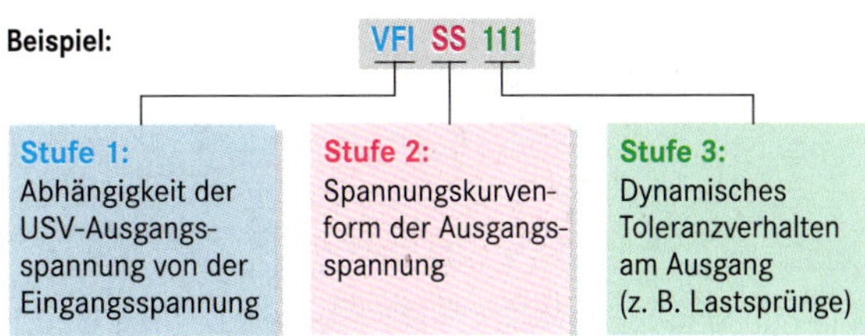

6: USV-Klassifizierung

Spannungskurvenformen am Ausgang

Die Stufe 2 der Klassifizierung beschreibt die Kurvenformen der Ausgangsspannung einer USV für die Betriebsarten

- Netzbetrieb (1. Buchstabe) und
- Batteriebetrieb (2. Buchstabe).

Zur Codierung werden die Buchstaben aus Abb. 1 verwendet. Die drei Ziffern der Stufe 3 (z. B. 111) kennzeichnen das **dynamische Toleranzverhalten** [dynamic tolerance characteristics] am Ausgang bei bestimmten Betriebsarten. Die Ziffer 1 bedeutet, dass die Abweichung der Ausgangsspannung, z. B. bei einem Lastsprung, maximal ± 30 % der Eingangsspannung betragen darf und bereits nach 0,1 s nur noch ±10 % Toleranz erlaubt sind (Abb. 2 ①).

Die in Abb. 3 aufgeführten USV-Klassen sind unterschiedlich geeignet, Netzstörungen zu kompensieren. In Abb. 4 sind die Eigenschaften in einer Übersicht zusammengestellt.

Code	Bedeutung
S	sinusförmig; $D < 8$ % bei linearer und nichtlinearer Belastung
X	nichtsinusförmig; $D > 8$ % bei nichtlinearer Belastung
Y	nichtsinusförmig; Grenzwerte werden überschritten
D: Verzerrungsfaktor	

1: Codierung der Kurvenform (2. Stufe)

Ziffern-code	Abweichung der Ausgangsspannung in Abhängigkeit von der Zeit
1	max. ±30 %; nach 0,1 s max. ±10 % ①
2	nach 1 ms max. +100 % nach 10 ms max. +20% ... −100 % nach 100 ms max. ±10 %
3	nach 1 ms max. +100 % nach 10 ms max. +20% ... −100 % nach 100 ms max. +10 % ... −20 %
4	Eigenschaften vom Hersteller definiert

2: Codierung des Toleranzverhaltens (3. Stufe)

Netzstörungen	VFI	VI	VFD
Netzausfälle	✔	✔	✔
Spannungsschwankungen	✔	✔	✔
Spannungsspitzen	✔	✔	✔
Unterspannungen	✔	✔	
Überspannungen	✔	✔	
Spannungsstößе	✔		
Spannungsverzerrungen	✔		
Spannungsoberschwingungen	✔		
Frequenzschwankungen	✔		
Blitzeinwirkung	✔		

4: Vergleich der USV-Klassen

- Eine USV wird dort eingesetzt, wo eine hohe Systemverfügbarkeit gefordert wird.
- Die USV dient zur Verbesserung der Spannungsqualität und zur Überbrückung der Spannungsversorgung bei Netzausfall.
- Die Qualität einer USV wird durch eine dreistufige Klassifizierung beschrieben.

Bezeichnung	Bedeutung	Erklärung	Blockschaltbild
VFD (Offline-USV)	**V**oltage and **F**requency **D**ependent	Die Ausgangsspannung ist abhängig von den Änderungen der Netzfrequenz und Netzspannung.	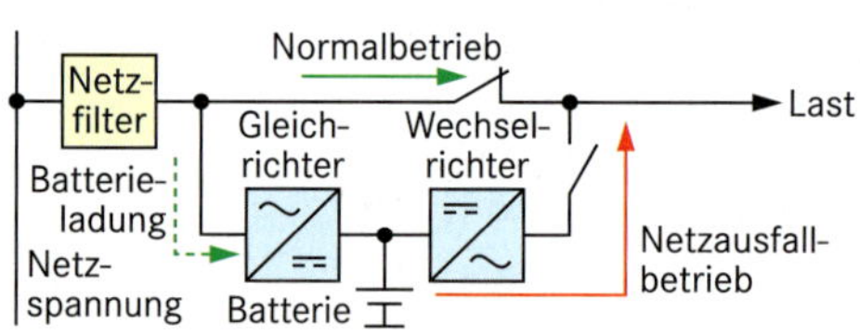
VI (Line Interactive USV)	**V**oltage **I**ndependent	Die Höhe der Ausgangsspannung ist unabhängig von der Netzspannung. Die Netzfrequenz bestimmt jedoch die Frequenz der Ausgangsspannung.	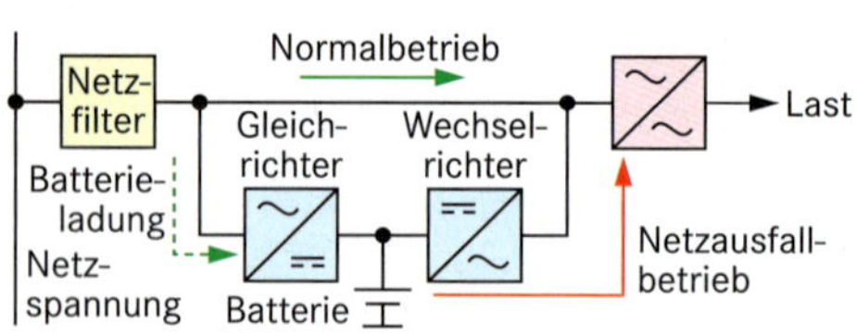
VFI (Online-USV)	**V**oltage and **F**requency **I**ndependent	Die Ausgangsspannung ist unabhängig von allen Spannungs- und Frequenzschwankungen.	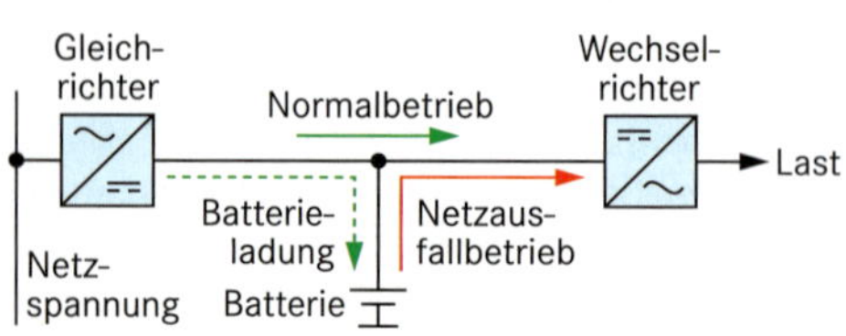

3: Bezeichnungen der USV-Klassen (Stufe 1)

5.7.2 USV-Auswahl

Im ersten Schritt wird die erforderliche **Leistung** bestimmt. Sie ist die Summe aller zu versorgenden Geräte (z. B. PCs, Monitore, Drucker).

Da die Leistung einer USV häufig als Scheinleistung in VA angegeben ist, wird ein **Umrechnungsfaktor von 1,4** zwischen Wirk- und Scheinleistung verwendet. Aus **Sicherheitsgründen** und im Hinblick auf spätere Netzwerkerweiterungen wird dieser Wert nochmals um 40 % erhöht.
Weitere Auswahlgesichtspunkte sind:

- **Elektrische Anschlüsse**
  - Steckverbindung
  - Festverdrahtung
- **Bauform**
  - Standgerät
  - Desktopgerät
  - 19"-Rack-Montage
- **Aufbau**
  - Modular, Lüfter, Batterieanzahl
  - Bypass (s. rechte Spalte, intern, extern)
  - Galvanische Trennung (ja/nein)
- **Leistungsmerkmale**
  - Klassifizierung (VFD, VFI, VI),
  - Ausbaufähigkeit,
  - Überbrückungszeit
- **Netzwerkanbindung**
  - Überwachung
  - Shutdown
  - Softwarewartung

Als Beispiel für eine USV dienen die in Abb. 5 aufgeführten technischen Daten.

Baureihe	SUVT15KH2B2S
Leistung kVA/kW	15/12
Technologie	VFI
Eingangsspannung	400 V (3PH)
Eingangsfrequenz	47 ... 70 Hz
Ausgangsfrequenz	47 ... 53 Hz
THD	< 5 %
Überlastfähigkeit	125 % für 1 min; 150 % für 30 s
Überbrückungszeit	9,7 min bei Volllast 27,3 min halbe Last
Batterieanzahl	2 (vorinstalliert)
Schnittstellen	RS-232, SmartSlot, SNMP
Bedienung	LCD Status- und Steuerungskonsole
Software	Power Shute
Abmessungen in cm	1499 x 356 x 813
Masse in kg	397
Geräuschpegel	< 64 dB(A)

5: Technische Daten einer USV

Bypass-Aufgaben

Ein Bypass ist ein alternativer Versorgungsweg, der die Last bei Ausfall des Standardpfades (Normalbetrieb) mit Energie versorgt. Es wird dabei zwischen internen und externen Bypässen unterschieden.

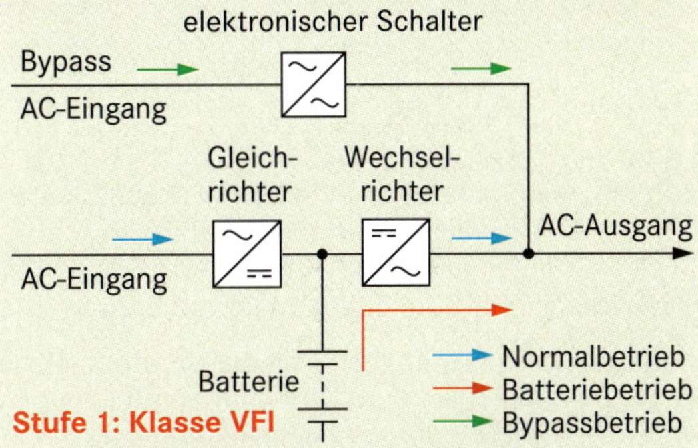

Anwendungen für einen Bypass

- Umgehen von beschädigten Komponenten
- Durchführung von Wartungsarbeiten an Geräten

Bei der Art der Umschaltung wird zwischen manuellen, statischen und automatischen Bypässen unterschieden.

Der **automatische Bypass** besteht aus einer elektronischen Schaltung (USV intern), die selbstständig
- bei Überlast oder
- bei einem Defekt im Standardpfad

die Energie direkt aus dem Netz zum Ausgang schaltet.

Der **manuelle Bypass** ist ein externer Schalter, der immer dann geschlossen wird, wenn die USV für Wartungsarbeiten ausgeschaltet werden muss. Die angeschlossenen Verbraucher bleiben somit weiterhin in Betrieb.

AUFGABEN

1. Berechnen Sie für die folgende Belastung die erforderliche Ausgangsleistung der USV in VA.
   - 6 Server mit einem Netzteil von je 300 W
   - 1 Monitor mit 80 W
   - Netzwerkperipherie mit 200 W
2. Bestimmen Sie den Leistungsfaktor cos φ, der sich aus dem Umrechnungsfaktor von 1,4 zwischen Wirk- und Scheinleistung ergibt.

- Im Hinblick auf spätere Erweiterungen wird die berechnete Ausgangsscheinleistung einer USV um 40 % erhöht.
- Bei der USV-Auswahl müssen verschiedene Gesichtspunkte berücksichtigt werden, wie z. B. Spannungsqualität, Ausgangsleistung, Überbrückungszeit.

5.7.3 USV-Management

Die Überwachung und Konfiguration einer USV ist für den Betrieb (z. B. im Netzwerk) sehr wichtig, da häufig mehrere Server über eine zentrale USV gespeist werden. Bei der Wahl der USV sollte darauf geachtet werden, dass folgende Merkmale erfüllt werden:

- Remote Control (Fernbedienung)
- Ausstattung der Hardwareschnittstellen
- Multiserver-Shutdown
- Automatische Testroutinen
- Umfangreiche Ereigniskonfiguration (Abb. 2)
- Protokollieren wichtiger Betriebsdaten
- Selbsttätige Benachrichtigung bei Störungen oder Netzausfall (per SMS oder E-Mail)

Die Betriebsdaten einer USV lassen sich prinzipiell von jedem Computer (Client) im Netzwerk abrufen und verändern. Dabei kann z. B. über eine Softwareschnittstelle (Abb. 1a und 1b) auf die USV zugegriffen werden. Unterschieden werden der direkte Zugriff und der Zugriff über das Netzwerk.

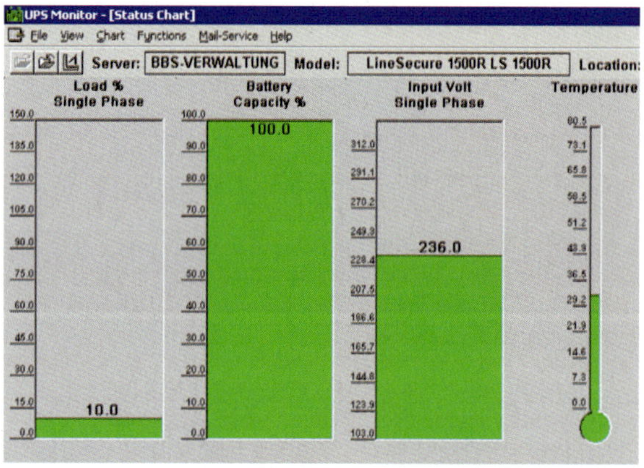

a) Direkter Zugriff per USV-Managementsoftware

Internal Temperature: ①	030.2 °C	
Runtime:	43 minutes	

Utility power status

Input Voltage: ②	231.8	V AC
Input Frequency:	50.00	Hz
Maximum Line Voltage:	233.2	V AC
Minimum Line Voltage:	227.5	V AC

Output power status

Output Voltage:	231.6	V AC
Output Frequency:	50.00	Hz
Load Power:	023.0	% Watts

Battery status

Battery Capacity: ③	100.0	%
Battery Voltage:	217.0	V DC

b) Zugriff über das Netzwerk per Webbrowser

1: Softwareschnittstellen

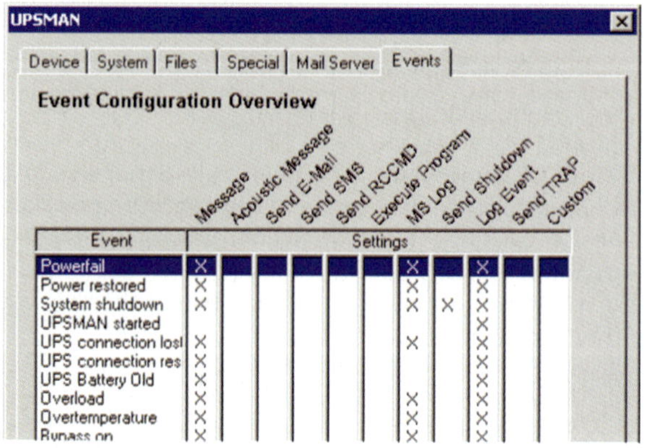

2: Ereigniskonfiguration

Bei beiden Varianten (Abb. 1) lassen sich wichtige Betriebsdaten wie die Temperatur ①, die Eingangsspannung ② und die Batteriekapazität ③ abrufen.

Worauf ist bei der Konfiguration zu achten?

- **Automatischer Shutdown**

Bei der Verwaltung eines Servers wird dieser direkt über eine RS 232-Schnittstelle mit der USV verbunden. Die auf dem Server installierte Software veranlasst alle notwendigen Schritte zum automatischen Herunterfahren bei Netzausfall (Abb. 2 ④). Dabei lassen sich unmittelbar vorab Anwendungsprogramme starten, z. B. zur Datensicherung. Sollen mehrere Server im Netzwerk heruntergefahren werden, versendet der an der USV angeschlossene Server eine Nachricht an alle anderen Server. Der Zeitpunkt des Herunterfahrens ist einstellbar und muss an die Überbrückungszeit der USV sowie die Shutdown-Zeit der Rechner angepasst werden.

- **Automatische Testroutinen**

Diese Funktion sollte aktiviert werden, um einen Defekt der USV oder der Batterien frühzeitig zu erkennen. Eine Nachricht wird automatisch an den Systemverantwortlichen gesendet.

- **Automatische Benachrichtigung**

Damit sofort auf ein Ereignis reagiert werden kann, sollte die Benachrichtigung per E-Mail oder SMS an einen Systemverantwortlichen versendet werden.

- **Protokolle der Betriebsdaten**

Die Protokollierung der Betriebsdaten ⑤ sollte in zyklischen Zeitabständen erfolgen. Dabei werden alle Daten der USV in einer Datei gespeichert und stehen zur Analyse bei einem Fehler zur Verfügung.

- Die Betriebsdaten einer USV lassen sich über eine Softwareschnittstelle überwachen und konfigurieren.
- Die automatische Shutdown-Funktion bewirkt ein kontrolliertes Herunterfahren aller angeschlossenen Geräte (z. B. Server).

5.8 Kompensationsanlagen

5.8.1 Kompensationsarten

Die Induktivitäten in Motoren, Transformatoren und Drosselspulen verursachen eine Phasenverschiebung zwischen Stromstärke und Spannung. Dies ist unerwünscht, da Blindleistung entsteht. Dadurch wird die Energieversorgung zusätzlich belastet und es fallen Kosten an. Aus diesem Grunde werden Kondensatoren (Abb. 4) hinzugeschaltet, um die Phasenverschiebung zu kompensieren (s. Kap. 1.9.2).

In Abb. 3 sind verschiedene Kompensationsmaßnahmen dargestellt (① bis ⑤). Die Kompensationsschaltungen sind unterschiedlich und werden als Einzel-, Gruppen- und Zentralkompensation bezeichnet (Abb. 5). Die Objekte, in denen sich die Induktivitäten befinden, stellen **lineare Belastungen** dar (s. Kap. 2.7.10.1), weil die Sinusform von Wechselspannungen und Wechselströmen erhalten bleibt.

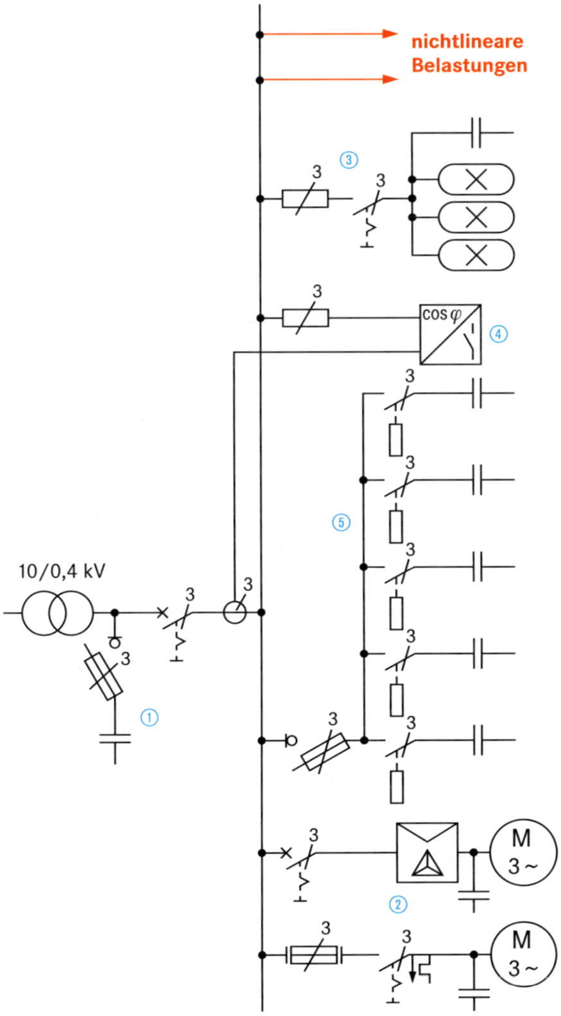

3: Vereinfachter Übersichtsschaltplan einer Anlage mit Kompensationen bei linearen Belastungen

4: Kondensatoren zur Kompensation

In vielen elektrischen Anlagen werden aber auch für den Betrieb von Motoren z. B. elektronische Schaltungen (Wechselrichter, Frequenzumrichter, s. Kap. 8.2.2.6) eingesetzt. Die Sinusformen der Spannungen und Ströme werden dadurch verzerrt. Diese Belastung wird als **nichtlineare Belastung** bezeichnet (Abb. 6), weil in den Verzerrungen **Oberschwingungen** [harmonics] enthalten sind. Damit eine gute Netzqualität auch weiterhin gewährleistet ist, müssen diese Oberschwingungen durch geeignete Schaltungen reduziert (kompensiert) werden.

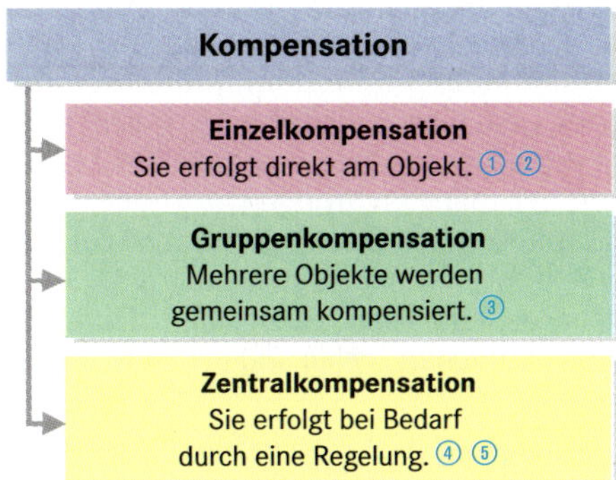

5: Kompensationsarten

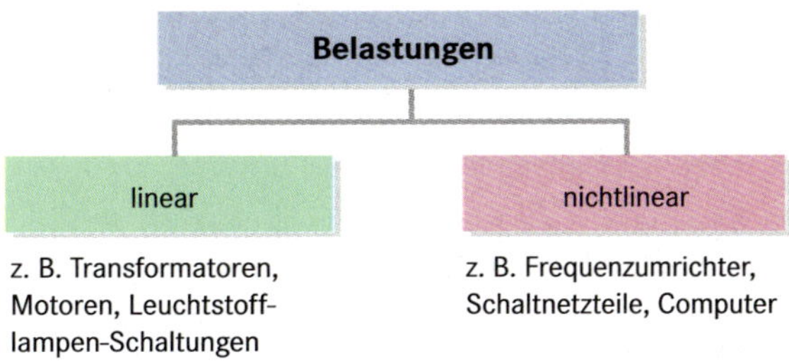

6: Belastungsfälle

Bevor die Kompensation von Oberschwingungen behandelt wird, folgen zunächst Ausführungen zur Kompensation bei linearen Belastungen.

- Lineare und nichtlineare Belastungen (Oberschwingungen) werden in der Regel durch geeignete Schaltungen kompensiert.

5.8.2 Kompensation bei sinusförmiger Belastung

Bei induktiven Belastungen im Netz (z. B. durch Motoren, Transformatoren und Schweißmaschinen) kommt es zu einer **Phasenverschiebung** [phase shift] (Phasenverschiebungswinkel φ) zwischen der anliegenden Spannung U und der Stromstärke I (Abb. 1).

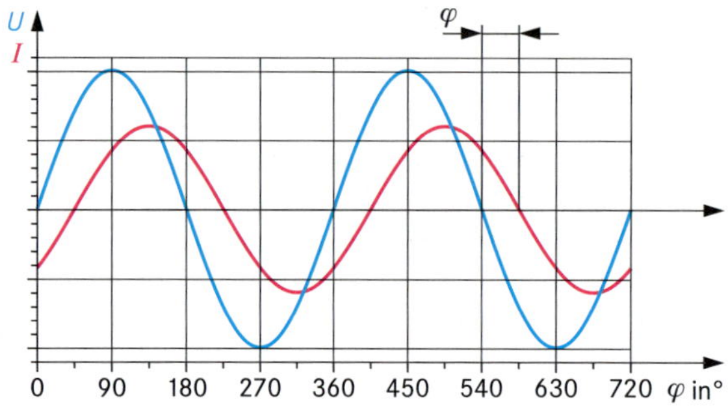

1: Phasenverschiebung bei induktiver Belastung

Als Folge entsteht neben der Wirkleistung auch Blindleistung (z. B. beim Motor). Die vom Energieversorger gelieferte Scheinleistung ist somit größer als die tatsächlich benötigte Wirkleistung (Abb. 2a). Mit einem Kondensator kann die Phasenverschiebung verringert bzw. ganz aufgehoben (kompensiert) werden, sodass die vom Energieversorger bereitgestellte Leistung der tatsächlich benötigten Wirkleistung entspricht. Die zum Aufbau des Magnetfeldes benötigte **Blindleistung** [reactive power] pendelt dann gewissermaßen zwischen der induktiven (Spule) und der kapazitiven Belastung (Kondensator) hin und her (Abb. 2b).

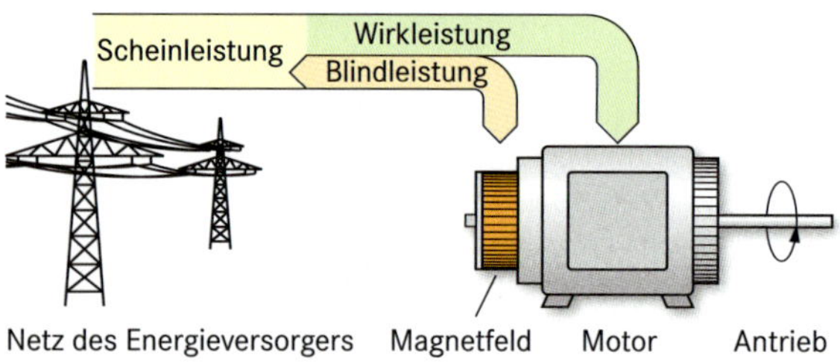

a) ohne Kompensation

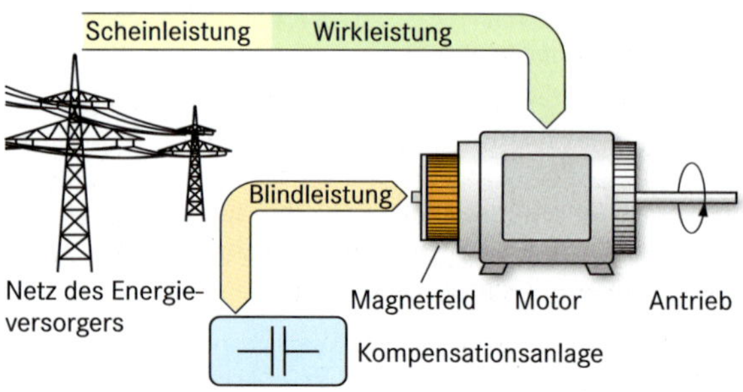

b) mit Kompensation

2: Kompensation beim Motor

Was erreicht man durch Blindleistungskompensation?

- Verringerung der Energiekosten (Blindleistung wird von den meisten VNBs ab einer bestimmten Höhe in Rechnung gestellt)
- Geringere Belastung der Objekte (z. B. Leitungen, Schaltgeräte)
- Verbesserung des Leistungsfaktors cos φ
- Verringerung der Verluste auf Leitungen
- Erhöhung der Leistungsreserve
- Umweltschonender Energieeinsatz

An welchen Objekten sollte Blindleistung kompensiert werden?

- Asynchronmotoren
- Stromrichter zur Kommutierung
- Transformatoren
- Schweißgeräte
- Leuchtstofflampen-Schaltungen mit VVGs, Entladungslampen mit Induktivitäten
- Drosselspulen

Kompensationsbeispiel

In einer elektrischen Anlage mit Wirkwiderständen und induktiven Blindwiderständen werden folgende Größen ermittelt (Abb. 3):

U = 230 V; I = 45,68 A; cos φ = 0,6; f = 50 Hz

Aus diesen Werten lassen sich die folgenden Leistungen berechnen (s. Kap. 1.7.3):

$S = U \cdot I$	S = 230 V · 45,68 A	S = 10,5 kVA
$P = S \cdot \cos\varphi$	P = 10,5 kVA · 0,6	P = 6,3 kW
$Q_L = S \cdot \sin\varphi$	Q_L = 10,5 kVA · 0,8	Q_L = 8,4 kvar

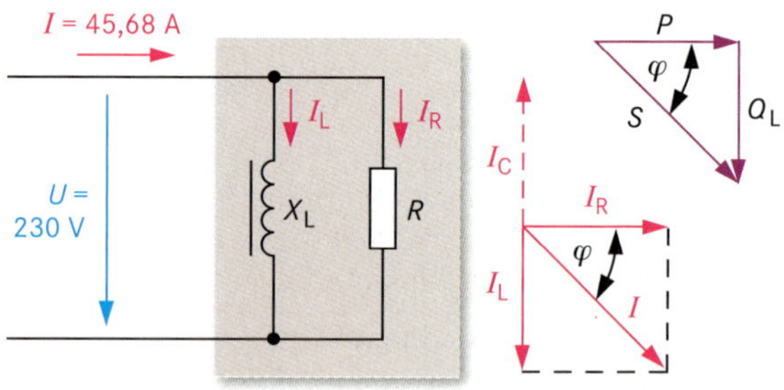

3: Induktive Belastung

Nutzbringend ist nur die **Wirkleistung** [active power] von 6,3 kW. Die Blindleistung von Q_L ist unerwünscht. Wenn nur Wirkwiderstände in der Anlage vorhanden wären, würde ein Strom von 27,4 A (6,3 kW/230 V) fließen. Erreichen lässt sich das durch einen parallel zu schaltenden Kondensator, der im Vergleich zur Induktivität ein entgegengesetztes Verhalten zeigt.

Der induktive Blindstrom I_L wird durch den um 180° phasenverschobenen kapazitiven Blindstrom I_C aufgehoben (Abb. 4). Entsprechendes gilt für die beiden Blindleistungen Q_L und Q_C. Sie heben sich in ihren Wirkungen auf (s. Kap. 1.9.2).

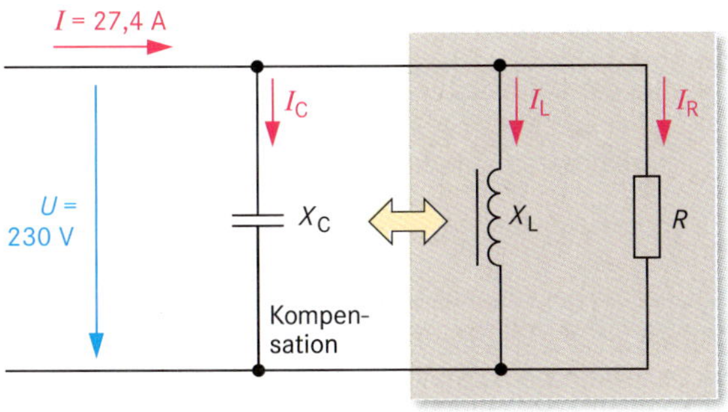

4: Kompensation

Wie groß in diesem Fall die Kapazität des Kondensators sein muss, lässt sich aus den gegebenen Daten errechnen.

Kapazität des Kompensationskondensators

Blindleistung: $Q_C = U \cdot I_C \Rightarrow I_C = \frac{U}{X_C}$

$$Q_C = \frac{U^2}{X_C} \Rightarrow X_C = \frac{1}{2 \cdot \pi \cdot f \cdot C}$$

$$C = \frac{Q_C}{2 \cdot \pi \cdot f \cdot U^2}$$

Mit Q_C = 8,4 kvar; U = 230 V und f = 50 Hz folgt:
C = 505 µF

In der Praxis ist es oft hilfreich, wenn man weiß, wie groß die Kapazität eines Kondensators sein muss, um eine induktive Blindleistung von 1 kvar zu kompensieren. Der Wert ergibt sich aus folgender Berechnung:

$$\frac{505\ \mu\text{F}}{8{,}4\ \text{kvar}} = \frac{C}{1\ \text{kvar}} \qquad \frac{C}{Q_C} = 60\ \frac{\mu\text{F}}{\text{kvar}}$$

Kondensatoren zur Kompensation

- **MPP-(MKV)Kondensatoren**
  - Beidseitig metallisiertes Papier als Elektroden
  - Polypropylenfolie als Dielektrikum
  - Hohlräume werden mit Isolieröl gefüllt.
- **MKP-(MKK, MKF)Kondensatoren**
  - Polypropylenfolie wird direkt bedampft (metallisiert).
  - Kleinere Abmessungen und höhere Spannungsfestigkeit als bei MPP-Kondensatoren

Beide Kondensatorarten sind **selbstheilend** [selfhealing] (s. Kap. 1.4.2). Bei einem Durchschlag verdampft die dünne Metallschicht und die Isolation ist wieder hergestellt.

- Induktive Blindleistungen lassen sich durch kapazitive Blindleistungen kompensieren.
- Ein Kondensator von 60 µF kompensiert eine induktive Blindleistung von 1 kvar bei 230 V und 50 Hz (20 µF für 400 V und 50 Hz).

Praktische Kompensation

In den meisten Anlagen wird nicht bis zum Wert $\cos \varphi = 1$ kompensiert, da sonst Resonanzerscheinungen auftreten können. VNBs begnügen sich mit einem Wert von 0,9. Zu beachten sind dabei die „Technischen Anschlussbedingungen für den Anschluss an das Niederspannungsnetz“ (TAB 2007) und die „Verordnung über Allgemeine Bedingungen für die Elektrizitätsversorgung von Tarifkunden“ (AVBEltV).

Zur Berechnung der erforderlichen kapazitiven Blindleistung wird eine Formel verwendet, in der der Phasenverschiebungswinkel der Anlage und jene Winkel eingesetzt werden, bis zu dem kompensiert wird. Die Abb. 5 zeigt die Zusammenhänge zur Ermittlung der Blindleistung.

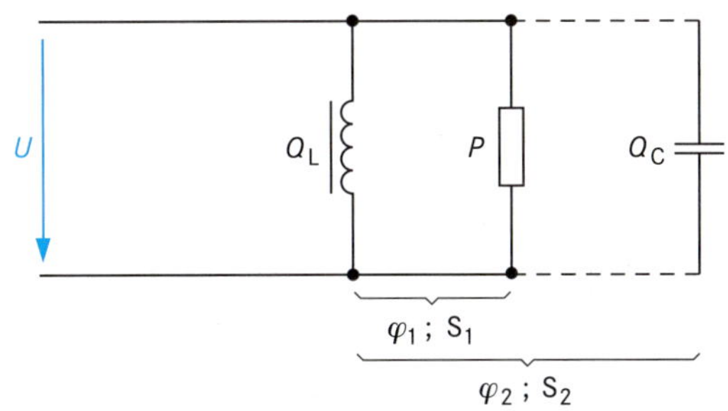

φ_1: Phasenverschiebungswinkel vor der Kompensation
φ_2: Phasenverschiebungswinkel nach der Kompensation

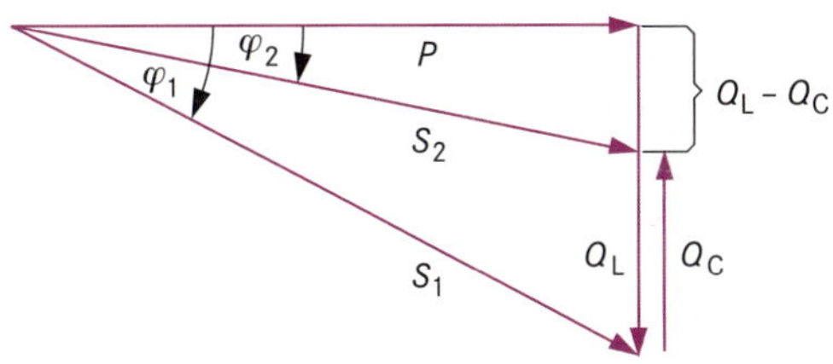

$$\tan \varphi_1 = \frac{Q_L}{P} \qquad \tan \varphi_1 = \frac{Q_L - Q_C}{P}$$

$$Q_L = P \cdot \tan \varphi_1 \qquad Q_L - Q_C = P \cdot \tan \varphi_2$$

$$Q_C = P\,(\tan \varphi_1 - \tan \varphi_2) \quad ①$$

5: Parallelkompensation

In dem angeführten Beispiel beträgt der Leistungsfaktor der Anlage 0,6. Dies entspricht einem Phasenverschiebungswinkel von φ_1 = 53,1°. Wenn die Anlage auf den $\cos \varphi$ = 0,9 kompensiert werden soll, muss φ_2 = 25,84° betragen. Die Blindleistung des Kondensators errechnet sich dann wie folgt:

$Q_C = P\,(\tan \varphi_1 - \tan \varphi_2)$; Abb. 5 ①

Q_C = 6,3 kW (tan 53,1° – tan 25,84°)

Q_C = 5,34 kvar

Kompensationsschaltungen

Bei sinusförmiger induktiver Belastung werden die Objekte einzeln, in Gruppen oder zentral kompensiert. Die Unterschiede, Gemeinsamkeiten sowie Vor- und Nachteile sind in Abb. 1 aufgeführt.

- Bei der Blindleistungskompensation wird zwischen Einzel-, Gruppen- und Zentralkompensation unterschieden.

<table>
<tr><th colspan="2">Einzelkompensation [individual compensation]</th></tr>
<tr><td>Vorteile:
• Durch die zu den induktiven Objekten parallel geschalteten Kondensatoren wird das innerbetriebliche Netz vom Blindstrom entlastet (z. B. Leerlauf-Blindleistung bei Transformatoren, Antriebe in Dauerbetrieb).
Nachteile:
• Durch die direkte Installation der Kondensatoren an den Objekten können Platzprobleme auftreten.
• Die Kondensatoren sind auch dann angeschlossen, wenn die betreffenden Objekte nicht in Betrieb sind.
• Der Installationsaufwand ist im Vergleich zu den anderen Kompensationsarten recht hoch.
• Die Kompensationskondensatoren sind über den gesamten Betrieb verstreut.</td><td>Die Einzelkompensation erfolgt direkt an den induktiven Objekten durch Einzelkondensatoren.
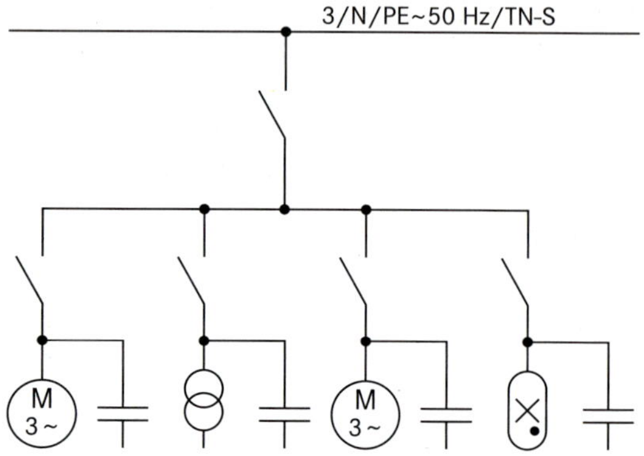</td></tr>
<tr><th colspan="2">Gruppenkompensation [group compensation]</th></tr>
<tr><td>Vorteile:
• Die Blindleistung der gemeinsam eingeschalteten Objekte wird durch einen einzelnen Kondensator geeigneter Größe kompensiert.
• Im Vergleich zur Einzelkompensation ist die Gruppenkompensation wirtschaftlicher.
Nachteile:
• Die Gruppenkompensation ist nur für Gruppen von gemeinsam betriebenen Objekten anwendbar.
• Sind nicht alle Objekte in Betrieb, besteht die Gefahr der Überkompensation.</td><td>Bei der Gruppenkompensation werden induktive Objekte in Gruppen zusammengefasst und dann gemeinsam kompensiert.
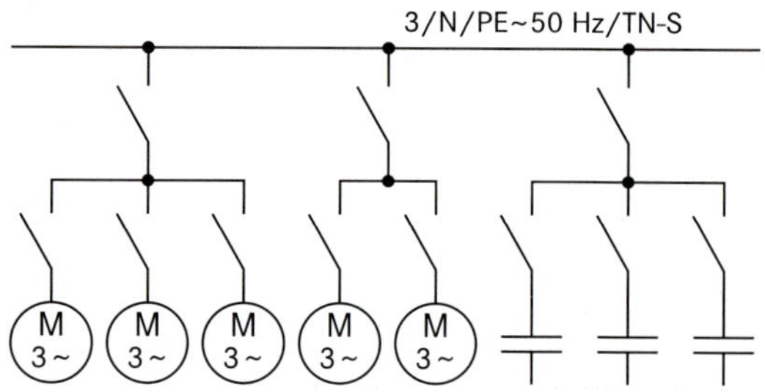</td></tr>
<tr><th colspan="2">Zentralkompensation [central compensation]</th></tr>
<tr><td>Die Kondensatorleistung ist auf mehrere Schaltstufen aufgeteilt und wird den Lastverhältnissen durch einen automatischen Blindleistungsregler über Schaltschütze angepasst.
Vorteile:
• Die Kompensationsanordnung ist überschaubar und einfach zu installieren.
• Die installierte Kompensationsleistung kann besser eingesetzt werden.
Nachteile:
• Das innerbetriebliche Netz wird nicht entlastet.
• Für die Anschaffung der Regeleinrichtung entstehen höhere Kosten.</td><td>Die Zentralkompensation erfolgt an einer zentralen Stelle, z. B. beim Niederspannungs-Hauptverteiler.
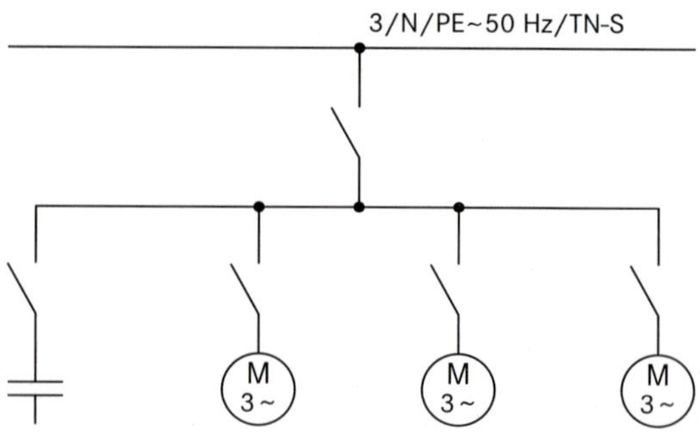</td></tr>
</table>

1: Kompensationsschaltungen

5.8.3 Kompensation bei nichtsinusförmiger Belastung

Durch nichtlineare Belastungen entstehen im Energienetz **Oberschwingungen** [harmonics]. Diese führen zu verzerrten Strom- und Spannungskurven. In Abb. 2 sind beispielsweise von einer Netzanalyse die zeitlichen Verläufe der Leiterstromstärken und die Stromstärke im N-Leiter (I1 $\hat{=} I_{L1}$, I2 $\hat{=} I_{L2}$, I3 $\hat{=} I_{L3}$, IN $\hat{=} I_N$) eines Frequenzumrichters (s. Kap. 8.2.2.6) dargestellt.

Den genauen Anteil der Oberschwingungen erhält man durch die Darstellung des Frequenzspektrums (Abb. 3). Erkennbar ist, dass besonders die ungeraden Oberschwingungen (250 Hz ①, 350 Hz ②, ...) stark vertreten sind.

Oberschwingungen verschlechtern in einem hohen Maße die Netzqualität und verursachen Störungen. Sie müssen deshalb durch geeignete Schaltungen verringert (kompensiert) werden.

Die Ströme der Oberschwingungen stellen für das Energienetz eine zusätzliche Belastung dar und können Kondensatoren überlasten. Besonders gefährlich sind Resonanzfälle.

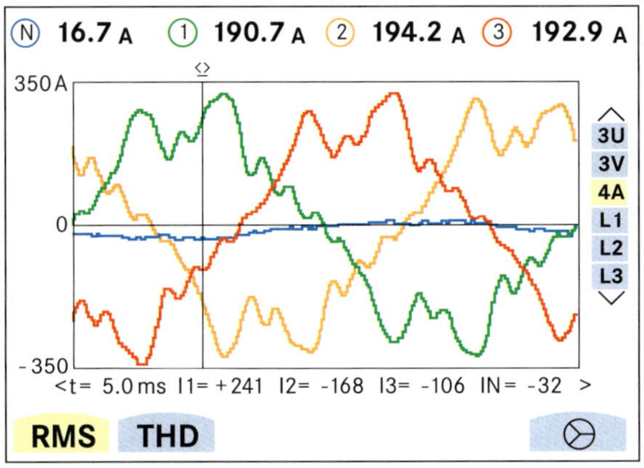

2: Stromverläufe eines Frequenzumrichters

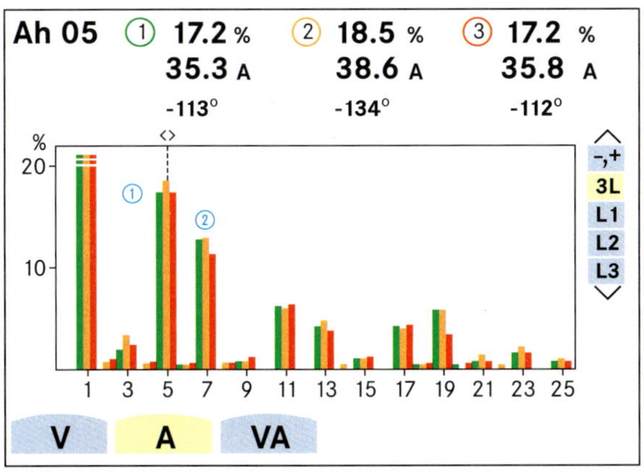

3: Frequenzspektrum eines Frequenzumrichters

Resonanz [resonance] (s. Kap. 1.9.1) tritt immer dann auf, wenn bei einer bestimmten Frequenz die Blindwiderstände von Kondensatoren und Spulen gleich sind ($\boldsymbol{X}_\mathbf{L} = \boldsymbol{X}_\mathbf{C}$). Die Spulen und Kondensatoren können in Reihe oder parallel geschaltet werden.

Die Ströme der Oberschwingungen schaukeln sich zwischen Kapazitäten und Induktivitäten auf und verursachen dadurch eine höhere Belastung. Schaltungen dieser Art bezeichnet man deshalb als **Schwingkreise** [resonant circuits].

Es gilt nun zu prüfen, ob Resonanzerscheinungen durch Oberschwingungsquellen (z. B. Frequenzumrichter) in Anlagen auftreten können, wenn bereits Kondensatoren zur Kompensation bei sinusförmiger Belastung vorhanden sind.

Resonanz beim Serienschwingkreis

Zunächst wird ermittelt, wie groß die Belastung der Kompensationskondensatoren durch Oberschwingungen sein könnte. Zur Lösung werden die im Netz eingesetzte Gesamtkapazität der Kompensationskondensatoren und die im Netz vorkommende Induktivität benötigt. Die Kapazität lässt sich über die Kondensatorleistung bestimmen, die Induktivität kann gemessen oder es kann ein Standardwert eingesetzt werden.

Kondensatorleistung: $Q_C = 250$ kvar (installiert)

$$C = \frac{60\ \mu\text{F}}{\text{kvar}} \cdot 250\ \text{kvar} \qquad C = 15\,000\ \mu\text{F}$$

Netzinduktivität: $L = 13{,}8\ \mu\text{H}$ (ermittelt)

Resonanzfrequenz: $$f_0 = \frac{1}{2 \cdot \pi \sqrt{L \cdot C}}$$

$$\underline{\underline{f_0 = 350\ \text{Hz}}}$$

Diese Frequenz entspricht der 7. Oberschwingung. Bei ihr tritt also Resonanz auf, d. h., die Blindwiderstände sind gleich groß (30,3 mΩ). Für diesen Fall ist im Schwingkreis nur der Wirkwiderstand (z. B. $R = 0{,}1\ \Omega$) für die Stromstärke verantwortlich (Abb. 4).

Die dazugehörige Spannung bei der Resonanzfrequenz darf 3 % der Spannung von 230 V betragen.

$\Rightarrow U_0 = 6{,}9$ V

Die Stromstärke ergibt sich dann mit:

$$I_0 = \frac{U_0}{R} \qquad \underline{\underline{I_0 = 69\ \text{A}}}$$

Dieser Wert führt zu einer zusätzlichen und erheblichen Belastung der Kondensatoren.

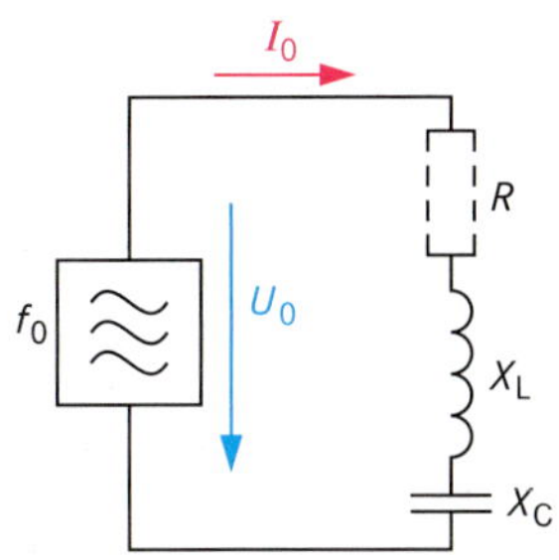

4: Resonanz

Q_C in kvar	f_0 in Hz	Q_C in kvar	f_0 in Hz
50	724	200	362
100	512	250	324
150	418	300	295

1: Kondensatorblindleistung und Netzresonanzfrequenz

Für die Ermittlung der Resonanzfrequenz in Energieversorgungsnetzen werden Näherungsformeln verwendet, in denen die Transformatorleistung, die Kompensationsleistung, die Netzfrequenz und die relative Kurzschluss-Spannung des Transformators vorkommen. Die Tabelle in Abb. 1 zeigt beispielhaft den Zusammenhang zwischen der Kondensatorblindleistung und der Netzresonanzfrequenz. Je größer die Netzresonanzfrequenz, desto kleiner ist die Kondensatorblindleistung.

Resonanzprobleme in der Energietechnik werden gelöst, indem man durch geeignete Schaltungsmaßnahmen die Resonanzfrequenz des Netzes zu tieferen Frequenzen hin verschiebt. Verwendet werden dazu Drosseln [chokes] (s. Kap. 1.5.5), die in Reihe mit den Kompensationskondensatoren geschaltet werden (**Verdrosselung** [choking], Abb. 2). Die dadurch erzielbaren Resonanzfrequenzen liegen dann zwischen 134 Hz und 214 Hz.

Verdrosselung

Der Grad der Verdrosselung wird durch den **Verdrosselungsfaktor *p*** [choking factor] angegeben. Er ist die Verhältniszahl der Kompensationsblindwiderstände X_L und X_C und wird in Prozent angegeben.

$$p = \frac{X_L}{X_C} \cdot 100\ \%$$

Wenn der Verdrosselungsfaktor bekannt ist, kann die Resonanzfrequenz der Kompensationsanlage f_0 mit folgender Formel berechnet werden:

$$f_0 = f_n \cdot \sqrt{\frac{1}{p}}$$ f_n: Netzfrequenz

Die genaue Herleitung erfolgt im Einschub der rechten Spalte.

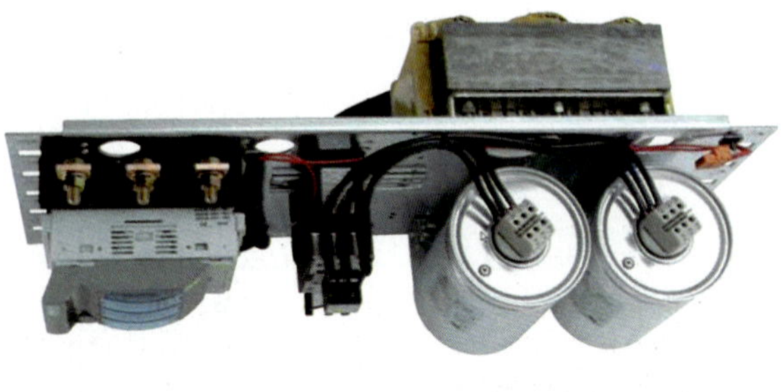

2: Verdrosselte Kondensatoren

Verdrosselungsfaktor *p*

Die Formel für den Verdrosselungsfaktor lässt sich aus der allgemeinen Definition und der Formel für die Resonanzfrequenz f_0 herleiten.

Ausgangsformel: $p = \frac{X_L}{X_C}$

Resonanzfrequenz: $f_0 = \frac{1}{2 \cdot \pi \sqrt{L \cdot C}}$

$$p = 2 \cdot \pi \cdot f_n \cdot L \cdot 2 \cdot \pi \cdot f_n \cdot C$$

$$L \cdot C = \frac{1}{4 \cdot \pi^2 \cdot f_0^2}$$

$$p = 4 \cdot \pi^2 \cdot f_n^2 \cdot L \cdot C$$

$$p = \frac{4 \cdot \pi^2 \cdot f_n^2}{4 \cdot \pi^2 \cdot f_0^2}$$

$$p = \frac{f_n^2}{f_0^2} \qquad f_0 = f_n \cdot \sqrt{\frac{1}{p}}$$

f_0: Resonanzfrequenz (bei $X_L = X_C$)
f_n: Netzfrequenz (50 Hz)

Für die Drosseln der Kompensationskondensatoren werden Standardwerte verwendet. In der Abb. 3 sind diese Verdrosselungsfaktoren mit den sich ergebenden Resonanzfrequenzen aufgeführt (Netzfrequenz f_n = 50 Hz).

Verdrosselungsfaktor *p* in %	Resonanzfrequenz f_0 in Hz
5,5	214
7	189
8	176
12,5	141
14	134

3: Verdrosselungsfaktor und Resonanzfrequenz

- Bei verdrosselten Kompensationsanlagen wird zu jedem Kondensator eine Drossel in Reihe geschaltet.
- Der Verdrosselungsfaktor *p* ist das prozentuale Verhältnis von X_L zu X_C.
- Für die Verdrosselung von Kompensationskondensatoren werden Standardwerte verwendet (z. B. 5,5 %, 7 % und 14 %).

Unverdrosselte und verdrosselte Kompensationskondensatoren

Der Unterschied bei der Verdrosselung wird deutlich, wenn der Scheinwiderstand *Z* in Abhängigkeit von der Frequenz *f* dargestellt wird (Abb. 4). Bei unverdrosselten Kondensatoren verhält sich der Blindwiderstand umgekehrt proportional zur Frequenz. Es gilt für den ganzen Frequenzbereich:
f größer ⇒ *Z* kleiner ①

Verdrosselte Kondensatoren zeigen ein anderes Verhalten. Von der Resonanzfrequenz ② aus steigt der Widerstand *Z* mit zunehmender Frequenz *f* an ③. Aus dem Diagramm wird auch deutlich, dass bei dieser Verdrosselung von 7 % der Reihenschwingkreis sein Widerstandsminimum bei 189 Hz hat. Oberschwingungen in diesem Frequenzbereich werden gewissermaßen „abgesaugt". Verdrosselte Kompensationskondensatoren sorgen also neben der Verschiebung der Netzresonanzfrequenz auch für die Qualitätsverbesserung der Netzspannung („**Netzreinigung**").

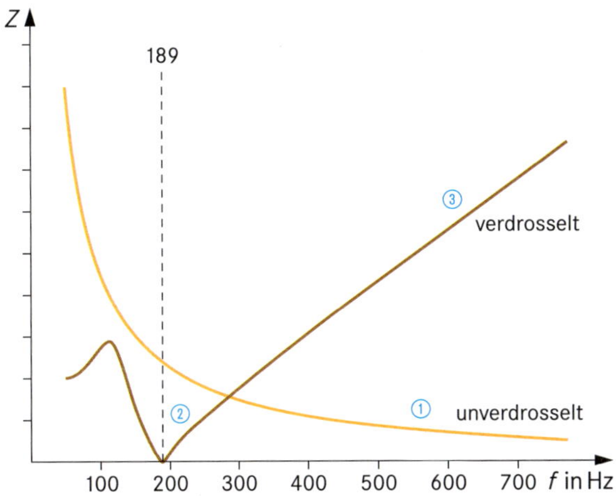

4: Unverdrosselte und verdrosselte Kondensatoren

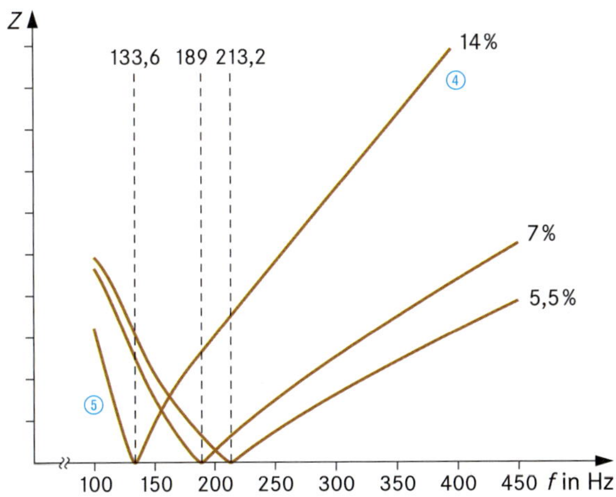

5: Scheinwiderstand verdrosselter Kondensatoren bei verschiedenen Verdrosselungsfaktoren

Wie sich die Kurven für verschiedene Verdrosselungsfaktoren verändern, zeigt Abb. 5. Je höher der Verdrosselungsfaktor ④, desto kleiner die Resonanzfrequenz ⑤ und je steiler der Widerstandsverlauf oberhalb der Resonanzfrequenz.

Die Kurvenverläufe in Abb. 5 machen auch deutlich, dass je nach Netzaufbau und gegebenenfalls unterschiedlichen Belastungen verschiedene Kompensationsmaßnahmen ergriffen werden müssten. Sinnvoll ist deshalb der Einsatz von **Kombifiltern** [combination filters], bei denen stufenweise verschiedene verdrosselte Kompensationskondensatoren zu- bzw. abgeschaltet werden können (Abb. 6).

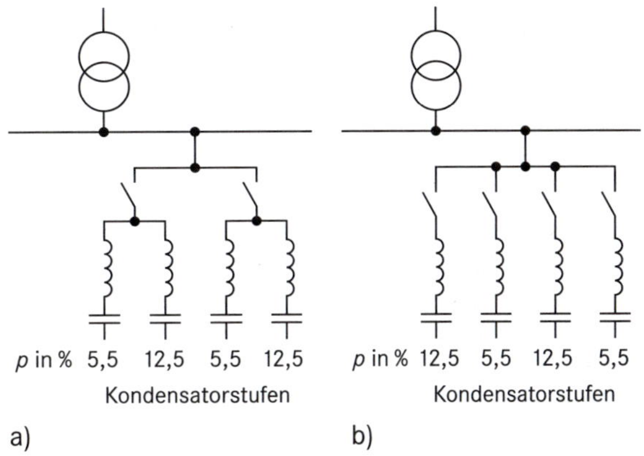

6: Beispiele für Kombifilter

AUFGABEN

1. Erklären Sie das grundsätzliche Verfahren zur Kompensation von rein sinusförmigen Belastungen.
2. Was muss bei der Kompensation bedacht werden, wenn nichtlineare Objekte mit Oberschwingungen im Netz vorhanden sind?
3. Ermitteln Sie aus Abb. 4 bei der 7. Netzoberschwingung den relativen Unterschied zwischen den Scheinwiderständen einer verdrosselten und unverdrosselten Kompensationsanlage.
4. Welche Unterschiede bestehen, wenn in einem Netz die 5. Oberschwingung vorkommt und die Verdrosselungsfaktoren 5,5 %; 7 % und 14 % betragen (s. Abb. 5)?
5. Erklären Sie die Unterschiede der in Abb. 6 dargestellten Kombifilter.

- Verdrosselte Kompensationskondensatoren sind Serienschwingkreise (Saugkreise), die für bestimmte Frequenzen einen kleinen Widerstand darstellen.
- Durch stufig schaltbare Kombifilter lassen sich die Kompensationsmaßnahmen den Erfordernissen anpassen.

5.8.4 Kompensation und Rundsteuersignale

Um z. B. Zweitarifzähler bei Nachtspeicherheizungen, Wärmepumpen und Straßenbeleuchtungen zu steuern, senden Energieversorgungsunternehmen **Rundsteuersignale** aus (Tonfrequenzen, TF-Signale).

Diese Signale sind der Netzspannung überlagert und liegen je nach VNB zwischen 165 Hz und 1350 Hz.

In Rundsteuerempfängern (Abb. 1) werden die Signale aufgenommen und dann entsprechende Schaltungen ausgelöst. Wichtig ist dabei, dass die Signale mit einer ausreichend hohen Spannung beim Empfänger ankommen.

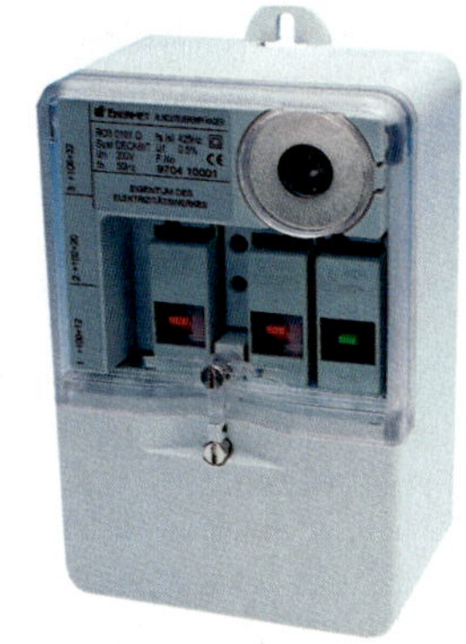

1: Rundsteuerempfänger

Kondensatoren - unverdrosselt oder verdrossselt - wirken dabei wie Saugkreise und würden den Empfang der Signale erheblich schwächen. Aus diesem Grunde werden **Tonfrequenzsperrkreise** [audio frequency wave trap circuits] als TF-Sperren in Reihe zu den Kompensationsanlagen geschaltet (Abb. 2).

Sperrkreise sind **Parallelschwingkreise** [parallel resonant circuits] (s. Kap. 1.9.2), bei denen Kondensator und Spule parallel liegen. Bei der jeweiligen Resonanzfrequenz entsteht ein hoher Wirkwiderstand, sodass die Signale durch die Kompensationsanlage (Serienschwingkreis) nicht beeinträchtigt werden.

In Abb. 3 ist beispielhaft das Widerstandsverhalten einer verdrosselten Kompensationsanlage mit einer **TF-Sperre** [audio frequency wave trap] in Abhängigkeit von der Frequenz dargestellt. Die Frequenz der Rundsteuersignale beträgt hier 216 ⅔ Hz. Die Kompensationsanlage ist mit 7 % verdrosselt.

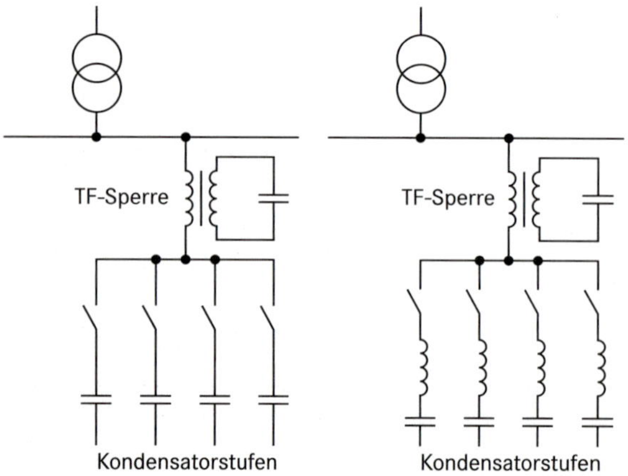

a) unverdrosselt a) verdrosselt

2: Kompensation und Tonfrequenzsperrkreis

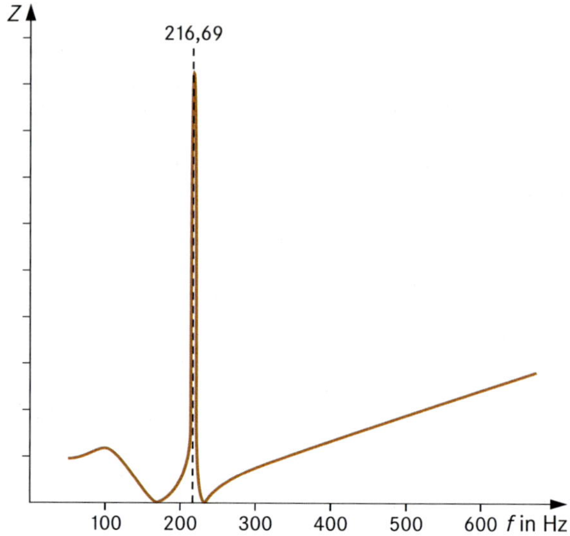

3: Widerstandsverhalten einer Kompensationsanlage (verdrosselt) mit TF-Sperre

Empfehlungen der VNBs

Die meisten VNBs lassen mit Einschränkungen noch unverdrosselte Kompensationsanlagen zu. Allerdings muss gewährleistet sein, dass der Empfang der Rundsteuersignale nicht beeinträchtigt wird. Wenn TF-Signale mit höheren Frequenzen ausgesendet werden (z. B. > 750 Hz), treten bei unverdrosselten Anlagen keine Probleme auf. Die Blindwiderstände in den Anlagen sind ausreichend groß, sodass keine Spannungsabsenkungen auftreten.

Bei der Verwendung von Rundsteuersignalen mit niedrigeren Tonfrequenzen sind dagegen hochverdrosselte Kompensationsanlagen erforderlich, damit diese den Empfang nicht vermindern bzw. vollständig unterbinden. Nachteilig ist dabei, dass die „Netzreinigung“ von Oberschwingungen geringer ausfällt. Niedrig verdrosselte Anlagen wären dann vorteilhafter.

Aus diesem Grunde empfehlen VNBs bei Neuinstallationen niedrig verdrosselte Kompensationsanlagen mit vorgeschalteten Parallelschwingkreisen als Tonfrequenzsperren.

- Ein Tonfrequenzsperrkreis besteht aus einem Parallelschwingkreis (Induktivität und Kapazität parallel), der auf die Rundsteuerfrequenz abgestimmt ist.
- Die TF-Sperre wirkt bei der Resonanzfrequenz wie ein großer Widerstand.
- Tonfrequenzsperrkreise werden vor die Kompensationsanlage geschaltet. Sie verhindern, dass Rundsteuersignale durch die Kompensationsanlage verkleinert bzw. vollständig abgesaugt werden.

5.8.5 Aktive Filter

Probleme können auftreten, wenn in bestehenden Anlagen mit linearen Belastungen, die bereits durch unverdrosselte Kondensatoren kompensiert sind, Erweiterungen mit nichtlinearen Objekten, z.B. Frequenzumrichtern, vorgenommen werden, die durch verdrosselte Kondensatoren kompensiert sind.

Folgendes muss in solchen Fällen beachtet werden:

- An den unverdrosselten Kondensatoren kann es zu einer Spannungserhöhung (Serienschwingkreis, s. Kap. 1.9.1) kommen. Die Spannungserhöhung ist dabei um so größer, je höher der Verdrosselungsfaktor für die Neuinstallation gewählt wurde.
- Eine Nachverdrosselung der vorhandenen Kondensatoren sollte nicht vorgenommen werden, da auf Grund der Spannungserhöhungen Überlastungen auftreten können. Ein Austausch der Kondensatoren wäre erforderlich.
- Die Kapazität von Kondensatoren verringert sich im Laufe der Jahre altersbedingt. Wenn man jetzt Drosseln in Reihe schaltet, verschieben sich die Resonanzfrequenzen. Unerwünschte Belastungen wären die Folge.

Aus diesen Gründen ist es häufig sinnvoll, in der bestehenden Anlage ein aktives Leistungsfilter einzubauen.

Funktion aktiver Leistungsfilter

Über Strom-/Spannungswandler (Abb. 5 ①) wird mit einer elektronischen Schaltung der aktuelle Stromverlauf ständig erfasst und die Oberschwingungen in ihrer Amplitude und Frequenz ermittelt. Je nach abgetastetem Wert wird dann dem Netz über eine Brückenschaltung und eine Drossel ② ein Strom um 180° phasenverschoben hinzugefügt. Ein positiver Störstrom wird also durch einen negativen Strom aufgehoben und umgekehrt.

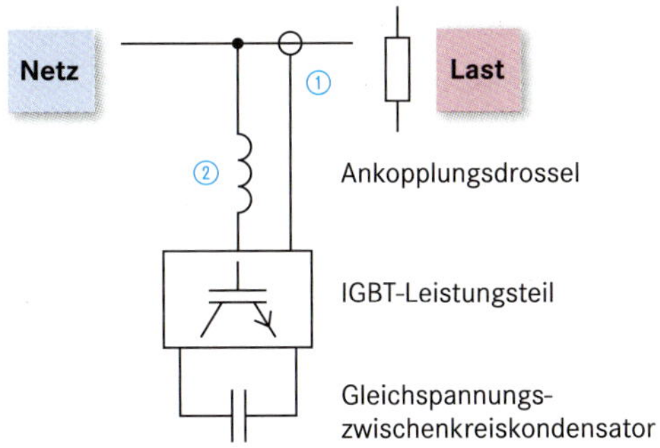

5: Aufbau eines aktiven Filters

In Abb. 4a ist beispielsweise ein typischer Stromverlauf der Grundschwingung von 50 Hz mit Oberschwingungen dargestellt. Um wieder einen sinusförmigen Kurvenverlauf (Abb. 4c) zu erhalten, wird der erforderliche Kompensationsstrom in Abb. 4b hinzugefügt. Das Netz wird jetzt nur noch mit der Stromstärke der Grundschwingung von 50 Hz belastet.

AUFGABEN

1. Beschreiben Sie das Widerstandsverhalten eines Schwingkreises bei Serien- und Parallelresonanz.
2. Erklären Sie den Unterschied zwischen einer aktiven und einer passiven Filterung.
3. Warum können aktive Filter mit passiven Kompensationseinrichtungen in einer Anlage gemeinsam eingesetzt werden?

- Unverdrosselte und verdrosselte Kompensationsanlagen dürfen in einer Anlage nicht gemeinsam installiert werden.
- Aktive Filter speisen zur Kompensation in das Netz Ströme mit verschiedenen Frequenzen und Phasenlagen ein.

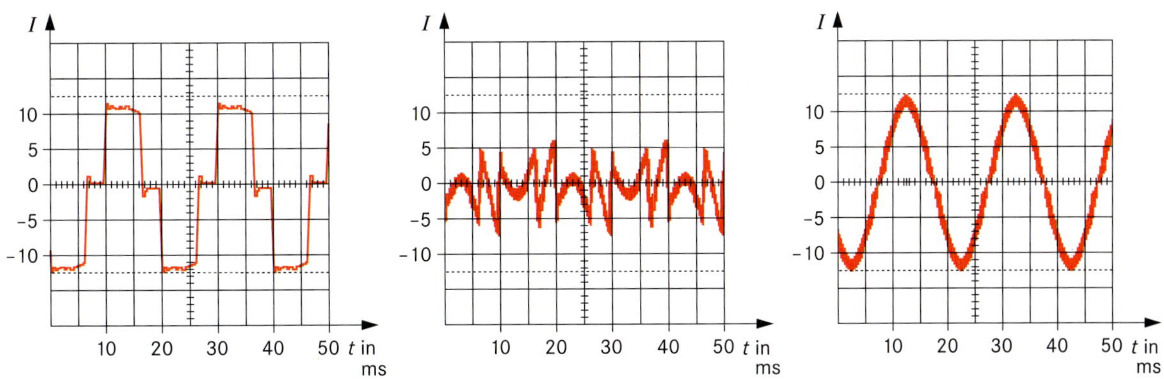

a) Stromverlauf mit Oberschwingungen

b) Invertierter Stromverlauf der Oberschwingungen

c) Sinusförmiger Stromverlauf durch Kompensation

4: Aktive Filterung von Oberschwingungen

5.9 Schaltanlagen

5.9.1 Aufbau

Schaltanlagen werden für unterschiedliche Aufgaben hergestellt. Es gibt sie deshalb in verschiedenen Ausführungen. In Abb. 2 ist beispielhaft eine metallgekapselte Hochspannungs-Schaltanlage für 10 kV einer Produktionsanlage eines Industriebetriebes abgebildet. An ihr soll der grundsätzliche Aufbau erklärt werden.

Die Schaltanlage versorgt die Produktionsanlage mit Niederspannung (400 V) aus dem Hochspannungsnetz des VNB. Aus dem vereinfacht dargestellten Übersichtsschaltplan auf den Schranktüren (Abb. 2) lässt sich folgende Struktur der Schaltanlage erkennen:
- Die Schränke 1 und 2 bilden eine Einheit,
- die Schränke 3 und 4 ebenfalls,
- während Schrank 5 separat zu sehen ist.

Diese **Dreiteilung** ist für solche Anlagen typisch. Die Anlagen im jeweiligen Schrank werden als **Feld** bezeichnet. Der Übersichtsschaltplan (Abb. 1) zeigt die drei Bereiche der Schaltanlage mit den Einheiten:

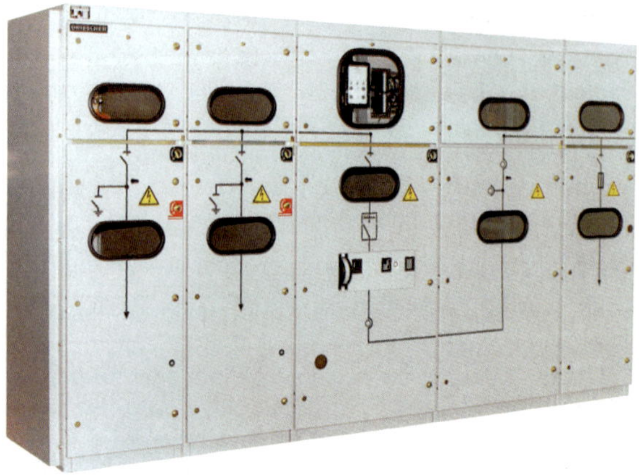

2: 10 kV-Schaltanlage

- **Einspeisung**
- **Übergabe** (einschließlich Messung)
- **Abgang**

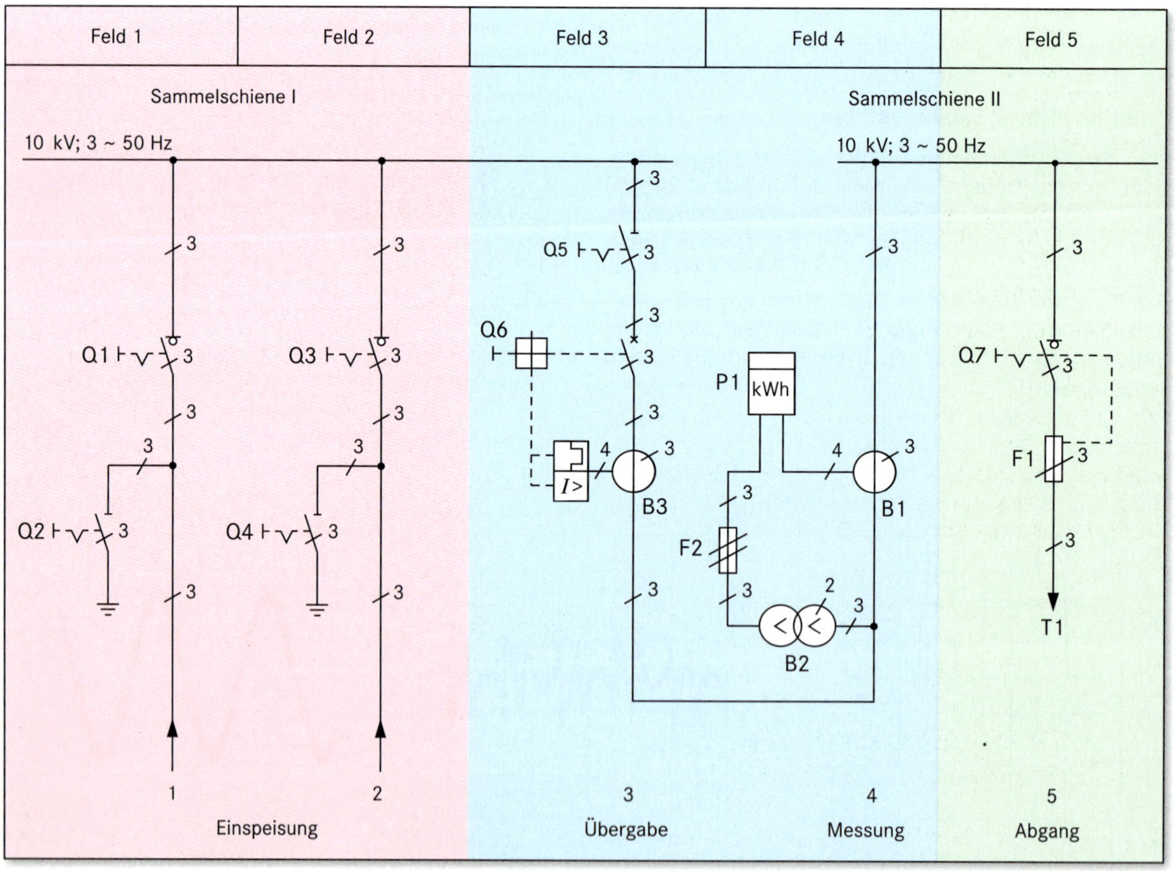

1: Übersichtsschaltplan einer Schaltanlage

- **Einspeisung**

Die Anlage wird aus dem 10 kV-Netz versorgt. Das betreffende System ist in Form einer Ringleitung aufgebaut, die hier nicht dargestellt ist. Mit den Lasttrennschaltern Q1 und Q3 wird die Spannung an die Sammelschiene I gelegt.

Lasttrennschalter [switch disconnector] können unter Belastung schalten, daher der Begriff „Last" in der Bezeichnung dieser Schalter. Ihr **Schaltvermögen** [switching capacity] liegt in der Größenordnung der Bemessungsstromstärke der folgenden Anlage. Für **Trennschalter** ist laut DIN VDE 0100-537 vorgeschrieben, dass sie die Stromkreise einwandfrei öffnen. Die geöffnete Strecke (Trennstrecke) muss für den Bediener eindeutig erkennbar sein. Solche Schalter dürfen unter keinen Umständen selbsttätig schließen. Sie müssen also stoß- und vibrationssicher ausgeführt werden.

Beide ankommenden Leitungen können über die **Erdungstrenner** Q2 bzw. Q4 (Abb. 1) geerdet werden. Die Erdung muss immer dann durchgeführt werden, wenn die betreffende Leitung wegen einer Netzstörung oder Reparatur abgeschaltet ist. Die Versorgung der Anlage wird dann durch die anderen Leiter sichergestellt. Die Einspeisung gehört zum Verantwortungsbereich des zuständigen VNB.

- **Übergabe**

Von der Sammelschiene I wird die elektrische Energie über den Trennschalter Q5 an die Schutz- und Messeinrichtung der Übergabezelle geführt. Q5 ist ein **Leertrennschalter** (kurz: **Trenner** [off-load disconnector]). Er kann nur unbelastet schalten.

Der **Leistungsselbstschalter** Q6 (kurz: Leistungsschalter) schaltet bei Überstrom und Kurzschluss selbsttätig ab. Seine Kontakte müssen deshalb für die größtmögliche Kurzschlussstromstärke ausgelegt sein. Für die Auswerteelektronik des Schalters werden niedrige Stromstärken benötigt, deshalb werden die Überlast- und Kurzschlussstromstärken mit Hilfe des Stromwandlers (s. Kap. 5.5.2) B3 herabgesetzt.

Die Messung der gelieferten elektrischen Energie übernimmt der **Zähler** P1. Wegen der hohen Spannung und der großen Stromstärke wird P1 über den **Stromwandler** B1 und den **Spannungswandler** B2 angeschlossen. B2 wird mit der zweipoligen Sicherung F2 abgesichert.

Warum der Spannungswandler nur zwei Sicherungen hat und der Stromwandler nicht abgesichert ist, wird in Kapitel 5.9.4 beschrieben.

- **Abgang**

Im Feld 5 trennt der **Lasttrennschalter** Q7 die Sammelschiene II vom nachfolgenden Transformator T1. Dieser befindet sich nicht in der Schaltanlage, sondern in einem anderen Raum. Q7 ist mit der dreipoligen Hochspannungs-Hochleistungssicherung F1 verbunden. Wenn sie auslöst, schaltet Q7 automatisch allpolig aus.

Der **Transformator** T1 transformiert die Spannung von 10 kV auf 400 V der Niederspannungsanlage. Er ist primärseitig im Dreieck geschaltet. Auf der Sekundärseite liegt eine Sternschaltung mit herausgeführtem Sternpunkt vor. Es sind somit die drei Außenleiter L1, L2, L3 und der Neutralleiter N vorhanden.

AUFGABEN

1. Begründen Sie, ob ein Trenner zum Schalten von Bemessungsstromstärken eingesetzt werden darf.
2. Geben Sie an, zu welchem Verantwortungsbereich Spannungs- und Stromwandler des Zählers einer Schaltanlage gehören.

- Hochspannungs-Schaltanlagen haben in der Regel drei Hauptaufgaben: Einspeisung, Übergabe und Abgang.
- Leerschalter schalten unbelastete Leitungen.
- Lastschalter schalten Bemessungsstromstärken.
- Leistungsschalter schalten Kurzschlussstromstärken.

Schaltereigenschaften

Leistungsselbstschalter

Schaltvermögen — Auslösung

Bezeichnung	Schaltvermögen	Symbol
Leer-	ohne Belastung (Leerlauf)	kein Symbol
Last-	Bemessungsstromstärke	○
Leistung-	Kurzschlussstromstärke	× ①

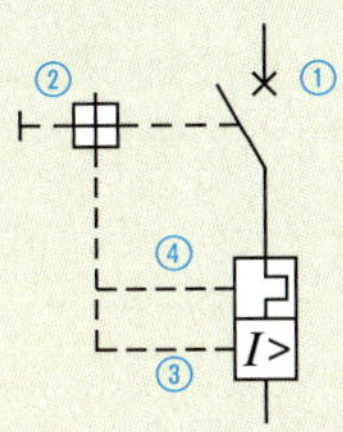

Bezeichnung	Auslösung	Symbol
keine Bezeichnung	mechanisch	⊢- - - ②
-selbst	magnetisch thermisch	③ ④
-sicherung	durch Sicherungen	

Eine weitere Funktion ist das **„Trennen"**. Symbol: 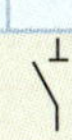

5.9.2 Schaltgeräte

Schaltgeräte können entsprechend Abb. 1 eingeteilt werden. **Mechanische Schalter** werden zum vielfachen Ein- und Ausschalten von Stromkreisen verwendet. Sie besitzen bewegliche **Schaltstücke**. Ihre Betätigung kann per Hand, Motor, Pneumatik oder Hydraulik erfolgen.

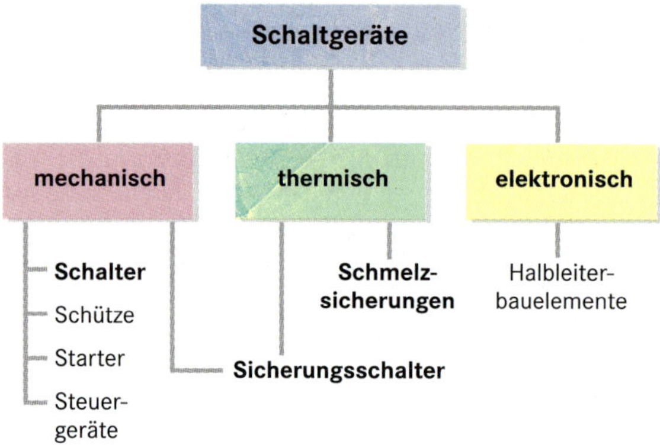

1: Schaltgeräte

Schalter [switches] werden unterschieden nach:

- **Einsatzort**
  Innenraum bzw. Freiluft
- **Bemessungsspannung**
  Hoch- bzw. Niederspannung
- **Lebensdauer**
  Schaltspiele (Ein- und Ausschalten)
- **Schaltvermögen** (Gebrauchskategorien)
  Leistungs-, Last- bzw. Leerschalter
- **Art der Lichtbogenlöschung**
  Luft, Öl, Druckgas, Schutzgas, Vakuum

Die Unterscheidungen innerhalb der ersten drei Merkmale ergeben sich aus den betreffenden Bezeichnungen. Das Schaltvermögen (**Gebrauchskategorie** [utilization category]) ist in DIN EN 60947 festgelegt (Abb. 2).

Beim Schalten entsteht zwischen den Berührungsflächen ein Lichtbogen [arc]. Er beeinträchtigt das Schaltverhalten und muss deshalb unterdrückt bzw. gelöscht werden. Dabei werden verschiedene Techniken angewendet.

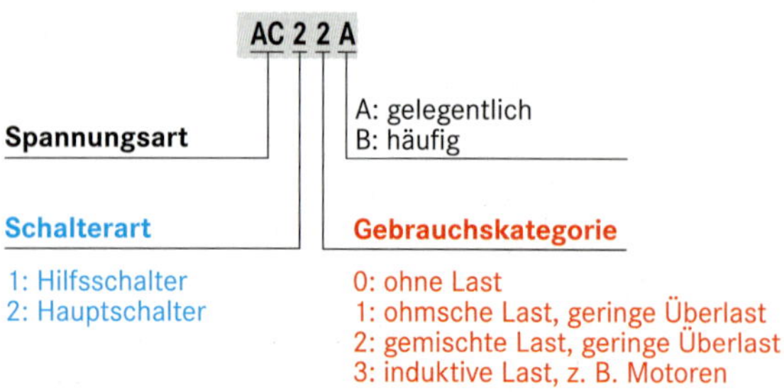

2: Schalter-Kennzeichnungen

Wie werden Lichtbögen gelöscht?

Um diese Frage beantworten zu können, muss erst geklärt werden, wie Lichtbögen entstehen und wie deren **Brenndauer** [arcing time] beeinflusst werden kann.

Wenn Kontakte geöffnet werden, fließt der Strom zwischen den Kontaktstücken durch die Luft. Da durch den großen Luftwiderstand zwischen den Kontakten eine hohe Temperatur entsteht, kommt es zur Abspaltung von äußeren Elektronen in den ursprünglich elektrisch neutralen Luftmolekülen (s. Kap. 1.2.5). Das Gas wird dadurch ionisiert (**thermische Ionisierung**).

Da jetzt mehr Ladungsträger zur Verfügung stehen, nimmt der Luftwiderstand ab und die Stromstärke zu. Außerdem werden die Ladungsträger durch die Spannung beschleunigt, was zu weiteren Abspaltungen von Elektronen führt (**Stoßionisation** [impulse ionization]). Jetzt genügt eine kleine Spannung U_{Brenn}, um den Lichtbogen aufrecht zu erhalten. Es ergibt sich deshalb die Wirkungskette in Abb. 3.

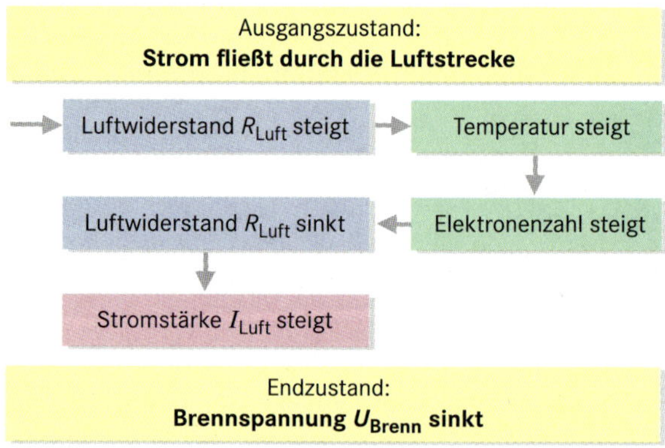

3: Wirkungskette der Stoßionisation

Aus der dargestellten Ablaufkette können verschiedene Löschmöglichkeiten abgeleitet werden. Zur Verringerung der Lufttemperatur ϑ kann das Schaltstück gekühlt werden. Für die **Kühlung** werden Luft, Öl oder das Schutzgas SF_6 (Schwefelhexafluorid) verwendet.

Das Schutzgas SF_6 vergrößert außerdem den Widerstand, weil sich dieses Gas schlechter als Luft ionisieren lässt. Solche Anlagen mit Schutzgas sind gekapselt und können sehr kompakt (kleine Abmessungen) hergestellt werden.

Zur Löschung von Schaltlichtbögen werden die in Abb. 4 aufgeführten Löschmedien verwendet.

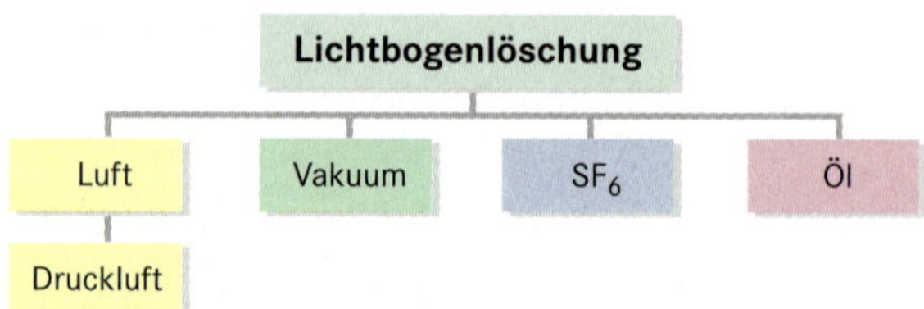

4: Löschmedien

Luft (Druckluft)

Vor allem im Niederspannungsbereich wird in einer Luftstrecke der Lichtbogen künstlich verlängert (Abb. 5). Der Lichtbogen wird in eine Löschkammer geleitet, in der die **Lichtbogenstrecke** [arc gap] vergrößert wird. Die längere Lichtbogenstrecke führt zu einer Widerstandserhöhung und ermöglicht eine Löschung des Lichtbogens beim nächsten Stromnulldurchgang.

In der **Löschkammer** wird der Lichtbogen gelöscht, der beim Auslösen des LS-Schalters unter Last entsteht.

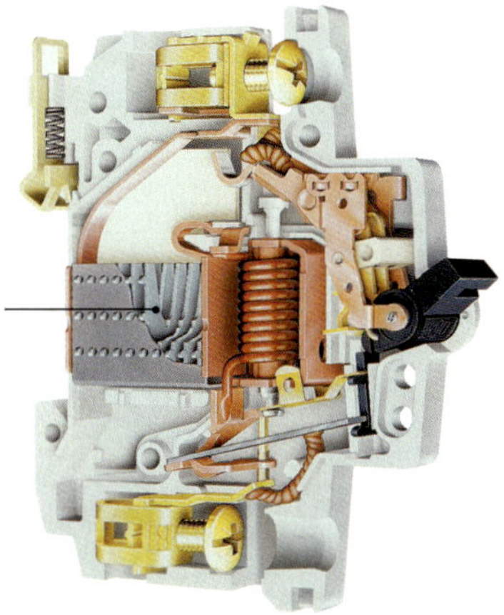

5: Leitungsschutz-Schalter

Bei Anwendungen in Mittel- und Hochspannungsnetzen ist die ausschließliche Anwendung von **Löschkammern** nicht ausreichend. Bei den eingesetzten Leistungsschaltern wird der Lichtbogen mit Druckluft beblasen. Dies führt zu einer Kühlung des Lichtbogens und zu einer Verlängerung der Lichtbogenstrecke.

Verlöscht der Lichtbogen beim Stromnulldurchgang, sorgt die Druckluft dafür, dass die ionisierte Luft aus der Schaltstrecke entfernt wird. Die Isolationsfähigkeit der Luftstrecke wird dadurch wiederhergestellt. In Hochspannungsschaltern ist es deshalb erforderlich, **mehrere Schaltkammern** in Reihe zu schalten, um die benötigte Schaltleistung zu erreichen (Abb. 6).

Die beschriebenen Leistungsschalter werden in neuen Anlagen nicht mehr eingesetzt. Sie sind jedoch noch in zahlreichen Schaltanlagen von Netzbetreibern sowie Industrieunternehmen zu finden.

6: Leistungsschalter

Vakuum

Eine weitere Art, den Lichtbogen zu löschen besteht darin, die Schalter in eine **Vakuum-Schaltkammer** [vacuum interrupter chamber] einzuschließen (Abb. 7). Damit ist es nicht möglich, Luft zu ionisieren. Beim Schalten gibt es einen geringen Abbrand der Kontakte. Dieser Abbrand ermöglicht es dem Lichtbogen, auch im Vakuum zu brennen.

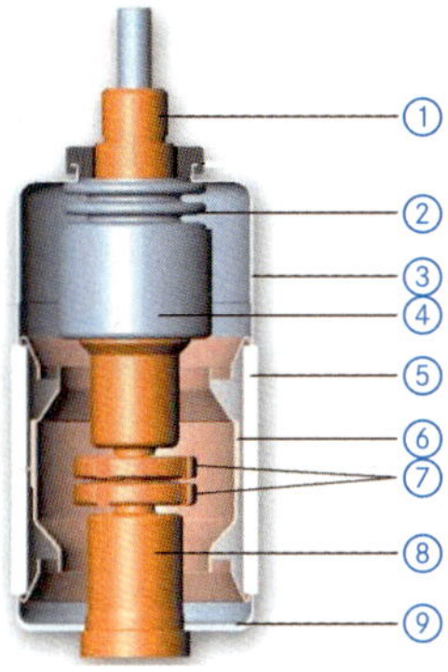

① Stromzuführung/Anschluss
② Metallfaltenbalg
③ Edelstahldeckel
④ Abschirmung
⑤ Keramikisolator
⑥ Abschirmung
⑦ Kontaktstücke
⑧ Stromzuführung/Anschluss
⑨ Edelstahldeckel

7: Vakuum-Schaltkammer

Um die Kontaktflächen zu schützen und den Lichtbogen zu verlängern, wird er an den Rand der Schaltpole gedrängt. Dies geschieht, indem der Strom durch die Polkontakte ein Magnetfeld erzeugt. Dieses Feld wirkt auf den Strom im Lichtbogen. Als Resultat entsteht eine Kraft, die den Lichtbogen nach außen drängt. Durch die geschlitzten Pole wird der Lichtbogen im oberen und unteren Teil gegenläufig verdrängt. Dies führt zu einer weiteren Lichtbogenverlängerung.

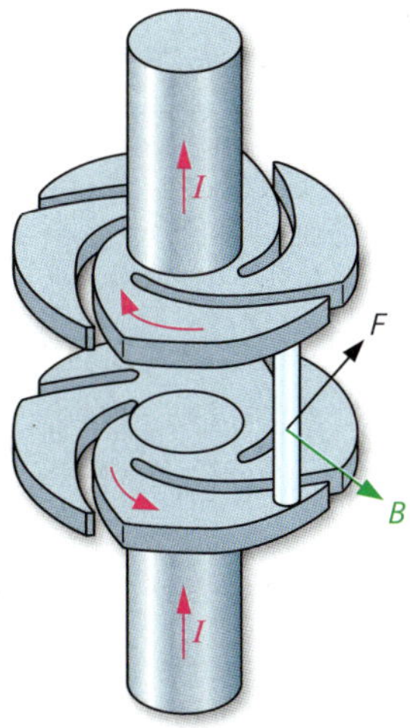

8: Lichtbogenverdrängung

Vakuumschalter kommen hauptsächlich in Mittelspannungsanlagen zur Anwendung. Sie sind Stand der Technik und in neuen Anlagen oft zu finden.

- Zur Lichtbogenlöschung werden Luft (Druckluft), Öl oder Schwefelhexafluorid (SF_6) eingesetzt bzw. die Schaltstücke im Vakuum betrieben.
- Durch Löschkammern (ggf. mehrere) und Lichtbogenverdrängung können Lichtbögen gelöscht werden.

SF_6

Ein weiteres gasförmiges Löschmedium ist **Schwefelhexafluorid** [sulfur hexafluoride] (SF_6). Es zeichnet sich durch eine sehr hohe **Durchschlagsfestigkeit** [electric strength] aus (Abb. 1). Dies ermöglicht bei hohen Spannungen geringe Isolationsabstände. Die Anzahl der in Reihe geschalteten Schaltstrecken kann daher gegenüber Druckluftschaltern deutlich reduziert werden (Abb. 2). Das Löschprinzip durch Beblasen des Lichtbogens erfolgt ähnlich wie beim Druckluftschalter.

Beim Brennen des Lichtbogens zersetzt sich SF_6. Die Zersetzungsprodukte verbinden sich jedoch selbstständig wieder zu SF_6. Da SF_6 zu den **Treibhausgasen** [greenhouse gases] gehört, muss mit großer Vorsicht in geschlossenen Systemen damit umgegangen werden. Wenn ein Schalter geöffnet werden muss, wird das Gas zunächst abgesaugt. Danach wird es wieder aufgearbeitet.

SF_6-Schalter werden hauptsächlich als Leistungsschalter in Hochspannungsnetzen eingesetzt.

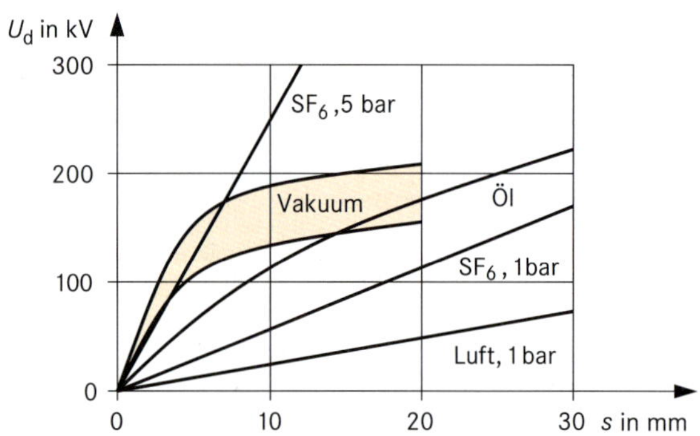

1: Durchschlagsfestigkeit von Isoliermedien

2: Leistungsschalter SF_6 (123 kV)

Öl

Öl wird schon lange als Isoliermedium verwendet. Auf Grund der hohen Brennbarkeit und Folgen bei Ölverlusten wurden Schalter entwickelt, die mit geringeren Ölmengen auskommen. Daher werden diese noch im Einsatz befindlichen Ölschalter als **ölarme Leistungsschalter** [small-oil-volume circuit-breaker] bezeichnet.

Das Löschprinzip basiert wieder auf der Kühlung des Lichtbogens und dem Austausch des ionisierten Löschmediums. Häufig wird hierzu eine künstliche Ölströmung zwischen den Isolierplatten erzeugt (Abb. 3).

Ölarme Leistungsschalter sind in Hochspannungsnetzen noch weit verbreitet. Sie werden in Neuanlagen aber nicht mehr eingesetzt.

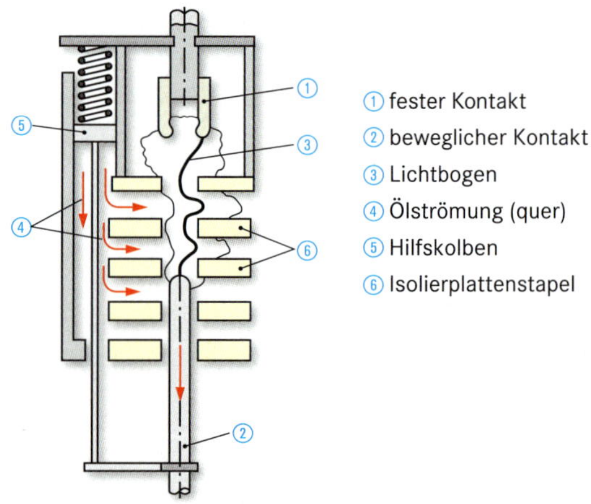

3: Funktionsprinzip ölarmer Leistungsschalter

AUFGABEN

1. Warum fließt beim Leitungsschalter der Strom bei der Ausschaltung zunächst auch bei geöffneten Schaltkontakten weiter?
2. Welche prinzipiellen Möglichkeiten gibt es, einen Lichtbogen zu löschen?
3. Warum ist es bei Druckluft-Leistungsschaltern erforderlich, mehrere Schaltkammern in Reihe zu schalten?
4. Wie kann die Durchschlagsfestigkeit von SF_6 erhöht werden?

- Beim Ausschalten von hohen Strömen sind Maßnahmen zur Lichtbogenlöschung erforderlich.
- Als Löschmedien kommen bei Neuanlagen Luft (Niederspannung), Vakuum und SF_6 (Hochspannung) zum Einsatz.
- SF_6 ist ein Treibhausgas. Ein Entweichen in die Umgebung muss verhindert werden.

5.9.3 Antriebe von Leistungsschaltern

Wenn der Lichtbogen brennt, wird viel Energie in Wärme umgesetzt. Dies führt zu **Kontaktabbrand** und bei geschlossenen Systemen (ölarme bzw. SF_6-Schalter) zu einem **Druckanstieg** [pressure rise] im Gehäuse. Aus diesen Gründen muss das Ausschalten so schnell wie möglich vorgenommen werden. Eine schnelle Bewegung ist mit elektrischen Antrieben nicht zu erreichen. Es werden daher Antriebe mit pneumatischen, hydraulischen bzw. mechanischen Komponenten eingesetzt. Man unterscheidet dabei als wesentliche Funktionsgruppen den **Energiespeicher** und die **Energieübertragung**. Mögliche Kombinationen sind in Abb. 4 aufgeführt. Sie werden im Folgenden einzeln behandelt.

Energieübertragung	Energiespeicher			
	Druckluft	Feder	Stickstoff	Magnet
Pneumatik	H			
Mechanik		N, H		H
Hydraulik		H	H	
N: Niederspannung H: Hochspannung				

4: Antriebsprinzipien und Einsatzbereiche

Druckluftantrieb

Beim Druckluftantrieb [compressed air operating mechanism] wird die benötigte Energie in Form von **Druckluft** [compressed air] in einem Tank gespeichert. Hier herrschen bis zu 25 bar Überdruck. Der Druck wird durch eine Verdichteranlage (Kompressor) erzeugt. Meist steht für eine komplette Schaltanlage ein zentraler Drucklufterzeuger und Speicher zur Verfügung.

Soll der Schalter betätigt werden, öffnen Magnetventile und schalten den Druck auf pneumatische Zylinder. Diese Zylinder sind direkt mit dem Schalter verbunden und wandeln die in der Druckluft gespeicherte Energie in kinetische Energie um. Gleichzeitig wird die Druckluft zum Beblasen des Lichtbogens verwendet.

Aufgrund der hohen Drücke fallen diese Anlagen gemäß Betriebssicherheitsverordnung unter die überwachungsbedürftigen Anlagen. Dies bedeutet einen erheblichen Prüfaufwand durch Sachverständige. Die umfangreichen Anlagen und Leitungssysteme erfordern auch umfangreiche Inspektions- und Wartungsarbeiten.

Da Druckluftantriebe nur in Verbindung mit Druckluft-Leistungsschaltern vorkommen, wird diese Antriebsart mittelfristig nicht mehr angewendet. In älteren Hoch- und Mittelspannungsanlagen ist diese Technik jedoch noch im Einsatz.

Mechanischer Federspeicherantrieb

Bei diesem Antrieb wird die Schaltenergie in **Spiral-** oder **Drehfedern** [coil spring, torsion spring] gespeichert. Diese Federn sind je nach Bewegung (Ein-/Ausschaltung) getrennt (Abb. 5). Ein Elektromotor spannt stets die Einschaltfeder.

Wird eine Schalthandlung benötigt, lösen **Elektromagnete** ① die Verriegelungsklinken und ein Teil der gespeicherten Energie wird über Koppelgestänge ④ auf den Schalter übertragen. Die restliche Energie gelangt in die Ausschaltfeder ⑨. So wird sichergestellt, dass bei einem eingeschalteten Schalter immer genügend Energie für eine Ausschaltung zur Verfügung steht. Kurvenscheiben ② sorgen dafür, dass zu jeder Position des Schalters die optimale Geschwindigkeit erzeugt wird. **Dämpfer** [dampers] ⑮ ⑯ verhindern zu große Schwingungen, wenn der Schalter seine Endlage erreicht.

Diese Art des Leistungsschalter-Antriebs ist Stand der Technik und wird bei vielen Neuanlagen im Hochspannungsnetz eingesetzt.

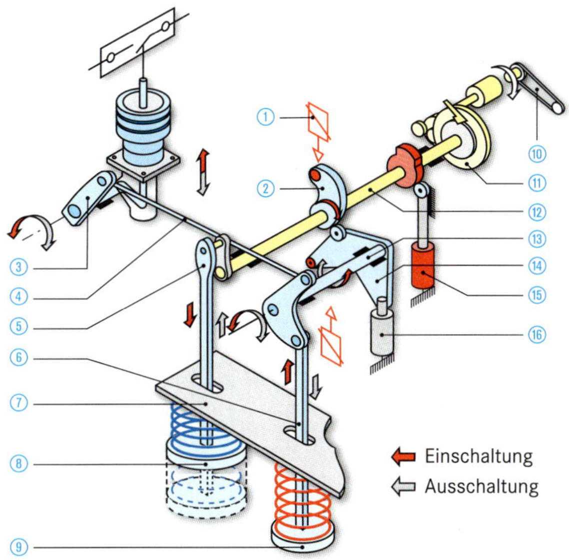

① Auslöser „EIN"
② Kurvenscheibe
③ Umlenkgetriebe
④ Koppelgestänge
⑤ Pleuel der Einschaltfeder
⑥ Pleuel der Ausschaltfeder
⑦ Antriebsgehäuse
⑧ Einschaltfeder
⑨ Ausschaltfeder
⑩ Handaufzug
⑪ Spanngetriebe
⑫ Spannweite
⑬ Schaltwelle
⑭ Rollenhebel
⑮ Dämpfer „EIN"
⑯ Dämpfer „AUS"

5: Prinzip des mechanischen Federspeicherantriebs

- Antriebe für Leistungsschalter müssen große Energien in kurzer Zeit bereitstellen.
- Energiespeicher sind Federn, Druckluft, Stickstoffpolster oder Magnete.
- Die Übertragung der Schaltenergie erfolgt pneumatisch, hydraulisch oder mechanisch.

Hydraulischer Antrieb

Der hydraulische Antrieb [hydraulic operating mechanism] speichert seine Energie in einem Stickstoffspeicher (Abb. 1 ①). Hierbei drückt ein Hydraulikkolben auf einen Stickstoffbehälter. Der Stickstoff [nitrate] wird komprimiert und speichert so die Energie. Alternativ kann hierfür auch eine Feder eingesetzt werden.

Durch eine Pumpe ⑧ wird Hydrauliköl in das Speichersystem gepumpt, wodurch der Speicher geladen wird. Bei einer Schalthandlung leiten Elektromagnete ⑤ ⑥ über Ventile ③ den Druck auf einen Hydraulikzylinder ②, welcher mit dem Schalter verbunden ist. Eine Überwachung ⑭ sorgt dafür, dass immer genügend Energie gespeichert ist, um jederzeit eine Ausschaltung durchführen zu können.

Der hydraulische Antrieb ist gut geeignet, um sehr hohe Energien schnell zu übertragen. Sein Aufbau ist jedoch aufwändiger als ein mechanischer Federspeicherantrieb. Daher wird der Hydraulikantrieb ausschließlich bei großen Hochspannungsschaltern eingesetzt.

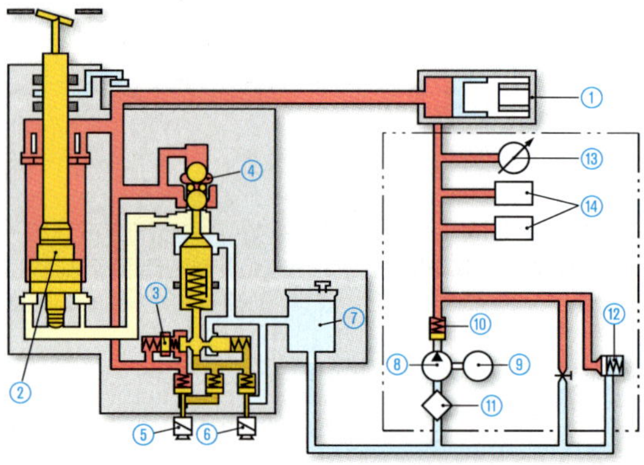

① Hydraulikspeicher
② Antriebskolben
③ Vorsteuerventil
④ Hauptventil
⑤ Einschaltmagnet
⑥ Ausschaltmagnet
⑦ Ölbehälter
⑧ Ölpumpe
⑨ Motor
⑩ Rückschlagventil
⑪ Druckausgleichventil
⑫ Sicherheitsventil
⑬ Manometer
⑭ Druckwächter

1: Hydraulischer Antrieb

Magnetantrieb

Der Magnetantrieb [magnetic drive] hat keinen Energiespeicher, der geladen werden muss. Zwei Permanentmagnete arretieren den Schalter entweder in der Ein- oder Ausstellung.

Soll eine Schalthandlung durchgeführt werden, erzeugt eine Spule ein Magnetfeld, welches dem Feld des Permanentmagneten entgegenwirkt. Sobald die Haltekraft des Permanentmagneten unterschritten ist, bewegt sich der Magnetanker zum anderen Pol des Permanentmagneten.

Der magnetische Antrieb ist die jüngste Entwicklung bei Leistungsschalter-Antrieben. Sie wird bisher ausschließlich in der Mittelspannung in Verbindung mit Vakuumschaltern eingesetzt.

5.9.4 Zähleranschluss

Zur Überwachung elektrischer Vorgänge befinden sich in Schaltanlagen Messeinrichtungen. Als Beispiel dient der in der Hochspannungsanlage von Kap. 5.9.1 eingebaute Zähler (Abb. 2). Wie dieser angeschlossen ist, wird nachfolgend erläutert.

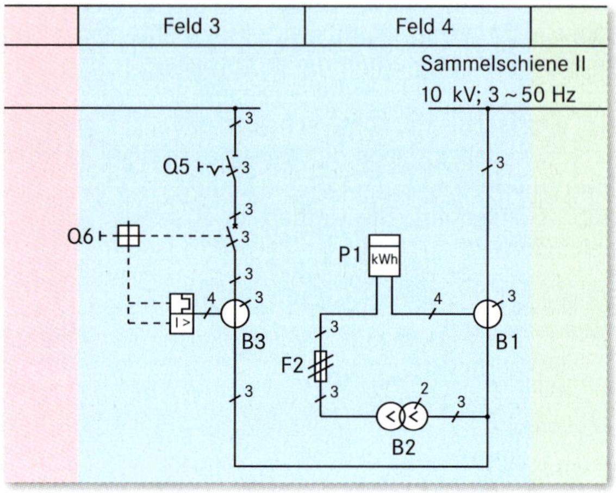

2: Ausschnitt Schaltanlage

Der Zähler ist über die zwei **Wandler** [instrument transformer] B1 und B2 angeschlossen. Es handelt sich dabei um Transformatoren, die entweder

- hohe Spannungen (**Spannungswandler** [voltage transformer]) oder
- hohe Stromstärken (**Stromwandler** [current transformer])

auf niedrige Werte herabsetzen (s. Kap. 5.5.2).

Spannungswandler werden häufig in der V-Schaltung betrieben (Abb. 3 ①), weil dabei nur zwei Objekte notwendig sind. Um die Wicklungen und den angeschlossenen Zähler gegen Überlastung zu schützen, muss die Sekundärseite ② abgesichert werden.

Stromwandler dürfen auf keinen Fall im Leerlauf betrieben werden, weil offene Klemmen einen großen Widerstand darstellen. Dadurch entsteht eine hohe Spannung, die für Personen und Anlagen gefährlich ist.

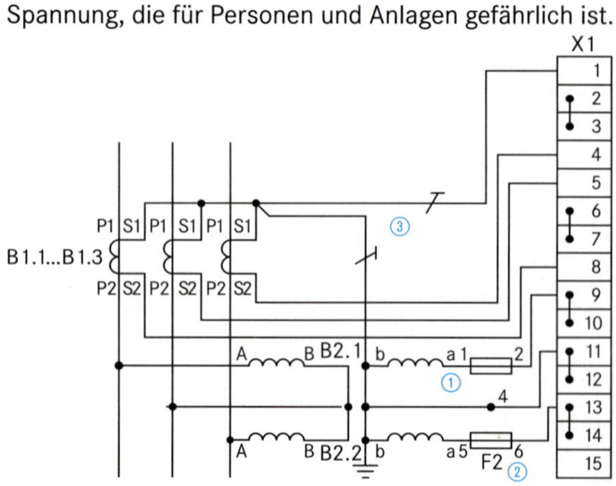

3: Wandler-Schaltung

Aus diesem Grunde dürfen Stromwandler nicht abgesichert sein. Im Leerlauf werden die Sekundärwicklungen kurzgeschlossen. Damit ist der Widerstand nahezu Null.

Beide Wandlerarten müssen in Mittel- und Hochspannungsanlagen sekundärseitig an den Schutzleiter (Abb. 3 ③) und damit an die Erde angeschlossen werden.

Weil die Wirk- und die Blindarbeit gemessen werden sollen, sind in der Anlage zwei Zähler eingesetzt. Der **Wirkarbeitszähler** [watt-hour meter] misst die genutzte elektrische Energie. Der **Blindarbeitszähler** ist notwendig, weil in diesem Fall die Kompensationsanlage die Blindleistung nicht vollständig kompensiert.

Beide Zähler sind an die Klemmleiste X1 angeschlossen (Abb. 4). Wenn in einer bestehenden Anlage Zähler ausgewechselt werden sollen, sind folgende Schalthandlungen notwendig:

1. Stromwandler kurzschließen.
2. Sicherungen aus den Spannungswandler-Leitungen entfernen.
3. Zähler entfernen.
4. Neuen Zähler einbauen und anschließen.
5. Sicherungen in Spannungswandler-Leitungen einsetzen.
6. Kurzschluss-Brücken bei Stromwandlern entfernen.

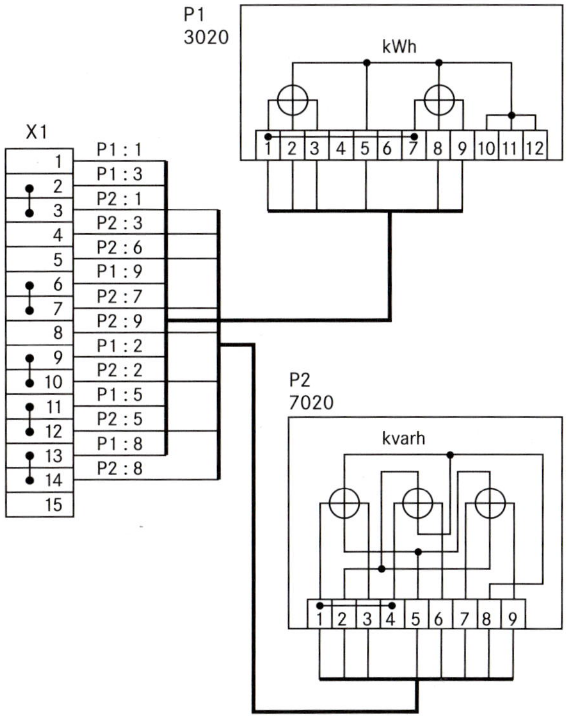

4: Zähleranschlüsse

- In Hochspannungs-Schaltanlagen werden Zähler über Wandler angeschlossen.
- Spannungswandler müssen abgesichert werden.

- Stromwandler dürfen nicht abgesichert werden.
- Stromwandlerklemmen dürfen nicht offen sein. Entweder ist ein Gerät angeschlossen oder die Klemmen sind kurzgeschlossen.

Schaltungsnummern

Beispiel: 3 0 2 0

1. Ziffer		Grundart	2. Ziffer	Zusatzeinrichtung	3. Ziffer	Anschluss	4. Ziffer		Schaltung von 2.
			0	keine	0	direkt	0		kein äußerer Anschluss
1	Wirkverbrauchszähler	L1/N (Klemmen 1...6)	1	Zweitarif (Klemmen 13, 15)	1	Stromwandler	1		einpoliger innerer Anschluss (Klemmen 13 oder 14)
2	Wirkverbrauchszähler	L1/L2 (Klemmen 1...6)	2	Maximum (Klemmen 14, 16)	2	Strom- und Spannungswandler	2		äußerer Anschluss (Klemmen 13, 15 oder 14, 16)
3	Wirkverbrauchszähler	L1/L2/L3 (Klemmen 1...9)	3	Zweitarif u. Maximum (Klemmen 13, 16)			3	innerer Anschluss	Maximumauslöser in Öffnungsschaltung
4	Wirkverbrauchszähler	L1/L2/L3/N (Klemmen 1...12)	4	Maximum mit elektr. Rückstellung (Klemmen 14, 16...19)			4	innerer Anschluss	Maximumauslöser in Kurzschließstellung
5	Blindverbrauchszähler	L1/L2/L3 60° Abgleich (Klemmen 1...9)	5	Zweitarif u. Maximum mit elektr. Rückstellung (Klemmen 13...15,18,19)			5	äußerer Anschluss	Maximumauslöser in Öffnungsschaltung
6	Blindverbrauchszähler	L1/L2/L3 90° Abgleich (Klemmen 1...9)					6	äußerer Anschluss	Maximumauslöser in Kurzschließstellung
7	Blindverbrauchszähler	L1/L2/L3/N 90° Abgleich (Klemmen 1...12)							

Tarifschaltuhr	
Ziffernfolge	Ausführung
01	Tagesschalter
02	Maximumschalter
03	Tages- und Maximumschalter
04	Tages- und Wochenschalter
05	Maximum- und Wochenschalter
06	Tages-, Maximum- und Wochenschalter
07	Wochenschalter
Rundsteuerempfänger	
Ziffer	Ausführung
11	Ein Umschalter
12	Zwei Umschalter
13	Drei Umschalter
14	Vier Umschalter

Zähler P1: 1. Ziffer: Dreileiter-Wirkverbrauchszähler (L1, L2, L3) ⇒ 3 3. Ziffer: Anschluss über Strom- und Spannungswandler ⇒ 2

5.9.5 Schalthandlungen

Das Schalten in Mittelspannungsanlagen muss wegen des erhöhten Gefährdungspotenzials besonders sorgfältig geplant werden. Um Gefahren für Personen zu vermeiden, gibt es in der DIN VDE 0105-100 eine Reihe von Regelungen für das Arbeiten in elektrischen Anlagen und damit auch für das Schalten. Im Folgenden werden die in Abb. 1 aufgeführten drei Fragen erörtert.

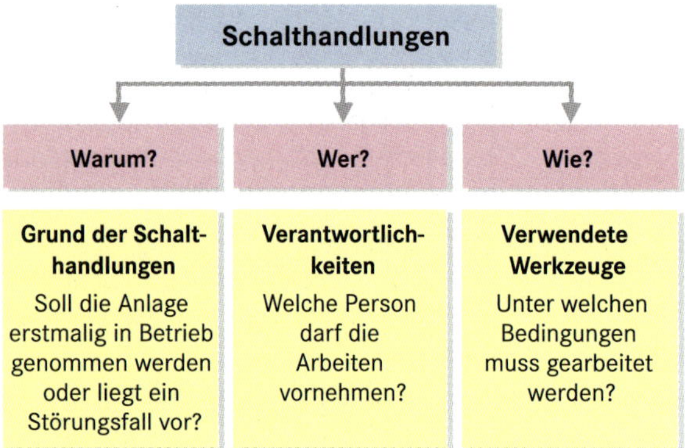

1: Fragen zu Schalthandlungen

Warum werden Schalthandlungen notwendig?

Unter **Schalthandlungen** [switching actions] werden sämtliche Schaltvorgänge in Anlagen verstanden. Es wird unterschieden zwischen

- **betriebsbedingtem** Schalten, z. B. Starten oder Stillsetzen von Betriebsmitteln und
- **arbeitsbedingtem** Schalten, z. B. Ausschalten von Trennern.

Die arbeitsbedingten Schalthandlungen sind erforderlich, um Reparaturen durchzuführen, Störungen zu beseitigen oder Wartungsarbeiten zu erledigen. Wenn Anlagen keinen ausreichenden Schutz für Personen gegen Auswirkungen von Störlichtbögen haben, dürfen z. B. beim Schalten von Trennschaltern nur Personen anwesend sein, die mit der Schalthandlung zu tun haben. Alle Beteiligten müssen dabei die persönliche Schutzausrüstung tragen, die je nach Gefährdungsgrad für die betreffende Anlage festgelegt wurde.

Beim Schalten in Anlagen über 1 kV sind die Reihenfolge der Schaltvorgänge und die beteiligten Schalteinrichtungen schriftlich festzuhalten.

Wer ist für die Arbeiten verantwortlich?

Die Zuständigkeiten der betreffenden Personen müssen eindeutig definiert sein. Die Unterscheidungsmerkmale sind **Fachkompetenz** [professional competence] und **Verantwortlichkeit** [responsibility].

Auf Grund der unterschiedlichen Fähigkeiten ergeben sich zwei Gruppen von Personen, die die Arbeiten ausführen. Die **Elektrofachkraft** (EFK) [electrically skilled person] hat die geeignete elektrische Ausbildung, die fachlichen Kenntnisse und betreffende Erfahrungen. Dadurch kann sie die Gefahren einschätzen und vermeiden.

Eine **elektrotechnisch unterwiesene Person** (EUP) wird durch Elektrofachkräfte für bestimmte elektrotechnische Aufgaben unterrichtet. Sie kann daher die möglichen Gefahren erkennen und setzt die Schutzmaßnahmen und -einrichtungen richtig ein.

Bei der Verantwortlichkeit wird zwischen dem **Anlagenverantwortlichen** [nominated person in control of an electrical installation] und dem **Arbeitsverantwortlichen** [nominated person in control of a work activity] unterschieden. Sie tragen jeweils die Verantwortung und haben damit die betreffenden Entscheidungsbefugnisse. Arbeitsverantwortliche sind besonders für die Freigabe zur Arbeit und nach Erledigung der Arbeit für das Unterspannungsetzen zuständig. Häufig sind der Anlagenverantwortliche und der Arbeitsverantwortliche ein und dieselbe Person.

Der Arbeitsverantwortliche legt zusammen mit dem Anlagenverantwortlichen die Arbeitsschritte und damit auch die Schaltvorgänge fest. Er führt als Elektrofachkraft die Arbeiten selbst aus oder gibt sie verantwortlich an eine andere Person weiter (EFK oder EUP).

Wie werden Schalthandlungen durchgeführt?

Als Beispiel für Schalthandlungen wird der Einbau des Zählers in die Schaltanlage von Kap. 5.9.4 dargestellt. Hierfür sind die Mitarbeiter des betreffenden VNB zuständig. Sie gehen nach erfolgtem Zählereinbau folgendermaßen vor (Abb. 2):

1. Erdungstrennschalter Q2 und Q4 öffnen
   ⇒ Erdschluss aufgehoben und
   verriegelt (Wiedereinschaltsperre)
   ⇒ neuen Erdschluss verhindert
2. **Schließen** der Schalter (nicht dargestellt) in **Einspeisungen 1** und **2**
   ⇒ 10 kV an Zuleitungen
3. Lasttrennschalter **Q1** und **Q3** schließen
   ⇒ 10 kV an Sammelschiene I
4. Trennschalter **Q5 schließen**
   ⇒ Übergabe eingeleitet
5. Leistungsschalter **Q6 schließen**
   ⇒ 10 kV an Sammelschiene II
   ⇒ Übergabe ist vollzogen

AUFGABEN

1. Nennen Sie drei Beispiele für arbeitsbedingte Schalthandlungen.
2. Erläutern Sie den Aufgabenbereich eines Arbeitsverantwortlichen.

- Schalthandlungen müssen bei Hochspannungsanlagen besonders sorgfältig geplant, durchgeführt und dokumentiert werden.
- Eine Elektrofachkraft hat eine elektrotechnische Ausbildung.

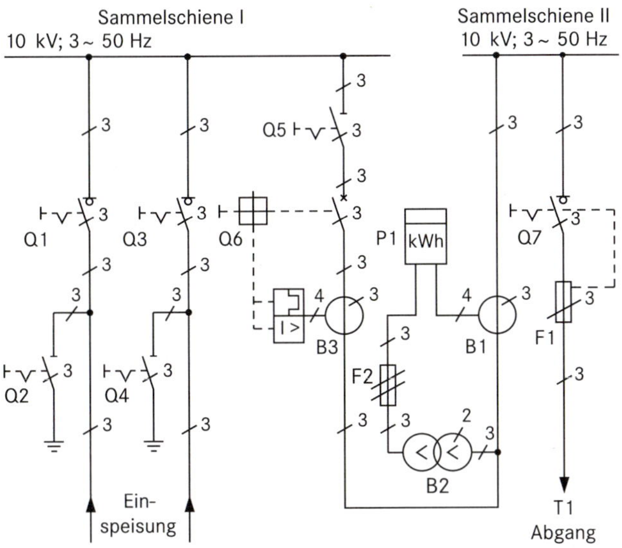

2: Übersichtsschaltplan

Der Arbeitsverantwortliche schaltet die Niederspannungsverteilung mit folgenden Schalthandlungen zu:

- Hochspannungs-Hochleistungs-Sicherung **F1 einsetzen**
  ⇒ Abgang gegen Überlastung gesichert
- Lasttrennschalter **Q7 schließen**
  ⇒ Transformator mit Niederspannungsanlage in Betrieb

Aus dem dargestellten Beispiel ergibt sich folgende grundsätzliche Reihenfolge beim Inbetriebsetzen:

1. Maßnahmen zum Wiedereinschaltschutz aufheben.
2. Anlagenteile in Richtung Verbraucher zuschalten, d. h. Schaltgeräte in der Reihenfolge „steigendes Schaltvermögen“ (Leer-, Last-, Leistungsschalter) einschalten.
3. Verbraucheranlage zuschalten.

Wie sehen die Arbeitsbedingungen aus?

Bei allen Arbeiten in elektrischen Anlagen müssen die „Fünf Sicherheitsregeln“ (s. Kap. 2.1) befolgt werden. Der Arbeitsverantwortliche führt diese selbst durch oder lässt sie von einer anderen Fachkraft erledigen. Dann muss er sich aber die Durchführung bestätigen lassen.

Die Einhaltung der Regel „Freischalten“ kann besonders bei Hochspannungsanlagen zu Problemen führen. Oft versorgen sie Produktionsanlagen, deren Abschaltung finanziellen Schaden für die betreffende Firma verursacht, oder es sind lebenswichtige Objekte (z. B. im Krankenhaus) angeschlossen. In beiden Fällen darf die Anlage nicht abgeschaltet werden. Es muss dann entweder unter Spannung oder in der Nähe von Spannung führenden Objekten gearbeitet werden.

Es ergeben sich daraus drei Arbeitsbedingungen für das Arbeiten an elektrischen Anlagen:

- ohne Spannung
- unter Spannung
- in der Nähe von Spannung führenden Objekten

- **Arbeiten ohne Spannung**

Wegen der hohen Spannung müssen beim Befolgen der Sicherheitsregeln folgende Hinweise beachtet werden:

- Nach dem Freischalten müssen die Trennstellen gegen Überschlag abgesichert werden, z. B. durch Isolierstücke.
- Wenn zum Schalten der Objekte **Hilfsenergie** [auxiliary energy] benötigt wird, muss diese während der Arbeitszeit abgeschaltet werden. Von der Arbeitsstelle aus muss die Erdungs- und Kurzschlusseinrichtung eingesehen werden können.

- **Arbeiten unter Spannung**

Unter Spannung darf nur gearbeitet werden, wenn keine Brand- oder Explosionsgefahr besteht. Bei ungünstigen Witterungsverhältnissen (z. B. hohe Luftfeuchtigkeit) müssen Arbeiten im Freien sofort abgebrochen werden. In Notfällen muss die betreffende Leitung abgeschaltet werden.

An den Elektroniker und sein Werkzeug werden folgende Voraussetzungen geknüpft:

- Die Elektrofachkraft oder die elektrotechnisch unterwiesene Person müssen eine spezielle Ausbildung besitzen.
- Die Elektroniker müssen die vorgeschriebene **persönliche Schutzausrüstung** [personal protective equipment] tragen (Abb. 3).
- Das Werkzeug muss für die Bemessungsspannung geeignet und entsprechend gekennzeichnet sein.
- Der ordnungsgemäße Zustand der Werkzeuge und Schutzeinrichtungen muss regelmäßig überprüft werden.
- Nach Absprache der Verantwortlichen ergeht an den Ausführenden eine spezielle Anweisung.

3: Arbeiten mit persönlicher Schutzausrüstung

- **Arbeiten in der Nähe von Spannung führenden Objekten**

Hierunter sind Arbeiten zu verstehen, die innerhalb eines bestimmten Bereiches um den Spannung führenden Teil (z .B. blanke Leiterschienen) durchgeführt werden müssen. Dieses Gebiet ist die **Annäherungszone** [vicinity zone] (Abstand D_V, Abb. 1). Sie hängt von der Bemessungsspannung ab.

Beispiele für Annäherungszonen:

U_N = 3 kV; D_V = 1,12 m
U_N = 110 kV; D_V = 2 m

Beispiele für Gefahrenzonen:

U_N = 3 kV; D_L = 6 cm
U_N = 110 kV; D_L = 1 m

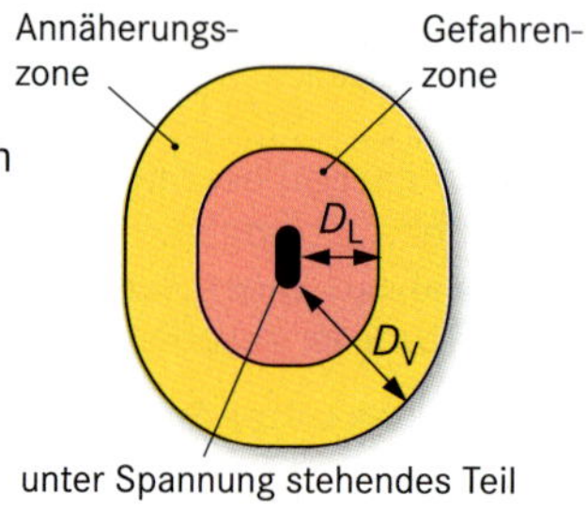

1: Zonen

Gemäß der Sicherheitsregel 5 müssen alle unter Spannung stehenden Anlagenteile sicher abgedeckt sein. Ist das nicht gewährleistet, wird nach der Arbeitsmethode „Abstand und Aufsicht" verfahren. Hierbei wird in der Annäherungszone unter Aufsicht gearbeitet, damit die Elektrofachkräfte nicht in die **Gefahrenzone** [danger zone] geraten. In dieser Zone dürfen keine Arbeiten vorgenommen werden. Der Abstand D_L vom Spannung führenden Objekt ist ebenfalls abhängig von der Bemessungsspannung (Abb. 1).

Auch für Arbeiten in der Nähe von unter Spannung stehenden Teilen gelten besondere Anforderungen:
- Jeder Arbeitende muss eine Zusatzqualifikation für diese Arbeiten besitzen.
- Der Arbeitsverantwortliche muss die Arbeitenden vor Ort einweisen und beaufsichtigen.
- Die Arbeitsstelle muss nach außen kenntlich gemacht werden, z. B. durch Schranken, Schilder.

AUFGABEN

1. Warum kann das Freischalten bei Hochspannungsanlagen zu Problemen führen?
2. Welche Voraussetzungen müssen erfüllt sein, um unter Spannung arbeiten zu dürfen?
3. Welche besondere Aufgabe hat der Arbeitsverantwortliche bei Arbeiten in der Nähe von unter Spannung stehenden Objekten?

- Für Arbeiten unter Spannung muss der Arbeitende eine spezielle Ausbildung besitzen und eine persönliche Schutzausrüstung tragen.
- Um den Arbeitenden vor Betreten der Gefahrenzone zu bewahren, ist beim Arbeiten in der Nähe von unter Spannung stehenden Teilen eine Aufsicht erforderlich.

5.9.6 Schutzsysteme

Schaltanlagen und die daran angeschlossenen Betriebsmittel, wie z. B. Transformatoren und Leitungen, müssen vor Schäden durch Überlastung geschützt werden. Sie sind aber auch Bestandteil des Energieversorgungssystems, das vor Schäden und Ausfällen bewahrt werden muss. Hierzu dienen Schutzsysteme, die Selektivität, Schnelligkeit und Funktionssicherheit gewährleisten (Abb. 2).

2: Anforderungen an Schutzsysteme

Um die Betriebsmittel und Netze schützen zu können, muss das System Messwerte erfassen, verarbeiten und ggf. eine Abschaltung veranlassen (Abb. 3).

Zur **Messwerterfassung** werden in der Regel Spannungen und Stromstärken gemessen. Dies erfolgt über Wandler (Abb. 3, s. Kap. 5.9.4), die speziell auf die besonderen Anforderungen der Schutztechnik ausgelegt sind (Schutzwandler).

Die **Messwertverarbeitung** geschah früher elektromechanisch und die Geräte wurden als Schutzrelais bezeichnet. Auch wenn diese Geräte heute elektronische Schaltungen und Mikroprozessoren beinhalten, ist dieser Begriff erhalten geblieben.

Als **Abschalteinrichtung** dienen Leistungsschalter (Abb. 4), welche die Auslösesignale der Messwertverarbeitung des Schutzsystems umsetzen.

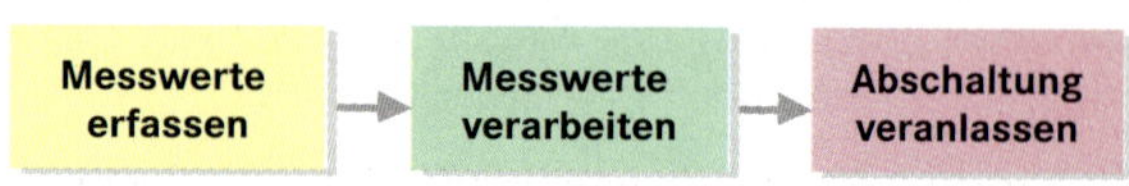

3: Aufgaben eines Schutzsystems

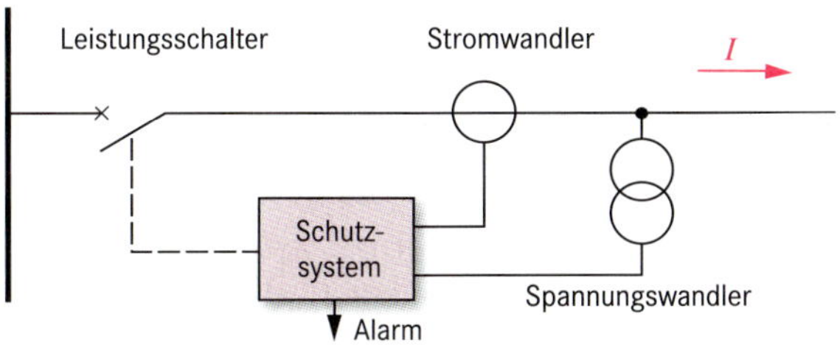

4: Grundsätzliche Arbeitsweise eines Schutzsystems

Die Ermittlung von Fehlern an elektrischen Betriebsmitteln erfolgt nach verschiedenen Gesichtspunkten. Dazu werden Spannungen und Stromstärken nach verschiedenen Schutzverfahren [protection procedures] ausgewertet. Sie können entsprechend Abb. 5 in Gruppen eingeteilt werden.

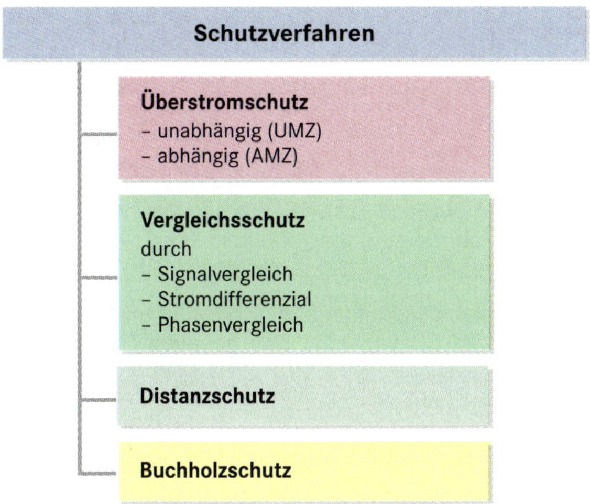

5: Schutzverfahren

Überstromschutz

Der Überstromschutz [overcurrent protection] ist das bekannteste Schutzverfahren und es wird durchgängig in allen Spannungsebenen angewendet. Dabei wird davon ausgegangen, dass die Bemessungswerte von Betriebsmitteln im Normalbetrieb nicht überschritten werden dürfen. Wenn die Werte aber überschritten werden, liegt eine unzulässige **Überlastung** [overloading] vor.

Die Auswirkungen der Überlastungen sind von der Einwirkungsdauer und Höhe der Überströme abhängig. Auch **Kurzschlüsse** [short circuits] verursachen Überströme. Diese sind meistens so groß, dass sie deutlich von Strömen durch Überlastung unterschieden werden können. Aufgabe des Überstromschutzes ist es deshalb, die Überlast-/Kurzschlussströme von Betriebsströmen zu unterscheiden und bei Bedarf die betroffenen Netzteile abzuschalten.

Netzberechnungsprogramme ermitteln nach Vorgaben die möglichen Stromstärken bei einem Kurzschluss. Da sie von der Kurzschlussart abhängen (ein-, zweidreipolig; mit und ohne Erdberührung), werden folgende wesentliche Größen ermittelt:

- $I_{k,min}$: Minimale Kurzschlussstromstärke
  Auf diese Größe muss der Netzschutz parametriert werden.
- $I_{k,max}$: Maximale Kurzschlussstromstärke
  Auf diese Größe werden die Betriebsmittel ausgelegt.

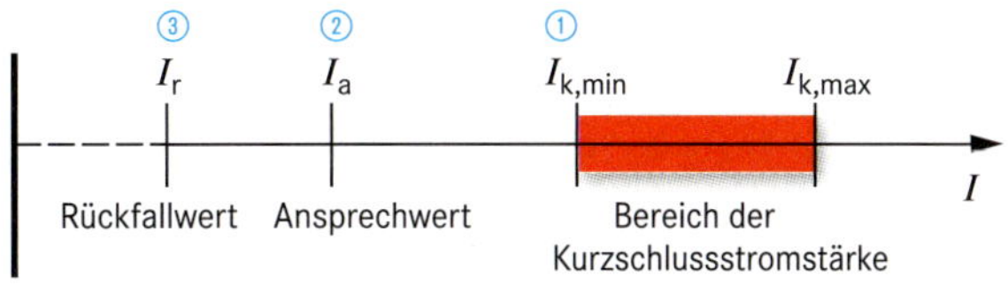

6: Stromstärken in Schutzsystemen

Wird die minimale Kurzschlussstromstärke überschritten (Abb. 6 ①), werden die Schutzrelais aktiviert. Diesen Vorgang nennt man **Anregung** [starting]. Die Anregung findet schon beim Überschreiten des Ansprechwertes I_a ② statt, der kleiner als die minimale Kurzschlussstromstärke ist. Ab diesem Zeitpunkt läuft eine einstellbare Zeit. Ist sie verstrichen, erhält der zugehörige Leistungsschalter einen Ausschaltbefehl.

Unterschreitet die Stromstärke den Rückfallwert I_r ③, fällt das Schutzrelais in den Ruhezustand zurück und es kommt zu keiner Abschaltung. Dies ist z. B. der Fall, wenn der fehlerhafte Netzabschnitt schon von anderen Schutzsystemen abgeschaltet wurde.

- **Unabhängiger Überstrom-Zeit-Schutz (UMZ)**

Innerhalb des Überstromschutzes ist UMZ das einfachste System und wird ausschließlich als Kurzschlussschutz verwendet. Es wird von der Niederspannung bis zur Hochspannung in allen Netzen eingesetzt. Der **UMZ-Schutz** [definite time overcurrent protection] ist fast ausschließlich in Strahlen- oder Ringnetzen bzw. zum Schutz einzelner Betriebsmittel zu finden (z. B. Transformator).

Unabhängige Maximalstrom-Zeitrelais registrieren eine Überschreitung des minimalen Kurzschlussstromes (Anregung). Ab diesem Zeitpunkt läuft eine am Relais einstellbare Zeit ab. Ist diese verstrichen, erhält der zugehörige Leistungsschalter einen Ausschaltbefehl. Verschiedene Schutzgeräte erhalten unterschiedliche Verzögerungszeiten. Sie werden so zeitlich gestaffelt, um eine selektive Abschaltung zu erreichen. Man nennt diese Größe daher auch **Staffelzeit** [selective time interval].

- Kurzschlussströme müssen schnell, sicher und selektiv abgeschaltet werden.
- Bei der Messwertverarbeitung wird ermittelt, welches Schaltgerät den Kurzschlussstrom abschalten soll.

In Abb. 1 sind beispielhaft drei Überstromschutzrelais im Strang eines Strahlennetzes eingezeichnet. Alle Relais erhalten als Ansprechwert die minimale Kurzschluss-Stromstärke. Dieser Wert kann berechnet werden, wenn am Ende eines Strahlennetzes (Abb. 1 ①) ein Kurzschluss angenommen wird. Im Falle eines Kurzschlusses wird diese Stromstärke in allen Schutzrelais F1 bis F3 registriert.

Die Auslösezeiten werden **unterschiedlich** eingestellt. Am letzten Schutzrelais eines Strahls stellt man die kürzeste Auslösezeit ein ②. Bei den nächsten Schutzrelais wird die Auslösezeit jeweils erhöht. Die Zeitstufen sind abhängig von der Geschwindigkeit einer möglichen Auslösung und liegen in der Praxis bei ca. 0,25 s bis 0,6 s. Diese Abstufung der Auslösezeiten wird **Zeitstaffelung** [time grading] genannt.

Liegt z. B. ein Kurzschluss am Fehlerort B vor (Abb. 1), wird von allen Schutzsystemen ein Kurzschlussstrom festgestellt. Das Relais mit der kürzesten Staffelzeit wird als erstes einen Ausschaltbefehl an den zugehörigen Leistungsschalter geben. Q1 wird nun den Kurzschlussstrom unterbrechen. Bevor Q2 und Q3 auslösen können, wird registriert, dass der Rückfallwert I_r unterschritten wurde. Die Schutzrelais F2 und F3 fallen wieder in den Ruhezustand zurück. Der Fehler wurde also selektiv abgeschaltet.

Tritt ein Kurzschluss am Fehlerort A auf, registrieren F2 und F3 die Kurzschluss-Stromstärke. Das Schutzsystem F1 registriert keinen Kurzschlussstrom, regt daher nicht an und löst auch nicht aus. F2 wird nach 1 s auslösen ③ und so den Kurzschlussstrom unterbrechen. F3 fällt dann in den Ruhezustand zurück.

Mit dieser Zeitstaffelung ist es möglich, eine selektive Abschaltung der Fehlerstelle zu erreichen. Je dichter der Kurzschlussort an der Einspeisung liegt (z. B. Transformator), desto größer sind die Kurzschlussströme. Je größer der Kurzschlussstrom ist, desto länger benötigt das UMZ-Schutzsystem aufgrund der Zeitstaffelung zum Abschalten. Dies ist ein Nachteil des UMZ-Schutzes.

- Bei UMZ-Relais ist die Auslösezeit unabhängig von der Kurzschluss-Stromstärke und wird durch die Zeitstaffelung vorgegeben.

- **Abhängiger Überstrom-Zeit-Schutz (AMZ)**

Bei AMZ wird ebenfalls der Überstrom als Auslösekriterium verwendet. Im Unterschied zum UMZ-Schutz ist hier die Auslösezeit nicht fest, sondern abhängig von der Stromstärke. Je größer der Strom ist, desto schneller erfolgt die Abschaltung. Dieses Prinzip wird bei Sicherungen und LS-Schaltern in Niederspannungsnetzen verwendet und kommt auch bei Hochspannung zur Anwendung.

Sicherungen

Sicherungen wurden in Kapitel 2.4.2 ausführlich behandelt. Daher wird hier nur der Einsatz im Hochspannungsnetz erläutert.

Sicherungen für Hochspannung bezeichnet man als **HH**-Sicherungen (**H**ochspannung-**H**ochleistungs-Sicherung) [high voltage high-breaking-capacity fuse].

Wichtige Eigenschaft und Gesichtspunkte zur Auswahl von Sicherungen sind z. B.:
- Bemessungsspannungsbereich [rated voltage range]
- Bemessungsstromstärke I_n
- Ganzbereich (Ganzbereichssicherungen) [general purpose fuselink] und Teilbereich (Teilbereichssicherungen) [back-up fuse-links]
- Schaltvermögen I_1 [breaking capacity].

Die Bemessungsspannung der HH-Sicherung ist durch einen Bereich vorgegeben. Das bedeutet, dass diese Spannung sowohl nach oben als auch nach unten begrenzt ist. Typische Werte zeigt Abb. 2.

U_N in kV	3/7,2	6/12	10/24	20/36	
I_n in A	6,3	10	16	20	25
	31,5	40	50	63	80
	100	125	160		
I_1 in kA	20	31,5	63		

2: Typische Bemessungswerte für HH-Sicherungen

- AMZ-Relais lösen bei großen Stromstärken schneller aus als bei kleinen.

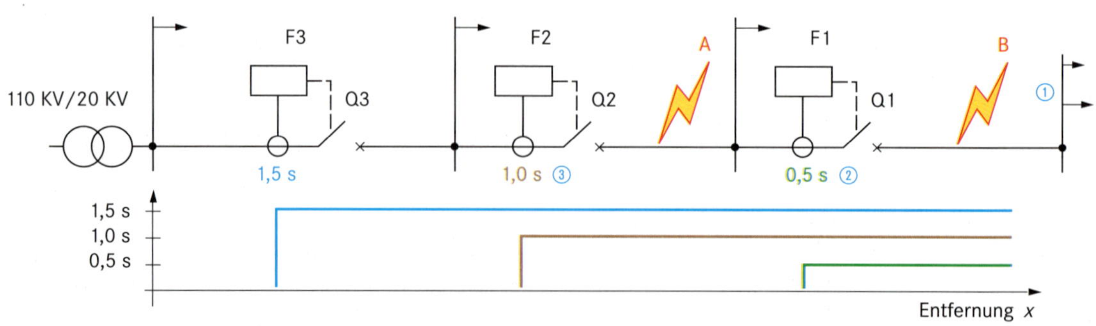

1: Staffelplan eines UMZ-Schutzes

Teilbereichssicherungen sind nur für Kurzschlussschutz geeignet, da sie als Eigenschaft eine **Mindestausschaltstromstärke** [minimum breaking current] besitzen. Diese Stromstärke muss mindestens erreicht werden, damit die Sicherung auslöst. Es muss daher sicher gestellt sein, dass keine Fehler auftreten, bei denen kleinere Ströme als I_3 fließen. Dies wird erreicht, indem die kleinste mögliche Kurzsschluss-Stromstärke $I_{k,min} > I_3$ ist. Ein Schutz gegen Überlast ist von der Sicherung dann nicht gewährleistet.

Sicherungen mit Ganzbereichsverhalten lösen bereits aus, sobald die Bemessungsstromstärke überschritten wird. Das Verhalten ähnelt dem von gG-Sicherungen bei Niederspannungsanwendungen (Abb. 3). Sie sind daher für Überlast- und Kurzschlussschutz geeignet.

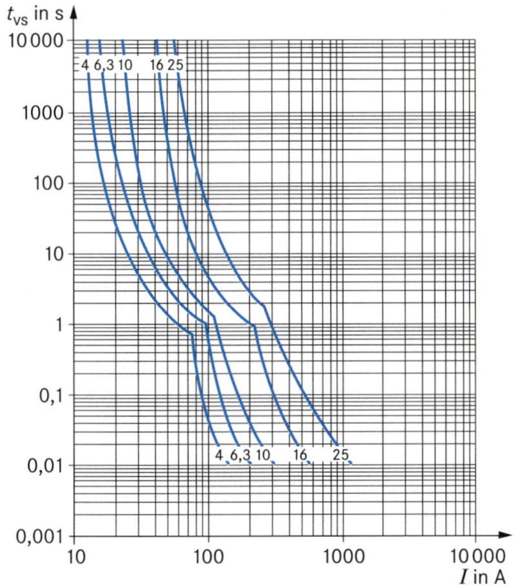

3: Auslösekennlinie einer 10/24 kV-Ganzbereichs-HH-Sicherung

HH-Sicherungen haben die Eigenschaft, Kurzschlussströme zu begrenzen. Tritt ein Kurzschluss ohne Sicherung auf, fließt zu Beginn ein Kurzschlussstrom.

Dieser Strom hat einen Spitzenwert (Stoßkurzschlussstrom). Wird jedoch eine Sicherung verwendet und der Schmelzstrom überschritten, schmilzt der Sicherungsdraht. In der Sicherung brennt nun ein Lichtbogen, welcher für den Kurzschlussstrom einen zusätzlichen Widerstand darstellt. Dadurch wird ein weiterer Anstieg der Stromstärke auf den Durchlassstrom begrenzt. Nach dem Verlöschen des Lichtbogens ist der Stromkreis unterbrochen.

Kommt es in einem Außenleiter zur Sicherungsauslösung, dann fließt über die verbleibenden Außenleitersicherungen noch Strom. Dies führt zu einer unerwünschten unsymmetrischen Belastung des Energieversorgungsnetzes, da sich dann z. B. Transformatoren und Motoren stark erwärmen.

Um diesen Zustand zu verhindern, sind HH-Sicherungen mit einem **Schlagstift** [striker pin] ausgestattet. Dieser springt bei ausgelöster Sicherung aus dem Gehäuse und kann mit seiner Auslösekraft das Schaltschloss eines Lasttrennschalters mechanisch bedienen (Abb. 4). Dadurch schaltet der Lasttrennschalter aus und der vom Kurzschluss betroffene Abgang ist allpolig ausgeschaltet. Alternativ kann der Schlagbolzen das Auslösen der Sicherung über einen Schaltkontakt melden, sodass dann manuell über eine elektrische Auslösung abgeschaltet werden kann. Die Schlagbolzen haben verschiedene Auslösekräfte zwischen 50 N und 120 N. Diese für die Bedienung erforderliche Auslösekraft muss bei der Auswahl von HH-Sicherungen berücksichtigt werden.

Der Lasttrennschalter wird auch verwendet, um die Sicherungen stromlos und spannungsfrei zu schalten, bevor sie herausgenommen bzw. eingesetzt werden.

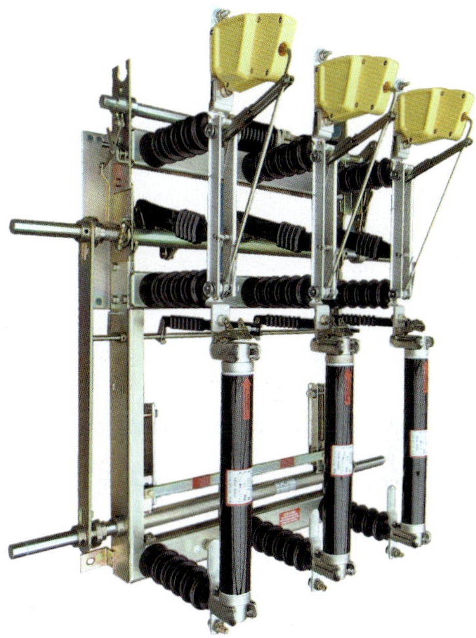
4: Sicherungs-Lasttrennschalter-Kombination

AUFGABEN

1. Warum gehören Sicherungen zu den abhängigen Überstrom-Zeitschutz-Systemen?
2. Wofür werden Sicherungen mit Teilbereichsverhalten eingesetzt?
3. Wozu werden Lasttrennschalter gemeinsam mit Sicherungen verwendet?

- Sicherungen begrenzen Kurzschlussströme.
- HH-Sicherungen gibt es als Teilbereichs- und Ganzbereichssicherungen.

Leistungsschalter

Der abhängige Überstrom-Zeitschutz kann auch mit Leistungsschaltern ausgeführt werden. Hierzu muss ein Schutzgerät ergänzt werden. Dieses Schutzgerät erfasst die Stromstärke und ermittelt anhand einer Kennlinie die zugehörige Ausschaltzeit.

Bei Niederspannungs-Leistungsschaltern (NS-Leistungsschalter) sind diese Schutzgeräte meist als Auslöseblöcke in das Schaltergehäuse integriert (Abb. 1). In Hochspannungsanlagen werden die Schutzgeräte separat installiert.

Die einfachste Anwendung ist der LS-Schalter, der einen thermischen Überlastauslöser und einen magnetischen Kurzschlussschnellauslöser besitzt. Bei modernen Leistungsschaltern lassen sich die einzelnen Kennlinien anpassen, sodass die Selektivität zu weiteren Leistungsschaltern oder Sicherungen hergestellt werden kann.

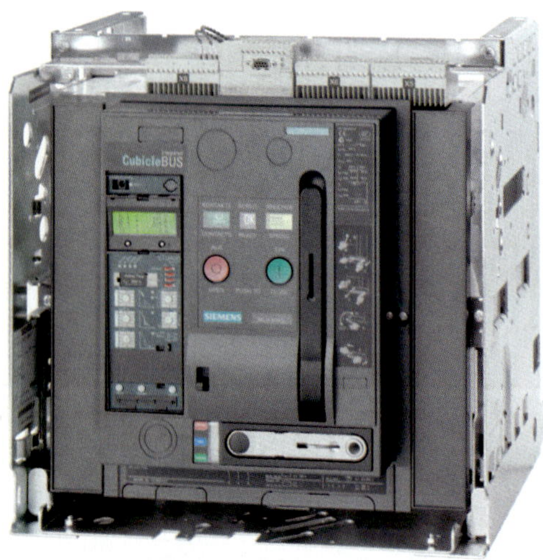

1: NS-Leistungsschalter mit Auslöseblock

- **Signalvergleichsschutz**

Beim Schutz durch Vergleich von Signalen werden Informationen ausgewertet, die an verschiedenen Anschlüssen von Betriebsmitteln (z. B. Trafo, Kabel) oder an anderen Schutzgeräten vorhanden sind. Durch eine Kommunikationsverbindung untereinander kann z. B. ermittelt werden, ob an benachbarten Schutzsystemen ebenfalls ein Kurzschlussstrom auftritt. So lässt sich feststellen, welcher Leistungsschalter dem Fehler am nächsten ist. Dieser Schalter kann dann schnellstmöglichst abschalten.

- **Stromdifferenzialschutz**

Bei diesem Schutzprinzip kontrolliert man, ob alle Ströme, die in das Betriebsmittel hinein fließen, auch wieder heraus fließen. Ist dies nicht der Fall, gibt es eine zusätzliche ungewollte leitende Verbindung innerhalb des Betriebsmittels. Dieses Prinzip wird häufig bei Kabeln (Abb. 2) und Transformatoren angewendet.

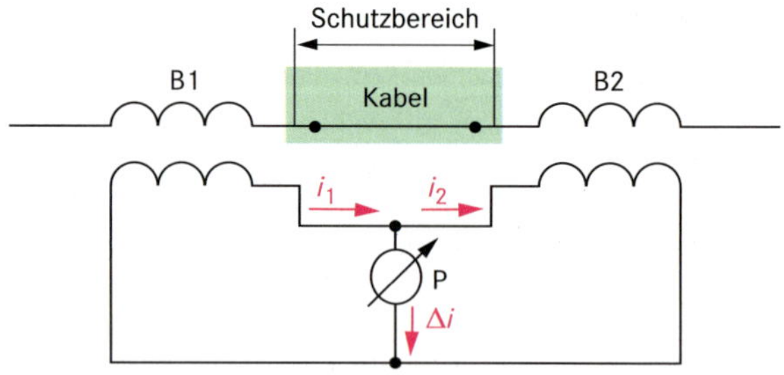

2: Prinzip Stromdifferenzialschutz

Am Ein- und Ausgang wird die Stromstärke gemessen. Diese Messwerte werden miteinander verglichen. Überschreitet die Differenz beider Werte einen Grenzwert, kommt es zur Schutzauslösung und damit zum Abschalten des Betriebsmittels bzw. der Kabelstrecke. Die Strecke zwischen den Wandlern nennt man **Schutzbereich** [protection zone].

Die Sekundärwicklungen der Wandler B1 und B2 (Abb. 2) werden dazu in Reihe geschaltet. Wie bei einer Messbrücke wird ein Messsystem P parallel geschaltet. Solange $\Delta i = i_1 - i_2 = 0$ ist, liegt kein Fehler vor. Entsteht hier eine Stromdifferenz, muss innerhalb des Betriebsmittels bzw. der Kabelstrecke ein Fehler vorliegen.

- **Phasenvergleichsschutz**

Innerhalb vermaschter Netze kann es vorkommen, dass der Energiefluss bei Normalbetrieb oder auch im Kurzschlussfall verschiedene Richtungen annimmt. Der selektive Schutz muss dann sicher erkennen können, ob der Fehler innerhalb eines bestimmten Netzabschnittes liegt oder nicht.

Dies kann mit Hilfe des Phasenvergleichsschutzes [phase comparison protection] sicher festgestellt werden (Abb. 3). Hierzu werden am Anfang und Ende einer Übertragungsstrecke (Kabel oder Freileitung) die Phasenüberdeckungszeiten positiver und negativer Halbschwingungen der Stromstärke gemessen und miteinander verglichen. Der Verlauf der Halbschwingungen ist dabei nicht von Bedeutung, sodass eine Umformung der sinusförmigen Signale in Rechteckgrößen vorgenommen wird.

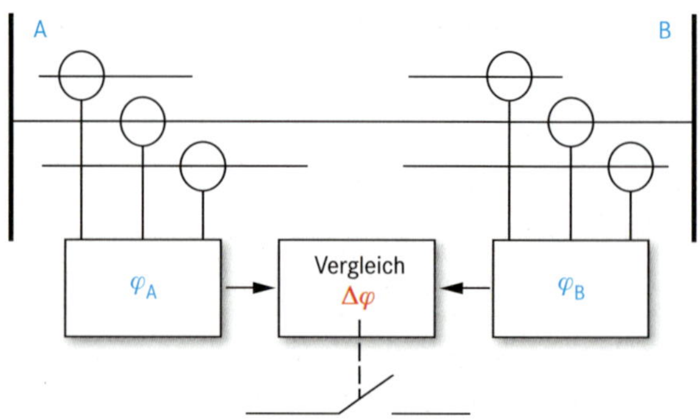

3: Prinzip des Phasenvergleichsschutzes

- **Distanzschutz**

Um unabhängig von Größen wie Kurzschluss-Stromstärke oder Lastflussrichtung zu sein, wird beim Distanzschutz [distance protection] die Leitungsimpedanz gemessen.

Da jedes Kabel und jede Leitung eine spezifische Impedanz besitzt, kann mit Hilfe der jeweils gemessenen Leitungsimpedanz die Kurzschlussentfernung ermittelt werden. Bei einem Fehler ist die Impedanz in Abhängigkeit von dessen Entfernung geringer als ohne Fehler. Je nach Größe der Impedanz wird das Schaltkommando in der schnellstmöglichen Zeit oder verzögert an den Leistungsschalter gegeben.

Das Prinzip des Distanzschutzes ist in Abb. 4 dargestellt. Über die Stromstärken- und Spannungsmessung wird die Impedanz ermittelt. Dazu werden Wandler (Abb. 5) verwendet.

Um eine selektive Abschaltung zu erreichen, muss das Schutzsystem entscheiden, ob der Kurzschluss innerhalb eines Schutzbereiches zwischen zwei Messpunkten liegt.

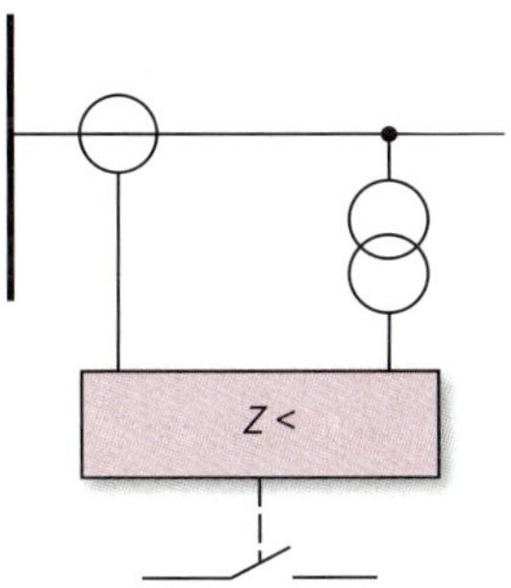

4: Prinzip des Distanzschutzes

5: Wandler (110 kV)

- Differenzialschutzsysteme messen Ströme an allen Seiten der Betriebsmittel und vergleichen diese.
- Beim Phasenvergleichsschutz werden die Phasenlagen der Stromstärken gemessen. Ab einer bestimmten Differenz wird ein Schaltimpuls ausgelöst.
- Beim Distanzschutz wird die Distanz vom Schutzrelais zum Fehlerort indirekt über die Leitungsimpedanz gemessen.
- Das Buchholzrelais überwacht Transformatorfehler, wie den inneren Kurzschluss, eine Gasentwicklung oder einen Ölverlust.

- **Buchholzschutz**

Der Buchholzschutz (Max Buchholz, Erfinder, 1875–1956) [Buchholz protector relay] ist ein Schutzsystem für Öl-Transformatoren. Diese Transformatoren haben geschlossene Metallkessel, in denen sich die Wicklungen befinden. Als Isoliermittel und zur Kühlung der Wicklungen sind diese Kessel vollständig mit Öl gefüllt. Der jeweilige Kessel hat eine Rohrverbindung zu einem Öl-Ausdehnungsgefäß. Dieses Gefäß ist oben am Transformator montiert und enthält einen Vorrat an Isolieröl (Abb. 6). Dehnt sich das im Kessel befindliche Öl aufgrund von Erwärmung aus, kann es in das Ausdehnungsgefäß strömen. Kühlt der Transformator ab, strömt das Öl zurück in den Kessel. Das Buchholzrelais wird in die Rohrleitung zwischen Ausgleichsbehälter und Transformatorkessel installiert.

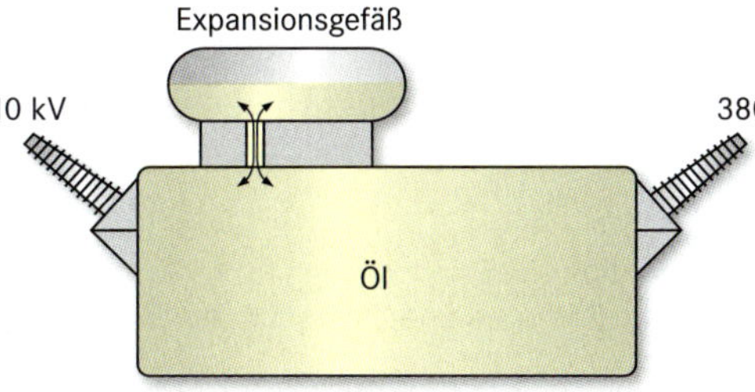

6: Buchholzschutz

Das Buchholzrelais besitzt zwei mit Luft gefüllte Schwimmer, welche im Normalbetrieb durch die Auftriebskraft nach oben gedrückt sind (Abb. 7 ① ②). Kommt es zu Fehlern im Transformator, bewegen sich die Schwimmer. Diese Bewegung wird über Meldekontakte registriert. Bei geringer Bewegung erfolgt eine Warnmeldung, bei starker Bewegung eine Schutzabschaltung des Transformators.

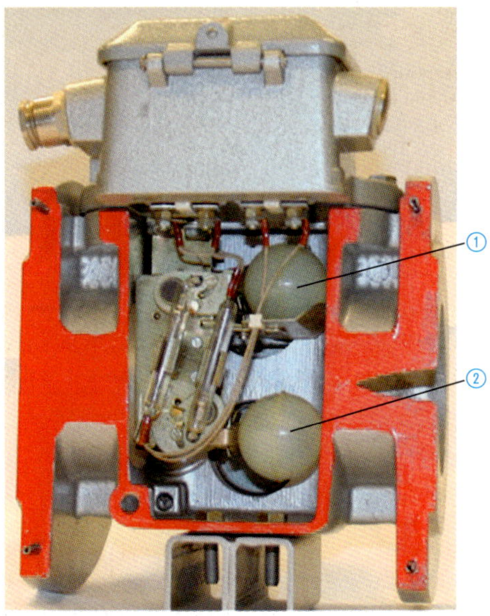

7: Schnitt durch ein Buchholzrelais

5.10 Fehlersuche

Mit der Fehlersuche [trouble-shooting] soll die defekte Komponente eines Gerätes bzw. einer Anlage gefunden werden. Eine Komponente ist schadhaft, wenn sie die eigentlich geforderte Funktion nicht mehr ausführen kann. Alle Systeme, die mit dem defekten Objekt verbunden sind, können damit in ihrer Funktionsfähigkeit [ability to operate] behindert sein.

Der Schaden kann zu Fehlern an weiteren Teilsystemen und Komponenten führen, die selbst keinen Schaden haben. Der umgangssprachliche Begriff „Fehlersuche“ müsste daher eigentlich „Schadenssuche“ heißen.

Beispiel: Sicherung defekt (Schaden)
⇒ keine Spannung auf der Leitung (Fehler)
⇒ keine Spannung an der Lampe (Fehler)
⇒ Lampe leuchtet nicht (sichtbarer Fehler)

Der Schaden wirkt hier über weitere Teilsysteme und ist deshalb meistens nicht direkt zu erkennen. Bei der Fehlersuche können verschiedene Strategien angewendet werden (s. Übersicht unten).

- Fehlersuchstrategien können in Vorwärts- und Rückwärtsstrategien unterschieden werden.

Begriffe zur Fehlersuche

- **Funktion** [function]
  ist eine Aufgabe, die durch den Verwendungszweck der Maschine vorgegeben ist, z. B. Drehen des Fräskopfes mit einer bestimm ten Geschwindigkeit zum Fräsen eines Werkstückes.
- **Fehler** [failure]
  ist der Ausfall einer oder mehrerer Funktionen einer Maschine. Der Fehler besteht z. B. darin, dass die Funktion „Fräsen“ nicht mehr ausgeführt werden kann.
- **Schaden** [damage]
  ist der Zustand eines (Teil-)Systems, bei dem eine unzulässige Beeinträchtigung der Funktionsfähigkeit besteht.

Beispiel:
Eine Glühlampe hat die Funktion „Abgabe von Licht bei anliegender Betriebsspannung“. Wird das Licht nicht abgegeben, dann liegt ein Fehler vor. Der Schaden besteht darin, dass z. B. der Glühfaden geschmolzen ist.

Fehlersuchstrategien

Prinzipiell lassen sich zwei Strategien unterscheiden:

1. Vorwärtsstrategie

Es wird von übergeordneten Systemen zum fehlerhaften Teilsystem gesucht, z. B. Suche vom Versorgungsnetz in Richtung Lampe.
⇒ Suche **in** Richtung Fehlfunktion

2. Rückwärtsstrategie

Es wird vom fehlerhaften Teilsystem zu übergeordneten Systemen gesucht, z. B. Suche von der Lampe in Richtung Versorgungsnetz.
⇒ Suche **von** der Fehlfunktion weg

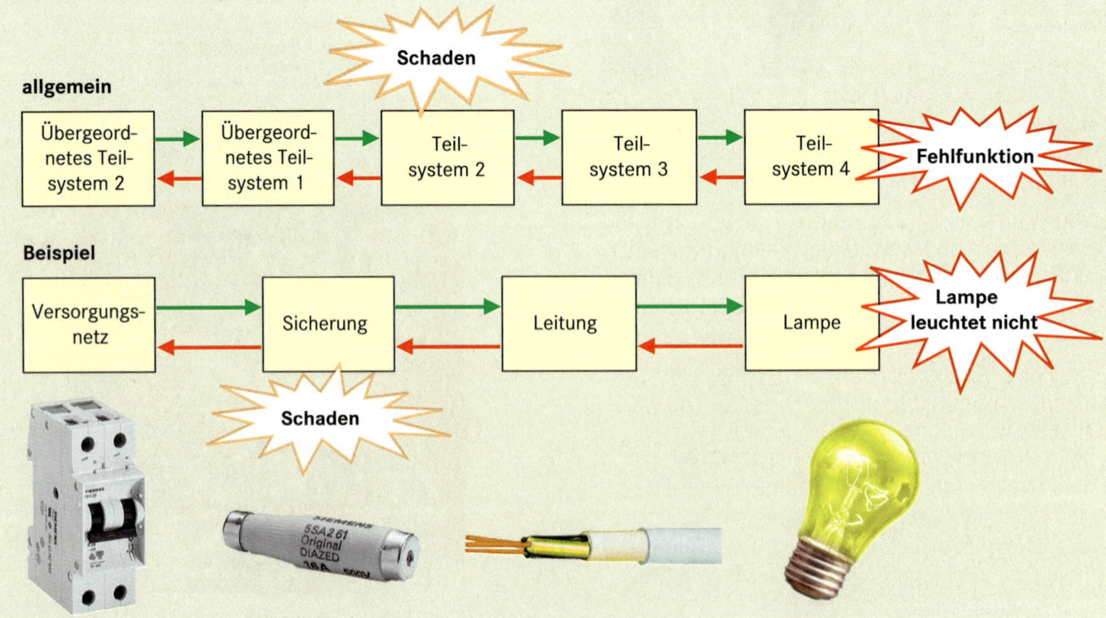

Als Beispiel für eine Fehlersuche dient die in Abb. 1 festgehaltene Telefonnotiz über eine defekte Fräsmaschine (Abb. 2):

Anrufer: Hr. Stanze/Fa. Blechservice KG
Telefonnummer: 01234/987766
Datum/Zeit: 12.03.20.. /7:45 Uhr
Bitte um: ⊗ Rückruf ○ Erledigung
Inhalt: wichtige Fräsmaschine ist ausgefallen, Lieferzusage an KfZ-Hersteller ist in Gefahr; umgehend Hilfe erbeten
Anmerkung: vom Chef!!!
Kunde hat einen Servicevertrag
→ Einsatz mit Chef besprechen - sofort!!!

1: Telefonnotiz

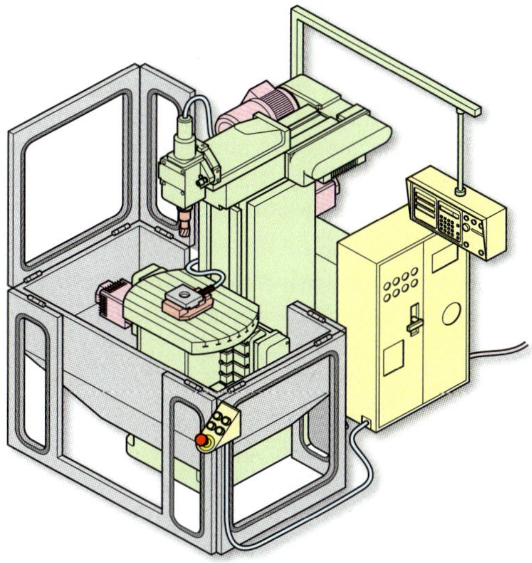

2: Systeme einer Fräsmaschine

Systemanalyse

Bevor der Fehler gesucht werden kann, müssen Informationen über die Anlage und ihre Funktion bekannt sein. Die Zusammenhänge innerhalb einer Maschine lassen sich in einem **Funktionsschema** [function chart] darstellen (Abb. 3). Bei diesem Schema wird die Maschine in **Teilsysteme** [subsystems] und **Komponenten** [components] untergliedert. Als erste Untergliederung können folgende Teilsysteme benannt werden:

- Die **Antriebseinheit** [drive unit] dient zum Antreiben beweglicher Einrichtungen (Arbeitsspindel, fahrbarer Tisch, ...) und kann z. B. ein Elektromotor oder Hydraulikzylinder sein.
- Die **Arbeitseinheit** [work unit] erbringt die eigentliche Arbeit der Maschine, z. B. die Arbeitsspindel mit Fräskopf oder Greifer eines Roboters.
- Die **Stütz- und Trageinheit** [support and bearing unit] gibt der Maschine die notwendigen mechanischen Verbindungen. Diese halten die Antriebs- bzw. Arbeitseinheiten und leiten auftretende Kräfte an das Maschinengestell oder Gehäuse weiter.
- Die **Energieübertragungseinheit** [power transmission unit] überträgt die benötigte Energie von der Quelle zum Verwendungsort. Elektrische Leitungen, Keilriemen und Getriebe sind Energieübertragungseinheiten.
- Die **Steuerungseinheit** [control unit] nimmt Informationen auf und gibt Informationen ab, um durch veränderbare/schaltbare Energieübertragung gewünschte, automatische Maschinenabläufe zu gewährleisten.
- Die **Versorgungseinheit** [supply unit] versorgt die Anlage mit den benötigten Stoffen (Schmiermittel, Kühlwasser, ...) und Energien (Hydraulikdruck, elektrischer Strom, ...).

Weitere Informationen

Weitere Informationen über die Fräsmaschine sind in der **Bedienungsanleitung** [instruction manual] und der Elektrodokumentation enthalten. Die Dokumente geben einen Überblick über die vorhandenen Teilsysteme, Anlagenkomponenten und deren Funktionen.

Folgende Komponenten lassen sich an der Fräsmaschine finden und in das Funktionsschema (Abb. 3) einordnen:

- Motor (Antriebseinheit) ①
- Getriebe (Energieübertragungseinheit) ②
- Maschinengestell (Stütz-/Trageinheit) ③
- Schalt-/Steuerschrank (Steuerungseinheit) ④
- Schutztürschalter (Steuerungseinheit) ⑤
- Hauptspindel/Fräskopf (Arbeitseinheit) ⑥

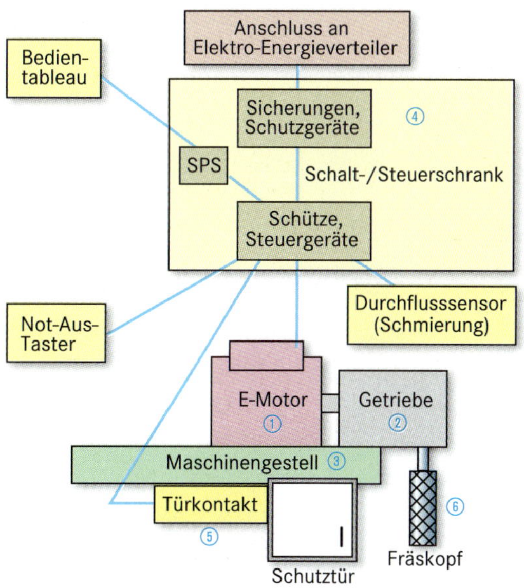

3: Funktionsschema einer Fräsmaschine

Fehlerort [failure location]

Der Fehler der Fräsmaschine in dem angenommenen Beispiel zeigt sich an der Welle des Fräskopfes. Die Welle dreht sich nicht, obwohl alle betrieblichen und sicherheitstechnischen Vorgaben erfüllt sind. Da der Fehlerort gut zugänglich ist, wird in diesem Fall die Rückwärtsstrategie angewendet.

- **Teilsystem 1: Welle**
Als erstes Teilsystem wird die Welle betrachtet, die den Fräskopf antreibt. Als Schnittstellen ergeben sich die
  - Lagerung und
  - Kupplung zum Getriebe.

Die Schnittstellen lassen sich prüfen, indem man die Welle von Hand dreht. Zur Sicherheit sollte der Fräskopf ausgebaut und die Anlage ausgeschaltet sein. Die Welle lässt sich leicht drehen. Der Schadensort ist daher nicht die Welle.

- **Teilsystem 2: Getriebe**
An die Welle schließt sich das Getriebe als nächstes zu prüfendes Teilsystem an. Auch das Getriebe ist von Hand drehbar und daher ohne Schaden.

- **Teilsystem 3: Motor**
Als nächstes Teilsystem wird der Elektromotor betrachtet. Am Motor befinden sich folgende Schnittstellen:
  - Getriebe
  - Maschinengestell
  - Klemmbrett

Die Befestigung am Maschinengestell sowie die Leichtgängigkeit der Welle können wieder von Hand geprüft werden.

Für die Prüfung der Klemmen muss zunächst der Klemmenkasten geöffnet werden (Abb. 1). Anschließend wird die Anlage unter Spannung gesetzt. Jetzt wird an den offen liegenden Klemmen die Spannung mit einem Spannungsmessgerät gemessen. Hierbei sind alle drei Außenleiter-Spannungen gegeneinander sowie gegen den Schutzleiter zu messen. Zwischen allen Messpunkten wird die Spannung $U = 0$ V gemessen.

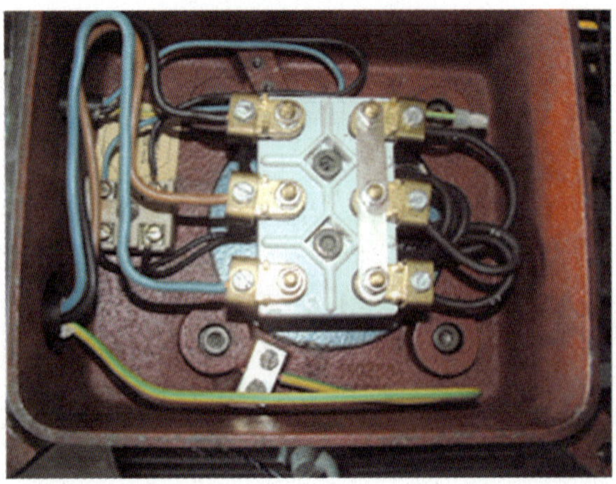

1: Geöffneter Klemmenkasten

Fehlerbaum [fault tree]

Die Suche nach dem Schaden wird bei komplexen Anlagen häufig durch vorgefertigte Fehlerbäume erleichtert. Am Anfang eines Fehlerbaumes steht der „sichtbare" Anlagenfehler. Anhand eines Flussdiagrammes werden dann die einzelnen Schnittstellen der Teilsysteme geprüft. Mit dem Ergebnis der Prüfungen wird das Instandsetzungspersonal systematisch zu der schadhaften Komponente geleitet.

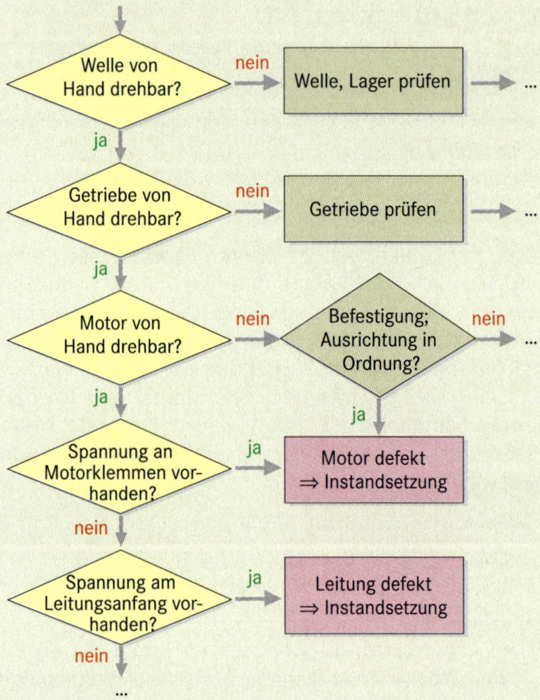

AUFGABEN

1. Erläutern Sie den Unterschied zwischen den Begriffen „Fehler" und „Schaden".
2. Wegen einer Reifenpanne kann ein Auto nicht weiterfahren. Beschreiben Sie die Funktion, den Fehler und den Schaden am Auto.
3. Wie können die Schnittstellen eines Schalters geprüft werden?

- Schäden und Fehlfunktionen liegen meistens nicht an derselben Stelle.
- Die Suche nach dem Schaden kann in unterschiedlichen Richtungen erfolgen (vorwärts/rückwärts).
- Fehlerbäume sind bei der Schadenssuche hilfreich.

Aufgrund der Messung ist klar, dass dem Motor die nötige Spannung nicht zur Verfügung steht. Die Schnittstelle zum Klemmbrett ist die Anschlussleitung. Diese hat als weitere Systemschnittstelle die Klemmen im Schaltschrank.

Da der Verlauf der Anschlussleitung wegen der verdeckten Leitungswege nicht nachvollzogen werden kann, muss die Dokumentation mit ihren Schaltplänen herangezogen werden.

In der Inhaltsübersicht der Dokumentation findet man den Hinweis, dass der Leistungsteil des Hauptspindelantriebes auf Blatt 5 des Plansatzes zu finden ist (Abb. 2).

Bevor die Suche nach dem Schaden fortgesetzt wird, muss der vorhandene Plan analysiert werden. Er enthält verschiedene Objekte mit unterschiedlichen Funktionen:

Objekte:
- Sammelschiene (Versorgungseinheit) ①
- Sicherung (Schutzfunktion) ②
- Schütz (Steuerungseinheit) ③
- Motorschutzrelais (Schutzfunktion) ④
- Leitung (Übertragungseinheit) ⑤
- Motor (Arbeitseinheit) ⑥

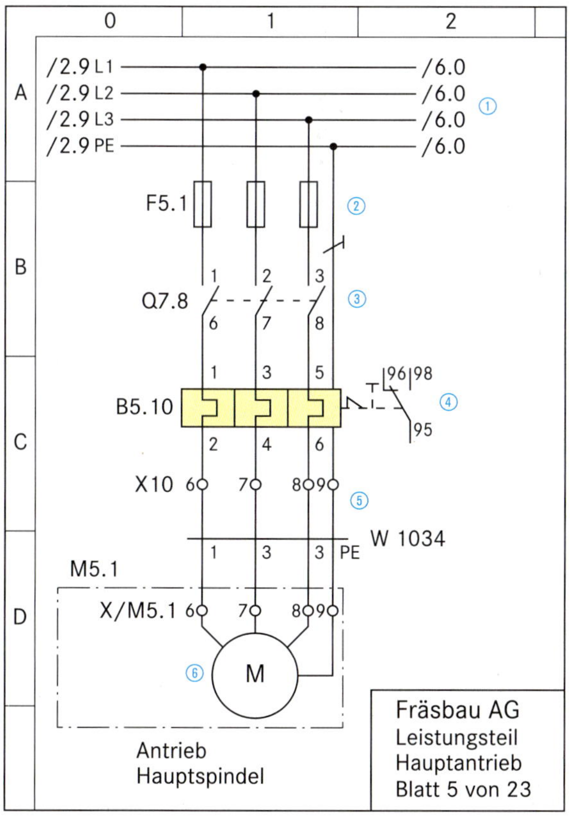

2: Schaltplan „Leistungsteil der Motorsteuerung“

Auf diesem Plan lässt sich der Energiefluss von der Sammelschiene bis zum Motor nachvollziehen. Im **fehlerfreien Betrieb** [faultless operation] fließt die elektrische Energie von der Sammelschiene über alle Objekte bis zum Motor. Die Energie fließt jedoch nur, wenn die in Abb. 3 aufgeführten Bedingungen erfüllt sind.

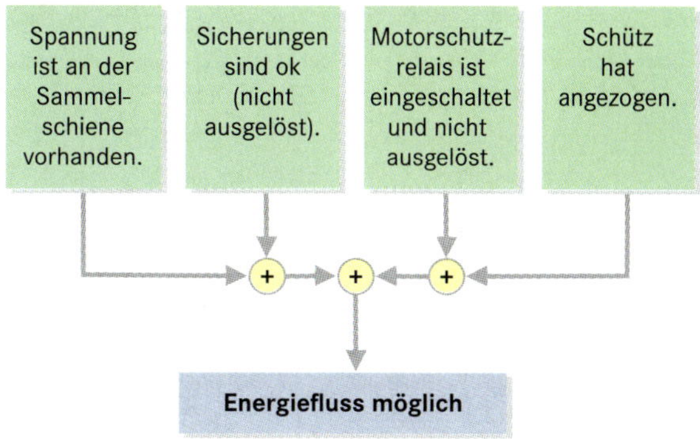

3: Bedingung für den Energiefluss

Prüfungen

Die Bedingungen werden kontrolliert, indem an allen Anschlussstellen der Objekte die anliegende Spannung überprüft wird.

Je nach Reihenfolge der Messungen kann hier die Vorwärts- oder Rückwärtsstrategie angewendet werden. Das Ergebnis der Messungen zeigt Abb. 4.

An den Messergebnissen lässt sich erkennen, dass die Versorgungsspannung bis zu den netzseitigen Klemmen des Schützes Q7.8 (Abb. 2 ③) anliegt. An den abgangsseitigen Klemmen liegt keine Spannung.

	Messpunkt	*U*
↓ Vorwärtsstrategie ↓ / ↑ Rückwärtsstrategie ↑	Sicherungen F5.1 Sammelschienenseite	3 x 400 V
	Sicherungen F5.1 abgangsseitig	3 x 400 V
	Schütz Q7.8 Klemmen 1, 2, 3	3 x 400 V
	Schütz Q7.8 Klemmen 6, 7, 8	3 x 0 V
	Motorschutzschalter B5.10 Klemmen 1, 2, 3	3 x 0 V
	Motorschutzschalter B5.10 Klemmen 6, 7, 8	3 x 0 V
	Klemmleiste X10 Klemmen 6, 7, 8	3 x 0 V

4: Messergebnisse an allen Messpunkten zwischen L1-L2, L1-L3, L2-L3

Das Schütz kann wieder als Teilsystem mit Schnittstellen betrachtet werden (Abb. 1). Um die Funktion „Kontakte schließen" auszuführen, muss an der Spule ① die **Steuerspannung** [control voltage] liegen oder der Druckknopf ② betätigt werden.

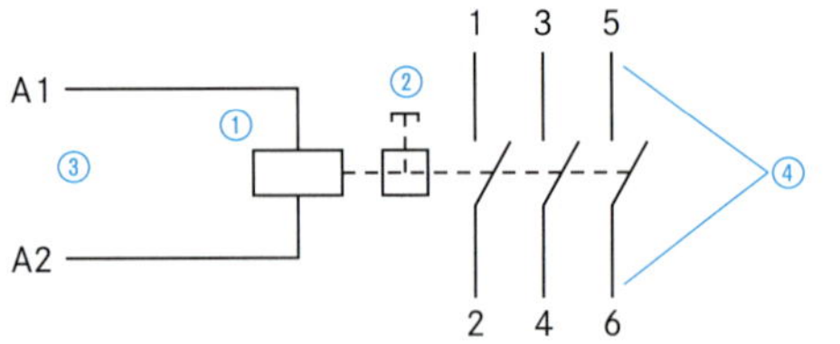

① Schützspule ③ Spulenanschluss
② Handbetätigung ④ Schaltkontakt-Anschlüsse

1: Schütz als Teilsystem

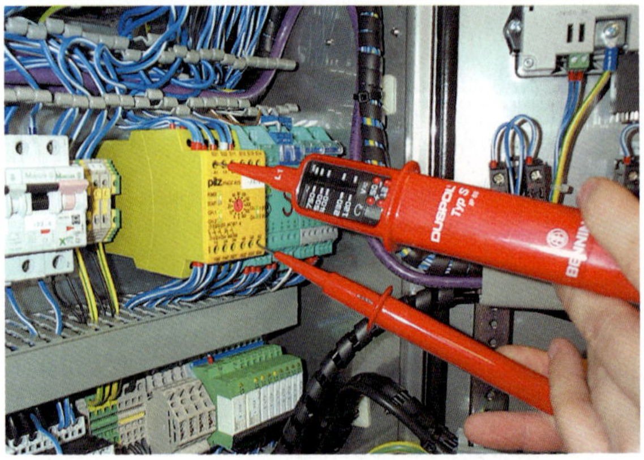

3: Messung mit zweipoligem Spannungsprüfer

Schnittstellenprüfung

Die Prüfung ergibt, dass nach Betätigen des Druckknopfes am Schütz der Motor anläuft. Die Schnittstellen ② und ④ sind also fehlerfrei.

Eine Messung an den Klemmen A1, A2 (Abb. 3) ergibt, dass die Spule spannungslos ist. Die Bedingungen für das Anziehen des Schützes sind somit nicht erfüllt. Danach ist die Ursache für die fehlende Steuerspannung zu ermitteln.

Hierfür ist es wichtig zu wissen, woher das Schütz seine Steuerspannung bekommt und unter welchen Bedingungen es einschalten soll. Aus der Schützbezeichnung Q7.8 (Abb. 2 ①) ergibt sich, dass die Schützspule im Stromlaufplan auf Blatt 7 in der Spalte 8 eingezeichnet ist. Dort befinden sich alle **Schaltkontakte** [switching contacts], die für die Ansteuerung des Schützes erforderlich sind.

Um das Schütz Q7.8 anziehen zu lassen, muss an den Klemmen A1, A2 eine Spannung von 230 V anliegen. Dies wird erreicht, wenn

- an der Sammelschiene Spannung anliegt,
- der Sicherungsautomat F7.8 eingeschaltet ist und nicht ausgelöst hat, sowie
- die Hilfsschütze K4.5, K7.4 und A7.2 angezogen haben.

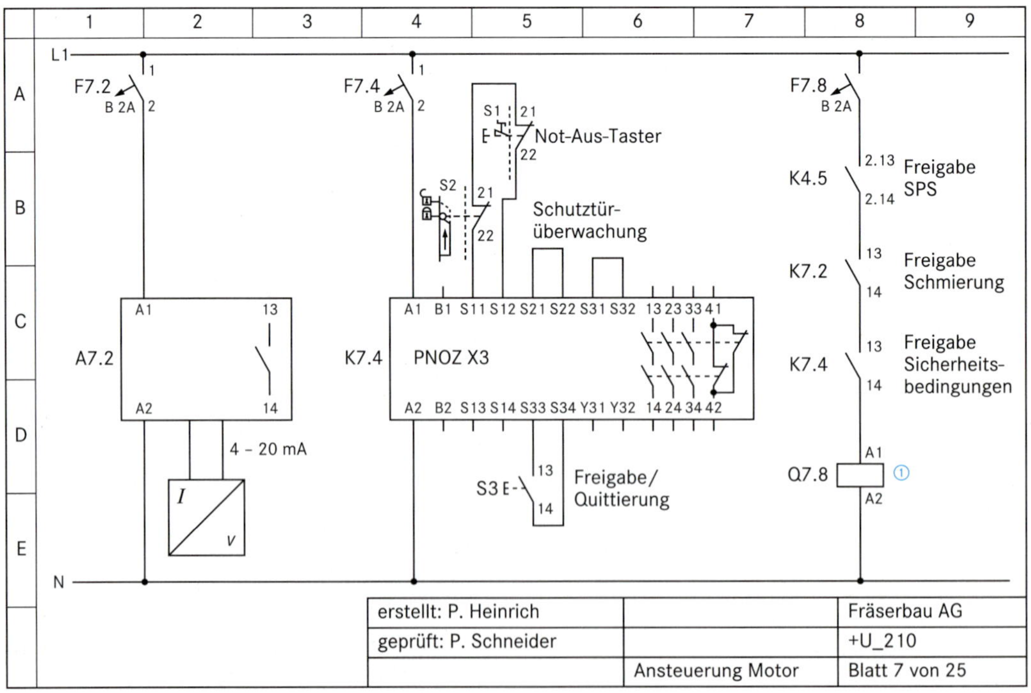

2: Schaltplan „Ansteuerung Motorschütz"

Messungen und Prüfungen

Um diese Bedingungen zu überprüfen, sind Messungen notwendig. Entweder wird mit Hilfe der Vor-/Rückwärtsstrategie an allen Schützen die Spannung gemessen oder es wird eine Durchgangsprüfung vorgenommen.

Um die Durchgangsprüfung gefahrlos durchführen zu können, muss vor der Messung der Messzweig spannungsfrei geschaltet werden.

Danach wird der Durchgangsprüfer auf Funktion geprüft, indem beide Messspitzen zusammengeführt werden. Ist die Signalleuchte bzw. der Signalton an, ist das Messgerät funktionsbereit. Die eine Messspitze wird an ein Ende der Reihenschaltung gelegt. Mit der zweiten Messspitze werden nacheinander die einzelnen Messpunkte der Reihenschaltung berührt.

Wenn die erste Messstelle erreicht wird, bei der kein Signal kommt, wurde die Fehlerstelle mit dem letzten Schritt übersprungen (Abb. 4 ①).

Aus der Messung lässt sich schließen, dass die Klemmen 13, 14 im Relais Q7.4 keine leitfähige Verbindung haben.

Schritt	Messpunkt von K4.5, Klemme 2.13 nach ...	Durchgang ja/nein
1	K4.5, Klemme 2.14	ja
2	K7.2, Klemme 13	ja
3	K7.2, Klemme 14	ja
4	K7.4, Klemme 13	ja
5	K7.4, Klemme 14	nein ①

4: Messergebnisse der Durchgangsprüfung

Das Relais K7.4 ist ein Sicherheitsrelais mit der Typbezeichnung PNOZ X3. Es verfügt über mehrere Eingänge und Ausgänge (Abb. 5). Aus der vereinfachten Darstellung des Stromlaufplans geht jedoch nicht hervor, unter welchen Eingangsbedingungen der Relaisausgang aktiv (geschlossen) ist. Diese Information kann z. B. dem Datenblatt der Bedienungsanleitung oder einem Katalog entnommen werden.

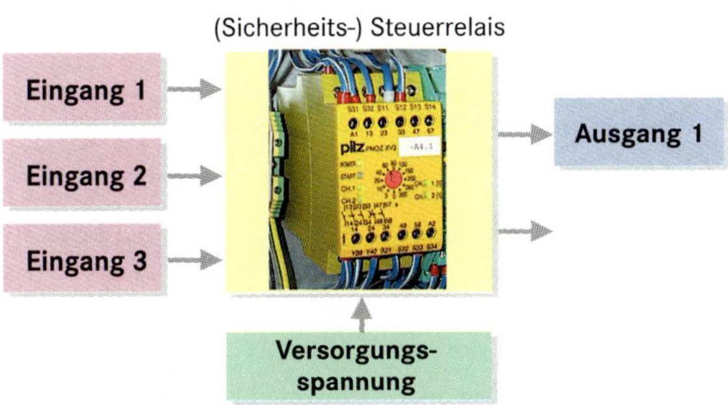

5: Schnittstellen des Sicherheitsrelais

Aus der Bedienungsanleitung sind nun die Voraussetzungen für das Schließen der Schaltkontakte ersichtlich.

Diese Voraussetzungen sind:
1. Die Versorgungsspannung muss vorhanden sein.
2. Der Eingangskreis muss geschlossen sein.
3. Der Reset-/Starteingang muss erst geöffnet sein und dann geschlossen werden.

Bei der Unterbrechung der Versorgungsspannung oder dem Öffnen des Eingangskreises wird der Schaltausgang des Sicherheitsrelais sofort geöffnet.

Mit Hilfe eines Vielfachmessgerätes werden die Versorgungsspannung sowie die Schaltkreise (Eingangskreis, Reset/Start) überprüft (Abb. 6). Da alle Eingangsschnittstellen des Relais funktionieren, steht nun fest, dass das Sicherheitsrelais defekt ist und ausgetauscht werden muss.

operating voltage	230 V AC	ok
input circuit	Durchgang vorhanden	ok
reset	Durchgang vorhanden	ok

6: Messergebnis

Alternative Suchverfahren: Trial and Error

Alternativ zu der Fehlersuche über Schnittstellen kann an der Anlage zunächst nach Auffälligkeiten gesucht werden. Diese ergeben sich z. B. aus Beobachtungen der Maschinenbediener (Rauchentwicklung, Geräusche) oder einer Sichtkontrolle.

Auffälligkeiten bei einer Sichtkontrolle können sein:
- Rauchspuren
- ausgelöste Sicherungen / LS-Schalter
- Verformungen durch Wärmeeinwirkung usw.

Diese Maßnahmen führen im Gegensatz zur systematischen Fehlersuche über die Schnittstellen nicht sicher zum Schadensort. Um mit Hilfe der genannten Kennzeichen den Schaden zu ermitteln, ist viel Erfahrung erforderlich. Diese Art der Schadenssuche sollte nur bei eindeutig erkennbaren Schäden sowie zur ersten Orientierung angewendet werden, da sie folgende Nachteile hat:
- „Trial and Error" führt nicht sicher zum Ziel.
- Die Schadensursache wird nicht immer beseitigt.
- Es könnten Elemente ausgetauscht werden, die nicht schadhaft sind.

Maßnahmen vor einer Durchgangsprüfung:
- Messpunkte festlegen
- Messgerät auswählen
- Spannungsfrei schalten (z. B. Steuersicherung entfernen)
- Funktion des Messgerätes prüfen (z. B. Messspitzen eines Durchgangsprüfers zusammenführen)

5.11 Instandhaltung

Technische Systeme könnten ohne „Pflegemaßnahmen“ betrieben werden. Irgendwann käme es dann aber zu einem Ausfall der Systeme. Eine Reparatur ist dann häufig wirtschaftlich nicht zu vertreten, sodass ein „Totalschaden“ vorliegt.

Beim Betrieb werden bestimmte Komponenten abgenutzt. Hat die **Abnutzung** [wear-out] eine bestimmte Grenze überschritten (Abnutzungsgrenze, Abb. 1 ①), kommt es zum Ausfall. Abnutzungen sind z. B. das Abschleifen von Kollektorbürsten bei Elektromotoren. Den Abstand zwischen dem Ist-Zustand und vollständiger Abnutzung nennt man **Abnutzungsvorrat** [wear-out margin]. Im Neuzustand beträgt dieser Abnutzungsvorrat 100 % ②.

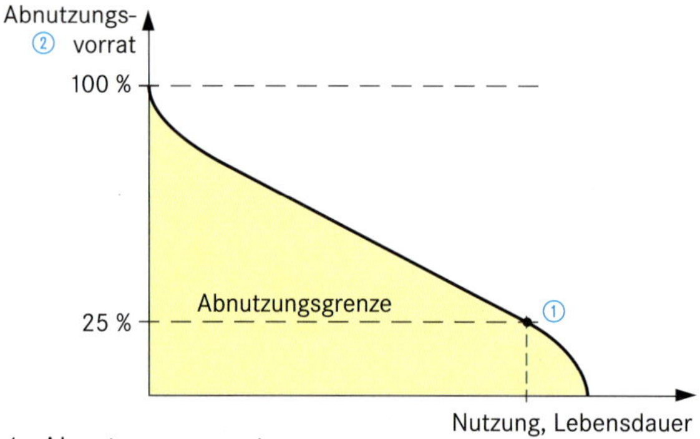

1: Abnutzungsvorrat

Werden die Anlagen gepflegt und Verschleißteile rechtzeitig ausgetauscht oder ergänzt (z. B. Kohlebürsten), kann die Abnutzung verzögert und eine längere Lebensdauer erreicht werden.

Alle Einzelmaßnahmen zum Vorbeugen von Ausfällen an technischen Systemen bezeichnet man als **Instandhaltung** [maintenance]. Dazu gehört auch die Reparatur. Die Instandhaltungstätigkeiten werden gemäß DIN 31051 in vier Bereiche gegliedert (Abb. 2).

Inspektion

Ziel einer Inspektion ist es, Abnutzungserscheinungen frühzeitig zu erkennen. Dadurch können rechtzeitig geeignete Maßnahmen eingeleitet und Ausfälle verhindert werden. Beim Inspizieren sind drei Punkte zu berücksichtigen (Abb. 3):

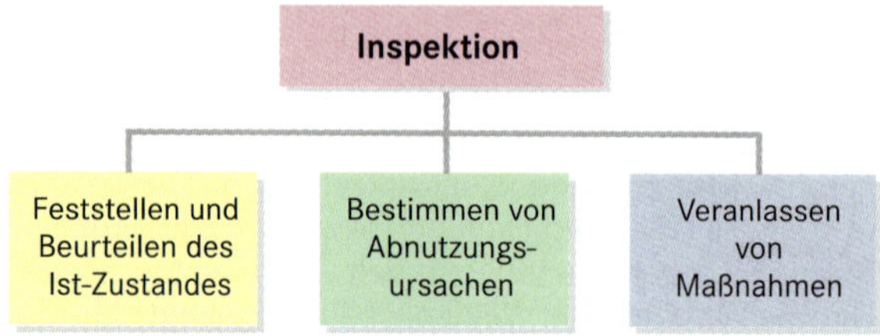

3: Maßnahmen einer Inspektion

Ist-Zustand feststellen und beurteilen

Die Inspektion beginnt mit der **Besichtigung** [visual inspection] der Anlagen. Hierbei werden Veränderungen gesucht, die mit den menschlichen Sinnen wahrgenommen werden können (Abb. 4).

Eine weitere Methode zum Feststellen des Ist-Zustandes sind Messungen (Abb. 5). Die zu messenden Größen sind meistens durch Normen festgelegt oder vom Anlagenhersteller in Wartungs- und Inspektionsplänen vorgegeben. Mögliche Messgrößen sind z. B.:

- Schleifenwiderstand
- Ableitstromstärke
- Betriebsstromstärke
- Temperatur
- Geschwindigkeit

- Instandhaltung besteht aus Inspektion, Wartung, Instandsetzung und Verbesserung.

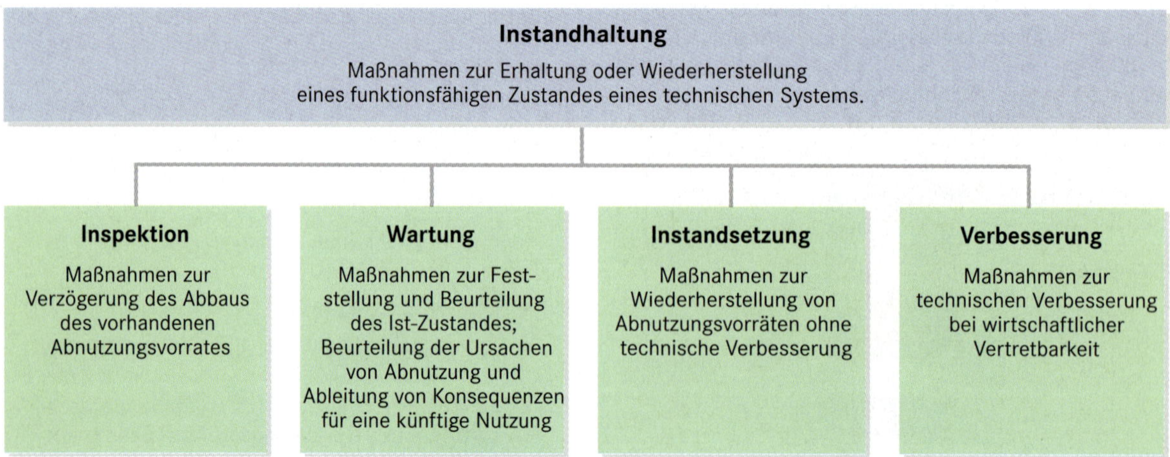

2: Begriffe der Instandhaltung

Sehen - beschädigte Gehäuse, Abdeckungen usw. - durch Temperatureinwirkung verfärbte Anlagenteile - Form- oder Bewegungsänderungen	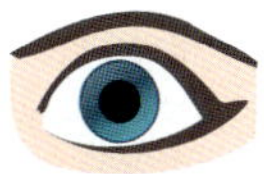
Hören - Rauschen - Knacken - Knirschen	
Riechen - Schmoren von Kabeln - ausgelaufene Flüssigkeiten	
Fühlen - Temperatur - Vibration - Feuchtigkeit	

4: Menschliche Sinne bei der Inspektion

Die Ergebnisse der Besichtigung sowie der Messungen müssen anschließend bewertet werden. Erst die Bewertung der Ergebnisse gibt Aufschluss über den Zustand technischer Systeme. So kann ein Kratzer am Schaltschrankgehäuse unbedeutend sein, wogegen der gleiche Kratzer an einer Sensorlinse erhebliche Fehler verursachen kann.

Für die Bewertung von Besichtigungs- und Messergebnissen ist daher viel Erfahrung erforderlich. Um das Instandhaltungspersonal zu unterstützen, werden für viele Systeme **Inspektionspläne** [inspection plans] erstellt.

Diese Pläne enthalten neben den einzelnen Prüftätigkeiten und Messungen auch Grenzwerte. So kann vor Ort bei der Inspektion schon eine Aussage über den Zustand der Anlagen getroffen werden.

5: Messgeräte für Inspektionen

Abnutzungsursachen bestimmen

Auch die Suche nach Abnutzungsursachen erfordert viel Erfahrung. Ziel ist es, die Ursache für eine Abnutzung zu erkennen und daraus mögliche Veränderungen zu veranlassen.

Ursachen kann man erkennen, indem man z. B.
- Umgebungsbedingungen beachtet,
- Messwerte und Größen zwischen ähnlichen Anlagen oder früheren Inspektionen vergleicht,
- Soll-, Ist- und Grenzwerte vergleicht und
- Gesetzmäßigkeiten sucht.

Maßnahmen veranlassen

Aus den Ergebnissen der Ist-Zustandsbewertung und der Suche nach Abnutzungsursachen können Maßnahmen veranlasst werden, die eine weitere Abnutzung verhindern oder verzögern.

Beispiele:

- **Instandsetzungsmaßnahmen**
  - Sie sind erforderlich bei einem schlechten Anlagenzustand.
- **Änderung der Inspektionszyklen**
  - Bei langsamen Änderungen des Ist-Zustandes können die Abstände zwischen zwei Inspektionen vergrößert werden.
  - Verändert sich der Ist-Zustand schnell, müssen Inspektionen gegebenenfalls häufiger erfolgen, um einen Ausfall zu vermeiden.
- **Technische Veränderungen**
  Durch eine verbesserte Anlage wird
  - die Abnutzung verringert,
  - das Arbeiten bei Inspektion, Wartung und Instandsetzung vereinfacht,
  - eine Zustandsüberwachung eingeführt oder
  - der Betriebskostenanteil verringert.

Bei allen Maßnahmen ist jedoch immer auch die Bewertung von wirtschaftlichen Gesichtspunkten zu beachten. Ein hoher finanzieller Aufwand für technische Veränderungen muss mittelfristig auch ausreichende Einsparungen zur Folge haben.

AUFGABEN

1. Beschreiben Sie, warum regelmäßiges Schmieren von Lagern die Abnutzung vermindert.
2. Erläutern Sie am Beispiel der regelmäßigen Prüfung von Kohlebürsten das Prinzip der Inspektion. Welche Maßnahmen können hieraus abgeleitet werden?

- Bei Inspektionen wird der Zustand von Systemen ermittelt und bewertet.
- Durch Instandsetzung wird der Soll-Zustand von Systemen wiederhergestellt.

Wartung

Beim Betrieb und durch Alterung eines technischen Systems nimmt sein Abnutzungsvorrat ab, bis es zum Ausfall kommt. Verlangsamt man die Abnahme des Abnutzungsvorrates, kann die Nutzungsdauer erhöht werden (Abb. 1).

Sind beispielsweise Zu- und Abluftöffnungen verschmutzt, kann die Kühlung von Geräten nicht mehr ausreichen. Die Geräte arbeiten dann bei erhöhter Temperatur. Dies führt zu einer schnelleren Alterung. Mit einer regelmäßigen Wartung und damit verbundenen Reinigung wird die Kühlung erhalten. Das Gerät arbeitet bei seiner Soll-Temperatur. Hierdurch verlangsamt sich die Alterung und die Zeit bis zu einem Ausfall verlängert sich.

Mit der Wartung soll also durch „Pflegemaßnahmen" die Abnutzung verzögert werden. Es wird dafür gesorgt, dass alle Komponenten immer unter den vorgesehenen Umgebungsbedingungen arbeiten können. Typische Wartungstätigkeiten sind:
- Ergänzen/Auswechseln (Batterien, Leuchtmittel, Öle, Fette, Kühlmittel)
- Nachstellen/Justieren (Sensoren, Anschläge, ...)
- Reinigen (Lüfter, Kontaktstellen, Sichtfenster, ...)
- Schmieren (Getriebe, Lager, Führungen, ...)

Instandsetzung und Verbesserung

Bei der Inbetriebnahme einer neuen Anlage hat diese noch den vollen Abnutzungsvorrat (Abb. 2 ①). Durch die Nutzung nimmt der Abnutzungsvorrat ab. Dies wird bei jeder Inspektion festgestellt, wenn der Ist-Zustand ermittelt wird (Abb. 2 ② ③). Hierbei misst man z. B. an Schleifringläufern die Dicke der Kohlebürsten. So lässt sich erkennen, ob die Maschine noch weiter betrieben werden kann. Würden aus den Inspektionsergebnissen keine Maßnahmen abgeleitet und durchgeführt, käme es noch vor der nächsten Inspektion zu einem Ausfall ④. Die wichtigste Maßnahme, die nach einer Inspektion veranlasst werden kann, ist die **Instandsetzung** [repair]. Durch die Instandsetzung (Reparatur) oder den Austausch (z. B. Kohlebürsten) von Komponenten wird der Abnutzungsvorrat wieder „aufgefüllt" ⑤. Ein Anheben des Abnutzungsvorrates auf 100 % (Neuzustand) ist dabei meistens nicht möglich.

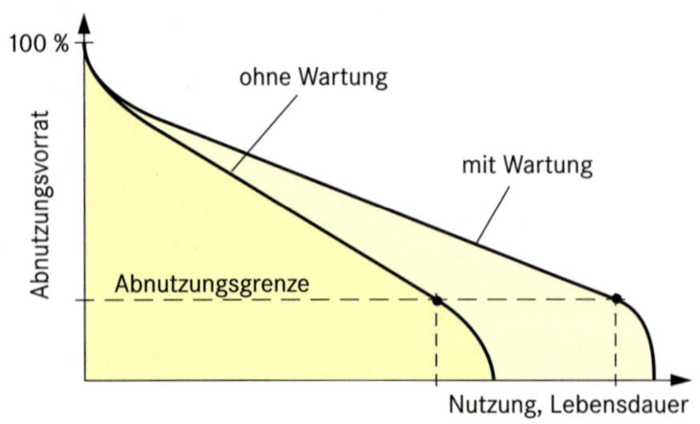

1: Abnutzungsvorrat mit Wartung

Dokumentation

Alle Instandhaltungsmaßnahmen müssen sorgfältig dokumentiert und archiviert werden. So können über die Betriebszeit einer Anlage wichtige Informationen gewonnen werden. Die Dokumentation sollte so abgelegt sein, dass eine Auswertung der Aufzeichnungen möglich wird. Dies ist z. B. bei sorgfältiger Ablage und Nutzung der Maschinenlogbücher gegeben.

Die Analyse dieser Unterlagen kann z. B. zu folgenden Auffälligkeiten führen:
- Bei Inspektionen werden nie Mängel festgestellt.
- Gleiche Teile fallen häufig aus.
- Eine Instandsetzung ist häufig mit hohem Aufwand verbunden (komplizierte Arbeit, langwierige Ersatzteilbeschaffung, ...).

Alle diese Auffälligkeiten können Anlass für eine Veränderung in den Instandhaltungsprozessen sein und dadurch zu Verbesserungen führen.

Keine Mängel bei Inspektionen

Werden bei Inspektionen nie Mängel festgestellt, dann nimmt der Abnutzungsvorrat nur langsam ab. In diesem Fall ist es sinnvoll, die Zeitspanne zwischen zwei Inspektionen (Inspektionszyklus) zu verlängern. Dies führt nicht zu technischen, sondern organisatorischen Veränderungen. Da hierdurch Kosten eingespart werden, handelt es sich auch um eine Verbesserung.

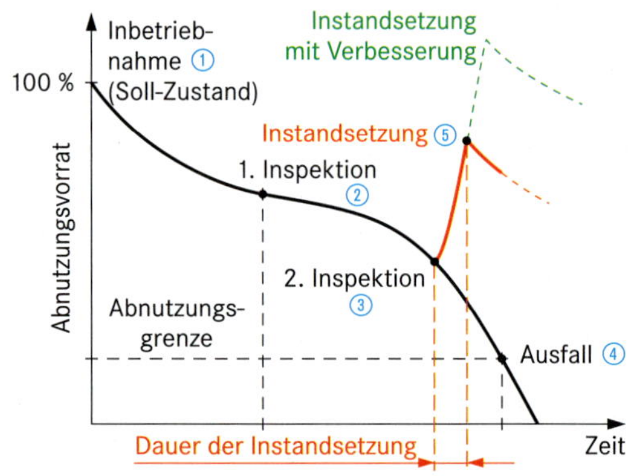

2: Verlauf des Abnutzungsvorrates bei Inspektion und Instandsetzung

AUFGABEN

1. Nennen Sie die menschlichen Sinne, die für eine Inspektion genutzt werden können. Geben Sie jeweils zwei Beispiele an.
2. Warum sollen bei der Inspektion Abnutzungsursachen ermittelt werden?
3. Wie lässt sich der Abnutzungsvorrat auf über 100 % steigern?

- Wartung vermindert den Abbau des Abnutzungsvorrats.

5.12 Funktionserhalt

Bei Bränden in Gebäuden kann die elektrische Installation so beschädigt werden, dass die Stromversorgung ausfällt. Um z. B. eine Gebäudeevakuierung oder die Brandbekämpfung durchführen zu können, müssen jedoch bestimmte Anlagen weiter versorgt werden. Das Baurecht der Bundesländer fordert deshalb für bestimmte Anlagen den Erhalt der Funktion für eine angemessene Zeit (**Funktionserhaltklasse**). Je nachdem, ob die Anlage die Evakuierung oder Brandbekämpfung unterstützt, muss die entsprechende Funktionserhaltklasse ausgewählt werden (Abb. 3).

Funktionserhalt für 30 Minuten (E30)
Sie ermöglicht eine **Gebäudeevakuierung** durch den Betrieb von • Sicherheitsbeleuchtung, • Brandmeldeanlagen, • Alarmierungs-/Lautsprecheranlagen (ELA) und • Lüftungs-/Rauchabzugsanlagen.
Funktionserhalt für 90 Minuten (E90)
Sie ermöglicht eine **Brandbekämpfung** durch den Betrieb von • Feuerwehraufzügen, • Bettenaufzügen in Krankenhäusern, • maschinellen Rauchabzugsanlagen, • Wasserdruckerhöhungsanlagen und • Sprinkleranlagen.

3: Funktionserhaltklassen

Welche Räume benötigen Funktionserhalt?

Das Baurecht beschreibt „notwendige Räume“ als Räume, die auf dem sogenannten ersten vorgesehenen Rettungsweg liegen. Die Vorgaben der Landesbauordnungen schreiben den Funktionserhalt u. a. für Leitungsanlagen in folgenden Gebäudeteilen vor:
- notwendige Treppenhäuser
- notwendige Flure
- Räume zwischen notwendigen Treppenräumen und Ausgängen ins Freie

Bei den Forderungen nach Funktionserhalt gibt es folgende **Ausnahmen** für notwendige Treppenräume/ Flure mit geringer Nutzung, wenn
- höchstens zehn Wohnungen oder
- Nutzungseinheiten mit jeweils weniger als 200 m² Fläche und weniger als 1000 m² Gesamtfläche

angeschlossen sind.

Um die Funktion der elektrischen Anlage sicher zu stellen, ist es erforderlich, dass bei Brand sowohl die Spannungsquelle als auch die Leitungsanlage funktionsfähig bleiben.

Spannungsquelle

Die Spannungsquelle und zugehörige Verteiler (z. B. Dieselaggregat, Batterieanlage) werden z. B. durch folgende Maßnahmen geschützt:

- Aufstellung in einem separaten Raum, dessen Wände, Decken, Türen einer Feuerwiderstandsklasse entsprechen, die der Funktionserhaltklasse entspricht (z. B. E30 ⇒ F30 für Wände, s. Abb. 4)
- Einhausung der Anlage mit Materialien, die eine Feuerwiderstandsklasse entsprechend der Funktionserhaltklasse haben
- Verwendung von Verteilern, die den Funktionserhalt nach DIN 4102-12 nachgewiesen haben (Brandschutzverteiler).

Leitungsanlagen

Leitungsanlagen bestehen immer aus der eigentlichen Leitung und der dazugehörigen Befestigung. Gebäude sind in **Brandabschnitte** [fire compartments] unterteilt, die so gegeneinander zu schützen sind, dass sich für eine bestimmte Zeit ein Brand nicht von einem in den anderen Brandabschnitt ausbreiten kann. Leitungen, die einen Brandabschnitt durchqueren, müssen in Funktionserhalt installiert werden (Abb. 4 ① ②). Brennt es hier, ist eine Energieübertragung von der Spannungsquelle zum Verbraucher auch im Brandfall gewährleistet. Brennt es jedoch in dem Brandabschnitt, in dem z. B. die Sicherheitsstromversorgung ③ bzw. der letzte Verbraucher eines Stromkreises installiert ist ④, dann kann eine Standardinstallation vorgenommen werden. In diesem Fall würden die Objekte (Leuchten, Batterieanlagen, ...) durch den Brand zerstört. Sie können auch durch einen Funktionserhalt der Leitungen nicht geschützt werden.

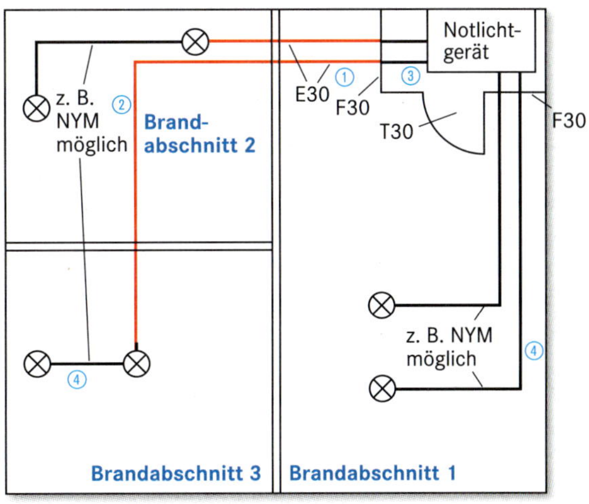

4: Brandabschnitte

Maßnahmen

Um zu gewährleisten, dass die Leitungsanlagen bei Brand ihre Funktion erfüllen, werden die Maßnahmen
- Abschottung und
- integrierter Funktionserhalt

angewendet.

- **Abschottung**

Mit geprüften und zugelassenen Materialien wird eine konventionelle Leitungsanlage abgeschottet (Abb. 1). Diese **Brandabschottung** [fire compartmentalization] schützt die Leitungsanlage für eine bestimmte Zeit vor dem Brand. So kann auch eine herkömmliche Installationsart zum Funktionserhalt beitragen.

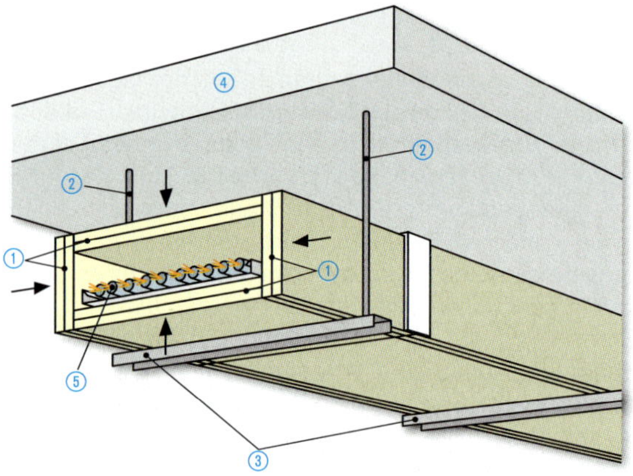

1: Leitung mit Brandschutzabschottung

- **Integrierter Funktionserhalt**

Hierbei werden spezielle Materialien für Leitungen und Befestigungssysteme verwendet, welche einen Brand für die vorgeschriebene Zeit aushalten (Abb. 2 und 3). Hierbei müssen die Leitungen und Befestigungssysteme gemeinsam geprüft und zugelassen sein. Die Komponenten benötigen eine bauaufsichtliche Zulassung (Prüfung durch Deutsches Institut für Bautechnik, DIBT). Das Verschalten von Leitungen muss in speziellen Brandschutz-Klemmenkästen erfolgen, sodass auch die Klemmstelle im Brandfall funktionsfähig erhalten bleibt.

Beispiel:

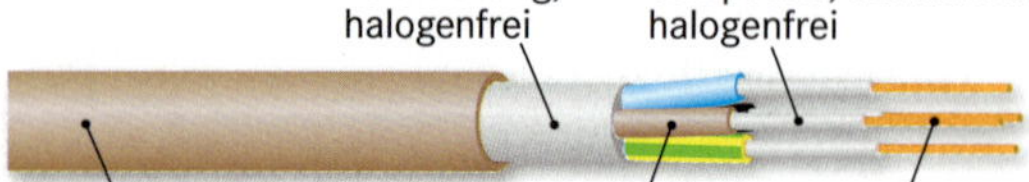

2: Leitung mit Funktionserhalt

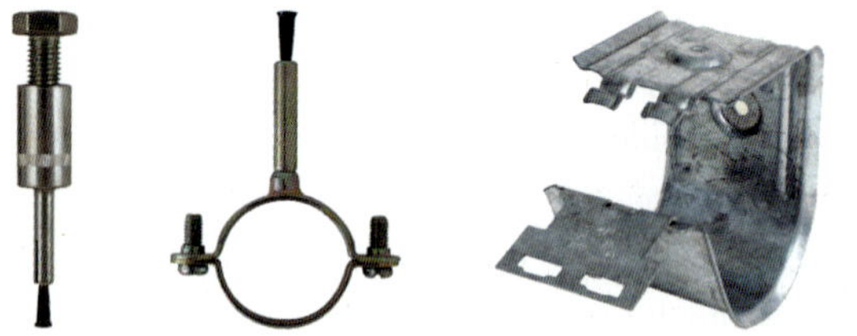

3: Befestigungssystem für Leitung mit Funktionserhalt

Temperatureinwirkung

Kommt es zu einem Brand, erhöht sich auch die Temperatur der elektrischen Leiter. Dies führt zu deutlichen Widerstandserhöhungen und damit zu höheren Spannungsfällen (Abb. 4). Das bedeutet, dass bei Brand eine geringere Spannung am Verbraucher anliegt. Durch die Erhöhung des Leiterquerschnittes kann der Spannungsfall wieder reduziert und ein sicherer Betrieb gewährleistet werden. Bei der Berechnung des Spannungsfalls geht man davon aus, dass es innerhalb der für den Funktionserhalt vorgesehenen Zeit (30/90 Min.) ausschließlich in einem Brandabschnitt brennt.

Um die Leitungsdimensionierung auf jeden Fall korrekt auszuführen, wählt man den Brandabschnitt aus, der die höchste Leitungslänge enthält. Nur für diesen Leitungsabschnitt nimmt man die erhöhten Leitertemperaturen an (E30: 830 °C, E90: 1000 °C).

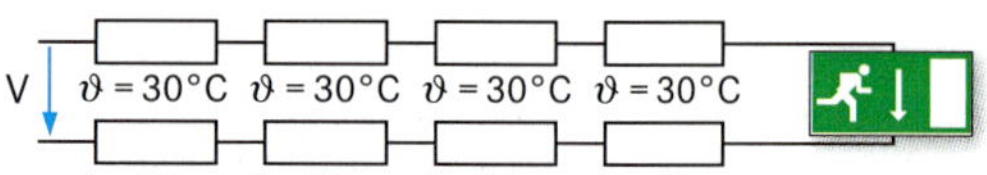

a) Normalbetrieb

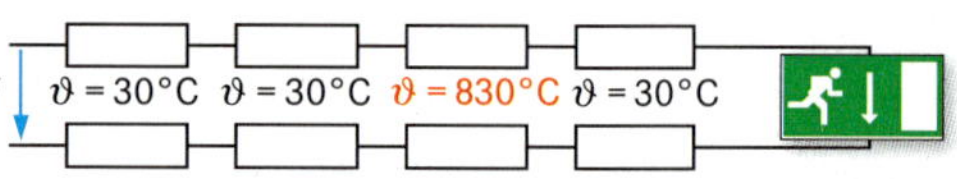

b) Brandfall

4: Widerstandsbetrachtung bei Funktionserhalt

AUFGABEN

1. Berechnen Sie für das Beispiel aus Abb. 4 den Spannungsfall an der Notbeleuchtung, wenn eine Leitung NYM 1,5 mm^2 verwendet wird und 0,5 A Laststrom fließen.
2. Welchen Leiterquerschnitt müssen Sie in Abb. 4 mindestens wählen, dass auch im Brandfall der Spannungsfall von 3 % nicht überschritten wird?

- Leitungsanlagen mit Funktionserhalt können auch bei Bränden noch für eine bestimmte Zeit Energie übertragen.

6 Elektronik

6.1 Halbleiterwiderstände

6.1.1 Halbleiter

Elektronische Bauelemente bzw. Schaltungen werden für unterschiedliche Aufgaben verwendet. Da die Leitfähigkeit der dort verwendeten Materialien zwischen Metallen und Isolatoren liegt (Abb. 5), bezeichnet man sie als **Halbleiter** [semiconductor]. Das am häufigsten verwendete Halbleitermaterial für die Erzeugung von Bauelementen ist Silizium. Andere Halbleitermaterialien sind z. B. Germanium oder Galliumarsenid (Kombination aus einem Element der III. und V. Hauptgruppe des Periodensystems der Elemente).

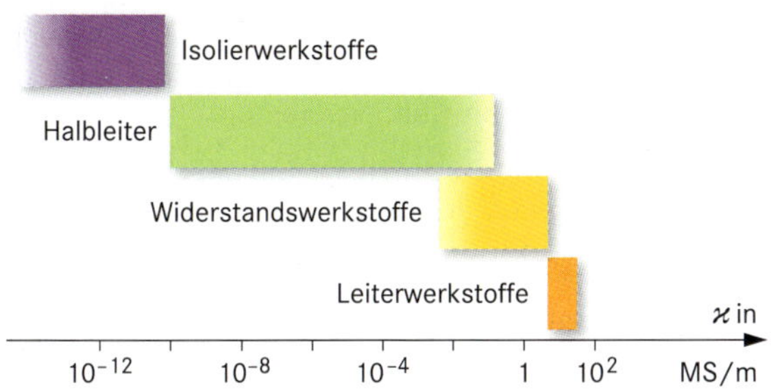

5: Leitfähigkeit von Werkstoffen

Der Unterschied zwischen Halbleitern und Metallen besteht vor allem darin, dass Halbleiter auf der Außenschale vier Elektronen (Valenzelektronen) besitzen, die mit den anderen umgebenden Atomen Bindungen eingehen. Unter Normalbedingungen sind dadurch nur wenige freie Ladungsträger für einen Stromfluss vorhanden. Die Leitfähigkeit lässt sich erheblich verbessern, wenn in das Halbleitermaterial Atome anderer Stoffe gezielt eingebaut werden (**Dotierung** [doping]). Für die Dotierung werden Elemente verwendet, die auf den Außenschalen drei bzw. fünf Elektronen besitzen.

Halbleiterbauelemente können wie Halbleiterwiderstände gleichmäßig oder aus unterschiedlichen Schichten (z. B. Dioden s. Kap. 6.2, Transistoren s. Kap. 6.3 und 6.4) aufgebaut sein.

Halbleiterwiderstände werden zur Erfassung physikalischer Größen eingesetzt, z. B. der Temperatur ϑ im Motor, der Beleuchtungsstärke E bei einem Dämmerungsschalter und dem Druck p in einem Kessel. Die Änderung der physikalischen Größe führt dann zu einer Widerstandsänderung. Halbleiterwiderstände können somit als **Wandler** [converter] (Abb. 6) in der Überwachung automatisch ablaufender Prozesse eingesetzt werden. Sie werden auch als **Sensoren** (s. Kap. 3.2) bezeichnet.

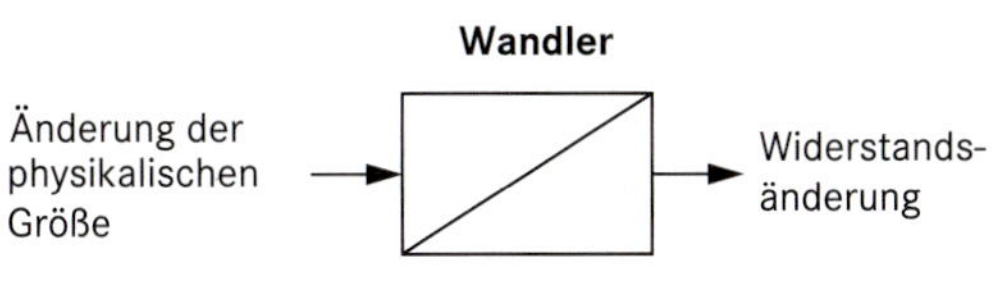

6: Halbleiterwiderstände als Wandler

6.1.2 Spannungsabhängige Widerstände

In Abb. 7 sind das Schaltzeichen und Bauformen von spannungsabhängigen Widerständen abgebildet. Sie werden auch als **VDR** [**V**oltage **D**ependent **R**esistor] oder als **Varistor** [varistor] bezeichnet. Die physikalische Größe, die die Widerstandsänderung verursacht, wird dem Schaltzeichen hinzugefügt. In diesem Fall ist es die Spannung *U*. Zusätzlich wird durch die beiden Pfeile an der Spannung *U* deutlich gemacht, dass bei einer Vergrößerung der Spannung *U* (↑) der Widerstand *R* kleiner wird (↓). Der schräge Strich mit dem „Haken" verdeutlicht, dass die Änderung nichtlinear ist.

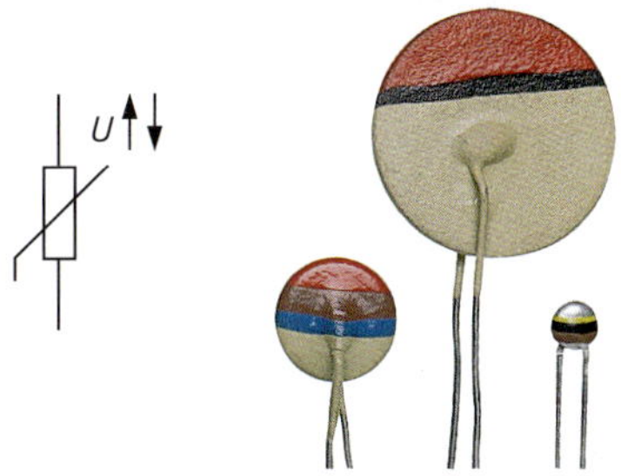

7: Spannungsabhängige Widerstände (VDR)

In Abb. 8 ist die Kennlinie eines spannungsabhängigen Widerstandes abgebildet. Sie wurde durch Messungen der Stromstärke in Abhängigkeit von der Spannung ermittelt.

Mit Hilfe dieser Kennlinie lässt sich das Verhalten im Stromkreis erläutern. Die nichtlineare Kennlinie steigt zunächst langsam an und wird mit zunehmender Spannung steiler. Wenn sich die Spannung z. B. um jeweils 2 V verändert (Abb. 8), ändert sich die Stromstärke nicht gleichmäßig ① ②.

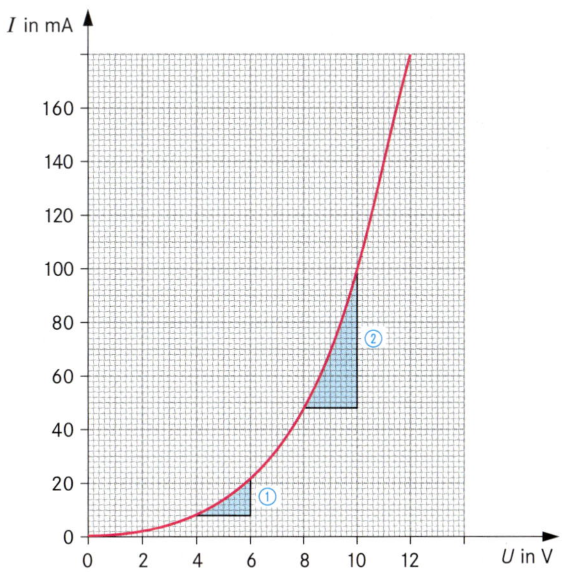

8: Kennlinie des VDR

Das Widerstandsverhalten in Abhängigkeit von der Spannung lässt sich ermitteln, indem man z. B. für zwei Punkte die Widerstände berechnet:

① $R_1 = \frac{U_1}{I_1}$ $R_1 = \frac{6\ \text{V}}{22\ \text{mA}}$ $\underline{\underline{R_1 = 273\ \Omega}}$

② $R_2 = \frac{U_2}{I_2}$ $R_2 = \frac{10\ \text{V}}{100\ \text{mA}}$ $\underline{\underline{R_2 = 100\ \Omega}}$

Ergebnis: Wenn die Spannung größer wird, verringert der VDR seinen Widerstand: $U\uparrow \Rightarrow R\downarrow$

Der VDR lässt sich zur Begrenzung und Stabilisierung von Spannungen einsetzen. Er wird dazu mit einem linearen Widerstand in Reihe geschaltet (Abb. 1). Die Spannungsaufteilung lässt sich grafisch mit dem I-U-Diagramm wie folgt ermitteln:

- Kennlinie des VDR (R_2) einzeichnen ③.
- Kennlinie des linearen Widerstandes (R_1) einzeichnen (spiegelverkehrt). Ausgangspunkt ist die Gesamtspannung, in diesem Fall 60 V ④.
- Der Schnittpunkt der Kennlinien wird als **Arbeitspunkt** A_1 [operating point] der Schaltung bezeichnet. Er kennzeichnet die Stromstärke und die Spannungsaufteilung. Für den Arbeitspunkt A_1 lassen sich folgende Größen ablesen:
  I_1 = 100 mA; U_1 = 10 V.

Für die Erklärung der Spannungsstabilisierung wird angenommen, dass die Spannung um 10 V (von 60 V auf 70 V) ansteigt (Abb.1, ④ ⑤). Die Kennlinie für R_1 verschiebt sich dann parallel ⑥. Es entsteht ein neuer Arbeitspunkt A_2. Die Spannung am VDR vergrößert sich aber nur geringfügig ⑦, d. h., trotz einer Änderung der Betriebsspannung von 17 % ändert sich die Ausgangsspannung nur wenig.

AUFGABEN

1. Ermitteln Sie den Widerstand des VDR bei 8 V (Abb. 8, Seite vorher).
2. Wie groß ist die Änderung der Spannung U_2 am VDR in Volt und in Prozent der Betriebsspannungsänderung (Abb. 1)?
3. In Abb. 1 sinkt die Betriebsspannung auf 50 V. Wie groß sind die Stromstärke sowie die Teilspannungen U_1 und U_2?

6.1.3 Temperaturabhängige Widerstände

Bei temperaturabhängigen Widerständen unterscheidet man Kalt- und Heißleiter. Die Bezeichnung verdeutlicht bereits das Widerstandsverhalten:

- Wenn bei einem **Kaltleiter** [PTC thermistor] die Temperatur vergrößert wird, steigt sein Widerstand. Er leitet also im „kalten“ Zustand besser als im „warmen“ Zustand. Der **Temperaturkoeffizient** (s. Kap. 1.2.18) dieses Halbleitermaterials ist also positiv. Deshalb wird für das Bauteil auch die Bezeichnung **PTC** [**P**ositive **T**emperature **C**oefficient] verwendet.
- Wenn dagegen bei einem **Heißleiter** [NTC thermistor] die Temperatur vergrößert wird, verringert sich sein Widerstand. Er leitet also im „warmen“ Zustand besser als im „kalten“ Zustand. Aus diesem Grunde wird auch die Bezeichnung **NTC** [**N**egative **T**emperature **C**oefficient] verwendet.

Diese Eigenschaften werden im Schaltzeichen durch die gegensinnigen bzw. gleichsinnigen Pfeile verdeutlicht (Abb. 2).

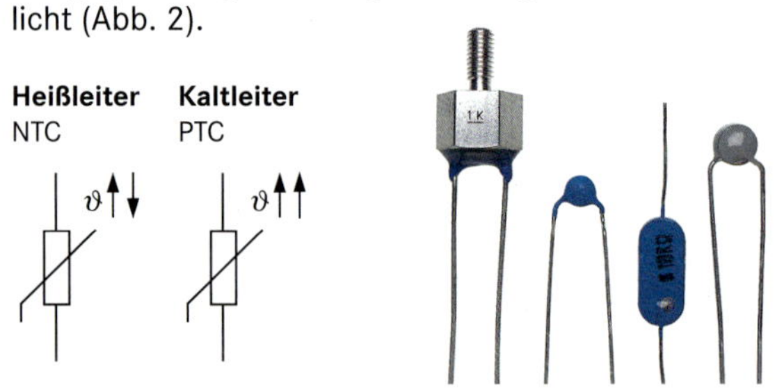

2: Temperaturabhängige Widerstände

- Halbleiterwiderstände lassen sich zur Umwandlung physikalischer Größen in elektrische Größen einsetzen (Wandler).
- Der VDR ist ein spannungsabhängiger Widerstand. Sein Widerstand verringert sich mit zunehmender Spannung.
- Die Stromstärke und die Spannungsaufteilung in einer Reihenschaltung aus einem linearen und nichtlinearen Widerstand wird durch den Schnittpunkt (Arbeitspunkt) der Kennlinien bestimmt.

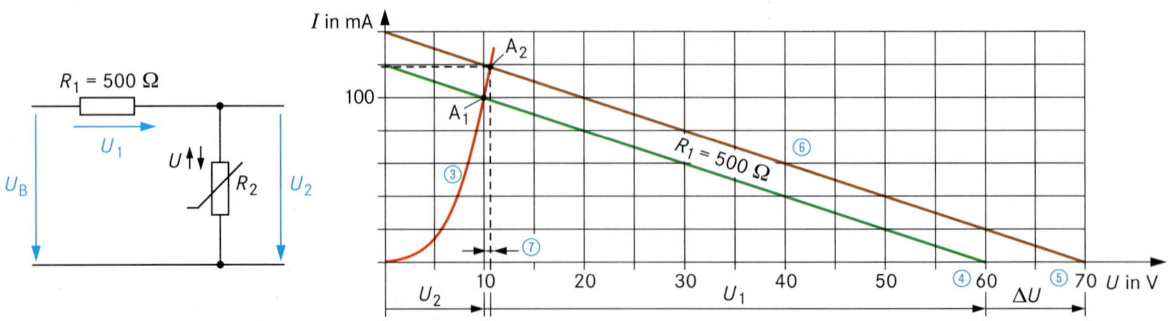

1: Grafische Lösung zur Reihenschaltung von R_1 und R_2

Kaltleiter (PTC)

Um das grundsätzliche Verhalten des Kaltleiters zu erläutern, verwenden wir als Beispiel einen Grenzwertgeber mit PTC in einem Flüssigkeitstank (Abb. 3). Wir betrachten dazu die folgenden Fälle:

- **PTC außerhalb der Flüssigkeit**

Es handelt sich um eine Reihenschaltung aus zwei Widerständen:
R_1 = 500 Ω (temperaturunabhängig)
$R_2 = R_{PTC}$ (temperaturabhängig)

Spannungen
Die Betriebsspannung U_B von 24 V ist so gewählt worden, dass sich durch den Stromfluss der PTC erwärmt. Sein Widerstand ist groß. Die Steuerspannung für das Ventil U_2 beträgt dann 23 V.

Ergebnis:
Das Ventil bleibt offen. Der Tank wird gefüllt.

- **PTC taucht in Flüssigkeit ein**

Die Flüssigkeit kühlt den PTC ab. Er verringert seinen Wert. Die Steuerspannung für das Ventil sinkt auf U_2 = 3 V.

Ergebnis:
Das Ventil schließt und unterbricht die Flüssigkeitszufuhr.

- **Erklärung mit der PTC-Kennlinie** (Abb. 3)

Im aufgeheizten Zustand (ϑ_1 = 180 °C) kann für den Kaltleiter ein Wert von R_2 = 10 kΩ abgelesen werden ① (logarithmische Teilung). Dieser Wert ist im Vergleich zum Vorwiderstand R_1 = 500 Ω sehr groß, sodass nahezu die gesamte Betriebsspannung als U_2 zur Steuerung des Ventils anliegt (23 V).

$$\vartheta \uparrow \Rightarrow R_{PTC} \uparrow \Rightarrow U \uparrow$$

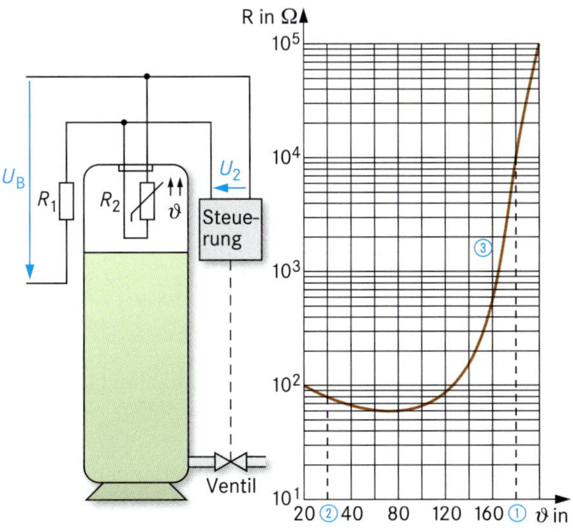

3: Kaltleiter als Grenzwertgeber in einem Flüssigkeitstank

Im abgekühlten Zustand (ϑ_2 = 20 °C) beträgt der Widerstand des Kaltleiters nur noch 80 Ω ②. Die Spannung U_2 ist jetzt wesentlich geringer. Das Ventil schließt.

$$\vartheta \downarrow \Rightarrow R_{PTC} \uparrow \Rightarrow U \downarrow$$

Weil die Kennlinie in einem begrenzten Temperaturbereich einen steilen Anstieg ③ besitzt, kann der Kaltleiter als temperaturabhängiger Schalter eingesetzt werden.

Logarithmische Teilung

Die Strecke ist in gleiche Abschnitte geteilt. Jeder Abschnitt entspricht einer Zehnerpotenz (z. B. Abschnitte zwischen den Punkten 1 und 10, 10 und 100 sind gleich lang). Die Achse beginnt z. B. mit $10^0 = 1$, $10^1 = 10$ usw.

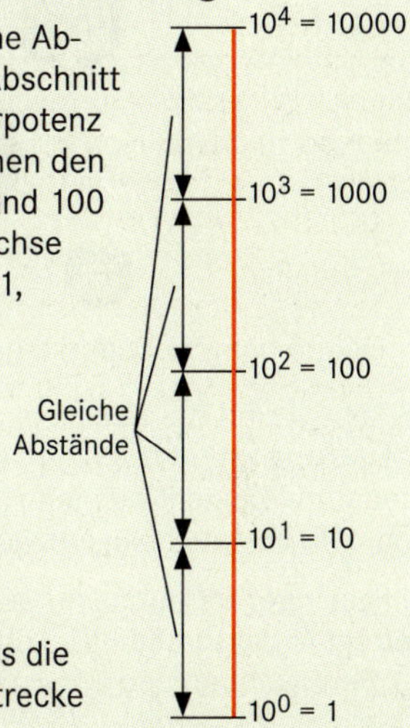

Berechnung von Zwischenwerten
Beispiel: Zahl 2

- Zahl 2 eingeben
- Taste „lg" drücken
- Wert 0,301 ablesen

Der Wert bedeutet, dass die Zahl 2 bei 30,1 % der Strecke von 1 bis 10 liegt.

Näherungswerte:

Zahl	1	2	3	4	5	6	7	8	9	10
Strecke in %	0	30	48	60	70	78	85	90	95	100

AUFGABEN

1. Gegeben ist die PTC-Kennlinie in Abb. 3.
   a) Ermitteln Sie den größten und den kleinsten Widerstand und die dazugehörigen Temperaturen.
   b) Wie groß ist der Widerstand bei 60 °C und 130 °C?
   c) Wie verhält sich der PTC zwischen 20 °C und 80 °C?

2. Bei welchen Temperaturen (Abb. 3) besitzt der PTC einen Wert von a) 300 Ω und b) 25 kΩ?

- Halbleiterwiderstände können einen positiven (PTC) und einen negativen (NTC) Temperaturkoeffizienten besitzen.
- Kaltleiter (PTC) besitzen bei tiefen Temperaturen einen kleinen und bei hohen Temperaturen einen großen Widerstand. Der Unterschied kann mehrere Zehnerpotenzen betragen.
- Kaltleiter werden zur Temperaturüberwachung bzw. -regelung eingesetzt.

6.1.4 Lichtabhängige Widerstände

Lichtabhängige Widerstände (Abb. 1) werden auch als **LDR** [**L**ight **D**ependent **R**esistsor] oder Fotowiderstand bezeichnet. Ihr Widerstand ist von der **Beleuchtungsstärke** [illuminance] E abhängig. Sie wird in **Lux** [Lux] gemessen. Die Widerstandsänderung erreicht man mit Halbleitern, in denen bei Beleuchtung zusätzliche Ladungsträger frei gesetzt werden. Dadurch vergrößert sich die Leitfähigkeit und der Widerstand wird kleiner.

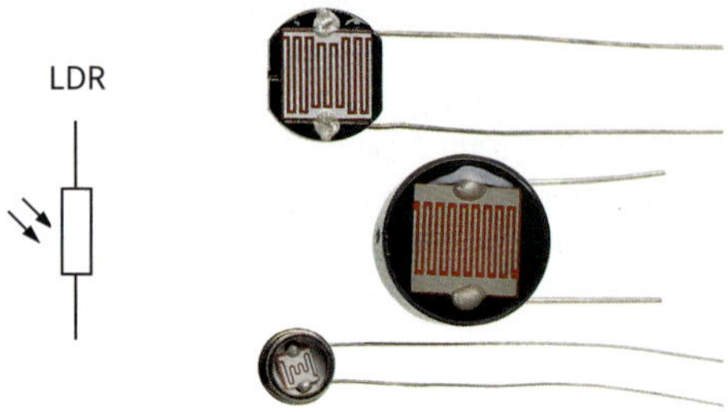

1: Lichtabhängige Widerstände

In Abb. 2 sind die Kennlinie und eine **lichtabhängige Steuerung** als Anwendungsbeispiel dargestellt. Die Steuerung besteht aus dem Schalter S1 mit Relais K1 und dem lichtabhängigen Widerstand R_1 (LDR, R_{LDR}).

Bei **geringer Beleuchtungstärke** (z. B. 10 lx, Abb. 2 ①) beträgt R_1 8 kΩ. Die Stromstärke ist gering. Das Relais K1 zieht nicht an und E1 wird nicht eingeschaltet.
E klein ⇒ R_{LDR} groß ⇒ I klein ⇒ K1 zieht nicht an

Bei **großer Beleuchtungsstärke** (z. B. 1000 lx, Abb. 2 ②) beträgt R_1 nur noch 100 Ω. Die Stromstärke ist gestiegen, das Relais K1 zieht an und E1 wird eingeschaltet. E groß ⇒ R_{LDR} klein ⇒ I groß ⇒ K1 zieht an

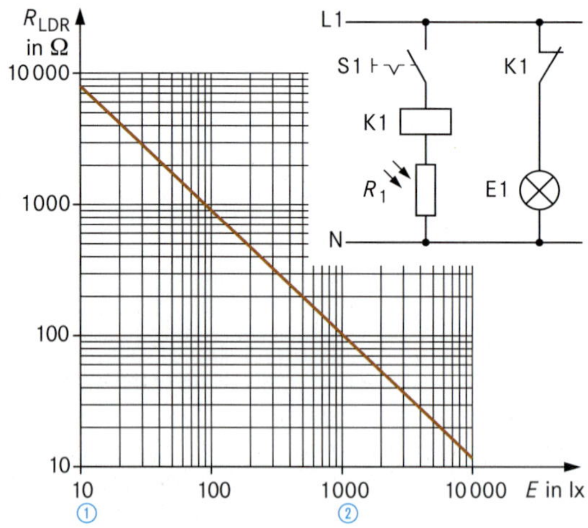

2: Lichtabhängige Steuerung

- Wenn die Beleuchtungsstärke bei einem LDR steigt, verringert sich sein Widerstand.
- Mit einem LDR lässt sich die Stromstärke in Abhängigkeit von der Beleuchtungsstärke steuern.

6.1.5 Magnetfeldabhängige Widerstände

Magnetfeldabhängige Widerstände werden auch als **Feldplatten** [magnetoresistors] bezeichnet. Das Magnetfeld beeinflusst das Widerstandsverhalten. Als Einflussgrößen können der magnetische Fluss Φ (s. Kap. 1.5.1) oder die **magnetische Flussdichte** B (Fluss bezogen auf eine Fläche) verwendet werden.

Die Kennlinie einer Feldplatte ist in Abb. 3 zu sehen. Der Zusammenhang zwischen dem Widerstand und der magnetischen Flussdichte ist nahezu quadratisch.

Mit zwei Punkten auf der Kennlinie lässt sich das Widerstandsverhalten kennzeichnen:

- Kein Magnetfeld (B = 0): ⇒ R_B = 25 Ω
- Magnetfeld vorhanden (B = 1,5 T): ⇒ R_B = 330 Ω

Die Widerstandsvergrößerung wird durch die im Kristallgitter eingebetteten magnetischen „Nadeln" erreicht, die ohne Magnetfeld den Stromfluss nicht behindern ③. Wenn ein Magnetfeld angelegt wird, lenken jetzt die magnetisierten „Nadeln" die Elektronen ab. Ihr Weg durch den Kristall wird länger und der Widerstand vergrößert sich ④.

Anwendungsbeispiele:

- Sensoren für magnetische Größen
- Berührungsloser Schalter (s. Kap. 3.2.7)
- Steuerung und Regelung von Motorströmen durch Messung magnetischer Größen
- Drehzahlmessung

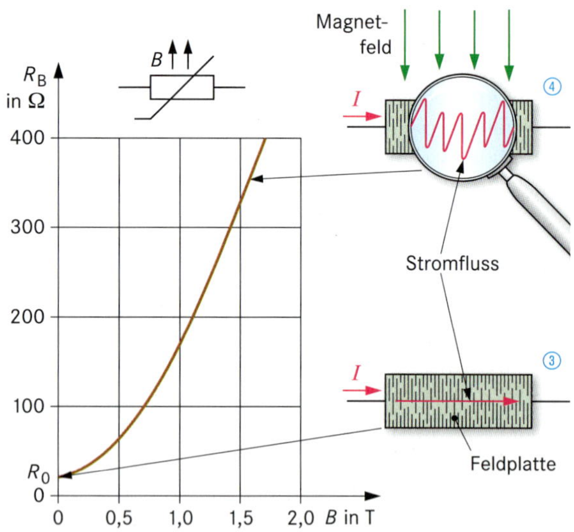

3: Widerstand einer Feldplatte

- Der Widerstand eines magnetfeldabhängigen Widerstandes steigt mit der magnetischen Flussdichte.
- Mit magnetfeldabhängigen Widerständen lassen sich magnetische Größen messen und mit Hilfe entsprechender Steuer- bzw. Regelungsschaltungen verändern und anpassen.

6.2 Dioden

6.2.1 Funktion und Aufbau

Dioden sind Halbleiterbauelemente, die aus zwei Schichten bestehen (s. nachfolgende Seite). Sie lassen den Strom nur in eine Richtung passieren und werden deshalb für die **Gleichrichtung** [rectifying] von Wechselströmen verwendet. Ihr Einsatzbereich erstreckt sich von wenigen µA bis zu einigen kA (Abb. 4).

Um das Verhalten zu verdeutlichen, wird mit der Messschaltung von Abb. 5 die Stromstärke in Abhängigkeit von der Spannung gemessen. Da der Stromfluss durch eine Diode von der Polarität der angelegten Spannung abhängig ist, werden zwei Versuchsreihen mit unterschiedlich gepolten Spannungsquellen durchgeführt. Die Spannung wird in Schritten erhöht und die jeweilige Stromstärke gemessen.

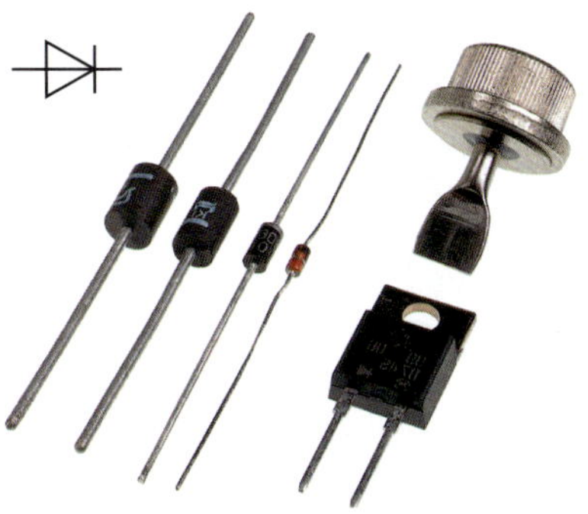

4: Dioden

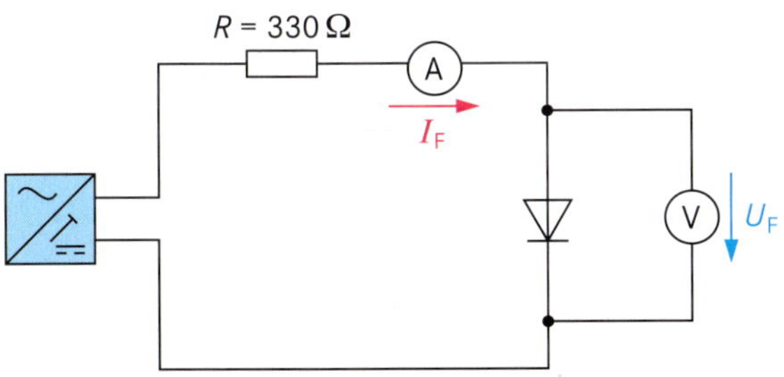

5: Messschaltung

Messergebnisse

Die Werte der Messungen sind in den folgenden Tabellen eingetragen. Dabei werden der Bereich, in dem die Diode durchlässt (Durchlassbereich) und der Bereich, in dem die Diode sperrt (Sperrbereich) unterschieden.

Durchlassbereich [on-state region]

U_F: Durchlassspannung I_F: Durchlass-Stromstärke
F: Vorwärts [forward]

U_F in V	0	0,1	0,2	0,3	0,4	0,5	0,6	0,7	0,8	0,9
I_F in mA	0	0	0	0	0	1	2	8	33	64

Sperrbereich [cut-off region]

U_R: Sperrspannung I_R: Sperr-Stromstärke
R: Rückwärts [reverse]

U_R in V	3	6	9	12	15	18	21	24	27	30
I_R in µA	0	0	0	0	1	2,1	2,7	3,5	4,2	5,0

Auswertung

Die Kennlinie für den Durchlassbereich ist in Abb. 6 dargestellt:

- Der Verlauf ist am Anfang flach. Es fließt kein Strom.
- Ab etwa 0,7 V steigt die Kennlinie steil an (**Schleusenspannung** [forward voltage]). Es fließt Strom. Die Diode „lässt durch".

Die Kennlinie für den Sperrbereich wurde nicht gezeichnet. Mit Hilfe der Messwerte in der Tabelle lassen sich jedoch folgende Eigenschaften festhalten:

- Im Sperrbereich fließt auch bei höheren Spannungen nur ein sehr geringer Strom (µA). Er ist erheblich kleiner als im Durchlassbereich und kann deshalb vernachlässigt werden. Die Diode sperrt.

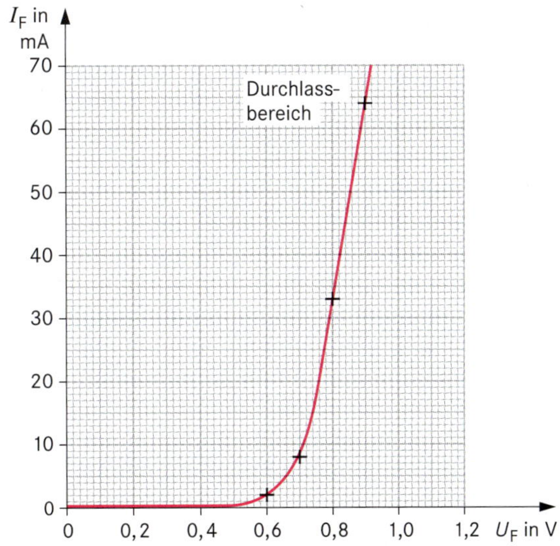

6: Durchlassbereich einer Silizium-Diode

AUFGABEN

1. Ermitteln Sie den Durchlasswiderstand der Diode in Abb. 6 bei 0,6 V und 0,8 V.
2. Wie groß ist der Widerstand der messtechnisch untersuchten Diode im Sperrbereich bei 30 V?

- Dioden besitzen einen Durchlass- und einen Sperrbereich.
- Silizium-Dioden lassen den Strom ab einer geringen Spannung (etwa 0,7 V) nur in eine Richtung passieren. Sie können deshalb als Gleichrichter verwendet werden.

PN-Übergang

Die Gleichrichterwirkung der Sperrschicht von Halbleiterdioden lässt sich genauer erklären, wenn wir untersuchen, was sich auf atomarer Ebene bei der Dotierung abspielt.

Dotierung mit einem fünfwertigen Element

Arsenatome besitzen auf der Außenschale fünf Elektronen. Da für den Kristallaufbau des Halbleitermaterials nur vier Elektronen benötigt werden, können sich diese einzelnen Elektronen (negativ) im Kristallgitter frei bewegen. Das Material ist **N-leitend** [N-conductive]. Die beweglichen Elektronen hinterlassen im Kristall feste positive Ladungen. Insgesamt ist das Material immer noch elektrisch neutral.

Dotierung mit einem dreiwertigen Element

Indiumatome besitzen auf der Außenschale nur drei Elektronen. Diese „Fehlstelle" kann durch ein Elektron eines Nachbaratoms ausgefüllt werden. Das Indiumatom wird dadurch zu einer festen negativen Ladung. Da das Elektron aber von einem vorher neutralen Atom stammt, besitzt diese Fehlstelle (Störstelle) eine positive Ladung. Da diese Fehlstelle durch andere Elektronen wieder ausgefüllt werden kann, wandert das „Loch" oder diese „Störstelle" als freie positive Ladung durch den Kristall. Das Material ist **P-leitend** [P-conductive].

Wenn jetzt P- und N-leitendes Material für den Aufbau einer Diode zusammengefügt wird (s. unten), wandern die beweglichen Ladungen (Diffusion) auch in die gegenüber liegenden Schichten. Dort treffen negative Ladungen auf feste positive Ladungen und positive Ladungen auf feste negative Ladungen. Sie gleichen sich aus und es entsteht eine dünne Zone (**Grenzschicht** [junction]) ohne frei bewegliche Ladungen. Allerdings sind dort noch die festen positiven und negativen Ladungen vorhanden, sodass in der Grenzschicht eine geringe Spannung entsteht (**Diffusionsspannung** [diffusion potential]). Bei Silizium beträgt sie etwa 0,7 V.

Bedeutung der Symbole:

- feste positive Ladungen
- feste negative Ladungen
- bewegliche negative Ladungen
- bewegliche positive Ladungen

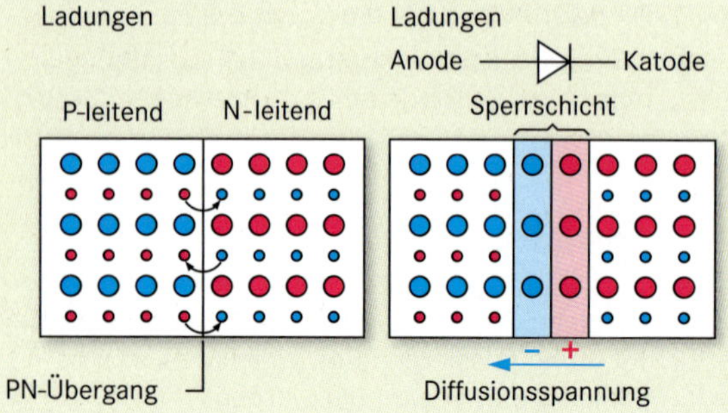

Wie verhält sich der PN-Übergang, wenn eine Spannung angelegt wird?
Wir betrachten die folgenden zwei Fälle:

- **Minuspol der Quelle an der P-leitenden Schicht, Pluspol der Quelle an der N-leitenden Schicht**

Die beweglichen Ladungen werden von der Quelle abgezogen. Die Sperrschicht verbreitert sich. Es fließt kein Strom. Die Diode befindet sich im **Sperrzustand**.

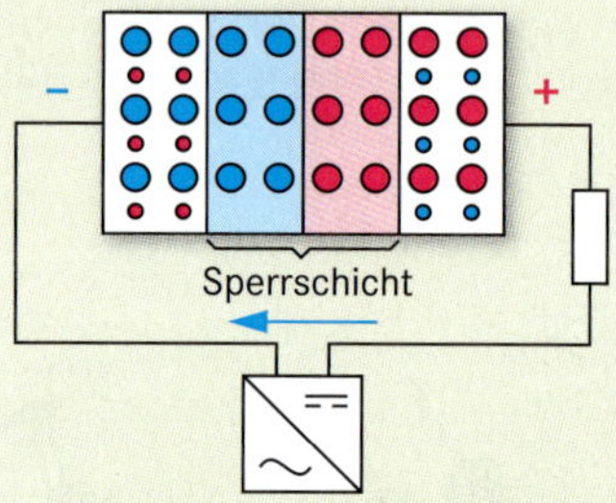

- **Pluspol der Quelle an der P-leitenden Schicht, Minuspol der Quelle an der N-leitenden Schicht**

Von der Quelle werden jetzt zusätzliche bewegliche Ladungen in die Sperrschicht gedrückt. Sie ist ab etwa 0,7 V abgebaut. Es fließt Strom. Die Diode befindet sich im leitenden Zustand.

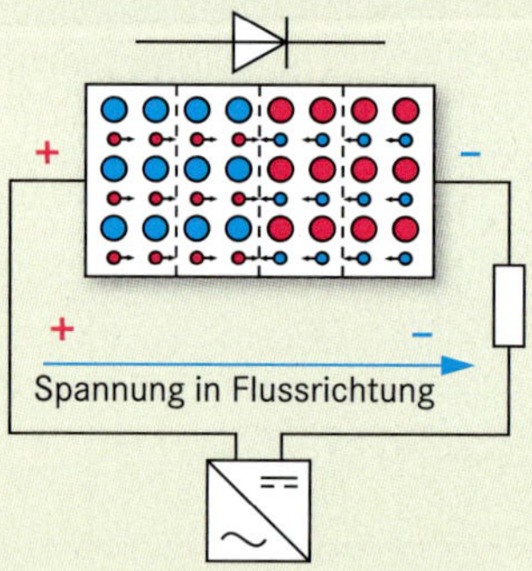

Zusammenfassend lässt sich festhalten:

- N-leitendes Halbleitermaterial enthält frei bewegliche negative Ladungen und feste positive Ladungen.
- P-leitendes Halbleitermaterial enthält frei bewegliche positive Ladungen und feste negative Ladungen.
- Wenn P- und N-leitendes Material zusammengefügt wird, entsteht in der Grenzschicht eine Diffusionsspannung (0,7 V bei Silizium).
- Wenn eine Diode in Sperrrichtung betrieben wird, verbreitert sich die Sperrschicht. Es fließt kein Strom.
- Im leitenden Zustand der Diode wird die Sperrschicht abgebaut. Es fließt Strom.

6.2.2 Leuchtdioden

Eine Leuchtdiode (**LED**, [**L**ight **E**mitting **D**iode], Lumineszenzdiode, Abb. 1) ist im Prinzip wie eine Gleichrichterdiode aufgebaut. Sie besitzt einen Durchlass- und einen Sperrbereich (Abb. 2). Wenn sie in Durchlassrichtung betrieben wird, sendet die Sperrschicht Licht aus. Je nach Aufbau der Diode hat das Licht eine bestimmte Farbe (Rot, Grün, Gelb, Blau, Weiß, Infrarot, Ultraviolett).

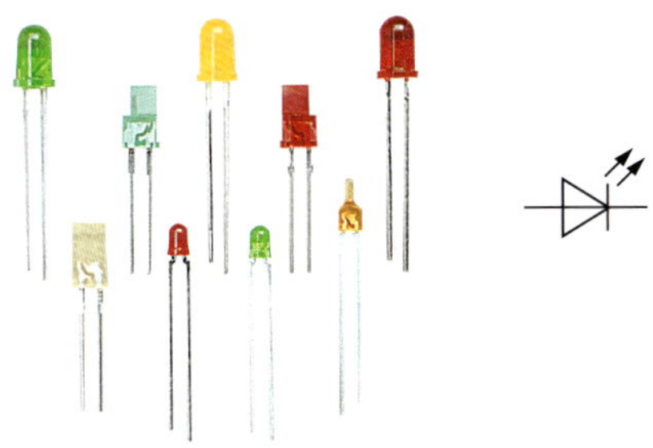

1: Leuchtdioden

Die Kennlinie in Abb. 2 zeigt, dass ab etwa 1,5 V die „rote" Diode leitend wird. Dies ist der Bereich, in dem die Diode leuchtet.

Durchlassbereich	
U_F in V	I_F in mA
1,50	0,9
1,53	1,7
1,55	3,2
1,57	5,7
1,59	9,9
1,60	14,7
1,61	17,5
1,62	22,7
1,63	27,4
1,64	34,6
1,65	44,5

Sperrbereich	
U_R in V	I_R in mA
21,0	0,002
22,0	2,37
22,5	5,53
23,0	8,71
24,0	13,5
25,0	19,8
25,9	25,3

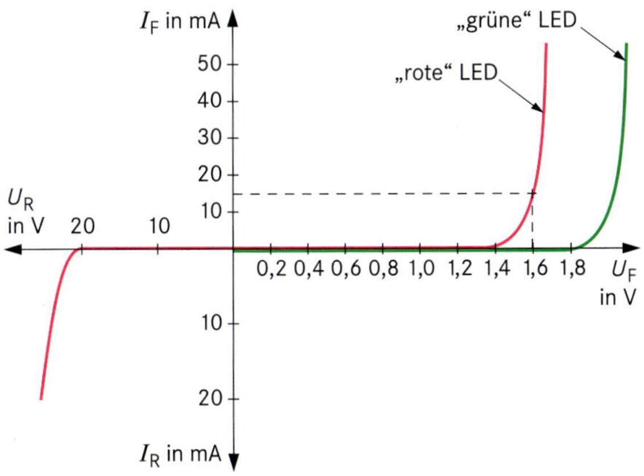

2: Kennlinien von Leuchtdioden

Leuchtdioden können auch in Anzeigeeinheiten (7-Segmentanzeigen) zusammengeschaltet werden (Abb. 3). Auf diese Weise lassen sich verschiedenartige Symbole darstellen.

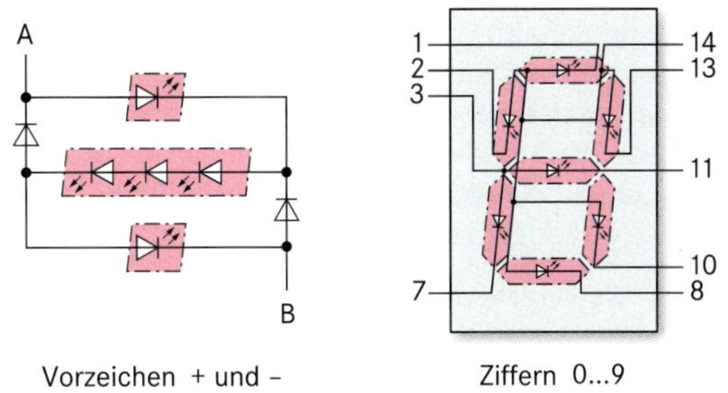

3: Anzeigelemente mit LEDs

Aufgrund des steilen Anstiegs der Kennlinie darf die LED nicht direkt an die Betriebsspannung angeschlossen werden. Der Strom würde zu groß werden. Durch einen **Vorwiderstand** R_V [series resistor] lässt sich die Stromstärke auf den gewünschten Wert begrenzen.

Vorwiderstand

Eine rot leuchtende LED soll mit einem Vorwiderstand an 6 V betrieben werden. Im Arbeitsbereich soll an der LED eine Spannung von 1,6 V liegen.

Geg.: $U_B = 6$ V Ges.: R_V

$$R_V = \frac{U_B - U_{LED}}{I_F} \quad R_V = \frac{6\text{ V} - 1{,}6\text{ V}}{14{,}7\text{ mA}}$$

$$\underline{\underline{R_V = 299\ \Omega}}$$

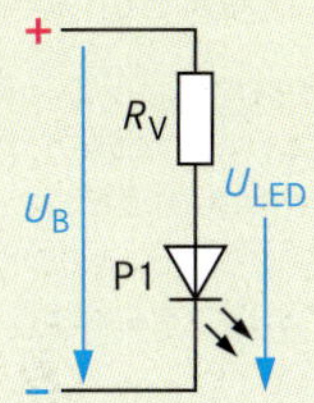

AUFGABEN

1. Wie groß ist die Spannung an der LED im Durchlassbereich bei einer Stromstärke von 20 mA?
2. Bis zu welchen Spannungen sperren die „rote" und „grüne" LED?
3. Berechnen Sie den Widerstand der LED „Rot" bei folgenden Spannungen:
   a) Durchlassbereich: 1,5 V; 1,65 V
   b) Sperrbereich: 21,0 V; 25,9 V
4. Die LED im Berechnungsbeispiel (s. oben) soll an 12 V betrieben werden. Wie groß ist R_V?

- Leuchtdioden senden im Durchlassbereich Licht aus.
- Eine Leuchtdiode muss zur Strombegrenzung mit einem Vorwiderstand in Reihe geschaltet werden.

6.2.3 Gleichrichterschaltungen

Schaltung mit einer Diode

Zur Umwandlung von Wechsel- in Gleichspannung werden in Netzteilen (s. Kap. 6.5) Dioden verwendet. Die einfachste Schaltung enthält nur eine einzige Diode R1 (Abb. 1a) und einen Belastungswiderstand *R*. Um die Arbeitsweise der Schaltung zu verstehen, sind die Spannung „vor" und „hinter" der Diode auf dem Bildschirm eines **Zweikanal-Oszilloskops** [two channel oscilloscope] abgebildet (Y_I und Y_{II}, Abb. 1b).

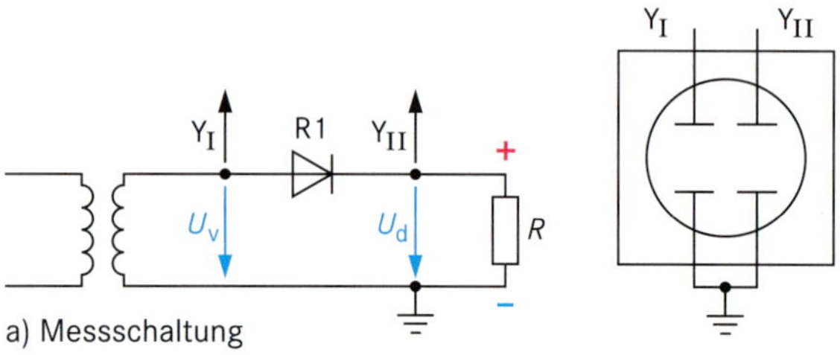

a) Messschaltung

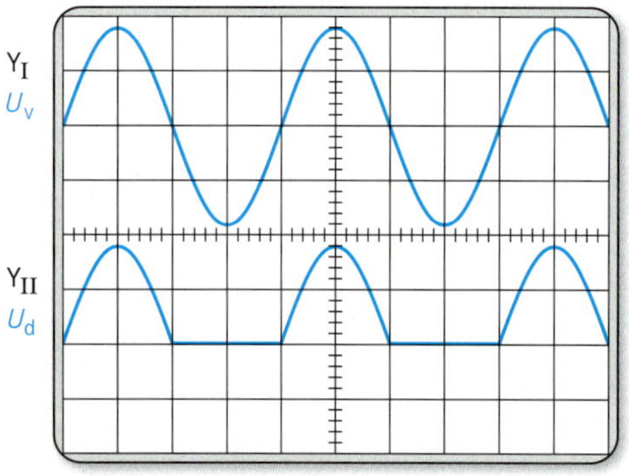

b) Ein- und Ausgangsspannung

1: Untersuchung einer Gleichrichterschaltung

Ergebnis

Die Ausgangsspannung U_d am Belastungswiderstand *R* (Abb. 1b) zeigt einen pulsförmigen Verlauf. Es sind nur positive Halbschwingungen vorhanden. Der negative Anteil wird nicht durchgelassen. Er wird also gesperrt.

Durchlassverhalten der Diode

Sobald die Eingangsspannung U_v den positiven Wert von etwa 0,7 V überschritten hat (Schleusenspannung, s. Kap. 6.2.1), wird die Diode leitend und es fließt ein Strom durch den Belastungswiderstand *R*.

Sperrverhalten der Diode

Wenn die Eingangsspannung U_v negativ wird, sperrt die Diode. Es fließt kein Strom und die Spannung U_d am Ausgang beträgt 0 V. Weil bei dieser Schaltung während einer Periode nur ein Impuls der Wechselspannung „durchgelassen" wird, nennt man sie **Einpuls-Mittelpunktschaltung M1U** [one-pulse bridge connection].

Die Spannung ist noch keine ideale Gleichspannung. Sie muss geglättet werden. Zur **Glättung** [smoothing] eignen sich Kondensatoren und Spulen, da sie elektrische Energie speichern und wieder abgeben können (s. Kap. 1.4.2). Der Kondensator wird parallel zum Belastungswiderstand *R* geschaltet (Abb. 2a). Wenn der Strom durch die Diode fließt, lädt sich der Kondensator auf. In der Phase, in der die Diode gesperrt ist, gibt er seine Ladungen wieder ab. Die Spannung sinkt deshalb nicht auf Null (Abb. 2c).

Wenn mit einer Spule die Ausgangsspannung geglättet werden soll, muss die Spule im Stromkreis in Reihe geschaltet werden (Abb. 2b). Wenn die Diode R1 leitend ist, fließt durch die Spule der Strom. Ein Magnetfeld baut sich auf (s. Kap. 1.5.2). Wenn jetzt die Diode sperrt, erzeugt das sich abbauende Magnetfeld eine Induktionsspannung und damit einen Strom durch den Belastungswiderstand *R*. Auch in diesem Fall sinkt in der Sperrphase die Spannung am Belastungswiderstand nicht auf Null.

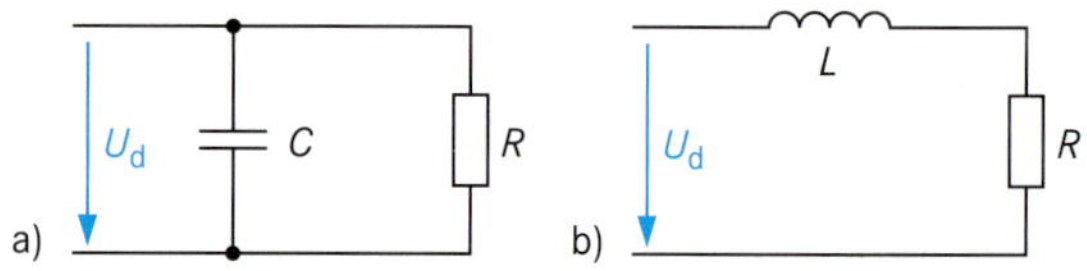

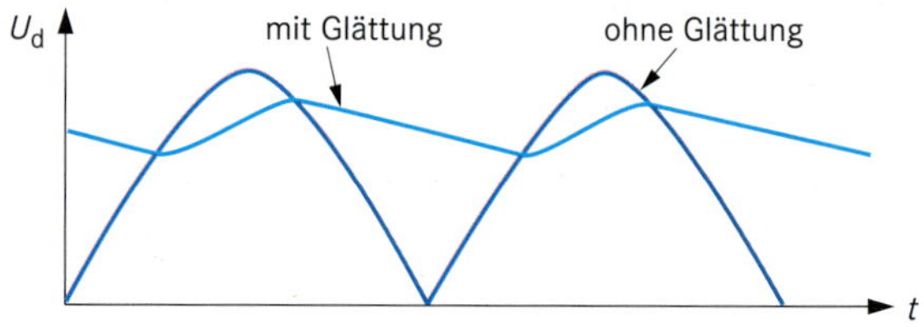

c) Spannungsverlauf mit Ladekondensator

2: Glättungsschaltungen

Schaltung mit vier Dioden

Die Gleichrichterschaltung in Abb. 3 enthält zur Gleichrichtung der Wechselspannung vier Dioden R1 bis R4. Sie sind in Form einer Brücke zusammengeschaltet. Die Schaltung wird deshalb als **Zweipuls-Brückenschaltung B2U** [two-pulse bridge connection] bezeichnet.

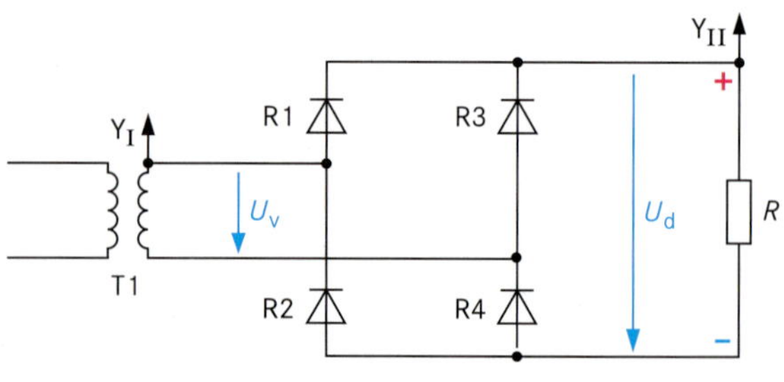

3: Zweipuls-Brückenschaltung

Der Verlauf der Ausgangsspannung ist in Abb. 4 zu sehen. Sie ist im Vergleich zur Einpuls-Mittelpunktschaltung weniger wellig. Die negativen Anteile der Wechselspannung sind gewissermaßen in den positiven Bereich „hochgeklappt", sodass während einer Periode der anliegenden Wechselspannung zwei positive Pulse wirksam sind. Die Schaltung wird deshalb als Zweipuls-Brückenschaltung bezeichnet.

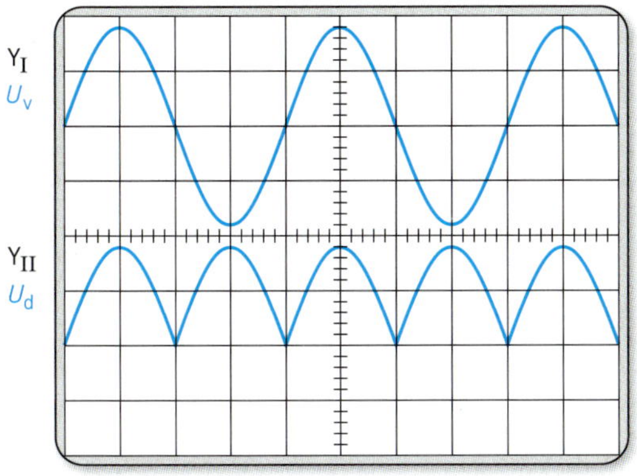

4: Ein- und Ausgangsspannung der Zweipuls-Brückenschaltung

Spannungsentstehung bei der Brückenschaltung

Zur Erklärung benutzen wir die Abb. 5, in der zwei Fälle dargestellt sind.

- **Positive Halbschwingung**

Die Dioden R1 und R4 sind leitend. Die Dioden R2 und R3 sind gesperrt. Es fließt durch den Belastungswiderstand R der Strom I_d mit der eingezeichneten Richtung.

- **Negative Halbschwingung**

Nur die Dioden R2 und R3 sind leitend. Die Dioden R1 und R4 sind gesperrt. Der Strom durch den Belastungswiderstand R fließt in die gleiche Richtung wie vorher. Das Ergebnis ist ein weiterer positiver Spannungspuls.

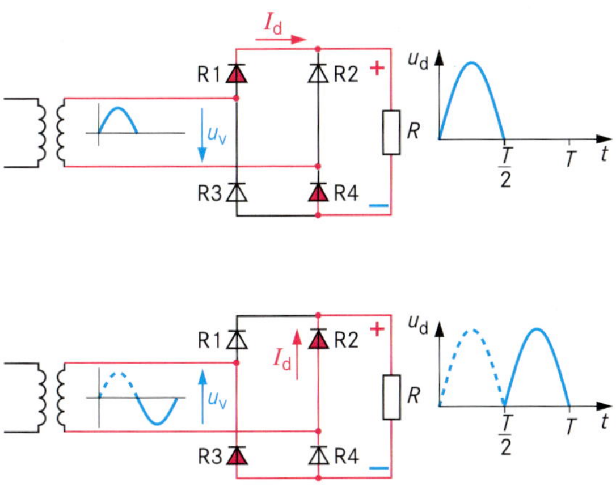

5: Ströme in der Zweipuls-Brückenschaltung

Gleichrichterschaltung für Drehstrom

Für jede der drei Spannungen kann ein Zweig einer Brückenschaltung verwendet werden, sodass insgesamt sechs Dioden benötigt werden (Abb. 6). Die Ausgangsspannung weist eine noch geringere Welligkeit als in der Zweipuls-Brückenschaltung auf. Da sechs Spannungspulse während einer Periode die Ausgangsspannung bilden, wird die Schaltung als **Sechspuls- Brückenschaltung B6U** [six-pulse bridge connection] bezeichnet.

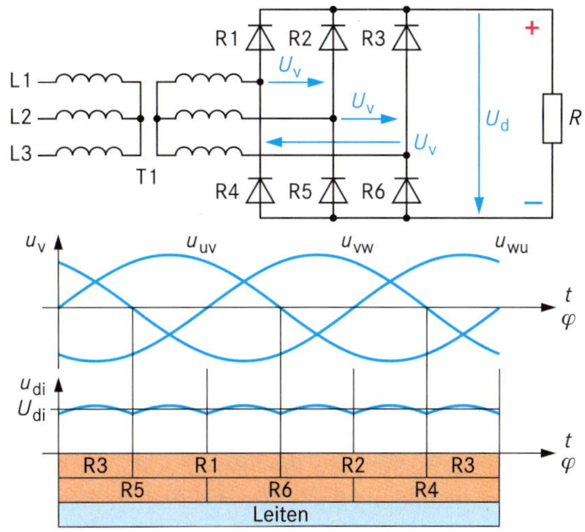

6: Sechspuls-Brückenschaltung

AUFGABEN

1. Zeichnen Sie den Verlauf der Ausgangsspannung einer Einpuls-Mittelpunktschaltung M1U, bei der die Diode im Vergleich zu Abb. 1 anders herum eingebaut wurde.
2. Was ändert sich in der Schaltung von Abb. 1, wenn die Diode in den unteren Leitungszweig des Stromkreises eingefügt wird?
3. Die Ausgangsspannung an einer Zweipuls-Brückenschaltung wird durch einen Kondensator geglättet. Zeichnen Sie den Spannungsverlauf.
4. Erklären Sie den Unterschied (Aufbau und Ausgangsspannung) zwischen der Zweipuls- und Sechspuls-Brückenschaltung.

- Bei der Einpuls-Mittelpunktschaltung wird durch die Diode nur ein Anteil der Wechselspannung durchgelassen.
- Mit Kondensatoren und/oder Spulen lassen sich die Ausgangsspannungen von Gleichrichterschaltungen glätten.
- Bei der Zweipuls-Brückenschaltung sind abwechselnd zwei Dioden in Durchlass- und zwei in Sperrrichtung geschaltet. Dadurch werden der positive und der negative Anteil der Wechselspannung genutzt.

6.2.4 Spannungsstabilisierung

Elektronische Schaltungen benötigen in der Regel eine stabile Betriebsspannung. Sie muss gegenüber
- Schwankungen der Eingangsspannung und
- Stromänderungen im Lastbereich konstant sein.

Eine einfache Schaltung zur Spannungsstabilisierung mit einer Z-Diode ist in Abb. 1 dargestellt. Mit einer Reihenschaltung aus dem Vorwiderstand R_V und der in Sperrrichtung betriebenen Diode R1 wird die Eingangsspannung U_1 von 16 V in eine stabile Ausgangsspannung von U_2 = 5 V umgewandelt.

Wie arbeitet eine Z-Diode?

Auch bei der Z-Diode unterscheidet man den Durchlass- und den Sperrbereich.

Durchlassbereich
Die Z-Diode verhält sich wie eine Gleichrichterdiode. Ab etwa 0,7 V wird sie leitend (Abb. 2 ①).

Sperrbereich
Im Sperrbereich von 0 V bis etwa 4,7 V zeigt die Kennlinie noch das typische Sperrverhalten einer Gleichrichterdiode. Es fließt kein Strom. Ab etwa 4,7 V ② (**Durchbruchspannung** U_Z [breakdown voltage]) ändert sich jedoch das Verhalten. Die Kennlinie steigt steil an, die Diode wird leitend, es fließt Strom. Erklären lässt sich dieses Verhalten durch lawinenartig frei werdende Ladungen. Ursache hierfür ist das elektrische Feld im Innern der Sperrschicht sowie die starke Beschleunigung der Elektronen durch die Spannung.

Weil die gesamte Kennlinie die Form des Buchstabens „Z" besitzt, wird diese Diode als Z-Diode bezeichnet.

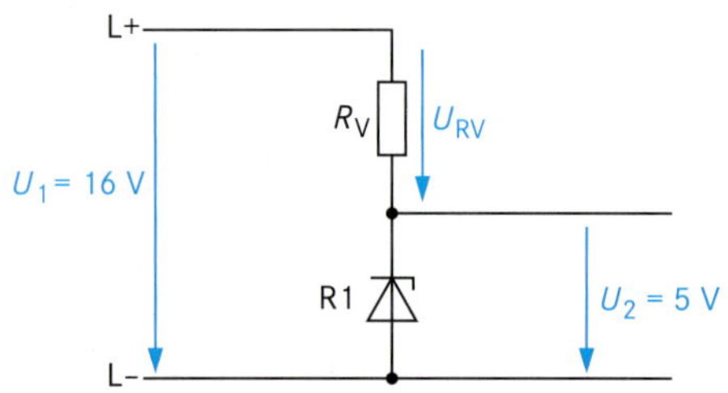

1: Stabilisierung mit einer Z-Diode

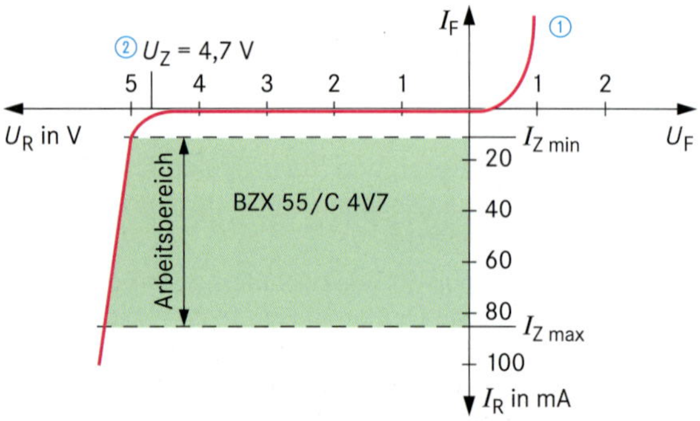

2: Kennlinie einer Z-Diode

Verhalten bei schwankender Eingangsspannung

Als Erklärung für die Stabilisierungseigenschaft wird die Kennlinie der Z-Diode in Abb. 3 verwendet. Zur Begrenzung der Stromstärke ist ein Vorwiderstand R_V vorhanden. Zwei Fälle werden jetzt unterschieden:

- U_{11} = 16 V

Die Widerstandsgerade und die Kennlinie schneiden sich im Arbeitspunkt A_1. Es fließt ein Strom von 53 mA. An der Z-Diode liegt etwa eine Spannung von U_Z = 4,7 V.

- U_{12} = 20 V (Vergrößerung der Eingangsspannung)

Die Widerstandskennlinie verschiebt sich parallel. Es ergibt sich der neue Arbeitspunkt A_2. Die Stromstärke hat sich zwar auf 74 mA erhöht, die Spannung U_Z dagegen ist nur unwesentlich größer geworden ③. Ursache hierfür ist die steile Kennlinie. Es ergibt sich die folgende Wirkungskette:
$U_1\uparrow \Rightarrow I_Z\uparrow \Rightarrow U_{RV}\uparrow \Rightarrow U_Z$ ungefähr konstant

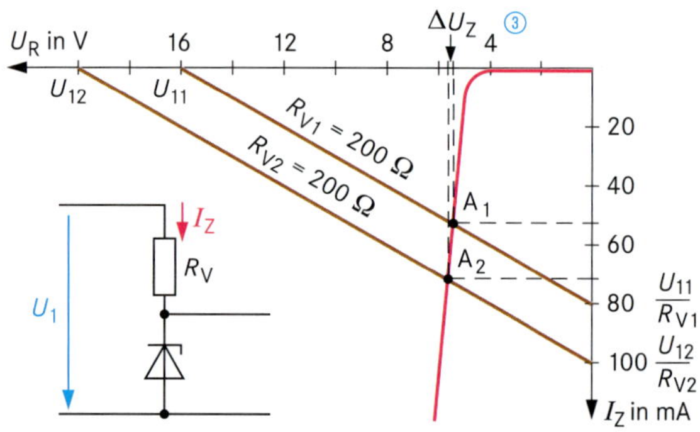

3: Spannungsstabilisierung mit einer Z-Diode

AUFGABEN

1. Ermitteln Sie, wie groß die Spannungsänderung an der Z-Diode in Abb. 3 ist.
2. Begründen Sie, welche Funktion der Vorwiderstand in Abb. 3 hat.
3. Für welchen Stromstärkenbereich kann die Z-Diode in Abb. 2 eingesetzt werden?

- Z-Dioden werden zur Spannungsstabilisierung in Sperrrichtung betrieben.
- Z-Dioden zeigen im Durchlassbereich das Verhalten einer Gleichrichterdiode.
- Z-Dioden werden ab einer bestimmten Spannung im Sperrbereich leitend.
- Je steiler die Kennlinie einer Z-Diode im Durchbruchbereich, desto größer ist die Wirkung der Stabilisierung.
- Die Spannung U_Z in einer Reihenschaltung aus einer Z-Diode mit Vorwiderstand ist gegenüber Spannungsschwankungen und Laständerungen in bestimmten Grenzen stabil.

6.3 Elektronische Schalter

6.3.1 Prinzip

Elektronische Schalter sind z. B. in folgenden Betriebsmitteln bzw. Geräten vorhanden:
- Dämmerungsschalter
- Bewegungsmelder
- Dimmer
- Werkzeuge und Haushaltsgeräte (z. B. Bohrmaschine, Staubsauger)

Bevor auf einzelne elektronische Schalter eingegangen wird, sollen der Zusammenhang mit mechanischen Schaltern sowie deren Vorzüge und Mängel herausgestellt werden.

Der Strom für die Lampe in Abb. 4 wird direkt durch den Schalter Q1 im Stromkreis geschaltet. Es werden zwei Zustände unterschieden:
- AUS: Die Betriebsspannung liegt zwischen den Klemmen des Schalters. Es fließt kein Strom ①.
- EIN: Die Stromstärke ist maximal und die Spannung am Schalter ist 0 V ② (Verluste vernachlässigt).

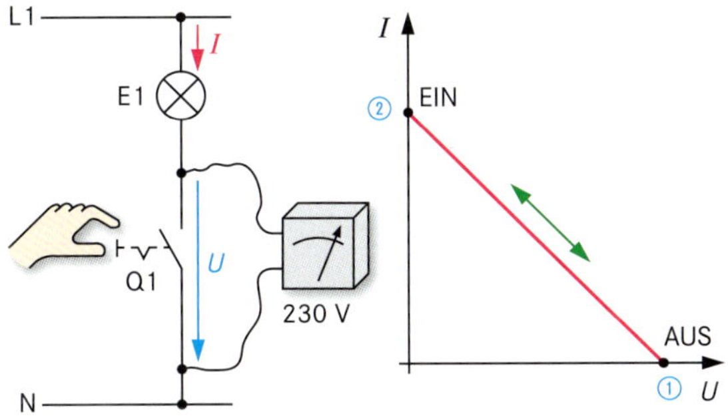

4: Direktes Schalten im Laststromkreis

Nachteile des direkten Schaltens

- Bei großen Stromstärken muss ein Schalter mit großer Schaltleistung installiert werden.
  ⇒ große Abmessungen, hohe Kosten
- Wenn Schalter und Lampe sich weit voneinander entfernt befinden, sind große Leitungslängen erforderlich.
  ⇒ großer Spannungsfall, evtl. größerer Leiterquerschnitt erforderlich

Die genannten Nachteile lassen sich vermeiden, wenn mit zwei Stromkreisen gearbeitet wird (Abb. 5).

Steuerstromkreis [control circuit]
Mit einer kleinen Spannung (z. B. 6 V) wird mit S1 ein Relais geschaltet. Der Schalter S1 kann sich an einer beliebigen Stelle befinden. Die Steuerleitung kann einen kleineren Querschnitt besitzen und unauffällig verlegt werden.

Laststromkreis [load circuit]
Der Stromkreis für die Lampe wird über den Relaiskontakt K1 geschlossen.

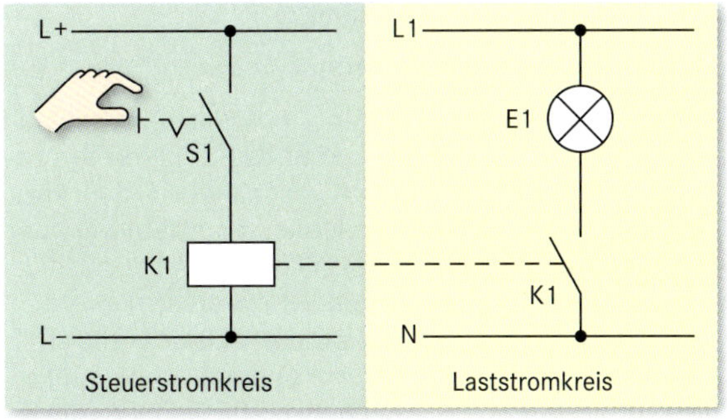

5: Indirektes Schalten mit Relais

Elektronische Schalter arbeiten völlig verschleißfrei. Die Zustände EIN und AUS werden mit den PN-Übergängen in verschiedenen Bauteilen (Transistor, Thyristor, Triac, Abb. 6) erzeugt. Die Steuerung erfolgt mit geringer Leistung (kleine Spannung und kleine Stromstärke).

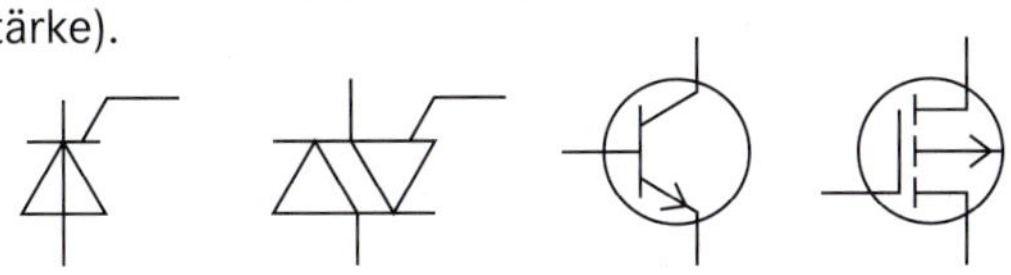

6: Bauelemente für elektronische Schalter

In Abb. 7 ist als Beispiel ein elektronischer Schalter mit einer LED zu sehen. Der Steuerstromkreis besteht aus der LED mit einem Vorwiderstand. Für ihre Funktion ist lediglich eine Stromstärke von 20 mA erforderlich. Das Licht der LED fällt auf den lichtempfindlichen Sensor des Schalters und schließt diesen berührungslos.

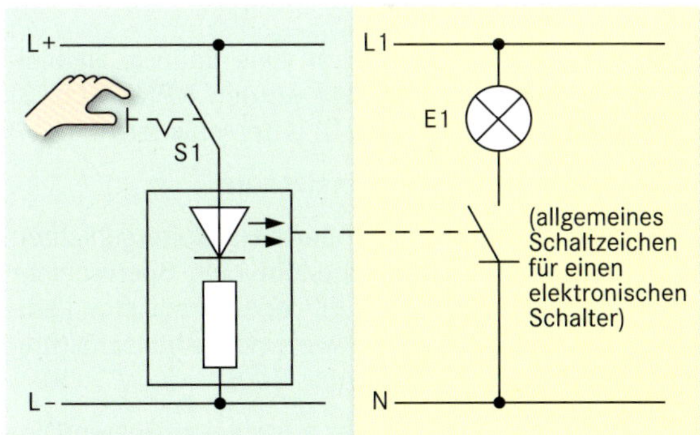

7: Schalten im Laststromkreis mit LED

- Bei elektronischen Schaltern ist die Steuerleistung wesentlich kleiner als die Schaltleistung für den Energiefluss. Sie sind klein und verschleißfrei.
- Elektronische Schalter können berührungslos betätigt werden.
- Für elektronische Schalter sind ein Steuerstromkreis und ein Laststromkreis erforderlich.

6.3.2 Transistoren als Schalter

6.3.2.1 Bipolare Transistoren

Die Gehäuse von Transistoren sind sehr unterschiedlich (Abb. 1). Je nach Aufbau können mit ihnen Stromstärken von einigen mA bis kA geschaltet werden. Weil für die Funktion der abgebildeten Transistoren zwei Arten von Ladungsträgern („Löcher" als feste positive Ladungen und Elektronen) eine Rolle spielen, werden sie auch als bipolare Transistoren [bipolar transistor] bezeichnet. Allen gemeinsam sind drei Anschlüsse (Elektroden) mit den Bezeichnungen Basis B, Emitter E, Kollektor C.

1: Bauformen bipolarer Transistoren

Jede dieser Elektroden führt an eine dotierte Halbleiterschicht. Je nach Zonenfolge werden **NPN**- (Abb. 2) oder **PNP**-Transistoren (Abb. 3) unterschieden.

Arbeitsweise bipolarer Transistoren

Wenn zwei unterschiedlich dotierte Halbleiterschichten zusammengefügt werden, entsteht eine Sperrschicht (PN-Übergänge, s. Kap. 6.2.1). Jeden Transistor kann man sich deshalb im Prinzip wie eine Reihenschaltung aus zwei Dioden vorstellen (Abb. 2 ①).

Ein Transistor kann aber nicht aus zwei einzelnen Dioden aufgebaut werden, da nur die im Innern vorhandene sehr dünne Basisschicht die Ladung vom Emitter zum Kollektor durchlässt.

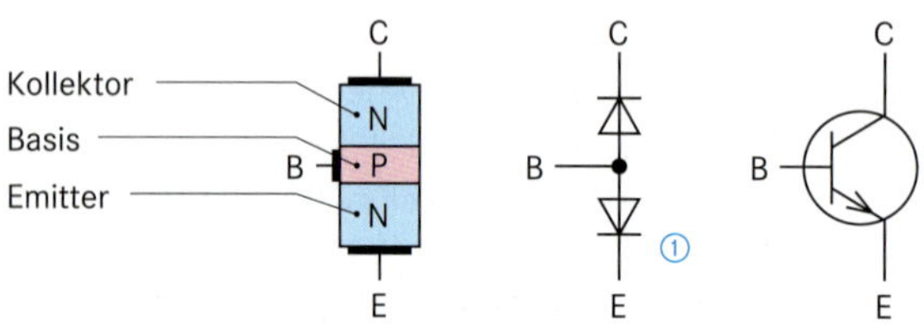

2: Bipolarer NPN-Transistor

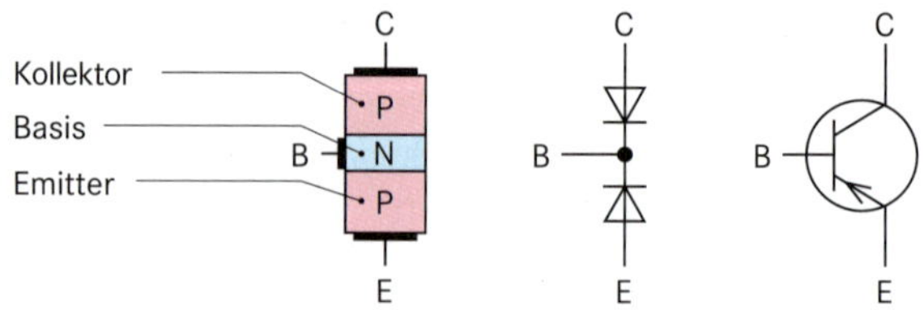

3: Bipolarer PNP-Transistor

Die Diodenstrecken des Transistors sind gegeneinander geschaltet, sodass auch bei angelegter Spannung zwischen Kollektor und Emitter kein Strom fließen kann. Dies ändert sich erst dann, wenn zwischen Basis und Emitter (Diodenstrecke bei Silizium) eine Spannung von etwa 0,7 V angelegt wird (bei NPN-Transistor Basis positiv gegenüber dem Emitter).

Die bisher gesperrte Diodenstrecke zwischen Basis und Emitter wird jetzt abgebaut und die Ladungen werden von der größeren Spannung zwischen Kollektor und Emitter angezogen. Der große Kollektorstrom (z. B. I_C = 1 A) ist also durch die kleinen Eingangsgrößen der Basis (Basisstromstärke z. B. I_B = 1 mA und Basis-Emitter-Spannung U_{BE} = 0,7 V) schaltbar.

Wenn jetzt wie in Abb. 4 die Basis-Emitter-Spannung über einen Schalter angelegt wird, lässt sich die Lampe im Kollektorstromkreis schalten.

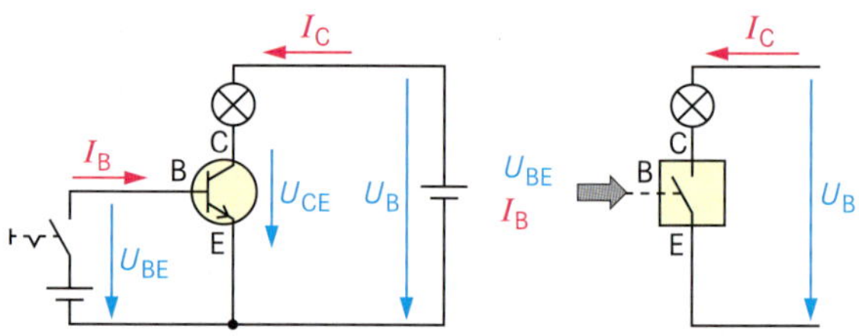

4: Bipolarer NPN-Transistor als Schalter

In dieser Schaltung wird der Emitter als gemeinsame Elektrode für den Ein- und Ausgangsstromkreis verwendet. Die Schaltung wird deshalb als **Emitterschaltung** [common emitter circuit] bezeichnet. Die Basis ist die Eingangselektrode und der Kollektor wird als Ausgangselektrode verwendet.

- Bipolare Transistoren besitzen drei Anschlüsse mit den Bezeichnungen Basis (B), Kollektor (C) und Emitter (E).
- Bipolare Transistoren sind aus den Halbleiterschichten NPN bzw. PNP aufgebaut.
- Bei bipolaren Transistoren werden die Basis-Emitter-Diode in Durchlass- und die Kollektor-Basis-Diode in Sperrrichtung betrieben.
- Der Kollektorstrom eines bipolaren Transistors lässt sich durch die Eingangsgrößen I_B und U_{BE} schalten.

Transistorkennlinien

Das Schaltverhalten soll jetzt zusätzlich mit Hilfe von Kennlinien erklärt werden. Dabei wird zwischen dem Ein- und Ausgangsbereich unterschieden.

Eingangsbereich [input range]

Die Basis-Emitter-Strecke verhält sich wie eine Diode, sodass sich als Kennlinie für I_B in Abhängigkeit von U_{BE} eine typische Diodenkennlinie ergibt (Abb. 5).

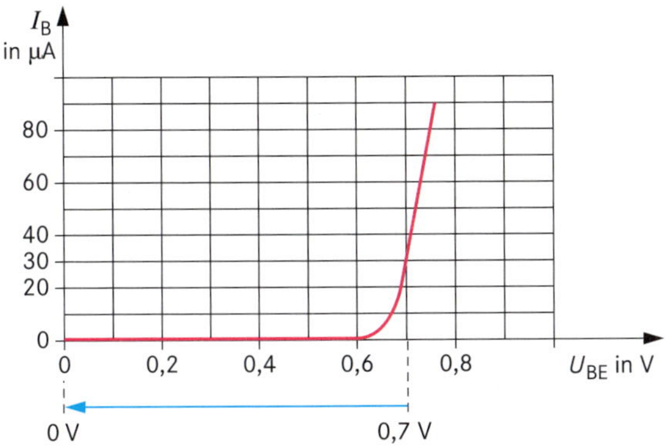

5: Eingangskennlinie eines bipolaren Transistors

Ausgangsbereich [output range]

Im Ausgangsbereich wird die Kollektorstromstärke I_C in Abhängigkeit von der Kollektor-Emitter-Spannung U_{CE} dargestellt (Abb. 6). Da als weitere Einflussgröße der Basisstrom vorhanden ist, sind zwei Fälle eingezeichnet.

- **I_B maximal; U_{BE} etwa 0,7 V**

Dies ist der Zustand **EIN** (Kennlinie ①). Die Kollektorstromstärke I_C ist maximal und die Betriebsspannung von 24 V liegt fast vollständig an der Lampe. Nur eine kleine Spannung ist noch zwischen Kollektor und Emitter vorhanden. Sie wird als Sättigungsspannung U_{CEsat} [saturation voltage] bezeichnet (Abb. 6, 2 V).
⇒ „Schalter" ist geschlossen

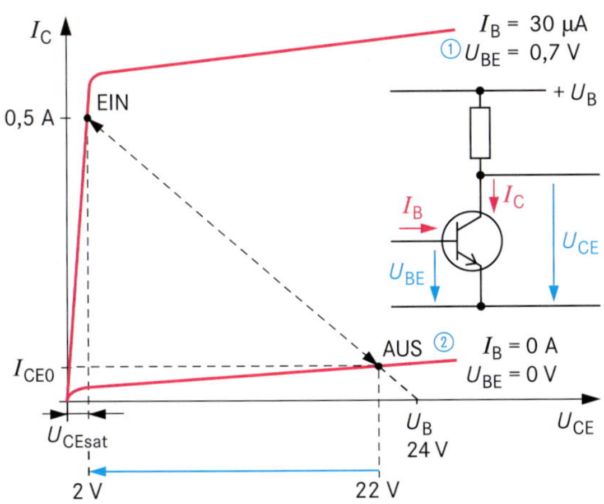

6: Ausgangskennlinie eines bipolaren Transistors

- **I_B und U_{BE} sind Null**

Bei diesen Größen befindet sich der Transistor (elektronischer Schalter) im Zustand **AUS** (Abb. 6, Kennlinie ②). Die Betriebsspannung liegt fast vollständig zwischen Kollektor und Emitter.
⇒ „Schalter" ist offen

Es fließt jedoch noch ein kleiner Kollektorstrom (I_{CE0}). Dies liegt daran, dass die beiden Dioden der Sperrschichten kein ideales Sperrverhalten zeigen. Deshalb ist die Spannung zwischen Kollektor und Emitter etwas kleiner als die Betriebsspannung (in Abb. 6; 22 V).

Ströme und Spannungen bipolarer Transistoren

Die Aufteilung der Ströme in einem bipolaren Transistor zeigt Abb. 7. Die Darstellung ist nicht maßstäblich. Die Basisstromstärke ist etwa 100- bis 500-mal kleiner als die Kollektorstromstärke. Der Emitterstrom ist gleich der Summe aus Basis- und Kollektorstrom.

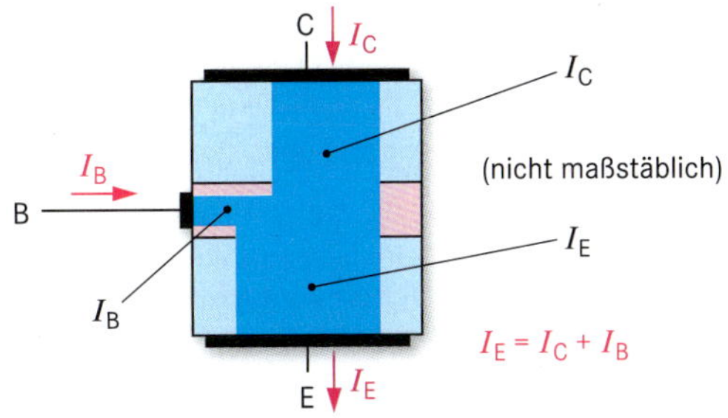

7: Ströme im bipolaren Transistor

Die einzelnen Polaritäten der Spannungen gegenüber dem Emitter zeigt folgende Übersicht:

Transistor	Basis-Emitter	Kollektor-Emitter
NPN	positiv (klein)	positiv (groß)
PNP	negativ (klein)	negativ (groß)

AUFGABEN

1. Nennen Sie Bedingungen, unter denen zwischen Kollektor und Emitter ein Strom fließen kann.
2. Beschreiben Sie Unterschiede und Gemeinsamkeiten zwischen einem mechanischen Schalter und einem Transistor als Schalter.
3. Berechnen Sie mit Hilfe der Daten aus dem Kennlinienfeld in Abb. 6 den Widerstand der Kollektor-Emitterstrecke für die Zustände EIN und AUS.

- Ein bipolarer Transistor ist kein idealer Schalter. Im „offenen" Zustand fließt noch ein kleiner Strom (I_C) und im „geschlossenen" Zustand liegt eine kleine Spannung an ($U_{CE} = U_{CEsat}$).
- Kollektor- und Basisstrom ergeben zusammen den Emitterstrom des bipolaren Transistors.

6.3.2.2 Feldeffekttransistoren

Neben bipolaren Transistoren werden zum Schalten auch Feldeffekttransistoren (**FET**) [**F**ield **E**ffect **T**ransistor] verwendet. Diese Transistoren haben drei Anschlüsse:
- Gate G (Steuerelektrode)
- Drain D (Senke)
- Source S (Quelle)

Die unterschiedlichen Typen mit ihren jeweiligen Kennlinien sind in Abb. 1 dargestellt. Der **Sperrschicht-Feldeffekttransistor** arbeitet wie folgt:

- Der Strom fließt über einen positiv oder negativ dotierten Halbleiterkanal von Drain zu Source.
- Durch Anlegen einer Spannung an die Steuerelektrode [control gate] entsteht ein elektrisches Feld. Dieses führt dazu, dass dem Stromkanal ① (Abb. 1) freie Elektronen entzogen werden. Die Leitfähigkeit der Drain-Source-Strecke nimmt dabei ab.
- Der PN-Übergang vom Gate zum Stromkanal wird in Sperrrichtung betrieben. Deshalb fließt über das Gate kein Strom. Der FET wird nur über die anliegende Gatespannung gesteuert (kein Stromfluss, leistungslos).

Solange der Feldeffekttransistor im geraden Teil der Kennlinie ② (Abb. 1) betrieben wird, verhält er sich wie ein steuerbarer Widerstand. Steigt die Spannung U_{DS} weiter, erreicht der Transistor den **Abschnürbereich** [pinch-off area] ③. In diesem Bereich lässt sich die Stromstärke I_D nicht weiter steigern.

Im Feldeffekttransistor kann der Strom nur in eine Richtung fließen. Je nach Stromrichtung unterscheidet man Feldeffekttransistoren mit N-Kanal und P-Kanal. Bei einer Spannung U_{GS} = 0 V ist der FET leitend. Man bezeichnet ihn daher als **selbstleitend** [self-conducting].

Isolierschicht-FET

Isolierschicht-FETs [insulated gate FET] besitzen zwischen der Gatezone und dem Hauptstromkanal eine Isolierschicht. Diese kann z. B. durch eine Metalloxidschicht gebildet werden.

Im Hauptstrompfad kann eine weitere Dotierung eingebaut werden, die den Transistor sperren lässt, wenn keine Gatespannung anliegt. Man nennt diese Transistoren dann **selbstsperrende** [self-cutoff] Feldeffekttransistoren (Abb. 1). Sie besitzen verbesserte Eigenschaften bei hohen Schaltgeschwindigkeiten und Schaltfrequenzen. Die Verluste beim Schalten verringern sich dadurch.

MOS-FET

Zum Schalten großer Spannungen und Ströme werden hauptsächlich MOS-FETs [**M**etal **O**xyde **S**emiconductor] eingesetzt. Hierbei besteht die isolierende Schicht zwischen Gate und dem Stromkanal aus einer dünnen Oxidschicht. MOS-FETs schalten elektrische Größen bis zu U_{DS} = 1 kV und I_D = 1 kA.

Die Sperrschicht bzw. Isolierschicht von Feldeffekttransistoren ist gegen Überspannungen sehr empfind-

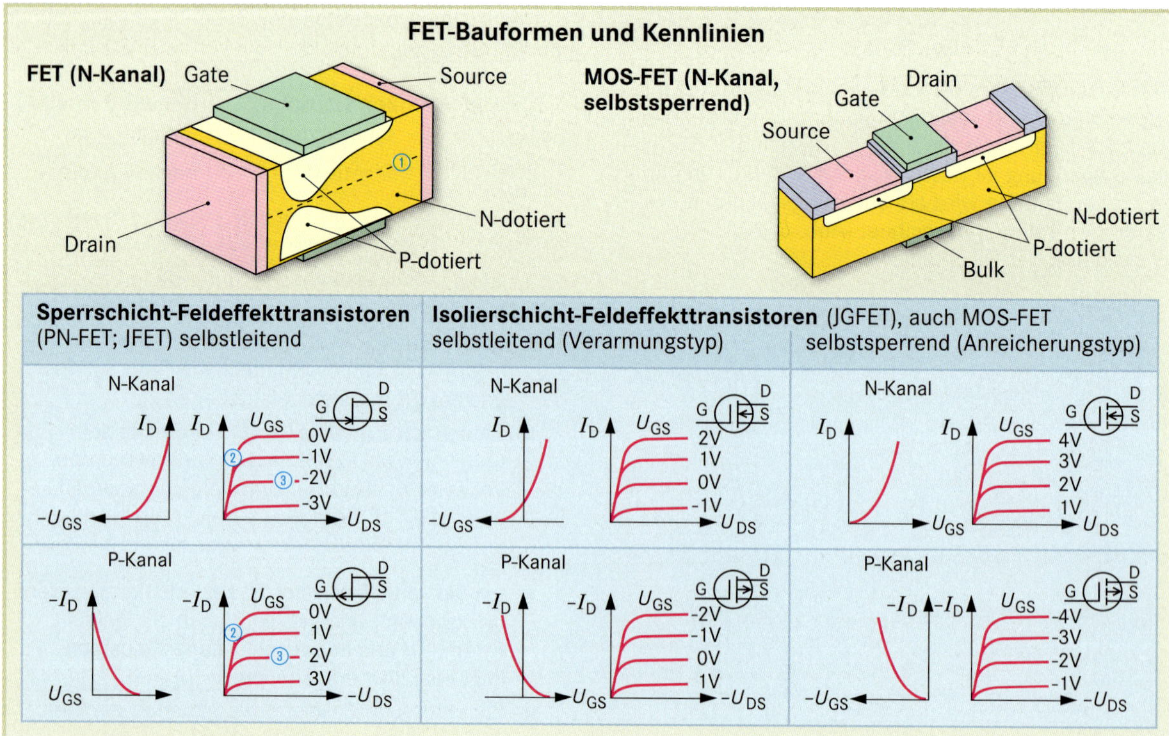

1: Feldeffekttransistoren

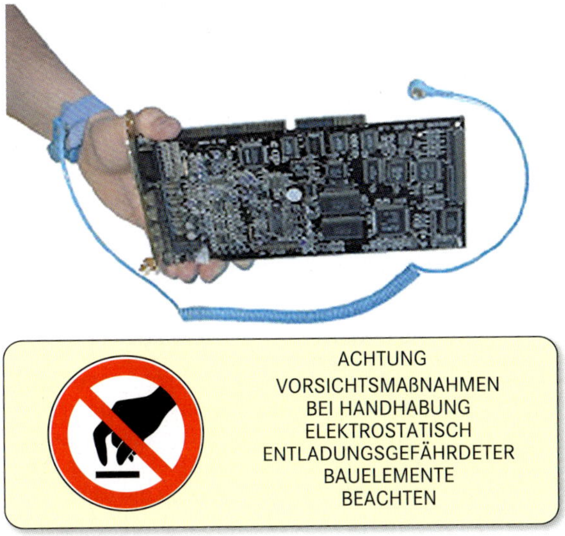

2: Schutz vor elektrostatischer Entladung

lich. Überspannungen können auftreten, wenn elektrostatisch aufgeladene Personen die Anschlüsse berühren. Die elektrostatische Entladung wird auch als **ESD** [**E**lectro **S**tatic **D**ischarge] bezeichnet.

Bei der Montage ist daher auf Folgendes zu achten:
- Bauelemente sind durch Schutzbeschaltungen zu schützen (z. B. durch Varistoren, s. Kap. 6.1.2).
- Personen, die empfindliche Bauelemente berühren, müssen mit einer ableitfähigen Verbindung zum Erdpotenzial ausgerüstet sein (Abb. 2).

Um große Leistungen mit einem Bauteil schalten zu können, sind MOS-FETs häufig in elektronischen Relais (s. Kap. 6.3.4) integriert (Abb. 3).

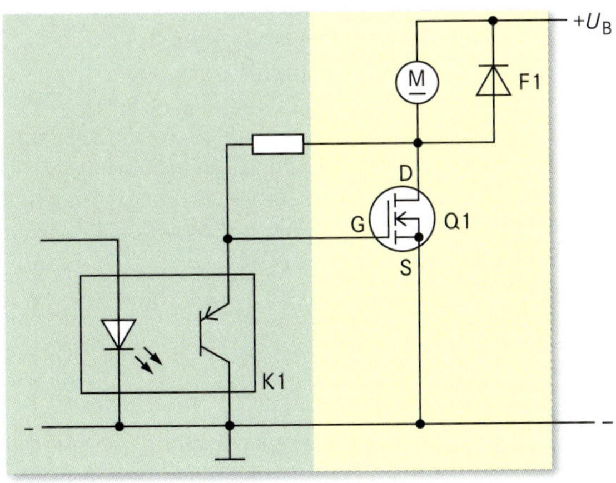

3: Elektronisches Leistungsrelais für Gleichströme

- Feldeffekttransistoren (FETs) haben einen Hauptstromkanal zwischen Drain und Source.
- FETs können nahezu leistungslos geschaltet werden.
- FETs sind nur für eine Stromrichtung geeignet.

6.3.3 Thyristoren

Thyristoren sind entsprechend ihren Anforderungen und Aufgaben unterschiedlich aufgebaut (Abb. 4). Die drei Elektroden haben folgende Bezeichnungen:
- Gate G (Steuerelektrode)
- Anode A
- Katode K

Thyristoren werden als elektronische Schalter eingesetzt. Als Beispiel dient die Schaltung in Abb. 5. Dort wird mit einem Thyristor [thyristor] der Strom durch eine Lampe geschaltet.

4: Thyristoren und Triacs

Elektronischer Schalter mit Thyristor

In der Schaltung von Abb. 5 sind zwei Stromkreise vorhanden:
- **Laststromkreis**: Q1, Q2, E1
  ⇒ Der elektronische Schalter befindet sich also zwischen Anode und Katode.
- **Steuerstromkreis**: S1, R_1, Q2, E1
  Durch die Betätigung des Tasters S1 wird eine Spannung an das Gate (Steuerelektrode) gelegt. Die Strecke zwischen Anode und Katode wird dadurch leitend.
  ⇒ Das Gate ist die Steuerelektrode.

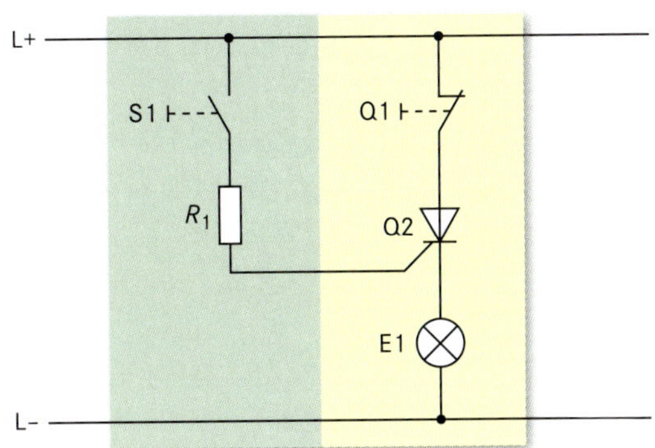

5: Thyristor als elektronischer Schalter

Aufbau des Thyristors

Thyristoren bestehen aus vier unterschiedlich dotierten Halbleiterschichten (Abb. 1). Das Gate als Steuerelektrode kann näher an der Anode bzw. an der Katode angebracht sein. Es werden deshalb anodenseitig bzw. katodenseitig steuerbare Thyristoren unterschieden.

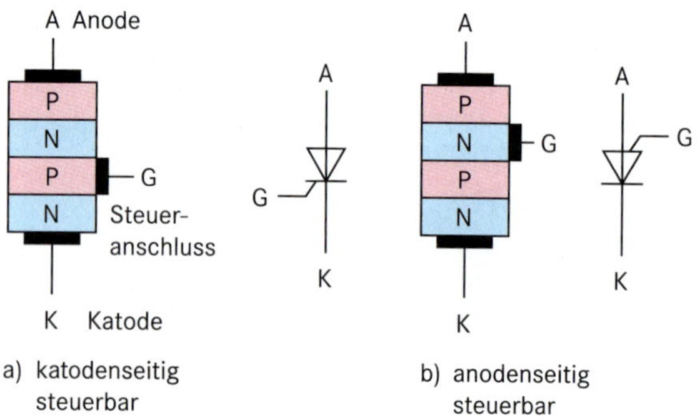

1: Thyristoraufbau und Schaltzeichen

Einfluss der Steuerspannung

Zwischen Anode und Katode eines Thyristors befinden sich vier Halbleiterschichten mit drei Sperrschichten. Die Strecke ist also auch bei anliegender Betriebsspannung gesperrt. Wird das Gate über einen Widerstand mit L+ verbunden (positiver Impuls), kommt es zum Abbau der Sperrschichten. Es fließt im Laststromkreis zwischen Anode und Katode ein Strom I_F. Dieser Vorgang wird als **Zündung** [firing] bezeichnet.

Der Strom fließt auch dann noch, wenn die Zündspannung U_G nicht mehr anliegt. Eine Unterbrechung des Stromflusses kann nur durch die Betätigung von Q1 (Abb. 5, vorhergehende Seite) erfolgen. Der Thyristor wird „gelöscht". Der anodenseitig steuerbare Thyristor kann durch einen negativen Impuls am Gate gezündet werden.

Die Zündung von Thyristoren kann mit Gleichspannungen, Wechselspannungen oder Impulsen erfolgen. Wichtig ist dabei, dass die Änderung des Signals rasch erfolgt.

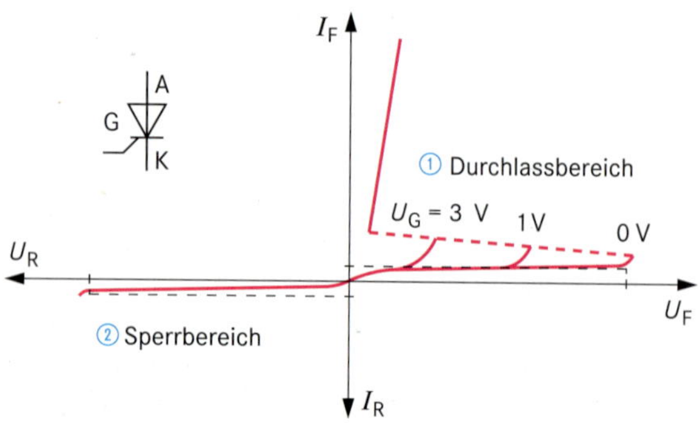

2: Thyristorkennlinie

Die Arbeitsweise des Thyristors lässt sich mit der Kennlinie in Abb. 2 erklären. Wie bei Dioden werden Durchlass- und Sperrbereiche unterschieden.

- **Durchlassbereich**

Mit kleinen Größen (z. B. U_G = 0 V bis 3 V) ① lässt sich die größere Stromstärke I_F (bis zu einigen kA) des Thyristors zwischen Anode und Katode schalten.

- **Sperrbereich**

Der Thyristor zeigt in diesem Bereich das Verhalten einer gesperrten Diode ②.

Thyristoren als Schalter im Wechselstromkreis

Thyristoren lassen sich nicht nur in Gleichstromkreisen als Schalter, sondern auch in Wechselstromkreisen z. B. zur Helligkeitssteuerung von Lampen einsetzen (Dimmer, s. Kap. 10.2.4). Ein Beispiel hierfür zeigt Abb. 3. Im Laststromkreis befinden sich die Glühlampe E1 und der Thyristor Q1 mit seiner Anoden-Katoden-Strecke. Die Zündung erfolgt mit Impulsen aus dem Zündgenerator G1. Dieser Generator kann aus einzelnen elektronischen Bauteilen aufgebaut sein oder als eine integrierte Schaltung vorliegen. Der Pfeil durch das Rechtecksignal gibt an, dass der Zündimpuls in seiner Phasenlage verschoben werden kann.

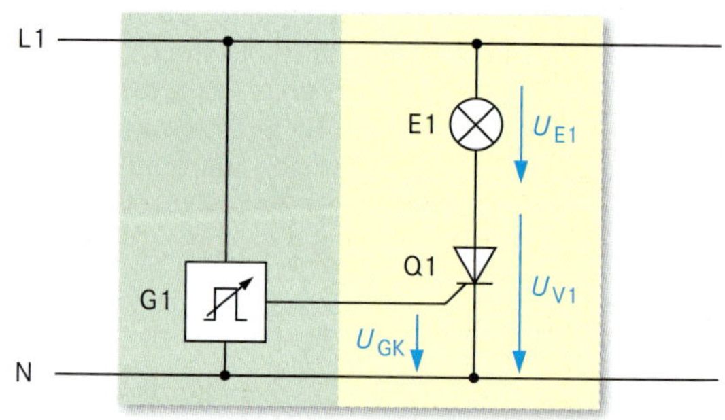

3: Thyristor im Wechselstromkreis

Die Zusammenhänge zwischen den einzelnen Spannungen verdeutlicht Abb. 4. Der Zündimpuls liegt dann an, wenn die Spannung zwischen L1 und N maximal ist. Der Winkel α (Steuerwinkel, Zündwinkel) beträgt dann 90° (Abb. 4a).

Zur Erklärung der Arbeitsweise werden die folgenden Zeitbereiche bzw. Zeitpunkte (als Winkelangaben) betrachtet:

- $0° < \alpha < 90°$

Der Thyristor ist gesperrt. Es fließt kein Laststrom. Die Spannung U_{V1} am Thyristor Q1 steigt entsprechend der Sinuskurve an und ist bei 90° maximal (Abb. 4b). Die Spannung U_{E1} an der Lampe ist konstant 0 V (Abb. 4c). Die Lampe leuchtet nicht.

- $\alpha = 90°$

Der Thyristor wird durch einen Impuls gezündet. Die Spannung U_{V1} sinkt auf 0 V. Die Spannung U_{E1} ändert sich dagegen von 0 V bis zum Maximalwert. Es fließt ein Strom und die Lampe leuchtet.

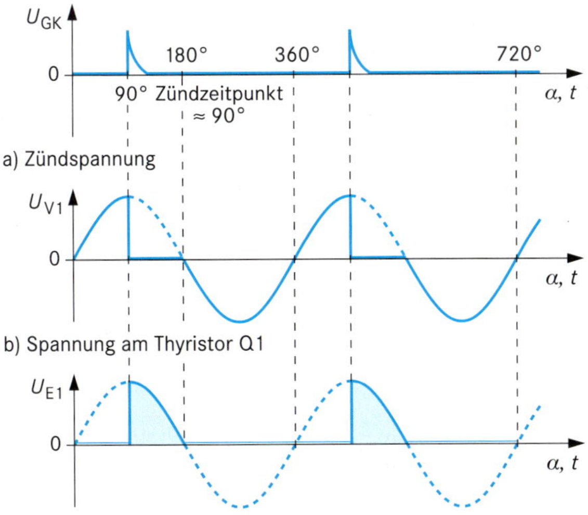

4: Spannungen einer Phasenanschnittsteuerung

- 90° < α < 180°

Entsprechend der Wechselspannung sinkt die Spannung U_{E1} an der Lampe vom Maximalwert bis 0 V.

- α = 180°

Weil die Wechselspannung 0 V wird, löscht der Thyristor. Es fließt kein Strom mehr durch die Lampe.

- 180° < α < 360°

Die Wechselspannung zwischen L1 und N ist negativ. Der Thyristor bleibt gesperrt.

Ab α = 360° wiederholt sich der Vorgang. Durch die Lampe fließt also nur zu bestimmten Zeiten ein Strom. Aus der anliegenden Wechselspannung werden bestimmte Anteile „herausgeschnitten" (**Phasenanschnittsteuerung** [phase angle control], s. Kap. 10.2.4.1). Dadurch ergibt sich eine geringere Lampenhelligkeit.

AUFGABEN

1. Begründen Sie, weshalb man den Thyristor auch als steuerbaren Gleichrichter bezeichnen kann.
2. Weshalb lässt sich der Thyristor in Abb. 4 nicht durch Impulse zwischen 180° und 360° schalten?

- Im Durchlassbereich können Thyristoren durch Steuerspannungen und Steuerströme gezündet werden. Die Strecke zwischen Anode und Katode verhält sich wie ein Schalter.
- Im Sperrbereich verhält sich der Thyristor wie eine Diode.
- Ein gezündeter Thyristor kann durch Laststromunterbrechung wieder gelöscht werden.
- Bei der Phasenanschnittsteuerung werden nur bestimmte Anteile der anliegenden Wechselspannung im Laststromkreis wirksam.

6.3.4 Triac

Der Triac besteht im Prinzip aus zwei antiparallel geschalteten Thyristoren (**Zweirichtungsthyristor** [bidirectional thyristor]). Dadurch gibt es zwei Durchlassbereiche (Abb. 5). Der Triac besitzt nur einen Gateanschluss und kann mit einer Steuerspannung in beiden Richtungen leitend geschaltet werden. Die Polarität der Steuerspannung spielt keine Rolle. Wie beim Thyristor lässt sich der Triac löschen, wenn der **Haltestrom** I_H [holding current] unterschritten wird (Abb. 5 ①).

Der Triac eignet sich somit als Schalter für Wechselspannungen und wird z. B in elektronischen Relais eingesetzt (s. Kap. 6.3.5).

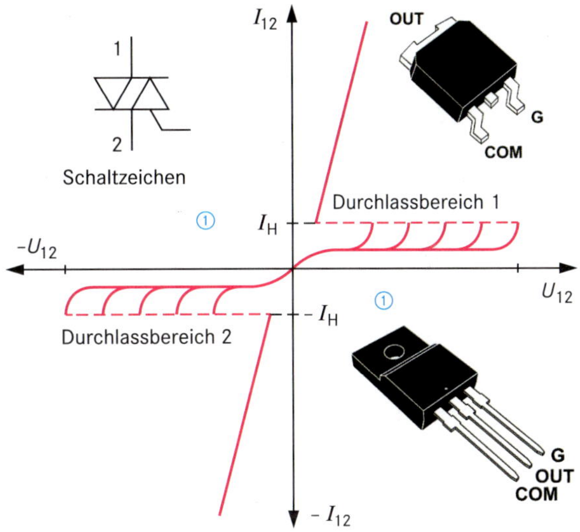

5: Triac-Kennlinie

Der Zeitpunkt der Zündung kann durch Wechselspannungen oder Impulse bestimmt werden. Wenn, wie z. B. in Abb. 6 dargestellt, die Zündung bei etwa 90° der Wechselspannung erfolgt, wird nur eine „Hälfte" der sinusförmigen Wechselspannung wirksam.

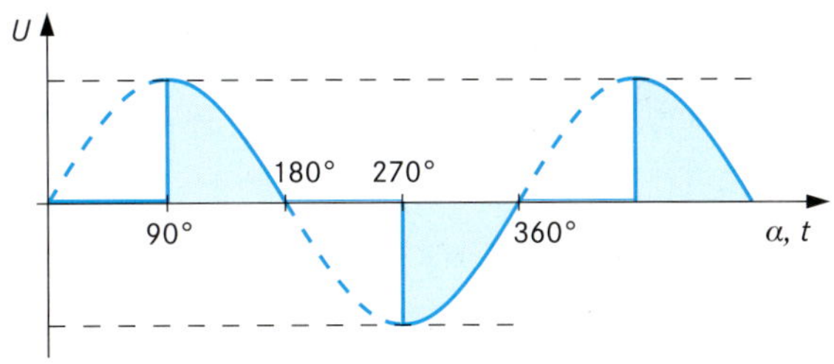

6: Spannungsverlauf im Stromkreis mit Triac

- Ein Triac lässt sich als Schalter im Wechselstromkreis einsetzen.
- Mit Zündspannungen am Gate des Triacs können bestimmte Anteile der positiven und negativen Halbschwingungen der Wechselspannung wirksam werden.

Wechselstromschalter

Auf Grund der beiden Durchlassbereiche lässt sich der Triac als Wechselstromschalter einsetzen. Der Einsatzbereich erstreckt sich bis 2 MVA. Wechselstromschalter werden besonders dort eingesetzt, wo häufiges Schalten erforderlich ist.
Beispiele:
- Geregelte Heizungsanlagen
- Einstellbare Beleuchtungsanlagen
- Drehstrommotoren mit Drehrichtungsumkehr
- Transformator-Stufenschalter

Die einfache Drehzahlsteuerung der Bohrmaschine in Abb. 1 erfolgt durch einen Triac als Wechselstromschalter mit einem einstellbaren RC-Glied als Zündgenerator.

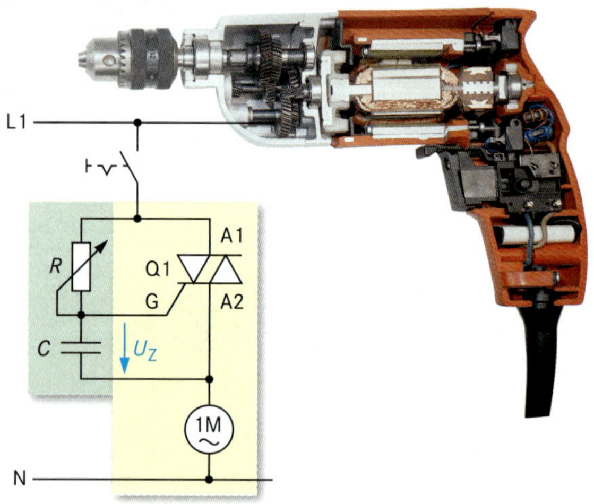

1: Drehzahlsteuerung bei der Bohrmaschine

In aufwändigeren Steuerschaltungen besteht der Zündgenerator aus einer integrierten Schaltung, die über ein Netzteil mit einer Gleichspannung versorgt wird (Abb. 2).

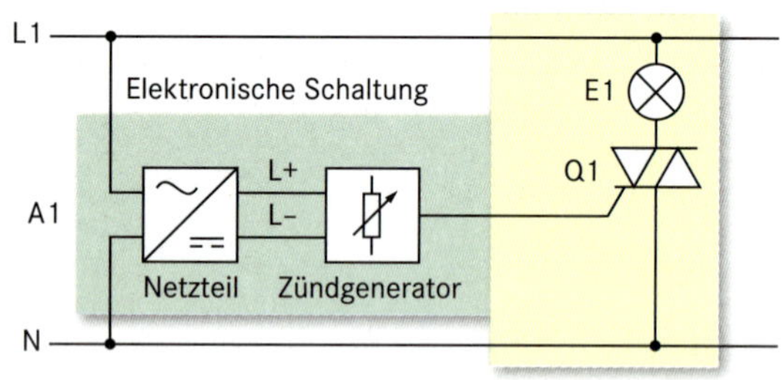

2: Wechselstromschalter mit Triac

- Wechselstromschalter ermöglichen häufiges verschleißfreies Schalten. Die Schaltleistung kann je nach Halbleiterelement bis 2 MVA betragen.
- Mit Hilfe von Steuerspannungen können Wechselstromschalter prinzipiell zu jedem Zeitpunkt der angelegten Wechselspannung geschlossen werden.

Mit der Phasenanschnittsteuerung kann die Leistung eines Verbrauchers im Wechselstromkreis gesteuert werden. Nachteilig bei diesen Schaltungen sind die steilen Übergänge. Sie führen zu Oberschwingungen (s. Kap. 1.6.4), die sich im Energienetz ausbreiten können. Filterschaltungen zur Begrenzung sind erforderlich.

Störungsfreier arbeiten Schalter, in denen die Thyristoren bzw. Triacs im oder in der Nähe des Nulldurchgangs geschaltet werden (**Nullspannungsschalter** [zero voltage switch]). Es können aber auch, wie in Abb. 3 dargestellt, vollständige Schwingungen geschaltet werden (**Schwingungspaket-** [burst firing control] oder **Vollwellensteuerung** [full wave control]).

Das Beispiel in Abb. 3 zeigt, dass durch die Steuerimpulse u_{st} von der anliegenden Wechselspannung u jeweils zwei Perioden „durchgelassen“ und eine gesperrt wird. Als Ergebnis erhält man im Belastungswiderstand eine verringerte Wechselstromleistung. Die Energieumwandlung verringert sich dementsprechend (z. B. bei einer Heizung).

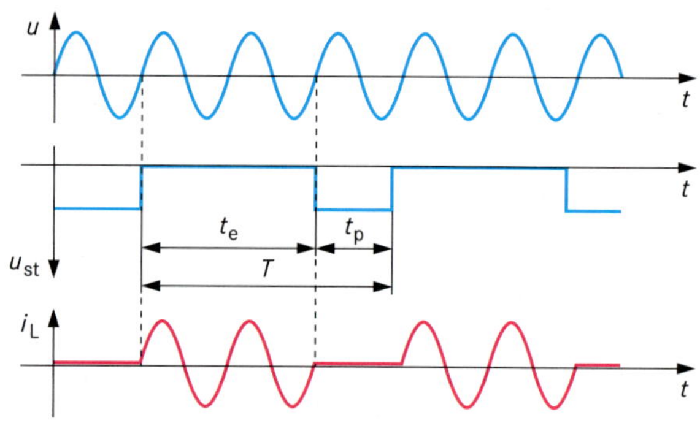

3: Schwingungspaketsteuerung

AUFGABEN

1. Erklären Sie den Unterschied zwischen einem Thyristor und einem Triac mit Hilfe der Kennlinien.
2. Weshalb sind beim Triac und beim Thyristor im Wechselstromkreis keine Schaltungsmaßnahmen zum Löschen erforderlich?
3. Ermitteln Sie mit Hilfe der Spannungs- und Stromverläufe von Abb. 3 die prozentual verringerte Leistung im Belastungswiderstand.
4. Hinsichtlich der galvanischen Trennung zwischen Last- und Steuerstromkreis bestehen zwischen mechanischen und elektronischen Schaltern Unterschiede. Beschreiben Sie Vor- und Nachteile.

- Bei der Schwingungspaketsteuerung gelangen von der anliegenden Wechselspannung immer nur eine bestimmte Anzahl von Perioden an den Lastwiderstand.

6.3.5 Elektronische Relais

Elektronische Relais werden auch als Elektronische Lastrelais (**ELR**), Halbleiterrelais, Halbleiterlastrelais, Halbleiterschütz oder **SSR** [**S**olid **S**tate **R**elay] bezeichnet. Sie bestehen im Wesentlichen aus folgenden Komponenten:

- Eingangskreis mit einem **Optokoppler** [optocoupler], durch den eine galvanische Trennung zwischen Ein- und Ausgang erreicht wird
- Ausgangskreis mit einem elektronischen Schalter (Transistor, Triac, Thyristor)

In Abb. 4 sind beispielhaft die Innenschaltungen von zwei elektronischen Relais abgebildet. Zur Spannungsbegrenzung befinden sich im Eingangskreis Varistoren (s. Kap. 6.1.2). Da das elektronische Relais in Abb. 4a mit Gleichspannung betrieben wird, befinden sich eine Diode als Verpolungsschutz und eine Z-Diode zur Spannungsstabilisierung im Eingangskreis. Wenn das Relais wie in Abb. 4b mit einer Wechselspannung betrieben wird, befindet sich im Eingangskreis zur Gleichrichtung ein Brückengleichrichter.

Die Weitergabe des Schaltimpulses erfolgt über die Lichtstrecke eines Optokopplers ①. Als Sender wird eine **Fotodiode** (LED, s. Kap. 6.2.2) und als Empfänger ein **Fototransistor** [photo transistor] verwendet. Es besteht somit keine direkte Verbindung zwischen Ein- und Ausgang (**Potenzialtrennung** [galvanic separation]). Dadurch können Ein- und Ausgangskreise mit unterschiedlichen Spannungen betrieben werden.

Beim Fototransistor trifft das Licht aus der Fotodiode auf die Sperrschicht. Dadurch werden Elektronen herausgelöst, die Leitfähigkeit erhöht sich und der Strom zwischen Kollektor und Emitter vergrößert sich. Das Licht wirkt wie ein Basisstrom. Zusätzlich kommt es zu einer Verstärkung des Signals. Zur Kennzeichnung wird der **CTR**-Wert [**C**urrent-**T**ransfer-**R**atio] als Stromübertragungsverhältnis verwendet (s. rechts).

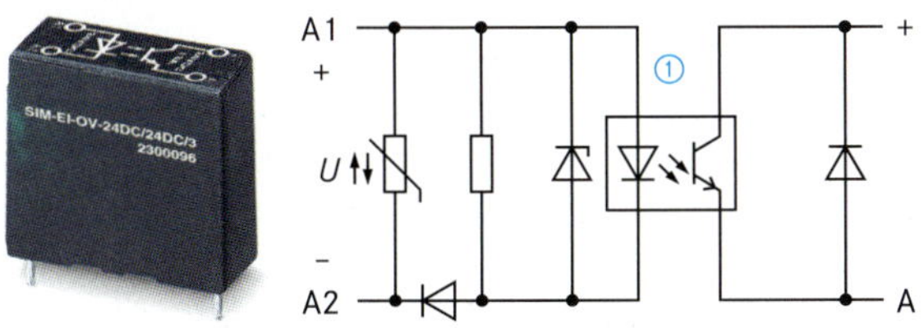

a) DC-Eingang, DC-Ausgang (2 Leiter)

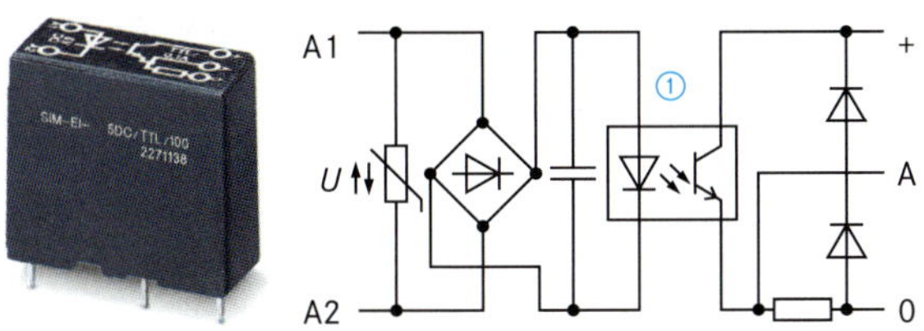

b) AC/DC-Eingang, DC-Ausgang (3 Leiter)

4: Elektronische Relais

Es gibt Fototransistoren mit und ohne Basisanschluss. Bei Fototransistoren mit Basisanschluss lässt sich mit einem voreingestellten Basisstrom der Arbeitspunkt des Transistors einstellen.

Elektronische Relais gibt es auch zum Schalten der drei Leiterspannungen (3 Phasen). Die Eingangskreise liegen parallel, während die Ausgänge separat geschaltet werden können.

Optokoppler

Ausführungsvarianten

Schaltung	Bemerkung
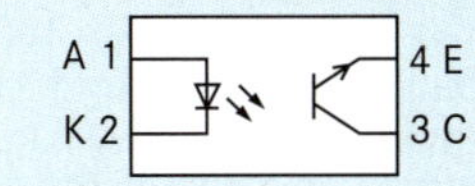	Basisanschluss nicht vorhanden
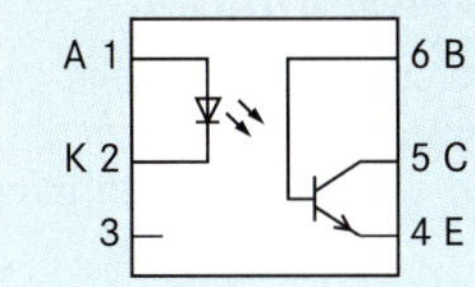	Basisanschluss vorhanden, Erhöhung der Grenzfrequenz mit R_{BE} möglich.
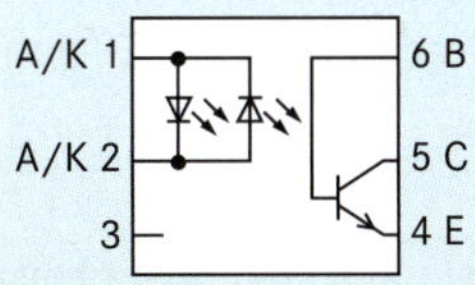	Antiparallel geschaltete Lumineszenzdioden (Wechselspannungsübertragung)

Kenngrößen

U_{Isol}:	Isolationsprüfspannung	(max. 10 kV)
I_F:	Dioden-Durchlassstrom	(max. 80 mA)
I_C:	Kollektorstrom	(max. 100 mA)

$$CTR = \frac{I_C}{I_F} \text{ (in \%) bei } I_F = 10 \text{ mA und } U_{CE} = 5 \text{ V}$$

AUFGABEN

1. Welche Vorteile besitzen elektronische Relais gegenüber mechanisch arbeitenden Relais?
2. Welche Funktion haben die Dioden im Ausgangskreis der in Abb. 4 abgebildeten elektronischen Relais?

- Elektronische Relais bestehen aus einer Eingangsschaltung für Gleich- oder Wechselspannung, einem Optokoppler und einem Ausgangskreis mit einem Transistor, Thyristor oder Triac.
- Bei elektronischen Relais werden zur Potenzialtrennung zwischen Eingang und Ausgang Optokoppler verwendet.
- Wechselspannungen am Eingang von Optokopplern sind nur mit Zusatzbeschaltung möglich.
- Die Belastbarkeit des Fototransistors im Optokoppler begrenzt die Schaltleistung.

6.4 Verstärker

6.4.1 Verstärkungsprinzip

Verstärker sind in vielen elektrotechnischen Anlagen und Geräten anzutreffen. Beispiele:
- Spannungen von Antennen (s. Kap. 9.4.2)
- Spannungen von Mikrofonen (s. Kap. 9.2.5.1)
- Signale zur Steuerung von Thyristoren und Triacs (s. Kap. 6.3.3)
- Signale von Temperaturfühlern oder anderen Sensoren (s. Kap. 3.2.2)
- Spannungen von Tachogeneratoren zur Regelung von Motordrehzahlen (s. Kap. 11.1.1)

Verstärker können aus einer Vielzahl von elektronischen Bauteilen diskret oder als integrierte Schaltungen (s. Kap. 6.4.4) aufgebaut sein. Bei integrierten Schaltungen sind alle Bauelemente auf einem Halbleiterchip und engstem Raum zusammengefasst.

Trotz unterschiedlicher Bauweisen gibt es für alle diese Verstärker folgende **Gemeinsamkeiten**:
- Verstärker benötigen eine elektrische Energieversorgung (Abb. 1 ①).
- Verstärker haben Ein- und Ausgangsgrößen.
- Die Ausgangsgrößen sind größer als die Eingangsgrößen.
- Verstärker besitzen einen Eingangs- und einen Ausgangswiderstand ②.
- Für den Verstärker kann ein allgemeines Schaltzeichen angegeben werden (Abb. 1).
- Folgende Größen können verstärkt werden:
  - Spannung
  - Stromstärke
  - Leistung
- Die Verstärkung (**Verstärkungsfaktor *v*** [gain factor]) ist das Verhältnis von Ausgangsgröße zu Eingangsgröße.

Spannungsverstärkung

$$v_u = \frac{U_2}{U_1}$$

Stromverstärkung

$$v_i = \frac{I_2}{I_1}$$

Leistungsverstärkung

$$v_P = \frac{P_2}{P_1} \qquad v_P = \frac{U_2 \cdot I_2}{U_1 \cdot I_1} \qquad v_P = v_u \cdot v_i$$

- Die verstärkten Größen können wechseln (z. B. Wechselspannung) oder gleich sein (z. B. Gleichspannung).

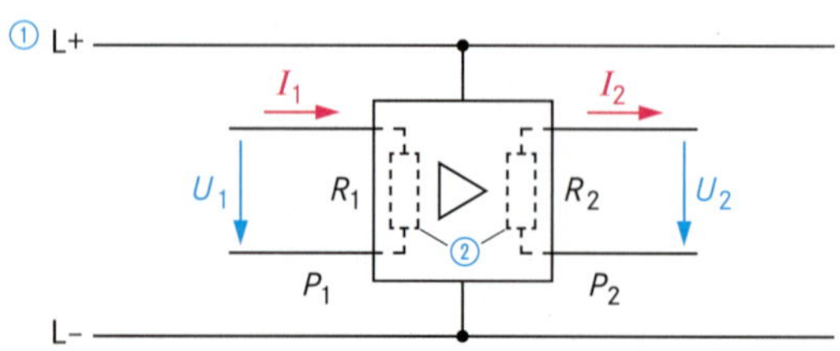

1: Verstärker mit Energieversorgung

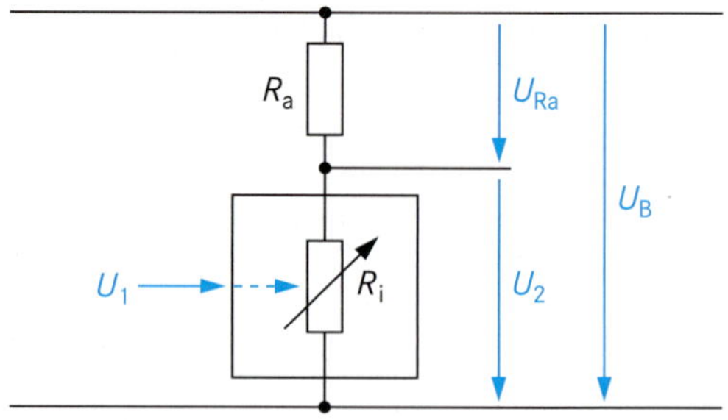

2: Verstärkungsprinzip durch Spannungsaufteilung

In Verstärkern befinden sich neben den passiven Bauteilen (Widerstände, Kondensatoren, Spulen) auch aktive Bauelemente.
Verwendet werden z. B.
- Bipolare Transistoren (s. Kap. 6.3.2.1),
- Feldeffekttransistoren (s. Kap. 6.3.2.2) oder
- Operationsverstärker (s. Kap. 6.4.4)

Ein Verstärker lässt sich vereinfacht wie eine Reihenschaltung aus zwei Widerständen auffassen (Abb. 2). Die Spannungsversorgung mit U_B liegt an der Reihenschaltung. An dieser vereinfachten Schaltung soll die Entstehung der Spannungsverstärkung erläutert werden.

Der Festwiderstand R_a liegt in Reihe mit einem durch die Eingangsgröße U_1 veränderbaren Widerstand R_i. Wenn die Eingangsspannung U_1 größer wird, vergrößert sich auch der Innenwiderstand R_i des Verstärkers.

Da die Reihenschaltung an der konstanten Spannung U_B liegt und auch R_a konstant bleibt, vergrößert sich die Ausgangsspannung U_2.

Aus diesen Betrachtungen ergibt sich folgende **Wirkungskette**:

$$U_1\uparrow \Rightarrow R_i\uparrow \Rightarrow U_{Ra}\downarrow \Rightarrow U_2\uparrow \quad (U_B = \text{konstant})$$

AUFGABEN

1. Berechnen Sie die Spannungsverstärkung eines Verstärkers, wenn folgende Größen gegeben sind:
   a) U_1 = 10 mV; U_2 = 0,34 V
   b) U_1 = 0,4 V; U_2 = 22,6 V
2. Berechnen Sie die Stromstärke I_2, wenn folgende Größen gegeben sind:
   a) I_1 = 43 mA; v_i = 120
   b) I_1 = 0,5 A; v_i = 65,7
3. Begründen Sie, weshalb Verstärker zum Betrieb immer elektrische Energie benötigen.

- Verstärker geben Gleich- oder Wechselgrößen des Eingangsbereichs am Ausgang vergrößert ab.
- Spannungen, Stromstärken und Leistungen können verstärkt werden.

6.4.2 Verstärker mit bipolaren Transistoren

Wenn ein Transistor als Verstärker verwendet werden soll, wird häufig die Basis als Eingangs- und der Kollektor als Ausgangselektrode benutzt. Der Emitter ist dann die gemeinsame Elektrode. Die Schaltung wird deshalb als **Emitterschaltung** [common emitter circuit] bezeichnet (Abb. 3).

Ein Transistor kann Spannungen, Ströme und damit Leistungen verstärken. Da zwischen den Stromstärken in weiten Bereichen ein linearer Zusammenhang besteht (s. Kennlinie in Abb. 3), soll zunächst die Stromverstärkung behandelt werden.

Stromverstärkung

Damit eine Emitterschaltung funktionieren kann, müssen die Basis und der Kollektor mit Spannung versorgt werden. Aus Vereinfachungsgründen nehmen wir an, dass dies in Abb. 3 geschehen ist. Die Eingangsgröße ist dann die Basisstromstärke I_B und die Ausgangsgröße ist die Kollektorstromstärke I_C.

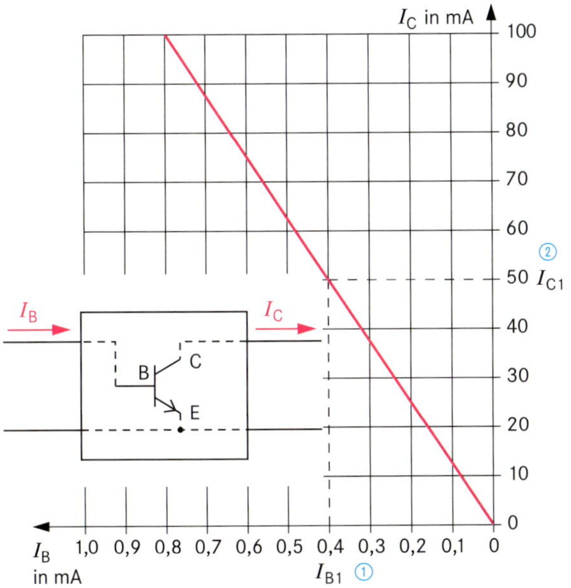

3: Stromverstärkung

Der Zusammenhang zwischen I_B und I_C ist in Abb. 3 grafisch als Kennlinie dargestellt und nahezu linear. Als Kenngröße wird das Verhältnis von I_C zu I_B verwendet. Es wird als **Gleichstromverstärkung *B*** [d. c. gain] bezeichnet und ist in weiten Bereichen konstant.

Gleichstromverstärkung $$B = \frac{I_C}{I_B}$$

Aus der Kennlinie kann Folgendes abgelesen werden:
- Eingangsstromstärke: I_{B1} = 0,4 mA ①
- Ausgangsstromstärke: I_{C1} = 50 mA ②

Aus der Eingangsgröße von 0,4 mA entsteht durch den Transistor eine Ausgangsgröße von 50 mA. Die

Gleichstromverstärkung

Geg.: Kennlinie in Abb. 3, I_B = 0,4 mA
Ges.: B

Abgelesener Wert: I_C = 50 mA

$$B = \frac{I_C}{I_B} \qquad B = \frac{50\text{ mA}}{0{,}4\text{ mA}} \qquad \underline{\underline{B = 125}}$$

Der Transistor besitzt eine 125fache Stromverstärkung.

Verstärkung ist dann das Verhältnis von Ausgangsgröße zu Eingangsgröße.

Wechselstromverstärkung

An der Kennlinie des Transistors kann auch die Wechselstromverstärkung [a. c. gain] veranschaulicht werden (Abb. 4). Wir nehmen wieder an, dass eine Basisstromstärke von 0,4 mA eingestellt worden ist. Wir nennen diesen Punkt auf der Kennlinie **Arbeitspunkt** A [operating point]. Er wird durch Widerstände eingestellt. Verringern wir jetzt die Stromstärke auf 0,3 mA ③, verringert sich auch die Kollektorstromstärke ④. Wenn wir I_B dagegen auf 0,5 mA vergrößern ⑤, steigt auch I_C ⑥. Daraus ergibt sich die folgende Wirkungskette:

$$I_B\uparrow \Rightarrow I_C\uparrow \qquad I_B\downarrow \Rightarrow I_C\downarrow$$

Die Wechselstromverstärkung β lässt sich aus dem Verhältnis ΔI_C zu ΔI_B ermitteln.

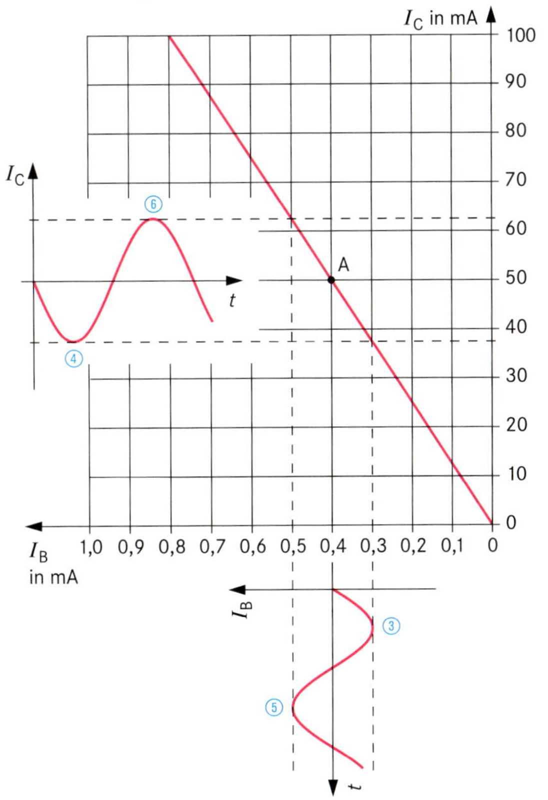

4: Wechselstromverstärkung

Die bisher beschriebene Schaltungsmaßnahme zur Einstellung des Arbeitspunktes beim Sperrschicht-FET kann nicht auf die Isolierschicht-FETs übertragen werden. Die Schaltung in Abb. 1a mit einem selbstsperrenden Isolierschicht-FET besitzt eine Eingangskennlinie, die nur im positiven Bereich verläuft (Abb. 1b, I_D in Abhängigkeit von U_{GS}). Die Gleichspannung für den Arbeitspunkt des Transistors kann also durch einen Spannungsteiler R_1 und R_2 aus der Betriebsspannung gewonnen werden.

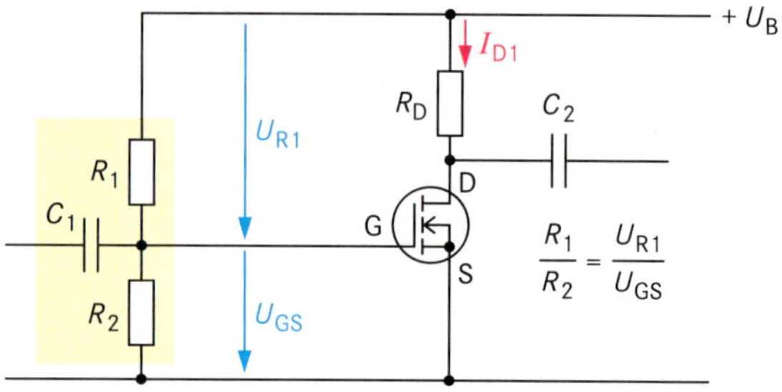

a) Verstärkerschaltung

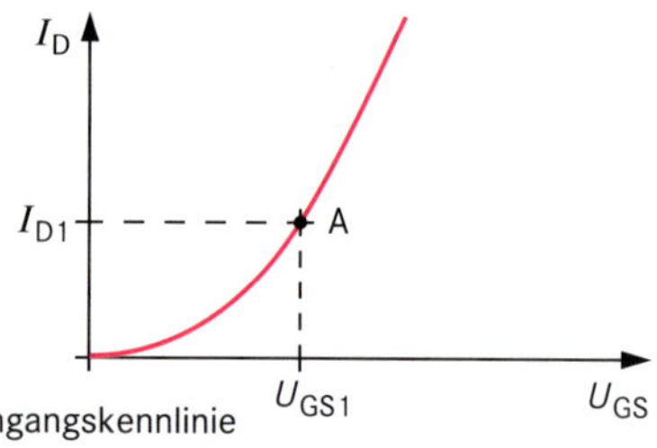

b) Eingangskennlinie

1: Isolierschicht-FET mit N-Kanal

AUFGABEN

1. Ermitteln Sie aus der Kennlinie in Abb. 4 (Seite vorher) die Ausgangsstromänderung.
2. Der Widerstand R_D in Abb. 4 (Seite vorher) hat einen Wert von 1 kΩ. Die Ausgangsstromstärke ΔI_D ändert sich von 10 mA bis 30 mA. Wie groß ist die Spannungsänderung?
3. Berechnen Sie für Abb. 1 die Spannung U_{GS}, wenn folgende Werte bekannt sind: U_B = 12 V; R_1 = 8,2 MΩ; R_2 = 1,2 MΩ.

- Auf Grund des großen Eingangswiderstandes bei Feldeffekttransistoren kann der Eingangsstrom vernachlässigt werden.
- Zur Einstellung des Arbeitspunktes benötigen Feldeffekttransistoren eine Spannung zwischen Gate und Source.
- Beim FET lässt sich der Ausgangsstrom durch eine Eingangsspannung steuern.
- Bei Sperrschicht-FETs wird der Arbeitspunkt durch einen Source-Widerstand eingestellt.
- Bei Isolierschicht-FETs kann der Arbeitspunkt durch einen Spannungsteiler eingestellt werden.

6.4.4 Operationsverstärker

Aus Platz- und Kostengründen werden in elektronischen Schaltungen sehr oft integrierte Verstärkerschaltungen eingesetzt. Auf einem einzigen Halbleiterchip sind alle wesentlichen Bauteile untergebracht. Zur vollständigen Funktion müssen nur noch wenige Bauteile hinzugeschaltet werden.

In der Steuerungs- und Regelungstechnik setzt man **Operationsverstärker** [operational amplifier] (Abb. 3) für verschiedene Aufgaben ein. Ursprünglich wurden diese Verstärker im Wesentlichen für die Realisierung mathematischer Operationen eingesetzt (daher diese Bezeichnung). Heute jedoch wird der Operationsverstärker als vielseitiges Bauteil für verschiedene Aufgaben eingesetzt. Zwei unterschiedliche Schaltzeichen werden verwendet (Abb. 2).

Kennwerte von Operationsverstärkern

- **Betriebsspannungen**: +/- 4 V ... +/- 30 V
  Der Operationsverstärker benötigt zwei gleichgroße Betriebsspannungen ($+U_{B1}$ und $-U_{B2}$, s. Abb. 4).
  In Schaltbildern sind sie oft nicht eingezeichnet.
- **Spannungsverstärkung**: 10^3 ... 10^8
  Die Verstärkung ist sehr groß.
- **Eingangswiderstand**: 10^5 Ω ... 10^{15} Ω
  Der Widerstand ist extrem groß!
- **Ausgangswiderstand**: 15 Ω ... 3 kΩ
  Er ist sehr klein gegenüber dem Eingangswiderstand.
- **Frequenzbereich**: 0 Hz ... 1 MHz
  Der Operationsverstärker lässt sich zur Verstärkung von Gleich- und Wechselspannungen verwenden.

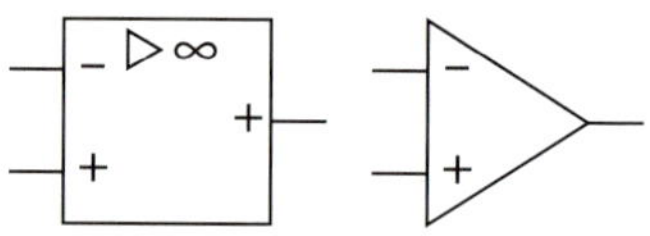

2: Schaltzeichen für Operationsverstärker

3: Bauformen von Operationsverstärkern

In einem Operationsverstärker sind im Prinzip zwei Verstärker enthalten. Dies drückt man durch die beiden Eingangssymbole + (Pluszeichen) und - (Minuszeichen) aus (Abb. 4). Es handelt sich hierbei nicht um eine Polaritätsangabe für die Betriebsspannung, sondern um die Kennzeichnung der Phasenlage zwischen dem Eingangs- und dem Ausgangssignal. Die Eingangssymbole haben folgende Bedeutung:

Nichtinvertierender Eingang: +
Das an diesem Eingang anliegende Signal erscheint am Ausgang phasengleich.

Invertierender Eingang: –
Das an diesem Eingang anliegende Signal erscheint am Ausgang um 180° gedreht.

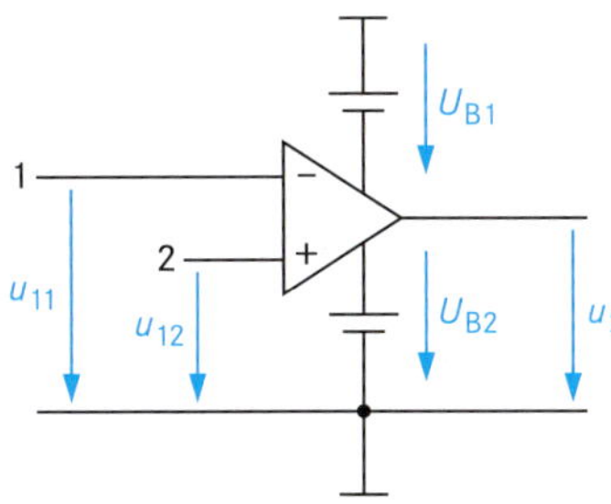

4: Anschlüsse und Spannungen beim Operationsverstärker

Das Verhalten eines Operationsverstärkers wird mit drei vereinfacht dargestellten Messschaltungen (Abb. 5 bis 7) beschrieben.

- Aus Gründen der Übersichtlichkeit sind die Betriebsspannungsquellen in den Stromlaufplänen nicht eingezeichnet worden.
- Die Eingangs- und Ausgangsspannungen werden durch Liniendiagramme dargestellt.
- Weil die Verstärkung des Operationsverstärkers sehr groß ist, dürfen nur sehr kleine Eingangsspannungen (µV) angelegt werden.

Nichtinvertierende Verstärkerschaltung

Damit nur der nichtinvertierende [non inverting] Eingang (Abb. 5) wirksam ist, wird der invertierende Eingang auf Masse gelegt. Als Eingangssignal wird eine Spannung von U_{12} = 1 µV verwendet. Die Spannungsverstärkung soll 1.000.000 = 10^6 betragen. Somit ergibt sich dann am Ausgang eine phasengleiche Spannung von U_2 = 1 V.

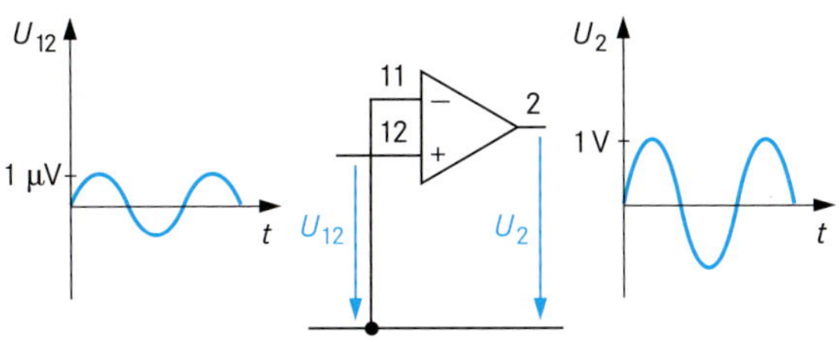

5: Nichtinvertierende Verstärkerschaltung

Invertierende Verstärkerschaltung

Auch in dieser Schaltung (Abb. 6) wird das Eingangssignal auf U_2 = 1 V verstärkt, allerdings im Vergleich zum Eingangssignal in einer um 180° gedrehten Phasenlage.

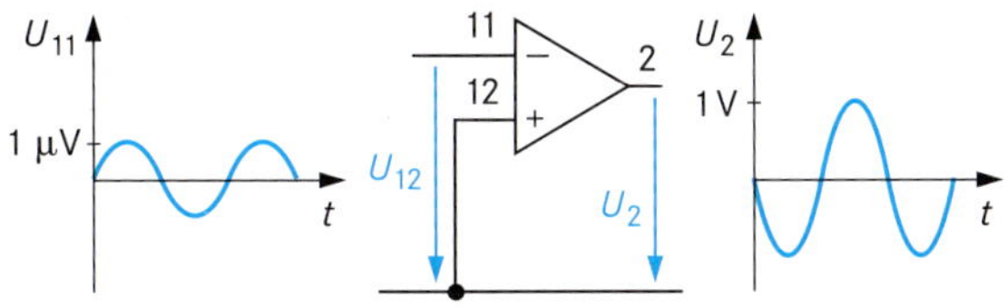

6: Invertierende Verstärkerschaltung

Es ist auch möglich, Signale an beide Eingänge des Operationsverstärkers zu legen. Wirksam ist dann die Differenzspannung, die verstärkt wird.

Differenzverstärker

Die Spannungsdifferenz (Abb. 6) U_{11} - U_{12} am Eingang des Differenzverstärkers [difference amplifier] wird verstärkt. Da U_{11} am invertierenden Eingang größer ist als U_{12}, ist das Ausgangssignal um 180° in der Phasenlage gedreht. Weil der Operationsverstärker eine 10^6fache Verstärkung besitzt, ergibt sich eine Ausgangsspannung von U_2 = 2 V.

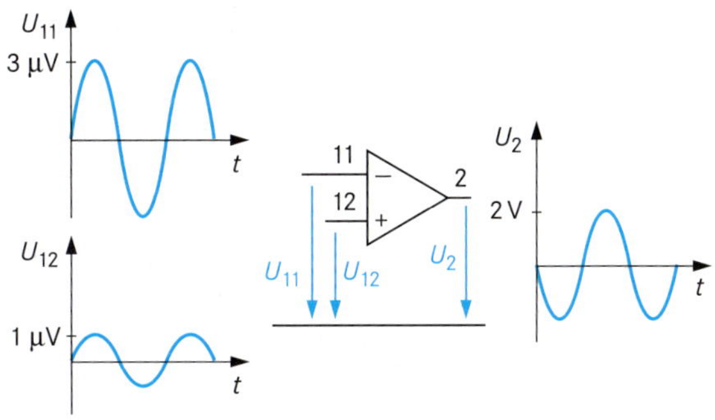

7: Schaltung eines Differenzverstärkers

AUFGABEN

1. Welche Signale können mit Operationsverstärkern verstärkt werden?
2. Welche Bedeutung haben die Symbole + und – im Eingang des Operationsverstärkers?

- Operationsverstärker sind integrierte Schaltungen mit einer großen Verstärkung, einem großen Eingangs- und einem kleinen Ausgangswiderstand.
- Operationsverstärker verstärken Gleich- und Wechselspannungen.
- Operationsverstärker besitzen einen invertierenden und einen nichtinvertierenden Eingang.
- Das Eingangssignal am invertierenden Eingang wird um 180° gedreht.

Gegengekoppelte Operationsverstärker

Auf Grund der hohen Verstärkung führen bereits kleinste Spannungen (z. B. 1 µV) an den Eingängen von Operationsverstärkern zu entsprechend großen Ausgangsspannungen (z. B. 1 V). Deshalb werden Operationsverstärker nicht ohne äußere Beschaltung mit Widerständen betrieben. Die Verstärkung kann dadurch den Erfordernissen angepasst werden.

Die hierfür verwendete Maßnahme wird als **Gegenkopplung** [negative feedback] bezeichnet. Eine entsprechende Schaltung ist in Abb. 1 dargestellt. Das Ausgangssignal wird über einen Widerstand R_2 auf den invertierenden Eingang zurückgeführt und im Eingangskreis liegt der Widerstand R_1.

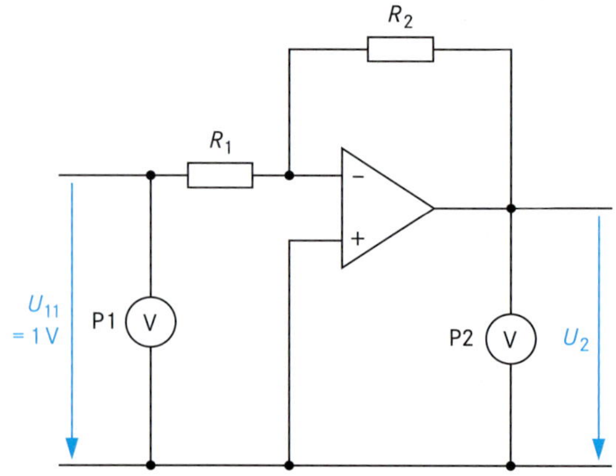

1: Messschaltung zur Untersuchung der Spannungsverstärkung bei Gegenkopplung

Die Schaltung in Abb. 1 ist eine Messschaltung, mit der die Zusammenhänge erklärt werden sollen. Folgende Schritte werden durchlaufen:

Durchführung

- Die Spannung U_{11} wird auf 1 V eingestellt.
- Gemäß der unteren Tabelle werden verschiedene Widerstände R_1 und R_2 verwendet.
- Die Ausgangsspannung wird gemessen.
- Die Spannungsverstärkung v_u für die Schaltung wird berechnet.

Einstellungen und Ergebnisse

Die Einstell- und Messwerte sind in der Tabelle in Abb. 2 aufgeführt.

U_{11} = 1 V			
R_1 in kΩ	R_2 in kΩ	U_2 in V	v_u in U_2/U_{11}
100	100	-1	-1
100	200	-2	-2
100	300	-3	-3
200	300	-1,5	-1,5

2: Einstell- und Messwerte

Auswertung

Die Messwerte zeigen, dass die Spannungsverstärkung allein vom Verhältnis der Widerstände abhängig ist.

$$\frac{U_2}{U_{11}} = -\frac{R_2}{R_1} \qquad v_u = -\frac{R_2}{R_1}$$

Als Eingangspol kann aber auch der nichtinvertierende Eingang verwendet werden (Abb. 3b). Auch in diesem Fall ist die Spannungsverstärkung allein vom Widerstandsverhältnis abhängig. Eine genauere Untersuchung führt zu folgender Verstärkungsformel:

$$v_u = 1 + \frac{R_2}{R_1}$$

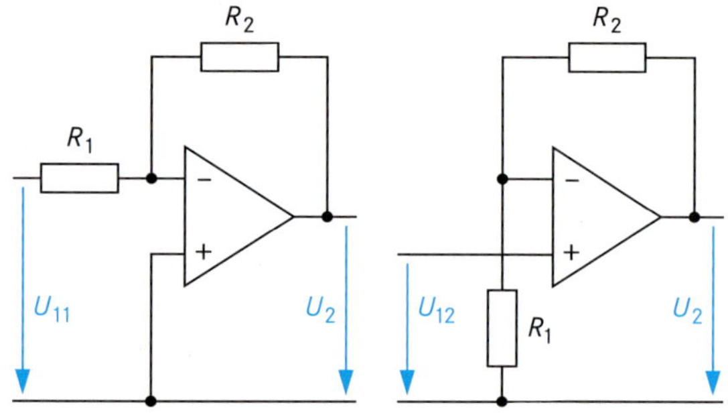

a) Invertierende Schaltung
b) Nichtinvertierende Schaltung

3: Operationsverstärker mit Gegenkopplung

AUFGABEN

1. Welche Funktion in einer Schaltung mit einem Operationsverstärker haben der Widerstand im Eingangsbereich und der Widerstand vom Ausgang zum Eingang?
2. Berechnen Sie die Spannungsverstärkung eines gegengekoppelten Operationsverstärkers, wenn folgende Werte gegeben sind:
   R_1 = 3,3 kΩ; R_2 = 82 kΩ;
   a) Invertierende Schaltung
   b) Nichtinvertierende Schaltung

- Operationsverstärker können als invertierende, nichtinvertierende Verstärker oder Differenzverstärker verwendet werden.
- Bei Operationsverstärkern wird immer die Differenzspannung zwischen den Eingängen verstärkt.
- Zur Verstärkungsanpassung werden Operationsverstärker gegengekoppelt.
- Als Gegenkoplungsnetzwerk werden bei Operationsverstärkern Widerstände verwendet.
- Die Spannungsverstärkung einer Schaltung mit einem gegengekoppelten Operationsverstärker ist nur vom Verhältnis der Widerstände abhängig.

6.5 Netzteile

Elektronische Schaltungen benötigen zum Betrieb eine Gleichspannung. Verwendet werden elektrochemische Spannungsquellen oder Netzteile, die am Wechselspannungsnetz betrieben werden. Je nach Anforderungen an die Qualität der Ausgangsspannung unterscheidet man
- einfache, ungeregelte und
- geregelte Netzteile.

Ungeregelte Netzteile

In Kap. 6.2.3 wurden bereits grundlegende Gleichrichterschaltungen behandelt. Danach erfolgt bei einem Netzteil die Umwandlung der Wechselspannung in eine Gleichspannung in folgenden Stufen (Abb. 4):
- **Netztrennung**
  Netzwechselspannung und Ausgangsspannung sind getrennt. Dies geschieht durch einen Transformator [transformer], der gleichzeitig die hohe Eingangsspannung verringert.
- **Gleichrichtung**
  Aus der Wechselspannung wird mit Hilfe von Gleichrichtern [rectifier] eine Gleichspannung erzeugt.
- **Glättung**
  Die noch pulsierende Gleichspannung wird anschließend durch Kondensatoren [capacitors] geglättet.

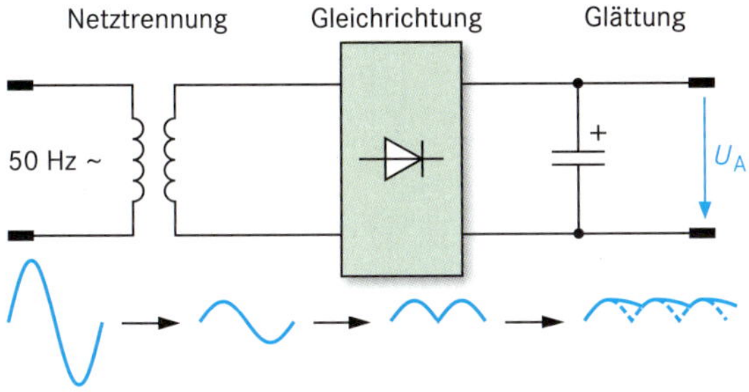

4: Ungeregeltes Netzteil

Längsgeregelte Netzteile

Bestehen größere Anforderungen an die Stabilität der Ausgangsspannung, setzt man geregelte Netzteile ein. Regeln heißt, dass die Ausgangsspannung ständig kontrolliert wird und bei Abweichungen eine Rückmeldung erfolgt (s. Kap. 11.1.1). Diese Rückmeldung sorgt dafür, dass der Änderung am Ausgang entgegengewirkt wird. Die Spannung bleibt deshalb in bestimmten Bereichen stabil.

Fasst man die einzelnen Bauteile in Blöcken zusammen, ergibt sich das vereinfachte Blockschaltbild in Abb. 5. Als Stellglied ① verwendet man einen Transistor, der wie ein Widerstand wirkt. Er liegt in Reihe mit dem Belastungswiderstand (**Längsregelung**) und wird durch einen Verstärker ② in seinem Widerstandsverhalten beeinflusst.

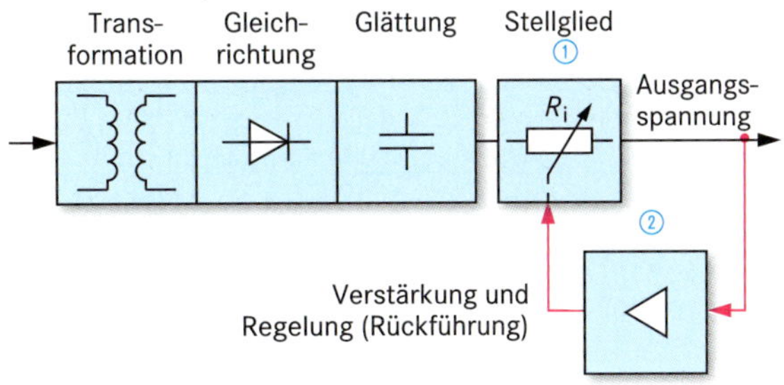

5: Blockschaltbild eines längsgeregelten Netzteils

Das Prinzip der Längsregelung wird im **Festspannungsregler** [constant voltage regulator] (Abb. 6) verwendet. Es ist nur noch erforderlich, Kondensatoren hinzuzufügen. Mit Abb. 6b wird gezeigt, wie durch die Ausgangsspannung U_2 der Widerstand R_i des Spannungsreglers beeinflusst wird. Er liegt mit dem Belastungswiderstand R in Reihe.

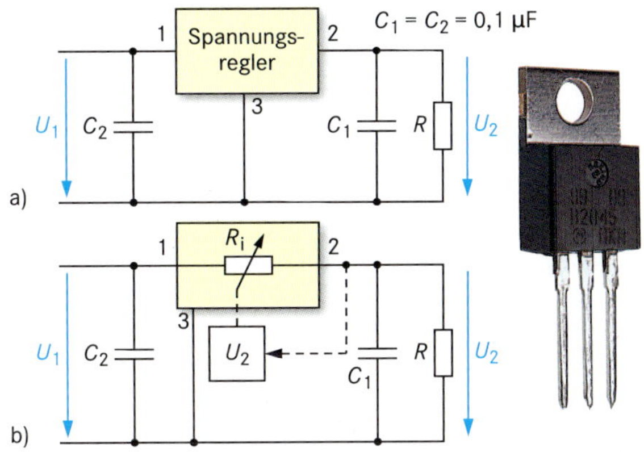

6: Netzteil mit Festspannungsregler

Getaktete Schaltnetzteile

Für höchste Anforderungen werden Schaltnetzteile [switched-mode power supplies] (Abb. 7, z. B. PC-Netzteil) eingesetzt. Sie enthalten eine Vielzahl von elektronischen Bauteilen, Spulen, Transformatoren und Kondensatoren. Mit einem Blockschaltbild (Abb. 1, nächste Seite) soll die Arbeitsweise erläutert werden.

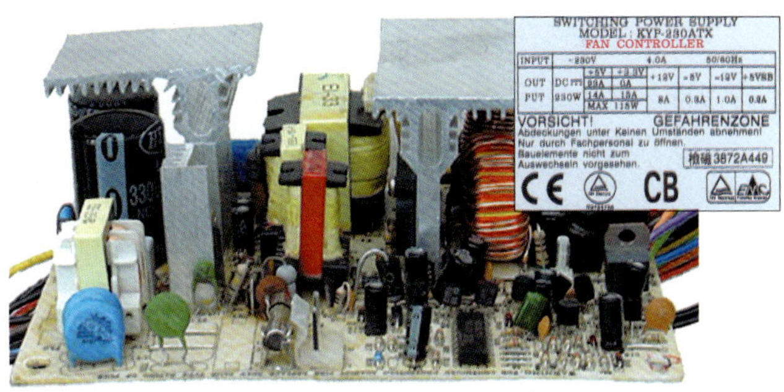

7: Schaltnetzteil eines PCs

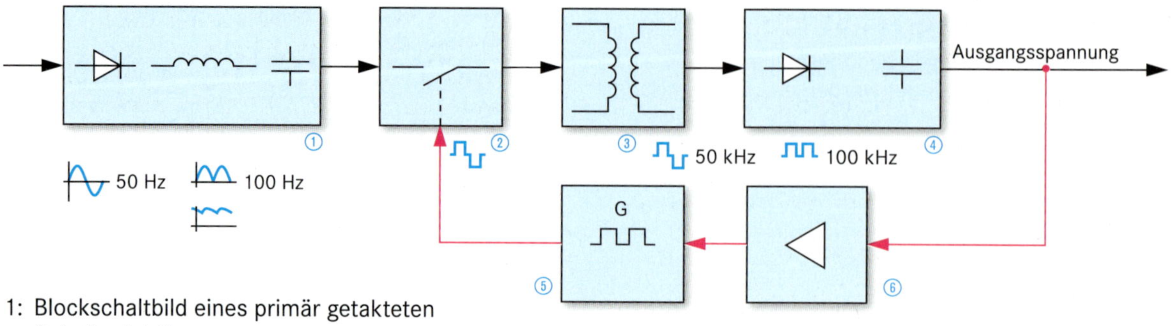

1: Blockschaltbild eines primär getakteten Schaltnetzteiles

Im Eingangsbereich erfolgt die Gleichrichtung der 50 Hz-Netzwechselspannung mit nachfolgender Glättung ①. Der Kondensator und die Spule des Transformators bilden zusammen einen Energiespeicher. Beide werden als **Zwischenkreis** [d.c. link] bezeichnet.

Diese Gleichspannung wird mit Hilfe eines Transistors ②, der wie ein elektronischer Schalter arbeitet, in **Rechteckimpulse** [rectangular pulses] (z. B. 50 kHz) auf der Primärseite umgeformt. Die Schaltung wird als **Eintaktwandler** [single-ended forward converter] ⑤ bezeichnet.

Der Eintaktwandler wird geregelt ⑥, d. h., er erhält vom Ausgang Informationen über die zu liefernde Energie und passt dementsprechend seine Impulsdauer an (**Pulsweiten-Regelung** [pulse-width control]). Ein Beispiel ist in Abb. 2 dargestellt. In Abb. 2a sind die Impulse und die Pausen gleich breit. Eine daraus zu erzeugende Gleichspannung ist halb so groß wie der Spitzenwert der Impulse. Wenn wie in Abb. 2b die Impulse schmaler werden, lässt sich daraus nur eine kleinere Gleichspannung erzeugen (z. B. ein Viertel des Spitzenwertes).

Die Signalrückmeldung vom Ausgang zum Eintaktwandler erfolgt über einen **Optokoppler** [optocoupler] (s. Kap. 6.3.5). Auf diese Weise erreicht man, dass keine leitende Verbindung zwischen Ein- und Ausgang besteht (galvanische Trennung [electrical isolation]). Dadurch wird ein hohes Maß an Sicherheit erreicht.

Mit einem Transformator ③ werden jetzt die geregelten Rechteckimpulse übertragen, anschließend gleichgerichtet ④ und dann geglättet.

Da die Frequenz für die Übertragung im Vergleich zur Netzfrequenz (50 Hz ⇒ 100 kHz) groß ist, können kleine und leichte Eisenkerne für den Transformator und die Spulen verwendet werden.

- Bei einem längsgeregelten Netzteil wird die Ausgangsspannung ständig kontrolliert und die Änderung benutzt, um die Ausgangsspannung zu stabilisieren (Regelung).
- Ein Festspannungsregler ist eine elektronische Schaltung, mit der eine Spannung stabil gehalten wird.

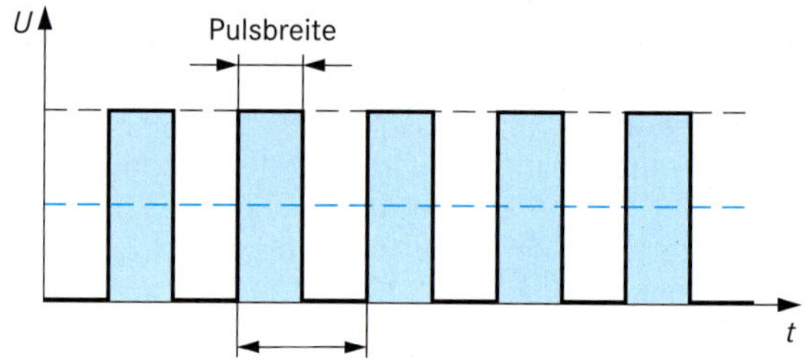

a) Pulsdauer (Pulsbreite) = Pausendauer

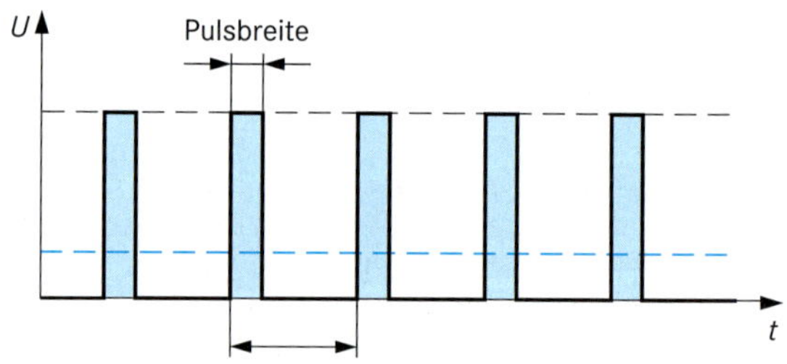

b) Pulsdauer = $^1/_3$ Pausendauer

2: Beispiele für Pulsweiten-Regelung

AUFGABEN

1. Erklären Sie den Unterschied zwischen einem längsgeregelten Netzteil und einem Schaltnetzteil.
2. Begründen Sie, weshalb bei hohen Frequenzen im Schaltnetzteil die Abmessungen von Spulen im Vergleich zu 50 Hz klein sein können.

- Bei einem Schaltnetzteil wird die Netzwechselspannung gleichgerichtet und geglättet, mit einem Schalttransistor „zerhackt" (z. B. in Impulse von 50 kHz) und diese Wechselspannung dann herunter transformiert. Anschließend wird diese Wechselspannung gleichgerichtet und geglättet.
- Schaltnetzteile sind im Vergleich zu längsgeregelten Netzteilen kleiner, haben ein geringeres Gewicht und einen höheren Wirkungsgrad.

7 Speicherprogrammierbare Steuerungen

7.1 Aufbau und Funktion einer SPS

Um größere Steuerungsaufgaben bewältigen zu können, werden Speicherprogrammierbare Steuerungen **SPS** [programmable logic controller PLC] eingesetzt. Sie sind die derzeit am weitesten verbreitete Hardware in der Steuerungstechnik. Durch eine SPS werden Hilfsschütze und Relais ersetzt (Abb. 3). Die Steuerung dieser Betriebsmittel wird durch das **Steuerungsprogramm** [control program] realisiert ①. Eine Änderung der Steueraufgabe erfolgt durch die Anpassung des Steuerungsprogramms. Eingangsbaugruppen (Sensoren oder Geber ②) und Ausgangsbaugruppen (Aktoren ③) sind allerdings weiterhin notwendig.

Eine SPS erfüllt die gleichen Aufgaben wie z. B. eine **Verbindungsprogrammierte Steuerung (VPS)** [hardwired program controller], bei der alle Komponenten (Schütze, Relais, ...) miteinander fest verdrahtet sind (Abb. 3). Nachteilig ist dabei, dass die Schütze bzw. Relais auf Grund des Kontaktabbrandes einem Verschleiß unterliegen. Erschwerend ist auch, dass eine Funktionsänderung nur durch eine Änderung der Schaltgruppen möglich ist. Deshalb sprechen folgende Punkte für die Verwendung einer SPS:

- Eine SPS stellt unterschiedliche Steuerungsoperationen (z. B. logische Verknüpfungen, Zeit- oder Zählfunktionen) zur Verfügung. Damit lassen sich komplizierte Steuerungsaufgaben lösen.
- Die Anpassung an eine sich ändernde Steuerungsaufgabe erfolgt durch die Änderung des Programms. Eine zeit- und kostenaufwendige Umverdrahtung ist nicht mehr erforderlich.
- Die Dokumentation und Speicherung des Steuerungsprogramms ist einfach.
- Speicherprogrammierbare Steuerungen sind für die Anbindung an unterschiedliche Datenbussysteme ausgelegt (s. Kap. 11.2).
- Die Kosten für eine SPS sind bei größeren Steuerungsaufgaben geringer als bei einer VPS.
- Die Fehlersuche ist meist einfacher, da über die Software Signalzustände der Anlage abgefragt werden können. Fehler sind somit leicht zu lokalisieren und die Ausfallzeit der Anlage verringert sich.
- Der Platzbedarf einer SPS ist gering.

Eine SPS ist eine für Steuerungsaufgaben ausgelegte Datenverarbeitungsanlage, die nach dem **EVA-Prinzip** (**E**ingabe-**V**erarbeitung-**A**usgabe) [EVA-principle] aufgebaut ist (s. Kap. 3.1.1). Die Signale der an den Eingängen angeschlossenen Sensoren (z. B. Schalter) werden erfasst und entsprechend der Programmierung verarbeitet. Das Resultat dieser Verarbeitung ist die Ansteuerung von Aktoren, die an den Ausgängen der SPS angeschlossen sind.

Die gesamte Steuerung setzt sich aus folgenden Ebenen zusammen (Abb. 4):

- Eingabeebene mit Sensoren
- SPS oder Automatisierungssystem (Verarbeitung)
- Ausgabeebene mit Aktoren

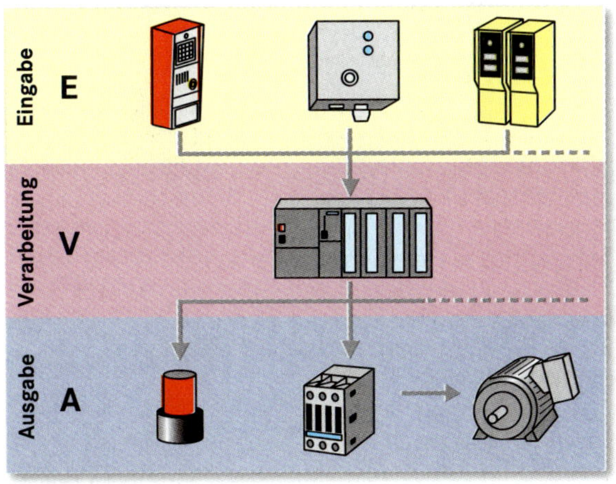

4: EVA-Prinzip

Beschreibung	VPS	SPS
Der Leuchtmelder P1 leuchtet, sobald Taster S1 **und** Taster S2 betätigt sind.	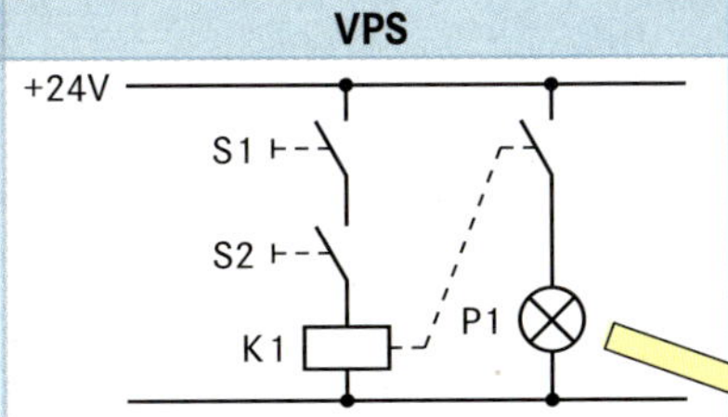	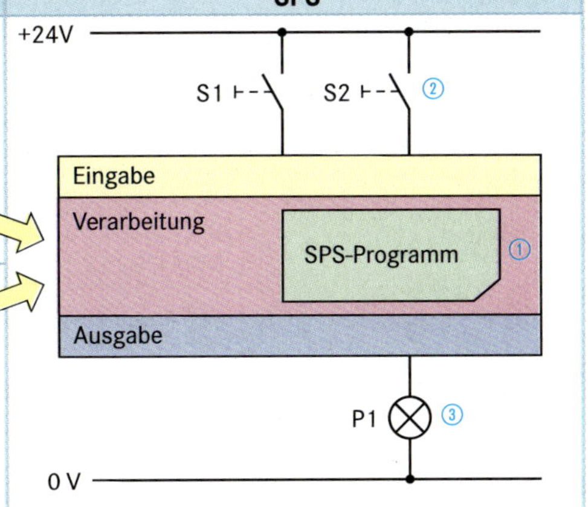
Der Leuchtmelder P1 leuchtet, sobald Taster S1 **oder** Taster S2 betätigt sind.	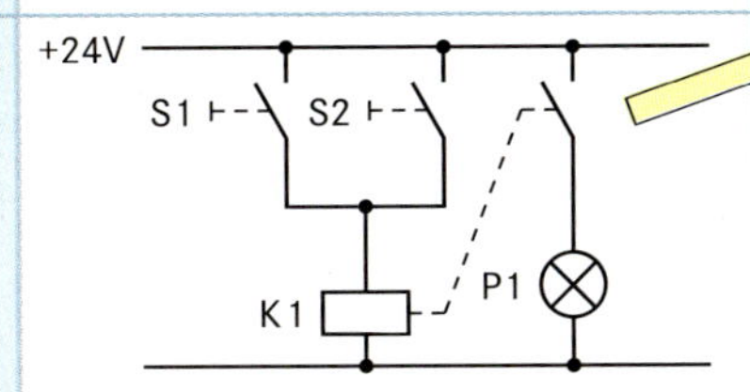	

3: Gegenüberstellung VPS und SPS

Eingabeebene [input level]
Über Eingabeobjekte (z. B. Taster, Sensoren) werden die Eingänge der SPS angesteuert.

Verarbeitungsebene [processing level], **SPS**
Die Eingangssignale werden entsprechend dem in der SPS gespeicherten Steuerungsprogramm verarbeitet. Die Eingabe des Steuerprogramms in die SPS erfolgt
- mit Hilfe eines Computers oder eines Programmiergerätes (PG) und entsprechender Software,
- über ein spezielles Handprogrammiergerät oder
- durch einen programmierbaren Speicherbaustein, der in die SPS gesteckt wird.

Ausgabeebene [output level]
Die Ausgänge der SPS steuern die Aktoren an, z. B. 24 V-Gleichspannungsschütze für die Schaltung von Leistungsteilen oder Anzeigegeräten. Da die Schaltleistung der SPS-Ausgänge begrenzt ist, lassen sich Baugruppen großer Leistung nur durch zwischengeschaltete Schütze oder Relais ansteuern.

Die einfachste Form einer SPS besteht aus folgenden Baugruppen (Abb. 1):
- **Netzteil** [power supply unit]
- **Zentralbaugruppe** (**CPU**) [central processing unit]
- **Eingabebaugruppe** [input module]
- **Ausgabebaugruppe** [output module]

Ein- und Ausgabebaugruppen bezeichnet man auch als **Signalbaugruppen** [signal modules]. Um Sensoren und Aktoren mit den jeweiligen Signalbaugruppen zu verbinden, verwendet man **Frontstecker** (Abb. 2). Die Frontstecker dienen zur Befestigung der Signalleitungen und werden auf die Signalbaugruppen gesteckt. Dies ist vorteilhaft, wenn eine Signalbaugruppe ausgewechselt werden muss. Die Ausfallzeit wird verringert, da kein umständlicher Neuanschluss der Leitungen notwendig ist.

2: Frontstecker

Netzteil (PS)		Zentralbaugruppe (CPU)		Eingabebaugruppe (DI)		Ausgabebaugruppe (DO)	
				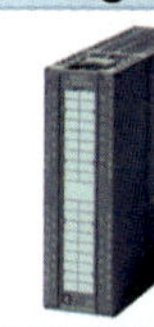		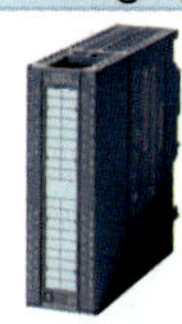	
Die Spannungsversorgung [power supply] für alle Baugruppen der SPS wird durch ein Netzteil realisiert. Es liefert die für den Betrieb notwendige stabilisierte Gleichspannung von 24 Volt.		Die Zentralbaugruppe führt das Steuerprogramm aus. Die Eingangssignale werden entsprechend dem Steuerprogramm verarbeitet und an die Ausgabebaugruppe übertragen. Die CPU bestimmt die Leistungsfähigkeit der SPS.		Die Eingabebaugruppe überträgt Informationen der zu steuernden Anlage an die CPU. Eingabebaugruppen passen die unterschiedlichen Signalpegel der Geber an das Steuergerät an. Man unterscheidet digitale und analoge Eingabebaugruppen.		Die Ausgabebaugruppe überträgt Informationen der CPU an die Aktoren der zu steuernden Anlage. Dazu passt sie das Ausgangssignal an den jeweiligen Aktor an. Man unterscheidet digitale und analoge Ausgabebaugruppen.	
Technische Daten (Auszug S7-300 PS 307 2A):		Technische Daten (Auszug S7-300 CPU 314):		Technische Daten (Auszug S7-300 SM 321):		Technische Daten (Auszug S7-300 SM 322):	
Eingangsspannung U_e	AC 120/230 V umschaltbar	Arbeitsspeicher integriert/erweiterbar	48 kByte Nein	Anzahl der Eingänge	16	Anzahl der Ausgänge	16
Netzfrequenz	50/60 Hz	Versorgungsspannung	DC 24 V	Eingangsstrom bei Signal „1“	typisch 9,0 mA	Kurzschlussschutz	elektronisch
Ausgangsspannung U_a	DC 24 V	Stromstärke (Leerlauf)	60 mA	Verlustleistung	typisch 3,5 W	Verlustleistung	4,9 W
Betriebsanzeige	LED grün für 24 V	Bearbeitungszeit für Bitoperation	mindestens 0,1 µs	Anzahl gleichzeitig ansteuerbarer Eingänge	16	Schaltfrequenz bei Wirkbelastung	max. 100 Hz
Verlustleistung	10 W	Zähler	256	Eingangsspannung	DC 24 V	Lastspannung	DC 24 V
Schutzklasse	I	Zeiten	256	für Signal „1“	13 V bis 30 V	Ausgangsstrom bei Signal „1“	min. 5 mA
Schutzart	IP 20	Merker	256 Byte	für Signal „0“	-30 V bis 5 V	Ausgangsstrom bei Signal „0“	0,5 mA

1: Baugruppen einer SPS

Es gibt unterschiedliche Ausführungsformen Speicherprogrammierbarer Steuerungen. Bei Kompaktgeräten sind alle notwendigen Baugruppen (Netzteil, Zentralbaugruppen, Signalbaugruppen) in einem Gehäuse untergebracht. Bei den Reihen S7-300 (außer 312C, 313C und 314C) und S7-400 vom Hersteller Siemens stehen die unterschiedlichen Baugruppen der SPS einzeln zur Verfügung. Man spricht von **modularer Bauweise.** Diese Bauweise hat den Vorteil, dass das Steuergerät entsprechend der jeweiligen Steueraufgabe aufgebaut (konfiguriert) werden kann. Bei einer Erweiterung werden die dafür notwendigen Baugruppen nur hinzugefügt.

Aufbaurichtlinien für ein S7-Steuergerät

Bei Kompaktgeräten sind keinerlei Aufbaurichtlinien [mounting guideline] zu beachten. Sie werden in funktionsfähigem Zustand geliefert. Anders ist dies bei einer modular aufgebauten SPS. Die einzelnen Baugruppen sind auf einer Profilschiene befestigt (Abb. 3 ③). Die Anordnung der Baugruppen muss in einer fest vorgegebenen Reihenfolge geschehen, die in der Tabelle der Abb. 3 angegeben ist.

Steckplatz 1	Netzteil PS ①
Steckplatz 2	Zentralbaugruppe CPU ②
Steckplatz 3	Anschaltbaugruppe AB (falls erforderlich)
Steckplatz 4–11 (bzw. 3–10)	Alle sonstigen Baugruppen des Steuergerätes (beispielsweise Signalbaugruppen E/A)

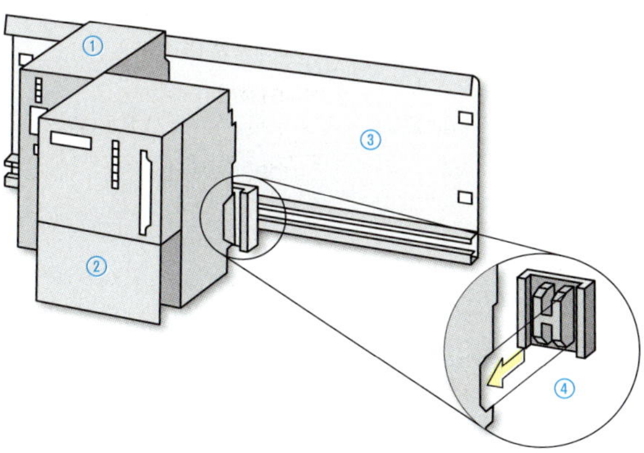

3: Profilschiene mit Netzteil und Zentralbaugruppe

Die Verbindung zwischen den einzelnen Baugruppen wird durch Busverbinder ④ hergestellt, die auf der Rückseite der Baugruppen aufgesteckt werden. Diese Verbindungselemente verbinden den **Rückwandbus** [back-plane bus], der den Datenaustausch zwischen den einzelnen Baugruppen ermöglicht. Durch die Technik der Busverbindung ist eine lückenlose Anordnung der Baugruppen zwangsläufig gegeben.

Aufbaumöglichkeiten

Bei einem **einzeiligen Aufbau** dürfen rechts neben der Zentraleinheit nur maximal acht Baugruppen aufgesteckt werden (untere Zeile in Abb. 4). Diese Einschränkung ist aus zwei Gründen notwendig. Die Energieversorgung der einzelnen Baugruppen erfolgt durch den Rückwandbus. Dieser ist jedoch nur für eine begrenzte Leistung ausgelegt. Weiterhin kann der Rückwandbus nur eine bestimmte Datenmenge übertragen.

Die Anzahl der Ein- und Ausgänge, die für eine Steuerung zur Verfügung stehen, ist somit begrenzt. Für größere Steuerungsaufgaben reicht diese Anzahl möglicherweise nicht aus. Das Problem wird gelöst, indem man ein Erweiterungsgerät parallel zur vorhandenen SPS anschließt. Somit stehen weitere acht Baugruppensteckplätze zur Verfügung. Diese Art des Aufbaus nennt man **zweizeiliger Aufbau** (Abb. 4).

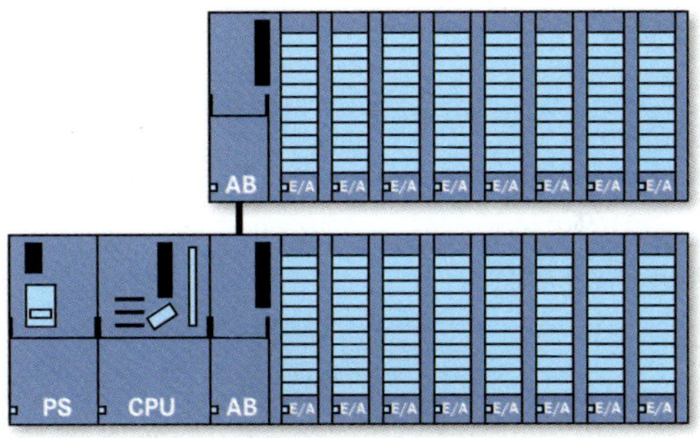

4: Zweizeiliger Aufbau (Zentralgerät mit Erweiterung)

AUFGABEN

1. Erklären Sie den grundsätzlichen Aufbau einer Speicherprogrammierbaren Steuerung.
2. Erstellen Sie für ein Kundengespräch einen Stichwortzettel, der die Funktionen der einzelnen Baugruppen eines Steuergerätes sowie die wesentlichen Punkte für deren Auswahl enthält.
3. Beschreiben Sie die Unterschiede eines Steuergerätes in modularer Bauweise im Vergleich zu einem Kompaktgerät.

- Die Funktion einer Verbindungsprogrammierten Steuerung (VPS) wird durch die Verdrahtung der einzelnen Objekte festgelegt.
- Bei softwaregestützten Steuerungen wird der Steuerungsablauf über ein Programm festgelegt.
- Eine SPS erhält Signale der Sensoren und Bedienelemente von der Eingabeebene.
- Die SPS enthält das Programm zur Steuerung der Anlage. Das Programm wird durch einen PC, ein Handprogrammiergerät oder einen Speicherbaustein eingegeben.
- Die SPS schaltet die Aktoren entsprechend dem Steuerprogramm.

Der Anschluss des Erweiterungsgerätes erfolgt über eine **Anschaltbaugruppe** [interface module] (Abb. 1). Die Spannungsversorgung für das Erweiterungsgerät wird vom Zentralgerät übernommen. Diese Erweiterung ist kostengünstig, da die Anschaffung einer zweiten CPU entfällt.

Es können bis zu drei Erweiterungsgeräte an eine Zentralbaugruppe angeschlossen werden (**mehrzeiliger Aufbau**). Diese Erweiterungsgeräte sind jeweils mit einem Netzteil ausgestattet. Der wesentliche Vorteil liegt darin, dass nur eine Zentralbaugruppe für die Ansteuerung der Erweiterungsgeräte notwendig ist.

Anschaltbaugruppe (AB)	
Über die Anschaltbaugruppe IM 365 wird ein zweizeiliger Aufbau, bestehend aus dem Zentralgerät und dem Erweiterungsgerät mit max. 8 Baugruppen möglich. Die einzelnen Geräte werden über die Anschaltbaugruppen miteinander verbunden.	
Technische Daten (Auszug S7-300 IM 361):	
Anschaltung max. je CPU	2
Versorgungsspannung	keine
Stromstärke aus internem Bus	100 mA

1: Anschaltbaugruppe IM 365

7.2 Auswahl einer SPS

Als Beispiel für die Auswahl einer SPS für eine Steuerungsaufgabe dient die in Abb. 2 vereinfacht dargestellte Schrankenanlage. Sie soll die nachfolgend erläuterten Funktionen besitzen.

Induktiver Sensor (Induktionsschleife)
[inductive sensor]

Fährt ein Auto über die im Boden eingelassene Induktionsschleifen, verändert sich die Stromstärke in der Zuleitung. Diese Veränderung wird von Schleifendetektoren (B6 und B7) erfasst und über ein Spannungssignal an die Steuerung weitergegeben.

Personenidentifikation [user identification]

Über eine Einfahrtsstation wird die Zugangsberechtigung des Fahrers erfasst. Dazu muss der Fahrer über ein Zahlenfeld (S1) eine Zahlenkombination eingeben. Bei korrekter Eingabe wird von dem Gerät ein Spannungssignal ausgegeben, das durch die Steuerung verarbeitet wird.

Not-Aus [emergency stop]

Für Gefahrensituationen ist in der Säule für die Personenidentifikation ein Not-Aus-Taster angebracht (S0).

Lichtschranke [light barrier]

Objekte, die den Lichtstrahl zwischen Sender und Empfänger unterbrechen, lösen eine Schaltfunktion aus (B4). Dabei wird ein Spannungssignal an die Steuerung übertragen.

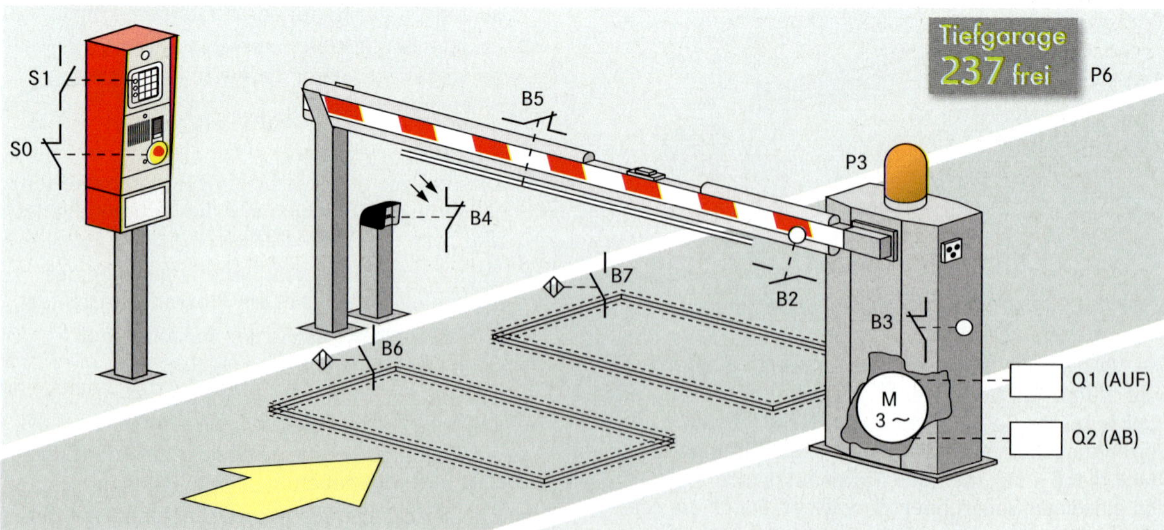

2: Schrankenanlage zur Einfahrtskontrolle

Endschalter [limit switch]

Erreicht die Schranke die jeweiligen Endlagen, wird dies über Endschalter erfasst (B2 und B3). Diese liefern bei Betätigung ein Spannungssignal. Die Bewegung muss dann durch die Steuerung gestoppt werden.

Quetschschutz [antisquash system]

Entsprechend der gültigen Maschinenrichtlinie ist die Absicherung des Schrankenarmes vor einer gefahrbringenden Absenkung notwendig. Dies geschieht über eine Sicherheitsleiste (B5), die an der Unterkante des Schrankenbaums befestigt ist.

Schütze [contactors]

Über Schütze werden die Steuersignale zum Leistungsteil der Steuerung übertragen. Sie schalten die Netzspannung auf den Motor des Schrankenantriebes (Schranke AUF: Q1, Schranke AB: Q2).

Anzeige freier Parkplätze

Über eine Anzeige (Abb. 2) soll in der Überwachungszentrale die Anzahl der freien Parkplätze angezeigt werden (P6). Dazu werden die ein- und ausfahrenden Fahrzeuge gezählt. Die Ansteuerung der Anzeigetafel erfolgt über die Steuerung der Anlage. Hierfür erhält die Steuerung über die Induktionsschleifen im Einfahrts- und Ausfahrtsbereich ein Signal, das zur Berechnung der freien Parkplätze dient.

Lichtsignale

Der Schließ- und Öffnungsvorgang der Schranke wird durch Lichtsignale angezeigt (Schranke in Bewegung: P3; Zufahrt frei: P4; Parkanlage belegt: P5).

Die Auswahl der **Ein- und Ausgabebaugruppen** wird durch die Signalarten (analoge oder digitale Signale) der Sensoren und Aktoren bestimmt. Weiterhin ist die notwendige Anzahl der Ein- bzw. Ausgänge zu berücksichtigen. Hierzu erstellt man eine **Geräteliste** (Abb. 3). Sie enthält die wesentlichen Informationen zur Auswahl der Signalbaugruppen (Ein- und Ausgabebaugruppen).

Sicherheitsleiste (Quetschschutz)

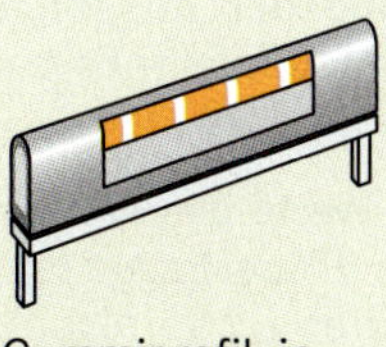

Sie dient zur Absicherung von Personen und Gegenständen gegenüber beweglichen Teilen. Eine Sicherheitsleiste besteht aus einem Gummiprofil, in dessen Hohlraum elektrische Kontakte (Schließer) integriert sind. Beim Auftreffen auf ein Hindernis wird der Hohlraum verformt. Dadurch werden die Kontakte geschlossen. Dies wird von der Steuerung erfasst und der Bewegungsvorgang gestoppt. Anwendung finden Sicherheitsleisten z. B. auch an Zugtüren, um das Einklemmen von Personen zu verhindern.

Objekte	Kennzeichnung	SPS S7-300 digitaler Eingang	
		Eingang	**Ausgang**
Not-Aus	S0	1	
Zahlencode-Schalter	S1	1	
Endschalter unten	B2	1	
Endschalter oben	B3	1	
Lichtschranke	B4	1	
Sicherheitsleiste	B5	1	
Induktionsschleife vor der Schranke	B6	1	
Induktionsschleife nach der Schranke	B7	1	
Motorschütz „Schranke öffnen“	Q1		1
Motorschütz „Schranke schließen“	Q2		1
Signallampe „Schrankenbewegung“	P3		1
Signallampe „Frei“	P4		1
Signallampe „Belegt“	P5		1
Zähleranzeige	P6		12
Anzahl der Ein- und Ausgänge		8	17

3: Geräteliste der Schrankenanlage

An die **digitale Eingabebaugruppe** (**DI**) werden Sensoren angeschlossen, die nur die Spannungen von 0 V oder 24 V liefern (digitales Signal). Dies gilt für
- den Not-Aus-Schalter (Meldekontakt S0),
- den Zahlencode-Schalter S1,
- die Endschalter zur Erfassung der Schrankenstellung B2 und B3,
- die Lichtschranke B4,
- die Induktionsschleifen B6 und B7 und
- die Sicherheitsleiste (Quetschschutz B5).

Für die Steuerung der Schranke ist eine **digitale Ausgabebaugruppe** (**DO**) ausreichend, die das anzusprechende Schütz (Q1 und Q2) entweder ein- oder ausschalten soll. Dies gilt auch für die Lichtsignalanlage (P3 bis P5). Die zu installierende Zähleinrichtung wird ebenfalls über digitale Signale der Ausgabebaugruppe gesteuert.

Für die SPS benötigt man folglich mindestens 8 digitale Eingänge und 17 digitale Ausgänge. Eine mögliche Erweiterung wird durch die Verwendung einer modular aufgebauten SPS berücksichtigt.

- Auswahlgesichtspunkte für die Signalbaugruppen sind die Anzahl der notwendigen Ein- und Ausgänge sowie die Art der Signalverarbeitung.

Auswahl des Netzteils

Die Auswahl eines Netzteils richtet sich nach dem Strombedarf der anzuschließenden Baugruppen. Laut Herstellerangaben liegt die durchschnittliche Stromstärke bei ca. 100 mA pro Baugruppe. Hinzu kommt die Spannungsversorgung der Aktoren und gegebenenfalls der Sensoren, sofern dies nicht von einer externen Spannungsquelle übernommen wird.

Für die Ansteuerung der Aktoren werden 2 Kleinschütze benötigt. Laut Herstellerangaben (Abb. 1) beträgt deren Leistung 4 W bei einer 24 V-Gleichspannungsbetätigung. Dies entspricht einer Stromstärke von 167 mA pro Schütz. Die Leistung je Signallampe beträgt durchschnittlich 10 W.

Arbeitsbereich der Magnetspulen	0,85 ... 1,1 x 24 V
Leistung bei 24 V	
- AC-Betätigung in VA	4,4
- cos φ	0,9 (brummfrei)
- DC-Betätigung in W	4

1: Kenngrößen eines Kleinschützes (laut Hersteller)

Aus den Werten ergibt sich folgende Gesamtstromstärke:

- CPU	100 mA
- 2 x Digital In/Out	200 mA
- 2 x Kleinschütze	334 mA
- 3 x Signallampen	1250 mA
Summe	1884 mA

In der Produktfamilie S7-300 sind Netzteile mit den Ausgangsstromstärken 2 A, 5 A und 10 A lieferbar. Wegen einer möglichen Erweiterung der Anlage ist es sinnvoll, ein Netzteil mit einer Ausgangsstromstärke von 5 A zu wählen.

Auswahl der Zentralbaugruppe CPU

Für **Zentralbaugruppen** [central processing units] ist der zu verarbeitende Befehlsvorrat ein wichtiger Auswahlgesichtspunkt. Darunter versteht man die Anzahl unterschiedlicher Steuerungsoperationen. Die Zahl von Operationen, die das Steuergerät bearbeiten kann, wird durch die **Speichergröße** [memory size] einer CPU festgelegt. Zu beachten ist auch die **Verarbeitungsgeschwindigkeit** der CPU. Diese Kenngröße ist bei Steuerungen zeitkritischer Systeme wichtig, wie beispielsweise Werkzeugmaschinen, da sie sehr schnell auf Prozessveränderungen reagieren müssen.

Die relativ einfache Steuerungsaufgabe der Schrankenanlage stellt nur geringe Anforderungen an die Leistungsfähigkeit der CPU. Die benötigten Programmbefehle und die Speichergröße zur Steuerung der Anlage werden von allen CPU-Typen zur Verfügung gestellt. Die Beachtung der Verarbeitungsgeschwindigkeit als Auswahlgesichtspunkt ist für eine Schrankenanlage von geringer Bedeutung, da diese im Millisekundenbereich liegt.

Arbeitsweise der CPU

Die Zentralbaugruppe (CPU) ist ein Mikroprozessorsystem. Zur Programmbearbeitung werden die folgenden Funktionseinheiten benötigt (Abb. 2):

- Prozessabbild der Ein- und Ausgänge
- Programmspeicher
- Steuerwerk (Mikroprozessor)
- Merker, Zähler und Zeitglieder
- Internes Bussystem
- Interface zum PC bzw. Slot für die Memory-Card

Das **Steuerwerk** ① organisiert die Bearbeitung des Steuerprogramms. Um unterschiedliche Programmvorgaben ausführen zu können, benötigt das Steuerwerk drei spezielle Speicherplätze, die klar vorgegebene Funktionen erfüllen.

In **Merkern** ② werden die im Programm berechneten Zwischenergebnisse gespeichert. Sie können jederzeit abgerufen werden.

Zähler und **Zeitglieder** ③ sind Speicherplätze, in denen das Steuerwerk die Ergebnisse von Zeit- und Zähloperationen ablegt. Diese Speicherplätze werden für das Beispiel der Schrankensteuerung benötigt, um die Anzahl freier Parkplätze zu ermitteln oder die Dauer der Schrankenöffnung zu realisieren.

Die **Eingabebaugruppe** ④ erfasst die Signalzustände der Anlage und passt diese für die Weiterverarbeitung in der Zentralbaugruppe an.

Die Zentralbaugruppe erstellt das **Prozessabbild der Eingänge** (**PAE**) [process input image PII] ⑤. Hierzu werden die Eingabebaugruppen abgefragt und deren Signalzustände im PAE gespeichert. Die CPU greift während der Programmbearbeitung auf das PAE zu.

Durch den **internen Bus** ⑥ erfolgt der Informationsaustausch zwischen den einzelnen Funktionseinheiten der Zentralbaugruppe.

Der **Programmspeicher** [program memory] ⑦ enthält das vom Anwender eingegebene Programm.

Während der Programmbearbeitung wird das **Prozessabbild der Ausgänge** (**PAA**) [process output image POI] ⑧ erstellt. Es beinhaltet die Ergebnisse der Programmbearbeitung.

Die Werte des PAA werden an die **Ausgabebaugruppen** ⑨ übertragen und stehen dann zur Steuerung des Aktoren zur Verfügung.

Die Programmeingabe ⑩ erfolgt durch ein Programmiergerät (PG) oder einen PC. Diese Geräte werden über eine **Schnittstelle** [interface] und eine entsprechende Busleitung mit der CPU verbunden.

Eine weitere Möglichkeit zur Programmeingabe sind steckbare Speicherbausteine (Memory-Cards). Diese werden über Steckplätze (**Slots für die Memory-Cards**) mit der CPU verbunden.

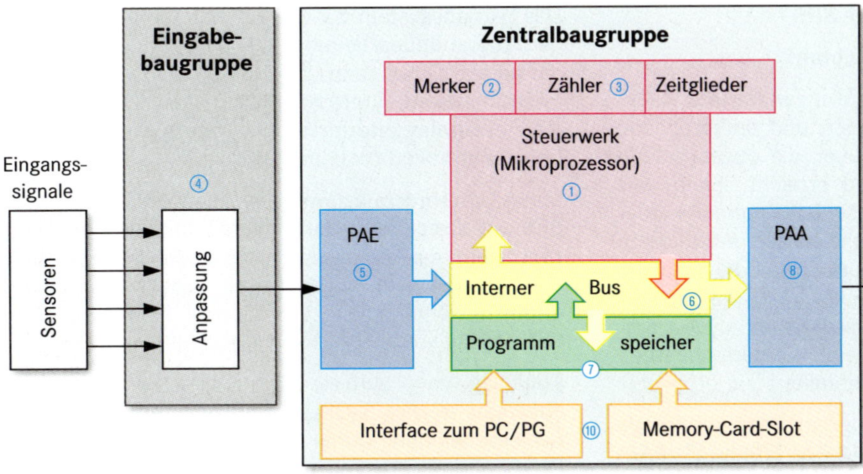

2: Funktionseinheiten der CPU

Speicher

Der Speicher einer SPS lässt sich in drei Bereiche unterteilen (Abb. 3). Ladespeicher und Arbeitsspeicher bilden zusammen den Programmspeicher. Der Systemspeicher wird ausschließlich vom Betriebssystem der SPS genutzt.

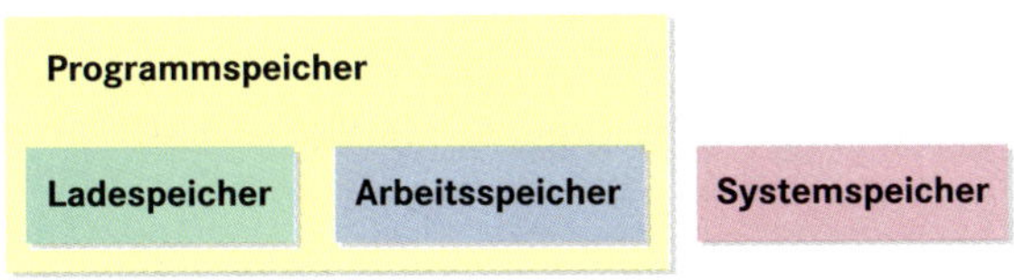

3: Speicher der SPS

Der **Ladespeicher** [load memory] enthält das Steuerungsprogramm. Er muss flexibel auf Programmänderungen reagieren, die über das Programmiergerät eingelesen werden. Er ist ein Schreib-Lese-Speicher (**RAM**, s. Kap. 4.2.2.2) und verliert bei Spannungsausfall seine Informationen. Deshalb wird er über eine Pufferbatterie auch im Fehlerfall mit Spannung versorgt. In den meisten Steuerungen lässt sich der Ladespeicher mit einer Speicherkarte erweitern (s. Kap. 4.2.5.1). Diese Speicherkarten behalten ihre Daten auch bei Spannungsausfall. Sie können ebenfalls das Steuerprogramm speichern und ermöglichen somit eine spannungsunabhängige und sichere Programmbereitstellung.

Speicherkarten können mit Hilfe eines entsprechend ausgestatteten Programmiergerätes direkt beschrieben werden. Eine weitere Möglichkeit besteht in der Programmübertragung durch die CPU bei eingesteckter Speicherkarte.

Der **Arbeitsspeicher** [main memory] dient dem Steuerwerk als „Arbeitsplatz". Er befindet sich in der Zentralbaugruppe und ist somit nicht erweiterbar. Er nimmt die für den Programmablauf wichtigen Teile des Steuerungsprogramms aus dem Ladespeicher auf. Da alle nicht wichtigen Programmteile (z. B. Kommentare) den Arbeitsspeicher nicht beanspruchen, erreicht man kürzere Zykluszeiten.

Der **Systemspeicher** [system memory] enthält die für die Bearbeitung des Steuerprogramms notwendigen Daten. Dazu zählen das PAE, Merker, Zähler, Zeitwerte und das PAA. Diese Daten werden bei Bedarf in den Arbeitsspeicher eingelesen, vom Programm verarbeitet und anschließend wieder im Systemspeicher abgelegt.

Die Größe des Systemspeichers begrenzt die Anzahl der verwendbaren Zeit-, Zähl- und Merkerfunktionen. Er ist Teil des Steuerwerks und somit nicht erweiterbar.

Die Unterteilung der Speicherbereiche nach dieser Struktur dient u. a. der Verkürzung der Zykluszeit. Damit soll erreicht werden, dass Speicherprogrammierbare Steuerungen auch für Anwendungen verwendbar sind, bei denen sehr schnell auf Prozessänderungen reagiert werden muss.

- Auswahlgesichtspunkte für das Netzteil sind die Leistungen der Komponenten einer SPS sowie die Spannungsversorgung der Sensoren und Aktoren.
- Befehlsvorrat, Speichergröße und Verarbeitungsgeschwindigkeit sind die zentralen Kenngrößen der Zentralbaugruppe (CPU).
- Die Erstellung des Steuerprogramms erfolgt mit Hilfe eines PCs oder eines Programmiergerätes.
- Der Arbeitsspeicher bearbeitet die für die Steuerung der Anlage notwendigen Programmteile. Bei Bedarf wird dazu auf System- und Ladespeicher zugegriffen.
- Der Ladespeicher verliert seine Inhalte bei Spannungsausfall.
- Zur spannungssicheren Programmbereitstellung werden steckbare Speicherbausteine verwendet.

7.3 Programmieren einer SPS

7.3.1 Zyklischer Programmablauf

Speicherprogrammierbare Steuerungen müssen Änderungen der Signalgeber erkennen und entsprechend dem Programm die Aktoren über die zugeordneten Ausgänge aktivieren. Dies wird erreicht, indem das Programm in einer Art „Endlosschleife" immer wieder neu abgearbeitet wird. Dadurch werden Änderungen des Anlagenzustandes erfasst und durch die anschließende Programmreaktion berücksichtigt. Man spricht von **zyklischer Programmbearbeitung** [cyclic program processing] (Abb. 1). Diese Programmbearbeitung lässt sich in drei Schritte einteilen:

1. Zu Beginn werden die Eingangszustände der Anlage abgefragt und im **Prozessabbild der Eingänge (PAE)** gespeichert ① (s. auch S. 359, Abb. 2). Die Daten sind eine Momentaufnahme der Eingangssignale bei Zyklusbeginn. Sie bleiben bis zur nächsten Abfrage der Eingangssignale konstant. Wäre dies nicht der Fall, könnten Störungen auftreten, wenn sich das Eingangssignal während der Programmbearbeitung ändert.

2. Mit den im PAE gespeicherten Daten beginnt die CPU mit der **seriellen**, also schrittweisen **Abarbeitung** des Steuerprogramms ② und führt die entsprechenden Operationen aus. Die Bearbeitungsergebnisse werden während eines Zyklus als Daten im **Prozessabbild der Ausgänge (PAA)** gespeichert (s. auch S. 359, Abb. 2).

3. Nach Beendigung der Programmbearbeitung werden die im PAA gespeicherten Daten an die Ausgabebaugruppen über den Rückwandbus ausgegeben ③ und an die Aktoren der Anlage übertragen. Danach startet die CPU den Programmdurchlauf von Neuem.

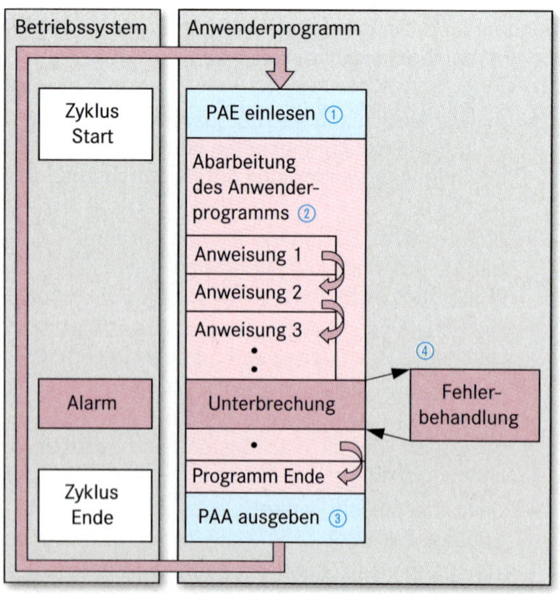

1: Zyklische Programmbearbeitung

Das Betriebssystem der SPS übernimmt die Steuerung der Programmbearbeitung und überwacht den Zustand der Anlage. Dabei kann es notwendig sein, die zyklische Programmbearbeitung zu unterbrechen ④. Man nennt dies **ereignisgesteuerte Programmunterbrechung** [event-controlled program interrupt].

Diese Unterbrechung wird dann notwendig, wenn die SPS auf Ereignisse oder Fehlersituationen ohne Verzögerung reagieren muss. Würde die Reaktion der SPS erst nach einem vollständigen Programmdurchlauf erfolgen, könnte diese Verzögerung bereits zu einer Gefährdung von Mensch und Maschine führen.

Abhängig vom auftretenden Fehler fährt die CPU entweder in den STOP-Zustand oder es erfolgt eine Fehlerbehandlung durch das Betriebssystem (Abb. 2). Dabei wird ein „Notfallprogramm" aufgerufen. Dies ist ein Programm, das für bestimmte Ereignisse (Alarmzustände) vom Anwender programmiert wird. Diese Programme werden in speziellen Speicherbereichen, den **Fehler-Organisationsbausteinen** (Fehler-OBs) abgelegt. Durch sie wird das Verhalten der SPS im Fehlerfall bestimmt. Nachdem der Fehler behoben wurde, kehrt die CPU zum Steuerprogramm zurück und fährt mit der zyklischen Programmbearbeitung fort.

Sollte die Fehlerursache nicht mit Hilfe eines programmierten Fehler-OBs zu beheben sein, fährt die SPS in

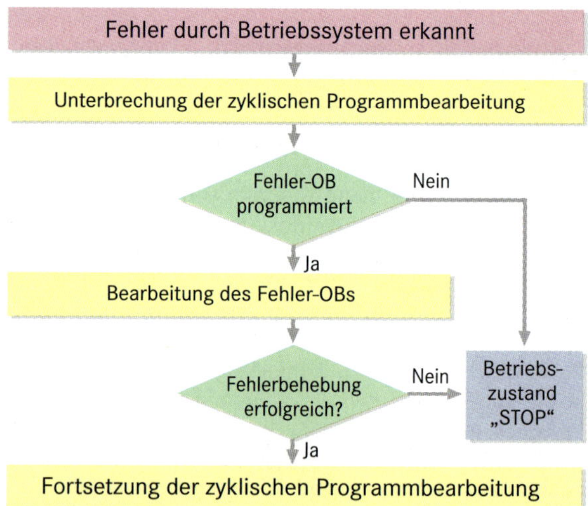

2: Fehlerbehandlung

- Der Bearbeitungszyklus eines SPS-Programms lässt sich in drei Phasen einteilen:
  - Aktualisieren des PAE
  - Bearbeiten des Steuerprogramms; Übertragung der Bearbeitungsergebnisse in das PAA
  - Übertragen der Daten des PAA auf die Ausgabebaugruppen der SPS
- Fehler-OBs dienen der Fehlerbehebung während der Programmbearbeitung.

Fehlerart	Beispiel	Fehler-OB
Zeitfehler	Überschreiten der maximalen Zykluszeit	OB 80
Stromversorgungsfehler	Ausfall der Pufferbatterie	OB 81
Diagnosealarm	Drahtbruch an einer Baugruppe	OB 82
Ziehen-/Stecken-Alarm	Entfernen oder Hinzufügen einer Baugruppe	OB 83
Programmablauffehler	OB ist nicht geladen, Baugruppe defekt	OB 85
Programmierfehler	Zugriff auf notwendige Daten nicht möglich	OB 121

3: Fehlerorganisationsbausteine einer S7 (Auswahl)

den Betriebszustand STOP. Dies geschieht auch, wenn der notwendige Fehler-OB nicht programmiert und somit von der CPU nicht aufgerufen werden kann.

In der Abb. 3 sind ausgewählte Fehlerarten sowie die Fehler-Organisationsbausteine der Software STEP 7 mit Beispielen aufgeführt.

Zykluszeit

Die für einen Programmdurchlauf notwendige Zeit heißt **Zykluszeit** [cycle time]. Sie ist von der Programmlänge sowie der Leistungsfähigkeit (Verarbeitungsgeschwindigkeit) der CPU abhängig und setzt sich aus folgenden Zeitabschnitten zusammen:
- Bearbeitungszeit des Betriebssystems für den Durchlauf des Steuerprogramms
- Bearbeitungszeit für Programmteile, die das Steuerprogramm unterbrechen (z. B. Bearbeitung eines Fehler-OBs)
- Zeit für Systemtätigkeiten (z. B. Aktualisierung des PAA und PAE)

Eine ereignisgesteuerte Programmunterbrechung führt folglich zu verlängerten Zykluszeiten (Abb. 4).

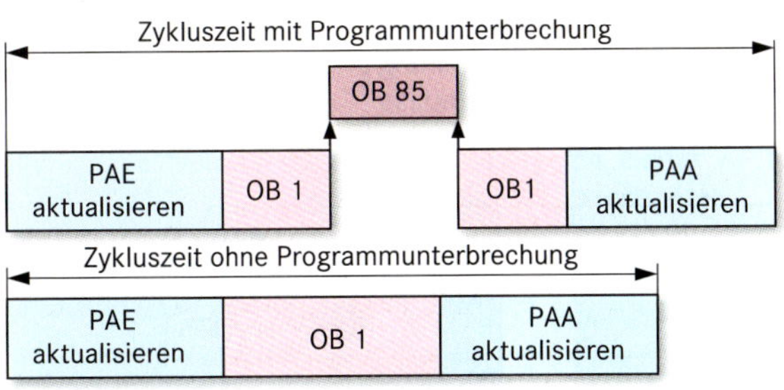

4: Unterschiedliche Zykluszeiten

Die Zykluszeit sollte möglichst gering sein. Dies ermöglicht eine schnelle Reaktion der Steuerung auf Signaländerungen an den Eingängen. Überschreitet die Zykluszeit einen Maximalwert (**maximale Zykluszeit**), ist die SPS nicht mehr in der Lage, auf kritische Zustände der Anlage zu reagieren. Dies wird vom Betriebssystem als Fehlfunktion bewertet. Die SPS reagiert daraufhin mit dem Aufruf des OB 80 (**Zeitfehler**). In ihm wird festgelegt, wie die CPU auf die Überschreitung der maximalen Zykluszeit reagieren soll. Ist dieser Fehler-OB 80 nicht programmiert, wechselt die SPS in den Betriebszustand STOP.

Die maximale Zykluszeit der SPS lässt sich über die Software STEP 7 einstellen. Diese Zeit ist so zu wählen, dass die Reaktionsgeschwindigkeit der SPS die zeitlichen Vorgaben der zu steuernden Anlage auch für kritische Situationen nicht überschreitet.

SPS-Zustände

Bei der SPS werden die beiden Betriebszustände
- STOP und
- START (RUN) unterschieden.

Im STOP-Zustand kann eine neue Konfiguration mit einem Programmiergerät geladen werden. Im START-Zustand wird von der SPS das jeweilige Programm in entsprechenden Zyklusphasen abgearbeitet. Wenn ein Systemneustart vorliegt, erfolgt zunächst eine komplette System-Diagnose (System-Eigentest) und eine System-Initialisierung, bei der ggf. ein Datentransfer erfolgt.

Echtzeitfähigkeit

An steuerungstechnische Systeme wird oft die Forderung nach „Echtzeitbetrieb“ gestellt. Darunter versteht man die Fähigkeit eines Systems, auf unvorhersehbare Ereignisse in einer ausreichend kurzen Zeitspanne zu reagieren. Dies bedeutet jedoch nicht unbedingt, dass ein System besonders schnell sein muss.
Beispielsweise ändert sich die Temperatur eines Raumes innerhalb von Minuten. Eine Steuerung, die innerhalb von Sekunden auf Eingangssignale reagiert, kann demzufolge durchaus als echtzeitfähig gelten.
Bei Maschinen ändert sich die Lage von Werkstücken und Werkzeugen innerhalb von Millisekunden. Abhängig von der geforderten Fertigungstoleranz muss eine Steuerung hier innerhalb dieses Zeitbereiches reagieren, um echtzeitfähig zu sein.

AUFGABEN

1. Erklären Sie die Begriffe zyklische Programmbearbeitung und Zykluszeit.
2. Welche Aufgabe haben die Speicherbereiche PAE und PAA?
3. Beschreiben Sie den Begriff der ereignisgesteuerten Programmunterbrechung.

- Die Dauer eines Programmdurchlaufs wird als Zykluszeit bezeichnet.

7.3.4 Operationen

In nahezu allen technischen Systemen sind die verschiedensten Eingangssignale nach logischen Regeln zu verknüpfen, um daraus Ausgangssignale abzuleiten. Als Beispiele einfacher Operationen sind nachfolgend die UND- sowie die ODER-Verknüpfung dargestellt (s. Kap. 3.4.1). Die Software STEP 7 enthält eine Reihe weiterer Verknüpfungen (z. B. NAND, NOR, EXOR ...).

UND-Verknüpfung

Als Beispiel für die Anwendung einer einfachen UND-Verknüpfung wird die „Zweihand-Bedienung" einer Maschine verwendet (Abb. 1). Das Motorschütz Q1 soll nur dann einschalten, wenn die beiden Taster S0 und S1 gleichzeitig betätigt sind.

- **VPS**
Die UND-Verknüpfung wird erzielt, indem beide Taster in Reihe geschaltet werden ①.

- **SPS**
Die Geber werden der Reihe nach an die Eingangsseite des Steuergerätes angeschlossen. Die Verknüpfung erfolgt im Steuergerät (SPS, Abb. 1 ②). In dessen Speicher befindet sich das Steuerprogramm (Abb. 1 ③) mit den Verknüpfungsvorschriften.

ODER-Verknüpfung

Als Anwendungsbeispiel einer ODER-Verknüpfung dient die Ansteuerung eines Förderbandes von zwei Bedienstellen aus. Das Motorschütz Q1 soll wahlweise von S0 oder S1 eingeschaltet werden.

- **VPS**
Die ODER-Verknüpfung wird durch Parallelschaltung der beiden Geber realisiert (Abb. 1 ④).

- **SPS**
Die Anordnung der Geber und der Aktoren ist identisch mit dem obigen Beispiel der UND-Verknüpfung (Abb. 1 ② und ⑤).
Die ODER-Verknüpfung der Geber wird durch die Verarbeitung eines anderen Steuerprogramms hergestellt (Abb. 1 ⑥). In allen drei Darstellungsarten können selbstverständlich beliebig viele Eingangssignale an einer Verknüpfung anliegen.

AUFGABE

1. Entwerfen Sie in FUP und KOP ein Programm, das folgende Steuerfunktion erfüllt: Das Schütz Q1 (A 4.0) wird dann angesteuert, wenn
   - Taster S1 (E 0.1) betätigt wird und gleichzeitig
   - mindestens einer der Taster S2 (E 0.2) oder S3 (E 0.3) betätigt wird.

- Die Verknüpfungen des SPS-Programms legen fest, wie die Ein- und Ausgänge miteinander verschaltet werden.

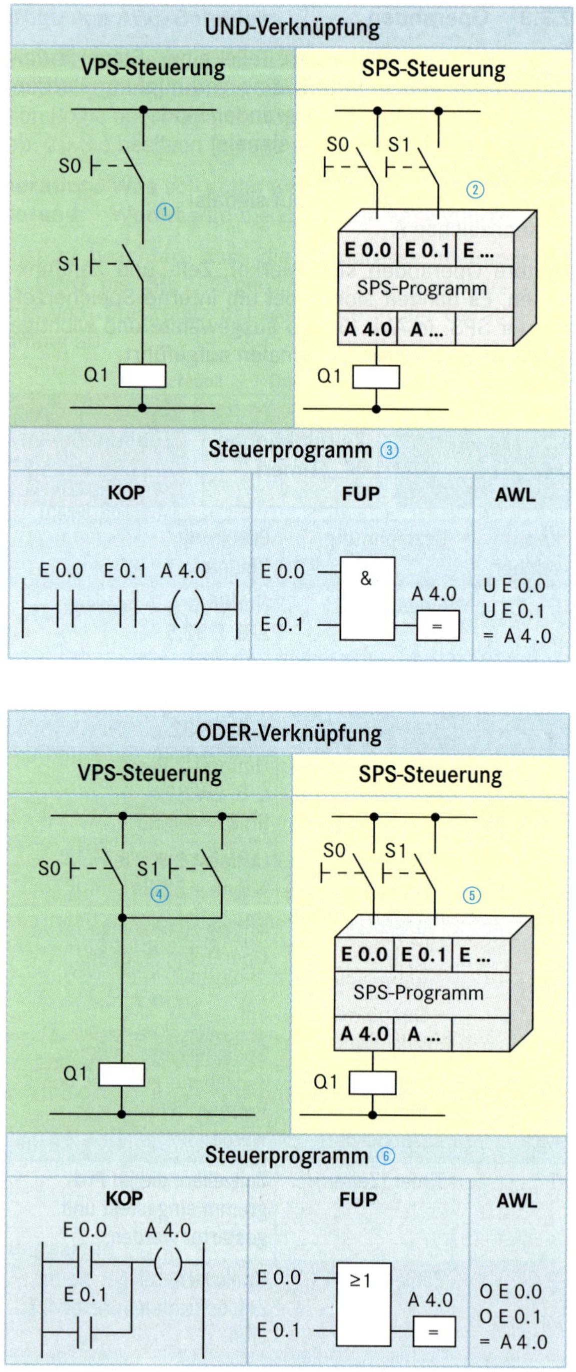

1: Binäre Verknüpfungen UND/ODER

Zuweisung

Mit der Operation „Zuweisung" („=") gibt man das Verknüpfungsergebnis an die Ausgänge, Merker (= interne Speicherzellen) und andere Operanden weiter. Wird einem Ausgangsbit ein Verknüpfungsergebnis 1 zugewiesen, so wird der entsprechende Digitalausgang der Ausgabebaugruppe angesteuert. Abb. 2 zeigt die Zuweisung in den drei Darstellungsarten.

Fehlerart	Beispiel	Fehler-OB
Zeitfehler	Überschreiten der maximalen Zykluszeit	OB 80
Stromversorgungsfehler	Ausfall der Pufferbatterie	OB 81
Diagnosealarm	Drahtbruch an einer Baugruppe	OB 82
Ziehen-/Stecken-Alarm	Entfernen oder Hinzufügen einer Baugruppe	OB 83
Programmablauffehler	OB ist nicht geladen, Baugruppe defekt	OB 85
Programmierfehler	Zugriff auf notwendige Daten nicht möglich	OB 121

3: Fehlerorganisationsbausteine einer S7 (Auswahl)

den Betriebszustand STOP. Dies geschieht auch, wenn der notwendige Fehler-OB nicht programmiert und somit von der CPU nicht aufgerufen werden kann.

In der Abb. 3 sind ausgewählte Fehlerarten sowie die Fehler-Organisationsbausteine der Software STEP 7 mit Beispielen aufgeführt.

Zykluszeit

Die für einen Programmdurchlauf notwendige Zeit heißt **Zykluszeit** [cycle time]. Sie ist von der Programmlänge sowie der Leistungsfähigkeit (Verarbeitungsgeschwindigkeit) der CPU abhängig und setzt sich aus folgenden Zeitabschnitten zusammen:

- Bearbeitungszeit des Betriebssystems für den Durchlauf des Steuerprogramms
- Bearbeitungszeit für Programmteile, die das Steuerprogramm unterbrechen (z. B. Bearbeitung eines Fehler-OBs)
- Zeit für Systemtätigkeiten (z. B. Aktualisierung des PAA und PAE)

Eine ereignisgesteuerte Programmunterbrechung führt folglich zu verlängerten Zykluszeiten (Abb. 4).

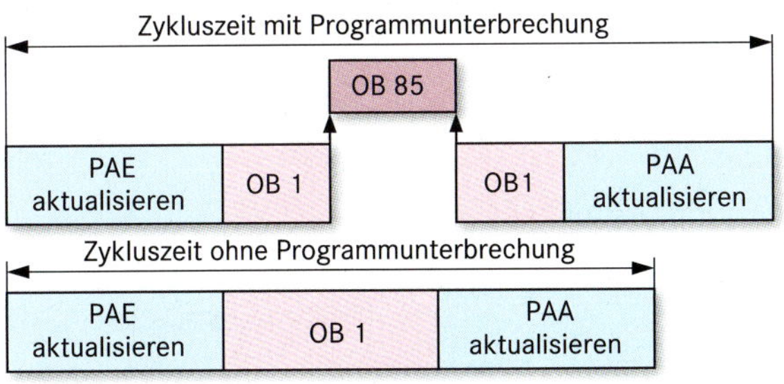

4: Unterschiedliche Zykluszeiten

Die Zykluszeit sollte möglichst gering sein. Dies ermöglicht eine schnelle Reaktion der Steuerung auf Signaländerungen an den Eingängen. Überschreitet die Zykluszeit einen Maximalwert (**maximale Zykluszeit**), ist die SPS nicht mehr in der Lage, auf kritische Zustände der Anlage zu reagieren. Dies wird vom Betriebssystem als Fehlfunktion bewertet. Die SPS reagiert daraufhin mit dem Aufruf des OB 80 (**Zeitfehler**). In ihm wird festgelegt, wie die CPU auf die Überschreitung der maximalen Zykluszeit reagieren soll. Ist dieser Fehler-OB 80 nicht programmiert, wechselt die SPS in den Betriebszustand STOP.

Die maximale Zykluszeit der SPS lässt sich über die Software STEP 7 einstellen. Diese Zeit ist so zu wählen, dass die Reaktionsgeschwindigkeit der SPS die zeitlichen Vorgaben der zu steuernden Anlage auch für kritische Situationen nicht überschreitet.

SPS-Zustände

Bei der SPS werden die beiden Betriebszustände
- STOP und
- START (RUN) unterschieden.

Im STOP-Zustand kann eine neue Konfiguration mit einem Programmiergerät geladen werden. Im START-Zustand wird von der SPS das jeweilige Programm in entsprechenden Zyklusphasen abgearbeitet. Wenn ein Systemneustart vorliegt, erfolgt zunächst eine komplette System-Diagnose (System-Eigentest) und eine System-Initialisierung, bei der ggf. ein Datentransfer erfolgt.

Echtzeitfähigkeit

An steuerungstechnische Systeme wird oft die Forderung nach „Echtzeitbetrieb“ gestellt. Darunter versteht man die Fähigkeit eines Systems, auf unvorhersehbare Ereignisse in einer ausreichend kurzen Zeitspanne zu reagieren. Dies bedeutet jedoch nicht unbedingt, dass ein System besonders schnell sein muss.
Beispielsweise ändert sich die Temperatur eines Raumes innerhalb von Minuten. Eine Steuerung, die innerhalb von Sekunden auf Eingangssignale reagiert, kann demzufolge durchaus als echtzeitfähig gelten.
Bei Maschinen ändert sich die Lage von Werkstücken und Werkzeugen innerhalb von Millisekunden. Abhängig von der geforderten Fertigungstoleranz muss eine Steuerung hier innerhalb dieses Zeitbereiches reagieren, um echtzeitfähig zu sein.

AUFGABEN

1. Erklären Sie die Begriffe zyklische Programmbearbeitung und Zykluszeit.
2. Welche Aufgabe haben die Speicherbereiche PAE und PAA?
3. Beschreiben Sie den Begriff der ereignisgesteuerten Programmunterbrechung.

- Die Dauer eines Programmdurchlaufs wird als Zykluszeit bezeichnet.

7.3.2 Programmdarstellungen

Die Steuerprogramme für Speicherprogrammierbare Steuerungen werden am PC mit einer speziellen Programmiersoftware erstellt, z. B. bei SIMATIC S7-Geräten mit dem Programmpaket **STEP 7**.

Die Erstellung des Steuerprogramms kann in drei verschiedenen Darstellungsarten erfolgen (Abb. 1), die keinen Einfluss auf die Arbeitsweise des Programms haben. Die Darstellungsart kann jedoch durch Kundenforderungen oder betriebliche Normen festgelegt sein.

Die meisten Programme können wahlweise in einer der drei Darstellungsarten erstellt werden. Vor dem Überspielen in das Steuergerät wird das Programm in einen Maschinencode übersetzt, sodass die drei Darstellungsarten als Programmieroberfläche aufgefasst werden können.

Der **Ko**ntakt**p**lan (**KOP**) ① [ladder diagramm, LAD] stellt die Verknüpfung der einzelnen Eingangssignale in ähnlicher Form wie der Stromlaufplan dar, wodurch einfache Programme leicht durchschaubar sind.

Der **Fu**nktions**p**lan (**FUP**) ② [sequential function chart, SCF] benutzt logische Verknüpfungssymbole zur Darstellung der Steuerfunktion. Dadurch wird eine gute Strukturierung von Programmen ermöglicht.

Die **A**n**w**eisungs**l**iste (**AWL**) ③ [statement list, STL] ist die umfangreichste Darstellungsform, sodass mit ihr auch komplizierte Verknüpfungsbefehle möglich sind, für die in den Darstellungsarten KOP/FUP keine grafischen Symbole existieren.

Einfache Programme lassen sich innerhalb von STEP 7 problemlos in alle drei Darstellungsarten umwandeln. Manche aufwändigen STEP 7-Befehle können nur in AWL dargestellt werden. Deshalb lassen sich nicht alle AWL-Programme vollständig in die KOP- bzw. FUP-Darstellung umwandeln. Umfangreiche Programme werden in **Netzwerke** aufgegliedert. Diese Netzwerke stellen kleine Programmeinheiten dar, die jeweils für sich ein Ergebnis liefern.

Aufbau von AWL-Befehlen

AWL-Befehle sind in Form eines alphanumerischen Codes aufgebaut, der aus den zwei Bestandteilen Operation [logic operation] und Operand [operand] besteht (Abb. 2). Sie besitzen folgende Merkmale:

Operation: **Was** soll getan werden?
Operand: **Womit** wird die Operation ausgeführt?

Es ist zu beachten, dass die Bit-Adresse im Bereich von **Bit 0** bis **Bit 7** liegen muss. Die Byte-Adresse hängt vom Steckplatz der Hardware in der Geräteanordnung ab.

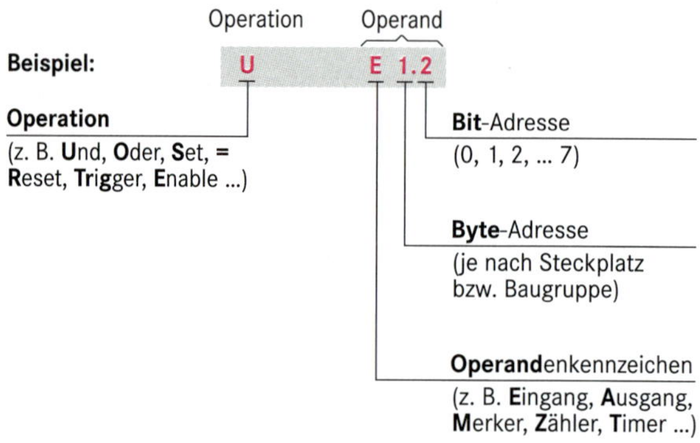

2: Aufbau eines AWL-Befehls

- SPS-Programme können dargestellt werden als
  - KOP (Kontaktplan), der dem Stromlaufplan ähnlich ist,
  - FUP (Funktionsplan), in Form logischer Verknüpfungen oder
  - AWL (Anweisungsliste), in alphanumerischem Code.
- Operationen verknüpfen Eingangs- und Ausgangssignale.
- Operanden geben die Adressen der zu verknüpfenden Signale an.

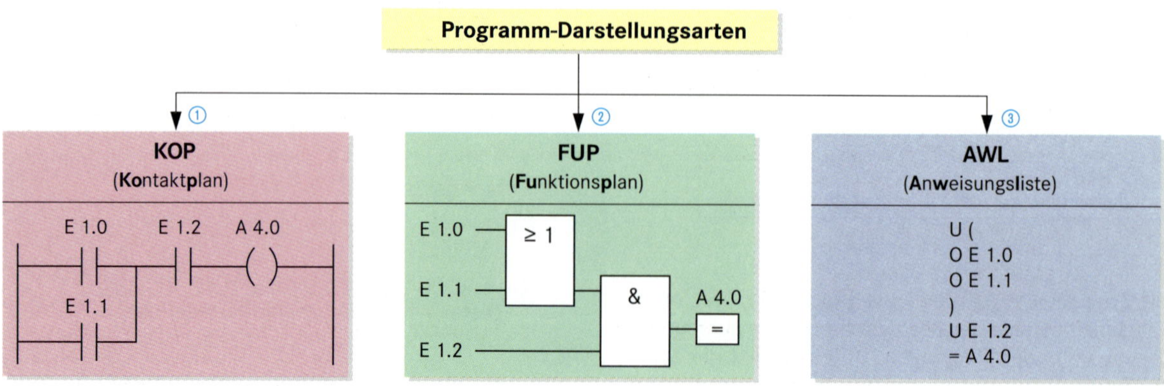

1: Darstellungsarten von SPS-Programmen

7.3.3 Operanden

Operanden sind diejenigen Teile einer Steueranweisung, der angeben, **womit** eine Verknüpfung stattfinden soll. Die häufigsten Operanden sind:

- **Eingangssignale** [input signals]
  Kennzeichen E
- **Ausgangssignale** [output signals]
  Kennzeichen A

Weitere Operanden sind Merker, Zeit- und Zählfunktionen. Es handelt sich dabei um interne Speicherzellen der SPS. In Abb. 3 sind ausgewählte und wichtige Operanden mit ihren Merkmalen aufgeführt.

Merker	Zeitfunktionen (Timer)	Zählfunktionen (Zähler)

Kennzeichen	Bezeichnung	Erklärung, Beispiel
E	Eingangs-Bit	Nur Bit 0 ... 7 zulässig, z. B. E 32.5
EB	Eingangs-Byte	Umfasst Bit 0 ... 7 des jeweiligen Byte, z. B. EB 32
EW	Eingangs-Wort	Umfasst 2 Byte, z. B. EW 32 = EB 32 + EB 33
ED	Eingangs-Doppelwort	Umfasst 2 Worte = 4 Byte = 32 Bit
A AB AW AD	Ausgangs-Bit - Byte - Wort - Doppelwort	Analog zu Eingangs-Operanden (s. oben)
M MB MW MD	Merker-Bit - Byte - Wort - Doppelwort	Speicherplatz, in dem Zwischenergebnisse des Programms abgelegt werden.
T	Timer (Zeiten)	Zeitzellen, die im Programm eingestellt und gestartet werden.
Z	Zähler	Speicherbereiche, die für Zähloperationen reserviert sind.

3: Operanden in Steuerprogrammen

Verknüpfungsergebnis (VKE)

Die Operanden werden im Steuerprogramm nach vorgegebenen Regeln (Operationen) miteinander verknüpft. Die hierbei gebildeten Verknüpfungsergebnisse (VKE) stellen SPS-interne **Zwischenergebnisse** [intermediate results] dar. Sie liegen in binärer Form (0 oder 1) vor. Diese Zwischenergebnisse können dann durch das Programm weiterverarbeitet, gespeichert oder als Steuersignale auf der Ausgangsseite ausgegeben werden.

Die Bildung der einzelnen Verknüpfungsergebnisse [results of logic operations] soll anhand des Programms in Abb. 4 verdeutlicht werden. Das Programm empfängt über die Eingabebaugruppen die in Spalte 2 angegebenen Eingangssignale und gibt nach deren Verknüpfung das Verknüpfungsergebnis auf die Ausgänge aus.

Programm	Ein-/Ausgangssignal	VKE
O E 1.0	0	0 ①
O E 1.1	1 ⟶	1 ②
= A 4.0	1 ⟵	1 ③
U E 1.2	1	0 ④
U E 1.3	0	0
= A 4.1	0	0 ⑤

4: Bildung des Verknüpfungsergebnisses

① Der erste Eingang der ODER-Verknüpfung ist 0. Deshalb bleibt auch das Verknüpfungsergebnis noch 0.

② Da der zweite Eingang 1 bekommt, ist die ODER Verknüpfung erfüllt, das Verknüpfungsergebnis wird 1.

③ Das Verknüpfungsergebnis wird nun auf A 4.0 zugewiesen. Dieser Ausgang ist dann aktiv und steuert das dort angeschlossene Stellglied oder Meldegerät an.

④ Die Zuweisung in der vorhergehenden Zeile ist Verknüpfungsergebnis begrenzend, d. h., es wird nun ein neues Verknüpfungsergebnis 0 gebildet, das durch die nächsten Operationen wieder geändert werden kann.

⑤ Da beide Eingänge auf 0 liegen, wird die UND-Verknüpfung nicht erfüllt. Das Verknüpfungsergebnis bleibt hier stets auf 0, der Ausgang 4.1 bleibt inaktiv.

- Das Verknüpfungsergebnis (VKE) ist ein programminternes Zwischenspeicherergebnis.
- Nach Abschluss einer Verknüpfung enthält das Verknüpfungsergebnis das Ergebnis der Operation in binärer Form.
- Das Verknüpfungsergebnis kann über einen Ausgang ausgegeben werden.
- Bei AWL-Programmen kann das Verknüpfungsergebnis am Programmiergerät beobachtet werden, was eine Fehlersuche ermöglicht.

7.3.4 Operationen

In nahezu allen technischen Systemen sind die verschiedensten Eingangssignale nach logischen Regeln zu verknüpfen, um daraus Ausgangssignale abzuleiten. Als Beispiele einfacher Operationen sind nachfolgend die UND- sowie die ODER-Verknüpfung dargestellt (s. Kap. 3.4.1). Die Software STEP 7 enthält eine Reihe weiterer Verknüpfungen (z. B. NAND, NOR, EXOR ...).

UND-Verknüpfung

Als Beispiel für die Anwendung einer einfachen UND-Verknüpfung wird die „Zweihand-Bedienung“ einer Maschine verwendet (Abb. 1). Das Motorschütz Q1 soll nur dann einschalten, wenn die beiden Taster S0 und S1 gleichzeitig betätigt sind.

- **VPS**

Die UND-Verknüpfung wird erzielt, indem beide Taster in Reihe geschaltet werden ①.

- **SPS**

Die Geber werden der Reihe nach an die Eingangsseite des Steuergerätes angeschlossen. Die Verknüpfung erfolgt im Steuergerät (SPS, Abb. 1 ②). In dessen Speicher befindet sich das Steuerprogramm (Abb. 1 ③) mit den Verknüpfungsvorschriften.

ODER-Verknüpfung

Als Anwendungsbeispiel einer ODER-Verknüpfung dient die Ansteuerung eines Förderbandes von zwei Bedienstellen aus. Das Motorschütz Q1 soll wahlweise von S0 oder S1 eingeschaltet werden.

- **VPS**

Die ODER-Verknüpfung wird durch Parallelschaltung der beiden Geber realisiert (Abb. 1 ④).

- **SPS**

Die Anordnung der Geber und der Aktoren ist identisch mit dem obigen Beispiel der UND-Verknüpfung (Abb. 1 ② und ⑤).
Die ODER-Verknüpfung der Geber wird durch die Verarbeitung eines anderen Steuerprogramms hergestellt (Abb. 1 ⑥). In allen drei Darstellungsarten können selbstverständlich beliebig viele Eingangssignale an einer Verknüpfung anliegen.

AUFGABE

1. Entwerfen Sie in FUP und KOP ein Programm, das folgende Steuerfunktion erfüllt: Das Schütz Q1 (A 4.0) wird dann angesteuert, wenn
   - Taster S1 (E 0.1) betätigt wird und gleichzeitig
   - mindestens einer der Taster S2 (E 0.2) oder S3 (E 0.3) betätigt wird.

- Die Verknüpfungen des SPS-Programms legen fest, wie die Ein- und Ausgänge miteinander verschaltet werden.

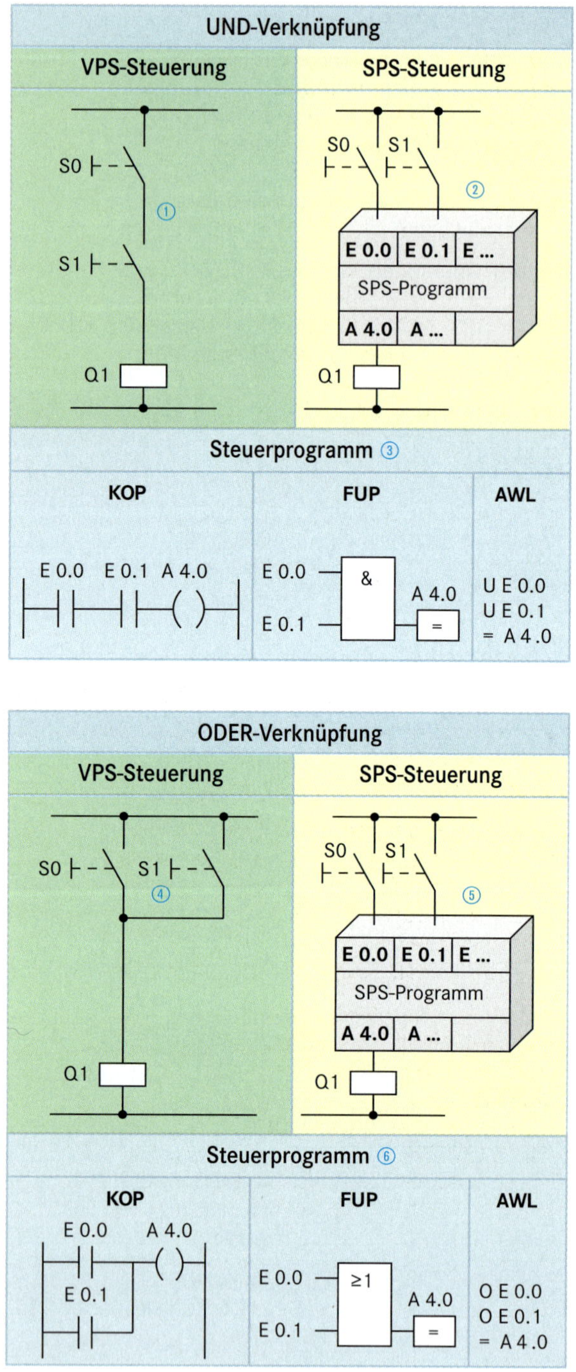

1: Binäre Verknüpfungen UND/ODER

Zuweisung

Mit der Operation „Zuweisung“ („=“) gibt man das Verknüpfungsergebnis an die Ausgänge, Merker (= interne Speicherzellen) und andere Operanden weiter. Wird einem Ausgangsbit ein Verknüpfungsergebnis 1 zugewiesen, so wird der entsprechende Digitalausgang der Ausgabebaugruppe angesteuert. Abb. 2 zeigt die Zuweisung in den drei Darstellungsarten.

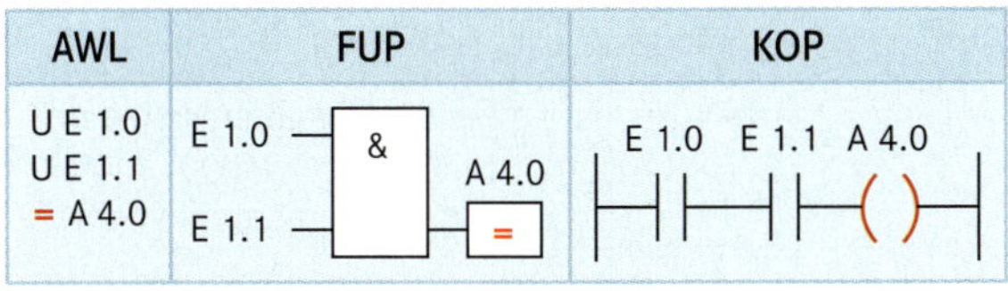

2: Zuweisungsoperation

Invertierung von Zuweisungen

Die Zuweisung eines Verknüpfungsergebnisses ist auch in invertierter Form möglich. Dies erfolgt in STEP 7 durch den NOT-Befehl (in AWL/KOP) bzw. ein Kreissymbol in FUP. Liefert eine Verknüpfung (Abb. 3) das Verknüpfungsergebnis 0, so wird der invertierte Ausgang aktiviert. Aus der UND-Verknüpfung wird NAND.

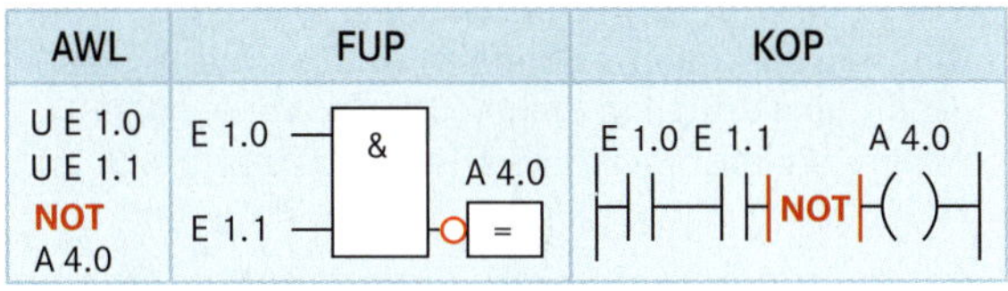

3: NAND-Verknüpfung

Invertierung von Eingangssignalen

In der Regel werden Eingänge auf den Zustand 1 abgefragt (nicht-invertiert). Dies ist vor allem dann üblich, wenn ein betätigter Geber (Schließer) eine Reaktion auslösen soll.

Öffner-Geber besitzen bereits in Ruhe den 1-Zustand. Sie schalten bei **Betätigung** auf den **0-Zustand** um. Da die meisten Operationen (z. B. logische Verknüpfungen, Zeitbausteine, Zähler) zur Ansteuerung ein 1-Signal benötigen (Abb. 5 ①), würde ein betätigter Öffner an ihnen keine Reaktion hervorrufen.

Aus diesem Grund müssen 0-Signale (Abb. 5 ②) vor der Verknüpfung im Programm häufig invertiert werden. Diese Invertierung (Abb. 4) von Eingangssignalen erfolgt in

- AWL durch das Zeichen **„N"** ③ nach Operationen (z. B. U**N**, O**N** ...),
- FUP ④ durch ein Kreissymbol am Eingang und
- KOP ⑤ mit Schrägstrich im Abfragesymbol.

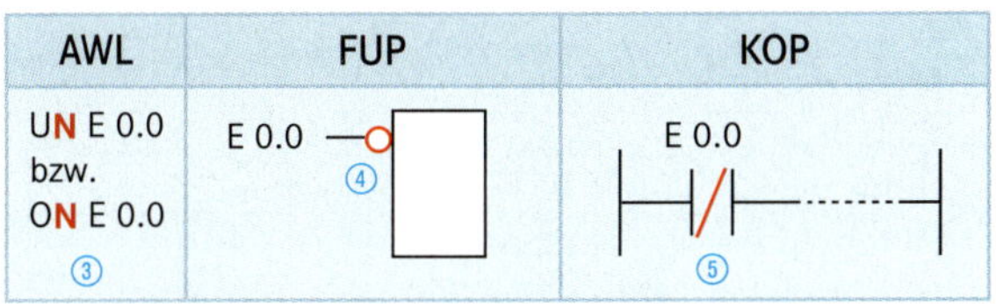

4: Invertierung von Eingangssignalen

Werden Öffner-Signale grundsätzlich invertiert?

Häufig wird angenommen, dass die Eingangssignale von Öffner-Kontakten grundsätzlich invertiert abgefragt werden. Im Gegenzug herrscht die Meinung, dass Schließer-Kontakte stets auf Signalzustand 1 abzufragen sind. Beides ist in den meisten Fällen zutreffend. Es gibt aber auch Ausnahmen (Abb. 5).

Die SPS kann nicht feststellen, ob es sich bei den angeschlossenen Gebern um Öffner oder Schließer handelt. Im Programm werden lediglich die anliegenden Logikzustände (0 oder 1) ausgewertet. Bei der Abfrage von Gebern sind deshalb folgende Aspekte zu beachten (Abb. 5 und 6):

- **Funktion des Gebers**
  Ist der Geber ein Öffner oder Schließer?
- **Reaktion der SPS**
  Soll die SPS beim Betätigen oder beim Nicht-Betätigen (z. B. Loslassen, Ruhezustand) reagieren?

Aus den Überlegungen ergibt sich, ob das empfangene Signal invertiert werden muss. Abb. 6 zeigt dazu Beispiele.

	Geber	Zustand	Signal
Öffner		1	Bei Betätigung: 1 → 0-Signal (**0-Signal**) ②
	(betätigt)	0	
Schließer		0	Bei Betätigung: 0 → 1-Signal (**1-Signal**) ①
	(betätigt)	1	

5: Geber und Signale

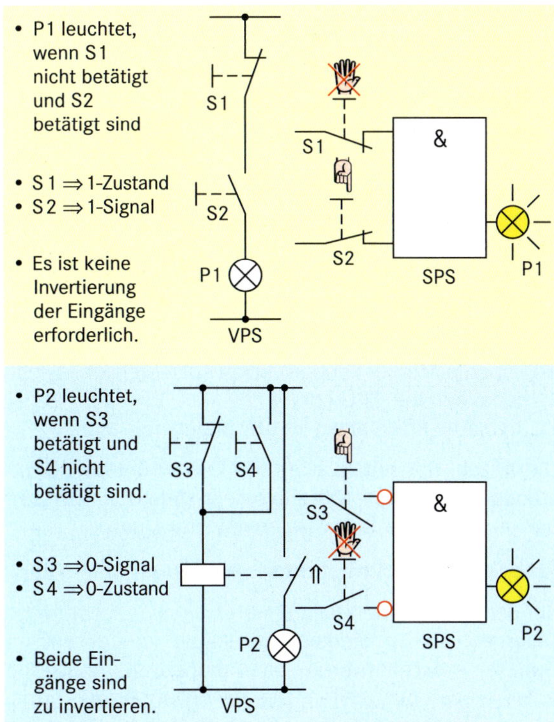

6: Programmbeispiele zur Abfrage von Gebern

7.3.5 Merker

Merker sind Speicher, deren binäre Zustände in internen Speicherbereichen der CPU abgelegt werden. Die Anzahl der verfügbaren Merker richtet sich nach der Leistungsfähigkeit der jeweiligen CPU.
Beispiel:
Die CPU 315 verfügt laut Handbuch über 256 Merker-Byte (MB 0 ... MB 255). Dies entspricht 2048 einzelnen Merkern (M 0.0, M 0.1 ... M 255.6, M 255.7). Nähere Informationen enthält das jeweilige Gerätehandbuch der CPU-Baugruppe.

Bei der Verwendung von Merkern muss übersichtlich gearbeitet werden. Die mehrfache Verwendung von Merkern für verschiedene Zwecke führt zu Programmfehlern.

Im Ausgangszustand sind alle Merker mit dem Signalzustand 0 vorbelegt. Über eine entsprechende Zuweisung vom Verknüpfungsergebnis = 1 können sie dann gesetzt werden.

Je nachdem, ob die Merker bei Spannungsausfall gelöscht werden, unterscheidet man nicht-remanente Merker [non-retentive flags] oder remanente Merker [retentive flags].

Nicht-remanente Merker

Diese Merker werden beim Wiederanlaufen (nach Spannungsausfall, beim Übergang von STOP auf RUN) der SPS gelöscht. Sie besitzen dann wieder den 0-Zustand.
- Vorteil: Nach einem Netzausfall werden selbstständige Reaktionen (z. B. Anlauf von Antrieben) verhindert.
- Nachteil: Wichtige Informationen (z. B. Anlagenzustände, Stückzahlen) werden gelöscht.

Remanente Merker

Ein Teil des SPS-Speichers ist für die remanenten Merker vorgesehen. Die Zustände remanenter Merker bleiben gespeichert bei
- Ausfall der Netzspannung (Überbrückung durch Pufferbatterie) und
- Wiederanlauf (Übergang STOP → RUN).

Remanente Merker können rückgesetzt werden durch
- urlöschen der CPU oder
- reguläres Rücksetzen im Anwenderprogramm.

Die Anzahl der remanenten Merker ist bei den CPUs standardmäßig auf 128 eingestellt (MB 0 ... MB 15). Sie kann über die Software erweitert werden.

Ablegen von Verknüpfungsergebnissen in Merkern

Bei der Programmerstellung ist es sinnvoll, bestimmte Teilergebnisse in Merkern abzulegen, um darauf im weiteren Programmverlauf oder in anderen Programmteilen wieder zuzugreifen. Die Zuweisung erfolgt dabei wie bei Ausgängen (s. Kap. 7.3.4). In Abb. 1 ist dazu ein Programmbeispiel für eine Presse dargestellt.

Programm	Kommentar	
U E 1.1	Öldruck	Der Merker „Betriebsbereit“ wird gebildet, wenn Öldruck und Temperatur stimmen.
U E 1.2	Temperatur	
= M 5.0	Betriebsbereit	
...		
U M 5.0	Betriebsbereit	Im späteren Programm wird der Merker erneut abgefragt, bevor die Presse abwärts fährt.
U E 2.1	Start-Taste	
= A 4.0	Presse-Ab	

1: Verwendung von Merkern

Bilden von Testmerkern

Oft ist es zu Testzwecken (z. B. Lampentest) sinnvoll, dass die beiden binären Zustände 0 und 1 stabil zur Verfügung stehen. Hierfür verwenden Programmierer meist die Merker 0.0 und 0.1. Ihre Bildung erfolgt durch folgendes Programm:

```
U    M 0.0
R    M 0.0

UN   M 0.1
S    M 0.1
```

Wäre der Merker 0.0 tatsächlich gesetzt, würde er mittels RESET sofort gelöscht.

Hat der Merker 0.1 den Zustand 0, wird dieser Zustand negiert abgefragt (UN). Anschließend wird er mit SET auf „1“ gesetzt.

Speicheroperationen Set und Reset

Über die Zuweisung (=) bleiben Ausgänge, Merker und andere Operanden nur so lange angesteuert, wie dies durch die vorangehende Operation (z. B. UND, ODER) ermöglicht wird. Ist die Verknüpfungsbedingung nicht mehr erfüllt, so wechselt der Ausgang oder Merker wieder nach 0.

Die Funktion „**S**et“ (Abb. 2) ermöglicht es, die Operanden (z. B. Ausgänge) durch ein kurzzeitiges 1-Signal **dauerhaft** zu **setzen**, sodass diese auch nach Wegfall dieses Set-Signals eingeschaltet bleiben. Die Funktion „**R**eset“ (Abb. 3) ermöglicht es, gesetzte Operanden durch ein kurzzeitiges 1-Signal wieder zu **löschen**.

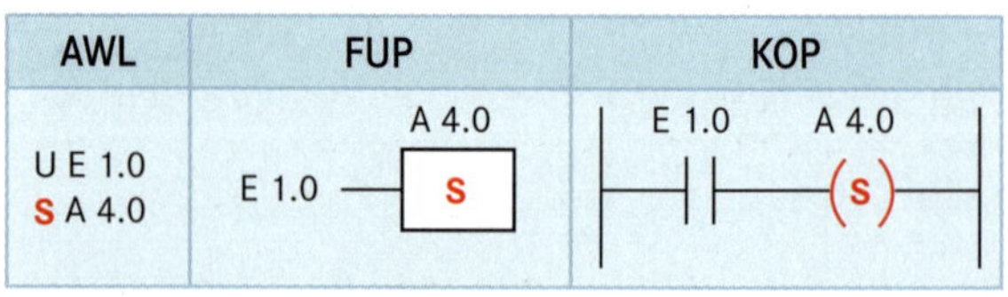

2: Setzen eines Ausgangsbits

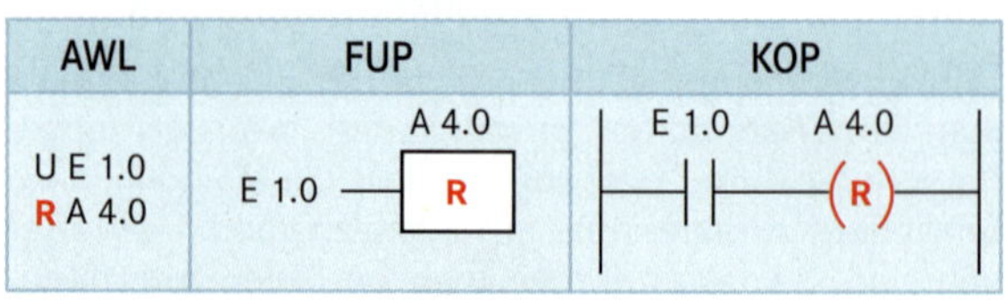

3: Rücksetzen eines Ausgangsbits

SR- und RS-Speicherfunktionen (Flipflops)

SR- und RS-Speicherfunktionen (Flipflops) besitzen sowohl einen Set- als auch einen Reset-Eingang. Die Speicher sind bistabile Speicherglieder (s. Kap. 3.4.3).

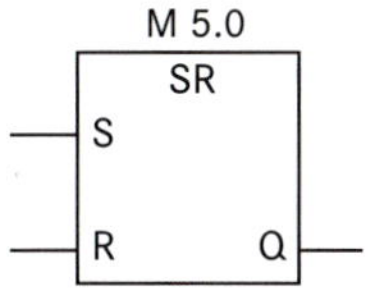

4: SR-Speicherfunktion

Welcher Eingang hat Vorrang?

Bei gleichzeitigem Set- und Reset-Signal muss einer der beiden Eingänge Vorrang haben:
- SR-Flipflops besitzen **Reset-Vorrang**
- RS-Flipflops besitzen **Set-Vorrang**.

Bei der Erstellung von Programmen muss auf den Vorrang der Eingänge geachtet werden. Nur so ist gewährleistet, dass bei gleichzeitiger Ansteuerung beider Eingänge die gewünschte Reaktion erfolgt.

SR-Speicherfunktion

Bei der SR-Speicherfunktion (Abb. 5) hat der **Reset-Eingang Vorrang**. Dies ist vor allem dort sinnvoll, wo Gefahr bringende Antriebe vorrangig abzuschalten sind. Der Binäroperand (Ausgang, Merker, Datenbit ...) steht in FUP/KOP (Abb. 5 ①) oberhalb des Symbols. Die KOP-Darstellung unterscheidet sich von der FUP-Darstellung darin, dass an den Eingängen noch die Abfragesymbole (-| |- ②) erforderlich sind. Das Fehlen dieser Symbole führt bei Programmieranfängern in KOP-Programmen häufig zu Fehlermeldungen.

AWL	FUP	KOP
U E 0.0 S A 4.0 U E 0.1 R A 4.0	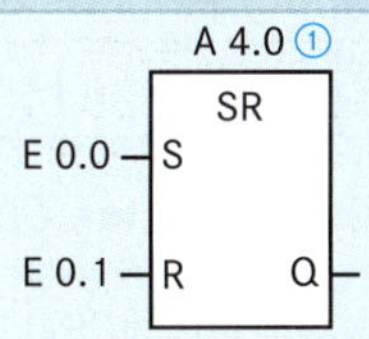	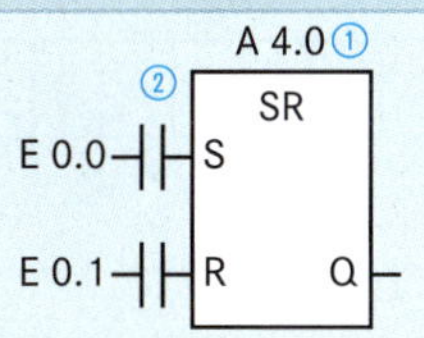

5: SR-Speicherfunktion (Reset-Vorrang)

RS-Speicherfunktion

Bei der RS-Speicherfunktion (Abb. 6) hat der **Set-Eingang Vorrang**. Dies ist dort sinnvoll, wo bestimmte Funktionen (z.B. Bremsen) unbedingt aufrechterhalten werden müssen. Ein Vergleich der beiden AWL-Programme (Abb. 5 und 6) zeigt, dass der Eingang, der zuletzt im Programm abgefragt wird, Vorrang hat. Er beeinflusst als letzter Eingang das Resultat (hier z.B. A 4.0).

AWL	FUP	KOP
U E 0.1 R A 4.0 U E 0.0 S A 4.0	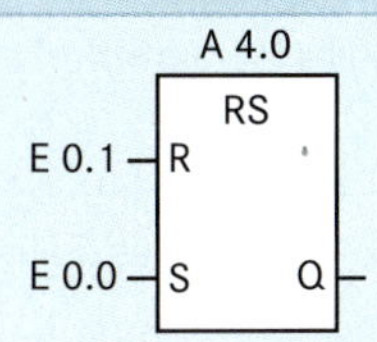	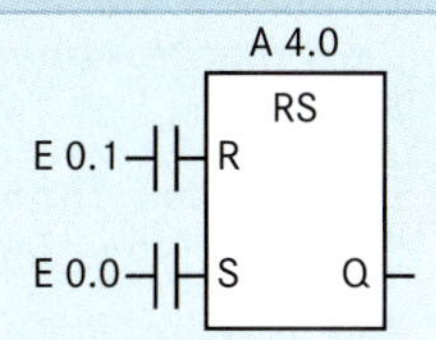

6: RS-Speicherfunktion (Set-Vorrang)

Welche Operanden können gespeichert werden?

Die binären Zustände von Flipflops können den folgenden Operanden zugewiesen werden:
- Eingänge (E)
- Ausgänge (A)
- Merker (M)
- Datenspeicher (D) eines Datenbausteins

Durch Angabe der Ausgangsadresse oberhalb des Speichergliedes (Abb. 7 ①) wird festgelegt, welcher Ausgangswert dauerhaft gespeichert werden soll. Sollen Ergebnisse in **Merkern** gespeichert werden, kennzeichnet man deren Adresse ebenfalls am Symbol ②.

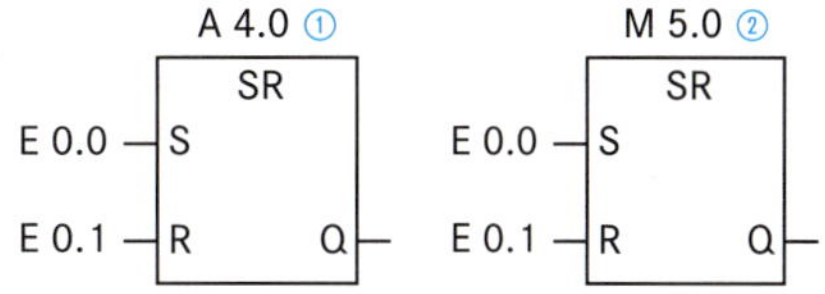

7: Speicherung von Ausgängen und Merkern

Indem man eine Zuweisung (=) unmittelbar an einen Merker anhängt, wird dessen Zustand auf den Operanden (z.B. Ausgang) gegeben (Abb. 8 ③). Merker-Zustände können auch später, z.B. am Programmende, auf Ausgänge zugewiesen werden. Dadurch kann der Inhalt in unterschiedlichen Programmteilen ausgelesen oder geändert werden ④.

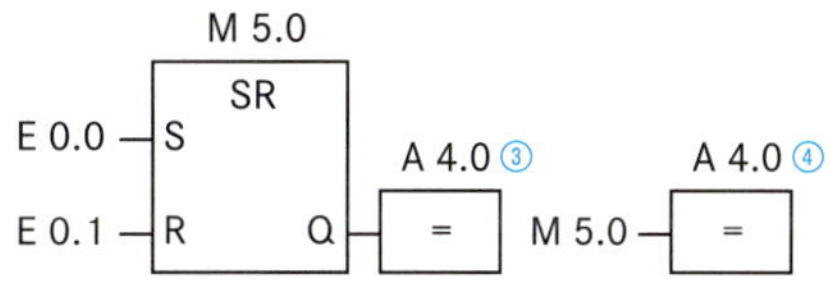

a) unmittelbar b) später

8: Zuweisung von Merker-Zuständen

AUFGABEN

1. Begründen Sie, weshalb bei SR-Speichergliedern der Set-Eingang meist nicht-invertiert, der Reset-Eingang meist invertiert (= Abfrage auf 0) abgefragt wird. Stichwort „Drahtbruch".
2. Schreiben Sie ein Programm, in dem
   a) der Merker M 5.0 durch einen betätigten Schließer an E2.1 gesetzt wird und
   b) über einen betätigten Öffner an E2.2 rückgesetzt wird.

- Die Bezeichnung der Speicherglieder gibt Auskunft über den Set-/Reset-Vorrang.
- In AWL-Darstellung wird der zuletzt genannte Eingang (z. B. Reset beim SR-Flipflop) auch zuletzt abgefragt.
- In KOP-/FUP-Darstellung wird der untere Eingang des Symbols zuletzt abgefragt.
- Wenn an beiden Eingängen einer Speicherfunktion „1" anliegt, hat der zuletzt abgefragte Eingang Vorrang.

7.3.6 Timer

Viele Steuerungsaufgaben verlaufen zeitabhängig. Dabei kann es sich um Ein- oder Ausschaltverzögerungen, Taktzeiten usw. handeln. Um diese verschiedenen Zeitfunktionen auszuführen, sind in den Zentralbaugruppen der SPS eine Vielzahl von Timern (Zeitzellen) integriert.

Die Anzahl der verfügbaren Zeitzellen richtet sich nach dem CPU-Typ. Je nach Leistungskategorie sind 64 bis 512 Zeitfunktionen programmierbar. STEP 7 bietet fünf verschiedene Zeitfunktionen (Abb. 1 ① ... ⑤), die sich hinsichtlich Ausgangs- und Ablaufverhalten unterscheiden. Die Art des Timers wird durch die Bezeichnung im Symbol festgelegt.

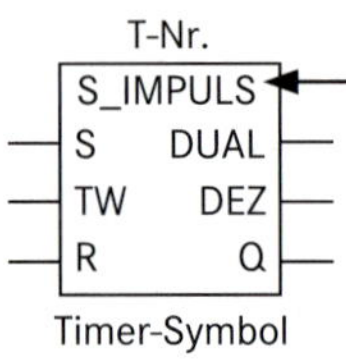

Ausgangssignal	Bezeichnung
① Impuls	S_IMPULS
② verzögerter Impuls	S_VIMP
③ Einschalt-verzögerung	S_EVERZ
④ speichernde Einschalt-verzögerung	S_SEVERZ
⑤ Ausschalt-verzögerung	S_AVERZ

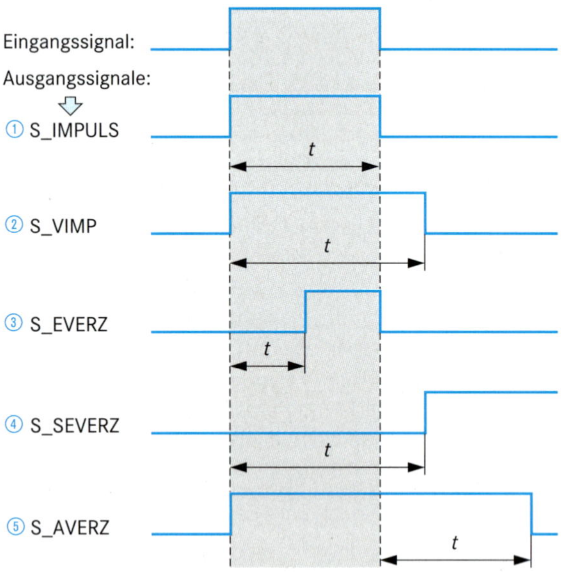

1: Zeit-Ablauf-Diagramme der verschiedenen Timer ($t \mathrel{\hat{=}}$ programmierte Zeit)

Timer stellen SPS-interne Zeitzellen dar, deren Werte vom laufenden Programm abgefragt werden. Die Zeitwerte (**Laufzeit *t***) sowie deren Start werden im Anwenderprogramm aktiviert.

Die Timer-Symbole (Abb. 4) besitzen verschiedene Eingangs- und Ausgangsparameter, die zum Ansteuern und Auslesen der Zeitwerte dienen.

Aufbau einer Zeitzelle

Die Zeitwerte des Timers werden in einer 16 Bit (Wort) großen Zeitzelle abgelegt. Die Bits 0 bis 11 enthalten den Zeitwert im BCD-Format. **BCD** bedeutet „**B**inär-**C**odierte-**D**ezimalzahl". Im BCD-Code wird jede Ziffer (0...9) als 4 Bit lange Information abgelegt (Abb. 2).

2: Zeitwert-Vorgabe in der Zeitzelle

Bit 12 und 13 geben die Zeitbasis ① der Zeitzelle an:

0 0	10 ms
0 1	0,1 s
1 0	1 s ①
1 1	10 s

Soll die Laufzeit eines Timers in Wortform (Eingangs-, Ausgangs-, Merker- oder Datenwort) eingegeben werden, so müssen diese Daten im BCD-Format der Zeitzelle vorliegen (Abb. 4 ②). Die Ausgabe der Zeitzellen kann im Dual-Code (Abb. 4 und 3 ③) oder als Dezimalzahl (= BCD codiert ④) erfolgen.

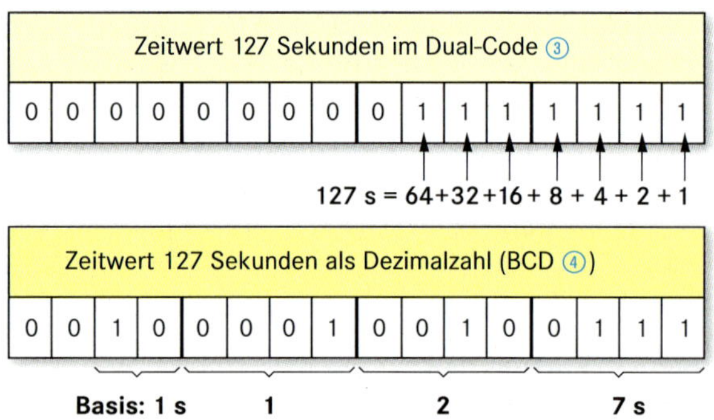

3: Ausgabe des Zeitwertes im Dual- und BCD-Code

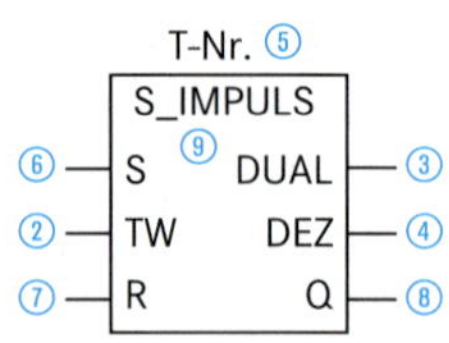

4: Timer-Symbol

- Die **Timer-Nummer** ⑤ (T-Nr.) gibt die Nummer der Zeitzelle an, z. B. T5.
- Die **Art des Timers** ⑨ wird durch das Symbol (KOP/FUP) bzw. den AWL-Befehl festgelegt.
- **Zeit starten** ⑥ (S) lässt den Timer bei einem 1-Signal (positive Flanke 0 → 1) loslaufen.

- **Zeit-Vorgabe** (**T**imer**W**ert, TW ②) als **Zeitkonstante**
  Der Wert, z. B. S5T#*2H_44M_50S*, entspricht einer Zeit von 2 Stunden 44 Minuten und 50 Sekunden. Auch Millisekunden (MS) sind möglich. Die Werte werden automatisch gerundet.
- **Zeit-Vorgabe** im **BCD-Format** ② als
  - Eingangswort
  - Ausgangswort
  - Merkerwort
  - Datenwort
- **Zeit zurücksetzen** (R ⑦) bewirkt, dass der aktuelle Zeitwert gelöscht wird und dass der Ausgang Q auf 0 geht.
- **Zeitwert** im Dual-Code (DUAL ③) bewirkt, dass der aktuelle Zeitwert zugewiesen wird, z. B. auf Ausgangs-, Merker- oder Datenworte.
- **Zeitwert** im BCD-Code (DEZ ④) bewirkt, dass der aktuelle Zeitwert codiert zugewiesen wird, z. B. auf Ausgangs-, Merker- oder Datenworte.
- **Binärer Zustand** (0/1) (Q ⑧) des Timers wird als Zeit-Ablauf-Diagramm auf Ausgänge, Merker ... zugewiesen. Ebenso ist eine Abfrage möglich, z. B. U T5.

7.3.7 Zähler

In der Steuerungstechnik werden für das Erfassen von Stückzahlen, Bewegungen, Abläufen usw. häufig Zählfunktionen benötigt. In SPS-Geräten sind solche Zähler bereits in der Zentralbaugruppe integriert.

Die Anzahl der verfügbaren Zähler richtet sich nach dem CPU-Typ. Sie liegt im Bereich von 64 bis 512 Zählern.

Die Zähler-Symbole besitzen verschiedene Eingangs- und Ausgangsparameter, die zur Vorgabe des Zählerwerts sowie zum Auslesen des Zählerstandes dienen (Abb. 6).

Bit-Aufbau einer Zählerzelle

Die Zählerwerte werden in einem 16 Bit (Wort) großen Speicherbereich abgelegt. Soll die Laufzeit eines Timers in Wortform (Abb. 6 ①, Eingangs-, Ausgangs-, Merker- oder Datenwort) eingegeben werden, so müssen diese Daten im BCD-Format vorliegen. Die Zählerzelle nutzt 12 Bit, um einen dreistelligen Zählerstand (maximal 999) zu verarbeiten (Abb. 5 ③).

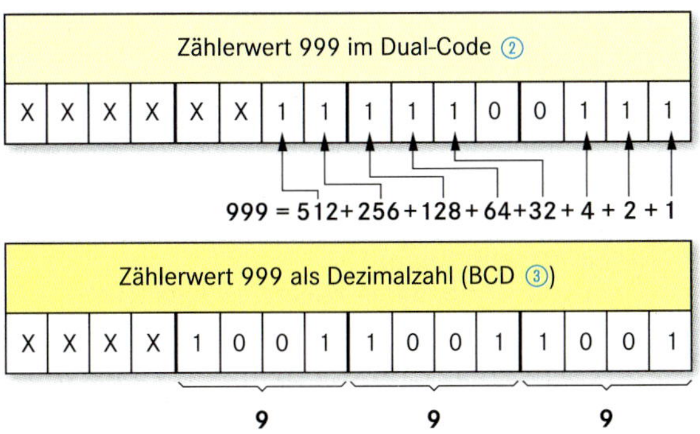

5: Ausgabe des Zählerwertes im Dual- und BCD-Code (X = irrelevant, nicht verwendet)

Die Ausgabe der Zeitzellen kann im Dual-Code (Abb. 6 und 2, ②) oder als Dezimalzahl (BCD-codiert, ③) erfolgen. Diese beiden Formate können direkt auf Ausgangsworte ausgegeben oder in Merker- bzw. Datenworten gespeichert werden.

- Die **Zähler-Nr.** (Z-Nr.) gibt die Nummer des Zählers an ④, z. B. Z3.
- **Vorwärts** (ZV) und **rückwärts Zählen** (ZR) ⑤ geschieht bei einem positiven Flankenwechsel (0 → 1). Der Wert wird um 1 erhöht bzw. verringert. Der maximale Wert ist 999.

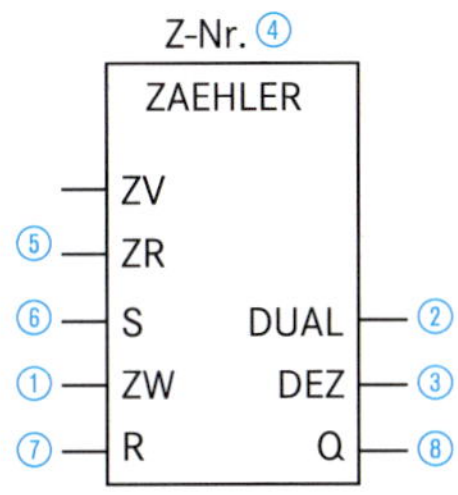

6: Zähler-Symbol

- **Zähler setzen** (S) ⑥ geschieht bei einem positiven Signalwechsel. Der vorgegebene Zählerwert wird übernommen.
- **Zählerwert-Vorgabe** (ZW) ① als **Zählerkonstante**
  Der Wert, C#*54*, entspricht z. B. einer ganzen Zahl im BCD-Format, d. h. wie im Dezimalsystem (Einer, Zehner, Hunderter).
- **Zählerwert-Vorgabe** (ZW) im BCD-Format als
  - Eingangswort
  - Ausgangswort
  - Merkerwort
  - Datenwort
- **Zähler rücksetzen** (R) ⑦ bewirkt, dass der aktuelle Zählerwert auf den Stand 0 gesetzt wird und dass der Ausgang Q auf 0 geht.
- **Zählerwert** im Dual-Code (DUAL) ② kann als aktueller Zählerwert zugewiesen werden, z. B. auf Ausgänge, Merker usw.
- **Zählerwert** im BCD-Code (DEZ) ③ kann als aktueller Zählerwert codiert zugewiesen werden, z. B. auf Ausgänge, Merker usw.

  Über diesen Ausgang wird z. B. die Anzeigetafel P6 der Schrankenanlage angesteuert (s. Kap. 7.2).
- **Binärer Zustand** (0/1) des Zählers (Q) ⑧.
  Es gilt:
  Zählerwert = 0 → Q = 0
  Zählerwert > 0 → Q = 1

  Q kann zugewiesen werden auf Ausgänge, Merker ...
  Ebenso ist eine Abfrage möglich, z. B. U Z3.

- Mit Zählern und Timern lassen sich Zeitfunktionen realisieren.

7.3.8 Programmbausteine und -strukturen

Bei umfangreichen Steuerungsaufgaben unterteilt man das Programm in überschaubare Programmbausteine [program blocks]. Diese Aufteilung besitzt folgende Vorteile:
- Der Programmaufbau und die Dokumentation werden übersichtlich.
- Gleichzeitiges Arbeiten mehrerer Programmierer ist möglich (Teamwork).
- Anlagenteile können schrittweise in Betrieb genommen werden.
- Die Fehlersuche wird erleichtert.

In Abb. 1 ist das Bausteinkonzept von STEP 7 dargestellt. Die Reihenfolge des Aufrufens der Bausteine und die Schachtelungstiefe sind von der CPU abhängig.

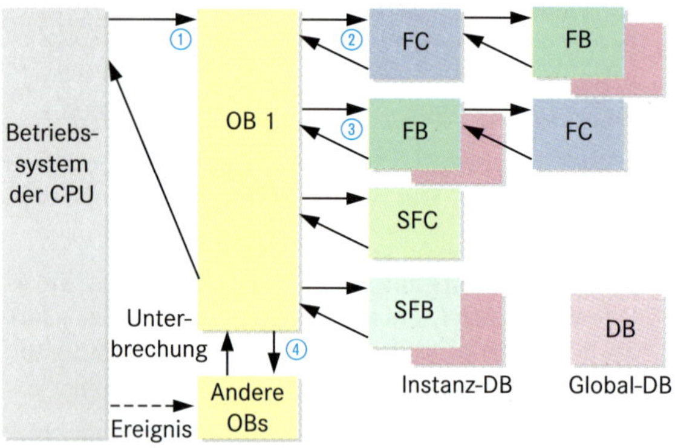

1: Beispiel für Bausteinaufrufe in STEP 7

In STEP 7 werden **Codebausteine** und **Datenbausteine** unterschieden (Abb. 2). Codebausteine enthalten die Anweisungen des Anwenderprogramms, Datenbausteine die zugehörigen Anwenderdaten.
Es gibt zwei Gruppen von Codebausteinen:
- **Organisationsbausteine** [organization blocks] kann der Anwender nicht durch Programmanweisungen aufrufen. Sie werden bei festgelegten Ereignissen vom Betriebssystem gestartet.
- Die Codebausteine **FC**, **FB**, **SFC** und **SFB** müssen durch Anweisungen aufgerufen werden.

Organisationsbausteine (OB)

Organisationsbausteine sind die Software-Schnittstellen zwischen dem Betriebssystem der CPU und dem Anwenderprogramm. Der OB1 wird regelmäßig vom Betriebssystem aufgerufen und sorgt für die zyklische Programmbearbeitung (Abb. 1 ①). In ihm können andere Codebausteine ② ③ aufgerufen werden.

Andere OBs werden bei besonderen Ereignissen vom Betriebssystem aufgerufen (z. B. Alarm) und unterbrechen die Programmausführung von OB1 ④. Organisationsbausteine sind nach einer festgelegten Priorität gestaffelt. Der OB1 hat die niedrigste Priorität und kann von anderen OBs in der Programmausführung unterbrochen werden (z. B. OB100: Anlaufüberwachung der SPS).

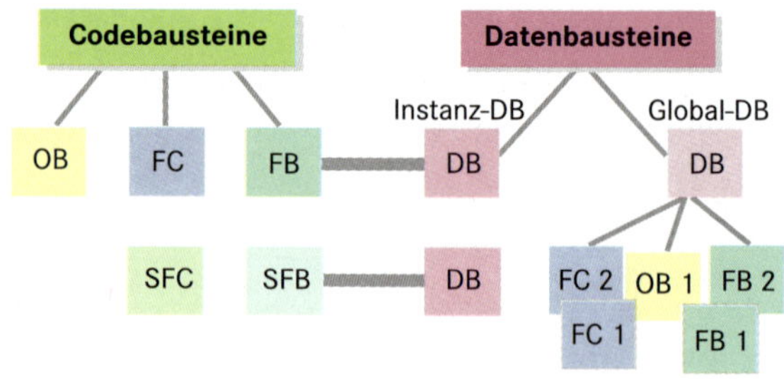

2: Bausteine in STEP 7

Funktionen (FC)

Funktionen (**FunCtions**) [functions] enthalten das eigentliche Steuerungsprogramm und werden in den meisten Fällen vom Anwender speziell für bestimmte Steuerungsaufgaben programmiert. Sie eignen sich für Hilfsdienste, z. B. für Berechnungen und Binärverknüpfungen, bei denen nur das Ergebnis benötigt wird. Deshalb hat eine Funktion keinen eigenen Datenspeicher. Wird der Baustein verlassen, sind alle internen Daten verloren. Eine FC ist immer dann ausreichend, wenn
- keine Daten bis zum nächsten Bausteinaufruf intern erhalten bleiben müssen oder
- Signalzustände in den SPS-Operanden des Hauptprogramms gespeichert werden.

Funktionsbausteine (FB)

Funktionsbausteine [function blocks] verfügen über einen eigenen Datenspeicher. Dies ist ein Datenbaustein, z. B. für Signalzustände von RS-Speichergliedern sowie Werte von Zähl- und Zeitfunktionen.

Ein FB wird dann erforderlich, wenn
- Daten für den nächsten Bausteinaufruf intern erhalten bleiben müssen (z. B. als Merker) oder
- das Speichern in SPS-Operanden unerwünscht ist.

Systemfunktionen (SFC), Systemfunktionsbausteine (SFB)

Es handelt sich hierbei um fertige Codebausteine vom Hersteller (z. B. Regler, AD- oder DA-Wandler), die vom Anwenderprogramm aufgerufen werden.

Datenbausteine (DB)

In Datenbausteinen [data blocks] werden nur Daten, jedoch keine Befehle abgelegt. Sie haben die Funktion eines Schreib-/Lesespeichers. Man kann sich Datenbausteine wie Tabellen vorstellen, in denen Werte für die anderen Bausteine abgelegt sind. Man unterscheidet zwei Typen von Datenbausteinen (Abb. 2):
- **Global-Datenbaustein**
  - Er ist für alle anderen Bausteine zugänglich.
  - Die Datenstruktur ist beliebig.
- **Instanz-Datenbaustein**
  - Er ist einem bestimmten Funktionsbaustein zugeordnet.
  - Die Datenstruktur ist fest an den Funktionsbaustein gekoppelt.

Programmstrukturen mit STEP 7

Durch einen übersichtlichen Programmaufbau wird gewährleistet, dass das Programm auch für anlagenfremde Personen verständlich ist. In Abb. 3 sind mögliche Programmstrukturen mit STEP 7 dargestellt.

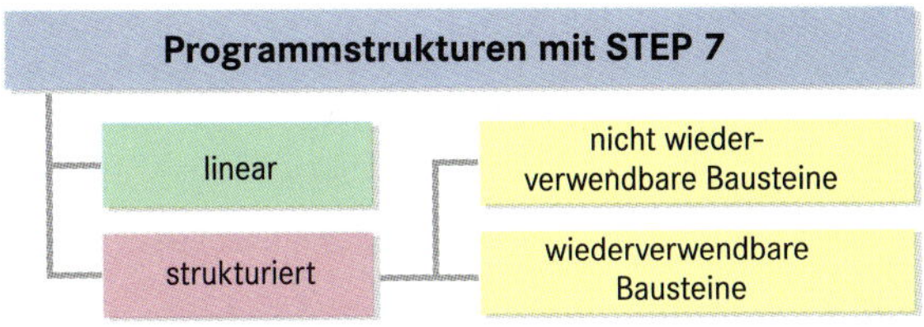

3: Programmstrukturen

Lineares Programm

Ein lineares Programm besitzt meist eine einfache Struktur. Es befindet sich im Organisationsbaustein OB1 (Abb. 4a). In jedem CPU-Zyklus werden die Anweisungen nacheinander abgearbeitet. Im Programm werden die SPS-Operanden verwendet. Da sie überall im Programm bekannt und gültig sind, bezeichnet man sie als **globale Variablen** [global variables] ① ②.

Strukturiertes Programm

Ein strukturiertes Programm ist in Bausteine aufgeteilt (z. B. FCs, FBs). Das Hauptprogramm befindet sich im OB1, von dem aus die Bausteine mit ihren Teilprogrammen aufgerufen werden. FCs und FBs können dabei nicht wiederverwendbar (Abb. 4b) oder wiederverwendbar programmiert sein (Abb. 5).

Nicht wiederverwendbare FCs und FBs sind mit globalen Variablen programmiert ③. Soll die gleiche Aufgabe wie z. B. in FC1 mit anderen SPS-Operanden ausgeführt werden, muss eine neue Funktion FC2 erstellt und aufgerufen werden ④.

Wiederverwendbare FCs und FBs sind mit **lokalen Variablen** [local variables] programmiert und deshalb für gleichartige Aufgaben auch in anderen SPS-Programmen nutzbar.

Lokale Variablen werden im wiederverwendbaren Baustein festgelegt und sind nur dort gültig. Ihr Erkennungsmerkmal ist das vorangestellte Rautezeichen # (z. B. #EIN). Nur mit diesen lokalen Variablen wird das Bausteinprogramm erstellt (Abb. 5 ⑤).

Im OB1 werden den lokalen Variablen des Bausteins globale Variablen des Hauptprogramms zugewiesen, also anlagenbezogene SPS-Ein- und Ausgänge. Diese Zuweisung heißt **Parametrierung** [parameterization]. In der AWL ist dies eine Parameterliste ⑥. Wird z. B. FC1 im weiteren Programmverlauf nochmals, aber mit geänderter Parameterliste aufgerufen, führt FC1 die gleiche Aufgabe mit anderen SPS-Operanden aus.

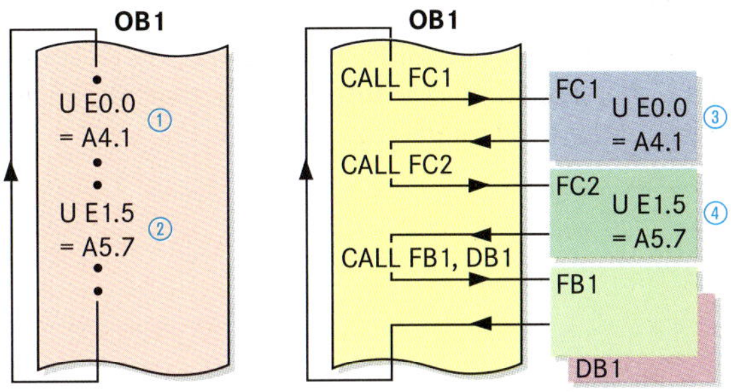

a) Lineares Programm b) Strukturiertes Programm mit nicht wiederverwendbaren Bausteinen

4: Programmstrukturen

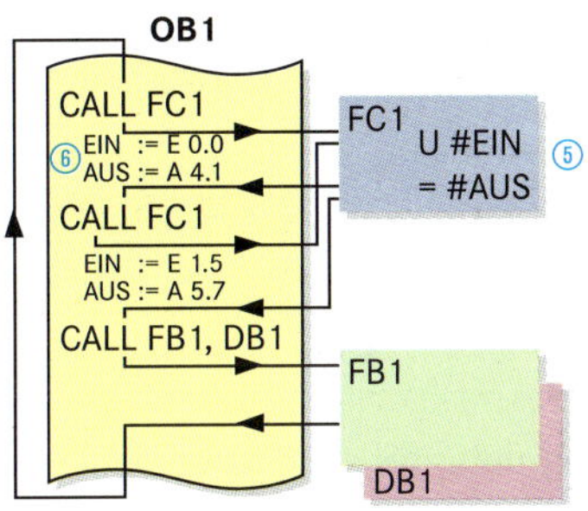

5: Strukturiertes Programm mit wiederverwendbaren Bausteinen

Wiederverwendbare Bausteine können in einer selbst erstellten Bausteinbibliothek gespeichert werden. Sie heißen deshalb auch **bibliotheksfähige Bausteine** [library blocks]. STEP 7 besitzt fertige Standardbibliotheken für häufig benötigte Aufgaben, z. B. Bausteine für Regler, AD- oder DA-Wandler usw.

Regeln für die strukturierte Programmierung

- Das Hauptprogramm im OB1 erstellen, für Teilaufgaben parametrierbare Bausteine verwenden (FC, FB, SFC und SFB).
- Globale Variablen nur im OB1 verwenden.
- In FC und FB nur lokale Variablen verwenden.
- In FC und FB niemals globale Variablen benutzen, wie SPS-Eingänge, -Ausgänge und Merker sowie Timer (T) und Zähler (Z).
- FCs und FBs vor OB1 erstellen.
- Instanz-DB einem FB zuordnen.

- Im OB1 wird der Steuerungsablauf für den Aufruf der Programmbausteine festgelegt.
- FCs und FBs sind bibliotheksfähig, wenn sie nur mit lokalen Variablen programmiert werden.
- Bibliotheksfähige Bausteine müssen zuerst erstellt werden, damit sie im aufrufenden Baustein bekannt sind.
- Ein Instanz-DB speichert Daten seines Funktionsbausteins, ein Global-DB ist ein gemeinsamer Datenspeicher für OBs, FBs und FCs.

7.4 Programmierbeispiel Schrankenanlage

7.4.1 Programmstruktur und Projekt anlegen

Im Kap. 7.2 wurde eine SPS für die Einfahrtskontrolle einer Schrankenanlage für einen bestimmten Funktionsumfang ausgewählt. Für diese Anlage soll jetzt ein strukturiertes Programm in STEP 7 entwickelt werden.

Es ist sinnvoll, die Steuerungsaufgabe in die folgenden drei Programmbausteine (Funktionen) zu zerlegen (Abb. 1):
- FC1: Schranke aufwärts
- FC2: Schranke abwärts
- FC3: Zählen der Parkplätze

Diese drei Funktionen werden durch den Organisationsbaustein OB1 aufgerufen (Abb. 1).

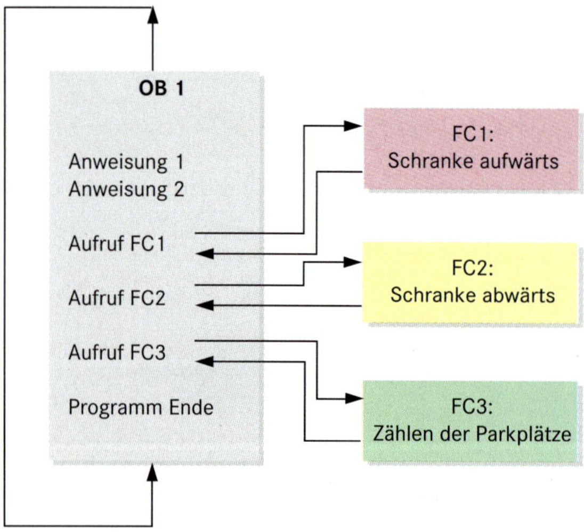

1: Programmstruktur für die Schrankenanlage

Die Erstellung des Programms vollzieht sich in folgenden Schritten:
- Zuordnungsliste erstellen
- Projekt anlegen
- Hardware konfigurieren
- Funktionen FC1, FC2 und FC3 erstellen
- Dokumentation
- Programmeingabe und -simulation

Zuordnungsliste

Zur Erstellung des Programms muss die Anschlussbelegung der Bedienelemente, Sensoren und Aktoren an die Steuerungs-Baugruppen bekannt sein. Dazu wird eine Zuordnungsliste [cross-reference-list] angelegt.

Die Zuordnungsliste bildet die Grundlage für den Hardwareaufbau und gibt bei der Softwareerstellung einen Überblick über die angeschlossenen Objekte. Somit stellt sie die Schnittstelle zwischen Hardware- und Softwareprojektierung dar. Die Adressen der Ein-/Ausgänge hängen vom jeweils verwendeten Steuergerät ab und sind in Abb. 2 nur beispielhaft angegeben.

Operand	Betriebsmittel	Kommentar
E 0.0	S0	Not-Aus
E 0.1	S1	Zahlencode-Schalter
E 0.2	B2	Endschalter unten
E 0.3	B3	Endschalter oben
E 0.4	B4	Lichtschranke
E 0.5	B5	Sicherheitsleiste
E 0.6	B6	Induktionsschleife außen
E 0.7	B7	Induktionsschleife innen
A 4.1	Q1	Motorschütz Schranke AUF
A 4.2	Q2	Motorschütz Schranke AB
A 4.3	P3	Signallampe Schranke
AW 6	P6	Anzeigetafel freie Parkplätze

2: Auszug aus der Zuordnungsliste

Projekt anlegen

Unter einem „Projekt" versteht man in STEP 7 alle Programmbestandteile, die einer Steuerungsanlage zugeordnet sind. Dabei kann es sich um eine einzelne SPS oder eine Anlage aus vernetzten Steuergeräten (Automatisierungssystem) handeln. Folgender Ablauf ist einzuhalten:

1. Simatic Manager aufrufen

2. Neues Projekt anlegen
Name und Speicherort werden eingetragen.

3. Projektname vergeben
Die Vergabe eines aussagekräftigen Projektnamens erleichtert später das Auffinden der Daten. Datums- oder Versionsangaben im Projektnamen sind hierbei hilfreich. Mit dem Button „Durchsuchen" wird das Verzeichnis zur Speicherung des Projekts gewählt.

4. Steuergerät einfügen
Nach der Bestätigung des Projektnamens wird die „SIMATIC-Station" S7-300 eingefügt. Dazu wird die rechte Maustaste innerhalb des Programmfensters betätigt. Dann wird die Option „Neues Objekt einfügen" (Abb. 3 ④) angewählt und die SPS S7-300 ⑤ in das Projekt eingefügt.

3: Einfügen einer Simatic-300 Station

7.4.2 Hardwarekonfiguration

Vor dem Erstellen des Steuerprogramms müssen die Baugruppen und deren Anordnung festgelegt werden. Dieses geschieht mit der Hardwarekonfiguration [hardware configuration]. Hierzu muss im linken Fenster die Simatic-Station angezeigt werden (Abb. 4 ①). Im rechten Fenster erscheint dann das Symbol „Hardware" ②. Ein Doppelklick auf das Symbol öffnet das Fenster zur Hardwarekonfiguration.

4: Fenster zur Hardwarekonfiguration

Durch Anwahl des Buttons „Katalog" öffnet sich das Fenster für den Hardware-Katalog (Abb. 5). Dieser enthält eine Auswahl aller verfügbaren Komponenten. Neben den beiden Gerätefamilien S7-300 und S7-400 sind dort auch Buskomponenten und PC-Automatisierungssysteme enthalten.

Auswahl erforderlicher Steuerungskomponenten

Zur Steuerung der Schrankenanlage sind die nachfolgende Baugruppen erforderlich (s. auch Kap. 7.2):

- **Profilschiene** ④ Rack-300
  Alu-Schnappschiene
- **Power Supply** ⑤ PS-300
  Die Stromstärke des Netzgerätes muss dem Anlagenumfang angepasst sein (s. Kap. 7.2).
- **Zentralbaugruppe** ⑥ CPU-300
  Die Leistungsfähigkeit der CPU muss der Steuerungsaufgabe entsprechen. Für diesen Auftrag wird die busfähige CPU 315-2 DP verwendet.
- **Signalmodule** ⑦ SM 300
  - Digital-Eingabebaugruppe DI 16
  - Digital-Ausgabebaugruppe DO 32

Im unteren Bereich des Hardware-Kataloges befindet sich ein Informationsfenster ⑧, das über die Bestellnummer und die technischen Daten der Baugruppe informiert.

Einfügen der Baugruppen

Die SPS-Komponenten werden der Reihe nach per Drag and Drop aus dem Katalog in das Fenster „HWKonfig" gezogen. Wichtig ist, dass die Bestellnummer der eingesetzten Geräte kontrolliert wird, damit Hardwareaufbau und Software übereinstimmen. Ansonsten kann es zu Fehlfunktionen der SPS kommen.

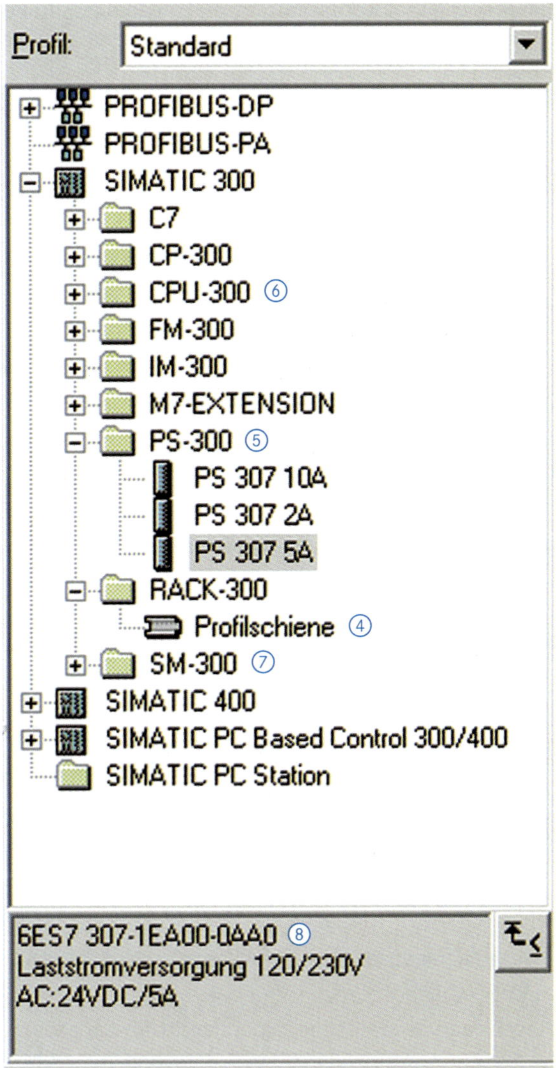

5: Hardware-Katalog der Simatic S7-Komponenten

Zunächst wird die Profilschiene Rack-300 und danach das Netzteil Power Supply PS-300 auf dem Steckplatz 1 eingefügt. Die CPU kann nur auf Steckplatz 2 eingeordnet werden. Der Steckplatz 3 muss in der Software STEP 7 für Anschaltbaugruppen (mehrzeiliger Aufbau, s. Kap. 7.1) frei bleiben. Ab Steckplatz 4 können alle anderen Baugruppen (Ein-/Ausgabebaugruppen usw.) gesteckt werden.

- Die Hardwarekonfiguration ist Voraussetzung für die korrekte Verarbeitung des Programms im Steuergerät.
- In der Hardwarekonfiguration werden sämtliche Baugruppen des Steuergeräts festgelegt.
- Die Anordnung der Baugruppen beim Hardwareaufbau muss mit der Hardwarekonfiguration in STEP 7 übereinstimmen.

Auf Steckplatz 4 wird eine Digital-Eingabebaugruppe (Abb. 1 ①) mit 16 Eingangssignalen eingefügt. Die erforderliche Steuerspannung beträgt 24 V DC.

Auf Steckplatz 5 wird eine Digital-Ausgabebaugruppe mit 32 Ausgängen eingefügt (Abb. 1 ②). Die abgegebene Steuerspannung beträgt 24 V DC, pro Ausgang ist eine maximale Stromstärke von 0,5 A möglich.

1: Digital-Ein- und -Ausgabegruppen

Hardwarekonfiguration speichern

Zuletzt wird die Hardwarekonfiguration mit dem Button „Speichern und Übersetzen" abgeschlossen. Damit werden die festgelegten Informationen in einen maschinenlesbaren Code übersetzt, der einen Teil des gesamten Steuerprogramms darstellt.

Baugruppenadressen [module addresses]

Da sich aus der Baugruppenanordnung die Adresse der einzelnen Eingangs- bzw. Ausgangsbits ergibt, werden die Baugruppen am sinnvollsten in folgender Weise angeordnet:
- Ab Steckplatz 4 werden lückenlos alle Digital-Eingabebaugruppen eingefügt.
- Anschließend werden lückenlos alle Digital-Ausgabebaugruppen angeordnet.

Dieser Aufbau stellt eine übersichtliche Anordnung der Adressen von Eingangs- und Ausgangsbits sicher. Jeder Steckplatz belegt vier Byte (Abb. 2).
- **Steckplatz 4** ④
  Die Eingabebaugruppe belegt nur Byte 0 und 1, da sie 16 Eingänge besitzt. Byte 2 und 3 sind nicht belegt.
- **Steckplatz 5** ⑤

Die Ausgabebaugruppe belegt 4 Byte (AB 4 ... 7), da sie 32 Eingänge besitzt. An Byte 4 werden die Aktoren angeschlossen. Byte 6 und 7 sind für den Anschluss der Anzeigetafel P6 vorgesehen. Byte 5 bleibt frei (Reserve).

Steckplatz	Baugruppe ...	Be...	M...	E-Adr...	A-Adr...	Ko
1	PS 307 5A	6ES7				
2	CPU 315-2 DP	6ES7	2			
X2	DP-Master			1023*		
3						
4	DI16xDC24V	6ES7		0...1 ④		
5	DO32xDC24V/0.5A	6ES7			4...7 ⑤	

2: Eingangs- und Ausgangsadressen

7.4.3 Schranke aufwärts

Das Programm zum Steuern der Aufwärtsbewegung der Schranke für die Einfahrt soll in der **Funktion FC1** (s. Kap. 7.4.1) programmiert werden. Die Schranke soll dann aufwärts fahren (Abb. 3), wenn
- die Induktionsschleife B6 aktiviert ist, weil ein Fahrzeug vor der Schranke steht
  UND
- der Codeschalter S1 schließt, wenn der richtige Code vom Fahrzeuglenker eingegeben wurde
  UND
- die vorherige Abwärtsbewegung der Schranke beendet ist, sodass Ausgang Q2 0-Zustand hat
  ODER
- bei Aktivierung der Sicherheitsleiste B5, wenn also die Schranke beim Schließen auf Widerstand stößt
  UND
- die Schranke noch nicht in der unteren Endlage ist, sodass Endschalter B2 den Zustand 1 besitzt.

Die Schranke soll stoppen, wenn
- der Not-Aus-Schlagtaster S0 aktiviert
  ODER
- der Grenztaster B3 wird betätigt wird.

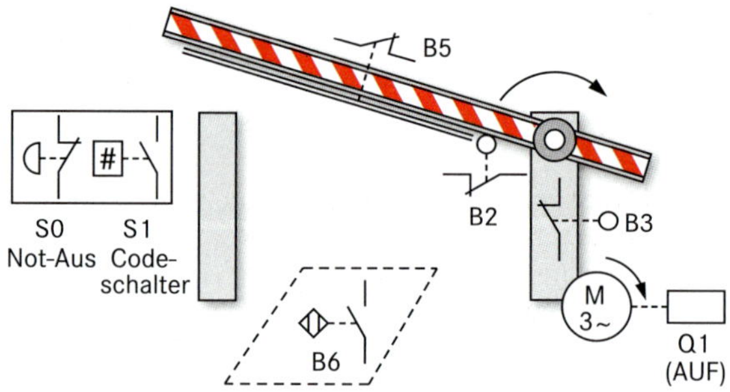

3: Sensoren und Aktoren für die Aufwärts-Bewegung beim Einfahren

Der Logikzustand der Aufwärts-Bewegung der Schranke wird in einem Speicherglied gespeichert (Abb. 4). Liegt eine Bedingung zum Stoppen der Schrankenbewegung vor, so soll der 1-Zustand des Speichergliedes unmittelbar zurückgesetzt werden. Aus diesem Grund wird ein SR-Speicherglied ausgewählt, dessen Reset-Eingang Vorrang hat.

Hardware-Not-Aus

Bei Gefahr reicht der Steuerbefehl an S0 für das sichere Abschalten der Anlage nicht aus. Hard- oder Softwarefehler in der SPS könnten ein Abschalten des Motorschütz Q1 verhindern. Deshalb ist es Vorschrift, die Steuerspannung zu den Antriebsschützen stets zusätzlich über mechanische Kontakte abzuschalten.

Erläuterungen zum Baustein FC1

- Die Belegung der Ein-/Ausgänge entspricht der Zuordnungsliste (s. Kap. 7.4.1).

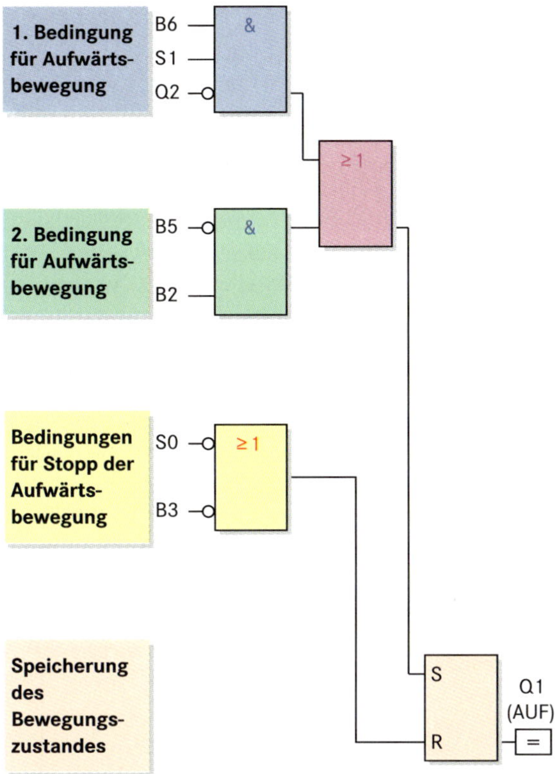

4: Entwicklung des Steuerprogramms FC1

- Induktionsschleife B6 und Codeschloss S1 liefern bei Erfüllung der Voraussetzungen ein 1-Signal. Eingänge E0.6 und E0.1 sowie Q2 (Verriegelung) werden deshalb mit UND verknüpft (Abb. 5 ①).
- Die Sicherheitsleiste B5 liefert bei Aktivierung ein 0-Signal. Deshalb wird der zugehörige Eingang E 0.5 invertiert. Die Sicherheitsleiste soll nur bei Abwärtsfahrt aktiv sein, deshalb wird auch der untere Endschalter B2 auf 1 (unbetätigt) abgefragt ②.
- Die beiden Geber S0 und B3 besitzen Öffner-Funktion. Sie liefern ein 0-Signal und müssen zur Auslösung des RESET invertiert werden ③.

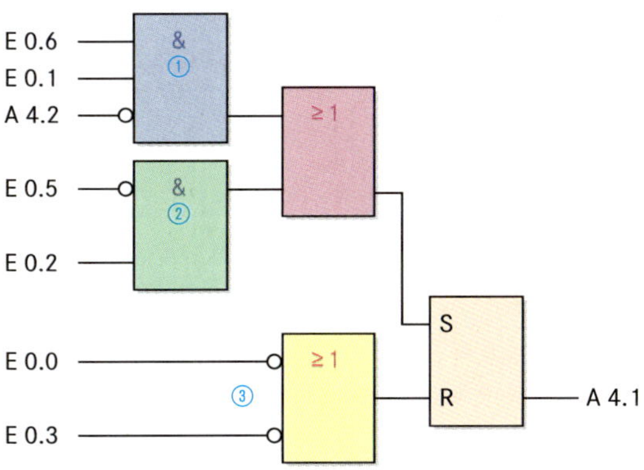

5: Steuerprogramm FC1 zur Aufwärtsbewegung der Schranke

Einfügen des Bausteins FC1 in STEP 7

Nachdem die Hardwarekonfiguration abgeschlossen ist, wird im linken Fenster des Simatic-Managers der Bausteincontainer (Abb. 6 ①) geöffnet. Dieser enthält bereits den Organisationsbaustein OB1, der später angepasst wird.

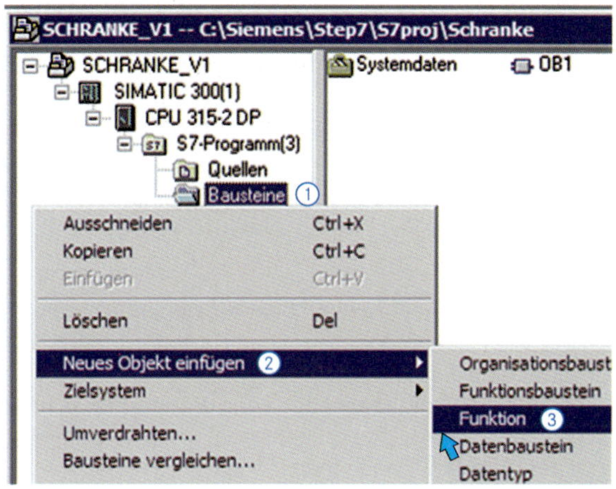

6: Einfügen eines Bausteins FC in den Bausteincontainer

Zum Einfügen der Funktion FC1 wird der Bausteincontainer ① geöffnet. Es erscheint ein Menü mit dem Punkt „Neues Objekt einfügen" ②. In der Auswahl wird „Funktion" ③ gewählt.

Es erscheint das Fenster „Eigenschaften-Funktion" (hier keine Abbildung dargestellt), in dem der Name des Bausteins festgelegt wird. Dieser setzt sich aus der Bezeichnung „FC" und der Bausteinenummer zusammen. Da als Bausteintyp „Funktion" angewählt wurde, akzeptiert STEP 7 hier nur die Bezeichnung FC1. Vor der Programmeingabe ist noch die Darstellungsart festzulegen. Hier wird „FUP" gewählt, es wären jedoch alle drei Darstellungsarten möglich.

Der Baustein FC 1 ist noch ohne Inhalte. Eine Anwahl per Doppelklick (Abb. 7 ⑥) öffnet den **Baustein-Editor** [module editor]. Dies ist ein neues Fenster (s. Abb. 1, nächste Seite) in dem die Programmbefehle eingefügt werden.

Mit dem Baustein-Editor können auch fertige Bausteine abgeändert bzw. erweitert werden. Dazu wird der Baustein ebenfalls per Doppelklick editiert.

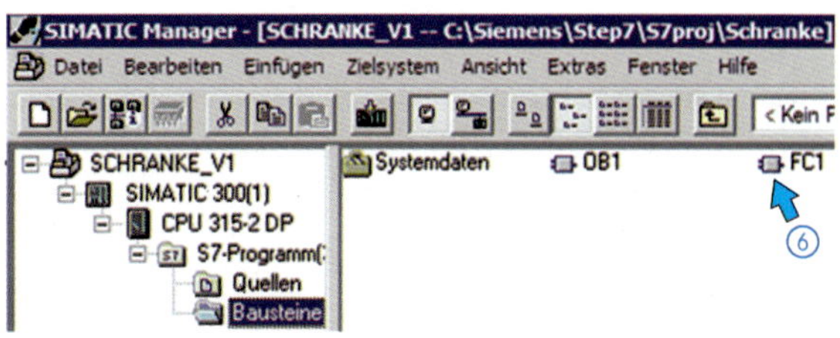

7: Editieren des Bausteins FC1

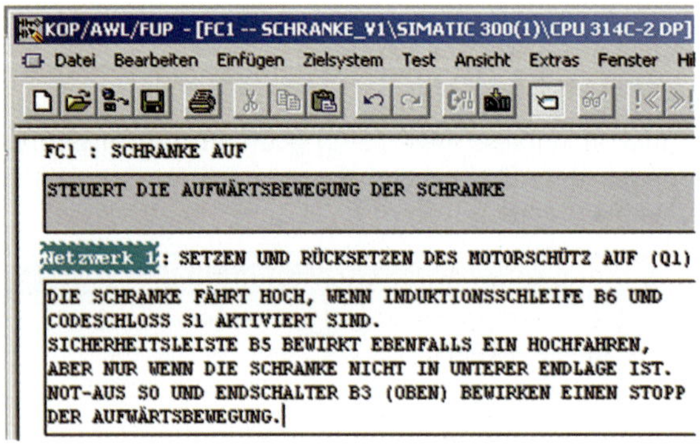

1: Einfügen von Kommentaren zur Dokumentation des Programms

Es ist sinnvoll, die Funktionen der einzelnen Programmteile gut zu dokumentieren. Damit können später die Struktur und Funktion des Programms nachvollzogen werden. Die Dokumentation der Bausteine erfolgt durch den

- Titel (Abb. 1 ⑦) und einen
- Bausteinkommentar ⑧.

Programmbausteine können in einzelne Netzwerke ⑨ unterteilt werden. Üblicherweise wird pro Ausgang oder Zuweisung ein separates Netzwerk verwendet. FC1 besteht nur aus einem einzigen Netzwerk.

Netzwerke können ebenfalls mit

- Netzwerktitel ⑩ und
- Netzwerkkommentar ⑪ gekennzeichnet werden.

Die Verknüpfungssymbole des Programms werden im Anweisungsteil (Abb. 2 ①) des Baustein-Editors eingefügt. Es ist wichtig, dass dieses Fenster vor der Eingabe per Mausklick aktiviert wird, da sonst keine Eingabe von Programmelementen möglich ist.

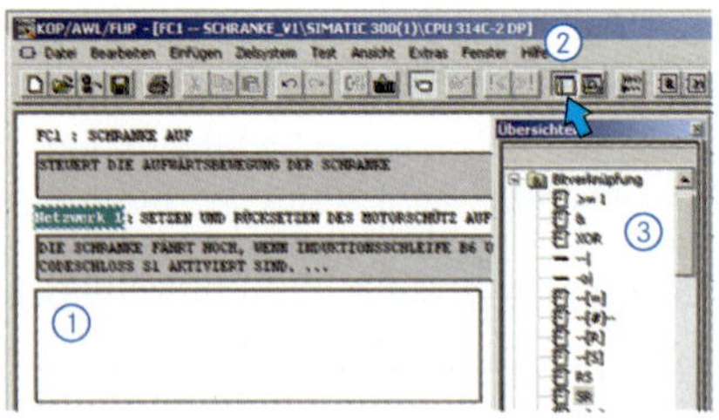

2: Aufruf der Übersichtsliste Programmelemente

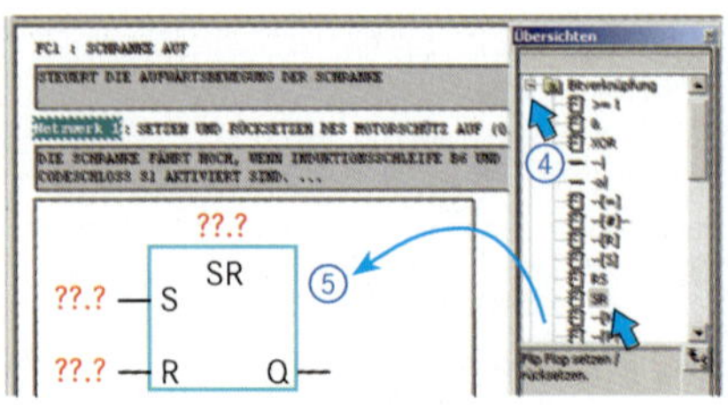

3: Einfügen des SR-Speichergliedes

Als Erstes soll das SR-Speicherglied eingefügt werden. Durch Anklicken des Button „Übersichten“ ② öffnet sich eine Liste aller verfügbaren Programmelemente ③. Das SR-Speicherglied (Flip-Flop mit Reset-Vorrang) befindet sich in der Liste „Übersichten“ unter „Bitverknüpfung“. Dazu ist die Liste über das „+“-Zeichen zu öffnen (Abb. 3 ④). Das SR-Speicherglied wird per Doppelklick oder Drag and Drop im Anweisungsteil platziert ⑤.

An die Eingänge des SR-Speichergliedes werden die Grundverknüpfungen UND bzw. ODER angeschlossen (s. Kapitelanfang). Diese Grundverknüpfungen werden am oberen Rand des Fensters „Baustein-Editor“ eingeblendet (Abb. 4 ⑥). Über den Button „Eingang“ ⑦ werden zusätzliche Anschlüsse an die Verknüpfungssymbole angefügt. Zum Anschließen einer neuen Verknüpfung an bestehende Programmelemente ist dort der gewünschte Eingang durch Anklicken zu markieren, wie hier der Reset-Eingang des SR-Speichergliedes ⑧.

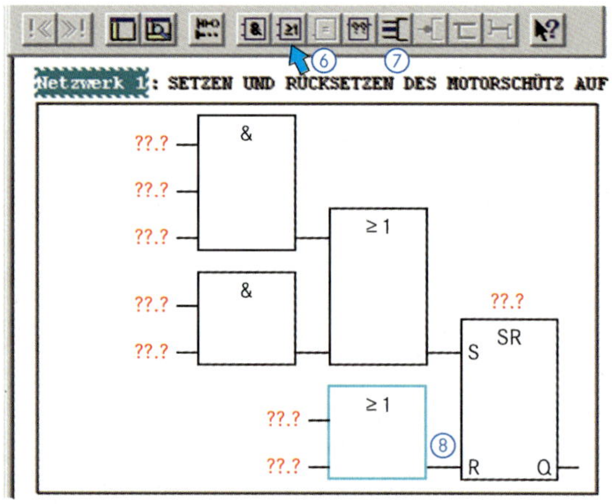

4: Einfügen binärer Grundverknüpfungen

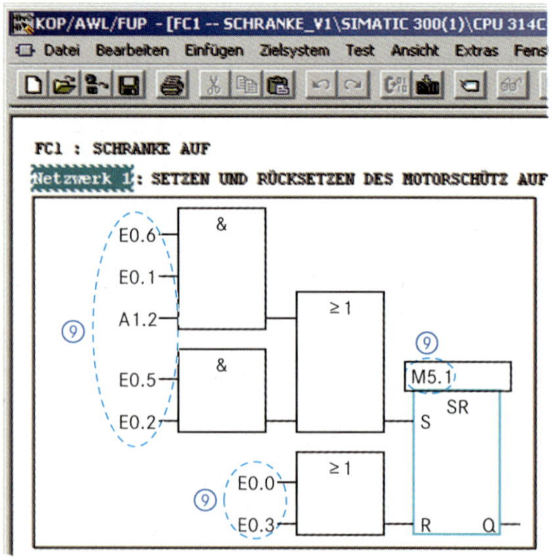

5: Beschriften der Eingänge und des Speichergliedes

Die Eingangsanschlüsse der Verknüpfungen werden mit den Eingangsadressen der SPS beschriftet (Abb. 5 ⑨). Hierzu wird die Beschriftung markiert. Anschließend kann der Text verändert werden. Die erforderlichen Adressen stehen in der Zuordnungsliste (s. Kap. 7.4.1).

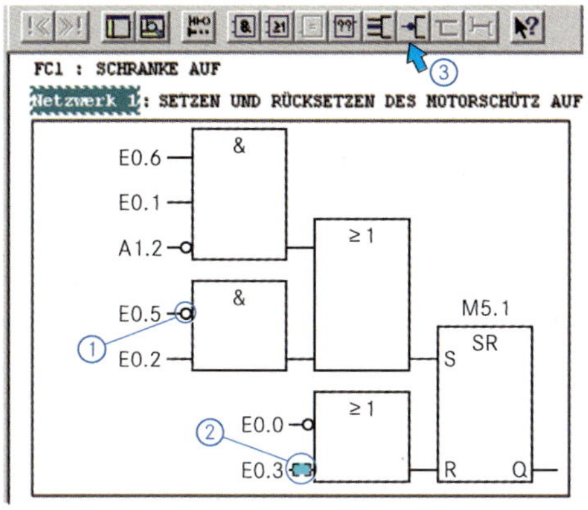

6: Invertierung von Eingängen

Die Invertierung der Eingänge ist dort erforderlich, wo ein 0-Signal zu einer Schaltreaktion führen soll. Dies ist bei der Sicherheitsleiste B5, dem Not-Aus-Schalter S0 sowie dem Endschalter B3 der Fall. Diese Eingänge werden in FUP durch Markieren mit einem Kreissymbol invertiert (Abb. 6 ①). Der zu invertierende Eingang ist durch Anklicken zu markieren ②. Anschließend ist der entsprechende Button ③ zu betätigen.

Zum Abschluss der Programmeingabe muss das Verknüpfungsergebnis noch auf einen Ausgang zugewiesen werden. Dazu ist der Ausgang des SR-Speichergliedes zu markieren (Abb. 7 ④). Anschließend wird der entsprechende Button ⑤ betätigt, sodass am Ausgang ein Zuweisungs-Symbol (=) angehängt wird. An diesem Symbol wird die vorgesehene Ausgangsadresse eingetragen ⑥. Ausgang A4.1 steuert im Projekt der Schrankenanlage das Motorschütz Q1 zur Aufwärtsbewegung der Schranke an.

Nachdem alle Eingänge beschriftet wurden, wird der Baustein vorerst auf der Festplatte des Programmiergerätes bzw. auf dem PC abgespeichert (Abb. 8 ⑦). Zur Erstellung weiterer Bausteine kann im Baustein-Editor die Option „Datei neu“ ausgewählt werden. Das Übertragen des vollständigen Programms in die SPS wird in Kap. 7.4.7 dargestellt.

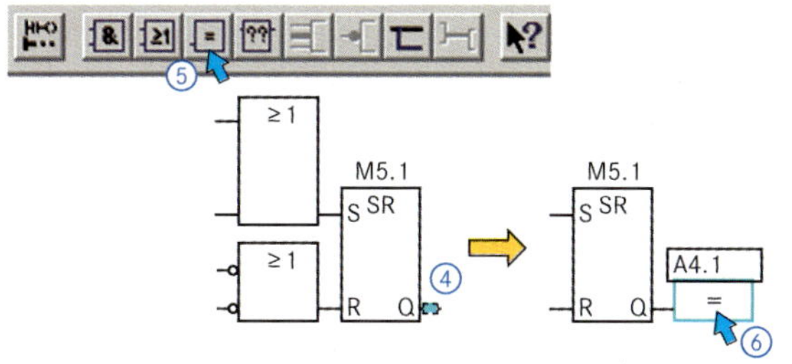

7: Ausgabe des Verknüpfungsergebnisses

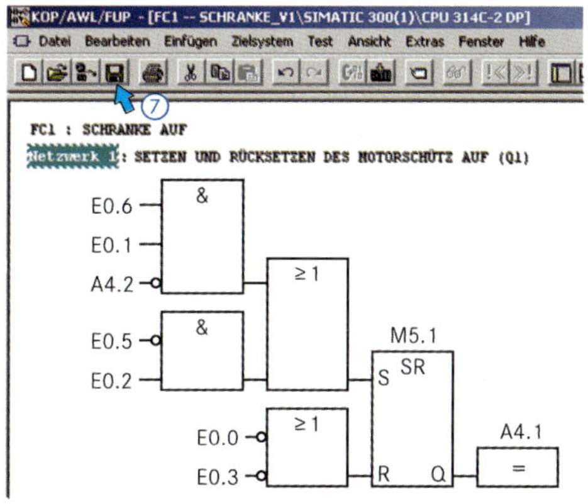

8: Speichern des programmierten Bausteins FC1

Drahtbruchsicherheit

Maschinen und Anlagen mit Gefahr bringenden Antrieben müssen so konstruiert werden, dass sie im Fehlerfall (z. B. bei Drahtbruch) selbstständig in einen sicheren Zustand gehen.

Diese Forderung gilt auch in Speicherprogrammierbaren Steuerungen. Die Drahtbruchsicherheit wird bei SPS - ebenso wie bei VPS - durch folgende Maßnahmen gewährleistet:

- Bedienelemente mit **AUS-Funktion** werden als **Öffner** ausgeführt ⑧. Ein Drahtbruch in der Zuleitung führt dann zur gleichen Reaktion wie der betätigte Öffner S0 ⇒ Die Anlage wird abgeschaltet.
- Bedienelemente mit **EIN-Funktion** müssen als **Schließer** ausgeführt werden ⑨. Ein Drahtbruch in der Zuleitung führt dann zur gleichen Reaktion wie der nicht betätigte Schließer S1.
⇒ Die Anlage bleibt ausgeschaltet.

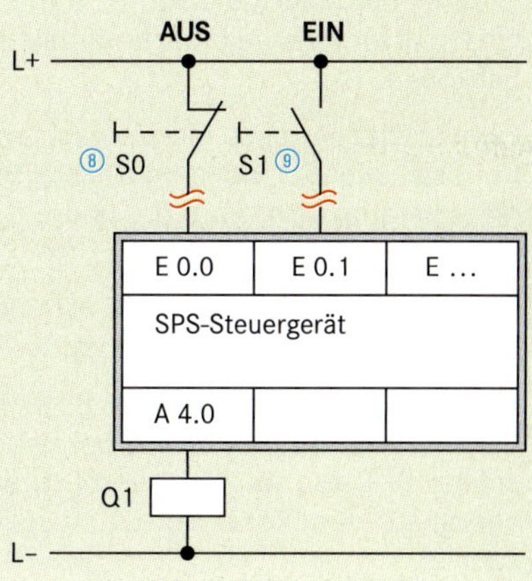

7.4.4 Schranke abwärts

Nachdem in der Funktion FC1 (s. Kap. 7.4.3) das Programm für die Aufwärtsbewegung erstellt wurde, wird in FC2 die Abwärtsbewegung programmiert.

Die Schranke soll abwärts fahren (Abb. 1), wenn
- die Schranke ganz geöffnet ist (B3 im Zustand 0)
  UND
- das Fahrzeug die hintere Induktionsschleife B7 erreicht hat (B7 befindet sich im 1-Zustand.)
  ODER
- die Schranke nach einer Wartezeit immer noch nicht geschlossen ist, sodass B2 nicht betätigt wird
  UND
- die Lichtschranke B4 nicht betätigt ist, sodass sich der Öffner im 1-Zustand befindet (Schranke „frei“)
  UND
- die Sicherheitsleiste B5 nicht betätigt ist, sodass der Öffner den 1-Zustand besitzt
  UND
- die Schranke gerade nicht aufwärts fährt (gegenseitige Verriegelung, Q1 = 0).

Die Schranke soll unter folgenden Bedingungen stoppen:
- Der Not-Aus-Schlagtaster S0 wurde aktiviert
  ODER
- der untere Grenztaster B2 wurde betätigt
  ODER
- die Sicherheitsleiste B5 wurde betätigt.

Wenn eine der Voraussetzungen für die Abwärtsbewegung der Schranke vorliegt, wird dieser Bewegungszustand in einem SR-Glied gespeichert. Dessen Zustand wird vorrangig zurückgesetzt, sobald ein Stopp erforderlich wird.

Erläuterung zum Baustein FC2

- Der Grenztaster B3 (E 0.3; Abb. 3 ①) hat in der oberen Endlage den Zustand 0, und der PKW hat die Induktionsschleife mit B7 (E0.7) erreicht (1-Zustand). Die Abwärtsbewegung wird ausgelöst.
- Bleibt die Schranke in halboffener Stellung stehen (z. B. nach Spannungsausfall), so läuft der Timer T1 ② durch den 1-Zustand von B2 (E 0.2) an. Nach der Einschaltverzögerung beginnt das selbstständige Schließen.
- Zum Schließen muss die Lichtschranke B4 (E 0.4) frei sein und die Sicherheitsleiste B5 (E 0.5) darf nicht betätigt sein. An E 0.4 und E 0.5 liegt jeweils ein 1-Zustand.
- Die gegenseitige Verriegelung erfordert, dass A 1.1 (Abwärtsfahrt) den Zustand 0 hat ③.
- Not-Aus S0 (E 0.0), Grenztaster B2 (E 0.2) und Sicherheitsleiste B5 (E 0.5) liefern bei Betätigung die Zustände 0. Diese werden invertiert, damit am Speicherglied der Reset-Befehl ausgeführt werden kann ④.

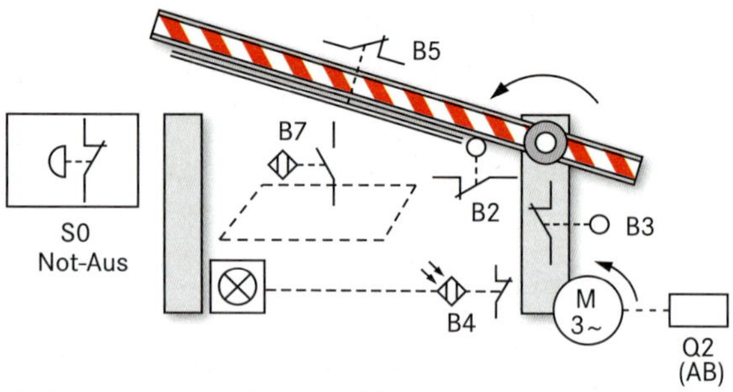

1: Sensoren und Aktoren für die Abwärtsbewegung

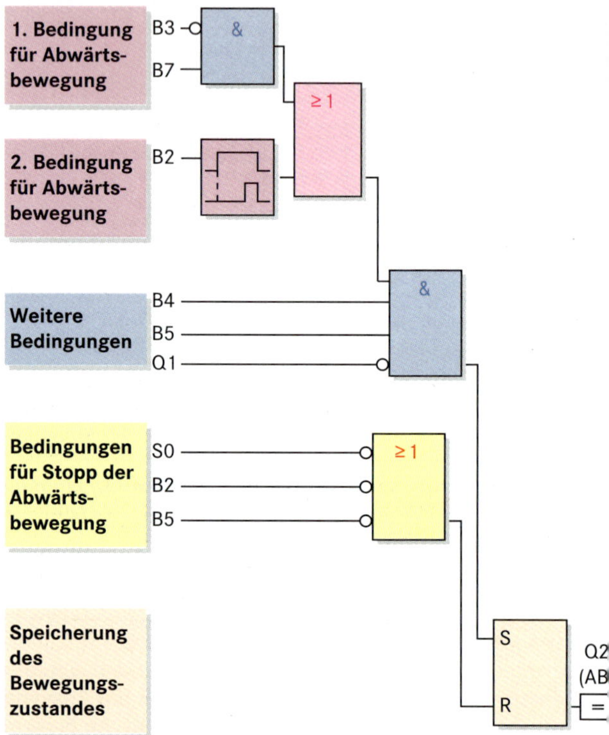

2: Entwicklung des Steuerprogramms FC2

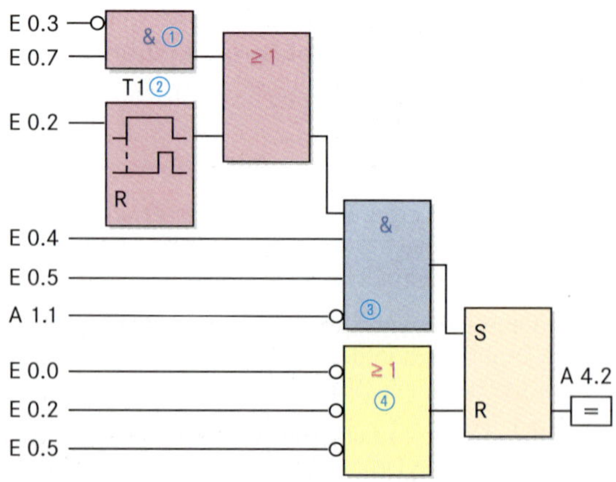

3: Steuerprogramm FC2 zur Abwärtsbewegung der Schranke

Symbolische Adressierung

In umfangreichen Programmen wäre die Adressierung der vielen Objekte (Sensoren, Aktoren) sehr aufwändig und unübersichtlich. Deshalb werden den Objekten aussagekräftige Namen (Symbole) gegeben. Bei der symbolischen Darstellung erscheinen statt der absoluten Adressen (z. B. E 0.0) symbolische Bezeichnungen (z. B. NOT-AUS).

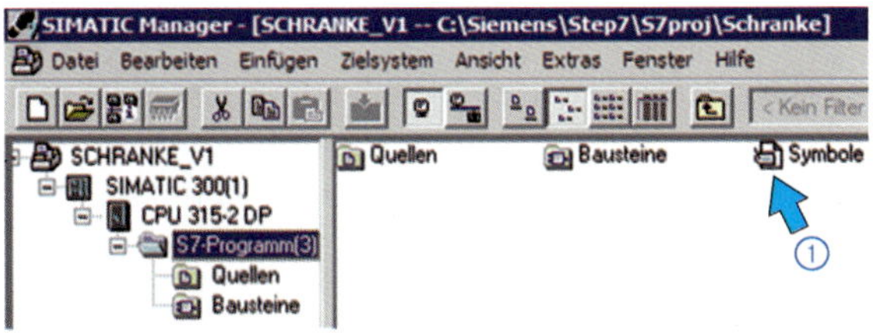

4: Aufruf der Symboltabelle im Ordner S7-Programm

Dazu ist eine Symboltabelle erforderlich. Sie wird im Verzeichnis „S7-Programm" des SIMATIC-Managers aufgerufen (Abb. 4 ①). In der Symboltabelle (Abb. 5) wird jedem verwendeten Operanden (z. B. Eingang, Ausgang, Merker, Timer, Zähler usw.) ein symbolischer Name (Symbol ②) gegeben. Die Symbolnamen können frei gewählt werden. Die Verwendung der Objektkennzeichen (z. B. S0) im Symbol ist beim Programmtest hilfreich.

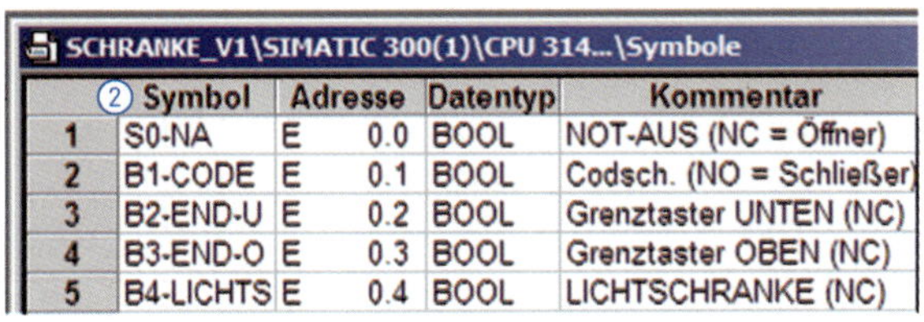
SCHRANKE_V1\SIMATIC 300(1)\CPU 314...\Symbole

	② Symbol	Adresse		Datentyp	Kommentar
1	S0-NA	E	0.0	BOOL	NOT-AUS (NC = Öffner)
2	B1-CODE	E	0.1	BOOL	Codsch. (NO = Schließer)
3	B2-END-U	E	0.2	BOOL	Grenztaster UNTEN (NC)
4	B3-END-O	E	0.3	BOOL	Grenztaster OBEN (NC)
5	B4-LICHTS	E	0.4	BOOL	LICHTSCHRANKE (NC)

5: Symboltabelle für Projekt Schrankenanlage

Die Erstellung des Bausteins FC2 erfolgt ähnlich wie bei FC1 (s. Kap. 7.4.3). Zur Anzeige der Symbole muss im Menü **Ansicht** die Option **Anzeigen mit > symbol. Darstellung** ausgewählt werden. Nacheinander werden Speicherglied, Verknüpfungen und Zeitglied in FC2 eingefügt. Die einzelnen Objekte werden nun nicht mehr direkt, sondern **symbolisch adressiert**.

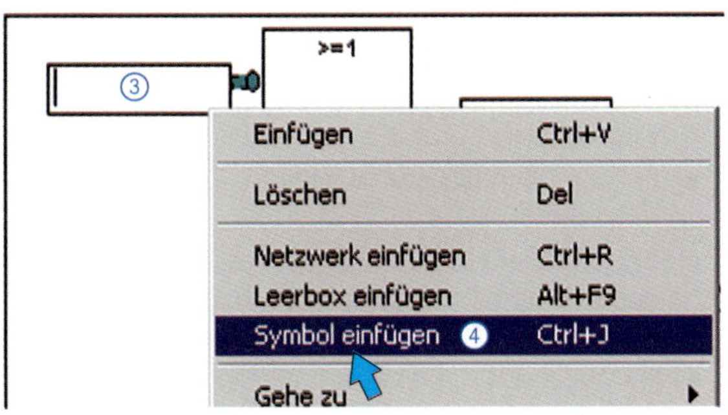

6: Symbol als Operand einfügen

Dazu werden die Operanden mit Hilfe der Maus markiert (Abb. 6 ③). Mit Rechtsklick öffnet sich ein Menü, in dem „Symbol einfügen" ④ angewählt wird.

Daraufhin erscheint ein Fenster (Abb. 7 ⑤), in dem alle Symbole des Programms erscheinen. Um ein Objekt zu beschalten, wird das entsprechende Symbol aus der Tabelle ausgewählt. Nachdem sämtliche Ein-/Ausgänge des Bausteins mit symbolischen Adressen [symbolic addresses] beschaltet wurden, kann das fertige Programm gespeichert werden (Abb. 8).

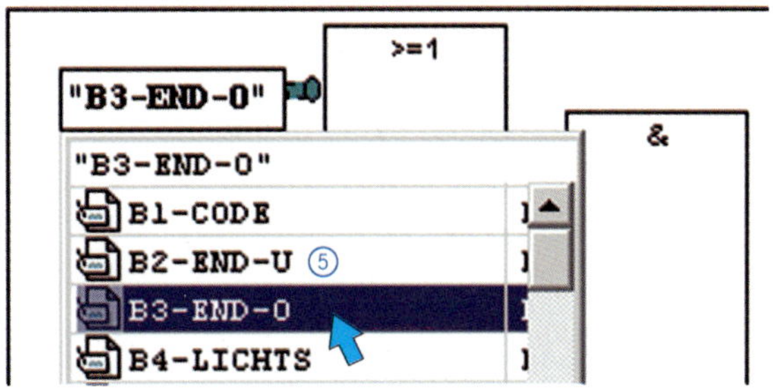

7: Symboltabelle bei der Programmeingabe

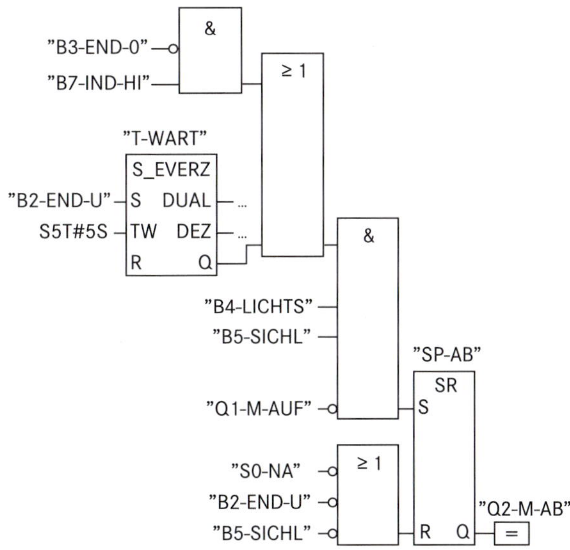

8: Programmbaustein FC2 in STEP 7

- Die symbolische Darstellung ermöglicht es, den Programmobjekten aussagekräftige Namen zu geben.
- Die Symbole werden in der Symboltabelle festgelegt.
- Die Verwendung von Symbolen erleichtert die Programmierung und das Lesen von Programmen.

7.4.5 Zählen der Parkplätze

An der Zufahrtskontrolle soll stets die aktuelle Anzahl der freien Parkplätze angezeigt werden. Dies erfolgt durch eine elektronische Anzeigetafel (Abb. 1), die ihren Anzeigewert direkt aus der SPS erhält. Das Programm zum Zählen der Parkplätze soll in der Funktion FC3 programmiert werden.

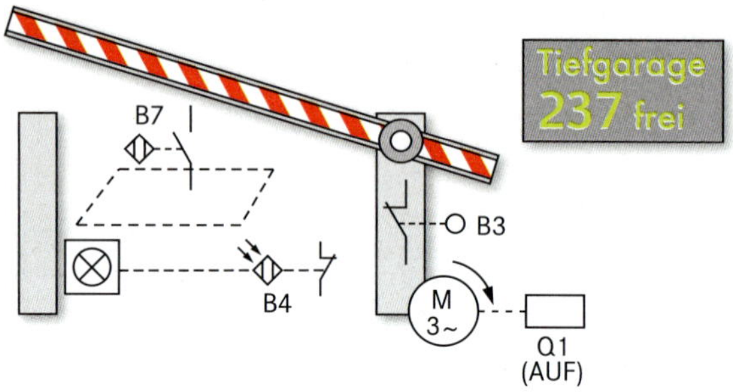

1: Sensoren zum Zählen der einfahrenden Fahrzeuge

Das Zählen der Parkplätze erfolgt in der SPS mit Hilfe eines Zählers Z1 (Abb. 2 ①, s. Kap 7.3.7). Dessen Wert wird durch die Signale ein- bzw. ausfahrender Fahrzeuge verändert. Bei leerem Parkhaus kann der Hausmeister mit einem Set-Signal ② die Anzahl der verfügbaren Parkplätze in den Zähler eintragen. Diese Anzahl (hier 237) wird vom Programmierer am Eingang ZW (Zählerwert, ③) vorgegeben. Jedes einfahrende Fahrzeug verringert die Anzahl der freien Parkplätze. Dazu wird ein Signal an den Eingang ZR (zähle rückwärts) gegeben ④.

Dieses Signal zum Rückwärtszählen kommt, wenn die
- Schranke in der oberen Position steht (B3 = 0),
- Lichtschranke unterbrochen wird (B4 = 0) und
- die innere Induktionsschleife B7 belegt ist.

Fährt ein Fahrzeug aus der Tiefgarage, erhält die Steuerung entsprechende Signale am ZV-Eingang ⑤. Dies erhöht den Zählerstand. Dieser Teil des Programms

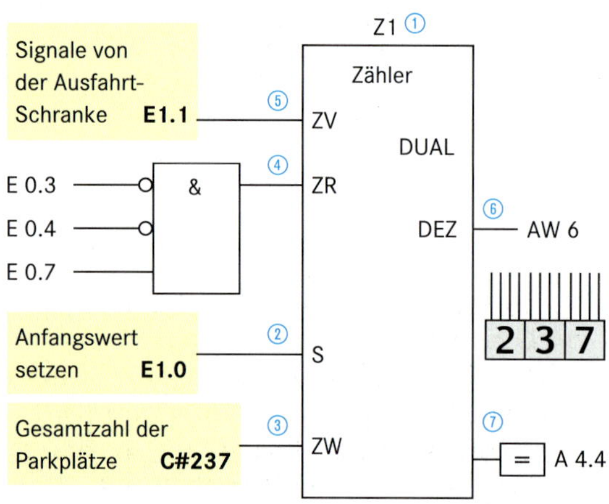

2: Steuerprogramm FC3 zum Zählen der freien Parkplätze

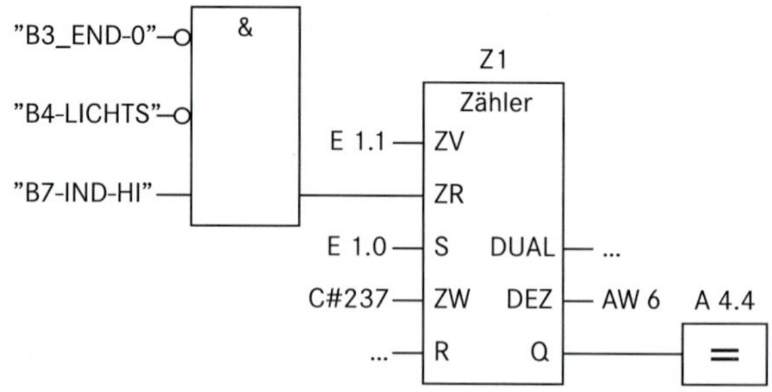

3: Programmbaustein FC3 in STEP 7

ist hier noch nicht integriert, deshalb wird das Signal der Ausfahrt-Schranke mit einem Eingang (z. B. E 1.1) simuliert. Die Ausgabe erfolgt im BCD-Code ⑥ auf Ausgangswort 6 der Ausgabebaugruppe. Die Adresse der Ausgabebaugruppe hängt von der Hardwarekonfiguration ab. Hier kann eine BCD-codierte Anzeige angeschlossen werden. Dabei sind pro Ziffer 4 Bit erforderlich (s. Kap. 7.3.7).

Solange der Zählerstand größer als 0 ist, hat Ausgang A 4.4 den Zustand 1 ⑦. Über diesen Ausgang wird eine grüne Kontrolllampe an der Pforte angesteuert. Diese zeigt an, dass freie Parkplätze vorhanden sind.

AUFGABEN

1. Stellen Sie den Zählerwert 237 als 16 Bit-Dualzahl dar (s. Kap. 7.3.7).
2. Geben Sie den Zählerwert 237 in BCD-Darstellung an. Benutzen Sie alle 16 Bit des Zählerausgangs (s. Kap. 7.3.7).
3. In FC3 leuchtet an Ausgang A 4.4 die grüne Kontrolllampe, die anzeigt, dass freie Parkplätze verfügbar sind.
   Erweitern Sie das Programm FC3 so, dass bei Zählerstand 0 eine rote Kontrolllampe am Ausgang A 4.5 angesteuert wird.

- Zähler speichern z. B. die Anzahl von Stückzahlen, Lagerplätzen sowie Bewegungs- und Produktionsvorgängen in der SPS.
- Zähler können mit einem Anfangswert geladen werden.
- Zähler können in positiver und negativer Richtung zählen.
- Es sind Zählerstände zwischen 0 und +999 möglich.
- Bei positivem Zählwert besitzt der Binärausgang den Zustand 1, bei Zählwert 0 wechselt er in den Zustand 0.
- Der Wert des Zählers kann als Dualcode oder als BCD-Code ausgegeben und gespeichert werden.

7.4.6 Programmsimulation

Nachdem die Steuerung installiert und das SPS-Programm erstellt wurde, erfolgt nun die Inbetriebnahme. Zweck der Inbetriebnahme ist es, das Zusammenwirken zwischen Hard- und Software zu optimieren, indem Einstellungen und eventuelle Nachbesserungen vorgenommen werden.

Die **Inbetriebnahme** [start-up] erfolgt in folgenden Schritten:

- Programmsimulation
- Installation
- Inbetriebsetzung
- Dokumentation
- Kundenübergabe

Um festzustellen, ob das Steuerprogramm fehlerfrei arbeitet, kann es mit Hilfe der **Simulationssoftware** S7-PLCSIM überprüft werden (Programmsimulation [program simulation]). Die Simulation hat gegenüber dem realen Einsatz den Vorteil, dass bei eventuellen Programmfehlern keine Gefahrensituation auftritt oder Anlagenteile beschädigt werden. S7-PLCSIM ist ein Zusatzprogramm zur Simulation der Steuerprogramme. Es muss ergänzend zu STEP 7 installiert werden (Abb. 4).

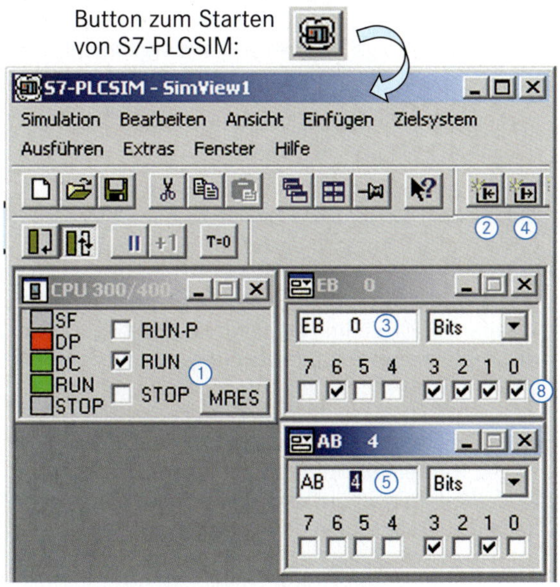

4: Programmoberfläche von S7-PLCSIM

Bei der Installation integriert sich S7-PLCSIM in das Programmpaket STEP 7. Es wird im Simatic-Manager mit einem Button gestartet.

S7-PLCSIM bildet eine SPS nach, die in den RUN- und STOP-Modus (Abb. 4 ①) geschaltet werden kann. Durch Betätigen des Buttons „Eingang einfügen“ ② werden die zu steuernden Eingänge als ganze Byte (z.B. EB 0 ③) auf dem Bildschirm dargestellt. In gleicher Weise wird mit den zu beobachtenden Ausgängen ④ ⑤ verfahren. Auch Timer, Zähler und Merker können eingefügt und beobachtet werden.

Programmübertragung in S7-PLCSIM

Nachdem im Simulationsprogramm die zu beobachtenden Variablen gewählt wurden, sind die zu prüfenden Programmbausteine (OB, FC ...) in die simulierte SPS zu übertragen.

Zur Programmübertragung ist S7-PLCSIM auf STOP (Abb. 5 ⑥) zu stellen. Anschließend wird der zu beobachtende Baustein angewählt. Er wird im Fenster „KOP/AWL/FUP“ angezeigt (Abb. 5). Die Übertragung wird mit dem Button „Laden“ ⑦ ausgeführt.

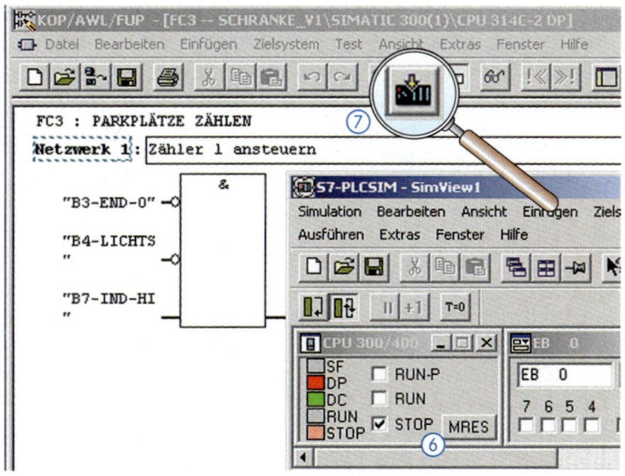

5: Programmübertragung an S7-PLCSIM

Zur Überprüfung eines Programmbausteins ist dieser im Fenster „KOP/AWL/FUP“ (Abb. 6) darzustellen. S7-PLCSIM ist auf RUN zu stellen (Abb. 4 ①). Die 1-Zustände werden dann farbig markiert dargestellt. Das Setzen der entsprechenden Eingänge erfolgt mit den Häkchen in S7-PLCSIM (Abb. 4 ⑧).

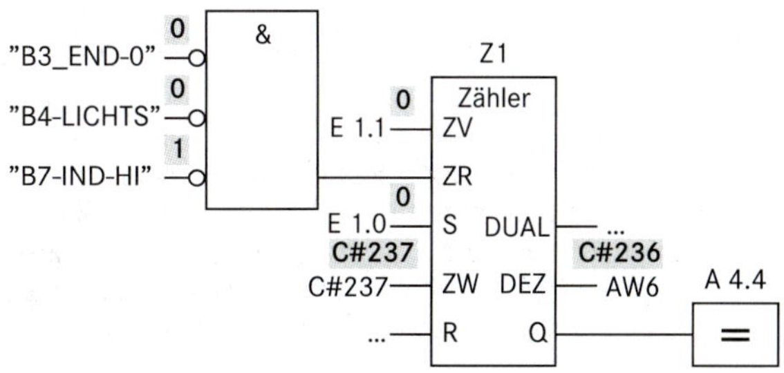

6: Überprüfung eines Programms im RUN-Modus

- Mit Hilfe einer Simulationssoftware lassen sich das vollständige Programm oder Teile davon überprüfen. Fehler können beseitigt werden.

7.4.7 Installation und Inbetriebnahme

Nachdem das Programm der SPS mit Hilfe der Software überprüft wurde, erfolgt die schrittweise Installation der Anlage. Hierbei sind die Anschlussbedingungen der Hersteller zu beachten. Um den Einfluss elektromagnetischer Störfelder auszuschließen, werden abgeschirmte Leitungen verwendet.

Die Zuordnung der Objekte zu den Anschlussklemmen der SPS erfolgt entsprechend der Zuordnungsliste (s. Kap. 7.4.1). Die Anschlüsse sind in Abb. 1 dargestellt. Not-Aus-Komponenten sind aus Gründen der Übersichtlichkeit nicht eingezeichnet.

Vor der Inbetriebnahme ist die Prüfung der Anlagen nach den Vorgaben der DIN VDE 0100 durchzuführen (s. Kap. 2.9). Hierbei erfolgt auch die Kontrolle der Sicherheitsausrüstung der Anlage (z. B. Not-Aus, mechanische Verriegelungen usw.). Über das Ergebnis der Prüfungen ist ein Prüfprotokoll anzufertigen. Nach Abschluss dieser Prüfung erfolgt die Inbetriebnahme der Anlage, die ebenfalls zu dokumentieren ist. Diese Inbetriebnahme kann in folgenden Schritten erfolgen:

1. Spannungsversorgung zur SPS sowie zu den Laststromkreisen (Schrankenmotor, Signallampe usw.) herstellen.
2. „Not-Aus“ und Sicherheitseinrichtungen (hardwareseitige Verriegelungen) auf ordnungsgemäße Funktion überprüfen.
3. SPS einschalten (Abb. 4 und 5).
4. SPS in den STOP-Zustand bringen und urlöschen.
5. Test der Eingangssignale (Betätigung der Sensoren im Handbetrieb und Beobachtung der Signale an den Eingangsbaugruppen) und Ansteuerung der Aktoren. Dies geschieht mit Hilfe der Programmiersoftware. Über das Menü **Zielsystem → Variablen beobachten/steuern** wird die Variablentabelle auf-

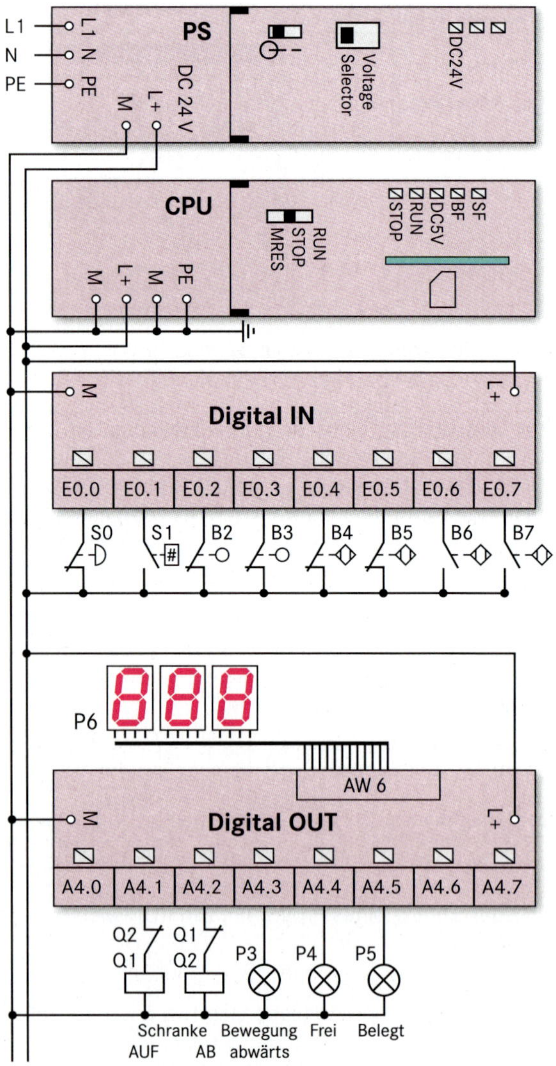

1: Anschlüsse Schrankenanlage

Not-Aus-Schaltung bei einer SPS

Not-Aus-Einrichtungen müssen eine Anlage jederzeit, auch in einem Fehlerfall, in einen für Mensch und Maschine sicheren Zustand bringen. Somit ist es nicht zulässig, die Not-Aus-Schaltung einer SPS über das Programm zu führen, da hier im Fehlerfall keine zuverlässige Abschaltung sichergestellt ist.

Ausnahmen sind spezielle, vom TÜV zugelassene Sicherheits-SPS-Systeme. Diese ermöglichen die Integration der Not-Aus-Funktion.

In der Regel wird die Not-Aus-Funktion einer Anlage über ein Not-Aus-Schaltgerät realisiert. Bei einfachen Anlagen darf die Not-Aus-Funktion auch über einen Not-Aus-Schalter realisiert werden. Dabei ist zu beachten, dass bestimmte Anlagenteile auch im Notfall funktionsfähig bleiben müssen. Es sollen nur gefahrbringende Stellgeräte, z. B. die Schütze für die Schrankenbewegung, abgeschaltet werden. Dabei kann über einen Hilfskontakt eine Not-Aus-Meldung an die SPS übertragen werden, die im Programm berücksichtigt wird. Weiterhin ist sicherzustellen, dass die Anlage nach dem Rückstellen der Not-Aus-Einrichtung nicht automatisch anläuft.

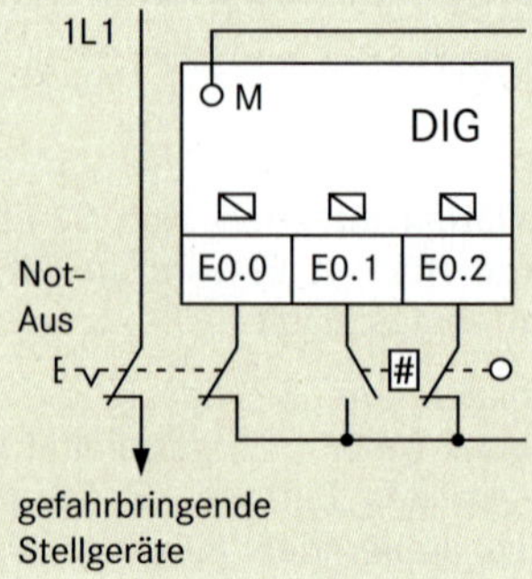

gerufen (Abb. 2). In der Operandenliste werden die jeweiligen Ein- und Ausgänge eingetragen. Damit ist es möglich,
- Schaltzustände der **Eingabebaugruppen** zu beobachten ①, um so die Funktion der Sensoren zu kontrollieren (Variable → Beobachten) und
- Schaltzustände der **Ausgabebaugruppen** festzulegen ②, um so die Funktion der Aktoren festzustellen (Variable → Steuern).

Achtung: Vergewissern Sie sich, dass keine gefährlichen Zustände eintreten können, bevor Sie die Funktion „Steuern" ausführen! Die Vorgabe von Steuerwerten im laufenden Anlagenbetrieb kann zu Fehlfunktionen führen.

6. Übertragung des Steuerprogramms in die CPU
Die **Programmübertragung** [program transfer] zur SPS kann auf zwei Arten erfolgen:
- Steckbare Speicherkarte
- MPI-Schnittstelle

Auf der **Speicherkarte** [memory card] können neben dem Anwenderprogramm auch Parameter der CPU und der Baugruppen (z. B. Adressbereiche) hinterlegt werden.

Bei der Programmierung über die **MPI-Schnittstelle** (**M**ulti **P**oint **I**nterface, s. Kap. 11.2.2) kann ein Programmiergerät oder ein PC verwendet werden. Im letzteren Fall muss ein PC-Adapter zwischengeschaltet werden (Abb. 3). Dieser Adapter wandelt das Datenformat des PCs in ein für die SPS lesbares Format um.

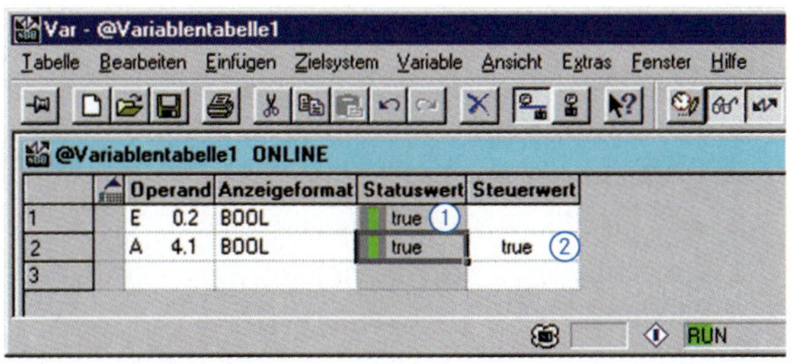

2: Variablentabelle

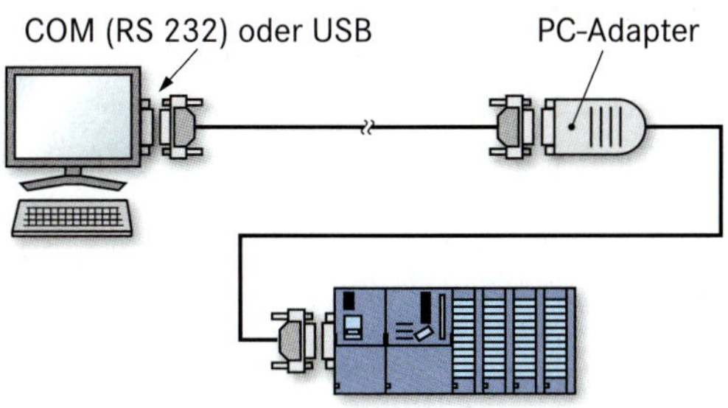

3: Anschluss PC - SPS

Betriebsarten der CPU

Über den Betriebsarten-Wahlschalter auf der Vorderseite der CPU werden unterschiedliche Betriebsarten der SPS eingestellt (Abb. 4).

Betriebsart	Beschreibung
RUN-P (nicht bei allen CPUs)	• CPU bearbeitet Anwenderprogramm • Auslesen des Programms durch das PG (CPU → PG) • Programmübertragung vom PG zur CPU (PG → CPU)
RUN	• CPU bearbeitet Anwenderprogramm • Auslesen des Programms durch das PG (CPU → PG) • **Keine** Programmübertragung vom PG zur CPU (aus Sicherheitsgründen keine Programmänderung während des Betriebes möglich)
STOP	• Anwenderprogramm wird **nicht** bearbeitet • Auslesen des Programms durch das PG (CPU → PG) • Programmübertragung vom PG zur CPU (PG → CPU)
MRS	• Urlöschen der CPU (Löschen des Ladespeichers der CPU)

4: Betriebsarten der CPU

Status- und Fehleranzeige

Über die Status- und Fehleranzeige erhält man Informationen über den Betriebszustand der SPS. LEDs, die sich auf der Frontplatte der CPU befinden, signalisieren die unterschiedlichen Betriebszustände (Abb. 5).

Anzeige	Beschreibung
SF (rot) Sammelfehler	Anzeige u. a. von Hardwarefehlern und Programmierfehlern. Fehlerermittlung erfolgt über das Auslesen des Diagnosepuffers mit dem PG bzw. dem PC.
BATF (rot) Batteriefehler	Anzeige bei defekter oder fehlender Pufferbatterie (nur bei älteren Geräten)
DC5V (grün) 5 V-Versorgung	Anzeige einer korrekten internen 5 V-Versorgung der CPU und des Rückwandbusses
FRCE (gelb) Forcen	Anzeige bei Forcen-Auftrag (Belegung einer Variablen mit einem festen Wert; nur bei CPU 318 und S7-400)
RUN (grün)	Anzeige für Betriebszustand RUN
STOP (gelb)	Anzeige für Betriebszustand STOP

5: Status- und Fehleranzeige der CPU

7.4.8 Dokumentation und Rechnung

Nach der erfolgreichen Inbetriebnahme der Anlage erfolgt die Einweisung des Kunden. Dabei werden alle Betriebsmittel erläutert und die Funktion der Anlage demonstriert. Hierbei sind insbesondere Gefahrenhinweise und die geltenden Sicherheits- und Unfallverhütungsvorschriften anzusprechen. Im Rahmen der Einweisung erhält der Kunde alle notwendigen **Dokumentationen** [documentations] der Anlage.

Folgende Dokumente sollten mindestens bei einer automatisierten Steuerung vorhanden sein:

- **Schaltpläne** der gesamten Anlage
  - Übersichtsschaltplan
  - Aufbauplan der Betriebsmittel
  - Stromlaufplan
  - Belegungsplan der SPS
- **Konfigurationsdaten** der SPS
- **Zuordnungsliste**
- **Darstellung des Steuerprogramms** (Programmausdruck)
- **Prüfprotokolle** (Schutzmaßnahmen, Inbetriebnahmeprotokoll mit Funktionsprüfung)
- **Bedienungsanleitung**
- ggf. **Wartungsplan** der Anlage
- auf Wunsch **Datenblätter** der Betriebsmittel

Am Ende wird ein Übergabebericht erstellt. Mit seiner Unterschrift bestätigt der Kunde, die Anlage funktionsfähig übernommen zu haben.

Produkthaftungsgesetz

Dieses Gesetz dient dem Schutz privater und gewerblicher Verbraucher vor Sach- und Personenschäden, die sich aufgrund fehlender Sicherheit eines Produktes ergeben. Es hat direkte Konsequenzen für alle Firmen, die Produkte herstellen und vertreiben.

Der Hersteller hat den Nachweis zu erbringen, dass ein Fehler seines Produktes nicht aufgrund von Produktionsmängeln aufgetreten ist. In der Rechtsprechung geht man von folgenden Fehlerkategorien eines Produktionsprozesses aus:

- Entwicklungsfehler
- Fabrikationsfehler
- Konstruktionsfehler
- Instruktionsfehler

Kann der Hersteller diesen Nachweis nicht erbringen, wird sein Verschulden vermutet. Daraus ergeben sich für ihn weitreichende Folgen.
Neben einer kontinuierlichen Qualität während der Produktion sind auch technische Dokumentationen Gegenstand des Produktes. Diese müssen neben Informationen zum bestimmungsgemäßen Gebrauch des Produktes auch auf Gefahren und auf deren mögliche Folgen hinweisen. Kommt es beispielsweise aufgrund einer fehlerhaften oder unvollständigen Bedienungsanleitung zu einem Schaden, haftet der Hersteller.

Rechnung

Nachdem alle im Pflichtenheft vorgegebenen Arbeiten ausgeführt worden sind, wird die Rechnung erstellt (Abb. 1). Sie umfasst die Kosten für Sachwerte (SPS-Komponenten, Leitungen, Betriebsmittel) und die erbrachten Dienstleistungen (Erstellung des Steuerprogramms, Installation der Anlage, Prüfung). Anhand der Rechnungspositionen ist es dem Kunden möglich, die durchgeführten Arbeiten nachzuvollziehen. Damit wird der berechtigte Anspruch der Installationsfirma auf Zahlung begründet.

Rechnung

Auftrag: Instandsetzung/Erweiterung der Schrankenanlage

Position	Bezeichnung	Best.-Nr.	Menge ME	Preis EUR	Gesamt EUR
001	Anschlussleitung NYM 3 x 1,5		50 m	1,34	67,00
002	Gaswarnsensor Hersteller: ABB	GW33x	1,00 Stück	75,00	75,00
⋮			⋮		⋮
023	Installation der Lichtschranke		4,00 Std.	34,00	136,00
⋮			⋮		⋮
			Gesamtpreis netto		8 430,00
			zzgl. 19 % MWSt		1 601,70
			Gesamtpreis brutto		10 031,70

1: Rechnung (Auszug)

AUFGABEN

1. Beschreiben Sie die Möglichkeiten, ein Steuerprogramm in die SPS zu übertragen.
2. Was geschieht beim Urlöschen einer CPU?
3. Warum ist eine Programmübertragung im RUN-Modus zur CPU nicht möglich?
4. Beschreiben Sie die Schritte, die bei einer Inbetriebnahme der automatisierten Anlage durchzuführen sind.
5. An der Zentralbaugruppe leuchten zwei grüne LEDs auf. Erklären Sie deren Bedeutung.

- Die Not-Aus-Funktion erfordert die Verwen-dung mechanischer oder elektromechanischer Schaltgeräte. Sie darf nicht über das Steuerprogramm realisiert werden.
- Bei der Kundenübergabe erfolgt eine Einweisung in die Anlage sowie die Erläuterung von Gefahren- und Sicherheitshinweisen.
- Eine ausführliche Geräte-/Anlagendokumentation ist Teil des Produkts. Sie ist sorgfältig zu erstellen, auch aus Gründen der Haftung.

8 Antriebstechnik

8.1 Drehstrommotoren

8.1.1 Drehfeld

Ein Drehstrommotor [three-phase a.c. motor] ist im Prinzip wie ein Drehstromgenerator aufgebaut. Er besitzt einen **Läufer** (Rotor) und einen **Ständer** (Stator), in dem die Wicklungen eingefügt sind. Demzufolge besitzen Läufer und Ständer die gleichen Klemmenbezeichnungen (Abb. 2). In Kap. 1.10.1 ist beim Generator die Entstehung der Drei-Phasen-Wechselspannung mit Hilfe des Drehfeldes erklärt worden, sodass wir auf diesen modellhaften Aufbau zurückgreifen können (Abb. 5).

Der Motor besitzt drei um 120° versetzte Ständerwicklungen. Sie werden an die Drei-Phasen-Wechselspannung gelegt. Aus der jeweiligen Stromrichtung und dem Wickelsinn der betreffenden Spule ergeben sich die in Abb. 5 eingezeichneten magnetischen Pole (s. auch Kap. 1.5.2). Es entstehen drei Magnetfelder mit wechselnden Polaritäten (t_1 bis t_4, Abb. 5). Da die drei Magnetfelder gleichzeitig auftreten, bildet sich ein **Gesamtfeld**, das im Uhrzeigersinn wandert (**Drehfeld** [rotating field]).

Reale Motoren sind kompakter aufgebaut als das Modell in Abb. 5. Der **Ständer** [stator] ist entweder aus Gusseisen oder aus einer Schweißkonstruktion hergestellt. Um Wirbelströme zu vermeiden, ist darin ein geschichtetes Eisenpaket aus gegeneinander isolierten Blechen eingelegt. In eingefrästen Nuten ist die aus Einzelspulen bestehende, das Drehfeld erzeugende Drei-Phasen-Wicklung eingelegt (Abb. 3). Die Anschlüsse der Wicklungen sind zum Klemmenkasten herausgeführt.

Auch der **Läufer** [rotor] besitzt ein geschichtetes Blechpaket mit Nuten zur Aufnahme der Läuferwicklung (Abb. 4). Der Abstand zwischen Ständer und Läufer beträgt nur einige Zehntel Millimeter. Dies ist für einen hohen Wirkungsgrad von Bedeutung.

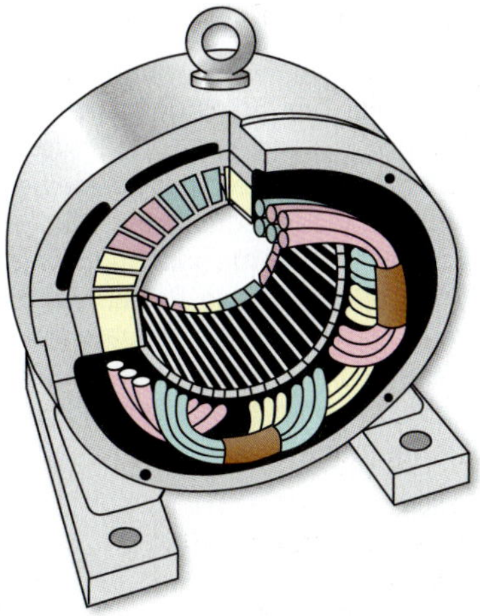

3: Ständer mit eingelegten Wicklungen

In die Nuten des Läufers ist eine Wicklung eingelegt, deren Enden an Schleifringen auf der Läuferwelle angeschlossen sind. Damit ist es möglich, den Stromfluss in der Läuferwicklung zu beeinflussen (s. Kap. 8.1.3.3).

Statt aus Wicklungen kann der Läufer aber auch aus runden Kupfer- oder Aluminiumstäben bestehen, deren Enden mit Ringen des gleichen Materials verbunden, also kurzgeschlossen sind (s. Kap. 8.1.3.2).

4: Läufer eines Drehstrommotors

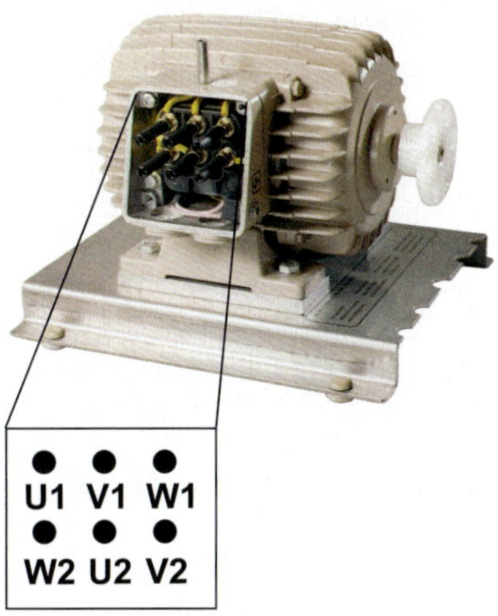

2: Drehstrommotor mit Klemmenbezeichnung

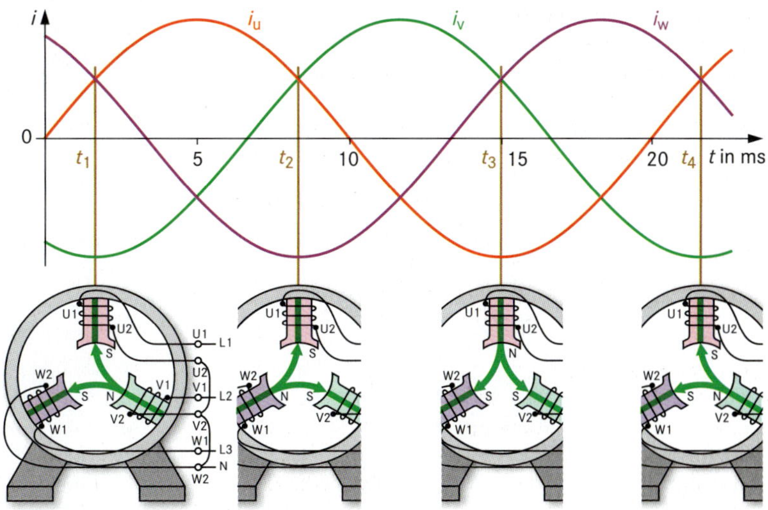

5: Drehfeldentstehung beim Drehstrommotor

Ständerwicklungen

In Abb. 1 sind drei in den Ständer eingelegte Wicklungen dargestellt. Die Stromrichtungen sind durch Punkte (Pfeilspitzen) und Kreuze (Pfeilenden) angegeben. Damit die Streufelder gering bleiben, sind die Wicklungen miteinander verschachtelt. Es entsteht ein umlaufendes Feld mit Nord- und Südpol. Die **Polzahl** ist demnach **zwei** (2p). Diese Polzahl wird häufig zur Kennzeichnung verwendet und in Datenblättern angegeben. Zur Kennzeichnung wird aber auch die **Polpaarzahl** *p* [number of pole pairs] verwendet. Sie ist in diesem Fall **eins** (***p* = 1**).

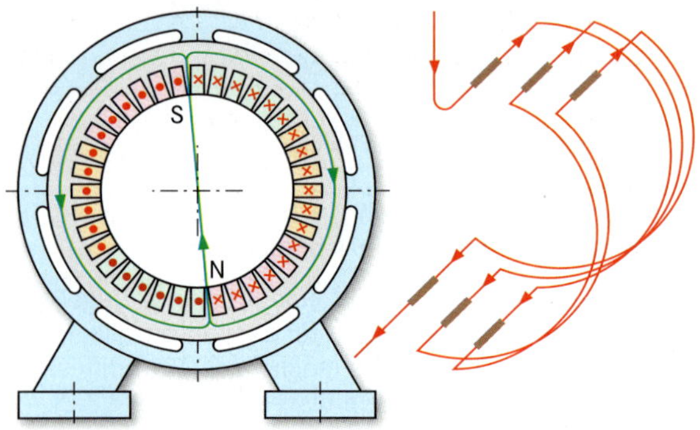

1: Ständer eines zweipoligen Drehstrommotors

Einfluss der Polzahl auf die Drehzahl

Anstatt in den Ständer drei Spulen einzulegen, können aber auch wie in Abb. 2 sechs Spulen um 60° räumlich versetzt angeordnet sein. Es entsteht ebenfalls ein Drehfeld. Der Motor besitzt dann vier Pole, zwei Nord- und zwei Südpole. Die Polzahl ist vier, aber die Polpaarzahl zwei ($2p = 4$, $p = 2$).

Ein vierpoliges Drehfeld dreht sich langsamer als ein zweipoliges. Es benötigt für eine Umdrehung die doppelte Zeit, legt also während einer Periode *T* der Netzwechselspannung nur eine halbe Umdrehung zurück. Wird die Polzahl weiter erhöht, erhält der Motor immer mehr Polpaare. Die Zeit für eine Umdrehung steigt weiter an und die Drehzahl sinkt (Abb. 3).

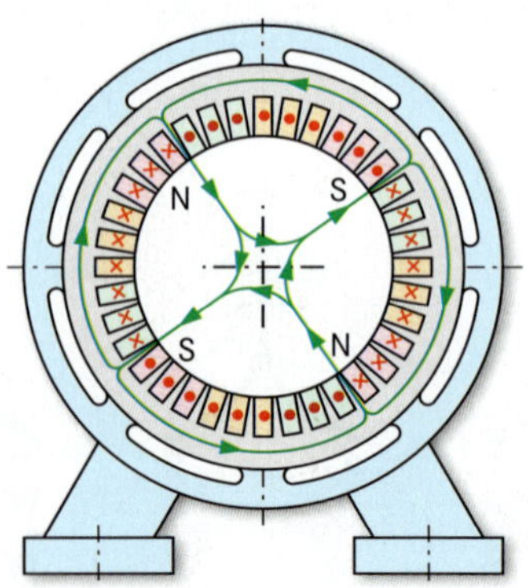

2: Ständer eines vierpoligen Drehstrommotors

Polpaarzahl	Polzahl	Spulenanzahl	Winkel zwischen den Spulen	Zeit für eine Umdrehung	Drehfelddrehzahl bei $f = 50$ Hz
1	2	3	120°	$1 \cdot T$	3000
2	4	6	60°	$2 \cdot T$	1500
3	6	9	40°	$3 \cdot T$	1000
4	8	12	30°	$4 \cdot T$	750
...	...	...	...	...	...
p	$2 \cdot p$	$3 \cdot p$	$360°/3 \cdot p$	$p \cdot T$	$3000/p$

3: Polpaarzahlen, Zeiten und Drehzahlen

Die **Drehzahl** *n* [speed] des Drehfeldes hängt also von der Frequenz *f* der Netzwechselspannung und von der Polpaarzahl *p* ab. Da die Drehzahl bei elektrischen Maschinen pro Minute (min^{-1}) angegeben wird, muss in die Gleichung der Faktor 60 (1 min = 60 s) eingefügt werden (zugeschnittene Größengleichung). Es ergeben sich dann folgende Formeln:

$$n = \frac{f}{p} \qquad n = \frac{f \cdot 60}{p} \quad \text{in } min^{-1}$$

Drehrichtung

Die Spulen der Drehstrommotoren sind so gewickelt, dass beim Anschluss von L1 an U1, L2 an V1 und L3 an W1 ein Rechtslauf der Rotorwelle entsteht. Durch Vertauschen zweier Außenleiter wird die Drehrichtung geändert (Abb. 4, s. auch Kap. 8.2.4).

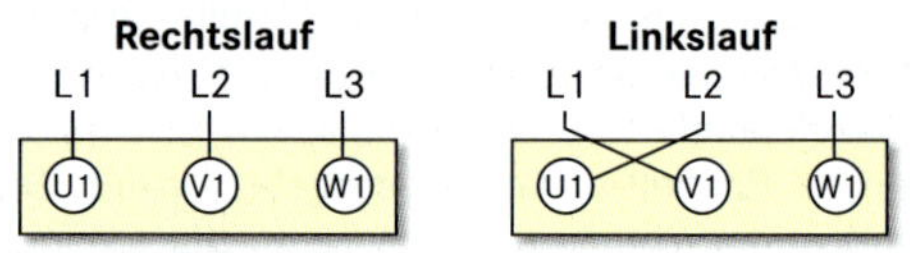

4: Drehrichtung

AUFGABEN

1. Warum wird im Ständer des Motors ein geblechtes Eisenpaket eingelegt?
2. Skizzieren Sie die Entstehung eines Drehfeldes.
3. Ergänzen Sie die Tabelle in Abb. 3 um die Polzahlen 14 und 16.

- Legt man an die um 120° räumlich versetzten Spulen die Außenleiterspannung des Drehstromversorgungssystems an, so entsteht ein Drehfeld.
- Der Läufer des Drehstrommotors besitzt entweder eine Wicklung oder er ist mit kurzgeschlossenen Stäben aufgebaut.
- Das zweipolige Drehfeld dreht sich bei $f = 50$ Hz 3000 Mal in der Minute.
- Beim Anschluss der Außenleiter L1 an U1, L2 an V1 und L3 an W1 entsteht bei Drehstrommotoren ein Rechtslauf. Durch Vertauschen zweier Außenleiter kommt es zu einem Linkslauf.

8.1.2 Leistung und Drehmoment

An der Welle eines Motors, der sich mit der Drehzahl n dreht, wird das Drehmoment M abgegeben. Aus diesen Größen lässt sich die mechanische **Leistung** [power] der Maschine ermitteln und mit folgenden Formeln herleiten:

$$P = \frac{W}{t} \qquad P = \frac{F \cdot s}{t} \qquad W = F \cdot s \qquad v = \frac{s}{t}$$

$$P = F \cdot v$$

Beim Motor greift die Kraft in einem Punkt am Umfang der Welle an (Abb. 5). Die Geschwindigkeit des Punktes hängt von der **Drehzahl** n [speed] und dem **Radius** r [radius] der Welle ab. Die Drehzahl n gibt an, wie oft sich der Punkt pro Zeiteinheit um die Wellenachse dreht. Er legt bei einer Umdrehung den Weg $s = 2 \cdot \pi \cdot r$ (Wellenumfang) zurück. Daraus ergibt sich die Geschwindigkeit des Punktes mit $v = n \cdot 2 \cdot \pi \cdot r$.

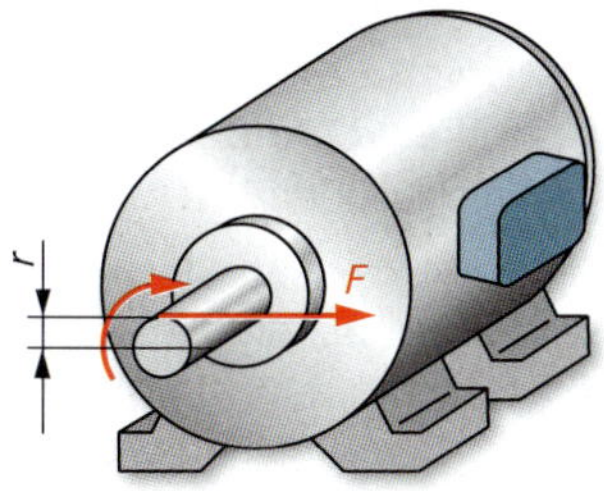

5: Drehmoment am Motor

Setzt man in die Leistungsformel die Formel der Geschwindigkeit ein und ersetzt die an der Welle angreifende Kraft F und den Radius r durch das Drehmoment ($F \cdot r = M$), dann erhält man eine Leistungsformel, in der nur die für den Motor typischen Größen vorkommen. Die Größe $2 \cdot \pi \cdot n$ ist die **Winkelgeschwindigkeit** ω [angular velocity].

$$P = M \cdot 2 \cdot \pi \cdot n \qquad P = M \cdot \omega$$

Diese und andere wichtigen Kenngrößen können aus dem Leistungsschild entnommen werden (Abb. 6).

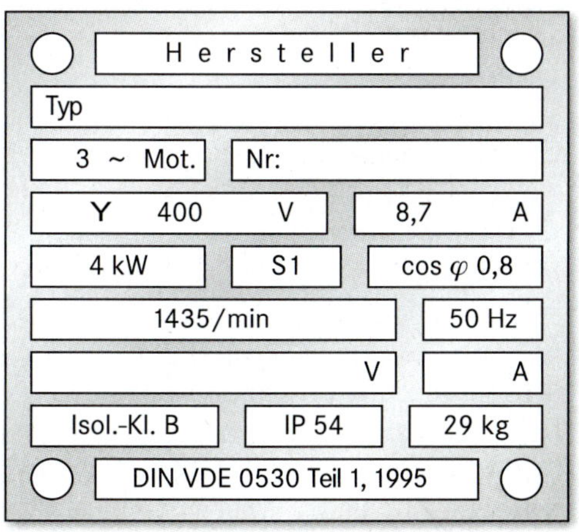

6: Leistungsschild eines Asynchronmotors

8.1.3 Asynchronmotoren

8.1.3.1 Übersicht

Asynchronmotoren sind betriebssicher, einfach aufgebaut und deshalb in der Antriebstechnik häufig anzutreffen. Die Bezeichnung „asynchron“ bedeutet, dass die Drehzahl des Läufers geringer ist als die Drehzahl des Drehfeldes (nicht gleichlaufend, s. Kap. 8.1.3.2).

Um beim Asynchronmotor mit dem Drehfeld einen Rotor in Drehung zu versetzen, müssen Kräfte paarweise im Abstand von der Drehachse des Rotors angreifen (**Drehmoment**). Das Prinzip dieser Kraftwirkung wurde im Kapitel 1.5.3 erläutert und dargestellt, wobei diese Kräfte immer dann entstehen, wenn sich unterschiedlich gepolte Magnetfelder anziehen bzw. abstoßen. Beim Drehstrommotor sind es die Magnetfelder des Drehfeldes und des Läufers. Letztere entstehen durch Wicklungen, die von Strom durchflossen werden. Dabei werden zwei grundsätzliche Bauformen unterschieden.

Beim **Kurzschlussläufer-Motor** [squirrel cage motor] (Abb. 7) erzeugt das Drehfeld durch Induktion eine Spannung in den Wicklungen des Läufers. Da die Wicklungen kurzgeschlossen sind, fließt Strom, Magnetfelder entstehen, und es kommt zu Anziehungs- und Abstoßungskräften.

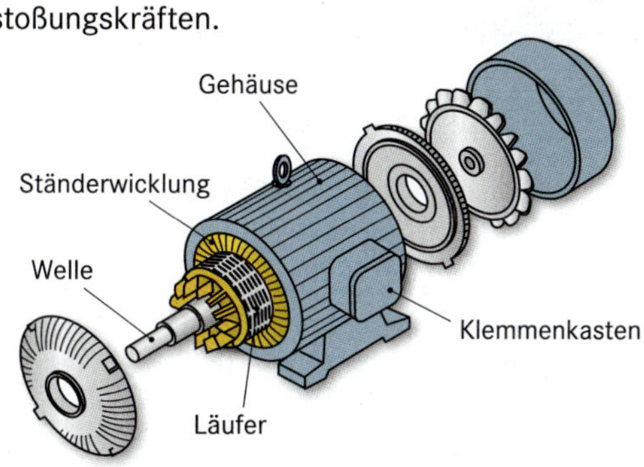

7: Kurzschlussläufer-Motor

Beim **Schleifringläufer-Motor** [slip ring motor] (Abb. 8, s. auch Kap. 8.1.3.3) werden die Anschlüsse über Schleifringe nach außen geführt. Dadurch können die Ströme in den Läuferwicklungen verändert und damit das Motorverhalten beeinflusst werden.

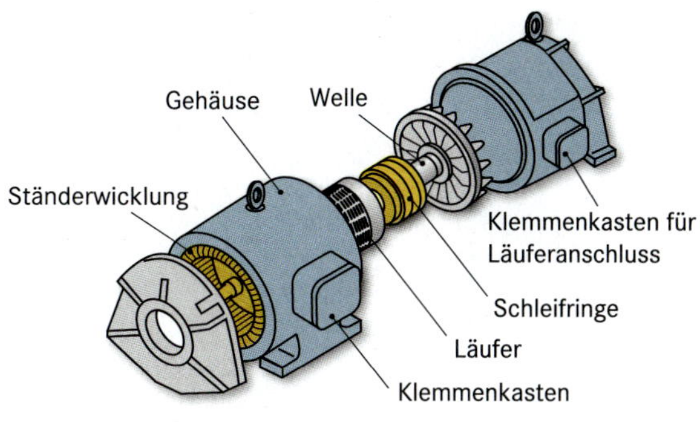

8: Schleifringläufer-Motor

8.1.3.2 Kurzschlussläufer-Motor

Der Läufer eines Kurzschlussläufer-Motors besteht aus einer Welle mit einem darauf befestigten Dynamoblechpaket. In den Nuten befinden sich als Wicklungen Kupfer- oder Aluminiumstäbe, die an den Enden durch einen Ring kurzgeschlossen sind (Abb. 1).

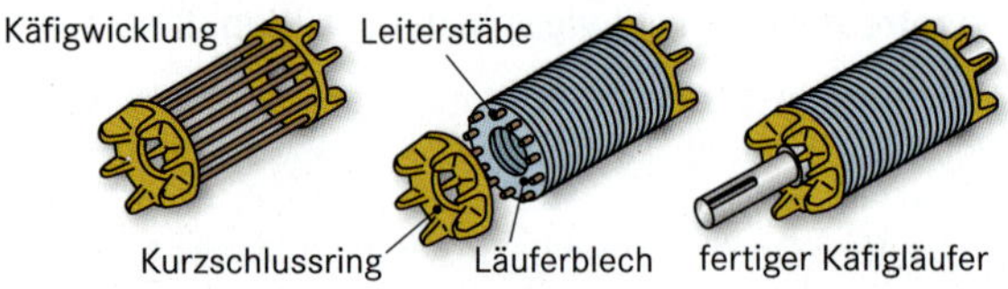

1: Kurzschluss- bzw. Käfigläufer

Entstehung des Drehmoments

Zur Erklärung wird beim Kurzschlussläufer wie in Abb. 2 nur eine einzelne Leiterschleife betrachtet. Der magnetische Fluss Φ durchdringt die durch die Schleifenabschnitte b und l gebildete Fläche ($A = b \cdot l$).

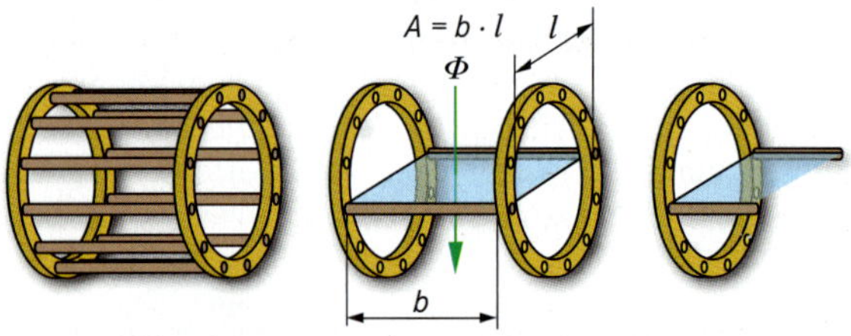

2: Kurzschlussläuferwicklung in Schnittdarstellung

Abb. 3 stellt den Anfangszustand des Läufers dar. Der Vorgang ist vereinfacht abgebildet, weil nur eine Spule (Schnittdarstellung) eingezeichnet wurde. Das Drehfeld ist durch Feldlinien gekennzeichnet.

Nach dem Einschalten dreht sich das Drehfeld mit der Drehzahl n_f. Der Läufer befindet sich noch in Ruhestellung. Vom Zeitpunkt t_1 bis zum Zeitpunk t_2 hat sich das Drehfeld um den Winkel α_f gedreht. Dadurch hat sich die Fläche A, durch die der magnetische Fluss Φ hindurchtritt, verkleinert. Bei dem homogenen Feld ist dann $\Phi_2 < \Phi_1$. Der magnetische Fluss hat sich während der Drehbewegung um den Winkel α_f von Φ_1 auf Φ_2 geändert ($\Delta\Phi = \Phi_1 - \Phi_2$). Es wird also eine

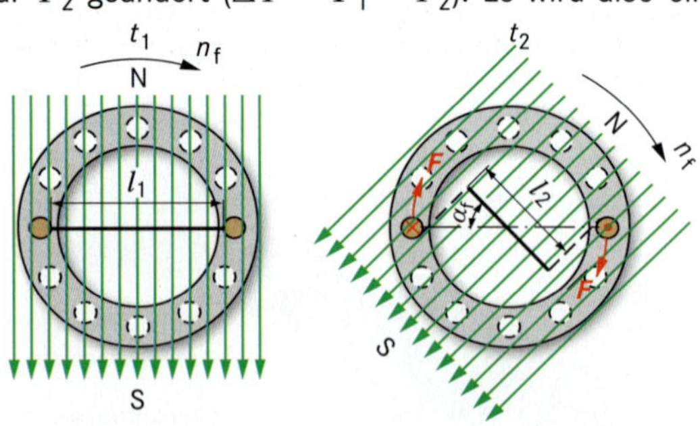

$A_1 = l_1 \cdot b$ $\quad$ $A_2 = l_2 \cdot b$ $\quad$ $\Phi_2 = B \cdot A_2$

$\Phi_1 = B \cdot A_1$ $\quad$ $l_2 < l_1$ $\quad$ $\Phi_2 < \Phi_1$

$A_2 < A_1$

3: Anfangszustand

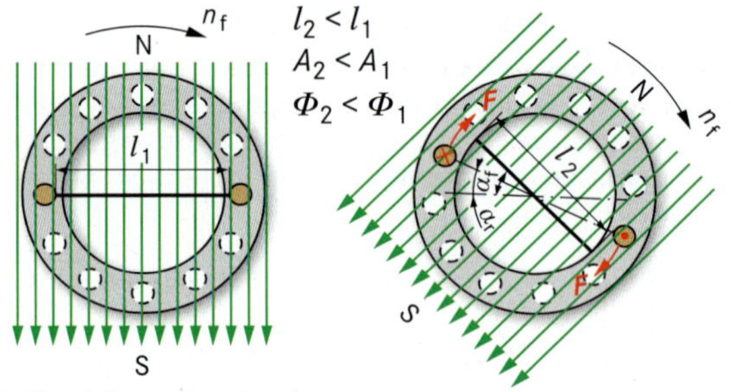

4: Betriebszustand

Spannung induziert (s. Kap. 1.5.4.1). Da der Stromkreis über die Kurzschlussringe geschlossen ist, fließt Wechselstrom und Kräfte mit den entsprechenden Drehmomenten entstehen (s. Kap. 1.5.3). Der Läufer bewegt sich in Richtung des Drehfeldes. Solange sich der Läufer langsamer dreht als das Drehfeld, wird in die Läuferwicklungen eine Spannung induziert und das Drehmoment wirkt. Die Läuferdrehzahl erreicht einen Wert unterhalb der Drehfelddrehzahl. Läufer und Drehfeld drehen sich also **asynchron**, d.h., sie bewegen sich nicht mit gleicher Drehzahl.

In Abb. 4 ist der Betriebszustand dargestellt. Solange sich der Läufer langsamer als das Drehfeld dreht, wird in die Läuferwicklung Spannung induziert und es wirkt ein Drehmoment.

Wenn sich das Drehfeld und der Läufer wie in Abb. 5 mit gleicher Drehzahl drehen würden, findet in der Fläche keine Flussänderung statt. Es wird keine Spannung induziert und es fließt kein Läuferstrom. Das Drehmoment ist Null.

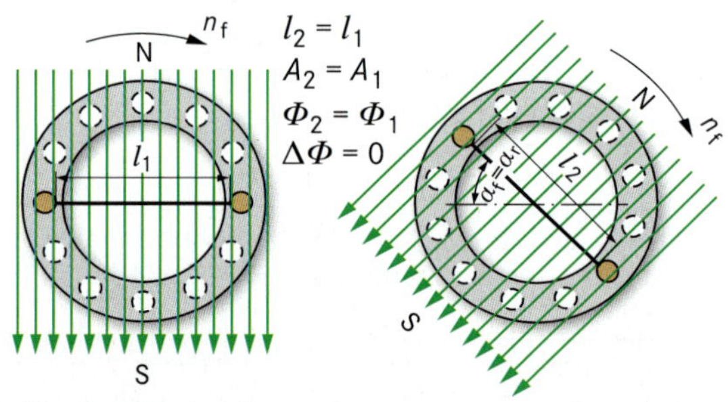

5: Synchroner Lauf

AUFGABE

1. Ermitteln Sie aus dem Leistungsschild (Kap. 8.1.2) die dort aufgeführten Kenngrößen des Motors.

- Die Leistung eines Motors ist das Produkt aus Drehmoment und Winkelgeschwindigkeit.
- Im Läufer eines Asynchronmotors wird ein Drehmoment erzeugt, das in Drehfeldrichtung wirkt.
- Beim Asynchronmotor dreht sich der Läufer mit einer Drehzahl unterhalb der Drehfelddrehzahl.

Da beim Asynchronmotor der Läufer nie mit dem Drehfeld im Gleichlauf (synchron) ist, sondern stets etwas hinter der Drehfelddrehzahl n_f zurückbleibt, gibt man als wichtige Kenngröße die Differenz zwischen der Drehfelddrehzahl und der Läuferdrehzahl an. Sie wird als **Schlupfdrehzahl** n_s [slip speed] bezeichnet.

Die Schlupfdrehzahl wird meistens auf die Drehfelddrehzahl bezogen und in Prozent angegeben. Dieser Wert wird als **Schlupf** s [slip] bezeichnet. Er beträgt üblicherweise 5 % bis 10 % und ist von der Belastung abhängig.

$$n_s = n_f - n \qquad s = \frac{n_f - n}{n_f} \cdot 100\,\%$$

Läufer

Die Wicklung des Kurzschlussläufers wird auch als **Käfigwicklung** (Käfigläufer [cage rotor]) bezeichnet. Sie setzt sich zusammen aus Kupfer-, Bronze- oder Aluminiumstäben, die in die Nuten des Blechpaketes eingelegt oder eingegossen werden, und den Kurzschlussringen aus dem gleichen Material an den Stirnseiten. Damit der Läufer sich geräuscharm dreht, sind die Nuten und die Stäbe einfach oder doppelt geschränkt (Abb. 6). Die an den Kurzschlussringen befindlichen Lüfterflügel und der auf der Welle befestigte Lüfter drücken die zum Abtransport der Verlustwärme benötigte Luft durch den Motor.

Die Welle wird in Wälzlagern, selten in Gleitlagern, so gelagert, dass zwischen dem Ständer- und dem Läuferblechpaket nur ein schmaler Luftspalt von 0,2 mm bis 1 mm Breite entsteht.

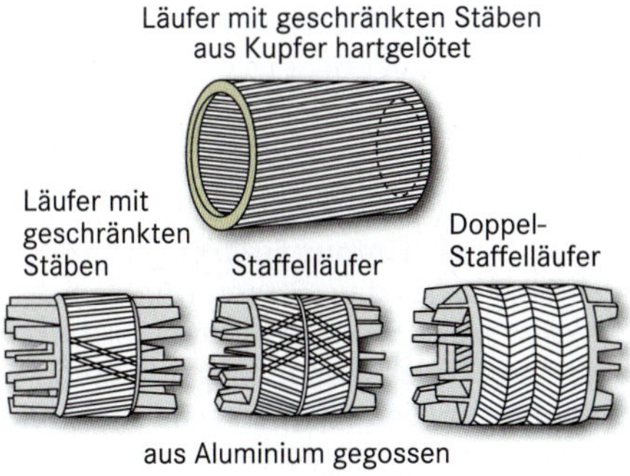

6: Käfigläuferwicklungen

M_K	Kippdrehmoment	I_0	Leerlaufstromstärke
M_n	Bemessungs-drehmoment	n_f	Drehfelddrehzahl
M_A	Anlaufdrehmoment	n_n	Bemessungsdrehzahl
M_S	Satteldrehmoment	n_0	Leerlaufdrehzahl
I_n	Bemessungs-stromstärke	n_K	Kippdrehzahl
I_A	Anlaufstromstärke	n_S	Schlupfdrehzahl

7: Motor-Kenngrößen

Kennlinien

Zur Beurteilung und Auswahl von Motoren sind Leistungsfaktor cos φ, Wirkungsgrad η, Stromstärke I, Spannung U, Drehzahl n und Leistung P wichtige Vergleichswerte. In Abb. 7 sind weitere wichtige Kenngrößen aufgeführt. Von Bedeutung ist ebenfalls die Abhängigkeit dieser Größen untereinander.

Belastungskennlinien

Aus den Belastungskennlinien [load curves] (Abb. 8) kann man das Verhalten des Motors im Leerlauf und bei Belastung entnehmen.

Die **Bemessungsdrehzahl** n_n (Abb. 8) des Motors liegt nur wenig unterhalb der Leerlaufdrehzahl n_0.

Der **Leistungsfaktor** cos φ ist im Leerlauf ($M \approx 0$) sehr klein. Es wird nur wenig Wirkleistung benötigt und die induktive Blindleistung der Wicklungen überwiegt. Mit größer werdender Belastung steigt der Leistungsfaktor. Auch der Wirkungsgrad nimmt dann günstige Werte an. Er wird bei hoher Belastung aber wieder schlechter.

Die **Leerlaufstromstärke** I_0 liegt weit unter der Bemessungsstromstärke. Sie nimmt mit steigender Belastung zu, während die Drehzahl n geringfügig abnimmt. Dadurch wird der Schlupf s größer.

Die günstigsten Betriebswerte des Motors liegen bei den **Bemessungswerten**. Günstig bedeutet, dass sowohl der Wirkungsgrad η als auch der Leistungsfaktor cos φ groß sind. Da bei hoher Belastung der Wirkungsgrad η sinkt und der Leistungsfaktor cos φ nur noch geringfügig steigt, wird der Bemessungsbetrieb so festgelegt, dass dann das Produkt aus dem Wirkungsgrad η und dem Leistungsfaktor cos φ den größten Wert annimmt (**Betriebsgüte** [power-factor value]).

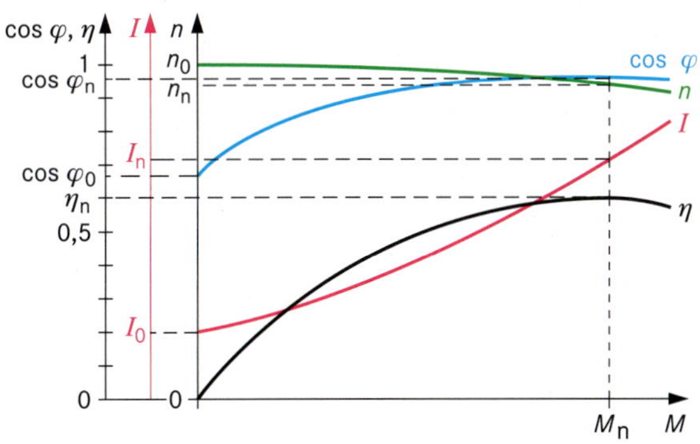

8: Belastungskennlinien

- Asynchronmotoren laufen ohne Anlaufhilfe an.
- Beim Asynchronmotor ist die Bemessungsdrehzahl etwas kleiner als die Leerlaufdrehzahl.

Hochlaufkennlinien

Die Hochlaufkennlinien [ramp-up curves] in Abb. 1 zeigen die Abhängigkeiten der Stromstärke I und des Drehmomentes M von der Drehzahl n. Der Verlauf des Drehmoments ist typisch für Asynchronmaschinen. Die Kennlinie beginnt beim **Anlaufdrehmoment** M_A [starting torque] und fällt zunächst leicht ab bis zum **Satteldrehmoment** M_S [pull-up torque]. Dieser Sattelpunkt ist nicht bei allen Maschinen vorhanden. Durch Schränkung der Nuten und durch unterschiedliche Nutenzahlen im Ständer und Läufer kann man erreichen, dass er verschwindet.

Das größte Drehmoment erreicht der Motor im Kipppunkt mit dem **Kippdrehmoment** M_K [breakdown torque]. Die Bezeichnung Kipppunkt kommt daher, dass die Drehzahl der Maschine auf $n = 0$ zurückgeht, wenn sie mit einem Drehmoment belastet wird, das größer als das Kippdrehmoment ist.

Die in Abb. 1 gezeichneten Kennlinien gehören zu einem Drehstrom-Asynchronmotor mit **Rundstabläufer** [round bar rotor]. Maschinen dieser Art besitzen ein niedriges Anlaufdrehmoment ($M_A = 0{,}5 \cdot M_n$ ... $1 \cdot M_n$) und eine hohe Anlaufstromstärke ($I_A = 7 \cdot I_n$ ... $10 \cdot I_n$). Die Anlaufstromstärke sinkt bei steigender Drehzahl.

Das geringe Anlaufdrehmoment lässt sich erklären, wenn man den Zeitpunkt des Einschaltens genauer betrachtet. Die in die Läuferwicklung induzierte Wechselspannung besitzt die gleiche Frequenz wie die Netzspannung. Auf Grund der relativ hohen Läuferfrequenz ist die Induktivität der Wicklung und damit der induktive Blindwiderstand groß. Wegen der großen Stabquerschnitte ist dagegen der Wirkwiderstand klein, sodass sich zwischen der Läuferspannung und dem Läuferstrom eine Phasenverschiebung von fast 90° einstellt. Dies ist in Abb. 2 vereinfacht dargestellt. Mit Hilfe der „Dreifingerregel der rechten Hand" (s. Kap. 1.5.3) lässt sich dann die Kraftrichtung ermitteln. Das Drehmoment ist nur gering.

Ein niedriges Anlaufdrehmoment und eine hohe Anlaufstromstärke sind schlechte Betriebseigenschaften. Deshalb werden Motoren dieser Art nicht mehr gebaut. Durch eine besondere Konstruktion der Käfigwicklung können diese Nachteile jedoch beseitigt werden.

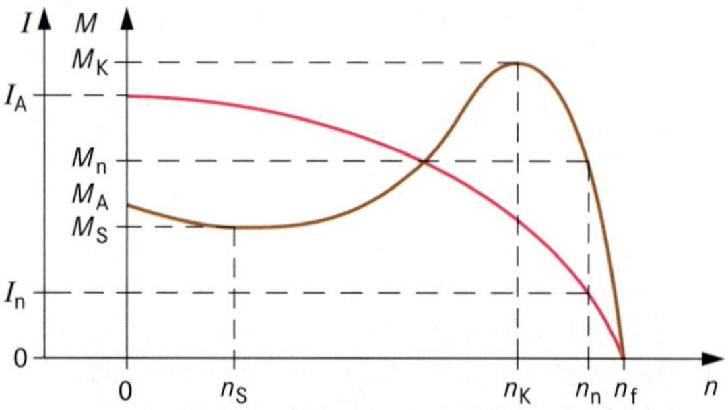

1: Hochlaufkennlinie

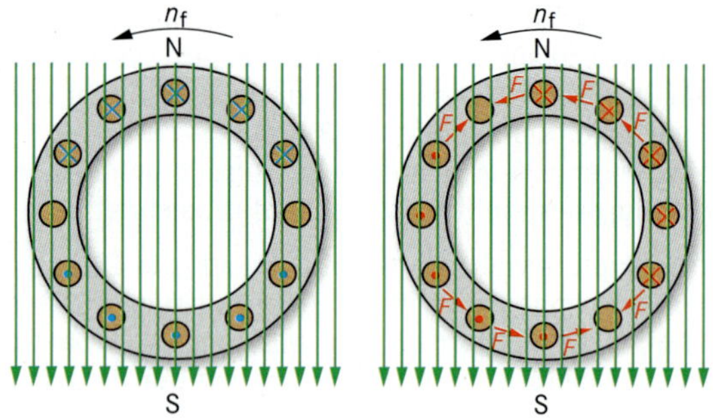

2: Rundstabläufer beim Anlauf (Schnittdarstellung)

Stromverdrängungsläufer

Damit die Anlaufstromstärke möglichst niedrig ist, muss beim Anlauf der Widerstand der Läuferwicklung groß sein. Damit das Anlaufdrehmoment groß wird, muss die Phasenverschiebung zwischen Läuferstrom und Läuferspannung aber gering sein. Weiterhin muss der Widerstand der Läuferwicklung sehr viel größer sein als ihr Blindwiderstand.

Ein großer Läuferwiderstand mit hohem Wirkwiderstandsanteil bewirkt nach dem Hochlaufen des Motors, dass der Wirkungsgrad η kleine und der Schlupf s große Werte annimmt. Damit die Läuferverluste gering werden, muss der Wirkwiderstand kleiner werden. Der induktive Blindwiderstand wird automatisch kleiner, da die Läuferfrequenz bei hoher Drehzahl gering ist.

Zusammenfassend kann man festhalten, dass ein Läufer benötigt wird, dessen Wirkwiderstand beim Anlauf groß und während des Betriebes gering ist. **Stromverdrängungsläufer** [skin effect rotor] zeigen dieses Verhalten. Sie haben besondere Nuten- und Stabformen oder mehrere Käfige (Abb. 3). Je nach Läuferart erhält man unterschiedliche Hochlaufkennlinien (Abb. 4).

Am Beispiel eines **Tiefnutläufers** [deep-bar squirrel-cage motor] soll das Stromverdrängungsprinzip erklärt werden (Abb. 5). In dem Stab wird nach dem Einschalten eine Wechselspannung induziert. Da der Stromkreis geschlossen ist (Kurzschlussläufer), fließt ein Wechselstrom. Dieser Strom bildet um den Leiterstab ein Streufeld aus, das wegen der Nutenform

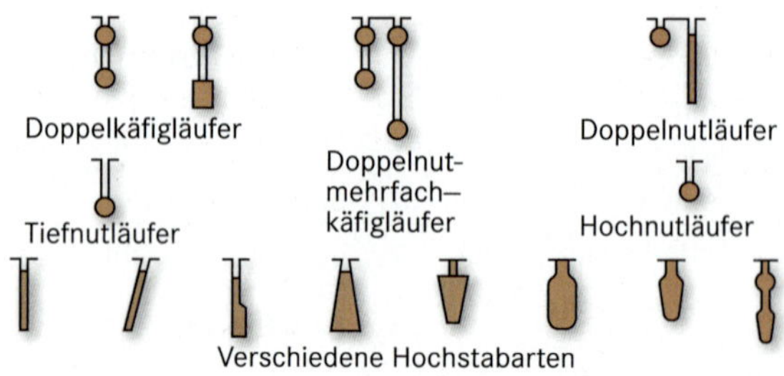

3: Nuten- und Stabformen verschiedener Kurzschlussläufer

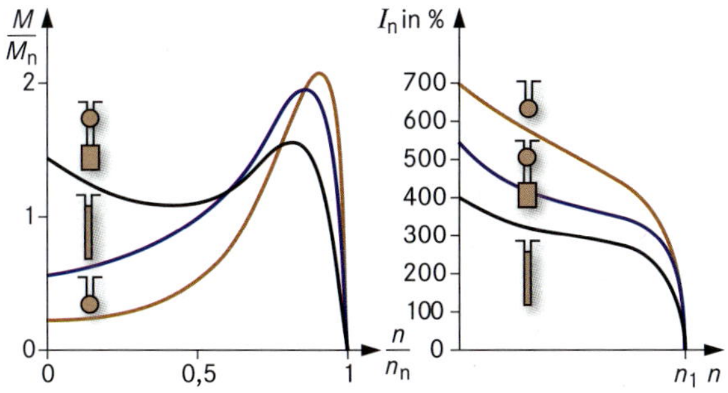

4: Hochlaufkennlinien für verschiedene Läuferarten

inhomogen ist. Die magnetische Flussdichte ist am Außenrand des Läufers geringer als innen. **Streufelder** wirken im Wechselstromkreis wie induktive Blindwiderstände. Wegen des inhomogenen Streufeldes ist auch der Blindwiderstand nicht für den gesamten Stabquerschnitt gleich. Er wird vom Läuferrand zum Mittelpunkt hin größer. Dadurch fließt der Anlaufstrom fast nur im oberen Teil des Stabes. Er wird nach außen verdrängt. Der gesamte Querschnitt wird nicht mehr gleichmäßig zur Stromleitung benutzt. Der Wirkwiderstand des Läuferstabes wird größer.

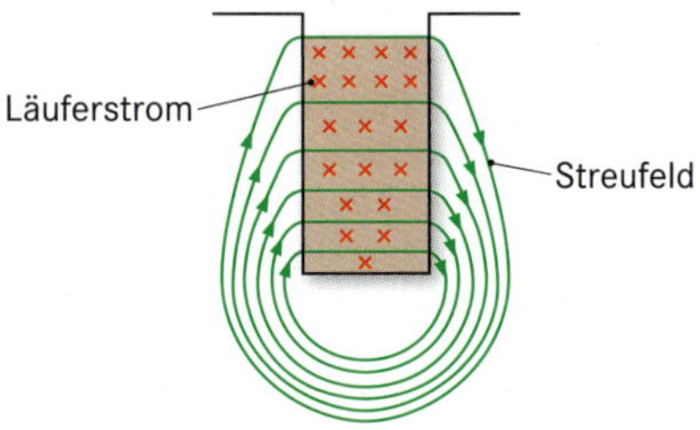

5: Anlaufstromverteilung im Tiefnutläufer

Nach dem Hochlaufen des Motors ist die Läuferfrequenz sehr niedrig. Der Streuwiderstand ist deshalb ebenfalls gering. Die Stromverdrängung wird dadurch fast vollständig aufgehoben. Der Wirkwiderstand des Läuferstabes hat wieder seinen normalen niedrigen Wert.

Durch die Nuten- und Stabform kann die Größe der Stromverdrängung und damit die Größe des Läuferwirkwiderstandes beim Anlauf beeinflusst werden. Dadurch erhält man ein unterschiedliches Anlaufverhalten. Auch das Material der Läuferstäbe hat einen Einfluss. Verwendet man Widerstandswerkstoff (Widerstandsläufer), dann hat man zwar ein gutes Anlaufverhalten, aber einen schlechten Wirkungsgrad und einen großen Schlupf. Großer Schlupf bedeutet, dass die Drehzahl sehr lastabhängig ist.

Anwendungen des Kurzschlussläufer-Motors

- Antriebe für Werkzeugmaschinen
- Antriebe für Kräne, Pumpen und Gebläse mit Leistungen bis zu einigen MW
- Fahrmotoren für Schienenfahrzeuge mit Leistungen bis weit über 1000 kW

8.1.3.3 Schleifringläufer-Motor

Der Ständer des Schleifringläufer-Motors [slip ring motor] gleicht dem des Kurzschlussläufer-Motors. Der Läufer besitzt allerdings statt der kurzgeschlossenen Stäbe eine Wicklung, die meist dreisträngig ist. Die Enden der drei Stränge sind im Inneren des Läufers zu einem **Sternpunkt** [star point] zusammengefasst. Die Spulenanfänge sind zu den auf der Welle sitzenden Schleifringen ① (Abb. 6) geführt. Darauf schleifen die Kohlebürsten ②. Diese sind im Klemmenkasten zu den Anschlüssen K, L und M herausgeführt ③.

Um die Stromstärke im Läufer und das Widerstandsverhalten der Läuferwicklung zu verändern, werden an den Klemmen externe Widerstände über eine Spannungsquelle angeschlossen (Abb. 1, nächste Seite).

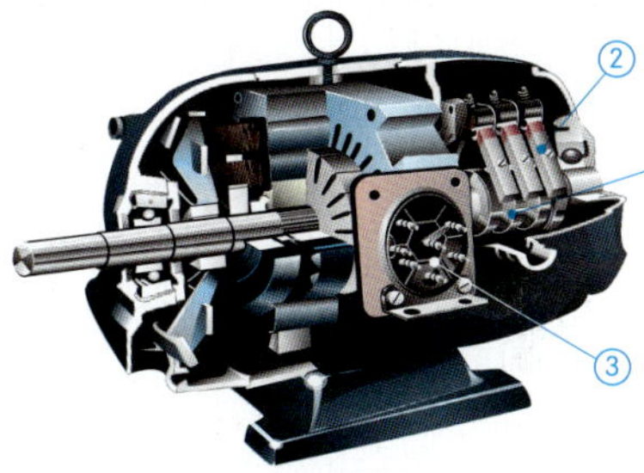

6: Schleifringläufer-Motor

AUFGABEN

1. Beschreiben Sie, wie beim Asynchronmotor das Läufermagnetfeld entsteht.
2. Warum kann beim Asynchronmotor die Läuferdrehzahl nicht gleich der Statordrehzahl sein?
3. Was ist der Schlupf eines Asynchronmotors? Wie kann er berechnet werden?
4. Beschreiben Sie die Drehzahl-Drehmomentkennlinie eines Kurzschlussläufer-Motors.
5. Warum hat der Asynchronmotor mit einem Rundstabläufer eine große Anlaufstromstärke?

- Beim Anlauf eines Kurzschlussläufer-Motors sollte der Widerstand der Läuferwicklung möglichst groß sein mit einem hohen Wirkwiderstandsanteil. Dadurch werden die Anlaufstromstärke I_A gering und das Anlaufdrehmoment M_A groß.
- Damit der Wirkungsgrad günstig ist und der Schlupf kleine Werte annimmt, muss während des Betriebes der Läuferwiderstand klein sein.
- Durch veränderte Nuten- und Stabformen kann beim Kurzschlussläufer-Motor das Anlaufverhalten verändert werden.
- Tiefnutläufer arbeiten nach dem Stromverdrängungsprinzip und ändern dadurch ihr Widerstandsverhalten beim Anlauf.

Anlassen von Schleifringläufer-Motoren

Widerstände im Läuferkreis werden dazu benutzt, die
- Läuferstromstärke zu begrenzen und
- hohe Anlaufstromstärken zu verringern.

$$R_{\text{Anl}} \uparrow \Rightarrow I_{\text{Läufer}} \downarrow \Rightarrow I_{\text{Stator}} \downarrow$$

Die Anlasswiderstände vergrößern den Wirkanteil des Läuferwiderstandes. Das Anzugsmoment wird dadurch größer (Abb. 2 ①).

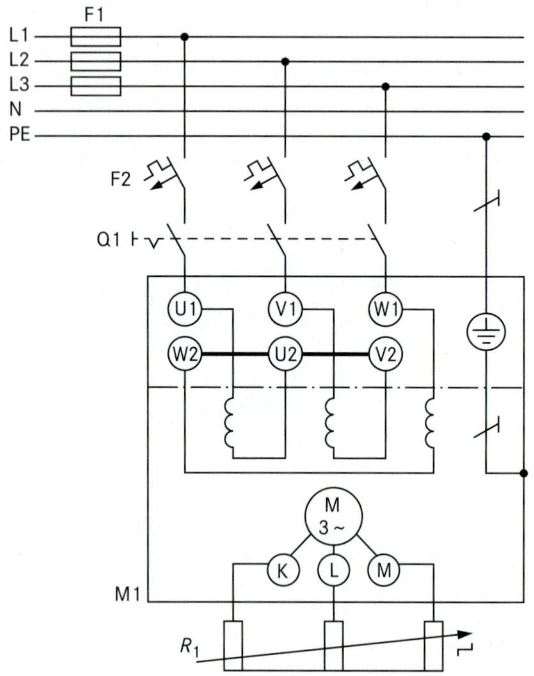

1: Schleifringläufer-Motor mit Anlasswiderständen

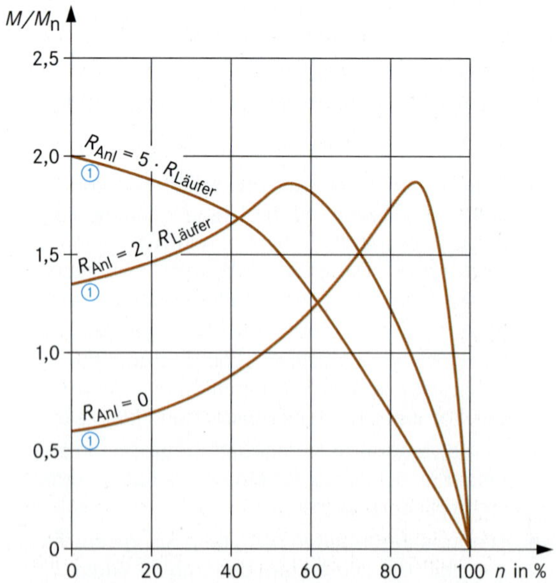

2: Drehmomente beim Schleifringläufer-Motor

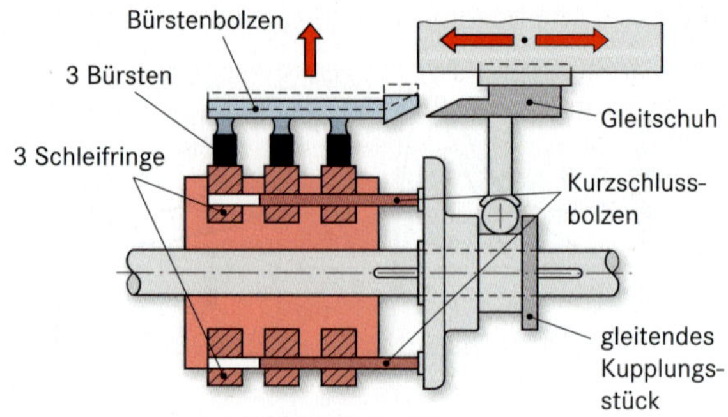

3: Abhebevorrichtung für Bürsten

Um den Verschleiß und die Reibungsverluste zu verringern, werden die eingeschalteten Widerstände nur für den Anlassvorgang verwendet. Deshalb hebt man bei großen Maschinen im Betrieb die Bürsten von den Schleifringen ab. Gleichzeitig wird der Läufer kurzgeschlossen. Diese beiden Aufgaben übernimmt eine Abhebevorrichtung (Abb. 3).

Betriebsverhalten

Im Bemessungsbetrieb mit kurzgeschlossener Läuferwicklung verhalten sich die Schleifringläufer-Motoren wie die Kurzschlussläufer-Motoren. Werden die Widerstände im Bemessungsbetrieb nicht abgehoben, kann eine stufenlose Drehzahleinstellung mit Hilfe der Widerstände erreicht werden. Die Widerstände müssen dann allerdings für **Dauerlast** [continuous load] bemessen sein. Der Läuferwiderstand wird dazu über einen Drehzahlsteller eingestellt.

Nachteil: Die Bürsten liegen dauernd auf und verursachen zusätzliche Verluste.

Schleifringläufer-Motoren werden eingesetzt, wenn eine
- stufenlose Drehzahleinstellung benötigt wird,
- nur kleine Anlaufströme auftreten dürfen und
- große Anzugsdrehmomente erforderlich sind.

AUFGABE

1. Beschreiben Sie die Unterschiede der Kennlinien in Abb. 2.

- Bei Schleifringläufer-Motoren fließen kleine Anlaufströme. Das Anzugsdrehmoment ist hoch.
- Der Läufer des Motors besteht aus Spulen, die an Schleifringe geführt sind.
- Mit verschiedenen Widerständen können die Anlassstromstärke und im Betrieb die Drehzahl eingestellt werden.
- Das Verhalten eines Schleifringläufer-Motors im Bemessungsbetrieb mit kurzgeschlossener Läuferwicklung gleicht dem des Kurzschlussläufer-Motors.

8.1.4 Drehstrommotor an Wechselspannung

Drehstrommotoren mit der Bemessungsspannung von 230/400 V können auch am Einphasen-Wechselspannungsnetz betrieben werden. Dazu sind die Motoren in einer **Steinmetzschaltung** [Steinmetz circuit] anzuschließen (benannt nach Charles P. Steinmetz, deutsch-amerikanischer Elektroingenieur, 1865–1923).

Die Motoren können im Dreieck oder im Stern geschaltet sein (Abb. 4). Durch Umschalten des Kondensators (Abb. 5) kann die Laufrichtung geändert werden.

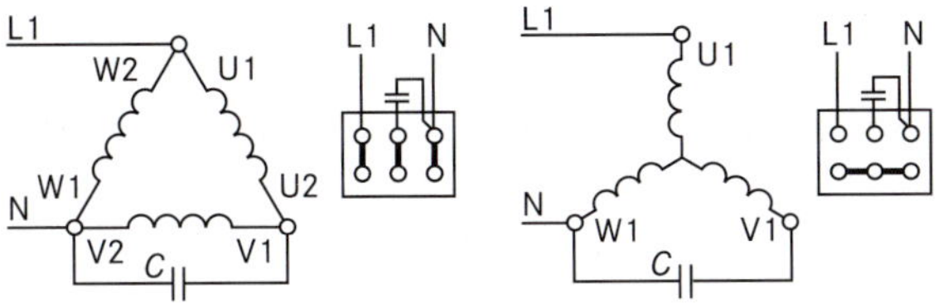

4: Steinmetzschaltung

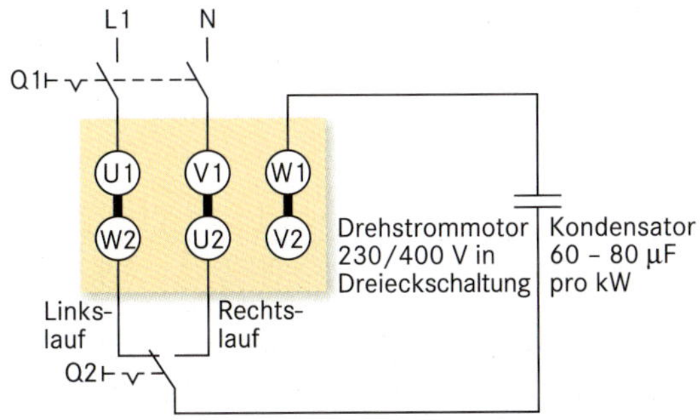

5: Steinmetzschaltung mit Drehrichtungsänderung

Der zugeschaltete Kondensator verschiebt eine Phase um etwa 90°. Es entstehen dadurch drei gegeneinander verschobene Spannungen, die jedoch nicht den Idealwert von gleichmäßigen 120° erreichen.

Das Drehmoment des Motors liegt bei etwa 10 - 50 % des Bemessungsdrehmomentes (Abb. 6). Dieses geringe Drehmoment resultiert aus dem elliptischen Drehfeld, mit dem der Drehstrommotor betrieben wird.

Auch die Motorleistung reduziert sich bei der Steinmetzschaltung. Das Anlaufdrehmoment liegt bei etwa 30 % des normalen Anlaufdrehmoments. Die Steinmetzschaltung ist deshalb für Schweranlauf ungeeignet. Soll das Anlaufdrehmoment gesteigert werden, ist während des Anlaufens ein weiterer Kondensator parallel zu schalten. Beim Erreichen der Bemessungsdrehzahl muss dieser wieder entfernt werden (Abb. 7).

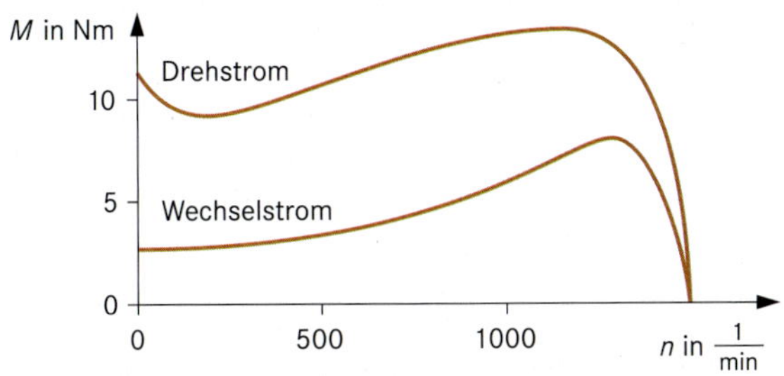

6: Kennlinie eines Drehstrommotors bei Drehstrom- bzw. Wechselstromanschluss

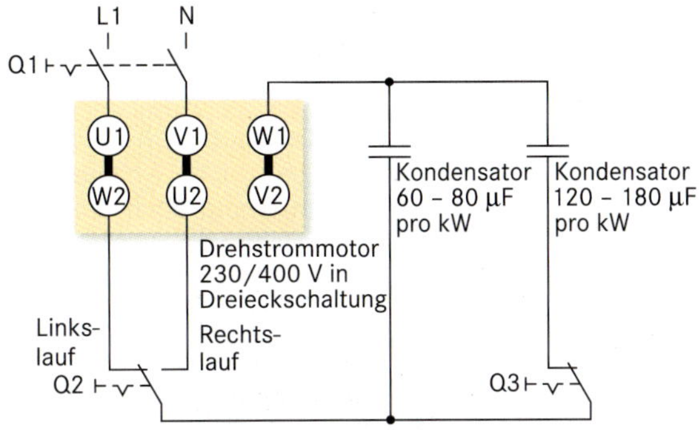

7: Steigerung des Anlaufdrehmomentes

Aus wirtschaftlichen Gründen ist die Steinmetzschaltung nur für Motoren bis 2 kW sinnvoll. Die Kapazität des Kondensators hängt von der Motorleistung und der Netzspannung ab. In Abb. 8 sind die in der DIN 48501 festgelegten Werte für die Kondensatoren aufgeführt.

Der Drehstrommotor an Wechselspannung hat insgesamt schlechte Betriebseigenschaften. Um sie trotzdem effektiv an Wechselspannung zu betreiben, wird beim Kondensatormotor der Kondensator fest eingebaut und der Aufbau etwas verändert (s. Kap. 8.1.5).

Leistung des Drehstrommotors in W	Erforderliche Kondensatorkapazität in µF bei Netzspannung		
	110 V	230 V	400 V
100	28	7	2
200	52	13	4
300	80	20	7
400	104	26	9
500	132	33	11
600	160	40	13
700	184	46	15
800	212	53	18
900	236	59	20
1000	264	66	22
1100	-	73	24
1200	-	79	26
1300	-	86	29

8: Auswahl der Betriebskondensatoren

- Bei der Steinmetzschaltung wird ein Drehstrom-Asynchronmotor für den Betrieb an einer einphasigen Wechselspannung mit einem Kondensator angepasst.

8.1.5 Kondensatormotor

Im Unterschied zum Asynchronmotor arbeitet der Kondensatormotor [capacitor motor] (Abb. 1) mit Wechselspannung und benötigt kein Drehstromnetz. Er ist ähnlich wie ein Asynchronmotor aufgebaut und besitzt einen kurzgeschlossenen Käfigläufer. Durch das Ständerdrehfeld wird ein Drehmoment erzeugt.

Beim **Motor mit Hilfsphase** befinden sich im Ständer zwei um 90° versetzt angeordnete Wicklungen. Die Ströme müssen aus diesem Grund auch um 90° verschoben werden. Dieses erreicht man durch einen Kondensator.

1: Kondensatormotor

Der Schaltplan in Abb. 2 zeigt, dass zusätzlich eine **Hilfswicklung** [auxiliary winding] mit vorgeschaltetem Kondensator vorhanden ist. In der Hilfswicklung Z1–Z2 wird durch den Kondensator der Strom phasenverschoben (Abb. 2). Dadurch entsteht ein Drehfeld.

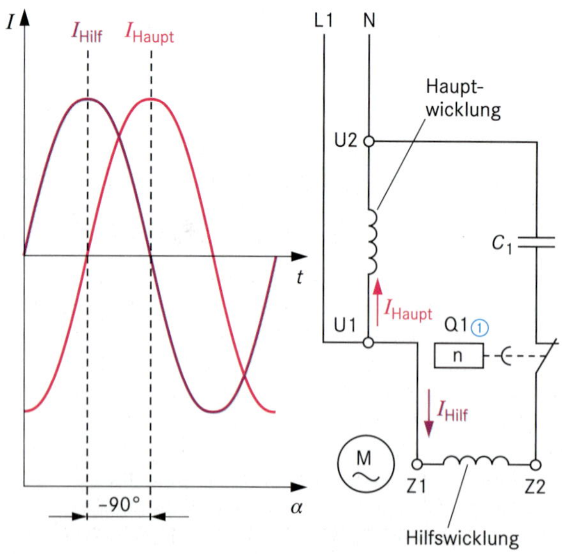

2: Stromverlauf beim Kondensatormotor

Arbeitsweise

Die Hilfswicklung ist oft nicht für den Dauerbetrieb ausgelegt. Deshalb werden beim Erreichen der Bemessungsdrehzahl die Hilfswicklung und der Kondensator C_1 mit Hilfe eines

- Fliehkraftschalters (z. B. Q1 in Abb. 2 ①),
- temperaturabhängigen Schalters oder
- Zeitrelais abgeschaltet.

Das Betriebsverhalten hängt auch von der Kapazität ab. Je größer diese ist, desto größer ist das Anlaufdrehmoment. Bei einer sehr großen Kapazität wird aber die Stromstärke in der Wicklung groß, sodass es zu einer unzulässigen Erwärmung kommt. Deshalb sollte der Kondensator während des Betriebs eine Blindleistung von 1 kvar je kW Motorleistung besitzen.

Drehrichtungsänderung

Das Klemmenbrett (Abb. 3) eines Kondensatormotors zeigt die Anschlüsse der Hauptwicklung U1–U2 und der Hilfswicklung Z1–Z2. Durch Umkehren des Hilfsfeldes erreicht man eine Änderung der Drehrichtung. Hierzu muss der Kondensator anstatt an Z2–U2 an Z2–U1 angeschlossen werden.

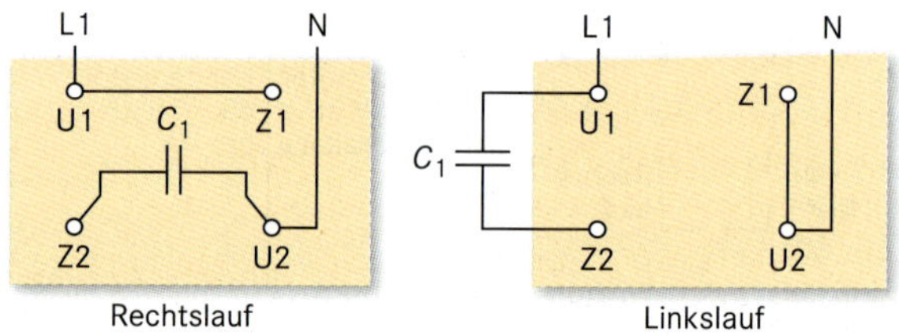

3: Schaltungen zur Drehrichtungsumkehr

Anwendungen

Kondensatormotoren sind kostengünstig und wartungsfrei. Wegen ihres geringen Wirkungsgrades werden sie nur für Leistungen bis ca. 1500 W verwendet. Man findet sie z. B. in Wärmepumpen, Hausgeräten und Elektrowerkzeugen. Die Laufruhe und hohe Lebensdauer haben Kondensatormotoren auch zum Standardantrieb für Umwälzpumpen in Heizungsanlagen gemacht.

AUFGABEN

1. Warum benötigt der Kondensatormotor eine Hilfswicklung?
2. Wie kann die Drehrichtung des Kondensatormotors geändert werden?

- Kondensatormotoren besitzen zusätzlich zur Hauptwicklung eine Hilfswicklung und einen Kondensator.
- Kondensatormotoren sind kostengünstig und wartungsarm.
- Kondensatormotoren werden nur für Leistungen bis etwa 1,5 kW eingesetzt.

8.1.6 Synchronmotoren

Synchronmotoren sind Drehfeldmaschinen. Im Ständer befindet sich die das Drehfeld erzeugende Dreiphasenwicklung. Der Läufer (Polrad) besitzt die Gleichstromerregerwicklung und ist entweder ein Vollpolläufer (auch Walzen- oder Zylinderläufer genannt) oder ein Schenkelpolläufer mit ausgeprägten Polen. Bei Synchronmotoren mit kleiner Leistung (< 100 W) wird als Läufer auch ein Permanentmagnet verwendet.

Der **Vollpolläufer** [cylindrical rotor] (Abb. 4) wird für Antriebsmaschinen mit hohen Drehzahlen (Schnellläufer) verwendet. Die Gleichstromerregerwicklung befindet sich im Läufereisen in eingefrästen Nuten. Die Polpaarzahl eines Vollpolläufers ist oft $p = 1$, seine Drehzahl am Drehstromnetz beträgt damit $n = 3000\ \text{min}^{-1}$.

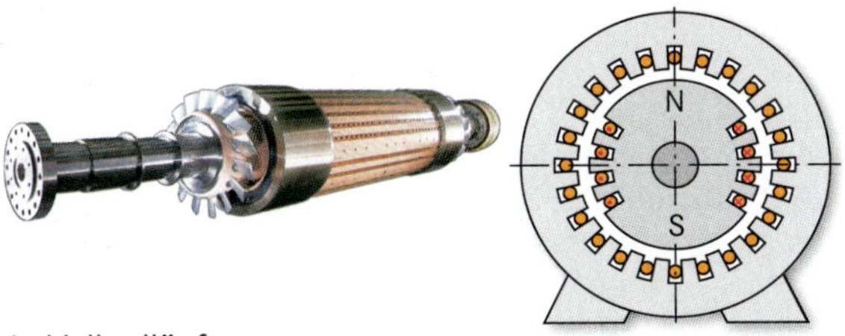

4: Vollpolläufer

Der **Schenkelpolläufer** [salient pole rotor] (Abb. 5) besitzt Erregerwicklungen mit ausgeprägte Polen. Sie werden vom Gleichstrom durchflossen. Die Polpaarzahl von Schenkelpolläufern ist $p \geq 2$. Schenkelpolläufer werden eingesetzt, wenn die Maschine langsame Drehzahlen liefern soll. Im Beispiel des abgebildeten Läufers (Abb. 5) mit der Polpaarzahl 2 ist die Drehzahl $n = 1500\ \text{min}^{-1}$.

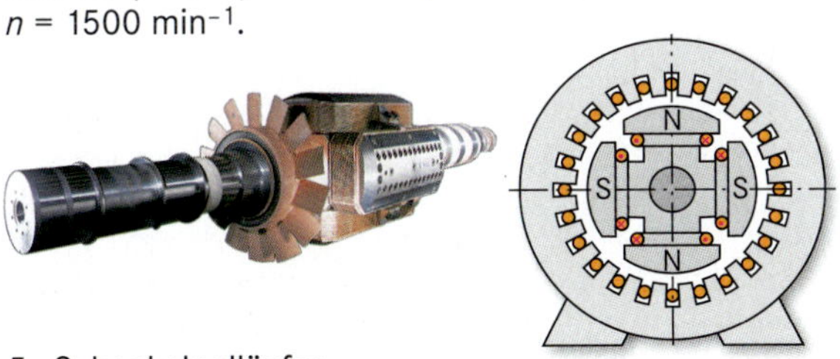

5: Schenkelpolläufer

Wirkungsweise

Schließt man die Ständerwicklung an das Drehstromnetz an, entsteht ein umlaufendes Drehfeld. Wird der Läufer nicht beschleunigt, kann aufgrund des großen Drehzahlunterschiedes (Statorfeld-Drehzahl $3000\ \text{min}^{-1}$ und Läuferdrehzahl $0\ \text{min}^{-1}$) keine Kopplung stattfinden. Der Läufer bleibt in Ruhe.

Wird der Läufer in Drehfeldrichtung bis etwa zur Drehfelddrehzahl beschleunigt, findet eine magnetische Kopplung zwischen dem umlaufenden Drehfeld und dem Nord- und Südpol des Polrades statt. Das Polrad dreht sich dann genauso schnell wie das Ständerdrehfeld weiter, mit **synchroner** Drehzahl. Der Anlauf des Polrades ist deshalb nur mit **Hilfseinrichtungen** möglich.

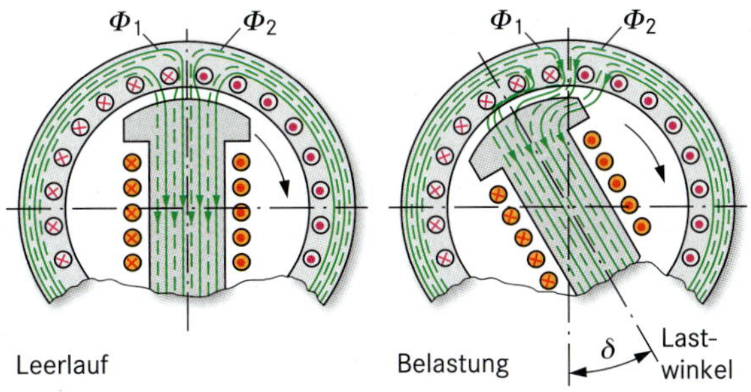

6: Polrad bei Leerlauf und Belastung

Das Polrad dreht sich im Leerlauf genau unter den ausgebildeten Magnetpolen des Drehfeldes (Abb. 6). Wird der Synchronmotor belastet, entsteht zwischen Drehfeld und Polrad eine Verschiebung, die als Lastwinkel δ bezeichnet wird. Das Polrad eilt dem Drehfeld nach (Abb. 6).

Betriebsverhalten

Mit größer werdender Belastung vergrößert sich der Lastwinkel. Das Drehmoment steigt (Abb. 7). Der Grund dafür ist das Zusammenwirken des vorauseilenden Magnetpols mit dem nacheilenden abstoßenden Pol des Ständerdrehfeldes. Wird die Belastung über den Lastwinkel $\delta = 90°$ ① gesteigert, fällt der Motor außer Tritt und bleibt stehen. Beim Lastwinkel 90° hat der Motor sein maximales Drehmoment (Kippdrehmoment M_K).

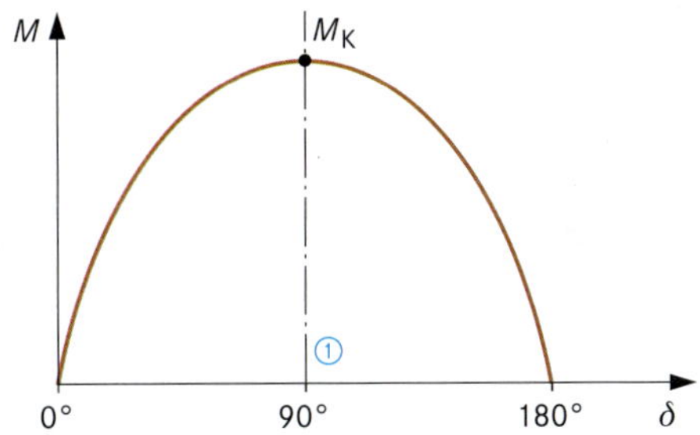

7: Drehmomentkennlinie

Anlaufverfahren

Synchronmotoren **größerer Leistung** werden durch Anwurfmotoren in Gang gesetzt. Dreht sich das Polrad mit der Drehfelddrehzahl, schaltet sich der Anwurfmotor ab und wird von der Motorwelle abgekoppelt.

Synchronmotoren **kleinerer Leistung** sind in der Regel mit einer Anlasswicklung (Dämpferwicklung) versehen. Der Motor verhält sich dann im Anlauf wie ein Kurzschlussläufer-Motor. Das Anlassen erfolgt deshalb wie beim Asynchronmotor. Dabei wird im Anlauf die Gleichstromerregung abgeschaltet und die Erregerwicklung kurzgeschlossen. Hat das Polrad die Drehfelddrehzahl erreicht, wird der Kurzschluss entfernt und die Gleichstromerregung eingeschaltet. Das Polrad wird in die Drehfelddrehzahl gezogen (synchronisiert). Die Dämpferwicklung hat bei der Bemessungsdrehzahl des Motors keine Wirkung.

Anwendungen

Wegen des Synchronlaufs zwischen Läufer und Drehfeld wird der Motor vor allem dort angewendet, wo eine konstante Drehzahl gefordert wird. Im mittleren Leistungsbereich findet man ihn selten. Bei höheren Antriebsleistungen (10 kW bis 1000 kW) hingegen trifft man den Synchronmotor öfter an, z. B. als Antrieb für Kompressoren und Pumpen. Synchronmotoren finden auch Verwendung als „Blindleistungsmaschinen" (**Phasenschieber** [synchronous compensator]).

Kleine Synchronmotoren

Synchron-Kleinmotoren haben gegenüber anderen Motoren den Vorteil, dass die Drehzahl bei Belastung konstant bleibt. Sie ist nur abhängig von der Frequenz der Netzspannung. Bei kleinen Leistungen nutzt man diese Motoren dann, wenn eine hohe Laufgenauigkeit verlangt wird und die Drehzahl sehr genau gesteuert werden muss. Das Drehfeld wird mit Wechselstrom und einem Kondensator in der Hilfsphase erzeugt. Im Läufer besitzen die Motoren Dauermagnete. Sie sind deshalb wartungsarm und werden für Leistungen bis etwa 5 W gebaut.

Beim **Hysteresemotor** [hysteresis motor] wird im Ständer ebenfalls ein Drehfeld erzeugt. Im Läufer befindet sich aber statt einer Wicklung ein Zylinder aus hartmagnetischem Werkstoff. Nach dem Einschalten läuft der Motor asynchron an, denn der Magneteisenzylinder wirkt als Kurzschlusswicklung. Da der Läufer aus Magneteisen mit hoher Remanenz besteht, ist er magnetisch gepolt. Er geht deshalb nach dem Anlauf in den synchronen Lauf über. Der Ständer wird oft mit Spaltpolen ausgeführt. Motoren dieser Art verwendet man z. B. in der Automatisierungstechnik.

Der **Reluktanzmotor** [reluctance motor] ist ein Drehfeldmotor mit einem Läufer, der ausgeprägte Pole besitzt, die jedoch über keine Erregerwicklung verfügen. Er läuft asynchron an, da der Läufer als Kurzschlussläufer anzusehen ist. Danach geht er in den synchronen Lauf über, denn der magnetische Fluss des Drehfeldes verläuft durch den kleinen Luftspalt und durch die Läuferpole. Hier ist der kleinste magnetische Widerstand. Wegen ihrer schlechten Betriebseigenschaften werden Motoren dieser Art nur für kleine Leistungen gebaut.

AUFGABEN

1. Welcher Unterschied besteht im Aufbau zwischen Vollpolläufer und Schenkelpolläufer?
2. Beschreiben Sie, wie sich der Lastwinkel δ abhängig von der Last ändert.

- Synchronmotoren besitzen einen Ständer mit einer Drehstromwicklung, ein Polrad mit einem Dauermagneten oder einer Gleichstromwicklung.

Blindleistungsmaschine (Phasenschieber)

Synchronmotoren sind in der Lage, eine induktive oder kapazitive Blindleistung an das Drehstromnetz abzugeben. Als Beispiel dient die folgende Schaltung:

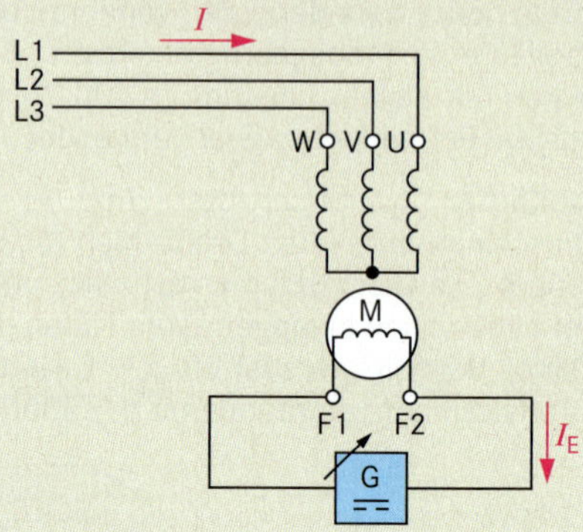

Durch Verändern der Erregerspannung kann die Stromstärke I_E stufenlos verstellt werden. Die unterschiedliche Erregung der Läuferwicklung bewirkt eine unterschiedliche Stromstärke im Ständer. Sie hängt also nicht nur von der Belastung ab.

Bei einer kleinen Erregerstromstärke ist auch die Gegeninduktionsspannung des Läufers gering. In der Ständerwicklung entsteht die zum Aufbau des Magnetfeldes erforderliche induktive Blindleistung in Form eines der Netzspannung nacheilenden Stromes. Der Motor wirkt wie eine Spule. Wird die Erregerstromstärke bei gleicher Last erhöht, wächst die Gegeninduktionsspannung im Ständer. Es kommt zur Abgabe kapazitiver Blindleistung. Der Motor wirkt wie ein Kondensator.

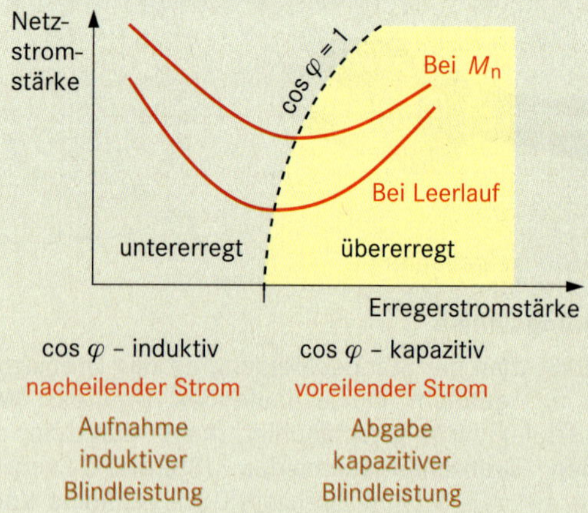

- Der Läufer des Synchronmotors dreht sich mit der Drehzahl des Drehfeldes.
- Synchronmotoren können nur mit einer Anlaufhilfe anlaufen.
- Als Anlaufhilfen verwendet man bei Synchronmotoren zusätzliche Anwurfmotoren oder eine eingebaute Anlasswicklung.

8.1.7 Motorauswahl

Bei der Auswahl von Motoren müssen die Anforderungen an diese Arbeitsmaschinen mit den notwendigen Eigenschaften abgeglichen werden. Neben wichtigen Motordaten (Abb. 1) muss auch geklärt werden,
- wo der Motor installiert werden soll und
- welche Personen ihn bedienen werden.

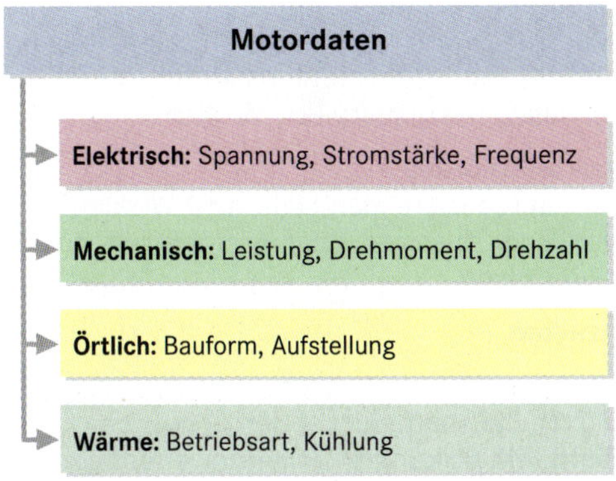

1: Motordaten

Eine wichtige Informationsquelle für Motordaten ist das **Leistungsschild** [rating plate]. Im Beispiel der Abb. 2 sind folgende Daten aufgeführt:
- Bemessungsspannung [rated voltage] in V:
  400 V AC
- Schaltung der Wicklung:
  Sternschaltung
- Bemessungsleistung [rated power]:
  4 kW
  Bei elektrischen Maschinen ist die mechanisch abgegebene Leistung an der Motorwelle die Bemessungsleistung. Die elektrische Leistung ist größer, da ein Motor Verluste (z. B. Reibungsverluste) hat.
- Isolierstoffklasse [insulation classes]:
  B (Abb. 3)
- Schutzart [International Protection degree]:
  IP 54 (s. Kap. 2.7.2)

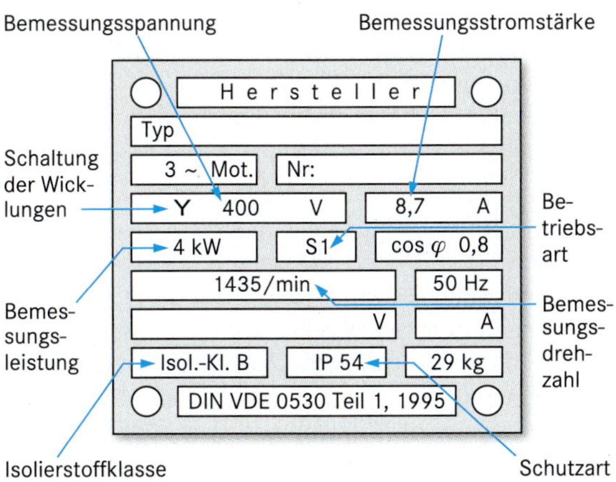

2: Leistungsschild eines Motors

- Bemessungsdrehzahl [rated engine speed]:
  1435/min
  Sie gibt an, wie viele Umdrehungen pro Minute die Welle unter Bemessungsbedingungen ausführt.
- Betriebsart [operating mode]:
  S1 (s. übernächste Seite)

Isolierstoffklassen und Kühlung

Beim Motor wird die Erwärmung hauptsächlich durch
- Reibung,
- elektrische Verluste und
- magnetische Verluste verursacht.

Eine zu hohe Temperatur würde z. B. die Isolation der einzelnen Windungen zerstören und damit Kurzschlüsse verursachen. Aus diesem Grund dürfen im Motor bei Bemessungsbetrieb bestimmte Temperaturen nicht überschritten werden. Je nach Isolierwerkstoff sind höchstzulässige Temperaturen festgelegt (VDE 0530-1). Die **Isolationsmaterialien** sind in Klassen eingeteilt (Abb. 3).

Temperatur	Klasse	Verwendete Isolationsmaterialien
90 °C	Y	Holz, Baumwolle, Seide, Papier
105 °C	A	Seide, Holz, Textilien, Papier
120 °C	E	PC-CTA-Folie, Drahtlacke, CTA-Folie
130 °C	B	Glasfaser, Glasfasertextilien
155 °C	F	Glasfaser, Drahtlacke
180 °C	H	Glasfaser, Glimmerprodukte
>180 °C	C	Glimmer, Porzellan, Glas, Quarz

3: Isolierstoffklassen

Für jede dieser Klassen sind einzuhaltende Temperaturbereiche festgelegt (Abb. 4). Die Kühlmitteltemperatur in der Isolierstoffklasse B ① beträgt bei Motoren 40 °C. Die Motorwicklungstemperatur darf dann wegen der Temperaturbelastung der Isolierung eine bestimmte **Grenztemperatur** [limiting temperature] (Abb. 4 ②) nicht überschreiten. Sie ist die höchstzulässige Dauertemperatur an der heißesten Stelle der Motorwicklung. Da es eine unterschiedliche Temperaturverteilung innerhalb des Motors gibt, wird aus Sicherheitsgründen ein Zuschlag von 5 °C bis 15 °C berücksichtigt ③.

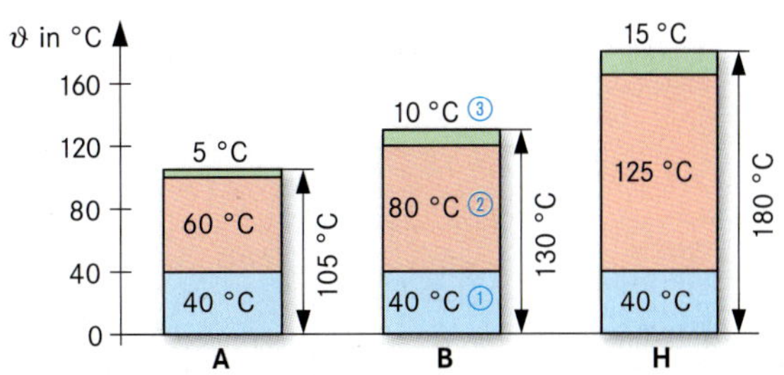

4: Zulässige Temperaturgrenzen von Isolierstoffen

Weichen die Umgebungstemperatur des Motors oder die Höhenlage des Aufstellortes von den Standardwerten ab, muss eine Korrektur der Temperaturwerte erfolgen. Um die Temperatur im Motor so gering wie möglich zu halten, ist eine ausreichende Kühlung erforderlich. DIN VDE 0530 unterscheidet dabei die Art und Wirkungsweise der Kühlung. Folgende **Kühlungsarten** [kinds of cooling] werden unterschieden:

- **Selbstkühlung** [natural cooling]
Der Motor gibt seine Wärme nur durch Strahlung ab (Wärmestrahlung, Abb. 1a). Es wird kein Lüfter verwendet. Diese Kühlungsart wird nur in Ausnahmefällen genutzt.

- **Eigenkühlung** [self-ventilation]
Die Eigenkühlung ist die häufigste Art der Motorkühlung. Mit Hilfe von Lüftungselementen wird die Motortemperatur niedrig gehalten (Abb. 1b). Sie werden direkt mit der Kraft der Maschine betrieben. Die Kühlluftmenge ändert sich mit der Drehzahl.

- **Fremdkühlung** [forced-air cooling]
Die Kühlungskomponenten werden mit externer Kraft angetrieben (Abb. 1c). Es kommen dabei auch andere Kühlmittel, z. B. Wasser und Gase, zum Einsatz. Die Kühlqualität kann individuell eingestellt werden.

Die Wirkung der Kühlung kann sehr unterschiedlich sein. Folgende Arten werden unterschieden:

- **Innenkühlung**
Das durch die Maschine strömende Kühlmittel (Luft) nimmt die Wärme auf und transportiert sie fort.

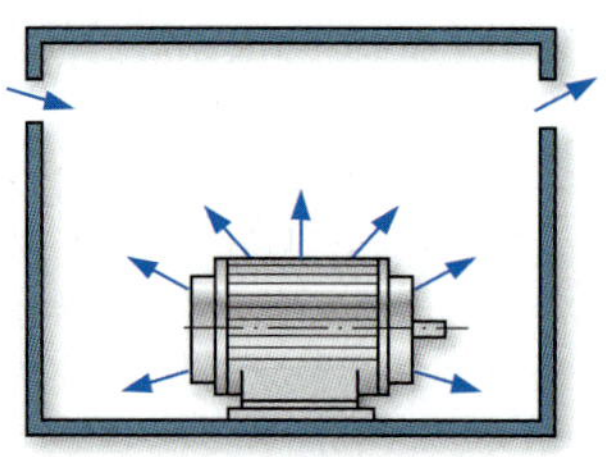

a) Selbstkühlung

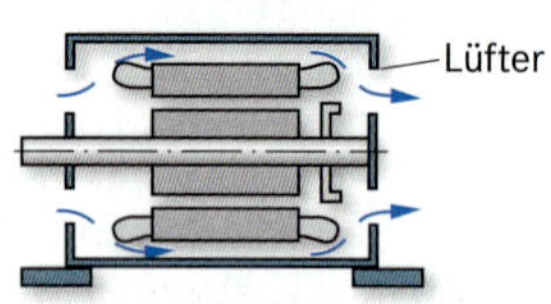

b) Eigenkühlung

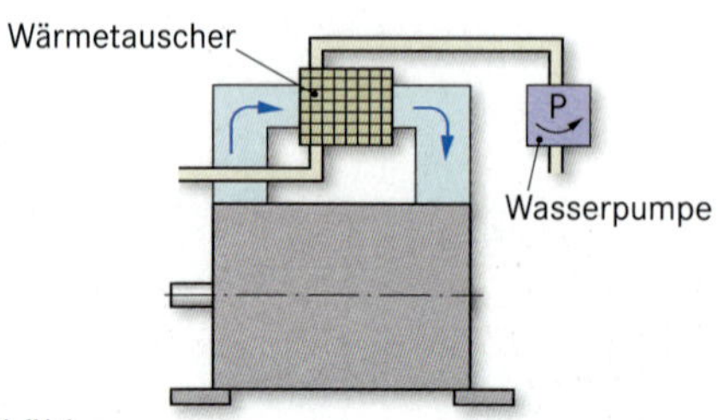

c) Fremdkühlung

1: Kühlungsarten

- **Oberflächenkühlung**
Der Motor besitzt große Lamellenflächen an den Außenseiten. Die Wärme wird durch Strahlung an das umgebende Kühlmittel abgegeben.

- **Kreislaufkühlung**
Die Abwärme wird durch einen zweiten Kühlkreislauf mit Wärmetauscher an die Umgebung abgegeben.

- **Flüssigkeitskühlung**
Die Maschine wird durch ein flüssiges Kühlmittel gekühlt, das die Maschine durchströmt. Auch Eintauchen in flüssiges Kühlmittel ist möglich.

- **Direkte Kühlung**
Die wärmeproduzierenden Leiter und Wicklungen werden von dem flüssigen oder gasförmigen Kühlmittel direkt umströmt.

Schutzarten

Ein wichtiges Motorkennzeichen ist die Schutzart (s. Kap. 2.7.2). Sie kennzeichnet den Schutz des Objektes vor **Fremdeinwirkungen** [external effects]. Je nach Verwendungszweck und Aufstellungsort des Motors ist ein entsprechender Berührungs- und Fremdkörperschutz sowie ein Schutz gegen Eindringen von Wasser erforderlich.

Beispiel IP20: IP 2 0

Kennbuchstaben
International **P**rotection

Berührungs- und Fremdkörperschutz
2: Fingerschutz

Schutz gegen Eindringen von Wasser
0: kein Schutz

AUFGABEN

1. Beschreiben Sie die drei Kühlungsarten Selbstkühlung, Eigenkühlung und Fremdkühlung.
2. Nennen Sie Folgen, die durch eine zu große Belastung von Motoren entstehen können.
3. Welche Folgen ergeben sich für einen Aufzugsmotor, wenn er im Dauerbetrieb eingesetzt werden würde?
4. Ein Motor soll in einer sehr warmen Umgebung (ϑ = 60 °C) eingebaut werden. Was müssen Sie beachten?
5. Im Außenbereich soll ein Motor für eine Wasserpumpe eingebaut werden. Welche Schutzart empfehlen Sie?

- Auf dem Leistungsschild eines Motors sind elektrische Größen und weitere Merkmale des Motors angegeben.
- Je nach Isolierstoffklasse darf die zulässige Höchsttemperatur nicht überschritten werden.
- Beim Betrieb von Motoren muss die Art und Wirkungsweise der Kühlung berücksichtigt werden.
- Der Verwendungszweck und der Aufstellungsort bedingen die Schutzart eines Motors.

Betriebsarten

Motoren werden unterschiedlich belastet und verschiedenartig eingesetzt. Sie befinden sich im Dauerbetrieb, werden kurzzeitig eingesetzt oder häufig ein- und ausgeschaltet. Nach DIN VDE 0530 unterscheidet man zehn Betriebsarten [operating modes], die durch den Buchstaben S und eine nachfolgende Zahl gekennzeichnet sind (Abb. 2).

In Abb. 3 ist der **Dauerbetrieb S 1** [continuous duty] durch Kennlinien verdeutlicht. Die Belastung ist konstant und groß, sodass die Motortemperatur einen Höchstwert θ_{max} erreicht und sich dann nahezu nicht mehr ändert.

Ein **Kurzzeitbetrieb S2** [short-time duty] liegt vor, wenn die Belastung nicht lange andauert (Abb. 4). Die Höchsttemperatur θ_{max} wird zwar erreicht, auf Grund der nachfolgenden Pause kühlt sich der Motor jedoch wieder ab.

Beim **Aussetzbetrieb S3** bis **S5** [intermittent duty] wird der Motor ebenfalls nur kurzzeitig belastet (Abb. 5). Die Betriebspause reicht aber nicht mehr aus, um den Motor abzukühlen. Er wird mit einer Folge **gleichartiger Spiele** betrieben. Unter Spiel versteht man die zeitliche Folge verschiedener Betriebszustände. Hat der Anlaufvorgang einen Einfluss, ist das der Betriebszustand S4. Wird dazu z. B. noch elektrisch abgebremst, ergibt sich der Betriebszustand S5.

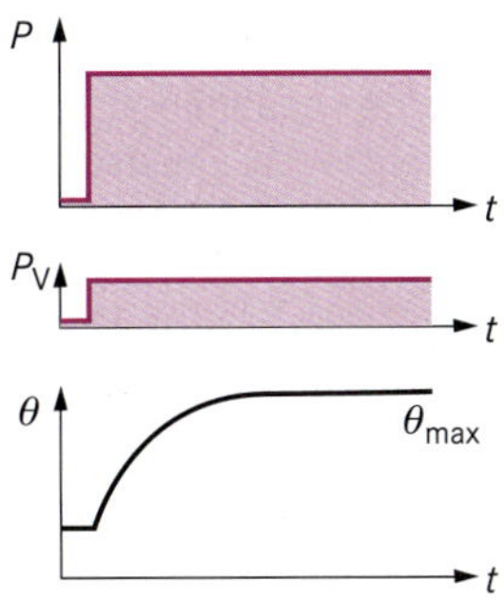

3: Dauerbetrieb S 1

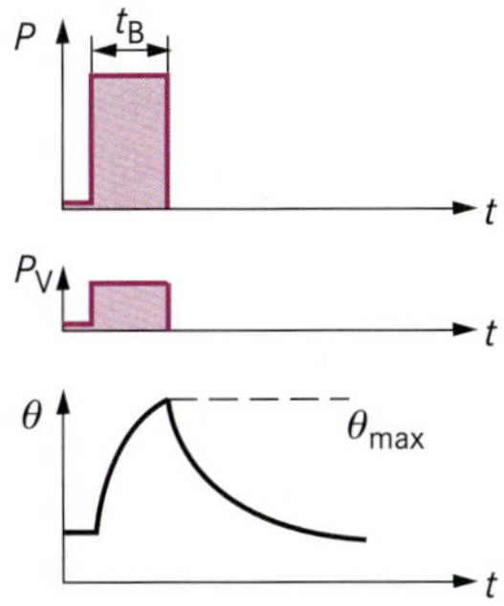

4: Kurzzeitbetrieb S2

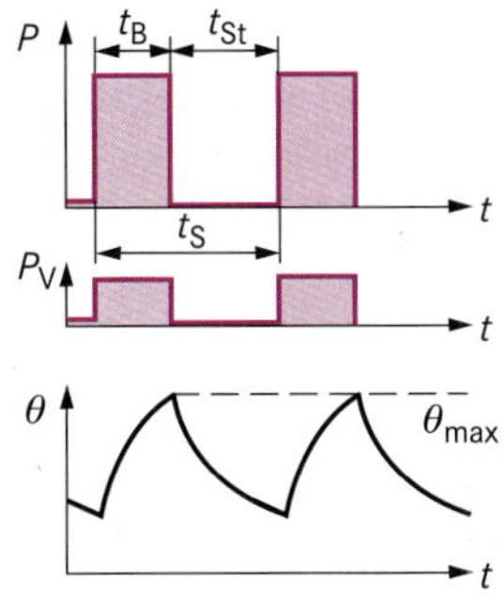

5: Aussetzbetrieb

- Die Betriebsart richtet sich nach der Belastungsart des Motors.

Dauerbetrieb S 1	Kurzzeitbetrieb S2	Aussetzbetrieb S3 bis S5	ununterbrochener Betrieb S6 bis S 10
Unter Dauerbetrieb versteht man die unterbrechungsfreie Belastung einer Maschine unter Bemessungsbedingungen. Die im Motor entstehende Erwärmung wird abgeführt. Es stellt sich ein Gleichgewichtszustand im erlaubten Temperaturbereich zwischen Erwärmung und Wärmeabgabe ein. Die sich einstellende Temperatur führt zu keinem Motorschaden.	Übersteigt die Erwärmung die Wärmeabgabe, darf der Motor einer Dauerbelastung nicht mehr ausgesetzt werden. Die sich einstellende Temperatur würde den Motor schädigen. Es müssen Pausen eingehalten werden. Dem Kurzzeichen S2 folgt die Angabe der Betriebsdauer (z. B. S2 20 min). In der Pause kühlt sich der Motor ab, bis sich Motortemperatur und Kühlmitteltemperatur höchstens um 2 Kelvin voneinander unterscheiden.	Der Phase der Belastung folgt immer eine Phase der Abkühlung. Dem Kurzzeichen wird die prozentuale Einschaltdauer (z. B. S3 25 % ≙ 25 % Einschaltzeit) angefügt. Die Summe aus Einschaltzeit und Pausenzeit nennt man Spieldauer. • **S3** Kein Einfluss der Trägheitsmomente des Motors und der Last. • **S4** Einfluss der Trägheitsmomente des Motors und der Last. • **S5** Einfluss der Trägheitsmomente des Motors und der Last mit Berücksichtigung der elektrischen Bremsung.	Es treten keine Pausenzeiten auf. Um den Motor zu entlasten, werden Leerlaufphasen gefordert: • **S6** Der Betrieb unter Belastung und im Leerlauf wechseln einander gleichmäßig ab. • **S7** Wie S6, aber mit Berücksichtigung des Anlaufträgheitsmomentes und der Bremsung. • **S8** Wie S7, aber mit zusätzlicher Berücksichtigung der Drehzahl des Motors. • **S9** Betrieb mit nichtperiodischer Last- und Drehzahländerung. • **S 10** Betrieb mit einzelnen konstanten Belastungen.

2: Betriebsarten von Motoren nach DIN VDE 0530

Bauformen

Elektrische Maschinen (Abb. 2) werden unabhängig von der Größe in verschiedenen Betriebslagen eingesetzt. Ihre elektrischen Betriebseigenschaften ändern sich dadurch nicht. Ihre mechanischen Konstruktionsteile wie Lager, Gehäuse, Befestigung, Lüfter usw. müssen für die verlangte Betriebslage ausgesucht werden.

Die Bauformen [frame types] der umlaufenden elektrischen Maschinen sind in DIN EN 60034-7 festgelegt. Man unterscheidet dort zwischen dem **Code I** und dem **Code II**. Weil mit dem einfachen Code I die Mehrzahl aller umlaufenden elektrischen Maschinen erfasst werden, soll dieser bevorzugt angewendet werden. Der ausführliche Code II soll nur dann angewendet werden, wenn Code I nicht mehr ausreicht. Beide Codes haben das **Grundkennzeichen IM** [International Mounting].

Beispiel: IM B 3

- Kennbuchstaben **I**nternational **M**ounting
- Lage der Welle: **B**: waagerecht V: senkrecht
- Gehäuseform, Befestigung: 1: Flanschbefestigung, **3**: Fußbefestigung, 5: Flanschbefestigung, 6: Wandbefestigung, 8: Deckenbefestigung

Der Code I kann nur auf Maschinen mit zwei Lagerschilden angewendet werden. Der dritte Buchstabe gibt die Betriebslage an. Dabei steht B für waagerechte Anordnung und V für senkrechte Anordnung. Die nachfolgende Zahl gibt Auskunft über die Befestigungsart und das Wellenende.

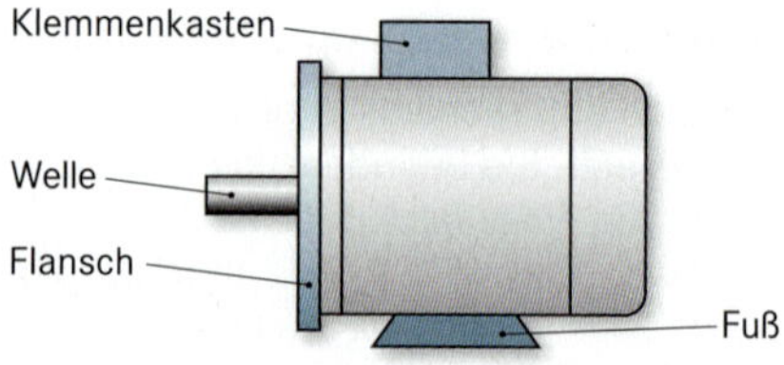

2: Lage der Motorbestandteile

Der Code II besitzt neben dem Grundkennzeichen vier Ziffern. Die erste Ziffer gibt die Bauform, die zweite Ziffer die Art der Befestigung (Fußbefestigung, Flanschbefestigung usw.) und die Lagerung (Lagerschild, ohne Lager, Stehlager usw.), die dritte Ziffer die Lage des Wellenendes und die vierte Ziffer die Art des Wellenendes an.

AUFGABE

1. Die Abb. 1 zeigt eine Auswahl gängiger Motorbauformen. Stellen Sie mit Hilfe des Tabellenbuches weitere Bauformen von Motoren in einer Tabelle zusammen.

- Die Auswahl der Bauform richtet sich nach Befestigungsmöglichkeiten und Lage der Motorwelle.
- Die Bauform wird mit einem Code (DIN EN 60034-7) gekennzeichnet.

Code II	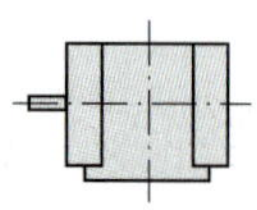	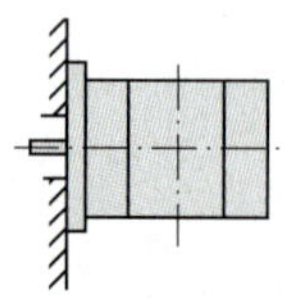	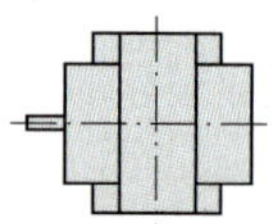	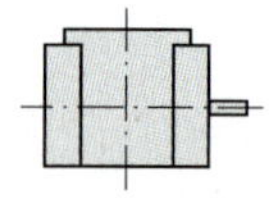	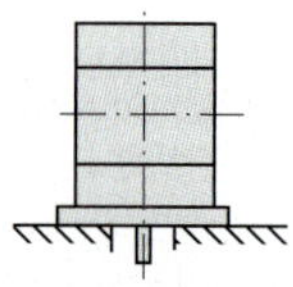	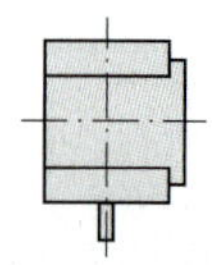
	IM 1001	IM 3001	IM 1051	IM 1071	IM 3011	IM 1011
Code I	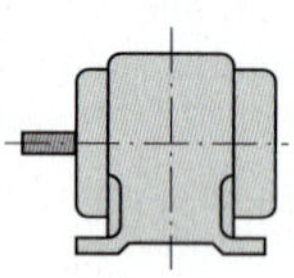	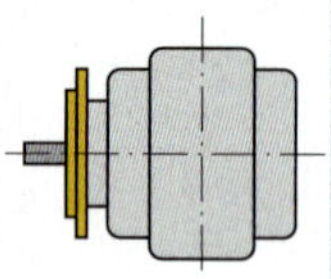	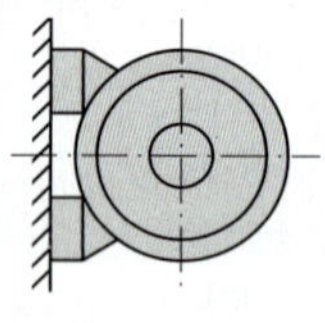	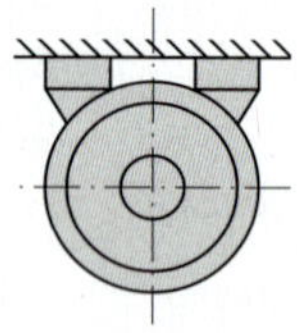	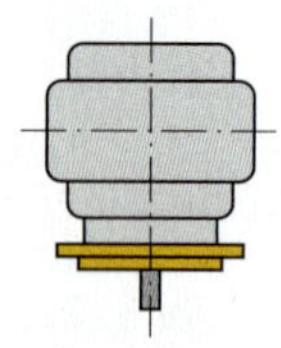	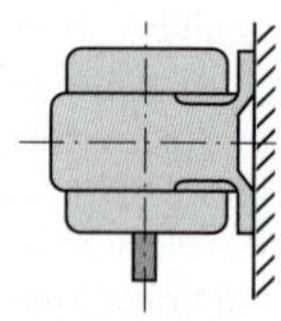
	IM B 3	IM B 5	IM B 6	IM B 8	IM V 1	IM V 5
Erläuterungen	zwei Schildlager, freies Wellenende, Gehäuse mit Füßen	zwei Schildlager, freies Wellenende, Befestigungsflansch, Gehäuse ohne Füße	zwei um 90° gedrehte Schildlager, Wandbefestigung, Gehäuse mit Füßen	zwei um 180° gedrehte Schildlager, Deckenbefestigung, Gehäuse mit Füßen	zwei Führungslager, Befestigungsflansch, freies Wellenende unten	zwei Führungslager, freies Wellenende unten, Gehäuse mit Füßen, Wandbefestigung

1: Bauformen von elektrischen Maschinen (DIN EN 60034-7)

8.2 Steuerung von Drehstrommotoren

8.2.1 Motorschutz

Wie alle anderen Objekte muss auch ein Motor gegen zu hohe Temperaturen geschützt werden. Dieser Schutz kann **direkt** durch Überwachung der Temperatur oder **indirekt** durch Überwachung der Stromstärke erreicht werden (Abb. 3).

Überlastschutz beim Motor

- **direkt:** Überwachung der Temperatur z. B. durch Thermistoren
- **indirekt:** Überwachung der Stromstärke z. B. Motorschutzschalter, Motorschutzrelais

3: Motorschutz

Motorschutzschalter

Diese Schutzgeräte arbeiten nach dem gleichen Wirkungsprinzip wie Leitungsschutz-Schalter. Deshalb könnte man meinen, dass vorgeschaltete LS-Schalter auch den Motor schützen. Dies trifft jedoch nicht zu.

Leitungsschutz-Schalter sind für feste Werte ausgelegt, die der höchstzulässigen Stromstärke der betreffenden Leitung entsprechen. Sie können nicht wie Motorschutzschalter individuell eingestellt werden. Die Betriebsstromstärken von Motoren und damit auch deren höchstzulässige Stromstärken liegen darunter. Erst wenn ein Vielfaches der Bemessungsstromstärke der Motoren vorhanden ist, lösen LS-Schalter aus. Die Beispielrechnung in der linken Spalte belegt diesen Sachverhalt.

Beispielrechnung

Motor:
$P = 3\text{ kW}$ $\cos\varphi = 0{,}8$ $\eta = 0{,}9$ $U = 230\text{ V}$
Leitung: NYM 3 x1,5 mm² unter Putz

$$P_{zu} = \frac{P_{ab}}{\eta} \qquad P_{zu} = \frac{3\text{ kW}}{0{,}9} \qquad P_{zu} = 3{,}3\text{ kW}$$

$$P_{zu} = U \cdot I \cdot \cos\varphi \qquad I = \frac{P_{zu}}{U \cdot \cos\varphi}$$

$$I = \frac{3300\text{ W}}{230\text{ V} \cdot 0{,}8} \qquad \underline{\underline{I = 18{,}1\text{ A}}}$$

LS-Schalter:
Charakteristik C
$I_B = 18{,}1\text{ A} \rightarrow I_n = 20\text{ A}$

Nach den Auslösekennlinien (siehe Kap. 2.9.7) löst der LS-Schalter unverzögert bei der 5- bis 10fachen Bemessungsstromstärke aus. Das sind in unserem Beispiel 100 A bis 200 A.

Im günstigsten Fall müsste der Motor also mindestens das 5,5fache (100 A : 18,1 A) seiner Bemessungsstromstärke aushalten, bevor der Schutzschalter auslöst.

Der Motorschutzschalter hat nicht nur eine Schutzfunktion, sondern wird auch häufig zum Ein- und Ausschalten benutzt. Er besitzt deshalb eine EIN- (Abb. 4 ②) und eine AUS-Taste ①. Beim Einschalten wird die Feder am Stößel ⑤ zusammengedrückt. Das Kontaktstück ④ schließt den Stromkreis.

Die Schutzfunktion wird über die Betriebsstromstärke hergestellt. Der Strom fließt wie beim LS-Schalter durch eine Wicklung um einen Bimetallstreifen ⑥ [bimetal strip]. Dieser wird warm und biegt sich nach unten. Bei einer bestimmten Stromstärke und damit bei einer bestimmten Temperatur wird das Schaltstück ⑨ nach unten verschoben und der Stößel wird frei. Dadurch unterbricht das Kontaktstück den Stromkreis.

Wie auch beim LS-Schalter hat der Motorschutzschalter eine **magnetische Schnellauslösung** ⑦ [magnetic instantaneous release]. Bei großen Stromstärken (z. B. Kurzschluss) erzeugt die Spule ein starkes Magnetfeld. Der Anker ⑧ betätigt das Schaltstück und öffnet mit Hilfe des Kontaktstücks den Stromkreis. Mit einer Einstellschraube ③ [setting screw] kann die Bemessungsstromstärke des Motors eingestellt werden.

Wenn der Schalter ausgelöst hat, kann er nur von Hand wieder eingeschaltet werden. Er hat also eine **Begrenzerfunktion** [limiter function].

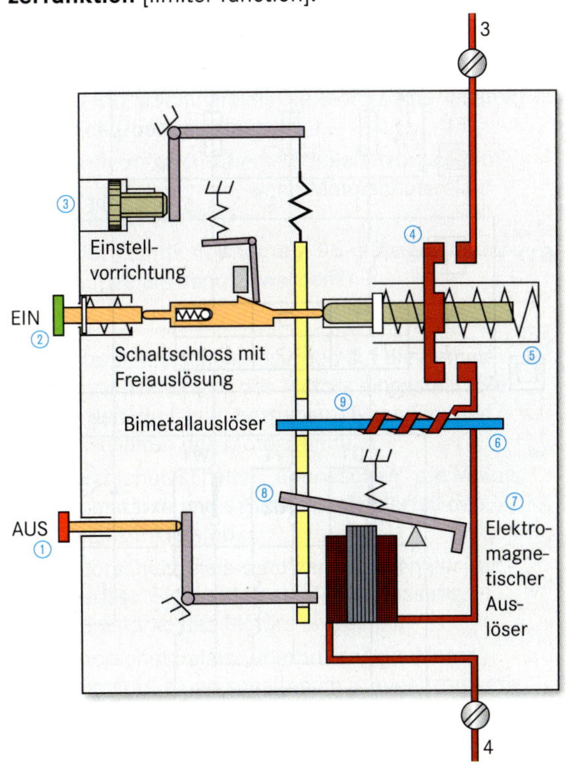

4: Prinzipieller Aufbau eines Motorschutzschalters

8.2.2.4 Stern-Dreieck-Anlassen

Dieses Verfahren wird häufig eingesetzt, weil hierbei außer einem Schalter oder entsprechenden Schützen keine zusätzlichen Objekte - wie Widerstände oder Transformatoren - benötigt werden.

Die Wicklungen des betreffenden Motors müssen für die Netzspannung ausgelegt sein. Das ist immer dann der Fall, wenn

- die Bemessungsspannung gleich der Netzspannung ist (z. B. $U = 400$ V, $U_L = 400$ V),
- bei der angegebenen Bemessungsspannung das Symbol △ zu finden ist (z. B. $U = \triangle\ 400$ V, $U_L = 400$ V) oder
- der niedrigste Wert der Bemessungsspannung gleich der Netzspannung ist (z. B. $U = 400$ V/690 V, $U_L = 400$ V).

Motorschaltung

Zuerst werden die Motorwicklungen im Stern an das Netz gelegt und dann im Dreieck. Da die Strangspannung im Stern niedriger ist als bei Dreieckschaltung, verringert sich auch die Stromstärke entsprechend. Somit wird eine Verringerung der Anlaufstromstärke erreicht. Sie sinkt auf ein Drittel. In Abb. 1 sind die Verhältnisse dargestellt.

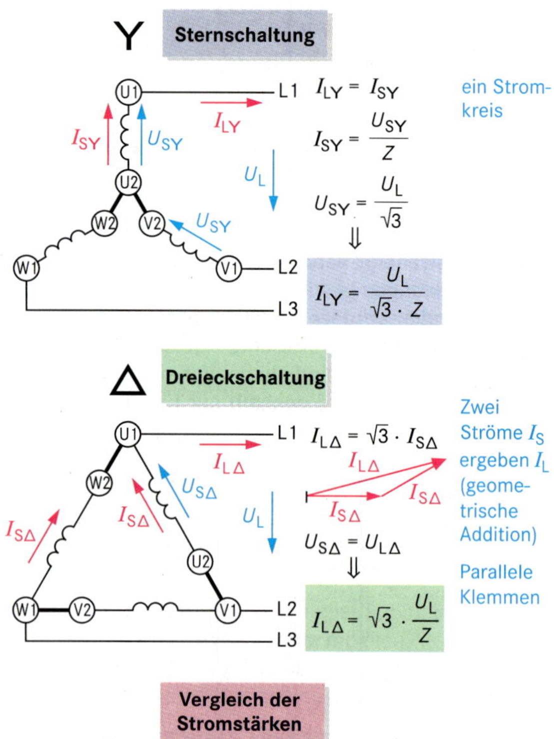

$$\frac{I_{LY}}{I_{L\Delta}} = \frac{\frac{U_L}{\sqrt{3} \cdot Z}}{\frac{\sqrt{3} \cdot U_L}{Z}} \Rightarrow \frac{I_{LY}}{I_{L\Delta}} = \frac{U_L \cdot Z}{\sqrt{3} \cdot Z \cdot \sqrt{3} \cdot U_L} \Rightarrow \frac{I_{LY}}{I_{L\Delta}} = \frac{1}{3}$$

1: Stromstärkeverhältnisse beim Stern-Dreieck-Anlassen

Da die Leiterspannung U_L gleich bleibt, die Stromstärke $I_{L\Delta}$ aber auf 1/3 sinkt, wird auch die Leistung und damit das Drehmoment auf 1/3 verringert.

$$I_{LY} = \frac{1}{3} I_{L\Delta} \Rightarrow P_Y = \frac{1}{3} P_\Delta \Rightarrow M_Y = \frac{1}{3} M_\Delta$$

Bei diesem Anlassverfahren betragen die Anlaufstromstärke und das Anlaufdrehmoment immer 1/3 der entsprechenden Bemessungswerte.

Nachteile

Dieses Verfahren ist kostengünstig, besitzt aber auch einige Nachteile:

- Der Motor hat nur ein geringes Anlaufmoment.
- Anlaufstromstärke und Anlaufdrehmoment sind stets 1/3 des betreffenden Bemessungswertes.
- Beim Umschalten entstehen Funken an den Kontakten und Stromspitzen, die das Netz belasten.
- Ein wesentlicher Nachteil ist, dass das Umschalten von Stern auf Dreieck nicht ruckfrei erfolgt. Beispielsweise ist dieses Verfahren für Lastenaufzüge mit empfindlichen Gütern nicht geeignet.

Stern-Dreieck-Schaltung

Das Stern-Dreieck-Anlassen wird entweder durch einen mechanischen Stern-Dreieck-Schalter (Abb. 2) oder mit Hilfe einer Schützschaltung durchgeführt. In Abb. 4 ist die Schaltung des Hauptstromkreises dargestellt. Die Abb. 3 zeigt eine mögliche Steuerschaltung.

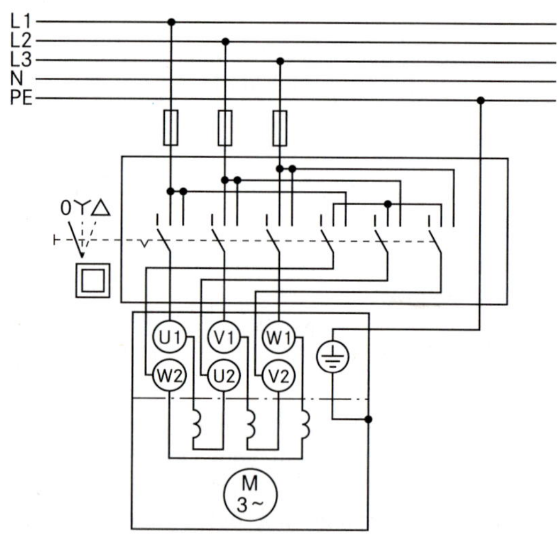

2: Stern-Dreieck-Schalter

AUFGABE

1. Berechnen Sie den Leistungsfaktor für folgenden Drehstrommotor: 400 V; 5,9 A; 2,5 kW; 1425 min^{-1}; 50 Hz; $\eta = 80$ %

- Beim Anlassen mit der Stern-Dreieck-Schaltung werden Stromstärke, Leistung und Drehmoment auf ein Drittel reduziert.

8.2 Steuerung von Drehstrommotoren

8.2.1 Motorschutz

Wie alle anderen Objekte muss auch ein Motor gegen zu hohe Temperaturen geschützt werden. Dieser Schutz kann **direkt** durch Überwachung der Temperatur oder **indirekt** durch Überwachung der Stromstärke erreicht werden (Abb. 3).

Überlastschutz beim Motor

- **direkt:** Überwachung der Temperatur z. B. durch Thermistoren
- **indirekt:** Überwachung der Stromstärke z. B. Motorschutzschalter, Motorschutzrelais

3: Motorschutz

Motorschutzschalter

Diese Schutzgeräte arbeiten nach dem gleichen Wirkungsprinzip wie Leitungsschutz-Schalter. Deshalb könnte man meinen, dass vorgeschaltete LS-Schalter auch den Motor schützen. Dies trifft jedoch nicht zu.

Leitungsschutz-Schalter sind für feste Werte ausgelegt, die der höchstzulässigen Stromstärke der betreffenden Leitung entsprechen. Sie können nicht wie Motorschutzschalter individuell eingestellt werden. Die Betriebsstromstärken von Motoren und damit auch deren höchstzulässige Stromstärken liegen darunter. Erst wenn ein Vielfaches der Bemessungsstromstärke der Motoren vorhanden ist, lösen LS-Schalter aus. Die Beispielrechnung in der linken Spalte belegt diesen Sachverhalt.

Beispielrechnung

Motor:
$P = 3\ \text{kW}$ $\cos\varphi = 0{,}8$ $\eta = 0{,}9$ $U = 230\ \text{V}$
Leitung: NYM 3 x1,5 mm² unter Putz

$$P_{zu} = \frac{P_{ab}}{\eta} \qquad P_{zu} = \frac{3\ \text{kW}}{0{,}9} \qquad P_{zu} = 3{,}3\ \text{kW}$$

$$P_{zu} = U \cdot I \cdot \cos\varphi \qquad I = \frac{P_{zu}}{U \cdot \cos\varphi}$$

$$I = \frac{3300\ \text{W}}{230\ \text{V} \cdot 0{,}8} \qquad \underline{\underline{I = 18{,}1\ \text{A}}}$$

LS-Schalter:
Charakteristik C
$I_B = 18{,}1\ \text{A} \rightarrow I_n = 20\ \text{A}$

Nach den Auslösekennlinien (siehe Kap. 2.9.7) löst der LS-Schalter unverzögert bei der 5- bis 10fachen Bemessungsstromstärke aus. Das sind in unserem Beispiel 100 A bis 200 A.

Im günstigsten Fall müsste der Motor also mindestens das 5,5fache (100 A : 18,1 A) seiner Bemessungsstromstärke aushalten, bevor der Schutzschalter auslöst.

Der Motorschutzschalter hat nicht nur eine Schutzfunktion, sondern wird auch häufig zum Ein- und Ausschalten benutzt. Er besitzt deshalb eine EIN- (Abb. 4 ②) und eine AUS-Taste ①. Beim Einschalten wird die Feder am Stößel ⑤ zusammengedrückt. Das Kontaktstück ④ schließt den Stromkreis.

Die Schutzfunktion wird über die Betriebsstromstärke hergestellt. Der Strom fließt wie beim LS-Schalter durch eine Wicklung um einen Bimetallstreifen ⑥ [bimetal strip]. Dieser wird warm und biegt sich nach unten. Bei einer bestimmten Stromstärke und damit bei einer bestimmten Temperatur wird das Schaltstück ⑨ nach unten verschoben und der Stößel wird frei. Dadurch unterbricht das Kontaktstück den Stromkreis.

Wie auch beim LS-Schalter hat der Motorschutzschalter eine **magnetische Schnellauslösung** ⑦ [magnetic instantaneous release]. Bei großen Stromstärken (z. B. Kurzschluss) erzeugt die Spule ein starkes Magnetfeld. Der Anker ⑧ betätigt das Schaltstück und öffnet mit Hilfe des Kontaktstücks den Stromkreis. Mit einer Einstellschraube ③ [setting screw] kann die Bemessungsstromstärke des Motors eingestellt werden.

Wenn der Schalter ausgelöst hat, kann er nur von Hand wieder eingeschaltet werden. Er hat also eine **Begrenzerfunktion** [limiter function].

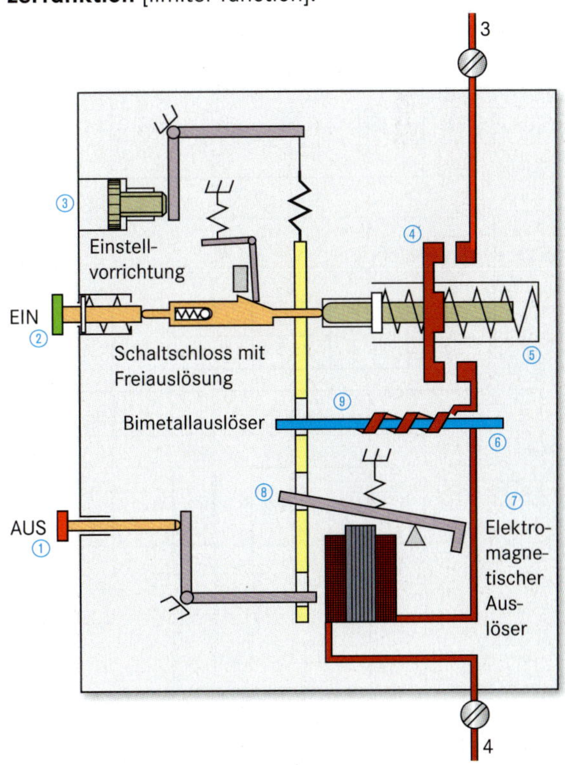

4: Prinzipieller Aufbau eines Motorschutzschalters

Anschluss des Motorschutzschalters

Da der Motorschutzschalter (Abb. 1) auch zum betriebsmäßigen Schalten verwendet wird, ist er meistens direkt am Motor oder in der unmittelbaren Nähe installiert. So kann der Motor beim Einschalten beobachtet werden.

In Abb. 2 ist beispielhaft der Anschluss eines Drehstrommotors M1 mit einem Motorschutzschalter Q1 dargestellt. Seine Eingangsklemmen (1, 3, 5) sind mit den Abgängen der vorgeschalteten Sicherungen verbunden. An die Ausgangsklemmen (2, 4, 6) werden die Motorzuleitungen (U1, V1, W1) angeschlossen. So fließt der Motorstrom (Laststrom) durch das Schutzgerät und kann dort „überwacht" werden.

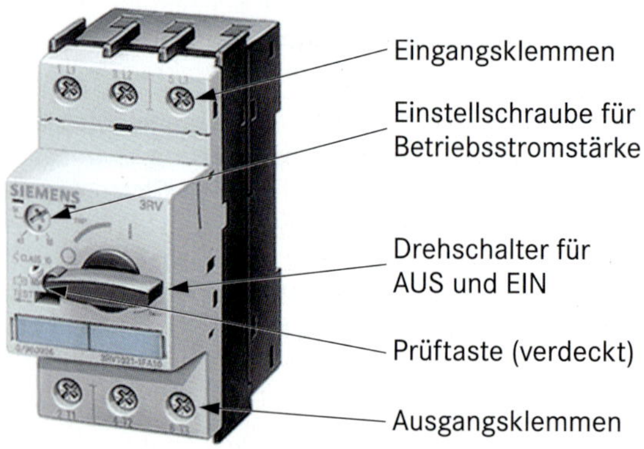

1: Motorschutzschalter mit Drehschalter

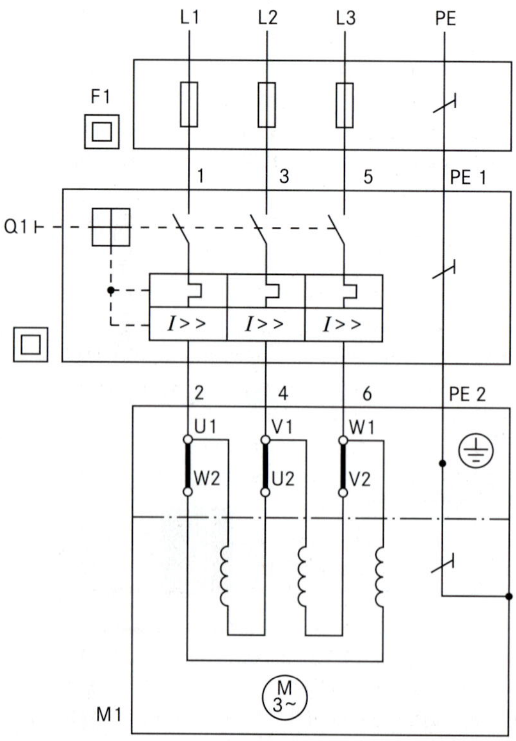

2: Drehstrommotor mit Motorschutzschalter

Motorschutzrelais

Werden die Motoren durch Schütze gesteuert, wird als Motorschutz ein Motorschutzrelais [motor protective relay] verwendet. In Abb. 3 befindet sich ein Motorschutzrelais F2 mit einem Hauptschütz Q1 in einer Steuerschaltung für einen Drehstrommotor M1. Das Motorschutzrelais besteht dabei aus zwei Teilen:

- Sensor ① im Hauptstromkreis
- Kontakt ② im Steuerstromkreis

Die Arbeitsweise vollzieht sich in den folgenden drei Schritten:

- Der Strom des Hauptstromkreises fließt über Bimetallstreifen, die dann den Wechslerkontakt betätigen.
- Der Kontakt 95–96 öffnet und unterbricht den Haltestromkreis für das Hauptschütz Q1.
- Die Hauptkontakte des Schützes unterbrechen die Zuleitungen zum Motor.

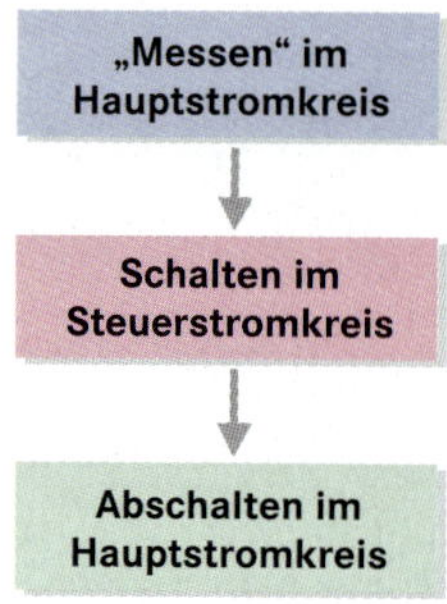

Da die Motorschutzrelais nur den **Überstromschutz** [overcurrent protection] übernehmen können, müssen als Kurzschlussschutz Überstrom-Schutzorgane davor geschaltet werden.

Motorschutzrelais arbeiten auch wie Begrenzer, denn nur mit Hilfe einer **Entsperrtaste** kann der Auslösemechanismus wieder in die Ruhelage gebracht und damit der Kontakt 95–96 wieder geschlossen werden.

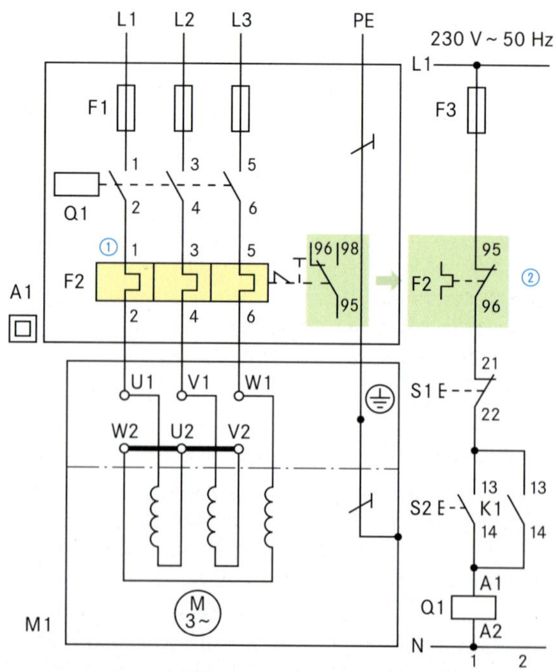

3: Drehstrommotor M1 mit Hauptschütz Q1 und Motorschutzrelais F2

4: Motorschutzrelais

Wie beim Motorschutzschalter wird auch das Motorschutzrelais auf die Bemessungsstromstärke des Motors eingestellt (Abb. 4 ①).

Anschluss des Motorschutzrelais

Das Motorschutzrelais wird unter das Hauptschütz gesteckt. Dazu dienen die Kontaktstifte ②. Die Ausgangsklemmen 2, 4 und 6 werden mit den Motoreingangsklemmen U1, V1 und W1 verbunden. Somit fließt der Laststrom durch das Schutzgerät und kann dort überprüft werden.

Die Kontaktklemmen 95 und 96 werden im Steuerstromkreis zwischen der Sicherung und dem AUS-Taster des Hauptschützes angeschlossen.

Schutz durch Thermistoren

Motorschutzschalter und Motorschutzrelais überwachen den Motorstrom und damit indirekt die Temperatur der Motorwicklung.

Wenn aber die Wicklungen aus anderen Gründen unzulässig heiß werden, z. B. durch ungenügende Kühlung (Lüftungsschlitze abgedeckt oder verstopft), „merken" das die bisher behandelten Schutzeinrichtungen nicht und schalten nicht ab. Der Motor würde zu heiß werden.

Um diesen Fall auszuschließen, werden an den Wicklungen Sensoren eingebaut. Diese temperaturabhängigen Widerstände (Thermistoren, s. Kap. 6.1.3) signalisieren ihren geänderten Widerstand und damit die veränderte Temperatur an ein entsprechendes Schutzgerät, das dann mit Hilfe eines Relais das Hauptschütz des Motors abschaltet.

Thermistoren als Schutz gegen Übertemperatur

Das Relais K1 (Abb. 5) zieht nach dem Einschalten der Anlage an. Dadurch kann das Motorschütz Q1 mit Hilfe von S2 in Betrieb gesetzt werden. Die Leuchte P1 leuchtet nicht. Wird die Stromstärke durch die Thermistoren (PTC) wegen des erhöhten Widerstandes geringer, schaltet K1 um. Die Klemme 14 ist spannungslos und Q1 schaltet den Motor ab. Die Klemme 12 hat jetzt Spannung und die Leuchte P1 signalisiert: „Motorschutz hat ausgelöst".

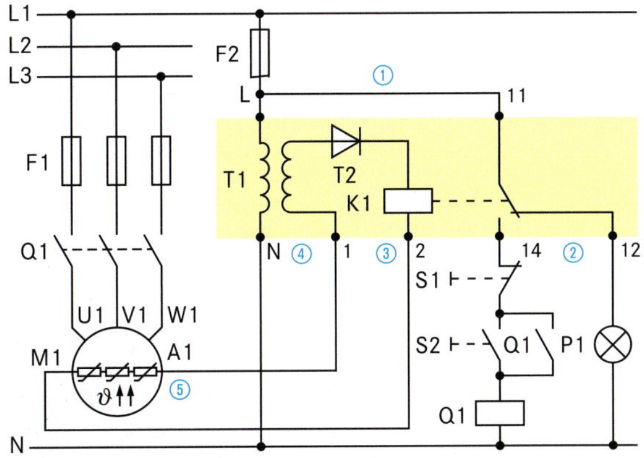

5: Schaltung mit Motorvollschutz (PTC)

Anschluss von Motorvollschutzgeräten

Zur Stromversorgung wird das Motorschutzgerät an einen Außenleiter (Klemmen L und 11 ①) und den Neutralleiter (Klemme N ④) angeschlossen. Die Klemmen 1 und 2 ③ werden mit den entsprechenden Klemmen ⑤ der Temperaturfühler im Motor verbunden. An die Klemme 14 ② wird die Steuerschaltung für das Hauptschütz Q1 gelegt. Die Klemme 12 ist mit der Signalleuchte P1 verbunden.

AUFGABEN

1. Nennen Sie die beiden Aufgaben eines Motorschutzschalters.
2. Warum können LS-Schalter keinen Schutz gegen Überlast von Geräten übernehmen?
3. Begründen Sie, warum Motorschutzschalter und Motorschutzrelais die Motoren nur indirekt gegen Überlast schützen.
4. Warum müssen Überstrom-Schutzorgane vorgeschaltet werden, wenn Motorschutzrelais installiert werden?
5. Wofür könnte der Kontakt 95–98 eines Motorschutzrelais benutzt werden?

- Motorschutzschalter werden auf die Bemessungsstromstärke des Motors eingestellt. Sie werden auch zum betriebsmäßigen Ein- und Ausschalten des Motors benutzt.
- Motorschutzschalter „überwachen" die Motorstromstärke und schalten im Fehlerfall den Laststromkreis ab.
- Motorschutzrelais schützen Motoren nur vor Überlast. Sie werden auf die Bemessungsstromstärke des Motors eingestellt.
- Motorschutzrelais „überprüfen" die Motorstromstärke und schalten im Steuerstromkreis die Selbsthaltung des Motorschützes ab.
- Bei Motorvollschutz mit Thermistoren wird die Wicklungstemperatur direkt gemessen.

Elektronischer Motorschutz

Die verschiedenen Motorschutzfunktionen können auch durch elektronische Baugruppen realisiert werden.

Aufbau

Elektronische Motorschutzgeräte bestehen aus:

- Stromwandlerbaugruppen ①
- Zentraleinheit mit Mikroprozessor für Schutz- und Steuerfunktionen ②
- Digitale Ein-/Ausgänge ③
- Busschnittstelle (PROFIBUS) ④
- Bei Bedarf Erweiterungsgeräte für zusätzliche Ein-/Ausgänge ⑤ oder Vor-Ort-Bedienung ⑥

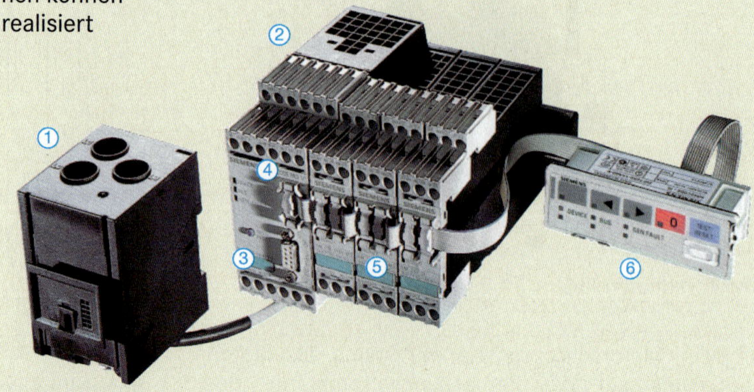

Die einzelnen Baugruppen in der Abbildung lassen sich nach Bedarf kombinieren und ergänzen.

Funktion

Mit einem PC kann das Schutzgerät parametriert werden. Dabei werden Informationen über den Antrieb gespeichert. Dies sind z. B.:

- Antriebstyp (Direktstarter, Wendeschütz, ...)
- Antriebsleistung
- Auswahl der Schutzfunktionen
- Auswahl von Überwachungsfunktionen

Über die **Stromwandler** ① wird der Motorstrom erfasst. Diese Wandler haben einen deutlich größeren Strombereich als konventionelle Motorschutzrelais. Es können viele verschiedene Motorbemessungsstromstärken mit einem Wandlersatz erfasst werden.

Die **digitalen Ausgänge** ③ steuern die Schütze der Motorsteuerung an.

Aus den aktuellen Motorströmen wird die Belastung und Erwärmung des Motors errechnet. Nach vorgegebenen Grenzwerten wird über das Motorschütz abgeschaltet.

Neben der Überstromauslösung ist auch ein direkter Übertemperaturschutz möglich, indem ein analoger Messfühler (z. B. PT100) oder ein Thermistor angeschlossen wird ⑦.

Über ein **Bussystem** ⑧ werden Informationen zwischen Leitsystem und Motorsteuerung ausgetauscht. Dies sind Steuerbefehle zum Antrieb sowie Betriebsdaten zur Leittechnik.

Es genügt **eine** Busleitung für die Anbindung zahlreicher Motoransteuerungen.

Die leistungsfähige Steuerung und Kommunikation ermöglicht zahlreiche weitere Funktionen.

Dies sind z. B. die
- Erfassung des Betriebszustandes,
- Blockierüberwachung,
- Überlastwarnung (vor Auslösung),
- vorbeugende Instandhaltung durch Erfassung der
  - Anzahl der Starts,
  - Anzahl Überlastabschaltungen und
  - Betriebsstunden.

Einsatz

Vorteile ergeben sich durch diese Technik dann, wenn viele Antriebe in einer Anlage vorhanden sind. Durch eine Standardisierung werden die Projektierung vereinfacht und eine gezielte Fehlersuche erleichtert. Der Installationsaufwand verringert sich durch den Einsatz von Bustechnik.

Diese Einsparungen rechtfertigen bei umfangreichen Anlagen den Einsatz dieser teureren Schutzgeräte.

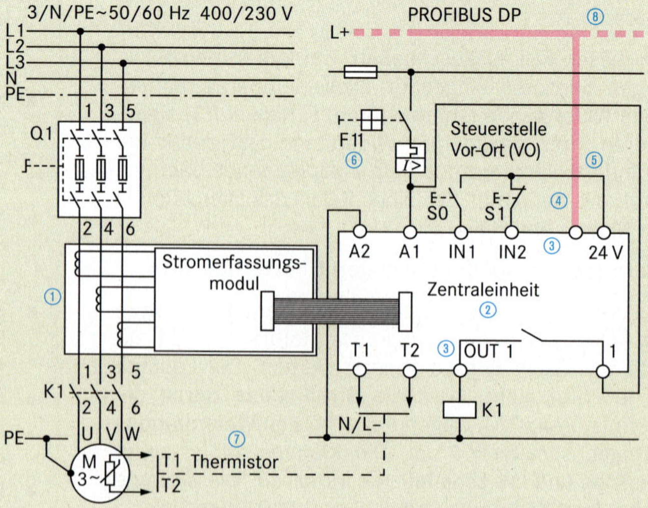

8.2.2 Anlassverfahren

8.2.2.1 Grundsätzliche Probleme

Motoren mit großen Leistungen verursachen beim Einschalten hohen Stromstärken. Dadurch können unzulässige Spannungsfälle auftreten. Um dies zu verhindern, haben die VNBs in ihren Technischen Anschlussbedingungen (TAB) „Richtlinien für das Anschließen von Motoren“ festgelegt. Motoren mit großen Leistungen müssen deshalb angelassen werden (Abb. 1).

Danach dürfen folgende Motoren nicht direkt eingeschaltet werden:
- Leistungsstarke Motoren:
  Wechselstrommotoren > 1,7 kW
  Drehstrommotoren > 5,2 kW
- Motoren mit gelegentlichem Anlauf mit über 60 A Anlaufstromstärke
- Motoren mit schwerem Anlauf mit über 30 A Anlaufstromstärke

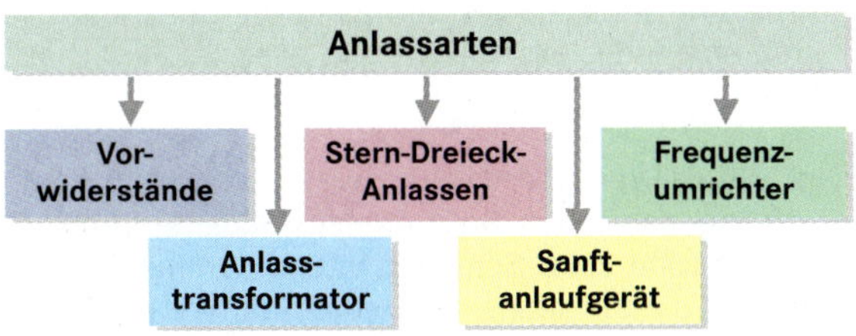

1: Anlassverfahren

Die Verringerung der Anlaufstromstärke wird im Allgemeinen durch **Spannungsabsenkung** erreicht. Diese verursacht eine Schwächung des Drehmoments. Die folgende Herleitung belegt diesen Zusammenhang:

$$P = \sqrt{3} \cdot U \cdot I \cdot \cos \varphi$$

$$P = \frac{\sqrt{3} \cdot U^2 \cdot \cos \varphi}{R} \qquad I = \frac{U}{R}$$

$$M = \frac{P}{2 \cdot \pi \cdot n} \qquad M = \frac{\sqrt{3} \cdot U^2 \cdot \cos \varphi}{R \cdot 2 \cdot \pi \cdot n}$$

$$M \sim U^2$$

Da das Drehmoment direkt proportional zur Leistung ist, hängt das Drehmoment vom Quadrat der Spannung ab. So hat z. B. eine Spannungsverringerung auf die Hälfte eine Verringerung des Drehmoments auf ein Viertel zur Folge. Motoren haben demzufolge beim Anlassen geringere Drehmomente als im Betrieb. Sie können daher nicht mit voller Last anlaufen.

Auf die Vorgänge in der Läuferwicklung von Kurzschlussläufer-Motoren kann man von außen keinen Einfluss nehmen. Alle Anlassverfahren wirken deshalb auf die Ständerwicklung.

- Zur Verringerung der Stromstärken im Einschaltmoment müssen Motoren großer Leistung angelassen werden.

8.2.2.2 Vorwiderstände

Die Vorwiderstände [series resistors] werden zum Anlassen vor die Wicklungen geschaltet (Abb. 2). Sie verringern damit die Stromstärke. Nach dem Hochlaufen werden sie kurzgeschlossen.

Nachteilig bei diesem Verfahren sind die Verluste durch die Wärmeabgabe an den Widerständen. Benutzt man statt der Wirkwiderstände Spulen, so ist dieser Nachteil zwar geringer, dafür verkleinert sich der Leistungsfaktor $\cos \varphi$ und die Blindleistung wird größer. Wegen dieser Nachteile und weil die Widerstände relativ viel Platz einnehmen, wird diese Anlassart nur noch selten angewendet.

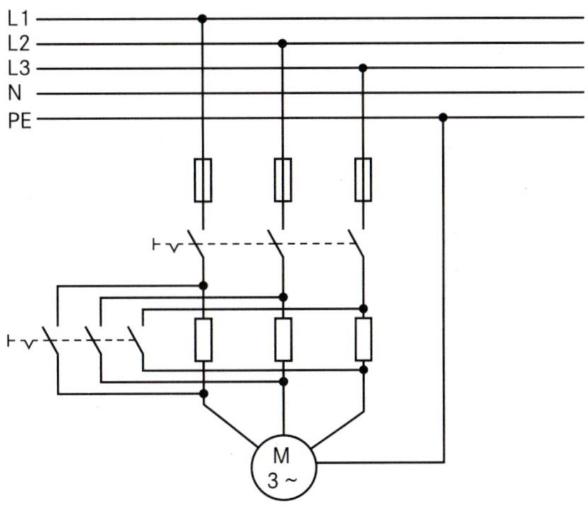

2: Anlassen mit Vorwiderständen

8.2.2.3 Anlasstransformator

Der Anlasstransformator [starting transformer] wird vor die Wicklungen geschaltet (Abb. 3). Aus wirtschaftlichen Gründen wird er als Spartransformator ausgeführt. Diese Schaltungsvariante hat den Vorteil, dass die Verluste geringer sind als bei Vorwiderständen. Sie ist aber teuer und wird deshalb nur für Spezialanwendungen eingesetzt.

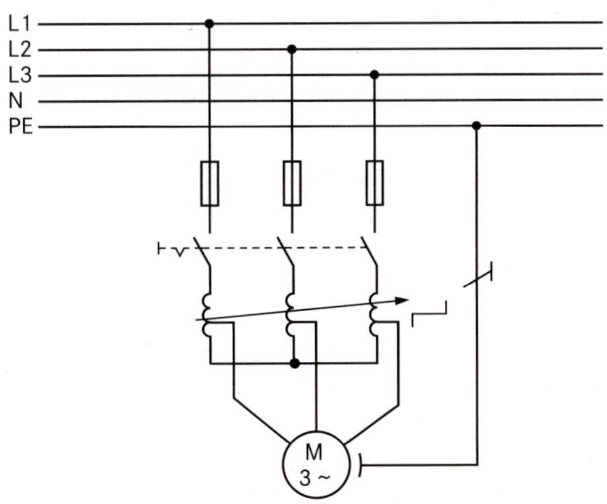

3: Anlasstransformator

8.2.2.4 Stern-Dreieck-Anlassen

Dieses Verfahren wird häufig eingesetzt, weil hierbei außer einem Schalter oder entsprechenden Schützen keine zusätzlichen Objekte – wie Widerstände oder Transformatoren – benötigt werden.

Die Wicklungen des betreffenden Motors müssen für die Netzspannung ausgelegt sein. Das ist immer dann der Fall, wenn

- die Bemessungsspannung gleich der Netzspannung ist (z. B. U = 400 V, U_L = 400 V),
- bei der angegebenen Bemessungsspannung das Symbol △ zu finden ist (z. B. U = △ 400 V, U_L = 400 V) oder
- der niedrigste Wert der Bemessungsspannung gleich der Netzspannung ist (z. B. U = 400 V/690 V, U_L = 400 V).

Motorschaltung

Zuerst werden die Motorwicklungen im Stern an das Netz gelegt und dann im Dreieck. Da die Strangspannung im Stern niedriger ist als bei Dreieckschaltung, verringert sich auch die Stromstärke entsprechend. Somit wird eine Verringerung der Anlaufstromstärke erreicht. Sie sinkt auf ein Drittel. In Abb. 1 sind die Verhältnisse dargestellt.

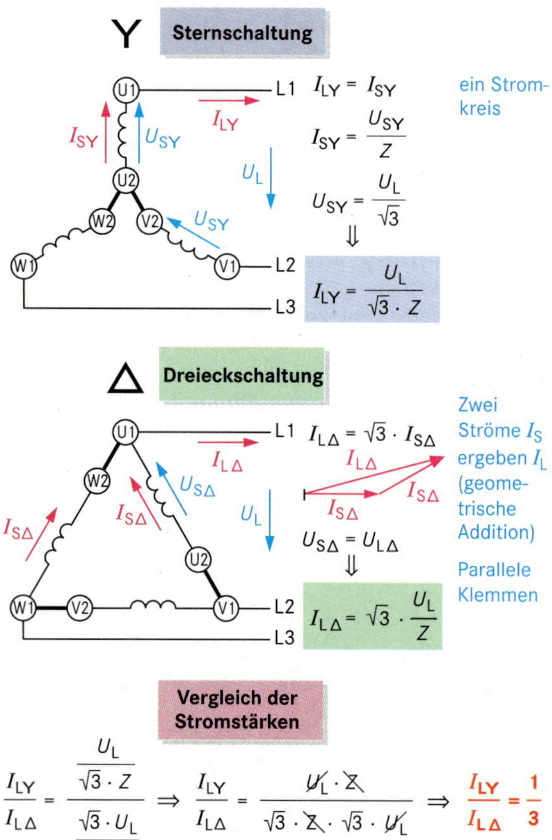

1: Stromstärkeverhältnisse beim Stern-Dreieck-Anlassen

Da die Leiterspannung U_L gleich bleibt, die Stromstärke $I_{L\Delta}$ aber auf 1/3 sinkt, wird auch die Leistung und damit das Drehmoment auf 1/3 verringert.

$$I_{LY} = \frac{1}{3} I_{L\Delta} \Rightarrow P_Y = \frac{1}{3} P_\Delta \Rightarrow M_Y = \frac{1}{3} M_\Delta$$

Bei diesem Anlassverfahren betragen die Anlaufstromstärke und das Anlaufdrehmoment immer 1/3 der entsprechenden Bemessungswerte.

Nachteile

Dieses Verfahren ist kostengünstig, besitzt aber auch einige Nachteile:

- Der Motor hat nur ein geringes Anlaufmoment.
- Anlaufstromstärke und Anlaufdrehmoment sind stets 1/3 des betreffenden Bemessungswertes.
- Beim Umschalten entstehen Funken an den Kontakten und Stromspitzen, die das Netz belasten.
- Ein wesentlicher Nachteil ist, dass das Umschalten von Stern auf Dreieck nicht ruckfrei erfolgt. Beispielsweise ist dieses Verfahren für Lastenaufzüge mit empfindlichen Gütern nicht geeignet.

Stern-Dreieck-Schaltung

Das Stern-Dreieck-Anlassen wird entweder durch einen mechanischen Stern-Dreieck-Schalter (Abb. 2) oder mit Hilfe einer Schützschaltung durchgeführt. In Abb. 4 ist die Schaltung des Hauptstromkreises dargestellt. Die Abb. 3 zeigt eine mögliche Steuerschaltung.

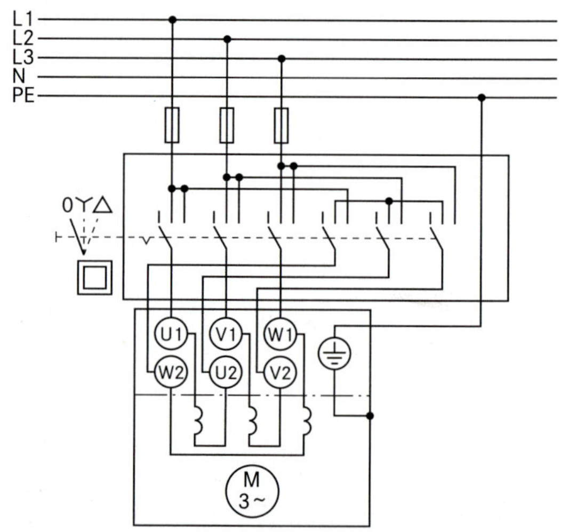

2: Stern-Dreieck-Schalter

AUFGABE

1. Berechnen Sie den Leistungsfaktor für folgenden Drehstrommotor: 400 V; 5,9 A; 2,5 kW; 1425 min^{-1}; 50 Hz; η = 80 %

- Beim Anlassen mit der Stern-Dreieck-Schaltung werden Stromstärke, Leistung und Drehmoment auf ein Drittel reduziert.

Funktion der Stern-Dreieck-Schützschaltung

Die Steuerung (Abb. 3) ist so angelegt, dass mit S1 nur das Sternschütz Q2 eingeschaltet werden kann. Q2 schaltet dann mit Q2:13/14 das Netzschütz Q1 ein. Durch das Öffnen von Q2:21/22 ist gewährleistet, dass das Dreieckschütz Q3 nicht anziehen kann, solange das Sternschütz eingeschaltet ist.

Die Dreieck-Umschaltung erfolgt durch den Öffner S2, der Q2 abschaltet. Dadurch kann das Dreieckschütz Q3 anziehen. Diese Steuerung erlaubt nur die Reihenfolge:

Sternschütz EIN ⇒ Netzschütz EIN ⇒
Sternschütz AUS ⇒ Dreieckschütz EIN

Das Motorschutzrelais B1 (Abb. 4) liegt im Stromkreis des Netzschützes. Es überwacht also die Strangstromstärke. Sie ist auf 60 % ($1 : \sqrt{3} = 0{,}58$) der Bemessungsstromstärke des Motors einzustellen. Diese Schaltung ist für den **normalen Anlauf** vorgesehen.

Bei **schwerem Anlauf** wird das Motorschutzrelais vor die gesamte Schaltung geschaltet, also direkt hinter die Sicherungsgruppe (F1 in Abb. 4). Hierbei ist die Einstellstromstärke gleich der Bemessungsstromstärke des Motors.

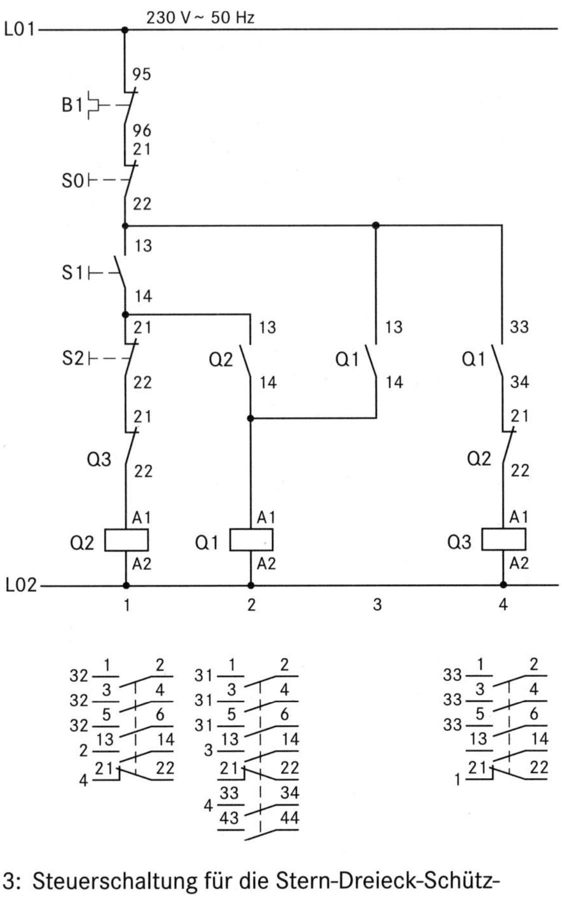

3: Steuerschaltung für die Stern-Dreieck-Schützschaltung

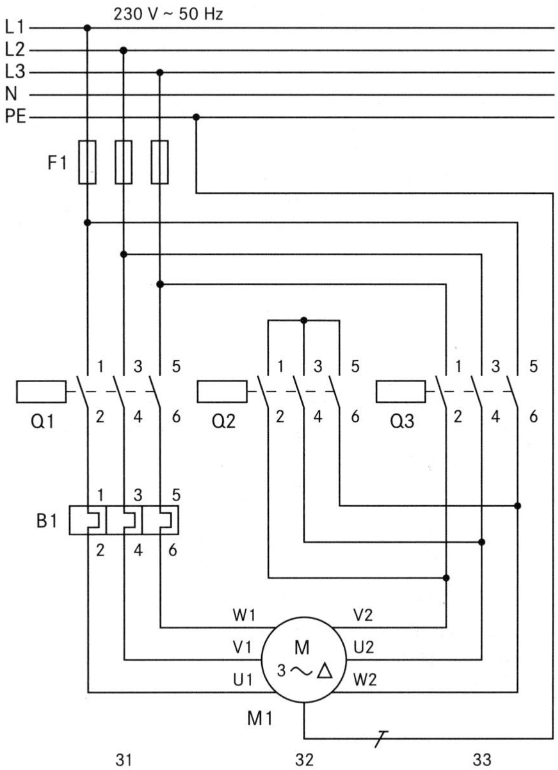

4: Hauptstromkreis der Stern-Dreieck-Schützschaltung

Zu beachten ist, dass nur Motoren mit dem Stern-Dreieck-Anlassverfahren betrieben werden können, die bei der Netzspannung im Dreieck zu schalten sind, z. B. an unserem 400 V/230 V-Netz nur mit den Bemessungsspannungen 400 V △ oder 400 V/690 V.

Neben Schützschaltungen können auch handbetätigte Schalter zum Umschalten verwendet werden.

AUFGABEN

1. Die Anlaufstromstärke eines Drehstrom-Asynchronmotors mit $U = 400\ \text{V}\triangle$; $I = 3{,}1$ A beträgt das 7fache seines Bemessungswertes. Wie groß ist die Anlaufstromstärke beim Anlassen über einen Stern-Dreieck-Schalter?

2. Ein Drehstrommotor besitzt folgende Daten: 400 V; 15 A; 7,5 kW; $\cos\varphi = 0{,}91$; 2835 min^{-1}

a) Berechnen Sie den Schlupf.

b) Berechnen Sie die Anlaufstromstärke bei $I_{\text{Anl}} = 4{,}5 \cdot I_N$.

c) Berechnen Sie die Anlaufstromstärke und die Leistung beim Anlassen über einen Stern-Dreieck-Schalter.

d) Berechnen Sie das Bemessungsdrehmoment.

e) Berechnen Sie den Wirkungsgrad.

8.2.2.5 Sanftanlaufgeräte

Das Anlassen von Motoren mit Vorwiderständen bzw. Transformatoren verursacht große Verluste (s. Kap. 8.2.2.2 u. 8.2.2.3). Beim Stern-Dreieck-Anlassen sind die Verluste gering und es ergibt sich eine langsame, gleichmäßig steigende Drehzahl (Abb. 1a). Bei der Umschaltung von Stern- auf Dreieckbetrieb wird aber die Motorspannung schlagartig geändert. Dadurch treten rasche Änderungen beim Motorstrom und Motordrehmoment auf (Abb. 1b, c).

Diese Änderungen verursachen im speisenden Netz Spannungsschwankungen, die die Spannungsqualität des Netzes beeinträchtigen können. Am Drehmomentverlauf in Abb. 1c lassen sich Schwingungen erkennen. Bei der Stern-Dreieck-Umschaltung kommt es zusätzlich noch zu großen Drehmomentstößen, die zu Schäden an mechanischen Komponenten führen können.

Um diese schlagartige Änderung des Betriebszustandes zu vermeiden, wird eine Einrichtung benötigt, die die Eingangsspannung der Asynchronmaschine stetig, also ohne Sprünge, ändern kann.

Sanftanlaufgeräte [soft starter] erfüllen diese Anforderungen. Sie können den Effektivwert der Ausgangsspannung zwischen 0 V und U_1 stetig ändern (Abb. 2). Die Frequenz der Spannung bleibt dabei unverändert.

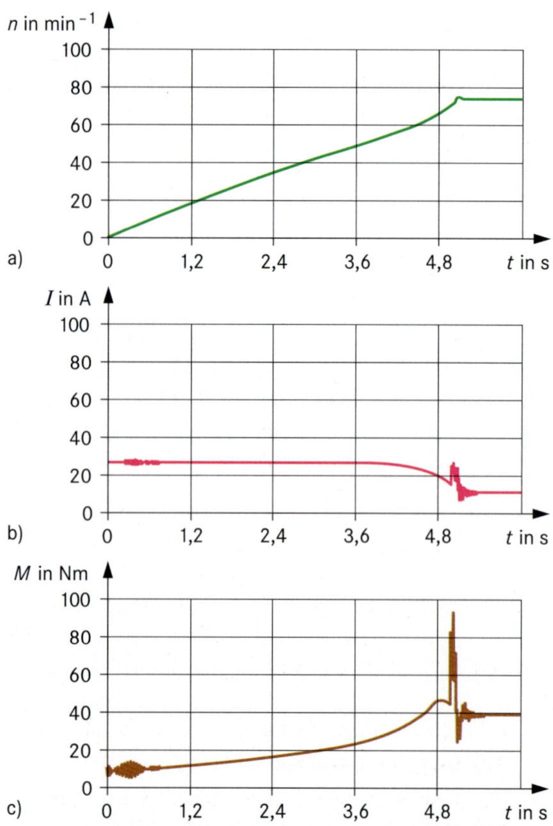

1: Verhalten bei Stern-Dreieck-Umschaltung

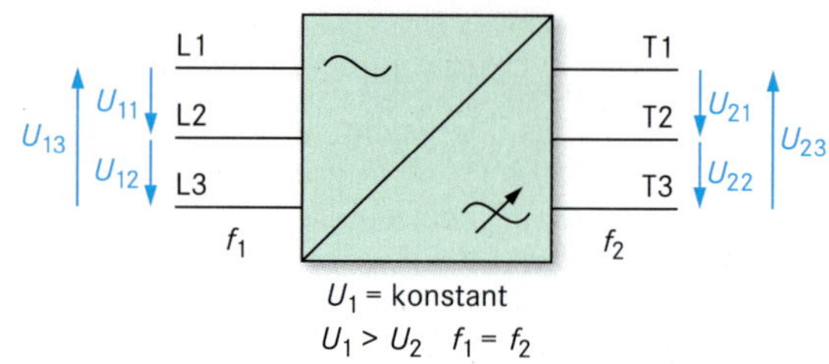

2: Sanftanlaufgerät

Wirkungsweise

Wie bereits dargestellt wurde (s. Kap. 8.2.2.1), besteht zwischen dem Drehmoment und Spannung ein quadratischer Zusammenhang. Es gilt:

$$M \sim U^2$$

Wenn z. B. die Motorspannung auf die Hälfte reduziert wird, steht nur noch ein Viertel des ursprünglichen Drehmoments zur Verfügung.

Durch eine Verringerung der Spannung verkleinern sich daher auch das

- Anlaufdrehmoment (n = 0, Abb. 3 ①) und
- Kippdrehmoment (M_K = max. ②, s. Kap. 8.1.2.3).

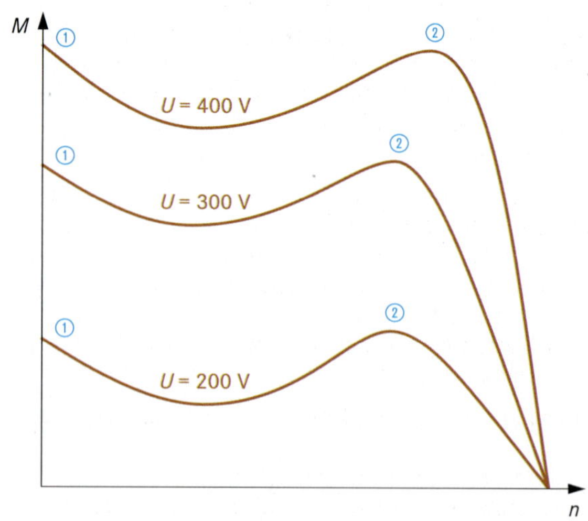

3: Drehmomentverlauf einer Asynchronmaschine bei unterschiedlichen Spannungen

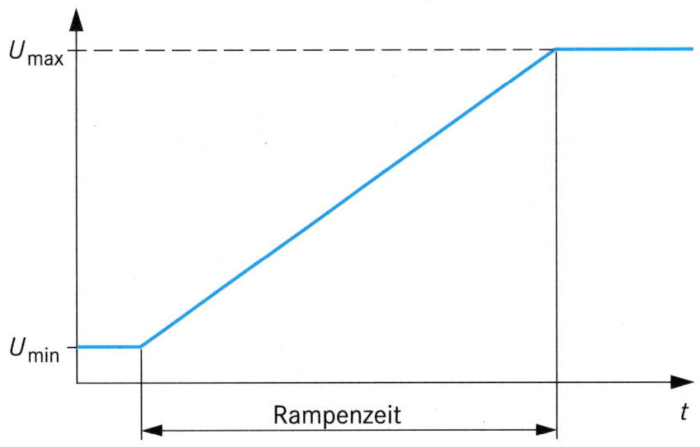

4: Rampenzeit

Im einfachsten Fall wird die Motorspannung linear in einer bestimmten, einstellbaren Zeit von 0 V auf die volle Netzspannung gesteigert. Diese Zeit ist am Sanftanlaufgerät einstellbar und wird als **Rampenzeit** [ramp time] bezeichnet (Abb. 4).

Geschieht die Spannungsänderung sehr schnell, können die Drehmomentschwingungen beim Einschalten vermieden werden. Die Anlaufstromstärke wird jedoch nur geringfügig begrenzt, da bei Erreichen der vollen Spannung die Drehzahl noch niedrig ist (Abb. 5 ①). Diese Steuerungsart liefert ein großes Drehmoment, was zu einem schnellen Anlaufvorgang führt.

Ein **langsameres Ansteigen** der Motorspannung (Abb. 6) ermöglicht der Maschine eine Drehzahlsteigerung proportional zur Spannungssteuerung. Dadurch wird die Stromstärke während des gesamten Anlaufvorganges begrenzt.

Ist das Sanftanlaufgerät mit einer Strommessung und einer internen Regelung ausgestattet, besteht die Möglichkeit, die Spannung so zu steigern, dass ein bestimmter Strom fließt, z. B. die Bemessungsstromstärke (Abb. 7). Sie wird hier auf einen Sollwert [setpoint value] geregelt, der gemäß einer vorgegebenen Rampe langsam ansteigt.

Die Änderung der Stromstärke geschieht relativ langsam, wodurch Beeinträchtigungen der Spannungsqualität vermieden werden. Das Drehmoment ist jedoch lange Zeit gering, was zu erheblich größeren Anlaufzeiten führt.

Das Verhalten von Sanftanlaufgeräten kann durch unterschiedliche Parameter angepasst werden. Es lassen sich maximale Grenzwerte einstellen und Rampenzeiten vorgeben. Hierbei verändert das Sanftanlaufgerät den Sollwert einer bestimmten Größe (z. B. U, I, P) in der vorgegebenen Zeit vom Minimal- zum Maximalwert oder umgekehrt.

Mögliche Regelungsgrößen bei Sanftanlaufgeräten sind die

- Motorspannung (Effektivwert),
- Motorstromstärke (Gesamtstromstärke oder Wirkanteil) und
- Leistung (Wirkleistungsanteil).

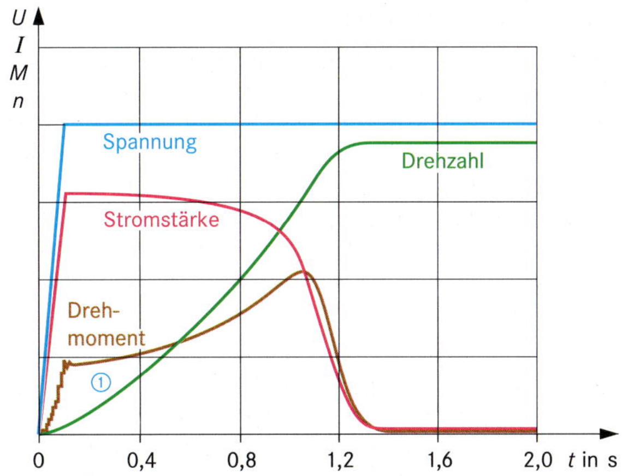

5: Anlauf mit kurzer Spannungsrampe

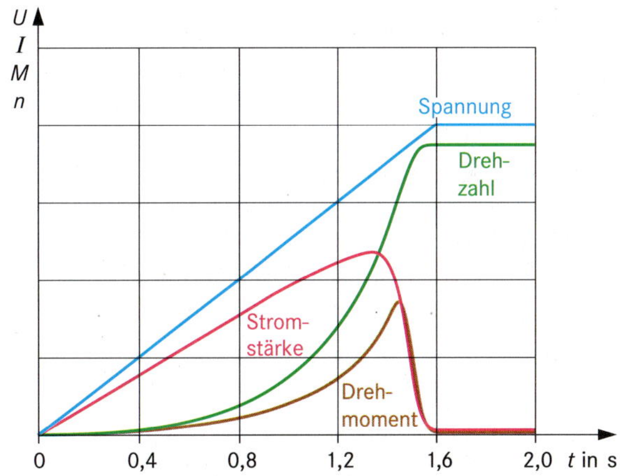

6: Anlauf mit langer Spannungsrampe

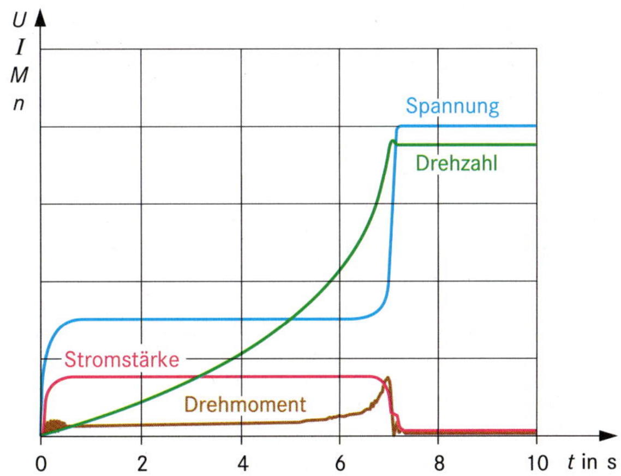

7: Anlauf mit Strombegrenzung

- Sanftanlaufgeräte verringern das Drehmoment während des Anlaufs.
- Für Schweranlauf sind Sanftanlaufgeräte nicht geeignet.

Veränderung der Ausgangsspannung

Zum Verändern der Motorspannung werden **Drehstromsteller** [three phase a. c. power controller] verwendet. Diese bestehen z. B. aus zwei antiparallel geschalteten Leistungs-Thyristoren, die in jeden Außenleiterkreis geschaltet werden (Abb. 1). Die Thyristoren arbeiten als elektronische Schalter, die durch einen Impuls am Gate eingeschaltet werden können. Nach der Zündung bleibt der Thyristor leitfähig, bis die Stromstärke Null wird (s. Kap. 6.3.3).

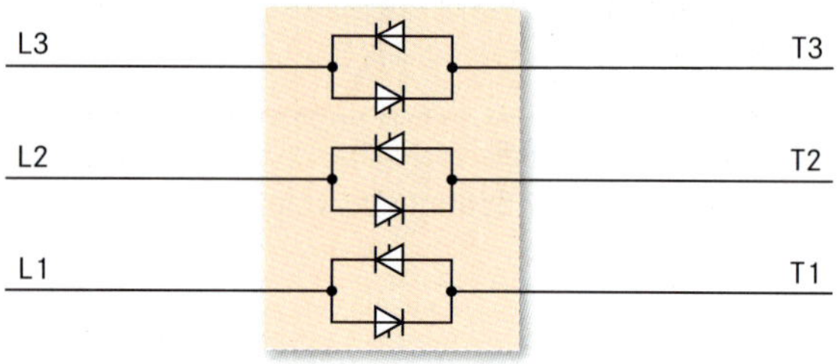

1: Drehstromsteller

Die interne Steuerung erzeugt zu einem vorgegebenen Zeitpunkt jeder Halbschwingung einen Zündimpuls. Er wird auch als Winkel angegeben und liegt zwischen $\alpha = 0°$ und $\alpha = 180°$ der zugehörigen Sinuskurve.

Wird der Thyristor im Nulldurchgang der Leiterspannung gezündet ($\alpha = 0°$), liegt während der kompletten Halbschwingung die Spannung am Motor an (Abb. 2a). Durch ein verzögertes Zünden der Thyristoren liegt die Netzspannung nicht mehr die ganze Zeit an der Motorwicklung an. Bildet man den zeitlichen Mittelwert der Motorspannung, so ergibt sich ein geringerer Effektivwert (Abb. 2b). Der Zusammenhang zwischen dem **Steuerwinkel** α [trigger delay angle] und der Ausgangsspannung wird in einer Steuerkennlinie dargestellt (Abb. 3).

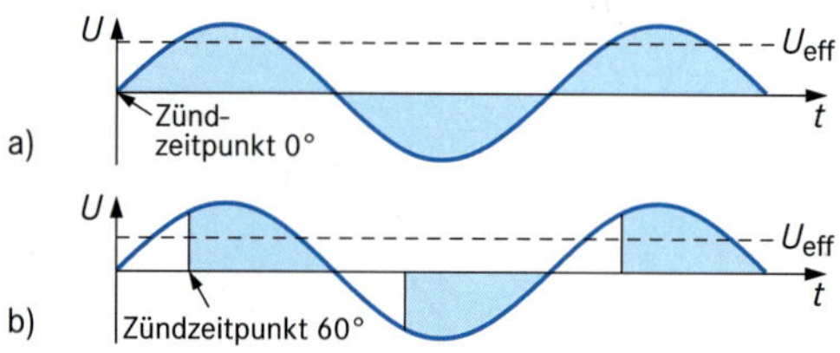

2: Spannungsverlauf am Drehstromstellerausgang

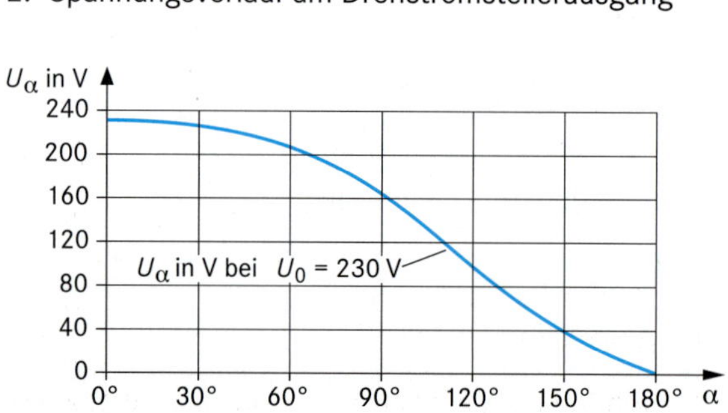

3: Steuerkennlinie

Anschluss

In den meisten Fällen wird das Sanftanlaufgerät in Reihe mit den Anschlussleitungen geschaltet. Der Verdrahtungsaufwand ist dadurch gering (Abb. 4a). Die $\sqrt{3}$-Schaltung (Abb. 4b) wird angewendet, um die Bemessungsstromstärke des Sanftanlaufgerätes gering zu halten. Sie beträgt hier nur ca.

$$58\,\% \cdot I_{rM} \; (\frac{1}{\sqrt{3}} \approx 0{,}58).$$

Dadurch werden die Beschaffungskosten verringert, da die internen Leistungshalbleiter entsprechend der Bemessungsstromstärke gewählt werden. Je größer sie ist, desto teurer werden die Bauelemente. Muss das Sanftanlaufgerät in größerer Entfernung vom Motor installiert werden, vermindert sich der Kostenvorteil durch das Installieren der doppelten Leitungszahl.

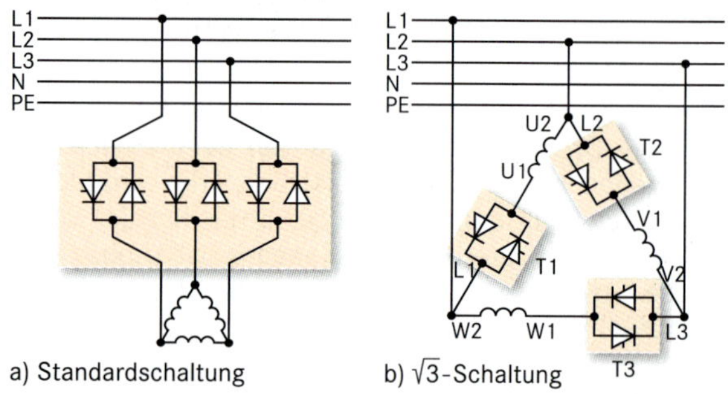

4: Schaltungsvarianten

Auch in Sanftanlaufgeräten entstehen Verluste [losses], da über die leitenden Thyristoren die Vorwärtsspannung abfällt. Um die Verluste nach Abschluss des Anlaufvorgangs zu vermeiden, wird ein Bypass-Schütz verwendet. Es schließt mit seinen Kontakten die Thyristoren kurz. Der Bypass ist entweder im Gerät integriert oder kann extern aufgebaut werden.

AUFGABEN

1. Welche Vorteile bietet ein Sanftanlaufgerät mit Bypass-Schütz?
2. Die Bemessungsstromstärke eines Sanftanlaufgerätes beträgt $I_r = 20$ A. Wie groß kann die Leiterstromstärke sein, wenn die $\sqrt{3}$-Schaltung verwendet wurde?
3. Ein Antrieb mit Sanftanlaufgerät soll nach dem Einschalten ein Drehmoment von $M = 100$ Nm aufbringen. Welche minimale Spannung muss hierfür erreicht werden?

- Sanftanlaufgeräte enthalten Drehstromsteller, die nur bestimmte Teile der Wechselspannung durchlassen.
- Drehstromsteller verändern die Motorspannung und können so die Stromstärke des Motors verändern.

8.2.2.6 Frequenzumrichter

Neben Sanftanlaufgeräten werden zur Motorsteuerung **Frequenzumrichter** [frequency converter] eingesetzt (Abb. 5). Mit ihnen lässt sich die
- Ausgangsspannung von 0 V bis U_{max} und
- Frequenz von 0 Hz bis f_{max} verändern.

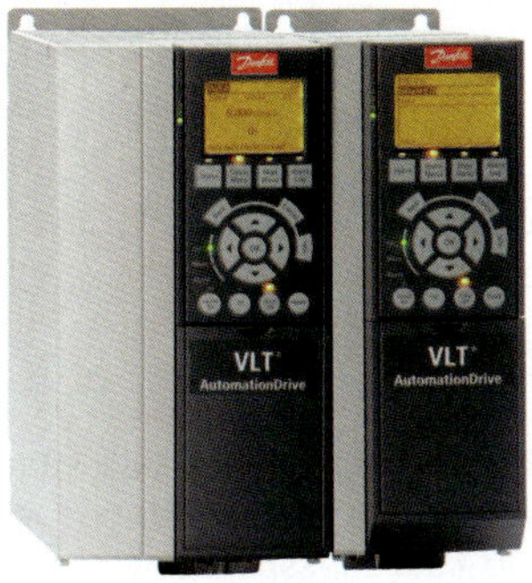

5: Frequenzumrichter

Erreicht wird ein hohes Anlaufdrehmoment mit einer stufenlos veränderbaren Drehzahl. Ein sanftes Anfahren und Abbremsen ist möglich, da Frequenzumrichter am Ausgang eine sinusförmige Spannung mit veränderbarer Amplitude und veränderbarer Frequenz abgeben (Abb. 6).

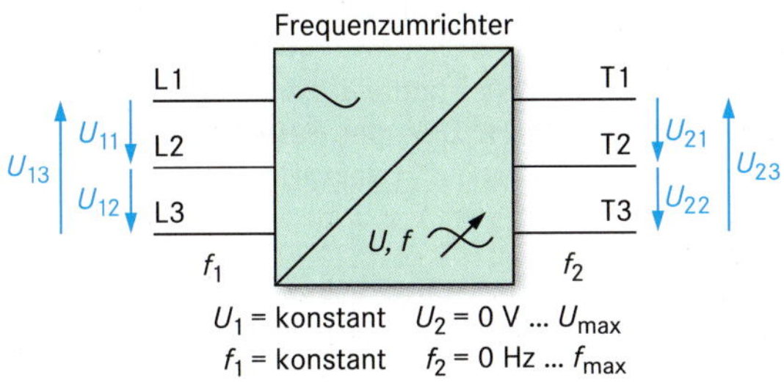

6: Frequenzumrichter

Motorverhalten bei Frequenzänderung

Motoren bestehen hauptsächlich aus Induktivitäten. Der Blindwiderstand X_L der Induktivität ändert sich mit der Frequenz. Folgende Wirkungskette ergibt sich:

$$X_L = 2 \cdot \pi \cdot f \cdot L \qquad I = \frac{U}{2 \cdot \pi \cdot f \cdot L}$$

$$f \downarrow \Rightarrow X_L \downarrow \Rightarrow I \uparrow$$

Wird die Frequenz am Motor abgesenkt, sinkt der Blindwiderstand. Bei konstanter Spannung würde dadurch die Motorstromstärke steigen. Motoren sind jedoch auf eine bestimmte Bemessungsstromstärke ausgelegt, die nicht überschritten werden darf. Aus diesem Grund wird mit sinkender Frequenz die Motorspannung proportional abgesenkt.

Für das Verhältnis von U durch f muss also gelten: $\frac{U}{f}$ = konstant

Folgende Merkmale sind zu beobachten:
- Das Kippdrehmoment ist für alle Frequenzen gleich (Abb. 7a, ①, ②, ③).
- Wird die Frequenz um 1/3 auf 33,3 Hz verringert, sinkt auch die Leerlaufdrehzahl um 1/3, ④ → ⑤. Die Leerlaufdrehzahl sinkt also proportional zur Frequenz der Eingangsspannung.
- Unter Belastung sinkt die Drehzahl bei konstantem Lastdrehmoment linear zur Frequenz (AP1 - AP3).
- Bei nichtlinearen Lastkennlinien sinkt die Drehzahl überproportional (AP4, AP2, AP5).
- Das Anfahrdrehmoment kann bis zum Kippdrehmoment gesteigert werden (Abb. 7b).

Durch Verschieben der *n*-*M*-Kennlinie (Abb. 7b) kann für jede Drehzahl das Motordrehmoment *M* zwischen 0 Nm und dem Kippdrehmoment verändert werden.

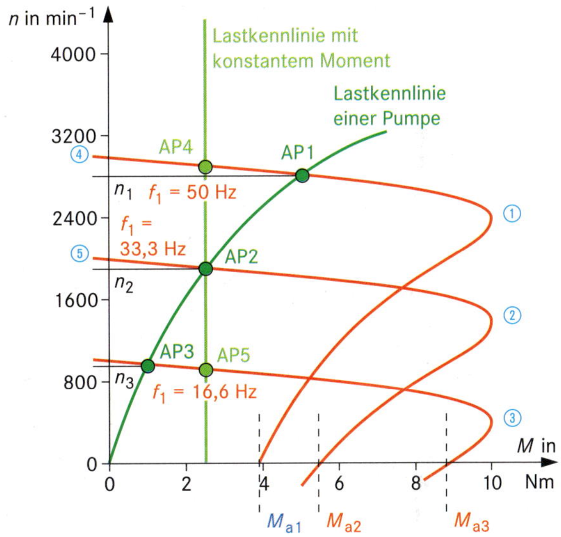

a) Beschleunigungsvorgang

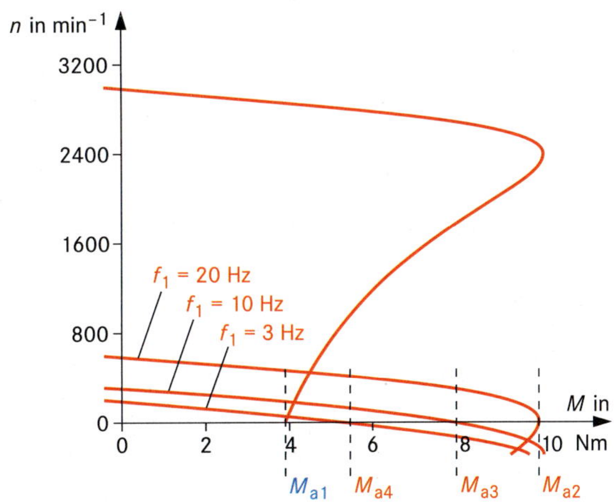

b) Anlaufverhalten

7: Drehzahl-Drehmoment-Kennlinien bei unterschiedlichen Frequenzen

Komponenten eines Frequenzumrichters

Frequenzumrichter (Abb. 1) bestehen aus einem
- **Gleichrichter** [rectifier],
- **Zwischenkreis** [d. c. link] und
- **Wechselrichter** [inverter].

Die Zwischenkreise bestehen entweder aus einem Kondensator (Abb. 1a) oder einer Spule (Abb. 1b). Sie glätten entweder die Spannung (Spannungszwischenkreis-Umrichter) oder den Strom (Stromzwischenkreis-Umrichter).

Am weitesten verbreitet ist der Frequenzumrichter mit Spannungszwischenkreis. Hierbei können ungesteuerte Gleichrichterschaltungen eingesetzt werden. Diese Gleichrichter benötigen keine Steuerelektronik, was zu Kostenvorteilen führt.

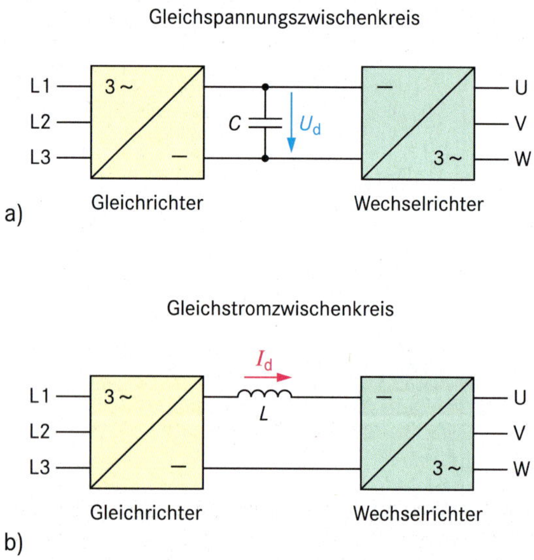

1: Frequenzumrichter mit Zwischenkreis

Gleichrichter

Zur Erzeugung der Zwischenkreis-Gleichspannung wird ein Gleichrichter verwendet (Abb. 2, s. auch Kap. 6.2.3). Dieser hat bei größeren Leistungen drei Eingänge zum Anschluss an das Drehstromnetz. Der Ausgang wird durch zwei Leiter mit dem Zwischenkreis verbunden. Da bei den Gleichspannungszwischenkreisen ungesteuerte Gleichrichter ausreichen, werden ausschließlich Dioden verwendet.

Durch die Leiterspannung mit dem größten positiven Momentanwert wird eine der oberen Dioden leitend (z. B. R1). Durch die Leiterspannung mit dem negativsten Momentanwert wird die zugehörige untere Diode R4 leitend. Am Ausgang liegt dadurch immer die verkettete Leiterspannung. Während einer Netzperiode verändert der Gleichrichter sechsmal seinen Leitzustand.

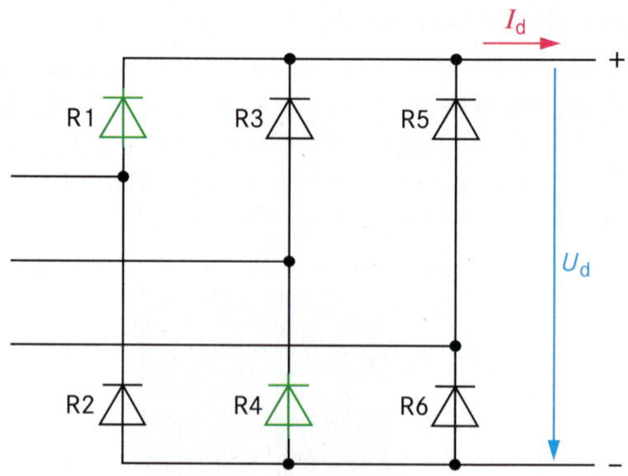

2: Sechspuls-Brückenschaltung

Diese Schaltung wird daher als **Sechspuls-Brückenschaltung** (B6U) [six-pulse bridge connection] bezeichnet. Die Ausgangsspannung ergibt sich aus den Kuppen der Außenleiterspannungen (Abb. 3, s. Kap. 6.2.3). So entsteht eine Spannung mit geringer Welligkeit. Da die Ausgangsspannung direkt den Sinuskurven der Eingangsspannung folgt, ist sie weitgehend konstant und von der Laststromstärke unabhängig.

Bei Umrichtern mit einem Stromzwischenkreis ist die Stromstärke in der Spule lastabhängig. Je nach Belastung im Ausgang muss der Gleichrichter die Stromstärke im Zwischenkreis einstellen. Hierzu müssen gesteuerte Gleichrichter eingesetzt werden, die z. B. Thyristoren mit Zündelektronik enthalten. Diese Umrichter kommen z. B. in der Servotechnik als Spezialanwendung vor.

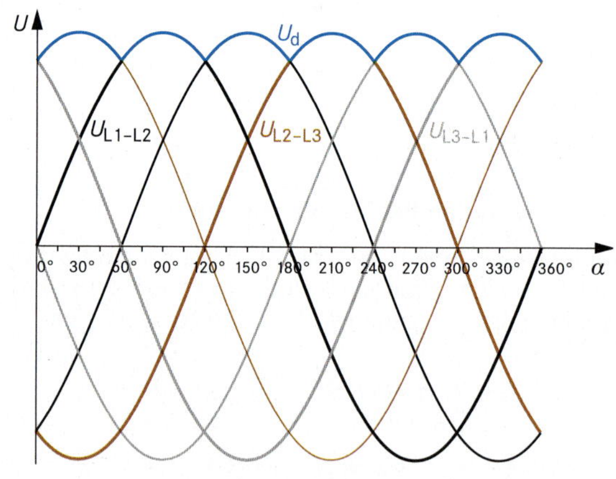

3: Ausgangsspannung einer B6-Brückenschaltung

AUFGABE

1. Wodurch unterscheiden sich Sanftanlaufgeräte und Frequenzumrichter während des Motoranlaufs?
Erklären Sie dies mit Hilfe der Begriffe Spannung, Frequenz, Drehmoment und Drehzahl.

Wechselrichter

Aus der nahezu konstanten Gleichspannung im Zwischenkreis wird im Wechselrichter [inverter] wieder eine Wechselspannung erzeugt. Hierzu werden Leistungshalbleiter benötigt, die ein- und ausgeschaltet werden können (z. B. MOSFETs oder IGBTs, s. Kap. 6.3.2.2).

In zwei Pfaden werden jeweils zwei Transistoren in Reihe geschaltet (z. B. Q1 und Q2 sowie Q3 und Q4 in Abb. 4). Von diesen zwei Transistoren darf jeweils nur einer leiten. Die Transistoren in beiden Wechselrichterzweigen werden immer diagonal eingeschaltet, d. h., Q1 und Q4 bzw. Q2 und Q3 leiten gleichzeitig. Die Ausgangsspannung U_L kann so zwischen $+U_Z$ und $-U_Z$ und 0 V gewechselt werden.

Solange Q1 und Q4 leitend sind, liegt an der Last die Spannung $+U_Z$ und es wird sich ein positiver Strom I_L einstellen. Wechseln die Transistoren ihren Leitzustand, muss der in der Last fließende Strom weiter fließen können. Da die Transistoren den Strom nur in einer Richtung leiten können, gibt es keinen möglichen Strompfad über die Transistoren. Durch die parallel geschalteten Dioden kann der Strom weiter fließen (R2, R4). Da jetzt die Spannung $-U_Z$ an der Last anliegt, nimmt die Stromstärke I_L ab. Sobald I_L negativ wird, übernehmen die Transistoren Q2 und Q3 den Laststrom.

Der Schaltzustand der Transistoren wechselt mit einer sehr hohen Frequenz (z. B. 10 kHz). Die Zeit, in der $+U_Z$ bzw. $-U_Z$ an der Last anliegt, wird hierbei verändert. Am Ausgang der Frequenzumrichter befinden sich Filter (Tiefpass), die aus der rechteckförmigen Spannung einen Mittelwert bilden. Je nach zeitlicher Verteilung der Zustände $+U_Z$ und $-U_Z$ ergibt sich eine mittlere Spannung (Abb. 5). Liegt in einem bestimmten Zeitraum länger die positive als negative Spannung an, ergibt sich ein positiver Mittelwert ①. Ist die Zeitdauer der positiven und negativen Spannung gleich, wird der Mittelwert U_L = 0 V ②. Bei längeren negativen Ausgangsspannungen sinkt die Ausgangsspannung auf einen negativen Mittelwert ③.

Der erzielte Spannungsmittelwert kann durch die Steuerelektronik verändert werden. Die Veränderung entspricht der geforderten Kurvenform, Frequenz und Spannung am Ausgang. Üblicherweise wird eine sinusförmige Ausgangsspannung erzeugt (Abb. 6).

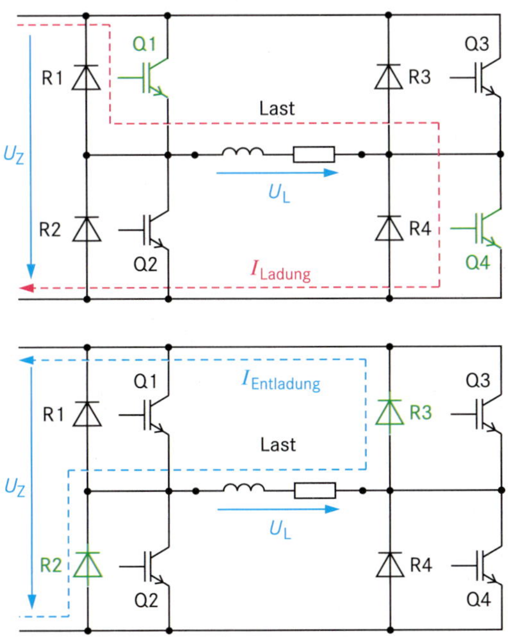

4: Zweiphasiger Wechselrichter

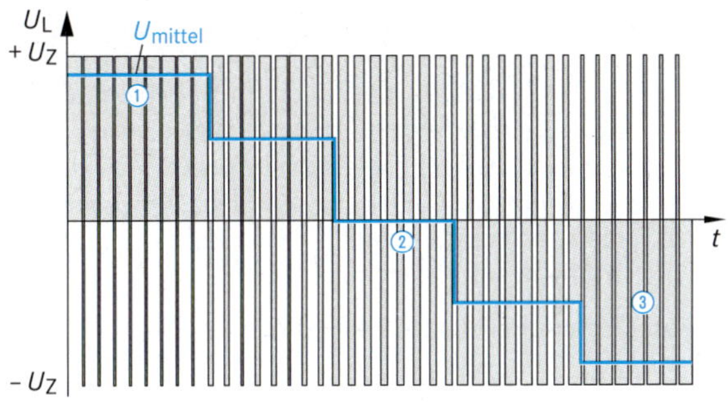

5: Veränderte Spannungsmittelwerte

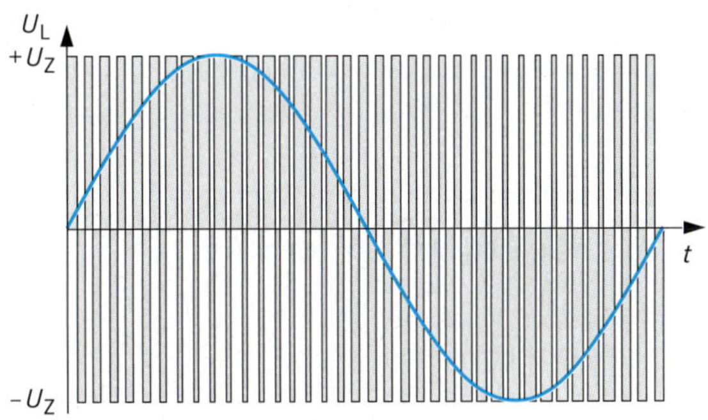

6: Wechselrichter-Ausgangsspannung

Soll eine dreiphasige Wechselspannung erzeugt werden, sind drei Wechselrichterpfade erforderlich. Jeder der drei Pfade erzeugt eine sinusförmige Ausgangsspannung. Um ein symmetrisches Drehstromnetz zu speisen, werden die drei Ausgangsspannungen jeweils um 120° in der Phase verschoben. Durch Veränderung der Phasenverschiebung lässt sich auch das Drehfeld und damit die Drehrichtung des Motors ändern.

- Frequenzumrichter bestehen aus Gleichrichter, Zwischenkreis und Wechselrichter.
- Frequenzumrichter verändern die Frequenz und die Spannung. Bei sinkender Frequenz muss die Spannung reduziert werden.
- Der Motor kann bei Frequenzumrichter-Betrieb mit veränderbarer Drehzahl, Drehrichtung und veränderbarem Drehmoment betrieben werden.

Beeinträchtigungen von RCDs durch elektronische Betriebsmittel

keine Auslösung trotz Fehlerstrom

Treten innerhalb elektronischer Betriebsmittel, z. B. bei Frequenzumrichtern, Fehler auf, kommt es durch das geerdete Gehäuse zu einem Fehlerstrom. Je nach Objekt und Fehlerort können diese Fehlerströme unterschiedliche Frequenzen haben. Tritt der Fehler im Eingangskreis auf, ergibt sich ein sinusförmiger Fehlerstrom I_{F1} mit der Netzfrequenz ①.

Ein Schluss zwischen Zwischenkreis und Gehäuse erzeugt einen fast glatten Strom als Fehlerstrom I_{F2} ②. Ein Erdschluss am Ausgang eines Frequenzumrichters sowie der Motorleitung hat Fehlerströme I_{F3} ③ und I_{F4} ④ mit der Ausgangsfrequenz zur Folge. Diese Frequenz kann zwischen wenigen Hz bis ca. 100 Hz variieren. Durch die hohe Schaltfrequenz im Wechselrichter können zusätzlich noch Fehlerströme I_{F3} mit Frequenzen im kHz-Bereich auftreten.

Pulsstromsensitive RCDs (Typ A)

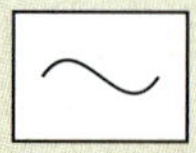
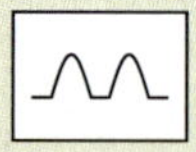

Die am weitesten verbreiteten RCDs gehören zum Typ A und lediglich für Wechselströme (f = 50 Hz) und pulsierende Gleichströme geeignet. Treten reine Gleichfehlerströme auf, sind diese RCDs durch gesättigte Stromwandler blockiert und reagieren auch auf Fehlerströme mit 50 Hz nicht mehr.

Allstromsensitive RCDs (Typ B)

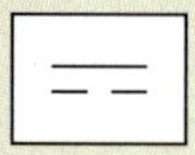

RCDs vom Typ B sind allstromsensitiv. Das bedeutet, dass sie auch bei auftretenden Gleichfehlerströmen und Fehlerströmen mit hohen Frequenzen zuverlässig arbeiten. Es kommt hier zu keinen Blockierungen durch Gleichfehlerströme. Bei Frequenzen oberhalb 100 Hz steigt der Auslösestrom bis auf 300 mA. Die RCDs vom Typ B werden damit unempfindlicher gegenüber hochfrequenten Ableitströmen.

ungewollte Auslösung ohne Fehlerstrom

Am Ein- und Ausgang von elektronischen Betriebsmitteln sind häufig Filter eingebaut. Diese Filter besitzen Kondensatoren, die zwischen Außenleiter und Schutzleiter geschaltet sind ⑤. Hierüber fließen Ableitströme I_{Abl}. Diese Ströme werden um so größer, je höher die Frequenz der Spannung ist.

Ableitströme

Am Eingangsfilter fließen hauptsächlich geringe 50 Hz-Ströme ⑥. Das Ausgangsfilter führt durch die schnell geschalteten Transistoren auch Ströme im kHz-Bereich ⑦.

Fehlauslösung

Alle Ableitströme fließen über den PE-Leiter zurück. Obwohl diese Ströme im ungestörten Normalbetrieb fließen, interpretiert sie eine RCD als Fehlerstrom.

Bei einer Häufung von elektronischen Betriebsmitteln summieren sich die Ableitströme und sie können dadurch zu einer ungewollten Auslösung der RCDs führen.

Diese Fehlauslösungen können vermieden werden, indem die Anzahl der Betriebsmittel mit Ableitströmen je RCD-Stromkreis begrenzt wird.

Reicht diese Maßnahme nicht aus, ist es möglich, spezielle RCDs vom Typ B einzusetzen, die ein spezielles Auslöseverhalten haben. Diese RCDs werden mit zunehmender Frequenz unempfindlicher. Oberhalb von 1 kHz beträgt die Auslösestromstärke 300 mA.

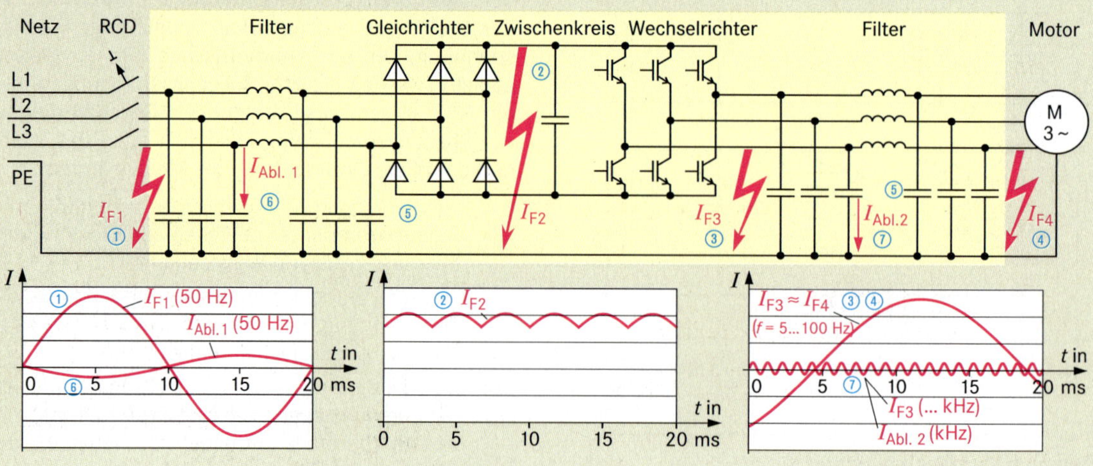

8.2.3 Bremsbetrieb

In bestimmten Fällen müssen Motoren in kurzer Zeit nach dem Abschalten zum Stillstand kommen (Unfallvorschriften, z. B. Werkzeugmaschinen). Dabei werden Bremseinrichtungen verwendet. Das Bremsen kann

- **mechanisch** mit einem **Bremsmotor** oder **Bremslüfter** sowie
- **elektrisch** durch **Gegenstrom** oder **Gleichstrom** erfolgen

Bremsmotor [brake motor]

Hierbei handelt es sich um einen Motor, der sich selbst abbremsen kann. In der Abbildung 1 ist er in Betriebsstellung dargestellt. Wird er abgeschaltet, drückt die Bremsfeder ① den Läufer nach rechts. Dadurch wird die Bremse mit dem Belag ② wirksam.

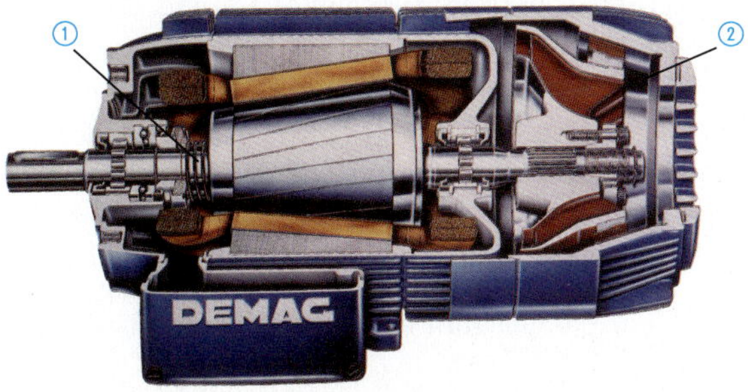

1: Bremsmotor

Bremslüfter [centrifugal brake operator]

Diese Bremseinrichtung besteht aus der
- mechanischen Bremse (Abb. 2 ③) und der
- elektromagnetischen Entriegelung ④ ⑤.

Wenn der Elektromagnet stromlos ist, drückt die Feder ⑥ mit den Bremsbacken ⑦ gegen die Bremsscheibe. Der Motor wird daher auch bei Stromausfall abgebremst. Wird der Bremslüfter eingeschaltet, so zieht der Magnet die Bremsfedern auseinander und die Motorwelle kann sich drehen. Da die Spule des Lüftermagneten während des Betriebes ständig eingeschaltet ist, muss sie für Dauerlast ausgelegt sein.

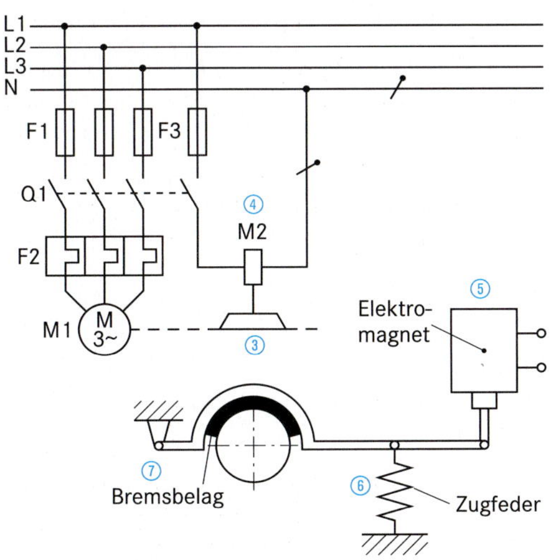

2: Prinzip und Schaltung eines Bremslüfters

Gegenstrombremsen [braking by reversal]

Nach dem Abschalten des Motors wird die entgegengesetzte Drehrichtung eingeschaltet (Abb. 3). Der Läufer wird damit sehr stark abgebremst. Natürlich muss dafür gesorgt werden, dass der Läufer nach dem Stillstand nicht etwa in die andere Drehrichtung anläuft.

Der Nachteil dieses Verfahrens ist die hohe Stromstärke beim Bremsen. Das bedeutet eine große thermische Belastung der Wicklungen. Außerdem muss die Absicherung entsprechend ausgelegt sein.

Gleichstrombremsen [direct current injection braking]

Hierbei wird Gleichspannung an die Ständerwicklungen gelegt (Abb. 4). Durch die Drehung werden in den Eisenkernen des Läufers Wirbelströme erzeugt. Die dadurch entstandenen Magnetfelder werden vom Ständer angezogen und bremsen den Motor ab. Der notwendige Gleichstrom wird mit Hilfe von Dioden aus dem Wechselstrom erzeugt (Abb. 4).

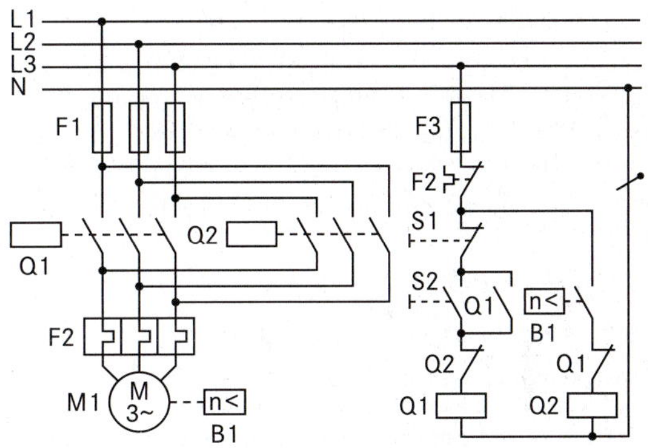

3: Motor mit Gegenstrombremsung

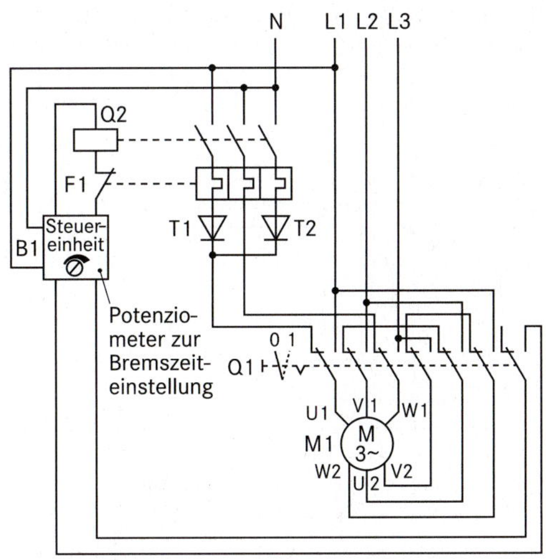

4: Motor mit Gleichstrombremsung

8.2.4 Drehrichtung

Nach DIN 60034-8 liegt **Rechtslauf** [clockwise rotation] vor, wenn die
- Außenleiter in numerischer Reihenfolge und
- Motorklemmen in alphabetischer Reihenfolge

angeschlossen sind, also L1 an U1 usw. (Abb. 1).

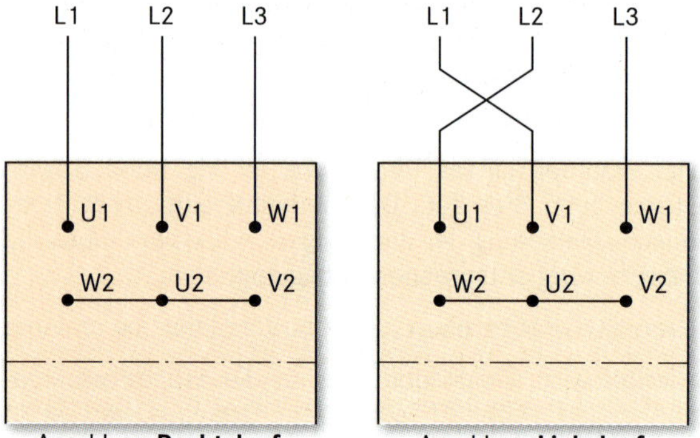

Anschluss **Rechtslauf** Anschluss **Linkslauf**

1: Drehrichtungen nach DIN 42401-2

Die Abb. 2 zeigt eine handbediente Steuerung zur Drehrichtungsumkehrung. An dieser Steuerung soll die grundsätzliche Funktion verdeutlicht werden.

Im Hauptstromkreis kann man erkennen, dass beide Hauptschütze den Außenleiter L2 ① an die Motorklemme V1 ② legen. Q1 verbindet dann L1 mit U1 und L3 mit W1, sodass sich Rechtslauf ergibt. Q2 tauscht für den Linkslauf diese beiden Außenleiter-Anschlüsse.

- Im Steuerstromkreis ist zu sehen, dass S3 das Hauptschütz Q1 und damit den Rechtslauf einschaltet.
- Mit S2 wird über Q2 der Motor in den Linkslauf geschaltet.
- Bei dieser Art der Steuerung kann entweder im Rechts- oder im Linkslauf begonnen werden. Es gibt **keine Vorrangstellung**.
- Ein **direktes Umschalten** [direct switch over] von Rechts- auf Linkslauf bzw. umgekehrt ist nicht möglich, weil sich die Hauptschütze mit ihren jeweiligen Kontakten 13/14 ⑤ ⑥ eine Selbsthaltung geschaltet haben. Das Umschalten geht also nur über AUS mit Hilfe von S1.
- Auf keinen Fall dürfen Q1 und Q2 gleichzeitig anziehen, da sonst die Außenleiter L1 und L3 kurzgeschlossen werden. Um dies zu verhindern, sind hier Tasterverriegelungen (Taster 21/22 ③ ④) sowie Schützverriegelungen vorgesehen.

Motoren mit kleiner Leistung hingegen werden häufig direkt umgeschaltet (Abb. 3). Dies kann dadurch erreicht werden, dass die jeweilige Selbsthaltung – also der entsprechende Kontakt 13/14 des Hauptschützes – nur parallel zum entsprechenden Schließerkontakt 13/14 des Tasters ⑦ installiert wird. Der Öffner 21/22 ⑧ des jeweiligen Tasters darf nicht überbrückt werden.

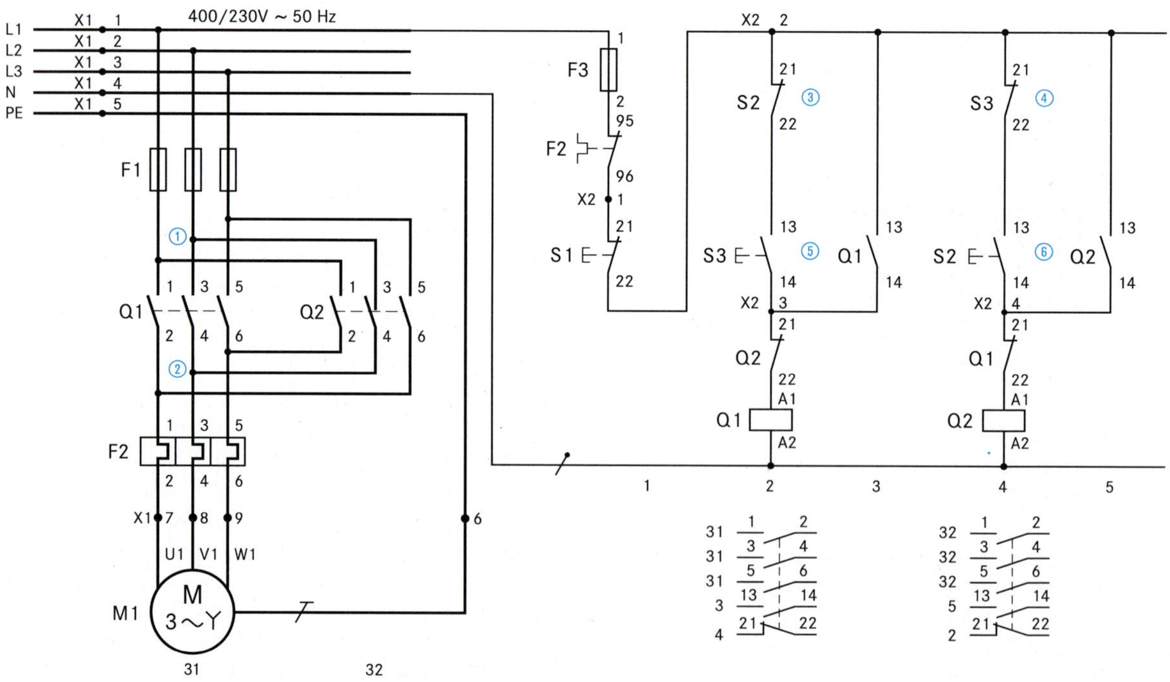

2: Handbediente Drehrichtungsumkehrsteuerung

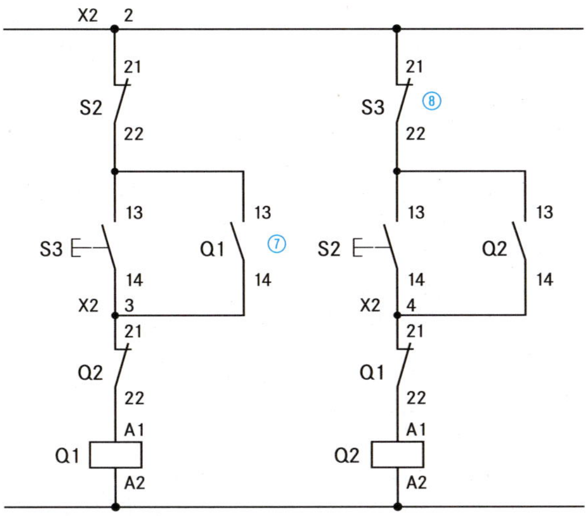

3: Direktes Umschalten (Planausschnitt)

Funktion

- Hat das Hauptschütz Q1 durch Betätigen von S3 angezogen, hält sich Q1 durch die Parallelschaltung von S3:13/14 und Q1:13/14.
- Wird S2 betätigt, öffnet S2:21/22 und Q1 wird spannungslos. Der Motor liegt nicht mehr am Netz. Q1:21/22 geht wieder in die Ruhestellung zurück, d. h., der Kontakt schließt wieder.
- Jetzt liegt Q2 an der Spannung und schaltet den Motor in den Linkslauf. Q2:13/14 schließt die Selbsthaltung.

AUFGABEN

1. Welchen wichtigen Vorteil hat eine Bremseinrichtung mit Bremslüfter?
2. Warum muss der Lüftermagnet für Dauerlast ausgelegt sein?
3. Skizzieren Sie eine Schützschaltung, mit der die Drehrichtung eines Drehstrommotors gesteuert werden kann. Es soll immer erst Rechtslauf eingeschaltet werden können.
4. Ändern Sie die Verbindung der Klemmen 2, 4, und 6 an Q2 in Abb. 2 so, dass die Vertauschung der Außenleiter wie in Abb. 1 vorgenommen wird.

- Motoren können mit Bremsmotoren oder Bremslüftern mechanisch abgebremst werden.
- Motoren können mit Gegenstrom oder Gleichstrom abgebremst werden.
- Zur Drehrichtungsänderung bei Drehstrommotoren müssen zwei der drei Außenleiter getauscht werden.
- Die Drehrichtungsänderung muss bei Motoren mit großen Leistungen indirekt (d. h. über AUS) erfolgen.

8.2.5 Drehzahländerung

Die Zahl der Rotorumdrehungen pro Zeit hängt bei Asynchronmotoren von der Drehfelddrehzahl n_f (s. Kap. 8.1.1) und dem Schlupf s (s. Kap. 8.1.3.2) ab. Führt man beide Gleichungen zusammen, ergibt sich eine Formel für die Drehzahl n, in der der **Schlupf** s, die **Frequenz** f und die **Poolpaarzahl** p vorkommen. Mit diesen drei Größen lässt sich also eine Drehzahlsteuerung vornehmen.

$$n_f = \frac{f}{p} \qquad n_s = n_f - n \qquad s = \frac{n_f - n}{n_f}$$

$$n = (1 - s) \cdot \frac{f}{p}$$

Drehzahländerung durch Schlupfänderung

In Kap. 8.1.3.3 wurde bereits beschrieben, dass bei Schleifringläufer-Motoren eine Steuerung mit Hilfe von Drehzahlstellern möglich ist.

Die zusätzlichen Widerstände R_{anl} verringern die Stromstärke I_L des Läufers. Damit wird auch das Drehmoment geringer. Um dem entgegenzuwirken, muss die Stromstärke wieder steigen. Das gelingt nur durch eine höhere induzierte Spannung U_L in den Läuferwicklungen. Diese hängt von der Magnetfeldänderung ab. Sie wird größer, wenn die Schlupfdrehzahl n_S höher wird. Das kann nur durch Verringerung der Läuferdrehzahl geschehen. Demzufolge wird der Läufer langsamer.

$$R_{anl} \uparrow \Rightarrow I_L \downarrow + M = \text{const} \Rightarrow$$
$$I_L \uparrow \Rightarrow U_L \uparrow \Rightarrow n_S \uparrow \Rightarrow n_L \downarrow$$

Eine Verringerung der Läuferdrehzahl bei konstantem Drehmoment (gleicher Belastung) bedeutet natürlich eine Leistungsverringerung. Diese Steuerung wird daher nur von etwa der halben bis zur vollen Bemessungsdrehzahl angewendet.

Außerdem wird durch die Widerstände elektrische Energie in Wärme umgewandelt, die abgeführt werden muss. Der Vorteil dieser Steuerung ist, dass die Drehzahl stufenlos verändert werden kann.

Drehzahländerung durch Frequenzänderung

Aus der entwickelten Formel ergibt sich auch, dass die Drehzahl proportional zur Netzfrequenz ist. Wird beispielsweise die Frequenz verdoppelt, wird auch die Drehzahl doppelt so groß.

Die Frequenzänderungen haben noch andere Auswirkungen. Die konstante Frequenz des Versorgungsnetzes f = 50 Hz wird durch Frequenzumrichter (s. Kap. 8.2.2.6) verändert. Jede Frequenzänderung hat eine Änderung des induktiven Blindwiderstandes des Motors zur Folge. Daraus resultiert eine Änderung der Motorstromstärke. Somit ändert sich das Drehmoment (s. Kap. 8.2.2).

$$X_L = 2 \cdot \pi \cdot f \cdot L \qquad Z = \sqrt{R^2 + X^2_L} \qquad I = \frac{U}{Z}$$

$$I^2 \sim M \qquad U = \text{const}$$

$$f\uparrow \Rightarrow X_L\uparrow \Rightarrow I\downarrow \Rightarrow M\downarrow$$

Da das Drehmoment aber nicht geändert werden soll, muss die Spannung entsprechend gesteuert werden. Das Verhältnis von Frequenz und Spannung muss deshalb konstant bleiben.

Drehzahländerung durch Polpaaränderung

Während die beiden bisher beschriebenen Möglichkeiten mit „normalen" Motoren auskommen, muss der polumschaltbare Motor entsprechend gebaut sein. Auf dem Ständer sind mehrere Wicklungen aufgebracht, die unterschiedlich geschaltet werden können. Hierfür gibt es zwei Arten. Entweder werden

- mehrere **getrennte Wicklungen** auf dem Ständer oder
- nur eine **Wicklung mit Anzapfungen** aufgebracht, die unterschiedlich geschaltet wird.

Bei der ersten Möglichkeit handelt es sich praktisch um mehrere Ständer in einem Gehäuse. Die Abb. 1 zeigt eine mögliche Schaltung für zwei Drehzahlen und die dazugehörigen Schaltzeichen.

Bei der zweiten Möglichkeit können durch besondere Anordnungen der Wicklungen unterschiedliche Polpaarverhältnisse ermöglicht werden, z. B. 4:5, 4:3 oder 4:1,5. Diese Maschinen heißen Motoren mit **Polamplitudenmodulation** [pole-amplitude modulation] (PAM).

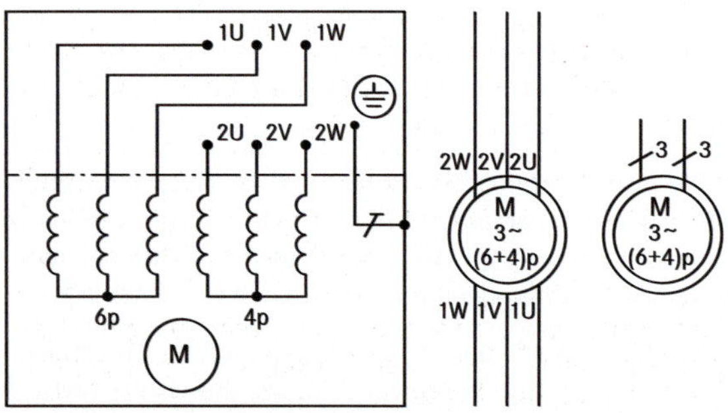

1: Motor mit zwei Wicklungsgruppen

Die einfachste Schaltung dieser Art ist die **Dahlanderschaltung** [Dahlander circuit]. Hierbei ist allerdings nur ein Polpaarverhältnis von 2:1 möglich. Die Abb. 2 zeigt die Schaltung sowie die entsprechenden Schaltzeichen.

Für die **niedrige Drehzahl** werden die sechs Spulen im Dreieck geschaltet und 1U, 1V und 1W werden mit den Außenleitern verbunden (Abb. 3a). Die Anschlüsse 2U, 2V und 2W bleiben frei.

Für die **hohe Drehzahl** sind 2U, 2V und 2W an die Außenleiter angeschlossen, während 1U, 1V und 1W miteinander verbunden werden. Die Wicklungen sind damit als Doppelstern geschaltet (Abb. 3b). Das Ver-

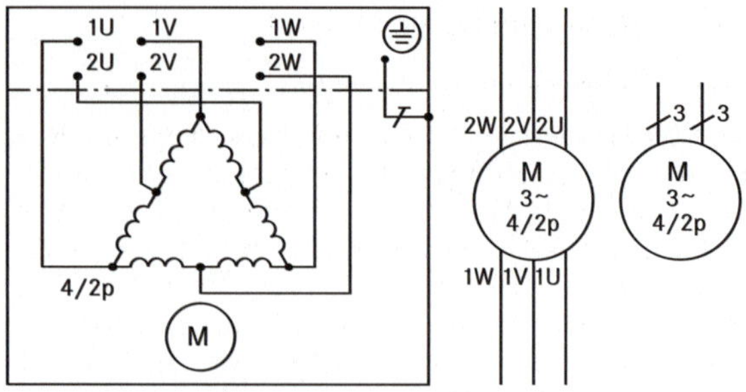

2: Motor mit Dahlanderschaltung

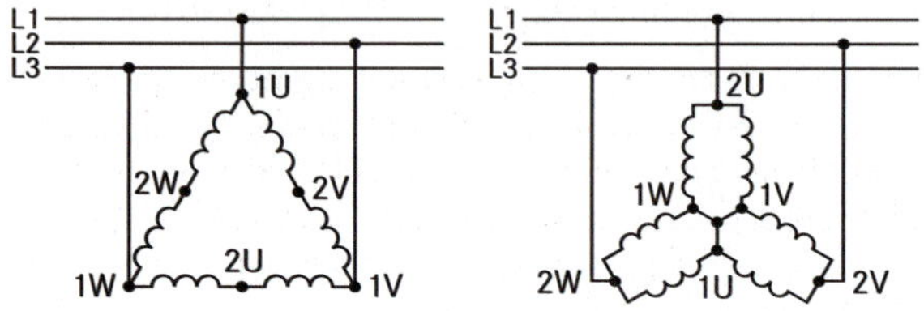

a) niedrige Drehzahl b) hohe Drehzahl

3: Wicklungsschaltungen

hältnis der Leistungen ist dabei ungefähr 1:1,5. Das Drehmoment liegt etwa bei 1:0,7.

Auf dem Leistungsschild eines Motors mit Dahlanderschaltung wird die Spannungsangabe entsprechend gekennzeichnet: △/⋎⋎400

Eine Drehzahländerung lässt sich auch erreichen, wenn die Motorspannung in bestimmten Zeitabschnitten ein- und ausgeschaltet wird. Mit elektronischen Drehstromstellern kann eine entsprechende Spannungsdosierung vorgenommen werden.

AUFGABEN

1. Welcher Drehstrommotor kann stufenlos in seiner Drehzahl gesteuert werden? Begründen Sie Ihre Antwort.
2. Erläutern Sie, warum bei der Drehzahlsteuerung mit Hilfe der Frequenz die Spannung entsprechend verändert werden muss.
3. Beschreiben Sie, woran man am Schaltzeichen erkennt, ob es sich um einen Drehstrommotor mit zwei getrennten Wicklungsgruppen oder mit einer Dahlanderschaltung handelt.

- Die Drehzahl von Asynchronmotoren kann durch Änderung von Frequenz, Polpaarzahl oder Spannung gesteuert werden.
- Sehr unterschiedliche Polpaarzahlen können geschaltet werden bei Motoren mit
  - getrennten Wicklungsgruppen und
  - einer PAM-Schaltung.
- Motoren mit Dahlanderschaltung verfügen über ein Drehzahlverhältnis von 2:1.

8.3 Stromwendermaschinen

8.3.1 Gleichstromgeneratoren

Mit **Stromwender** [commutator], der auch als **Kollektor** oder **Kommutator** bezeichnet wird, kennzeichnet man bei Motoren oder Generatoren eine Vorrichtung, mit der man auf mechanischem Wege die Stromrichtung in einem Läufer umkehren kann. Im einfachsten Fall handelt es sich dabei um zwei voneinander elektrisch isolierte Halbringhülsen (Abb. 4), auf denen zur Stromzuführung bzw. -abnahme Kohlebürsten schleifen. Es gibt Drehstrom-, Wechselstrom- und Gleichstrommaschinen mit Stromwendern.

Das Prinzip der Spannungserzeugung durch Induktion wurde in Kap. 1.6.1 ausführlich behandelt. In einer Leiterschleife, die in einem Magnetfeld rotiert, wurde eine Wechselspannung induziert. Die Spannung entstand, weil sich der magnetische Fluss in der durch die Leiterschleife gebildeten Fläche änderte.

Das Modell in Abb. 4 stellt einen Gleichspannungsgenerator dar. Der Unterschied zum Wechselspannungsgenerator besteht darin, dass ein Stromwender vorhanden ist. Mit ihm wird die entstehende Wechselspannung auf mechanischem Wege gleichgerichtet und nach außen übertragen. Durch die angeschlossene Glühlampe fließt somit ein pulsierender Gleichstrom.

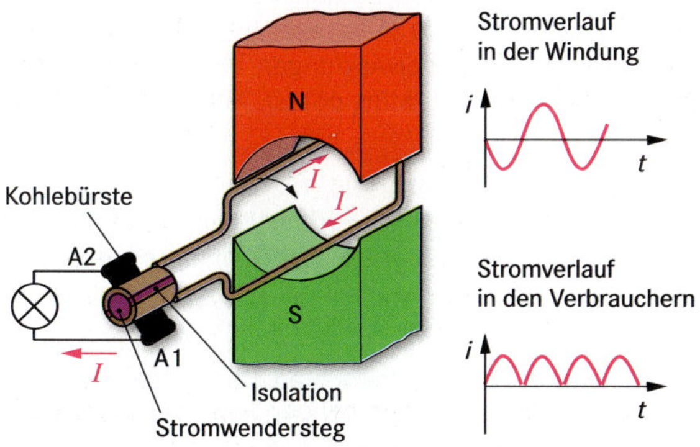

4: Modell eines Gleichstromgenerators

Um die Arbeitsweise des Stromwenders zu erklären, werden mit den Schnittdarstellungen von Abb. 5 einzelne Zeitaugenblicke (t_1 bis t_6) genauer betrachtet.

Zu den Zeitpunkten t_1 und t_2 befinden sich der Leiter 1 unter dem Nordpol und der Leiter 2 unter dem Südpol. Nach der Rechten-Hand-Regel (s. Kap. 1.5.3) ergeben sich dann die eingezeichneten Strom- und Spannungsrichtungen.

Zum Zeitpunkt t_3 befindet sich die Spule in dem Bereich, in dem sich der magnetische Fluss in der Spulenfläche nicht ändert. Es wird keine Spannung induziert. Dieser Bereich wird deshalb als magnetisch **neutrale Zone** [neutral zone] bezeichnet.

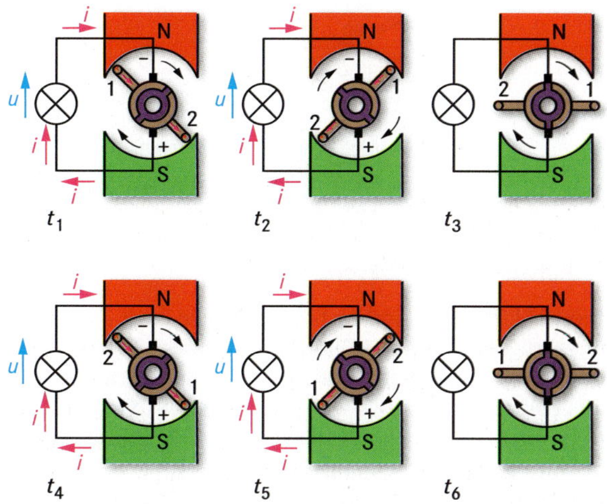

5: Funktion des Stromwenders

Wenn sich die Spule jetzt weiter dreht, ändert sich der magnetische Fluss und es wird wieder Spannung induziert. Zu den Zeitpunkten t_4 und t_5 befinden sich der Leiter 1 unter dem Südpol und der Leiter 2 unter dem Nordpol. Dadurch ändern sich die Strom- und Spannungsrichtungen in der Spule im Vergleich zu den Zeitpunkten t_1 und t_2. Die Strom- und Spannungsrichtung im äußeren Stromkreis bleibt aber erhalten, da sich der Stromwender mitgedreht hat.

Zum Zeitpunkt t_6 befindet sich die Spule wieder in der neutralen Zone des Magnetfeldes. Es wird keine Spannung induziert.

Diese Vorgänge wiederholen sich, solange die Spule gedreht wird. Im äußeren Stromkreis fließt ständig ein pulsierender Gleichstrom (Abb. 4).

In der Praxis setzt sich die Läuferwicklung aus mehreren Spulen mit vielen Windungen zusammen (Abb. 6). Diese werden in die Nuten des Läuferblechpaketes eingelegt. Die Spulenenden werden an die Stromwenderstege (Lamellen) angelötet. Je nach Schaltung sind die Spulen in Reihe und parallel geschaltet. Die Bürsten sind in der neutralen Zone des Stromwenders angeordnet. Dort ist die Spannung zwischen zwei benachbarten Lamellen nahezu gleich Null.

6: Läufer

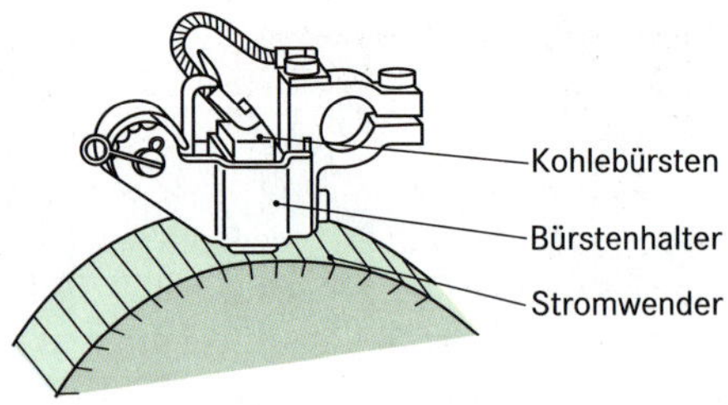

1: Kohlebürsten-Haltevorrichtung

Die Kohlebürsten sind so breit, dass sie zwei Lamellen überbrücken (Abb. 1). Dadurch wird eine Stromunterbrechung vermieden. Besteht zwischen den Lamellen eine Spannung, so wird diese durch die Bürsten überbrückt. In der kurzgeschlossenen Wicklung fließt Strom, der ein Magnetfeld aufbaut. Wird die Überbrückung aufgehoben, baut sich das Magnetfeld ab und es entsteht eine Selbstinduktionsspannung. Der dadurch fließende Strom erzeugt am Stromwender das **Bürstenfeuer** [commutator sparking]. Um dieses zu vermeiden, verschiebt man die Bürsten auf dem Stromwender geringfügig in Drehrichtung.

Das Magnetfeld wird durch die Hauptwicklung im Ständer erzeugt. In herkömmlichen Maschinen handelt es sich um Ringspulen, die auf den Polkernen stecken. Der magnetische Fluss tritt aus den auf den Polkernen aufgeschraubten Polschuhen heraus bzw. herein.

Magnetfelder

Die im Generator auftretenden Magnetfelder sollen jetzt genauer betrachtet werden. Dazu wird zunächst von dem **Erregerfeld** [exciter field] (Hauptfeld) ausgegangen. Es durchsetzt den Läufer (Abb. 2a).

Wird der Generator belastet, fließt Strom durch die Ankerwicklung. Es entsteht ein Magnetfeld, das quer zum Hauptfeld gerichtet ist (Abb. 2b). Die Stärke dieses **Ankerquerfeldes** [armature quadrature-axis field] hängt von der Ankerstromstärke I_a ab, d. h. von der Belastung.

Erreger- und Ankerquerfeld wirken nicht einzeln, sondern überlagern sich zu einem Gesamtfeld (Abb. 2c). Dadurch kommt es an den Polkanten zu Feldverstärkungen und -schwächungen.

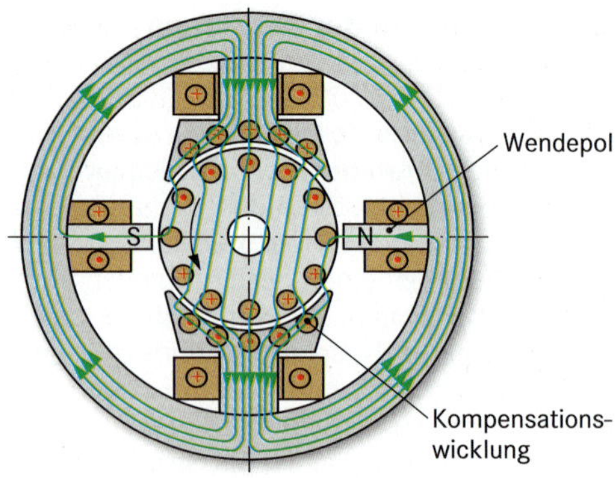

3: Gleichstrommaschine mit Wendpol- und Kompensationswicklungen

Es handelt sich also dabei um eine Rückwirkung des Ankerfeldes auf das Erregerfeld (**Ankerrückwirkung** [armature reaction]). Die neutrale Zone verschiebt sich um den Winkel α (Abb. 2c). Die Kohlebürsten stehen dann in einem Bereich, in dem zwischen den Lamellen Spannungen entstehen. Dadurch verstärkt sich das Bürstenfeuer. Um dies zu vermeiden, müssten die Bürsten um den Winkel α in Drehrichtung verschoben und bei jeder Laständerung angepasst werden.

Die Ankerrückwirkung lässt sich beseitigen, wenn man das Ankerquerfeld durch gleich große, entgegen gerichtete Magnetfelder aufhebt. Dazu werden Spulen in der elektrisch neutralen Zone der Maschine eingebaut, die als Wendepolwicklungen bezeichnet werden (**Wendepole** [commutating poles], Abb. 3).

Auch unter den Polschuhen entstehen Feldverzerrungen durch das Ankerfeld, die das Motorverhalten beeinträchtigen. Deshalb werden bei größeren Maschinen unter den Polschuhen zusätzliche **Kompensationswicklungen** [compensating windings] eingebaut (Abb. 3).

Die Ströme in den Wendepol- und Kompensationswicklungen müssen so gerichtet sein, dass ihre Magnetfelder Verzerrungen in den jeweiligen Bereichen aufheben. Die Größe des Ankerquerfeldes hängt von der Ankerstromstärke ab. Schaltet man die Wendepol- und die Kompensationswicklung mit der Ankerwicklung in

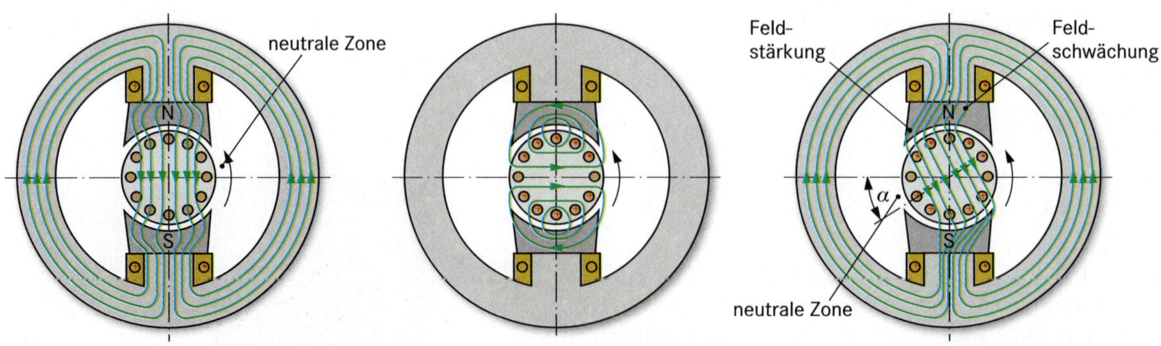

a) Hauptfeld des unbelasteten Generators b) Ankerquerfeld des belasteten Generators c) Gesamtfeld des belasteten Generators

2: Ankerrückwirkung

Reihe, so hängen deren Felder ebenfalls von der Ankerstromstärke ab. Dem Ankerquerfeld stehen dadurch immer Magnetfelder entsprechender Größe entgegen (Abb. 4). Das erhöhte Bürstenfeuer wird damit nahezu vermieden. Bei Maschinen kleiner Leistung wird oft nur eine Wendepolwicklung eingebaut.

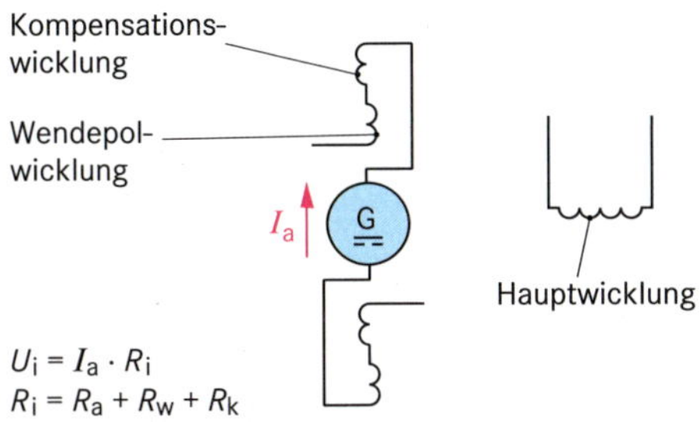

R_a: Widerstand der Ankerwicklung
R_w: Widerstand der Wendepolwicklung
R_k: Widerstand der Kompensationswicklung

4: Schaltung einer Gleichstrommaschine

Moderne Gleichstrommaschinen werden nicht mehr mit ausgeprägten Polen wie in Abb. 2 hergestellt. Die Erregerfeld-, Wendepol- und Kompensationswicklungen liegen in den Nuten eines genormten Drehstromständers (Abb. 5).

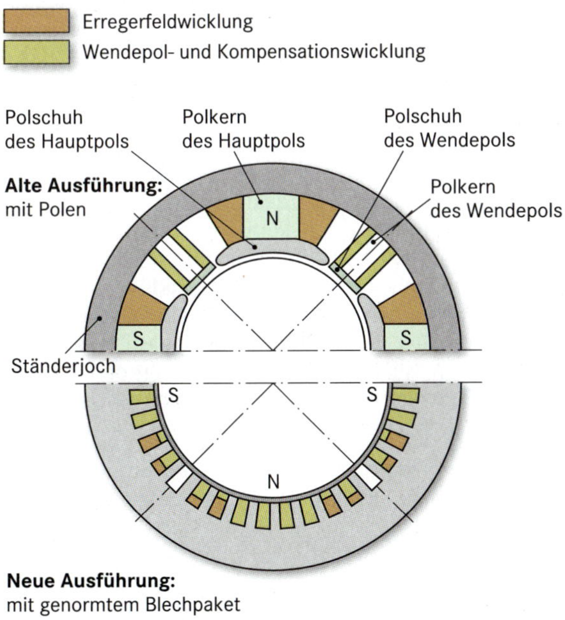

5: Schnitt durch Gleichstrommaschinen

- Bei Gleichstromgeneratoren kommt es durch den Stromwender zu einer mechanischen Gleichrichtung der Wechselspannung.
- Durch die Ankerrückwirkung verschiebt sich die neutrale Zone bei Gleichstrommaschinen.

Betriebsverhalten und Schaltungen

Zur Erzeugung des Ständermagnetfeldes wird elektrische Energie benötigt. Wenn diese von einer fremden Spannungsquelle geliefert wird, spricht man von **Fremderregung** [separately excitation]. Erzeugt der Generator sein Magnetfeld selbst, spricht man von **Selbsterregung** [self-excitation].

Fremderregter Generator

Beim fremderregten Generator [separately excited generator] sind die Erregerwicklung und der Anker elektrisch nicht miteinander verbunden (Abb. 6). Die Ströme werden von getrennten Spannungsquellen geliefert. Die Erregung kann auch durch einen Permanentmagneten erfolgen. Aufgrund des Ankerwiderstandes sinkt bei größer werdender Belastung die abgegebene Spannung. Angewendet werden diese Maschinen z. B. bei Notstromanlagen.

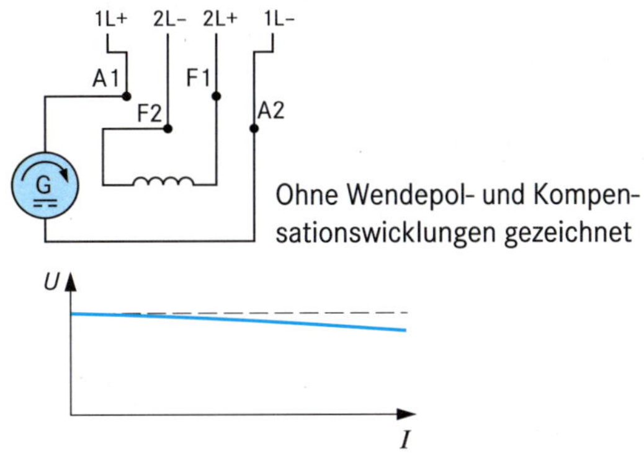

6: Fremderregter Generator

Nebenschlussgenerator

Der Nebenschlussgenerator [shunt generator] ist eine selbsterregte Maschine. Die Stromstärke für die Erregerleistung wird vom Generator selbst erzeugt. Dazu liegt die Feldwicklung parallel (im Nebenschluss [in shunt]) zur Ankerwicklung (Abb. 7). Bei Belastung sinkt die abgegebene Spannung stärker als beim fremderregten Generator. Anwendungen sind Notstromanlagen, Haupterregermaschinen, Inselbetrieb und Schweißgeneratoren.

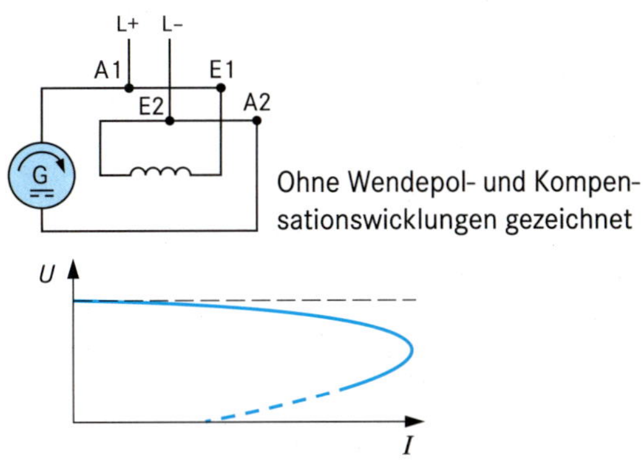

7: Nebenschlussgenerator

Doppelschlussgenerator

Der Doppelschlussgenerator [compound generator] besitzt **zwei Erregerwicklungen** (Abb. 1). Sie befinden sich auf den gleichen Hauptpolen. Es handelt sich um eine Nebenschluss- und eine Reihenschlusswicklung. Der Generator wird auch als **Compound-Generator** (engl.: zusammengesetzt) bezeichnet.

Wird die Reihenschlusswicklung so dimensioniert, dass die abgegebene Spannung bei konstanter Drehzahl nahezu belastungsunabhängig ist, nennt man den Generator **compoundiert** (Abb. 1, a). Wenn der Generator **übercompoundiert** ist, kommt es zu einem Spannungsanstieg (Abb. 1, b). Bei einem **untercompoundierten** Generator (Abb. 1, c) kommt es zu einem schwächeren Absinken der Spannung als beim Nebenschlussgenerator.

Doppelschlussgeneratoren sind wichtige Generatoren. Mit ihnen wird z. B. die Stromstärke für die Erregerwicklung von Synchrongeneratoren erzeugt.

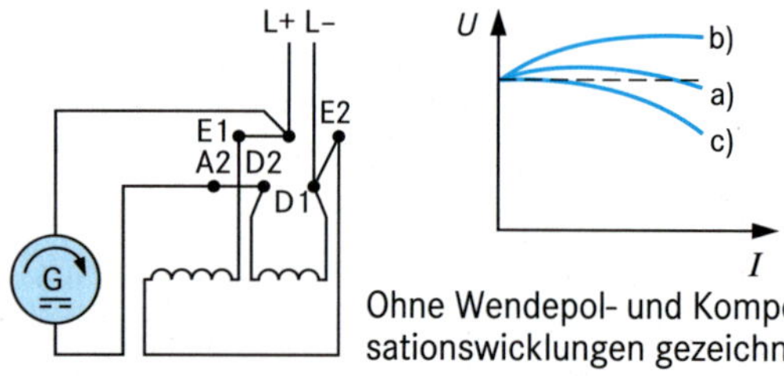

Ohne Wendepol- und Kompensationswicklungen gezeichnet

1: Doppelschlussgenerator

AUFGABEN

1. Beschreiben Sie den grundsätzlichen Aufbau einer Gleichstrommaschine.
2. Was versteht man bei einem Gleichstromgenerator unter der neutralen Zone?
3. Wodurch kann die Ankerrückwirkung aufgehoben werden?

- Durch eine Wendepolwicklung hebt man die Verschiebung der neutralen Zone auf und verhindert Bürstenfeuer.
- Mit der Kompensationswicklung korrigiert man die Feldverschiebung unter den Polschuhen.
- Bei einem fremderregten Generator werden die Ströme für die Erreger- und Ankerfelder in getrennten Spannungsquellen erzeugt.
- Der selbsterregte Generator erzeugt sein Magnetfeld selbst.
- Bei Nebenschluss liegen Erreger- und Ankerwicklung parallel.
- Der Doppelschlussgenerator besitzt zwei Erregerwicklungen.

8.3.2 Gleichstrommotoren

8.3.2.1 Arbeitsweise

Die grundsätzlich Arbeitsweise des Gleichstrommotors wurde im Kapitel 1.5.3 behandelt. Er besitzt die gleichen Komponenten wie der Gleichstromgenerator (s. Kap. 8.3.1), sodass jetzt nur noch wesentliche Merkmale unter dem Motorgesichtspunkt behandelt werden sollen. In dem aufgeschnittenen Modell der Abb. 2 sind die wesentlichen Teile gekennzeichnet.

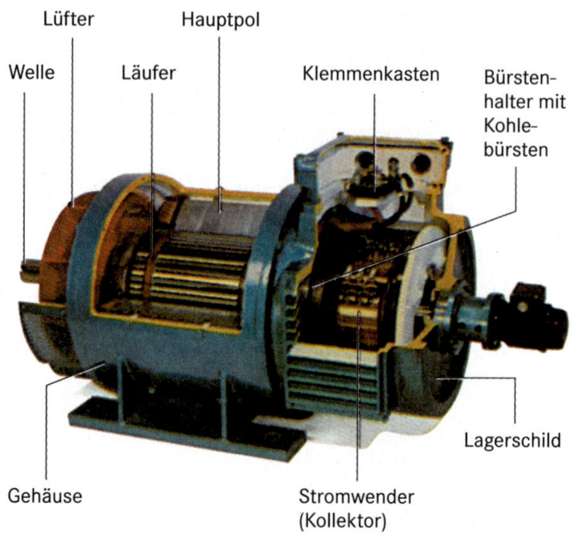

2: Aufbau eines Gleichstrommotors

Ständer

Der Ständer besteht aus einem Joch und den daran befestigten Hauptpolen. Diese können bei kleineren Gleichstrommotoren aus Permanentmagneten bestehen. Bei Maschinen größerer Leistung werden die Pole mit Wicklungen versehen (**Erregerwicklung** [field winding]). Es entstehen ein Nord- und ein Südpol, deren Stärke sich über die Stromeinstellung der Erregerwicklung steuern lässt. Die Hauptpole führen den magnetischen Fluss der Maschine so, dass sich ein geschlossener magnetischer Kreis ergibt.

Das Joch ist meist aus Gusseisen oder Stahlguss hergestellt. Für die Hauptpole werden Einzelbleche verwendet.

Läufer

Der Läufer, oft als **Anker** bezeichnet, besteht aus der Welle und dem darauf befestigten Blechpaket. Dieses Blechpaket ist mit Nuten versehen, in denen die Ankerwicklung eingebettet ist. Das Blechpaket ist aus papier- oder lackisolierten Elektroblechen mit ca. 0,5 mm Dicke aufgebaut. Dies ist notwendig, da durch die Stromrichtungsänderungen im Anker wechselnde Magnetfelder entstehen und damit Ströme induziert werden, die der Ursache (also den Magnetfeldern) entgegenwirken (**Wirbelströme**).

Stromwender (Kommutator)

Der Kommutator besteht aus voneinander isolierten Kupfersegmenten, die mit der Ankerwicklung verbunden sind. Auf ihm schleifen die aus Kohle gefertigten **Bürsten** [brushes]. Diese Bürsten sind Verschleißteile, die in regelmäßigen Intervallen ersetzt werden müssen.

Im Klemmenkasten befinden sich die Anschlüsse für den Anker und für die Erregerwicklung.

Ankerrückwirkung

Um die Verzerrungen durch das Ankerfeld auszugleichen, werden wie beim Generator (s. Kap. 8.3.1) Wendepol- und Kompensationswicklungen eingefügt (Abb. 3). Sie werden in Reihe mit der Ankerwicklung geschaltet.

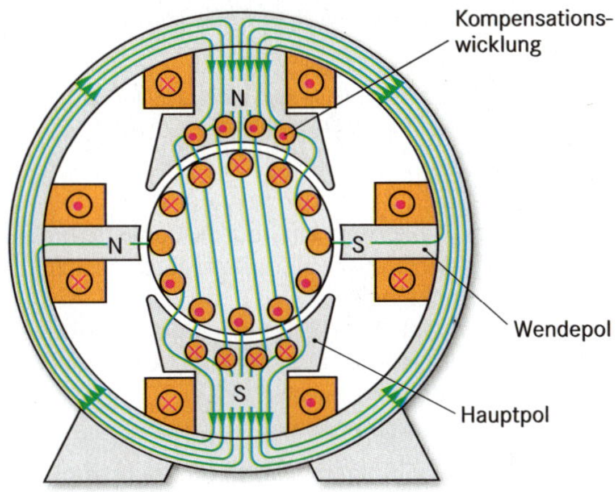

3: Feldverlauf im Motor

Gegenspannung

Dreht sich der Anker des Gleichstrommotors im Erregermagnetfeld, so wird auch in der Ankerwicklung eine Spannung induziert. Sie ist zur angelegten Betriebsspannung U_B entgegengesetzt gerichtet und wird deshalb als Gegenspannung [counter voltage] U_G bezeichnet.

Auswirkungen der Gegenspannung

Im Moment des Motoranlaufs befinden sich die Ankerleiter noch im Stillstand. Da keine Flussänderung vorhanden ist, entsteht keine Induktionsspannung. Die Gegenspannung ist gleich Null. Sie steigt mit größer werdender Drehzahl ($U_G \sim n$). Die Gegenspannung kann aber nie den Wert der Betriebsspannung annehmen, da dann keine Spannung mehr im Anker vorhanden wäre ($U_B - U_G = 0$ V). Der Ankerstrom wäre dann gleich Null und damit ist kein Ankermagnetfeld mehr vorhanden.

Da die Gegenspannung von der Drehzahl des Ankers abhängt, ändert sie sich auch bei der Belastungsänderung des Motors. Wird er stärker belastet, sinkt seine Drehzahl. Folglich wird die Gegenspannung kleiner. Durch die geringere Gegenspannung kann wiederum ein größerer Ankerstrom fließen, der ein stärkeres Magnetfeld aufbaut. Das vom Motor entwickelte Drehmoment steigt. Aus diesen Betrachtungen ergibt sich folgende Wirkungskette:

$$M_{Welle}\uparrow \Rightarrow n\downarrow \Rightarrow U_G\downarrow \Rightarrow I_A\uparrow \Rightarrow \Phi_A\uparrow \Rightarrow M_{Motor}\uparrow$$

Die Größe der Gegenspannung U_G errechnet sich aus der Bemessungsspannung U_B und der Ankerspannung U_A wie folgt:

$$U_G = U_B - U_A \qquad U_A = R_A \cdot I_A$$

$$U_G = U_B - R_A \cdot I_A$$

R_A: Ankerwiderstand

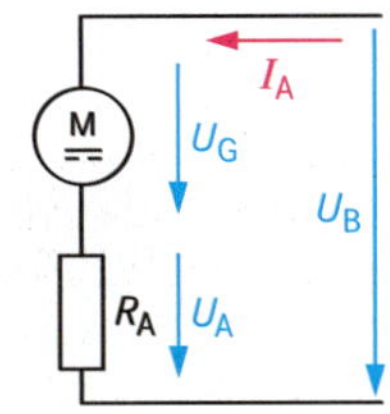

4: Gegenspannung beim Motor

Gegenspannung und Ankerstrom

Beispiel: Ein Gleichstrommotor für 220 V hat einen Anker-widerstand von 0,5 Ω.

a) Welche Gegenspannung entwickelt der Motor, wenn die Ankerstromstärke im Leerlauf 2 A und unter Bemessungsbelastung 30 A beträgt?

b) Wie groß ist die Stromstärke in der Ankerwicklung im Moment des Anlaufs?

Geg.: $U_B = 220$ V; $R_A = 0{,}5\ \Omega$; $I_{ALeer} = 2$ A; $I_{ABel} = 30$ A

Ges.: U_{GLeer}; U_{GBel}; I_{Anlauf}

a) $U_{GLeer} = U_B - R_A \cdot I_A$; $U_{GLeer} = 220\text{ V} - 0{,}5\ \Omega \cdot 2\text{ A}$

$\underline{\underline{U_{GLeer} = 219\text{ V}}}$

$U_{GBel} = U_B - R_A \cdot I_A$; $U_{GBel} = 220\text{ V} - 0{,}5\ \Omega \cdot 30\text{ A}$

$\underline{\underline{U_{GBel} = 205\text{ V}}}$

b) $U_{GAnlauf} = U_B - R_A \cdot I_A$; $I_A = \dfrac{U_B - U_G}{R_A}$

Da im Anlauf keine Gegenspannung herrscht ($U_G = 0$), gilt $I_A = \dfrac{220\text{ V} - 0\text{ V}}{0{,}5\ \Omega}$; $\underline{\underline{I_A = 440\text{ A}}}$

Wie Teilaufgabe b) im vorangehenden Berechnungsbeispiel zeigt, ist die Anlaufstromstärke eines Gleichstrommotors sehr groß. Ursache ist die fehlende Gegenspannung im Einschaltmoment. Der Stromfluss wird nur durch den kleinen Ankerwiderstand begrenzt.

$$n = 0 \Rightarrow U_G = 0\text{ V} \Rightarrow U_B = U_A \Rightarrow I_A\uparrow\uparrow\text{, da } R_A\downarrow\downarrow$$

Der Motor kann deshalb nicht ohne weiteres direkt an das Versorgungsnetz angeschlossen werden.

- Der Anker erzeugt eine Gegenspannung, die der Klemmenspannung entgegengerichtet ist. Die Gegenspannung begrenzt die Ankerstromstärke.

Anlasswiderstand

Die einfachste Lösung zur Begrenzung der Anlaufstromstärke sind Anlasswiderstände [starting resistors] (Abb. 1). Sie werden in Reihe zur Ankerwicklung geschaltet. Sobald der Motor seine Drehzahl erreicht hat, werden die Anlasswiderstände wieder aus dem Stromkreis entfernt.

Damit es zu einer möglichst gleichmäßigen Beschleunigung des Motors kommt, besitzen Anlasswiderstände mehrere Schaltstufen.

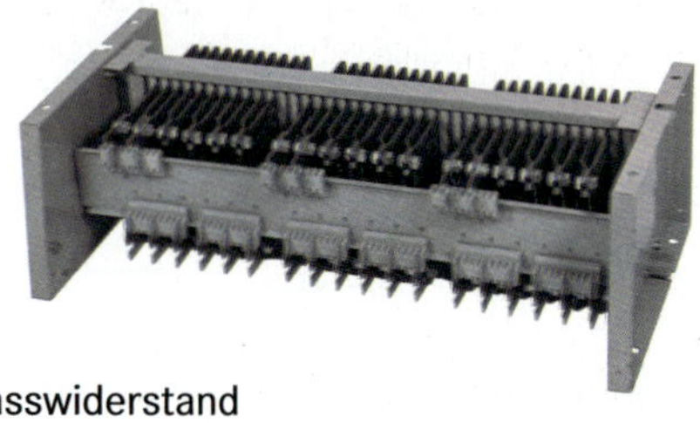

1: Anlasswiderstand

Anlasswiderstand

Für den Motor aus dem Beispiel auf der vorherigen Seite soll der Anlasswiderstand so berechnet werden, dass die 1,5fache Bemessungsstromstärke ($I_{max} = 1{,}5 \cdot I_A$) im Einschaltmoment nicht überschritten wird.

Geg.: $U_B = 220$ V; $R_A = 0{,}5\ \Omega$; $I_A = 30$ A
Ges.: R_{Anl}

$I_{max} = 1{,}5 \cdot I_A$; $I_{max} = 1{,}5 \cdot 30$ A; $I_{max} = 45$ A

$R_{ges} = R_{Anl} + R_A$; $R_{Anl} = R_{ges} - R_A$

$$R_{ges} = \frac{U_B}{I_{max}};\ R_{ges} = \frac{220\ \text{V}}{45\ \text{A}};\ R_{ges} = 4{,}89\ \Omega$$

$$R_{Anl} = R_{ges} - R_A;\ R_{Anl} = 4{,}89\ \Omega - 0{,}5\ \Omega;\ \underline{\underline{R_{Anl} = 4{,}39\ \Omega}}$$

AUFGABEN

1. Ein Gleichstrommotor liegt an einer Spannung von 110 V. Die Gegenspannung beträgt 100 V bei einer Ankerstromstärke von 15 A. Berechnen Sie den Ankerwiderstand.
2. Berechnen Sie den Anlasswiderstand für einen Gleichstrommotor mit folgenden Kenndaten:
   Bemessungsspannung: 110 V
   Bemessungsstromstärke: 8 A
   Ankerwiderstand: 0,7 Ω
   Maximale Anlassstromstärke: 1,4fache Bemessungsstromstärke

- Hohe Anlaufstromstärken bei Gleichstrommotoren werden durch Anlasswiderstände im Ankerstromkreis begrenzt. Bei Erreichen einer ausreichenden Drehzahl werden sie wieder entfernt.

8.3.2.2 Motorschaltungen

Je nachdem wie Anker- und Statorspule (Erregerspule) zueinander geschaltet sind, ergeben sich die in Abb. 2 aufgeführten Gleichstrommotoren.

Gleichstrommotoren

- **Reihenschlussmotor**
  Anker- und Statorspule sind in Reihe an eine gemeinsame Spannungsquelle angeschlossen
- **Nebenschlussmotor**
  Anker- und Statorspule sind parallel an eine gemeinsame Spannungsquelle angeschlossen
- **Doppelschlussmotor**
  Anker- und Statorspule sind in Reihe an eine Spannungsquelle angeschlossen. Die zweite Statorspule ist dazu parallel geschaltet.
- **Fremderregter Motor**
  Anker- und Statorspule sind an verschiedenen Spannungsquellen angeschlossen

2: Motorarten

Die einzelnen Wicklungen sind durch Buchstaben und Zahlen gekennzeichnet (Abb. 3). Der Motor besitzt
- eine Ankerwicklung,
- eine bzw. zwei Erregerfeldwicklungen (Reihenschluss- oder Nebenschlusswicklung bzw. Wicklung zur Fremderregung) sowie
- Wendepol- und Kompensationswicklungen.

In Installationsschaltungen werden die Wendepol- und Kompensationswicklungen oft nicht mitgezeichnet, weil in der Regel die interne Verdrahtung nicht verändert werden kann.

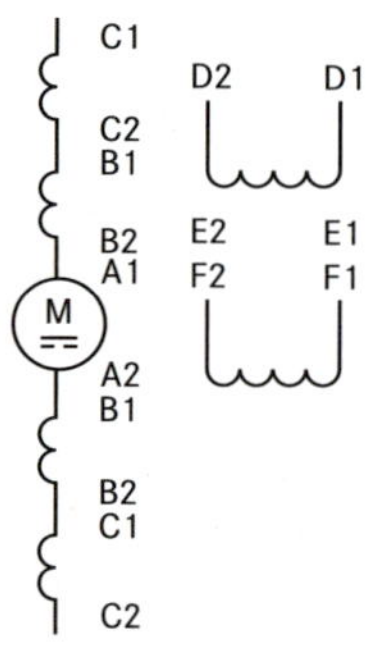

Klemmen	Bezeichnung
A1 - A2	Ankerwicklung
D1 - D2	Reihenschlusswicklung
E1 - E2	Nebenschlusswicklung
B1 - B2	Wendepolwicklung
C1 - C2	Kompensationswicklung
F1 - F2	fremderregte Feldwicklung

3: Kennzeichnung der Anschlüsse

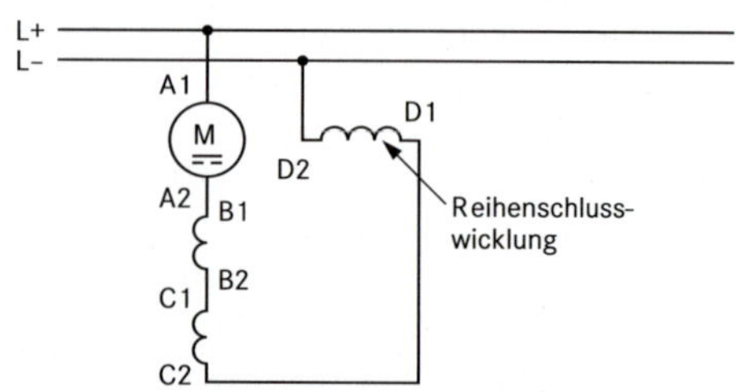

4: Reihenschlussmotor

Reihenschlussmotor

Wenn die Erregerwicklung in Reihe zur Ankerwicklung liegt, handelt es sich um einen Reihenschlussmotor [series-wound motor] (Abb. 4). Der belastungsabhängige Ankerstrom fließt hier auch durch die Erregerwicklung. Da im Augenblick des Anlaufs die im Anker erzeugte Gegenspannung Null ist, ist die Anlaufstromstärke groß. Es entstehen große magnetische Flussdichten und ein großes Anzugsdrehmoment.

Die Drehzahl bei einem Reihenschlussmotor ist von der Belastung abhängig (Abb. 5). Mit steigender Belastung sinkt die Drehzahl stark ab. Man sagt: Die Maschine hat eine „weiche“ Drehzahl-Kennlinie ①.

Bei einer Belastungszunahme wird durch den größeren Stromfluss das Erregermagnetfeld verstärkt. Damit müsste die induzierte Gegenspannung im Anker ansteigen. Bei konstanter Betriebsspannung und erhöhter Ankerstromstärke steigt aber der Spannungsfall am Ankerwiderstand. So muss die Gegenspannung kleiner werden. Dies ist nur möglich, wenn sich die Drehzahl verringert.

Wird der Reihenschlussmotor nicht belastet, steigt die Drehzahl auf einen unzulässig hohen Wert an (Abb. 5 ②). Der Motor kann „durchgehen“ und zerstört werden. Reihenschlussmotoren dürfen deshalb **nie ohne Last** betrieben oder über Keilriemen mit der Last verbunden werden.

Aufgrund seines Betriebsverhaltens wird der Reihenschlussmotor bevorzugt dort eingesetzt, wo ein großes Anzugsdrehmoment gefordert ist und keine konstanten Drehzahlen verlangt werden. Er ist demnach besonders für den Schweranlauf geeignet.

Anwendungen:
Elektrofahrzeuge, Hebezeuge, Anlasser im Kfz

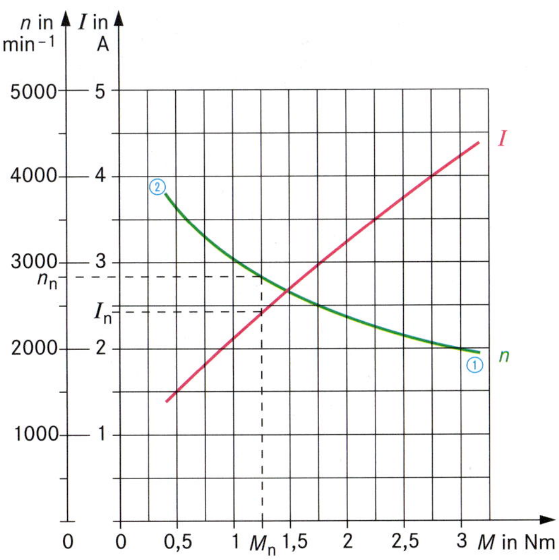

5: Kennlinien eines Reihenschlussmotors

Nebenschlussmotor

Werden die Erregerspule und die Ankerspule parallel angeschlossen, wird der Motor als Nebenschlussmotor [shunt-wound motor] bezeichnet (Abb. 6).

Das Verhalten des Motors ist bei dieser Anschlussart durch eine nahezu konstante Drehzahl (Abb. 7 ①) bei unterschiedlichen Belastungen charakterisiert (**Nebenschlussverhalten** [shunt characteristics]). Dies kommt daher, dass die Erregerwicklung an eine Versorgung mit konstanter Spannung angeschlossen ist. Der Erregerstrom, das Erregerfeld und die davon abhängige Gegenspannung im Anker ändern sich kaum.

Anwendungen: Werkzeugmaschinen, Förderanlagen

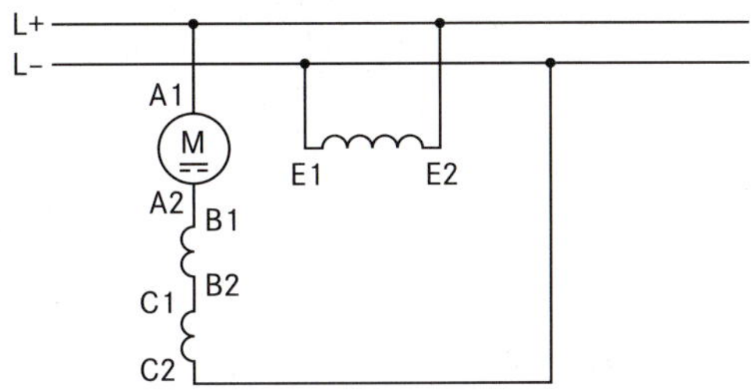

6: Nebenschlussmotor

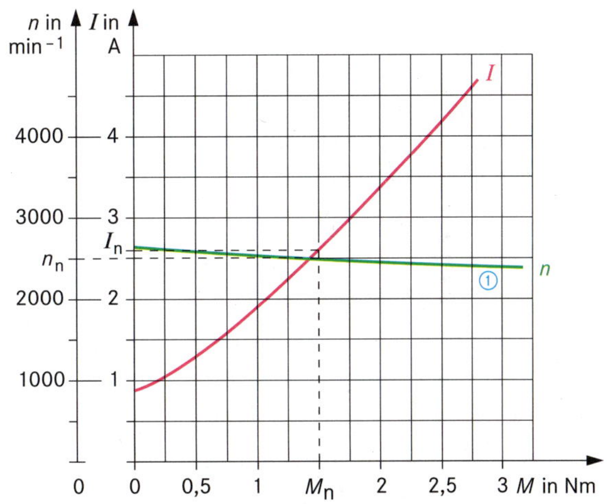

7: Kennlinie eines Nebenschlussmotors

AUFGABEN

1. Welche Bedeutung haben die Buchstaben A bis F im Klemmenkasten eines Gleichstrommotors?
2. Im Klemmenkasten eines Motors finden Sie folgende Klemmenbezeichnungen: A1 und D2. Begründen Sie, um welchen Gleichstrommotor es sich handelt.
3. Nennen Sie Unterschiede im Aufbau und Verhalten des Reihenschluss- und Nebenschlussmotors.
4. Ermitteln Sie aus den Kennlinien der Abb. 5 und 7 die Drehzahländerungen zwischen 0,5 bis 3 Nm.

Doppelschlussmotor
[compound-wound motor]

Dieser Motor hat eine Nebenschluss- und eine Reihenschlusswicklung. Er verbindet die positiven Eigenschaften der Reihenschluss- mit denen der Nebenschlussmaschine. Er hat demnach ein großes Anzugsmoment und eine relativ konstante Drehzahl.

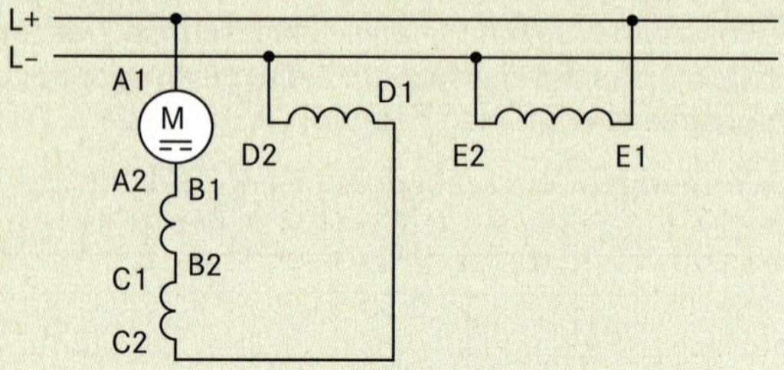

Das Betriebsverhalten kann durch die Auslegung beider Erregerwicklungen beeinflusst werden. Man bezeichnet dies als Kompoundierung.

Fremderregter Motor
[separately excited DC motor]

Die Erregerwicklung ist an eine zweite („fremde") Spannungsquelle angeschlossen.

Da auch hier in der Erregerwicklung die Spannung konstant bleibt, ist die Drehzahl bei Belastungsänderung nahezu konstant. Fremderregte Gleichstrommotoren verhalten sich daher wie Nebenschlussmotoren.

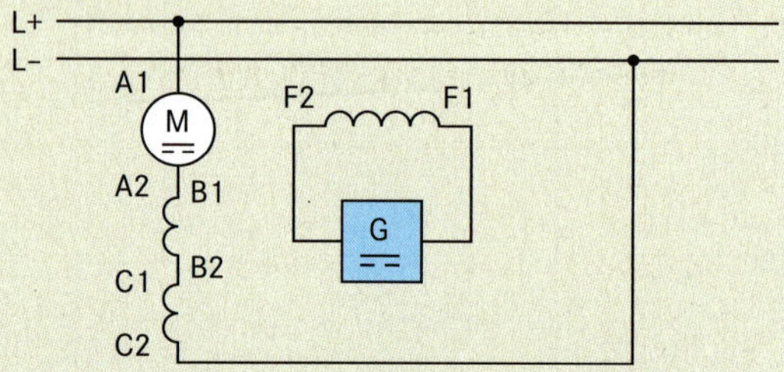

- Der Reihenschlussmotor besitzt eine stark lastabhängige Drehzahl. Durch sein großes Anzugsdrehmoment ist er für den Anlauf unter Schwerlast geeignet.
- Der Nebenschlussmotor hat eine nahezu lastunabhängige Drehzahl.
- Der Doppelschlussmotor vereint die Eigenschaften der Reihen- und Nebenschlussmotoren durch eine parallele und eine in Reihe geschaltete Erregerwicklung.
- Der fremderregte Gleichstrommotor benötigt eine zweite Spannungsquelle für den Anschluss der Erregerwicklung. Sein Verhalten gleicht dem eines Nebenschlussmotors.

8.3.2.3 Motorsteuerung

Drehrichtung

Die Drehrichtung eines Gleichstrommotors ergibt sich durch das Zusammenwirken zwischen den Feldrichtungen aus der Erregerwicklung mit der Ankerwicklung. Durch das Umdrehen der Richtung eines der beiden Felder kann die Drehrichtung umgekehrt werden. Meistens wird die Ankerstromrichtung umgekehrt, weil eine Änderung der Erregerstromrichtung eine hohe Induktionsspannung in der Erregerwicklung zur Folge hätte. Ein Vertauschen der Netzanschlussleitungen L+ und L– hat keine Auswirkung auf die Drehrichtung, da dabei sowohl die Stromrichtung im Anker als auch die Stromrichtung in der Erregerwicklung wechselt.

Die Welle des Motors dreht sich rechts herum, wenn die Erregerwicklung und die Ankerwicklung in der Reihenfolge der Ziffern vom Strom durchflossen werden. Dies ist nach DIN VDE 0530-8 festgelegt.

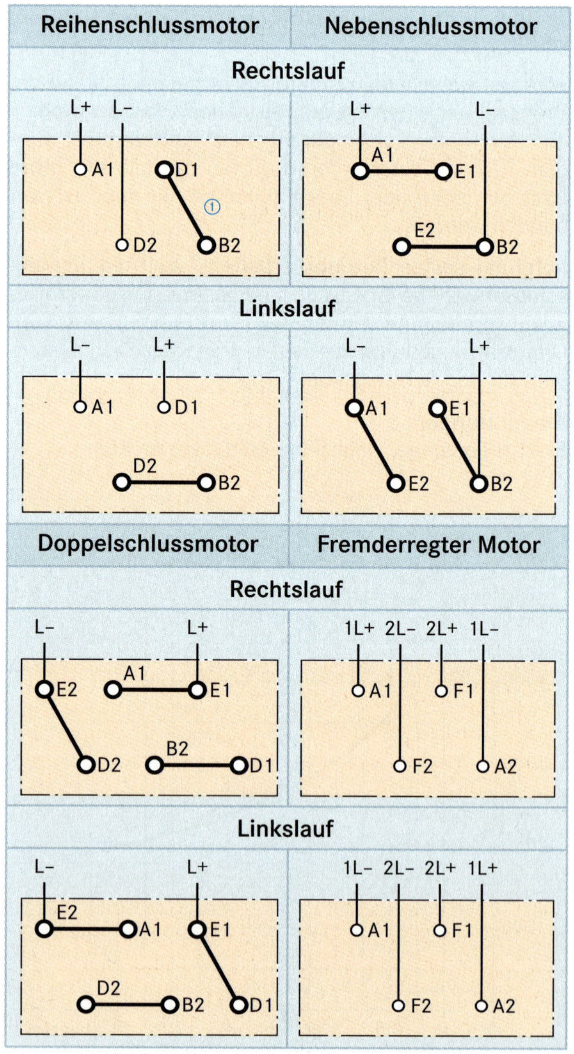

1: Drehrichtungen bei Gleichstrommotoren

Die Festlegung der Drehrichtung der Gleichstrommotoren kann durch entsprechendes Setzen der Kontaktbrücken im Klemmenkasten erfolgen. Die Tabelle in Abb. 1 zeigt für Gleichstrommotoren mit Wendepolwicklungen, wie die Anschlüsse bei Drehrichtungsumkehr erfolgen müssen.

Beispiel: Wie verläuft der Stromweg eines Reihenschlussmotors bei Drehrichtung rechts?
Beginn: Anschluss L+ an A1

→ Strom durch die Ankerwicklung von A1 nach A2 und Wendepolwicklung von B1 nach B2 (Die Wendepolwicklung ist im Motor verschaltet.)
→ Brücke auf D1 (Abb. 1 ①)
→ Strom durch die Erregerwicklung von D1 nach D2
→ Anschluss L−

Drehzahleinstellung

Die Drehzahl von Gleichstrommotoren lässt sich in weiten Bereichen einstellen. Folgende Möglichkeiten bestehen:
- Änderung der Klemmenspannung
- Erregerfeldschwächung
- Ankerfeldschwächung

Eine **Änderung der Klemmenspannung** lässt sich mit **Gleichstromstellern** [DC motor controller] durchführen. Es handelt sich dabei um gesteuerte Stromrichter, die eine konstante Eingangsgleichspannung in eine veränderliche Ausgangsgleichspannung umwandeln. Dies erfolgt mit periodisch betätigten Gleichstromschaltern. Als Schaltelemente im Gleichstromsteller werden Transistoren oder Thyristoren verwendet. Abb. 2 zeigt vereinfacht die Schaltung des Gleichstromstellers.

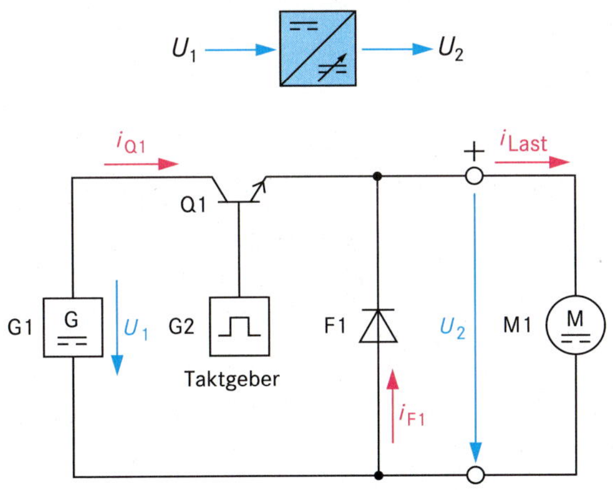

2: Gleichstromsteller

Liegt am Basisanschluss des Transistors Q1 (Abb. 2) ein Taktimpuls an, so schaltet der Transistor durch und der Laststrom steigt allmählich an (Abb. 3 ①, Induktionsvorgang in den Wicklungen des Motors). Die Freilaufdiode F1 ist erforderlich, weil in der Impulspause der Transistor sehr schnell abschaltet und er aufgrund der Selbstinduktionsspannung des Motors zerstört

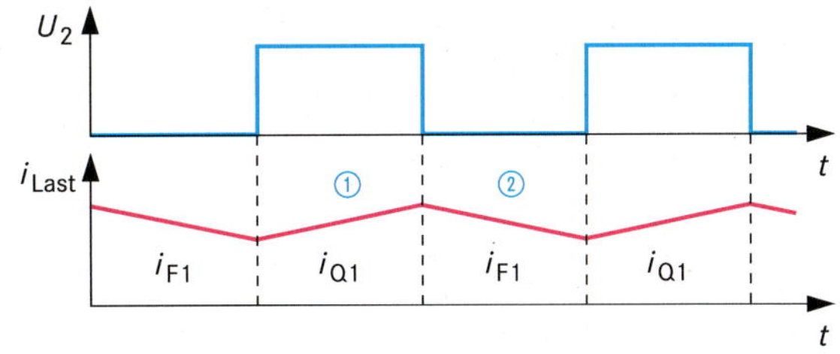

3: Spannungs- und Stromverlauf im Gleichstromsteller

werden würde. Die Freilaufdiode sorgt außerdem dafür, dass der Strom in der gleichen Richtung weiterfließen kann ②.

Die Ansteuerung des Transistors kann grundsätzlich durch unterschiedlich breite Pulse (**Pulsbreitensteuerung** [pulse width modulation control]) oder durch unterschiedliche Impuls- und Pausenzeiten (**Pulsfolgesteuerung** [pulse frequency control]) erfolgen.

Pulsbreitensteuerung

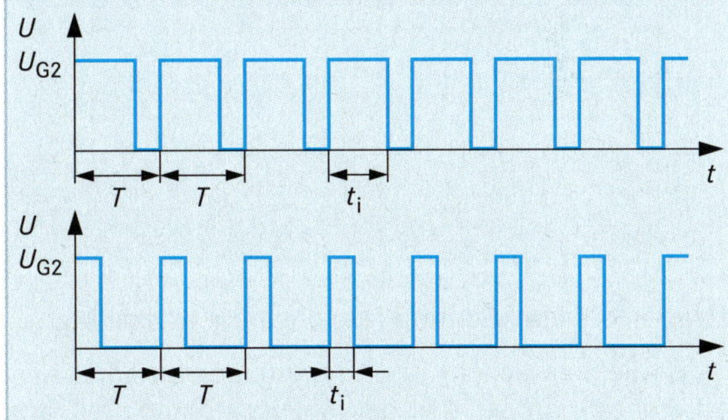

Die **Durchlasszeit des Transistors** wird gesteuert. Dabei ist die Periodendauer T konstant und die Einschaltdauer t_i wird verändert.

Beispiel:

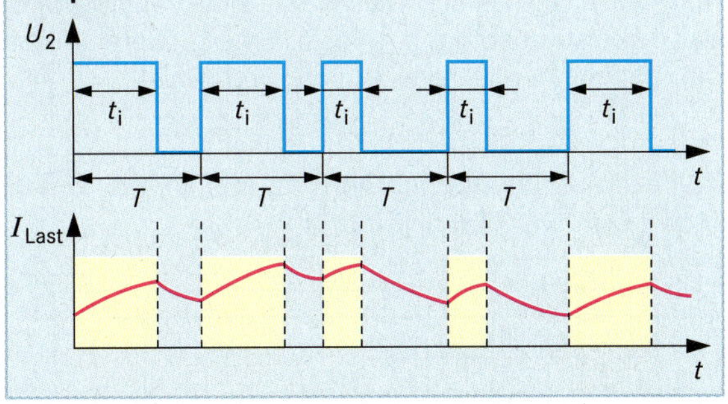

AUFGABEN

1. Wodurch lässt sich die Drehrichtung eines Gleichstrommotors verändern?
2. Welche Möglichkeiten gibt es, um die Drehzahl eines Gleichstrommotors einzustellen?
3. Erklären Sie den Unterschied zwischen einer Pulsbreiten- und Pulsfolgesteuerung.

Pulsfolgesteuerung

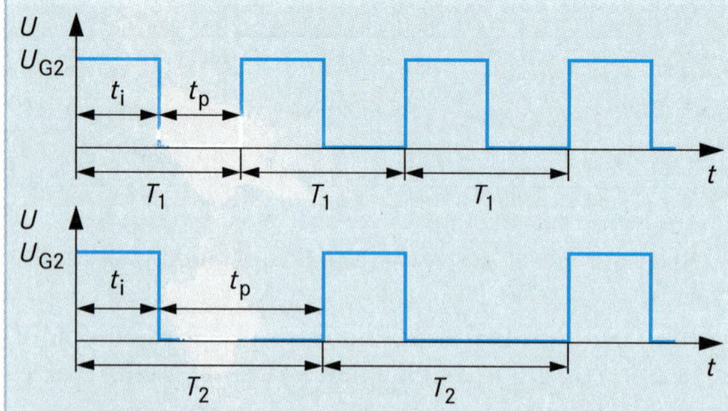

Die **Frequenz der Pulsfolgen** wird gesteuert. Dabei bleibt die Einschaltdauer t_i konstant und die Periodendauer T wird verändert.

Beispiel:

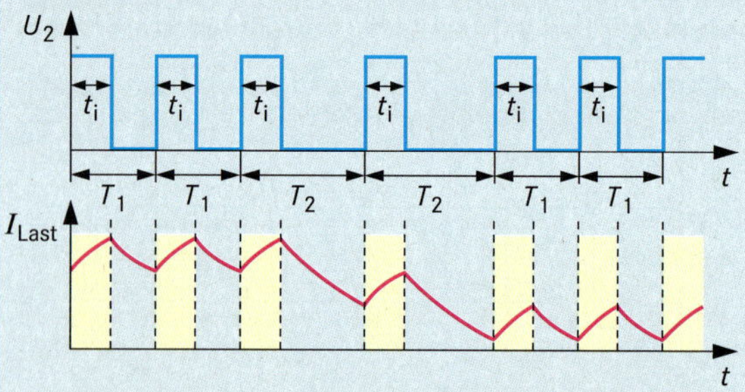

Erregerfeldschwächung [exciting field weakening]

Durch die Schwächung des Erregerfeldes wird die Leerlaufdrehzahl größer und das Anzugsdrehmoment des Motors kleiner. Die Drehzahländerung erfolgt durch einen Widerstand im Erregerstromkreis (**Feldsteller** [d.c. chopper]). Er beeinflusst die Erregerstromstärke I_E und damit das Feld. Dadurch wird die Gegenspannung im Anker kleiner. Dieses hat eine Vergrößerung der Ankerstromstärke zur Folge. Eine größere Ankerstromstärke bewirkt eine größere Drehzahl.

$$I_E \downarrow \Rightarrow U_G \downarrow \Rightarrow I_A \uparrow M \uparrow \Rightarrow n \uparrow$$

Ergebnis: Durch eine Verringerung der Erregerstromstärke I_E erhöht man die Drehzahl n.

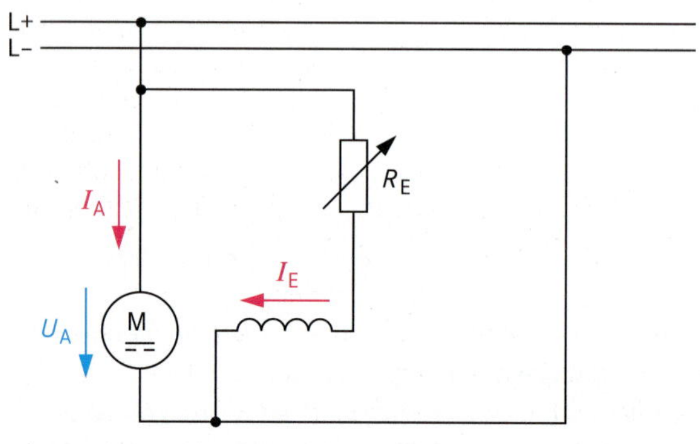

1: Nebenschlussmotor mit Feldsteller

Beim Nebenschlussmotor wird dieser Widerstand in Reihe (Abb. 1) und beim Reihenschlussmotor parallel zur Erregerfeldwicklung eingesetzt (Abb. 2).

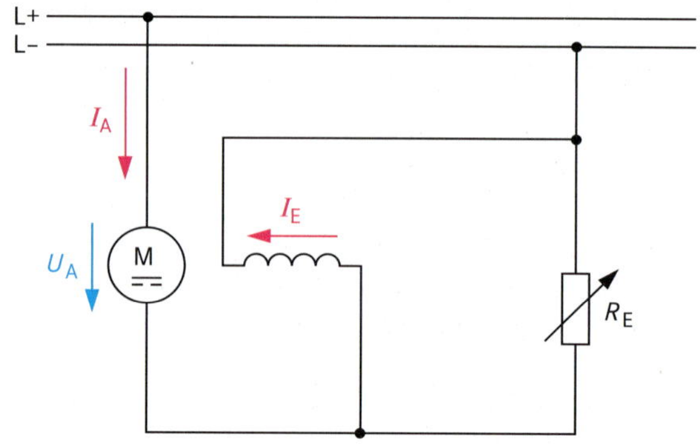

2: Reihenschlussmotor mit Feldsteller

Ankerfeldschwächung [armature field weakening]

Die Drehzahl lässt sich auch durch Verringern der Ankerstromstärke verkleinern. Hierzu wird ein Widerstand in den Ankerkreis (Abb. 3 ①) eingeschaltet. Die Leerlaufdrehzahl bleibt unverändert, da der Stromfluss durch den Anker im Leerlauf klein ist und damit auch der Spannungsfall am Ankerwiderstand gering wird. Allerdings wird dann das Anzugsdrehmoment kleiner.

Zu beachten ist, dass beim Reihenschlussmotor auch die Stromstärke der Erregerwicklung verändert wird. Dies hat Einfluss auf die Drehzahl.

Der Nachteil dieser Drehzahleinstellung besteht darin, dass elektrische Energie am Widerstand in Wärme umgesetzt wird (verlustbehaftete Einstellung).

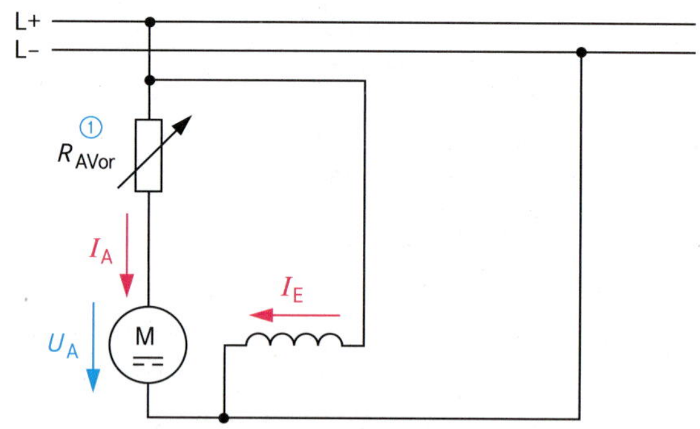

3: Nebenschlussmotor mit Feldsteller

- Die Drehrichtung eines Gleichstrommotors lässt sich verändern, indem man die Stromrichtung in der Anker- oder in der Erregerwicklung ändert.
- Die Drehzahl des Gleichstrommotors kann durch Änderung der Klemmenspannung bzw. Änderung des Anker- oder Erregerwiderstandes erfolgen.
- Gleichstromsteller verändern die Größe von Gleichspannungen durch Pulsbreiten- oder Pulsfolgesteuerung.

8.3.2.4 Bremsbetrieb

Der Gleichstrommotor kann durch mechanische oder elektrische Maßnahmen zum Stillstand gebracht werden (Abb. 4).

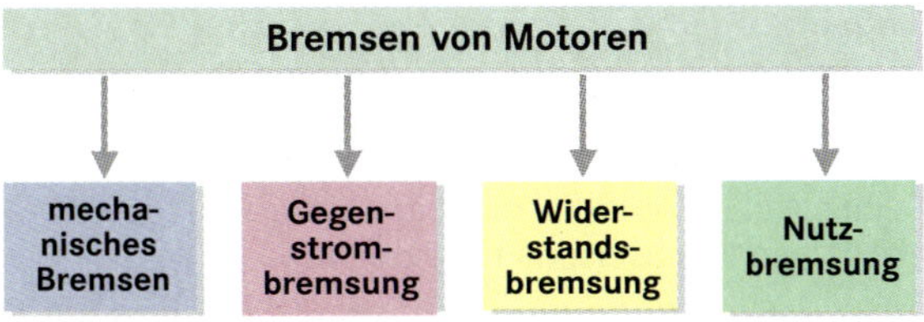

4: Bremsmöglichkeiten bei Gleichstrommotoren

Beim **mechanischen Bremsen** werden folgende Bremsen eingesetzt:
- Scheibenbremse
- Kegelbremse
- Lamellenbremse

Bei der Scheibenbremse (Beispiel einer Aufzugsbremse in Abb. 5) wird die Kraft durch zwei Bremsbacken ① übertragen, die auf eine am Motor befestigte Scheibe drücken. Über eine Hebelmechanik kann die Bremse am Bremslüfter ② ein- und ausgeschaltet werden. Der Bremslüfter führt dazu elektromagnetisch oder hydraulisch eine Hubbewegung aus.

Da die Bremse fest mit dem zweiten Wellenende des Motors verbunden ist, besteht eine unmittelbare mechanische Verbindung zwischen der Seiltrommel mit der Last und der Bremseinrichtung.

Gegenstrombremsung

Bei der Gegenstrombremsung [braking by reversal] wird die Drehrichtung eines Gleichstrommotors durch Vertauschen der Stromrichtung in der Ankerwicklung verändert. Wird die Stromrichtung im laufenden Betrieb geändert, will der Motor die Drehrichtung umkehren. Die Drehzahl geht auf Null, um dann in die Gegenrichtung anzusteigen. Damit der Motor nicht in die andere Drehrichtung anläuft, muss ein Drehzahlwächter bei $n = 0$ den Motor abschalten.

Bei dieser Bremsart wird die Stromstärke im Motor sehr groß. Es entsteht eine hohe thermische Belastung.

Widerstandsbremsung

Bei einer elektrischen Widerstandsbremse macht man sich die Tatsache zunutze, dass jeder Elektromotor auch als Generator wirken kann.

Wird der Ankerwicklung Strom zugeführt und im Ständer ein Magnetfeld erzeugt, so dreht sich der Anker und kann zum Antreiben benutzt werden (**Motorprinzip** [motor principle]). Wird umgekehrt der Anker bewegt und dafür gesorgt, dass im Ständer ein Magnetfeld erzeugt wird, so wird im Anker eine Spannung induziert, die in einem Stromkreis einen Strom hervorrufen kann (**Generatorprinzip** [generator principle]).

Dazu wird die Zuleitung abgeschaltet und ein Bremswiderstand (Abb. 6 ③) in den Ankerkreis geschaltet. Im Widerstand wird der Strom in Wärmeenergie umgewandelt. Der Motor wird dabei abgebremst und der Anker bleibt stehen.

Die Bremsleistung des Motors wird bei diesem Verfahren durch die Größe des Bremswiderstandes beschränkt. Der Vorteil der Widerstandsbremse liegt in ihrer Verschleißfreiheit.

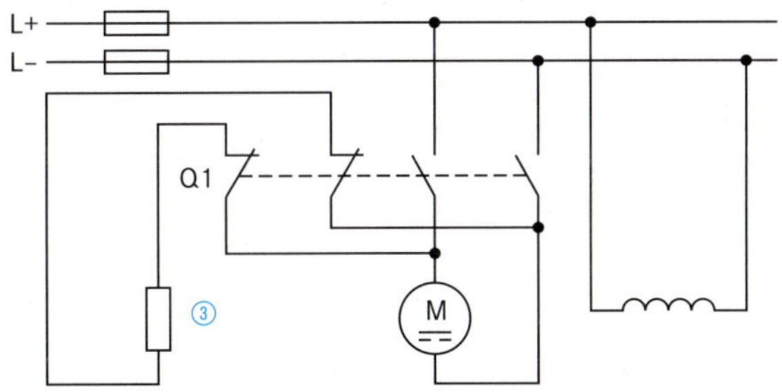

6: Abbremsen durch Bremswiderstand

Nutzbremsung

Bei der Widerstandsbremsung wurde die Bewegungsenergie des Motors in Wärme umgewandelt. Es ist aber auch möglich, diese Energie dem Energieversorgungsnetz wieder zuzuführen. Man spricht dann von Nutzbremsung [regenerative braking]. Sie ist bei Antriebsmotoren zu finden, die häufig abgebremst werden müssen. Zur Nutzbremsung sind spezielle, rückspeisefähige Stromrichter erforderlich.

- Motoren können mechanisch oder elektrisch abgebremst werden.
- Bei elektrischer Bremsung unterscheidet man Gegenstrom-, Widerstands- und Nutzbremsung.

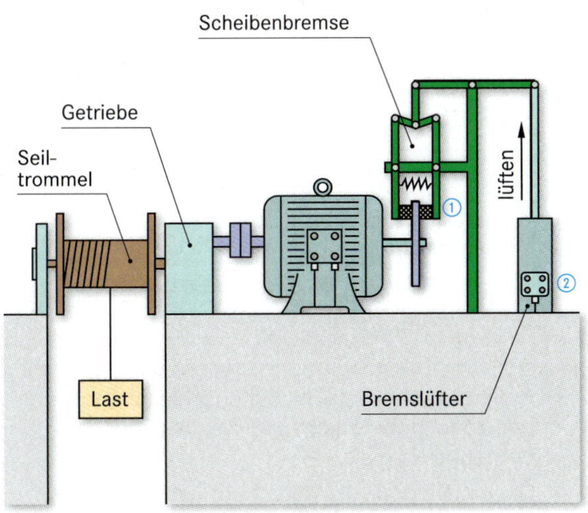

5: Bremsvorgang mit Scheibenbremse

8.3.3 Universalmotor

Der Universalmotor (Abb. 1) kann an Gleich- oder Wechselspannung betrieben werden. Sein Ständer besteht aus einem Blechpaket mit zwei ausgeprägten Polen und der Feldwicklung. Diese **Reihenschlusswicklung** hat wenige Windungen mit einem großen Drahtquerschnitt. Der Läufer ist wie ein üblicher Gleichstromanker aufgebaut. Die Wicklungen sind in Reihe geschaltet. Je eine Hauptwicklung liegt vor der Ankerwicklung. Diese Wicklungen wirken für die bei der Kommutierung entstehenden hochfrequenten Spannungen wie Drosselspulen. Die Ausbreitung der Störspannungen in das Energieversorgungsnetz wird dadurch stark eingeschränkt. Der Universalmotor besitzt keine Wendepol- und Kompensationswicklung.

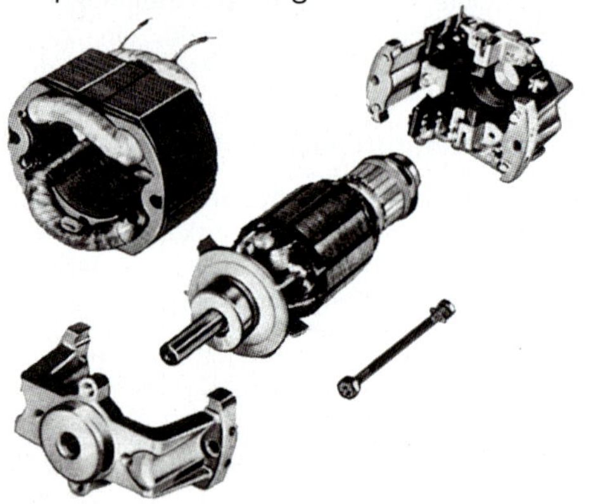

1: Universalmotor

Das Diagramm in Abb. 2 dokumentiert das Lastverhalten eines Universalmotors an Gleich- und Wechselspannung. In beiden Fällen zeigt die Maschine **Reihenschlussverhalten**. Die Drehzahl ist beim Anschluss an Gleichspannung immer höher als beim Anschluss an Wechselspannung. Sie kann über die Spannung in einem großen Bereich gesteuert werden.

Die Wicklungen des Universalmotors haben an Wechselspannung auf Grund des Blindwiderstandes X_L einen größeren Widerstand als an Gleichspannung. Dies führt zu einem geringeren Stromfluss durch den Motor und folglich zu einer geringeren Leistung. Da der Blindwiderstand frequenzabhängig ist und bei steigender Frequenz größer wird, können Gleichstrom-Reihenschlussmotoren nur bei niedrigen Frequenzen effektiv an Wechselspannung arbeiten.

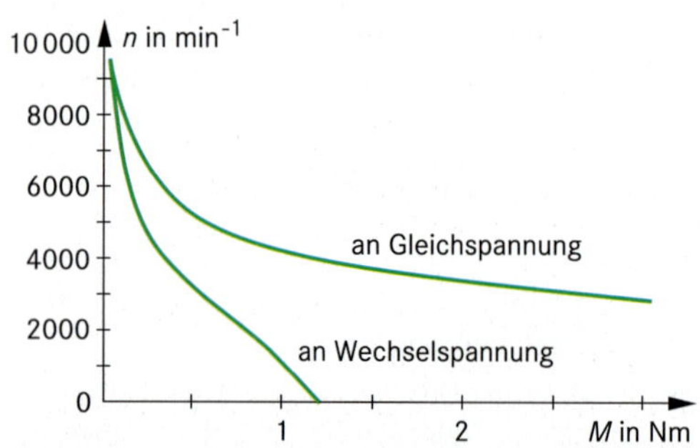

2: Betriebskennlinie eines Universalmotors

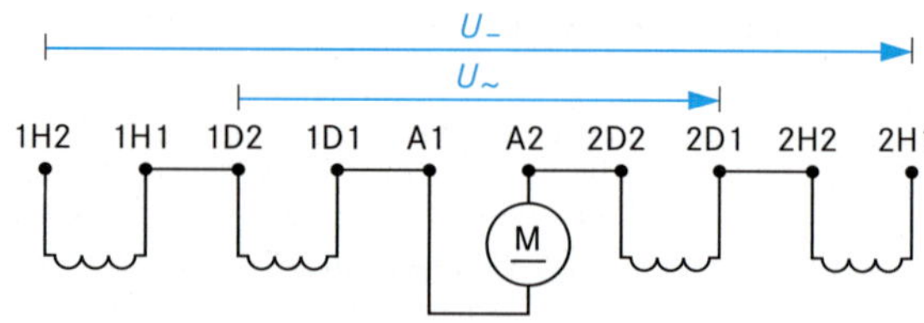

3: Anschlüsse des Universalmotors (Linkslauf)

Wegen dieses zusätzlichen induktiven Widerstandes an Wechselspannung (Frequenz 50 Hz) haben Universalmotoren Anschlüsse für Gleichspannung (viele Windungen: 1H2 - 2H1 (Abb. 3) und Anschlüsse für Wechselspannung (wenige Windungen: 1D2 - 2D1).

Einsatzbereiche

Man verwendet Universalmotoren unter anderem zum Antrieb von elektrisch betriebenen Werkzeugen, Haushaltsgeräten, Waschmaschinen und Staubsaugern.

Drehrichtung bei Gleich- und Wechselspannung

Der Universalmotor ist wie ein Gleichstrommotor aufgebaut. Es soll geklärt werden, wie er sich bei Wechselspannung verhält.
In der Abbildung a) und b) sind die Magnetflussrichtungen eingezeichnet, die bei einem Polaritätswechsel eintreten. Weil sich das Ankerfeld mit dem Läufer auf dem kürzesten Weg (90°) in Richtung des Erregerfeldes dreht, ist auch bei einem Polaritätswechsel die Drehrichtung rechts herum.

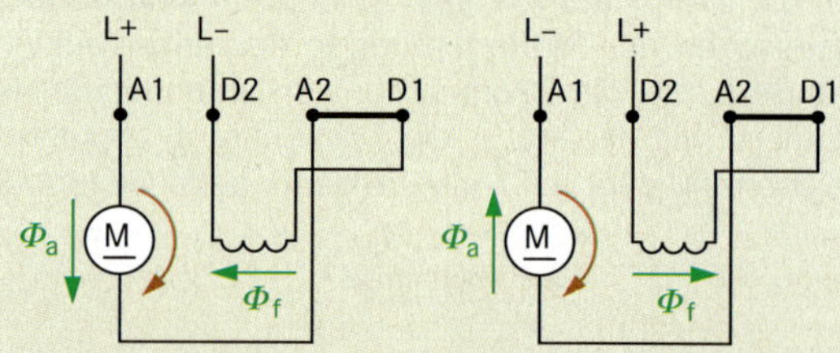

a) L+ an A1 und L- an D2 b) L- an A1 und L+ an D2

AUFGABEN

1. Warum sollte ein Universalmotor nur unter Last betrieben werden?
2. Warum ist es sinnvoll, Universalmotoren nur bis 50 Hz zu betreiben?

- Universalmotoren sind Reihenschlussmotoren und können an Gleich- und Wechselspannung betrieben werden.
- Universalmotoren arbeiten nur bei niedrigen Frequenzen (bis 50 Hz) wirtschaftlich.

8.4 Sondermotoren

8.4.1 Spaltpolmotor

Der Spaltpolmotor [split-pole motor] (Abb. 4) ist ähnlich aufgebaut wie ein Asynchronmotor. Der **Ständer** besteht aus einem Dynamoblechpaket, auf dem die Wechselstromerregerwicklung (Hauptwicklung) aufgebracht ist. Der Ständer hat zudem zwei Spaltpole (Abb. 5 ①), in denen jeweils die **Spaltpolwicklung** (Kurzschlussring, [split-pole winding]) eingelagert ist. Der Kurzschlussring ist aus Kupfer oder Aluminium gefertigt und stellt eine Wicklung mit nur einer Windung dar. Sie ist um einen Winkel β räumlich versetzt zur Hauptwicklung angeordnet.

Der **Läufer** besteht wie bei den anderen Kurzschlussläufer-Motoren aus der Welle, dem Blechpaket und der in den Nuten liegenden Wicklung.

Wirkungsweise

Der Spaltpolmotor läuft im Unterschied zum Drehstrom-Asynchronmotor mit einphasigem Wechselstrom. Zur Erzeugung eines Drehfeldes sind zwei phasenverschobene magnetische Felder nötig. Daher muss eine Verschiebung erst erzeugt werden. Dies geschieht folgendermaßen:

Das von der Hauptwicklung (Ständerwicklung) gebildete Feld durchdringt den Kurzschlussring. Dort wird eine Spannung induziert und die Stromstärke I_2 hat ein Magnetfeld zur Folge. Dieses Magnetfeld wirkt im Spaltpol ① dem Hauptfeld entgegen. Es ergibt sich dadurch eine Phasenverschiebung. Auf diese Weise entsteht ein elliptisches Drehfeld, das den Läufer bewegt. Er dreht sich vom Hauptpol in Richtung zum Spaltpol (Abb. 5).

Da es sich beim Spaltpolmotor um einen Asynchronmotor handelt, besitzt der Läufer die gleiche Drehrichtung. Durch Umschalten kann sie nicht geändert werden, da aufgrund einer Spannungsumpolung das Feld des Hauptpols und des Spaltpols umgekehrt werden. Abhilfe schafft eine zweite Spaltpolwicklung oder der umgekehrte Einbau des Läuferrades.

4: Spaltpolmotor

Maschinen dieser Art zeigen das typische Betriebsverhalten einer Asynchronmaschine. Aufgrund der Ständerform entstehen große Streufelder. Die Verluste im Kurzschlussring sind relativ hoch. Die Maschinen haben deshalb einen schlechten Wirkungsgrad und einen kleinen Leistungsfaktor cos φ.

Auch hier verwendet man bei kleinen Leistungen statt des Käfigläufers einen Läufer aus massivem Eisen, Kupfer oder Aluminium.

Einsatzgebiete

Die Herstellungskosten des Spaltmotors sind aufgrund der einfachen Bauweise gering. Da wegen der großen Streufelder die Verluste sehr groß sind, wird er nur für Leistungen bis etwa 200 W verwendet. Der Wirkungsgrad beträgt nur etwa 10 – 20 %. Die Verwendung des Spaltpolmotors für größere Leistungen ist unwirtschaftlich. Sein Betrieb an Wechselspannung, seine Laufruhe, Wartungsfreiheit und hohe Lebensdauer haben ihn jedoch zum Standardantrieb von kleinen Lüftern (Abb. 4), Ventilatoren oder auch Pumpen in Waschmaschinen gemacht.

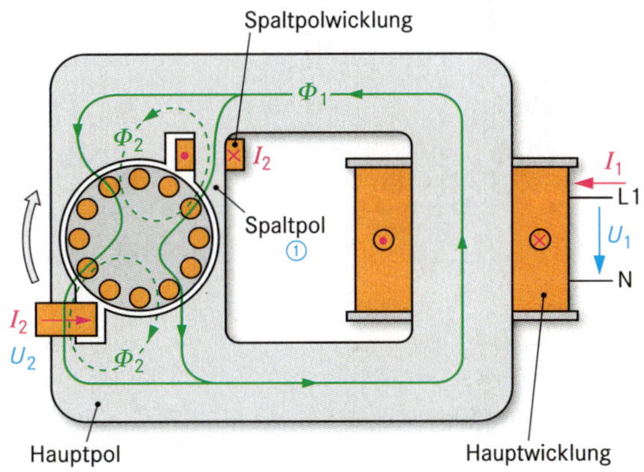

5: Magnetische Flüsse beim Spaltpolmotor

AUFGABEN

1. Aus welchen Komponenten ist ein Spaltpolmotor aufgebaut?
2. Wozu dienen beim Spaltpolmotor die Kurzschlussringe?
3. Wie lässt sich beim Spaltpolmotor die Drehrichtung ändern?

- Spaltpolmotoren sind vom Prinzip her Asynchronmotoren und werden mit Einphasen-Wechselspannung betrieben.
- Spaltpolmotoren werden für Leistungen bis ca. 200 W hergestellt.
- Spaltpolmotoren sind kostengünstig und wartungsfrei.

8.4.2 Linearmotor

Beim Linearmotor [linear motor] wird keine Drehbewegung, sondern eine lineare Bewegung erzeugt. Sie entsteht nach dem gleichen Prinzip wie beim Asynchronmotor.

Die Umwandlung eines Asynchronmotors in einen Linearmotor kann man sich wie folgt vorstellen:
Ein Käfigläufermotor wird in Längsrichtung bis zur Mittelachse aufgeschnitten (Abb. 1a). Werden nun der Ständer und der Läufer geradegebogen, erhält man den Typ 1 eines Linearmotors.

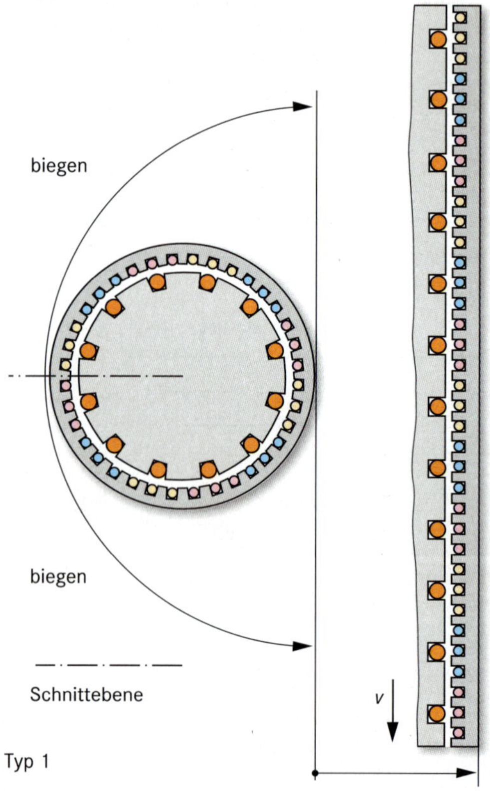

a) Typ 1

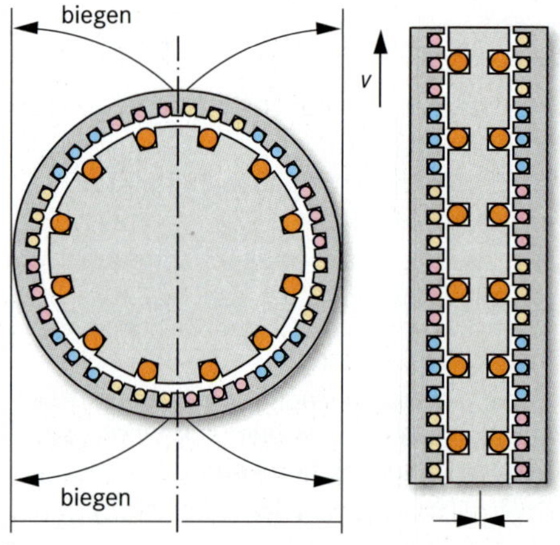

b) Typ 2

1: Entstehung des Linearmotors aus dem Drehstrom-Asynchronmotor

Zerschneidet man den Motor dagegen in zwei Hälften und biegt die Ständer- und Läuferhälften gerade, dann entsteht der andere Typ des Linearmotors (Abb. 1 b, Typ 2). Man hat in beiden Fällen ein **Primärteil** [primary element], auch **Induktorkamm** [inductor] genannt, und ein **Sekundärteil** [secundary element], das Läufer- oder Reaktionsschiene genannt wird.

Die Wirkungsweise des Linearmotors entspricht sehr der drehenden Asynchronmaschine. Im Primärteil wird die Drehstromwicklung mit Drehstrom gespeist. Bei einer drehenden Maschine würde ein Drehfeld entstehen. Hier kann das Magnetfeld nur in eine Richtung wandern. Es entsteht ein **Wanderfeld** [travelling magnetic field] (Abb. 2). Dieses Feld induziert im Sekundärteil eine Spannung, es fließt Strom.

Diese stromdurchflossenen Leiter befinden sich im Magnetfeld des Primärteils. Zwischen beiden wirkt eine Kraft. Diese würde das Sekundärteil in die gleiche Richtung wie das Wanderfeld bewegen (s. Kap. 8.1.3.2). Beim Linearmotor wird aber das Sekundärteil festgehalten. Das freibewegliche Primärteil wird damit in die entgegengesetzte Richtung zur Wanderfeldrichtung bewegt.

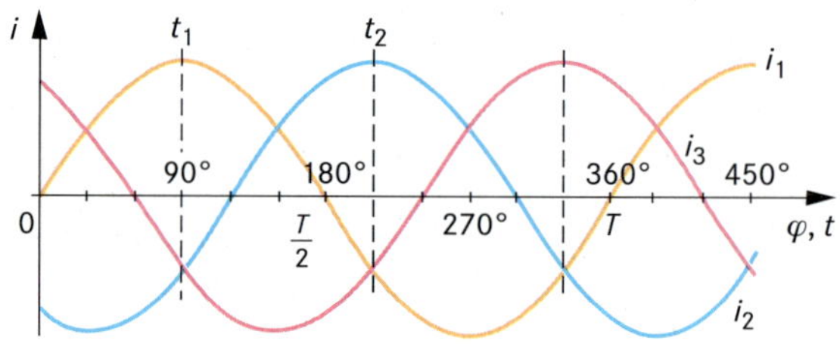

a) Liniendiagramm der Ströme

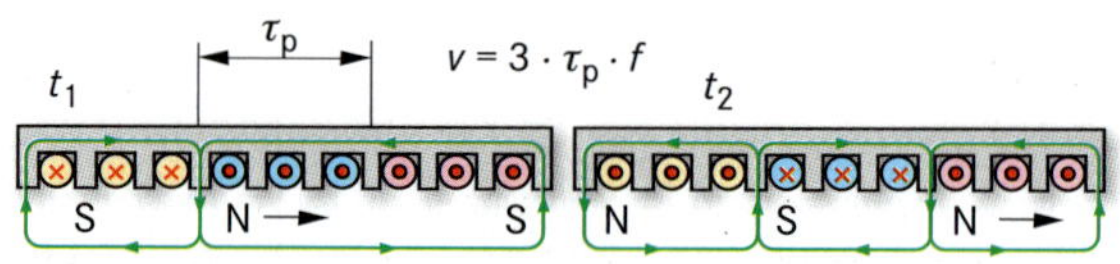

b) Magnetfelderverlauf zu den Zeitpunkten t_1 und t_2

2: Entstehung des Wanderfeldes beim Linearmotor

Die **Geschwindigkeit**, mit der sich das Wanderfeld bewegt, hängt von der **Polteilung** [pole pitch] τ_p und der **Frequenz** f ab (Abb. 2). Die Bewegungsgeschwindigkeit v des Motors liegt unterhalb der Wanderfeldgeschwindigkeit v_f. Es muss wie bei der Asynchronmaschine ein Schlupf s vorhanden sein, damit eine Kraft entsteht.

Das Primärteil enthält die Wicklung zur Erzeugung des Wanderfeldes, die in ein Dynamoblechpaket eingelegt wird. Das Wanderfeld kann außer mit einer Drehstromwicklung auch durch eine einphasige Wechselstromwicklung mit einer Hilfsspannung erzeugt werden. Man verwendet in beiden Fällen nicht die üblichen Spulenwicklungen. Aus Platzersparnis werden **Scheibenwicklungen** [sandwich windings] eingefügt.

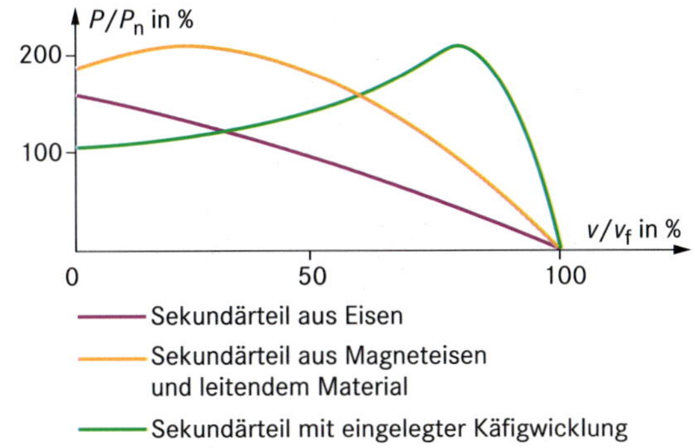

3: Schubkraft in Abhängigkeit von der Geschwindigkeit

Der Sekundärteil ist sehr unterschiedlich aufgebaut. Er besteht entweder nur aus Magneteisen, aus Magneteisen und leitendem Material, aus Magneteisen mit eingelegter Käfigwicklung oder nur aus leitendem Material wie Kupfer oder Aluminium. Der Luftspalt zwischen dem Primär- und dem Sekundärteil muss klein sein. Da zwischen beiden Teilen große Kräfte auftreten, müssen die Befestigungen so ausgeführt werden, dass der Luftspalt eingehalten wird. Je nach Bauart hat man bei einer Maschine mehrere Primärteile und mehrere Sekundärteile.

Das Betriebsverhalten ist ähnlich wie bei Drehstrom-Asynchronmaschinen. Der Leistungsfaktor cos φ und der Wirkungsgrad η hängen sehr von der Bauart des Sekundärteiles ab. Beide Werte liegen aber niedriger als bei normalen Asynchronmotoren. Die Schubkraft-Geschwindigkeits-Kennlinie (Abb. 3) ist als Hochlaufkennlinie zu bezeichnen. Sie hängt ebenfalls sehr von der Bauart der Maschine ab.

Anwendungen

Linearmotoren werden als Antrieb für Schiebetüren, Werkstore, Werkzeugmaschinen mit Wechselbewegungen, Magnetschwebebahnen, Flugzeugstartrampen auf Flugzeugträgerschiffen usw. verwendet. Sie werden auch eingesetzt als Linearantriebe in der Automatisierungstechnik. Dabei wird zwischen **eisenbehafteten** [ironcore] (Abb. 4) und **eisenlosen** [ironless] Linearmotoren unterschieden.

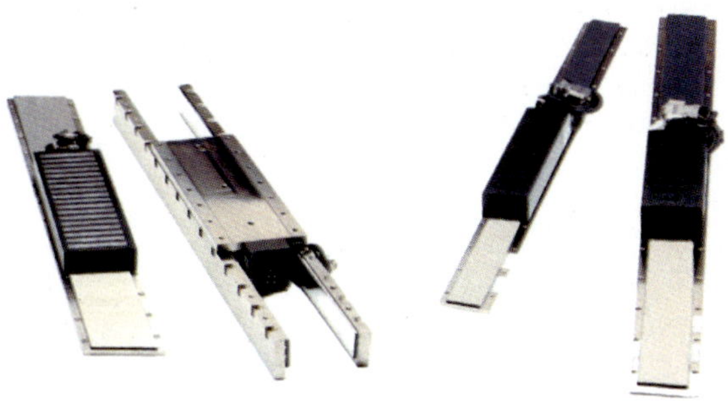

4: Eisenbehaftete Linearmotoren in der Automatisierungstechnik

Eisenbehafteter Linearmotor

Anstelle von Wicklungen werden im Sekundärteil ein- oder zweiseitige Magnetanordnungen verwendet (Abb. 5). Der Primärteil besteht aus einer dreiphasigen Wicklung, die in Nuten eingelegt und vergossen ist. Die Ansteuerung kann durch einen Servoregler erfolgen.

Anwendung:
Hauptachse für Werkzeugmaschinen

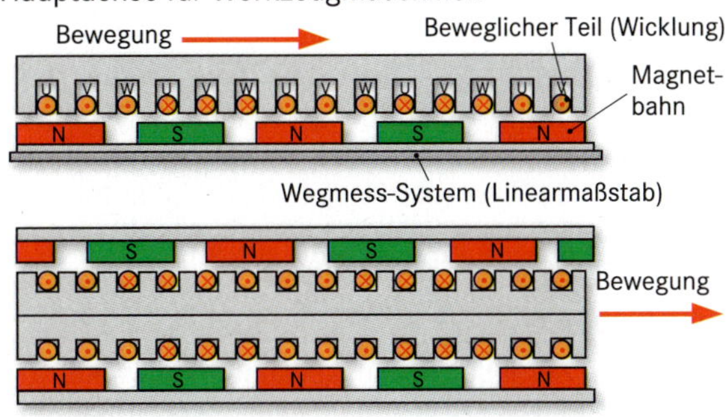

5: Aufbau eines eisenbehafteten Linearmotors

Eisenloser Linearmotor

In Abb. 6 ist der grundsätzliche Aufbau dargestellt. Der Sekundärteil besteht aus einem U-förmigen Profil, das auf beiden Seiten mit Magneten bestückt ist. Nord- und Südpole sind abwechselnd angeordnet. Der Primärteil besteht aus einer dreiphasigen Wicklung. Sie wird von einem Servoregler angesteuert. Das Kommutierungssignal wird über ein angebrachtes Längenmesssystem oder durch Hallsensoren erzeugt (im Läufer integriert).

Anwendung:
Schnelle und hochgenaue Aufgaben, z. B. für Bestückungsmaschinen

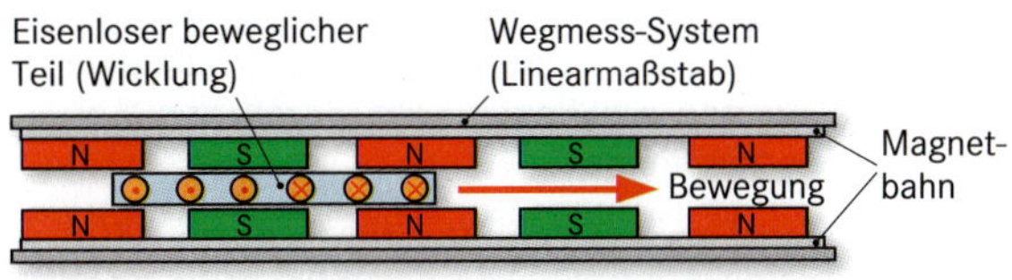

6: Aufbau eines eisenlosen Linearmotors

AUFGABE

1. Wie können Geschwindigkeit und Bewegungsrichtung des Linearmotors geändert werden?

- Linearmotoren arbeiten im Prinzip wie Asynchronmotoren. An Stelle eines Drehfeldes entsteht ein lineares Wanderfeld.
- Beim Linearmotor sind Ständer und Läufer eines Asynchronmotors auf einer Ebene ausgebreitet („abgewickelt“). Sie werden als Primär- (beweglich) und Sekundärteil (fest) bezeichnet.
- Bei Linearantrieben der Automatisierungstechnik werden eisenbehaftete und eisenlose Linearmotoren unterschieden.

8.4.3 Servoantriebe

Unter Servoantrieben [servodrives] versteht man elektrische Antriebe für Hilfszwecke. Dabei handelt es sich meist um Geräte zum Bewegen und Positionieren von kleineren Lasten in der Automatisierungstechnik. Der Leistungsbereich dieser Antriebe geht bis etwa 5 kW.

Einsatzgebiete von Servoantrieben

- Antriebssysteme mit mehreren zu koordinierenden Bewegungen
- Positionieraufgaben mit hoher Genauigkeit (z. B. Roboter, Werkzeugmaschinen, Handhabungsgeräte)
- Verkettung mehrerer Antriebe mit hohen Anforderungen an Winkelgleichlauf (z. B. Druckmaschinen, Transportanlagen, Schneideeinrichtungen)
- Elektronische Kurvenscheiben

Anforderungen

Damit die Antriebe in den genannten Anwendungsbereichen eingesetzt werden können, müssen sie folgende Anforderungen erfüllen:
- Großer Drehzahlstellbereich 0,01 ... 10 000 min^{-1}
- Hohes Drehmoment und Dynamik (kurzzeitige Spitzendrehmomente)
- Hohe kurzzeitige Überlastbarkeit
- Gute Rundlaufeigenschaften im gesamten Drehzahlbereich
- Hohe Genauigkeit bei Positionierung bzw. Winkelgleichlauf

Ein Servoantrieb besteht aus den in Abb. 1 skizzierten Baugruppen, die im Folgenden beschrieben werden.

Motor

Der Servomotor (Abb. 2) kann verschiedene vorgegebene Positionen anfahren (Positionierung) und diese Lage dann beibehalten. Das Anfahren und Beibehalten der vorgegebenen Positionen wird durch den Servo-Umrichter vorgenommen.

Zum genauen Einstellen der Position sind der Servomotor und seine Regelung mit einer Messeinrichtung (Drehgeber, Abb. 1 ①) versehen.

2: Servomotor

Aufbau

Servomotoren werden als Gleichstrom- oder Wechselstrommotoren ausgeführt. Ab einer Leistung von ca. 100 W werden bevorzugt AC-Servomotoren eingesetzt. Im Folgenden wird nur der AC-Servomotor behandelt.

Motoren dieser Bauart sind wie bürstenlose Synchronmotoren aufgebaut und werden mit Dreiphasen-Wechselstrom gespeist. Der Ständer besteht aus Eisen (Abb. 3), in dem die Dreiphasen-Wechselstromwicklung eingelegt ist. Diese Wicklung kann wie bei einem Synchronmotor z. B. vierpolig oder sechspolig sein. Der Rotor im Inneren ist aus Läuferblechen hergestellt, auf denen Permanentmagnete aufgesetzt wurden (Abb. 3).

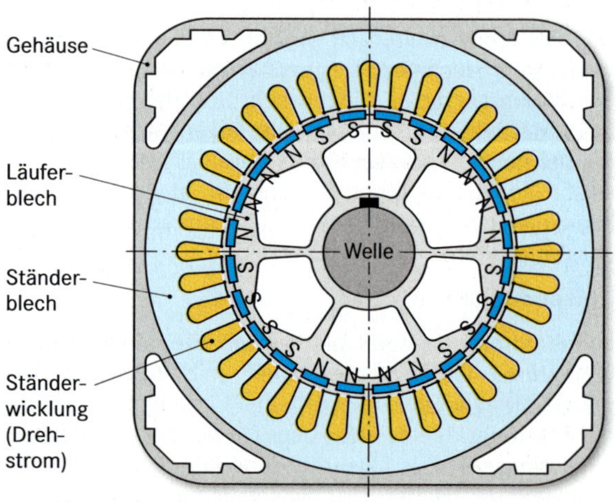

3: AC-Servomotor

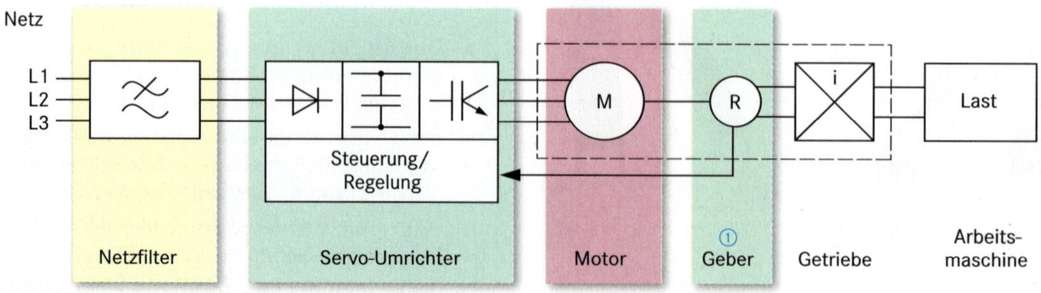

1: Bestandteile eines Servoantriebes

Wirkungsweise

Das Drehfeld des Ständers wird durch Anschluss des Motors an einen Wechselrichter (s. Kap. 8.2.2.6) erzeugt, der dem Motor die drei um 120° versetzten Ströme zuführt. Wie beim Synchronmotor bestimmt auch beim Servomotor die Drehzahl des Ständerdrehfeldes die Läuferdrehzahl. Mit Hilfe des Servo-Umrichters kann die Drehzahl so stufenlos von $n = 0$ auf beliebige Werte eingestellt werden. Zum Bremsen des Motors wird die Frequenz des Drehfeldes schnell auf $f = 0$ Hz heruntergefahren.

Für Positionierungsaufgaben muss der Motor die Motorwelle in einer bestimmten Lage halten. Dies wird durch Anlegen einer Gleichspannung an die Drehstromwicklung erreicht, die den Läufer in dieser Position hält.

Servo-Umrichter

Der Servo-Umrichter [servo converter] besteht aus einem Gleichstromsteller oder 3-Phasen-Wechselrichter mit integriertem Brems-Chopper oder rückspeisefähigem Zwischenkreisgleichrichter.

Er enthält die Regelung, mit der das Fahren, Stoppen und Halten des Motors gesteuert wird. Dazu muss das System über einen PC parametriert werden. Folgende Standardwerte werden eingestellt:
- Motor- und Geberkenndaten
- Reglereinstellungen (Drehzahlen, Zeitwerte, Rampenzeitwerte)
- Grenzwerte (maximale Drehzahlen und Ströme)
- Bremswerte (Zeitverzögerung)

Nach der Parametrierung werden die Fahrkurven des Motors durch z. B. ein SPS-Programm festgelegt. Die Verbindung zum SPS-Umrichter wird über eine Busschnittstelle hergestellt.

Die Informationen zur Regelung erhält der Servo-Umrichter von einem **Geber** [sensor]. Er ermittelt die
- Winkellage des Läufers
- Drehzahl
- Drehrichtung

Arten von Gebern sind Resolver, Inkrementalgeber oder Absolutwertgeber (s. Kap. 3.26).

Netzfilter

Um Netzrückwirkungen des Servo-Umrichters zu vermeiden, wird ein Netzfilter installiert. Dieser filtert mit Hilfe von Kondensatoren und Drosseln die Oberschwingungen heraus. Das Versorgungsnetz wird so nicht zusätzlich belastet.

AUFGABEN

1. Aus welchen Komponenten besteht ein Servo-Antriebssystem?
2. Nennen Sie Anwendungen für Servo-Antriebssysteme.

Geber

Resolver

Im Stator sind zwei um 90° versetzte Spulen ① ② angeordnet.
Auf der Rotorachse befindet sich die Rotorwicklung ③, deren Anschlüsse über Schleifringe und Bürsten nach außen geführt sind.

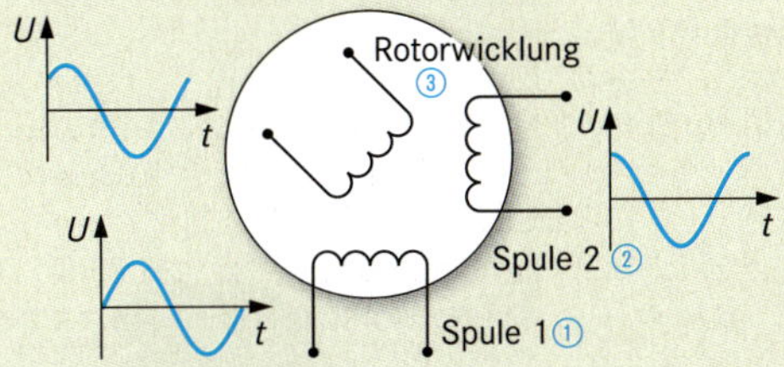

Die Rotorwicklung wird mit einer sinusförmigen Wechselspannung erregt. Dadurch werden in beiden Spulen Spannungen induziert. Die Höhe der induzierten Spannung hängt von der Lage des Rotors zur Spule 1 und Spule 2 ab. Die Amplituden der in den Spulen induzierten Spannungen entsprechen dem Sinus bzw. Kosinus der Winkellage des Rotors.

Inkremental-Drehgeber

Als Inkremental-Drehgeber werden Sensoren zur Erfassung von Lageänderungen (linear oder rotierend) bezeichnet, die sowohl Wegstrecke als auch Wegrichtung erfassen können. Am häufigsten werden rotierende optische Geber verwendet.
Es wird ein Lichtstrahl (LED) durch eine mit Strichen versehene Lochblende ④ und eine zweite Spur ⑤ auf einen Fotosensor ⑥ geleitet.
Die zweite Spur ist um ¼ der Schrittweite versetzt. Verschiebt bzw. dreht sich die Lochplatte, so wird der Fotosensor abwechselnd beleuchtet und abgedunkelt. Die Anzahl der Hell-Dunkel-Impulse wird gezählt und ausgewertet.

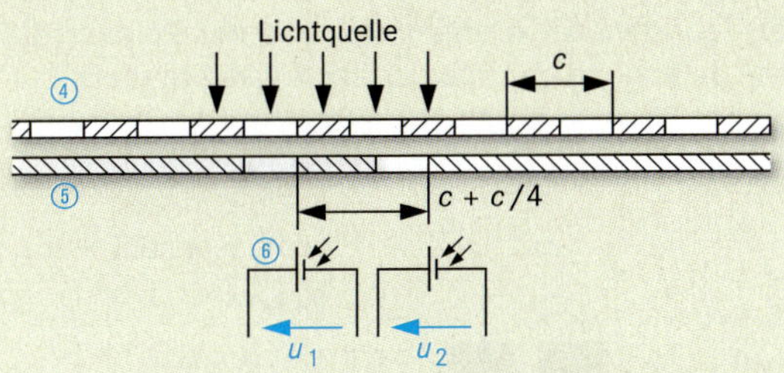

- Servoantriebe bestehen aus Netzfilter, Servo-Umrichter mit Geber und Servomotor.
- Der Servo-Umrichter beinhaltet die Regelung des Servomotors.
- Der Servomotor ist meist ein bürstenloser Drehstrom-Synchronmotor (AC-Servomotor).

8.4.4 Schrittmotor

Ein Schrittmotor [stepper motor] besteht aus einem feststehenden Ständer und einem Läufer. Im Gegensatz zu anderen Motoren befinden sich beim Schrittmotor die Spulen nur im feststehenden Ständer. Der Läufer ist ein Dauermagnet mit einem Nord- und Südpol. Das Drehfeld entsteht durch gezieltes Ein- und Ausschalten einzelner Wicklungsstränge (Abb. 1). Dadurch lassen sich auf einfache Weise auch der Drehsinn und die Drehzahl des Motors steuern.

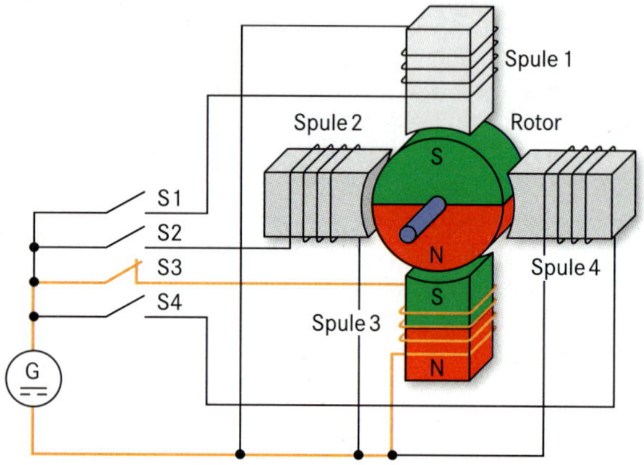

1: Schaltung eines Schrittmotors

Wirkungsweise

Wird z. B. Schalter S3 geschlossen (Abb. 1), so dreht sich der Nordpol des Polrades zum Südpol der Spule 3. Werden dann S3 geöffnet und S2 geschlossen, dreht sich der Läufer um 90° im Uhrzeigersinn weiter zu Spule 2.

Um die Position des Läufers zu bestimmen, genügt es – ausgehend von einer Ausgangslage – die Anzahl der Steuerimpulse zu zählen und mit dem **Schrittwinkel** [step angle] zu multiplizieren. Durch eine hohe Frequenz der Steuerimpulse lässt sich eine kontinuierliche Drehbewegung erzeugen.

Der Schrittwinkel α ergibt sich aus der Polpaarzahl p des Läufers und der Phasenzahl m des Ständers.

$$\alpha = \frac{360°}{2 \cdot m \cdot p}$$

α: Schrittwinkel
p: Polpaarzahl
m: Phasenzahl

2: Läufer eines Schrittmotors

Um die Schrittwinkel zu verkleinern, muss die Phasenzahl oder die Polpaarzahl erhöht werden. Da die Phasenzahl in der Regel schwer zu beeinflussen ist, erhöht man in der Praxis die Polpaarzahl. Man fertigt dazu den Läufer aus zwei versetzten Einzelzahnrädern, einem Nord- und einem Südpolrad aus permanent magnetischem Material. Beide sind genau um eine halbe Polteilung zueinander verschoben (Abb. 2).

Ändert sich nun das Ständerspulenfeld, wird durch die Poländerung das Polrad jeweils um den Schrittwinkel α weitergedreht. Die Ansteuerung der Ständerwicklungen erfolgt mit Hilfe elektronischer Schaltungen. Eine einfache Schaltung stellt die Transistorleistungsstufe für Schrittmotoren dar (Abb. 3). Durch die Steuerung wird jeweils die Basis eines bestimmten Transistors angesteuert. Die Kollektor-Emitter-Strecke wird niederohmig und durch die Motorwicklung fließt Strom.

Schrittmotoren können bis ca. 1 kW wirtschaftlich eingesetzt werden. Sie finden Verwendung in der Regelungstechnik, in Druckern (Abb. 4) oder auch als Antrieb für den Schreib-/Lesekopf in der Festplatte.

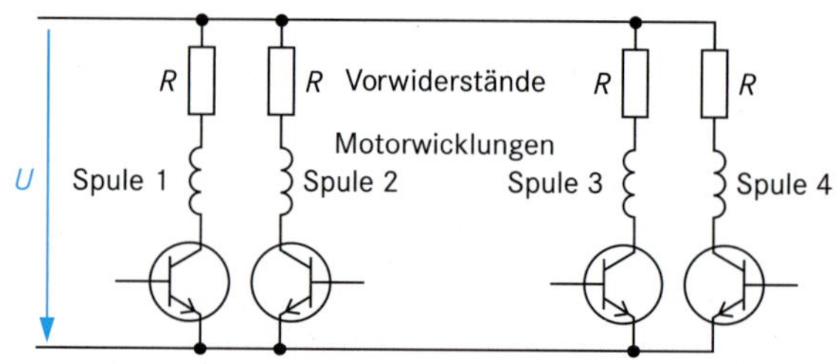

3: Steuerung für Schrittmotoren

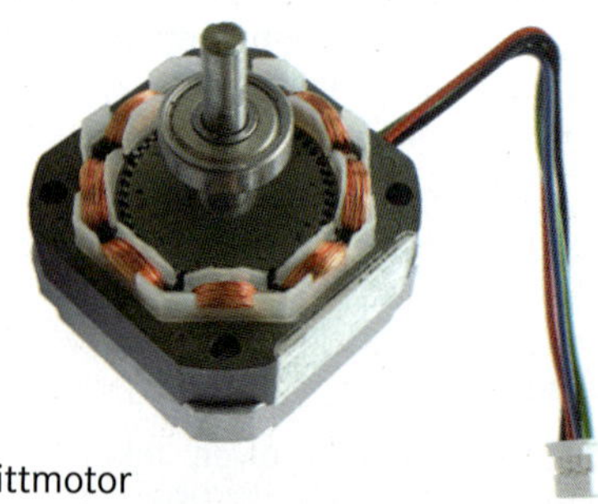

4: Schrittmotor

AUFGABEN

1. Von welchen Größen hängt der Schrittwinkel beim Schrittmotor ab?
2. Beschreiben Sie die Funktionsweise eines Schrittmotors.

- Schrittmotoren können durch eine Steuerung um einen bestimmten Schrittwinkel gedreht werden.
- Schrittmotoren sind für kleine Leistungen einsetzbar.

9 Kommunikationstechnik

9.1 Gebäudesystemtechnik

9.1.1 EIB/KNX-System

Beim EIB-System (**E**uropäischer **I**nstallations**bus**) handelt es sich um ein weltweit standardisiertes Bussystem (EN 50090) mit folgenden Möglichkeiten:

- Übernahme von Steuer-, Regelungs- und Meldeaufgaben in einem Gebäude
- Programmierung und Veränderung der jeweiligen Funktionen über eine Software ohne zusätzlichen Installationsaufwand
- Höhere Flexibilität in der Raumnutzung
- Steigerung des Komforts und der Sicherheit durch den Einsatz „intelligenter“ Geräte (z. B. Heizungsregelung) sowie Vernetzung mit anderen Systemen (z. B. Alarmanlage)
- Senkung der Energiekosten
- Visualisierung und Beeinflussung des Gebäudestatus an jedem Ort des Gebäudes (Gebäudesystemtechnik [building services management system])

5: Symbole

Die Konnex Association wurde 1990 mit dem Ziel gegründet, die folgenden Bussysteme zu einer einheitlichen, gewerkeübergreifenden Systemplattform (Abb. 6) zusammenzuführen:

- **EIB** [**E**uropean **I**nstallation **B**us]: Bussystem zur Steuerung von Beleuchtungsgeräten, Jalousien, Markisen usw.
- **EHS** [**E**uropean **H**ome **S**ystem]: Bussystem zur Vernetzung von Hausgeräten
- **BCI, Batibus**: Bussystem zur Vernetzung von Heizungs-, Klima- und Lüftungsanlagen

Ergebnis war der gemeinsame **KNX-Standard** (Konnex-Standard). Zur Konnex Association gehören zahlreiche Unternehmen der elektrischen Installationstechnik. Inzwischen werden ca. 4000 Produktgruppen von etwa 100 Firmen angeboten. Durch diese Standardisierung ist gewährleistet, dass Produkte von unterschiedlichen Herstellern in unterschiedlichen Anwendungen funktionieren und miteinander kommunizieren können.

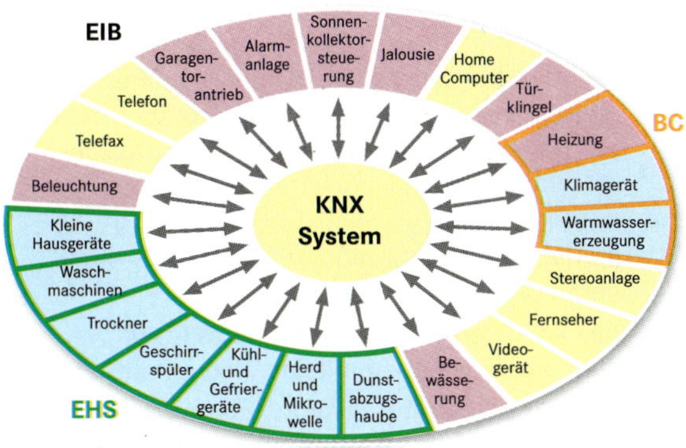

6: KNX-System

Der KNX-Standard ist so ausgelegt, dass bestehende Systeme und Komponenten zu KNX-Systemen und KNX-Komponenten kompatibel sind. Das bedeutet also, dass bisherige EIB-Installationen zu Nachinstallationen mit KNX-Geräten voll kompatibel bleiben.

Unterschiede zu herkömmlichen Installationen

Das KNX-System besteht aus einem Energie- und einem Informationsnetz (Bussystem). Alle KNX-Objekte sind über eine **Busleitung** miteinander verbunden (Abb. 7). Die Schaltinformationen werden nicht über die **Energieleitung**, sondern über die Busleitung übertragen. Die Schaltbefehle werden nicht wie herkömmlich über eine Verdrahtung erstellt, sondern über ein Programm in den KNX-Objekten ausgeführt.

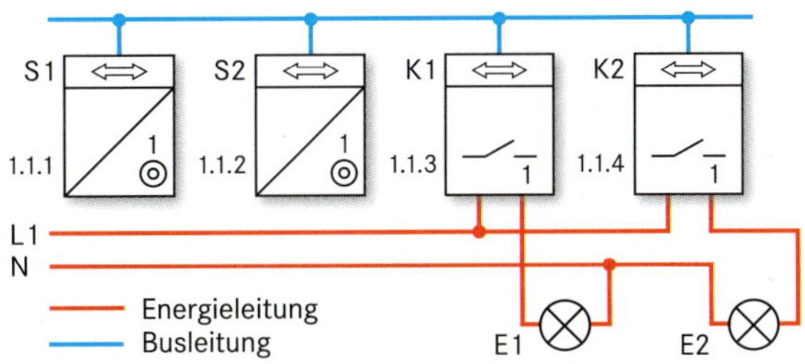

7: Aufbau eines KNX-Systems

Sensoren (z. B. Tastsensor S1) erfassen den Schaltbefehl. Über die Busleitung wird dieser dann zum zugehörigen Aktor (z. B. Schaltaktor K1) gesendet (Abb. 7). Der Aktor wertet den Befehl aus und schaltet den Verbraucher an die Netzspannung (z. B. Leuchte E1).

Der Installationsaufwand ist beim KNX geringfügig größer als bei der herkömmlichen Installationstechnik, da zusätzlich eine zweite Leitung (Busleitung) verlegt werden muss (Abb. 8). Außerdem liegen die Kosten für die Betriebsmittel beim Einsatz im Wohnbereich wesentlich höher als bei der konventionellen Installationstechnik.

Neben dem drahtgebundenen KNX-System besteht auch die Möglichkeit, die Informationen per Funk zu übertragen. Diese Lösungen werden dann eingesetzt, wenn die Installation des Busnetzes sehr aufwändig ist oder eine nachträgliche Installation aus Kosten- oder Baugründen nicht in Frage kommt.

Herkömmliche Installationstechnik		KNX-System
Schalter, Taster	↔	Sensor
Energieleitung	↔	Energieleitung und Busleitung
Verbraucher	↔	Aktor mit Verbraucher

8: Systemvergleich

Kommunikationsmedien für Datenkanäle im KNX-System

- **TP-0**
Twisted Pair, Typ 0; verdrillte Zweidraht-Leitung, Datenrate 4,8 kbit/s, kein Austausch der Informationen, Arbeitsweise wie beim Batibus
- **TP-1**
Twisted Pair, Typ 1; Datenrate 9,6 kbit/s, Austausch der Informationen, Arbeitsweise wie beim EIB
- **PL-110**
Powerline, 110 kHz; Datenrate 1,2 kbit/s über das Energienetz, Austausch der Informationen, Arbeitsweise wie beim EIB
- **PL-132**
Powerline, 132 kHz; Datenrate 2,4 kbit/s über das Energienetz, Arbeitsweise wie beim EHS
- **RF**
Funksignale mit 868 MHz; Datenrate 38,4 kbit/s
Eine Anbindung an Ethernet und Internet sowie die Kommunikation über das Telekommunikationsnetz (ISDN) bzw. Lichtwellenleiter sind möglich.

Programmierungsmodi im KNX-System

Den Herstellern ist freigestellt, welchen Modus sie für ihre Produkte verwenden. Die folgenden drei unterschiedlichen Programmierungsmodi (Parametrierung, Konfiguration) sind für Geräte festgelegt:

- **S-Mode** [System-Mode], Software-Modus, Systemmodus
Dieser Modus bietet den höchsten Grad an Flexibilität hinsichtlich Funktionalität und Datenaustausch. Die Programmierung erfolgt mit der ETS-Software (s. Kap. 9.1.4). Hierfür sind speziell geschulte Fachkräfte erforderlich.
- **E-Mode** [Easy-Mode], Einfacher Modus, E-Modus
Für die Konfiguration in diesem Modus ist ein geringer Geräteaufwand (ohne PC) erforderlich. Konfigurationsgeräte sind in der Regel über die Hersteller zu beziehen. Für ihre Bedienung reichen grundlegende Kenntnisse aus. Der E-Modus ist deshalb für schnelle und einfache Lösungen gut geeignet. Allerdings ist der Funktionsumfang geringer als bei Geräten mit dem S-Modus. Es ist auch möglich, in einem KNX-Netzwerk Geräte mit E- und S-Modus gemeinsam zu verwenden.
- **A-Mode** [Automation-Mode], Automatischer Modus, A-Modus
Geräte mit diesem Modus verfügen über festgelegte Einstellungen, Parameter und Anweisungen, wie sie mit anderen Geräten mit gleichem A-Modus kommunizieren sollen. Beim Einfügen in das Netzwerk erfolgt eine automatische Erkennung (Plug and play). Verwendet wird dieser Modus besonders bei Haushaltsgeräten (z. B. Kühlschrank).

9.1.2 KNX-Technik

Beim KNX-System handelt es sich um ein **dezentrales Zweidraht-Bussystem**. Ein zentrales Steuergerät ist nicht erforderlich. Somit ist ein Totalausfall des Bussystems praktisch unmöglich.

In Abb. 1 ist ein einfaches Steuerungsbeispiel dargestellt. Die Beleuchtung in einem Konferenzraum soll gesteuert werden. Die dazu erforderliche Schaltinformation wird über die Busleitungen vom Sensor ① zum Aktor ② übertragen. Die Energie wird somit nicht über den Sensor, sondern nur über den Aktor (z. B. Dimmaktor) zum angeschlossenen Verbraucher (z. B. Leuchte) geschaltet.

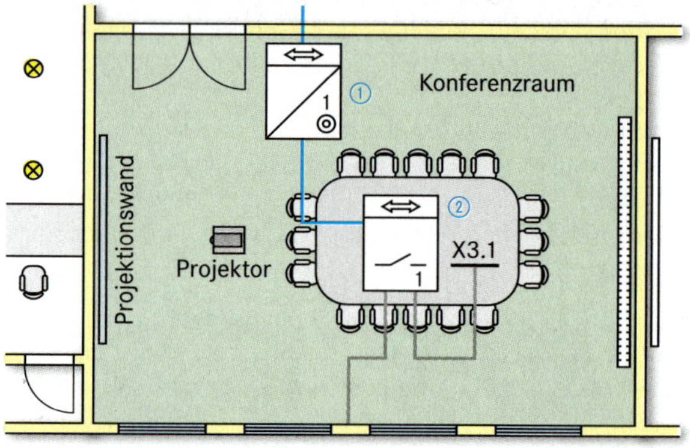

1: Sensor und Aktor im KNX-System

Damit die Kommunikation der KNX-Geräte auch in größeren Gebäuden fehlerfrei funktioniert, muss bereits bei der Planung eine hierarchische Struktur des Busnetzes berücksichtigt werden. Zur übersichtlichen Gliederung werden die Busteilnehmer in verschiedene Ebenen gegliedert. Der KNX wird dazu in **Linien** [lines] und **Bereiche** [sectors] aufgeteilt (Abb. 2).

AUFGABEN

1. Beschreiben Sie den Unterschied zwischen dem KNX-System und einer herkömmlichen Elektroinstallation.
2. Welche Aufgaben haben Sensoren und Aktoren im KNX-System?

- Der KNX-System bietet eine gewerkeübergreifende Plattform, um Objekte verschiedener Hersteller in Netzen der Haus- und Gebäudesystemtechnik zu installieren.
- Im KNX-System werden entsprechend dem Programmierungsaufwand der A-, E- und S-Mode unterschieden.
- Alle KNX-Geräte (Sensoren und Aktoren) werden über eine Busleitung miteinander verbunden.
- Durch die Programmierung der Funktionen ist das KNX-System sehr flexibel.

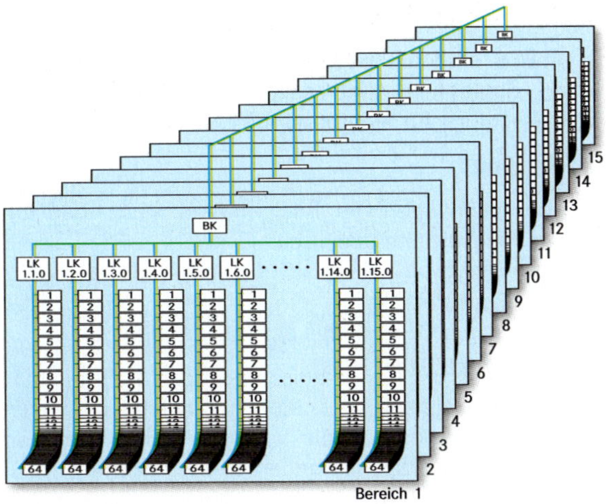

2: Linien und Bereiche im KNX

Wenn die Anzahl der KNX-Objekte nicht größer als 64 ist, könnte man mit einer Linie auskommen. Kommt es jedoch zu einem Kurzschluss oder zu einem Ausfall der Versorgungsspannung, wäre die gesamte Anlage ohne Funktion. Daher ist es ab einer bestimmten Größe sinnvoll, die Objekte auf mehrere Linien aufzuteilen.

Informationsaustausch über Adressen

Damit der Informationsaustausch zwischen den einzelnen KNX-Objekten funktionieren kann, muss jedem Busteilnehmer eine eindeutige Adresse zugewiesen werden. Diese Adresse heißt **physikalische Adresse** [physical address]. Sie ist somit der Name des Teilnehmers. Die physikalische Adresse setzt sich aus drei Zahlen zusammen. Von Herstellern werden alle KNX-Objekte mit der Adresse 15.15.255 ausgeliefert.

Beispiel:

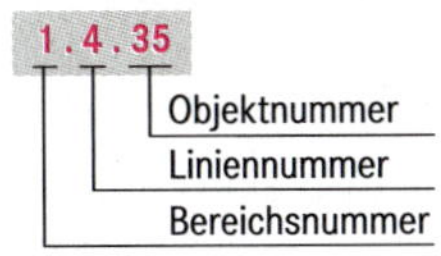

Zuweisung einer Adresse

Die Zuweisung der physikalischen Adresse erfolgt durch die Programmierungssoftware während der Inbetriebnahme oder bereits im Vorfeld (z.B. in der Werkstatt). Dabei sollte jedes KNX-Objekt eindeutig mit einer Beschriftung gekennzeichnet werden, da es ansonsten zu Verwechselungen und Fehlfunktionen kommen kann. Bei der Adressierung muss am betreffenden Objekt die Quittiertaste betätigt werden. Sind die KNX-Geräte bereits im Vorfeld adressiert, müssen die Schalter- und Lampenabdeckungen nicht nochmals entfernt werden, um die Quittierung der Adresse am KNX-Gerät vorzunehmen.

Linien

Jede Linie besitzt eine getrennte Spannungsversorgung, mit der maximal 64 Busteilnehmer betrieben werden können. In der Praxis sollten jedoch nur ca. 40 Busteilnehmer in einer Linie eingeplant werden, damit ein Nachrüsten mit weiteren Geräten problemlos möglich ist. Jede Linie enthält

- **Sensoren** und **Aktoren**,
- eine **Spannungsversorgung** mit **Drossel** und
- einen **Verbinder**.

Eine Drossel verhindert, dass die Informationstelegramme in der Spannungsversorgung kurzgeschlossen werden. Sie ist häufig in der Spannungsversorgung eingebaut. Der Verbinder dient zum Anschluss der Busleitung an die Spannungsversorgung in der Verteilung.

Über einen **Linienkoppler** (**LK**) [line coupler] in jeder Linie werden bis zu 15 Linien zu einer Hauptlinie verbunden, an der bis zu 64 Busteilnehmer angeschlossen werden können. Der Linienkoppler sorgt für eine galvanische Trennung zwischen den Linien und leitet nur die linienübergreifenden Informationen weiter.

Bereiche

Maximal 15 Linien lassen sich zu einem Bereich zusammenfassen. Die 15 Bereiche können mit **Bereichskopplern** [area couplers] zu einer **Bereichslinie** [backbone] verbunden werden. Diese Bereichslinie kann ebenfalls 64 Teilnehmer enthalten. Zwischen den Bereichs- und den Linienkopplern muss eine Spannungsversorgung vorhanden sein.

Bei der Festlegung der Linien und Bereiche kann das Gebäude als Vorlage dienen. Die Struktur für eine Anlage, die mehrere Gebäude umfasst, kann folgendermaßen aussehen:

- Jedes Stockwerk wird einer Linie und
- jedes Gebäude wird einem Bereich zugeteilt.

AUFGABEN

1. Welche KNX-Geräte müssen in einer Linie mindestens vorhanden sein?
2. Warum müssen mehrere Linien über einen Linienkoppler miteinander verbunden werden?
3. Sie müssen in einem Gebäude ein KNX-System mit 260 Teilnehmern installieren. Wie viele Linien müssen Sie mindestens einplanen?

- Das KNX-System ist in Linien und Bereiche aufgeteilt.
- Damit der Informationsaustausch fehlerfrei funktioniert, wird jedem Gerät am Bus eine eindeutige physikalische Adresse zugeordnet.
- Die physikalische Adresse besteht aus drei Zahlen (Bereich, Linie und Objekt), die durch Punkte getrennt sind.
- Ein Busteilnehmer besteht aus einem Busankoppler und einem Anwendungsmodul.

Aufbau eines Busteilnehmers

Jeder Busteilnehmer (z. B. Taster) besteht aus einem

- **Busankoppler** (BA) [bus coupling module] und einem
- **Anwendungsmodul** (AM) [application module] bzw. **Endgerät** [terminal] (Abb. 1).

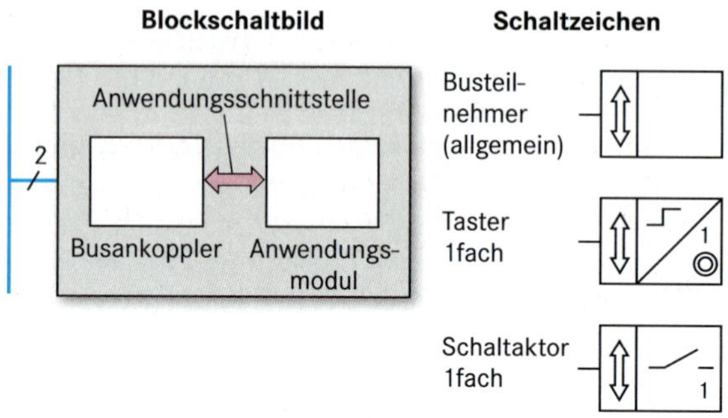

1: Blockschaltbild eines Busteilnehmers

Der Busankoppler stellt die Verbindung zur Zweidraht-Busleitung her. Er sendet und empfängt Daten, speichert das **Anwendungsprogramm** und weitere wichtige Daten in einem internen Speicher.

Das Anwendungsmodul legt die Funktion des Gerätes fest. Je nach Funktion kann das Gerät als Sensor (z. B. Tastsensor) oder Aktor (z. B. Schaltaktor) arbeiten. Das Anwendungsmodul ist entweder fest mit dem Busankoppler verbunden oder über eine **Anwendungsschnittstelle** [application interface] steckbar. Am Beispiel eines Tasters (Abb. 2) wird als Anwendungsmodul eine 1fach Wippe auf den Busankoppler gesteckt.

Auf der Rückseite des Busankopplers befinden sich die **Anschlussklemmen** [terminal clamps] zur Busleitung. Sämtliche Busteilnehmer einer Linie werden parallel geschaltet. KNX-Geräte werden als Unterputz- (UP), Einbau- (EG) und Reiheneinbaugerät (REG für die **Hutschienenmontage**) für Verteilungen gefertigt.

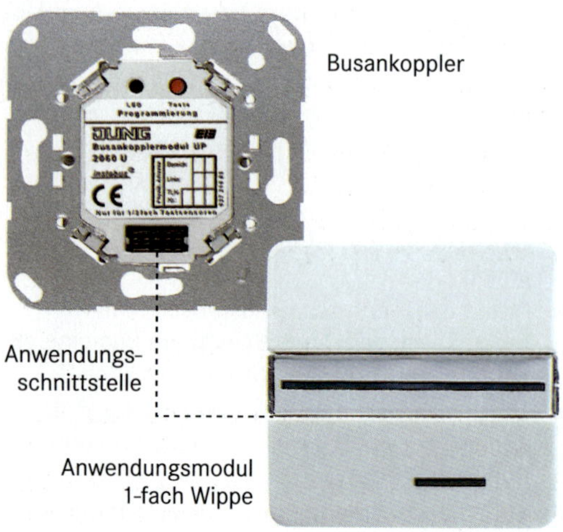

2: KNX-Tastsensor

9.1.3 KNX-Installation

In Abb. 3 sind die wesentlichen Schritte der Installation dargestellt. Eine sorgfältige Planung ist die Voraussetzung für eine erfolgreiche Installation.

Busleitung

Bei der Installation der Busleitungen muss man folgende Sachverhalte beachten:

- Leitungstyp
- Leitungsverlegung
- Maximale Leitungslänge der Busleitung
- Überspannungsschutz

Als Busleitung (Abb. 4) sollten nur solche Leitungen zum Einsatz kommen, die von der **EIBA** [**E**uropean **I**nstallation **B**us **A**ssociation] empfohlen werden:

- YCYM 2 x 2 x 0,8
  Adernfarben: rot, schwarz, gelb, weiß
- J-Y(St)Y 2 x 2 x 0,8
  Adernfarben: rot, schwarz, gelb, weiß

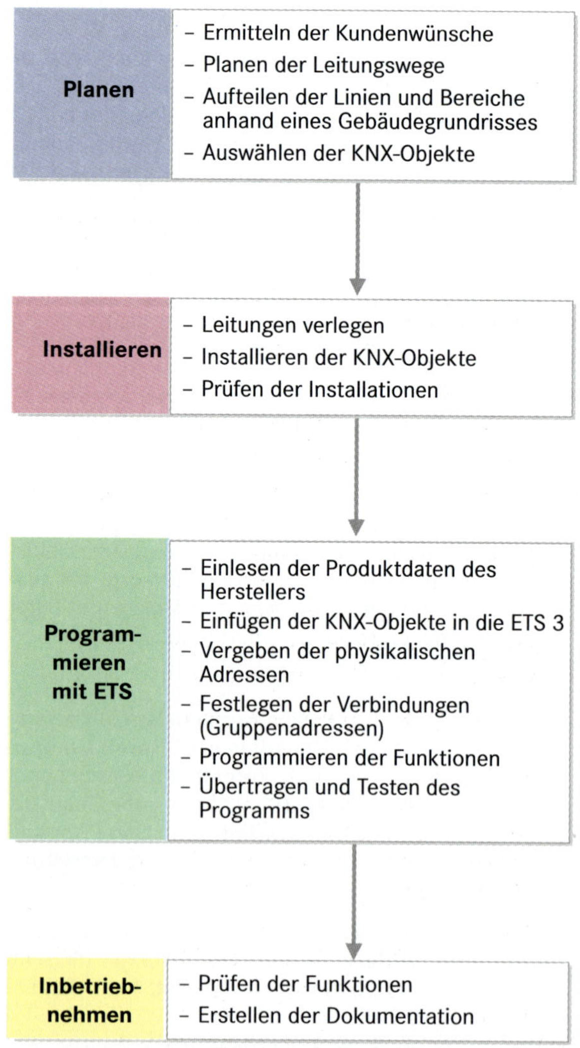

3: Ablauf einer KNX-Installation

4: Busleitung

Da die Busleitung zu einem SELV-Stromkreis gehört, dürfen auf keinen Fall freie Adern einer 230 V-Leitung als Busleitung verwendet werden. Die rote (Bus +) und die schwarze (Bus -) Ader werden an die Busklemmen angeschlossen (Abb. 5). Die **Busklemme** [bus terminal] ist die Schnittstelle zwischen dem Busnetz und den Busteilnehmern. Jedes Leitungsende verfügt über eine Bezeichnung des angeschlossenen Teilnehmers.

Beispiel: T:7 L:6 B:1

Es handelt sich um den Teilnehmer Nummer sieben aus der sechsten Linie des ersten Bereichs. Die freien Adern der Busleitung dienen als Reserve und dürfen nicht zur Übertragung weiterer Signale (z. B. Telefon) verwendet werden.

Leitungsverlegung

Die Busleitung darf nur als Linien-, Stern- oder Baumnetz installiert werden. Die Installation eines **Ringnetzes** [ring network] ist nicht erlaubt, damit am Ende der durchgeschleiften EIB-Busleitung keine Verbindung zum Anfang hergestellt werden kann.

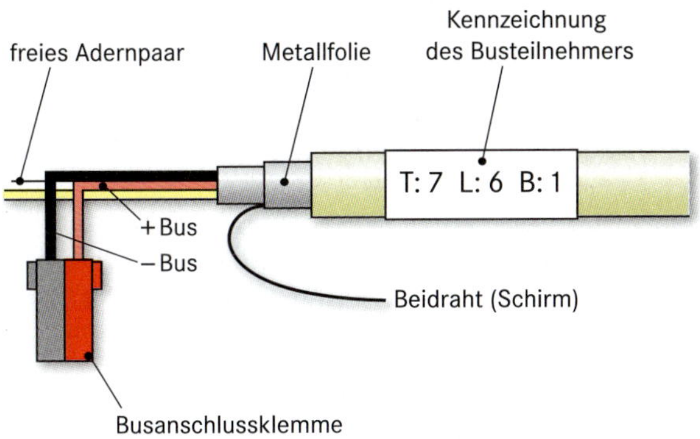

5: Busleitung mit Anschlussklemme

Bei der Verlegung der Busleitung dürfen die **Maximallängen** [maximum length] wegen der Übertragungssicherheit nicht überschritten werden (Abb. 6).

- Der Abstand zwischen der Spannungsversorgung ① und den Busteilnehmern ② darf nicht länger als 350 m sein.
- Zwischen weit entfernten Busteilnehmern gilt ein maximaler Abstand von 700 m.
- Innerhalb einer Linie bzw. eines Bereiches darf die Gesamtlänge der Busleitung 1000 m nicht überschreiten.

Bei der Installation ist darauf zu achten, dass die Leitung in ihrem Verlauf als Busleitung gekennzeichnet ist. Bei der Einführung einer Busleitung in eine 230/400 V Unterverteilung muss ein Abstand von 50 mm zu den Energieleitungen eingehalten werden.

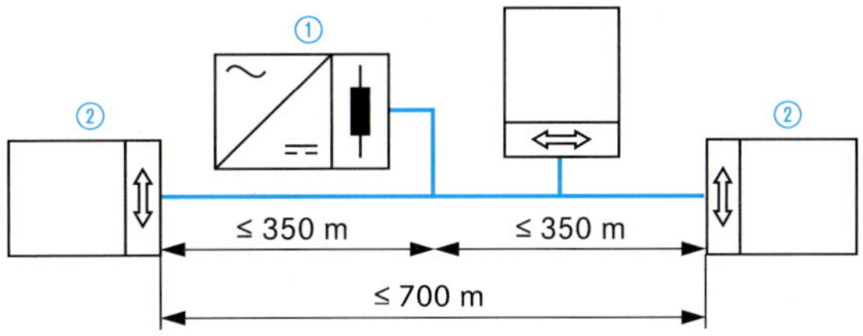

6: Übersicht der maximalen Leitungslängen

In Abb. 7 ist eine ordnungsgemäß verdrahtete KNX-Klemmdose zu sehen. In ihr dürfen nur Busleitungen verklemmt werden. Die Leitung wird erst am Ende abgemantelt und die Reserveadern werden nicht abgeschnitten (Abb. 7 ③). Die Schirmung sowie die freien Adern dürfen nicht zufällig mit einem anderen Potenzial (z. B. 230 V) in Verbindung kommen.

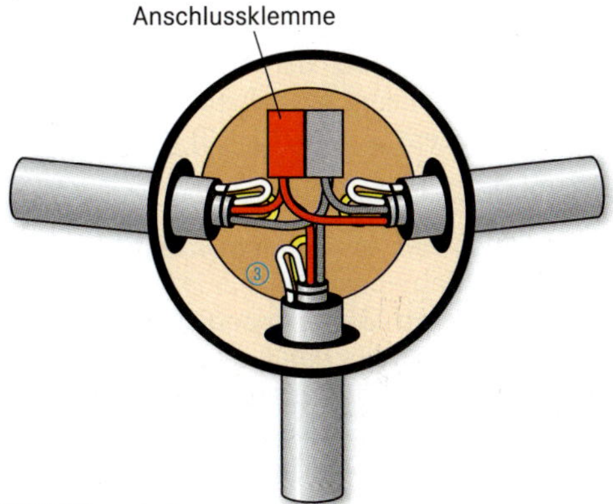

7: KNX-Klemmdose

Überspannungsschutz

Bei einem KNX-Netz müssen zum Schutz gegen Überspannung [overvoltage] geeignete Maßnahmen eingeplant werden (s. Kap. 10.4.3). Die Überspannung kann beispielsweise durch

- nahe und entfernte Blitzeinschläge und
- Schalthandlungen verursacht werden.

AUFGABEN

1. Ein Busteilnehmer hat die folgende physikalische Adresse: 2.4.33
   In welcher Linie und in welchem Bereich befindet sich das Gerät?
2. Worauf muss bei der Verlegung und beim Anschluss der Busleitungen geachtet werden?

- Die Busklemme bildet die Schnittstelle zwischen Busnetz und Busteilnehmer.
- Das Busnetz darf nicht als Ringnetz aufgebaut werden.
- Die maximalen Leitungslängen dürfen bei der Verlegung eines Busnetzes nicht überschritten werden.

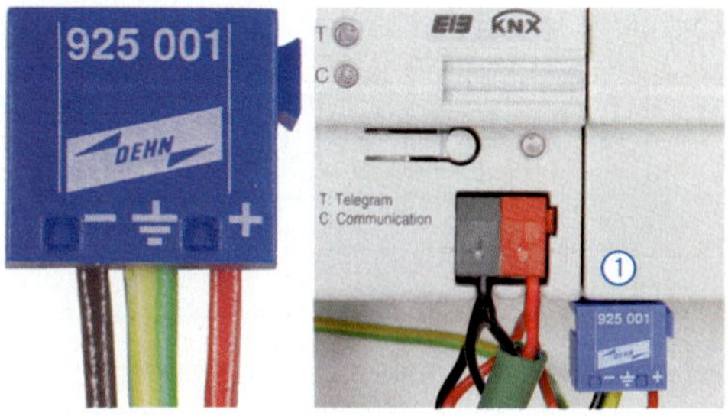

1: KNX-Überspannungsschutz

Die maximal zulässige **Stoßspannung** [impulse voltage] bei KNX-Objekten beträgt 2 kV. Der **Überspannungsableiter** [surge arrester] (Abb. 1 ①) wird anstelle der Busklemme mit dem Busankoppler verbunden und auf kürzestem Weg mit einem Erdungspunkt verbunden. Dieser „Feinschutz" garantiert allein jedoch keinen umfassenden Schutz der Anlage, sondern kann nur im Zusammenhang mit einem sinnvollen Blitzschutz-Zonenkonzept (s. Kap. 10.4.3) gesehen werden.

Prüfung der KNX-Installation

Nach Abschluss der Installationsarbeiten muss vor dem Einbau der Betriebsmittel eine Prüfung der Anlage durchgeführt werden. Die erforderliche Prüfdokumentation dient als Nachweis dafür, dass die Busleitungen fehlerfrei installiert sind. Außerdem ist die Dokumentation für eine spätere Erweiterung wichtig. Dazu sind folgende Messungen bzw. Pläne erforderlich:

- Plan mit den verlegten Busleitungen erstellen
- Leitungslängen ermitteln
- Polarität der Busleitungen prüfen
- Isolationswiderstand messen
- Betriebsspannung der Busleitung bei eingebauter Spannungsversorgung prüfen
- Galvanische Trennung der einzelnen Linien prüfen

In Abb. 3 sind als Beispiel einige KNX-Objekte für Steuerungsaufgaben im Grundriss eines Konferenzraums eingezeichnet. Folgende Sensoren sind installiert:

- Anzeigetableau, Anzeigeeinheit ①
- Temperatursensor für die Regelung der Heizungsanlage ②
- Tastsensor zur Steuerung der Beleuchtung ③

Neben diesen Sensoren sind an die Busleitung folgende Aktoren angeschlossen:

- Schalt- und Dimmaktor für die Beleuchtungssteuerung ④
- Potenzialfreier Schaltaktor ⑤
- Jalousieaktor bzw. Jalousieschalter für die Steuerung der Beschattung ⑥

9.1.4 Programmierung

Mit Hilfe der kosten- und lizenzpflichtigen Software **ETS** [**E**ngineering **T**ool **S**oftware] werden die Funktionen der KNX-Objekte programmiert. Auf diese Weise wird die logische Verbindung zwischen Sensor und Aktor innerhalb des KNX-Systems hergestellt. Am Beispiel des Konferenzraums folgen einige Schritte zur Programmierung mit Hilfe der ETS.

Nach dem Programmstart werden zunächst die Eigenschaften des Projektes, z. B. der Projektname (hier „Bürogebäude" eingegeben (Abb. 2).

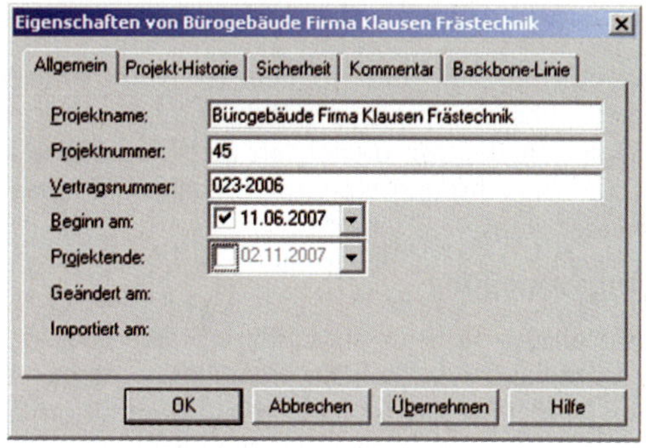

2: Projekteigenschaften

AUFGABE

1. Welchem Zweck dient der Überspannungsschutz in einer KNX-Linie?

- Zum Schutz der KNX-Betriebsmittel vor Überspannungen muss zwischen der Busleitung und dem Busankoppler ein Überspannungs-Schutzgerät installiert werden.
- Nach Abschluss der Installationsarbeiten müssen umfangreiche Prüfungen durchgeführt werden.

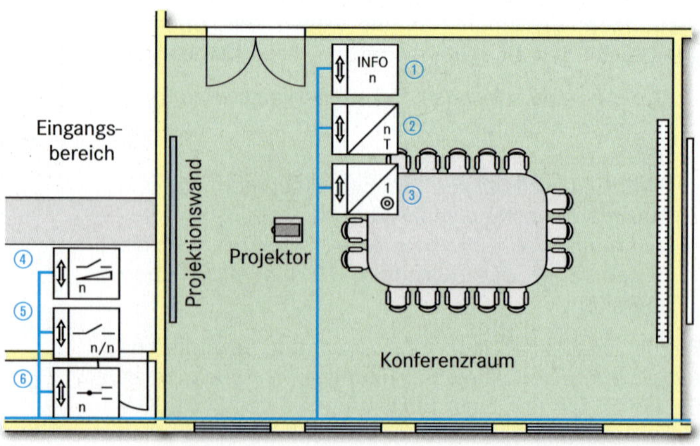

3: Beispiel für eine KNX-Leitungsverlegung

Nach Eingabe der Projektdaten öffnet sich die Grundansicht der ETS (Abb. 4) mit den drei Bereichen

- **Topologie**,
- **Gruppenadressen** und
- **Gebäude**.

In der **Gebäudeansicht** ① wird die Struktur des Gebäudes durch

- **Gebäudeteile** (z. B. Geschoss),
- **Räume**,
- **Schaltschränke** und
- **Gewerke** (z. B. Heizung)

hierarchisch nachgebildet und dargestellt.

Die **Topologie-Ansicht** [view of topology] ② stellt den hierarchischen Aufbau des Busnetzes mit den vorhandenen Linien und Bereichen dar. Weiterhin erhält jedes Gerät in der Topologie-Ansicht eine eindeutige physikalische Adresse (s. Kap. 9.1.2).

Die Einrichtung und Vergabe der **Gruppenadressen** [group addresses] ③ bildet den zentralen Bestandteil zur Herstellung der Funktionsverknüpfungen. Als Strukturmittel können Haupt-, Mittel- und Untergruppen angelegt werden. KNX-Objekte, die einer gleichen Gruppenadresse zugeordnet werden, sind miteinander verbunden.

Dies entspricht bei der konventionellen Installationstechnik der Klemmverbindung zwischen Schalt- und Lampenader.

Bevor mit der Programmierung begonnen werden kann, müssen die **Produktdaten** [product data] des ausgewählten Herstellers in die ETS importiert werden. Dazu bieten alle Hersteller Produktdatenbanken an, die auf einer CD oder über das Internet kostenlos zur Verfügung gestellt werden. Darin befinden sich nach Gruppen geordnet alle KNX-Geräte des Herstellers mit den gerätespezifischen Einstellmöglichkeiten.

Anschließend werden alle Daten zu einem Projekt (Aufbau, Geräte, Schaltfunktionen usw.) in einer Datenbank zusammengefasst und gespeichert.

Programmerstellung

Bei der Erstellung des KNX-Programms mit Hilfe der ETS ist eine systematische Vorgehensweise notwendig. In der Übersicht der Abb. 5 sind alle wichtigen Schritte dargestellt.

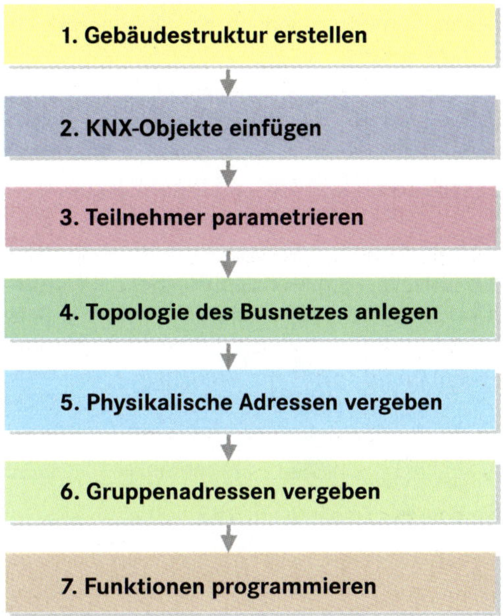

5: Projektierungsschritte mit der ETS

AUFGABE

1. Beschreiben Sie die Aufgabe der Produktdatenbank und erstellen Sie eine Anleitung zur Installation der Produktdatenbank in die ETS.

- Die Programmierung der Schaltfunktionen wird mit Hilfe der Software ETS [Engineering Tool Software] durchgeführt.
- Die Daten werden in Form einer Datenbank gespeichert.

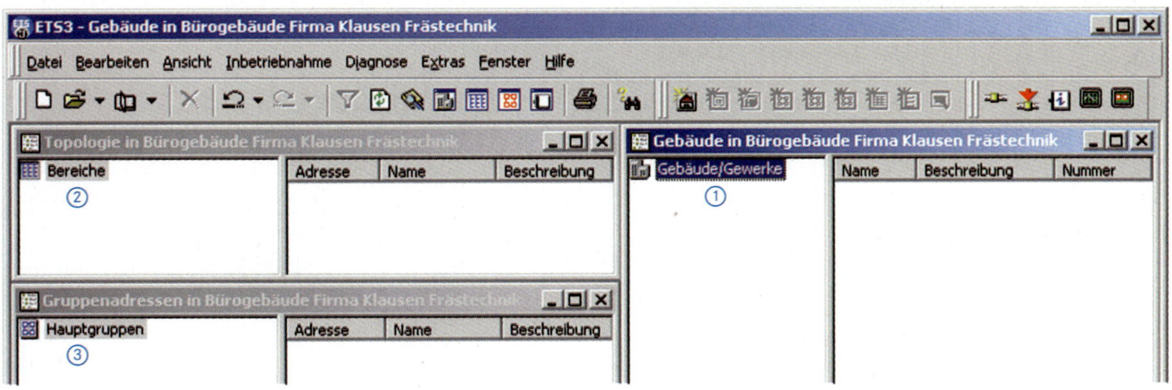

4: Programmierumgebung der ETS

1. Gebäudestruktur erstellen

In der Gebäudeansicht wird die reale Struktur des Gebäudes nachgebildet. Dazu können Gebäude, Gebäudeteile, Räume und Schaltschränke (Abb. 1) in einer hierarchischen Baumstruktur angelegt werden. Die Gebäudeansicht ist zwar nicht zwingend vorgeschrieben, verbessert jedoch die Orientierung innerhalb des Projektes.

Die Elemente lassen sich entweder über die **Symbolleiste** [toolbar], den Menüpunkt **Bearbeiten** oder das **Kontextmenü** [context menu] einfügen. Diese Vorgehensweise, neue Elemente hinzuzufügen, ist auf alle Ansichten (z. B. Topologie-Ansicht) in der ETS übertragbar.

In Abb. 2 ist die Struktur des Bürogebäudes abgebildet. Dort sind die Gewerke (als eine weitere Ordnungsstruktur ④ eingefügt. Damit bietet sich die Möglichkeit, die KNX-Objekte zusätzlich nach ihren Funktionen zu sortieren. Jedes Objekt kann dadurch sowohl einem Raum oder Schaltschrank als auch einem Gewerk zugeordnet werden.

Gebäude		Räume	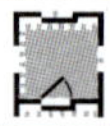
Gebäudeteile		Schalt-schränke	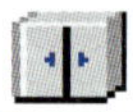

1: Symbole der Gebäudestruktur

2. KNX-Objekte einfügen

In diesem Schritt werden die KNX-Objekte in die angelegte Gebäudestruktur eingefügt. Der **Produktsucher** [product finder] (hier nicht abgebildet) listet alle KNX-Objekte nach Gruppen auf und ermöglicht so das schnelle Suchen bzw. Einfügen der ausgewählten Objekte.

Durch Markieren eines oder mehrerer KNX-Objekte und anschließendes Betätigen der Schaltfläche **Einfügen** [insert] werden diese Objekte dem zuvor ausgewählten Raum der Gebäudeansicht zugeordnet (Abb. 2). Weiterhin ist die Zuordnung der KNX-Objekte zu den bereits erstellten Gewerken erkennbar.

Beispiel:

Der 4fach-Jalousieaktor ist sowohl der Unterverteilung UV 0.1 ① als auch dem Gewerk Jalousie – Fenster ② zugeordnet.

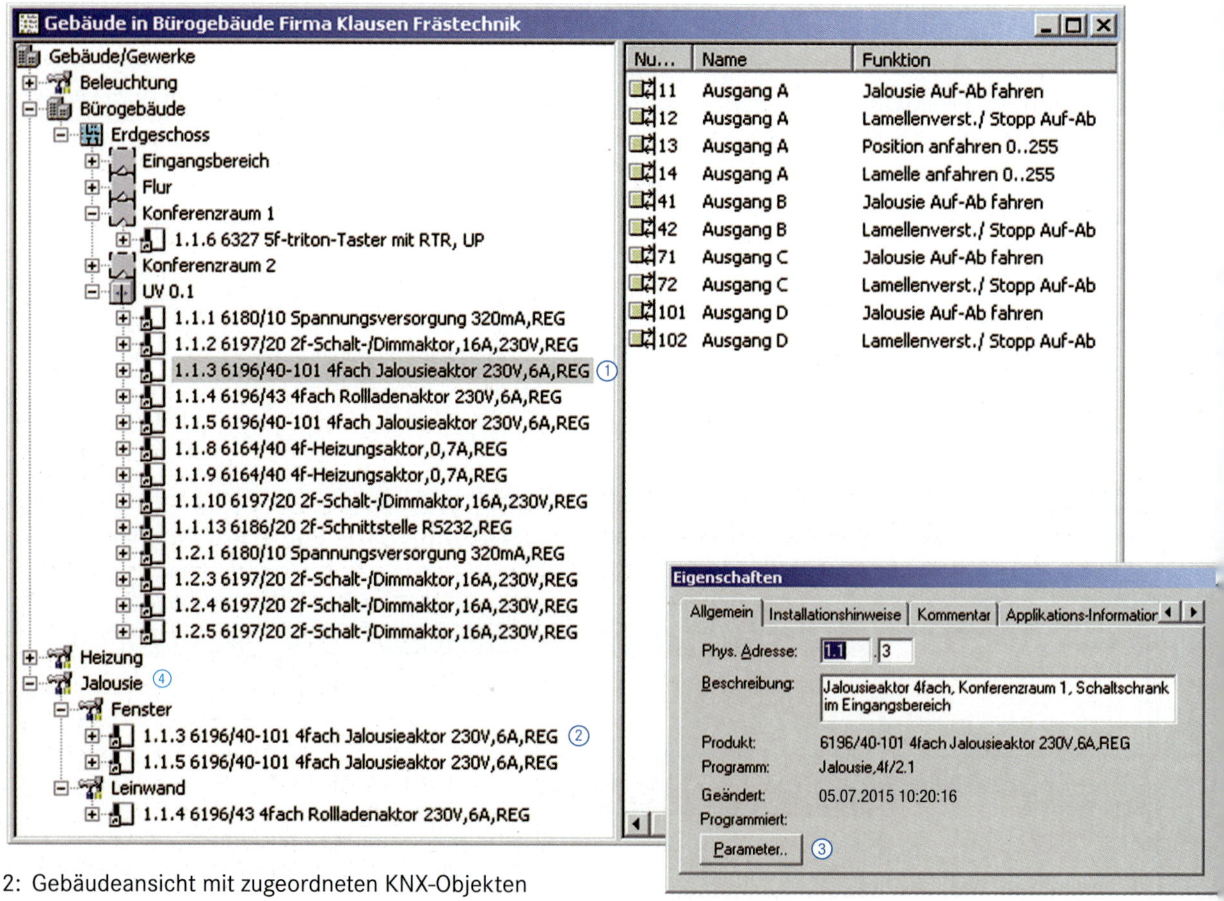

2: Gebäudeansicht mit zugeordneten KNX-Objekten

3. Teilnehmer parametieren

Jedes KNX-Objekt wird anschließend über die Schaltfläche **Parameter** (Abb. 2 ③) detailliert eingestellt. Dazu werden je nach dem verwendeten KNX-Gerät unterschiedliche Parameter angeboten (hier nicht abgebildet).

4. Topologie des Busnetzes anlegen

Die Anordnung der KNX-Objekte innerhalb des Busnetzes wird in der Topologie-Ansicht (Abb. 4) mit entsprechenden Symbolen (Abb. 3) vorgenommen. Jedem erstellten Bereich bzw. jeder Linie werden automatisch Adressen zugewiesen, die sich jedoch nachträglich ändern lassen. So besitzt die Linie „Flure - Eingangsbereich“ die Linienadresse 2 innerhalb des Bereichs 1.

Bereiche		Linien	

3: Symbole für Bereiche und Linien

4: Topologie

5. Physikalische Adressen vergeben

Durch die Definition der Linien und Bereiche wurde bereits ein Teil der physikalischen Adressen erstellt. Durch Ziehen eines KNX-Objektes mit der Maus aus der Gebäudeansicht auf eine Linie bei gleichzeitig gedrückter linker Maustaste erfolgt die Zuordnung des Objektes zu den Linien und Bereichen (Abb. 5).

Die physikalische Adresse wird somit vom System automatisch vergeben (z. B. 1.1.2). Sie kann aber auch manuell verändert werden. Adressenänderungen in der Gebäudeansicht werden automatisch in alle anderen Ansichten übertragen und umgekehrt.

6. Topologie des Busnetzes anlegen

Als letzter Schritt vor der eigentlichen Programmierung werden **Gruppenadressen** [group addresses] vergeben. Sie stellen die Verbindung zwischen den Sensoren und Aktoren her und können wahlweise in einem zwei- oder dreistufigen System vergeben werden. Bei einem dreistufigen System ist eine feinere Strukturierung der Teilfunktionen möglich.

Die dreistufige Gruppenadresse gliedert sich in die Ebenen Haupt-, Mittel- und Untergruppe, die durch Schrägstriche getrennt werden. So besitzt z. B. die Funktion „gesamte Beleuchtung ein/aus“ im Konferenzraum (Abb. 2, nächste Seite ①) die Gruppenadresse 1/1/2.

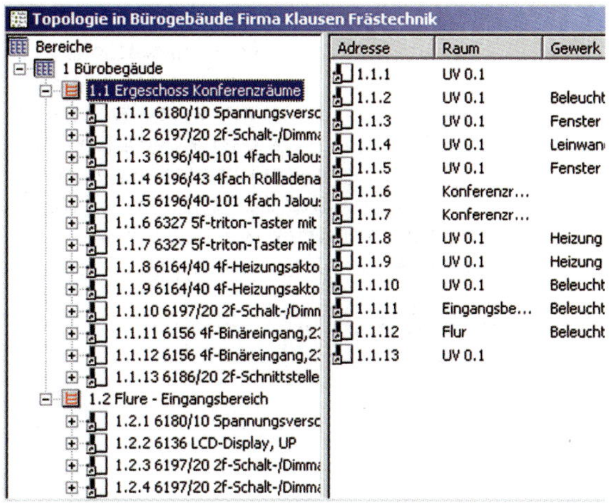

5: Vergabe der physikalischen Adressen

Bei der Vergabe der Adresse sollte stets nach demselben Konzept vorgegangen werden (Abb. 6).

Hauptgruppen		0 = Zentralfunktionen 1 = Beleuchtung 2 = Jalousiesteuerung 3 = Heizung
Mittelgruppen		Sie sind entsprechend der Raumaufteilung im Haus vergeben.
Untergruppen		Sie bilden die Funktionen innerhalb des Raumes.

6: Konzept für Gruppenadressen

AUFGABEN

1. Wozu dienen die Gewerke innerhalb der Gebäudeansicht der ETS?
2. Welche KNX-Geräte sind im Schaltschrank der Unterverteilung UV 0.1 montiert?
3. Beschreiben Sie, wodurch die physikalische Adresse bestimmt wird und wie sie nachträglich verändert werden kann.

- Mit Hilfe von Gebäuden, Gebäudeteilen, Räumen, Schaltschränken und Gewerken wird die Gebäudestruktur in der ETS erstellt.
- Der Produktsucher listet die verfügbaren KNX-Objekte nach Gruppen auf und ermöglicht das Einfügen der ausgewählten Objekte.
- Jedes KNX-Objekt verfügt über unterschiedliche spezielle Parametereinstellungen.
- Die Topologie des Busnetzes wird über die Aufteilung der Bereiche und Linien definiert.
- Die physikalische Adresse wird durch Zuordnung der Objekte zu den Linien festgelegt.

7. Funktionen programmieren

Die Programmierung erfolgt, indem man die gewünschten Funktionen der Objekte mit der Maus per Drag-and-drop-Technik aus der Gebäudeansicht (Abb. 3) der jeweiligen Gruppenadresse (Untergruppe) zuordnet. Die Gruppenadresse bildet somit einen virtuellen Schaltdraht zwischen dem Schalter (Sensor) und dem zu schaltenden Objekt (Aktor).

Im Beispiel wird die Wippe 1 des Mehrfachtasters der Gruppenadresse 1/1/2 zugeordnet. Der gleichen Gruppenadresse wird der Schaltkanal A des Schaltaktors für den Konferenzraum zugeordnet. Somit schaltet die Wippe 1 alle am Kanal A des Schaltaktors angeschlossenen Leuchten im Konferenzraum ein bzw. aus.

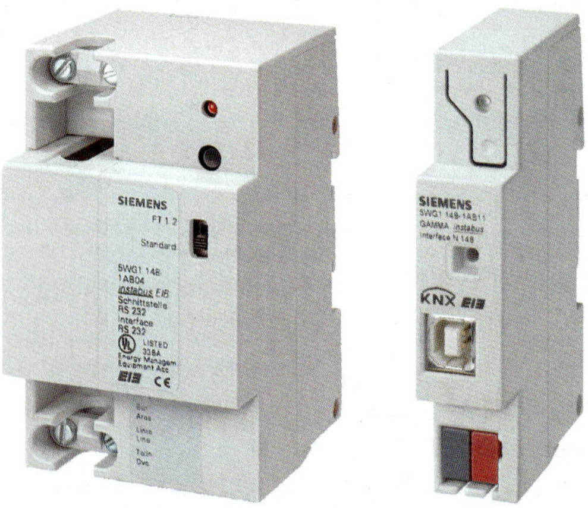

a) RS-232 b) USB

1: Schnittstellen

- Die einzelnen Funktionen der Objekte werden in den Gruppenadressen festgelegt und zugeordnet.
- Die Gruppenadressen bilden die Verbindung zwischen den KNX-Sensoren und den zugeordneten KNX-Aktoren.

9.1.5 Inbetriebnahme

Nachdem mit Hilfe der ETS das Projekt fertig geplant wurde, müssen vor Ort die Daten in die Anlage übertragen werden. Bei dieser Inbetriebnahme werden zunächst die Daten aus der ETS an die Sensoren und Aktoren der Anlage gesendet. Dieser Vorgang wird ebenfalls als Programmierung bezeichnet. Dazu müssen folgende Voraussetzungen erfüllt sein:

- **Computer** mit einer lauffähigen Version der ETS sowie den erstellten Projektdaten
- **Montageplan** [installation diagram] der installierten KNX-Objekte
- Zugriff auf das betriebsbereite Busnetz über eine **Kommunikationsschnittstelle**

Die Hersteller unterstützen folgende Schnittstellentypen zur Kommunikation zwischen der ETS und dem Busnetz:

- **RS-232**
  Standard-Schnittstelle, die von allen Herstellern angeboten wird (Abb. 1a).
- **USB**
  Universal Serial Bus (Abb. 1b)
- **RS-232 FT1.2**
  Schnittstelle zur Anbindung einer Visualisierung. Sie kann aber auch zur Programmierung verwendet werden.
- **IP-Schnittstelle**
  Sie dient zur Anbindung des KNX-Systems an Datennetze wie z. B. das Internet.

3: Funktionen des Mehrfachtasters

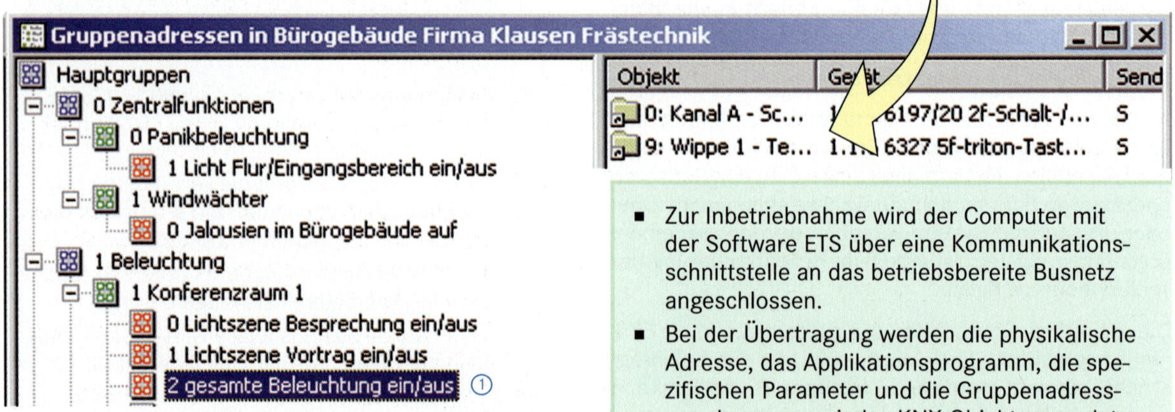

2: Struktur der Gruppenadressen

- Zur Inbetriebnahme wird der Computer mit der Software ETS über eine Kommunikationsschnittstelle an das betriebsbereite Busnetz angeschlossen.
- Bei der Übertragung werden die physikalische Adresse, das Applikationsprogramm, die spezifischen Parameter und die Gruppenadresszuordnungen an jedes KNX-Objekt gesendet.

Die Art der Kommunikation zwischen ETS und dem Busnetz wird zunächst in den Programmoptionen der Software eingestellt (hier nicht abgebildet). Die Übertragung der Daten an die Busteilnehmer verläuft in zwei Schritten:

- **Übertragen der physikalischen Adresse**
- **Laden**
  - der gerätespezifischen Parametereinstellungen,
  - der Zuordnungen der Gruppenadressen sowie
  - des Applikationsprogramms in die Busteilnehmer.

Der Programmiervorgang des KNX-Systems beginnt mit dem Markieren eines oder mehrerer KNX-Objekte in der ETS. Nach Aufruf des Befehls **Programmieren** im Menü **Inbetriebnahme** öffnet sich der Programmierdialog (Abb. 4).

Dort besteht die Wahlmöglichkeit, nur ein Gerät (lokal) ① bzw. über die Busleitung (über Bus) ② mehrere Geräte zu programmieren. Die zweite Variante ist die gängige Methode. Mit Hilfe des Schnittstellensymbols ③ erfolgt die Einstellung der physikalischen Adresse des lokalen Busankopplers (z. B. USB).

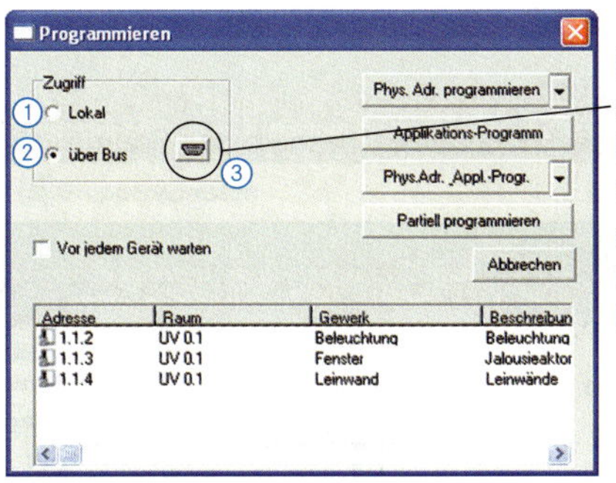

Über diese Schaltfläche kann die Schnittstelle eingestellt oder kontrolliert werden.

4: Programmierdialog

Übertragung der Daten

Die physikalische Adresse ist der erste wichtige Schritt der Inbetriebnahme. Nach Betätigen der Schaltfläche **Phys. Adr. programmieren** wird ein Fenster mit den laufenden Aktivitäten angezeigt (hier nicht dargestellt). Darin wird man aufgefordert, eine Programmiertaste (Lerntaste Abb. 5 ①) am markierten Busteilnehmer zu drücken. Diese Programmiertaste befindet sich an dem jeweiligen Anwendungsmodul. Bei Betätigung dieser Taste werden die Informationen in einem EEPROM des Moduls gespeichert und durch eine Leuchtdiode ② bestätigt. Die erfolgreiche Adressübernahme wird im Fenster der laufenden Operationen der ETS angezeigt. Auf diese Weise werden alle Busteilnehmer mit den geplanten Adressen programmiert.

Bei der Adressübertragung für mehrere Geräte in Folge ist es sinnvoll, auf die genaue Einhaltung der Zuordnung der zu programmierenden Busteilnehmer zu achten. Ein Vertauschen der physikalischen Adresse führt unweigerlich zu Funktionsstörungen.

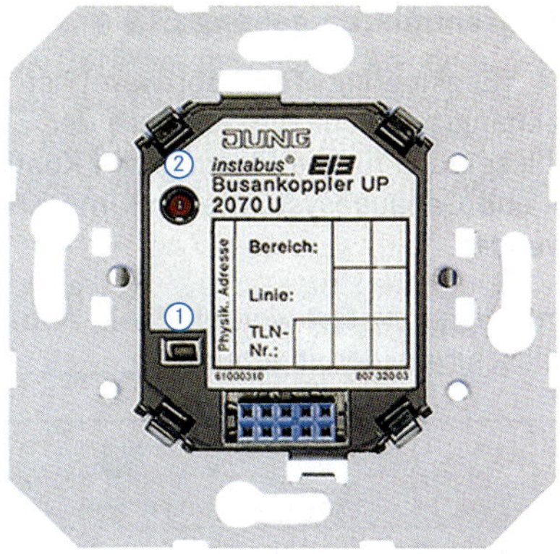

5: Busankoppler

Anschließend kann durch Betätigen der Schaltfläche **Applikation** mit dem Download der Parameter und der Gruppenadressen begonnen werden. Die Übertragung muss nicht am Teilnehmer quittiert werden.

Diagnosefunktionen der ETS

Bei einem Fehler in einem KNX-System bietet die Software unterschiedliche Diagnosefunktionen an.

- Geräteinformationen auslesen:
  Physikalische Adresse bestimmen
- Physikalische Adresse suchen:
  Prüfen, ob ein Gerät am Bus vorhanden ist
- Teilnehmer entladen:
  Daten im EEPROM löschen
- Werte mit PC auslesen:
  Schaltzustände lesen; Geräte kalibrieren
- Telegramm aufzeichnen:
  Busbelastung prüfen
- Telegramme mit dem PC senden:
  Ein nicht installierter Sensor wird simuliert.

AUFGABEN

1. Wozu dient die Aufteilung der Funktionen in die Haupt-, Mittel- und Untergruppen?
2. Sie erhalten den Auftrag, bei der Inbetriebnahme eines KNX-Systems mitzuarbeiten. Welche Voraussetzungen müssen Sie mit den verantwortlichen Kollegen vor Arbeitsbeginn absprechen?
3. Beschreiben Sie die notwendigen Schritte zur Übertragung der Daten an die Busteilnehmer.

- Die physikalischen Adressen werden nacheinander von der ETS gesendet und durch Betätigen der Programmiertaste vor Ort den entsprechenden Busteilnehmern zugeordnet.
- Der Download der Gruppenadressen und speziellen Parameter erfolgt ohne Quittierung vor Ort.
- Die übertragenen Daten werden in einem EEPROM in jedem Busteilnehmer gespeichert.

9.1.7 Gebäudevisualisierung

Die Gebäudevisualisierung [building visualisation] ist ein Bestandteil der Gebäudeleittechnik. Mit ihr werden die **Schalt-** und **Betriebszustände** (z. B. Beleuchtung, Jalousien) sowie **Messwerte** (z. B. Temperatur, Sonneneinstrahlung) einzelner Prozesse abgefragt, dargestellt, überwacht, verändert und geregelt.

In die Gebäudevisualisierung lassen sich weitere eigenständige Systeme einbinden, wie z. B. Brand- und Einbruchmeldeanlagen.

Ein weiterer Vorteil ist, dass die Gebäudedaten über spezielle Schnittstellen (z. B. Computer, Bediengerät) abrufbar sind (Fernwartung) und zur späteren Auswertung protokolliert werden können.

Bei der technischen Realisierung eines solchen Systems auf der Basis des KNX werden
- eigenständige **Bedientableaus** [control panels] und eine
- **computergestützte Visualisierung**

unterschieden (Abb. 1).

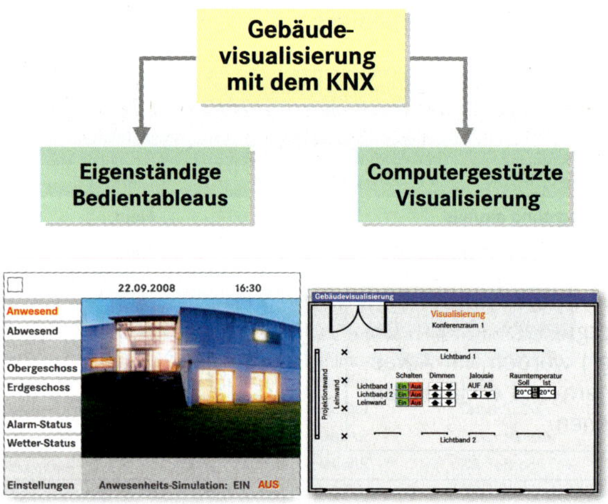

1: Verfahren zur Gebäudevisualisierung

Beide Systeme der Gebäudevisualisierung dienen prinzipiell dem Zweck, die Zustände einer Anlage optisch aufbereitet darzustellen und durch einfache benutzerfreundliche Menüs zu bedienen.

Eigenständiges Bedientableau

Ein Bedientableau bietet dem Benutzer die Möglichkeit, die Zustände des Gebäudes bzw. einzelner Gebäudeteile auf einem Bildschirm einzusehen und mit Hilfe von Bedientastern oder über einen Touch-Screen (Abb. 2) zu verändern.

Die Erstellung eines **Bedienkonzeptes** [operating concept] (Anordnung der Tasten bzw. Bildschirmbereiche) ist durch den Hersteller festgelegt. Jedoch bieten die Geräte eine Vielzahl von Erweiterungen. Die Abb. 3 zeigt beispielhaft die vordefinierte Anordnung der Bildschirmelemente.

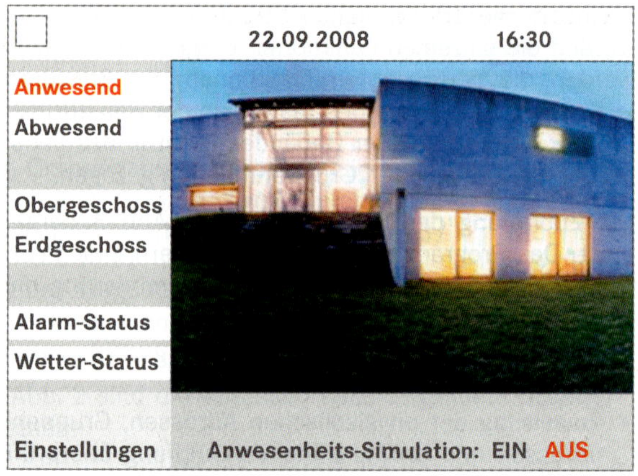

2: Bedientableau

Mit einer speziellen Software werden die unterschiedlichen Funktionen über mehrere Anzeigeelemente ① auf den Dialogseiten gruppiert und angeordnet. Benutzerdefinierte Hintergrundbilder (z. B. Gebäudegrundrisse der Etagen) erleichtern die Orientierung. Die Navigation innerhalb der Dialogseiten erfolgt über einen Navigationsbereich ②. In einer Statuszeile ③ sowie einer zusätzlichen Tastenleiste ④ sind weitere übergeordnete Informationen (z. B. Uhrzeit) darstellbar bzw. Funktionen abrufbar.

Nachdem ein Bedienkonzept für die Anlage erstellt ist, müssen die einzelnen Elemente der Dialogseiten mit den Funktionen des KNX-Systems in der ETS verknüpft werden. Hierzu wird die Programmierumgebung der ETS um eine herstellerspezifische Software erweitert, das Gerät in die KNX-Struktur eingefügt und parametriert. Die Übertragung der Daten kann wahlweise über die Busleitung oder eine geräteinterne Schnittstelle (z. B. USB) erfolgen.

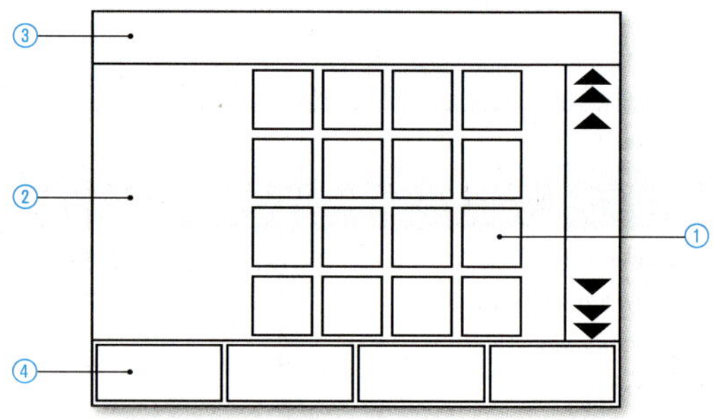

3: Bildschirmaufbau

- In der Gebäudevisualisierung werden die Betriebszustände der unterschiedlichen Teilsysteme (z. B. Beleuchtung, Heizung) erfasst und optisch aufbereitet.
- Die Gebäudevisualisierung erleichtert das Management eines Gebäudes durch die Verwendung benutzerfreundlicher Bedienschnittstellen.

Computergestützte Visualisierung

Bei der computergestützten Visualisierung stehen unterschiedliche Softwaremodule zur Projektierung und zur Bedienung der Anlage zur Verfügung. Der Computer dient lediglich als Mittel zur Installation und Anwendung der Softwaremodule. Durch diese offene Architektur lassen sich Prozesszustände unterschiedlicher Standards (z. B. KNX) visualisieren.

Die Software wird dazu in die folgenden drei Ebenen aufgeteilt (Abb. 4):

- Die **Prozessanschlüsse** ① stellen die Kommunikation mit dem jeweiligen technischen Prozess (KNX oder anderes Automatisierungssystem) über **OPC** [Object link and embedding for Process Control] sicher.
- Das **logische Modell** ② legt die Funktion der Anlage im Prozessmodell fest. Dazu werden die Daten der Prozessanschlüsse abgerufen und um automatische Funktionen, Archivierungen sowie Störmeldungen erweitert.
- In der **Anwendungsebene** ③ sind unterschiedliche Ansichten des Prozesses definiert, über die der Benutzer einen Überblick über die Anlage erhält und die Steuerung übernimmt.

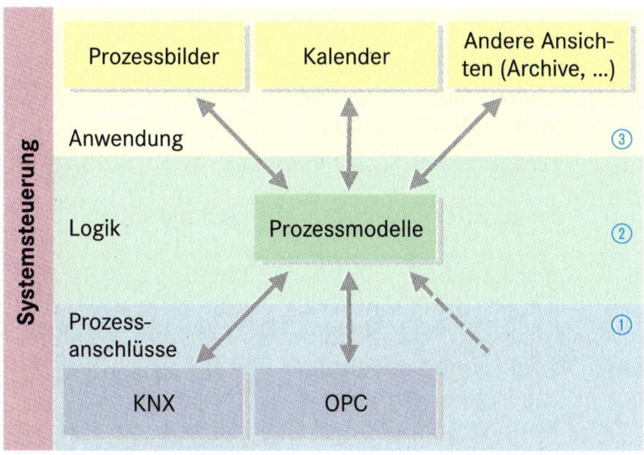

4: Softwarearchitektur

Die Systemsteuerung bietet neben der Projektverwaltung und der Alarmbehandlung auch die Möglichkeit, verschiedene Benutzer und deren Rechte im Prozessablauf zu definieren.

Die Prozessdaten werden zur weiteren Verarbeitung zum OPC-Server geleitet. Über die OPC-Clients greifen die Benutzer auf die gespeicherten Prozessabbilder zu (Abb. 5).

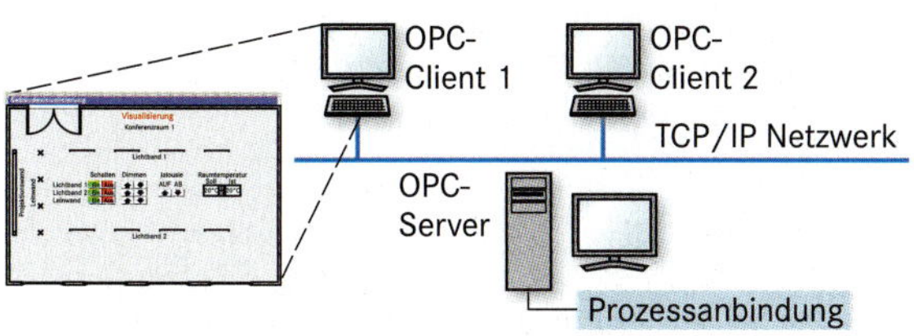

5: Netzwerkarchitektur

Am KNX-System des Bürogebäudes (s. Kap. 9.1.4) sollen nun beispielhaft die Prinzipien sowie die Softwaremodule der computergestützten Visualisierung erläutert werden.

Mit Hilfe des **KNX-Editors** werden die bestehenden Gruppenadressen aus der ETS übernommen oder zusätzliche Gruppenadressen erzeugt. Weiterhin erfolgt hier die Ankopplung an das KNX-Busnetz (z. B. über die USB-Schnittstelle).

Diese Daten können anschließend vom Prozessmodell-Editor weiterverarbeitet werden. Hier werden Vereinbarungen getroffen zur

- weiteren Berechnung von Daten (z. B. automatische Reaktion auf Prozessveränderungen),
- Datenarchivierung und
- Benachrichtigung.

Über einen **OPC-Editor** können Projekte zur einfacheren Kommunikation zwischen OPC-Client und OPC-Server erstellt werden. Hierfür ist ein lauffähiger und gestarteter OPC-Server im Netzwerk erforderlich.

Im **Visualisierungs-Editor** lassen sich dynamische Prozessabbilder über Bedien- und Anzeigeelemente gestalten.

Der **Visualisierungs-Player** stellt dem Benutzer die unterschiedlichen Prozessbilder in Form von auswählbaren Arbeitsblättern am OPC-Client zur Verfügung. Mit Hilfe eines **Web-Editors** lassen sich auch Visualisierungen zur Prozesssteuerung über das Internet bzw. Intranet erstellen.

Vorteile der computergestützten Visualisierung:

- Zugriff von mehreren Stellen im Netzwerk
- Offenes System über OPC-Anbindung auch für andere Automatisierungsstandards
- Programmierung automatischer Reaktionen und Benachrichtigungen (E-Mail)
- Schnelle Änderung der Programmierung

AUFGABEN

1. Nennen Sie die elektrischen Anschlüsse eines Bedientableaus und beschreiben Sie deren Funktion.
2. Stellen Sie in einer tabellarischen Übersicht die Vor- und Nachteile der beiden Visualisierungsverfahren gegenüber.

- Über ein eigenständiges Bedientableau lassen sich die Prozesszustände in einem Gebäude kostengünstig visualisieren.
- Die computergestützte Visualisierung bietet durch die offene Architektur und die zahlreichen Funktionen die Möglichkeit, unterschiedliche Prozessstandards eines Gebäudes in einem System zu integrieren.

Bussysteme zur Gebäudesystemtechnik

Aufbau	Funktion	Merkmale	Einsatzbereich
Funk KNX			
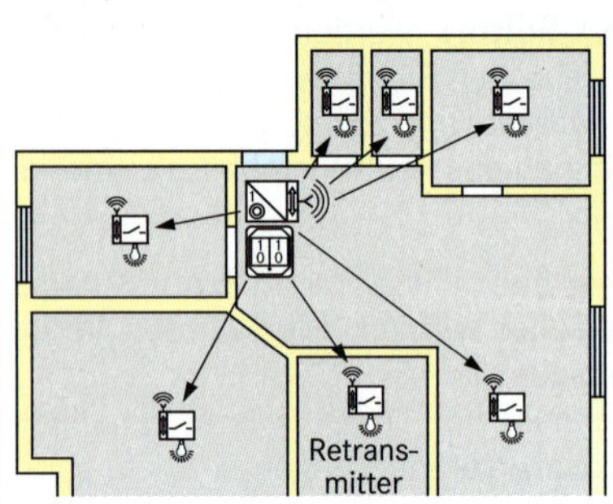	• Datenübertragung per Funk (868...870 MHz) • Die Komponenten werden über 230 V oder Batterie versorgt. • Jeder Teilnehmer empfängt das Bussignal und sendet es erneut (Retransmitter). • Kommunikation über physikalische Adresse bzw. Gruppenadresse	• Kompatibel zu den bestehenden KNX-Systemen • Reichweite des Funknetzes bis 300 m (im Freiraum) • 15 Bereiche mit je 6 Linien und bis zu 64 Teilnehmern möglich. • Verknüpfung mit anderen Bussystemen über Gateways	• Wird überall dort eingesetzt, wo die Architektur des Gebäudes keine Leitungsverlegung zulässt (Umbau, Sanierung). • Flexible Montageorte der Geräte, z. B. dort, wo eine Leitungsverlegung unmöglich ist.
Powerline KNX			
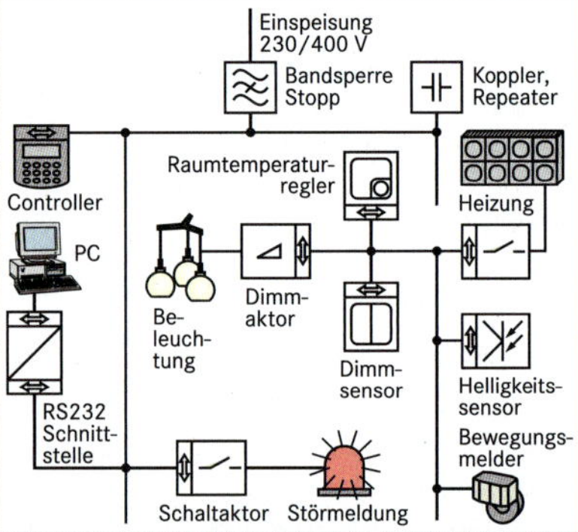	• Die Übertragung der Daten erfolgt über das Energienetz. • Übertragungsverfahren **S**pread **F**requency **S**hift **K**eying (**SFSK**) mit den Übertragungsfrequenzen von 105,6 kHz und 115,2 kHz • Die Datentelegramme werden der Netzspannung von 230 V überlagert.	• Das Busnetz besteht aus maximal 8 Bereichen mit bis zu 16 Linien. Jede Linie kann 256 Teilnehmer enthalten. • Leitungslänge zwischen zwei Teilnehmern ≤ 500 m. • Alle drei Außenleiter werden zur Datenübertragung über einen Phasenkoppler verbunden.	• Nutzung des vorhandenen Energienetzes zur Datenübertragung, da keine getrennte Busleitung notwendig ist. • Kompatibilität mit KNX bei der Datenübertragung
Local Control Network (LCN)			
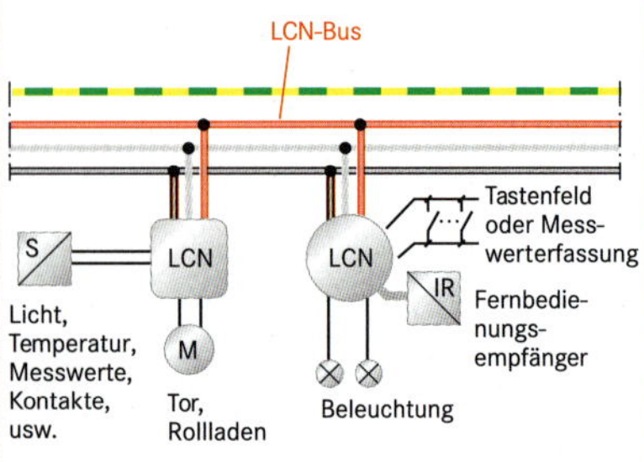	• Bisherige Objekte (z. B. Schalter) werden durch kleine Computermodule ersetzt. • Alle Busmodule tauschen die Information über eine zusätzliche Ader der herkömmlichen Installation aus. • Die Module und Segmente verfügen über eine eindeutige Adresse.	• Bis zu 30 000 selbstständig arbeitende Module können in ein System integriert werden. • Keine getrennte Stromversorgung notwendig • Das Busnetz kann in 120 Segmente mit jeweils bis zu 250 Modulen aufgeteilt werden. • Die Programmierung erfolgt über eine spezielle Software.	• Geringe Modulanzahl durch Kombination von Sensor und Aktor • Ausbaufähig durch mehr als 60 000 Sensoren und Aktoren • Einsatz herkömmlicher Taster usw. möglich
Local Operating Network (LON)			
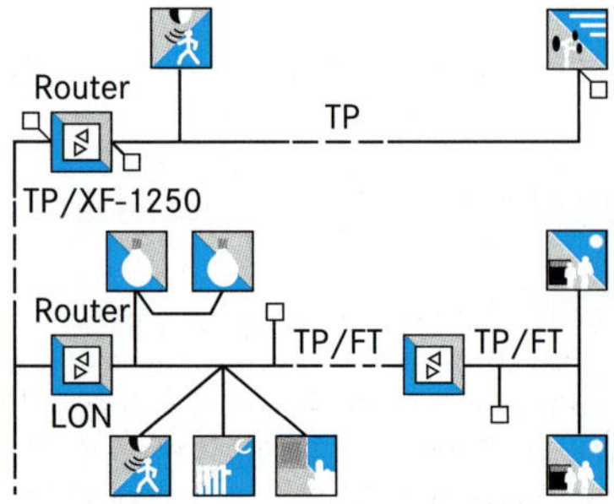	• Zur Datenübertragung können beliebige Medien eingesetzt werden (Zweidrahtbus, Funk, Infrarot, LWL usw.). • Die Kommunikation erfolgt über ein spezielles LonWorks-Protokoll. • Alle Teilnehmer werden in einer Linie bis zu 2 km Länge miteinander verbunden.	• Bis zu 32285 intelligente Busteilnehmer pro Netzwerk (Domain) • Keine vorgeschriebene Topologie notwendig • Die unterschiedlichen Übertragungsmedien werden über Repeater miteinander verbunden.	• Einfache und übersichtliche Installation • Informationsverarbeitung findet vor Ort statt. • Sensoren und Aktoren besitzen eigene Intelligenz. • Integration unterschiedlicher Gewerke (Subnet)

9.2 Telekommunikationsanlagen

Unter Telekommunikation versteht man den Austausch von Sprache, Bildern und Daten der verschiedensten Art zwischen Ein- und Ausgabegeräten (Telefone, Monitore, Computer usw.) über Telekommunikationsnetze (**TK-Netze**). Die **Eingabe**, **Übertragung** [transmission] und nachfolgende **Ausgabe** kann dabei in analoger oder digitaler Form erfolgen (Abb. 1).

Die Übertragung kann leitungsgebunden (Kupfer- oder Glasfaserleitung) oder mit Hilfe elektromagnetischer Wellen erfolgen (Abb. 2).

Im TK-Netz werden verschiedene **Dienste** [services] angeboten. Neben der Deutschen Telekom bieten im TK-Netz auch andere Unternehmen (**Provider** [provider]) Dienste gegen entsprechende Gebühren an.

Die Übertragung erfolgt mit digitalen Signalen. Das ursprüngliche TK-Netz bestand aus Kupferleitern. Sie werden jedoch zunehmend durch Lichtwellenleiter ersetzt (vgl. Kap. 9.2.5). Mit ihnen lassen sich größere Datenmengen in bestimmten Zeitabschnitten übertragen (höhere **Datenübertragungsrate**). Diese höhere Datenrate ist erforderlich, um Bild- und Videodaten mit ausreichender Qualität empfangen zu können.

Zunehmend erfolgt die Telekommuniukation auch über das Internet. Benutzt wird dazu das Internet-Protokoll (IP-Protokoll). Man spricht deshalb von einer IP-basierten Telekommunikation (vgl. Kap. 9.2.3).

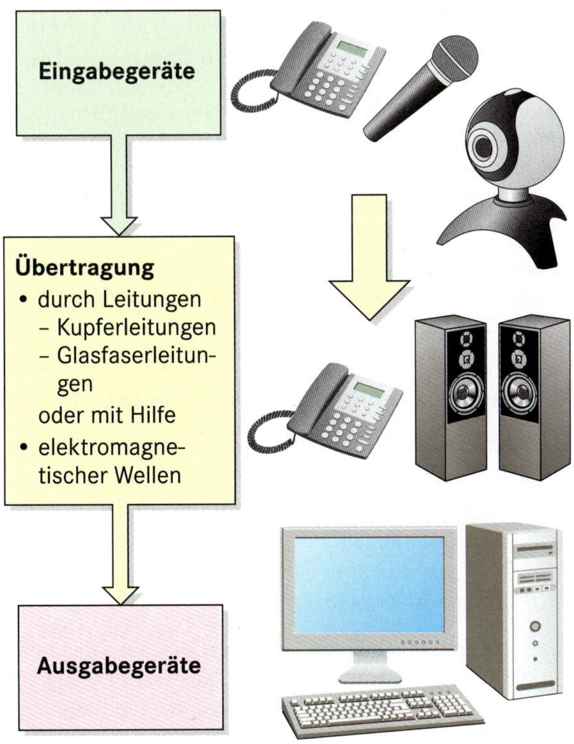

1: Eingabe, Übertragung und Ausgabe

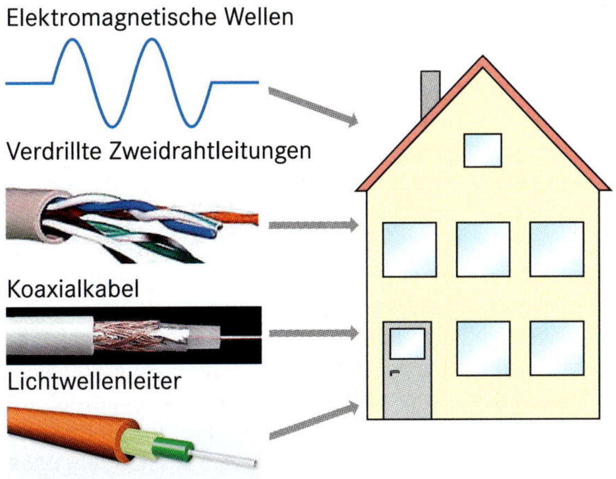

2: Übertragungsmöglichkeiten in TK-Netzen

Beispiele für Kommunikationsabläufe

- **Sprache (Telefon)**

- Die Verbindung (Vermittlungen) zwischen zwei oder mehreren Teilnehmern wird hergestellt.
- Die Sprachsignale werden übertragen (Kommunikation).
- Die Verbindung wird getrennt.

- **Videoübertragung (Bild und Ton)**

- Die Bildvorlage wird durch die Kamera zeilenweise in einzelne Punkte (Pixel) mit ihrer Farb- und Helligkeitsinformationen zerlegt (digitale Zerlegung).
- Die analogen Tonsignale werden digitalisiert.
- Ein kontinuierlicher Datenstrom bzw. Datenpakete werden erzeugt und übertragen.
- Auf dem Monitorbildschirm werden nacheinander die Pixel abgebildet, bis das vollständige Bild erscheint.
- Der digitalisierte Ton wird über Lautsprecher analog wiedergegeben.

- **Daten**

- Die Verbindung zwischen Sender und Empfänger wird aufgebaut.
- Daten werden übertragen (z. B. zwischen zwei Faxgeräten).
- Die empfangenen Daten werden auf ihre Richtigkeit überprüft.
- Die Verbindung wird getrennt.

Da besonders bei der Sprachübertragung analoge Ein- und Ausgabegeräte noch weit verbreitet sind, wird im nachfolgenden Kap. 9.2.1 das analoge TK-System kurz vorgestellt.

9.2.1 Analoges Telekommunikationssystem

Die **Netzbetreiber** [network operator], z. B. die Deutsche Telekom, unterhalten in Deutschland ein weit ausgebautes TK-Netz. Sie sind für den sachgerechten Betrieb des Netzes bis zur ersten Anschlussdose im Haus verantwortlich. Diese Dose ist der Abschluss des öffentlichen und der Beginn des privaten Netzes. Sie heißt **TAE** (**T**elekommunikations-**A**nschluss-**E**inheit, Abb. 1) und wird vom Netzbetreiber installiert. An ihr dürfen vom Kunden keine Veränderungen vorgenommen werden. Von dort aus können verschiedene TK-Geräte und Kleinanlagen (TK-Anlagen mit Vermittlungsfunktion) mit den entsprechenden Leitungen installiert werden und somit die Anlage den Bedürfnissen angepasst werden. Voraussetzung ist aber, dass diese Geräte keine Störungen im öffentlichen Netz verursachen. Für die Zulassung der Geräte ist in Deutschland das **Bundesamt fürZulassung in der Telekommunikation** (**BZT**) zuständig.

Als TAE-Anschlussdose wird in Abb. 1 eine 3-fach-Steckdose verwendet. Der Stecker des Telefons kann nur in die mittlere Buchse mit der Bezeichnung **F** (**Fern-sprechbetrieb** [telephone operation]) gesteckt werden. Die beiden anderen Buchsen mit der Bezeichnung **N** (**Nicht-Fernsprechbetrieb** [non-telephone operation]) sind für zusätzliche Geräte vorgesehen (z. B. Fax-Gerät, Anrufbeantworter). Die Stecker unterscheiden sich durch die an unterschiedlichen Stellen angebrachten Codierungs-Nasen (Abb. 2) und können deshalb nur in die jeweils dafür vorgesehenen Buchsen gesteckt werden. Eine Verwechslung ist damit ausgeschlossen.

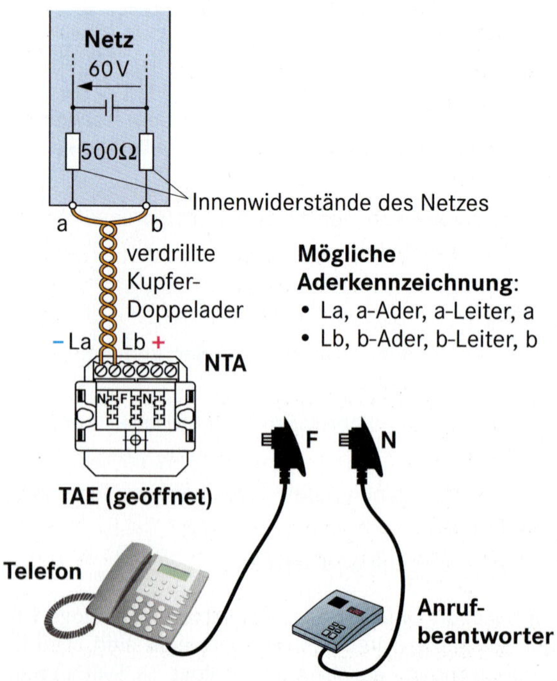

1: TAE-Anschlussdose

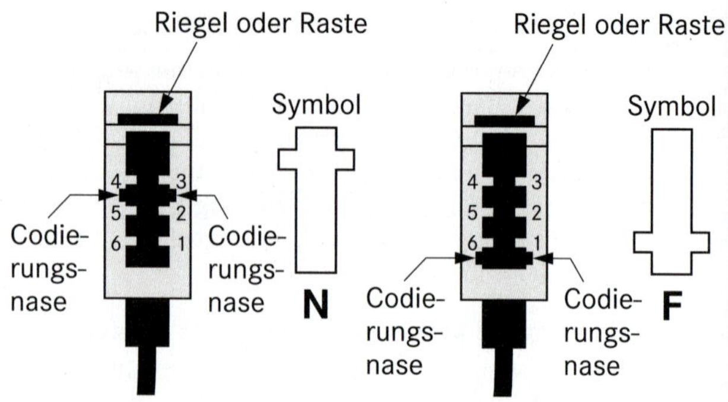

2: Codierung bei TAE-Steckern

Die Stecker und Buchsen (Abb. 2) besitzen maximal sechs elektrische Anschlüsse. Da nicht alle für die Funktion der Geräte benötigt werden, fehlen sie mitunter oder sind nicht angeschlossen.

Die Anschlüsse La und Lb (Abb. 1) der TAE-Dose werden über zwei Leiter mit dem TK-Netz verbunden. Über diese beiden Leiter werden alle erforderlichen Signale gesendet, die Telefonverbindung aufgebaut und wieder beendet. Eine Abschirmung wird nicht verwendet. Durch Verdrillen (Verseilen) der Leiter erreicht man, dass sich die durch äußere Magnetfelder induzierten Spannungen weitgehend aufheben. Störeinflüsse werden dadurch verringert.

Wie ist eine TAE-Dose aufgebaut?

In Abb. 3 ist die Schaltung einer häufig verwendeten TAE 3 x 6NFN zu sehen. Die Ziffer 3 weist auf die 3 in der Dose befindlichen Schaltbuchsen hin. Diese werden durch eingesteckte TAE-Stecker betätigt. In jeder Schaltbuchse befinden sich jeweils 2 Öffner, sodass durch die Stecker maximal 6 Schalter betätigt werden können (Ziffer 6 in der Bezeichnung). Diese Schaltungsart wird als **NFN-Codierung** [NFN coding] bezeichnet.

Wenn im Haus weitere Dosen installiert werden sollen, muss die abgehende Leitung an die Ausgangsklemmen 5 und 6 angeschlossen werden (b2 und a2).

Welchen Weg nehmen die Signale in der Dose?

Annahme: Kein TAE-Stecker eingesteckt (Abb. 3)
Beginn: Klemme 1 (La ①)

- N-Schalter links ② geschlossen,
- N-Schalter rechts ③ geschlossen,
- F-Schalter ④ geschlossen,
- Klemme 6 ⑤ a2

Das ankommende Signal wird von der Klemme 1 bis an die Klemme 6 weitergegeben. Eine nachfolgend angeschlossene Dose 2 wird also auch dann mit Signalen versorgt, wenn kein Stecker in der vor ihr liegenden Dose 1 eingesteckt ist.

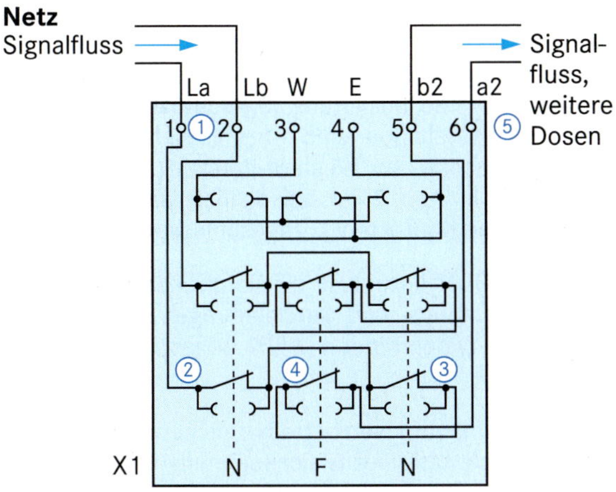

3: Innenschaltung der TAE 3 x 6NFN

In entsprechender Weise ergibt sich der Signalverlauf von der Klemme 2 (Lb) bis zur Klemme 5.

Annahme: Stecker mit F-Codierung ist eingesteckt (Abb. 4)

Beginn: Klemme 1 (La ⑥)
- N-Schalter links ⑦ geschlossen,
- N-Schalter rechts ⑧ geschlossen,
- F-Schalter ⑨ offen,
- Telefon ⑩

Das Signal gelangt von Klemme 1 zum Telefon. Der Signalweg zur Ausgangsklemme 6 ist unterbrochen, sodass nachfolgende Telefone nicht betrieben werden können. Ein entsprechender Signalweg ergibt sich, wenn von der Klemme 2 (Lb) ausgegangen wird.

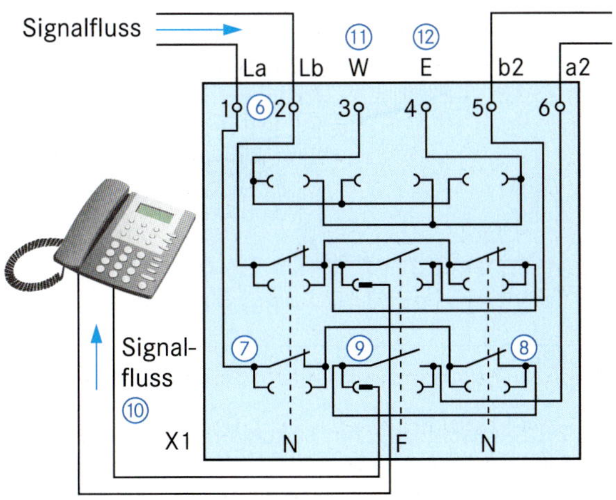

4: TAE 3 x 6NFN mit eingestecktem Telefonstecker

Leitungen

Obwohl für den Anschluss analoger Telefone nur zwei Leiter erforderlich sind, werden für die Hausinstallation in der Regel Leitungen mit vier verseilten Leitern (zwei Doppeladern) verwendet (**Stern-Vierer** [star quad], Abb. 5). Erweiterungen können dadurch problemlos vorgenommen werden.

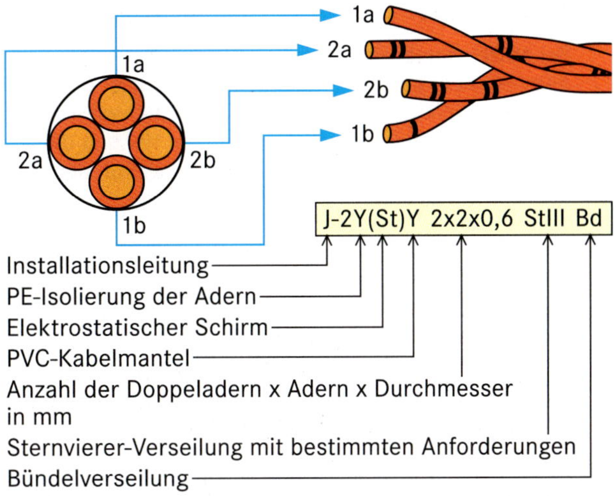

5: TK-Leitung und Kennzeichnung

Die Kennzeichnung der Adern erfolgt durch Ringe oder Farben (Abb. 6). Die Leiter dürfen bei der Installation nicht vertauscht werden, weil sonst unter Umständen Zusatzgeräte nicht oder nur fehlerhaft funktionieren.

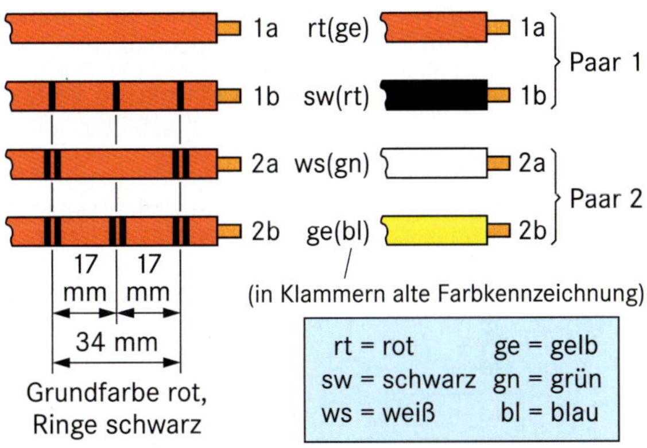

6: Aderkennzeichnung

AUFGABE

1. Beschreiben Sie den Signalverlauf in einer TAE 3 x 6NFN, wenn ein Telefon, ein Anrufbeantworter und ein Fax-gerät angeschlossen sind.

- TAE-Stecker und TAE-Buchsen besitzen eine mechanische N- oder F-Codierung. (F: Fernsprechbetrieb, N: Nicht-Fernsprechbetrieb).
- Für den Anschluss eines analogen Telefons sind zwei Leiter (La und Lb bzw. a und b) erforderlich.
- In der TAE 3 x 6NFN sind die N-codierten Buchsen elektrisch in Reihe mit der F-codierten Buchse geschaltet.

9.2.2 ISDN

Bei **ISDN** (**I**ntegrated **S**ervices **D**igital **N**etwork) handelt es sich um ein diensteintegrierendes digitales Telekommunikationsnetz für die Sprach- und Datenübertragung (Multimedia). Ab dem Jahr 1997 ist dieses System in der Bundesrepublik Deutschland flächendeckend verfügbar.

Im ISDN-System gibt es verschiedene Anschlussmöglichkeiten (Abb. 3). Für private Haushalte oder Kleinbetriebe wird der **ISDN-Basisanschluss** mit zwei Nutzkanälen verwendet. Für größere Unternehmen eignet sich der **ISDN-Primärmultiplex-Anschluss** mit 30 Nutzkanälen. Die Signale werden mit zwei Kupferdoppeladern oder zwei Glasfasern übertragen.

Der ISDN-Basisanschluss besitzt gegenüber dem analogen TK-Anschluss folgende Eigenschaften bzw. Vorteile (Auswahl):

- Bei einer Leitung (vier Leiter) gibt es zwei Übertragungskanäle (B1 und B2, Abb. 1) mit bis zu zehn Mehrfachrufnummern (**MSN** [**M**ultiple **S**ubscriber **N**umber]).
- B1 und B2 können unabhängig voneinander genutzt werden (Wirkung wie zwei Telefonanschlüsse).
- Die digitale Datenübertragung kann mit 64 kbit/s über jeden einzelnen Kanal bzw. mit 128 kbit/s bei Kanalbündelung erfolgen.
- Für die Steuerung wird ein separater Kanal (D-Kanal mit 16 kbit/s) verwendet.
- Die einzelnen Endgeräte können direkt angewählt werden.

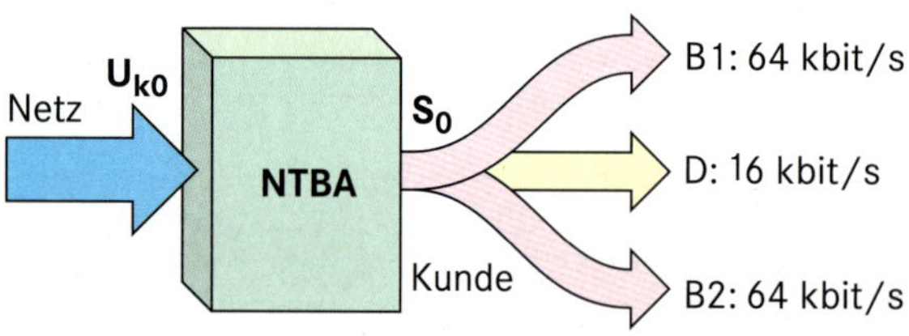

1: ISDN-Schnittstelle

Im ISDN-System sind z. B. möglich:

Anrufweiterschaltung, Übermittlung oder Unterdrückung der Rufnummer, Anklopfen (es wird signalisiert, dass ein zweiter Teilnehmer anruft), Konferenzschaltung und Makeln (wechseln zwischen den Anrufern).

Der Hausanschluss (Netzabschluss für den ISDN-Basisanschluss) wird als **NTBA** bezeichnet [**N**etwork **T**ermination for ISDN **B**asic **A**ccess]. Er besitzt zwei Schnittstellen (Abb. 1):

- netzseitig: U_{k0}
- kundenseitig: S_0

Am Ausgang des NTBA stehen dem Kunden vier Klemmen mit den Bezeichnungen a1, a2, b1 und b2 zur Verfügung (Abb. 2 ①). Es handelt sich um die Anschlüsse für eine Busleitung (**S_0-Schnittstelle** ②). Je nach Folgeinstallation sind Anschlussklemmen oder Anschlussbuchsen für Western-Stecker (s. Kap. 9.2.4) vorhanden. In Abb. 2 ist beispielhaft eine Dose mit Klemmen und Kontakten ③ angeschlossen.

Damit der ISDN-Anschluss einwandfrei arbeiten kann, sind die Empfangs- und Sendeleitungen im NTBA mit zwei 100 Ω-Widerständen (± 5 %) abgeschlossen (Busabschluss ④).

Der NTBA wird vom Netzbetreiber nicht nur mit Daten, sondern auch mit einer Gleichspannung von 40 V versorgt. Durch die Spannungsversorgung können Endgeräte mit insgesamt 400 mW ohne eigene Energieversorgung betrieben werden (**Notbetrieb**).

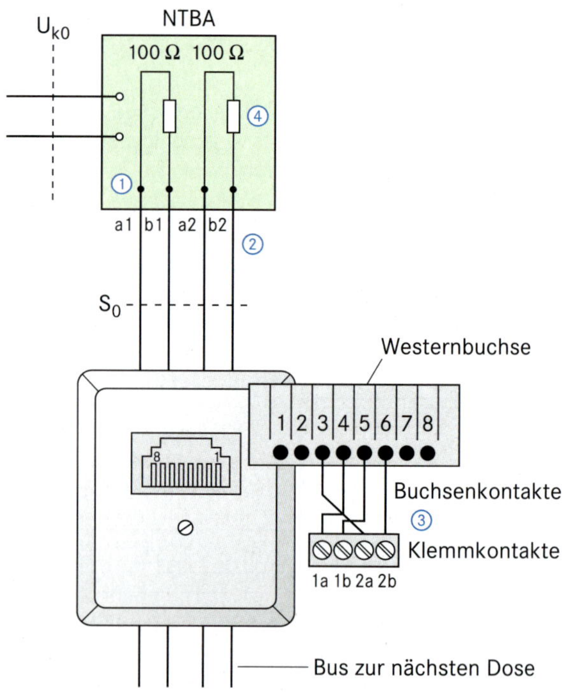

2: NTBA

Als ISDN-Anschlüsse für Leitungen und Steckdosen werden **Western-Steckverbinder** [western plugs] mit vier, sechs oder acht Kontakten verwendet (Abb. 3). Die Bezeichnung **RJ** bedeutet **R**egistered **J**ack (genormte Buchse) und „Western" weist auf das US-amerikanische Unternehmen „Western Electric" hin.

Western-Steckverbinder werden auch für die Leitungsverbindung zwischen dem Handapparat und dem Telefon (analog und digital) eingesetzt. Durch seitliche Anpassungselemente können sechspolige Stecker auch für achtpolige Buchsen verwendet werden.

Western-Stecker für die Telekommunikation		
Bezeichnung	**Steckerform**	**Anwendung**
RJ 10 oder **RJ 14** (RJ-10, RJ-14) **4P4C** - 4 Kontakte - 4 Kontakt-positionen	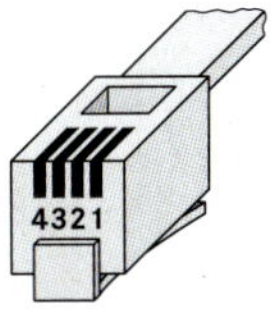	Leitung für Telefonhörer (Handapparat)
RJ 11 (RJ-11) **4P6C** - 4 Kontakte - 6 Kontakt-positionen	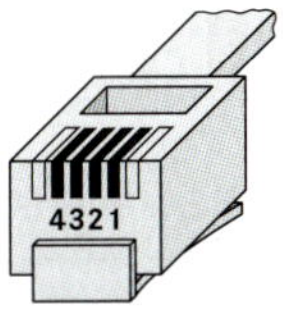	Anschluss-leitung für Endgeräte - Telefon - Faxgerät - Modem
RJ45 (RJ-45) **8P8C** - 8 Kontakte - 8 Kontakt-positionen	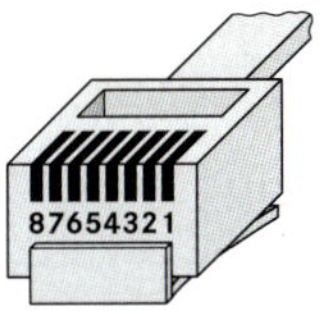	IAE-Steckdose (ISDN), Computernetz-werke (UAE)

3: Western-Steckverbinder

ISDN-Basisanschluss

Der Anschluss eignet sich für private Haushalte und kleinere Unternehmen. Der Bus ist so konzipiert, dass bis zu zwölf Anschlussdosen installiert werden können. Es dürfen allerdings nur acht ISDN-Endgeräte gleichzeitig eingesteckt sein. Da nur zwei Kanäle (B1 und B2) zur Verfügung stehen, können gleichzeitig auch nur zwei Geräte genutzt werden.

Als Buchsen werden **IAE** (**I**SDN-**A**nschluss**e**inheit) oder **UAE** (**U**niversal-**A**nschluss-**E**inheit [universal connector]) verwendet (Abb. 4). Sie besitzen jeweils acht Kontakte. Bei der UAE 8 sind alle acht angeschlossen, bei der IAE 8 nur die Kontakte drei bis sechs.

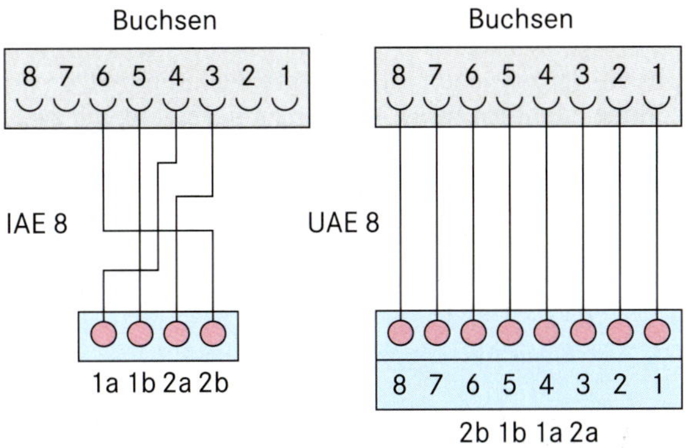

4: Buchsen und Anschlussklemmen

In Abb. 5 ist beispielhaft die Installation für fünf Anschlussdosen dargestellt. Der S_0-Bus (Abb. 3 ①) aus vier Leitern wird vom NTBA durch die fünf Steckdosen (X1 bis X5) geschleift, sodass alle eingesteckten Geräte parallel angeschlossen sind. In der letzten Dose befinden sich die zwei Abschlusswiderstände mit jeweils 100 Ω. Analog arbeitende Geräte werden über einen entsprechenden a/b-Adapter angeschlossen.

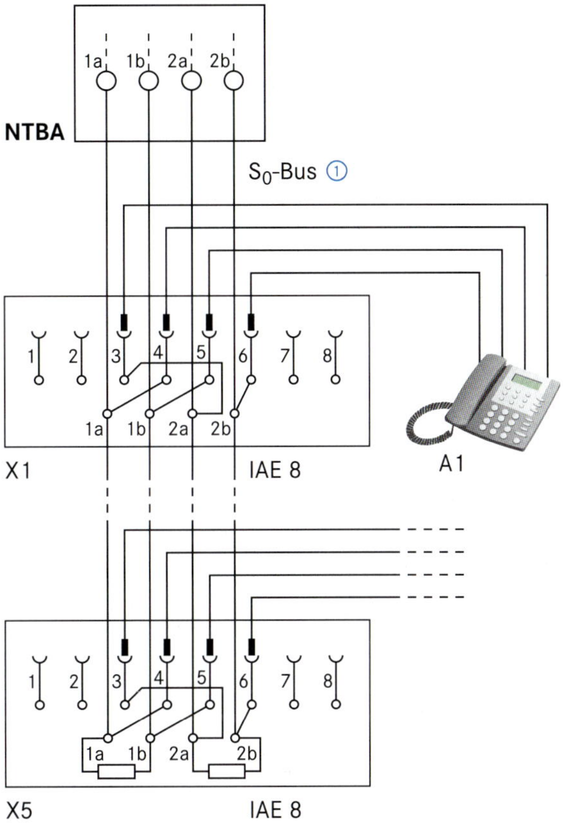

5: Bus-Installation

AUFGABEN

1. Beschreiben Sie Unterschiede und Gemeinsamkeiten zwischen der IAE 8 und der UAE 8.
2. Zeichnen Sie die Verdrahtung der Doppelsteckdosen IAE 2 x 8 und UAE 2 x 8.
3. Durch welche Merkmale ist die S_0-Schnittstelle des NTBA gekennzeichnet?
4. Begründen Sie, weshalb bei einem Mehrgeräteanschluss nur zwei Geräte gleichzeitig in Betrieb sein können.

- Der ISDN-Bus besteht aus vier Leitern.
- An den ISDN-Bus des Mehrgeräteanschlusses dürfen zwölf Steckdosen (IAE, UAE) angeschlossen werden. Acht Geräte können eingesteckt und zwei gleichzeitig in Betrieb sein.
- Der ISDN-Bus muss durch 100 Ω-Widerstände abgeschlossen sein.

NTBA-Installation

Damit die Anschlussleitung nicht zu lang wird, sollte der NTBA möglichst in der Nähe der ersten TAE-Anschlussdose (Abb. 1 ①) installiert werden. Die Verbindung zwischen beiden kann mit Hilfe einer flexiblen Leitung (TAE - NTBA mit Eingang U_{k0}-Schnittstelle ②) oder fest installiert werden (Abb. 5 ③).

Der NTBA besitzt zum Anschluss von ISDN-Geräten zwei Western-Buchsen für RJ45-Stecker ④ (S_0-Bus). Diese werden für die vorgesehene Installation jedoch nicht genutzt, da die Busleitungen fest an die dafür vorgesehenen Klemmen angeschlossen werden ⑤.

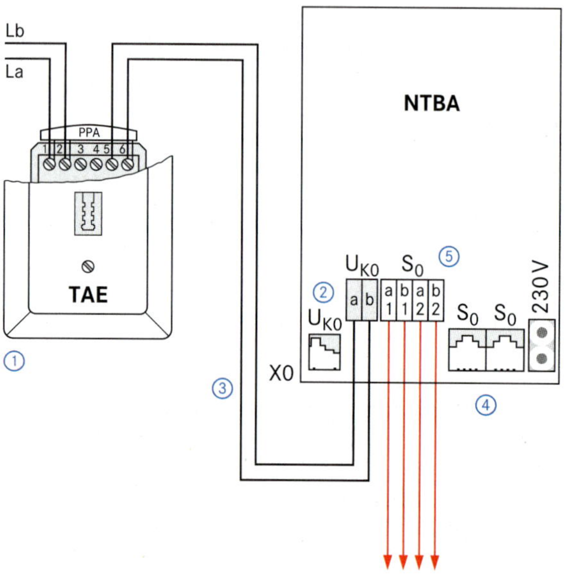

1: TAE- und NTBA-Installation

Da der Netzbetreiber über die Vermittlungsstelle die NTBAs mit Energie versorgt, benötigten sie im Prinzip keinen Anschluss am 230 V-Energienetz. Die Telefonanlage ist also auch dann funktionsfähig, wenn die Energieversorgung im Haus ausfallen sollte. Trotzdem ist ein 230 V-Anschluss (Netzteil) vorgesehen, weil die Vermittlungsstelle für jeden ISDN-Anschluss nur eine Leistung von 400 mW zur Verfügung stellt. Mit ihr können vier ISDN-Geräte betrieben werden. Wenn diese Zahl überschritten wird, ist der NTBA an die Netzsteckdose anzuschließen. Das interne Netzteil versorgt dann die Endgeräte mit den erforderlichen Spannungen.

Farbkennzeichnung der Leiter

Für die Farbkennzeichnung der acht möglichen Leiter mit einer Western-Steckverbindung werden die Normen TIA 568A und TIA 568B (Abb. 2) verwendet. Die dazugehörigen Kontaktbelegungen in den Buchsen befinden sich darunter. Neben der Belegung für die Sprachkommunikation (analoges Telefon und ISDN) sind auch die Belegungen bei einer Datenübertragung (10BT, 100BT und Gigabit Ethernet) aufgeführt.

Farbkennzeichnung der Leiter

TIA 568A[1]	**TIA 568B**[1]
1 2 3 4 5 6 7 8	1 2 3 4 5 6 7 8

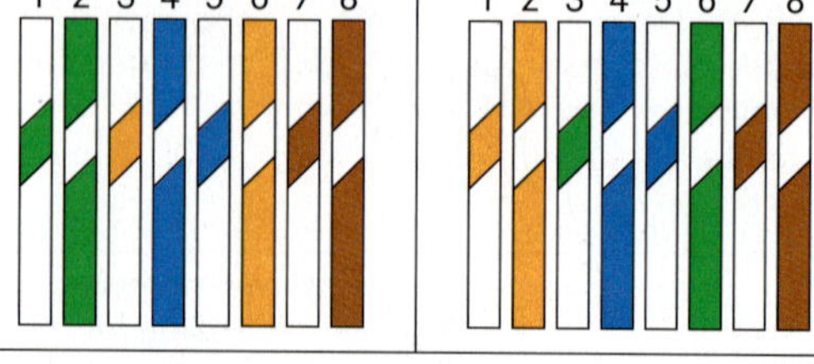

[1] US-Amerikanische Norm,
TIA: **T**elecommunications **I**ndustry **A**ssociation

Kontaktbelegung

Anwendung	1	2	3	4	5	6	7	8
10BT 100BT	1a	1b	2a			2b		
Gigabit Ethernet	1a	1b	2a	3b	3a	2b	4a	4b
ISDN, S_0-Bus			2a	1a	1b	2b		
Telefon, analog				1a	1b			
DSL-Splitter				1a	1b			

2: Farbkennzeichnung der Leiter und Kontaktbelegung der Buchsen

Ab 2018 will die Deutsche Telekom ISDN nicht mehr in ihrem Netz zur Verfügung stellen. Die Telekommunikation soll über **IP-basierte Anschlüsse** (IP: Internetprotokoll) ablaufen (vgl. Kap. 9.2.3). Der NTBA entfällt, sodass sich die Verkabelung vereinfacht.

Um die vorhandenen ISDN-Geräte weiterhin nutzen zu können, steht ein ISDN-Adapter zur Verfügung mit zwei S_0-Bussen (Abb. 3).

3: ISDN-Adapter für IP-basierten TK-Anschluss

9.2.3 IP-basierte Telekommunikation

Telekommunikation erfolgt zunehmend nicht mehr nur über leitungsgebundene Netze, sondern über das **Internet** (Wort ist zusamnmengesetzt aus: **inter net**-work, Netzwerk).

Der Datenaustausch zwischen den Teilnehmern erfolgt dabei auf verschiedenen Wegen mit Hilfe einer normierten Vorschrift, dem **Internetprotokoll** (**IP**).

Bezeichnungen dieser Art der Telekommunikation sind auch Voice-over IP (VoIP). Die Sprachübertragung erfolgt dabei nicht wie bei einer leitungsgebundenen Übertragung kontinuierlich, sondern in Datenpaketen (Abb. 4). Diese werden auf der Empfängerseite wieder zu einem kontinuierlichen Datenstrom vereinigt. Zum Ausgleich zeitlicher Schwankungen werden Pufferspeicher verwendet.

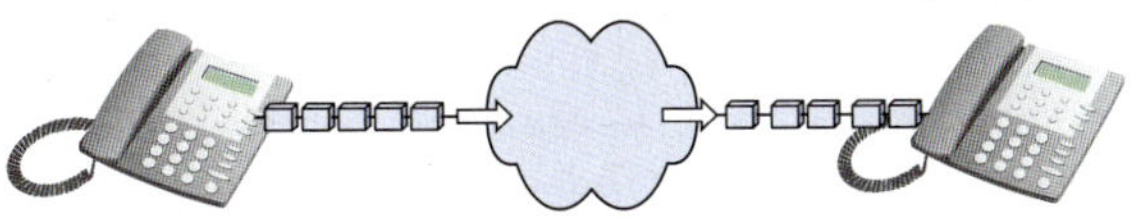

4: Prinzip der Sprachkommunikation im IP-Netz

Voraussetzung für diese Art der Telekommunikation ist ein **IP-basierter Anschluss**. Über ihn können, im Vergleich zu einem herkömmlichen Anschluss, größere Datenmengen in vergleichbaren Zeitabschnitten übertragen werden (größere Bandbreite), sodass weitere Dienste möglich sind (z. B. zwei Sprachkanäle, 10 Rufnummern). Auch lässt sich die Sprachqualität durch geeignete Endgeräte verbessern (kein Rauschen, kein Nachhall).

Weiterhin lassen sich über WLAN von zu Hause mit dem Smartphone Festnetz-Gespräche führen. In Abb. 5 sind die vielfältigen Möglichkeiten dargestellt.

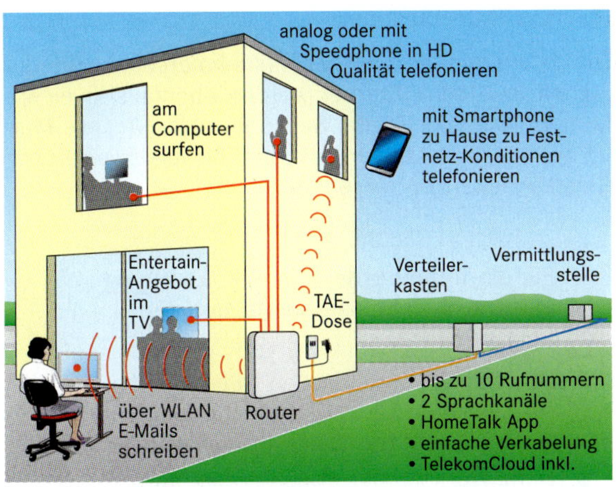

5: Telekommunikationsmöglichkeiten über den IP-basierten Anschluss

Vom Diensteanbieter gelangen die Signale über Kupfer- bzw. Lichtwellenleiter in die **Vermittlungsstelle** (Abb. 5). Von dort erfolgt dann eine Weiterleitung in die Verteilerkästen (Abb. 6), die sich häufig in der Nähe von Wohngebäuden bzw. Wohneinheiten befinden. Im Wohngebäude ist abschließend eine TEA-Dose installiert. Dort endet die Zuständigkeit des Netzbetreibers.

6: Verteilerkasten (Kabelverzweiger, KVz)

Für die Telekommunikation über den IP-basierten Anschluss ist ein **Router** erforderlich. Er leitet im Prinzip die eingehenden Daten an die zugehörigen Endgeräte weiter. Benutzt werden dazu die jeweiligen Adressen (IP-Adressen), die in den Informationen eingebettet sind. Zusätzlich können Anpassungen zwischen unterschiedlichen Protokollen erfolgen oder Sicherheitsmaßnahmen integriert sein (Firewall-Funktionen).

Der Router (Abb. 7) benötigt zum Betrieb eine eigene Energieversorgung. Für das Telefon ist eine TAE-Dose mit F-Codierung vorgesehen. Für die Signalzuführung aus dem Netz sowie für die PC-Anschlüsse sind RJ45 Buchsen vorhanden.

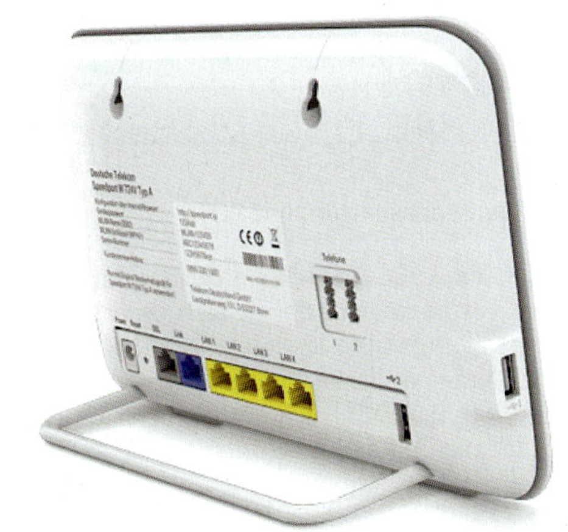

7: Router für IP-basierten Anschluss

9.2.4 Datenübertragung im TK-Netz

Die TK-Leitungen der Dienstanbieter wurden ursprünglich genutzt, um die analogen Sprachsignale von 300 Hz bis 3,4 kHz zu übertragen. Dieses Übertragungsprinzip wird auch als **POTS**: (**P**lain **O**ld **T**elephone **S**ervice) bezeichnet. Ab etwa 1990 werden die Leitungen auch genutzt, um ISDN-Signale bis 120 kHz zu übertragen.

Um noch mehr Daten schneller übertragen zu können, wurde die DSL-Technik (**DSL** [**D**igital **S**ubscriber **L**ine]: Digitale Teilnehmer-Anschlussleitung) entwickelt. Der Frequenzbereich der DSL-Signale reicht z. B. bis 1,104 MHz (Abb. 1). Dabei werden zwei Kanäle unterschieden:

- **Upstream-Kanal** (Aufwärtskanal)
  Sendekanal vom Teilnehmer aus
- **Downstream-Kanal** (Abwärtskanal)
  Empfangskanal zum Teilnehmer

Die Bandbreiten der Upstream- und Downstream-Kanäle sind in der Regel unterschiedlich groß (**asymmetrisch**). Für den Empfang steht eine größere Bandbreite als für das Senden zur Verfügung. In gleichen Zeitabständen können also mehr Daten empfangen als gesendet werden. Diese DSL-Technik wird deshalb als **ADSL** [**A**symmetric **D**igital **S**ubscriber **L**ine] bezeichnet (Abb. 1).

Für die Datenübertragung bei ADSL wird der zur Verfügung stehende Frequenzbereich in 224 einzelne Kanäle von jeweils 4,3 kHz unterteilt und die Daten auf einzelne Träger mit unterschiedlichen digitalen Verfahren aufgeprägt (moduliert).

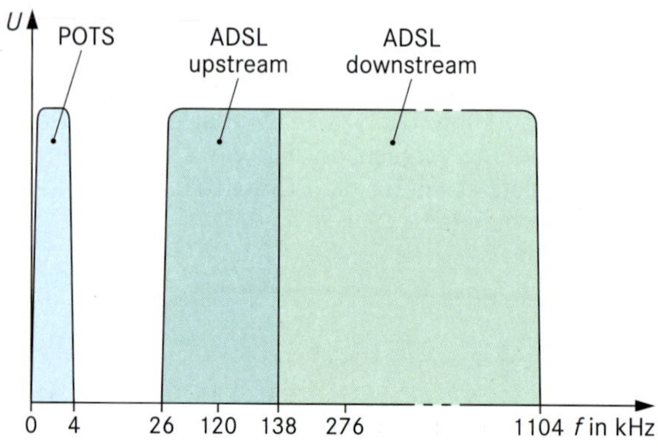

1: ADSL-Frequenzspektrum mit POTS

Im Bereich der DSL-Technik unterscheidet man verschiedene Verfahren, mit denen sich unterschiedliche Datenübertragungsraten erzielen lassen. Diese werden durch einen weiteren Buchstaben vor der Abkürzung „DSL" (z. B. VDSL) gekennzeichnet. Üblich sind auch Ergänzung und andere Symbole (z. B. ADSL2+).

Für die jeweils angewendete Technik werden vom Netzbetreiber Datenübertragungsraten angegeben. Diese sind jedoch nicht konstant.

Sie hängen im Wesentlichen ab von der

- Leitungsdämpfung,
- Entfernung des Nutzers bis zum DSL-Modem (DSLAM), der Vermittlungsstelle (Abb. 2) und
- induktiven Signalübertragung (**Übersprechen** [Cross Talk] zwischen den Leitungen.

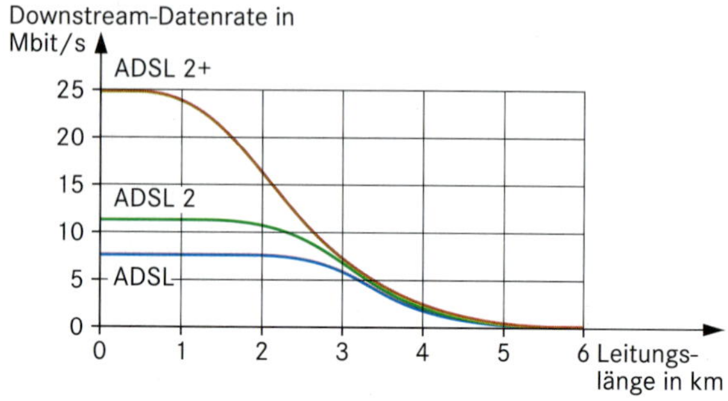

2: Downstream-Datenraten und Leitungslänge

Das Prinzip des Datenaustausches zwischen der Vermittlungsstelle und den Teilnehmern ist in Abb. 3 vereinfacht dargestellt. Da unterschiedliche Frequenzbereiche verarbeitet werden müssen, setzt man Weichen ein, die als **Splitter** oder **B**reit**b**and**a**nschluss**e**inheit bezeichnet werden (**BBAE**). In ihnen werden Telefonfrequenzen von den hochfrequenten DSL-Frequenzen getrennt. Der Splitter benötigt zum Betrieb keine elektrische Energie. Die Frequenzaufteilung erfolgt mit Hilfe passiver Bauteile (Spulen, Kondensatoren).

Auf der Teilnehmerseite wird ein DSL-Modem verwendet, das auch häufig in einem Router integriert ist. Das Modem wird auch als **NTBBA** (**N**etzwerk**t**erminationspunkt **B**reit**b**and**a**ngebot) [Network Termination Broadband Access] bezeichnet und ist der Netzabschluss (Netzschnittstelle) des Betreibers der DSL-Dienste. Die im NTBBA enthaltenen elektronischen Schaltungen setzen die DSL-Signale von der Netzschnittstelle auf eine für den PC geeignete Schnittstelle um (Modulation bzw. Demodulation).

Die Informationen von der Teilnehmerseite bzw. die Signale aus dem Internet werden ebenfalls in einem Modem (**DSLAM** [**D**igital **S**ubscriber **L**ine **A**ccess **M**ultiplexer] umgesetzt, verpackt und beispielsweise über Glasfaserleitungen versendet.

- Für die Trennung der über die TK-Leitung übertragenen Signale verwendet man einen Splitter.
- Bei einer asymmetrischen DSL-Übertragung (ADSL) ist die Bandbreite des Upstream-Kanals kleiner als die des Downstream-Kanals.
- Der NTBBA ist ein Modem für die Anpassung der DSL-Signale an den PC.

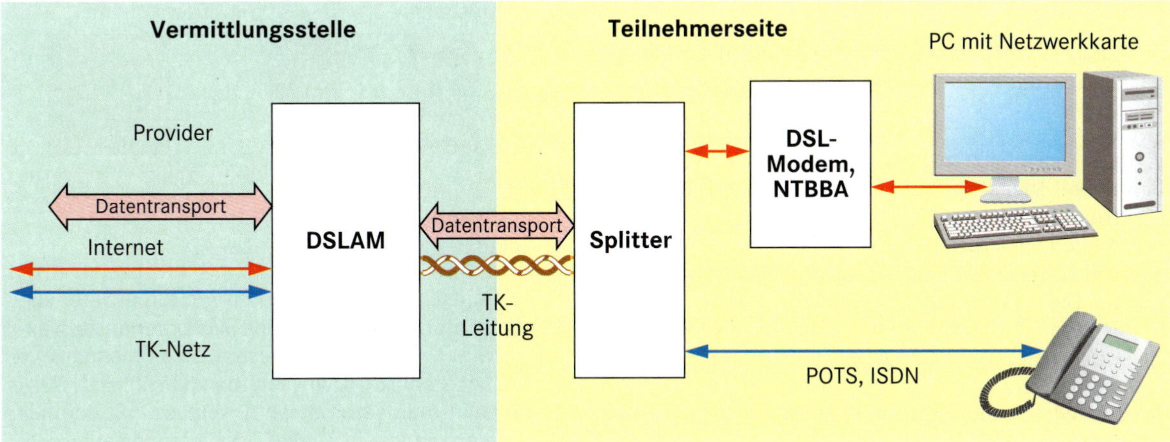

3: Datentransport DSL-Technik

DSL-Installation mit Einzelkomponenten

Eine Installation mit einem externen DSL-Modem ist in Abb. 4 dargestellt.

1. Die erste TAE-Dose ist mit dem Splitter („Amt-Buchse") verbunden ① (Klemme a und b bzw. Steckverbindung über RJ11).
2. Der DSL-Ausgang am Splitter ist mit der Datendose verbunden ②. Es werden die Kontakte 4 und 5 der Western-Steckdose beschaltet.
   An Stelle der Klemmverbindung kann auch die RJ45-Buchse am Splitter verwendet werden.
3. Die Datensteckdose wird über eine flexible Leitung mit dem DSL-Eingang des DSL-Modems verbunden ③.
4. Der Ausgang des DSL-Modems (Bezeichnung 10BaseT, LAN, Ethernet oder ähnlich) wird über eine flexible Leitung mit der Eingangsbuchse des PCs verbunden ④.

Der Anschluss von Telefonen (analog oder ISDN) oder anderen Endgeräten kann über die TAE-Anschlussbuchse am Splitter ⑤ erfolgen (NFN-Codierung).

Für die Verbindung der einzelnen Komponenten sind Leitungen mit unterschiedlichen Aderzahlen erforderlich (Abb. 3). In der Regel werden jedoch Standardleitungen verwendet, z. B. mit vier Adern.

Das DSL-Modem ist auch als Einsteckkarte für den PC erhältlich. Die Verbindung erfolgt dann über eine Ethernet- bzw. USB-Schnittstelle. Es gibt aber auch externe Geräte (z. B. Router), in denen das DSL-Modem, WLAN und Ausgänge für Datennetze integriert sind.

AUFGABE

1. Erklären Sie den Unterschied zwischen der asymmetrischen und der symmetrischen Übertragung.

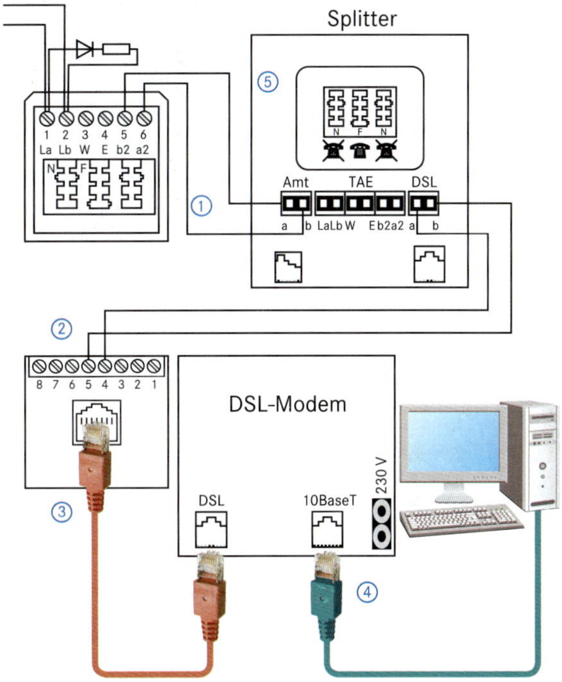

4: DSL-Installation

In der Regel werden heute keine Einzelkomponenten installiert. Es werden kompakte Einheiten eingesetzt. Sinnvoll sind Router, in denen weitere Funktionen integriert sind (vgl. Kap. 9.2.5).

- Bei einer asymmetrischen DSL-Übertragung (ADSL) ist die Bandbreite des Upstream-Kanals kleiner als die des Downstream-Kanals.
- Bei der DSL-Installation werden ein Splitter zur Signaltrennung und ein DSL-Modem zum Senden und Empfangen benötigt.
- Der NTBBA ist ein DSL-Modem für die Anpassung der DSL-Signale an den PC.

9.2.5 VDSL

Mit ADSL2+ und bestehenden TK-Leitungen aus Kupfer hat man eine Grenze der Übertragungskapazität erreicht.

Dagegen lassen sich mit VDSL-Techniken (**VDSL**: **V**ery High Speed **D**igital **S**ubscriber **L**ine) höhere Da-tenraten erreichen, besonders in hybriden Netzen (Glasfaser-/Kupferkabelnetzen). Möglich sind Datenraten bis 100 Mbit/s bei Downstream (Downlink) und Upstream (Uplink). Die Datenrate von 100 Mbit/s ist ein theoretischer Wert ①. Die tatsächliche Datenrate hängt von der Entfernung sowie von der Länge und Qualität der Kupferleitung vom Kabelverzweiger (Verteilerkasten) ② bis zum Teilnehmeranschluss ab (Abb. 1). VDSL 1 wird in Deutschland nicht eingesetzt.

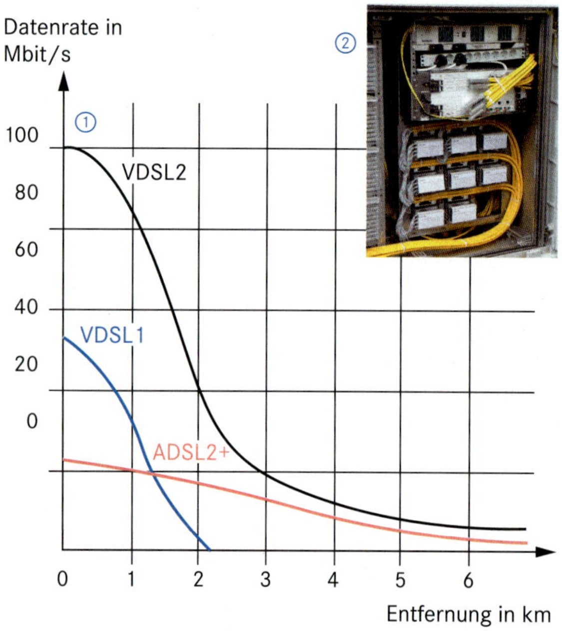

1: Datenübertragungsraten in Abhängigkeit von der Entfernung

VDSL2 reicht bis zum Frequenzbereich von 30 MHz, ist zu ADSL, ADSL2 und ADSL2+ abwärtskompatibel und kann mit symmetrischer oder asymmetrischer Übertragung arbeiten.

Die symmetrische Übertragung wird vor allem von Unternehmen genutzt, die nicht nur Informationen aus dem Internet beziehen, sondern auch als Informationsanbieter agieren.

Der gesamte Frequenzbereich wird in unterschiedliche Downstream- und Upstream-Bereiche aufgeteilt (Abb. 2 ③). In Deutschland wird der Frequenzbereich bis mindestens 138 kHz für POTS (analoges Telefon) und ISDN ausgeblendet, um gegenseitige Störungen zu vermeiden.

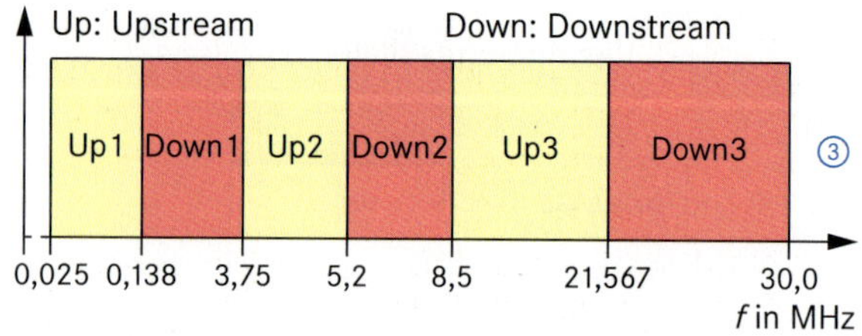

2: Genutzter Frequenzbereich bei VDSL2

Da in Deutschland ein Bedarf an größeren Datenübertragungsraten besteht, werden die Datennetze weiter ausgebaut. Man spricht in diesem Zusammenhang von „Breitbandtechnik“ bzw. „Breitbandanschluss“. Allgemein meint man damit einen Anschluss, mit dem eine Datenübertragungsrate von 50 Mbit/s möglich ist.

In Abb. 3 sind mögliche leitungsgebundene Übertragungswege dargestellt sowie deren erreichbare Datenübertragungsraten angegeben. Das Hauptproblem sind die vorhandenen Kupferleitungen vom Verteilerkasten bis zum Hausanschluss, in denen die meisten Verluste zu verzeichnen sind und Störungen entstehen. Die optimalste Verbindung besteht, wenn vom Verteilerkasten bis zum Hausanschluss eine Glasfaserleitung verwendet wird (**FTTH**: **F**iber-**t**o-**t**he-**h**ome, home: Wohnraum). Die Glasfaserleitung reicht hier bis zur Grenze des Wohnraums.

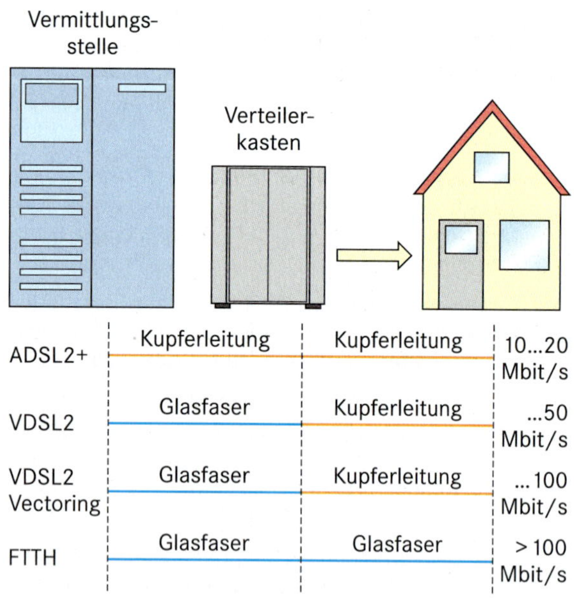

3: Mögliche leitungsgebundene Datenübertragungswege

Folgende weitere Netzarchitekturen werden unterschieden:

- **FTTN** (**F**iber-**t**o-**t**he-**n**ode, node: Knoten)
  Das Glasfaserkabel ist weit weg vom Endkunden, bis zu mehreren Kilometern.

- **FTTC** (**F**iber-**t**o-**t**he-**c**abinet, cabinet: Schrank) Das Glasfaserkabel endet in einer Straße (am Bürgersteig), typischerweise 300 m von dem Standort des Kunden. Die endgültige Anschlussleitung ist aus Kupfer (städtischer Bereich).
- **FTTP** (**F**iber-**t**o-**t**he-**p**remises, premises: Gelände) Das Glasfaserkabel reicht bis zum Gelände.
- **FTTB** (**F**iber-**t**o-**t**he-**b**uilding, building: Gebäude) Das Glasfaserkabel reicht bis zur Grenze des Gebäudes.

Bei VDSL2 kann man durch Einsatz der **Vectoring-Technik** eine höhere Datenübertragungsrate (> 50 Mbit/s) erzielen. Minimiert werden dabei Störungen (vgl. Kap. 12.2.3), die durch die gegenseitige Signalbeeinflussung (Übersprechen: Crosstalk) entstehen.

Eine Störungsart entsteht direkt an der Verteilerstelle (Verteilerekasten) zwischen den Sendern und Empfängern der verschiedenen DSL-Leitungen. Sie wird als **NEXT** [**N**ear **E**nd Crosstalk] bezeichnet. Beheben lässt sich dieses Übersprechen, indem man auf unterschiedliche Frequenzen ausweicht.

Die Störungen am Leitungsende (**FEXT**: **F**ar **E**nd Crosstalk) lassen sich ebenfalls minimieren, indem man zu dem gestörten Signal um 180° phasengedrehte Störsignale addiert. Das Ergebnis ist ein weitgehend ungestörtes Signal.

Installation

Der Zugang zum VDSL-Netz lässt sich am sinnvollsten mit einem Breitband-Router herstellen (Abb. 4) Das DSL-Modem ist im Router integriert. Als Kommunikations-Netze sind VDSL2 (z. B. VDSL25 oder VDSL50), ADSL und ADSL2+ möglich. Der Router stellt den Verbindungsaufbau für alle angeschlossenen Geräte her. Neben dem Anschluss an eine Kupferleitung kann auch der Glasfaseranschluss verwendet werden.

Wenn eine Kupferleitung vorhanden ist, wird der IP-basierte Anschluss an der TAE-Dose mit dem DSL-Anschluss am Router verbunden ①.

Wenn ein Glasfaser-Kabelanschluss vorhanden ist, wird der „Fiber-Anschluss" genutzt. Die Buchse „Link" des Glasfaser-Modems wird dazu über ein Netzwerkkabel mit der blauen Buchse „Link" des Routers verbunden ②.

Am Router können bis zu vier Computer über Netzwerkkabel an den Buchsen „LAN1" bis „LAN4" angeschlossen werden ③.

Weiterhin können zwei analoge Telefonie-Endgeräte (Telefon, DECT-Basis, Anrufbeantworter oder Fax) an den Buchsen „Telefone" betrieben werden ④.

Der Router unterstützt kabellose Heimnetzwerke (WLAN) ebenso wie kabelgebundene Heimnetzwerke (LAN).

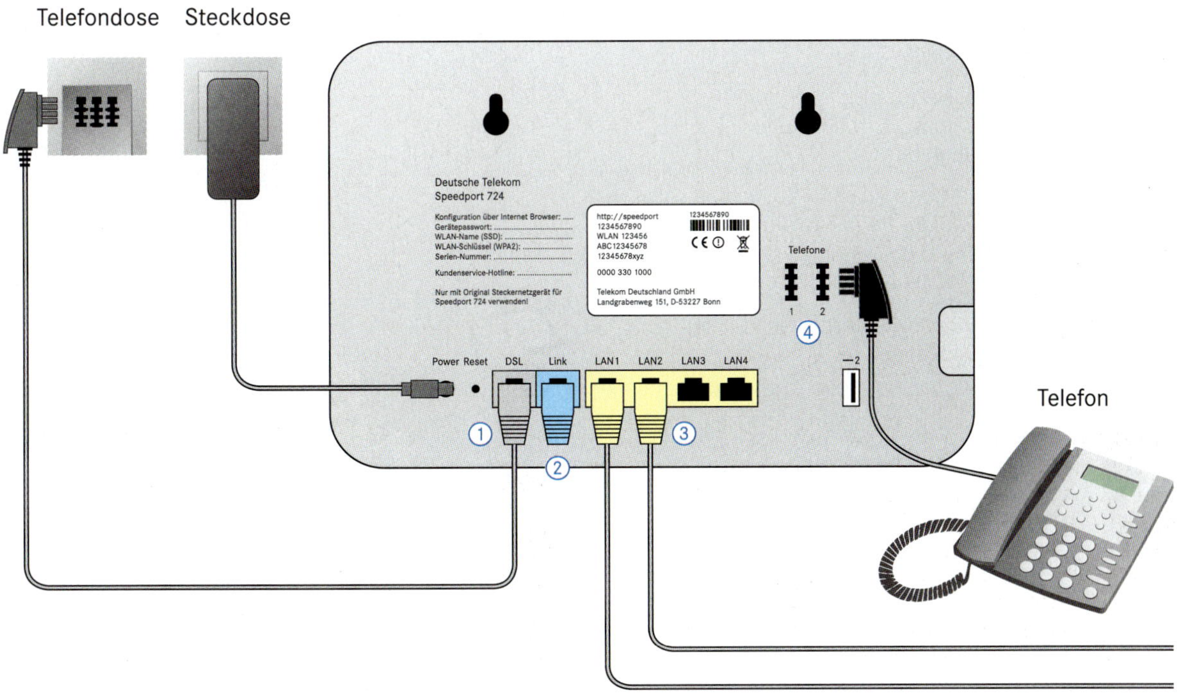

4: Anschlussmöglichkeiten an einem Universalrouter

9.2.6 Mobile Kommunikationstechnik

Die Entwicklung der Mobilfunknetze begann in Deutschland etwa 1990. Zunächst wurde digitale Sprachkommunikation in den D- und E-Netzen nach dem GSM-Standard betrieben (**GSM**: **G**lobal **S**ystem for **M**obile Communications). Da zunehmend auch Daten im Mobilfunknetz übertragen wurden mussten, erweiterte man die Sprachkommunikation um eine paketorientierte Datenübertragung mit dem GPRS-Standard (**GPRS**: **G**eneral **P**acket **R**adio **S**ervice, 3G-Netz).

Aufgrund des immer größer werdenden Bedarfs an zu übertragende Daten (z. B. Multimedia), wurde für das 3G-Netz der UMTS-Standard eingeführt (**UMTS**: **U**niversal **M**obile **T**elecommunications **S**ystem).

Mit der Einführung der Smartphones stiegen die Kapazitätsanforderungen der Mobilfunknetze weiter, was zur Einführung des LTE-Standards führte (**LTE**: **L**ong **T**erm **E**volution), mit dem ausschließlich Datenübertragung durchgeführt wird.

GSM

In Abb. 1 sind die Netzarchitektur und die Funktionen des GSM-Standards vereinfacht dargestellt. Im Einzelnen sind folgende Komponenten und Systeme enthalten:

- **MS** (**M**obile **S**tation):
  Das mobile Endgerät enthält ein **Teilnehmer-Identifizierungsmodul** [subscriber identity module]. Es dient zur Erkennung als berechtigter Teilnehmer des Netzes.
- **BSS** (**B**ase **S**tation **S**ubsystem).
- **BTS** (**B**ase **T**ransceiver **S**tation):
  Die Basisstation versorgt jeweils eine Funkzelle und wickelt den Funkverkehr.
- **BSC** (**B**ase **S**tation **C**ontroller): Er steuert eine oder mehrere BTS, verwaltet die Funkkanäle, steuert die Antennenleistung und übernimmt die Weiterleitung der Teilnehmer beim Zellenwechsel.
- **MSC** (**M**obile **S**witching **C**enter): Diese Einheit beinhaltet die Vermittlungsstelle.

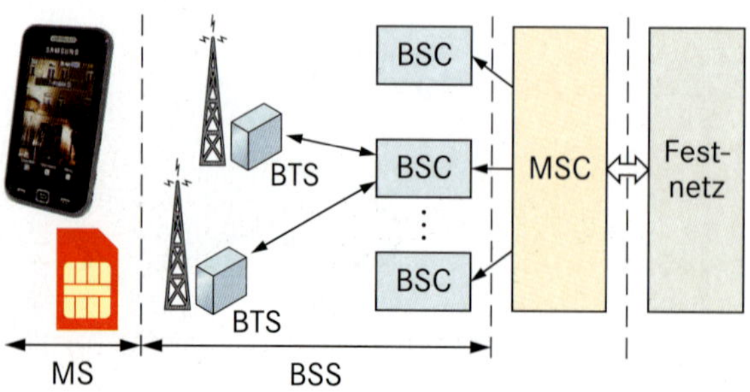

1: GSM-Netz

Das Netz ist aus zahlreichen, wabenförmigen Funkzellen (Durchmesser ca. 500 m bis 30 km) aufgebaut

Den einzelnen Zellen sind festgelegte Frequenzbereiche zugeordnet. Dadurch können die Frequenzbereiche in räumlich entfernten Zellen wieder verwendet werden (Frequenzökonomie).

LTE

LTE wird als 4G (4. Mobilfunkgeneration) bezeichnet und kann als Nachfolger von UMTS aufgefasst werden, mit u. a. erhöhter Datenübertragungsrate, größerer Bandbreiteneffizienz, geringeren Verzögerungszeiten, verbesserten Modulationsverfahren und geringerem Energieaufwand.

Begründung für die Einführung war u. a. eine verstärkte Internetnutzung und die im Mobilfunkbereich nicht mehr ausreichende Kapazität des UMTS-Netzes.

Die Netzarchitektur ist ähnlich wie beim GSM-Netz und verwendet das GSM-Kernnetz mit einigen Erweiterungen. Die im Zugangsnetz eingesetzten Komponenten werden anders als bei GSM bezeichnet.

Das LTE-Netz wird als **EPS** (**E**volved **P**acket **S**ystem, Weiterentwickeltes Paket-System) bezeichnet.

Es besteht aus dem **EPC** (**E**volved **P**acket **C**ore, Weiterentwickeltes Paket-Kernnetz) und der Luftschnittstelle **E-UTRAN** (**E**volved **U**MTS **T**errestrial **R**adio **A**ccess **N**etwork, Weiterentwickeltes UMTS Funkzugangsnetzwerk), Abb. 2.

Für die Übertragung werden Frequenzen im 800 MHz- und 2,6 GHz-Frequenzband verwendet.

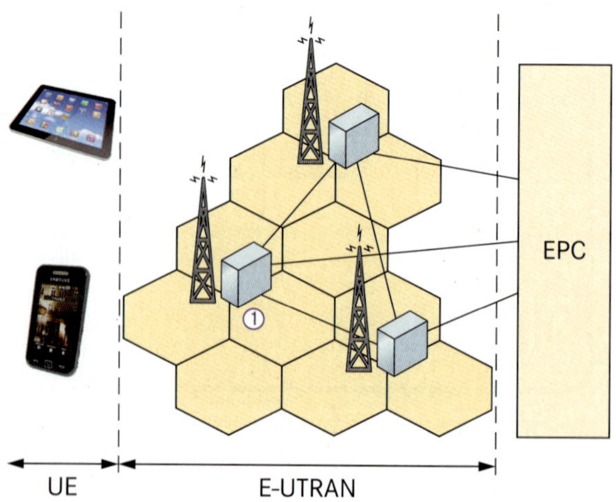

2: LTE-Netzarchitektur

9.2.7 Videkonferenzsysteme

9.2.7.1 Desktopsysteme

In Abb. 1 sind vereinfacht zwei Systeme für Videokonferenzen dargestellt. Es handelt sich dabei um Gruppen- und Einzelplatzsysteme (Desktopsysteme).

Bei **Gruppen-Videokonferenzsystemen** ② finden Konferenzen in verschiedenen Räumen statt. Die Ergebnisse werden beispielsweise in einen separaten Raum übertragen und von dort aus gesteuert.

Bei **Desktopsystemen** ① werden (Bewegt-)Bild- und Tonübertragungen (Live-Übertragung) hergestellt sowie Ergebnisse von Arbeitsprozessen (Dokumentenübertragungen) zwischen den einzelnen Abteilungen oder Personen ausgetauscht.

Bei einem Desktopsystem handelt es sich um eine „**Punkt-zu-Punkt**"-Verbindung [Point-to-Point] (P2P), die sich besonders für die gemeinsame Arbeit am Computer, für den Datenaustausch und für die Datenbearbeitung eignet. Vier wesentliche Komponenten gehören zu diesem System (Abb. 4).

- Bei einer Videokonferenz kommunizieren an verschiedenen Orten befindliche Personen mittels Ton- und (Bewegt-)Bildübertragung (audiovisuelles Kommunikationsverfahren).

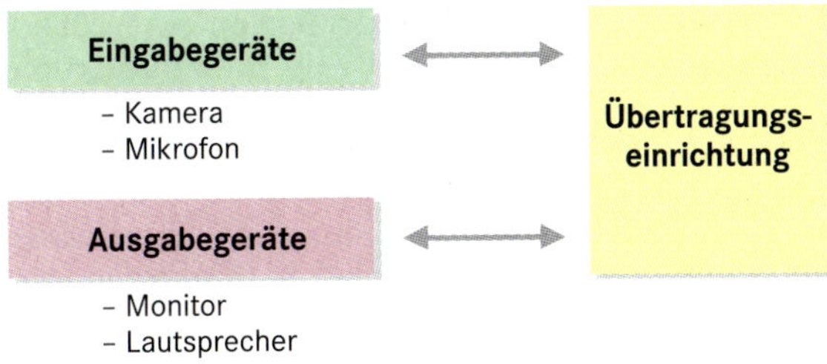

4: Bestandteile eines Desktopsystems

Eine Kamera (z. B. als Webcam) und ein Mikrofon (bzw. Headset, Abb. 3 ①) nehmen Bild und Ton an einem Standort auf. Sie werden mit entsprechenden Treibern im Betriebssystem des PCs installiert. Ein **Codec** (Codierer/Decodierer) wandelt dann die Bild- und Tonsignale in einen kontinuierlichen digitalen Datenstrom um. Dieser wird als Videosignal bezeichnet. Die Codierung und Decodierung kann durch eine entsprechende Hardware oder mit Hilfe einer Software erfolgen. Die Übertragung erfolgt dann über Leitungen (TK-Leitungen, Datenleitungen) oder drahtlos.

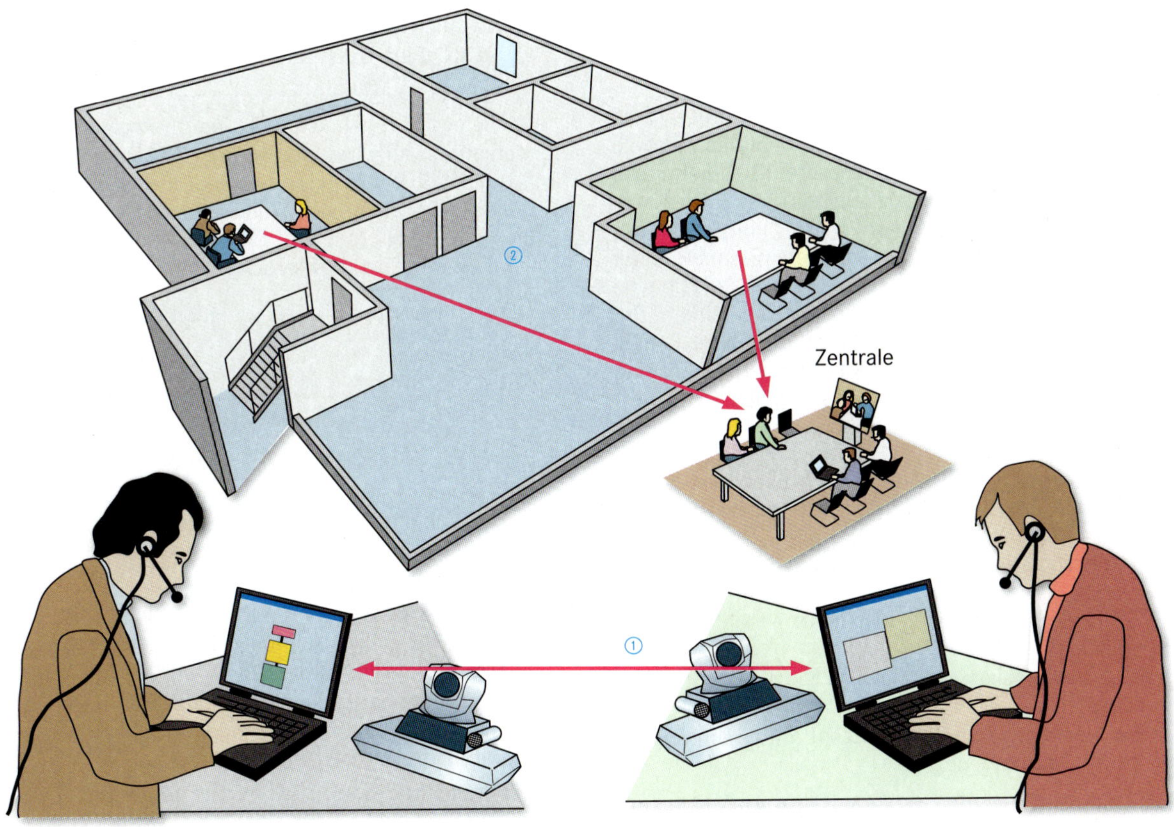

3: Videokonferenzen

Da mit Leitungen nur begrenzte Datenmengen übertragen werden können, erfolgt eine **Datenreduktion** [data reduction]. Beim Empfänger wird dieser Datenstrom dann mit einem Codec dekomprimiert, so dass Bilder für den Monitor und entsprechende Töne für den Lautsprecher entstehen. Die Größe des Datenstromes gibt man als **Datenrate** [data rate] an. Sie wird in Bit/Sekunde gemessen.

Da häufig mit einer festen Kameraeinstellung gearbeitet wird, sind mehrere Personen, auch wenn sie eng vor dem PC sitzen, oft nicht zu erfassen. Mit steuerbaren Kameras kann jedoch der Wahrnehmungsbereich erweitert werden (Abb. 1).

1: Videokonferenzsystem

Möglichkeiten der Datenübertragung

- **ISDN-TK-Netz**

Für die Bildübertragung werden größere Datenraten als bei einer reinen Tonübertragung benötigt. Deshalb schaltet man in der Regel mehrere ISDN-Leitungen parallel (zwei B-Kanäle). Da ein einziger ISDN-Kanal eine Datenübertragungsrate von 64 kbit/s zulässt, entsprechen zwei parallel geschaltete B-Kanäle einer Datenrate von 2 x 64 kbit/s = 128 kbit/s. Für eine höhere Übertragungsqualität können bei einem Primärmultiplex-Anschluss auch sechs oder acht Kanäle parallel geschaltet werden (s. Kap. 9.2.3.1). Dabei sind Datenraten von 384 bis 512 kbit/s möglich.

- **Datennetze**

Videokonferenzsignale können auch über bestehende Datennetze übertragen werden. Sie besitzen gegenüber dem ISDN-Netz folgende Vorteile:

- Zusätzliche Leitungsinstallationen sind nicht erforderlich.
- Es sind keine zusätzlichen ISDN-Anschlüsse notwendig.
- Übertragungskosten im lokalen Netzwerk entstehen nicht.
- Ein Übergang zum ISDN-Netz ist mit einem Zusatzgerät (Gateway) möglich.

Die Datennetze werden als **LAN** [**L**ocal **A**rea **N**etwork] bezeichnet. Die Datenübertragung erfolgt in der Regel mit dem **I**nternet **P**rotokoll (**IP**).

Digitale Bildaufbereitung

Bei der digitalen Aufbereitung wird das Bild in Zeilen zerlegt. Es werden dabei aber nicht vollständige Zeilen aufgenommen, sondern es erfolgt eine Zerlegung jeder Zeile in einzelne Bildpunkte (**Pixel**). Die Bildauflösung wird um so besser, je höher die Pixelzahl ist.

Für jedes Pixel werden die Informationen über die
- **Farbe** (Chrominanz, **R**ot, **B**lau, **G**rün) und
- **Helligkeit** (Luminanz Y) ermittelt und codiert.

Eine gleichzeitige (simultane) Übertragung der Informationen aller Pixel ist wegen des hohen technischen Aufwandes nicht möglich. Sie werden deshalb zeitlich nacheinander (sequentiell) übertragen. Es entsteht ein Datenstrom.

Bei der Bildzerlegung entstehen hohe Datenraten ①, die in der Regel nicht von den Übertragungsmedien bewältigt werden können. Die Daten müssen deshalb komprimiert und reduziert werden ②. Bei der Übertragung können Fehler entstehen. Um diese zu korrigieren, wird das Signal durch zusätzliche Bits ergänzt (**Fehlerschuz**).

- Bei Videokonferenzsystemen unterscheidet man Gruppen-Videokonferenzsysteme und Desktopsysteme.
- Mit Desktopsystemen wird zwischen Teilnehmern eine Punkt-zu-Punkt-Verbindung hergestellt. Die Übertragungsdaten werden reduziert.
- Die Datenübertragung von Videokonferenzen kann über das ISDN-Netz oder über bestehende Datennetze (LAN) erfolgen.
- Mit einem Gateway lässt sich eine Verbindung zwischen einem LAN- und dem ISDN-Netz herstellen.

9.2.7.2 Gruppen-Videokonferenzsysteme

Diese Systeme sind geeignet, Verbindungen zwischen mehr als zwei Teilnehmern herzustellen (**Mehrpunkt-Verbindung** [multipoint-connection]). Erforderlich sind hierfür **Sternverteiler, MCU** [**M**ultipoint **C**ontrol **U**nit]. Es handelt sich dabei um Hard- und/oder Softwarelösungen, die eine oder mehrere Mehrpunktkonferenzen verwalten und steuern können. Für geringe Anforderungen ist die MCU-Funktion in einem System integriert. Bei größeren Systemen setzt man eine externe MCU (Abb. 2) ein.

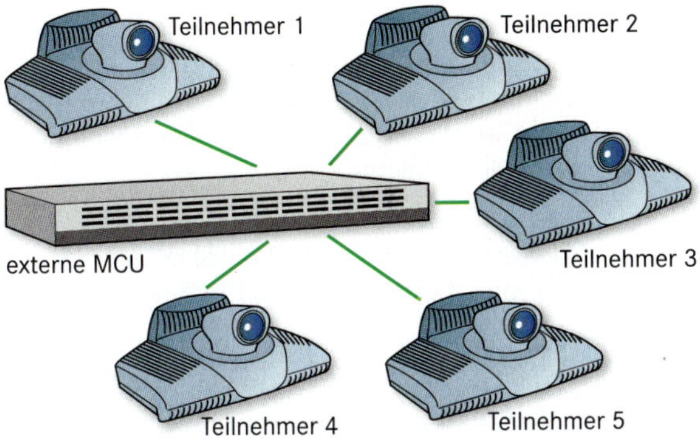

2: Gruppen-Videokonferenzsystem mit externer MCU

Die MCU wird mit allen Teilnehmern verbunden. Sie verwaltet und regelt die ein- und ausgehenden Videodatenströme. Dabei werden folgende Arten unterschieden:

- **Continuous Presence**
Alle Videodatenströme werden zusammengefasst und an alle Teilnehmer zurück gesendet. So können sich mehrere Teilnehmer gleichzeitig gegenseitig sehen.

- **Voice Switching**
In dieser Betriebsart wird immer nur der Videostrom des momentan sprechenden Teilnehmers an alle anderen Teilnehmer gesendet.

Wie bei Desktopsystemen kann der Datenaustausch über das ISDN-Netz oder ein bestehendes Datennetz (LAN/WLAN) erfolgen. Bei besonders leistungsfähigen Geräten ist in der Multipoint-Verbindung oft auch ein gemischter Betrieb von ISDN- und LAN-Teilnehmern möglich.

Für die Datenübertragung zwischen Videokonferenzsystemen werden nicht die Videostandards der Fernsehübertragung (NTSC: US-amerikanische Norm und PAL: europäische Norm) eingesetzt. Die **ITU** [**I**nternational **T**elecommunication **U**nion] hat als Videokonferenz-Standard das **CIF** [**C**ommon **I**ntermediate **F**ormat] eingeführt (Beispiele: H.261, H.263 und H.264). Es handelt sich dabei um Formate, die zwischen NTSC und PAL liegen. Alle Längen und Breiten sind gerade Vielfache von 16 Pixeln. Die CIF-Pixel sind nicht quadratisch. Abb. 3 enthält wichtige Formate und Standards für Videokonferenzsysteme.

Bild-Formate	Pixel x Pixel
SQCIF (SmallQCIF)	126 x 96
QCIF (Quarter CIF)	176 x 144
CIF	352 x 288
4 CIF	704 x 576
16 CIF	1408 x 1152

Audiostandards	Frequenzobergrenze in kHz	Datenrate in kBit/s
G.711	3,4	64
G.728	3,4	16
G.722	7,0	64

3: Formate und Standards für Videokonferenzsysteme

Für die Steuerung der Videokonferenzen wird entsprechende Software eingesetzt. Auf Grund der Datenraten im vorhandenen Netz müssen die Programme neben der Steuerungsfunktion (Abb. 4) einen Ausgleich zwischen

- der Bildauflösung,
- der Anzahl der Videobilder pro Sekunde (Framerate),
- dem Speicherbedarf des Video-Codecs pro Bild und
- der benötigten Rechenleistung herstellen.

Die verschiedenen Videokonferenz-Programme erlauben zumeist die individuelle Einstellung bzw. Anpassung zwischen Bildqualität und Wiederholrate.

Für die Optimierung von Videokonferenzen werden zahlreiche Zusatzgeräte eingesetzt.

Beispiele:
- Datenprojektor (Beamer) und Leinwand
- Dokumentenkamera
- Whiteboard (Weißwandtafel, weiße Oberfläche aus Metall oder Kunststoff)

Damit Videokonferenzsysteme möglichst gut in bestehende Netzstrukturen von Unternehmen eingefügt werden können, verfügen sie über vielfältige Anschlussmöglichkeiten. So lassen sich Monitore anschließen und Verbindungen zum Netzwerk herstellen.

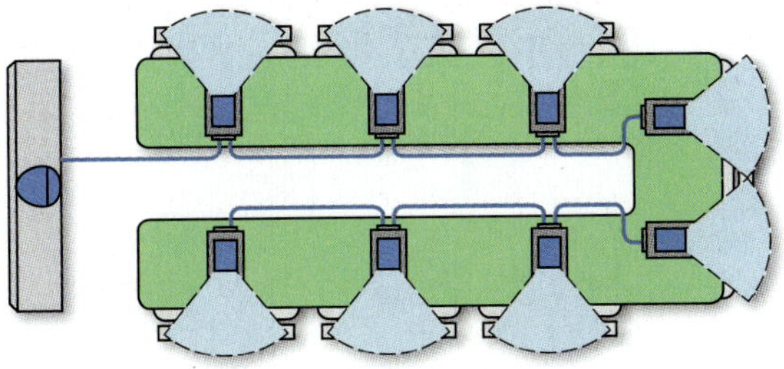

4: Beispielhafte Anordnungen bei einer Videokonferenz

9.3 Gefahrenmeldeanlagen

9.3.1 Sicherheitstechnik

Unter einer Gefahrenmeldeanlage versteht man eine Anlage, die Gefahren für Sachwerte und Leben, Überfall und Feuer zuverlässig meldet (DIN VDE 0833). Eingeschlossen sind dabei die Übertragungswege und das Erfassen auftretender Störungen sowie Sabotageversuche.

Diese allgemeine Definition führt in der Praxis zu den in Abb. 1 dargestellten Hauptgruppen von Gefahrenmeldeanlagen.

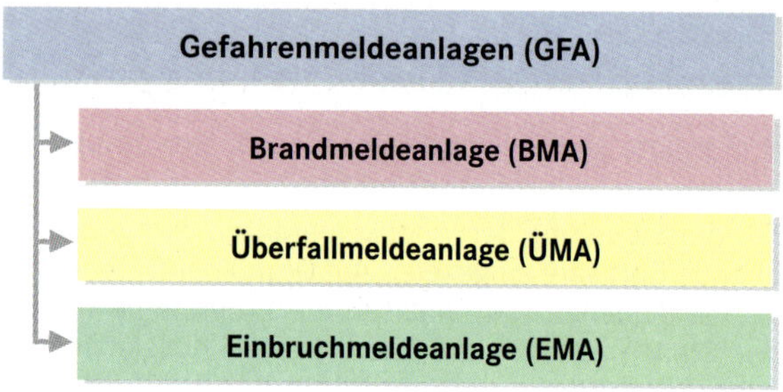

1: Gefahrenmeldeanlagen

In den nachfolgenden Kapiteln wird beispielhaft eine **Einbruchmeldeanlage** (**EMA**) [burglar alarm system] behandelt. Die Meldung soll erfolgen bei

- Einbruch (Fenster, Türen),
- Rauch bzw. Feuer und
- Überfall.

Wo beispielsweise sicherheitstechnische Maßnahmen in einer Wohnung verwirklicht werden können, ist im Grundriss der Abb. 2 dargestellt. Die vorgesehenen Objekte der Sicherheitstechnik sind eingezeichnet worden. Ihre Lage im Plan entspricht in etwa dem Installationsort. Die Symbole entstammen den „Richtlinien für Einbruchmeldeanlagen" des **Verbandes der Sachversicherer e.V.** (**VdS**). Sie weichen von den Schaltzeichen der Elektroinstallation ab.

In dem Plan sind die folgenden Objekte bzw. Objektgruppen enthalten:

- **Melder** [detector]
  Melder sollen Gefahren und Störungen erfassen und melden. Für jedes Fenster sind Glasbruchmelder ① und Magnetkontakte ② vorgesehen. Die Raumüberwachung soll durch Bewegungs- ③ und Rauchmelder ④ erfolgen. Zusätzlich soll bei Gefahr ein Überfallmelder ⑤ betätigt werden können.
- **Meldeleitungen** (**Meldelinien**) [detector lines]
  Die Informationen der Melder müssen an eine Zentrale weitergegeben werden. Dies kann über Leitungen oder durch Funksignale erfolgen.
- **Signalgeber** [alarming device]
  Das Auftreten einer Gefahr soll signalisiert werden. Im Plan ist dafür eine Außen-Signalleuchte ⑥ vorgesehen.
- **Überwachungs- und Schalteinrichtung**
  Für diese Funktionen sind im Innenbereich eine Einbruchmeldezentrale ⑦ (EMZ) und im Außenbereich ein Blockschloss ⑧ vorgesehen.
- **Energieversorgung** [power supply]
  Melder, Signalgeber und die Zentrale werden über Leitungen mit elektrischer Energie versorgt. Diese sind im Plan nicht eingezeichnet.

> ▪ Unter einer Gefahrenmeldeanlage versteht man eine Brand-, Überfall- oder Einbruchmeldeanlage.
> ▪ Eine Einbruchmeldeanlage besteht im Wesentlichen aus Meldern, Meldeleitungen (Meldelinien) Signalgebern, Überwachungs- und Schalteinrichtungen sowie der Energieversorgung.

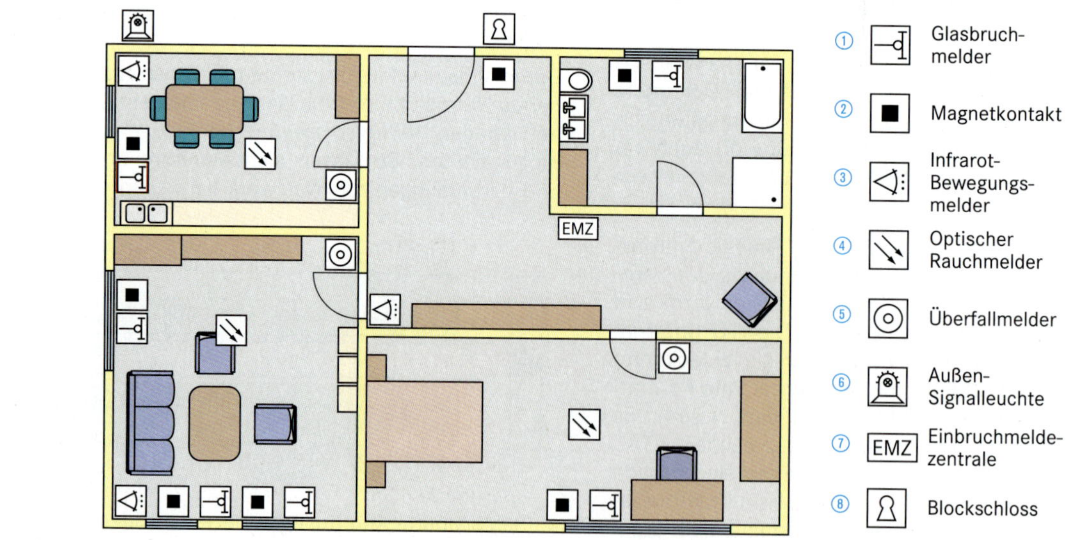

2: Sicherheitstechnik in einer Wohnung

9.3.2 Begriffe

Für die fachgerechte Planung und Installation von Gefahrenmeldeanlagen sind Kenntnisse über Vorschriften sowie die richtige Anwendung von Fachbegriffen erforderlich. In DIN VDE 0833 sind allgemeine Festlegungen für Gefahrenmeldeanlagen und wichtige Anforderungen für Anlagen formuliert.

Daneben gibt es Richtlinien des Verbandes der Schadensversicherer e.V. (VdS). Zusammen mit der Kommission „Vorbeugende Kriminalbekämpfung" der Polizei hat der VdS Vorschriften herausgegeben, die den Aufbau, die Installation und den Betrieb von Gefahrenmeldeanlagen beinhalten.

Aufbau einer Gefahrenmeldeanlage

Sie sind in der Regel ähnlich aufgebaut (Abb. 3) und bestehen aus

- einer **Meldezentrale** zur Signalauswertung mit Ein- und Ausgangskanälen,
- der **Schalteinrichtung** [switching device] zum Ein- und Umstellen der Anlage,
- **Meldern** [detectors] zum Signalisieren von Einbruch, Brand, Wasser usw. und
- den **Alarmgebern** (Aktoren) zur Ausgabe der Signale (akustisch, optisch, speichern).

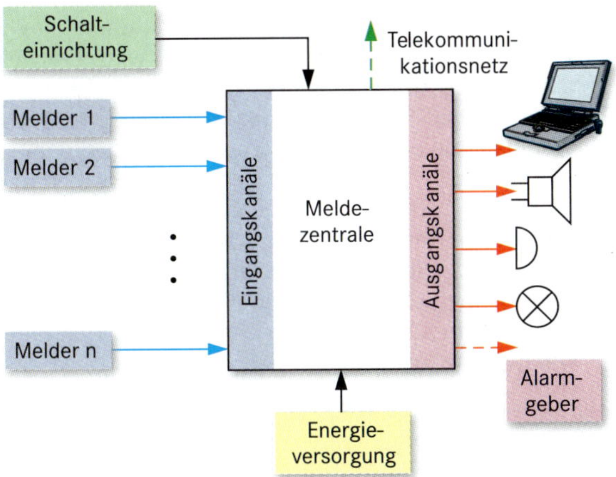

3: Aufbau einer Gefahrenmeldeanlage

Sicherungsbereiche

Bei den zu sichernden Gebäuden und Anlagen werden zwei Sicherungsbereiche [security areas] unterschieden, die in Abb. 2 durch zwei Symbole veranschaulicht sind (nicht genormt).

a) Außenhautsicherung b) Innenraumsicherung

4: Sicherungsbereiche

Bei der **Außenhautsicherung** [outdoor protection] werden alle äußeren Zugänge wie z. B. Fenster und Türen überwacht. Eingesetzt werden Magnetkontakte und/oder Glasbruchmelder (s. Kap. 9.3.3.1).

Bei der **Innenraumsicherung** [indoor protection] erfolgt die Alarmierung bei Einbruch. Die Überwachung kann durch Bewegungsmelder (s. Kap. 9.3.3.2), Lichtschranken oder Magnetkontakte an Türen erfolgen.

Alarmgeber

Alarmgeber [alarming devices] sollen nach erfolgtem Einbruch, Überfall oder Feuer das Alarmsignal weitergeben. Dabei werden die folgenden Alarmierungsarten unterschieden:

Beim **stillen Alarm** [silent alarm] wird kein Signalgeber angesteuert. Es erfolgt die Weitergabe an die dafür zuständige Stelle (z. B. Polizei, Feuerwehr).

Beim **akustischen Alarm** [acoustics alarm] ertönt ein Alarmton (Außensirene), der den Einbrecher in die Flucht schlagen und die Öffentlichkeit informieren soll. Um Ruhestörungen zu vermeiden, muss sich ein im Außenbereich des Hauses angebrachter Alarmgeber nach 180 Sekunden abschalten. Im Haus kann dagegen Daueralarm gegeben werden (Innensirene).

Mit einem **optischen Alarm** [optical alarm] soll die Öffentlichkeit informiert und Einbrecher abgeschreckt werden. Geeignet sind dafür Blink-, Blitz- oder Drehlichtquellen.

Im Außenbereich angebrachte Alarmgeber müssen in besonderer Weise gegen Sabotage geschützt werden. Sie sollten auf jeden Fall schwer erreichbar sein, z. B. sich im oberen Bereich der Hauswand befinden.

Betriebszustände von Einbruchmeldeanlagen

Wenn eine Einbruchmeldeanlage nicht betriebsbereit ist, bezeichnet man sie als **unscharf** geschaltet. Bei Betriebsbereitschaft ist sie **scharf** geschaltet. Dabei wird unterschieden zwischen dem Scharfschalten bei Anwesenheit von Personen im Haus (**Intern scharf**) und bei Abwesenheit der Personen (**Extern scharf**). In Abb. 5 sind dazu entsprechende Symbole dargestellt.

a) Intern scharf b) Extern scharf

5: Betriebszustände

- Eine Gefahrenmeldeanlage besteht im Prinzip aus der Meldezentrale mit der Schalteinrichtung sowie Meldern (Sensoren) und Alarmgebern (Aktoren).

Der Zustand „**Intern scharf**“ lässt sich wie folgt kennzeichnen:
- Personen sind anwesend.
- Es findet nur eine Sicherung der Außenhaut durch entsprechende Melder statt.
- Bei einem Einbruch erfolgt ein interner Alarm.
- Die Melder im Innenbereich lösen keinen Alarm aus.

Der Zustand „**Extern scharf**“ lässt sich wie folgt kennzeichnen:
- Personen befinden sich nicht im Haus.
- Es findet eine Absicherung der Außenhaut und der Innenräume durch entsprechende Melder statt.
- Alle externen Alarmgeber sind aktiviert (scharf geschaltet).

Wenn Anlagen über eine interne Schalteinrichtung geschaltet werden können, muss eine **Verzögerungszeit** [delay time] für das Scharfschalten und somit für eine mögliche Alarmauslösung einstellbar sein. Die Verzögerungszeit muss beim Scharfschalten [activate] (Abb. 1 ①) so groß sein, dass der Betreiber der Alarmanlage den Sicherheitsbereich in Ruhe verlassen kann. Ein Alarm darf in dieser Zeitspanne nicht ausgelöst werden.

Die Anlage wird aber nur dann scharf geschaltet, wenn alle Melder betriebsbereit sind (Kontakte geschlossen ②). Ist dies nicht der Fall, wird dem Betreiber dieser unscharfe Zustand durch ein kurzes Signal optisch und/oder akustisch gemeldet.

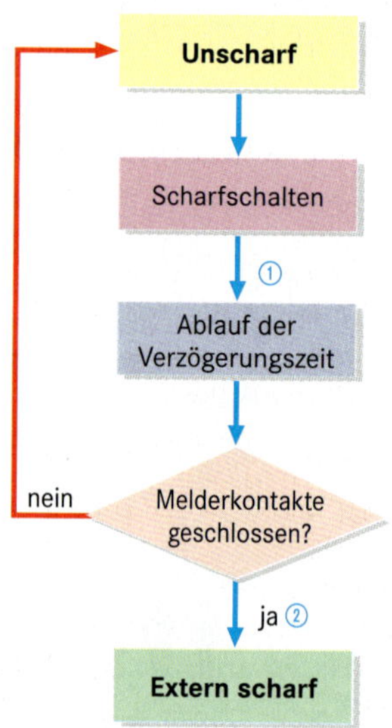

1: Verzögerungszeit beim Scharfschalten

- Bei Sicherungsbereichen wird zwischen der Außenhautsicherung des Gebäudes und der Innenraumsicherung unterschieden.

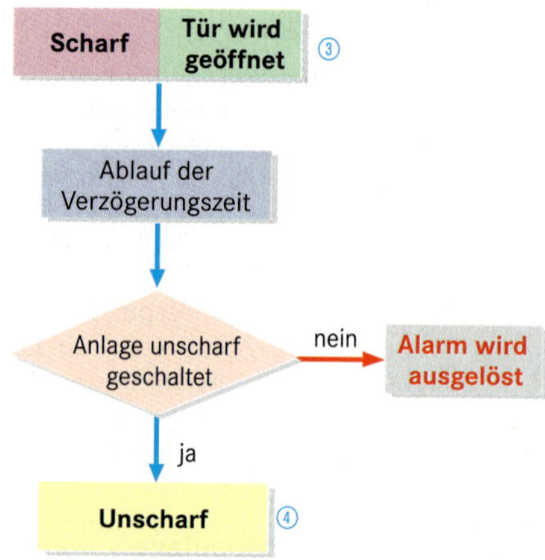

2: Verzögerungszeit beim Unscharfschalten

Die Zeit für das Auslösen des Alarms (Abb. 2) muss auch so groß gewählt werden, damit der Betreiber die Anlage beim Betreten des Hauses ③ sicher unscharf schalten kann, ohne dass ein Alarm ausgelöst wird ④. Andererseits muss die Verzögerungszeit so klein gewählt werden, dass ein Einbrecher nicht die Zeit hat, die Anlage zu lokalisieren und zu sabotieren.

Bedienung

Eine Einbruchmeldeanlage erfüllt nur dann ihren Zweck, wenn sie sachgerecht eingesetzt wird. Deswegen sind bestimmte Bedienungsschritte einzuhalten. Man bezeichnet dies als **Zwangsläufigkeit** [inevitability]. Fehlalarme können dadurch vermieden werden.

Beispiele:

- Die Anlage kann nur dann scharf geschaltet werden, wenn alle Melderkontakte geschlossen sind sowie keine Störung und kein Alarm vorliegen.
- Der Sicherheitsbereich kann nur betreten werden, wenn die Anlage unscharf geschaltet ist.

AUFGABEN

1. Beschreiben Sie drei Möglichkeiten, womit ein Alarm erzeugt werden kann.
2. Welcher Unterschied besteht zwischen intern und extern unscharf?

- Die Aktivierung einer Einbruchmeldeanlage bezeichnet man als Scharfschalten. Unterschieden wird zwischen interner und externer Scharfschaltung.
- Bei internen Schalteinrichtungen müssen Alarmzeitverzögerungen für das Scharfschalten eingestellt werden.
- Durch eine Zwangsläufigkeit bestimmter Handlungen lassen sich bei Einbruchmeldeanlagen Fehlalarme vermeiden.

9.3.3 Objekte für Einbruchmeldeanlagen

9.3.3.1 Melder zur Außenhautsicherung

In dem in Kap. 9.3.1 skizzierten Sicherheitsbereich für eine Etagenwohnung sind zur **Außenhautsicherung** [outdoor protection] Melder mit Magnetkontakten (Abb. 3) und Glasbruchmelder (Abb. 4) vorgesehen.

3: Melder mit Magnetkontakt

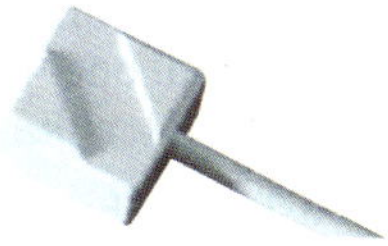

4: Glasbruchmelder

Melder mit Magnetkontakt (MK)

Diese Melder bestehen aus zwei Teilen, dem eigentlichen Magnetkontakt (Abb. 5 ①) und dem Dauermagneten ②. Beide Teile werden parallel oder stirnseitig zueinander montiert. Am beweglichen Fensterflügel bzw. Türblatt wird der Dauermagnet angebracht. Sein Magnetfeld wirkt in das am Rahmen befestigte zweite Element hinein. In seinem Gehäuse sind in einem Glasröhrchen zwei sich gegenüber liegende eiserne Kontaktzungen (**Reed-Kontakte**) eingeschmolzen.

Wenn sich jetzt der Dauermagnet wie in Abb. 5 in der Nähe der Kontaktzungen befindet, ziehen sie sich wie zwei Dauermagnete an. Der Kontakt wird geschlossen (Betriebszustand). Er bleibt so lange geschlossen, bis sich der Abstand (s. Abstandsdiagramm in Abb. 6) auf etwa 20 mm vergrößert hat. Die Kontakte öffnen (Ruhezustand).

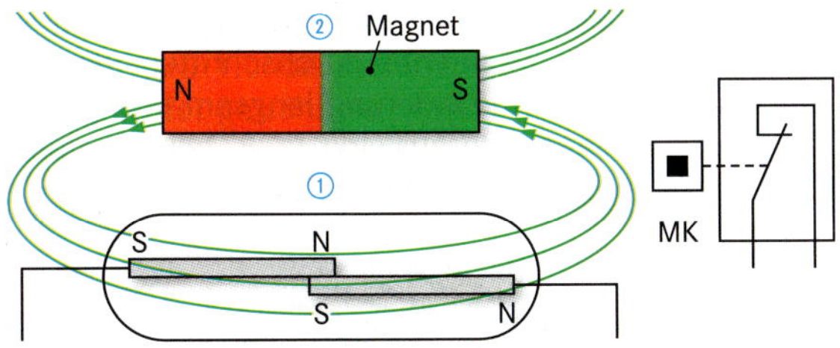

5: Melder mit Magnetkontakt

Installationshinweise [Installation hints]

Auf Grund der sehr guten Funktionssicherheit, Robustheit und einfachen Montage werden Melder mit Magnetkontakten häufig eingesetzt.

- Beide Teile müssen so angebracht werden, dass sie parallel ohne seitlichen Versatz zueinander liegen.
- Für die Befestigung müssen Schrauben aus nicht magnetischem Material verwendet werden.
- Für den Aufbau an Stahltüren oder in der Nähe ferromagnetischer Materialien sind Unterlegteile zu verwenden.

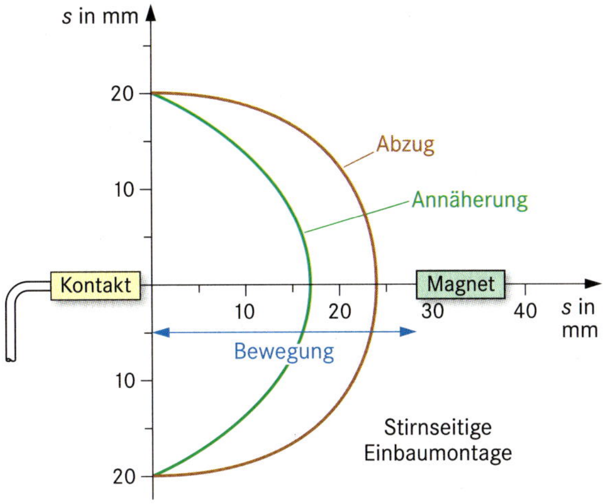

6: Abstandsdiagramm für einen Magnetkontakt

- Der Deckel wird nach der Montage verklebt (Sekundenkleber), sodass ein Entfernen ohne Beschädigung nicht mehr möglich ist (Sabotageschutz).

Glasbruchmelder (GM)

Diese Melder werden zur Durchbruchüberwachung von Glasscheiben eingesetzt. Man unterscheidet dabei zwischen Meldern und Sensoren (Abb. 7).

Aktive Melder überprüfen die Glasscheibe ständig, indem sie Schallwellen aussenden und die Reflexion in der Glasscheibe messen.

Passive Melder geben Alarm, wenn die Scheibe zerstört oder nur geritzt wird (Auswertung typischer Schallschwingungen 50 kHz bis 100 kHz). Wenn die Scheibe nur geritzt wurde, wird bei vielen Meldern dieser Alarmfall gespeichert und ggf. mit einer LED angezeigt. Mit einer Rückstelltaste kann der Anzeigezustand gelöscht werden. Da Glasscheiben unterschiedlich dick sind, muss über ein eingebautes Potenziometer die Empfindlichkeit eingestellt werden. Passive Glasbruchmelder sind recht kostengünstig und werden im häuslichen Bereich oft eingesetzt.

Glasbruchsensoren	Glasbruchmelder
- keine Spannungsversorgung erforderlich - arbeiten im Prinzip wie mechanische Schalter - reagieren nur auf die Zerstörung der Glasscheibe	- externe Spannungsversorgung für elektronische Bauelemente erforderlich - mechanische bzw. elektronische Kontakte - Signalauswertung erfolgt intern

7: Sensoren und Melder

- In Glasbruchmeldern öffnet bzw. schließt ein Kontakt, wenn die Scheibe geritzt oder zerstört wird.

9.3.3.5 Meldelinien

Die Verbindungen zwischen der Einbruchmeldezentrale und den jeweiligen Meldern wird durch Meldelinien [detector lines] hergestellt. Über sie werden Informationen gesendet und empfangen. In Abb. 1 sind verschiedene leitungsgebundene und drahtlose Möglichkeiten dargestellt. Um für eine Einbruchmeldeanlage das geeignete Verfahren auswählen zu können, werden diese Möglichkeiten jetzt einzeln vorgestellt.

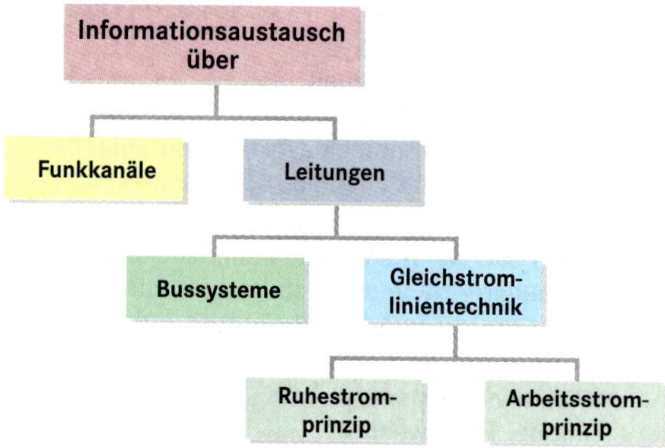

1: Informationsaustausch

Funkübertragung

In Abb. 2 ist der grundsätzliche Aufbau einer Funk-Einbruchmeldeanlage zu sehen. Im Zentrum befindet sich die Zentrale, die über Funkkanäle mit den Meldern (**Detektion**) und Ausgabegeräten (**Alarmierung**) verbunden ist. Das Abfragen der Ereignisse an den Meldern kann durch die Zentrale zyklisch erfolgen oder vom Melder selbst veranlasst werden (Ereignissteuerung).

Die Melder und Ausgabegeräte besitzen für ihre Energieversorgung langlebige Lithium-Ionen-Batterien (z. B. 9 V). Ihr Ladezustand wird von der Zentrale überwacht. Wenn die Kapazitätsgrenze erreicht ist, erfolgt eine Meldung im Anzeigefeld der Zentrale. Damit zwischen Sendern und Empfängern eine geordnete Kommunikation abläuft, erfolgt ein „Anlernen" durch ein separates Programmiergerät oder eine Menü-Steuerung an der Zentrale.

Für die Signalübertragung wird häufig das **ISM-Frequenzband** [**I**ndustrial, **S**cientific and **M**edical frequency band] von 433,05 MHz bis 434,79 MHz verwendet. Es unterliegt keiner staatlichen Regulierung und darf lizenzfrei genutzt werden. Es müssen lediglich Auflagen hinsichtlich der Sendeleistung und der Störung benachbarter Frequenzen eingehalten werden. Die Sendeleistung beträgt maximal 10 mW. Dadurch erzielt man eine Reichweite wie bei schnurlosen Telefonen. Aufgrund der vielfältigen Nutzer im ISM-Frequenzband (z. B. Funkschalter) wird für Einbruchmeldeanlagen jetzt auch vermehrt das **SRD-Frequenzband** [**S**hort **R**ange **D**evice frequency band] von 868 MHz verwendet.

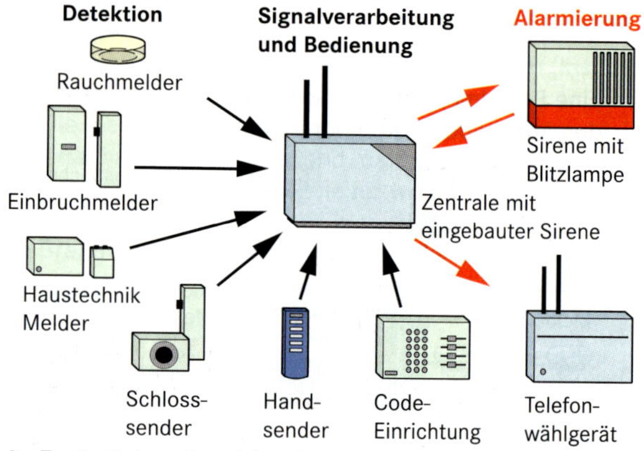

2: Funk-Einbruchmeldeanlage

Für das ISM-Frequenzband würde sich bei einer Wellenlänge von 70 cm eine Antennenlänge des $\lambda/4$-Dipols von 17,5 cm ergeben. Auch diese Abmessung ist unpraktikabel. Man verwendet deshalb verkürzte Antennenstäbe und bezieht die Masseflächen des Senders bzw. Empfängers mit ein. Gehäuseteile übernehmen somit eine Antennenfunktion.

Installationshinweise

- Die Antennen dürfen nicht verlängert oder verkürzt werden.
- Sende- und Empfangsantenne müssen die gleiche Ausrichtung besitzen.
- Eine mögliche Dämpfung der Signale und ein Mehrwegeempfang (Reflexion von Wellen z. B. durch Wände, Möbel) ist zu beachten.
- Mögliche Störquellen durch Metalle (sie wirken wie zusätzliche Antennen) und Funkstörquellen im Umfeld (z. B. Funkthermometer) sollten vor der Installation ermittelt und bei der Wahl der Montageorte berücksichtigt werden.
- Vor der Übergabe der Anlage an den Betreiber ist eine eingehende Überprüfung unter verschiedenen Bedingungen vor Ort erforderlich.

Vorteile

- Eine schnelle Montage ist möglich, da keine Leitungen von der Zentrale zu den Meldern und Ausgabegeräten erforderlich sind.
- Erweiterungen können ohne großen Installationsaufwand durchgeführt werden.

Nachteile

- Höhere Kosten entstehen für einzelne Komponenten im Vergleich zu verdrahteten Anlagen.
- Batterien müssen in bestimmten Abständen erneuert werden.

- Die Funkübertragung erfolgt mit digitalen Signalen bei 433 MHz oder 868 MHz.
- Bei Funk-Einbruchmeldeanlagen sind mögliche Veränderungen der Empfangs- und Sendebedingungen durch Metallteile im Gebäude und durch andere Störquellen zu beachten.

9.3.3 Objekte für Einbruchmeldeanlagen

9.3.3.1 Melder zur Außenhautsicherung

In dem in Kap. 9.3.1 skizzierten Sicherheitsbereich für eine Etagenwohnung sind zur **Außenhautsicherung** [outdoor protection] Melder mit Magnetkontakten (Abb. 3) und Glasbruchmelder (Abb. 4) vorgesehen.

3: Melder mit Magnetkontakt

4: Glasbruchmelder

Melder mit Magnetkontakt (MK)

Diese Melder bestehen aus zwei Teilen, dem eigentlichen Magnetkontakt (Abb. 5 ①) und dem Dauermagneten ②. Beide Teile werden parallel oder stirnseitig zueinander montiert. Am beweglichen Fensterflügel bzw. Türblatt wird der Dauermagnet angebracht. Sein Magnetfeld wirkt in das am Rahmen befestigte zweite Element hinein. In seinem Gehäuse sind in einem Glasröhrchen zwei sich gegenüber liegende eiserne Kontaktzungen (**Reed-Kontakte**) eingeschmolzen.

Wenn sich jetzt der Dauermagnet wie in Abb. 5 in der Nähe der Kontaktzungen befindet, ziehen sie sich wie zwei Dauermagnete an. Der Kontakt wird geschlossen (Betriebszustand). Er bleibt so lange geschlossen, bis sich der Abstand (s. Abstandsdiagramm in Abb. 6) auf etwa 20 mm vergrößert hat. Die Kontakte öffnen (Ruhezustand).

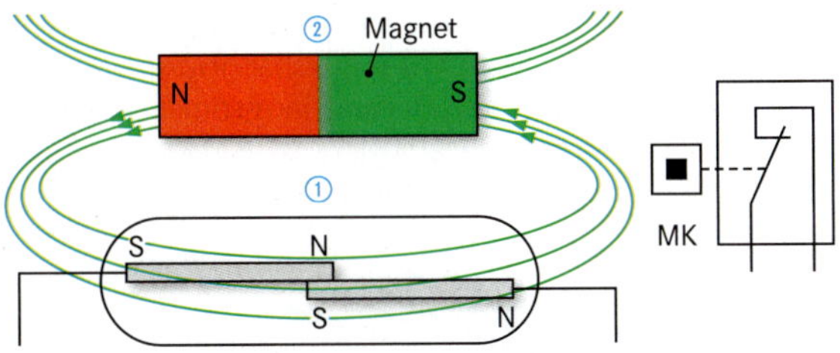

5: Melder mit Magnetkontakt

Installationshinweise [Installation hints]

Auf Grund der sehr guten Funktionssicherheit, Robustheit und einfachen Montage werden Melder mit Magnetkontakten häufig eingesetzt.

- Beide Teile müssen so angebracht werden, dass sie parallel ohne seitlichen Versatz zueinander liegen.
- Für die Befestigung müssen Schrauben aus nicht magnetischem Material verwendet werden.
- Für den Aufbau an Stahltüren oder in der Nähe ferromagnetischer Materialien sind Unterlegteile zu verwenden.

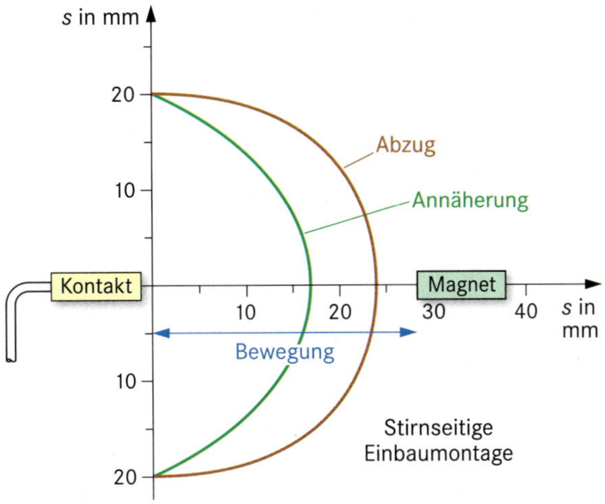

6: Abstandsdiagramm für einen Magnetkontakt

- Der Deckel wird nach der Montage verklebt (Sekundenkleber), sodass ein Entfernen ohne Beschädigung nicht mehr möglich ist (Sabotageschutz).

Glasbruchmelder (GM)

Diese Melder werden zur Durchbruchüberwachung von Glasscheiben eingesetzt. Man unterscheidet dabei zwischen Meldern und Sensoren (Abb. 7).

Aktive Melder überprüfen die Glasscheibe ständig, indem sie Schallwellen aussenden und die Reflexion in der Glasscheibe messen.

Passive Melder geben Alarm, wenn die Scheibe zerstört oder nur geritzt wird (Auswertung typischer Schallschwingungen 50 kHz bis 100 kHz). Wenn die Scheibe nur geritzt wurde, wird bei vielen Meldern dieser Alarmfall gespeichert und ggf. mit einer LED angezeigt. Mit einer Rückstelltaste kann der Anzeigezustand gelöscht werden. Da Glasscheiben unterschiedlich dick sind, muss über ein eingebautes Potenziometer die Empfindlichkeit eingestellt werden. Passive Glasbruchmelder sind recht kostengünstig und werden im häuslichen Bereich oft eingesetzt.

Glasbruchsensoren	Glasbruchmelder
- keine Spannungsversorgung erforderlich - arbeiten im Prinzip wie mechanische Schalter - reagieren nur auf die Zerstörung der Glasscheibe	- externe Spannungsversorgung für elektronische Bauelemente erforderlich - mechanische bzw. elektronische Kontakte - Signalauswertung erfolgt intern

7: Sensoren und Melder

- In Glasbruchmeldern öffnet bzw. schließt ein Kontakt, wenn die Scheibe geritzt oder zerstört wird.

Installationshinweise für Glasbruchmelder

- In eine Fensterecke (Abb. 1) wird der Melder mit einem Kleber auf die Scheibe montiert. Wichtig ist dabei, dass sich keine Fremdkörper zwischen Glasscheibe und Melder befinden (Beeinträchtigung der Empfindlichkeit).
- Die Entfernung zum Rahmen sollte zwischen 10 cm bis 15 cm liegen.
- Glasbruchmelder sind hochempfindlich, deshalb kann Beklopfen oder andere unsachgemäße Behandlung zur Zerstörung führen.

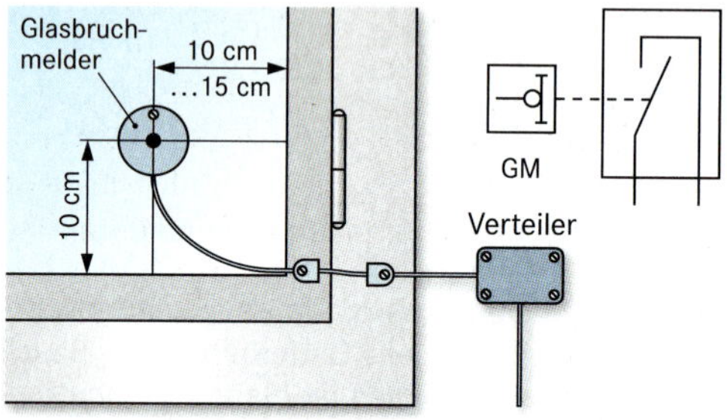

1: Montageort eines Glasbruchmelders

Die prinzipielle Montage für Magnetkontakte (MK1) und Glasbruchmelder (GM1) am Fenster zeigt Abb. 2. Bei einer leitungsgebundenen Informationsübertragung erfolgt die Verdrahtung in der Verteilerdose X1.

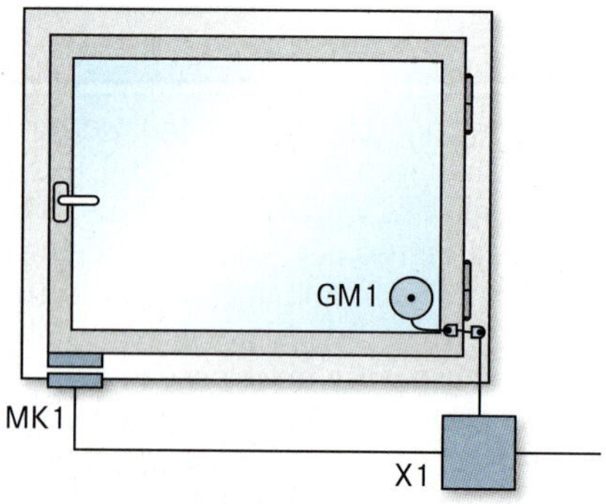

2: Montageorte für die Außenhautsicherung

AUFGABEN

1. Beschreiben Sie Maßnahmen, um eine Glasscheibe gegen Einbruch zu sichern.
2. Erklären Sie den Unterschied zwischen einem aktiven und einem passiven Melder.

- Melder mit Magnetkontakt bestehen aus zwei Teilen. Mit dem Dauermagneten am beweglichen Element lässt sich ein Schalter (Reed-Kontakt) betätigen.
- Melder mit Magnetkontakten eignen sich zum Überwachen von Fenstern und Türen.

9.3.3.2 Melder zur Innenraumsicherung

Die Innenraumsicherung kann durch **Bewegungsmelder** erfolgen (Abb. 3). Sie erkennen die von Personen erzeugte Wärmeänderung in einem dreidimensionalen Erfassungsbereich und lösen dann einen entsprechenden Schaltvorgang aus.

Bewegungsmelder arbeiten mit

- **elektromagnetischen Wellen**,
- **Ultraschall** oder reagieren auf
- **infrarote Strahlung** (**IR**).

Im häuslichen Bereich werden vorwiegend **Passiv-Infrarot-Bewegungsmelder** (**PIR**) verwendet. Passiv bedeutet, dass diese Melder nur Signale empfangen und selbst keine Strahlung aussenden. Sie besitzen außerdem keinen Helligkeitssensor wie Bewegungsmelder im Außenbereich.

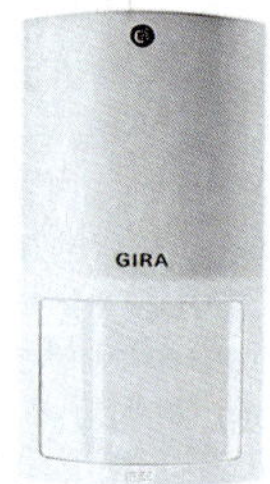

3: Passiv-Infrarot-Bewegungsmelder

Passiv-Infrarot-Bewegungsmelder (PIR)

Vor dem eigentlichen Sensor befindet sich ein Linsensystem (Fresnel-Linse), womit der Raumbereich in einzelne Segmente und Ebenen aufgeteilt wird. In Abb. 4 sind zwei Ebenen mit dem jeweiligen **Erfassungsbereich** dargestellt. Der Melder reagiert, wenn zwischen den einzelnen Segmenten eine Wärmebewegung (Wärmeunterschied) vorkommt. Die Erfassung ist um so sicherer, je mehr Segmente durchschritten werden. Wenn sich eine Wärmeänderung langsam und gleichzeitig auf alle Segmente auswirkt (z. B. bei Raumtemperaturerhöhung), erfolgt kein Alarm.

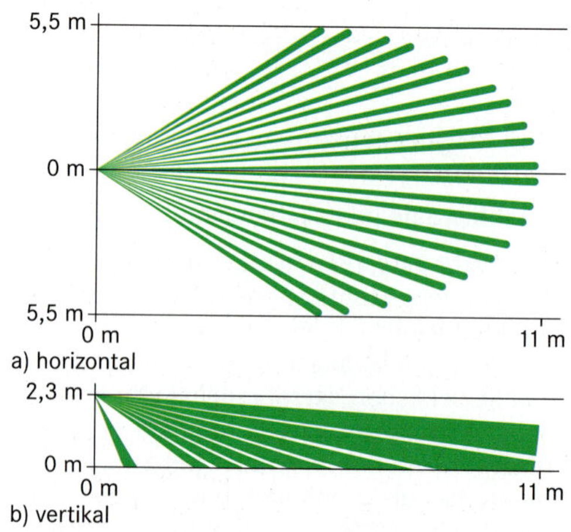

4: Erfassungsbereich eines PIR

5: Montageort eines PIR

Installationshinweise für PIR

- Passiv-Infrarot-Bewegungsmelder müssen so montiert werden, dass der Einbrecher zwangsläufig am Melder vorbeigehen muss (Abb. 3, Montage möglichst in einer oberen Raumecke).
- Der Montageort muss erschütterungsfrei sein.
- Die Ausrichtung darf nicht in Richtung Sonnenlicht erfolgen. Reflexionen durch Glasflächen im Erfassungsbereich sind zu vermeiden.
- Zugluft, Heizlüfter, selbstständig einschaltende Glühlampen usw. dürfen im Erfassungsbereich nicht vorkommen.
- Der Erfassungsbereich sollte z. B. nicht durch Möbel eingeschränkt werden.
- Es ist erforderlich, dass die Funktion entsprechend den Herstellerunterlagen sorgfältig überprüft wird (z. B. im Raum gehen (**Gehtest**), Erfassungsbereich unterkriechen (**Unterkriechschutz**)).

Bei der **Auswahl** des Bewegungsmelders sollen der horizontale und vertikale Erfassungsbereich (Abb. 4), die Reichweite sowie die Ansprechempfindlichkeit berücksichtigt werden.

Wenn in der Wohnung Tiere vorkommen, sollte ein gegen Tiere (z. B. Hunde und Katzen bis 40 kg) unempfindlicher Melder gewählt werden.

AUFGABEN

1. Begründen Sie, weshalb die Funktion des PIR besonders sorgfältig überprüft werden muss.
2. Ermitteln Sie aus Abb. 2 das Raumvolumen, das durch den Passiv-Infrarot-Bewegungsmelder überwacht werden kann.

- Passiv-Infrarot-Bewegungsmelder reagieren auf die Änderung der Infrarotstrahlung im Erfassungsbereich.
- Bei der Montage müssen störende Wärmequellen berücksichtigt werden.
- Beim Passiv-Infrarot-Bewegungsmelder können häufig eingestellt werden: Erfassungsbereich (Winkel), Reichweite und Ansprechempfindlichkeit.

9.3.3.3 Überfallmelder

In der in Kap. 9.3.1 skizzierten Einbruchmeldeanlage für eine Etagenwohnung sind drei Überfallmelder vorgesehen (Abb. 6). Sie werden manuell betätigt und in verschiedensten Bauformen angeboten (auffällig bis unauffällig). Es handelt sich hierbei in der Regel um einen Taster, wobei einzelne oder mehrere Kontakte bei Betätigung öffnen bzw. schließen.

Bei der Wahl des jeweiligen Installationsortes sollte geprüft werden, wie und wo ein Alarm ausgelöst werden könnte, wenn sich eine unbefugte Person in der Wohnung aufhält. Auch sollte berücksichtigt werden, in welcher Lage sich möglicherweise die Person befindet, wenn ein Alarm ausgelöst werden soll. Weiterhin ist zu beachten, dass man den Überfallmelder auch betätigen können muss, wenn die Einbruchmeldeanlage unscharf geschaltet ist. Der Melder muss darüber hinaus 24 Stunden lang in Betrieb sein („24-Stunden-Betrieb“, Anschluss an eine „24 Stunden Meldelinie“, s. Kap. 9.3.3.7).

6: Überfallmelder

Mikrowellen-Bewegungsmelder (MM)

Der Mikrowellen-Bewegungsmelder ist ein aktiver Melder. Er besteht aus einem Sender und einem Empfänger mit Frequenzen zwischen 9 GHz und 11 GHz. Der Alarm wird ausgelöst, wenn der Empfang z. B. durch Personen gestört wird. Da Mikrowellen Glasscheiben, Leichtbau- und Gasbetonwände durchdringen, können große Bereiche überwacht werden. In den Räumen dürfen sich keine größeren Metallobjekte befinden.

Ultraschall-Bewegungsmelder (UM)

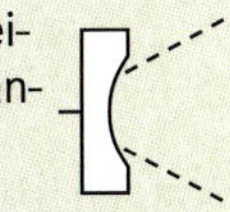

Dieser aktive Melder gibt über einen kleinen piezokeramischen Lautsprecher ständig Schallwellen zwischen 35 kHz und 50 kHz ab. Ein oberhalb des Lautsprechers angebrachtes Mikrofon empfängt das Echo der Schallwellen (Reichweite etwa 15 m). Bei einem gestörten Empfangssignal erfolgt der Alarm.

- Überfallmelder sind in der Regel mechanisch zu betätigende Taster (Öffner, Schließer oder Wechsler).
- Mit Überfallmeldern muss ein Alarm unabhängig vom Zustand der Einbruchmeldeanlage und 24 Stunden lang auslösbar sein.

9.3.3.4 Brandmelder

Brandmelder [fire detector] ist ein Oberbegriff für verschiedene Melder, die auf die Änderung der Umgebung auf Grund eines Brandes reagieren. Ein Brand kann sich auf unterschiedliche Weise äußern. Möglich sind

- **Rauchentwicklung**,
- **Temperaturerhöhung** und
- **Gasemission**.

Dementsprechend sind in einem Brandmelder ein einzelner Sensor oder mehrere Sensoren (Abb. 1) enthalten.

Sensoren		
optisch (Rauchsensor)	**thermisch** (Temperatursensor)	**chemisch** (Gassensor)
Der in eine Messkammer eintretende Rauch (kleine Rauchpartikel) wird ausgewertet.	Die Widerstandsänderung von temperaturabhängigen Widerständen wird ermittelt.	In der Regel wird das bei einem Brand entstehende Kohlenmonoxid (CO) festgestellt.

1: Sensoren in Brandmeldern

Je nach Ausführung können Brandmelder auf einzelne Brandergebnisse (Rauch, Temperatur oder Gasentwicklung) oder allgemein reagieren. Einen optimalen Schutz bieten Brandmelder, in denen mehrere Sensoren das Brandereignis analysieren.

In die Einbruchmeldeanlage laut Kap. 9.3.1 sollen drei Brandmelder eingesetzt werden (Abb. 2). Um dort einen optimalen Schutz zu gewährleisten, sollten Melder ausgewählt werden, die auf Rauch, Temperaturerhöhung und Gas reagieren (Abb. 3).

2: Brandmelder im Wohnungsbereich

Betriebsspannung	15 V DC bis 33 V DC
Stromstärke	< 0,51 mA
Signalausgang	offener Kollektor, 0 V über 1,5 kΩ, max. 15 mA
Überwachungsbereich	max. 120 m^2
Montagehöhe	max. 16 m

3: Kenndaten eines Brandmelders

Installationshinweise

- Die jeweilige Bauverordnung ist zu beachten (Installation ist teilweise verpflichtend).
- Die Installation erfolgt an der Decke.
- Unabhängig vom Zustand der Alarmanlage muss der Brandalarm weitergeleitet werden (24 Stunden, s. Kap. 9.3.4).
- Brandmelder müssen so platziert werden, dass der Luftzutritt nicht behindert wird.

Wie funktioniert ein Rauchsensor?

Ein Rauchsensor besteht aus einem Lichtsender und einem Lichtempfänger (Abb. 4). Der Lichtsender wird im Abstand von wenigen Sekunden ein- und ausgeschaltet. Lichtsender ① und Lichtempfänger ② befinden sich nicht gegenüber, sondern nebeneinander in einer gemeinsamen Kammer, in die kein Außenlicht eindringen kann. Die umgebende Luft kann allerdings eindringen und kleine Rauchpartikel ③ in die Kammer transportieren.

Wenn sich kein Rauch in der Kammer befindet (Abb. 4a), fällt kein Licht auf den Empfänger. Erst wenn Rauchpartikel in die Kammer eingedrungen sind, wird das Licht des Senders an diese Rauchpartikeln gestreut und gelangt so zum Empfänger (Abb. 4b ④). Eine Meldung erfolgt.

Oft sind zur Funktionsüberwachung in Rauchmeldern folgende Leuchtdioden enthalten:
- Rote LED (leuchtet etwa alle 40 Sekunden auf): Gerät arbeitet ordnungsgemäß.
- Grüne LED: Betriebsspannung ist vorhanden.

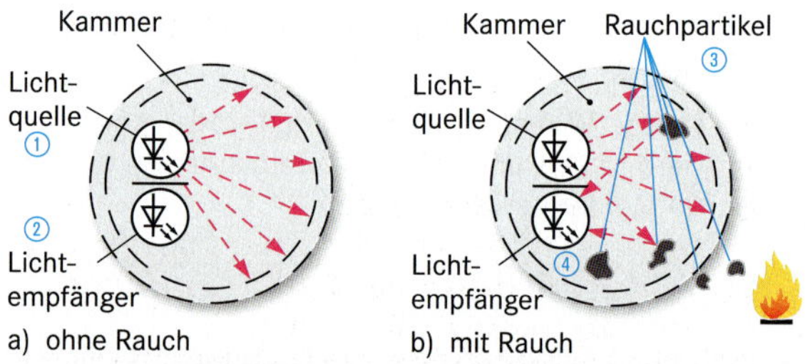

4: Arbeitsweise eines Rauchsensors

AUFGABEN

1. Begründen Sie, weshalb sich ein Rauchmelder niemals in einem geschlossenen Behälter befinden darf.
2. Warum müssen Rauchmelder immer an der Decke angebracht sein?

- Je nach Ausführung können Brandmelder einzeln auf Rauchentwicklung, Temperaturerhöhung oder Gasentwicklung reagieren oder mit mehreren Sensoren die Brandinformationen auswerten.

Brandmeldeanlagen

Eine Brandmeldeanlage besteht in der Regel aus den abgebildeten Komponenten.

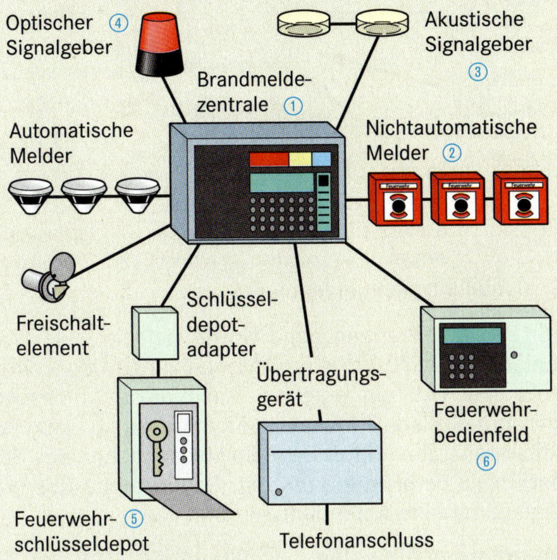

- **Brandmeldezentrale** ①
  [fire reporting center]
  - Sie versorgt die Melder mit elektrischer Energie und überwacht die Anlage.
  - Fehler werden optisch und akustisch angezeigt (z. B. bei Kurzschluss, Drahtbruch, Störung in der Energieversorgung).
  - Signale der angeschlossenen Melder werden ausgewertet.
  - Gefahr wird optisch und akustisch angezeigt.
  - Brandalarm wird gegeben und/oder ein Signal an die automatischen Brandschutzeinrichtungen weitergeleitet.
- **Nichtautomatische Melder** ②
  - Mit diesen Druckknopfmeldern löst man einen Alarm aus, indem die Glasscheibe zerstört und der Knopf gedrückt wird.
  - Montageorte sind vorwiegend Fluchtwege, Treppenhäuser, Gänge und die Bereiche an Ausgangstüren.
- **Akustische Signalgeber** ③
  - Sie signalisieren im gesamten überwachten Bereich einen Feueralarm.
  - Von der Brandmeldezentrale aus kann der Feueralarm zurückgesetzt werden.
- **Optischer Signalgeber** ④
  - Diese Blitzlampe wird im Alarmfall von der Brandmeldezentrale angesteuert.
  - Der optische Signalgeber wird in der Nähe des Feuerwehrschlüsseldepots installiert.
  - Der Alarm kann durch die Zentrale zurückgesetzt werden.
- **Feuerwehrschlüsseldepot** ⑤
  [fire brigade key depot]
  - In diesem Depot befinden sich Objektschlüssel (Gebäudeschlüssel), mit denen die Feuerwehr im Brandfall Zugang zur Brandmeldezentrale und zum Feuerwehrbedienfeld erhält.
  - Unbefugte Personen können das Depot nicht öffnen.
- **Feuerwehrbedienfeld** ⑥
  [fire brigade control panel]
  - Hierbei handelt es sich um eine Zusatzeinrichtung für Brandmeldeanlagen. Sie zeigt bestimmte Betriebszustände der Brandmeldeanlage an.
  - Das Feuerwehrbedienfeld befindet sich in unmittelbarer Nähe der Brandmeldezentrale und muss frei zugänglich, gut sichtbar und gut bedienbar sein.
  - Planung und Montage erfolgen in Absprache mit der Feuerwehr.
- **Leitungen und Leitungsführung**
  - Die Anschlussleitungen für Brandmelder entsprechen in ihrem grundsätzlichen Aufbau den Leitungen für Einbruchmeldeanlagen.
  - Zusätzlich ist auf dem PVC-Mantel der Aufdruck „BRANDMELDEKABEL“ vorhanden.
  - Unter der Metallfolie befindet sich ein blanker Beidraht ⑦ (0,6 mm Durchmesser) als Erdungsanschluss. Durch ihn lässt sich die Abschirmung elektrisch einwandfrei anschließen.
  - Der Beidraht muss in allen Meldern durchgeschaltet und in der Brandmeldezentrale geerdet werden.

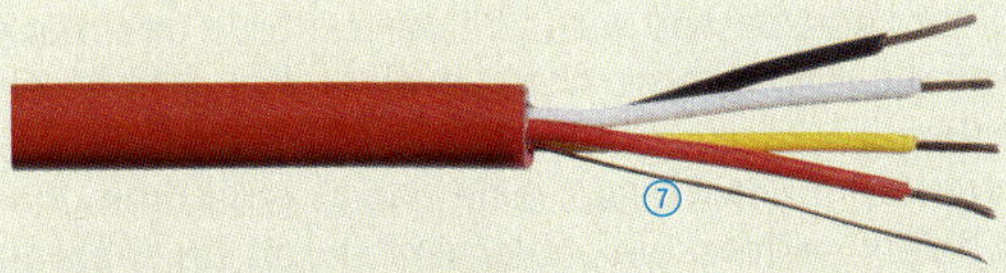

- **Anschluss der Melder**
  - Klemmen oder Verteiler in den Leitungen sind nicht zulässig.
  - Aus Sicherheitsgründen muss in Brandmeldeanlagen immer gewährleistet sein, dass die Leitungen bis zu den Melderanschlüssen funktionstüchtig sind. Deshalb wird jeder Melder direkt angeschlossen (Durchschleifen, s. Abb.).
  - Die jeweils ankommende Leitung muss besonders gekennzeichnet sein.

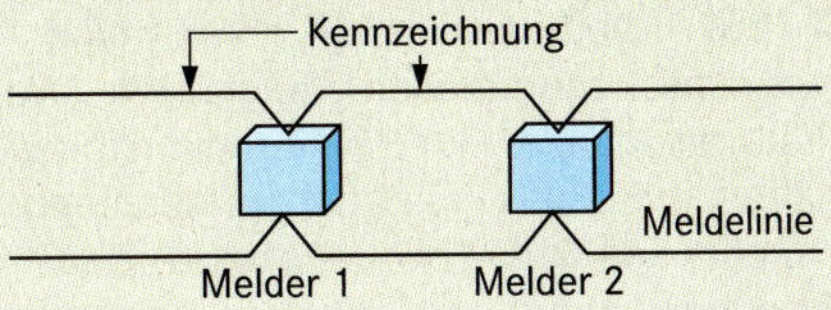

9.3.3.5 Meldelinien

Die Verbindungen zwischen der Einbruchmeldezentrale und den jeweiligen Meldern wird durch Meldelinien [detector lines] hergestellt. Über sie werden Informationen gesendet und empfangen. In Abb. 1 sind verschiedene leitungsgebundene und drahtlose Möglichkeiten dargestellt. Um für eine Einbruchmeldeanlage das geeignete Verfahren auswählen zu können, werden diese Möglichkeiten jetzt einzeln vorgestellt.

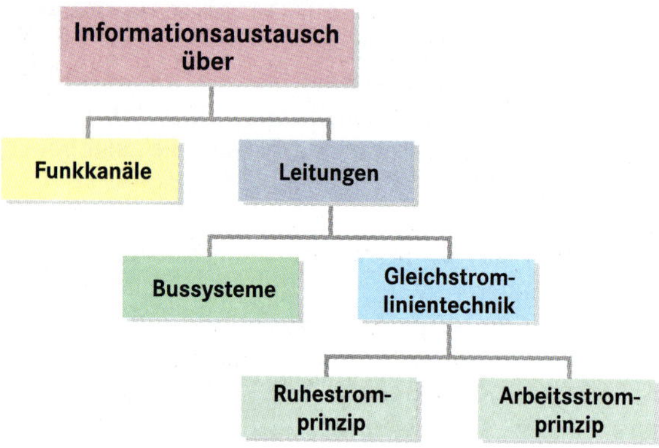

1: Informationsaustausch

Funkübertragung

In Abb. 2 ist der grundsätzliche Aufbau einer Funk-Einbruchmeldeanlage zu sehen. Im Zentrum befindet sich die Zentrale, die über Funkkanäle mit den Meldern (**Detektion**) und Ausgabegeräten (**Alarmierung**) verbunden ist. Das Abfragen der Ereignisse an den Meldern kann durch die Zentrale zyklisch erfolgen oder vom Melder selbst veranlasst werden (Ereignissteuerung).

Die Melder und Ausgabegeräte besitzen für ihre Energieversorgung langlebige Lithium-Ionen-Batterien (z. B. 9 V). Ihr Ladezustand wird von der Zentrale überwacht. Wenn die Kapazitätsgrenze erreicht ist, erfolgt eine Meldung im Anzeigefeld der Zentrale. Damit zwischen Sendern und Empfängern eine geordnete Kommunikation abläuft, erfolgt ein „Anlernen" durch ein separates Programmiergerät oder eine Menü-Steuerung an der Zentrale.

Für die Signalübertragung wird häufig das **ISM-Frequenzband** [**I**ndustrial, **S**cientific and **M**edical frequency band] von 433,05 MHz bis 434,79 MHz verwendet. Es unterliegt keiner staatlichen Regulierung und darf lizenzfrei genutzt werden. Es müssen lediglich Auflagen hinsichtlich der Sendeleistung und der Störung benachbarter Frequenzen eingehalten werden. Die Sendeleistung beträgt maximal 10 mW. Dadurch erzielt man eine Reichweite wie bei schnurlosen Telefonen. Aufgrund der vielfältigen Nutzer im ISM-Frequenzband (z. B. Funkschalter) wird für Einbruchmeldeanlagen jetzt auch vermehrt das **SRD-Frequenzband** [**S**hort **R**ange **D**evice frequency band] von 868 MHz verwendet.

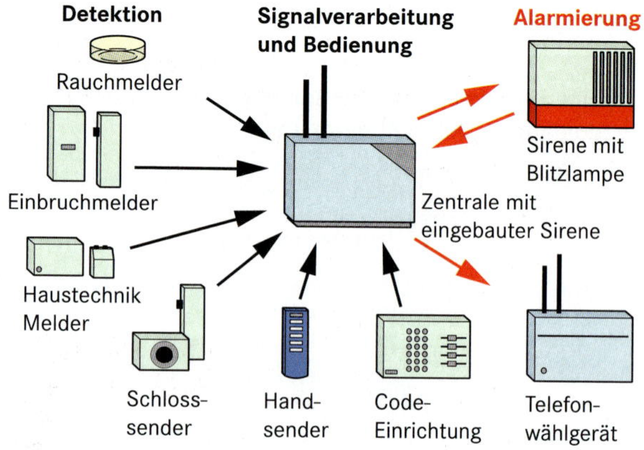

2: Funk-Einbruchmeldeanlage

Für das ISM-Frequenzband würde sich bei einer Wellenlänge von 70 cm eine Antennenlänge des $\lambda/4$-Dipols von 17,5 cm ergeben. Auch diese Abmessung ist unpraktikabel. Man verwendet deshalb verkürzte Antennenstäbe und bezieht die Masseflächen des Senders bzw. Empfängers mit ein. Gehäuseteile übernehmen somit eine Antennenfunktion.

Installationshinweise

- Die Antennen dürfen nicht verlängert oder verkürzt werden.
- Sende- und Empfangsantenne müssen die gleiche Ausrichtung besitzen.
- Eine mögliche Dämpfung der Signale und ein Mehrwegeempfang (Reflexion von Wellen z. B. durch Wände, Möbel) ist zu beachten.
- Mögliche Störquellen durch Metalle (sie wirken wie zusätzliche Antennen) und Funkstörquellen im Umfeld (z. B. Funkthermometer) sollten vor der Installation ermittelt und bei der Wahl der Montageorte berücksichtigt werden.
- Vor der Übergabe der Anlage an den Betreiber ist eine eingehende Überprüfung unter verschiedenen Bedingungen vor Ort erforderlich.

Vorteile

- Eine schnelle Montage ist möglich, da keine Leitungen von der Zentrale zu den Meldern und Ausgabegeräten erforderlich sind.
- Erweiterungen können ohne großen Installationsaufwand durchgeführt werden.

Nachteile

- Höhere Kosten entstehen für einzelne Komponenten im Vergleich zu verdrahteten Anlagen.
- Batterien müssen in bestimmten Abständen erneuert werden.

- Die Funkübertragung erfolgt mit digitalen Signalen bei 433 MHz oder 868 MHz.
- Bei Funk-Einbruchmeldeanlagen sind mögliche Veränderungen der Empfangs- und Sendebedingungen durch Metallteile im Gebäude und durch andere Störquellen zu beachten.

Bussysteme

In Abb. 3 ist das Prinzip der Informationsübertragung über eine Busleitung dargestellt. Alle Komponenten (Ein- und Ausgabegeräte, Zentrale) sind an einer Ringleitung (z. B. zwei Leiter) angeschlossen. Die Energieversorgung der Komponenten kann über die Busleitung oder über eine separate Leitung erfolgen. Eine Verbindung zu anderen Bussystemen (z. B. EIB) oder zur Gleichstrom-Linientechnik ist durch entsprechende Koppler möglich.

Der Informationsaustausch erfolgt häufig bidirektional und ist nach dem Master-Slave-Prinzip geordnet. Die Zentrale fungiert als Master und alle übrigen Komponenten fungieren als Slaves.

Beispiele für Bussysteme:
- LSN (Lokales Sicherheitsnetzwerk)
- Esserbus

Installationshinweise
- Es ist sinnvoll, die Busleitung als Ringleitung zu verlegen. Dadurch ist gewährleistet, dass bei Unterbrechung die Kommunikation weiter erfolgen kann.
- Den einzelnen Komponenten werden ihre Funktionen über entsprechende Programmiergeräte oder Einstellungen an der Zentrale zugewiesen.

Vorteil
Eine Erweiterung der Anlage ist ohne großen Installationsaufwand möglich.

Nachteil
Für die Komponenten entstehen höhere Kosten im Vergleich zu einer einzeln verdrahteten Anlage.

- Bei einer Einbruchmeldeanlage mit einem Bussystem sind alle Komponenten über eine Busleitung direkt miteinander verbunden.
- Die Busleitung kann als Ring- oder Sternnetz aufgebaut sein.

Gleichstrom-Linientechnik

Da in Meldern und Ausgabegeräten die intern vorhandenen Schalter etwas über den jeweiligen Zustand (Alarm bzw. kein Alarm) aussagen, können diese Schalter auch direkt über Leitungen (**Meldelinien** [detector lines]) an die Zentrale geführt und der jeweilige Zustand ausgewertet werden. Man unterscheidet Meldelinien nach dem Ruhe- und Arbeitsstromprinzip.

Meldelinien nach dem Ruhestromprinzip

Bei einer Meldelinie nach dem Ruhestromprinzip [closed circuit principle] fließt durch die Meldelinie ständig ein kleiner Strom. Die Kontakte der Melder, z. B. die Öffner von Magnetkontakten, müssen dann hintereinander geschaltet werden (Abb. 4). Es handelt sich um eine UND-Verknüpfung.

Ein Alarm wird dann ausgelöst, wenn sich in der Meldelinie mindestens in einem Melder ein Kontakt geöffnet hat. Die Meldelinie lässt sich unwirksam machen, wenn der am Anfang der Meldelinie befindliche Schalter S 1 geschlossen wird (Kurzschluss, Abb. 4).

Nachteil
Eine Sabotage an der Anlage ist möglich, wenn ein einzelner Melder oder die ganze Meldelinie am Eingang überbrückt wird.

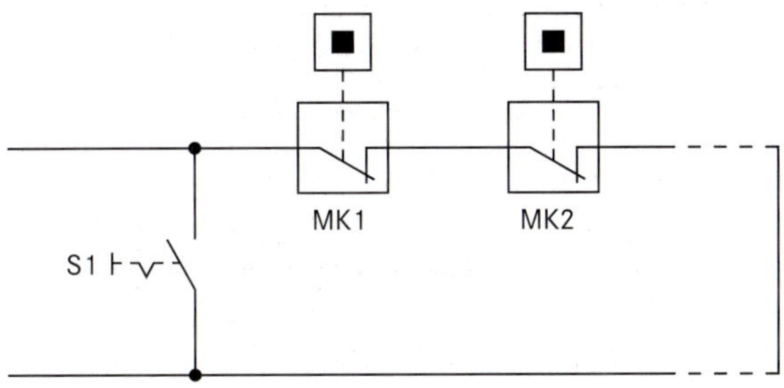

4: Meldelinie nach dem Ruhestromprinzip

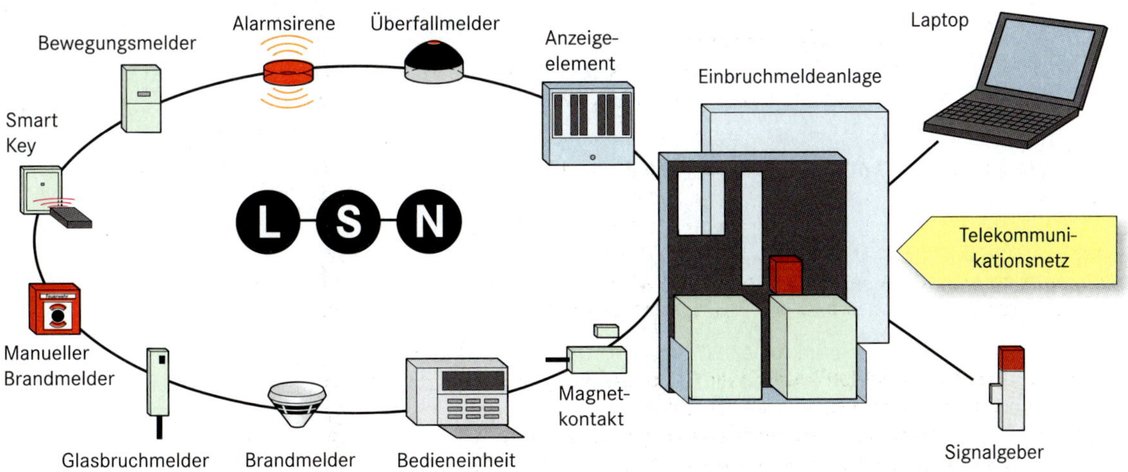

3: Einbruchmeldeanlage mit Bussystem

Meldelinien nach dem Arbeitsstromprinzip

Bei einer Meldelinie nach dem Arbeitsstromprinzip [open circuit principle] liegt zwischen den beiden Leitern der Meldelinie ständig eine Spannung und es fließt kein Strom. Die hierfür verwendbaren Melder besitzen Schließer, die alle parallel geschaltet werden (Abb. 1). Ein Alarm wird ausgelöst, wenn mindestens ein Kontakt schließt (ODER-Verknüpfung). Die Meldelinie lässt sich durch Öffnen des Schalters S1 (Unterbrechung) unwirksam machen.

Nachteil
Sabotage ist möglich, wenn die Zuleitung zu einem einzelnen Melder oder die ganze Meldelinie am Eingang unterbrochen wird (Abb. 1).

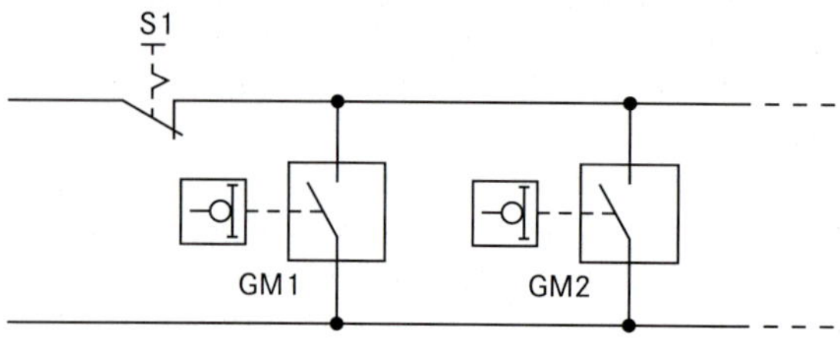

1: Meldelinien nach dem Arbeitsstromprinzip

Vergleicht man die die Gleichstrom-Linientechnik mit den anderen Techniken, ergeben sich zusammenfassend die folgenden Vor- bzw. Nachteile:

Vorteil
Geringere Kosten entstehen für die Komponenten im Vergleich zur Funk- und Bustechnik.

Nachteile
- Leitungen müssen verlegt und angeschlossen werden.
- Bei Erweiterungen der Anlage ist mehr Installationsaufwand erforderlich als bei Funk- und Bussystemen.

Der Schutz vor Sabotage an einer Meldelinie kann weiter verbessert werden, wenn man die Meldelinie durch einen Widerstand (Abb. 2) abschließt oder mehrere Widerstände auf die Meldelinie verteilt sind (s. rechter Einschub). Dieser Widerstand ist zusammen mit dem Leitungswiderstand ein Widerstand in einer abgeglichenen Brückenschaltung der Zentrale. Wenn durch eine Störung die Brücke nicht mehr abgeglichen ist, löst die Anlage einen Alarm aus (**Differenzialprinzip** [differential principle]).

- In einer Meldelinie nach dem Ruhestromprinzip (mit Öffnern) wird im Alarmfall der Stromkreis unterbrochen.
- In einer Meldelinie nach dem Arbeitsstromprinzip (mit Schließern) wird im Alarmfall der Stromkreis geschlossen.
- Die Signalauswertung nach dem Differenzialprinzip erfolgt mit Hilfe einer Brückenschaltung.

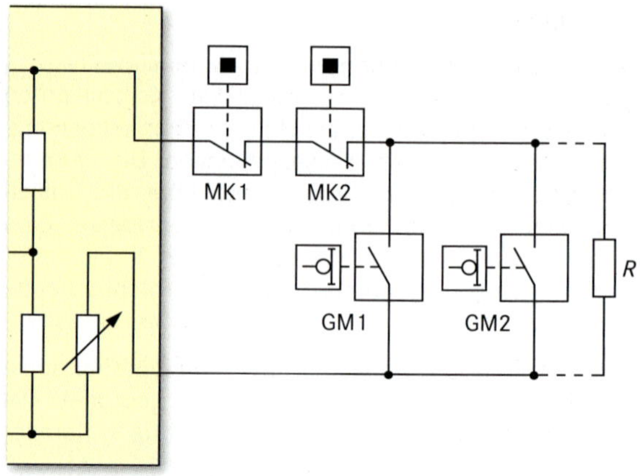

2: Meldelinien nach dem Differenzialprinzip

Meldelinie mit Widerstandsaufteilung
[detector line with resistor splitting]

Einen höheren Schutz gegen Sabotage als bei der Signalauswertung nach dem Differenzialprinzip erreicht man, wenn nicht ein einzelner Widerstand, sondern mehrere Widerstände in der Meldelinie vorhanden sind. Der erforderliche Gesamtwiderstand kann dazu in mehrere Einzelwiderstände aufgeteilt werden. Sie liegen in Reihe und können in die einzelnen Melder eingebaut sein (s. Abb. unten links).

4-Leiter-Verdrahtung [4-conductor-wiring]

Da Melder häufig nur einen Schließer bzw. Öffner besitzen, werden für den Anschluss an eine Meldelinie nur zwei Leitungen benötigt. Eine Sabotage am Melder ist möglich, indem man die Anschlüsse überbrückt bzw. unterbricht. Um dies zu erschweren, werden Melder häufig mit vier nicht unterscheidbaren Anschlüssen versehen. Zwei sind für die Funktion nicht erforderlich. Sie werden aber trotzdem in die Meldelinie einbezogen, indem man den „Hin- und Rückleiter" durch jeden Melder hindurch führt (s. Abb. rechts).

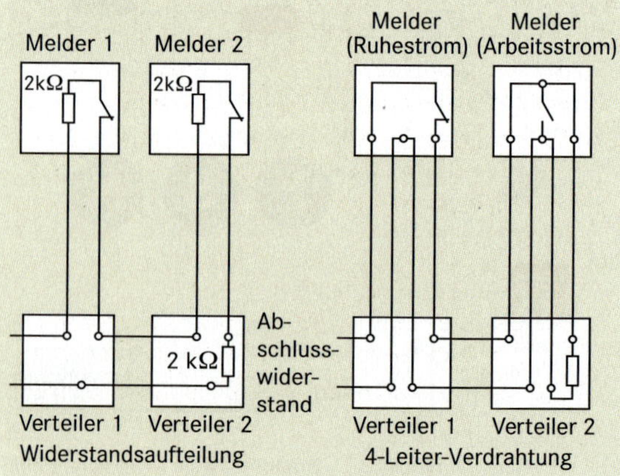

Leitungen

Die Leitungen der Meldelinien in Einbruchmeldeanlagen bestehen aus starren oder flexiblen Adern. Der Mindestdurchmesser beträgt 0,6 mm. Zur Verringerung der magnetischen Beeinflussung (Induktion) sind sie häufig paarig verseilt. Die elektrostatische Beeinflussung wird durch eine Metallfolie verhindert (Abb. 3).

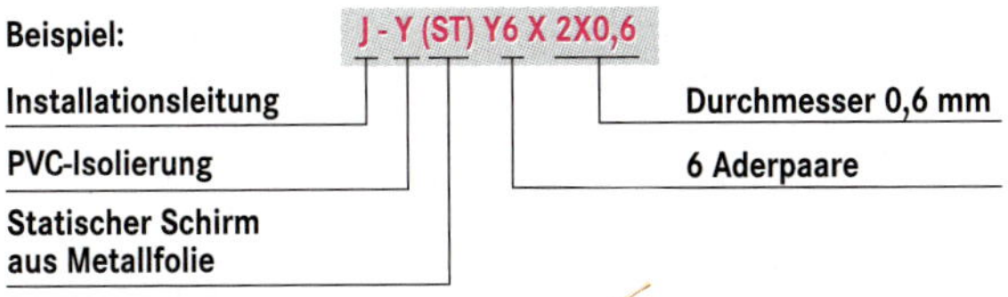

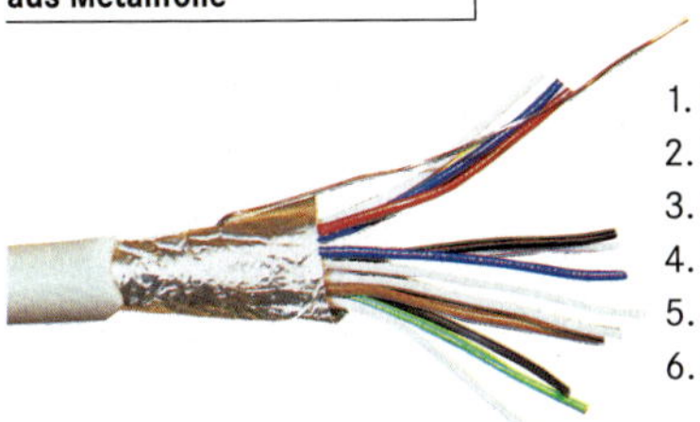

1. Paar:	blau-rot
2. Paar:	gelb-weiß
3. Paar:	grün-weiß
4. Paar:	braun-weiß
5. Paar:	schwarz-weiß
6. Paar:	blau-weiß

3: Leitung für die Gleichstrom-Linientechnik

Installationshinweise

- Die Leitungen sind so unauffällig wie möglich zu verlegen (möglichst unter Putz).
- Die Leitungen sollten nicht als Leitungen einer Einbruchmeldeanlage erkennbar sein.
- Eine zusätzliche Sicherheit bieten Komponenten mit einem Sabotageschutz (z. B. beim Öffnen des Gehäuses, s. rechter Einschub).
- Die Zahl der Leitungsverbindungen sollte möglichst gering gehalten werden.
- An allen Anschlussstellen müssen einwandfreie Verbindungen hergestellt werden (Löt- oder Schraubverbindungen).

AUFGABEN

1. Welche Aufgabe hat der Einstellwiderstand für die Meldelinie in Abb. 2?

2. Beschreiben Sie die grundsätzliche Arbeitsweise einer Auswertung nach dem Differenzialprinzip.

3. Nennen Sie Orte bzw. Stellen, an denen Melder mit Magnetkontakt und Bewegungsmelder sinnvollerweise angebracht werden sollten.

4. Beschreiben Sie die Vorteile der 4-Leiter-Verdrahtung gegenüber der 2-Leiter-Verdrahtung von Meldern.

- Um eine Sabotage an Meldern zu erschweren, werden diese häufig mit vier von außen nicht unterscheidbaren Anschlüssen versehen.
- Für die Installation einer Einbruchmeldeanlage gilt: Unauffällige Installation, hohe Betriebssicherheit, geringe Störanfälligkeit und Sabotagesicherheit.

- Der gesamte Leitungswiderstand in einer überwachten Linie sollte maximal 40 % der zur Alarmauslösung erforderlichen Widerstandsänderung betragen.
- Die Abschirmung der Leitungen muss in den Verteilern mit angeschlossen werden. Die Erdung sollte an der Zentrale vorgenommen werden.
- Bewegliche Leitungen (z. B. zu Fenstern und Türen) sind betriebssicher zu installieren und mit einem mechanischen Schutz (z. B. flexibler Spiralschlauch) zu versehen.

Schutz vor Sabotage

Für die Installation jeder Einbruchmeldeanlage gilt: Die Gehäuse von Betriebsmitteln und Verteilerdosen sind gegen Sabotage zu sichern. Verwendet werden Schalter im Deckel bzw. Gehäuse, deren Kontakte sich beim Entfernen öffnen (**Deckelkontakt** [cap contact]).

Die Verdrahtung eines Melders in einem Verteiler und ein Aufputzverteiler mit Schraubklemmen sind in der unteren Abbildung zu sehen. Der Einbruchmelder und der Verteiler besitzen jeweils Deckelkontakte ① ②. Für sie ist eine separate Meldelinie ③ vorzusehen.

Der Deckelkontakt im Verteiler besteht aus zwei Metallzungen ④, die sich in einem geringen Abstand zueinander befinden. Durch den Stempel in der Mitte des Deckels werden die Metallzungen zusammengedrückt.

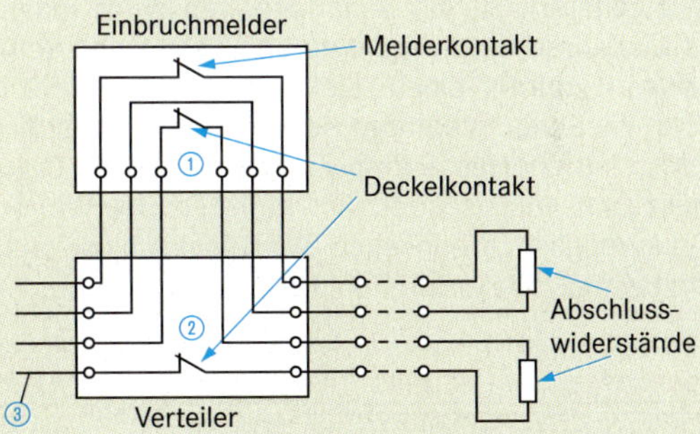

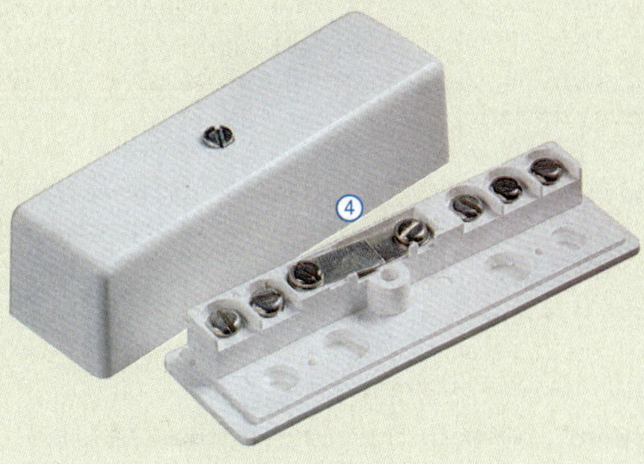

9.3.3.6 Schalteinrichtungen

Es gibt zahlreiche Möglichkeiten, Alarmanlagen mit Hilfe von Schalteinrichtungen [switching devices] zu aktivieren. Je nach technischer Realisierung lassen sich folgende Gruppen unterscheiden:

- Schalten mit **Geräten** bzw. **Bedienelementen** wie z. B. Schlüssel, Transponder oder Chipkarte
- Eingabe von **Zahlen-**, **Zeichen-** oder/und **Buchstabenfolgen** über z. B. Tastaturen
- Erfassen **biometrischer Daten** z. B. von Fingerabdrücken, Stimmen oder Augenhintergründen

Für Alarmanlagen im häuslichen Bereich werden vorwiegend die in Abb. 1 aufgeführten Schalteinrichtungen verwendet. Für die Einbruchmeldeanlage in Kap. 9.3.1 ist im Außenbereich ein **Blockschloss** [block lock] vorgesehen (Abb. 2).

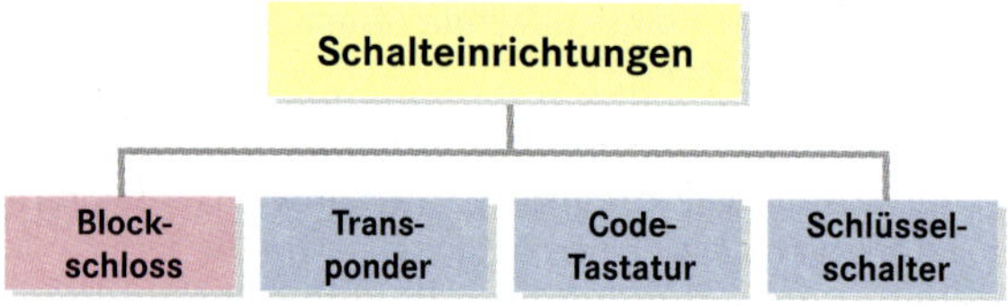

1: Schalt- und Bedieneinrichtungen

Ein Blockschloss ① wird zusätzlich zum bestehenden Riegelschloss (Türschloss) in die Haustür eingebaut. Die Bedienung erfolgt von außen über einen herkömmlichen Profilhalbzylinder, mit dem die Anlage scharf und unscharf geschaltet werden kann. Sind nicht alle Melder der Anlage betriebsbereit (z. B. ein noch geöffnetes Fenster), ist ein Scharfschalten nicht möglich. Das Ausfahren des Riegels durch Drehen des Schlüssels wird durch einen Elektromagneten blockiert. Erfolgt die Scharfschaltung, so wird über den im Blockschloss integrierten Summer ein akustisches Quittierungssignal ausgesendet. Ein Betreten der Wohnung ist nur möglich, wenn auch das Blockschloss aufgesperrt wird. Dabei erfolgt die Unscharfschaltung.

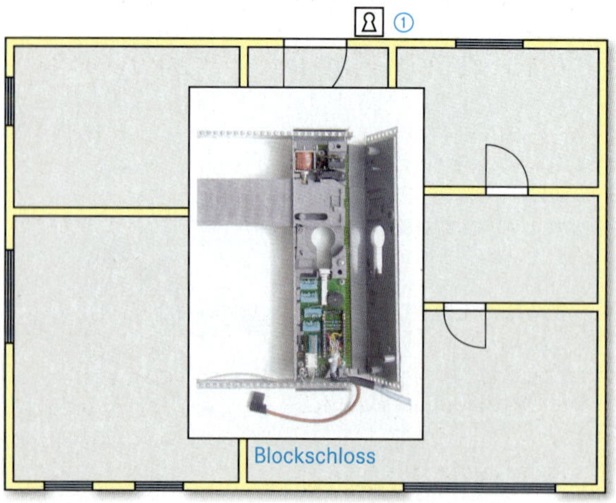

2: Blockschloss in der Einbruchmeldeanlage

Schlüsselschalter [key operated switch]
Sie werden neben der Eingangstür im Außenbereich zusätzlich zum Türschloss angebracht. Mit einem Schlüssel lässt sich die Anlage scharf bzw. unscharf schalten. Durch einen Sabotagekontakt, der in die Sabotagelinie einbezogen wird, erreicht man eine zusätzliche Sicherheit.

Damit keine Sabotage an der Anschlussleitung möglich ist, sollte sie möglichst direkt hinter dem Schlüsselschalter in den gesicherten Bereich geführt werden.

Code-Tastatur
[code keyboard]
Über eine Tastatur werden festgelegte Zeichen zum Schalten der Einbruchmeldeanlage verwendet („geistige" Schalteinrichtung).

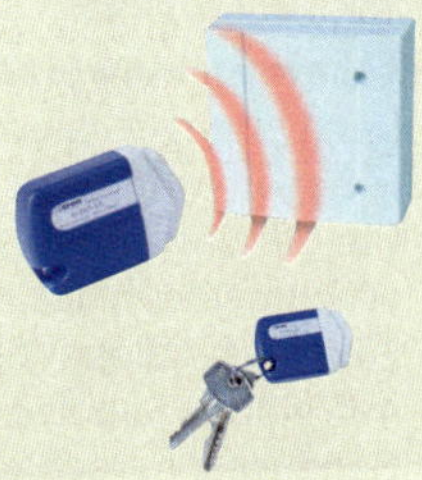

Transponder
[transponder]
Die beiden Komponenten der Anlage bestehen im Prinzip aus einer Sende- und Empfangseinrichtung. Durch Knopfdruck findet eine verschlüsselte Kommunikation zwischen dem Transponder und dem Schließzylinder bzw. dem Schloss der Schalteinrichtung statt. Im Transponder sind die Berechtigungsdaten gespeichert. Er ersetzt somit nicht nur den mechanischen Schlüssel, sondern übernimmt auch die Funktion einer Ausweiskarte. Von der Empfangseinrichtung gelangen dann die Daten zur Auswertung in die Zentrale.

Vorteile
- Weil die Kombinationsmöglichkeiten extrem zahlreich sind, besteht eine große Fälschungssicherheit.
- Die Daten eines verloren gegangenen Transponders können in der Datenbank der Zentrale gelöscht werden.
- Aufgrund der kontaktlosen Übertragung kommt es zu keinem Verschleiß. Es findet keine Abnutzung statt.

- Mit einem Blockschloss lässt sich die Einbruchmeldeanlage scharf oder unscharf schalten.
- Das Blockschloss ist so konzipiert, dass eine Scharfschaltung der Anlage nur möglich ist, wenn alle überwachten Räume ordnungsgemäß verschlossen sind.

9.3.3.7 Einbruchmeldezentrale

Bei der Auswahl einer Einbruchmeldezentrale sind folgende Punkte zu berücksichtigen:

- Welche Meldelinien sollen für die Melder verwendet werden (z. B. Gleichstrom-Linientechnik, s. Kap. 9.3.3.5)?
- Aus Sicherheitsgründen sind bestimmte Melder auf einzelne Meldelinien zu verteilen.
- Eine Scharfschaltung (intern/extern) sollte über einen Schlüsselschalter und eine externe Schalteinrichtung (Blockschloss, s. Kap. 9.3.3.6) möglich sein.
- Alarmierungsgeräte zur Signalausgabe müssen anschließbar sein.
- Die Verzögerungszeit für das Scharf- und Unscharfschalten muss einstellbar sein (s. Kap. 9.3.2).
- Für eine möglichst fehlerfreie Bedienung sollten die Anzeigen eindeutig und übersichtlich sein.

In Abb. 3 sind als Beispiel die Meldelinien sowie das Bedien- und Anzeigenfeld für eine Einbruchmeldezentrale abgebildet (vereinfacht). Die jeweiligen Zustände werden durch Leuchtdioden angezeigt.

Neben dem Ein-/Ausschalter sind Anzeigesymbole ① und Hinweise für die vier anschließbaren Meldelinien der Außenhautsicherung, Innenraumsicherung, 24 Stunden und Sabotage aufgeführt.

Meldelinie	Funktionsbereich
1	Außenhautsicherung
2	Innenraumsicherung
3	24 Stunden (Meldelinie ist ständig in Betrieb)
4	Sabotage

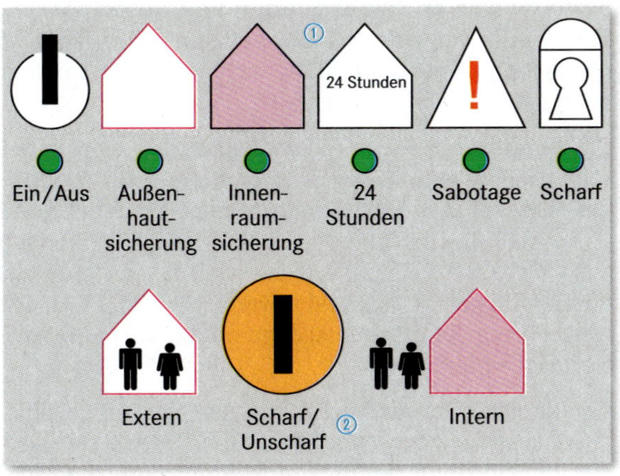

3: Anzeige- und Bedienfeld einer Einbruchmeldezentrale

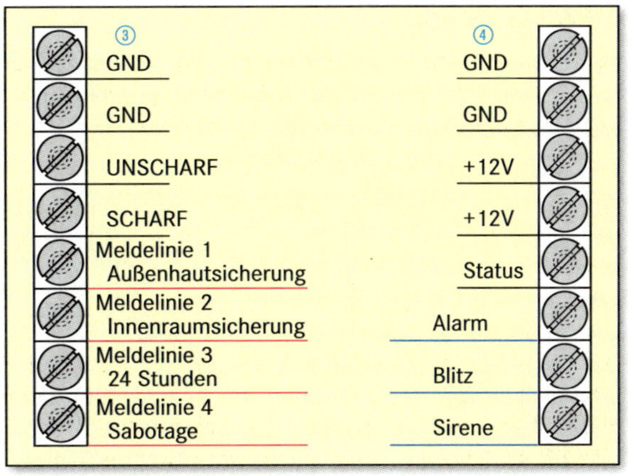

4: Anschlüsse an einer Einbruchmeldezentrale

Die Anschlussmöglichkeiten der Einbruchmeldezentrale von Abb. 3 sind in Abb. 4 vereinfacht dargestellt. Im linken Anschlussfeld ③ können die Installationen für das Scharf- und Unscharfschalten vorgenommen sowie die Melderkontakte an die jeweiligen Meldelinien angeschlossen werden.

Im rechten Feld ④ befinden sich folgende Anschlussmöglichkeiten:
- Spannungsversorgung 12 V
- Ausgangsbeschaltung mit Alarm, Sirene und Blitzlicht
- Statusanzeige/-meldung für den Schlüsselschalter

Installationshinweise
- Der Ort für die Zentrale soll aus Sicherheitsgründen nicht für jedermann zugänglich sein. Er muss innerhalb des gesicherten Bereichs liegen.
- Die Einbruchmeldezentrale sollte an einer stabilen Innenwand montiert sein.
- Die Energieversorgung ist über einen eigenen Stromkreis mit separater Absicherung herzustellen.
- Bei Ausfall der Netzspannung muss der Betrieb der Anlage durch Batterien noch mindestens 12 Stunden gewährleistet sein (Notstromversorgung durch Akkumulatoren). Bei höheren Sicherheitsanforderungen gelten mindestens 60 Stunden.
- Der Ladezustand der Notstromversorgung soll durch die Zentrale ständig überwacht werden. Wenn Fehler auftreten, muss dies akustisch und/oder optisch gemeldet werden.
- Wenn in der Anlage einzelne Geräte ausfallen, darf dies nicht zum Ausfall der gesamten Energieversorgung der Anlage führen.

AUFGABE

1. Stellen Sie an Hand der vorangegangenen Kapitel fest, welche Melder für die Meldelinien der
   a) Außenhautsicherung und
   b) Innenraumsicherung vorgesehen sind.

9.3.4 Installation

Es ist sinnvoll, eine Einbruchmeldeanlage in Abschnitten zu installieren. In den folgenden Ausführungen werden dazu ausgewählte Schritte erläutert.

- **Außenhautsicherung**

Für die Außenhautsicherung werden Magnetkontakte und Glasbruchmelder verwendet (s. Kap. 9.3.3.1). Beide Melder besitzen im Ruhezustand einen Öffner. Sie werden deshalb bei der Gleichstrom-Linientechnik alle in Reihe geschaltet (Ruhestromprinzip, Abb. 1). Der Widerstand R_1 ist hochohmiger als R_2, sodass unabhängig von der Belastung ein konstanter Strom fließt. Wenn die Meldelinie unterbrochen wird (Kontakt öffnet oder die Leitung wird unterbrochen), steigt die Spannung am Eingang der Verarbeitungseinheit an und führt zu einem Signal in der Anlage.

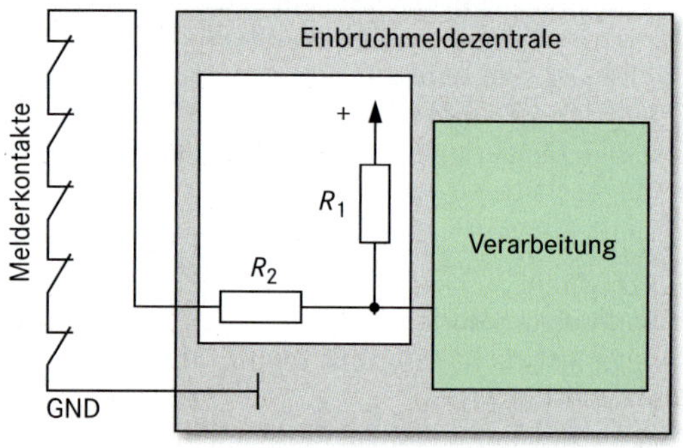

1: Grundsätzlicher Aufbau einer Meldelinie

Im Plan der Abb. 2 ist stellvertretend für die zahlreichen Öffner der Meldelinie für die Außenhautsicherung nur ein einzelner Öffner eingezeichnet worden ①.

- **Innenraumsicherung**

Für die Innenraumsicherung werden Passiv-Infrarot-Bewegungsmelder eingesetzt (s. Kap. 9.3.3.2). In ihnen befinden sich elektronische Schaltungen, die z. B. eine Gleichspannung von 12 V benötigen. Sie wird aus der Einbruchmeldezentrale bezogen (Abb. 3 ②).

Weiterhin verdeutlicht der Plan in Abb. 3 den Anschluss der Sabotagekontakte in den Passiv-Infrarot-Bewegungsmeldern. Auch sie liegen in Reihe, aber in der separaten Meldelinie 4 ③.

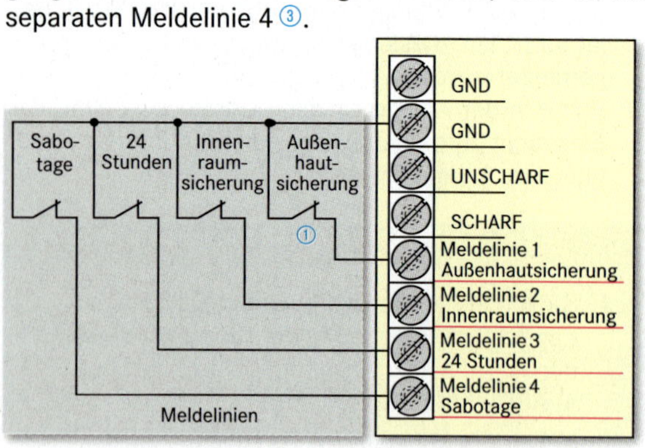

2: Anschlussplan der Einbruchmeldezentrale

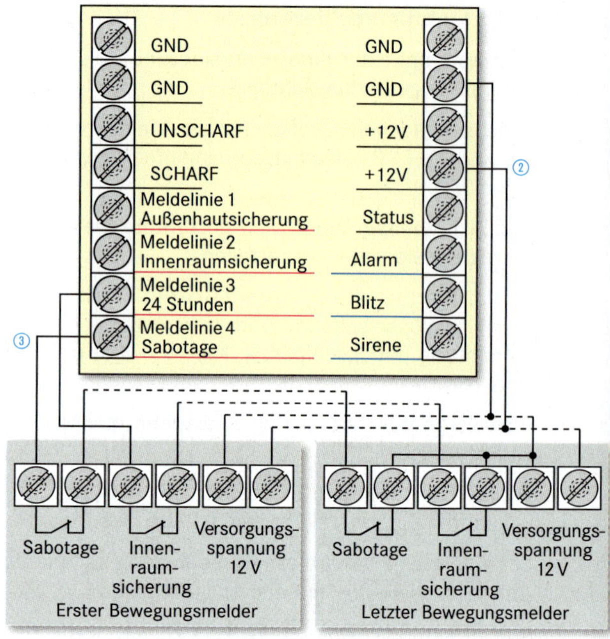

3: Meldelinie zur Innenraumsicherung

- **24 Stunden-Meldelinie**

In dieser Meldelinie 3 werden alle Melderkontakte in Reihe geschaltet, mit denen man ständig und unabhängig vom Zustand der Einbruchmeldeanlage einen Alarm auslösen kann (24 Stunden lang). Melder für diese Meldelinie sind die Überfallmelder (s. Kap. 9.3.3.3) und die Brandmelder (s. Kap. 9.3.3.4).

- **Sabotage-Meldelinie**

Meldelinie 4 (Abb. 3 ③) wird auch als Sabotage-Meldelinie [sabotage detector line] bezeichnet. Alle Kontakte sind in Reihe geschaltet und öffnen beim gewaltsamen Öffnen oder Zerstören der Gehäuse (z. B. Deckelkontakte, s. Kap. 9.3.3.5).

- **Anschluss der Alarmgeber**

Als Alarmgeber sind Außen-Signalleuchten (Blitzlicht [flashlight], Abb. 4 ④) üblich. Zusätzlich kann nach dem Plan eine Alarmsirene [alarm siren] installiert werden. Die Alarmgeber für den Außenbereich (Blitzlicht und Außensirene) sind häufig nicht getrennt, sondern befinden sich in einem Gehäuse.

Die Ausgänge der Einbruchmeldezentrale sind unterschiedlich belastbar. Die Blitzleuchte und die Außensirene werden über Relaiskontakte angesteuert (K1 und K2 in Abb. 5). Die Status- und Alarmausgänge können nur mit 10 mA belastet werden, weil Transistoren mit offenem Kollektor verwendet werden (K3 und K4). Die Ansteuerung für diese Ausgänge erfolgt über eine Auswerteschaltung.

Der für diese Einbruchmeldeanlage noch nicht beschaltete Alarm-Ausgang (Abb. 5 ①) kann verwendet werden, um ein **Übertragungsgerät** [transmission device] zum Telekommunikationsnetz anzuschließen (s. Einschub nächste Seite).

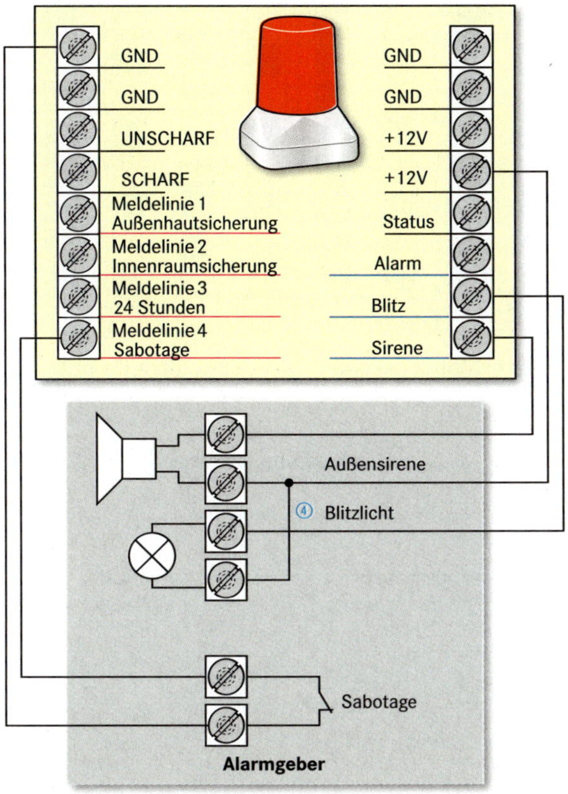

4: Anschlüsse für Alarmgeber

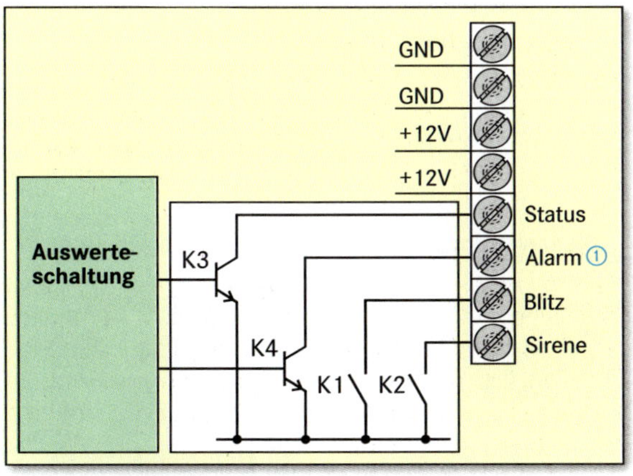

5: Innenschaltung der Zentrale für die Alarmgeber

- Je nach Funktion werden die Melder bestimmten Meldelinien zugeordnet.
- In der Meldelinie für die Außenhautsicherung befinden sich in der Regel Melder, die einen Alarm bei Einbruch auslösen (Magnetkontakte und/oder Glasbruchmelder).
- Melder für die Innenraumsicherung (PIR) werden in der Regel in einer Meldelinie zusammengefasst.

Übertragungsgerät

Das Übertragungsgerät hat die Aufgabe, bei Gefahr einen stillen Alarm an die dafür zuständige Stelle (Polizei oder Feuerwehr) zu senden. Dies geschieht in der Regel über die im Haus befindliche Telekommunikationsleitung (s. Kap. 9.2.3). Das Übertragungsgerät muss dabei in der Lage sein, die folgenden Sicherheitsschaltungen vornehmen zu können:

Freischalten eines B-Kanals
Wenn in einem Alarmfall zufällig beide B-Kanäle benutzt werden oder bei Sabotage absichtlich belegt sind, muss die Übertragungsanlage einen Kanal freischalten können. Dieses erfolgt über den D-Kanal.

Sabotagefreischaltung
Der S_0-Bus der ISDN-Leitung befindet sich häufig außerhalb des gesicherten Bereichs, sodass an ihm eine Sabotage durchgeführt werden kann (Kurzschluss oder Unterbrechung). Um auch in diesem Fall eine Übertragung vornehmen zu können, muss das Übertragungsgerät an der ersten Stelle des ISDN-Busses eingebaut sein. Außerdem muss die Möglichkeit bestehen, die nachfolgende Busleitung durch vier Öffner abzuschalten ②.

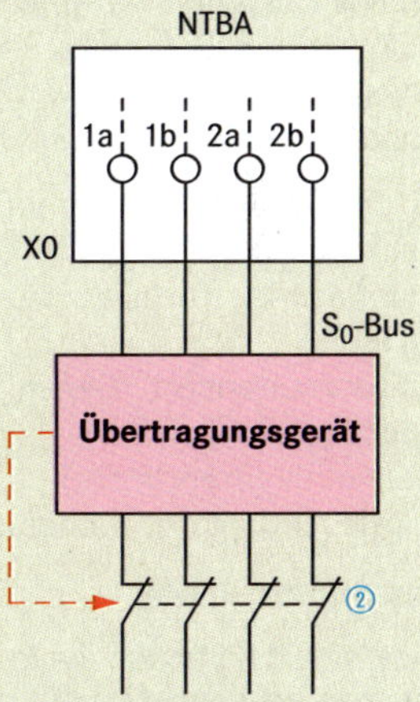

AUFGABEN

1. Notieren Sie, wie viele Melderkontakte bei der Außenhautsicherung der Einbruchmeldeanlage in Kap. 9.3.1 in Reihe geschaltet sind.
2. Notieren Sie, wie viele Melderkontakte bei der Innenraumsicherung der Einbruchmeldeanlage in Kap. 9.3.1 in Reihe geschaltet sind.
3. Beschreiben Sie zwei wesentliche Möglichkeiten der Sabotagesicherheit.

- Melder, die unabhängig vom Zustand der Anlage ständig betriebsbereit sein müssen, werden getrennt in einer Meldelinie zusammengefasst (Meldelinie 24 Stunden).
- Aus Sicherheitsgründen werden Sabotagemelder (z. B. Deckelkontakte) in einer Meldelinie zusammengefasst.

9.3.5 Videoüberwachung

Für Videoüberwachungsanlagen wird der Begriff **CCTV-Überwachungsanlage** [**C**losed **C**ircuit **Tele**vision surveillance system] verwendet. Man drückt damit aus, dass es sich um eine geschlossene Fernsehanlage handelt. Sie besteht aus verschiedenen Komponenten mit folgenden Hauptfunktionen (Abb. 1):

- Signalaufnahme
- Signalübertragung
- Signalverarbeitung
- Signaldarstellung

Signalaufnahme

Eingesetzt werden vorwiegend **CCTV-Kameras**. Ein Halbleiterchip (**CCD** [Charge Coupled Device], ladungsgekoppeltes Bauteil), besitzt horizontal und vertikal angeordnete Pixel. Sie geben Signale ab, die der einfallenden Lichtmenge entsprechen (Abb. 2). Die Kantenlängen der Bildpunkte betragen 5 µm bis 20 µm. Bei einer Farbkamera werden getrennte Pixel für die Grundfarben Rot, Grün und Blau (RGB) verwendet.

Bei der Auswahl der Kamera sind folgende Punkte zu beachten:
- Auflösung (Anzahl vertikaler und horizontaler Linien)
- Kamerastandort (Gegenlicht, Sabotageschutz, Witterungseinflüsse, ...)
- Objektiv (Brennweite)
- Beleuchtung des Kamerasichtfeldes

Signalübertragung

Grundsätzlich können die in Abb. 3 dargestellten Übertragungsarten unterschieden werden. Dabei gilt es, die in der Videokamera erzeugten Signale möglichst verlustarm an den Empfänger (Monitor) zu übertragen.

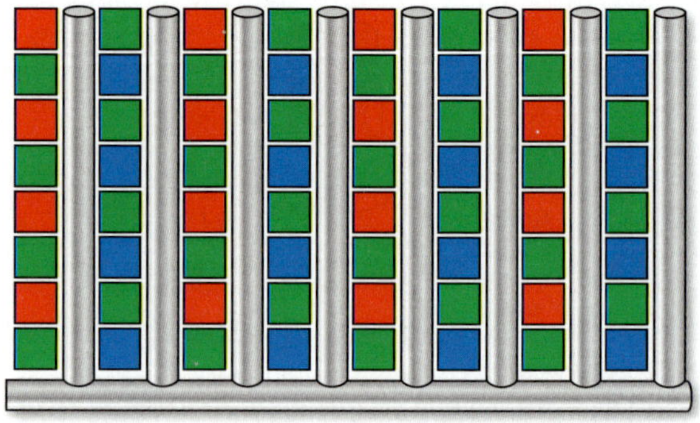

2: Pixel-Matrix bei einer CCD-Farbkamera (Prinzip)

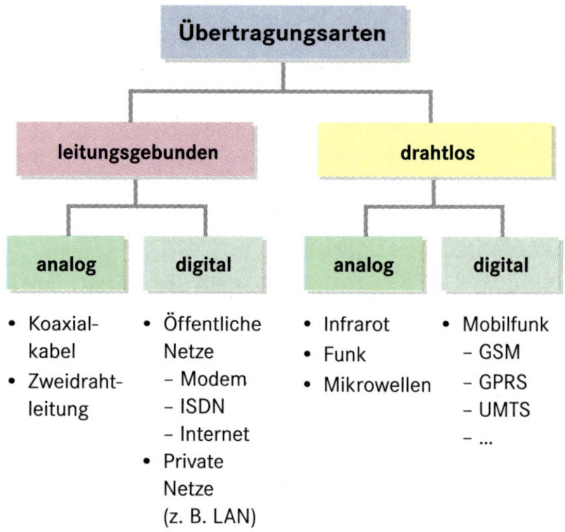

3: Arten der Signalübertragung

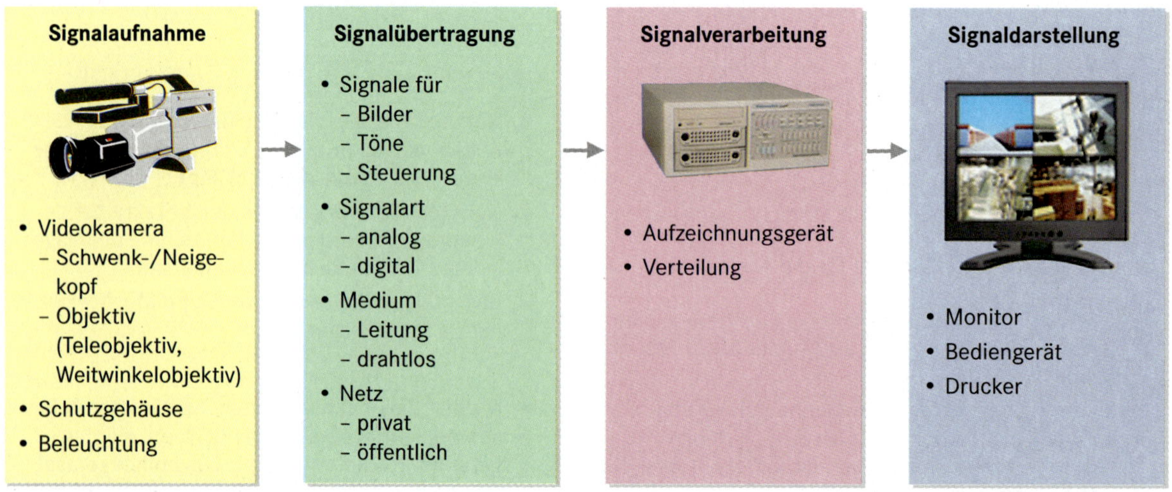

1: CCTV-Überwachungsanlage

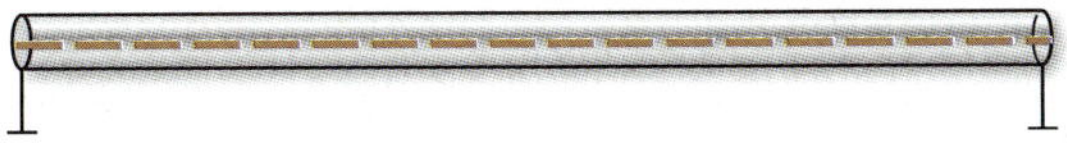

a) Koaxialkabel

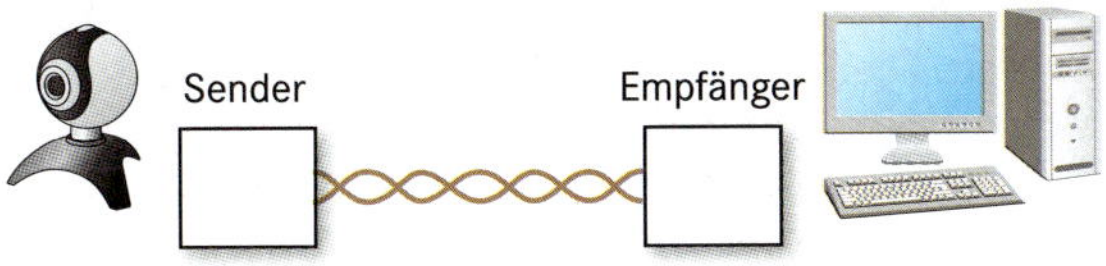

b) Zweidrahtleitung

4: Leitungsgebundene Übertragung

Die Signalübertragung mit einem **Koaxialkabel** (Impedanz 75 Ω) ist asymmetrisch (Abb. 4a) und wurde in der Vergangenheit häufig angewendet. Als Steckverbinder sind BNC-Stecker im Einsatz. Die Übertragungsentfernung ist abhängig von der Dämpfung des installierten Kabels (gegebenenfalls Verstärker einfügen). Beispielsweise kann bei einer Farbkamera mit einer Auflösung von maximal 300 Linien eine Entfernung von ca. 300 m ohne Verstärker überbrückt werden.

Bei der Übertragung mit einer **Zweidrahtleitung** werden verdrillte TK-Leitungen verwendet, die mitunter bereits in Gebäuden verlegt sind. Die Leitung ist im Vergleich zur Koaxialleitung symmetrisch. Auf der Kameraseite ist ein Sender und auf der Monitorseite ein Empfänger erforderlich (Abb. 4b). Durch den Einsatz von Zwischenverstärkern können Entfernungen von mehreren Kilometern überbrückt werden.

Bei der Videosignalübertragung mit **Lichtwellenleitern** [fibre optic cable] (LWL) werden Glasfaserkabel installiert. Um die elektrischen Signale in Lichtwellen umzuwandeln, sind entsprechende Wandler mit Spannungsversorgungen auf der Sender- und Empfängerseite erforderlich. Eine gute Bildqualität ist noch bis zu einer Entfernung von 50 km erreichbar. Im Gegensatz zum Koaxialkabel und zur Zweidrahtleitung sind Lichtwellenleiter sicher gegen alle Arten von elektrischen Störungen.

Bei der drahtlosen analogen Signalübertragung werden die elektrischen Kamerasignale in den Sendern so umgewandelt, dass sie über Antennen abgestrahlt werden können (Abb. 5). Im Empfänger wird das Ursprungssignal wieder hergestellt. Bei der **Funkübertragung** [radio transmission] werden Frequenzen von 2,4 GHz und 5,8 GHz verwendet. Störanfälligkeiten durch Reflexionen sowie Witterungseinflüsse sind zu beachten.

5: Drahtlose Übertragung (Funkwellenübertragung)

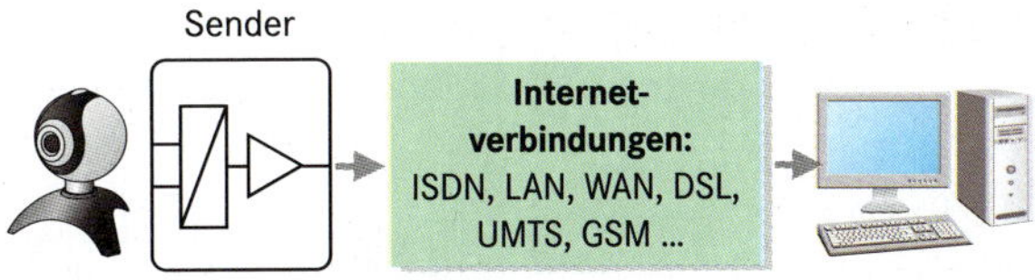

6: Digitale Signalübertragung

Mit der **digitalen Signalübertragung** können Videosignale ohne Einschränkungen über große Entfernungen übertragen werden, z. B. über das Internet mit dem Internetprotokoll (IP) weltweit. Die beim Empfänger erreichbare Bildqualität hängt ab von der auf der Senderseite vorgenommenen Datenreduktion und von der Datenrate (bit/s). Die Ausbreitung kann über öffentliche und/oder private Netze drahtlos oder leitungsgebunden erfolgen. CCTV-Kameras mit digitaler Signalaufbereitung verfügen über entsprechende Ausgangsbuchsen (z. B. RJ45). Der Sender befindet sich in der Kamera.

Signalverarbeitung

Die Art der Signalverarbeitung richtet sich nach dem gewünschten Sicherheitskonzept des Anlagenbetreibers. Die erforderlichen Geräte sind in der Regel in der Überwachungszentrale untergebracht, in der sich auch die Sichtgeräte (Monitore) befinden.

Im Bereich der Signalverarbeitung werden im Wesentlichen folgende Funktionen unterschieden:
- **Umschalten**
- **Darstellen in Quadranten** (Quad)
- **Multiplexen**
- **Aufzeichnen** (gegebenenfalls Alarm auslösen)

Beim **Umschalten** [switching] wird zwischen dem manuellen und automatischen Modus unterschieden. Im manuellen Modus kann von der Überwachungsperson die Kamera direkt gewählt und das Bild einzeln angezeigt werden. Im automatischen Modus wird das Bild jeder Kamera in einer bestimmten Reihenfolge für einen kurzen Zeitabschnitt angezeigt bzw. vom Aufnahmegerät aufgenommen (Abb. 7).

7: Bildumschaltung

- In einer CCTV-Überwachungsanlage werden Videosignale in einem geschlossenen System übertragen.
- In CCTV-Überwachungsanlagen können die Signale leitungsgebunden oder drahtlos mit elektromagnetischen Wellen übertragen werden.
- Mit einer digitalen Signalübertragung können Videosignale weltweit (Internetprotokoll) ausgetauscht werden.

1: Quadranten-Darstellung

Eine besondere Form von Umschaltern sind **Quads** (Abb. 1). Sie ermöglichen das gleichzeitige Anzeigen bzw. Aufnehmen von 4 Kameras auf einem geteilten Bildschirm. Jedes Bildschirmviertel kann für die volle Bildschirmanzeige einzeln oder in einer Reihenfolge genutzt werden (Umschaltfunktion).

Beim **Multiplexen** [multiplexing] können gleichzeitig Bilder von bis zu 16 Kameras auf dem Anzeigegerät abgebildet werden. Die Bilder der Kameras können im Vollbild-, Quad- oder im geteilten Anzeigemodus mit bis zu 16 Teilen (Splits) dargestellt werden. Der Multiplexer kann an einen Videorecorder angeschlossen werden. Alle Kameras können gleichzeitig in voller Größe aufzeichnen. Die Aufnahme wird durch das Umschalten des Anzeigemodus nicht beeinflusst. Auch während des Abspielens können alle Anzeigemodi, also Vollbild, Quad oder Split, nachträglich ausgewählt werden. Multiplexer sind in der Anschaffung teurer als Quads und besitzen eine geringfügig niedrigere Auflösung.

Wenn Videosequenzen aufgezeichnet werden, müssen die entsprechenden Datenschutzbestimmungen beachtet werden. Es werden verschiedene **Aufzeichnungsverfahren** unterschieden.

Die Signalaufzeichnung erfolgt mit Videorecordern, die zusätzliche Funktionen besitzen. Eine **kontinuierliche** [continuous] Signalaufzeichnung, auch mit geringen Bildfrequenzen von z. B. 12 Bildern/s und starker Datenreduktion, würde noch sehr viel Speicherplatz benötigen. Sie ist deshalb nur bei besonderen Anlässen sinnvoll.

Sinnvoller sind zeit- und ereignisgesteuerte Aufzeichnungen. Bei der **zeitgesteuerten** [time controlled] Aufzeichnung werden zu bestimmten vorher festgelegten Zeitpunkten Aufzeichnungen angefertigt. Bei der **ereignisgesteuerten** Aufzeichnung erfolgt die Aufzeichnung erst dann, wenn ein bestimmtes Ereignis eintritt.

Eine weitere Möglichkeit der Reduzierung von Aufzeichnungssequenzen besteht mit der Stopp-Funktion. Die Aufzeichnung wird unterbrochen, wenn ein bestimmtes Ereignis eintritt.

Signaldarstellung

Die Signaldarstellung erfolgt mit einem Monitor. Die Anzahl der horizontalen Linien bestimmt dabei die Qualität der Wiedergabe (**Auflösung** [resolution]). Je höher die Anzahl, desto mehr Details können erkannt werden. Die Auflösung der Kamera sollte passend zur Monitorauflösung gewählt werden. Beispiele:
- Schwarz-Weiß-Monitor mit 800 ... 1000 Linien
- Farbmonitor mit 300 ... 700 Linien

Der **Betrachtungsabstand** [viewing distance] wird von der Bildschirmgröße bestimmt. Optimal ist etwa ein Abstand, der der 6fachen Bildschirmdiagonale [diagonal screen] entspricht (Abb. 2).

Monitor in Zoll	Diagonale in cm	Breite x Höhe in cm	Betrachtungs-abstand in m
4	10	8 x 5	0,6
5	13	10 x 8	0,8
9	23	18 x 13	1,4
12	30	24 x 18	1,8
14	36	29 x 21	2,2
17	43	35 x 25	2,6
20	51	40 x 30	3,0

2: Monitorabmessungen

Da sich das Überwachungspersonal nur schwer auf mehrere Monitore gleichzeitig konzentrieren kann, sollte einer Person nur eine begrenzte Anzahl von Monitoren zugeordnet werden. Wenn mehrere Monitore gleichzeitig betrachtet werden müssen, sollte ein Blickwinkel von 2 x 45° nicht überschritten werden (Abb. 3).

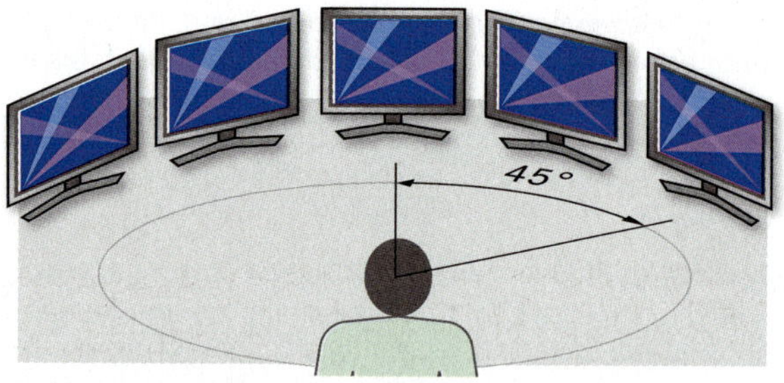

3: Monitoranordnung

- Mit Umschaltern können manuell oder automatisch Bilder verschiedener Kameras einzeln oder in Folge dargestellt werden.
- Zur Mehrfachbilddarstellung verschiedener Kameras werden Quads und Multiplexer eingesetzt.
- Die anfallende Datenmenge bei Videoaufzeichnungen lässt sich durch eine Datenreduktion und durch zeit- und/oder ereignisgesteuerte Aufzeichnungen verringern.

9.4 Empfangsverteilanlagen

9.4.1 Möglichkeiten des Fernsehempfangs

Eine Empfangsverteilanlage [reception distributing installation] empfängt und verteilt Antennen- oder Leitungssignale. Die Fernsehsignale können analog oder digital gesendet und mit entsprechenden Geräten empfangen werden. Beide Techniken bestehen zur Zeit nebeneinander, wobei analoge Empfangsverteilanlagen noch überwiegen. In naher Zukunft wird das digitale Fernsehen das analoge Fernsehen ablösen. Aus diesem Grunde werden in diesem Kapitel noch beide Techniken vorgestellt.

Analoger Fernsehempfang

Beim analogen Fernsehempfang wird die Bildvorlage nicht als Ganzes übertragen. Das Bild wird in 625 einzelne Zeilen zerlegt (abgetastet, Abb. 4 ①). Die Zeilen werden außerdem nicht nacheinander, sondern zunächst die geraden Zeilen (2, 4, ...) und dann die ungeraden Zeilen (1, 3, ...) abgetastet und übertragen. So entstehen aus den 25 Vollbildern pro Sekunde 50 Teilbilder. Das Verfahren wird deshalb als **Zeilensprungverfahren** [interlaced scanning method] bezeichnet. Durch die Verdopplung auf 50 Teilbilder verringert sich das Bildflimmern.

Die in einer Zeile enthaltenen Bildinformationen werden in analoge Spannungen umgewandelt. Danach werden sie auf einen hochfrequenten Träger aufgeprägt (**moduliert**) und über Antennen abgestrahlt (Abb. 4 ②).

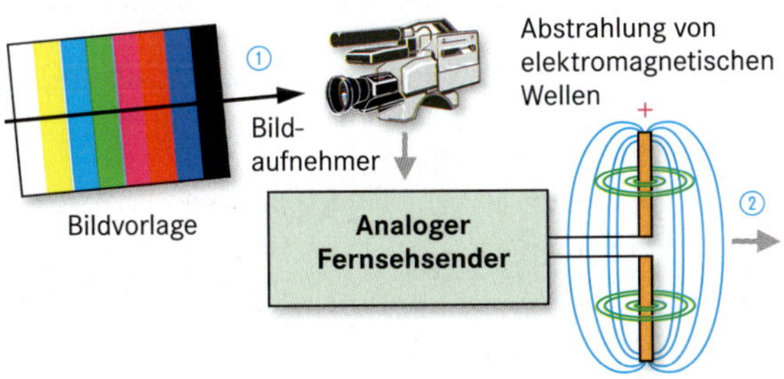

4: Beispiel für eine Bildübertragung

Im analogen Fernsehgerät werden die im hochfrequenten Signal enthaltenen Informationen zurück gewonnen. Dies geschieht in **Demodulatoren** [demodulator], sodass sich am Ende der Umwandlungskette bei einer **Bildröhre** [cathode ray tube] der Elektronenstrahl synchron zur Abtastung der Bildvorlage bewegt. Das Bild wird dabei Zeile für Zeile geschrieben (Abb. 5). Die Wiedergabegeräte besitzen Farbstreifen oder Farbpunkte aus den drei **Primärfarben** [primary colours] Rot, Blau und Grün. Mischfarben ③, ④, ⑤ entstehen, wenn sich die einzelnen Lichtfarben überlagern.

Die Wiedergabe kann aber auch mit einem Flachbildschirm erfolgen. Bei ihm werden die Bildinformationen als Bildpunkte (Pixel) nacheinander geschrieben.

5: Bildwiedergabe (Bildröhre)

Digitaler Fernsehempfang

Digitaler Fernsehempfang wird als **DVB** [Digital Video Broadcasting] bezeichnet und kann auf drei Übertragungswegen in die Fernsehgeräte gelangen (Abb. 6). Auch bei der digitalen Aufbereitung wird das Bild in Zeilen zerlegt. Es werden dabei aber nicht vollständige Zeilen aufgenommen, sondern es erfolgt eine Zerlegung jeder Zeile in einzelne Bildpunkte (Pixel). Ein Fernsehbild kann dann aus etwa 400 000 Pixeln bestehen. Die Bildauflösung wird um so besser, je höher die Pixelzahl ist.

Für jedes Pixel werden die Informationen über die drei Farben (Rot, Blau und Grün) und die Helligkeit (Luminanz) ermittelt und codiert. Eine gleichzeitige (simultane) Übertragung der Informationen aller Pixel ist wegen des hohen technischen Aufwandes nicht möglich. Die Pixel werden deshalb zeitlich nacheinander (sequentiell) übertragen. Es entsteht ein Datenstrom. Die Größe des Datenstromes gibt man als **Datenrate** [data rate] an. Sie wird in Bit/Sekunde gemessen.

Bei der beschriebenen Bildzerlegung fallen Datenraten von über 200 Mbit/s an. Wenn man diese Daten zur Übertragung auf einen hochfrequenten Träger modulieren würde, benötigte man ein breites Frequenzspektrum (große Bandbreite). Die Daten werden deshalb komprimiert und reduziert. Als **Datenreduktion** [data reduction] wird das **MPEG-2** [Motion Pictures Experts Group] Verfahren verwendet. Je nach gewünschter Qualität entstehen unterschiedlich große Datenströme. Für eine dem heutigen analogen Fernsehen gleichwertige Bildqualität werden Datenraten von 3 Mbit/s bis 5 Mbit/s benötigt.

DVB-T [**D**igital **V**ideo **T**errestrial] Drahtlose Ausbreitung über terrestrische Sender	
DVB-C [**D**igital **V**ideo **C**able] Ausbreitung über Kabelnetze	DVB C CABLE
DVB-S [**D**igital **V**ideo **S**atellite] Drahtlose Ausbreitung über Satelliten	DVB S SATELLITE

6: Digitales Fernsehen

Der für den analogen Fernsehempfang nutzbare Frequenzbereich ist in einzelne Abschnitte eingeteilt worden. Sie werden als **Kanäle** [channels] bezeichnet. Jeder Kanal besitzt eine Bandbreite von 7 MHz bzw. 8 MHz. Diese Kanalaufteilung bleibt auch für den digitalen Fernsehempfang DVB bestehen. Im Gegensatz zum analogen Fernsehempfang können in einem Kanal jedoch mehrere digitale Fernsehprogramme übertragen werden.

Für DVB sind verschiedene **TV-Standards** mit unterschiedlichen Darstellungsqualitäten (Abb. 1) definiert worden. Der SDTV-Standard entspricht z. B. der Qualität des heutigen analogen Fernsehempfangs. Mit **HDTV** erreicht man gegenwärtig die höchste Wiedergabequalität mit 1920 x 1080 Zeilen.

Innerhalb eines Standards kann der Programmanbieter die Qualität verändern. So können z. B. Zeitlupenaufnahmen eines Fußballspiels mit höherer Datenrate übertragen werden als Landschaftsaufnahmen.

Die hochfrequenten und mit digitalen Daten modulierten Fernsehsignale müssen im Empfänger wieder zurückgewonnen (demoduliert) werden. Da in den Haushalten vorwiegend noch analog arbeitende Fernsehempfänger vorhanden sind, müssen die Signale mit Zusatzgeräten wieder in die ursprünglichen analogen Signale umgewandelt werden. Diese Zusatzgeräte werden als **Settop-Boxen** (Abb. 2) oder vereinfacht als Receiver bezeichnet. Das analoge Fernsehgerät wird dabei lediglich als Monitor verwendet.

Darüber hinaus kann die Settop-Box auch Zusatzfunktionen übernehmen, beispielsweise die Signaltrennung für folgende PC-orientierte Anwendungen:
- Online-Dienste
- Interaktive Verteildienste (Video-on-Demand, Pay-per-View, Teleshopping)

Für die interaktiven Verteildienste ist ein Anschluss zum TK-Netz erforderlich.

TV-Standard	Auflösung in Pixel x Pixel	Datenrate in Mbit/s
LDTV **L**ow **D**efinition **T**ele**v**ision, VHS-Qualität	376 x 282	1,5
SDTV **S**tandard **D**efinition **T**ele**v**ision, PAL-Qualität	640 x 480	4 ... 6
EDTV **E**nhanced **D**efinition **T**ele**v**ision, Studioqualität	704 x 480	8
HDTV **H**igh **D**efinition **T**ele**v**ision, Hochauflösendes Fernsehen	1920 x 1080	24 ... 30

1: TV-Standards

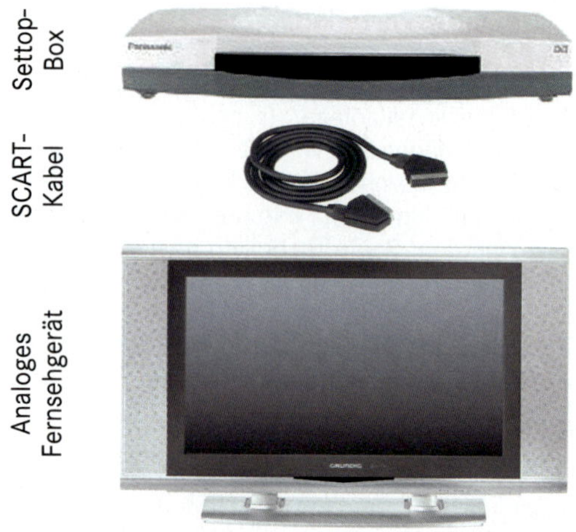

2: Komponenten für einen digitalen Fernsehempfang

Da für die Übertragung der DVB-T-, DVB-S- und DVB-C-Signale unterschiedliche Frequenzbänder verwendet werden, sind für jeden Übertragungsweg unterschiedliche Settop-Boxen bzw. Receiver erforderlich. An der Settop-Box können über die 21 Kontakte der SCART-Buchse die analogen Signale abgenommen werden (s. Kap. 9.2.5.2).

Bei fortschreitender digitalisierter Fernsehübertragung werden die Funktionseinheiten der Settop-Box in das Fernsehgerät integriert sein, sodass umständliche Kabelverbindungen entfallen und nur noch ein Gerät vorhanden ist.

AUFGABEN

1. Erklären Sie den grundsätzlichen Unterschied zwischen einer analogen und einer digitalen Fernsehübertragung.

2. Wovon hängt die Qualität des digitalen Fernsehempfangs ab?

- Bei der analogen Bilderfassung wird die Vorlage in einzelne Zeilen zerlegt. Diese Informationen werden dann in Spannungen umgewandelt. Anschließend werden sie auf hochfrequente Träger moduliert und über Antennen als Wellen abgestrahlt.
- Für die digitale Abtastung wird das Fernsehbild in ca. 400 000 Pixel zerlegt. Die Informationen werden anschließend sequentiell übertragen.
- Die Qualität der Fernsehübertragung ist von der Datenrate der Übertragung abhängig.
- Für den Frequenzbereich eines digitalen Fernsehsenders werden die Kanäle des analogen Fernsehempfangs von 7 MHz bis 8 MHz verwendet.
- Innerhalb eines Kanals können mehrere digitale Fernsehprogramme übertragen werden.

9.4.2 Terrestrische Anlagen

Eine terrestrische Empfangsverteilanlage (Terre: lat. Erde) besteht im Wesentlichen aus den in Abb. 3 aufgeführten Objekten. Sie werden nachfolgend im Einzelnen behandelt.

Antenne	**Antennenmast**	**ggf. Weiche**
Leitung	**Steckdose**	**Steckverbinder**

3: Objekte einer terrestrischen Empfangsverteilanlage

In Abb. 5 ist der typische Aufbau von drei an einem Mast montierten Antennen dargestellt. Jede Antenne ist für einen bestimmten Frequenzbereich konstruiert.

- LMKU: LW (Langwelle 150 kHz ... 285 kHz)
  MW (Mittelwelle 510 kHz ...1605 kHz)
  KW (Kurzwelle 2,3 MHz ... 2,948 MZ)
  UKW (Ultrakurzwelle 87,5 MHz ...108 MHz)
- VHF: Very High Frequencies 47 MHz ... 440 MHz
- UHF: Ultra High Frequencies 455 MHz ... 862 MHz

Die Antennengrundform ist ein gestreckter oder gebogener Stab (Zweipol, **Dipol** [dipole]), der in der Mitte unterbrochen ist. Dort wird die Spannung abgenommen. Ein Spannungsmaximum erhält man, wenn die mechanische Länge der **Wellenlänge** λ [wavelenghth] des Signals entspricht. Üblich sind jedoch Stababmessungen von $\lambda/2$ (Abb. 4).

Einen höheren **Gewinn** [gain] (höhere Spannung) im Vergleich zu einem einzelnen Dipol erhält man, wenn mehrere Stäbe vor und hinter dem Empfangsdipol angebracht werden. Es entsteht eine **Mehrelementantenne** (Abb. 4, Yagi-Antenne, Yagi: japanischer Entwicklungsingenieur).

Bei einer Mehrelementantenne erhöht sich auch die **Richtwirkung** im Vergleich zu einem einzelnen Dipol. Mit diesem Begriff drückt man die Eigenschaft der Antenne aus, Signale bevorzugt aus einer Richtung empfangen zu können. Deshalb muss diese Antenne besonders genau zur Senderantenne hin ausgerichtet werden.

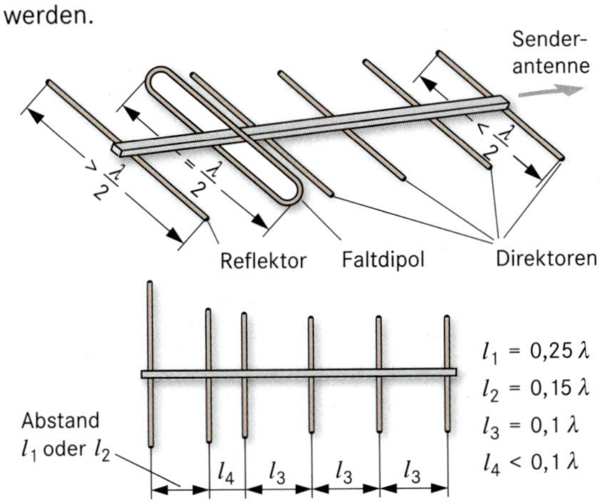

4: Mehrelementantenne

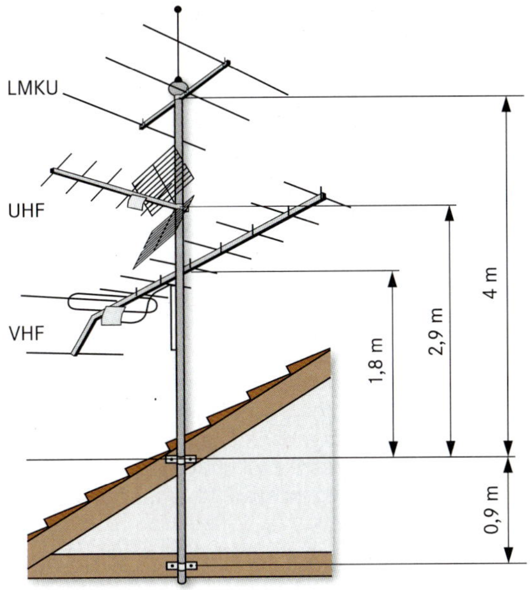

5: Terrestrische Empfangsantennen

Die in Abb. 5 dargestellten Antennen liefern Signale aus unterschiedlichen Frequenzbereichen. Um sie über eine gemeinsame Leitung zum Empfänger transportieren zu können, führt man sie in einer **Antennenweiche** [combiner] (X0 in Abb. 6) zusammen.

In der als Beispiel gewählten Anlage (Abb. 6) sind zwei Empfangsgeräte in unterschiedlichen Etagen vorhanden. Deshalb sind im Plan zwei Antennensteckdosen eingezeichnet, eine **Durchgangssteckdose** (Durchschleifsteckdose) X1 [throughway socket] und eine **Enddose** X2 [termination socket]. Als Leitungen werden abgeschirmte Koaxialleitungen verwendet.

Wie bei jeder elektrischen Leitung entstehen auch hier Verluste. Das Signal an der Empfangsantenne ist größer als an den Steckdosen für die Empfangsgeräte. Es kommt zu einer **Dämpfung** [attenuation] des Signals. Angegeben wird diese Dämpfung durch das **Dämpfungsmaß *a*** [attenuation factor] in dB (Dezibel). Das Dämpfungsmaß wird ermittelt, indem man die Ausgangsgröße durch die Eingangsgröße dividiert und das Ergebnis logarithmiert. Das Dämpfungsmaß ist also eine **logarithmische Verhältniszahl**.

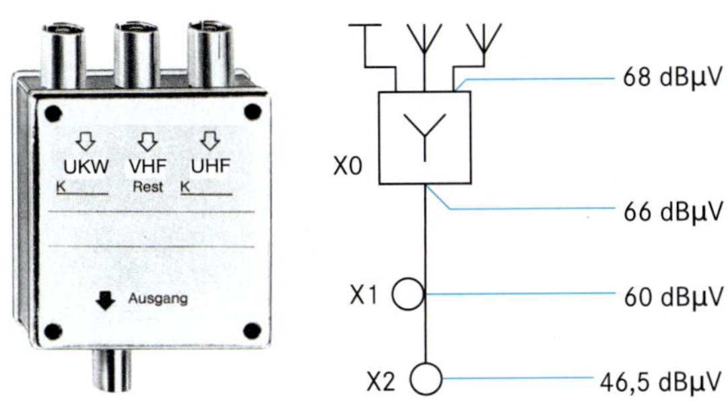

6: Plan einer terrestrischen Empfangsverteilanlage

Der Vorteil der logarithmischen Angabe liegt darin, dass die verschiedenen Dämpfungsmaße der Anlage addiert werden können.

Wenn man die Eingangsgröße nicht durch die Ausgangsgröße, sondern durch die festgelegte Spannung von 1 µV (Bezugspegel) dividiert, wird das Ergebnis als dBµV (**dB-Mikrovolt**) bezeichnet. In Abb. 1 sind beispielhaft die **Pegel** [level] der Anlage von Abb. 6 (Seite vorher) angegeben. Sie lassen sich übersichtlich in einem Pegelplan darstellen.

Wie entsteht der Pegelplan?

- Beginn: Das Antennensignal beträgt 68 dBµV ①.
- Die Weiche verursacht eine Dämpfung von 2 dB ②.
- Die Leitung zur ersten Dose X1 ist etwa 20 m lang. Die Dämpfung beträgt dann 6 dB (30 dB/100 m) ③.
- Die Dose dämpft das Signal um weitere 1,5 dB ④.
- Die folgende Leitung ist etwa 40 m lang. Die Dämpfung beträgt 12 dB ⑤.

An der Enddose X2 steht somit ein Pegel von 46,5 dBµV zur Verfügung ⑥.

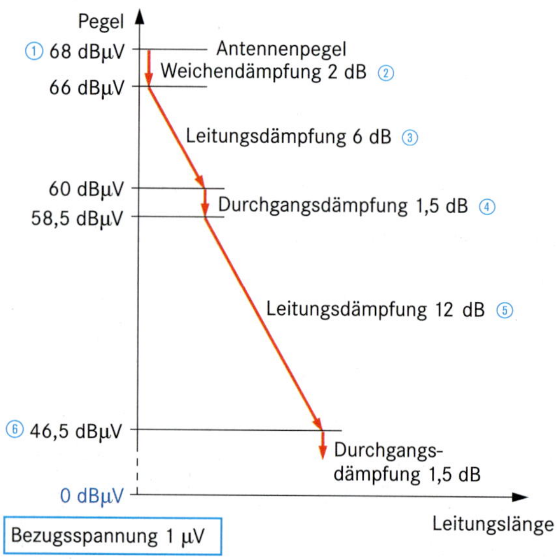

1: Pegelplan

Für einen störungsfreien Empfang sind Mindest- und Maximalpegel festgelegt (Abb. 2). Vergleicht man diese Vorgaben mit den Ergebnissen im Pegelplan (Abb. 1), dann ist nur an der Antennensteckdose X1 ein ausreichend hoher Pegel vorhanden. An X2 reicht der Pegel von 46,5 dBµV nicht aus. Das Signal hätte verstärkt werden müssen.

Bereich	Mindestpegel	Höchstpegel
UKW	Mono 40 dBµV Stereo 50 dBµV	70 dBµV 70 dBµV
VHF UHF	60 dBµV 60 dBµV	80 dBµV

2: Mindest- und Höchstpegel

Dämpfungsmaße

Beispiel: Dämpfung durch eine Leitung

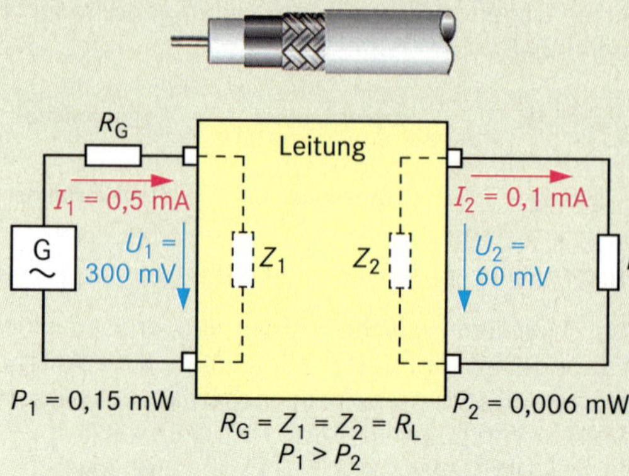

Die Ausgangsgrößen P_2, U_2 und I_2 sind kleiner als die Eingangsgrößen. Es können deshalb für jede Größe (P, U und I) Dämpfungsmaße angegeben werden.

Leistungsdämpfungsmaß: $a_P = \lg \frac{P_1}{P_2}$ B

Das einheitenlose Dämpfungsmaß a erhielt die Pseudoeinheit Bel (amerik. Ingenieur 1847–1922). Für praktische Fälle ist das Bel (B) ungünstig, deshalb wurde das **Dezibel** (dB) [decibel] eingeführt.

1 B = 10 dB $a_P = 10 \cdot \lg \frac{P_1}{P_2}$ dB

In der Regel werden nicht Leistungsdämpfungsmaße, sondern **Spannungsdämpfungsmaße** [voltage attenuation factors] angegeben. Da zwischen Spannung und Leistung ein quadratischer Zusammenhang ($P \sim U^2$) besteht, wird durch das Logarithmieren das Spannungsdämpfungsmaß um den Faktor 2 größer.

Spannungsdämpfungsmaß: $a_U = 20 \cdot \lg \frac{U_1}{U_2}$ dB

- In Empfangsverteilanlagen wird das Signal durch die verschiedenen Objekte gedämpft (verringert).
- Die Dämpfungsmaße der Objekte einer Empfangsverteilanlage sind logarithmische Maße. Sie werden in dB oder dBµV angegeben und können zu einem Gesamtdämpfungsmaß addiert werden.
- Die Pegel in einer Empfangsverteilanlage lassen sich in einem Pegelplan übersichtlich darstellen.
- Für einen ungestörten Empfang muss der Empfangspegel zwischen dem Mindest- und Höchstpegel liegen.

Richtwirkung einer Yagi-Antenne

Im **Richtdiagramm** [radiation pattern] wird grafisch dargestellt, wie gut die Antenne das Signal aus einer Richtung empfängt. Ist die Antenne optimal ausgerichtet, werden 100 % des möglichen Signals empfangen. Die nach vorn gerichtete Hauptkeule ① zeigt, wie gut die Antenne das Signal von benachbarten Sendern trennt. Ein kleiner Öffnungswinkel bedeutet eine scharfe Trennung der Signale. Die nach hinten gerichteten kleineren Nebenkeulen ② zeigen die Wirkung der Reflektoren an.

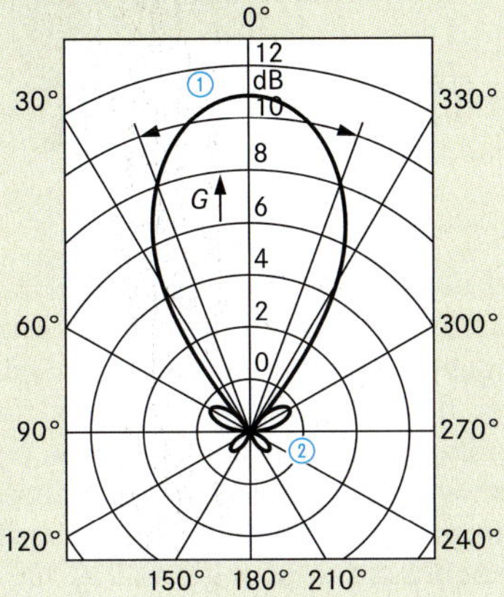

Zum Ausstrahlen von Fernsehprogrammen benötigt jeder Sender einen bestimmten Frequenzbereich (Abb. 3). Dieser wird als Kanal bezeichnet und durch römische Zahlen gekennzeichnet. Aufgrund der Antennenabmessungen unterscheidet man Kanal- oder Breitbandantennen (Bereichsantennen).

Bezeichnung	Kanäle	Bandbreite
VHF, Meterwellen [**V**ery **H**igh **F**requencies]	8, 5 bis 17	7 MHz
UHF, Dezimeterwellen [**U**ltra **H**igh **F**requencies]	49, 21 bis 69	8 MHz

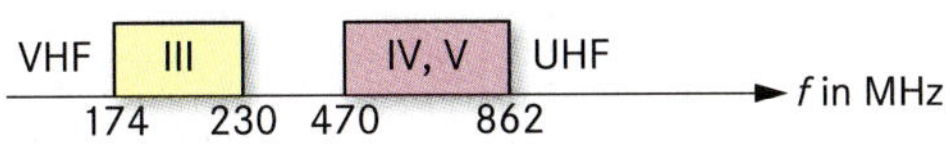

3: Frequenzbereiche und Kanäle

Antennenmast

Je nach Art der Antenne entstehen durch Windbelastungen unterschiedlich große Kräfte, die auf den Mast und die Masthalterung einwirken. Sie werden als **Windlast** W [windload] bezeichnet und in Newton (N) angegeben. Da diese Kräfte in einem bestimmten Abstand auf den Mast wirken, entstehen **Biegemomente** (M = Kraft x Hebelarm), die in Newtonmeter (Nm) angegeben werden. Der Mast muss also so ausgewählt werden, dass seine Stabilität nicht durch die Summe aller Biegemomente (Abb. 4) gefährdet ist. Beispielsweise darf die Summe aller Biegemomente bei einem Mast mit einer freien Länge von maximal 6 m nicht größer als 1650 Nm sein.

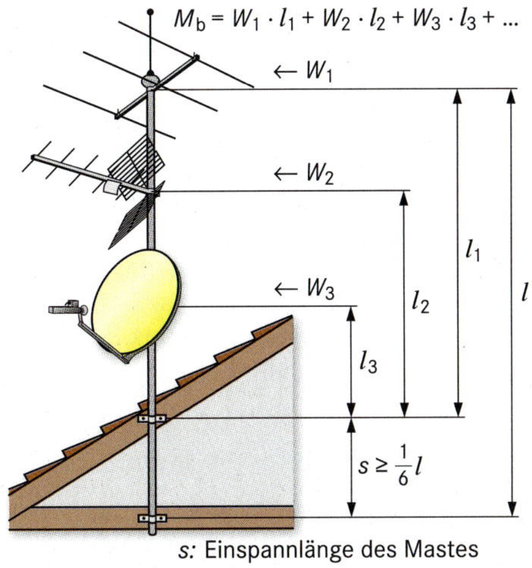

4: Windlast und Biegemoment

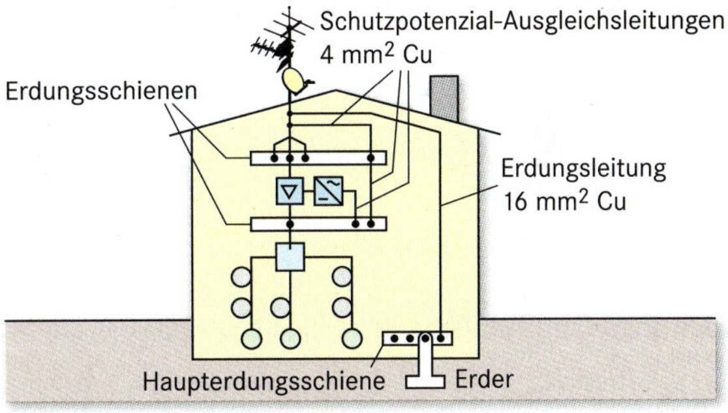

5: Erdung und Schutzpotenzialausgleich

Für die Erdung wird zwischen dem geschützten Bereich (2 m unterhalb der Dachkante (Traufe) und näher als 1,5 m an der Hauswand) und dem ungeschützten Bereich unterschieden. Für den geschützten Bereich ist keine Erdung, aber ein Schutzpotenzialausgleich erforderlich (4 mm^2 Cu). Antennen im ungeschützten Bereich müssen entsprechend Abb. 5 geerdet werden. Die Erdungsleitung kann auch aus Aluminium (25 mm^2) oder aus verzinktem Stahl (50 mm^2) bestehen.

AUFGABEN

1. Aus welchen Teilen besteht eine Mehrelementantenne?
2. Welche Teile einer Außenantenne im ungeschützten Bereich müssen geerdet werden?

- Yagi-Antennen sind Richtantennen für einzelne Kanäle oder Frequenzbereiche.
- Die Belastung eines Antennenmastes im ungeschützten Bereich ist von der Summe der Biegemomente abhängig.
- Eine Antenne im ungeschützten Bereich muss geerdet werden.

Koaxialleitungen

Für die Anschlüsse und Verbindungen in Empfangsverteilanlagen werden abgeschirmte Leitungen (Koaxialleitungen [coaxial cable]) als Schutz vor äußeren Störeinflüssen (elektrische Felder) verwendet (Auswahl in Abb. 1). Die abschirmende Wirkung der Leitung wird durch das **Schirmungsmaß a_k** [screening factor] ① in dB angegeben. Je nach Anforderungen gibt es einfach ② oder mehrfach abgeschirmte ③ Leitungen. Die Dämpfung der Leitung wird durch das frequenzabhängige **Leitungsdämpfungsmaß a_L** ④ in dB/100 m angegeben.

Typ	709 ②		F6 TSV ③	
Verwendung	Installation, SAT-ZF		CATV- (Cable-TV) Multimedia	
Durchmesser in mm				
Innenleiter Außenleiter	1,1; Cu-Draht 5,6; Al-Folie und Geflecht		1,02; Stahl Cu 5,6; 3fach geschirmt, Al-Geflecht und Al-Folie	
Schirmungsmaße a_k ① in dB				
30–470 MHz	≥ 75		≥ 90	
470–1000 MHz	≥ 75		≥ 90	
1000–2150 MHz	≥ 65		≥ 90	
Leitungsdämpfungsmaße a_L ④ in dB/100 m				
5 MHz	1,6		1,9	
50 MHz	4,4		4,97	
100 MHz	5,9		7,01	
200 MHz	8,2		9,47	
400 MHz	12,1		13,6	
800 MHz	18,0		19,2	
1000 MHz	20,5		21,5	
1600 MHz	27,2		31,4	
2150 MHz	31,6		31,9	
2400 MHz	33,4		33,9	

1: Koaxialleitungen

Antennensteckdosen

In der in Kap. 9.4.2 beschriebenen terrestrischen Empfangsverteilanlage sind zwei Antennensteckdosen vorhanden. An X1 kann das Signal abgenommen, also ein Empfangsgerät angeschlossen werden. Zusätzlich wird das Signal weitergeführt (durchgeschleift). Dabei wird es geringfügig gedämpft. Die **Durchgangsdämpfung** [through loss] tritt zwischen Eingang (Abb. 2 ①) und Ausgang ② auf und beträgt etwa 1,5 dB. Diese Dämpfung wird mit dem **Durchgangsdämpfungsmaß a_D** gekennzeichnet.

Im Gegensatz zu diesen Durchgangssteckdosen besitzen Enddosen nur einen Eingang. Um Störungen durch eine Signalreflexion zu vermeiden, muss die Leitung dort mit einem Widerstand von 75 Ω (**Wellenwiderstand** [characteristic impedance] der Leitung) abgeschlossen werden.

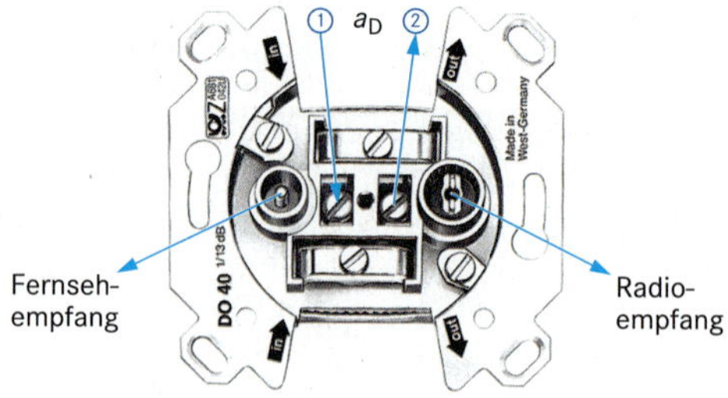

2: Durchgangssteckdose

Bei der in Abb. 2 dargestellten Durchgangssteckdose werden Signale für den Radio- und Fernsehempfang abgenommen (abgezweigt). Es ist deshalb erforderlich, dass keine Rückwirkungen durch die Empfangsgeräte stattfinden. Es muss also eine genügend große **Abzweigungsdämpfung** [tap loss] bzw. **Anschlussdämpfung** [insertion loss] vorhanden sein. Das **Anschlussdämpfungsmaß a_A** für diese Dose beträgt etwa 13 dB.

Damit sich zwischen den beiden Abzweigungen der Antennensteckdose in Abb. 2 keine Störungen ausbreiten können, müssen sie ausreichend entkoppelt sein. Typische Werte für die Entkopplung liegen bei 30 bis 40 dB.

In Abb. 3 sind die Wirkungen von Durchgangs- und Abzweigdämpfungen dargestellt. Sie gelten auch für Steckdosen und Abzweiger bzw. Verteiler.

Steckverbinder

Für lösbare Verbindungen werden in Empfangsverteilanlagen **IEC**-Stecker [**I**nternational **E**lectrotechnical **C**ommission] entsprechend Abb. 4 verwendet.

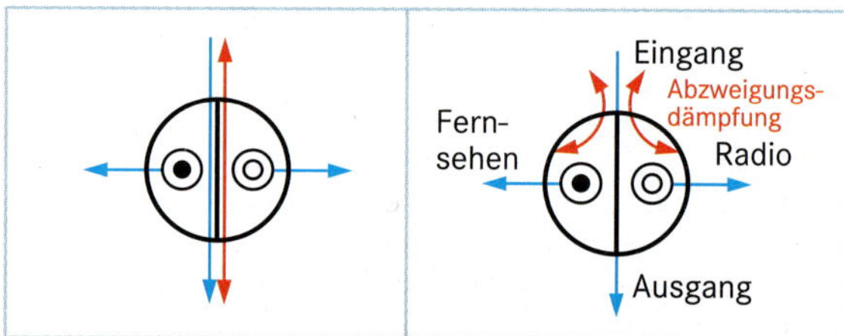

a) Dämpfung zwischen Ein- und Ausgang
b) Dämpfung zwischen Eingang u. Abzweigung

3: Dämpfungen an Antennensteckdosen

Durchmesser in mm	
Innenleiter	0,6–1,13
Außenleiter	max. 5,2
Mantel	max. 7,2
Schirmungsmaße in dB	
bis 470 MHz	≥ 75
470– 862 MHz	≥ 70
950–1750 MHz	≥ 60
1750–2400 MHz	≥ 55

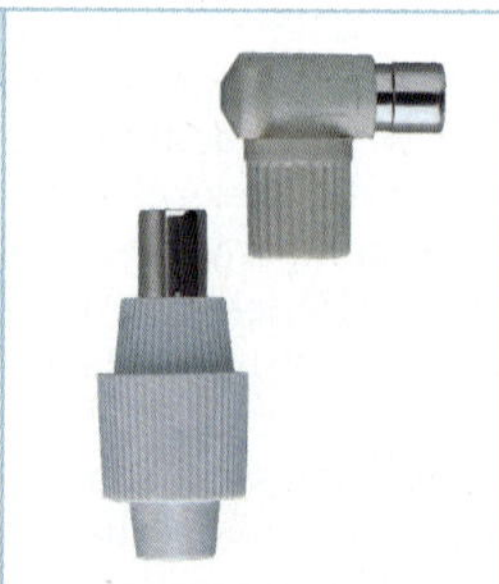

4: Steckverbinder

9.4.3 DVB-T

Weil DVB-T im Endausbau flächendeckend und auch in mobilen Fahrzeugen verfügbar ist, wird es als das „Überall Fernsehen” bezeichnet. Die genutzten Kanäle entsprechen den VHF- und UHF-Kanälen des analogen Fernsehens. Die Empfangsmöglichkeiten in Deutschland sind noch nicht flächendeckend gegeben, sie werden jedoch kontinuierlich verbessert.

Pro Kanal können die Datenraten zwischen 12 Mbit/s und 14 Mbit/s liegen. Wenn aber in einem Kanal vier Programme (ein Bouquet) übertragen werden sollen, kann jedem einzelnen Programmanbieter nur etwa ein Viertel der insgesamt zur Verfügung stehenden Datenrate zugestanden werden (3 Mbit/s bis 3,5 Mbit/s).

Antennenaufwand

Bei ausreichender Feldstärke ist der Empfang mit geringem Antennenaufwand (Zimmerantenne) möglich. Für eine Bildoptimierung muss die Antenne lediglich ausgerichtet werden. Die Installationen von Leitungen und Antennensteckdosen entfallen.

Es werden aktive (Abb. 5, mit integriertem Verstärker) und passive Antennen unterschieden. Reicht die Feldstärke nicht aus, müssen Yagi-Antennen für die VHF- bzw. UHF-Bereiche installiert werden. Wenn bereits eine Antennenanlage für den analogen Empfang vorhanden ist, müssen z. B. folgende Fragen beantwortet und gegebenenfalls Änderungen an der Anlage vorgenommen werden:

- Deckt die vorhandene Antenne den Frequenzbereich ab, in dem die DVB-T Sender liegen?
- Muss die Antenne neu ausgerichtet werden, weil sich der Standort des Senders geändert hat?
- Ist die **Polarisation** [polarisation] der Sender horizontal oder vertikal? Unter Umständen muss die Antenne um 90° gedreht werden (s. Abb. 6, horizontal bzw. vertikal).
- Bei vorhandenem Verstärker:
  Reicht die Bandbreite des Verstärkers aus?
  Mitunter wird bei DVB-T bis zum Kanal 60 gesendet.

Neben dem stationären Empfang ist bei guter Versorgung der Empfang in Fahrzeugen möglich. Sobald aber die Feldstärke den Grenzwert von etwa 45 dB (μV/m) unterschreitet (z. B. in Bergregionen), fällt der Empfang unvermittelt aus.

- Verstärkung: > 18 dB
- Empfangsbereich: VHF Band III und UHF
- Energieversorgung: 5 V DC, 30 mA
- Anschluss: IEC-Stecker
- Abmessungen: 130 x 168 x 95 mm

5: DVB-T-Antenne

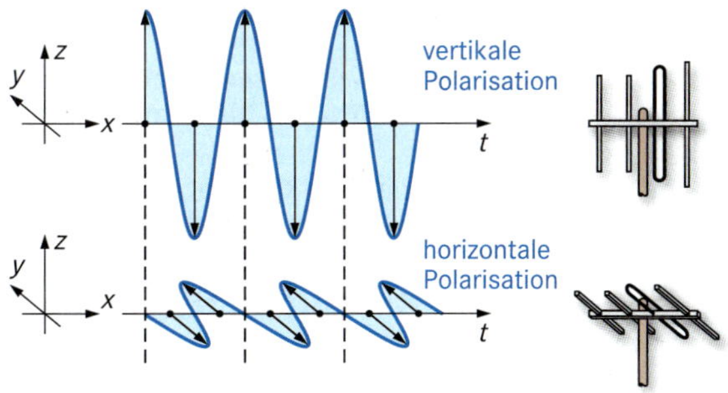

6: Polarisation

Empfangsqualität

Die beim Analogfernsehen durch Reflexionen (Mehrwegeempfang) entstehenden Störungen („Geisterbilder“) treten bei DVB-T nicht auf. Die zusätzlichen Signale werden decodiert und zum Hauptsignal addiert. Es vergrößert sich somit. Die Sendeleistung kann bei DVB-T geringer sein, weil die Empfänger empfindlicher sind, eine Fehlerkorrektur durchgeführt wird und effektive Modulationsverfahren verwendet werden.

Ein weiterer Vorteil besteht darin, mehrere benachbarte Sender mit gleicher Frequenz in einem Kanal (**Gleichwellenbetrieb**) für die Ausstrahlung eines identischen Datenstroms zu betreiben.

Probleme in der Empfangsqualität können auftreten, wenn die Datenrate zu gering ist. Es können Blockartefakte („Klötze“ an den Rändern, Abb. 3) und Unschärfen entstehen.

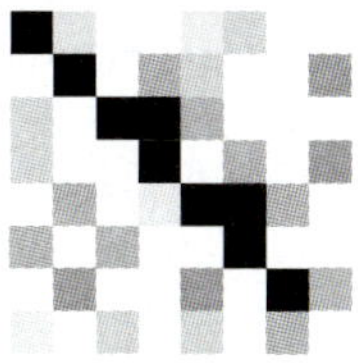

7: Artefakte

Die Empfangsqualität sinkt auch, wenn eine geringere Auflösung verwendet wird. Dies ist z. B. dann der Fall, wenn eine DVD-Auflösung von 720 x 576 Pixel auf beispielsweise 480 x 576 Pixel verringert wird (SVCD). Mit Weichzeichnern lassen sich zwar die Kantenübergänge glätten, das Bild wird dadurch jedoch insgesamt unschärfer.

AUFGABEN

1. Stellen Sie fest, mit welchem Antennenaufwand in Ihrem Wohnbereich DVB-T-Empfang möglich ist.
2. Erklären Sie, wovon die Qualität einer Fernsehübertragung bei DVB-T abhängt.

- DVB-T ermöglicht Fernsehempfang mit geringem Antennenaufwand.
- Durch DVB-T ist der Fernsehempfang in Fahrzeugen möglich.
- DVB-T ist weniger störanfällig als analoger Fernsehempfang.

9.4.4 DVB-C

Digitale Fernsehprogramme lassen sich auch über das **Breitband-Kabelnetz** übertragen. Andere Bezeichnungen sind:
Breitband-Verteilnetz, Breitband-Kommunikationsnetz, Cable Television (CATV), BK-Netz [broad band cable network]

Die Programme werden in die bestehende Kanalaufteilung für die analoge Fernsehübertragung eingefügt. Verwendet werden das Hyperband von 300 MHz bis 450 MHz (Abb. 1 ①) und Band IV/V von 446 MHz bis 862 MHz ② mit den 8 MHz breiten Kanälen.

Für den Empfang digital ausgestrahlter Programme wird ein entsprechender Receiver (Settop-Box) benötigt (s. Kap. 9.4.1). Er wandelt die digitalen Signale in die ursprünglichen analogen Signale (RGB und Ton) um. Über die SCART-Buchse gelangen diese Signale dann in das analoge Fernsehgerät.

Die Datenraten und die benötigte Bandbreite bei DVB-C hängen von der gewählten Modulation ab. Sie sind in der Regel größer als die Datenraten bei DVB-T. Die Qualität der Übertragung kann also größer sein.

BK-Verteilnetz

Dieses Netz wird vorwiegend für die Verteilung von Fernseh- und Radioprogrammen verwendet. Es war ursprünglich für die analoge Übertragung ausgelegt.

Das Netz kann aber auch für eine bidirektionale Datenkommunikation genutzt werden (z. B. Internet-Zugang, Kabeltelefonie). Im Frequenzspektrum wird deshalb zwischen Downstream- und Upstream-Bereichen (Empfangen und Senden, Abb. 1 ③) unterschieden.

Der Einspeisungspunkt in das BK-Hausverteilnetz wird als **Übergabepunkt** (ÜP) [point of interconnection] bezeichnet. Er wird im Auftrag des Netzbetreibers in der Regel über ein koaxiales Erdkabel an einer zentralen Stelle im Kellerbereich installiert (Abb. 2 ①). Wenn mehrere Abnahmestellen vorgesehen sind, ist in der Regel ein **Hausanschlussverstärker** (HAV) ② einzufügen. Von dort wird das Hausverteilnetz sternförmig installiert, sodass jeder Abnehmer von einem

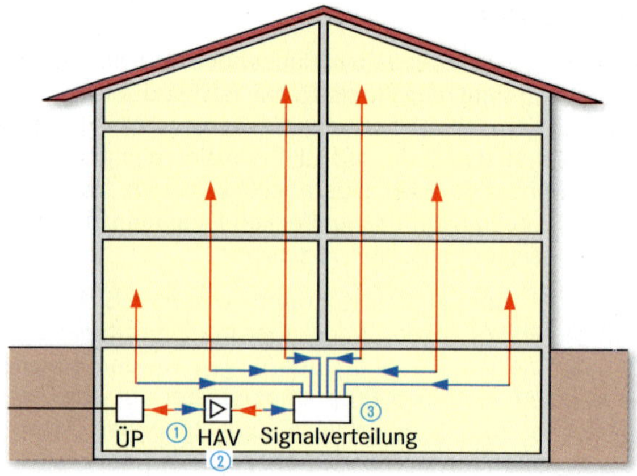

2: BK-Verteilnetz

Verteiler ③ (Abzweiger) über eine separate Koaxialleitung direkt versorgt wird.

Die sternförmige Installation besitzt folgende Vorteile:
- Erweiterungen sind ohne Störungen der anderen Abnehmer einfach realisierbar (z. B. zusätzliche Steckdosen).
- Die Sternstruktur ist Voraussetzung für die Nutzung des Rückkanals.
- Weil alle Abnehmer voneinander getrennt sind, können Fehler rasch ermittelt werden.

AUFGABEN

1. An welcher Stelle des Plans für ein BK-Verteilnetz (Abb. 2) müsste der Schutzpotenzialausgleich angeschlossen werden?
2. Erklären Sie, welche Funktion der Rückkanal in einem BK-Verteilnetz haben kann.

- Ein BK-Hausverteilnetz wird in der Regel in Sternstruktur gebaut.
- Das BK-Verteilnetz muss für einen Frequenzbereich bis 862 MHz ausgelegt sein.
- Für den Upstream-Bereich (Rückkanal) ist der Frequenzbereich von 30 MHz bis 65 MHz vorgesehen.

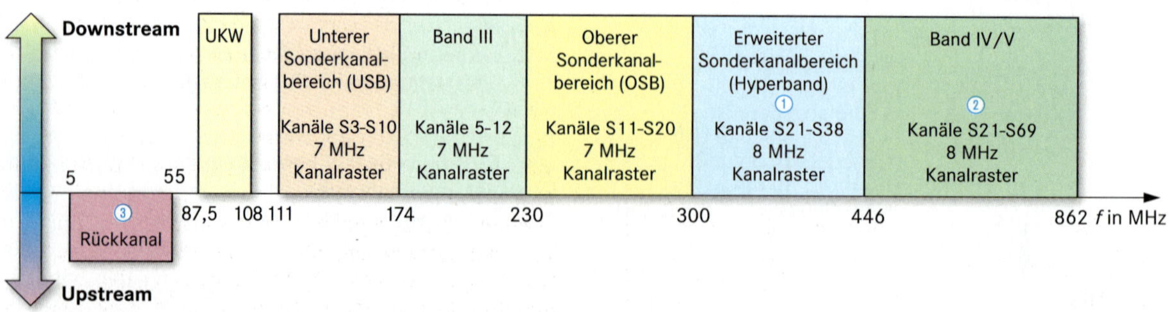

1: Frequenz- und Kanaleinteilung

9.4.5 DVB-S

Im Äquatorbereich sind in etwa 36.000 km Höhe Satelliten geostationär positioniert. Sie empfangen die von terrestrischen Stationen (Abb. 3) gesendeten Signale (Uplink) und strahlen diese nach entsprechender Umwandlung wieder zu den Satellitenempfangsantennen auf der Erde ab (Downlink). Die Frequenzen des Fernsehempfangs befinden sich im GHz-Bereich. Die Bandbreiten der Kanäle sind größer als bei DVB-T und DVB-C. Die Datenraten reichen aus, um Sendungen mit höchsten Auflösungen (HDTV) zu übertragen.

Beispiele:

B = 27 MHz, Datenrate 17,8 bis 31,1 Mbit/s
B = 36 MHz, Datenrate 22,5 bis 39,4 Mbit/s

Gleichzeitig zu den Bildinformationen werden Digital-Tonrundfunksendungen mit 192 kbit/s in Mono und 256 kbit/s bzw. 320 kbit/s in Stereo übertragen. In den Satelliten übernehmen **Transponder** (**Trans**mitter und Res**ponder**) die Aufgabe, die von der Erde eingehenden Sendungen aufzunehmen (Uplink), sie den gewählten Übertragungsbedingungen anzupassen und dann wieder zur Erde abzustrahlen (Downlink, Abb. 3). Sie stellen die für die Übertragung notwendigen Ressourcen zur Verfügung.

Die Bandbreite eines Transponders beträgt 40 MHz. Darin lassen sich etwa 10 Fernsehprogramme unterbringen. Beispielsweise kann ein Satellit mit einer Leistung von 10 kW etwa 50 Transponder betreiben und dabei 500 Fernsehprogramme ausstrahlen.

Die Downlink-Frequenzen reichen von 10,7 GHz bis 12,75 GHz. Dabei werden ein **Low-Band** (unteres Band, Abb. 4) und ein **High-Band** (oberes Band) unterschieden. Um möglichst viele Sender ohne gegenseitige Störungen unterbringen zu können und die zur Verfügung stehende Bandbreite effektiv zu nutzen, werden die Signale in horizontaler bzw. vertikaler Richtung abgestrahlt (Polarisation). Somit ergeben sich für den Empfang von Satellitensendungen die vier in Abb. 4 gekennzeichneten Empfangsbereiche.

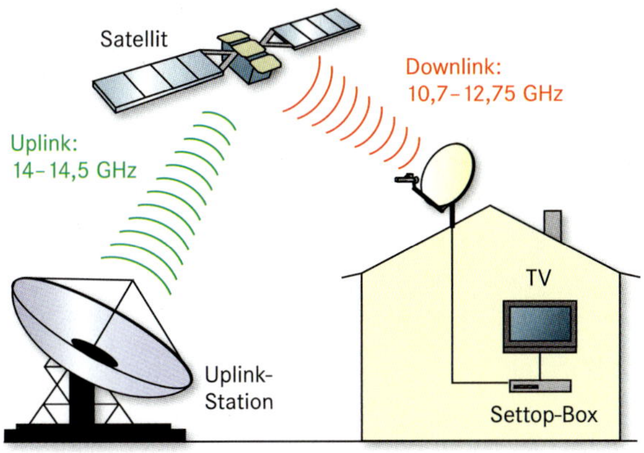

3: Empfang über einen Satelliten

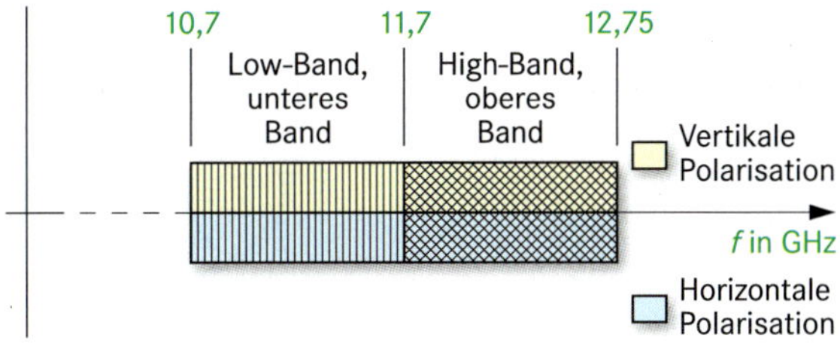

4: Satelliten-Empfangsbereiche

Satelliten

Für den Empfang muss nach Süden eine „freie“ Sicht von ± 20° und eine horizontale Erhebung von ca. 30° gewährleistet sein. In Abb. 5 sind ausgewählte Satelliten für unseren Empfangsbereich aufgeführt.

①	TürkSat 1C	42° Ost	⑤	Hotbird 1 - 5	13° Ost
②	DFS-Kopernikus 1 ASTRA 3A, 1D	23,5° Ost	⑥	Eutelsat W1	10° Ost
③	Astra-Gruppe 1B, 1C, 1E, 1F, 1G, 1H, 2C	19,2° Ost	⑦	Eutelsat W3	7° Ost
④	Eutelsat W2	16° Ost	⑧	Hispasat 1A, 1B	30° West

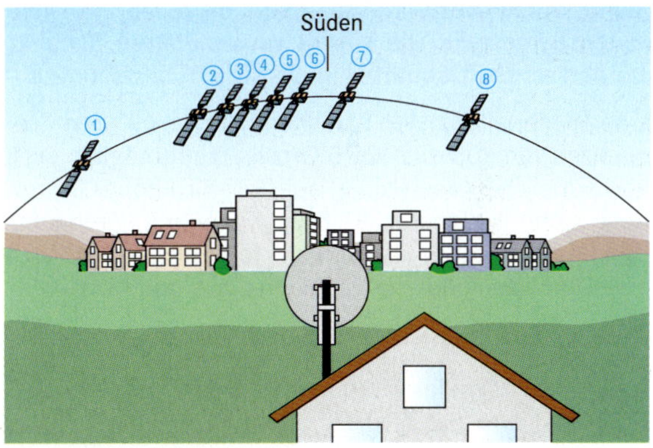

5: Satelliten-Positionen

Satelliten-Empfangsantennen

Für den Empfang von Satelliten-Signalen werden verschiedenartige Antennen verwendet (Abb. 1, nächste Seite). Die parallel ankommenden Signale werden von einer parabolischen Fläche reflektiert und treffen auf die Empfangseinrichtung. Sie wird als **LNB** [**L**ow **N**oise **B**lock converter] bezeichnet. Dieser Name stammt aus den Anfängen der Satelliten-Empfangstechnik und bedeutet so viel wie „Rauscharmer Umsetzer für einen Frequenz(Block)bereich“. Sie trennen die horizontalen von den vertikal polarisierten Wellen, verstärken die Signale und sorgen für die Umsetzung der hochfrequenten Schwingungen (GHz) auf die niedriger liegenden Frequenzen (Satelliten-Zwischenfrequenz, **Sat-ZF**).

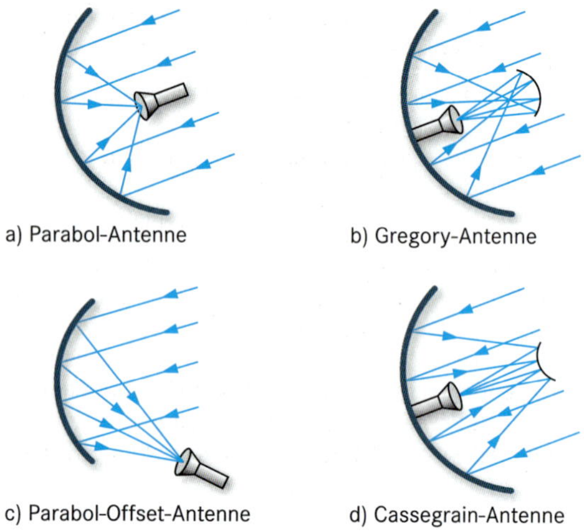

1: Satelliten-Empfangsantennen

Die Spannungsversorgung für den LNB erfolgt über die Koaxial-Leitung. Gleichzeitig kann mit der Höhe der Versorgungsspannung eine Umschaltung auf die vertikal (14 V) oder horizontal polarisierten (18 V) Frequenzbereiche vorgenommen werden (**Polarisationsumschaltung** [polarisation change over switch]). Zusätzlich kann mit einer überlagerten Wechselspannung von 22 kHz zwischen den Bändern (High- und Low-Band) umgeschaltet werden (**Bandumschaltung** [band switch over]). In Abb. 2 sind diese vier Möglichkeiten dargestellt. Die hierfür verwendbaren Schalter werden als **Multischalter** [multi switch] bezeichnet.

Eine Weiterleitung der Satelliten-Signale mit den Frequenzen von 10,7 bis 12,75 GHz ist nicht möglich, weil herkömmliche Koaxialkabel auf Grund zu hoher Dämpfung nicht geeignet sind bzw. Kabel mit geringerer Dämpfung zu teuer wären. Es erfolgt deshalb im LNB eine Umsetzung auf die Satelliten-Zwischenfrequenz.

Low-Band: Oszillatorfrequenz 9,75 GHz
⇒ Sat-ZF 0,95 ... 1,95 GHz

High-Band: Oszillatorfrequenz 10,6 GHz
⇒ Sat-ZF 1,1 ... 2,15 GHz

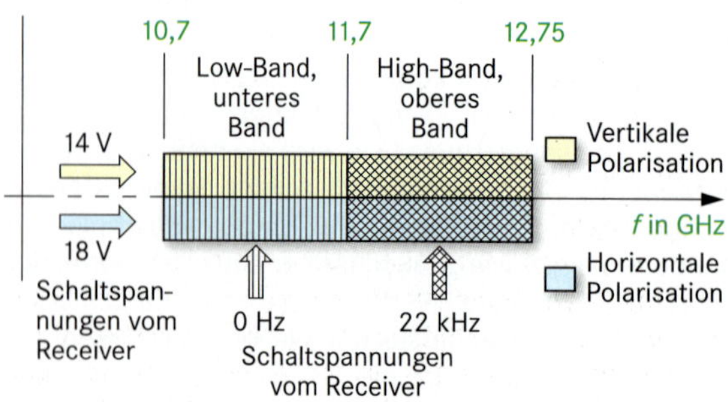

2: Umschaltung der Frequenzbereiche

Satelliten-Empfangsanlage

In Abb. 3 ist beispielhaft eine Empfangsanlage dargestellt. Der LNB besitzt darin vier Ausgänge (Quattro-LNB), sodass für die zwei Frequenzbänder die vertikal und horizontal polarisierten Signale getrennt abgegeben werden. Damit diese Ausgangssignale für den Receiver verfügbar sind, muss die Umschaltung mit einem externen Multischalter erfolgen.

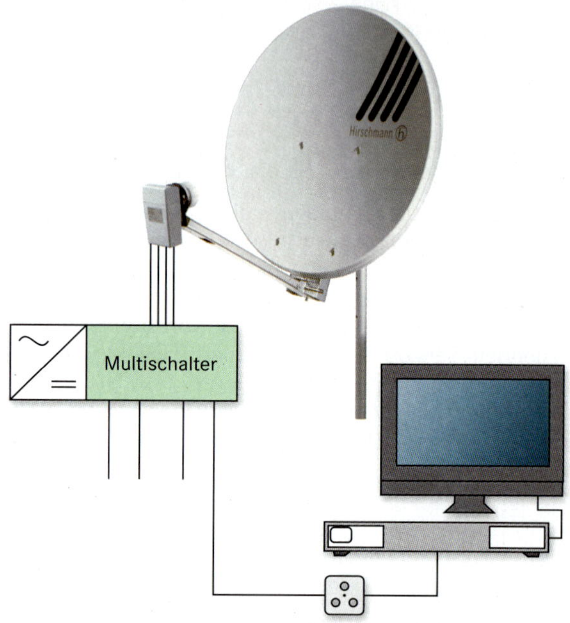

3: Quattro-LNB mit Multischalter

Die grundsätzliche Arbeitsweise eines Multischalters ist in Abb. 4 vereinfacht dargestellt. Die horizontal bzw. vertikal polarisierten Signale jedes Bandes werden mit Koaxial-Leitungen an zwei **V/H-Schalter** ④ ⑤ geführt. In der gezeichneten Schalterstellung wird vom Receiver eine Steuerspannung von 14 V geliefert, sodass die horizontale Polarisation ausgewählt wird. Da gleichzeitig vom Empfänger keine Wechselspannung von 22 kHz in die Koaxial-Leitung eingespeist wird (0 Hz), ist das untere Band über den **Bandschalter** ⑥ ausgewählt worden. Entsprechende Änderungen treten ein, wenn als Gleichspannung 18 V und/oder 22 kHz Wechselspannung eingespeist werden.

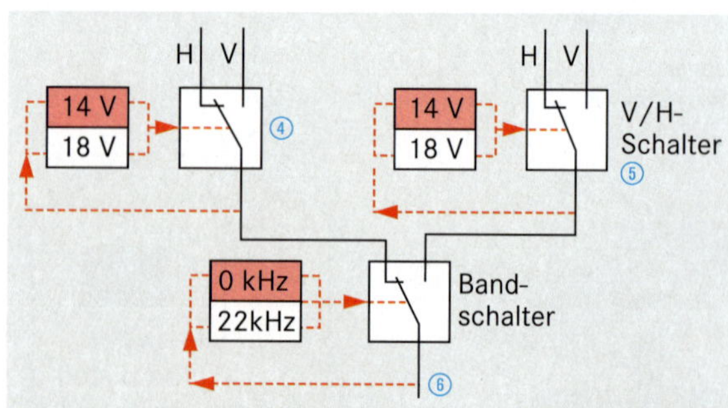

4: Grundsätzliche Arbeitsweise eines Multischalters

In Abb. 3 ist am Ausgang des Multischalters nur ein Receiver angeschlossen. Je nach Aufbau des Multischalters können auch mehrere Empfänger angeschlossen werden. Jeder Receiver für sich hat dabei den Zugriff auf seinen gewählten Frequenzbereich mit der gewünschten Polarisation.

Es gibt zahlreiche Arten von Multischaltern. Mit ihnen können nicht nur Frequenzbereiche, sondern auch Satelliten ausgewählt werden (Multifeed-Empfang, s. Kap. 9.4.6). Erweiterungen lassen sich ebenfalls vornehmen, indem man sie hintereinander schaltet (**kaskadierbare Multischalter**).

Für Satelliten-Empfangsanlagen werden **F-Stecker** verwendet (Abb. 5). Da der Innenleiter der Koaxial-Leitung als Steckerstift verwendet wird, müssen die Abschirmfolie und das Abschirmgeflecht sehr sorgfältig über den Außenmantel gestülpt und die Teile fest verschraubt werden.

5: F-Stecker

DVB-S2

Im März 2005 wurde der Standard von DVB-S2 definiert. Er hat gegenüber DVB-S folgende Vorteile:

- Anstatt der Modulationsart 4 PSK wird 8 PSK eingesetzt ⇒ ca. 30 % mehr Informationen auf einem Transponder ⇒ geringere Übertragungskosten.
- Effektivere Reduktion der Bilddaten (H.262).
- DVB-S2 ist nicht kompatibel zu DVB-S ⇒ andere Receiver erforderlich.
- Einsatz vorerst nur bei HDTV-Übertragungen.

- Im LNB erfolgt eine Signalverstärkung und die Umsetzung der Empfangsfrequenzen in die Satelliten-Zwischenfrequenz.
- Für die Umschaltung der Polarisationen im Satelliten-Empfangsbereich werden Schaltspannungen von 14 V bzw. 18 V und für die Umschaltung der Bänder werden Spannungen mit Frequenzen von 0 Hz und 22 kHz aus dem Receiver verwendet.
- Mit Multischaltern wird der Zugriff auf Frequenzbänder, Polarisationen oder Satelliten ermöglicht.

9.4.6 Installation einer Satelliten-Empfangsverteilanlage

Die zu installierende Satelliten-Empfangsanlage soll folgende Möglichkeiten bieten:
- Empfang von zwei Satelliten (Astra-Gruppe und Eutelsat II F1)
- Es soll ein Receiver angeschlossen werden.

Die zu installierenden Objekte (aus Herstellerkatalog) sowie der Installationsplan sind in der Abb. 6 aufgeführt. Aufgrund der Materialaufstellung sind aber noch folgende Fragen zu klären:
- Wie können mit einer Satelliten-Antenne die Signale von zwei Satelliten empfangen werden?
- Wozu dient die DiSEqC-Umschaltmatrix (sprich: Dai-Sek)?

Materialliste

- Offset-Parabolantenne, 90 cm
- 2 LNBs, Rauschmaß 0,6 dB
- Montagematerial
- DiSEqC-Umschaltmatrix
- 20 m Koaxialkabel, Schirmungsmaß > 80 dB
- 1 Antennensteckdose
- 1 Empfänger-Anschlussleitung
- 1 Satelliten-Receiver
- 1 Abschlusswiderstand
- 1 Überspannungsschutz

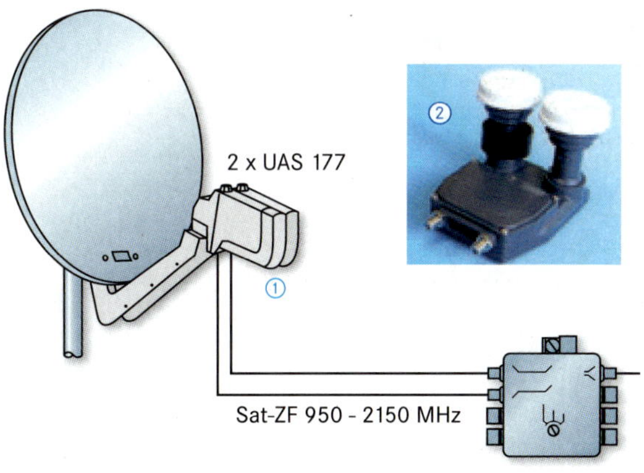

6: Empfangsanlage für zwei Satelliten

Multifeed-Empfang

Dieser Begriff drückt aus, dass von einer Satelliten-Antenne Signale von zwei oder mehreren Satelliten empfangen werden können. Für die zu installierende Anlage sind die Satelliten Astra und Eutelsat II F1 vorgesehen. Sie befinden sich bei 19,2° und 13° Ost relativ dicht nebeneinander, sodass die Signale mit zwei nebeneinander montierten LNBs (Abb. 6 ①) die

Signale empfangen werden können. Es wäre aber auch möglich, Doppelempfangsbausteine (LNB-Monoblöcke ②, Abb. 6, S. vorher) einzusetzen. Bei dieser Installation ist für keinen der LNBs eine optimale Ausrichtung möglich, der Gewinn und die Güte verschlechtern sich gegenüber einem einzelnen LNB. Durch einen größeren Durchmesser der Antenne (z.B. 85 cm) kann dies jedoch ausgeglichen werden.

DiSEqC-Umschaltmatrix

Die bisher angesprochenen Multischalter konnten mit Gleichspannungen (14 V und 18 V) sowie einer Wechselspannung von 22 kHz Schaltvorgänge auslösen. Auch beim **DiSEqC**-System [**Di**gital **S**atellite **Eq**uipment **C**ontrol] wird weiterhin die LNB-Versorgungsspannung von 14/18 V des Receivers sowie das 22 kHz-Signal durchgeschaltet. Das DiSEqC-System bietet aber erheblich mehr Schaltmöglichkeiten. Die Schaltbefehle werden vom Receiver als seriell codiertes Datenwort an die Schaltmatrix gegeben. Die 0- und 1-Zustände werden durch getastete 22 kHz-Signale erzeugt (Abb. 1).

Das DiSEqC-Datenwort setzt sich aus einem Startbyte, einem Adressbyte und einem Befehlsbyte zusammen. Der Receiver arbeitet dabei als Master, der durch seine Befehle unterschiedliche Slaves (LNBs, Multischalter usw.) ansteuern kann. Die Antworten vom Slave bestehen aus dem Startbyte und den angehängten Daten.

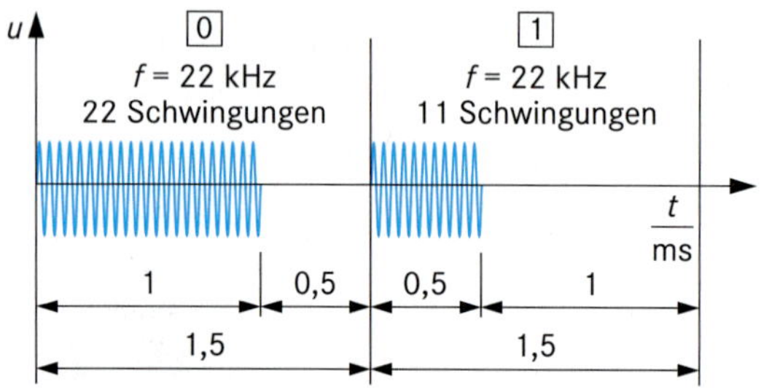

1: Bitstruktur des DiSEqC-Signals

DiSECqC gibt es in verschiedenen Versionen. Sie werden durch zwei mit einem Punkt getrennte Ziffern gekennzeichnet.

DiSEqC 1.0

- **Version 1.0**
Die Kommunikation erfolgt unidirektional (in eine Richtung). Folgende Befehle (16) sind vom Receiver zur Schaltmatrix möglich: Vier Satellitenpositionen, zwei Bänder (High-Band und Low-Band), zwei Polarisationen (vertikal und horizontal)

- **Version 2.0**
Die Kommunikation erfolgt bidirektional (zwei Richtungen).

- **Version 3.0**
Es gibt zusätzliche Programmierungsoptionen.

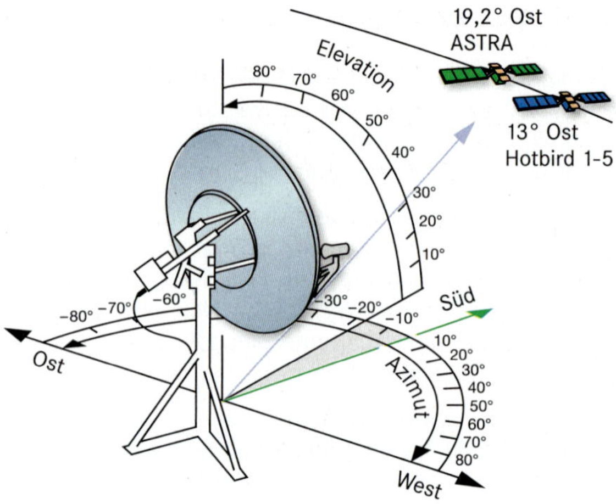

2: Ausrichtung der Satelliten-Antenne

Ausrichtung der Antenne

Die Antenne muss sehr genau auf den gewünschten Satelliten ausgerichtet werden. Die Ausrichtung wird durch zwei Winkel festgelegt (Abb. 2):

- Horizontal: **Azimut** [azimuth]; die Bezugsrichtung für Europa ist Süden
- Vertikal: **Elevation** [elevation]; Erhebungs- bzw. Höhenwinkel der Satelliten-Antenne

Der Azimut und die Elevation sind vom Montageort und der Position des Satelliten abhängig. Die entsprechenden Werte sind aus Tabellen zu entnehmen. Hilfreich für die Ausrichtung der Antenne sind „Satellitenfinder". Sie werden in die Zuleitung geschaltet und erzeugen bei richtiger Positionierung entsprechende Signale.

Am Ende der Installation der Antennen-Anlage erfolgt eine messtechnische Überprüfung (z.B. Universalmessgerät, Abb. 3). Eine wichtige Messung ist die **Pegelmessung**. Nur ein ausreichender Pegel ist die Voraussetzung für eine gute Bildqualität. In DIN EN 50083-7 ist der Pegelbereich von 47 bis 77 dBμV angegeben. Optimale Werte sollten zwischen 50 und 65 dBμV liegen.

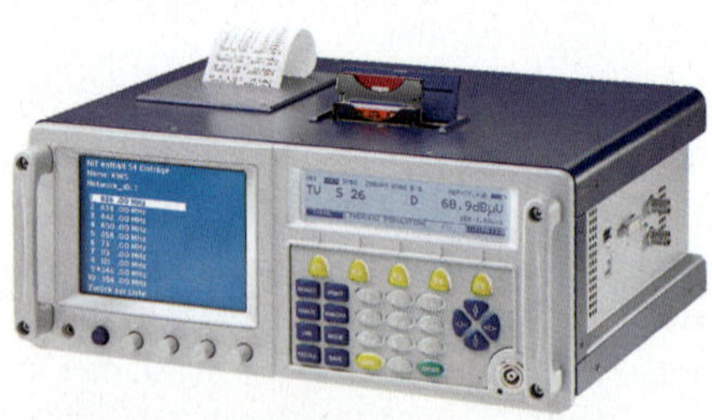

3: Antennen-Messempfänger

- Multifeed-Empfang bedeutet, dass Signale von mehr als einem Satelliten empfangen werden.
- DiSEqC-Schalter sind im Prinzip durch den Receiver ferngesteuerte Umschalter.

10 Haustechnik

10.1 Hausgeräte und -anlagen

10.1.1 Elektroherde und Backöfen

Bei den Kochstellen des Elektroherdes wird zwischen **Kochmulden** [hobs] (Abb. 4) und **Kochfeldern** [cooktop panels] unterschieden. Die Kochmulden sind aus emailliertem Stahl oder Edelstahl hergestellt (Abb. 5), sie sind in die gusseisernen Kochplatten eingelassen. Die Kochfelder bestehen aus Glaskeramik (Produktname: Ceran). Sie sind in **Kochzonen** [cooking zones] aufgeteilt (Abb. 6).

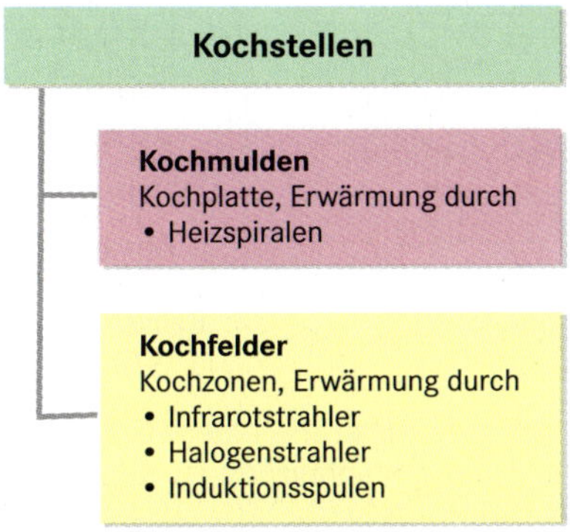

4: Arten der Wärmeerzeugung bei Kochstellen

Die Abb. 4 zeigt in einer Übersicht, wie Wärme erzeugt werden kann. Zusätzlich sind auch die Bezeichnungen für die verschiedenen Heizgeräte aufgeführt.

Bei der **Normalkochplatte** [standard hot plate] werden die **Heizwiderstände** [heating resistors] (s. Kap. 1.2.14) durch den elektrischen Strom erwärmt. Die erzeugte Wärme wird durch **Wärmeleitung** [thermal conduction] an den Topf und damit an die Speisen weitergegeben. Es dauert verhältnismäßig lange, bis die Kochplatten die richtige Temperatur erreicht haben. Sie halten dafür ihre Wärme über eine relativ lange Zeitdauer. Die Temperatur der Kochplatte reagiert also träge auf die Schaltereinstellungen.

Die Erwärmung ist auch durch **Wärmestrahlung** [heat radiation] möglich. Unter den Glaskeramikglasplatten befinden sich Heizstrahler (Abb. 6). Es werden Infrarotstrahler oder auch zusätzlich Halogenstrahler eingesetzt.

5: Kochmulde mit Kochplatten

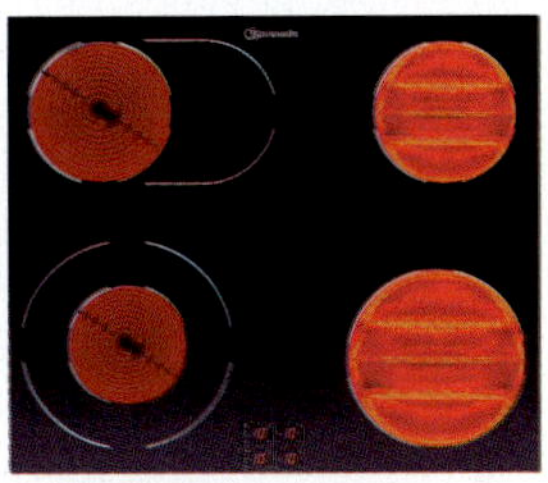

6: Glaskeramikfeld mit Kochzonen

Halogenstrahler arbeiten mit kurzwelligen Strahlen und erreichen bereits in kurzer Zeit (< 2 s) ihre Soll-Temperatur. Sie werden daher zum Ankochen eingesetzt. Für das Fortkochen wird dann auf die herkömmlichen Infrarotstrahler umgeschaltet.

Den größten Komfort bietet das **Erwärmen durch Induktion**. Hierbei fließen hochfrequente Ströme (20 kHz ... 60 kHz) durch Spulen unter der Glasplatte. Das dadurch entstehende Magnetfeld erzeugt in einem Metalltopf **Wirbelströme** (s. Kap. 1.5.4.2). Diese fließen wegen der hohen Frequenz nur in den äußeren Rändern des Topfes (Skin-Effekt). Dadurch wird der Querschnitt kleiner und somit der Widerstand groß. Die Folge ist eine große Wärmeentwicklung im Topf und damit auch in den Speisen. Der Wirkungsgrad ist größer als bei der Normalkochplatte.

Wärmesteuerung und Wärmeregelung

Die einfachste **Wärmesteuerung** [heat control] erfolgt durch Schalten verschiedener Leistungsstufen, z. B. mit dem **7-Takt-Schalter** [7-position switch] (Abb. 7, s. auch Kap. 1.3.1.2) bei der Normalkochplatte. Hierbei werden drei Heizwiderstände unterschiedlich geschaltet, sodass sechs Leistungsstufen entstehen. Nachteilig ist dabei, dass die eingestellte elektrische Leistung konstant bleibt. Es findet keine Temperaturregelung der Platte statt. Außerdem reagiert die Kochplattentemperatur sehr träge auf Leistungsänderungen beim Umschalten.

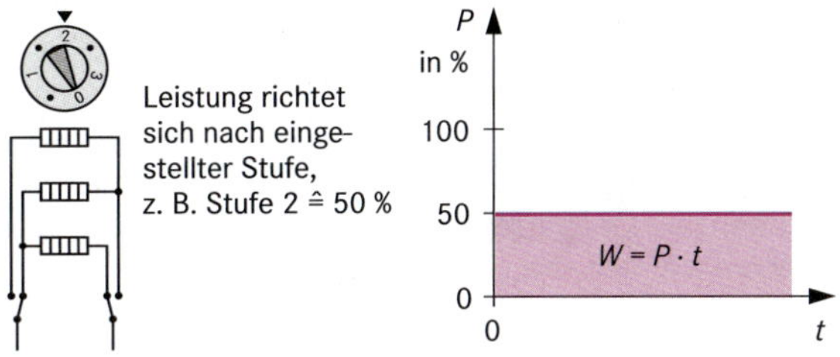

7: Normalkochplatte mit drei Heizwiderständen und einem 7-Takt-Schalter

Effektiver ist dagegen die **Temperatur-Regelung**. Hierbei wird mit einem Wählschalter entweder eine bestimmte Temperatur oder eine bestimmte Stufe eingestellt. Die Platte erwärmt sich zunächst mit voller Leistung (Abb. 8), bis die eingestellte Temperatur erreicht ist. Dann schaltet die Heizung ab. Anschließend wird durch selbsttätiges Ein- und Ausschalten die Heizleistung und damit die Temperatur der Platte geregelt. Diese Kochplatten werden als **Automatikkochplatten** [automatic hot plates] bezeichnet.

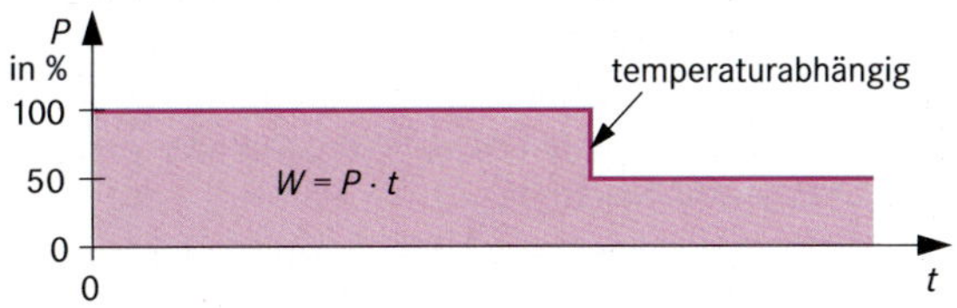

8: Regelung bei der Automatikkochplatte

Der Regler schaltet bei einer oberen Grenztemperatur ab und bei einer unteren Grenztemperatur wieder ein. Er hat also zwei Schaltstellungen und wird deshalb als **Zweipunktregler** [two-position controller] (s. Kap. 11.1.9) bezeichnet. Seine Leistungsabhängigkeit ist in Abb. 1 dargestellt. Der Regler schaltet z. B. bei 50 °C die Leistung ab ① und nach Abkühlung der Kochplatte bei 25 °C wieder ein ②. Dann beginnt die Arbeitsweise wieder von vorn (**Schalthysterese** [switching hysteresis]).

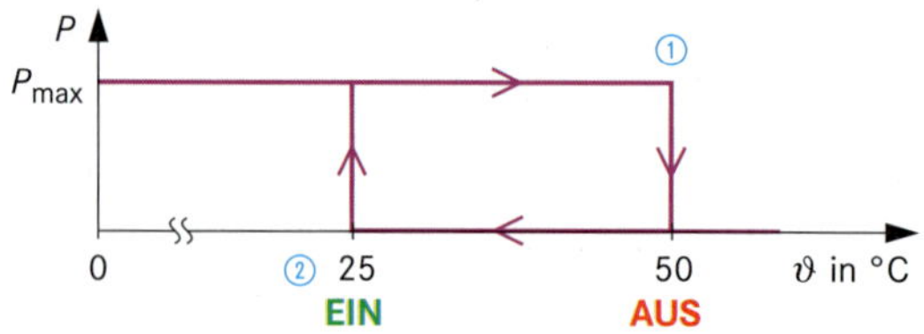

1: Kennlinie eines Zweipunktreglers

Eine andere Heizmethode wird mit der **Blitzkochplatte** [rapid hot plate] realisiert. Auch hier wird zunächst mit voller Leistung erwärmt (Abb. 2), allerdings nicht temperaturgeregelt. Danach wird mit einer vorher eingestellten Stufe weitergekocht. Die temperaturabhängigen Widerstände messen die Temperatur unterhalb der Glasplatte und schalten die Heizung.

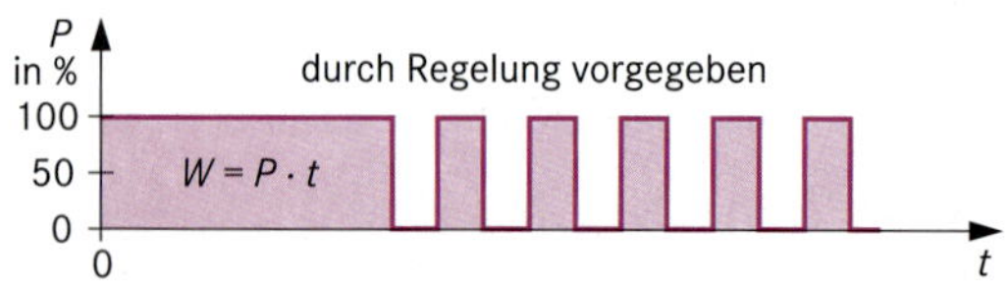

2: Regelung bei der Blitzkochplatte

Mit Zusatzeinrichtungen in Kochstellen, wie z. B. Meldung der **Restwärme** [residual heat], kann die Verbrennungsgefahr verringert werden. Auch ist die **Topferkennung** [pot size indicator] durch induktive Sensoren hilfreich. Sie registrieren, ob ein Topf auf der Kochstelle vorhanden ist. Ohne ihn kann die Heizung entweder gar nicht erst eingeschaltet werden oder sie schaltet selbsttätig aus.

AUFGABEN

1. Nennen und beschreiben Sie die drei grundsätzlichen Heizmöglichkeiten für Kochstellen.
2. Formulieren Sie wesentliche Nachteile einer Kochplatte mit 7-Takt-Schalter.

- Kochplatten der Elektroherde werden durch Widerstände erwärmt.
- Bei Kochplatten wird unterschieden zwischen Normalkochplatte (Steuerung durch 7-Takt-Schalter), Blitzkochplatte (Steuerung durch Stufenschalter) und Automatikkochplatte (Temperatur-Regelung).
- Bei Kochzonen werden Infrarot- und/oder Halogenstrahler zum Erwärmen verwendet.

Backöfen

Umluftbacköfen [circulating air oven] besitzen einen Ventilator (Abb. 3), der die Wärme verteilt (erzwungene Konvektion). Geheizt wird dabei entweder durch einen Ringheizer oder durch je eine Heizung oben und unten. Der Vorteil dieses Systems ist die gleichmäßige Wärmeverteilung. Umluftbacköfen kommen daher mit niedrigeren Temperaturen aus.

Bei der zweiten Backofenart können **Ober- und Unterhitze** [top and bottom heat] getrennt eingeschaltet werden (Abb. 4). Die Wärme wird durch natürliche Konvektion verteilt.

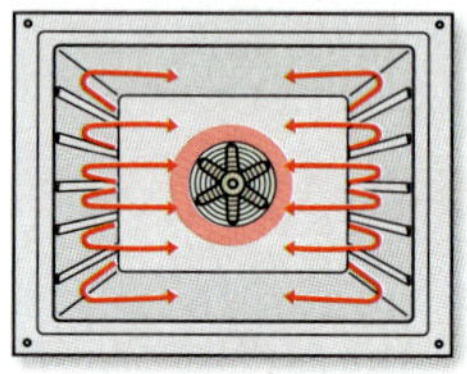

3: Umluftbackofen

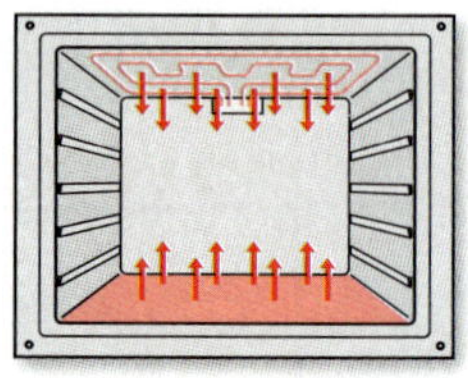

4: Backofen mit Ober- und Unterhitze

Die Backöfen sind meist mit einem Grill versehen und oft ist eine Mikrowellenheizung (s. Kap. 10.1.2) eingebaut.

Ein wichtiges Unterscheidungsmerkmal bei Backöfen ist die Art der Reinigung. Es gibt vier Möglichkeiten, die teilweise auch kombiniert werden.

Bei der **Reinigungshilfe** wird eine wässrige Spülmittel-Lösung in die Bodenwanne gefüllt. Durch Verdampfen lösen sich dann die Schmutzrückstände.

Wird der Innenraum mit einer **Spezialemaille** [special enamel] ausgekleidet, können die Verunreinigungen nicht fest haften. Sie lassen sich daher leicht entfernen. Aus Kostengründen wird oft nur die Rückwand mit diesem Material beschichtet.

Bei der Reinigung durch **Katalyse** [catalysis] baut das Material der Beschichtung Fettspritzer bei 200 °C ab, sodass auch hier eine leichte Reinigung möglich ist.

Bei der **Pyrolyse** [pyrolysis] wird durch eine getrennte Heizung der Innenraum auf 500 °C erwärmt. Die Rückstände verbrennen. Die dabei entstehenden Abgase werden durch einen Katalysator geführt und neutralisiert, sodass sie geruchlos werden. Die Asche kann mit einem feuchten Tuch entfernt werden. Für dieses Verfahren werden bis zu 6 kWh je Reinigungsvorgang benötigt. Der Vorgang dauert etwa drei Stunden.

- Backöfen werden entweder durch Umluft oder durch Ober- und Unterhitze erwärmt.
- Die Selbstreinigung der Backöfen geschieht mit Hilfe von Spezialemaille, Katalyse oder Pyrolyse.
- Pyrolytische Selbstreinigung ist sehr komfortabel. Es entstehen aber hohe Energiekosten.

Elektroanschluss

Standard-Elektroherde mit Backöfen besitzen Leistungen bis zu 14 kW. Für Leistungen über 4,6 kW ist ein Drehstromanschluss vorgeschrieben. Der Anschluss erfolgt über eine flexible Leitung. In Abb. 5 ist eine Herdanschlussdose mit einer fünfadrigen 2,5 mm²-Leitung dargestellt.

5: Anschlussdose für einen Elektroherd

Energielabel

Ein wichtiger Gesichtspunkt beim Gerätekauf ist der Energieverbrauch. Auskunft darüber erhält man über das Energielabel [energy label]. Es muss auf allen zum Verkauf ausgestellten Geräten angebracht sein. Als Unterscheidungsmerkmal werden die **Effizienzklassen** [efficiency classes] A bis G verwendet. Bei Backöfen richtet sich die Effizienzklasse nach der Größe des nutzbaren Volumens (Abb. 6). Die Werte werden mit dem genormten und simulierten Backen eines Bratens festgestellt.

Volumen	klein 12 ... 35 l	mittel 35 ... 65 l	groß > 65 l
Effizienz-klasse	Energieverbrauch in kWh		
A	< 0,6	< 0,8	< 1,0
B	0,6 ... < 0,8	0,8 ... < 1,0	1,0 ... < 1,2
C	0,8 ... < 1,0	1,0 ... < 1,2	1,2 ... < 1,4
D	1,0 ... < 1,2	1,2 ... < 1,4	1,4 ... < 1,6
E	1,2 ... < 1,4	1,4 ... < 1,6	1,6 ... < 1,8
F	1,4 ... < 1,6	1,6 ... < 1,8	1,8 ... < 2,0
G	1,6 ... < 1,8	ab 1,8	ab 2,0

6: Effizienzklassen von Backöfen

- Energielabel ermöglichen eine erste Einschätzung über den Energieverbrauch eines Gerätes.
- Die Effizienzklassen sind von A (niedriger Energieverbrauch) bis G (hoher Verbrauch) eingeteilt.

Energielabel

Die Europäische Union hat im Jahr 1997 die Energieverbrauchs-Kennzeichnung eingeführt. Danach müssen alle ausgestellten Haushaltsgeräte mit einem Energielabel gekennzeichnet sein.

Für jedes Großhaushaltsgerät ist ein besonderes Label festgelegt. Auf ihm ist die **Energieeffizienzklasse A ... G** des betreffenden Gerätes angegeben. Sie wird als farbiger Pfeil in unterschiedlicher Länge ① dargestellt.

Hierbei bedeutet:

Grün: niedriger Verbrauch → sehr effizient

Rot: hoher Verbrauch → wenig effizient

Viele Geräte, z. B. Kühlgeräte, sind inzwischen noch effizienter geworden, sodass die Klasse A nicht mehr ausreichte. Hier gibt es zusätzlich die Klassen A+ und A++.

Für die weiteren Merkmale sind die Grundetiketten der einzelnen Geräte unterschiedlich gestaltet. Unten ist das Label für **Elektrobacköfen** dargestellt. Auf der rechten Seite wird ein Datenstreifen ② aufgeklebt, der die Werte des betreffenden Gerätes enthält.

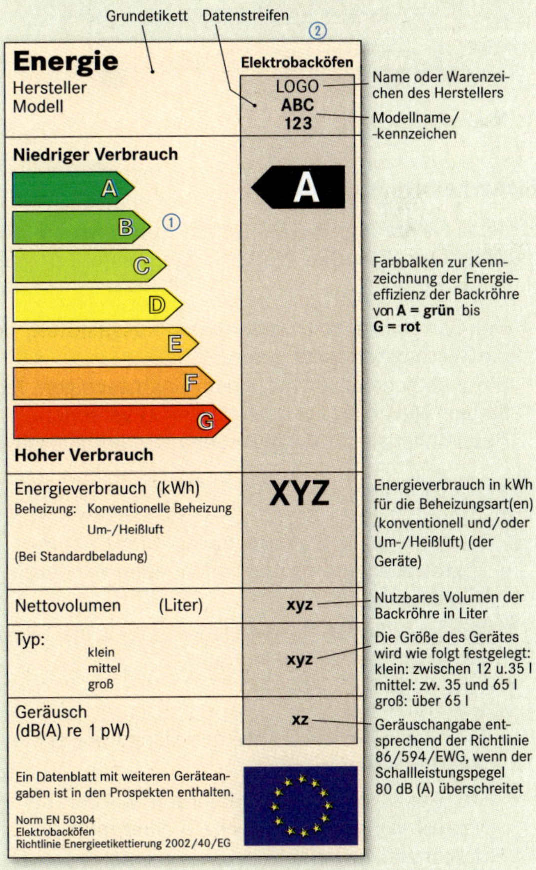

10.1.2 Mikrowellengeräte

Im Mikrowellengerät [microwave oven] befindet sich ein Sender (Magnetron), mit dem kurze elektromagnetische Wellen (λ = 12,25 cm, f = 2,45 GHz) erzeugt werden. Diese Wellen werden auf rotierende Reflektoren geleitet, sodass sie sich gleichmäßig im Garraum verteilen. Dort treffen sie in den Speisen bzw. Flüssigkeiten auf die elektrisch polarisierten Wassermoleküle (Dipole mit Plus- und Minuspol). Da elektromagnetische Wellen aus elektrischen und magnetischen Feldern bestehen, kommt es zu einer Kraftwirkung auf die Dipole. Die Wassermoleküle werden ausgerichtet. Da die Felder ständig ihre Richtung ändern, schwingen die Dipole auch ständig hin und her und das Gargut erwärmt sich. Da dieser Vorgang sehr schnell abläuft, werden weniger Vitamine zerstört als bei anderen Erwärmungsarten.

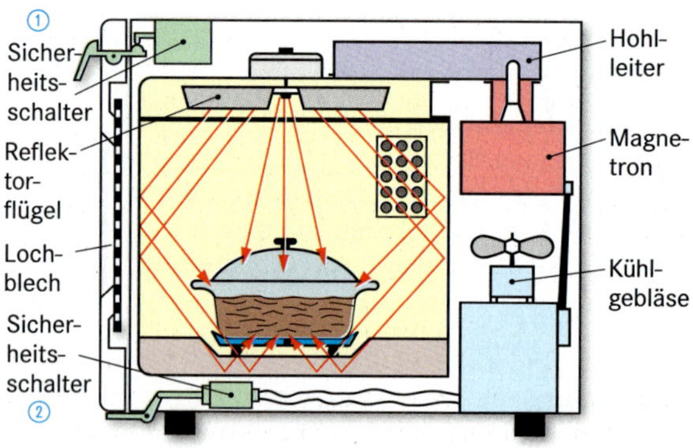

1: Mikrowellengerät

Sicherheitsvorkehrungen

Um eine Gefährdung der Menschen zu vermeiden, werden mehrere Sicherheitsvorkehrungen [safety precautions] getroffen:

- Der Garraum ist mit Stahlwänden ausgestattet, die die Mikrowellen reflektieren.
- Die Sichtscheibe ist mit einem engmaschigen, leitfähigen Netz oder Lochblech ($d \ll \lambda$) versehen. Dadurch ist sie für kurze Wellen nicht durchlässig.
- Die Tür besitzt mindestens zwei Sicherheitsschalter (Abb. 1 ① ②). Wenn die Tür bereits mit einem kleinen Winkel geöffnet wird, schaltet das Gerät ab.
- Der Türrahmen besteht aus $\lambda/4$-Kammern. Dadurch wird mit Hilfe der Reflektion erreicht, dass eventuell austretende Wellen gelöscht werden.
- Für die Strahlung, die unabsichtlich das Gerät verlassen darf (**Leckstrahlung** [leakage radiation]), sind folgende Grenzwerte vorgeschrieben:
  - Leerlauf: 10 mW/cm^2
  - Belastung: 5 mW/cm^2

Benutzungshinweise

Da Mikrowellen fast verlustlos durch elektrische Isolierstoffe hindurch gehen, werden Gefäße aus Glas, Porzellan, Kunststoff und Pappe kaum warm. Metalle dagegen reflektieren die Wellen. Sie schirmen ab und die Wellen können nicht in das betreffende Gargut gelangen.

Verpackungen mit Metallteilen (z. B. Becher mit Aluminium und Folien-Reste) oder Geschirr mit Metallauflagen dürfen nicht in die Mikrowellengeräte gestellt werden. Weil sich Metalle durch elektromagnetische Wellen aufladen, können zwischen den Teilen Funken überspringen.

Da die Strahlungsintensität mit zunehmender **Eindringtiefe** [penetration depth] nachlässt, sind die Speisen in der Mitte kälter als außen. Sie sollten deshalb in Intervallen erwärmt und möglichst zwischendurch umgerührt werden. So wird eine gleichmäßige Erwärmung des gesamten Inhalts erreicht.

Anschluss

Mikrowellengeräte werden über Steckdosen mit eigenem Stromkreis angeschlossen. Wegen der hohen Anlaufströme sind entweder LS-Schalter der Charakteristik C oder 16 A-Schmelzsicherungen einzusetzen.

AUFGABEN

1. Nennen Sie die Sicherheitsmaßnahmen eines Mikrowellengerätes und beschreiben Sie deren Wirkungen.
2. Warum sollen in Mikrowellengeräten keine Teller mit Goldrand benutzt werden?

- Die kurzen Wellen der Mikrowellengeräte erwärmen Speisen von innen.
- Um Menschen nicht zu gefährden, werden bei Mikrowellengeräten mehrere Sicherheitseinrichtungen eingebaut.

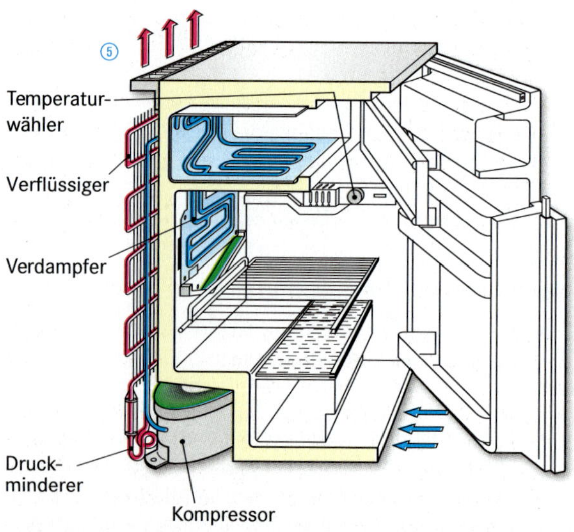

2: Kompressor-Kühlschrank (Schnittdarstellung)

10.1.3 Kühl- und Gefriergeräte

Grundsätzlich kommt es beim Kühlen in einem Kühlgerät [refrigerator] zu folgendem Ablauf:

- Ein flüssiger Stoff (**Kältemittel** [refrigerant medium]) wird durch Zufuhr von Energie gasförmig (Abb. 3 ①).
- Diese Energie wird dem Kühlgut in Form von Wärme entzogen ②.
- Das Kühlgut kühlt ab. Das Kältemittel erwärmt sich und wird gasförmig.
- Das gasförmige Kältemittel wird an anderer Stelle gekühlt ③ und wieder flüssig ④.

Weil Flüssigkeiten bei niedrigem Druck besser verdunsten als bei hohem, wird der Druck verringert. Außerdem benutzt man Kältemittel, die bereits bei niedrigen Temperaturen verdunsten, z. B. Propan, Isobutan.

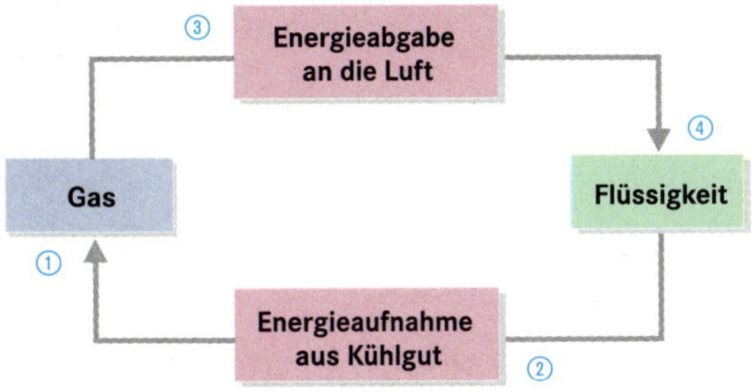

3: Kühlkreislauf

Kompressor-Kühlschrank

Mit der Schnittdarstellung von Abb. 2 wird die Arbeitsweise verdeutlicht.

- Im **Verdampfer** [vaporiser] wird das Kältemittel durch die Wärme des Kühlgutes gasförmig.
- Das Gas wird vom **Kompressor** [compressor] angesaugt.
- Danach wird es in den **Verflüssiger** [condenser] gepresst.
- Außerhalb des Kühlschrankes wird die Wärme an die umgebende Luft abgegeben ⑤. Das Kältemittel verflüssigt sich.
- Das Kältemittel strömt anschließend durch einen **Druckminderer** [pressure reducer] (meist ein Kapillarrohr). Es entsteht ein niedriger Druck, der das Verdunsten erleichtert.
- Das Kältemittel fließt wieder durch den Verdampfer.

Absorber-Kühlschrank

Bei diesem System wird die Druckverminderung durch Mischung zweier Stoffe mit unterschiedlichem Druck erreicht. Folgender Ablauf ergibt sich:

- Das flüssige Kältemittel (Ammoniak) fließt unter hohem Druck in einen Verdampfer. Dort befindet sich Wasserstoff mit niedrigem Druck. Durch die Mischung sinkt der Druck des Ammoniaks. Das Kältemittel verdunstet und entzieht dafür dem Kühlgut Wärme.
- Beide Gase fließen dann zum Absorber. Dort wird Ammoniak vom Wasser aufgenommen (Absorption). Das Hilfsgas Wasserstoff wird durch einen Nebenkreislauf wieder zum Verdampfer geleitet.
- Die Wasser-Ammoniak-Mischung fließt in einen Kocher und wird dort erhitzt.
- Das gasförmige Kältemittel gelangt in den Verflüssiger. Dort gibt es seine Wärme an die Außenluft ab, wird flüssig und fließt zum Verdampfer zurück.

Absorber-Kühlschränke haben keinen Motor und sind deshalb leise. Sie werden für Barfächer in Wohnräumen und Hotels verwendet. Ihr Nachteil ist aber der höhere Energieverbrauch. Er ist ungefähr doppelt so hoch wie bei Kompressor-Kühlschränken.
Kühlschränke werden an Steckdosen angeschlossen, Leiterquerschnitt q = 1,5 mm^2.

Gefriergeräte

Diese Geräte sind mit Kompressor-Systemen ausgestattet. Sie werden als **Gefriertruhen** [chest freezers] oder **Gefrierschränke** [freezers] hergestellt. Beim Öffnen von Gefriertruhen entweicht keine kalte Luft, weil sie schwerer als die Raumluft ist. Deshalb sind diese Geräte günstiger im Energieverbrauch als Gefrierschränke, wo sich die Lebensmittel aber übersichtlicher lagern lassen.

Damit die Lebensmittel lange Zeit gelagert werden können, sollte die Temperatur von Gefriergeräten etwa −20 °C betragen. Damit die Lebensmittel nicht verderben, darf die Temperatur nicht wesentlich höher sein. Die Geräte sind mit einem Tür- bzw. Temperatur-Tonwarner ausgerüstet. Er meldet, wenn eine bestimmte Innenraumtemperatur überschritten wird.

Gefriergeräte werden ebenfalls über Steckdosen an einen eigenen Wechselstromkreis angeschlossen. Dieser sollte nicht durch eine gemeinsame RCD abgesichert sein. Fällt diese nämlich wegen des Fehlers eines anderen Gerätes aus, wird auch das Gefriergerät stromlos und das Kühlgut taut auf.

AUFGABEN

1. Welchen Vorteil haben Absorber-Kühlschränke gegenüber Kompressor-Kühlschränken?
2. Warum müssen Kühl- und Gefriergeräte enteist werden?

- Im Inneren von Kühl- und Gefriergeräten wird dem Kühlgut Wärme entzogen, indem ein flüssiges Kältemittel verdunstet. Es wird dann über ein Rohrsystem nach außen geführt und gibt dort die aufgenommene Wärme wieder ab.
- Kompressor-Kühlschränke erzeugen mit Hilfe des Motors einen niedrigen Druck im Verdampfer.
- Absorber-Kühlschränke haben keine Motoren und sind deshalb leise.

10.1.4 Geschirrspüler

Der prinzipielle Aufbau eines Geschirrspülers [dishwasher] ist in Abb. 1 dargestellt. Üblicherweise sind zwei Geschirrkörbe vorhanden. Der obere läuft auf Teleskopschienen und der untere wird auf der Tür abgestützt. Unterhalb der Geschirrkörbe sind Sprüharme angebracht. Durch das **Rückstoßprinzip** beim Wasseraustritt drehen sie sich. Außerdem sind eine Heizung, eine Umwälz- ① und eine Ablaufpumpe ② vorhanden.

Arbeitsweise

Die Wasserzufuhr wird mit Magnetventilen gesteuert. Das Wasser fließt durch einen Enthärter (Ionentauscher).

Während der Reinigungsphase wird die Lauge aufgeheizt. Ein **Trockengehschutz** [dry-running protection] verhindert das Heizen ohne Wasser im Spülraum.

Die **Sprüharme** reinigen das Geschirr mit Wasserstrahlen. Die Umwälzpumpe saugt dazu die Lauge durch eine Siebkombination aus dem Auffangbecken und presst das Wasser durch die Sprüharme.

Danach entleert die **Ablaufpumpe** den Behälter und die Trocknungsphase beginnt. Durch die Wärme des Geschirrs verdunstet die Feuchtigkeit.

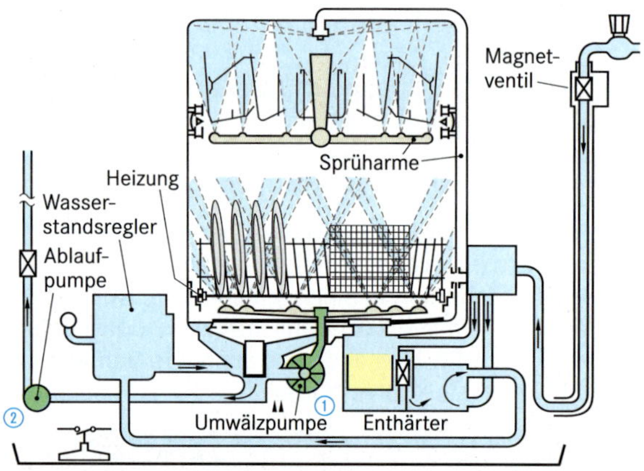

1: Aufbau eines Geschirrspülers

Schutz gegen Wasserschäden

Folgende Maßnahmen kommen zur Anwendung:

- An der Verschraubung des Wasserzulaufschlauches sind zwei Magnetventile eingebaut, sodass beim Versagen eines Ventils das zweite schließen kann.
- Ein Hüllschlauch umschließt den Wasserzulaufschlauch. Das Leckwasser wird dadurch in die Bodenwanne des Geschirrspülers geleitet.
- Die Bodenwanne hat einen Schwimmschalter, der das Überlaufen der Wanne durch Schließen eines Magnetventils verhindern soll.
- Ein Wasserstandssensor überwacht das Wasserniveau des Geschirrspülers.

Zusammenhänge

Bei einem Geschirrspüler gibt es verschiedene Wasserkreisläufe, die durch Sensoren überwacht und über ein Programmschaltwerk gesteuert werden. In Abb. 2 sind wesentliche Vorgänge im Zusammenhang dargestellt, die zum Lokalisieren von Fehlerquellen dienen.

Beispiele:
- Das Vorspülen funktioniert nicht:
  Wasserzulauf, -ablauf, Heizen und Sprüharm-Bewegung prüfen
- Der Wasserzulauf ist nicht in Ordnung:
  Wasserventil, Füllstandsschalter und Ablaufpumpe prüfen

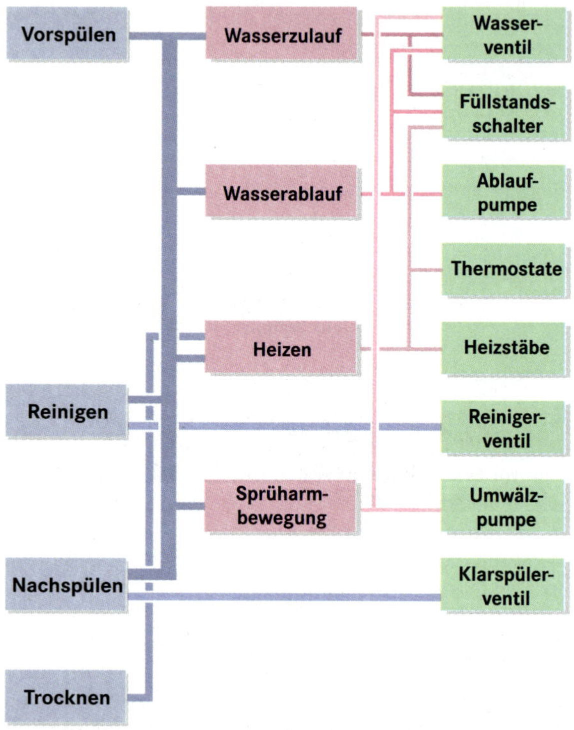

2: Zusammenhänge beim Geschirrspüler

Anschlüsse

Für Geschirrspülmaschinen (bis 3,5 kW) sind eigene Stromkreise mit Schutzkontakt-Steckdosen vorzusehen, die mit 16 A abzusichern sind.

Der **Wasserdruck** muss mindestens 30 kPa betragen, sonst schließt das Magnetventil nicht mehr einwandfrei. Wenn ein Druck von mehr als 1 MPa vorhanden ist, muss ein Druckminderer eingebaut werden.

- Der Geschirrspüler reinigt das Geschirr durch Wasserstrahlen, die aus rotierenden Sprüharmen gesprüht werden.

10.1.5 Waschmaschinen

Waschmaschinen [washer] sind in der Regel Vollautomaten, das heißt, die Schleuder ist integriert. Der grundsätzliche Aufbau eines **Frontladers** (Beschickung von vorne) [front loader] ist in Abb. 3 dargestellt.

Ein wesentliches Element ist der **Laugenbehälter** [suds container]. Er befindet sich in einem Gehäuse und ist dort federnd gelagert. Um die Maschine auch beim Schleudern stabil zu halten, ist der Behälter mit Gewichten versehen. Die wichtigen Aggregate, z. B. Trommel und Heizung, befinden sich im Laugenbehälter.

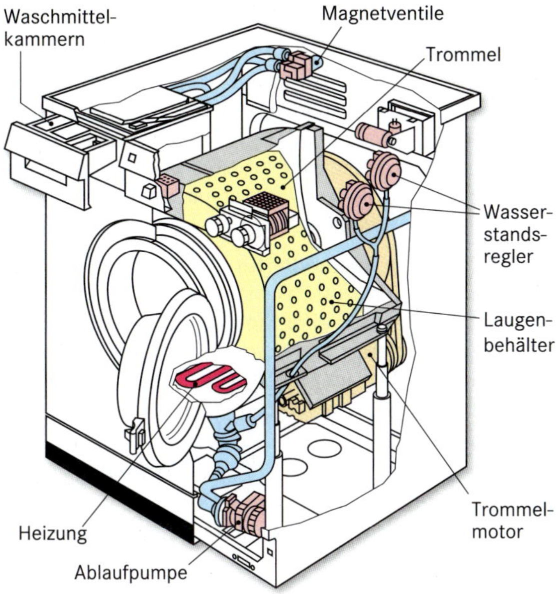

3: Waschmaschinenaufbau

Arbeitsweise

Durch Drehschalter, Drucktaster oder Folientaster werden das Waschprogramm und die Temperatur gewählt sowie die Maschine gestartet.

Das Wasser läuft zu und spült dabei das Waschmittel ein. Dies geschieht je nach Programm und Einstellung (Vorwäsche, Hauptwäsche, Weichspülen u. a.) mehrfach während des gesamten Waschvorgangs.

Die **Niveauwächter** [level switches] regeln den Wasserstand je nach Programm. Außerdem wirken sie als Trockengehschutz, sodass die Heizung nicht ohne Wasser arbeitet.

Die **Heizung** wird eingeschaltet und erwärmt das Wasser entsprechend der Vorwahl. Sie schaltet sich beim Erreichen der gewählten Temperatur aus und nach Bedarf wieder ein.

Die **Trommel** dreht sich abwechselnd rechts- oder linksherum (**Reversieren**). Dabei wird die Wäsche durch die eingebauten Rippen aus der Waschlauge herausgenommen. Während des Weiterdrehens fällt sie dann wieder herunter (Waschvorgang).

Die **Fallhöhe**, die **Fallhäufigkeit** und die **Durchflutung** entscheiden neben der Temperatur über das Waschergebnis. Da Energie gespart werden soll, wird möglichst wenig Wasser eingelassen. Damit die Wäsche trotzdem ausreichend nass ist, wird sie zusätzlich von oben mit Waschlauge besprüht.

Wie beim Geschirrspüler gibt es eine Vielzahl von Kreisläufen und Abhängigkeiten. In Abb. 4 sind wesentliche Zusammenhänge dargestellt.

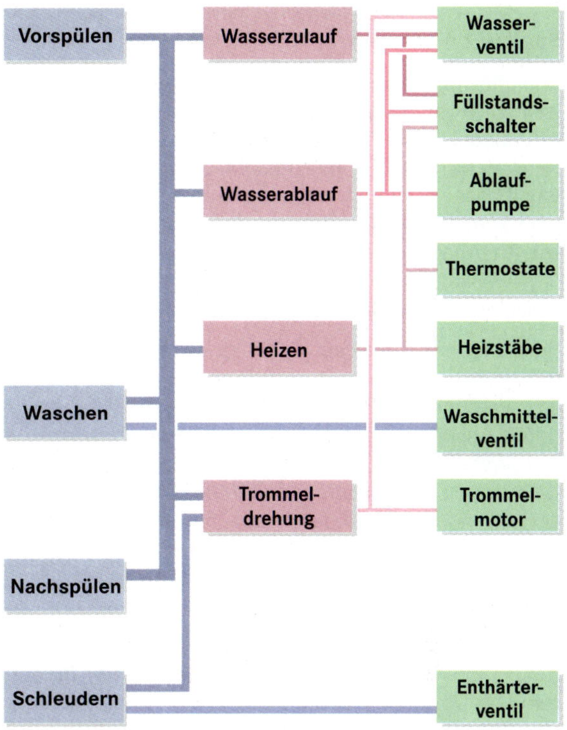

4: Zusammenhänge bei der Waschmaschine

AUFGABEN

1. Beschreiben Sie die Arbeitsweise eines Geschirrspülers mit Hilfe eines Ablaufdiagramms.
2. Durch welche Maßnahme wird bei Waschmaschinen Wasser eingespart?
3. Begründen Sie, warum die Wäschetrommel reversiert wird.

- In Waschmaschinen wird die Wäsche gereinigt, indem sie angehoben und dann fallen gelassen wird.
- Der Waschvorgang wird durch elektronische Schaltungen in Abhängigkeit von Temperatur, Beladung und Wasserniveau geregelt.

10.1.6 Warmwassergeräte

Boiler

Wie der Name zum Ausdruck bringt (engl. to boil = kochen), kann mit diesem Gerät Wasser bis auf 100 °C erwärmt werden. Der Boiler [boiler] besteht aus einem Behälter, der keine Wärmeisolation [thermal isolation] besitzt. Im Wasser befindet sich ein Heizer (Abb. 1 ①), der vor dem Aufheizen eingeschaltet werden muss. Bei Erreichen der gewählten Temperatur wird die Heizung ausgeschaltet. Sie schaltet sich nicht wieder automatisch ein. Das Wasser kühlt sich dann wieder ab. Es ist also zum sofortigen Gebrauch bestimmt.

Speicher

Speicher [hot water tanks] sind im Gegensatz zu Boilern mit einer Wärmedämmung ausgestattet. Sie besitzen einen Temperaturwächter, so dass die Wassertemperatur konstant gehalten wird. In Speichern wird das Wasser bis zu der eingestellten Temperatur (stufig oder kontinuierlich) aufgeheizt. Der **Temperaturwächter** [thermal protector] schaltet die Heizung ab. Kühlt das Wasser ab, schaltet der Temperaturwächter die Heizung ein. Das Wasser erwärmt sich wieder.

Beim **offenen Speicher** [open hot water tank] (Abb. 2) ist der Behälter durch eine Öffnung ② mit der Außenluft verbunden. Es entsteht daher kein Überdruck durch Ausdehnung des erwärmten Wassers (druckloses System). Das Warmwasserventil befindet sich im Kaltwasserzulauf. Nach dem Öffnen fließt kaltes Wasser zu und drückt dadurch das warme Wasser oben heraus ③. Solche Speicher eignen sich für die Versorgung einer oder mehrerer benachbarter Zapfstellen (Gruppenversorgung).

Bei einem **geschlossenen Speicher** [closed hot water tank] (Abb. 3) liegt das Warmwasserventil im Ablaufrohr des warmen Wassers. Der Wasserbehälter steht also ständig unter Druck. Dadurch wird eine zentrale Warmwasserversorgung mit mehreren **Zapfstellen** [tapping points] begünstigt.

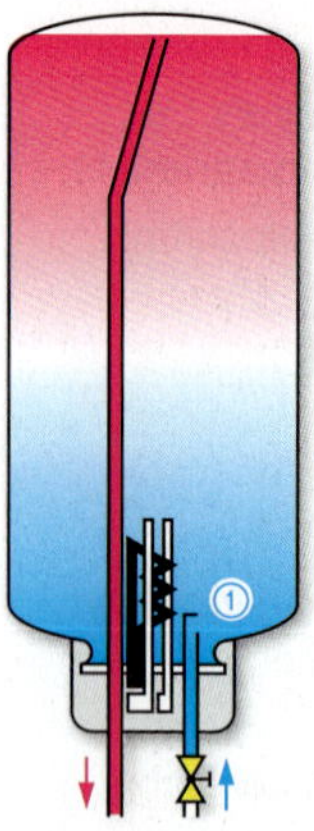

1: Boiler

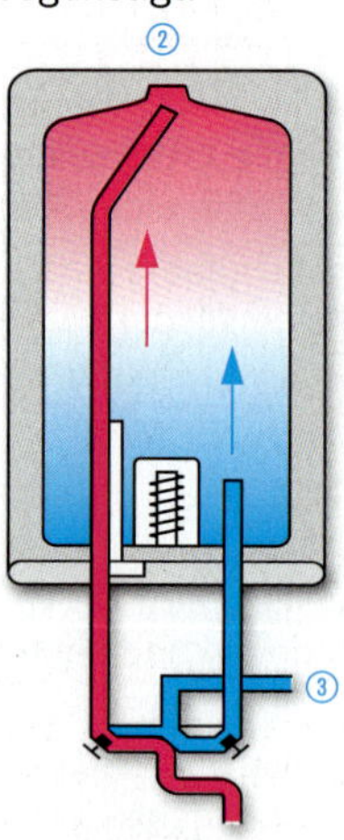

2: Offener Speicher

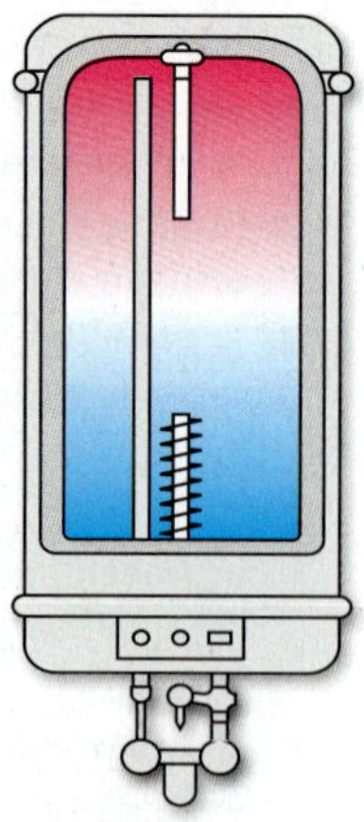

3: Geschlossener Speicher

Kochendwassergeräte

Kochendwassergeräte [boiling water heaters] arbeiten im Prinzip wie Boiler. Sie werden an Steckdosen mit 230 V angeschlossen. Der Behälter besteht aus Kunststoff (evtl. mit Wasserstandsanzeige). Da vor Gebrauch erst Wasser in den Behälter eingelassen werden muss, wird dafür ein weiteres Ventil benötigt. Die Armatur (Abb. 4) besteht daher aus den drei Ventilen:

- Wasserzulauf ①
- Warmwasserablauf ②
- Kaltwasserablauf ③

Mit einem Schalter wird die Heizung ④ eingeschaltet. Aus dem Überlaufrohr ⑤ tritt während des Aufheizens Wasser aus, deshalb müssen diese Geräte über einem Spülbecken bzw. Ausguss installiert sein. Ist die Temperatur erreicht, schaltet der Temperaturwahl-Begrenzer die Heizung aus. Wird die Wassertemperatur wieder niedriger, schaltet der Begrenzer aber nicht wieder ein. Dieses Betriebsmittel arbeitet auch als Trockengehschutz, d. h., die Heizwiderstände lassen sich ohne Wasser nicht einschalten.

Bei Geräten mit **Fortkochstufe** schaltet die Heizung bei Erreichen von 100 °C nicht ab. Es ertönt lediglich ein Summer und eine Signalleuchte leuchtet. Das Wasser kocht weiter und verdampft dabei. Erst wenn kein Wasser mehr im Behälter ist, wird die Heizung ausgeschaltet.

Geräte mit **Kochautomatik** besitzen eine Temperaturregelung, die das Wasser bei knapp 100 °C hält, ohne dass es verdampft.

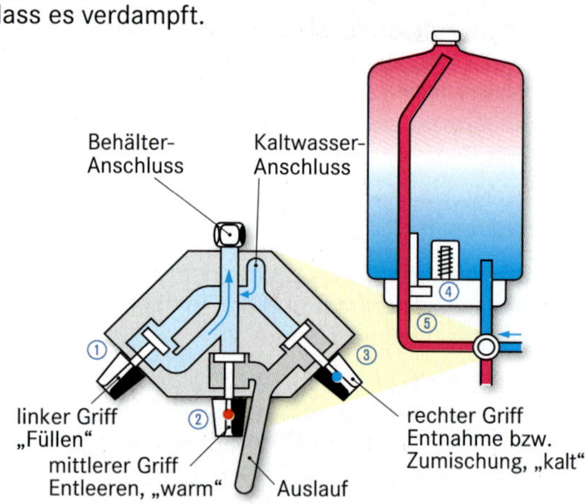

4: Kochendwassergerät mit Armatur

- Boiler schalten die Heizung bei Erreichen der eingestellten Temperatur ab und nicht selbsttätig wieder ein.
- Warmwasserspeicher sind gut wärmegedämmt und halten das Wasser automatisch auf der eingestellten Temperatur.
- Kochendwassergeräte arbeiten wie Boiler. Sie besitzen keine Wärmedämmung.

Durchlauferhitzer

Diese Geräte besitzen ein Blech- oder Kunststoffgehäuse. Weil das Wasser zum sofortigen Gebrauch bestimmt ist, sind diese Geräte nicht wärmegedämmt. Die Arbeitsweise unterscheidet sich von den bisher beschriebenen Geräten, weil Wasser erst dann erwärmt wird, wenn es gebraucht wird. Während der Benutzung fließt es an der Heizung vorbei (Abb. 5).

Damit diese Funktion möglich ist, müssen folgende Voraussetzungen erfüllt sein:
- Die Heizleistung ist sehr groß (> 12 kW).
- Die Wärme der Heizwiderstände muss schnell an das Wasser abgegeben werden.
- Beim Öffnen des Warmwasserventils muss die Heizung eingeschaltet werden.

Um die zweite Voraussetzung zu erfüllen, ist ein guter Wärmekontakt zwischen der Heizung und dem vorbeifließenden Wasser wichtig. Viele Heizer befinden sich daher ohne jegliche Isolation im Wasser, das dann die Spannung des elektrischen Leiters annimmt. Damit für den Menschen keine Gefahr entsteht, ist der Weg bis zum Auslauf des Wassers lang und die Rohre sind aus Isolierstoffen. Hinzu kommt noch, dass das Wasser einen hohen Widerstand besitzt (etwa 1 kΩ/cm). Somit ergibt sich ein großer Spannungsfall und es kann keine unzulässig hohe Berührungsspannung entstehen.

Das Schalten der Heizung erfolgt hydraulisch gesteuert sowie thermisch oder elektronisch geregelt.

Bei der **hydraulischen Steuerung** [hydraulic controlled] wird die Heizung mit Hilfe des Wasserdrucks bzw. Durchflusses verändert. Das Warmwasserventil wird geöffnet. Dadurch strömt Wasser durch den **Druckdifferenzschalter** [pressure difference switch] (Abb. 1, nächste Seite).

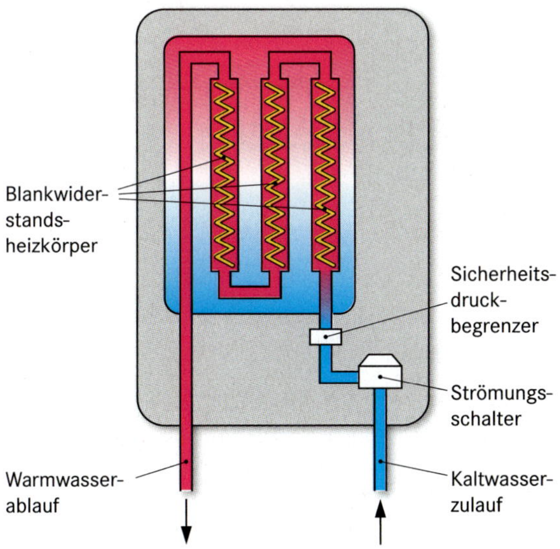

5: Durchlauferhitzer

Zeit und Kosten

Ein Kunde möchte sich einen 80 l-Speicher installieren lassen. Er will dazu die Zeit und die Kosten für ein Wannenbad wissen.

Der Elektroniker legt zur Berechnung noch folgende Werte zu Grunde (s. Kap. 1.2.16):

- Badewannen-Volumen $V = 150\,l$
  $\Rightarrow$ Wassermenge $m_m = 150$ kg
- Badetemperatur $\vartheta_m = 39$ °C
- Kaltwasser-Temperatur $\vartheta_k = 12$ °C
- Warmwasser-Temperatur $\vartheta_w = 65$ °C
- Leistung des Speichers $P_{zu} = 6$ kW
- Wirkungsgrad des Speichers $\eta = 95$ %
  $\Rightarrow$ abgegebene Leistung $P_{ab} = 5{,}7$ kW
- Energiepreis $p = 0{,}15$ €/kWh

Warmwassermenge

$m_m \cdot \vartheta_m = m_w \cdot \vartheta_w + m_k \cdot \vartheta_k \qquad m_k = m_m - m_w$

$m_m \cdot \vartheta_m = m_w \cdot \vartheta_w + m_m \cdot \vartheta_k - m_w \cdot \vartheta_k$

$m_m \cdot \vartheta_m - m_m \cdot \vartheta_k = m_w \cdot \vartheta_w - m_w \cdot \vartheta_k$

$$m_w = \frac{m_m \cdot (\vartheta_m - \vartheta_k)}{\vartheta_w - \vartheta_k}$$

$$m_w = \frac{150\text{ kg} \cdot (39\text{ °C} - 12\text{ °C})}{65\text{ °C} - 12\text{ °C}}$$

$m_w = 76{,}4$ kg

Wärmemenge (Arbeit)

$Q = m_w \cdot c \cdot (\vartheta_w - \vartheta_k)$

$Q = 76{,}4\text{ kg} \cdot 4{,}19\text{ kJ/kgK} \cdot (65\text{ °C} - 12\text{ °C})$

$Q = 17\,000$ kJ $\quad W = 17\,000$ kWs $\quad W = 4{,}72$ kWh

Zeit

$$W = P \cdot t \qquad t = \frac{W}{P} \qquad t = \frac{17\,000\text{ kWs}}{5{,}7\text{ kW}}$$

$t = 2982$ s $\quad \underline{\underline{t = 49\text{ min }42{,}5\text{ s}}}$

Energiekosten

$K = W \cdot p \qquad K = 4{,}72\text{ kWh} \cdot 0{,}25\text{ €/kWh}$

$\underline{\underline{K = 1{,}18\text{ €}}}$

Die Aufheizzeit des Speichers beträgt fast 50 Minuten. Ein Wannenbad kostet 1,18 €.

- Durchlauferhitzer erwärmen das Wasser beim Durchströmen. Sie haben deshalb große Bemessungsleistungen.
- Die Heizwiderstände bei Durchlauferhitzern werden durch das Betätigen des Warmwasserventils geschaltet. Sie werden hydraulisch gesteuert bzw. thermisch oder elektronisch geregelt.

Die unterschiedlichen Querschnitte der Düse (Venturidüse, Abb. 1 ①) erzeugen in der oberen Kammer ② der Druckdifferenzdose einen Unterdruck und in der unteren einen Überdruck.

Die **Membran** [membrane] ③ bewegt sich mit dem Stößel nach oben und betätigt die Sprungfeder ④. Der Kontakt ⑤ schließt und die Heizwiderstände werden eingeschaltet. Sie heizen so lange, wie Wasser durch die Venturidüse fließt.

Einige Durchlauferhitzer besitzen eine Leistungssteuerung, sodass die Wassertemperatur eingestellt werden kann. Unabhängig davon wird auch durch die Verringerung der Durchflussmenge die Temperatur erhöht. Schließt man das Warmwasserventil etwas, fließt weniger Wasser. Dadurch erhöht sich bei gleicher Leistung die Wassertemperatur.

Da die Steuerung der Heizwiderstände durch den Wasserdruck erfolgt, schreiben die Hersteller dieser Warmwassergeräte bestimmte Mindest- und Höchstdrücke für den Kaltwasseranschluss vor.

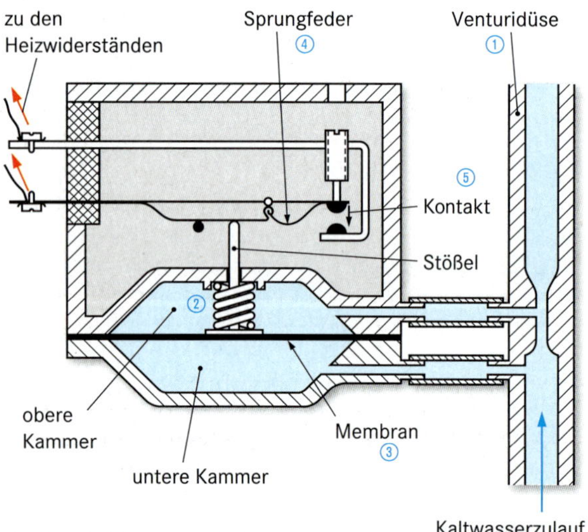

1: Druckdifferenzschalter

Thermisch geregelte Durchlauferhitzer sind Speicher, denn sie besitzen stets einen Warmwasservorrat. Sie sind demzufolge wärmeisoliert und verfügen über eine Temperaturregelung.

Der Temperaturwächter schaltet immer dann die Heizung ein, wenn das Wasser unter eine festgelegte Temperatur sinkt. Gleichgültig ob das durch Abkühlung oder zufließendes kaltes Wasser bei der Entnahme geschieht. Durch diesen Aufbau sind diese Geräte unabhängig vom herrschenden Wasserdruck einsetzbar.

Elektronisch geregelte Durchlauferhitzer [electronic controlled instantaneous water heater] bieten den höchsten Komfort. Die Temperaturregelung des ausfließenden Wassers wird durch einen Mikroprozessor (Abb. 2 ⑥) vorgenommen. Dort wird die aktuell benö-

Kosten mit Durchlauferhitzer

Ein Kunde möchte seine Badewanne mit Hilfe eines Durchlauferhitzers (21 kW) füllen. Er will die Zeit und die Kosten dafür wissen.

Für diese Aufgabe werden die Angaben vom Berechnungsbeispiel der vorhergehenden Seite zu Grunde gelegt.

Durchflussvolumen

Ablesen aus dem Diagramm

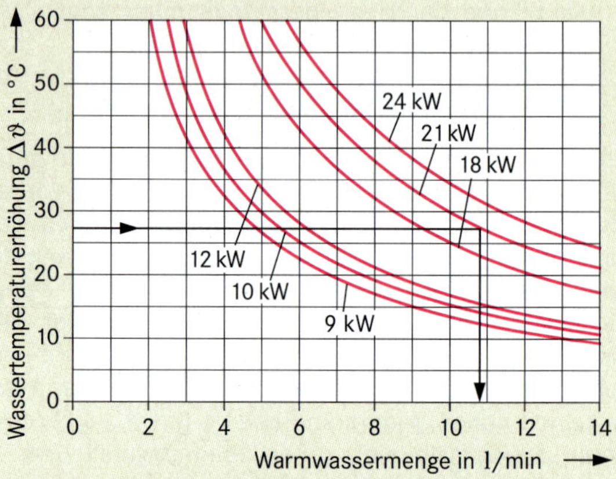

Das Durchflussvolumen (umgangssprachlich: Durchflussmenge) lässt sich auch mit Hilfe folgender Faustformel berechnen, wobei die Einheiten unberücksichtigt bleiben:

$$V_D = \frac{P}{2} \qquad V_D = \frac{21}{2} \mathrel{\hat{=}} 10{,}5\ \text{l/min}$$

Das Durchflussvolumen des Gerätes beträgt genau 10,8 l/min.

Zeit

$$t = \frac{m_m}{V_D} \qquad t = \frac{150\ \text{l}}{10{,}8\ \text{l/min}}$$

$$t = 13{,}9\ \text{min} \qquad \underline{\underline{t = 13\ \text{min}\ 53\ \text{s}}}$$

Arbeit

$$W = P \cdot t \qquad W = \frac{21\ \text{kW} \cdot 13{,}9\ \text{min}}{60\ \text{min/h}}$$

$$W = 4{,}86\ \text{kWh}$$

Arbeitskosten

$$K = W \cdot p \qquad K = 4{,}86\ \text{kWh} \cdot 0{,}25\ \text{€/kWh}$$

$$\underline{\underline{K = 1{,}22\ \text{€}}}$$

Für das Füllen der Badewanne werden etwa 14 Minuten benötigt. Die Energiekosten betragen 1,22 €.

tigte Heizleistung ermittelt und eingestellt. Dazu werden folgende Daten verarbeitet:

- Temperatur des zulaufenden Wassers (kalt oder vorgewärmt).
- Menge des zulaufenden Wassers. Bei mehreren Zapfstellen kann diese Menge sehr unterschiedlich sein (schnelle Regelung erforderlich).

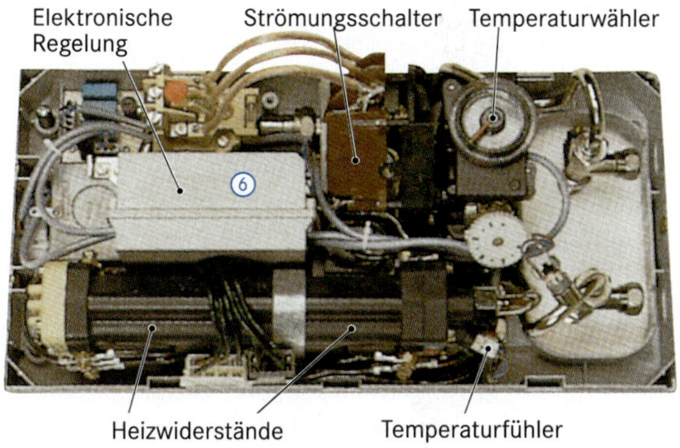

2: Elektronische Regelung beim Durchlauferhitzer

- Gewünschte Temperatur des ablaufenden (warmen) Wassers.

Der Vorteil dieses Durchlauferhitzers ist die genaue Einhaltung der Wassertemperatur, unabhängig vom zufließenden und abfließenden Wasser.

AUFGABEN

1. Begründen Sie, warum sich druckfeste Geräte für eine zentrale Warmwasserversorgung eignen.
2. Nennen Sie die Funktionen der drei Ventile eines Kochendwassergerätes.
3. Was müssen Sie tun, um bei einem hydraulisch gesteuerten Durchlauferhitzer sehr heißes Wasser zu erhalten? (Begründung)
4. Stellen Sie mit dem Diagramm (s. linke Seite) fest, ob eine Verdopplung der Bemessungsleistung eines Durchlauferhitzers auch eine Verdopplung der Durchflussmenge zur Folge hat.

	Durchlauferhitzer	Speicher		Kochendwassergerät	Boiler
		drucklos	druckfest		
Wärmedämmung	kaum	sehr groß		kaum	kaum
Arten	hydraulisch, thermisch (Durchlaufspeicher), elektronisch	Untertischspeicher, Wandspeicher	Standspeicher		
Inhalt	bis 0,5 l Durchlaufspeicher 10 l bis 100 l	Untertischsp. 5 l bis 15 l Wandspeicher 30 l bis 150 l	200 l bis 1000 l	5 l	15 l, 80 l
Armaturen	Mischbatterien mit 2 Ventilen	Mischbatterien mit 2 Ventilen	Sicherheitsarmatur	Mischbatterien mit 2 Ventilen u. Wasserzulauf	2 Ventile und Wasserzulauf
Leistungen	18 kW, 21 kW, 24 kW	2 kW, 4 kW, 6 kW	9 kW, 18 kW	2 kW	4 kW, 6 kW
Temperaturen	bis 85 °C	35, 65, 85 °C	bis 85 °C	bis 100 °C	bis 85 °C
Warmes Wasser	ständig unbegrenzte Menge	ständig begrenzte Menge		nach Einschalten begrenzte Menge	
Funktionen	1. Warmwasserventil schaltet Heizwiderstände ein 2. Wasser fließt an Heizwiderständen vorbei und wird erwärmt 3. Heizwiderstände werden hydraulisch, thermisch oder elektronisch geregelt	1. Thermostat schaltet Heizwiderstände ein 2. Wasser im Behälter wird erwärmt 3. Wasser erreicht eingestellte Temperatur 4. Thermostat schaltet ab 5. Temperatur sinkt 6. Thermostat schaltet wieder ein		1. Wasser wird eingelassen 2. Heizwiderstände werden eingeschaltet 3. Wasser im Behälter erwärmt sich 4. Thermostat schaltet ab 5. Wasser wird abgelassen	
Einsatzbereich	Einzelzapfstellen	Einzelzapfstellen	Zentrale Versorgung	Einzelzapfstellen	

3: Übersicht Warmwassergeräte

10.1.7 Nachtspeicherheizung

Bei der Nachtspeicherheizung [night storage heating] werden zwei Zustände unterschieden:

- Die Wärme wird erzeugt und gespeichert. Man nennt diesen Vorgang **Laden** [charge].
- Die Wärme wird an die Raumluft abgegeben. Diesen Vorgang bezeichnet man als **Entladen** [discharging].

Ladevorgang

Im **Speicherheizgerät** [thermal storage heater] befinden sich Heizwiderstände, die bei Stromdurchfluss einen Speicherkern erwärmen. Dieser speichert die Wärme. Hat er ausreichend Wärme aufgenommen, wird die Heizung abgeschaltet.

Dieses „Laden" der Heizgeräte geschieht in Zeitbereichen mit niedrigem Energie-Arbeitspreis (NT). Das ist meistens nachts der Fall, deshalb gibt es die Bezeichnung „Nachtspeicherheizung".

Der **Speicherkern** muss gut isoliert sein, damit er die Wärme nicht unkontrolliert abgibt. Die Isolation älterer Speicherheizgeräte besteht aus Asbest. Dieses Material ist gesundheitsschädlich und darf nicht mehr verwendet werden. Geräte mit dieser Isolierung müssen durch spezialisierte und zugelassene Unternehmen entsorgt werden.

Laden der Speicherkerne

Das Zentralsteuergerät (Abb. 1 ②) verarbeitet die
- Außentemperatur (Temperaturfühler) ①,
- örtlichen Gegebenheiten (z. B. geografische Lage),
- Heizgewohnheiten der Nutzer sowie
- Restwärme des Speicherkerns ③.

Aus diesen Werten wird die notwendige Wärmemenge und damit die Heizzeit berechnet. Das Lastschütz ⑦ schaltet dann entsprechende Heizwiderstände ④ ein. Das Umschalten auf den Niedrigtarif geschieht dabei entweder mit einem Rundsteuerrelais vom VNB oder einer Schaltuhr.

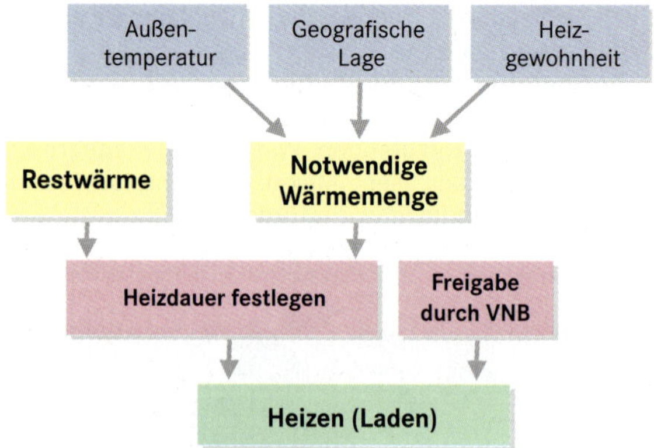

2: Abhängigkeiten beim Laden

Zur Wärmeabgabe (Entladen) wird ein Ventilator ⑥ eingeschaltet, der die Raumluft durch den Speicherkern führt. Sie erwärmt sich und gelangt durch Luftschlitze zurück in den Raum. Diese Entladung wird durch Raumthermostate ⑤ gesteuert.

Bei den genannten Einflussfaktoren (Abb. 2) muss zwischen fest eingestellten und veränderlichen Größen unterschieden werden. Die Daten der örtlichen Gegebenheiten werden vom Errichter eingestellt oder sind bereits durch die Wahl des Steuergerätes werksseitig festgelegt worden.

Die Außentemperatur wird mit einem Temperaturfühler (Witterungsfühler) gemessen. Mit diesem Wert und den beiden bereits genannten Faktoren ermittelt das Steuergerät Daten, die an die Laderegler (z. B. Q4.1 in Abb. 3) der Speicherheizgeräte weitergegeben werden.

Die Speicherkerne werden wegen der ungleichen Nutzung der Räume nicht gleichmäßig entladen. Es verbleiben deshalb unterschiedlich große **Restwärmemengen** [residual heat energies] in den Kernen. Eine entsprechende manuelle Einstellung wird am Laderegler vorgenommen. Mit Hilfe eines Rundsteuerempfängers schaltet der VNB die elektrische Energie (zum

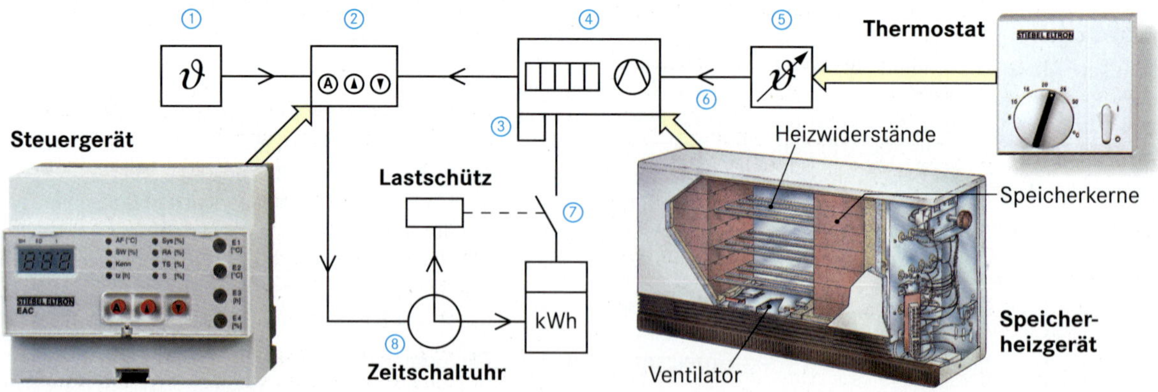

1: Funktionsablauf bei der Speicherheizung

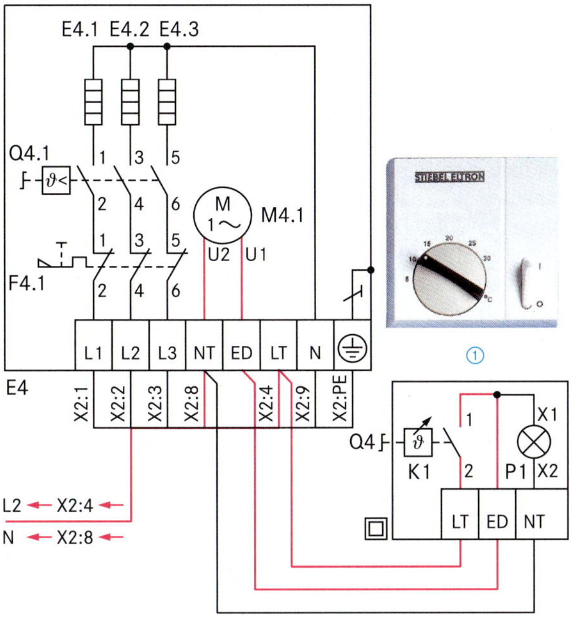

3: Speicherheizgerät und Thermostat

Niedrigtarif) ein. Die Heizwiderstände erwärmen die Speicherkerne. Das geschieht so lange, bis sich die Kontakte des Ladereglers öffnen.

Wärmeabgabe an die Raumluft

Das Speicherheizgerät soll immer dann Wärme an den Raum abgeben, wenn die Temperatur unter einen bestimmten Wert gesunken ist. Dazu ist ein **Raumthermostat** [room thermostat] notwendig, der das Gebläse des Heizgerätes steuert.

Die Abb. 3 zeigt die Schaltung einer Speicherheizung mit dem angeschlossenen Thermostat. Die Objekte wirken wie folgt zusammen (markierter Stromlauf):

- Der Gebläse-Motor M4.1 ist mit seiner Klemme U2 an die Klemme NT angeschlossen, die über die Verteilung (Klemme X2:8) mit dem Neutralleiter verbunden ist.
- Der Anschluss U1 ist über ED an den Thermostat Q4 (Klemme ED) und mit Kontaktklemme 1 von K1 verbunden. Die Klemme 2 von K1 ist über Q4:LT an E4:LT angeschlossen.
- An E4:LT ist der Außenleiter L2 (in der Verteilung, X2:4) angeschlossen.

Der Ventilator wird also durch den Temperaturregler K1 im Thermostat Q4 geregelt. Er schaltet das Gebläse ein, wenn die **Raumtemperatur** [room temperature] unter die eingestellte Temperatur (Soll-Wert) ① sinkt. Steigt die Temperatur wieder, öffnet der Kontakt und der Ventilator wird ausgeschaltet. Hier wird also die Erwärmung der Luft in Abhängigkeit von der Temperatur geregelt.

Die Energiezufuhr geschieht so lange, bis der Ist-Wert (z. B. Raumtemperatur) den Soll-Wert (z. B. eingestellte Temperatur) erreicht hat.

Der Thermostat muss die Temperatur der Raumluft unbeeinflusst messen können. Weil die Zugluft niedrige Temperaturen vortäuscht, darf das Gerät nicht in unmittelbarer Nähe von Fenstern oder Türen installiert werden. Das Gegenteil kann eintreten, wenn sich vor dem Thermostat Vorhänge befinden und sich dadurch die Wärme staut. Es dürfen auch keine Kleidungsstücke zum Trocknen auf die Speicherheizung gelegt werden, da eine Überhitzung mit Brandgefahr eintreten kann.

Der Abstand zur Wand muss mindestens 4 cm betragen, bei Holzwänden und Möbeln 10 cm. Bei einer Masse über 250 kg muss eine statische Berechnung für den Aufstellungsort durchgeführt werden. Der Anschluss erfolgt mit einer flexiblen, wärmebeständigen Leitung (z. B. H05RR-F).

Ortsfeste Heizgeräte dürfen nur mit Zustimmung des VNB installiert werden. Die Bemessungsleistung wird nach DIN 44 572-4 berechnet. Für eine Überschlagsrechnung kann mit einer Leistung von 1 kW für 3 m^2 bis 8 m^2 (je nach Wärmeschutz) gerechnet werden (s. HEA-Broschüre „Anwendungsverfahren zur DIN 44 572-4“).

Zusatzheizung

Das beschriebene Speicherheizgerät verfügt über eine Zusatzheizung [additional heating]. Sie besteht aus Heizwiderständen, die die Luft zusätzlich erwärmen. Da diese Heizung im Allgemeinen tagsüber eingeschaltet wird, arbeitet sie mit dem teuren Tarif für elektrische Energie (Hochtarif). Eingeschaltet wird sie durch einen Schalter im Raumthermostat. Der Betriebszustand wird durch Kontrollleuchten angezeigt.

AUFGABEN

1. Nennen Sie die wesentlichen Teile eines Nachtspeicherheizgerätes.
2. Beschreiben Sie mit Hilfe einer Wirkungskette das „Laden“ der Speicherkerne.
3. Skizzieren Sie eine Schaltung eines Raumthermostat mit Schalter für Heizung und Zusatzheizung sowie Signalleuchten für Heizung und Zusatzheizung.

- In Speicherheizgeräten werden die Speicherkerne bei niedrigem Energie-Arbeitstarif erwärmt.
- Zentralsteuergeräte steuern das Laden der Speicherkerne in Abhängigkeit von Außentemperatur und Restwärme.
- Die Speicherheizgeräte geben ihre Wärme durch Ventilatoren an die Raumluft ab.
- Raumthermostate regeln das Entladen der Speicherkerne in Abhängigkeit von der Raumtemperatur.

10.1.8 Prüfen und Messen

Nach jeder **Instandsetzung** [repair] oder sonstigen **Änderungen** [modifications] eines elektrischen Gerätes oder einer Anlage muss eine Prüfung nach DIN VDE 0701-0702 durchgeführt werden. Die Reihenfolge der Maßnahmen ist darin vorgeschrieben. Zeigt ein Prüfungsteil unzulässige Ergebnisse, darf der nächste Teil nicht durchgeführt werden. Der Fehler muss vor weiteren Überprüfungen behoben werden.

Im Kap. 2.9 wurden im Rahmen der Prüfung von Anlagen die Anforderungen an die Prüfer und die Durchführung verschiedener Prüfungen dargestellt. Deshalb werden in diesem Kapitel nur Prüfungen behandelt, die im besonderen Zusammenhang mit Hausgeräten stehen.

Eine Prüfung besteht aus der Besichtigung, danach folgen Messungen und abschließend wird eine Erprobung des Gerätes bzw. der Anlage vorgenommen. Die ermittelten Werte werden in einem **Prüfprotokoll** [test protocol] festgehalten. Ein Exemplar dieses Protokolls erhält der Auftraggeber.

Bei der **Besichtigung** [visual inspection] wird überprüft, ob
- äußerliche Beschädigungen feststellbar,
- die Leiter richtig angeschlossen und
- alle Klemmen richtig festgeschraubt sind.

Besonderes Augenmerk wird dabei auf den Anschluss des **Schutzleiters** gelegt. Die **Zugentlastung** [cord grip] und die Einführung in die Gehäuse müssen besonders überprüft werden, da dort mögliche Gefahrenquellen liegen können. Beim Überprüfen von Klemmen und Leitungen sollten die Leitungen etwas bewegt werden. Es lassen sich dadurch eventuelle „Wackelkontakte" oder Bruchstellen erkennen.

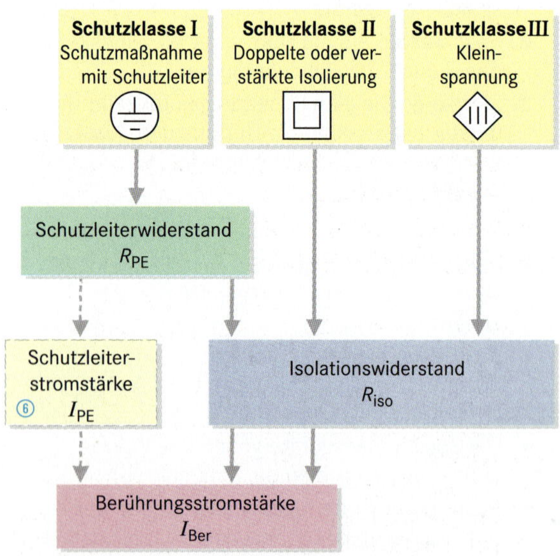

1: Zuordnung Messungen/Schutzklassen

Bei der **Messung** [measurement] werden grundsätzlich drei Größen ermittelt:
- Schutzleiterwiderstand R_{PE}
- Isolationswiderstand R_{iso}
- Berührungsstromstärke I_{Ber}

Hausgeräte besitzen die Schutzklassen I, II oder III, deshalb werden auch unterschiedliche Messungen durchgeführt. Der **Isolationswiderstand** R_{iso} [insulation resistance] (s. Kap. 2.9.5) wird bei allen Geräten gemessen. Die **Berührungsstromstärke** I_{Ber} [contact current] wird nur bei den Geräten der Schutzklasse I und II festgestellt. Bei den Geräten mit Schutzleiter wird der betreffende Widerstand R_{PE} überprüft. Die Abb. 1 zeigt eine Übersicht zu den Messungen in der vorgeschriebenen Reihenfolge.

Messen des Schutzleiterwiderstandes

Der **Schutzleiterwiderstand** R_{PE} [protective earth conductor resistance] wird zwischen dem Gehäuse (Abb. 2) und dem Schutzkontakt des Gerätesteckers ② gemessen. Bei Geräten mit Anschlussleitungen bis 5 m darf er maximal 0,3 Ω betragen, für jeden weiteren Abstand von 7,5 m dürfen noch 0,1 Ω hinzukommen. Insgesamt ist aber nur ein Wert von maximal 1 Ω erlaubt. Treten beim Bewegen des Schutzleiters Widerstandsänderungen auf, dann ist der Leiter beschädigt oder nicht einwandfrei angeschlossen.

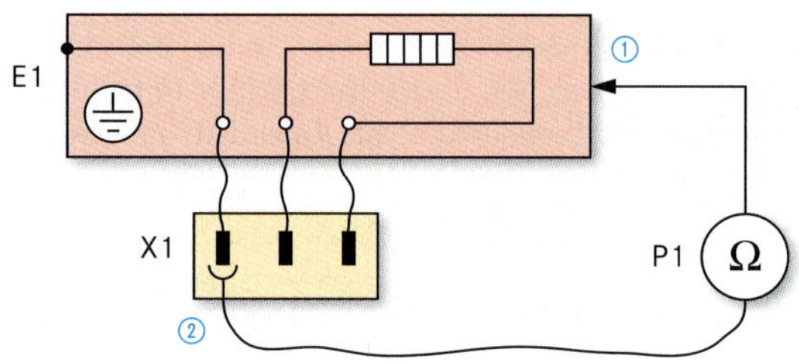

2: Messung des Schutzleiterwiderstandes

Messen des Isolationswiderstandes

Zwischen allen Leitern (Außenleiter, Neutralleiter, Schutzleiter) muss der Isolationswiderstand gemessen werden. Die Prüfspannung beträgt dabei mindestens 500 V DC. Die Geräte werden dazu vom Netz getrennt.

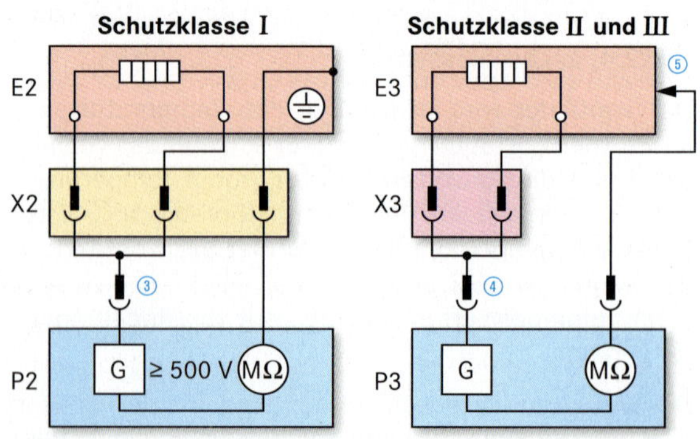

3: Messung des Isolationswiderstandes

Dabei ist besonders auf elektronische Betriebsmittel zu achten. Zur Vereinfachung können die Außenleiter parallel geschaltet werden (Abb. 3 ③ ④).

Da die Geräte der Schutzklassen II und III keinen Schutzleiter besitzen, werden die leitfähigen Gehäuseteile zur Messung verwendet ⑤.

Je nach Schutzklasse des Gerätes müssen unterschiedliche Mindestwerte (Abb. 4) eingehalten werden, z. B. bei Schutzklasse II R_{iso} > 2 MΩ.

Kann der Wert bei einem Gerät mit Heizwiderstand nicht eingehalten werden, muss als Ersatz die Stromstärke im Schutzleiter (Abb. 1 ⑥) gemessen werden. Hierfür gelten dann die Werte in Abb. 5, z. B. bei Heizleistung von ≤ 3,5 kW der Wert 3,5 mA. Die Stromstärke I_{PE} wird je nach Ausrüstung des Prüfgerätes direkt oder als Differenzstromstärke gemessen. Während der Messung muss der Prüfling gegen Erde isoliert sein.

Schutzklasse	Gerät mit Heizelement	Isolationswiderstand
I	ja	0,3 MΩ
I	nein	1 MΩ
II		2 MΩ
III		0,25 MΩ

4: Isolationswiderstandswerte

Heizleistung	Schutzleiter-Stromstärke
≤ 3,5 kW	3,5 mA
> 3,5 kW	1 mA/kW

5: Grenzwerte der Schutzleiter-Stromstärke

Messen der Berührungsstromstärke

Um eine gefährliche Spannung gegen Erde an Metallteilen eines elektrischen Gerätes zu verhindern, wird die Berührungsstromstärke I_{Ber} vom leitfähigen Gehäuse (Abb. 6 ①) zur Erde ② gemessen.

Dabei wird das Gehäuseteil geprüft, das nicht mit dem Schutzleiter verbunden ist. Zumindest dieser Teil muss gegen Erde isoliert ④ sein, weil sonst das Messgerät überbrückt wird. Alle Verbindungen zum Erdpotenzial, wie Wasser- oder Antennenanschluss u. a., müssen deshalb aufgetrennt werden.

Ein innerer Widerstand des Messgerätes von 2 kΩ ③ simuliert den Widerstand des Menschen. Die Berührungsstromstärke darf nicht größer als 0,5 mA sein.

Alternativ zur Messung der Berührungsstromstärke kann auch die Ersatzableitstromstärke gemessen werden. Die Schaltung für ein Gerät der Schutzklasse I zeigt die Abb. 7.

Zum Abschluss werden alle Funktionen des reparierten Gerätes überprüft (**Erprobung**) [test]. Das sollte möglichst in Gegenwart des Betreibers erfolgen. Bei der Gelegenheit wird auch das Prüfprotokoll übergeben und erläutert.

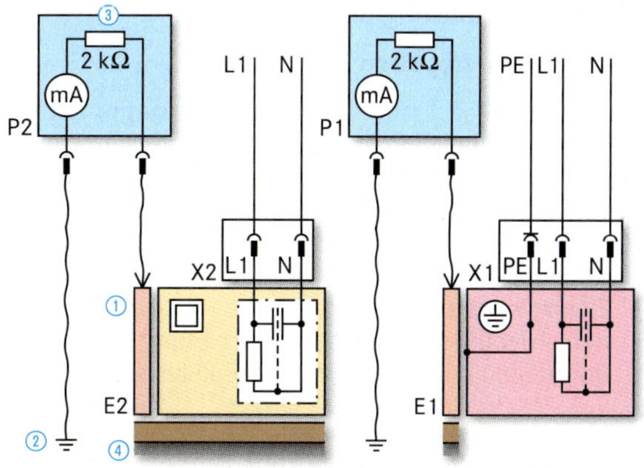

6: Messung der Berührungsstromstärke

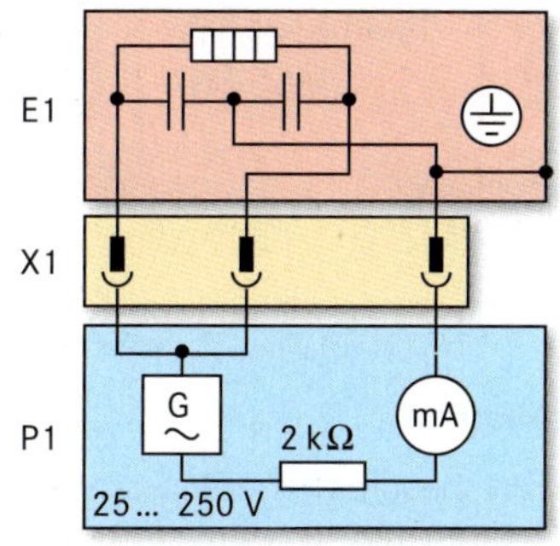

7: Messung der Ableitstromstärke

AUFGABEN

1. Nennen Sie drei Bestandteile der Prüfung nach DIN VDE 0701-0702.
2. Welche drei Punkte müssen beim Besichtigen reparierter Objekte beachtet werden?
3. Warum ist für Geräte der Schutzklasse III nur eine Messung vorgeschrieben?
4. Wie lang dürfte bei Ausschöpfung der Höchstwerte des Schutzleiter-Widerstandes eine Anschlussleitung sein?
5. Wie groß darf die Schutzleiter-Stromstärke bei einem Herd von 10,5 kW höchstens sein?

- Nach jeder Reparatur ist das Gerät nach DIN VDE 0701-0702 zu prüfen.
- Bei allen Geräten ist nach der Reparatur eine Messung des Isolationswiderstandes durchzuführen.
- Bei den Geräten mit Schutzleiter und den Geräten mit doppelter Isolierung muss nach der Reparatur die Berührungsstromstärke überprüft werden.

10.2 Beleuchtungsanlagen

10.2.1 Einflussgrößen

In DIN EN 12464-1 sind für die **Beleuchtungsplanung** [lighting planning] von Arbeitsstätten in verschiedenen Arbeitsbereichen Gütemerkmale aufgeführt (Abb. 1). Weiterhin enthält die Norm eine Vielzahl von Bestimmungen zur Beleuchtungsplanung, u. a. spezielle Anforderungen für Tätigkeiten in den Bereichen
- Elektroindustrie,
- Industriebetriebe für Metallverarbeitung und
- Büroräume mit Bildschirmarbeitsplätzen.

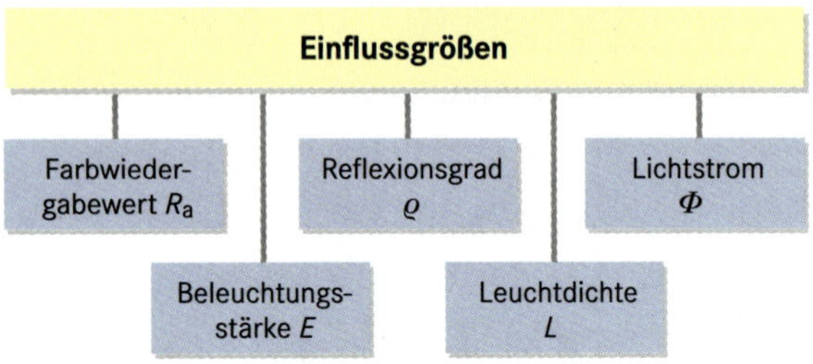

1: Einflussgrößen bei der Beleuchtungsplanung

Farbwiedergabewert

Bei Arbeiten an bestimmten Einsatzorten (z. B. in Druckereien) sollten die verwendeten Leuchten eine Farbwahrnehmung vergleichbar dem Tageslicht ermöglichen. Ein Maß für die Farbwiedergabe einer Lichtquelle ist der **Farbwiedergabewert** R_a [colour rendering index]. Für feine Montagearbeiten sieht die Norm mindestens den Wert $R_a = 80$ vor. Die Tabelle in Abb. 2 enthält Lampenarten, mit denen unterschiedliche R_a-Werte erreicht werden können.

R_a-Wert	Lampenart
≥ 90	spezielle Leuchtstofflampen, Kompakt-Leuchtstofflampen, Glühlampen, Halogen-Metalldampflampen
80 - 90	Dreibanden- und Kompakt-Leuchtstofflampen, Halogen-Metalldampflampen
70 - 80	Standard-Leuchtstofflampen (Universalweiß)
60 - 70	Standard-Leuchtstofflampen hellweiß, Halogen-Metalldampflampen
40 - 60	Standard-Leuchtstofflampen (Warmton)
20 - 40	Natriumdampf-Hochdrucklampen
< 20	Natriumdampf-Niederdrucklampen (in Arbeitsstätten verboten)

2: Lampenarten und Farbwiedergabewerte

Beleuchtungsstärke

Einen wichtigen Einfluss auf die Sehleistung bei bestimmten Arbeiten z. B. an der Werkbank oder im Büro hat die Beleuchtungsstärke [illuminance]. Sie sollte deshalb unabhängig vom Alter der Beleuchtungsanlage einen vorgeschriebenen Wert nicht unterschreiten. Die **erforderliche Beleuchtungsstärke** reicht von
- 1 lx, z. B. für Flucht- und Rettungswege an Arbeitsplätzen, bis hin zu
- 5000 lx und mehr, z. B. für bestimmte medizinische Bereiche wie in Operationsräumen.

Der Mindestwert für die Beleuchtungsstärke an ständig besetzten Arbeitsplätzen beträgt 200 lx. Laut DIN EN 12464-1 sind mittlere Beleuchtungsstärken für bestimmte Arbeitsplätze vorgeschrieben (Abb. 3).

Die Beleuchtungsstärke sollte an Arbeitsplätzen gleichmäßig sein. Dabei müssen zu hohe Werte vermieden werden, da diese eine Blendung verursachen. Um Blendeffekte zu vermeiden, sollten Beleuchtungsstärkeverhältnisse vermieden werden, die größer als etwa 10:1 sind und zwischen Arbeitsfläche und weiter entfernten Flächen im Gesichtsfeld liegen.

E in lx	Tätigkeiten
500	Montagearbeiten in einer Elektrowerkstatt, z. B. Arbeiten an Schalttafeln Schreibarbeiten im Büro, z. B. Datenverarbeitung am PC
750	Arbeiten in einer Elektronikwerkstatt, z. B. Messen und Prüfen
1500	Arbeiten in einer Metallwerkstatt, z. B. präzise Montage von Bauteilen

3: Beleuchtungsstärken und Tätigkeiten

Reflexionsgrad

Die Beleuchtungsstärke am Arbeitsplatz hängt u. a. von den Reflexionsgraden der Umgebung ab. Farben von Flächen im Sehbereich von Personen, also Decke, Wände und Boden, sind so zu wählen, dass eine angenehme Beleuchtungsstärkeverteilung im Raum entsteht. Sind Beleuchtungsstärke und Farbunterschiede zu gering, dann bewirken sie einen monotonen Raumeindruck.

Der Reflexionsgrad [reflexion coefficient] ϱ ist das Verhältnis von reflektiertem Lichtstrom Φ_z zum einfallenden Lichtstrom Φ, der von der Lichtquelle auf die Arbeitsfläche auftrifft. Für Montageflächen, also Oberflächen von Arbeitstischen und Werkbänken, liegt der Reflexionsgrad je nach Farbe zwischen den Werten 0,09 und 0,5.

Beleuchtungsanlagen für Raumbereiche

Bei der Beleuchtung von Arbeitsplätzen wird zwischen drei Bereichen unterschieden (Abb. 4). Neben der **Grundbeleuchtung** [basic lighting], z. B. mit Leuchtstofflampen als Deckenleuchten, sind zusätzliche Lichtquellen für bestimmte Arbeitsbereiche erforderlich.

Beispiele:

Glühlampen, LEDs, Kompakt-Leuchtstofflampen oder Halogenlampen

Leuchtenauswahl

Je nach Montage und Leuchtenart wird zwischen verschiedenen Beleuchtungsarten unterschieden. Darunter ist die Richtung des Lichtstromes zu verstehen, der von einer Lichtquelle abgestrahlt wird.

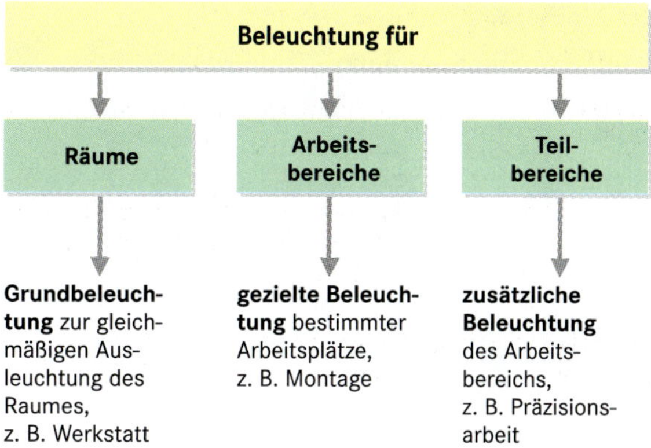

4: Beleuchtungsbereiche

Lichttechnische Größen

Der **Lichtstrom** Φ [luminous flux] ist die gesamte Strahlung, die von einer Lichtquelle in alle Richtungen abgegeben wird.

Einheit: lm (Lumen)

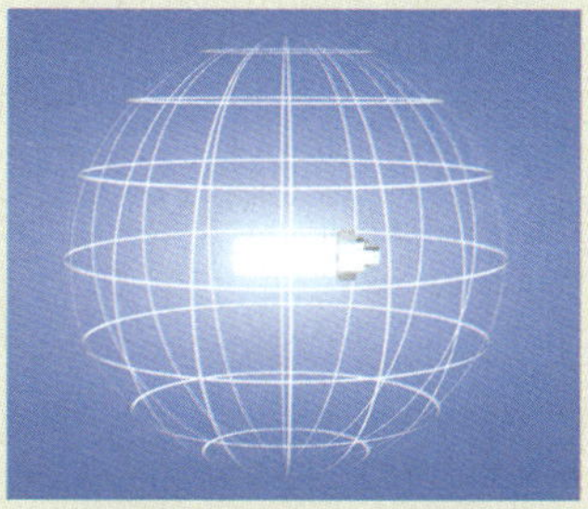

Die **Lichtstärke** I [luminous intensity] ist der Teil des Lichtstroms, der im Raumwinkel ω kegelförmig in eine bestimmte Richtung strahlt.

Einheit: cd (Candela)

$$I = \frac{\Phi}{\omega}$$

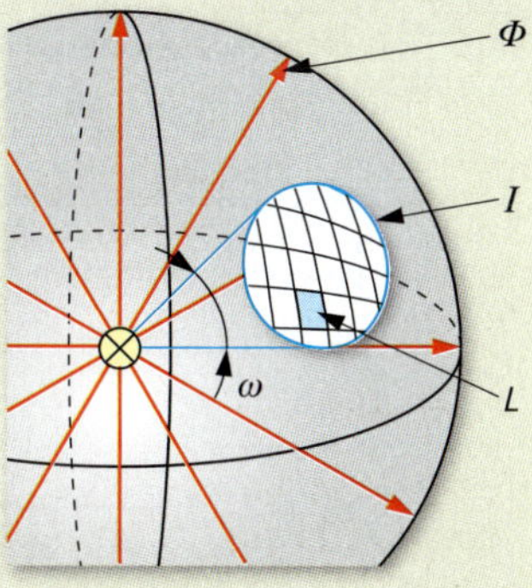

Die **Leuchtdichte** L [luminance] ist die Lichtstärke bezogen auf den strahlenden Flächenausschnitt.

$$L = \frac{I}{A}$$ Einheit: $\frac{\text{cd}}{\text{m}^2}$

Die Lichtstärkeverteilung im Raum ist dreidimensional und wird durch die **Lichtstärkeverteilungskurve** (**LVK**) [light distribution curve] dargestellt. Sie zeigt die räumliche Verteilung der Lichtstärke von Leuchten und wird im Polardiagramm als Lichtstärkewert in cd/1000 lm dargestellt.

LVKs werden von Leuchtenherstellern individuell für jede angebotene Leuchte angegeben.

Die **Beleuchtungsstärke** E ist der Lichtstrom, bezogen auf die beleuchtete Fläche.

$$E = \frac{\Phi}{A}$$

Einheit: $\frac{\text{lm}}{\text{m}^2}$

$$1\ \frac{\text{lm}}{\text{m}^2} = 1\ \text{lx (Lux)}$$

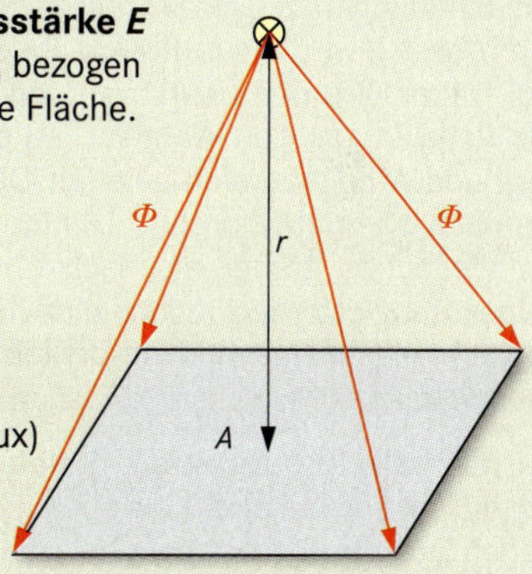

Die **mittlere Beleuchtungsstärke** $\bar{E}$ ist der Mittelwert der Beleuchtungsstärken, die an festgelegten Punkten im Raum gemessen werden.

Der **Farbwiedergabewert** R_a [colour rendering index] ist ein Maß für die Übereinstimmung der gesehenen Farbe eines Gegenstandes mit dem Aussehen bei Beleuchtung mit einer Lichtquelle. Bei $R_a = 100$ erreicht man eine originalgetreue Farbwiedergabe durch die Lichtquelle.

Die **Lichtausbeute** η [luminous efficiency] ist der abgestrahlte Lichtstrom bezogen auf die Lampenleistung.

$$\eta = \frac{\Phi}{P}$$ Einheit: $\frac{\text{lm}}{\text{W}}$

Der **Leuchtenbetriebswirkungsgrad** η_{LB} [lamps operating efficiency] ist der von einer Leuchte ausgestrahlte Lichtstrom bezogen auf die Summe der Lichtströme der Lampen, die in der Leuchte betrieben werden (Herstellerangaben beachten).

Der **Wartungsfaktor** *MF* [maintenance factor] berücksichtigt die Verschmutzung und Alterung der Leuchten sowie die Verschmutzung des Raumes.

1: Direkte Beleuchtung in einer Lagerhalle

Bei der **direkten Beleuchtung** wird der Lichtstrom der Leuchtmittel direkt auf den Arbeitsbereich gelenkt (z. B. in Lagerhallen, Abb. 1).

Um Blendungen z. B. in Konferenzräumen zu vermeiden (Abb. 2), wird die **indirekte Beleuchtung** verwendet. Dabei wird der Lichtstrom von Wandlampen mittels Reflexion an den Wänden und der Decke auf den Seh- und Arbeitsbereich gelenkt. Der von den Leuchten nach oben abgestrahlte Lichtstrom Φ ist hier um ein Vielfaches größer als nach unten. Die indirekte Beleuchtung erfordert jedoch eine höhere Leistung der Beleuchtungsanlage und verursacht dadurch höhere Energiekosten.

Bei der **direkt-indirekten Beleuchtung** wird der Lichtstrom sowohl direkt als auch indirekt durch Reflexionen auf den Arbeitsbereich gelenkt (z. B. in Büro- und Konferenzräumen).

Durch die direkt-indirekte Beleuchtung wird ein größerer Spielraum in Bezug auf die räumliche Anordnung der Arbeitsplätze erreicht als bei der direkten Beleuchtung [direct lighting]. Bei dieser Beleuchtungsart entsteht eine bessere Leuchtdichteverteilung und eine angenehmere Schattigkeit und Atmosphäre als bei direkter oder indirekter Beleuchtung. Die Raumdecke sollte zur besseren Reflexion einen hellen Farbton besitzen.

2: Indirekte Beleuchtung in einem Konferenzraum

10.2.2 Kennzeichnung von Leuchten

Bei der Planung von Beleuchtungsanlagen z. B. für Werkstätten sind die Leuchten so auszuwählen, dass bei normalem Betrieb und im Fehlerfall (z. B. Wassereinbruch) kein Schaden entstehen kann. Der Sicherheitszustand der Betriebsmittel wird durch folgende Zeichen gekennzeichnet:

- **Schutzklasse** I, II oder III
- **IP-Schutzart** (s. Kap. 2.7.2, IP: International Protection degree)

Das erste dargestellte **Leuchtenprüfzeichen** [luminaires mark of conformity] in Abb. 3 ① gibt u. a. an, dass die Leuchten

- den Anforderungen der europäischen Prüfstellen entsprechen (hier 10 = Nummer der Prüfstelle) sowie
- die Brandschutzmaßnahmen und
- die Bestimmungen der Arbeits- und Unfallverhütungsvorschriften eingehalten werden.

Für Beleuchtungsanlagen und die Auswahl von Leuchten müssen je nach Einsatzort verschiedene Angaben beachtet werden (Abb. 3):

- Zulässige **Gebrauchslage**
- **Brandverhalten** des verwendeten Materials und der Montageflächen
- **Mindestabstand** zu brennbaren Materialien

Kennzeichnung von Betriebsmitteln		
bis 12.04.2012	neu nach EN 60598-1: 2008	
Zeichen		**Einsatzort**
Montage auf normal entflammbaren Baustoffen		**Anbauleuchten**:
	keine	- geeignet
 oder Warnhinweis		- **nicht** geeignet
 Zusätzlich Warnhinweis	NO INSULATION 	**Einbauleuchten**: - geeignet, nicht mit Wärmedämmung bedecken
	keine	- geeignet, auch mit Wärmedämmung bedecken
 oder Warnhinweis		- **nicht** geeignet

3: Kennzeichnung und Einsatz von Leuchten

10.2.3 Lampen

10.2.3.1 Lampenarten

In Beleuchtungsanlagen [lighting systems] können verschiedene Arten von Leuchten installiert sein. In der Abb. 4 sind in einer Übersicht verschiedene Lampenarten aufgeführt. Die einzelnen Lampen werden in den nachfolgenden Kapiteln unter dem Gesichtspunkt „Energiebewusste Beleuchtung" erklärt und dabei folgende Komponenten herausgestellt:

- hohe Lichtausbeute
- Energiebetrachtung
- leuchtentypische Eigenschaften wie z. B. Beleuchtung, vorwiegend indirekt

Lampenarten

- **Glühlampen** (s. Kap. 10.2.3.2)
- **Halogenlampen** (s. Kap. 10.2.3.3)
- **Halogen-Niedervoltlampen** (s. Kap. 10.2.3.3)
- **Leuchtstofflampen** (s. Kap. 10.2.3.4)
- **Kompakt-Leuchtstofflampen** (s. Kap. 10.2.3.4)
- **Hochdrucklampen** (s. Kap. 10.2.3.5)
- **LED-Lampen** (s. Kap. 10.2.3.6)

4: Lampenarten

In einem Wohnhaus kommen z. B. folgende Lampenarten vor:

- Wohnbereich: Glühlampen, LEDs, Leuchtstofflampen
- Flur: Kompakt-Leuchtstofflampen
- Keller: Leuchtstofflampen
- Außenanlage: Halogen-Metalldampflampen

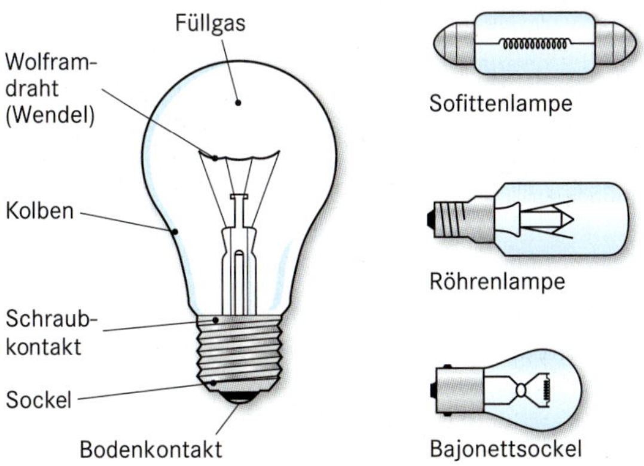

5: Glühlampen

10.2.3.2 Glühlampen

In Räumen, in denen nur kurzzeitig Leuchten eingeschaltet werden, sind Glühlampen [incandescent bulbs] (Abb. 5) als Lichtquelle geeignet. Der dünne, einfach oder doppelt gewendelte Wolframdraht wird beim Betrieb auf eine Temperatur bis zu 2700 °C erwärmt.

Wegen der hohen Wärmeentwicklung werden Glühlampen auch als **Temperaturstrahler** [thermal radiator] bezeichnet, weil sie ca. 90 % der elektrischen Energie in Wärme umwandeln. Die Lichtausbeute mit etwa 10 % ist sehr gering. Die Betriebsstundenzahl beträgt ca. 1000 h. Im sichtbaren Bereich ist der Rotanteil (Abb. 6) hoch, sodass warm-weißes Licht entsteht.

Glühlampen mit einer Leistung bis 40 W sind fast luftleer. Lampen mit höheren Leistungen besitzen dagegen eine Gasfüllung aus Stickstoff, Argon oder Krypton. Dadurch erreicht man eine

- höhere Betriebstemperatur,
- geringere Verdampfung des Glühfadens (Wolfram) und dadurch eine
- längere Lebensdauer der Lampen.

Häufig vorkommende Bauformen sind

- Normalform, Pilz-, Birnen-, Tropfen- und Kerzenform,
- Soffittenlampe, Röhrenlampe (Abb. 5).

Auch die Sockel der Lampen unterscheiden sich in Form und Größe. Sockelgrößen sind z. B.:

- E10, E14, E27, E40 (E: Elektrogewinde, Edisongewinde)
- Bajonettsockel (Abb. 5)

Anwendungen

Mit einer Lichtausbeute von durchschnittlich 12 lm/W und großen Wärmeverlusten ist der Einsatzbereich der Glühlampen sehr eingeschränkt. Sie werden deshalb im Wohnbereich mit kurzzeitiger **Einschaltzeit** [on-time] eingesetzt.

Ihr Anschaffungspreis ist gering, der Wirkungsgrad ist sehr niedrig. Beim Einsatz in handwerklichen und industriellen Beleuchtungsanlagen sind Glühlampen deshalb nicht wirtschaftlich.

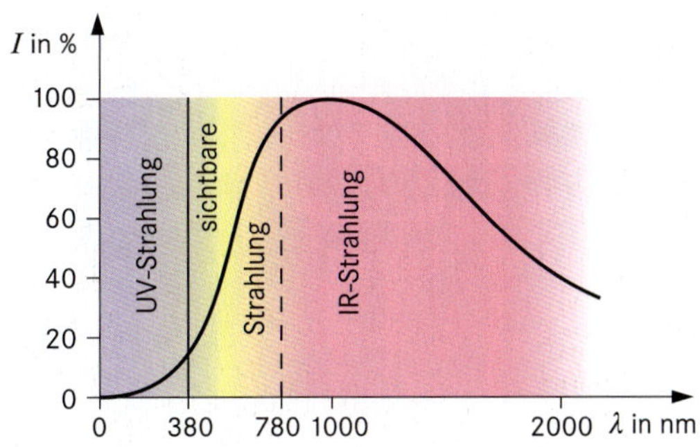

6: Lichtbereiche einer Glühlampe

10.2.3.3 Halogenlampen

Halogenlampen [halogen lamps] sind eine Weiterentwicklung der Standard-Glühlampe. Sie werden für Netz- und Kleinspannung gebaut (Abb. 1) und haben einen höheren Wirkungsgrad als Standard-Glühlampen. Die Lichtausbeute ist mit ca. 2000 h höher und die Betriebsdauer etwa doppelt so groß. Eine spezielle Bauform sind **IRC-Niedervoltlampen** [**I**nfra-**R**ed-**C**oating]. Sie besitzen eine die Wärme reflektierende Kolbenbeschichtung. Ihre Lichtstärke entspricht einer normalen Halogenlampe, bei einem geringeren Energiebedarf. Diese Lampen haben eine Lichtausbeute bis zu 26 lm/W und eine Betriebsdauer von ca. 4000 h.

Halogenlampen sind ebenfalls Temperaturstrahler. Im Innern des Glaskolbens befindet sich ein **Schutzgas** [protective gas], meistens Argon. Dieses Gas verhindert das rasche Verbrennen des Glühdrahtes. Da diese Lampen kleiner sind als Glühlampen gleicher Leistung, kann der Gasdruck im Inneren erhöht werden. Dies bewirkt, dass der Wolfram-Glühfaden langsamer verdampft. Die Lebensdauer der Lampen erhöht sich. Zusätzlich zum Schutzgas befinden sich Halogene (Brom- oder Jodverbindungen) im Glaskolben. Mit diesen Halogenen erfolgt der **Halogen-Wolfram-Kreisprozess** [tungsten halogen cycle] bei Temperaturen unter 1400 °C.

In Niedervoltlampen wird das Licht stark gebündelt. Bestimmte Flächen von Ausstellungsgegenständen und Arbeitsplätzen können punktgenau beleuchtet werden. Die Kleinspannung (SELV) wird mit **Sicherheitstransformatoren** [safety isolating transformers] erzeugt.

Halogen-Wolfram-Kreisprozess

1. Verdampftes Wolfram setzt sich als schwarzer Belag an der Innenseite des Glaskolbes ab ①.
2. Die Halogene verbinden sich mit dem verdampften Wolfram. Diese gasförmige Verbindung gelangt durch die Wärmeströmung an den Glühdraht, wo sich das Wolfram wieder ablagert ②.
3. Die freigesetzten Halogene stehen wieder für den Kreislauf zur Verfügung ③.

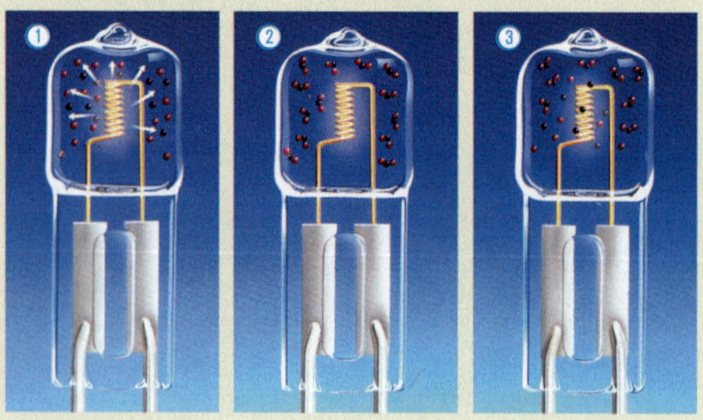

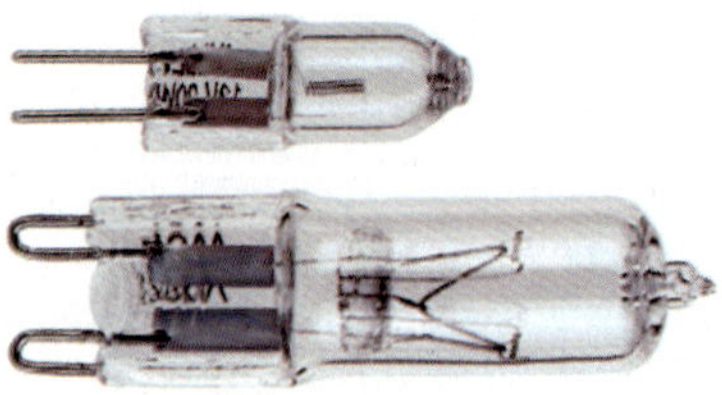

Kleinspannung:
6 V, 12 V, 24 V:
NV-Lampen

Netzspannung:
230 V

1: Halogenlampen

Halogenlampen werden für die Allgemeinbeleuchtung eingesetzt. Aufgrund der geringen Baugröße finden sie auch spezielle Anwendung in Vitrinen und Möbeln.

Beim Auswechseln von Halogenlampen darf der Glaskolben nicht mit den Fingern berührt werden, weil sich durch den Fingerabdruck z. B. fetthaltige Teilchen auf dem Glas ablagern. Da an der Glasoberfläche im Betrieb eine Temperatur von ca. 250 °C erreicht wird, kann dies zum Einbrennen der Ruckstände führen. Die Lichtausbeute wird dadurch beeinträchtigt.

Eigenschaften von Halogenlampen:
- Hohe Lichtausbeute und lange Lebensdauer
- Konstant bleibender Lichtstrom
- Kleinere Abmessungen als bei Glühlampen
- Das Dimmen von 230 V-Lampen und Niedervolt-Lampen ist möglich.

Lampenvergleich

NV-Lampe (12 V/60 W) ⇓ $I = 5\text{ A}$

Glühlampe (230 V/60 W) ⇓ $I = 0{,}26\text{ A}$

Die Niedervolt-Lampe verursacht bei gleicher Leistung gegenüber der Standard-Glühlampe eine sehr viel höhere Stromstärke. Nach der Gleichung

$$\Delta U = \frac{I \cdot \varrho \cdot 2 \cdot l}{q}$$

vergrößert sich bei einer größeren Stromstärke auch der Spannungsfall auf den Leitungen. Daraus folgt für den Lichtstrom Φ_L:

$$\Delta U \uparrow \Rightarrow U_L \downarrow \Rightarrow \Phi_L \downarrow$$

Die Lampenspannung wird durch den Spannungsfall ΔU auf den Zuleitungen beeinflusst.
Damit NV-Halogenlampen ihren Bemessungslichtstrom abgeben, müssen folgende Größen geändert werden:
Leiterquerschnitt: $q \uparrow$ oder
Leiterlänge: $l \downarrow \Rightarrow \Delta U \downarrow \Rightarrow U_L \uparrow \Rightarrow \Phi_L \uparrow$

Ergebnis:
Um den Spannungsfall der NV-Lampen bei großer Stromstärke klein zu halten, müssen der Transformator nahe an den Lampen befestigt und Leiter mit großem Querschnitt gewählt werden (Herstellerangaben beachten).

Netzaufbau für Niedervolt-Halogenlampen

Zur Beleuchtung in Ausstellungsräumen und Geschäften werden oft Niedervolt-Halogenlampen [low voltage halogen lamps] (NV-Halogenlampen) verwendet. Die Leuchten können mit einem Schienensystem nach Bedarf platziert werden (Abb. 2). Um die Anlage bei Kurzschlüssen auf der Niederspannungsseite zu schützen, müssen die Transformatoren durch eine Schutzeinrichtung auf der Primarseite gesichert werden oder kurzschlussfest sein.

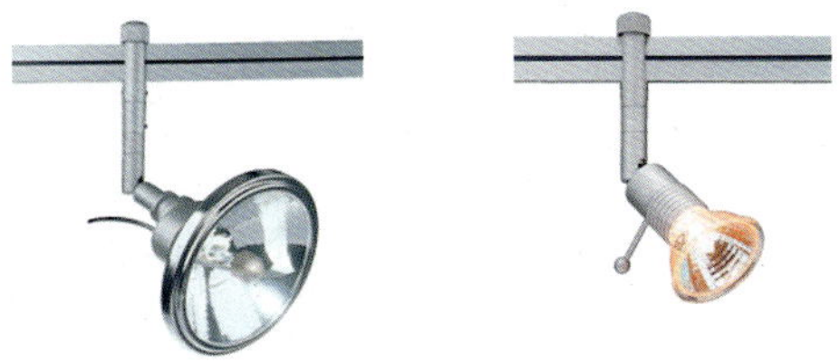

2: NV-Halogenlampen mit Schienensystem

Leiterquerschnitt und Leitungslänge

Im Vergleich zu einer Lampe an 230 V fließt bei einer NV-Lampe an 12 V bei gleicher Leistung ein 19fach höherer Strom. Dies hat Folgen für die Installation im Hinblick auf Leiter oder Schiene und Anschlussklemmen.

Der Leiterquerschnitt und die Leitungslängen müssen so bemessen sein, dass der Spannungsfall niedrig ist. Alle NV-Lampen erreichen dann fast ihre volle Leistung, sodass sich auch der Lichtstrom der Lampen nur wenig verringert.

Die Tabelle in Abb. 3 enthält Werte für maximale Leitungslängen und Leiterquerschnitte, wenn z. B. mit einem Spannungsfall von 4 % gerechnet wird. Nach DIN VDE 0100-715 soll der Spannungsfall zwischen Transformator und der am weitesten entfernten Leuchte nicht größer als 5 % der Bemessungsspannung sein.

Maximale Leitungslängen sternförmige Verlegung, gewählter Spannungsfall 4 %, 12 V						
P in VA	I in A	Abstand vom Transformator 1 m	2,5 m	5 m	10 m	15 m
		Leiterquerschnitt in mm²				
20	1,7	1,5	1,5	1,5	1,5	2,5
50	4,2	1,5	1,5	2,5	4,0	-
100	8,3	1,5	2,5	4,0	-	-
150	12,5	1,5	2,5	-	-	-

3: Spannungsfall und Leitungslängen

- Glühlampen und Halogenlampen sind Temperaturstrahler, bei denen das Licht durch einen glühenden Wolframdraht erzeugt wird.
- Halogenlampen besitzen eine höhere Lichtausbeute als Glühlampen.

Niedervolt-Systeme

Wenn NV-Halogenlampen an freihängenden Leitungen, den **Trägerleitungen** oder **Stromschienen** [bus bars], angeschlossen werden, können diese Lampen parallel und hintereinander auf einer Doppelleitung angeordnet werden. Auch bei dieser Netzform verringert sich die Lampenspannung mit größer werdender Entfernung vom Sicherheitstransformator.

Den geringsten Spannungsfall erhält man, wenn nach dem Transformator in der Mitte der Beleuchtungsanlage ein Verteiler X1 installiert wird (Abb. 4). Die Leitungslängen zu den Lampen sind dann ungefähr gleich lang. Weil dadurch der Spannungsfall klein ist, verringert sich die Lampenspannung nur wenig. Auch die Leiterquerschnitte vom Verteiler zu den einzelnen Lampen können kleiner sein als bei den vorher beschriebenen Systemen. An allen Lampen liegt ungefähr die gleiche Betriebsspannung.

Eine weitere Einflussgröße auf die Betriebsspannung der NV-Halogenlampen sind die Schwankungen der Netzspannung. Es gelten folgende Abhängigkeiten:

$230\text{ V} \downarrow (225\text{ V}) \Rightarrow 12\text{ V} \downarrow (11{,}7\text{ V}) \Rightarrow \Phi \downarrow \Rightarrow \eta \downarrow$

$230\text{ V} \uparrow (235\text{ V}) \Rightarrow 12\text{ V} \uparrow (12{,}3\text{ V}) \Rightarrow \Phi \uparrow \Rightarrow \eta \uparrow$

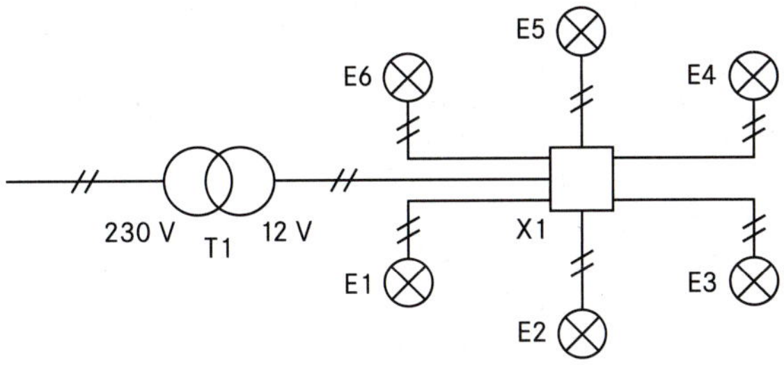

4: NV-Lampen im Strahlennetz

AUFGABEN

1. Warum haben Halogenlampen eine höhere Lebensdauer als Glühlampen? Begründen Sie die Antwort mit Hilfe eines Kreisprozesses.
2. Sechs Niedervoltlampen (24 V/50 W) sollen in gleicher Entfernung (4,5 m) vom Steckverteiler installiert werden (Strahlennetz), der sich direkt neben dem Transformator befindet. Berechnen Sie den Querschnitt der Leiter (Cu) zu jeder Lampe. Der maximale Spannungsfall Δu darf nach DIN VDE 5 % nicht überschreiten.

- Bei Halogenlampen wird das Verdampfen des Wolframfadens durch einen höheren Gasinnendruck und Halogene verhindert.
- Der Spannungsfall in NV-Anlagen hängt von dem Leiterquerschnitt und der Leiterlänge ab.
- Niedervolt-Systeme können mit flexiblen Leitungen oder Stromschienen aufgebaut werden.

10.2.3.4 Leuchtstofflampen

Leuchtstofflampen [fluorescent lamps] sind die am meisten eingesetzten Lampen zur Deckung des Lichtbedarfs (ca. 70 %). Sie haben einen niedrigen Gasinnendruck (Niederdrucklampen) und enthalten eine Edelgasfüllung aus Argon und Krypton mit etwas Quecksilber, die durch eine **Gasentladung** [gas discharge] zum Leuchten angeregt wird (s. Kap. 1.2.5). Wegen des Quecksilberanteils müssen Leuchtstofflampen als Sondermüll entsorgt werden (s. Kap. 10.2.3.7).

Bauformen

Leuchtstofflampen werden mit verschiedenen Durchmessern gebaut, z. B. in der **T5-Form** (d = 16 mm) als **Dreibanden-Leuchtstofflampe** [triphosphor tube fluorescent lamp] („Dreiband“, d. h. drei ausgewählte Spektralbereiche im blauen, grünen und roten Bandbereich).

Die häufig eingesetzten stabförmigen Dreibanden-Leuchtstofflampen haben verbesserte Eigenschaften als z. B. Standard-Leuchtstofflampen. Sie besitzen eine höhere Lichtausbeute von 93 lm/W und eine verkürzte Lampenlänge. Der Rückgang des Lichtstroms nach einer Brenndauer von 10.000 Stunden beträgt nur ca. 8 %, bei Betrieb mit EVGs nach 20.000 Betriebsstunden ca. 12 %. Das Mischungsverhältnis des Dreibanden-Leuchtstoffs beeinflusst den Farbton des Lichtes. Die unterschiedlichen Lichtfarben der Leuchtstofflampen werden durch die Zusammensetzung der **Leuchtschicht** hervorgerufen. Sie befindet sich auf der Innenseite der Glasröhre.

Lichtentstehung

- Durch den Stromfluss glüht die Wendel (Abb. 1 ①) und Elektronen treten aus (Elektronen-Emission).
- Das Gas wird durch eine hohe Spannung des Vorschaltgerätes gezündet (Stoßionisation, s. Kap. 1.2.5). Das Gas wird elektrisch leitend ②.
- Durch den Übergang von Elektronen zwischen den Schalen der Gasatome entstehen ultraviolette Strahlen (UV-Strahlen).
- Die UV-Strahlen werden von der Leuchtschicht ③ (Leuchtstoff) in sichtbares Licht umgewandelt.

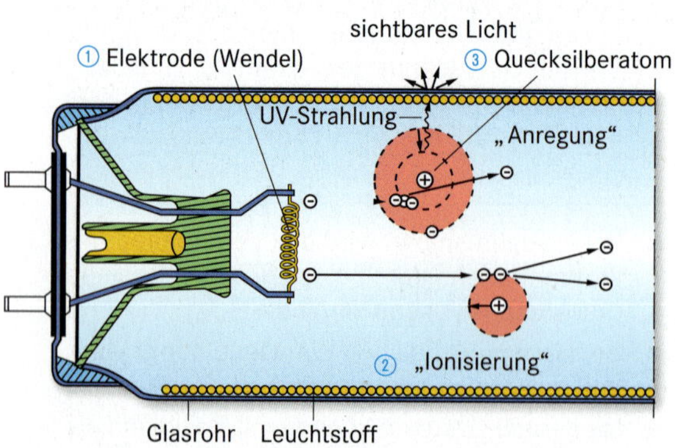

1: Gasentladung und Lichtentstehung

Kennzeichnung von Leuchtstofflampen

Leuchtstofflampen besitzen auf der Außenseite u. a. die Angabe zur Lichtfarbe (Abb. 3). Bei den **Kennziffern** [code numbers] (Abb. 2 ①) gibt es weitere Zwischenstufen, die die gewünschte Farbe hervorheben. Sie werden von den jeweiligen Lampenherstellern festgelegt.

2: Kennzeichnung

Kennziffer	Bedeutung	Anwendungen
11, 12	tageslichtweiße Lichtfarbe (tw)	Innenbeleuchtung
21, 22	neutralweiße Lichtfarbe (nw)	Arbeitsstätten
31, 32	warmweiße Lichtfarbe (ww)	Wohnbereich
72	ähnlich dem Sonnenlicht (Biolux)	Büros

3: Kennziffern von Leuchtstofflampen

Bauformen von Kompakt-Leuchtstofflampen

Kompakt-Leuchtstofflampen [compact fluorescent lamps] werden in drei Bauformen gebaut (Abb. 4). Weil sie geringere Abmessungen als Standard-Leuchtstofflampen besitzen, hat ihr Einsatzbereich stark zugenommen. Wegen der niedrigen Anschlussleistungen und der damit verbundenen **Energieeinsparung** [energy saving] gegenüber Glühlampen werden diese Lampen z. B. in ständig beleuchteten Räumen eingesetzt.

Lampentyp	P in W	η in lm/W	R_a
2-Rohrlampe	18 bis 80	67 bis 75	80 bis 89
4-Rohrlampe	18 bis 36	61 bis 78	
2D-Lampe	10 bis 55	65 bis 71	

4: Bauformen von Kompakt-Leuchtstofflampen

- Leuchtstofflampen werden mit verschiedenen Durchmessern und für unterschiedliche Lichtfarben gebaut.
- Kompakt-Leuchtstofflampen haben geringere Abmessungen als Standard-Leuchtstofflampen.
- Kompakt-Leuchtstofflampen benötigen bei gleicher Lichtausbeute erheblich weniger elektrische Energie.

Vorschaltgeräte

Zum Betrieb von bestimmten Lampen sind außer Leitungen, Schaltern, Fassungen usw. zusätzliche Betriebsmittel notwendig. Sie schützen die Lampen vor Zerstörung durch eine zu hohe Spannung, die z. B. bei der **Zündung** [triggering] entsteht. Folgende Vorschaltgeräte [ballasts] werden verwendet:

Konventionelle Vorschaltgeräte (KVGs)

Konventionelle Vorschaltgeräte [conventional ballasts] bestehen aus einer Spule, sodass ein induktiver Widerstand und ein Wirkwiderstand vorhanden sind. Der induktive Widerstand bewirkt eine Phasenverschiebung, sodass eine **Blindstromkompensation** [reactive current compensation] (s. Kap. 5.8.2) erforderlich wird (Reihen- oder Parallelkompensation je nach VNB-Bestimmungen). Der Wirkwiderstand der Spule verursacht den Leistungsverlust.

P_V: Verlustleistung
P_L: Lampenleistung

$P_L = 26\ \text{W}$, $P_{KVG} = 6\ \text{W} \Rightarrow P_L + P_{KVG} = 32\ \text{W}$

KVGs sind seit dem 1.11.2005 für Neuinstallationen verboten.

Verlustarme Vorschaltgeräte (VVGs)

Verlustarme Vorschaltgeräte [low-loss ballasts] sind verbesserte KVGs, bei denen durch Legieren und Vergrößern des Eisenkerns die Verlustleistung verkleinert worden ist.

$P_L = 26\ \text{W}$, $P_{VVG} = 4\ \text{W} \Rightarrow P_L + P_{VVG} = 30\ \text{W}$

Nachteile von KVGs und VVGs:
Bei induktiven Vorschaltgeräten (KVG, VVG) und der Frequenz von 50 Hz vergeht relativ viel Zeit zwischen zwei Nulldurchgängen der Wechselspannung.
⇒ Die Lampe muss immer wieder neu gezündet werden. Ein Dimmen ist nicht möglich.

Elektronische Vorschaltgeräte (EVGs)

Elektronische Vorschaltgeräte [electronic ballasts] erreichen bei einer Betriebsfrequenz von ca. 25 kHz eine höhere Lichtausbeute. Dies lässt sich folgendermaßen erklären:
Bei elektronischen Vorschaltgeräten wird die Katode bis zur Emissionstemperatur vorgeheizt. Dann wird das Gas in der Lampe mit einer festgelegten Zündspannung gezündet. Wegen der hohen Frequenz ist die Zeit zwischen den Nulldurchgängen der Wechselspannung klein, sodass das Gas ionisiert bleibt.
⇒ Die Lampe braucht nicht neu gezündet zu werden.

$P_L = 26\ \text{W}$, $P_{EVG} = 2\ \text{W} \Rightarrow P_L + P_{EVG} = 28\ \text{W}$

AUFGABEN

1. Warum werden Leuchtstofflampen als Entladungslampen bezeichnet?
2. Beschreiben Sie die Erzeugung des sichtbaren Lichts bei Leuchtstofflampen.
3. Berechnen Sie die Lichtausbeute folgender Lampen und vergleichen Sie die Ergebnisse.
   a) Glühlampen: 60 W/730 lm; 100 W/1380 lm; 150 W/2220 lm
   b) Leuchtstofflampen: 5 W/250 lm; 18 W/1100 lm
   c) Energiesparlampen: 9 W/600 lm; 11 W/900 lm

Zwei-Rohr-Lampen

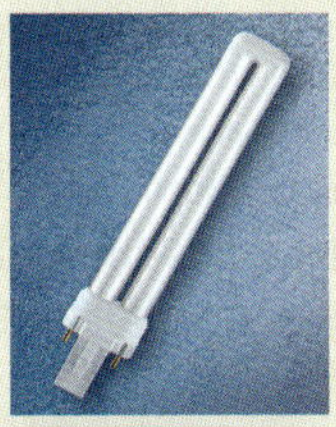

Lampen mit Zwei-Stift-Sockel
- Eingebautes Vorschaltgerät (VVG, EVG)
- Lichtfarbe: ww, nw, tw
- Lebensdauer: ca. 8fach im Vergleich zu Glühlampen

Lampen mit Vier-Stift-Sockel
- Ohne eingebauten Starter
- Betrieb mit EVG
- Lichtfarbe: ww, nw, tw
- Lebensdauer: ca. 10fach im Vergleich zu Glühlampen
- Anwendung z. B. auch in Batterie- und Solaranlagen

Induktive Schaltung
- nicht kompensiert
- cos $\varphi \approx 0{,}5$ (induktiv)
- mit verlustarmem Vorschaltgerät (VVG)

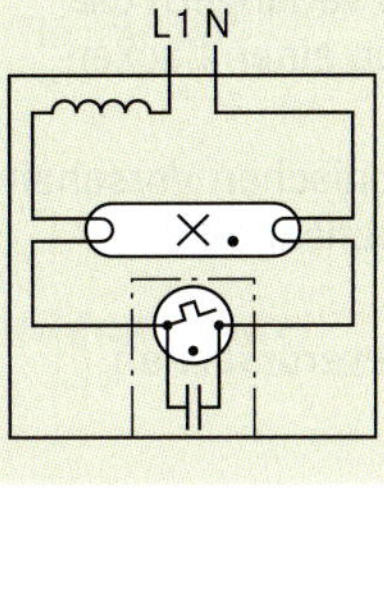

Duo-Schaltung
- zwei Lampen parallel mit induktivem und kapazitivem Zweig
- cos $\varphi \approx 1$
- mit VVG

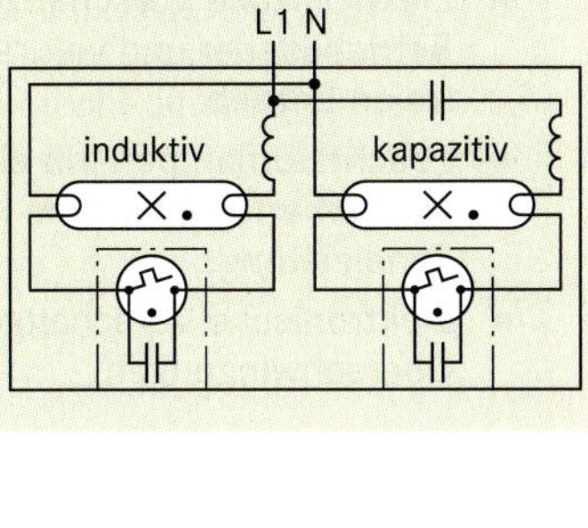

Schaltungen mit elektronischen Vorschaltgeräten (EVG)
- EVG für eine Lampe
- EVG für zwei Lampen

mit Energieersparnis, flimmerfreiem Licht und besserem Lampenwirkungsgrad im Vergleich zum KVG bzw. VVG

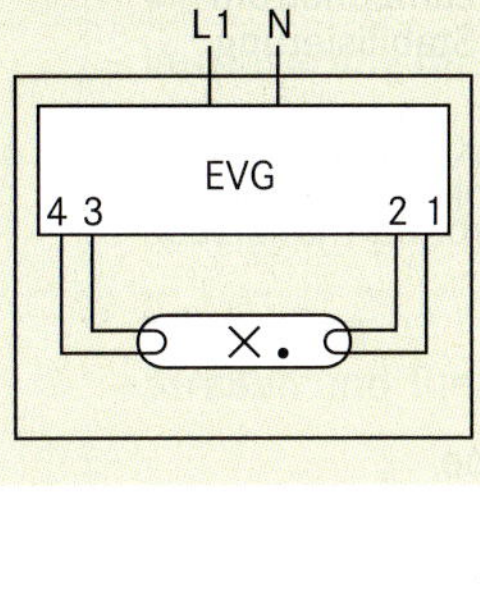

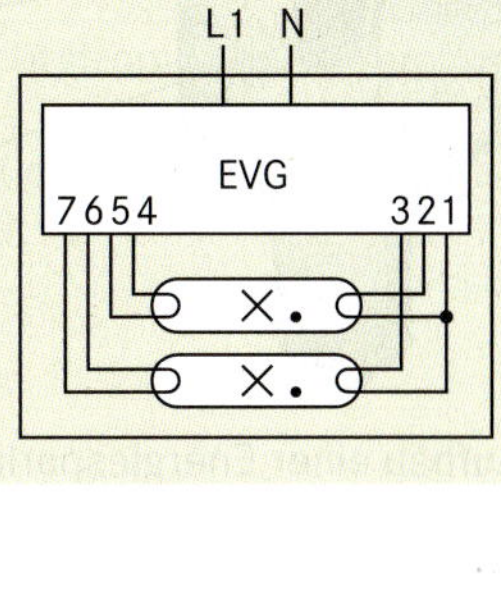

10.2.3.6 LED-Lampen

In LED-Lampen [LED lamps] befinden sich Leuchtdioden (s. Kap. 6.2.2). Sie gelten aufgrund ihrer langen Lebensdauer, geringen Abmessungen und des niedrigen Energieverbrauchs als effizientes Beleuchtungsmittel. Mit LED-Lampen können im Prinzip alle Beleuchtungsaufgaben (weiß und farbig) wie mit herkömmlichen Lampen gelöst werden.

Leuchtdioden bestehen aus zwei Schichten von dotierten Halbleitermaterialien, die bei Stromfluss elektrische Energie direkt in Lichtenergie umwandeln (s. Kap. 6.2.2). Die Diode befindet sich auf einem Reflektor, der das Licht in die gewünschte Richtung leitet. Im Gegensatz zu Glühlampen wird in LEDs nur Licht einer Wellenlänge (Farbe) erzeugt. Durch Verwendung verschiedener Verbindungen werden LEDs mit großer Helligkeit und in den verschiedenen Lichtfarben Gelb, Orange, Rot, Grün und Blau hergestellt (Abb. 1).

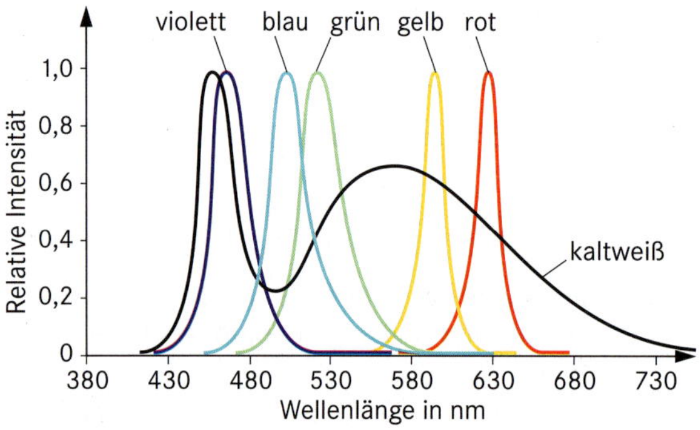

1: LED-Spektren

Weißes Licht lässt sich durch **additive Farbmischung** erzeugen:

- Das Licht von Leuchtdioden verschiedener Farben (Blau und Gelb oder Rot, Grün und Blau) ergibt gemischt als Gesamteindruck Weiß. Dieses Verfahren wird bei Lampen selten angewendet.
- Das Licht einer blauen LED oder einer UV-LED wird durch ein photolumineszierendes Material (Leuchtstoff, Abb. 2 ①) geleitet und dabei in langwelliges Licht umgewandelt.

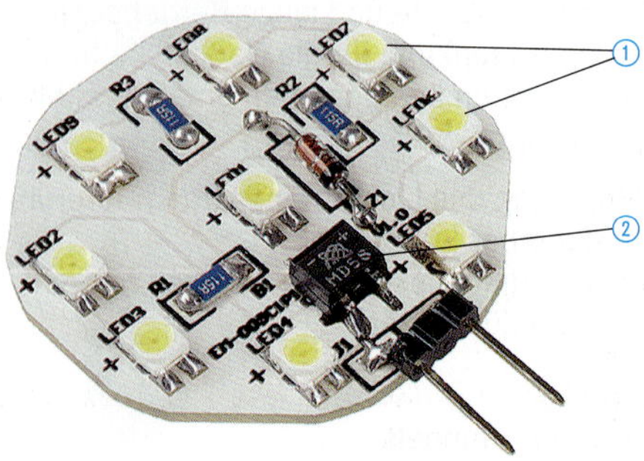

2: LED-Lampe mit elektronischen Bauteilen

Eine weiße Hochleistungs-LED benötigt eine Durchlassspannung von etwa 3,4 V und eine Stromstärke von ca. 340 mA. Damit der Lichtstrom konstant bleibt, muss die Stromstärke ebenfalls konstant sein. Man erreicht dieses durch integrierte elektronische Vorschaltgeräte (Abb. 2 ② Konstantstromquellen, Pulsweitensteuerung).

Eigenschaften von Leuchtdioden:

- Lange Betriebsdauer, weiß ca. 20.000 Stunden und farbig ca. 100.000 Stunden
- Hohe Lichtausbeute, weiß bis 30 lm/W und farbig bis 60 lm/W
- Niedriger Energieverbrauch
- Keine UV- und Infrarot-Strahlung
- Niedrige Betriebsspannung, 10 V und 24 V DC
- Niedrige Betriebstemperatur
- Hohe Stoßfestigkeit, deshalb Einsatz als Lichtquelle im Fußboden und in Straßen
- Geringe Wärmeverluste

LED-Module

LED-Module werden aus einer bestimmten Anzahl von LEDs auf starren oder flexiblen Leiterplatten zusammengeschaltet. Sie besitzen eine integrierte Energieversorgung. Flexible Leiterplatten ermöglichen eine dreidimensionale Montage. Das LED-Modul in Abb. 3 besteht aus acht Einzelplatinen mit je vier LEDs, die durch flexible Leitungen miteinander verbunden sind. Damit kann ein beliebig formbares Beleuchtungsmittel hergestellt werden (z. B. für Werbezwecke). Die Einzelplatine hat hier ein Grundmaß von 30 x 30 x 4 mm. Die Gesamtlänge des Moduls beträgt je nach Spreizung der Leitungen 2,40 m bis 5,50 m.

Laut Hersteller werden im Katalog für dieses Modul folgende Angaben gemacht:

- Farbe: Gelb
- Anzahl der LEDs: 32
- Abstrahlwinkel: 120°
- Betriebsspannung: 10 V DC
- Bemessungsleistung: 4 W
- Schutzart: IP22
- Reihenschaltung bis zu drei Ketten
- Module in Parallelschaltung
- Berührungssicher durch galvanische Trennung und Kleinspannung

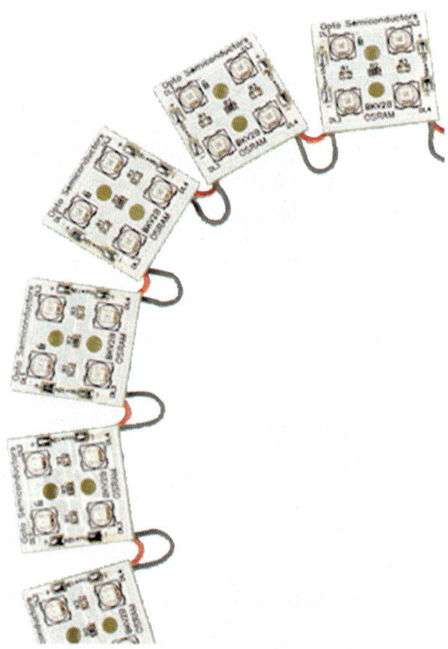

3: Flexibles LED-Modul

LED-Module lassen sich auch über ein **Betriebsgerät** (Vorschaltgerät) an 230 V AC anschließen (Abb. 4). Das Betriebsgerät versorgt die LEDs mit einem Konstantstrom.

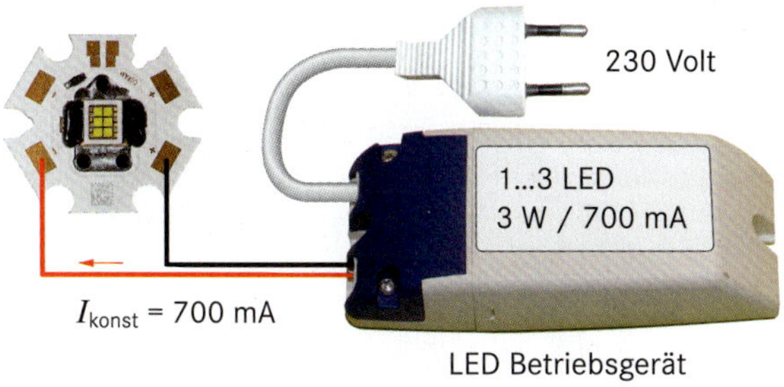

4: LED mit Betriebsgerät (Konstantstromquelle)

LED-Lampen an Wechselspannung

Bestimmte LEDs (Abb. 5) können an Wechselspannung (230 V) angeschlossen werden, z. B. mit Vorwiderständen ① zur Strombegrenzung oder mehrerer LEDs, die in Reihe geschaltet sind.

5: LEDs mit Vorwiderständen

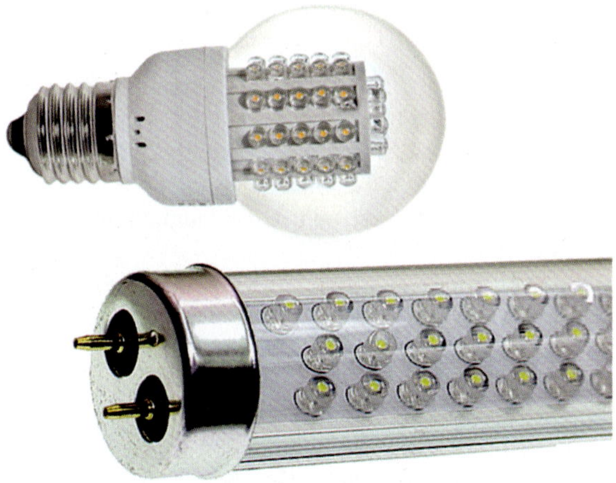

6: Bauformen von LED-Lampen

LED-Lampen für E14- und E27-Fassungen

Die LED-Lampe mit E27-Gewinde in Abb. 6 ersetzt die bisher verwendete Glühlampe.

Sie hat folgende Vorteile:

- keine Aufwärmzeit wie bei Sparlampen
- Wärmeabgabe und Energieverbrauch sind gering im Vergleich zu Glühlampen
- Betriebsdauer: ca. 250 000 h
- Licht ohne UV- und IR-Anteil und quecksilberfrei
- Helligkeit dimmbar
- Lichtfarbe laut Norm EN 12464-1 Warm White-Farbton

In folgender Tabelle werden LED-Lampen in Glühlampenform (E27) mit den zum Teil noch verwendeten Allgebrauchs-Glühlampen nach ihren Bemessungsleistungen verglichen. Außerdem wird die jeweilige Größe des Lichtstromes angegeben. Bei der Lampenauswahl in der Tabelle handelt es sich um bestimmte Lampentypen eines Herstellers.

LED-Lampe P in W	Glühlampe P in W	Lichtstrom Φ in lm
2	15	136
5	25	250
8	40	470
10	60	810
14,5	75	1055

Wirtschaftsvergleich

Wird eine 8 W LED-Lampe mit einer 40 W Glühlampe nach deren Wirtschaftlichkeit verglichen, so ergeben sich aufgrund von Herstellerangaben u. a. folgende Vorteile für den Einsatz von LED-Lampen:

- ca. 25fache höhere Betriebsdauer (erforderlich in dieser Zeit ca. 7 Glühlampen und 1 LED-Lampe)
- ca. 224 kWh Energieeinsparung nach 24 Monaten bei einer Brenndauer von 7000 h
- ca. 38 EUR Kosteneinsparung in dieser Zeit

Ergebnis:
Bei einem Preis von ca. 9 EUR je LED-Lampe hätte sich der Einsatz dieser Lampe nach etwa 6 Monaten amortisiert.

LED-Lampen in Röhrenbauform

Ein Ersatz für herkömmliche Leuchtstofflampen sind LED-Lampen in Röhrenbauform (Abb. 6). Sie besitzen ein eingebautes EVG, z. B. zum Betrieb an VVGs und der Netzspannung 230 V. Dabei wird der Lichtstrom ohne Verzögerung erreicht. Die Hersteller geben für diese LED-Lampen eine Betriebsdauer bis zu 40 000 h an.

Folgender Lampenersatz ist z. B. möglich:

- 9 W LED-Röhre anstelle einer T8-18 W Leuchtstofflampe
- 18 W LED-Röhre für eine T8-36 W Leuchtstofflampe

Der Lichtstrom ist im Vergleich zu einer T9-Leuchtstofflampe um ca. 20 % größer.

Er beträgt je nach Lampentyp

- bei der 9 W-Lampe zwischen 800 lm und 900 lm und
- der 18 W-Lampe zwischen 1700 lm und 1900 lm.

Die Betriebsdauer beträgt das ca. 3fache gegenüber Leuchtstofflampen. Es werden etwa 60 % Energie eingespart. Die LED-Lampen in Röhrenbauform gibt es je nach Hersteller in den drei Lichtfarben Warm White, Cool White und Cool Daylight. Sie sind frei von Quecksilber und UV-/IR-Strahlung.

Im Beispiel (Abb. 2) ist die Umrüstung herkömmlicher Leuchtstofflampen auf LED-Röhren dargestellt. Dabei sind unbedingt die Hinweise des Leuchtenherstellers zu beachten.

LED-Lampen als Strahler

Zur Anwendung für punktuelle Innen- und Außenbeleuchtung werden Strahler mit LEDs eingesetzt (Abb. 1). An 230 V erreichen sie einen Lichtstrom von ca. 570 lm bis 600 lm. Sie ersetzen Glühlampen und Leuchtstofflampen.

1: LED-Strahler

LED-Lampen für öffentliche Bereiche

Für bestimmte Bereiche werden Leuchten eingesetzt, die eine Lichtstärkeverteilungskurve (LVK) wie in Abb. 3 aufweisen. Dabei wird eine breite Fläche unterhalb der Leuchte ausgeleuchtet. Dies ist für die Beleuchtung öffentlicher Plätze, Parkanlagen usw. erforderlich.

Die Straßenleuchte (Abb. 3) hat eine Leistung von 90 W mit einem Lichtstrom von 5700 lm. Sie wird an Wechselspannung 230 V/50 Hz betrieben. Laut Herstellerangabe hat diese LED-Leuchte eine Betriebsdauer von ca.
50 000 Stunden.

3: LED-Straßenleuchte

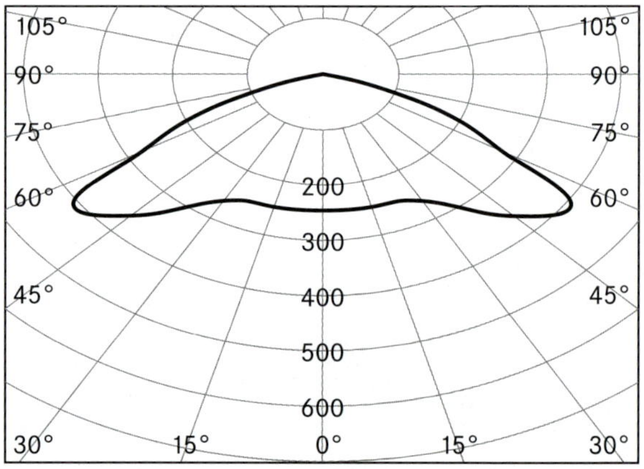

4: Lichtverteilungskurve der LED-Straßenleuchte (Abb. 3)

- LEDs werden zu Modulen auf festen und flexiblen Leiterplatten zusammengeschaltet.
- LED-Module werden mit Vorschaltgeräten an Kleinspannungen betrieben.
- LED-Lampen ersetzen u. a. Glühlampen und Leuchtstofflampen.
- LED-Lampen benötigen im Vergleich zu Glühlampen weniger Energie und haben eine längere Betriebsdauer.

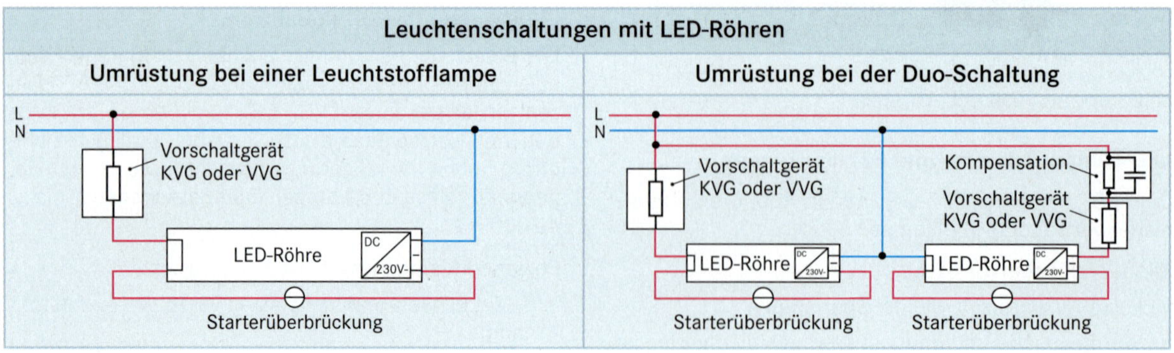

2: Umrüstung

10.2.3.7 Entsorgung und Energieeffizienz

Lampen und Vorschaltgeräte enthalten Wertstoffe bzw. umweltschädliche Stoffe. Sie müssen deshalb entsprechend Abb. 3 entsorgt werden.

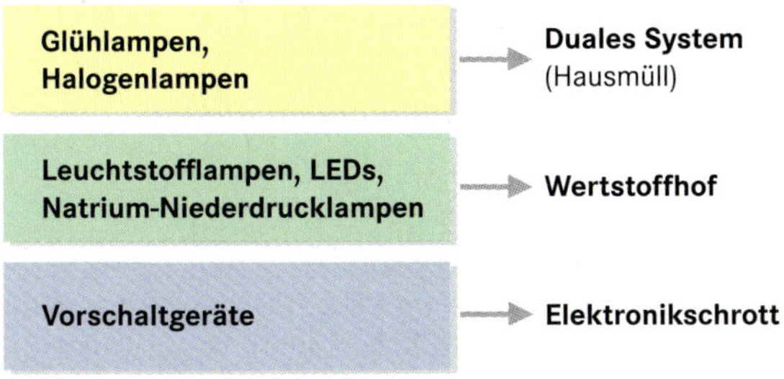

3: Entsorgung von Beleuchtungskomponenten

Zur **Entsorgung** [disposal] von Gasentladungslampen haben die Hersteller von Lampen im Rahmen des Gesetzes (ElektroG § 9) das **LIGHTCYCLE**-Rücknahmesystem (Abb. 4) aufgebaut. Das System besteht seit Juli 2006 und ist für Verbraucher kostenlos.

Es wird durchgeführt über
- Kommunale Sammelstellen (Wertstoffhöfe) und
- LIGHTCYCLE-Sammelstellen für Privatleute sowie
- Abholung durch LIGHTCYCLE für Großkunden.

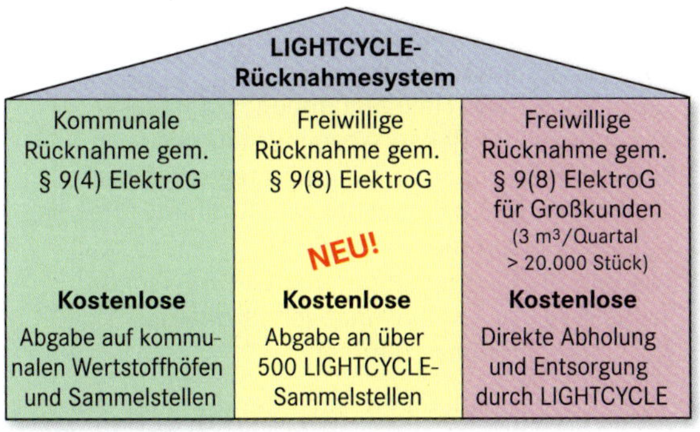

4: Entsorgungsarten

Kennzeichnung der Energieeffizienz

Bestimmte Lampen müssen seit 2001 mit einer Kennzeichnung zum Energieverbrauch auf der Verpackung versehen werden, ausgenommen davon sind Reflektor- und Niedervoltlampen. Wie elektrische Hausgeräte werden auch Lampen mit dem Energielabel gekennzeichnet (Abb. 6). Die entsprechenden Angaben befinden sich auf der Packung. Das Energielabel enthält die folgenden Angaben:
- Effizienzklasse
- Lichtstrom in lm
- Leistung in W
- mittlere Betriebsdauer in Stunden

Die Festlegung der **Energieeffizienzklasse** [energy efficiency class] wird nach der EU-Richtlinie 98/11/EG aus den Messwerten von Lichtstrom und Lichtleistung durchgeführt. So haben z. B. 40 W-Glühlampen die Effizienzklasse E. Sie sind also wenig effizient, da sie über 90 % der elektrischen Energie in Wärme umwandeln. Die Lampenhersteller machen darüber hinaus in ihren Katalogen weitere Angaben (Abb. 5).

AUFGABEN

1. Wie erfolgt die Entsorgung von Lampen und Vorschaltgeräten?
2. Vergleichen Sie Energieeffizienz und Lichtausbeute von Glühlampen, Halogenlampen und Leuchtstofflampen.

- Das LIGHTCYCLE-Rücknahmesystem ist für Verbraucher kostenlos.
- Vorschaltgeräte und Lampen müssen unterschiedlich entsorgt werden.
- Bestimmte Lampen werden je nach Art und Leistung den einzelnen Energieeffizienzklassen A bis G zugeordnet.

Kenngrößen / Arten	Effizienzklasse	Lichtausbeute in lm/W	Betriebsdauer in h [1]	Wirkungsgrad in %
Glühlampen	E, F, G	10 - 20	1000	5
Halogenlampen	B, C	22 - 27	4000	11
Halogenlampen (NV)	D, E	12 - 17	2000	8
Energiesparlampen	A, B	35 - 80	15 000	20 - 25
Leuchtstofflampen	A, B	60 - 85	7500	25 - 30
Dreibanden-Leuchtstofflampen	A, B	70 - 100	20 000	30
LED	A, A+, A++	30 (weiß) 55 (grün)	100 000	20

[1] Durchschnitt

5: Angaben zum Energielabel

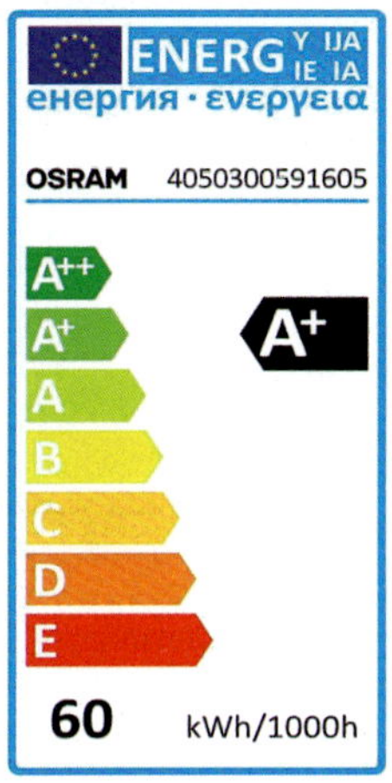

6: Energielabel einer LED-Lampe

10.2.4 Beleuchtungsbeeinflussung

10.2.4.1 Steuerung

Zur Beeinflussung der Beleuchtungsstärke werden unterschiedliche Einstellgeräte und Sensoren eingesetzt (Abb. 1 bis 4).

Die einfachste Anpassung an die individuellen Lichtbedürfnisse erfolgt mit einem **Dimmer** [dimmer] (Abb. 1 ①, s. auch Kap. 6.3.3). Die Beleuchtungsstärke wird manuell gesteuert [manually controlled].

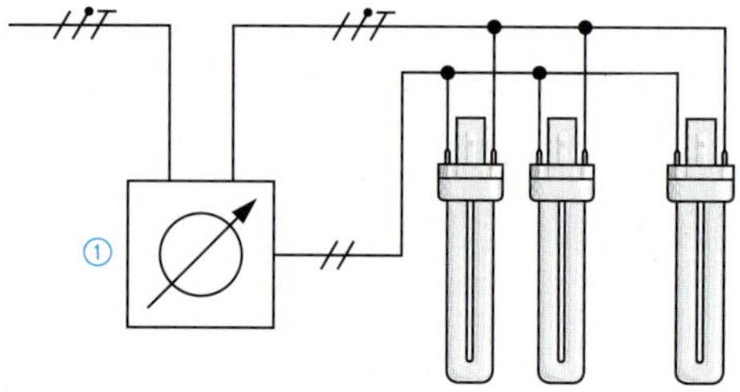

1: Lichtsteuerung mit einem Dimmer

In Abb. 2 wird mit einem **Infrarot (IR)-Sensor** ② die Beleuchtungsstärke einer Leuchte durch Dimmen bzw. Schalten mit Hilfe einer Fernbedienung ③, eines Empfängers ④ und eines Ausgangsmoduls ⑤ verändert.

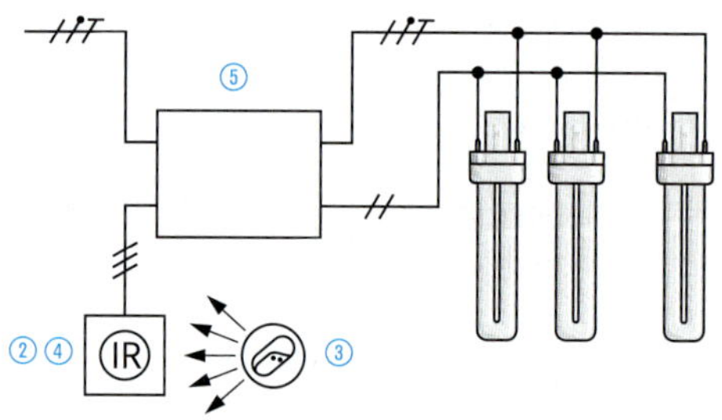

2: Lichtsteuerung mit einem Infrarot-Sensor

Mit einem **Bewegungsmelder** [motion detector] ⑥ werden in Abb. 3 die Lampen automatisch ein- und ausgeschaltet.

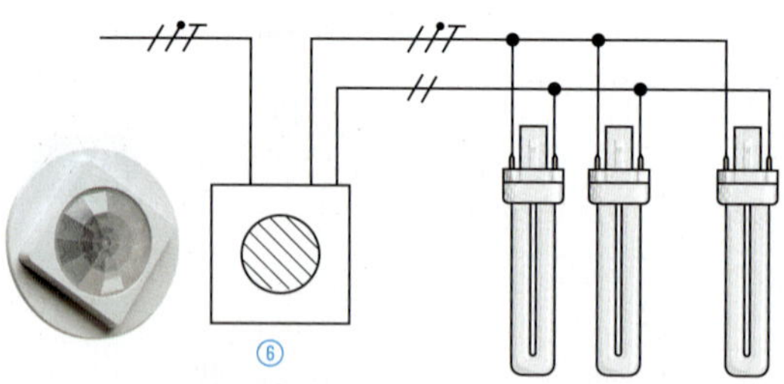

3: Lichtsteuerung mit einem Bewegungsmelder

Der **Tageslichtsensor** [daylight sensor] in Abb. 4 ⑦ (Fotosensor) erfasst die Tageshelligkeit und schaltet die Beleuchtung ein bzw. aus.

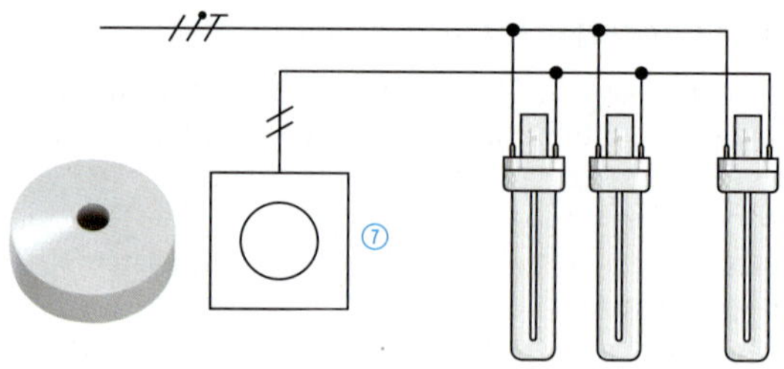

4: Lichtsteuerung mit einem Tageslichtsensor

Dimmer

Dimmer arbeiten nach dem Prinzip der Phasenanschnitt- oder Phasenabschnittsteuerung bzw. geben ein Signal an das Vorschaltgerät. Sie werden für Dreh- und Tippbetätigung gebaut als
- Wechselschalter mit drei und
- Ausschalter mit zwei Anschlüssen.

Alle in Kap. 10.2.3 vorgestellten Lampen, außer Halogen-Metalldampflampen, können an Wechselspannung 50 Hz gedimmt werden. Für folgende Lampen werden spezielle dimmbare Vorschaltgeräte gebaut:
- Halogenlampen
- Leuchtstofflampen
- Kompakt-Leuchtstofflampen
- LED-Lampen

Für die einzelnen Lampenarten sind verschiedene Dimmer zur Lichtsteuerung erforderlich.
- Glühlampen und Halogenlampen ⇒ Phasenanschnitt- oder Phasenabschnittdimmer
- Niedervolt-Halogenlampen mit magnetischem Transformator ⇒ Phasenanschnittdimmer [leading-edge phase dimmer]
- Niedervolt-Halogenlampen mit elektronischem Transformator ⇒ Phasenabschnittdimmer [trailing-edge phase dimmer]

Bei den Niedervoltlampen liegt der Dimmer auf der Eingangsseite des Transformators. Die Größe des Dimmers richtet sich nach der Bemessungsscheinleistung des Transformators.

AUFGABEN

1. Die Helligkeit einer Niedervoltlampe soll mit einem Dimmer gesteuert werden. Beschreiben Sie den Unterschied zwischen einer Phasenanschnitt- und einer Phasenabschnittsteuerung.
2. Nennen Sie jeweils zwei Anwendungen zum Einsatz von Dimmern, Bewegungsmeldern und Tageslichtsensoren.

- Dimmer sind elektronische Steuerschalter zur Steuerung des Lichtstromes.
- Bei Verwendung von elektronischen Transformatoren muss ein Dimmer mit Phasenabschnittsteuerung installiert werden.

Steuerung von Leuchtstofflampen

Mit speziellen Dimm-EVGs können Leuchtstofflampen geschaltet und ihre Helligkeit gesteuert werden (Abb. 5). Die Helligkeitssteuerung bei Leuchtstofflampen kann durch Tastdimmer und 1 bis 10 V-Schnittstellen (Gleichspannung) erfolgen. Die Steuerung ist in folgenden Bereichen möglich:

- Leuchtstofflampen mit elektronischen Vorschaltgeräten ⇒ von 1 bis 100 %
- Kompakt-Leuchtstofflampen ⇒ von 3 bis 100 %

Das Wiedereinschalten der Leuchten ist in jeder beliebigen Stellung des Dimmers möglich. Ein Warmstart kann innerhalb kürzester Zeit (ca. nach zwei Sekunden) erfolgen.

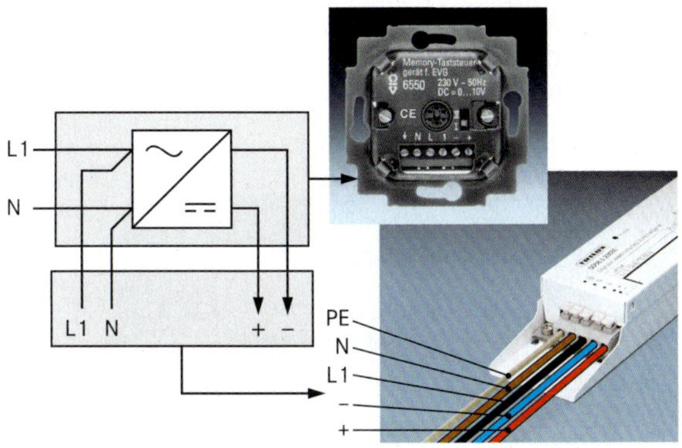

5: Tastdimmer und dimmbares EVG

- Zur Helligkeitssteuerung von Leuchtstofflampen werden Dimm-EVGs mit einer 1 bis 10 V-Schnittstelle verwendet, die Leuchtstofflampen im Einphasen- und Dreiphasenbetrieb steuern.
- Mehrere Leuchtstofflampen können im Einphasenbetrieb an ein dimmbares, elektronisches Vorschaltgerät angeschlossen werden.

Installationsmöglichkeiten

- Einphasiger Betrieb (Abb. 6):
  Der Dimmer kann maximal zehn einlampige oder fünf zweilampige, dimmbare EVGs direkt schalten und über die 1 bis 10 V-Schnittstelle steuern.
- Dreiphasiger Betrieb:
  Der Dimmer kann maximal 50 dimmbare EVGs an dreiphasiger Netzspannung über ein Schütz schalten und über die 1 bis 10 V-Schnittstelle steuern.

Installationshinweise zur 1 bis 10 V-Steuerleitung

- Maximal zulässige Leitungslänge: 300 m
- Empfohlener Leiterquerschnitt: 1,5 mm²
- Kontrolle: + und – Leiter der Steuerleitung dürfen nicht vertauscht werden.
- Netz- und Steuerleitung: Gemeinsame Verdrahtung mit z. B. NYM 5 x 1,5 mm²

Phasenanschnittsteuerung

Hier wird die Spannung U_L an der Lampe nicht sinusförmig aufgebaut. Je nach der Einstellung des Dimmers wird vom Beginn jeder Halbschwingung ein Teil abgeschnitten.

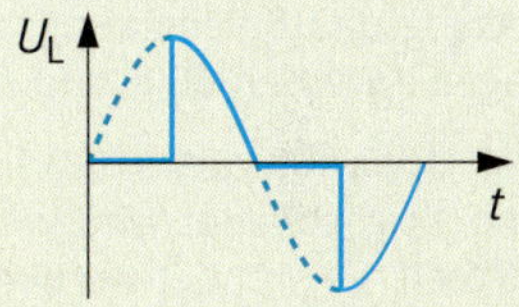

Phasenabschnittsteuerung

Bei dieser Steuerung wird die Lampe schon vom Nulldurchgang an vom Strom durchflossen. Es entsteht dadurch kein Flackern. Innerhalb der jeweiligen Halbschwingung erfolgt die Abschaltung.

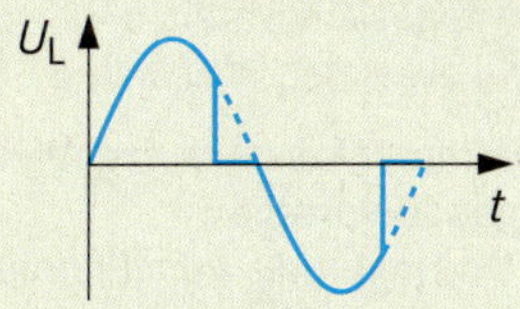

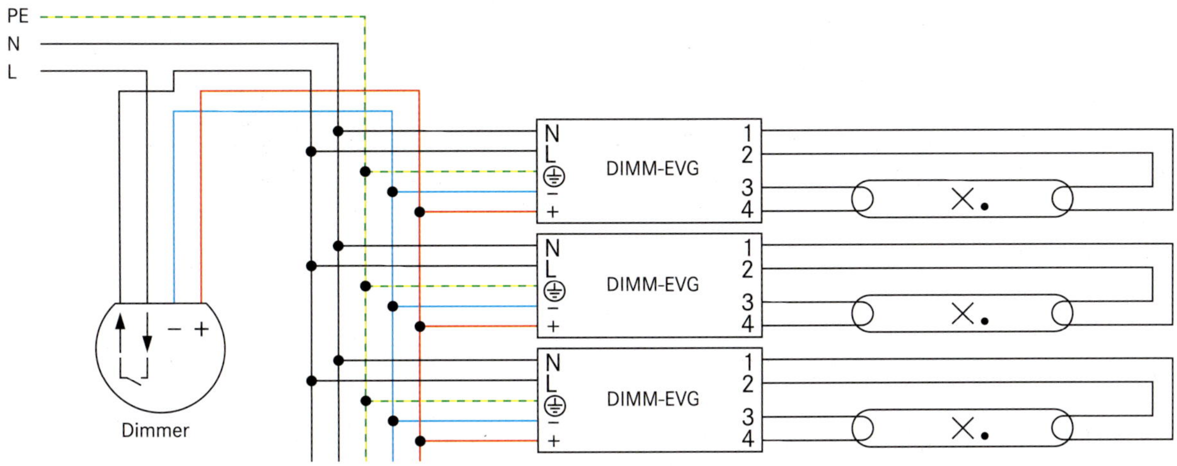

6: Einphasiger Betrieb von Leuchtstofflampen

10.2.4.2 Regelung

Beim Regeln werden eingestellte Größen durch eine elektronische Schaltung konstant gehalten (s. Kap. 11.1.1). Es kann dadurch z. B. die Beleuchtungsstärke eines Büroraums oder einer Werkhalle konstant gehalten werden. Dazu wird die vorhandene Beleuchtungsstärke (Ist-Wert) ständig mit einem **Tageslichtsensor** [daylight sensor] (Fotosensoren) gemessen und mit dem eingestellten Wert (Soll-Wert) verglichen. Wenn Abweichungen vorkommen, erfolgt eine Anpassung der Beleuchtungsstärke durch Veränderung der Lampenhelligkeit mit Hilfe eines Dimmers (Regelung).

Bei der Installation von Tageslichtsensoren sind Herstellerunterlagen zu beachten (Montagehöhe, Abstand zu Fenstern usw.). Der Anschluss erfolgt über eine Installationsleitung für Kleinspannung an EVGs. Um die Leuchten auszuschalten, ist ein zusätzlicher Schalter erforderlich.

Mit Sensoren und Lichtsteuerungen bzw. -regelungen lassen sich Energiekosten verringern. Je nach Ausstattung des Beleuchtungssystems liegen die Einsparungen zwischen 60 % und 70 %.

Auch ist es mitunter sinnvoll, dass die Beleuchtung erst dann eingeschaltet wird, wenn Personen einen Raum betreten. Verwendet werden dazu **Bewegungsmelder** [motion detector]. Sie besitzen eine **Abschaltverzögerung**, die z. B. je nach Einstellung bis zu 30 Minuten betragen kann. Der **Erfassungsbereich** des Melders liegt im Umkreis von ca. 7 m Durchmesser bei einer Deckenhöhe von 2,5 m bis 3 m. Der Grenzwert für den Tageslichtanteil, d. h. wann der Sensor einschaltet, kann zwischen 100 lx und 1500 lx eingestellt werden.

Zusammenfassend ergeben sich bei einer Regelung folgende Vorteile:
- Verringerung von Energiekosten durch Anpassung der Beleuchtungsstärke an das Tageslicht
- Individuelle Steuerung von Beleuchtungsanlagen je nach den örtlichen Anforderungen

Lichtsteuerungs- und Lichtregelungssystem

In Abb. 1 ist dazu ein Beispiel dargestellt. Es ist für Beleuchtungsanlagen mit dimmbaren elektronischen Vorschaltgeräten konzipiert. Je nach Ausführung können drei Funktionen realisiert werden:
- Manuelle Lichtsteuerung
- Automatische tageslichtabhängige Lichtregelung
- Automatisches Schalten der Beleuchtung über Bewegungsmelder

Die Regelungssysteme (Controller) setzen die Signale der Sensoren und Taster in Schalt- und Dimmbefehle für die Beleuchtungsanlage um (Abb. 1). Der Anschluss der Taster S1 bis S5 erfolgt je nach gewünschter Funktion wie folgt:
- S1 Lichtniveau 1 (hell)
- S2 Lichtniveau 2 (mittel)
- S3 Lichtniveau 3 (dunkel)
- S4 Automatik/Manuell
- S5 Aus

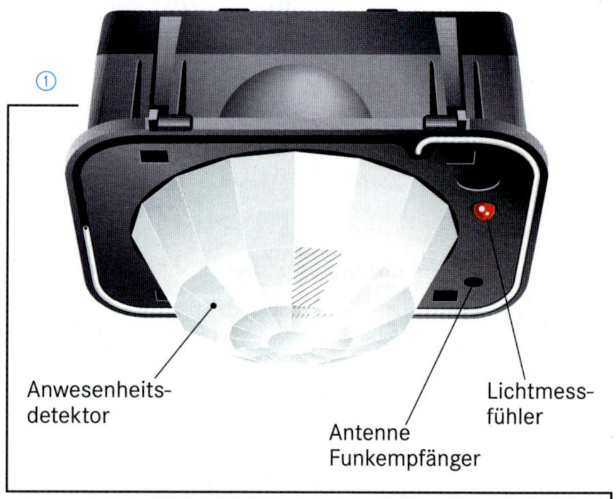

2: Sensoreinheit

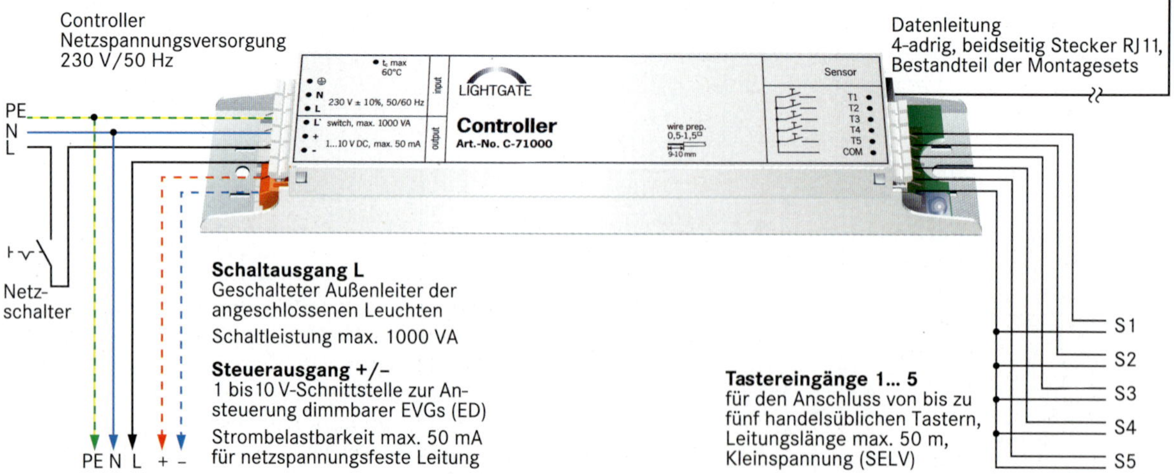

1: Anschlussplan für ein Lichtregelungssystem (Herstellerunterlage)

Mit einer Funkfernbedienung erfolgt z. B. die Programmierung und Ansteuerung des Beleuchtungssystems. Die Reichweite beträgt bis zu 20 m.

Die Sensoreinheit (Abb. 2) mit den drei Funktionen ist über eine vieradrige Datenleitung ① und vertauschungssichere Datenstecker mit dem Controller verbunden.

Mit Hilfe von **Lichtwertschaltern** (Lichtreglern) kann in Räumen mit großen Fenstern und Lichtkuppeln oder Außenbereichen Energie für die Beleuchtung eingespart werden. Gruppen von Leuchten können dadurch tageslichtabhängig geregelt werden. An den **Lichtregler** [lighting controller] nach Abb. 3 ① sind Leuchtengruppen eines Raumes angeschlossen. Hersteller bauen die Lichtregler so, dass sie zentral auf Hand- oder Automatikbetrieb umschaltbar sind.

Als Anwendungsbeispiel sind in der Abbildung die drei Leuchtengruppen A, B und C dargestellt.

- **Handbetrieb** (Q02 in Stellung „Hand"): Die Leuchtengruppen können mit den im Raum installierten Schaltern Q11, Q21 und Q31 eingeschaltet werden, weil das Schütz Q4 die Schütze Q1, Q2 und Q3 schaltet.
- **Automatikbetrieb** (Q02 in Stellung „Automat"): Der Fotosensor R_1 steuert die Leuchtengruppen über den Lichtregler.

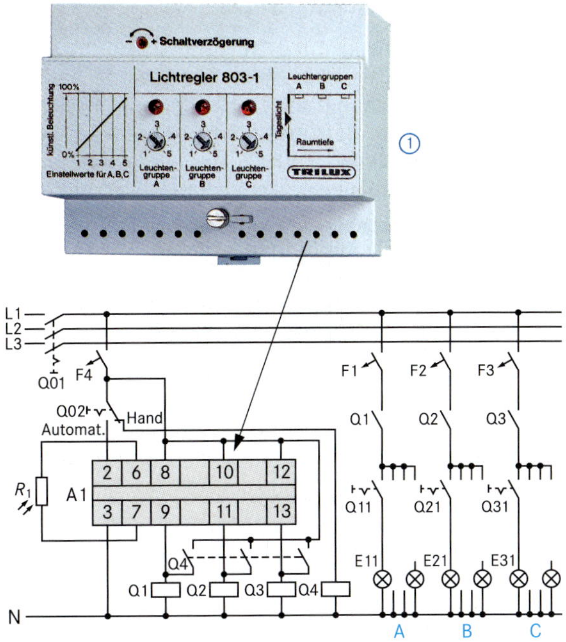

3: Lichtregler und Stromlaufplan

Die Schaltstufen 1 bis 5 für die Leuchtengruppen werden an Potenziometern am Lichtregler eingestellt. Um die Einstellung zu erleichtern, zeigen Leuchtdioden an, wann die auszulösende Schaltstufe erreicht ist. Automatisch wird in Abhängigkeit vom Tageslicht die Anlage ein- bzw. ausgeschaltet. Damit nicht jede kurzzeitige Änderung der Beleuchtungsstärke eine Schaltung auslöst, hat der Hersteller den Regler auf eine **Verzögerungszeit** [delay time] von 5 Minuten eingestellt. Je nach Bedarf können auch andere Zeiten, z. B. zwischen 15 Sekunden und 10 Minuten, eingestellt werden.

Lichtmanagementsysteme

Beispiel: DALI[1)]

Beleuchtungssysteme können unterschiedlich aufgebaut sein:

- Manuelle Steuerung der Netzspannung für wenige Leuchten mit Dimmer durch Drücken des Tasters für ca. 2 s und Ansteuerung eines EVG oder mehrerer EVGs mit Funktionen:
  - Ein/Aus/Dimmen/Memory-Funktion
- Lichtsteuerung und -regelung mehrerer Leuchten über Taster und 1 bis 10 V-Steuereinheit mit Anschlussmöglichkeit für Sensoren mit folgenden Funktionen:
  - Manuell Ein/Aus/Dimmen 1 bis 100 %
  - Regelung: abhängig vom Tageslicht und automatisches Einschalten bei Bewegung
  - Abschaltautomatik mit 15 Minuten Verzögerung
- Einzel- und Mehrraum-Lichtsteuer- und Regelungssystem mit folgenden Funktionen:
  - Ein/Aus/Dimmen
  - Beleuchtung von Szenen und Gruppen
  - Funkfernbedienung
  - Lichtregelung nach Anwesenheit und Tageslicht

1) **DALI**: **D**igital **A**ddressable **L**ighting **I**nterface (www.osram.de)

AUFGABEN

1. Wie erfolgt die Lichtregelung bei Anwesenheits- und Tageslichtsensoren?

2. Erklären Sie mit Hilfe des Stromlaufplans in Abb. 3 den Hand- und Automatikbetrieb.

- Bei Lichtsteuerungssystemen können mehrere Leuchtengruppen manuell oder mit Tageslicht und Anwesenheitssensor geschaltet werden.
- Bei der Regelung von Beleuchtungsanlagen werden eingestellte Größen konstant gehalten (z. B. Beleuchtungsstärke). Der Ist-Wert wird ständig mit dem Soll-Wert verglichen.
- Durch Steuerungs- und Regelungssysteme lassen sich der Beleuchtungskomfort verbessern und Energiekosten verringern.

10.2.5 Sicherheitsbeleuchtung

Die Sicherheitsbeleuchtung ist eine Art der **Notbeleuchtung** (Übersicht in Abb. 2). Innerhalb einer Sicherheitsbeleuchtungsanlage werden zur besonderen Kennzeichnung **Rettungszeichen-Leuchten** (**RZL**) eingesetzt. Sie werden z. B. an Wegbiegungen, Kreuzungen und Durchgängen angebracht (Abb. 1).

1: Piktogramm einer Rettungszeichen-Leuchte

Je nach Erfordernis erfüllt die Notbeleuchtung bei Netzausfall zwei Funktionen:

- **Sicherheitsbeleuchtung**
  - Sicheres Verlassen von Räumen ermöglichen,
  - Ausbruch von Panik verhindern und
  - wichtige Tätigkeiten gefahrlos beenden.
- **Ersatzbeleuchtung**
  - Ungehindertes Fortsetzen von Arbeiten ermöglichen, z. B. an wichtigen Produktionsstätten.

Für Anlagen mit einer Sicherheitsbeleuchtung gelten u. a. Bestimmungen nach DIN VDE 0108-100 und DIN EN 1838.

Wo ist eine Sicherheitsbeleuchtung erforderlich?

Nach der Arbeitsstättenrichtlinie (ASR 7/4) sind z. B. für Rettungswege unter bestimmten Bedingungen Rettungszeichen-Leuchten erforderlich. Sie gewährleisten beim Ausfall der Allgemeinbeleuchtung, z. B. im Brandfall, das sichere Verlassen des Arbeitsplatzes und des Gebäudes.

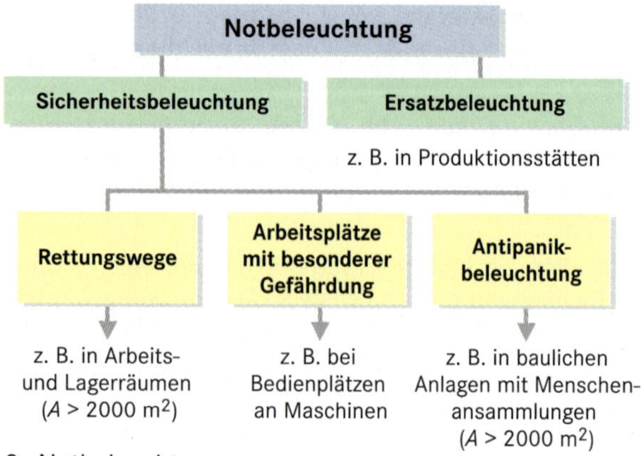

2: Notbeleuchtung

Eine Sicherheitsbeleuchtung für Rettungswege und Arbeitsplätze mit besonderer Gefährdung muss dort vorhanden sein, wo bei Ausfall der Allgemeinbeleuchtung eine Unfallgefahr entstehen kann.

Beispiele:
- Räume mit laufenden Maschinen
- Überwachungsstellen, z. B. Messwarten
- Laboratorien mit gefährlichen Stoffen

Das **Fluchtwegleitsystem** [escape routing system] muss in den genannten Bereichen die Fluchtrichtung sowohl geradlinig als auch richtungsändernd angeben.

- Die Sicherheitsbeleuchtung ersetzt die Allgemeinbeleuchtung mit verminderter Beleuchtungsstärke.
- Die Ersatzbeleuchtung ersetzt die Allgemeinbeleuchtung mit voller Beleuchtungsstärke.

Anlagen mit Sicherheitsbeleuchtung und Ersatzbeleuchtung		
Rettungsweg	Arbeitsstätte	Produktionsstätte

Mindestbeleuchtungsstärke E		
1 lx	10 % von E_N, mindestens 15 lx	100 % von E_N
Umschaltzeit t		
≤ 15 Sekunden	≤ 0,5 Sekunden	< 0,5 Sekunden
Zulässige Spannungsquellen		
Einzel- oder Zentralbatterien, Ersatzstromaggregat	Einzel- oder Zentralbatterien, Ersatzstromaggregat	Ersatzstromaggregat

Energieversorgung

Die Energieversorgung von Sicherheitsbeleuchtungen kann unterschiedlich erfolgen. Neben der Einzelbatterie, die sich direkt in jeder einzelnen Leuchte befindet, werden Ersatzspannungsquellen [stand by voltage sources] verwendet.

- **Akkumulatoren**

Die Sicherheitsleuchten sind bei diesem System an einen zentralen Akkumulator mit Ladegerät angeschlossen, das ständig an der Netzspannung liegt. Der erforderliche Ladezustand ist gewährleistet, auch wenn kurzzeitig die Netzspannung ausfällt. Tritt dies ein, wird über einen **Unterspannungswächter** [low voltage detector] die Leuchte von Netz- auf Akkubetrieb umgeschaltet. Eine Zentralbatterie (Akkumulator) versorgt dann die Sicherheitsbeleuchtungsanlage (Abb. 3). Dafür sind Lade- und Steuergerät ①, Batterieraum ②, Stromkreisverteilung ③ und Umschalter ④ erforderlich. Werden z. B. Kompakt-Leuchtstofflampen mit den nach DIN VDE 0108 geeigneten EVGs ⑤ eingesetzt, ist ein Betrieb mit Gleich- und Wechselspannung möglich.

- **Notstromaggregate**

In größeren Anlagen, z. B. in der Industrie und in Krankenhäusern, werden die Leuchten an die zentrale Sicherheitsstromversorgung angeschlossen. Diese wird über Notstromaggregate betrieben.

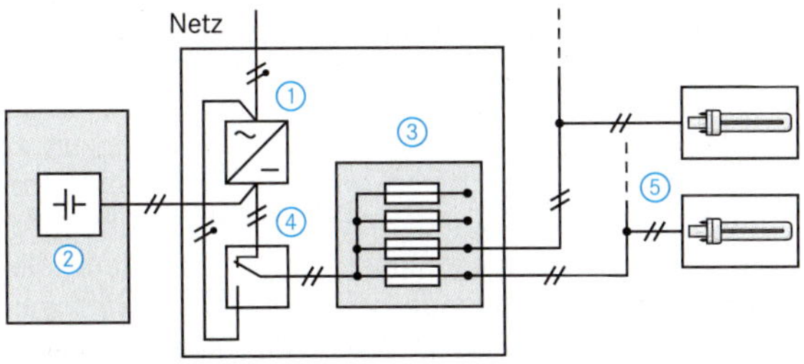

3: Sicherheitsbeleuchtung mit Zentralbatterie

Anforderungen

Die Anforderungen sind in der DIN 5035 festgelegt. Zur Veranschaulichung werden hier zwei Beispiele beschrieben, die sich auf die Sicherheitsbeleuchtung in einer Montagehalle beziehen.

- **Rettungswege**

Rettungswege müssen in öffentlichen Gebäuden und Arbeitsstätten mit gefährlichen Arbeiten durch eine zusätzliche Beleuchtung gekennzeichnet sein. Deshalb ist es z. B. erforderlich, den Rettungsweg in einer Montagehalle mit Rettungszeichen-Leuchten und Sicherheitsleuchten auszustatten. Die minimale Beleuchtungsstärke beträgt in der Mitte des Weges, z. B. über dem Fußboden auf der Höhe von 0,2 m, horizontal $\bar{E} \geq 1$ lx.

Im Teil 5 der DIN 5035 sind zu den Lichtstärken der Notleuchten Maximalwerte zur jeweiligen Befestigungshöhe h angegeben. Laut Tabelle muss z. B die Lichtstärke für eine in der Höhe h = 3,30 m aufgehängte Notleuchte I_{max} = 1600 cd betragen (Abb. 4). Dieser Wert kann auf der markierten Messhöhe ⑥ gemessen werden. Die Leuchtenhersteller geben für bestimmte Lampenformen, z. B. Strahler mit Reflektor, den Lichtstärkewert I in cd an. Ebenso wird der Abstand der Sicherheitsleuchten voneinander angegeben. Er ist etwa doppelt so groß wie die Leuchtenhöhe.

h in m	< 2,5	2,5 ≤ h < 3	3 ≤ h < 3,5	3,5 ≤ h < 4
I_{max} in cd	500	900	1600	2500

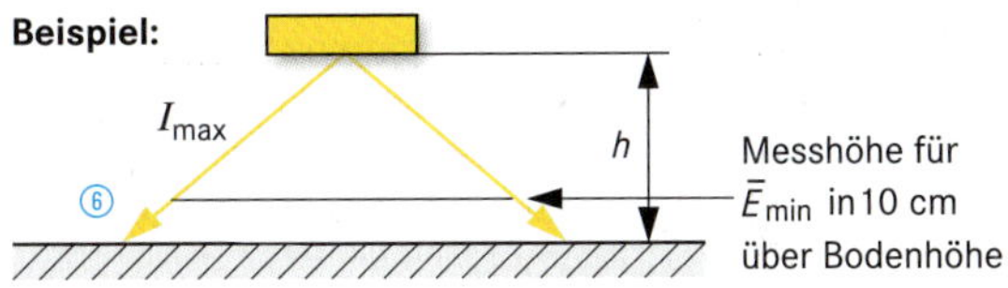

4: Befestigungs- und Messhöhe

Energieversorgung einer Sicherheits-/Rettungszeichenleuchte

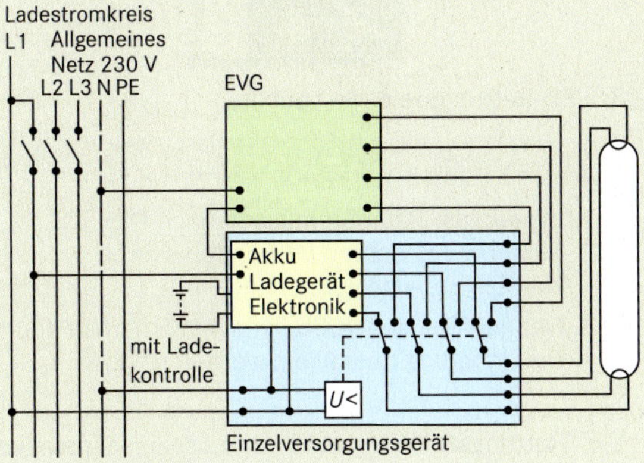

Die Schaltung laut Hersteller zeigt als Beispiel die Sicherheitsleuchte mit einer Leuchtstofflampe.

Die Lampe wird über folgende Objekte betrieben:

- EVG, das direkt mit dem Versorgungsnetz und im störungsfreien Zustand mit der Leuchte verbunden ist ⇒ **Betrieb an Wechselspannung**
- Versorgungsgerät mit Unterspannungswächter, der bei Netzausfall die Leuchte unterbrechungsfrei mit dem Akkumulator verbindet ⇒ **Betrieb an Gleichspannung**
- Ladegerät mit Ladekontrolleinrichtung, das direkt am Versorgungsnetz angeschlossen ist

(Schaltbild laut Herstellerunterlagen)

- **Arbeitsplätze mit besonderer Gefährdung**

Die Beleuchtungsstärke beträgt an diesen Arbeitsplätzen mindestens 15 lx. Die jeweiligen Lichtstärken in Abhängigkeit von der Befestigungshöhe sind für diese Arbeitsplätze in Abb. 1 angegeben:

h in m	$< 2{,}5$	$2{,}5 \leq h < 3$	$3 \leq h < 3{,}5$	$3{,}5 \leq h < 4$
I_{max} in cd	1000	1800	3200	5000

1: Befestigungshöhen

Eine weitere wichtige Anforderung an diese Leuchten ist der **Farbwiedergabewert**. Durch ihn ist gewährleistet, dass Sicherheitsfarben eindeutig erkannt werden können. Sie besitzen einen Wert von $R_a \geq 40$. Im Brandfall besteht die Gefahr, dass sich Rauch entwickelt und Fluchtwege und Notausgänge nicht mehr erkannt werden können. Um dann eine weitere Orientierungsmöglichkeit für Personen zu geben, bieten die **Fluchtwegleitsysteme** [escape routing system] eine zusätzliche Sicherheit (Abb. 2). Diese dynamischen Leitwegesysteme sind mit der Brandmeldeanlage [fire alarm system] gekoppelt und weisen immer den Weg in die sichere Richtung. Sie werden zusätzlich zu den Rettungszeichen-Leuchten und zur Allgemeinbeleuchtung installiert.

Installationsorte für Rettungszeichen-Leuchten

Folgende Standorte müssen durch Sicherheitsleuchten kenntlich gemacht werden:

- Richtungsänderungen von Rettungswegen sowie Kreuzung von Fluren und Gängen
- Fluchttüren, z. B. vorgeschriebene Notausgänge, und mögliche Ausgangstüren
- Treppenstufen und Niveau-Änderungen im Boden
- Erste-Hilfe-Stelle sowie Brandbekämpfungsvorrichtung
- Meldeeinrichtungen

In Abb. 2 sind in einem Beispiel die Orte gekennzeichnet, wo Sicherheitsleuchten ① und Rettungszeichen-Leuchten ② angebracht sind. Die Rettungszeichen-Leuchte enthält ein Piktogramm (eindeutiges Symbol) mit einer Kennzeichnung des Rettungsweges.

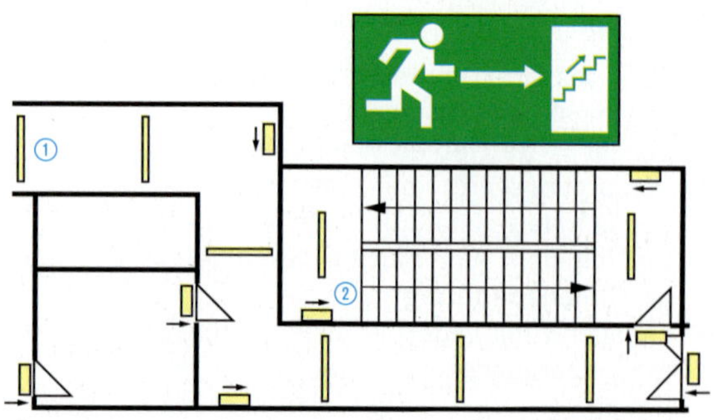

2: Rettungswegbeleuchtung und -kennzeichnung

Planung der Installation für Rettungszeichen-Leuchten (RZL)

Für die Installation sind folgende Punkte zu beachten:

- Akkumulatoren: Wartung und Aufladung laut DIN VDE 0108-100
- Beleuchtungsstärken: Mindestwerte zur sicheren Führung von Personen zum nächstliegenden Ausgang:
  - $\bar{E} \geq 1$ lx waagerecht an jeder Stelle, $h = 0{,}2$ m
  - $\bar{E} \geq 5$ lx in der Mitte des Weges
  - Beleuchtung so dimensionieren, dass im Notfall Panik vermieden wird, z. B. $\bar{E} \geq 0{,}5$ lx am Boden und Einschaltzeit $t < 5$ s (Antipanikbeleuchtung)
- Schutzart der Leuchten: Auswahl je nach Eigenschaften des Raumes, z. B. Innenbereich ohne Staubentwicklung IP40, mit Staubentwicklung oder Feuchtigkeit und in Außenbereichen IP65
- Position der Rettungszeichen-Leuchten, um folgende Voraussetzungen zu erfüllen:
  - Ausreichende Signalisierung der Fluchtwege
  - Gefährliche Bereiche wie z. B. Höhenunterschiede und Hindernisse sichtbar machen
  - Arbeitsbereiche, in denen eine Fortführung des Arbeitsprozesses erforderlich ist, mit ausreichender Sicherheitsbeleuchtung ausstatten

Verwendete Leuchten

Die Leuchten sind meistens mit Leuchtstofflampen oder Kompakt-Leuchtstofflampen ausgestattet. In Hinweisleuchten werden auch LED-Lampen verwendet, weil sie eine geringere Wartung benötigen und einen niedrigen Energieverbrauch haben.

Die LED-Rettungszeichen-Leuchte in Abb. 3 besitzt 12 weiße LEDs, die an einen wiederaufladbaren, wartungsfreien und gasdichten NiCd-Akkumulator (4,8 V/1,6 Ah) angeschlossen sind. Die Hersteller geben zu den RZL folgende Betriebseigenschaften an:

- Dauerlicht mit wöchentlichem, automatischem Funktionstest
- Funktionsanzeige für Netz- und Batteriebetrieb

3: LED-Rettungszeichen-Leuchte

AUFGABEN

1. In welchen Räumen müssen nach DIN VDE Sicherheitsleuchten vorhanden sein? Nennen Sie vier Bereiche.
2. Nennen Sie sieben Stellen, wo Sicherheitsleuchten unbedingt installiert werden müssen.

- Rettungszeichen-Leuchten müssen so installiert werden, dass optimaler Schutz entsteht.

10.3 Installation von Beleuchtungsanlagen

10.3.1 Hallenbeleuchtung

Bei Beleuchtungsanlagen werden an die einzelnen Objekte besondere Anforderungen gestellt. In Abb. 4 sind Objektgruppen aufgeführt. Am Beispiel einer Montagehalle sollen die einzelnen Schritte einer Planung und die Gesichtspunkte der Installation erläutert werden.

Objekte in Beleuchtungsanlagen

- **Leuchtstofflampen:** RCD, LS-Schalter
- **Schaltgeräte:** Installationsschalter, Schütze
- **Leitungen:** Zuleitungen, starr und flexibel
- **Leuchten:** Einbau-, Anbau- und Hängeleuchten

4: Objekte in Beleuchtungsanlagen

Um die **Raumausleuchtung** [illumination] in einer Montagehalle (Abb. 5) zu verbessern, soll eine neue Beleuchtungsanlage installiert werden. Da in der Halle zukünftig präzise Montagearbeiten durchgeführt werden, ist eine größere Beleuchtungsstärke erforderlich.

Planung

Bei der Entwicklung eines Beleuchtungskonzepts wird das Beleuchtungsprogramm **DIALux** (Firmensoftware) verwendet. Im Programm werden folgende Schritte durchlaufen:

1. **Projekteigenschaften** eingeben
2. **Raummaße** eingeben, **Leuchten** auswählen
3. **Berechnung** durchführen, **Leuchtenpositionen** festlegen
4. **Ergebnisse** ausdrucken

Außer einer optimalen Ausleuchtung der Montagehalle wünscht der Auftraggeber, dass **Lichtbänder** [continuous rows of luminaires] in 1-lampiger Ausführung

5: Beleuchtung einer Montagehalle

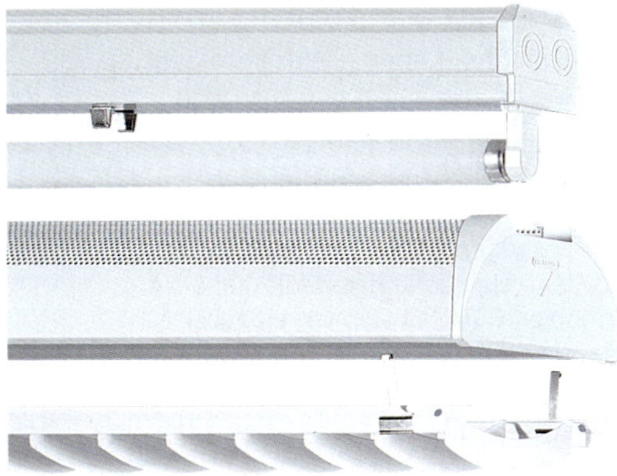

6: Leuchte des Lichtbandes

verwendet werden. Dies bedeutet, dass die einzelnen Leuchten der Lichtbänder u. a. aus folgenden Elementen bestehen (Abb. 6):

- Leuchtstofflampe (T26)
- Geräteträger in 1-lampiger Ausführung mit EVG
- runder Reflektor
- Lamellenraster

Planungsschritte

1. **Projekteigenschaften** eingeben

- **Kundendaten** und **Daten des Planungsbüros**

2. **Raummaße** eingeben, **Leuchten** auswählen

- **Raumgeometrie**
  Zur Montagehalle sind folgende Angaben bekannt: Länge: 15 m; Breite: 8 m; Höhe: 4 m
- **Reflexionsgrade**
  Sie sind frei wählbar. Die im Programm vorgegebenen Standardwerte werden übernommen.
- **Raumparameter**
  Aufgrund der Arbeiten wird die Halle als „Sauberer Raum mit 3-jährigem Wartungszyklus" eingestuft. Daraus folgt für die Leuchten der Wartungsfaktor 0,67. Als Nutzebene gilt eine Höhe von 0,85 m.
- **Leuchtenauswahl**
  Sie erfolgt über Online- bzw. DIALux-Kataloge, spezielle Leuchtendateien oder über die importierte eigene Datenbank des Planungsbüros. Zur ausgewählten Lampe werden Lichtstrom und Lichtverteilungskurve angezeigt.
- **Leuchtenmontage**
  Gewählt wird die Anbaumontage.

3. **Berechnung** und **Leuchtenpositionen**

- **Berechnung**
  Zu den ausgewählten Leuchten werden deren Anordnung in Längs- und Querrichtung im Raum mit Abstandsmaßen der Leuchten sowie zur jeweiligen Wand angezeigt (Abb. 1, nächste Seite). In Abhängigkeit von der geplanten mittleren Beleuchtungsstärke E_m errechnet das Programm einen Vorschlag für die Zahl der zu installierenden Leuchten (hier: 5 x 4 = 20).

Im oberen Teil des Monitorbildes (Abb. 1) werden die **Isolux-Linien** [isolux lines] und eine Tabelle für die Nutzebene angezeigt.

- **Isolux-Linien**
  Dies sind Linien mit gleicher Beleuchtungsstärke, z. B. 320 lx, in einer Höhe (z. B. Nutzebene, Arbeitsebene). Die angegebene Beleuchtungsstärke kann an beliebigen Punkten auf der eingezeichneten schwarzen Linie (z.B. 320 lx) gemessen werden.
- **Beleuchtungsstärken**
  Die Tabelle in Abb. 1 zeigt einen Ausschnitt mit den jeweiligen Beleuchtungsstärken an verschiedenen Stellen der Montagehalle in Längsrichtung (waagerechte Maße ① in cm) und Querrichtung (senkrechte Maße ② in cm) in der Nutzebene an. Die Werte für E_{min}, E_{max} und der Mittelwert der Beleuchtungsstärke E_m werden darunter ③ angezeigt. Der Bezugspunkt (0/0) ist im Raumgrundriss unten links ④.

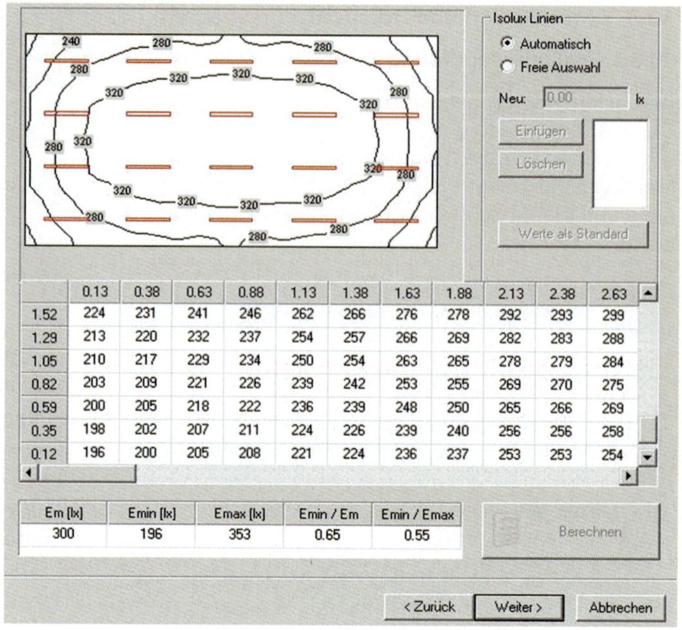

	0.13	0.38	0.63	0.88	1.13	1.38	1.63	1.88	2.13	2.38	2.63
1.52	224	231	241	246	262	266	276	278	292	293	299
1.29	213	220	232	237	254	257	266	269	282	283	288
1.05	210	217	229	234	250	254	263	265	278	279	284
0.82	203	209	221	226	239	242	253	255	269	270	275
0.59	200	205	218	222	236	239	248	250	265	266	269
0.35	198	202	207	211	224	226	239	240	256	256	258
0.12	196	200	205	208	221	224	236	237	253	253	254

Em [lx]	Emin [lx]	Emax [lx]	Emin / Em	Emin / Emax
300	196	353	0.65	0.55

1: Beleuchtungsstärken in der Montagehalle

4. Ergebnisse

- **Zusammenfassung**
  Sie kann aus folgenden Teilen bestehen: Projektdatenblatt, Leuchtendatenblatt, Eingabeprotokoll, Leuchtenkoordinatenliste usw.

In der Zusammenfassung stehen für die Montagehalle unter anderem die folgenden Berechnungsergebnisse:
- gewählter Leuchtentyp
- Leuchtenzahl $n = 20$
- Lichtstrom $\Phi_{ges} = 104.000$ lm
- Anschlussleistung $P = 1340$ W

Nachdem die Planungsphase abgeschlossen ist, erfolgt die Installation. Dort werden weitere Entscheidungen im Rahmen der Vorgaben getroffen.

Schaltgeräte

Für die Installation sind **Installationsschalter** [installation switches] und Schütze erforderlich. Für die Beleuchtungsanlage müssen sie eine Bemessungsstromstärke von mindestens 10 A besitzen. Bei größeren Anlagen, in denen die Leuchten auf die drei Außenleiter des Drehstromnetzes verteilt werden, muss nach DIN VDE 0100-559 außerdem ein allpoliger Hauptschalter verwendet werden. Die Belastung von Schaltern und damit deren Auswahl hängt ab von der
- Lampenleistung,
- Schaltungsart der Leuchtstofflampen und
- Art der Vorschaltgeräte.

Leuchtstofflampen

In der Beleuchtungsanlage der Halle sollen **stabförmige Leuchtstofflampen** verwendet werden. Beim

P_L in W	Lampenanzahl bei Betrieb mit			
	VVG			EVG
	induktiv	parallel komp.	Duo	
18	26 1)	38 1)	50	26
36	22	34	40	26
58	14	22 ①	26	18
1) Werte gelten für Einzelschaltung				

2: Lampenzahl je Stromkreis (Herstellerangabe)

Einschalten dieser Lampen entstehen Stromspitzen [current peaks], die eine Belastung für die Schaltkontakte bedeuten. Deshalb machen einige Leuchtenhersteller zur Lampenzahl je Stromkreis entsprechende Angaben. Laut Herstellertabelle (Abb. 2) werden für die Montagehalle somit folgende Lampen empfohlen:
- Einzelleistung: $P_L = 58$ W mit VVG
  ⇒ Maximal 22 Leuchten je Stromkreis (Abb. 2 ①)

In der Montagehalle sollen Leuchtstofflampen mit VVGs betrieben werden. Als Kompensationsform wird die Gruppenkompensation gewählt (s. Kap. 5.8.2), bei der die Lampen parallel kompensiert werden. Bei der Verwendung von EVGs ist eine Kompensation nicht erforderlich.

Die laut Berechnungsprogramm ausgewählten 20 Leuchtstofflampen werden auf die drei Außenleiter des Drehstromnetzes aufgeteilt:

L1: 7 Lampen; L2: 7 Lampen; L3: 6 Lampen

Damit wird erreicht, dass der **stroboskopische Effekt** [stroboscopic effect] (Flimmereffekt) nicht auftritt.

Leitungsschutz-Schalter

Sie unterscheiden sich aufgrund ihrer Bemessungs- und Auslösestromstärke nach den Auslösecharakteristiken, bei denen eine Sofortauslösung des Schalters erfolgt. Erhöhte Einschaltstromstärken müssen auch bei der Wahl von LS-Schaltern berücksichtigt werden. Deshalb ist die Anzahl von Leuchtstofflampen je Stromkreis bzw. LS-Schalter von folgenden Faktoren abhängig:

- Auslösecharakteristik der LS-Schalter
  ⇒ Auslösen z. B. bei 3 bis 5 x I_n
- Bemessungsleistung der Lampen
  ⇒ niedrigere Stromstärke je Stromkreis
- Schaltung der Lampen, z. B. mit VVG induktiv
  ⇒ größerer Blindleistungsanteil oder parallel kompensiert
- Duo-Schaltung
  ⇒ Blindleistungsanteil fast Null
- Schaltungen mit EVGs
  ⇒ Blindleistungsanteil ist Null

LS-Schalter I_n in A		Lampenanzahl bei Betrieb mit VVG P_L = 58 W	EVG P_L = 36 W
B	10	20 ②	26
B	16	32	38
B	20	41	48

3: Lampenzahl je LS-Schalter (laut Hersteller)

Zur Bestimmung der LS-Schalter werden ebenfalls Tabellen der Hersteller verwendet (Auszug in Abb. 3). Für die Beleuchtungsanlage in der Montagehalle werden LS-Schalter mit der Charakteristik B gewählt, sodass eine Auslösung des Schalters erst beim Überschreiten des 3fachen Bemessungsstromes erfolgen kann.

Stroboskopischer Effekt

Bei bestimmten Leuchtstofflampenschaltungen, z. B. bei
- induktiver Einzelschaltung und
- Schaltung mit verlustarmem Vorschaltgerät,
treten stroboskopische Effekte auf. Sie werden durch die Gasentladung in der Leuchtstofflampe beim Nulldurchgang der Wechselspannung verursacht. Dabei entstehen Helligkeitsschwankungen, also bei einer 50 Hz-Wechselstromfrequenz 100-mal in der Sekunde. Als Folge davon tritt ein Flimmern der Leuchtstofflampe ein, das mit dem Auge nicht wahrgenommen wird. Werden jedoch schnell bewegte oder sich drehende Teile in einer Werkstatt beleuchtet, kann der Eindruck entstehen, als bewege sich der Gegenstand langsam oder stehe sogar still. Dieser Zustand kann Unfälle verursachen. Mit der **Duo- und Dreiphasenschaltung** sowie EVGs wird der stroboskopische Effekt verhindert, sodass keine Unfallgefahr besteht.

Für die Wahl der LS-Schalter in der Montagehalle folgt daraus bei P_L = 58 W mit VVG:
⇒ LS-Schalter (10 A) Typ B mit max. 20 Leuchten (Abb. 3 ②)

Leitungen

Nach DIN VDE 0100-430 kann als Leiterquerschnitt 1,5 mm^2 bei 10 A-Strombelastung und Durchgangsverdrahtung [through wiring] gewählt werden. Die Strombelastbarkeit von 10 A ist bei jeder Verlegeart gegeben.

Für größere Anlagen werden Leuchtstofflampen in einem Lichtband installiert (Abb. 5). Dabei wird der Netzanschluss als Durchgangsverdrahtung [through wiring] von Leuchte zu Leuchte ausgeführt. In der Montagehalle sind lange Zuleitungen von der Unterverteilung zu den Leuchten erforderlich. Dadurch entsteht ein größerer Spannungsfall, sodass an den Leuchtstofflampen je nach Ausführung nicht die volle Netzspannung zur Verfügung steht. Die Lampenhersteller empfehlen, dass bei einer Lichtbandinstallation an der entferntesten Leuchte eine Mindestspannung von 207 V vorhanden sein muss. Es darf also nur eine bestimmte Leuchtenzahl je Stromkreis angeschlossen werden (Auszug in Abb. 4). Diese Bedingung wird hier erfüllt.
⇒ Installation von 7/7/6 Leuchtstofflampen < 28 (Abb. 4 ③)

P_L in W	Lampenanzahl bei Betrieb mit VVG parallel kompensiert	EVG
36	44	60
58	28 ③	36

4: Maximale Lampenzahl bei Durchgangsverdrahtung

5: Lichtband

Lange Zuleitungen von der Verteilung bis zu den Leuchten verursachen wegen der hohen Leitungskapazität beim Schalten ebenfalls Stromerhöhungen. Die entsprechende Unterverteilung sollte sich deshalb in der Nähe der Beleuchtungsanlage befinden.

Zusammenfassung

Nach den Angaben zu einigen Objekten, die zur Installation erforderlich sind, wie z. B.
- Anzahl der Leuchten je Stromkreis und Außenleiter sowie
- LS-Schalter,

erhält man das Ergebnis nach Abb. 1.

Angaben	Montagehalle
Leuchtenzahl	7/7/6
I_n des LS-Schalter	10 A
Auslösecharakeristik	B

1: Planungsergebnis der Hallenbeleuchtung

Befestigungssysteme für Leuchten

Für die Installation von Leuchtstofflampen werden verschiedene **Befestigungssysteme** [fixing systems] verwendet (Abb. 2).

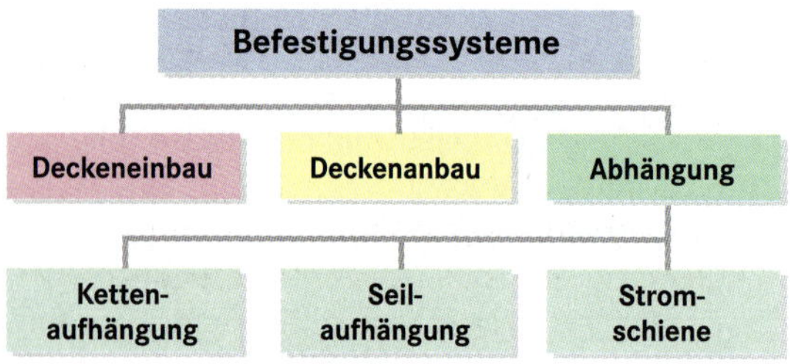

2: Übersicht zu Befestigungssystemen

In der Montagehalle sollen für das Deckenanbausystem Rasteranbauleuchten installiert werden. Ein optimales Beleuchtungsniveau lässt sich dann z. B. durch Lichtbänder realisieren. Die einzelnen Leuchten werden zu Bändern verbunden (Abb. 3). Die Lichtbänder können auf werkseitig verdrahteten **Tragprofilen** [mounting rails] mit Blindabdeckungen ① in Lampenlänge befestigt werden. Die verdrahteten Profile ermöglichen beliebige Abstände ② zwischen den Geräteträgern für die Leuchtstofflampen.

Montage von Leuchten

Die Deckenmontage der Lichtbänder sollte z. B. bei abgehängten Decken vor der Montage mit dem Konstrukteur der Decke abgesprochen werden. Folgendes ist zu beachten:
- Befestigungsmaße
- Aufbau der Decke
- Statische Belastung der Decke (Leuchtengewicht)
- Schutzart der Leuchte (z. B. keine Schrauben und Löcher in Ex-geschützten Leuchten)

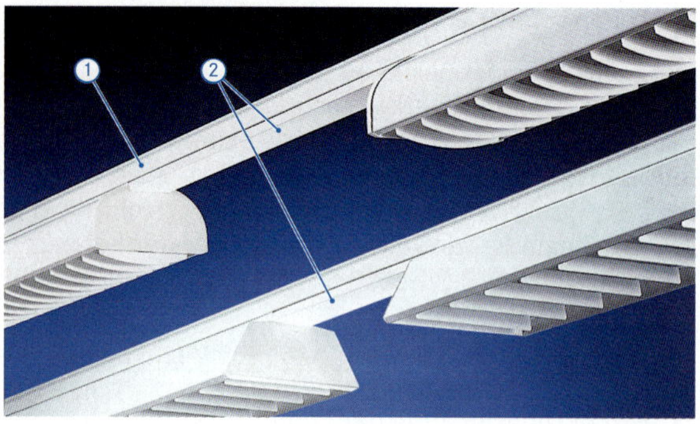

3: Unterbrochene Lichtbänder

Durchgangsverdrahtung

Die Tragprofile für Leuchtstofflampen werden von den Leuchtenherstellern in verschiedenen Ausführungen angeboten (Abb. 4), z. B.
- werksseitig anschlussfertig verdrahtet ① mit 5-Leiter- oder 7-Leiter-Durchgangsverdrahtung für Einzelleuchten und für modulare Systeme (Lichtbänder) ② sowie
- unverdrahtet ③ mit entsprechendem Zubehör.

Unverdrahtete Tragprofile werden dann vor Ort mit einer Durchgangsverdrahtung für die modulare Anordnung der Geräteträger ausgerüstet. Für die Montagehalle wird der Aufbau des Systems mit Trennstecker-Abständen von 1230 mm bzw. 1530 mm je nach Leuchtstofflampenlänge in Modulform ausgewählt.

Der Vorteil dieses Befestigungssystems ist, dass ein **modularer Aufbau** des Lichtbandes mit einem Vielfachen der Leuchtenlänge möglich ist. Die Trennstecker-Oberteile der Durchgangsverdrahtung befinden sich an eingeprägten Stellen der Leitung in den Tragprofilen und können ohne Werkzeuge fixiert werden. Mit 5- bzw. 7-adrigen Leitungen sind Schnellverbindungen von Drehstrom-Netzleitungen möglich. Die Trennstecker mit **Schneidklemmverbindern** [insulation displacement connectors] können an gewünschter Stelle mit einer Flachzange auf die Leitung aufgepresst werden. Dort werden über spezielle Stecker die Leuchtstofflampen angeschlossen.

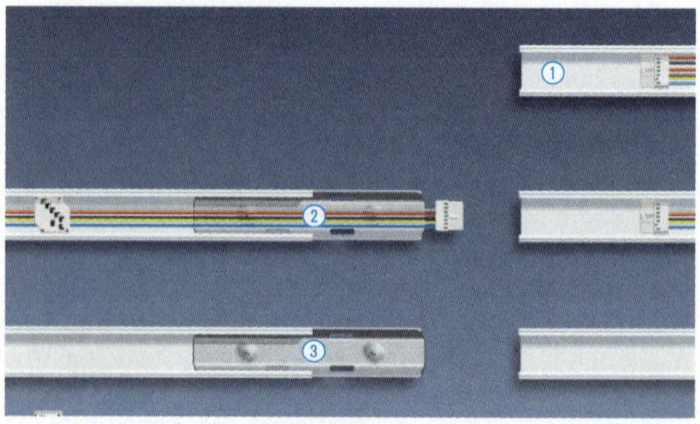

4: Unterbrochene Lichtbänder

Netzanschluss der Lichtbänder

Am Ende der **Tragprofile** [mounting rails] befinden sich Ausbrechöffnungen, um die Netzzuleitung an die Durchgangsverdrahtung anzuschließen. Die Lichtbandverdrahtung besteht je nach Anforderung in der Beleuchtungsanlage aus einer 5- oder 7-adrigen Leitung. Für die Montagehalle wird die 5-adrige Leitung gewählt, weil kein Lichtsteuersystem vorgesehen ist.

Beispiel 5-Leiter-Verdrahtung:
Die 5 Leiter haben dabei folgende Funktionen:
- Außenleiter L1, L2 und L3
- Neutralleiter N
- Schutzleiter PE

Für Beleuchtungsanlagen können Leuchtstofflampen als Lichtband befestigt werden in
- direkter Deckenmontage oder
- abgehängter Montage.

Bei der **direkten Deckenmontage** [direct ceiling mounting], z. B. Deckenanbauleuchte oder Lichtband, sind keine Verbindungsstücke (Kupplungen) zwischen den Leuchten erforderlich, da jede Leuchte einzeln an der Decke befestigt wird. Der Befestigungsabstand wird vom Leuchtenhersteller vorgegeben. Die elektrische Verbindung erfolgt über eine Durchgangsverdrahtung mit einem Verbindungsrohr aus Kunststoff.

Für die **abgehängte Montage** gibt es die in Abb. 5 dargestellten Möglichkeiten.
- Bei der **Kettenaufhängung** [chain suspension] verwendet man Gliederketten und Spannschlösser zur Einstellung von z. B. 40 mm Höhenausgleich ①.
- Bei der **Seilaufhängung** [wire suspension] verwendet man nach erfolgter Montage ein Stahlseil mit stufenlos verstellbarer Seillänge ②.

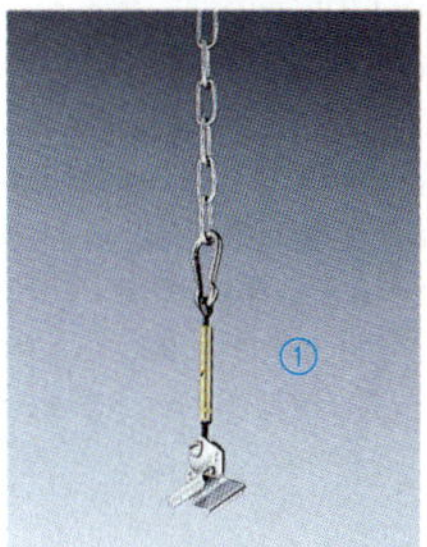

a) Kettenaufhängung

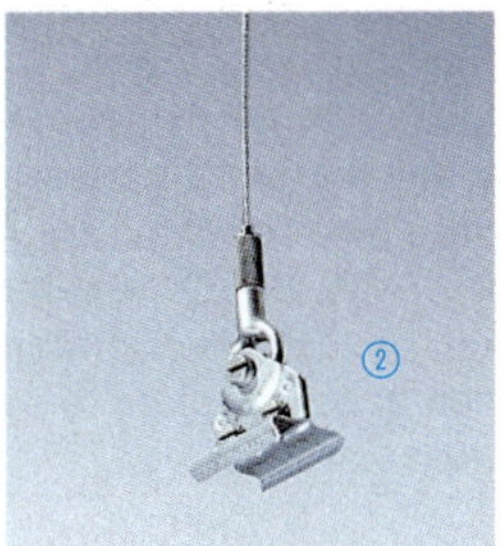

b) Seilaufhängung

5: Aufhängevorrichtungen

Sicherheit bei Leuchtenaufhängung

Aus Sicherheitsgründen müssen alle Befestigungsmittel das 5fache Gewicht der Leuchten tragen können. Werden die maximalen Befestigungsabstände eingehalten, dann entsteht ein Gewicht von ca. 30 kg je Aufhängepunkt (Herstellerangaben). Die Aufhängemittel, wie z. B. Ketten und Seile, müssen demnach mit mindestens 150 kg belastbar sein. Dies gilt auch für sonstiges Zubehör wie Dübel und Deckenhaken.

Teile eines Lichtbandsystems

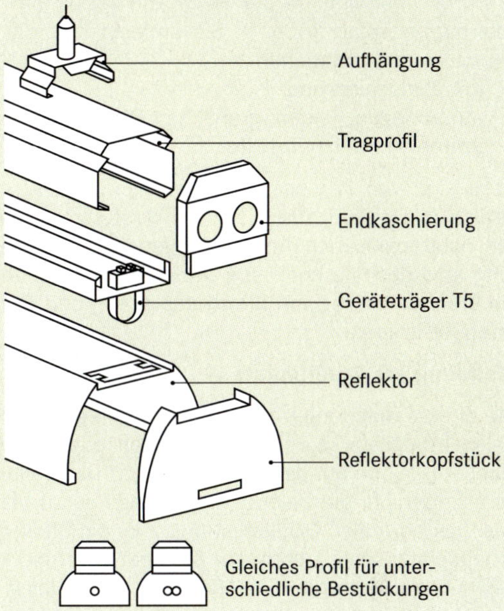

AUFGABEN

1. Welche Raumdaten sind zur Durchführung des Beleuchtungsprogramms DIALux erforderlich? Geben Sie acht Daten an.
2. Von welchen Bedingungen hängt die Anzahl der Leuchtstofflampen (230 V) ab, um Stromspitzen beim Einschalten zu verhindern? (Herstellerangaben)
3. Nennen Sie fünf Befestigungssysteme für Leuchten.
4. Beschreiben Sie kurz, was man unter Durchgangsverdrahtung versteht.
5. Welche Sicherheitsmaßnahmen sind bei einer Leuchtenaufhängung zu beachten?

- Beleuchtungsanlagen können mit verschiedenen Softwareprodukten geplant und berechnet werden (z. B. DIALux).
- Installationsschalter müssen eine Bemessungsstromstärke von mindestens 10 A besitzen.
- Erhöhte Einschaltstromstärken in Beleuchtungsanlagen werden u. a. durch die Länge der Zuleitungen von der Unterverteilung verursacht.
- Lichtbänder können in direkter Deckenmontage oder in abgehängter Montage mit Ketten oder einer Seilaufhängung befestigt werden.
- Die Aufhängemittel müssen mit dem 5fachen Gewicht von Leuchtstofflampen und Lichtbändern belastbar sein.

10.3.2 Bürobeleuchtung

In Büros überwiegt in der Regel die Arbeit am Bildschirmarbeitsplatz (Abb. 1). Sie umfasst u. a. die Aufnahme von Informationen
- vom Bildschirm und
- von Vorlagen, Texten, grafischen Darstellungen und Symbolen mit der Tastatur.

Dazu sind von Personen häufige Blickwechsel erforderlich, die eine starke visuelle Belastung darstellen. Die lichttechnischen Anforderungen an die Beleuchtung sind deshalb hoch und beziehen sich besonders auf die Vermeidung von **Blendung** [glare] und **Reflexionen** [reflexions].

Blendung am Arbeitsplatz

Die direkte Blendung tritt dann ein, wenn eine zu hohe Beleuchtungsstärke von den Leuchten oder zu helles Licht von außen auf den Arbeitsplatz trifft. Deshalb ist es erforderlich, die Beleuchtungsanlage so zu planen, dass bei normaler Arbeitshaltung, z. B. am Bildschirmarbeitsplatz, keine Lichtquelle sichtbar wird und keine Reflexionen auftreten. Eine Reflexblendung lässt sich vermeiden durch
- indirekte Beleuchtung,
- direkt-indirekte Beleuchtung,
- nicht glänzende Oberflächen,
- dem Arbeitsplatz angepasst montierte Leuchten und
- entspiegelte Leuchten (Abb. 2 ①).

Bei indirekter Beleuchtung muss das Licht der Leuchten von entsprechenden Materialien reflektiert werden. Die Leuchtenhersteller verwenden dazu beschichtetes Aluminium, das die Reflexion besonders verstärkt. Es wird zur Raster- und Reflektorherstellung verwendet. Damit lässt sich eine Gesamtreflexion von ca. 98 % erreichen. Abb. 2 zeigt, wie das Licht der Leuchte auf den Bildschirm trifft und dort in Richtung unterhalb des Sichtfeldes reflektiert wird, sodass keine Blendung auftreten kann ②. Weiterhin sind auf der Abbildung

1: Beleuchtung in einem Büroraum

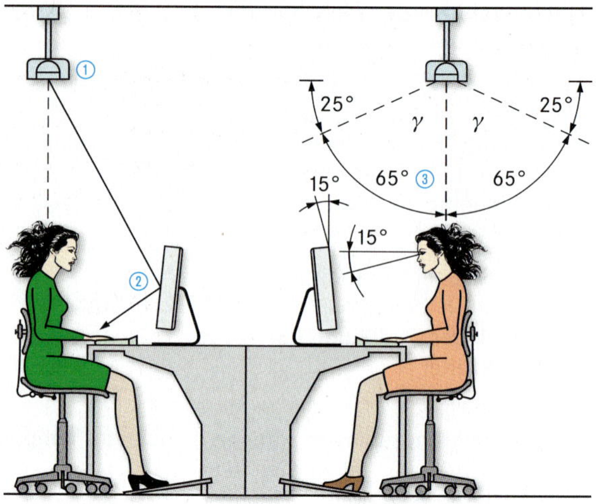

2: Bildschirmarbeitsplatz

die Sitzhöhe und die Einstellung des Bildschirmes sichtbar. Der Ausstrahlungswinkel soll 65° betragen ③ (Bildschirmarbeitsplatzverordnung).

Planungsbeispiel

In mehreren Büroräumen soll im Rahmen von Renovierungsarbeiten die Raumbeleuchtung erneuert werden. Für die Planung wird das Programm DIALux (s. Kap. 10.3.1) verwendet. Nachfolgend werden Planungsschritte dargestellt und entsprechende Objekte ausgewählt.

Auswahl der Bürobeleuchtung

Für eine optimale Beleuchtung im Büro (Arbeitsplätze mit Bildschirmgeräten) werden direkt-indirekt strahlende Pendelleuchten mit einem Reflexionsgrad von 98 % gewählt. Um einen günstigen Lichteinfall auf die Arbeitsplätze zu erreichen, werden die Leuchten parallel zum Fenster angeordnet. Die Leuchtstofflampen sollen mit einem dimmbaren EVG gesteuert werden. Für die Leuchten wird die 2-Punkt-Seilaufhängung in Y-Form (Abb. 3, ④) gewählt. Sie ermöglicht die Ausrichtung und Höhenverstellung und kann über eine Stellschraube ⑤ ohne besondere Werkzeuge vorgenommen werden.

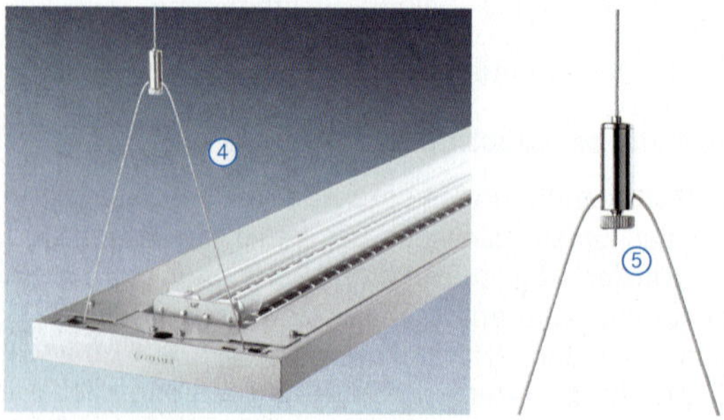

3: Seilaufhängung einer Leuchte

Die einzelnen Planungsschritte für eine Beleuchtungsanlage wurden in Kap. 10.3.1 beschrieben, sodass hier nur das Ergebnis dargestellt wird (Abb. 4). Für den Büroraum werden folgende Daten zugrunde gelegt:

- Raummaße: L = 6 m; B = 4 m; H = 2,80 m
- ϱ für Boden: 36; Decke: 70; Wände: 46
- Nutzebene: 0,75 m
- Wartungsfaktor: 0,80
- Pendellänge: 0,50 m

Nach der Beleuchtungsberechnung mit DIALux werden u. a. folgende Werte angezeigt (Abb. 4):

- Gewählter Leuchtentyp
- Leuchtenzahl n = 9
- Lichtstrom Φ_{ges} = 59.400 lm
- Anschlussleistung P = 702 W

Fehlerstrom-Schutzeinrichtung

Die Leuchtenzahl je RCD im Büro wird durch deren Bemessungsfehlerstromstärke z. B. $I_{\Delta N} \leq 30$ mA festgelegt. Fehlerstrom-Schutzeinrichtungen können nach DIN VDE 0664-1 schon bei Fehlerströmen auslösen, die ca. 50 % des Bemessungsfehlerstromes betragen. Daraus folgt bei $I_{\Delta N} \leq 30$ mA, dass bereits bei einer Fehlerstromstärke von 15 mA der Stromkreis abgeschaltet werden kann. Um ein unbeabsichtigtes Abschalten zu vermeiden, empfehlen Leuchtenhersteller maximal 15 Leuchten je Außenleiter und RCD.

Diese Bedingung wird aufgrund der Beleuchtungsberechnung eingehalten (Abb. 4). Durch die Stromspitzen beim Einschalten von Leuchtstofflampen muss bei der Auswahl der RCDs auch auf die **Stoßstromfestigkeit** [peak current withstand strength] geachtet werden. Bei den gewählten RCDs beträgt sie bis 250 A.

Leitungsschutz-Schalter

Da die Leistung einer Leuchte mit EVG P_L = 36 W beträgt, wird folgender LS-Schalter ausgewählt (Abb. 5 ①):
⇒ LS-Schalter (10 A) Typ B mit max. 26 Leuchten

LS-Schalter I_n in A		Lampenanzahl bei Betrieb mit VVG P_L = 58 W	EVG P_L = 36 W
B	10	20	26 ①
B	16	32	38
B	20	41	48

5: Lampenzahl je LS-Schalter (laut Hersteller)

Eigenschaften von RCDs

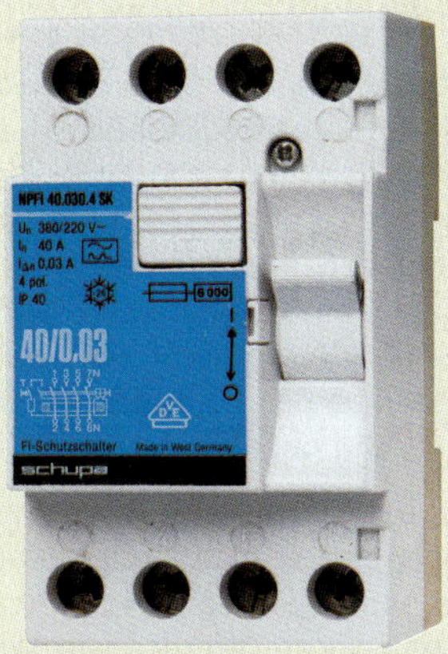

- **Unempfindlich gegen Stoßstromstärken** bis 250 A.
- **Zeitliche Auslöseverzögerung** [S] bei kurzzeitig auftretenden Fehlerstromimpulsen, z. B. beim Schalten von Leuchtstofflampen.
- **Kurzzeitverzögerung** [K] bei kurzzeitigen hohen Fehlerstromimpulsen.

AUFGABE

1. Wann treten in Beleuchtungsanlagen Blendung und Reflexion auf und wie lassen sich diese Erscheinungen vermeiden?

- Programme zur Beleuchtungsberechnung liefern u. a. Hinweise zur Montageart in Abhängigkeit von den Raumdaten und der Anzahl der Leuchten.
- Reflexionen in Bildschirmen müssen durch geeignete Leuchten vermieden werden.

Raumhöhe: 2,8 m; Montagehöhe: 2,3 m; Wartungsfaktor: 0,80 — Werte in Lux, Maßstab 1:52

Fläche	ϱ in %	E_m in lx	E_{min} in %	E_{max} in %	g_1
Nutzebene		647	417	838	0,64
Boden	36	521	360	651	0,69
Decke	70	1702	693	2976	0,41
Wände (4)	46	552	252	1870	

Nutzebene:

			Längs	Quer	zur Leuchtenachse
Höhe:	0,75 m	Linke Wand	< 10	< 10	
Raster:	32 x 32 Punkte	Untere Wand	< 10	< 10	

Leuchtenliste:

Nr	Stück	Bezeichnung (Korrekturfaktor)	Φ in lm	P in W
1	9	SITECO 5LF 626 7-3R COMFOLIGHT (1.000)	6600	78
		gesamt:	59.400	702

Spezifischer Anschlusswert: 29,25 W/m² = 4,52 W/m²/100 lx (Grundfläche: 24,00 m²)

4: Daten für die Bürobeleuchtung

10.3.3 Prüfung und Wartung

Vor Inbetriebnahme elektrischer Anlagen, also auch bei Beleuchtungsanlagen und nach einer Instandsetzung, sind bestimmte Prüfungen erforderlich. Dabei wird zwischen **Erst- und Wiederholungsprüfungen** unterschieden. Die Einzelheiten dazu sind bereits im Kap. 2.9 dargestellt worden. Auch bei der Sanierung elektrischer Anlagen, z. B. bei Änderung und Erweiterung, muss auf die Einhaltung der Normen aus der Reihe nach DIN VDE 0100 geachtet werden. Nach der Prüfung ist ein Prüfprotokoll anzufertigen, das wesentliche Merkmale einer geprüften Anlage enthält.

Bisher sind wir davon ausgegangen, dass sich die Beleuchtungsstarke E während der Betriebsdauer der Lampen nicht ändert. Durch Verschmutzung und Alterung der Leuchtmittel kommt es jedoch zu einer Verringerung. Um E_n (Neuwert) nicht zu unterschreiten, muss bereits bei der Planung mit einer größeren Beleuchtungsstärke gerechnet werden. Außerdem muss nach DIN EN 12464-1 für bestimmte Beleuchtungsanlagen eine **Wartung** [maintenance] durchgeführt werden.

Die Beleuchtungsstärke wird mit dem Luxmeter gemessen. Dabei sollten die **Messpunkte** [measuring points] mit dem Raster übereinstimmen, das bei der Beleuchtungsberechnung verwendet wurde. Werden die Wartungswerte erreicht oder sogar unterschritten, ist eine Wartung durchzuführen. Diese besteht darin, die Leuchten zu säubern oder die Leuchtmittel zu wechseln.

Bedeutung des Wartungsfaktors *MF*

In der DIN EN 12464-1 wird der Wartungswert E_{Wart} als der Wert angegeben, den die mittlere Beleuchtungsstärke E auf der Nutzebene nicht unterschreiten darf. Das Verhältnis von Wartungswert E_{Wart} zum Neuwert E_n heißt **Wartungsfaktor** *MF* [maintenance factor] und gilt für bestimmte Räume (Abb. 1). Je nach Nutzung sind für Innenräume mit z. B. Leuchtstofflampen und Kompakt-Leuchtstofflampen bestimmte Wartungsfaktoren festgelegt.

MF	Raumbeschreibung
0,8	Sehr sauberer Raum: Jährliche Wartung; Brenndauer ca. 2000 h/a; Lampenwechsel nach 2000 h; direkt strahlende Leuchte; geringe Staubansammlung
0,67	Sauberer Raum: Wartungsintervall: 2 a; Brenndauer 2000 h/a; Lampenwechsel nach 4000 h; direkt-indirekt strahlende Leuchte; geringe Staubansammlung
0,5	Raum mit normaler Verschmutzung: Wartungsintervall: 2 a; Brenndauer 2000 h/a; Lampenwechsel nach 4000 h; normale Staubansammlung

1: Wartung bei Beleuchtung mit Leuchtstofflampen

Berechnung der Wartungswerte

Die Wartungswerte E_{Wart} lassen sich mit Hilfe des Wartungsfaktors *MF* berechnen. Wir beziehen unsere Betrachtungen auf die in Kap. 10.3.2 und 10.3.1 beschriebenen Beleuchtungsanlagen. Dort wurden mit Hilfe des Berechnungsprogramms DIALux folgende Wartungsfaktoren festgelegt:

- 0,67 für die Montagehalle
- 0,8 für das Büro

Im Büro beträgt laut Berechnung am Arbeitsplatz die mittlere Beleuchtungsstärke 600 lx. Der Wert für E_{Wart} errechnet sich dann wie folgt:

$$E = \frac{E_{Wart}}{MF} \qquad E_{Wart} = E \cdot MF$$

$$E = 600\ \text{lx} \cdot 0{,}8 \qquad \underline{\underline{E_{Wart} = 480\ \text{lx}}}$$

Was ist bei der Festlegung des Wartungsfaktors wichtig?

- Rückgang des Lichtstroms der Lampen durch natürliche Alterung der Lampen (siehe Herstellerangaben)
- Staubablagerungen auf Lampen bzw. Leuchten
- Schmutzablagerung auf den Arbeitsflächen

Wird der Wartungsfaktor falsch gewählt, lassen sich zwei Fälle unterscheiden:

- Ein zu **niedrig** gewählter Wert führt zu einem höheren Energieverbrauch. Die Beleuchtungsanlage ist überdimensioniert.
  $\Rightarrow$ Wartungszyklus verlängern
- Ein zu **hoch** angesetzter Wert führt zur frühzeitigen Verringerung der Beleuchtungsstärke. Die Beleuchtungsanlage ist unterdimensioniert.
  $\Rightarrow$ Wartungszyklus verkürzen

AUFGABEN

1. Erläutern Sie den Begriff Wartungsfaktor.
2. Berechnen Sie die Beleuchtungsstärke E_{Wart}, bei der spätestens eine Wartung der Beleuchtungsanlage in der Montagehalle erforderlich wird.
3. Nennen Sie drei Faktoren, die bei der Festlegung des Wartungsfaktors zu beachten sind.

- Für Beleuchtungsanlagen sind nach Erstellung und Änderungen Prüfungen und deren Dokumentation erforderlich.
- Nach DIN EN 12464-1 werden bestimmten Räumen Wartungsfaktoren zugeordnet.
- Ein falsch gewählter Wartungsfaktor kann zu einem höheren Energieverbrauch bzw. einer frühzeitigen Verringerung der Beleuchtungsstärke führen.

10.4 Überspannungsschutz

10.4.1 Auswirkungen von Überspannungen

Beispiel: Im Verwaltungsbüro eines Industriebetriebes ist die Computeranlage ausgefallen. Der beauftragte Elektroniker stellt bei der Sichtprüfung fest, dass eine Überspannung den Schaden verursacht hat.

Entstehung von Überspannungen

Überspannungen (Abb. 2) entstehen durch **Schalthandlungen** im Netz (ca. 80 %) und durch **Blitzeinschlag** [lightning strike] (ca. 20 %).

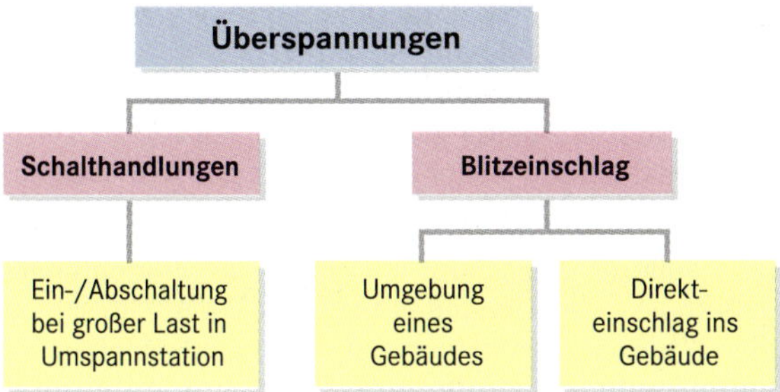

2: Entstehung von Überspannungen

Gefährdungsbereich bei einem Blitzeinschlag

Der Gefährdungsbereich bei einem Blitzeinschlag erstreckt sich auf einen Umkreis von bis zu 1,5 km um den Einschlagpunkt (Abb. 3). In diesem Bereich können sich Überspannungen zerstörend auf elektronische Anlagen auswirken. Wenn Gebäude von einem Blitzschlag getroffen werden, laufen im Bruchteil einer Sekunde folgende Vorgänge ab:

1. Die mit dem Schutzleiter verbundenen Gehäuse werden auf ein hohes Potenzial (Spannung gegen Außenleiter) angehoben.

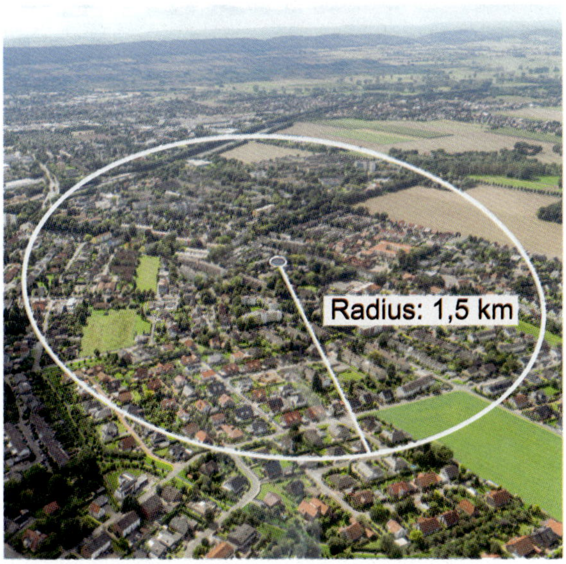

3: Gefährdungsbereiche bei Blitzeinschlag

2. Von den geerdeten Anlagenteilen fließt ein hoher Strom (Blitzstrom oder Ausgleichsstrom) über den N-Leiter in die elektrische Anlage.
3. Geräte werden auch im ausgeschalteten Zustand beschädigt, da die hohe Spannung die Isolierung durchschlagen kann.

Gefährdungen können sich ergeben durch:

- Direkten Blitzeinschlag, z. B. in Häuser
  ⇒ Blitzstromableiter leiten dann die Blitzströme direkt zur Erde ab.
- Ferneinschlag eines Blitzes, z. B. in Versorgungsleitungen
  ⇒ Überspannungen breiten sich aus und können durch Blitzstromableiter unwirksam gemacht werden.
- Überspannungen, z. B. durch Schalthandlungen im VNB-Netz
  ⇒ Überspannungs-Schutzgeräte schützen sowohl das Gebäude als auch elektrische Betriebsmittel.

Jeder Blitz ist eine Entladung (Gleichstrom-Stoßentladung) in sehr kurzer Zeit (ca. 20 µs). Die **Blitzstromstärke** [lightning current] kann Spitzenwerte von 100 kA und mehr erreichen. Wegen der sehr kurzen Zeit, in der der Blitzstrom über die Leitungen der Blitzschutzanlage zur Erde geleitet wird, werden die äußeren Teile des Gebäudes kaum zerstört.

Am zeitlichen Verlauf des Blitzstromes im *i*-*t*-Diagramm (Abb. 3) ist Folgendes zu erkennen:

- Der Blitzstrom steigt in einem kurzen Zeitabschnitt stark an ①. Ein starkes Magnetfeld verursacht in Energieleitungen eine hohe Induktionsspannung.
- Die Fläche unter der Blitzstromkurve ② entspricht der Ladung *Q* (s. Kap. 1.2.3). Diese Ladung wird in das Netz eingespeist.

Wegen der großen Stromstärken und der in der elektrischen Anlage entstehenden hohen Induktionsspannung ist trotz der kurzen Zeit die Wärmeentwicklung sehr hoch.

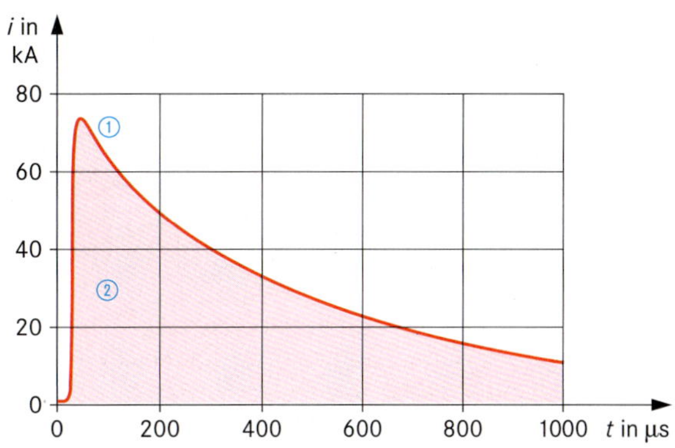

4: Blitzstromverlauf (Laborversuch)

Aufteilung des Blitzstromes nach dem Einschlag

Aufgrund von Hochspannungsuntersuchungen wurde festgestellt, dass sich ein Blitzstrom auf die Anlagenbereiche wie folgt aufteilt (Abb. 1):

- Ca. 50 % des „Blitzstromes" fließen zur Erde,
- ca. 50 % verteilen sich auf weitere Anlagenbereiche.

Bei der Überspannung im Verwaltungsgebäude des Industriebetriebes (Einstiegsfall auf der vorangegangenen Seite) war der innere Überspannungsschutz unzureichend. Da in diesem Fall Schalthandlungen im Versorgungsnetz die Ursache für die Überspannungen waren, konnten diese nicht durch die **Überspannungs-Schutzgeräte** [surge protective devices] in der elektrischen Anlage verhindert werden.

Um Überspannungen zu vermeiden, sind Schutzmaßnahmen erforderlich. Sie werden als **äußerer** und **innerer Blitzschutz** bezeichnet. Diese Maßnahmen werden in den folgenden Kapiteln behandelt.

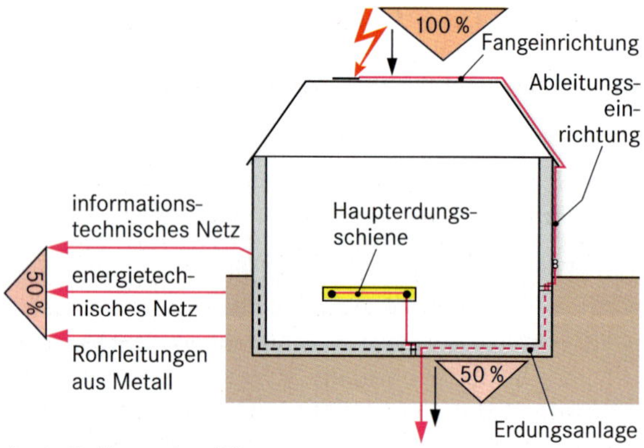

1: Aufteilung des Blitzstromes

10.4.2 Äußerer Blitzschutz

Blitzschutzanlagen sind nach DIN EN 62305 für bestimmte Gebäude vorgeschrieben. Sie werden wie folgt unterschieden:

- äußerer Blitzschutz
- innerer Blitzschutz

Welche Gebäude müssen mit Objekten zum äußeren Blitzschutz ausgerüstet sein?

Nach den „Allgemeinen Blitzschutzbestimmungen des Ausschusses für Blitzableiterbau (ABB)" müssen folgende Gebäude eine Blitzschutzanlage besitzen:

- Gebäudeteile, die ihre Umgebung überragen, z. B. Hochhäuser und hohe Schornsteine
- Betriebe, die feuer- und explosionsgefährdet sind, z. B. Holzbearbeitungsbetriebe
- Bauten mit Menschenansammlungen, z. B. Krankenhäuser, Verwaltungsgebäude, Schulen

Der äußere Blitzschutz umfasst alle Einrichtungen außerhalb eines Gebäudes (Abb. 2). Diese Blitzschutzeinrichtungen dienen zum Auffangen und Ableiten des Blitzstromes in die Erde (Abb. 3).

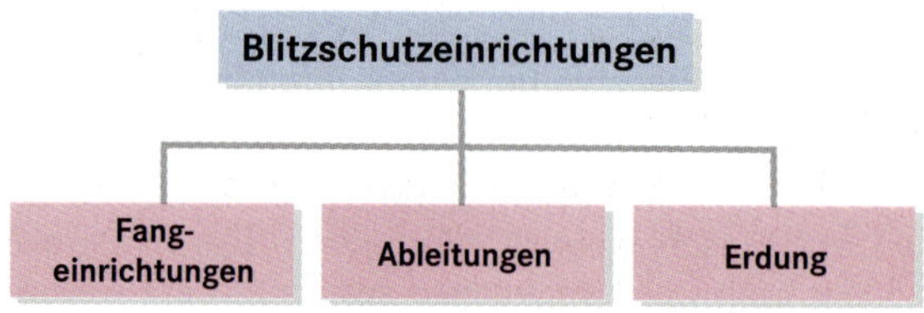

3: Teile der Blitzschutzanlage

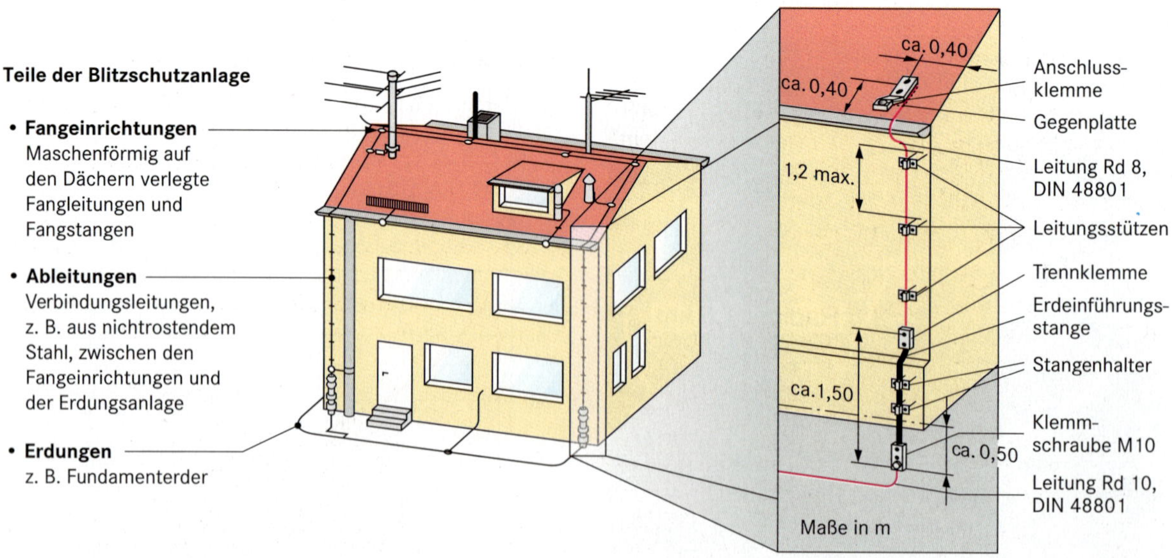

2: Äußere Blitzschutzanlage mit Ableitungen

Begriffe zum Blitzschutz nach DIN EN 62305-1

- **Elektromagnetische Blitzimpulse LEMP** [Lightning Electro-Magnetic Pulses] sind elektromagnetische Auswirkungen des Blitzstromes. Die Überspannung zerstört über die Energieleitung angeschlossene Elektrogeräte.
- **Blitzschutzsystem LPS** [Lightning Protection System] ist ein vollständiges System, das Schaden an Bauten durch direkte Blitzeinschläge verringern soll. Das LPS besteht aus dem äußeren und dem inneren Blitzschutz.
- **Blitzschutzzone LPZ** [Lightning Protection Zone] ist der Bereich, für den die Blitzgefährdung festgelegt ist. Die Blitzschutzzonen liegen außerhalb und innerhalb eines Gebäudes (s. Abb. 3, übernächste Seite).
  - **LPZ 0**: Außenbereich mit direkten bzw. indirekten Blitzeinschlägen
    ⇒ starkes magnetisches Feld
  - **LPZ 1**: Innenbereich ohne direkte Blitzeinschläge
    ⇒ schwaches magnetisches Feld
  - **LPZ 2**: Von LPZ 1 geschützter Innenbereich
    ⇒ weiter abgeschwächtes magnetisches Feld

Blitzschutzklassen

Nach DIN EN 62305-1 werden für Blitzschutzsysteme die vier Blitzschutzklassen [lightning protection classes] **I**, **II**, **III** und **IV** mit abnehmendem Gefährdungspegel definiert. Die erforderliche Blitzschutzklasse für ein LPS wird durch eine Risikobewertung der baulichen Anlage nach DIN EN 62305-2 festgelegt. Daraus ergeben sich z. B. auch bestimmte Maschenweiten für die äußere Blitzschutzanlage und bestimmte Abstände, die zwischen Ableitungen und Ringleitungen eingehalten werden sollten (Abb. 4).

An den Gebäudeaußenseiten werden je nach Größe Metallleitungen weitmaschig verlegt (Abb. 5 ①). Dabei müssen die angegebenen Maße eingehalten werden. Das Gebäude befindet sich dann quasi in einem weitmaschigen Metallkäfig ②. Weil die Fang- und Ableiteinrichtungen gegen das elektrische Feld des Blitzstromes abschirmen („Faradayscher Käfig", s. Kap. 1.4.1), ist ein Blitzeinschlag in den inneren Bereich unwahrscheinlich.

Blitzschutzklasse	Maschenweite in m	Abstände zwischen den Ableitungen in m
I	5 x 5	10
II	10 x 10	10
III	15 x 15	15
IV	20 x 20	20

4: Maschenweiten und Abstände je Blitzschutzklasse

Fangeinrichtung

Zur Fangeinrichtung [air terminator] gehören alle metallenen Bauteile, wie z. B. Fangleitungen, Fangstangen, die sich oberhalb, seitlich und neben dem Gebäude befinden. Sie sollen den Blitz „anziehen" und dienen somit als Einschlagpunkte. Meistens wird über ein Gebäude ein maschenförmiges Fangnetz mit einer bestimmten Maschenweite gelegt. Auch metallene Gebäudeteile, z. B. ein Blechdach, können als Teil eines LPS verwendet werden. Um ein Durchschmelzen bei Blitzeinschlag zu verhindern, sind Mindestdicken (z. B. Kupfer 5 mm, verzinkter Stahl 4 mm) für die Leitungen einzuhalten.

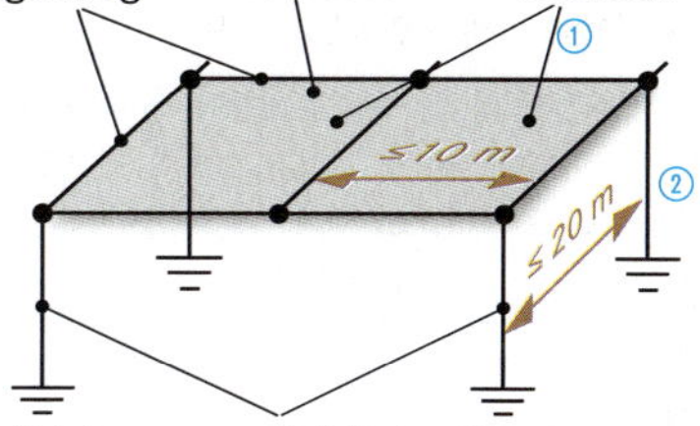

5: Abmessungen für Maschen und Ableitungen

Ableitungen

Ableitungen verbinden die Fangeinrichtung auf dem Dach mit der **Erdungsanlage** [grounding system]. Die Anzahl der Ableitungen hängt von der Form des Gebäudes, der Dachform und der Blitzschutzklasse ab. Jeweils nach 20 m (gemessen an der Dachaußenkante) muss zur Erdungsanlage eine Ableitung installiert werden. In Abb. 6 ist die Befestigung einer Fangeinrichtung aus Aluminium-Rundleiter mit der Dachrinne aus Kupfer dargestellt. Dafür sind besondere Zweimetall-Verbinder ③ zu verwenden. Sie verhindern an dieser Stelle eine Elementbildung und damit Korrosion (s. Kap. 1.3.2.5).

Anforderungen an Ableitungen

Zur Verhinderung von Schäden durch Blitzströme werden an Ableitungen folgende Anforderungen gestellt:

- **Parallele Strompfade** durch entsprechende Installation der Ableiter herstellen.
- **Länge der Strompfade** verkürzen, z. B. auf Höhe des Erdbodens und in je 10 bis 20 m Höhe die Ableitungen mit Querverbindungen verknüpfen.
- **Schutzpotenzialausgleich** zwischen Ableitungen und metallenen Gebäudeteilen herstellen.

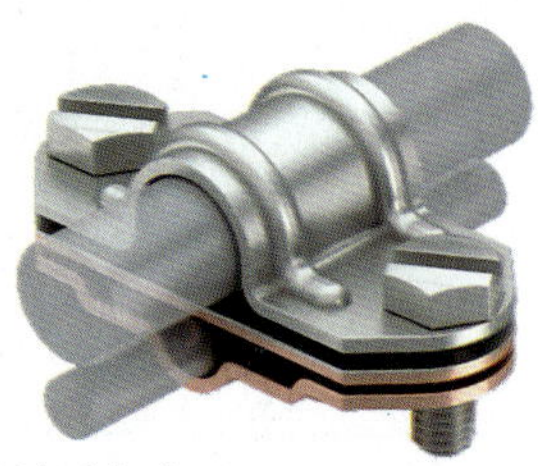

6: Zweimetall-Verbinder

Kenngrößen für Fangleitungen und Ableitungen

Als Werkstoffe für äußere Teile der Blitzschutzanlage werden unter Berücksichtigung des Korrosionsverhaltens Kupfer, verzinntes Kupfer, Aluminium, Aluminiumlegierungen und Stahl verwendet. In Abb. 1 ist am Beispiel von nicht rostendem Stahl dargestellt, welche Mindestquerschnitte erforderlich sind.

q in mm^2	Ausführung	Bemerkung
60[1)]	Band	Dicke: ≥ 2 mm
50[1)]	Rund	Durchmesser: 8 mm
70	Seil	Je Draht: $d \geq 1{,}7$ mm

[1)] Bei Verlegung in Beton: $q = 75\ mm^2$

1: Mindestmaße bei nicht rostendem Stahl

Erdungsanlage

Über die Erdungsanlage [grounding system] soll der Blitzstrom ins Erdreich fließen. Die Erdungsanlage kann wie folgt aufgebaut sein:

- **Geschlossener Ringerder** [ring earth electrode] um das Gebäude, z. B. als Fundamenterder
- **Einzelerder** je Ableitung (Ausnahme)

Um Überspannungsschutz zu gewährleisten, ist die Erdungsanlage außerdem mit der Haupterdungsschiene verbunden.

Anforderungen an Ringerder

- Vermeidung von Korrosion bei Änderung der Bodenqualität (z.B. Frost, Trockenheit) durch ausreichende Verlegungstiefe, $h \geq 0{,}5$ m
- Abstand zur Hauswand: $a = 1$ m
- Überprüfungsmöglichkeit während der Verlegung des Erders

Fundamenterder mit Anschlussfahne

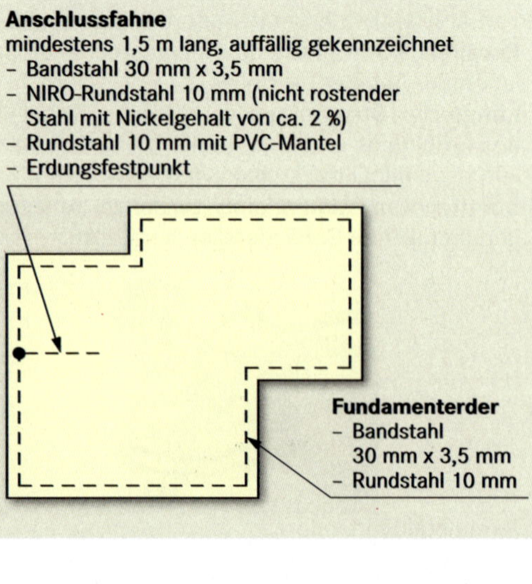

Anforderungen an Fundamenterder

Wenn Fundamenterder [foundation earth electrode] auch die Funktion eines **Blitzschutzerders** [lightning protection earth termination] übernehmen, müssen bei der Verlegung folgende Anforderungen erfüllt sein:

- Geschlossene Ringverlegung
- Verzinkter Bandstahl: $q \geq 30$ mm x 3,5 mm oder verzinkter Rundstahl: $d \geq 10$ mm
- Metallene Querverbindungen bei größeren Gebäuden, sodass die umschlossene Fläche maximal 20 m x 20 m beträgt
- Verbindung mit metallener Bewehrung durch blitzstromgeeignete Verbindungsklemmen oder Schweißverbindungen
- Anschlussfahnen oberhalb des Betons, z. B. aus feuerverzinktem Stahl
- Verlegung im Fundament der Außenwände unter der untersten Isolation und der untersten Bewehrungsanlage bei Fundamenten aus bewehrtem Beton (Stahl- oder Spannbeton)
- Dicke der Bedeckung durch Beton: $d \geq 5$ cm

Messstellen

Oberhalb einer Erdeinführung muss an jeder Ableitung eine Messstelle in Form einer **Trennstelle** [inspection point] vorhanden sein (Abb. 2). Diese sind erforderlich, um Blitzschutzsysteme überprüfen zu können (s. Kap. 10.4.4). Messstellen dürfen nur mit Werkzeugen und zu Messzwecken geöffnet werden. Im Plan des Blitzschutzsystems müssen diese Stellen markiert sein.

2: Messstelle mit Nummer

- Der Grad der Blitzgefährdung für ein Gebäude wird durch die Blitzschutzzonen (LPZ) festgelegt.
- Fangeinrichtungen, Ableitungen und Erdungen sind Teile der äußeren Blitzschutzanlage und dienen zum Auffangen des Blitzstromes und zum Ableiten zur Erde.
- Für Fangleitungen und Ableitungen sind bestimmte Abmessungen vorgeschrieben.
- An Fundamenterdern, die auch die Funktion eines Blitzschutzerders übernehmen, werden bestimmte Anforderungen hinsichtlich Verlegung und Materialdicke gestellt.
- In Ableitungen müssen zu Messzwecken Trennstellen eingebaut sein.

10.4.3 Innerer Blitzschutz

Durch den Blitzstrom entstehen starke magnetische Felder. Durch Induktion entstehen Überspannungen in benachbarten Leitungen. Deshalb müssen zum Schutz in elektrischen Anlagen Vorrichtungen getroffen werden, die als innerer Blitzschutz [internal lightning protection] bezeichnet werden. In Abb. 3 sind die Stellen gekennzeichnet, wo Blitzstromableiter und **Überspannungs-Schutzgeräte** (**SPD**) [**S**urge **P**rotective **D**evices] installiert werden müssen.

Typenklassen von Schutzgeräten

Die Schutzgeräte werden entsprechend den Anforderungen und Belastungen an den Installationsstellen in die Typenklassen 1, 2 und 3 unterteilt.

- **Typ 1: Blitzstromableiter**
  - Höchste Anforderung hinsichtlich des Ableitvermögens; Einsatz an der Schnittstelle der Blitz-Schutzzonen 0 bis 1, also hinter der Eintrittsstelle der Energieleitung des VNB (HAK) ①
  - Belastbarkeit durch Blitz-Teilströme, die mehrmals zerstörungsfrei geführt werden können
  - Begrenzen das Eindringen von Blitzströmen in die elektrische Anlage eines Gebäudes
- **Typ 2: Überspannungs-Schutzgerät**
  - Einsatz an der Schnittstelle der Blitz-Schutzzone 1 bis 2; Schutz vor Überspannungen in der elektrischen Anlage ②
  - Ableitvermögen von mehr als 10 kA in 8 bis 20 µs, Installation hinter der Hauptverteilung und vor der Fehlerstrom-Schutzeinrichtung (RCD)
- **Typ 3: Überspannungs-Schutzgerät**
  - Installation in der Blitz-Schutzzone 2
  - Ableiten von Überspannungen ③, die zwischen Außenleiter und N-Leiter auftreten und oft durch Schalthandlungen verursacht werden
  - Installation nahe dem zu schützenden Endgerät

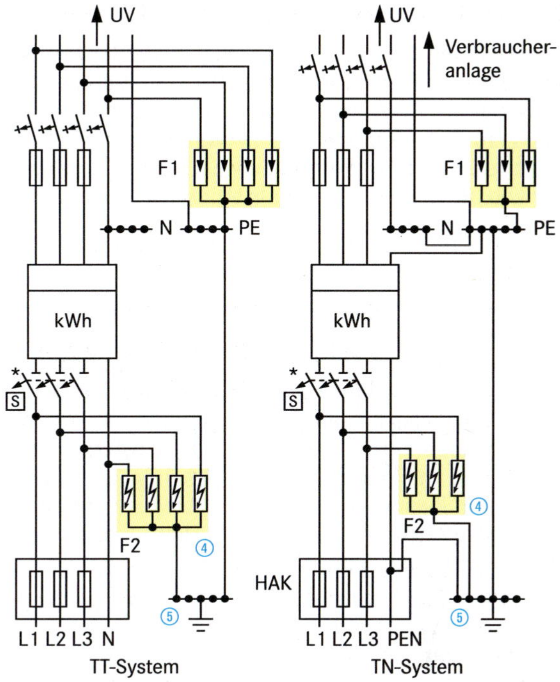

4: TT- und TN-Systeme mit Überspannungsschutz

Blitzstromableitung

Die Blitzstromableitung erfolgt zwischen der Energieleitung des VNB im TT- und TN-System und dem Zähler zur Haupterdungsschiene (Abb. 4 ④ ⑤). Die Vorzählerinstallation ist vom Gerätetyp abhängig und muss von dem VNB freigegeben werden.

- Der innere Blitzschutz umfasst Blitzstromableiter und Überspannungs-Schutzgeräte.

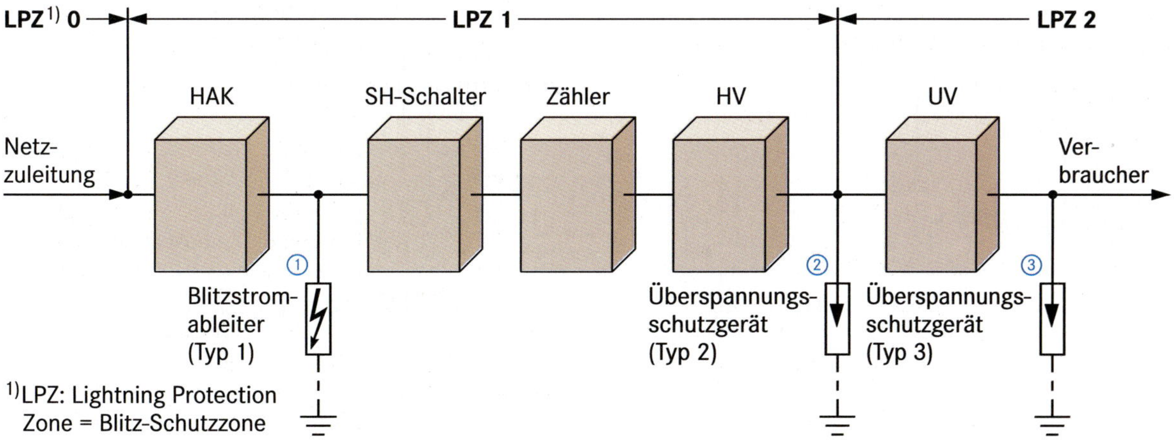

1) LPZ: Lightning Protection Zone = Blitz-Schutzzone

3: Innerer Blitzschutz

Blitzschutz-Potenzialausgleich

Der Blitzschutz-Potenzialausgleich [lightning equipotential bonding] besteht aus der Verbindung aller voneinander getrennten metallenen Teile der Anlage mit dem Blitzschutzsystem. Er wird durch direkten Anschluss an die Haupterdungsschiene hergestellt (⑤ Abb. 4, s. Seite vorher). In Abb. 1 sind diese und andere Anschlüsse dargestellt.

Einbau der Überspannungs-Schutzgeräte

Die Schutzgeräte müssen vor den elektrischen Verbrauchern eingebaut werden. Dadurch wird erst die Ableitung der durch Überspannungen entstehenden Ströme über die Erdungsanlage ins Erdreich möglich. Die Ableiter bestehen aus spannungsabhängigen Widerständen (VDR, Varistoren s. Kap. 6.1.2), deren Werte sich mit der Höhe der Spannung verringern. Bei hohen Spannungen stellen die Ableiter dann einen Kurzschluss her. Nachgeschaltete Elektrogeräte werden dadurch geschützt.

Die Abb. 2 zeigt die Installation der Überspannungs-Schutzgeräte ① vor den LS-Schaltern in einer Unterverteilung.

Diese Überspannungs-Schutzgeräte werden als Einbaugeräte verwendet. Sie befinden sich an dem LPZ-Übergang von 1 nach 2. Die Restgröße einer vorgelagerten Überspannung wird dadurch weiter abgebaut. Die Geräte können auch direkt einem bestimmten Elektrogerät zugeordnet werden.

Überspannungs-Schutzgeräte werden in den Leitungszug des zu schützenden Gerätes eingebaut. Sie können in Verteilern, in Steckdosen oder als Steckereinsatz eingebaut werden.

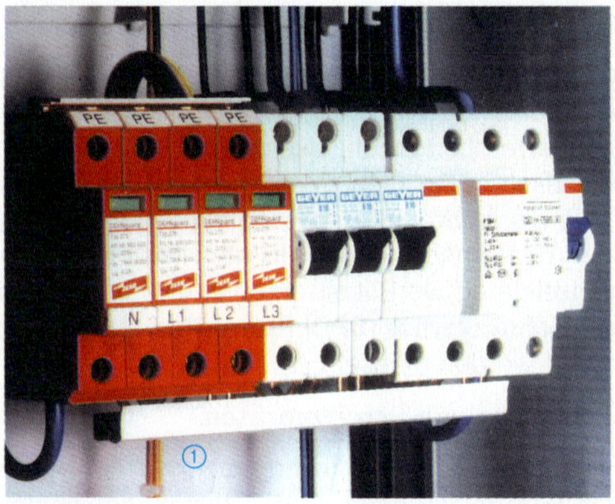

2: Überspannungs-Schutzgeräte in der Unterverteilung

In Abb. 3 ist das Schutzgerät vor der Steckdose parallel angeschlossen, sodass beim Auslösen infolge einer Überspannung die Steckdose und ein eventuell angeschlossenes Elektrogerät nicht abgeschaltet werden. Die Steckdose bleibt funktionsfähig.

Andere Schutzgeräte werden in die Steckdose eingesteckt. Über eine Anschlussleitung wird die Verbindung z. B. zu einem elektronischen Endgerät hergestellt. Die Induktionsströme, die durch die Überspannung entstehen, werden dann über Schutzleiter und Haupterdungsschiene zum Erder abgeleitet.

- Überspannungs-Schutzgeräte besitzen spannungsabhängige Widerstände, deren Werte sich bei einer hohen Spannung verringern.
- Überspannungs-Schutzgeräte müssen direkt vor den zu schützenden Geräten eingebaut werden.

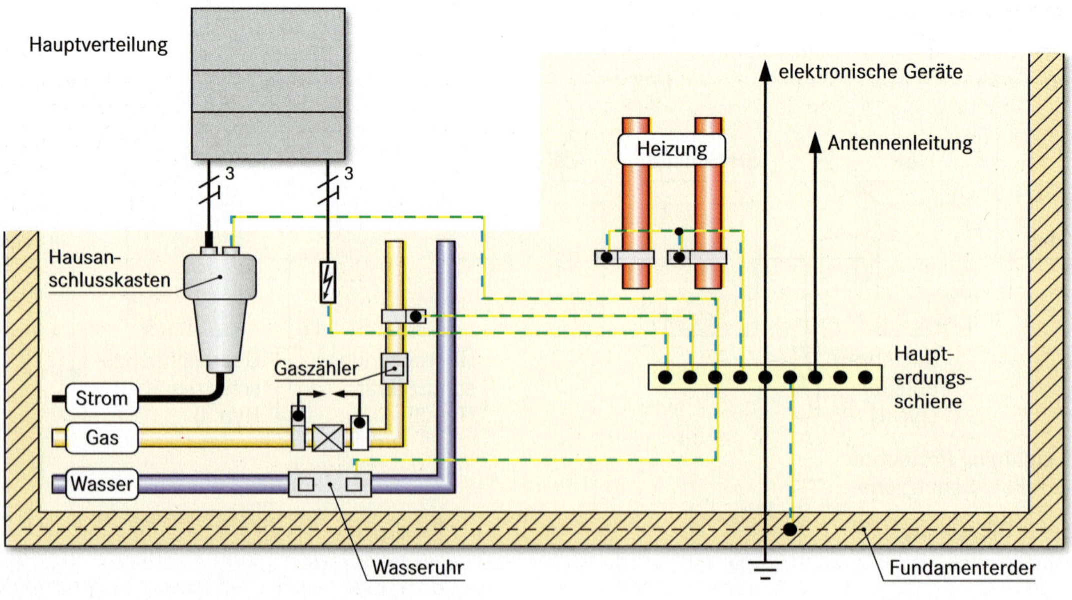

1: Blitzschutz- und Schutzpotenzialausgleich

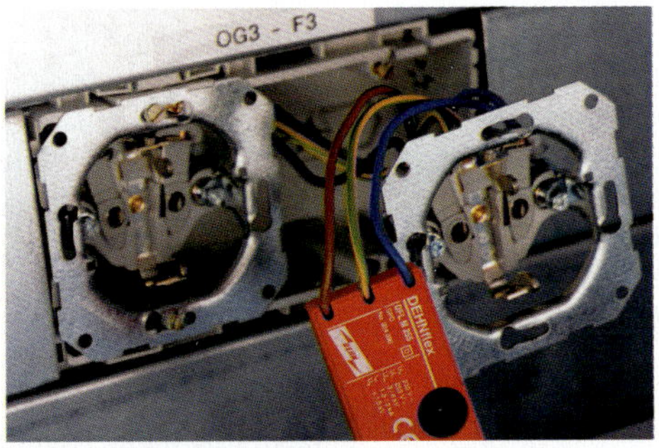

3: Schutzgerät im Kabelkanal

Anwendungen

Elektronische Bauteile sind sehr empfindlich gegen Überspannungen und müssen deshalb besonders geschützt werden. Eingebaut werden Überspannungs-Schutzgeräte z. B. in EDV- und Photovoltaik-Anlagen sowie in Anlagen der Steuer- und Regelungstechnik.

Installation

- Mindest-Leiterquerschnitte von Verbindungen zwischen Haupterdungsschiene (Abb. 4)
  - zum Erderband und
  - zu metallenen Gebäudeteilen
- Blitzstromableiter
  - zwischen Hausanschlusskasten und Zähler
  - Verbindung mit Haupterdungsschiene
  - kurze Anschlussleitung zum Versorgungsnetz
  - kurze Leitungen (≤ 0,5 m) zur Haupterdungsschiene
- Anschlussleitung zum Ableiter
  - gleicher Querschnitt wie Außenleiter und Neutralleiter
- Überspannungs-Schutzgeräte
  - Anschluss nahe an zu schützende Verbraucher

Zusammenfassung

Wichtige Teile zum inneren Blitzschutz im TN- und TT-System sind in den Abb. 5 und 6 dargestellt. Befinden sich in elektrischen Anlagen Fehlerstrom-Schutzeinrichtungen (RCDs), dann müssen Blitzstromableiter (Typ 1) und Überspannungs-Schutzgeräte (Typ 2) **vor die RCD** installiert werden.

Dadurch wird Folgendes erreicht:

- Die RCD kann den abgeleiteten Stoßstrom gegen PE nicht als Fehlerstrom erfassen.
  ⇒ Der Stromkreis wird nicht unterbrochen.

AUFGABEN

1. Welche Gebäude müssen mit einer äußeren Blitzschutzanlage ausgestattet werden? Nennen Sie sechs Beispiele.
2. Beschreiben Sie drei Objekte, die zur äußeren Blitzschutzanlage gehören.
3. Welche Funktion haben Überspannungs-Schutzgeräte?

Werkstoff	Leitungen von Haupterdungsschienen zur Erde	Leitungen von Haupterdungsschienen zu Metallteilen	Blitzschutzklasse
	q in mm²		
Kupfer	14	5	I bis IV
Aluminium	22	8	
Stahl	50	16	

4: Leiterquerschnitte

- Hohe Blitzteilströme, die über den Blitzstromableiter zur Erde abfließen, beeinflussen die RCD nicht.
  ⇒ Die RCD wird nicht zerstört.

In Abb. 5 ist die Fehlerstrom-Schutzeinrichtung (RCD) vor dem Überspannungs-Schutzgerät (Typ 3) installiert. Dies ist möglich, weil in Endstromkreisen Überspannungen nur durch Schalthandlungen zwischen L und N auftreten können. Wegen der Überspannungsbegrenzung durch das Schutzgerät wird kein Stoßstrom über den PE-Leiter abgeleitet. Daraus folgt, dass die RCD keinen Fehlerstrom erfassen kann.

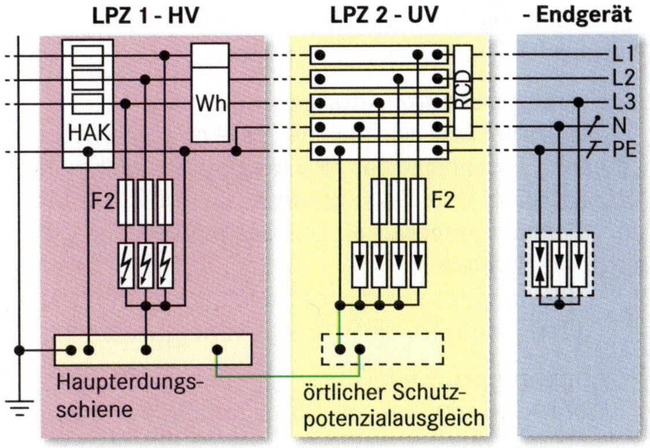

5: Innerer Blitzschutz im TN-C-S-System

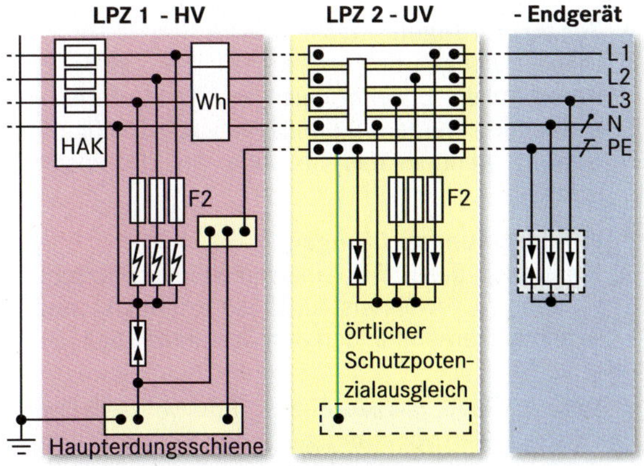

6: Innerer Blitzschutz im TT-System

- Bei der Installation des inneren Blitzschutzsystems müssen die Mindestmaße von Schutzpotenzialausgleichsleitungen beachtet werden.

10.4.4 Prüfung und Wartung

Bei der Prüfung von Blitzschutzanlagen ist laut DIN EN 62305-3 festzustellen, dass
- der Zustand des LPS normgerecht ist,
- keine Korrosionen vorhanden sind und
- bauliche Erweiterungen in das LPS einbezogen

sind.

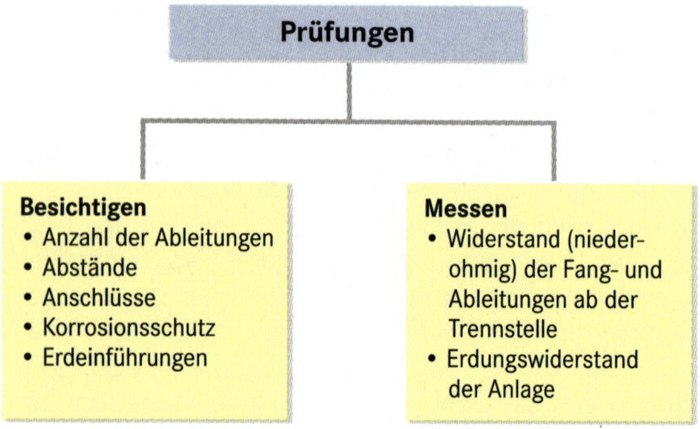

1: Prüfungen in Blitzschutzanlagen

Die Prüfungen (Abb. 1) erfolgen durch Besichtigen und Messen. Sie umfassen folgende Bereiche:

- **Baubegleitende Prüfungen**
  Sie erstrecken sich auf die Bereiche des LPS, die nach Abschluss der Bautätigkeiten nicht mehr zugänglich sind. Dazu gehören
  - Fundamenterder mit Erdungsbändern und Klemmstellen,
  - Bewehrungsanschlüsse, Ableitungen und deren Verbindungen, die im Beton verlegt werden.
- **Abnahmeprüfung**
  Wenn die Arbeiten am Blitzschutzsystem beendet sind, müssen
  - der normgerechte Schutz und
  - die handwerkliche Ausführung geprüft werden.
- **Zusatzprüfungen**
  Diese Prüfungen sind erforderlich, wenn an der baulichen Anlage Erweiterungen und Reparaturen vorgenommen wurden. Sie müssen auch durchgeführt werden, wenn in das Gebäude ein Blitzeinschlag erfolgte.
- **Wiederholungsprüfungen**
  Sie dienen dazu, die Wirksamkeit des Blitzschutzsystems zu gewährleisten. Diese Prüfungen sind in regelmäßigen Abständen durchzuführen (Abb. 2).

Blitzschutzklasse	Intervall zwischen den vollständigen Prüfungen	Intervall zwischen den Sichtprüfungen
I, II	2 Jahre	1 Jahr
III, IV	4 Jahre	2 Jahre

2: Prüffristen für Prüfungen des Blitzschutzsystems LPS

Messen

Hierbei wird die **Durchgängigkeit** [continuity] von Verbindungen gemessen (s. Kap. 10.4.2), z. B.
- von Anschlüssen der Fangeinrichtungen, Ableitungen und Schutzpotenzialausgleichsleitungen (Richtwert: $R < 1\ \Omega$) sowie
- vom Übergangswiderstand zur Erdungsanlage (Richtwert: $R_{\text{Ü}} < 1\ \Omega$).

Dokumentation

Für jede Prüfung der Blitzschutzanlage muss ein Bericht verfasst werden. Dieser ist beim Anlagenbetreiber zu hinterlegen. Im Prüfbericht muss neben den allgemeinen Angaben zum Anlagenbetreiber u. a. Folgendes beschrieben sein:
- Bauliche Anlage
  - Standort, Nutzung, Bauart
  - Art der Dacheindeckung und Blitzschutzklasse
- Blitzschutzsystem
  - Verwendete Werkstoffe und Leiterquerschnitte
  - Zahl der Ableitungen mit Angabe (z. B. Nummer) der Trennstellen
  - Art der Erdungsanlage, z. B. Fundamenterder
  - Ausführung des Blitzschutz-Potenzialausgleichs zu den metallenen Gebäudeteilen und zu der Haupterdungsschiene

Wartung

Die Häufigkeit der regelmäßigen Prüfungen und Messungen muss mit dem Anlagenbetreiber abgestimmt werden.
Folgende Faktoren sind zu beachten:
- Witterungseinflüsse, z. B. häufige Gewitter
- Einwirkungen von direkten Blitzeinschlägen mit möglichen Beschädigungen
- Festgelegte Blitzschutzklasse, z. B. häufigere Wartung bei den Blitzschutzklassen I und II

Auch die **Wartungsarbeiten** [maintenance works] müssen dokumentiert werden. Genauere Angaben zum Umfang des Wartungsprogramms sind in der DIN EN 62305-3 festgelegt.

AUFGABEN

1. Beschreiben Sie kurz vier Arten von Prüfungen, die in Blitzschutzanlagen durchgeführt werden müssen.
2. Begründen Sie, warum die Wartung von Blitzschutzanlagen erforderlich ist.

- Der Blitzschutz wird durch die erforderlichen Prüfungen während des Errichtens und nach äußeren Einflüssen, z. B. Blitzeinschlag, gewährleistet.
- In regelmäßigen Abständen sind in Blitzschutzanlagen Wiederholungsprüfungen erforderlich.

11 Automatisierungstechnik

11.1 Regelungstechnik

11.1.1 Steuern und Regeln

Mit Steuerungen und Regelungen verfolgt man das Ziel, Prozessgrößen in einer Anlage trotz störender Einflüsse konstant zu halten, wie z. B. Temperatur, Druck oder Drehzahl. Alle Einflüsse, die eine Größe ungewollt verändern, bezeichnet man als **Störgrößen *z*** [disturbance variables].

Die Begriffe Steuerung und Regelung werden umgangssprachlich oft gleichartig verwendet. Es bestehen aber deutliche Unterschiede, die am Beispiel der Drehzahlsteuerung eines Gleichstrommotors für eine Förderbandanlage erklärt werden sollen.

Steuerung

Jede Steuerung besteht aus der **Steuereinrichtung** und der **Steuerstrecke** (Abb. 3). Bei dieser Betrachtungsweise ist das Stellglied Bestandteil der Steuerstrecke (s. auch Kap. 3.1.1). Es entsteht eine Steuerkette, bei der die Steuersignale vom Eingang zum Ausgang wirken.

- Die Steuerstrecke ist der Teil, in dem die zu steuernde Größe (Drehzahl) beeinflusst wird. Dies ist der Motor. Das dazugehörige **Stellglied** [final controlling element] greift dabei direkt in den Energiefluss ein.
- Die Steuereinrichtung ist der Teil, in dem die Signalverarbeitung erfolgt. Die Drehzahlvorgabe (**Führungsgröße *w*** [reference variable]) wird am Potenziometer R_1 eingestellt. Der Impulsgeber N1 liefert daraus die Stellgröße *y* [manipulated variable] für das Stellglied.

Kennzeichen der Steuerung ist der **offene Wirkungsweg** der Signale. Die Ausgangssignale werden nicht auf den Eingang zurückgeführt. Der Einfluss von Störgrößen kann nicht selbstständig ausgeglichen werden.

Durch eine Steuerung kann die Motordrehzahl nur dann konstant gehalten werden, wenn jede Störgröße einzeln erfasst und daraufhin die Stellgröße in geeigneter Weise verändert wird. Dieser Aufwand ist meist unwirtschaftlich oder technisch unmöglich. Eine Steuerung eignet sich deshalb nur dann, wenn im Prozess Störgrößen vernachlässigbar sind. Aus diesem Grund ist für eine Förderbandanlage die Drehzahlsteuerung ungeeignet.

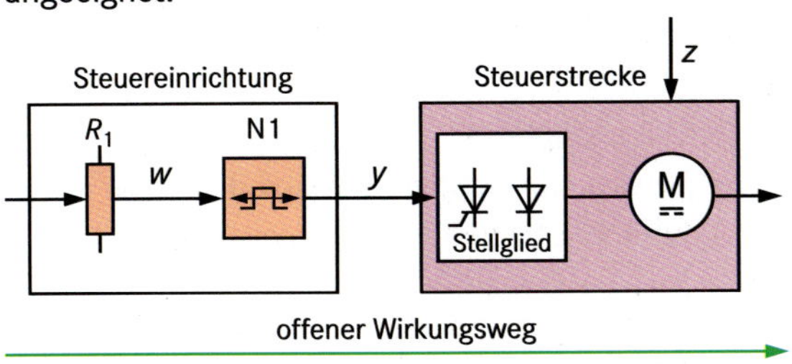

3: Drehzahlsteuerung

Regelung

Um die Motordrehzahl durch eine Regelung konstant zu halten, wird die tatsächliche Drehzahl (Ist-Drehzahl) gemessen und mit der gewünschten Drehzahl (Soll-Drehzahl) verglichen (Abb. 4). Eine Abweichung wird selbsttätig korrigiert.

Die Motordrehzahl bleibt also konstant durch

- Messen der Ist-Drehzahl (Tachogenerator ① am Ausgang),
- Vergleichen des Ist-Wertes mit dem Soll-Wert der Drehzahl (Regler ② am Eingang) und
- Stellen des Stellgliedes ③, bis die Ist-Drehzahl gleich der Soll-Drehzahl geworden ist.

Diese drei Aufgaben müssen ständig wiederholt werden. Wird eine Aufgabe nicht ausgeführt oder kommt es zu einer Unterbrechung, wird aus der Regelung eine Steuerung. Kennzeichnend für eine Regelung ist also der **geschlossene Wirkungsweg** der Signale. Die Ausgangssignale werden dabei auf den Eingang zurückgeführt. Es handelt sich hierbei um einen **Regelkreis** [control loop].

Auch die Störgrößen können in den Regelungsvorgang einbezogen werden. Dadurch lassen sich die Einflüsse von Störgrößen selbstständig ausgleichen.

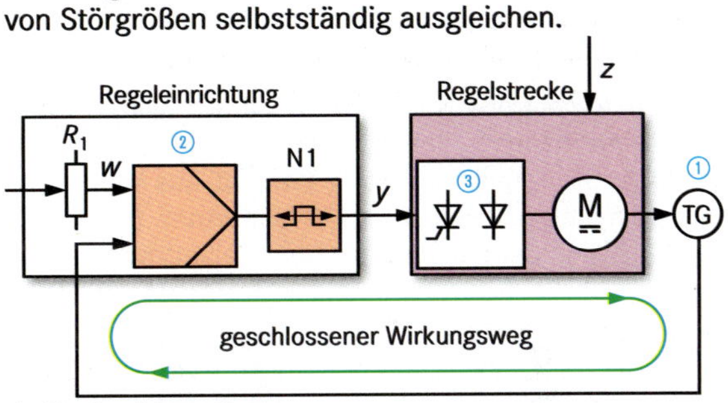

4: Drehzahlregelung

AUFGABEN

1. Was sind Störgrößen in automatisierten Anlagen?
2. Worin besteht der Unterschied zwischen einer Steuerung und einer Regelung?
3. Begründen Sie, ob ein Autofahrer sein Fahrzeug steuert oder regelt.

- Bei einer Steuerung in einer Steuerkette werden die Ausgangssignale nicht auf den Eingang zurückgeführt (offener Wirkungsweg). Deshalb kann bei Störgrößeneinfluss eine Prozessgröße nicht konstant gehalten werden.
- Durch eine Regelung wird eine Prozessgröße bei Störgrößeneinfluss konstant gehalten, weil im Regelkreis Ausgangssignale auf den Eingang zurückgeführt werden (geschlossener Wirkungsweg).
- Regeln bedeutet messen, vergleichen und stellen.

11.1.2 Regelkreis

Als Beispiel für den Aufbau eines Regelkreises dient die Drucklufterzeugung in einer Chemieanlage. Die Druckluft soll auch nach einer Erweiterung der Anlage trotz schwankender Entnahmemenge einen konstanten Druck erzeugen. Deshalb muss die vorhandene Druckluftsteuerung (Abb. 1, grün unterlegt) zu einer Regelungsanlage ausgebaut werden.

Dazu werden eine Druckmesseinrichtung, ein elektronischer Regler und ein Signalumformer zur Anpassung an das pneumatische Stellgerät ergänzt.

Die Regelungsanlage besteht aus der Regelstrecke, Messeinrichtung und Regeleinrichtung. Die **Regelstrecke** [controlled system] ist der Druckluftbehälter. Hier soll die Druckluft (**Regelgröße *x*** [controlled variable]) trotz schwankender Entnahmemenge (**Störgröße *z***) konstant gehalten werden. Die Regelstrecke beginnt am Stellort mit dem Stellglied ⑦, wo der Behälterdruck verändert werden kann, und endet am Messort, wo der Behälterdruck gemessen wird.

Die **Messeinrichtung** [measuring instrument] besteht aus dem Drucksensor ① und dem PI-Umformer (Druck in Stromstärke) ②. Sie misst die Regelgröße x und formt diese zur Weiterverarbeitung in ein elektrisches Signal um (Einheitssignal, s. Kap. 3.2.1).

Um die Regelgröße konstant zu halten, wird in der **Regeleinrichtung** [controlling system] das Stellsignal gebildet. Die Regeleinrichtung besteht aus dem Sollwerteinsteller ③, Regler ④, IP-Umformer (Strom in Druck) ⑤ und dem pneumatischen Stellantrieb ⑥.

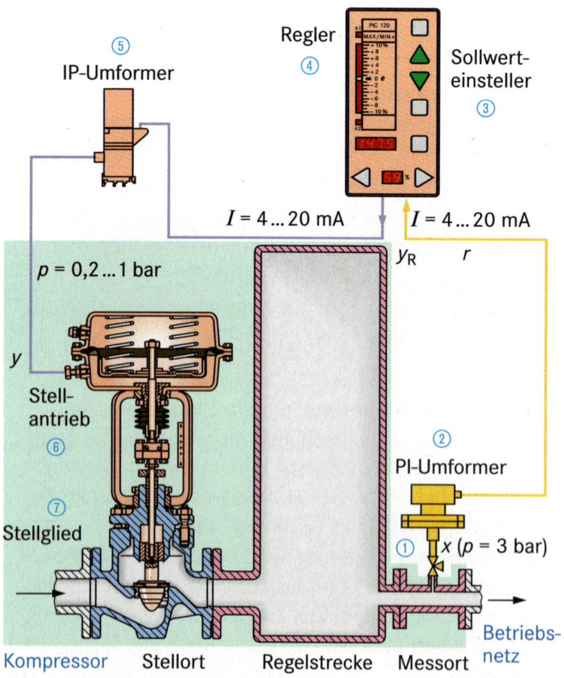

1: Prinzip der Druckluftregelanlage

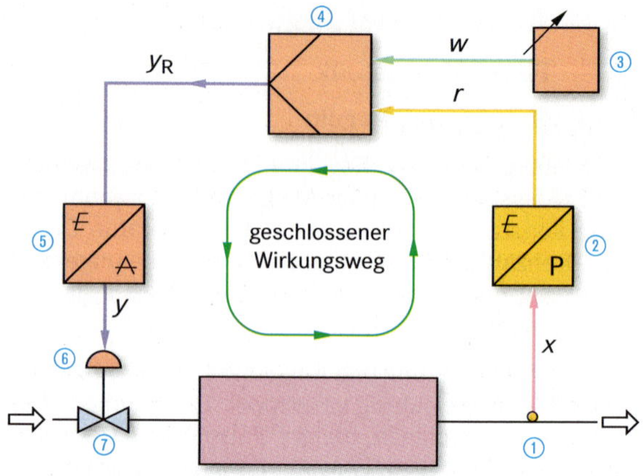

2: Regelungsanlage mit Sinnbildern der Verfahrenstechnik

Funktion der Anlage

Der Drucksensor (Abb. 2 ①) misst den momentanen Behälterdruck (Regelgröße x in bar). Hieraus erzeugt der PI-Umformer ② ein elektrisches Signal für die Regeleinrichtung (**Rückführungsgröße *r*** [feedback variable] in mA).

Am Sollwerteinsteller ③ wird der gewünschte Behälterdruck vorgegeben (**Führungsgröße *w*** [reference variable]) und der elektronische Regler ④ vergleicht ständig r mit w. Bei Abweichung erzeugt er ein Stellsignal (**Stellgröße y_R** [manipulated variable]).

Aus dem Reglerstellsignal y_R bildet der IP-Umformer ⑤ die pneumatische Stellgröße für den Stellantrieb (Stellgröße y). Der Stellantrieb ⑥ betätigt das Stellglied ⑦, um den Behälterdruck nachzustellen.

Der Wirkungsplan (Abb. 3) zeigt den Weg der Signalverarbeitung im Regelkreis. Der zu regelnde Masse- oder Energiestrom ist nicht Bestandteil des Plans.

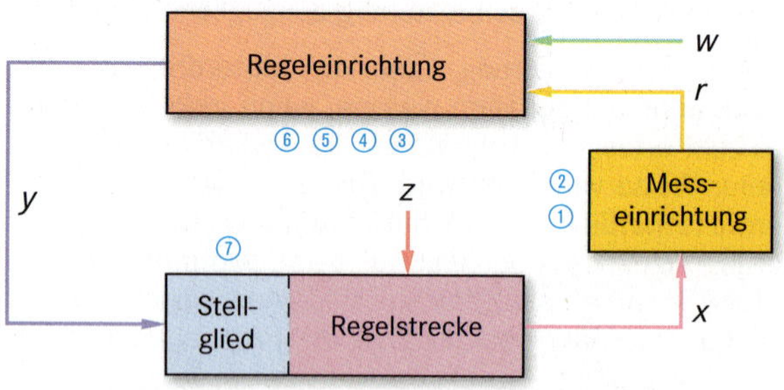

3: Wirkungsplan einer Regelung

- Regeln bedeutet:
  - Messen der Regelgröße x und Bilden der Rückführungsgröße r
  - Vergleichen der Rückführungsgröße r mit der Führungsgröße w
  - Stellen mit dem Stellglied, bis $r = w$ ist

Regler

Der Regler ist das zentrale Gerät der Regeleinrichtung (Abb. 4). Seine Innenschaltung besteht im Prinzip aus zwei Hauptblöcken mit folgenden Funktionen:

- Der **Vergleicher** bildet aus den Eingangssignalen w und r die **Regeldifferenz** [system deviation] $e = w - r$.
- Das **Regelglied** formt aus der Regeldifferenz eine passende Stellgröße für die Regelstrecke.

Der hier abgebildete Regler ist universell einsetzbar, da er im Ein- und Ausgang mit einem elektrischen **Einheitssignal** [standard signal] (z. B. 4 bis 20 mA, s. Kap. 3.2.1) arbeitet. Regler, die nur mit Einheitssignalen arbeiten, heißen Einheitsregler.

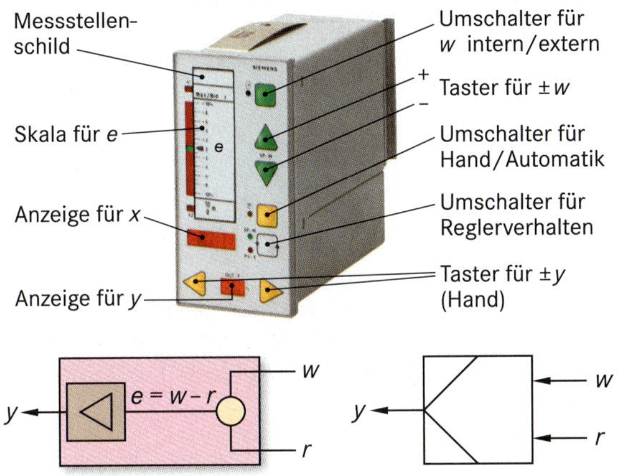

a) Innenschaltung b) Schaltzeichen

4: Elektronischer Regler

Signalumformer

Einheitsregler benötigen Umformer zur Signalanpassung am Ein- und Ausgang (Abb. 5). Ein PI-Umformer (Abb. 5a) formt den Druck in das Einheitssignal 4 bis 20 mA (x in r) für den Regler. Der IP-Umformer (Abb. 5b) liefert aus 4 bis 20 mA das pneumatische Einheitssignal 0,2 bis 1 bar für das Stellgerät (y_{elek} in y_{pneu}).

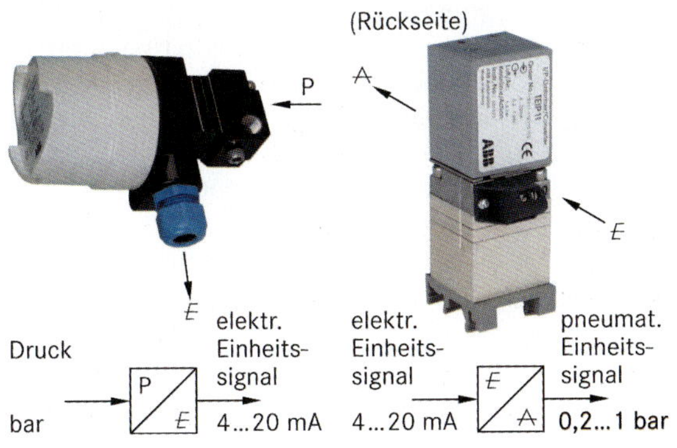

a) PI-Umformer b) IP-Umformer

5: Signalumformer

Stellgerät

Ein Stellgerät (Abb. 6) besteht aus dem **Stellantrieb** ① und dem **Stellglied** ③. Der Stellantrieb (Steller) ist Teil der Regeleinrichtung, da er das Signal des IP-Umformers verarbeitet. Das Stellglied (hier Ventil) ist Teil der Regelstrecke. Wird es durch ein Ventil mit anderem Stellverhalten ersetzt, ändert sich die Wirkung des Reglers und er muss neu eingestellt werden.

Meist erhält der Steller die Stellgröße nicht direkt, sondern über den angebauten **Stellungsregler** ②, der die auftretenden Reibungskräfte kompensiert. Der Stellungsregler vergleicht dazu die Stellgröße mit der Ventilstellung und korrigiert diese, wenn nötig.

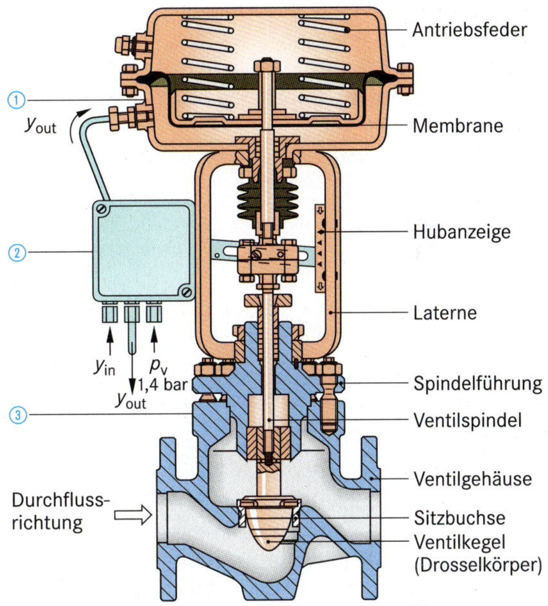

6: Pneumatisches Stellgerät

AUFGABEN

1. Begründen Sie, wann eine Regelung für eine Steuerung eingesetzt werden muss.
2. Wo beginnt bzw. endet die Regelstrecke einer Regelungsanlage?
3. In welchem Bereich einer geregelten Anlage kann die Regelgröße konstant gehalten werden?
4. Was bedeutet Regeln einer Größe?
5. Nennen Sie die zwei Hauptaufgaben eines Reglers.
6. Geben Sie Gründe für den Einsatz von Geräten an, die mit Einheitssignalen arbeiten.

- Elektrische Komponenten der Regelungstechnik, z. B. Messumformer oder Regler, benötigen bzw. liefern häufig Einheitssignale der Bereiche 0 mA bis 20 mA, 4 mA bis 20 mA oder 0 V bis 10 V.

11.1.3 Regelstrecken

Die Regelstrecke ist der Teil einer Regelungsanlage, in dem die Regelgröße konstant gehalten werden soll. Sie ist durch die Art der Anlage fest vorgegeben (z. B. Druckbehälter) und beginnt am Stellort mit dem Stellglied und endet am Messort mit dem Messfühler.

Regelstrecken unterscheiden sich in ihrem Verhalten gegenüber Störgrößen und damit auch in ihrer Regelbarkeit. Regelbarkeit bedeutet, wie schnell und in welcher Weise sich die Regelgröße in Abhängigkeit von der Stellgröße wieder auf den ursprünglichen Wert einstellt.

Drei Eigenschaften bestimmen die Regelbarkeit einer Regelstrecke (Abb. 1):
- **Ausgleich** [compensation]
- **Ordnungszahl** [ordinal number]
- **Totzeit** [dead time]

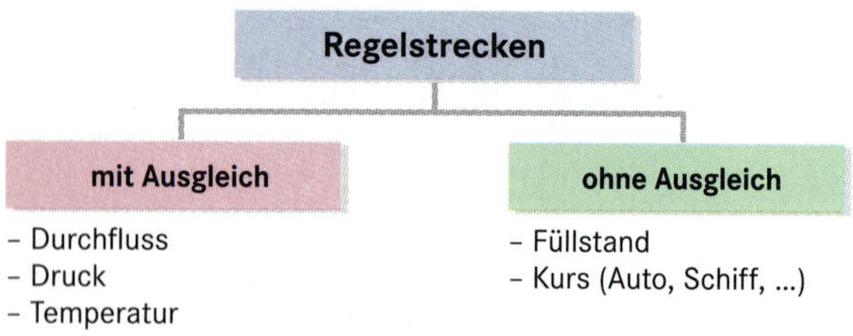

1: Hauptgruppen von Regelstrecken

Ausgleich

Fällt die Regelung aus, so stellt sich bei einer Regelstrecke mit Ausgleich die Regelgröße x immer auf einen neuen festen Wert ein. Man spricht vom Beharrungszustand der Regelgröße x. Bei einer Regelstrecke ohne Ausgleich steigt oder fällt x, bis die Regelstrecke unter Umständen zerstört wird.

Ordnungszahl n

Sie gibt die Anzahl der Energiespeicher einer Regelstrecke an. Je größer n ist, desto langsamer ändert sich die Regelgröße x. Deshalb kann die Stellgröße die Störgrößeneinflüsse nur verzögert ausgleichen. Bei einer Heizung müssen z. B. nach dem Einschalten des Brenners erst das Wasser und die Heizkörper erwärmt werden (Energiespeicher), bevor die Luft im Raum warm wird. Eine Regelstrecke mit einer großer Ordnungszahl ist deshalb nur schwer regelbar.

Totzeit T_t

Eine Totzeit ist die Zeitspanne zwischen der Auslösung des Stellsignals bis zum Einsetzen der Wirkung am Messort. Während dieser Zeit wird die Regelgröße nicht beeinflusst. Störgrößen können in dieser Zeit jedoch ungehindert wirken.

Alle Regelstrecken können Energiespeicher und Totzeiten besitzen. Durch Einstellwerte am Regler wird versucht, eine optimale Reaktion der Stellgröße auf Störgrößen zu erreichen.

Verhalten von Regelstrecken

Das **statische Verhalten** einer Regelstrecke wird bestimmt, indem man die Regelgröße x ermittelt, die sich nach der Änderung der Stellgröße y ergibt.

Bei Regelstrecken mit Ausgleich stellt sich für jede Stellgröße y ein entsprechender Beharrungszustand von x ein (Abb. 2a). Als Kenngröße wird der **Übertragungsbeiwert K_S** [transfer coefficient] verwendet (Steigung der Kennlinie). Bei linearen Regelstrecken ist K_S konstant. Diese Regelstrecken heißen deshalb Proportionalstrecken (**P-Strecken**). Bei nichtlinearen Regelstrecken ändert sich K_S mit jedem y.

Regelstrecken ohne Ausgleich besitzen keinen Beharrungszustand (Abb. 2b). Deshalb wird die Geschwindigkeit v bestimmt, mit der sich die Regelgröße in Abhängigkeit von der Stellgröße ändert ($v = \Delta x / \Delta t$). Daraus ergibt sich der Übertragungsbeiwert K_{SI}.

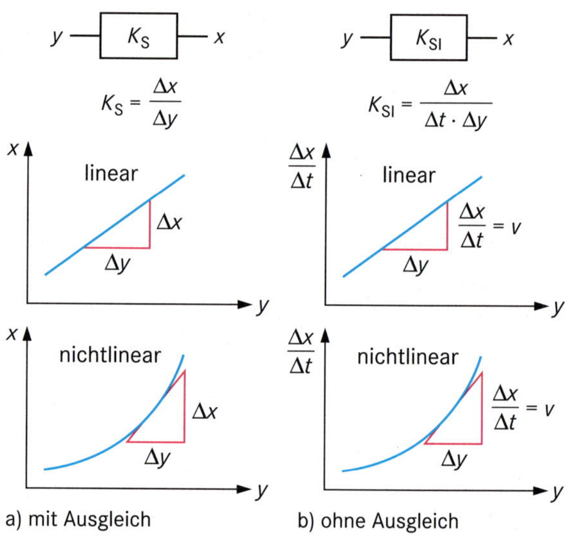

2: Statisches Verhalten von Regelstrecken

Das **dynamische Verhalten** einer Regelstrecke wird bestimmt, indem man die Stellgröße y sprunghaft ändert (**Sprungfunktion** [step function]) und den zeitlichen Verlauf der Regelgröße x ermittelt (Abb. 3, **Sprungantwort** [step response]). Bei Regelstrecken mit Ausgleich ergeben sich die Kenngrößen für die Reglereinstellung aus dem Übergangsverhalten ② vom alten Beharrungszustand ① in den neuen Zustand ③.

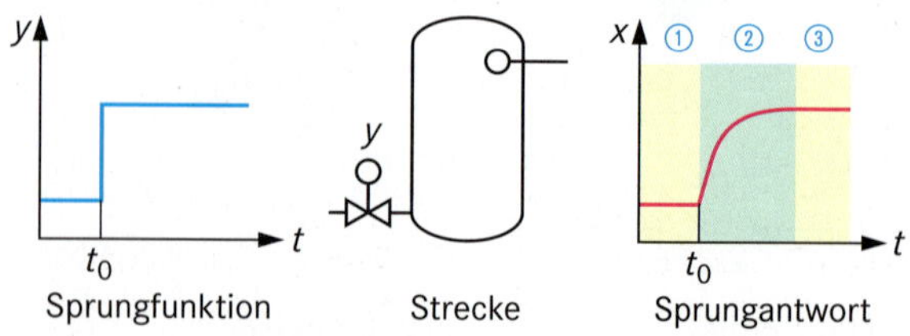

3: Dynamisches Verhalten von Regelstrecken

Regelstrecken mit Ausgleich

Das dynamische Verhalten wird durch die Anzahl der Energiespeicher (Ordnungszahl n) bestimmt. Anschaulich lässt sich dies durch eine Reihenschaltung von drei Druckspeichern in Abb. 4 verdeutlichen. Wird die Stellgröße y (Ventilhub) sprunghaft vergrößert, zeichnen die Schreiber ① bis ④ an vier Messstellen den unterschiedlichen Verlauf der Regelgröße x auf.

Unter der Sprungfunktion (Abb. 5a) am Eingang sind die Sprungantworten der Regelstrecken dargestellt (Abb. 5b).

- **Verzögerungsarme Strecke (PT_0-Strecke)** ①
Diese Strecke besitzt keinen Energiespeicher (Strecke 0. Ordnung). Die Regelgröße x folgt der Stellgröße y unverzögert.
- **Strecke mit einer Verzögerung (PT_1-Strecke)** ②
Diese Strecke verfügt über einen Energiespeicher (Strecke 1. Ordnung). Die Regelgröße x folgt der Änderung von y verzögert (e-Funktion).
- **Strecke mit mehreren Verzögerungen (PT_n- Strecke)** ③ ④
Dies ist eine Strecke höherer Ordnung mit mehreren Energiespeichern (Strecke n-ter Ordnung). Die Regelgröße x folgt der Änderung der Stellgröße y stark verzögert.

Streckenkennwerte

Die Kenngröße der Strecken ist der Übertragungsbeiwert K_S. Er ist das Verhältnis der Änderungen der Regelgröße zur Stellgröße. Für die **PT_0-Strecke** ergibt sich aus Abb. 5 beispielsweise folgender Wert:
$K_S = \Delta x / \Delta y$; K_S = 3 bar/3 cm; K_S = 1 bar/cm;
→ Bei 1 cm Ventilhubänderung steigt der Druck um 1 bar.

Die **PT_1-Strecke** verhält sich wie eine RC-Schaltung (Abb. 6). Mit dem Anfangsanstieg (Tangente ⑥) hätte die Regelgröße x den Beharrungszustand in der Zeit T (**Zeitkonstante** [time constant] ⑧) erreicht. Tatsächlich werden nur etwa 63 % vom Endwert erreicht ⑦. Erst nach $5T$ ist der Ausgleichszustand erreicht ⑤.
Beispiel bei 63 %: Δx = 1,9 bar und T = 2 s
Ausgleich nach $5T$: 5 · 2 s = 10 s

Die **PT_n-Strecke** wirkt wie die Reihenschaltung von PT_1-Strecken (Abb. 7). Zeichnet man im steilsten Anstieg der Sprungantwort (Wendepunkt der Kurve) eine Tangente ⑩, so ergeben sich mit den Schnittpunkten im alten ⑨ und neuen Beharrungszustand ⑪ die **Verzugszeit T_u** [transient delay time] und die **Ausgleichszeit T_g** [balancing time].
Beispiel: T_u = 2 s; T_g = 11 s

- PT_0-Strecken besitzen nur die Kenngröße K_S.
- PT_1-Strecken besitzen die Kenngrößen K_S und T.
- PT_n-Strecken besitzen die Kenngröße K_S, die Verzugszeit T_u und die Ausgleichszeit T_g.

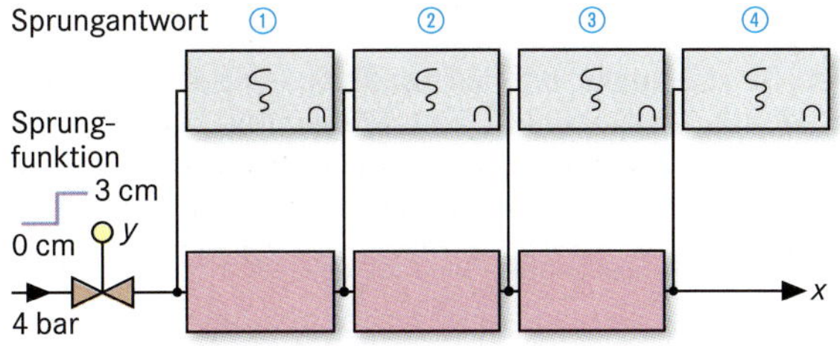

4: Messschaltung für Sprungantworten

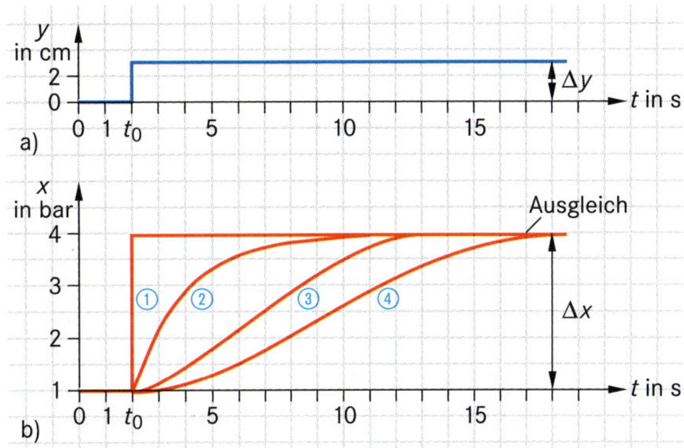

5: Regelstrecken mit Ausgleich

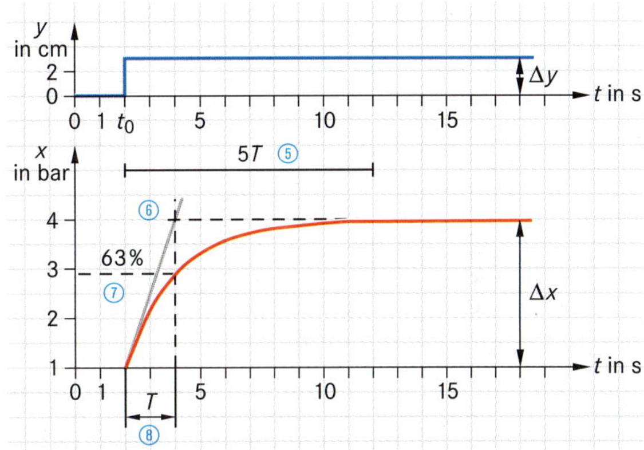

6: PT_1-Strecke (Strecke 1. Ordnung)

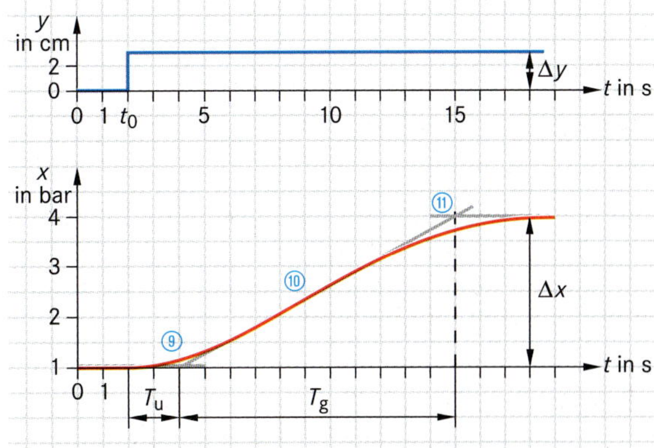

7: PT_n-Strecke (Strecke n-ter Ordnung)

Regelstrecken ohne Ausgleich

Als Beispiel dient die Füllstandsregelung eines Behälters (Abb. 1). Der Flüssigkeitszulauf muss dem Flüssigkeitsablauf entsprechen. Ist eine Differenz vorhanden, wird sich die Regelgröße x (Füllstand) stetig ändern.

Solange die Stellgröße $y \neq 0$ ist, ändert sich bei dieser Regelstrecke die Regelgröße x (Ausgangsgröße) stetig. Dieses Verhalten nennt man ein integrierendes Verhalten der Regelstrecke (**I-Strecke**). Das bedeutet, die Änderungen der Regelgröße werden aufsummiert. Als Kenngröße wird die **Integrierzeit T_i** [integral-action time] verwendet. Sie ist ein Maß für die Anstiegsgeschwindigkeit der Regelgröße.

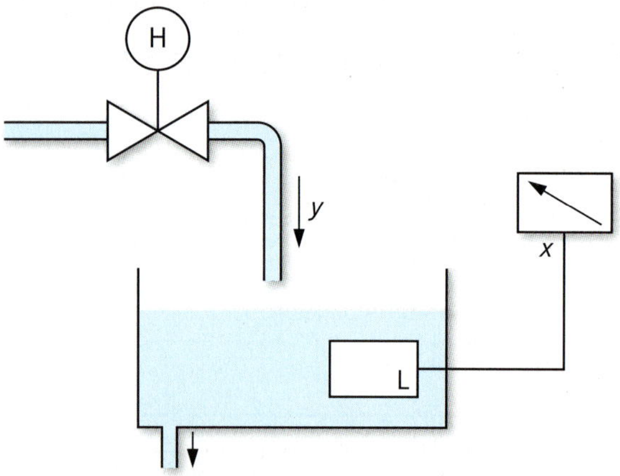

1: Füllstandsregelung

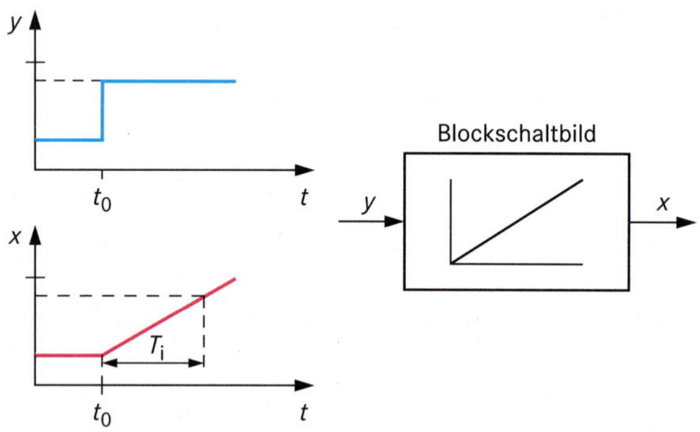

2: Sprungantwort der Regelstrecke mit I-Verhalten

AUFGABEN

1. Das Ruder eines Schiffes steht in Mittelstellung und ist festgestellt. Fährt das Schiff geradeaus? Begründen Sie Ihre Antwort und beschreiben Sie das Verhalten des Schiffes mit Begriffen der Regelungstechnik.
2. Wann ist die Regelgröße bei I-Strecken konstant?
3. Nennen Sie zwei Maßnahmen, mit denen die Totzeit der Anlage in Abb. 3 verkleinert werden kann.

Regelstrecke mit Totzeit

Das Schüttgut auf einem Förderband in Abb. 3 soll immer eine konstante Schichtdicke haben. Hierzu wird mit einem Sensor am Ende des Förderbandes die Schichtdicke gemessen. Der Regler kann über ein Stellglied die austretende Menge des Schüttgutes verändern. Verändert der Regler die Stellgröße, so kann die Wirkung an der Regelstrecke erst mit einer Verzögerung am Sensor registriert werden. Diese zeitliche Verzögerung nennt man **Totzeit T_T** [dead time].

Der Zusammenhang zwischen Stellgröße und Regelgröße ist hierbei linear:
$\Delta x = K_S \cdot \Delta y$ mit der Verzögerungszeit T_T

Die Totzeit entsteht dadurch, dass die zu messende Größe verzögert am Sensor auftritt (Signallaufzeit). Ähnliche Effekte treten z. B. auch durch Signallaufzeiten bei der Satellitenkommunikation auf.

Totzeiten in Regelstrecken erschweren den Regelungsvorgang. Häufig kann es hierbei zu Regelabweichungen und Schwingungen kommen.

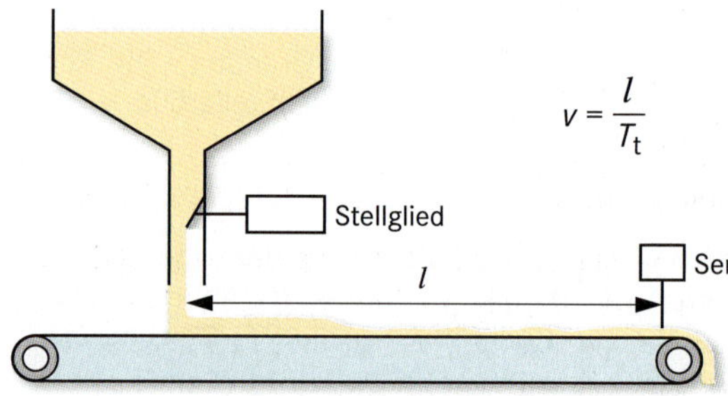

3: Förderband als Regelstrecke

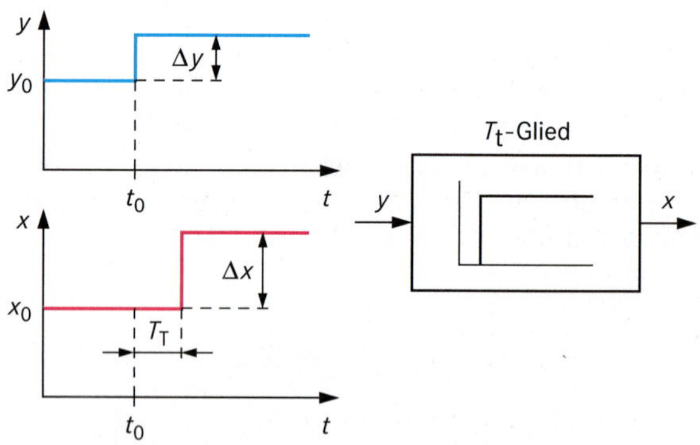

4: Sprungantwort einer Regelstrecke mit Totzeit

- Regelstrecken ohne Ausgleich haben ohne Regelung keinen stabilen Zustand.
- Ist bei einer Regelstrecke ohne Ausgleich die Stellgröße $y \neq 0$ oder existiert eine Störgröße, werden die Änderungen addiert (integriert).
- Totzeiten entstehen durch Signallaufzeiten innerhalb von Regelstrecken und Regelkreisen.

11.1.4 Regelkreisverhalten

In Abb. 5 ist als Beispiel eine Temperaturregelung in einem chemischen Rührkesselreaktor abgebildet. Daran soll das Verhalten der Kesseltemperatur bei Störeinflüssen und bei Änderung des Sollwertes ermittelt werden.

Damit die Ergebnisse vergleichbar sind, wird wie bei der Analyse von Strecken und Reglern als Änderung eine Sprungfunktion verwendet.

Störverhalten

In Abb. 6 wird bei konstantem Sollwert von 60 °C die Temperatur im Heißdampfkreis sprunghaft von 150 °C auf 160 °C erhöht (Störgröße *z* ①). Dadurch ändert sich auch die Kesseltemperatur. Die Schreiberaufzeichnung (Abb. 6) zeigt, wie nach dem **Störgrößensprung Δz** der Regler den Sollwert der Kesseltemperatur wieder einstellt, indem er das Ventil im Kühlwasserkreis weiter öffnet. Dieses Verhalten der Regelgröße bezeichnet man als Störverhalten.

Führungsverhalten

Wird der Sollwert der Kesseltemperatur sprunghaft von 60 °C auf 70 °C erhöht (bei konstanter Heißdampfzufuhr von 150 °C), versucht der Regler nach dem **Führungssprung Δw** (Abb. 7 ④) die neue Temperatur einzustellen, indem er die Kühlwasserzufuhr drosselt. Dieses Verhalten bezeichnet man als Führungsverhalten.

Zur Beurteilung der Qualität von Stör- und Führungsverhalten der Regelgröße dienen die Kenngrößen **Überschwingweite x_m** [overshoot amplitude] und **Ausregelzeit T_a** [settling time].

Beispiel: Störverhalten x_m = 7 °C (Abb. 6) ②
Führungsverhalten x_m = 4 °C (Abb. 7) ⑤

Beispiel: Toleranzband ± Δx = ± 1 °C
Störverhalten T_a = 6,7 min (Abb. 6) ③
Führungsverhalten T_a = 7,7 min (Abb. 7) ⑥

Bei praktischen Versuchen wird die Ausregelzeit vereinfacht ab dem Stör- bzw. Führungssprung gezählt (Abb. 6 und Abb. 7).

- Das Störverhalten ist das Verhalten der Regelgröße bei Einfluss von Störgrößen.
- Das Führungsverhalten ist das Verhalten der Regelgröße bei Änderung der Führungsgröße.
- Die Überschwingweite x_m der Regelgröße ist die größte vorübergehende Sollwertabweichung nach einem Stör- oder Führungssprung.
- Die Ausregelzeit T_a beginnt, wenn nach einem Führungs- oder Störsprung die Regelgröße das vereinbarte Toleranzband verlässt.
- Die Ausregelzeit T_a endet, wenn die Regelgröße nach dem Wiedereintritt dauerhaft im Toleranzband verbleibt.

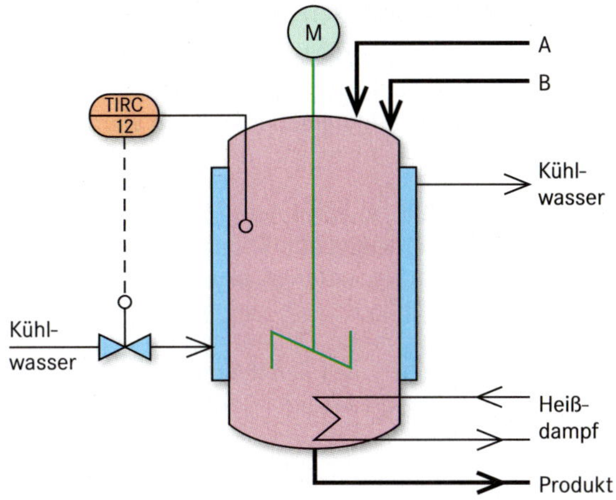

5: Temperaturregelung im Rührkesselreaktor

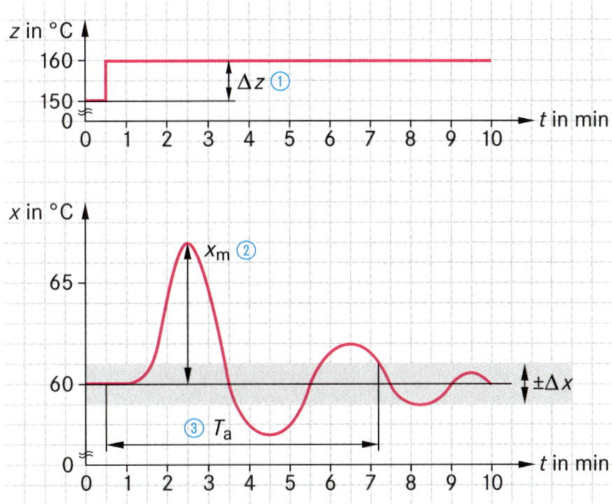

6: Störverhalten der Regelgröße

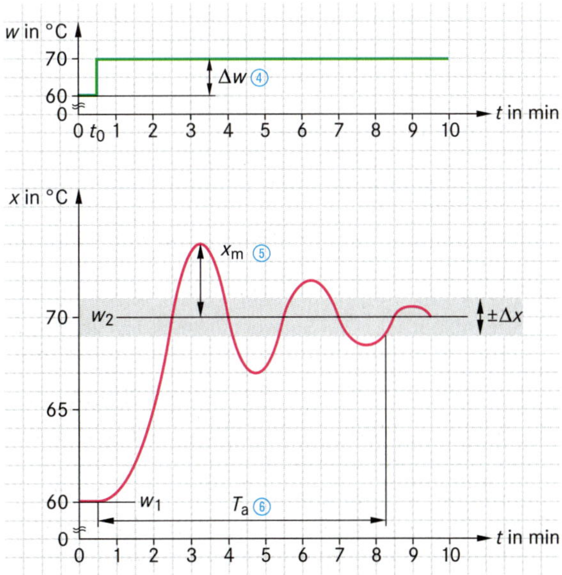

7: Führungsverhalten der Regelgröße

11.1.5 Grundschaltungen stetiger Regler

In einem chemischen Betrieb ist die Füllstandsregelung eines Behälters aufgebaut worden (Abb. 1). Es soll die Wirksamkeit des P-Reglers untersucht werden.

P-Regler

Der P-Regler in Abb. 1 ist mit zwei Operationsverstärkern (s. Kap. 6.4.4) aufgebaut. Er kann jeden Wert zwischen 0 % und 100 % annehmen, er arbeitet also stetig. In der Schaltung befindet sich im Eingangsbereich der Sollwerteinsteller und ein Differenzverstärker, der als Vergleicher arbeitet ①. Der nachfolgende invertierende Verstärker ② korrigiert die Polarität und bestimmt den Verstärkungsfaktor.

Der Differenzverstärker ① vergleicht *r* mit *w* und bildet daraus die Regeldifferenz $e = w - r$. Bei gleichen Beschaltungswiderständen R_1 und R_2 gilt $U_e = U_w - U_r$.

Beim invertierenden Verstärker ② sind Ausgangsgröße (Stellgröße U_y) und Eingangsgröße (Regeldifferenz U_e) proportional. Es gilt: $U_y = -v \cdot U_e$ ($v = R_6/R_5$). Die Invertierung bewirkt die notwendige Wirkungsumkehr im Regelkreis.

Bei diesem P-Regler werden folgende zwei Fälle untersucht:

- **Störgröße $z = 0$**

- Das Stellglied (Abb. 1) ist auf halboffen eingestellt. Bei ausgeregeltem Behälterstand (50 %) beträgt $r = w$. Der Zulauf ist gleich dem Ablauf.
- Die Regeldifferenz beträgt $e = w - r$;
  $e = 5\text{ V} - 5\text{ V} = 0$ und damit ist die Stellgröße $y = 0$.

Dann erfolgt in Abb. 2 plötzlich eine erhöhte Wasserentnahme. Die Störgröße *z* wird > 0.

- **Störgröße $z > 0$**

- Der Schieber im Auslauf wird weiter geöffnet (Abb. 2). Der Flüssigkeitsspiegel sinkt (Regelgröße *x*).
- Die Rückführungsgröße wird kleiner (z. B. 2,5 V). Deshalb entsteht eine Regeldifferenz mit
  $e = 5\text{ V} - 2{,}5\text{ V}$; $e = 2{,}5\text{ V}$.
- Ist wie in diesem Fall die Verstärkung $v = 1$ eingestellt, nimmt die Stellgröße den Wert $y = -2{,}5\text{ V}$ an. Das Stellglied öffnet mehr.
- Der Flüssigkeitsspiegel fällt so lange und die Regeldifferenz *e* nimmt weiter zu, bis durch genügendes Öffnen des Stellgliedes der Zulauf wieder gleich dem Ablauf ist. Die Sollwertabweichung wird also größer. Daher ist für eine genaue Füllstandsregelung der verwendete P-Regler wenig geeignet.

- Beim P-Regler folgt die Stellgröße proportional der Regeldifferenz. Er reagiert deshalb sehr schnell auf Änderungen.
- Der P-Regler verursacht immer eine bleibende Sollwertabweichung der Regelgröße, solange eine Störgröße auf die Regelstrecke einwirkt.

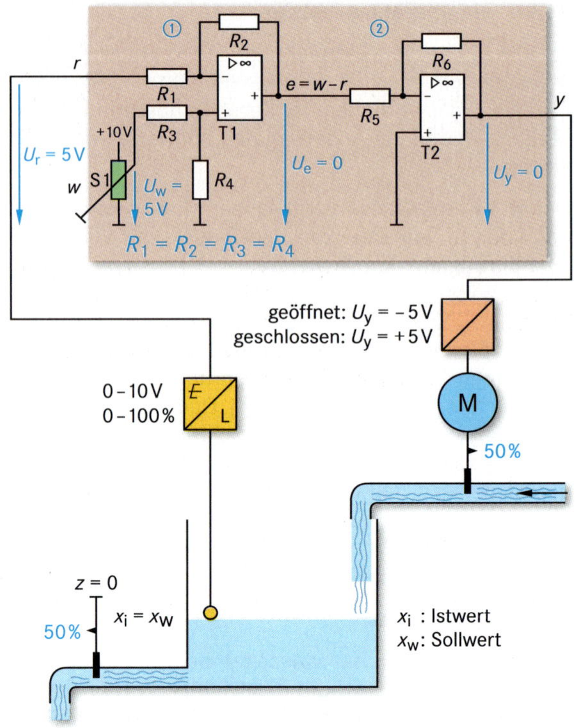

1: Prinzip einer Füllstandsregelung mit P-Regler

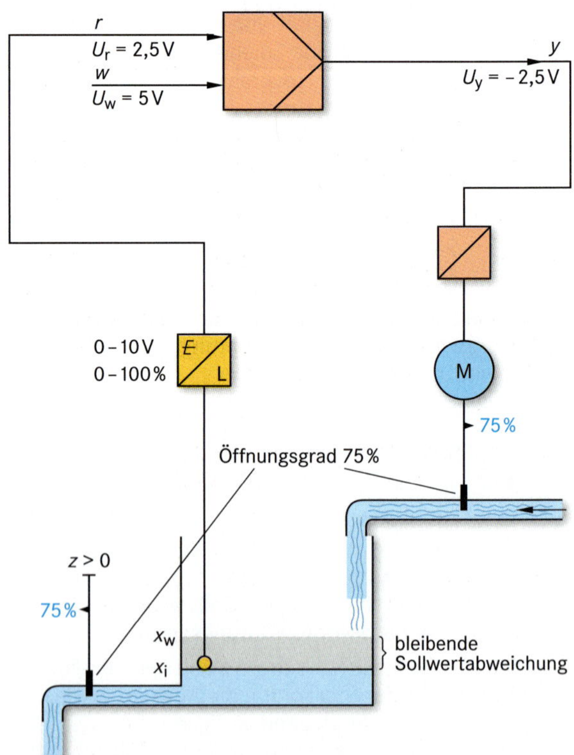

2: Bleibende Sollwertabweichung im Regelkreis mit P-Regler

Für ein optimales Regelkreisverhalten muss der P-Regler an das Streckenverhalten angepasst werden. Dazu stellt man Kennwerte am Regler ein. In der Füllstandsregelung soll untersucht werden, welchen Einfluss der Übertragungsbeiwert K_p eines P-Reglers auf die bleibende Sollwertabweichung im Regelkreis hat.

- **Berechnung von K_p**

Der Übertragungsbeiwert K_p des P-Reglers ergibt sich aus seinem Zeitverhalten. Dieser Wert kann mit der Messschaltung (Abb. 3) ermittelt werden. Bei konstanter Führungsgröße *w* verändert man dazu die Rückführungsgröße *r* sprunghaft (Sprungfunktion) und registriert die Stellgröße (Sprungantwort).

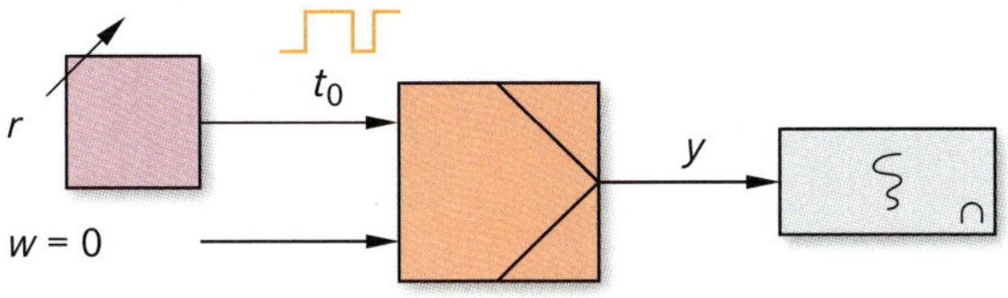

3: Messschaltung zur Aufnahme der Sprungantwort eines Reglers

In Abb. 4 ist das proportionale Zeitverhalten des P-Reglers dargestellt. Auf einen Sprung der Regeldifferenz ($e = -r$ ①) antwortet der P-Regler unverzögert mit einem Stellgrößensprung ②. Das Widerstandsverhältnis R_6/R_5 des Verstärkers (P-Glied) bestimmt hier die Sprunghöhe. Ohne Wirkungsumkehr gilt:

$$K_p = \frac{\Delta y}{\Delta e} \qquad \text{Beispiel: } K_p = \frac{3\,\text{V}}{1\,\text{V}}\,;\; K_p = 3$$

Ist K_p maximal, öffnet (oder schließt) der Regler bei der geringsten Regeldifferenz das Stellglied ganz. Die bleibende Sollwertabweichung ist minimal, weil der Regler sehr empfindlich reagiert. Die Regelgröße schwingt.

Ist K_p minimal, bewirkt selbst die größte Regeldifferenz nur eine kleine Stellgrößenänderung. Die bleibende Sollwertabweichung ist maximal. Erst nach langer Zeit stellt sich das Gleichgewicht zwischen Zu- und Ablauf wieder ein. Der Regler arbeitet träge.

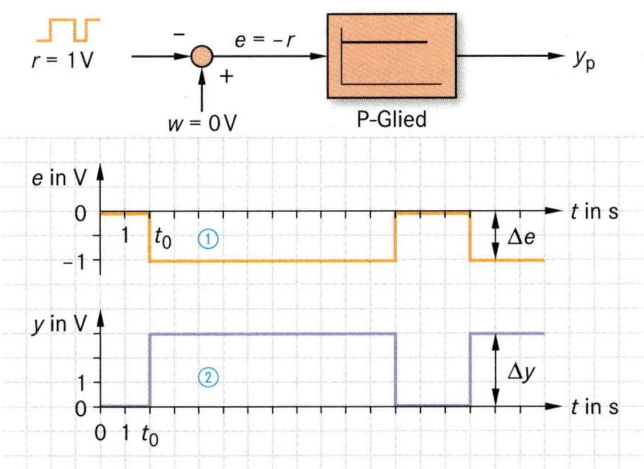

4: Zeitverhalten des stetigen P-Reglers

I-Regler

Für die Füllstandsregelung (Abb. 1) wird der P-Regler durch einen stetigen I-Regler ersetzt. Als zeitbestimmendes Glied ist ein elektronischer Integrierer vorhanden (I-Glied, Abb. 5 ③). Bei konstanter Eingangsspannung gilt für die **Änderung** der Stellgröße:

$$\Delta U_y = -\frac{1}{R_5 \cdot C_1} \cdot U_e \cdot \Delta t$$

Bei einem Sprung der Regeldifferenz *e* (Abb. 6) ④ ändert der Regler die Stellgröße *y* linear, bis $e = 0$ ist, und behält sie dann bei ⑦. Bei doppelter Regeldifferenz ⑤ ändert sich *y* doppelt so schnell ⑥. Ein I-Regler ändert seine Stellgröße, bis die Regeldifferenz null ist. Die letzte Stellgröße wird gespeichert, sodass die Regelgröße konstant bleibt. Deshalb gibt es beim I-Regler keine bleibende Sollwertabweichung. Für die Füllstandsregelung ist der I-Regler allein ungeeignet. Er reagiert ständig, weil es immer Regeldifferenzen durch Flüssigkeitsbewegungen gibt. Die Regelung ist instabil.

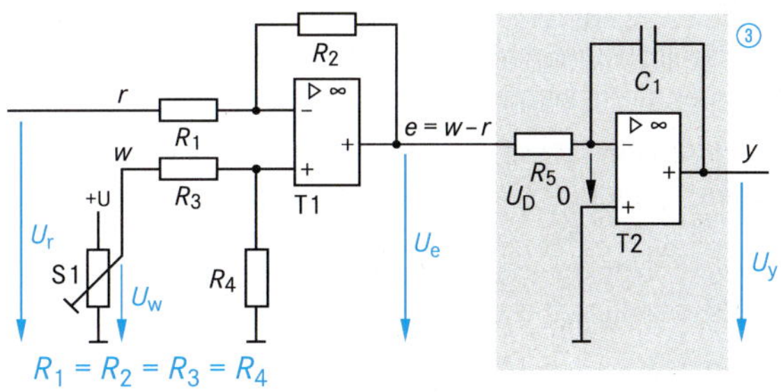

5: Stetiger I-Regler mit Operationsverstärker

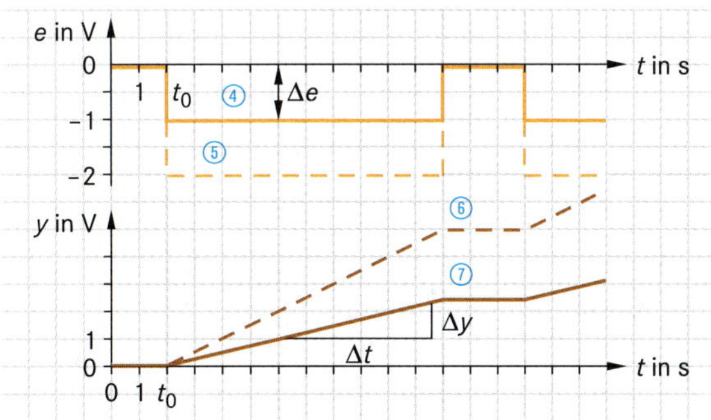

6: Zeitverhalten des stetigen I-Reglers

- Beim P-Regler verursacht der Übertragungsbeiwert K_p eine kleine bleibende Sollwertabweichung und macht die Regelung instabil. Ein kleiner Wert für K_p bewirkt eine große bleibende Sollwertabweichung mit stabilem, aber trägem Regelverhalten.
- Ein I-Regler ändert seine Stellgröße, bis die Regeldifferenz den Wert null hat, und behält diesen Wert bei (keine bleibende Sollwertabweichung).

11.1.6 Zusammengesetzte Regler

P-Regler reagieren sofort und arbeiten stabil, verursachen aber eine bleibende Sollwertabweichung im Regelkreis. I-Regler gleichen diese Abweichung aus, begünstigen aber eine instabile Regelung. Es ist deshalb sinnvoll, die positiven Eigenschaften beider Regler in einem Regler zu vereinigen. Es soll deshalb ermittelt werden, ob eine Kombination aus P- und I-Regler (PI-Regler, Abb. 1) ein optimales Regelkreisverhalten bei der Füllstandsregelung (s. Kap. 11.1.5) ermöglicht.

PI-Regler

Aus dem Blockschaltbild der Abb. 1 ergibt sich folgende Funktion:

- Der Vergleicher bildet die Regeldifferenz *e* ①.
- Die Regeldifferenz wird dem P-Glied ② und dem I-Glied ③ zugeführt.
- Die Einzelstellgrößen y_P und y_I werden zum Gesamtstellsignal *y* addiert ④.

Mit einer Messschaltung lässt sich das Zeitverhalten des PI-Reglers ermitteln. Die Sprungantwort des Reglers zeigt (Abb. 2), dass nach einer plötzlich auftretenden Regeldifferenz zunächst der P-Anteil eine sofortige Stellgrößenänderung y_P verursacht. Hinzu addiert sich der stetig wachsende I-Anteil.

Der PI-Regler ist der Standardregler für viele Regelaufgaben. Er ist durch den P-Anteil schnell und stabil und gleicht jede noch so kleine Sollwertabweichung durch seinen I-Anteil aus. Damit ist der PI-Regler für die Füllstandsregelung gut geeignet.

Kenngrößen des PI-Reglers

Aus dem Zeitverhalten nach Abb. 2 lassen sich die Kenngrößen des PI-Reglers bestimmen (Abb. 3).

- **K_p-Wert**

$$K_p = \frac{\Delta y_p \text{ ⑦}}{\Delta e \text{ ⑤}} \qquad \text{Beispiel: } K_p = \frac{1{,}5\ \text{V}}{1\ \text{V}};\ K_p = 1{,}5$$

- **Nachstellzeit T_n**

Die Nachstellzeit [reset time] ist diejenige Zeit, die der I-Anteil im Regler benötigt, um eine gleichgroße Stellgröße y_I zu erzielen, wie sie der P-Anteil mit der Stellgröße y_P sofort erzeugt. Die Nachstellzeit T_n ⑧ wird für $\Delta y_I = \Delta y_P$ ⑦ auf der Zeitachse abgelesen.

Beispiel: $\Delta y_I = \Delta y_p = 1{,}5$ V abgelesen: $T_n = 12$ s

AUFGABE

1. Durch eine auftretende Störgröße kommt es zur Sollwertabweichung. Beschreiben Sie das zeitliche Verhalten eines P- und eines I-Reglers.

- Der PI-Regler besteht aus einem P- und einem I-Glied und wird durch die Kenngrößen K_P und T_n gekennzeichnet.

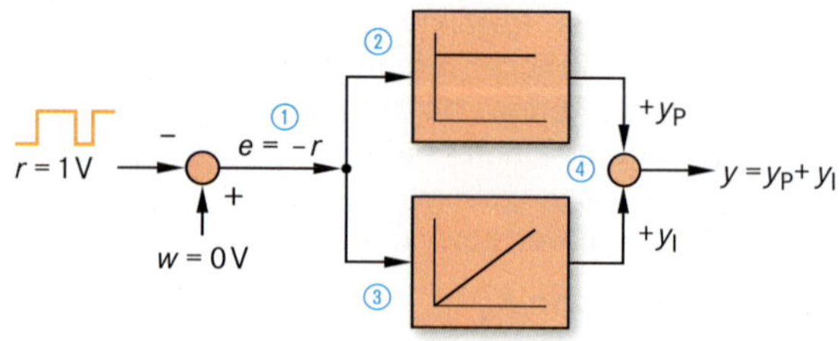

1: Blockschaltbild eines PI-Reglers

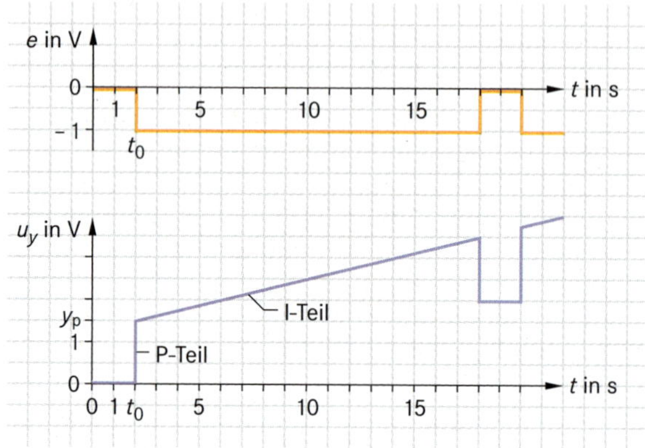

2: Zeitverhalten des stetigen PI-Reglers

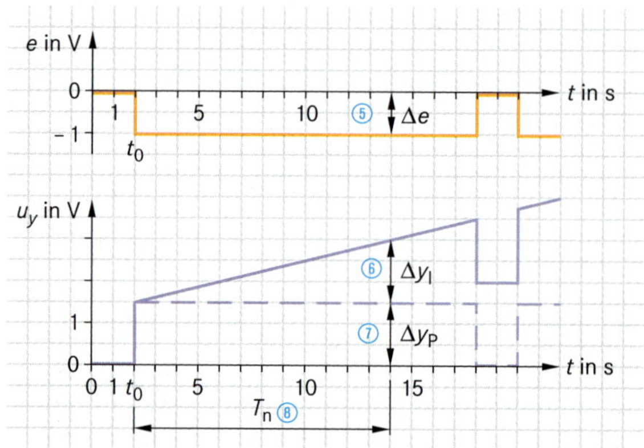

3: Kenngrößen K_P und T_n des PI-Reglers

PID-Regler

Für eine Temperaturregelstrecke mit großer Verzugszeit (Industrieöfen) ist der PI-Regler noch zu langsam. Seine Reaktion wäre stark verzögert und verbunden mit einem instabilen Regelkreisverhalten. Es soll deshalb untersucht werden, welche Wirkung der Einsatz eines stetigen PID-Reglers bei einer Ofenregelung mit großer Verzugszeit hat. Dazu werden die Funktionen des PID-Reglers erklärt und seine Kenngrößen bestimmt.

Das Blockschaltbild in Abb. 4 zeigt einen PID-Regler. Der Schaltungsaufbau entspricht dem eines PI-Reglers mit einem zusätzliche D-Glied. Ein Addierer addiert die Teilstellgrößen zur Gesamtstellgröße:

$$y = y_P + y_I + y_D$$

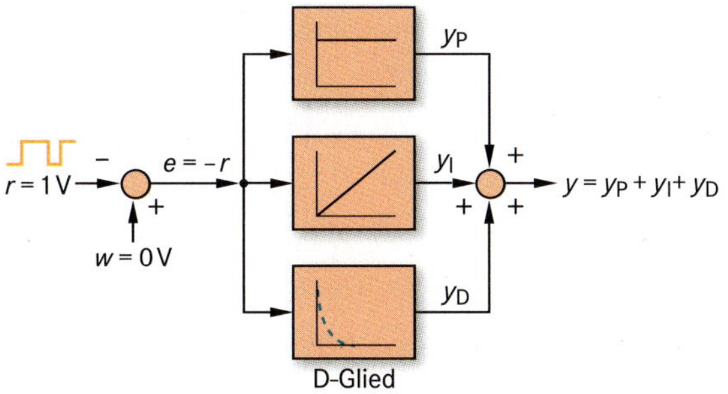

4: Blockschaltbild eines PID-Reglers

Beim Regleraufbau mit Operationsverstärkern ist das D-Glied ein elektronischer Differenzierer (Abb. 5). Die Schaltung wirkt wie eine RC-Ladeschaltung. Ein sprunghaftes Eingangssignal verursacht einen Stromimpuls im Ladestromkreis mit R_1 und C_1. Mit zunehmender Aufladung von C_1 klingt der Stromimpuls ab. Er verursacht am Ausgang des Operationsverstärkers einen proportionalen, aber invertierten Spannungsimpuls U_{yD}. In Abb. 6 ist das Zeitverhalten des PID-Reglers dargestellt. Bei einer sprunghafter Regeldifferenz überlagern sich die drei Anteile y_P, y_I und y_D zur Stellgröße y.

Der kurzzeitige hohe Anfangs-Stellimpuls des PID-Reglers führt zu einem stabilen Verhalten der Regelgröße. Temperaturänderungen werden schneller ausgeglichen als bei einem PI-Regler.

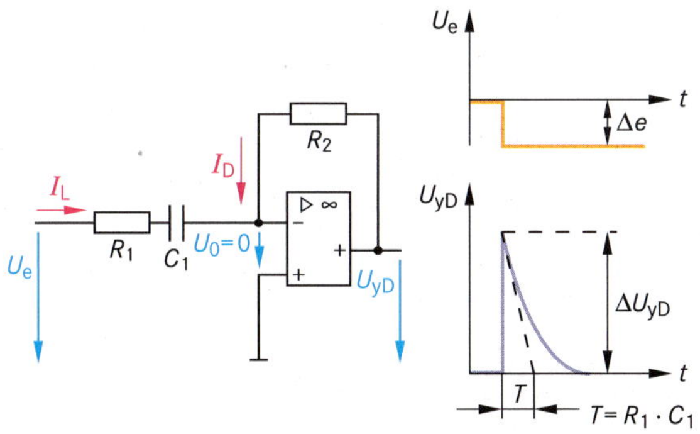

a) Schaltung b) Verhalten

5: Differenzierer als D-Glied

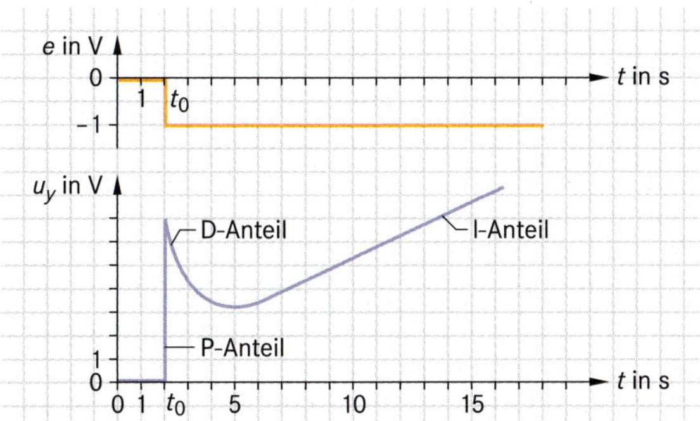

6: Zeitverhalten des stetigen PID-Reglers

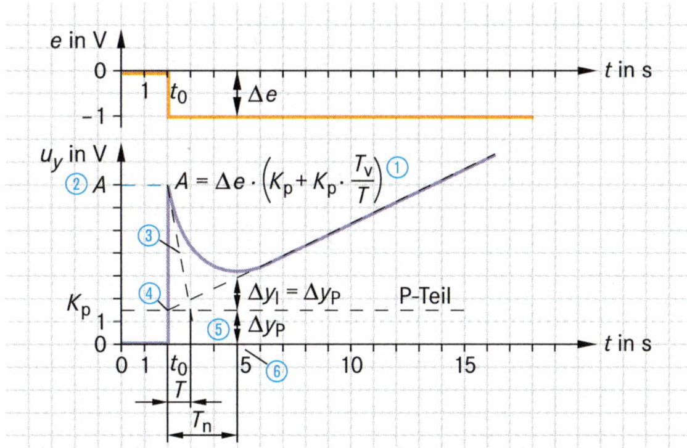

7: Kenngrößen K_p, T_n und T_v des stetigen PID-Reglers

Kenngrößen des PID-Reglers

Der PID-Regler ist für ein stabiles Regelkreisverhalten eingestellt worden. Mit Hilfe von Abb. 7 werden die Kenngrößen des PID-Reglers wie folgt ermittelt:

- **Übertragungsbeiwert K_p**
Der I-Anteil wird verlängert. Er schneidet den D-Anteil in K_p ④.
- **Nachstellzeit T_n**
Bei $y_I = y_P$ wird vom I-Ast auf die Zeitachse gelotet ⑥.
Beispiel: $T_n = 3$ s
- **Vorhaltezeit T_v**
Die Vorhaltezeit [derivative action time] gibt an, wie lange der P-Anteil braucht (bei linear ansteigender Regeldifferenz), um die gleiche Stellgröße y_P zu erzielen, wie sie der D-Anteil mit y_D sofort erzeugt.

Dazu wird zunächst der Spitzenwert A bestimmt ②.
Beispiel: $A = 7$ V

Danach wird eine Tangente am D-Teil angelegt ③ und im Schnittpunkt mit dem P-Anteil die Zeitkonstante $T = R_V \cdot C_D$ auf der Zeitachse abgelesen ⑤.

Beispiel: $T = 1$ s
T_v wird dann aus folgender Gleichung ① berechnet:

$$T_v = \frac{A/\Delta e - K_p}{K_p} \cdot T = \frac{7\,V/1V - 1{,}5}{1{,}5} \cdot 1\,s = 3{,}7\,s$$

AUFGABE

1. Welcher Regler (P, I, PID) kann Sollwertabweichungen vollständig ausregeln? Begründen Sie Ihre Antwort.

- Der PID-Regler besitzt ein P-, I- und D-Glied.
- Der PID-Regler lässt sich durch den Übertragungsbeiwert K_P, die Nachstellzeit T_n und die Vorhaltezeit T_V kennzeichnen.
- Der PID-Regler reagiert schnell und zeigt ein stabiles Verhalten.

11.1.7 Reglereinstellung mit Tabellen

Drei Wissenschaftler (Chien, Hrones, Reswick) haben Kennwerte für die Einstellung von Reglern entwickelt. Diese Kennwerte sind in Abb. 1 dargestellt. Sie gelten für Regelstrecken höherer Ordnung, wenn eine sprunghafte Änderung der Stör- bzw. Führungsgröße am Streckeneingang anliegt. Bei Anwendung der Tabellenwerte müssen die Streckenkenngrößen K_P, T_u und T_v allerdings bekannt sein.

In den Tabellen wird zwischen Störverhalten und Führungsverhalten unterschieden. Zusätzlich kann der Anwender wählen, ob die Regelgröße bei kurzer Ausregelzeit 20 % überschwingen darf oder sich bei längerer Anregelzeit aperiodisch (ohne Überschwingen) einpendelt.

Wie die Tabelle verwendet wird, soll am Beispiel der Temperaturregelung im Rührkesselreaktor (s. Kap. 11.1.4) verdeutlicht werden. Die Regelung erfolgt mit einem PID-Regler, weil er die folgenden Eigenschaften besitzt:

- Wenn Störgrößen, wie z. B. eine schwankende Heißdampftemperatur, den Ist-Wert der Kesseltemperatur verändern, kann dies der I-Anteil ausgleichen.
- Die auftretenden Störspitzen werden durch den schnell einsetzenden D-Einfluss gedämpft.

Für die Temperaturregelung im Rührkesselreaktor soll der PID-Regler auf eine Störung mit einem aperiodischen Übergang optimiert werden. Dabei geht man wie folgt vor:

Zunächst werden die Streckenkennwerte durch Aufnahme der Sprungantwort bestimmt:

$$K_p = \Delta x / \Delta y \qquad K_p = 5\ °\text{C/mm}$$

Bezogen auf die Maximalwerte des Proportionalbereiches ($x \sim y$) ergeben sich y_{max} = 25 mm und x_{max} = 125 °C. K_p besitzt die Einheit 1.

$$K_p = \frac{\Delta x / x_{max}}{\Delta y / y_{max}} = \frac{5\ °\text{C}/125\ °\text{C}}{1\ \text{mm}/25\ \text{mm}} = \frac{0{,}04}{0{,}04} = 1$$

$$T_u = 2{,}3\ \text{min} \qquad T_g = 11{,}4\ \text{min}$$

Nach Abb. 1 werden die Einstellwerte des Reglers ermittelt. Dabei muss die erste Gleichung nach dem K_p-Wert des Reglers (K_{pR}) umgestellt werden.

$$K_{pR} = \frac{T_g}{K_p \cdot T_u \cdot 1{,}05} = \frac{11{,}4\ \text{min}}{1 \cdot 2{,}3\ \text{min} \cdot 1{,}05} = 4{,}7$$

$$T_n = 2{,}4 \cdot T_u = 2{,}4 \cdot 2{,}3\ \text{min} \qquad T_n = 5{,}5\ \text{min}$$

$$T_v = 0{,}42 \cdot T_u = 0{,}42 \cdot 2{,}3\ \text{min} \qquad T_v = 0{,}97\ \text{min}$$

Abb. 2 zeigt das Störverhalten des Regelkreises für die eingestellten Werte. In Abb. 3 ist mit den errechneten Einstellwerten für das Störverhalten das Führungsverhalten ermittelt worden ①. Es ist noch nicht optimal, wie der Vergleich mit dem optimalen Führungsverhalten zeigt (Überschwingweite ②).

20 % Überschwingungen						
	Störung			Führung		
Regler	$K_{pR} \cdot K_p \approx$	$T_n \approx$	$T_v \approx$	$K_{pR} \cdot K_p \approx$	$T_n \approx$	$T_v \approx$
P	$\frac{T_g}{T_u \cdot 1{,}4}$	–	–	$\frac{T_g}{T_u \cdot 1{,}4}$	–	–
PI	$\frac{T_g}{T_u \cdot 1{,}4}$	$2{,}3 \cdot T_u$	–	$\frac{T_g}{T_u \cdot 1{,}7}$	$1 \cdot T_g$	–
PID	$\frac{T_g}{T_u \cdot 0{,}83}$	$2 \cdot T_u$	$0{,}42 \cdot T_u$	$\frac{T_g}{T_u \cdot 1{,}05}$	$1{,}35 \cdot T_g$	$0{,}47 \cdot T_u$
Aperiodischer Übergang						
	Störung			Führung		
Regler	$K_{pR} \cdot K_p \approx$	$T_n \approx$	$T_v \approx$	$K_{pR} \cdot K_p \approx$	$T_n \approx$	$T_v \approx$
P	$\frac{T_g}{T_u \cdot 3{,}3}$	–	–	$\frac{T_g}{T_u \cdot 3{,}3}$	–	–
PI	$\frac{T_g}{T_u \cdot 1{,}7}$	$4 \cdot T_u$	–	$\frac{T_g}{T_u \cdot 2{,}9}$	$1{,}2 \cdot T_g$	–
PID	$\frac{T_g}{T_u \cdot 1{,}05}$	$2{,}4 \cdot T_u$	$0{,}42 \cdot T_u$	$\frac{T_g}{T_u \cdot 1{,}7}$	$1 \cdot T_g$	$0{,}5 \cdot T_u$

1: Einstellregeln für stetige Regler

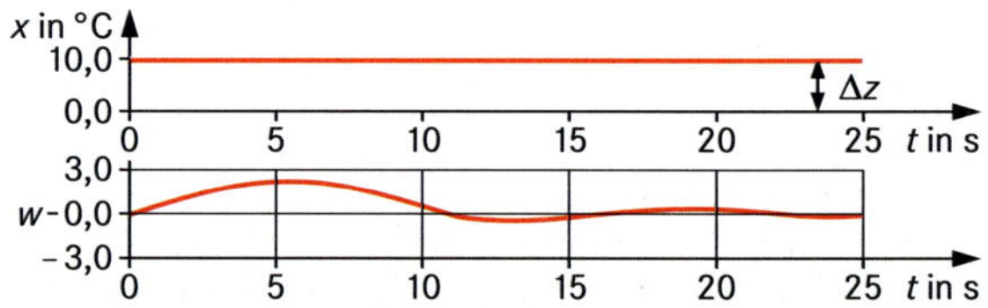

2: Optimiertes Störverhalten der Reaktionstemperatur

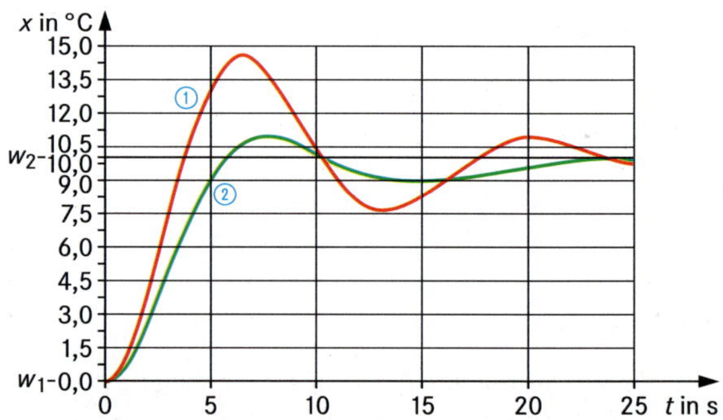

3: Führungsverhalten der Reaktionstemperatur

AUFGABEN

1. Welche Kriterien müssen für die Einstellung von Reglern nach Tabellen beachtet werden?
2. Wann wird statt eines PI-Reglers ein PID-Regler eingesetzt?

- Mit den über Tabellen ermittelten Einstellwerten lassen sich Reglereinstellungen optimieren.
- Ein Regler ist um so besser eingestellt, je
  - kleiner die bleibende Regeldifferenz,
  - kürzer die Einschwingzeit und
  - kleiner die Überschwingweite sind.

11.1.8 Digitale PID-Regler

Digitale Regler sind im Prinzip Computer, bei denen die Reglerfunktion durch ein Programm verwirklicht wird. Die Hauptteile sind (Abb. 4)

- der AD-Umsetzer (Analog-Digital-Umsetzer) ①,
- das Programm mit dem PID-Algorithmus ② und
- der DA-Umsetzer (Digital-Analog-Umsetzer) ③.

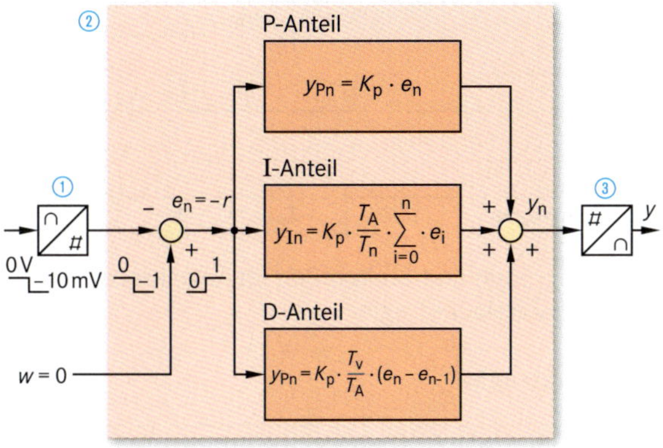

4: Blockschaltbild eines digitalen PI-Reglers

AD-Umsetzer

Der AD-Umsetzer [A/D-converter] wandelt die analoge Rückführungsgröße r in digitale (wertdiskrete) Signale r_n mit festen Stufen um. Ein AD-Wandler für 8 Bit besitzt für seinen Eingangsspannungsbereich FS (Full Scale) $2^8 = 256$ Stufen. Beträgt z. B. $U_{FS} = 2{,}56$ V, können Spannungswerte von $-1{,}27$ V bis $+1{,}28$ V in Schritten von 10 mV umgewandelt werden.

Regelungsprogramm

In konstanten Zeitabständen (zeitdiskret) erfasst der Computer zu jedem Abtastzeitpunkt $n \cdot T_A$ die digitale Rückführungsgröße r_n und bildet die Regeldifferenz $e_n = r_n - w$. Damit berechnet er die digitale Stellgröße y_n nach dem vorgegebenen PID-Algorithmus.

DA-Umsetzer

Der DA-Umsetzer [D/A-converter] wandelt die diskreten Stellgrößen y_n in analoge Spannungswerte um. Ein DA-Umsetzer für 8 Bit mit einem Ausgangsspannungsbereich von z. B. $U_{FS} = 2{,}56$ V kann Spannungen von $-1{,}27$ V bis $+1{,}28$ V in Schritten von 10 mV ausgeben.

PID-Algorithmus

Die verwendete Rechenvorschrift heißt **Stellungsalgorithmus**, weil zu jedem Abtastzeitpunkt die Stellgröße y_n vom Computer neu berechnet wird. Dazu werden die Teilstellgrößen y_{Pn}, y_{In} und y_{Dn} ermittelt und zur Gesamtstellgröße y_n addiert (Abb. 4).

Das Zeitverhalten der Teilstellgrößen ergibt sich bei konstanten Regeldifferenzen $e_n = 1$ für die ersten 6 Abtastzeitpunkte mit folgenden Eingabewerten:

$K_p = 2 \quad T_n = 2T_A$ und $T_V = 3T_A$

Für die Zeitpunkte $1T_A$ und $2T_A$ gilt dann (Abb. 5):

- **P-Anteil:** Zum Abtastzeitpunkt wird die aktuelle Regeldifferenz verwendet.
  $Y_{P1} = K_p \cdot e_1 = 2 \cdot 1 = 2$ und $Y_{P2} = K_p \cdot e_2 = 2 \cdot 1 = 2$
- **I-Anteil:** Es wird die Summe aus dem aktuellen und allen vorherigen Werten der Regeldifferenz verwendet.
  $Y_{I1} = K_p \cdot T_A/T_n \cdot (e_1) = 2 \cdot T_A/2T_A \cdot (1) = 1$
  $Y_{I2} = K_p \cdot T_A/T_n \cdot (e_1 + e_2) = 2 \cdot T_A/2T_A \cdot (1 + 1) = 2$
- **D-Anteil:** Es wird die Differenz zwischen aktueller und vorheriger Regeldifferenz verwendet.
  $Y_{D1} = K_p \cdot T_V/T_A \cdot (e_1 - e_0) = 2 \cdot 3T_A/T_A \cdot (1 - 0) = 6$
  $Y_{D2} = K_p \cdot T_V/T_A \cdot (e_2 - e_1) = 2 \cdot 3T_A/T_A \cdot (1 - 1) = 0$

Abb. 6 zeigt die Gesamtstellgröße y_n für $1T_A$ bis $6T_A$.

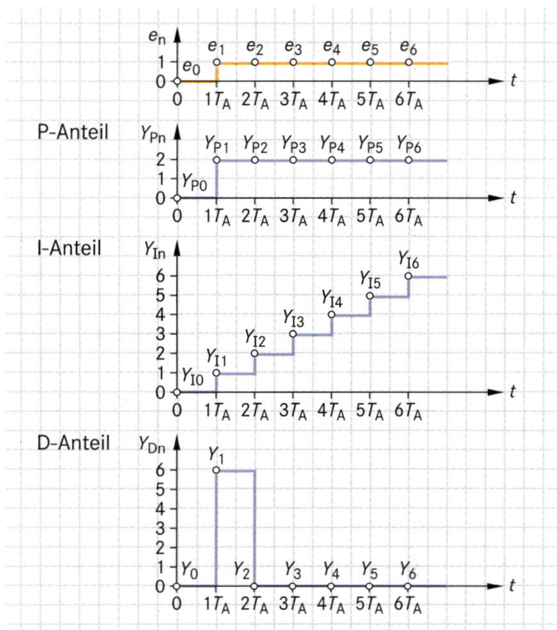

5: Zeitverhalten der Teilstellgrößen y_{Pn}, y_{In} und y_{Dn}

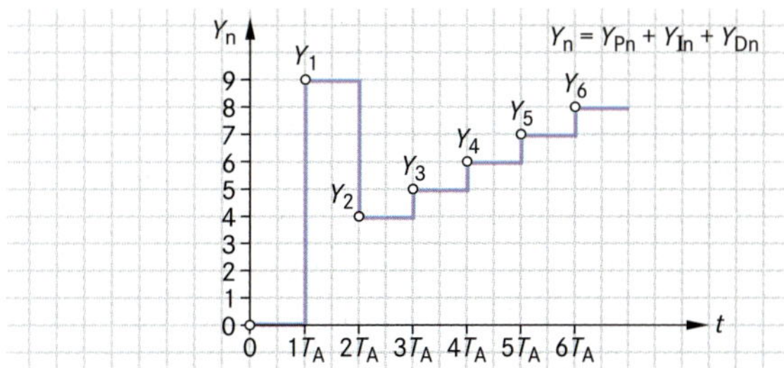

6: Sprungantwort der Gesamtstellgröße y_n

- Digitale Regler arbeiten mit zeit- und wertdiskreten Signalen.
- Digitale Regler mit PID-Stellungsalgorithmus berechnen zu jedem Abtastzeitpunkt die Stellgröße.

11.1.9 Unstetige Regler

In einem Ofen soll die eingestellte Temperatur konstant gehalten werden. Hierfür können einfache, unstetige Regler verwendet werden. Diese verändern ihre Stellgröße nicht stetig, sondern in Stufen. Man unterscheidet hierbei Zwei- und Dreipunktregler.

Zweipunktregler

Beim **Bimetallregler** [bimetal controller] (Abb. 1, s. Kap. 3.3.3) schaltet ein Bimetallstreifen den Heizstromkreis in Abhängigkeit von der Temperatur. Das Regelverhalten ist unstetig, weil die Stellgröße nur die Werte 100 % (EIN) und 0 % (AUS) annehmen kann. Deshalb werden solche Regler als Zweipunktregler [two-step controller] bezeichnet. Die Führungsgröße wird an der Stellschraube vorgegeben. Ein Magnetsprungschalter verhindert eine schleichende Kontaktgabe ①. Anwendungen sind z. B. Temperaturregler in Bügeleisen, Toastern und Raumtemperaturregler in Heizungsanlagen.

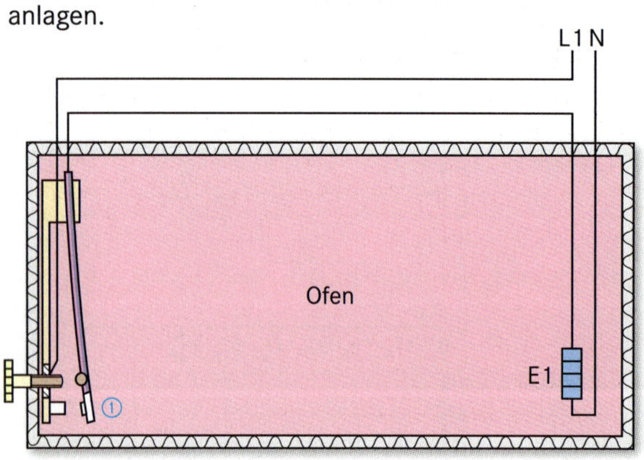

1: Temperaturregelung mit Bimetallregler

Reglerverhalten

Temperatur-Zweipunktregler heißen auch **Thermostate** [thermostats]. Sie besitzen durch ihre Konstruktion das gleiche Schaltverhalten (Abb. 2). Sie schalten die Heizung bei einer höheren Temperatur x_o ab und bei niedrigerer Temperatur x_u wieder ein. Die Differenz zwischen Ein- und Ausschaltwert heißt **Schaltdifferenz Δx** (**Hysterese** [hysteresis]).

Die Temperatur ändert sich über diese Schaltwerte hinaus, denn bei einer Temperaturregelstrecke wirkt sich eine Änderung der Stellgröße erst nach der Verzugszeit T_u aus. Dieses Verhalten zeigt sich schon beim Anfahren. Zweipunktregler mit Hysterese besitzen ein stabiles Schaltverhalten. Ohne **Schalthysterese** [switching hysteresis] (Schaltpunkt x_m) schwankt zwar die Regelgröße weniger, aber die Schalthäufigkeit nimmt zu und damit steigt der Verschleiß.

- Regler, die ihre Stellgröße in Stufen ändern können, heißen unstetige Regler.
- Unstetige Regler besitzen eine Schalthysterese.

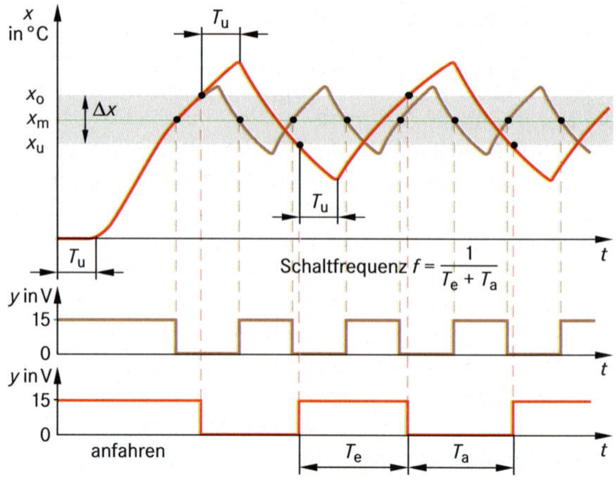

2: Regelgrößen und Stellgrößen im Regelkreis mit einem Zweipunktregler

Dreipunktregler

Kombiniert man zwei Zweipunktregler miteinander, können drei Zustände erreicht werden, wie z. B.:
- Kühlen-AUS-Heizen
- Linklauf-AUS-Rechtslauf

Bei diesen Dreipunktreglern [three-step controller] gibt es drei Zustände mit jeweils einer Hysterese beim Wechsel zum mittleren Zustand. Der neutrale Bereich (x_t) wird als **Totzone** bezeichnet (Abb. 3).

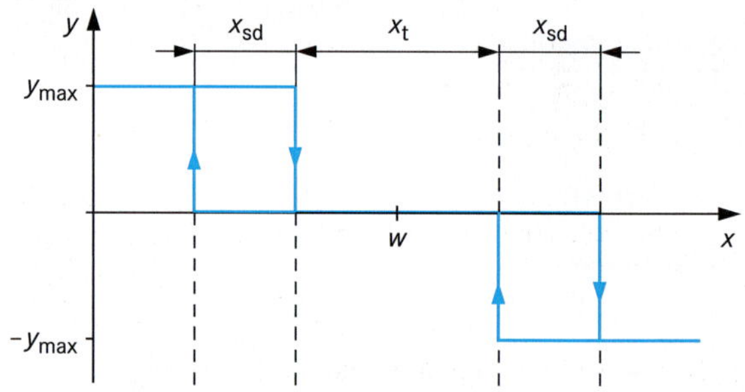

3: Kennlinie eines Dreipunktreglers

AUFGABEN

1. Welchen Einfluss hat eine Verkleinerung der Hysterese auf die Schaltfrequenz?
2. Warum haben Zwei- und Dreipunktregler immer eine Regelabweichung?

- Bei einer Zweipunktregelung schwankt die Regelgröße um den Sollwert.
- Mit zunehmender Schalthysterese steigt die Regelgrößenschwankung und sinkt die Schalthäufigkeit.
- Zweipunktregler besitzen die Schaltzustände EIN (Stellgröße 100 %) und AUS (Stellgröße 0 %).
- Dreipunktregler besitzen drei Schaltzustände.

11.2 Bussysteme

11.2.1 Übersicht Bussysteme

Sensoren und Aktoren für Steuerungen können einzeln über entsprechende Leitungen mit dem jeweiligen Steuergerät verbunden werden (**Einzelverdrahtung**, Abb. 4). Die Kosten dafür liegen bei größeren Anlagen oft weit über den Kosten der Steuerungshardware. Ebenso erschweren die Kabelbäume die Fehlersuche. Erweiterungen oder Änderungen der Anlage sind aufwändig und teuer. Diese Nachteile sprechen für den Einsatz von **Bussystemen**. In zeitgemäßen Anlagen werden deshalb alle Sensoren und Aktoren über eine gemeinsame Leitung an die Ein- bzw. Ausgänge der SPS angeschlossen (Abb. 5).

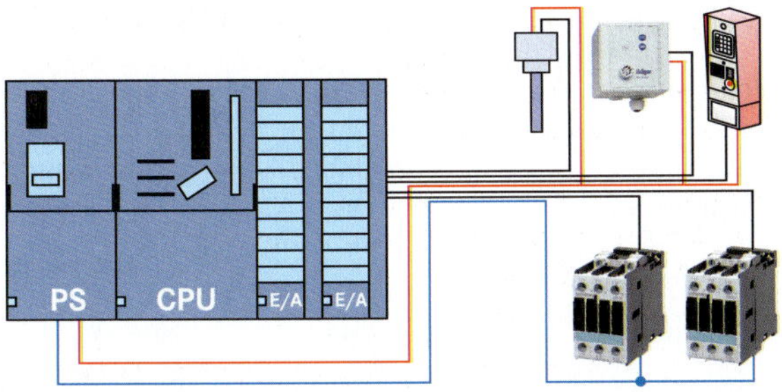

4: Einzelverdrahtung (Parallelverdrahtung)

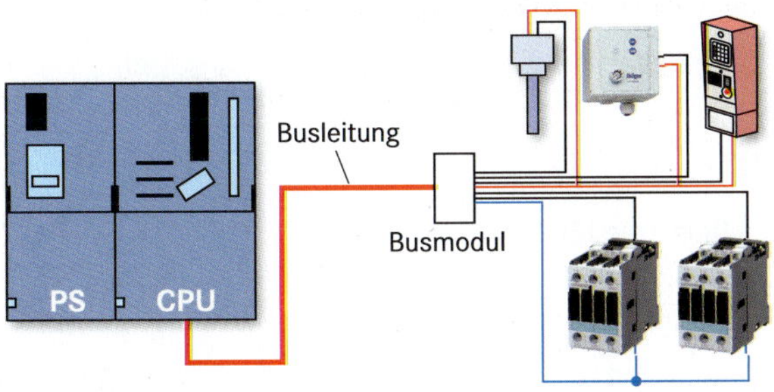

5: Busverdrahtung (schematische Darstellung)

Bussysteme, auch kurz nur als Bus bezeichnet, ermöglichen es der Steuerung, über eine gemeinsame Leitung (Busleitung) die Signalzustände der Sensoren abzufragen und über dieselbe Leitung die Steuerbefehle für die Aktoren zu übertragen (Abb. 5). Damit wird ein dezentraler Aufbau von Automatisierungsanlagen möglich, bei dem die anlagennahen Sensoren und Aktoren über ein Bussystem mit der zentralen, aber entfernten Steuerung verbunden sind.

Bei den in diesem Kapitel behandelten Systemen erfolgt die Kommunikation über den Bus bitweise nacheinander (**serielle Datenübertragung** [serial data transmission], s. Kap. 4.2.3.1). Jedes Busmodul hat deshalb eine Adresse, die der Signalübertragung beigefügt ist. Die Adresse gibt an, von welchem Sensor das Signal kommt. Jedes Busmodul erkennt anhand der Adresse, für welchen Aktor das Steuersignal bestimmt ist (Abb. 6).

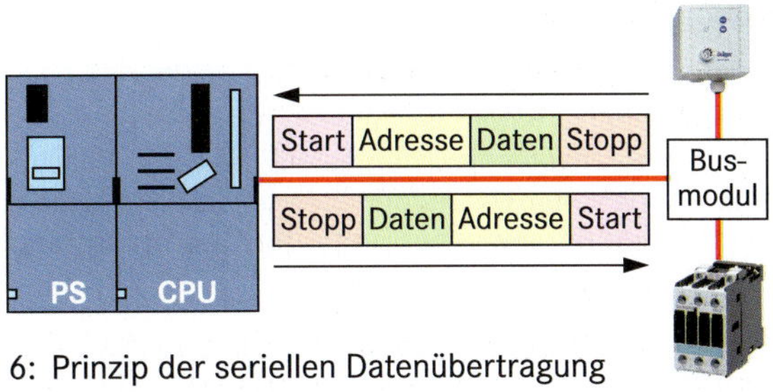

6: Prinzip der seriellen Datenübertragung

Zur Vermeidung einer Datenkollision darf zum selben Zeitpunkt immer nur eine Nachricht auf dem Bus transportiert werden.

Damit die serielle Datenübertragung störungsfrei abläuft, muss an jedem Ende der Busleitung eine Auswerteschaltung die Bitfolge lesen bzw. schreiben können. Dies erfolgt nach einer festgelegten Regel, dem **Busprotokoll** [bus protocol]. Start- und Stoppbits bilden dabei den Rahmen des Datentelegramms.

Serielle Datenübertragungsverfahren

Es gibt zwei grundlegende Verfahren. Beim **deterministischen Verfahren** bestimmt ein Master nach einem festen Zeitraster den Datenaustausch mit den **Slaves** (Sensoren/Aktoren). Deshalb steht fest, wann eine Nachricht ihr Ziel erreicht.

Beim **nicht-deterministischen Verfahren** haben alle Teilnehmer die gleiche Sendeberechtigung. Vereinbarungen müssen den Buszugriff festlegen. Deshalb steht nicht fest, wann eine Nachricht ihr Ziel erreicht.

- **Master-Slave-Verfahren**

Der Master fragt die Slaves der Reihe nach ab (Slave 1, 2, 3 usw.) und erteilt ihnen dabei kurzzeitig das Recht, über den Bus zu antworten. Diese Abfragen erfolgen ständig in gleichen Zeitabständen (**zyklisches Polling** [cyclic polling]).

- **Token-Ring (Token-Passing)**

Gibt es mehrere Master am Bus, wird das Zugriffsrecht den Mastern nacheinander durch Weitergabe [passing] eines Token (Zeichen) erteilt. Nur der Master mit dem Token kann dann Daten mit seinen Slaves austauschen (s. Kap. 4.3.4).

- **CSMA/CD [Carrier Sense Multiple Access/ Collision Detection]**

Alle Teilnehmer sind gleichberechtigt. Ein Teilnehmer beginnt nur zu senden, wenn kein anderer auf den Bus zugreift. Startet aber gleichzeitig ein weiterer Teilnehmer die Übertragung, muss die Datenkollision erkannt und geeignet behandelt werden (s. Kap. 4.3.4).

- In einem seriellen Bussystem werden alle Teilnehmer über eine gemeinsame Leitung miteinander verbunden. Die Kommunikation erfolgt mit Hilfe eines Protokolls.

Hierarchieebenen

Die Idee, den Produktionsprozess von der Planung bis zur Fertigung zu leiten, ist im Drei-Ebenen-Modell der Automatisierungstechnik dargestellt (Abb. 1). Bussysteme ermöglichen es, Automatisierungsgeräte dezentral anzuordnen sowie horizontal (in der Ebene) und vertikal (über alle Ebenen) zu vernetzen.

In der **Leit- und Planungsebene** ① [process control level] erfolgt die Koordination einzelner Produktionsbereiche. Hier fließen große Datenmengen aller Produktionsbereiche zusammen. Beispielsweise werden Daten erfasst, um entsprechend den Wareneinkauf zu lenken oder den Lagerbestand zu erfassen. Hinzu kommt die Dokumentation des Produktionsprozesses im Rahmen der Qualitätssicherung oder zur Optimierung einzelner Produktionsschritte. In dieser Ebene erfolgt auch die Anbindung an das Internet über herkömmliche Rechnersysteme. Das geeignete Bussystem ist z. B. das **Industrial Ethernet**.

In der **Zellebene** ② (betriebliche Ebene) [cell level] erfolgt der Datenaustausch zwischen Speicherprogrammierbaren Steuerungen, PCs und Geräten zum Bedienen und Beobachten von Produktionsprozessen. Es lassen sich einzelne Produktionseinheiten miteinander vernetzen. Für diese Ebene ist beispielsweise der **PROFIBUS** (s. Kap. 11.2.4) geeignet.

In der **Feldebene** ③ [process field level] erfolgt der Datenaustausch zwischen den Ein- und Ausgabegeräten (Aktoren und Sensoren), auch Feldgeräte genannt, mit dem Automatisierungsgerät. Die Feldgeräte erfassen dabei Signale aus dem technischen System. Diese Signale werden anschließend an das Automatisierungsgerät übertragen und dort verarbeitet. Die zu verarbeitende Datenmenge ist gering. Jedoch werden hohe Anforderungen an die Verarbeitungsgeschwindigkeit gestellt. Als Bussysteme eignen sich der **ASI-Bus** (s. Kap. 11.2.3) oder der **PROFIBUS DP** (s. Kap. 11.2.4).

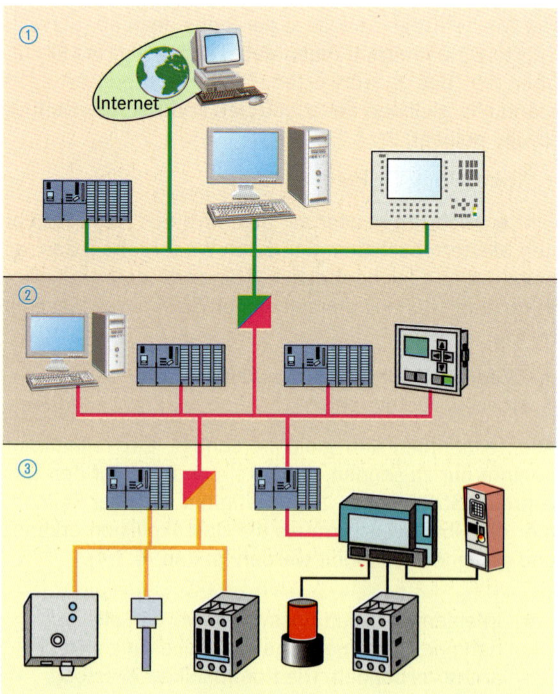

1: Drei-Ebenen-Modell der Automatisierungstechnik

Feldbussysteme

In der Feldebene sind kurze und garantierte Übertragungszeiten (**Echtzeit** [real time], s. Kap. 11.2.5) bei geringen Datenmengen gefordert. In der Leit- und Planungsebene werden große Datenmengen über das Ethernet für die Bürokommunikation übertragen. Echtzeitfähigkeit (EZ) ist hier nicht gefordert. Trifft eine Nachricht etwas früher oder später ein, dann ist dies oft ohne Belang.

Verschiedene Firmen haben Feldbusse (Abb. 2) entwickelt, die zwar weniger Daten pro Zeit übertragen als das Ethernet, dafür aber minimale Übertragungszeiten garantieren.

Feldbus	Nutzerorganisation
PROFIBUS	PNO (z. B. Siemens)
Interbus	Interbus Club (z. B. Phoenix)
DeviceNet	OVDA (z. B. Rockwell)
CC-Link	CLPA (z. B. Mitsubishi)
AS-Interface	AS-Interface (z. B. Siemens, ifm)
CANopen	CIA (z. B. Schneider Electric)
KNX/EIB	EIBA (z. B. Siemens, ABB)

2: Beispiele für Feldbusstandards

Industrial Ethernet

Zunehmend dringt das Ethernet (s. Kap. 4.3.4) als Industrial Ethernet in die Automatisierungstechnik vor. Gründe hierfür sind die weite Verbreitung preiswerter Komponenten und viele Standards, z. B. Internet und WLAN. Die Echtzeitfähigkeit für die Feldebene ist unterschiedlich gelöst worden. Entweder hat man darauf verzichtet oder die Ethernetprotokolle sind erweitert worden (Beispiele in Abb. 3). Ein gemeinsamer Standard besteht bisher nur bei den Netzwerkkomponenten wie z. B. Leitungen, Stecker, Switch und Router.

Industrial Ethernet	Nutzerorganisation
PROFINET (EZ)	PNO (z. B. Siemens)
Powerlink (EZ)	EPSG (z. B. B&R Automation)
Ethercat (EZ)	ETG (z. B. Beckhoff)
Ethernet/IP (EZ)	ODVA (z. B. Rockwell)
HSE (EZ)	Fieldbus Foundation (z. B. Softing AG)

3: Beispiele für Industrial Ethernet

Netzwerktopologien

Netzwerke werden häufig auch verkürzt als Bus bezeichnet. Auf Grund unterschiedlicher Anforderungen können sie verschiedenartig aufgebaut sein (s. Kap. 4.3.1). Letztlich basieren aber alle Netze auf den drei grundlegenden Netztopologien Linie (oft auch nur als Bus bezeichnet), Stern oder Ring. Auch Kombinationen sind möglich.

Bei der **Linie** sind die Teilnehmer parallel an eine Leitung geschaltet (Abb. 4). Die Enden sind meist durch Widerstände abgeschlossen. Die Linien-Topologie eignet sich bei geringem Verkabelungsaufwand für weitläufige Anlagenstrukturen.

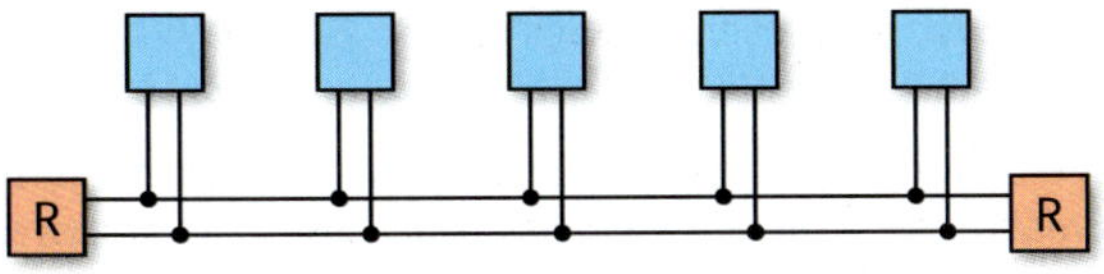

4: Linien-Topologie (Bus-Topologie)

Bei einem **Stern** sind alle Teilnehmer über einen zentralen Verteiler miteinander verbunden. Diese Topologie benötigt nur wenige Netzwerkkomponenten.

In der **Ringtopologie** sind die Teilnehmer über Leitungen zu einem Kreis zusammengeschlossen. Bei Leitungsbruch besteht immer noch eine Verbindung zu jedem Teilnehmer.

Die **Baumtopologie** besteht aus der Kombination mehrerer Sternnetze und gestattet einen flexiblen Netzaufbau. Die Teilnehmer sind in Gruppen über Abzweigleitungen und Verteiler miteinander verbunden.

In einer **gemischten Topologie** können Kombinationen aus Linie, Stern und Ring vorkommen. Man findet sie bei großen Netzwerken, z. B. bei der Bürovernetzung.

OSI-Modell

Damit Geräte unterschiedlicher Hersteller ihre Daten über einen Bus miteinander austauschen können, wurde für die Kommunikation ein grundsätzliches System (Modell) international festgelegt. Es wird als **OSI-Modell** (**O**pen **S**ystem **I**nterconnection Referenzmodell) bezeichnet. Dieses Modell gliedert die Kommunikation in sieben aufeinander folgende Schichten (**Layer**), in denen Teilaufgaben bewältigt werden.

- **Physikalische Schichten 1 und 2 (Ethernet)**
  - Schicht 1 bestimmt die physikalische Datenübertragung der Bits (Leitung, Stecker, Anschlussbelegung).
  - Schicht 2 packt die Bits in Datenpakete und sorgt für die fehlerfreie Übertragung zwischen zwei Teilnehmern (Senden und Empfangen von Datenpaketen, Behebung von Übertragungsfehlern).

Kommunikations-schichten		Aufgabe	Protokoll
7	Anwendung [Application layer]	Gerätetreiber (OSI-Schicht 3-7)	ASI, PROFINET
2	Verbindung [Data link layer]	Datenpakete senden/empfangen, Fehlerkorrektur (OSI-Schicht 2)	HDLC [High Level Data Link Control]
1	Physikalische Verbindung [Physical layer]	Leitung, Stecker, Kontaktbelegung (OSI-Schicht 1)	Strom, Spannung, Licht

5: Kommunikationsschichten industrieller Bussysteme

- **Transportschichten 3 und 4**
  Diese Schichten sind für die Datenübertragung zwischen den Endsystemen verantwortlich (Routing, Übertragungsdauer).
- **Anwendungsschichten 5 bis 7**
  Sie ermöglichen die Kommunikation mit dem konkreten Anwenderprogramm.

Bussysteme in der Industrie nutzen vorwiegend die Schichten 1, 2 und 7. Die Schichten 3 bis 6 sind oft reduziert in Schicht 7 integriert (Abb. 5).

Die vielfältigen Aufgaben der Schichten werden durch unterschiedliche Protokolle erledigt, die als Steuerungsprogramme in den Auswerteschaltungen (Mikrocontrollern) der Busschnittstellen gespeichert sind.

AUFGABEN

1. Nennen Sie Merkmale für die serielle Datenübertragung.
2. Beschreiben Sie Merkmale des Drei-Ebenen-Modells der Automatisierungstechnik.
3. Wozu dient das OSI-Modell der Kommunikation?
4. Nennen Sie für jede Netzwerktopologie je einen Vorteil in der Anwendung.

- Automatisierte Produktionsprozesse sind hierarchisch gegliedert und können in Leit-, Planungs-, Zell- und Feldebene eingeteilt werden.
- In der Feldebene erfolgt der Datenaustausch zwischen Sensoren und Aktoren.
- Grundlegende Topologien für Bussysteme sind Linie (Bus), Stern, Baum und Ring. Mischformen sind möglich.
- Das OSI-Modell wird für herstellerunabhängige Kommunikationssysteme verwendet.
- Die Kommunikation nach dem OSI-Modell erfolgt in 7 hierarchischen Schichten (Layer).

11.2.2 Multi Point Interface

Das Multi Point Interface (MPI, mehrpunktfähige Schnittstelle) dient zur Kommunikation zwischen SIMATIC-Geräten.

Über diese herstellerspezifische Schnittstelle können CPUs (z. B. S7 300), Operator Panels (OPs) und Programmiergeräte (PGs) vernetzt werden. Darüber hinaus bieten viele andere Hersteller MPI-Gateways (Netzübergänge) zur Verbindung mit den unterschiedlichsten Feldbussen und dem Ethernet an (Abb. 1).

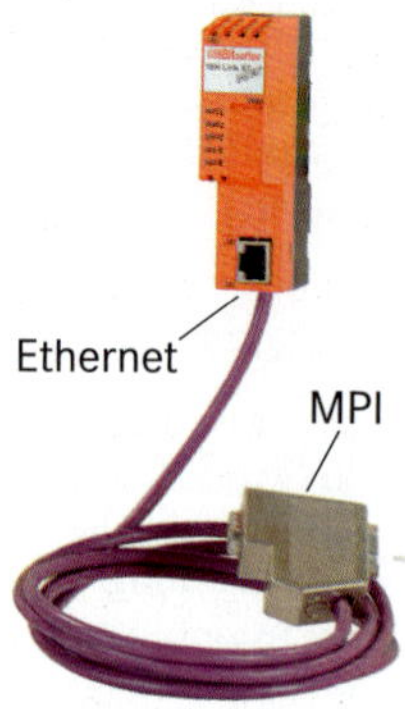

1: Ethernet-MPI-Gateway

Aufbau

Mit MPIs können kleine Subnetze (lokale Steuerungsnetze) aufgebaut werden. Das MPI basiert auf dem PROFIBUS-Standard (IEC 61158). Das Netz kann als Linienstruktur oder mit Hilfe von Repeatern als Baumstruktur aufgebaut werden.

- Ein MPI-Subnetz hat maximal 127 Teilnehmer (abhängig von der CPU) und besteht aus mehreren Segmenten, die durch Repeater gekoppelt werden. Ein Segment hat höchstens 32 Teilnehmer.
- Segmente werden durch Abschlusswiderstände (Terminatoren) begrenzt, um Störungen durch Signalreflexion am Leitungsende zu vermeiden (Abb. 2).
- Zum Netzaufbau werden die PROFIBUS-Leitung (geschirmte Zweidrahtleitung nach RS 485 Standard) und PROFIBUS-Stecker verwendet.
- Es werden Datenraten von 19,2 kbit/s bis 12 Mbit/s (Standard: 187,5 kbit/s) unterstützt.
- Die maximale Leitungslänge zwischen dem ersten und dem am weitesten entfernten Teilnehmer beträgt ohne Repeater 50 m.

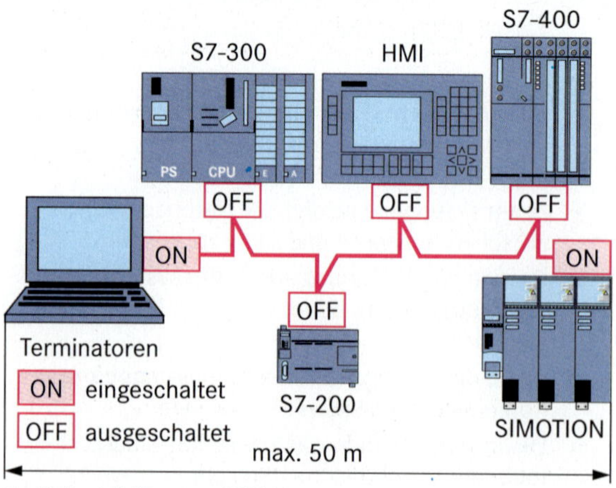

2: Beispiel für eine MPI-Vernetzung

Merkmale

Alle MPI-Teilnehmer erhalten bei der Hardwarekonfiguration eine MPI-Adresse (0 bis 126). Programmiergeräte erhalten die 0, Operator Panels die 1 und CPUs die 2, 3 usw. Die Adresse kann nachträglich geändert werden.

Die Busstecker (Abb. 3a) haben Anschlüsse für die ankommende Leitung (Ader A1 grün, Ader B1 rot) und für die abgehende Leitung (Ader A2 grün, Ader B2 rot). Am Anfang und Ende des Busses muss das Kabel nur am Eingang angeschlossen werden (Abb. 3b), in der Mitte des Bus-Segmentes sind beide Kabelstücke aufzulegen (Abb. 3c). Die Abschlusswiderstände sind meist im Stecker integriert. Sie werden an den Segmentenden zugeschaltet (ON, Abb. 3b ①) und dazwischen abgeschaltet (OFF, Abb. 3c ②, s. auch Abb. 2).

Die Leitungslänge zwischen zwei Repeatern kann ohne zwischengeschaltete Teilnehmer bis zu 1000 m betragen. Bis zu 10 Repeater in Reihe sind zulässig.

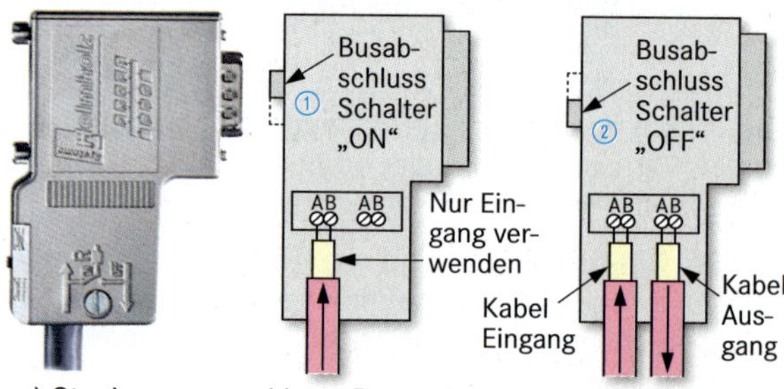

a) Stecker b) am Busende c) im Segment
3: MPI-Stecker mit schaltbaren Terminatoren

Kommunikationsdienste

Für die Netzwerkfähigkeit bietet MPI folgende Dienste:

- **PG/OP-Kommunikation**
  S7-Steuerungen tauschen Daten mit HMI-Geräten (z. B. Operator Panels) oder Programmiergeräten aus.
- **Globaldaten-Kommunikation**
  Mit der Globaldatenkommunikation (GD) können SIMATIC-Controller (S7-300, S7-400, C7) im gleichen MPI-Netz ohne Programmierung zyklisch Daten untereinander austauschen.
- **S7-Basiskommunikation**
  Bei S7-300/400-CPUs können mittlere Datenmengen (kbit/s) zwischen verschiedenen MPI-Teilnehmern (CPUs, PGs, OPs) ausgetauscht werden.
- **S7-Kommunikation**
  Damit lassen sich bei S7-300/400 CPUs und C7 große Datenmengen (Mbit/s) über MPI, PROFIBUS und PROFINET austauschen.

> - Jede S7-300 CPU besitzt eine MPI-Schnittstelle.
> - Ein MPI-Segment hat maximal 32 Teilnehmer.
> - Terminatoren müssen die Busenden abschließen.

11.2.3 ASI-Bus

Das **AS-Interface (ASI-Bus)** ist ein Feldbus für den untersten Feldbereich (Aktor-Sensor-Ebene) zur Vernetzung von dezentral verteilten Sensoren und Aktoren. ASI (Schreibweise auch: AS-i) ist ein herstellerunabhängiger Standard.

Als Beispiel dient die SPS-gesteuerte Abfüllanlage (S7-315 2DP) in Abb. 4, die um ein entferntes Förderband erweitert werden soll. Damit die Anlage auch zukünftig flexibel und kostengünstig erweiterbar ist, wird das AS-Interface installiert.

Eine ungeschirmte Zweidraht-Leitung (Abb. 4 ①) verbindet die Busmodule (Slaves ②) mit dem Master ③. Die Sensoren und Aktoren der Anlage sind an den Slaves angeschlossen oder bilden mit dem Slave eine Einheit. Der Master stellt die Verbindung zur SPS her, die das Steuerungsprogramm enthält.

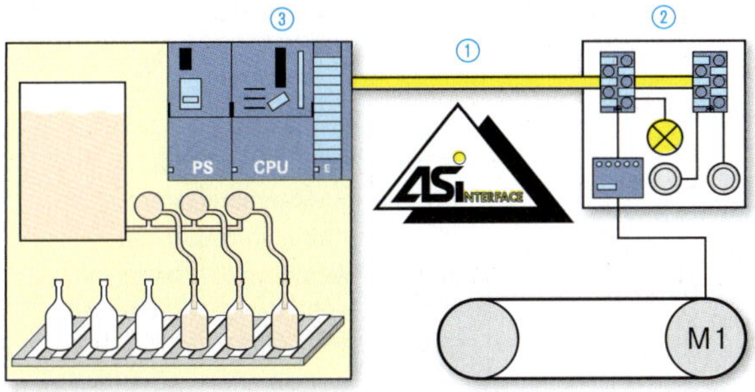

4: Anlagenerweiterung mit Förderband

Komponenten des AS-Interfaces

Zum Aufbau des AS-Interfaces sind mindestens vier Komponenten nötig (Abb. 5):
- ASI-Master ④
- ASI-Slaves ⑤
- ASI-Leitung ⑥
- ASI-Netzteil ⑦

Leistungsstarke Aktoren werden über eine separate Leitung mit 24 V DC oder 230 V AC gespeist.

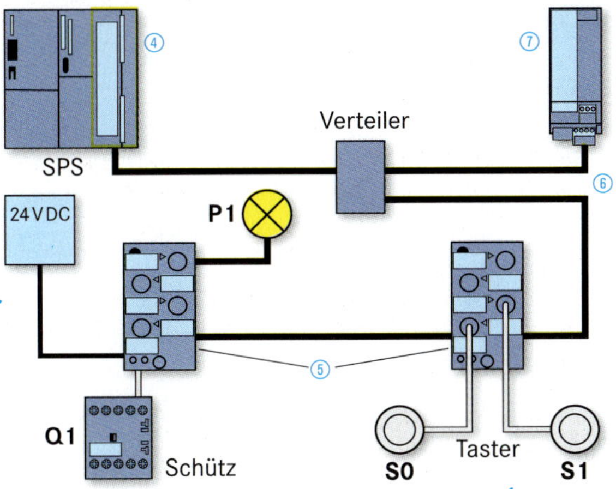

5: AS-Interface

Das AS-Interface ist ein Single-Master-System. Der Master fragt in immer gleichen Zeitabständen die projektierten Slaves ab. Er liest ihre Eingangssignalzustände und gibt sie an die SPS zur Verarbeitung im Steuerungsprogramm weiter. Die Ausgangssignalzustände schreibt der Master von der SPS in die Slaves. Durch dieses zyklische Polling ist ASI echtzeitfähig.

Die SPS gehört nicht zum Bussystem. Je nach Hersteller gibt es verschiedene ASI-Master (Abb. 6).
- SPS und ASI-Master sind ein Gerät (Abb. 6a).
- Der ASI-Master ist eine modulare Baugruppe des SPS-Systems (z. B. bei S7-300: CP 343-2, Abb. 6b).
- Der ASI-Master ist in einem Gateway integriert (z. B. Netzübergang ASI/PROFINET, Abb. 6c).
- In einem PC-System ist der ASI-Master als Steckkarte mit Treibersoftware ausgeführt.

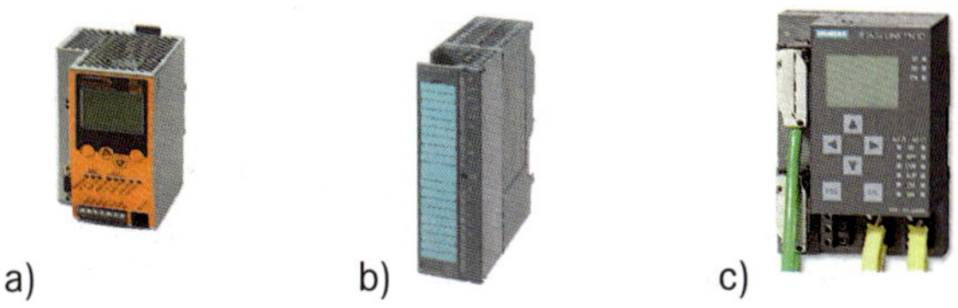

6: Verschiedene ASI-Master

Seit Einführung des AS-Interface für 31 digitale Slaves sind drei Spezifikationen mit erweitertem und verbessertem Funktionsumfang entwickelt worden. Die jeweiligen Versionen bieten zusätzlich mehrere Profile mit weiteren Verbesserungen (Abb. 7).
- Version 2.0: Es gibt 31 digitale (je 4E/4A) oder 31 analoge Slaves bzw. eine Kombination aus beiden.
- Version 2.1: Die 31 Adressen werden aufgespalten und damit digitale A- und B-Slaves angesprochen (je 4E/3A). Damit sind 62 digitale oder 31 analoge Slaves bzw. eine Kombination daraus möglich.
- Version 3.0: Durch neue ASI-Master und -Slaves gibt es 62 digitale und analoge Slaves.

Die angegebenen Zykluszeiten sind die garantierten Reaktionszeiten bei maximaler Anzahl der Slaves.

Version	Slaves digital	Slaves analog	Digital Inputs	Digital Outputs	Zykluszeit
2.0	31	31	31 x 4 = 124	31 x 4 = 124	5 ms
2.1	62	31	62 x 4 = 248	62 x 3 = 186	10 ms
3.0	62	62	62 x 8 = 496	62 x 8 = 496	40 ms

7: ASI-Spezifikationen

- ASI ist ein Feldbus für die Aktor-Sensor-Ebene und arbeitet als Single-Master-System.
- Die Hauptteile sind ASI-Master, ASI-Slaves, ASI-Leitung und ASI-Netzteil.

ASI-Leitung

Auf der ungeschirmten Zweidrahtleitung werden Daten und Energie (bis 8 A DC) gemeinsam übertragen. Zur Verdrahtung kann grundsätzlich jede Zweidrahtleitung mit einem Querschnitt von 2 x 1,5 mm² verwendet werden. Besondere Vorteile bietet aber das gelbe ASI-Flachkabel. Durch diese besondere Form ist eine Fehlverdrahtung unmöglich (Abb. 1a). Die Vorteile sind:

- Leichter und schneller Anschluss von Modulen oder Sensoren/Aktoren erfolgt mittels Durchdringungstechnik (Piercing) in Schutzart IP 67 (Abb. 1b).
- Problemloses Versetzen der Slaves auf dem Kabel ist möglich, da die Leitung „selbstheilend" ist.
- Farbcodierung für die Zusatzversorgung leistungsstarker Slaves: schwarz (24 V DC), rot (230 V AC)
- Das Ablängen und Abisolieren der Leitung entfällt, da Abschlusswiderstände nicht nötig sind.

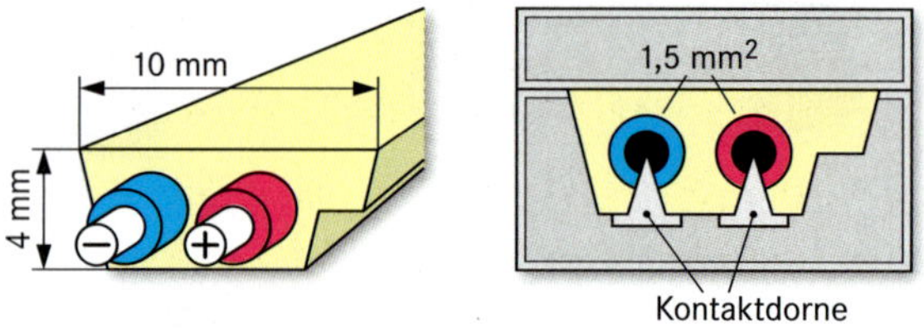

a) ASI-Flachkabel b) Piercing-Technik

1: ASI-Flachkabel und Durchdringungstechnik

ASI-Netzteil

Das ASI-Netzteil (Abb. 2) ist notwendiger Bestandteil des Bussystems. Es liefert eine Gleichspannung von 30 V und versorgt damit die Komponenten (Module und Master) sowie die angeschlossenen Sensoren und Aktoren.

Damit die Gleichspannungsversorgung der Busteilnehmer durch die überlagerten Datentelegramme nicht verändert wird, tauschen Master und Slaves die Informationen als Wechselspannungssignale aus. Dies geschieht mit Hilfe eines speziellen Übertragungsverfahrens. Das ASI-Netzteil stellt die Trennung von Daten und Energie durch die integrierte **Datenentkopplung** [decoupling data] sicher (Abb. 4). Ein normales Netzteil würde die Signale kurzschließen.

2: ASI-Netzteile (Schutzart IP 20)

ASI-Master

Als Beispiel dient der Kommunikationsprozessor CP 343-2, der nach Version 2.1 arbeitet (Abb. 3). Er wird als Erweiterungsmodul auf Steckplatz 6 mit der S7 315 2DP verbunden. Die Plätze 4 und 5 sind durch zwei DI/DO-Module besetzt. Der CP 343-2 belegt im E/A-Betrieb 16 Byte im analogen Adressraum der SPS, also hier die Adressen 288 bis 303. In diesem Bereich werden die E/A-Daten der 31 Standard- bzw. A-Slaves gespeichert. Die E/A-Daten der 31 B-Slaves werden in einem Datenbaustein abgelegt und mit der Funktion „Datensatz Lesen/Schreiben" ausgetauscht.

Der ASI-Master besitzt zwei Betriebsmodi, in denen er zyklisch Daten mit der SPS austauscht.

- Im **Projektierungsmodus** erkennt der Master die angeschlossenen Slaves.
- Im **geschützten Betrieb** (Betätigung der SET-Taste) tauscht der Master nur noch mit den erkannten Slaves Daten aus.

Hinweis: Bei größeren Stromstärken als 4 A muss der CP über eine Stichleitung mit dem Bus verbunden werden.

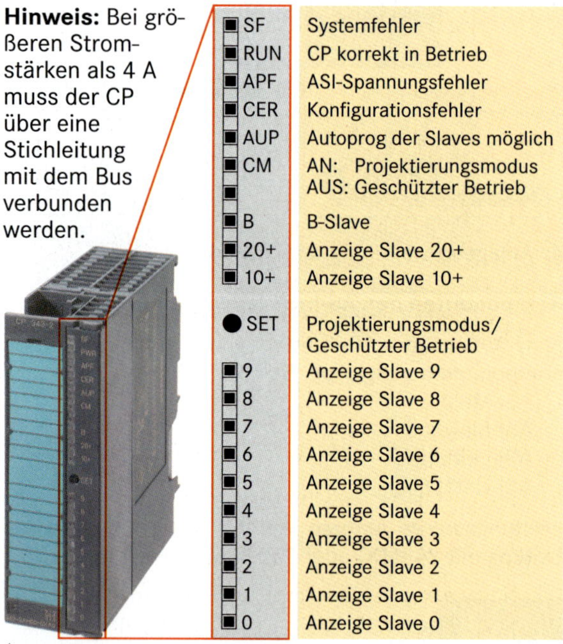

3: CP 343-2

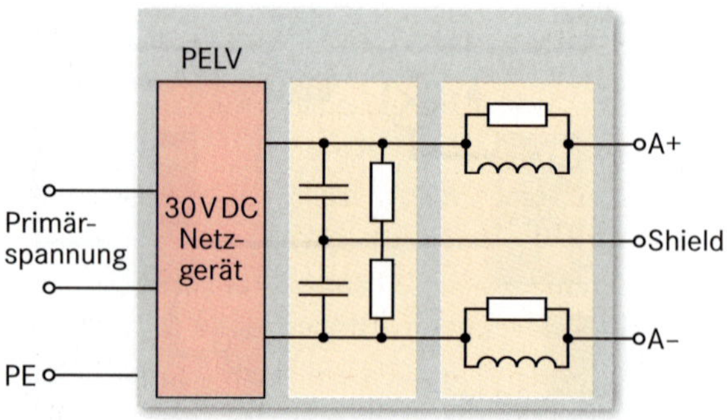

4: Datenentkopplung

ASI-Slaves

Es gibt eine Vielzahl von Slaves in unterschiedlichen Ausführungen zur Montage in Anlagen oder im Schaltschrank.

- ASI-Koppelmodule (Abb. 5a) dienen dazu, herkömmliche Aktoren und Sensoren an den Bus anzuschließen. Es gibt Eingangs-, Ausgangs- und Mischmodule sowie Analog- und Motormodule.
- ASI-Sensoren haben einen ASI-Chip für den direkten Busanschluss, wie z. B. kapazitive und induktive Näherungsschalter, Endschalter und Lichttaster sowie Not-Aus-Taster.
- ASI-Aktoren mit ASI-Chip gibt es in großer Vielfalt, z. B. Meldegeräte (Dauerlicht, Blitzlicht, akustisch), Signalsäulen, Steuerrelais und Motorstarter sowie sicherheitsgerichtete Aktoren, wie Schutztürverriegelungen.

Jeder Slave muss bei der Inbetriebnahme über eine eindeutige Adresse verfügen. Sie wird mit dem Projektierungsgerät (Abb. 5b) oder je nach Version mit dem Master bzw. in STEP 7 programmiert.

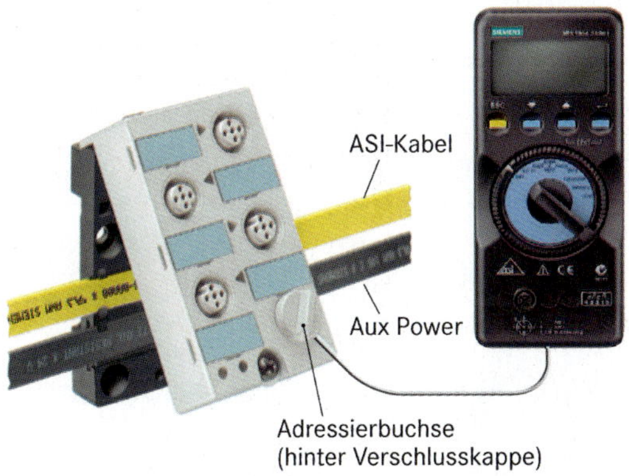

a) ASI-Koppelmodul (IP 65) b) Projektierungsgerät

5: ASI-Slave und Projektierungsgerät

Netzwerktopologie

Die Netzwerktopologie kann im Stern, in Linie (auch mit Stichleitungen) und als Baum erfolgen. Die maximale Leitungslänge eines ASI-Segmentes beträgt 100 m. Ist eine größere Ausdehnung erforderlich, gibt es folgende Möglichkeiten (Abb. 6):

- Ein **Repeater** erweitert die Leitungslänge um 100 m auf 200 m (Abb. 6a). Ein weiteres Netzteil ist nötig. Zwei Repeater in Reihe sind möglich.
- Ein **Extender** ermöglicht es, den Master 100 m entfernt vom ASI-Segment einzubauen, ohne ein weiteres Netzteil hinzuzufügen.
- Ein **Extension Plug** am Busende erlaubt 200 m vom Master bis zum am weitesten entfernten Slave.
- Mit zwei Repeatern und drei Extension Plugs kann bei Einsatz von zwei weiteren Netzteilen die maximale Leitungslänge 600 m betragen.

AS-Interface in Betrieb nehmen

Vier wesentliche Arbeitsschritte sind abgestimmt mit der Inbetriebnahme der Gesamtanlage auszuführen:

- **Netzaufbau**
  - ASI-Slaves adressieren
  - ASI-Netz verdrahten
  - ASI-Master in Betrieb nehmen (Projektierungsmodus)
  - Sensoren und Aktoren anschließen
- **Hardwarekonfiguration der S7-Station**
  - Modulsteckplätze festlegen (Adressvergabe erfolgt automatisch)
- **Steuerungsprogramm**
  - Eingänge der ASI-Slaves in SPS einlesen
  - Anwenderprogramm in SPS abarbeiten
  - Ausgänge der SPS in ASI-Slaves schreiben
- **Anlagentest und Dokumentation**
  - Korrekter Aufbau und Funktion der ASI-Anlage

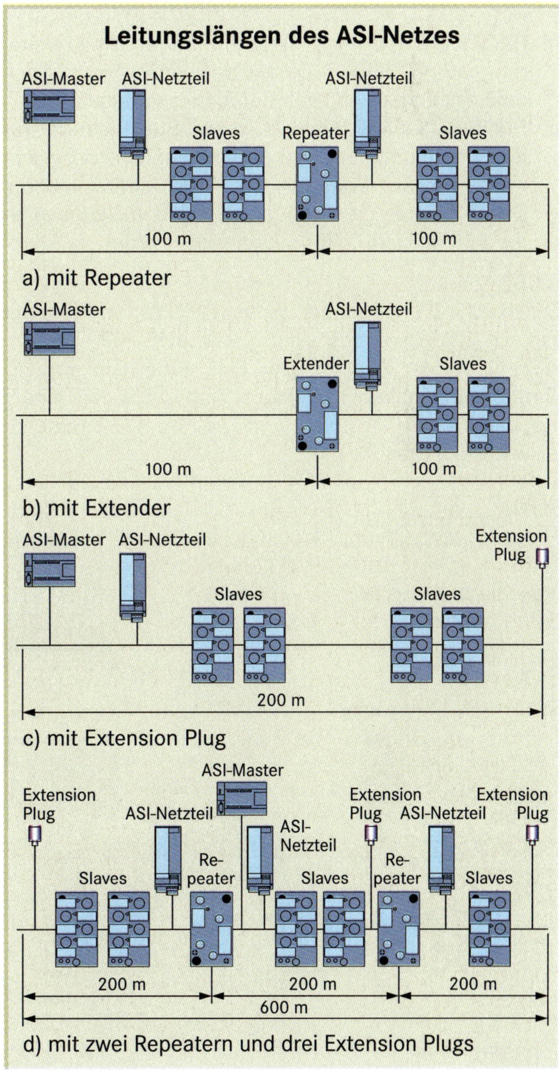

6: Leitungslängen des ASI-Netzes erhöhen

11.2.4 PROFIBUS

PROFIBUS [**PRO**cess **FI**eld **BUS**] ist ein offenes und herstellerunabhängiges Feldbussystem nach IEC 61158, mit dem verteilte Automatisierungsgeräte (Sensoren, Aktoren) von der Feldebene bis zur Zellebene vernetzt werden können.

PROFIBUS grenzt sich von der kostengünstigen Installation des ASI-Systems ab durch

- verschiedene Übertragungsmedien (Kupferleitungen, Lichtwellenleiter und drahtlose Infrarotübertragung),
- intelligente Slaves mit eigener CPU,
- größere Reichweiten, schnellere Datenübertragung und
- größeren Nutzdatenbereich je Datentelegramm.

PROFIBUS gibt es in drei Varianten:

- **PROFIBUS DP** (**D**ezentrale **P**eripherie) für den bevorzugten Einsatz in der Fertigungsindustrie (Abb. 1 ③)
- **PROFIBUS PA** (**P**rozess **A**utomation) als Erweiterung von PROFIBUS DP für den Einsatz in explosionsgeschützten Anlagen der Prozessindustrie
- **PROFIBUS FMS** [**F**ield **M**essage **S**pecification] für die Kommunikation zwischen Speicherprogrammierbaren Steuerungen und PCs in der Zellebene. Diese Variante ist nicht genormt und in Neuanlagen durch PROFINET CBA verdrängt worden (s. Kap. 11.2.5).

PROFIBUS PA wird über einen DP/PA-Koppler oder ein DP/PA-Link-Modul mit PROFIBUS DP verbunden, wobei der Koppler bzw. Link außerhalb des EX-Bereiches installiert sein muss (Abb. 1 ①). Mit einem Repeater kann das Netz um weitere DP-Segmente erweitert werden ②.

Stationen (Gerätetypen)

Bei PROFIBUS unterscheidet man folgende Stationen:

- **Master** sind aktive Teilnehmer. Es können ein oder mehrere Master vorhanden sein. Ein Master darf Nachrichten selbstständig aussenden, wenn er die Buszugriffsberechtigung (**Token**) besitzt.
- **Slaves** sind Peripheriegeräte [peripheral devices] wie z. B. Ein- und Ausgabegeräte, Antriebe, Ventile und Messumformer. Sie dürfen Nachrichten nur quittieren oder auf Anfrage eines Masters Nachrichten an diesen Master übermitteln.

Auch Slaves für PROFIBUS PA werden von einem DP-Master kontrolliert. Deshalb muss jedes PA-Segment mit einem DP-Segment verbunden sein (Abb. 1).

Stationsadressen

Jede Station muss eine eindeutige Adresse im Bereich 0–127 haben. Die PROFIBUS-Adresse eines Slaves wird an einem DIL-Schalterblock eingestellt (binär kodiert). Dabei sind einige Adressen reserviert (Abb. 2).

Adresse	Station
0	Adresse für das Diagnosegerät (z. B. Programmiergerät)
1 bis n	Adressen der Master-Stationen
n bis 125	Adressen der Slave-Stationen
126	**Reserviert** als Auslieferungsadresse für Stationen, deren Adressen über den Bus eingestellt werden können.
127	**Reserviert** für die Adressierung an alle Teilnehmer [broadcast] oder an Gruppen. Sie kann nicht an einer Station eingestellt werden.

2: Stationsadressen

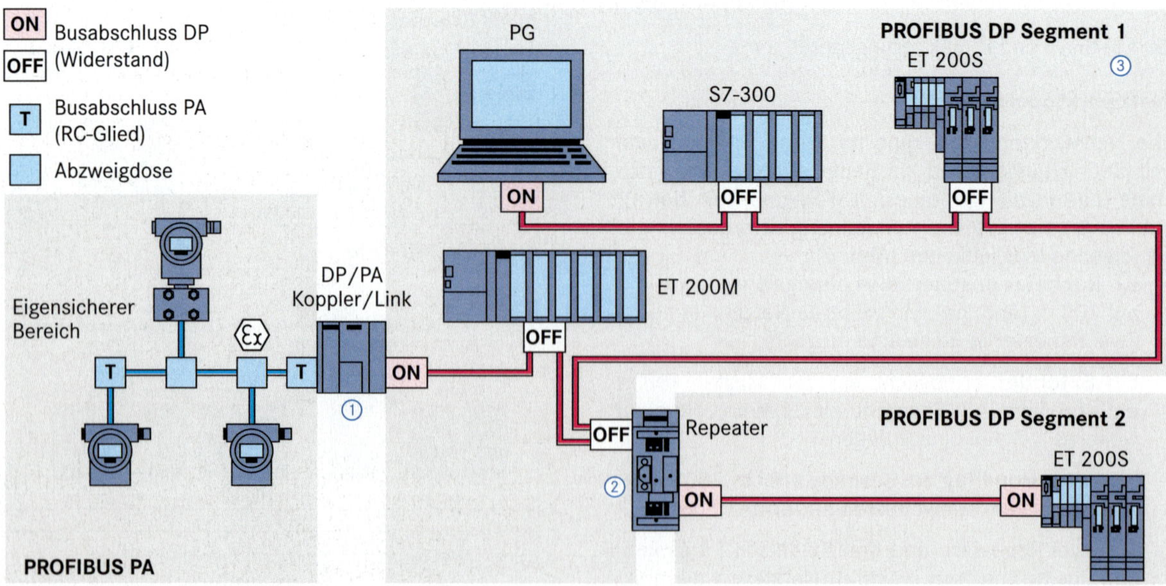

1: Profibus DP mit der Erweiterung PROFIBUS PA

Teilnehmer

Um **Signalreflexionen** [signal reflexions] zu vermeiden, muss die verwendete RS 485 Kupferleitung an den Enden mit je einem Widerstand (Terminator) abgeschlossen werden. Dadurch entsteht als Netzwerksegment ein linearer Bus, an dem maximal 32 Teilnehmer angeschlossen werden dürfen.

Als Teilnehmer (insgesamt 126) eines Segmentes zählen neben den Stationen auch Repeater, LWL-Konverter bei Verwendung von Lichtwellenleitern und DP/PA-Koppler. Allerdings benötigen diese Teilnehmer keine eigene PROFIBUS-Adresse.

Auch ein DP/PA-Link-Modul ist ein Teilnehmer. Im DP-Segment verhält er sich wie ein DP-Slave und im PA-Segment wie ein Master. Deshalb benötigt das Modul eine Slave-Adresse, über die der DP-Master auf das PA-Segment zugreift.

Buszugriffsverfahren [bus access method]

PROFIBUS ist ein Multi-Master-System, d. h., im Netzwerk können ein oder mehrere Master arbeiten. Der Datenaustausch erfolgt im **Halbduplex-Verfahren** [half-duplex mode] (s. Kap. 4.1). Senden darf immer nur ein Teilnehmer, empfangen können alle Teilnehmer.

Für das Halbduplex-Verfahren ist es erforderlich, dass der Buszugriff der Master durch ein Zugriffsverfahren geregelt wird. Bei PROFIBUS ist dies ein gemischtes (hybrides) Verfahren aus Master-Slave und Token-Passing (Abb. 3).

- **Master-Slave-Verfahren** [master-slave mode]
  Die minimale Konfiguration eines PROFIBUS-Netzwerks besteht aus einem Master und mehreren Slaves. Der Master kann Telegramme an alle oder einzelne Slaves senden und ihre Antwort anfordern.
- **Token-Passing** [token passing]
  Sind im PROFIBUS-Netzwerk mehrere Master vorhanden, so geben sie sich die Sendeberechtigung mittels eines speziellen Telegramms (Token) weiter. Der Token wird immer in aufsteigender Reihenfolge der Master-Adressen weitergereicht (logischer Tokenring Abb. 3 ①). Der Master mit dem Token kann mit beliebigen anderen Stationen kommunizieren.

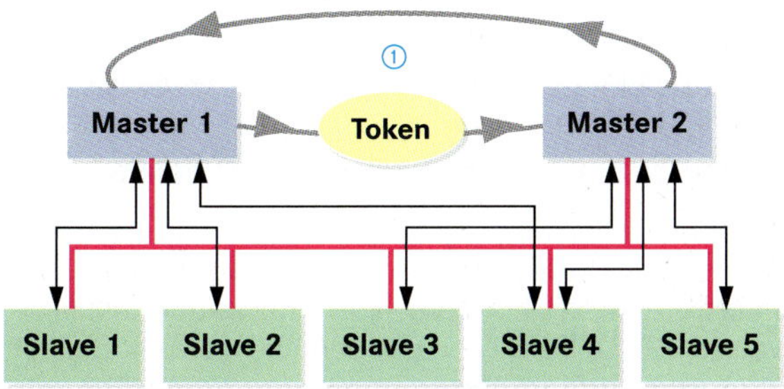

3: Token-Passing mit Master-Slave-Verfahren

Kommunikationsbeziehungen

Im PROFIBUS-DP-System gibt es Master für verschiedene Funktionen, die in drei **Klassen** eingeteilt sind:
DP-Master der
- Klasse **1** sind Controller eines DP-Systems (SPS- oder PC-basierte Systeme). Nur DP-Master der Klasse 1 kontrollieren Slaves.
- Klasse **2** sind Werkzeuge für Inbetriebnahme und Diagnose (z. B. Programmiergeräte).
- Klasse **3** sind Uhrenmaster, die die Zeit aller Teilnehmer synchronisieren.

Datenaustausch bei PROFIBUS

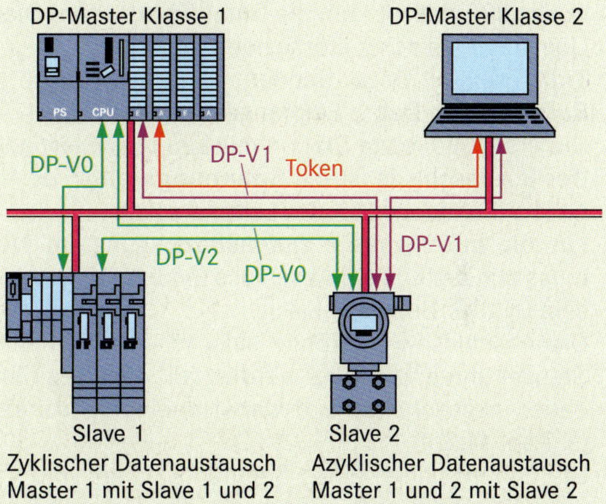

Der Datenaustausch zwischen DP-Master und DP-Slaves erfolgt mit Protokollen zyklisch, azyklisch und zwischen intelligenten Slaves auch direkt.
- Zyklischer Datenaustausch zwischen einem DP-Master der Klasse 1 und Slaves findet über das Protokoll DP-V0 statt. Neben dem zyklischen Datenaustausch (Polling) erfolgen Diagnose und Konfigurationskontrolle beim Systemhochlauf.
- Azyklischer Datenaustausch findet zwischen einem DP-Master der Klasse 1 oder Klasse 2 und DP-Slaves mittels des Protokolls DP-V1 statt. Dabei können Feldgeräte im laufenden Betrieb parametriert und kalibriert werden.
- Intelligente Slaves können mit dem Protokoll DP-V2 direkt Daten miteinander austauschen, um z. B. Antriebe zu synchronisieren.

- PROFIBUS ist ein genormtes offenes Feldbussystem. PROFIBUS DP hat als Erweiterung die Variante PROFIBUS PA für EX-Anlagen.
- Ein PROFIBUS-Netz umfasst bis zu 126 Teilnehmer. Es besteht aus Bussegmenten mit maximal 32 Teilnehmern (Master, Slave, Repeater usw.).
- PROFIBUS ist ein Multi-Master System. Der Buszugriff erfolgt nach dem Token-Passing-Verfahren mit unterlagertem Master-Slave-Verfahren.

Merkmale vom PROFIBUS DP

- **Eigene Energieversorgung der Teilnehmer**

Im Gegensatz zum ASI-System erfolgt die Energieversorgung der Slaves nicht über den Bus, sondern getrennt über ein Netzteil (DC 24 V).

- **RS 485 Übertragungstechnik**

Die Datenübertragung erfolgt über eine geschirmte, verdrillte Zweidrahtleitung (Kupfer) nach dem Standard EIA RS 485 im **Halbduplex-Verfahren**. Die beiden Leiter haben die Bezeichnungen A und B (Abb. 1).

- Aus den Spannungen der Leiter A und B gegen Masse wird die Differenz gebildet. Mit dieser Spannungsdifferenz werden die Daten übertragen. Diese Übertragungsart ist störsicher (Abb. 2).
  TxD [**T**ransmit **D**ata]: Senden
  RxD [**R**eceive **D**ata]: Empfangen
- Die erste und letzte Station müssen terminiert sein. Der Busabschluss ist ein **Spannungsteiler**, der für ca. 1 V Ruhepegel auf der Leitung sorgt.
- Für die störungsfreie Datenübertragung im Netz muss mindestens ein Abschluss mit 5 V DC gespeist sein (aktiver Busabschluss).
- Die Abschlusswiderstände sind oft im PROFIBUS-Stecker integriert. Sie werden an den Segmentenden zugeschaltet und dazwischen abgeschaltet (s. Kap. 11.2.2).
- Die Leitungslänge eines Segments hängt vom verwendeten Leitungstyp und von der Datenübertragungsrate ab (9,6 kbit/s bis 12 Mbit/s, Abb. 3).
- Stichleitungen zu den Slaves sind bei Übertragungsraten größer als 1,5 Mbit/s nicht erlaubt.

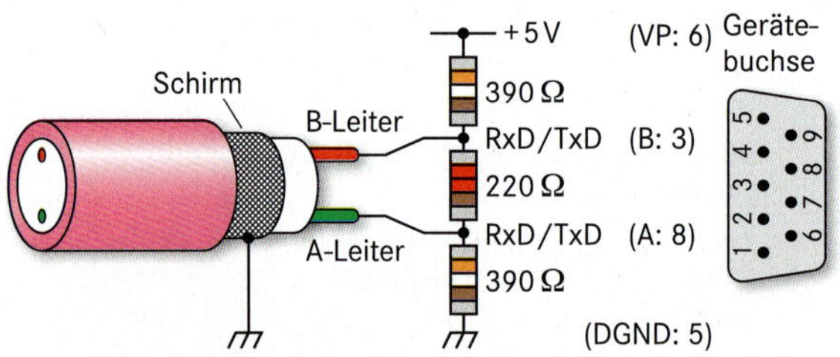

1: Aktiver Busabschluss

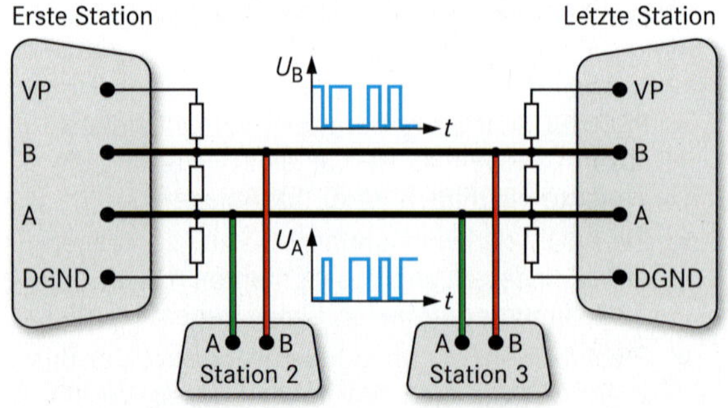

2: Anschließen von PROFIBUS-Stationen

Übertragungsrate in kbit/s	Segmentlänge in m
9,6 bis 93,75	1200
187,5	1000
500	400
1500	200
3000 bis 12 000	100

3: Leitungslängen eines Segments für Kabeltyp A

Merkmale vom PROFIBUS PA

- **MBP Übertragungstechnik**

PROFIBUS PA verwendet die MBP-Übertragungstechnik [Manchester Bus Powered], IEC 61158-2.

Die MBP-Übertragungstechnik
- arbeitet mit Stromsignalen auf dem Bus,
- hat eine feste Übertragungsrate von 31,25 kbit/s,
- überträgt Daten und Energie für die Slaves über den Bus,
- kann in der Ausführung MBP-IS auch in explosionsgefährdeter Umgebung eingesetzt werden,
- hat als Busabschluss eine RC-Reihenschaltung,
- erlaubt Stichleitungen zu den Slaves.

Da PROFIBUS PA-Geräte von einem DP-Master kontrolliert werden, muss jedes PA-Segment über einen DP/PA-Koppler oder -Link mit einem DP-Segment verbunden sein. Die Module formen die Signale von RS 485 nach MBP um. Gleichzeitig dienen sie zur Energiespeisung der PA-Segmente. Ein Segment kann bis zu 32 Stationen besitzen und eine Netzausdehnung von bis zu 1900 m haben (Leitungslänge).

PROFIBUS DP in STEP 7 konfigurieren

Meist ist PROFIBUS DP als Mono-Mastersystem mit einem Master und mehreren Slaves realisiert. Der DP-Master kann in der CPU integriert sein (z. B. SIMATIC CPU 315-2DP) oder er ist ein Kommunikationsprozessor und wird als Modul an die S7-Station angeschlossen (z. B. CP 342-5 für SIMATIC S7-300). Als Slaves können z. B. SIMATIC-Module wie ET 200M zum Anschluss digitaler und analoger Standard-Baugruppen der S7-300 eingesetzt werden oder ET 200S.

Zu Testzwecken soll ein PROFIBUS DP-Netz mit einer CPU 315-2DP und einem Modul ET 200M mit zwei Digitalbaugruppen 16 DI und 16 DO in STEP 7 konfiguriert werden (Abb. 4).

- **Geräte-Stammdaten-Datei (GSD-Dateien)**

Jedes PROFIBUS DP- und PA-Gerät ist vom Hersteller durch eine GSD-Datei beschrieben. Diese GSD-Datei muss in der STEP 7-Hardwarekonfiguration installiert werden (PROFIBUS DP → weitere Feldgeräte). Danach kann das Gerät im Hardware-Katalog ausgewählt werden. Die SIMATIC-Geräte sind schon installiert.

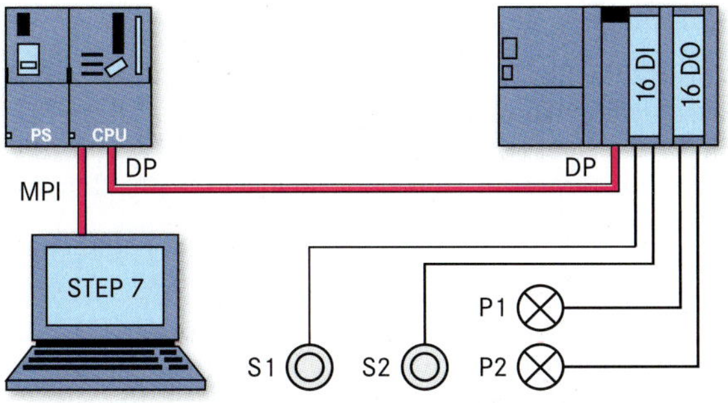

4: CPU 315-2DP mit Slave ET 200M (16 DI/16 DO)

Am Beispiel der Tippschaltung in Abb. 4 (Taster S1, S2 und Melder P1, P2) soll die PROFIBUS-Kommunikation überprüft werden. Das PROFIBUS-System wird mit STEP 7 in vier Schritten konfiguriert und getestet.

1. Projekt anlegen
2. Hardwarekonfiguration erstellen
3. Hardwarekonfiguration in CPU laden
4. Testprogramm schreiben und testen

Die Vorgehensweise ist in Kapitel 7 dargestellt worden. Deshalb sind hier nur die zusätzlichen Konfigurationen für das PROFIBUS-System beschrieben.

1. Projekt anlegen

- PROFIBUS-Netz in das Projekt einfügen (Abb. 5 ①).

2. Hardwarekonfiguration erstellen

- Beim Eintragen der CPU im Fenster „Eigenschaften" die PROFIBUS-Adresse des Masters und das PROFIBUS-Netz zuordnen (Abb. 6 ② ③).
- Auf das DP-Mastersystem (Balken neben der CPU) aus dem Hardware-Katalog die verwendete ET 200M-Baugruppe (Slave) ziehen (Abb. 7 ④).
(→ PROFIBUS DP → ET 200M → IM 153-1)
- Bei der Integration eines Slaves in das DP-Master-System erscheint ein Fenster „Eigenschaften". Hier wird die Slave-Adresse zugeordnet, die am DIL-Schalterblock eingestellt ist.

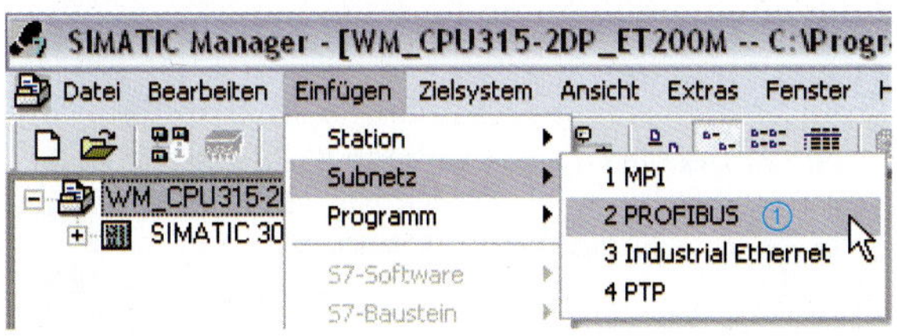

5: PROFIBUS-Netz einfügen

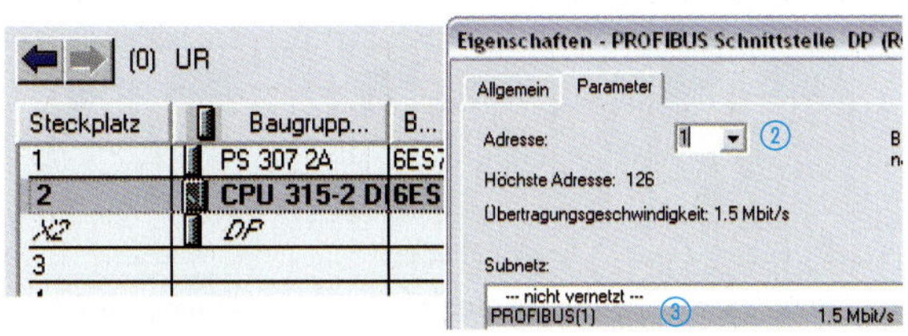

6: Master-Adresse und PROFIBUS-Netz zuordnen

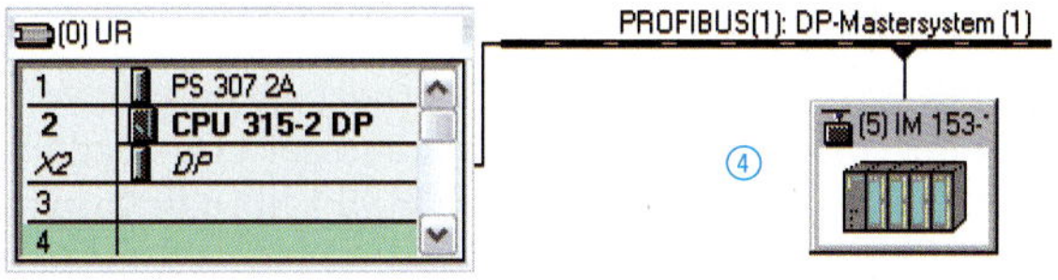

7: Slave ET 200M einfügen

8: DI/DO-Module des DP-Slave ET 200M einfügen

- Ein- und Ausgangsmodule (16 DI und 16 DO) des Slave ET 200M auf den vierten und fünften Steckplatz des IM 153-1 ziehen (Abb. 8).
(PROFIBUS DP → ET 200M → IM 153-1 → DI-300 → SM 321 DI16xDC24V → DO-300 → SM 322 DO16xDC24V/0,5A)

3. Hardwarekonfiguration in CPU laden

- Konfiguration speichern, übersetzen und dann in die CPU-Baugruppe laden (CPU auf STOP).

4. Testprogramm schreiben und testen

- Die Programmierung erfolgt so, als ob die DI/DO-Baugruppen direkt auf dem Rack mit der CPU verbunden sind (Abb. 9).

OB1: Testprogramm für PROFIBUS DP mit Slave ET 200M

Netzwerk 1: Tasterschaltung

```
U   E   0.0   // WENN    S1 = 1
U   E   1.0   // UND     S2 = 1
=   A   0.0   // DANN    P1 = 1
=   A   1.0   // DANN    P2 = 1
```

9: Testprogramm in AWL

AUFGABEN

1. Nennen Sie vier Merkmale, die ein PROFIBUS-System von einem ASI-System unterscheiden.
2. Ein PROFIBUS DP-Netz hat drei Segmente über Repeater gekoppelt. Der Master befindet sich im ersten Segment. Wie viele Slaves darf jedes Segment haben?
3. Listen Sie die Merkmale der Übertragungstechniken bei PROFIBUS DP und PA auf.

- PROFIBUS DP verwendet die Übertragungstechnik RS 485. PROFIBUS PA nutzt die MBP-Übertragungstechnik.
- Die Leitungslänge eines DP-Segments wird bestimmt durch den Leitungstyp und die Datenübertragungsrate.
- Zur störungsfreien Funktion benötigen DP-Segmente einen aktiven Busabschluss.

11.2.5 PROFINET

Bei PROFINET [**Pro**cess **Fi**eld Ether**net**] werden die Vorteile der Informationstechnologie aus der EDV-Technik (Ethernet mit den Protokollen TCP/IP) für industrielle Anwendungen genutzt.

Ethernet bietet die Übertragung von Daten auf unterschiedlichen Medien wie Kupfer, Lichtwellenleiter und WLAN. Die Datenübertragungsraten reichen von 10 Mbit/s bis zu 10 Gbit/s. Neben den Vorteilen einer standardisierten Kommunikation ergibt sich eine nahtlose Datenverbindung vom Büro in der Leitebene bis zu den Sensoren und Aktoren der Produktionsmaschinen in der Feldebene.

Merkmale

PROFINET ist neben anderen Lösungen ein offener Standard für Hersteller von Automatisierungsgeräten, basierend auf Industrial Ethernet. Wesentliche Merkmale sind:

- Nutzung von Industrial Ethernet für die Leit-, Zell- und Feldebene (vertikale Integration)
- Anwendung von IT-Diensten (z. B. Fernzugriff auf automatisierte Anlagen über Internet, E-Mail)
- Integration bestehender Feldbussysteme (z. B. PROFIBUS DP, Interbus)
- Herstellerübergreifendes Engineering (Programmerstellung, Anlagenprojektierung)
- Echtzeitfähiges Ethernet (Real-Time Ethernet)
- Sicherheitstechnik über Bus (z. B. Not-Halt)

Die Anforderungen an Ethernet im Büro- und Industriebereich unterscheiden sich erheblich (Abb. 1). In industrieller Umgebung müssen Kommunikationsnetze auch unter extremen Bedingungen zuverlässig arbeiten und vorhersagbare (deterministische) Reaktionszeiten haben. Deterministische Reaktionszeiten sind die Voraussetzung für die Echtzeitfähigkeit von Kommunikationsnetzen.

Merkmale	Büronetz	Industrienetz
Einsatzort	klimatisierte Büros	raue Umgebung
Installation	Netzwerk-Fachpersonal	Anlagen-Personal
Topologie	sternförmig	anlagen-spezifisch
Reaktions-zeiten	Sekunden- bis Minutenbereich	Millisekunden-bereich
Gerätedichte	hoch, Switches mit großer Portzahl	niedrig, Switches mit geringer Portzahl
Netzüber-wachung	ausgebildete Fachkräfte	Bestandteil der Anlagen-überwachung

1: Büro- und Automatisierungstechnik

Funktionsklassen

Um unterschiedliche Anforderungen in der Automatisierungstechnik optimal zu unterstützen, besitzt PROFINET die zwei Funktionsklassen PROFINET IO (dezentrale Feldgeräte, **I**n **O**ut) und PROFINET CBA [**C**omponent **B**ased **A**utomation].

PROFINET IO

Hierbei handelt es sich um ein Bussystem (Abb. 2), bei dem eine SPS (Controller) dezentrale Feldgeräte über Ethernet steuert (vergleichbar mit PROFIBUS DP). Ferner können Robotik, Antriebe, HMI und andere Feldbusse über Proxyserver sowie Feldgeräte mittels WLAN eingebunden werden. Über das Internet ist ein Fernzugriff auf die Anlage möglich.

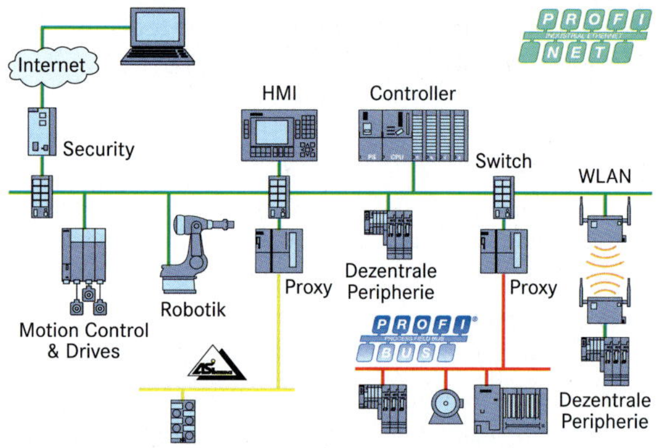

2: Beispiel für PROFINET IO

PROFINET CBA

Hierbei handelt es sich um ein Bussystem für die verteilte Automatisierung (Abb. 3). Die Gesamtanlage besteht aus autonom arbeitenden Teilanlagen (technologische Module), die miteinander verschaltet sind. In der Programmerstellung mit STEP 7 entsprechen diese technologischen Module (Hardware) den PROFINET-Komponenten (Software). Sie werden mit der Software Simatic **iMap** zum Gesamtprogramm der Anlage grafisch verschaltet.

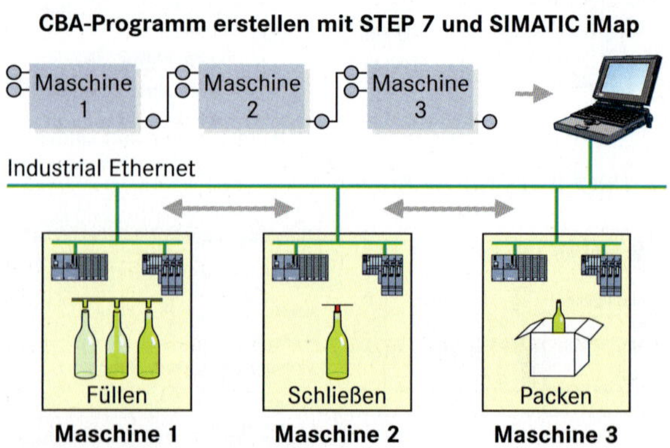

3: Beispiel für PROFINET CBA

PROFINET IO nutzt Fast-Ethernet als physikalisches Übertragungsmedium für den schnellen Austausch von I/O-Daten mit Buszykluszeiten von wenigen Millisekunden (Datenrate 100 Mbit/s). Gleichzeitig können Diagnose und Parametrierungsdaten sowie IT-Dienste übertragen werden.

Vergleich zwischen PROFINET IO und PROFIBUS DP

Der Aufbau und die Arbeitsweise eines PROFINET IO Systems ist vergleichbar mit PROFIBUS DP (Abb. 5). Es gibt drei Geräteklassen, die in PROFINET festgelegte Namen haben (Abb. 4):
- **IO-Controller** (zentrale SPS)
- **IO-Devices** (dezentrale Feldgeräte)
- **Supervisor** (Programmier- und Parametriergeräte)

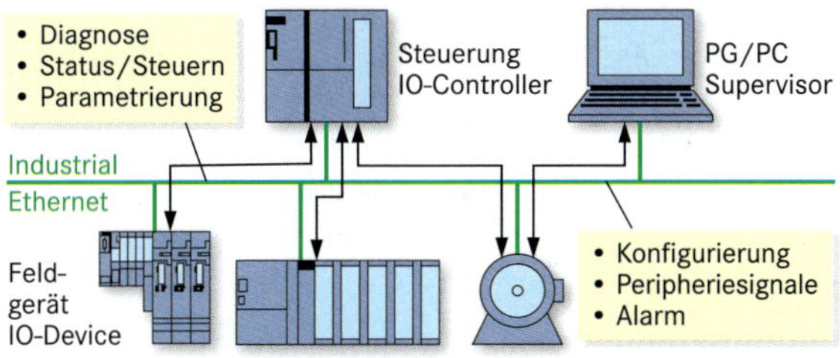

Gerätevergleich	
PROFINET IO	**PROFIBUS**
IO-Controller	DP-Master Klasse 1
IO-Device	DP-Slave
IO-Supervisor	DP-Master Klasse 2

4: PROFINET IO-Geräteklassen

Der IO-Controller liest und schreibt die Nutzdaten der Feldgeräte zyklisch und in Echtzeit [Real-Time]. PROFINET IO verwendet das Provider-Consumer-Verfahren statt des Master-Slave-Verfahrens. Es unterstützt die Kommunikation zwischen den gleichberechtigten Teilnehmern im Ethernet. Der Provider ist dabei der Sender, der seine Daten ohne Aufforderung an die Kommunikationspartner (Consumer) überträgt, die die Daten dann verarbeiten.

Über die Projektierung wird jedoch die Gleichberechtigung eingeschränkt durch Zuordnung von Feldgeräten zu einer zentralen Steuerung. Obwohl der Provider nach Aufbau der Kommunikation seine Daten ohne Aufforderung sendet, sind im PROFINET IO-System trotzdem keine Datenkollisionen möglich, weil jede Verbindung des IO-Controllers mit einem IO-Device über einen Switch erfolgt (s. Kap. 11.2.6).

Die Eigenschaften eines IO-Device werden durch seine GSD-Datei in der Sprache XML beschrieben, die deshalb als GSDML-Datei bezeichnet wird.

Applikationsbeziehungen (AR)

Die Kommunikationsverbindung zwischen zwei PROFINET-Geräten wird Applikationsbeziehung [**AR**: **A**pplication **R**elation] genannt. Sie ermöglicht den gegenseitigen Datenaustausch. Dieser Datenaustausch erfolgt über drei Datenkanäle, die Kommunikationsbeziehungen [**CR**: **C**ommunication **R**elation] heißen (Abb. 6).

Kommunikationsbeziehungen (CR)

- **IO CR**: Sensor- und Aktorsignale eines IO-Device werden vom IO-Controller in Echtzeit zyklisch gelesen bzw. geschrieben.
- **Alarm CR**: Alarme werden in Echtzeit azyklisch vom IO-Device zum IO-Controller übertragen.
- **Record Data CR**: Konfigurationsdaten eines IO-Device werden vom Provider azyklisch ohne Echtzeit gelesen und geschrieben.

Zusammenfassend werden diese drei Datenkanäle auch als Standardkanal bezeichnet.

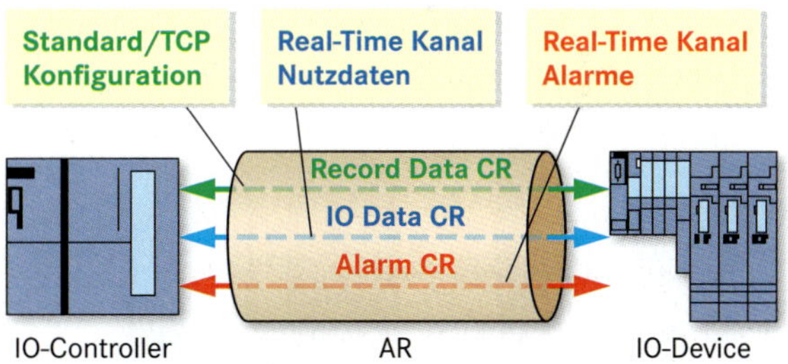

6: Applikations- und Kommunikationsbeziehungen

Merkmale	PROFINET IO	PROFIBUS DP
Subnetz	Industrial Ethernet	PROFIBUS
Topologie	Signalverteilung über Switches Standard: Stern und Baum Optional: Linie und Ring	Standard: Linie Optional: Baum und Ring
Teilnehmer-Netzadresse	IP-Adresse für Ethernet	PROFIBUS-Adresse
Adresse für Feldgeräte	Gerätenamen für IO-Devices	DIP-Schalter an den Slaves
Import der Gerätedaten	GSDML-Datei (XML-Datei)	GSD-Datei (Textdatei)

5: Vergleich PROFINET IO und PROFIBUS DP

Adress- und Namensvergabe

PROFINET-Geräte tauschen ihre Daten über Industrial Ethernet aus. Deshalb benötigt jedes Gerät eine eigene IP-Adresse. Dafür sind in der Hardwarekonfiguration von STEP 7 zwei Festlegungen zu treffen:
- Einmalig muss für den IO-Controller die IP-Adresse gewählt werden. Danach vergibt STEP 7 die IP-Adressen an die IO-Devices fortlaufend.
- Der IO-Controller spricht ein IO-Device über den Gerätenamen an (vergleichbar mit der PROFIBUS-Adresse eines Slaves). Damit der IO-Controller das IO-Device erkennt, muss der in der Hardwarekonfiguration projektierte Gerätename dem IO-Device eigens unter „Gerätenamen vergeben“ zugewiesen werden.

IO-Controller 315F-2PN/DP

Der Controller (Abb. 1a) besitzt zwei Schnittstellen:
- PN ① für PROFINET
- DP ② zum zusätzlichen Anschluss eines PROFIBUS DP-Systems. Für die Erstinbetriebnahme eines PROFINET-Systems kann diese Schnittstelle auf MPI umgestellt werden.

IO-Device ET 200S

Das Gerät gibt es in verschiedenen Ausführungen. Es ist modular aufgebaut (Abb. 1b) und besteht aus einem Kopfmodul (z. B. IM 153-3 PN ③) sowie aufsteckbaren Modulen (PM, E/A, Motorstarter u. a.).
- Das Kopfmodul hat einen Zweiport-Switch zum Anschluss von zwei Busleitungen.
- Die Powermodule (PM) ④ versorgen E/A-Module.
- E/A-Module gibt es digital und analog ⑤.
- PM- und E/A-Module werden auf Terminalmodule (TM) aufgesteckt ⑥.

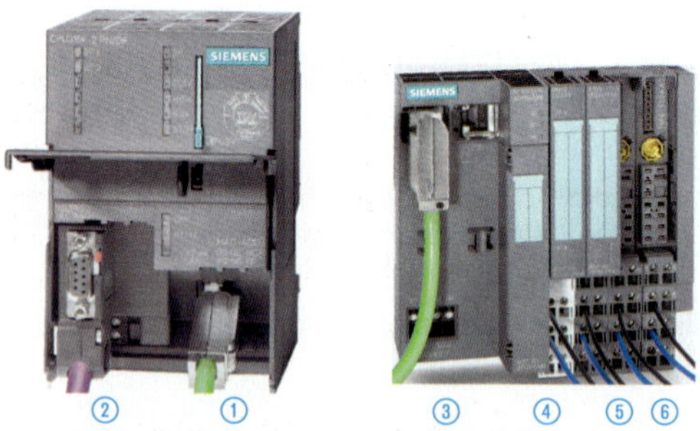

a) CPU315F-2PN/DP b) ET 200S

1: PROFINET-Geräte

- PROFINET besitzt die Funktionsklassen PROFINET IO und PROFINET CBA sowie die Geräteklassen IO-Controller, IO-Device und Supervisor.
- Für Industrial Ethernet benötigen alle aktiven Geräte eine IP-Adresse und jedes IO-Device zusätzlich einen Gerätenamen.

Ethernetbegriffe

- **Ethernet**
  Ethernet (IEEE 802.3) ist eine serielle Bustechnik. Festgelegt sind u. a. Zugriffstechnik, Übertragungsverfahren und Übertragungsmedien für klassisches Ethernet, Fast Ethernet (100 Mbit/s) und Gigabit-Ethernet. PROFINET verwendet das Fast Ethernet.
- **MAC-Adresse** [**M**edia **A**ccess **C**ontrol]
  Jedes PROFINET-Gerät hat zur Netzwerkkommunikation eine weltweit einmalige MAC-Adresse. Sie besteht aus jeweils drei Byte Hersteller- und Gerätekennung (z. B. 08 : 00 : 06 : 6C : C7 : 1D).
- **IP-Adresse**
  Jedes PROFINET-Gerät benötigt im Ethernet eine IP-Adresse. Das IP-Protokoll legt dazu ein Adressierungsschema fest (IPv4 bzw. 1Pv6). Bei IPv4 hat die IP-Adresse 32 Bit und besteht aus dem Netzwerk- und dem Teilnehmeranteil.

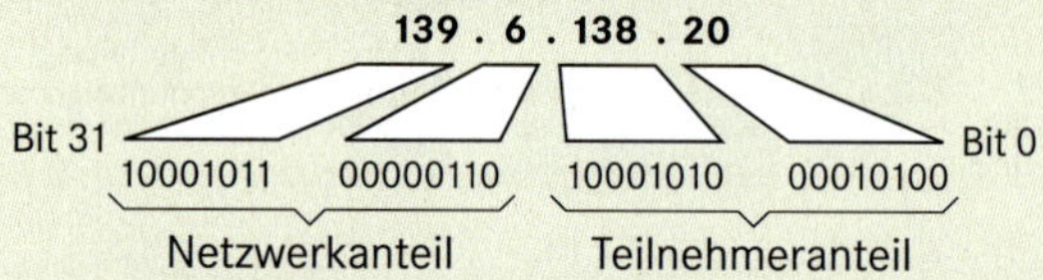

- **Subnetmaske**
  Die Subnetmaske teilt die IP-Adresse in einen Netzwerk- und einen Teilnehmeranteil. Für jedes Bit des Netzwerkanteils hat die Subnetmaske eine 1 bzw. für jedes Bit des Teilnehmeranteils eine 0. Teilnehmer eines Netzes haben die gleiche Subnetmaske.

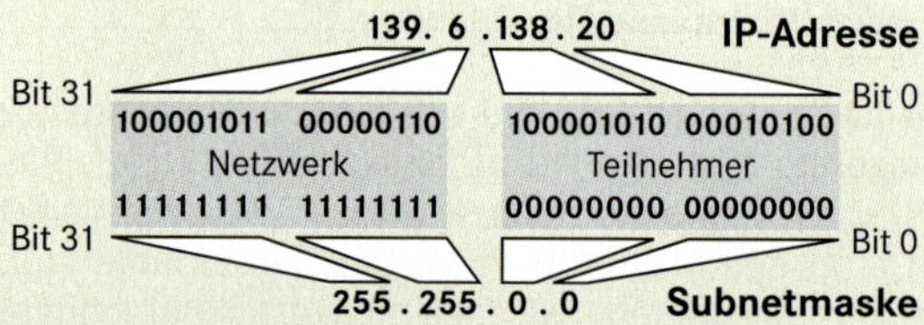

- **IP** [**I**nternet **P**rotocol]
  IP ist das Basisprotokoll im Internet (OSI-Schicht 3). Es sorgt für den Transport der Datenpakete und die Wegewahl [routing] zum Empfänger. Dazu hat jeder Teilnehmer eine IP-Adresse. Die richtige Paketfolge wird nicht geprüft.
- **TCP** [**T**ransmission **C**ontrol **P**rotocol]
  Das Protokoll TCP baut auf IP auf (OSI-Schicht 4). Es stellt die Übertragung aller Datenpakete und ihre richtige Reihenfolge beim Empfänger sicher (Fehlerkontrolle und -korrektur).
  Über Ports (0 bis 65535) können mehrere Programme gleichzeitig auf ein Gerät zugreifen.
- **UDP** [**U**ser **D**atagram **P**rotocol]
  UDP ist ein Protokoll wie TCP, aber ohne Fehlerkontrolle und -korrektur der Daten. Deshalb ist UDP schneller. PROFINET IO nutzt UDP neben TCP.

Echtzeit-Kommunikation

Echtzeit-Kommunikation [real-time communication] ist gegeben, wenn die Prozesssignale rechtzeitig und nahezu gleichzeitig übertragen werden.

- **Rechtzeitigkeit** [timeliness] bedeutet, die gesamte Zeit für die Signalerfassung, -übertragung, -verarbeitung und -ausgabe ist kleiner ist als die kürzeste Prozesszeit.
- **Gleichzeitigkeit** [simultaneousness] liegt vor, wenn zeitgleich auftretende Prozesssignale durch Multitasking nahezu gleichzeitig abgearbeitet werden.

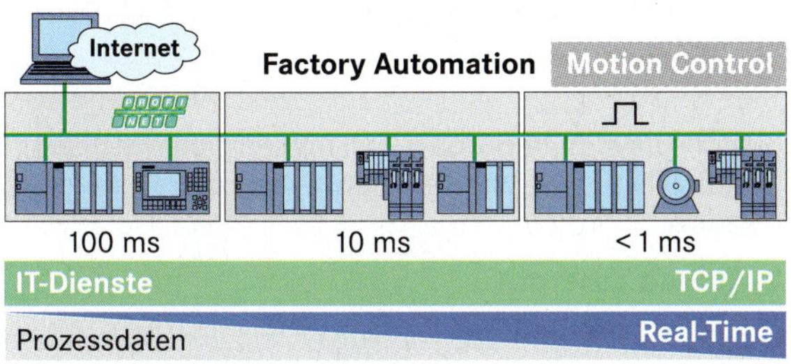

2: Kommunikationsstufen bei PROFINET

Die PROFINET-Kommunikation kann in drei Leistungsstufen erfolgen (Abb. 2).

- **Kommunikation über TCP/IP bzw. UDP/IP**
  Sie dient der Übertragung von zeitunkritischen Daten (z. B. Konfiguration, Parametrierung und IT-Dienste). Die Taktzeiten betragen etwa 100 ms.
- **RT** [**R**eal-**T**ime]
  RT eignet sich zur Übertragung der Nutzdaten in der Fabrikautomation [factory automation]. Die Taktzeiten betragen etwa 10 ms.
- **IRT** [**I**sochronous **R**eal-**T**ime]
  Es werden feste Taktzeiten kleiner als 1 ms verwendet. Sie sind zur Nutzdatenübertragung in der Antriebssteuerung und -regelung erforderlich.

In PROFINET IO werden alle drei Stufen zur Kommunikation mit der dezentralen Peripherie genutzt. PROFINET CBA nutzt nur die Kommunikation über TCP/IP und die RT-Kommunikation.

IRT- und RT-Kommunikation haben getrennte Zeitbereiche (Abb. 3). Der IRT-Kanal ① ist fest, während sich RT (mit höherer Prioritat) und TCP/IP den Standard-Kanal ② teilen. Die IRT- und RT-Kommunikation steuert ein spezieller Ethernet-Controller (**ERTEC**) in den Geräten.

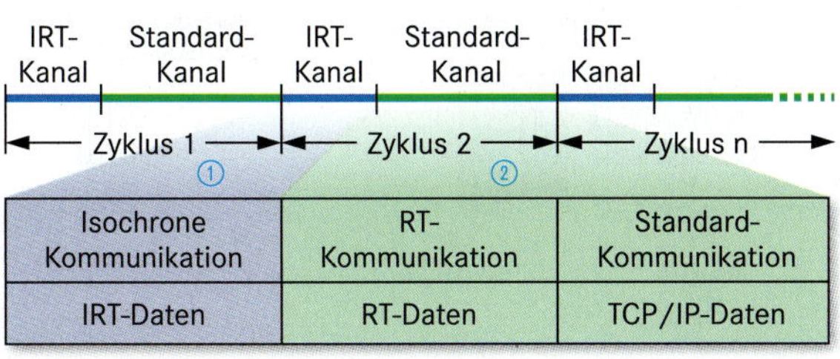

3: IRT-Kanal und Standard-Kanal

11.2.6 Switching-Technologie

Halbduplex-Ethernet

Ethernet ist eine Halbduplex-Technik (s. Kap. 4.1) zur Datenkommunikation im Internet. Es können sich beliebig viele Teilnehmer (Hosts) anschließen. Jeder kann gleichberechtigt zu jeder Zeit auf das Netzwerk zugreifen. Damit eine Datenübertragung mit jedem Teilnehmer möglich ist, müssen alle dasselbe Buszugriffsverfahren nutzen. Über eine Zweidrahtleitung kann deshalb immer nur ein Host gleichzeitig Daten senden. Sonst kommt es zur Datenkollision (Abb. 4).

Ethernet verwendet das Buszugriffsverfahren CSMA/CD (s. Kap. 4.3.4 und 11.2.1), das eine Datenkollision erkennt. Jeder Host prüft, ob gerade Daten über das Netzwerk gesendet werden. Ist dies der Fall, wird die Datenübertragung aufgeschoben. Senden zwei Ethernet-Teilnehmer trotzdem gleichzeitig Daten, führt dies zur Kollision.

Durch das CSMA/CD-Verfahren erkennen die Hosts die Kollision, brechen ihre Datenübertragung ab und senden erneut nach einer zufälligen Wartezeit. Durch CSMA/CD ist Halbduplex-Ethernet nicht echtzeitfähig.

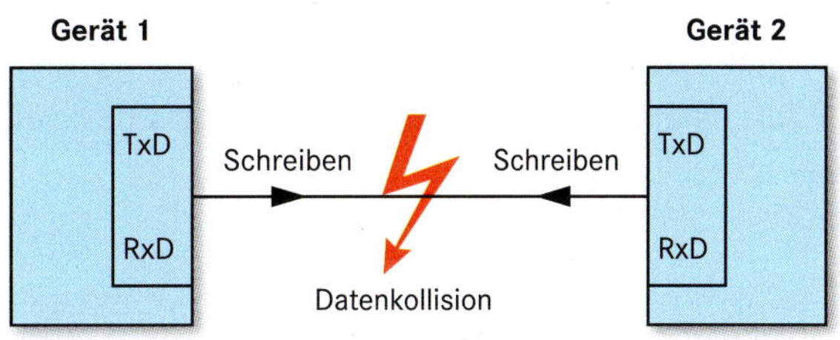

4: Datenkollision im Halbduplex-Ethernet

Vollduplex-Ethernet

Die Grundvoraussetzung für die Echtzeitfähigkeit von Ethernet besteht darin, dass es trotz des Buszugriffsverfahrens CSMA/CD keine Datenkollision der Teilnehmer geben darf. Sind nur zwei Teilnehmer miteinander verbunden, die ihre Daten über getrennte Leiterpaare senden und empfangen, ist eine Datenkollision unmöglich (Abb. 5). Man spricht von Ethernet mit kollisionsfreier Domäne (Zone).

Eine kollisionsfreie Domäne mit einer Punkt-zu-Punkt-Verbindung zwischen zwei Teilnehmern und Vollduplex-Datenübertragung wird möglich durch einen **Switch**.

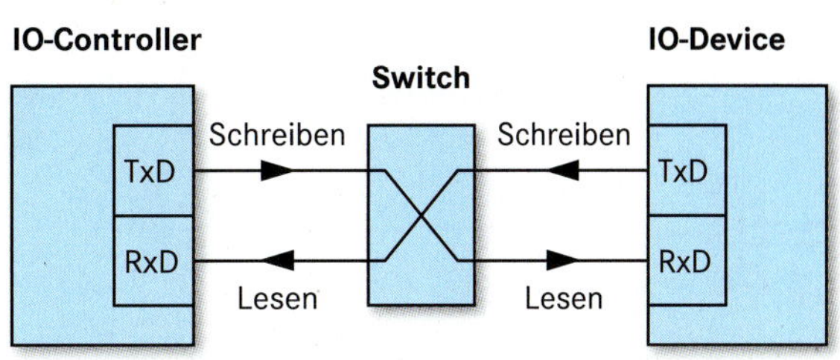

5: Kollisionsfreie Domäne im Vollduplex-Ethernet

Switch

Ein Switch ist ein Signalverteiler. Er hat mehrere **Anschlüsse** [ports] für Ethernet-Teilnehmer. Er verbindet dabei den Sender der Daten immer mit dem gewünschten Empfänger. Hierfür nutzt er die MAC-Adressen (s. Kap. 11.2.5). Es können mehrere Verbindungen gleichzeitig geschaltet sein (Abb. 1).

Über seine Ports ermöglicht der Switch die gleichzeitige Gerätekommunikation in beide Richtungen (Vollduplex-Verfahren). Dadurch ist die Übertragungsrate mit 200 Mbit/s doppelt so groß wie bei Fast Ethernet. Diese Switching-Technologie ist bei PROFINET vorgeschrieben und garantiert eine kollisionsfreie und schnelle Datenübertragung.

Switches ermöglichen die Echtzeitfähigkeit (RT und IRT) von PROFINET durch den ERTEC-Baustein in ihrer Hardware sowie die intelligente Kombination zweier Switching-Verfahren.

- Beim **Store- and Forward-Verfahren** speichert der Switch die Datentelegramme kurz zwischen, prüft ihre Unversehrtheit und leitet sie aus der Warteschleife an den Empfänger-Port.
- Beim **Cut-Through-Verfahren** wird das Datenpaket sofort an den Zielport weitergeleitet, sobald die MAC-Adresse des Empfängers gelesen ist (IRT). Ist die Verbindungsstrecke belegt, so erfolgt eine kurze Zwischenspeicherung.

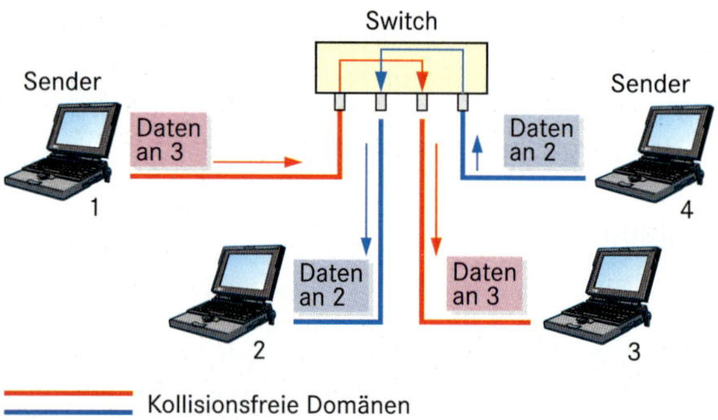

1: Prinzip der Switching-Technologie

Switches (Abb. 3) gibt es in zwei Ausführungen:

- **Unmanaged Switch**
Er eignet sich für Netze ohne Echtzeit-Kommunikation. Er benötigt keine IP-Adresse, da er nicht konfiguriert werden kann.
- **Managed Switch**
Er hat erweiterte Funktionen und eignet sich für Netze mit Echtzeit-Kommunikation. Zur Konfiguration benötigt er eine IP-Adresse.

3: 8-Port-Switch

Switches aus dem Bürobereich eignen sich nur bedingt für PROFINET. Sie unterstützen keine Echtzeit-Kommunikation.

Switched Ethernet

Für PROFINET sind alle Topologien möglich. Durch den Einsatz von Switches im Ethernet-Netz (Abb. 2) werden kollisionsfreie Domänen geschaffen. Man spricht dann von Switched Ethernet.

- **Stern**
Ein zentraler Switch ① hat Einzelverbindungen zu den Endgeräten. Der Stern eignet sich bei hohen Gerätedichten und geringen Leitungslängen (z. B. kleine Fertigungszellen).
- **Baum**
Komplexe Anlagen können in Teilanlagen gegliedert werden ②.
- **Linie**
Diese Topologie ③ wird realisiert durch einen Switch in der Nähe eines Geräts oder durch einen integrierten Zwei-Port-Switch im Gerät. Die Linienstruktur eignet sich besonders für weitläufige Anlagen (z. B. Förderanlagen) und zur Verbindung von Fertigungszellen.
- **Ring**
Die Topologie wird mit Switches ④ in Anlagen mit hoher Verfügbarkeit zum Schutz vor Leitungsbruch oder Ausfall einer Netzkomponente eingesetzt.

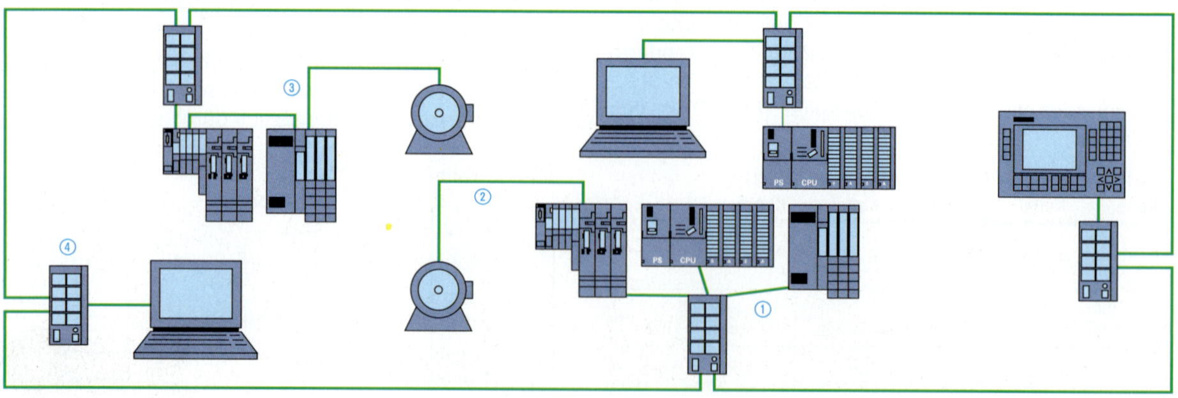

2: Switched Ethernet

Leitungen und Steckverbinder

Neben Verschmutzungsgrad, Schock und Vibration gehören die IP-Schutzart und die zulässige Betriebstemperatur zu den Umgebungsanforderungen an PROFINET-Geräte und an die Verbindungstechnik (Abb. 4).

- In Schaltschränken, Warten: IP 20, ϑ = 0 ... 60 °C
- Vor Ort, in der Anlage: IP 65, IP 67, ϑ = -0 ... 70 °C

- **Kupferleitungen**

Sie besitzen zwei Adernpaare. Jedes Paar ist symmetrisch (erdfrei), verdrillt und geschirmt (Twisted Pair, Abb. 4a ①). Die maximale Segmentlänge zwischen Endgerät und Switch beträgt 100 m.

- **Lichtwellenleiter (LWL)**

Durch Lichtwellenleiter aus Glasfaser oder Kunststoff werden die Daten als Lichtimpulse geleitet. Es werden Multimode-LWL für anlagennahe Verkabelung oder Singlemode-LWL für weite Strecken eingesetzt.

- **Steckverbinder**

Für lösbare Verbindungen werden bei Kupferkabel oft das RJ45-System IP 20 ② bzw. IP 65 ③ oder das M12-System (IP 65 ④) verwendet. Die Geräteanschlüsse sind immer als Buchse ausgeführt. Deshalb haben Verbindungskabel beidseitig Stecker. Lichtwellenleiter besitzen entsprechende Steckverbindungssysteme.

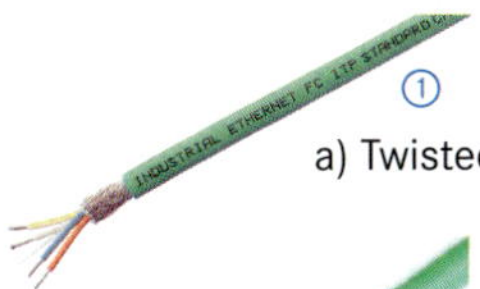

① a) Twisted Pair (IEC 1180/61156)

② b) Stecker IP20: RJ 45 Steckergesicht

③ c) Stecker IP65: Steckergesicht Variante für Daten und Energie

④ d) Stecker IP65: M12 Rundstecker

4: Leitung und Steckverbinder für Kupferkabel

Sind IO-Controller mit IO-Devices über einen Switch verbunden, dann verschaltet dieser Switch automatisch die Sendebuchse (TxD) des einen Gerätes mit der Empfangsbuche (RxD) des anderen Gerätes und umgekehrt (Cross-Over). Deshalb werden 1:1-Kabel mit beidseitigem Steckeranschluss verwendet. Sollen IO-Controller und IO-Device ohne Switch direkt miteinander verbunden werden, so ist ein Cross-Over-Kabel zu verwenden.

Netzübergänge

Bestehende Anlagen mit ASI-Bus und PROFIBUS können über Netzübergänge in PROFINET IO integriert werden (Abb. 5).

- IE/PB Link PN IO ① stellt die Verbindung zwischen dem PROFINET IO Controller und den PROFIBUS-Slaves her. Der IO-Controller registriert die Slaves als normale IO-Devices. Der Link ist der Proxy (Stellvertreter) für die DP-Slaves (Abb. 6a).
- IE/ASI LINK ② ist gleichzeitig PROFINET IO-Device und AS-Interface-Master. Der IO-Controller tauscht die Daten mit den ASI-Slaves zyklisch aus (Abb. 6b).

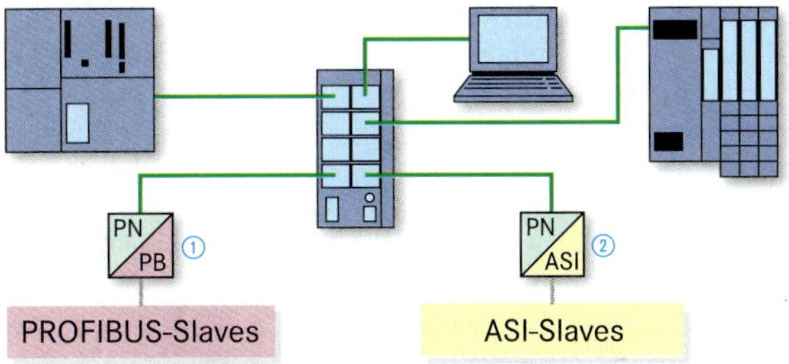

5: Netzübergänge PN/PB und PN/ASI

a) IE/PB Link PN IO b) IE/ASI Link PN IO

6: Netzübergänge zu PROFINET IO

AUFGABEN

1. Beschreiben Sie die Merkmale der Switching-Technologie.
2. Recherchieren Sie die Unterschiede zwischen Singlemode- und Multimode-LWL und fassen Sie die Ergebnisse tabellarisch zusammen.

- PROFINET besitzt drei Kommunikationsstufen:
  - Kommunikation über TCP/IP (z. B. für IT-Dienste)
  - Real-Time (RT, z. B. für Fabrikautomation)
  - Isochrones Real-Time (IRT, z. B. für Antriebe)
- Durch den Einsatz von Switches wird das Ethernet echtzeitfähig (Switched Ethernet).
- Netzübergänge binden andere Feldbusse in PROFINET ein (z. B. PROFIBUS, ASI).

11.3 Steuerungen in automatisierten Anlagen

11.3.1 Bibliotheksfähige Funktionen (FC)

Im Kap. 7.3.8 sind unterschiedliche Programmbausteine und -strukturen mit STEP 7 dargestellt worden. Für Steuerungen in automatisierten Anlagen ist es oft sinnvoll, für häufige Programmieraufgaben bibliotheksfähige Bausteine zu entwickeln. An einem einfachen Steuerungsbeispiel für einen automatisierten Schweißvorgang (Schweißperipherie) sollen entsprechende Codebausteine (FC und FB) entwickelt werden.

Automatisierter Schweißvorgang

Die in Abb. 1 vereinfacht dargestellte Anlage dient dazu, zwei Distanzringe miteinander zu verschweißen. Die Ringe werden zwei Magazinen entnommen und positioniert. Der Schweißroboter fährt danach den fest definierten Verbindungspunkt der beiden Distanzringe an und verschweißt sie miteinander. Im Einzelnen ergibt sich die nachfolgend beschriebene **Ablaufsteuerung**.

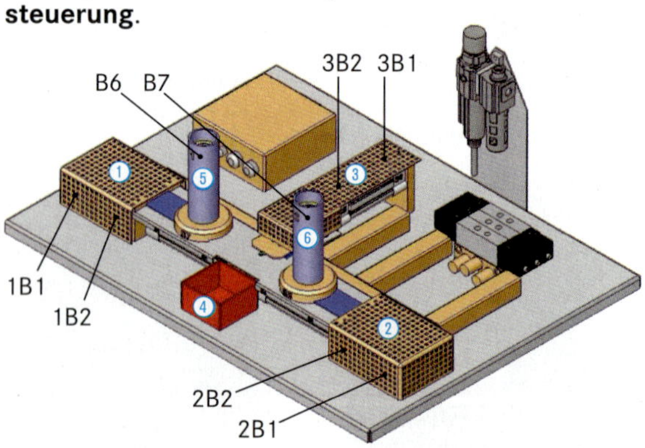

1: Automatisierter Schweißvorgang für Distanzringe

- **Grundstellung anfahren** (Abb. 1)
  - Starttaster wird betätigt.
  - Spannzylinder 1 ① und 2 ② fahren zurück. Zylinder 1 ist eingefahren (Sensoren 1B1 u. 1B2), Zylinder 2 ist eingefahren (Sensoren 2B1 u. 2B2)
  - Der Auswerfzylinder ③ schiebt eventuell noch vorhandene Distanzringe in den Behälter und fährt wieder zurück (Sensoren 3B1 u. 3B2).
  - Die Sensoren B6 und B7 prüfen, ob die Magazine ⑤ ⑥ gefüllt sind. Sind sie leer, müssen sie mit Distanzringen von Hand gefüllt werden.
  - Der Schweißroboter fährt in die Startposition.
- **Distanzringe spannen** (Abb. 2)
  - Der Starttaster wird erneut betätigt und die Spannzylinder fahren vor.
  - Die Sensoren 1B2 und 2B2 (Abb. 1) ermitteln die vordere Endlage der Spannzylinder.
  - Die Distanzringe werden gespannt.
- **Distanzringe schweißen** (Abb. 3)
  - Der Roboter fährt den Schweißpunkt an und startet den Schweißvorgang.
  - Der Roboter fährt in die Startposition zurück.
- **Auswerfen der Distanzringe** (Abb. 4)
  - Die Spannzylinder fahren zurück.
  - Die Sensoren 1B1 und 2B1 ermitteln die hintere Endlage der Spannzylinder.
  - Durch den Rückhub der Zylinder werden gleichzeitig neue Distanzringe geladen.
  - Der Auswerfzylinder ③ schiebt die geschweißten Ringe in einen Behälter ④ und fährt wieder in die Ausgangsstellung (Sensor 3B1) zurück.
  - Der Ablauf startet selbstständig wieder neu, bis in einem der beiden Magazine keine Distanzringe mehr vorhanden sind.

Für die Absaugeinrichtung der Schweißgase soll jetzt ein bibliotheksfähiger Codebaustein entwickelt werden. Bei der Schaltung handelt sich um eine **Selbsthalteschaltung**. Zur Veranschaulichung ist in Abb. 5 eine entsprechende Schützsteuerung mit S1, S2 und Q1 dargestellt, die einen Lüfter steuert. Die Anzeige erfolgt durch einen Betriebsmelder P1. Weil die Signalzustände von Q1 und P1 in den SPS-Operanden des Hauptprogramms im OB1 gespeichert werden können, ist ein Codebaustein (FC1) ausreichend.

Abb. 6 zeigt für FC1 eine Bausteinskizze (nicht genormt). FC1 ist mit lokalen Variablen (s. Kap. 7.3.8) erstellt. Die Operanden E0.0 ① und E0.1 ② (globale Variablen) liefern die Eingangssignale für #AUS bzw. #EIN. Die Signale von #LUEFTER und #MELDER werden in A4.0 ③ und A4.1 ④ gespeichert.

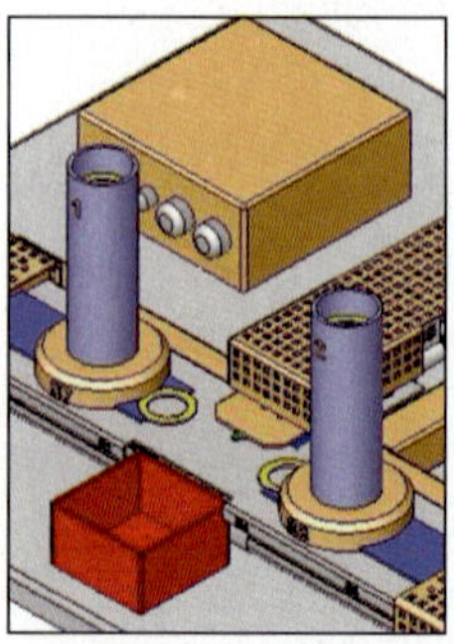

2: Distanzringe spannen

3: Distanzringe schweißen

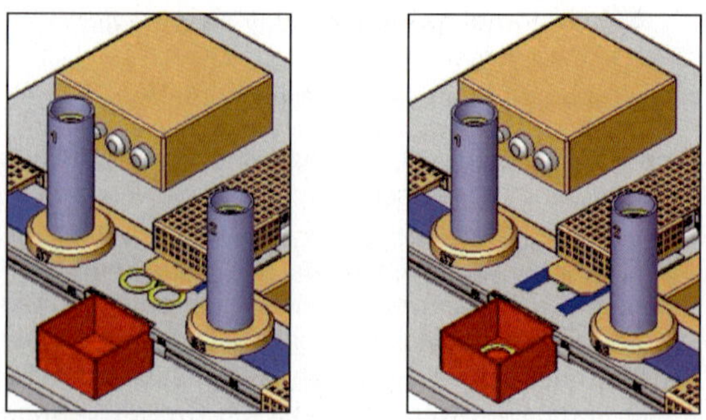

4: Distanzringe auswerfen

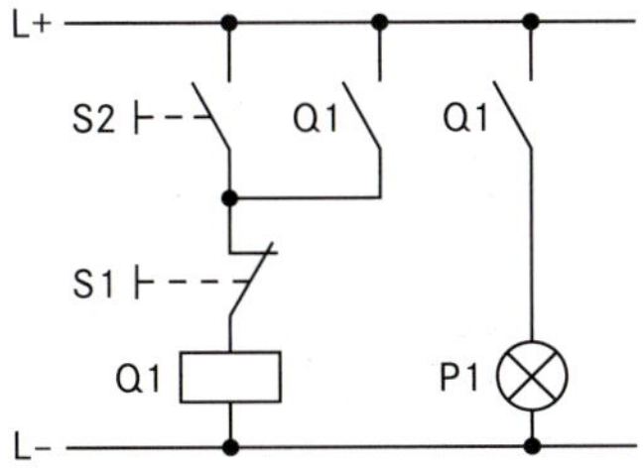

5: Schützsteuerung

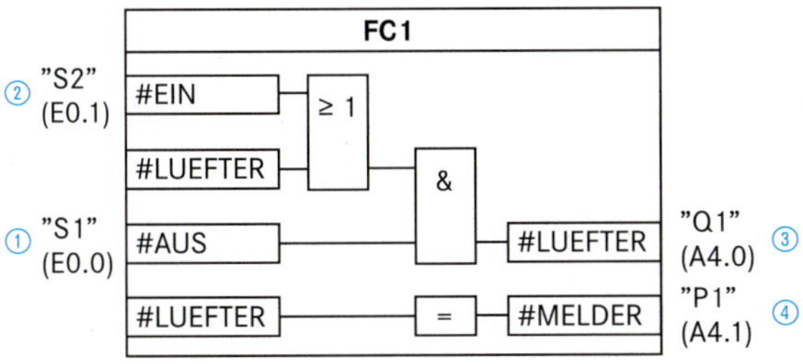

6: Bausteinskizze für FC1

In der Symboltabelle des OB1 können den Operanden symbolische Namen zugewiesen werden ("S1", "S2", "Q1", "P1"). Der bibliotheksfähige Codebaustein FC1 wird nun in vier Schritten wie folgt erstellt:

1. FC1 erzeugen
Nachdem im Simatic Manager das Projekt angelegt ist, wird FC1 erzeugt (Abb. 7). Für den Namen FC1 kann ein symbolischer Name gewählt werden, z.B. "FC_Absaugung" ⑤, der automatisch in die Symboltabelle des Programms eingetragen wird. STEP 7 legt auch den Projektpfad fest ⑥. Er erscheint erst nach dem Abspeichern von FC1 und dem Aufruf der Objekteigenschaften im Fenster.

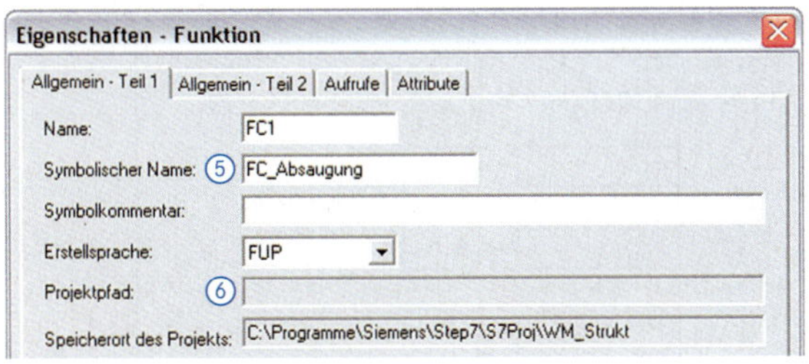

7: Eigenschaften vorgeben

2. Lokale Variablen festlegen (deklarieren)
Nach dem Öffnen wird FC1 programmiert (Abb. 8). Die Funktion hat einen **Deklarationsteil**, bestehend aus Schnittstellenfenster ⑦ und Deklarationstabelle ⑧, sowie einen **Anweisungsteil** ⑨. Im Schnittstellenfenster wird zunächst der Variablentyp gewählt, z.B. Typ IN (Eingangsparameter). Danach wird in der Deklarationstabelle die lokale Variable mit Namen und Datentyp festgelegt, z.B. AUS, Datentyp Bool (boolesche Variable 0 oder 1). Ein Kommentar ist optional. Das Schnittstellenfenster zeigt dann alle deklarierten lokalen Variablen der FC1 ohne #-Zeichen (Variablen entsprechend der Bausteinskizze Abb. 6).

In Abb. 9 sind die lokalen Variablen einer Funktion aufgeführt. Die **Bausteinparameter** [block parameters] vom Variablentyp **IN**, **OUT** und **IN_OUT** und der festgelegte Ausgangsparameter RET_VAL vom Typ **RETURN** sind die Schnittstellen zum aufrufenden Baustein. Ruft der OB1 eine Funktion auf, werden die Werte der zugewiesenen SPS-Operanden übergeben (Parameterübergabe). Die **Lokalvariablen** vom Typ **TEMP** sind nur bausteinintern und nicht parametrierbar.

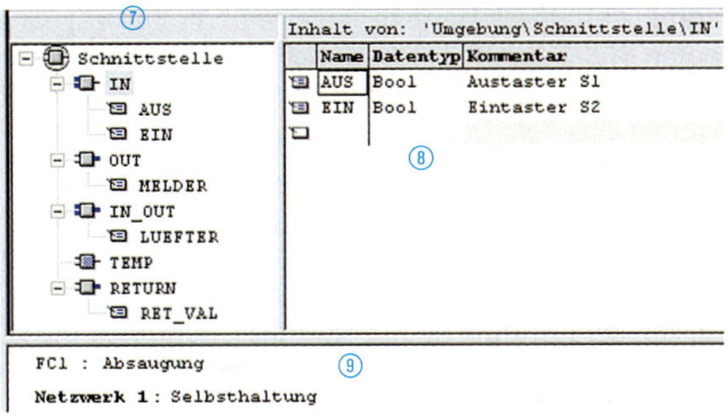

8: FC1 "FC_Absaugung"

Jede Variable gehört zu einem bestimmten Datentyp, der die Speicherplatzgröße festlegt:

- **Bit-Datentypen** sind BOOL (1 Bit), BYTE (8 Bit), WORD (16 Bit) und DWORD (32 Bit).
- **Arithmetische Datentypen** sind INT (ganze Zahlen, 16 Bit), DINT (32 Bit) und REAL (reelle Zahlen, 32 Bit).
- **Zeit-Datentypen** sind S5TIME (Zeitdauer im S5-Format, 16 Bit), TIME (Zeitdauer im IEC-Format, 32 Bit), TIME OF DAY (Uhrzeit, 32 Bit) und Date (Datum, 16 Bit).
- Bit-, Arithmetische- und Zeit-Datentypen heißen **elementare Datentypen** [fundamental data types].
- **Parameter-Datentypen** sind TIMER (Zeitglied, 16 Bit) und COUNTER (Zähler V, R, VR 16 Bit)

Datentypen in STEP 7 entsprechen weitgehend der Norm IEC1131-3, außer S5TIME, TIMER und COUNTER.

Variablentyp	Verwendung
IN	**Eingangsparameter** sollen nur gelesen werden.
OUT	**Ausgangsparameter** sollen nur beschrieben werden.
IN_OUT	**Durchgangsparameter** können gelesen und beschrieben werden.
TEMP	**Lokalvariablen** sind interne temporäre Variablen für Zwischenergebnisse während eines Bausteinaufrufs.
RETURN	**Ausgangsparameter** einer FC, die nach IEC 61131 programmiert werden, dürfen nur einen Rückgabewert RET_VAL besitzen.

9: Lokale Variablen einer Funktion in STEP 7

3. Bausteinprogramm schreiben
In Abb. 1 ist das Bausteinprogramm von FC1 dargestellt. Es besteht aus zwei Netzwerken mit lokalen Variablen.

- **Netzwerk 1: Selbsthalteschaltung** ①
#EIN und #AUS (Typ IN) lesen die Signalzustände der zugeordneten SPS-Eingänge (Globalvariablen) des OB1. Sie setzen bzw. rücksetzen die Variable #LUEFTER (Typ IN_OUT), die als Eingang auch für die Selbsthaltung sorgt. #LUEFTER schreibt ihren Wert in den zugeordneten SPS-Ausgang (Globalvariable). Von dort wird der Wert wieder in die FC1 gelesen. Die IN_OUT-Variablen dienen also dem Datentransfer in beide Richtungen.

- **Netzwerk 2: Betriebsmelder** ②
Die lokale Variable #MELDER (Typ OUT) schreibt ihren Wert in den zugeordneten SPS-Operanden. Signalzustände von Globalvariablen bleiben auch nach Verlassen der Funktion FC1 gespeichert.

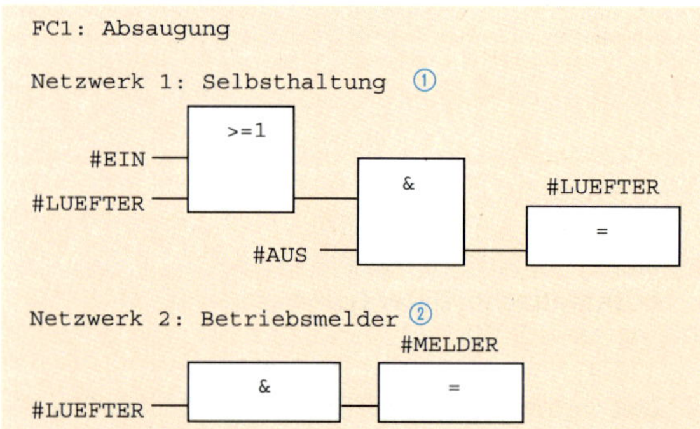

1: Anweisungsteil mit Bausteinprogramm

Ausgangsparameter RET_VAL

In STEP 7 kann eine Funktion beliebig viele Ausgänge besitzen, die ihre Werte an den aufrufenden Baustein zurückgeben. Die Funktion "FC_Absaugung" hat zwei Rückgabewerte (Werte der Parameter #LUEFTER und #MELDER). Soll normgerecht programmiert werden, darf eine Funktion nur einen Wert über den vorgegebenen Ausgangsparameter #RET_VAL zurückgeben.

4. Bausteinaufruf in OB1 erstellen
Der Bausteinaufruf in AWL erfolgt mit der Anweisung **CALL** (Abb. 2 ①). Da eine Funktion keine Variablenwerte speichern kann, müssen beim Aufruf Werte zugewiesen werden.

Die Parameter des Bausteins FC1 heißen **Formalparameter** und die zugewiesenen Parameter des aufrufenden OB1 sind **Aktualparameter**. In der AWL erfolgt die Zuordnung in Form einer Parameterliste. Die Formalparameter (ohne #-Zeichen) stehen links vom Zuordnungszeichen ":=" ②, die Aktualparameter rechts davon ③. In symbolischer Darstellung dürfen die globalen SPS-Operanden des OB1 die gleichen Namen haben wie die Bausteinparameter, allerdings in Anführungszeichen (Abb. 3).

```
OB1 : Hauptprogramm mit Bausteinaufruf
Netzwerk 1: Aufruf von FC1

① CALL  FC        1
   AUS      : =E0.0
② EIN      : =E0.1   ③
   MELDER   : =A4.1
   LUEFTER  : =A4.0
```

2: Bausteinaufruf mit Parameterliste in AWL

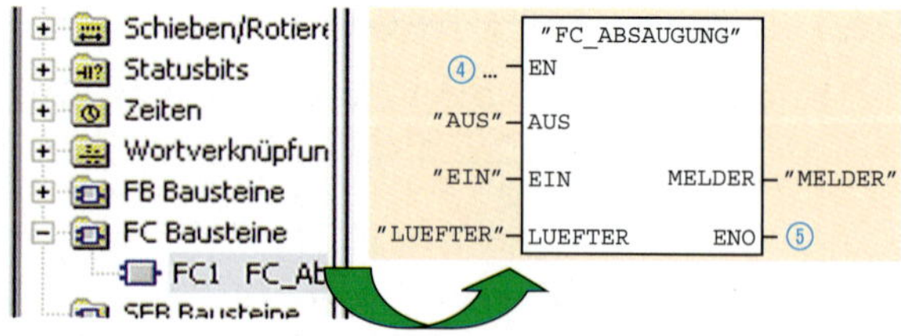

3: Bausteinaufruf in FUP und KOP

Für den Bausteinaufruf in FUP und KOP wird FC1 aus dem Ordner "FC Bausteine" in den Anweisungsteil von OB1 gezogen. Die Formalparameter stehen innerhalb der Box, Eingangs- und Durchgangsparameter links, Ausgangsparameter rechts. Die Aktualparameter werden außerhalb der Box zugeordnet. Die Operanden EN ④ ENO ⑤ sind für die Programmierung der Funktion nicht nötig. In komplexen Programmen kann man damit auf Laufzeitfehler reagieren.

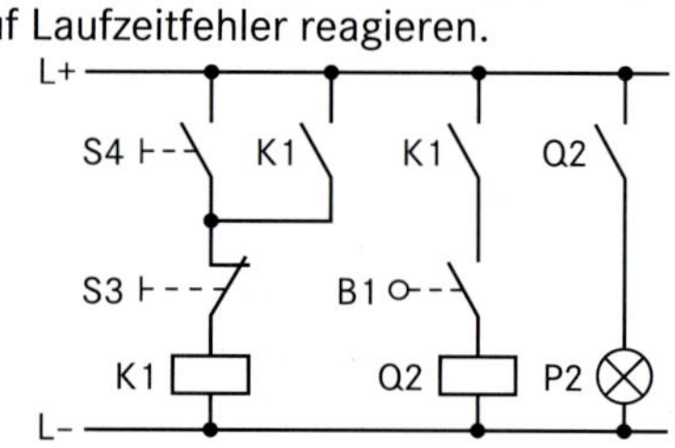

4: Schützsteuerung „Roboterfreigabe“

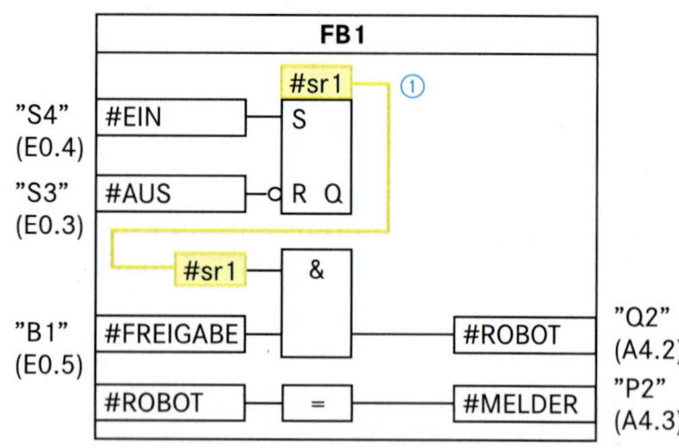

5: Bausteinskizze „Roboterfreigabe“

- Der Codebaustein FC besitzt einen Deklarationsteil und einen Anweisungsteil.
- Die Schnittstelle im Deklarationsteil einer Funktion (FC) vermittelt eine Übersicht über die lokalen Variablen.
- FCs besitzen keinen Speicher für Variablenwerte, deshalb müssen beim Aufruf den Formalparametern Aktualparameter zugewiesen werden.

11.3.2 Bibliotheksfähige Funktionsbausteine (FB)

Für die Schweißperipherie soll für die „Freigabe des Roboters" ein bibliotheksfähiger Funktionsbaustein erstellt werden. Zur Veranschaulichung befindet sich in Abb. 4 eine entsprechende Schützsteuerung.

Der Roboter (Q2) arbeitet nur, wenn der Schweißbetrieb aktiviert ist (K1), der Sensor B1 den Vorgang freigibt und Material eingelegt ist. Ohne Material stoppt der Roboter. Ist Material wieder vorhanden, arbeitet der Roboter von der letzten Position aus weiter. Der Melder P2 signalisiert den Schweißbetrieb. Weil K1 der Merker für die Aktivierung des Schweißbetriebes ist und im nächsten Bausteinaufruf benötigt wird, kommt nur ein FB in Frage.

In der Bausteinskizze (nicht genormt, Abb. 5) wird die Selbsthalteschaltung als interner Merker mit dem SR-Speicher #sr1 ① umgesetzt (K1). #sr1 speichert den Zustand bis zum nächsten Aufruf des FBs. #Freigabe (B1) und #sr1 geben #ROBOT (Q2) frei. #Melder (P2) signalisiert den Schweißbetrieb.

Bibliotheksfähiger FB in STEP 7

Ein bibliotheksfähiger FB1 wird in fünf Schritten wie eine Funktion erstellt. Zusätzlich muss jedoch ein Datenbaustein zum Speichern interner Daten erzeugt werden. Dies kann zu verschiedenen Zeiten der FB-Erstellung erfolgen.

1. Funktionsbaustein erzeugen
Im Simatic Manager wird im Projekt der FB1 erzeugt (Abb. 6). Wie bei einer FC können ein symbolischer Name und die Erstellsprache gewählt werden. Da später ein Instanz-Baustein DB1 erzeugt werden soll, der nur dem FB1 zugeordnet ist, wird das Häkchen am Eingabefeld „Multiinstanzfähig" entfernt ②. Wird es belassen, können weitere vom FB1 aufgerufene FBs den DB1 zur Datenspeicherung mitbenutzen. Da noch keine lokalen Variablen deklariert sind, macht es wenig Sinn, den Instanz-Datenbaustein DB1 jetzt schon zu erzeugen.

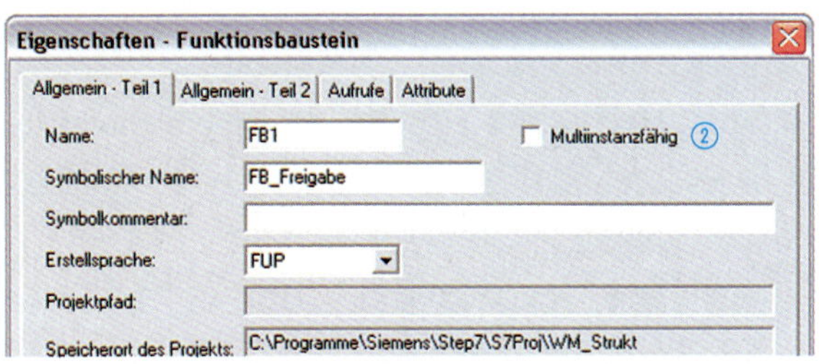

6: Eigenschaften des Funktionsbausteins vorgeben

Es wird nur ein leerer DB1 geschaffen, in dem von Hand die lokalen Variablen eingetragen werden müssen. Änderungen in der Deklarationstabelle des FB1 werden nicht automatisch in den DB1 übernommen. Er muss dann jedes Mal gelöscht und neu erzeugt werden, um die lokalen Variablen selbstständig zu übernehmen.

2. Lokale Variablen erstellen (deklarieren)
Ein FB hat fünf lokale Variablen (Abb. 7).

- Parameter **IN, OUT, IN_OUT**
- Statische Lokalvariablen vom Typ **STAT** ①
- Temporäre Lokalvariablen vom Typ **TEMP**

Die Parameter sind Schnittstellen zum aufrufenden Baustein. Ihre Werte bleiben aber im Gegensatz zu einer FC auch nach dem Verlassen des FBs erhalten.

STAT-Variablen sind die internen Merker eines FBs. Ihre Werte werden im nächsten FB-Aufruf genutzt. TEMP-Variablen sind genau wie bei einer FC nur im aktuellen Bausteinaufruf gültig.

Weil ein FB auch nach der SPS-Norm IEC 1131-3 beliebig viele Ausgangsparameter haben darf, gibt es den Ausgangsparameter RET_VAL nicht.

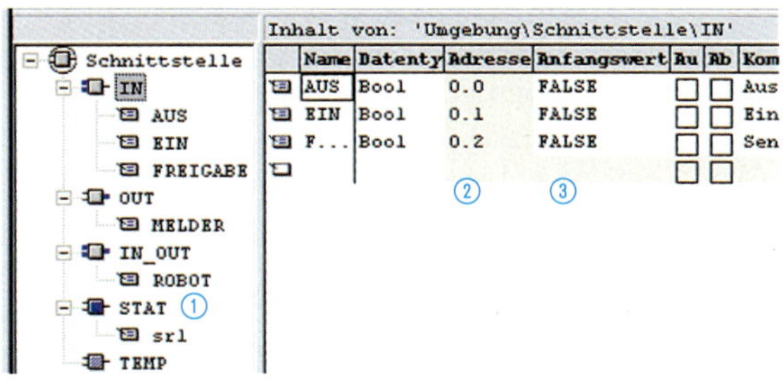

7: Bibliotheksfähiger FB1 "FB_Freigabe"

Im FB1 legt der Anwender die lokalen Variablen mit Namen, Datentyp und einem optionalen Kommentar fest (Namen nach Bausteinskizze Abb. 5). STEP 7 ordnet den lokalen Variablen interne Adressen zu (Abb. 7 ②). Dies sind die Speicherplätze der Variablenwerte im Instanz-DB. Da diese Werte für den nächsten Bausteinaufruf gespeichert sind, kann der Anwender Anfangswerte festlegen, mit denen der FB1 anstelle der Werte der Aktualparameter starten soll ③. Dies ist jedoch nur für Variablen mit elementaren Datentypen möglich (Bit-Datentypen, arithmetische Datentypen und Zeit-Datentypen).

Anders als bei einer FC müssen also beim Bausteinaufruf nicht zwingend Aktualparameter zugeordnet werden. Damit ergeben sich zwei Möglichkeiten für den Aufruf des Funktionsbausteins FB1:

- Sind Aktualparameter den Formalparametern zugeordnet, so übernimmt der FB1 die Werte des aufrufenden Bausteins und startet damit. Die Anfangswerte werden nicht beachtet.
- Sind keine Aktualparameter zugeordnet, werden die Anfangswerte der lokalen Variablen benutzt.

Entweder sind diese Anfangswerte die Defaultwerte, die STEP 7 automatisch vergibt, oder sie sind vom Anwender deklariert.

Nach der Variablendeklaration kann der Datenbaustein DB1 erzeugt werden. Die Parameter und STAT-Variablen werden automatisch in den DB1 kopiert.

3. Bausteinprogramm schreiben
Das Bausteinprogramm ist in Abb. 1 dargestellt und besteht aus drei Netzwerken:

- **Netzwerk 1**: Aktivierung Schweißvorgang ①
Die Selbsthalteschaltung mit den IN-Variablen #EIN und #AUS speichert den Schaltzustand in der STAT-Variablen #sr1. Sie dient als interner Merker.
- **Netzwerk 2**: Freigabe Schweißvorgang ②
Die UND-Verknüpfung zwischen #sr1 und #FREIGABE sorgt dafür, dass #ROBOT nur bei herabgelassenem Schutzgitter ein 1-Signal hat und der Roboter arbeitet.
- **Netzwerk 3**: Betriebsmelder ③
#Melder signalisiert den Betrieb des Roboters.

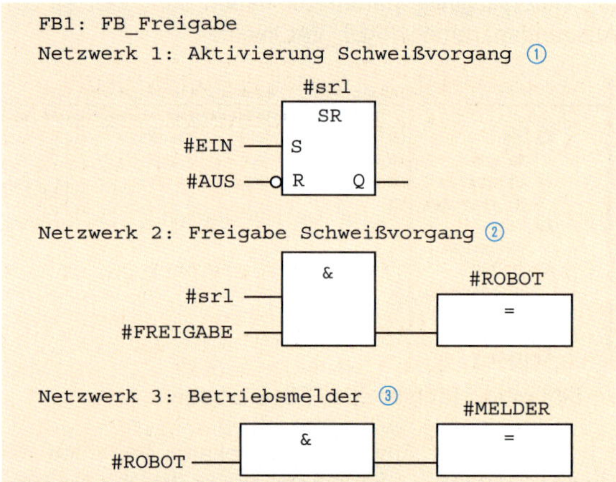

1: Bausteinprogramm „FB_Freigabe“

4. Bausteinaufruf in OB1 erstellen
Der Bausteinaufruf von FB1 erfolgt wie bei einer FC in AWL mit der **CALL-Anweisung** (Abb. 2). Dabei muss der Instanz-DB angegeben werden ①. Stellt STEP 7 fest, dass es den FB noch nicht gibt, erfolgt eine Meldung. Bei Betätigung der Schaltfläche „Ja“ ② im Mitteilungsfenster wird DB1 automatisch mit den Daten aus der Deklarationstabelle des FB1 erstellt.

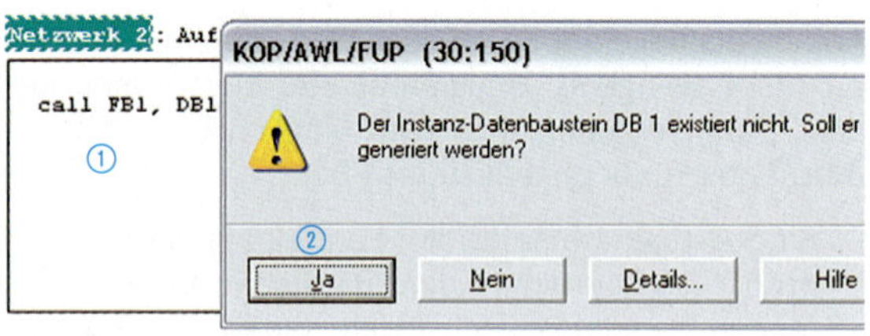

2: Aufruf von FB1

Die Zuweisung der Aktualparameter des aufrufenden OB1 zu den Formalparametern von FB1 erfolgt wie bei einer Funktion (Abb. 3). In der Symboltabelle können Namen für diese Aktualparameter festgelegt werden.

- Ein Funktionsbaustein FB speichert seine Parameter und Lokalvariablen vom Typ STAT im zugehörigen Datenbaustein.

```
Netzwerk 2: Aufruf von FB1

CALL  "FB_FREIGABE" , DB1
 AUS      : =E0.3
 EIN      : =E0.4
 FREIGABE : =E0.5
 MELDER   : =A4.3
 ROBOT    : =A4.2
```

3: Zuweisung der Aktualparameter in AWL

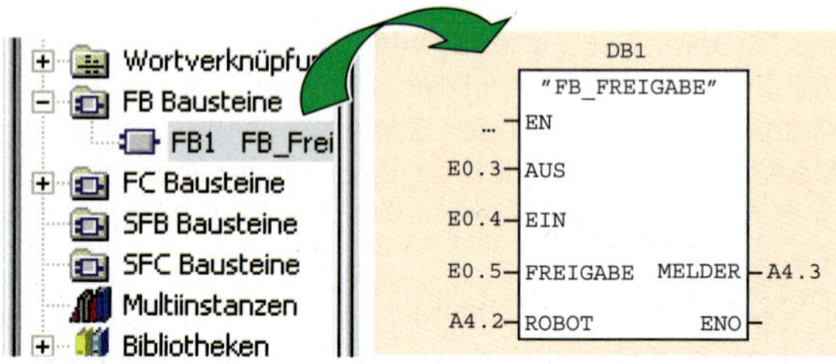

4: Zuweisung der Aktualparameter in FUP und KOP

5. Datenbaustein DB erzeugen
Der Instanz-DB DB1 wird beim Aufruf von FB1 automatisch generiert und ist nur für diesen wirksam. Er hat die gleiche Variablenbelegung wie die Deklarationstabelle des FB1. Wird sie danach im FB1 geändert, muss der DB gelöscht und neu erzeugt werden.

Jeder Datenbaustein enthält nur Daten. Sie können in zwei Darstellungsarten angezeigt werden (Abb. 4):

- Die **Deklarationssicht** [declaration view] (Abb. 5) zeigt alle Parameter und STAT-Variablen der Deklarationstabelle von FB1.
- In der **Datensicht** [data view] (hier nicht dargestellt) erscheinen zusätzlich die Aktualwerte in einer weiteren Spalte. Sie sind mit den Anfangswerten initialisiert. Damit arbeitet der FB1. Die Aktualwerte können geändert werden.

Hinweis: Durch erneute Aufrufe eines FB im Programm können weitere Instanz-DBs generiert werden. So kann derselbe FB mit unterschiedlichen Aktualparametern für gleichartige Aufgaben verwendet werden.

	Adresse	Deklaration	Name	Typ	Anfangswert	Kommentar
1	0.0	in	AUS	BOOL	FALSE	Austaster (Ö)
2	0.1	in	EIN	BOOL	FALSE	Eintaster (S)
3	0.2	in	Freigabe	BOOL	FALSE	Sensor (S)
4	2.0	out	MELDER	BOOL	FALSE	Betriebsmelder
5	4.0	in_out	ROBOT	BOOL	FALSE	Last
6	6.0	stat	sr1	BOOL	FALSE	Merker

5: Instanz-Datenbaustein DB1, Deklarationssicht

- Beim FB-Aufruf müssen den Formalparametern keine Aktualparameter zugewiesen werden, da Anfangswerte im Instanz-DB gespeichert sind.

Parameterübergabe bei einem Funktionsbaustein

Im Gegensatz zu einem FC-Aufruf müssen beim FB-Aufruf den Bausteinparametern mit elementaren Datentypen keine Aktualparameter zugewiesen werden.

- Beim FB-Aufruf werden die Werte der Eingangs- und Durchgangsparameter zuerst als Aktualwerte in den Instanz-DB kopiert.
- Danach erfolgt der Wechsel zur FB-Bearbeitung mit den Aktualwerten der Variablen im DB. Die Bearbeitungsergebnisse der OUT- und STAT-Variablen werden in den DB zurückgeschrieben.
- Nach der FB-Bearbeitung werden die Aktualwerte der Ausgangs- und Durchgangsparameter zurück in die Aktualparameter des aufrufenden OB1 kopiert.

Eigene Baustein-Bibliothek

Mit STEP 7 können die entwickelten Anwendungsprogramme als eigene Baustein-Bibliothek eingebunden werden. Sie stehen somit für spätere Projekte zur Verfügung. Folgende Schritte sind dazu notwendig:

- Unter „**Datei – Neu** ...“ wird ein neues Projekt angelegt (Abb. 6). Es ist erforderlich, den Typ „Bibliothek“ ① auszuwählen und einen Namen ② für die Bibliothek zu vergeben (z. B. „Cloos“).
- Unter dem Menu „**Einfügen**“ wird das S7-Programm eingefügt. Es wird hier der Name „SP Distanzringe“ verwendet (Abb. 7), unter dem nun die bibliotheksfähigen Anwenderprogramme in den Bausteinordner kopiert werden können.

Bei jedem neuen Projekt und dem Erstellen eines neuen Anwenderprogramms steht nun die persönliche Baustein-Bibliothek zur Verfügung (Abb. 8). Der Programmierer hat jetzt die Möglichkeit, alle wiederverwendbaren Programmbausteine der verschiedenen Anlagenteile in diesem Ordner abzulegen.

STEP 7 enthält Bibliotheksprogramme, die in Anwenderprogramme integriert werden können.

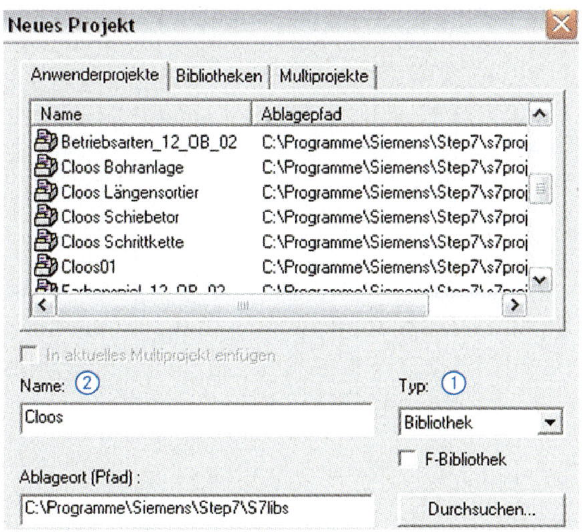

6: Neues Projekt „Bibliothek“ in STEP 7

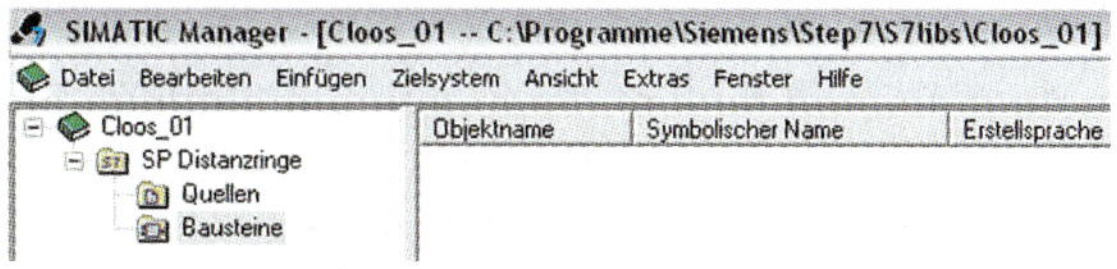

7: Bausteinordner „SP Distanzringe“

8: Baustein-Bibliothek „Cloos“

In der Bibliothek „**stdlibs**“ findet man Programmbausteine aus folgenden Bereichen:

- **builtin** (integrierte Systembausteine)
- **fblib1** (Konverterfunktionen aus S5)
- **iec** (IEC-Funktionen, z. B. Datumsfunktionen)
- **stdobs** (Organisationsbausteine, Abb. 9)

Anlauf Organisationsbausteine		Periodische Programmunterbrechung	
OB 100	Neustart	OB 10-17	Uhrzeitalarm
OB 101	Wiederanlauf	OB 30-38	Weckalarm
Ereignisgesteuerte Programmunterbrechung			
OB 121	Programmierfehler	OB 87	Kommunikationsfehler

9: Auswahl von Organisationsbausteinen, STEP 7

AUFGABEN

1. Beschreiben Sie beide Programmsequenzen:

a)
```
L DB3.DW 2
U E 0.7
T AW 6
```
b)
```
      L DB3.DW 2
      UN E 0.7
      SPB MSO
      T  AW 6
MSO:  NOP 0
```

2. Was versteht man unter einer eigenen Baustein-Bibliothek?

3. Welche Funktion haben die Bausteine in der Bibliothek „stdobs“?

- Bibliotheksfähige Anwenderprogramme lassen sich in selbst erstellten Bibliotheken ablegen und stehen für die weitere Programmierung zur Verfügung.

11.3.3 Ablaufsteuerung mit Schrittmerkern

Bei der in Kap. 11.3.1 beschriebenen Steuerung für eine Schweißperipherie handelt es sich um eine Ablaufsteuerung [sequentiel control]. Die darin vorkommenden Schritte und Weiterschaltbedingungen (**Transitionen** [transitions]) können unabhängig von der SPS und Software mit GRAFCET-Symbolen (s. Kap. 3.1.3) dargestellt werden. Der entsprechende Funktionsplan [sequential function chart] ist in Abb. 1 dargestellt. Nach jedem Schritt folgt eine Transition, die in boolescher Form angegeben wird:

- ODER-Verknüpfung mit Plus-Zeichen, z. B. S2+S3
- UND-Verknüpfung mit Punkt, z. B. S1·P1
- NEGATION mit Negationsstrich, z. B. $\overline{S4}$

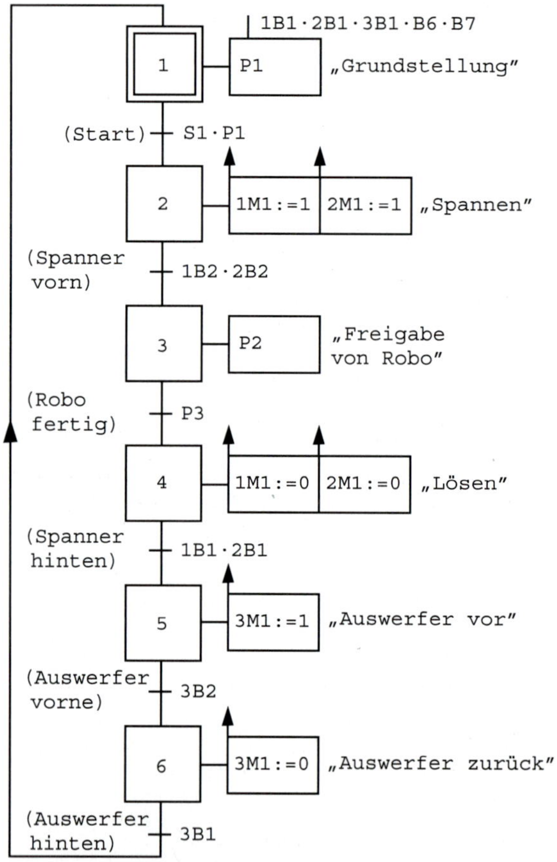

1: Funktionsablaufplan der Ablaufsteuerung für die Schweißperipherie in GRAFCET

Bei der Ablaufsteuerung mit Schrittmerkern wird in STEP 7 für jeden Schrittmerker [step flag] ein eigenes Netzwerk erstellt und für jeden Schritt ein **Merkerbit** [flag bit] gesetzt (Abb. 2 ①). Solange ein Schritt ausgeführt wird, besitzt der Merker ein 1-Signal. Der nächste Schritt folgt, wenn zusätzlich die entsprechende Transition erfüllt ist. Sobald der nächste Schritt gesetzt wird, deaktiviert dieser den vorhergehenden Schritt ②. Die Struktur des Netzwerks bei einer Ablaufsteuerung mit Schrittmerkern ist deshalb immer gleich.

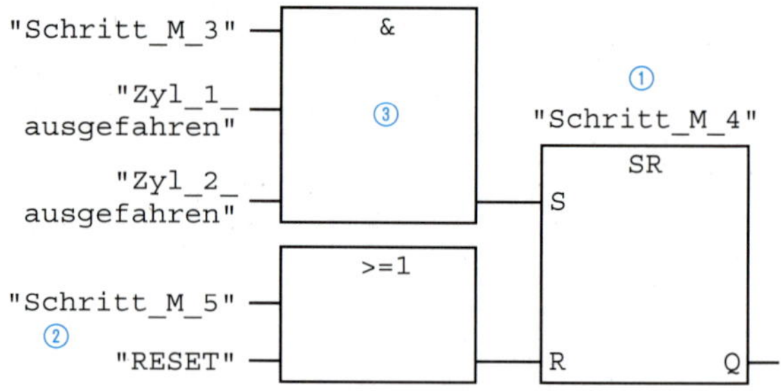

2: Schrittmerker

Durch die zyklische Programmbearbeitung der SPS wird immer das Gesamtprogramm abgearbeitet. Bei einer Verknüpfungssteuerung könnten Sensoren durch prozessabhängige Signale ungewollt einen oder mehrere Aktoren zum falschen Zeitpunkt setzen. Das wird durch eine UND-Verknüpfung ③ mit dem vorausgehenden Schrittmerker (z. B. "Schritt_M_3") verhindert.

Als Schrittmerker können **remanente** oder **nicht-remanente** Merker [retentive or non-retentive flags] verwendet werden. Da aus Sicherheitsgründen oft gefordert wird, dass die Ablaufsteuerung nach einem Spannungsausfall nicht fortgesetzt werden soll, werden meist nicht-remanente Merker eingesetzt.

Start einer Schrittkette

Nach dem Umschalten der SPS von STOP auf RUN benötigt die Schrittkette einen definierten Einstieg. Dieser **Initialschritt** [initial step] (Abb. 3) kann über einen Richtimpuls ① gesetzt werden. Nach dem Einschalten der SPS führt dieser nicht-remanente Merker für die Dauer von einem Zyklus ein 1-Signal.

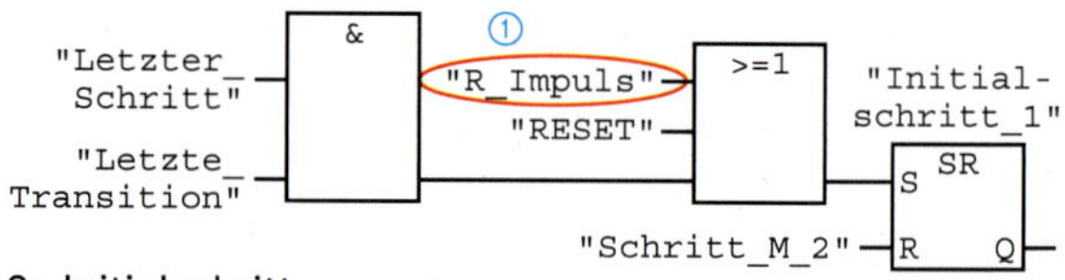

3: Initialschritt

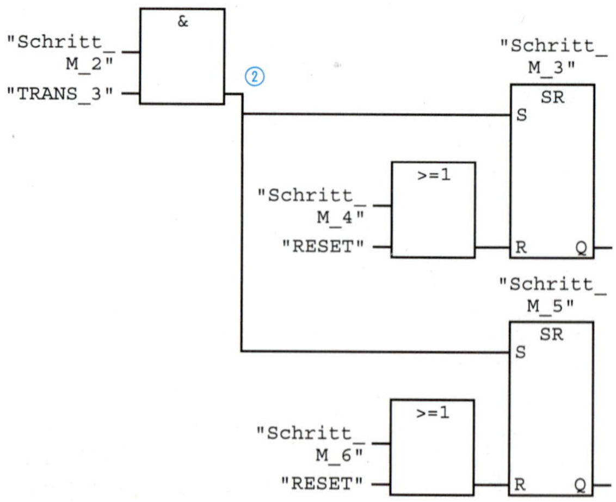

4: Simultanverzweigung

Verzweigungen

Bei einer **Simultanverzweigung** (Parallelverzweigung) werden zwei Schritte gleichzeitig ausgeführt. Die Stränge werden mit zwei Schrittmerkern durch einen vorhergehenden Schritt und eine Transition gesetzt (Abb. 4 ②).

Zusammengeführt werden beide Zweige wieder in einem neuen Netzwerk. Die letzten Schrittmerker der beiden Simultanverzweigungen werden mit der jeweils folgenden Transition UND-verknüpft und setzen den folgenden Schrittmerker.

Alternativverzweigungen können so realisiert werden, dass dem jeweils ersten Schritt in den Verzweigungen unterschiedliche Transitionen vorausgehen (Abb. 5). Wichtig ist, dass sich die unterschiedlichen Transitionen gegenseitig ausschließen ③. Die Schrittkette wird wieder zusammengeführt, indem die letzten Schrittmerker der Verzweigungen ODER-verknüpft werden ("Schritt_M_6" + "Schritt_M_8") und mit einer Transition den folgenden Schrittmerker setzen.

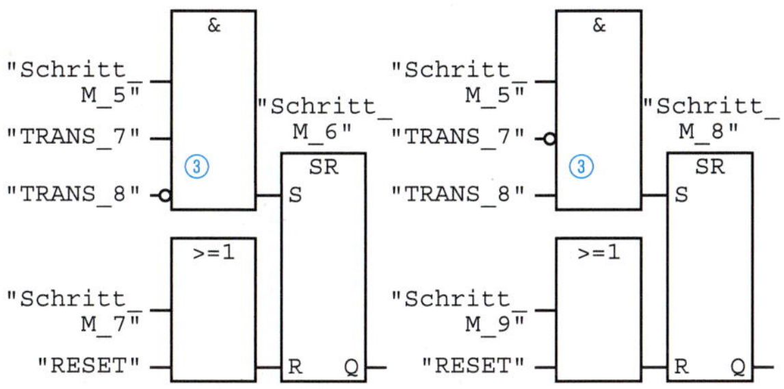

5: Alternativverzweigung

Ansteuerung der Ausgänge

Für die **Ausgangszuweisung** [output assignment] verwendet man in der Regel eine eigene Funktion (FC). Die Ausgänge können dort bei speichernden Aktionen mit einem SR-Glied durch die entsprechenden Schrittmerker gesetzt bzw. rückgesetzt werden. Bei nicht speichernden Aktionen wird mit den notwendigen Schrittmerkern eine ODER-Verknüpfung erstellt, die dann den zugehörigen Ausgang ansteuert (Abb. 6).

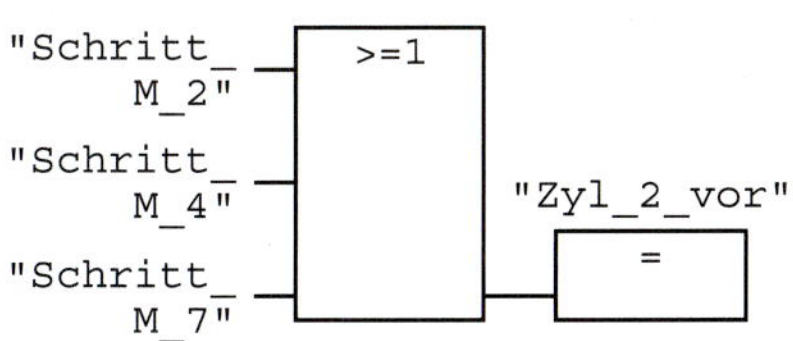

6: Zuweisung bei einer nicht speichernden Aktion

Da in einem Programmzyklus die Netzwerke nacheinander abgearbeitet werden, wirkt sich das Rücksetzen eines Schrittmerkers durch den Folgeschritt erst im nächsten Zyklus aus. Innerhalb eines Zyklus ist es daher möglich, dass z B. zwei aufeinanderfolgende Schritte gleichzeitig gesetzt sind. Erst im folgenden Zyklus wird der vorhergehende Schritt zurückgesetzt.

11.3.4 Ablaufsteuerung mit S7-GRAPH

S7-GRAPH bietet die Möglichkeit, Ablaufsteuerungen grafisch zu programmieren und erweitert damit den Funktionsumfang von STEP 7. Ein in GRAFCET erstellter Prozessablauf lässt sich sehr einfach mit S7-GRAPH realisieren. Dazu wird ein FB benötigt. Er bietet die Möglichkeit, die Erstellsprache „GRAPH" zu wählen (Abb. 7 ①). Mit einem Doppelklick auf diesen FB wird das S7-GRAPH-Programm geöffnet. In Abb. 8 sind ausgewählte Elemente für S7-GRAPH aufgeführt.

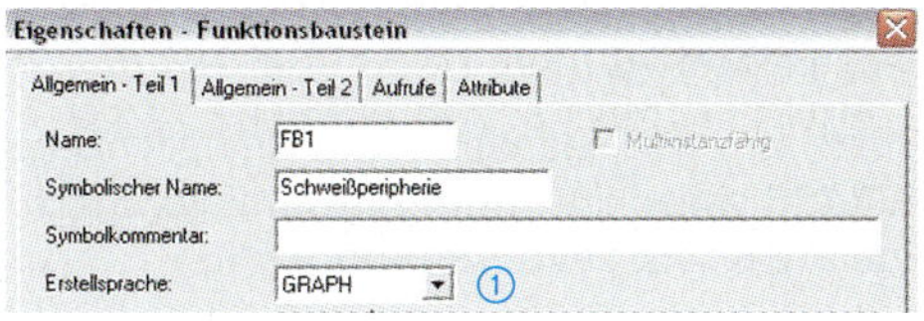

7: FB in S7-GRAPH erstellen

Symbol	Funktion
	Eingabemodus wechselt zwischen dem direkten und wiederholten Eingeben eines Programmelementes
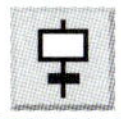	Eine Kombination aus Schritt und Transition wird eingefügt.
	Platziert nach einer Transition einen Sprung zu einem beliebigen Schritt.
	Beendet die gesamte Schrittkette oder einen Zweig.
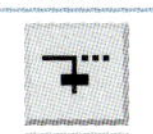 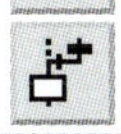	Beginnt bzw. beendet eine Alternativverzweigung. Sie erfolgt direkt nach einem Schritt. Jeder Zweig beginnt dann mit einer eigenen Transition.
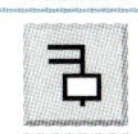 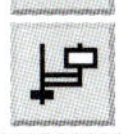	Beginnt bzw. beendet eine Simultanverzweigung, die parallel laufende Prozesse ermöglicht. Sie wird nach einer gemeinsamen Transition geöffnet.
	Die Zeitüberwachung der **gesamten** Aktivierungsdauer für einen Schritt wird in die folgende Transition eingefügt.
	Die Zeitüberwachung der **störungsfreien** Aktivierungsdauer eines Schrittes wird in die folgende Transition eingefügt.

8: Programmelemente in S7-GRAPH

AUFGABEN

1. Erläutern Sie die Unterschiede zwischen Simultan- und Alternativverzweigungen.
2. Welche Veränderung tritt ein, wenn man als Schrittmerker einen remanenten statt eines nichtremanenten Merkers verwendet?

- Um eine Ablaufsteuerung zu starten, wird ein Initialschritt benötigt.

Programmierung

Bevor die eigentliche Programmierung in S7-GRAPH erfolgt, ist es sinnvoll, den Funktionsablaufplan in GRAFCET zu skizzieren (s. Kap. 11.3.3). Mit diesem Plan ist es dann einfach, das S7-GRAPH-Programm zu erstellen.

Nachdem der Funktionsbaustein mit der Erstellsprache GRAPH geöffnet wurde, übernimmt man zunächst die allgemeine Programmstruktur aus dem Funktionsablaufplan. Die benötigten Schritte, Transitionen, Verzweigungen und Sprünge werden in der Programmieroberfläche eingefügt (Abb. 1).

Der Vorrat an verschiedenen Aktionsmöglichkeiten ist in S7-GRAPH gegenüber einer Programmierung in FUP, KOP oder AWL sehr begrenzt (Abb. 2).

Zusätzlich zu den Standardaktionen wie z. B. „S" (Setzen) oder „R" (Rücksetzen) hat man die Möglichkeit, jeder Aktion eine **Verriegelungsbedingung** [interlocking condition] zuzuweisen. So besteht wie in GRAFCET die Möglichkeit, Aktionen in einem Schritt nur bedingt auszuführen.

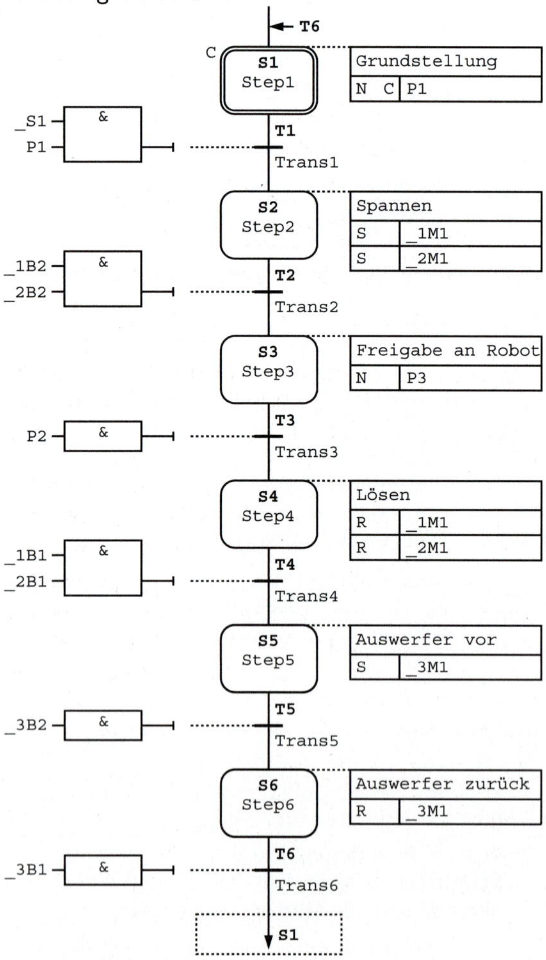

1: Ablaufsteuerung für die Schweißperipherie in S7-GRAPH

Operation	Operandenkennzeichen	Bedeutung
N[C]	A, E, M, D	Solange Schritt aktiv [und Interlock erfüllt], führt Operand Signal = 1.
S[C]	A, E, M, D	**S**etzen: Sobald Schritt aktiv [und Interlock erfüllt], wird Operand auf 1 gesetzt und bleibt danach auch auf 1 (speichernd).
R[C]	A, E, M, D	**R**ücksetzen: Sobald Schritt aktiv [und Interlock erfüllt], wird Operand auf 0 gesetzt (speichernd).
D[C]	A, E, M, D T#<const>	Einschaltverzögerung (**D**elay): *n* Sekunden nach Schrittaktivierung führt Operand [bei erfülltem Interlock] das Signal = 1 für die Dauer der Schrittaktivierung. Dies ist nicht gültig, wenn die Dauer der Schrittaktivierung kürzer als *n* Sekunden ist (nicht speichernd). Zeitkonstante

2: Standardaktionen in S7-GRAPH (Beispiele)

Um die in GRAFCET dargestellte Bedingung für die Leuchte „P1" in S7-GRAPH zu realisieren (Abb. 1 und 3 ①), muss man zunächst in die Einzelschrittdarstellung wechseln. Die Bedingung wird erstellt ② und die betreffende Aktion mit einem „C" gekennzeichnet ③.

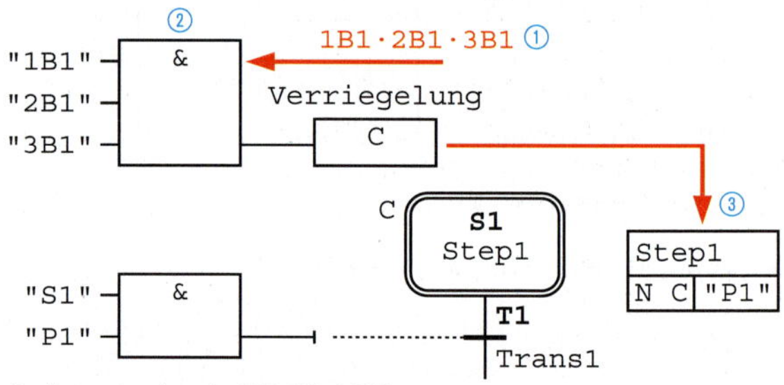

3: Interlock mit S7-GRAPH

Zeitverzögerte Aktion

Sobald der Schritt eingeleitet ist, beginnt die in der zweiten Zeile der Aktion eingestellte Zeit zu laufen (Abb. 4 ①). Solange die folgende Transition nicht erfüllt ist, wird nach Ablauf der Verzögerungszeit die Aktion ausgeführt.

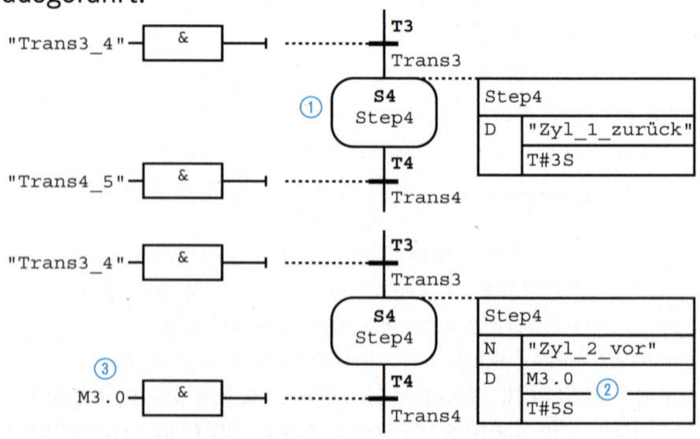

4: Zeiten in S7-GRAPH

Zeitbegrenzte Aktion

Ein Merker erhält mit „D“ zeitverzögert ein 1-Signal (Abb. 4 ②). In der folgenden Transition wird dieser Merker abgefragt ③. Der Schritt wird so lange ausgeführt, bis der Merker nach der eingestellten Verzögerungszeit auf das 1-Signal wechselt.

Zählfunktion

Bei jeder **Schrittaktivierung** [step activation] wird der Zahlwert von Z1 um 1 verringert (Abb. 5). In einer Bedingung kann dann abgefragt werden, ob der Zähler schon den Wert 0 erreicht hat. Abhängig davon werden dann weitere Aktionen eingeleitet. Sinnvoll ist dies z. B., wenn ein Alternativzweig erst bearbeitet werden soll, nachdem eine bestimmte Aktion n-mal ausgeführt wurde.

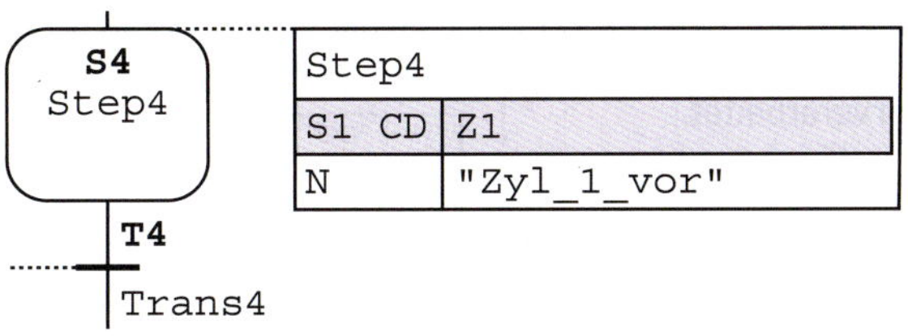

5: Zählen in S7-GRAPH

Veränderung der Baustein-Eigenschaften

Wird ein S7-GRAPH-Baustein im OB1 aufgerufen, kann man dort auf den Ablauf der Schrittkette Einfluss nehmen. Dazu bietet der S7-GRAPH-Baustein im Menü „Extras“ die Möglichkeit, zwischen Varianten zu wählen. Die vier Varianten unterscheiden sich durch ihre Anzahl an sichtbaren und damit auch nutzbaren Ein- und Ausgängen beim Bausteinaufruf.

Während in der Variante „Minimal“ mit dem Eingang INIT_SQ der Initialschritt der Schrittkette angewählt werden kann (Abb. 6), bietet z. B. die Variante „Standard“ zusätzlich die Möglichkeit, mit dem Eingang ACK_EF eine Störung zu quittieren oder mit dem Ausgang AUTO_ON die Betriebsart Automatik anzuzeigen.

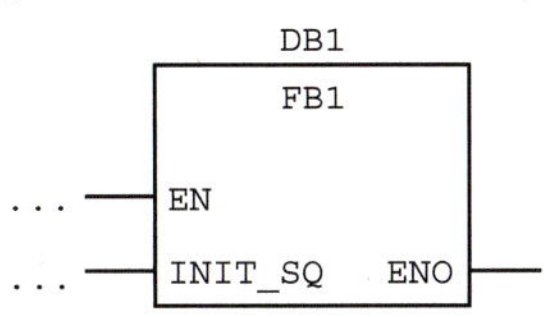

6: FB-Parameter „Minimal“

AUFGABE

1. Nennen Sie zwei Gründe, warum vor dem Programmieren mit S7-GRAPH ein Funktionsablaufplan erstellt werden sollte.

- Zeitfunktionen werden mit den Befehlen D (delayed) und L (limited) realisiert.
- Über die Bausteineinstellungen kann auf den Ablauf der Schrittkette Einfluss genommen werden.

11.3.5 Standardisierte Ablaufsteuerung

Da der grundsätzliche Aufbau einer linearen Ablaufsteuerung gleich ist, bietet es sich an, bibliotheksfähige Universal-Ablaufkettenbausteine einzusetzen, die das Programmieren vereinfachen (Abb. 7). Lediglich die Transitionsbedingungen ① werden beim Aufruf des Bausteins im OB 1 benötigt. Als Ausgang gibt er die aktuelle Schrittnummer aus ②. Diese wird dann in einem anlagenspezifischen Aktionsbaustein verarbeitet und z. B. einem Ausgang zugewiesen.

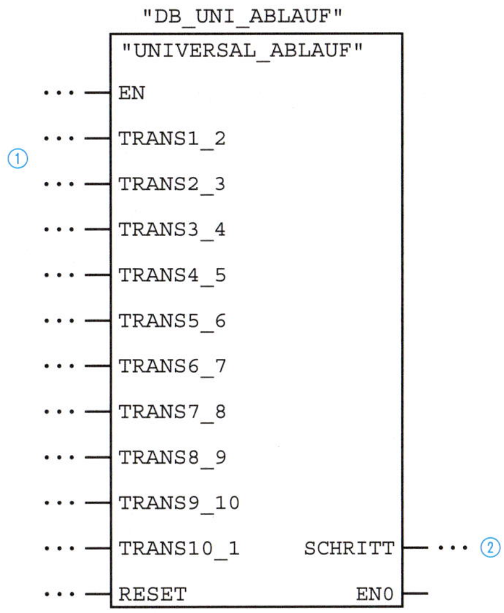

7: Universal-Ablaufkettenbaustein im OB 1

Aufbau eines Universal-Ablaufkettenbausteins

Zunächst müssen die benötigten Variablen in der Deklarationstabelle festgelegt werden. Da statische Variablen benötigt werden, ist ein Funktionsbaustein (FB) notwendig. Für jeden Schritt wird eine lokale statische Variable angelegt (Abb. 8). Wichtig ist dabei, dass der Initialschritt (SCHRI_1) mit dem Anfangswert TRUE deklariert werden muss ③. Dies bewirkt, dass der Schritt direkt nach dem Einschalten der SPS gesetzt ist und der Prozessablauf beginnen kann.

Die Transitionen TRANS1_2 bis ...10_1 werden als Eingangsvariablen deklariert (Abb. 1, nächste Seite). Jede Transition muss den Anfangswert TRUE erhalten. Die aufgrund der Schrittanzahl nicht benötigten Transitionseingänge erhalten damit den Wert 1 (TRUE) und stellen eine erfüllte Weiterschaltbedingung dar.

Name	Datentyp	Anfangswert
STAT		
SCHRI_1	BOOL	TRUE ③
SCHRI_2	BOOL	FALSE
...	...	...
SCHRI_10	BOOL	FALSE

8: Statische Variablen im FB

11.4 Sicherheit in Steuerungen

11.4.1 Risikobewertung

Bestandteile der Sicherheit für eine Maschine sind
- Konstruktion (EN ISO 12100 und EN 1050),
- sicherheitsbezogene Steuerungen (EN 62061 und EN ISO 13849-1) sowie
- die elektrische Ausrüstung (EN 60204-1).

Für den Aufbau von sicherheitsbezogenen Steuerungen stehen zwei Normen zur Verfügung.

- **EN 62061**
Die Norm beschreibt Anforderungen an sichere elektrische Steuerungen (keine Pneumatik, Hydraulik usw.). Bestimmt wird das Sicherheits-Integritäts-Niveau [**Safety Integrity Level**, **SIL**]. Es gibt drei Niveaus (Abb. 1): SIL 1 (niedrige Sicherheit) bis SIL 3 (hohe Sicherheit).

- **EN ISO 13849-1**
Die Norm beschreibt Anforderungen sowohl an sichere elektrische als auch an nichtelektrische Steuerungen (Pneumatik, Hydraulik usw.). Bestimmt wird das Leistungsniveau [**Performance Level**, **PL**]. Es gibt fünf Leistungsniveaus (Abb. 2): PL a (niedrige Sicherheit) bis PL e (hohe Sicherheit).

Risikobewertung der Sicherheitsfunktion

Ziel der Risikobewertung [risk evaluation] ist es, mit Hilfe festgelegter Risikoparameter (S, F, W und P, Abb. 1) den erforderlichen SIL bzw. PL einer Sicherheitsfunktion der Steuerung zu bestimmen. Dies erfolgt in beiden Normen auf unterschiedliche Weise.

Beispiel: Der rotierende Fräskopf einer Bearbeitungsstation muss beim Öffnen der Schutzhaube stillgesetzt werden. Es sollen der erforderliche SIL und der erforderliche PL für die beschriebene Sicherheitsfunktion der Maschinensteuerung ermittelt werden.

- **Erforderlicher SIL** (Abb.1)
  1. Schadensausmaß S festlegen ①
  2. F, W und P bestimmen ② ③ ④
  3. Klasse K = F + W + P berechnen ⑤
  4. Schnittpunkt S und K ergibt SIL ⑥

  ⇒ Das erforderliche Sicherheits-Integritäts-Niveau (Safety Integrity Level) ist dann SIL 2.

- **Erforderlicher PL_r** (Abb. 2)
  1. Schadensausmaß S festlegen ⑦
  2. Gefährdungshäufigkeit F festlegen ⑧
  3. Gefährdungsvermeidung P festlegen ⑨

  ⇒ Das erforderliche Leistungsniveau (Performance Level PL_r) ist dann d.

Häufigkeit und/oder Aufenthaltsdauer F	
≤ 1 Stunde	5
> 1 Stunde bis ≤ 1 Tag ②	5
> 1 Tag bis ≤ 2 Wochen	4
> 2 Wochen bis ≤ 1 Jahr	3
> 1 Jahr	2

Eintrittswahrscheinlichkeit des Gefährdungsereignisses W	
häufig	5
wahrscheinlich ③	4
möglich	3
selten	2
vernachlässigbar	1

Möglichkeit zur Vermeidung P	
unmöglich	5
möglich ④	3
wahrscheinlich	1

Auswirkungen	Schadensausmaß S	Klasse K = F + W + P ⑤				
		3–4	5–7	8–10	11–13	14–15
Tod, Verlust von Auge oder Arm	4	SIL 2	SIL 2	SIL 2	SIL 3	SIL 3
Permanent, Verlust von Fingern ①	3			SIL 1	SIL 2 ⑥	SIL 3
Reversibel, medizinische Behandlung	2	andere Maßnahmen			SIL 1	SIL 2
Reversibel, Erste Hilfe	1					SIL 1

1: Bestimmung des erforderlichen Sicherheits-Integritäts-Niveaus (SIL)

S Schwere der Verletzung

S1: Leicht (Prellung, Schnittverletzung)

S2: Schwer (Amputation, Tod)

F Häufigkeit und/oder Dauer der Gefährdung

F1: Selten bis öfter bzw. von kurzer Dauer

F2: Häufig bis dauernd bzw. von langer Dauer

P Möglichkeit zur Vermeidung der Gefährdung

P1: Möglich unter bestimmten Bedingungen

P2: Kaum möglich

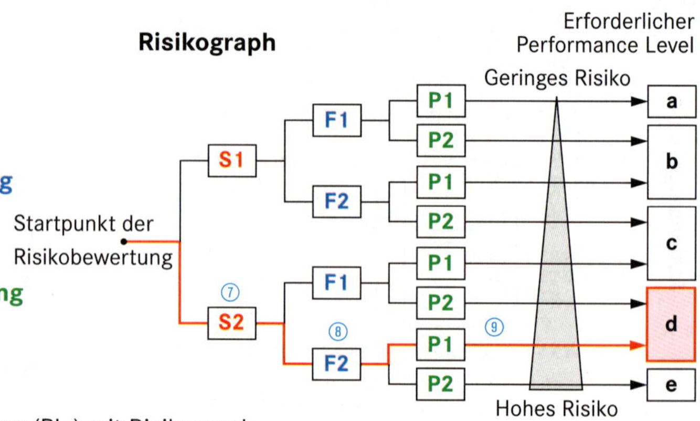

2: Bestimmung des erforderlichen Leistungsniveaus (PL_r) mit Risikograph

11.4.2 Performance Level

Für eine sichere Maschinen- oder Anlagensteuerung müssen Sicherheitsfunktionen (SFs) im sicherheitsbezogenen Teil der Steuerung eingebaut und verarbeitet werden [**SRP/CS**: **S**afety-**R**elated **P**art of a **C**ontrol **S**ystem] (Abb. 3 ①).

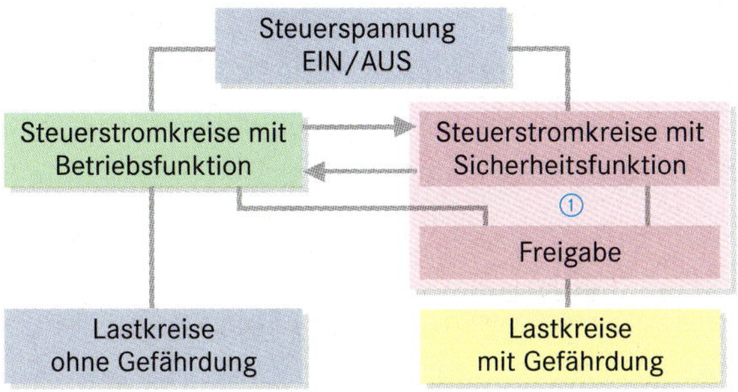

3: Sicherheitsbezogener Teil einer Steuerung (SRP/CS)

Ein Performance Level gibt die Wahrscheinlichkeit des gefährlichen Ausfalls einer Sicherheitsfunktion des SRP/CS je Stunde an (Abb. 4).

- Der Performace Level PL [a] stellt die niedrigsten Sicherheitsanforderungen an den SRP/CS: Die Wahrscheinlichkeit eines gefährlichen Ausfalls ist hoch.
- Die Stufe PL [e] ist der höchste Performance Level. Ein SRP/CS mit diesen Eigenschaften hat die niedrigste **Wahrscheinlichkeit eines gefährlichen Ausfalls** [failure probability].

Performance Level	Durchschnittliche Wahrscheinlichkeit eines gefährlichen Ausfalls je Stunde (1/h)		
a (niedrig)	$\geq 10^{-5}$	bis $< 10^{-4}$	(hoch)
b	$\geq 3 \times 10^{-6}$	bis $< 10^{-5}$	
c	$\geq 10^{-6}$	bis $< 3 \times 10^{-6}$	
d	$\geq 10^{-7}$	bis $< 10^{-6}$	
e (hoch)	$\geq 10^{-8}$	bis $< 10^{-7}$	(niedrig)

4: Performance Level PL [a] bis PL [e]

Performance Level bestimmen

Am Beispiel einer Schweißroboterzelle soll der Performance Level für eine Sicherheitsfunktion des SRP/CS bestimmt werden (Abb. 5).

- Für den Aufbau einer sicherheitsbezogenen Steuerung gibt es die Normen EN ISO 13849-1 (Performance Level) und EN 62061 (SIL).
- SRP/CS (Safety-Related Part of a Control System) ist der sicherheitsbezogene Teil der Steuerung einer Maschine nach EN ISO 13849-1.
- Der Performance Level einer Sicherheitsfunktion des SRP/CS ist ein Maß für die Wahrscheinlichkeit eines gefährlichen Ausfalls je Stunde.

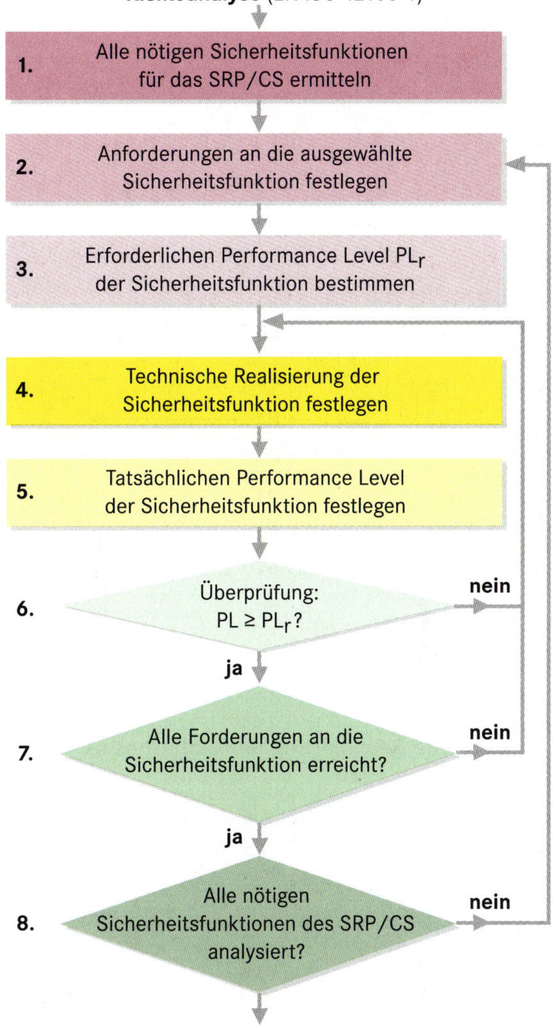

5: Bestimmung des Performance Levels einer Sicherheitsfunktion des SRP/CS

1. Alle nötigen Sicherheitsfunktionen des SRP/CS ermitteln

Für die Schweißroboterzelle sind folgende zwei Sicherheitsfunktionen erforderlich:

- Gefährliche Roboterbewegungen stoppen.
- Unerwarteten Roboteranlauf verhindern.

2. Anforderungen an die ausgewählte Sicherheitsfunktion festlegen

Die Sicherheitsfunktion erfordert eine Schutztür für die Schweißroboterzelle, an die folgende Anforderungen gestellt werden:

- Beim Öffnen der Schutztür muss der Roboter abgeschaltet werden.
- Bei offener Schutztür darf der Roboter nicht wieder einschaltbar sein.

3. Erforderlichen PL_r der Sicherheitsfunktion ermitteln

Der erforderliche Performancelevel PL_r für die Roboterzelle wird mit dem Risikographen bestimmt (Abb. 1).
- Schwere der Verletzung: **S2** ⇒ ernst
- Dauer der Gefährdung: **F1** ⇒ selten/kurz
- Vermeidung: **P1** ⇒ möglich

Aus den Einschätzungen ergibt sich ein PL_r von c ①.

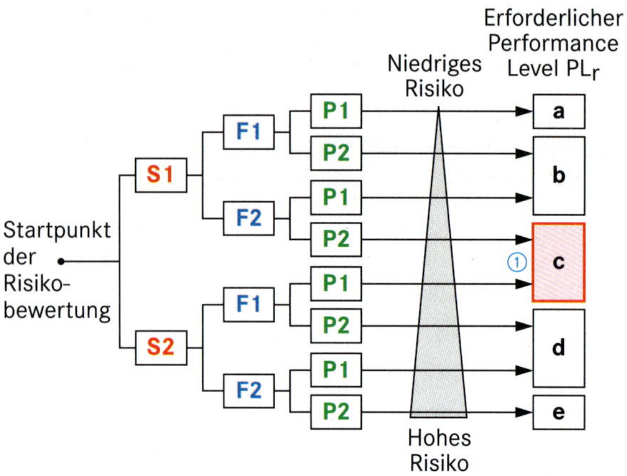

1: Risikograph zur Ermittlung von PL_r

4. Technische Realisierung der Sicherheitsfunktion festlegen

Die Abb. 2 zeigt alle Bauteile, die zur Sicherheitsfunktion beitragen (②, unterlegt). Der Schutztürschalter S1 hat einen Kontakt. Beim Öffnen der Schutztür wird Schütz Q1 betätigt, das die Energiezufuhr des Motors abschaltet.

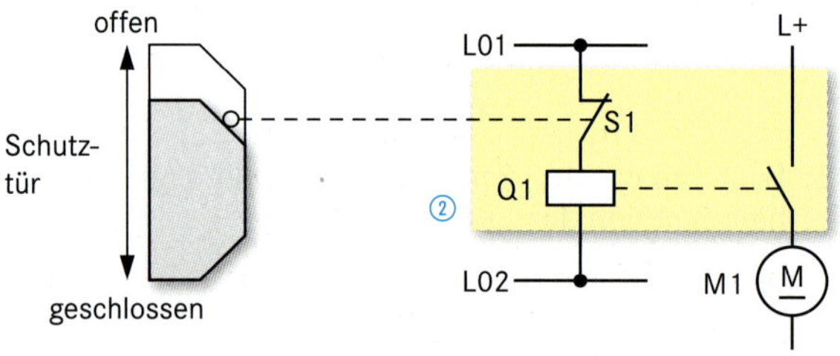

2: Aufbau der Sicherheitsfunktion

Jede einzelne Sicherheitsfunktion eines SRP/CS ist eine Reihenschaltung aus den drei Blöcken **Input I** (Sensorik), **Logik L** (Verarbeitungseinheit) und **Output O** (Aktorik). Diese Reihenschaltung heißt Kanal des SRP/CS (Abb. 3). Die Sicherheitsfunktion der Schutztür der Roboterschweißzelle ist einkanalig aufgebaut.

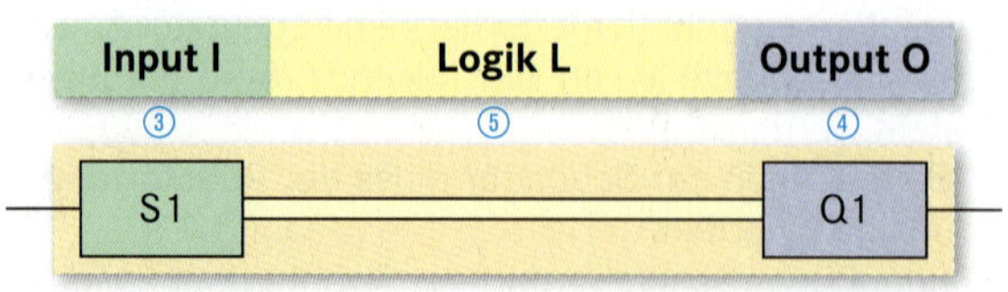

3: Kanal des SRP/CS

Der Türschalter S1 (Input I ③) und das Schütz Q1 (Output O ④) bilden den Kanal der Sicherheitsfunktion. Eine Verarbeitungseinheit (Logik L) ⑤ gibt es hier nicht, der Türschutzschalter wirkt direkt auf das Schütz. Fällt ein Block in der Reihenschaltung aus, so verliert der gesamte Kanal seine Sicherheitsfunktion.

5. Tatsächlichen Performance Level der Sicherheitsfunktion festlegen

Der Performance Level wird aus vier Einflussgrößen (Abb. 4) bestimmt.

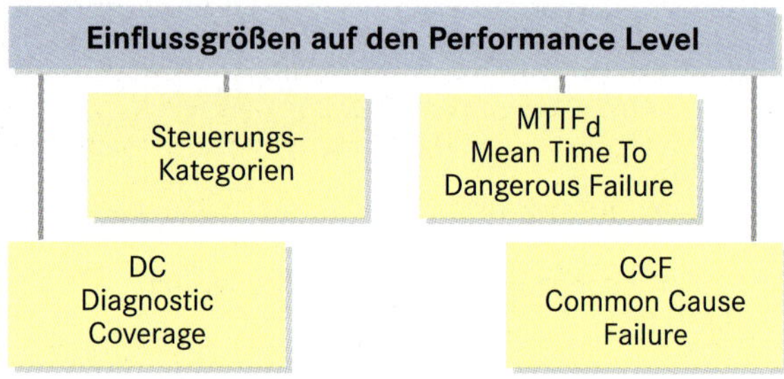

4: Vier Einflussgrößen auf den Performance Level

- **Steuerungskategorien**

Sie bestimmen den Aufbau des sicherheitsbezogenen Teils der Steuerung einer Maschine oder Anlage (Abb. 5). Kategorie B stellt die niedrigsten Anforderungen, Kategorie 4 die höchsten. Der jeweilige Aufbau des SRP/CS ist durch die vorgesehene Steuerungsarchitektur festgelegt.

- **$MTTF_d$**

Der $MTTF_d$-Wert ist die mittlere Zeit eines Kanals in Jahren bis zu einem gefährlichen Ausfall [**M**ean **T**ime **T**o **D**angerous **F**ailure].

- **DC**

Der DC-Wert [**D**iagnostic **C**overage] gibt in Prozent an, wie viele gefährliche Fehler der SRP/CS durch Selbstüberwachung der Sicherheitsfunktion rechtzeitig aufgedeckt werden (ab Kategorie 2 gefordert).

- **CCF**

Die Einflussgröße CCF [**C**ommon **C**ause **F**ailure] berücksichtigt den Ausfall mehrere Kanäle der Sicherheitsfunktion auf Grund einer einzigen gemeinsamen Ursache, z. B. Kurzschluss. Hierzu müssen Gegenmaßnahmen nachgewiesen werden (ab Kategorie 2 gefordert).

Steuerungs-kategorie	Vorgesehene Architektur
B und 1	Einkanalig
2	Einkanalig mit Testeinrichtung
3	Mehrkanalig mit Überwachung
4	Mehrkanalig mit höherer Überwachung

5: Kategorien mit vorgesehener Architektur des SRP/CS

Kat.	Anforderungen an die Steuerungskategorien eines SRP/CD	Vorgesehene Architektur
B	• nach Norm gebaut • müssen den zu erwartenden Einflüssen standhalten	Einkanalig ohne Test oder Überwachung der Sicherheitsfunktion
1	Zusätzlich zu Kategorie B: • Anwendung bewährter Bauteile und Sicherheitsprinzipien	
2	Zusätzlich zu Kategorie B und Sicherheitsprinzipien (Kategorie 1): • Prüfung der Sicherheitsfunktion durch die Maschinensteuerung in regelmäßigen Abständen	Einkanalig mit Testeinrichtung für die Sicherheitsfunktion
3	Zusätzlich zu Kategorie B und Sicherheitsprinzipien (Kategorie 1): • Kein Verlust der Sicherheitsfunktion durch einen einzelnen Fehler • Erkennung einzelner, aber nicht aller Fehler	Mehrkanalig mit Überwachung der Sicherheitsfunktion
4	Zusätzlich zu Kategorie B und Sicherheitsprinzipien (Kategorie 1): • Kein Verlust der Sicherheitsfunktion durch einen einzelnen Fehler • Kein Verlust der Sicherheitsfunktion durch eine Fehleranhäufung	Mehrkanalig mit höherer Überwachung der Sicherheitsfunktion

6: Steuerungskategorien eines SRP/CS

Abb. 6 zeigt die Anforderungen an die Steuerungskategorien eines SRP/CS. Die Sicherheitsfunktion für die Schutztür der Roboterzelle hat die Steuerungskategorie B, da sie einkanalig mit normgerechten Bauteilen aufgebaut ist, aber keine Not-Halt-Einrichtung besitzt.

Der $MTTF_d$-Wert berechnet sich aus den Bauteilewerten der Sicherheitskomponenten eines Kanals (Herstellerangabe oder Werte nach Norm) wie folgt:

$1/MTTF_d = 1/MTTF_{d\,S10} + 1/MTTF_{d\,K10}$

Beispiel:
- Schalter S 10: $MTTF_d$ = 20 Jahre
- Hilfsschütz K 10: $MTTF_d$ = 50 Jahre

$1/MTTF_d$ = 1/20 Jahre + 1/50 Jahre

$\rightarrow MTTF_d$ = 14,3 Jahre

Bezeichnung der $MTTF_d$	Bereich der $MTTF_d$
niedrig	3 Jahre bis 10 Jahre
mittel ①	10 Jahre bis 30 Jahre
hoch	30 Jahre bis 100 Jahre

7: $MTTF_d$-Bereiche eines Kanals einer Sicherheitsfunktion

Nach Norm ist der resultierende $MTTF_d$ „mittel“ (Abb. 7 ①). Die Sicherheitsfunktion arbeitet bis zum gefährlichen Ausfall im Mittel 14,3 Jahre fehlerfrei.

Der DC-Wert (ab Kategorie 2) wird bestimmt, indem die Testmaßnahmen für jeden Kanal mit einem Prozentwert zwischen 0 % und 100 % bewertet werden. Aus einer Mittelungsformel errechnet sich der mittlere Prozentwert DC_{avg} (Abb. 9). Da die Sicherheitsfunktion der Schutztür nicht überwacht wird, gilt für DC_{avg} „kein“ bzw. 0 ②.

Bezeichnung der DC	Bereich der DC
kein ②	unter 60 %
niedrig	60 % bis unter 90 %
mittel	90 % bis unter 99 %
hoch	99 % und darüber

9: DC_{avg}-Bereiche einer Sicherheitsfunktion

Tatsächlicher Performance Level

In Abb. 8 ergibt sich mit DC_{avg} = 0 ③, Kategorie B ④ und $MTTF_d$ = mittel ⑤ der tatsächliche Performance Level PL [b] ⑥ für den sicherheitsgerichteten Teil der Steuerung (SRP/CS) der Roboterzelle.

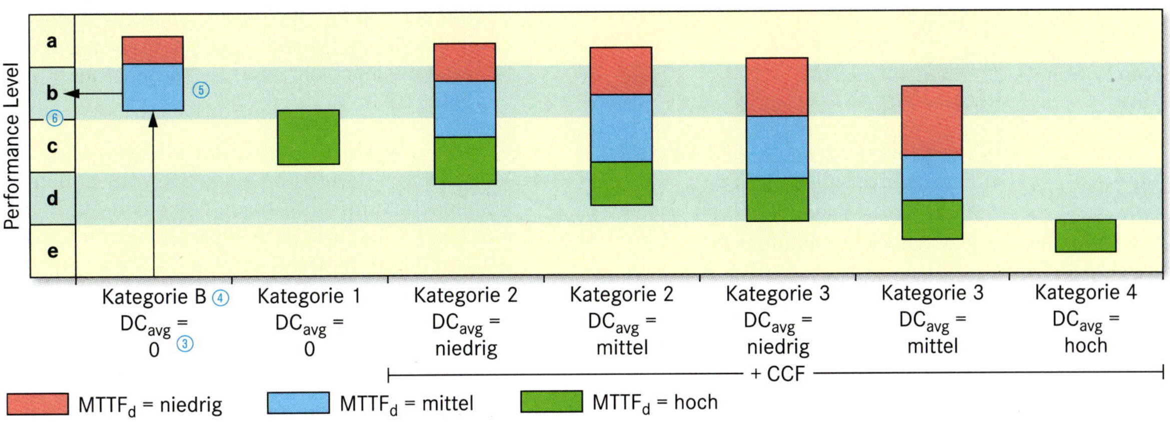

8: Ermittlung des tatsächlichen Performance Level eines SRP/CS nach EN ISO 13849-1

Gegen Fehler mit gemeinsamer Ursache [**CCF**, **C**ommon **C**ause **F**ailure] müssen ab Kategorie 2 Maßnahmen nachgewiesen werden. Für acht Maßnahmen müssen mindestens 65 Punkte erreicht werden (Abb.1).

Nr.	Maßnahmen gegen CCF	Punkte
1	Trennung/Abtrennung der Kanäle	15
2	Unterschiedliche Gestaltung	20
3	Schutz gegen Überdruck usw.	15
4	Verwendung bewährter Bauteile	5
5	Beurteilung/Analyse	5
6	Ausbildung des Personals	5
7	Schutz vor Verunreinigung	25
8	Andere Umwelteinflüsse	10

Gesamtpunkte	Maßnahmen gegen CCF
65 oder besser	Anforderungen erreicht
kleiner als 65	Verfahren gescheitert ⇒ zusätzliche Maßnahmen

1: Acht Maßnahmen gegen Fehler mit gemeinsamer Ursache (CCF)

6. Überprüfung: PL = PL_r?

Der tatsachliche PL [b] ist kleiner als der geforderte PL [c]. Deshalb muss die Schaltung neu gestaltet und bewertet werden. Es werden zwei parallele Kanäle mit gleicher Sicherheitsfunktion verwendet (**Redundanz** [redundancy], Abb. 2).

Der **Kanal 1** ① ist elektromechanisch aufgebaut. Der Türschalter S1 hat zwangsöffnende Kontakte. Das Schütz Q1 kann den Motor abschalten.

Der **Kanal 2** ② ist elektronisch mit einer SPS aufgebaut. Die SPS überwacht die Zustände des zweiten Türschalters S2, des Schützes Q1 und des Motors M1 (über n). Die SPS schaltet den Motor über Q2 ab.

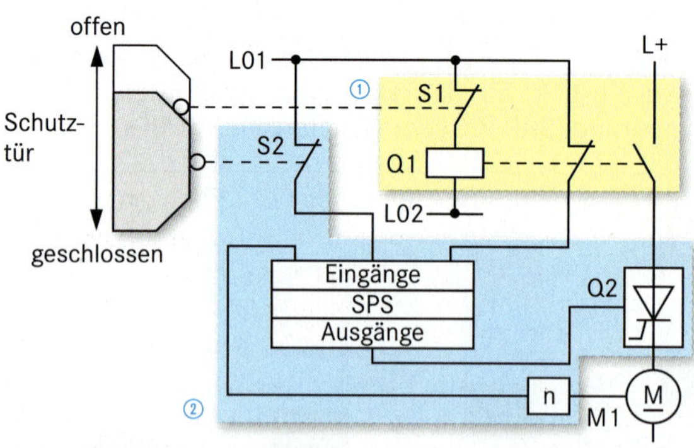

2: Zwei Kanäle mit gleicher Sicherheitsfunktion

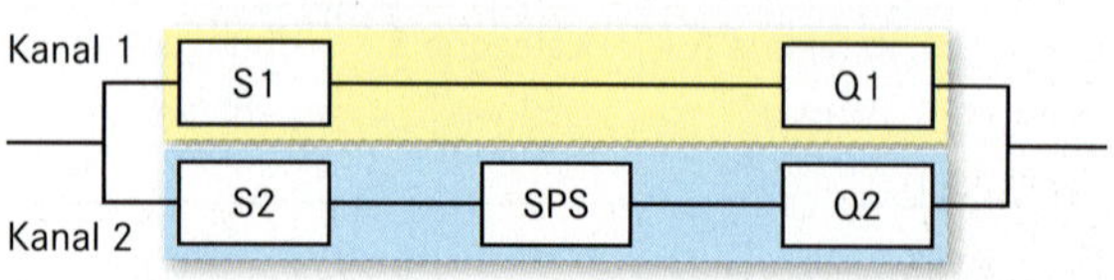

3: Redundanz durch parallele Sicherheitskanäle

In Abb. 3 ist die Aufteilung der sicherheitsbezogenen Teile der Steuerung in zwei Kanäle dargestellt. Die Bewertung nach EN ISO 13849-1 ergibt:

- Kategorie 3 (mehrkanalig mit Überwachung)
- $MTTF_d$ = 20 Jahre (mittel)
- DC_{avg} = 67 % (niedrig)
- CCF > 65 (Anforderungen erreicht)

Mit diesen Werten wird der Performance Level PL [c] ermittelt. Damit erfüllt der neue SRP/CS die Anforderungen zur **Risikominderung** [risk reduction].

7. Alle Forderungen an die SF erreicht?

Neben den Anforderungen an das SRP/CS sind auch systematische Fehler (z. B. Dimensionierungs- und Softwarefehler) zu vermeiden. EN ISO 13489-1 beschreibt Maßnahmen gegen Softwarefehler.

8. Alle nötigen SF der SRP/CP analysiert?

Sind alle Sicherheitsfunktionen erfüllt, ist die Risikoanalyse der Maschine bezüglich des SRP/CS abgeschlossen.

Zuordnung PL und SIL

In Abb. 4 ist die Zuordnungstabelle zwischen Performance Level (PL) und Sicherheits-Integritäts-Niveau (SIL) aufgeführt. Von PL auf SIL zu schließen ist eindeutig, umgekehrt ist die Zuordnung nicht eindeutig.

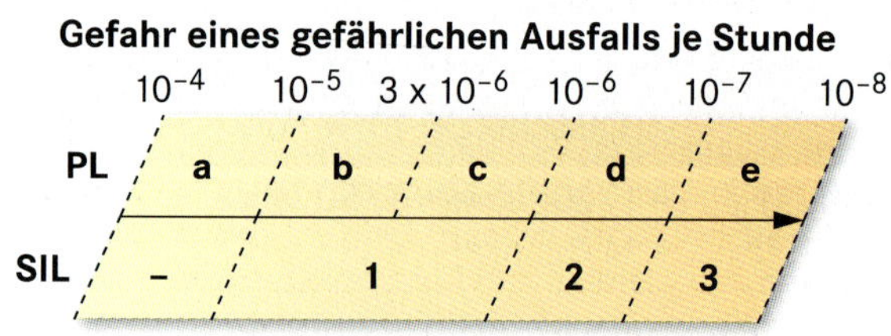

4: Zuordnung PL und SIL

AUFGABEN

1. Nach wie vielen Stunden wird bei der Schweißroboterzelle in dem dargestellten Beispiel ein gefährlicher Ausfall der Sicherheitsfunktion der Schutztür frühestens wahrscheinlich?
2. Bestimmen Sie für alle Performance Level in einer Tabelle die früheste und die späteste Ausfallwahrscheinlichkeit einer Sicherheitsfunktion des SRP/CS in Stunden.

- Jede Sicherheitsfunktion eines SRP/CS ist eine Reihenschaltung aus Sensor, Logik und Aktor und heißt Kanal. Die Parallelschaltung von Kanälen erhöht die Sicherheit.
- Die vier Einflussgrößen auf den tatsächlichen Performance Level sind Steuerungskategorie, MTTF, DC und CCF.
- Die Zuordnung von PL zu SIL ist eindeutig, umgekehrt ist die Zuordnung nicht eindeutig.

11.4.3 Elektrische Ausrüstung von Maschinen

An die Ausrüstung von Maschinen sind ab der Netzanschlussstelle folgende Hauptanforderungen in DIN EN 60204-1 gestellt (Abb. 5):

- Hauptschalter zum Freischalten der Maschine ①
- Überstromschutz für Bauteile und Leiter ② ③ ④
- Überlastschutz für Motoren über 0,5 KW ⑤

Steuerstromkreise

Die Steuerspannung für Maschinensteuerungen kann auf zwei Arten erzeugt werden:

- **Steuerspannung direkt vom Versorgungsnetz**

Diese Art (Abb. 5) ist nur erlaubt bei

- Maschinen mit einer Bemessungsleistung kleiner als 3 kW mit nur einem Motoranlasser (Lastschütz) und höchstens zwei äußeren Steuergeräten (z. B. Ein- und Austaster) sowie
- elektrischen Hausgeräten und ähnlichen Maschinen, bei denen sich die elektrische Ausrüstung innerhalb des Maschinengehäuses befindet.

- **Steuerspannung über Steuertransformator**

Der Anschluss erfolgt meist zwischen zwei Außenleitern (Unabhängigkeit vom Netzsystem, Abb. 6). Auf der Sekundärseite dürfen Steuerstromkreise „einseitig geerdet" (mit **Trennklemme** X1 [disconnect terminal] ⑥) oder ungeerdet (ohne X1, dann aber nur mit Isolationsüberwachung) betrieben werden.

Ohne Erdung und ohne Isolationsüberwachung bleibt der erste Erdschluss ⑦ unbemerkt, der zweite Erdschluss ⑧ überbrückt den Befehlsgeber S1. Das Schütz Q1 ist dann nicht mehr abschaltbar. Diese Gefahr besteht auch in ungeerdeten Anlagen, bei denen die Steuerspannung direkt vom Netz bezogen wird.

Durch die einseitige Erdung des Steuerstromkreises (künstlicher erster Erdschluss) schaltet das Schutzorgan im Fehlerfall die Steuerspannung ab (echter zweiter Erdschluss). Im ungeerdeten Betrieb wird durch die Isolationsüberwachung der erste Erdschluss nur gemeldet. Erst beim zweiten Erdschluss wird abgeschaltet.

- **Überstromschutz**

Auf der Primärseite schützt Q0 im Fehlerfall den Transformator (Abb. 6). Auf der Sekundärseite schalten Überstromschutz-Organe den betroffenen Steuerstromkreis mit F3 bzw. F4 ⑨ selektiv ab.

- **Farben und Querschnitte für Steuerleitungen**

Folgende Farben sind für Leitungen von Steuerstromkreisen einzuhalten:

AC: Rot; DC: Dunkelblau; Von außen gespeiste Stromkreise (z. B. Schrankbeleuchtung): Orange

Die Mindestquerschnitte betragen:

- Innerhalb von Steuerschränken: 0,75 mm²
- Außerhalb bei fester Verlegung: 1,5 mm²

- **Farben für Befehlsgeber und Leuchtmelder**

Von den Kennfarben (Abb. 7) ist die Farbe Rot nur für Notsituationen (Not-Aus, Not-Halt) zulässig.

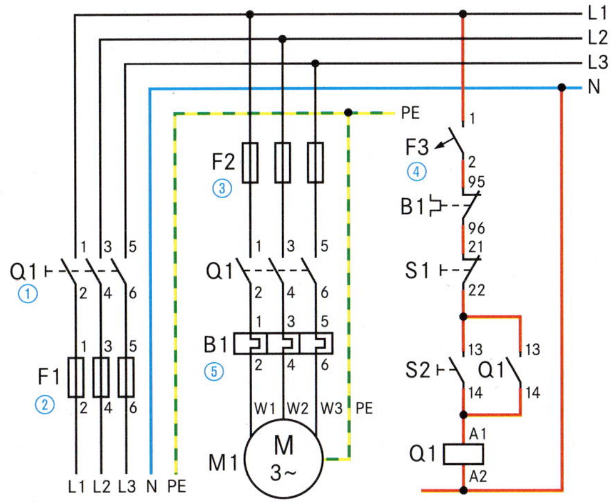

5: Steuerspannung direkt vom Versorgungsnetz

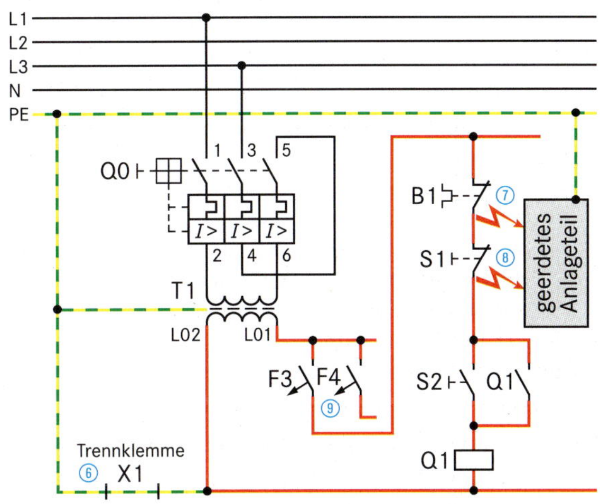

6: Steuerspannung über Steuertransformator

Farben für Befehlsgeber (B) und Leuchtmelder (L) (DIN EN 60204-1)		
Farbe	**Bedeutung**	**Anwendung**
Rot	Notfall	B: Not-Aus, Not-Halt L: Sofortige Handlung
Gelb	Anormal	B: Eingriff, um anormalen Bereich zu beseitigen L: Kontrolle (z. B. Bereichsüberschreibung)
Grün	Normal	B: START (EIN) L: Normaler Bereich
Blau	Zwingend	B: Rückstellfunktion L: Zwingende Handlung
Weiß	Neutral	B: Start (bevorzugt)/Stopp L: Statt Gelb oder Blau
Grau		B: Start/Stopp L: Keine Zuordnung
Schwarz		B: Start/Stopp (bevorzugt) L: Keine Zuordnung

7: Farben von Drucktastern und Anzeigen

Handlungen im Notfall

Handlungen im Notfall sollen Gefahren für Personen und Schäden an der Maschine, am Arbeitsgut oder an der Umwelt abwenden oder mindern. In DIN EN 60204-1 sind u. a. festgelegt:
- Ausschalten im Notfall (Not-Aus)
- Stillsetzen im Notfall (Not-Halt)

Diese Funktionen werden ausschließlich durch eine bewusste menschliche Handlung ausgelöst (Abb. 2).
- **Not-Aus** [emergency switching off] dient zur Abschaltung der elektrischen Energie, wenn für den Menschen die Gefahr eines elektrischen Schlages besteht (Abb. 2a).
- **Not-Halt** [emergency stop] dient zum Anhalten eines Prozesses (z. B. bei unzulässiger Erwärmung) oder einer gefahrbringenden Bewegung (Abb. 2b).

Hinweis: In technischen Unterlagen wird oft noch der Begriff „Not-Aus" statt „Not-Halt" verwendet.

Zum **Stillsetzen** [shut down] einer Maschine sind in EN 60204-1 drei Stopp-Kategorien festgelegt (Abb. 3). Sie beschreiben das Stillsetzen unabhängig von einer Notfallsituation.
- Jede Maschine muss eine Stopp-Funktion der Kategorie 0 haben. Ausnahme: Die Gefahr kann dadurch nicht gemindert werden oder es handelt sich um handgetragene bzw. handgeführte Maschinen.
- Die Stopp-Funktion der Kategorie 0 hat immer Vorrang (z. B. Hauptschalter).
- Für Not-Halt sind nur die Stopp-Kategorien 0 oder 1 und für Not-Aus nur die Kategorie 0 erlaubt.

Sicherheitsschaltgeräte für Not-Aus und Not-Halt

Bei einem Sicherheitsschaltgerät wirkt der Not-Halt-Taster bei Betätigung auf das Schaltgerät, das daraufhin die Maschine stillsetzt (Abb. 1). Dies hat gegenüber dem direkten Stillsetzen mit einem Not-Halt-Taster folgende Vorteile:
- Erfüllen der Steuerungskategorien (Sicherheit)
- Abschalten mehrerer Steuerstromkreise
- Einhalten europäischer Normen (CE-Zeichen)

Sicherheitsschaltgeräte erfüllen je nach Steuerungskategorie unterschiedliche Forderungen (Abb. 1):
- Freigabekreise mit zwangsgeführten Kontakten ①
- Ein- oder zweikanalige Ansteuerung durch einen Not-Halt-Taster ②
- Masseschluss- ③ und Querschluss-Erkennung

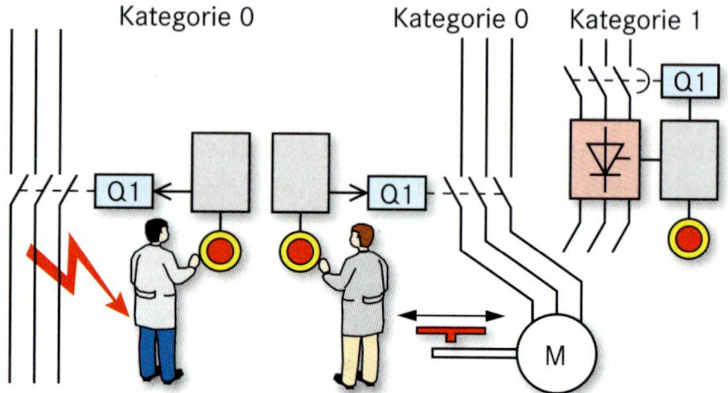

a) Not-Aus b) Not-Halt

2: Handlungen im Notfall (Beispiele)

> **Kategorie 0**: Ungesteuertes (unverzögertes) Stillsetzen durch sofortige galvanische Trennung der Energiezufuhr zu den Maschinenantrieben (z. B. Hauptschalter).
> **Kategorie 1**: Gesteuertes (verzögertes) Stillsetzen unter Beibehalten der Energiezufuhr zu den Antrieben. Die Energiezufuhr wird erst bei Stillstand unterbrochen (z. B. Gegenstrombremsung).
> **Kategorie 2**: Gesteuertes Stillsetzen unter Beibehalten der Energiezufuhr zu den Antrieben auch nach Stillstand (z. B. Servomotoren, nach DIN EN 60204-1 für Not-Halt nicht erlaubt).

3: Stopp-Kategorien nach EN 60204-1

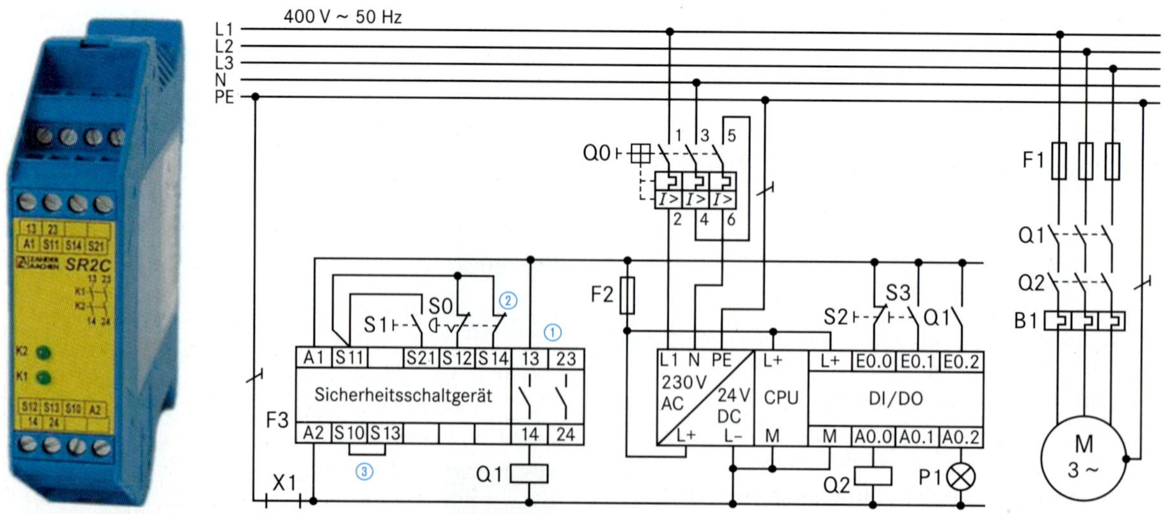

1: Sicherheitsschaltgerät (Verschaltung nach Herstellerangabe für Steuerungskategorie 3)

11.4.4 Sicherheits-Lichtvorhänge und -Lichtgitter

Ein Sicherheits-Lichtvorhang [safety light curtain] besteht aus vielen fotoelektronischen Sensoren und soll Personen vor gefährlichen Maschinenbewegungen im Arbeitsraum schützen (Abb. 4). Ein Sicherheits-Lichtgitter [safety light grid] hat zwei bis vier Einzelstrahlen, eine Lichtschranke dagegen nur einen Strahl.

Funktion

Ein Lichtvorhang besteht aus einem Sender und einem Empfänger mit vielen parallelen Infrarot-Lichtstrahlen.
Je nach Sicherheitsanforderung beträgt ihr Abstand >14 mm. Wird ein Lichtstrahl des Schutzfeldes unterbrochen, so schaltet das Auswertegerät die gefahrbringende Maschine oder Anlage ab.

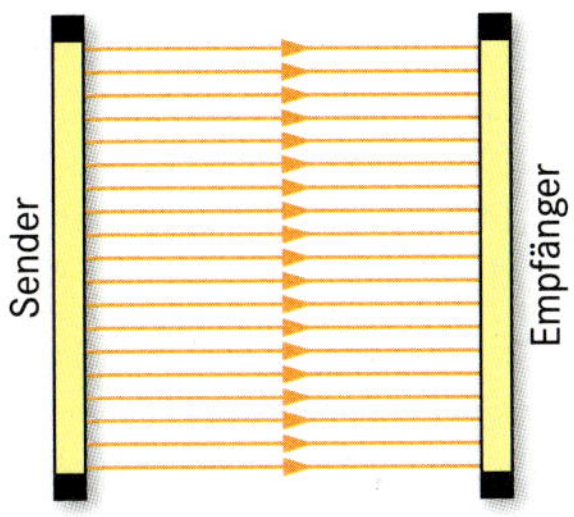

4: Lichtvorhang

Aktive optoelektronische Schutzgeräte besitzen u. a. folgende Vorteile:
- Berührungslos wirkende Sicherheitstechnik
- Optimale Sicherheit bei hoher Produktivität
- Ideal für häufigen und leichten Zugang zum Arbeitsraum gefahrbringender Maschinen

Je nach Anforderung erfolgt der Zugangsschutz unterschiedlich:
- Arbeitsraumschutz (Lichtvorhang, Abb. 5a)
- Bereichszugangsschutz (Lichtgitter, Abb. 5b)
- Umfeldzugangsschutz (Lichtgitter, Abb. 5c)

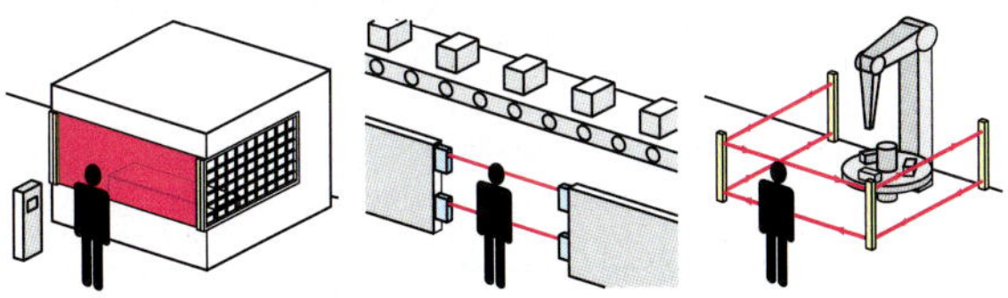
a) Arbeitsraum b) Bereich c) Umfeld

5: Zugangsschutz mit Lichtvorhängen und Lichtgitter

Ausblenden der Sicherheitsfunktion (Blanking)

Lichtvorhänge und Lichtgitter können mit der Blanking-Funktion ausgerüstet sein (Abb. 6).

- **Festes Ausblenden** [fixed blanking]
Befinden sich Objekte ständig im Lichtweg (z. B. Förderbänder ① ② ③), kann der entsprechende Bereich dauerhaft ausgeblendet werden.

- **Freies Ausblenden** [floating blanking]
Bewegen sich Objekte im Lichtweg (z. B. Werkstücke oder Material ④ ⑤), können beliebig viele Lichtstrahlen ausgeblendet werden. Wird bei festem oder auch freiem Ausblenden das Objekt entfernt, schaltet der Lichtvorhang die Maschine zur Sicherheit ab.

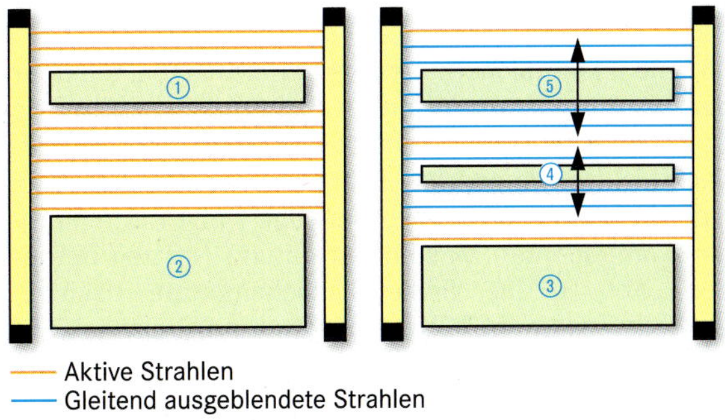

a) Festes Ausblenden b) Freies Ausblenden

6: Blanking-Funktion

Muting

Ist ein Lichtvorhang oder Lichtgitter der Zugangsschutz einer Gefahrenzone, kann mit zusätzlichen Sensoren die Schutzwirkung zeitweise automatisch aufgehoben werden, um z. B. den Materialfluss in die Gefahrenzone zu ermöglichen. Diese Überbrückung der Sicherheitsfunktion bezeichnet man als Muting. Dabei muss gewährleistet sein, dass die Maschine stoppt, wenn eine Person in den überwachten Bereich tritt.

Je nach Anforderungen gibt es Mutingverfahren mit zwei, drei und vier Mutingsensoren.

Das parallele Muting mit vier Sensoren ist bei kleinem Transportgut und engen Platzverhältnissen vorteilhaft. Links und rechts vom Lichtvorhang ist jeweils ein Sensorpaar angeordnet (Abb. 7 ⑥ ⑦). Muting wird eingeleitet, wenn innerhalb eines engen Zeitfensters M1 mit M2 (Materialfluss in die Gefahrenzone) oder M3 mit M4 (Materialfluss aus der Gefahrenzone) aktiviert werden. Die vorgeschriebene Mutinglampe P1 (Signalleuchte) zeigt an, wenn der Lichtvorhang überbrückt ist.

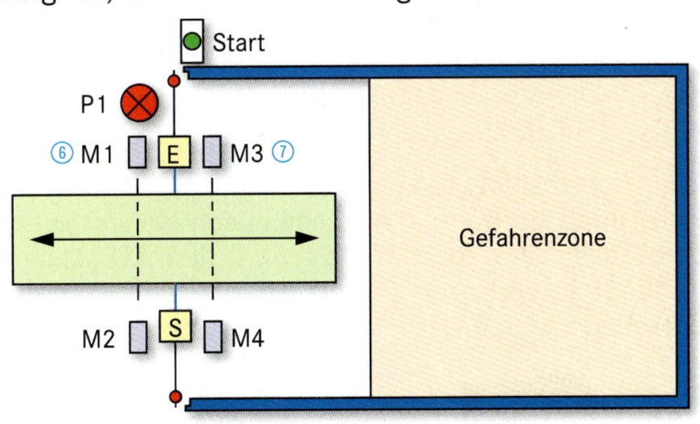

7: Paralleles Muting mit vier Sensoren

- Sicherheits-Lichtvorgänge und -Lichtgitter dienen als Zugangsschutz zu gefährlichen Bereichen. Durch Ausblenden von Strahlen wird ihr Schutz teilweise aufgehoben.
- Muting ist die zeitweise automatische und sichere Überbrückung einer berührungslos wirkenden Schutzeinrichtung, um Material aus oder in die Gefahrenzone zu transportieren.

11.4.5 ASIsafe

ASIsafe ist ein Sicherheitssystem für Anlagen, die über den ASI-Bus gesteuert werden. Sicherheitsschaltgeräte (z. B. Not-Halt-Gerät, Schutztür-Schalter oder Sicherheits-Lichtvorhänge und -Lichtgitter) werden direkt an die ASI-Leitung angeschlossen und neben den Standardkomponenten Master, Slaves und Netzteil betrieben (Abb. 1). Die Sicherheitsschaltgeräte besitzen entweder einen ASI-Chip zum direkten Busanschluss oder werden über Sicherheits-Slaves angeschlossen. Diese erhalten wie Standard-Slaves eine ASI-Adresse. ASIsafe ersetzt die bisherige elektromechanische Not-Halt-Einrichtung durch ein Sicherheitssystem über den ASI-Bus.

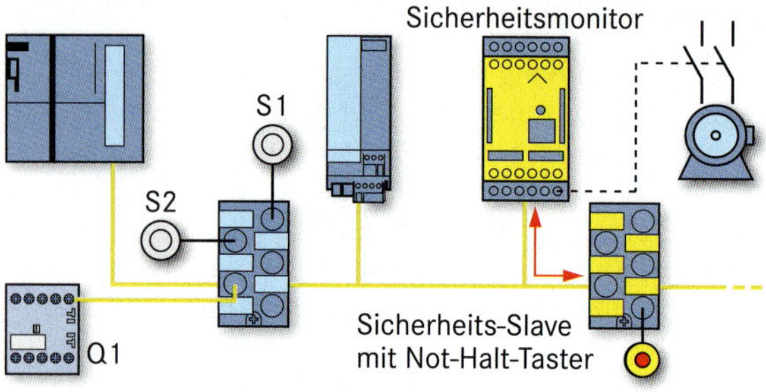

1: Komponenten von ASIsafe

Funktion

Der Sicherheitsmonitor ist das Kernstück von ASIsafe. Er arbeitet unabhängig von der SPS und überwacht ständig die Sicherheits-Slaves und ihre Signale. Gibt ein Sicherheitsschaltgerät ein Signal, schaltet der Monitor gefahrbringende Anlagenteile über seine Freigabekontakte ab. Die maximale Reaktionszeit beträgt 40 ms.

Sicherheitsmonitor und Sicherheits-Slaves können an beliebiger Stelle an das ASI-Netz angeschlossen werden. Auch mehrere Monitore sind möglich, um eine Anlage selektiv abschalten zu können.

Die Sicherheitsapplikation (z. B. Not-Halt-Funktion) wird mittels Software erstellt und in den Monitor geladen. Sollen die Monitorsignale über den ASI-Master in die SPS übertragen und weiterverarbeitet werden, braucht der Monitor eine ASI-Adresse.

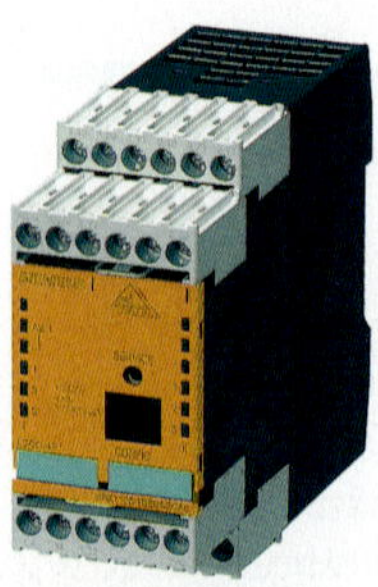

a) Sicherheitsmonitor

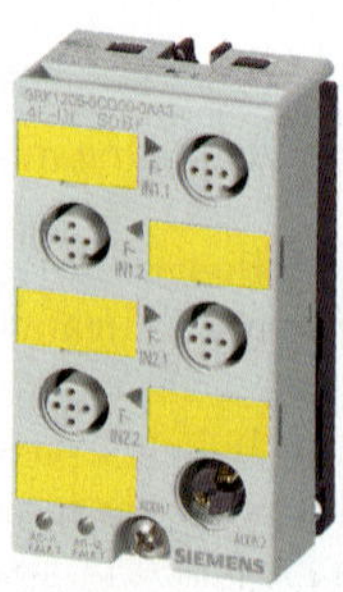

b) Sicherheits-Slave

2: Sicherheitsmonitor und Sicherheits-Slaves

Anwendungsbeispiel: Verpackungsanlage

Ein Roboter (Abb. 3) bestückt Kartons auf Förderband 1 mit Material von Förderband 3. Die befüllten Kartons werden über das Förderband 2 abtransportiert.

Zum Schutz des Bedienpersonals werden folgende Maßnahmen getroffen:
- Der Roboter erhält einen Schutzraum ①.
- Drei Lichtgitter ② ③ ④ schalten bei Eindringen in die Gefahrenzone die Anlagenteile darin ab.
- Der Seilzugschalter ⑤ schaltet Förderband 1 ab.
- Der Not-Halt-Taster ⑥ schaltet die gesamte Anlage frei.
- Die Schutztürüberwachung ⑦ schaltet bei Betreten des Schutzraums die Anlage ab.

Abb. 4 zeigt die Umsetzung der Sicherheitsanforderungen mit ASIsafe.
- Sicherheitsmonitor 1 schaltet Motor 1
- Sicherheitsmonitor 2 schaltet Motor 2 und 3
- Zuordnung des Seilzugschalters zu Monitor 1
- Zuordnung der Lichtgitter und Schutztürüberwachung zu Monitor 2
- Zuordnung des Not-Halt-Tasters zu Monitor 1 und 2

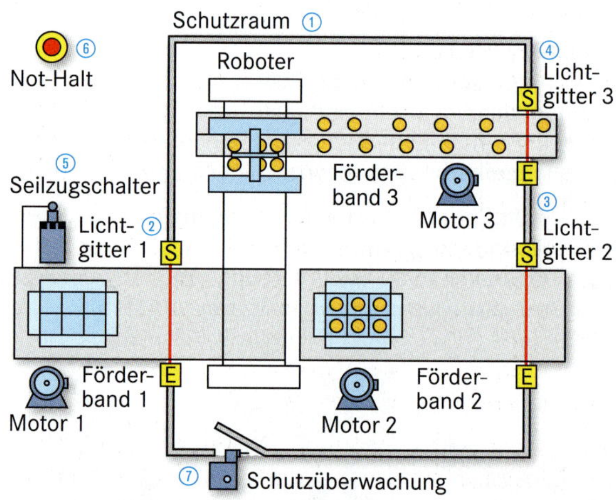

3: Verpackungsanlage mit Schutzeinrichtungen

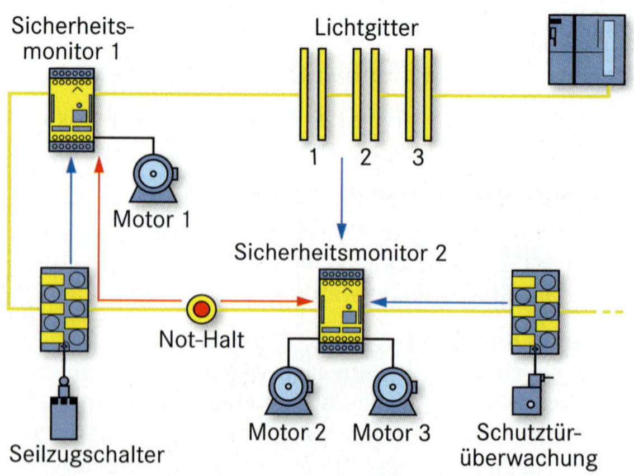

4: Sicherheitsausführung mit ASIsafe

11.4.6 PROFIsafe

PROFIsafe wird für die fehlersichere Kommunikation über PROFINET und PROFIBUS genutzt (Abb. 5). Dies ist bis SIL 3 möglich (vergleichbar mit PL [e]).

PROFIsafe ist eine Softwarelösung (Abb. 6), die als zusätzliche Schicht (PROFIsafe Layer) in den Geräten (z. B. Betriebssystem der fehlersicheren CPU 315F-2PN/DP) eingefügt ist. Die Sicherheitsdaten werden zusätzlich zu den Standarddaten in das Telegramm aufgenommen und bilden so das PROFIsafe-Telegramm. Dadurch können Standarddaten und fehlersichere Daten über denselben Bus ohne zusätzliche Hardware übertragen werden.

- **PROFIsafe Insel**

Eine fehlersichere Steuerung und die zugehörigen Geräte (z. B. Antriebe, Lichtgitter) bilden eine PROFIsafe-Insel (Abb. 7 ①). Sie kann sich über PROFINET IO sowie PROFIBUS DP und PA erstrecken. Zum Schutz vor unberechtigtem Zugang wird das gesamte Netzwerk in Segmente (Security Zonen ②) aufgeteilt. Sie haben jeweils nur einen Zugang (Security Gate ③). Über Internet ist ein Zugriff nur mit spezieller Software (Security Client ④) möglich.

- **Fehlersichere SPS**

Beispielhaft sei hier die SIMATIC CPU 315F genannt (F: fehlersicher). Sie basiert auf einer Standard-CPU, deren Betriebssystem um Schutzmechanismen erweitert ist, damit sicherheitsgerichtete Programme abgearbeitet werden können.

Das Anwenderprogramm wird mit STEP 7 erstellt, z. B. in FUP, KOP oder AWL. Getrennt davon wird das sicherheitsgerichtete Programm mit der Software „Distributed Safety" in F-FUP oder F-KOP geschrieben. Es kann so neben dem Standardprogramm auf einer fehlersicheren CPU ablaufen (Abb. 8).

Zusätzlicher Bestandteil von „Distributed Safety" ist die F-Bibliothek mit fertigen und vom TÜV zertifizierten Programmbeispielen für sicherheitsgerichtete Funktionen. Diese können vom Anwender verändert werden, müssen dann aber neu zertifiziert werden.

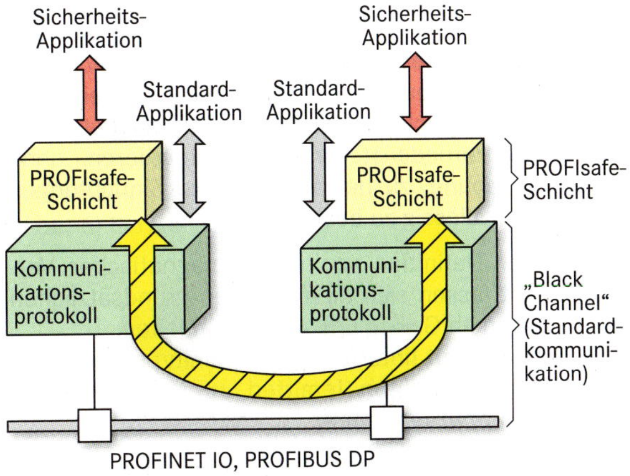

6: PROFIsafe Layer

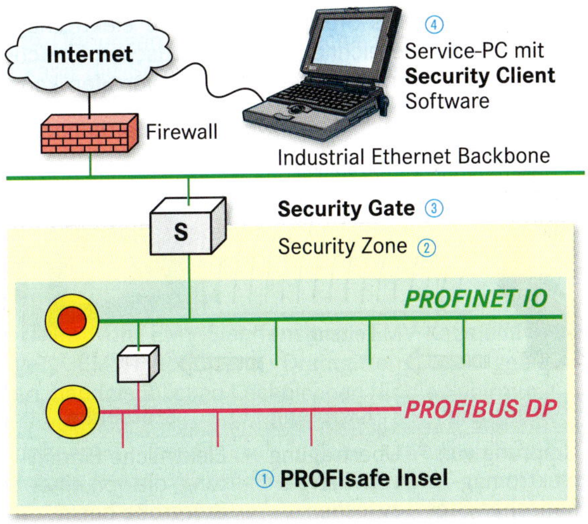

7: PROFIsafe-Insel

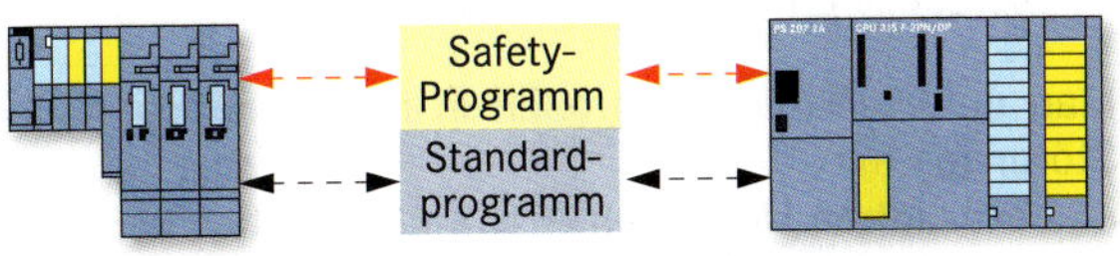

8: Standard- und Safety-Programm über den Bus

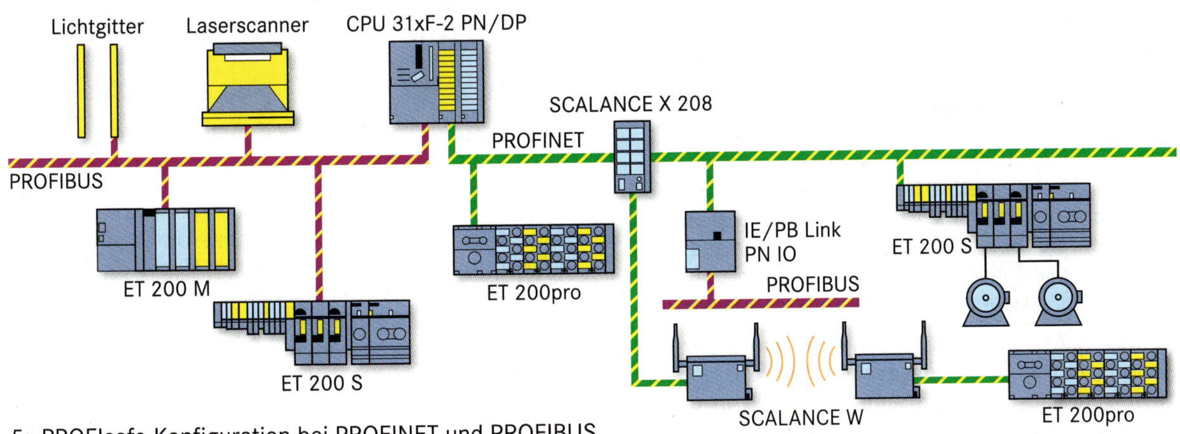

5: PROFIsafe-Konfiguration bei PROFINET und PROFIBUS

Optimierte Verkabelung

Elektrische Leitungen können häufig unbeabsichtigt elektromagnetische Störungen übertragen. Um diese Eigenschaft zu minimieren, sollten nach Möglichkeit
- geschirmte Leitungen verwendet werden,
- der Leitungsschirm mit 360°-Schellen an der Einführungsstelle mit der Haupterdungsschiene verbunden werden und
- ungenutzte Leiter mit dem Gehäuse befestigt werden (Abb. 1).

Eine weitere Verbesserung der EMV wird erreicht, wenn die Leitungen im Schaltschrank möglichst rechtwinklig und mit genügendem Abstand zwischen den Leitungen der Störquelle und der Störsenke verlegt werden (Abb. 2).

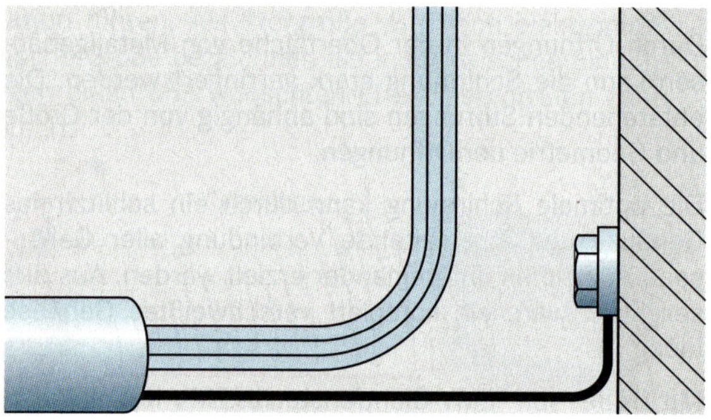

1: Ungenutzte Leiter befestigen

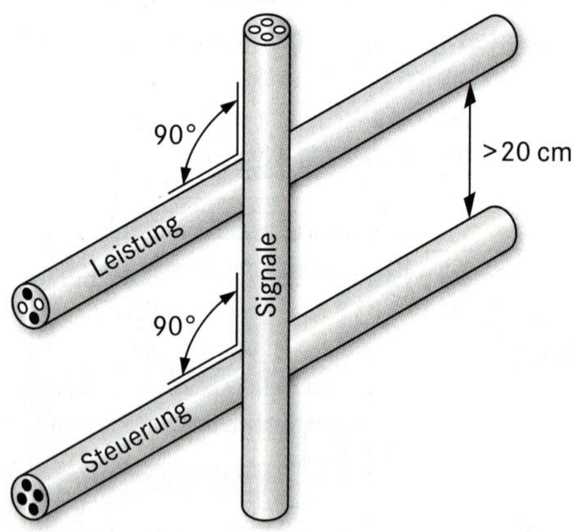

2: Leitungsabstand

Je größer die Frequenz des auftreffenden elektromagnetischen Feldes, um so größer ist der schirmungsmindernde Einfluss von Öffnungen im Gehäuse. Aus diesem Grund sind auch bei Gehäusen einige Punkte zu beachten, wie z. B. die Verwendung spezieller Dichtungen und Kabeldurchführungen.

Zusammenfassend sind in der rechten Spalte wichtige Punkte in Form einer Checkliste aufgeführt, die für einen EMV-gerechten Schaltschrankbau hilfreich sein können.

Checkliste EMV-Schaltschränke

- Welche Anforderungen werden an die Schirmwirkung des Gehäuses gestellt?
- Wird ein besonderes Gehäusematerial nicht nur aus EMV-Gründen benötigt?
- Welche Schirmwirkung ist in welchem Frequenzbereich erforderlich (bei bekannter Größe und Baureihe)?
  Diese Frage führt zur schnellen Auswahl von Standard- oder HF-geschirmten Gehäusen über die entsprechenden Dämpfungsdiagramme.
- Sollen im Gehäuse Störstrahlung aussendende oder gegen Störstrahlung empfindliche Komponenten eingebaut werden?
- Wird das Gehäuse in einer Umgebung mit Störstrahlung aussendenden oder gegen Störstrahlung empfindlichen Geräten oder Systemen eingesetzt?
- Welche Anlagen, Maschinen und elektrotechnischen Systeme befinden sich in der näheren Umgebung?
- Müssen im Gehäuse die störaussendenden oder störempfindlichen Komponenten besonders gekapselt werden?
- Sind diese Komponenten oder Baugruppen in 19-Zoll-Technik ausgeführt?
  Dabei ist zwischen Baugruppenträger oder Kompaktgehäuse zu entscheiden.
- Welche Ausbrüche müssen in die Gehäuseoberfläche HF-geschirmter Gehäuse eingebracht werden?
- Werden Klimatisierungskomponenten in EMV-Ausführungen benötigt oder werden die Lufteintritts- bzw. Luftaustrittsöffnungen separat geschirmt (Drahtgitter, Lochblech, Wabenform)?
- Müssen für Einbauinstrumente geschirmte Versionen und für Sichtflächen geschirmte Scheiben verwendet werden?

AUFGABE

1. Nennen Sie drei Möglichkeiten, um die elektromagnetische Verträglichkeit durch eine besondere Verdrahtung zu optimieren.

- Je größer die Frequenz des auftreffenden elektromagnetischen Feldes ist, umso mehr wirken sich Öffnungen im Gehäuse als Störquellen aus.
- Leitungen, in denen Störsignale auftreten (Störquellen), müssen mit ausreichendem Abstand zu empfangenden Leitungen (Störsenken) verlegt werden.

11.4.6 PROFIsafe

PROFIsafe wird für die fehlersichere Kommunikation über PROFINET und PROFIBUS genutzt (Abb. 5). Dies ist bis SIL 3 möglich (vergleichbar mit PL e).

PROFIsafe ist eine Softwarelösung (Abb. 6), die als zusätzliche Schicht (PROFIsafe Layer) in den Geräten (z. B. Betriebssystem der fehlersicheren CPU 315F-2PN/DP) eingefügt ist. Die Sicherheitsdaten werden zusätzlich zu den Standarddaten in das Telegramm aufgenommen und bilden so das PROFIsafe-Telegramm. Dadurch können Standarddaten und fehlersichere Daten über denselben Bus ohne zusätzliche Hardware übertragen werden.

- **PROFIsafe Insel**
Eine fehlersichere Steuerung und die zugehörigen Geräte (z. B. Antriebe, Lichtgitter) bilden eine PROFIsafe-Insel (Abb. 7 ①). Sie kann sich über PROFINET IO sowie PROFIBUS DP und PA erstrecken. Zum Schutz vor unberechtigtem Zugang wird das gesamte Netzwerk in Segmente (Security Zonen ②) aufgeteilt. Sie haben jeweils nur einen Zugang (Security Gate ③). Über Internet ist ein Zugriff nur mit spezieller Software (Security Client ④) möglich.

- **Fehlersichere SPS**
Beispielhaft sei hier die SIMATIC CPU 315F genannt (F: fehlersicher). Sie basiert auf einer Standard-CPU, deren Betriebssystem um Schutzmechanismen erweitert ist, damit sicherheitsgerichtete Programme abgearbeitet werden können.

Das Anwenderprogramm wird mit STEP 7 erstellt, z. B. in FUP, KOP oder AWL. Getrennt davon wird das sicherheitsgerichtete Programm mit der Software „Distributed Safety" in F-FUP oder F-KOP geschrieben. Es kann so neben dem Standardprogramm auf einer fehlersicheren CPU ablaufen (Abb. 8).

Zusätzlicher Bestandteil von „Distributed Safety" ist die F-Bibliothek mit fertigen und vom TÜV zertifizierten Programmbeispielen für sicherheitsgerichtete Funktionen. Diese können vom Anwender verändert werden, müssen dann aber neu zertifiziert werden.

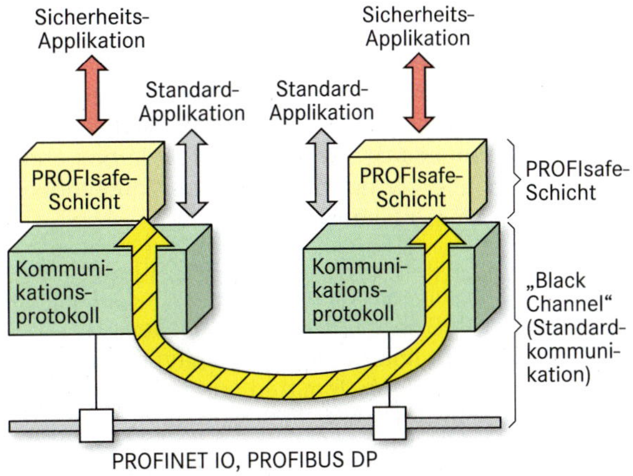

6: PROFIsafe Layer

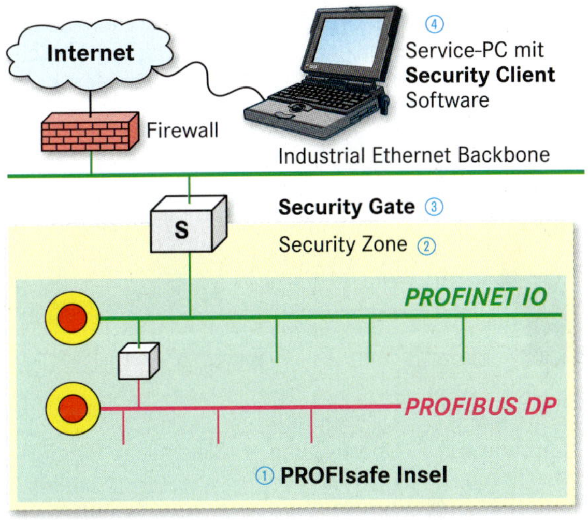

7: PROFIsafe-Insel

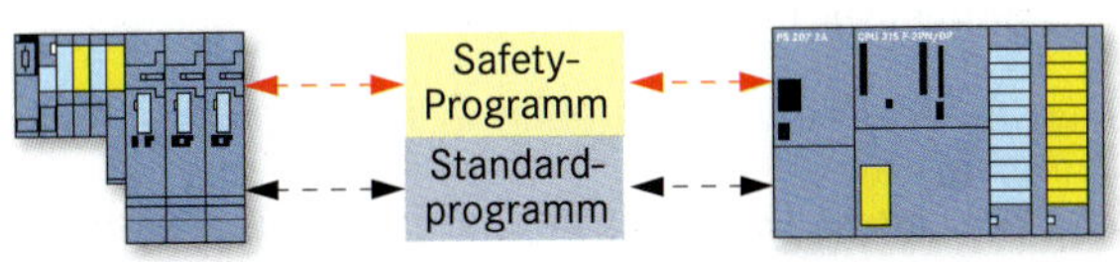

8: Standard- und Safety-Programm über den Bus

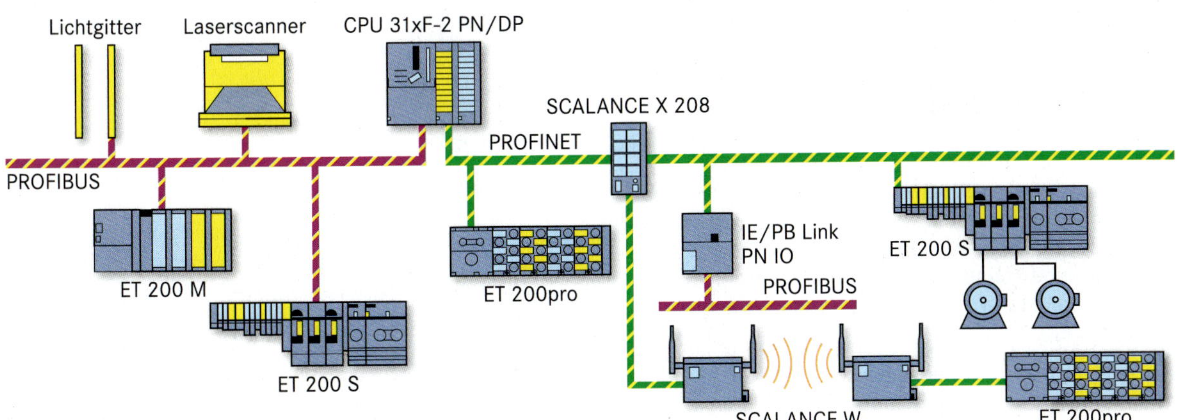

5: PROFIsafe-Konfiguration bei PROFINET und PROFIBUS

11.5 EMV

Die **elektromagnetische Verträglichkeit** (EMV) [electromagnetic compatibility EMC] ist die Fähigkeit einer elektrischen Einrichtung, in ihrer elektromagnetischen Umgebung zufriedenstellend zu funktionieren, ohne diese Umgebung, zu der auch andere Einrichtungen gehören, unzulässig zu beeinflussen.

Aus dieser Definition von elektromagnetischer Verträglichkeit lassen sich die folgenden grundsätzlichen Forderungen an Geräte und Anlagen ableiten:

- **Störfestigkeit** [interference immunity] erreichen
- **Störaussendungen** [emitted interferences] vermindern bzw. verhindern

Störfestigkeit einer elektrischen Einrichtung ist gegeben, wenn bis zu einer bestimmten Höhe die **Störgrößen** [emitted interferences] nicht zu einer Fehlfunktion führen. Als Störgröße wird jene elektromagnetische Größe bezeichnet, die in elektrischen Einrichtungen einen unerwünschten Effekt hervorrufen kann (Abb. 1).

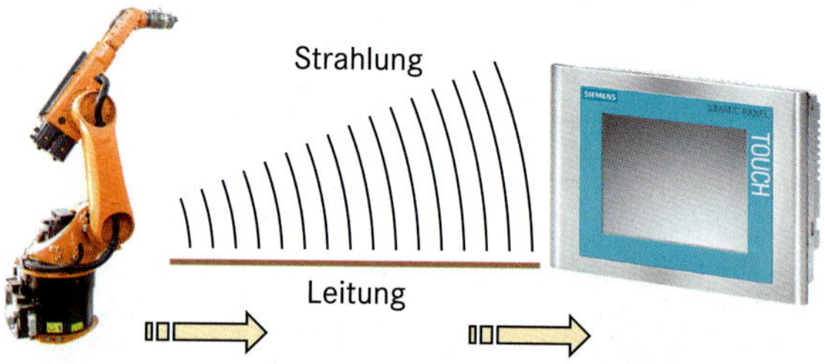

Störquelle	Kopplung	Störsenke
Ursprung von elektromagnetischen Störungen	Übertragung von Energie zwischen Stromkreisen	Elektrische Einrichtung, die von einer Störgröße beeinflusst werden kann

1: Störquelle und Störsenke

Man unterteilt die Störgrößen in elektromagnetische Störungen mit

- **natürlichen Ursachen** (z. B. elektrostatische Entladung) und
- **technischen Ursachen** (z. B. Schalten von elektrischen Signalen).

Die Tabelle (Abb. 2) unterteilt die technische Ursachen noch in die absichtliche und nichtabsichtliche Aussendung von Störsignalen.

Störungen, die im Niederspannungsnetz auftreten (NF-Bereich), machen es erforderlich, dass verwendete elektrische Gerate eine ausreichende Störfestigkeit aufweisen. Der Betreiber des Versorgungsnetzes (VNB) muss mit einer Mindestqualität des Netzes dafür sorgen, dass ein störungsfreier Betrieb gewährleistet ist.

Im Kap. 5.7.1 sind verschiedene Netzstörungen aufgeführt, die die Spannungsqualität des Netzes beeinträchtigen. Sie können zusammenfassend in die folgenden Hauptgruppen eingeteilt werden:

Absichtliche Aussendung	**Nutzbare Signale** - Rundfunk- und Fernsehsender - CB-Funk - Handy
	Verarbeitung von Werkstoffen - Schweißmaschine - Lötanlage - Induktionsofen
Nichtabsichtliche Aussendung	**Unregelmäßige Störung** - Erdschluss - Kurzschluss
	Regelmäßige Störung - Schaltnetzteil - Relais - Phasenanschnittsteuerung

2: Technische Störungsursachen

- **Spannungsschwankungen** (Abb. 3)
Sie werden z. B. durch Schweißgeräte oder hohe Lastschwankungen ① hervorgerufen.

- **Spannungseinbrüche**
Sie entstehen u. a. durch das Anlaufen großer Motoren oder Kurzschlüsse im Netz ② und rufen z. B. Drehmomentschwankungen hervor.

- **Spannungsunterbrechungen**
Sie entstehen u. a. durch das Zuschalten großer Transformatoren ③ und verursachen dadurch z. B. den Ausfall von Relais.

- **Überspannungen**
Sie werden z. B. durch Schalthandlungen im Mittelspannungsnetz hervorgerufen ④ und können zur Zerstörung von elektrischen Geräten führen.

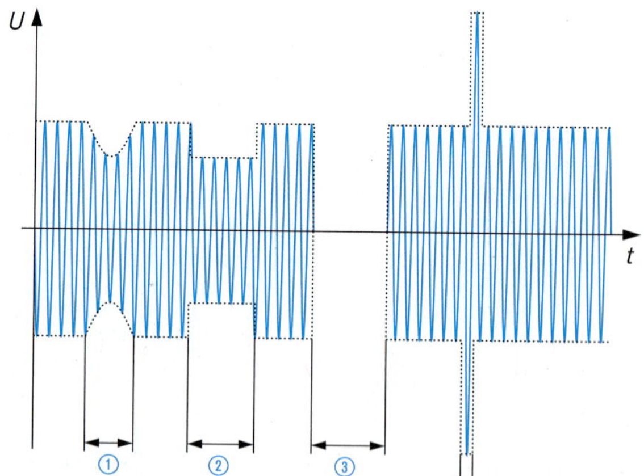

3: Netzstörungen

Die Ursachen von Netzstörungen, die durch **Oberschwingungen** von elektronischen Geräten hervorgerufen werden (z. B. Wechselrichter, elektronische Vorschaltgeräte für Leuchtstofflampen, Schaltnetzteile von PCs) sowie deren Verringerung sind in Kap. 5.8.3 und 5.8.5 ausführlich behandelt worden, sodass nachfolgend nur Maßnahmen für einen EMV-gerechten Aufbau von Geräten angesprochen werden.

EMV-Maßnahmen

Die elektromagnetische Verträglichkeit lässt sich durch einen durchgängigen Schutzpotenzialausgleich und eine optimale Verkabelung verbessern.

Für eine hohe EMV ist ein möglichst eng vermaschter **Schutzpotenzialausgleich** zwischen allen metallenen Massen, Gehäusen und Anlageteilen notwendig (Abb. 4).

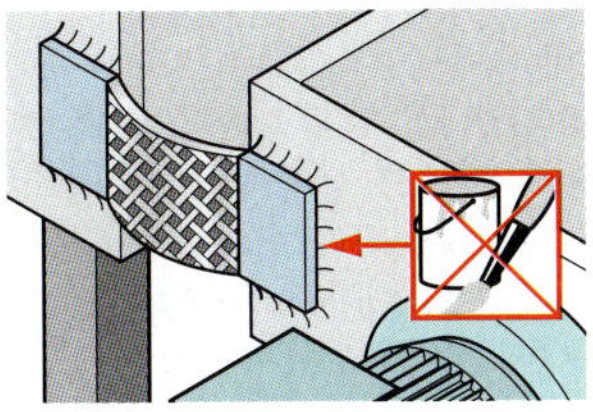

4: Masseverbindung

Mit einem Kabelkanal aus Metall, der eine leitende Verbindung zum Schaltschrank haben sollte, erhöht sich ebenfalls die EMV (Abb. 5).

Die **Leitungsführung** zwischen den verschiedenen Anlageteilen spielt eine wichtige Rolle. Grundsätzlich gilt, dass große Leiterschleifen zu vermeiden sind und stromführende Leitungen möglichst nah am Bezugspotenzial verlegt werden.

- Geräte mit hoher elektromagnetischer Verträglichkeit (EMV) verursachen keine bzw. unterhalb eines Grenzwertes liegende Störsignale.
- Elektromagnetische Störgrößen rufen in elektrischen Einrichtungen einen unerwünschten Effekt hervor.

Obwohl **Schaltschränke** aus Stahlblech bereits häufig mit ausreichenden EMV-Eigenschaften einen guten Schutz bieten, gibt es auch hier noch Verbesserungsmöglichkeiten. Dazu gehören:

- Räumliche Trennung von Störungen aussendenden und störempfindlichen Komponenten
- Großflächige leitende Verbindung aller Metallteile (Abb. 6) herstellen

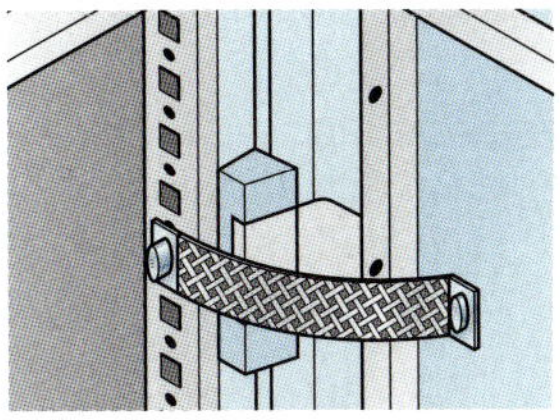

6: Masseband

Durch Öffnungen in der Oberfläche von Metallgehäusen kann die Schirmung stark verringert werden. Die entstehenden Störungen sind abhängig von der Größe und Geometrie der Öffnungen.

Die optimale Schirmung kann durch ein schlitzfreies Gehäuse und eine leitende Verbindung aller Gehäuseaußenflächen untereinander erzielt werden. Aus dieser Sicht wäre ein komplett verschweißtes Gehäuse ideal.

Mit Hilfe von EMV-Sichtfenstern, EMV-Kabeleinführungen, EMV-Filterlüftern, Drahtgittern oder geeigneten, handelsüblichen Lochblechen für die Schirmung von Ausbrüchen zur Wärmeabführung sowie anderen Komponenten lassen sich solche unvermeidlichen Leckagen in ihrer Wirkung stark reduzieren.

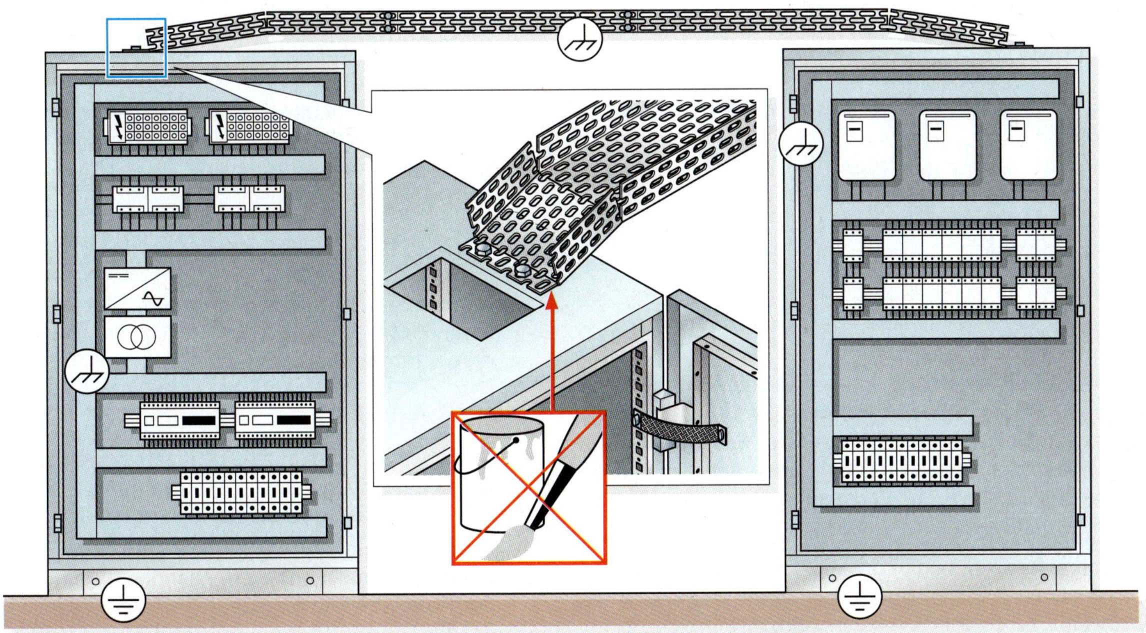

5: Kabelkanal aus Metall

Optimierte Verkabelung

Elektrische Leitungen können häufig unbeabsichtigt elektromagnetische Störungen übertragen. Um diese Eigenschaft zu minimieren, sollten nach Möglichkeit

- geschirmte Leitungen verwendet werden,
- der Leitungsschirm mit 360°-Schellen an der Einführungsstelle mit der Haupterdungsschiene verbunden werden und
- ungenutzte Leiter mit dem Gehäuse befestigt werden (Abb. 1).

Eine weitere Verbesserung der EMV wird erreicht, wenn die Leitungen im Schaltschrank möglichst rechtwinklig und mit genügendem Abstand zwischen den Leitungen der Störquelle und der Störsenke verlegt werden (Abb. 2).

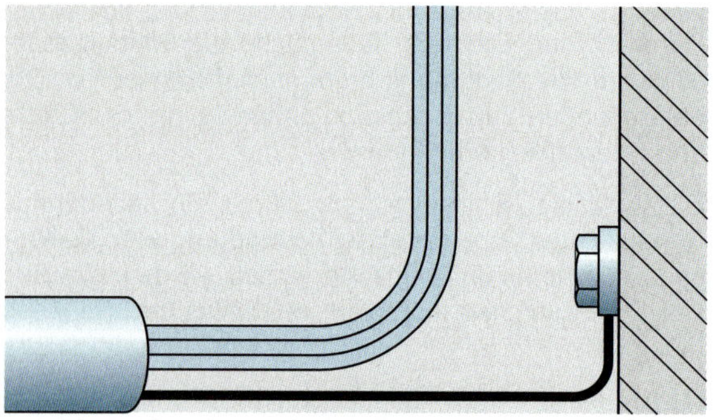

1: Ungenutzte Leiter befestigen

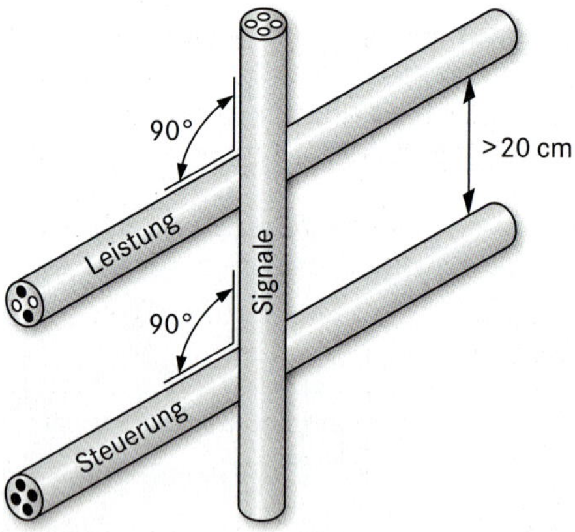

2: Leitungsabstand

Je größer die Frequenz des auftreffenden elektromagnetischen Feldes, um so größer ist der schirmungsmindernde Einfluss von Öffnungen im Gehäuse. Aus diesem Grund sind auch bei Gehäusen einige Punkte zu beachten, wie z. B. die Verwendung spezieller Dichtungen und Kabeldurchführungen.

Zusammenfassend sind in der rechten Spalte wichtige Punkte in Form einer Checkliste aufgeführt, die für einen EMV-gerechten Schaltschrankbau hilfreich sein können.

Checkliste EMV-Schaltschränke

- Welche Anforderungen werden an die Schirmwirkung des Gehäuses gestellt?
- Wird ein besonderes Gehäusematerial nicht nur aus EMV-Gründen benötigt?
- Welche Schirmwirkung ist in welchem Frequenzbereich erforderlich (bei bekannter Größe und Baureihe)?
  Diese Frage führt zur schnellen Auswahl von Standard- oder HF-geschirmten Gehäusen über die entsprechenden Dämpfungsdiagramme.
- Sollen im Gehäuse Störstrahlung aussendende oder gegen Störstrahlung empfindliche Komponenten eingebaut werden?
- Wird das Gehäuse in einer Umgebung mit Störstrahlung aussendenden oder gegen Störstrahlung empfindlichen Geräten oder Systemen eingesetzt?
- Welche Anlagen, Maschinen und elektrotechnischen Systeme befinden sich in der näheren Umgebung?
- Müssen im Gehäuse die störaussendenden oder störempfindlichen Komponenten besonders gekapselt werden?
- Sind diese Komponenten oder Baugruppen in 19-Zoll-Technik ausgeführt?
  Dabei ist zwischen Baugruppenträger oder Kompaktgehäuse zu entscheiden.
- Welche Ausbrüche müssen in die Gehäuseoberfläche HF-geschirmter Gehäuse eingebracht werden?
- Werden Klimatisierungskomponenten in EMV-Ausführungen benötigt oder werden die Lufteintritts- bzw. Luftaustrittsöffnungen separat geschirmt (Drahtgitter, Lochblech, Wabenform)?
- Müssen für Einbauinstrumente geschirmte Versionen und für Sichtflächen geschirmte Scheiben verwendet werden?

AUFGABE

1. Nennen Sie drei Möglichkeiten, um die elektromagnetische Verträglichkeit durch eine besondere Verdrahtung zu optimieren.

- Je größer die Frequenz des auftreffenden elektromagnetischen Feldes ist, umso mehr wirken sich Öffnungen im Gehäuse als Störquellen aus.
- Leitungen, in denen Störsignale auftreten (Störquellen), müssen mit ausreichendem Abstand zu empfangenden Leitungen (Störsenken) verlegt werden.

12 Betrieb und Umfeld

12.1 Betriebliche Arbeit

12.1.1 Arbeitsschutz

Der Arbeitsschutz [safety at work] gehört zu den wichtigsten **Pflichten des Arbeitnehmers** (s. Kap. 2.2). Folgendes ist zu beachten, damit bei der Arbeit im Elektrobereich möglichst geringe Gefährdungen entstehen:

- Sicherheitstechnische Bestimmungen sind strikt einzuhalten (z. B. Unfallverhütungsvorschriften, Abb. 3).
- Vor dem Arbeitsbeginn sind alle für die Sicherheit bedeutsamen Arbeitsmittel und Hilfsmittel zu überprüfen.
- Die elektrotechnischen Bestimmungen sind einzuhalten.
- Bei der Arbeit in besonders gefährlichen Bereichen ist eine persönliche Schutzausrüstung zu tragen.

Unfallverhütungsvorschrift § 4

BG
Elektro Textil Feinmechanik

1. **Kopfschutz**
   Gefahr durch pendelnde, herabfallende, umfallende, wegfliegende Gegenstände, ... ; lose hängende Haare
2. **Fußschutz**
   Gefahr durch Einklemmen, umfallende, herabfallende, abrollende Gegenstände, ... ; Hineintreten in spitze, scharfe Gegenstände, heiße Stoffe, ätzende Flüssigkeiten, ...
3. **Augen- oder Gesichtsschutz**
   Gefahr durch wegfliegende Teile, Verspritzen von Flüssigkeiten, gefährliche Strahlung, ...
4. **Atemschutz**
   Gefahr durch giftige, ätzende, reizende Gase, Dämpfe, Nebel oder Stäube, ...
5. **Körperschutz**
   Gefahr durch Stoffe, die Hautverletzungen verursachen können; Gefahr durch Verbrennung, Verätzung, Verbrühung, Unterkühlung, ...

3: Unfallverhütungsvorschriften § 4

Darüber hinaus hat der **Unternehmer** folgende **Pflichten** (§ 2 Unfallverhütungsvorschrift BGV A1, DGUV Vorschrift 1):

- Maßnahmen zur Verhütung von
  - Arbeitsunfällen,
  - Berufskrankheiten und
  - arbeitsbedingten Gesundheitsgefahren
- Maßnahmen für eine wirksame Erste Hilfe
- Einrichtungen bereitstellen und Anordnungen treffen, die den Bestimmungen der Unfallverhütungsvorschrift und den allgemein anerkannten sicherheitstechnischen und arbeitsmedizinischen Regeln entsprechen

AUFGABE

1. Beschreiben Sie die Tätigkeiten in Abb. 5 mit den dort getroffenen Arbeitsschutzmaßnahmen.

Um die Sicherheit der betrieblichen Arbeit zu gewährleisten, gibt es zahlreiche Schilder und Hinweise mit besonderen Bedeutungen (Abb. 4).

4: Zeichen zur Arbeitssicherheit

Im **Arbeitsschutzgesetz (ArbSchG)** sind gesetzliche Regelungen für den Arbeitsschutz festgelegt.

- Regelung der grundlegenden Pflichten des Arbeitgebers
- Festlegung der Pflichten und Rechte des Arbeitnehmers
- Überwachung des Arbeitsschutzes durch die zuständigen Behörden (Berufsgenossenschaften)

Besondere Gefährdungen entstehen bei der **Elektroinstallation**. Folgendes ist vorrangig zu beachten:

- Umgang mit elektrischen Betriebsmitteln
- Arbeiten in gefährdeten Bereichen (z. B. große Höhe)
- Äußere Umwelteinwirkungen und Maschinen (z. B. beim Schleifen)

In Abb. 5 sind besonders gefährliche Tätigkeiten mit Arbeitsschutzmaßnahmen dargestellt.

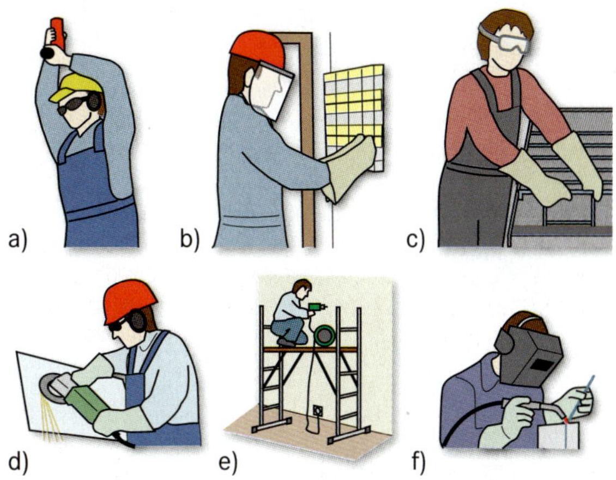

5: Gefährliche Tätigkeiten

12.1.2 Arbeitsorganisation

Die menschliche Arbeit soll so organisiert sein,
- dass der Arbeitsprozess den menschlichen Bedürfnissen angepasst ist,
- der individuelle Gesundheitsschutz gewährleistet ist und
- der Arbeitsplatz human gestaltet ist.

Bei Nichtbeachtung dieser Gesichtspunkte können folgende Gefahren auftreten:
- körperliche Beschwerden
- Gefährdung des Sehvermögens
- psychische Belastungen

Es ist sinnvoll, den **Arbeitsablauf** [workflow] in Schritte einzuteilen, die der Reihe nach abgearbeitet werden. In Abb. 1 ist ein möglicher Ablauf dargestellt. Wird am Ende kein zufriedenstellendes Ergebnis erzielt, muss die Kette erneut durchlaufen werden.

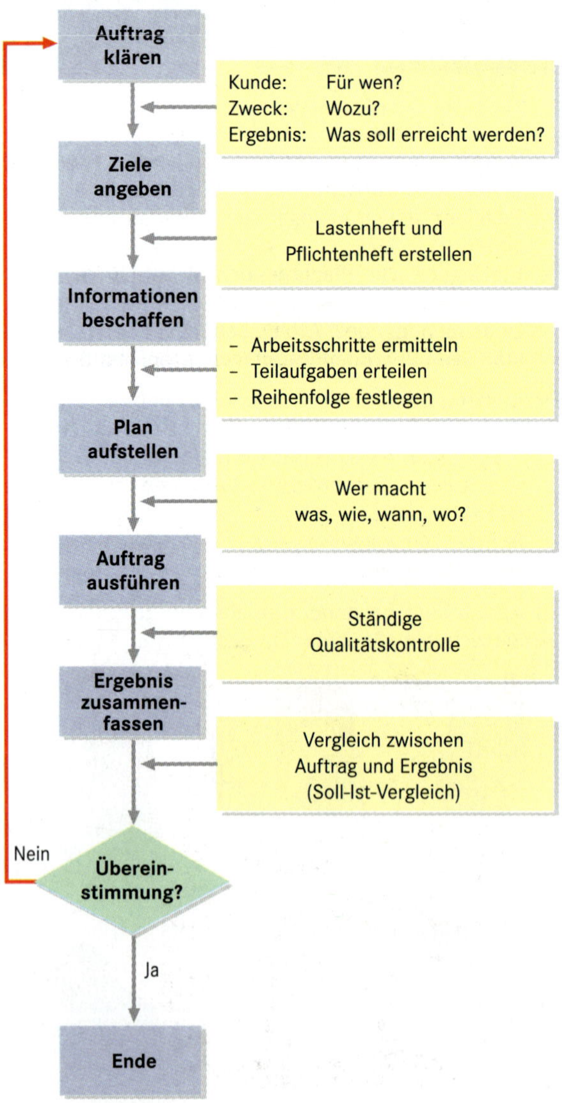

1: Arbeitsablauf

Arbeitsplanung

Voraussetzung für eine optimale Arbeitsorganisation ist eine sinnvolle Arbeitsplanung [work scheduling]. Sie liefert einen guten Überblick über die zu erledigenden Aufgaben. Bevorstehende Aufgaben und die dafür erforderlichen Zeiten werden darin festgehalten, sodass diese Zeiten effektiv genutzt werden. Für die Planungsgrundlage gilt: „Vom Groben zum Feinen planen!“.
Folgende wichtige Gesichtspunkte sind bei der Planung zu beachten:

- **Tagesplan verwenden**
  - Vorhaben sind nicht nur langfristig zu planen, sondern am Abend vorher ist ein Arbeitsplan für den nächsten Tag aufzustellen.
- **Arbeitsunterbrechungen vermeiden**
  - Arbeit ggf. delegieren
  - „Nein“ sagen
  - Besprechungen gut vorbereiten
  - Klare Ziele festlegen
- **Ziele und Aufgaben definieren**
  - Was möchte ich erreichen?
  - Was muss ich vermeiden?
  - Zeitbedarf abschätzen
  - Keine Zeit mit Nebensächlichkeiten vertrödeln
- **Schriftlich planen**
  - Der Arbeitsplan zeigt auf einen Blick, was wann erledigt werden muss.
- **Persönliche Leistungskurve beachten**
  - Den Tag so planen, dass die wichtigen Aufgaben in den effektiven Tageszeiten erledigt werden, z. B. zwischen 8:00 und 12:00 Uhr (Abb. 2)
- **Prioritäten setzen**
  - Nach Bedeutung und Dringlichkeit planen
  - Entscheiden, was zuerst erledigt werden muss
  - Was kann warten?
  - Was kann delegiert werden?
- **Pufferzeiten einplanen**
  - Unverplante Zeitreserven über den Tag verteilen
  - Reserven für unvorhergesehene Aufgaben schaffen
- **Positiv denken**
  - Arbeitstag positiv beginnen
  - Sich selbst motivieren
  - Arbeitstag positiv beenden
- **Konsequent bleiben und die Zeit nutzen**
  - Regeln konsequent einhalten
  - Effektiv, erfolgreich und stressfrei arbeiten: „Stress macht krank“
- **Aufgaben nach Wichtigkeit und Dringlichkeit einteilen**
  Aufgaben aufteilen, die
  - sofort von einem selbst erledigt werden müssen,
  - unbedingt beendet werden müssen,
  - delegiert werden können und unwichtig sind.

Regeln für die Arbeitsorganisation

- Psychische Beanspruchungen sollten vermieden werden durch den Abbau von folgenden Faktoren:
  - Monotonie
  - sinnlose Wiederholungen
  - sinnentleerte Arbeit
  - hohes Arbeitstempo und Arbeitsverdichtung
  - Informationsüberflutung
  - soziale Isolation
  - Lärmbelästigung
- Einseitige Arbeit sollte vermieden werden durch
  - Mischarbeit (abwechslungsreiche Arbeit) und
  - Pausen.
- Arbeit soll
  - ausführbar,
  - erträglich und
  - zumutbar sein sowie
  - die Persönlichkeitsentwicklung fördern.
- Bei der Arbeitsorganisation ist die menschliche Leistungskurve zu beachten (Abb. 2).

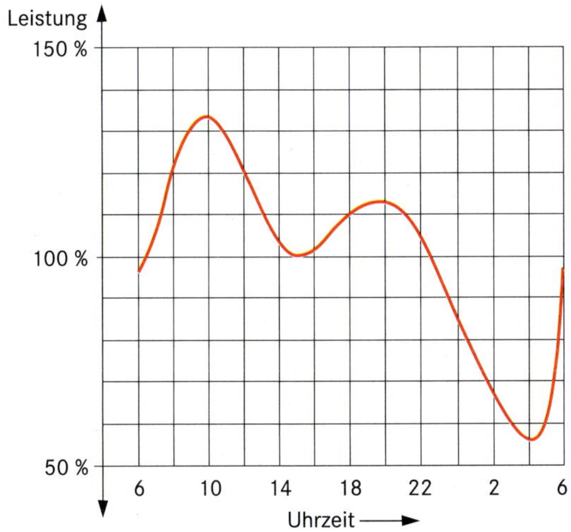

2: Menschliche Leistungskurve

- Bei der **Aktivitätsplanung** gilt es, die **60:40 Regel** einzuhalten (Abb. 3)

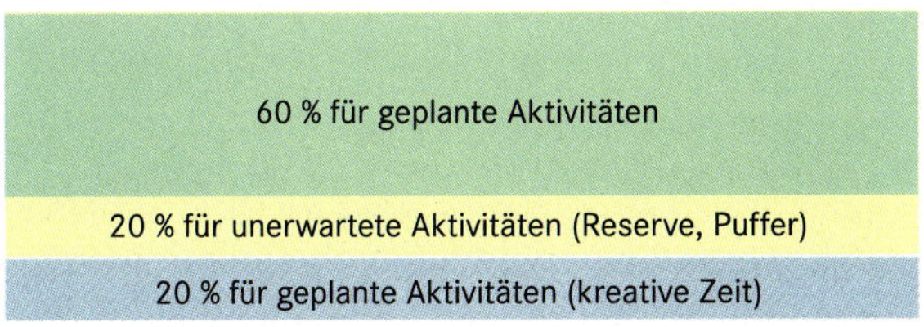

3: Aktivitätsplanung

AUFGABE

1. Ermitteln Sie die Zeitpunkte der maximalen und minimalen menschlichen Leistungsfähigkeit (Abb. 2).

Einrichtung der Arbeitsfläche am Arbeitstisch

Fläche:	mindestens 160 cm breit, 80 cm tief
Höhe:	68 cm bis 76 cm (verstellbar)
Beinfreiraum:	Höhe: 65 cm, Breite: 58 cm, Tiefe: 60 cm
Oberfläche:	reflexionsarm
Arbeitsbereich:	s. Abb. 4

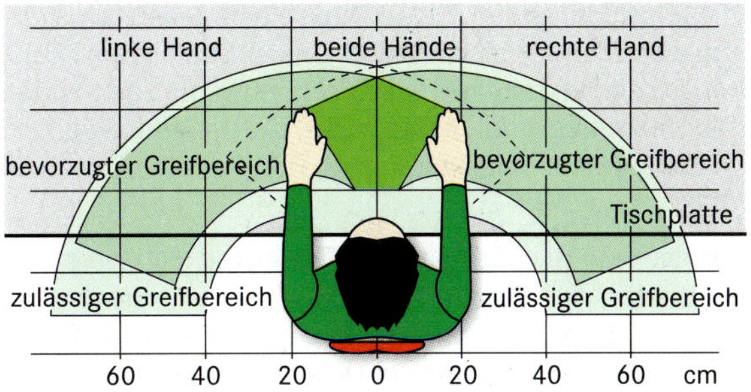

4: Arbeitsbereich

PC-Arbeitsplatz

Einrichtung des Monitors
- Lichtquellen nicht vor oder hinter dem Monitor
- Bildwiederholfrequenz von mindestens 70 Hz bei einem Röhrenmonitor
- Bildschirmdiagonale mit mindestens 17 Zoll Auflösung, z. B. 1024 x 768 Pixel
- Kontrast und Helligkeit ausreichend einstellen
- Sehentfernung bei 50 cm bis 60 cm
- Ausreichende Schriftgröße einstellen (z. B. Buchstabe „B" und Zahl „8" noch gut unterscheidbar)

Sitzhaltung (Abb. 5)
- Eine aufrechte Haltung entlastet die Wirbelsäule, belastet aber die Rückenmuskulatur.
- Wenn man sich nach vorne neigt, wird die Wirbelsäule am stärksten belastet.
- Die Sitzhaltung sollte häufig geändert werden.
- Bei der Bildschirmarbeit sind ausreichende Pausen einzuhalten.

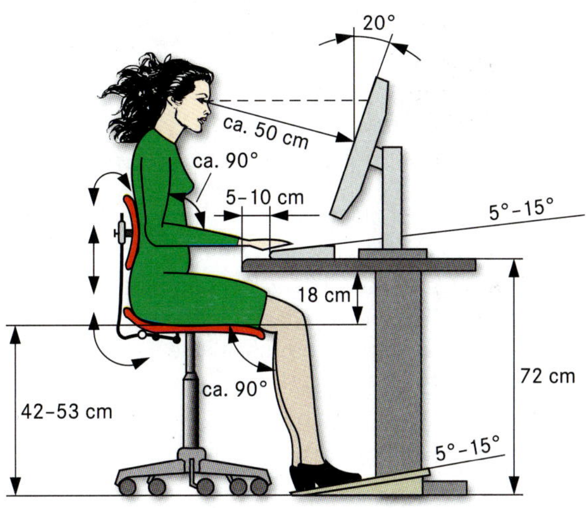

5: Bildschirmarbeitsplatz

12.1.3 Teamarbeit

Merkmale eines Teams

Das Team steht im Spannungsfeld zwischen der Aufgabe, dem Individuum und der Gruppe (Abb. 1). Es wird eingesetzt (Mittel), um einen bestimmten Zweck zu erfüllen. Im Arbeitsablauf existieren klar definierte Aufgaben. Jedes Mitglied übernimmt Verantwortung für die Erreichung der Ziele. Die selbst gesetzten Leistungsstandards sind hoch. Die persönlichen Leistungsziele stehen nicht im Widerspruch zueinander. Die Teammitglieder akzeptieren sich gegenseitig und haben füreinander Verständnis. Die Kommunikation ist offen.

Teamarbeit ist dann sinnvoll, wenn fachlich übergreifend Aufgaben, komplexe Aufgaben oder besonders anspruchsvolle Aufgaben zu lösen sind oder wenn Aufgaben anstehen, für die Personen aus verschiedenen Fachbereichen mit verschiedenen Erfahrungen benötigt werden.

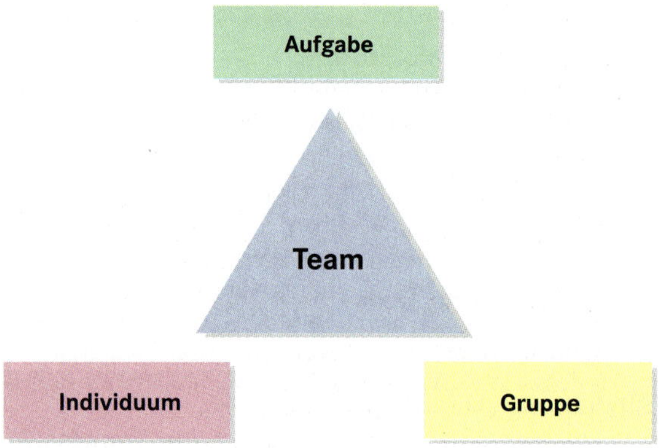

1: Team

Rollen in einem Team

- **Entscheider** [shaper]
  - organisiert Termine und Ziele, sorgt für die Einhaltung von Terminen und die Umsetzung der Ziele,
  - bewältigt Krisen.
- **Macher** [completer]
  - ist zuverlässig und hat Ausdauer,
  - wacht über die Einhaltung von Plänen und Vorgaben,
  - bewältigt Routinearbeiten.
- **Berater** [advisor]
  - sorgt für notwendige Informationen und Hilfsmittel, leistet wichtige Aufbauarbeit,
  - klärt Details und liefert inhaltliche Beiträge.
- **Kreativer** [investigator]
  - ist „Querdenker“ (denkt in neuen Bahnen),
  - liefert neue Ideen und „experimentiert“.
- **Bewerter** [evaluator]
  - überprüft mögliche Realisierbarkeiten,
  - ist wenig an Routinearbeit interessiert,
  - kann Ergebnisse realistisch einschätzen.
- **Überzeuger** [convincer]
  - bewahrt den Überblick,
  - organisiert nötige Kontakte,
  - interessiert sich für Innovationen,
  - ist kontaktfreudig und kann präsentieren.
- **Prüfer** [reviewer]
  - arbeitet genaue Details aus,
  - sorgt für Qualitätssicherung,
  - besitzt eine konzentrierte Arbeitshaltung,
  - arbeitet mehr im Hintergrund.
- **Bewahrer** [team worker]
  - kümmert sich um Werte und Teamnormen, ist besonders hilfsbereit,
  - stabilisiert die gefühlsmäßigen Beziehungen der Teammitglieder,
  - verfügt über geringes Innovationspotenzial.
- **Darsteller** [presenter]
  - repräsentiert das Team nach außen,
  - koordiniert Informationen.

Phasen der Teamarbeit

In der **Kontaktphase** klären Vorgesetzte und Teammitglieder Erwartungen, Ziele und Rahmenbedingungen. Notwendige Voraussetzungen sind dabei Offenheit, Ehrlichkeit und Engagement. Danach folgen die in Abb. 2 dargestellten Phasen.

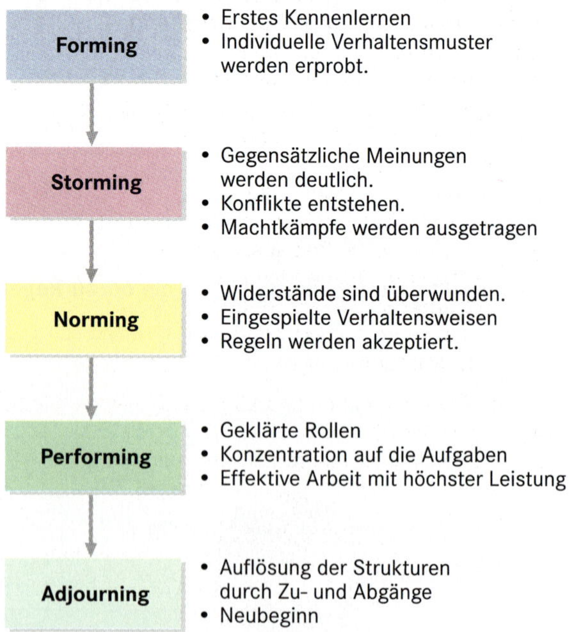

2: Teamphasen

12.1.4 Kommunikation

Kommunikation ist ein wesentliches Element erfolgreicher Teamarbeit. Sie läuft entsprechend dem in Abb. 3 dargestellten Modell wie folgt ab:
- Die Nachricht geht vom **Sender** aus und ist **codiert**.
- Auf dem Weg zum Empfänger können „Störungen" die Nachricht verändern.
- Die Nachricht enthält sprachliche und nichtsprachliche (nonverbale) Anteile.
- Der **Empfänger decodiert** die Nachricht entsprechend seiner Wahrnehmung und mit seinem eigenen „Vorrat" an Decodiermöglichkeiten.
- Eine ungestörte Kommunikation kann nur dann stattfinden, wenn Sender und Empfänger den angewendeten Code aufeinander abstimmen.

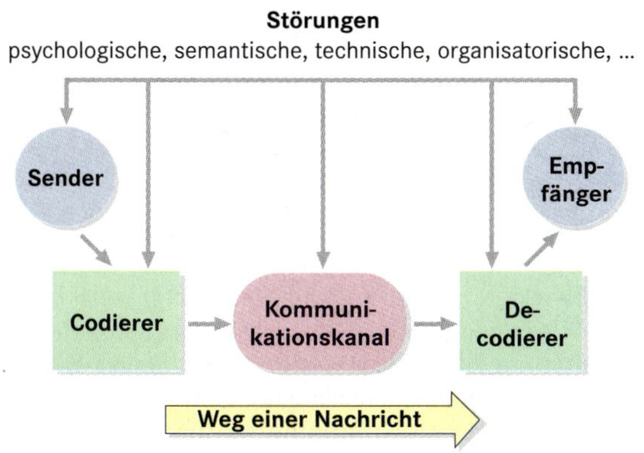

3: Kommunikationsmodell

Je nach Vorerfahrungen, den vorherrschenden Stimmungen usw., kann eine Nachricht auf vier verschiedene Weisen (Vier-Ohren-Modell, Schulz v. Thun) vom Empfänger aufgenommen (decodiert) werden:
- **Sachinformation** [factual information]
  Betonung von Fakten, Begriffen
- **Appell** [appeal]
  Aufforderung zur Handlung
- **Selbstoffenbarung** [self revelation]
  Etwas über sich selbst aussagen,
  Ich-Botschaft, eigene Meinung
- **Beziehungsbotschaft** [relations message]
  Gefühle werden direkt benannt, Rückmeldung über eigene Wahrnehmungen

Je nach Absicht des Senders können die verschiedenen Aspekte unterschiedlich stark in Erscheinung treten (codiert sein) bzw. wahrgenommen werden.

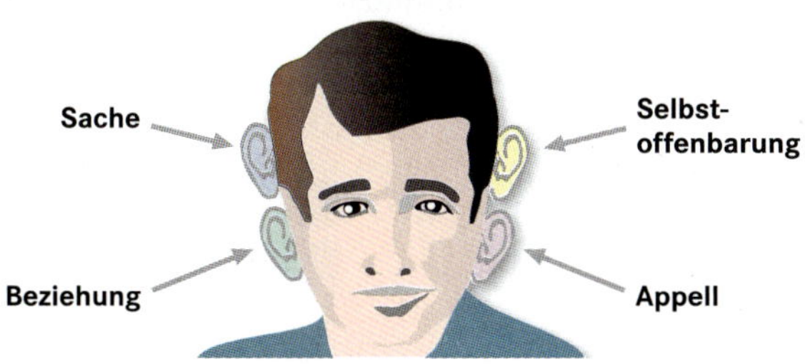

4: Vier-Ohren-Modell

12.1.5 Konflikt

Ein Zusammenleben ohne Konflikte gibt es nicht. Konflikte müssen deshalb vernünftig gelöst werden. Ein Konflikt [conflict] entspricht der Spitze eines Eisberges (Abb. 5), wobei zunächst nur der über dem Wasser befindliche Teil sichtbar ist. Unter der Oberfläche befinden sich zahlreiche Gründe, die zum Konflikt geführt haben können. Hilfreich für eine Konfliktlösung ist folgende Konfliktlösungsstrategie:

Konstruktive und kooperative Konfliktlösung

1. **Analyse**
   - Die Konfliktparteien analysieren gründlich und gemeinsam in gegenseitiger Achtung die Konfliktsituation.
   - Bei der Analyse wird unterschieden zwischen Wahrnehmung, Interpretation und Realität.
   - Geachtet wird dabei auf körperliche, geistige und seelische Stabilität der Parteien.
2. **Präzisierung**
   - Vorstellungen werden ohne Bewertung durch die gegnerische Partei ausgesprochen.
   - Ziele und Probleme werden in einer offenen Gesprächsatmosphäre benannt.
3. **Lösung**
   - Im Dialog wird gemeinsam nach Lösungen gesucht. Es geht darum, andere zu verstehen und sich selbst verständlich zu machen.
   - Mögliche Kompromisse werden benannt.
4. **Vereinbarung**
   - Die Ziele, Wege und Änderungen werden ausgesprochen und festgehalten.
   - Ein für beide Seiten akzeptabler Konsens wird gesucht.
   - Ein „Vertrag" über die Vereinbarung wird „geschlossen".
   - Ein Termin für die Überprüfung wird festgelegt.
   - Es darf keinen Sieger und keinen Besiegten geben.

5: Eisbergmodell

AUFGABE

1. Folgende Situation: Sie kommen nach Hause, gehen an den Kühlschrank und sagen zu Ihrer Freundin/Ehefrau: „Es ist kein Bier mehr im Kühlschrank". Welche Reaktionen sind nach dem Vier-Ohren-Modell möglich?

12.1.6 Projekt

- Ein Projekt ist einmalig sowie zeitlich (Anfang und Ende), finanziell und personell begrenzt.
- Es hat einen Auftraggeber und eine Zielvorgabe.
- Es lässt sich gegenüber anderen Aufgaben bzw. Vorhaben abgrenzen.
- Es unterscheidet sich von üblichen Routineaufgaben und wird in der Regel für komplexe Problemlösungen verwendet.
- Es bedarf während des Ablaufs projektspezifischer Organisationsformen und -strukturen.
- Bei einem Projekt stehen die Sache, die Kosten und der Termin in einer wechselseitigen Abhängigkeit. Rahmenbedingungen und äußere Einflüsse sind bestimmende Faktoren (Abb. 1).

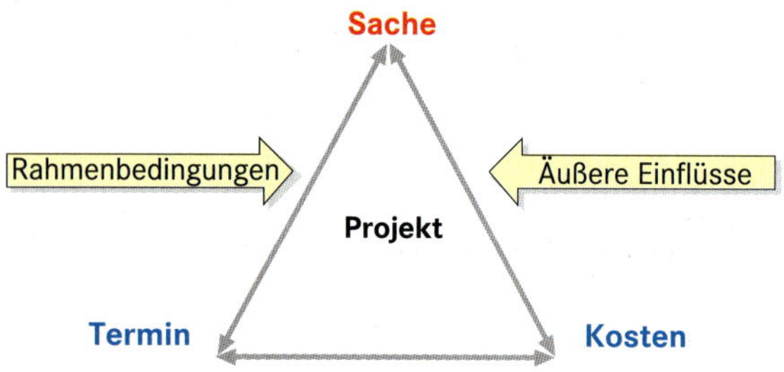

1: Projekt

Bei der **Projektplanung** sollten folgende Fragen beantwortet werden:

- **Was** muss getan werden, um das Projektziel zu erreichen?
- **Wann** müssen die Aufgaben erledigt werden?
- **Wie** groß ist der Aufwand an Ressourcen?
- **Wer** erledigt welche Aufgaben?
- **Wo** können bei der Durchführung Risiken auftreten?
- **Womit** ...

Ein Beispiel für einen **Projektplan** [project plan] ist in Abb. 2 dargestellt. Folgende Merkmale sind enthalten:

- Detaillierte Auflistung der Teilaufgaben mit Anfang, Abschluss und Dauer.
- Die benötigte Zeit wird beispielsweise durch Balken (hier blau) visualisiert.

Projektphasen [project phases]

1. Analysieren, entscheiden und planen

In dieser Phase werden das Ziel (Ziele) und die Wege festgelegt.

- Absprachen mit dem Auftraggeber erfolgen.
- Wirtschaftlichkeit und Machbarkeit wird geprüft.
- Vorgehensweise wird bestimmt.

2. Realisieren, bearbeiten

Das Projekt wird durchgeführt und die angestrebten Ziele werden erreicht.

- Ziele werden schrittweise umgesetzt.
- Der Projektleiter steuert, koordiniert und kontrolliert.

3. Beenden und auswerten

In der Abschlussphase wird das Projektergebnis bewertet.

- Das Ergebnis wird überprüft (Soll-Ist-Vergleich), dokumentiert und abgenommen.
- Erworbenes Wissen wird gefestigt.

Projektmanagement [project management]

Darunter versteht man die Gesamtheit von Führungsaufgaben, -organisationen, -techniken und -mitteln für die Abwicklung eines Projekts. Hauptaufgabe ist dabei, die noch ungeordneten Teilaufgaben in geordnete Teilaufgaben zu überführen (Abb. 3). Im Einzelnen sind folgende Aufgaben zu bewältigen:

- Projektablauf strukturieren, transparent und jederzeit nachvollziehbar gestalten
- Risiken abschätzen
- Steuernd eingreifen
- Qualitätsstandards überwachen
- Projektteams optimal einsetzen
- Konflikte in den Projektteams lösen
- Ist-Zustand ständig mit Soll-Zustand vergleichen

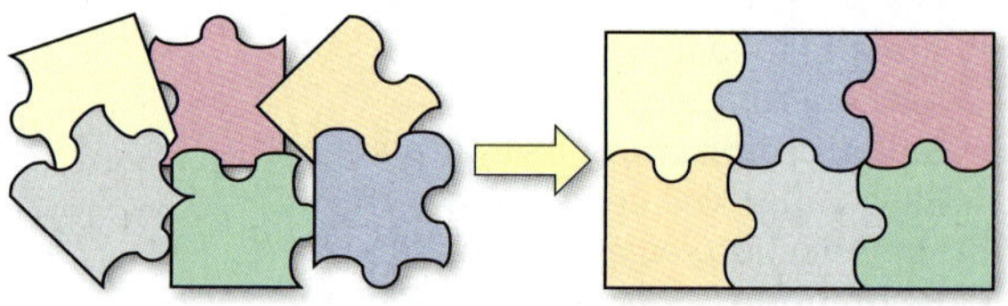

3: Hauptaufgabe im Projektmanagement

	Aufgabe	Anfang	Abschluss	Dauer	Februar 20..										
					14	15	16	17	18	19	20	21	22	23	24
1	Baustelleneinrichtung	14.02.20..	14.02.20..	4 h											
2	Überprüfung des Netzes	14.02.20..	15.02.20..	1 d 4 h											
3	Materialanlieferung	15.02.20..	16.02.20..	2 d											
4	Montage des Verteilers	19.02.20..	19.02.20..	1 d											
5	Installation der Leitungen	19.02.20..	23.02.20..	5 d											
6	...														

2: Projektplanauszug

Phasenmodell für Projekte

Projekte lassen sich durch verschiedene Modelle abbilden. Beim **Wasserfallmodell** [waterfall model] (Abb. 4) wird das Projekt in zeitlichen Stufen nacheinander bis zum Ende bearbeitet (z. B. **Start, Planung, Realisierung, Abschluss**). Wenn es innerhalb des Projektes zu Problemen kommt, muss die Planung verändert werden (Rückführung, revolvierender Ablauf).

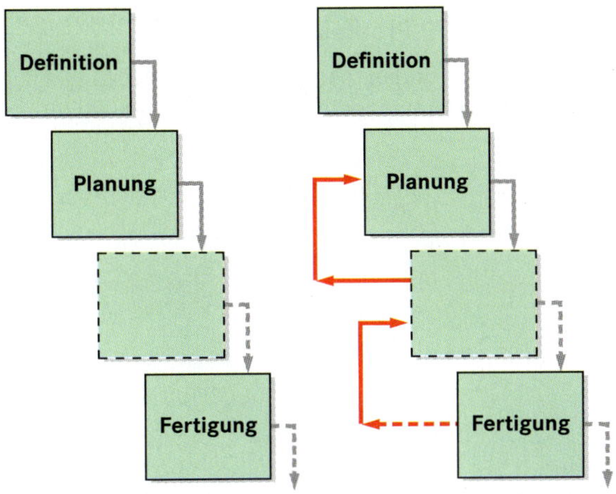

4: Wasserfallmodell

Eine mögliche Projektstruktur ist in Abb. 5 dargestellt. Die Elektroinstallation ist in vier Teilprojekte aufgeteilt worden, die als vertikale Stränge dargestellt sind.

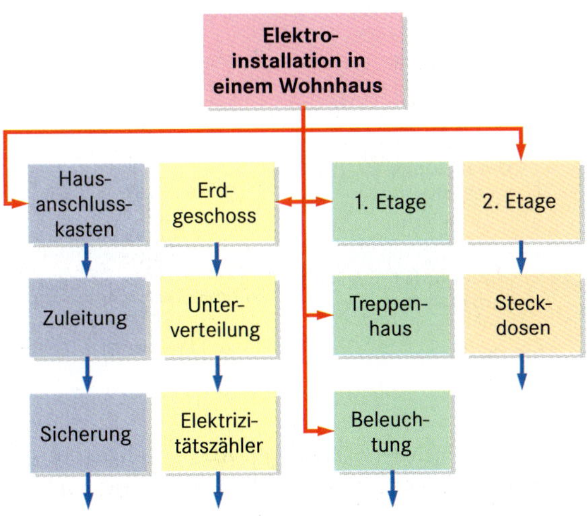

5: Projektbeispiel

AUFGABEN

1. Formulieren Sie wesentliche Merkmale eines Projektes und grenzen Sie dieses von Routinearbeiten ab.
2. Weshalb ist es sinnvoll, ein Projekt in Teilprojekte zu gliedern?

12.1.7 Qualität und Qualitätssicherung

Unter **Qualitätssicherung** [quality assurance] versteht man in der Industrie eine Abnahmeprüfung. Die Kontrolle erfolgt durch eine Erhebung von Stichproben. Hierzu wurde eine umfangreiche statistische Testtheorie entwickelt. In zunehmendem Maße wird der gesamte Fertigungsprozess qualitätssichernd überwacht.

Im Rahmen der Qualitätssicherung sind zu unterscheiden:
- Qualitätsplanung unter Beachtung der Qualitätsziele
- Qualitätsprüfung
- Qualitätslenkung

DIN ISO 9000–9004

In der DIN ISO 9000–9004 sind Maßnahmen festgelegt, durch deren Einhaltung ein Unternehmen eine hochwertige Qualitätssicherung erreichen kann. Die DIN ISO 9000 gibt Hinweise zur Anwendung der DIN ISO 9001–9004.

- **DIN ISO 9001**
Sie enthält Qualitätsanforderungen für Unternehmen, von der Entwicklung bis zum Versand.

- **DIN ISO 9002**
Es sind darin Qualitätsanforderungen für Unternehmen enthalten, die auftragsbezogen produzieren und montieren.

- **DIN ISO 9003**
Diese Qualitätsanforderungen gelten für Unternehmen, die nur für die Tätigkeiten der Endprüfung zuständig sind.

- **DIN ISO 9004**
Beschrieben werden darin einzelne Qualitätssicherungselemente.

Qualitätskreis

Der Qualitätskreis [quality circle] in Abb. 6 verdeutlicht den Zusammenhang zwischen den einzelnen Ebenen der Qualitätssicherung.

6: Qualitätskreis

Total Quality Management (TQM)

Im Rahmen der umfassenden Qualitätsorientierung wurde ein Ansatz für Total Quality Management (TQM) entwickelt. Er erfasst die gesamte Unternehmenskultur. Definiert wird dieser Ansatz des Total Quality Managements in der DIN EN ISO 8402, die im Jahre 1995 veröffentlicht wurde.

Prozessorientiertes Qualitätsmanagementsystem

Hierbei berücksichtigt man die in einer Organisation ablaufenden Prozesse, die Wechselwirkungen (wechselseitigen Beeinflussungen) sowie das Management. Von hoher Bedeutung sind folgende Punkte:
- Verstehen und Erfüllen von Anforderungen
- Betrachtung der Prozesse aus der Sicht der Wertschöpfung
- Erzielbare Ergebnisse bezüglich Prozessleitung und -wirksamkeit
- Ständige Verbesserung von Prozessen auf der Grundlage objektiver Messungen

Ein mögliches prozessorientiertes QM-System veranschaulicht Abb. 1.

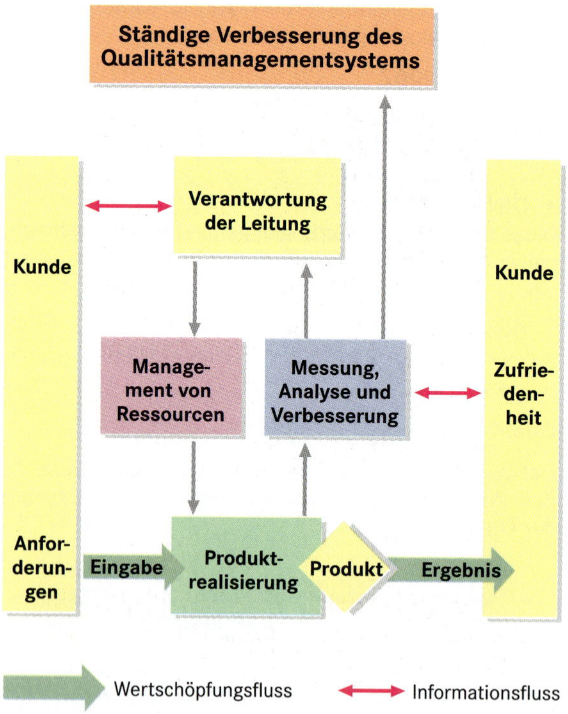

1: Prozessorientiertes QM-System

Kontinuierlicher Verbesserungsprozess (KVP)

Der kontinuierliche Verbesserungsprozess [continuous improvement process] ist die Anpassung des japanischen Management-Prinzips **Kaizen** auf den westlichen Kulturkreis.
- Kai: Veränderung, Wandel
- Zen: zum Besseren

Mit diesem Ansatz verfolgt man dauerhaft das Ziel,
- die Produkt- und Prozessqualität durch eine ständige Verbesserung der Organisations- und Arbeitsabläufe,
- in vielen kleinen Schritten und nicht in großen Sprüngen,
- unter Einbeziehung aller Mitarbeiter und Führungskräfte

zu verbessern.

Schritte im KVP-Prozess

Die in Abb. 2 dargestellte Ablaufkette wird zyklisch durchlaufen. Nach jedem Durchlauf folgt ein weiterer.

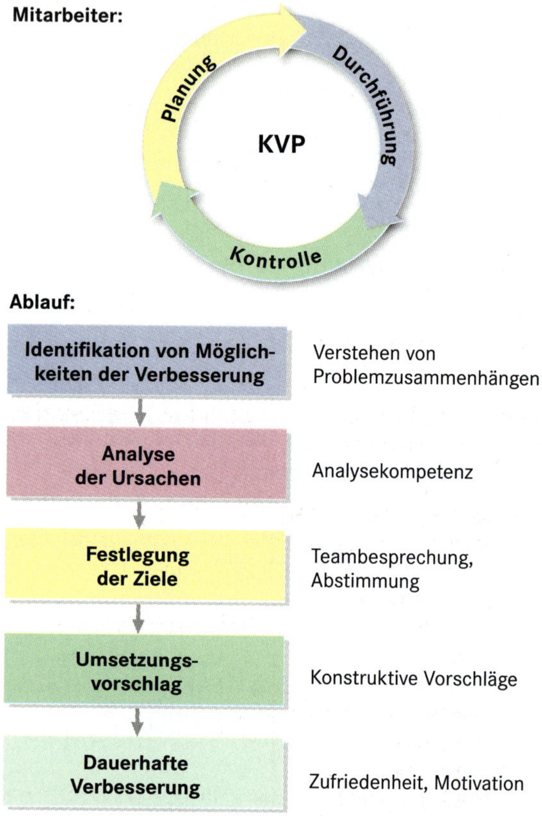

2: KVP-Prozess

Moderation

Kontinuierliche Verbesserungsprozesse müssen durch geeignete Moderatorinnen bzw. Moderatoren begleitet werden. Es bestehen folgende Moderationsaufgaben:
- regelmäßige Zusammenkünfte der Mitarbeiterinnen und Mitarbeiter organisieren
- arbeitsfähige Gruppen bilden (definierte Teams)
- Themen analysieren und aufbereiten
- Themen optisch darstellen und ordnen
- Fragen zur Auflösung von Interaktionen stellen
- Regeln vereinbaren
- Gruppe zu einem gemeinsamen Ergebnis führen
- Gruppenergebnisse festhalten
- Vereinbarungen mit der Gruppe treffen

12.2 Umgang mit Kunden

12.2.1 Kundenberatung

Der Kunde ist
- die wichtigste Person für das Unternehmen und hat Wünsche, die erfüllt werden sollen;
- aufmerksam, höflich und freundlich zu behandeln;
- nicht auf uns, sondern wir sind auf ihn angewiesen;
- kein Störfaktor im innerbetrieblichen Arbeitsablauf;
- kein Partner zum Streiten und Überzeugen;
- kein Außenseiter, sondern in die Geschäftsprozesse eingebunden;
- Mittelpunkt einer Dreiecksbeziehung (Abb. 3)

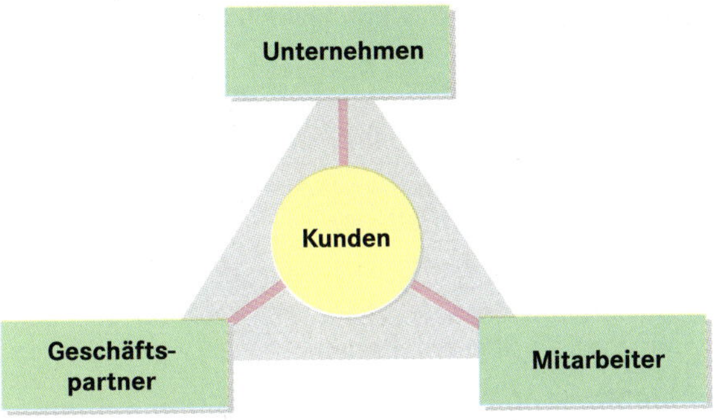

3: Spannungsfeld „Kunde“

Eine erfolgreiche Kundenberatung [client counselling] hängt im Wesentlichen von der Qualität der Beziehung zwischen den beteiligten Personen ab. Diese Beziehung drückt sich aus durch:

- **Beratungskompetenz**
  Umfassende Fähigkeiten und Fertigkeiten der Mitarbeiterinnen und Mitarbeiter in einem Unternehmen
- **Glaubwürdigkeit**
  Vertrauen, Ruf, Ansehen, Ehrlichkeit
- **Sicherheit**
  Materiell und finanziell, Vertraulichkeit
- **Kommunikationsfähigkeit**
  Positive Ansprache, sachlich und kundenorientiert
- **Reaktionen**
  Schnell, pünktlich, direkt; Anfragen werden umgehend bearbeitet.
- **Kontakt**
  Einfach, schnell und unkompliziert erreichbar; geringe Wartezeiten
- **Höflichkeit**
  Zuvorkommend, respektvoll, freundlich; positives äußeres Erscheinungsbild
- **Verlässlichkeit**
  Leistungen werden vollständig und rechtzeitig erbracht; Reklamationen werden zuverlässig bearbeitet.
- **Verständnis**
  Bedürfnisse werden sofort erkannt und berücksichtigt.
- **Erkennen**
  Stammkunden erfahren besondere Betreuung und Aufmerksamkeit.

Ablauf eines Verkaufsgesprächs

Phase	Beispiele
Eröffnung • Sie dient als Aufwärmphase und Kontaktaufnahme. • Diese kurze Phase ist abhängig davon, ob man einen Neukunden oder einen bekannten Kunden vor sich hat.	„Wie geht es Ihnen ...?“ „Es ist schön, dass Sie wieder den Weg zu uns gefunden haben, ...“ „Was kann ich für Sie tun ...?“
Bedarfserklärung • Vertiefende Fragen zur Bedarfsanalyse stellen • Blickkontakt halten • Ich-Botschaften senden • Zusammenfassung mit eigenen Worten (Wunsch des Kunden präzisieren) vornehmen.	„Um Ihnen ein Angebot machen zu können, benötige ich noch folgende Informationen: ...“ „Wenn ich jetzt zusammenfassen darf, wollen Sie ...“
Präsentation • Prospekte, Folien, Broschüren, Modelle, ... in Richtung Kunden übersichtlich und in einer bestimmten Reihenfolge ausbreiten. • Hinweise zu den Präsentationsmaterialien geben. • Die Präsentation mit dem Kundenwunsch verbinden. • Auf den Kunden eingehen. • Einwände berücksichtigen. • Fragen beantworten.	„Hier sehen Sie in einem Überblick ...“ „Dieses ist ein Beispiel mit den von Ihnen gewünschten Möglichkeiten ...“ „Haben Sie Fragen zu ...“ „Was kann ich Ihnen noch erklären?“
Angebot und Abschluss • Zusammenfassung der Ergebnisse	„Als Ergebnis halte ich fest ...“
Verabschiedung • Dank aussprechen. • Hinweise über den weiteren Ablauf geben (Termine, Kontaktaufnahmen, Zahlungsweise, ...).	„Ich freue mich, dass ...“ „Ich hoffe, dass wir Ihre Wünsche erfüllen und ...“ „Auf weiterhin gute Zusammenarbeit ...“

12.2.2 Auftragsbearbeitung

Die Bearbeitung von Aufträgen - besonders in großen Betrieben - ist oft eine komplexe Angelegenheit (Abb. 1). Viele Abteilungen müssen reibungslos zusammen- arbeiten, um den Wunsch des Kunden zu erfüllen. Im Allgemeinen werden dabei folgende Schritte durchlaufen:

1. Auftragseingang
Der Auftrag wird auf Vollständigkeit und Richtigkeit geprüft (eventuelle Rückfragen).

2. Kapazitätsplanung
Es werden die für die Auftragsbearbeitung im Betrieb erforderlichen organisatorischen und technischen Bedingungen geklärt.

3. Auftragsbestätigung
Der Auftraggeber erhält eine Rückmeldung.

4. Arbeitsplanung
Die Arbeitsabläufe werden festgelegt (evtl. Projektplan).

5. Planungsüberprüfung
Es wird überprüft, ob bei der Auftragsbearbeitung Probleme und Risiken auftreten können.

6. Fertigungsplanung
Einzelne Fertigungsphasen werden festgelegt, z. B. Zeitplan, Termine für Zulieferer.

7. Fertigung
Der Auftrag wird mit entsprechenden Qualitätskontrollen durchgeführt.

8. Versand bzw. Auslieferung
Das Produkt wird auf Vollständigkeit geprüft, die Transportbedingungen werden geprüft, der Versand erfolgt.

9. Kostenermittlung und Rechnung
Die Kosten werden von der Kostenstelle ermittelt und die Rechnung wird erstellt.

Angebot

Vor der Auftragsbearbeitung erfolgt in der Regel ein Angebot [offer]. Es umfasst folgende Angaben:

- **Art, Beschaffenheit und Güte der Ware**
  Handelsübliche Bezeichnungen, Abbildung, Beschreibung, Gütezeichen, Muster, ...
- **Menge**
  Handelsübliche Einheiten (kg, m, Stück, ...), Mindestbestellmenge, Höchstbestellmenge
- **Preis, Preisabzüge**
  Warenwert, Rabatt, Skonto
- **Bindungsfrist**
  Beispiel: Dieses Angebot ist bindend für acht Wochen ab Angebotsdatum.
- **Lieferzeit, Zahlungsbedingungen**
  Gesetzliche Regelung, vertragliche Regelung: Zeitrahmen, Termin
- **Versandkosten, Versandverpackung**
  Z. B. Versandkosten trägt der Käufer, ab Werk, ab Lager, frei, unfrei
- **Angabe von Erfüllungsort und Gerichtsstand**

Komplexe Bearbeitungsabläufe (Geschäftsprozess)

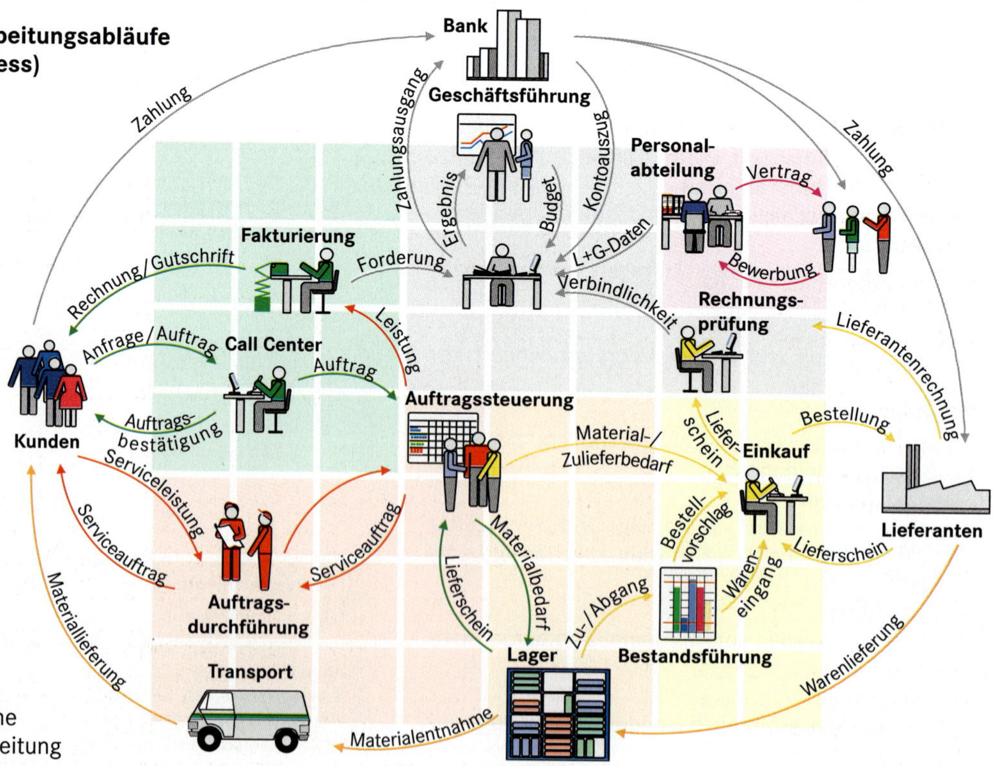

1: Beispiel für eine Auftragsbearbeitung

12.2.3 Kostenkalkulation

Kostenbestandteile

- **Einzelkosten** [direct costs]
  können dem Auftrag direkt zugeordnet werden. Dies sind z. B. Kosten für Material, das auf der Baustelle benötigt wird.
- **Gemeinkosten** [overhead costs]
  können einem einzelnen Auftrag nicht direkt zugeordnet werden. Kosten für eine Werbeanzeige oder Buchhaltungsdienste lassen sich nicht einem einzelnen Auftrag zuordnen.
- **Verwaltungs- und Vertriebskosten** [administration and sales costs]
  sind immer Gemeinkosten, die auf die Summe aus Material- und Personalkosten (Herstellkosten) umgeschlagen werden.
- **Materialkosten** [material costs]
  fallen für alle Materialien an, die für die Auftragsausführung entstehen.
  - Einzelkosten ergeben sich aus den Mengen und Einkaufspreisen.
  - Gemeinkostenzuschläge entstehen für Lagerung, Transport, Bestellwesen, ...
- **Personalkosten** [personnel costs]
  werden für die eigentliche Auftragsausführung kalkuliert (Montage-, Wartungspersonal, ...).
  - Einzelkosten sind Löhne.
  - Gemeinkosten sind z. B. Sozialversicherungen, Lohnfortzahlung bei Krankheit, ...

Ermittlung der Gemeinkosten

Gemeinkosten können nicht wie Einzelkosten auftragsbezogen kalkuliert werden. Die Ermittlung erfolgt in mehreren Schritten.

1. Gemeinkosten auf Kostenträger verteilen
In einem typischen Arbeitsmonat werden alle Gemeinkosten ermittelt. Sie werden je nach Verwendung bestimmten Aufgaben (Kostenträger) zugeordnet. Diese Kostenträger sind z. B.:
- Materialbeschaffung
- Verwaltung
- Vertrieb

Die Registrierung und Aufteilung der Kosten geschieht z. B. mit einem Betriebsabrechnungsbogen (BAB). Als Ergebnis entstehen die Gemeinkosten je Kostenträger.

2. Gemeinkosten auf Leistung beziehen
Die Gemeinkosten je Kostenträger werden auf die betriebliche Leistung bezogen. Dies sind z. B. Materialkosten, Umsatz, Personaleinsatzkosten. Das Ergebnis sind die Gemeinkostenzuschlagsätze.

Beispiel:
Materialkosten/Monat = 4,16 Mio. EUR
Materialgemeinkosten/Monat = 208.000 EUR (s. BAB)
Zuschlagssatz = 208 · 103 EUR/4,16 · 106 EUR = 5 %

3. Gemeinkostenkalkulation für Angebotserstellung
Für jede Angebotskalkulation werden die ermittelten Zuschlagsätze verwendet. So erhält jede Kalkulation einen Teil der betriebsinternen Gemeinkosten.

Beispiel für eine Zuschlagskalkulation

1. Einzelkosten feststellen. ① ②
2. Gemeinkostenzuschläge errechnen. ③ ④
3. Produktionssonderkosten feststellen, z. B. verschleißanfälliges Werkzeug, das speziell für diesen Auftrag benötigt wird. ⑤
4. **Herstellkosten** addieren. ⑥
5. Zuschlag für Verwaltung und Vertrieb addieren (**Selbstkosten**). ⑦
6. Zuschlag für Wagnis und Gewinn (Risiko) addieren. Der Nettopreis wird vom Unternehmer festgelegt. ⑧
7. Je nach Art der Leistung muss der gültige Umsatzsteuersatz berücksichtigt werden (Bruttopreis). ⑨

		7.500,00 €	Materialeinzelkosten	①
	+	375,00 €	Materialgemeinkostenzuschlag (5 %)	③
	=	7.875,00 €	Materialkosten	
		80.000,00 €	Personaleinzelkosten	②
	+	5.600,00 €	Personalgemeinkosten (7 %)	④
	=	85.600,00 €	Personalkosten	
		2.400,00 €	Produktionssonderkosten	⑤
① +② +③				
④ +⑤	=	95.875,00 €	Herstellkosten des Betriebs	⑥
	+	3.835,00 €	Verwaltung und Vertrieb (4 %)	⑦
	=	99.710,00 €	Selbstkosten	
	+	7.976,80 €	Zuschlag für Wagnis und Gewinn (8 %)	⑧
	=	107.686,80 €	Nettopreis des Angebots	
	+	20.460,49 €	Umsatzsteuer (19 %)	⑨
	=	128.147,29 €	Bruttopreis des Angebots	

12.3 Darstellung von Ergebnissen

12.3.1 Präsentation

Bei einer Präsentation werden Inhalte zielgerichtet dargestellt. Die Präsentation richtet sich an eine bestimmte Zielgruppe. Bei der Darstellung werden sprachliche Teile auf verschiedene Weise visuell unterstützt. Das Ziel ist dabei, dass die Teilnehmerinnen und Teilnehmer die Präsentation mit einem bestimmten Wissen verlassen. Bei der Auswahl der Inhalte sind das Thema, die Ziele, die Teilnehmerinnen und Teilnehmer sowie die zur Verfügung stehende Zeit zu beachten.

Vorbereitung

Eine gute Vorbereitung ist entscheidend für den Erfolg einer Präsentation (Abb. 1).

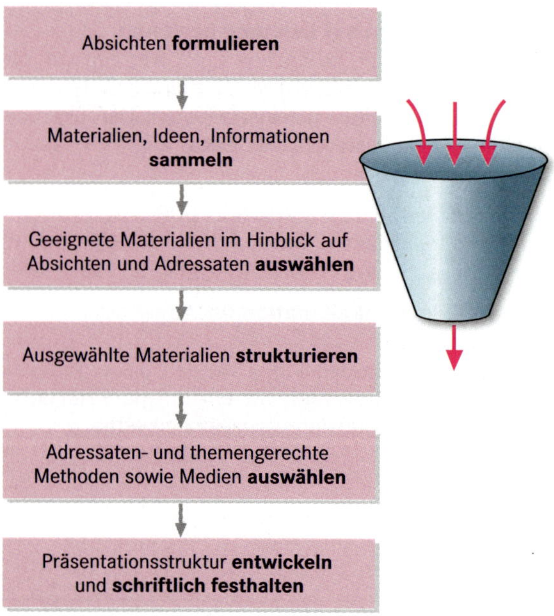

1: Vorbereitung auf eine Präsentation

Regeln zur Durchführung

Zu beachten sind
- die Regeln der Kommunikation (s. Kap. 12.1.4),
- die Einhaltung des „Roten Fadens“,
- die unterschiedlichen „Lerntypen“– visuell: Beobachten und Sehen; auditiv: Hören und Sprechen, haptisch: Fühlen und „Begreifen“,
- das Zusammenspiel zwischen verbalen Aussagen und Visualisierungen,
- eine angemessene Sprachdynamik und Lautstärke,
- sinnvolle Sprechpausen,
- eine der Situation entsprechende Körperhaltung,
- Farbwirkungen und ihr sinnvoller Einsatz (Abb. 2).

2: Harmonische Farbkombinationen

Hinweise zum Medieneinsatz

Whiteboard

- Whiteboard: Weiße Kunststofftafel, Beschriftung erfolgt mit speziellen Filzstiften
- Zentrale und oft frontale Präsentationsfläche
- Kurzzeitige und situationsabhängige Informationen sind möglich.
- Änderungen, Ergänzungen sind rasch möglich.
- Begrenzte „Dynamik“ durch Auf- und Zuklappen
- In Grenzen verstellbar (vertikal, horizontal)

Pinnwand

- Geeignet zum Anheften verschiedenster Materialien: Plakate, Karten (Wirkung der verschiedenen Formen und Farben beachten, Kap. 12.3.2)
- Zwei Seiten
- Umgruppierung, Gruppierung der Karten ist leicht möglich

Flipchart

- Überdimensionaler „Notizblock“ mit DIN A0-Blättern (Charts)
- Informationsinstrument (vorgefertigte Blätter) und aktives Arbeitsinstrument
- Beschriftung mit großen Wörtern, keine langen Sätze
- Gedankengänge können entwickelt werden.
- Arbeitsergebnisse können mitgenommen (archiviert) werden.
- Flexibel im Einsatz
- Charts sind leicht zu transportieren.

Overheadprojektor

- Folien sind schnell und einfach herzustellen.
- Blickkontakt zu den Teilnehmern besteht.
- Informationsinstrument (vorgefertigte Folien) und aktives Arbeitsinstrument
- Ergänzungen sind jederzeit möglich.
- Präsentation kann im Sitzen und im Stehen erfolgen.
- Folien können transportiert und archiviert werden.
- Dynamik durch Klappfolien ist herstellbar.
- Raum muss unter Umständen abgedunkelt werden.
- Es kann immer nur eine Folie betrachtet werden.

Regeln zum Einsatz von Präsentationssoftware

Text

- Folie in Querformat einrichten.
- Folie nicht bis zum Rand beschriften.
- Textumfang begrenzen (nicht mehr als acht Informationseinheiten).
- Etwa sechs Wörter pro Zeile verwenden.
- Schriftgröße soll aus der Entfernung gut lesbar (z. B. 20 pt) sein (im Beispiel: Überschrift 36 pt ①, Teilüberschrift 28 pt ②, Text 20 pt ③).
- Genügend großen Zeilenabstand verwenden (mindestens 1,5 pt).
- Geringe Anzahl von Schriftgrößen (max. 3), Schriftarten, Schriftstile (Fett ① ②, Kursiv ③ ...) und Schriftfarben verwenden.
- Gliederungen (z. B. Punkte) einfügen.
- Grafiktext ④ für besondere Hinweise spärlich einsetzen.

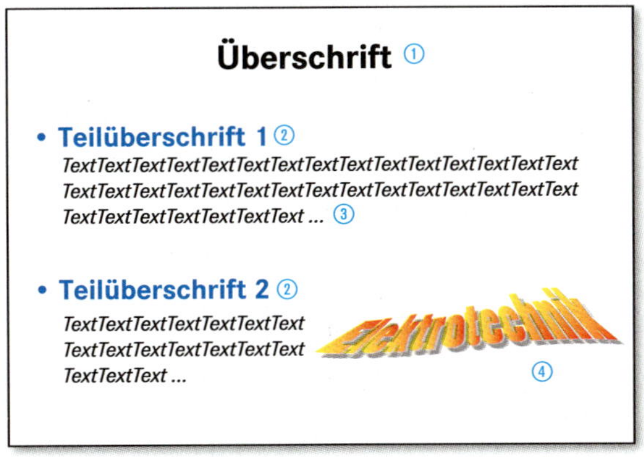

Zeichnungs- und Grafikobjekte

- Zeichnungsobjekte veranschaulichen.
- Auf einer Folie wenige Formen von Zeichnungsobjekten (z. B. Kreis, Rechteck, Pfeil) einsetzen ⑤.
- Füllfarben und Rahmenfarben entsprechend ihrer Bedeutung einsetzen (z. B. ist Rot eine Signalfarbe ⑥, s. Kap. 12.3.2).
- Füllfarben nur mit geringer Sättigung (blasse Farben) einsetzen, wenn sich Texte in den Zeichnungsobjekten befinden.
- Fülleffekte sparsam einsetzen (Farbverlauf ⑦, Struktur, ...).
- Räumlichkeit durch 3D-Ansicht verdeutlichen ⑧.
- Räumlichkeit durch Überlappungen andeuten ⑨.
- Objekte gruppieren, um sie gemeinsam zu bearbeiten.
- Objekte automatisch ausrichten (z. B. an einer Führungslinie).
- Farbe von Folienhintergründen mit den Farben der Objekte abstimmen (dunkle Hintergründe bei Projektion, helle Hintergründe für den Ausdruck).
- Bilder oder ClipArts importieren und sinnvoll einfügen.

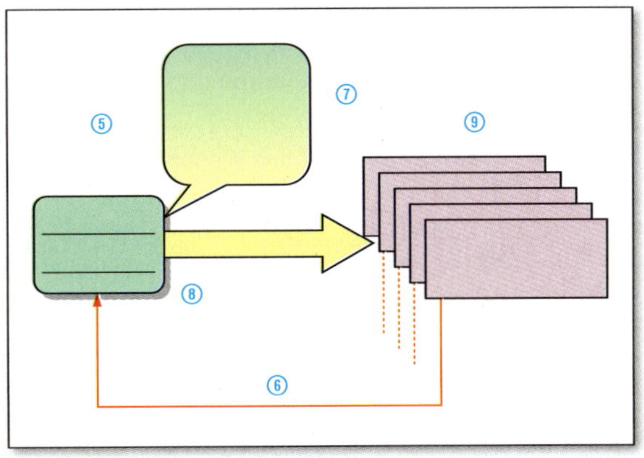

Strukturen, Abläufe und Zahlen

- Sinnvolle Organigramme, Flussdiagramme und Ablaufdiagramme einsetzen ⑩.
- Diagramme selbst erstellen bzw. Vorlagen verändern.
- Strukturen, Richtungen und Abläufe durch Linien und Pfeile verdeutlichen ⑪.
- Zahlen in Tabellen durch Diagramme verdeutlichen.
- Geeignete Diagramme auswählen: Säulen- ⑫, Balken-, Linien- oder Kreisdiagramme ⑬
- Diagramme aus Tabellenkalkulationsprogramm einfügen.

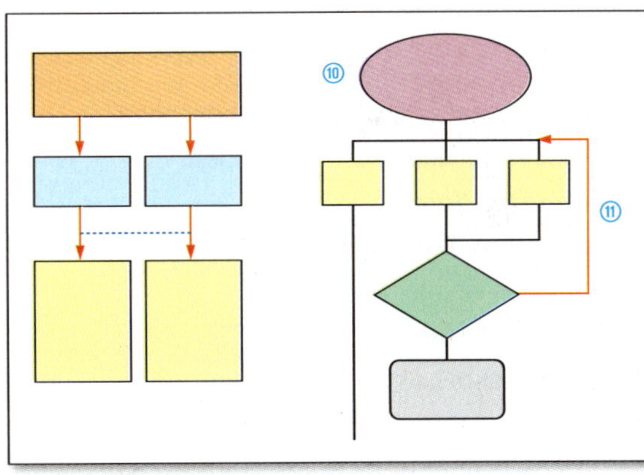

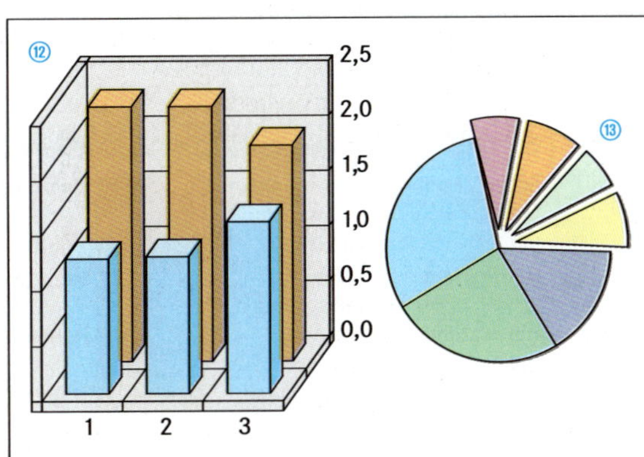

12.3.2 Visualisierung

Abstrakte Zusammenhänge lassen sich durch Visualisierungen grafisch darstellen und veranschaulichen. Visualisierung kann man als eine „optische Sprache" auffassen. Durch sie werden Sprachaussagen mit mehreren Sinnen erfassbar, anschaulicher, verständlicher und Zusammenhänge treten hervor. Kernaussagen werden deutlich und der Redeanteil kann verkürzt werden. Strukturen treten hervor, denn über ein Bild kann vieles auf „einen Blick" aufgenommen werden.

Mittel zur	
Text	Umsetzung der Sprache
Tabelle	Ordnung der Zahlen
Bild	Veranschaulichung von Beziehungen
Schaubild, Diagramm	Klärung von Strukturen und Abhängigkeiten
Symbole	Reduzierung auf das Wesentliche

Elemente	
Schrift	Rechtecke
Farbe	Streifen
Punkte	Kreise
Linien	Ovale
Pfeile	Wolken

Schrift
Möglichst nur zwei Schriftgrößen verwenden.
Groß- und Kleinbuchstaben verwenden.
Stichwort statt Satz.
Text soll aus ca. 8 m Entfernung noch lesbar sein.
Freie Flächen einplanen.
Schriftblöcke bilden.
Nicht dünn schreiben.
Unterschiedliche Farben mit entsprechender Bedeutung verwenden.
Maximal 3 bis 4 Zeilen pro Karte eintragen.
Filzstifte mit Breitseite benutzen.

Regeln

- Zuhörer müssen alle Materialien gut sehen und Texte gut lesen können. Eventuell ist die Sitzordnung zu ändern.
- Materialien zielgerichtet einsetzen.
- Wirkung der Materialien bedenken (Pausen zum Betrachten einplanen).
- Texte übersichtlich und gut lesbar gestalten (Größe, Form, Farbe, Druckbuchstaben).
  Weniger ist oft mehr!
- Innere Ordnung muss durch Überschriften und Textanordnung deutlich werden.
- Dramaturgie durch geeignete Reihenfolge der Elemente herstellen (Abb. 2).
- Verbale Aussagen mit bildhaften Darstellungen verknüpfen.
- Blickkontakt während des Medieneinsatzes herstellen.
- Medien entfernen, wenn diese nicht mehr benötigt werden.

Anordnung und Gestaltung

Durch eine bestimmte Anordnung von Karten (Moderationskarten, Ergebniskarten, usw.) können bestimmte Aussagen visualisiert werden (Abb. 2).

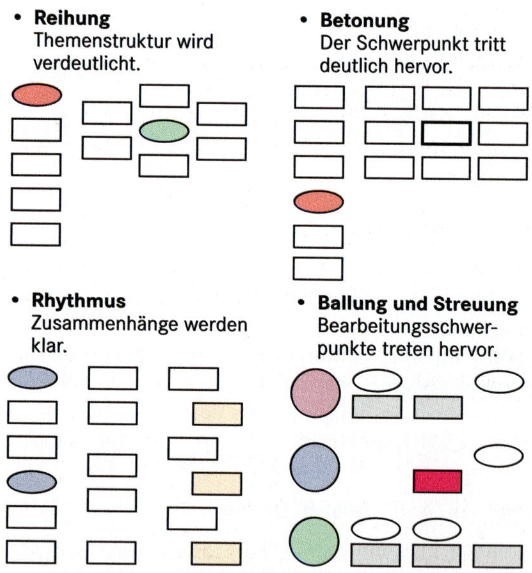

2: Anordnung von Elementen

Farbe	Einsatz	Wirkung	Farbe	Einsatz	Wirkung	Farbe	Einsatz	Wirkung
Schwarz	Schrift, Kontur, Grafik, Zeichnung	schwer, hart, distanziert, eng, traurig	Rot	Betonung, Signal, Gefahr	warm, erregend, Verbot, Feuer	Grün	positive Betonung	beruhigend, lebensfroh, gesund
Grau	Hintergrund	leblos, langweilig, ruhig	Rosa	Hintergrund	zart, zerbrechlich	Blau	Schrift	kalt, distanziert, eisig
Weiß	Hintergrund	leer, hell, leicht, rein	Violett	Rahmen, Rand	statisch, beharrend	Braun	Rahmen, Rand	vertraut, bemütlich
Cyan	Schrift, Füllung	entspannend, abwartend	Gelb	Hintergrund	hell, leicht, freundlich	Orange	Füllung	lebendig, leicht

1: Farben, Einsatz und Wirkung

12.3.3 Berichte

Ein Bericht sollte
- **verständlich** geschrieben sein,
- **das Wesentliche** enthalten und
- **übersichtlich** gestaltet sein.

Protokolle

Protokolle sollten in folgende drei Teile gegliedert sein:

1. Protokollkopf
- Anlass bzw. Überschrift
- Datum, Beginn, Ende
- Ort, Raum
- Teilnehmerinnen und Teilnehmer, Leitung
- Protokollantin, Protokollant
- Tagesordnung

2. Protokolltext
- Verlauf (chronologisch) bzw. Ergebnis (Zusammenfassung, Ordnung nach Wichtigkeit, Übersichten, Tabellen usw.)
- Anlagen

Verlaufsprotokoll oder **Ergebnisprotokoll**

3. Protokollende
- Unterschrift des Protokollanten, der Protokollantin
- Datum der Protokollerstellung
- Unterschrift des Gegenzeichnenden (z. B. Leiter/in der Konferenz dokumentiert damit die sachliche Richtigkeit)

Merkmale der Verständlichkeit

Einfachheit
- verständliche Sätze
- aktive und positive Formulierungen
- keine verschachtelten Sätze

Gliederung und Ordnung
- übersichtliche Darstellungen
- Wesentliches muss hervortreten (Schrift, Unterstreichung, Fettdruck)
- Gliederungspunkte, Absätze

Kürze und Prägnanz
- kurze Satzteile
- auf den Punkt kommen
- Wesentliches herausstellen

Anregende Zusätze
- Neuheiten und Überraschungen
- Visualisierungen
- Abwechslungen

12.3.4 Lastenheft und Pflichtenheft

Das **Lastenheft** [requirement specification] enthält alle Forderungen des Auftraggebers an die Lieferungen und/oder Leistungen eines Auftragnehmers. Die Forderungen sind aus Anwendersicht einschließlich aller Randbedingungen zu beschreiben. Diese sollten quantifizier- und prüfbar sein. Im Lastenheft wird definiert, **was** für eine Aufgabe vorliegt **und wofür** diese zu lösen ist.

Vorteile
- Einheitliche Vorgabe für alle am Entwicklungsprozess beteiligten Personen.
- Weniger Missverständnisse und Versäumnisse durch eine systematische Dokumentation.

Nachteile
- Hoher Aufwand
- Individuelle Erstellung (keine Standardisierung)

Einsatzbereiche
- Dokumentation der Anforderungen als Abschluss der Planung eines Produktes bzw. einer Dienstleistung.
- Prinzipiell ist das Lastenheft für alle Produkte bzw. Dienstleistungen einsetzbar.

Das **Pflichtenheft** [performance specification] enthält das vom Auftragnehmer erarbeitete Realisierungsvorhaben auf der Grundlage des Lastenheftes. Das Lastenheft ist Anlage des Pflichtenheftes. Im Pflichtenheft werden die Anwendervorgaben detailliert und in einer Erweiterung die Realisierungsforderungen unter Berücksichtigung konkreter Lösungsansätze beschrieben. Es wird definiert, **wie und womit** die Forderungen zu realisieren sind. Es ist der „Rote Faden" während des Ablaufs der Entwicklung, Produktion, ...
Wesentliche **Bestandteile** (Beispiele) sind:
- Name des Prozesses, Projektes, Vorhabens, ...
- Verfasser des Pflichtenheftes
- Version
- Ablage der Datei, Dokumentation
- Ziele, Beschreibung, Nutzen für den Auftraggeber, aktuelle Situation
- Anforderungen an das Pflichtenheft:
  - **Vollständigkeit**
    Alle Details der Anforderung sind zu definieren. Es sollten so wenig wie möglich Aspekte als selbstverständlich eingeschätzt werden.
  - **Eindeutigkeit**
    Damit keine Missverständnisse entstehen, sind die Anforderungen möglichst mit einfachen Worten zu definieren.
  - **Erprobungsmöglichkeit**
    Alle Anforderungen müssen überprüfbar sein. Dies ist eine Voraussetzung für die Abnahme durch den Auftraggeber.
- Schnittstellen:
  Verbindungen zu anderen Projekten usw.
- Randbedingungen
- Unterschriften (Auftraggeber, Projektleiter)

12.3.5 Moderation

Die Moderation wird angewendet, um Themen, Aufgaben, Probleme, Projekte, ... in einer hierarchiefreien Atmosphäre selbst organisiert, gemeinsam und zielgerichtet zu bearbeiten. Das Ziel ist eine möglichst vielfältige, breite und effektive Beteiligung der Gruppenmitglieder unter Berücksichtigung ihrer Bedürfnisse und Interessen.

Aufgaben von Moderatorinnen und Moderatoren:

Strukturieren durch:
- Themen akzentuieren
- Medien einsetzen
- Zeiten festlegen
- Vorgehen festhalten
- ...

Ergebnisse sichern durch:
- Ideen sammeln
- Lösungen festhalten
- Maßnahmen ergreifen
- Beschlüsse festhalten
- ...

Konsens herbeiführen durch:
- Vorschläge unterbreiten
- Meinungen hervorrufen
- Kritik verdeutlichen
- Differenzen aufzeigen
- Widerstände benennen
- ...

Teilnehmer/innen beteiligen durch:
- Ziele festlegen
- Arbeitsklima optimieren
- mitbestimmen lassen
- Mitarbeit
- Motivation
- ...

Ablauf einer Moderation:

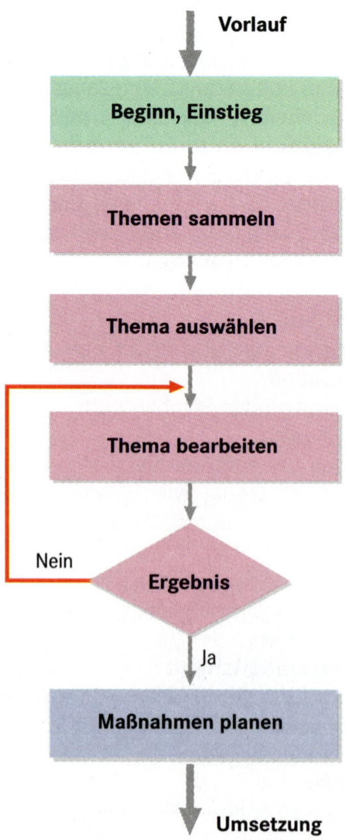

1: Moderationsablauf

Gesprächsregeln [conversation rules]

- Zuerst überlegen, dann sprechen.
- Beim Thema bleiben, nicht abschweifen.
- Richtig nachfragen.
- Antworten genau und präzise formulieren.
- Fehler zugeben.
- Keine **Killerphrasen** verwenden, z. B. „Das wird nicht funktionieren, ... das haben wir schon immer so gemacht, ...“.
- **Ich-Botschaften** einfügen, z. B. „Ich habe das noch nicht verstanden, ...“.
- Das „Verstandene“ überprüfen, z. B. „Habe ich Sie richtig verstanden, dass ...“.
- Offenheit zeigen und Anstand wahren.
- Positive Ausdrücke verwenden.
- Ärger nicht zeigen, unterdrücken, evtl. als Ich-Botschaft ausdrücken: „Ich ärgere mich über ...“
- Ruhig atmen und Pausen machen.
- Laut und deutlich sprechen, wichtige Aspekte betonen.
- Das Sprechtempo der Situation anpassen.
- Die Körperhaltung ist aufrecht locker und entspannt.
- Den Körper in geeigneter Weise zur Unterstützung der Sprache (**Körpersprache**) einsetzen.

Hilfsmittel und Beschriftungsregeln (Abb. 2)

- Pinnwand, Papier (ca. 125 x 150 cm), Filzstifte, Karten
- Große Schrift, wenig Text, Farbe als Bedeutungsträger einsetzen

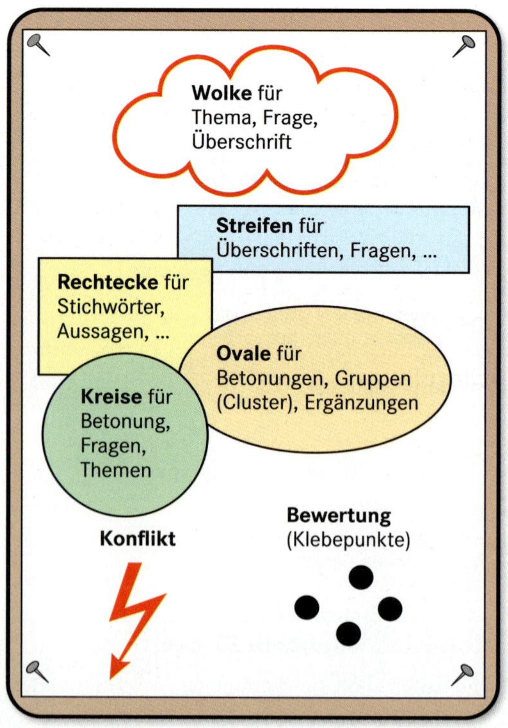

2: Pinnwand für die Moderation

12.4 Lernen und Weiterbildung

12.4.1 Informationsaufbereitung

Die Informationsaufbereitung ist ein wesentlicher Bestandteil geistiger Arbeit. Dazu gehören auch sinnverstehendes Lesen, konzentriertes Zuhören, dauerhaftes Speichern von Informationen, exaktes Wiedergeben von Informationen und das Erschließen von Informationsquellen. Um die Informationsaufbereitung möglichst effektiv durchführen zu können, müssen bestimmte Bedingungen erfüllt und besondere Lerntechniken angewendet werden.

- **Effiziente äußerer Rahmenbedingungen**
Raum oder Anordnung der Möbel bzw. Arbeitsgeräte der Situation anpassen, eventuell Musik hören usw.

- **Persönliche Bedingungen**
Psychische Verfassung, positive Motivation, richtige Ernährung, ausreichend Schlaf, ausgewogener Lebenswandel usw. sind förderlich.

- **Effektives Lesen**
  - Blickwinkel erweitern (dadurch weniger Haltepunkte für das Auge), → Augen ermüden weniger schnell.
  - Nur die Augen bewegen, nicht den Kopf.
  - Sinnerfassend lesen und nicht Wort für Wort aufnehmen.
  - Lesepausen einlegen und über das Gelesene nachdenken.

- **Verschiedene Lesearten anwenden**
  - Text „überfliegen“ und dadurch prüfen, ob er überhaupt wichtig ist.
  - Text für einen ersten Überblick „überfliegen“ (Schlüsselaussagen finden).
  - Gesamttext in wichtige und weniger wichtige Textstellen einteilen (selektieren) und nur die wichtigen intensiv verarbeiten.

- **Gedächtnisleistung beachten**
  - Möglichst viele Sinne (Abb. 3) ansprechen. Der größte Erfolg tritt ein, wenn selbsttätig gehandelt wird (selber tun!).
  - Informationen aus dem **Kurzzeitgedächtnis** (nach 30 bis 60 Sekunden gehen die Informationen verloren) z. B. durch Wiederholungen im **Langzeitgedächtnis** speichern.

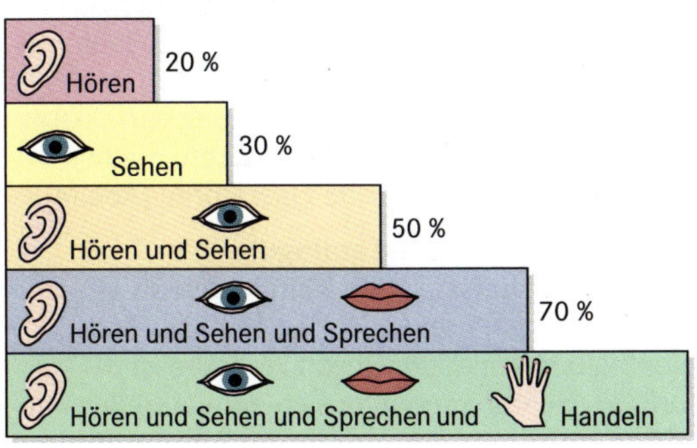

3: Gedächtnisleistung

Textverarbeitung

Innerhalb der Informationsaufbereitung spielt die Textverarbeitung eine wesentliche Rolle. Eine systematische Vorgehensweise wie in Abb. 4 ist sinnvoll.

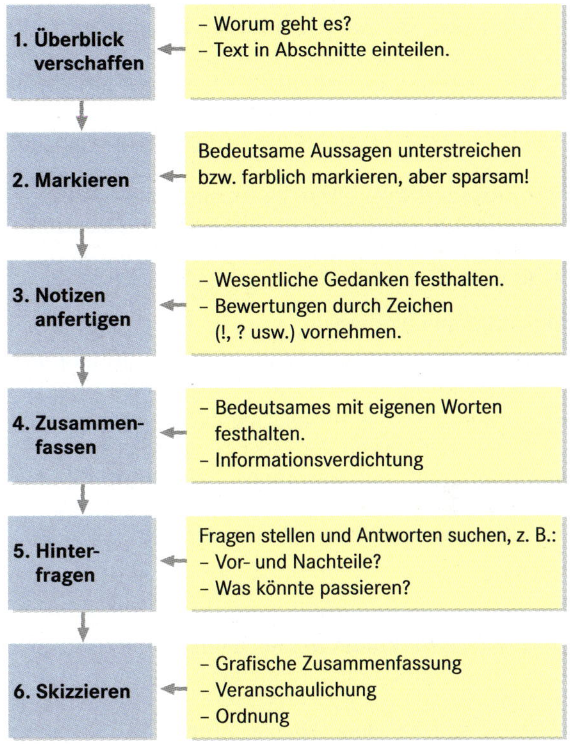

4: Textverarbeitung

Wissensmanagement

Darunter versteht man ein effektives Erschließen und Übertragen von Wissen. Dabei wird bewusst, systematisch und effektiv mit Wissen umgegangen (Abb. 5).

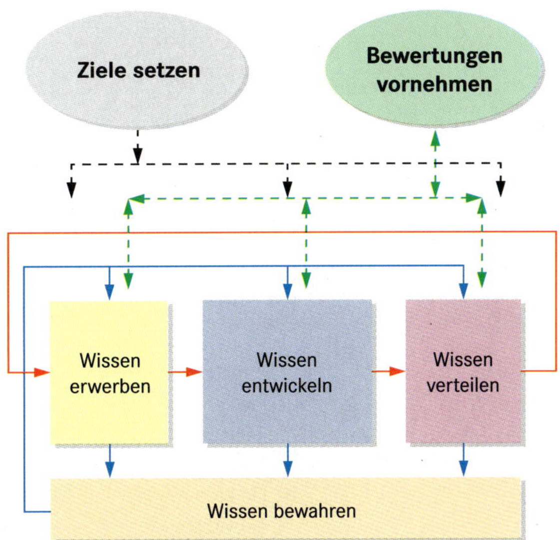

5: Modell „Wissensmanagement“

Mind-Map

Bei einer Mind-Map handelt es sich um eine bildhafte Darstellung (bildhafte Gedankenstütze, Abb. 1).

Regeln

- **Zentrales Thema (Hauptidee, Hauptbegriff)** in die Mitte (Kreis, Ellipse, Wolke, ...) setzen.
- **Weiterführende Gedanken** verzweigen sich dann vom zentralen Thema aus in alle Richtungen.
- Weitere Aspekte werden als **Zweige** (Abzweigungen) dargestellt.
- **Druckschrift** zur besseren Lesbarkeit verwenden.
- **Pfeile** zum Aufzeigen von Verbindungen einsetzen.
- **Farben** zur Hervorhebung benutzen.
- **Bilder** und **Grafiken** zur Illustration verwenden.

Einsatzmöglichkeiten

- Verdeutlichung von Strukturen (Elemente und ihre Beziehungen)
- Auswertung eines Textes (Überblick)
- Protokollierung von Vorträgen
- Vorbereitung auf Gespräche („Spickzettel") oder Prüfungen
- Sammlung von Wissen (Brainstorming)

Vorteile

- Vieles ist auf einem Blick erkennbar.
- Ordnungsstrukturen werden deutlich.
- Bildhafte Strukturen fördern das Erinnerungsvermögen.
- Nachträgliche Ideen können problemlos eingefügt werden.
- Kreativität wird gefördert.
- „Verborgene" Ideen können sichtbar werden.
- Für die Erstellung ist ein geringer Aufwand erforderlich.

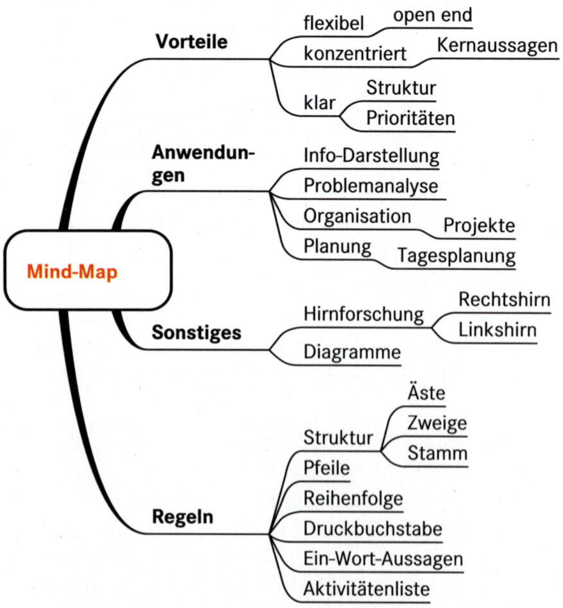

1: Mind-Map zur Kennzeichnung einer Mind-Map

12.4.2 Informationsbeschaffung

Fachbücher [specialist books]
- Sie sind zur Vorbereitung und Nachbereitung von Lehrstoff an beliebigen Orten geeignet.
- In der Regel sind sie fachlogisch gegliedert.
- Eigene Markierungen erleichtern den Zugriff auf bestimmte Themen.
- Über das Stichwort- bzw. Inhaltsverzeichnis lassen sich geeignete Themen finden.
- Quellen- und Literaturverzeichnisse liefern Hinweise auf weiterführende Literatur.

Fachzeitschriften [specialist journals]
- Sie sind aktuelle Informationsquellen über ein begrenztes Gebiet.
- Fachaufsätze können zu bestimmten Themen gesammelt werden.

Lexikon, Tabellenbuch, Handbuch
- Sie sind zum Nachschlagen bestimmter komprimierter Themen geeignet.
- Die Gliederung erfolgt nach Fachgebieten bzw. ist alphabetisch.
- Ein schneller Zugriff auf wesentliche Informationen ist über das Stichwortverzeichnis möglich.

Firmenunterlagen [corporate documents]
- Sie sind vorgesehen für Käufer als Produktwerbung und Selbstdarstellung der Firma.
- Für den Service sind sie eine hilfreiche technische Informationsquelle (Bedienungsanleitungen usw.)

Datenspeicher, CD, DVD
- Text-, Bild-, Video- und Tonquellen mit umfangreichen Daten
- Informationsteile lassen sich über Links rasch finden.
- Der Benutzer kann aufgefordert werden, aktiv in die Darbietungen einzugreifen (interaktiv).
- Bestimmte Teile lassen sich ausdrucken bzw. weiterverarbeiten.

Suchstrategien im Internet
- Ist das Internet die geeignete Informationsquelle oder führen gedruckte Publikationen unter Umständen schneller zum Ziel?
- Soll die Internetrecherche weltweit oder im deutschen Sprachraum durchgeführt werden?
- Suchbegriff gründlich überdenken und präzisieren.
- Suchmaschine, Meta-Suchmaschine oder Web-Verzeichnis (Katalog) wählen (Abb. 2).
- Suche durch weitere Begriffseinengung verfeinern.
- Einengung der Suchergebnisse durch mathematische Zeichen oder boolesche Operatoren (Abb. 4).

Web-Verzeichnisse, Web-Kataloge
- Diese Verzeichnisse bzw. Kataloge werden von Fachleuten erstellt und nach Themen sortiert.
- Sie enthalten Sammlungen von Webadressen
- Schritt für Schritt kann man sich der speziellen Thematik nähern.

- Verzeichnisse bzw. Kataloge enthalten die „Wertvorstellungen“ der jeweiligen Verfasser.
- Bei hierarchischen Web-Verzeichnissen ist die Thematik nach Kategorien geordnet.
- Bei nichthierarchischen Web-Verzeichnissen ist eine netzartige Struktur vorhanden, deren Elemente durch Links verknüpft sind.
- Die Bewertung der Beiträge kann manuell (Voting), automatisch (**Ranking**) oder durch Auswertung der Zugriffe auf die Webseiten erfolgen.

2: Beispiele für Web-Verzeichnisse

Suchmaschinen [search engines]

Mit Programmen werden Dokumente (Text, Bild, Ton, Video) automatisch im Internet analysiert und indiziert. Der Index enthält die Datenstruktur sowie Informationen über das Dokument. Wenn ein Suchbegriff in die Suchmaschine (Abb. 3) eingegeben wird, liefert diese auf Grund ihrer Indizierung (indexbasierte Suchmaschine) eine Liste von Verweisen auf relevante Dokumente und Kurzinformationen zum Dokument.
Vergleich von Suchmaschinen:
http://www.searchenginewatch.com

Meta-Suchmaschinen [meta search engines]

Ihre Aufgabe besteht darin, die Suchanfrage gleichzeitig an mehrere andere Suchmaschinen weiterzuleiten. Die Ergebnisse werden gesammelt und aufbereitet. Anfragen werden langsamer beantwortet als eine direkte Anfrage bei einer einzelnen Suchmaschine, da die Antwort aller Suchdienste abgewartet wird (Servicequalität).

3: Beispiele von Suchmaschinen

Internetquellen bewerten

Da jeder im Internet Veröffentlichungen vornehmen kann, gilt: Das Suchergebnis muss bewertet werden. Beispiele für Bewertungskriterien:

URL
- Dienst entsprechend dem Protokoll (http, ftp, ...)
- Nationalität (.de, .at, ...)
- Kontext (.edu, .org, ...)

Seriosität
- Verfasser (kommerziell, privat, wissenschaftliches Institut, ...)
- Aktualität (Datum der Erstellung)
- Präsentation (Übersichtlichkeit, Verständlichkeit, ...)
- Vollständigkeit

Eingrenzung der Suchaufträge

Die in Abb. 4 aufgeführten Operatoren werden nicht von allen Suchmaschinen unterstützt. Auch die Schreibweise kann abweichen. Deshalb gilt: Bedienungsanleitung beachten.

Operator	Erklärung	Beispiel
AND	Die verknüpften Suchbegriffe müssen vorkommen.	Festplatte AND Einbau
+	Der Begriff direkt ohne Leerzeichen nach dem Pluszeichen muss vorkommen.	Buch+IT
OR	Mindestens einer der Begriffe muss vorkommen (häufig Standardoperator)	Shareware OR Freeware
-	Begriff direkt ohne Leerzeichen nach dem Minuszeichen soll nicht vorkommen.	Betriebssystem -Windows
NOT	Der nach dem NOT folgende Begriff soll nicht vorkommen.	CD-ROM NOT Sony
NEAR	Die Begriffe sollen nahe beieinander auftauchen (logisches UND).	Microsoft NEAR Office
„...“	Phrasensuche: Es werden genau die in Anführungszeichen gesetzten Begriffe gesucht.	„Internet Explorer 7.0“
(...) {...} [...]	Klammern werden für komplexe Abfragen mit booleschen Operatoren verwendet.	Software AND (Adobe OR Corel)
title: url: link:	Sucheinschränkungen für Titel, Domäne, Link	title:DVB-S2
*, %	Platzhalter für eine beliebige Anzahl beliebiger Zeichen	Auto*, Ergebnis: Automat, Automobil, ...

4: Operatoren zur Eingrenzung von Suchergebnissen

Sachwortverzeichnis

B

C

D

E

F

G

H

I

J

K

L

T

U

V

Bildquellenverzeichnis

ABB Automation Products GmbH, Minden: 117.5, 305.5;
ABB Deutschland, Mannheim: 198.1b, 198.2b, 198.3b, 305.6, 306.2;
Acer Computer GmbH, Ahrensburg: 228.2, 250.1b;
adpic Bildagentur, Bonn: 9.2 (E. Wodicka), 489.7c, 490.1c (H. Richter);
AFP Agence France-Presse GmbH, Berlin: 10.2;
ALTMANN GmbH, Herford: 42.3;
Apple Inc., Cupertino: 243.3b;
Arbeitsgemeinschaft Medienwerbung im Zentralverband (ArGe Medien im ZVEH), Frankfurt am Main: 8.1-8.6;
B+S Finnland Sauna, Dülmen: 166.2d;
Baidu Campus, Peking: 629.3c;
Bauknecht Hausgeräte GmbH, Stuttgart: 503.5, 503.6;
Baumer GmbH, Friedberg: 200.2;
BEHA - AMPROBE GmbH, Glottertal: 151.6, 172.1;
Berufsgenossenschaft Energie Textil Elektro Medienerzeugnisse (ETEM), Köln: 96 (alle), 97.8, 98.1, 98.2;
Busch-Jaeger Elektro GmbH, Lüdenscheid: 143.4a;
C. & E. FEIN GmbH, Schwäbisch Gmünd-Bargau: 346.3, 346.1;
Cisco Systems GmbH, Hallbergmoos: 256.2;
CONATEX, St. Wendel: 196.3a;
Conergy AG, Hamburg: 286.1;
Conrad Electronic SE, Hirschau: 479.7, 483.3;
Corsair Memory, Fremont: 231.3;
Danfoss GmbH, Offenbach/Main: 415.5;
Datalogic Scanning GmbH, Darmstadt: 246.1d;
Dätwyler Cables GmbH, Hattersheim: 171.2, 328.3;
DEHN + SÖHNE GmbH + Co. KG., Neumarkt i.d.OPf.: 155.5, 550.2, 552.2, 553.3;
Demag Cranes & Components GmbH, Wetter: 419.1;
Deutsche Zählergesellschaft mbH, Oranienburg: 104.1;
Deutsches Museum, München: 9.1a, 9.1b;
Druwe & Polastri, Cremlingen/Weddel: 23.3a, 23.3b, 23.4, 23.5, 31.4, 120.2, 129.4a, 129.4b, 129.4c, 131.6, 169.2, 169.3, 207.7b, 254.1, 329.7, 330.2b, 332.1b, 333.4, 335.1, 340.1, 343.4, 352.3, 355.6;
Dzieia, Michael Dr., Darmstadt: 320.1, 322.3, 323.5, 325.5;
Eaton Electric, Bonn: 194.2, 221.2b, 222.2a;
Eaton Industries GmbH, Bonn: 407.4;
ebm-papst Landshut GmbH, Landshut: 398.1, 435.4;
EGO Elektrogeräte GmbH, Oberedingen: 29.7;
ELEKTRA TAILFINGEN Schaltgeräte GmbH & Co. KG, Albstadt: 168.1;
Endress+Hauser Messtechnik GmbH+Co. KG, Weil am Rhein: 199.5, 199.7c;
Engbarth, Gerd, Bienenbüttel: 9.3a;
Europäische Zentralbank, Frankfurt: 233.6b;
EWE AG, Oldenburg: 273.3, 273.4;
Festo AG & Co. KG, Esslingen: 200.5b;
Fireball Labs GmbH, München: 629.3a;
Fluke Deutschland GmbH, Kassel: 161.5, 161.6;
fotolia.com, New York: 9.3b (ymk), 28.1 (pgottschalk), 97.4 (He2), 97.5 (Foustontene), 97.7 (oerwin), 233.6a (Gudella-photo), 250.1a (arturaliev), 250.1d (Jiri Hera), 272.1 (Wolfgang Jargstorff), 282.1 (magicbeam), 311.3 (alfernec), 438.2 (char-lottelake), 536.2a (kurt_kreibich), 536.2b (industrieblick), 536.2c (industrieblick), 547.3 (Christian Schwier);
Fritz Driescher & Söhne GmbH, Moosburg: 315.4;
Fritz Driescher KG, Wegberg: 275.3a, 302.2;
GEWISS Deutschland GmbH, Merenberg: 109.1, 545.5;
Giersiepen GmbH & Co. KG, Radevormwald: 476.3;
GINO GmbH, Bonn: 428.1;
GMC-I Messtechnik GmbH, Nürnberg: 177.4a;
Google Inc., Mountain View: 629.3b;
Gossen Metrawatt GmbH, Nürnberg: 175.6, 178.1;
Günther Spelsberg GmbH + Co.KG, Schalksmühle: 130.2, 131.5;
Hager Tehalit Vertriebs GmbH & Co. KG, Blieskastel: 106.1, 254.4;
HEA - Fachgemeinschaft für effiziente Energieanwendung e.V., Berlin: 101.7;
Helukabel GmbH, Hemmingen: 113.5, 257.4a, 274.2a, 274.2b, 274.2c, 318.1c, 445.4;
Hermann Zander GmbH & Co. KG, Aachen: 604.1a;
HI Kabelkonfektionierungs GmbH, Beerfelden: 284.1;
Hitachi Europe Ltd., Maidenhead/Berkshire: 232.2;
Honeywell Security & Data Collection, Albstadt: 475.3;
Hübscher, Heinrich, Lüneburg: 11.5, 42.1, 53.3, 53.5, 54.1a, 54.1b, 54.2a, 54.2b, 55.5a, 63.6, 90.4, 158.2, 230.1_01, 236.1, 236.3, 239.6b, 239.8, 244.3, 293.4, 298.2, 355.7, 457.2c, 522.1, 527.3;
ifm electronic GmbH, Essen: 573.6a;
INELTA Sensorsysteme GmbH & Co., Ottobrunn: 197.7b;
ismet AG, Villingen-Schwenningen: 276.1a, 276.2a, 276.2b, 279.4a;
Itron Zähler & Systemtechnik GmbH, Hameln: 300.1;
Jagla, Dieter, Neuwied: 17.3, 95.4;
Klaue, Jürgen, Bad Kreuznach: 25.1, 48.3, 100.1, 389.2;
Krehbiel, Michael: 434.1, 440.2;
Kreuzburg, Armin, Braunschweig: 130.4b, 343.2;
Larry Ewing, Linux: 243.3c;
Logitech Europe S.A., Morges: 230.1_09, 246.1a, 246.2, 230.1_10, 246.1b;
MENNEKES Elektrotechnik GmbH & Co. KG, Kirchhundem: 141.1b;
metacrawler.de OHG, Düsseldorf: 629.3e;
Microsoft Corporation, Redmond: 243.3a, 629.3d;
Möhle, Roland , Berlin: 230.1_08;
NVIDIA GmbH, München: 236.4;
OBO BETTERMANN GmbH & Co. KG, Menden: 549.6;
Osram AG, München: 489.7b, 490.1b, 522.1_01-03, 524.2, 526.1, 526.2, 528.3, 531.6;
Pechtel, Dag Dr., Bremen: 229.3, 230.1_02-07, 231.2, 247.4;
Petersen, Sebastian, Helmstedt: 241.7, 249.6, 530.1;
PowerPlus Technologies GmbH, Gera: 270.2;
PQ-ENGINEERING Nosswitz GmbH, München: 164.4;
Reinhöfer electronic, Meuselwitz: 64.1;
REO AG, Kyritz: 74.2a;
Rixe, Dieter, Braunschweig: 130.4a;
Robert Bosch GmbH, Gerlingen-Schillerhöhe/Stuttgart: 477.6;
Sachverständiger Rolf Sandvoss, Köln: 154.2;
Sausel, Stephan, Kutenholz-Aspe: 246.1e, 246.1f, 246.1g, 246.1h, 247.5, 258.1a, 258.1b;
Schletter GmbH, Kirchdorf/Haag: 286.2, 286.3;
Schneider-Albert, Gabriela, Troisdorf: 496.1;
Seagate Technology GmbH, München: 238.4, 239.5;
Seifert mtm Systems GmbH, Ennepetal: 423.6;
Sharelook Internet Services GmbH, Hamburg: 629.2b;
Shutterstock.com, New York: 250.1e, 250.1f;
Siemens AG, München: 41.4, 103.3, 115.4, 116.2a, 116.2b, 116.2c, 194.4, 200.3, 202.1, 223.5a, 316.1 (Koeppel Photode-sign, Nürnberg), 318.1a, 318.1b, 360.1, 450.1, 573.6c, 574.2, 582.1, 584.3, 585.6, 606.2;
Siemens AG, Automation and Drives, München: 358 (alle), 389.4, 408.1, 437.4, 573.6b;
Sitron Sensor GmbH, Isernhagen: 484.3, 484.4;
SMA Solar Technology AG, Niestetal: 285.4;
Sony Deutschland, Berlin: 470.1;
SumUp Services GmbH, Berlin: 629.3f;
Telekom Deutschland GmbH, Bonn: 462.3, 463.6, 463.7;
Telemeter Electronic GmbH, Donauwörth: 204.4;
TerraTec Electronic GmbH, Nettetal: 235.5;
Triax GmbH, Pliezhausen 502.3;
TRILUX GmbH & Co. KG, Arnsberg: 489.7a, 490.1a, 489.7d, 490.1d, 539.5, 539.6, 541.5, 542.4, 543.5a, 543.5b, 544.1;
VARTA Microbattery GmbH, Ellwangen: 44.1, 48.6;
Viessmann Werke GmbH & Co KG, Allendorf (Eder): 271.5;
Wacom Europe GmbH, Krefeld: 246.1c, 247.7;
Westermann-Archiv, Braunschweig: Titel, 142.2;
Wickert, Harald, Emmelshausen: 171.3, 289.4, 505.5;
wikipedia.commons: 317.7;
Yahoo! EMEA Limited, Dublin 1: 629.2d.

Alle weiteren Grafiken: Lithos, Wolfenbüttel.